炼油设备工程师手册

（第二版）

中国石油和石化工程研究会　编

中国石化出版社

内容简介

本《手册》从结构特点、作用原理、使用维护、常见故障处理等方面对炼油生产中常用的设备作了论述，内容包括反应器、塔器、管式加热炉、换热设备、空气冷却器、工业泵、压缩机、电动机、工业汽轮机、脱蜡转鼓真空过滤机、套管结晶器、专用阀门、催化裂化动力回收系统、仪表与自动化、腐蚀与防护、国内外锅炉和压力容器标准体系及技术内容比较等，其中板式换热器和后三章为第二版修订时新增内容。

本《手册》结合国内外数十年的开发、操作、维护经验编撰而成，资料新，权威性和实用性都比较强，是石化设备工程师的案头必备工具书，对于工艺工程师也有很好的参考作用。

图书在版编目（CIP）数据

炼油设备工程师手册 / 中国石油和石化工程研究会编著．
—2 版．—北京：中国石化出版社，2009（2020.9 重印）
ISBN 978-7-80229-971-9

Ⅰ.炼…　Ⅱ.中…　Ⅲ.①石油炼制－机械设备－手册
Ⅳ.① TE96-62

中国版本图书馆 CIP 数据核字（2009）第 095845 号

中国石化出版社出版发行
地址：北京市东城区安定门外大街 58 号
邮编：100011　电话：(010) 57512500
发行部电话：(010) 57512575
http: //www.sinopec-press.com
E-mail : press@sinopec.com
北京柏力行彩印有限公司印刷
全国各地新华书店经销
*
787×1092 毫米 16 开本 62 印张 1519 千字
2020 年 9 月第 2 版第 5 次印刷
定价：180.00 元

《炼油设备工程师手册》

（第二版）

编　委　会

邵祖光　刘积文　齐树柏　黎国磊

孙梦兰　王子康　王力健　白　桦

编写人员

黎国磊　徐碧云　黄荣臻　张荣庆

叶永恒　李文辉　刘　巍　赖周平

杜道基　陈允中　高海水　孙延长

阎善道　刘惠麟　张荣克　于克敏

杨石理　解怀仁　顾望平　寿比南

邵祖光

编辑部成员

王力健　白　桦　孙梦兰

第二版前言

随着我国石油与石化工业的发展和国产、进口原油性质的变化，读者对《手册》的内容提出了新的要求。为此，中国石油和石化工程研究会与中国石化出版社决定对本《手册》进行修订。新版《手册》除对原各章、节增加了技术上的新发展内容外，另外增添了板式换热器、仪表与自动化、腐蚀与防护、国内外锅炉和压力容器标准体系及技术内容比较等章、节。

《手册》(第二版)共十六章，编写人员分别为：

第一章　反应器　黎国磊　徐碧云　黄荣臻；

第二章　塔器　张荣庆　叶永恒；

第三章　管式炉　李文辉；

第四章　换热设备　刘巍　赖周平；

第五章　空气冷却器　刘巍；

第六章　工业泵　杜道基；

第七章　压缩机　陈允中；

第八章　电动机　陈允中；

第九章　工业汽轮机　陈允中；

第十章　脱蜡转鼓真空过滤机　高海水　孙延长；

第十一章　套管结晶器　阎善道；

第十二章　专用阀门　刘惠麟；

第十三章　催化裂化动力回收系统　张荣克　于克敏　杨石理；

第十四章　仪表与自动化　解怀仁；

第十五章　腐蚀与防护　顾望平；

第十六章　国内外锅炉和压力容器标准体系及技术内容比较　寿比南；

附录　邵祖光。

本版《手册》的作者和审稿人员均是长期从事该专业的专家，在该领域中积累了丰富的知识和实践经验。《手册》内容对从事炼油设备技术工作的人员会具有实用价值。

本版《手册》共用了两年多的时间才完成编著、修改补充、审校和出版，这是各位作者、编委、出版人员共同努力的结果，特向所有有关人员付出的努力和辛勤劳动表示诚挚的感谢。

第一版前言

近年来，我国的石化工业有了飞速的发展，无论在工艺、设备、电气、仪表、材料和管理等方面都取得了显著的进步，获得了甚多的新成果，达到了新的水平。为了让广大从事炼油工作的读者能了解到新近的技术水平和发展，中国石油和石化工程研究会和中国石化出版社决定编写出版《炼油设备工程师手册》。

此手册的作者和审稿人均是长期从事该专业的高级工程师和专家，在该领域中积累了丰富的专业理论知识和实践经验。本册手内容对从事炼油设备工作的技术人员非常具有实用价值。

本手册共十三章，编写人员分别为：

第一章　反应器　黎国磊　徐碧云　黄荣臻；

第二章　塔器　张荣庆；

第三章　管式炉　李文辉；

第四章　热交换器　刘巍；

第五章　空气冷却器　刘巍；

第六章　工业泵　杜道基；

第七章　压缩机　陈允中；

第八章　电动机　陈允中；

第九章　汽轮机　陈允中；

第十章　脱蜡转鼓真空过滤机　高海水　孙延长；

第十一章　套管结晶器　阎善道；

第十二章　专用阀门　刘惠麟；

第十三章　催化裂化能量回收系统　张荣克　于克敏　杨石理；

附录　邵祖光。

此手册仅用了一年多时间就完成了全部章节的编写、审校和出版，这与各位作者、编委、出版人员的共同努力是分不开的，在此特向所有为《炼油设备工程师》手册付出辛勤劳动的同志们表示最诚挚的感谢。

目 录

第一章 反 应 器

1.1 加氢反应器

加氢反应器是各种加氢工艺过程的关键设备，种类非常繁多，为便于比较、评价和统计，1995 年 API 经调研后重新将加氢过程划分为加氢处理、加氢精制和加氢裂化三大类。

加氢处理——系指进料分子基本在反应中无变化，目的在于使烯烃饱和及去除硫的过程。

加氢精制——系指过程在反应中，约≤10%原料油分子降低分子量的过程。

加氢裂化——1955 年美国《油气杂志》将加氢裂化定义为：过程反应中，有≥10%（此前定义为≥50%）原料油分子转化为小分子的过程。

1.1.1 加氢反应器的分类

1.1.1.1 按工艺过程的特点分类

依据催化加氢过程进料原料油性质的不同，相应地所采用的工艺流程和催化剂是不相同的，其反应器形式也有各异，一般有表 1-1-1 所列的三种类型。

表 1-1-1 加氢反应器类型

序号	反应器类型	示意图例	反应器特点	适用场合
1	固定床反应器	见图 1-1-1	此反应器床层内的固体催化剂是处于静止状态。它的最大优点是催化剂不易磨损，而且当催化剂不失去活性情况下，可以长周期使用	一般主要用于加工固体杂质、油溶性金属有机化合物含量较少的馏分油
2	移动床反应器	见图 1-1-2	此反应器在生产过程中催化剂可以连续或间断地移动加入或卸出	主要是用于加工含有较高金属有机化合物和沥青质的渣油原料场合，以避免容易在催化加工中迅速引起床层堵塞和/或催化剂失活的问题
3	流化床反应器	见图 1-1-3（沸腾床反应器）	它是一种以一定流速的流体（原料油和氢气）从反应器下部进入而通过装填微粒（或细粉）催化剂的床层时，使催化剂粒间空隙率随流速渐增而逐渐拉开，催化剂床层体积开始膨胀，直至催化剂床层被流体托起的反应设备。流化床反应器大致还可以划分为悬浮床反应器（或称浆态床反应器）和膨胀床反应器（或称沸腾床反应器）	主要也是用于加工处理含有较多金属有机化合物、沥青质及固体渣质的渣油场合

当今，在各种各样的加氢装置中，仍以固定床反应器使用最多，而且为了使进入反应器的液体停留时间更短，以避免碳析出和当采用较大的液体流速时，不至于引起催化剂流化或磨损；另外还为了使反应器的压降更小，几乎都采用气液并流下流式的流动形式。本节所介绍的内件皆为固定床反应器用气液并流下流式流动形式的结构。

1.1.1.2 按反应器使用状态分类

从使用状态下反应器内部的高温介质是否直接与器壁接触，可以分为冷壁结构和热壁结构两种。此两种结构形式反应器的特点与应用情况见表1-1-2。

表1-1-2 冷热壁结构反应器特征与应用情况

	冷壁结构	热壁结构
隔热形式	器壁内表面设非金属隔热衬里①	器壁外设保温
设计温度（或壁温）选定	国外：设计壁温一般按150~200℃ 国内：设计壁温一般按300℃考虑	设计温度一般可按最高操作温度加10~20℃
器壁局部过热现象	易	不易
反应器有效容积利用率②	小，一般仅有50%~75%	大，一般可达80%~90%
材料选用	因壁温低，可选用耐高温氢腐蚀档次较低的材料。由于有隔热衬里层，一般实际壁温在200℃以下，即使反应物料中含有H_2S，对器壁的腐蚀也不大	需选用能抗高温氢腐蚀的材料，若存在有浓度>0.02mol%的H_2S，且设计温度>260℃时，一般还要考虑设置不锈钢覆盖层（采用堆焊层或复合钢板的方法）以抵抗H_2S的腐蚀
施工与维护	施工周期长，生产维护不方便	施工周期短，生产维护方便
设备制造费用	相对较低	相对较高
应用情况	国内：目前仍有20世纪80年代初以前建造的反应器在应用 国外：现在极少使用	国内：从20世纪80年代起陆续开始使用，新设计和建造的反应器全为热壁结构。国内自行开发研制的首台锻焊结构热壁加氢反应器投用至今，已安全可靠地运行近20年

注：① 在冷壁结构中还有一种称为“瓶衬”式的冷壁结构（见图1-1-4）。它是在反应器内壁与内衬筒之间的环形空间通入经过换热后的温度不高的氢气，以隔绝含高温氢气的介质直接与反应器器壁接触，从而达到避免使器壁遭受高温氢腐蚀的目的。

② 反应器有效容积利用率系指反应器中催化剂装入体积与反应器容积之比。

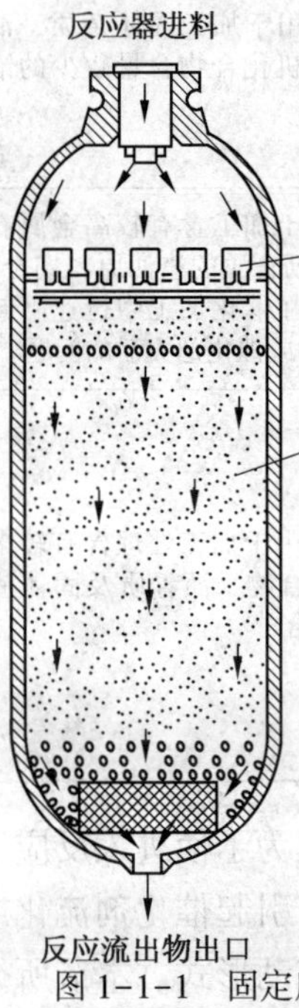

图1-1-1 固定床反应器示意图

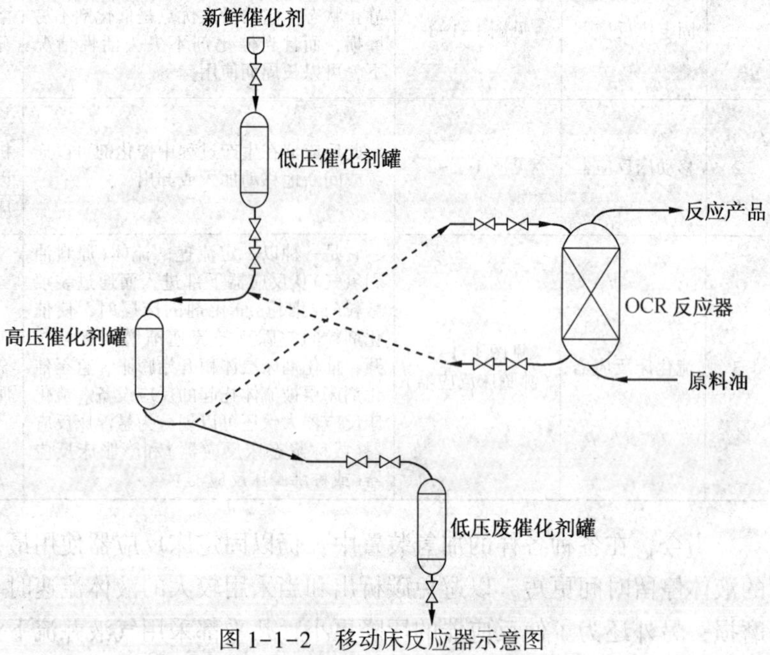

图1-1-2 移动床反应器示意图
（OCR工艺催化剂移动输送系统）

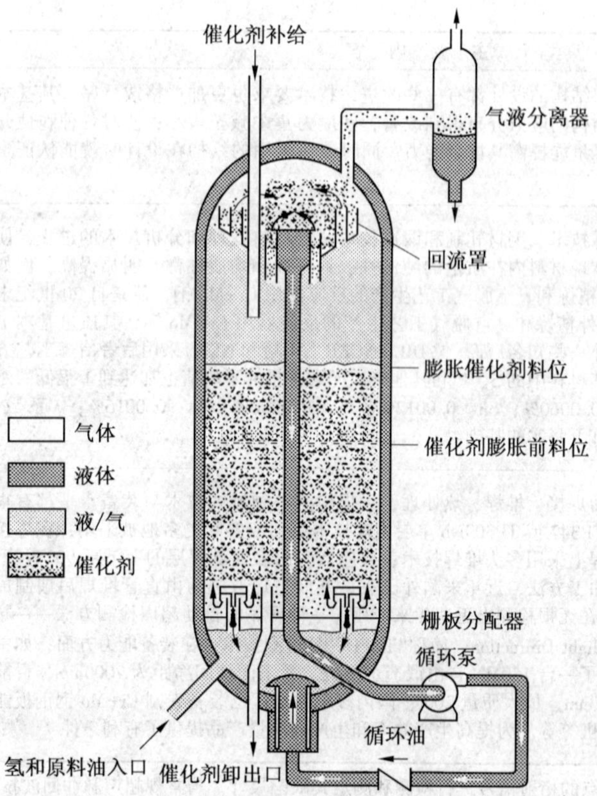

图 1-1-3 膨胀床反应器示意图

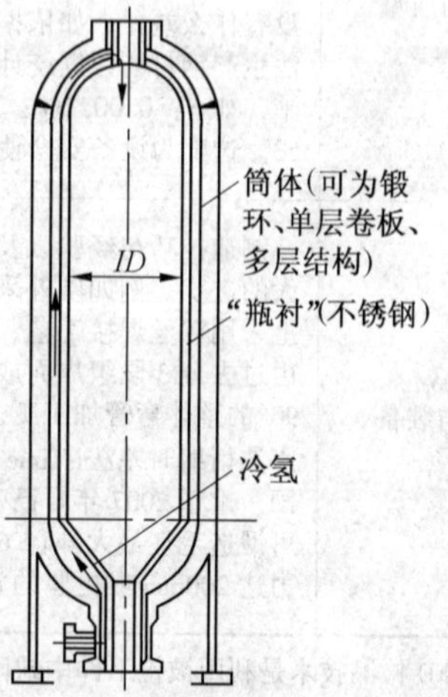

图 1-1-4 "瓶衬"结构冷壁反应器

1.1.1.3 按反应器本体结构特征分类

按反应器本体结构的特征可分为两大类：一是单层结构，二是多层结构。在单层结构中又有钢板卷焊结构和锻焊结构两种。多层结构用于加氢反应器上的一般有绕带式、热套式等少数几种形式。详细分析见 1.1.3.1。

1.1.2 加氢反应器技术进步与演变

1.1.2.1 加氢反应器技术进步的主要表现

(1) 加氢反应器使用安全性不断提高

几十年来加氢反应器技术进步的核心问题是围绕着提高其使用的安全性。随着科学技术、制造业、冶金业及电子计算机应用等技术的进步，加氢反应器技术有了很大的提高。具体表现见表 1-1-3。

表 1-1-3 加氢反应器安全性提高的主要表现

安全技术进步的表现	主 要 内 容
设计方法	由开始基本上是按"规则设计"，即"常规设计"的方法逐步发展到采用以"应力分析为基础的设计"，即"分析设计"的方法。这是容器设计观点和方法的一个飞跃。它要求对容器的不连续部位与高应力区，如人孔与上封头，包括上封头与筒体的连接部位、下封头与筒体、裙座，包括热箱的连接部位以及包括油气出口、冷氢入口、热电偶口、催化剂卸料口等开口接管与筒体/封头的连接部位和内件支持圈与壳体的连接部位等在所有载荷(含温度载荷)条件下的应力进行详细分析计算及按应力的性质进行分类，并对各类应力及其组合进行评价。同时对材料的选择规定有更多的限制，对材料、制造、检验也提出了比"常规设计"更高的要求，从而提高了设计的准确性与使用可靠性

续表

安全技术进步的表现	主 要 内 容
结构形式	无论是本体结构还是局部结构的设计都有一些改进，技术要求也更加严格或严密。其基本目的是尽可能使各个部位结构的应力分布得到改善，使应力集中减至最小；使对各种脆性开裂易发生部位的材料特性尽量能提高其抗裂能力。同时使所采用的结构在设计时就能认证是安全的
材料性能与质量	由于冶炼方法、炉外精炼技术、钢材轧制和锻造技术、材料热处理和分析技术的进步，使得材料的化学成分控制和体现材料内在质量的纯洁性、致密性和均质性都有明显提高。例如不管是采用电炉冶炼+炉外精炼和真空脱气工艺生产的反应器用 Cr-Mo 钢，还是自 20 世纪末以来采用碱性转炉冶炼+炉外精炼和真空脱气工艺生产的反应器用 Cr-Mo 钢，其质量基本上没有什么差异。如依据国外一些知名厂商(像 DILLINGER、川崎和 NKK)采用后者冶炼工艺方法生产钢材的数据统计，其材料中的 S、P 和其他杂质元素含量的平均值也都达到了很低的水平，如 S：0.0022%；P：0.0060%；Sn：0.0012%；Sb：0.0006%；As：0.0016%；*J* 系数：53。这都为设备安全使用打下坚实的基础
制造技术与装备	制造技巧与经验以及包括焊接、堆焊、热处理、无损检测等领域的技术与装备水平都有很大的进步。例如国外采用 TP347 或 TP309Nb 单层堆焊技术更加成熟和更多地被采用；在焊接上采用双丝焊接工艺，堆焊上采用多头堆焊技术；反应器有内表面堆焊层的上下部 90°弯管，由过去分 3 段组焊而成的加工方法，近年来国外已有一些制造厂改进为由直管堆焊后煨制成 90°的整体弯管加工工艺；在无损检测上近些年来应用了一种可靠的自动超声检测方法——超声波衍射时差法(Time of Flight Diffraction，简称“TOFD”①)检测技术；在装备能力方面，如中国一重于 2007 年自己建造了一台 150MN 自由锻造水压机，其正面柱间净距为 7000mm，目前可锻造毛坯最大外径 6500 mm、最大质量 200t；国内多家制造厂已装备卷制 Cr-Mo 钢钢板能力达 200mm 或更厚的卷板机等等。为提高生产效率和生产高质量产品提供了有利条件

注：①TOFD 检测技术是利用被检工件中缺陷端点的衍射信号进行检测和测定其缺陷尺寸。与常规超声脉冲回波技术相比能改进缺陷的检出率和提高检测能力。通常使用纵波斜探头，采用一发一收模式的双探头结构。其工作原理可见图 1-1-5 所示。

国外大量试验研究表明，TOFD 技术是一种非常有能力和精确的方法，也是一种比较安全和可靠的检测方法。已为美国、欧洲、日本等一些国家认可，并在压力容器规范标准中明确允许采用 TOFD 代替射线检测(RT)。这对于越来越大型化的设备，由于受运输条件限制不得不在工程建设工地组焊以及对于加氢反应器等高压设备在进行在役检验时必做的无损检测来说，更是一种非常有效而实用的检测手段。近年我国一些在现场组焊的加氢高压设备经国家质监检主管部门特批后也已开始采用 TOFD 替代 RT。目前国内正在编制有关的 TOFD 企业或行业标准。

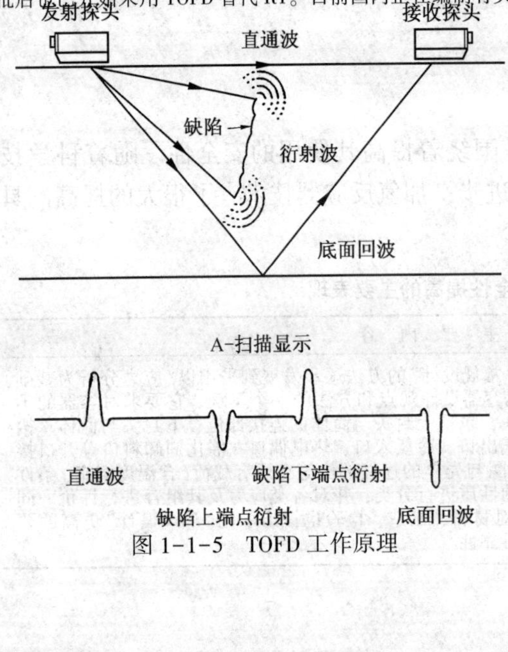

图 1-1-5 TOFD 工作原理

(2) 反应器向大型化发展

为获取较佳的经济效益，装置日趋大型化，如美国 Pascagoula 炼厂分别建造了 325 万 t/a 和 480 万 t/a 规模的加氢裂化和加氢脱硫装置，我国也在建 360 万 t/a 和 300 万 t/a 加氢裂化和加氢脱硫装置，大型装置带来了设备的大型化。如国外，日本在 20 世纪 60 年代初期制造的反应器单台质量仅 300 余吨，到 1993 年已制造出 1450t 的 3Cr-1Mo-0.25V(F3V)钢大型加氢反应器；意大利 Nuovo Pignone 公司于 2003 年制造了单台质量 1485t 的 2.25Cr-1Mo-0.25V(F22V)钢大型加氢反应器。我国 1989 年自行研制成功的首台国产化锻焊结构热壁加氢反应器，内径仅

1800mm、约220t，到1998年制造出了约1000t加氢反应器，2007年制造2台单台质量达1420t的大型加氢反应器，目前单台质量约1670t的内径4800mm×切线长36000mm×厚280mm的2.25Cr-1Mo-0.25V钢大型加氢反应器正在制造中。特别是中国第一重型机械集团公司(简称中国一重)在2006年下半年先后在现场为中国神华集团有限公司(简称神华)煤直接液化工程成功组焊，制造出两台单台质量约2100t的为当今世界最重的煤液化反应器，更是全面地提升了我国大型压力容器设计、制造技术。图1-1-6、图1-1-7分别为我国和世界上制造加氢反应器最多的日本制钢所所制造的反应器的大型化进展情况。

设备的大型化，有时会给设备的运输带来很大困难，甚至使设备从制造厂整体发运到使用现场变为不可能。为此，高压加氢设备的现场组焊制造技术也就应运而生。为满足国内建设的需要，我国从1996年开始就在工程建设工地进行加氢反应器组焊的现场制作实践。特别是中国一重2002年承接神华两台当今世界最重的煤直接液化反应器，由于直径大(4800mm)、筒壁厚(334mm)，单个筒节净质量一般就有100~120t，受制于运输条件，筒节只能一节一节在制造厂制作后运往使用现场再组装、焊接、热处理、并进行包括超声检测(UT)、超声波衍射时差法(TOFD)检测、磁粉检测(MT)、渗透检测(PT)在内的无损检测和水压试验，现场制作工作量非常大。而且此现场地处内蒙古的东胜地区，环境较艰苦，制作条件相对较差，但是就在这样的环境和条件下，经过不懈的努力终于在2006年制造出了2台大型反应器，为我国在现场组焊制造大型加氢反应器积累了宝贵的经验。图1-1-8是由于受运输条件的限制，中国一重在(或将在)现场组焊制造的反应器情况。

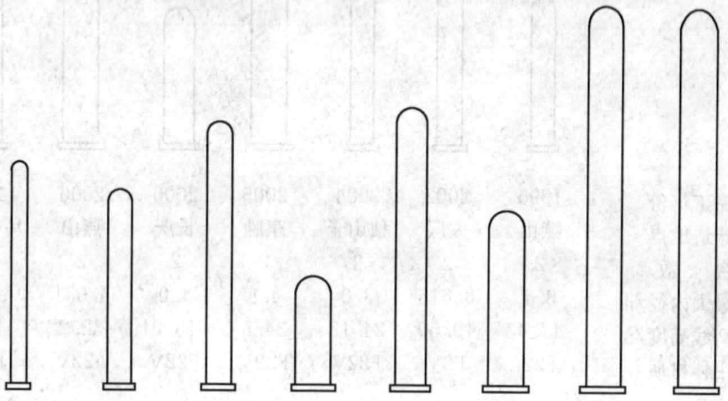

年	1989	1990	1991	1998	1998	2002	2007	2008
高度(TL-TL)/m	22	18.5	24.9	9.5	26.7	15.6	36.4	36.0
内径/m	1.8	3.0	3.2	4.2	3.8	4.6	4.4	4.8
壁厚*/mm	150	200	210	281	263	130	240	280
质量/t	~220	~400	~600	~466	~1000	~385	~1420	~1670

*未包括堆焊层厚度。

图1-1-6 国产化加氢反应器大型化的进展

1.1.2.2 热壁加氢反应器技术进展历程及其特点

加氢反应器由冷壁结构逐渐过渡到热壁结构后，由于设备的操作条件极为苛刻，在长期的使用过程中曾经出现过一些问题与损伤，促使人们有计划、有针对性地开展了大量的科学实验与研究，并利用有关领域中不断进步的技术去逐步解决这些问题，从而推动了加氢反应器技术向前发展。至今热壁加氢反应器的技术已经历了4个历史阶段的演变与发展。详见表1-1-4。

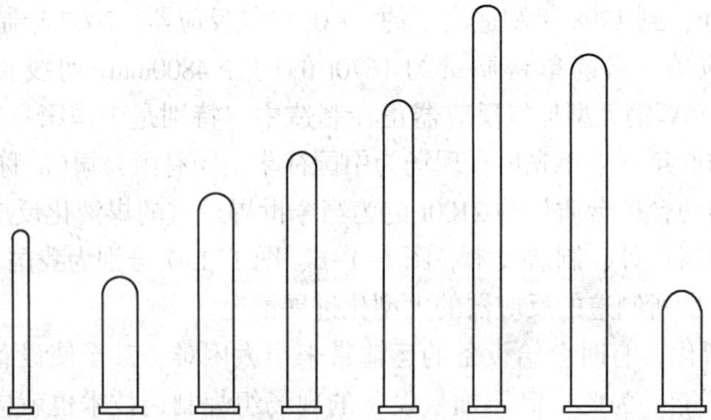

年	1964	1968	1974	1980	1982	1985	1993	2004
高度/m	20	13	23	28	34	45.4	39.3	10.2
内径/m	2.1	4.4	4.3	3.8	3.7	3.66	4.5	5.2
壁厚/mm	211	260	260	250	282	290	273	346
质量/t	325	550	850	930	1150	1200	1450	727

图 1-1-7 日本制钢所制造加氢反应器大型化的进展

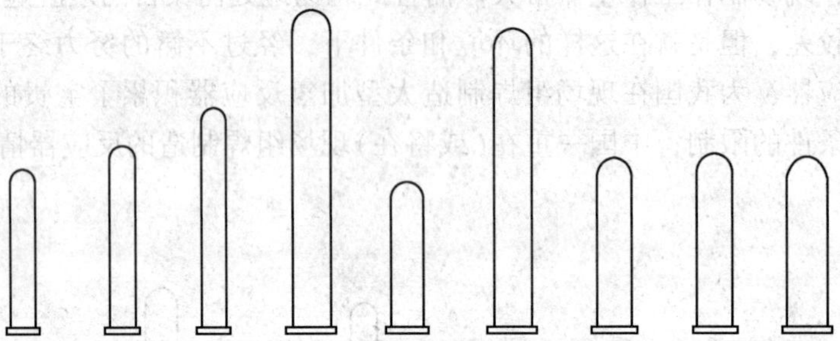

完工年份	1996	2003	2004	2005	2006	2006	2006	2006	2009
建造地点	燕山	大庆	独山子	东胜	长庆	燕山	乌鲁木齐	茂名	伊朗
台 数	2	2	2	2	2	2	2	1	5
最大内径/m	3.4	3.615	3.0	4.8	4.0	4.631	3.6	4.4	4.8
切线高度/m	~17.43	19.50	24.13	34.5	~15.01	~32.22	17.9	17.88	17.0
主体材质	F22	F3V	F22V	F22V	F22V	F22V	F22V	SA-387 Gr.22	F22V
单台最大质量/t	339	565	428	2044	390	795	503	415	1004
最大壁厚/mm	144	206	170	334	160	208	192	126	328

图 1-1-8 中国一重在现场组焊制造的反应器

表 1-1-4 热壁加氢反应器技术的演变

阶 段	起止时间	技术特征	技术进步内涵与存在问题
第一个历史阶段	1972 年以前	开发初期	设计：开始是按“常规设计”方法设计，从 1969 年起开始采用“分析设计”方法设计。设计中对材料只提出满足标准规定的化学成分、力学性能及抗高温氢腐蚀和硫化氢腐蚀的要求；材料：冶炼方法开始是由平炉冶炼，后逐渐发展到电炉冶炼，材料的均质性能和纯净度还较差；堆焊：采用常规的 SAW 工艺(末期开发出浅熔深堆焊工艺，也有称为 PZ 法堆焊工艺) 这一阶段使用中曾出现 Cr-Mo 钢的回火脆化现象、不锈钢的氢脆损伤和 σ 相脆化等问题

续表

阶 段	起止时间	技术特征	技术进步内涵与存在问题
第二个历史阶段	1973~1980	改进期	设计：分析设计应用较普遍。设计对材料和焊接金属已提出控制回火脆化的要求(如控制 *J*-系数、*X* 系数和回火脆化的韧性指标等)。设计中对结构设计已有所改进，一是尽量减小应力集中，二是方便在役检测；材料：冶炼由电炉(+保温炉)逐渐发展到以电炉+炉外精炼+真空碳脱氧或真空脱气工艺或其他的新冶炼工艺等)，可以冶炼出低 Si 或低 S、P，甚至超低 S、P，且微量杂质元素含量很低的钢；焊接：由常规的焊接方法进展到小坡口焊接直至窄间隙焊接方法，使焊接质量和焊缝性能大有提高。堆焊：采用双层堆焊或当时曾一度大力推广的单层浅熔深堆焊法。采用单层 TP347(或 TP309Nb)浅熔深堆焊法时，对于那些易发生氢脆裂纹的催化剂格栅支持圈拐角处和八角垫法兰密封槽拐角处等部位也仍然采用 TP309L+TP347 双层堆焊工艺。而且对这些部位一般都是堆焊 TP309L 后即进行焊后热处理(PWHT)，然后再堆焊 TP347，并不再进行 PWHT，以提高 TP347 堆焊金属的延性；制造：由于钢厂轧板能力的提高，已可制造出大型反应器用整体封头。开发了锻造筒体的缩口技术等等 这一阶段的反应器，回火脆化问题已基本得到解决。但在此阶段末期经对一些在用加氢反应器检测后发现反应器堆焊层出现氢致剥离现象
第三个历史阶段	1981~1987	成熟期	这一历史阶段技术进步比较明显，综合应用针对使用中出现的各种损伤所开展的多项研究成果，对反应器的某些局部结构又做了进一步改进(如保温结构)；为防止回火脆性，*J*-系数和 *X* 系数的控制不断趋严，材料的纯净度越来越好；焊接方面，由于焊接设备、焊接材料和焊接结构的改进，焊缝质量进一步提高；堆焊技术，在发现堆焊层氢致剥离现象之后，经试验研究证明采用单层浅熔深堆焊法堆焊成的堆焊层对剥离的抵抗能力较差，所以此堆焊工艺已被淘汰。多数采用了双层堆焊，一般都是堆焊 TP309L 后即进行焊后热处理(PWHT)，然后再堆焊 TP347，并不再进行 PWHT；也有采用经改进的 TP347(或 TP309Nb)单层堆焊，并且采用了高焊速、大电流的堆焊工艺，提高了堆焊层抗氢致剥离的能力。其结果各种损伤发生极少。在此阶段中，由于出现更趋高温高压化的加氢新工艺，现用反应器材料却难以适应。迫切要求开发强度更高、对环境适应性更好的加氢反应器钢
第四个历史阶段	1988~现在	更新期	以国外从 20 世纪 80 年代后期 90 年代初相继开发成功几种新的 Cr-Mo 钢为标志，将加氢反应器技术推进到一个新的阶段

1.1.3 加氢反应器结构特征

1.1.3.1 加氢反应器本体结构

加氢反应器的本体结构，根据不同的年代的技术水平与需求，曾使用了不同形式的本体结构。表 1-1-5 是曾使用过板焊、锻焊和多层 3 种不同本体结构特征的比较。

应用中到底选用何种本体结构形式，主要取决于使用条件、反应器尺寸、制造厂的加工装备与能力及其交货周期以及经济上的合理性和用户的需要等诸因素。不过，近 20 多年来多层结构在高温高压加氢装置的设备上很少应用。这是由于钢材生产技术的飞快发展已能生产出性能很好的 450~500mm 厚截面的大锻件和厚约 300mm 的厚钢板，且相配套的焊接、热处理、无损检测等技术也有很大的进步，为大型单层结构设备的制造创造了非常有利的条件。另外，国外也有认为对于高温高压的使用环境及伴随有压力、温度急剧波动的装置，采用多层结构是不适宜的看法。

到目前为止，国内制造过的2.25Cr-1Mo-0.25V钢锻焊结构和2.25Cr-1Mo钢板焊结构加氢反应器最厚壁厚分别为334mm和180mm。

表1-1-5　加氢反应器不同本体结构的特征

	锻焊结构	板焊结构	多层结构
结构断面	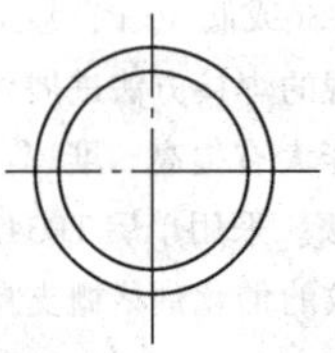	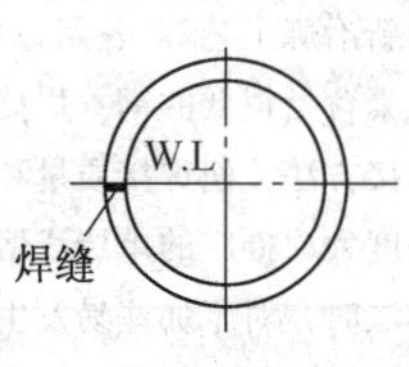	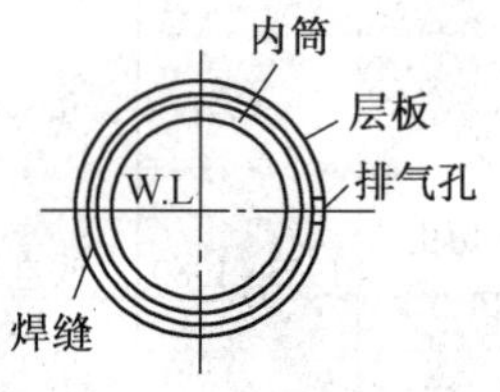
适用范围 条件	可用于高温高压场合。其最高使用温度取决于所用材料的性能(如抗高温氢腐蚀性能等)。一般宜用于厚度大于160～180mm以上的场合	可用于高温高压场合。其最高使用温度取决于所用材料的性能(如抗高温氢腐蚀性能等)	可用于高压，但温度不宜太高。因为它存在结构上不连续性的缺点，会造成较大的热应力和因缺口效应而使疲劳强度下降等。所以一般认为对于温度大于350℃和温度、压力有急剧波动的场合，选用要谨慎。国外、国内20世纪后期又开发了一种多层夹紧式结构。国内对此结构的层间间隙进行了分析，并对层间摩擦力利用等问题还做了研究与考虑
适用范围 最大厚度/mm	约500	约300	总厚约600。一般内筒厚16～20，层板厚为4～8，有的可达14
材料选用	(1)须选择能满足标准规定的化学成分、力学性能和抗环境脆裂(如高温氢腐蚀)性能要求的材料 (2)当有H_2S腐蚀时，要在内表面堆焊不锈钢堆焊层	(1)须选择能满足标准规定的化学成分、力学性能和抗环境脆裂(如高温氢腐蚀)性能要求的材料 (2)当有H_2S腐蚀时，要在内表面设置不锈钢覆盖层(采用复合钢板或堆焊不锈钢)	(1)内筒选用抗高温氢腐蚀和H_2S腐蚀的材料(如不锈钢) (2)层板可采用高强钢，以利设备轻量化
材料内在质量(致密性、纯净性、均质性)及材料利用率	筒节锻坯由于需经墩粗、拔长、墩粗、冲孔的锻造加工过程，可冲掉中心部位的偏析与夹杂，使筒节材料的内在质量得到改善，从而提高反应器的抗氢损伤能力。材料利用率相对较低	在合适厚度范围内，采用表1-1-3所述冶炼工艺方法，钢板也能获得与锻件相近的特性。材料利用率相对较高	由于钢板较薄，其内在质量较容易得到保证。材料利用率相对较高
设计时的应力分析	可采用有限元法等进行	可采用有限元法等进行	对层间和焊缝部位的应力状况，需要根据实验来分析
焊缝	仅有环焊缝，对提高反应器耐周向应力的可靠性有利。而且焊缝少	有纵、环焊缝，焊缝多。焊接工作量大	有纵、环焊缝，焊缝多。但焊缝系薄(或较薄)板焊接，其质量较易保证
射线或超声检测	易	易	难
声发射检测	易	较易	较易
焊后热处理	必需	必需	一般不进行
破坏行为	超过临界裂纹后迅速扩展	超过临界裂纹后迅速扩展	缓慢地、阶段地扩展

1.1.3.2 加氢反应器局部详细结构的改进

过去反应器曾有某些脆性损伤常发生在应力集中的高应力区，诸如承受重载荷的内部支持圈拐角处和法兰密封槽槽底拐角处以及外部附件连接焊缝部位等。为了避免或尽可能减少各种损伤的发生，曾对相关局部结构做了改进。

(1) 催化剂支承结构

催化剂支承结构一般都由过去的图 1-1-9(a)改进成图 1-1-9 (b)的结构。

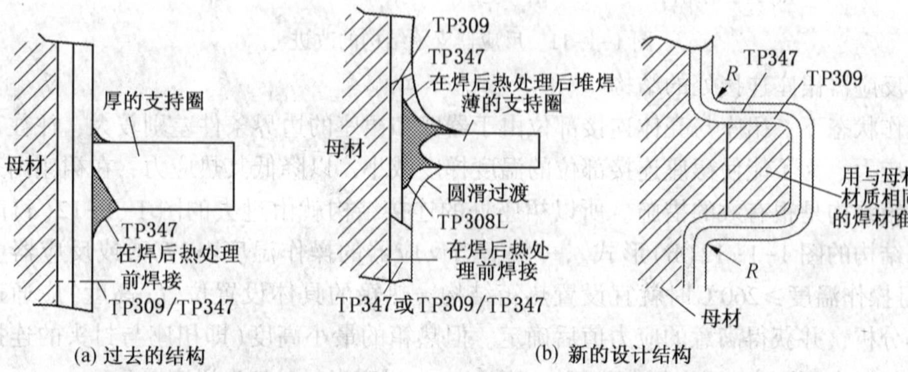

图 1-1-9 催化剂支承结构的改进

(2) 法兰密封结构

一般，反应器上的接管法兰多采用环形八角形金属垫片密封。由于原先设计上有不完善之处，且螺栓载荷又较大，曾在法兰密封槽底部拐角处产生过裂纹，而且判定为是不锈钢堆焊层的氢脆开裂。原因之一是该部位有较大的应力集中。为此，将法兰密封槽底拐角处通常标准规定的圆角 R 适当加大；原因之二是 TP347 堆焊层的延性较低。为此相应采取了如图中所注的改变 TP347 堆焊时机，以提高 TP347 堆焊层的延性，增强其抗氢脆开裂的能力。具体的结构改进见图 1-1-10(a)和图 1-1-10(b)。

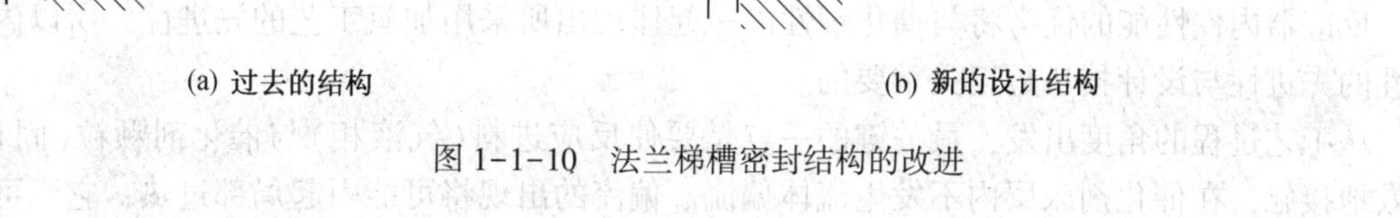

图 1-1-10 法兰梯槽密封结构的改进

(3) 反应器支承结构

为改善反应器裙座支承部位的应力状况和能使裙座连接处的焊缝在制造中和使用过程的停工检修时可以进行超声检测或射线检测，将此处结构由图 1-1-11(a)的各种形式改进为图 1-1-11(b)的相应形式。

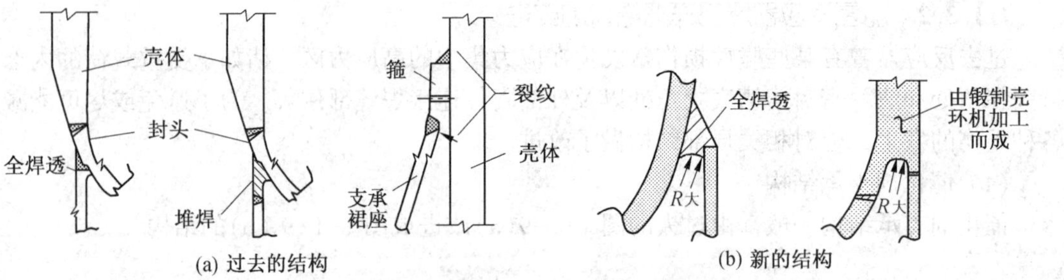

图 1-1-11　反应器支承结构的改进

(4) 反应器裙座连接处的结构

在操作状态下，裙座与壳体连接部位由于器壁和裙座的边界条件差别较大，往往存在着较大的热应力。为了能使裙座连接部位的温度梯度减小，以降低其热应力，在裙座内采取增设一个热箱结构是很有效的措施。所以裙座处的连接结构就由过去的图 1-1-12(a)改进成设有热箱结构的图 1-1-12(b)形式。一般，当反应器的操作温度≥370℃或反应器壁厚≥50mm，且操作温度≥260℃时就宜设置热箱结构。热箱的具体设置位置(高度)应通过对此部位的热分析，并获得满意的应力值后确定。但热箱的最小高度(即裙座与封头的连接点至热箱圈板的上表面距离)至少不能小于$(RT)^{0.5}$(R 为裙座半径；T 为裙座厚度)。

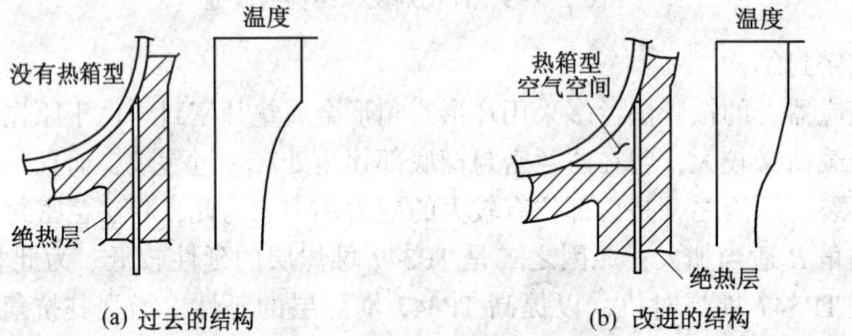

图 1-1-12　裙座连接部位的结构改进

(5) 反应器外部附件连接结构

为改进过去附于反应器外表面的一些附件(如保温支持圈、管架、平台支架等)的连接焊缝难以焊透所带来的隐患，采取尽可能不将各种附件与器壁外表面相焊的办法或结构。如保温支承结构现多采用如图 1-1-13 所示的不直接焊于反应器外表面而是披挂其上的鼠笼式结构。当某些附件非与反应器外壁相焊不可时，则应采用全焊透结构。

1.1.4　加氢反应器内件设置

反应器内件性能的优劣将与催化剂性能一起体现出所采用加氢工艺的先进性。所以内件特性的先进性与设计技巧是至关重要的。

从工艺过程的角度出发，最关键的一点是要使反应进料(气液相)与催化剂颗粒(固相)有效地接触，在催化剂床层内不发生流体偏流。偏流的出现将可能引起局部过热，它既可能危及设备的安全使用，又会影响反应效率，还将使催化剂的使用寿命受到损害。

从设备设计的角度说，值得特别注意的问题是在保证内件能具有高效性能和稳定操作的前提下，应将内件结构设计得更加紧凑，尽量缩小空间所占高度，以达到最大限度地利用反应器容积。

通常，固定床反应器内一般设有入口扩散器、气液分配盘、积垢篮、冷氢箱、热电偶和出口收集器等，如图 1-1-14 所示。在表 1-1-6 和相应的图示中说明或示意了这些主要内件的作用、典型结构及相关的注意要点。

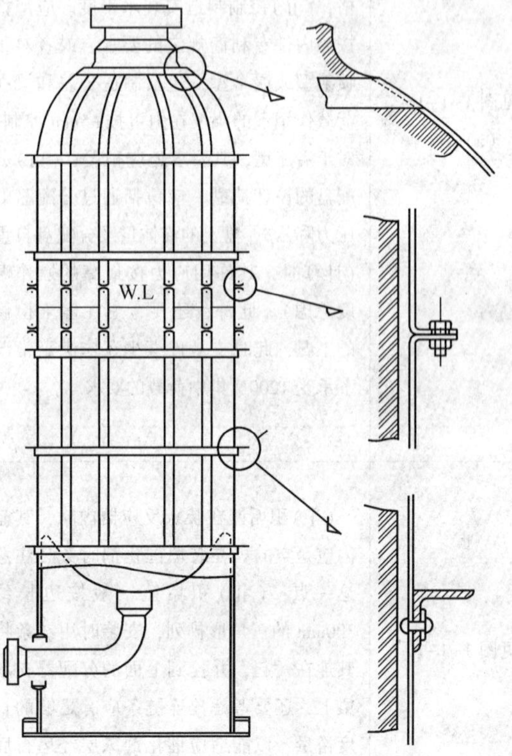

图 1-1-13　鼠笼式保温支承结构

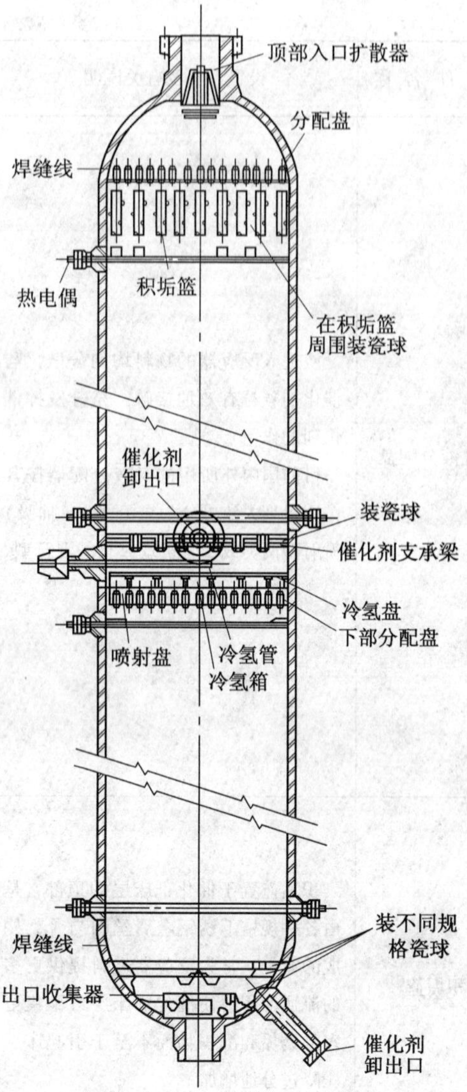

图 1-1-14　主要内件的设置

表 1-1-6　主要内件的作用、典型结构及注意要点

内件名称	设置目的及有关说明	典型结构型式	注意要点
入口扩散器(或称预分配器)	防止高速流体直接冲击液体分配盘而影响分配效果；使气液产生预混合并尽可能扩散到整个反应器截面上 对于图 1-1-15(b)所示的周边开有长圆孔的扩散器还可起到积存进料中的一些锈垢的作用	见图 1-1-15 (a)(b)	(a)型：(ⅰ)进料方向应垂直于入口扩散器上的两条开孔；(ⅱ)两层水平挡板上的开孔应对中；(ⅲ)水平挡板上的开孔应垂直于板面。 (b)型：根据液体及沉积物量确定长槽孔的大小、数量和位置

续表

内件名称	设置目的及有关说明	典型结构型式	注意要点
气液分配盘	使进入反应器的物料均匀分散，与催化剂颗粒有效地接触，充分发挥催化剂的作用 目前国内外所用的气液分配器按其作用机理大致可分为溢流型和(抽吸)喷射型两类或二者机理兼有的混合型	见图 1-1-16 (a)(b)	(ⅰ)最关键是应保证分配盘上不漏液，可采用耐高温填料垫密或其他措施来保证。安装后充水 100mm 高，一般以在 5min 内液位降低不小于 25mm 为合格；(ⅱ)控制制造安装水平度。应严格按照内件专利商规定的要求，或者对于喷射型或混合型，包括制造公差和梁在荷载作用下的挠度在内可按±5mm 控制，对于溢流型，其要求还应稍严；(ⅲ)分配盘的设计荷载，应包括通过分配盘的压力降Δp、盘上的液体量及分配盘自重(计算时，其许用应力按最高的操作温度考虑)。此外，还要考虑在停工检修的工况，此时支承件至少还应满足常温下承受 1200N 集中荷载的要求
积垢篮①	积垢篮置于催化剂床层的顶部，是由各种规格不锈钢金属丝网与骨架构成的篮框。它为反应器进料提供更多的流通面积，使催化剂床层可聚集更多的锈垢和沉积物而不至于引起床层压降过分地增加	见图 1-1-17	(ⅰ)积垢篮在装入反应器内时，其篮内应是空的。在装填催化剂时务必注意这一点；(ⅱ)积垢篮一般按边长约 300mm 的三角形排列，安装时用链条将其连在一起，并拴到上面的分配器支承梁上，还要考虑拴连链条应有足够的长度裕量，以能适应催化剂床层经运行后的下沉(可按下沉 5%考虑)
冷氢箱	用以控制加氢过程放热反应引起的催化剂床层温度升高，并为上床层来的高温物流在此与急冷氢进行热交换。图示的冷氢箱结构由冷氢管、冷氢盘、再分配盘组成，可使来自上面床层的反应物料和起冷却作用的冷氢充分混合，而后又将具有均匀温度的气液混合物再均匀地分配到下面的催化剂床层上	见图 1-1-18 及图 1-1-18(a)	(ⅰ)冷氢管内设置的隔、挡板应使从两个开孔中喷出的氢气量是相当的；(ⅱ)为发挥冷氢的作用效果，冷氢盘和冷氢箱部分应采用耐高温填料填密，或采取其他措施以保证不漏液，可按气液分配盘的试漏标准验收；(ⅲ)冷氢盘和喷射盘的安装水平度，包括制造公差、荷载作用下的挠度等在内，可按±6mm 控制。再分配盘的要求与气液分配盘相同

续表

内件名称	设置目的及有关说明	典型结构型式	注意要点
热电偶	为监视加氢放热反应引起床层温度升高及床层截面温度分布状况而对操作温度进行监测。热电偶的安装有从筒体上径向插入和从反应器顶封头上垂直方向插入的方式，如图 1-1-19。在径向水平插入的形式中又有横跨整个截面的和仅插入一定长度的两种情况。以往床层测温基本采用铠装热电偶。近年多数在采用铠装热电偶的同时，还采用了一种称为柔性热电偶(flexible thermocouples)的结构，它可在一个热电偶开口接管上设置高密度的测点，并具有快速反应时间(4~8s)和对床层温度飘移能迅速反应等特性，可对床层截面温度进行许多点测量，因而可对工艺过程进行有效的控制 另外，为了监控反应器器壁金属的温度情况，也往往在反应器外表面的筒体圆周上或封头和开口接管的相关部位设置一定数量的表面热电偶	见图 1-1-19(a)(b)(c)	(ⅰ)对径向水平插入的热电偶套管要注意由于操作过程催化剂下沉和停工检修卸出催化剂时被压弯的可能性，特别是当反应器直径较大时更不可忽略；(ⅱ)径向水平插入一定长度的热电偶，其套管与反应器筒体在现场焊接的焊缝曾有发生裂纹的实例，因此在设计时对于确定的设置位置应尽可能为现场施焊创造较为方便的条件，同时施焊操作也要更加细心；(ⅲ)顶部垂直插入的热电偶套管，当长度较长时，要适当设置导向结构，以利套管在操作状态下因受热伸长时而不受到阻碍
出口收集器	用于支承下部的催化剂床层，以减轻床层的压降和改善反应物料的分配	见图 1-1-20	要在出口收集器与下封头接触的下沿或与其连接的定心环的圆周上开设数个缺口，以便停工时排液用

注：① 近年几乎都在反应器顶部装填大孔隙的惰性多孔球或脱金属催化剂替代此结构。

1.1.5 加氢反应器的主要损伤形式、原因与材料选用

1.1.5.1 热壁加氢反应器主要损伤形式、原因与对策

热壁加氢反应器由于器壁直接与高温、高压含氢或氢与硫化氢介质接触，操作条件相当苛刻，有可能引起诸如高温氢腐蚀、氢脆、硫化物应力腐蚀开裂、铬-钼钢回火脆性破坏和奥氏体不锈钢堆焊层的氢致剥离现象等损伤。目前虽在工程应用上已能够采取一些有效措施加以防止，但是，如处理不当，仍有发生的危险，还应引起注意。表 1-1-7 列出了这些损伤发生的部位、主要特征及其应采取的预防措施。

1.1.5.2 加氢反应器材料选用

1.1.5.2.1 选择材料的基本要求

防止或减轻加氢反应器可能发生如前表所列的各种损伤，在很大程度上主要取决于用于制造反应器的材料(包括焊材)成分与性能。在选择材料时至少应使其满足下列基本要求：(1)应符合适用规范所规定的化学成分、常温和高温力学性能以及设计提出的附加要求；(2)应具有良好的内在质量(致密性、纯净性和均质性)，这对于厚钢板和大截面锻件尤为重要；(3)应具有能在加氢苛刻环境下长期使用的耐环境脆化特性性能；(4)经济上要合理。

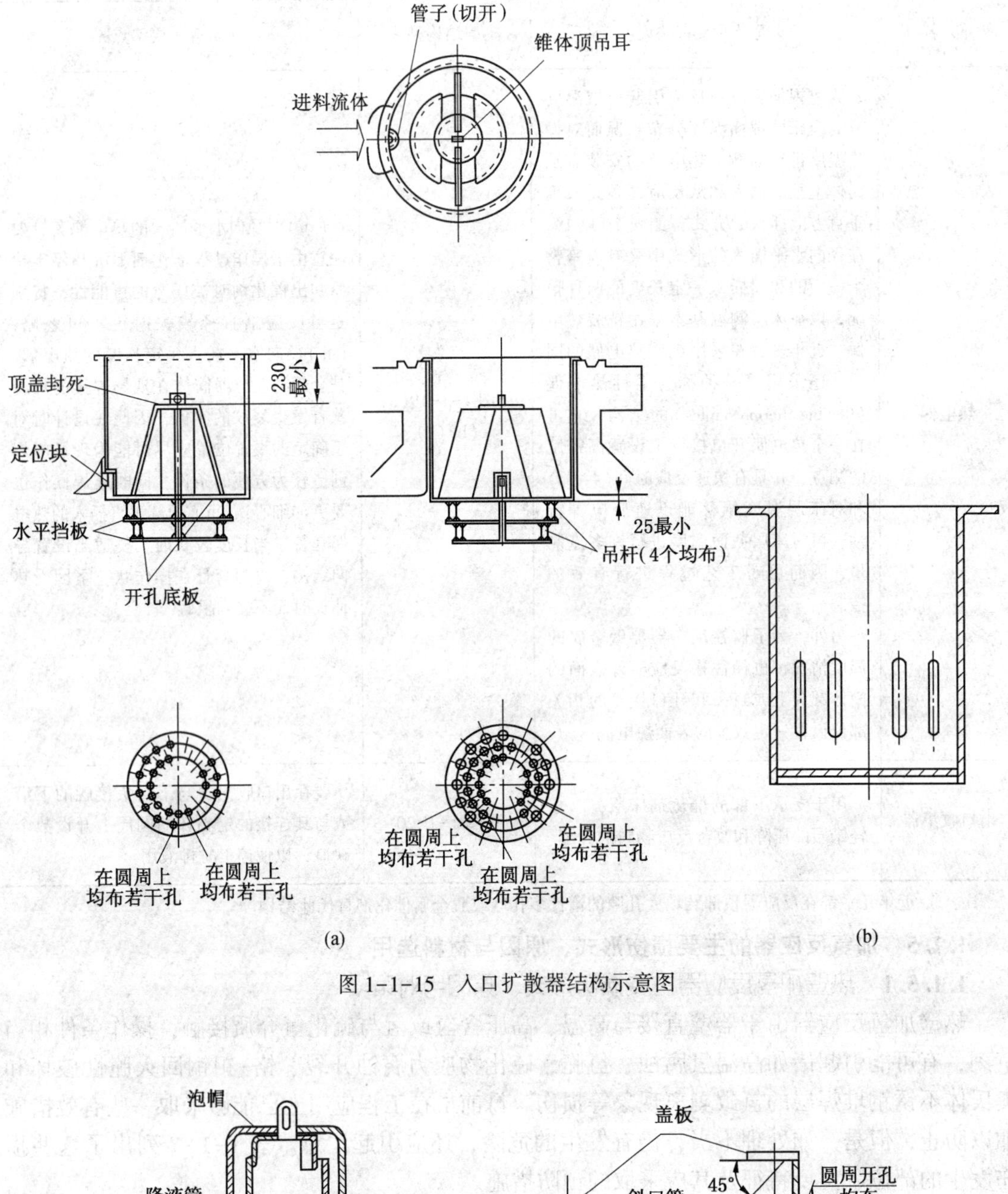

图 1-1-15 入口扩散器结构示意图

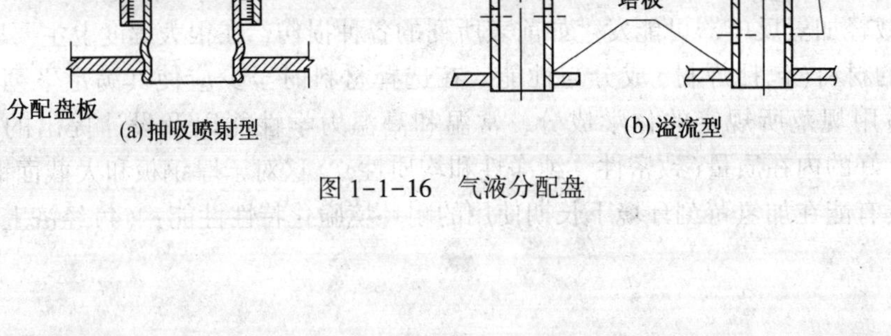

图 1-1-16 气液分配盘

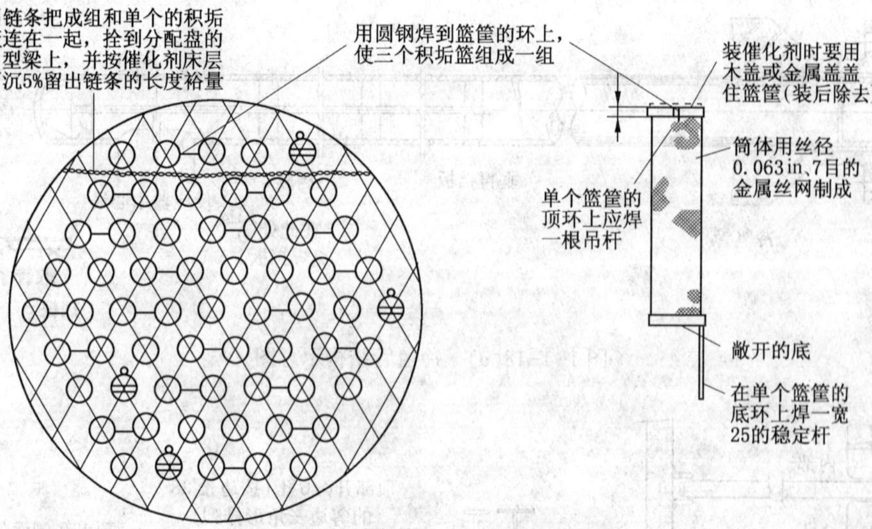

图 1-1-17　积垢篮结构及布置示意图

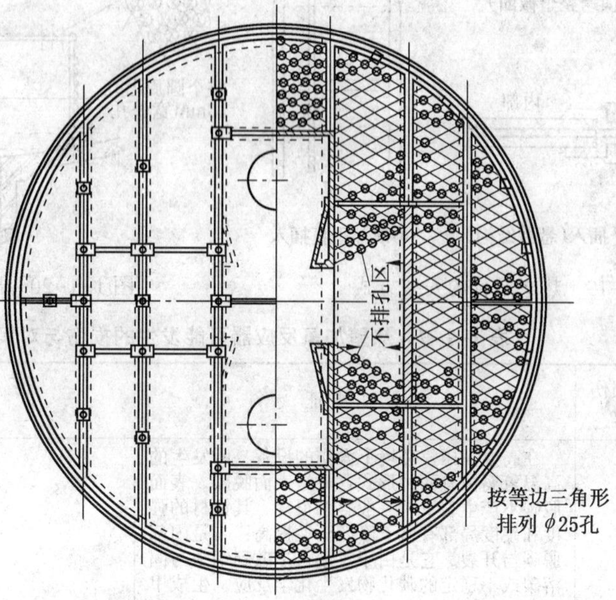

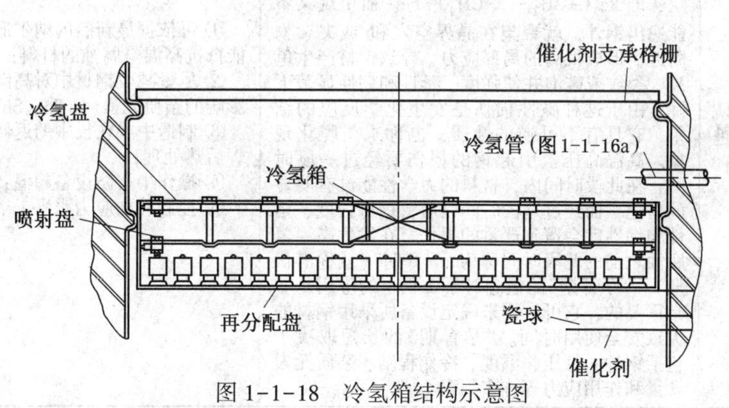

图 1-1-18　冷氢箱结构示意图

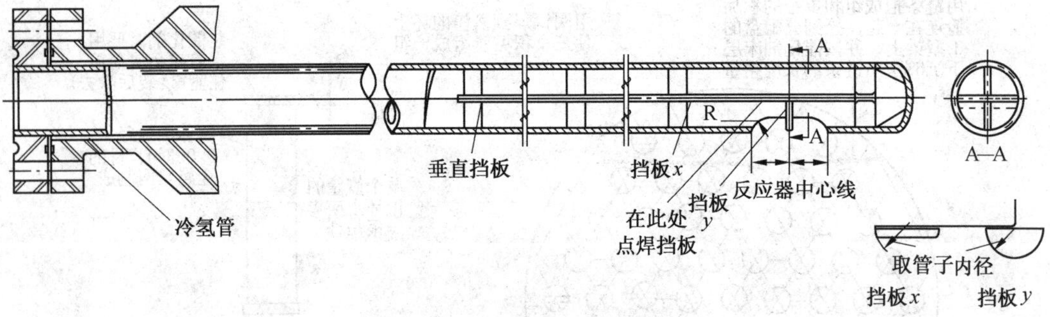

图 1-1-18(a) 冷氢管结构示意图

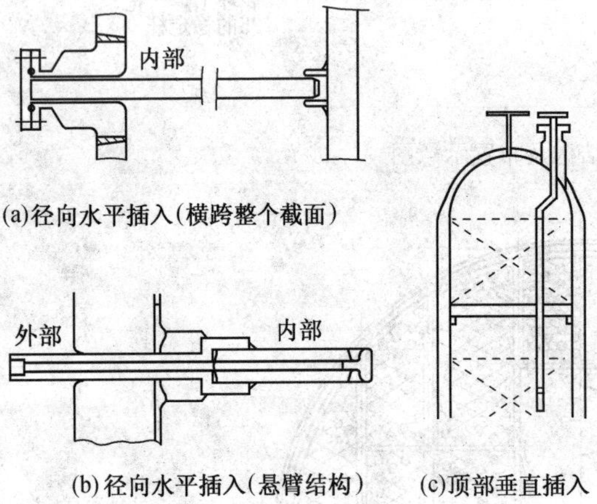

图 1-1-19 热电偶管的安装方式

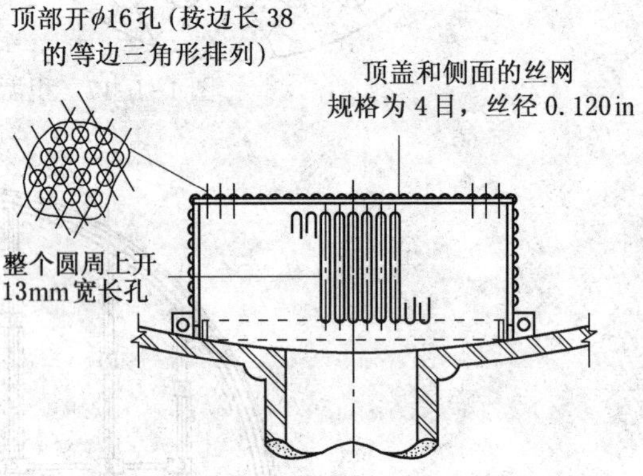

图 1-1-20 出口收集器示意图

表 1-1-7 热壁加氢反应器可能发生的损伤与对策

损伤类型	主要损伤部位	主要特征	对策
高温氢腐蚀	母材及焊缝金属	在高温高压氢环境下操作的设备，所发生的高温氢腐蚀有两种形式：一是表面脱碳。表面脱碳不产生裂纹，一般影响很轻，其钢材的强度和硬度局部有所下降而延性提高；二是内部脱碳与开裂。它是由于氢侵入扩散到钢中与固溶碳或不稳定的碳化物发生化学反应，生成甲烷，即 $Fe_3C+2H_2 \longrightarrow CH_4+3Fe$。而甲烷又不能逸出钢外，就聚集在晶界空穴和/或夹杂物附近，形成很高的局部应力，导致钢材产生龟裂、裂纹或鼓泡并使强度、延性和韧性显著下降。由于这种脆性损伤是发生化学反应的结果，它具有不可逆的性质，也称永久脆化现象。高温高压氢引起钢的损伤要经过一段时间，在此段时间内，材料的力学性能没有明显的变化，而经过这段时间以后，钢材强度、延性和韧性就会遭到严重的损伤。在发生高温氢腐蚀之前的此段时间称为“孕育期”(或称潜伏期)。“孕育期”的概念对于工程上的应用是非常重要的，它可被用来确定设备所采用钢材的大致安全使用时间。“孕育期”的长短取决于包括钢种、氢压、温度、冷作程度、杂质元素含量和作用应力等许多因素	① 可依据最新版的纳尔逊曲线来正确选择能抵抗高温氢腐蚀的材料； ② 尽量减少钢材中对高温氢腐蚀产生不利影响的杂质元素(如Sn、Sb)含量； ③ 制造中或在役中的返修补焊后必须进行焊后热处理； ④ 操作中严防设备超温； ⑤ 控制外加应力水平

续表

损伤类型	主要损伤部位	主要特征	对策
氢脆	当今主要发生在反应器内部内件支持圈连接部位的不锈钢焊接金属和不锈钢堆焊的法兰金属环垫片密封槽槽底拐角处等高应力区	氢脆是氢残留在钢中所引起的脆化现象。产生了氢脆的钢材，其延伸率和断面收缩率显著下降。这是由于侵入钢中的原子氢，使结晶的原子结合力变弱，或者作为分子状在晶界或夹杂物周边上析出的结果。但是，对于已产生氢脆的材料，当给予特定的条件时，氢仍可从钢中释放出来，使钢的性能得到恢复，所以氢脆是可逆的，也称一次脆化现象。使用中的停工过程，若冷却速度太快，使吸藏在金属材料中的氢来不及散逸出去，造成过饱和氢残留其中，会使氢诱起裂纹临界应力强度因子 K_{1H} 降低，从而可能引起亚临界裂纹扩展，对设备的安全使用带来威胁。氢脆发生的温度一般在150℃以下。氢脆的敏感性一般是随钢材强度的提高而增加，强度越高，只要吸收少量的氢，就可引起严重的氢脆现象。很长一个时期以来，由于冶炼技术的进步和钢材质量的明显提高，在实际应用中已几乎看不到在符合标准限制的强度要求的加氢反应器母材上发生氢脆损伤问题的报道。但是在反应器内部的奥氏体不锈钢堆焊层或奥氏体不锈钢附件连接焊缝金属上时有发生氢脆开裂的现象。而且在实际损伤例中还发现同时伴有σ相脆化。这是因奥氏体不锈钢焊缝金属或堆焊金属中含有的δ-铁素体在随设备焊后热处理过程中有部分转变成σ相(σ相的量是随焊后铁素体含量越多而迅速增加的)的缘故。有金相检测表明，这些裂纹是沿着奥氏体晶界上的铁素体/σ相网状组织传播的。裂纹普遍是发生在TP347焊接金属上，通常扩展到TP347和TP309的界面处就停止了。但是，偶尔也有裂纹穿透TP309堆焊层而进入到Cr-Mo钢母材的实例	① 当选用2.25Cr-1Mo钢材料时，应控制常温抗拉强度 $R_m \leqslant$ 690MPa，若 R_m 超过690MPa时，钢中裂纹扩展的危险性明显增加；同时也应控制常温屈服强度 R_{el} 上限值不超过620MPa。另外，还应控制包括焊接热影响区在内的硬度≤220HB； ② 为防止不锈钢焊缝金属或堆焊层上产生裂纹，应采取如下措施： (a) 从结构上尽量减少应变幅度，比如将有关附件与母材做成一体，而后把它们一起堆焊的结构。这对于改善使用寿命很有帮助。另外，采取降低热应力和避免应力集中等措施也都是有效的； (b) 尽量保持TP347堆焊金属或焊接金属有较高的延性。为此，一是要控制TP347中δ-铁素体含量，焊后状态用铁素体数FN表示的铁素体含量的最大值，按美国焊接研究协会（WRC）最新版的“不锈钢焊缝金属WRC-1992(FN)图”（见图1-1-21）计算，目标值最好限制在FN9以下，这样能够防止形成连续的铁素体网状组织，从而避免因过多的铁素体含量在焊后最终热处理过程转变成较多的σ相而产生显著的脆性(为防止焊接中产生热裂纹，铁素体含量的下限应控制不小于FN3；若为防止晶间应力腐蚀开裂，最好控制不小于FN5)；二是对于易发生氢脆开裂的部位，应采取在堆焊TP309堆焊层后就随设备进行最终焊后热处理，尔后再堆焊TP347，就不再进行热处理，以提高TP347堆焊金属的延性。这从图1-1-22中就可清楚地看到它的效果； ③ 装置停工时冷却速度不应过快，且停工过程中应有一段能使钢中吸藏的氢能尽可能释放出去的工艺过程，以减少金属中的残留氢含量。这从图1-1-23所示的TP347堆焊金属吸收氢量对其延性的影响可知此举措的必要； ④ 尽量避免非计划的紧急停工

续表

损伤类型	主要损伤部位	主要特征	对策
连多硫酸应力腐蚀开裂	奥氏体不锈钢构件焊缝处或高应力区	应力腐蚀开裂是特定(敏感)金属在拉应力和特定腐蚀介质共同作用下所发生的脆性开裂现象。奥氏体不锈钢对于硫化物应力腐蚀开裂比较敏感。连多硫酸($H_2S_xO_6$，$X=3\sim6$)引起的应力腐蚀开裂也属硫化物应力腐蚀开裂，一般为晶间裂纹。这种开裂与在制造、焊接过程中和长期在高温条件下运转时由于碳化铬在晶界上析出，使晶界附近的铬浓度减少形成贫铬区，材料变成“敏化态”有关。 连多硫酸的形成，是由于设备在含有高温硫化氢的气氛下操作时生成了硫化铁，在装置停工的冷却过程中和打开设备曝露于大气中时，与出现的水分和进入设备内的空气中的氧发生反应的结果。即： $3FeS+5O_2 \longrightarrow Fe_2O_3 \cdot FeO+3SO_2$ $SO_2+H_2O \longrightarrow H_2SO_3$ $H_2SO_3+{}^1/_2O_2 \longrightarrow H_2SO_4$ $FeS+H_2SO_3 \longrightarrow mH_2S_xO_6+nFe^{2+}$ $FeS+H_2SO_4 \longrightarrow FeSO_4+H_2S$ $H_2SO_3+H_2S \longrightarrow mH_2S_xO_6+nS$ $FeS+H_2S_xO_6 \longrightarrow FeS_xO_6+H_2S$ 可见，产生连多硫酸应力腐蚀开裂必须同时具备三个条件： (1) 环境条件：能够形成连多硫酸的环境； (2) 有拉应力(残余应力或外加应力)存在； (3) 奥氏体不锈钢处于敏化态。其敏化温度范围一般为370~815℃，具体取决于材料的碳含量、稳定化元素与碳的比值、暴露时间以及初次热履历等诸多因素	① 选用合适的材料是有效防护措施之一。当选用奥氏体不锈钢时，一般应选用超低碳型(C ≤ 0.03%)或稳定型的不锈钢(如SUS321、SUS347)。还可选用铁素体不锈钢。当选用SUS321时，其临界Ti/C比为：C含量大于0.04%时，宜大于7；C含量在0.02%~0.03%时，宜大于10。当选用SUS347材料时，其临界Nb/C比为：C含量大于0.04%时，宜大于10；C含量在0.02%~0.03%时，宜大于15。 ② 要尽量消除或减轻由于冷加工和焊接引起的残余应力，并希望能加工成不形成应力集中或尽可能小的结构。 ③ 使用上应采取缓和环境条件的措施，如采取措施抑制连多硫酸生成(比如采用干燥氮气对系统进行吹扫或在停工时向系统提供一定热量等)，以除去空气和防止水汽析出。或者采用碱洗措施，以中和可能生成的连多硫酸，使用方法可参照美国腐蚀工程师协会出版的标准推荐作法(Standard Recommended Practice) NACE Standard RP0170《奥氏体不锈钢和其他奥氏体合金炼油设备在停工期间产生连多硫酸应力腐蚀开裂的防护》。应注意的是，近些年间，此标准前后版次的相关内容都有所变化，所以选用时应参照最新的版次。当前最新版次为2004年3月修订本，该版次很强调经清洗后的设备表面应保留一层薄薄的残留碱液膜

续表

损伤类型	主要损伤部位	主 要 特 征	对 策
2.25Cr-1Mo 钢的回火脆性破坏	母材和焊缝金属	2.25Cr-1Mo 钢的回火脆性是钢材长期保持在 325~575℃(也有人提出是在 371~593℃或 354~565℃或 400~600℃等等)温度范围内或从此温度范围缓慢地冷却时，其材料的断裂韧性就引起劣化损伤的现象。近年在工程应用中一般按 API RP571 标准规定的当长期暴露在温度高于 343℃时就应考虑 2.25Cr-1Mo 钢的回火脆化损伤问题。产生回火脆化的原因是由于钢中的微量杂质元素和某些合金元素向原奥氏体晶界偏析，使晶界凝集力下降所致。从破坏试样的断口特征看，呈现晶间破坏的形态。产生回火脆化了的钢材对于抗拉强度和延伸率来说，几乎没有影响，只是在进行冲击性能试验时才能观察到很大的变化。材料一旦发生回火脆化，其韧脆转变温度就向高温侧迁移(见图 1-1-24)。因此，在低温区，若有较大的附加应力存在，就有发生脆性破坏的危险。回火脆化现象具有可逆的特征。即将已经脆化了的钢加热到 600℃以上，然后急冷，钢材就可恢复到原来的韧性。影响回火脆性的因素很多，如化学成分、制造时的热处理条件、加工时的热状态、强度大小、塑性变形、碳化物的形态、使用时所保持的温度和暴露时间等等。在化学成分中，P、Sn、Sb、As 等杂质元素对脆化影响很大，Si 和 Mn 同样也是一种促进脆化作用的元素，特别是 Si 对 2.25Cr-1Mo 钢回火脆性敏感性也有很大的影响，见图 1-1-25。 2.25Cr-1Mo 钢的回火脆化，在 482℃时进展的速度要比在 427~454℃范围内快得多；但是，长期处于 454℃时其损伤会更严重	① 尽量减少钢中 P、Sb、Sn、As 杂质元素的含量。一般认为，当 2.25Cr-1Mo 钢中的 As 和 Sb 含量分别控制在 0.020%和 0.004%以下时，对钢材的回火脆性影响不大 ② 尽量降低 Si 的含量[如可采用真空碳脱氧(VCD)的冶炼工艺，以获得低 Si 含量]，最好控制 Si<0.1%，最大不应超过 0.25%(但此时 P 应相应地控制得更低) ③ 对回火脆化敏感性系数(J 系数和 X 系数，此两系数是通过实验整理得到的以化学成分描述回火脆性敏感性的系数)加以限制，推荐按下面数值的要求控制： $J=(Si+Mn)(P+Sn)\times10^4$ $\leqslant100\%$ 或更小(适用于母材) $X=(10P+5Sb+4Sn+As)\times10^{-2}$ $\leqslant15\times10^{-6}$(适用于焊缝金属) ④ 对于母材的技术要求，同时还应限制 $(P+Sn)<0.012\%$ [因据试验表明，限制 $(P+Sn)<0.01\%$ 就能足以使回火脆性降至最小]。 ⑤ 推荐按下述要求控制脆化处理后的韧性指标，即 $vTr54^{①}+\alpha\Delta vTr54^{②}<10℃$(或 0℃) $(\alpha=2.5$ 或 $3)$ ⑥ 制造中应选择合适的热处理工艺，使材料既能够满足规定的的力学性能要求，又能获得优越的抗回火脆性性能这样一种综合性能。 ⑦ 为使脆性断裂的可能性降至最低，应采用热态型的开停工方案：开工时先升温后升压，停工时先降压后降温。即当操作温度低于最低升压温度(MPT)时，应限制系统压力大约不超过最高设计压力的 25%。MPT 的确定，取决于材料抗回火脆性的性能。最早曾规定 MPT=171℃；国内 1980 年前后引进的几套加氢裂化装置，外商规定 MPT=121℃；20 世纪 80 年代初 API 推荐 MPT=93℃(200 ℉)，近年随着材料抗回火脆性性能的进一步改善和对回火脆性敏感性较小的加钒 Cr-Mo 钢应用，其 MPT 还可进一步较低。 ⑧ 采用合适的开停工升降温速度，建议当温度小于 150℃时，升降温速度以不超过 25℃/h 为宜

续表

损伤类型	主要损伤部位	主要特征	对策
奥氏体不锈钢堆焊层的氢致剥离现象(裂纹)	不锈钢堆焊层与母材的界面处	操作于高温高压氢介质环境下的反应器，氢会侵入到器壁中，在停工过程氢又可能从器壁中逸出。但由于Cr-Mo母材和不锈钢堆焊层金属的结晶结构不同，因此在相同温度下氢在二者中的溶解度和扩散速度是不一样的(氢在母材中的溶解度小，扩散系数大，在奥氏体不锈钢堆焊层中的溶解度大，扩散系数小)，结果造成堆焊层界面上氢浓度呈不连续状态，如图1-1-26所示。而且溶解度和扩散系数又都是温度的函数，尤以母材与温度的依赖性更大，因此，当反应器由正常运转转入停工时，氢在母材中溶解度的过饱和度要比堆焊层大得多，因此使在过渡区(系堆焊金属被母材稀释引起化学成分变化的区域)附近所吸收的氢将从母材侧向堆焊层侧扩散迁移。可是，氢在奥氏体不锈钢中的扩散系数却比Cr-Mo钢小，所以氢在堆焊层内的扩散就很慢，导致在过渡区界面上的堆焊层侧聚集大量的氢而引起脆化。同时又因Cr-Mo钢和奥氏体不锈钢两种材质的热膨胀系数不同，必使界面上存在着较大的残余应力。这样，在某种晶界形状和晶界强度条件下，就可能在界面上发生剥离。从宏观上看，剥离的路径是沿着堆焊层和母材的界面扩展的，在不锈钢堆焊层与母材之间呈剥离状态，故称剥离现象(裂纹)；从微观上看，剥离裂纹发生的典型状态有沿着熔合线上所形成的碳化铬析出区和沿着长大的奥氏体晶界扩展的两大类。对于剥离的发生，经超声检测和声发射试验监控发现，它并不是从操作状态冷却到常温时就马上发生的，而是要经过一段时间后才可观察到这种剥离的现象。所以氢致剥离也属于氢致延迟开裂的一种型式。影响堆焊层氢致剥离的主要因素有包括母材和堆焊层的化学成分及其特性和操作温度、氢分压、冷却速度、反复加热冷却的循环次数、焊接方法、焊接条件及焊后热处理等环境条件和制造工艺因素等	凡是采取能够降低界面上的氢浓度，减轻残余应力和使熔合线附近的堆焊金属具有较低氢脆敏感性的措施对于防止堆焊层的氢致剥离都是有效的。比如： ① 添加钒的Cr-Mo钢，由于钢中形成弥散而又细微的稳定碳化钒，它具有捕集氢的能力。另外也大大改变了氢在钢中的溶解度和扩散速度特性，在室温时加钒Cr-Mo钢比常规Cr-Mo的氢扩散系数小，而氢溶解度变大。因此，在停工过程中从母材侧向堆焊层界面扩散的氢就比常规Cr-Mo钢明显减少，使堆焊层具有优越的抗氢致剥离能力； ② 氢剥离损伤出现后，经研究认为在制造中采用大电流高焊速的堆焊参数堆焊成的堆焊层具有更好的抗剥离性能，总之最关键的是，堆焊时应设法避免在熔合线附近的堆焊金属中生成粗大的晶粒； ③ 选择合适的焊后热处理条件，在能够满足反应器其他各种性能要求的前提下，尽量优化其参数，使在熔合线附近和奥氏体晶界上析出较少的碳化铬。曾有试验表明，氢致剥离裂纹发生的临界氢浓度是随着Larson-Miller参数$P[P=T(20+\log t)]$的增大而直线下降的； ④ 在正常停工时要采取使氢尽可能释放出去的停工条件，以减少器壁中的残留氢量； ⑤ 在操作中应严格遵守操作规程，降温速度不能太快，且尽量避免非计划的紧急停车。因为不同的冷却速度是会造成堆焊层界面附近的最大氢浓度有较大的差别

注：① $vTr54$—经最小模拟焊后热处理的夏比冲击功为54J时所对应的转变温度(℃)；

② $\Delta vTr54$—经最小模拟焊后热处理+阶梯冷却处理与经最小模拟焊后热处理的夏比冲击功为54J时所对应的转变温度的增量(℃)。

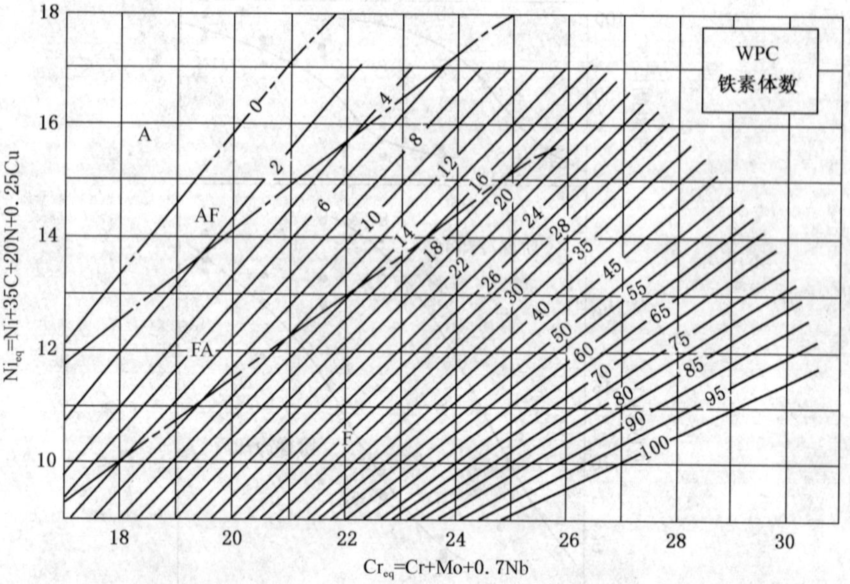

图 1-1-21 不锈钢焊缝金属 WRC-1992(FN)图

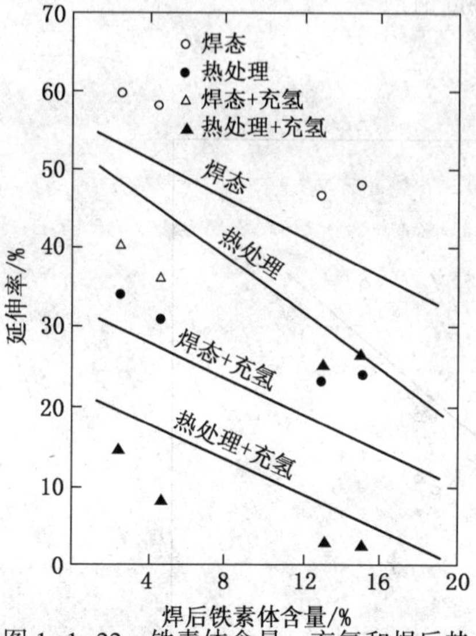

图 1-1-22 铁素体含量、充氢和焊后热处理对 TP347 焊接金属延伸率的影响

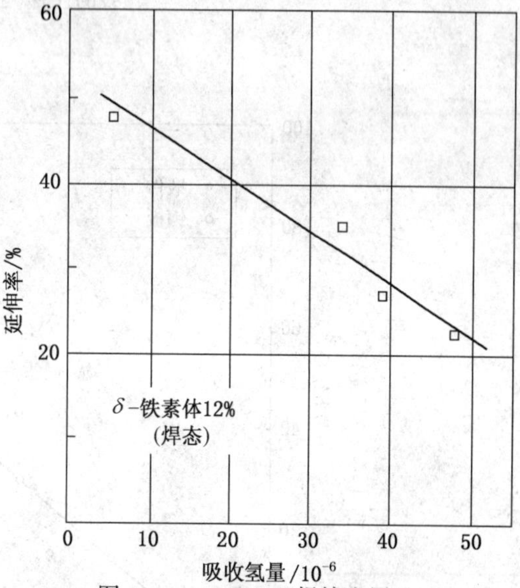

图 1-1-23 TP347 焊接金属吸收氢量对其延伸率的影响

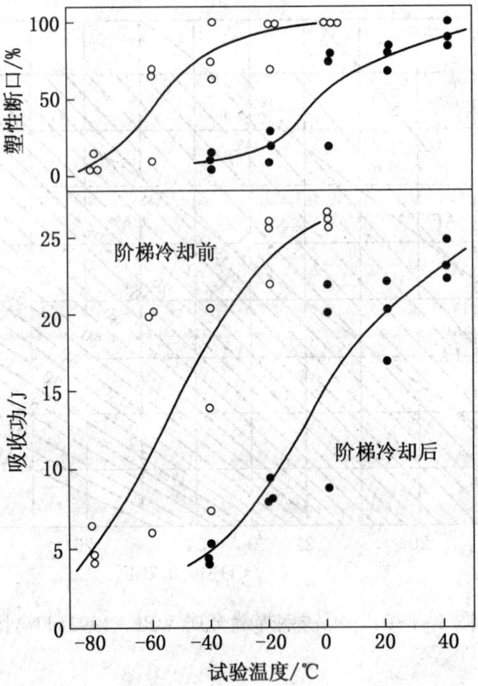

图 1-1-24 回火脆化引起夏比冲击转变曲线的迁移(2.25Cr-1Mo 钢)

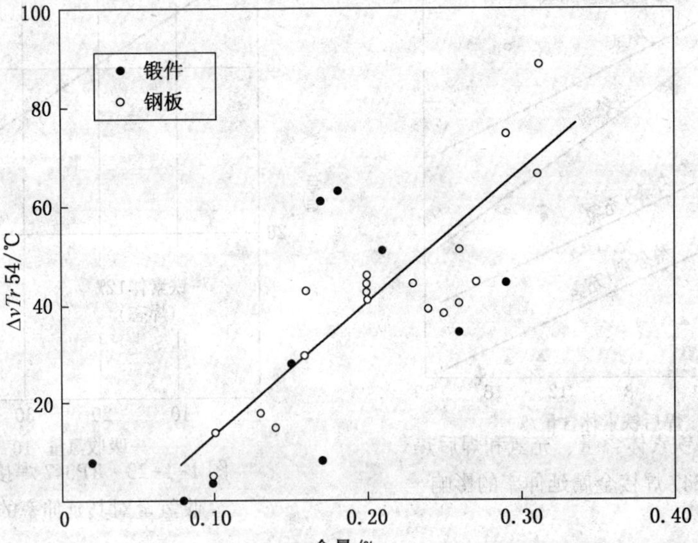

图 1-1-25 2.25Cr-1Mo 钢 Si 含量与 $\Delta vTr54$ 的关系（经阶梯冷却试验结果）

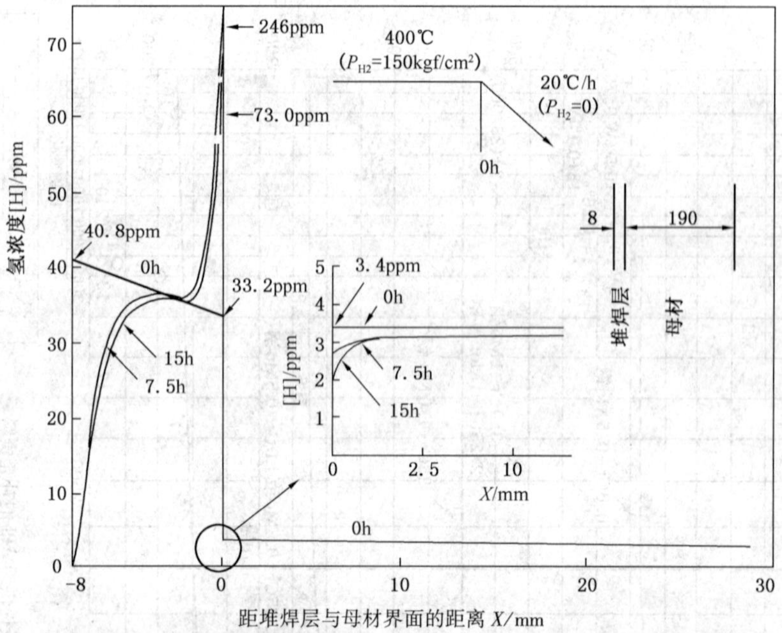

图 1-1-26　带堆焊层反应器从正常运转转入停车冷却过程中的器壁内部氢浓度分布情况

1. 1. 5. 2. 2　选材的主要考虑与依据

针对在高温高压条件下存在有氢或氢与硫化氢介质的环境，在材料选用时应考虑如下有关问题并参照下面给出的依据。

(1) 应满足抗高温氢腐蚀的要求。根据设计条件参照美国石油学会 API RP941《炼油厂和石油化工厂高温高压临氢作业用钢》中的“临氢作业用钢防止脱碳和开裂的操作极限”等图线，通常也称 Nelson(纳尔逊)曲线(见图 1-1-27)来进行选材。

在应用图 1-1-27 进行选材时，还应该注意以下几点：

① 本图线仅仅涉及到材料的高温氢腐蚀，它并不考虑在高温时的其他重要因素引起的损伤，比如系统中还存在着像硫化氢等其他腐蚀介质的情况和可能发生蠕变、回火脆化或其他高温损伤的机制以及可能发生如高温氢腐蚀与蠕变等叠加作用的问题。

② 由于纳尔逊曲线从问世至今已经过多次修订，所以使用时务必按照最新版次的曲线选用，以保证使用的可靠性。当前的最新版次为 API RP941 第六版，2004 年 3 月。

③ 在实际应用中，通常焊接接头的抗高温氢腐蚀性能往往不如母材，特别是在热影响区的粗晶区附近更显薄弱，尤应引起重视。图 1-1-28 是母材和焊接接头抗氢性能的比较。

④ 因图线中标出的温度数据都有±11℃的变化范围，所以选材时使用者可自主决定适当增加一些安全裕量。

(2) 当流体中含有硫化氢时，则材料应满足抗硫化氢与氢共存条件下的腐蚀要求。硫化氢与氢共存条件对钢的腐蚀比硫化氢单独存在时还要剧烈和严重，因为氢在腐蚀过程中起着催化剂的作用，加速了腐蚀的进展。当操作温度大于 260℃时，其高温硫化物的腐蚀强度会增加。确定材料在此条件下的腐蚀率，一是按照相似的经验数据；二是可参照图1-1-29和图 1-1-30 所示的柯珀(Couper)曲线对碳钢和 18-8 不锈钢进行估算其腐蚀率。对于不同铬含量(0~9%)的铬-钼钢的腐蚀率，可先从图 1-1-29 中查得碳钢的腐蚀数据后再乘以表 1-1-8所列的相应铬-钼钢种的修正系数 F_{Cr}即得。

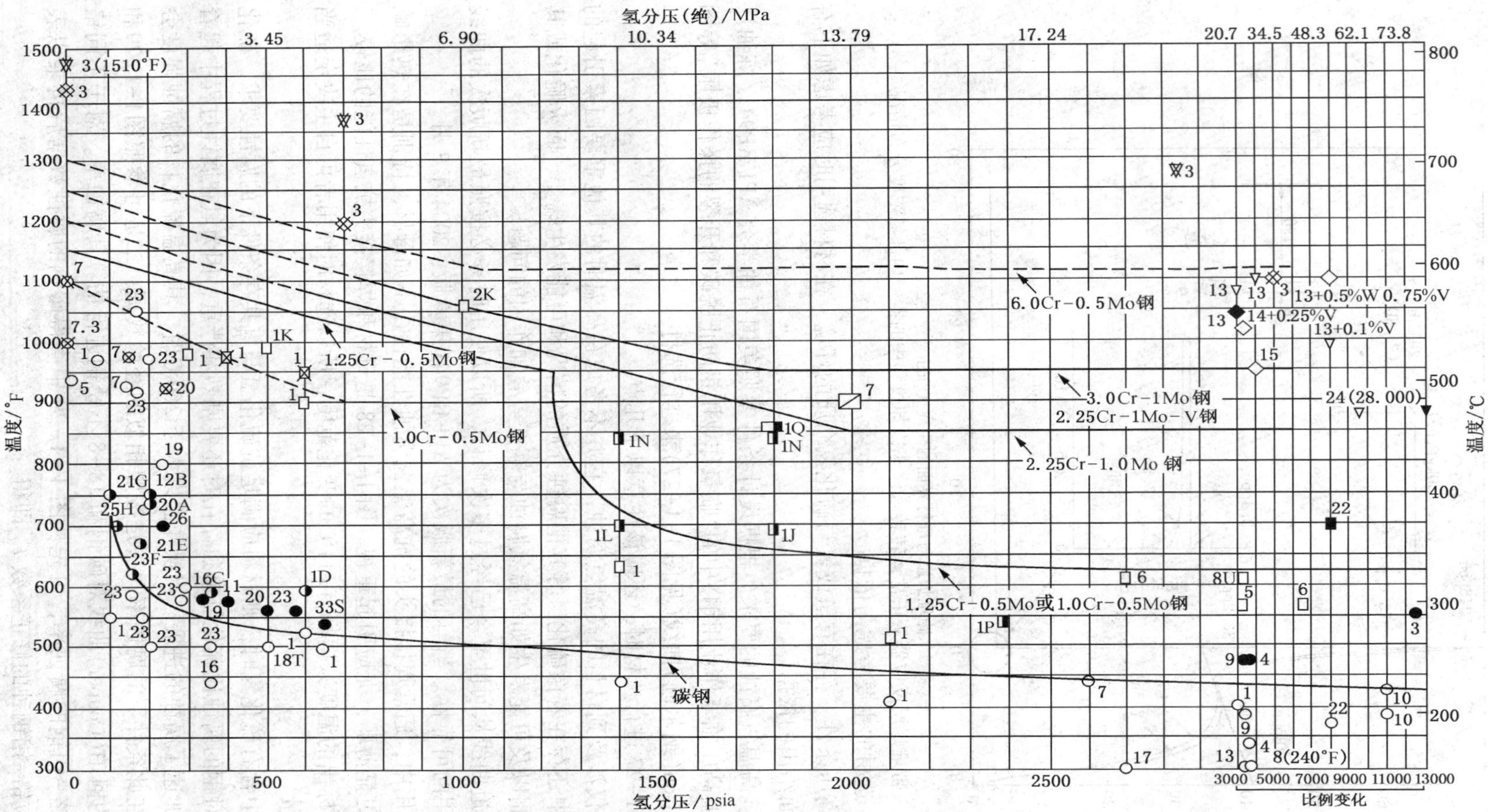

图 1-1-27　临氢作业用钢防止脱碳和微裂的操作极限

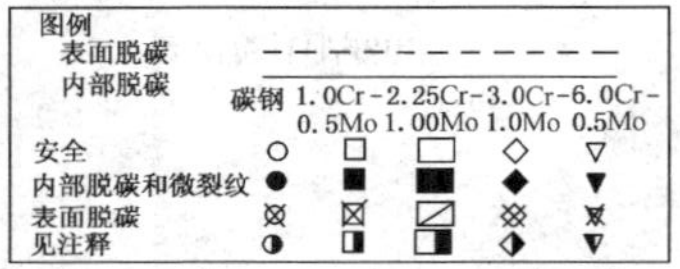

注：① 图中这些曲线给出的极限是基于 G. A. Nelson(纳尔逊)最初收集的操作经验和由 API 收集到或提供给 API 的补充资料。

② 奥氏体不锈钢在任何温度和氢压的临氢环境中都不会脱碳。

③ 图中这些曲线给出的极限是基于铸钢及退火钢和正火钢采用 ASME 规范第Ⅷ卷第 1 册的应力值水平，补充资料见 API RP941-2004(第六版)正文 5.3、5.4 节。

④ 1.25Cr-1Mo 钢在安全范围内报道发生几例高温氢腐蚀，详见 API RP941-2004(第六版)附录 B。

⑤ 包括 2.25Cr-1Mo-V 级钢是基于 10000h 以上实验室的试验数据，这些合金至少等于 3Cr-1Mo 钢性能。详见 API RP941-2004(第六版)2.2 节所列的参考文献 22。

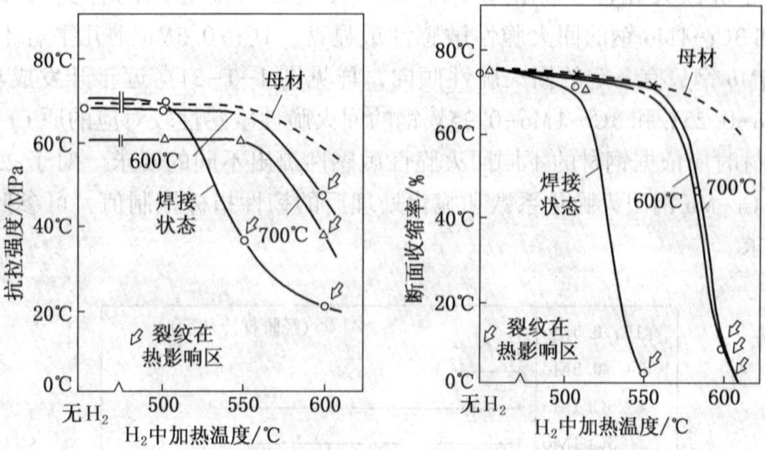

图 1-1-28 2.25Cr-1Mo 钢母材与焊缝的抗氢性能比较

（焊后热处理时间：5h；氢压：30MPa；加热时间：360h）

（曲线上的温度为焊后热处理温度）

表 1-1-8 不同铬含量的修正系数 F_{Cr}

钢 种	F_{Cr}	钢 种	F_{Cr}
碳钢、C-0.5Mo	1	5Cr-0.5Mo	0.80
1Cr-0.5Mo	0.96	7Cr-1Mo	0.74
2.25Cr-1Mo	0.91	9Cr-1Mo	0.68

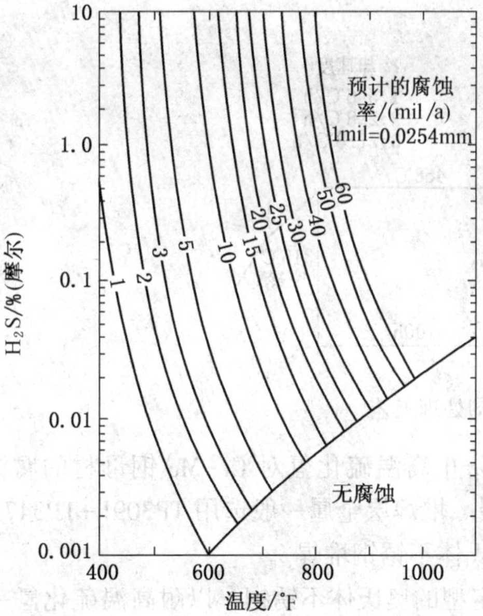

图 1-1-29 碳钢在 H_2S+H_2 中的等腐蚀曲线(介质：石脑油)

注：介质为瓦斯油时，还应乘以 1.896 的系数

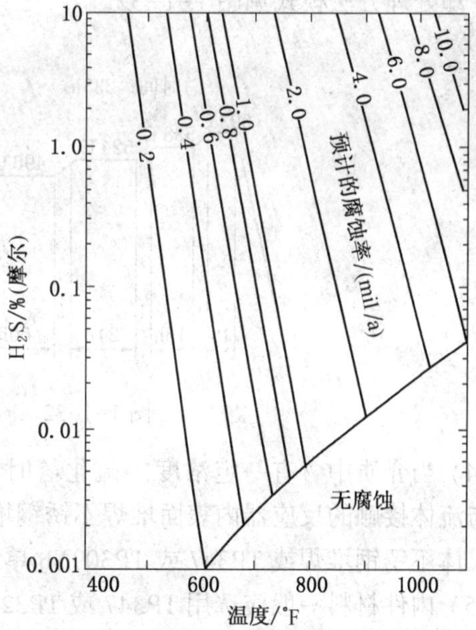

图 1-1-30 18-8 钢在 H_2S+H_2 中的等腐蚀曲线

(3) 应满足抗回火脆性性能的要求。对于反应器可能选用的各类 Cr-Mo 钢中，以 2.25Cr-1Mo 和 3Cr-1Mo 钢的回火脆性敏感性最显著；1Cr-0.5Mo 钢几乎看不到回火脆性；而 1.25Cr-0.5Mo 钢只有一定的回火脆性倾向，详见图 1-1-31。近年开发成功的加钒改进型 2.25Cr-1Mo-0.25V 和 3Cr-1Mo-0.25V 钢的回火脆性敏感性较对应的原 Cr-Mo 钢种还要小。为此在选材时应依据钢材的不同回火脆性敏感性提出不同的要求。对于 2.25Cr-1Mo 钢和加钒改进型 Cr-Mo 钢回火脆化系数和脆化处理后的韧性指标控制值，可参照表 1-1-7 中推荐的相关要求。

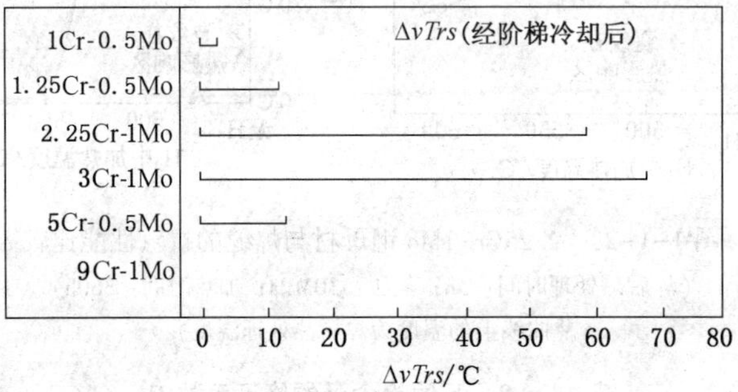

图 1-1-31 各种 Cr-Mo 钢回火脆性敏感性的比较

对于回火脆化处理试验，在工程应用上通常采用加速脆化的处理方法——阶梯冷却法(或称步冷法，Step Cooling)来评价回火脆性敏感性。因它可用较短的时间就能考察材料的回火脆化程度(在研究上主要是采用等温脆化处理法，它需要上万小时的长时间)。典型的阶梯冷却处理方法模式见图 1-1-32。

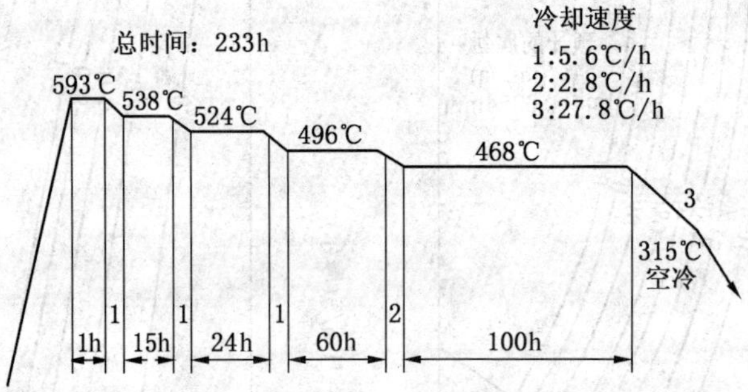

图 1-1-32 阶梯冷却处理工艺

(4) 当介质中含有一定浓度的硫化氢时，为防止高温硫化氢对 Cr-Mo 钢母材的腐蚀，应在与流体接触的反应器内表面堆焊不锈钢堆焊层。堆焊层金属一般选用 TP309L+TP347 双层奥氏体不锈钢堆焊或 TP347 或 TP309Nb 单层奥氏体不锈钢堆焊。

(5) 内件材料一般应选用 TP347 或 TP321 稳定型的奥氏体不锈钢，以耐高温硫化氢+氢的腐蚀和抗连多硫酸应力腐蚀开裂。

1.1.5.2.3 制造加氢反应器用材料的主要技术要求

用于制造高温高压加氢反应器的主体材料(指筒体、封头、开口接管、短管、弯头、法兰、法兰盖等所用的材料)除应符合相关标准规定外，建议至少还应提出以下要求：

(1) 反应器所用主体材料应符合相关标准和设计的附加要求。

(2) 反应器所用主体材料应是采用碱性电炉冶炼(或经用户认可的氧气转炉冶炼方法)+精炼炉精炼和真空脱气法生产的本质细晶粒镇静钢。

(3) 反应器所用主体材料应按相应材料标准规定采用正火(允许加速冷却)+回火或淬火+回火的热处理制度，并通过控制从奥氏体化的冷却速度，以获得至少90%以上贝氏体显微组织。

(4) 反应器所用主体材料(包括焊接材料)存在回火脆化倾向时，应对影响回火脆化的材料化学组成和杂质元素(如Si、Mn、P、Sn、Sb、As、Ni和Cu等)提出限制的附加要求，并严格控制影响回火脆性敏感性的相关指标(如J系数、X系数和脆化后的韧性指标等)。

(5) 反应器所用主体材料的钢中夹杂物应按GB/T 10561—2005《钢中非金属夹杂物含量的测定标准评级图显微检验法》规定的B法按评级图谱和图片进行评定。并对检验结果的A类(硫化物类型)、B类(氧化铝类型)、C类(硅酸盐类型)、D类(球状氧化物类型)、DS类(单颗粒球状类)夹杂物提出具体的限制要求。如可要求各类夹杂物均不得超过1.5级，且A+C类和B+D类之和各不得超过2.0级，总和不超过4.5级等。

(6) 反应器用主体材料的晶粒度应按GB/T6394《金属平均晶粒度测定法》测定，并满足不粗于5级的要求。

(7) 锻件使用的钢锭头尾应有足够的切除量，以确保锻件无缩孔及严重偏析等缺陷。对于采用实心钢锭锻造的锻件，其主截面部分的锻造比不得小于3.5。并应锻至尽可能接近成品零件的形状和尺寸。

(8) 锻件经外观检查应无肉眼可见的裂纹、夹层、折叠、夹渣等有害缺陷。且应保证锻件不存在白点。

(9) 钢板表面不得有裂纹、结疤、气泡、折叠和夹杂等缺陷；钢板内部不得有分层。

(10) 主体材料用的锻件或钢板应逐件或逐张按JB/T4730.1~4730.6《承压设备无损检测》的第3部分进行超声检测，并满足有关规定的要求。

(11) 主体材料主要性能试验的取样要求见表1-1-9及相应图示。

表1-1-9 性能试验取样一般要求

试验项目	适用标准	试验对象与数量		取样部位		模拟焊后热处理条件
		部件	数量	要求	图示	
室温拉伸试验	GB/T228	筒节锻件	根据相关技术条件从一端取2个样坯(即A和B)或从两端各取1个样坯(即A和B)，每个样坯各取2件	½T处，试样轴线：垂直于锻件主要加工方向	图1-1-33	一半试样：Min. PWHT 另一半试样：Max. PWHT
		筒体钢板	两端对角线部位各取1个样坯(即A和B)，每个样坯各取2件	其中：1件取自T×表面以下1.6mm处；另1件取自T×½T处 试样轴线：垂直于轧制方向	图1-1-34	浅表面试样：Min. PWHT 1/2T处试样：Max. PWHT
		接管法兰锻件	取2件	½T处，试样轴线：垂直于锻件主要加工方向	图1-1-35	1件Min. PWHT 另1件Max. PWHT

续表

试验项目	适用标准	试验对象与数量		取样部位		模拟焊后热处理条件
		部件	数量	要求	图示	
高温拉伸试验	GB/T 4338	筒节锻件	根据相关技术条件从一端取2个样坯(即A和B)或从两端各取1个样坯(即A和B)，每个样坯各取2件	$\frac{1}{2}T$处，试样轴线：垂直于锻件主要加工方向	图1-1-33	一半试样：Min. PWHT 另一半试样：Max. PWHT
		筒体钢板	两端对角线部位各取1个样坏(即A和B)，每个样坏各取2件	其中： 1件取自T×表面以下1.6mm处； 另1件取自$T\times\frac{1}{2}T$处试样轴线：垂直于轧制方向	图1-1-34	浅表面试样：Min. PWHT $\frac{1}{2}T$处试样：Max. PWHT
		接管法兰锻件	取2件	$\frac{1}{2}T$处，试样轴线：切向	图1-1-35	1件Min. PWHT 另1件 Max. PWHT
试验温度下的夏比(V形缺口)冲击试验	GB/T 229	筒体锻件、钢板、接管法兰锻件	根据技术要求，两端各取2套或一端取2套，每套3个试样	$T\times\frac{1}{2}T$处，试样轴线：筒体锻件纵向；筒体钢板横向；接管法兰锻件纵向		一套： Max. PWHT 另一套： Min. PWHT
回火脆化倾向性评定(采用V形缺口)冲击试验	按设计技术条件或ASME SA370	筒体锻件、钢板、接管法兰锻件	在样坯上取8套，每套3件	$T\times\frac{1}{2}T$处，试样轴线：筒体锻件纵向；筒体钢板横向；接管法兰锻件：纵向		Min. PWHT
			在样坯上取8套，每套3件			Min. PWHT+S. C.
冷弯试验	GB 232	钢板	2件	从钢板两端中间部位T×表面取样，试样轴线：垂直于轧制方向		供货状态

(12) 反应器内表面堆焊的TP347奥氏体不锈钢堆焊层熔敷金属的金相组织应为均匀的奥氏体加铁素体双相组织，焊后状态的铁素体含量为FN3~FN10，并按"不锈钢焊缝金属WRC-1992(FN)图"计算求得。如果规定采用磁性仪器测定铁素体含量时，则应采用经按AWS(美国焊接协会)A4.2"测量奥氏体不锈钢和奥氏体-铁素体双相不锈钢中δ-铁素体含量用磁性仪器的校准标准方法"校准过的铁素体测定仪进行测定。

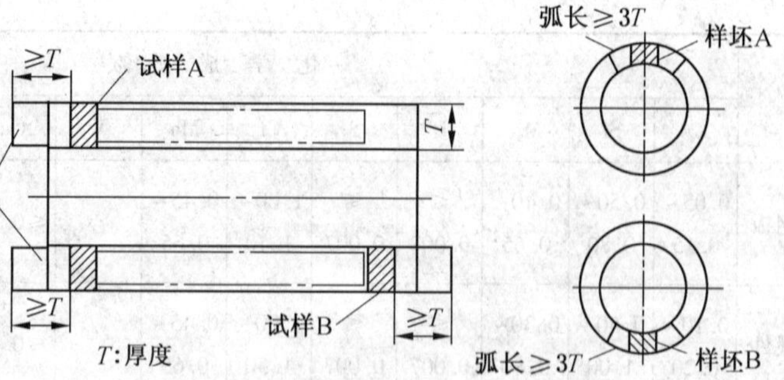

图 1-1-33　筒体锻件取样部位

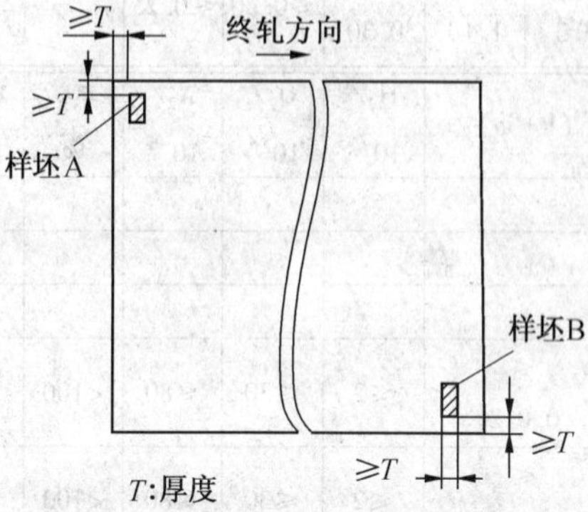

图 1-1-34　筒体钢板取样部位

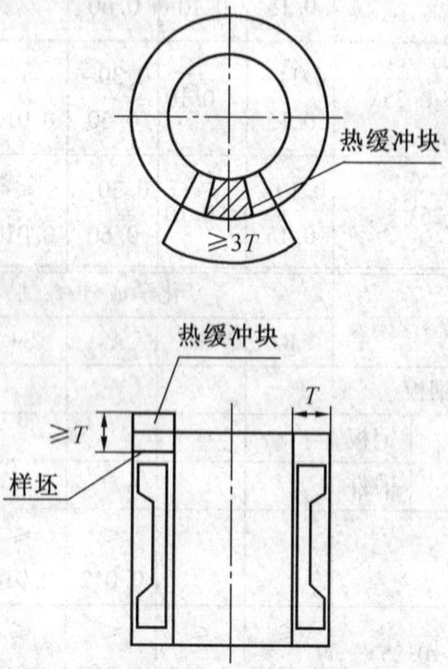

图 1-1-35　接管法兰锻件取样部位

1.1.5.2.4　制造加氢反应器的常用材料

制造加氢反应器的常用材料一般为 Cr-Mo 钢系。因为这些钢材既具有优良的抗高温氢腐蚀性能，又有良好的短时和长时高温力学性能。根据不同的操作温度和压力，在加氢反应器上一般选用的材料有：1Cr-0.5Mo、1.25Cr-0.5Mo、2.25Cr-1Mo 、2.25Cr-1Mo-0.25V 和 3Cr-1Mo-0.25V 钢，而以采用 2.25Cr-1Mo 和加钒 Cr-Mo 钢居多。这些材料的化学成分、回火脆性敏感性系数及力学性能和回火脆化倾向评定要求一般可分别参照表1-1-10和表1-1-11。

表 1-1-10　加氢反应器常用钢材化学成分及回火脆化系数要求

钢　材	化　学　成　分/%											
	C	Si	Mn	P	S	Cr	Mo	V	Cu	Ni	Nb	Ti
1Cr-0.5Mo 钢板	0.05~0.17	0.15~0.40	0.40~0.65	≤0.025	≤0.025	0.80~1.15	0.45~0.60					

续表

钢材		化学成分/%											
		C	Si	Mn	P	S	Cr	Mo	V	Cu	Ni	Nb	Ti
1.25Cr-0.5Mo①	钢板	0.05~0.15	0.50~0.80	0.40~0.65	≤0.007	≤0.007	1.00~1.50	0.45~0.65		≤0.20	≤0.30		
	锻件	0.10~0.20	0.50~1.00	0.30~0.80	≤0.007	≤0.007	1.00~1.50	0.45~0.65		≤0.20	≤0.30		
2.25Cr-1Mo		0.11~0.15	≤②0.10	0.30~0.60	≤0.010	≤0.010	2.00~2.50	0.90~1.10	≤0.02	≤0.20	≤0.25		
2.25Cr-1Mo-0.25V		0.11~0.15	≤0.10	0.30~0.60	≤0.010	≤0.010	2.00~2.50	0.90~1.10	0.25~0.35	≤0.20	≤0.25	≤0.07	≤0.030
3Cr-1Mo-0.25V③		0.10~0.15	≤0.10	0.30~0.60	≤0.010	≤0.010	2.8~3.3	0.90~1.10	0.20~0.30	≤0.20	≤0.25		0.015~0.035

钢材		化学成分/%					(P+Sn)	H_2/10^{-6}	O_2/10^{-6}	N_2/10^{-6}	*J* 系数/%	*X* 系数/10^{-6}④
		B	Ca	As	Sn	Sb						
1Cr-0.5Mo 钢板												
1.25Cr-0.5Mo①	钢板											
	锻件											
2.25Cr-1Mo②				≤0.012	≤0.010	≤0.004	≤0.012	≤2	≤30	≤80	<100	<15
2.25Cr-1Mo-0.25V		≤0.0020	≤0.015	≤0.012	≤0.010	≤0.004	≤0.012	≤2	≤30	≤80	<100	<15
3Cr-1Mo-0.25V③		0.001~0.003		≤0.012	≤0.010	≤0.004	≤0.012	≤2	≤30	≤80	<100	<15

注：① 在保证力学性能的前提下，要求(Si+Mn)的含量尽可能低，且按本技术要求的钢板适宜使用厚度为50~100mm。

② 当放宽 Si 含量时(但不大于0.25%)，则 P 含量应适当降低(如 Si 若≤0.25，则 P 应≤0.008)。

③ 不同标准间某些元素的数据可能略有差异，具体可查阅相关标准。

④ 适用于允许母材因缺陷需焊补时，其焊补熔敷金属应满足 *X* 系数的要求。

表 1-1-11 加氢反应器常用钢材力学性能及回火脆化评定要求

钢号		抗拉强度 σ_b/MPa	屈服强度 σ_s/MPa	高温屈服强度 $\sigma_s^{450℃}$/MPa	延伸率 δ/%	断面收缩率 φ/%	冲击吸收功 A_{kV}/J		$vTr54+(2.5\sim3)\Delta vTr54$/℃
							三个平均	单个最小	
1Cr-0.5Mo	钢板	450~585	≥275		≥22		47 (10℃)	41 (10℃)	
	锻件	485~660							
1.25Cr-0.5Mo		515~690	≥310				54 (-18℃)	27 (-18℃)	
2.25Cr-1Mo		515~690	≥315	≥231	18	45	54 (-30℃)	47 (-30℃)	≤0 或 10
2.25Cr-1Mo-0.25V		585~760	≥415	≥345	18	45	54 (-30℃)	47 (-30℃)	≤0
3Cr-1Mo-0.25V		585~760	≥415	≥345	18	45	54 (-30℃)	47 (-30℃)	≤0

1.1.5.2.5 新 Cr-Mo 钢的开发与应用

(1) 国外的开发与应用

从20世纪80年代初开始，美国石油学会的材料性能委员会(MPC)及日本几乎是在同时开展了高温高压加氢反应器用新钢材的开发工作。经过几年研究相继取得成功，并很快在工业装置的加氢设备上应用，从而将加氢反应器技术推进到一个新的阶段。表1-1-12是国外开发的简要概况。

表1-1-12 国外新 Cr-Mo 钢的开发与应用

项 目	说 明
开发背景	(1)由于重质或超重质油裂化和煤液化等新工艺的出现使加氢反应器操作条件更趋高温高压化，原来所采用的Cr-Mo钢难以适应此要求。因为这些材料在450℃以上其设计应力强度或许用应力值急剧下降，如图1-1-36所示；(2)随着装置大型化引起设备的大型化，使原来使用的Cr-Mo钢的强度显得偏低，致使设备壁厚很厚，给制造、运输和吊装等带来困难，期盼能有更高强度的钢材；(3)热壁加氢反应器在长期使用中所出现的各种损伤，虽不少在工程上已有防范措施或对策，但有些问题仍未得到彻底解决
开发目标与实施	开发目标：(1)提高钢材的设计应力强度值(包括室温的抗拉强度和蠕变断裂强度)，以适应大型化的需要；(2)对环境强度应有更好的适应性(包括提高现有钢材的抗高温氢腐蚀、氢脆、回火脆性、堆焊层氢致剥离的能力以及具有更好的低温韧性)，以满足更趋高温高压氢环境使用条件的要求；(3)材料应具有好的加工工艺性能；(4)应具有比较低的成本 实施方法：一是通过改变原钢号的热处理条件(即化学成分不变，只降低钢的回火温度)来达到提高强度的目的；二是在原钢号的基础上添加某些合金元素来提高和全面改善钢的强度与性能
开发成功的钢种	经过几年的试验研究，国外已分别于20世纪80年代中、后期及90年代初先后开发出了增强型(Enhanced)和改进型(Modified)两大类的4个品种新Cr-Mo钢，即增强型(Enh.)2.25Cr-1Mo钢和改进型(Mod.)2.25Cr-1Mo-0.25V钢、3Cr-1Mo-0.25V-Ti-B钢及3Cr-1Mo-0.25V-Cb-Ca钢
加钒改进型Cr-Mo钢的优点	除增强型2.25Cr-1Mo钢由于是依靠降低原钢号的回火或焊后热处理温度来达到高强度化，因而它的抗氢脆敏感性和抗氢致裂纹扩展的能力均不及2.25Cr-1Mo钢，且抗高温氢腐蚀的极限温度也相对较低(被限制在440℃以下)外，加钒的改进型Cr-Mo钢都具有以下突出的优点： (1) 强度高。在室温下的规定抗拉强度为585~760MPa，而原来的2.25Cr- 1Mo钢仅有515~690MPa，则标准规定的最小抗拉强度值就提高约13%。根据当时2001年版ASME规范第Ⅷ卷 第二册中给出的3Cr-1Mo-0.25V钢和2.25Cr-1Mo-0.25V钢在454℃下的设计应力强度分别比2.25Cr-1Mo钢提高9.2%和12.4%以上。这可使设备轻量化，从而将相关的工程建设投资费用降低 (2) 抗高温氢腐蚀性能大幅度提高。由于钒的添加，钢中形成了热稳定性很强的碳化钒，大大降低了氢和不稳定碳化物的碳发生化学反应的几率，从而使钢材具有很好的抗高温氢腐蚀性能。早在1997年1月的API RP 941(第五版)中的“临氢作业用钢防止脱碳和开裂的操作极限”图(即“纳尔逊”曲线)就已将2.25Cr-1Mo-0.25V钢正式列入其中。该曲线图标明2.25Cr-1Mo-0.25V钢的使用极限温度可达510℃，比2.25Cr-1Mo钢提高了56℃ (3) 抗氢脆性能明显改善。因钢中所形成的分散于基体中的极微细碳化钒，即使在常温下仍具有较强的捕集钢中可扩散氢的能力，由此所能提供给引发开裂部位的氢量比起2.25Cr-1Mo钢就少，所以氢脆敏感性低，抗氢致裂纹扩展能力强。试验表明加钒改进型Cr-Mo钢在氢环境中的门槛应力强度因子K_{IH}值比2.25Cr-1Mo钢高许多，如图1-1-37所示。从断口情况看，2.25Cr-1Mo钢已为晶间型裂纹时，加钒改进型Cr-Mo钢仍呈准解理型 (4) 抗回火脆化性能更好。对板材、锻件和焊缝金属进行“阶冷”处理试验结果，其试验前后的转变温度增量都很小，几乎等于零(如图1-1-38所示)，说明没有明显的回火脆化现象 (5) 抗氢致剥离裂纹能力优越。加钒Cr-Mo钢不仅使钢中的碳化物组成、形态、分布状况发生了变化，而且可使Cr-Mo钢与不锈钢堆焊层界面上的显微组织对氢致剥离裂纹的敏感性也得到改善；同时还改变了氢在钢中的扩散速度和溶解度特性，如从特定试验条件得到的在25℃时的2.25Cr-1Mo-0.25V钢和2.25Cr-1Mo钢的氢扩散系数分别为$1.0\times10^{-10}m^2/s$和$3.14\times10^{-10}m^2/s$；而在特定试验条件下得到的室温氢溶解度前者为后者的6倍，使装置在停工过程当温度降至常温附近时，其堆焊层界面上的氢浓度大大减少。显示出了非常优越的抗氢致剥离裂纹能力。图1-1-39是通过对比试验整理出来的加钒Cr-Mo钢和2.25Cr-1Mo钢发生堆焊层氢致剥离的临界曲线

续表

项　目	说　　明
标准化情况	新Cr-Mo钢开发成功后，先向美国机械工程师学会(ASME)提出申请，并先以规范案例(Code Case)的形式被批准认可，如增强型2.25Cr-1Mo钢为Code Case1960，2.25Cr-1Mo-0.25V钢为Code Case2098，3Cr-1Mo-0.25V-Ti-B钢为Code Case1961，3Cr-1Mo-0.25V-Cb-Ca钢为Code Case2151。而后又相继地经批准而分别被收录到美国的ASME、ASTM，日本的JIS，英国的BS5500及德国的VdTüV等等一些国家或行业的材料标准或压力容器标准中
应用情况	增强型Cr-Mo钢在20世纪80年代中期已开始应用；3Cr-1Mo-0.25V-Ti-B钢开发成功较早，1987年就用于实验装置上，1989年正式在工业装置上使用；3Cr-1Mo-0.25V-Cb-Ca钢在1995年用于工业装置。并于1997年制造出单台质量为1500t的3 Cr-1Mo-0.25V钢反应器；至于2.25Cr-1Mo-0.25V钢，由于配套焊材研究成功较晚，直到20世纪90年代初才开始应用。但是由于它的相应标准规定的设计应力强度比3Cr-1Mo-0.25V钢还高，所以应用势头更好。截至1999年8月统计的制造业绩，世界上(不含中国，下同)采用改进型3Cr-1Mo-0.25V钢制造的设备有51台，而比3Cr-1Mo-0.25V钢推广应用相对晚约5年的改进型2.25Cr-1Mo-0.25V钢制造的反应器就已有43台的业绩。到了2004年2月国外又有报道，世界上总共制造加钒Cr-Mo钢反应器143台，其中采用3Cr-1Mo-0.25V钢制造的仍是51台，采用2.25Cr-1Mo-0.25V钢制造的为92台。经过四年半净增了49台，均为由2.25Cr-1Mo-0.25V钢材料制造，且在2003年制造出单台质量为1485t的2.25Cr-1Mo-0.25V钢反应器。在投入使用的反应器中，有些已经进行过一次或多次在役检验，包括采用超声、磁粉、渗透和声发射等无损检测方法与手段在内还未见有发现任何异常或缺陷的报道

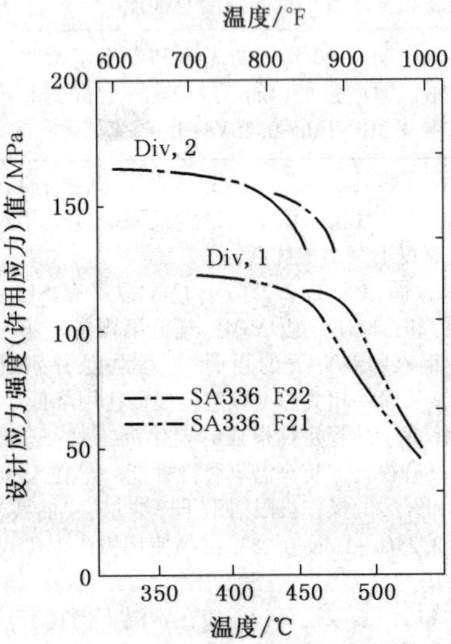

图1-1-36　ASME第Ⅷ卷规定的Cr-Mo钢设计应力强度(许用应力)值

(2) 国内加钒钢材料开发与反应器研制

国内为了能在此领域内继续保持与国外接近或相当的技术水平，国家有关主管部门组织科研、设计、制造和使用单位从20世纪90年代初进行各种准备之后，于1994年正式纳入国家重大装备的开发计划。先后研制成功了3Cr-1Mo-0.25V钢和2.25Cr-1Mo-0.25V钢两种材料，并研制成功工业装置用加氢反应器。其详细情况见表1-1-13。

(3) 国内加钒Cr-Mo钢的推广应用

以中国一重为主的联合攻关组相继开发成功3Cr-1Mo-0.25V和2.25Cr-1Mo-0.25V材料及其工业用加氢反应器后，这两种材料就如国外一样很快地在国内加氢装置的反应器上推广应用。自1999年研制成功首台3Cr-1Mo-0.25V钢反应器以来还制造了8台此材料的加氢反应器。特别是2.25Cr-1Mo-0.25V材料的开发和2002年2.25Cr-1Mo-0.25V钢加氢反应器的研制成功，为中国的加氢反应器技术奠定了坚固的基础。正因为这样的成功，中国一重才有资格在2002年参加神华煤直接液化工程两台单台质量约2100t的大型2.25Cr-1Mo-0.25V钢煤直接液化反应器的国际招标，并力排国外强大的竞争对手，一举夺标。使我国成为当今世界上制造最重反应器的国家。同时，这些材料的开发成功，也为近年国内大量兴建各类大型加氢装置，要求反应器选用加钒Cr-Mo钢提供了有力的物质保证。截至2008年5月的统计，仅中国一重制造(含在制)的2.25Cr-1Mo-0.25V钢反应器就有57台，其金属总质量已达41280t之多

(包含部分锻件从国外采购在内)。更可喜的是，热壁加氢反应器由过去依靠进口的局面到自主开发实现国产化；今天，又从国产化打入了国际市场，走向了世界，这是一个了不起的变化和进步。2006 年中国一重与中国石油技术开发公司共同与印度石油公司签订了第一个按照ASME规范第Ⅷ卷，2册并打U2钢印的2台2.25Cr-1Mo-0.25V

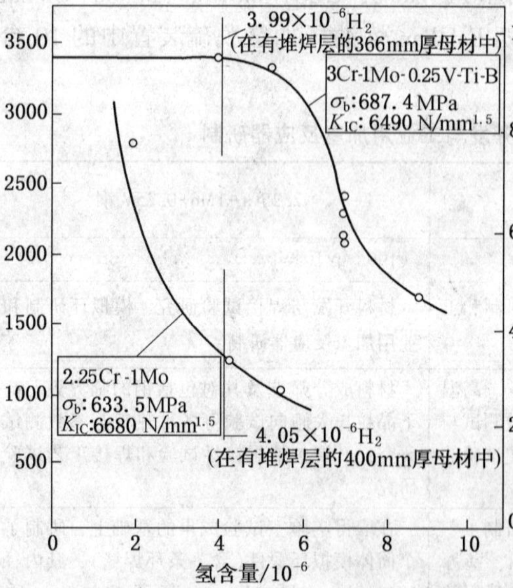

图 1-1-37 改进型 3Cr-1Mo 钢和 2.25Cr-1Mo 钢中氢含量对 K_{IH} 的影响

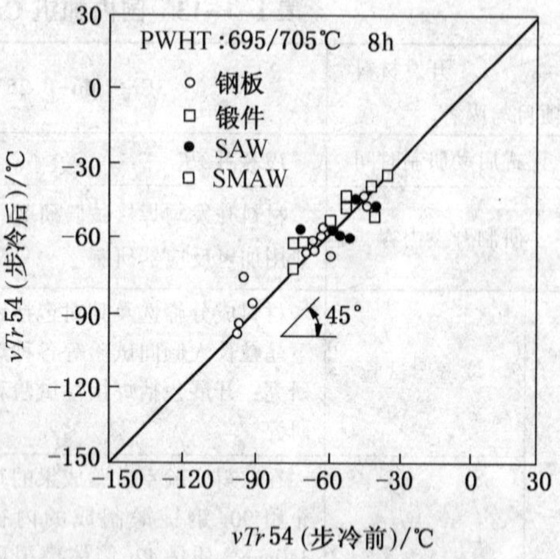

图 1-1-38 改进型 3Cr-1Mo 钢和焊缝金属阶冷处理前后的 $vTr54$ 值

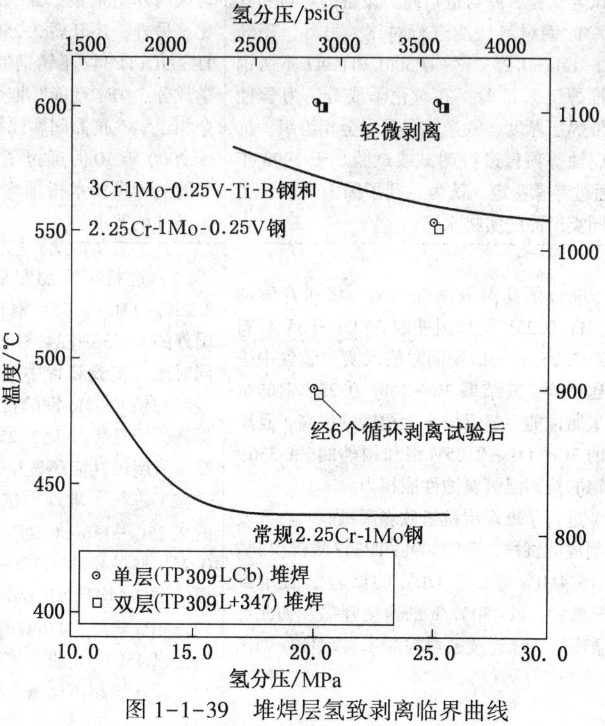

图 1-1-39 堆焊层氢致剥离临界曲线

钢加氢反应器设计、制造合同，反应器已于 2008 年 4 月按时交货。至今，中国一重已签约国外加氢反应器合同 4 个，共承制(含已交货的)材质绝大多数为 2.25Cr-1Mo-0.25V 钢加氢反应器 14 台。其中，最大的反应器内直径为 4800mm，最大的厚度 328mm，最大的质量 1000 余吨。而且有的反应器需要分段运输到国外使用现场进行组焊制造。已签约合同反应器的使用国有印度和伊朗；涉及的工艺专利商有 IFP/Axens、CLG(Chevron Lummus Global)、UOP 等；目前还获得韩国 DAELIM 公司承包伊朗 Esfahan 炼油厂加氢脱硫装置中的 10 台加氢反应器采购竞标的中标通知书。

表 1-1-13　国内加钒 Cr-Mo 钢开发与工业用加氢反应器研制

项目与内容 \ 开发材料		3Cr-1Mo-0.25V 钢	2.25Cr-1Mo-0.25V 钢
正式启动研制时间		1994 年初	1998 年下半年
研制开发内容		材料开发与焊接试验研究、模拟环研制和工业用加氢反应器研制	材料开发与焊接试验研究、模拟环研制和工业用加氢反应器研制
开发步骤	实验室试验	材料成分筛选及其对包括钢的临界点、高温下晶粒长大倾向试验等各种热工艺参数测试与研究；开展包括焊接性试验和焊接工艺试验的研究	材料成分筛选及其对包括钢的临界点、高温下晶粒长大倾向试验等各种热工艺参数测试与研究；开展包括焊接性试验和焊接工艺试验的研究
	工业性中间试验	在取得实验室试验成果的基础上，研制了一个用 90t 钢锭锻制成的内径 1800mm、壁厚 340mm、质量 42t 筒体模拟环(含一条环焊缝和一个开口接管焊缝)。经解剖对锻件和焊缝各个部位的化学成分、各个部位与方向的各种力学性能、回火脆性性能、金相组织等进行全面测试与试验，并与进口同类设备的材料和其他 Cr-Mo 钢材料性能进行对比。另外，还开展 3Cr-1Mo-0.25V 钢+TP309L+TP347 不锈钢各种堆焊工艺试验，并对化学成分、力学性能、堆焊层厚度、铁素体含量、金相组织、抗晶间腐蚀等项目进行测试或试验。于 1998 年 7 月通过专家鉴定，认为达到了国内从国外引进的同类产品的实物水平	在取得实验室试验成果的基础上，研制了一个筒体模拟环锻件(含一条环焊缝)，其内径为 1260mm、壁厚 270mm、高度 1500mm、质量 15.3t。经解剖对锻件和焊缝各个部位的化学成分、各个部位与方向的各种力学性能、回火脆性性能、金相组织等进行全面测试与试验，并与国内外生产的 3Cr-1Mo-0.25V 钢等进行对比。另外，还开展 2.25Cr-1Mo-0.25V 钢锻板+TP309L+TP347 不锈钢带极堆焊工艺试验并对化学成分、力学性能、堆焊层厚度、铁素体含量、金相组织、抗晶间腐蚀等项目进行测试或试验。于 2000 年 10 月通过了专家鉴定，认为母材和焊缝的各项技术指标均完全达到研制和设计技术条件的要求
	氢损伤行为试验	(1) 进行了高温氢腐蚀试验。将所开发的 3Cr-1Mo-0.25V 钢和国外的 SA336-F3V 材料与国产 2.25Cr-1Mo 钢同时放入实验装置中进行对比试验，其结果 3Cr-1Mo-0.25V 钢的抗高温氢腐蚀能力显示出有大幅度的提高，且所开发的 3Cr-1Mo-0.25V 钢和国外的 SA 336-F3V 钢的抗高温氢腐蚀性能相当 (2) 进行了堆焊层抗氢致剥离试验。将开发材料制成的试样(带 TP309L+TP347 堆焊层)放入有 16.4MPa 氢压、470℃ 的试验装置中经 48h 充氢后，以 450℃/h 的速度降温，如此经 6 个循环后，经连续超声检测未发现任何剥离现象	(1) 进行了高温氢腐蚀试验。将所开发的 2.25Cr-1Mo-0.25V 钢和 3Cr-1Mo-0.25V 钢与国外的 SA336-F3V 材料及国产 2.25Cr-1Mo 钢同时放入实验装置中进行对比试验，试验结果表明加钒 Cr-Mo 钢的抗高温氢腐蚀能力大幅度提高，而且所开发 2.25Cr-1Mo-0.25V 钢的抗高温氢腐蚀性能还显稍好 (2) 进行了堆焊层抗氢致剥离试验。将开发的 2.25Cr-1Mo-0.25V 材料和国产 3Cr-1Mo-0.25V 材料及进口 3Cr-1Mo-0.25V 材料分别制成的试样(均带 TP309L+TP347 堆焊层)放入有 17.8MPa 氢压、470℃ 的试验装置中经 48h 充氢后，以 450℃/h 的速度降温，如此经 6 个循环后，经连续超声检测未发现任何剥离现象

项目与内容 \ 开发材料		3Cr-1Mo-0.25V 钢	2.25Cr-1Mo-0.25V 钢
开发步骤	工业用加氢反应器研制	在取得上述充分可靠试验研究数据的基础上，经国家有关部门的批准和认可，结合当时国内工程建设项目，以克拉玛依石化厂的加氢项目为依托，开始了我国首台 3Cr-1Mo-0.25V 钢加氢反应器的研制。该反应器主要设计参数为：压力 19.95MPa、温度 435℃，操作介质：油、H_2S、H_2 等；反应器规格：内径 2600mm×切线长 23016mm×壁厚 169mm+7.5mm(双层不锈钢堆焊)，设计金属总质量约 366t。于 1999 年 9 月底研制成功	在取得上述充分可靠试验研究数据的基础上，经国家有关部门的批准和认可，结合当时国内工程建设项目，以镇海炼油化工股份有限公司的加氢项目为依托，开始了我国首台 2.25Cr-1Mo-0.25V 钢加氢反应器的研制。该反应器主要设计参数为：压力 11.68MPa、温度 450℃，操作介质：油气、H_2、H_2S、NH_3 等；反应器规格：内径 4000mm×切线长 23300mm×壁厚 150mm+7.5mm(双层不锈钢堆焊)，设计金属总质量约 526t。于 2002 年 3 月研制成功
开发步骤	研制反应器应用情况	首台反应器用于克拉玛依石化厂 30×10^4t/a 高压润滑油加氢装置，从 2000 年 12 月正式投入使用至今，一直在安全地运转。曾按计划停工进行过在役检测，包括采用外观检测、超声检测、磁粉检测与硬度检测等手段，均未发现异常现象，完全符合标准要求	首台反应器用于镇海炼油化工股份有限公司 180 万吨/年蜡油加氢脱硫装置，从 2002 年 8 月正式投入使用至今，一直在安全地运转。装置在 2006 年 4 月按计划停工，并对反应器采用各种无损检测手段进行全面检验，反应器状况良好

1.1.6 加氢反应器制造过程的监控要点

由于加氢反应器的使用环境和条件较为特殊与苛刻，在使用中曾出现过其他一些炼油设备不易或不会发生的某些损伤现象。因此人们对它的设计、制造和使用都甚为关注。

制造单位严格按照有关法规、标准、设计规定的要求，对每一道制造工序都按照经认证合格的质量管理体系来运作，并加强制造过程的质量控制和检验，是获取优良质量产品的关键。此外，在制造中除了正常地接受国家锅炉压力容器安全监察机构的监察外，用户对于这样的核心设备一般都委托有检验资质的第三方进厂实施现场跟踪监造。

针对加氢反应器的特点，从保证使用者安全使用的角度出发，对于制造过程除了国家法规规定的常规检验项目外，要特别注意对表 1-1-14 所列的相关点进行严格的监控。

表 1-1-14 加氢反应器制造过程的监控要点

序号	项 目	主 要 监 控 内 容	备 注
1	主体材料	Cr、Mo、V(含 V 钢)、Si、Mn、P、S 和设计技术条件规定的其他微量杂质元素(如 Cu、Ni、Sn、Sb、As 等)和有害气体(如 H_2、O_2、N_2)的含量；力学性能；回火脆性敏感性系数(J 系数、(P+Sn)含量和在适用条件时的 X 系数)以及回火脆化倾向评定结果；晶粒度大小和非金属夹杂物等级	注意设计有要求的冶炼方法、锻件制造方法，试样的取样部位及其模拟焊后热处理条件

续表

序号	项目		主要监控内容	备注
2	焊接	焊评	制造厂所提供的焊接工艺评定是否能覆盖制造过程所采用的全部焊接部位与方法(包括返修焊评)	注意应含有反应器特殊要求的附加检验项目
		按 JB 4732 标准规定的 A、B 或 D 类焊缝	C、Cr、Mo、V(含 V 钢)等元素含量和回火脆性敏感性系数(*X* 系数)	注意设计文件对焊接耗材的具体要求，焊接规程的执行情况；返修部位的处理情况；设计对分析试样的取样要求等
		Cr-Mo 钢堆焊金属和不锈钢堆焊层	Cr-Mo(或 Cr-Mo-V)钢堆焊金属的化学成分、*X* 系数；不锈钢堆焊层的总厚度及其 TP347 堆焊层最小有效厚度和化学成分，堆焊层的铁素体含量	注意设计文件对堆焊焊接耗材的具体要求，不同堆焊工艺的连接处和补焊部位的质量；铁素体含量的测定方法及其测定方法的基本一致性；分析取样部位
		产品焊接试板	设计要求产品焊接试板的数量、制备与热处理、检验项目及检验结果	注意产品焊接试板的焊接工艺及受热履历；特殊要求的附加检验项目
3	最终焊后热处理		热处理工艺的执行	注意热电偶的布置及与设备接触的牢靠性；过程记录的准确性
4	检验	外观检验	易发生各种脆性开裂或裂纹部位不应有设计不允许的棱角、尖角、凹坑等缺陷；要求圆滑过渡的部位及圆角处 *R*；反应器内件支持圈的加工状况及水平度要求；对接焊缝的错边量及表面的咬边、裂纹等缺陷；对接焊缝与母材表面平齐情况(设计有要求时)；堆焊层表面的不平度	注意尽量避免有应力集中的形状(结构)存在；弧坑和焊疤必须打磨平滑
		无损检测	可疑处、返修处和有可记录缺陷处的无损检测情况及其记录的完整性和可追溯性	参与关键部位无损检测的现场见证
		硬度检验	焊接接头硬度；法兰密封面与金属环垫片硬度；主法兰连接螺柱与螺母硬度	焊接接头硬度测试应含焊缝金属、热影响区和母材；法兰密封结构与连接紧固件应注意控制匹配的硬度差要求
		内件检验	不锈钢内件的材料化学成分；有关内件成型或加工形状与尺寸；设计对热处理的要求；有特殊要求内件的检验项目，如充水试漏试验、冷氢管通道喷气均匀性试验(当有要求时)；制造厂进行预组装情况	注意预组装合格的内件应编上号码
5	水压试验		试验用水的氯离子含量、试压过程的器壁温度(尤其在冬季)、试压过程与结果、试压的保持时间	注意观察有无渗漏、泄漏或其他不正常现象

1.1.7 加氢反应器使用中的安全管理与保护

对操作条件极为苛刻的像加氢反应器这类的高压设备，如果由于管理不当或考虑不周或者对其设备本身技术特点的认识不足，都将给生产带来许多不安全的隐患，甚至可能发生惨重的事故。表1-1-15所列的就是国内外由于设计或施工或操作或使用维护等原因，在使用过程中在反应器等设备或管线上所发生的典型损伤破坏事例。

表1-1-15 加氢反应器等设备（管线）典型损伤破坏事例及原因

装置名称	设备（或部位）	损伤时间	损伤经过或状况	原因分析
加氢脱硫装置	反应器	1974年	反应器内径3350mm、设计压力15.4MPa、设计温度427℃、操作压力13.7～14.7MPa、操作温度350～400℃，主体材料A336 2.25Cr-1Mo+堆焊。1970年1月投用，累积运行约30000h后为它用目的，于1974年3月对内部检测时发现 内件支持圈填角焊缝上产生裂纹。在对其焊缝修补后进行局部消除应力热处理时发生了开裂事故。其中经扩展后最长的裂纹，内侧为5800mm，外侧为1600mm，最终造成整台反应器报废	母材发生严重的回火脆化现象；不锈钢焊缝金属还发生σ相引起的脆化（σ相系因焊缝金属中的铁素体在最终焊后热处理过程中转变而来）和氢脆（这是由于反应器从操作状态的停工过程仍有相当的残留氢留存在不锈钢焊缝金属中所引起）。关于回火脆性，经试验证明经3年使用后母材的韧-脆转变温度约提高了100℃。其原因是当时对Cr-Mo钢，特别是对2.25Cr-1Mo钢的回火脆性问题认识不足。该反应器所用钢材中能引起或促进回火脆化的元素如P、Sn、Si和Mn等含量较高，据事故后的取样分析，回火脆化敏感性系数——*J*系数已高达323（当初设计时并无控制要求），使钢材的回火脆性敏感性大为提高所致
加氢裂化装置	循环氢压缩机出口管道	1975年	该管道为无缝钢管，操作压力约19.5MPa、温度常温；操作介质氢中还含有硫化氢；材质为Cr5Mo。使用17年后，某天凌晨突然爆炸，使压缩机机械室房顶塌落，当场造成了人员伤亡	此部位本来是选用碳钢材料，但由于错用成空淬性很强的Cr5Mo钢，且在管道上又有热弯成形的U形弯管段，在热弯后没有进行消除应力热处理，使有较大弯曲变形的U形弯管部位的硬度高达404HB（在直管部分仅约190HB），致使对氢脆极为敏感，从而引发氢脆破坏。其次，据事后的观测，还发现管内存在明显的内裂口（估计系弯管时造成的严重内褶），经过长时间H_2S腐蚀逐渐使内裂纹扩大，同时内裂纹即引起应力集中而又使氢在内裂纹前端集中，这两种互为因果的作用又促进了内裂纹的发展以至达到临界断裂尺寸后而引起破裂
加氢脱硫装置	高压换热器	1992年	系一台螺纹环锁紧式高压换热器。在装置停工（更换催化剂）后的重新开工的当天发生了爆炸。当场炸死或受伤多人。炼厂部分设施、载重卡车、邻近公司的润滑油罐和设施等遭到破坏	由于在多年的使用中，反复经历了若干次的开停工循环后，螺纹环结构中的垫片压板（Diaphragm）产生了收缩变形，而又未能得到合适的维护和及时的修理或更换，导致在开工过程中工艺流体在垫片压板处产生泄漏，同时还由于内法兰紧固螺栓顶部磨损等原因使管箱螺纹锁紧结构失效而引起爆炸事故
加氢裂化装置	高压油泵房内的管道法兰密封处	1967年	在对高压油泵房内的油泵进行切换作业时，发生高压氢气倒泄到油泵房内，使管道法兰密封漏气而引起爆炸，并造成人员伤亡	由于管理和切换操作不当所致

1.1.7.1 加氢反应器使用中的安全管理

对加氢反应器等高压设备进行安全管理是保证装置安、稳、长、满、优运行的至关重要环节。抓好安全管理工作，不仅对防止灾害事故的发生或者是一旦发生后又能及时而恰当地给予处理起到非常有益的作用，而且更积极的意义是：通过安全管理中真正的安全教育与训练，还可以提高职工的技术水平、技术素质和实际的操作技能，为正常的生产操作与管理工作打下坚实的基础。在实施安全管理时，至少有以下几个方面是值得考虑的。

(1) 严格执行国家有关安全法规

而且更重要的是要依据自身企业特点建立健全安全组织系统和编制更加具体的安全实施细则；

(2) 加强安全教育训练

安全教育与训练是企业开展安全活动的重要课题。应该赋予它很丰富而又非常具体的内容。至少可围绕着下面几点开展：

① 知识教育。如对有关法规、法令内容的学习，开展化学过程与原理及其危险物质与化学反应、设备结构特点与操作维护、腐蚀的类型与机理、选用材料的特点以及事故案例分析等教育或培训。

② 技能教育。如正确掌握设备的启动、操作和停工，故障的排除与修理等教育或培训。

③ 行动训练。如在以上教育的基础上开展一旦发生事故时如何准确、迅速地消除事故，特别是防止发生二次灾害的实际训练。

(3) 加强定期检测

对在役设备按照相关规程进行定期的检验是保证设备使用可靠性极为重要的措施。通过定期的检测，可以发现设备是否产生新的缺陷以及一旦有了缺陷可确定其位置和大小并进行必要的安全评定后做出合适的结论或应采取相应的措施。

另外，为掌握反应器在使用过程中材料性能的变化情况，可考虑在反应器内部设置挂片(放入 1~2 块试块)来考察材料的腐蚀或劣化进展情况。随反应器一起运行的试块，可根据运行情况和计划在反应器使用寿命期间内的不同阶段取出试块进行解剖，开展如材料回火脆化进展、力学性能等的试验研究，为反应器后续的安全使用提供相应的依据与决策。试块的制备可参照以下一些要求：

① 试块应由两小块对焊焊接在一起构成，而且对于有堆焊层的反应器，试块也应带有堆焊层(一般是 5 面堆焊，一面不堆焊)。

② 制备试块的基层材料应从相应反应器的锻造筒节或卷焊筒节的钢板上制取；试块焊接接头和堆焊层所用的焊接耗材应与本反应器所用的完全一致。

③ 试块焊接接头的焊接和堆焊层的堆焊，应采用与本反应器所采用的相同焊接工艺实施。并接受与本反应器同样的焊后热处理。

④ 试块应依反应器相关要求经无损检测和检查合格。

⑤ 试块大小一般可取 250~350mm(长)×100~150mm(宽，2 块)×T(厚，按反应器筒体厚度)。

试块应安放于尽可能能模拟反应器实际运行工况的合适位置，否则有时难以达到预期的目的与效果。

(4) 加强安全技术研究

加强安全技术研究是搞好加氢反应器等高压设备安全管理的一项重要工作。随着生产条件的变化或出现的新问题，或者对一些损伤现象认识或处理的进一步深化或更加完善，都有很多的安全技术问题需要不断地加以研究。例如开展以加氢反应器等高压设备不发生各种事故或将事故率降至最低的研究；设备异常现象早期发现的诊断技术研究；设备安全性评价技术的研究等等。

(5) 建立完整的档案资料

为实行科学管理，建立一套有关反应器等高压设备安全管理的数据库是非常必要的。内容至少应包括从设计(如包括设备规格、设计条件、适用规范、使用材质、主要技术要求、关键设计说明等等)、制造(如包括元件材料的实际化学成分与各种性能数据(含回火脆性特性等)、焊接及其焊缝金属情况(含堆焊)、热处理条件、返修记录、无损检测结果、可记录缺陷情况及其可追溯性、水压试验、出厂日期等等)、施工(如包括安装、试验等有关资料与问题)一直到投产使用过程(如包括投用日期、每个操作周期、操作条件、加工物料情况、紧急放空情况、事故及其处理、计划(或非计划)停工情况以及每次的检验维修(含检验日期、内容、具体位置、使用仪器、检验记录、返修及其详细处理情况与记录、结果评价等等)、停工时反应器的中和清洗或维护情况与记录以及其他等方面)的有关资料。这些工作与内容是开展科学管理工作的基础。

1.1.7.2 加氢反应器使用中的保护

为防止加氢反应器可能发生的各种脆性损伤，在使用、开停工或停工卸剂进行在役检验时，采取以下几点措施是很有效果的。

① 对于采用回火脆性敏感性较强的钢材(如 2.25Cr-1Mo 钢)制造的反应器，在初次开工运行后的重新开停工时，应采用热态型的开停工方案。即开工时先升温后升压，停工时先降压后降温。也就是说，在开停工的低温段反应器内不应承受较高的压力。具体升压温度选择多高，在设计和制造时一般是依据当时反应器用钢(含焊接耗材)的冶炼技术水平和制品质量情况(包括材料中有关有害元素的控制水平)，并根据制造中对母材和焊缝金属的回火脆性倾向评定的实际结果而提出一个反应器最低升压温度(Minimum Pressurization Temperature，简称“MPT”)。必要时，在使用过程中还可随着使用时间的推移，根据反应器母材和焊缝金属产生回火脆化的程度(通过参考前面所介绍的在反应器内设置试块经解剖取样试验获得的相关数据来判断)对后续开停工的 MPT 进行调整。国外最早对回火脆性最严重的钢曾设定 MPT 为 171℃；我国 20 世纪 70 年代末 80 年代初相继从国外引进的 4 套加氢裂化装置，工艺专利商当时规定的 MPT 为 121℃，80 年代引进的加氢脱硫装置，工艺专利商规定 MPT 为 93℃[这也是美国石油学会(API)曾对 2.25Cr-1Mo 钢反应器推荐的 MPT(200 ℉=93℃)]。如今，如果能够按前述对 2.25Cr-1Mo 钢母材和焊缝金属的有害元素加以严格控制，分别使其 J 系数、(P+Sn)含量、X 系数和回火脆性评定结果等达到前面规定的技术指标，则 MPT 还可以适当降低。对于近年开发成功的像 2.25Cr-1Mo-0.25V 钢，由于标准就对相关有害元素限制较严，其抗回火脆性性能较好，所以国外有的标准和公司推荐可将此材料制造的设备的 MPT 降至 38℃。不过在装置的操作中是否采取这样低的 MPT，最终还要取决于制造厂对所制造反应器的相关元件材料和焊缝金属的回火脆性敏感性评定结果和反应系统其他有回火脆性敏感性设备的最低升压温度要求而通盘考虑。API RP571—2003 介绍：在开停工过程中，当温度低于 MPT 时，系统压力应限制在大约 25%的最高设计压力的水平。

② 为避免在常温或常温附近发生延迟裂纹的可能性，在停工过程中宜有一段足够的在 300~350℃的保持时间，让操作时所吸藏的氢尽可能地从反应器器壁内散逸出去，以最大限度地减少器壁中的残留氢含量。

③ 为防止形成较大的热应力，开停工时必须严格执行操作手册的要求。推荐开工和停工时的升温和降温速度分别不要超过25~30℃/h和25℃/h。

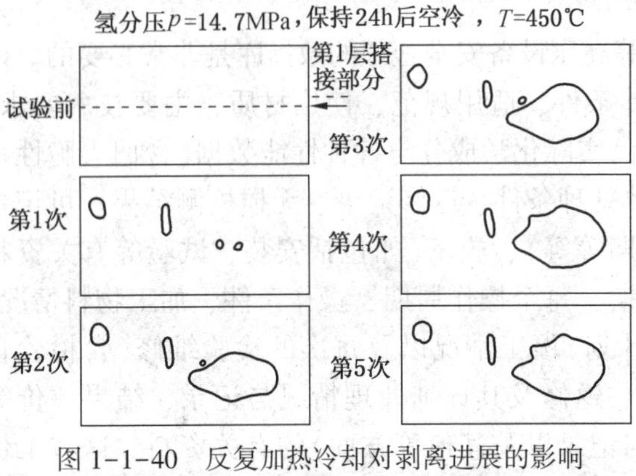

图 1-1-40 反复加热冷却对剥离进展的影响
（探伤设备：USL-32、探头 K5M；频率：5MHz；灵敏度：2ΦF. B. H=80%；探伤面：堆焊层）

④ 要尽量避免非计划性的开停工。这对保护反应器和减轻其堆焊层的氢致剥离扩展都是有效的。图1-1-40所示是反复加热冷却对氢致剥离进展的影响。

⑤ 当反应器安装或停工检验而打开顶部人孔时，一定要设置合适的防护措施，防止雨水飘入器内。

⑥ 对于有奥氏体不锈钢堆焊层的反应器及其所用的奥氏体不锈钢材质内件，为防止停工时可能发生连多硫酸应力腐蚀开裂，可根据停工时是否打开反应器或是否卸出催化剂的各种工况而采取以下相应的一些措施：

a. 将反应器维持在密闭状态，并采用干燥氮气吹扫，以排除氧的方法来达到保护设备的目的。

b. 采用干燥空气(除湿的)吹扫，以阻止游离水的形成，从而降低连多硫酸应力腐蚀开裂发生的可能性。

c. 采用碱洗(Na_2CO_3 溶液)的方法保护。碱液将在金属表面形成的连多硫酸予以中和。这是对于要将反应器打开暴露于空气中时的一种最好的保护方法。关于碱洗溶液的组成与制备，国内一些炼厂已有多年的作法和使用经验，不过使用时还可参考美国腐蚀工程师协会颁布的最新版 NACE Standard RP0170—2004《奥氏体不锈钢和其他奥氏体合金炼油设备在停工期间产生连多硫酸应力腐蚀开裂的防护》标准中的相关内容和要求。这里要提出的一点是：国外有的公司，如 Chevron 公司就不主张对反应器采用碱洗的方法，并且他们对反应器不采用碱液冲洗的作法已执行了很多年(但内件要求采用 TP347 材料制作)，还没有发生过应力腐蚀开裂的实例。在 NACE Standard RP0170—2004 标准中也有这样的说明："工业经验表明，当反应器的操作温度在455℃以下时，反应器内的低碳稳定型奥氏体不锈钢堆焊层和稳定型的锻制内件，具有抵抗连多硫酸应力腐蚀开裂的能力"。

对于采取上述任一措施时，它所适用的条件、应注意的问题及其细节可详细参考 NACE Standard RP0170—2004 标准。

1.1.8 热壁加氢反应器的在役检验

热壁加氢反应器由于可能发生的损伤形式较多，而且内表面又往往有不锈钢堆焊层，其在役检验工作较为复杂，与其他设备的检验是有所不同的。

1.1.8.1 在役检验的目的

在役检验的主要目的是要检查出反应器在使用条件(包括所经历的各种工况)下新产生和发展的缺陷(主要是裂纹)；并复查过去已检出的记录缺陷。对发现和扩展的缺陷进行定性、定量和定位分析，然后应用断裂力学原理予以评价，以确定其是否可以继续使用还是需要修补或处理，并评估与推断其继续运行到下一周期的安全可靠性。

1.1.8.2 在役检验内容、范围和数量的确定

① 在役反应器的检验，不可能也没有必要按制造时所要求的检验项目全部进行100%的检验。除国家法规对在役设备规定的必检项目外，对热壁加氢反应器来说，应以检查有无高温氢腐蚀、氢致裂纹、堆焊层的氢致剥离裂纹和回火脆化程度(装有试块时)等为主要内容。

② 检验的范围和数量一般可根据以下几方面进行综合考虑后确定：(a)使用中通常容易出现裂纹的部位，如法兰的梯形密封槽、主焊缝、开口接管的连接焊缝、内外部构件(附件)与壳体的连接焊缝处等；(b)容易产生堆焊层氢致剥离裂纹或发生几率较大的部位。虽影响堆焊层氢致剥离裂纹的因素较多，但其中操作温度和氢分压是最重要的参数，由图1-1-41可见，操作的氢分压和温度越高，就越容易发生剥离。而对于操作条件较缓和的加氢精制反应器，则发生氢致剥离的可能性是较小的。另外，国内外所发现氢致剥离的实例中，在封头上一般是极少见到的；(c)根据过去的操作历史，包括温度、压力及其超温、超压和开停工(含发生异常情况的非正常停工)次数等情况；(d)根据过去的检验记录，如所记录的缺陷情况、返修部位等。

总的来说，检验的重点应该是法兰密封面、高应力和应力集中区、主焊缝、堆焊层及其层下缺陷和主螺栓。

1.1.8.3 在役检验的主要实施手段

在役反应器可能发生的、也是使用者最关心的缺陷，主要是平面缺陷(如裂纹等)。而且这类缺陷往往从应力集中部位的表面萌生。为此，在役检验主要应采用无损检测方法来发现它们。包括采用目视检查(VT)、磁粉检测(MT)、渗透检测(PT)和超声检测(UT)以及TOFD检测。尤其超声检测和超声波衍射时差法检测都是一种有效的检测手段。此外，国外有时还采用声发射检查(AET)作为辅助的手段。因为仅依靠AET的检查结果来判断反应器的安全性尚有困难，一般都是对AET检查中发现有强烈信号的区域再采用其他的无损检测方法进行仔细的复查。

1.1.8.4 主要检验部位与适用方法

根据上述原则与采用的手段，对在役反应器需要进行定期检验的典型部位与适用方法汇总于表1-1-16(参见图1-1-42)。

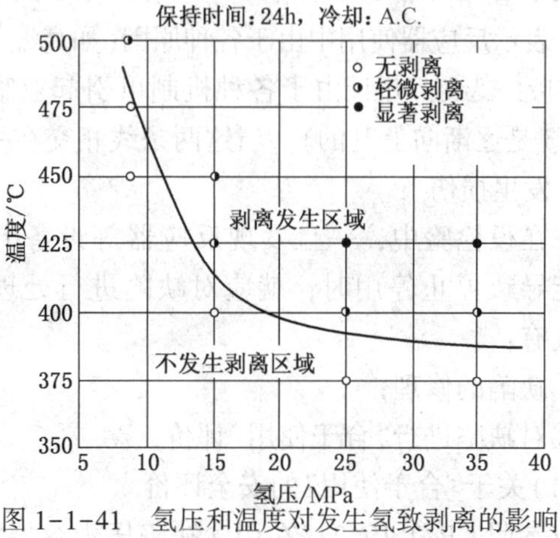

图1-1-41 氢压和温度对发生氢致剥离的影响

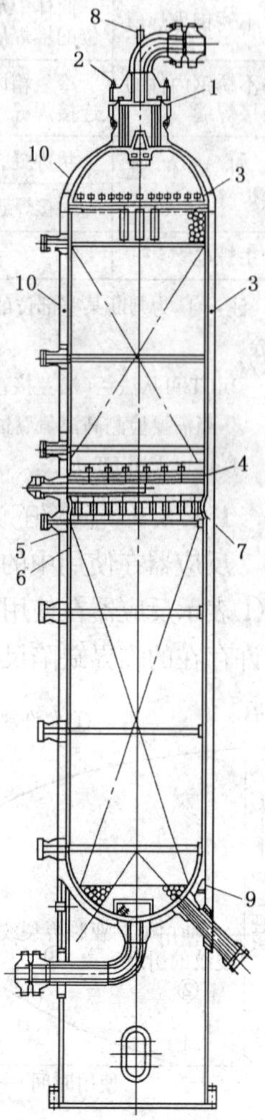

图1-1-42 在役反应器检验的典型部位

表 1-1-16 反应器在役检验的典型部位与适用方法(以锻焊反应器为例)

检查对象及具体例			主要缺陷	检查方法①							
对象	举例	图 1-1-42 中编号		从外壁				从内壁			
				UT	MT	PT	VT	UT	MT	PT	VT
主法兰	上下大法兰梯形密封槽的拐角处	1	平面缺陷	②		✓	✓	②			
主焊缝③	筒节与筒节及筒节与封头的对接焊缝	3	平面缺陷或体积缺陷	✓	✓		✓				
壳体③	筒体与封头	10	平面缺陷或体积缺陷	✓			✓				
开口接管连接焊缝	反应器上的主要开口接管	5	平面缺陷或体积缺陷	✓	✓		✓				
内部支持圈凸台	催化剂格栅支持圈凸台的上下表面	4	平面缺陷	✓				✓		✓	✓
不锈钢堆焊层	筒体中承受载荷较苛刻部位的堆焊层	6	平面缺陷	✓				✓		✓	✓
不锈钢内件的连接焊缝	冷氢箱内裙筒与堆焊层的连接焊缝	7	平面缺陷							✓	✓
外构件连接焊缝	角焊缝，如吊耳等	8	平面缺陷	✓		✓					
	对接焊缝，如裙座(外侧)	9	平面缺陷	✓	✓		✓				
主螺栓④		2	裂纹		✓						

注：① 为判断某些部位的损伤或材质劣化情况，还可进行硬度、不锈钢堆焊层铁素体含量或金相显微组织的测定或检验。

② UT 可从法兰(法兰接管)的内表面或顶面进行。

③ 当需要检测高温氢腐蚀时，也可采用 UT 方法。

④ 也可采用 UT 方法。

1.1.8.5 缺陷的评定

反应器在使用中的损坏，可用图 1-1-43 所示的曲线来示意。图中各曲线(或点)的含义：线①表示反应器在使用过程中由于材料(含焊缝)产生回火脆化、氢脆等损伤使设备本体内所允许存在的临界缺陷尺寸逐渐变小(即线①呈逐渐下降趋势)；图 1-1-43 中下面一条线的始端点②，表示反应器使用中由于各种原因(如高温氢腐蚀、氢脆等)产生了裂纹，并且由于各种机制可引起亚临界裂纹增长(即线③是逐渐向上升的)。当这两条线相交在一起时，反应器就会发生损伤。

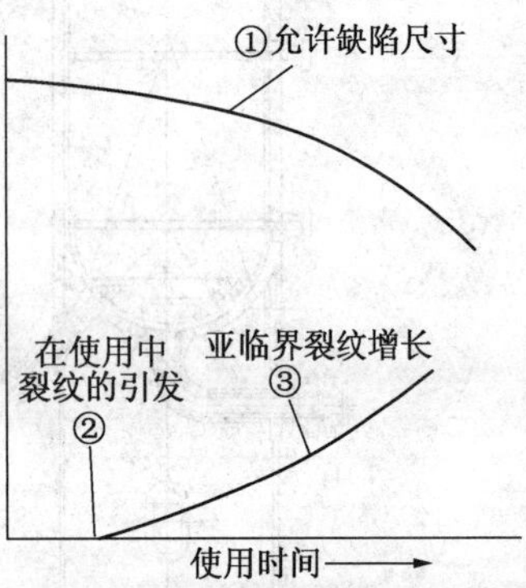

图 1-1-43 反应器使用过程损伤的示意

在在役检验中，一旦发现反应器等设备上存在严重缺陷可能导致停止停用时，就应对缺陷进行处理。缺陷处理的方式有：

①缺陷的修理；

②对缺陷进行“合于使用”评价。

(1)关于“合于使用”的安全评价

应参照 GB/T 19624《在用含缺陷压力容器安全评定》标

准的要求来进行，而且为开展安全评定，应作好以下基础工作：

①对评定对象的状况进行调查(历史、工况、环境等)；

②缺陷检测；

③缺陷成因分析；

④失效模式判断；

⑤材料检验(性能、损伤与退化等)；

⑥应力分析；

⑦必要的实验与计算。

(2)评定程序

以平面缺陷简化评定为例，程序如图 1-1-44 所示。

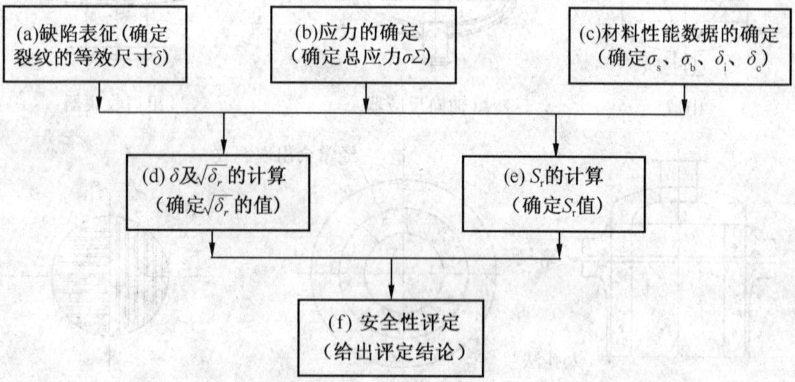

图 1-1-44 缺陷评定程序图

1.2 重整反应器

1.2.1 重整反应器的分类

目前我国催化重整的工艺有两种类型，即半再生重整工艺和连续重整工艺。它们所配备的重整反应器也因年处理量和工艺条件等不同也有所区别。一般在半再生重整装置内，其年处理量规模小($<40\times10^4$t/a)，反应压力高(一般操作压力为 1.5MPa 左右)，反应的操作苛刻度为中等，操作周期约为 1~2 年，因此大多数选择的是固定床轴向或径向反应器。连续重整工艺的发展，使我国炼厂的重整技术有了更快的提高，它采用的反应器应为移动床径向反应器，并增加一套催化剂连续再生系统，使重整反应在不中断的条件下，催化剂能连续进行再生和连续的循环流动，使反应后的失活催化剂在再生系统再生后又成为新鲜催化剂重新返回反应系统。1985 年金山石化厂建成第一套连续重整装置(UOP 专利技术，德国鲁奇公司设计制造，金山厂自行安装投产运行)之后，相应地在各炼厂，也都建成以生产高辛烷值汽油调合组分，或以结合聚酯等化纤生产需要的生产轻质芳烃(PX)为目的较大规模的连续重整装置。此类的重整移动床反应器按美国 UOP 公司专利中所选择的都是重叠式径向反应器(即四合一反应器)，在我国约有 12 套，如金山石化厂等；按法国 IFP 公司专利选择的是并列式径向反应器约有 6 套，如抚顺石化三厂等。上述各装置自投产以来，除个别事故以外，运转和产品收益都能满足设计要求。

1.2.2 结构形式

1.2.2.1 轴向反应器(见图 1-2-1)

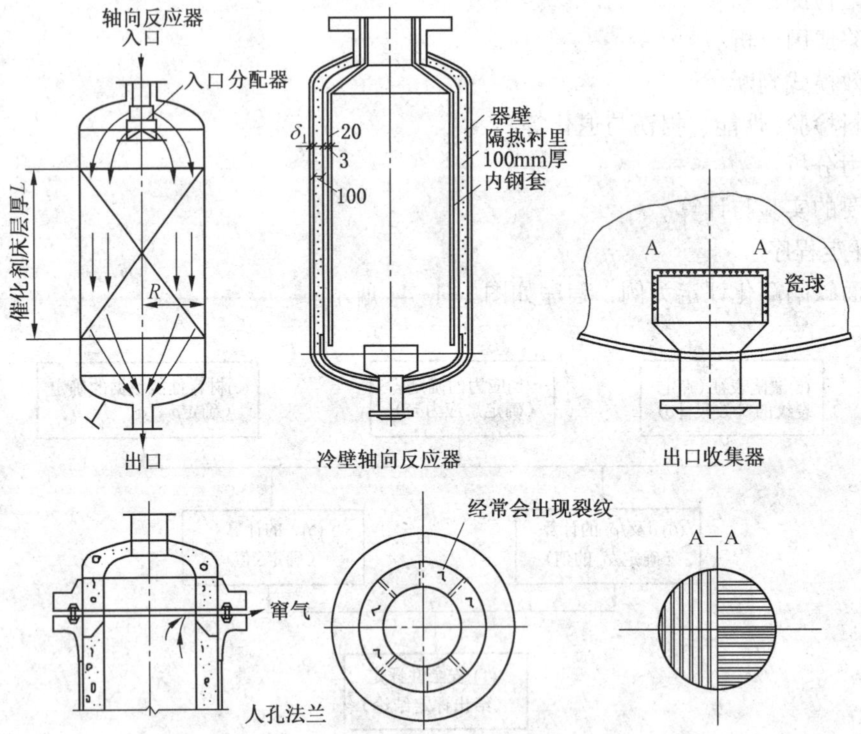

图 1-2-1 轴向反应器

1.2.2.2 结构说明

(1) 轴向反应器

轴向反应器是结构形式最简单的反应器，筒体内装入催化剂，油气自上而下垂直穿过催化剂床层进行反应，反应器本身设有油气入、出口和催化剂卸料口。为了使反应过程中使气流分布均匀，反应充分，轴向反应器高径比不能过小，不然造成气流分布不均，操作中使反应器的压降增大。因此此类结构只适用于年处理量低、反应压力稍高的装置中，例如在 20 世纪 60~80 年代我国(15~30)×10^4t/a 半再生重整装置内普遍采用轴向反应器结构。

(2) 冷壁反应器

在 20 世纪 60 年代中，由于经济上的困难，所以在重整反应器的选材上力争立足于国内，以节省大量外汇，且不耽误设备制造周期，很多炼厂在重整反应器的结构上就选用冷壁的轴向或径向反应器。冷壁结构除了在壳体上采用 16 锰钢(或 20 碳钢)内衬 100mm 的轻质隔热衬里结构外，其余的内部结构与热壁反应器相同。随着我国经济实力的提高，各厂重整反应器新采用的材质全部为 Cr-Mo 钢，冷壁反应器的材质已成了历史。

1.2.2.3 轴向反应器的零部件

(1) 人孔大法兰

由于重整反应器是在氢气介质下操作，因此在结构上应要求尽量减少泄漏点，以提高设备的安全性。反应器上人孔是一个不可缺少的出入通道，油气入口分配器架设在人孔上是很合理的。但是装置在开工前进行设备检查时，经常会发现人孔法兰的密封面有漏氢气现象。分析原因：人孔法兰的垫片十分关键，反应器的操作温度为520~540℃、中压，人孔直径大（φ500mm左右），垫片的选择可以是钢垫圈或0Cr13的缠绕垫圈，垫圈在制造和安装中若精度不够或安装时受力稍不均匀，就一定会有漏氢现象，因此人孔大法兰和它的密封是关键。

（2）卸料口（包括测温口）

过去的轴向反应器只有催化剂卸料口，不设测温口，20世纪90年代后，半再生重整装置的重整反应器借用卸料口增设催化剂床层内不同高度的测温热电偶，能检测反应温度的突变，这是一种安全措施。

（3）入口分配器

能使气体通过入口分配器很均匀地分配到反应器床层。入口的气体速度是不等的，因此要设计成不等的开孔面积，以达到最好的油气分配效果。

（4）出口收集器

从结构上现用的出口收集器都改用为筛网结构，它具有缝隙均匀，接触催化剂的表面光滑，不易堵塞等优点，保证油气能通过出口而不携带催化剂。

（5）冷壁轴向反应器的不锈钢套

作为冷壁反应器内的不锈钢套是一个十分重要的构件，该衬套壁厚为3mm的薄壳，它的底封头直接贴靠在设备的底封头上，薄壳和设备壳体相同（尺寸不同）它悬挂在人孔大法兰的边沿上，薄壳与混凝土衬里有20mm间隙，与下封头也有20mm间隙，该衬套接触催化剂，是催化剂的保护层，但本身不承压，因此要求薄板焊接质量严格，不能在操作时因出现憋压造成焊缝撕裂事故。

1.2.2.4 径向反应器

1.2.2.5 结构说明

我国自1975年以后，新建的和改扩建的重整装置中普遍采用径向反应器结构，至今已有很大发展。径向反应器按内构件集气管、分气管和催化剂盖板的结构不同，可分为三种形式，见图1-2-2。图1-2-2(a)中，分气管为扇形筒，盖板为活动帽罩（扇形筒是可挪动的）；图1-2-2(b)中，分气管为环形筒，盖板为固定帽罩，它可以四台单独并列组成连续重整的反应器，图1-2-2(c)中，是单台冷壁径向反应器；图1-2-2(d)中，是单台环形筒的径向反应器。图1-2-3是四台反应器重叠式组合，分气管采用带升气管的扇形筒，盖板是固定形结构。

1.2.2.6 径向反应器的零部件

（1）中心管（集气管）

中心管由内外两层不同结构的圆筒和筛网组成，内层圆筒的外表面按圆周方向均匀地开若干个小孔（孔径约φ5~6mm），该开孔率是中心管工艺设计的关键，合理的开孔率能使油气在整个流通面积上达到均匀分布。当开孔面积过大，气体通过床层的阻力降小，会造成沿中心管顶底界面上的气量分配不均匀，因此应根据所需控制的压力降和流体分布进行工程设计。中心管圆筒外部的筛网具有光滑的接触面和最大流通面积的优点。在固气相接触的反应器内筛网的孔间隙小，固体催化剂不会被镶嵌在筛网的缝隙内，所以能保证催化剂顺利的流通和反应。即使在反应操作后期，也不会增加反应器的阻力降。

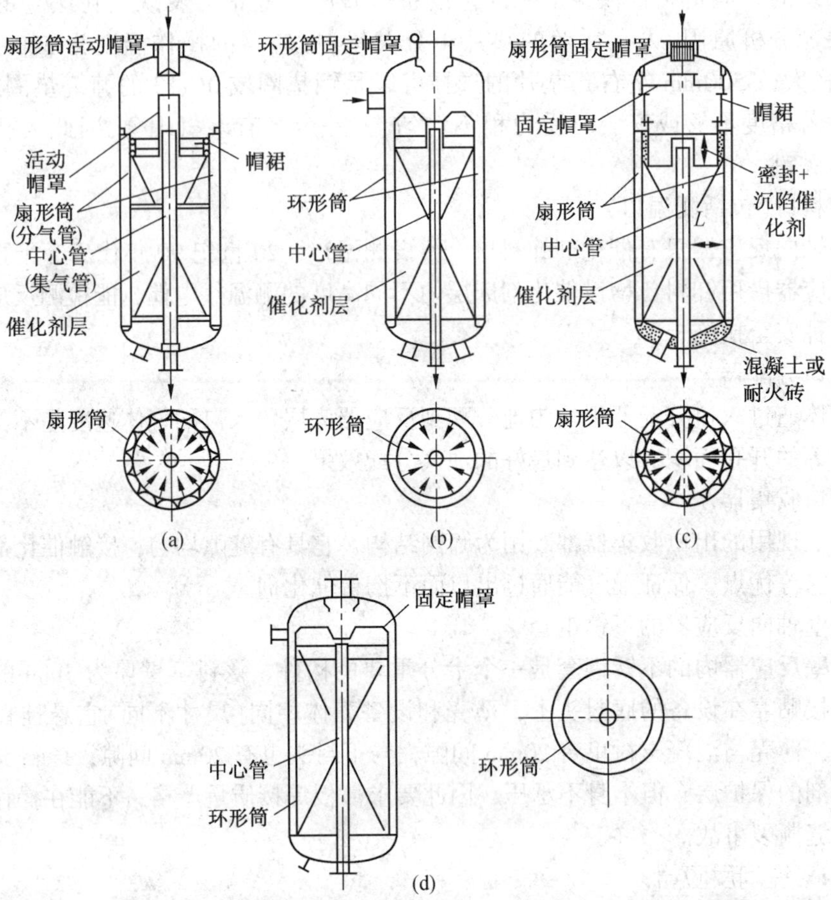

图 1-2-2 固定床式径向反应器

(2) 扇形筒或环形筒(分气管)

此两种结构都能满足油气径向流动的要求。只是在制造、安装、维修方面各有特点。

扇形筒由壁厚 3mm 的 Cr18Ni9Ti 钢板制成，外表面(在朝向催化剂的一侧)上开有长 10mm、宽 1mm 的长条孔，各开孔的圆角处都不准有尖锐的棱角，制造成型要求精度很高，每个扇形筒都应紧贴在反应器的圆周壁处，采用膨胀圈和螺栓固定，但固定的紧密度很严格，它既要使扇形筒不能移动，以保持扇形筒不会变形，同时还要考虑到在操作状态下扇形筒热膨胀需要的间隙，并在反应器停工检修时，能很方便地从人孔(或顶部开孔处)卸出，进行清扫后重复使用。

在重叠式径向反应器，一般由三个或四个径向反应器重叠安装组合而成，每单台反应器的内构件之间有紧密关系。例如中心管，每一个反应器内中心管在安装时，除满足本体的垂直度外，还应满足整体设备的垂直度。而且每个中心管底部均安装着膨胀节，以吸收在操作状态与管线连接所产生的推力和在高温下的膨胀力。扇形筒的结构方面也有特点，在重叠式反应器内的扇形筒顶部有一个形似的小升气管，它的制造精度很严格，与壳体的密封板的装配精度更严格。密封板与小升气管之间有很精确的间隙值，它根据设备操作温度、材质、床层高度在其温度下的膨胀系数精确计算而得，不同反应器的密封板和扇形筒的间隙值都不相同，因此在安装重叠式反应器内的扇形筒时，该间隙值将被确定为反应器安装是否符合要求，能否满足进油的一个重要标志，也是专利商验收和是否符合开工要求的一个重要数据值。从我国当前几个连续重整开工前的检查情况来看，该间隙值大部分都不符合要求，几乎都要对扇形筒的小升气管和密封板重新进行返修，直到符合要求为止。

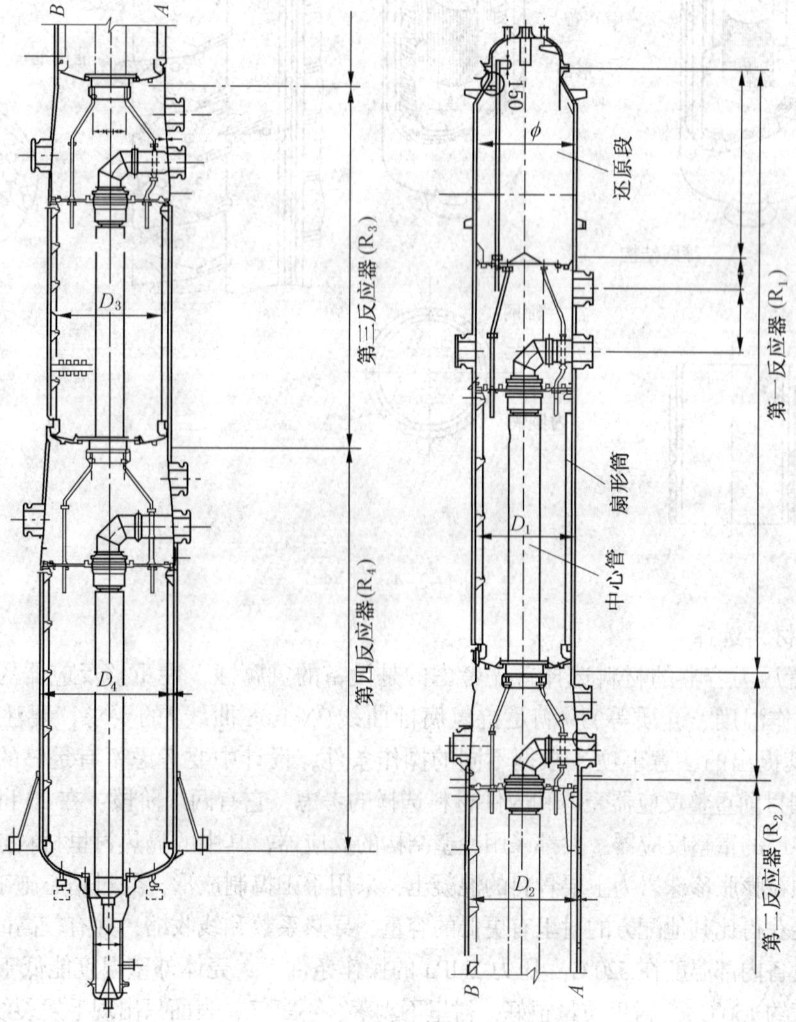

图 1-2-3　重叠床式径向反应器

(3) 环形筒

环形筒也可称为与中心管或壳体内径对应的同心圆，环形筒是若干个特殊筛网由螺栓拼装而成，其直径根据催化剂的装填量等工艺参数决定，检修时在拆装和再组装时会有些难度，因为长期在高温操作下会产生局部变形。

(4) 筛网

目前已尽可能采用的筛网结构，如中心管的外圆筒、环形筒的结构、油气出入口的结构，见图 1-2-4，均来自美国约翰逊筛网公司的专利。与一般使用的钢板冲孔和金属丝网相比较，约翰逊(Johnson)网提供了更大的有效流动面积，所以界面速度低，增加了工艺过程的效率，由于筛网本身的强度高，筛面光滑，筛条精制，经久耐用，因此减少了催化剂被破碎的可能性，也减少了停工时间和检修费用。

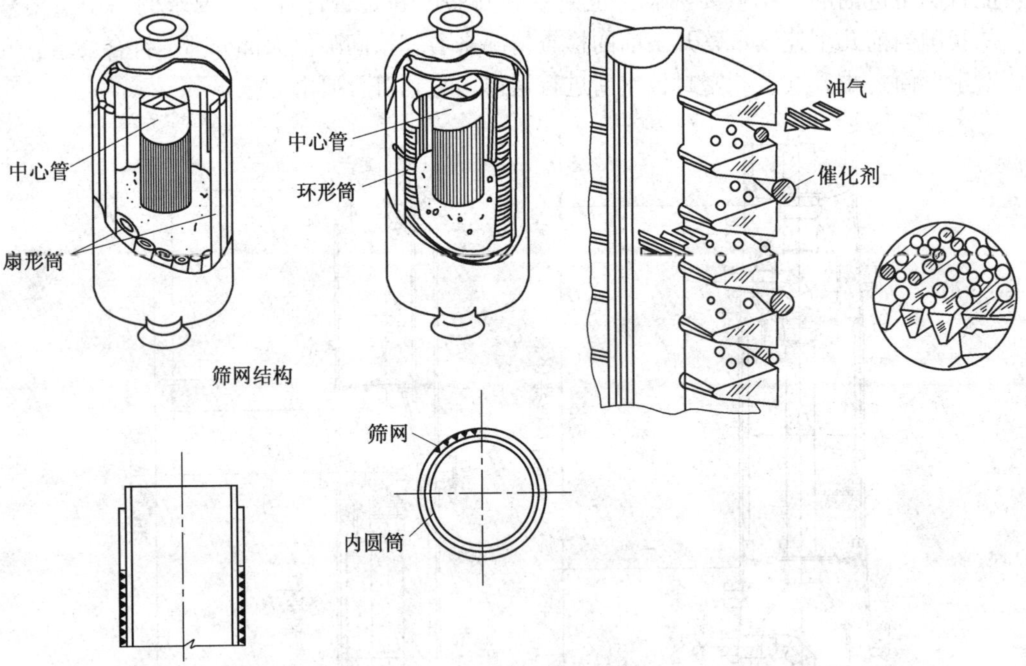

图 1-2-4　筛网

1.2.3　材料选择

临氢装置压力容器的材料选择首先考虑的是设备的氢腐蚀，在重整反应器的设计条件下(氢压力和操作温度、介质等)应满足抗氢腐蚀曲线(Nelson 曲线)的要求，要注意必须采用最新版本和其提出的注意事项。根据不同的操作条件，设计中要考虑留有足够的安全裕量。

根据我国目前重整反应器壳体和内件材料选择的考虑，它有两个阶段：在 20 世纪 60~80 年代之间，许多厂的重整反应器，大都采用冷壁结构的反应器，其中的隔热衬里材料是以矾土水泥为胶结剂大颗粒膨胀珍珠岩为主要骨料的混凝土，采用手工捣制成形，经过精心施工和烘干等规范程序，它能获得比其他配方的衬里有更低的容重、导热系数和线收缩，并有较高的高温抗压强度特点，当设备内部温度在 520℃、压力 2MPa 的操作条件下，壳体外壁温度能低于 100℃(壳体的变色漆温度约 150℃)。衬里质量很好，衬里不剥落、不窜气，表面只出现毛发裂纹，在正常操作时，平稳、安全。自 20 世纪 80 年代以后，因国内外市场的需要，重整装置的生产规模有了更大的提高。当前，我国的装置处理能力已达到 200 万~300 万 t/a 的规模，工艺要求的重叠式径向反应器的直径约为 ϕ2500~3300mm，切线高度约为 12.1~14m，包括还原段反应器总高尺寸可达 100m 左右(参见图 1-2-3)，设备向大型化发展。设备的主体材料壳壁采用 2.25Cr-1Mo，内件材料为 0Cr18Ni9Ti 或 0Cr18Ni11Ti。对反应器可能发生的氢损伤要引起足够的重视。从资料上可知，氢损伤一般发生的部位在母材及焊缝金属，有关氢脆、氢腐蚀机理等，请参见本章第一节。因此，为使设备安全操作，就应正确选择抗氢材料，尽量减少材料中的有害杂质(如 S、P、Sn、Sb 等)，设备在制造过程中必须做好焊后热处理，并控制外加载荷形成的应力水平。

由于重整反应器的器壁直接在高温下操作，因此，除了考虑材料的抗氢性能以外还应考虑材料的抗高温蠕变性能。据有关试验证明，高温损伤发生的裂纹位置一般在应力集中的开口部位、外部构件(裙座、支耳等)的安装部位和焊缝热影响区。1Cr-0.5Mo、1.25Cr-

0.5Mo 高温损伤发生的时间在设备投用 2 万~3 万 h 后，见图 1-2-5。

调查事例：在 500~540℃下使用 6 万 h 后，在连续重整反应器的开口安装部位检查出裂纹(见图 1-2-6、图 1-2-7)。发生的原因，经一些试验研究，初步认为：由于焊缝热影响区的蠕变断裂，延展性很低。微小的蠕变变形，就能发生早期裂纹。延展性较低的钢种属于晶间型破坏。对重整反应器的设计条件下，选择抗氢钢应考虑铬含量稍高的钢种，并应降低焊接接头处的应力集中和残余应力问题。

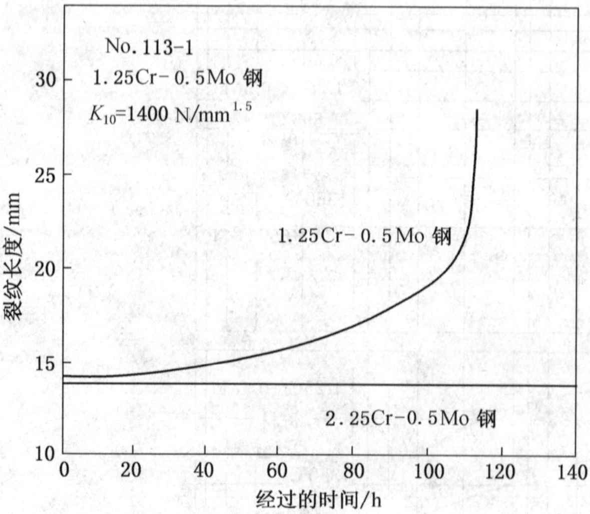

图 1-2-5　1.25Cr-0.5Mo 钢裂纹长度随时间的变化

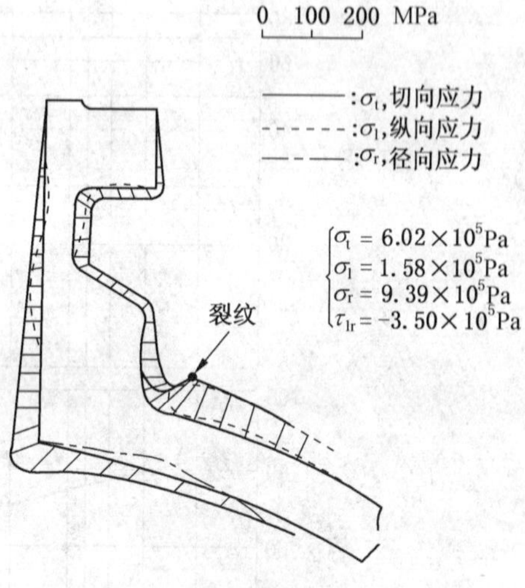

图 1-2-6　开口接管转角处应力分析(内压及热载荷)

1.2.4　设计计算

现场的设计计算原则，应在检测基础上进行，对原设备的受压和非受压元件的计算，则应与设备的原设计的计算书和图纸上各元件的计算、制造检验(包括各类探伤要求)所遵守的规范相一致。若以引进为主的设备，尚应遵守设备图纸上所遵守的国外相应的规范。

1.2.5　故障分析

(1) 冷壁反应器的事故

冷壁反应器内有 100mm 的隔垫衬里，在施工中衬里内存着大量的水分，在装催化剂前必须对衬里进行烘干，使器内的水分降到规范中的要求。反应器衬里烘干是必不可少的工序。过去有的工厂对此缺乏认识，认为反应器衬里的烘干与催化剂烘干可以合为一道工序，在衬里施工完毕后就把不锈钢套安装完成，又在器内装填完新鲜催化剂后点火烘干，最后造成新催化剂全部水中毒，而衬里排出的水也不能全部烘干。

冷壁反应器内不锈钢套的拼接焊缝十分重要，在操作过程中由于内外压力不平衡，或钢套安装时不符合要求，常使钢套的焊缝撕开，造成反应器出入口压降骤然增加，使反应器外壳的变色漆在焊缝撕开处迅速变色，以示警报壳体超温，造成反应区紧急停工，且卸出的催化剂也受到污染。

(2) 重整反应区的事故

在重整反应区内的预加氢管壳式换热器的壳体和换热管都应选用 Cr-Mo 钢。某厂因在设备订货时的疏忽，误认为锰钢也有抗氢作用，当设备在开工投运和升温时出现了泄漏，才采取紧急措施，降温降压，达到 Nelson 曲线允许的范围。开工一年后发现该管壳式换热器列管已全部脱碳，管子发白，已是十分危险的事故前奏。

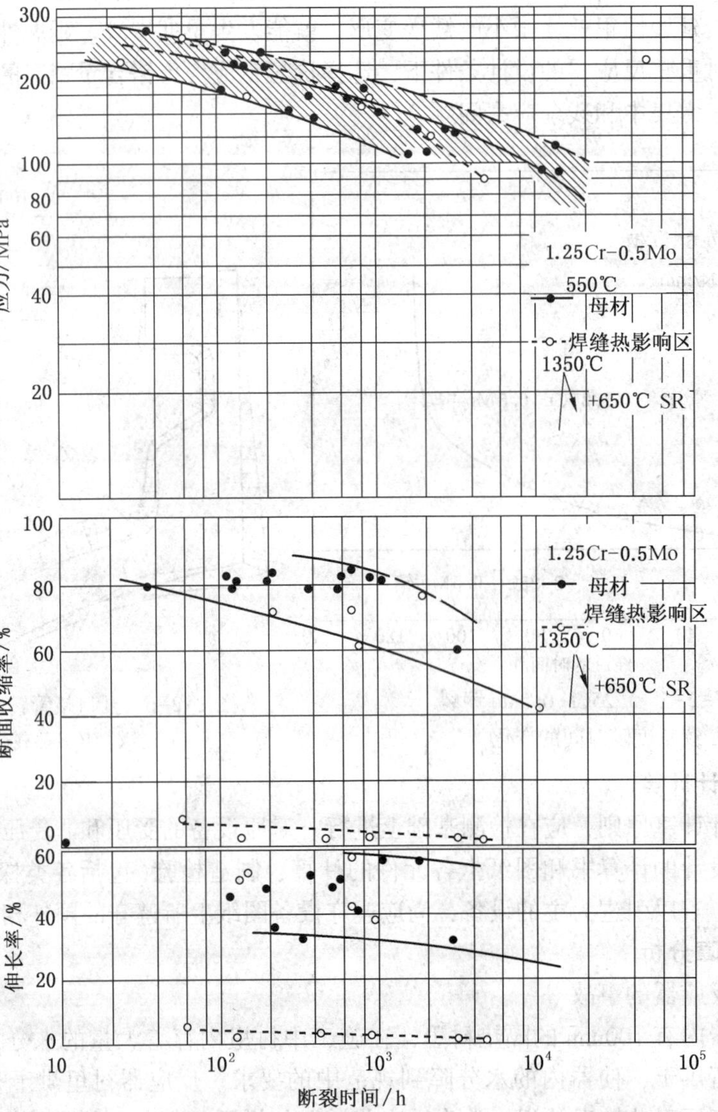

图 1-2-7　1.25Cr-0.5Mo 钢母材及模拟焊缝热影响区的蠕变断裂试验结果

关于连续重整反应区的结焦事故：连续重整装置投运操作以来，从 20 世纪 80 年代后已出现了三起较大规模的反应系统严重结焦，导致全厂停工停产，事故现场十分惊人，设备内构件损坏十分严重。四台重叠式反应器内有二根中心管的外筛网的筛面被挤破，四周的扇形管大部分被挤压破裂、变形，底封头上堆积着很厚的催化剂粉末和焦碳、焦块，扇形筒的固定胀圈被严重扭曲、变形脱落，反应器顶部的还原段管束堆有很厚的积炭，反应器就像焦炭塔一样，清理出来的炭容量约 50 多桶(约有 $10m^3$ 左右)。从碳块的结构上看，器壁接触面处是软炭，软炭上面是硬炭，其硬度和致密度都挺高，总量也多，这说明在器壁接触面生成软炭后，由于反应温度太高，软炭在高温作用下变成硬炭，延伸量急骤升高。从积炭的物相

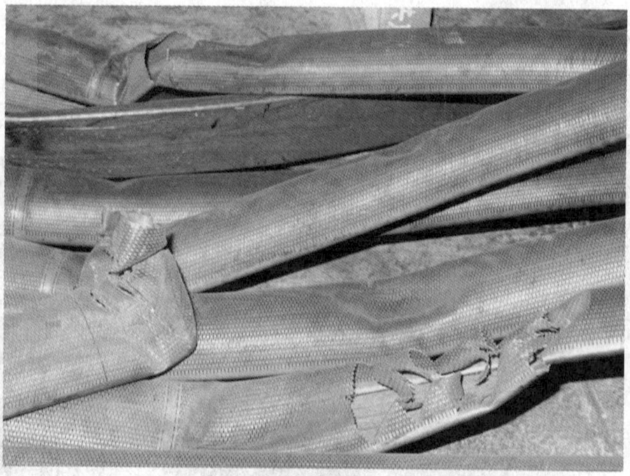

图 1-2-8 扇形筒变形状态(一)

分析看，积炭为石墨型炭，且含有 α-Fe，还含有其他元素如 Ni、Cr、Mo、Mn 等。金属器壁上的积炭是带有铁粒子的丝状炭，形成了铁粒子高度分散在炭中的一种催化剂，它在重整的苛刻的操作条件下(高温、低压、低空速等)，在还原气氛中，烃类被吸附在金属晶粒的表面，再经过脱氢或氢解等反应，产生原子碳，并溶解在金属晶粒之中，这种丝状炭在模拟试验中得出：420～450℃下即可形成(石油化工科学研究院为此结炭做了大量的模拟试验工作)。当烃类操作温度越高，反应进行越快，它产生的膨胀力，越能迅速把扇形筒底端，推向各个不同方位，造成内构件的大量损坏，从而出现上述可怕的景象。

上述事故的出现造成了经济损失达数百万元甚至上千万元。凡是连续重整装置反应系统出现异常状态，就应引起高度警惕，及时与专利商联系，使结焦事故尽可能的避免发生。

以下各组照片(见图 1-2-8～图 1-2-13)为结焦现场所拍摄。

图 1-2-9 扇形筒变形状态(二)

图 1-2-10 膨胀圈变形状态

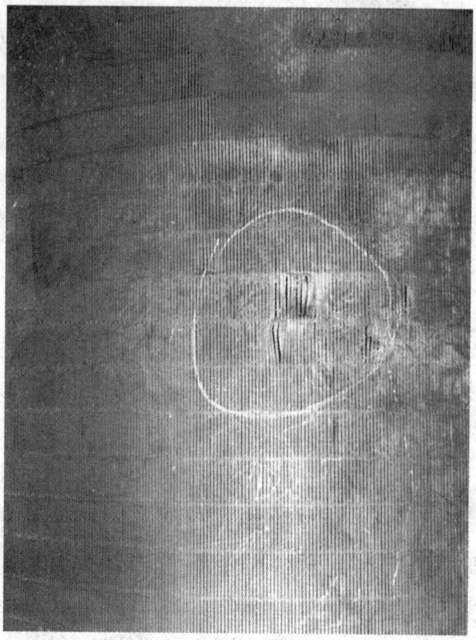

图 1-2-11 中心管外筛网(Johnson 网)被挤破状态

图 1-2-12 还原段上的结焦

图 1-2-13 反应器清除出来的中、小型焦炭

1.3 催化裂化装置反应——再生系统

1.3.1 反应(沉降)器与再生器的相对位置形式

1.3.1.1 并列式

(1) 等高并列

反应(沉降)器与再生器并列布置在等高的钢架上，两器间催化剂用两根 U 形管连接并输送或通过烧焦罐和提升管用两根斜管连接并输送，见图 1-3-1。

(2) 高低并列

沉降器与再生器并列布置在高度不同的两个钢架上，沉降器基础高，再生器基础低，两器间催化剂用两根斜管和提升管连接并输送，反应在提升管内完成，再生器下可设烧焦罐或预混合段，见图 1-3-2、图 1-3-3。

(3) 三器并列

沉降器、第一再生器和第二再生器布置在三个高度不同的钢架上，三器之间用斜管、半 U 形管和提升管连接并输送催化剂，占地面积大，烟道复杂，投资偏大。

1.3.1.2 同轴式

(1) 沉降器与再生器同轴

沉降器位于再生器上，汽提段用不锈钢材质插入再生器稀相段内，裙座内设膨胀节，催化剂通过待生立管、再生斜管和外提升管输送循环，占地面积小，设备总高度较高，汽提蒸汽管易断裂，安全度稍差，再生器旋风分离器检修更换和汽提段清焦困难，见图1-3-4。

(2) 沉降器与再生器和烧焦罐同轴

基本结构与前者同，只在再生器下增设烧焦罐，增加了烧焦能力又不多占地，但设备总高更高，更换旋风分离器困难，汽提清焦检修不便。

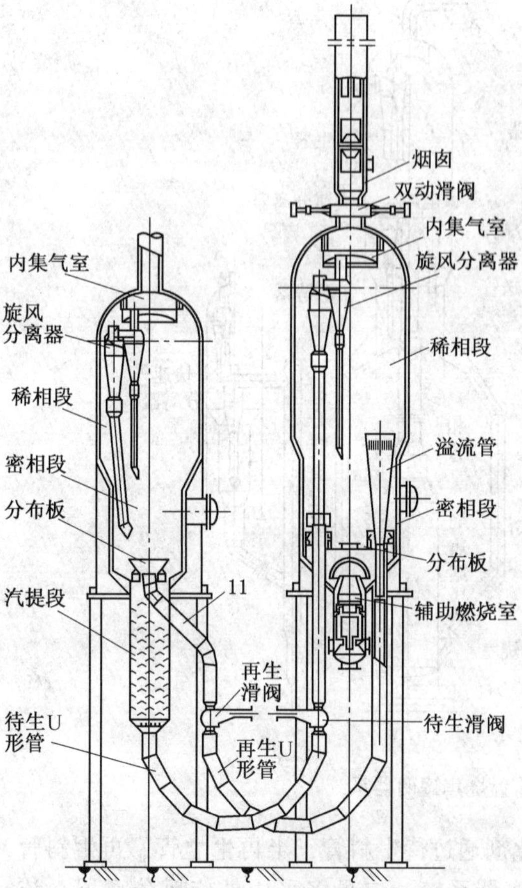

图 1-3-1 等高并列式两器系统

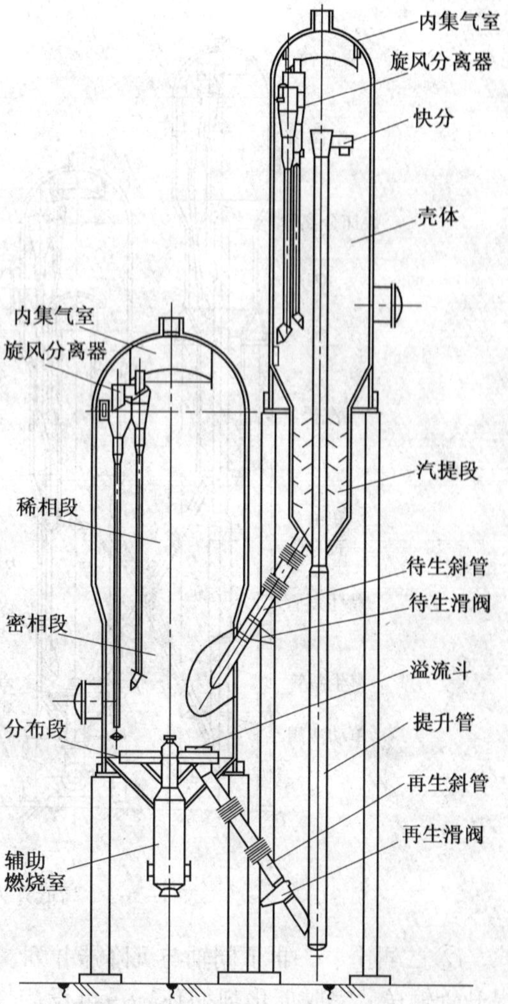

图 1-3-2 高低并列式两器系统

1.3.1.3 同轴加并列

为增强再生能力，减少催化剂返混，装置采用两个再生器时，装置为三器，多采用下述布置。

(1) 沉降器和第一再生器(以下简称一再)同轴与第二再生器(以下简称二再)并列，催化剂通过待生立管、半再生 U 形管、再生斜管和外提升管输送，完成催化剂循环。一再更换旋风分离器系统或检修均不便，沉降器汽提蒸气管易断裂，汽提段结焦处理困难，见图 1-3-5。

(2) 第一再生器和第二再生器同轴与沉降器并列

① 一再上、二再下同轴与沉降器并列，催化剂通过待生斜管、循环斜管、再生斜管和提升管输送，完成催化剂循环，带有少量催化剂的二再烟气通过二再顶部的低压降分布板，直接进入一再底部，烟气中的过剩氧参加烧焦，不但主风得到充分利用，二再不设旋风分离系统，只在一再顶设旋风分离器系统，烟气只从一再顶去三级旋风分离器，减少了一、二再两根烟道处理的麻烦。投资省，结构简单，但沉降器顶标高较高。

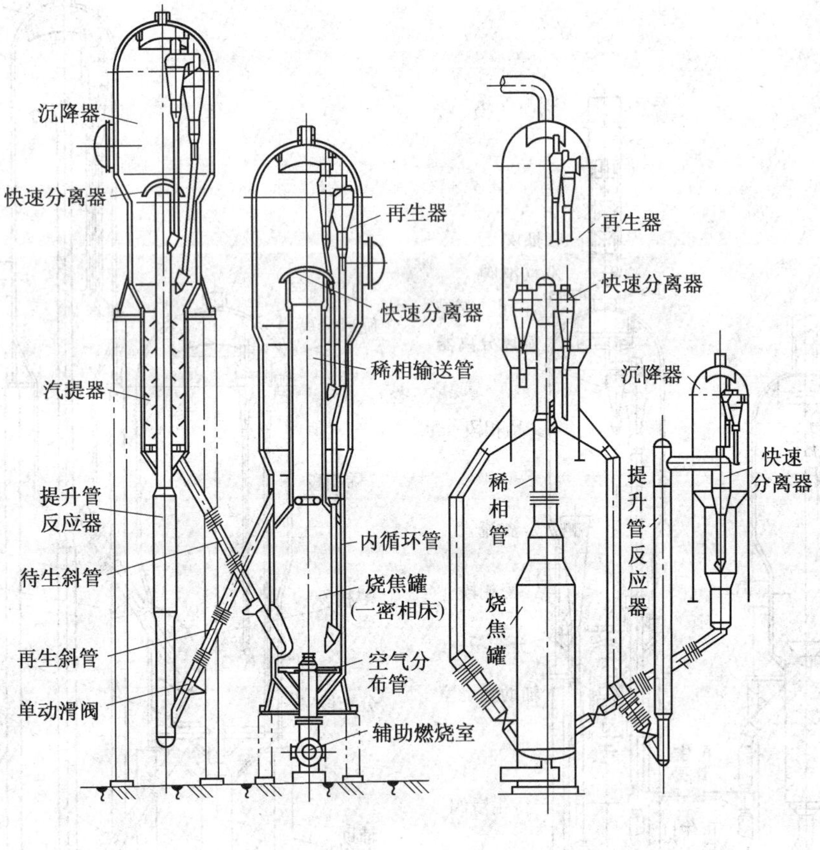

图 1-3-3 高低并列式前置烧焦罐两器系统

② 二再上、一再下同轴与沉降器并列，催化剂通过待生斜管，半再生立管、再生斜管、提升管输送，完成催化剂循环，一再设旋风分离器系统，二再多采用外旋风分离器系统，一、二再分别设出口烟道，烟道管线复杂，投资大。见图 1-3-6。

1.3.2 反应(沉降)器的形式及特点

1.3.2.1 提升管反应器结构

(1) 预提升段

位于提升管底部。催化剂从再生斜管斜上方进入后需及时松动流化、重新分布、转向、加速、提升，运动复杂，设计难度很大，分布和提升结构设计的好坏直接影响催化剂的循环量。段内设有：

① 蒸汽分布环 用于松动、流化底部催化剂，使催化剂在底部分布均匀，以利提升。

② 预提升蒸汽分布器 为一多喷嘴蒸汽分布板，用以均匀分布加速蒸汽、提升催化剂。

(2) 进料段和喷嘴

位于预提升段上。催化剂转向、提升、分布均匀后为进料段，喷油反应，喷嘴的雾化效果对反应的产品收率和分布影响很大，按喷嘴的雾化型式分为以下种类：

① 靶式喷嘴 油高速撞击金属靶破碎成液滴，并在靶柱上形成液膜，高速蒸汽掠过靶面破坏液膜雾化。要求油压高、蒸气压力高、喷嘴压降大。

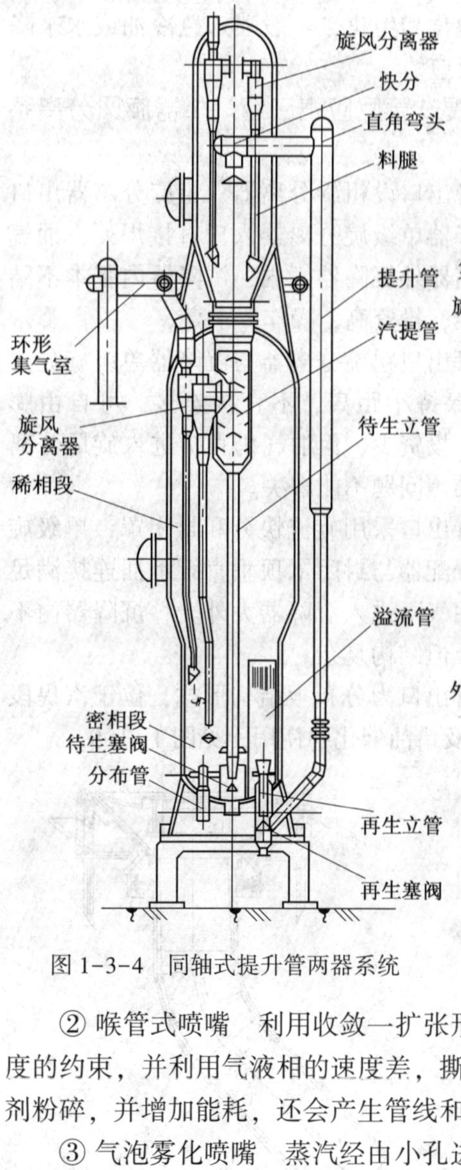

图 1-3-4 同轴式提升管两器系统

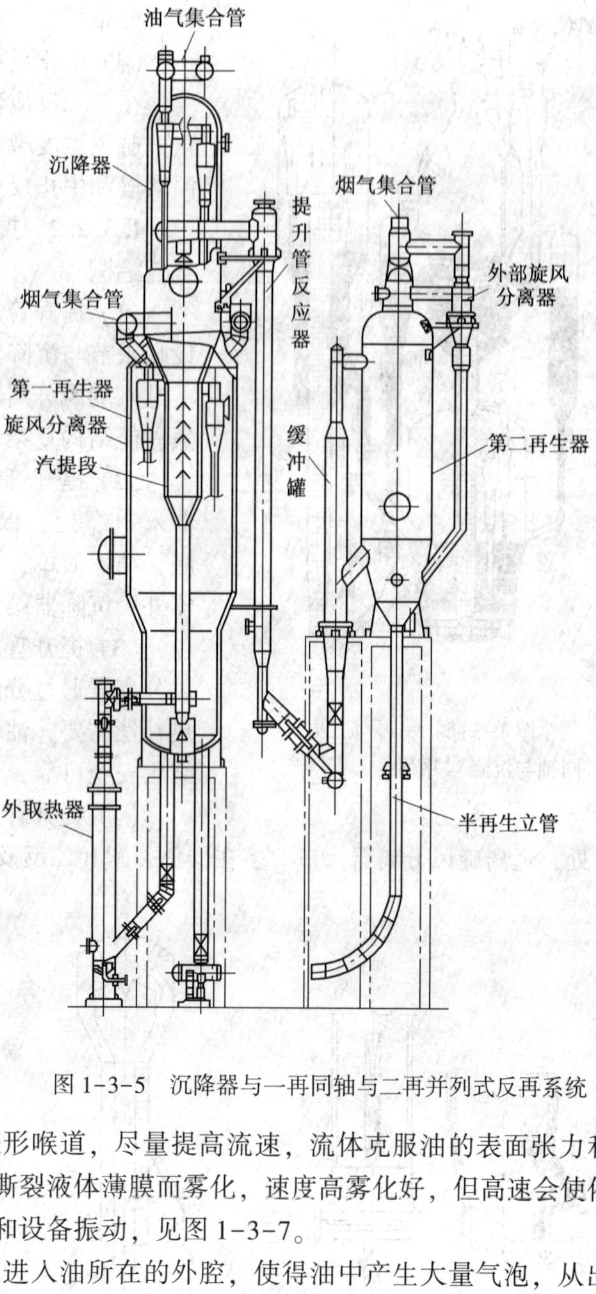

图 1-3-5 沉降器与一再同轴与二再并列式反再系统

② 喉管式喷嘴　利用收敛一扩张形喉道，尽量提高流速，流体克服油的表面张力和黏度的约束，并利用气液相的速度差，撕裂液体薄膜而雾化，速度高雾化好，但高速会使催化剂粉碎，并增加能耗，还会产生管线和设备振动，见图 1-3-7。

③ 气泡雾化喷嘴　蒸汽经由小孔进入油所在的外腔，使得油中产生大量气泡，从出口喷出，气泡爆破使油充分雾化，见图 1-3-8。

④ 两相流体的液体离心式喷嘴：气液两相在喷嘴混合腔内形成的气液两相流体，在一定压力作用下进入涡流器的螺旋通道，被迫进行回旋流动，油被加热并稀释，气液两相旋转激烈混合，黏度降低。在离心力作用下，液体被碾成薄膜，在气流的冲击下，进而破碎雾化。此喷嘴节能高效，采用较低的油压和使用较少的雾化蒸汽就能使油达到理想的雾化效果。

(3)第二反应段

为降汽油烯烃，新催化在提升管反应后设第二反应器(简称二反)，二反采用床层反应，

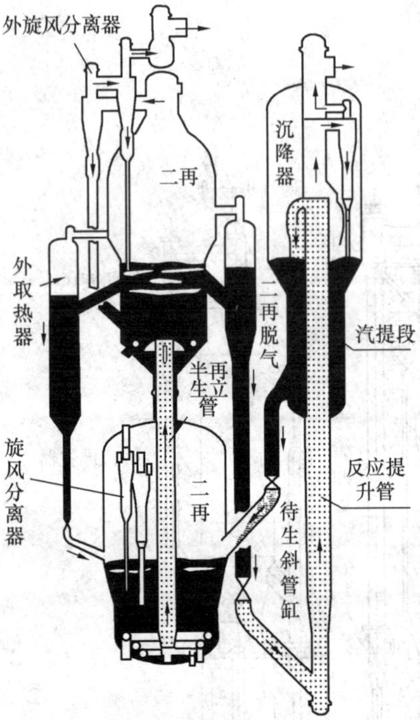

图 1-3-6　一再与二再
[JZ]同轴与沉降器并列

下设分布板。

(4) 中止反应段

在第二反应器后。反应达到理想产品时使反应停止，避免过度裂化和生焦，一般喷入急冷油或水来降温减慢和中止反应。

1.3.2.2 提升管反应出口与沉降器旋风分离系统的结构

(1) 提升管出口设粗旋分离器，粗旋分离器出口设膨胀节与沉降器单级旋分离器入口直接焊死，油气不进入旋风分离器外沉降器壳内，沉降器内基本不结焦，但结构复杂，投资高，操作要求高。

(2) 提升管出口粗旋分离器与沉降器单级旋分离器入口靠近，保持小距离，不直接连接，可自由膨胀，结构简单，投资少，但油气仍直接进入旋风分离器外，沉降器结焦问题不能解决。

(3) 提升管出口采用旋流快分和封闭罩，单级旋风分离器通过分配器与封闭罩顶垂直管承插连接满足热补偿需要，油气不进入沉降器大外壳，沉降器内不结焦安全可靠，但结构复杂。

(4) 提升管出口为分布板结构形式，位于汽提段入口处，远离旋风分离器入口，多在催化裂解和二反及蜡油催化中使用，见图 1-3-9。

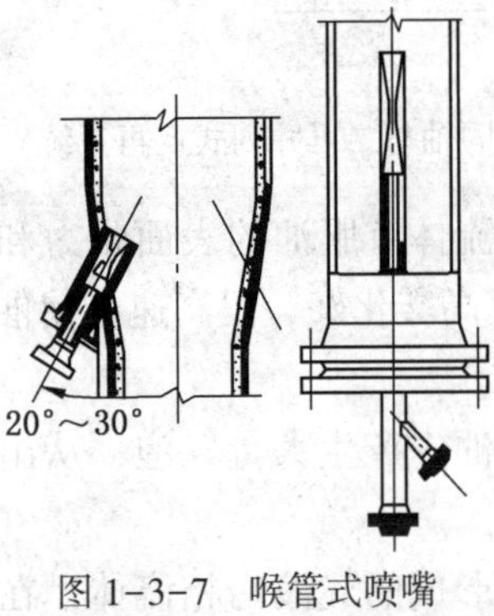

图 1-3-7　喉管式喷嘴

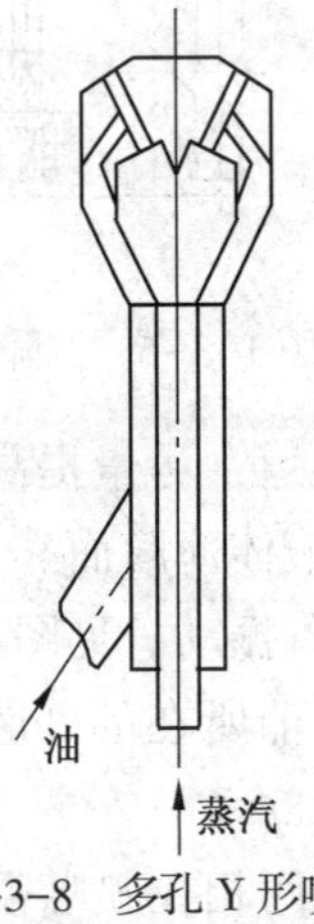

图 1-3-8　多孔 Y 形喷嘴

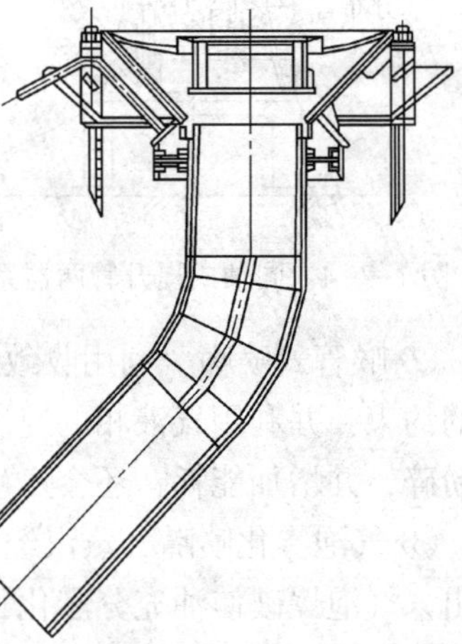

图 1-3-9　进料弯管和分布板结构

1.3.2.3 旋风分离系统

(1) 旋风分离器的结构形式

近几年采用的高效旋风分离器有以下几种：PX 型、PV 型、BY 型、GE 型，见图 1-3-10。

分离效果一般要求达到 99.9%以上。

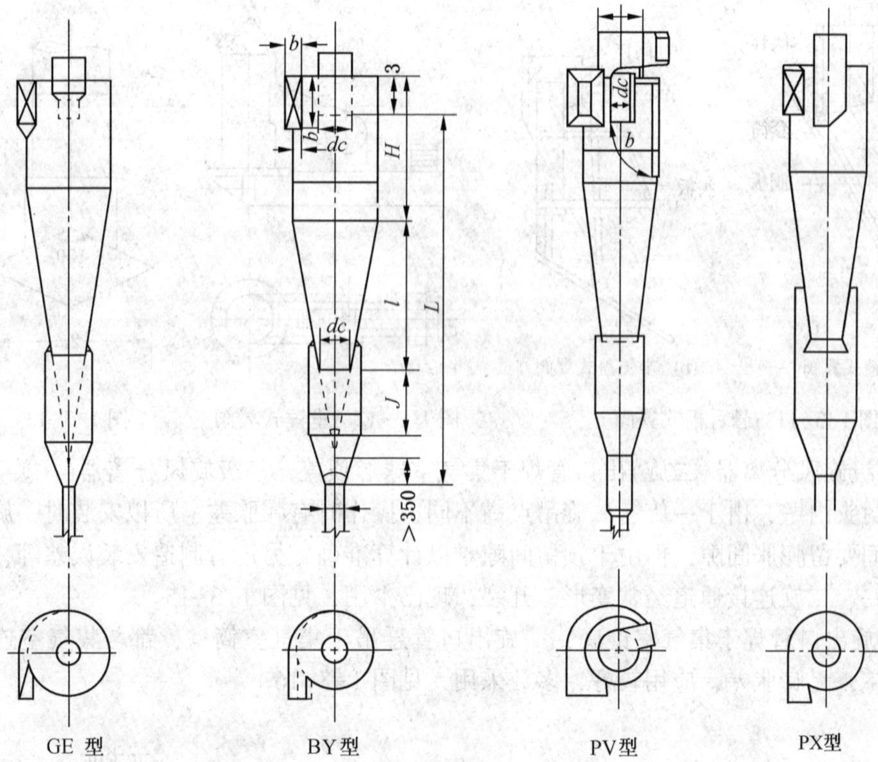

图 1-3-10 旋风分离器示意图

（2）料腿

料腿上端与旋风下口相焊铅垂或小于 15°垂直悬吊于器内。其作用是防止气体反窜，确保旋风分离器正常工作。

（3）拉杆

拉杆将旋风分离器料腿相互连接成整体结构，增加刚度并改变单个旋风分离器和料腿组件的自振频率，用以抵抗摆动和扭转振动。

（4）旋风和料腿夹持导向结构

旋风分离器组数不多时，用拉杆不能使旋风分离器料腿连成整体结构或因内部结构阻碍不能连接拉杆时，多采用夹持导向结构，用以抵抗振动载荷。

（5）料腿下端密封设施

① 悬吊舌板式翼阀　密封性能好，应用广泛，见图 1-3-11。

② 重锤式翼阀　用于稀相中的料腿密封。制造现场安装调试要求高，见图 1-3-12。

③ 倒锥　在密相床层中使用，用于再生器一级旋风分离器料腿下口。结构简单，制造方便，见图 1-3-13。

④ 防冲挡板　用于再生器一级旋风分离器料腿下口，制造简单，见图 1-3-14。

（6）集气室型式与吊挂结构

① 内集气　位于壳体内，吊于上封头顶，由筒体和封头或筒体、锥底和封头组成。

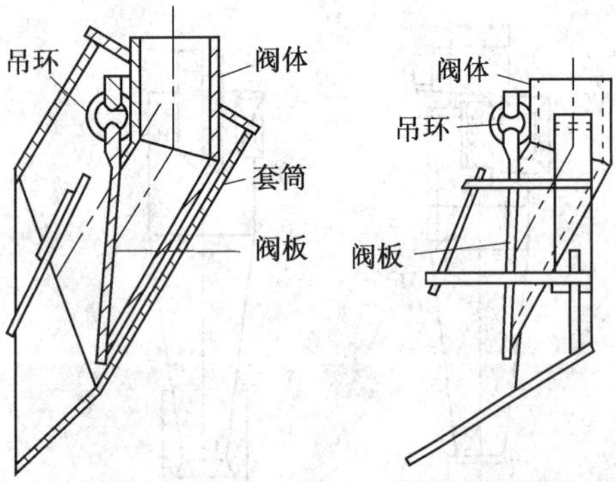

(a) 全覆盖式翼阀 (b) 半覆盖式翼阀

图 1-3-11 悬舌板式翼阀

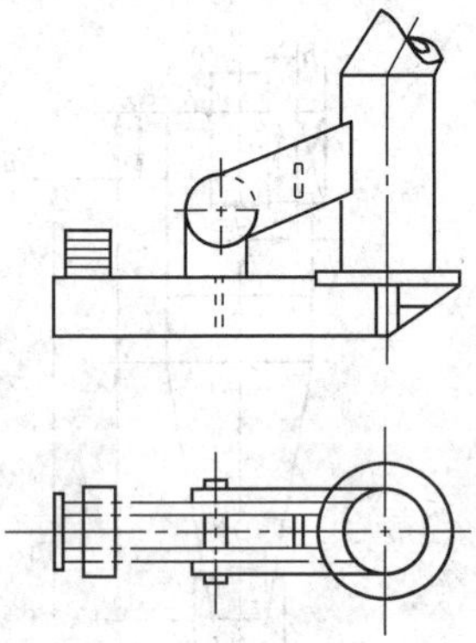

图 1-3-12 重锤式翼阀

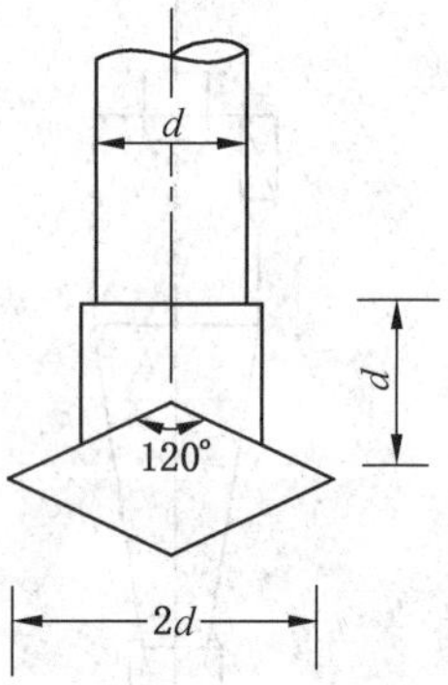

图 1-3-13 倒锥

A. 二级旋风分离器(二旋)出口管焊于集气室球形顶盖，一级旋风分离器(一旋)用吊杆悬吊于顶封头内壁，由于一旋、二旋吊点高不同，操作时有膨胀差，所以安装时一旋吊杆螺母与吊耳间要留膨胀间隙，但由于预留间隙难以计算准确，另还有制造安装误差等，膨胀差难消除，一、二旋连接通道经常变形、开裂，现已少用，见图 1-3-15。

B. 二旋出口管焊于集气室锥底，一旋出口管悬吊于集气室筒壁，都与集气室连接，悬吊于集气室，无膨胀差，应用较好，多数采用，见图 1-3-16。

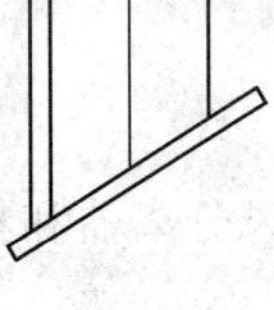

图 1-3-14 挡板

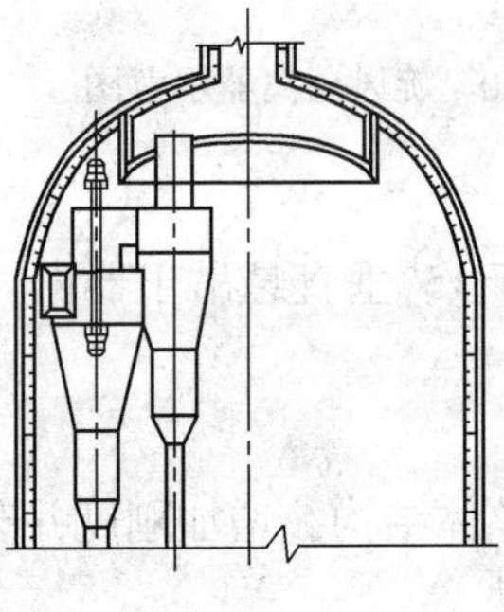

图 1-3-15

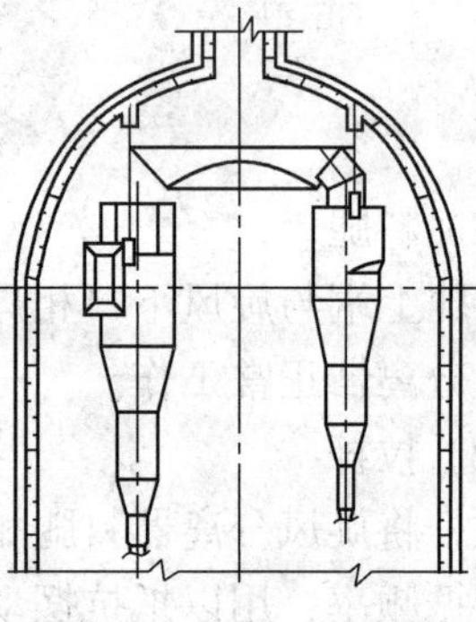

图 1-3-16 旋风

C. 二旋出口管焊于集气室，一旋吊于横梁上，横梁一端焊在集气室外壁上，另一端用铰链板悬吊在壳体顶封头内壁，旋风分离器径向可热膨胀移动。但轴向膨胀差未全补偿，此结构复杂，制造要求高、耗材多、造价高，很少采用，见图 1-3-17。

图 1-3-17 吊挂结构

② 外集气室 位于壳体顶封头外，自成一容器，多个二旋升气管穿过壳体与集气室相通并支承外集气室。外集气室按形状有：卧式、立式、椭球式和环管式，见图 1-3-18，增加了再生器顶标高，吊装难度大。

旋风分离器悬吊结构基本相同，二旋出口管穿过外壳去外集气室，与外壳和外集气室均相焊悬吊在外壳上，一旋出口管悬吊在外壳上的一个小吊挂包内，吊挂包内吊点与二旋穿过壳体处的标高等高，可满足轴向和径向膨胀的要求。

1.3.2.4 旋流快分系统

(1) 旋流快分器

三臂式向下旋转喷出式快分，催化剂喷出后沿封闭罩内壁向下。

(2) 封闭罩

封闭罩在沉降器密相段中心,支承、固定有以下两种:

① 封闭罩中部设支耳用横梁支承，横梁支承在外壳上，封闭罩上、下部设纵向夹板，夹住外壳内的立板，使封闭罩不得转动、摆动和振动，又可向上、向下热膨胀。

② 封闭罩下部用裙座支承在沉降器外壳锥段上，裙座开孔应保证旋风分离下来的催化剂顺利进入汽提段。

(3) 预汽提挡板

分别固定于内提升管外和封闭罩内，用以快速将催化剂夹带的油气提前汽提出来。

(4) 溢流密封圈

与封闭罩下口有一环形空间，轴向有一重叠段，汽提段的气体不能进入外壳与封闭罩之间的环形空间，而环形空间内的催化剂达到一定料位后可顺利进入汽提段。

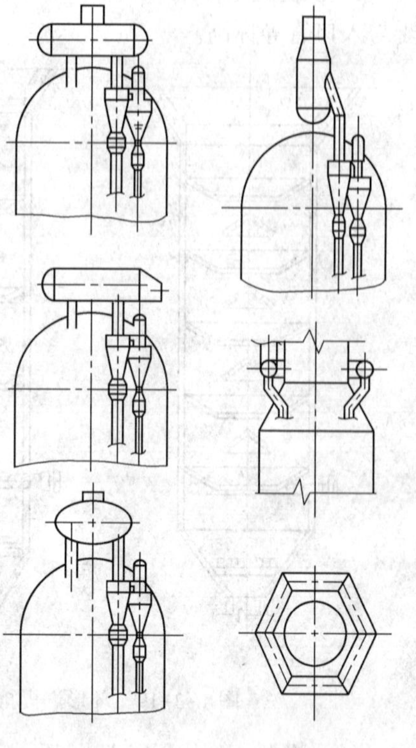

图 1-3-18 外集气室

(5) 气体分配器

位于封闭罩顶吊在集气室上，封闭罩内油气向上经气体分配器，分配后分别进入各旋风分离器。

(6) 承插式补偿器

封闭罩上口与气体分配器通过承插式补偿器连接并密封。结构简单、可靠、效果好。

1.3.2.5 汽提挡板与汽提蒸汽盘管

(1) 汽提挡板的形式

① 环形汽提挡板　内环形挡板焊在内提升管外，无内提升管时，可焊在一个假管外，外环形挡板焊在汽提段外壳内，挡板上设若干通气小管，用以增强汽提作用。结构简单，制造安装检修方便，常采用，见图 1-3-19。

② 条形汽提挡板　在无内提升管、无隔热耐磨衬里的热壁汽提段可采用，因设计、制造、安装不便，现在很少采用，见图 1-3-20。

(2) 汽提蒸汽管的形式和支、吊结构

① 直管式　多与人字条形汽提挡板配合使用，汽提管一端与汽提段壳壁焊接另一端用管卡固定在器壁的支耳上。现在很少采用。

② 环管式　环形汽提挡板一般均用环管式，其支、吊结构:

A. 水平夹支。当环形汽提管入口管与环管等标高时采用，水平夹持结构既承重又允许水平移动和径向膨胀。视环大小，可设二、三个水平夹。

B. 铰链悬吊。当环形汽提管入口管高于环管标高时采用，既能悬吊重量还能水平移动，视环大小，可设二、三个吊点。吊点标高与入口标高应相等。

C. 铰链支承。当环管入口管低与环管标高时使用，视环大小可设二、三个铰支，支点要与入口管等标高。

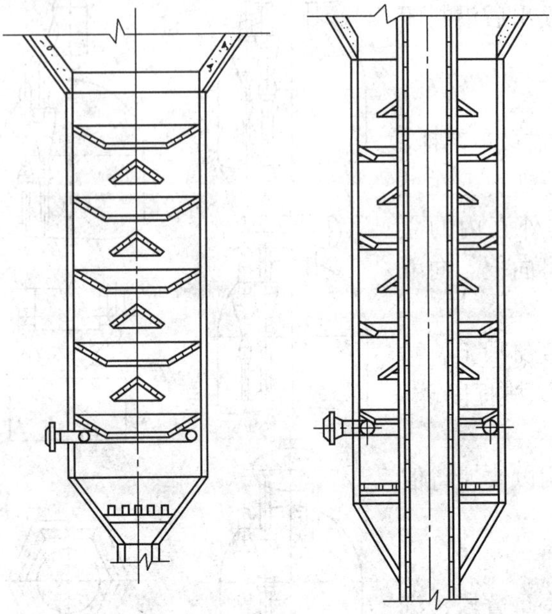

图 1-3-19 环形汽提挡板

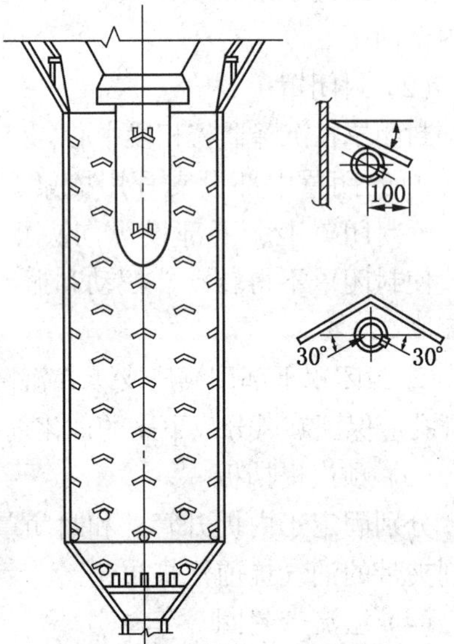

图 1-3-20 条形汽提挡板

（3）格栅

格栅可设在汽提段底部，也可设在待生斜管入口，格栅净空为 80~100 方孔，用以阻挡大块焦，防止堵塞待生滑阀。

1.3.2.6 提升管出口的快分结构

（1）粗旋风分离器

分离效率高，可靠，常用。见图 1-3-21。粗旋风分离器和具有汽提挡板和汽提蒸汽管的料腿，使油气与催化剂提前分离，减少过度反应，但结构复杂，操作难度大。

（2）倒 L 形快分

结构简单，有较高效率，压降较大。外提升管催化常用，见图 1-3-22。

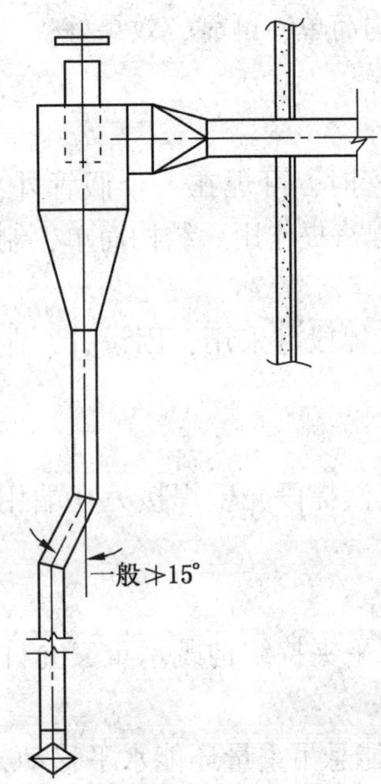

图 1-3-21 粗旋

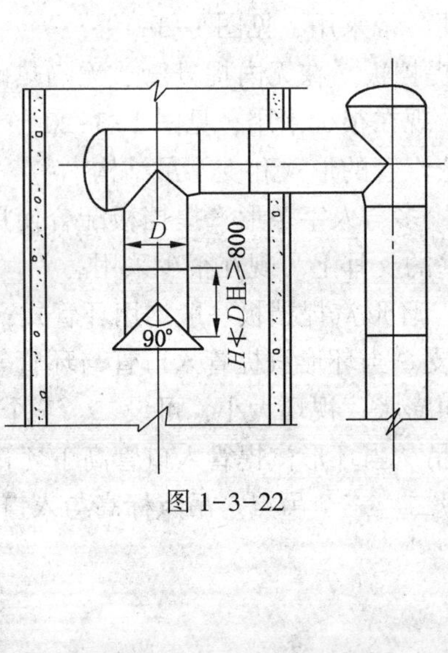

图 1-3-22

(3) T形快分

大型催化内提升管可用，是两侧倒L形的快分的组合，见图1-3-23。

(4) 蝶形快分

结构简单、制造方便、投资省、但效率不高，现少采用，见图1-3-24。

(5) 伞帽快分

结构简单、压降小、磨损小、投资省、但效率低，现已很少采用，见图1-3-25。

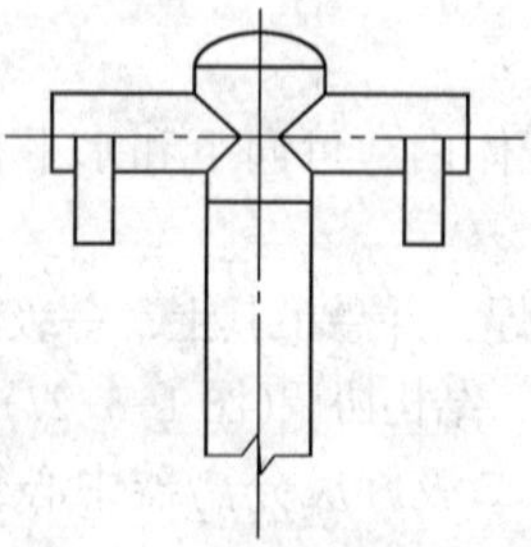

图1-3-23 T形快分

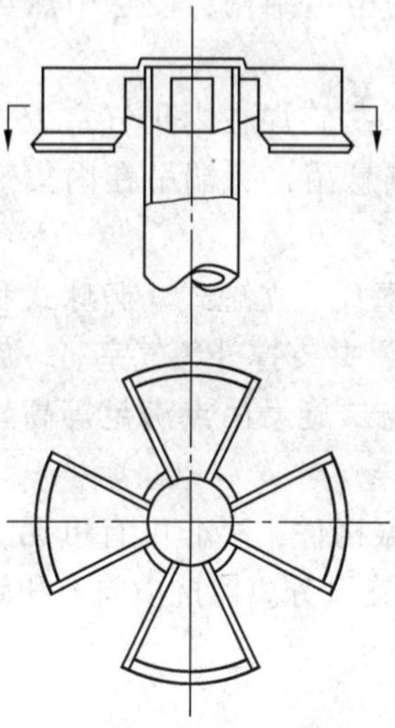

图1-3-24 蝶形快分

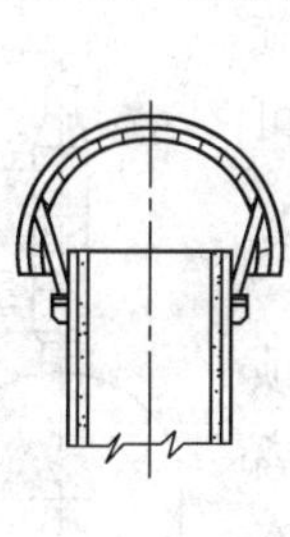

图1-3-25 伞帽快分

1.3.3 再生器的结构形式及特征

1.3.3.1 再生器的种类和形式

(1) 单段床层式再生器(图1-3-2)

(2) 带烧焦罐的再生器(图1-3-3)

(3) 带预混合段的再生器(图1-3-26)

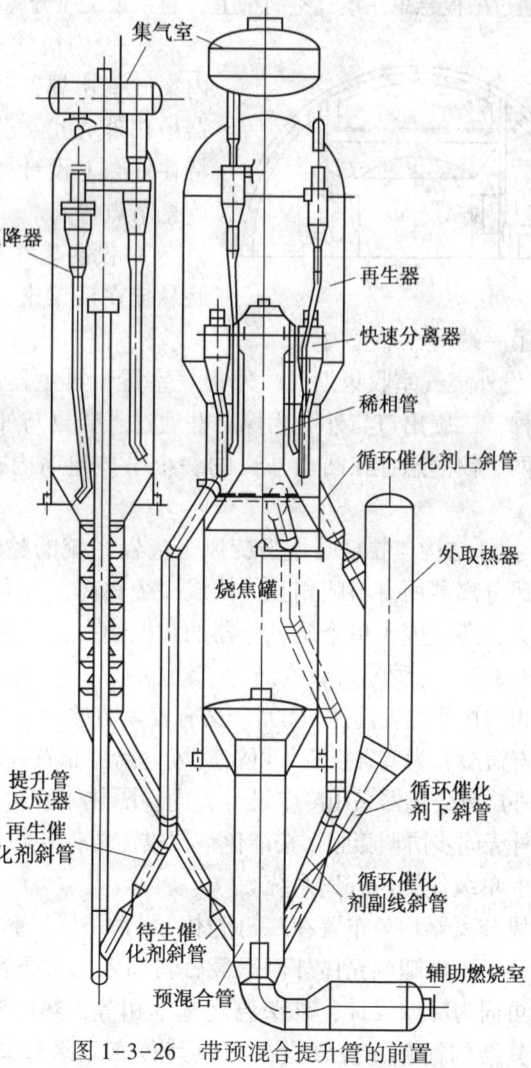

图1-3-26 带预混合提升管的前置烧焦罐重油催化裂化

(4) 第一再生器

(5) 第二再生器

(6) 一再与二再同轴的再生器分离

① 一再上二再下同轴，二再无旋风分离系统，二再催化剂和烟气经分布板直接进入一再下部，二再下设主风分布器，一再顶设旋风分离系统。

② 一再下二再上同轴，一再顶和二再外(内)均设旋风分离系统，一再、二再分别设烟道。一再和二再下部分别设主风分布器。一再催化剂从下部，用风经半再生提升管道进入二再下部(图 1-3-6)。

1.3.3.2 烟气收集和旋风分离系统

① 再生器一般采用双级多组旋风分离器，悬挂于再生器顶壳体内，可向下和水平自由膨胀。

② 设内集气室收集烟气，二级旋风分离器中心管与内集气室相焊，并悬吊其上，一级旋风分离器通过吊板悬吊在集气室筒壁上，与二级旋风分离器可同步膨胀，结构协调(图 1-3-27)。

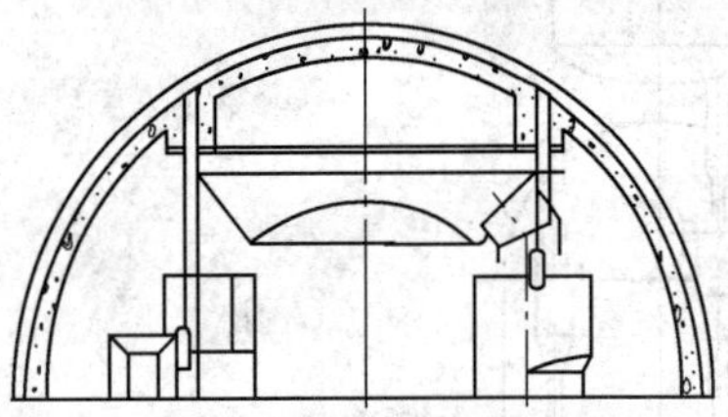

图 1-3-27

③ 设内集气室收集烟气，二级旋风分离器中心管与内集气室相焊，并吊在内集气室筒壁上，一级旋风分离器吊在外壳上，为使一旋和二旋轴向能同步协调膨胀，特在外壳上设计一向上凸出的吊包结构，使悬吊点与二旋悬吊点等高。

④ 设内集气室收集烟气，二旋焊在内集气室上，一旋悬挂在横梁上，横梁用铰链悬吊，一端吊在内集气室筒壁，吊一端吊在外壳内壁。

⑤ 设外集气室收集烟气，外集气室置于再生器顶外，有卧罐式、立罐式、椭球式和环管式多种，二旋出口与外壳相焊后并通过外壳再与外集气室相焊，并支撑外集气室。一旋用一个或两个铰链悬挂在凸出外壳的一个吊挂包筒内，悬吊点要与二旋悬吊点满足等高悬吊要求。

⑥ 拉杆结构　拉杆是增强旋风分离器系统的整体刚度和防振构件，决非可有可无，拉杆将旋风分离器所有料腿相互连接成一个整体，大大增强了单个旋风分离器抗横向力和旋转力的能力，还改变了单个旋风分器的自振频率，减少了共振的可能。

1.3.3.3 外旋风分离系统

二再内操作温度高达 760℃，又有较多的过剩氧，1Cr18Ni9 旋风分离器置于其内，易氧化损坏，寿命短。为节省投资，可将旋风分离器布置在二再顶外，组成外旋系统，外旋风分离器采用冷壁设计，内设隔热耐磨衬里，外壳用碳钢，可与二再外壳同步协调膨胀。按催化剂回收需要，外旋系统有以下两种：

(1) 单级外旋风分离系统

旋风分离器均匀布置在二再壳体顶封头外，通过弹簧支承在二再顶外的钢架上，料腿顺壳体外而下最后斜插入二再下部，由于外旋风分离器与二再同为冷壁设计，外壁温度基本相等，热膨胀量较小，膨胀基本协调。其结构简单，投资也少，但其分离效果较差，现在已很少使用(图 1-3-28)。

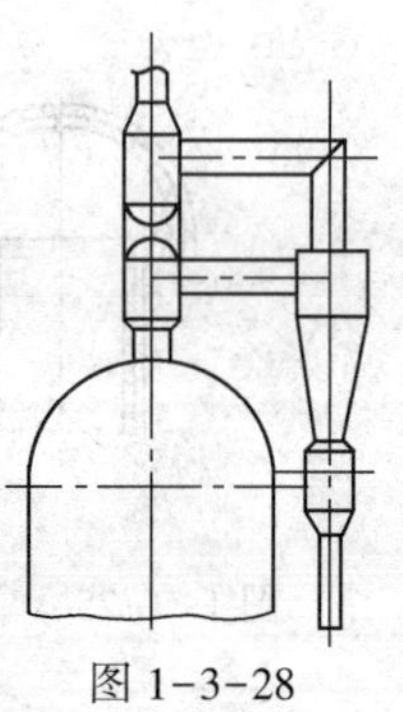

图 1-3-28

（2）双级外旋风分离系统

为提高旋风分离效果，目前外旋风分离多采用双级结构。二级旋风分离器均布于二再顶封头上，料腿从顶封头插入二再，料腿直插入二再分布器上方，并设翼阀、用夹持结构将料腿导向并固定。一级旋风分离器均布于二再顶封头外，料腿顺二再壁外而下，在下部斜插入二再内，一级旋风分离器料腿作成冷壁结构。外旋风分离器结构用弹簧箱支承在二再顶部钢架上，外旋风分离器和二再外壁温度相近，热膨胀差小，膨胀基本协调。结构较单级复杂，但分离效果大大提高，可较好满足回收催化剂的要求。

1.3.3.4 主风空气分布器

主风进入再生器烧焦的主要要求是主风应分散均匀分布与催化剂充分接触，这就要求主风分布器要将主风分布均匀。主风分布器结构多种多样各有特征。有以下三类：

（1）树枝状主风分布器［图 1-3-29(a)］

① 总管由外壳底部引入，并支承整个分布器的结构和重量。上端用封头封死。

② 四根主管成十字分布与总管上部垂直相连通，在主管长 2/3 处加斜撑，支承在总管下部，防止主管高温下变形。多根支管水平等间距垂直横穿主管并与主管相焊相通，主管、支管末端均用盲板焊死。在支管、主管上，均匀分布着若干 45°或 90°向下喷气的耐磨喷嘴，用以均匀分布主风，以利烧焦。

③ 为避开其他内构件的阻挡，也可作成两根或四根总管的分布器，则主管一般就改为两根，支管除直的外还有环状支管，结构多变但都是在支管上设多个喷嘴，以利主风分布均匀。

④ 支承特点：都是通过总管支承在外壳内壁上，由于热膨胀要求，主管、支管的另一端不得与壳壁再相焊支承。

（2）环状主风分布器

主风多由壳体底封头 向上引入或外壳壁径向引入。

① 整圈环状分布器 分布器作成一个圆环，喷嘴均布在环管上，也有作成同心的两个整环，大环在外，管径大；小环在内，标高约高于大环，管径小。可由两个主风入口分别进入，也可从一个入口引入，在器内连通。整环刚性好，不易变形，但主风从环的一处引入，环向分布欠佳，催化剂不易排除，支承结构应考虑热膨胀，采用的支吊结构主要有：

A. 铰链支吊结构 在垂直方向上用等高支承或等高悬吊的结构来解决热膨胀，水平径向膨胀在膨胀方向上设计铰链板，用一对可转动的铰链来解决热膨胀问题。

B. 水平夹持结构 若主风入口与分布环管同标高，则无垂直方向膨胀问题，水平径向膨胀问题，可采用允许水平方向自由移动的承重结构，水平夹持构件。

② 两半环组成的环形分布器 整环分布器由于各喷嘴离主风入口距离不等，而引起喷入气体量也随之变化，引起主风分布不均，尤其当空气环压降小时，不均匀性更大，影响烧焦效果。另外，整环一旦催化剂进入环中后，总在环管内旋转，难以排除，若采用两个或三个进气口，作成两半环或 1/3 段环，可解决分布不均问题，并可将进入环内的催化剂吹到环的末端排除。承重结构仍可用铰链支吊、水平夹持，还可用管卡导向。但再生器外主风管线和调节阀增多。

（3）分布板

为了增加分布板的刚度和热膨胀弹性，分布板多设计成下凹碟形多孔板，多用裙筒支承于壳体的内环梁上，裙筒与外壳衬里间留有足够的热膨胀间隙，环形热膨胀间隙填满陶纤毯，可满足分布板受热后径向膨胀的需要。为防止烘炉或短时过热和磨损，分布板上下两面均设耐磨衬里。分布板小孔焊耐磨短管，耐磨短管有金属钴剂合金耐磨短管或非金属耐磨管。当分布板直径太大时，分布板径向热膨胀量大，在支承裙筒下外壳连接处产生很大热变形和热应力，容易引起裙筒失稳和分布板变形鼓泡[图 1-3-29(b)]。

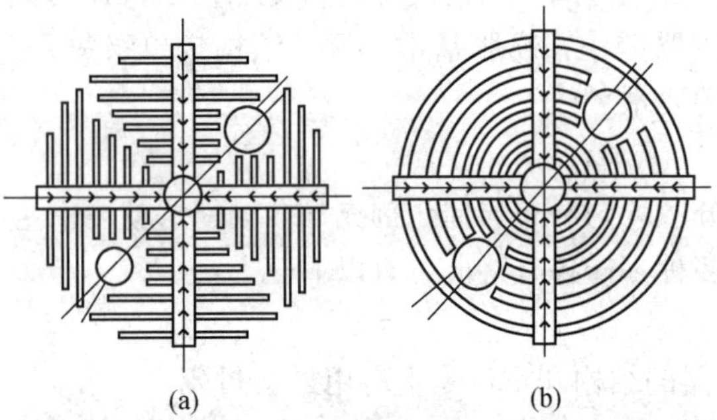

(a) (b)

图 1-3-29(a)

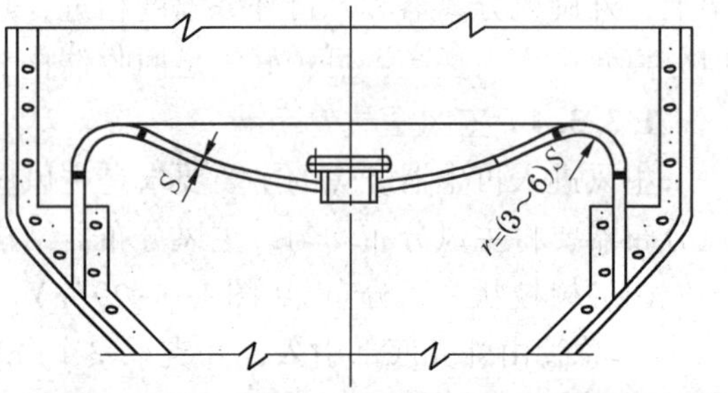

图 1-3-29(b)

1.3.3.5 重叠式一、二再生器之间的结构

(1) 分布板

为使二再中含有 CO 和 O_2 的高温烟气均匀进入一再底部，并托起一再的催化剂床层在一再下设分布板较好，分布板结构与单个再生器的相同。

(2) 空气环

由于一再与二再间是分布板结构，烟气从二再进入一再底部时还带有催化剂，分布板两面均有衬里，一再烧焦需要的主风用环管引入并分配均匀，空气环与单个再生器的空气环结构相同，环外设耐磨衬里。

1.3.3.6 烧焦罐与再生器之间的结构

(1) 分隔锥、稀相管和粗旋风分离器

烧焦罐下部密相烧焦，上部采用稀相管烧焦，为降低进入再生器稀相烟气的催化剂浓度，在稀相管出口端设粗旋风分离器。为支承稀相管和粗旋风分离器，烧焦罐与再生器之间多采用锥形分隔结构或拱形顶结构，锥形结构简单，温度应力较小，优先采用。

(2) 低压降分布板

分隔锥、稀相管和粗旋风分离器占满了再生器密相，粗旋和料腿、拉杆、旋风料腿、翼阀等部件太多，设计布置困难，流化效果也不理想，采用低压降分布板，可使再生器床层烧焦能力增强，烟气进入再生器底分布也均匀，再生器催化剂沉降空间增高，此结构简单，烧焦效果不错。

1.3.3.7 待生催化剂入口结构

(1) 船形溢流分布器

进入再生器的待生催化剂进入一个船形的槽中，船底通入风使之流化，催化剂从船形槽两侧多个均布的齿形口洒在再生器催化剂床层上，分布较均匀，有利烧焦。船形分布器要有一定刚度，防止高温变形失效。

(2) 旋转式切向入口

待生催化剂切向进入再生器床层上部，催化剂缓慢旋转运动烧焦，减少催化剂返混。从另一侧引出烧焦后催化剂去提升管参加反应。

1.3.3.8 再生催化剂出口结构

(1) 溢流漏斗

为增加催化剂循环量，催化剂出口一般设计一个大锥形斗，按结构方式不同可分为：

① 固定式溢流斗　下端固定在再生斜管内壁，顶端伸入再生器内一定高度的锥斗，由于热膨胀不协调，常变形、开裂失效。

② 悬挂式溢流斗　溢流斗较大较高时多设计成此形式，漏斗用螺栓或卡子等悬挂在再生器外壳内壁，下口插入再生斜管入口处，受热时能自由胀缩，效果较好。但结构复杂，设计、制造、安装难度大。

(2) 淹流锥管

锥斗较低，一般比主风分布器约高一点，埋在催化床层中，多作成固定式，锥斗下端焊接在再生斜管内壁。

1.3.3.9 取热结构型式及特点

取热元件可放在再生器内，也可另设计一个壳体放在再生器外，按取热元件放置位置不同分为内取热器和外取热器：

(1) 内取热器

内取热器的特点是投资少，工艺简单，取热量固定，灵活性小，但易漏损；水平取热管排管多，传热好，但易产生汽水分层现象。垂直取热管汽水流动状态好，不产生分层，布管少、变形大。内取热管材质多用 Cr5Mo，不宜用 0Cr18Ni9Ti 钢管。内取热器有以下几种结构。

① 水平环形取热管　再生器内件多、开口多、较难布置，由于径向热膨胀量大，承重和固定结构与热膨胀矛盾，热变形、热应力大，结构固定不好易开裂(图 1-3-30)。

② 水平盘管式取热管　盘管元件不需整圈，根据再生器内部结构布置可长、可短，布置方便，元件分若干组，末端不固定可满足热膨胀伸长需要，承重固定、导向比较方便(图 1-3-31)。

③ 垂直蛇管式取热管　布置方便，承重结构简单，但汽水循环不好，蛇管下部易变形，上弯头易汽蚀，(图 1-3-32)。

④ 垂直管束式取热管　布置较难，联箱易漏、承重简单方便(图 1-3-33)。

⑤ 垂直套管式取热管　布置方便，取热效率低，外部配管复杂(图 1-3-34)。

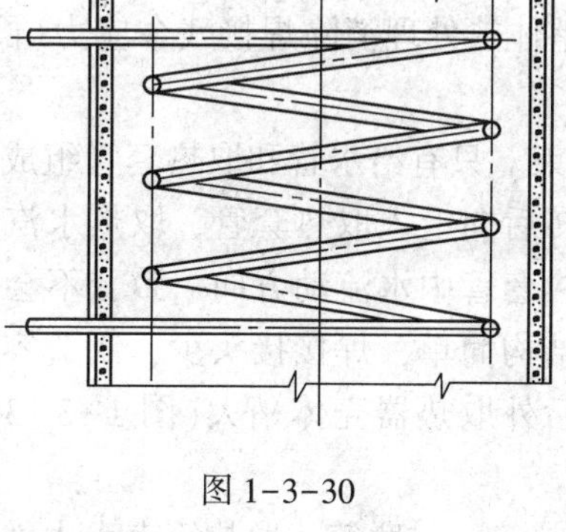

图 1-3-30

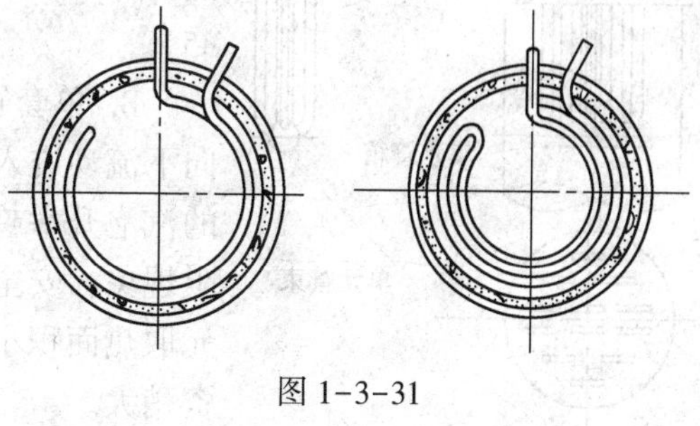

图 1-3-31

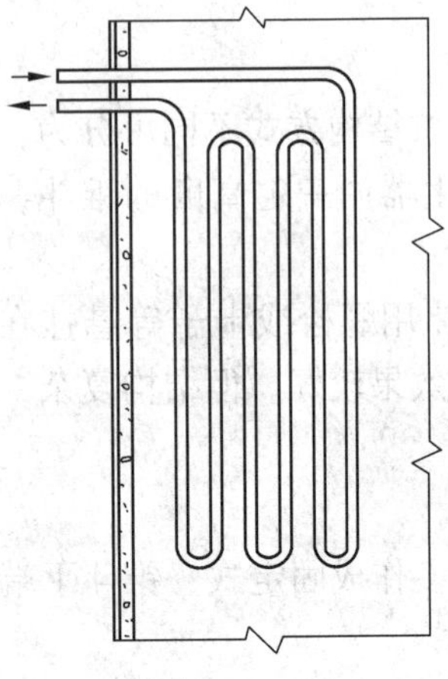

图 1-3-32

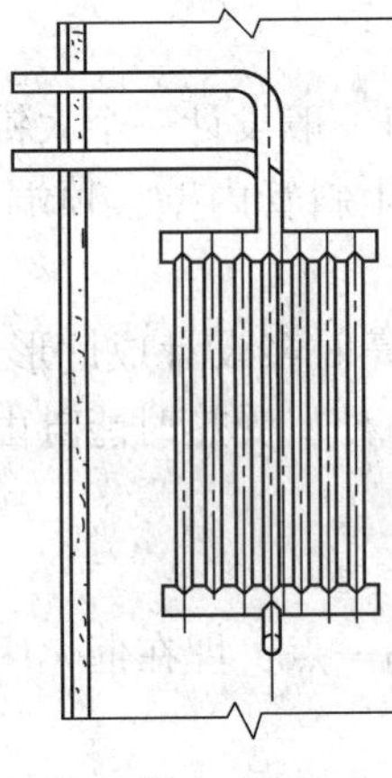

图 1-3-33

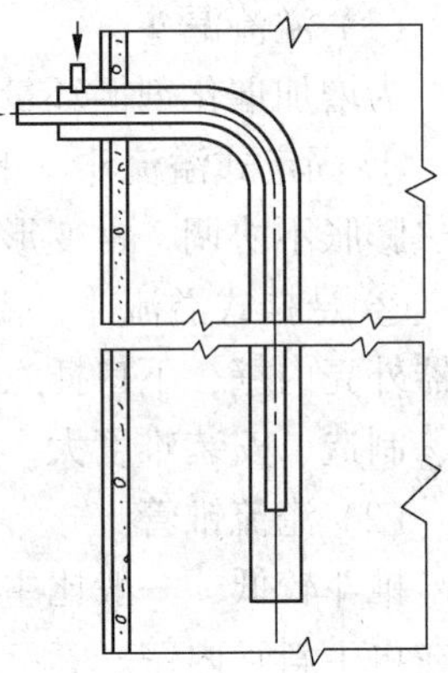

图 1-3-34

(2) 外取热器

取热管悬吊在再生器外较小的带隔热耐磨衬里的壳体中，将再生器内催化剂引入其中，取热后催化剂返回再生器，控制催化剂引入量则控制取热量，方便灵活，受用户欢迎。外取热器特点是投资大，占地多，取热量可调节，调节催化剂流量可很好的调节再生温度，方便、灵活地满足了催化再生器操作需要。按催化剂流动方向不同分为：

① 下流式外取热器　取热管处于密相流化床中，传热系数高、效果好、耗风小；但催化剂入口、出口均布置在外取热器同一侧，器内温度不均，各取热管和取热套管周向受热不均易产生变形弯曲。外取热器布置要求再生器有足够的标高。

② 上流式外取热器　取热管处于流化床稀相，传热效率低、耗风量多，但布置方便，再生器标高较低。

③ 外取热管形式

A. 联箱单元取热管束　每个单元管束由给水管、取热管、取热套管、集气联箱、集水联箱和集汽管组成，给水向下流动，到集水联箱后均匀分散进入各取热管和取热套管，被加热汽化产生蒸汽后向上升到集汽联箱，进入集汽管后从上部引出；取热管中水汽化产生的汽泡升举趋势与水流动方向一致，不会产生汽阻现象。具有较高的水力可靠性和操作可靠性，但焊接接头多、距离近，对制造、焊接要求很严格，焊接应力大，必须进行整体热处理消除焊接残余应力(图 1-3-35)。

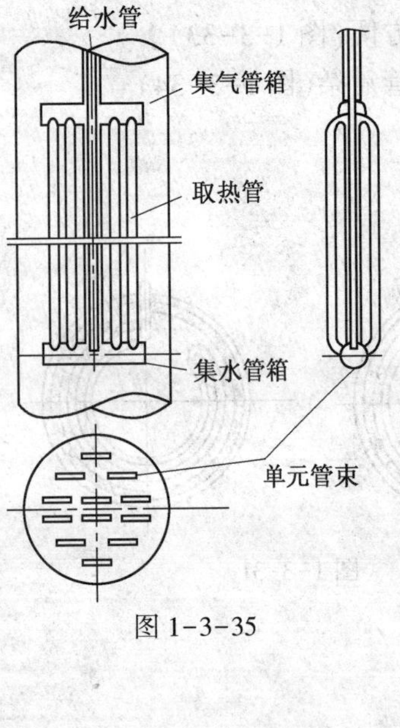

图 1-3-35

B. 单套管取热管束　只有给水管和取热套管组成，给水向下流动进入管底翻转后向上入取热套管，取热水汽化产生的汽泡升举趋势与取热套管中水流动方向一致，不会产生汽阻现象，安全可靠，结构简单，焊接接头少，制造容易，单元取热面积小，组合后外取热器壳体稍大(图 1-3-36)。投资稍大。

C. 翅片管束式取热管　与联箱式取热管束水力学原理相

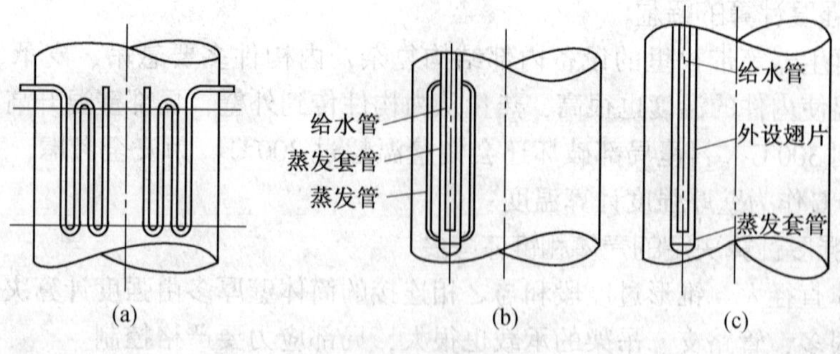

图 1-3-36

同，只是取消了专门的联箱，加大取热套管，改为取热管拐弯后与取热套管直接相焊，焊缝减少，但焊缝间距离近的问题并未解决，应进行整体热处理。

④ 取热管束或取热套管均悬吊于外取热器外壳顶封头或筒体上段，下端自由，受热后可自由伸长，管束中下部设定位、导向架，减少取热管弯曲和振动。下设增压风分布器，以满足催化剂流化，增加取热效果。

1.3.4 沉降器与再生器同轴的结构特点

1.3.4.1 沉降器汽提段置于再生器内

① 汽提段内 500℃、外 700℃，壁内、外同处高温，按热壁设计用 0Cr18Ni9 不锈钢作壳体。

② 汽提挡板也用 0Cr18Ni9 不锈钢材质。

③ 汽提蒸汽盘管结构形式：

A. 汽提蒸汽盘管入口管线横向穿过再生器壳体进入汽提段，蒸汽引入管线采用 0Cr18Ni9Ti 材质并应考虑高温热膨胀，要有足够的热补偿能力。热胀差迫使引入管线在再生器内绕弯，造成支承困难，若热补偿能力不够或支承不好拉坏后，烟气与油气互窜，或操作困难，并可引起重大事故。

B. 蒸汽盘管入口从沉降器密相段进入，向下穿过汽提挡板与蒸汽盘管相连，此方案避免了穿过再生器高温区，安全度好些，但由于要穿过多层挡板，结构较复杂，问题也不少。

1.3.4.2 待生立管处于再生器中心

待生立管垂直插入再生器密相区下部，下端出口用一塞阀控制催化剂循环量。立管采用热壁设计，选用 0Cr18Ni9 材质，内、外设耐磨衬里。

1.3.4.3 反应提升管为外提升管

[HTY1]**1.3.4.4** 再生器烟气采用环管式外集气室。在旋风组数较多时，多采用此种结构(图 1-3-37)[HT]

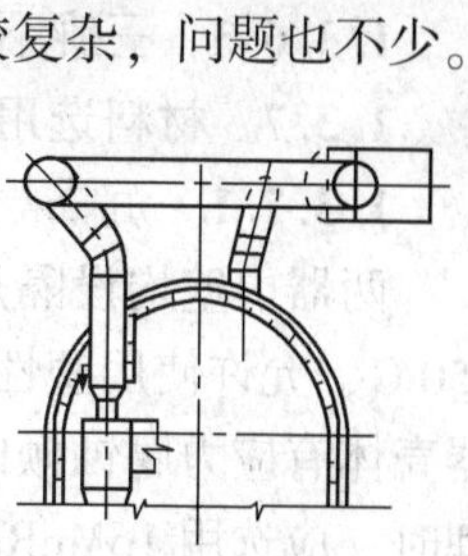

图 1-3-37

1.3.5 带隔热耐磨衬里设备壁厚的决定

1.3.5.1 衬里设备外壁温度

由于重油催化烟气露点温度在 120~140℃之间，为避免产生露点腐蚀，应使设备外壁在温度为 160~170℃工作，这就是器壁衬里设计温度。

1.3.5.2 由外壁温度决定衬里厚度和衬里材料导热系数和性能

先假设多个衬里厚度和衬里导热系数试算外壁温度，用试算法筛选出合适的衬里厚度和衬里导热系数，衬里厚一般取 100mm、120mm 或 150mm。

1.3.5.3 强度计算的壁温

沉降器和再生器等带衬里的设备内部结构复杂，内构件多要悬吊、支承、固定在壳体上，器内的高温使内件的温度也很高，热量从内构件传到外壁，局部壁温升高。局部过热点的温度有时会到300℃。衬里局部破坏还会使壁温超过300℃。为安全考虑，并参照国外有关资料，取350℃作为壁厚强度计算温度。

1.3.5.4 强度计算决定的壳体和锥体厚度

再生器壳体直径大，锥形过度段和与之相连接的筒体壁厚多由强度计算决定，另外，再生器的大开口很多，管路支、吊架的承载也很大，局部应力要严格控制。

1.3.5.5 由刚度和结构要求决定的壁厚

设备衬里施工时翻身、吊装都要求壳体变形小，为防止吊装、翻身时未烘干的衬里与壳体内壁分开或衬里开裂，使衬里短命，壳体设计厚度应有一定刚度。

1.3.6 烟气的走向形式

1.3.6.1 一个再生器的系统

烟气从再生器去三旋除尘后去烟机作功，再去废热锅炉或CO锅炉降温后去烟囱。

1.3.6.2 两个再生器的系统

烟气走向有三种：

① 一再烟气和二再烟气不混合分别走，一再烟气去三旋除尘后去烟机做功，再去CO锅炉降温后去烟囱；二再烟气去另一三旋除尘后直接去废热锅炉降温后去烟囱。此方案部分压力能未回收，能耗大。

② 二再烟气先进取热炉降温到500℃后，与一再烟气混合后进三旋除尘后去烟机做功，再进CO锅炉降温后去烟囱。

③ 二再烟气与一再烟气离开再生器后，马上混合在一段高温烟道燃烧，并进高温取热炉取热降温到720℃，入三旋除尘700℃去烟机做功后再去废热锅炉降温后去烟囱。此方案热能和压力能回收效率高。

1.3.6.3 三旋下的含尘烟气再经四旋除尘，烟气达环保要求后，也排入烟囱。

1.3.7 材料选用原则

1.3.7.1 沉降器和再生器壳体用材

两器内壁均设隔热耐磨衬里，绝大部分壁温降到200℃以下，个别热点的温度也小于350℃，允许使用塑性好、可焊性好、价格低廉的碳钢。沉降器壳体用20R或16MnR，再生器壳体有应力腐蚀倾向，优先选用对应力腐蚀不敏感的20R，若直径大，壁厚，焊缝需热处理时，应选用16MnR钢，一般也应焊后热处理，消除残余应力。沉降器还可采用热壁设计壳体多采用15CrMoR。

1.3.7.2 沉降器内温度在490~520℃之间

① 内旋系统　旋风分离器、内集气室、旋风吊挂、翼阀、料腿、拉杆、检修平台，导向架宜用15CrMoR或20R蒸汽环可用20号或20R。

② 汽提段　操作温度460~500℃之间。

A. 内壁设隔热耐磨衬里时壳体用20R或16MnR。

B. 内壁无隔热耐磨衬里时壳体用15CrMoR。

C. 汽提挡板：Q235B或15CrM。

1.3.7.3 再生器内件用材

再生器内温度高达750℃，短时更高。

(1) 内旋风系统

旋风分离器、料腿、拉杆、翼阀、导向架、吊挂、内集气室等均可用0Cr18Ni9或0Cr17Ni12Mo2；吊挂还可选用高温强度更高的合金INCOLOY 800。

(2) 粗旋系统

粗旋风分离器、稀相管、导向架、料腿、拉杆等都宜选用0Cr18Ni9。

(3) 其他内件

分布板、支承筒、空气环支架、吊架、检修平台、溢流管、待生管入口分配器、外取热气体返回分配器等均宜选用0Cr18Ni9。

1.3.7.4 壳体上的开口用材

(1) 接管内壁有隔热耐磨衬里的大开口

① 沉降器接管法兰均用20号钢，螺栓35CrMoA，螺母30CrMoA，垫片齿型复合垫1Cr13+柔性石墨，衬板0Cr13。

② 再生器接管在内衬里中分段，外段接管、法兰20号钢；内段接管、衬板0Cr18Ni9。

(2) 接管内壁无隔热耐磨衬里的开口

① 沉降器接管和法兰多用20号钢，螺栓35CrMoA或25Cr2MoVA，螺母30CrMoA，垫片齿型复合垫1Cr13+柔性石黑垫，衬板0Cr13。

② 再生器壳体内衬里中分段，外段接管、法兰20号钢，内段接管0Cr18Ni9，衬板0Cr18Ni9。

1.3.7.5 衬里用柱形锚固钉、端板等用材

锚固钉、端板用0Cr13。

油气阻挡圈用Q235A，Ω形、Y形锚固钉用0Cr18Ni9，隔热耐磨衬里用龟甲网选用0Cr13，直接焊在碳钢或15CrMo、Cr5Mo上的龟甲网也选用0Cr13，直接焊在0Cr18Ni9钢板或钢管上的龟甲网选用0Cr18Ni9。

1.3.7.6 内取热器

(1) 取热管用Cr5Mo；

(2) 支架、吊架用0Cr18Ni9；

(3) 翅片用0Cr18Ni9。

1.3.7.7 外取热器

(1) 壳体内壁设隔热耐磨衬里，壳体用20R；

(2) 取热管和进水管用20g或Cr5Mo，过热管用Cr5Mo；

(3) 流化风分布器和内件均选用0Cr18Ni9。

1.3.8 反应—再生系统波纹管膨胀节

波纹管膨胀节是用作补偿管线和设备的热膨胀变形的管件。

1.3.8.1 膨胀节的结构形式和功能

催化反应—再生系统常用U形波纹管膨胀节，按其基本结构和吸收变形的方式不同主要分为：

(1) 轴向膨胀节

主要吸收膨胀节轴向的变形，少量横向位移和转向。膨胀节的盲板力和弹性反力外传，盲板力用支架和设备支承，(图 1-3-38)。使用时应特别注意盲板力的破坏性。

(2) 复式膨胀节

可同时吸收膨胀节轴向和侧向变形及转角；膨胀节的盲板力和弹性反力外传(图 1-3-39)。盲板力由支架和设备来承受，使用时应特别注意盲板力的破坏性。

(3) 铰链膨胀节只能作转角变形，多是两个或三个为一组使用，吸收变形。

能吸收铰链板间的轴向位移和单一平面的角位移，膨胀节的盲板力由铰链板、铰链轴等附件吸收不外传，角位移引起的波纹管弹性反力外传(图 1-3-40)。

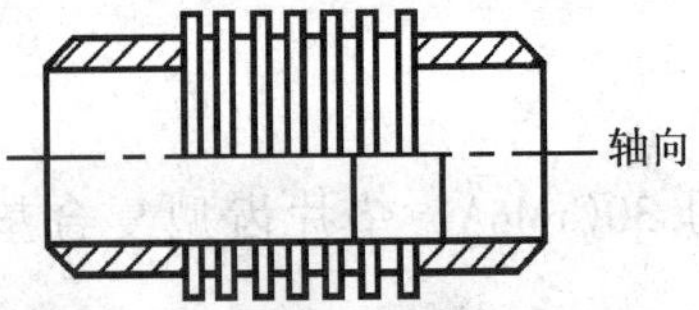

图 1-3-38

图 1-3-39

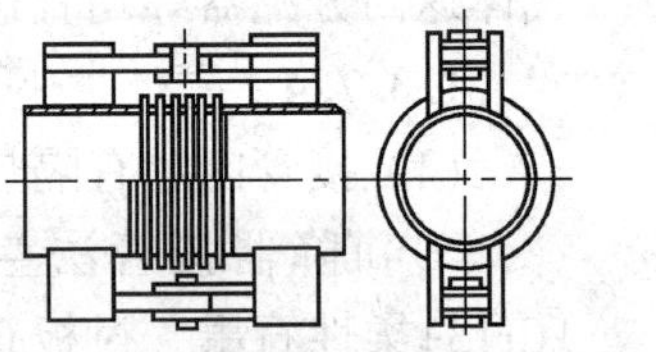
图 1-3-40

(4) 平衡环膨胀节、能作多平面转角变形，是两个或三个为一组使用、吸收多平面变形。

可吸收多平面内的角位移及铰链板间的轴向位移，膨胀节盲板力由铰链板、平衡环、销轴等附件吸收，不外传，角位移引起的波纹管弹性反力外传(图 1-3-41)。

(5) 大拉杆膨胀节

可吸收多平面内的侧向位移和拉杆内的轴向位移；膨胀节的盲板力由大拉杆、螺母和大环板等附件吸收，不外传，侧向位移引起的波纹管弹性反力外传(图 1-3-42)。大拉杆螺母不得拆卸。

(6) 压力平衡膨胀节

可吸收膨胀节轴向和横向位移，膨胀节的盲板力由平衡波纹管、拉杆、销轴等附件吸收，不外传，横向位移引起的波纹管弹性反力外传(图 1-3-43)。

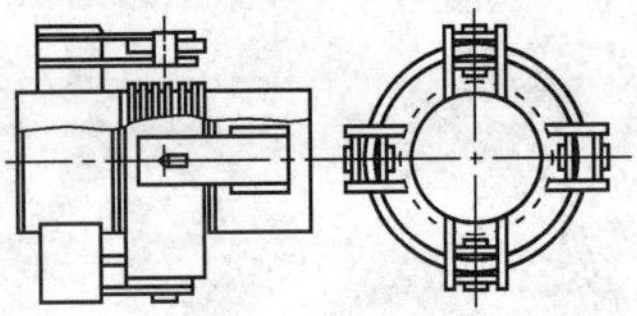
图 1-3-41

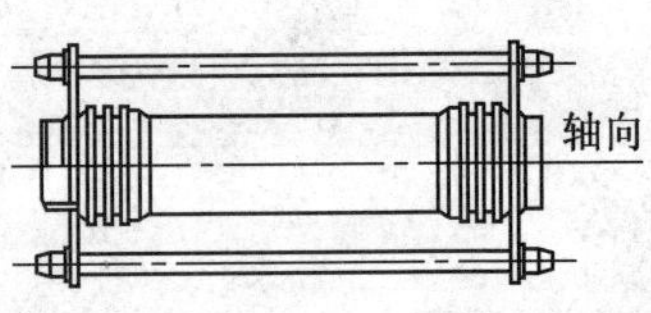

图 1-3-42

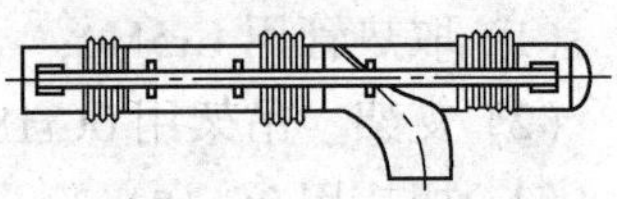
图 1-3-43

1.3.8.2 波纹管材质选用原则

催化装置反应—再生系统膨胀节，过去蜡油催化波纹管材料多选用 0Cr18Ni9Ti 或 0Cr17Ni12Mo2Ti 已能满足要求，现随蜡油催化改重油催化和新型重催装置的投产，操作条件更加苛刻，操作温度高达 750℃，原料中氯化物、硫化物增多，烧焦强度增加，导致烟气中 NO、NO_2、SO_2 的产生，使介质的腐蚀性大大增加，致使按蜡油催化条件设计的波纹管多发生腐蚀穿孔、应力腐蚀开裂和腐蚀疲劳断裂破坏，不能使用。参照国外重催装置膨胀节波纹管材质选用情况，必须选用抗高温、耐腐蚀的合金 INCOLOY825 或 INCONEL 625，选材主要考虑了以下操作介质和环境。

（1）高温环境

再生烟气 700~800℃，反应油气 500~550℃。

（2）强酸性腐蚀环境

烧焦强度的提高，烟气中 NO、NO_2、SO_2 的产生和水蒸气的存在，停工冷却后，将成为强酸性腐蚀介质。

（3）连多硫酸腐蚀环境

烟气中硫化物较多，停工后，氧气进入生成连多硫酸，能将 18~8 型不锈钢腐蚀开裂。

（4）氯离子应力腐蚀开裂环境

1.3.8.3 使用膨胀节的注意事项

① 膨胀节的铰链板、平衡环、大拉杆等附件是膨胀节的工作元件，操作过程中要承受很大的载荷，附件的大小和厚度是经强度或刚度计算确定的，不得随意拆除、更改和更换。

② 膨胀节的装运螺栓在运输、吊装和安装过程中起保护波纹管作用。不得拆卸和松开(预变位过程除外),但必须在安装就位完毕后在烘炉前拆除或松开(需要拆除的装运螺栓,制造厂在发货时用黄色油漆作了标记)。

③ 膨胀节对支座有横向推力，夹持结构和止推支座都是按推力大小和方向设计的，不能随意移位、改变和取消。

④ 膨胀节内套筒开口有方向性，应与介质流向一致，当介质和膨胀节内套筒开口向上时，应在内套筒下端开泪孔，用来排除凝液。

⑤ 不得强力组装膨胀节，不得用膨胀节来补偿安装误差。

⑥ 应按设计要求对膨胀节进行预变位。预变位可减小管线的变形和对支座的推力。

⑦ 衬里烘炉升温前，与膨胀节配合使用的弹簧支、吊架上的弹簧定位块必须拆除，使弹簧进入工作状态。

⑧ 应经常检查膨胀节的变形情况，有无泄漏、失稳、鼓胀、扭曲和严重变形等异常情况。

1.3.9 衬里

1.3.9.1 高耐磨衬里

高耐磨衬里材料按胶黏剂的不同分为两类。

（1）气硬性高耐磨材料

以磷酸铝为胶黏剂，优点是：在空气中可固化，施工后不需喷水养护，便于检修、抢修时用，与钢材的黏结力强，耐磨性好，高温性能好。缺点是：施工和易性差，气温高时，固化速度较快，价格高。可用龟甲网或 Y 型钉直接锚固在构件上。多用于耐磨要求很高的旋风、粗旋、旋流快分器、空气环等两器内构件的单层耐磨衬里。

（2）水硬性高耐磨材料

以纯铝酸钙水泥为胶黏剂，优点是：施工性能好，强度高，价格低；缺点是：与钢材黏结力和耐磨性比前者差，施工后要喷水养护。多用于要求耐磨性高的双层衬里的耐磨层，如外旋风、外旋料腿、提升管、双动滑阀或蝶阀和易冲刷的烟道段。

1.3.9.2 隔热耐磨衬里

随着重油催化裂化技术的发展，再生设备的操作条件愈来愈苛刻，再生温度达 750℃（短时超温可达 900℃），因此过去传统的衬里——用龟甲网支撑的矾土水泥隔热耐磨衬里已不能满足需要。另外，传统衬里结构复杂，施工工序多、周期长，龟甲网接头焊缝质量难保证，加上高温温度应力的作用，龟甲网和衬里常产生翘曲、开裂或脱落，衬里寿命缩短，检修工作量很大，影响开工周期和经济效益，经十多年的研究开发，无龟甲网钢纤维增强单层衬里已问世。

（1）无龟甲网隔热耐磨单层衬里

新衬里材料强度高，耐火混凝土中加入增强钢纤维，提高了衬里的抗裂、抗拉、拉弯、抗剪性能，采用Ω形锚固钉支承、固定，保证了衬里的单层整体性，提高了衬里的相对韧性、抗应变和耐冲击能力，延长了衬里的使用寿命，可达8年不大修。该衬里必须采用支模振捣浇法施工才能见成效。

（2）无龟甲网隔热耐磨双层衬里

此衬里开发成功后，应用不太理想。无龟甲网耐磨层与隔热层性能差别大，经多次热循环后易脱落。

（3）龟甲网隔热耐磨双层衬里

该衬里结构为传统结构，但其所用衬里材料的性能已有较大改进和提高，隔热料的110℃抗压强度从小于1.5MPa提高到大于2.5MPa；耐磨层110℃抗压强度从小于20MPa提高到大于50MPa，使用寿命已大大提高。该传统结构的优点可卧式分瓣施工，可在吊装就位前施工，深受衬里施工单位欢迎，目前还广泛应用在小管道和水平烟道上。

参 考 文 献

1. 佐伯俊造等．最近における压力容器の设计・制作技术.日本:(株)日本制钢所,昭和53年12月25日
2. J. WATANABE, T. NOMURA AND T. IWADATE SAFETY OF 2¼Cr-1Mo STEEL HYDROPROCESSING REACTORS WITH CONSIDERATION TO HYDROGEN EMBRITTLEMENT. 日本:THE JAPAN STEEL WORKS, LTD. May, 1986
3. NACE Standard RP0170-2004 Proteion of Austenitic Stainless Steels and Other Austenitic Alloys from Polythionic Acid Stress Corrosion Cracking During Shutdown of Refinery Equipment
4. American Petroleum Institute. API RECOMMENDED PRACTICE 571 Damage Mechanisms Affecting Fixed Equipment in the Refining Industry. FIRST EDITION, DECEMBER 2003
5. American Petroleum Institute. API RECOMMENDED PRACTICE 941 Steels for Hydrogen Service at Elevated Temperature and Pressure in Petroleum Refineries and Petrochemical Plants. SEXTH EDITION. MARCH2004
6. Murakami, Y., Watanabe, J. and Mima, S. HEAVY SECTION Cr-Mo STEELS FOR HYDROGENATION SERVICES. 日本:THE Japen Steel Works, LTD., 1978
7. 下村顺一等．V添加2.25Cr-1Mo钢の肉盛溶接部の剥离割れ特性．铁と钢,1989(5):92~99
8. 长谷川龙雄等.压力容器の新しい制作技术の动向.配管技术,2000(4):73~77
9. 渡边十郎.超大型反应塔の设计と制造上の问题点について. 石油学会志,1974(11):922~926

第二章 塔 器

2.1 塔器的分类及发展概况

塔器是用于气—液与液—液相间质、热交换的设备，它广泛地用于食品、医药、石油、化工工业中的蒸馏、吸收、萃取、洗涤、传热等单元操作中。在石油化工行业中塔设备占工艺设备总投资的20%~30%，可见其重要性。

塔器及内件的技术性能直接关系到装置的生产能力、产品精度、能效及消耗定额。故国内外历来都十分重视新型塔设备的研制开发和工业应用。

塔器按其内件结构可分为两大类：板式塔和填料塔。

2.1.1 板式塔

自1813年泡帽塔板在化学工业上应用以来，板式塔的发展已经历了近200年的历史。在这期间，塔设备的发展促进了化学、石油工业的发展，而随着化学、石油工业的发展，又对塔设备提出了各种各样的要求，从而促进了塔设备的研究与改进。在国外，20世纪50年代以后板式塔的研究推向高潮，许多性能优良的新塔板相继问世。我国在20世纪60年代以后也独立地开展了各类新型塔板的研究，有些地方并有自己的建树。表2-1-1概要地介绍了塔板的发展及中外研究者的研究工作。

表2-1-1 常用塔板的发展与技术特点

塔板名称	开发者 国内研究者	开发年代	主要技术特点
泡帽塔板	Cellier	1813	①塔板效率高，并在较宽的负荷范围内保持高效率；②生产能力较大；③液气比范围大；④操作弹性较大
筛板塔板		1832	与泡帽塔板相比：①结构简单，制造费仅为20%~50%；②塔板效率高15%；③处理能力增加12%；④塔板压降低30%
	原化工部第六设计院等		
S形塔板	美国索利尼煤油公司（Socony Mobil oil Company）	1950	与泡帽塔板相比：①塔板效率高10%；②生产能力大10%~20%；③操作弹性也高，达6~8
浮阀塔板	美国格里奇公司（Glitsch & Son Com.）	1951	①操作弹性大，为4~5；②塔板效率比泡帽塔板高约10%；③处理能力大，比泡帽塔板高20%~40%；④压降较小，每层塔板约(3~5)×136Pa；⑤结构简单，造价低，约为泡帽塔板的60%~80%
	原北京石油学院	1965	
舌形塔板	美国埃索(ESSO)公司	1957	与泡帽塔板相比：①处理能力提高20%~35%；②塔板压降减小13%~50%；③金属耗量减少50%，制造方便，可节省投资12%~45%；④操作弹性不大，约为2~4
	原北京石油学院		

续表

塔板名称	开发者 / 国内研究者	开发年代	主要技术特点
导向筛板[①]	美国联合碳化物公司林德(Linde)子公司	1963	与普通筛板相比作了两点改进：①在液体入口处将塔板做成向上凸起，即鼓泡促进器，促进气液充分接触，并减少泄漏；②增设了导向孔，起推液作用，可均布液体。故比普通筛板板效率高，操作弹性增大，压降降低
	原北京化工学院等		
MD 筛板	美国联合碳化物(Union Carbide)公司	1964	与普通筛板不同之处为：①采用多根矩形降液管，相邻两塔板的降液管互成90°；②降液管下端悬于泡沫层上的气相空间。特点：①多个降液管使溢流堰总长大大增加，可用于高的液体负荷，如122$m^3/h\cdot m^2$；②没有受液盘，使有效利用面积扩大到85%~90%塔截面积，可提高处理能力；③气液分布改善，塔板压降较低；④塔板间距小，可降至200~300mm；⑤单板效率较低，一般为60%~75%；⑥结构复杂，安装检修不便
	原浙江工学院	1974	
新型垂直筛板	日本三井造船株式会社(MSE)	1963	①负荷大，气速可达一般塔板的1.5~2倍；②气液两相在罩筒内混合良好及部分液体在罩筒内外的再循环，塔板效率较高，比筛板和浮阀塔板高10%~20%，适应性也强；③塔板上不存在鼓泡层，分离空间要求不大，塔板间距可较小
	原大连工学院、原河北工学院等		
浮动舌形塔板[②]	兰州石油机械研究所 洛阳石油化工工程公司设备研究所	1966	①塔板压降低，特别适合于减压蒸馏塔；②生产处理能力比浮阀塔板高，与舌形塔板相当；③操作弹性较大；④塔板效率高
斜孔塔板[③]	清华大学	1973	特点：①斜孔开口方向与液流方向垂直，且相邻两排斜孔方向相反；②可采用单溢流，也可采用多降液管，降液管悬空，相邻层塔板降液管成90°角。性能：①生产能力比浮阀塔板高30%；②塔板压降比浮阀塔板低；③操作弹性较小，约为2.5~3；④塔板效率相对较低
网孔塔板	(德)马克德堡高等工业学校	1969	①网状斜孔使气体动能合理利用，提高生产能力，减小压降，与浮阀塔板相比，气体负荷能力提高35%，液体负荷能力提高40%，压降小30%~40%；②气体通过斜孔的速度可达10~20m/s，故不易结焦和堵塞；③碎流板起到了捕雾及传质的双重作用，充分利用了塔的空间；④制造成本低，仅为泡帽塔板的50%；⑤操作弹性为2~4
	原上海化工学院、抚顺石油二厂	1978	
T形排列条阀塔板	Julius Montz 公司	1970	①处理能力比F1型浮阀高20%以上；②塔板的泄漏、压降、效率与F1型浮阀相当；③空塔动能因子可在0.4~3范围内操作，分离效果良好
	兰州石油机械研究所	1979	
HTV 船形浮阀塔板[④]	石油大学	1982	①处理能力比F1型浮阀高20%以上；②塔板效率比F1型浮阀高5%左右；③塔板压降与F1型浮阀相当
顺排条阀塔板	洛阳石油化工工程公司	1984	在相同条件下与F1型浮阀相比：①压降低200Pa；②雾沫夹带低、处理能力提高20%；③板效率高5%；④操作范围宽，弹性高10%；⑤阀体在阀孔中不会旋转，不易磨损、脱落，可靠性好，适合长周期安全运转

续表

塔板名称	开发者 国内研究者	开发年代	主要技术特点
导向浮阀塔板	原华东化工学院	1988	与F1型浮阀相比：①塔板压降低约200Pa；②雾沫夹带稍高；③泄漏小，在孔速6.0m/s时泄漏仅为1%～2%；④板效率较高
梯形浮阀塔板	洛阳石油化工工程公司设备研究所	1992	特点：为梯形阀孔及阀片，气流从阀孔吹出时可产生一个对液流的导流力。与F1型浮阀塔板相比：①压降低300Pa；②雾沫夹带低，处理能力高25%；③塔板效率高5%；④适宜操作区宽，弹性增高15%；⑤因具有导流力，能均布液体，它更适合于高液体负荷及大直径塔器
BJ浮阀塔板	中国石油化工工程建设公司	1996	特点：在条形浮阀的前腿上开矩形舌孔导向孔。与F1型塔板相比：①压降降低15%～35%；②相同开孔率时能力可提高20%；③相同孔动能因子时泄漏量低30%～60%；④板效率高5%；⑤操作弹性大

注：①1976年获全国科学大会奖；②1985年获国家发明三等奖；③曾获国家发明四等奖；④1990年获国家发明三等奖。

2.1.2 填料塔

工业规模的填料塔于19世纪中叶已逐渐形成，1881年开始用于蒸馏操作。1904年美国建立的第一座大型多级连续炼油装置采用了填料塔。不过最初的填料只是一些破砖、碎石和管头之类的无定形的东西，直到1914年拉西环的出现，才算有了真正意义上的规则填料。

塔填料的演进形成散装填料和规整填料两大系列。若以综合性能论，散装填料不及规整填料，但在投资省、装卸快、对塔内件制作、安装要求平和等方面独具优势，因而更广泛应用于工业分离过程，两类填料互补互济，呈并行发展。

由于填料塔的壁流效应，其应用受到很大限制，长期以来只是作为一种辅助塔型，不入主流。直至20世纪60年代，纷繁的新型、高效塔填料如波纹填料(规整)、英特洛克斯填料(散装)出现，配以高精塔内件使填料塔的性能得到根本性的变化，完全可以用于高精密分离和大直径塔的设计。其应用越益广泛，在许多方面甚至取代板式塔，或成为设计首选，或用于老塔改造以取得更佳技术经济效果。

我国在20世纪60年代开始，开展了各类散装填料及规整填料的研究，现在完全可以满足国内对填料塔技术和产品的需求。

表2-1-2概要介绍了填料的发展以及国内外研究者的工作。

表2-1-2 常用填料的发展及技术特点

填料名称	开发者 国内研究者	开发年代	主要技术特点
拉西环	F. Raschig	1914	①结构简单；②产能低；③压降大，为最早的填料，现已很少应用
鲍尔环	德国BASF公司	1948	①能力比拉西环增加50%以上；②压降为拉西环的1/2；③相对效率较拉西环高出30%左右
阶梯环(CMR)	英国传质公司(MASS Transfer Ltd.) 天津大学等	1969～1972	①泛点气速较鲍尔环提高10%～20%；②相同气速下压降比鲍尔环低30%～40%；③传质系数比鲍尔环高5%～10%；④操作弹性大，液气比可在50～0.05范围内维持塔的正常操作
金属英特洛克斯(IMTP)	美国诺顿(Norton)公司 兰州石油机械研究所等	1978	①处理能力较塔板提高30%，通量高于阶梯环；②效率高，代替塔板对塔器改造，可提供更高的理论板数；③压降较阶梯环小

续表

填料名称	开发者	开发年代	主要技术特点
	国内研究者		
格栅填料	美国格里奇(Glitsch)公司	20世纪60年代	①处理能力比50#IMTP高30%，一般操作气体动能因子3.05~3.90(m/s)·(kg/m³)$^{0.5}$，最大可适用4.64(m/s)·(kg/m³)$^{0.5}$；②压降低，是50#IMTP的1/2，压降范围为160~307Pa/理论级；③传质单元高度范围1200~1700mm；④抗堵塞，特别适宜于减压塔，洗涤及除尘操作
	洛阳石油化工程公司设备研究所	1982	
孔板波纹填料	瑞士苏尔寿(Sulzer)公司	20世纪70年代	①负荷能力大，常用的气体动能因子为1.8~3.0(m/s)·(kg/m³)$^{0.5}$；②传质效率高，每米填料的理论板数为1.2~4.5块；③压力降小，每理论板的压降为55~164Pa
	天津大学、上海化工研究院等		

2.1.3 塔器的选型

2.1.3.1 物系和工艺条件的考虑

对填料塔与板式塔应用的选择，应根据生产工艺条件，如系统的物性、操作条件、操作方式，以及技术经济性能等综合考虑。一般情况下应考虑如下方面：

(1) 对于腐蚀性物系，通常选用填料塔，因为填料可以选用耐腐蚀性能好的非金属材料，比塔板更便于处理。

(2) 对于易起泡物系，选用填料塔更适合。因填料对泡沫有限制和破碎作用，而采用板式塔则容易产生雾沫夹带，甚至造成淹塔。

(3) 对于处理易聚合或含固体颗粒的物料，宜采用板式塔。这样不易堵塞，也便于清洗。

(4) 对于处理过敏性物系，宜采用填料塔。因填料塔的持液量比板式塔少，物料在塔内的停留时间短。再者，处理热敏性物系要在真空下进行，填料塔的压降比板式塔低，所以更适合高真空操作。

(5) 对于在分离过程中有明显吸热或放热效应的物系，宜采用板式塔。因为板式塔滞液量大，便于在塔板上安置加热或冷却蛇管。而填料塔因涉及液体均布问题，而使结构复杂化。

(6)对于有多个进料及侧线出料的塔器，宜采用板式塔。而采用填料塔时使结构变得比较复杂。

(7) 对于高黏性物料的分离，可以采用填料塔，也可以采用像导向筛板那样带有推液结构的塔板。

(8) 在填料塔中，液相被填料所分散，气相呈湍流状态，有利于处理气膜阻力为主的系统。而在板式塔中，气体在液层中鼓泡，有利于处理液膜阻力为主的系统。

(9) 对于处理量或负荷波动较大的场合，板式塔优于填料塔。因液体量过小，会造成填料层中液体分布不均匀，填料表面未充分润湿，影响塔的效率。而当液体负荷过大时，则容易发生液泛。而设计良好的板式塔，则具有较大的操作弹性。

(10) 一般来说，填料塔比板式塔重量较大。

(11) 填料的价格与所需体积成正比，而塔板以每单位面积计的价格则随塔径增大而减小，故大直径塔器板式塔更为低廉。

(12) 新型填料一般比塔板的通量大、效率高，因此在完成同样分离任务时，可以采用比较小的塔径和更低的塔高。

根据以上原则，在不同的使用工况条件下，对填料塔与板式塔的适应程度进行定性的对比，列于表 2-1-3，可供选择时参考。

表 2-1-3 填料塔与板式塔的选择比较

塔型式 / 工况对比条件	板式塔		散装填料塔	规整填料塔
	浮阀、筛板、泡帽	MD 塔板		
腐蚀性介质	良	良	优	中
易发泡物料	差	差	良	优
热敏性物料	差	差	良	优
高黏性物料	中	中	良	良
含固体颗粒物料	优	优	中	差
难分离或产品纯度要求高的物料	中	中	良	优
气膜控制的吸收	中	差	良	优
液膜控制的吸收	中	良	优	差
真空精馏	中	差	良	优
常压精馏	优	差	良	良
高压精馏	良	优	中	差
液体负荷很高	良	优	中	差
液体负荷很低	良	差	中	优
液气比波动大	优	良	中	差
塔的直径小	差	差	优	良
塔的直径大	优	优	良	优
塔的换热多	优	良	中	差
节能操作	差	差	良	优
多进料多出料精馏	优	良	中	中
造　价	低	稍高	稍高	高

2.1.3.2 水力学工况条件的比对

流动参数定义为：

$$F_p = \frac{L}{V}(\rho_V/\rho_L)^{0.5}$$

式中 L——液相质量流量，kg/h；

V——气相质量流量，kg/h；

ρ_L——液相密度，kg/m^3；

ρ_V——气相密度，kg/m^3。

流动参数(F_p)的物理意义是液相与气相动能之比的平方根，常用作液体流量与压力影响的参数。当 $F_p<0.03$ 时，是处于真空或低液气比的条件下操作；当 $F_p>0.3$ 时，是于处高压或高液气比的条件下操作。

Kister 等人对塔板、散装填料和规整填料的比较，均在最佳设计条件下进行实测，被比较的塔板的板间距为 610mm，散装填料的名义尺寸为 50mm 和 65mm，规整填料的比表面积为 $200m^2/m^3$。对处理能力和分离效率的比较结果如下：

(1) $F_p \approx 0.02 \sim 0.1$

① 塔板和散装填料具有相同的分离效率和处理能力；

② 规整填料分离效率高出前两者约50%；

③ 当 F_p 从0.02到0.1增长时，规整填料与塔板、散装填料相比，处理能力的优越性从高出30%~40%降到相同程度；

(2) $F_p \approx 0.1 \sim 0.3$

① 塔板和散装填料具有相同的分离效率和处理能力；

② 规整填料的处理能力与塔板、散装填料相同；

③ 当 F_p 从0.1到0.3增长时，规整填料与塔板、散装填料相比，效率从高出50%下降到高出20%；

(3) $F_p \approx 0.3 \sim 0.5$

① 塔板、散装填料、规整填料的效率和能力均随 F_p 增加而降低；

② 规整填料的能力和效率下降速度最快，而散装填料则最缓慢；

③ F_p 为0.5及压力为绝压2.76MPa时，散装填料的效率和能力最高，而规整填料则最低。

Kister实验结果说明，任何塔型所具有的优势都是相对的，有条件的。例如，通常的真空精馏塔，液气比很小(F_p 值低)，此时的规整填料可以突显它的高效、低阻和大通量的优越。相反，在加压操作条件或吸收过程，液气比很大(F_p 值高)采用散装填料或板式塔则是经济合理的。

因此，选择塔型应先从水力学条件(F_p)初步考量；再结合物系性状(黏度、表面张力、起泡性)以及工艺条件要求(分离难易、操作温度高低)综合考虑。一般认为，现代填料塔的效率和通量都优于板式塔。20世纪70、80年代国内外都出现用现代高效新型填料塔改造或取代传统板式塔的技改过程。建设填料塔的投入通常高于板式塔，但因其能效高，通量大，单位塔高可能提供的理论级数更高又可以降低造价。更重要的是，其理论级压降往往比板式塔依数量级减小，可以明显提高能效，对减压操作更为突出。

2.2 常用塔板形式

2.2.1 常用塔板的技术指标

在炼油工业中常用的塔板和具有实用前景的新型塔板研究成果的主要技术指标列于表2-2-1。

表2-2-1 常用塔板形式及主要技术指标

塔板形式	相对气相负荷	效率/%(85%最大负荷时)	操作弹性	压降/Pa(85%最大负荷时)	相对造价	质量/(kg/m²)
泡帽塔板	1	80	4~5	441~784	1	90~140
筛板塔板	1.3	80	2~3	294~490	0.7	30~40
导向筛板	1.4	85	2~3	206~345	0.7	30~40
S形塔板	1.2	80~90	4~5	441~784	0.6	40~70
浮阀塔板	1.3	80	5~8	441~588	0.7	40~70

续表

塔板形式	相对气相负荷	效率/%（85%最大负荷时）	操作弹性	压降/Pa（85%最大负荷时）	相对造价	质量/（kg/m^2）
舌形塔板	1.35	80	3~4.5	392~686	0.7	50~80
浮动舌形塔板	1.35	80	5~8	390~680	0.7	40~70
网孔塔板	1.35	80	2~4	390~680		
T形排列条阀塔板	1.6	80	9	440~590	0.7	40~70
HTV 船形浮阀塔板	1.6	80~85	9	440~590	0.65	40~70
顺排条阀塔板	1.6	80~85	9	~590	0.6	40~70

2.2.2 圆泡帽

圆泡帽已经标准化(JB/T 1212—1999)，其结构及基本参数尺寸见图 2-2-1 及表 2-2-2。

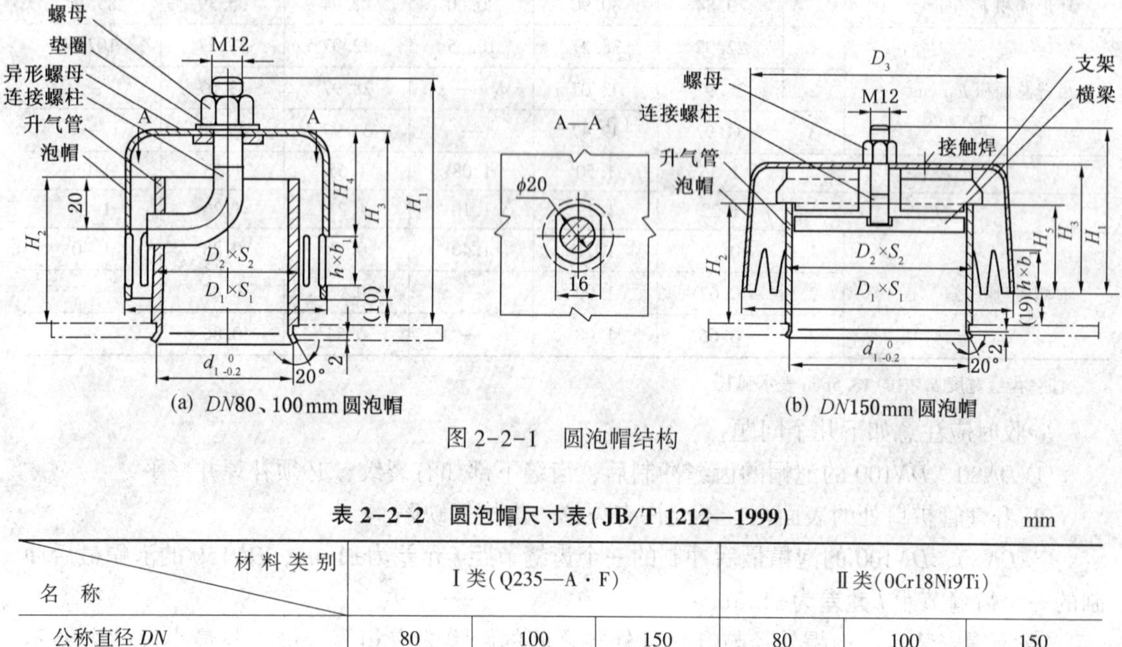

(a) DN80、100 mm 圆泡帽 (b) DN150 mm 圆泡帽

图 2-2-1 圆泡帽结构

表 2-2-2 圆泡帽尺寸表(JB/T 1212—1999) mm

名称 \ 材料类别		Ⅰ类(Q235—A·F)			Ⅱ类(0Cr18Ni9Ti)		
公称直径 DN		80	100	150	80	100	150
泡帽外径 D_1×壁厚 S_1		80×2	100×3	158×3	80×1.5	100×1.5	158×1.5
泡帽顶部外径 D_3		—	—	152	—	—	152
升气管外径 D_2×壁厚 S_2		57×3.5	70×4	108×4	57×2.75	70×3	108×4
总高度 H_1		95	105	107	95	105	107
升气管高度 H_2		57	62	64	57	62	64
泡帽高度 H_3		65	75	73	65	75	73
泡帽顶端至齿缝高度 H_4	1	40	45	—	40	45	—
	2	35	42	—	35	42	—
	3	30	38	—	30	38	—

续表

名称 \ 材料类别		Ⅰ类(Q235—A·F)			Ⅱ类(0Cr18Ni9Ti)		
支架至泡帽底端高度 H_5		—	—	45	—	—	45
齿缝高度 h	1	20	25	35	20	25	35
	2	25	28	—	25	28	—
	3	30	32	—	30	32	—
齿缝宽度 b_1		4	5	R_4/13.5	4	5	R_4/13.5
齿缝数目 n		30	32	28	30	32	28
齿缝节距 f		8.38	9.82	17.7	8.38	9.82	17.7
升气管孔径 d_1		55	68	106	55	68	106
升气管净面积 F_1/cm^2		16.06	25.85	73.05	17.16	27.75	73.05
回转面积 F_2/cm^2		25.12	38.94	78.50	26.68	43.21	78.90
环形面积 F_3/cm^2		19.84	30.90	80.00	21.04	35.39	85.10
齿缝总面积 F_4/cm^2	1	22.97	38.27	102.5	22.97	38.27	102.5
	2	28.97	43.07	—	28.97	43.07	—
	3	34.97	49.47	—	34.97	49.47	—
F_2/F_1		1.56	1.50	1.08	1.55	1.55	1.08
F_3/F_1		1.22	1.19	1.10	1.21	1.26	1.17
泡帽质量/kg	1	0.68	1.11	1.40	0.56	0.88	1.40
	2	0.67	1.09	—	0.55	0.87	—
	3	0.66	1.08	—	0.54	0.86	—

注：齿缝宽度 b_1 中的13.5mm表示弧长。

验收时应注意如下几个问题：

① *DN*80、*DN*100的泡帽的齿缝冲制后，齿缝下部如有裂纹，必须补焊并修平。

② 升气管扩口处的表面上，不允许有裂纹、沟槽等缺陷。

③ *DN*80、*DN*100的泡帽最后冲制的一个齿缝节距 f 允差为±1mm，*DN*150的泡帽最后冲制的一个齿缝节距 f 允差为±1.5mm。

④ 泡帽安装后，泡帽外径与升气管外径之间的距离 e 应相等，最大与最小尺寸之差不得超过3mm。

2.2.3 F1型浮阀

F1型浮阀已经标准化(JB/T 1118—2001)，其结构见图2-2-2，基本参数和尺寸见表2-2-3。

F1型浮阀有轻阀及重阀两种，分别用厚度为1.5mm、2.0mm的薄钢板冲制。浮阀的最小开度为2.5mm，最大开度为8.5mm。浮阀的适用塔板厚度为2mm、3mm、4mm。升气孔尺寸为 $\phi39^{+0.3}_{-0.1}$mm。

F1型浮阀选材应符合GB/T 3280的规定，且选用符合GB/T 708中规定的[A]级精度的钢板冲制。同一批货，尽量用同一批号的钢板。浮阀的自由尺寸公差按GB/T 1804规定的m级要求。

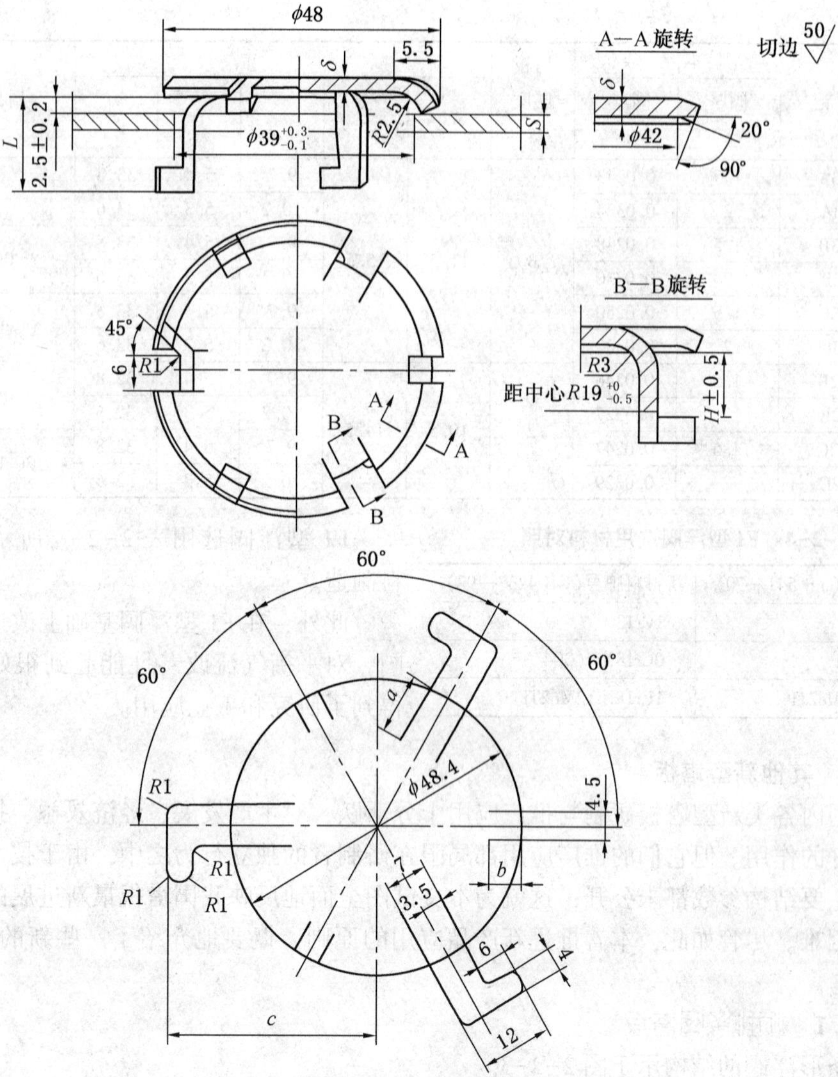

图 2-2-2　F1 型浮阀

表 2-2-3　F1 型浮阀(轻阀、重阀)规格(JB/T 1118—2001)

mm

序号	标　记	基本参数 阀厚 δ	阀重/kg	塔板厚度 S	尺寸 H	L	a	b	c	材　质
1	F1Q-4A	1.5	0.0246	4	12.5	16.5	9.7	5.4	34.8	0Cr13
2	F1Z-4A	2	0.0327				10.2	5.3	34.6	
3	F1Q-4B	1.5	0.0251				9.7	5.4	34.8	0Cr18Ni9
4	F1Z-4B	2	0.0333				10.2	5.3	34.6	
5	F1Q-4C	1.5	0.0253				9.7	5.4	34.8	0Cr17Ni12Mo2
6	F1Z-4C	2	0.0335				10.2	5.3	34.6	

续表

序号	标　记	基本参数		塔板厚度 S	尺　寸					材　质
		阀厚 δ	阀重/kg		H	L	a	b	c	
7	F1Q-3A	1.5	0.0243	3	11.5	15.5	9.7	5.4	33.8	0Cr13
8	F1Z-3A	2	0.0324				10.2	5.3	33.6	
9	F1Q-3B	1.5	0.0248				9.7	5.4	33.8	0Cr18Ni9
10	F1Z-3B	2	0.0330				10.2	5.3	33.6	
11	F1Q-3C	1.5	0.0250				9.7	5.4	33.8	0Cr17Ni12Mo2
12	F1Z-3C	2	0.0332				10.2	5.3	33.6	
13	F1Q-2B	1.5	0.0246	2	10.5	14.5	9.7	5.4	32.8	0Cr18Ni9
14	F1Z-2B	2	0.0327				10.2	5.3	32.6	
15	F1Q-2C	1.5	0.0247				9.7	5.4	32.8	0Cr17Ni12Mo2
16	F1Z-2C	2	0.0329				10.2	5.3	32.6	

表 2-2-4　F1 型浮阀选用材料对照

老材料牌号(YB 541—70)	新材料牌号(GB 4237—92)
1Cr13	1Cr13
1Cr18Ni9Ti	0Cr18Ni9(304)
1Cr17Ni13Mo2Ti	1Cr18Ni12Mo2Ti

F1 型浮阀选用表 2-2-4 所示的三种材料制造。

此外，在 F1 型浮阀基础上改进的锥心浮阀，对平衡气流改善性能起到很好作用，也得到了研究和工业应用。

2.2.4　其他新型塔板

近期国内各类新型塔板研制与推广应用十分活跃，对生产发展、经济效益、技术进步都起到了很好的作用。但它们的推广应用都局限在研制者的独立行为之中，由于技术保密，有的甚至连主要结构参数都未公开，这就为本文试图全面地反映我国塔板最新进展的愿望，带来一定的困难。尽管如此，本着推进新产品应用的原则，概要地介绍了一些新的塔板技术，供选择参考。

2.2.4.1　顺排条阀塔板

顺排条形浮阀的结构示于图 2-2-3。

从结构可以看出，气体从条阀的两侧水平吹出，能均匀分布液体，避免了气流对液流的对吹，其流体力学和传质性能得以改善，优点如表 2-1-1 所列。

条阀在塔板上的排列形式有并排排列及错位排列两种，见图 2-2-4。一般情况下采用错位排列，因其综合性能较好，并行排列的开孔率较大些，在气相负荷较高时采用。

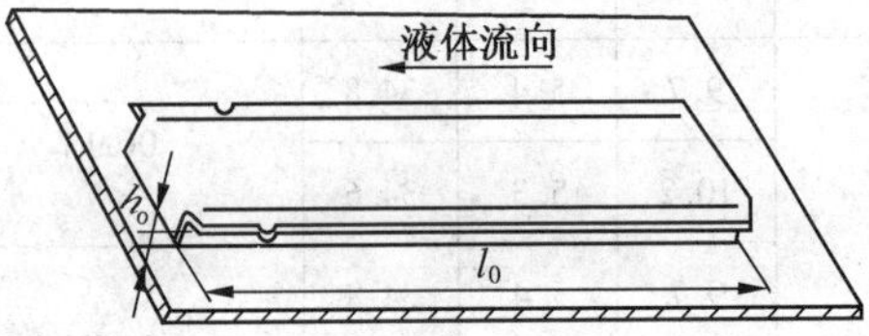

图 2-2-3　L1 条形浮阀结构示意图

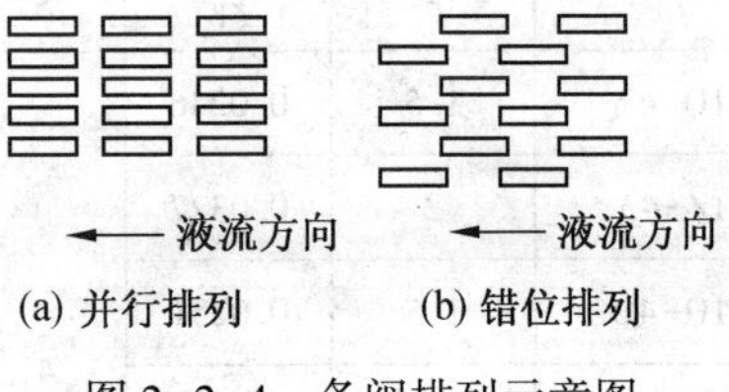

图 2-2-4　条阀排列示意图

条形浮阀已形成不同结构尺寸、阀重的系列产品，如表 2-2-5 所示。

2.2.4.2　导向浮阀塔板

导向浮阀也为条形阀结构，只不过在阀片上开有一个或两个导向孔，具有一个导向孔的阀布置在塔板中间，具有两个导向孔的阀布置在两侧弓形区。其目的是一部分气流从导向孔吹出，推动液体流动，减小液面落差与液体滞流。导向浮阀的性能见表 2-1-1 所列，结构示于图 2-2-5。近期又开发了前腿长后腿短，使浮阀升启后有一倾角的导向浮阀[75]。

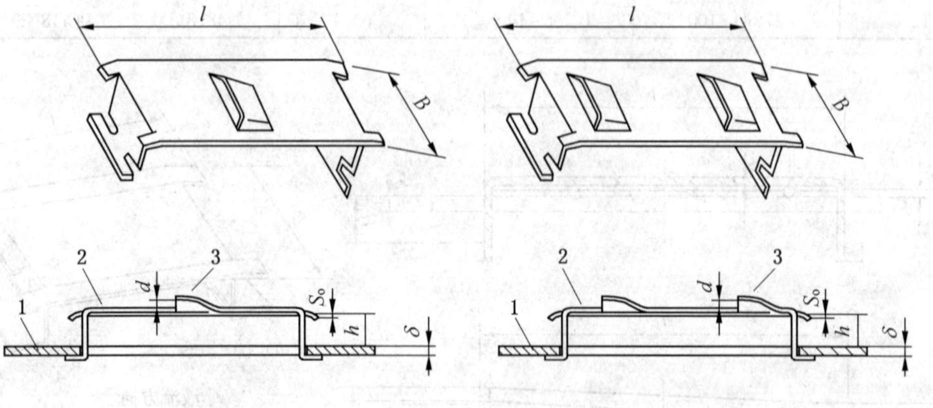

(a) 具有一个导向孔　　(b) 具有二个导向孔

图 2-2-5　导向浮阀的结构

1—塔板；2—导向浮阀；3—导向孔

表 2-2-5　条形浮阀规格系列与结构参数

规格型号	结构尺寸/(mm×mm)	升启高度/mm	阀重/g		材　质
			重　阀	轻　阀	
L1	34×125	6~14	79.1	59.3	0Cr18Ni9(304)
L2	34×100	6~14	64.6	48.5	0Cr18Ni9(304)

2.2.4.3 梯形浮阀塔板

梯形浮阀是将条形阀孔及阀片改为梯形阀孔及阀片，利用简单的阀形改变，使气流沿垂直于阀片边缘水平吹出时，对液体的作用力可分解成两个分力。一个分力垂直于液体流向，起着分散均布液体的作用；另一个分力则平行于液体流向，具有导流作用，有利于克服液体滞流与返混现象，减小液面落差。故其性能得到改善，详见表 2-1-1 所列。梯形浮阀的流动力学分析示于图2-2-6，其结构示于图 2-2-7。

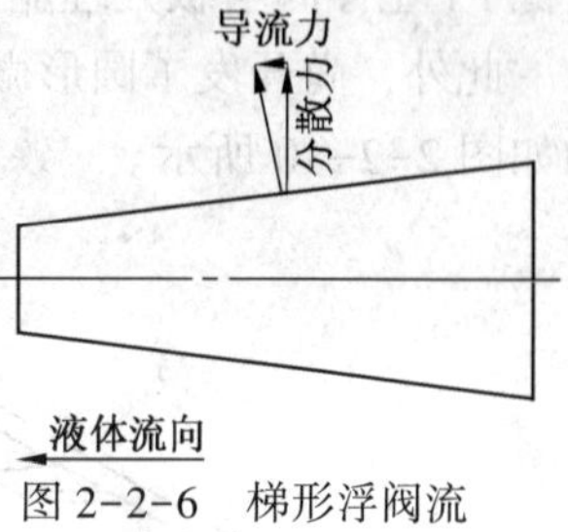

图 2-2-6　梯形浮阀流动力学分析

梯形浮阀已形成不同结构尺寸、阀重的系列产品，见表 2-2-6。

梯形浮阀也可以与条形浮阀组合使用，此时塔板中间区安装条形浮阀，两侧弓形区布置梯形浮阀，利用它具有导向作用以减小返混和滞流，达到全塔板综合性能最佳。该方案已经工业化应用于 ϕ4200mm 催化裂化主分馏塔。

2.2.4.4 BJ 浮阀塔板

BJ 浮阀也是一种导向浮阀，它是将长舌形导向孔开在条阀的前腿上，避免了在阀片上开导向孔对效率与雾沫夹带的不良影响。此外，加大了导向孔的尺寸，占浮阀开缝率的10%以上。BJ 浮阀塔板的性能见表 2-1-1，其结构形式如图 2-2-8 所示。

表 2-2-6　梯形浮阀规格系列与结构参数

规格型号	结构尺寸/(mm×mm×mm)	升启高度/mm	阀重/g		材质
			重阀	轻阀	
T1	27×41×125	6~14	79.6	59.6	0Cr18Ni9(304)
T2	27×41×100	6~14	65.1	48.8	0Cr18Ni9(304)

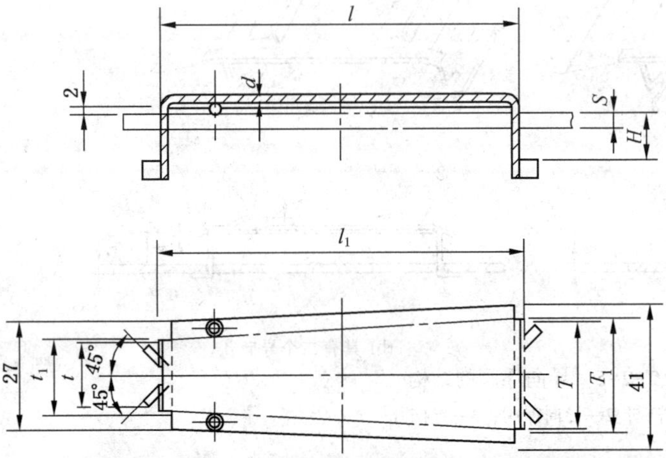

图 2-2-7　梯形浮阀

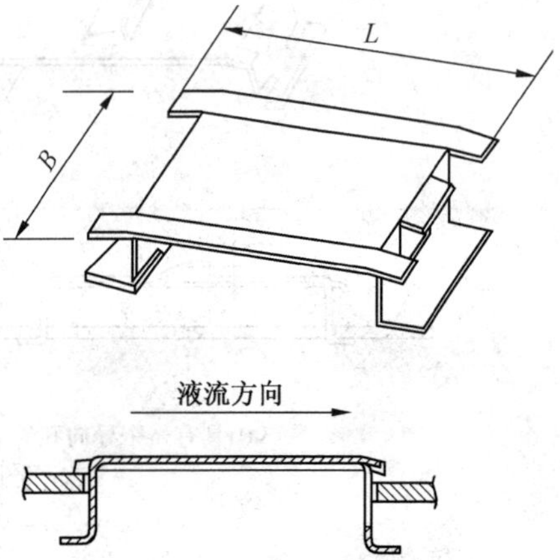

图 2-2-8　BJ 浮阀结构

此外,在浮阀前腿上加导向孔的还有资料介绍[76,77],它们分别在浮阀前腿上加孔或舌孔。

2.2.4.5　微分浮阀塔板

矩形微分浮阀是在条形浮阀的阀盖上开有数个小阀孔，通过改变小阀孔的方向和数量，加上对浮阀的适宜布置，以消除塔板上的液体滞流区，达到改善塔板性能的目的，研究表明它比 F1 型浮阀塔板处理能力大 25%，效率也较高。矩形微分浮阀的结构示于图 2-2-9。

此外，尚开发了圆形微分浮阀，其结构类似 F1 型浮阀，仅在阀盖上小阀孔而已。其结构如图 2-2-10 所示。

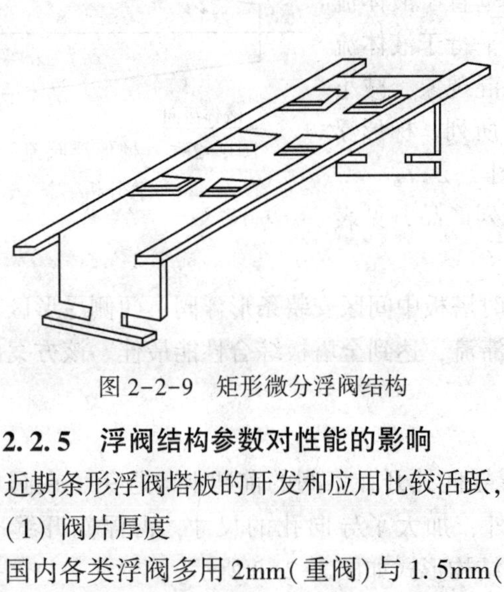
图 2-2-9　矩形微分浮阀结构

图 2-2-10　微分浮阀结构

2.2.5　浮阀结构参数对性能的影响

近期条形浮阀塔板的开发和应用比较活跃,但在一些结构参数的选择上仍有可供探讨之处。

(1) 阀片厚度

国内各类浮阀多用 2mm(重阀)与 1.5mm(轻阀)钢板冲制。但近期也有用更薄的钢板冲制浮阀，这样会带来如下问题：①薄材使用中易受腐蚀、磨损而寿命缩短，其潜在费用较高。②在浮阀全开前重阀的压降稍高于轻阀，而在阀全开后阀重对压降几乎无影响，故用减薄厚度降低浮阀压降的办法是不全面的。③阀重对泄漏的影响较大，并从而影响塔板效率。资料[8]曾对 F1 型的轻阀(厚 1.5mm)和重阀(厚 2mm)的泄漏进行对比试验，轻阀的最大泄漏量可达20%，但重阀仅为5%。当泄漏为10%时，板效率约下降8%~13%，而泄漏为20%时，板效率约下降 17.5%~30%。综上所述，不推荐使用小于 1.5mm 厚的钢板冲制浮阀。

（2）浮阀的最大升启高度

塔板的泄漏受浮阀最大升启高度的影响较大，在其他工艺条件相同时，最大升启高度大的比最大升启高度小的浮阀泄漏大得多。作者曾在相同的实验装置上，用相同的阀数和阀重，对最大升启高度为 6mm 及 8mm 的两种梯形浮阀塔板进行对比试验，测得两种塔板在缝动能因子 $F_s=10$ 时的泄漏量列于表 2-2-7。

表 2-2-7 不同最大升启高度在 $F_s=10$ 时塔板泄漏的对比

液相负荷/(m^3/h·m)		10	20	40	60
泄漏量/%	$h_o=8$mm	10	6.8	4.5	2.8
	$h_o=6$mm	5	3.8	2.8	1.8

从表中可以看最大升启高度 8mm 的浮阀较最大升启高度 6mm 的浮阀塔板的泄漏可增加55%~100%。故应根据塔器中气、液负荷的高低来选用适宜的最大升启高度的浮阀。但这要求制造厂有多套生产模具。在这个条件达不到时，也不要选较高的最大升启高度作为定型产品，建议选 8~12mm 为宜。

（3）导向孔的开设与适宜的导流力

① 目前国内导向浮阀类塔板导向孔开设的位置有两种，一种开在阀片上，另一种开在前腿上。根据已经公布的试验数据和分析，开在阀片上的导向孔雾沫夹带稍大，而且这部分流出的气流气液接触稍差。在阀腿上开导向孔可以避免以上毛病。

② 塔板上具有导流力对于均布液体，改善塔板压降是有利的，但对雾沫夹带及塔板效率，在不同气、液负荷时的影响是不同的。作者将相同条件下条形浮阀与具有导流作用的梯形浮阀在缝动因子 $F_s=3$ 时测得的雾沫夹带列于表 2-2-8。

表 2-2-8 不同浮阀在 $F_s=3$ 时雾沫夹带的对比

液相负荷/(m^3/h·m)		10	20	40	60
雾沫夹带/(kg 液/100kg 气)	梯形浮阀	7.8	6.6	5.4	4.6
	条形浮阀	6.8	6.2	7.0	7.6

表中实测数据表明，液流强度 $L_w<40m^3/h\cdot m$ 时具有导流力反而使雾夹带增加，而 $L_w \geqslant 40m^3/h\cdot m$ 具有导流力才能使雾沫夹带减小，提高处理能力。

导流力对塔板效率的影响是：对各种液体负荷都有相同的规律，即在浮阀未全开启前，效率随气速增加呈弧线上升，此时导流力可以促进气液接触，梯形浮阀的效率比条形浮阀高出 1%~2%；浮阀全开后塔板效率为一恒定段，此时梯形浮阀的效率与条形浮阀效率相当或稍高 1%左右；气速再升高，塔板效率开始下降，此时梯形浮阀比条形浮阀效率低 1%~2%，而且空塔负荷因子 F_k 提前 0.4 开始下降。

综上所述，导流力在两种情况下对塔板性能有不利影响，一是较小液体负荷时；二是较高气速情况下，故应视操作工况条件的不同选择普通条形浮阀或是导向条阀，对导流力要有个辨证的认识。

(4) 浮阀尺寸大小

目前国内常用的各种条形类浮阀的尺寸，长度大约在 50~150mm 之间。今后的发展是炼油装置要大型化，塔器也要向大直径发展。新型塔板的研究开发要适应这种趋势才会有生命力。浮阀尺寸过小，会使单个浮阀的相对造价较高；相同塔径时布置的浮阀个数大增(有的甚至比大尺寸浮阀数量增多一倍)，使结构变得复杂，安装、检修费工时；此外，同一塔径都采用最大限度地布置浮阀时，小尺寸浮阀所能得到的塔板开孔率也低于大尺寸浮阀布置的塔板，这不利于提高塔的生产处理能力，塔器大型化后以上弊端将更为突出，对使用者是不利的。

2.3 塔板连接件

塔板连接件的标准系列有：卡子(JB/T 1119—1999)、双面可拆连接件(JB/T 1120—1999)、X1 型楔卡(JB/T 2878.2—1999)、X2 型楔卡(JB 2878.2—1999)，此外，有些单位还自行制定连接件标准系列。

2.3.1 卡子

卡子标准系列(JB/T 1119—1999)适应于塔板与支持圈、降液板与支持板的连接，适用的支持圈或支持板的厚度分为 6mm、8mm、10mm、12mm、14mm 五档。它是由卡板、椭圆垫板、圆头螺栓和螺母组成，其结构、尺寸及材质见表 2-3-1 及图 2-3-1。

表 2-3-1 卡子标准系列、尺寸与材质 mm

序号	标记	适用厚度 h	总高 H	卡板					圆头螺栓					椭圆垫板			螺母		每套质量 kg
				a	a_1	d_1	δ_1	材质	L	L_0	d_3	规格	材质	d_2	δ_2	材质	规格	材质	
1	K6A	6																	0.139
2	K8A	8	47	60	53	11			35	25	15	M10		11			M10		0.140
3	K10A	10					3	Q235-A					1Cr13			Q235-A		Q235-A	0.141
4	K12A	12	52	65	58	13			40	30	17	M12		13			M12		0.166
5	K14A	14																	0.137
6	K6B	6																	0.112
7	K8B	8																	0.113
8	K10B	10	47	60	53	11	2	0Cr18Ni9	35	25	15	M10	0Cr18Ni9	11	2.5	0Cr18Ni9	M10	0Cr18Ni9	0.114
9	K12B	12																	0.166
10	K14B	14	52	65	58	13	3		40	30	17	M12		13			M12		0.167
11	K6C	6																	0.112
12	K8C	8	47	60	53	11	2		35	25	15	M10		11			M10		0.113
13	K10C	10						0Cr17Ni12Mo2					0Cr17Ni12Mo2			0Cr17Ni12Mo2		0Cr17Ni12Mo2	0.114
14	K12C	12	52	65	58	13	3		40	30	17	M12		13			M12		0.116
15	K14C	14																	0.167

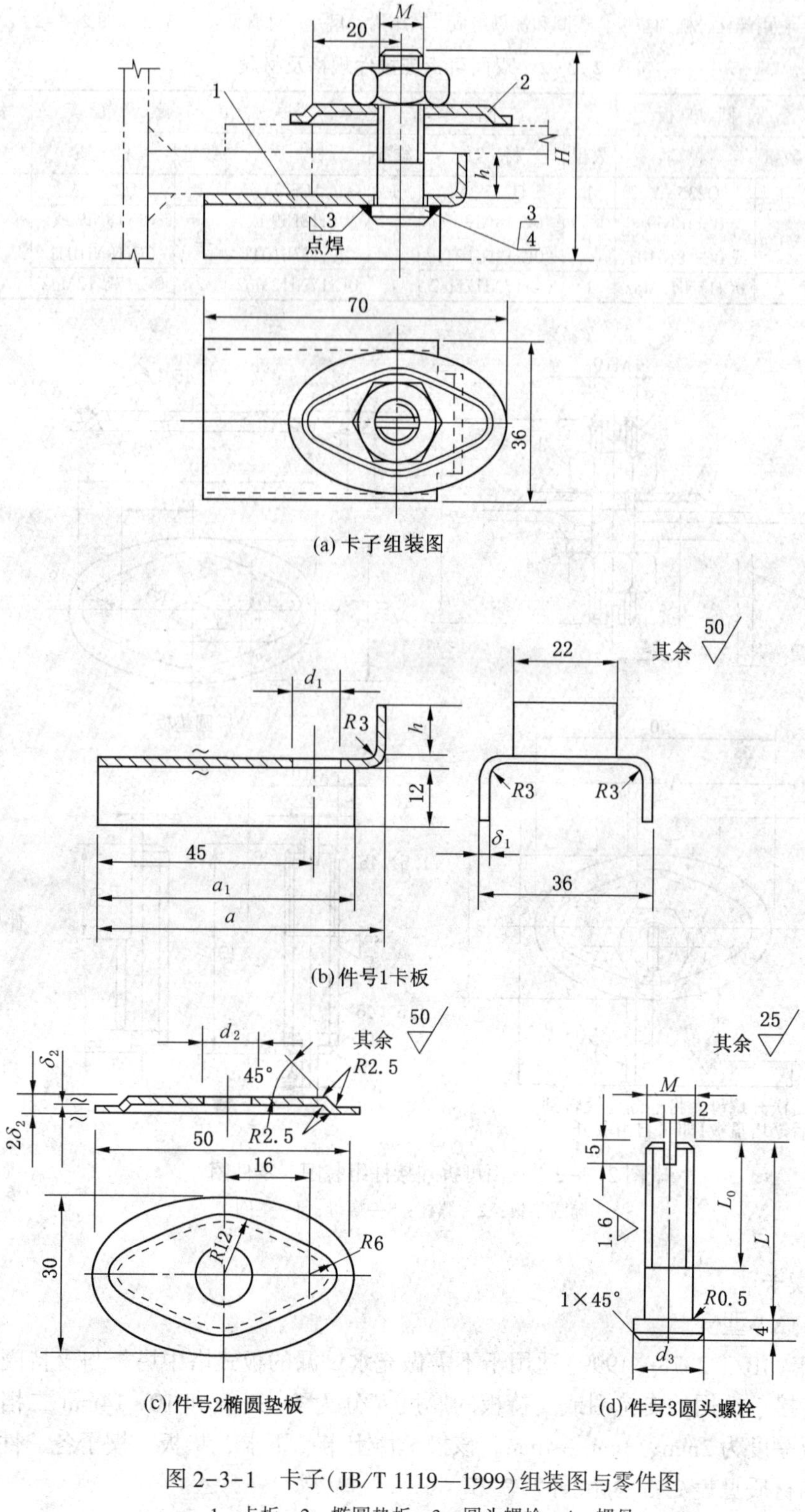

(a) 卡子组装图

(b) 件号1卡板

(c) 件号2椭圆垫板

(d) 件号3圆头螺栓

图 2-3-1　卡子(JB/T 1119—1999)组装图与零件图

1—卡板；2—椭圆垫板；3—圆头螺栓；4—螺母

2.3.2 双面可拆连接件

双面可拆连接件(JB/T 1120—1999)适用于塔板与塔板间、塔板与人孔通道板间等处的连接，适用的被连接件厚度之和应不大于12mm。它由螺柱、椭圆垫板、垫圈和螺母组成，其结构、尺寸、材质见表2-3-2和图2-3-2。

表2-3-2 双面可拆连接件规格及材质

序号	标记	椭圆垫板		垫圈		螺柱		螺母		每套质量/kg
		数量	材质	数量	材质	数量	材质	数量	材质	
1	SLA	1	Q235-A	1	Q235-A	1	1Cr13	2	Q235-A	0.0803
2	SLB	1	0Cr18Ni9 或 0Cr18Ni10Ti	1	0Cr18Ni9 或 0Cr18Ni10Ti	1	0Cr18Ni9 或 0Cr18Ni10Ti	2	0Cr18Ni9 或 0Cr18Ni10Ti	
3	SLC	1	0Cr17Ni12Mo2	1	0Cr17Ni12Mo2	1	0Cr17Ni12Mo2	2	0Cr17Ni12Mo2	

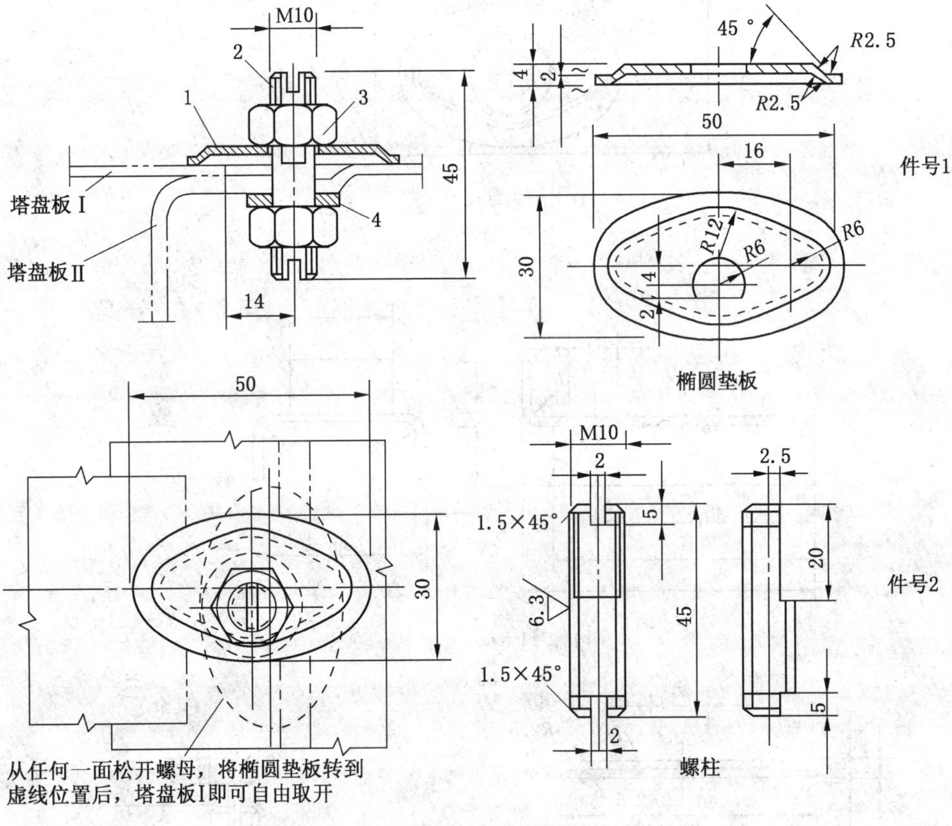

图2-3-2 双面可拆连接件组装图、零件图

1—椭圆垫板；2—螺柱；3—螺母；4—垫圈

2.3.3 楔卡

2.3.3.1 X1型楔卡

X1型楔卡(JB/T 2878—1999)适用于不需做充水试漏的板式塔中塔板与支持圈、降液板与支持板的连接。适用的支持圈或支持板的厚度 h 分为4~8mm和10~14mm二档，适用的塔板或降液板厚度为2mm、3mm、4mm。该楔卡由上卡、下卡、垫板、楔子各一件组成，其结构、尺寸和材质见表2-3-3和图2-3-3。

表 2-3-3　X1 型楔卡系列、尺寸与材质

mm

序号	标　记	适用厚度 h	塔板厚度 S	尺　寸 h_1	h_2	h_3	δ	材　质	每套质量/kg
1	X1-Ⅰ-2A							Q235-A	
2	X1-Ⅰ-2B		2				4	0Cr18Ni9	0.265
3	X1-Ⅰ-2C							0Cr17Ni12Mo2	
4	X1-Ⅰ-3A							Q235-A	
5	X1-Ⅰ-3B	4~8	3	11	39	65	3	0Cr18Ni9	0.243
6	X1-Ⅰ-3C							0Cr17Ni12Mo2	
7	X1-Ⅰ-4A							Q235-A	
8	X1-Ⅰ-4B		4				2	0Cr18Ni9	0.221
9	X1-Ⅰ-4C							0Cr17Ni12Mo2	
10	X1-Ⅱ-2A							Q235-A	
11	X1-Ⅱ-2B		2				4	0Cr18Ni9	0.275
12	X1-Ⅱ-2C							0Cr17Ni12Mo2	
13	X1-Ⅱ-3A							Q235-A	
14	X1-Ⅱ-3B	10~14	3	17	45	71	3	0Cr18Ni9	0.253
15	X1-Ⅱ-3C							0Cr17Ni12Mo2	
16	X1-Ⅱ-4A							Q235-A	
17	X1-Ⅱ-4B		4				2	0Cr18Ni9	0.231
18	X1-Ⅱ-4C							0Cr17Ni12Mo2	

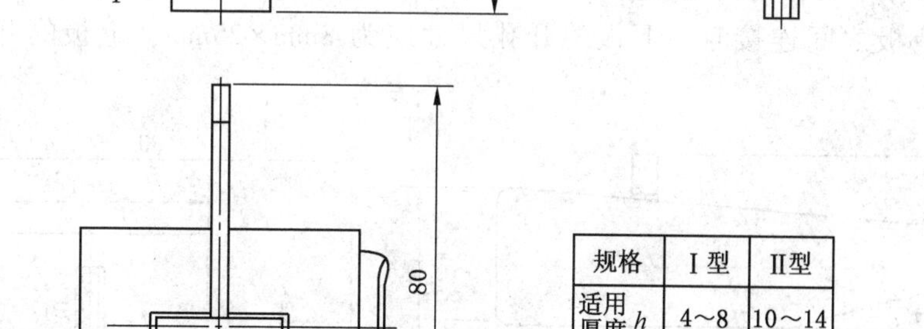

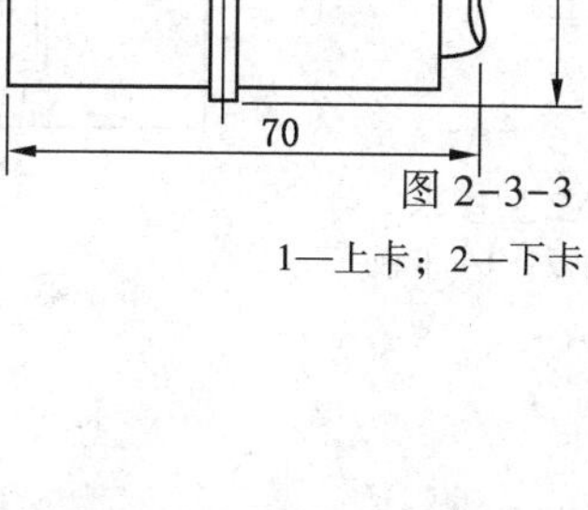

规格	Ⅰ型	Ⅱ型
适用厚度 h	4～8	10～14

图 2-3-3　X1 型楔卡

1—上卡；2—下卡；3—垫板；4—楔子

为保证楔子具有良好的工作位置，必须保证塔板(或降液板)与垫板的厚度之和为6mm。

冲压件自由尺寸公差均按GB/T 1804规定的C级要求。

使用X1型楔卡时，塔板或降液板上长方形开孔尺寸为6mm×43mm。

2.3.3.2 X2型楔卡

X2型楔卡(JB/T 2878.2—1999)适用于不需做充水试漏的板式塔中塔板之间、降液板之间、塔板与支撑梁的连接。适用厚度 h 分为6mm、8mm、10mm、12mm、14mm五档。h 系指包括垫板在内的被连接件厚度之总和。该楔卡由卡板、楔子和垫板组成，其结构、尺寸和材质见表2-3-4和图2-3-4。

表2-3-4 X2型楔卡系列、尺寸与材质 mm

序号	标记	适用厚度 h	尺寸		材质	每套质量/kg
			H	H_1		
1	X2-6A	6	26	36	Q235-A	0.115
2	X2-6B				0Cr18Ni9	
3	X2-6C				0Cr17Ni12Mo2	
4	X2-8A	8	28	38	Q235-A	0.117
5	X2-8B				0Cr18Ni9	
6	X2-8C				0Cr17Ni12Mo2	
7	X2-10A	10	30	40	Q235-A	0.119
8	X2-10B				0Cr18Ni9	
9	X2-10C				0Cr17Ni12Mo2	
10	X2-12A	12	32	42	Q235-A	0.121
11	X2-12B				0Cr18Ni9	
12	X2-12C				0Cr17Ni12Mo2	
13	X2-14A	14	34	44	Q235-A	0.123
14	X2-14B				0Cr18Ni9	
15	X2-14C				0Cr17Ni12Mo2	

冲压体自由尺寸公差均按GB/T 1804规定的C级要求。

使用X2型楔卡时，塔板或支撑梁上的长方形开孔尺寸应为8mm×25mm；用于厚度不大于4mm的降液板之间连接时，下板的开孔尺寸应为8mm×25mm，上板的开孔尺寸应为10mm×33mm。

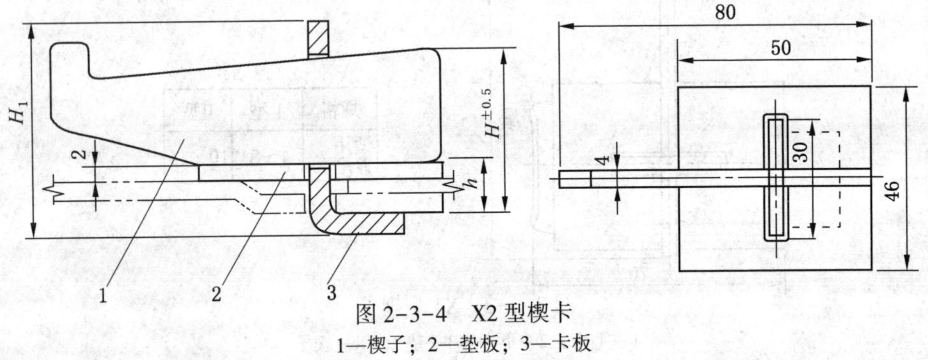

图2-3-4 X2型楔卡

1—楔子；2—垫板；3—卡板

2.4 塔板的制造与安装

塔板的制造、安装与验收应遵守《塔盘技术条件》(JB/T 1205—2001)的技术要求，以下仅介绍与塔板流体力学、传质性能有重要影响的技术要求。

2.4.1 技术要求

① 制成的零、部件内外边缘不应有影响使用、装配、安装、检修的毛刺。

② 塔盘板局部不平度在300mm长度内均不得超过2mm。整个板面内的弯曲度按表2-4-1的规定。

表 2-4-1 塔盘板弯曲度要求 mm

塔盘板长度	弯曲度	
	筛板、浮阀、圆泡帽	舌形
<1000	2	3
1000~1500	2.5	3.5
>1500	3	4

③ 塔盘板长度偏差不得超过$\binom{0}{-4}$mm，宽度偏差不得超过$\binom{0}{-2}$mm。

④ 筛板塔盘板筛孔孔径与孔距允差按表2-4-2规定。允许少量孔距超差，超差的百分数及其允差规定也列入该表中。

表 2-4-2 筛板的筛孔孔径与孔距允差

mm

筛孔直径	孔距	孔径允差	孔距允差	允许孔距超差量	
				超差百分数/%	超差孔距允差
2~4	3~10	±0.2	±0.6	10	±1.2
5~11	7~20	+0.2 −0.4	±1	5	±2
12~28	16~45	+0.4 −0.6	±1.6	3	±3.2

⑤ 浮阀塔板孔径应为$\phi 39^{+0.3}_{-0.1}$mm，相邻孔距的允差不得超过±2mm，任意孔距的允差不得超过±5mm。

⑥ 固定舌形塔盘板应符合下列要求：

A. 相邻固定舌片中心距的允差为±2mm，任意固定舌片中心距的允差为±5mm。

B. 固定舌片及舌孔尺寸允差按图2-4-1的规定。

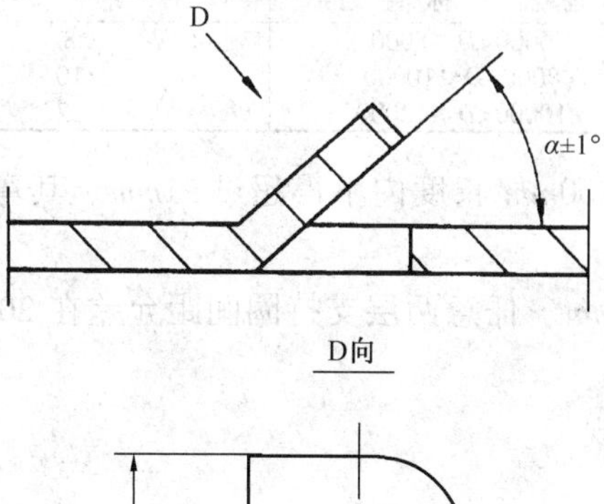

图 2-4-1

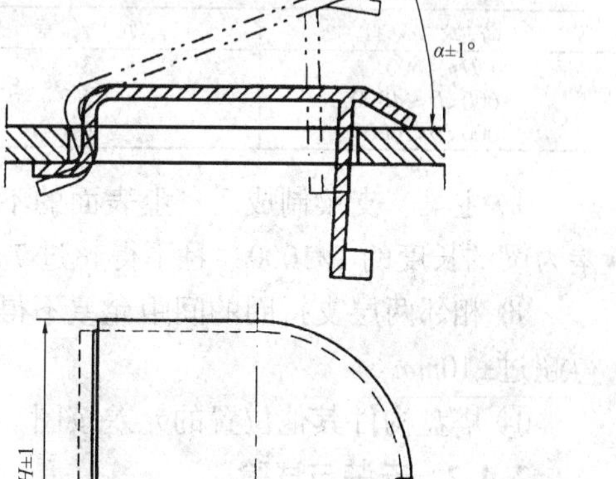

图 2-4-2

C. 固定舌片的平面度公差为 0.5mm。

⑦ 浮动舌形塔盘板应符合下列要求：

A. 相邻浮动舌片中心距的允差为±2mm，任意浮动舌片中心距的允差为±5mm。

B. 浮动舌片及舌孔尺寸允差按图 2-4-2 的规定。

⑧ 圆泡帽塔盘板应符合下列要求：

A. 塔盘板相邻升气管孔的孔距允差不得超过±2mm，其任意孔距的允差不得超过±5mm。

B. 升气管与塔盘板制成一体后，每一个升气管顶面至塔盘板面的高度按升气管顶面四点测量，测量值与升气管名义高度之差不得超过±1mm。

⑨ 受液盘的局部不平度在 300mm 长度内均不得超过 2mm。整个受液盘的弯曲度，当受液盘长度小于或等于 4m 时不得超过 3mm，长度大于 4m 时不得超过其长度的$\frac{1}{1000}$，且不得大于 7mm。

⑩ 受液盘、降液板与塔体装配后，降液板底端与受液盘上表面的垂直距离 K 的允差、降液板与受液盘立边的水平距离 D 的允差按图 2-4-3 的规定。

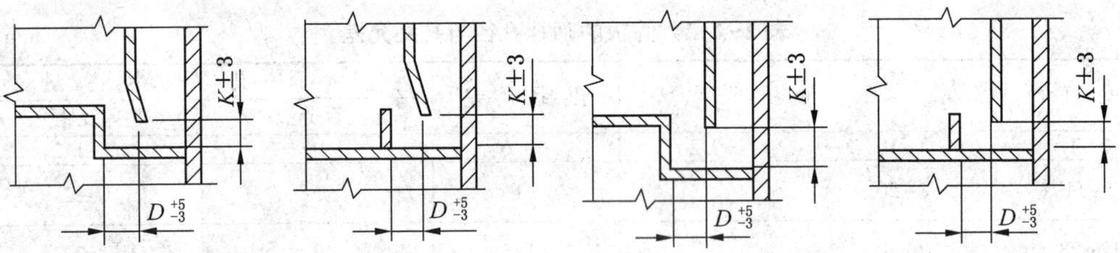

图 2-4-3 受液盘与降液板的各向间隙公差

⑪ 必须做出支持圈的基准圆，基准圆作为支持圈划线的基准，并应将此基准圆在塔内、外给以永久的明显标记。

支持圈与塔壁焊接后，其上表面在 300mm 弦长上的局部不平度均不得超过 1mm，整个支持圈的上表面水平度允差按表 2-4-3 的规定。

表 2-4-3 支持面上表面水平度允差 mm

塔器公称直径	允差	塔器公称直径	允差
$D \le 1600$	3	$6000 < D \le 8000$	8
$1600 < D \le 4000$	5	$8000 < D \le 10000$	10
$4000 < D \le 6000$	6	$10000 < D \le 12000$	12

⑫ 主梁、支梁制成后，上表面的不平度在 300*mm* 长度内不得超过±1*mm*。其弯曲度允差为梁的长度的 1/1000，且不得超过 7*mm*。

⑬ 相邻两层支持圈的间距允差不得超过±3*mm*。任意两层支持圈间距允差在 20 层内不得超过±10*mm*。

⑭ 塔盘构件其他位置的允差按图 2-4-4 的规定。

2.4.2 安装与试验

① 主梁装配的定位：当只有一根主梁时，主梁中心线应通过塔体在该处的横面中心，其偏差不得超过 2*mm*；当有两根主梁时，主梁中心线与塔体在该处横截面处的中心距离偏差不得超过 2*mm*。

② 主梁和支梁安装后，其上表面与支持圈上表面应在同一水平面上，该平面的水平度

允差与表 2-4-3 所规定的数值相同。

③ 塔盘板安装后，塔盘面水平度在整个面上的允差按表 2-4-4 规定。

④ 溢流堰安装后，堰顶端水平度允差按表 2-4-5，堰高允差按表 2-4-6 规定。

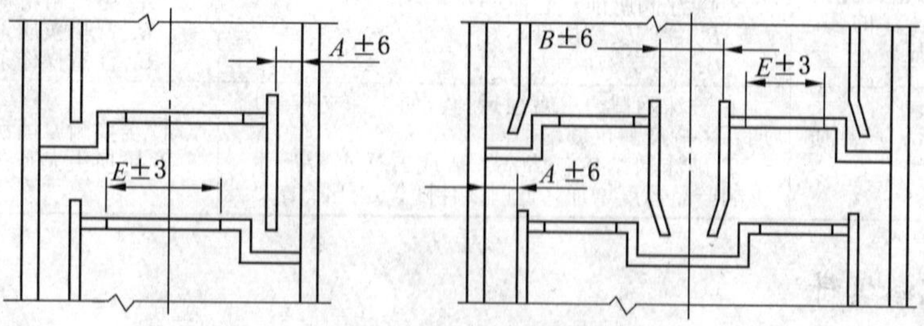

图 2-4-4 塔盘构件其他位置的允差

A—塔内壁至降液板面的距离；B—中间降液板间距；E—两支撑板间距

表 2-4-4 塔盘面水平度允差 mm

塔器公称直径	允差	塔器公称直径	允差
D≤1600	4	6000<D≤8000	12
1600<D≤4000	6	8000<D≤10000	15
4000<D≤6000	9	10000<D≤12000	17

表 2-4-5 堰顶端水平度允差 mm

塔器公称直径	允差
D≤1500	3
1500<D≤2500	4.5
D>2500	6

表 2-4-6 堰高允差 mm

塔器公称直径	允差
D≤3000	±1.5
D>3000	±3

⑤ 圆泡帽安装时，应使每一个泡帽的齿根到塔盘板上表面的高度允差不得超过±1.5*mm*。

⑥ 圆泡帽塔盘安装后应进行充水试漏及鼓泡试验。

A. 塔盘充水试验时，应将所有泪孔堵死，充水后 10*min* 内水面下降不超过 5*mm* 为合格，合格后应将泪孔穿通。

B. 鼓泡试验的要求如下：将水不断地注入受液盘内，在塔盘下部通入压缩空气，风压应在 980*Pa* 以下，风量不宜过大，要求所有齿缝都均匀鼓泡，且泡帽不得有震动现象。

2.5 板式塔操作常见故障分析

板式塔操作故障引起的原因与多方面因素有关，如工艺操作条件、系统物性、塔设备本身、辅助设备等，有时是单独作用，有时又是综合作用的结果。表 2-5-1 所列仅为塔设备本身所引起的故障及分析。

表 2-5-1 板式塔操作故障分析与处理

现象	故障原因	处理方法
达不到设计处理能力，提量后效率下降，产品质量变坏，甚至出黑油	多为淹塔所致 ① 降液管尺寸太小，或降液管底隙过小，液体充满降液管 ② 设计阀数过少，开孔率低，塔板压降过大	① 扩大降液管面积，或改大降液管下端间隙，使液体流畅 ② 增加塔板布阀个数
开工后塔板效率低，侧线产品有的重，有的轻，收率有的少，有的多	部分塔板被吹翻，原因可能有二： ① 塔板连接件安装不牢，或安装错误 ② 开工吹扫蒸汽含水，进入塔内震动，将塔板击翻	① 重新牢固地、正确地安装塔板连接件 ② 严格将吹扫蒸汽脱水干净后再使用

续表

现　　象	故 障 原 因	处 理 方 法
生产一段时间后，效率下降，侧线产品有的重，有的轻，收率有的少，有的多，且伴有全塔压降明显减小	① 塔板被严重腐蚀烂掉 ② 塔板上浮阀大面积严重脱落，原因可能是： A. 浮阀腐蚀、磨损 B. 浮阀安装质量不好 C. 蒸汽波动太大	① 更换耐腐蚀材质的塔板及浮阀 ② 针对原因： A. 更换耐腐材质的浮阀 B. 严格按质量要求安装浮阀 C. 注意操作条件控制
生产一段时间后，产品质量下降，颜色变重	① 破沫网被严重腐蚀烂掉，使雾沫夹带量增加，影响产品色度增加 ② 破沫网结焦、堵塞，造成二次夹带严重，影响产品色度增加。此时多伴随该层压降增大	① 更换耐腐蚀材质的破沫网 ② 更换更大开孔率的破沫网

2.6 现代塔填料

2.6.1 散装填料

散装填料也称颗粒填料，单体的尺度约 1~3*in*。依其结构分为环形填料和鞍形填料。20 世纪 70 年代又出现环鞍结合的新构型。

前已述及，拉西环是最早的定形填料。柱形中空的单体是最简单的环形填料。其特点是通量大，效率低，柱体内壁利用率低，于是不断进化为柱面开孔的鲍尔环，以及高径比更小的阶梯环，大大提高了环形填料的性能。

但环形填料一个致命的弱点是液流在床层向下流动呈收敛性，布液性能不良。因此，又出现一种马鞍形结构的弧鞍填料和拱桥形状的矩鞍形填料。鞍形填料床层的液流是发散性的，这自然有利，但同时它却埋没了环形填料通量大的优点。

图 2-6-1　金属鲍尔环填料

1970 年代美国诺顿公司推出的英特洛克斯填料(*IMTP*)以及国内流行的环矩鞍是用于环鞍合壁的新型填料，是至今广泛应用的优秀散装填料。

2.6.1.1　金属鲍尔环填料

金属鲍尔环填料是在拉西环填料的基础上，在环壁上开两层内伸舌片的窗孔，每层窗孔有 5 个舌片，舌片内弯指向环心，上下两层窗孔的位置错开，一般开孔面积占环壁总面积的 30%左右。这样，在未增加填料总面积的情况下，大大地改善了环内气液两相的流动状态，从而提高了填料的流体力学与传质性能。鲍尔环填料的开发使环型填料由实体环型填料发展到开孔环型填料阶段。金属鲍尔环填料的形状结构如图 2-6-1 所示。其几何特性数据列于表 2-6-1 中。

表 2-6-1　金属鲍尔环填料几何特性(干装)

公称尺寸 DN/*mm*	外径×高×厚 d×H×δ/(*mm*×*mm*×*mm*)	堆积个数 n/(个/m^3)	堆积密度① ρ_p/(kg/m^3)	比表面积 α/(m^2/m^3)	空隙率 ε/%	干填料因子 $(\alpha/\varepsilon^3)/m^{-1}$
50	50×50×1	6500	395	112.3	94.9	131
38	38×38×0.8	13000	365	129	94.5	153
25	25×25×0.8	55900	427	219	93.4	269
16	16×16×0.8	143000	216	239	92.8	299

注：① 堆积密度 ρ_p 仅对碳钢和不锈钢适用。

2.6.1.2　金属阶梯环填料

金属阶梯环填料是将鲍尔环填料的高径比降低到 1/2~1/3，并且在填料的一个侧端增加了翻边。这些改进使气体绕填料外壁流过的平均路径大大缩短，从而减少了气体通过填料层的阻力。此外，翻边不但增加了填料环的机械强度，而且破坏了填料结构的轴对称性，使填料在堆积时由线性接触改变为点接触为主。这样不但增加了填料的空隙，减小了气体穿过填料层的阻力，而且接触点成为液体流动的汇聚分散点，促进了液膜表面更新，从而提高了传质效率。金属阶梯环填料的形状结构见图 2-6-2。其几何特性数据列于表2-6-2 中。

表 2-6-2　金属阶梯环填料几何特性(干装)

公称尺寸 DN/mm	外径×高×厚 d×H×δ/ (mm×mm×mm)	堆积个数 n/(个/m^3)	堆积密度① ρ_p/(kg/m^3)	比表面积 α/(m^2/m^3)	空隙率 ε/%	干填料因子 $(\alpha/\varepsilon^3)/m^{-1}$
50	50×28×1	11600	400	109.2	95	127.4
38	38×19×0.8	31890	475.5	154.3	94	185.8
25	25×12.5×0.6	97160	439	220	93	273.5[HJ]

注：① 堆积密度 ρ_p 仅对碳钢和不锈钢适用。

2.6.1.3　金属环矩鞍填料

金属英特洛克斯填料由美国诺顿(*Norton*)公司首先研制，在国内也开发了相类似的产品，通称金属环矩鞍填料。它综合了开孔环形填料与鞍形填料的结构特点，集圆环、环壁开孔、内伸舌片及弧形通道于一体，既有开敞的结构，又有众多的接触点供液体汇聚、分散，故该填料的压降低、通量大、传质效率高。

金属英特洛克斯填料的形状结构如图 2-6-3 所示。其特性列于表 2-6-3 中。

图 2-6-2　金属阶梯环填料

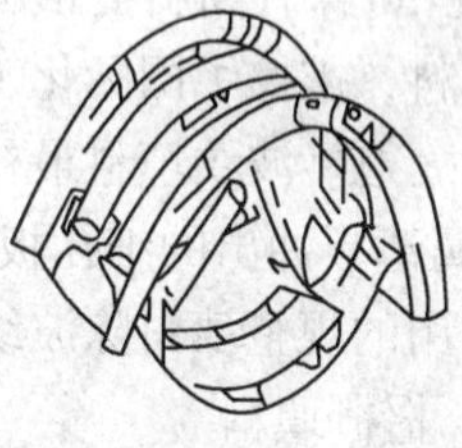

图 2-6-3　金属英特洛克斯填料

表 2-6-3　金属英特洛克斯填料的特性

公称尺寸 DN/mm	堆积个数 n/(个/m^3)	空隙率 ε/%	填料因子① F_p/m^{-1}	等板高度 HETP/mm
25	168425	96.7	441	355~485
40	50140	97.3	258	460~610
50	14685	97.8	194	560~740
70	4625	98.1	129	790~1060

注：① 采用此填料因子 F_p 进行塔的设计时，应采用诺顿公司提供的压降关联图。

2.6.1.4　金属扁环填料

金属扁环填料是由清华大学开发研制的一种短开孔环填料，简称 *QH*-1。它将环壁上的内弯舌片改为连续内弯的弧形筋片，并且取消了环壁端面的翻边。此外，它还采用了较小的高度，高径比为 1/3。该填料特别适合于液液萃取过程。上述结构改进可以减少分散液群的汇聚，而对称均匀的内弯筋片可促进液体流动的均匀性，在液滴群的分散——汇合——再分散的循环过程中降低了轴向返混，提高了传质效率。

QH-1 扁环填料的形状结构示于图 2-6-4。其几何特性列于表 2-6-4 中。

此外，还研究开发了 QH-2 型挠性梅花扁环填料，整体为五瓣，并且有内弯弧及舌片双层内筋。

表 2-6-4　QH-1 型扁环填料的几何特性

公称尺寸 DN/mm	外径×高×厚 $d×H×\delta$/(mm×mm×mm)	堆积个数 n/(个/m^3)	堆积密度① ρ_p/(kg/m^3)	比表面积 α/(m^2/m^3)	空隙率 ε/%	干填料因子 $(\alpha/\varepsilon^3)/m^{-1}$
16	16×5.5×0.5	630000	604	348	92.3	442.6
25	25×9.0×0.5	160000	506	228	93.6	278.0
38	38×12.7×0.7	48000	390	150	95.0	175.0
50	50×17.0×0.8	21500	275	115	96.5	128.0
75	75×22.5	5800	200	88	97.5	94.9

注：① 堆积密度 ρ_p 仅对碳钢和不锈钢适用。

图 2-6-4　QH-1 型扁环填料

2.6.2　规整填料

规整填料是人为设定床层中气液接触的通道，因此两相在床内分布和接触更趋均匀，创造最高分离效率。

随着石油化工、精细化工的发展，对塔器技术的要求越来越高。设备的大型化、热敏物系和同分异构物系的分离往往要求特别的高效、低阻和大通量。这是散装填料和板式塔难以满足的。规整填料则可以提供几倍的比表面积，几倍的分离效率，更大的通量和更低的比压降，是现代塔器技术的最高境界。

自 20 世纪 30 年代斯特曼填料出现，规整填料进化到 60 年代，瑞士苏尔寿公司推出金属丝网波纹填料，震撼了国际化工产业界。它满足了一批高难分离工程的要求，其效能至今仍居分离技术之冠。波纹填料最初是丝网为母材，后又推出金属薄板(开孔)、陶瓷、塑料、还有板网(金属薄板冲出的细孔板)的各种类型，但是波纹结构型式几十年未变。

炼油业常用的规整填料除波纹填料还有 20 世纪 60 年代美国研发的格栅填料。

2.6.2.1　格栅填料

格栅填料的单元构件是由 2mm 厚的条形钢板冲成许多定向舌片，上下两舌片翻转方向相反。两组舌片之间冲有联接爪。单元构件高 60mm，宽 57mm，两单元构件间用联接爪点焊在一起，组成所需要的宽度。安装时两层填料间交错一定的角度。在国内，洛阳石油化工工程公司设备研究所首先开展了研究[58]。指出在较低气速下气液之间形成膜状加滴状接触，气体为连续相，液体为分散相。随着气速的增大，液体开始湍动，气液处于喷射状态。此后随气速增加，气液喷射更为强烈，填料层上端开始出现雾沫夹带。该填料负荷上限不是受液泛控制，而是由雾沫夹带量所控制。此外，还研究了两层格栅间交错 30°、45°、60°、90°四种排列时的气液分布对填料压降的影响，认为交错 60°时最佳。

单层格栅填料的结构见图 2-6-5，组装后填料的结构见图 2-6-6。其主要几何特性数据列于表 2-6-5 中。

表 2-6-5　格栅填料的几何特性

规格/(mm×mm×mm)	堆积密度① ρ_p/(kg/m^3)	比表面积 α/(m^2/m^3)	空隙率 ε/%	干填料因子 $(\alpha/\varepsilon^3)/m^{-1}$
60×57×2	272.2	40.66	98.2	42.94

注：① 堆积密度 ρ_p 仅对碳钢和不锈钢适用。

格栅填料是一种高通量、低压降填料，抗堵塞性能好，故常用于炼油厂减压蒸馏塔，可单独使用于洗涤段，也可与其他填料组成混合床层，用于传热段和传质段。此外，还可用于炼厂减压塔、气体急冷塔、焦化炉或减粘裂化分馏塔及流化催化裂化系统的分离塔器中。

图 2-6-5　单层格栅填料

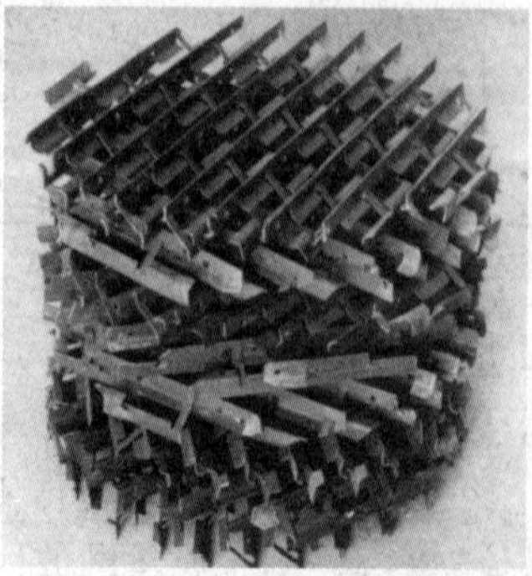

图 2-6-6　格栅填料组装图

2.6.2.2　金属板波纹填料

金属板波纹填料是由金属薄板冲制成波纹片，波纹片上冲有 ϕ4mm 小孔，开孔率约占 12.6%，波纹顶角 α 约 90°，波纹形成的通道与垂直方向成 45°(称作 Y 型)或 30°(称作 X 型)角度。将波纹片平行排列，两相邻波纹片通道成 90°。在塔内安装时，上下两盘板波纹填料旋转 90°叠放。单个波纹片的形状见图 2-6-7，组合后的板波纹填料见图 2-6-8。

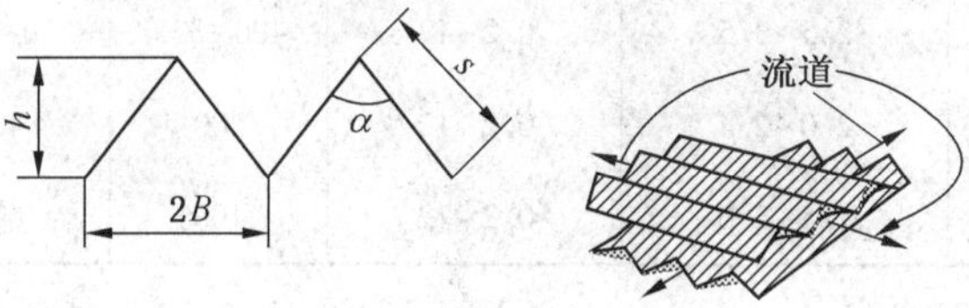

图 2-6-7　波纹片形状

图 2-6-8　金属板波纹填料

金属板波纹填料波纹片的表面都做特殊纹路处理，以提高有效传质表面积，或形成双向渗透。目前国内表面强化的方法大致如下：(1)表面压制成规则的条形纹路；(2)表面压成穿透的 ϕ0.4mm 微孔；(3)波纹板是由拉轧成网状的金属薄板制成。它们分别形成不同的类型，性能也各有差异。本文依据资料[2]，仅将炼油工业中常用的金属板波纹填料的性能汇总列于表 2-6-6。

金属板波纹填料液体成膜状流下，并在上下两盘填料接触处进行再分配，气体则连续、曲折地穿过填料，通量大、阻力小、而且传质效率高。在炼油工业中金属板波纹填料在减压蒸馏塔、气体分馏塔、气体吸收塔中应用，都取得了较好的技术经济效果。

2.6.2.3　金属丝网波纹填料

金属丝网波纹填料是由金属丝网制成的规整填料。丝网为 80~40 目，不锈钢丝直径为

表 2-6-6 金属板波纹填料特性

型 号	比表面积 $\alpha/(m^2/m^3)$	空隙率 $\varepsilon/\%$	密度① $\rho_p/(kg/m^3)$	理论板数 $n_t/(1/m)$	压力降 $\Delta p/(Pa/m)$	气体负荷因子 $F_k/(m/s)(kg/m^3)^{0.5}$
125Y	125	98	200	1~1.2	200	3.0
250Y	250	97	400	2~3	300	2.6
350Y	350	94	280	3~4	200	2.0
500Y	500	92	400	4~5	307	1.8

注：① 密度仅对碳钢和不锈钢适用；125Y、250Y 板厚为 0.4mm，350Y、500Y 板厚为 0.2mm。

0.1~0.25mm。波形丝网的波齿形为等腰三角形，推荐齿形角为 75°~90°。波纹倾角为 30°(称作 X 型)和 45°(称作 Y 型)两种。波纹片上开有孔径 4~5mm 的小孔，呈正三角形排列，孔距约 10mm，开孔率为 5.6%~18.4%。金属丝网波纹填料在塔内安装时，相邻盘之间旋转 90°。

图 2-6-9 金属丝网波纹填料

金属丝网波纹填料具有很大的比表面积，由于网孔具有毛细作用使表面更易润湿，故具有很高的传质效率。它特别适宜于难分离物系及热敏性物系，但不宜液气比过高的工况。该填料忌堵塞、怕腐蚀、难清洗、价格高，使其使用范围受到一定限制。

金属丝网波纹填料的形状结构见图 2-6-9，表 2-6-7 列出了根据资料[2]汇总的该填料的特性数据。

表 2-6-7 金属丝网波纹填料特性

填料类型	比表面积 $\alpha/(m^2/m^3)$	空隙率 $\varepsilon/\%$	堆积密度① $\rho_p/(kg/m^3)$	气体负荷因子 $F_k/(m/s)(kg/m^3)^{0.5}$	液体喷淋密度 $L/(m^3/m^2\cdot h)$	等板高度 HETP/mm	理论级压降 $\Delta p_t/Pa$
250 型(AX)	250	95	125	2.5~3.5	0.2~12	400~333	10~40
500 型(BX)	500	90	250	2.0~2.4	0.2~12	200	40
700 型(CY)	700	85	350	1.5~2.0	0.2~12	100	67

注：① 按不锈钢材料计。

2.6.2.4 陶瓷波纹填料

陶瓷波纹填料是用陶瓷烧结成波纹型规整填料，类似于金属板波纹填料。由于陶瓷表面粗糙多孔，使填料的有效比表面积有很大提高，它还具有较好的毛细作用，能有效地润湿填料表面，故陶瓷波纹填料的传质效率较高。此外，它还具有良好的抗腐蚀性，在化工行业中应用较多。但陶瓷填料易破碎、重量较大，限制了其使用范围。近来，国内生产厂家调整配方，开发的轻质强化陶瓷波纹填料，具有很高的热稳定性，使用温度可达 1000℃以上，从而拓宽了它的应用范围。

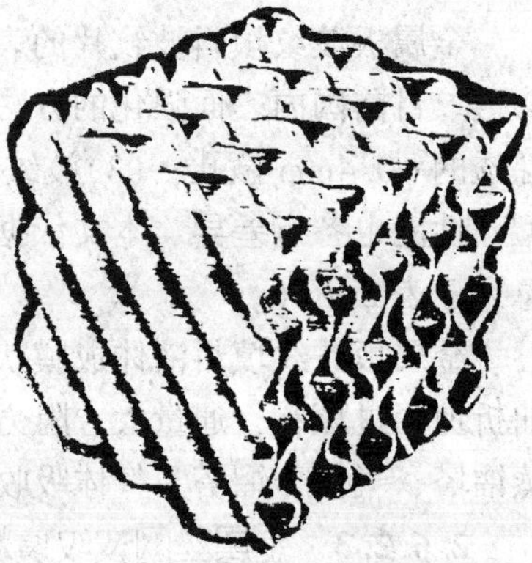

图 2-6-10 轻质陶瓷波纹填料

轻质强化陶瓷波纹填料的形状结构见图 2-6-10，

表 2-6-8列出了根据资料[2]汇总的该填料的特性数据。

表 2-6-8 轻质陶瓷波纹填料特性

型 号	比表面积 $\alpha/(m^2/m^3)$	空隙率 $\varepsilon/\%$	堆积密度 $\rho_p/(kg/m^3)$	抗压强度 $\sigma/(N/cm^2)$	气体负荷因子 $F_k/(m/s)(kg/m^3)^{0.5}$	压 降 $\Delta p/(Pa/m)$	理论级数 $n_t/(1/m)$
125X	125	90	250	>250	3.5	146.7~160.0	1~1.8
250Y	250	85	300	>250	2.5~3.5	26.7~133.3	2.3~2.7
350Y	350	80	350	>250	2.0~2.5	53.3~120.0	3~4

2.7 填料塔内构件

填料塔除了主体传质元件——填料外，尚有填料支承板、床层限位器、液体分配器、液体收集及再分配装置等辅助内件，它们与填料共同构成一个完整的填料塔，其作用都是促进气液的均匀分布及良好接触，以便填料塔发挥出最大的生产能力和最高的效率。上述内件的设计、制造、安装可参考《鞍环型填料塔内件设计导则》[68]（SBZ1—87）。

2.7.1 填料支承板

对于填料支承板除了要有足够的强度外，还要求具有足够大的自由面积；对气液的流动阻力小；有利于气液的再分配；安装拆卸方便。

2.7.1.1 栅板型支承板

由平行的板条组成的填料支承栅板，结构简单，制作方便，是小型塔器中常用的散装填料支承板。其结构如图 2-7-1 所示。

栅板型支承板由于开孔率较小，对气液的流动阻力较大，现只在小型填料塔中使用。

2.7.1.2 喷射式支承板

喷射式支承板是目前最好的散装填料支承装置，采用梁型气体喷射式结构，如图2-7-2所示。

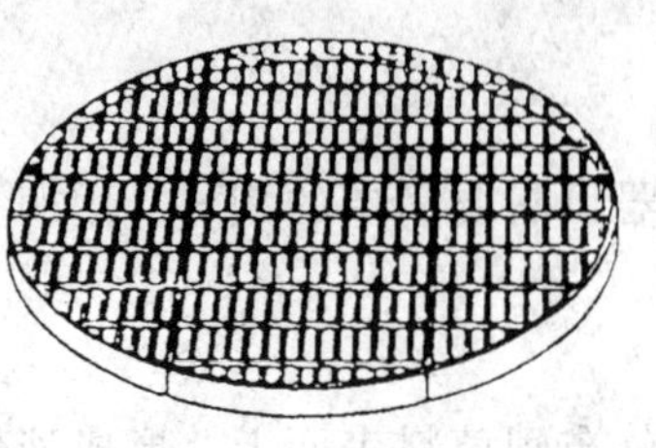

图 2-7-1 栅板型支承板

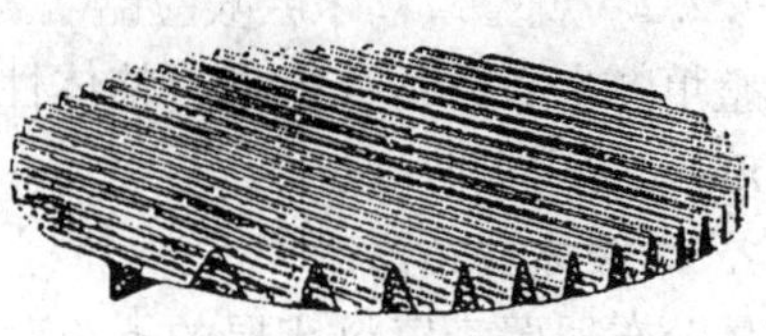

图 2-7-2 喷射式支承板

资料[68]详细介绍了喷射式填料支承板的结构、尺寸及系列。它分为：A 型，适用于塔径小于 1200mm；B 型，适用于塔径 1400~4000mm，若增加中间支承梁，可以扩大使用于塔径 4000mm 以上的塔中。

梁型气体喷射式支承板是由一个个驼峰形元件组成，该元件是用冲有许多长孔的钢板压制而成。A 型，驼峰元件的波高和波宽随塔径的不同而改变，长孔为水平排列。B 型，驼峰元件的波高 300mm、波宽 290mm，随塔径变化而有不同的块数，长孔为竖直排列。这种支承板是气液分流型的，气体从各驼峰元件上部的孔中喷出，而液体从下部的孔中流下，避免了气液从同一孔中逆流通过时增加阻力；加之，它可以提供超过 100%以上塔截面积的自由截面，故气液流动阻力小，并有利于气液的再分布。故该型支承板的流体通过量可达 200 $m^3/(m^2 \cdot h)$，最大压降仅为 69Pa。

填料喷射支承板具有足够的刚度，而且拆装方便。长度小于 3000mm 的支承板及中间支承梁的最大挠度不得大于 3mm。长度大于 3000mm 的支承板及中间支承梁的最大挠度不得大于塔内径的 1/1000。

2.7.1.3 梁式支承

规整填料——如格栅填料及金属板波纹填料，因其由单片组装后本身就具有很好的刚度，故不需要特殊的支承板，仅采用与塔壁四周固定的扁钢圈，中间为支承梁即可，一般长度 1000mm 左右设一个支承梁。在大直径的塔器中需要大尺寸的工字梁，它占据了一定的塔空间，为了减小流动阻力，有利于气液的均匀分布，近来有用栅板条组成栅型梁取代工字梁的，效果很好。

2.7.2 床层限位器

为了保证填料塔的正常稳定操作，防止在高气速或负荷突然波动时，填料层发生松动，甚至破坏、流失，在填料层上端必须安装床层限位器。

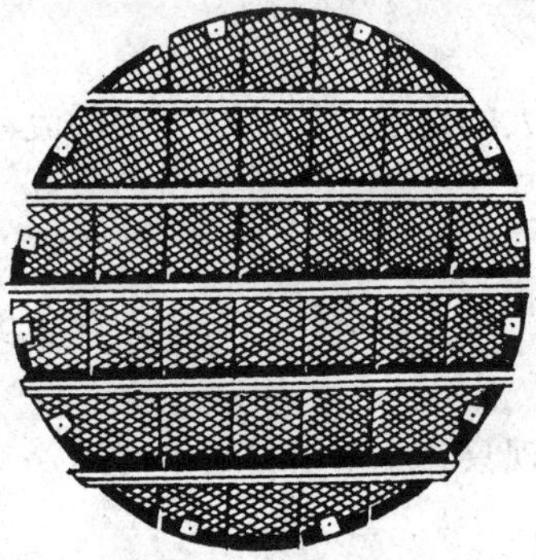

图 2-7-3 散装填料床层限位器

2.7.2.1 散装填料床层限位器

散装填料床层限位器的结构形状见图 2-7-3。

散装填料床层限位器由格架及焊于其下部的丝网组成，最好用钢板网代替丝网。资料[68]详细介绍了两种床层限位器的结构、尺寸及系列规格。A 型床层限位器适用于塔径300～1200mm。B 型床层限位器适用于塔径 1400～4000mm。在增设中间支承梁的情况下，B 型床层限位器可扩大使用到 4000mm 以上塔径。

近来，用板波纹规整填料作为散装填料床层限位器取得了成功的应用，此种床层限位器还具有改善液体分布的作用。

2.7.2.2 规整填料床层限位器

规整填料本身就具有很强的整体性，故床层限位器只需要简单的型式，用栅条间距为 100～500mm 的栅板即可。

2.7.3 液体分布器

液体分布器置于填料床层的上方，将液体均匀地分布到填料表面上，形成液体初始分布。液体初始分布的优劣对填料塔传质、传热性能的影响很大，一般认为，难分离物系，效率高的规整填料，大直径、浅床层的填料塔，对液体初始分布的要求高。对液体分布器的基本要求是：

① 液体分布均匀，且流道不易堵塞；

② 具有足够大的气体通道，阻力降小；

③ 适应液体负荷波动范围大；

④ 拆装简便。

液体分布器按结构形式可分为：管式、盘式、槽式、喷射式等。资料[68]对这些形式的液体分配器的结构、尺寸、系列规格均有详细介绍。

2.7.3.1 管式孔流型液体分布器

管式孔流型液体分布器的结构见图 2-7-4。它由总管及支管组成,支管上开有液流小孔。

管式孔流型液体分布器应安装在填料床层顶部 150~200mm 处。它适用于塔径 400~3000mm;液体负荷范围 0.67~164.00m^3/h;负荷波动率 4∶1~2.3∶1;不适用于对材质有腐性的介质。

2.7.3.2 盘式孔流型液体分布器

盘式孔流型液体分布器的结构见图 2-7-5。

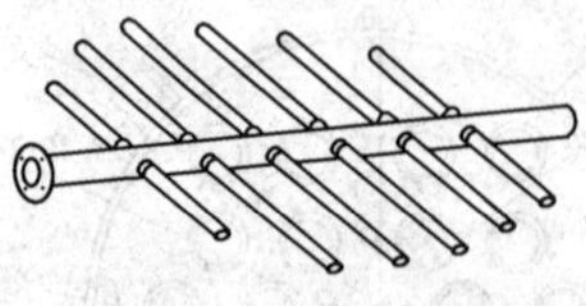

图 2-7-4 管式孔流型液体分布器

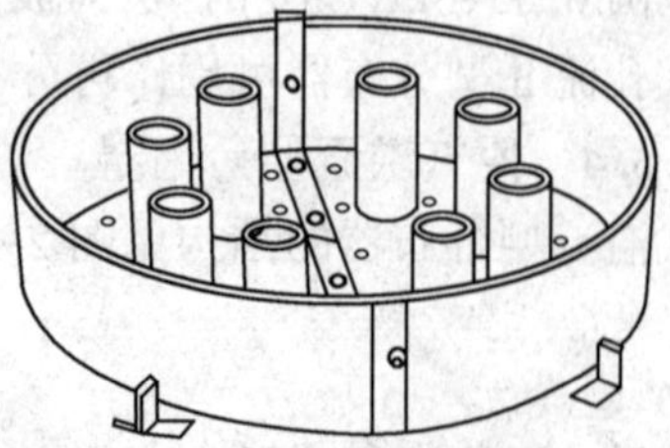

图 2-7-5 盘式孔流型液体分布器

盘式孔流型液体分布器由围板、升气管、底板组成,底板上开有液流孔,围板与塔壁间留有一环形气体通道,约占塔截面的 15%。为保证有足够的气体释出空间,液体分布器应安装在距填料床层 150~300mm 处。液体进料口应位于液体分布器中心的上方,距围板上缘 50~200mm 处。

盘式孔流型液体分布器适用于塔径 300~1200mm;液体负荷设计范围 0.09~188.47m^3/h,在喷淋密度小于 10$m^3/m^2\cdot h$ 时,应在分块接缝处设置密封垫片;负荷波动率不大于 4∶1;加料速度不大于 3m/s;不适用于对材质有腐蚀性的介质。

2.7.3.3 板式孔流型液体分布器

板式孔流型液体分布器又分为Ⅰ型及Ⅱ型两种。

(1) 板式孔流Ⅰ型液体分布器

板式孔流Ⅰ型液体分布器的结构见图 2-7-6。

板式孔流Ⅰ型分布器是由底板及长条形升气孔组成,与塔壁支承扁钢圈之间用卡子连接,卡子间距小于 150mm,分布板与支承圈间垫 2~3mm 厚的密封垫片。并配有排管式进料口,支管将液体均匀地洒在两个长条形升气孔之间。为使液体均匀流畅,升气通道上每隔 500~1000mm 加设一个 100mm×100mm 的液体通道。

板式孔流Ⅰ型分布器适用塔径 300~1200mm,若增设中间梁后可扩大使用到直径 2400mm 塔内;液体负荷范围 0.78~13.8m^3/h;负荷波动率不大于 3∶1;加料速度最好为 1.2~1.6m/s,不得大于 3m/s。

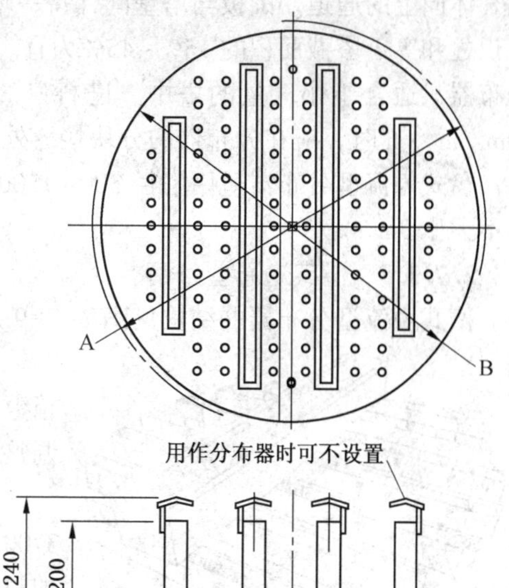

图 2-7-6 板式孔流Ⅰ型液体分布器

板式孔流Ⅰ型分布器也可用作再分布器，此时升气通道上方需设置挡液罩。

(2) 板式孔流Ⅱ型分布器

板式孔流Ⅱ型分布器的结构见图 2-7-7。

板式孔流Ⅱ型分布器与Ⅰ型结构相同，只是在升气孔上面增设了分流箱，分流箱数目为 1~3，视液体负荷的大小及塔径而定。进料口先将液体分配到分流箱中，再分布到各升气孔之间，最后从板上的液流孔均匀分布到填料层上。

板式孔流Ⅱ型分布器适用塔径 1200~6000mm，直径大于 2000mm 时应设置中间梁；液体负荷范围 6.53~4311m^3/h；负荷波动率不大于 2.5:1；加料速度低于 3m/s。

板式孔流Ⅱ型分布器可用作再分布器，此时所有升气通道上方须设置挡液罩。

2.7.3.4 盘式溢流型分布器

盘式溢流型分布器的结构见图 2-7-8。

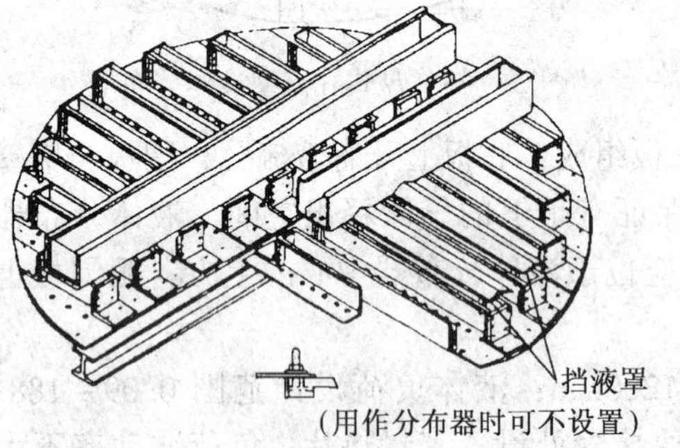

图 2-7-7 板式孔流Ⅱ型液体分布器

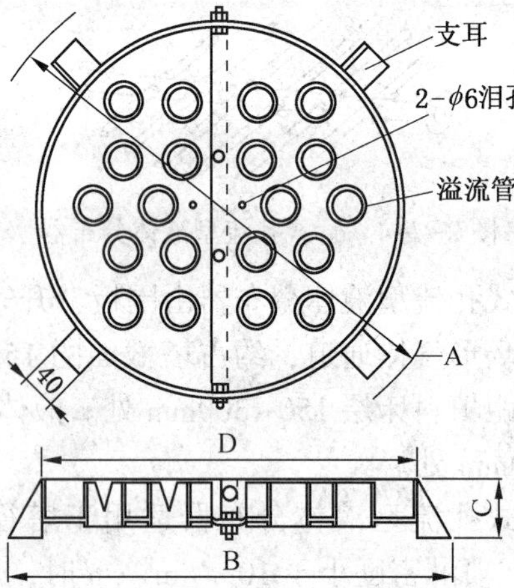

图 2-7-8 盘式溢流型液体分布器

盘式溢流型分布器是由底板、溢流管、围板组成，溢流管既是液体溢流向下的通道，也是气体向上的通道。围板与塔壁间保持一环形空间，作为一部分气流的通道。所有升气通道面积之和等于塔截面积的 15%~45%为宜。因升气管与溢流管合一，易造雾沫夹带，故这种分布器只适合于小气量的塔中。进料口的下端应低于溢流口。当分布器上液体负荷低于 $10m^3/m^2 \cdot h$ 时，应在分布器的分块接缝处设置密封垫片。

盘式溢流型分布器适用塔径 300~1200mm；液体负荷范围为 0.31~29.25m^3/h；加料速度不大于 3m/s。

2.7.3.5 槽式溢流型分布器

槽式溢流型分布器的结构见图 2-7-9。

图 2-7-9 槽式溢流型液体分布器

槽式溢流型分布器由溢流槽及分流箱组成。分流箱数 1~3，视塔径及液体负荷而定。溢流槽安装时应调整水平度，最大允差为 3mm。

该型式分布器适用塔径 1000~6000mm，塔径大于 3700mm 时需设置中间梁；负荷波动率不大于 2.6:1；加料速度不得大于 3m/s。它分Ⅰ型及Ⅱ型，Ⅰ型的液体负荷范围为 14.2~1619m^3/h，Ⅱ型的液体负荷范围为 3.6~762m^3/h。

2.7.3.6 槽盘式气液分布器

槽盘式气液分布器(图 2-7-10)是由带喷淋孔和溢流孔的矩形升气管、依附在溢流管内侧的导流管、溢流管顶部的 V 形风帽和底盘所组成。

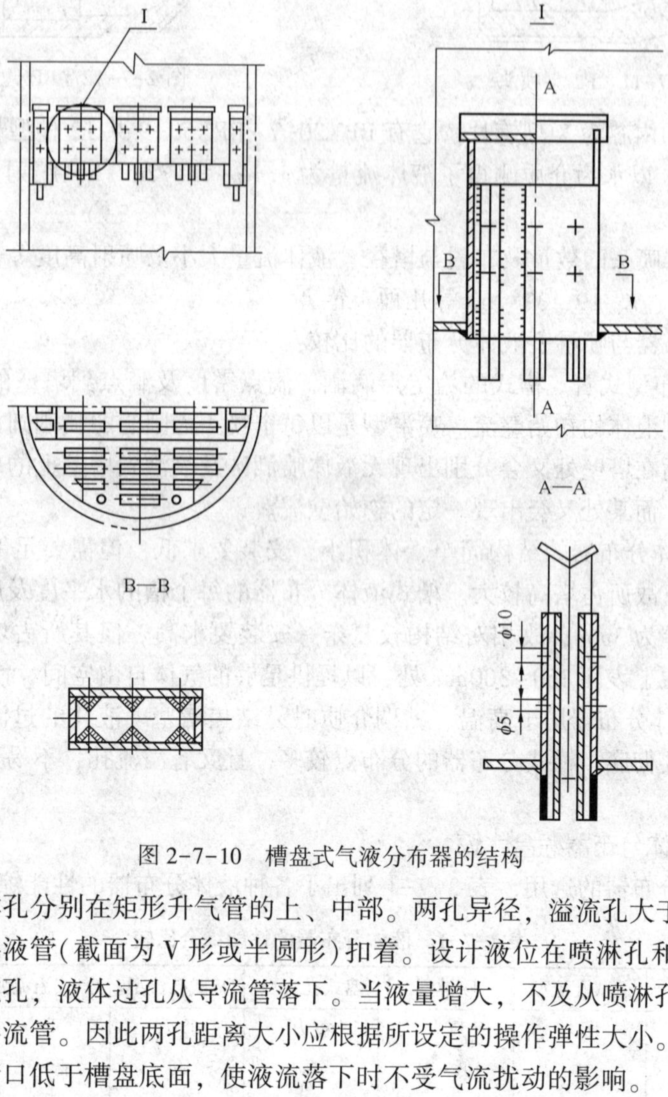

图 2-7-10 槽盘式气液分布器的结构

溢流孔和喷淋孔分别在矩形升气管的上、中部。两孔异径，溢流孔大于喷淋孔，在同一垂线上，同时被导液管(截面为 V 形或半圆形)扣着。设计液位在喷淋孔和溢流孔之间。当槽盘液面高于溢流孔，液体过孔从导流管落下。当液量增大，不及从喷淋孔流走，液面上涨至溢流孔并流入导流管。因此两孔距离大小应根据所设定的操作弹性大小。

导液管的下管口低于槽盘底面，使液流落下时不受气流扰动的影响。

槽盘式气液分布器功能有五项：液体收集；气体分布；侧线采出；气液两相进料。因此，它可以作液体分布器，亦可作集液—气液再分布器，还可作进料—气液再分布器。

2.7.3.7 喷淋型分布器

资料[28]介绍了两种型式的喷淋型分布器：PT 型喷头及 BPX 型喷嘴。其结构型式分别见图 2-7-11 及图 2-7-12。

PT 型喷头具有螺旋型内芯，芯子中心开孔。它有 PT10~PT24 共 15 种型号，在喷头压降为 0.049~0.294MPa 时，以水为介质，测得了液体流量为 1.44~18.25m^3/h，相应的喷淋直径为 1500~2250mm。

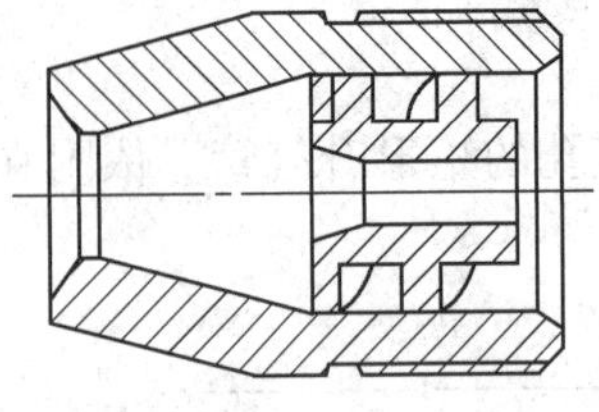

图 2-7-11 PT 型喷头

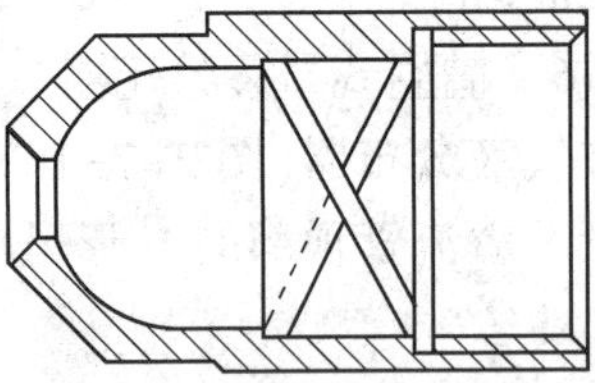

图 2-7-12 BPX 型喷嘴

BPX 型喷嘴的内芯为 X 型旋片。它有 BPX20-7~BPX50-9 共 12 种型号，在喷嘴压降为 0.05~0.3MPa 时，以水为介质测得了液体流量为 1.11~13.72m^3/h，喷射角最小为 63°，最大为 94°。

喷淋型分布器喷头的数量及布置与塔径、液体流量大小及喷射高度等密切相关。分布器喷头个数一般为 1、7、19、37、61 等几种布置。

槽式液体分布器与喷淋型液体分布器的比较：

① 从液体分布型式看。槽式的为定点滴洒，滴点密度及滴点到塔壁的距离均易根据需要设计，便于控制液体的初始壁流。喷淋型是以每个喷头为圆心的喷洒圆相叠加，因此在中间部分有重叠，而在塔壁处又会分别出现无液体喷洒区及喷洒到塔壁上的现象，故会出现某处液体分布欠佳，而某处又会出现一定的初始壁流。

② 喷淋型液体分布器的结构简单，体积小，安装要求低，但需要足够的安装高度，造成一定的喷洒圆，故所占塔高较大。槽式液体分布器的每个槽的水平度及所有槽应在同一水平面上，最大允差为 3mm，故相对结构较复杂，安装要求高。但其所占塔的高度较小，一般安装在填料床层上表面 150~300mm 处，以提供足够的气体自由空间，使气体便于析出。

③ 喷淋型液体分布器用于高温、黏稠介质时易结焦堵塞。液体的过滤要求严格，并且检修后的水冲洗要彻底。槽式分布器的分布点较多，且又有溢流孔，不易造成全部堵死，相对可靠性好。

2.7.3.8 液体分布器综合比较

为便于液体分布器的选用，表 2-7-1 列出了各种液体分布器的性能综合比较。

表 2-7-1 液体分布器的性能综合比较

	管式孔流型	喷淋型	盘式孔流型	板式孔流型	盘式溢流型	槽式溢流型
液流动力	压力	压力	重力	重力	重力	重力
分布质量	中	低~中	高	高	低~中	低~中
处理量/($m^3/m^2 \cdot h$)	0.25~2.5	广	广	广	广	广
适用塔径/m	>0.45	任意	通常<1.2	通常>0.6	通常<1.2	通常>0.6
易堵塞程度	高	高	中	中	低	低
气体阻力	低	低	高	低	高	低
对水平度要求	无	无	高	高	高	高
腐蚀的影响	高	高	高	高	低	低
受液面波动的影响	无	无	中	中	高	高
液体夹带	高	高	低	低	低	低
自　重	低	低	高	中	高	中

2.7.4 液体再分布器

填料塔在操作过程中，气液流率的偏差造成局部液气比小于最小液气比而达不到应有的组成，造成塔截面出现径向浓度差，如不及时混合，就会愈演愈烈。液体再分器的作用就是将上层填料的液体完全收集并混合，再均匀地分布到下层填料上。此外，它还必须将上升的蒸汽均匀分布到上层填料中去，而且压力降较小。

大型填料塔使用的液体再分布器有：板式孔流Ⅰ型再分布器及板式孔流Ⅱ型再分布器。它们的外形、结构尺寸完全同于2.9.3.3中所述及的板式孔流Ⅰ型液体分布器及板式孔流Ⅱ型液体分布器。

再分布器升气通道顶部与上一层填料支承板底部的距离大于75mm时，升气通道顶部应设凹槽形挡液罩。通常挡液罩上的积液从槽的两端流到分布板上，当挡液长度大于1000mm时，每隔500~900mm应在挡液罩两侧设置液流缺口，以便积液及时流到分布板上。液流缺口的下方应设置挡板，以防流下的液体被升气通道的气体吹散。

2.7.5 集油箱

炼油厂中的许多分馏塔具有多个侧线抽出，因此在使用填料作为传质元件时，要设置集油箱，用来收集该段填料层的液体，以供抽出。集油箱的结构型式见图2-7-13。集油箱实际上将填料塔分割成若干个气相相连，液体分开的简单塔，靠外部打入液体建立起塔的回流。

设计集油箱应注意如下问题：

① 为便于集油箱液体的抽出，必须保证抽出口具有一定的液封高度，故多采用下凹的抽出斗型式。在有液面控制抽出时，集油箱内液体停留时间可为2~3min。为防止漏液，集油箱多采用焊接结构。

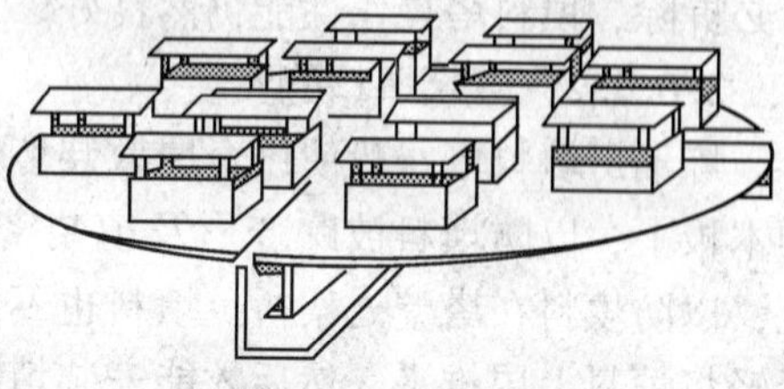

图2-7-13 集油箱

② 集油箱还兼有让气体通过，并均匀分布到上层填料中的作用，故要求气体通过的阻力降要尽量小。集油箱的开孔率应为塔截面积的35%~45%，或按使气体通过集油箱升气管的气流速度不大于10m/s，来设计升气管面积。

③ 集油箱的升气管顶部应设盖帽，盖帽与升气管上沿的距离为50mm，或盖帽与升气管上沿垂直空隙部分的截面积不小于升气管的截面积。盖帽距填料床层的距离不能小于450mm。

2.8 填料的制造与安装

2.8.1 填料的制造与验收

目前国内尚无统一的填料的制造与验收标准，但以下几个方面是应当注意和遵守的。

① 填料成型后各部分尺寸应符合设计图纸的规定，达到IT1.3级精度要求；

② 填料的各边缘部分不应有毛刺、裂痕、局部变形；

③ 环型填料的接缝处允许有0.8mm的缝隙，但不允许有超过填料厚度的径向错位；

④ 填料应选用符合GB 708—2006《冷轧钢板和钢带的尺寸、外形、重量及允许偏差》中规定的B级精度钢板冲制；

⑤ 填料在交货时，制造厂应提供合格的材料质量化验分析单；

⑥ 填料在交货时，制造厂应提供经过严格测试的填料几何特性数据；

⑦ 大直径规整填料需从塔的人孔中进入，一般盘高为 100～300mm，分块长度小于 1.8m。制造厂应提供分块安装图，并在每块填料上标明编号；

⑧ 每块规整填料要牢靠包装，避免碰撞变形，特别是金属丝网波纹填料，应采用金属包角保护。

2.8.2 填料的安装

2.8.2.1 填料安装前的处理

(1) 填料的除油问题

填料在加工过程中需要润滑油，故加工后填料形成一层薄油膜。在炼油厂的一般使用情况下无需清除，只有在润滑油会影响物系的产品质量时，才需要对填料进行除油处理。

(2) 不用管孔的处理

填料安装前应将塔内不用的管孔用盲板封死，以免气液在此短路，影响传质效率。盲板上应留有透气孔。

(3) 塔支承圈的拆除问题

在原板式塔改为填料塔的情况下，需将原塔板支承圈、降液板割除干净。否则会影响填料的安装，也会减小塔的有效截面，增大阻力，减小通过能力。塔支承圈的拆除、磨平工作非常费力，实践证明，只要塔的支承圈面积小于塔截面积的 10%，对于散装填料塔，可以不必拆除，填料塔操作性能仍然良好。

2.8.2.2 散装填料的安装

炼油厂填料塔一般使用金属散装填料，故采用干装填料方法。安装人员在塔内要站在铺的木板上，以防填料被踩变形及填装密度不均匀，影响填料性能。填装应由塔壁向中心填充，以防填料在塔壁处架桥。填料也不应压迫到位，以免变形密度不均。填料安装完后，应轻轻将填料上层推平，然后才能安装填料限位器。

2.8.2.3 规整填料的安装

大直径分块规整填料应从一端安装，至另一端结束，要随时酌情加片或减片，以适应具有椭圆度的塔体。在安装中要随时调节使填料松紧均匀，防止上端面不平。相邻两盘填料的波纹成 90°。每盘旋转方向应一致，每四盘为一个周期，如图 2-8-1 所示。

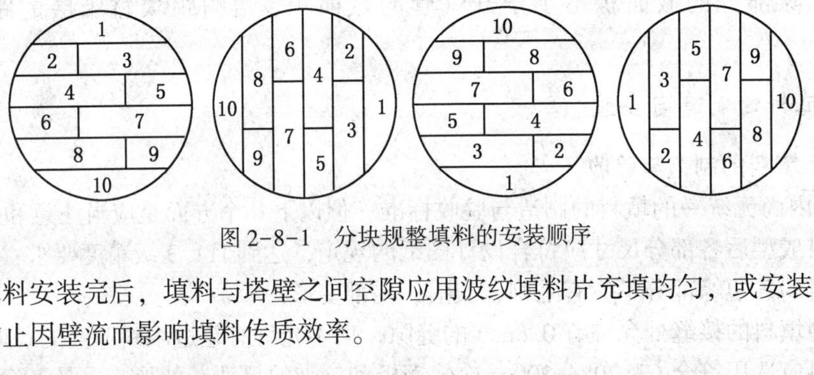

图 2-8-1 分块规整填料的安装顺序

每盘填料安装完后，填料与塔壁之间空隙应用波纹填料片充填均匀，或安装特制的防壁流圈，以防止因壁流而影响填料传质效率。

2.9 填料塔操作故障分析

引起填料塔故障的原因是多方面的，除了填料、塔内件外，尚有工艺操作、系统物性、辅助设备等诸多因素，这里仅就前者可能引起的故障进行分析，见表2-9-1。

表2-9-1　填料塔一般故障分析与处理

现　　象	故　障　原　因	处　理　方　法
塔的效率低，产品质量差，但填料压降正常	多为液体分布器不均匀所致 ① 设计不良，液体超负荷范围 ② 安装水平度差 ③ 分布器堵塞 ④ 分布器被介质腐蚀漏液	① 改善设计，增加或减小分布器开孔 ② 重新安装，调整水平 ③ 清除堵塞 ④ 采用更耐蚀材质制作新分布器
塔的效率低，填料压降也低	填料安装太松，或与塔壁间隙过大	按要求进行安装。临时措施，增加回流可提高效率
填料压降较大，操作上限能力降低	① 金属填料安装太紧，变形较大 ② 陶瓷填料破碎多	① 按要求进行安装。临时措施，降低操作负荷可提高塔的效率 ② 清除碎片。临时措施，降低操作负荷
多侧线填料塔，上一侧线产品收率低，下一侧线产品轻，收率高	上一侧线集油箱不密封，向下漏油	修复不密封处，或重新安装
达不到设计能力，提前液泛，塔效率低	① 填料支承板开孔率低 ② 填料压板开孔率低	① 更换，采用高开孔率支承板 ② 更换，采用高开孔率压板
在操作一段时间后，压降逐渐增大，效率降低，负荷能力减小	填料被堵塞、结焦	清理或更换填料
在操作一段时间后，压降忽高忽低，效率下降	填料被腐蚀	更换耐腐蚀材质填料
在操作一段时间后，产品质量下降，颜色变重	① 金属破沫网被腐蚀掉 ② 金属破沫网堵塞、结丝，形成二次夹带	① 更换耐腐蚀材质破沫网 ② 更换空隙率高的破沫网

2.10　金属丝网除沫器

在分馏塔进料段上方，以及塔器顶部一般都设有金属丝网除沫器，用于分离气体中携带的液体微粒，以提高产品质量，降低有价值物料的损失，或用以改善塔顶气体进压缩机的操作。

2.10.1　丝网规格

炼油厂塔器中由于温度较高，多使用金属丝网除沫器。所用金属丝网是圆丝或扁丝编织成圆筒形网套，再压平成为双层折皱形的网带，网带再卷成圆盘状作为产品出售。丝网形状见图2-10-1，产品规格见表2-10-1。

(a) 丝网形状

(b) 丝网出厂形状

图2-10-1　金属丝网形状

表 2-10-1　金属丝网规格

规　格 (n-H)	类　型	网丝尺寸/mm		材　质
		圆　丝	偏　丝	
40-100	标准型	φ0.23	0.1×0.4	可选： 0Cr18Ni9(304) 0Cr18Ni10Ti(321) 0Cr17Ni12Mo2(316) 00Cr19Ni11(304L) 00Cr17Ni14Mo2(316L) (GB/T 4240—93)
80-100	高效型	φ0.1~0.15	—	
60-150	特殊型	φ0.23	0.1×0.4	
20-100	高穿透型	φ0.23~0.25	0.1×0.4	

注：① n 为圆筒形网的孔数。
② H 为圆筒形网折迭成带状的宽度。
③ 40-100 型不锈钢圆丝的网质量为 0.054kg/m。

2.10.2　金属丝网除沫器

2.10.2.1　丝网除沫器的计算

丝网除沫器的直径取决于气量及选定的气速。而适宜气速又受气体与液体密度、液体表面张力、液体黏度、丝网比表面积、气体中雾沫夹带量等因素的影响，其中以气体与液体密度影响最大。通常按式(2-10-1)及式(2-10-2)计算气速和除沫器的直径。

$$v = K\sqrt{\frac{\rho_L - \rho_V}{\rho_V}} \qquad (2-10-1)$$

$$D = \sqrt{\frac{4Q}{\pi V}} \qquad (2-10-2)$$

式中　v——气速，m/s；当雾沫携带量有波动时，应取上式计算气速的 75%，而最小取计算气速的 30%。一般常用气速为 1~3m/s。
K——常数，取 0.107；
ρ_L——液体密度，kg/m³；
ρ_V——气体密度，kg/m³；
D——丝网除沫器直径，m；
Q——被处理气体流量，m³/s；
π——圆周率。

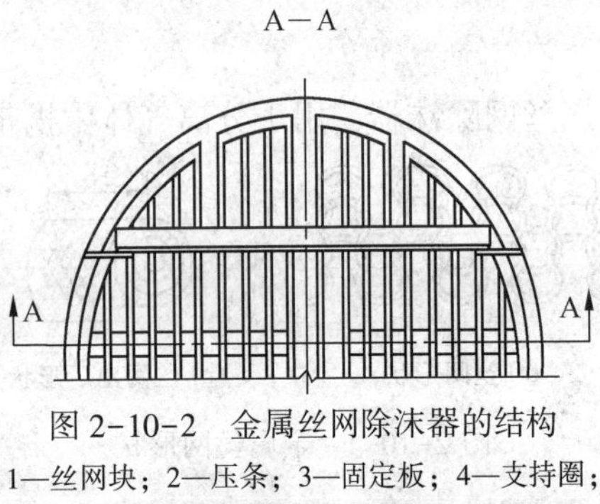

图 2-10-2　金属丝网除沫器的结构
1—丝网块；2—压条；3—固定板；4—支持圈；5—筋板；6—格栅

2.10.2.2　丝网除沫器结构

丝网除沫器的结构见图 2-10-2。它主要由丝网块、格栅、支持圈、压条等构件组成。

在大直径塔中的丝网除沫器是分块组装的，分块大小以可以从人孔中进入为原则。在上下相对应的格栅之间，将带状丝网交叉迭放，一般交叉 120°，迭放到所需高度后，用金属丝将丝网与格栅扎紧。在安装时，丝网块与塔壁、丝网块之间要相互贴紧，不允许存在缝隙。此外，在设计时应考虑，使支承丝网的格栅所占去的面积，不应大于丝网总面积的10%。

丝网厚度一般选取100~150mm。当气速为1~3m/s时，分离大于5μm的液滴，其效率可达99%，压降小于25×9.81Pa。

应当指出的是，国内也有将丝网压成波纹状，波高4mm，铺设时每相层交叉90°，这样其分离效率更高，压降更低。

2.11 塔内件常用材料

炼油厂中塔器内件，包括塔板、浮阀、泡帽、连接件、填料、液体分布器、填料支承板等，基本上都使用各种钢材制造，本节除介绍这些常用钢材外，还介绍一种新的防腐措施。

2.11.1 塔内件常用钢材

塔内件使用钢材的材质由使用介质的腐蚀情况及温度所决定，经常使用的碳钢和不锈钢材料列于表2-11-1中，同时列出了新旧牌号的对照材料，以供选择时参考。

表2-11-1中所列材料应根据如下标准选用：

（1）GB/T 3274—2007 碳素结构钢和低合金结构钢热轧厚钢板和钢带

（2）GB 710—91 优质碳素结构钢热轧薄钢板和钢带

（3）GB 912—89 碳素结构钢和低合金结构钢热轧薄钢板和钢带

（4）GB 716—91 碳素结构钢冷轧钢带

（5）GB 3522—83 优质碳素结构钢冷轧钢带

（6）GB 8162—1999 结构用无缝钢管

（7）GB/T 708—2006 冷轧钢板和钢带的尺寸、外形、重量及允许偏差

（8）GB/T 4237—2007 不锈钢热轧钢板和钢带

（9）GB/T 3280—2007 不锈钢冷轧钢板和钢带

（10）GB 2270—80 不锈钢无缝钢管

（11）GB/T 4240—93 不锈钢丝

（12）GB/T 1220—2007 不锈钢棒

（13）GB/T 4238—2007 耐热钢板和钢带

表2-11-1 塔内件常用钢材

序号	新材料牌号	老材料牌号
1	Q235A·F	A3F
2	Q235A	A3
3	0Cr13	0Cr13
4	1Cr13	1Cr13
5	0Cr10Ni9(304)	1Cr18Ni9Ti
6	00Cr19Ni10(304L)	
7	1Cr18Ni12Mo2Ti	1Cr17Ni13Mo2Ti
8	1Cr18Ni9	
9	0Cr17Ni12Mo2(316)	
10	00Cr17Ni14Mo2(316L)	

2.11.2 渗铝钢

渗铝钢早已在机械加工工业中应用。20世纪80年代洛阳石油化工工程公司设备研究所首先将渗铝技术用于碳钢填料环渗铝，代替昂贵的不锈钢材质，抗击高温硫化氢腐蚀，获得了很好的效果。之后，经过不断的研究，改进了渗铝技术，提高了渗铝钢质量，扩大了应用范围。现已扩大应用到散装填料、规整填料、塔板、塔内件、加热炉管、换热器管束等多种炼油设备构件，本文仅介绍渗铝钢在各种塔器内构件方面的应用。

2.11.2.1 渗铝方法

常用渗铝方法有三种：

（1）热浸法

将碳钢构件先进行化学表面清洗，浸入熔化的铝液中，使渗件表面均匀沾敷一层铝膜，

最后再置入加热炉中，逐渐加热至高热，使铝扩散到碳钢中去，形成合金层。该方法所得渗铝钢脆性大，填料易裂损，以及工艺复杂，易漏渗，现已较少使用。

(2) 料浆感应渗铝

在工件表面上涂以含铝料作为渗剂，在渗剂外面再涂敷保护涂层，待渗剂涂层及保护涂层烘干后，工件连续地通过中频感应器，进行扩散渗铝。该法适宜支承梁等大型构件渗铝。

(3)粉末包埋渗铝

把待渗工件置于密闭的容器内，用粉状渗铝剂将工件包埋，经高温缓慢加热，在工件表面形成铝铁合金层。该法适宜于各种填料、塔板、塔内构件渗铝。现使用改进型铝—铁合金粉组成的渗铝剂代替由铝粉等组成的渗铝剂，是渗铝工艺的重大改进。

2.11.2.2 渗铝防腐蚀性能

渗铝钢在多种防腐性能方面均有显著改善。本文仅介绍在塔内介质腐蚀情况下的防腐蚀性能。

(1) 高温硫化氢腐蚀

一般在370℃左右硫化氢的腐蚀性最强，表2-11-2列出了该条件下各种材料的腐蚀试验数据。

表2-11-2 材料的硫化氢腐蚀试验 μm/a

硫化氢浓度/mol·L^{-1}	0.02	0.04	0.06	0.08	0.1
316L	2.38	2.42	2.58	2.72	3.0
1Cr18Ni9Ti	6.58	6.9	7.4	7.5	7.5
渗铝钢	2.85	3.1	3.25	3.7	3.8
0Cr13	6.76	4.97	5.5	5.8	6
12AlMoV	4.92	11.7	16	27.4	46
碳　钢	75.6	45	32	32	24

注：温度为370℃，时间为100h。

从表2-11-2中数据可以看出，渗铝钢的耐蚀性是不锈钢的2倍。

(2) 高温环烷酸腐蚀

在温度275℃条件下环烷酸腐蚀试验数据列于表2-11-3中。

表2-11-3 温度275℃时材料的环烷酸腐蚀试验数据

试样材质	试样质量/g		失重/g	铁离子含量/μg·g^{-1}		腐蚀速度/
	试 前	试 后		试 前	试 后	μm·a^{-1}
渗铝钢	4.3196	4.3193	0.0003	4.28	4.53	3.55
20号碳钢	4.3712	4.3402	0.0310	4.28	45.8	366
1Cr18Ni9Ti	4.4207	4.4181	0.0026	4.28	7.79	30.7
316L	4.4190	4.4188	0.0002	4.28	4.66	2.36

注：① 试验采用蜡油，酸值为8.71mg KOH/g，转速为1000r/min，时间为100h。

② 均为同种材料四种试样的平均值。

从表中可以看出，渗铝钢比1Cr18Ni9Ti不锈钢耐腐蚀性高8~9倍。

2.11.2.3　应用实例

在炼制高酸度原油的锦州石化公司炼油厂二套常减压装置的减压分馏塔二线腐蚀严重部位，安装 $14m^3$ 渗铝钢环矩鞍填料，经过 1.5 年使用，仍然完成好可用，其形貌如图 2-11-1 所示。而不锈钢填料已严重腐蚀不能使用。

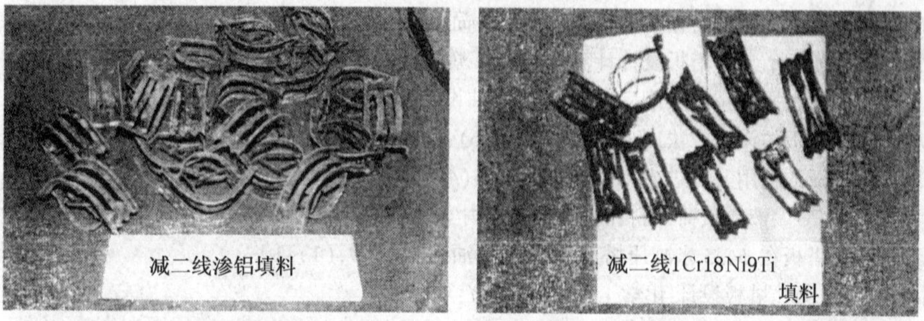

(a) 使用1.5年后渗铝填料形貌　　(b) 使用1.5年后1Cr18Ni9Ti 填料形貌

图 2-11-1　两种材质填料的耐腐蚀对比

此外，该厂脱硫吸收塔塔板使用渗铝钢后使用 2 年 8 个月后，仍无任何腐蚀痕迹，仍可继续使用。现在许多炼油厂已广泛地使用渗铝钢散装填料、规整填料及塔内支承梁，防腐蚀效果均很好。

参　考　文　献

1. 兰州石油机械研究所主编.现代塔器技术(第二版).北京:中国石化出版社,2005
2. 王树楹主编.现代填料塔技术指南.北京:中国石化出版社,1998
3. 张荣庆.塔器发展概况和我们面临的任务.石油化工设备技术.1987,8(2):33~36
4. 张满潮等.大孔筛板传质性能研究(一)——传质点效率的测定及对 A.I.ch.E 模型的修正.化学工程.1985,(3):19~26
5. 于鸿寿.大孔筛板传质性能研究(二)——塔板上流动工况对点效率的影响及数学模型.化学工程.1985,(6):27~23
6. 胡竞民,黄煜康等.大孔筛板塔的性能研究.石油化工.1985,14(7):383~390
7. 方云进等.大孔筛板的研究评述.石油化工.2000,29(8):613
8. 张治和,沈复等.V-1 型浮阀塔盘传质性能及其适宜区域研究.北京石油学院论文集,1965
9. 徐孝民,沈复.浮阀塔板压力降的工程计算式.化学工程.1985,(4):1~5
10. 王学重等.浮阀塔板泄漏速率的一个通用关联式.化工学报.1989,40(1):123~127
11. 黄宗鑫等.锥心浮阀塔板流体力学性能的初步研究.化工学报.1982,(2):193~199
12. 刘艳升等.V-4 型浮阀塔板流体力学性能研究.化学工程.1994,22(6):7~14
13. 韩树铠等.化工学报.1965,(2):117~128
14. 北京化工学院.导向筛板的流体力学性能.化学工程.1979,(1):1~16
15. 史季芬,叶永恒等.大孔径导向筛板流体力学性能研究.化学工程。1980,(5):39~44
16. 黄洁等.大孔导向筛板的设计计算.化学工程.1986,(6):1~11
17. 俞晓梅,徐崇嗣等.MD 型塔板及其改进型的研究和应用.化工设计.1994,4(6):17~20
18. 俞晓梅,徐崇嗣等.DJ 型塔板工业应用的现状和展望.化学工程.1995,23(3):43~46
19. 袁瑶.多降液浮阀塔板的流体力学性能试验.化工炼油机械通讯.1982,(2):9~16

20. 徐维勤,沈自求.新型垂直筛板塔的流体力学性能研究.化学工程,1982,(2):8~15
21. 刘街烈,佛明义等.关于新型垂直筛板的初步探讨——流体力学.化学工程.1982,(2):16~24
22. 杜佩衡等.新型垂直筛板流体力学性能研究.石油化工设备.1986,15(9):1~8
23. 徐维勤等.喷嘴孔垂直筛板塔的流体力学和传质性能.石油化工设备.1991,20(2):17~21
24. 杜佩衡.喷射型板式塔板间空间传质作用的研究.石油化工设备.1991,20(2):26~28
25. 石油五厂设备研究所.浮舌塔板水力性能初步试验简报.1966.
26. 兰州石油机械研究所.浮舌塔板设计计算方法.化工炼油机械通讯.1976,(4):1~12
27. 李志强.浮舌塔板在原油减压蒸馏塔中的应用.炼油设备设计.1982,(2):17~20
28. 清华大学.斜孔塔板的设计方法.炼油设计.1976,(6):25~44
29. 孙琳等.斜孔塔板的使用及改进.炼油设计.1995,25(4):25~31
30. 何建培,段占庭等.大液体负荷下斜孔塔板的流体力学性能.化学工程,2002,30(1):7~11
31. 石油二厂.网孔塔板在 ϕ4.5 米减压塔上的应用.石油炼制.1979,(1):1
32. 路秀林,刘玉民.网孔塔板设计.化学工程.1981,(4):44~55
33. 陈宗松等.T 形排列条形浮阀塔板的试验研究.石油化工设备.1985,14(1):21~28
34. 陈宗松.T 形条阀塔盘的研究.石油化工设备.1991,20(2):9~13
35. 赵景芳,段道顺.HTV—3 型塔板的流体力学及传质性能的研究.石油炼制.1985,(7):16
36. 沈复.船型浮阀 HTV 塔板.石油化工设备技术.1991,12(6):22~24
37. 刘艳升等.HTV 船形浮阀排列方式对塔板流体力学及传质的影响.化学工程.1994,22(1):10~13
38. 张荣庆等.顺排条型浮阀塔板的研究与应用.石油化工设备技术.1991,12(6):12~16
39. 张荣庆等.L1 条形浮阀塔板的研究与应用.石油炼制.1992,(5):1~8
40. 张荣庆等.条形浮阀塔板的研究与应用.化学工程.1992,20(3):66~69
41. 张荣庆等.条形浮阀塔板的工业应用及分析.炼油设计.1997,27(4):37~40
42. 路秀林等.导向浮阀塔板.化学工程.1992,20(3):41~45
43. 李玉安等.导向浮阀塔板和 F1 型浮阀塔板的比较.石油化工.1996,25(8):563~568
44. 成枫等.JF 复合浮阀塔板的开发和应用.石油化工.1995,24(2):118~123
45. 张荣庆等.梯形浮阀塔板的开发.炼油设计.1997,27(6):31~34
46. 王忠诚等.新型塔板——导向梯形浮阀塔板的流体力学性能.石油炼制与化工.1995,26(11):36~40
47. 易建彬.一种浮阀塔板.中国专利.ZL96213661.1.1997
48. 刘吉等.微分浮阀塔板的研究与应用.化学工程.2000,28(5):10~14
49. 潘国昌等.矩型微分浮阀塔板.石油炼制与化工.2000,21(5):10~14
50. 李锡源.阶梯环填料的性能和应用.化工炼油机械通讯.1981,(6):40~51
51. 李阿娜等.几种开孔填料的性能研究(一)——流体力学性能.化学工程.1984,12(4):37~45
52. 麦本熙等.几种开孔填料的性能研究(三)——填料结构与尺寸对传质性能的影响.化学工程.1986,(3):6~15
53. 兰州石油机械研究所.50#金属英特洛克斯填料的研究.化工炼油机械通讯.1981,(3):1~7
54. 卢励生等.新型通用填料的流体力学性能研究.化工炼油机械通讯.1982,(1):12~17
55. 费维扬等.QH-1 型扁环的研究和应用.化学工程.1995,23(3):24~27
56. 孔兰义,费维扬等.QH-1 型扁环填料用于高液气比操作时的性能研究.化学工程.2001,29(2):7~11
57. 郭兰义等.QH-2 型扁环填料的流体力学和传质性能研究.化学工程.2002,30(3):7~10
58. 张荣庆等.新型高能力格栅填料的流体力学性能研究.化学工程.1985,(5):28~34
59. 李鑫纲等.规整填料蒸馏塔技术在常减压蒸馏中的应用.石油炼制与化工,1995,26(7):1~6
60. 王树楹等.填料塔在高压蒸馏中的应用.化学工程.1998,26(5):6~9
61. 刘春江,余国琮等.规整填料在加压蒸馏中的传质性能.化工学报,2001,52(1):13~14

62. 潘国昌.板网波纹填料的研究.化学工程.1993,21(3):9~12
63. 刘乃鸿等.SW型网孔波纹填料开发及应用.化学工程.1993,21(3):5~8
64. 上海化工研究院.高效丝网波纹填料塔.上海:1976
65. 李敦武.国内定型瓷质波纹板填料性能及其应用.化学工程.1993,21(4):16~20
66. 袁孝竞,余国琮.填料塔技术的现状与展望.化学工程.1995,23(3):5~14
67. 曲文海等.压力容与化工设备实用手册.北京:化学工业出版社,2000
68. 中国石油化工总公司设备设计技术中心站.鞍环型填料塔内件设计导则(SBZ1—87).北京:中国石油化工总公司设备设计技术中心站出版,1987
69. 石油化学工业部石油化工规划设计院编.塔的工艺计算.北京:石油化学工业出版社,1977
70.《化工设备设计手册》编写组.化工设备设计手册(2) 金属设备.上海:上海人民出版社,1975
71. 全国压力容器标准化技术委员会编.压力容器相关标准汇编,上卷(第三版).北京:中国标准出版社,2001
72. 盛长松.LPEC渗铝钢——一种高效的耐蚀材料.石油化工腐蚀与防护.1997,14(4):17~23
73. 盛长松等.改进型包埋渗铝钢的特性与应用.炼油设计.2000,30(7):35~38
74. 赵汝文等.碳钢渗铝孔板波纹填料的性能及其在石油化工工业中的应用.石油化工设备.1991,20(2):3~8
75. 路秀林等.B型导向浮阀塔板.中国专利.ZL 98225317.6.2000
76. 王兆旺等.一种导流浮阀.中国专利.ZL 97220964.6.1998
77. 陆昌林.一种喷射浮阀塔板.中国专利.ZL 97225557.5.1999
78. 王抚华.化学工程实用专题设计手册(上).北京:学苑出版社,2002

第三章 管式炉

3.1 基础知识

3.1.1 工作原理

石油化工管式炉是直接见火的加热设备。燃料在管式炉的辐射室(极少数在单独的燃烧室)内燃烧，释放出的热量通过炉管传递给管内的被加热介质，这就是管式炉的工作原理。

3.1.2 炼油管式炉的主要特点

与炼油装置中的其他设备相比，管式炉的特殊性在于直接火焰加热；与一般工业炉相比，管式炉的盘管要承受高温、高压和介质腐蚀；与锅炉相比，管式炉盘管内的介质不是水和蒸汽，而是易燃、易爆、易裂解、易结焦和腐蚀性较强的油和气。这些就是炼油装置管式炉的主要特点。

管式炉内的热传递是通过炉管管壁进行的。由于需要足够的传热温差，加上管内膜热阻、管内焦垢层热阻、管壁金属热阻和各种受热不均匀性的作用，管壁金属温度一般要比管内介质高几十到一百多摄氏度。这是与一般设备完全不同的。再者，由于直接见火，任何泄漏都可能造成爆炸或火灾，这也是非见火设备不能相比的。

加热型管式炉的炉管壁温为400~650℃，而加热-反应型管式炉(制氢转化炉)的管壁金属温度常常在850~1000℃范围内。管式炉盘管承受的工作压力低的如蒸馏炉，一般是1~3MPa，高的如高压加氢炉，可高达18~20MPa。

炼油管式炉炉管内的介质大都是原油、馏分油、溶剂、氢气等。在高温下油和溶剂极易裂解、析碳，严重时则结焦。结焦后管壁温度增加，而裂解和结焦又相应加剧，如此形成恶性循环，从而影响产品品质，缩短运转周期，甚至烧穿炉管。油、溶剂和氢气等一旦穿出炉管，火灾和爆炸就在所难免。因此，从设计和操作两方面保证炉管受热均匀，防止局部过热，避免介质裂解和结焦，既是保证和提高产品品质的关键，也是保证管式炉长周期、平稳、安全运转的关键。

炉管内的工艺介质大都具有腐蚀性，诸如硫腐蚀、酸腐蚀、氢腐蚀、氢加硫化氢腐蚀等等，在管式炉内均有不同程度的存在，炉管外的烟气有高温硫-钒腐蚀和低温露点腐蚀等。因此，在炉管选材和运行监控中对腐蚀问题均应予以充分的重视。

3.1.3 分类

3.1.3.1 按功能分类

石油化工管式炉按其功能可分为加热型和加热-反应型两大类。

(1) 加热型管式炉

加热型管式炉仅对其被加热介质进行加热。被加热介质在管式炉内吸收足够的热量后到后续设备中进行传热、传质、分馏和化学反应等。这类管式炉在石油化工厂中占的数量最多，如常压炉、减压炉和各种分馏塔进料加热炉；各种塔底重沸炉、热载体炉；焦化炉、重整炉和加氢炉等各种反应器(塔)进料加热炉。

加热型管式炉还可按管内介质来分类。例如，无相变化的液体加热炉、有相变化的液体加热炉、气体加热炉、气-液两相流的加热炉等。

（2）加热-反应型管式炉

管内介质在加热-反应型管式炉的炉管内一边吸热，一边进行着复杂的化学反应。在这类管式炉内，炉管不仅是传热的媒体，同时也是直接火焰加热的反应器。属于这类管式炉的有制氢炉、合成氨一段转化炉、乙烯裂解炉、醋酸裂解炉等。

加热-反应型管式炉还可分为管内装填催化剂和不装催化剂两类。

3.1.3.2 按所在装置分类

常用管式炉按所在装置分类见表3-1-1。

表3-1-1 常用管式炉按所在装置分类

装 置	管式炉在流程中的位置	炉名简称	特 点
常减压蒸馏装置	常压塔进料加热炉 减压塔进料加热炉	常压炉 减压炉	加热型 加热型
延迟焦化装置	焦化塔进料加热炉	焦化炉	加热型(有部分裂解、缩合反应)
减黏装置	减黏反应器进料加热炉	减黏炉	加热型(有部分裂解、缩合反应)
溶剂脱沥青装置	胶质汽提塔进料加热炉 超临界塔进料加热炉 沥青汽提塔进料加热炉	胶质加热炉 脱沥青油加热炉 沥青炉	加热型 加热型 加热型
重整-芳烃抽提联合装置	预分馏塔底重沸炉 预加氢进料加热炉 汽提塔底重沸炉 脱戊烷塔底重沸炉 重整反应器进料加热炉(四合一) 脱重组分塔底重沸炉 二甲苯塔底重沸炉 热载体加热炉	预分馏重沸炉 预加氢炉 汽提塔底重沸炉 脱戊烷塔底重沸炉 (四合一)重整炉 脱重组分塔底重沸炉 二甲苯塔底重沸炉 热载体炉	加热型 加热型 加热型 加热型 加热型 加热型 加热型 加热型
芳烃联合装置(PX)	预加氢进料加热炉 预加氢汽提塔底重沸炉 脱戊烷塔底重沸炉 重整反应器进料加热炉(四合一) 歧化反应器进料加热炉 异构化反应器进料加热炉 二甲苯塔底重沸炉	预加氢炉 汽提塔底重沸炉 脱戊烷塔底重沸炉 (四合一)重整炉 歧化加热炉 异构化加热炉 二甲苯塔底重沸炉	加热型 加热型 加热型 加热型 加热型 加热型 加热型
(各种)加氢装置	加氢反应器进料加热炉 分馏塔进料加热炉 塔底重沸炉	加氢反应炉 分馏炉 重沸炉	加热型 加热型 加热型
制氢装置	烃类蒸汽转化炉	制氢炉	加热-反应型

3.1.3.3 按炉型分类

管式炉的炉型通常根据其结构外形、辐射盘管形式、燃烧器布置和主要传热方式来划分。按结构外形分类，有圆筒炉、箱式炉、立式炉、多室圆筒炉和多室箱式炉等。按辐射盘管形式分类，有立管式、水平管式、螺旋管式、U形管式、倒U形管式和长圆形螺旋管式等。按燃烧器的布置方式分类，有底烧、顶烧和侧烧，侧烧还可分为侧墙侧烧、端墙侧烧和分层侧烧等。按主要传热方式分类，有纯对流炉、纯辐射炉、辐射-对流型炉和双面辐射炉等。

3.1.4 设计所需的数据、资料和标准

进行管式炉设计时，需具备以下基础数据和资料：

- 原料的流量、吸热量(热负荷)和出入口条件——温度、压力、汽化率等；
- 原料的理化性质：密度、黏度、馏程和反应热等；
- 燃料种类：燃料气、燃料油或油气混烧，烧油时的雾化剂种类等；
- 燃料性质：组成、密度、黏度、发热量等，烧油时还应有雾化剂的性质如温度和压力等；
- 生产和检修的特殊要求，如工况变化情况、油膜最高温度限制、介质在炉管内的停留时间、最大允许压降、注水(汽)口和烧焦口位置等；
- 建厂地区的气象和地质资料，如风力、地震、场地土类别及冬季计算温度等；
- 环境保护、职业安全卫生及其他要求等。

管式炉的设计和运行管理应遵循的主要标准规范有：

SH/T 3036《一般炼油装置用火焰加热炉》(修改采用 ISO 13705)

SH/T 3037《炼油厂加热炉炉管壁厚计算》(修改采用 ISO 13704)

SH/T 3070《石油化工管式炉钢结构设计规范》

GB 16297《大气污染物综合排放标准》

SH3024《石油化工企业环境保护设计规范》

SH/T 3045《石油化工管式加热炉热效率计算方法》

SH 3048《石油化工钢制设备抗震设计规范》

GB 50009《建筑结构荷载规范》

GB 50011《建筑抗震设计规范》

GB 50017《钢结构设计规范》

SH/T 3065《石油化工管式炉急弯弯管技术标准》

SH 3085《石油化工管式炉碳钢和铬钼钢炉管焊接技术条件》

GB 50205《钢结构工程施工质量验收规范》

SH/T 3506《管式炉安装工程施工及验收规范》

SH 3086《石油化工管式炉钢结构工程及部件安装工程技术条件》

常用的国际标准有：

ISO 13705《一般炼油装置用火焰加热炉》

ISO 13704《炼油厂加热炉炉管壁厚计算》

常用的国外标准有：

API 560《一般炼油装置用火焰加热炉》

API 530《炼油厂加热炉炉管壁厚计算》

其他材料标准一般是国产的遵循国内标准，进口的遵循 ASTM 标准或生产国的标准。

3.1.5 污染及其防治

3.1.5.1 燃烧产物的污染及其防治

燃烧产物(烟气)中含有 SO_2 和 NO_x 等，不完全燃烧时还存在 CO 和烟尘等。这些污染物排放到大气中，给人和动植物带来危害，造成环境污染。

GB 16297《大气污染物综合排放标准》规定了 33 种大气污染物的排放限制值，同时规定了标准执行中的各种要求。对于石油化工管式炉来说，主要规定了大气污染物的最高允许排放浓度和最高允许排放速率，以及两个以上排气筒(烟囱)的间距要求和等效排气筒的计算方法等。其中新污染源(1997 年 1 月 1 日起新建和改扩建的污染源)大气污染物限值摘录于表 3-1-2。表中环境空气质量标准分级按 GB3095《环境空气质量标准》的规定，一类区执行一级标准；二类区执行二级标准；三类区执行三级标准。一类区为自然保护区、风景名胜区和其他需要特殊保护的地区；二类区为城镇规划中确定的居住区、商业交通居民混合区、文化区、一般工业区和农村地区；三类区为特定工业区。一类区不允许有新污染源。加热炉污染物都是通过排气筒(烟囱)排放的，属于有组织排放。石油化工厂大多建在二类区，少数建在三类区。若根据排放速率计算的烟囱高度处于表列两个值之间，其执行的最高允许排放高度以内插法计算。当根据排放速率计算的烟囱高度超出表列值时，以外推法确定允许排放高度。外推法计算式如下：

$$H = h\sqrt{\frac{Q}{q}} \qquad (3-1-1)$$

式中 H——外推法确定的允许排放高度，m；

h——表 3-1-2 中最大排放高度，m；

Q——计算的排放速率，kg/h；

q——表 3-1-2 中最大排放速率，kg/h。

表 3-1-2 新污染源大气污染物排放限值

污染物	最高允许排放浓度/(mg/m^3)	最高允许排放速率/(kg/h)			无组织排放监控浓度限值	
		排气筒高度/m	二 级	三 级	监控点	浓 度/(mg/m^3)
二氧化硫	550	20 40 60 80 100	4.3 25 55 110 170	6.6 38 83 160 270	周界外浓度最高点	0.40
氮氧化物	240	20 40 60 80 100	1.3 7.5 16 31 52	2.0 11 25 47 78	周界外浓度最高点	0.12
颗粒物	120	20 40 60	5.9 39 85	8.5 59 130	周界外浓度最高点	1.0

燃烧产物中的大气污染物含量与燃料性质和燃烧状况密切相关。烧燃料气和用蒸汽雾化烧油的管式炉，一般都能达到完全燃烧，烟尘及一氧化碳的排放量通常都很少。

燃料油中的硫和燃料气中的硫化氢(H_2S)燃烧后变成二氧化硫随烟气排放到大气中。其排放浓度和速率都随燃料油硫含量和燃料气硫化氢含量的增加而增加。排放浓度与燃料组成和过剩空气量有关。排放速率与燃烧放热量有关。

经过对炼油厂各装置副产气和炼厂气(各装置副产气混合气)的计算，在 H_2S 含量和过剩空气一定的条件下，其烟气中的 SO_2 排放浓度和速率都差不多。表 3-1-3 是按炼厂气在过剩空气 30%的条件下计算的，可用于烧气加热炉 SO_2 排放浓度和速率的测算。

表 3-1-3　烧气 SO_2 排放

烧气 SO_2 排放							
H_2S/mol%	mg/Nm³（湿基）	mg/Nm³（干基）	kg/(MW·h)（干基）	H_2S/mol%	mg/Nm³（湿基）	mg/Nm³（干基）	kg/(MW·h)（干基）
0.1	154.29	176.11	0.201	0.6	926.63	1057.53	1.211
0.2	308.64	352.29	0.403	0.7	1081.28	1233.98	1.413
0.3	463.05	528.52	0.605	0.8	1235.98	1410.48	1.615
0.4	617.52	704.79	0.807	0.9	1390.75	1587.05	1.817
0.5	772.04	881.13	1.01	1	1545.57	1763.66	2.02

烧减压渣油或常压重油时，油的组成不会有太大变化，烟气的 SO_2 排放浓度和速率直接取决于燃料油中的硫含量和过剩空气量。表 3-1-4 是按过剩空气 30%，雾化蒸汽量 0.3kg 汽/kg 油计算的。可用于烧油加热炉 SO_2 排放的测算。

表 3-1-4　烧油 SO_2 排放

烧油 SO_2 排放							
S/%(质)	mg/Nm³(湿基)	mg/Nm³(干基)	kg/MW·h（干基）	S/%(质)	mg/Nm³(湿基)	mg/Nm³(干基)	kg/MW·h（干基）
0.1	129.34	146.07	0.17	1	1290.17	1456.54	1.7
0.2	258.61	292.05	0.341	1.5	1932.53	2181.35	2.548
0.3	387.81	437.93	0.511	2	2573.11	2903.87	3.393
0.4	516.94	583.72	0.681	2.5	3211.89	3624.11	4.235
0.5	645.99	729.42	0.851	3	3848.88	4342.08	5.076

燃烧过程中生成的 NO_x 90%以上是 NO，在较低温度下，NO 氧化成 NO_2。NO 生成的机理有三种：温度型 T-NO、快速型 P-NO 和燃料型 F-NO。T-NO 是在火焰面下游高温下空气中的 N_2 和 O_2 反应生成的；P-NO 是富烃类燃料燃烧时，在火焰面内高温下空气中的 N_2 和 O_2 快速生成的，一般 P-NO 生成量比 T-NO 小一个数量级。F-NO 是燃料中的氮化物，如燃料油中的氮萘、氮苯；燃料气中的氰化氢(HCN)、氨(NH_3)等燃烧时分解成氮原子被氧化而生成的。由此可知，NO_x 的排放浓度和速率不能直接从燃料组成和过剩空气量等参数直接测算。通常是通过燃烧器的热态试验测定其烟气中的 NO_x 排放浓度，再根据加热炉放热量测算其排放速率。当已知 NO_x 排放浓度后，通过燃烧计算可得按放热量计算的烟气量(Nm^3/MW·h)，从而算出排放速率和排放高度。当无条件进行燃料燃烧计算时，按放热量计算的烟气量，烧气可用 1150Nm^3/MW·h，烧油可用 1320Nm^3/MW·h。

关于二氧化碳，虽然目前还没有限制排放的标准，但近来关于全球气候转暖，要求减少温室气体二氧化碳排放的呼声日渐高涨。二氧化碳的排放速率直接取决于燃料中的碳含量，表 3-1-5 列出了从氢到煤(纯碳)的排放速率。纯氢燃烧后生成水，因此二氧化碳是零排放。如果以天然气为 1，各种燃料的排放速率递升顺序依次是炼厂气、燃料油、煤和烃-蒸汽转化制氢 PSA 尾气。PSA 尾气的二氧化碳排放速率之所以高，是因为尾气中的二氧化碳含量本来就很高(约 50%)。

表 3-1-5 各种燃料燃烧烟气中二氧化碳的排放速率

燃 料	CO_2/(kg/MW·h)(干基)	比 率	燃 料	CO_2/(kg/MW·h)(干基)	比 率
氢	0	0	燃料油(重油)	269.8	1.37
天然气	197.3	1	煤(纯碳)	388.5	1.97
炼厂气	221.9	1.12	烃-蒸汽转化制氢 PSA 尾气	516.7	2.62

为了使管式炉附近的大气质量符合国家标准的要求，必须控制烟气中大气污染物和温室气体的排放。可供选择的解决办法有下列几种：

① 对燃料进行预处理，例如燃料进行脱硫、脱氮，以减少烟气中的二氧化硫和 NO_x 浓度。

② 对烟气进行处理，例如烟气脱除二氧化硫、烟气脱除 NO_x 和烟气水洗脱除飘尘和悬浮微粒等。

③ 采用高烟囱排放，使大气污染物的地面浓度降低。

④ 采用环保型燃烧器，目前主要是采用低 NO_x 燃烧器以减少氮氧化物的生成量。

⑤ 将二氧化碳化合成碳酸盐，还给地球。

3.1.5.2 噪声污染及其防治

管式炉是石油化工厂的主要噪声源之一，而管式炉的噪声又主要来自燃烧器。噪声对环境的污染在于它影响人们的正常工作和休息，使人感到烦躁，降低工作效率。强噪声则会损害人的健康，引起记忆力减弱、失眠、神经官能症、高血压和耳聋等疾病。一般认为 80dB(A)以下的噪声对人体健康不会有多大危害，但高于 80dB(A)的噪声对人体就有影响了。目前我国关于噪声作业的分级标准见表 3-1-6。

表 3-1-6 噪声作业分级

接噪时间/h	声 级 范 围/dB(A)										
	≤85	~88	~91	~94	~97	~100	~103	~106	~109	~112	>11
~1	0				Ⅰ(轻度)		Ⅱ(中度)		Ⅲ(高度)		Ⅳ
~2	0			Ⅰ(轻度)		Ⅱ(中度)		Ⅲ(高度)		Ⅳ(极度)	
~4	0		Ⅰ(轻度)		Ⅱ(中度)		Ⅲ(高度)		Ⅳ(极度)		
~8	0	Ⅰ(轻度)		Ⅱ(中度)		Ⅲ(高度)		Ⅳ(极度)			

管式炉设置在室外，操作员也不常在炉前。从这点看，燃烧器的噪声控制在 95dB(A)以下就可以了。但考虑到与装置内其他噪声的叠加和对整个环境的影响，一般要求应控制在 85dB(A)以下。自然通风油-气联合燃烧器的噪声最高声压级一般可达 100~110dB(A)(测

点距风门 0.5m 左右），个别的甚至高达 120dB(A)。燃烧器的噪声按其产生的机理可分为低频燃烧噪声和高频射流噪声两部分。前者是燃烧过程固有的，与燃料性质、燃烧剧烈程度和放热量等有关。后者主要是由气流高速喷射及其吸入的大量空气与燃料剧烈混合而产生的，它与燃烧过程无关，只与射流大小和混合的剧烈程度有关。蒸汽雾化油燃烧器和引射式气体燃烧器一次风口处的射流噪声都很大。

控制噪声的最好办法是采用低噪声燃烧器，但这在工业上几乎是不可能的。行之有效且又安全的办法有两个：一是将管式炉布置在远离操作室的地方；另一个是在燃烧器风口处设置消声罩或隔声箱。

3.2 炉型及结构

3.2.1 炉型

现在广泛使用的是圆筒炉、立式炉和箱式炉。

(1) 圆筒炉

顾名思义，辐射室为圆筒形的管式炉叫圆筒炉，对流室和烟囱布置在辐射室的上部，燃烧器布置在炉底，向上烧火。其辐射室炉管排列有立管和螺旋管两种，见图 3-2-1。对流室炉管一般是水平布置的。螺旋管适用于介质有固相沉淀的管式炉，如白土精制炉。当热负荷很小时，一般不带对流室，只作成纯辐射圆筒炉。随着加热炉的大型化，近年来国内已建成多台双辐射室单对流室大型圆筒炉，热负荷 70~80MW。

(2) 立式炉

立式炉的辐射室截面为较窄长的矩形，燃烧器布置在炉底，向上烧火。当辐射炉管水平布置时，一般在辐射室的上部切出斜肩，避免烟气流出现死角，如图 3-2-2 所示。这种立式炉称为卧管立式炉，它的主要优点在于火焰和烟气流向与炉管垂直相交，便于将高温、介质易裂解和易结焦的炉管避开炉内高温区，因此特别适用于润滑油型减压炉、焦化炉和沥青炉等。

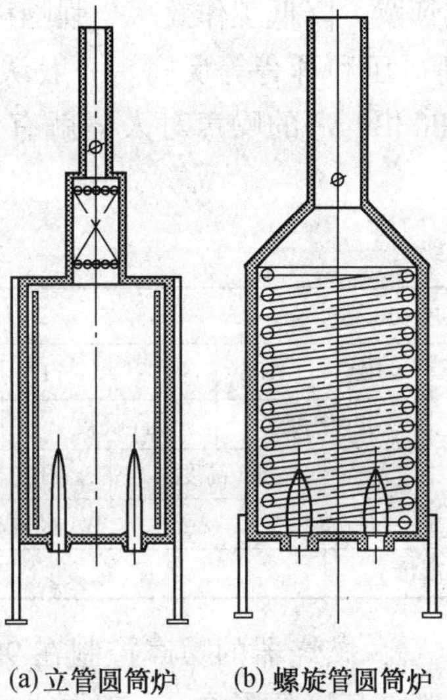

(a) 立管圆筒炉　(b) 螺旋管圆筒炉

图 3-2-1 圆筒炉

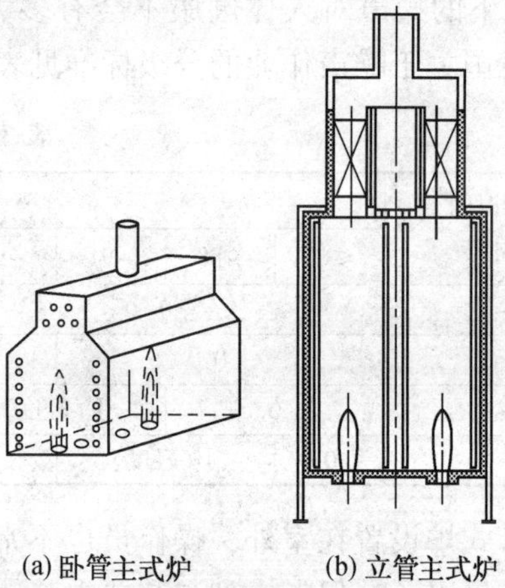

(a) 卧管主式炉　(b) 立管主式炉

图 3-2-2 立式炉

当管内介质要求不苛刻且流路又较多时，辐射室炉管可立式布置。这既可减少高合金的炉管支撑件，又便于多流路布管。这样的立式炉称为立管立式炉，见图 3-1-2。立管立式炉已经与后面讲的大型箱式炉类似，同样可以满足大型化的要求。国内已建成 80MW 的立管立式炉，该炉用作年处理一千万吨原油的常压炉还有富裕。

(3) 大型箱式炉

大型箱式炉是适应管式炉热负荷的大型化而产生的。其辐射室的外形为箱状六面体，辐射炉管可水平布置，但大多是立式布置，也有 U 形或倒 U 形布置的。燃烧器布置有炉底向上烧火、炉顶向下烧火或端(侧)墙对烧等三种。常见的大型箱式炉如图 3-2-3 所示，其最大的特点是充分地利用炉膛空间，并能按“积木组合式”放大，因此特别适用于大型炉。

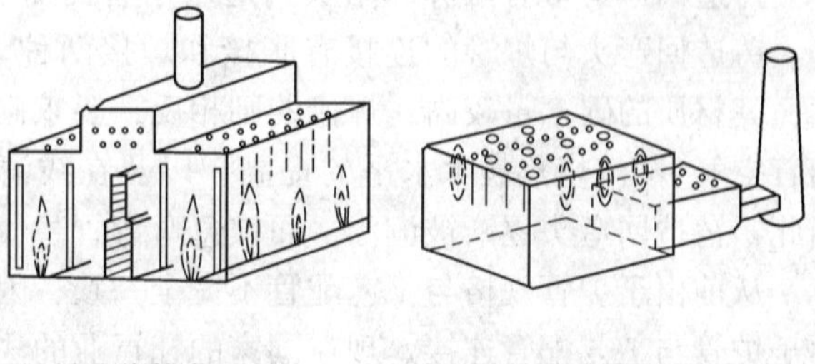
(a) 底烧箱式炉 (b) 顶烧箱式炉

图 3-2-3 箱式炉

3.2.2 炉型选择原则

各种炼油装置管式炉炉型选择的一般原则是：

- 热负荷小于 1MW 时，宜采用纯辐射圆筒炉；
- 热负荷在 1~30MW 时，一般选用辐射-对流型圆筒炉；
- 热负荷大于 30MW 时，一般选用立式炉、箱式炉或双室圆筒炉；
- 管内介质易裂解、易结焦，或产品品质要求高而需避免介质局部过热和裂解时，应选用卧管(水平管)底烧炉型；
- 管内介质含固体颗粒时，应选用卧管立式炉或螺旋管圆筒炉；
- 管内介质为气-液两相流时，宜选用卧管炉；
- 炉管材料价格昂贵，或因允许压降小，或介质停留时间短而要求缩短炉管总长度时，宜选用单排管双面辐射炉型；
- 介质体积流量特别大，允许压降又特别小时，宜选用集合管连接、多路并连的倒 U 形或 U 形布管炉型；

3.2.3 结构

3.2.3.1 盘管及其支承

盘管由炉管及其连接件组成。常用的炉管有轧制无缝钢管和离心铸管。连接件将炉管连接成盘管。常用的炉管连接件有急弯弯管、铸造弯头、回弯头、集合管、尾管、法兰等等。

急弯弯管是用无缝钢管推制而成的。一般采用羊角芯棒在中频电感应加热或火焰加热后进行热推，小口径的也可进行冷加工成形。除碳钢外，铬钼钢和奥氏体不锈钢在加工和整形后均应进行热处理：铬钼钢一般进行正火加回火处理；奥氏体不锈钢热加工后进行固溶处理，冷加工后进行稳定化处理。常用的是 180°和 90°两种。之所以叫急弯弯管，是因为它不同于普通管线用弯管(弯头)，它的回转半径小，仅为管子外径的 0.7~1 倍。并且，炉用急弯弯管的尺寸公差也比普通弯管要求严，石油化工行业专为此制定了行业标准 SH 3065，选用和制造时均应注意。

在重整炉、制氢炉和过热蒸汽盘管上广泛采用集合管来连接炉管。集合管上的支管接口少则几个，多则几十个。支管接口有焊接加强接头和拔制管口两种。近几年来，国内拔制集合管制造技术已臻完善，焊接加强接头的集合管就较少采用了。与急弯弯管一样，集合管的加强接头焊接后或管口拔制后，碳钢不用热处理，铬钼钢应进行退火或正火加回火处理。

铸造弯头目前在乙烯裂解炉上用得最多。其材质与裂解炉管相同，静态铸造。

铸造回弯头带有可拆卸堵头，适用于管内需要机械清焦的管式炉，如焦化炉、沥青炉等。铸造回弯头与炉管的连接有胀接和焊接两种。胀接的回弯头要求有足够高的强度和硬度，其材质的碳含量较高；焊接的则相反，要求碳含量≤0.2%，焊口附近的硬度≤200HB。随着空气-蒸汽烧焦技术水平的提高，以及在线清焦技术的推广，机械清焦几乎不再使用。因此，铸造回弯头逐渐被淘汰，而被急弯弯管替代。

从前由于炉管规格与工艺配管不完全一致，因此有单独的炉用法兰规格，其目的是为了便于炉管与工艺配管连接。现在国家的和行业的法兰标准中，规格已健全，没有必要再用原来的炉用法兰，只须根据操作条件从通用标准中选用就可以了。

常用的炉管支承件有管板、管架、吊钩、拉钩等炉内支承件，和固定支座、活动支座、弹簧吊架等炉外支承件。

3.2.3.2 钢结构

钢结构是管式炉的骨架。它不仅要承担全炉的重量，包括盘管系统及其充水重、炉衬、燃烧器及配件等静荷载，平台上的各种活荷载；还要承受风荷载和地震作用。钢结构设计的主要控制因素通常是恒载、风荷载和地震作用的组合。由于盘管支承件及炉墙等均与钢结构直接相连，其允许变形和允许挠度等应比一般钢结构要严，有时还要承受一定的温度荷载。因此，国内的管式炉钢结构有专门的规范，国外一些专业的炉子公司通常执行要求较严的桥梁钢结构规范。

3.2.3.3 炉衬

炉衬的作用是耐火和隔热。炉墙的外表面温度直接关系到管式炉的散热损失和安全问题。就前者而言，外壁温度过高，散热损失大，炉子热效率低；外壁温度低，可提高炉子热效率，但炉墙要厚，一次投资增加。就后者而言，外壁温度应不致造成人员烫伤。因此，炉墙的外表面温度应按既经济又合理的原则来确定。在环境温度为27℃和无风条件下，管式炉本体和余热回收系统的外表面温度应不超过82℃。辐射室炉底外表面温度应不超过90℃。

现代管式炉常用的炉衬有三种结构：砖结构、衬里(浇注料)结构和陶瓷纤维结构等。

砖结构是各种工业炉用的最古老，也是使用寿命最长的炉衬结构。一般由耐火和隔热双层甚至多层组成，其结构有砌砖、挂砖、吊砖和拉砖等四种。由于其结构复杂、施工难度大和施工周期长等缺点，目前石油化工管式炉仅在圆筒炉侧墙、火焰直接冲刷的墙面以及隔离和火焰附着用的火墙等仍用砖结构。

衬里(浇注料)结构是由黏结剂、骨料和掺和料组成的浇注料经搅拌-加水-再搅拌后，通过喷涂、捣制或涂抹成的。常用的黏结剂有高铝水泥和各种复合化学胶。常用的骨料有页岩陶粒、黏土陶粒、钒土熟料和耐火砖砂等。常用的掺和料有膨胀蛭石、膨胀珍珠岩和漂珠等。衬里结构适用于辐射室、对流室、烟道和烟囱等所有部位，特别是形状复杂的地方更显其优越性。轻质衬里一般为单层结构，既耐热又隔热。20世纪60~80年代末，石油化工管式炉用的几乎都是124衬里，即高铝水泥：陶粒：蛭石=1∶2∶4。自90年代初以来，国内各耐火和建材研究部门开发了许多种浇注料，逐渐取代了124衬里。这些新的浇注料大都仍用高铝水泥作黏结剂，需要时添加一点促凝剂；仍用页岩陶粒、黏土陶粒或轻质耐火砖砂作骨料，只是各自的颗粒级配不同而已；掺和料的变化较大，原来用的膨胀蛭石由于其强度较低，二次膨胀问题难以解决，因此被淘汰，代之而用漂珠和膨胀珍珠岩。新开发的无水泥轻质浇注料已在石油化工管式炉上开始使用。这种浇注料用干粉状的改性复合化学黏结剂代替高铝水泥，骨料和掺和料与其他浇注料相似，成型后没有水化反应，属气硬性浇注料，不用烘炉，不怕过冬，一般也没有过期问题。

陶瓷纤维结构质地轻可减轻钢结构荷载，热导率小可使炉衬薄而隔热效果好，结构简单，施工方便；但也有不耐烟气冲刷和炉壳钢板易产生露点腐蚀等缺点。因此，陶瓷纤维结构到目前为止只用在辐射室立墙和炉顶，对流室、烟道和烟囱等烟气流速较高的地方仍不敢使用。为避免炉壳钢板和锚固件根部产生露点腐蚀，当燃料中硫含量大于 10mg/kg 时，钢板内表面和锚固件根部应涂防护涂料；当燃料中硫含量超过 500mg/kg 时，应设置金属箔阻气层。

陶瓷纤维炉衬有平铺毡、平铺毯、折叠块(模块)、喷涂纤维和纤维可塑料等结构形式。喷涂和可塑料结构与浇注料成形的衬里结构类同，炉衬整体性强，施工也方便，特别适用于大面积平面墙和形状复杂的部位，近年来在大型箱式炉，特别是四合一重整炉和制氢转化炉上得到了推广。这两种结构一般在高温部位都采用双层，向火面采用高铝纤维甚至含锆纤维；背衬采用普铝纤维甚至岩绵。采用双层结构可降低炉墙成本。在低温部位通常采用普铝纤维单层结构。由于喷涂纤维对施工人员健康有害，近年来已不推荐采用。

3.2.3.4 余热回收系统

回收烟气余热的措施很多：减小对流室末端温差；将其他需要加热的冷介质引入对流室尾部；设置烟气余热锅炉以发生蒸汽；设置空气预热器以预热燃烧用空气等等。其中前两种仅表现为对流室扩大，而后两种措施则是比较典型的余热回收系统。余热回收系统的布置与炉子之间有一体式和分体式两种，前者也表现为对流室扩大，当为预热空气时，还需设置鼓风机；当为蒸汽余热锅炉时，还需配套给水系统和汽包等。后者则是一个完全独立的系统，它包括空气预热器(或余热锅炉)、鼓风机、引风机和烟风道及其调节和截断用蝶阀等等。

空气预热器的种类很多：管式(钢管、铸铁管、玻璃管)空气预热器，热管式空气预热器，蓄热式(包括烟风道固定蓄热体旋转和蓄热体固定烟风道周期性切换两种)空气预热器，热油式空气预热器(用于热载体空气预热系统和外热源预热空气)等等。

3.2.3.5 主要零部件

除了盘管系统的连接件和支承件外，管式炉的主要零部件有燃烧器、吹灰器、烟囱挡板、各种蝶阀、门类(看火门、人孔门、泄压门、清扫孔门和装卸孔门等)和仪表接管(热电偶套管、测压管、吹扫蒸汽管、氧分析仪接管和烟气采样口接管等)。

石油化工管式炉的燃料主要是减压渣油、常压重油或其他装置残渣油等重质液体燃料，炼厂气及其他装置副产气等气体燃料。因此所用的燃烧器有燃油燃烧器、燃气燃烧器和油-气联合燃烧器三大类。燃烧器最基本的部件应包括燃料喷嘴、调风器和燃烧道三个部分。燃烧道由耐火材料构成，就是通常所说的燃烧器砖。调风器一般应包括调风门或蝶阀、风箱、分布板和稳燃器等。燃气燃烧器和油-气联合燃烧器的燃料气喷嘴有外混式、预混式和半预混式三种。燃油燃烧器和油-气联合燃烧器的油喷嘴按雾化方式分类如图 3-2-4 所示。由于石油化工厂所用燃料油都是非标残渣油，雾化很困难，因此基本上都采用内混式蒸汽雾化。

表 3-3-1　炉管常用材质的化学成分和机械性能

公称成分	标准	钢号	化学成分/%									机械性能≥		
			C	Si	Mn	P	S	Mo	Cr	Ni	其他	σ_b/MPa	σ_s/MPa	伸长率/%
碳钢	GB9948	10 20	0.07~0.14 0.17~0.24	0.17~0.37 0.17~0.37	0.35~0.65 0.35~0.65	≤0.035 ≤0.035	≤0.035 ≤0.035	— —	≤0.15 ≤0.25	≤0.25 ≤0.25		330~490 410~550	205 245	24 21
1.25Cr-0.5Mo	GB9948 ASTM A335	15CrMo P11	0.12~0.18 ≤0.15	0.17~0.37 0.50~1.00	0.40~0.70 0.30~0.60	≤0.035 ≤0.025	≤0.035 ≤0.025	0.40~0.55 0.44~0.65	0.80~1.10 1.00~1.50	≤0.30		440~640 415	235 205	21 纵 30 横 20
2.25Cr-1Mo	GB9948 ASTM A335	1Cr2Mo P22	≤0.15 ≤0.15	0.50~1.00 ≤0.50	0.30~0.60 0.30~0.60	≤0.035 ≤0.025	≤0.030 ≤0.025	0.45~0.65 0.87~1.13	2.15~2.85 1.90~2.60			390 415	175 205	22 纵 30 横 20
5Cr-0.5Mo	GB9948 ASTM A335	1Cr5Mo P5	≤0.15 ≤0.15	≤0.50 ≤0.50	≤0.60 0.30~0.60	≤0.035 ≤0.025	≤0.030 ≤0.025	0.45~0.60 0.45~0.65	4.00~6.00 4.00~6.00	≤0.60		390 415	195 205	22 纵 30 横 20
9Cr-1Mo	ASTM A335	P9	≤0.15	0.25~1.00	0.30~0.60	≤0.025	≤0.025	0.90~1.10	8.00~10.0			415	205	纵 30 横 20
18Cr-8Ni	GB9948 ASTM A312	1Cr18Ni9 TP304 TP304H TP304L	0.04~0.10 ≤0.08 0.04~0.10 ≤0.035	≤1.00 ≤0.75	≤2.00 ≤2.00	≤0.035 ≤0.04	≤0.030 ≤0.030		18.0~20.0 18.0~20.0	8.0~11.0 8.00~11.0 8.00~11.0 8.00~13.0		520 515 515 485	205 205 205 170	35 纵 35 横 25
16Cr-12Ni-2Mo	ASTM A312	TP316 TP316H TP316L	≤0.08 0.04~0.10 ≤0.035	≤0.75	≤2.00	≤0.040	≤0.030	2.0~3.0	16.0~18.0	11.0~14.0 11.0~14.0 10.0~15.0		515 515 485	205 205 170	纵 35 横 25
18Cr-10Ni-Ti	ASTM A312	TP321 TP321H	≤0.08 0.04~0.10	≤0.75	≤2.00	≤0.040	≤0.030		17.0~20.0	9.00~13.0	①	≤9.5,515 >9.5,485	≤9.5,205 >9.5,170	纵 35 横 25
18Cr-10Ni-Nb	GB9948 ASTM A312	1Cr19Ni11Nb TP347 TP347H	0.04~0.10 ≤0.08 0.04~0.10	≤1.00 ≤0.75	≤2.00 ≤2.00	≤0.035 ≤0.040	≤0.030 ≤0.030		17.0~20.0 17.0~20.0	9.00~13.0 9.00~13.0	② ③	520 515	205 205	35 纵 35 横 25
25Cr-20Ni	ASTM A312	TP310H	0.04~0.10	≤0.75	≤2.00	≤0.040	≤0.030		24.0~26.0	19.0~22.0		515	205	纵 35 横 25
Ni-Fe-Cr	ASTM B407	UNS N08800 (Alloy800) UNS N08810 UNS N08811	≤0.10 0.05~0.10 0.06~0.10	≤1.0	≤1.5		≤0.015		≥19.0 ≤23.0	≥30.0 ≤35.0	④ ⑤	冷拔退火 520 热轧退火 450	冷拔退火 205 热轧退火 170	30

注：① TP321 的 Ti 含量应不低于 5 倍的 C 含量且不高于 0.70%，TP321H 的 Ti 含量应不低于 4 倍的 C 含量且不高于 0.60%；
② Nb + Ta≥8C ~ 1.00%；
③ Nb + Ta≥10C ~ 1.00%；
④ Fe≥39.5% 并应采用算术方法按减剩的差值来确定；Cu≤0.75%；0.15%≤AlC≤0.60%；0.15%≤TiC≤0.60%；
⑤ UNS N08811 的 Al + Ti = 0.85% ~ 1.20%。

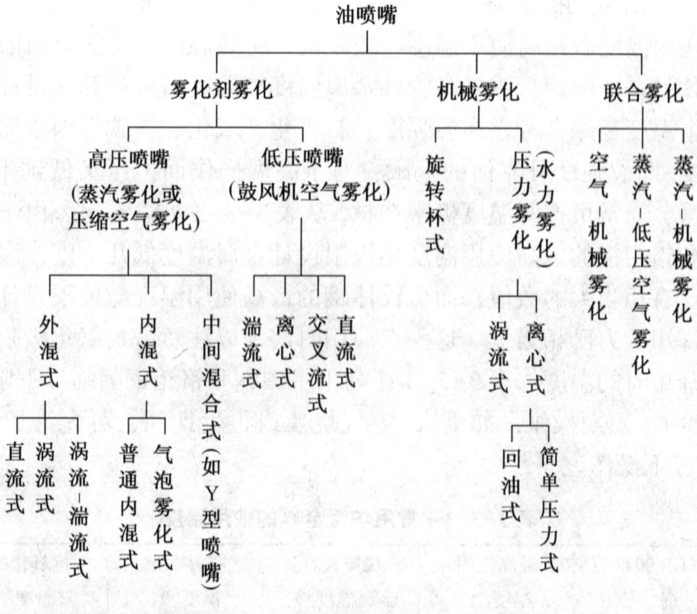

图 3-2-4 油喷嘴按雾化方式分类

吹灰器有蒸汽吹灰器、声波除灰器和激波除灰器三大类。蒸汽吹灰器又分固定旋转式和伸缩式两种。声波除灰和激波除灰是近几年开发的新技术，还或多或少存在一些问题，有待进一步完善。

3.3 材料选择

3.3.1 炉管及其连接件

3.3.1.1 炉管材质和规格

常用的轧制炉管材质化学成分和机械性能列于表 3-3-1，其管径和管心距列于表 3-3-2，新设计优选 A 系列。

表 3-3-2 常用炉管的外径和管心距

外径/mm	管心距/mm			外径/mm	管心距/mm		
	A 系列	B 系列	C 系列		A 系列	B 系列	C 系列
60.3	101.6	150	120	141.3	254.0	282	254
73.0	127.0	146		152.4	279.4	304	275
88.9	152.4	178	150	168.3	304.8	336	304
101.6	177.8	203	172	193.7	355.6	387	
114.3	203.2	230	203	219.1	406.4	438	372
127.0	228.6	250	215	273.1	508.0	546	478

3.3.1.2 炉管材质的使用温度

炉管材质的使用温度有最高使用温度、极限设计金属温度、抗氧化极限温度和临介下限温度等，见表3-3-3。一般炉管按最高管壁金属温度加温度裕量计算的设计温度应不高于最高使用温度。这个温度是综合考虑高温强度、石墨化、氧化和渗碳等因素而确定的。极限设计金属温度是蠕变-断裂强度可靠值的上限，对于高温操作而内压又低到不是蠕变-断裂强度控制设计的炉管，通常可按此温度极限选材。从表3-3-3可以看出，由于考虑了石墨化和氧化因素，碳钢和铬钼钢的最高使用温度比极限设计金属温度低几十度，因此在最高使用温度下的许用应力还有相当大的数值，而奥氏体钢的最高使用温度与极限设计金属温度是相同的，此温度下的许用应力已相当低。这一点应用时需加以注意。抗氧化极限温度是指金属氧化速率急剧上升开始时的温度。表3-3-3还列出了碳钢和铬钼钢的临界下限温度(奥氏体钢没有临界下限温度)。短期操作，如蒸汽-空气烧焦或再生期间，可允许炉管在低于临界下限温度30℃的高温下操作。

表3-3-3　常用炉管金属的使用温度

炉管材质	GB 9948 钢号	最高使用温度/℃	极限设计金属温度/℃	临界下限温度/℃	抗氧化极限温度/℃	ASTM 钢号
碳钢	10、20	450	540	720	565	
1.25Cr-0.5Mo		550	595	775	590	T11，P11
2.25Cr-1Mo		600	650	805	635	T22，P22
5Cr-0.5Mo	1Cr5Mo	600	650	820	650	T5，P5
9Cr-1Mo		650	705	825	705	T9，P9
18Cr-8Ni	1Cr19Ni9	815	815	—	850~900	TP304
16Cr-12Ni-2Mo		815	815	—	850~900	TP316
18Cr-10Ni-Ti		815	815	—	850~900	TP321
18Cr-10Ni-Nb	1Cr19Ni11Nb	815	815	—	850~900	TP347
25Cr-20Ni		1000	—	—	1050~1100	TP310
Ni-Fe-Cr		985	985	—		A11oy800H
25Cr-20Ni		1000	1010	—		HK-40
25Cr-35Ni-Nb		1050				HP-40Nb

管材的高温强度是选择炉管材质的另一个重要指标。值得注意的是同材质的铬钼钢，采用不同热处理所得到的强度是不一样的。ASTM A335的P5、P9、P11、P22管材，是为焊接制定的。它们的屈服强度和弹性许用应力均比为胀接制定的A200的T5、T9、T11和T22约高20%。这一点对高压操作的管式炉(如炉后混氢的加氢炉)炉管尤为重要。对于炉前混氢的加氢炉，其炉管一般选用ASTM A312的TP321和TP347，应该说明的是，后者的高温许用应力要比前者高20%~50%，见表3-3-4。因此，一般操作压力低于10 MPa时选用TP321，而操作压力高于10MPa时选用TP347。

表3-3-4　TP321和TP347许用应力比较

钢种	下列温度(℃)下的许用应力/MPa				
	500	550	600	650	700
TP321	105	103	73	45	28.5
TP347	125	125	115	67	40
TP347/TP321	1.19	1.21	1.58	1.48	1.4

3.3.1.3 炉管管内外介质的腐蚀

(1) 炉管管内介质的腐蚀

炉管管内的腐蚀介质主要有硫、环烷酸、连多硫酸、氢和氢加硫化氢等。管内介质腐蚀是十分复杂的，下面仅就其主要的作简单介绍。

① 硫腐蚀 原油中或多或少都含有硫，原油按硫含量可分为三类：硫含量低于0.5%称为低硫原油；硫含量0.5%~1.5%称为含硫原油；硫含量高于1.5%称为高硫原油。有的也将含硫2.0%以上的称为高硫原油。

硫腐蚀主要取决于介质中含硫化物的种类、含量和稳定性。参与腐蚀反应的有效硫化物含量如H_2S、单质硫、硫醇(R-SH)等活性硫及易分解为H_2S的硫化物含量越高，则对炉管的腐蚀就越强。并且，硫腐蚀不是孤立存在的，硫和无机盐、环烷酸、氮化物、水、氢、氨等其他腐蚀性介质共同作用，形成多种复杂的腐蚀。从腐蚀形态分，硫腐蚀可分为均匀腐蚀、点蚀、缝隙腐蚀、应力腐蚀开裂(SCC)、湿硫化氢引起的氢鼓泡(HB)、氢致开裂(HIC)、含硫化合物应力腐蚀开裂(SSCC)和应力导向氢致开裂(SOHIC)等。

硫腐蚀还与温度(T)有关：

$T\leqslant 120℃$，硫化物未分解，无水时无腐蚀，含水时则有H_2S-H_2O型腐蚀。

$120℃<T<240℃$，活性硫化物未分解，无腐蚀。

$240℃<T<340℃$，硫化物开始分解，生成H_2S，开始有腐蚀并随温度的升高而加重。

$340℃<T<400℃$，H_2S开始分解为H_2和S，进而生成FeS膜，能防止进一步腐蚀，但有酸(如环烷酸)存在时，酸和FeS反应破坏了保护膜，腐蚀进一步发生，增强了硫化物的腐蚀。

$426℃<T\leqslant 480℃$，高温硫腐蚀，腐蚀速率很快。

$T>480℃$，硫化氢近于完全分解，腐蚀速率下降。

$T>500℃$，不是硫化物的腐蚀范围，此时为高温氧化腐蚀。

各种材料在不同温度和不同硫含量下的腐蚀速率可从McConomy曲线中查到。

② 环烷酸腐蚀 环烷酸(RCOOH)(R为环烷基)为原油中各种酸的混合物。其腐蚀形态为带锐角边的蚀坑和蚀槽。腐蚀能力与温度密切相关。220℃以下不发生腐蚀，以后随温度上升腐蚀逐渐增加，在270~280℃之间腐蚀最大，温度再升高腐蚀又下降。可是到350℃附近腐蚀又急剧增加，400℃以上就没有腐蚀了。另外，环烷酸的腐蚀与炉管内的介质流速也有关系，流速增加，腐蚀速率也增加，严重腐蚀的部位都发生在高流速的地方，例如减压炉的汽化段炉管内，如果有环烷酸存在则腐蚀相当严重，要用TP316L或TP317L才能解决问题。另外，环烷酸能形成可溶于油的腐蚀产物，而硫化氢的腐蚀产物是不溶于油的，多为均匀腐蚀，两者的腐蚀作用如果同时进行，则腐蚀加重。还有一种有趣的情况，若硫含量低于某一临界值，环烷酸将破坏硫化氢的腐蚀产物，生成可溶于油的环烷酸铁和硫化氢，使腐蚀继续进行。当硫含量高于这个临界值时，硫化氢在金属表面生成稳定的硫化铁保护膜，减缓了环烷酸的腐蚀作用。也就是平常所说的，低硫高酸腐蚀比高硫高酸的腐蚀还严重。

为了防止硫、环烷酸和氧化腐蚀，炉管选材可按表3-3-5进行。

对于高含硫、高含酸的原油，当无腐蚀速率数据而难以按表3-3-3选材时，可参考

API581 附录 G 给出的预计腐蚀速率，见表 3-3-6。应该说明的是，因 API581 着重于炼油厂的风险评估，所给的腐蚀速率偏于保守。另外，对酸腐蚀而言，介质流速也是一个重要因素。在汽-液两相流时，流速特别高，这种影响也特别突出。当流速大于 30 m/s 时，表中所列腐蚀速率值应放大 5 倍。

表 3-3-5 硫、环烷酸和氧化腐蚀时的炉管选材

腐蚀类别	轻微硫腐蚀	严重硫腐蚀	环烷酸腐蚀
硫含量/%(质)	<0.5	≥0.5	—
酸值/(mgKOH/g)	<0.5	<0.5	≥0.5
≤240 ℃	碳钢	碳钢	碳钢
240~340℃	碳钢	碳钢	Cr5Mo，Cr9Mo(TP316)
340~400℃	碳钢	Cr5Mo	Cr5Mo，Cr9Mo(TP316)
400~500℃	Cr5Mo	Cr5Mo，Cr9Mo	
500~600℃	Cr5Mo，Cr9Mo	Cr9Mo	

表 3-3-6 预计的腐蚀速率 mm/a

硫含量/%(质)	酸值/(mgKOH/g)	介质温度/℃							
		<230	231~260	261~290	291~315	316~340	341~370	371~400	>400
碳钢									
≤0.2	≤0.3	0.0254	0.076	0.178	0.381	0.508	0.889	1.27	1.524
	0.31~1.0	0.127	0.381	0.635	0.889	1.143	1.397	1.651	1.905
	1.1~2.0	0.508	0.635	0.889	1.651	3.048	3.81	4.572	5.08
	2.1~4.0	0.762	1.524	1.524	3.048	3.81	4.064	6.096	6.096
	>4.0	1.016	2.032	2.54	4.064	4.572	5.08	7.112	7.62
0.21~0.6	≤0.5	0.0254	0.102	0.254	0.508	0.762	1.27	1.778	2.032
	0.51~1.0	0.127	0.254	0.381	0.635	1.016	1.524	2.032	2.286
	1.1~2.0	0.203	0.381	0.635	0.889	1.27	1.905	2.286	2.794
	2.1~4.0	0.254	0.508	0.889	1.27	1.778	2.54	3.048	3.302
	>4.0	0.508	0.762	1.27	1.778	2.286	3.048	3.556	4.064
5Cr-0.5Mo									
≤0.2	≤0.7	0.0254	0.0254	0.0508	0.102	0.152	0.203	0.254	0.381
	0.71~1.5	0.0508	0.076	0.102	0.152	0.254	0.254	0.381	0.508
	1.6~2.0	0.178	0.254	0.381	0.508	0.635	0.889	1.143	1.27
	2.1~4.0	0.254	0.381	0.508	0.762	1.016	1.143	1.27	1.524
	>4.0	0.381	0.508	0.762	1.016	1.27	1.524	1.778	2.032
0.21~0.6	≤0.7	0.0254	0.0508	0.076	0.127	0.203	0.254	0.381	0.508
	0.71~1.5	0.0508	0.076	0.102	0.152	0.254	0.381	0.508	0.635
	1.6~2.0	0.0508	0.102	0.152	0.203	0.381	0.508	0.635	0.762
	2.1~4.0	0.102	0.152	0.203	0.254	0.381	0.508	0.762	0.889
	>4.0	0.152	0.203	0.254	0.254	0.508	0.635	0.889	1.016

续表

硫含量/%(质)	酸值/(mgKOH/g)	介质温度/℃							
		<230	231~260	261~290	291~315	316~340	341~370	371~400	>400
5Cr-0.5Mo									
0.61~1.0	≤0.7	0.0254	0.0508	0.102	0.152	0.254	0.381	0.584	0.635
	0.71~1.5	0.0508	0.102	0.152	0.203	0.381	0.508	0.635	0.762
	1.6~2.0	0.102	0.152	0.203	0.254	0.381	0.508	0.762	0.889
	2.1~4.0	0.152	0.203	0.254	0.254	0.508	0.635	0.889	1.016
	>4.0	0.203	0.254	0.254	0.381	0.508	0.762	1.016	1.27
9Cr-1Mo									
≤0.2	≤0.7	0.0254	0.0254	0.0254	0.0508	0.076	0.102	0.127	0.152
	0.71~1.5	0.0254	0.0508	0.0508	0.102	0.102	0.127	0.152	0.203
	1.6~2.0	0.0508	0.102	0.127	0.203	0.254	0.381	0.381	0.508
	2.1~4.0	0.076	0.152	0.254	0.305	0.381	0.508	0.508	0.635
	>4.0	0.127	0.203	0.305	0.381	0.508	0.635	0.762	0.762
0.21~0.6	≤0.7	0.0254	0.0254	0.0508	0.076	0.102	0.152	0.178	0.203
	0.71~1.5	0.0254	0.0254	0.0508	0.102	0.127	0.178	0.203	0.254
	1.6~2.0	0.0508	0.0508	0.076	0.127	0.203	0.203	0.254	0.254
	2.1~4.0	0.076	0.076	0.127	0.203	0.254	0.254	0.305	0.381
	>4.0	0.102	0.127	0.203	0.254	0.254	0.305	0.381	0.381
0.61~1.0	≤0.7	0.0254	0.0254	0.0508	0.076	0.127	0.203	0.229	0.254
	0.71~1.5	0.0254	0.0508	0.076	0.127	0.203	0.254	0.254	0.254
	1.6~2.0	0.0508	0.076	0.127	0.203	0.254	0.254	0.254	0.381
	2.1~4.0	0.076	0.127	0.203	0.254	0.254	0.381	0.381	0.381
	>4.0	0.127	0.203	0.254	0.254	0.381	0.381	0.508	0.508
1.1~2.0	≤0.7	0.0254	0.0254	0.0508	0.102	0.152	0.254	0.254	0.381
	0.71~1.5	0.0254	0.0508	0.076	0.127	0.178	0.254	0.381	0.381
	1.6~2.0	0.0508	0.102	0.102	0.152	0.203	0.305	0.381	0.508
	2.1~4.0	0.076	0.152	0.127	0.203	0.254	0.381	0.508	0.508
	>4.0	0.127	0.203	0.254	0.305	0.381	0.508	0.508	0.635
2.1~3.0	≤0.7	0.0254	0.0254	0.076	0.127	0.178	0.254	0.381	0.381
	0.71~1.5	0.0254	0.0508	0.102	0.152	0.203	0.254	0.381	0.381
	1.6~2.0	0.0508	0.102	0.127	0.203	0.254	0.381	0.381	0.508
	2.1~4.0	0.076	0.152	0.254	0.305	0.381	0.508	0.508	0.635
	>4.0	0.127	0.203	0.305	0.381	0.508	0.635	0.762	0.762
>3.0	≤0.7	0.0254	0.0254	0.0508	0.127	0.203	0.254	0.381	0.381
	0.71~1.5	0.0508	0.076	0.127	0.203	0.254	0.381	0.381	0.508
	1.6~2.0	0.076	0.127	0.254	0.305	0.381	0.508	0.508	0.635
	2.1~4.0	0.127	0.203	0.305	0.381	0.508	0.635	0.762	0.762
	>4.0	0.178	0.229	0.381	0.508	0.635	0.762	0.889	1.016

续表

硫含量/%(质)	酸值/(mgKOH/g)	介质温度/℃							
		<230	231~260	261~290	291~315	316~340	341~370	371~400	>400
无 Mo 奥氏体不锈钢如 304、304L、321、347 等									
1.1~2.0	≤1.0	0.0254	0.0254	0.0254	0.0254	0.0254	0.0254	0.0254	0.0254
	1.1~2.0	0.0254	0.0254	0.0254	0.0254	0.0254	0.0254	0.0254	0.0254
	2.1~4.0	0.0254	0.0254	0.0254	0.0508	0.076	0.102	0.127	0.152
	>4.0	0.0254	0.0508	0.0508	0.102	0.152	0.203	0.254	0.305
2.1~3.0	≤1.0	0.0254	0.0254	0.0254	0.0254	0.0254	0.0254	0.0254	0.0254
	1.1~2.0	0.0254	0.0254	0.0254	0.0254	0.0254	0.0254	0.0254	0.0254
	2.1~4.0	0.0254	0.0508	0.0508	0.102	0.152	0.203	0.254	0.305
	>4.0	0.0254	0.0508	0.102	0.178	0.254	0.356	0.432	0.508
>3.0	≤1.0	0.0254	0.0254	0.0254	0.0254	0.0254	0.0254	0.0254	0.0508
	1.1~2.0	0.0254	0.0254	0.0254	0.0254	0.0254	0.0508	0.0508	0.0508
	2.1~4.0	0.0254	0.0508	0.0508	0.102	0.152	0.203	0.254	0.305
	>4.0	0.0254	0.0508	0.102	0.178	0.254	0.356	0.432	0.508
Mo<2.5%的 316 不锈钢									
1.1~2.0	≤2.0	0.0254	0.0254	0.0254	0.0254	0.0254	0.0254	0.0254	0.0254
	2.1~4.0	0.0254	0.0254	0.0254	0.0254	0.076	0.076	0.076	0.102
	>4.0	0.0254	0.0254	0.076	0.127	0.127	0.127	0.118	0.254
2.1~3.0	≤2.0	0.0254	0.0254	0.0254	0.0254	0.0254	0.0254	0.0254	0.0254
	2.1~4.0	0.0254	0.0254	0.0254	0.0508	0.076	0.076	0.102	0.127
	>4.0	0.0254	0.0254	0.076	0.127	0.127	0.152	0.203	0.254
>3.0	≤2.0	0.0254	0.0254	0.0254	0.0254	0.0254	0.0254	0.0254	0.0508
	2.1~4.0	0.0254	0.0254	0.0254	0.0508	0.102	0.127	0.127	0.152
	>4.0	0.0254	0.0508	0.076	0.127	0.127	0.152	0.203	0.254
Mo≥2.5%的 316 不锈钢									
1.1~2.0	≤4.0	0.0254	0.0254	0.0254	0.0254	0.0254	0.0254	0.0254	0.0254
	4.1~6.0	0.0254	0.0254	0.0254	0.0254	0.0508	0.0762	0.127	0.178
	>6.0	0.0254	0.0254	0.076	0.127	0.127	0.127	0.178	0.254
2.1~3.0	≤4.0	0.0254	0.0254	0.0254	0.0254	0.0254	0.0254	0.0254	0.0254
	4.1~6.0	0.0254	0.0254	0.0254	0.0508	0.0762	0.102	0.127	0.178
	>6.0	0.0254	0.0254	0.076	0.127	0.127	0.152	0.203	0.254
>3.0	≤4.0	0.0254	0.0254	0.0254	0.0254	0.0254	0.0254	0.0254	0.0508
	4.1~6.0	0.0254	0.0254	0.0254	0.0508	0.0762	0.102	0.127	0.178
	>6.0	0.0254	0.0508	0.076	0.127	0.127	0.152	0.203	0.254

③ 氢损伤　炉前混氢的加氢炉和炉后混油的氢气加热炉炉管在高温高压下临氢操作，在此条件下氢气可分解为氢原子，氢原子的存在可引起炉管的氢损伤。氢损伤主要有氢鼓泡、氢脆、表面脱碳和氢腐蚀(内部脱碳)等。为了防止加氢炉管脱碳和微裂，可按纳尔逊抗氢曲线图选择加氢炉管的材质。

④ 氢加硫化氢腐蚀　在炉前混氢的加氢炉和炉后混油的氢气加热炉炉管内，高温 H_2+H_2S 的腐蚀，比单独的氢或单独的硫化氢的腐蚀剧烈。其反应为：

$$Fe+H_2S \rightleftharpoons Fe+H_2$$

一般介质内硫化氢的克分子浓度大于 0.1%时，已不宜再用低铬钼钢，而应采用经固溶和稳定化处理的 TP321 或 TP347 炉管。

⑤ 连多硫酸腐蚀　连多硫酸($H_2S_xO_6$，X=3、4、5)在停工期间对奥氏体钢产生应力腐蚀开裂。炉前混氢的加氢炉和炉后混油的氢气加热炉炉管在高温、高压、缺氧和缺水的干燥条件下运行时，一般不会生成连多硫酸。但运行期间要遭受 H_2+H_2S 的腐蚀，生成 FeS，停工时与空气(O_2)和水接触反应而生成连多硫酸：

$$FeS+H_2O+O_2 \longrightarrow H_2S_xO_6$$

停工期间炉管即使在“冷态”，通常也存在拉伸应力(包括残余应力和外加应力)，在连多硫酸和拉伸应力的共同作用下，奥氏体钢和其他高合金钢产生敏化条件，就有可能发生连多硫酸应力腐蚀开裂。为了防止连多硫酸腐蚀，除在停工时采用系统氮封等措施外，一般还要求 TP321 和 TP347 加氢炉管管材要进行固溶和稳定化热处理，焊缝也要求进行稳定化热处理。

(2) 炉管管外介质腐蚀

管外介质腐蚀主要考虑高温部位的钒腐蚀和低温部位的露点腐蚀。

钒在高温下(649℃以上)才对金属产生腐蚀，一般炉管外壁温度都在此温度以下，制氢转化炉管和乙烯裂解炉管的外壁温度远超过此温度，但这些炉子通常又不烧燃料油，因此，炉管的钒腐蚀很少见，炉管支撑件的钒腐蚀到是常见的。

管式炉用的燃料一般都是含硫的，燃烧时这些硫绝大部分生成 SO_2 和 SO_3。SO_3 在高温干燥环境下对金属没有腐蚀，但在炉子的低温部位，如焦化炉注水预热段、空气预热器的低温段、烟气余热锅炉的省煤器等部位，烟气中的 SO_3 和水蒸汽共同在露点部位冷凝，生成稀硫酸，产生露点腐蚀。露点腐蚀不同于普通的硫酸腐蚀。硫酸对金属的腐蚀生成 $FeSO_4$。露点腐蚀首先也是生成 $FeSO_4$，但在烟灰沉积物的催化作用下与烟气中的 SO_2 和 O_2 进一步反应生成 $Fe_2(SO_4)_3$，而 $Fe_2(SO_4)_3$ 对 SO_2 向 SO_3 的转化过程有催化作用。当 pH 值低于 3 时，$Fe_2(SO_4)_3$ 本身也对金属腐蚀生成 $FeSO_4$，于是形成 $FeSO_4 \rightarrow Fe_2(SO_4)_3 \rightarrow FeSO_4$ 的腐蚀循环，大大加快了腐蚀进程。

采用耐露点腐蚀的钢(如 ND 钢)、耐蚀烧结合金涂层或非金属材料(如硼硅玻璃管)等可有效的防止露点腐蚀。但是，仅仅解决露点腐蚀并不能彻底解决问题，因为露点下在传热面上积的黏灰很难清除，这不仅防碍了传热，还要增加烟气阻力，严重时会危及炉子的正常操作。解决露点问题的根本办法在于将低温部位换热面的温度设计在露点温度以上。应该指出的是，烟气的露点温度随 SO_3 含量的增加而升高。最低金属温度与燃料含硫量的关系见图 3-3-1。

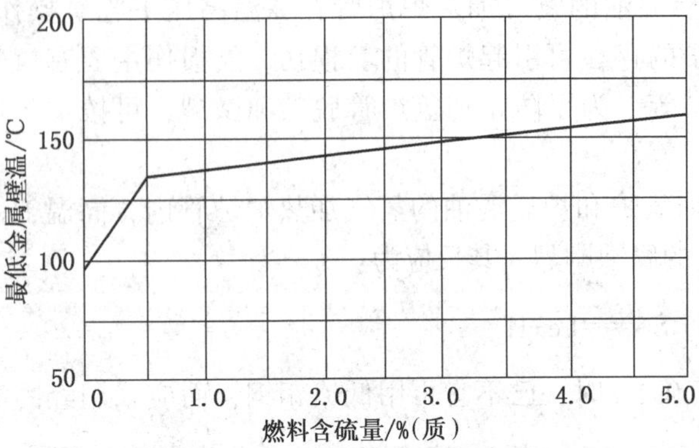

图 3-3-1 最低金属温度与燃料含硫量的关系

3.3.1.4 钉头管和翅片管

管式炉对流室炉管内介质的传热系数一般都远大于管外烟气的传热系数。钉头管和翅片管就是用来强化管外对流传热的。为了避免过多积灰而影响传热效果，除单烧油和油气混烧时应设置吹灰器外，还应按照表3-3-7的使用范围正确选用钉头管或翅片管。必须说明的是对流室烟气入口处的2~3排炉管，既接受辐射室的辐射传热，又吸收高温烟气的对流传热，炉管表面热强度很高，有时甚至超过辐射管的热强度。这两三排炉管通称为遮蔽管，只能采用光管，而不得采用钉头管和翅片管。

表 3-3-7 钉头管和翅片管使用范围

扩大表面形式	单 烧 气	油、气混烧以气为主	单烧油或以油为主
[HJ*4/5]钉 头 管	可 以 采 用	钉头直径≥12mm 钉头高度≥25mm 钉头间距≥16mm	钉头直径≥12mm 钉头高度≤25mm 钉头间距≥16mm
翅 片 管	翅片间距≥5mm 翅片高度≤25mm 翅片厚度≥1.2mm	翅片间距≥8mm 翅片高度≤19mm 翅片厚度≥1.2mm	不 推 荐

钉头和翅片的材质应根据计算的钉头和翅片尖端温度按表3-3-8选用。另外还应考虑钉头和翅片材质的热膨胀系数应与炉管相同或相近，以避免多次开停工后钉头或翅片从管壁剥离。

表 3-3-8 钉头和翅片材料的最高使用温度

钉 头 材 料	最高使用温度/℃	翅 片 材 料	最高使用温度/℃
碳 钢	510	碳 钢	450
5Cr-0.5Mo	600		
11~13Cr	650	11~13Cr	600
18Cr-8Ni	815	18Cr-8Ni	815

3.3.1.5 炉管连接件

急弯弯管的材质通常和与之相连的炉管相同。其壁厚一般也与炉管相同，但在管内介质有冲蚀时，其壁厚应比炉管多2mm，并在管口内径处按1∶5斜度内倒角，以保证接口处平滑过渡。急弯弯管与炉管的连接为焊接。

当集合管置于炉内时，其材质应与炉管相同。当集合管置于炉外时，一般可选用合金含量比炉管低而强度与之相当或更高的材质，如连续重整炉炉管材质为P5或P9，而集合管材质常为 P11 或 P22。

铸造弯头和回弯头的材质均与炉管一致。

3.3.1.6 炉管焊接

炉管的焊接应严格按照相关规范和具有该种材质焊接资格的焊工进行，焊材的选择应遵守下列原则：

① 同种材质的焊接应选用化学成份和力学性能与母材相当的焊接材料。

② 不同强度级别的铁素体钢(低碳钢、碳锰低合金钢、铬钼耐热钢)之间的异种钢焊接，宜选用与合金含量较低一侧的母材相匹配的焊接材料，并保证焊接接头的力学性能应不低于两种母材标准规定值的较低者。焊前预热温度应按淬硬倾向大的母材要求来确定。焊后热处理温度应按合金含量较高的母材确定，且不得高于合金成份较低一侧母材的下临界点。焊接有淬火倾向的不同铬钼钢时，焊后应立即热处理。

③ 不同奥氏体钢的焊接，宜选用保证熔敷金属中合金元素含量不低于合金含量较低一侧母材标准规定的下限值的焊材，焊后一般不进行热处理。

④ 奥氏体钢与铁素体钢焊接时，应选用 25%Cr-13%Ni 型焊接材料。当使用温度在 450~550℃，且焊接接头承受高应力水平时，应选用高镍奥氏体焊条(如 A502，A507)；当使用温度高于 550℃，且焊接接头承受较高应力水平时，应选用镍基焊接材料。焊后一般不进行热处理。

3.3.2 炉管支承件

设置在炉内的炉管支承件直接暴露在烟气中，其所在部位不同，金属的工作温度也很不相同。通常按其所在部位的烟气温度再加上温度裕量作为设计温度：辐射室和遮蔽管段按烟气出辐射室的温度加 110℃作为设计温度，且不得低于 870℃；对流室按其接触的较高的烟气温度加 60℃作为设计温度。对流室中间管板接触的烟气温度差应不超过 220℃。

炉管支承件选材还应考虑烟气的高温硫钒腐蚀和低温露点腐蚀。在烟气尾部可能出现低温露点腐蚀的地方应选用如 ND 钢类型的耐露点腐蚀的钢材作支承件，其他部位的炉管支承件应根据其设计温度和燃料中钒+钠的含量等因素按表 3-3-9 选材。

表 3-3-9 炉管支撑件常用材料的最高使用温度

材 质	最高使用温度/℃	材 质	最高使用温度/℃
碳 钢	430	25Cr-12Ni	980
RQT Si-4.0	600	25Cr-20Ni	1100
RQT Si-5.0	750	25Cr-35Ni	1100
5Cr-0.5Mo	650	50Cr-50NiNb	>649，且燃料含钒+钠>100×10^{-6}
18Cr-8Ni	800		

3.3.3 炉管及其连接件和支承件常用材料标准

GB 9948《石油裂化用无缝钢管》

HG/T 2601《高温承压用离心铸造合金炉管》

SH 3087《石油化工管式炉耐热钢铸件技术标准》

SH/T 3114《石油化工管式炉耐热铸铁件工程技术条件》

ASTM 标准：A213，A335，A312，B407，A560 等。

3.3.4 钢结构选材

钢结构所用的材料绝大部分都是结构钢。值得说明的有两个问题：

（1）碳素结构钢质量等级A和B的区别

GB/T 700《碳素结构钢》规定的质量等级分A、B、C、D四级，A级最差，D级最高。管式炉钢结构基本上都是焊接结构，应选用B级，即Q235-B而不能用A级，因为A级的碳、硅、锰含量可以不作为交货条件，即不作为保证条件，并且没有冲击试验要求，这些都对焊接相当不利。B级所有规定的化学成分均应保证，并要求20℃的冲击功不小于27J。C级要求0℃，D级要求-20℃的冲击功均不小于27J。

（2）沸腾钢和镇静钢的使用界限

钢结构规范规定：当建厂地区冬季空气调节室外计算温度等于或低于-20℃时，应采用镇静钢。按照这条规定，东北沈阳、阜新、鞍山等地及其以北，内蒙、吉林、黑龙江全省，山西大同及其以北，新疆乌鲁木齐、吐鲁番等地及其以北地区（见表3-3-10），均应采用镇静钢，即用Q235-B或16Mn，而不能用Q235-B·F。

表3-3-10 部分地区冬季空气调节室外计算温度

地　区	阜新	抚顺	沈阳	本溪	鞍山	大同	乌鲁木齐	克拉玛依	哈密	吐鲁番
冬季空气调节室外计算温度/℃	-20	-24	-22	-23	-21	-24	-27	-28	-23	-21

3.3.5 炉衬材料选择

3.3.5.1 基本要求

（1）设计选材温度

为保证耐火隔热材料不会早期损坏，以确保炉墙具有足够长的使用寿命，再考虑计算误差和操作波动等因素，任何层次的耐火或隔热材料用以选材的温度应高于该层的热面或层间计算温度。即炉衬设计选材温度，其值等于计算的热面温度或层间温度加温度裕量。陶瓷纤维结构温度裕量为280℃。其他炉衬结构为165℃。炉衬设计选材温度应低于或等于耐火隔热材料的等级温度或分类温度。一般体积密度大于1.6g/cm^{3}的耐火隔热材料采用耐火度作为等级温度，而体积密度低于此值者，采用烧后永久线变化小于等于某值的温度作为分类温度，详见3.3.5.2。

当设计选材温度计算值较低时，下列部位的设计选材温度应不低于如下规定：

① 辐射段和遮蔽段，980℃。

② 燃烧器砖，1650℃。

③ 两侧与火焰接触的火墙，1540℃。

④ 单侧与火焰接触的火墙，1540℃。

（2）锚固件顶部温度

为保证衬里和陶瓷纤维结构在长期使用过程中的牢固性，所用锚固件的材质应根据其顶部的计算温度按表3-3-11选择：一般还规定辐射段应不低于18-8型不锈钢，对流段和烟风道应不低于Q235B.F。

表3-3-11 锚固件材质

锚固件材质	锚固件最高工作温度/℃	锚固件材质	锚固件最高工作温度/℃
碳　钢	427	Alloy 601	1093
18Cr-9Ni(TP304)	760	陶瓷钉和垫片	>1093
25Cr-20Ni(TP310)	927		

(3) 耐磨、耐蚀和耐冲刷性能

为保证炉衬的使用寿命，在一些特殊部位还要求耐火材料具有足够的耐压强度和抗冲刷的能力；当使用劣质燃料时，应采取防腐措施，甚至不能采用某些耐火隔热材料：

① 燃料中包括钠的重金属总量超过 250mg/kg 时，暴露的热面层应采用低铁的(Fe_2O_3含量不大于 1%)或重质的(体积密度不低于 1800kg/m^3)浇注料，其集料中 Al_2O_3含量应不小于 40%，SiO_2含量不大于 35%。

② 燃料中的重金属含量超过 100mg/kg 时，不得采用陶瓷纤维结构。

③ 燃料中含硫量大于 10mg/kg 时，陶瓷纤维结构(包括用陶瓷纤维硬板作隔热块的结构)的炉壁钢板内表面应涂防止低温露点腐蚀的涂料，涂料的使用温度应不低于 180℃。

④ 燃料中含硫量超过 500mg/kg 时，不推荐采用陶瓷纤维结构。如采用时，应设置 304 不锈钢箔或铝箔(铝箔的安全使用温度 350℃)的水汽保护隔层，隔层的内表面温度应比计算的露点温度高 55℃。也可采其他经使用经验证明有效的隔离措施，例如在壁板上先浇注一层 50~75mm 的浇注料，再施工陶瓷纤维结构。

⑤ 烟气流速≥12m/s 及设置有吹灰器的部位不得使用陶瓷纤维结构。

⑥ 燃料油含硫超过 1%，或燃料气含硫化氢超过 100mg/kg 时，复合结构的背衬不得采用硅酸钙或矿棉(包括陶瓷纤维)制成的隔热块。

⑦ 炉底被踏踩的表层应使用耐压强度大于 3.45MPa 的浇注料或 65mm 厚的耐火砖。

3.3.5.2 耐火隔热材料的分类

(1) 致密定形耐火制品(重质)分类

GB/T 17105《致密定形耐火制品分类》(等同 ISO 1109)规定了致密定形耐火制品(重质)的分类。致密定形耐火制品(重质)按其主要原料和制品的主要化学成分来分类。例如：高铝耐火制品(1 类)Al_2O_3≥56%，(2 类)45%≤Al_2O_3<56%；黏土质耐火制品 30%≤Al_2O_3<45%；硅质耐火制品 85%≤SiO_2<93%；铬质耐火制品 Cr_2O_3≥25%，MgO≤25%等。又比如说橄榄石质制品系指其主要原料是橄榄石等等。

石油化工管式炉常用的是黏土质和高铝质耐火砖。黏土质耐火砖由于其化学成分界限并不十分明确，一般均按其物理性能进行详细分类(或分级)。GB 4415 基本上是按耐火度分成六级：

	N-1	N-2	N-3	N-4	N-5	N-6
耐火度/℃，不低于	1750	1730	1710	1690	1670	1580

美国标准 ASTMC27 将黏土质耐火砖分成五级，除半硅砖按 SiO_2≥72%定义外，其余四级按测定耐火度的标准耐火锥编号分类，而 ASTMC24 给出了该编号与耐火度的对应关系，因此实际上也是按耐火度分类：

	特 级	高 级	中 级	低 级
耐火锥编号	33	31.5	29	15
耐火度/℃(℉)	1743(3169)	1699(3090)	1659(3018)	1430(2606)

对于高铝质耐火砖，由于其化学成分界限十分明确，因此都按其 Al_2O_3含量分类，同时

也列出耐火度要求。GB 2988 分成四级，美国 ASTM C27 将我国命名为刚玉的也列入了高铝质耐火砖，共分七级：

GB 2988	LZ-75	LZ-65	LZ-55	LZ-48
Al_2O_3/%　不小于	75	65	55	48
耐火度/℃　不低于	1790	1790	1770	1750

ASTM C27	50	60	70	80	85	90	99
Al_2O_3/%	50±2.5	60±2.5	70±2.5	80±2.5	85±2.0	90±2.0	≥97
耐火锥编号	34	35	36	37			
耐火度/℃(℉)	1763(3205)	1785(3245)	1804(3279)	1820(3308)			

(2) 定形隔热耐火制品(轻质)分类

GB/T 16763《定形隔热耐火制品的分类》(等同 ISO 2245)规定了定形隔热耐火制品(轻质)的定义、分类原则及标号。定形隔热耐火制品(轻质)系指按 GB/T 2998《定形隔热耐火制品体积密度和真气孔率试验方法》测定真气孔率不低于 45%的定形耐火制品。其分类按照 GB/T 3997.1《定形隔热耐火制品重烧线变化试验方法》所测定的制品重烧线变化不大于 2%的温度分为 13 类，并按照 GB/T 2998 测定的制品体积密度(修约至小数点后两位)低于表列值者属 L 级制品，见表 3-3-12。其标号由所属类别决定，并应注明密度值。当属于 L 级时，类别号后标明“L”。例如 140-1.20，140L-0.80。

表 3-3-12　定形隔热耐火制品的分类和级划分

分　类	重烧线变化不大于2%的温度/℃	L级制品的体积密度≤/(g/cm^3)	分　类	重烧线变化不大于2%的温度/℃	L级制品的体积密度≤/(g/cm^3)
075	750	0.40	135	1350	0.85
085	850	0.55	140	1400	0.90
095	950	0.65	150	1500	0.95
105	1050	0.65	160	1600	1.15
110	1100	0.70	170	1700	1.35
125	1250	0.75	180	1800	1.60
130	1300	0.80			

美国 ASTM C155 对隔热耐火砖的分类与我国类似，也是按重烧线变化不大于 2%的温度分为 8 类，并也规定了体积密度：

类　别　号	16	20	23	26	28	30	32	33
重烧线变化不大于2%的温度/℃(℉)	845 (1550)	1065 (1950)	1230 (2250)	1400 (2550)	1510 (2750)	1620 (2950)	1730 (3150)	1790 (3250)
体积密度 g/cm^3(lb/ft^3) 不大于	0.54 (34)	0.64 (40)	0.77 (48)	0.86 (54)	0.96 (60)	1.09 (68)	1.52 (95)	1.52 (95)

(3) 不定形耐火材料(致密和隔热)分类

不定形耐火材料(致密和隔热)的定义、分类和牌号，GB 4513《不定形耐火材料(致密和隔热)分类》(等同 ISO 1927)均有明确规定。简介如下：

不定形耐火材料是由骨料和一种或多种结合剂组成的混合料，既可以是致密(重质)的，也可以是隔热(轻质)的。隔热混合料制备和烘干后的试样，测其真气孔率应不低于45%。不定形耐火材料有的能以交货状态直接使用，有的必须和一种或几种合适的液体调配后使用。

结合剂按不定形耐火材料硬化过程可分为四种：陶瓷结合——在煅烧过程中由于烧结而硬化；水硬性结合——在常温下凝结并通过水化反应而硬化；化学结合(有机或有机-无机)——在常温下或低于陶瓷结合的温度下，通过化学反应而不是通过水化反应而硬化；有机结合——在常温下或稍高一些温度下黏结或硬化。如果几种结合剂配合使用，则根据硬化过程中起主要作用的结合剂命名。

不定形耐火材料按使用类型可分为三类：整体构筑及修补用料、砌筑及接缝用料和涂抹用料等。整体构筑及修补用料又分为捣打料、可塑料、浇注料和喷涂料等四种。其中可塑料交货状态为具有可塑性的软坯状或不规则形状的料团，可以直接使用。其它几种则以干混合料交货。砌筑及接缝用料又可分为陶瓷结合耐火泥浆、水硬性结合耐火泥浆和化学结合耐火泥浆三种。

不定形耐火材料的分类原则有两个：一是以整个混合料测得的化学组成分类，另一个是以主要成分的性质和(或)决定混合料特性的骨料性质分类。按此原则所分的主要类别列于表 3-3-13。

表 3-3-13 不定形耐火材料分类

类 别	主要氧化物的名称或极限含量
Ⅰ	高铝质 $Al_2O_3 \geqslant 45\%$的材料
Ⅱ	黏土质 $10\% \leqslant Al_2O_3 < 45\%$的材料
Ⅲ	硅质 $SiO_2 \geqslant 85\%$；$Al_2O_3 < 10\%$的材料
Ⅳ	碱性材料(镁砂、铬铁矿、尖晶石、镁橄榄石、白云石、以及其他碱土金属氧化物)和它们的混合物
Ⅴ	特殊材料(碳、碳化物、氮化物、锆英石等)及其混合物
Ⅵ	混合材料由Ⅰ至Ⅴ类的材料混合而成，基本材料是Ⅰ至Ⅳ类
Ⅶ	特殊混合材料由Ⅰ至Ⅴ类的材料混合而成，基本材料是Ⅴ类，但Ⅴ类的混合物除外

美国 ASTM C401 规定铝质和铝-硅质的普通(重质)耐火浇注料和隔热(轻质)耐火浇注料分类，前者按烧后永久线收缩不大于 1.5%的温度分为 7 类(或分为 7 级)，后者则按此温度和干密度分为 9 类。

普通(重质)浇注料：

类 别	烧后永久线收缩不大于 1.5%的温度(5h)/℃(℉)	类 别	烧后永久线收缩不大于 1.5%的温度(5h)/℃(℉)
A	1095(2000)	E	1595(2900)
B	1260(2300)	F	1705(3100)
C	1370(2500)	G	1760(3200)
D	1480(2700)		

隔热(轻质)耐火浇注料:

类别	烧后永久线收缩≤1.5%的温度(5h)/℃(℉)	最大体积密度(110℃烘干)/(g/cm³)	类别	烧后永久线收缩≤1.5%的温度(5h)/℃(℉)	最大体积密度(110℃烘干)/(g/cm³)
N	925(1700)	0.88	S	1480(2700)	1.52
O	1040(1900)	1.04	T	1595(2900)	1.60
P	1150(2100)	1.20	U	1650(3000)	1.68
Q	1260(2300)	1.44	V	1760(3200)	1.68
R	1370(2500)	1.52			

(4) 陶瓷纤维及其制品的分类

耐火陶瓷纤维及其制品国内 GB/T 16400 和 ASTM C892 的分类温度都是加热永久线变化不大于 5%(24h)的温度。

GB/T 16400		ASTM C892	
类别	分类温度/℃	类别	分类温度/℃(℉)
1	1000	Ⅰ	732(1350)
2	1200	Ⅱ	871(1600)
3	1250	Ⅲ	1316(2400)
4	1350	Ⅳ	1427(2600)
5	1400	Ⅴ	1649(3000)

3.3.5.3 常用耐火砖和隔热耐火砖

(1) 黏土质耐火砖

用作燃烧器砖的牌号通常是 N-2a。这种砖也用作制氢炉烟道盖板和火墙等处。

(2) 黏土质隔热耐火砖

常用作对流室折流砖、炉底表面砖和圆筒炉侧墙砖等处。常用牌号有 NG130-1.0 和 NG125-0.8。

(3) 高铝砖

常用 LZ-55 或 LZ-65 做火焰直接冲刷或温度较高的火墙。

(4) 高铝质隔热耐火砖

常用 LG140-1.0 或 LG140-0.8 作温度较低的火墙和制氢炉的烟道。

(5) 低铁高铝质隔热耐火砖

加氢炉附墙火焰的矮墙、制氢炉和裂解炉的高温炉墙常用低铁高铝质隔热耐火砖。常用牌号有 DLG160-1.0 和 DLG170-1.3。

常用耐火砖的主要性能列于表 3-3-14,低铁高铝质隔热耐火砖性能指标列于表 3-3-15。

表 3-3-14 常用耐火砖

名称	黏土质耐火砖		黏土质隔热耐火砖		高铝砖		高铝质隔热耐火砖	
牌号	N-1	N-2a	NG-1.0	NG-0.8	LZ-65	LZ-55	LG-1.0L	LG-0.8L
主要化学成分/%					$Al_2O_3 \geq 65$	$Al_2O_3 \geq 55$	$Al_2O_3 \geq 48$	$Fe_2O_3 \leq 2$
耐火度/℃ ≥	锥号 CN 176	锥号 CN 174			1790	1770		
显气孔率/% ≯	22	24			23	22		
热震稳定性①/次					>25	>25		
常温耐压强度/MPa ≮	29.4	24.5	3.5	3	45	40	4	3
(0.2MPa)荷重软化开始温度/℃ ≮	1400	1350			1500	1450		
重烧线变化/% 1400(2h)	+0.1 −0.4	+0.1 −0.5						
重烧线变化/% 1500℃(2h)					+0.1 −0.4			
重烧线变化不大于2%的试验温度/℃			1350	1250			1400	1400
密度/(kg/m^3)	2100	2100	≤1000	≤800	2500	2300	≤1000	≤800
热导率②/(W/m·K)	$0.84+0.58\times10^{-3}t$		0.4	0.35	$1.52-0.19\times10^{-3}t$		0.5	0.35
平均线膨胀系数/(m/m·℃)	20~1300℃ 5.2×10^{-6}		1450℃ 0.1%~0.2%		20~1200℃ 6×10^{-6}			
标准号	YB/T 5106		GB 3994		GB 2988		GB 3995	

注：① 热震性次数仅供参考。

② 隔热耐火砖的热导率测试的平均温度为350℃±25℃，数值不大于表列值。

表 3-3-15 低铁高铝质隔热耐火砖(GB3995)性能指标

项目	指标					
	DLG180-1.5L	DLG170-1.3L	DLG160-1.0L	DLG150-0.8L	DLG140-0.7L	DLG125-0.5L
Al_2O_3/% ≥	90	72	60	55	50	48
Fe_2O_3/% ≤	1.0					
体积密度/(g/cm^3) ≤	1.5	1.3	1.0	0.8	0.7	0.5
常温耐压强度/MPa ≥	9.5	5	3	2.5	2	1.5
加热永久线变化≤1%的试验温度/℃	1800	1700	1600	1500		
加热永久线变化≤2%的试验温度/℃					1400	1250
热导率(平均温度350℃±25℃)/(W/m·K)	0.80	0.60	0.40	0.35	0.30	0.20

3.3.5.4 陶瓷纤维

陶瓷纤维国内曾叫做陶瓷纤维、陶质纤维、耐火纤维、硅酸铝棉等等；分类也曾分作普铝纤维、高纯纤维、高铝纤维、莫来石纤维、含锆纤维等等；各说不一。本手册统一叫做“陶瓷纤维”。

GB/T 16400 按分类温度将耐火陶瓷纤维分成五个种类及其制品，性能指标见表 3-3-16。

表 3-3-16　陶瓷纤维及其制品性能指标

<table>
<tr><td colspan="2">类　别</td><td>1 号
低温型</td><td>2 号
标准型</td><td>3 号
高纯型</td><td>4 号
高铝型</td><td colspan="2">5 号
含锆型</td></tr>
<tr><td colspan="2">分类温度/℃</td><td>1000</td><td>1200</td><td>1250</td><td>1350</td><td colspan="2">1400</td></tr>
<tr><td colspan="2">制品的加热永久线变化≤5%(24h)的试验温度/℃</td><td>1000</td><td>1200</td><td>1250，</td><td>1350，</td><td colspan="2">1400，</td></tr>
<tr><td rowspan="6">陶瓷纤维化学成分/%</td><td>Al_2O_3</td><td>≥40</td><td>≥45</td><td>≥47，≥43</td><td>≥53</td><td colspan="2" rowspan="2">$Al_2O_3+SiO_2+ZrO_2$≥99</td></tr>
<tr><td>$Al_2O_3+SiO_2$</td><td>≥95</td><td>≥96</td><td>≥98，≥99</td><td>≥99</td></tr>
<tr><td>ZrO_2</td><td></td><td></td><td></td><td></td><td colspan="2">≥15</td></tr>
<tr><td>Fe_2O_3</td><td>≤1.5</td><td>≤1.2</td><td>≤0.3，≤0.2</td><td>≤0.4</td><td colspan="2">≤0.2</td></tr>
<tr><td>$Na_2O+K_2O+Fe_2O_3$</td><td><3.0</td><td></td><td></td><td></td><td colspan="2"></td></tr>
<tr><td>Na_2O+K_2O</td><td>≤2.0</td><td>≤0.5</td><td>≤0.4，≤0.2</td><td>≤0.4</td><td colspan="2">0.2</td></tr>
<tr><td colspan="2">制品类别</td><td colspan="3">板、毡、管壳</td><td colspan="3">毯</td></tr>
<tr><td colspan="2" rowspan="4">热导率
(平均温度 500±10℃)/
(W/m·K)</td><td rowspan="4">密度/
(kg/m³)</td><td>60</td><td>≤0.176</td><td rowspan="4">密度/
(kg/m³)</td><td>65</td><td>0.178</td></tr>
<tr><td>90</td><td>≤0.161</td><td>100</td><td>0.161</td></tr>
<tr><td>120</td><td>≤0.156</td><td>130</td><td>0.156</td></tr>
<tr><td>≥160</td><td>≤0.153</td><td>160</td><td>0.153</td></tr>
</table>

3.3.5.5 隔热耐火浇注料

管式炉上使用的隔热耐火浇注料，无论是水硬性的还是气硬性的，也不论采用什么配合比，除必须保证良好的和易性，便于施工以外，其性能指标都应符合表 3-3-17 所列的最低要求。

表 3-3-17　管式炉常用隔热耐火浇注料性能指标基本要求

<table>
<tr><td colspan="2">标　号</td><td>10#</td><td>9#</td><td>8#</td><td>7#</td><td>6#</td><td>5#</td></tr>
<tr><td colspan="2">重烧线变化≯2%的温度①/℃</td><td>1350</td><td>1300</td><td>1250</td><td>1100</td><td>1050</td><td>950</td></tr>
<tr><td rowspan="2">密度/
(kg/m³)</td><td>公称值</td><td>1000</td><td>900</td><td>800</td><td>700</td><td>600</td><td>500</td></tr>
<tr><td>110℃</td><td colspan="6">公称值±50</td></tr>
<tr><td rowspan="3">常温耐压强度/MPa
≮</td><td>3d</td><td>6</td><td>5</td><td>4</td><td>3</td><td>0.7</td><td>0.3</td></tr>
<tr><td>110℃</td><td>3.5</td><td>3</td><td>2.5</td><td>2</td><td>0.6</td><td>0.25</td></tr>
<tr><td>900℃</td><td>3</td><td>2.5</td><td>2</td><td>1.5</td><td>0.5(800℃)</td><td>0.2(500℃)</td></tr>
<tr><td>烧后线变化率/%</td><td>900℃</td><td>±0.3</td><td>±0.4</td><td>±0.4</td><td>±0.5</td><td>-1.0(800℃)</td><td>-1.0(800℃)</td></tr>
<tr><td rowspan="2">在平均温度下的热导率/(W/m·K)≯</td><td>350</td><td>0.31</td><td>0.30</td><td>0.28</td><td>0.26</td><td>0.2(260℃)</td><td>0.18(260℃)</td></tr>
<tr><td>500</td><td>0.33</td><td>0.32</td><td>0.30</td><td>0.28</td><td>0.22(350℃)</td><td>0.2(350℃)</td></tr>
</table>

注：① 此温度是参考 GB/T 16763《定形隔热耐火制品的分类》拟定的，可作为分类温度。

SH/T 3115《石油化工管式炉轻质浇注料衬里工程技术条件》规定，按体积密度（t/m^3）将石油化工管式炉轻质浇注料衬里分成 7 种。其性能指标和推荐的最高使用温度列于表 3-3-18。

表 3-3-18　SH/T 3115 规定的轻质浇注料衬里性能指标和推荐的最高使用温度

种　　类			Q-1.3	Q-1.2	Q-1.0	Q-0.9	Q-0.8	Q-0.7	Q-0.5
体积密度/（kg/m^3）（110℃烘干，16h）		≤	1300	1200	1000	900	800	700	500
常温耐压度/MPa	110℃烘干，16h	≥	6.0	5.0	4.0	3.0	2.6	2.2	1.5
	815℃烧后，3h	≥	5.0	4.5	3.5	2.5	2.1	1.8	1.2
抗折强度/MPa（110℃烘干 16h）		≥	2.0	1.5	1.3	1.0	0.8	0.7	0.6
烧后线变化/%（815℃烧后 3h）		≤	0.3	0.4	0.45	0.5	0.5	0.55	0.6
350℃热导率/（W/m·K）		≤	0.35	0.3	0.25	0.23	0.21	0.17	0.15
推荐最高使用温度/℃			1300	1200	1100	1000	900	800	600

用普通耐火泥浆砌筑的耐火砖炉墙和水硬性浇注料的炉墙均应在养护后进行烘炉。常用的烘炉曲线如图 3-3-2 所示。

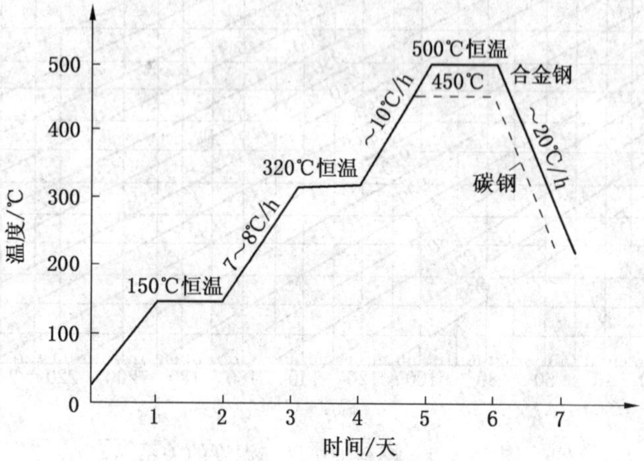

图 3-3-2　烘炉曲线

3.3.5.6　常用隔热耐火材料标准

GB/T 17105（eqv ISO 1109：1975）《致密定形耐火制品分类》

GB/T 16763（idt ISO 2245：1990）《定形隔热耐火制品的分类》

GB 4513《不定形耐火材料（致密和隔热）分类》

YB/T 5106《黏土质耐火砖》

GB 2988《高铝砖》

GB 3994《黏土质隔热耐火砖》

GB 3995《高铝质隔热耐火砖》

GB/T 14982《黏土质耐火泥浆》

GB/T 2994《高铝质耐火泥浆》

GB 11835《绝热用岩棉、矿渣棉及其制品》

GB/T 16400《绝热用硅酸铝棉及其制品》

SH/T 3115《石油化工管式炉轻质浇注料衬里工程技术条件》

ASTM 标准：C24、C27、C155、C401、C892

3.4 设计计算

3.4.1 燃料和燃烧计算

3.4.1.1 燃料油

(1) 燃料油的理化性质

① 密度 表示单位体积燃料油的质量，用 ρ 表示，kg/m^3。燃料油的密度与温度的关系可从图 3-4-1 查出。

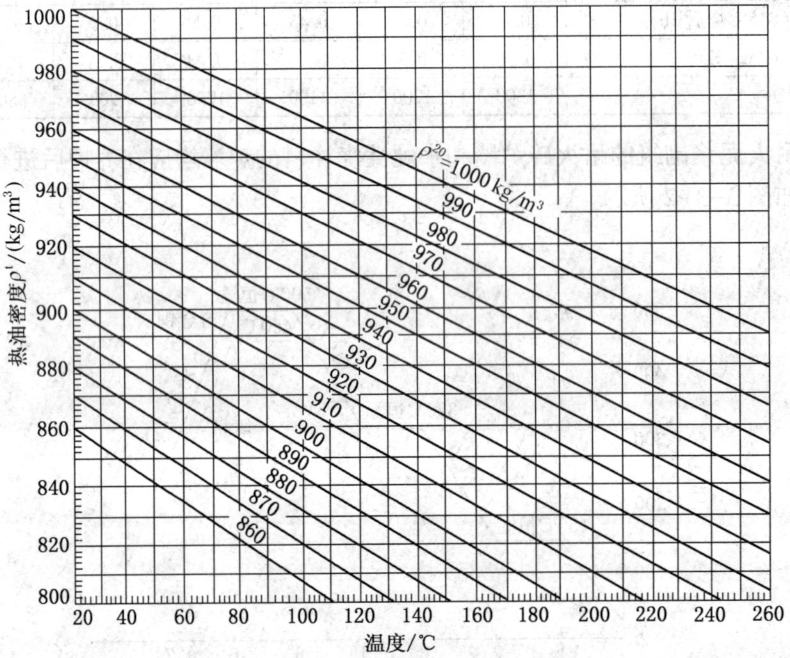

图 3-4-1 燃料油密度与温度的关系

② 相对密度 单位体积燃料油的质量与标准温度下同体积水的质量之比，用 d_4^{20} 表示。

③ 黏度 对燃料油流动阻力的量度，表征其输送和雾化的难易程度。常用运动黏度，以 ν 表示，m^2/s 或 mm^2/s。中、俄、德、法、意国常用恩氏黏度，以 E 表示，单位是°E。它是某温度下 200ml 的燃料油从恩氏黏度计中流出的时间与 20℃时 200ml 的蒸馏水流出的时间之比值。美国常用的是通用赛氏黏度，用 SU 表示，它是 $60cm^3$ 的燃料油从黏度计中流出所需的时间，单位为 s。它们之间可按下两式换算：

$$\nu = 7.31E - \frac{6.31}{E} \tag{3-4-1}$$

$$\nu = 0.22SU - \frac{1800}{SU} \tag{3-4-2}$$

式中，ν 的单位为 mm^2/s。

燃料油的黏度随温度的升高而降低，图 3-4-2 绘出了炼油厂常用燃料油的黏度与温度之间的关系。当已知某种燃料油两个温度点的黏度时，可在该图上绘出这两点，连线即可查出其他温度的黏度。

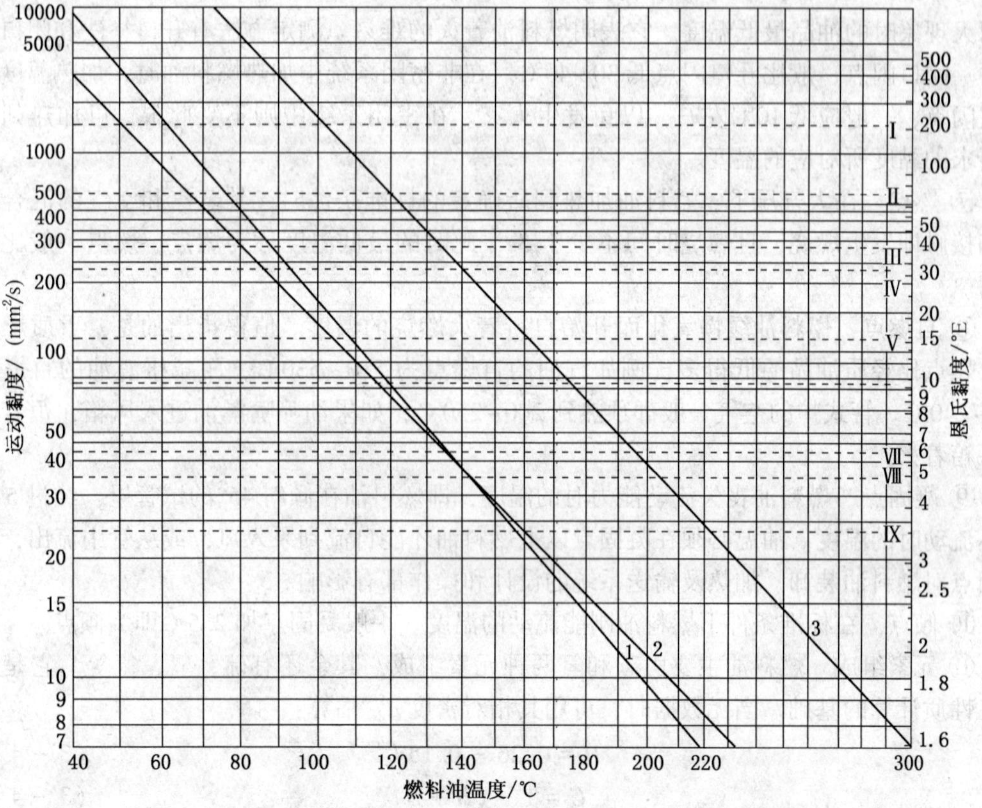

图 3-4-2 燃料油黏度与温度的关系

1—大港原油减渣油；2—大庆原油减渣油；3—胜利原油减渣油；

Ⅰ—螺杆泵和齿轮泵使用的最大黏度；Ⅱ—往复泵和比例泵使用的最大黏度；Ⅲ—用泵供油或卸出时的平均黏度；Ⅳ—20~40t/h 离心泵使用的最大黏度；Ⅴ—转杯式或蒸汽雾化油喷嘴使用的最大黏度；Ⅵ—高压或低压空气雾化油喷嘴使用的最大黏度；Ⅶ—机械雾化油喷嘴的极限黏度和蒸汽雾化油喷嘴使用的推荐黏度；Ⅷ—高压或低压空气雾化油喷嘴的推荐黏度；Ⅸ—机械雾化油喷嘴的推荐黏度

④ 比热容 1kg 燃料油升高 1℃所需的热量，用 C_f 表示，单位为 kJ/kg · K。重质燃料油的比热容 C_f 可以根据其平均温度 t_f 按下式计算，近似计算时可取 $C_f = 2.1$kJ/kg · K。

$$C_f = 1.74 + 0.0025t_f \quad (3-4-3)$$

⑤ 热导率 无水重质燃料油在温度 t 时的热导率 λ_t(W/m · K)可按下式计算：

$$\lambda_t = \lambda_{20} - \beta(t - 20) \quad (3-4-4)$$

式中 λ_{20}——20℃时燃料油的热导率，W/m · K；

β——系数，取值如下：

燃料油 50℃时的黏度/°E	≤100	>100
λ_{20}/(W/m·K)	0.145	0.158
β	0.00013	0.00021

⑥ 闪点　在大气压力下，燃料油蒸汽和空气的混合物在标准条件下接触火焰，发生短促闪火现象时的油品最低温度。它表明燃料油着火的难易。测定方法有开口杯法和闭口杯法两种。闭口闪点一般比开口闪点低 30~40℃。在非密闭系统中加热燃料油时，加热温度不应超过闪点，一般应低 10℃左右，以免发生火灾。在密闭系统中则不受此限，可加热到油喷嘴要求的黏度所对应的温度。

⑦ 燃点　在大气压下，燃料油加热到所确定的标准条件时，其蒸汽和空气的混合物与火焰接触即发生燃烧，且燃烧时间不少于 5s，此时的最低温度称为燃点。燃点一般比闪点略高。

⑧ 自燃点　燃料油缓慢氧化而开始自行着火燃烧的温度。值得指出的是，重质燃料油的自燃点比轻质油品的低得多，例如汽油的自燃点为 510~530℃，而减压渣油的自燃点仅 230~240℃。管式炉的空气一般都预热到 200~250℃，如果油喷嘴漏油进入风箱，很容易引起风箱着火。

⑨ 凝固点　燃料油丧失流动能力时的温度，即燃料油在倾斜 45°的试管里，经过 5~10s 尚不流动时的温度。油温必须在凝固点以上燃料油才能自流到泵入口，或从管中流出，因此凝固点对燃料油装卸、加热及输送系统的设计和操作都有影响。

⑩ 倾点　在标准条件下燃料油刚能流动的温度。一般凝固点加 2.5℃即为倾点。

⑪ 元素组成　燃料油主要由碳和氢两种元素组成，其余还有硫、氧、氮等。它是进行热工性质计算的基础。当无数据时，可用其相对密度 d_4^{20} 估算：

$$H = 0.26 - 0.15d_4^{20} \qquad (3-4-5)$$

$$C = 1 - (H + S) \qquad (3-4-6)$$

式中　H、C、S——燃料油中氢、碳、硫的质量分数。

⑫ 硫分　燃料油中都不同程度的含有硫。按含硫量的多少，燃料油可分为三种：

	低硫燃料油	含硫燃料油	高硫燃料油
S/%	<0.5	0.5~1.0	>1.0

⑬ 灰分　燃料油中的灰分一般小于 0.2%，其中包括钠、镁、钒、镍、铁、硅等及少量其他金属化合物。灰分可能造成管式炉辐射室炉管管外结盐，对流室炉管积灰，低温段黏灰堵塞，炉内构件高温腐蚀(钒、钠腐蚀)和对耐火材料的侵蚀等危害。

⑭ 水分　含水燃料油在罐中预热到 100℃时会产生冒罐(突沸)事故。燃料油中的水分当为非乳化状态时会使火焰脉动、间断甚至熄灭。一般燃料油含水 3%就会使燃烧不稳定，含水 5%就会造成燃烧中断，因此燃料油在供给燃烧器之前应充分脱水，水分应控制在 2%以下。

⑮ 机械杂质　燃料油中的机械杂质含量一般为 0.1%~2%。炼油厂管式炉有时还要烧一部分污油，其机械杂质含量更高。新开工的装置，管线内的焊渣、砂石、焦块等也混入燃料油内，使机械杂质特别是大颗粒的机械杂质增加。机械杂质易造成油喷嘴喷孔和小阀门的堵

塞和磨损，因此燃料油在供给燃烧器前应经过严格过滤。

⑯ 安定性　重质燃料油的安定性指的是沉淀物析出的倾向。燃料油中的碳、沥青与水分结合形成油泥状沉淀物，低温时还会形成含蜡沉淀物。这些沉淀物不仅可能堵塞过滤器，还会附着在油喷嘴的喷头上，妨碍正常燃烧。

⑰ 残炭　重质燃料油的残炭值在10%~13%之间。残炭值高则易在油喷孔处集炭结焦，造成雾化不良，燃烧不正常，甚至火焰偏斜和淌油等故障。

(2) 燃料油的热工性质

① 发热量　基准温度15℃时完全燃烧的热效应，即最大反应热。按燃烧产物中水的相态有高发热量(也称高热值)和低发热量(也称低热值)之分：燃烧产物中的水蒸汽凝结成水时的反应热是高发热量，仍以气态存在时的反应热是低发热量。燃料油的发热量可按元素组成计算：

$$Q_H = 33900C + 125600H + 10900(S - O) \tag{3-4-7}$$

$$Q_L = 33900C + 103000H + 10900(S - O) - 25W \tag{3-4-8}$$

式中　Q_H——燃料油的高发热量，kJ/kg；

Q_L——燃料油的低发热量，kJ/kg；

C、H、O、S、W——燃料油中碳、氢、氧、硫和水分的质量分数，例如碳86%，则C=0.86。

当无元素组成数据时，可按燃料油的相对密度 d_4^{20} 计算：

$$Q_L = 51870 - 10370d_4^{20} - 230S \tag{3-4-9}$$

② 空气量　燃料油完全燃烧所需的理论空气量按可燃元素燃烧反应的化学平衡式和干空气的质量百分组成(O_2=23.2%，N_2=76.8%)导出其计算式：

$$L_0 = \frac{267C + 800H + 100S - 100O}{23.2} \tag{3-4-10}$$

$$V_0 = \frac{L_0}{1.293} \tag{3-4-11}$$

式中　L_0——理论空气量，kg/kg燃料；

V_0——理论空气量，Nm^3/kg燃料。

当无元素组成数据时，可按燃料油的相对密度 d_4^{20} 计算：

$$L_0 = 17.48 - 3.45d_4^{20} - 7.2S \tag{3-4-12}$$

实际燃烧所用的空气都有一定的湿度，因此按上述公式计算的理论空气量应乘以一个较安全的饱和湿空气修正系数，见图3-4-3。另外，燃烧过程中氧和可燃元素碰撞的机率与两者的浓度有关。为了保证完全燃烧，必须有足够的过剩氧，即必须有一定的过剩空气量。实际空气量与理论空气量之比叫过剩空气系数，用α表示。实际空气量(L或V)等于：

$$L = \alpha L_0 \quad kg/kg \tag{3-4-13}$$

$$V = \alpha V_0 \quad Nm^3/kg \tag{3-4-14}$$

③ 烟气量　1kg燃料油燃烧产生的烟气量包括燃料本身、实际空气量和雾化蒸汽量：

$$G_g = 1 + L + W_S \tag{3-4-15}$$

式中　G_g——烟气量，kg/kg燃料；

W_S——雾化蒸汽量，kg/kg燃料，一般取 W_S=0.2~0.3。

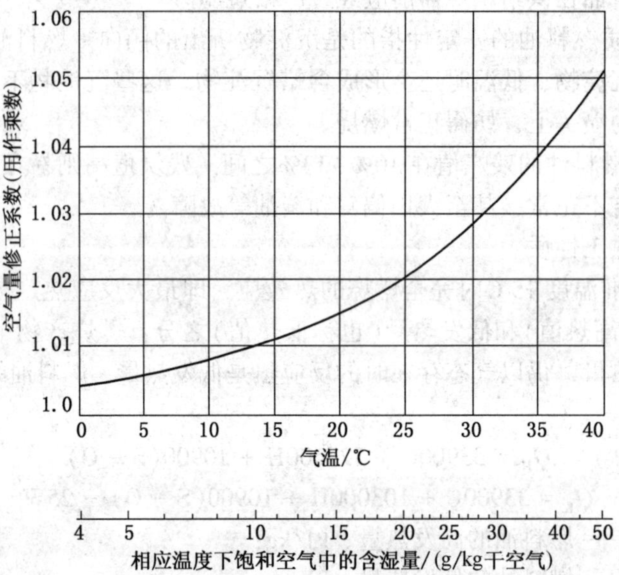

图 3-4-3 饱和湿空气修正系数

④ 烟气组成 烟气由二氧化碳(CO_2)、二氧化硫(SO_2)、水蒸气(H_2O)、氧(O_2)和氮(N_2)等组成，1kg 燃料油产生的烟气各组分质量计算如下：

$$CO_2 = 3.67C \quad \text{kg/kg 燃料}$$

$$SO_2 = 2S \quad \text{kg/kg 燃料}$$

$$H_2O = 9H + W + W_S \quad \text{kg/kg 燃料}$$

$$O_2 = 0.232L_0(\alpha - 1) \quad \text{kg/kg 燃料}$$

$$N_2 = 76.8\alpha L_0 \quad \text{kg/kg 燃料}$$

$$G_g = CO_2 + SO_2 + H_2O + O_2 + N_2 \quad \text{kg/kg 燃料} \tag{3-4-16}$$

⑤ 烟气分子量 烟气的平均分子量按下式计算：

$$M = \frac{G_g}{M_g} \tag{3-4-17}$$

其中 $$M_g = \frac{CO_2}{44} + \frac{SO_2}{64} + \frac{H_2O}{18} + \frac{O_2}{32} + \frac{N_2}{28} \quad \text{kgmol/kg 燃料}$$

⑥ 烟气密度 标准状态下烟气的密度为：

$$\rho_{g0} = \frac{G_g}{22.4M_g} \quad \text{kg/Nm}^3 \text{ 烟气} \tag{3-4-18}$$

⑦ 烟气热焓 当基准温度为 t_b 时，温度为 t_g 的烟气各组成的热焓 I_i 可用下式计算：

$$I_i = 4.2A \times 10^{-2}(t_g - t_b) + 7.56B \times 10^{-4}[(t_g + 273.16)^2 - (t_b + 273.16)^2] +$$
$$13.6C \times 10^{-6}[(t_g + 273.16)^3 - (t_b + 273.16)^3] +$$

$$1.3D \times 10^2\left[\frac{1}{t_g + 273.16} - \frac{1}{t_b + 273.16}\right] \quad \text{kJ/kg} \qquad (3-4-19)$$

烟气在 t_g 时的热焓 I_g(kJ/kg 燃料)为:

$$I_g = CO_2 \times I_{CO_2} + SO_2 + I_{SO_2} + H_2O \times I_{H_2O} + O_2 \times I_{O_2} + N_2 \times I_{N_2} \qquad (3-4-20)$$

式中的计算系数 *A*、*B*、*C*、*D* 列于表 3-4-1。

表 3-4-1 计算系数 *A*、*B*、*C*、*D*

气 体	*A*	*B*	*C*	*D*
氧(O_2)	19.75583	0.24852	-0.0027109	18.86205
氢(H_2)	341.34548	-0.17541	0.0233140	-129.56586
水蒸汽(H_2O)	40.83193	0.36710	0.0006160	34.42355
氮(N_2)	23.69959	0.09764	0.0005949	15.60296
二氧化碳(CO_2)	14.00137	0.67027	-0.0087505	-8.57364
二氧化硫(SO_2)	11.10611	0.42328	-0.0060594	0.67880

⑧ 烟气比热容　烟气的比热容 C_g(kJ/kg 燃料·K)按下式计算:

$$C_g = [SX(*7]I_g[\,]t_g[SX)] \qquad (3-4-21)$$

顺便说明，按上两式也可计算空气的热焓 I_a 和比热容 C_a:

$$I_a = 0.232 I_{O_2} + 0.768 I_{N_2} \quad \text{kJ/kg 空气} \qquad (3-4-22)$$

$$C_a = \frac{I_a}{t_a} \quad \text{kJ/kg 空气·K} \qquad (3-4-23)$$

上述各种气体在基准温度 t_b=15℃时的焓也可从图 3-4-4 和图 3-4-5 查到。

⑨ 理论燃烧温度　燃料在理论空气量下完全燃烧所产生的热量全部被烟气所吸收(绝热燃烧)时，烟气所达到的温度叫理论燃烧温度 t_m。燃料完全燃烧所产生的热量为其低发热量及燃料、雾化蒸汽和空气带入的显热之和，于是温度 t_m时的烟气热焓 I_{gtm} 可表示为:

$$I_{gtm} = Q_L + Q_f + Q_m + Q_a \qquad (3-4-24)$$

式中　Q_f——燃料带入的显热，kJ/kg 燃料;

Q_m——雾化蒸汽带入的显热，kJ/kg 燃料;

Q_a——空气带入的显热，kJ/kg 燃料。

联系式(3-4-21)可得出理论燃烧温度 t_m的计算式:

$$t_m = \frac{Q_L + Q_f + Q_m + Q_a}{C_{gtm}} \approx t_a + \frac{Q_L}{C_{gtm}} \qquad (3-4-25)$$

式中　t_a——空气入炉的温度,℃;

C_{gtm}——烟气在 t_m时的比热容，kJ/kg 燃料·K。

由于燃料和雾化蒸汽带入的显热很少，可以忽略，因此理论燃烧温度可用上式中的后半部进行近似计算。实际上工业炉内的燃烧并不是在上述绝热状态下进行的，燃料总是在有一定过剩空气下燃烧，并且一边燃烧，一边被介质吸热，同时还通过炉墙向大气散热，因此实际燃烧温度要比理论燃烧温度低得多。重质燃料油的理论燃烧温度一般可达2000℃,而管

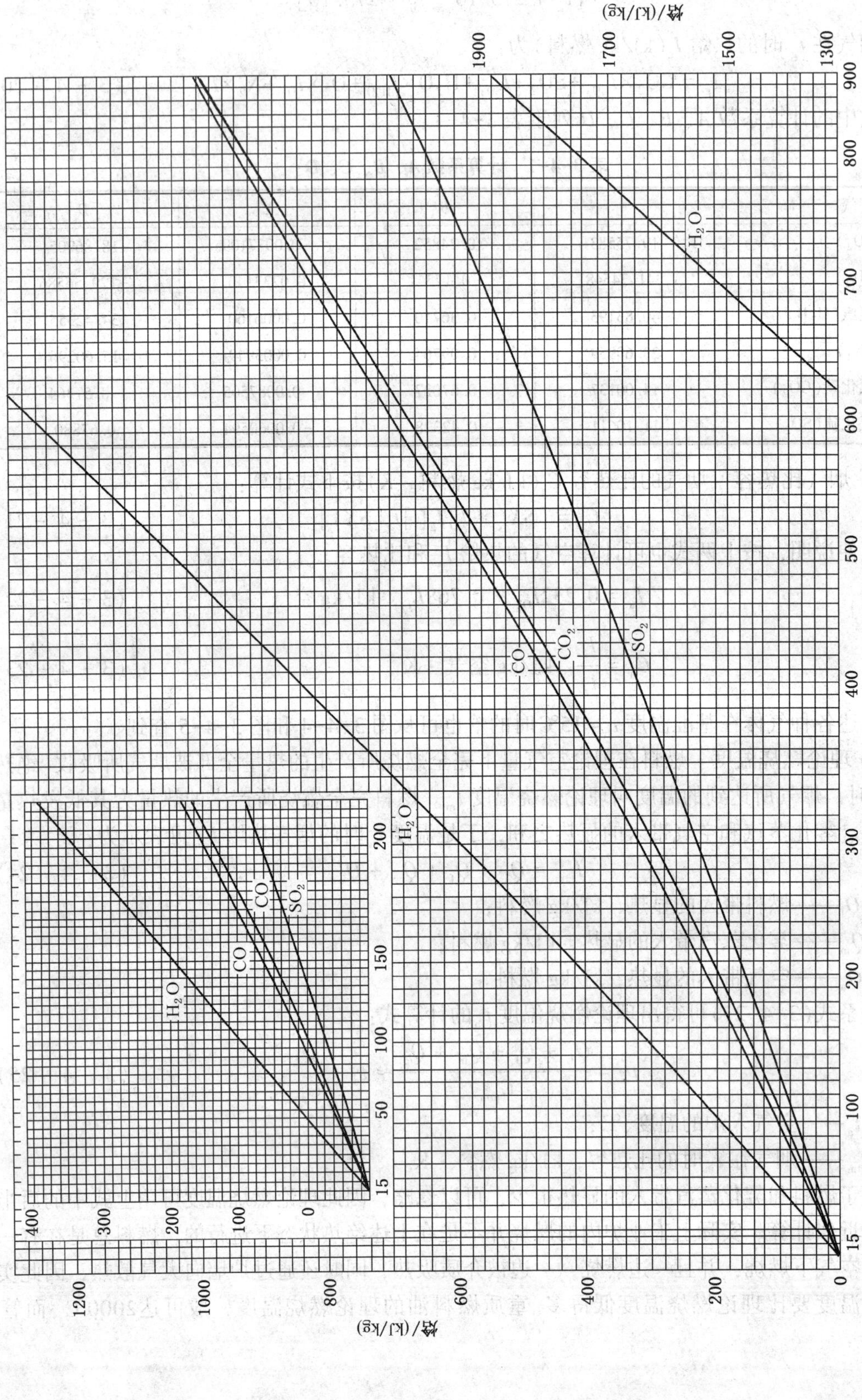

图 3-4-4　烟气中 H_2O，CO，CO_2 和 SO_2 的焓（基准温度 15℃）

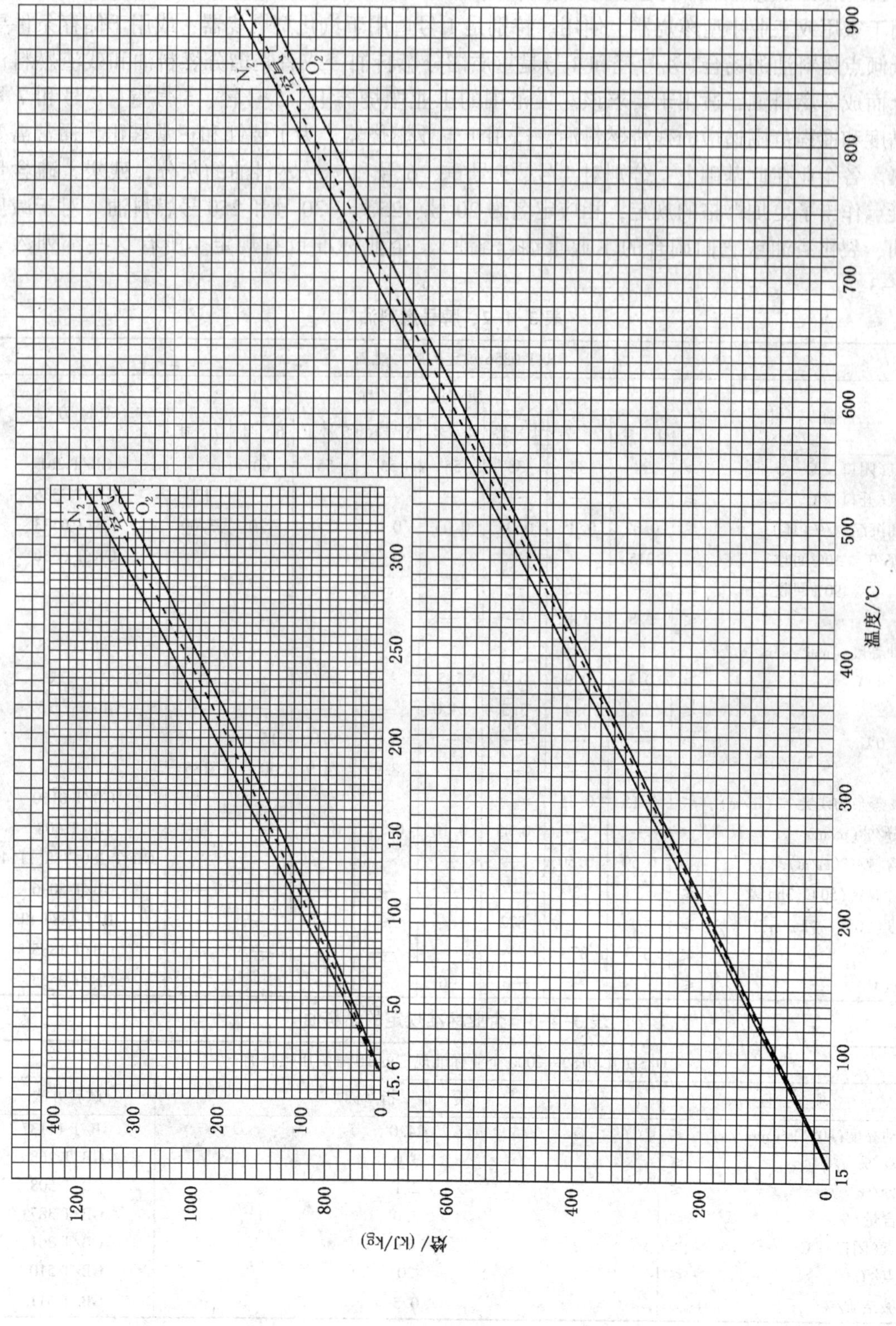

图3-4-5 空气、O_2和N_2的焓(基准温度15℃)

式炉内的火焰温度通常只有1350~1500℃。

（3）常用燃料油

SH/T 0356《燃料油》规定了八种燃料油，见表3-4-2。其中1号和2号是馏分燃料油，适用于家用或工业小型燃烧器上使用。特别是1号适用于汽化型燃烧器，或用于储存条件要求低倾点燃料油的场合。4号轻和4号是重质馏分燃料油，或者是馏分燃料油和残渣燃料油混合而成的燃料油，适用于要求该黏度范围的工业燃烧器上。5号轻、5号重、6号和7号是黏度和馏程范围递增的残渣燃料油，适用于工业燃烧器，为了装卸和正常雾化，通常需要预热。各企业在此基础上，分别对4号、5号重、6号和7号燃料油的灰分、残炭、硫含量和凝点作出了更加严格的规定，相应定名为20号、25号、30号和250号燃料油。对于减压渣油、裂化渣油或它们调合的工业重油（渣油），企业标准也有规定。所有这些都列入表3-4-3。

表3-4-2 牌号燃料油

SH/T 0356规定的牌号燃料

项目		质量指标								试验方法
		1号	2号	4号轻	4号	5号轻	5号重	6号	7号	
闪点(闭口)/℃	≥	38	38	38	55	55	55	60	—	GB/T 261
闪点(开口)/℃	≥	—	—	—	—	—	—	—	130	GB/T 3536
水和沉淀物/%(体)	≤	0.05	0.05	0.05	0.05	0.0	0.0	1.0	3.00	GB/T 6533
馏程/℃ 10%回收	≤	215	—	—	—	—	—	—	—	GB/T 6536
90%回收	≥	—	282	—	—	—	—	—	—	
	≤	228	338	—	—	—	—	—	—	
运动黏度/(mm²/s)										GB/T 265
40℃	≥	0.3	0.9	0.9	5.5	—	—	—	—	或
	≤	0.1	3.4	5.5	24.0	—	—	—	—	GB/T 11137
0℃	≥	—	—	—	—	5.0	9.0	15.0	—	
	≤	—	—	—	—	8.9	14.9	50.0	185	
10%蒸余物残炭/%(m/m)	≤	0.15	0.35	—	—	—	—	—	—	GB/T 0160
灰分/%(m/m)		—	—	0.05	0.10	0.15	0.15	—	—	GB/T 508
硫含量/%(m/m)		0.50	0.50	—	—	—	—	—	—	GB/T 380,388,11140
铜片腐蚀(50℃,3h)级	≤	3	3	—	—	—	—	—	—	GB/T 5096
密度(20℃)/(kg/m³)	≥	—	—	872	—	—	—	—	—	GB/T 1884和
	≤	846	872	—	—	—	—	—	—	GB/T 1885
倾点℃	≤	-18	-6	-6	-6	—	—	—	—	GB/T 3535

表3-4-3 企业标准规定的燃料油

Q/SH JL 0182—2000企业标准规定的20号炉用燃料油

项目		质量指标	试验方法
运动黏度(40℃)/(mm²/s)	≤	24.0	GB/T 11137
残炭/%	≤	3.0	GB/T 268
灰分/%	≤	2.1	GB/T 508
硫含量/%	≤	3.0	GB/T 387
闪点(闭口)/℃	≥	65	GB/T 261
凝点/℃	≤	20	GB/T 510
机械杂质/%	≤	0.5	GB/T 511

续表

项　　目		质　量　指　标	试验方法
Q/SH JL 0131—2000 企业标准规定的 25 号燃料油			
运动黏度(100℃)/(mm^2/s)	≤	14.9	GB/T 11137
残炭/%	≤	8.0	GB/T 268
灰分/%	≤	0.15	GB/T 508
硫含量/%	≤	2.0	GB/T 387
闪点(开口)/℃	≥	80	GB/T 267
凝点/℃	≤	25	GB/T 510
机械杂质/%	≤	0.2	GB/T 511
水分/%	≤	0.5	GB/T 260
Q/SH JL 0133—2000 企业标准规定的 30 号燃料油			
运动黏度(100℃)/(mm^2/s)	≤	25	GB/T 11137
残炭/%	≤	10	GB/T 268
灰分/%	≤	0.15	GB/T 508
硫含量/%	≤	3.0	GB/T 387
闪点(开口)/℃	≥	90	GB/T 267
凝点/℃	≤	32	GB/T 510
水分/%	≤	1.0	GB/T 260
Q/SH 034.01.02—1995 企业标准规定的 250 号重油			
恩氏黏度(100℃)/°E	≤	25	GB/T 266
灰分/%	≤	0.3	GB/T 508
硫含量/%	≤	3.0	GB/T 387
闪点(开口)/℃	≥	130	GB/T 267
凝点/℃	≤	45	GB/T 510
机械杂质/%	≤	2.5	GB/T 511
水分/%	≤	2.0	GB/T 260
Q/SH 019.01.107—1992(1996)企业标准规定的工业重油(渣油)			
运动黏度(100℃)/(mm^2/s)	≤	650	GB/T 11137
灰分/%	≤	1.0	GB/T 508
硫含量/%	≤	3.0	GB/T 387
闪点(开口)/℃	≥	80	GB/T 267
凝点/℃	≤	45	GB/T 510
机械杂质/%	≤	2.0	GB/T 511
水分/%	≤	2.0	GB/T 260

炼油厂自用的燃料油一般都是减压渣油或其他残渣油，其品质比上述商品燃料油要差很多。表 3-4-4 列出了炼油厂常用燃料油的性质。

表 3-4-4 炼油厂常用燃料油性质

燃料油	元素组成/%(质)					密度 ρ^{20}/ (kg/m^3)	黏度/(mm^2/s)		残炭/%(质)
	C	H	S	O	N		80℃	100℃	
大庆原油减压渣油	86.5	12.56	0.17		0.37	930	281.5	129.7	—
胜利原油减压渣油	86.82①	11.16①	1.32		0.7	989.5	6065	1647	16.7
大港原油减压渣油	86.69	12.7	0.29	0.07		949.6	429.8	159.1	10.4
江汉原油减压渣油	85.74①	11.24①	3.0			983.8	—	741.7	15.02
玉门原油减压渣油	88.17①	11.58①	0.25			961	777	265	11.72
克拉玛依原油减压渣油	88.21①	11.58①	0.21			961.5	—	—	—
大庆原油常压重油	87.57①	12.26①	0.17①			916.2	58.4	29.2	—
胜利原油常压重油	85.78	11.72	1.32①			965.6	779.5	286.9	11.36
大港原油常压重油	87.91①	11.91①	0.18			920.2	47.1	23.93	5.3
江汉原油常压重油	84.83①	12.17①	3.0①			921.8	—	15.71	4.54
玉门原油常压重油	88.03①	11.76①	0.21			949	101.6	46.63	—
克拉玛依原油常压重油	87.57①	12.29①	0.14			914.3	102.6	39.88	—

燃料油	闪点/℃	凝固点/℃	沸程/℃	高热值/(kJ/kg)	低热值/(kJ/kg)	理论空气量		理论燃烧温度/℃
						kg/kg	Nm^3/kg	
大庆原油减压渣油	339	33	—	45130	42291	14.4	11.1	2018
胜利原油减压渣油	—	48.5	—	43601	41081	14.0	10.8	2021
大港原油减压渣油	>300	41	>500	45377	42504	14.5	11.2	2017
江汉原油减压渣油	—	—	>557	43522	40980	14.0	10.8	2018
玉门原油减压渣油	301	32	—	44476	41855	14.3	11.0	2022
克拉玛依原油减压渣油	322	20	>500	44480	41864	14.3	11.0	2023
大庆原油常压重油	257	38	>374	45113	42341	14.4	11.2	2020
胜利原油常压重油	—	—	>350	43953	41303	14.1	10.9	2018
大港原油常压重油	233	38	>350	44795	42144	14.4	11.2	2017
江汉原油常压重油	—	43	>354	44380	41629	14.2	11.0	2015
玉门原油常压重油	220	27	>350	44644	41985	14.3	11.1	2021
克拉玛依原油常压重油	208	-1	>350	45150	42370	14.4	11.2	2020

注：①为计算值或估算值。

3.4.1.2 燃料气

(1) 燃料气的性质

燃料气的理化性质和热工性质可根据各组分的体积百分数和各单一气体的性质按表3-4-5所列公式计算。表3-4-6和表3-4-7分别列出了各单一气体的性质和平均体积热容。

表 3-4-5　燃料气性质计算

名　称	符　号	计　算　公　式	单　位
密　度	ρ_0	$\rho_0=\sum X_i\rho_{0i}$	kg/Nm^3
相对密度(对空气)	S	$S=\dfrac{\rho_0}{1.293}$	
平均分子量	M	$M=\sum X_iM_i\approx 22.4\times\rho_0$	
气体常数	R	$R=\dfrac{848}{M}\approx\dfrac{37.86}{\rho_0}$	kg·m/kg·K
平均体积热容	C_f	$C_f=\sum X_iC_i$	kJ/Nm^3·℃
高发热量	Q_H	$Q_H=\sum X_iQ_{Hi}$	kJ/Nm^3
低发热量	Q_L	$Q_L=\sum X_iQ_{Li}$	kJ/Nm^3
理论空气量	V_0	$V_0=\sum X_iV_{0i}$	Nm^3/Nm^3 燃气
	L_0	$L_0=\dfrac{1.293V_0}{\rho_0}$	kg/kg 燃气
实际空气量	V	$V=\alpha V_0$	Nm^3/Nm^3 燃气
	L	$L=\alpha L_0$	kg/kg 燃气
烟气组成	V_{CO_2}	$V_{CO_2}=\sum X_iV_{CO_2i}$	Nm^3CO_2/Nm^3 燃气
	V_{SO_2}	$V_{SO_2}=\sum X_iV_{SO_2i}$	Nm^3SO_2/Nm^3 燃气
	V_{H_2O}	$V_{H_2O}=\sum X_iV_{H_2Oi}$	Nm^3H_2O/Nm^3 燃气
	V_{N_2}	$V_{N_2}=0.79\alpha V_0+N_2$	Nm^3N_2/Nm^3 燃气
	V_{O_2}	$V_{O_2}=0.21(\alpha-1)V_0$	Nm^3O_2/Nm^3 燃气
烟气量	V_g	$V_g=V_{CO_2}+V_{SO_2}+V_{H_2O}+V_{N_2}+V_{O_2}$	Nm^3/Nm^3 燃气
烟气平均体积热容	C_{vg}	$C_{vg}=V_{CO_2}C_{VCO_2}+V_{SO_2}C_{VSO_2}+V_{H_2O}C_{VH_2O}+V_{N_2}C_{VN_2}+V_{O_2}C_{VO_2}$	kJ/Nm^3 燃气·K
烟气热焓	I_{gt}	$I_{gt}=t_gC_{vg}$	kJ/Nm^3 燃气
理论燃烧温度	t_m	$t_m=\dfrac{Q_L+1.3V_0t_a+C_ft_f}{C_{vgtm}}\approx t_a+\dfrac{Q_L}{C_{vgtm}}$	℃
烟气密度	ρ_g	$\rho_{g0}=\dfrac{44V_{CO_2}+64V_{SO_2}+18V_{H_2O}+28V_{N_2}+32V_{O_2}}{22.4V_g}$	kg/Nm^3 烟气

表中符号说明如下：

X_i——单一气体在燃料气中所占的体积分数。例如 H_2 占 30%，则 $X_{H_2}=0.3$；

ρ_{0i}、M_i、C_{vi}、Q_{Hi}、Q_{Li}、V_{0i}——单一气体的密度、分子量、平均体积热容、高热值、低热值、理论空气量；

V_{CO_2}、V_{SO_2}、V_{H_2O}——单一气体在 $\alpha=1$ 时完全燃烧生成的烟气中 CO_2、SO_2、H_2O 的量，Nm^3/Nm^3 气体；

脚标 f、a、g——燃料、空气和烟气。

表 3-4-6　单一气体的性质

序号	名　称	分子式	分子量	密度 ρ_0	自燃点	比热容/(kJ/kg·K)		绝热指数	高热值	低热值	理论空气量	烟气组成(α=1)/(Nm^3/Nm^3)			烟气量(α=1)	最大火焰传播
				kg/Nm^3	℃	恒压 C_p	恒容 C_v	$K=C_p/C_v$	kJ/Nm^3	kJ/Nm^3	Nm^3/Nm^3	CO_2	H_2O	N_2	Nm^3/Nm^3	速度/(m/s)
1	氧	O_2	32	1.4289	—	0.913	0.653	1.4	—	—	—	—	—	—	—	—
2	氮	N_2	28.02	1.2507	—	1.047	0.745	1.4	—	—	—	—	—	—	—	—
3	空　气	—	28.85	1.293	—	1.009	0.720	1.4	—	—	—	—	—	—	—	—
4	二氧化碳	CO_2	44	1.9768	—	0.837	0.653	1.3	—	—	—	—	—	—	—	—
5	一氧化碳	CO	28	1.2501	610	1.047	0.754	1.4	12636	12630	2.38	1.00	—	1.88	2.88	1.25
6	硫化氢	H_2S	34.09	1.5392	290	1.059	0.553	1.3	25406	23400	7.14	1.00	1.00	5.64	7.64	—
7	二氧化硫	SO_2	64.06	2.9268	—	0.632	0.502	1.25	—	—	—	(SO_2)	—	—	—	—
8	氢	H_2	2.016	0.0898	510	14.269	10.132	1.407	12761	10780	2.38	—	1.00	1.88	2.88	4.83
9	甲　烷	CH_4	16.042	0.7162	645	2.207	1.683	1.308	39749	35800	9.52	1.00	2.00	7.52	10.52	0.67
10	乙　烷	C_2H_6	30.068	1.3423	530	1.715	1.436	1.193	69639	63700	16.66	2.00	3.00	13.16	18.16	0.85
11	乙　烯	C_2H_4	28.052	1.2523	540	1.516	1.220	1.243	63510	59100	14.28	2.00	2.00	11.28	15.28	1.42
12	乙　炔	C_2H_2	26.036	1.1623	335	1.660	1.341	1.238	58464	56500	11.9	2.00	1.00	9.40	12.40	—
13	丙　烷	C_3H_8	44.094	1.9685	510	1.626	1.432	1.133	99106	91260	23.8	3.00	4.00	18.80	25.80	0.82
14	丙　烯	C_3H_6	42.078	1.8785	455	1.483	1.285	1.1538	92461	86500	22.42	3.00	3.00	16.92	22.92	—
15	丁　烷	C_4H_{10}	58.12	2.5946	490	1.662	1.520	1.094	128501	117700	30.94	4.00	5.00	24.44	33.14	0.82
16	丁　烯	C_4H_8	56.104	2.5046	455	1.550	1.402	1.1051	121790	113710	28.56	4.00	4.00	20.68	28.68	
17	戊　烷	C_5H_{12}	72.146	3.2208	—	1.663	1.549	1.1074	157893	145800	38.08	5.00	6.00	30.08	41.08	
18	戊　烯	C_5H_{10}	70.13	3.1308	—	1.598	1.480	1.0801	148485	138400	35.7	5.00	5.00	28.20	38.20	

注：① C_p，C_v，K 序号 1～8 为标准状态下之值，序号 9～18 为 15.6℃ 常压下之值。

② 最大火焰传播速度是在 ϕ25.4mm 管内测定的。

表 3-4-7　各种气体的体积热容

$kJ/Nm^3 \cdot K$

温度/℃	CO_2	N_2	O_2	CO	CH_4	H_2	水蒸气	干空气	C_2H_2	C_2H_4	C_2H_6	C_3H_8	C_4H_8	C_4H_{10}	C_5H_{12}	H_2S	SO_2
0	1.5931	1.2929	1.3046	1.3021	1.5659	1.2812	1.4943	1.2915	1.8715	1.8631	2.1981	3.0689	3.8309	4.2077	5.2126	1.4654	1.5910
200	1.7961	1.3004	1.3356	1.3105	1.7668	1.2979	1.5219	1.3075	2.1855	2.2902	2.7968	3.9775	4.7436	5.2335	6.6319	1.5533	1.8924
400	1.9377	1.3172	1.3779	1.3314	2.0222	1.3063	1.5654	1.3293	2.3697	2.6628	3.3369	4.7981	5.5643	6.1965	7.9298	1.6454	2.0390
600	2.0494	1.3410	1.4172	1.3607	2.2692	1.3105	1.6144	1.3569	2.5079	3.0061	3.8058	5.4554	6.2718	7.0589	9.0226	1.7208	2.1227
800	2.1395	1.3674	1.4503	1.3900	2.4953	1.3188	1.6684	1.3846	2.6293	3.2992	4.2077	6.0416	6.8873	7.8126	9.9018	1.7961	2.1855
1000	2.2140	1.3921	1.4775	1.4151	2.6963	1.3314	1.7229	1.4097	2.7340	3.5504	4.5427	6.5230	7.4106	8.4448	10.6052	1.8631	2.2316
1200	2.2747	1.4151	1.5005	1.4403	2.8721	1.3440	1.7768	1.4327									2.2734
1400	2.3249	1.4361	1.5202	1.4612		1.3607	1.8284	1.4537									2.3111
1600	2.3676	1.4541	1.5378				1.8765	1.4717									2.3404
1800	2.4049	1.4700	1.5541				1.9217	1.4872									2.3655
2000	2.4367	1.4842	1.5688				1.9632	1.5328									2.3948

（2）炼油厂常用燃料气

炼油厂常用燃料气与自用燃料油不同。自用燃料油基本上都是减压渣油或常压重油，其元素组成和性质不会有太大的变化，而自产燃料气的组成和性质则随炼油厂的装置配置和加工方案的不同而有很大的变化。表 3-4-8 列出的常用燃料气组成是某些厂或某些装置的标定数据，其性能数据是按前述公式计算的，在无数据时可供读者参考。

表 3-4-8　炼油厂常用燃料气

项	目	炼厂气	催化干气	焦化干气	重整副产气	催化气态烃
组成/%(体)	H_2S	4.2	7.2	4.91		
	CO_2	0.64		0.45		
	H_2	9.5	6.6	10.1	34.9	
	N_2+O_2	13.3	27.2	25.08		
	CH_4	28.01	26.4	27.39	2.0	
	C_2H_6	11.09	26.0	14.82	10.0	0.6
	C_2H_4	2.12		2.55		
	C_3H_8	9.65	0.5	7.78	45.6	18.3
	C_3H_6	9.46	4.7	4.28		48.1
	C_4H_{10}	4.39	0.6	1.54	6.9	14.7
	C_4H_8	7.25	0.8	1.1		17.7
	C_5H_{12}	0.39			0.6	0.6
密度 ρ_0	kg/Nm^3	1.304	1.159	1.139	1.276	2.188
相对(空气)密度 S		1.009	0.896	0.881	0.987	1.692
平均分子量 M		28.79	25.962	19.734	28.582	49.01
气体常数 R	kg · m/kg · K	29.45	32.66	42.97	29.67	17.3
绝热指数 K		1.3	1.37	1.26	1.14	1.13
0℃时的体积热容	$kJ/Nm^3 \cdot K$	0.515	0.418	0.434	0.577	0.807
最大火焰传播速度	m/s	0.92	0.87	0.80	1.07	0.82
高热值 Q_H	kJ/Nm^3	55881	36032	40537	67219	108182
低热值 Q_L	kJ/Nm^3	50464	32804	35730	61374	100441
理论空气量 V_0	Nm^3/Nm^3 燃气	13.338	8.589	9.63	15.9	25.07
理论燃烧温度 t_m	℃	2090	2040	2020	2125	2240

3.4.2　热平衡和热效率计算

3.4.2.1　热平衡

（1）热平衡通式

热平衡是计算热效率的基础。对于连续生产的管式炉，根据能量守恒定律，在稳定状态下热平衡通式为：

$$输入能量 = 输出能量$$

或

$$Q_G = Q_Y + Q_S \qquad (3-4-26)$$

式中　Q_G——供给能量，kJ；

Q_Y——有效能量，kJ；

Q_S——损失能量，kJ。

（2）热平衡体系

为进行热平衡计算而划分的范围，叫做热平衡体系。其范围的划定主要取决于评价对象、测试目的和要求。正确的体系范围划分，应该使整个体系的输入和输出项目最少，且测量简单可行。常见的管式炉及其余热回收系统体系划分见图 3-4-6~图 3-4-9。

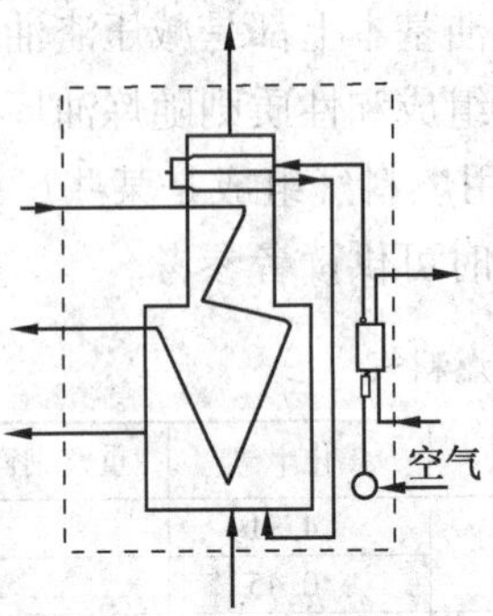

图 3-4-6 炉外热源暖风器及烟气余热预热空气

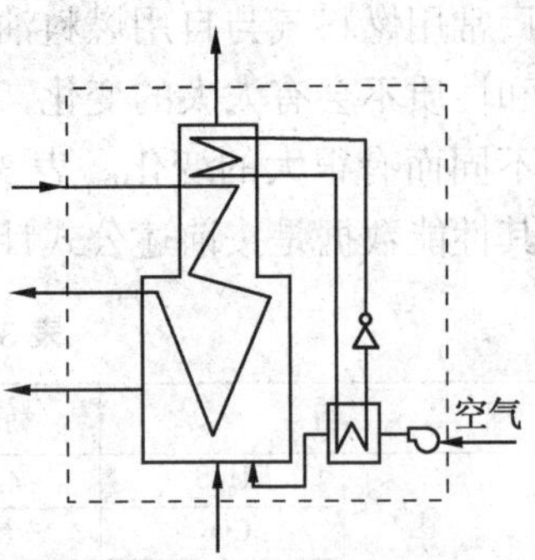

图 3-4-7 闭路循环热载体预热空气

(3) 热平衡的基准温度

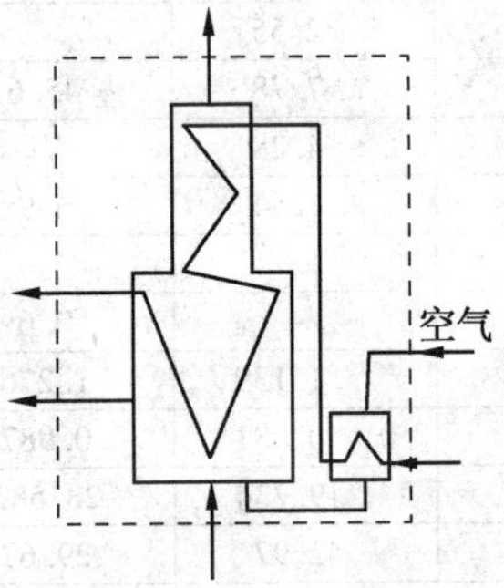

图 3-4-8 进料先预热空气再进对流室

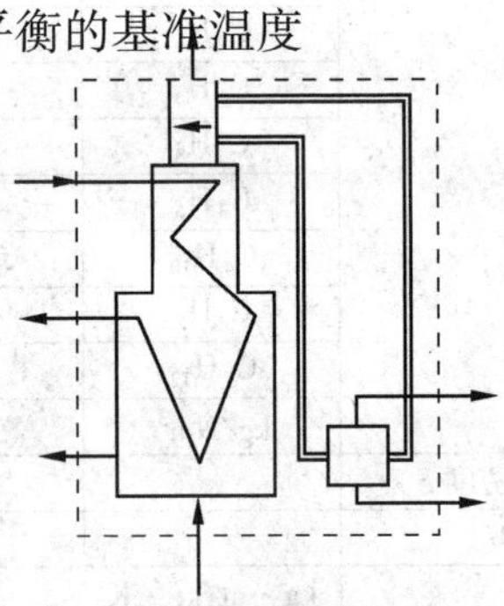

图 3-4-9 烟气余热锅炉发生蒸汽

在进行热平衡计算时，各项热焓计算都与计算的起始温度有关，这个起始温度就是基准温度。在其他条件和参数完全相同的情况下，基准温度不同，计算出的热效率就不相同，由此求得的燃料量也不同。各国采用的基准温度不尽相同，如 0℃、15.6℃(60 ℉)、20℃、25℃等。GB/T 2587《热设备能量平衡通则》规定“原则上以环境温度为基准”，这比较符合实际，适用于对运转中的管式炉进行实际考核。但环境温度是个变量，用于设计或对全国各地同类炉子进行热效率比较时，就会产生困难。石化行业标准 SH/T 3036 和美国石油学会标准 API560 都规定 15.6℃(60 ℉)为基准温度。

3.4.2.2 热效率

(1) 热效率计算通式

按 GB/T 2588《设备热效率计算通则》规定，设备的热效率 η 按下式计算：

$$\eta = \frac{Q_Y}{Q_G} \times 100 \quad (正平衡) \qquad (3-4-27)$$

或

$$\eta = \left(1 - \frac{Q_S}{Q_G}\right) \times 100 \quad (反平衡) \qquad (3-4-28)$$

(2) 总热效率

按 ISO 13705 和 SH/T 3036 附录 G 的规定，总热效率是按燃料高发热量计算的热效率，一般不用。

(3) 净热效率——热效率

管式炉的输入能量除燃料燃烧的发热量，燃料、空气和雾化蒸汽带入的显热外，还有通、引风机和吹灰器等所用的电能和蒸汽能。这些电能和蒸汽能一般都不转换成有效能而转换成由于摩擦等造成的能量损失。按前述热效率通式，供给能量和损失能量中均应加上这些电能和蒸汽。由此计算的热效率实际上是“能效率”。它全面地表示了管式炉所有供给能量的利用程度。但是，习惯上所说的热效率只表示供给热量的利用程度，主要是表示燃料低发热量的利用程度，因此我国的行业标准 SH/T 3036 和国际标准 ISO 13705 附录 G 都规定管式炉的热效率用燃料低发热量按下式计算：

热效率 = (总吸热量 / 总供给热量) × 100(正平衡)

或 热效率 = [(总供给热量 - 总热损失)/ 总供给热量] × 100(反平衡)

即
$$\eta = \frac{3600Q_e}{B(Q_L + Q_f + Q_a + Q_m)} \times 100 \tag{3-4-29}$$

或
$$\eta = \left(1 - \frac{\eta_r Q_L + q_s}{Q_L + Q_f + Q_a + Q_m}\right) \times 100$$
$$= \left(1 - \frac{q_s}{Q_L + Q_f + Q_a + Q_m}\right) \times 100 - \eta_r \tag{3-4-30}$$

式中 η——热效率,%；

B——燃料量，kg/h；

Q_e——总热负荷(总吸热量)，kW；

Q_L——燃料低发热量(低热值)，kJ/kg 燃料；

Q_f——燃料显热，kJ/kg 燃料(基准温度 15℃)；

Q_a——空气显热，kJ/kg 燃料(基准温度 15℃)；

Q_m——雾化蒸汽显热，kJ/kg 燃料，雾化蒸汽的基准焓取 2530kJ/kg，雾化蒸汽带入的显热为蒸汽热焓与基准焓之差；

η_r——散热损失占燃料低发热量的百分率，一般取 1.5%~2.5%。对于下列情况之一，可认为 η_r 是散热损失占总供给热量的百分数，也就可以按式(3-4-30)的后半部分计算：

① 空气不预热；

② 作估算时；

③ 燃烧空气为燃气轮机高温尾气。

q_s——排烟损失，kJ/kg 燃料，包括烟气离开热平衡体系带走的显热和不完全燃烧的化学热。由于管式炉的燃烧都比较完全，一般不计不完全燃烧损失。在现场难以进行详细计算时，可根据过剩空气系数和排烟温度从图 3-4-10 中查得排烟损失与燃料低发热量之比 η_S 求出：

$$q_s = \eta_S Q_L$$

3.4.2.3 操作中的热效率测定

操作中的热效率测定最好是用正平衡计算，但是，被加热介质的出入口温度和流量一般测不准，尤其是炉出口汽化率很难测准，由此造成总吸热量计算不准，热效率计算也就不准

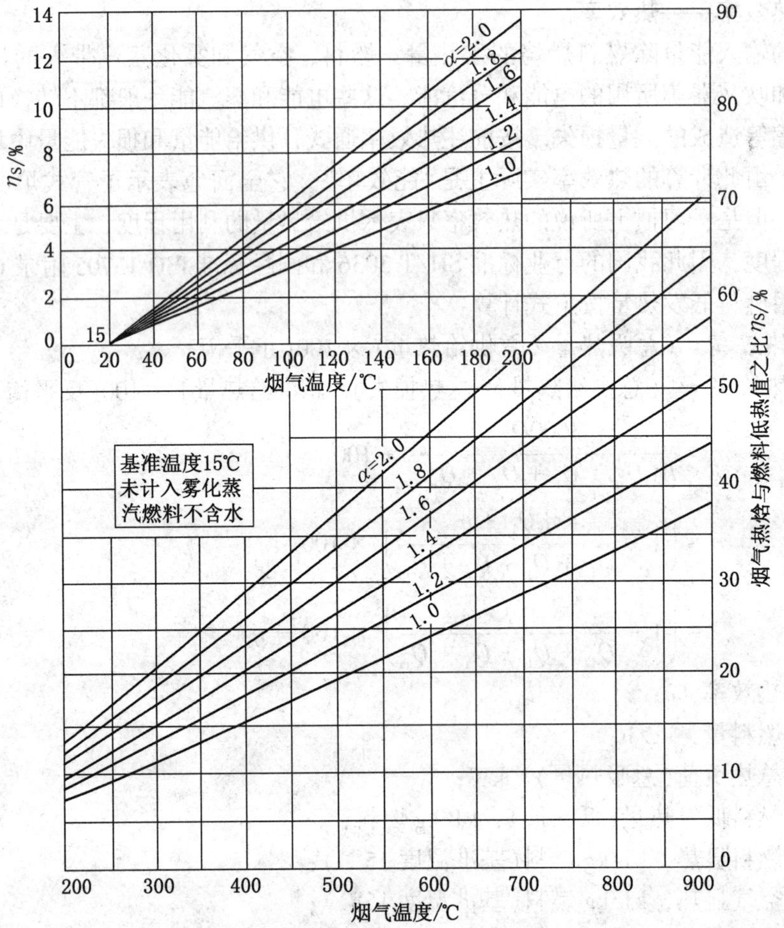

图 3-4-10 烟气热焓与燃料低发热量之比 η_S(基准温度 15.6℃)

确。也正因为如此，ISO 13705 和 SH/T 3036 附录 G“工艺火焰加热炉热效率测定”仅考虑用反平衡法测定操作中的加热炉热效率，而将加热介质测得的数据仅作为参考和对比用。该附录给出了一套进行必要的测试和报告结果的完整步骤和方法。由于篇幅大长，就不详细介绍了。

车间工作的工程师常常需要了解加热炉的运行热效率。最好的办法是安装在线热效率仪，或购置便携式热效率仪。当这些仪表都没有时，可在测得排烟温度和氧含量的情况下用式(3-4-30)和图 3-4-10 进行估算。这时需根据干基烟气分析结果用下式计算过剩空气系数 α：

$$\alpha = \frac{21}{21 - 79 \times \dfrac{O_2 - 0.5(CO + H_2) - 2CH_4}{1 - (CO_2 + SO_2 + O_2 + CO + H_2 + CH_4)}} \qquad (3-4-31)$$

式中 O_2、CO_2、CO、SO_2、H_2、CH_4——干烟气中相应成分的体积分数。

3.4.2.4 提高热效率的措施

回收烟气余热，提高加热炉热效率必须是技术上先进可靠能长周期安全运转、操作上简单方便、经济合理。因此必须进行技术经济评估，不可盲目追求过高的热效率。

分析式(3-4-30)可知，提高管式炉热效率的途径有下列几种。

(1) 降低排烟温度以减少排烟损失

降低排烟温度的方法有：

① 减小末端温差，即减小排烟温度与工艺介质入对流室温度之差。比较适宜的温差为50~100℃。

② 将需要加热的工艺冷介质如锅炉给水、低温介质等引入对流室末端。

③ 采用各种空气预热器以预热燃烧用空气。

④ 采用烟气余热锅炉以发生蒸汽。

⑤ 坚持经常定期吹灰，以保证对流吸热面清洁。

降低排烟温度的限制包括两方面：一是吸热面的露点腐蚀，即吸热面的外壁温度应不低于烟气的露点温度。二是吸热面外表面不得积黏灰，也要求吸热面外壁温度不低于烟气的露点温度。

(2) 降低过剩空气系数以减少排烟损失

降低过剩空气量的办法有：

① 管理好三门一板。

② 采用性能良好的燃烧器，以保证在较低的过剩空气系数下实现完全燃烧。

(3) 减少不完全燃烧损失

① 采用性能良好的燃烧器，以减少化学的和机械的不完全燃烧损失。

② 调节好风门，使过剩空气系数既不太大、也不太小。

(4) 减少散热损失

① 正确设计炉墙厚度，以保证较低的炉外壁温度。一般在无风和环境温度27℃时，炉外壁温度应在82℃以下。

② 选用价格便宜，隔热性能良好的耐火保温材料构筑炉墙。

③ 发现炉墙损坏，应在检修时及时进行修补。

3.4.3 辐射室传热计算

管式炉的辐射室内除少量(10%~20%)的对流传热外，主要是辐射传热。辐射传热的计算方法很多，常见的有经验法、罗波-伊万斯(Lobo-Evans)法、别罗康(Белоконъ)法、区域法和蒙特卡罗法等。

管式炉发展的初期，对辐射传热规律了解尚少，常常借助于已经积累的辐射管表面热强度和管内质量流速，在已知辐射室热负荷和质量流量的情况下，按简单的经验公式求出辐射管总表面积和管径，这就是纯经验法。就是现在，在初步估算管式炉或进行规划设计时，也常用此法。

为了解决复杂的问题，常常在一定的简化条件下予以描述，这称为模型。简化条件不同，得出的模型也不同。罗波和伊万斯将管式炉辐射室内复杂的传热简化成一个气体，一个受热面和一个反射面的传热模型，简称为一个气体区的模型。由此导出辐射传热的计算公式。

1936年和1941年别罗康相继发表了锅炉和管式炉的计算方法。别罗康法与罗波-伊万斯法相比，基本原则是相同的，不同之处在于别罗康法在辐射传热速率方程中引入了当量绝对黑表面的概念。

前面所述的各种方法都假定辐射室烟气是一个温度、一个黑度，吸热面也是一个温度，一个黑度等等，但是，辐射室内各处的温度、黑度和烟气组成等都是很不相同的。当管式炉大型化或进行优化控制时，特别是炉管内有化学反应需进行摸拟计算，而该过程对温度又很敏感时，前面那些舍精度而求简便的假定显然过于失真。随着计算机技术的发展，进行复杂计算已成为可能，各种能准确描述辐射传热规律的三维模型愈来愈受到重视，区域法就是其中之一。

1954 年 Hottel 提出用区域法计算炉膛内的辐射传热。因其理论上较为完备，用此法可以计算出炉膛的烟气温度分布、炉墙温度分布和管壁温度分布等。

简单地说，区域法就是将辐射室划分成若干区，当这些区足够时，每一区的温度和性质势必趋于相同。这样，计算辐射室的辐射热交换就变成了具体地计算各区之间的辐射热交换。计算出各区的温度和传热量，也就相应地得到了传热量和温度的分布。目前制氢转化炉和乙烯裂解炉计算软件用的就是区域法。

蒙特卡罗法又称统计摸拟法，是为分析核反应堆里中子流而导出的。20 世纪 60 年代初 Howell 开始用这种方法对辐射热交换进行分析，后经不断开拓，发展成锅炉和管式炉的辐射传热计算方法。理论和实践都证明用该法计算辐射传热，具有数学模型简单，易于掌握，计算机程序短，计算时间省和计算未知数多等优点。对于炉型结构复杂、表面发射和反射不遵守兰贝特(Lambert)定律-余弦定律和计及烟气实际性质等情况时，相对于区域法来说，上述优点更为突出。但鉴于统计法的固有特点，其误差也相对较大。

在区域法中，用分区的方法把炉膛从整体来看是不均匀的物理量和性质视为小区内局部均匀的；蒙特卡罗法沿用这一作法，把系统分为若干表面区和气体区。在区域法中，采用交换面积这一概念来计算辐射热交换，在蒙特卡罗法中则用能束来摸拟辐射传热中的发射、吸收和反射等实际过程，统计每区能束的得失，从而计算辐射热交换，得出工程上感兴趣的温度和热强度(热通量)分布。能束的发射及其位置、方向、光谱区间、行程长度以及反射和吸收等均由一系列随机数来决定。随着计算能束数，即随机投点数的增加，置信概率提高，误差也就减小，当然计算时间也相应增加。这对于现代高性能计算机来说并非难事。

下面仅简单介绍经验法和罗波-伊万斯法的计算公式。

3.4.3.1 经验法

经验法按下两式求出辐射室炉管的管径和总表面积，从而确定管长和管数。

$$A_R = \frac{Q_R}{q_R} \tag{3-4-32}$$

$$d_i = 2\sqrt{\frac{W_F}{\pi N G_F}} \tag{3-4-33}$$

式中 A_R——辐射室炉管表面积，m^2；

Q_R——辐射室热负荷，W；

q_R——辐射室炉管表面热强度，W/m^2，按经验确定；

d_i——炉管内径，m；

W_F——介质流量，kg/s；

N——管程(路)数；

G_F——质量流速，$kg/m^2 \cdot s$，按经验确定；

3.4.3.2 罗波-伊万斯法

罗波-伊万斯法是1939年问世的。罗波和伊万斯认为，辐射室内高温的火焰和烟气在单位时间内传给辐射管的热量 Q_R 由两部分组成：一部分是火焰及烟气以辐射方式传给炉管的 Q_{Rr}，它包括直接辐射和炉墙的反射；另一部分是烟气以对流方式传给炉管的 Q_{Rc}，即

$$Q_R = Q_{Rr} + Q_{Rc} \qquad (3-4-34)$$

罗波和伊万斯将管式炉辐射室内复杂的传热简化为一个气体，一个受热面和一个反射面的传热模型，简称为一个气体区的模型。其基本假设有四条：

① 整个辐射室中，气体只有一个温度，它是辐射传热的热源；

② 吸热面只有一个温度，反射面也只有一个温度；

③ 反射面是一个绝对的反射面，即投至其上的辐射能被全部反射出来；

④ 烟气为灰体，吸热面为灰表面。

于是，辐射室的烟气(包括火焰)以辐射(包括反射)方式对炉管的传热速率可以写成下式：

$$Q_{Rr} = \sigma\alpha A_{cp}F(T_g^4 - T_w^4) \qquad (3-4-35)$$

式中 σ——波尔兹曼常数，$\sigma=5.68\times10^{-8}\text{W/m}^2\cdot\text{K}^4$；

α——有效吸收因素(形状因素或角系数)，无因次；

A_{cp}——冷平面面积，m^2；

F——总交换因素，考虑火焰黑度、反射墙布置、辐射室体积等的校正因素；

T_g——辐射室烟气平均温度，K；

T_w——辐射管外壁平均温度，K。

烟气以对流方式对炉管的传热速率可按下式计算

$$Q_{Rc} = h_{Rc}A_R(T_g - T_w) \qquad (3-4-36)$$

式中 h_{Rc}——辐射室内烟气对炉管表面的对流传热系数，W/m^2；

A_R——辐射管外表面积，m^2。

于是可写出辐射传热方程：

$$Q = \sigma\alpha A_{cp}F(T_g^4 - T_w^4) + h_{Rc}A_R(T_g - T_w) \qquad (3-4-37)$$

有关参数的选取和计算，可以从有关参考书中查到，现只简要说明当量冷平面和总交换因素两个概念：

① 当量冷平面　辐射室炉管是按一定的间隔排列的。热辐射只有一部分直接到达炉管表面上，其余部分从间隙中通过，到达炉墙后再反射回来，反射回来的热辐射同样也只有一部分落在管子表面。由此可见，首先要解决辐射能中有多少落在管排表面的问题，即烟气对管排的角系数 α 问题。在管式炉传热计算中，α 也称为有效吸收因素。角系数可以用拉线法求得。工程计算可从图3-4-11查取。角系数 α 与冷平面 A_{cp} 的乘积叫做当量冷平面积 αA_{cp}。简化的冷平面面积等于管数 n、有效管长 L 和管心距 S 的乘积。

② 总交换因素　它是一个包括气体对吸热面的直接辐射传热和气体通过反射面间接对吸热面传热的参数。计算式很复杂，涉及气体和吸热面的黑度、吸热面和反射面的面积、反射面对吸热面的角系数等。工程上可从经过若干简化处理后的图3-4-12查取。该图中 A_t 是炉墙内表面积，气体辐射率由图3-4-13和图3-4-14查得。其中气体的辐射长度取值如下：

一般圆筒炉取其直径；长方形炉取其炉膛体积的三次方根再乘以 2/3。

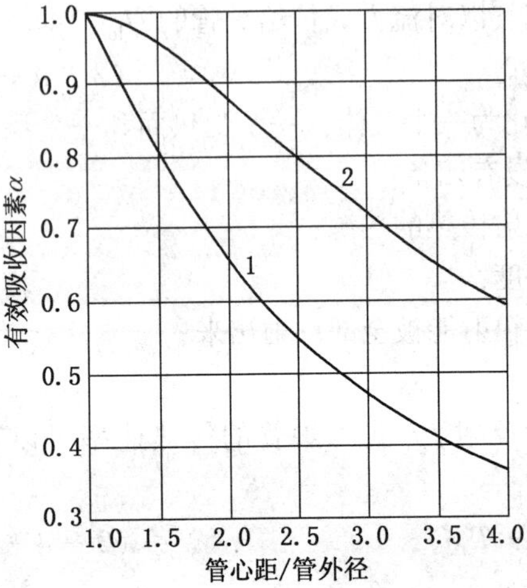

图 3-4-11 管排的有效吸收因素 α

1—对单排管的直接辐射；2—对双排管的直接辐射或单排管受直接辐射及反射

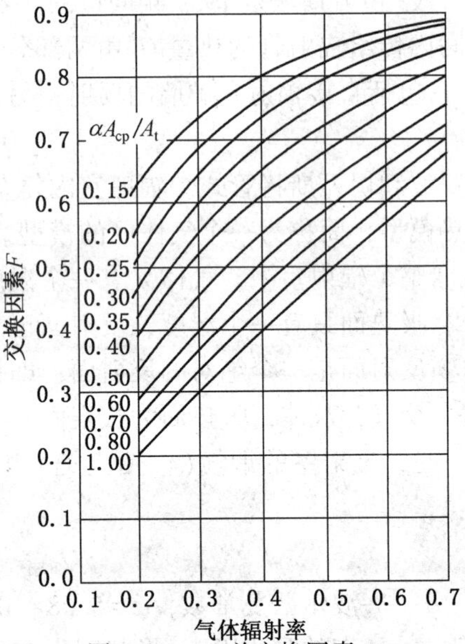

图 3-4-12 总交换因素 F

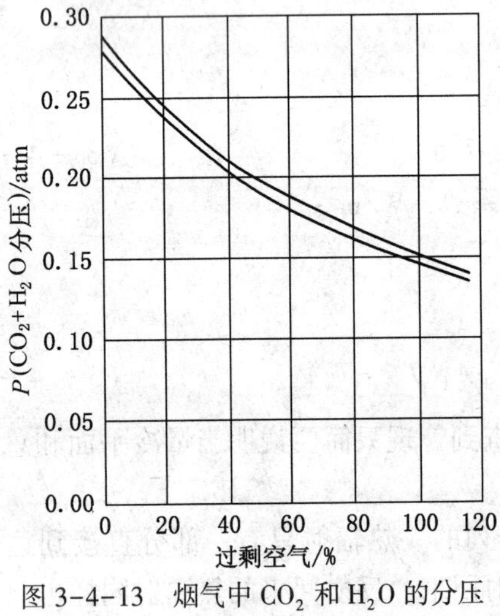

图 3-4-13 烟气中 CO_2 和 H_2O 的分压

1atm = 10^5 Pa

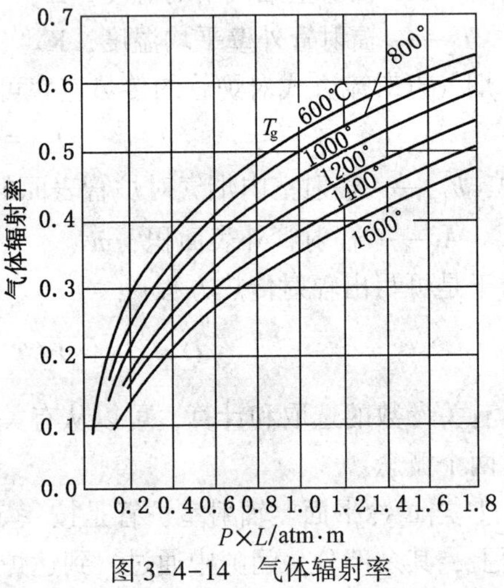

图 3-4-14 气体辐射率

分析式(3-4-38)的传热方程可以发现，对于一个已知的辐射室，除 Q_R 和 T_g 外均为已知数，但一个方程有两个未知数是没有固定解的。因此，还应引入辐射室的热平衡方程才能求解：

$$Q_R = Q_n + Q_1 - q_L - q_2 \tag{3-4-38}$$

式中 Q_n——燃料总发热量，W；

Q_1——燃料、空气和雾化蒸汽带入的显热，W；

q_L——辐射室散热损失，W；

q_2——烟气离开辐射室带走的热量，W。

联解(当用手算时一般用图解法)式(3-4-37)和式(3-4-38)，即可求出辐射室的吸热量 Q_R 和烟气平均温度 T_g，在罗波-伊万斯法中辐射室烟气平均温度即是烟气出辐射室温度，习惯上也称"火墙温度"。

3.4.4 对流室传热计算

管式炉对流室内以对流传热为主，烟气和炉墙的辐射传热仅占很小的份额。计算时一般将辐射传热折算到外膜传热系数中。对流传热计算公式比较成熟，多年来没有什么变化。下面作个简要介绍。

对流传热通用的计算公式是：

$$Q_C = K_C \Delta t A_C \tag{3-4-39}$$

式中 Q_C——对流传热量，W；

K_C——总传热系数，W/m² · ℃；

Δt——对数平均温差，℃；

A_C——对流传热面积，m²。

对流室炉管的内膜传热系数 h_i 和外膜传热系数 h_o 都是根据试验数据，运用相似论整理出的准数方程，并考虑各种热阻而求得的。正如前面所述，烟气和炉墙的辐射传热折算在外膜传热系数中。总传热系数按下式计算：

$$K_C = \frac{h_i h_o}{h_i + h_o} \tag{3-4-40}$$

对流室炉管内的介质一般都是液相或气液混相，传热系数很大，而管外是烟气，传热系数很小。分析上式可知，只有强化外膜传热，才能提高总传热系数。这就是为什么对流室要采用钉头管或翅片管的原因。

3.4.5 管内水力学计算

当管内为单纯液相或单纯气相时，水力学计算只是运用柏努利方程求出摩擦压降即可。与一般管路计算不同的是，介质从入口到出口，一边向前流动，一边被加热，物性参数也随之变化，一般采用出入口平均条件下的物性来计算。当管内介质为气液两相流时，虽然也可用均相法按出入口平均条件下的混合物性来计算，但误差较大。现在的计算机软件中，一般都采用 Dukler 法分段计算压降(包括摩擦压降、加速度压降和静压降)并判别流型，而且，每次计算的管段越短，则误差越小。

当管内介质为液相但有汽化时，其计算就比较复杂。在汽化段同时要进行传热计算、相平衡计算、水力学计算、流型判别和高流速限制等五个方面的计算。当炉管内有化学反应(如裂解炉)，或装填催化剂(如制氢转化炉)时，介质不仅有相变化，物质成分也有变化；另外还要考虑化学动力学问题，压降计算就更复杂了。下面仅就流型判别作一简单介绍。

单相流的流动状态是描述流动的剧烈程度而划分的层流(滞流)、紊流(湍流)，以及两种流态之间不稳定的过渡区。这些流动状态可以用雷诺数来准确判别。两相流的流型与单相流流动状态的概念不同。它描述的是气、液两相在管内空间的分布、流动情况和相互作用。流型与气、液两相各自的物性有关，但主要取决于两相各自的流速。

在水平管内，气、液两相流有六种流型。当气速和液速都很低时，两相之间的作用很微弱，液在下，气在上各自流动，这就是“分层流”；随着气速的增加，液相开始波动乃至大波，形成“波状流”；气速继续增加，液层变浅乃至形成上下不对称的环形液膜，一部分液体被吹至气流中成为雾沫，这就是“环雾流”；气速更高时，液膜不复存在，成为“雾状流”。在中等液速下，随着气速的增加出现“长泡流”和“液节流”。在高液速下，随着气速的增加产生“分散气泡流”，气速更高则向环雾流和雾状流过渡。总之，随着气速增大，各种流型最后均发展为环雾流或雾状流。

在垂直管内，气、液两相向上流动时发生的流型可分为四种。在低液速范围内，随着气速的增加，依次发生“气泡流”、“液节流”、“泡沫流”和“环雾流(或雾状流)”。在高液速范围内，液节流直接向环雾流过渡而不出现泡沫流。

气、液两相流的流型判别图有很多种，石油化工行业用得比较广泛的是：水平管用Baker的图，垂直管用Griffith和Wallis的图。炉管内气液两相流适宜的流型，与一般管道一样，炉管内不允许出现液节流，因为它会产生水击；与一般管道不同的是，为了避免局部过热，造成油品裂解或结焦，炉管内气液两相流的流型最好是雾状流，特殊管段内如汽化点附近，难以达到雾状流，也允许出现环雾流或分散气泡流，除此之外，其他流型均应避免。

3.4.6 管外水力学计算

管外水力学计算主要是计算烟气通过管式炉各部位的阻力。除烟气通过钉头管和翅片管的阻力计算比较麻烦外，整个计算没有多大难度。烟囱或引风机的抽力应能克服全部阻力，并保证炉顶至少应有20Pa的负压，以保证管式炉在负压下操作。

3.4.7 加热型管式炉工艺计算计算机程序简介

一般炼油装置加热炉绝大多数都是加热型管式炉。这些加热炉的特点是在炉内加热过程中，被加热介质没有或基本上没有化学反应，其工艺计算主要包括以下内容：

① 燃料燃烧计算；

② 热平衡和热效率计算；

③ 辐射传热计算；

④ 对流传热计算；

⑤ 管内水力学计算；

⑥ 管外水力学计算。

这些计算的基本原理和方法在前面各章节中均已详细阐述了，其中辐射传热计算方法很多，对于加热型管式炉通常只采用经验法和Lobo-Evans法。由于这些计算方法基本上都是核算式计算，因此通常是用经验法并按结构设计的要点先初步规划出一台炉子，然后再进行详细计算。从前都是手工计算，结果比较粗糙，也难进行多种方案比较。现在已普遍使用电子计算机计算。目前国内外已开发出多套加热型管式炉工艺计算软件。由于国外的加热炉软件开发时间较早，并经过不断的版本升级，因而在功能、灵活性、数据处理和存量等各方面都处于领先水平。下面介绍国外某公司开发的加热型管式炉工艺计算软件FRNC-5。

这种软件的适用范围包括炼油厂除制氢转化炉外的所有加热炉、石化厂的非反应型加热炉和油田及输油管线的水套炉和热媒炉等。既可以用于新炉子的设计计算，迅速地进行多方案比较和优化设计；也可以模拟在役炉子的操作工况，对操作数据进行评价以改善工艺操作，预测物料组成、注汽(水)量和位置以及燃料类型等的改变对加热炉的影响。

该软件的计算内容包括以网格形式自动生成物理参数(温度和压力的函数)；燃料燃烧

计算；局部及全炉的热平衡和热效率计算；炉管内复杂物流的传热及流体流动计算；炉管外多个辐射室、多个对流室、烟囱和烟道内烟气的辐射传热、对流传热及流体流动计算等。辐射室可以逐根计算，对流室可以逐排计算。计算结果除常规的热负荷、出入口温度和压力、辐射室和对流室出口的烟气温度和抽力等参数外，还包括辐射室和对流室平均热强度和峰值；油膜温度的平均值和峰值；辐射管、遮蔽管和对流管的平均管壁温度和最高管壁温度；烟气的露点温度；两相流的传热、流型、沸腾形式(过冷沸腾，核状沸腾和膜状沸腾)和压降(考虑了水平管、垂直管及各种管件的摩擦、动能和势能)等等；

该软件可以按两种方式进行模拟：一种是固定燃烧速率，即燃料流率由用户给定，软件计算出热负荷(吸热量)、每种物流的最终条件和中间结果以及其他性能参数；另一种是固定热负荷，即物流吸热量由用户给定，所需的供热量及燃料量由程序求出，同时计算出其他性能参数。

该软件由于采用通用模型系统，可以对下列任何一种加热炉系统进行计算：

① 1~5 个辐射室；

② 不大于 5 个串联或并联的对流室及烟道；

③ 加热炉盘管(包括转油线、辐射盘管和对流盘管)总分段数不大于 35；

④ 对流室管型：光管、钉头管和翅片管；

⑤ 1~10 种被加热介质；

⑥ 在盘管的任何部位注入水或水蒸气；

⑦ 多种燃料气或燃料油，单烧或混烧；

⑧ 用户给定结焦模型。

3.4.8 重要特性参数及其取值

管式炉的重要参数和指标有：热负荷、热效率、辐射室炉管热强度、炉管内介质流速、对流室烟气流速、辐射室出口烟气温度和排烟温度等。

(1) 热负荷

管式炉在单位时间内向管内介质传递热量的能力称为热负荷，用 W 或 MW 表示。其值代表管式炉的大小。

介质通过炉管吸收的热量用于升温、汽化或化学反应，这些热量全都是有效热。因此应该记住的是，管式炉的热负荷指的是其吸收的有效热，而不是其燃料的发热量。

(2) 热效率

管式炉的热效率表示其提供的热量被有效利用的程度。

(3) 辐射室炉管热强度

由于对流室炉管热强度不是重要参数，一般说炉管热强度就是指辐射室炉管而言。单位时间内通过炉管单位表面积(一般指外表面积)传递的热量叫做热强度，也叫热通量，用 W/m^2 表示。它是衡量管式炉技术水平的一个重要指标。

炉管表面热强度可按下面的简化公式计算：

$$q_m = h\Delta t_f = \frac{\Delta t_c \lambda_c}{S_c} = \frac{\Delta t_w \lambda_w}{S_w} \tag{3-4-41}$$

式中 q_m——炉管表面最高热强度，W/m^2；

h——油膜传热系数，$W/m^2 \cdot ℃$；

t_f、Δt_c、Δt_w——油膜、焦垢层和管壁温差,℃;

λ_c、λ_w——焦垢层和管壁热导率，W/m·℃;

S_c、S_w——焦垢层和管壁厚度，m。

从前述经验计算式可以看出，提高炉管表面热强度就可以用较小排管面积，完成较大的热负荷。但是，炉管表面热强度的提高要受到许多因素的限制。在加热型管式炉中，它要受油膜温度的限制。从上式可见，炉管表面热强度愈高，油膜温度也愈高。当油膜温度达到或超过油料裂解温度时，油料就会产生裂解。这将影响最终产品的品质，或增加后续加工装置的负担，严重时还会造成炉管结焦，缩短操作周期。在加热-反应型管式炉中，炉管表面热强度的提高要受管内空速和催化剂床层温度的限制。只有采用性能良好的催化剂，允许较高的空速和较高的床层温度，才能采用较高的热强度。

限制炉管表面热强度的另一个重要因素是炉管金属的最高使用温度。从上式也可看出，热强度愈高，管壁金属温度也愈高。当管壁金属温度达到其最高极限使用温度时，热强度不能再提高。否则，就必须换用更高级的材料，但这意味着投资将要增加。

在管式炉中，炉管表面热强度沿炉管周向和轴向都是不均匀的，由于炉膛温度场不均匀，在炉膛的不同位置热强度也是不均匀的。设计时常常采用平均热强度的概念，以简化计算过程。而前面所说的限制因素是以炉管表面最高热强度来计算的。因此，使炉膛温度场均匀，使热传递沿炉管周向和轴向分布均匀，才能够在最高热强度不超限的前提下，大大提高平均热强度。

(4) 管内介质流速

对于加热型管式炉而言，管内介质流速是指其平均质量流速或线速度。设计上关于流速的规定有“经济流速”和“品质流速”两种。前者考虑压降合理，泵和压缩机的能耗较低，即所谓“经济”，例如常减压炉冷油流速规定为1000~1500kg/m^2·s(1~2m/s)，全炉压降0.5~0.6MPa。后者考虑流速不宜太低，以避免局部过热使油品裂解影响最终产品“品质”，按“品质流速”规定的常减压炉冷油流速为2500~3500kg/m^2·s(3~4m/s)，全炉压降≥1.2MPa。

对于加热-反应型管式炉来说，当有固定床催化剂时，一般用空速表示。当为裂解炉时，一般以停留时间来控制，例如最先进的所谓“毫秒炉”即是说介质在炉管内的停留时间以毫秒计。

(5) 对流室烟气流速

提高对流室烟气流速可以强化外膜传热系数，减少对流室排管量，从而降低投资。但是，烟气在对流室的压降随其流速成平方关系增加，因而需要更高的烟囱或更高压头的引风机。对流室烟气流速一般为1~3kg/m^2·s。

(6) 辐射室出口烟气温度

辐射室出口烟气温度也称“火墙温度”或“桥墙温度”。这是因为老式的管式炉是用火墙(亦称桥墙)将辐射室与对流室分开的缘故。现在的管式炉，火墙没了，火墙温度的叫法还常沿用。辐射室出口烟气温度表征着炉膛烟气温度的高低，也表征着辐射炉管表面热强度的高低，因此它是管式炉操作中的一个重要控制指标。这个温度过高，则意味着火焰太猛烈，容易出现烧坏炉管、管板或炉墙等事故，从长周期安全运转考虑，一般炉子(制氢转化炉和乙烯裂解炉例外)把这个温度控制在850℃以下。

（7）排烟温度

排烟温度指的是烟气出对流室的温度，当有余热回收系统时则指的是烟气出余热回收系统的温度。由于管式炉的热损失主要是排烟带走的热损失，因此排烟温度几乎是管式炉热效率的直接表征。

3.4.9 炉管壁厚计算

ISO13704、SH/T 3037 对炉管壁厚计算方法作了详细规定，现摘录其要点。

石油化工管式炉的操作条件各不相同，炉管壁温也有很大差别。在较低温度下操作的炉管，蠕变效果不存在或可忽略，管壁金属在弹性范围内工作；而在较高温度下操作的炉管，管壁金属温度高到足以产生显著蠕变时，即使应力低于屈服强度，也会发生蠕变，甚至在腐蚀或氧化不太严重时，炉管也会由于蠕变-断裂而失效。因此，炉管壁厚计算应按下列三种情况进行：

① 设计温度低于材料蠕变断裂温度下限时应采用弹性设计。

② 设计温度高于材料蠕变断裂温度下限时应采用断裂设计。

③ 设计温度处于材料蠕变断裂温度下限附近时应分别按上述两种方法设计，取其较大值作为计算壁厚。

材料的蠕变断裂温度下限指的是弹性许用应力和断裂许用应力曲线交点处的温度。这些曲线在上述标准中均能查到。

应该说明的是，使用这些标准时应注意到它们的下列限制条件：

① 仅适用于管式炉（火焰加热炉）而不适用于外部配管的设计。

② 仅适用于无缝管，若用于有纵向焊缝的焊接管，应引入适当的焊缝系数。对于环向焊缝则不需要采用焊缝系数。

③ 许用应力是根据屈服强度和蠕变断裂强度确定的，没有考虑塑性应变或蠕变应变。虽然在某些应用中，由于采用了这些许用应力可能会使炉管金属出现小量的永久变形，但这些小的变形不会影响炉管的安全性和使用性能。

④ 仅适用于薄壁管，即壁厚与外径之比小于 0.15。

⑤ 设计压力仅为管内压力。由于自重、支架及端部连接等引起的应力未包括在内。

⑥ 未考虑交变压力和交变热荷载的影响。

⑦ 未考虑石墨化、渗碳、脱碳、氢侵蚀等不利因素的影响。

⑧ 所用拉申-米勒尔许用应力曲线仅适用于估算设计寿命 20000～200000h 的断裂强度，不适用于估算设计寿命小于 20000h 和大于 200000h 的断裂强度。

3.4.9.1 弹性设计

设计基础：当腐蚀裕量已经耗尽，接近设计寿命末期时，防止在最高压力下（接近 P_e）由于破裂而损坏。应力计算厚度 S_s 和最小计算厚度 S_m 按下两式计算：

$$S_s = \frac{p_e D_o}{2[\sigma]_e + p_e} \text{ 或 } S_s = \frac{p_e D_i}{2[\sigma]_e - p_e} \qquad (3-4-42)$$

$$S_m = S_s + C \qquad (3-4-43)$$

式中　S_s——应力计算厚度，mm；

S_m——最小计算厚度，mm；
p_e——弹性设计压力，MPa；
D_o——炉管外径，mm；
D_i——炉管内径，mm；
$[\sigma]_e$——弹性许用应力，MPa；
C——腐蚀裕量，mm。

3.4.9.2 蠕变-断裂设计

设计基础：在设计寿命期间，防止由于蠕变-断裂而损坏。S_s和S_m按下面两式计算：

$$S_s = \frac{p_r D_o}{2[\sigma]_r + p_r} \text{ 或 } S_s = \frac{p_r D_i}{2[\sigma]_r - p_r} \tag{3-4-44}$$

$$S_m = S_s + fC \tag{3-4-45}$$

式中 p_r——蠕变-断裂设计压力，MPa；
$[\sigma]_r$——蠕变-断裂许用应力，MPa；
f——腐蚀分数。

3.4.9.3 主要参数的选取

(1) 平均壁厚和最小工程壁厚

适用于炉管的钢管标准壁厚公差有两种规定，一种负偏差为0，正偏差为公称壁厚的28%，执行这种标准，如美国ASTM的Tube管时，是按最小壁厚订货的，上述公式得到的最小计算厚度应按有关管材标准的壁厚系列向上圆整即可；另一种是正负偏差均是公称壁厚的12.5%，执行这种标准，如我国的GB 9948和美国ASTM的Pipe管时，是按平均壁厚，即按公称壁厚订货的。

平均壁厚S_a按下式计算并按有关管材标准的壁厚系列向上圆整：

$$S_a = \frac{S_m}{1-0.125} \tag{3-4-46}$$

应该指出的是无论计算和圆整后的壁厚多少，新设计的炉管壁厚采用值不得小于表3-4-9规定的最小工程壁厚，这些数值是根据工业实践确定的。

(2) 设计压力

① 弹性设计压力　弹性设计压力取盘管在短期内可能出现的最高压力，MPa，通常取安全阀定压或机泵出口压力；

② 断裂设计压力　断裂设计压力的取值取正常操作时盘管所承受的最高压力。

表3-4-9　最小工程壁厚

mm

炉管外径	铁素体钢	奥氏体钢	炉管外径	铁素体钢	奥氏体钢
60	3.4	2.4	141	5.7	3.0
76	4.5	2.7	152	6.0	3.0
89	4.8	2.7	168	6.2	3.0
102	5.0	2.7	219	7.2	3.3
114	5.3	2.7	273	8.1	3.7
127	5.5	3.0			

(3) 许用应力

① 弹性许用应力　弹性许用应力对于铁素体钢是设计温度下屈服强度的2/3，对奥氏体钢是设计温度下屈服强度的90%。

② 断裂许用应力　当炉管材料具有由试验数据做出的拉申-米勒尔参数与最小断裂强度关系曲线时，断裂许用应力取设计寿命和设计温度下的最小断裂强度的100%。

石油化工管式炉炉管常用材料的许用应力曲线(拉申-米勒尔曲线)在上述标准中查取。

(4) 设计温度

用于设计的管壁金属温度是由计算得出的最高管壁金属温度t_m或当量管壁金属温度再加上适当的温度余量确定的。一般工程设计中都采用偏于安全的最高管壁金属温度。其计算可按下式进行。

$$t_m = t_b + \Delta t_f + \Delta t_c + \Delta t_w \quad (3-4-47)$$

式中　t_b——介质温度，其余同前。

① 当量管壁金属温度　在蠕变-断裂条件下，炉管达到破坏的累计时间是实际操作温度的函数。当运转开始和终了的管壁温度不同时，按最高管壁金属温度设计可能偏高，因为实际操作温度往往低于最高温度。当管壁金属温度从运转开始到运转终了成直线变化时，SH/T 3037推荐了一种用温度分数来计算当量管壁金属温度的方法。这种计算虽不太复杂，但对一般石油化工管式炉炉管壁厚计算来说，没有明显的影响。再者，管式炉炉管管壁金属温度从操作初期到末期的变化往往不成直线关系，此时温度分数必须进行修正。炉管的计算壁厚随当量温度而变化，反之，当量温度又与最初应力下的壁厚有关，在计算中需进行反复猜算。由于这些原因，一般工程设计中直接采用最高管壁金属温度而不去计算当量管壁金属温度，并且这样做是偏于安全的。

② 温度裕量　温度裕量是设计金属温度的一部分，它包含了工艺过程的变化或烟气温度场和流动场的不均匀性；操作中的未知因素及设计的不确定因素等。当炉管内无化学反应时，温度裕量至少取15℃，有化学反应时至少取30℃。

(5) 腐蚀裕量和腐蚀分数

① 腐蚀裕量　腐蚀裕量指的是管壁厚度中供腐蚀的部分，一般应综合考虑管内介质的腐蚀性、管外烟气露点腐蚀以及高温氧化等情况来确定。当有确切的腐蚀速率时，腐蚀裕量可按下式计算：

$$C = rL_d \quad (3-4-48)$$

式中　r——腐蚀速率，mm/a；

L_d——设计寿命，a。

目前，国内石油化工厂还缺乏可靠的炉管腐蚀速率实测值。当无可靠的腐蚀速率时，可按下列数值选取腐蚀裕量：炉管材质为碳钢时，取$C=3$mm；铬钼合金钢，取$C=2$mm；不锈钢，取$C=1$mm。

② 腐蚀分数　在蠕变-断裂温度范围内工作的炉管使用寿命耗尽率随温度和应力而变化。由于腐蚀裕量的存在，使管壁应力减小了，相应使蠕变-断裂寿命增加了。因此应引入一个小于1的腐蚀分数f，以减小腐蚀裕量。如果f值选择得当，蠕变-断裂寿命耗尽率积分

结果将会得到与设计寿命相同的蠕变-断裂寿命。API 530 和 SH/T 3037 给出的腐蚀分数曲线，查到的就是这样的f数值。

应该指出的是，采用腐蚀分数计算炉管壁厚时，应该首先具有可靠的腐蚀速率数据。另外，只有在具备比较准确的管壁设计金属温度和准确的管材许用应力时，才能在满足设计寿命的条件下采用最经济的管壁厚度。如果腐蚀裕量并不是根据可靠的腐蚀速率计算的，而又通过腐蚀分数的代入再予减小，则炉管壁厚设计的可靠性和安全性会大大降低。对于管式炉炉管壁厚设计而言，应偏安全一点好，这时腐蚀分数可取1，即$f=1$。

3.4.9.4 急弯弯管壁厚计算

急弯弯管的应力变化远比直管复杂，弯管内弧处的环向应力高于直管。因此急弯弯管内弧所需厚度要大于与之相连的炉管厚度。由于推制急弯弯管的制造方法使内弧厚度较大，所以在大多数情况下，特别是在操作压力不太高的情况下，该处能承受较高的应力而不致破坏。但是，在操作压力较高，特别是中高压加氢炉的情况下，内弧处可能因承受过大的应力而破坏。下面介绍的壁厚计算公式适用于在炉膛内并在弹性范围内操作的奥氏体不锈钢急弯弯管。一般用于中高压加氢炉的急弯弯管，订货时都必须明确规定其内弧和外弧处的最小壁厚。

内弧处弹性设计应力厚度按下式计算：

$$S_{si}=\frac{p_e D_o}{2N_i[\sigma]_e+p_e} \qquad (3-4-49)$$

$$N_i=\frac{4(r_i/D_o)-2}{4(r_i/D_o)-1} \qquad (3-4-50)$$

式中 S_{si}——内弧处应力厚度，mm；

r_i——急弯弯管内弧半径，mm；

其余符号同前。

外弧处弹性设计应力厚度按下式计算：

$$S_{so}=\frac{p_e D_o}{2N_o[\sigma]_e+p_e} \qquad (3-4-51)$$

$$N_o=\frac{4(r_i/D_o)+2}{4(r_i/D_o)+1} \qquad (3-4-52)$$

式中 S_{so}——外弧处应力厚度，mm。

3.5 操作、故障分析及检维修

在各炼油和石油化工装置的操作手册中，对其加热炉的操作都有详细规定。SHS 01006《管式加热炉维护检修规程》对管式炉的检维修也有详细的规定。本节仅叙述其要点。

3.5.1 操作

3.5.1.1 开工

(1) 开工前准备

管式炉在开工前主要应作好以下准备工作：

① 整个管式炉及其相关工程均已交工并经验收合格。

② 制定开工方案并报有关部门审批。

③ 燃烧器检查 燃烧器的型号、数量、布置和方位等是否正确；对于扁平火焰燃烧器还要检查其喷孔朝向是否正确；调风门操作是否灵活，风门开关指示是否正确等。

④ 盘管系统检查 所有施工遗留的杂物及捆绑物是否清除干净；各部位膨胀间隙是否留够；各支撑件是否符合要求等。

⑤ 烟风道系统检查 烟囱挡板及烟风道蝶阀是否灵活，开关指示是否正确；固定支座、滑动支座和膨胀节是否正确；膨胀节上的安装螺杆是否松开等。

⑥ 仪表系统检查 所有炉用仪表，包括工艺管线上与炉子有关的仪表是否安装正确，并经过校验。

⑦ 转动机械检查 通、引风机和吹灰器等是否经过单机试运；冷却和润滑系统是否正常。

⑧ 环境检查 炉底及炉区周围有碍交通的脚手架和杂物是否清除干净；环境卫生是否符合要求。

⑨ 消防检查 炉区应设置的消防器材和器具是否齐备并摆放正确，消防蒸汽是否到位。

(2) 烘炉

炉墙施工完毕后应保持在环境温度5℃以上，自然养护5天之后，即可按下列顺序进行烘炉：

① 在炉出入口连接临时蒸汽管线，以便暖炉和保护炉管用蒸汽的引入和排放。

② 暖炉 将蒸汽引入炉管进行1~2天的暖炉，当炉膛温度升到130℃左右时，方可逐步点燃长明灯和燃烧器进行烘炉。

③ 吹扫蒸汽管线及燃料管线 将燃烧器折开，用蒸汽或压力水吹扫管线，以清除施工遗留在管内的杂物。

④ 清洗燃料喷嘴 将燃烧器的燃料喷嘴拆开进行解体清洗和检查，清除所有的杂物如铁屑、砂石和油泥等，检查所有喷孔是否通畅光滑，如有毛刺等应予清除。

⑤ 排空蒸汽及燃料管线，将蒸汽和燃料引至炉前。

⑥ 吹扫炉膛 打开吹扫蒸汽吹扫炉膛，至少15min，直至烟囱冒白烟为止。

⑦ 检查炉膛气体，确认无可燃可爆气体后方可点火。

⑧ 点火 插入电点火器或火把点燃长明灯；也可将长明灯抽出，点燃后插入并固定；按烘炉曲线的要求逐步点燃所有的长明灯，当炉温需要时才逐步点燃主火嘴。

⑨ 点燃主火嘴 如果是烧气体燃料，直接打开主燃料阀，即由长明灯点燃主火嘴；如果主火嘴是蒸汽雾化烧油，则应先开蒸汽阀后开油阀；为了保证燃烧器稳定和安全运行，在整个运行期间长明灯都应点着。

⑩ 对于有中间火墙的炉子，长明灯的点燃尤其是主火嘴的点燃应在火墙的两侧对称进

行，以避免火墙因不对称热膨胀而损伤。

⑪ 按烘炉曲线升温和保温，并作好详细记录。烘炉曲线一般由设计或耐火隔热材料厂商提供，如没有，可参考图3-3-2。

⑫ 整个烘炉期间均应通蒸汽保护炉管。蒸汽出炉温度一般控制如下：碳钢炉管≤350℃，铬钼钢炉管≤450℃，不锈钢炉管≤480℃。

⑬ 烘炉期间应注意烟气进空气预热器和引风机的温度，以避免烧坏空气预热器和引风机。

⑭ 炉衬检查　烘炉完毕后应对炉衬进行全面检查，如发现超标的裂缝、空洞和剥落等缺陷，应进行修补。

(3) 正常开工

在装置进行水联运和油联运之后，随装置进行正常开工。按工艺要求进行点火和升温。点火程序与烘炉时基本相同。开工时一般不启动余热回收系统，待装置操作正常后，再启动通、引风机，将烟气逐渐切换到余热回收系统。开工时一般采用手动操作，待装置基本正常时，再切换成自动操作。

3.5.1.2　正常平稳操作

为了保证正常平稳操作，在整个运行过程中应注意下列各点：

① 尽可能点燃所有的燃烧器，并使各火嘴燃烧均衡，火焰齐整稳定。

② 定期折洗燃料喷嘴，尤其是燃料油喷嘴。折洗周期的长短可视燃料的干净程度而定，但开工初期的1~2个月内，由于管线内的杂物易造成喷孔堵塞或形成活塞式燃烧，必须经常频繁地折洗燃料喷嘴。

③ 定期(8~24h)吹扫对流室换热面，以使炉子经常保持在设计热效率下运行。

④ 经常关注烟气中的氧含量，调节好烟囱挡板和风门，使烟气中的氧含量保持在2%~4%的范围内。

⑤ 经常定期观察炉内运行情况。主要观察火焰是否正常，炉管、炉墙及其他炉内构件是否有异常现象。发现问题应及时处理。

⑥ 对于多流路(两路及以上)的炉子，应特别注意各路的出炉温度是否相同，若差异较大，应及时调整，避免偏流。

⑦ 对于设置有管壁热电偶的炉子，应经常关注管壁温度的变化，以便及时了解炉管内的结焦情况，避免因超温而烧坏炉管。

3.5.1.3　停工

(1) 正常停工

在装置开始停运循环之后，管式炉按下列步骤正常停工：

① 由自动控制改为手动操作。

② 按正常停工的降温速度减少燃料量，并用逐个关闭燃烧器的办法逐渐降低炉温。注意，当有中心火墙时，燃烧器的关闭也应对称进行。

③ 对于烧油的炉子，当有燃料气时应先点燃燃料气，后关闭燃料油。

④ 燃油喷嘴关闭后，应立即用蒸汽将支管内和喷嘴内的燃料油吹扫进炉内烧掉。

⑤ 主火嘴熄灭并吹扫干净后方可熄灭长明灯。

⑥ 所有燃烧器都熄灭后，应将燃料气总阀后的主管和支管吹扫干净并关严主燃料气阀，

防止燃料气漏入炉内。

⑦ 工艺介质循环停止后，应立即吹扫盘管系统。吹扫最好在炉子未完全熄火前进行。对于不锈钢炉管，若用蒸汽吹扫，则应在其后用热氮吹扫，以吹干残留的冷凝水并做好氮气保护和封闭。

⑧ 用蒸汽彻底吹扫燃料油和燃料气系统，低点排凝后关严所有截止阀。

⑨ 最后关闭通、引风机，整个加热炉系统全部正常停工。

⑩ 完全停工后应拆下所有油喷嘴(油枪)，用煤油浸泡并清洗干净，备下次开工使用。

(2) 紧急停工

在石油化工管式炉的运行过程中，由于各种原因可能发生炉管破裂-炉膛着火，回弯头泄漏-弯头箱着火、原料中断或燃料中断等事故，以及停电，停气和停风等外部条件的干扰，以致造成炉子不能正常运行，甚至被迫紧急停工。紧急停工的方法和步骤随事故的不同而有很大差异。一般紧急停工的步骤是：

① 关闭燃料系统。

② 切断炉子进料。

③ 停掉通、引风机。

④ 打开放空蝶阀，关闭通往余热回收系统的蝶阀。

⑤ 打开炉膛及弯头箱的吹扫蒸汽。

⑥ 待事故处理完毕后再采取妥善措施吹扫盘管系统和燃料系统。

3.5.2 故障或事故分析及处理

管式炉在运行过程中会有各种原因引起的不良现象影响正常平稳操作，如不及时处理就有可能越来越严重，以至形成故障(经济损失较小)甚至造成事故(经济损失较大)。由于管式炉是直接见火设备，事故处理不当或不及时，后果将不堪设想。为了管式炉长周期、安全、平稳运转，对待故障和事故应以预防为主。在日常的操作过程中应加强检查和观察、遵守规章制度、注重分析研究、积累经验、发现问题及时处理、消除事故隐患。事故一旦发生，应沉着冷静，分析原因，准确迅速地采取措施，及时处理。表3-5-1列出了管式炉常见的故障和事故的现象、原因分析和处理方法。

表3-5-1 管式炉常见故障和事故

故障或事故	现 象	原 因	处理方法
偏 流	◆ 发生在多流路炉子，其中个别流路流量明显减少 ◆ 该路炉出口温度明显升高 ◆ 该路炉管开始结焦，阻力增加，偏流更趋严重 ◆ 该路炉管壁超温，开始蠕胀、鼓包 ◆ 鼓包处出现裂纹、开裂	▲ 设计或操作不合理造成各流路水力学或热力学不均衡 ▲ 流量控制失灵	★ 改进设计和操作，保证各流路水力学和热力学均衡 ★ 修复流量控制系统或用手阀调整各流路阻力 ★ 严重时紧急停工抢修
进料中断	◆ 炉出口和炉膛温度突然上升	▲ 进料泵抽空 ▲ 进料泵切换失误，泵不上油 ▲ 进料泵损坏	★ 炉膛熄火 ★ 炉管内通蒸汽

续表

故障或事故	现　　象	原　　因	处理方法
炉管结焦	◆ 炉管压降明显增加 ◆ 管壁温度明显增加	▲ 偏流未及时处理 ▲ 火焰舔管造成炉管局部过热 ▲ 炉膛温度严重不均匀 ▲ 管路局部堵塞等原因造成管内流量和流速过低 ▲ 进料中断又未及时调小或熄灭火焰	★ 解决偏流问题 ★ 清洗燃料喷嘴、调整燃烧器操作 ★ 点燃全部燃烧器并使各火焰均匀齐整 ★ 检查并清洗孔板或过滤器等易堵塞的地方 ★ 进料量明显减少或中断时应及时调小或熄灭火焰
炉管破裂	◆ 不严重时小股油流喷入炉内形成小火苗 ◆ 严重时炉内着火 ◆ 炉膛温度和排烟温度迅速上升 ◆ 烟囱、弯头箱门和泄压门等处冒黑烟	▲ 火焰舔管等原因引起炉管局部过热 ▲ 偏流未及时处理 ▲ 炉管长期氧化剥皮严重，管壁过分减薄 ▲ 管内介质冲蚀等原因使炉管穿孔或开裂 ▲ 炉管本身存在砂眼或裂纹等严重缺陷	★ 不严重时缓慢降量降温正常停工，补焊或更换炉管 ★ 严重时按紧急停工处理
炉膛着火或爆炸	◆ 炉膛温度和排烟温度迅速上升 ◆ 烟囱、弯头箱门和泄压门等处冒黑烟 ◆ 爆炸时看火门泄压门被掀开，严重时平面炉墙被震开裂	▲ 炉管破裂 ▲ 点火误操作 ▲ 炉膛低温操作、燃料气带液态烃造成炉内液态烃或燃气积存 ▲ 长明灯熄灭，燃料短时中断后又供给	★ 不严重时降量降温，检查如无大问题则恢复正常生产，如有较大问题则正常停工抢修 ★ 严重时按紧急停工处理
炉底外着火或爆炸	◆ 不严重时局部地方燃料油着火 ◆ 严重时整个炉底及附近都着火 ◆ 突然爆炸随即熄灭	▲ 燃料油泄漏或燃料气泄漏 ▲ 燃烧器回火 ▲ 炉内着火后燃烧着的油料从炉底看火门和燃烧器等处流出	★ 不严重时用灭火器灭火 ★ 爆炸后检查视情况决定是否停炉 ★ 严重时按紧急停工处理
燃料中断	◆ 炉温迅速下降 ◆ 炉子熄火	▲ 燃料油泵故障或抽空 ▲ 燃料油泵切换失误 ▲ 仪表失灵 ▲ 燃料气系统故障 ▲ 阻火器堵塞	★ 切换燃油泵或切换燃油罐 ★ 抢修仪表或用副线调节 ★ 联系厂调度供气或改烧油 ★ 切换阻火器

续表

故障或事故	现 象	原 因	处理方法
回弯头泄漏	◆ 弯头箱淌油 ◆ 弯头箱着火	▲ 带堵头回弯头的堵头泄漏 ▲ 带堵头回弯头的胀口泄漏 ▲ 急弯弯管因冲蚀或磨蚀穿孔	★ 打开弯头箱吹扫蒸汽或呼叫消防车 ★ 不严重时正常停工抢修 ★ 严重时按紧急停工处理
对流室超温	◆ 对流室和辐射室加热同一种介质时可自动平衡无明显表现,有时表现为烟气离开对流室温度上升 ◆ 对流室和辐射室加热不同介质时有明显表现,严重时因对流室无调节手段将使对流室加热介质的后续操作难以进行	▲ 对流室和辐射室吸热面积不匹配 ▲ 操作参数(主要是两者的流量和入口温度)与设计值有较大偏离 ▲ 过剩空气系数太大,烟气带入对流室的热量太多 ▲ 燃烧器选型不合适或操作不当造成炉膛温位上移	★ 调节操作参数达到或靠近设计值 ★ 调节燃烧器降低过剩空气 ★ 点燃所有燃烧器使火焰短而齐 ★ 更换合适的燃烧器 ★ 改变对流室和辐射室吸热面的比例
火焰偏斜、舔管	◆ 火焰不直,明显向炉墙或炉管偏斜 ◆ 火焰摆动或飘动 ◆ 火焰间断或不间断舔着炉管	▲ 燃烧器砖(火盆)或喷头结焦 ▲ 燃料喷嘴偏斜或安装错误 ▲ 燃料喷孔局部堵塞或间断式堵塞 ▲ 燃烧器本身存在问题	★ 改烧气并减小火焰将火盆结焦烧掉 ★ 折洗燃料喷嘴 ★ 改正错误安装的燃料喷嘴 ★ 更换性能良好的燃烧器
其他不良燃烧	◆ 火焰不成型、发散发飘、晃动 ◆ 冒火星、冒黑烟 ◆ 脱火、间断着火、火焰脉动 ◆ 回火、爆鸣 ◆ 活塞式燃烧 ◆ 火焰长而无力、不规则摆动 ◆ 火焰过短甚至不出火盆	▲ 火盆结焦、喷头结焦结垢 ▲ 喷嘴局部堵塞或间断堵塞 ▲ 燃料油温低或带水 ▲ 雾化蒸汽过热度不够甚至带水 ▲ 燃料压力不稳、波动或偏低 ▲ 燃气组成与设计条件有较大差异 ▲ 燃烧器性能不好、雾化不良、配风不当	★ 折洗喷嘴 ★ 调整燃料和雾化剂参数 ★ 调整风门和炉膛负压 ★ 增加稳燃设施 ★ 燃料油脱水 ★ 保证雾化蒸汽过热度 ★ 更换性能良好的燃烧器
爆燃	◆ 点火不着,稍后突然着火 ◆ 熄火后喷入炉内的燃料未及时点燃,燃料空气混合物温度升高后突然着火或爆炸	▲ 点火能量不够或点火火焰位置不当 ▲ 长明灯熄灭 ▲ 燃料压力大幅度波动	★ 增加点火能量 ★ 调整点火火焰位置 ★ 保持长明灯"长明"不灭 ★ 稳定燃料压力
后燃	◆ 对流室、尾部烟道或余热回收系统着火 ◆ 烟气出对流室和进烟囱的温度明显而迅速地升高 ◆ 烟囱及烟道人孔门冒黑烟	▲ 雾化不良、长期严重脱火或过剩空气不足等原因造成严重不完全燃烧,可燃物在对流室或尾部烟道积存,待条件合适时燃烧或爆炸	★ 紧急停炉,切断全部燃料及空气的供给 ★ 打开炉膛吹扫蒸汽 ★ 保护对流管及余热回收设备以免烧坏

续表

故障或事故	现象	原因	处理方法
风道着火或爆炸	◆ 风道及燃烧器各孔门缝冒黑烟冒火 ◆ 爆炸会震开风道壁板或其他薄弱之处	▲ 燃烧器漏油至风道 ▲ 雾化不良淌油至风道 ▲ 喷头或火盆结焦使燃料油倒流入风道 ▲ 热油式空气预热器泄漏，轻质油料漏入风道与热空气混合爆炸	★ 经常清洗燃烧器，保证燃烧器常年在良好状态下运行 ★ 熄灭漏油的火嘴 ★ 不严重时任其燃尽，严重时通蒸汽或用灭火器灭火 ★ 切断热油式空气预热器抢修
炉墙损坏	◆ 耐火隔热材料松动、脱落 ◆ 炉墙开裂 ◆ 炉外壁温度升高 ◆ 脱落的材料扑灭燃烧器的火焰	▲ 用材(耐火隔热材料)不当 ▲ 材料质量不好或施工质量差 ▲ 锚固钉因腐蚀或施工焊接不牢而松脱或断裂	★ 不严重时停工检修时修复 ★ 严重时紧急停工抢修
停电	◆ 电源指示灯熄灭 ◆ 机泵和通、引风机停运 ◆ 炉子自动熄火	▲ 电厂、配电间或线路故障	★ 将仪表由自动改手动，出风风压调到原位置，防止来电后燃料大量喷入炉膛 ★ 长时间停电，应立即打开燃油循环线，关闭燃烧器前的阀门，处理燃油管线 ★ 如果是仪表电中断，可将仪表自动改手动，用风压进行调节
停风	◆ 压缩空气的压力指示下降或消失 ◆ 自动控制仪表失灵 ◆ 炉子自动熄火	▲ 空压机故障 ▲ 压缩空气过滤器堵塞 ▲ 压缩空气管线凝结	★ 风压低时将仪表自动改手动，防止风压变化影响操作 ★ 风停时，将自动改手动维持生产
停汽	◆ 蒸汽压力表指示下降或消失 ◆ 蒸汽雾化燃油炉子冒黑烟	▲ 电厂或锅炉车间发生故障，无法供汽 ▲ 蒸汽管线破裂或发生其他故障	★ 一般应按紧急停工处理，熄火 ★ 燃油进行循环

3.5.3 维护

3.5.3.1 定期巡回检查

① 一般 2h 应巡回检查一次　内容包括检查燃油、燃气和蒸汽系统有无泄漏或异常，被加热介质进出口系统有无泄漏或异常，流控、分支流控、压控及流量、压力和温度的一次表是否正常，辐射室和对流室炉管有无异常，燃烧状况是否良好，通、引风机运行是否正常等。

② 一般每天应进行一次检查　检查烟囱挡板和风烟道蝶阀是否灵活可靠，包括自动、

遥控和手动装置的可靠程度；检查吹灰器是否灵活好用，并至少吹灰一次。

③ 每班至少应对炉顶和对流室进行一次检查，检查炉外壁、弯头箱、各门孔及仪表接口等有无异常。

④ 定期检查联锁报警系统是否正常投用，不得随意摘除运行。

⑤ 定期检查吹扫蒸汽系统、消防器材和设施、避雷针和接地线等状况是否良好。

3.5.3.2 操作运行管理

① 严格遵守操作规程及有关要求，禁止在超温、超压、超负荷或过低负荷下运行。如遇生产特殊需要，须经有关部门和主管领导书面批准。

② 避免单个火嘴火焰过长、过大、冒烟和舔管，尽量保持多火嘴、齐火焰。

③ 在保证燃烧完全的前题下，加强三门一板(油门、汽门、风门和烟囱挡板)的调节，将过剩空气降到最低，烟气中的氧含量控制在2%~4%。

④ 严密监视炉管各路的温度、压力、流量等指示，随时注意检查有无偏流，发现异常应查明是工艺原因还是设备原因，及时处理。

⑤ 各路炉管内介质出口温差应不大于1℃，烟气出辐射室温度各测点差值应不大于20℃。

⑥ 定期清洗燃烧器的燃油喷嘴和燃气喷嘴。

⑦ 定期校验及维护热电偶、负压计和氧化锆等监测设施。

⑧ 定期检查计算机及仪表控制系统，保证处于完好状态。

3.5.4 检修

3.5.4.1 停炉检查

(1) 外观检查

① 检查炉体、烟囱和主要支柱的垂直度，是否有较明显的倾斜。

② 检查各炉门变形情况，是否密封良好。

③ 检查各部位表面腐蚀情况。

④ 检查梯子、平台的牢固程度、油漆和防腐情况。

⑤ 检查辐射室炉管、遮蔽管及其弯头的蠕胀、鼓包、氧化和表面裂纹。

⑥ 检查管板、管架及导向架等炉内构件是否损坏或变形卡死。

⑦ 检查炉墙各部位是否剥落、松动、变形、开裂或损坏。

⑧ 检查对流室炉管及预热器管束外表面积灰、结垢及腐蚀(特别是露点腐蚀)情况。

⑨ 打开对流室弯头箱门，检查弯头(尤其是焊缝)是否有裂纹、弯头箱保温是否损坏、弯头箱门密封是否良好。

⑩ 检查对流室顶部及烟囱衬里完好情况，壁板及挡板露点腐蚀情况。

(2) 锤击检查

锤击检查以听觉、视觉配合手感来判断有无缺陷。检验锤的质量一般为0.25~0.5kg，一头平圆，另一头尖。锤击检查的可靠程度取决于使用者的经验，因此应由经验丰富的人员进行。注意！对于有常温脆性的材料不适宜使用锤击检查。

① 用锤击检查炉管、弯头和支撑件时，清脆和单纯的声音表明状况良好；发闷和浊声表明可能有夹渣、重皮、管内结焦、结垢或严重腐蚀；沙啦声表明可能已产生裂纹等等。

② 用检验锤的尖端可剔除表面的氧化皮、积垢、结焦等脏物，露出金属本色，便于检

查表面缺陷。

③ 用锤击检查炉衬是否松动、脱层或空洞并确定缺陷的范围。

(3) 灯光检查

一般使用能聚成平行光束的手电筒而不用手灯检查，并采用逆光观察。手电筒光束沿金属表面照射，被腐蚀的地方呈黑色斑坑；若有变形，则凸出部分被照亮，而凹瘪处是黑暗的；若金属表面有较粗的裂纹，则光束下显示一条黑线。用此法可检查烟囱、挡板、对流管、钢管式空气预热器管束等受烟气露点腐蚀金属表面的不均匀程度，也可检查制氢炉转化管和火管式余热锅炉换热管的内壁。当检查部位狭窄无法直接靠近检查时，可借助反光镜或窥视镜检查。

窥视镜短的1m左右，长的可达7~8m。其头部有一凸镜和光源，受检部位被照亮并放大，通过光导纤维观察是否有缺陷或损伤。

(4) 拉线或直尺检查

拉线检查主要用于辐射室炉管弯曲变形的测量。测量时应定位、定向拉线，测取弯曲弓高的最大值。

直尺检查是用平直的钢板尺搁置在腐蚀或凹瘪处，以测量局部腐蚀或凹瘪(鼓包)的深度。

(5) 样板检查

炉管鼓包但程度较轻暂不需要修复或换管时，可用厚的镀锌铁皮在现场做一个与变形形状相吻合的样板，并在测量处打上记号，在今后检修时检查该处变形的发展情况。

(6) 超声测厚

炉管壁厚(主要是辐射室炉管和遮蔽管)应定期和不定期进行测量。目前无损测厚主要是用超声波测厚仪，利用声波振荡原理测量被检物的厚度。通常炉管内沉积物的声阻抗与钢的相差都很大，对厚度测量没有影响，但硫铁盐沉积物的声阻抗与钢相近，测量时要特别注意，在这种情况下所测厚度可能是管壁厚与沉积物厚度之和。当对测得的厚度值有怀疑时，可用小锤敲打管壁，然后再测量一次。

(7) 钻孔检查

只有在难以使用无损测厚仪和无损检测仪而又必须检查的情况下，才使用钻孔检查，以测量残余厚度和检查裂纹、夹渣和重皮的深度及发展长度。检查结束后若无需修理时，只将钻孔焊堵后即可恢复运行。

(8) 渗漏检查

渗漏检查的方法一般采用气泡法，即在待查系统内通入压缩空气，然后对可凝渗漏处涂以肥皂水，观察是否产生气泡，以判断是否渗漏。对可疑渗漏点应依次检查并做好记录，以免漏检。

(9) 无损检测

上述常规检验发现问题而又不能完全确定时，应采用渗透检测、荧光检测、磁粉检测、超声波检测和射线检测等无损检测方法作进一步检查。

(10) 金相检查

临氢炉管、介质易结焦的炉管、氧化剥皮严重的炉管以及连续运行三年以上的炉管，必要时应作金相检查。

3.5.4.2 检修内容

按照检修计划和停炉后的检查结果，根据损坏程度进行下列全部或部分检修。

① 修理或更换炉管、弯头、管板和吊挂等。

② 修补或更换辐射室、对流室和烟道等部位的衬里。

③ 修理或更换燃烧器、吹灰器、空气预热器和烟道挡板等。

④ 修理炉体钢结构、烟风道及附属管线，并涂漆、防腐和保温。

⑤ 清扫或清洗炉管表面灰垢和管内结焦。灰垢的清扫方法有吹灰器吹扫、操作中向炉内喷洒除垢剂、操作中水冲洗和停工水冲洗等。结焦的清除方法有利用急冷急热原理的在线清焦、用化学药剂的液体清焦、蒸汽-空气烧焦和机械清焦等。

⑥ 炉管试压、炉衬养护和烘炉。

3.5.4.3 判废和更换标准

在役炉管和弯头经外观检查、测厚和金相检查之后，有以下情况之一者应予更换：

① 鼓包并有严重裂纹或网状裂纹。

② 水平管相邻两支架间的弯曲度大于炉管外径两倍。(经金相检查和测厚，不影响安全生产，认为可以继续使用者，可延期更换。)

③ 由于严重腐蚀和氧化爆皮等原因，炉管壁厚减薄到小于计算允许值。

④ 外径增大5%。

⑤ 胀接次数超过三次，胀大值总和超过0.8mm。

⑥ 胀口腐蚀、脱落，胀口露头低于3mm。

⑦ 金相组织有晶界氧化、严重球化和晶界裂纹等缺陷。

参考文献

1. 钱家麟主编. 管式加热炉(第二版). 北京：中国石化出版社，2003
2. 代有凡主编. 加热炉. 北京：中国石化出版社，1995
3. 胡安定主编. 石油化工厂设备检查指南(第二版). 北京：中国石化出版社，2009
4. 梁朝林编著. 高硫原油加工. 北京：中国石化出版社，2001
5. 姜正候主编. 燃气工程技术手册. 上海：同济大学出版社，1993
6. 夏敏文主编. 热能工程设计手册. 北京：化学工业出版社，1998
7. 林宗虎，徐通模主编. 实用锅炉手册. 北京：化学工业出版社，1999

第四章　换热设备

4.1　管壳式换热器基本类型与结构特点

4.1.1　浮头式换热器和冷凝器

4.1.1.1　结构形式

浮头式换热器和冷凝器是管壳式换热器的一种常见形式，主要由外壳、管板、管束、封头等部件组成。我国按照 GB 151《钢制管壳式换热器》进行分类和设计，浮头式换热器系列为 JB/T 4714—92[2]，图 4-1-1 为结构示意图。

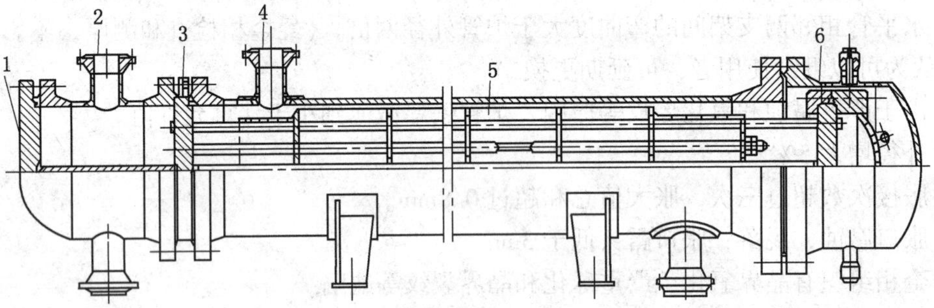

图 4-1-1　管壳式换热器结构示意图

1—管箱；2—管程管嘴；3—管板；4—壳程管嘴；5—管束；6—浮头

浮头式冷凝器系列为 JB/T 4714—92，图 4-1-2 为结构示意图。

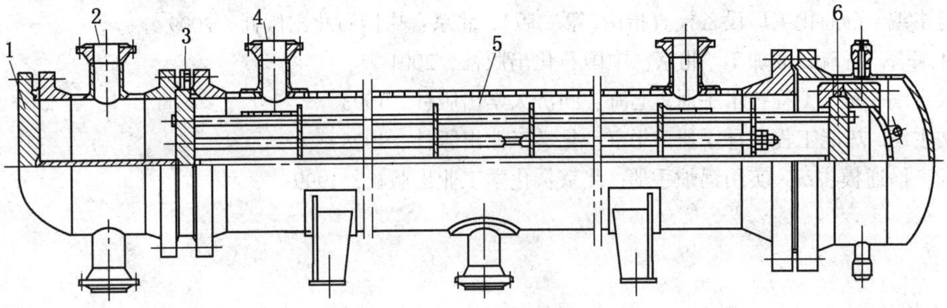

图 4-1-2　管壳式冷凝器结构示意图

1—管箱；2—管程管嘴；3—管板；4—壳程管嘴；5—管束；6—浮头

在美国，管壳式换热器按 TEMA 标准分类后设计，现将其各种形式的换热器名称示于表 4-1-1 中，供读者参考。

4.1.1.2　性能特点

浮头式换热器和冷凝器系列(JB/T 4714—92)，采用内导流(或外导流)结构、管内外均可承受高压，适用于石油及化学工业用碳素钢、低合金钢和不锈耐酸钢制换热器和冷凝器，也适用于其他工业部门相似的换热器和冷凝器。基本参数见表 4-1-2 和表 4-1-3所示。

表 4-1-1 TEMA 换热器名称表

前端管箱形式		壳体形式		后端结构形式	
A	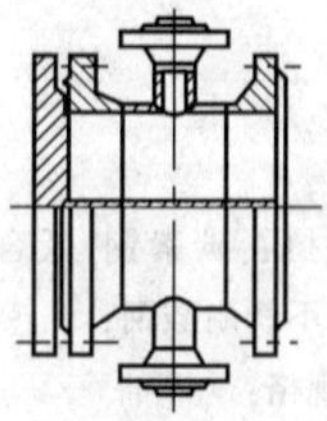 平盖管箱	E	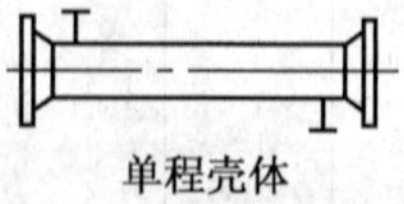 单程壳体	L	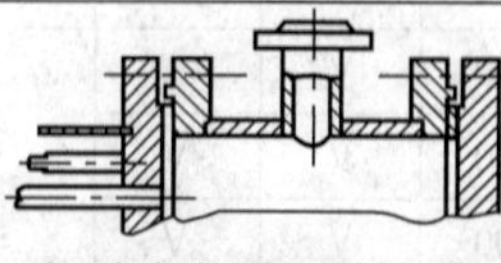 与A相似的固定管板结构
B	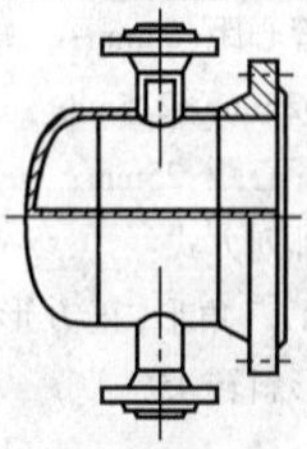 封头管箱	F	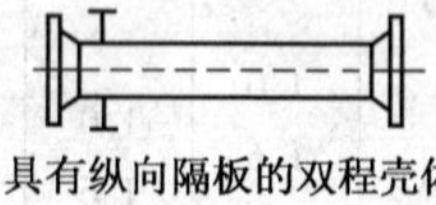 具有纵向隔板的双程壳体	M	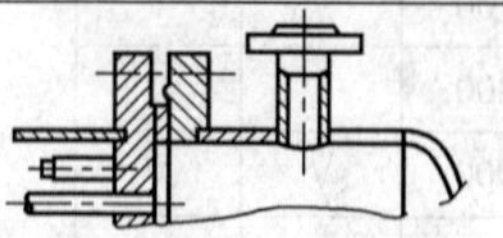 与B相似的固定管板结构
C	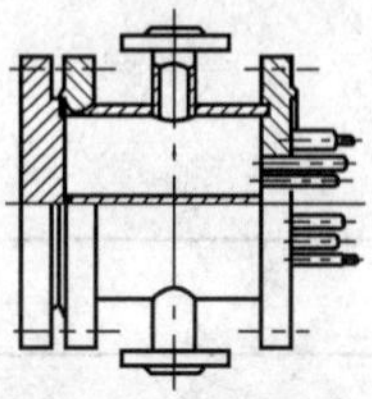 用于可拆管束与管板制成一体的管箱	G	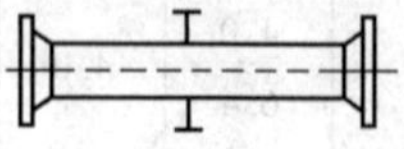 分流	N	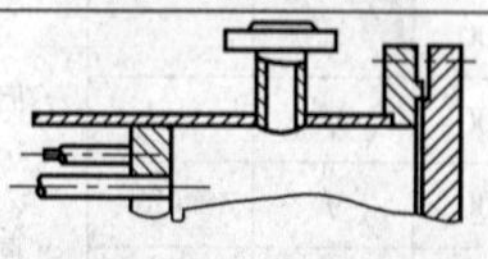 与C相似的固定管板结构
N	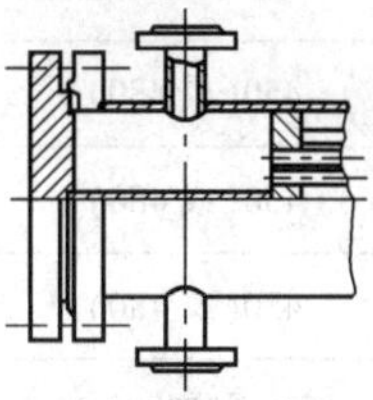 与管板制成一体的固定管板管箱	H	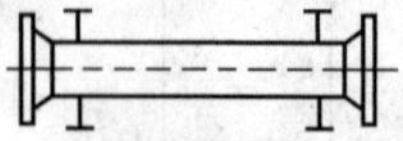 双分流	P	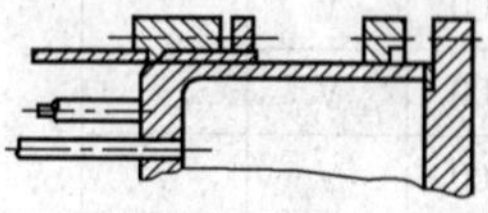 填料函式浮头
D	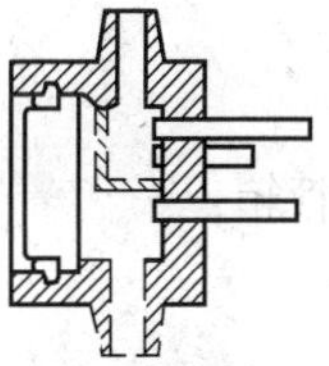 特殊高压管箱	I	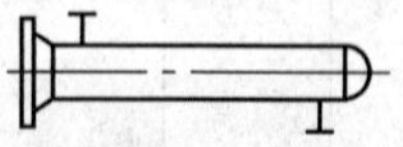 U形管式换热器	S	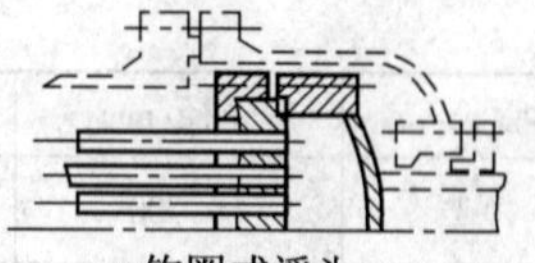 钩圈式浮头
		J	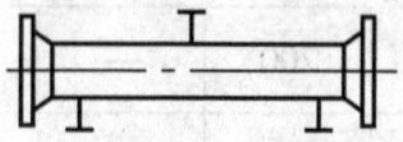 无隔板分流(或冷凝器壳体)	T	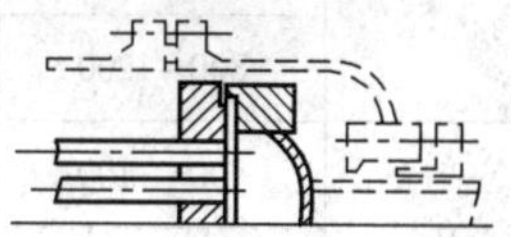 可抽式浮头
		K	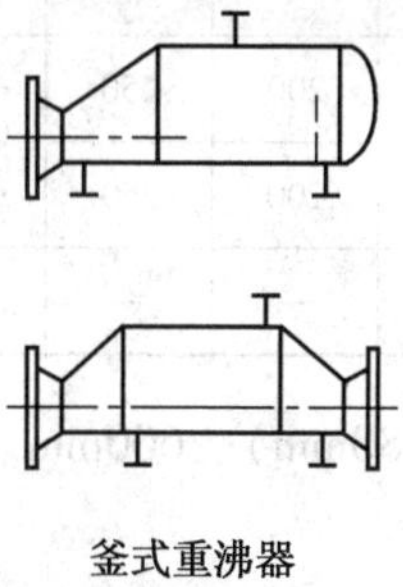 釜式重沸器	U	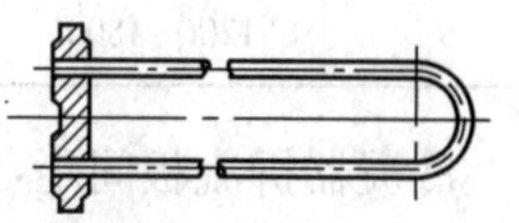 U形管束
		O	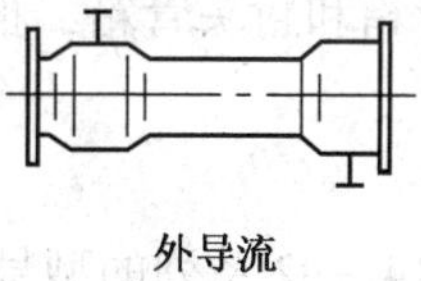 外导流	W	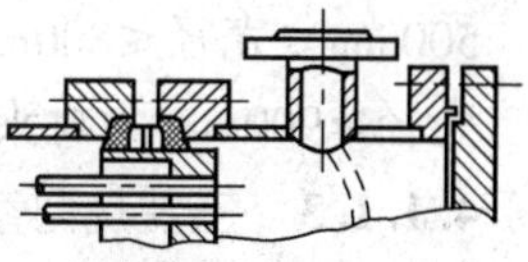 带套环填料函式浮头

表 4-1-2 浮头式换热器和冷凝器系列(JB/T 4714—92)的基本参数

<table>
<tr><th rowspan="2">壳径/mm</th><th colspan="2">导流形式</th><th colspan="2">壳体制作方式</th><th colspan="2">公称压力/MPa</th><th rowspan="2">管程数</th><th rowspan="2">换热管</th><th rowspan="2">旁路挡板数</th></tr>
<tr><th>内导流</th><th>外导流</th><th>换热器</th><th>冷凝器</th><th>换热器</th><th>冷凝器</th></tr>
<tr><td>325</td><td>√</td><td></td><td rowspan="2">钢管制圆筒</td><td></td><td rowspan="17">1.0
1.6
2.5
4.0
6.4</td><td rowspan="17">1.0
1.6
2.5
4.0</td><td>2,4</td><td rowspan="17">材质：碳素钢，低合金钢，不锈耐酸钢；
规格：
φ19mm×2mm
管心距：25mm；
φ25mm×2.5mm
管心距：25mm；
排列方式：
正三角形，正方形，正方形斜转 45°</td><td>1</td></tr>
<tr><td>426</td><td>√</td><td></td><td>钢管制圆筒</td><td>2,4</td><td>1</td></tr>
<tr><td>400</td><td>√</td><td></td><td rowspan="15">卷制圆筒</td><td rowspan="15">卷制圆筒</td><td>2,4</td><td>1</td></tr>
<tr><td>500</td><td>√</td><td>√</td><td>2,4</td><td>1</td></tr>
<tr><td>600</td><td>√</td><td>√</td><td>2,4,6</td><td>2</td></tr>
<tr><td>700</td><td>√</td><td>√</td><td>2,4,6</td><td>2</td></tr>
<tr><td>800</td><td>√</td><td>√</td><td>2,4,6</td><td>3</td></tr>
<tr><td>900</td><td>√</td><td>√</td><td>2,4,6</td><td>3</td></tr>
<tr><td>1000</td><td>√</td><td>√</td><td>2,4,6</td><td>3</td></tr>
<tr><td>1100</td><td>√</td><td></td><td>2,4,6</td><td>3</td></tr>
<tr><td>1200</td><td>√</td><td></td><td>2,4,6</td><td>3</td></tr>
<tr><td>1300</td><td>√</td><td></td><td>4,6</td><td>4</td></tr>
<tr><td>1400</td><td>√</td><td></td><td>4,6</td><td>4</td></tr>
<tr><td>1500</td><td>√</td><td></td><td>4,6</td><td>4</td></tr>
<tr><td>1600</td><td>√</td><td></td><td>4,6</td><td>5</td></tr>
<tr><td>1700</td><td>√</td><td></td><td>4,6</td><td>5</td></tr>
<tr><td>1800</td><td>√</td><td></td><td>4,6</td><td>5</td></tr>
</table>

表 4-1-3 换热器的折流板间距

管长/m	壳径/mm	折流板间距/mm							
3	≤700	100	150	200	—	—	—	—	—
4.5	≤700	100	150	200	—	—	—	—	—
	800~1200	—	150	200	250	300	—	450(或 480)	—
6	400~1100	—	150	200	250	300	350	450(或 480)	—
	1200~1800	—	—	200	250	300	350	450(或 480)	—
9	1200~1800	—	—	—	—	300	350	450	600

冷凝器折流板间距：450mm(或 480mm)、600mm。

管箱形式：

壳径≤400mm 为平盖管箱；

500mm≤壳径≤800mm 为平盖管箱和封头管箱，推荐使用封头管箱；

壳径≥900mm 为封头管箱。

4.1.1.3 主要几何参数

浮头式换热器和冷凝器 JB/T 4714—92 系列的型号参数见附表 4-1 和附表 4-2，工艺计算几何参数见表 4-1-4。

表 4-1-4(a)　内导流浮头式换热器和冷凝器主要工艺参数表(ϕ19mm×2mm 换热管)

壳径/mm	管程数	管子数②		流通面积/m²		换热面积③/m²			
		总 数	中心管排	管 程	壳 程① $B=200$mm	$L=3$m	$L=4.5$m	$L=6$m	$L=9$m
325	2	60	7	0.0053	0.03725	10.5	15.8		
	4	52	6	0.0023	0.04093	9.1	13.7		
400	2	120	8	0.0106	0.04811	20.9	31.6	42.3	
	4	108	9	0.0048	0.04443	18.8	28.4	38.1	
500	2	206	11	0.0182	0.05645	35.7	54.1	72.5	
	4	192	10	0.0085	0.06014	33.2	50.4	67.6	
600	2	324	14	0.0286	0.06480	55.8	84.8	113.9	
	4	308	14	0.0136	0.06480	53.1	80.7	108.2	
	6	284	14	0.0083	0.06480	48.9	74.4	99.8	
700	2	468	16	0.0414	0.07682	80.4	122.2	164.1	
	4	448	17	0.0198	0.07314	76.9	117.0	157.1	
	6	382	15	0.0112	0.08051	65.6	99.8	133.9	
800	2	610	19	0.0539	0.08517		158.9	213.5	
	4	588	18	0.026	0.08794		153.2	205.8	
	6	518	16	0.0152	0.09622		134.9	181.3	
900	2	800	22	0.0707	0.09254		207.6	279.2	
	4	776	21	0.0343	0.09619		201.4	270.8	
	6	720	21	0.0212	0.09619		186.9	251.3	
1000	2	1006	24	0.0890	0.10445		260.6	350.6	
	4	980	23	0.0433	0.10810		253.9	341.6	
	6	892	21	0.0262	0.11539		231.1	311.0	
1100	2	1240	27	0.1100	0.11270		320.3	431.3	
	4	1212	26	0.0536	0.11635		313.1	421.6	
	6	1120	24	0.0329	0.12365		289.3	389.6	
1200	2	1452	28	0.1290	0.12826		374.4	504.3	764.2
	4	1424	28	0.0629	0.12826		367.2	494.6	749.5
	6	1348	27	0.0396	0.13190		347.6	468.2	709.5
1300	4	1700	31	0.0751	0.13651			589.3	
	6	1616	29	0.0476	0.14381			560.2	
1400	4	1972	32	0.0871	0.15206			682.6	1035.6
	6	1890	30	0.0557	0.15936			654.2	992.5
1500	4	2304	34	0.1020	0.16397			795.9	
	6	2252	34	0.0663	0.16397			777.9	
1600	4	2632	37	0.1160	0.17222			907.6	1378.7
	6	2520	37	0.0742	0.17222			869.0	1320.0
1700	4	3012	40	0.1330	0.18048			1036.1	
	6	2834	38	0.0835	0.18778			974.9	
1800	4	3384	43	0.1490	0.18874			1161.3	1766.9
	6	3140	37	0.0925	0.21062			1077.5	1639.5

注：① 壳程流通面积=(壳径-中心管排数×管外径)×(板间距-板厚)；当壳径≤700 mm 时，板厚 $\delta=6$mm；当壳径800~900 mm 时，板厚 $\delta=8$mm；当壳径 1000~1500 mm 时，板厚 $\delta=10$mm；当壳径 1600~1800 mm 时，板厚 $\delta=12$mm。表中的壳程流通面积按板间距 $B=200$mm 计算，其他板间距的校正为 $(B-\delta)/(200-\delta)$×壳程流通面积。

② 排管数按正方形旋转 45°排列计算。

③ 计算面积按光管及管、壳程公称压力 2.5MPa 的管板厚度确定。

表 4-1-4(b)　内导流浮头式换热器和冷凝器主要工艺参数表(ϕ25mm×2.5mm 换热管)

壳径/mm	管程数	管子数②		流通面积/m²		换热面积③/m²			
		总数	中心管排	管程	壳程① B=200mm	L=3m	L=4.5m	L=6m	L=9m
325	2	32	5	0.0050	0.0388	7.4	11.1		
	4	28	4	0.0022	0.04365	6.4	9.7		
400	2	74	7	0.0116	0.04365	16.9	25.6	34.4	
	4	68	6	0.0053	0.0485	15.6	23.6	31.6	
500	2	124	8	0.0194	0.0582	28.3	42.8	57.4	
	4	116	9	0.0091	0.05335	26.4	40.1	53.7	
600	2	198	11	0.0311	0.06305	44.9	68.2	91.5	
	4	188	10	0.0148	0.0679	42.6	64.8	86.9	
	6	158	10	0.0083	0.0679	35.8	54.4	73.1	
700	2	268	13	0.0421	0.07275	60.6	92.1	123.7	
	4	256	12	0.0201	0.0776	57.8	87.9	118.1	
	6	224	10	0.0116	0.0873	50.6	76.9	103.4	
800	2	366	15	0.0575	0.08245		125.4	168.5	
	4	352	14	0.0276	0.0873		120.6	162.1	
	6	316	14	0.0165	0.0873		108.3	145.5	
900	2	472	17	0.0741	0.0912		161.2	216.8	
	4	456	16	0.0353	0.096		155.7	209.4	
	6	426	16	0.0223	0.096		145.5	195.6	
1000	2	606	19	0.0952	0.1008		206.6	277.9	
	4	588	18	0.0462	0.1056		200.4	269.7	
	6	564	18	0.0295	0.1056		192.2	258.7	
1100	2	736	21	0.1160	0.1104		250.2	336.8	
	4	716	20	0.0562	0.1152		243.4	327.7	
	6	692	20	0.0362	0.1152		235.2	316.7	
1200	2	880	22	0.1380	0.1248		298.6	402.2	609.4
	4	860	22	0.0675	0.1248		291.8	393.1	595.6
	6	828	21	0.0434	0.1296		280.9	378.4	573.4
1300	4	1024	24	0.0804	0.1344			467.1	
	6	972	24	0.0509	0.1344			443.3	
1400	4	1192	26	0.0936	0.144			542.9	823.6
	6	1130	24	0.0592	0.1536			514.7	780.8
1500	4	1400	29	0.1100	0.1488			636.3	
	6	1332	28	0.0697	0.1536			605.4	
1600	4	1592	30	0.125	0.1632			722.3	1097.3
	6	1518	29	0.0795	0.168			688.8	1047.2
1700	4	1856	32	0.1460	0.1728			840.1	
	6	1812	32	0.0949	0.1728			820.2	
1800	4	2056	34	0.1610	0.1824			928.4	1412.5
	6	1986	30	0.1040	0.2016			896.7	1364.4

注：① 壳程流通面积=(壳径-中心管排数×管外径)×(板间距-板厚)；当壳径≤700 mm 时，板厚δ=6mm；当壳径800~900 mm 时，板厚δ=8mm；当壳径 1000~1500 mm 时，板厚δ=10mm；当壳径 1600~1800 mm 时，板厚δ=12mm。表中的壳程流通面积按板间距 B=200mm 计算，其他板间距的校正为$(B-\delta)/(200-\delta)$×壳程流通面积。

② 排管数按正方形旋转 45°排列计算。

③ 计算面积按光管及管、壳程公称压力 2.5MPa 的管板厚度确定。

4.1.2　固定管板式换热器

4.1.2.1　结构形式

固定管板式换热器是管壳式换热器的一种常见形式，主要由外壳、管板、管束、封头等部件组成，两端管板采用焊接方法与壳体连接固定。目前国产固定管板式换热器系列为 JB/T 4715—92[2]，图 4-1-3 为结构示意图。

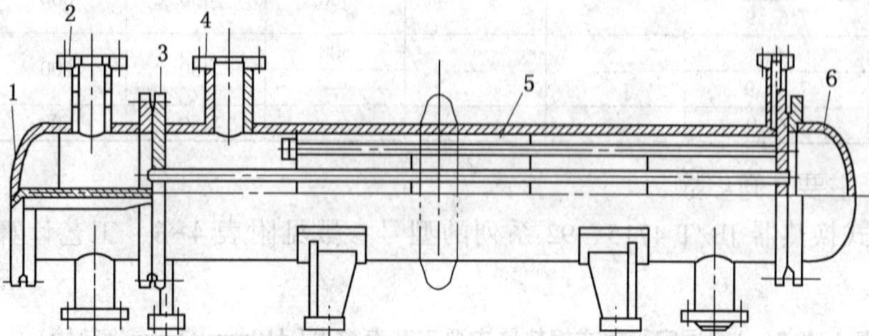

图 4-1-3　固定管板换热器结构示意图

1—封头管箱；2—管程管嘴；3—管板；4—壳程管嘴；5—管束；6—后端封头管箱

4.1.2.2　性能特点

国产固定管板式换热器系列(JB/T 4715—92)，采用内导流结构、适用于石油及化学工业用碳素钢、低合金钢和不锈耐酸钢制换热器，也适用于其他工业部门相似的换热器和冷凝器。引用标准为 GB 151《钢制管壳式换热器》。基本参数见表 4-1-5 和表 4-1-6 所示。

表 4-1-5　固定管板式换热器系列(JB/T 4715—92)的基本参数

壳径/mm	内导流结构	壳体制作方式	公称压力/MPa	管程数	换热管	换热管长度/m
159	V	钢管制圆筒	1.6	1	材质：碳素钢，低合金钢，不锈耐酸钢；规格：ϕ19mm×2mm，管心距：25mm；ϕ25mm×2.5mm，管心距：25mm；排列方式：正三角形	1.5,2,3
219	V		2.5	1		
273	V		4.0	1,2		
325	V		6.4	1,2,4		1.5,2,3,4.5,6
400	V	卷制圆筒	0.6 1.0 1.6 2.5 4.0	1,2,4		
450	V			1,2,4		
500	V			1,2,4		2,3,4.5,6
600	V			1,2,4,6		
700	V			1,2,4,6		3,4.5,6
800	V			1,2,4,6		
900	V			1,2,4,6		3,4.5,6,9
1000	V			1,2,4,6		
1100	V			1,2,4,6		4.5,6,9
1200	V			1,2,4,6		
1300	V		0.25 0.6 1.0 1.6 2.5	1,2,4,6		
1400	V			1,2,4,6		6,9
1500	V			1,2,4,6		
1600	V			1,2,4,6		
1700	V			1,2,4,6		
1800	V			1,2,4,6		

表 4-1-6　固定管板式换热器的折流板间距

壳径/mm	管长/m	折流板间距/mm					
≤500	3	100	200	300	450	600	—
	4.5~6	—					—
600~800	1.5~6	150	200	300	450	600	—
900~1300	≤6	—	200	300	450	600	—
	7.5，9		—				750
1400~1600	6	—	—	300	450	600	750
	7.5，9			—			
1700~1800	6~9	—	—	—	450	600	750

4.1.2.3　主要几何参数

固定管板式换热器 JB/T 4715—92 系列的型号参数见附表 4-3，工艺计算几何参数见表4-1-7。

表 4-1-7(a)　固定管板式换热器主要工艺参数表(ϕ19mm×2mm 换热管)[2]

壳径/mm	管程数	管子数②		流通面积/m²		换热面积/m²					
		总 数	中心管排	管 程	壳 程① B=200mm	L=1.5m	L=2m	L=3m	L=4.5m	L=6m	L=9m
159	1	15	5	0.0027	0.01242	1.3	1.7	2.6			
219	1	33	7	0.0058	0.01668	2.8	3.7	5.7			
273	1	65	9	0.0115	0.01979	5.4	7.4	11.3	17.1	22.9	
	2	56	8	0.0049	0.02347	4.7	6.4	9.7	14.7	19.7	
325	1	99	11	0.0175	0.02250	8.3	11.2	17.1	26.0	34.9	
	2	88	10	0.0078	0.02619	7.4	10.0	15.2	23.1	31.0	
	4	68	11	0.0030	0.02250	5.7	7.7	11.8	17.9	23.9	
400	1	174	14	0.0307	0.02510	14.5	19.7	30.1	45.7	61.3	
	2	164	15	0.0145	0.02231	13.7	18.6	28.4	43.1	57.8	
	4	146	14	0.0065	0.02510	12.2	16.6	25.3	38.3	51.4	
450	1	237	17	0.0419	0.02464	19.8	26.9	41.0	62.2	83.5	
	2	220	16	0.0194	0.02832	18.4	25.0	38.1	57.8	77.5	
	4	200	16	0.0088	0.02832	16.7	22.7	34.6	52.5	70.4	
500	1	275	19	0.0486	0.02697		31.2	47.6	72.2	96.8	
	2	256	18	0.0226	0.03065		29.0	44.3	67.2	90.2	
	4	222	18	0.0098	0.03065		25.2	38.4	58.3	78.2	
600	1	430	22	0.0760	0.03531		48.8	74.4	112.9	151.4	
	2	416	23	0.0368	0.03162		47.2	72.0	109.3	146.5	
	4	370	22	0.0163	0.03531		42.0	64.0	97.2	130.3	
	6	360	20	0.0106	0.04268		40.8	62.3	94.5	126.8	
700	1	607	27	0.1073	0.03628			105.1	159.4	213.8	
	2	574	27	0.0507	0.03628			99.4	150.8	202.1	
	4	542	27	0.0239	0.03628			93.8	142.3	190.9	
	6	518	24	0.0153	0.04734			89.7	136.0	182.4	

续表

壳径/mm	管程数	管子数②		流通面积/m²		换热面积/m²					
		总数	中心管排	管程	壳程① $B=200mm$	$L=1.5m$	$L=2m$	$L=3m$	$L=4.5m$	$L=6m$	$L=9m$
800	1	797	31	0.1408	0.040512			138.0	209.3	280.7	
	2	776	31	0.0686	0.040512			134.3	203.8	273.3	
	4	722	31	0.0319	0.040512			125.0	189.8	254.3	
	6	710	30	0.0209	0.04416			122.9	186.5	250.0	
900	1	1009	35	0.1783	0.04512			174.7	265.0	355.3	536.0
	2	988	35	0.0873	0.04512			171.0	259.5	347.9	524.9
	4	938	35	0.0414	0.04512			162.4	246.4	330.3	498.3
	6	914	34	0.0269	0.048768			158.2	240.0	321.9	485.6
1000	1	1267	39	0.2239	0.04921			219.3	332.8	446.2	673.1
	2	1234	39	0.1090	0.04921			213.6	324.1	434.6	655.6
	4	1186	39	0.0524	0.04921			205.3	311.5	417.7	630.1
	6	1148	38	0.0338	0.05282			198.7	301.5	404.3	609.9
1100	1	1501	43	0.2652	0.05377				394.2	528.6	797.4
	2	1470	43	0.1299	0.05377				386.1	517.7	780.9
	4	1450	43	0.0641	0.05377				380.8	510.6	770.3
	6	1380	42m	0.0406	0.05738				362.4	486.0	733.1
1200	1	1837	47	0.3246	0.05833				482.5	646.9	975.9
	2	1816	47	0.1605	0.05833				476.9	639.5	964.7
	4	1732	47	0.0765	0.05833				454.9	610.0	911.6
	6	1716	46	0.0505	0.06194				450.7	604.3	920.1
1300	1	2123	51	0.3752	0.06289				557.6	747.7	911.6
	2	2080	51	0.1838	0.06289				546.3	732.5	1105.0
	4	2074	50	0.0916	0.0665				544.7	730.4	1101.8
	6	2028	48	0.0597	0.07372				532.6	714.2	1077.4
1400	1	2557	55	0.4519	0.06745					900.5	1358.4
	2	2502	54	0.2211	0.07106					881.1	1329.2
	4	2404	55	0.1062	0.06745					846.6	1277.1
	6	2378	54	0.0700	0.07106					837.5	1263.3
1500	1	2929	59	0.5176	0.07201					1031.5	1556.0
	2	2874	58	0.2539	0.07562					1012.1	1526.8
	4	2768	58	0.1223	0.07562					974.8	1470.5
	6	2692	56	0.0793	0.08284					948.0	1430.1
1600	1	3339	61	0.5901	0.08291					1175.9	1773.8
	2	3282	62	0.3382	0.07934					1155.8	1743.5
	4	3176	62	0.1403	0.07934					1118.5	1687.2
	6	3140	61	0.0925	0.08291					1105.8	1668.1

续表

壳径/mm	管程数	管子数②		流通面积/m²		换热面积/m²					
		总 数	中心管排	管 程	壳 程① $B=200mm$	$L=1.5m$	$L=2m$	$L=3m$	$L=4.5m$	$L=6m$	$L=9m$
1700	1	3721	65	0.6576	0.08742					1310.4	1976.7
	2	3646	66	0.3131	0.08385					1284.0	1936.9
	4	3544	66	0.1566	0.08385					1248.1	1882.7
	6	3512	63	0.1034	0.09456					1236.8	1869.7
1800	1	4247	71	0.7505	0.08479					1495.7	2256.2
	2	4186	70	0.3699	0.08836					1474.2	2223.8
	4	4070	69	0.1798	0.09193					1433.3	2162.2
	6	4048	67	0.1192	0.09908					1425.6	2150.5

注：① 壳程流通面积=(壳径-中心管排数×管外径)×(板间距-板厚)；当壳径≤700mm 时，板厚 $\delta=6mm$；当壳径 800~900mm 时，板厚 $\delta=8mm$；当壳径 1000~1500mm 时，板厚 $\delta=10mm$；当壳径 1600~1800mm 时，板厚 $\delta=12mm$。表中的壳程流通面积按板间距 $B=200mm$ 计算，其他板间距的校正为 $(B-\delta)/(200-\delta)$×壳程流通面积。

② 正三角形排列。

表 4-1-7(b) 固定管板式换热器主要工艺参数表(ϕ25mm×2.5mm 换热管)[2]

壳径/mm	管程数	管子数②		流通面积/m²		换热面积/m²					
		总数	中心管排	管程	壳程① $B=200mm$	$L=1.5m$	$L=2m$	$L=3m$	$L=4.5m$	$L=6m$	$L=9m$
159	1	11	3	0.0035	0.01630	1.2	1.6	2.5			
219	1	25	5	0.0079	0.01824	2.7	3.7	5.7			
273	1	38	6	0.0119	0.02386	4.2	5.7	8.7	13.1	17.6	
	2	32	7	0.0050	0.01901	3.5	4.8	7.3	11.1	14.8	
325	1	57	9	0.0179	0.01940	6.3	8.5	13.0	19.7	26.4	
	2	56	9	0.0088	0.01940	6.2	8.4	12.7	19.3	25.9	
	4	40	9	0.0031	0.01940	4.4	6.0	9.1	13.8	18.5	
400	1	98	12	0.0308	0.01940	10.8	14.6	22.3	33.8	45.4	
	2	94	11	0.0148	0.02425	10.3	14.0	21.4	32.5	43.5	
	4	76	11	0.0060	0.02425	8.4	11.3	17.3	26.3	35.2	
450	1	135	13	0.0424	0.02425	14.8	20.1	30.7	46.6	62.5	
	2	126	12	0.0198	0.02910	13.9	18.8	28.7	43.5	58.4	
	4	106	13	0.0083	0.02425	11.7	15.8	24.1	36.6	49.1	
500	1	174	14	0.0546	0.02910		26.0	39.6	60.1	80.6	
	2	164	15	0.0257	0.02425		24.5	37.3	56.6	76.0	
	4	144	15	0.0113	0.02425		21.4	32.8	49.7	66.7	
600	1	245	17	0.0769	0.03395		36.5	55.8	84.6	113.5	
	2	232	16	0.0364	0.03880		34.6	52.8	80.1	107.5	
	4	222	17	0.0174	0.03395		33.1	50.5	76.7	102.8	
	6	216	16	0.0113	0.03880		32.2	49.2	74.6	100.0	

续表

壳径/mm	管程数	管子数② 总数	管子数② 中心管排	流通面积/m² 管程	流通面积/m² 壳程① B=200mm	换热面积/m² L=1.5m	换热面积/m² L=2m	换热面积/m² L=3m	换热面积/m² L=4.5m	换热面积/m² L=6m	换热面积/m² L=9m
700	1	355	21	0.1115	0.03395			80.0	122.6	164.4	
	2	342	21	0.0537	0.03395			77.9	118.1	158.4	
	4	322	21	0.0253	0.03395			73.3	111.2	149.1	
	6	304	20	0.0159	0.03880			69.2	105.0	140.8	
800	1	467	23	0.1466	0.0432			106.3	161.3	216.3	
	2	450	23	0.0707	0.0432			102.4	155.4	208.5	
	4	442	23	0.0347	0.0432			100.6	152.7	204.7	
	6	430	24	0.0225	0.0384			97.9	148.5	199.2	
900	1	605	27	0.1900	0.0432			137.8	209.0	280.2	422.7
	2	588	27	0.0923	0.0432			133.9	203.1	272.3	410.8
	4	554	27	0.0435	0.0432			126.1	191.4	256.6	387.1
	6	538	26	0.0282	0.048			122.5	185.8	249.2	375.9
1000	1	749	30	0.2352	0.0475			170.5	258.7	346.9	523.3
	2	742	29	0.1165	0.05225			168.9	256.3	343.7	518.4
	4	710	29	0.0557	0.05225			161.6	245.2	328.8	496.0
	6	698	30	0.0365	0.0475			158.9	241.1	323.3	487.7
1100	1	931	33	0.2923	0.05225				321.6	431.2	650.4
	2	894	33	0.1404	0.05225				308.8	414.1	624.6
	4	848	33	0.0666	0.05225				292.9	392.8	592.5
	6	830	32	0.0434	0.057				286.7	384.4	579.9
1200	1	1115	37	0.3501	0.05225				385.1	516.4	779.0
	2	1102	37	0.1730	0.05225				380.6	510.4	769.9
	4	1052	37	0.0826	0.05225				363.4	487.2	735.0
	6	1026	36	0.0537	0.057				354.4	475.2	716.8
1300	1	1301	39	0.4085	0.06175				449.4	602.6	908.9
	2	1274	40	0.2000	0.057				440.0	590.1	890.1
	4	1214	39	0.0953	0.06175				419.3	562.3	848.2
	6	1192	38	0.0624	0.0665				411.7	552.1	832.8
1400	1	1547	43	0.4858	0.06175					716.5	1080.8
	2	1510	43	0.2371	0.06175					699.4	1055.0
	4	1454	43	0.1141	0.06175					673.4	1015.8
	6	1424	42	0.0745	0.0665					659.5	994.9
1500	1	1753	45	0.5504	0.07125					811.9	1224.7
	2	1700	45	0.2669	0.07125					787.4	1187.7
	4	1688	45	0.1325	0.07125					781.8	1179.3
	6	1590	44	0.0832	0.076					736.4	1110.9

续表

壳径/mm	管程数	管子数②		流通面积/m^2		换热面积/m^2					
		总数	中心管排	管程	壳程① $B=200$mm	$L=1.5$m	$L=2$m	$L=3$m	$L=4.5$m	$L=6$m	$L=9$m
1600	1	2023	47	0.6352	0.0799					937.0	1413.4
	2	1982	48	0.3112	0.0752					918.0	1384.7
	4	1900	48	0.1492	0.0752					880.0	1327.4
	6	1884	47	0.0986	0.0799					872.6	1316.3
1700	1	2245	51	0.7049	0.0799					1039.8	1568.5
	2	2216	52	0.3479	0.0752					1026.3	1548.2
	4	2180	50	0.1711	0.0846					1009.7	1523.1
	6	2156	53	0.1128	0.0705					998.6	1506.3
1800	1	2559	55	0.8035	0.0799					1185.3	1787.7
	2	2512	55	0.3944	0.0799					1163.4	1755.1
	4	2424	54	0.1903	0.0846					1122.7	1693.2
	6	2404	53	0.1258	0.0893					1113.4	1679.6

注：① 壳程流通面积=(壳径-中心管排数×管外径)×(板间距-板厚)；当壳径≤700mm时，板厚$\delta=6$mm；当壳径800~900mm时，板厚$\delta=8$mm；当壳径1000~1500mm时，板厚$\delta=10$mm；当壳径1600~1800mm时，板厚$\delta=12$mm。表中的壳程流通面积按板间距$B=200$mm计算，其他板间距的校正为$(B-\delta)/(200-\delta)$×壳程流通面积。

② 正三角形排列。

4.1.3 U形管式换热器

4.1.3.1 结构形式

U形管换热器是管壳式换热器的一种形式，系列JB/T 4717—92的引用标准为GB 151《钢制管壳式换热器》，适用于石油、化学工业用碳素钢、低合金钢和不锈耐酸钢制换热器，以及其他工业部门相似的换热器。结构简图如图4-1-4所示。

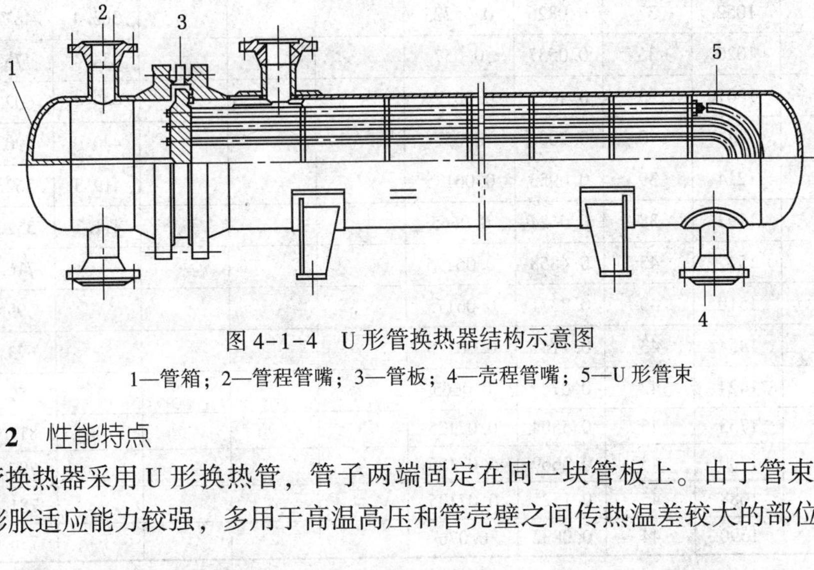

图4-1-4 U形管换热器结构示意图

1—管箱；2—管程管嘴；3—管板；4—壳程管嘴；5—U形管束

4.1.3.2 性能特点

U形管换热器采用U形换热管，管子两端固定在同一块管板上。由于管束可以自由伸缩，故热膨胀适应能力较强，多用于高温高压和管壳壁之间传热温差较大的部位。管内可以承受高压，但是要求介质比较干净，便于清扫。基本参数见表 4-1-8、表 4-1-9 所示。

表 4-1-8 U 形管换热器系列(JB/T 4717—92)的基本参数[2]

壳径/mm	内导流形式	壳体制作方式	公称压力/MPa 管程	公称压力/MPa 壳程	管程数	换热管	旁路挡板数
325	V	钢管制圆筒	4.0	1.6，2.5，4.0	2，4	材质：碳素钢，低合金钢，不锈耐酸钢；规格：ϕ19mm×2mm；管心距 25mm；ϕ25mm×2.5mm；管心距 32mm；排列方式：正三角形，正方形斜转 45°；换热管：光管和螺纹管	1
426	V				2，4		1
400	V	卷制圆筒	6.4	1.6，2.5，4.0，6.4	2，4		1
500	V		2.5	1.6，2.5	2，4		1
			4.0	1.6，2.5，4.0			
			6.4	1.6，2.5，4.0，6.4			
600	V		1.0	1.0	2，4		2
			1.6	1.6			
700	V		2.5	1.6，2.5	2，4		2
800	V		4.0	1.6，2.5，4.0	2，4		3
			6.4	1.6，2.5，4.0，6.4			
900	V		1.0	1.0	2，4		3
1000	V		1.6	1.6	2，4		3
1100	V		2.5	1.6，2.5	2，4		3
1200	V		4.0	1.6，2.5，4.0	2，4		3

表 4-1-9 U 形管换热器的折流板间距[2]

管长/m	壳径/m	折流板间距/mm					
3	≤600	150	200	—	—	—	—
6	≤600	150	200	—	300	—	—
	700~900	150	200	—	300	—	450
	1000~1200	—	—	250	300	350	450

4.1.3.3 主要几何参数

U 形管换热器 JB/T 4717—92 系列的常用型号参数见附表 4-4。工艺计算几何参数表见表 4-1-10。

表 4-1-10(a) U 形管式换热器主要工艺参数表(ϕ19mm×2mm 换热管)[2]

壳径/mm	管程数	管子数② 总数	管子数② 中心管排	流通面积/m² 管程	流通面积/m² 壳程① $B=200$mm	换热面积③/m² $L=3$m	换热面积③/m² $L=6$m
325	2	38	11	0.0067	0.02250	13.4	27.0
	4	30	10	0.0027	0.02619	10.6	21.3
400	2	77	15	0.0136	0.02231	26.9	54.5
	4	68	16	0.0060	0.01862	23.8	48.2

续表

壳径/mm	管程数	管子数②		流通面积/m²		换热面积③/m²	
		总数	中心管排	管程	壳程① $B=200$mm	$L=3$m	$L=6$m
500	2	128	19	0.0227	0.02697	44.6	90.5
	4	114	20	0.0101	0.02328	39.7	80.5
600	2	199	23	0.0352	0.03162	69.1	140.3
	4	184	24	0.0163	0.02794	63.9	129.7
700	2	276	27	0.0492	0.03628		194.1
	4	258	24	0.0228	0.04734		181.4
800	2	367	31	0.0650	0.04093		257.7
	4	346	32	0.0306	0.03725		242.8
900	2	480	35	0.0850	0.04512		336.2
	4	454	32	0.0402	0.05606		317.8
1000	2	603	39	0.1067	0.04973		421.5
	4	576	40	0.0510	0.0456		402.4
1100	2	738	43	0.1306	0.05434		514.6
	4	706	40	0.0625	0.0646		492.2
1200	2	885	47	0.1566	0.05894		615.8
	4	852	48	0.0754	0.05472		592.6

注：① 壳程流通面积=(壳径-中心管排数×管外径)×(板间距-板厚)；当壳径≤700 mm 时，板厚 $\delta=6$mm；当壳径800~900 mm 时，板厚 $\delta=8$mm；当壳径 1000~1500 mm 时，板厚 $\delta=10$mm；当壳径 1600~1800 mm 时，板厚 $\delta=12$mm。表中的壳程流通面积按板间距 $B=200$mm 计算，其他板间距的校正为 $(B-\delta)/(200-\delta)$×壳程流通面积。

② 管子数系指 U 形管的数量，ϕ19×2 换热管按三角形排列。

③ 换热面积按光管及管、壳程公称压力 4.0MPa 的管板厚度确定。

表 4-1-10(b)　U 形管式换热器主要工艺参数表(ϕ25mm×2.5mm 换热管)[2]

壳径/mm	管程数	管子数②		流通面积/m²		换热面积③/m²	
		总数	中心管排	管程	壳程① $B=200$mm	$L=3$m	$L=6$m
325	2	13	6	0.0041	0.03395	6.0	12.1
	4	12	5	0.0019	0.0388	5.6	11.2
400	2	32	8	0.0100	0.0388	14.7	29.8
	4	28	7	0.0044	0.04365	12.9	26.1
500	2	57	10	0.0179	0.0485	26.1	53.0
	4	56	9	0.0088	0.05335	25.7	52.1
600	2	94	13	0.0295	0.05335	42.9	87.2
	4	90	11	0.0141	0.06305	41.1	83.5
700	2	129	15	0.0411	0.06305		119.4
	4	128	13	0.0201	0.07275		118.4

续表

壳径/mm	管程数	管子数②		流通面积/m²		换热面积③/m²	
		总数	中心管排	管程	壳程① $B=200$mm	$L=3$m	$L=6$m
800	2	182	17	0.0571	0.07275		168.0
	4	176	15	0.0276	0.08245		162.5
900	2	231	19	0.0725	0.0816		212.8
	4	226	17	0.0355	0.0912		208.2
1000	2	298	21	0.0936	0.0912		273.9
	4	292	19	0.0458	0.1008		268.4
1100	2	363	24	0.1140	0.096		332.9
	4	356	21	0.0559	0.1104		326.5
1200	2	436	26	0.1369	0.1056		399.0
	4	428	21	0.0672	0.1296		391.7

注：① 壳程流通面积=(壳径-中心管排数×管外径)×(板间距-板厚)；当壳径≤700 mm时，板厚$\delta=6$mm；当壳径800~900 mm时，板厚$\delta=8$mm；当壳径1000~1500mm时，板厚$\delta=10$mm；当壳径1600~1800 mm时，板厚$\delta=12$mm。表中的壳程流通面积按板间距$B=200$mm计算，其他板间距的校正为$(B-\delta)/(200-\delta)$×壳程流通面积。

② 管子数系指U形管的数量，$\phi25\times2.5$换热管按正方形旋转45°排列。

③ 换热面积按光管及管、壳程公称压力4.0MPa的管板厚度确定。

4.2　管壳式换热器几种强化传热设备及管件

传热过程是指两种流体通过设备的壁面进行热交换的过程，按照流体传热的方式基本上可分为无相变和有相变两种类型。

无相变过程强化传热技术的研究，一般依据控制热阻所在侧而采取相应的措施，可分为管内强化和管外强化两种形式。对于管壳式换热器采取的强化措施大致有以下几种办法：

管内外采用新型扩展表面或内插物提高搅动程度实现强化传热；

改变壳程管束支撑件形式例如折流杆，以提高流速和搅动程度实现强化传热；

加入不互溶的低沸点添加剂，靠汽化潜热提高传热效果等等；

有相变过程强化传热技术的研究，针对相变过程的特性可分为冷凝强化传热和沸腾强化传热。冷凝强化传热措施常见的有：

膜状冷凝是最常见的冷凝方式，其传热热阻主要集中在冷凝膜上。因此将换热管做成各种翅片形式，利用冷凝液的表面张力来减薄翅片顶部的液膜厚度；齿根部留有较宽的排液空间以便迅速排液来实现强化传热，例如螺纹管、菱形翅片管和纵翅片等。

滴状冷凝是一种有极高传热效率的冷凝方式，依靠对金属表面进行降低基表面能的处理，使液体在表面上形成液滴而达到强化传热。降低基表面能的处理方法有：在金属表面涂上憎水表面；电镀一层贵金属；离子束表面处理技术；在蒸汽中加入有机促进剂等。目前，工业应用不多。

沸腾强化传热措施常见的有：

表面多孔管，可分为烧结型、电镀型、化学腐蚀性和机械加工型。T形翅片管和机械多孔表面管是强化管外沸腾传热的机加工管型；整体内螺旋翅片管可以强化管内沸腾传热等。

根据传热过程的需要和加工的可行性，可将上述过程中的两种形式的强化管，组合成双侧强化传热的新管型和设备。

本节仅就目前工业上应用比较广泛的几种管壳式换热器、冷凝器和重沸器的强化传热措施作简单的介绍。

4.2.1 折流杆换热器

4.2.1.1 结构形式

折流杆换热器管束支撑结构特点是在每根换热管的四个方向上，由折流杆加以固定。折流杆焊在折流圈上，四个折流圈为一组，从四个方向夹紧换热管。用折流圈组成的管束支撑结构如同一个大笼子，具有很好的防震性能。示意图见图 4-2-1，工业产品管束笼见图4-2-2。

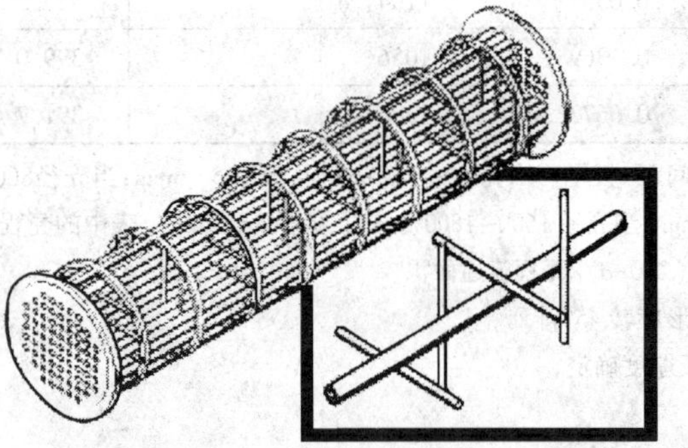

图 4-2-1 折流杆换热器管束支撑结构示意图

图 4-2-2 折流杆冷凝器管束笼照片

4.2.1.2 性能特点

折流杆换热器是将管束的支撑由弓形板改为杆系支撑而得名，壳程流体也由错流变成顺流。因此壳程流体流动阻力大幅度下降，一般为弓形板管束阻力的 1/7~1/10。单弓形板换热器壳程阻力主要消耗在管束上，因此靠提高流速来强化传热受到压力降的限制，而折流杆支撑件的出现使这个问题迎刃而解。

折流杆换热器壳程流体作平行管束的轴向流动，当进口处流体分布较好时，可使得流体在管束整个横断面上均匀流动，传热面积得以充分利用。平行流时传热系数一般偏低，但是加上折流杆后，流体经过这些杆系产生脱体现象，在后面产生漩涡尾流(又称涡街)。前面的旋涡强度减弱之后，后面的折流杆又产生新的旋涡尾流。因此，在整个管长和传热表面上都有均匀的漩涡产生。这些涡街对改善平行流传热有好处，流速越大湍流越激烈。由于折流杆换热器壳程流体阻力极小，一般可以将流速提高到弓形板换热器的 2~3 倍。因此在等压力降下，折流杆换热器比单弓形板换热器管外膜传热系数提高 1.5 倍以上。

但是在实践中难以找到热交换的两种物流，既能充分发挥折流杆支撑的优势，又能保证管内阻力不增加或少增加的工况。为此在设计折流杆换热器时，对设备直径等参数需要进行优化，以求最大的发挥它的长处。目前为增加壳程传热效果，螺纹管和波纹管已用于折流杆换热器，在保持低壳程阻力特点的同时，依靠扩大传热表面积和增加湍动效果来增强壳程流体的传热。在壳程阻力降为控制值时，折流杆换热器是一种值得推荐的方案。

4.2.1.3 主要几何参数

洛阳石油化工工程公司开发了折流杆换热器和冷凝器通用图系列(30T 006—2000)[3]，为进一步减少进出口和导流筒部位的压力降，采用外导流结构。该系列适用于气-气、气-液、液-液换热器和汽-液冷凝器。引用标准 GB 150—1998《钢制压力容器》、GB 151—89《钢制管壳式换热器》。系列范围见表 4-2-1。

表 4-2-1 折流杆换热器和冷凝器系列(30T006—2000)的基本参数[3]

<table>
<tr><th rowspan="2">壳径/mm</th><th rowspan="2">外导流筒</th><th colspan="2">壳体形式</th><th colspan="2">公称压力/MPa</th><th rowspan="2">管程数</th><th colspan="2">换热管</th><th colspan="2">折流圈间距/mm</th></tr>
<tr><th>换热器</th><th>冷凝器</th><th>换热器</th><th>冷凝器</th><th>换热器</th><th>冷凝器</th><th>换热器</th><th>冷凝器</th></tr>
<tr><td>500</td><td>√</td><td rowspan="9">卷制圆筒单进单出</td><td rowspan="9">卷制圆筒单进单出</td><td rowspan="9">1.6
2.5
4.0</td><td rowspan="9">1.6
2.5</td><td>2,4</td><td rowspan="9">材质：碳素钢，低合金钢，不锈耐酸钢；
规格：
ϕ19mm×2mm，
管心距：25mm；
ϕ25mm×2.5mm，
管心距：32mm；
排列方式：正方形；
类型：光管、螺纹管、波纹管</td><td rowspan="9">材质：碳素钢，低合金钢，不锈耐酸钢；
规格：
ϕ19mm×2mm，
管心距：25mm；
ϕ25mm×2.5mm，
管心距：32mm；
排列方式：正方形；
类型：光管、螺纹管、波纹管</td><td rowspan="9">100，150</td><td rowspan="9">150，200</td></tr>
<tr><td>600</td><td>√</td><td>2,4,6</td></tr>
<tr><td>700</td><td>√</td><td>2,4,6</td></tr>
<tr><td>800</td><td>√</td><td>2,4,6</td></tr>
<tr><td>900</td><td>√</td><td>2,4,6</td></tr>
<tr><td>1000</td><td>√</td><td>2,4,6</td></tr>
<tr><td>1100</td><td>√</td><td>2,4,6</td></tr>
<tr><td>1200</td><td>√</td><td>2,4,6</td></tr>
<tr><td>1300</td><td>√</td><td>2,4,6</td></tr>
</table>

4.2.2 双弓形板换热器

4.2.2.1 结构形式

双弓形折流板与通常使用的单弓形板换热器相比，仅在于折流板形状的不同。双弓形折流板由 A、B 两种结构组成，如图 4-2-3 所示。

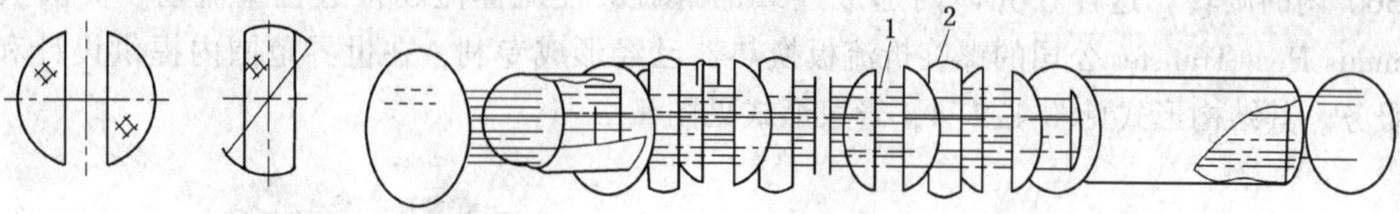

(a) (b)

图 4-2-3 双弓形折流板示意图

1—A 形板；2—B 形板

4.2.2.2 性能特点

双弓形板换热器的管束由相邻两种折流板组成支撑件，流体呈顺错流流动，从而克服了普通单弓形板换热器的壳程流体，在流动中的 180°转弯所造成的死区、阻力大、易震动等缺陷。在相同壳程压力降下，双弓形板换热器壳程流体的流速一般可提高 1.5 倍以上，从而强化了传热。通过管束的阻力仅为单弓形板换热器的 1/5～1/8，因此减少板间距和壳径来提高流速是常用手段。由于壳程流体流动比较复杂，在工艺计算中必须采用流路分析法。将其流路分为错流、窗口流、旁路流、折流板间隙流、管孔间隙流和端区流六部分，根据质量平衡定律和并联管路压力降相等原理，迭代求解各路阻力系数和流量。然后计算错流、窗口流、端区流的传热系数，加和生成总的管外膜传热系数和由各路阻力系数求出壳程总压力降。

双弓板换热器强化传热的机理应考虑以下两点：一是改变流动状态，使流体始终处于湍流状态，达到最好的传热效果；二是因压力降大幅度的减少，可以提高流速达到强化传热的目的。

4.2.2.3 主要几何参数

洛阳石油化工工程公司开发了双弓板换热器通用图系列(30T0176—2000)[8]，采用内导流结构。适用于石油和化学工业生产中使用的无相变过程的换热器。引用标准 GB 150—1998《钢制压力容器》、GB 151—89《钢制管壳式换热器》。系列范围见表 4-2-2。

表 4-2-2 双弓板换热器通用图系列(30T006—2000)的基本参数

壳径/mm	内导流筒	壳体形式	公称压力/MPa	管程数	换热管	折流板间距/mm
400	√	卷制圆筒	4.0	2,4	材质:碳素钢,低合金钢,不锈耐酸钢; 规格: ϕ19mm × 2mm，管心距:25mm; ϕ25mm × 2.5mm，管心距:32mm; 排列方式: 正方形斜转 45°; 类型:光管,波纹管	100,150 200,300
500	√		2.5,4.0	2,4		
600	√		1.6,2.5,4.0	2,4,6		
700	√		1.0,1.6,2.5,4.0	2,4,6		150,200,300
800	√					
900	√					
1000	√					
1100	√					
1200	√					
1300	√					
1400	√					

4.2.3 螺旋折流板换热器

4.2.3.1 结构形式

螺旋折流板换热器是管壳式换热器的一种形式。每块折流板占 1/4 的横截面积，呈螺旋状自进口至出口方向逐一布置。折流板对换热器中心线保持一定的倾斜角度，四块折流板完成 360°内的旋转，这样在壳体内形成连续的螺旋，使流体流动接近柱塞流动。美国 ABB Lummus Heat Transfer 公司的螺旋折流板换热器已经形成专利，在世界范围内提供设计和制造服务。其结构形式见图 4-2-4，管束形式见图 4-2-5。

图 4-2-4 螺旋折流板换热器示意图

图 4-2-5 螺旋折流板换热器管束实物照片

近些年来，螺旋折流板换热器在国内某些石油化工装置上逐渐展开应用，取得较好的效果。华南理工大学采用光管、低肋管、锯齿管螺旋折流板换热器与光管弓形折流板换热器，作了传热与阻力研究，其结构形式与图 4-2-4 类似。

4.2.3.2 性能特点

与普通的弓形折流板换热器相比，螺旋折流板换热器有以下的性能改进：

① 衡量换热效果好坏的综合效益系数(即传热速率与压力降的比值)有较大的提高：

ABB 公司以水-水为介质，进行普通弓形折流板和螺旋折流板的传热与压力降实验对比，结果为：(a)螺旋折流板换热器壳程传热系数约提高 1.8 倍；(b)压力降减少约 4.5 倍。实验结果对比如图 4-2-6 所示。因此综合效益系数有较大的提高：

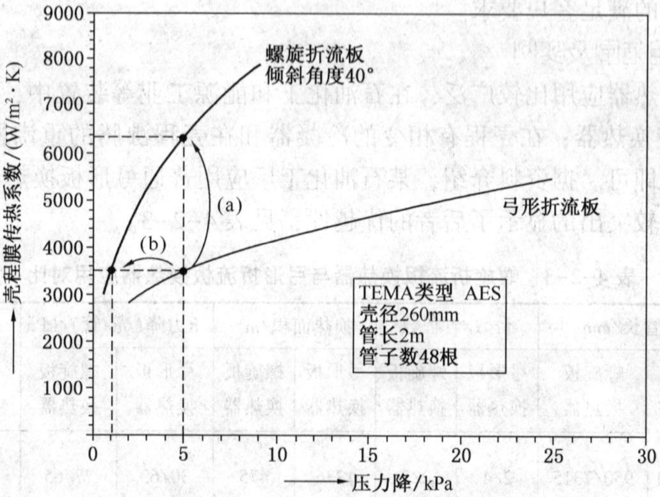

图 4-2-6 两种折流板换热器实验结果对比

② 壳程流体流动状态的改变：

两种设备壳程流动特点比较示于图 4-2-7 中。

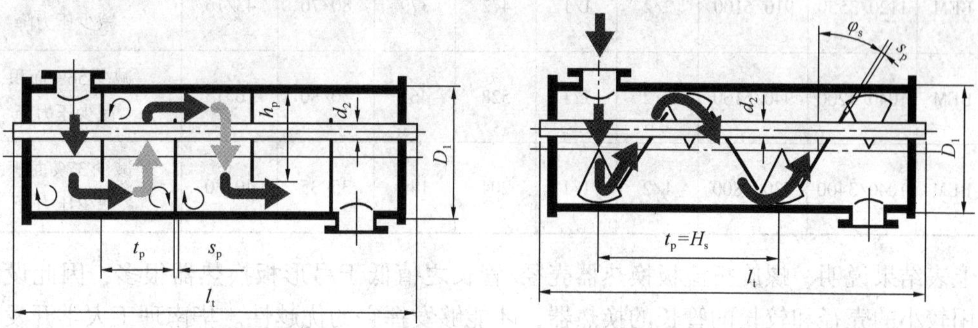

(a)普通弓形板换热器　　(b)螺旋折流板换热器

图 4-2-7 两种不同折流板换热器壳程流动示意图

说明：D_1—壳径；d_2—管径；h_p—弓形折流板高度；H_s—波距；l_t—管长；s_p—折流板厚度；t_p—折流板间距；ϕ_o—倾斜角度

分析上图可知，弓形折流板使壳程流体基本上处于横穿管子的错流流动，在 90°转弯处易有固体颗粒堆积和结垢产生。而螺旋折流板每块折流板仅占 1/4 横截面积，与中心线有一定角度的倾斜。折流板按一定的间距和不同方位相继排列，使壳程流体呈旋转柱塞流动。这样就消除了流动死区，减少了固体颗粒堆积和结垢的生成。因为没有横穿管间的流动，因此即使在较高的流速下也不易引起管子的振动。

③ 较低的压力降允许流体提高流速，以使膜传热系数有较大的提高：

因为壳程压力降仅为普通弓形折流板的1/4~1/5，故可以允许介质高速流过从而强化传热效果。在满足管程需求的同时，可以尽量提高壳程流动速度来提高膜传热系数。这样，螺旋折流板换热器需要精心设计，寻求适合的壳径与管长的比例，以达到提高总传热速率、减少换热面积的目的。

④ 对于限制壳程压力降的设备，螺旋折流板换热器可以发挥自身优势，在利用原有壳径的基础上，最大的满足客户要求。

4.2.3.3 应用范围及实例

螺旋折流板换热器应用比较广泛，在石油化工和能源工业等装置中，适于无相变的液-液、气-气、气-液换热器；在壳程有相变的冷凝器和在壳程沸腾的重沸器。对于老装置改造，仅需更换管束即可。据资料介绍，某石油化工厂应用普通弓形板换热器和螺旋折流板换热器作了对比，比较突出的显示了后者的优越性，见表4-2-3。

表4-2-3 螺旋折流板换热器与弓形折流板换热器应用对比

序号	设备类型	壳径/管长/mm		台数/管程数		换热面积/m^2		压力降(壳/管)/kPa		应用效果
		弓形板换热器	螺旋板换热器	弓形板换热器	螺旋板换热器	弓形板换热器	螺旋板换热器	弓形板换热器	螺旋板换热器	
1	AEH	2200/4880	950/7315	2/4	2/2	1236	475	30/63	77/65	减少60%面积，减少污垢
2	CEH	2000/7300	1238/7000	2/4	2/6	1875	1383	30/60	23/25	减少25%面积，减少压力降，减少污垢
3	BEM	1120/3550	910/6100	2/2	1/1	472	379	80/70	43/16	减少60%面积，减少压力降
4	BEM	1040/4200	940/6100	2/2	1/1	528	467	30/80	16/15	减少56%面积，减少压力降
5	BEM	1040/3400	720/4800	1/2	1/1	204	149	35/35	40/30	减少37%面积，减少压力降

上表结果说明，螺旋折流板换热器壳径/管长之值低于弓形板换热器很多，因此设计时易采用较小的壳径和较长的管长的换热器，才能够发挥它的优越性。华南理工大学开发的螺旋折流板换热器如今在镇海石化、茂名石化和广州石化等都有应用。

4.2.4 高效传热管型

4.2.4.1 螺纹管

(1) 管型特点

普通换热管外壁轧制成螺纹状的低翅片，用以增加外侧的传热面积。翅片部分的最大外径比管子两端未轧翅片的光管直径要小，翅片根部要小得更多。因此在与光管相同的管间距下，净错流面积比光管显著增大。螺纹管的示意见图4-2-8，其特性参数见表4-2-4。

(2) 强化传热性能

采用扩展表面增加传热效果的最典型管型是低翅片管，又称螺纹管。外表面可扩展为光管的 2.2~2.7 倍，管内径略缩小但无凸起。总传热热阻关联式如下：

$$\frac{1}{K}=\frac{1}{h_{io}}+\left(\frac{1}{h_o}+r_o\right)\times\left(\frac{A_o}{A_f}\right)+r_{io}+r_p$$

与光管相比，当管外流速一样时，上式等号右端第二项表明壳程传热热阻因翅片表面的扩展可以缩小相应的倍数。管内流体的流速因管径的略减稍有增大，因此压力降略增加。螺纹管比较适用于管内膜传热系数比管外膜传热系数高 1.5 倍以上的工况，这样效果很突出，可使总传热系数提高 50%以上。螺纹管抗垢抗腐蚀能力强于光管，据开发单位的试验证明，其抗腐蚀寿命比光管长一倍以上。自 1984 年经原中国石油化工总公司和机械工业部联合鉴定后，不仅加工技术日臻完善，设备系列已列入 JB/T 4714—92 之中，螺纹管换热器现已成为普遍采用的高效传热设备。

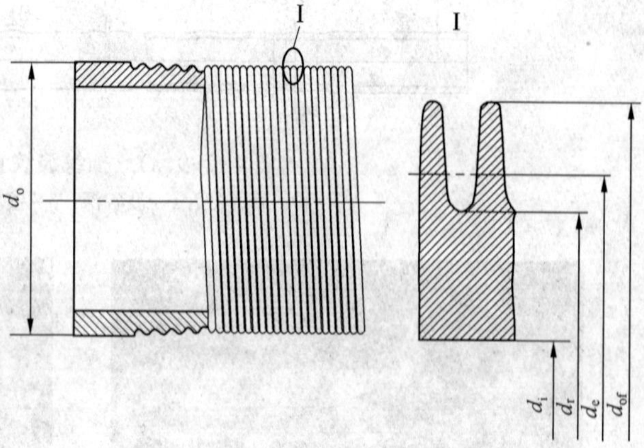

图 4-2-8 螺纹管示意图

(3) 主要几何参数(见表 4-2-4)

表 4-2-4 螺纹管特性参数表

外径 d_o/mm	19					25					
螺距 t_p/mm	0.80	1.0	1.25	1.50	2.00	0.80	1.00	1.25	1.50	2.00	2.50
翅化比①η	2.8	2.5	2.2	2.0	1.7	2.80	2.75	2.5	2.2	1.8	1.6
当量直径 d_e/mm	17.5		17.8			23.5					
根部直径 d_r/mm	17	16.8	16.6	16.6	16.4	23	22.6	22.3	22.3	22	22
内径 d_i/mm	13.4		13.0			18.8		18.0			
外表面积 A_o / 内表面积 A_i	3.6	0.8	3.1	2.7	2.3	3.6	3.5	3.3	3.0	2.5	2.2
齿顶圆直径 d_{of}/mm	18.8±0.2					24.8±0.2					

注：① 翅化比为螺纹换热管外表面积与滚轧前光管外表面积的比值。

4.2.4.2 波纹管

(1) 管型特点

横纹波纹管是一种双面强化传热的管型，内外壁被轧成环状波纹凸肋，其内壁能改变流体边界层的流动状态，外壁能增大传热表面和扰动，达到双面强化传热的目的。将波纹管与普通弓形板换热器和折流杆换热器结合，可组成实现双面强化传热的系列产品。

横纹波纹换热管在 1999 年 7 月获得国家专利局实用新型专利 ZL 99 2 16010.3，专利权人为宁波广厦热力成套设备有限公司和中国石化集团洛阳石油化工工程公司。

横纹波纹管的结构示意见图 4-2-9，优化后的横纹波纹管的尺寸见表 4-2-5。

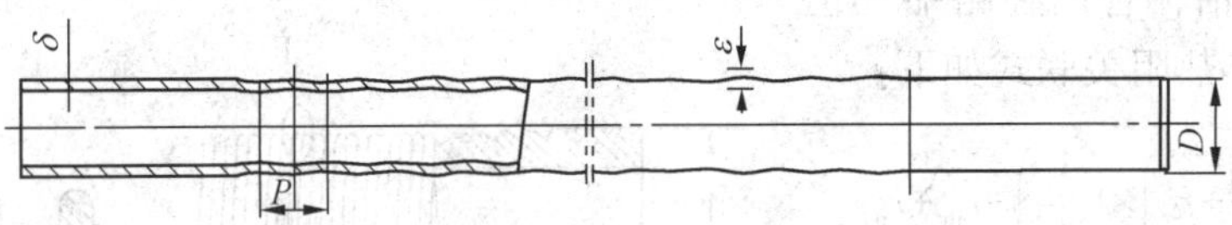

图 4-2-9(a) 横纹波纹管示意图

D—管外径；ε—波谷深；δ—壁厚；P—波距

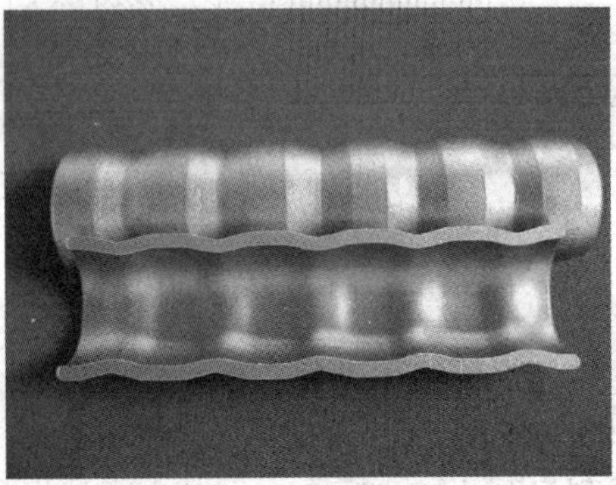

图 4-2-9(b) 横纹波纹管剖面照片

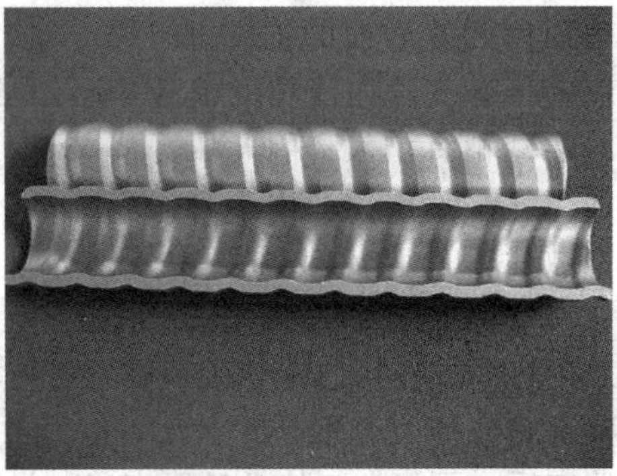

图 4-2-9(c) 螺旋波纹管剖面照片

表 4-2-5(a) 横纹波纹换热管几何参数[7]

管坯 $d_o×δ$/mm	波距 P/mm	波谷 $ε$/mm	管坯 $d_o×δ$/mm	波距 P/mm	波谷 $ε$/mm
ϕ19×2	11~13	1.0~1.2	ϕ25×2.5	17~19	1.4~1.6

为提高横纹波纹管轧制速度，降低生产成本；以及在保持管内较高的强化传热速率的同时，尽量降低管程压力降。经过研制将先期的横纹波纹改轧制成螺旋形，内外壁呈现螺旋形凸肋。通过传热实验和工业试验表明，这种改进达到了预期的效果。已经获得国家实用新型专利 ZL 03 229223.6，专利人同横纹波纹管专利人。

表 4-2-5(b) 螺旋波纹管几何尺寸

管坯 $d_o×δ$/mm	波距 p/mm	波谷 $ε$/mm	管坯 $d_o×δ$/mm	波距 p/mm	波谷 $ε$/mm
ϕ19×2	10.5~12.5	0.9~1.1	ϕ25×2.5	10.5~14.5	0.9~1.1

石油化工行业常用的介质，易产生金属材料的内应力腐蚀，所以在波纹管轧制过程中因材料弯曲变形所产生的内应力，需要消除。专利 ZL 99 2 16010.3 和专利 ZL 03 229223.6 技术采用 24m 长网带电炉、氮气保护防止金属表面氧化的措施，进行波纹管消除应力处理。

按照 GB 8163 的要求随机抽样检查，各项试验结果如下：各项机械性能符合检验依据，试验压力达到 64MPa，未爆破；被试波纹管最高试验压力达到 64MPa，在保压期间无泄漏现象，无宏观永久变形发生；波纹管拉力压扁试验的抗张强度：ϕ19mm×2mm，520~523MPa；ϕ25mm×2.5mm，497~503MPa。

(2) 强化传热性能

以机油为管内实验介质，壳程走水。测试波纹管换热器总传热系数及管程压力降，并与相同条件下光管换热器的计算值对比，其结果示于图 4-2-10、图 4-2-11 中。

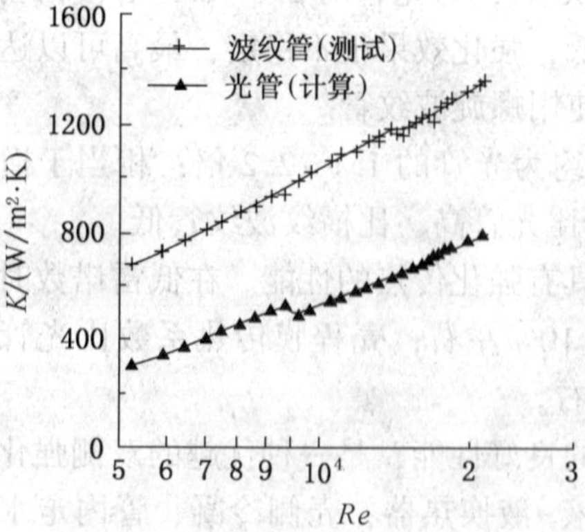

图 4-2-10 总传热系数的对比

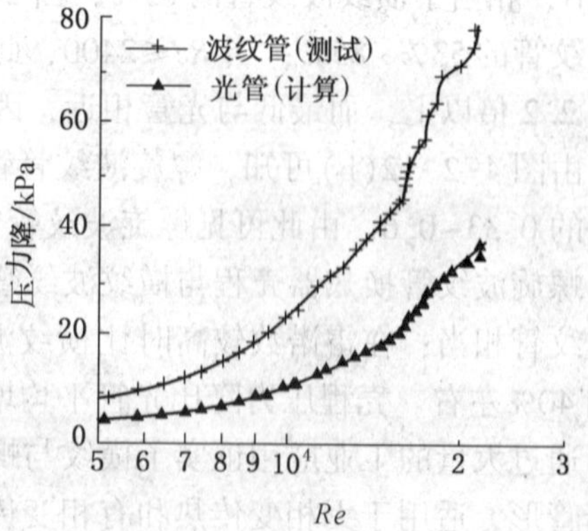

图 4-2-11 管程压力降的对比

图中的数据表明，波纹管换热器的总传热系数能够提高 50%以上。但是管程压力降也增加较快，在层流区增加不到 1 倍；在过渡流和湍流区增加 1.5 倍左右。波纹管是管内凸肋管的典型代表，适用于管内传热阻力为控制侧的热交换过程，尤其是高黏流体处于层流区流动，效果更加明显。在加工时管外被挤压成凹槽，由于波距较大、槽深较浅，故传热表面增加很少。但是波纹状的管壁可以增加流体的湍动，使得壳程传热系数和阻力也有不同程度的增加，如下表所示。

	壳程膜传热系数强化倍数	壳程压力降增加
弓型板换热器	1.7	30%
折流杆换热器	1.86	4%

由西安交通大学国家多相流实验室对螺旋波纹管换热器试件进行管内和壳程传热传热和流动阻力性能研究，热介质为油，冷介质为冷却水。现以 4#螺旋波纹管换热器试验数据为例说明其性能。

在相同操作条件下，与横纹管、光管换热器管内膜传热系数和压力降的对比见图 4-2-12。

由图 4-2-12(a)可知，螺旋波纹管的管内膜传热系数当 $Re \geqslant 5000$ 时，平均为光管的

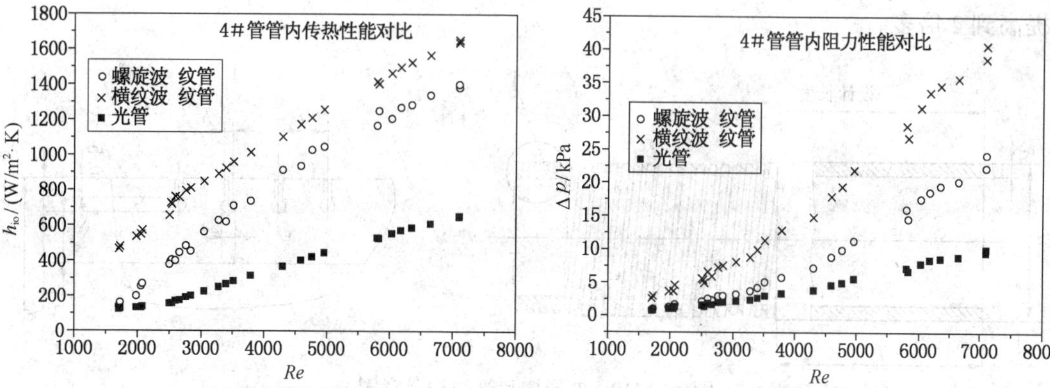

(a)传热性能对比 (b)压力降对比

图 4-2-12 与横纹管、光管换热器管内膜传热系数和压力降的对比

2.3 倍，相当于横纹波纹管的 85%；当 $2400<Re<5000$ 时，为光管的 2.6~2.3 倍，相当于横纹波纹管的 53%~85%；当 $Re\leqslant 2400$，此时流速较低，强化效果很不稳定，最高可以达到光管的 2.2 倍以上，而最低与光管相近，因此不推荐使用螺旋波纹管。

由图 4-2-12(b)可知，螺旋波纹管管内压力降约为光管的 1.1~2.2 倍；相当于横纹波纹管的 0.33~0.6。由此可见螺旋波纹管管内压力降比光管高，比横纹波纹管低。

螺旋波纹管换热器壳程与横纹波纹管一样，也具有强化传热的性能。在低雷诺数时与横纹波纹管相当；在雷诺数较高时比横纹波纹管约低 10%左右；壳程膜传热系数比光管平均增加 40%左右。壳程压力降比光管平均增加 25%左右。

通过大量的工业应用证实了横纹与螺旋波纹管的良好性能，是一种优越的双侧强化传热的新管形，适用于无相变传热和有相变传热，例如液-液换热器；壳侧冷凝、管内走水的冷凝器；采用无相变介质加热的在壳侧沸腾的重沸器等。目前波纹管换热器已经实现工业化生产，大量用于石化工程建设中，取得了很好的经济效益。

(3) 主要几何参数

波纹管换热器采用 JB/T 4714—92 系列，波纹管折流杆换热器系列采用 30T007—2000。但要注意折流板(圈)的间距尺寸，需要符合波距要求。波纹管换热器主要工艺计算参数可参考表4-1-4~表 4-1-10。

4.2.4.3 T形翅片管

(1) 管型特点

T 形翅片管用于强化壳程介质的沸腾传热。以普通光滑换热管为基管，采用无切削的滚扎工艺轧制而成。T 形翅片管是靠坯管表层金属的塑性变形而形成翅片，因其形状类似英文字母 T 而得名。T 形翅片管加工过程控制参数是螺距和翅片之间的开口度，目前常用的螺距为 1~3mm、开口度为 0.1~0.4mm、翅高在 0.9~1.2mm 之间。T 形翅片管的结构示于图 4-2-13，尺寸见表 4-2-6。

(2) 强化传热性能

由图 4-2-13 可知，在管子外表面加工出有规则的 T 形小槽穴，槽穴的上方开口是窄的下方为圆形凹槽。液相连续通过窄缝沿 T 形通道壁渗透，汽相连续通过窄缝冒出。在 T 形通道内进行高效的液膜蒸发和大量出入通道的液体内循环，是 T 形翅片管强化沸腾传热机理所在。钢制 T 形翅片管对工业酒精沸腾传热系数可提高到光滑管的 2~5 倍，对轻质油品可提高到 2 倍多。

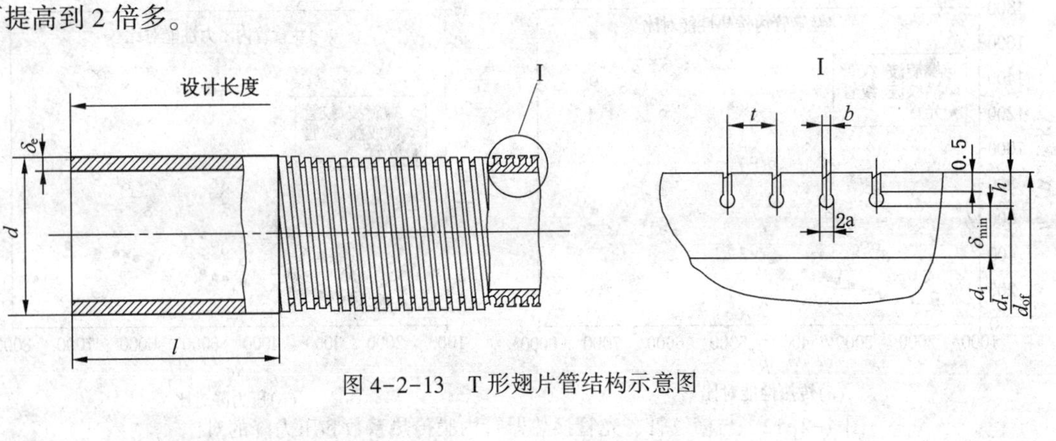

图 4-2-13 T 形翅片管结构示意图

表 4-2-6 T 形翅片管尺寸表

mm

管子规格 $d\times\delta_e$	翅片外径 d_{of}	管子内径 d_i	翅片根部直径 d_r	翅片高度 t	遂道宽度 $2a$	平均开口度 b	翅片高度 h	管子最小厚度 δ_{min}	光管部分长度 l①
19×2	$18.2_{0}^{+0.6}$	$13_{-0.4}^{0}$	$16_{0}^{+0.4}$	1~3	0.5	0.1~0.4	0.9~1.2	1.5	130
25×2.5	$24.2_{0}^{+0.6}$	$18_{-0.4}^{0}$	$22_{0}^{+0.4}$	1~3	0.7	0.1~0.4	0.9~1.2	2	130

注：① 为 T 形翅片管两端光管部分的长度。

T 形翅片管的优点是传热性能主要受通道内复杂的汽液两相流动控制，凹槽内的沸腾使汽体有规律的逃逸出来。翅片顶部无汽化现象，下部的管子的汽泡冲刷不了 T 形通道内壁面，因此管子之间互不干扰，管子的排列方式对沸腾无影响。

T 形翅片管重沸器不仅提高传热效率而且操作平稳，是很受欢迎的设备，现已大量用于工业生产中。

（3）主要几何参数

洛阳石油化工工程公司已开发了 T 形翅片管重沸器通用图系列(30T018—2000)[12]，该系列适用于石油化工、能源等工业领域壳程沸腾传热用的碳素钢和低合金钢的 T 形翅片管重沸器。不适用于壳程含固体粉尘及易结焦的介质。引用标准 GB 150—1998《钢制压力容器》、GB 151—89《钢制管壳式换热器》。系列范围见表 4-2-7。

表 4-2-7 T 形翅片管重沸器系列(30T018—2000)的基本参数

<table>
<tr><th rowspan="2">壳径/mm</th><th rowspan="2">内导流筒</th><th rowspan="2">壳体形式</th><th rowspan="2">公称压力/MPa</th><th rowspan="2">管程数</th><th rowspan="2">换 热 管</th><th colspan="3">折流板间距/mm</th></tr>
<tr><th>1.6MPa</th><th>2.5MPa</th><th>4.0MPa</th></tr>
<tr><td>500</td><td>V</td><td rowspan="8">卷制圆筒</td><td rowspan="8">1.6，2.5，4.0</td><td rowspan="8">2，4，6</td><td rowspan="8">材质：碳素钢，低合金钢；
规格：
φ19mm×2mm，管心距：25mm；
φ25mm×2.5mm，管心距：32mm；
排列方式：
正三角形，正方形斜转 45°；
类型：T 形翅片管</td><td rowspan="5">440
550</td><td rowspan="5">440
550</td><td rowspan="3">440
550</td></tr>
<tr><td>600</td><td>V</td></tr>
<tr><td>700</td><td>V</td></tr>
<tr><td>800</td><td>V</td><td rowspan="2">430，530</td></tr>
<tr><td>900</td><td>V</td></tr>
<tr><td>1000</td><td>V</td><td rowspan="3">480
530</td><td rowspan="2">480
530</td><td rowspan="3">500</td></tr>
<tr><td>1100</td><td>V</td></tr>
<tr><td>1200</td><td>V</td><td>500</td></tr>
</table>

4.2.4.4 机械加工多孔表面管(MH 管)

（1）管型特点及主要几何参数

机械加工多孔表面强化沸腾传热管(简称 MH 管)，是宁波广厦热力成套设备有限公司在 2003 年自主研制开发成功的新管型。已经用于工业生产中，显示出了优良的传热性能和很好的稳定性。MH 管选用普通工业换热管为基管，一次轧制成带沟槽的多孔表面。如图 4-2-14所示。

MH 管型的基本参数：ϕ25mm×3.0mm 的换热管，隧道开口度 0.3mm；齿高 0.9mm、齿距约 1.5mm；横切槽距 1.2mm。管壁厚度 2.7mm ；孔穴密度 56 个/cm^2。

（2）强化传热性能

强化沸腾传热多孔表面的形状主要分为两类：内腔不连通的孤立人工汽化核心表面和内

(a)MH管正面照片

(b)MH管剖面照片

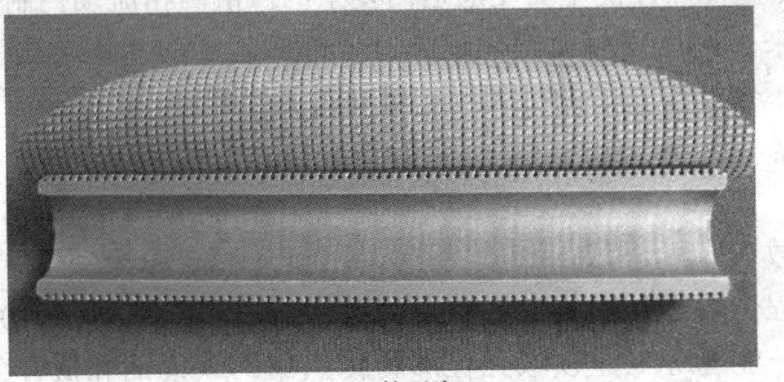

(c)MH管照片

图 4-2-14 机械加工多孔表面管(MH 管)实物照片

腔连通的多孔表面。后者又分为规则型通道(机械加工)和非规则型通道(烧结或喷涂等)。

多孔表面导致沸腾传热强化的主要原因是具有高密度的、稳定的、有效的汽化核心；多孔表面具有较大的比表面积，即具有肋化效应；为蒸汽和液体在加热面上的循环流动提供有效通道，改善沸腾时的汽液交换。

MH 管在接近饱和状态下沸腾现象实验照片示于图 4-2-15。初始沸腾时对于表面张力大的水，在管子表面形成珠状的气泡，然后长大逃逸，管壁新的气泡生成，周而复始。乙醇因表面张力小，这个过程不明显，但是始终在孔穴中进行气化过程，气体逃逸速度很快，呈气柱状。

(a)水温80℃状态

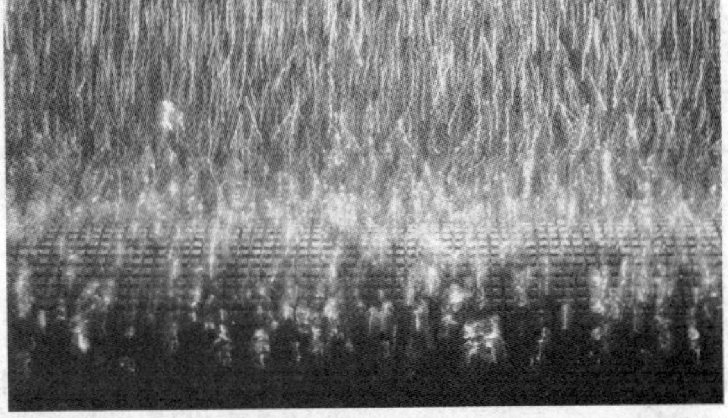

(b)乙醇72℃状态

图 4-2-15 初始沸腾阶段两种不同介质的状态比较

采用水和无水乙醇(纯度为 99.9%)为试验介质。对 MH 管型进行了水和乙醇的沸腾性能测试。并与普通光管和 T 形翅片管做了对比试验，结果示于图 4-2-16。

试验结果表明：MH 机加工多孔表面强化管用于水和酒精的单管沸腾，以及具有类似物

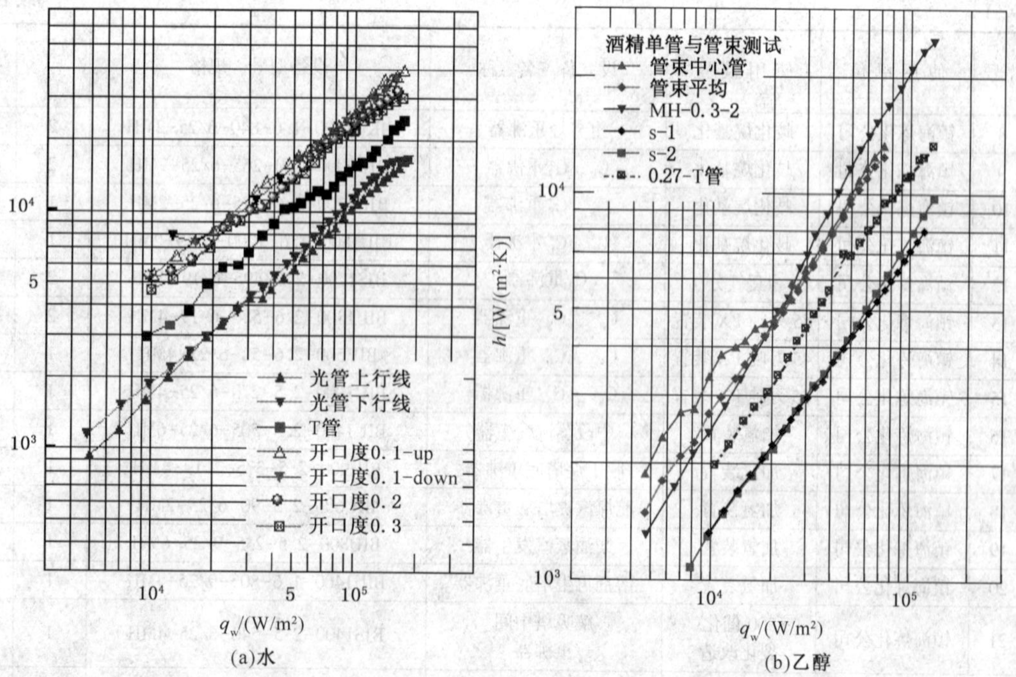

图 4-2-16 各种管型在水和乙醇中沸腾传热系数图

性介质的池核沸腾换热时，热强度在 $5\times10^3\sim1.7\times10^5$ W/m² 范围内，其沸腾换热系数比普通光管提高 1 倍以上；比 T 管提高 50%以上。MH 管小管束的沸腾测试表明，在热强度低于 3×10^4 W/m² 时，管束沸腾比单管强，此后则比单管弱。说明 MH 管在高热强度条件下受管子布置的影响，下层管子产生的大量气泡对上层管子的沸腾传热有干扰。

通过近几年的工业应用，证实了上述科研试验结果。MH 管重沸器显示了强大的威力，这也是它能够迅速推广应用的原因所在。

(3) 工业应用情况

镇海炼化公司在 2004 年开始试用 MH 管重沸器于水蒸气发生器上，取得较好的效果。2005 年至今，镇海炼化公司等生产厂，在不同装置不同部位上使用了 MH 管重沸器，用于发生水蒸气和塔的供热。现就宁波广厦成套设备有限公司生产和投运的 MH 多孔表面管重沸器作汇总，见表 4-2-8，供读者参考。

表 4-2-8 机械加工多孔表面管(MH 管)重沸器应用情况(2004~2007)

序号	使用单位	使用装置	设备名称	设备型号、规格	数量/台	运行情况
1	镇海炼化公司	100 万吨焦化	柴油蒸汽发生器	BJS1600-2.5-905-6/19-6MH	1	良好
2	镇海炼化公司	重整装置	汽油蒸气重沸器	BJS900-4.18-215-6/25-2MH	2	良好
3	镇海炼化公司	重整装置	苯馏分重沸器	BJS600-2.5-90-6/25-2MH	1	良好
4	镇海炼化公司	重整装置	汽油重沸器	BJS1000-4.18-275-6/25-2MH	1	良好
5	镇海炼化公司	45 万吨 PX 装置	对二乙苯、对乙苯重沸器	BJS1800-3.2-1435-6.55/19-6MH	2	良好
6	镇海炼化公司	45 万吨 PX 装置	C_8、对二乙苯重沸器	BIU1100-3.0-335-6/25-2MH	1	良好
7	镇海炼化公司	歧化烷基化	三甲苯重沸器	BKU1400-1.6-640-6/25-2MH	4	良好

续表

序号	使用单位	使用装置	设备名称	设备型号、规格	数量/台	运行情况
8	镇海炼化公司	歧化烷基化	重芳烃重沸器	BKU1600-1.6-840-6/25-2MH	2	良好
9	镇海炼化公司	歧化烷基化	C_9、C_7^+重沸器	BJU1000-1.0-265-6/25-2MH	2	良好
10	镇海炼化公司	歧化烷基化	C_8、C_8^+重沸器	BJU1200-1.6-275-6/25-2MH	1	良好
11	镇海炼化公司	歧化烷基化	C_8、C_6^+重沸器	BJU1800-1.6-1200-6/19-2MH	1	良好
12	镇海炼化公司	Ⅱ套气分	C_3重沸器	BJS1200-2.5-495-6/19-4MH	2	良好
13	镇海炼化公司	45万吨PX装置	C_8^+、C_8^+重沸器	BIU1300-2.6-586-6/19-4MH	2	良好
14	镇海炼化公司	45万吨PX装置	C_8^+、C_9^+重沸器	BIU500-2.6-52-6/25-4MH	1	良好
15	镇海炼化公司	45万吨PX装置	C_8^+、C_8^+重沸器	BIU1000-2.5-270-6/25-4MH	1	良好
16	镇海炼化公司	加氢装置	中段蒸汽发生器	BIU1400-2.5-505-6/25-6MH	1	良好
17	镇海炼化公司	加氢装置	脱丁烷塔底重沸器	BIU900-2.5-375-7/19-4MH	1	良好
18	镇海炼化公司	加氢装置	航煤汽提塔底重沸器	BIU600-2.5-90-6/25-2MH	1	良好
19	镇海炼化公司	加氢装置	柴油蒸汽发生器	BIU800-2.5-235-9/25-6MH	1	良好
20	镇海炼化公司	加氢装置	溶剂再生塔底重沸器	BIU1400-1.6-805-9/25-4MH	1	良好
21	镇海炼化公司	300催化裂化改造	解吸塔中间重沸器	BJS1400-2.5-540-6/25-4MH	1	良好
22	镇海炼化公司	300催化裂化改造	稳定塔底重沸器	BJS1800-1.6-1420-9/25-4MH	1	良好
23	独山子石化分公司	独山子120万焦化	中循蒸汽发生器	BIU1200-4.0-360-6/25-4MH	1	良好
24	独山子石化公司	独山子120万焦化	重蜡油蒸汽发生器	BIU1000-4.0-240-6/25-4MH	1	良好
25	独山子石化分公司	独山子120万焦化	循环油蒸汽发生器	BIU1200-4.0-360-6/25-4MH	1	良好
26	独山子石化分公司	独山子加氢裂化	轻柴油汽提塔重沸	BJS1600-1.8/1.4-690-6/25-6MH	1	良好
27	独山子石化分公司	加氢裂化	汽提塔重沸器	BJS1600-1.8/1.4-690-6/25-6I	1	良好
28	天津蓝星公司	天津蓝星气体分馏	脱丙烷塔底重沸器	BIU600-2.5/1.2-90-6/25-2MH	1	良好
29	天津蓝星公司	天津蓝星气体分馏	脱乙烷塔底重沸器	BIU500-2.2/3.3-55-6/25-2MH	1	良好
30	天津蓝星公司	天津蓝星气体分馏	丙烯塔底重沸器	BIU900-1.45/2.2-215-6/25-2MH	1	良好
31	洛阳分公司	气分装置技术改造	脱丙烷塔重沸器	BJS1300-2.5-465-6/25-4MH	2	良好
32	洛阳分公司	气分装置技术改造	丙烯精馏塔A重沸器	BJS1800-2.5-930-6/25-4MH	2	良好
33	洛阳分公司	气分装置技术改造	丙烯精馏塔C重沸器	BJS1800-2.5-930-6/25-4MH	2	良好
34	洛阳分公司	气分装置技术改造	脱乙烷塔重沸器	BJS1100-4.0-325-6/25-4MH	1	良好
35	合计				46	

4.3 换热器传热状况的估算

4.3.1 传热方程及算图

4.3.1.1 基本关系式

单位面积传递的热量 Q/A 与有效温差 ΔT 成正比，与各项热阻之和成反比，即：

$$\frac{Q}{A}=\frac{\Delta T}{\Sigma R}=\frac{\Delta T}{\frac{1}{K}}=\Delta T\cdot K \tag{4-3-1}$$

通常这个关系式写成：

$$Q=K\cdot A\cdot \Delta T \tag{4-3-2}$$

式中 Q——热负荷，W；

A——传热面积(以管外表面积为基准)，m^2；

ΔT——有效平均温差，℃；

K——总传热系数(以管外壁表面积为基准)，$W/m^2\cdot K$；

4.3.1.2 传热方程算图

如图 4-3-1 所示，先连接热负荷与温差直线交参考线一点，然后用此点与面积线相连交传热系数线即得总传热系数值。

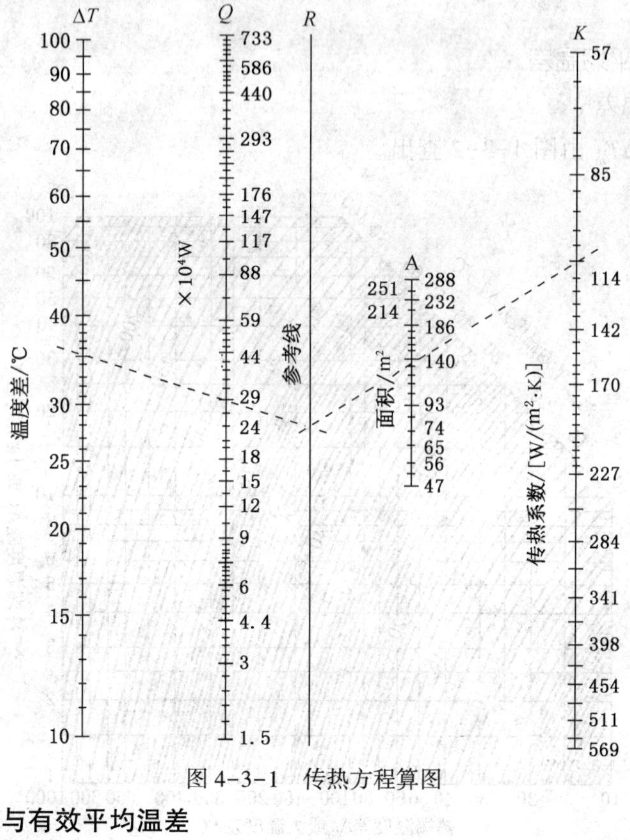

图 4-3-1 传热方程算图

4.3.2 热负荷与有效平均温差

4.3.2.1 热负荷

对于油品介质，按进出口条件下的焓差及介质流量来计算。对于其他介质，按平均比热、进出口温度以及介质流量来计算。

热流热负荷：

$$Q_h = W_h \cdot \Delta H_h \quad (4-3-3)$$

或

$$Q_h = W_h \cdot C_{ph} \cdot (T_1 - T_2) \quad (4-3-4)$$

冷流热负荷：

$$Q_c = W_c \cdot \Delta H_c \quad (4-3-5)$$

或

$$Q_c = W_c \cdot C_{pc} \cdot (t_2 - t_1) \quad (4-3-6)$$

式中 C_{pc}，C_{ph}——冷热物流比热，J/kg · ℃；

ΔH——焓差，J/kg；

T_1，T_2——热流进出口温度，℃；

t_1，t_2——冷流进出口温度，℃；

W_c，W_h——冷热物流的质量流率，kg/s。

冷热物流的热负荷相对误差应在±10%以内，过大的误差需要核查工艺条件是否正确。一般要求热流负荷大于冷流。油品的焓差可用附表4-6的公式计算，也可以从油品热焓图中查出。

4.3.2.2 有效平均温差

(1) 对数平均温差[1]

对数平均温差 ΔT_m 由图4-3-2查出。

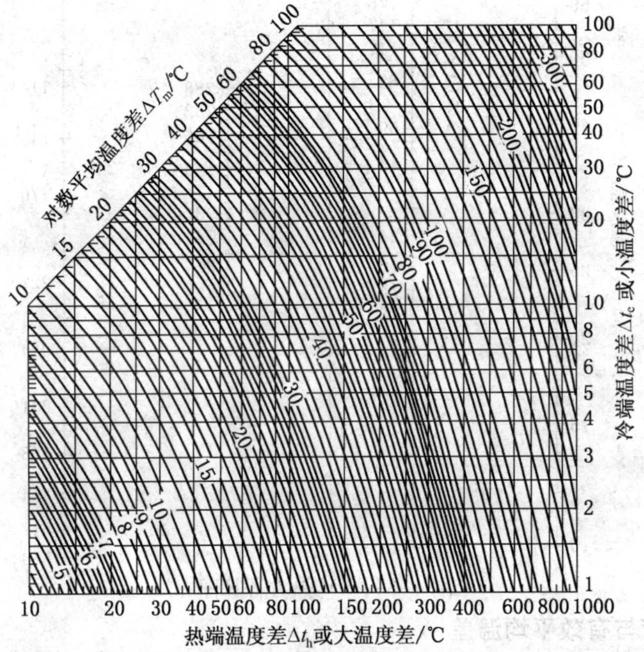

图4-3-2 对数平均温差算图

（2）温差校正系数

令：温度相关因子 $R=(T_1-T_2)/(t_2-t_1)$；温度效率 $P=(t_2-t_1)/(T_1-t_1)$；按图4-3-3查出对数平均温差校正系数 F_T。

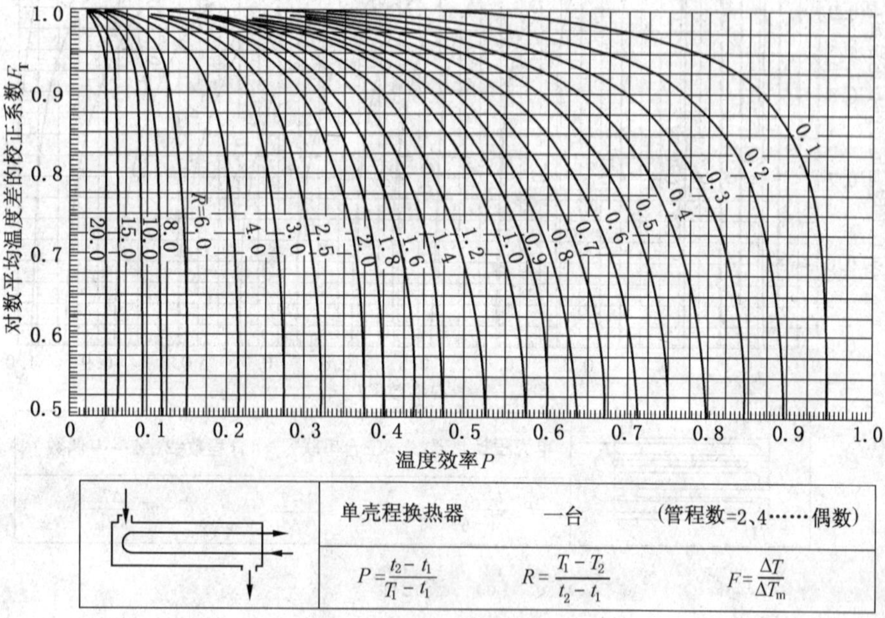

（a）　一壳程

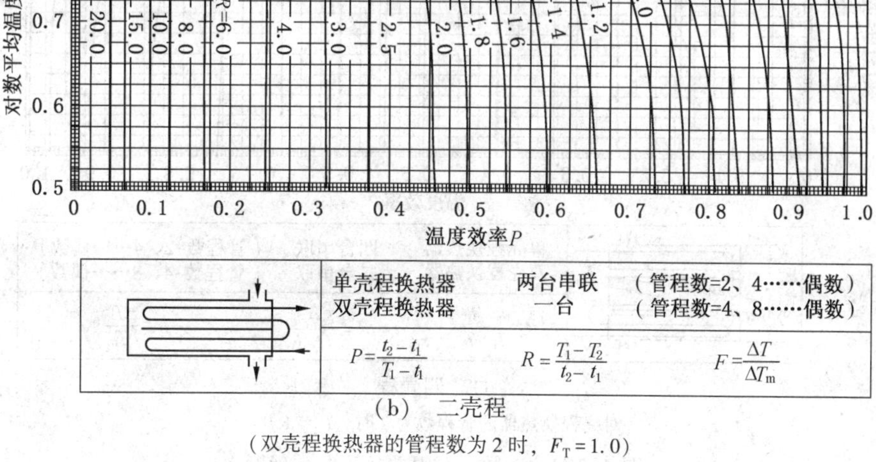

（b）　二壳程

（双壳程换热器的管程数为2时，$F_T=1.0$）

图4-3-3　对数平均温差校正图[1]

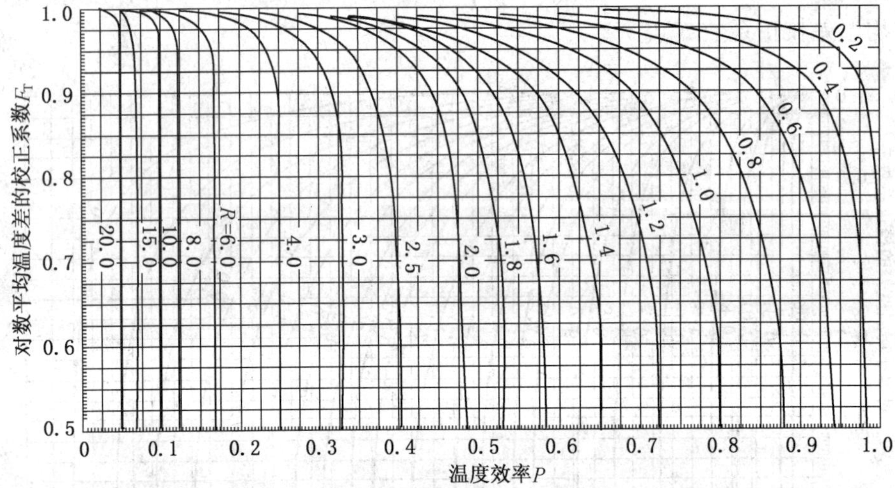

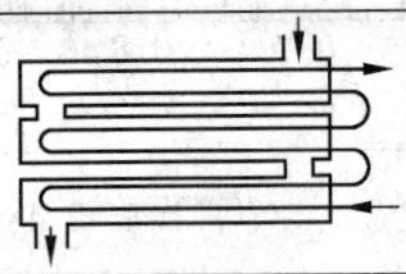	单壳程换热器　三台串联　（管程数=2、4……偶数）
	$P=\frac{t_2-t_1}{T_1-t_1}$　$R=\frac{T_1-T_2}{t_2-t_1}$　$F=\frac{\Delta T}{\Delta T_m}$

（c）　三壳程

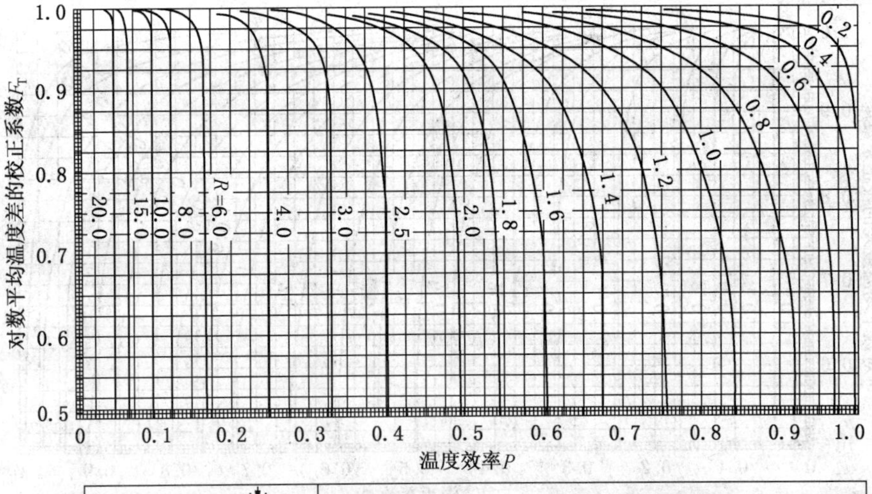

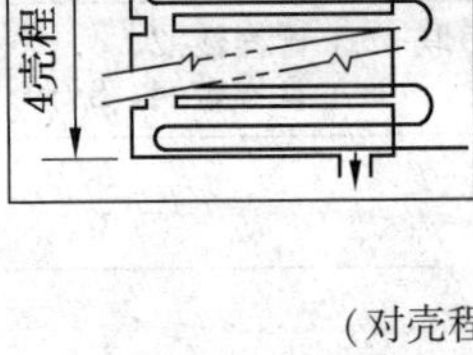	单壳程换热器　四台串联　（管程数=2、4……偶数） 双壳程换热器　二台串联　（管程数=4、8……偶数）
	$P=\frac{t_2-t_1}{T_1-t_1}$　$R=\frac{T_1-T_2}{t_2-t_1}$　$F=\frac{\Delta T}{\Delta T_m}$

（d）　四壳程

（对壳程换热器的管程数为 2 时，$F_T=1.0$）

图 4-3-3　对数平均温差校正图[1]（续）

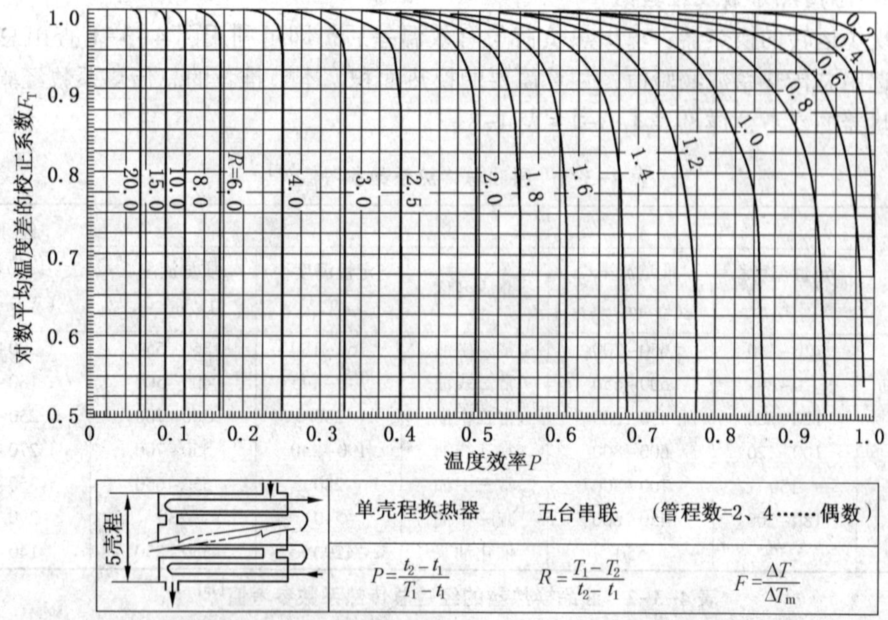

（e） 五壳程

（f） 六壳程

（双壳程换热器的管程数为 2 时，$F_T=1.0$）

图 4-3-3 对数平均温差校正图[1]（续）

（3）有效平均温差

$$\Delta T = F_T \cdot \Delta T_m \qquad (4-3-7)$$

4.3.3 总传热系数及经验值

对于现场运转的换热器，求出热负荷与有效温差后，即可利用图 4-3-1 查出总传热系数。或者选用总传热系数经验值，估算需要的换热面积。本节推荐的总传热系数经验值，可作为选换热器的参考，详见表 4-3-1～表 4-3-3。

表 4-3-1 原油总传热系数参考值[10]

壳程			管程			经验总传热系数/(W/m²·K)
介质名称	定性温度/℃	质量流率/(kg/m²·s)	介质名称	定性温度/℃	质量流率/(kg/m²·s)	
原油	120～150	650～700	常一中油	160～180	360～550	200～310
未脱盐原油	70～80	500～650	常二线油	140～145	400～500	180～200
原油	120～200	450～600	常二中油	230	500～700	230～310
原油	100～120	600～800	常三线油	190～240	550～700	270～310
原油	150	700～800	常三中油	280	550～650	350～370
原油	180～200	450～600	减一中油	240	230	290～310
原油	250	550	催化油浆	290	550～850	140～260

表 4-3-2 油品换热器的经验总传热系数参考值[10]

壳程			管程			
名称	相对密度 ρ_4^{20}	结垢热阻①/(m²·K/W)	水 垢阻 0.00034 m²·K/W	汽油 垢阻 0.00017 m²·K/W	轻柴油 垢阻 0.00034 m²·K/W	重柴油 垢阻 0.00052 m²·K/W
			经验总传热系数/(W/m²·K)			
C_3 馏分		0.00017	520	490	490	460
C_4 馏分		0.00017	490	460	440	440
汽油	0.775	0.00017	440	440	380	350
轻汽油	0.697	0.00017	460	440	320	320
重汽油	0.797	0.00017	410	370	320	290
柴油	0.821	0.00017	330	350	320	290
轻柴油	0.872	0.00034	280	350	290	290
重柴油	0.918	0.00051	240	320	290	260
蒸馏残油	0.948	0.00086		320	260	230
重燃料油	0.996	0.00086		260	230	200

注：① 如果结垢热阻与本表中不符，可对经验总传热系数进行调整，调整后的 $K=1/(1/K+r')$，r' 为附加的结垢热阻。

表 4-3-3 加氢、重整和润滑油换热器的经验总传热系数参考值[11]

壳程	管程	总传热系数①/(W/m²·K)	过程说明及结垢热阻
重整油料～H_2	重整生成油～H_2	290～520②	包括气化过程
重整油料～H_2	水	290～430	包括冷凝过程
预加氢油料～H_2	预加氢生成油料～H_2	230～430②	包括气化过程
预加氢油料～H_2	水	290～430	包括冷凝过程
芳烃	水	230～430	

续表

壳　程	管　程	总传热系数①/(W/m²·K)	过程说明及结垢热阻
异芳烃	水	290~430	
芳烃~溶剂	水	230~430	
芳剂(二乙二醇型)	水	230~430	
蜡　油	油	76~130	包括总垢阻 0.00086(m²·K)/W
蜡　油	水	40~140	包括总垢阻 0.00036(m²·K)/W
润滑油	油	60~110	包括总垢阻 0.00103(m²·K)/W
润滑油(高黏度)	水	140~290	包括总垢阻 0.00051(m²·K)/W
润滑油(低黏度)	水	230~460	包括总垢阻 0.00034(m²·K)/W
乙醇胺溶液	乙醇胺溶液	580~810	
乙醇胺溶液	水	580~810	

注：① 结垢严重的取下限，结垢轻的取上限。

② 若油品不易结垢，并且储罐中有惰性气体保护时，*K* 值可用上限，否则用下限。

4.4　换热器中流动引起振动的分析

4.4.1　流动诱发振动基本原理

换热管是换热器中细长的弹性元件，流体流入和流过管子引发振动是自然结果。在大多数换热器中，振动的强度很低，不会造成问题。当振动强度增加到会引起某些机械部件损坏时，振动就成问题了。换热管根据不同的结构和材料，呈现不同的振动频率称作自然频率。这种振动强度用管子周期性运动来表示，从波峰到波峰运动的程度叫振幅。随流速的增加使得振幅增加，当诱发频率与自然频率一致时，会产生共振。管子在大振幅下长期振动导致管子的机械破坏。机械损坏有几种不同的机理而发生：

① 如果振动的振幅大到足以使相邻管子彼此撞击或撞击壳体，管壁就会随时间磨薄，最终开裂。管子撞击会在其中部产生菱形的磨损，即发生碰撞损坏。

② 管子损坏的部位在穿过挡板的地方，为挡板损坏。因为折流板管孔比管外径约大0.8~1.2mm，振动中的管子被挡板切割，会使管壁减薄，直到泄漏。

③ 由于疲劳而发生机械损坏，管子的重复弯曲会导致管材断裂。疲劳损坏还会因腐蚀和冲蚀而加快。

④ 管接头损坏是管子与管板之间的接头处，振动使胀接接头脱开。即便是焊接方式，也发现伸出管板的管子，因管孔锐边对管壁的切割作用而造成损坏。

⑤ 当壳程介质为水蒸气或气体时，过大的操作噪声在管箱内可能引起声振动。其特点是单调低频的强烈噪声。

流动诱发振动的激振机理通常分为：漩涡分离或流动的周期性；湍流抖振；流体弹性不稳定性和声激振动。前三者当激振频率与管子频率同步就产生振动响应。在流体横流速度低于流体弹性不稳定临界速度时，不会发生流体弹性不稳定振动。达到和超过临界速度，就会发生不稳定性振动状态。

4.4.2　影响管子振动的参数

(1) 管子的自然频率

管子的自然频率可以在多种条件下激发，基本自然频率可以用式(4-4-1)计算，适用于简单支撑或一端固定支撑的换热器管(或管束)：

$$f_n = 0.04944\frac{C_n}{L^2}\sqrt{\frac{E \cdot I \cdot g_c}{W_e}} \qquad (4-4-1)$$

式中 f_n——直管自然频率，Hz；

C_n——频率常数，无量纲(见图 4-4-1)；

g_c——重力常数，9.81m/s^2；

E——换热管材质弹性模量，kg/m^2；

I——换热管横截面惯性矩，m^4，$I=\pi(d_o^4-d_i^4)/64$；

W_e——单位长度的有效质量，kg/m，$W_e=W_m+W_t+W_s$；

W_m——管子自身的单位长度质量，kg/m；

W_t——管程流体单位管长的质量，kg/m；

W_s——被管子置换的壳程流体单位管长的质量，kg/m；

L——管子支撑跨距，m。

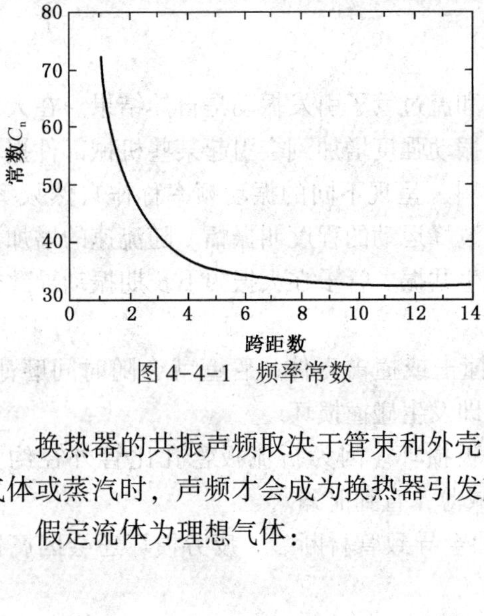

图 4-4-1 频率常数

管子支撑跨距 L 是用以控制自然频率大小的最重要的变量。由于自然频率与管子支撑跨距 L 的平方成反比，因此跨距减少 30% 会使自然频率增加 1 倍。TEMA 规范推荐对 ϕ19 的管子，无支撑的跨距最大长度约为 1.5m。管壳式换热器最大跨距一是在入口和出口处；二是在折流板窗口区，两个支撑点间距相当 2 倍的折流板间距。因此设计冷凝器和重沸器时，需要注意选择折流板间距，以免发生振动。

(2) 外壳声振

换热器的共振声频取决于管束和外壳的几何形状和壳程流体的声速。只有当壳程流体是气体或蒸汽时，声频才会成为换热器引发声震的问题。最低声频可用式(4-4-2)预测。

假定流体为理想气体：

$$f_a = \frac{3.719\sqrt{\frac{p}{\rho_v}}}{2D_s} \qquad (4-4-2)$$

式中 f_a——声频，Hz；

p——系统压力，kg/m^2；

D_s——壳径，m；

ρ_v——气体密度，kg/m^3。

(3) 流速

在折流板换热器中，壳程流体流动是一种极其复杂的形式，因为它来回横过管束。用以预测可能激发振动的方法，几乎都是根据纯错流和纯平行流。对于错流横向流动观察到的流动现象有蜗旋脱落、湍流抖振和流体弹性涡动。对于平行流，有轴向流动的涡流形成。

错流速度 V_e：以流体通过管束中心管排间隙的总流率为基础。

$$V_e = \frac{V_s}{S_o} \qquad (4-4-3)$$

式中 V_e——错流速度，m/s；

V_s——总流率，m^3/s：

S_o——中心管排间隙的流通截面积，m^2。

窗口区横流速度 V_{cw}：（单弓形折流板）

$$V_{cw} = \sqrt{V_e \cdot V_w} \sin\theta \qquad (4-4-4)$$

$$\theta = \tan^{-1}\left(\frac{2H}{L_B}\right) \qquad (4-4-5)$$

式中 V_{cw}——窗口区横流速度，m/s；

V_w——按总流量计算的通过折流板窗口区面积的平行流速，m/s；

H——折流板缺圆高度的 1/2 长度，m；

L_B——折流板间距，m。

4.4.3 振动预测方法与分析

管壳式换热器中的振动会因同时存在几种不同的流动现象而被激发，下面列出预测激发频率的一般方法。

（1）预测蜗旋脱落频率

这是最普遍被人们接受的预测流体诱导振动的方法。当预测的涡旋脱落频率与管子自然频率相一致时，便发生共振。涡旋脱落频率按式（4-4-6）计算，其中无因次的 Strouhal 准数由图 4-4-2 查出。

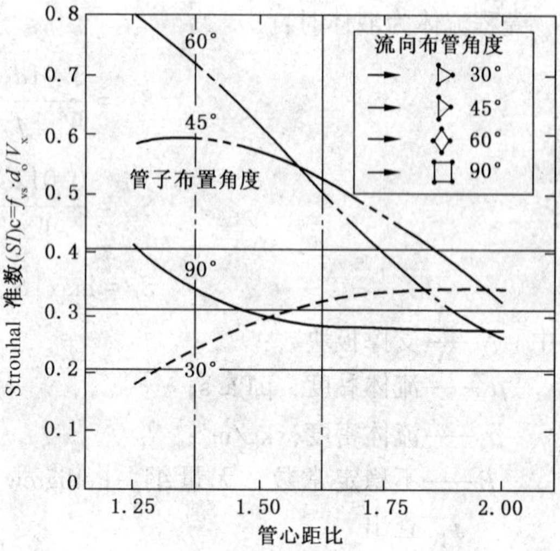

图 4-4-2 Strouhal 准数图

$$f_{vs} = \frac{(SI)_c \cdot v_x}{d_o} \qquad (4-4-6)$$

式中 f_{vs}——涡旋脱落频率，Hz；

$(SI)_C$——斯托拉哈（Strouhal）准数，当管心距比小于 1.5 时，$(SI)_C$ 值根据管子布置形式其值 $SI_{(60°)} > SI_{(45°)} > SI_{(90°)} > SI_{(30°)}$；

d_o——管子外径，m；

v_x——速度，m/s；当与声频比较时，$v_x = v_e$；当与管子自然频率比较时，$v_x = v_{cw}$；

（2）预测湍流抖振频率

对于气体垂直于管束流动的试验研究，欧文关联了湍流抖振主频率的经验方程式：

$$f_{tb} = \frac{v_x \cdot d_o}{l \cdot t}\left[3.03\left(1 - \frac{d_o}{t}\right)^2 + 0.28\right] \qquad (4-4-7)$$

式中 f_{tb}——湍流抖振频率，Hz；

l——纵向（流动方向）管心距，m；

t——横向管心距，m。

(3) 预测流体弹性涡动临界速度

康纳斯提出预测临界横流速度(开始产生流体弹性不稳时的速度)的方法，一旦超过此速度，在理想管排中会出现弹性涡动振动。

$$V_{crit}=\beta\cdot f_n\cdot d_o\sqrt{\frac{W_e\cdot S_c}{\rho_s\cdot d_o^2}} \tag{4-4-8}$$

式中 V_{crit}——临界横流速度，m/s；

f_n——管子自然频率，Hz；

S_c——对数阻尼衰减率，变化范围：0.1~0.001，经常引用的值为0.036。

在TEMA规范中，包括以下气体和液体流动的表达式：

壳程流体为气体时：

$$S_c=0.314\frac{N-1}{N}\left(\frac{t_b}{L}\right)^{0.5} \tag{4-4-9}$$

壳程流体为液体时：

$$S_{c1}=\frac{3.41d_o}{W_e\cdot f_n} \tag{4-4-10}$$

$$S_{c2}=\frac{0.012d_o}{W_e}\left(\frac{\rho_s\cdot\mu_s}{f_n}\right)^{0.5} \tag{4-4-11}$$

$$S_c=\max\{S_{c1},S_{c2}\} \tag{4-4-12}$$

式中 N——支撑板块数；

μ_s——流体黏度，μPa.s；

ρ_s——流体密度，kg/m^3；

β——不稳定常数，无量纲。Petligrew 和 Taylor 的推荐 $\beta=3.0$，也可由图4-4-3查出。

确定管子是否发生振动，有一些标准是可以参考的。由于自然频率和激发频率的预测中作了一些假设，因此存在着不确定性和简单化。对于工业应用，有一些规则可以参考：

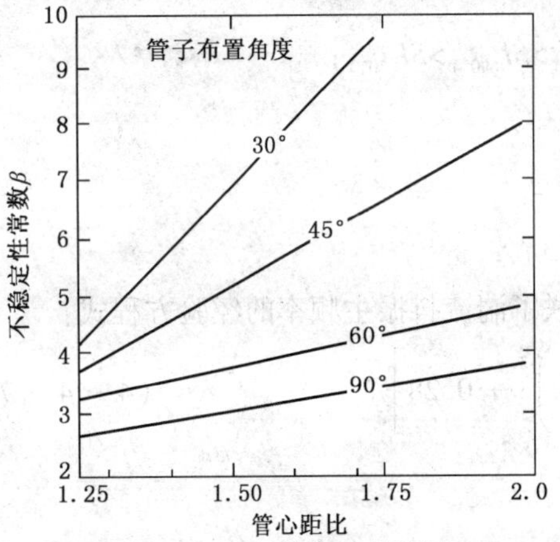

图4-4-3 不稳定性常数图

① 激发频率与自然频率之比应限制在0.5以内；

② 横流速度与临界速度之比应小于0.5，以防止流体弹性涡动振动；

③ 以窗口横流速度为基础的涡旋脱落频率与管子的自然频率之比应小于0.5，以防止涡旋脱落引发的振动；

④ 介质为气体时，湍流抖振频率与自然频率之比应小于0.5，以防止湍流抖振的发生。

总之，上述规则在应用中，虽然防止了换热器中许多物流诱发振动问题，由于缺乏所涉及的许多现象的真实了解，仍存在换热器的振动问题。

4.4.4 流动诱发振动问题可能的解决方法

4.4.4.1 可能做的设计修改

(1) 降低壳程流速

如果壳程流率是固定的，可通过增大管心距来降低速度。在设计压力降为约束条件时，这种处理很有吸引力，但是会使壳径增加。

(2) 改变管子布置角度

改变管子布置角度可以降低速度和物流诱导振动的激发频率，但是传热与压力降会有所改变。

(3) 增加管子的自然频率

最为有效的方法是减少最长的末端支撑的长度。例如将TEMA规范中标准跨距长度最低值减少20%，就可增加自然频率50%以上。改变管子材质和增加壁厚也会起一定作用，但是不会大幅度地增加自然频率。在制作管束期间，管子由于过轧而处于压缩状态，造成自然频率减少。对控制U形管换热器弯头区的振动，在管子间打入棒、板或楔子来防止移动，也可增加自然频率，这些都是防止振动的有效措施。

(4) 降低接管处的速度

可增加接管尺寸来降低速度。如果有防冲板，需要保证离开防冲板边缘的速度不过分高。分布器是降低进入管束流体流速的最有效办法。

(5) 改变折流板的类型

折流板类型的改变往往可以解决振动问题。例如，窗口不布管的管束，使得每根管子都有折流板支撑，与通常窗口区布管相比折流板支撑跨距减少一半，可将自然频率增加4倍，因此抗振能力大幅度增加。这种措施由于布管总数下降而减少传热面积，因此对传热效果需要核实。

另外，折流杆换热器和螺旋折流板换热器，已经成功地解决了低压力降换热器中的振动问题。国内皆已开发成功，在工业生产中正逐步扩大应用。

4.4.4.2 现场发生振动问题可能的解决方法

首先要确定振动是由于壳程流体流动引起的，还是从某个外源诱发的。如果肯定是物流诱导，有以下解决方法供参考。

(1) 堵塞泄漏管

不管泄漏是什么原因在造成的，对泄漏管临时的解决办法就是在管头打入塞子，以封闭泄漏管。

(2) 降低壳程流率

降低壳程流率可以使物流引导的振动停止。这种处理只有在操作允许的范围内，才可行。

(3) 插入棒、钢丝和楔子来加强管束

在管子之间插入绕带和打入楔子来限制管束移动，就可以增加换热器的自然频率。在U形管换热器的U形弯头处，经常使用这种方法。

(4) 拆下窗口区的管子，形成旁路

这样可以降低横流速度，足以控制振动。不过需要核实传热与压力降的性能是否符合需求。

(5) 更换管束

有时解决振动的惟一办法是重新设计和安装一个可以防止振动的新管束。

附表 4-1　常用内导流换热器规格及施工图号(JB/T 4714—92)

DN/mm	*PN*/MPa	管长/m	管程数	换热管规格	计算换热面积/m^2	规格型号	管程出入口公称直径/mm	壳程出入口公称直径/mm	设备净质量/kg	充水质量/kg	施工图号
400	2.5	6	2	φ19	42.3	AES 400-2.5-40-6/19-2 $^{\mathrm{I}}_{\mathrm{II}}$	100	100	2150	860	GF 025
				φ25	34.4	AES 400-2.5-35-6/25-2 $^{\mathrm{I}}_{\mathrm{II}}$	100	100	2190		
			4	φ19	38.1	AES 400-2.5-40-6/19-4 $^{\mathrm{I}}_{\mathrm{II}}$	100	100	2100		GF 026
				φ25	31.6	AES 400-2.5-30-6/25-4 $^{\mathrm{I}}_{\mathrm{II}}$	100	100	2160		
	4.0	6	2	φ19	42.1	AES 400-4.0-40-6/19-2 $^{\mathrm{I}}_{\mathrm{II}}$	100	100	2320	860	GF 031
				φ25	34.2	AES 400-4.0-35-6/25-2 $^{\mathrm{I}}_{\mathrm{II}}$	100	100	2360		
			4	φ19	37.9	AES 400-4.0-35-6/19-4 $^{\mathrm{I}}_{\mathrm{II}}$	100	100	2270		GF 032
				φ25	31.4	AES 400-4.0-30-6/25-4 $^{\mathrm{I}}_{\mathrm{II}}$	100	100	2320		
500	1.6	6	2	φ19	72.8	AES 500-1.6-70-6/19-2 $^{\mathrm{I}}_{\mathrm{II}}$	150	150	2980	1360	GF 045
						BES 500-1.6-70-6/19-2 $^{\mathrm{I}}_{\mathrm{II}}$			2820		
				φ25	57.6	AES 500-1.6-55-6/25-2 $^{\mathrm{I}}_{\mathrm{II}}$	150	150	3010		
						BES 500-1.6-55-6/25-2 $^{\mathrm{I}}_{\mathrm{II}}$			2840		
			4	φ19	67.8	AES 500-1.6-65-6/19-4 $^{\mathrm{I}}_{\mathrm{II}}$	150	150	2940		GF 046
						BES 500-1.6-65-6/19-4 $^{\mathrm{I}}_{\mathrm{II}}$			2790		
				φ25	53.9	AES 500-1.6-55-6/25-4 $^{\mathrm{I}}_{\mathrm{II}}$	150	150	2960		
						BES 500-1.6-55-6/25-4 $^{\mathrm{I}}_{\mathrm{II}}$			2810		
	2.5	6	2	φ19	72.5	AES 500-2.5-70-6/19-2 $^{\mathrm{I}}_{\mathrm{II}}$	150	150	3190	1360	GF 051
						BES 500-2.5-70-6/19-2 $^{\mathrm{I}}_{\mathrm{II}}$			2990		
				φ25	57.4	AES 500-2.5-55-6/25-2 $^{\mathrm{I}}_{\mathrm{II}}$	150	150	3210		
						BES 500-2.5-55-6/25-2 $^{\mathrm{I}}_{\mathrm{II}}$			3010		
			4	φ19	67.6	AES 500-2.5-65-6/19-4 $^{\mathrm{I}}_{\mathrm{II}}$	150	150	3140		GF 052
						BES 500-2.5-65-6/19-4 $^{\mathrm{I}}_{\mathrm{II}}$			2940		
				φ25	53.7	AES 500-2.5-55-6/25-4 $^{\mathrm{I}}_{\mathrm{II}}$	150	150	3160		
						BES 500-2.5-55-6/25-4 $^{\mathrm{I}}_{\mathrm{II}}$			2960		
	4.0	6	2	φ19	72.1	AES 500-4.0-70-6/19-2 $^{\mathrm{I}}_{\mathrm{II}}$	150	150	3400	1380	GF 057
						BES 500-4.0-70-6/19-2 $^{\mathrm{I}}_{\mathrm{II}}$			3180		
				φ25	57.1	AES 500-4.0-55-6/25-2 $^{\mathrm{I}}_{\mathrm{II}}$	150	150	3420		
						BES 500-4.0-55-6/25-2 $^{\mathrm{I}}_{\mathrm{II}}$			3200		
			4	φ19	67.2	AES 500-4.0-65-6/19-4 $^{\mathrm{I}}_{\mathrm{II}}$	150	150	3350		GF 058
						BES 500-4.0-65-6/19-4 $^{\mathrm{I}}_{\mathrm{II}}$			3120		
				φ25	53.4	AES 500-4.0-55-6/25-4 $^{\mathrm{I}}_{\mathrm{II}}$	150	150	3370		
						BES 500-4.0-55-6/25-4 $^{\mathrm{I}}_{\mathrm{II}}$			3160		

续表

DN/mm	*PN*/MPa	管长/m	管程数	换热管规格	计算换热面积/m^2	规格型号	管程出入口公称直径/mm	壳程出入口公称直径/mm	设备净质量/kg	充水质量/kg	施工图号
600	1.6	6	2	φ19	114.2	AES 600-1.6-115-6/19-2$\frac{\mathrm{I}}{\mathrm{II}}$	150	150	4200	1970	GF 076
						BES 600-1.6-115-6/19-2$\frac{\mathrm{I}}{\mathrm{II}}$			3960		
				φ25	91.8	AES 600-1.6-90-6/25-2$\frac{\mathrm{I}}{\mathrm{II}}$	150	150	4230		
						BES 600-1.6-90 -6/25-2$\frac{\mathrm{I}}{\mathrm{II}}$			3990		
			4	φ19	108.6	AES 500-1.6-110-6/19-2$\frac{\mathrm{I}}{\mathrm{II}}$	150	150	4160		GF 077
						BES 600-1.6-110-6/19-4$\frac{\mathrm{I}}{\mathrm{II}}$			3920		
				φ25	87.2	AES 500-1.6-85-6/19-2$\frac{\mathrm{I}}{\mathrm{II}}$	150	150	4180		
						BES 600-1.6-85-6/25-4$\frac{\mathrm{I}}{\mathrm{II}}$			3940		
			6	φ19	100.1	AES 500-1.6-100-6/19-6$\frac{\mathrm{I}}{\mathrm{II}}$	150	150	4100		GF 078
						BES 600-1.6-100-6/19-6$\frac{\mathrm{I}}{\mathrm{II}}$			3860		
				φ25	73.3	AES 500-1.6-75-6/19-6$\frac{\mathrm{I}}{\mathrm{II}}$	150	150	4040		
						BES 600-1.6-75-6/25-6$\frac{\mathrm{I}}{\mathrm{II}}$			3810		
	2.5	6	2	φ19	113.9	AES 500-1.6-115-6/19-2$\frac{\mathrm{I}}{\mathrm{II}}$	150	150	4410	1980	GF 085
						BES 600-2.5-115-6/19-2$\frac{\mathrm{I}}{\mathrm{II}}$			4130		
				φ25	91.5	AES 500-1.6-90-6/19-2$\frac{\mathrm{I}}{\mathrm{II}}$	150	150	4440		
						BES 600-2.5-90-6/25-2$\frac{\mathrm{I}}{\mathrm{II}}$			4160		
			4	φ19	108.2	AES 500-1.6-110-6/19-2$\frac{\mathrm{I}}{\mathrm{II}}$	150	150	4360		GF 086
						BES 600-2.5-110-6/19-4$\frac{\mathrm{I}}{\mathrm{II}}$			4080		
				φ25	86.9	AES 500-1.6-85-6/19-4$\frac{\mathrm{I}}{\mathrm{II}}$	150	150	4390		
						BES 600-2.5-85-6/25-4$\frac{\mathrm{I}}{\mathrm{II}}$			4110		
			6	φ19	99.8	AES 500-1.6-100-6/19-6$\frac{\mathrm{I}}{\mathrm{II}}$	150	150	4300		GF 087
						BES 600-2.5-100-6/19-6$\frac{\mathrm{I}}{\mathrm{II}}$			4030		
				φ25	73.1	AES 500-1.6-75-6/19-6$\frac{\mathrm{I}}{\mathrm{II}}$	150	150	4250		
						BES 600-2.5-75-6/25-6$\frac{\mathrm{I}}{\mathrm{II}}$			3980		
	4.0	6	2	φ19	113.2	AES 500-1.6-115-6/19-2$\frac{\mathrm{I}}{\mathrm{II}}$	150	150	5020	2000	GF 094
						BES 600-4.0-115-6/19-2$\frac{\mathrm{I}}{\mathrm{II}}$			4690		
				φ25	91.0	AES 500-1.6-90-6/19-2$\frac{\mathrm{I}}{\mathrm{II}}$	150	150	5050		
						BES 600-4.0-90-6/25-2$\frac{\mathrm{I}}{\mathrm{II}}$			4720		
			4	φ19	107.6	AES 500-1.6-105-6/19-4$\frac{\mathrm{I}}{\mathrm{II}}$	150	150	4980		GF 095
						BES 600-4.0-105-6/19-4$\frac{\mathrm{I}}{\mathrm{II}}$			4650		
				φ25	86.4	AES 500-1.6-85-6/19-4$\frac{\mathrm{I}}{\mathrm{II}}$	150	150	5010		
						BES 600-4.0-85-6/25-4$\frac{\mathrm{I}}{\mathrm{II}}$			4680		
			6	φ19	99.2	AES 500-1.6-100-6/19-6$\frac{\mathrm{I}}{\mathrm{II}}$	150	150	4920		GF 096
						BES 600-4.0-100-6/19-6$\frac{\mathrm{I}}{\mathrm{II}}$			4600		
				φ25	72.6	AES 500-1.6-70-6/19-6$\frac{\mathrm{I}}{\mathrm{II}}$	150	150	4870		
						BES 600-4.0-70-6/25-6$\frac{\mathrm{I}}{\mathrm{II}}$			4550		

续表

DN/mm	PN/MPa	管长/m	管程数	换热管规格	计算换热面积/m^2	规格型号	管程出入口公称直径/mm	壳程出入口公称直径/mm	设备净质量/kg	充水质量/kg	施工图号
700	1.6	6	2	$\phi19$	165.2	AES 700-1.6-165-6/19-2$\frac{\mathrm{I}}{\mathrm{II}}$	150	150	5610	2690	GF 115
						BES 700-1.0-165-6/19-2$\frac{\mathrm{I}}{\mathrm{II}}$			5250		
				$\phi25$	124.5	AES 700-1.6-125-6/19-2$\frac{\mathrm{I}}{\mathrm{II}}$	150	150	5570		
						BES 700-1.0-125-6/25-2$\frac{\mathrm{I}}{\mathrm{II}}$			5200		
			4	$\phi19$	158.2	AES 700-1.6-155-6/19-4$\frac{\mathrm{I}}{\mathrm{II}}$	150	150	5550		GF 116
						BES 700-1.0-155-6/19-4$\frac{\mathrm{I}}{\mathrm{II}}$			5180		
				$\phi25$	118.9	AES 700-1.6-120-6/19-4$\frac{\mathrm{I}}{\mathrm{II}}$	150	150	5500		
						BES 700-1.0-120-6/25-4$\frac{\mathrm{I}}{\mathrm{II}}$			5120		
			6	$\phi19$	134.9	AES 700-1.6-135-6/19-2$\frac{\mathrm{I}}{\mathrm{II}}$	150	150	5310		GF 117
						BES 700-1.0-135-6/19-6$\frac{\mathrm{I}}{\mathrm{II}}$			4960		
				$\phi25$	104.1	AES 700-1.6-105-6/19-2$\frac{\mathrm{I}}{\mathrm{II}}$	150	150	5340		
						BES 700-1.0-105-6/25-6$\frac{\mathrm{I}}{\mathrm{II}}$			4960		
	2.5	6	2	$\phi19$	164.1	AES 700-1.6-165-6/19-2$\frac{\mathrm{I}}{\mathrm{II}}$	150	150	5840	2710	GF 124
						BES 700-2.5-165-6/19-2$\frac{\mathrm{I}}{\mathrm{II}}$			5430		
				$\phi25$	123.7	AES 700-1.6-125-6/25-2$\frac{\mathrm{I}}{\mathrm{II}}$	150	150	5790		
						BES 700-2.5-125-6/25-2$\frac{\mathrm{I}}{\mathrm{II}}$			5380		
			4	$\phi19$	157.1	AES 700-1.6-155-6/19-4$\frac{\mathrm{I}}{\mathrm{II}}$	150	150	5780		GF 125
						BES 700-2.5-155-6/19-4$\frac{\mathrm{I}}{\mathrm{II}}$			5360		
				$\phi25$	118.1	AES 700-1.6-120-6/25-4$\frac{\mathrm{I}}{\mathrm{II}}$	150	150	5730		
						BES 700-2.5-120-6/25-4$\frac{\mathrm{I}}{\mathrm{II}}$			5320		
			6	$\phi19$	133.9	AES 700-1.6-135-6/19-6$\frac{\mathrm{I}}{\mathrm{II}}$	150	150	5550		GF 126
						BES 700-2.5-135-6/19-6$\frac{\mathrm{I}}{\mathrm{II}}$			5150		
				$\phi25$	103.4	AES 700-1.6-105-6/25-6$\frac{\mathrm{I}}{\mathrm{II}}$	150	150	5570		
						BES 700-2.5-105-6/25-6$\frac{\mathrm{I}}{\mathrm{II}}$			5170		
	4.0	6	2	$\phi19$	162.9	AES 700-1.6-160-6/19-2$\frac{\mathrm{I}}{\mathrm{II}}$	150	150	6990	2750	GF 133
						BES 700-4.0-160-6/19-2$\frac{\mathrm{I}}{\mathrm{II}}$			6440		
				$\phi25$	122.7	AES 700-1.6-120-6/25-2$\frac{\mathrm{I}}{\mathrm{II}}$	150	150	6940		
						BES 700-4.0-120-6/25-2$\frac{\mathrm{I}}{\mathrm{II}}$			6380		
			4	$\phi19$	155.9	AES 700-1.6-155-6/25-4$\frac{\mathrm{I}}{\mathrm{II}}$	150	150	6930		GF 134
						BES 700-4.0-155-6/19-4$\frac{\mathrm{I}}{\mathrm{II}}$			6370		
				$\phi25$	117.2	AES 700-1.6-115-6/25-4$\frac{\mathrm{I}}{\mathrm{II}}$	150	150	6880		
						BES 700-4.0-115-6/25-4$\frac{\mathrm{I}}{\mathrm{II}}$			6590		
			6	$\phi19$	132.9	AES 700-1.6-30-6/19-4$\frac{\mathrm{I}}{\mathrm{II}}$	150	150	6730		GF135
						BES 700-4.0-130-6/19-6$\frac{\mathrm{I}}{\mathrm{II}}$			6190		
				$\phi25$	102.6	AES 700-1.6-100-6/25-6$\frac{\mathrm{I}}{\mathrm{II}}$	150	150	6730		
						BES 700-4.0-100-6/25-6$\frac{\mathrm{I}}{\mathrm{II}}$			6190		

续表

DN/mm	PN/MPa	管长/m	管程数	换热管规格	计算换热面积/m^2	规格型号	管程出入口公称直径/mm	壳程出入口公称直径/mm	设备净质量/kg	充水质量/kg	施工图号
800	1.6	6	2	ϕ19	214.3	AES 800-1.6-215-6/19-2 $\frac{I}{II}$	200	200	7560	3580	GF 148
						BES 800-1.6-215-6/19-2 $\frac{I}{II}$			7080		
				ϕ25	169.2	AES 800-1.6-170-6/25-2 $\frac{I}{II}$	200	200	7580		
						BES 800-1.6-170-6/25-2 $\frac{I}{II}$			7090		
			4	ϕ19	206.6	AES 800-1.6-205-6/19-4 $\frac{I}{II}$	200	200	7510		GF 149
						BES 800-1.6-205-6/19-4 $\frac{I}{II}$			7020		
				ϕ25	162.7	AES 800-1.6-160-6/25-4 $\frac{I}{II}$	200	200	7510		
						BES 800-1.6-160-6/25-4 $\frac{I}{II}$			7020		
			6	ϕ19	182.0	AES 800-1.6-180-6/19-6 $\frac{I}{II}$	200	200	7320		GF 150
						BES 800-1.6-180-6/19-6 $\frac{I}{II}$			6840		
				ϕ25	146.1	AES 800-1.6-145-6/25-6 $\frac{I}{II}$	200	200	7360		
						BES 800-1.6-145-6/25-6 $\frac{I}{II}$			6880		
	2.5	6	2	ϕ19	213.5	AES 800-1.6-215-6/19-2 $\frac{I}{II}$	200	200	8030	3610	GF 154
						BES 800-2.5-215-6/19-2 $\frac{I}{II}$			7460		
				ϕ25	168.5	AES 800-1.6-170-6/25-2 $\frac{I}{II}$	200	200	8040		
						BES 800-2.5-170-6/25-2 $\frac{I}{II}$			7470		
			4	ϕ19	205.8	AES 800-1.6-205-6/19-4 $\frac{I}{II}$	200	200	7970		GF 155
						BES 800-2.5-205-6/19-4 $\frac{I}{II}$			7410		
				ϕ25	162.1	AES 800-1.6-160-6/25-4 $\frac{I}{II}$	200	200	7970		
						BES 800-2.5-160-6/25-4 $\frac{I}{II}$			7410		
			6	ϕ19	181.3	AES 800-1.6-180-6/19-6 $\frac{I}{II}$	200	200	7780		GF 156
						BES 800-2.5-180-6/19-6 $\frac{I}{II}$			7230		
				ϕ25	145.5	AES 800-1.6-145-6/25-6 $\frac{I}{II}$	200	200	7830		
						BES 800-2.5-145-6/25-6 $\frac{I}{II}$			7260		
	4.0	6	2	ϕ19	211.9	AES 800-1.6-210-6/19-2 $\frac{I}{II}$	200	200	9460	3660	GF 160
						BES 800-4.0-210-6/19-2 $\frac{I}{II}$			8720		
				ϕ25	167.3	AES 800-1.6-165-6/25-2 $\frac{I}{II}$	200	200	9460		
						BES 800-4.0-165-6/25-2 $\frac{I}{II}$			8730		
			4	ϕ19	204.2	AES 800-1.6-205-6/19-4 $\frac{I}{II}$	200	200	9410		GF 161
						BES 800-4.0-205-6/19-4 $\frac{I}{II}$			8650		
				ϕ25	160.9	AES 800-1.6-160-6/25-2 $\frac{I}{II}$	200	200	9410		
						BES 800-4.0-160-6/25-4 $\frac{I}{II}$			8650		

续表

DN/mm	PN/MPa	管长/m	管程数	换热管规格	计算换热面积/m^2	规格型号	管程出入口公称直径/mm	壳程出入口公称直径/mm	设备净质量/kg	充水质量/kg	施工图号
800	4.0	6	6	φ19	179.9	AES 800-1.6-180-6/19-6$\frac{I}{II}$	200	200	9230	3660	GF 162
						BES 800-4.0-180-6/19-6$\frac{I}{II}$			8500		
				φ25	144.4	AES 800-1.6-145-6/25-6$\frac{I}{II}$	200	200	9270		
						BES 800-4.0-145-6/25-6$\frac{I}{II}$			8550		
900	1.6	6	2	φ19	280.7	BES 900-1.6-280-6/19-2$\frac{I}{II}$	200	200	8740	4600	GF 172
				φ25	217.9	BES 900-1.6-215-6/19-2$\frac{I}{II}$	200	200	8720		
			4	φ19	272.3	BES 900-1.6-270-6/25-4$\frac{I}{II}$	200	200	8680		GF 173
				φ25	210.6	BES 900-1.6-210-6/25-4$\frac{I}{II}$	200	200	8640		
			6	φ19	252.7	BES 900-1.6-250-6/19-6$\frac{I}{II}$	200	200	8560		GF 174
				φ25	196.7	BES 900-1.6-195-6/19-6$\frac{I}{II}$	200	200	8550		
	2.5	6	2	φ19	279.2	BES 900-2.5-280-6/19-2$\frac{I}{II}$	200	200	9280	4610	GF 178
				φ25	216.8	BES 900-2.5-215-6/25-2$\frac{I}{II}$	200	200	9260		
			4	φ19	270.8	BES 900-2.5-270-6/19-4$\frac{I}{II}$	200	200	9240		GF 179
				φ25	209.4	BES 900-2.5-210-6/25-4$\frac{I}{II}$	200	200	9170		
			6	φ19	251.3	BES 900-2.5-250-6/19-6$\frac{I}{II}$	200	200	9100		GF 180
				φ25	195.6	BES 900-2.5-195-6/25-6$\frac{I}{II}$	200	200	9090		
	4.0	6	2	φ19	277.1	BES 900-4.0-275-6/19-2$\frac{I}{II}$	200	200	10840	4680	GF 184
				φ25	215.1	BES 900-4.0-215-6/25-2$\frac{I}{II}$	200	200	10810		
			4	φ19	268.8	BES 900-4.0-270-6/19-4$\frac{I}{II}$	200	200	10780		GF 185
				φ25	207.8	BES 900-4.0-205-6/25-4$\frac{I}{II}$	200	200	10740		
			6	φ19	249.4	BES 900-4.0-250-6/19-6$\frac{I}{II}$	200	200	10670		GF 186
				φ25	194.2	BES 900-4.0-195-6/25-6$\frac{I}{II}$	200	200	10670		
1000	1.6	6	2	φ19	352.6	BES 1000-1.6-350-6/19-2$\frac{I}{II}$	250	250	10840	5780	GF 196
				φ25	279.4	BES 1000-1.6-280-6/25-2$\frac{I}{II}$	250	250	10810		
			4	φ19	343.4	BES 1000-1.6-345-6/19-4$\frac{I}{II}$	250	250	10780		GF 197
				φ25	271.1	BES 1000-1.6-270-6/25-4$\frac{I}{II}$	250	250	10740		
			6	φ19	312.6	BES 1000-1.6-310-6/19-6$\frac{I}{II}$	250	250	10670		GF 198
				φ25	260.1	BES 1000-1.6-260-6/25-6$\frac{I}{II}$	250	250	10670		
	2.5	6	2	φ19	350.6	BES 1000-2.5-350-6/19-2$\frac{I}{II}$	250	250	10520	5820	GF 202
				φ25	277.9	BES 1000-2.5-275-6/25-2$\frac{I}{II}$	250	250	10550		
			4	φ19	341.6	BES 1000-2.5-340-6/19-4$\frac{I}{II}$	250	250	10460		GF 203
				φ25	269.7	BES 1000-2.5-270-6/25-4$\frac{I}{II}$	250	250	10460		
			6	φ19	311.0	BES 1000-2.5-310-6/19-6$\frac{I}{II}$	250	250	10230		GF 204
				φ25	258.7	BES 1000-2.5-260-6/25-6$\frac{I}{II}$	250	250	10430		

续表

DN/mm	PN/MPa	管长/m	管程数	换热管规格	计算换热面积/m^2	规格型号	管程出入口公称直径/mm	壳程出入口公称直径/mm	设备净质量/kg	充水质量/kg	施工图号
1000	4.0	6	2	ϕ19	348.1	BES 1000-4.0-350-6/19-2$\frac{\text{I}}{\text{II}}$	250	250	14040	5930	GF 208
				ϕ25	275.8	BES 1000-4.0-275-6/25-2$\frac{\text{I}}{\text{II}}$	250	250	14050		
			4	ϕ19	339.1	BES 1000-4.0-340-6/19-4$\frac{\text{I}}{\text{II}}$	250	250	13980	5930	GF 209
				ϕ25	267.6	BES 1000-4.0-265-6/25-4$\frac{\text{I}}{\text{II}}$	250	250	13960		
			6	ϕ19	308.6	BES 1000-4.0-310-6/19-6$\frac{\text{I}}{\text{II}}$	250	250	13800		GF 210
				ϕ25	256.7	BES 1000-4.0-255-6/25-6$\frac{\text{I}}{\text{II}}$	250	250	13980		
1100	1.6	6	2	ϕ19	434.3	BES 1100-1.6-435-6/19-2$\frac{\text{I}}{\text{II}}$	250	250	13330	7050	GF 220
				ϕ25	339.2	BES 1100-1.6-340-6/25-2$\frac{\text{I}}{\text{II}}$	250	250	13200		
			4	ϕ19	424.5	BES 1100-1.6-425-6/19-4$\frac{\text{I}}{\text{II}}$	250	250	13270		GF 221
				ϕ25	329.9	BES 1100-1.6-330-6/25-4$\frac{\text{I}}{\text{II}}$	250	250	13110		
			6	ϕ19	392.2	BES 1100-1.6-390-6/19-6$\frac{\text{I}}{\text{II}}$	250	250	13010		GF 222
				ϕ25	318.9	BES 1100-1.6-320-6/25-6$\frac{\text{I}}{\text{II}}$	250	250	13120		
	2.5	6	2	ϕ19	431.3	BES 1100-2.5-430-6/19-2$\frac{\text{I}}{\text{II}}$	250	250	14200	7100	GF 226
				ϕ25	336.8	BES 1100-2.5-335-6/25-2$\frac{\text{I}}{\text{II}}$	250	250	14060		
			4	ϕ19	421.6	BES 1100-2.5-420-6/19-4$\frac{\text{I}}{\text{II}}$	250	250	14140		GF 227
				ϕ25	327.7	BES 1100-2.5-325-6/25-4$\frac{\text{I}}{\text{II}}$	250	250	13980		
			6	ϕ19	389.6	BES 1100-2.5-390-6/19-6$\frac{\text{I}}{\text{II}}$	250	250	13970		GF 228
				ϕ25	316.7	BES 1100-2.5-315-6/25-6$\frac{\text{I}}{\text{II}}$	250	250	14070		
	4.0	6	2	ϕ19	427.6	BES 1100-4.0-425-6/19-2$\frac{\text{I}}{\text{II}}$	250	250	17310	7250	GF 232
				ϕ25	334.1	BES 1100-4.0-335-6/25-2$\frac{\text{I}}{\text{II}}$	250	250	17180		
			4	ϕ19	417.9	BES 1100-4.0-415-6/19-4$\frac{\text{I}}{\text{II}}$	250	250	17270		GF 233
				ϕ25	324.9	BES 1100-4.0-325-6/25-4$\frac{\text{I}}{\text{II}}$	250	250	17110		
			6	ϕ19	386.2	BES 1100-4.0-385-6/19-6$\frac{\text{I}}{\text{II}}$	250	250	17040		GF 234
				ϕ25	314.1	BES 1100-4.0-315-6/25-6$\frac{\text{I}}{\text{II}}$	250	250	17140		
1200	1.6	6	2	ϕ19	507.8	BES 1200-1.6-505-6/19-2$\frac{\text{I}}{\text{II}}$	300	300	15120	8500	GF 247
				ϕ25	405.1	BES 1200-1.6-405-6/25-2$\frac{\text{I}}{\text{II}}$	300	300	15130		
			4	ϕ19	498.1	BES 1200-1.6-500-6/19-4$\frac{\text{I}}{\text{II}}$	300	300	15100		GF 248
				ϕ25	395.7	BES 1200-1.6-395-6/25-4$\frac{\text{I}}{\text{II}}$	300	300	15080		
			6	ϕ19	471.4	BES 1200-1.6-470-6/19-6$\frac{\text{I}}{\text{II}}$	300	300	14930		GF 249
				ϕ25	381.1	BES 1200-1.6-380-6/25-6$\frac{\text{I}}{\text{II}}$	300	300	15040		
	2.5	6	2	ϕ19	504.3	BES 1200-2.5-505-6/19-2$\frac{\text{I}}{\text{II}}$	300	300	16220	8600	GF 256
				ϕ25	402.2	BES 1200-2.5-400-6/25-2$\frac{\text{I}}{\text{II}}$	300	300	16220		
			4	ϕ19	494.6	BES 1200-2.5-495-6/19-4$\frac{\text{I}}{\text{II}}$	300	300	16190		GF 257
				ϕ25	393.1	BES 1200-2.5-395-6/25-4$\frac{\text{I}}{\text{II}}$	300	300	16170		
			6	ϕ19	468.2	BES 1200-2.5-470-6/19-6$\frac{\text{I}}{\text{II}}$	300	300	16040		GF 258
				ϕ25	378.4	BES 1200-2.5-380-6/25-6$\frac{\text{I}}{\text{II}}$	300	300	16140		

续表

DN/mm	PN/MPa	管长/m	管程数	换热管规格	计算换热面积/m^2	规格型号	管程出入口公称直径/mm	壳程出入口公称直径/mm	设备净质量/kg	充水质量/kg	施工图号
1200	4.0	6	2	$\phi19$	499.1	BES 1200-4.0-500-6/19-2$\frac{\mathrm{I}}{\mathrm{II}}$	300	300	20270	8850	GF 265
				$\phi25$	398.1	BES 1200-4.0-400-6/25-2$\frac{\mathrm{I}}{\mathrm{II}}$	300	300	20260		
			4	$\phi19$	489.5	BES 1200-4.0-490-6/19-4$\frac{\mathrm{I}}{\mathrm{II}}$	300	300	20270		GF 266
				$\phi25$	389.1	BES 1200-4.0-390-6/25-4$\frac{\mathrm{I}}{\mathrm{II}}$	300	300	20240		
			6	$\phi19$	463.4	BES 1200-4.0-465-6/19-6$\frac{\mathrm{I}}{\mathrm{II}}$	300	300	20130		GF 267
				$\phi25$	374.5	BES 1200-4.0-375-6/25-6$\frac{\mathrm{I}}{\mathrm{II}}$	300	300	20210		
1300	1.6	6	4	$\phi19$	593.7	BES 1300-1.6-595-6/19-4$\frac{\mathrm{I}}{\mathrm{II}}$	300	300	17740	10040	GF 270
				$\phi25$	470.6	BES 1300-1.6-470-6/25-4$\frac{\mathrm{I}}{\mathrm{II}}$	300	300	17750		
			6	$\phi19$	564.4	BES 1300-1.6-565-6/19-6$\frac{\mathrm{I}}{\mathrm{II}}$	300	300	17600		GF 271
				$\phi25$	446.7	BES 1300-1.6-445-6/25-6$\frac{\mathrm{I}}{\mathrm{II}}$	300	300	17640		
	2.5	6	4	$\phi19$	589.3	BES 1300-2.5-590-6/19-4$\frac{\mathrm{I}}{\mathrm{II}}$	300	300	19490	10180	GF 272
				$\phi25$	467.1	BES 1300-2.5-465-6/25-4$\frac{\mathrm{I}}{\mathrm{II}}$	300	300	19480		
			6	$\phi19$	560.2	BES 1300-2.5-560-6/19-6$\frac{\mathrm{I}}{\mathrm{II}}$	300	300	19360		GF 273
				$\phi25$	443.3	BES 1300-2.5-445-6/25-6$\frac{\mathrm{I}}{\mathrm{II}}$	300	300	19400		
1400	1.6	6	4	$\phi19$	687.9	BES 1400-1.6-685-6/19-4$\frac{\mathrm{I}}{\mathrm{II}}$	350	350	20650	11890	GF 278
				$\phi25$	547.2	BES 1400-1.6-545-6/25-4$\frac{\mathrm{I}}{\mathrm{II}}$	350	350	20660		
			6	$\phi19$	659.2	BES 1400-1.6-660-6/19-6$\frac{\mathrm{I}}{\mathrm{II}}$	350	350	20550		GF 279
				$\phi25$	518.7	BES 1400-1.6-520-6/25-6$\frac{\mathrm{I}}{\mathrm{II}}$	350	350	20390		
	2.5	6	4	$\phi19$	682.6	BES 1400-2.5-680-6/19-4$\frac{\mathrm{I}}{\mathrm{II}}$	350	350	22500	12020	GF 282
				$\phi25$	542.9	BES 1400-2.5-540-6/25-4$\frac{\mathrm{I}}{\mathrm{II}}$	350	350	22500		
			6	$\phi19$	654.2	BES 1400-2.5-655-6/19-6$\frac{\mathrm{I}}{\mathrm{II}}$	350	350	22510		GF 283
				$\phi25$	514.7	BES 1400-2.5-515-6/25-6$\frac{\mathrm{I}}{\mathrm{II}}$	350	350	22440		
1500	1.6	6	4	$\phi19$	801.9	BES 1500-1.6-800-6/19-4$\frac{\mathrm{I}}{\mathrm{II}}$	350	350	24150	13740	GF 288
				$\phi25$	641.2	BES 1500-1.6-640-6/25-4$\frac{\mathrm{I}}{\mathrm{II}}$	350	350	24290		
			6	$\phi19$	783.8	BES 1500-1.6-785-6/19-6$\frac{\mathrm{I}}{\mathrm{II}}$	350	350	24210		GF 289
				$\phi25$	610.1	BES 1500-1.6-610-6/25-6$\frac{\mathrm{I}}{\mathrm{II}}$	350	350	24130		
	2.5	6	4	$\phi19$	795.9	BES 1500-2.5-795-6/19-4$\frac{\mathrm{I}}{\mathrm{II}}$	350	350	26090	13910	GF 290
				$\phi25$	636.3	BES 1500-2.5-635-6/25-4$\frac{\mathrm{I}}{\mathrm{II}}$	350	350	26220		
			6	$\phi19$	777.9	BES 1500-2.5-775-6/19-6$\frac{\mathrm{I}}{\mathrm{II}}$	350	350	26160		GF 291
				$\phi25$	605.4	BES 1500-2.5-605-6/25-6$\frac{\mathrm{I}}{\mathrm{II}}$	350	350	26070		
1600	1.6	6	4	$\phi19$	914.8	BES 1600-1.6-915-6/19-4$\frac{\mathrm{I}}{\mathrm{II}}$	400	400	27600	15970	GF 296
				$\phi25$	728.1	BES 1600-1.6-730-6/25-4$\frac{\mathrm{I}}{\mathrm{II}}$	400	400	27720		
			6	$\phi19$	875.9	BES 1600-1.6-875-6/19-6$\frac{\mathrm{I}}{\mathrm{II}}$	400	400	27500		GF 297
				$\phi25$	694.2	BES 1600-1.6-695-6/25-6$\frac{\mathrm{I}}{\mathrm{II}}$	400	400	27510		

续表

DN/mm	PN/MPa	管长/m	管程数	换热管规格	计算换热面积/m^2	规格型号	管程出入口公称直径/mm	壳程出入口公称直径/mm	设备净质量/kg	充水质量/kg	施工图号
1600	2.5	6	4	ϕ19	907.6	BES 1600-2.5-905-6/19-4$\frac{\mathrm{I}}{\mathrm{II}}$	400	400	31020	16290	GF 300
				ϕ25	722.3	BES 1600-2.5-720-6/25-4$\frac{\mathrm{I}}{\mathrm{II}}$	400	400	31030		
			6	ϕ19	869.0	BES 1600-2.5-870-6/19-6$\frac{\mathrm{I}}{\mathrm{II}}$	400	400	30860		GF 301
				ϕ25	688.8	BES 1600-2.5-690-6/25-6$\frac{\mathrm{I}}{\mathrm{II}}$	400	400	30850		
1700	1.6	6	4	ϕ19	1046.2	BES 1700-1.6-1045-6/19-4$\frac{\mathrm{I}}{\mathrm{II}}$	400	400	31080	18180	GF 306
				ϕ25	848.2	BES 1700-1.6-850-6/25-4$\frac{\mathrm{I}}{\mathrm{II}}$	400	400	31240		
			6	ϕ19	984.4	BES 1700-1.6-985-6/19-6$\frac{\mathrm{I}}{\mathrm{II}}$	400	400	30330		GF 307
				ϕ25	828.1	BES 1700-1.6-830-6/25-6$\frac{\mathrm{I}}{\mathrm{II}}$	400	400	30850		
	2.5	6	4	ϕ19	1036.1	BES 1700-2.5-1035-6/19-4$\frac{\mathrm{I}}{\mathrm{II}}$	400	400	35890	18640	GF 308
				ϕ25	840.1	BES 1700-2.5-840-6/25-4$\frac{\mathrm{I}}{\mathrm{II}}$	400	400	36930		
			6	ϕ19	974.9	BES 1700-2.5-975-6/19-6$\frac{\mathrm{I}}{\mathrm{II}}$	400	400	35630		GF 309
				ϕ25	820.2	BES 1700-2.5-820-6/25-6$\frac{\mathrm{I}}{\mathrm{II}}$	400	400	36110		
1800	1.6	6	4	ϕ19	1173.0	BES 1800-1.6-1175-6/19-4$\frac{\mathrm{I}}{\mathrm{II}}$	450	450	35300	20780	GF 314
				ϕ25	937.7	BES 1800-1.6-935-6/25-4$\frac{\mathrm{I}}{\mathrm{II}}$	450	450	35270		
			6	ϕ19	1088.4	BES 1800-1.6-1090-6/19-6$\frac{\mathrm{I}}{\mathrm{II}}$	450	450	34630		GF 315
				ϕ25	905.8	BES 1800-1.6-905-6/25-6$\frac{\mathrm{I}}{\mathrm{II}}$	450	450	35170		
	2.5	6	4	ϕ19	1161.3	BES 1800-2.5-1160-6/19-4$\frac{\mathrm{I}}{\mathrm{II}}$	450	450	40250	20780	GF 318
				ϕ25	928.4	BES 1800-2.5-930-6/25-4$\frac{\mathrm{I}}{\mathrm{II}}$	450	450	40190		
			6	ϕ19	1077.5	BES 1800-2.5-1075-6/19-6$\frac{\mathrm{I}}{\mathrm{II}}$	450	450	39620		GF 319
				ϕ25	896.7	BES 1800-2.5-895-6/25-6$\frac{\mathrm{I}}{\mathrm{II}}$	450	450	40140		

附表 4-2 常用浮头式冷凝器规格及施工图号(JB/T 4714—92)

DN/mm	PN/MPa	管长/m	管程数	换热管规格	计算换热面积/m^2	规格型号	管程出入口公称直径/mm	壳程出入口公称直径/mm	设备净质量/kg	充水质量/kg	施工图号
500	1.0	6	2	ϕ19	72.9	AJS500-1.0-70-6/19-2	150	200	2750	1360	GFL 011
						BJS500-1.0-70-6/19-2			2600		
				ϕ25	57.7	AJS500-1.0-55-6/25-2	150	200	2770		
						BJS500-1.0-55-6/25-2			2610		
			4	ϕ19	67.9	AJS500-1.0-65-6/19-4	150	200	2700		GFL 012
						BJS500-1.0-65-6/19-4			2550		
				ϕ25	54.0	AJS500-1.0-55-6/25-4	150	200	2710		
						BJS500-1.0-55-6/25-4			2570		

续表

DN/mm	*PN*/MPa	管长/m	管程数	换热管规格	计算换热面积/m^2	规格型号	管程出入口公称直径/mm	壳程出入口公称直径/mm	设备净质量/kg	充水质量/kg	施工图号
500	1.6	6	2	ϕ19	72.8	AJS500-1.6-70-6/19-2	150	200	2810	1360	GFL 015
						BJS500-1.6-70-6/19-2			2660		
				ϕ25	57.6	AJS500-1.6-55-6/25-2	150	200	2820		
						BJS500-1.6-55-6/25-2			2670		
			4	ϕ19	67.8	AJS500-1.6-65-6/19-4	150	200	2770		GFL 016
						BJS500-1.6-65-6/19-4			2610		
				ϕ25	53.9	AJS500-1.6-55-6/25-4	150	200	2780		
						BJS500-1.6-55-6/25-4			2630		
	2.5	6	2	ϕ19	72.5	AJS500-2.5-70-6/19-2	150	200	3030	1360	GFL 019
						BJS500-2.5-70-6/19-2			2830		
				ϕ25	57.4	AJS500-2.5-55-6/25-2	150	200	3040		
						BJS500-2.5-55-6/25-2			2840		
			4	ϕ19	67.6	AJS500-2.5-65-6/19-4	150	200	2980		GFL 020
						BJS500-2.5-65-6/19-4			2780		
				ϕ25	53.7	AJS500-2.5-55-6/25-4	150	200	2990		
						BJS500-2.5-55-6/25-4			2790		
	4.0	6	2	ϕ19	72.1	AJS500-4.0-70-6/19-2	150	200	3270	1380	GFL 023
						BJS500-4.0-70-6/19-2			3060		
				ϕ25	57.1	AJS500-4.0-55-6/25-2	150	200	3290		
						BJS500-4.0-55-6/25-2			3070		
			4	ϕ19	67.2	AJS500-4.0-65-6/19-4	150	200	3230		GFL 024
						BJS500-4.0-65-6/19-4			3010		
				ϕ25	53.4	AJS500-4.0-55-6/25-4	150	200	3250		
						BJS500-4.0-55-6/25-4			3030		
600	1.0	6	2	ϕ19	114.6	AJS600-1.0-115-6/19-2	150	200	3840	1970	GFL 028
						BJS600-1.0-115-6/19-2			3610		
				ϕ25	92.2	AJS600-1.0-90-6/25-2	150	200	3880		
						BJS600-1.0-90-6/25-2			3660		
			4	ϕ19	108.9	AJS600-1.0-110-6/19-4	150	250	3790		GFL 029
						BJS600-1.0-110-6/19-4			3560		
				ϕ25	87.5	AJS600-1.0-85-6/25-4	150	250	3830		
						BJS600-1.0-85-6/25-4			3600		

续表

DN/mm	PN/MPa	管长/m	管程数	换热管规格	计算换热面积/m^2	规格型号	管程出入口公称直径/mm	壳程出入口公称直径/mm	设备净质量/kg	充水质量/kg	施工图号
600	1.0	6	6	ϕ19	100.4	AJS600-1.0-100-6/19-6	150	250	3700	1970	GFL 030
						BJS600-1.0-100-6/19-6			3490		
				ϕ25	73.5	AJS600-1.0-75-6/25-6	150	250	3620		
						BJS600-1.0-75-6/25-6			3400		
	1.6	6	2	ϕ19	114.2	AJS600-1.6-115-6/19-2	150	250	3990	1970	GFL 034
						BJS600-1.6-115-6/19-2			3750		
				ϕ25	91.8	AJS600-1.6-90-6/25-2	150	250	4030		
						BJS600-1.6-90-6/25-2			3790		
			4	ϕ19	108.6	AJS600-1.6-110-6/19-4	150	250	3940		GFL 035
						BJS600-1.6-110-6/19-4			3700		
				ϕ25	87.2	AJS600-1.6-85-6/25-4	150	250	3980		
						BJS600-1.6-85-6/25-4			3740		
			6	ϕ19	100.1	AJS600-1.6-100-6/19-6	150	250	3860		GFL 036
						BJS600-1.6-100-6/19-6			3620		
				ϕ25	73.3	AJS600-1.6-75-6/25-6	150	250	3770		
						BJS600-1.6-75-6/25-6			3540		
	2.5	6	2	ϕ19	113.9	AJS600-2.5-115-6/19-2	150	250	4230	1980	GFL 040
						BJS600-2.5-115-6/19-2			3950		
				ϕ25	91.5	AJS600-2.5-90-6/25-2	150	250	4270		
						BJS600-2.5-90-6/25-2			4000		
			4	ϕ19	108.2	AJS600-2.5-110-6/19-4	150	250	4180		GFL 041
						BJS600-2.5-110-6/19-4			3900		
				ϕ25	86.9	AJS600-2.5-85-6/25-4	150	250	4220		
						BJS600-2.5-85-6/25-4			3940		
			6	ϕ19	99.8	AJS600-2.5-100-6/19-6	150	250	4100		GFL 042
						BJS600-2.5-100-6/19-6			3830		
				ϕ25	73.1	AJS600-2.5-75-6/25-6	150	250	4020		
						BJS600-2.5-75-6/25-6			3750		
	4.0	6	2	ϕ19	113.2	AJS600-4.0-115-6/19-2	150	250	4900	2000	GFL 046
						BJS600-4.0-115-6/19-2			4570		
				ϕ25	91.0	AJS600-4.0-90-6/25-2	150	250	4940		
						BJS600-4.0-90-6/25-2			4610		
			4	ϕ19	107.6	AJS600-4.0-105-6/19-4	150	250	4860		GFL 047
						BJS600-4.0-105-6/19-4			4530		

续表

DN/mm	PN/MPa	管长/m	管程数	换热管规格	计算换热面积/m²	规格型号	管程出入口公称直径/mm	壳程出入口公称直径/mm	设备净质量/kg	充水质量/kg	施工图号
600	4.0	6	4	φ25	86.4	AJS600-4.0-85-6/25-4	150	250	4890	2000	GFL 047
						BJS600-4.0-85-6/25-4			4560		
			6	φ19	99.2	AJS600-4.0-100-6/19-6	150	250	4780		GFL 048
						BJS600-4.0-100-6/19-6			4570		
				φ25	72.6	AJS600-4.0-70-6/25-6	150	250	4700		
						BJS600-4.0-70-6/25-6			4380		
700	1.0	6	2	φ19	165.2	AJS700-1.0-165-6/19-2	150	250	5060	2690	GFL 052
						BJS700-1.0-165-6/19-2			4780		
				φ25	124.5	AJS700-1.0-125-6/25-2	150	250	5000		
						BJS700-1.0-125-6/25-2			4720		
			4	φ19	158.2	AJS700-1.0-160-6/19-4	150	250	4990		GFL 053
						BJS700-1.0-160-6/19-4			4730		
				φ25	118.9	AJS700-1.0-120-6/25-4	150	250	4930		
						BJS700-1.0-120-6/25-4			4670		
			6	φ19	134.9	AJS700-1.0-135-6/19-6	150	250	4710		GFL 054
						BJS700-1.0-135-6/19-6			4410		
				φ25	104.1	AJS700-1.0-105-6/25-6	150	250	4710		
						BJS700-1.0-105-6/25-6			4410		
	1.6	6	2	φ19	164.6	AJS700-1.6-165-6/19-2	150	250	5320	2700	GFL 058
						BJS700-1.6-165-6/19-2			4960		
				φ25	124.1	AJS700-1.6-125-6/25-2	150	250	5260		
						BJS700-1.6-125-6/25-2			4900		
			4	φ19	157.6	AJS700-1.6-155-6/19-4	150	250	5250		GFL 059
						BJS700-1.6-155-6/19-4			4890		
				φ25	118.5	AJS700-1.6-120-6/25-4	150	250	5190		
						BJS700-1.6-120-6/25-4			4830		
			6	φ19	134.4	AJS700-1.6-135-6/19-6	150	250	4980		GFL 060
						BJS700-1.6-135-6/19-6			4630		
				φ25	103.7	AJS700-1.6-105-6/25-6	150	250	4980		
						BJS700-1.6-105-6/25-6			4630		
	2.5	6	2	φ19	164.1	AJS700-2.5-165-6/19-2	150	250	5590	2710	GFL 064
						BJS700-2.5-165-6/19-2			5180		
				φ25	123.7	AJS700-2.5-125-6/25-2	150	250	5530		
						BJS700-2.5-125-6/25-2			5120		

续表

DN/mm	PN/MPa	管长/m	管程数	换热管规格	计算换热面积/m^2	规格型号	管程出入口公称直径/mm	壳程出入口公称直径/mm	设备净质量/kg	充水质量/kg	施工图号
700	2.5	6	4	ϕ19	157.1	AJS700-2.5-155-6/19-4	150	250	5530	2710	GFL 065
						BJS700-2.5-155-6/19-4			5120		
				ϕ25	118.1	AJS700-2.5-120-6/25-4	150	250	5470		
						BJS700-2.5-120-6/25-4			5060		
			6	ϕ19	133.9	AJS700-2.5-135-6/19-6	150	250	5260		GFL 066
						BJS700-2.5-135-6/19-6			4860		
				ϕ25	103.4	AJS700-2.5-105-6/25-6	150	250	5260		
						BJS700-2.5-105-6/25-6			4860		
	4.0	6	2	ϕ19	162.9	AJS700-4.0-160-6/19-2	150	250	6800	2750	GFL 070
						BJS700-4.0-160-6/19-2			6250		
				ϕ25	122.7	AJS700-4.0-120-6/25-2	150	250	6740		
						BJS700-4.0-120-6/25-2			6190		
			4	ϕ19	155.9	AJS700-4.0-155-6/19-4	150	250	6740		GFL 071
						BJS700-4.0-155-6/19-4			6190		
				ϕ25	117.2	AJS700-4.0-115-6/25-4	150	250	6680		
						BJS700-4.0-115-6/25-4			6130		
			6	ϕ19	132.9	AJS700-4.0-130-6/19-6	150	250	6480		GFL 072
						BJS700-4.0-130-6/19-6			5940		
				ϕ25	102.6	AJS700-4.0-100-6/25-6	150	250	6480		
						BJS700-4.0-100-6/25-6			5940		
800	1.0	6	2	ϕ19	215.2	AJS800-1.0-215-6/19-2	200	300	6700	3580	GFL 073
						BJS800-1.0-215-6/19-2			6300		
				ϕ25	169.9	AJS800-1.0-170-6/25-2	200	300	6720		
						BJS800-1.0-170-6/25-2			6310		
			4	ϕ19	207.5	AJS800-1.0-205-6/19-4	200	300	6640		GFL 074
						BJS800-1.0-205-6/19-4			6240		
				ϕ25	163.7	AJS800-1.0-165-6/25-4	200	300	6650		
						BJS800-1.0-165-6/25-4			6250		
			6	ϕ19	182.8	AJS800-1.0-180-6/19-6	200	300	6350		GFL 075
						BJS800-1.0-180-6/19-6			5970		
				ϕ25	146.7	AJS800-1.0-145-6/25-6	200	300	6410		
						BJS800-1.0-145-6/25-6			6030		
	1.6	6	2	ϕ19	214.3	AJS800-1.6-215-6/19-2	200	300	7060	3590	GFL 079
						BJS800-1.6-215-6/19-2			6570		
				ϕ25	169.2	AJS800-1.6-170-6/25-2	200	300	7080		
						BJS800-1.6-170-6/25-2			6590		

续表

DN/mm	PN/MPa	管长/m	管程数	换热管规格	计算换热面积/m^2	规格型号	管程出入口公称直径/mm	壳程出入口公称直径/mm	设备净质量/kg	充水质量/kg	施工图号
800	1.6	6	4	ϕ19	206.6	AJS800-1.6-205-6/19-4	200	300	7000	3590	GFL 080
						BJS800-1.6-205-6/19-4			6510		
				ϕ25	162.7	AJS800-1.6-160-6/25-4	200	300	7010		
						BJS800-1.6-160-6/25-4			6510		
			6	ϕ19	182.0	AJS800-1.6-180-6/19-6	200	300	6720		GFL 081
						BJS800-1.6-180-6/19-6			6250		
				ϕ25	146.1	AJS800-1.6-145-6/25-6	200	300	6780		
						BJS800-1.6-145-6/25-6			6300		
	2.5	6	2	ϕ19	213.5	AJS800-2.5-215-6/19-2	200	300	7560	3610	GFL 082
						BJS800-2.5-215-6/19-2			6990		
				ϕ25	168.5	AJS800-2.5-170-6/25-2	200	300	7570		
						BJS800-2.5-170-6/25-2			7000		
			4	ϕ19	205.8	AJS800-2.5-205-6/19-4	200	300	7500		GFL 083
						BJS800-2.5-205-6/19-4			6920		
				ϕ25	162.1	AJS800-2.5-160-6/25-4	200	300	7500		
						BJS800-2.5-160-6/25-4			6940		
			6	ϕ19	181.3	AJS800-2.5-180-6/19-6	200	300	7250		GFL 084
						BJS800-2.5-180-6/19-6			6670		
				ϕ25	145.5	AJS800-2.5-145-6/25-6	200	300	7280		
						BJS800-2.5-145-6/25-6			6720		
	4.0	6	2	ϕ19	211.9	AJS800-4.0-210-6/19-2	200	300	9060	3660	GFL 085
						BJS800-4.0-210-6/19-2			8330		
				ϕ25	167.3	AJS800-4.0-165-6/25-2	200	300	9070		
						BJS800-4.0-165-6/25-2			8340		
			4	ϕ19	204.2	AJS800-4.0-205-6/19-4	200	300	9010		GFL 086
						BJS800-4.0-205-6/19-4			8280		
				ϕ25	160.9	AJS800-4.0-160-6/25-4	200	300	9010		
						BJS800-4.0-160-6/25-4			8290		
			6	ϕ19	179.9	AJS800-4.0-180-6/19-6	200	300	8740		GFL 087
						BJS800-4.0-180-6/19-6			8040		
				ϕ25	144.4	AJS800-4.0-145-6/25-6	200	300	8790		
						BJS800-4.0-145-6/25-6			8090		

续表

DN/mm	PN/MPa	管长/m	管程数	换热管规格	计算换热面积/m^2	规格型号	管程出入口公称直径/mm	壳程出入口公称直径/mm	设备净质量/kg	充水质量/kg	施工图号
900	1.0	6	2	ϕ19	281.9	BJS900-1.0-280-6/19-2	200	300	7750	3580	GFL 088
				ϕ25	218.8	BJS900-1.0-220-6/25-2	200	300	7720		
			4	ϕ19	273.4	BJS900-1.0-275-6/19-4	200	300	7690		GFL 089
				ϕ25	211.4	BJS900-1.0-210-6/25-4	200	300	7650		
			6	ϕ19	253.7	BJS900-1.0-255-6/19-6	200	300	7500		GFL 090
				ϕ25	197.5	BJS900-1.0-195-6/25-6	200	300	7490		
	1.6	6	2	ϕ19	280.7	BJS900-1.6-280-6/19-2	200	300	8120	4610	GFL 094
				ϕ25	217.9	BJS900-1.6-215-6/25-2	200	300	8090		
			4	ϕ19	272.3	BJS900-1.6-270-6/19-4	200	300	8060		GFL 095
				ϕ25	210.6	BJS900-1.6-210-6/25-4	200	300	8010		
			6	ϕ19	252.7	BJS900-1.6-250-6/19-6	200	300	7870		GFL 096
				ϕ25	196.7	BJS900-1.6-195-6/25-6	200	300	7860		
	2.5	6	2	ϕ19	279.2	BJS900-2.5-280-6/19-2	200	300	8690	4610	GFL 097
				ϕ25	216.8	BJS900-2.5-215-6/25-2	200	300	8660		
			4	ϕ19	270.8	BJS900-2.5-270-6/19-4	200	300	8630		GFL 098
				ϕ25	209.4	BJS900-2.5-210-6/25-4	200	300	8590		
			6	ϕ19	251.3	BJS900-2.5-250-6/19-6	200	300	8440		GFL 099
				ϕ25	195.6	BJS900-2.5-195-6/25-6	200	300	8440		
	4.0	6	2	ϕ19	277.1	BJS900-4.0-275-6/19-2	200	300	10330	4670	GFL 100
				ϕ25	215.1	BJS900-4.0-215-6/25-2	200	300	10300		
			4	ϕ19	268.8	BJS900-4.0-270-6/19-4	200	300	10270		GFL 101
				ϕ25	207.8	BJS900-4.0-205-6/25-4	200	300	10230		
			6	ϕ19	249.4	BJS900-4.0-250-6/19-6	200	300	10100		GFL 102
				ϕ25	194.2	BJS900-4.0-195-6/25-6	200	300	10090		
1000	1.0	6	2	ϕ19	354.2	BJS1000-1.0-355-6/19-2	250	350	9550	5770	GFL 103
				ϕ25	280.8	BJS1000-1.0-280-6/25-2	250	350	9590		
			4	ϕ19	345.1	BJS1000-1.0-345-6/19-4	250	350	9490		GFL 104
				ϕ25	272.4	BJS1000-1.0-270-6/25-4	250	350	9500		
			6	ϕ19	314.1	BJS1000-1.0-315-6/19-6	250	350	9170		GFL 105
				ϕ25	261.1	BJS1000-1.0-260-6/25-6	250	350	9410		
	1.6	6	2	ϕ19	352.6	BJS1000-1.6-350-6/19-2	250	350	10030	5780	GFL 108
				ϕ25	279.4	BJS1000-1.6-280-6/25-2	250	350	10070		
			4	ϕ19	348.4	BJS1000-1.6-350-6/19-4	250	350	9970		GFL 109
				ϕ25	271.1	BJS1000-1.6-270-6/25-4	250	350	9990		
			6	ϕ19	312.6	BJS1000-1.6-310-6/19-6	250	350	9660		GFL 110
				ϕ25	260.1	BJS1000-1.6-260-6/25-6	250	350	9900		

续表

DN/mm	PN/MPa	管长/m	管程数	换热管规格	计算换热面积/m^2	规格型号	管程出入口公称直径/mm	壳程出入口公称直径/mm	设备净质量/kg	充水质量/kg	施工图号
1000	2.5	6	2	ϕ19	350.6	BJS1000-2.5-350-6/19-2	250	350	10800	5820	GFL 111
				ϕ25	277.9	BJS1000-2.5-275-6/25-2	250	350	10830		
			4	ϕ19	341.6	BJS1000-2.5-340-6/19-4	250	350	10730		GFL 112
				ϕ25	269.7	BJS1000-2.5-270-6/25-4	250	350	10750		
			6	ϕ19	311.0	BJS1000-2.5-310-6/19-6	250	350	10440		GFL 113
				ϕ25	258.7	BJS1000-2.5-260-6/25-6	250	350	10680		
	4.0	6	2	ϕ19	348.1	BJS1000-4.0-350-6/19-2	250	350	13320	5930	GFL 114
				ϕ25	275.8	BJS1000-4.0-275-6/25-2	250	350	13350		
			4	ϕ19	339.1	BJS1000-4.0-340-6/19-4	250	350	13240		GFL 115
				ϕ25	267.6	BJS1000-4.0-265-6/25-4	250	350	13250		
			6	ϕ19	308.6	BJS1000-4.0-310-6/19-6	250	350	12970		GFL 116
				ϕ25	256.7	BJS1000-4.0-255-6/25-6	250	350	13220		
1100	1.0	6	2	ϕ19	436.0	BJS1100-1.0-435-6/19-2	250	350	11750	7030	GFL 117
				ϕ25	340.5	BJS1100-1.0-340-6/25-2	250	350	11670		
			4	ϕ19	426.2	BJS1100-1.0-425-6/19-4	250	350	11760		GFL 118
				ϕ25	331.3	BJS1100-1.0-330-6/25-4	250	350	11580		
			6	ϕ19	393.8	BJS1100-1.0-395-6/19-6	250	350	11360		GFL 119
				ϕ25	320.2	BJS1100-1.0-320-6/25-6	250	350	11510		
	1.6	6	2	ϕ19	434.4	BJS1100-1.6-435-6/19-2	250	350	11940	7050	GFL 120
				ϕ25	339.2	BJS1100-1.6-340-6/25-2	250	350	11860		
			4	ϕ19	424.5	BJS1100-1.6-425-6/19-4	250	350	11870		GFL 121
				ϕ25	329.9	BJS1100-1.6-330-6/25-4	250	350	11770		
			6	ϕ19	392.2	BJS1100-1.6-390-6/19-6	250	350	11560		GFL 122
				ϕ25	318.9	BJS1100-1.6-320-6/25-6	250	350	11690		
	2.5	6	2	ϕ19	431.3	BJS1100-2.5-430-6/19-2	250	350	13230	7100	GFL 123
				ϕ25	336.8	BJS1100-2.5-335-6/25-2	250	350	13140		
			4	ϕ19	421.2	BJS1100-2.5-420-6/19-4	250	350	13170		GFL 124
				ϕ25	327.7	BJS1100-2.5-325-6/25-4	250	350	13060		
			6	ϕ19	389.6	BJS1100-2.5-390-6/19-6	250	350	12870		GFL 125
				ϕ25	316.7	BJS1100-2.5-315-6/25-6	250	350	13000		
	4.0	6	2	ϕ19	427.6	BJS1100-4.0-425-6/19-2	250	350	16460	7250	GFL 126
				ϕ25	334.1	BJS1100-4.0-335-6/25-2	250	350	16370		
			4	ϕ19	417.9	BJS1100-4.0-415-6/19-4	250	350	16410		GFL 127
				ϕ25	324.9	BJS1100-4.0-325-6/25-4	250	350	16300		
			6	ϕ19	386.2	BJS1100-4.0-385-6/19-6	250	350	16120		GFL 128
				ϕ25	314.1	BJS1100-4.0-315-6/25-6	250	350	16250		

续表

DN/mm	PN/MPa	管长/m	管程数	换热管规格	计算换热面积/m^2	规格型号	管程出入口公称直径/mm	壳程出入口公称直径/mm	设备净质量/kg	充水质量/kg	施工图号
1200	1.0	6	2	ϕ19	510.2	BJS1200-1.0-510-6/19-2	300	350	13440	8470	GFL 129
				ϕ25	406.6	BJS1200-1.0-405-6/25-2	300	350	13540		
			4	ϕ19	500.4	BJS1200-1.0-500-6/19-4	300	350	13470		GFL 130
				ϕ25	397.6	BJS1200-1.0-395-6/25-4	300	350	13470		
			6	ϕ19	473.7	BJS1200-1.0-475-6/19-6	300	350	13290		GFL 131
				ϕ25	382.8	BJS1200-1.0-380-6/25-6	300	350	13360		
	1.6	6	2	ϕ19	507.8	BJS1200-1.6-505-6/19-2	300	350	14270	8500	GFL 132
				ϕ25	405.1	BJS1200-1.6-405-6/25-2	300	350	14310		
			4	ϕ19	498.1	BJS1200-1.6-500-6/19-4	300	350	14240		GFL 133
				ϕ25	395.7	BJS1200-1.6-395-6/25-4	300	350	14260		
			6	ϕ19	471.4	BJS1200-1.6-470-6/19-6	300	350	14010		GFL 134
				ϕ25	381.1	BJS1200-1.6-380-6/25-6	300	350	14130		
	2.5	6	2	ϕ19	504.3	BJS1200-2.5-505-6/19-2	300	350	15440	8600	GFL 135
				ϕ25	402.1	BJS1200-2.5-400-6/25-2	300	350	15420		
			4	ϕ19	494.2	BJS1200-2.5-495-6/19-4	300	350	15370		GFL 136
				ϕ25	393.1	BJS1200-2.5-395-6/25-4	300	350	15380		
			6	ϕ19	468.2	BJS1200-2.5-470-6/19-6	300	350	15150		GFL 137
				ϕ25	378.4	BJS1200-2.5-380-6/25-6	300	350	15260		
	4.0	6	2	ϕ19	499.1	BJS1200-4.0-500-6/19-2	300	350	19470	8850	GFL 138
				ϕ25	398.1	BJS1200-4.0-400-6/25-2	300	350	19490		
			4	ϕ19	489.5	BJS1200-4.0-490-6/19-4	300	350	19460		GFL 139
				ϕ25	389.1	BJS1200-4.0-390-6/25-4	300	350	19460		
			6	ϕ19	463.4	BJS1200-4.0-465-6/19-6	300	350	19260		GFL 140
				ϕ25	374.5	BJS1200-4.0-375-6/25-6	300	350	19360		
1300	1.0	6	4	ϕ19	597.2	BJS1300-1.0-595-6/19-4	300	400	15870	10000	GFL 141
				ϕ25	473.2	BJS1300-1.0-475-6/25-4	300	400	15890		
			6	ϕ19	567.5	BJS1300-1.0-565-6/19-6	300	400	15640		GFL 142
				ϕ25	449.1	BJS1300-1.0-450-6/25-6	300	400	15650		
	1.6	6	4	ϕ19	593.7	BJS1300-1.6-595-6/19-4	300	400	16790	10040	GFL 143
				ϕ25	470.6	BJS1300-1.6-470-6/25-4	300	400	16810		
			6	ϕ19	564.4	BJS1300-1.6-565-6/19-6	300	400	16570		GFL 144
				ϕ25	446.7	BJS1300-1.6-445-6/25-6	300	400	16580		

续表

DN/mm	PN/MPa	管长/m	管程数	换热管规格	计算换热面积/m^2	规格型号	管程出入口公称直径/mm	壳程出入口公称直径/mm	设备净质量/kg	充水质量/kg	施工图号
1300	2.5	6	4	ϕ19	589.3	BJS1300-2.5-590-6/19-4	300	400	18640	10180	GFL 145
				ϕ25	467.1	BJS1300-2.5-465-6/25-4	300	400	18650		
			6	ϕ19	560.2	BJS1300-2.5-560-6/19-6	300	400	18430		GFL 146
				ϕ25	443.3	BJS1300-2.5-445-6/25-6	300	400	18430		
1400	1.0	6	4	ϕ19	692.2	BJS1400-1.0-690-6/19-4	350	400	18090	11830	GFL 147
				ϕ25	550.5	BJS1400-1.0-550-6/25-4	350	400	18130		
			6	ϕ19	663.3	BJS1400-1.0-665-6/19-6	350	400	17900		GFL 148
				ϕ25	521.8	BJS1400-1.0-520-6/25-6	350	400	17840		
	1.6	6	4	ϕ19	687.9	BJS1400-1.6-685-6/19-4	350	400	19460	11890	GFL 149
				ϕ25	547.2	BJS1400-1.6-545-6/25-4	350	400	19490		
			6	ϕ19	659.2	BJS1400-1.6-660-6/19-6	350	400	19230		GFL 150
				ϕ25	518.7	BJS1400-1.6-520-6/25-6	350	400	19200		
	2.5	6	4	ϕ19	682.6	BJS1400-2.5-680-6/19-4	350	400	21400	12020	GFL 151
				ϕ25	542.9	BJS1400-2.5-540-6/25-4	350	400	21420		
			6	ϕ19	654.2	BJS1400-2.5-655-6/19-6	350	400	21120		GFL 152
				ϕ25	514.7	BJS1400-2.5-515-6/25-6	350	400	21150		
1500	1.0	6	4	ϕ19	807.4	BJS1500-1.0-805-6/19-4	350	400	20740	13690	GFL 153
				ϕ25	645.5	BJS1500-1.0-645-6/25-4	350	400	20890		
			6	ϕ19	789.2	BJS1500-1.0-790-6/19-6	350	400	20710		GFL 154
				ϕ25	614.2	BJS1500-1.0-615-6/25-6	350	400	20570		
	1.6	6	4	ϕ19	801.9	BJS1500-1.6-800-6/19-4	350	400	22840	13730	GFL 155
				ϕ25	641.2	BJS1500-1.6-640-6/25-4	350	400	22970		
			6	ϕ19	783.8	BJS1500-1.6-785-6/19-6	350	400	22820		GFL 156
				ϕ25	610.1	BJS1500-1.6-610-6/25-6	350	400	22670		
	2.5	6	4	ϕ19	795.9	BJS1500-2.5-795-6/19-4	350	400	24760	13900	GFL 157
				ϕ25	636.3	BJS1500-2.5-635-6/25-4	350	400	24880		
			6	ϕ19	777.9	BJS1500-2.5-775-6/19-6	350	400	24750		GFL 158
				ϕ25	605.4	BJS1500-2.5-605-6/25-6	350	400	24590		
1600	1.0	6	4	ϕ19	921.1	BJS1600-1.0-920-6/19-4	400	450	24220	15920	GFL 159
				ϕ25	733.1	BJS1600-1.0-735-6/25-4	400	450	24260		
			6	ϕ19	881.5	BJS1600-1.0-880-6/19-6	400	450	23930		GFL 160
				ϕ25	699.1	BJS1600-1.0-700-6/25-6	400	450	23930		

续表

DN/mm	*PN*/MPa	管长/m	管程数	换热管规格	计算换热面积/m^2	规格型号	管程出入口公称直径/mm	壳程出入口公称直径/mm	设备净质量/kg	充水质量/kg	施工图号
1600	1.6	6	4	ϕ19	914.8	BJS1600-1.6-915-6/19-4	400	450	25760	15970	GFL 161
				ϕ25	728.1	BJS1600-1.6-730-6/25-4	400	450	25890		
			6	ϕ19	875.9	BJS1600-1.6-875-6/19-6	400	450	25570		GFL 162
				ϕ25	694.2	BJS1600-1.6-695-6/25-6	400	450	25550		
	2.5	6	4	ϕ19	907.6	BJS1600-2.5-905-6/19-4	400	450	29280	16290	GFL 163
				ϕ25	722.3	BJS1600-2.5-720-6/25-4	400	450	29290		
			6	ϕ19	869.0	BJS1600-2.5-870-6/19-6	400	450	29010		GFL 164
				ϕ25	688.8	BJS1600-2.5-690-6/25-6	400	450	28980		
1700	1.0	6	4	ϕ19	1053.4	BJS1700-1.0-1055-6/19-4	400	450	27230	18090	GFL 165
				ϕ25	854.1	BJS1700-1.0-855-6/25-4	400	450	27490		
			6	ϕ19	991.1	BJS1700-1.0-990-6/19-6	400	450	26650		GFL 166
				ϕ25	833.8	BJS1700-1.0-835-6/25-6	400	450	27400		
	1.6	6	4	ϕ19	1046.2	BJS1700-1.6-1045-6/19-4	400	450	29170	18180	GFL 167
				ϕ25	848.2	BJS1700-1.6-850-6/25-4	400	450	29410		
			6	ϕ19	984.4	BJS1700-1.6-985-6/19-6	400	450	28170		GFL 168
				ϕ25	828.1	BJS1700-1.6-830-6/25-6	400	450	28900		
	2.5	6	4	ϕ19	1036.1	BJS1700-2.5-1035-6/19-4	400	450	33950	18680	GFL 169
				ϕ25	840.1	BJS1700-2.5-840-6/25-4	400	450	34170		
			6	ϕ19	974.9	BJS1700-2.5-975-6/19-6	400	450	33440		GFL 170
				ϕ25	820.2	BJS1700-2.5-820-6/25-6	400	450	34120		
1800	1.0	6	4	ϕ19	1181.9	BJS1800-1.0-1180-6/19-4	450	450	30630	20690	GFL 171
				ϕ25	944.8	BJS1800-1.0-945-6/25-4	450	450	30690		
			6	ϕ19	1096.6	BJS1800-1.0-1095-6/19-6	450	450	29770		GFL 172
				ϕ25	912.6	BJS1800-1.0-910-6/25-6	450	450	30440		
	1.6	6	4	ϕ19	1173.0	BJS1800-1.6-1175-6/19-4	450	450	33420	20780	GFL 173
				ϕ25	937.7	BJS1800-1.6-935-6/25-4	450	450	33480		
			6	ϕ19	1088.4	BJS1800-1.6-1090-6/19-6	450	450	32590		GFL 174
				ϕ25	905.8	BJS1800-1.6-905-6/25-6	450	450	33220		
	2.5	6	4	ϕ19	1161.3	BJS1800-2.5-1160-6/19-4	450	450	37980	21390	GFL 175
				ϕ25	928.4	BJS1800-2.5-930-6/25-4	450	450	37990		
			6	ϕ19	1077.5	BJS1800-2.5-1075-6/19-6	450	450	37180		GFL 176
				ϕ25	896.7	BJS1800-2.5-895-6/25-6	450	450	37770		

附表 4-3 常用 BEM 型固定管板式换热器规格型号(JB/T 4715—92)

公称直径/mm	型 号 规 格	管程出入口公称直径/mm	壳程出入口公称直径/mm	设备质量/kg	最大质量/kg
325	BEM325-1.6-17-3/19-1	80	80	1310	1660
	BEM325-1.6-13-3/25-1	80	80	1318	1668
	BEM325-1.6-15-3/19-2	80	80	1290	1680
	BEM325-1.6-13-3/25-2	80	80	1308	1698
	BEM325-1.6-6-3/38-1	80	80	350	565
	BEM325-1.6-9-3/38-1	80	80	530	880
400	BEM400-1.6-30-3/19-1	100	100	1790	2240
	BEM400-1.6-22-3/25-1	100	100	1798	2248
	BEM400-1.6-28-3/19-2	100	100	1529	1979
	BEM400-1.6-21-3/25-2	100	100	1536	1986
500	BEM500-1.6-48-3/19-1	100	100	1910	2650
	BEM500-1.6-40-3/25-1	100	100	1914	2654
	BEM500-1.6-44-3/19-2	100	100	1899	2639
	BEM500-1.6-37-3/25-2	100	100	1906	2646
	BEM500-1.6-38-3/19-4	100	100	1890	2630
	BEM500-1.6-33-3/25-4	100	100	1899	2639
	BEM500-1.6-97-6/19-1	100	100	2889	4209
	BEM500-1.6-81-6/25-1	100	100	2997	4317
	BEM500-1.6-90-6/19-2	100	100	2859	4179
	BEM500-1.6-76-6/25-2	100	100	2865	4185
	BEM500-1.6-78-6/19-4	100	100	2835	4155
	BEM500-1.6-67-6/25-4	100	100	2844	4164
600	BEM600-1.6-74-3/19-1	150	150	2830	3950
	BEM600-1.6-56-3/25-1	150	150	2834	3954
	BEM600-1.6-72-3/19-2	150	150	2799	3919
	BEM600-1.6-53-3/25-2	150	150	2809	3929
	BEM600-1.6-64-3/19-4	150	150	2761	3881
	BEM600-1.6-51-3/25-4	150	150	2769	3889
	BEM600-1.6-151-6/19-1	150	150	4053	5973
	BEM600-1.6-114-6/25-1	150	150	4061	5981
	BEM600-1.6-147-6/19-2	150	150	4013	5933
	BEM600-1.6-108-6/25-2	150	150	4022	5942
	BEM600-1.6-130-6/19-4	150	150	3963	5883
	BEM600-1.6-103-6/25-4	150	150	3970	5890
	BEM600-1.6-75-6/38-2	150	150	3298	5230

续表

公称直径/mm	型号规格	管程出入口公称直径/mm	壳程出入口公称直径/mm	设备质量/kg	最大质量/kg
800	BEM800-1.6-138-3/19-1	150	150	5290	7850
	BEM800-1.6-106-3/25-1	150	150	5299	7859
	BEM800-1.6-134-3/19-2	150	150	5260	7820
	BEM800-1.6-102-3/25-2	150	150	5273	7833
	BEM800-1.6-125-3/19-4	150	150	5225	7785
	BEM800-1.6-101-3/25-4	150	150	5237	7797
	BEM800-1.6-281-6/19-1	150	150	7390	10880
	BEM800-1.6-216-6/25-1	150	150	7399	10889
	BEM800-1.6-273-6/19-2	150	150	7360	10850
	BEM800-1.6-209-6/25-2	150	150	7371	10861
	BEM800-1.6-254-6/19-4	150	150	7320	10810
	BEM800-1.6-205-6/25-4	150	150	7329	10819
1000	BEM1000-1.6-219-3/19-1	200	200	8850	13350
	BEM1000-1.6-171-3/25-1	200	200	8852	13352
	BEM1000-1.6-214-3/19-2	200	200	8820	13320
	BEM1000-1.6-169-3/25-2	200	200	8831	13331
	BEM1000-1.6-205-3/19-4	200	200	8790	13290
	BEM1000-1.6-162-3/25-4	200	200	8799	13299
	BEM1000-1.6-446-6/19-1	200	200	10120	15900
	BEM1000-1.6-374-6/25-1	200	200	10135	15915
1100	BEM1000-1.6-435-6/19-2	200	200	10020	15800
	BEM1000-1.6-344-6/25-2	200	200	10031	15811
	BEM1000-1.6-418-6/19-4	200	200	9998	15778
	BEM1000-1.6-329-6/25-4	200	200	10008	15788
	BEM1000-1.6-300-6/25-2	200	200	6288	11438
1200	BEM1200-1.6-647-6/19-1	200	200	13440	21740
	BEM1200-1.6-516-6/25-1	200	200	13452	21752
	BEM1200-1.6-640-6/19-2	200	200	13340	21640
	BEM1200-1.6-510-6/25-2	200	200	13351	21651
	BEM1200-1.6-610-6/19-4	200	200	13210	21510
	BEM1200-1.6-487-6/25-4	200	200	13225	21525
	BEM1200-1.6-976-9/19-1	200	200	19610	31400
	BEM1200-1.6-779-9/25-1	200	200	19630	31420
	BEM1200-1.6-965-9/19-2	200	200	19310	31100
	BEM1200-1.6-770-9/25-2	200	200	19510	31300
	BEM1200-1.6-920-9/19-4	200	200	19110	30900
	BEM1200-1.6-735-9/25-4	200	200	19330	31120

续表

公称直径/mm	型号规格	管程出入口公称直径/mm	壳程出入口公称直径/mm	设备质量/kg	最大质量/kg
1400	BEM1400-1.6-901-6/19-1	250	250	19210	31000
	BEM1400-1.6-717-6/25-1	250	250	19220	31010
	BEM1400-1.6-881-6/19-2	250	250	19170	30960
	BEM1400-1.6-699-6/25-2	250	250	19180	30970
	BEM1400-1.6-847-6/19-4	250	250	19110	30900
	BEM1400-1.6-673-6/25-4	250	250	19120	30910
	BEM1400-1.6-1358-9/19-1	250	250	26290	42390
	BEM1400-1.6-1018-9/25-1	250	250	26300	42400
	BEM1400-1.6-1329-9/19-2	250	250	25990	42090
	BEM1400-1.6-1055-9/25-2	250	250	26010	42110
	BEM1400-1.6-1277-9/19-4	250	250	25690	41790
	BEM1400-1.6-1016-9/25-4	250	250	25710	41810
1600	BEM1600-1.6-1176-6/19-1	300	300	26350	42110
	BEM1600-1.6-937-6/25-1	300	300	26380	42140
	BEM1600-1.6-1156-6/19-2	300	300	26150	41910
	BEM1600-1.6-918-6/25-2	300	300	26170	41930
	BEM1600-1.6-1119-6/19-4	300	300	25950	41720
	BEM1600-1.6-880-6/25-4	300	300	25970	41740
	BEM1600-1.6-1774-9/19-1	300	300	37100	59090
	BEM1600-1.6-1413-9/25-1	300	300	37125	59115
	BEM1600-1.6-1744-9/19-2	300	300	36950	58940
	BEM1600-1.6-1385-9/25-2	300	300	36970	58960
	BEM1600-1.6-1678-9/19-4	300	300	36650	58640
	BEM1600-1.6-1327-9/25-4	300	300	36690	58680
1800	BEM1800-1.6-1149-6/19-1	300	300	35998	565780
	BEM1800-1.6-1185-6/25-1	300	300	36018	56598
	BEM1800-1.6-1474-6/19-2	300	300	35601	56181
	BEM1800-1.6-1163-6/25-2	300	300	35619	56199
	BEM1800-1.6-1433-6/19-4	300	300	35300	55880
	BEM1800-1.6-1133-6/25-4	300	300	35330	55910
	BEM1800-1.6-2256-9/19-1	300	300	42770	71080
	BEM1800-1.6-1788-9/19-1	300	300	42790	71100
	BEM1800-1.6-2224-9/19-2	300	300	42667	70977
	BEM1800-1.6-1725-9/25-2	300	300	42617	70989
	BEM1800-1.6-2162-9/19-4	300	300	42567	70877
	BEM1800-1.6-1693-9/25-4	300	300	42584	70894

续表

公称直径/mm	型号规格	管程出入口公称直径/mm	壳程出入口公称直径/mm	设备质量/kg	最大质量/kg
400	BEM400-2.5-30-3/19-1	100	100	1790	2240
	BEM400-2.5-22-3/25-1	100	100	1798	2248
	BEM400-2.5-28-3/19-2	100	100	1529	1979
	BEM400-2.5-21-3/25-2	100	100	1536	1986
500	BEM500-2.5-48-3/19-1	100	100	1910	2650
	BEM500-2.5-40-3/25-1	100	100	1914	2654
	BEM500-2.5-44-3/19-2	100	100	1899	2639
	BEM500-2.5-37-3/25-2	100	100	1906	2646
	BEM500-2.5-38-3/19-4	100	100	1890	2630
	BEM500-2.5-33-3/25-4	100	100	1899	2639
	BEM500-2.5-97-6/19-1	100	100	2889	4209
	BEM500-2.5-81-6/25-1	100	100	2997	4317
	BEM500-2.5-90-6/19-2	100	100	2859	4179
	BEM500-2.5-76-6/25-2	100	100	2865	4185
	BEM500-2.5-78-6/19-4	100	100	2835	4155
	BEM500-2.5-67-6/25-4	100	100	2844	4164
600	BEM600-2.5-74-3/19-1	150	150	2830	3950
	BEM600-2.5-56-3/25-1	150	150	2843	3954
	BEM600-2.5-72-3/19-2	150	150	2799	3919
	BEM600-2.5-53-3/25-2	150	150	2809	3929
	BEM600-2.5-64-3/19-4	150	150	2761	3881
	BEM600-2.5-51-3/25-4	150	150	2769	3889
	BEM600-2.5-151-6/19-1	150	150	4053	5973
	BEM600-2.5-114-6/25-1	150	150	4061	5981
	BEM600-2.5-147-6/19-2	150	150	4013	5933
	BEM600-2.5-108-6/25-2	150	150	4022	5942
	BEM600-2.5-130-6/19-4	150	150	3963	5883
	BEM600-2.5-103-6/25-4	150	150	3970	5890
	BEM600-2.5-80-6/25-1	250	250	2228	2348
	BEM600-2.5-75-6/38-2	150	150	3298	5230
800	BEM800-2.5-138-3/19-1	150	150	5290	7850
	BEM800-2.5-106-3/25-1	150	150	5299	7859
	BEM800-2.5-134-3/19-2	150	150	5260	7820
	BEM800-2.5-102-3/25-2	150	150	5273	7833
	BEM800-2.5-125-3/19-4	150	150	5225	7785

续表

公称直径/mm	型 号 规 格	管程出入口公称直径/mm	壳程出入口公称直径/mm	设备质量/kg	最大质量/kg
800	BEM800-2. 5-101-3/25-4	150	150	5237	7797
	BEM800-2. 5-281-6/19-1	150	150	7390	10880
	BEM800-2. 5-216-6/25-1	150	150	7399	10889
	BEM800-2. 5-273-6/19-2	150	150	7360	10850
	BEM800-2. 5-209-6/25-2	150	150	7371	10861
	BEM800-2. 5-254-6/19-4	150	150	7320	10810
	BEM800-2. 5-205-6/25-4	150	150	7329	10819
1000	BEM1000-2. 5-219-3/19-1	200	200	8850	13350
	BEM1000-2. 5-171-3/25-1	200	200	8852	13352
	BEM600-2. 5-214-3/19-2	200	200	8820	13320
	BEM600-2. 5-169-3/25-2	200	200	8831	13331
	BEM1000-2. 5-205-3/19-4	200	200	8790	13290
	BEM1000-2. 5-162-3/25-4	200	200	8799	13299
	BEM1000-2. 5-446-6/19-1	200	200	10120	15900
	BEM1000-2. 5-374-6/25-1	200	200	10135	15915
	BEM1000-2. 5-435-6/19-2	200	200	10020	15800
	BEM1000-2. 5-344-6/25-2	200	200	10031	15811
	BEM1000-2. 5-418-6/19-4	200	200	9998	15778
	BEM1000-2. 5-329-6/25-4	200	200	10008	15788
	BEM1000-2. 5-300-6/25-2	200	200	6288	11438
1200	BEM1200-2. 5-647-6/19-1	200	200	13440	21740
	BEM1200-2. 5-516-6/25-1	200	200	13452	21752
	BEM1200-2. 5-640-6/19-2	200	200	13340	21640
	BEM1200-2. 5-510-6/25-2	200	200	13351	21651
	BEM1200-2. 5-610-6/19-4	200	200	13210	21510
	BEM1200-2. 5-487-6/25-4	200	200	13225	21525
	BEM1200-2. 5-976-9/19-1	200	200	19610	31400
	BEM1200-2. 5-779-9/25-1	200	200	19630	31420
	BEM1200-2. 5-965-9/19-2	200	200	19310	31100
	BEM1200-2. 5-770-9/25-2	200	200	19510	31300
	BEM1200-2. 5-920-9/19-4	200	200	19110	30900
	BEM1200-2. 5-735-9/25-4	200	200	19330	31120

续表

公称直径/mm	型号规格	管程出入口公称直径/mm	壳程出入口公称直径/mm	设备质量/kg	最大质量/kg
1400	BEM1400-2.5-901-6/19-1	250	250	19210	31000
	BEM1400-2.5-717-6/25-1	250	250	19220	31010
	BEM1400-2.5-881-6/19-2	250	250	19170	30960
	BEM1400-2.5-699-6/25-2	250	250	19180	30970
	BEM1400-2.5-847-6/19-4	250	250	19110	30900
	BEM1400-2.5-673-6/25-4	250	250	19120	30910
	BEM1400-2.5-1358-9/19-1	250	250	26290	42390
	BEM1400-2.5-1018-9/25-1	250	250	26300	42400
	BEM1400-2.5-1329-9/19-1	250	250	25990	42090
	BEM1400-2.5-1055-9/25-2	250	250	26010	42110
	BEM1400-2.5-1277-9/19-4	250	250	25690	41790
	BEM1400-2.5-1016-9/25-4	250	250	25710	41810
1600	BEM1600-2.5-1176-6/19-1	300	300	26350	42110
	BEM1600-2.5-937-6/25-1	300	300	26380	42140
	BEM1600-2.5-1156-9/19-2	300	300	26150	41910
	BEM1600-2.5-918-6/25-2	300	300	26170	41930
	BEM1600-2.5-1119-6/19-4	300	300	25950	41720
	BEM1600-2.5-880-6/25-4	300	300	25970	41740
	BEM1600-2.5-1774-9/19-1	300	300	37100	59090
	BEM1600-2.5-1413-9/25-1	300	300	37125	59115
	BEM1600-2.5-1744-9/19-2	300	300	36950	58940
	BEM1600-2.5-1385-9/25-2	300	300	36970	58960
	BEM1600-2.5-1687-9/19-4	300	300	36650	58640
	BEM1600-2.5-1327-9/25-4	300	300	36690	58680
1800	BEM1800-2.5-1496-6/19-1	300	300	35998	565780
	BEM1800-2.5-1185-6/25-1	300	300	36018	56598
	BEM1800-2.5-1474-6/25-2	300	300	35601	56181
	BEM1800-2.5-1163-6/25-2	300	300	35619	56199
	BEM1800-2.5-1433-6/19-4	300	300	35300	55880
	BEM1800-2.5-1123-6/25-4	300	300	35330	55910
	BEM1800-2.5-2256-9/19-1	300	300	42770	71080
	BEM1800-2.5-1788-9/25-1	300	300	42790	71100
	BEM1800-2.5-2224-9/19-2	300	300	42667	70977
	BEM1800-2.5-1725-9/25-2	300	300	42617	70989
	BEM1800-2.5-2162-9/19-4	300	300	42567	70877
	BEM1800-2.5-1693-9/25-4	300	300	42584	70894

附表 4-4　常用 U 形管式冷凝器规格及施工图号（JB/T 4717—92）

DN/mm	壳程压力/MPa	管程压力/MPa	管长/m	管程数	换热管规格	计算换热面积/m^2	规格型号	管程出入口公称直径/mm	壳程出入口公称直径/mm	设备净质量/kg	充水质量/kg	施工图号
325	4.0	4.0	6	2	φ19	27.0	BIU325-4.0/4.0-25-6/19-2$\frac{\mathrm{I}}{\mathrm{II}}$	100	100	1390	500	GY003-1
					φ25	12.1	BIU325-4.0/4.0-10-6/25-2$\frac{\mathrm{I}}{\mathrm{II}}$	100	100	1270		GY003-2
	6.4	6.4	6	2	φ19	26.9	BIU325-6.4/6.4-25-6/19-2$\frac{\mathrm{I}}{\mathrm{II}}$	100	100	1550		GY004-1
					φ25	12.1	BIU325-6.4/6.4-10-6/25-2$\frac{\mathrm{I}}{\mathrm{II}}$	100	100	1420		GY004-2
	4.0	4.0	6	4	φ19	21.3	BIU325-4.0/4.0-20-6/19-4$\frac{\mathrm{I}}{\mathrm{II}}$	100	100	1350		GY007-1
					φ25	11.2	BIU325-4.0/4.0-10-6/25-4$\frac{\mathrm{I}}{\mathrm{II}}$	100	100	1300		GY007-2
	6.4	6.4	6	4	φ19	21.2	BIU325-6.4/6.4-20-6/19-4$\frac{\mathrm{I}}{\mathrm{II}}$	100	100	1500		GY008-1
					φ25	11.2	BIU325-6.4/6.4-10-6/25-4$\frac{\mathrm{I}}{\mathrm{II}}$	100	100	1420		GY008-2
400	4.0	4.0	6	2	φ19	54.5	BIU400-4.0/4.0-55-6/19-2$\frac{\mathrm{I}}{\mathrm{II}}$	100	100	2010	890	GY011-1
					φ25	29.8	BIU400-4.0/4.0-30-6/25-2$\frac{\mathrm{I}}{\mathrm{II}}$	100	100	1810		GY011-2
	6.4	6.4	6	2	φ19	54.4	BIU400-6.4/6.4-55-6/19-2$\frac{\mathrm{I}}{\mathrm{II}}$	100	100	2250		GY012-1
					φ25	29.7	BIU400-6.4/6.4-30-6/25-2$\frac{\mathrm{I}}{\mathrm{II}}$	100	100	2050		GY012-2
	4.0	4.0	6	4	φ19	48.2	BIU400-4.0/4.0-50-6/19-4$\frac{\mathrm{I}}{\mathrm{II}}$	100	100	1960		GY015-1
					φ25	26.1	BIU400-4.0/4.0-25-6/25-4$\frac{\mathrm{I}}{\mathrm{II}}$	100	100	1800		GY015-2
	6.4	6.4	6	4	φ19	48.0	BIU400-6.4/6.4-50-6/19-4$\frac{\mathrm{I}}{\mathrm{II}}$	100	100	2200		GY016-1
					φ25	26.0	BIU400-6.4/6.4-25-6/25-4$\frac{\mathrm{I}}{\mathrm{II}}$	100	100	2040		GY016-2
500	2.5	2.5	6	2	φ19	90.7	BIU500-2.5/2.5-90-6/19-2$\frac{\mathrm{I}}{\mathrm{II}}$	150	150	2920	1470	GY020-1
					φ25	53.1	BIU500-2.5/2.5-55-6/25-2$\frac{\mathrm{I}}{\mathrm{II}}$	150	150	2820		GY020-2
	4.0	4.0	6	2	φ19	90.5	BIU500-4.0/4.0-90-6/19-2$\frac{\mathrm{I}}{\mathrm{II}}$	150	150	3010		GY021-1
					φ25	53.0	BIU500-4.0/4.0-55-6/25-2$\frac{\mathrm{I}}{\mathrm{II}}$	150	150	2710		GY021-2
	6.4	6.4	6	2	φ19	90.1	BIU500-6.4/6.4-90-6/19-2$\frac{\mathrm{I}}{\mathrm{II}}$	150	150	3870		GY022-1
					φ25	52.5	BIU500-6.4/6.4-55-6/25-2$\frac{\mathrm{I}}{\mathrm{II}}$	150	150	3570		GY022-2
	2.5	2.5	6	4	φ19	80.7	BIU500-2.5/2.5-80-6/19-4$\frac{\mathrm{I}}{\mathrm{II}}$	150	150	2840		GY026-1
					φ25	52.5	BIU500-2.5/2.5-50-6/25-4$\frac{\mathrm{I}}{\mathrm{II}}$	150	150	2670		GY026-2
	4.0	4.0	6	4	φ19	80.5	BIU500-4.0/4.0-80-6/19-4$\frac{\mathrm{I}}{\mathrm{II}}$	150	150	2940		GY027-1
					φ25	52.1	BIU500-4.0/4.0-50-6/25-4$\frac{\mathrm{I}}{\mathrm{II}}$	150	150	2760		GY027-2
	6.4	6.4	6	4	φ19	80.2	BIU500-6.4/6.4-80-6/19-4$\frac{\mathrm{I}}{\mathrm{II}}$	150	150	3790		GY028-1
					φ25	51.9	BIU500-6.4/6.4-50-6/25-4$\frac{\mathrm{I}}{\mathrm{II}}$	150	150	3620		GY028-2
600	1.0	1.0	6	2	φ19	141.3	BIU600-1.0/1.0-140-6/19-2$\frac{\mathrm{I}}{\mathrm{II}}$	150	150	3960	2120	GY031-1
					φ25	87.8	BIU600-1.0/1.0-90-6/25-2$\frac{\mathrm{I}}{\mathrm{II}}$	150	150	3570		GY031-2
	1.6	1.6	6	2	φ19	141.0	BIU600-1.6/1.6-140-6/19-2$\frac{\mathrm{I}}{\mathrm{II}}$	150	150	3990		GY032-1
					φ25	87.6	BIU600-1.6/1.6-90-6/25-2$\frac{\mathrm{I}}{\mathrm{II}}$	150	150	3610		GY032-2
	2.5	2.5	6	2	φ19	140.8	BIU600-2.5/2.5-140-6/19-2$\frac{\mathrm{I}}{\mathrm{II}}$	150	150	4030		GY033-1
					φ25	87.4	BIU600-2.5/2.5-90-6/25-2$\frac{\mathrm{I}}{\mathrm{II}}$	150	150	3729		GY033-2

续表

DN/mm	壳程压力/MPa	管程压力/MPa	管长/m	管程数	换热管规格	计算换热面积/m^2	规格型号	管程出入口公称直径/mm	壳程出入口公称直径/mm	设备净质量/kg	充水质量/kg	施工图号
600	4.0	4.0	6	2	ϕ19	140.3	BIU600-4.0/4.0-140-6/19-2$\frac{\mathrm{I}}{\mathrm{II}}$	150	150	4450	2120	GY034-1
					ϕ25	87.2	BIU600-4.0/4.0-85-6/25-2$\frac{\mathrm{I}}{\mathrm{II}}$	150	150	4070		GY034-2
	6.4	6.4	6	2	ϕ19	139.7	BIU600-6.4/6.4-140-6/19-2$\frac{\mathrm{I}}{\mathrm{II}}$	150	150	5550		GY035-1
					ϕ25	86.8	BIU600-6.4/6.4-85-6/25-2$\frac{\mathrm{I}}{\mathrm{II}}$	150	150	5170		GY035-2
	1.0	1.0	6	4	ϕ19	130.6	BIU600-1.0/1.0-130-6/19-4$\frac{\mathrm{I}}{\mathrm{II}}$	150	150	3880		GY038-1
					ϕ25	84.1	BIU600-1.0/1.0-85-6/25-4$\frac{\mathrm{I}}{\mathrm{II}}$	150	150	3570		GY038-2
	1.6	1.6	6	4	ϕ19	130.4	BIU600-1.6/1.6-130-6/19-4$\frac{\mathrm{I}}{\mathrm{II}}$	150	150	3910		GY039-1
					ϕ25	83.9	BIU600-1.6/1.6-85-6/25-4$\frac{\mathrm{I}}{\mathrm{II}}$	150	150	3600		GY039-2
	2.5	2.5	6	4	ϕ19	130.1	BIU600-2.5/2.5-130-6/19-4$\frac{\mathrm{I}}{\mathrm{II}}$	150	150	4030		GY040-1
					ϕ25	83.7	BIU600-2.5/2.5-85-6/25-4$\frac{\mathrm{I}}{\mathrm{II}}$	150	150	3720		GY040-2
	4.0	4.0	6	4	ϕ19	129.7	BIU600-4.0/4.0-130-6/19-4$\frac{\mathrm{I}}{\mathrm{II}}$	150	150	4380		GY041-1
					ϕ25	83.5	BIU600-4.0/4.0-85-6/25-4$\frac{\mathrm{I}}{\mathrm{II}}$	150	150	4070		GY041-2
	6.4	6.4	6	4	ϕ19	129.1	BIU600-6.4/6.4-130-6/19-4$\frac{\mathrm{I}}{\mathrm{II}}$	150	150	5480		GY042-1
					ϕ25	83.1	BIU600-6.4/6.4-85-6/25-4$\frac{\mathrm{I}}{\mathrm{II}}$	150	150	5180		GY042-2
700	1.0	1.0	6	2	ϕ19	195.8	BIU700-1.0/1.0-195-6/19-2$\frac{\mathrm{I}}{\mathrm{II}}$	150	150	5220	2940	GY043-1
					ϕ25	120.4	BIU700-1.0/1.0-120-6/25-2$\frac{\mathrm{I}}{\mathrm{II}}$	150	150	4650		GY043-2
	1.6	1.6	6	2	ϕ19	195.4	BIU700-1.6/1.6-195-6/19-2$\frac{\mathrm{I}}{\mathrm{II}}$	150	150	5290		GY044-1
					ϕ25	120.1	BIU700-1.6/1.6-120-6/25-2$\frac{\mathrm{I}}{\mathrm{II}}$	150	150	4730		GY044-2
	2.5	2.5	6	2	ϕ19	194.8	BIU700-2.5/2.5-195-6/19-2$\frac{\mathrm{I}}{\mathrm{II}}$	150	150	5380		GY045-1
					ϕ25	119.1	BIU700-2.5/2.5-120-6/25-2$\frac{\mathrm{I}}{\mathrm{II}}$	150	150	4820		GY045-2
	4.0	4.0	6	2	ϕ19	194.1	BIU700-4.0/4.0-195-6/19-2$\frac{\mathrm{I}}{\mathrm{II}}$	150	150	6140		GY046-1
					ϕ25	119.4	BIU700-4.0/4.0-120-6/25-2$\frac{\mathrm{I}}{\mathrm{II}}$	150	150	5590		GY046-2
	6.4	6.4	6	2	ϕ19	193.1	BIU600-6.4/6.4-195-6/19-2$\frac{\mathrm{I}}{\mathrm{II}}$	150	150	7560		GY047-1
					ϕ25	118.7	BIU600-6.4/6.4-120-6/25-2$\frac{\mathrm{I}}{\mathrm{II}}$	150	150	7010		GY047-2
	1.0	1.0	6	4	ϕ19	183.0	BIU700-1.0/1.0-180-6/19-4$\frac{\mathrm{I}}{\mathrm{II}}$	150	150	5220		GY048-1
					ϕ25	119.4	BIU700-1.0/1.0-120-6/25-4$\frac{\mathrm{I}}{\mathrm{II}}$	150	150	4740		GY048-2
	1.6	1.6	6	4	ϕ19	182.6	BIU700-1.6/1.6-180-6/19-4$\frac{\mathrm{I}}{\mathrm{II}}$	150	150	5180		GY049-1
					ϕ25	119.2	BIU700-1.6/1.6-120-6/25-4$\frac{\mathrm{I}}{\mathrm{II}}$	150	150	4800		GY049-2
	2.5	2.5	6	4	ϕ19	182.1	BIU700-2.5/2.5-180-6/19-4$\frac{\mathrm{I}}{\mathrm{II}}$	150	150	5280		GY050-1
					ϕ25	118.9	BIU700-2.5/2.5-120-6/25-4$\frac{\mathrm{I}}{\mathrm{II}}$	150	150	4900		GY050-2
	4.0	4.0	6	4	ϕ19	181.4	BIU700-4.0/4.0-180-6/19-4$\frac{\mathrm{I}}{\mathrm{II}}$	150	150	6040		GY051-1
					ϕ25	118.4	BIU700-4.0/4.0-120-6/25-4$\frac{\mathrm{I}}{\mathrm{II}}$	150	150	5660		GY051-2
	6.4	6.4	6	4	ϕ19	180.5	BIU700-6.4/6.4-180-6/19-4$\frac{\mathrm{I}}{\mathrm{II}}$	150	150	7470		GY052-1
					ϕ25	117.8	BIU700-6.4/6.4-120-6/25-4$\frac{\mathrm{I}}{\mathrm{II}}$	150	150	7090		GY052-2

续表

DN/mm	壳程压力/MPa	管程压力/MPa	管长/m	管程数	换热管规格	计算换热面积/m^2	规格型号	管程出入口公称直径/mm	壳程出入口公称直径/mm	设备净质量/kg	充水质量/kg	施工图号
800	1.0	1.0	6	2	φ19	260.0	BIU800-1.0/1.0-260-6/19-2 $\frac{I}{II}$	200	200	7140	3990	GY053-1
					φ25	169.6	BIU800-1.0/1.0-170-6/25-2 $\frac{I}{II}$	200	200	6560		GY053-2
	1.6	1.6	6	2	φ19	259.5	BIU800-1.6/1.6-260-6/19-2 $\frac{I}{II}$	200	200	7270		GY054-1
					φ25	169.2	BIU800-1.6/1.6-170-6/25-2 $\frac{I}{II}$	200	200	6690		GY054-2
	2.5	2.5	6	2	φ19	258.7	BIU800-2.5/2.5-260-6/19-2 $\frac{I}{II}$	200	200	7420		GY055-1
					φ25	168.7	BIU800-2.5/2.5-170-6/25-2 $\frac{I}{II}$	200	200	6840		GY055-2
	4.0	4.0	6	2	φ19	257.7	BIU800-4.0/4.0-260-6/19-2 $\frac{I}{II}$	200	200	8410		GY056-1
					φ25	168.0	BIU800-4.0/4.0-170-6/25-2 $\frac{I}{II}$	200	200	7840		GY056-2
	6.4	6.4	6	2	φ19	256.1	BIU800-6.4/6.4-255-6/19-2 $\frac{I}{II}$	200	200	10450		GY057-1
					φ25	167.1	BIU800-6.4/6.4-165-6/25-2 $\frac{I}{II}$	200	200	9880		GY057-2
	1.0	1.0	6	4	φ19	245.1	BIU800-1.0/1.0-245-6/19-4 $\frac{I}{II}$	200	200	7050		GY058-1
					φ25	164.1	BIU800-1.0/1.0-165-6/25-4 $\frac{I}{II}$	200	200	6570		GY058-2
	1.6	1.6	6	4	φ19	244.5	BIU800-1.6/1.6-245-6/19-4 $\frac{I}{II}$	200	200	7170		GY059-1
					φ25	163.7	BIU800-1.6/1.6-165-6/25-4 $\frac{I}{II}$	200	200	6700		GY059-2
	2.5	2.5	6	4	φ19	243.8	BIU800-2.5/2.5-245-6/19-4 $\frac{I}{II}$	200	200	7320		GY060-1
					φ25	163.2	BIU800-2.5/2.5-165-6/25-4 $\frac{I}{II}$	200	200	6850		GY060-2
	4.0	4.0	6	4	φ19	242.8	BIU800-4.0/4.0-245-6/19-4 $\frac{I}{II}$	200	200	8320		GY061-1
					φ25	162.5	BIU800-4.0/4.0-165-6/25-4 $\frac{I}{II}$	200	200	7860		GY061-2
	6.4	6.4	6	4	φ19	241.4	BIU800-6.4/6.4-240-6/19-4 $\frac{I}{II}$	200	200	13070		GY062-1
					φ25	161.6	BIU800-6.4/6.4-160-6/25-4 $\frac{I}{II}$	200	200	9910		GY062-2
900	1.0	1.0	6	2	φ19	339.9	BIU900-1.0/1.0-340-6/19-2 $\frac{I}{II}$	200	200	8920	4980	GY063-1
					φ25	215.1	BIU900-1.0/1.0-215-6/25-2 $\frac{I}{II}$	200	200	8010		GY063-2
	1.6	1.6	6	2	φ19	338.8	BIU900-1.6/1.6-340-6/19-2 $\frac{I}{II}$	200	200	9100		GY064-1
					φ25	214.5	BIU900-1.6/1.6-215-6/25-2 $\frac{I}{II}$	200	200	8200		GY064-2
	2.5	2.5	6	2	φ19	337.6	BIU900-2.5/2.5-340-6/19-2 $\frac{I}{II}$	200	200	9400		GY065-1
					φ25	213.8	BIU900-2.5/2.5-215-6/25-2 $\frac{I}{II}$	200	200	8500		GY065-2
	4.0	4.0	6	2	φ19	336.2	BIU900-4.0/4.0-335-6/19-2 $\frac{I}{II}$	200	200	10570		GY066-1
					φ25	212.8	BIU900-4.0/4.0-215-6/25-2 $\frac{I}{II}$	200	200	9780		GY066-2
	1.0	1.0	6	4	φ19	321.3	BIU900-1.0/1.0-320-6/19-4 $\frac{I}{II}$	200	200	8790		GY067-1
					φ25	210.4	BIU900-1.0/1.0-210-6/25-4 $\frac{I}{II}$	200	200	8040		GY067-2
	1.6	1.6	6	4	φ19	320.4	BIU900-1.6/1.6-320-6/19-4 $\frac{I}{II}$	200	200	8970		GY068-1
					φ25	209.9	BIU900-1.6/1.6-210-6/25-4 $\frac{I}{II}$	200	200	8230		GY068-2
	2.5	2.5	6	4	φ19	319.3	BIU900-2.5/2.5-320-6/19-4 $\frac{I}{II}$	200	200	9260		GY069-1
					φ25	209.1	BIU900-2.5/2.5-210-6/25-4 $\frac{I}{II}$	200	200	8530		GY069-2
	4.0	4.0	6	4	φ19	317.8	BIU900-4.0/4.0-320-6/19-4 $\frac{I}{II}$	200	200	10440		GY070-1
					φ25	208.2	BIU900-4.0/4.0-210-6/25-4 $\frac{I}{II}$	200	200	9710		GY070-2

续表

DN/mm	壳程压力/MPa	管程压力/MPa	管长/m	管程数	换热管规格	计算换热面积/m^2	规格型号	管程出入口公称直径/mm	壳程出入口公称直径/mm	设备净质量/kg	充水质量/kg	施工图号
1000	1.0	1.0	6	2	ϕ19	426.5	BIU1000-1.0/1.0-425-6/19-$2^{\mathrm{I}}_{\mathrm{II}}$	250	250	10670	6370	GY071-1
					ϕ25	277.2	BIU1000-1.0/1.0-275-6/25-$2^{\mathrm{I}}_{\mathrm{II}}$	250	250	9660		GY071-2
	1.6	1.6	6	2	ϕ19	425.2	BIU1000-1.6/1.6-425-6/19-$2^{\mathrm{I}}_{\mathrm{II}}$	250	250	10980		GY072-1
					ϕ25	276.4	BIU1000-1.6/1.6-275-6/25-$2^{\mathrm{I}}_{\mathrm{II}}$	250	250	9980		GY072-2
	2.5	2.5	6	2	ϕ19	423.6	BIU1000-2.5/2.5-425-6/19-$2^{\mathrm{I}}_{\mathrm{II}}$	250	250	11360		GY073-1
					ϕ25	275.3	BIU1000-2.5/2.5-275-6/25-$2^{\mathrm{I}}_{\mathrm{II}}$	250	250	10340		GY073-2
	4.0	4.0	6	2	ϕ19	421.5	BIU1000-4.0/4.0-420-6/19-$2^{\mathrm{I}}_{\mathrm{II}}$	250	250	13190		GY074-1
					ϕ25	273.9	BIU1000-4.0/4.0-275-6/25-$2^{\mathrm{I}}_{\mathrm{II}}$	250	250	12200		GY074-2
	1.0	1.0	6	4	ϕ19	407.2	BIU1000-1.0/1.0-405-6/19-$4^{\mathrm{I}}_{\mathrm{II}}$	250	250	10570		GY075-1
					ϕ25	271.6	BIU1000-1.0/1.0-270-6/25-$4^{\mathrm{I}}_{\mathrm{II}}$	250	250	9710		GY075-2
	1.6	1.6	6	4	ϕ19	406.0	BIU1000-1.6/1.6-405-6/19-$4^{\mathrm{I}}_{\mathrm{II}}$	250	250	10880		GY076-1
					ϕ25	270.8	BIU1000-1.6/1.6-270-6/25-$4^{\mathrm{I}}_{\mathrm{II}}$	250	250	10030		GY076-2
	2.5	2.5	6	4	ϕ19	404.4	BIU1000-2.5/2.5-405-6/19-$4^{\mathrm{I}}_{\mathrm{II}}$	250	250	11240		GY077-1
					ϕ25	269.7	BIU1000-2.5/2.5-270-6/25-$4^{\mathrm{I}}_{\mathrm{II}}$	250	250	10400		GY077-2
	4.0	4.0	6	4	ϕ19	402.4	BIU1000-4.0/4.0-400-6/19-$4^{\mathrm{I}}_{\mathrm{II}}$	250	250	13060		GY078-1
					ϕ25	268.4	BIU1000-4.0/4.0-270-6/25-$4^{\mathrm{I}}_{\mathrm{II}}$	250	250	12230		GY078-2
1100	1.0	1.0	6	2	ϕ19	521.5	BIU1100-1.0/1.0-520-6/19-$2^{\mathrm{I}}_{\mathrm{II}}$	250	250	13230	7760	GY079-1
					ϕ25	337.3	BIU1100-1.0/1.0-335-6/25-$2^{\mathrm{I}}_{\mathrm{II}}$	250	250	11950		GY079-2
	1.6	1.6	6	2	ϕ19	519.7	BIU1100-1.6/1.6-520-6/19-$2^{\mathrm{I}}_{\mathrm{II}}$	250	250	13460		GY080-1
					ϕ25	336.2	BIU1100-1.6/1.6-335-6/25-$2^{\mathrm{I}}_{\mathrm{II}}$	250	250	12160		GY080-2
	2.5	2.5	6	2	ϕ19	517.6	BIU1100-2.5/2.5-520-6/19-$2^{\mathrm{I}}_{\mathrm{II}}$	250	250	13980		GY081-1
					ϕ25	334.8	BIU1100-2.5/2.5-335-6/25-$2^{\mathrm{I}}_{\mathrm{II}}$	250	250	12690		GY081-2
	4.0	4.0	6	2	ϕ19	514.6	BIU1100-4.0/4.0-515-6/19-$2^{\mathrm{I}}_{\mathrm{II}}$	250	250	16330		GY082-1
					ϕ25	332.9	BIU1100-4.0/4.0-335-6/25-$2^{\mathrm{I}}_{\mathrm{II}}$	250	250	15060		GY082-2
	1.0	1.0	6	4	ϕ19	498.8	BIU1100-1.0/1.0-500-6/19-$4^{\mathrm{I}}_{\mathrm{II}}$	250	250	13080		GY083-1
					ϕ25	330.8	BIU1100-1.0/1.0-330-6/25-$4^{\mathrm{I}}_{\mathrm{II}}$	250	250	11960		GY083-2
	1.6	1.6	6	4	ϕ19	497.1	BIU1100-1.6/1.6-495-6/19-$4^{\mathrm{I}}_{\mathrm{II}}$	250	250	13330		GY084-1
					ϕ25	329.1	BIU1100-1.6/1.6-330-6/25-$4^{\mathrm{I}}_{\mathrm{II}}$	250	250	12220		GY084-2
	2.5	2.5	6	4	ϕ19	495.1	BIU1100-2.5/2.5-495-6/19-$4^{\mathrm{I}}_{\mathrm{II}}$	250	250	13850		GY085-1
					ϕ25	328.4	BIU1100-2.5/2.5-330-6/25-$4^{\mathrm{I}}_{\mathrm{II}}$	250	250	12750		GY085-2
	4.0	4.0	6	4	ϕ19	492.2	BIU1100-4.0/4.0-490-6/19-$4^{\mathrm{I}}_{\mathrm{II}}$	250	250	16200		GY086-1
					ϕ25	326.5	BIU1100-4.0/4.0-325-6/25-$4^{\mathrm{I}}_{\mathrm{II}}$	250	250	15120		GY086-2

续表

DN/mm	壳程压力/MPa	管程压力/MPa	管长/m	管程数	换热管规格	计算换热面积/m²	规格型号	管程出入口公称直径/mm	壳程出入口公称直径/mm	设备净质量/kg	充水质量/kg	施工图号
1200	1.0	1.0	6	2	φ19	624.5	BIU1200-1.0/1.0-625-6/19-$2_{\mathrm{II}}^{\mathrm{I}}$	300	300	15620	9160	GY087-1
					φ25	404.6	BIU1200-1.0/1.0-405-6/25-$2_{\mathrm{II}}^{\mathrm{I}}$	300	300	14050		GY087-2
	1.6	1.6	6	2	φ19	622.4	BIU1200-1.6/1.6-620-6/19-$2_{\mathrm{II}}^{\mathrm{I}}$	300	300	16070		GY088-1
					φ25	403.3	BIU1200-1.6/1.6-405-6/25-$2_{\mathrm{II}}^{\mathrm{I}}$	300	300	14520		GY088-2
	2.5	2.5	6	2	φ19	619.6	BIU1200-2.5/2.5-620-6/19-$2_{\mathrm{II}}^{\mathrm{I}}$	300	300	16560		GY089-1
					φ25	401.5	BIU1200-2.5/2.5-400-6/25-$2_{\mathrm{II}}^{\mathrm{I}}$	300	300	15080		GY089-2
	4.0	4.0	6	2	φ19	615.8	BIU1200-4.0/4.0-615-6/19-$2_{\mathrm{II}}^{\mathrm{I}}$	300	300	19840		GY090-1
					φ25	399.0	BIU1200-4.0/4.0-400-6/25-$2_{\mathrm{II}}^{\mathrm{I}}$	300	300	18390		GY090-2
	1.0	1.0	6	4	φ19	600.9	BIU1200-1.0/1.0-600-6/19-$4_{\mathrm{II}}^{\mathrm{I}}$	300	300	15520		GY091-1
					φ25	397.2	BIU1200-1.0/1.0-395-6/25-$4_{\mathrm{II}}^{\mathrm{I}}$	300	300	14160		GY091-2
	1.6	1.6	6	4	φ19	598.9	BIU1200-1.6/1.6-600-6/19-$4_{\mathrm{II}}^{\mathrm{I}}$	300	300	15990		GY092-1
					φ25	395.9	BIU1200-1.6/1.6-395-6/25-$4_{\mathrm{II}}^{\mathrm{I}}$	300	300	14630		GY092-2
	2.5	2.5	6	4	φ19	596.2	BIU1200-2.5/2.5-595-6/19-$4_{\mathrm{II}}^{\mathrm{I}}$	300	300	16480		GY093-1
					φ25	394.1	BIU1200-2.5/2.5-395-6/25-$4_{\mathrm{II}}^{\mathrm{I}}$	300	300	15200		GY093-2
	4.0	4.0	6	4	φ19	592.6	BIU1200-4.0/4.0-595-6/19-$4_{\mathrm{II}}^{\mathrm{I}}$	300	300	19780		GY094-1
					φ25	391.7	BIU1200-4.0/4.0-390-6/25-$4_{\mathrm{II}}^{\mathrm{I}}$	300	300	18520		GY094-2

附表 4-5　管嘴尺寸表[2]

管嘴①内径/mm	100	150	200	250	300	350	400	450
流通面积/m²	0.00785	0.01766	0.0314	0.04906	0.07065	0.09616	0.1256	0.15896
适用壳径/mm	≤400	400~700	800~900	1000~1100	1200~1300	1400~1500	1600~1700	1800

注：① 冷凝器壳程管嘴需要比相应的管程管嘴大一级(50 mm)。

为了方便读者计算有关油品的物理性质，提供一些简单又实用的计算关联式，经验证明可以达到查图取数的精度。

附表 4-6 油品性质计算公式

名称	关联式	符号说明
热焓	$H=\begin{bmatrix}3.8192+0.2483\times API-0.0027606\times API^2+\\0.3718\times T+0.001972\times T\times API+0.0004754\times T^2\end{bmatrix}\times(0.0533\times K_F+0.3604)\times 4.1855$	T——温度，℃； K_F——特性因数； API——比重指数； H——焓，kJ/kg
焓差	$\Delta H=[(0.3718+0.001972\times API)+0.4754\times10^{-3}\times(T_1+T_2)]\times(T_1-T_2)\times(0.0533\times K_F+0.3604)\times 4.1855$	ΔH——焓差，kJ/kg
API 指数	$API=\dfrac{141.5}{(0.99417\cdot\rho_4^{20}+0.009181)}-131.5$	
密度	$\rho=T\times(1.307\times\rho_4^{20}-1.817)+973.86\times\rho_4^{20}+36.34$	ρ——密度，kg/m³
比热	$C_p=[0.6811-0.308\times(0.99417\times\rho_4^{20}+0.009181)+(1.8\times T+32)\times(0.000815-0.000306\times(0.99417\times\rho_4^{20}+0.009181)]\times(0.055\times K_F+0.35)\times 4.1855$	C_p——kJ/kg·℃； T——℃
导热系数	$\lambda=(0.0199-0.0000656\times T+0.098)/(0.99417\rho_4^{20}+0.009181)$	λ——导热系数，W/m·℃
黏度	$v=\exp\{\exp[a+b\times\ln(T+273)]\}-C$	v——运动黏度，mm²/s
	$\mu=\rho\times v\times10^{-3}$	μ——动力黏度，mPa·s
	$b=\dfrac{\ln[\ln(v_1+C)]-\ln[\ln(v_2+C)]}{\ln(T_1+273)-\ln(T_2+273)}$	
	$a=\ln[\ln(v_1+C)]-b\times\ln(T_1+273)$	
	当 $\rho_4^{20}\leqslant0.8$ $C=0.8$	
	$\rho_4^{20}>0.9$ $C=0.6$	
	$0.8<\rho_4^{20}<0.9$ $C=2.4-2.0\times\rho_4^{20}$	

4.5 板式换热器

4.5.1 板式换热器的发展

从 1878 年德国人发明板式换热器至今，已有 100 多年的历史。目前板式换热器已成为高效、紧凑的换热设备，大量地应用于工业中。

早期的板式换热器是 1923 年 APV 公司采用铸造青铜板片组装而成的，很像板式过滤机。1930 年以后，出现了不锈钢或铜板压制的波纹板片板式换热器，从而推动了板式换热器大发展。早在 20 世纪 30 年代前后，英国、丹麦、瑞典等国家，对板式换热器的发展起了重要作用。APV 和 Laval 公司是具有代表性的板式换热器制造商。早期的板式换热器大多用于牛奶灭菌或啤酒加工中。通过应用实践，人们加深了对板式换热器的认识，随着应用领域的扩大和制造技术上的进步，使板式换热器的发展加快，应用范围不断扩大，目前已成为很重要的换热设备。

国内在近 40 年来，板式换热器从无到有，在设计、研究、制造、应用等方面都取得了长足的进步。1965年兰州石油化工机器厂制造了单板面积为0.52m² 的水平平直波纹板片的板式换热器，这是我国首家生产的板式换热器，并提供给造纸、维尼纶厂使用，开创了我国对板式换热器的制造与应用的先例。1967年，兰州石油机械研究所针对板片的六种波纹型式做了对比试验，肯定了人字型波纹的优点，并于1971年制造了我国第一台人字形波纹板片的板式换热器。自20世纪80年代以来，国内的专业研究部门、高等学校，如清华大学、河北工学院、天津大学、华南理工大学、大连理工大学等单位，对板式换热器的传热、流体阻力理论做了很多试验研究，归纳出用于工程实践的计算公式，为国内的板式换热器的发展提供了理论依据。

近10多年来，全焊接板式换热器在国内取得了长足的发展。早在20世纪90年代初期，中国石化工程建设公司和兰州石油机械研究所开始开发研制板壳式换热器。中国石化工程建设公司将全焊接板式换热器列入连续重整设备的攻关项目，在中国石化总公司科技部立项，开展了前期研究，并试制成功第一个大型板管。由于焊接设备的能力跟不上，没有完成设备的最后研制。1993年，兰石所开发的55m²板壳式换热器在兰州炼油厂10万吨/年铂重整装置上投入运行，开启了全焊接式板式换热器在国内应用的先例。2000年由兰石所、中国石化工程建设公司和中国石油克拉玛分公司共同开发的350m²板壳式换热器在克拉玛分公司新建的30万吨重整装置中应用成功。2002年5月，由中国石油乌鲁木齐石化分公司、中国石化工程建设公司和兰州石油机械研究所共同开发的用于40万吨/年重整装置的3000m² 立式板式换热器通过了中国石油天然气集团公司的产品验收。2002年9月24日投入工业运行，经过一年的操作运行后于2003年8月通过了考核验收。直至2007年底，用于重整装置的大型板壳式换热器已有12台，最大的换热面积达到5000m²。

2001年，板式空冷器在兰州500万吨/年减压塔顶抽其空系统得到应用，开创了板式换热器新的应用领域。

至目前为止，国内制造各种板式换热器的厂家达到100家，但能制造大型板壳式换热的厂家为数不多。

4.5.2 板式换热器的特点

(1) 优点

① 传热系数高　从表4-5-1可知，板式换热器具有较高的传热系数，一般约为管壳式换热器的2~5倍。主要原因是流体在管壳式换热器的壳程中流动时存在着折流板—壳体、折流板—换热管、管束—壳体之间的旁路，通过这些旁路的流体，没有充分参与换热。而板式换热器，不存在旁路，而且板片的波纹能使流体在较小的流速下产生湍流，湍流效果明显，(雷诺数约为200即为湍流)，故能获得较高的传热系数。

② 末端温差小　板式换热器两种流体可实现纯逆流。在管壳式换热器中，两种流体分别在壳程和管程内流动，总体上是错流的流动方式，降低了对数平均温差。板式换热器由于可实现温度交叉，末端温差可达到1℃；管壳式换热器不能实现温度交叉(即二次侧出口温度不能高于一次侧的出口温度)，末端温差只能达到5℃。

③ 污垢系数低　板式换热器内的流体由于剧烈湍动造成对板面的冲刷，同时不锈钢换热面光滑，杂质不易沉积；因此，板式换热器的污垢系数远低于管壳式换热器。板式换热器与管壳式换热器的污垢系数比较见表4-5-2。从表中可以看出，板式换热器的污垢系数约为管壳式换热器的1/10。

表 4-5-1 管壳式与板式换热器的传热系数的大致范围

热交换器形式	热交换流体	传热系数/[W/(m² · ℃)]	备注
管壳式(光管)	气—气	10~35	常压
	高压气—气	170~450	20~30MPa
	高压气—水	200~700	20~30MPa
	水—水	1000~2000	
	水—水蒸气凝结	2000~4000	
	高黏度液体—水	100~300	液体层流
	低黏度液体—水	200~450	液体层流
板式(人字形板片)	水—水	4500~6500	水速在 0.5m/s 左右
(平直波纹板片)	油—水	500~700	水速与油速都在 0.5m/s 左右

表 4-5-2 污垢系数 $m^2 \cdot ℃/W$

介质	板式换热器	管壳式换热器
软水或蒸馏水	0.00001	0.0001
晾水塔水	0.00004	0.0002~0.0004
海水	0.00003~0.00005	0.0001~0.0002
润滑油	0.00001~0.00005	0.0002
水蒸气	0.00001	0.0001

④ 压降低 板式换热器板片相互叠放，不存在传统管式换热器管间距的限制，因此板式空冷器具有较大的流通面积，一般情况下，在相同换热面积时板式换热器流通面积比管式换热器大 5 倍，而且板的表面光滑，因而可降低压力损失。

⑤ 结构紧凑 由于板式空冷器单板换热面积大，同时就紧凑度指标而言，板式换热器紧凑度约为 $220m^2/m^3$，远大于列管式换热器的 $78m^2/m^3$。加上前面所述板式换热器传热效率高的特点，在完成同样换热任务的情况下，板式换热器的体积更小。板式换热器的板片厚度仅为 0.6~0.8mm，管壳式换热器的传热管厚度约为 2.0~2.5mm；故在换热量相同时，板式换热器所需的换热面积比管壳式换热器小，其重量约为管壳式的 1/5。板式换热器的占地面积是管壳式换热器的 1/5~1/10。

⑥ 容易实现大型化 单板面积最大可达 $21m^2$，单台板式换热器的面积可达 $10000m^2$。

由于板式换热器具有很多优点，板式换热器的应用范围不断扩大。

(2) 板式换热器的缺点

① 承压能力相对较低 焊接板式换热器是一种新产品，结构还未定型，受压元件的计算仍在探讨之中。目前还没有成熟的设计标准。按目前的制造水平板式换热器的最高工作压力约为 4MPa。

② 不宜用于易堵塞通道的介质 板式换热器的板间通道较窄，一般为 3~8mm，当换热介质中含有较大的固体颗粒或纤维物质时，就容易堵塞板间通道。对这种换热场合采用焊接板式换热器是不适宜的。

4.5.3 板式换热器的结构型式

(1) 板片的形式

板片是板式换热器的传热元件，冷热流体通过板间形成的流道完成热交换。为了提高板式换热器的传热效率，通常将板片压制成不同形状的波纹。波纹的形式有水平平直波纹、斜波纹、竖直波纹、球形波纹、人字形波纹和方形波纹，人字形波纹板片形式如图 4-5-1 所示，矩形波纹板片形式如图 4-5-2 所示。板片的参数如下：

图 4-5-1 人字形波纹板片

图 4-5-2 矩形波纹板片

板厚：0.4~1.0mm

板片波纹波高：1~10mm

板片波纹波距：5~60mm

单板面积：0.1~20m^2

(2) 板框式换热器

板框式换热器俗称可拆卸板式换热器，板框式换热器由板片、压紧板、上下导杆、垫片、拧紧螺栓和螺母等构成。结构如图 4-5-3 所示。

板片为压制有波纹、密封槽和角孔的金属薄板，是重要的传热元件。波纹不仅可强化传热，而且可以增加薄板的刚性，从而提高板式换热器的承压能力，并由于促使流体呈湍流状

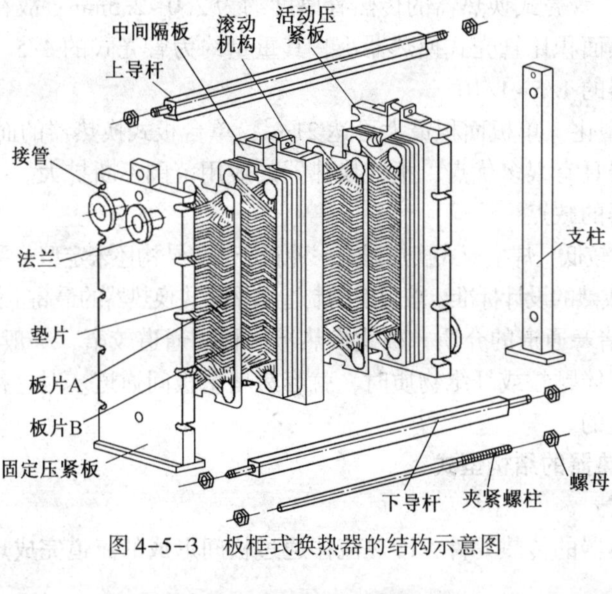

图 4-5-3 板框式换热器的结构示意图

态，故可减轻沉淀物或污垢的形成，起一定的“自洁”作用。

板片悬挂在上、下导杆之间，板片的数量、顺序和方向按设计要求而定；板片的周边和角孔处有密封槽，供放置(黏贴或嵌入)密封垫片用；固定压紧板与支柱通过上、下导杆连成一体，称为“框架”；拧紧夹紧螺母和螺柱时，板片被推向固定压紧板，直至达到规定的夹紧尺寸为止。如果需要，可卸去夹紧螺母和螺柱，推开活动压紧板，取下板片和密封垫片，进行清洗或更换。

密封垫片的作用是密封板片之间的周边，防止流体向外泄漏，并按设计要求密封一部分角孔，使冷、热流体按各自的流道流动。

固定压紧板(有时包括活动压紧板或/和中间隔板)的角部设有2个或4个接口(接管与法兰或仅有开孔)，并与板片上的相应角孔连通，供换热流体流动；单程板式换热器的接口全部位于固定压紧板上，故便于拆卸和维修。

两种流体在板框式换热器内的流动状况如图4-5-4所示。

(3) 全焊接板式换热器

全焊接板式换热器由板束、壳体、进出口接管和支座构成。板束是将板片按流道要求焊接而成，完全不用密封垫片。它兼有管壳式换热器耐温、耐压和板式换热器高效、紧凑的特点。焊接方法可以采用激光焊、电子束焊、等离子焊或气体保护氩弧焊等。适用于化工、石油、医药、电力、机械、轻工和冶金等工业的加热、冷却、冷凝和蒸发等场合。

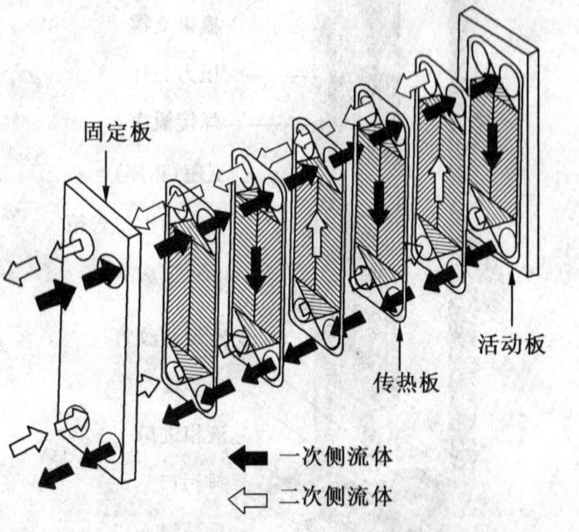

图4-5-4 板式换热器内流体的流动示意图

全焊接板式换热器的结构主要有方箱形式和圆筒形两大类。方箱形板式换热器的构造特点是将板束焊接置于箱体内，箱体有可拆式、半可拆式和不可拆式几种。可拆卸式优点是检查、维修比较方便。不可拆式的缺点是一旦板片失效或焊接泄漏，板束的检查和维修很困难，必须全部更换。圆筒形板式换热器是将板束置于圆筒形壳体内，与管壳式换热器相对应，又称为板壳式换热器。

现将几种典型的结构介绍如下：

① Alfa Laval Packnox 板式换热器　Packnox 板式换热器的结构型式如图4-5-5所示，这是一种专为重整装置设计制造的换热器，内部为方形板式管束，外壳为圆筒形筒体与封头组成，设计压力为0.6MPa，工作温度为500℃。为了适应于高温的工作条件，管束两对进出口都放置了膨胀节，方形管束采用内悬挂式支承。这种换热器的单台传热面积可达10000m^2，内部板束的板片采用水下爆破成型。国内的大型连续重整装置或芳烃装置都曾引进过这种换热器。

② 立式焊接板壳式换热器　兰科石化设备公司与中国石化工程建设公司联合开发的用于重整装置的立式焊接板壳式换热器的结构如图4-5-6所示。

该板壳式换热器的特点是管束与壳体采用法兰连接，板束可以从壳体中抽出，以利于检查和维修。换热器的板片采用人字形波纹，这种波纹板片具有较高传热效率和低阻力降，能满足连续重整装置的工艺要求。目前单台面积已达到 8000m^2，在国内多个重整装置里得到应用。

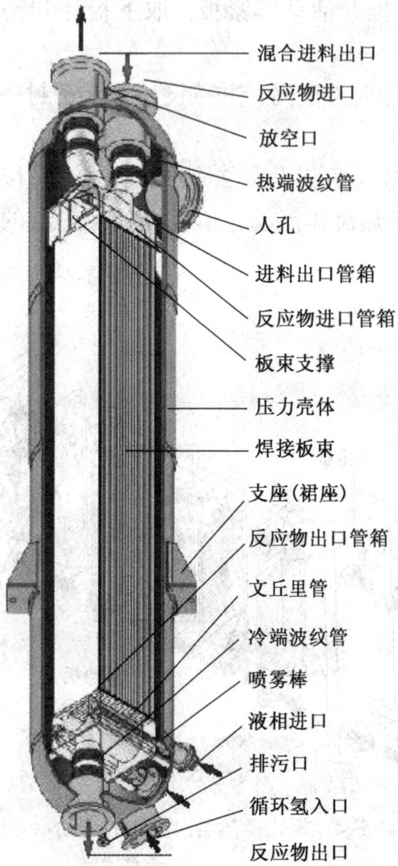

图 4-5-5 packnox 焊接板式换热器

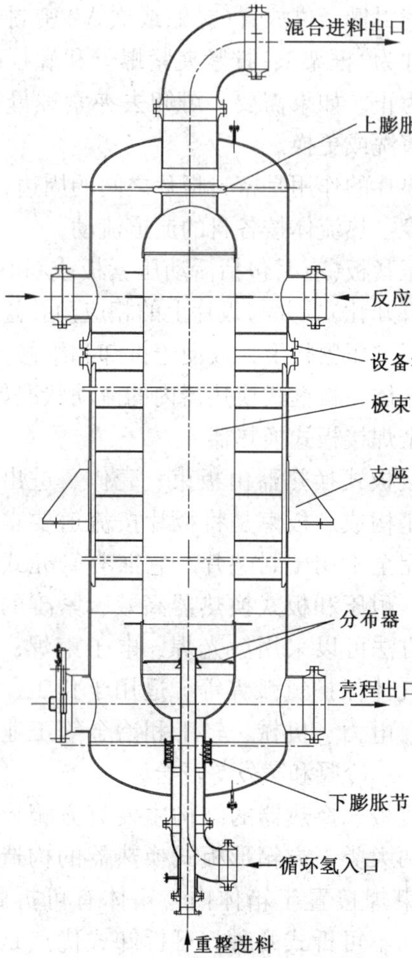

图 4-5-6 立式板壳式换热器

③ 卧式板壳式换热器 北京京海换热设备公司近年来开发出几种型号的板壳式换热器，其中一种卧式板壳式换热器结构如图 4-5-7 所示。所用的板片为矩形波纹板片(见图

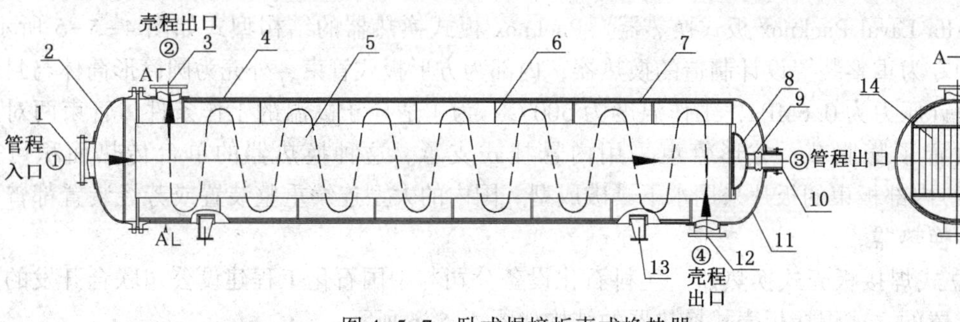

图 4-5-7 卧式焊接板壳式换热器

1—管程入口管；2—壳程封头；3—壳程出口管；4—管体；5—板管束；6—导流隔板；7—导流密封板；8—管程出口内头盖；9—管程出口膨胀节；10—管程出口管；11—壳程封头；12—壳程入口管；13—支座；14—板片

4-5-2)，将二片板片焊接成一个板管(见图4-5-8)，多个板管组成一个板束。板束置于圆筒壳体内。为了适应高温操作的需要，在板束的另一端还设置了膨胀节。

④ 边板可拆的箱式焊接板式换热器 典型结构如图4-5-9所示。

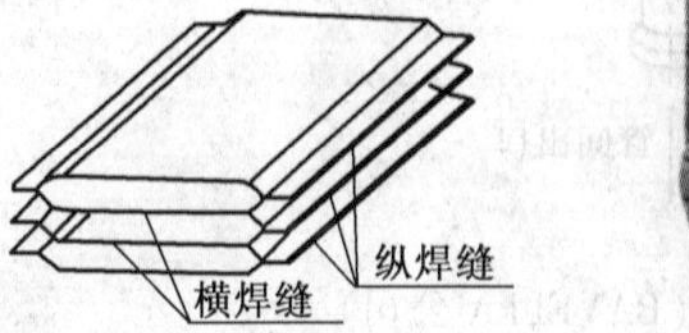

图4-5-8 焊接板式换热器的板管

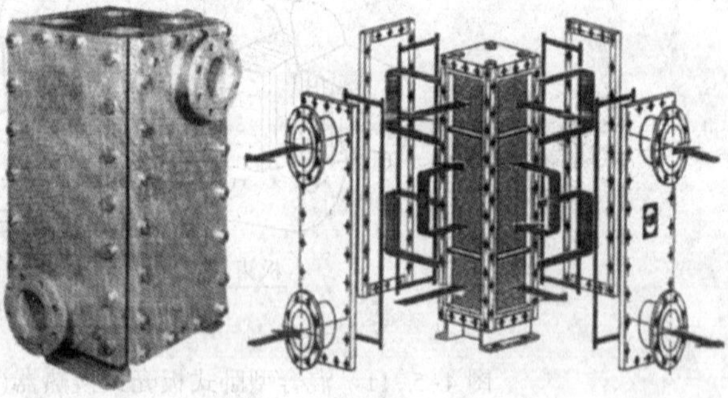

图4-5-9 箱体可拆的焊接板式换热器

⑤ 焊接方形板式换热器 这是一种焊接方形板式换热器，它主要用于蒸汽与供热循环水之间的热交换系统。如图4-5-10所示。

⑥ 其他型式

A. 混合型板式换热器：德国巴维利亚公司与日本千代田公司合作开发的千代田-BAVEX混合型板壳式换热器：板束长度6m，板片厚度0.2~0.8mm，宽度360mm；其结构型式如图4-5-11所示。

B. 圆形板壳式换热器：图4-5-12为芬兰Vahterus Oy公司生产的另一种板壳式换热器：板束由圆形人字纹板片焊接而成，板片厚度0.5~0.7mm；单台设备的换热量为5~20000kW。可用作制冷装置氨、氟利昂等制冷剂的蒸发器、冷凝器以及其他用途的冷凝器、油冷却器、集中供热的换热器等。

图4-5-10 供热系统的热水加热器

4.5.4 材料

(1) 板式换热器各零部件的材料

板式换热器各零部件的材料如表4-5-3所示。

(2) 板片材料选用的基本原则

① 板片要具有良好的耐腐蚀性 板片材料的选用要考虑进入换热器的介质的腐蚀性。特别是要注意氯离子对不锈钢引起的应力开裂腐蚀。一般情况，对于氯离子腐蚀可按下述原则选材：

A. 当介质中的氯离子浓度小于50mg/L，温度小于60℃，可选用304；

B. 当介质中的氯离子浓度小于200mg/L，温度小于60℃时，可选用316；

C. 当介质中的氯离子浓度高于200mg/L时，应选用高级不锈钢或钛合金；

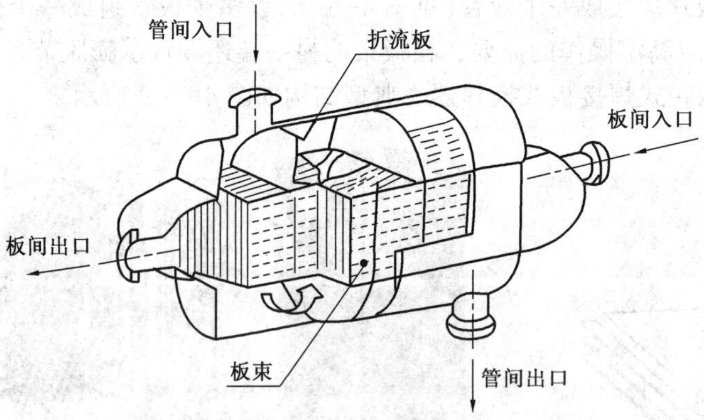

图 4-5-11 混合型卧式板壳式换热器(BAVELLA 公司)

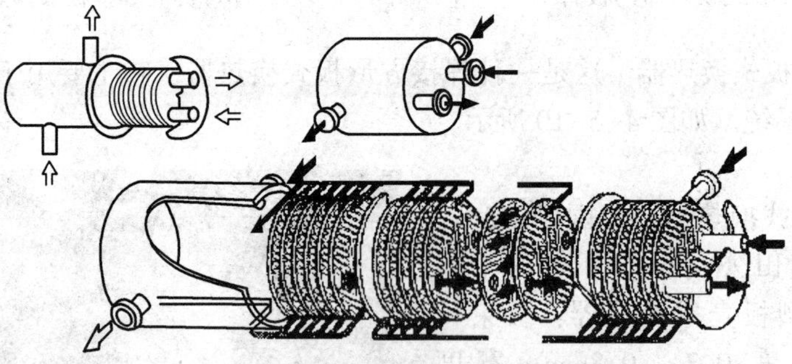

图 4-5-12 圆形板壳式换热器(Vahterus Oy)

表 4-5-3 板式换热器零部件的材料

序号	零部件名称	材料名称或牌号	材料标准
1	板片	0Cr18Ni9(304)	GB 3280
		00Cr18Ni9(304L)	
		0Cr17Ni12Mo2(316)	
		00Cr17Ni14Mo2(316L)	
		TA1-A	GB/T 14845
		904L	
		254SMO	
		2205	
2	壳体	Q235B	GB 700
		20R	GB 6654
		16MnR	GB 6654
3	压紧板 框架板	Q235-A，Q235-B	GB 700
		16Mn	GB 3274
		0Cr18Ni9	GB 3280
4	夹紧螺栓	Q235-A	GB 700
		35，45	GB 699
		40Cr，3CrMoA，35CrMoA	GB 3077

续表

序号	零部件名称	材料名称或牌号	材料标准
5	密封垫片	丁腈橡胶 氯丁橡胶 硅橡胶 氟橡胶	

几种不锈钢在不同温度下，允许使用的氯离子上限如表 4-5-4 所示。

表 4-5-4 几种不锈钢在含氯（Cl^-）水溶液中的适用条件①

材料类型	在下列板片壁温时，适用的介质中最高 Cl^- 含量/（mg/L）			
	25℃	50℃	75℃	100℃
304/304L	100	75	40	<20
316/316L	400	180	120	50
904L	1000	500	250	130
254SMO	5000	1800	750	400

注：①不含气体、pH 值为 7（即中性）、流动的含氯水溶液。

② 板片材料应具有耐高温性能　板式换热器用于高温条件时，板片材料必须具有耐高温性能，如用于高温烟气余热回收系统的板式换热器，烟气的温度甚至高达 1000℃。因此，在板式换热器的板片材料就应考虑与使用温度相应的牌号。

③ 板片材料应具备良好的加工性能　板式换热器的板片须通过压制形成不同的形状和深度的波纹。因而，对板片材料的金属延展性有一定的要求。一般情况下，奥氏体不锈钢都具有很高的延展性，冷压加工性能不会成为问题。

④ 用于焊接的板式换热器的板片材料，还应具有良好的焊接性能。

4.5.5 设计

（1）结构选型

板式换热器的结构可分为板框式（可拆式）和板壳式两大类。在石油化工装置中，选用板式换热器结构形式时，要考虑下列因素。

① 操作介质的温度　操作介质的温度对板式换热器的结构有决定性作用，当介质的操作温度超过 180℃时，不应采用垫片密封的可拆式板式换热器，因为耐温最好的垫片长期在 180℃以上的温度下工作也会出问题。因此对介质的温度高于 180℃时，必须采用焊接式结构的板式换热器。

② 操作的可靠性　石油化工装置是长周期连续操作的，操作周期长达 5 年甚至更多。因此对设备的可靠性要求很高。基于这点，应采用全焊接的板式换热器。

③ 操作介质的黏稠度　当操作介质在工作温度下黏度较大时，且工作温度低于密封垫片的许用温度之下时，可采用可拆式板式换热器，可有利于板片的清洗和维护。

（2）传热计算

① 计算方法　与其他种类的换热器一样，板式换热器的热力计算也分为设计计算和校核计算两种。

设计计算是已知换热器两侧的流量、介质物性、两种介质的进出口温度中的任意三个，要求计算出满足一定的压力降限制条件下的有效面积。

校核计算与设计型的计算相反，已知冷热流体的流量、物性进出口温度、面积也已确定，要求按所选的面积核算其是否满足额定的进出口温度和压力降的要求。

上述两种计算方法所依据的基本原理是完全一致的，仅计算的方法和步骤上存在差别。对板式换热器的设计，推荐下述的计算方法，即选型核算法，该方法的程序是首先根据换热器已知的操作条件如流量、温度等，根据经验选取一个传热系数，初步估算传热面积。然后对选取的传热面积进行详细的传热和阻力核算。反复进行，直至满足工艺要求为止。

② 面积估算　面积估算按下式进行

$$A = \frac{Q}{K \cdot \Delta T} \tag{4-5-1}$$

$$Q_1 = G_1 C_1 (T_1 - T_2) \tag{4-5-2}$$

$$Q_2 = G_2 C_2 (t_1 - t_2) \tag{4-5-3}$$

式中 A——换热面积，m^2；

Q——换热器的热负荷，W；

ΔT——对数平均温差,℃；

K——总传热系数，$W/(m^2 \cdot K)$；

Q_1，Q_2——流体 1、2 的热负荷，W；

G_1，G_2——流体 1、2 的流量，kg/s；

C_1，C_2——流体 1、2 的比热容，J/(kg·℃)；

T_1，T_2——流体 1 的进出口温度,℃；

t_1，t_2——流体 2 的进出口温度,℃。

总传热系数在估算时可按表 4-5-5 选取。

表 4-5-5　板式换热器的总传热系数经验值　　$W/(m^2 \cdot K)$

换热介质	总传热系数	换热介质	总传热系数
水—水	1200~2500	水—重油	90~400
水—水蒸气	2000~6000	有机溶剂—有机溶剂	150~500
水—气	25~400	水—低沸点烯氢冷凝	650~1700
水—有机溶剂	400~1200	轻油—水蒸气冷凝	650~1600
水—轻油	500~1350		

③ 详细核算

A. 板式换热器的传热系数计算：由于板片形状复杂，当要求精确计算时，必须根据试验测定所得的换热准则关系式，作为换热器传热计算的依据。在单相流体传热时，可采用 Buonopance 等[5] 推荐的公式进行计算，其准确度在±5%。

当 $Re \geq 400$ 时，

$$h = 0.2536 \frac{\lambda}{d_e} Re^{0.65} Pr^{0.4} \tag{4-5-4}$$

当 $Re<400$ 时，

$$h = 0.742 \frac{\lambda}{d_e} Re^{-0.62} Pr^{0.33} \tag{4-5-5}$$

$$Re = \frac{d_e . G}{\mu} \qquad (4-5-6)$$

$$Pr = \frac{C_p \mu}{\lambda} \qquad (4-5-7)$$

$$d_e = \frac{4tB}{2(t + B\Phi)} \qquad (4-5-8)$$

式中 h——板式换热器的膜传热系数，W/(m²·K)；

Re——雷诺数，无量纲；

Pr——普兰特准数，无量纲；

d_e——板片的当量直径，m；

λ——介质的导热系数，W/(m·K)；

μ——介质的黏度，Pa·s；

C_p——介质的比热容，kJ/(kg·℃)；

t——板片间距，m；

B——板片宽度，m；

Φ——扩展系数，Φ=1.10~1.25，通常可取 Φ=1.17。

B. 板式换热器的污垢系数：板式换热器由于换热介质在波纹板片表面上形成漩流，不断冲刷板片表面。故而有一种自清洁作用，板式换热器具有较小的污垢系数。一般而言，其污垢仅为管壳式光管表面污垢系数的1/3。通常，板式换热器的污垢系数可按表4-5-6选取。

表4-5-6 板式换热器的污垢系数

流体名称	污垢系数/(m²·K/W)	流体名称	污垢系数/(m²·K/W)
硬度低的闭式冷却水	~0.000001	润滑油	0.000017~0.000050
饮料水、市水	0.000003~0.000010	原油	0.000010~0.000017
冷却塔水、河水	0.000017~0.000050	工艺过程有机流体	0.000010~0.000050
海水	0.000005~0.000010		

C. 总传热系数：

$$K = \frac{1}{\frac{1}{h_1} + r_1 + r_2 + \frac{\delta}{\lambda} + \frac{1}{h_2}} \qquad (4-5-9)$$

式中 h_1——热侧介质的传热系数，W/(m²·K)；

h_2——冷侧介质的传热系数，W/(m²·K)；

r_1——热侧介质的污垢系数，m²·K/W；

r_2——冷侧介质的污垢系数，m²·K/W；

δ——板片的厚度，m；

λ——板片的金属导热系数，W/(m·K)。

D. 传热面积计算：从公式 $Q=K \cdot A \cdot \Delta t_m$，可知平均温差 Δt_m 是传热推动力，对于各种流动形式，如能求出平均温差，就可计算出完成一定热负荷所需的传热面积。

平均温差可按下式计算

$$\Delta t_m = \frac{(T_1 - t_2) - (T_2 - t_1)}{\ln \frac{T_1 - t_2}{T_2 - t_1}} \qquad (4-5-10)$$

式中 T_1、T_2——热流体的进出口温度,℃;

t_1、t_2——冷流体的进出口温度,℃。

$$\Delta T = \Delta t_m \cdot F \qquad (4-5-11)$$

式中 F——流体对数平均温差的影响系数，可以从换热器的计算一章中求取。

传热面积按下式计算：

$$A = \frac{Q}{K \cdot \Delta T} \qquad (4-5-12)$$

(3) 流动阻力计算

对于单相流体，在流动中所遇到的流动阻力通常为两种。

即板式换热器的总阻力降为

$$\Delta P = \Delta P_c + \Delta P_p \qquad (4-5-13)$$

式中 ΔP——板式换热器总阻力降，kPa；

ΔP_c——板式换热器的摩擦阻力降，kPa；

ΔP_p——板式换热器的局部阻力降。

① 摩擦阻力 流体在流道中流动时，流体与固体的壁面相接触，由于流体的黏性和流体质点之间的互相位移而产生摩擦所引起的阻力，称为摩擦阻力。通常，流速愈高、黏度愈大、壁面愈粗糙、流程愈长，则摩擦阻力愈大。通过板片流道的压力降，Cooper 和 Usher[6]推荐的公式为：

$$\Delta P_c = 2f \frac{L}{d_e} \frac{G^2}{2\rho} \qquad (4-5-14)$$

$$f = 2.78\, Re^{-0.18} \qquad (4-5-15)$$

式中 L——流道长度，m；

f——摩擦阻力系数

d_e——流道的当量直径，m；

G——流道内的质量流速，kg/(m^2·s)；

ρ——介质的密度，kg/m^3。

② 局部阻力 流体在流动过程中，由于各种局部障碍而引起的流动方向改变或速度突然改变所产生的阻力。通过进出口孔的局部阻力的计算式如下[6]：

$$\Delta P_p = 2 \times 1.5 \frac{\rho w^2}{2} \qquad (4-5-16)$$

式中 w——出入口的流速，m/s。

在上述的传热和阻力降计算中，只列出了单相流体无相变的计算公式，对于两相或有相变的场合请参阅与之相关的计算方法。

4.5.6 板式换热器的应用

(1) 国外的应用实例

① 减压蜡油与原油换热 美国俄克拉荷马州 Ponca 城的 ConocoPhilips 炼厂在 1#原油常减压蒸馏装置的改造中，在重减压蜡油与原油的换热中选用两台 AlfaLaval Compabloc 板式换热器。一台操作一台备用，单台的面积为 190m^2。板式换热器的结构如图 4-5-13 所示，换热器的安装见图 4-5-14。该装置改造于 2004 年 11 月开工。该换热器的操作条件如下：

热侧　重减压蜡油　　　　温度 298~271℃
冷侧　原油　　　　　　　温度 239~263℃
热负荷：$Q=7.0$MW

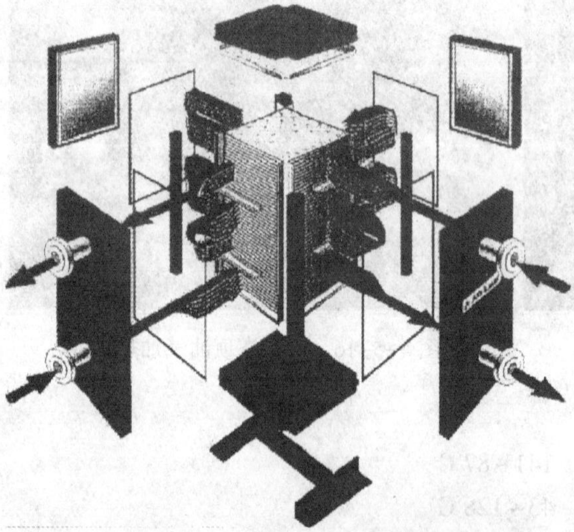

图 4-5-13　AlfaLaval Compabloc 板式换热器

图 4-5-14　两套板式换热器(重减压蜡油对原油预热)安装图

安装成本：110 万美元，回收期 5 个月
操作效果：每年能量回收相当于节约燃料费 220 万美元，排放费减少 50 万美元

② 常压渣油预热锅炉给水　英国某炼油厂用常压渣油预热锅炉给水(BFW)。结构型式见图 4-5-15。

方案对比：原设计用 4 套串联的管壳式换热器，现改用 2 套并联板式换热器。
使用板式换热器的效果为：
每年能量回收相当于节约燃料费 75 万美元，排放费减少 20 万美元
安装成本：30 万美元，回收期 4 个月
操作时间：2002 年至今
操作参数及回收热量如表 4-5-7 所示。

表 4-5-7　板式换热器与管式换热器的操作参数及回收热量对比

项　　目	管壳式换热器	板式换热器
常压渣油	165℃→103℃，$NTU=1.7$	165℃→90℃，$NTU=3.4$
BFW(锅炉给水)	132℃←60℃，$NTU=2.0$	148℃←60℃，$NTU=4.0$
回收热量	$Q=12$MW	$Q=14.5$MW

③ FCC 主分馏塔顶油气的热回收　加拿大某炼厂 FCC 主分馏塔顶油气的热回收。结构型式见图 4-5-16。

选用了 8 套高合金板式换热器(两组串联，每组 4 套并联)
操作条件：

图 4-5-15 常压渣油预热 BFW

图 4-5-16 FCC 塔顶油气加热 BFW

第一段 塔顶油气加热锅炉给水

热侧	塔顶油气	温度	141~87℃
冷侧	锅炉给水	温度	43~128℃

第二段 塔顶油气继续冷却

热侧	塔顶油气	温度	87~29℃
冷侧	冷却水	温度	24~45℃

操作时间：2002 年至今

安装成本：700 万美元，回收期 15 个月

操作效果：回收热量 14MW. 每年能量回收相当于节约燃料费 430 万美元，排放费减少 110 万美元。由于此处的热回收产生的蒸汽用作热源，还因此取消了一台加热炉。

④ 生产蒸汽 荷兰某厂利用加氢裂化主分馏塔的中段回流的热量来生产蒸汽。由于温度接近，应用管壳式换热器无法实现，因而采用 4 套板式换热器。其中 1 套用于预热锅炉给水，2 套用于产生蒸汽，1 套用于蒸汽的过热处理。三段的过程如下：

中段回流预热锅炉给水

操作条件：	热侧	中段回流	温度	186~181℃
	冷侧	锅炉给水	温度	120~179℃

中段回流产汽

操作条件：	热侧	中段回流	温度	220~186℃
	冷侧	锅炉给水	温度	179~180℃

中段回流过热蒸汽

操作条件：	热侧	中段回流	温度	221~220℃
	冷侧	蒸汽	温度	180~250℃

操作效果：回收热量 8.4MW，每小时生产过热蒸汽 15t(压力 0.9MPa)，每年能量回收相当于节约燃料费 250 万美元，排放费减少 60 万美元。

安装成本：80 万美元，回收期 5 个月

操作时间：2002 年秋至今

(2) 国内的应用实例

图 4-5-17 板壳式换热器外形

① 重整装置反应产物与进料换热器 1999 年中国石化工程建设公司与兰州石油机械研究所为克拉玛依石油化工厂 30 万吨/年催化重整装置研制了第一台 $350m^2$ 二段混氢板式换热器。2002 年一台 $2000m^2$ 的板壳式换热器在乌鲁木齐石化芳烃装置上投入运行。紧接着上海石化连续重整装置也采用了 $6000m^2$ 板壳式换热器。表 4-5-8 表示了板式换热器在重整装置的应用实例。板壳式换热器结构简图见图 4-5-6。设备外形见图4-5-17，现场安装图见 4-5-18。

表 4-5-8 板式换热器在重整装置的应用实例

序号	名 称	应用场合	介 质	设计温度/℃	设计压力/MPa	换热面积/m^2	台数
1	二段混氢换热器	克拉玛依石化重整装置	生成油/循环氢	540	1.9	350	1
2	重整进料/产物换热器	乌鲁木齐石化 40 万吨/年重整装置	生成油/循环氢	540	0.75	2800	1
3	重整进料/产物换热器	上海石化重整装置	生成油/循环氢	540	1.9	2000	1
4	重整进料/产物换热器	抚顺石化 60 万吨/年重整装置	重整进料/产物	540	1. 9	4000	1
5	重整进料/产物换热器	苏丹喀土木炼油厂	重整进料/产物	540	1. 9	4000	1

图 4-5-18 板壳式换热器安装图

② 钛板板式换热器在常减压装置中的应用 中国石油兰州石化分公司 500 万吨/年常减压装置常顶油气-热媒水换热器采用了 $500m^2$ 钛板壳式换热器。钛板壳式换热器用钛作为板片材料，采用全焊式板束结构，可以有效抵抗在低温腐蚀环境下的腐蚀。由于板壳式换热器具有传热效率高、结构紧凑的特点，在同样的热负荷下，采用钛材的换热器板束重量不到管壳式换热器管束重量的 1/3。因此采用钛板壳式换热器代替钛管壳式换热器造价节约一半以上。钛板壳式换热器与管壳式换热器对比如表 4-5-9 所示。设备的外形如图 4-5-19 所示。

③ 板式空冷器 将高效紧凑的板式传热元件引入空冷器中，形成了一种板式换热器与翅管式空冷器优点结合在一起的新型冷凝冷却设备。板式空冷器的结构由板束、风机、构架水箱及喷淋装置组成。传热单元为全焊式板束。图 4-5-20 是兰州石油机械研究所 LBK 板式空冷器的典型设计结构之一。

表 4-5-9 钛板壳式换热器与管壳式换热器对比表

项目	钛板壳式		管壳式	
	板程	壳程	管程	壳程
介质	常顶油气	热媒水	热媒水	常顶油气
流量/(kg/h)	50000	325000	325000	50000
操作温度/℃	123/70	50/90	50/90	123/70
压降/MPa	0.005	0.045	0.05	0.01
污垢系数/(m²·h·℃/kcal)	0.00005	0.00005	0.0002	0.0002
热负荷/(kcal/h)	6540513		6540513	
温差/℃	23.9		20.8	
传热系数/[kcal/(m²·h·℃)]	396		216	
台数	2		4	
总传热面积/m²	724		1580	
面积裕量/%	4.8		3.1	
设备总质量/t	33.2		72.88	
设备总造价/万元	276.4		480.9~828.72	

图 4-5-19 兰炼钛板壳设备的外形图

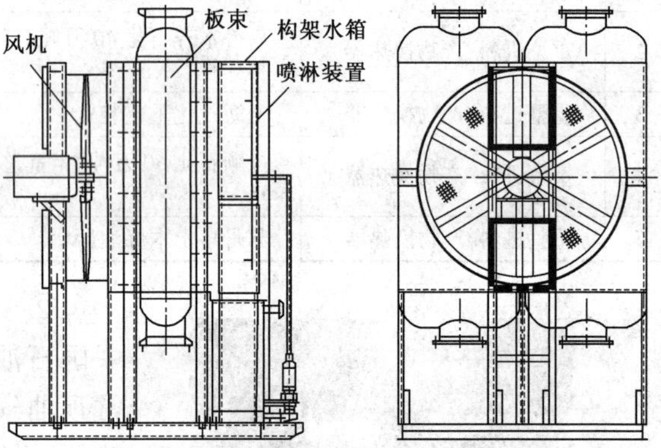

图 4-5-20 板式空冷器

板式空冷器的设计参数如下：

设计压力：1.0MPa

设计温度：200℃

单台换热面积：860m²

单台设备质量：~20t

单台设备尺寸：3300×3000×6000mm(长×宽×高)

单台板束质量：~7×2t

板片型式：LT 型

板片规格：3600mm×600mm(长×宽)

板片材料：316L

从 1997 年开始，在兰州炼油厂减压塔顶冷凝冷却器进行板式空冷器工业试验。用一台板式空冷器替代 3 台(6 片)普通斜顶湿式空冷器，热负荷为 1.02MW，压降为 430.6Pa，传热系数为 103W/(m²·K)，均达到设计指标并满足使用要求；在标定过程中，减压塔顶真空度平稳维持在4.5~4.761kPa，装置操作稳定正常。在试验成功的基础上，兰炼500×10^4t/a的常减压装置第一次采用了板式空冷器，并于2003年8月装置投产成功。

板式空冷器的外形如图4-5-21所示。板式空冷器与管式湿空冷器的性能对比见表4-5-10。板式空冷器已在兰州、上海高桥、珠海、独山子、燕山、镇江、济南、抚顺等石化企业常减压、芳烃抽提、糠醛、聚苯乙烯等工艺装置中应用。

图4-5-21 板式空冷器的外形

表4-5-10 板式空冷器与管式湿空冷器的经济性能对比

项 目	单 位	板式空冷器 10台/20片	管式湿空冷器 24台/48片	节省值	
				实 值	%
设备质量	kg	200000	461760	261760	58.7
传热元件		316L	10#碳钢		
设备造价	万元	780	844.39	74.39	9
设备寿命	年	>8	3~4		
风机功率	kW	220	528	308	58
冷却水耗量	kg/h	11200	43200	32000	74
操作费用	万元/年	94.59	202.55	107.96	53
框架长	m	17	66	49	74.2
占地面积	m^2	180	700	520	74.3
框架造价	万元	43.2	168	124.8	74.3

注：1. 设备开工率8000h/a；电费0.4元/kW·h；软化水费2.7元/t。

2. 风机按每年8000h计算；水泵及水耗量按2880h(4个月)计算。

④ 冶金焦化厂的应用　首钢焦化厂回收装置AS工段是引进德国技术，其作用是脱除焦化厂的焦炉煤气中的H_2S和NH_3。AS工段脱酸蒸氨单元换热器介质有两个显著的特点。一是腐蚀性严重，氯离子的含量高达2000mg/L。304型不锈钢在100℃条件下，对氯离子的承受能力小于20mg/L，316承受Cl^-的能力小于50mg/L。在这种条件下，除了钛材外一般的不锈钢无法满足要求。二是结焦堵塞严重：主要是焦油的影响，焦油在90℃以下时会从原来的液态悬浮物状态变为固体小颗粒。而此温度一般在换热器内部存在，焦油固体小颗粒留

在换热器的内部，而其一旦附在换热器的内壁上，只能用机械清理的方法进行清理。为此，德国在该工艺的原始设计时基于介质的特点采用了钛材的可拆卸式板式换热器。

该工段于2003年8月投产，通过三年多的操作实践来看，介质在板表面上结焦严重，由于焦粒积聚堵塞流道导致换热器损坏，影响了装置的正常操作。到2006年底，该系统的板式换热器基本上无法满足正常生产的状况。2006年夏季，由于上述问题造成AS工段停工达6次。

后来，采用北京京海换热设备有限责任公司设计制造的一种全焊接板式换热器代替了进口的钛板换热器。新设计的板式换热器采用宽通道的矩形波纹板片解决了焦粒积聚堵塞流道的难题；为了解决操作介质对换热器的腐蚀，板式换热器的板片采用304不锈钢加表面涂层。涂层的材料牌号为SHY-99。这是一种由改性合成树脂加入耐腐蚀填料热固型的冷换设备专用涂料。这种涂料具有耐酸、耐碱、耐氯离子、耐有机溶剂等抗腐蚀性能。此外，这种涂料具有较好的导热性能，涂层的导热系数高达0.8W/(m^2·K)。

板式换热器的结构型式如图4-5-22所示，设计参数见表4-5-11，现场的安装图见图4-5-23。

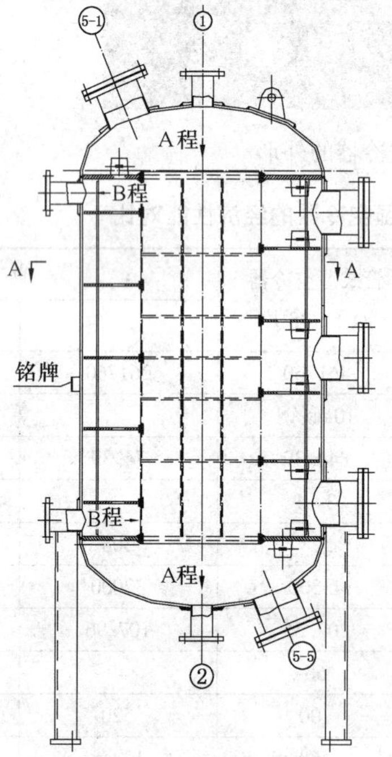

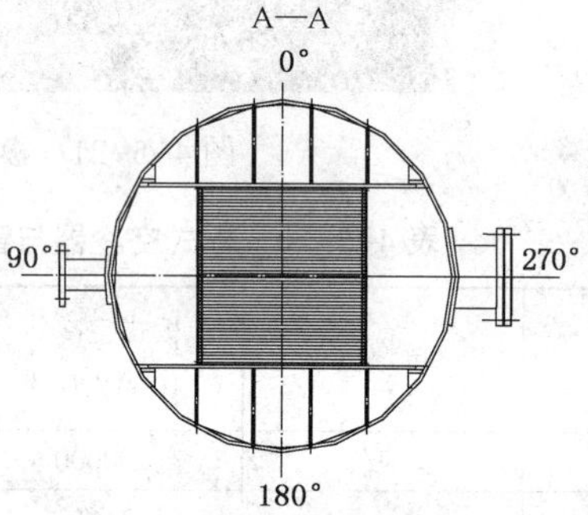

管口明细表

编号	名称	件数	公称直径/mm
1	流体进口	1	100
2	流体出口	1	100
3	流体2进口	1	100
4	流体2出口	1	100
5	备用口	5	200

图4-5-22 焊接板式换热器结构

表4-5-11 结构参数

序号	换热面积/m^2	壳体直径/mm	板片参数						高度	型式	应用工位
			厚度/mm	板宽/mm	板长/mm	片距/mm	片数	材料			
1	90	1200	0.7	600	1800	5.2	84	304	3250	立	E-2302
2	110	1200	0.7	600	1800	5.2	104	304	3250	立	E-2303 E-2304
3	160	1200	0.7	600	1800	5.2	132	304	3250	立	E-2301

两台设备于2007年1月初投运，经3个月的连续运行，2007年3月27日在现场对焊接板壳式换热器的内部堵塞和腐蚀情况进行第一次检查，从检查情况看：焊接板壳式换热器未发生堵塞现象，也解决了换热器的腐蚀问题。

2007年7月26日，首钢焦化厂与京海公司双方联合对三个工位的换热器进行了现场标定。进入三台换热器的热侧流量分别增加6.3%、5.14%、4.01%的条件下，三个工位的换热器的传热性能也满足了工艺生产的要求。

直至目前，在运行中未发现堵塞和压力降增加的现象，也未发现板片腐蚀穿孔，证明防腐性能良好。此外，全焊接板式换热器不用拆卸维修，减少了许多维修工作量和费用。

图4-5-23 现场安装照片

符 号 表

A——传热面积，m^2

B——折流板间距，m

C_{pc}，C_{ph}——冷热物流比热容，kJ/kg·℃

D_s——壳径，m

d_i——管内径，m

d_o——管外径，m

ΔH——焓差，kJ/kg

K——总传热系数(以光管外表面积为基准)，$W/m^2 \cdot K$

L——管长，m

Δp_s——壳程压力降，kPa

Δp_t——管程压力降，Pa

P——温度效率

Q_h——热流热负荷，kW

Q_c——冷流热负荷，kW

R——温度相关因子

Re_i——管内流体雷诺数(无因次)

Re_o——壳程流体雷诺数(无因次)

S_i——管程流通面积，m^2

S_o——壳程流通面积，m^2

T_1，T_2——热流进出口温度，℃

t_1，t_2——冷流进出口温度，℃

t_c——冷端流体温度，℃

t_h——热端流体温度，℃

ΔT——有效平均温差，℃

ΔT_m——对数平均温差，℃

Δt_c——冷端温差，℃

Δt_h——热端温差，℃

Z——弓形折流板缺圆高度，国标系列$Z=25$

η——螺纹管的翅化比，详见表4-2-3

参 考 文 献

1. 石油化学工业部石油化工规划设计院组织编写.冷换设备工艺计算.北京：石油化工出版社，1976.9
2. 中华人民共和国机械电子工业部，化学工业部，劳动部，中国石化总公司.中华人民共和国行业标准(JB/T 4714~4717—92、JB/T 4722—92)，1992.11
3. 中国石化集团洛阳石油化工工程公司.浮头式折流杆换热器、冷凝器标准图系列(30T006—2000).2000，7.30
4. 沈复，李阳初主编.石油加工单元过程原理.北京：中国石化出版社，1996.8

5. [苏]E.H.朱达可夫等著,黄文赢译.石油加工主要过程和设备的计算.北京:石油工业出版社,1984. 10
6. [德]E.U.施林德尔主编,马庆芳,马重芳主译.换热器设计手册(第二卷)流体力学和传热学.北京:机械工业出版社,1989. 6
7. 宁波广厦热力成套设备有限公司.波纹换热管.洛阳石油化工工程公司.中国.ZL99216010.3,1999
8. 中国石化集团洛阳石油化工工程公司.浮头式双弓形和三弓形折流板换热器标准图系列(30T017—2000).2000. 7. 30
9. Nelson.W.L."Petroleum Refinning Engineering"4th# ed/USA.1950
10. 中国石油化工总公司石油化工规划设计院组织编写.炼油工程师手册.北京:石油工业出版社.1992
11. W.M.罗森诺著,李荫亭等译.传热学手册.北京:科学出版社,1987
12. 中国石化集团洛阳石油化工工程公司.T形翅片管重沸器标准图系列(30T017—2000).2000. 7. 30
13. 徐钢等编著,石油化工厂设备检修手册,换热器.北京:中国石化出版社.2005. 1
14. 刘巍,邓方义等著.冷换设备工艺计算手册(第二版).北京:中国石化出版社,2008. 7
15. 杨崇麟. 板式换热器工程设计手册. 北京:机械工业出版社,1995
16. 蒋维钧等.化工原理. 北京:清华大学出版社,2003. 3
17. NPAR AM-06-14 Annual Meeting March19-21 2006
18. Marriot J. "Where and How to Use Plate Heat Exchangers," Chemical Engineering, pp127-136, April, 1971
19. Buonopan R Aetal.., "Heat Transfer Design Method for Plate Heat Exchangers" Chemi. Eng. Pro., 1963, 59, (7), 57~61
20. Cooper A, Ushe J D. Heat Exchanger-Design Hand-book. 1983
21. 伊娃·安德森(阿法拉伐帕奇公司). 紧凑型板式换热器在炼油装置中对热量回收的优化. 国际炼油与石化. 2007年第3季

第五章　空气冷却器

5.1　基本类型与总体设计

5.1.1　基本类型

5.1.1.1　基本部件

空气冷却器是以环境空气作为冷却介质横掠翅片管外，使管内高温工艺流体得到冷却或冷凝的设备，简称“空气冷却器”。

采用空气冷却器代替水冷却器，进行介质的冷却冷凝不仅可以节约用水，还可以减少水污染。此外还具有维护费用低、运转安全可靠、使用寿命长等优点。

在炼油厂和石油化工厂的冷换设备中，空气冷却器成为不可缺少的一类设备。其应用范围包含了塔顶油气冷凝到汽油、柴油、重油以及渣油冷却的各种不同工况。在化学工业、电力、冶金等行业，空气冷却器也有着广泛的应用。

空气冷却器的基本部件如下：

管束——由管箱、翅片管和框架的组合件构成。需要冷却或冷凝的流体在管内通过，空气在管外横掠流过翅片管束，对热流体进行冷却或冷凝换热；

轴流风机——一个或几个为一组的轴流风机，驱使空气的流动；

构架——空气冷却器管束及风机的支承部件；

附件——如百叶窗、蒸汽盘管、梯子、平台等。

上述基本部件示于图 5-1-1 中。

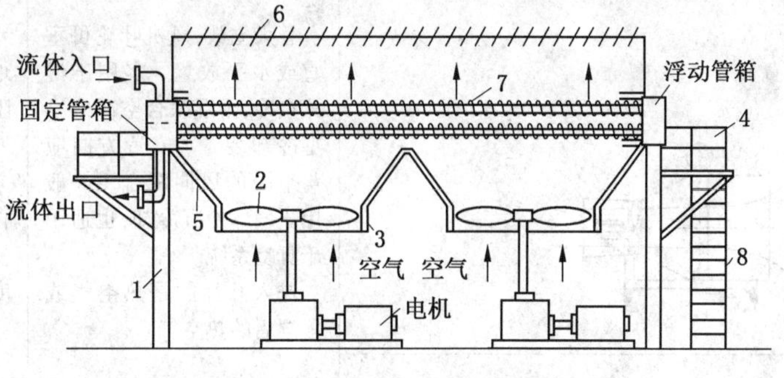

图 5-1-1　空气冷却器的基本结构

1—构架；2—风机；3—风筒；4—平台；5—风箱；6—百叶窗；7—管束；8—梯子

5.1.1.2　类型

空气冷却器通常按以下几种形式进行分类：

① 按管束布置方式分为：水平式、立式、斜顶式等。

② 按通风方式分为：鼓风式、引风式和自然通风式。

③ 按冷却方式分为：干空冷、湿空冷和干湿联合空冷。

④ 按风量控制方式分为：百叶窗调节式、可变角调节式和电机调速式。

⑤ 按防寒防冻方式分为：热风内循环式、热风外循环式、蒸汽拌热式以及不同温位热流体的联合等形式。

表 5-1-1 综合说明了典型的几种常用的空气冷却器的结构特点和适用场合。

表 5-1-1　几种典型的空气冷却器的结构特点及适用场合

结构形式	适用场合及特点	优缺点
① 水平式 a. 风机为鼓风式 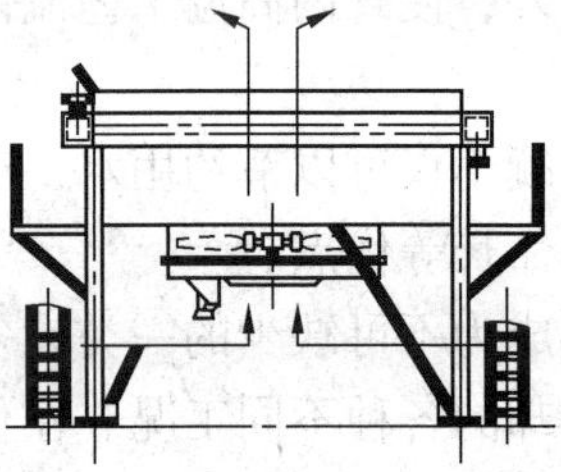	适用于任何场合。管束水平放置，为防止冷凝液滞留管中，管子应倾斜 3° 或 1%。 鼓风式风机叶轮呈水平放置，置于管束下方。进入叶片的是冷空气	优点是结构简单，安装方便，管内热流体和管外空气分布比较均匀。 缺点是占地面积较大，管内流动阻力较斜顶式大
b. 风机为引风式 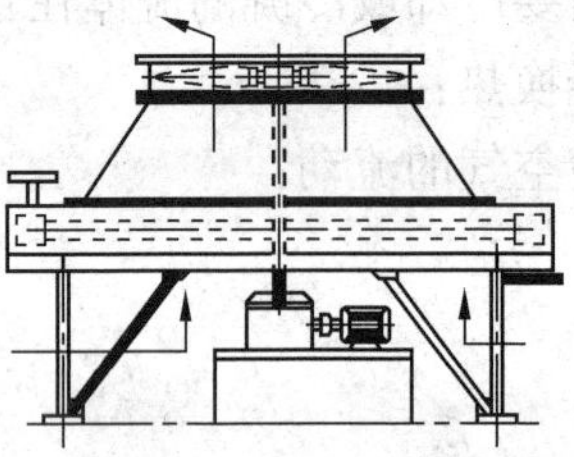	引风式风机叶轮呈水平放置，置于管束上方。进入叶片的是热空气	优点是结构简单，安装方便、管内热流体和管外空气分布比较均匀。 缺点是占地面积较大，管内流动阻力较斜顶式大
② 直立式 a. 风机叶轮垂直放置 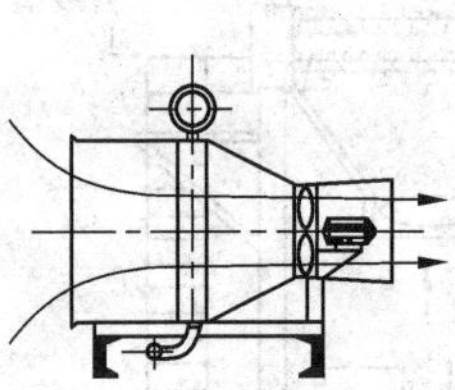	管束立放，风机叶轮可垂直或水平放置。多用于湿式空冷，干湿联合空冷或小型冷却装置。安置方向应与平时的风向配合。一般用于气体冷凝冷却，也适用于真空系统。 进入叶片的是热空气或增湿后的热空气	优点是结构紧凑，占地面积小。管内流体阻力较水平式小。 缺点是管束中空气分布不均匀，易受外界自然风的干扰；管束不易太长，否则其刚度下降。 b 型结构略复杂
b. 风机叶轮水平放置 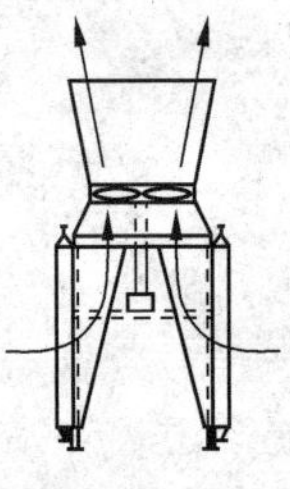		

续表

结构形式	适用场合及特点	优缺点
③ 斜顶式 a. 风机为鼓风式 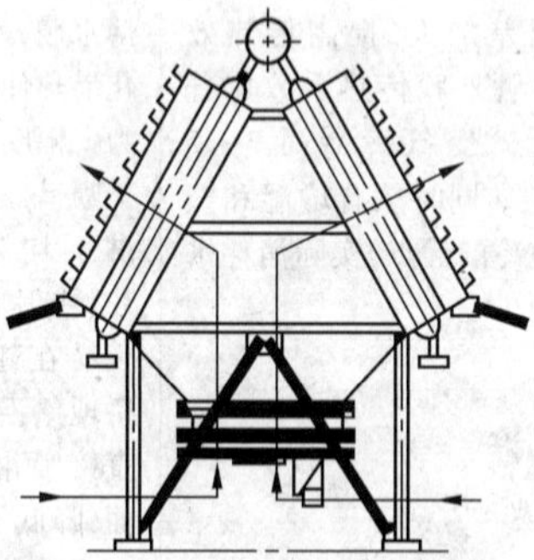	适用于任何场合 风机叶轮水平放置，置于管束下方。进入叶片的是冷空气	优点是管内热流体和管外空气分布比较均匀。传热系数比水平式略高，管内流动阻力小。占地面积较小。 缺点是结构略复杂
b. 风机为引风式 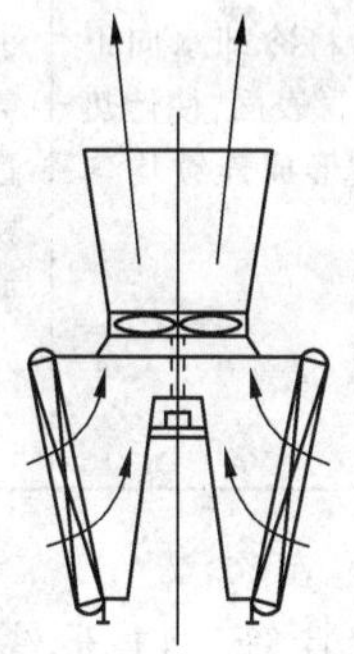	管束斜放呈人字形，夹角一般在60°左右。百叶窗置于管束上方，风机置于管束上方空间的中央	
④ 增湿空冷器[10] a. 水平式增湿空冷器 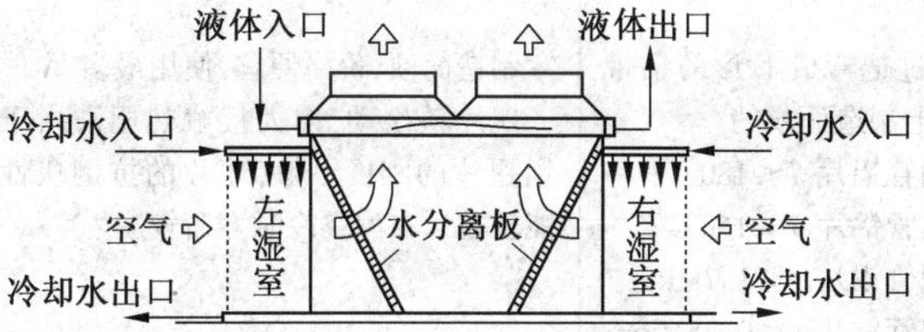	适用于相对湿度低于30%的干燥炎热地区。空气经过增湿室和水分离板后进入管束	在空气入口处喷雾状水，借水蒸发使干燥的空气增湿而接近空气的湿球温度。增湿后的低温空气经过水分离板除去水滴，再横掠翅片管束。 耗水量较大，增加了空气侧的流动阻力

续表

结构形式	适用场合及特点	优缺点
b. 喷淋蒸发湿式空冷器[3] 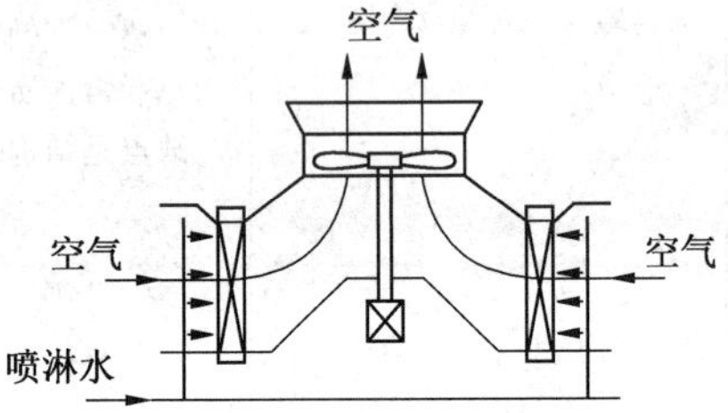	在气温较高而且比较干燥的地区，干湿球温差不小于14℃，则可采用喷淋水使空气增湿，将空气干球温度降低到接近湿球温度，使传热温差加大，提高传热效果。管外膜传热系数比普通干式空气冷器高3～5倍[3]。同时兼有增湿和蒸发空冷的优点，实际消耗水量很少	在换热管束前方设置若干个喷头，喷头将雾化水滴均匀地喷向管束。雾化水滴直接喷射在管束表面，形成一层薄水膜，水膜蒸发的汽化潜热使管束的换热能力大幅度提高。 喷头易堵塞造成喷淋不均匀，采用高翅片、小片距的管束，水膜易在翅片间出现架桥现象，致使水雾不能直接喷淋到翅片管表面，降低了效果
c. 表面蒸发式空冷器 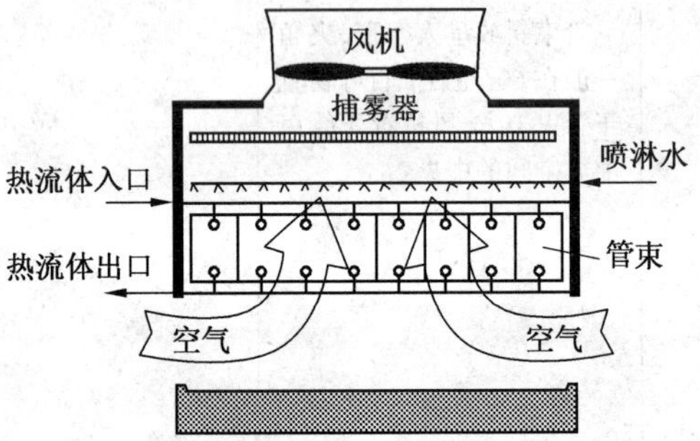	表面蒸发空冷是由光管组成的一种空冷装置，利用管外水膜的蒸发带走热量，借以把管内流体的温度降到所需温度。 由分配器将冷却水向下喷淋到传热管表面，使传热管外表面上形成连续均匀的薄水膜	表面蒸发空冷具有结构紧凑，效率较高的优点。 当管内介质的温度很低时，由于蒸发量小，也会影响表面蒸发空冷的使用效果。当管壁温度处于露点时，易产生露点腐蚀。因采用光管，流动阻力较低

5.1.1.3 翅片管形式

翅片管的形式繁多，常用的翅片管有以下七种：L形绕片管、LL形绕片管、KLM形翅片管、镶嵌式翅片管、双金属轧片管、I形绕片管、椭圆翅片管。表5-1-2说明了这七种翅片管的形式和使用范围。

表5-1-2 翅片管形式及性能表

翅片管形式	适用范围	优缺点
① L形翅片管 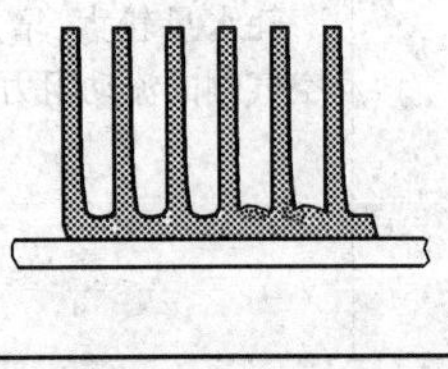	L形绕片管是通过把弯成L形的铝带拉紧后缠绕在芯管上制造而成的。 最高介质温度：钢管铝片 $T\leqslant180℃$； 铝管铝片 $T\leqslant150℃$； 最高使用压力：钢管铝片 $p\leqslant1.7MPa$； 铝管铝片 $p\leqslant0.25MPa$	制造简便，价格便宜，使用最多。 翅片易松动，增大接触热阻。由于铝翅片的刚度不够，翅片的抗倒伏性能较差。在湿空冷时寿命较短

续表

翅片管形式	适用范围	优缺点
② LL 形翅片管 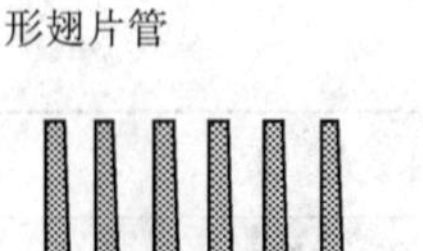	LL 形翅片管翅片根部互相重叠，与管壁接触良好，适于湿空冷器。使用温度比 L 形翅片管略高	LL 形翅片管可以部分克服 L 形翅片管的翅片易松动，接触热阻大的缺点。保证了对管壁的完全覆盖，传热性能比 L 形翅片管略好。缺点是加工难度增加，价格可能略有提高
③ G 形镶嵌式翅片管 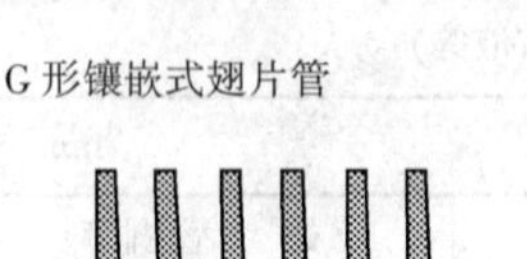	铝片嵌入钢管表面被挤压到约 0.25～0.5mm 深的螺旋槽中，同时将槽中挤出的金属用滚轮压回翅片根部	优点是传热效率高（有资料表明比 L 形翅片高约 20%）。工作温度钢管钢片 ≤ 400℃，钢管铝片 ≤260℃。缺点是不耐腐蚀，造价高
④ KLM 形翅片管 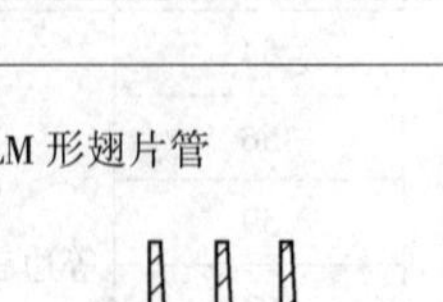	KLM 翅片管是 L 形绕片管的一种。制造中多了两道滚花工艺，使其综合性能超过了其他所有翅片管	传热性能好，接触热阻小；翅片与管子的接触面积大，贴合紧密、牢靠，承受冷热急变能力较佳；翅片根部抗大气腐蚀性能高
⑤ DR 双金属轧片管 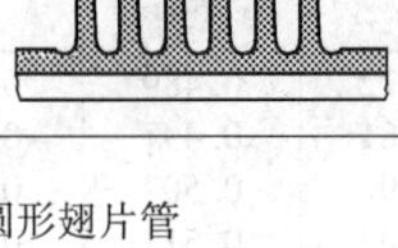	双金属轧片管是较理想的抗腐蚀型管子，它完全克服了 L、LL 绕片管的缺点。内外管可以分别选材，内管可选用碳钢、不锈钢、黄铜等；管外可一般采用铝或铜。经过轧制内外管子可以紧密结合在一起	主要优点是许用温度高，可达 260℃；抗腐蚀性能好，寿命长；传热性能好，压力降小；翅片和管子形成一个整体，刚度好。缺点是价格较其他翅片管高，重量大
⑥ 椭圆形翅片管 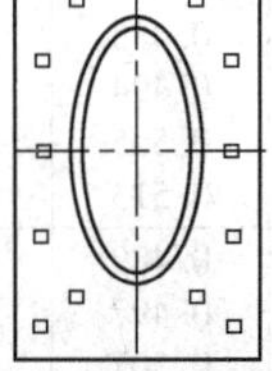 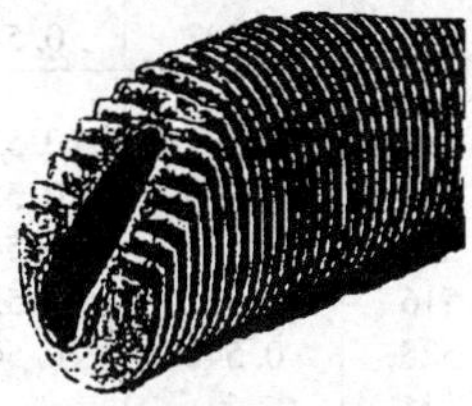	钢制椭圆管套矩形翅片，然后热浸镀锌。或热浸镀锌缠绕式椭圆钢翅片管。 用于能耗要求低，占地面积小，以及自然通风空冷等	比具有相同周长的圆管，水力直径小，管内传热系数高；椭圆翅片管束通常以短轴方向迎风，气流流动平滑管子后面形成的涡流小，因此空气流动阻力比圆管减少约 30%，特别适合用于自然通风空冷器；迎风面积小、比较紧凑，占地面积只有圆管的 80%。 缺点是管束的制造工序多、加工较复杂、价格较贵；管束承受压力较低等

翅片管的材质和适用场合，详见表 5-1-3；国产翅片管的主要特性参数详见表 5-1-4。翅化比和管束窄隙流通面积与迎风面积比详见表 5-1-5。管束几何参数详见附表 5-1-1～附表 5-1-4。

表 5-1-3　翅片管基管的常用材料及其应用条件

管子材料	适用管内介质
碳钢　10	一般油品（汽油、煤油、柴油……等）和溶剂
铬钼钢　Cr5Mo、12CrMo、15CrMo	含 H_2S 等的介质
不锈钢　1Cr18Ni19Ti	酸性腐蚀介质
铝　L4	碳酸介质（含 CO、CO_2 的水溶液等）

表 5-1-4　国产翅片管的主要特性参数　mm

<table>
<tr><th rowspan="3">翅片管种类</th><th>基管直径</th><th colspan="4">翅片参数</th><th colspan="2">翅片管排列</th></tr>
<tr><th rowspan="1"></th><th>翅片外径</th><th>翅片高</th><th>翅片厚①</th><th>翅片间距</th><th>管心距</th><th rowspan="2">排列方式</th></tr>
<tr><th>d</th><th>D</th><th>h</th><th>δ</th><th>p_c</th><th>p_t</th></tr>
<tr><td rowspan="3">低翅片管</td><td rowspan="3">25</td><td rowspan="3">50</td><td rowspan="3">12.5</td><td rowspan="3">0.3～0.5</td><td rowspan="6">2.3
2.5
2.8
3.2
3.6</td><td>54</td><td rowspan="6">等边三角形</td></tr>
<tr><td>56</td></tr>
<tr><td>59</td></tr>
<tr><td rowspan="3">高翅片管</td><td rowspan="3">25</td><td rowspan="3">57</td><td rowspan="3">16</td><td rowspan="3">0.3～0.5</td><td>62</td></tr>
<tr><td>64</td></tr>
<tr><td>67</td></tr>
</table>

注：① 翅片厚度 δ 指翅片的名义厚度。

表 5-1-5　翅化比和窄隙流通面积与迎风面积之比

翅片管类型	翅片间距/mm	翅化比		窄隙流通面积与迎风面积之比					
		低翅片管	高翅片管	管心距/mm					
				54	56	59	62	64	67
L	2.3	16.9	23.4	0.422	0.442	0.471	0.472	0.489	0.512
	2.5	15.7	21.7	0.430	0.450	0.478	0.481	0.497	0.519
	2.8	14.1	19.5	0.440	0.459	0.487	0.491	0.507	0.528
	3.2	12.4	17.3	0.449	0.469	0.496	0.503	0.517	0.539
	3.6	11.2	15.3	0.457	0.476	0.503	0.511	0.527	0.548
LL	2.3	16.4	23.0	0.407	0.429	0.458	0.460	0.476	0.500
	2.5	15.2	21.3	0.415	0.436	0.464	0.468	0.485	0.508
	2.8	13.7	19.1	0.424	0.443	0.473	0.478	0.494	0.517
	3.2	12.1	16.8	0.434	0.454	0.482	0.489	0.505	0.527
	3.6	10.9	15.1	0.441	0.461	0.488	0.497	0.513	0.585
KLM	2.3	16.9	23.4	0.422	0.442	0.471	0.472	0.489	0.512
	2.5	15.7	21.7	0.430	0.450	0.478	0.481	0.497	0.519
	2.8	14.1	19.5	0.440	0.459	0.487	0.491	0.507	0.528
	3.2	12.4	17.3	0.449	0.469	0.496	0.503	0.517	0.539
	3.6	11.2	15.3	0.457	0.476	0.503	0.511	0.527	0.548
G	2.3	17.3	23.9	0.437	0.457	0.484	0.485	0.501	0.524
	2.5	16.0	22.1	0.444	0.464	0.491	0.493	0.509	0.532
	2.8	14.4	19.8	0.457	0.474	0.501	0.505	0.521	0.542
	3.2	12.7	17.4	0.465	0.484	0.510	0.516	0.531	0.552
	3.6	11.4	15.6	0.473	0.492	0.518	0.525	0.540	0.561

5.1.1.4 风机形式

空气冷却器上均采用低压轴流风机，主要由叶片、轮毂和驱动机构组成。自动调角风机还有一套比较复杂的自调机构。风机大体分为如表 5-1-6 所述的几种类型。

表 5-1-6 风机形式

项目	类型	说明
(1) 运行方式	① 鼓风式	空气先经过风机再进入管束
	② 引风式	空气经过管束再进入风机
(2) 调节方式	① 调角方式	停机调节。运转中手调,以压缩空气遥控或以仪表自控
	② 调速方式	运转中遥控,或以仪表自控
(3)连接方式	① 直接传动	效率最高,适用于调速控制风机
	② 齿轮传动	运行可靠,效率较高,构造较复杂噪声大
	③ 皮带轮传动	结构简单,效率低,噪声忽略不计,但皮带需更换

风机的型式与代号详见表 5-1-7 所示。

表 5-1-7 风机形式与代号表[5]

通风方式	代号	风量调解方式	代号	叶片形式	代号	风机传动方式	代号
鼓风式	G	停机手动调角风机	TF	R 型玻璃钢叶片	R	V 带传动	V
引风式	Y	不停机手动调角风机	BF	B 型玻璃钢叶片	B	齿轮减速器传动	C
		自动调角风机	ZFJ	铸铝叶片	L	电动机直接传动	Z
		自动调速风机	ZFS	W 型玻璃钢叶片	W	悬挂式 V 带传动,电机轴朝上	V_s
						悬挂式 V 带传动,电机轴朝下	V_x

风机配置应考虑以下问题：

① 根据噪声要求选择风机配置。依照我国颁布实施的“工业企业噪声卫生标准”，空气冷却器的噪声限制，一般遵从如下规定[4]：风机单机的噪声限制在 85dB 之内；风机机群的噪声控制在 90dB 之内。噪声值主要取决于叶尖速度，因而降低叶尖速度是降低噪声的主要措施。叶尖速度在 40~60m/s 左右时可以满足噪声限制。

② 根据介质终端温度的控制精度要求，可参照表 5-1-8 选择风机的控制方式[4]。

表 5-1-8 热流终端温度控制精度与风机控制方法的选择

要求控制精度	控制方法
±16℃以外	可采用固定叶角风机,并用开-停操作方法控制
±11℃	不同工况的管束,共用一跨构架及风机者,用百叶窗控制(手动或自动) 不存在构架和风机共用,且该空冷有多台风机时,其中有四分之一应采用自调风机
±6℃	一半以上风机采用自调风机
±2.8℃以内	所有风机均使用自调风机

③ 从节约电耗考虑，风机直径宜大。应尽可能采用自控风机，例如调速风机具有节能、投资少、系统简单、维护简便等优势，可优先选用。

④ 选择风机时，必须使风机叶轮旋转面积大于所辖管束面积的 40%。

5.1.1.5 构架形式

空气冷却器构架由立柱、横梁、风箱等组成。构架尺寸应与管束和风机的尺寸相配，在选择构架型号时，应注意下列事项：

① 相同长度的管束，才可放在同一构架上；不同长度的管束，一般不组成同一个台或组，应分开独立组合。

② 不同宽度的管束放在同一构架上时，如果不占满构架的全宽，空缺部分应用密封件覆盖封闭；

③ 鼓风式构架自成整体。引风式构架多数依靠管束框架侧梁构成，不能独立支持。

④ 除水平式及斜顶式空气冷却器构架有标准规格外，其他形式均需自行设计。

与管束相对应，构架依据布置方式分为水平式、斜顶式、湿式和干-湿联合式四种。每种结构包括开式和闭式两种形式。开式构架不能单独使用，只供组合使用；闭式构架可单独使用。

鼓风式水平构架、引风式水平构架和斜顶式构架示意于图 5-1-2 中。

5.1.1.6 管箱形式(表 5-1-9)

表 5-1-9 管箱形式及特点表

管箱名称	结构特点	适用范围
1. 丝堵式管箱 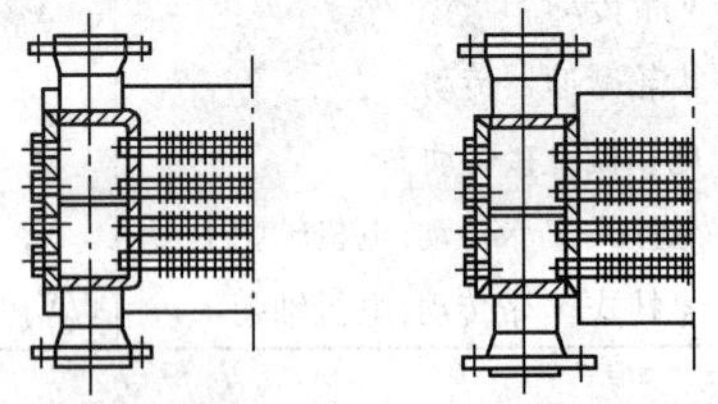	管子与管板采用胀接，密封好，允许工作压力≤20.0MPa。丝堵孔和管板孔必须在同一轴线上。丝堵管箱制造简单，内部可焊上分割板和加强板。缺点是丝堵及垫圈数量较多，加工量大	可用于汽油、煤油、柴油、轻质油、溶剂及介质污垢系数不大于 0.0086$m^2 \cdot K/W$ 的流体。最大的优点是可以通过丝堵孔进行胀管和清洗管内污物，维修十分方便
2. 法兰式管箱 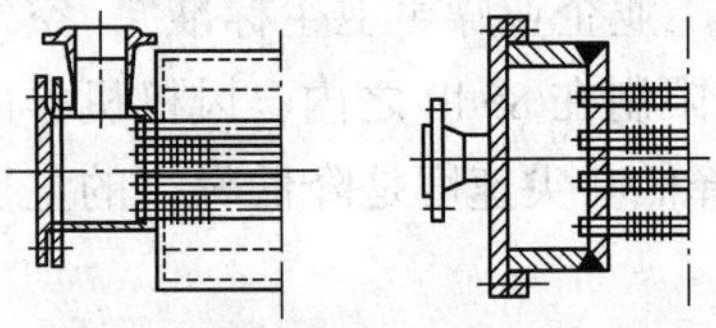	也称为可卸盖板式管箱。这种管箱制造简单，内部可焊上分割板和加强板。允许工作压力≤6.4MPa。密封面较大，容易产生泄漏。盖板厚重，检修不方便	一般用于黏度较大或比较脏的介质，因为它便于检修时打开盖板进行清洗
3. 集合管型管箱 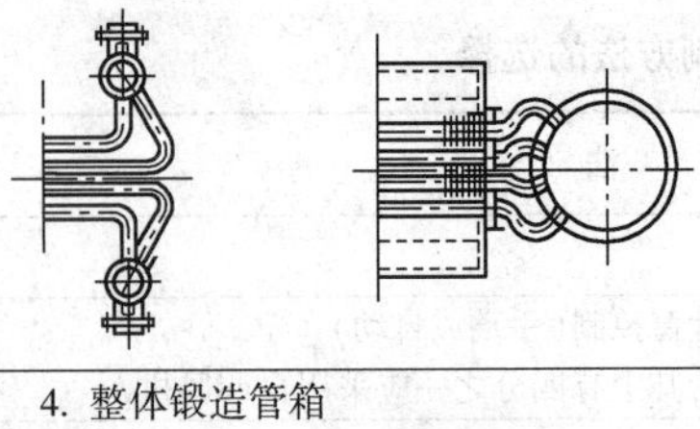	管箱上都焊有短管与翅片管焊接，焊接工艺均采用强度焊。允许工作压力≤35.0MPa。允许工作压力≤35.0MPa。缺点在于无清扫孔，要求介质比较清洁不结垢。其次，对焊接工艺和技术要求较高	一般说来，这种结构是用在高温、高压空气冷却器结构上。可以保证有毒、易燃易爆等有害液体和气体不致泄漏
4. 整体锻造管箱 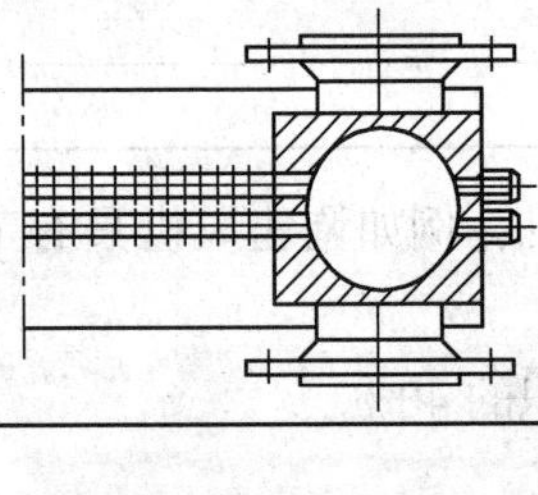	焊缝少，无损探伤量少。安全系数高	用于高温高压操作条件，如加氢裂化装置

5.1.1.7 空冷器型号表示方法

空气冷却器型号的表示方法[5]：

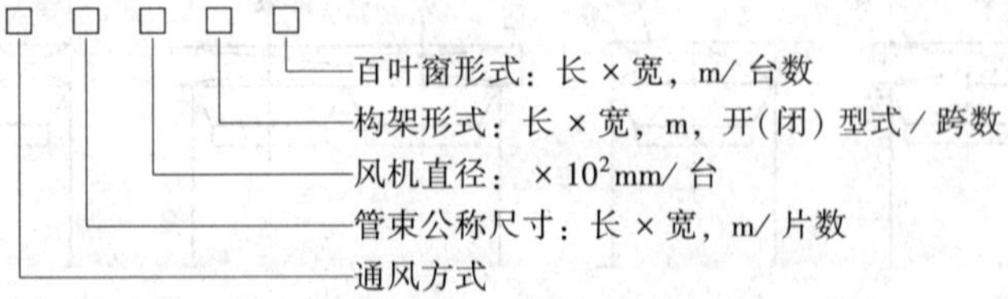

例如：$GP-\frac{9\times1/1}{9\times2/1}-\frac{ZF24/1}{BF24/2}-GJP9\times3D/1-SC9\times3$

GP 水平式管束；9m×1m/1 片，9m×2m/1 片；ZF 自调风机直径 2400mm/1 台，BF 不停机手动调角风机直径 2400mm/2 台；开式 GP 水平式构架 9m×3m；SC 手动调节百叶窗 9m ×3m。

管束型号的表示方法[5]说明如下：

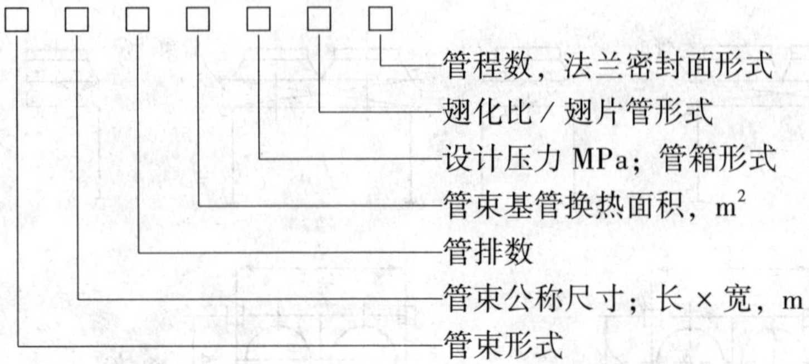

例如：X4.5×3-4-63.6-1.6S-23.4/L-Ⅰa

X 表示斜顶式管束；长 4.5 m；宽 3 m；4 排管；基管换热面积为 63.6m^2；设计压力 1.6MPa，丝堵式管箱；翅化比 23.4/L 形绕片管；Ⅰ管程；光滑密封面平焊法兰。

风机型号的表示方法[5]说明如下：

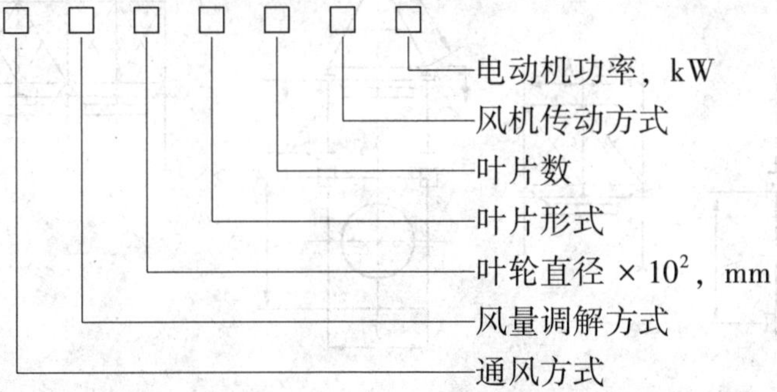

例如：G-TF36B4-Vs17

G 表示鼓风式、TF 停机手调角，叶轮直径为 3600mm，叶片形式为 B，4 叶片，Vs 悬挂式电机轴朝上的三角带传动；电机功率为 17kW。

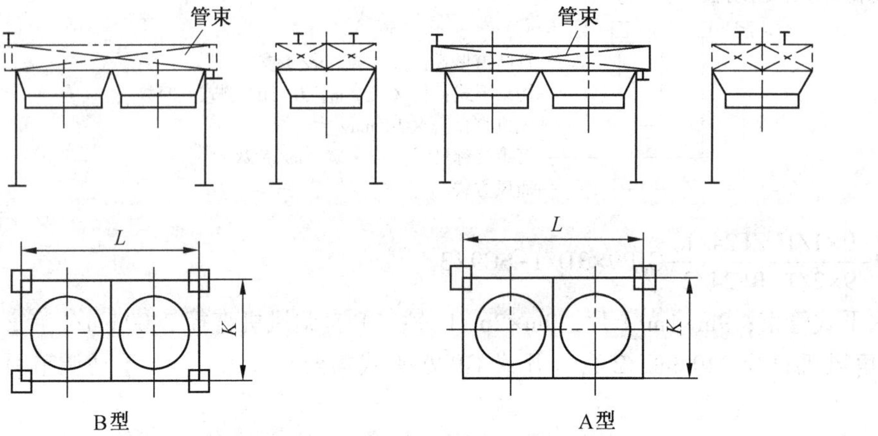

(a) 鼓风式水平构架

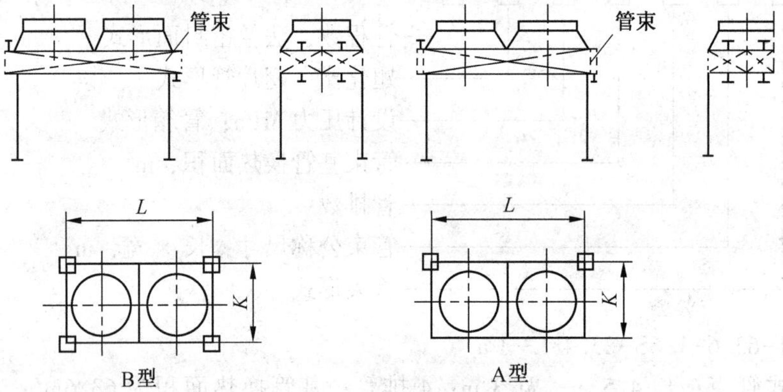

(b) 引风式水平构架

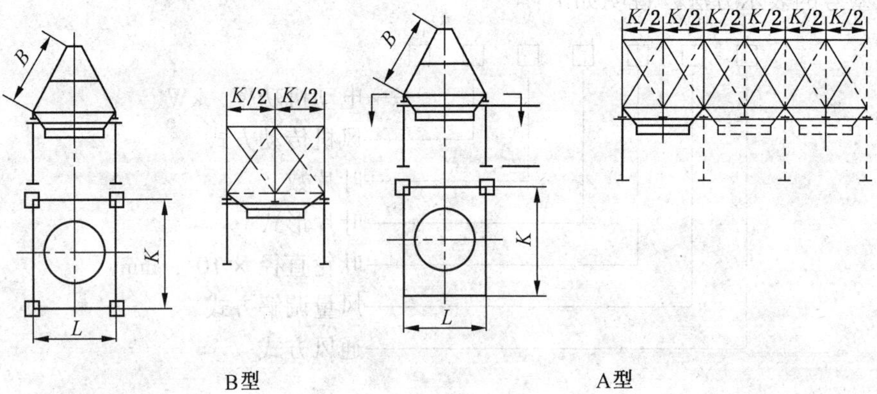

(c) 斜顶式构架

图 5-1-2 构架示意图

5.1.2　空冷器总体设计

5.1.2.1　总体设计要点

① 根据工艺介质的冷凝冷却要求及所建装置的水源、电力情况，进行空冷与水冷的技术经济比较，以确定使用空气冷却器的合理性；

② 根据热介质要求的冷却终温、环境条件，确定空气冷却器的型式(指干式空冷、湿式空冷、干湿联合空冷等)；

③ 按经验总传热系数初步估算所需的换热面积，选择空气冷却器的型号；

④ 根据工艺介质的操作条件及物性，对初选型号进行精确核算：管内膜传热系数及压力降、管外传热系数及压力降、总传热系数、有效平均温差，进而计算所需传热面积。如果所选型号的面积不足或偏大，需调整型号，重复前面计算，直至所选型号满足设计要求。然后再对风机进行核算。若选用的是湿式空冷或干湿联合空冷，还需计算喷水量及水的耗量；

⑤ 根据装置生产特点，综合考虑空冷的平竖面布置及调节控制方案；

⑥ 考虑噪声、防凝防冻等方面的问题。

5.1.2.2　有关参数的选择

(1) 总体形式选择

表 5-1-10 以工艺过程的特点，对空冷器总体设计大致的进行分类，并说明适用场合和不足之处。

表 5-1-10　总体设计形式分类说明

工艺流程类型	适用场合及特点	不足之处
① 前干空冷-后水冷	a. 水源充足； b. 要求介质终端温度冷至接近大气湿球温度； c. 装置内场地较紧凑	a. 需有循环水冷却系统； b. 操作费和检修费较大； c. 热介质终端温度控制较差
② 前干空冷-后湿空冷	a. 水源不充足，水耗约为后冷器的 5%～10%左右； b. 要求介质终端温度高于大气湿球温度 5℃左右； c. 操作费用比后冷小 20%～40%	a. 后湿冷占地面积大； b. 操作技术比后冷要求高
③ 干湿联合空冷	a. 适于中小处理能力场合； b. 占地面积小； c. 操作费用省	a. 操作技术要求高
④ 全干空冷	a. 寒冷地区； b. 介质终温比夏季设计气温高 15～20℃； c. 运转费最省	
⑤ 全湿空冷	a. 作为干空冷的补充手段； b. 进口温度低的介质，并且介质冷却终温高于湿球 5℃	a. 进口温度高于 80℃时，翅片管表面易结水垢

(2) 管排数的选择

当依靠经验总传热系数估算出所需要的面积后，进行空冷器管束结构的参数选型，表 5-1-11～表 5-1-15 说明了选择管排数、迎风面速度和翅片类型的参考值。

表 5-1-11 管排数选用参考表

过程类别	建议管排数	过程类别	建议管排数
冷却过程		汽缸冷却水	4
轻碳氢化合物(汽油、煤油等)	4 或 6	冷凝过程	
轻柴油	4 或 6	轻碳氢化合物(汽油、煤油等)	4 或 6
重柴油	4 或 6	水蒸气	4
润滑油	4 或 6	重整或加氢反应器出口气体	6
塔底重质油	6 或 8	塔顶冷凝器	4 或 6
烟　气	4		

表 5-1-12 依据管内介质温度变化范围选择管排数参照表

热流体温度变化范围/℃	总传热系数/(W/m²·K)	推荐管排数
$\Delta T \leq 6$		3
$6 < \Delta T \leq 10$	<300	3
$50 < \Delta T \leq 100$	<200	5
$100 < \Delta T \leq 170$	<150	6
$\Delta T > 170$		8

管排数对投资及操作费用影响较大，一般来说，选用多管排数比较经济。表 5-1-13 说明了这种关系。在设计时通常根据设计条件综合考虑各方面因素，对管排数进行合理的选择。

表 5-1-13 管排数对设备费用的影响

管排数	2	3	4	5	6	7	8
费用系数	1.25	1.15	1.00	0.916	0.856	0.837	0.815

(3) 迎风面速度的选择

表 5-1-14 是管排数与标准迎风面速度关系的参考值。空气在标准状态(10^5Pa，20℃)下通过迎风面的速度，简称为标准迎风面速度。通常使用该参数来确定空气的流速，因此迎风面速度的选择要求适当。

表 5-1-14 管排数与相应迎风面速度参考值[11][12][13]

管排数	3	4	5	6	7	8	9	10	11	12	备注
标准迎风面速度/(m/s)		3.15	2.84	2.74	2.54	2.44					[11]
		2.8		2.5		2.3					[12]
	3.15	3.00	2.83	2.75	2.58	2.5	2.33	2.25	2.16	2.08	[13]

在设计过程中，迎风面速度可依据所选翅片管类型及高低翅片管做适当调整。例如，对于椭圆翅片管，所选风速应比推荐值有所提高。

当采用引风式空气冷却器时，因风机入口处空气温度较高，为了节省动力可采用较低的迎风速度，但空气冷却器的面积要稍大些。

(4) 翅片管类型的选择：对于翅片类型的选择，可依据管内膜传热系数作为判断，表 5-1-15提供了参考值。

表 5-1-15 翅片类型的选择

管内膜传热系数/(W/m²·℃)	选用翅片类型	管内膜传热系数/(W/m²·℃)	选用翅片类型
>2000	高　翅	120~1200	低　翅
1200~2000	高翅或低翅	<120	光　管

5.2 现场设备的传热与空气阻力估算

5.2.1 热负荷

热负荷的计算方法是根据热流体的工况条件作热量计算，得出此过程所需要的冷凝冷却的热负荷量。在设备选型计算中，建议取热流的放热负荷作为总负荷量。

5.2.1.1 冷却过程

气体、液体或气液混相的冷却过程热负荷，计算如下：

$$Q=W_i\times[y_1\times(H_{g1}-H_{g2})+(1-y_1)\times(H_{l1}-H_{l2})] \tag{5-2-1}$$

式中 Q——热流冷却的热负荷，W；

W_i——管内介质质量流率，kg/s；

H_{g1}、H_{g2}——气相进出口热焓，J/kg；

H_{l1}、H_{l2}——液相进出口热焓，J/kg；

y_1——进口处气相质量分率。

5.2.1.2 冷凝冷却过程

$$Q=W_i\times[y_1\times H_{g1}+(1-y_1)\times H_{l1}-(1-y_2)\times H_{l2}-y_2\times H_{g2}] \tag{5-2-2}$$

式中 y_2——出口处气相质量分率。

含不凝气的介质冷凝过程须将全过程分段处理，总热负荷为各段之和。当给出热流介质进出口压力、温度、流率和组成后，使用状态方程做气液平衡计算，求出进出口处气相分率，然后，按式(5-2-2)计算热负荷。

5.2.2 经验总传热系数

在初选空冷器型号时，可依据经验总传热系数、热负荷及对数平均温差，估算空冷器换热面积。经验总传热系数可参照表 5-2-1 选取。

表 5-2-1　总传热系数经验值[4]

介质名称	操作条件或说明	总传热系数/[W/(m²·K)]
一、液体冷却		
C_3、C_4 轻烃类		400~520
芳　烃		400~460
汽　油		400~430
轻石脑油		370~390
重石脑油		340~370
重整产物		400
煤　油		350~400
轻柴油		290~350
重柴油		230~290
油品 40° API($\rho_4^{20}\approx0.83$)	平均温度~65℃	140~200
	95℃	280~340
	150℃	310~370
	200℃	340~390
油品 30° API($\rho_4^{20}\approx0.88$)	平均温度~65℃	70~130
	95℃	140~200
	150℃	250~310
	200℃	280~340

续表

介 质 名 称	操作条件或说明	总传热系数/[W/(m^2·K)]
油品 20°API($\rho_4^{20}\approx0.93$)	平均温度~95℃	60~90
	150℃	75~130
	200℃	175~220
油品 8-14°API($\rho_4^{20}\approx0.97$)	平均温度~150℃	35~60
	200℃	60~90
燃料油		120~175
润滑油	高黏度	60~135
	低黏度	120~145
焦　油		30~60
工艺过程用水		610~730
工业用水(冷却水)	经过净化	60~700
盐水	含 75%的水	510~630
贫碳酸钠(钾)溶液		460
环丁砜溶液	出口黏度约 7cp	400
乙醇胺溶液	浓度 15%~20%	600
	浓度 20%~25%	540
醇及大部分有机溶剂		400~430
氨		560~690
二、气体冷却		
轻碳氢化合物	~0.07MPa(表)	85~110
	0.35MPa	170~200
	0.7MPa	250~290
	2.1MPa	370~390
	3.5MPa	390~430
较重轻碳氢化合物	~0.07MPa	85~110
	0.35MPa	200~220
	0.7MPa	250~280
	2.1MPa	370~390
轻有机蒸汽	~0.07MPa	60~85
	0.35MPa	85~110
	0.7MPa	170~220
	2.1MPa	250~280
	3.5MPa	280~310
空　气	~0.07MPa	45~60
	0.35MPa	80~105
	0.7MPa	140~170
	2.1MPa	220~250
	3.5MPa	250~280
氨	~0.07MPa	60~85
	0.35MPa	85~110
	0.7MPa	170~220
	2.1MPa	250~280
	3.5MPa	280~310
蒸　汽	~0.07MPa	60~85
	0.35MPa	85~110
	0.7MPa	140~170
	2.1MPa	250~280
	3.5MPa	310~350
氢气,100%(体)	~0.07MPa	110~175
	0.35MPa	250~290
	0.7MPa	370~390
	2.1MPa	490~520
	3.5MPa	520~570

续表

介质名称	操作条件或说明	总传热系数/[W/(m^2·K)]
75%(体)	~0.07MPa	95~160
	0.35MPa	230~250
	0.7MPa	350~370
	2.1MPa	450~490
	3.5MPa	490~510
60%(体)	~0.07MPa	85~140
	0.35MPa	200~230
	0.7MPa	310~350
	2.1MPa	430~450
	3.5MPa	465~510
25%(体)	~0.07MPa	70~130
	0.35MPa	170~220
	0.7MPa	250~290
	2.1MPa	370~400
	3.5MPa	450~490
甲烷、天然气	0~0.35	220
	0.35~1.4MPa	290
	1.4~10.0MPa($\Delta p<0.1$ MPa)	350~530
乙 烯	8.0~9.0MPa	400~460
重整反应器出口气体		290~350
加氢精制反应器出口气体		290~350
合成氨及合成甲醇反应出口气体		460~520
三、冷凝		
原油常压分馏塔塔顶气冷凝		350~400
催化分馏塔塔顶气冷凝		350~400
轻汽油-水蒸气-不凝气的冷凝		350~400
炼厂富气冷凝		230~290
轻碳氢化合物的冷凝		
C2、C3、C4		520
C5、C6		460
粗轻汽油	0.07 MPa(表)	420
	0.15MPa	480
	0.5MPa	510
轻汽油		460
煤 油		370
芳 烃		400~470
加氢过程反应出口气体部分冷凝		
加氢裂解	10.0~20.0MPa(表)	450
催化重整	2.5~3.2MPa	420
加氢精制——汽油	8.0MPa	390
柴油	6.5MPa	340
乙醇胺塔顶气冷凝	50~80℃	350
	80~100℃	520
水蒸气冷凝		700
氨冷凝		580

5.2.3 有效平均温差

5.2.3.1 空气出口温度的估算

(1) 空气设计温度 t_a

空气的设计温度是指设计空气冷却器时所采用的空气入口的干球温度。在文献[4]中空气设计温度采用当地“夏季平均每年不保证五天的平均气温”来确定。但是因为数据不全，使得选取空气设计温度经常发生困难。本章建议采用按当地最热月的日气温的月平均值，再加上3~4℃来确定空气的设计温度。我国各主要城市的气温统计数据表[6]列于附表5-5中，以供设计参考。

（2）空气温升 Δt

在估选空冷器时，空气流率和空气出口温度都没有确定，不能进行面积估算。推荐下述方法，可根据选择的经验总传热系数估算空气温升和出口温度，据此可以进而求出对数平均温差和估算面积，初选空冷器型号。

$$\Delta t=t_2-t_a=0.88\times10^{-3}\times K\times F_f\times\left(\frac{T_1+T_2}{2}-t_a\right) \tag{5-2-3}$$

式中 Δt——空气温升，℃；

K——以光管外表面积为基准的总传热系数，W/(m²·℃)；

F_f——空气温升校正系数，由图5-2-1查出。

对于已知的空冷器设备，可依据选择的标准迎风面速度和设备尺寸，计算空气流率，进而求出空气的出口温度。

$$t_2=t_a+\frac{Q}{W_a\cdot C_{pa}} \tag{5-2-4}$$

$$W_a=\rho_a\cdot L\cdot B\cdot U_{nf}\cdot N_p\cdot N_s \tag{5-2-5}$$

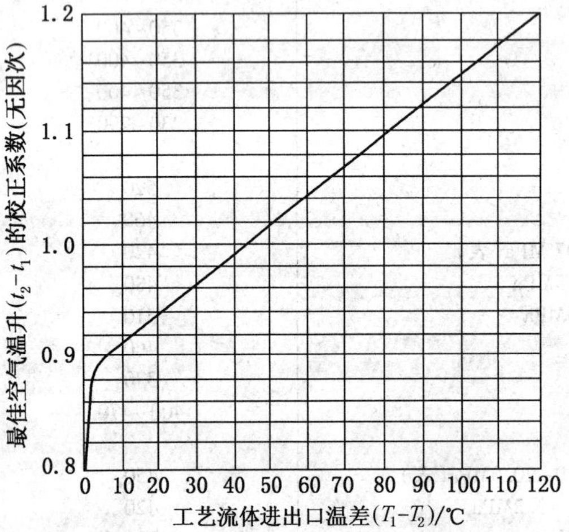

图5-2-1 估算空气温升校正系数图

式中 t_2——空气出口温度，℃；

W_a——空气的质量流量，kg/s；

C_{pa}——空气的比热容，J/(kg·K)。对于干式空冷器，由于空气的比热在通常的操作温度内变化不大，在计算中空气的比热可取1005J/(kg·K)。

U_{nf}——标准迎风面速度，m/s；

L——管束长度，m；

B——管束宽度，m；

N_p——管束并联片数；

N_s——管束串联片数。

5.2.3.2 对数平均温差 ΔT_m

$$\Delta T_m=\frac{(T_1-t_2)-(T_2-t_a)}{\ln\left(\frac{T_1-t_2}{T_2-t_a}\right)} \tag{5-2-6}$$

5.2.3.3 对数平均温差校正系数 F_T

对数平均温差校正系数 F_T 可由图5-2-2~图5-2-5[4]查出，式中 P、R 的计算如下：

$$P=\frac{t_2-t_a}{T_1-t_a} \tag{5-2-7}$$

$$R=\frac{T_1-T_2}{t_2-t_a} \tag{5-2-8}$$

图 5-2-2 为交叉流单管程；图 5-2-3 为逆向交叉流；图 5-2-4 为并列交叉流；图 5-2-5 为光管管束。

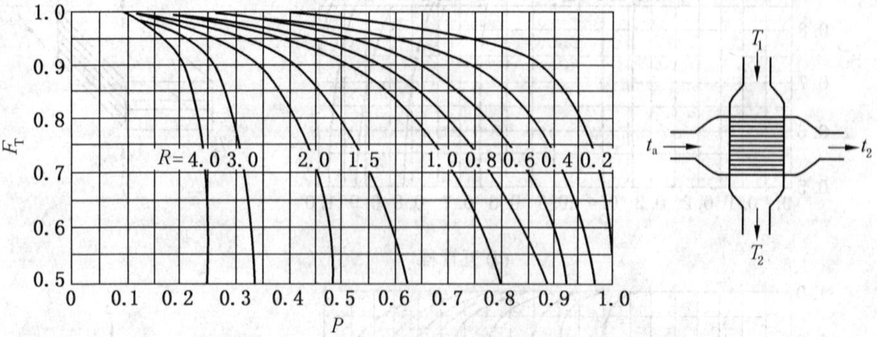

图 5-2-2　交叉流温差修正系数 F_T（单管程）

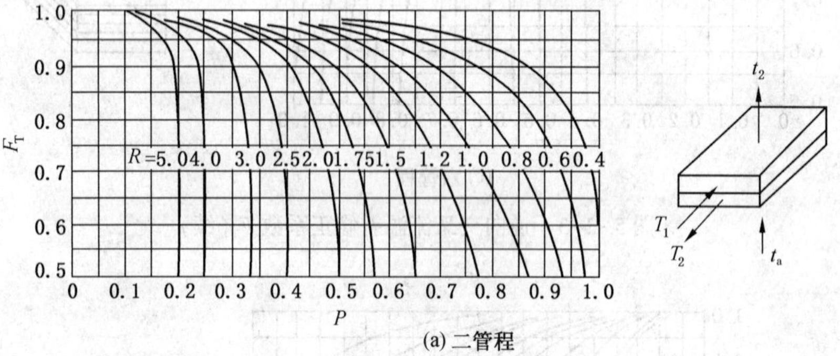

(a) 二管程

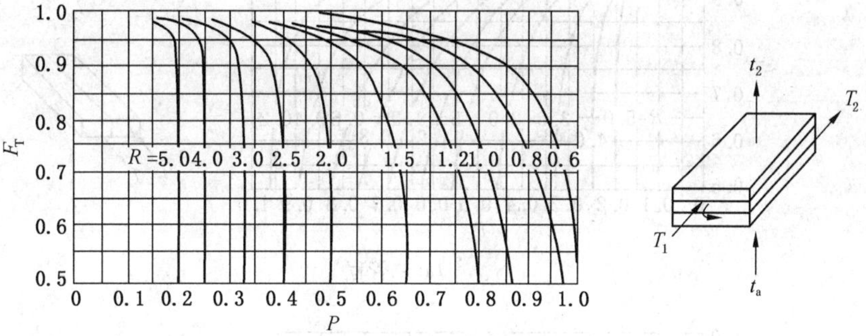

(b) 三管程

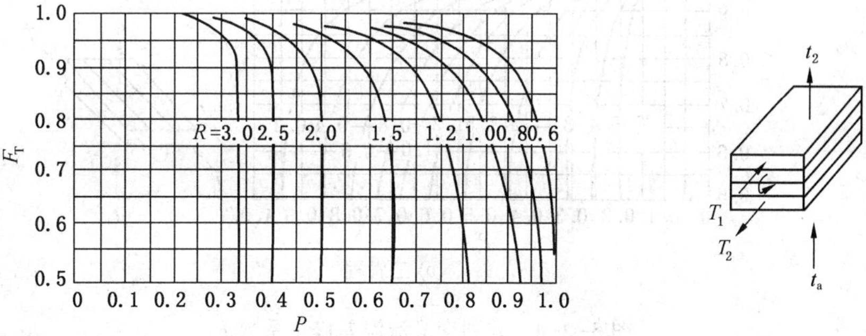

(c) 四管程

图 5-2-3　逆向交叉流温差修正系数 F_T

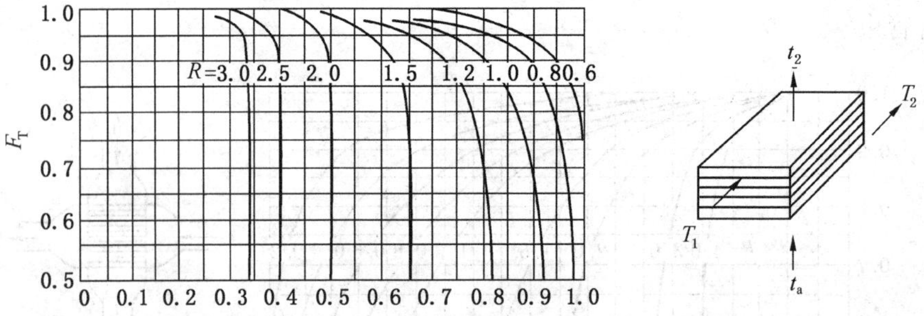

(d) 五管程

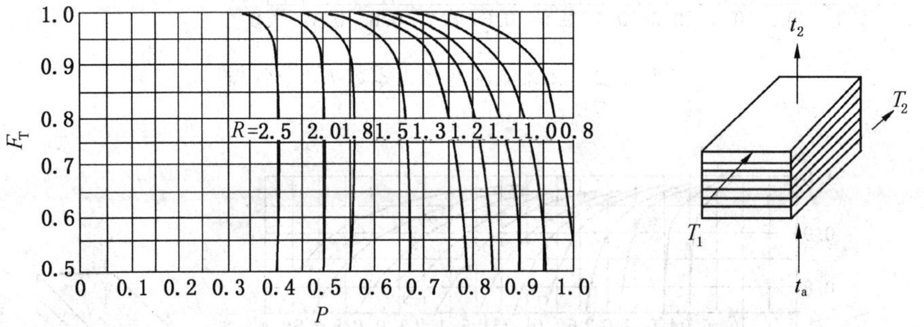

(e) 六管程

图 5-2-3 逆向交叉流温差修正系数 F_T(续)

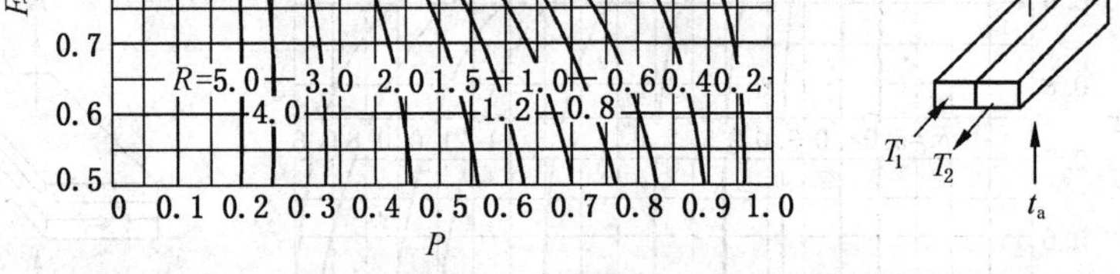

(a) 二管程

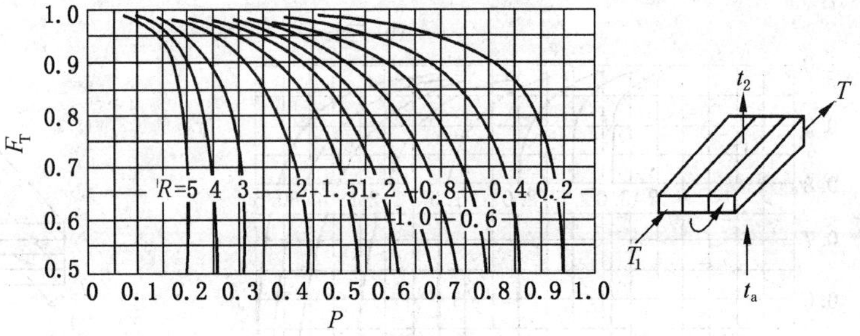

(b) 三管程

图 5-2-4 并列交叉流温差修正系数 F_T

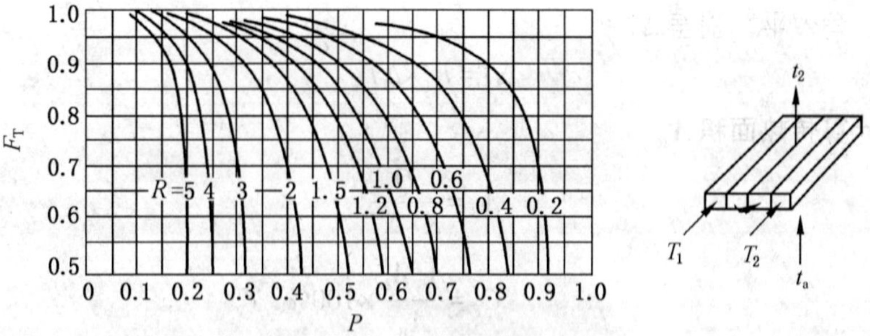

(c) 大于三管程

图 5-2-4 并列交叉流温差修正系数 F_T(续)

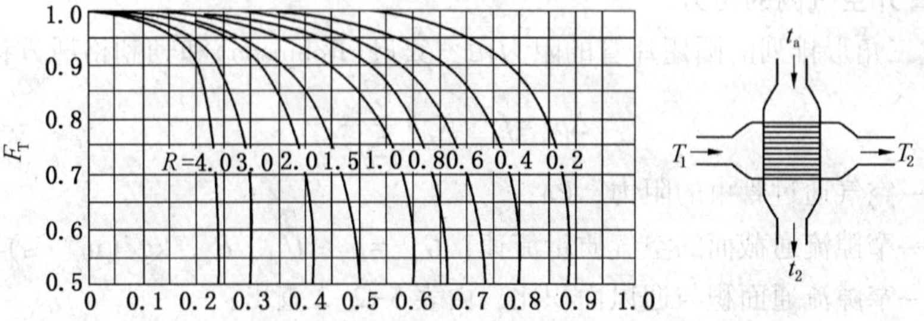

(a) 光管、单管程

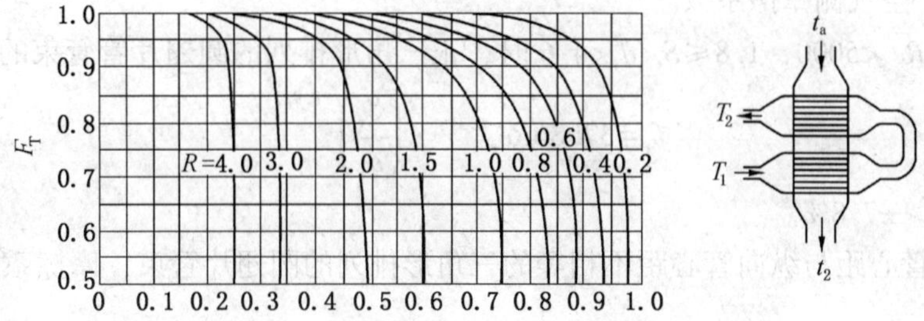

(b) 光管、二管程，逆向交叉流

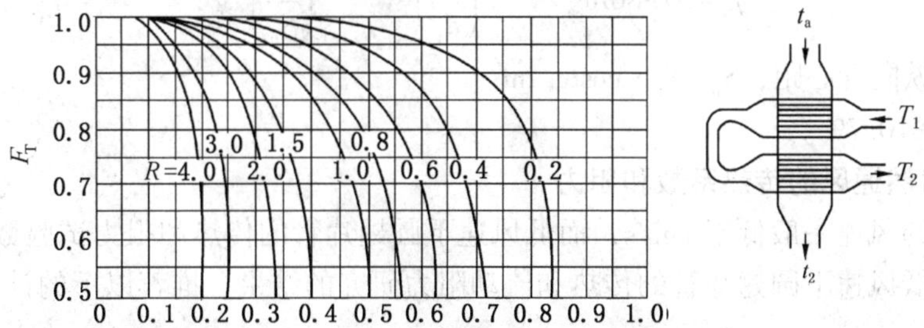

(c) 光管、二管程，顺向交叉流

图 5-2-5 温差修正系数 F_T

对于石油重馏分或其他高黏度的介质，往往采用光管管束的空冷器。由于光管外表面没有翅片的限制，空气沿纵向(管轴方向)可以看成是完全混合的，温差校正系数曲线不同于翅片管，可按图 5-2-5 查出。

5.2.3.4 有效平均温差 ΔT

$$\Delta T=F_T\times\Delta T_m \tag{5-2-9}$$

5.2.4 计算传热面积 A_R

$$A_R=\frac{Q}{K\times\Delta T} \tag{5-2-10}$$

$$C_F=\frac{A-A_R}{A_R}\times100\% \tag{5-2-11}$$

式中 A——实际选用的空冷器传热面积，m^2；

C_F——面积余量，%。

5.2.5 管外空气侧的阻力

空气流过三角形排列的圆翅片管的阻力由罗宾逊(Robinson)和勃利格斯方程来计算。

$$\Delta p_{st}=f_a\cdot N_r\cdot\frac{G_{max}^2}{2\rho_a} \tag{5-2-12}$$

式中 Δp_{st}——空气通过管束的阻力，Pa；

G_{max}——窄隙流通截面的空气质量流速，$G_{max}=\rho_a\cdot U_{nf}\cdot B_z$，kg/($m^2$·s)；

B_z——窄隙流通面积与迎风面积比，由表 5-2-2 查出；

N_r——管排数；

f_a——空气侧摩擦系数。

当 $2000\leqslant Re_a<5000$，$1.8\leqslant S_t/d_r<4.6$ 时，正三角形排列的圆翅片管管束的摩擦系数为：

$$f_a=37.86Re_a^{-0.316}\cdot\left(\frac{S_t}{d_r}\right)^{-0.927} \tag{5-2-13}$$

公式误差$\ngtr\pm7.8\%$。

对于横向管心距与纵向管心距不相等的三角形排列的圆翅片管束，摩擦系数的计算采用下面的公式：

$$f_a=37.86Re_a^{-0.316}\cdot\left(\frac{S_t}{d_r}\right)^{-0.927}\cdot\left(\frac{S_t}{S_p}\right)^{0.515} \tag{5-2-14}$$

式中 S_p——纵向管心距，$S_p=S_t\cdot\cos\alpha$，m。

公式误差±10.7%。

5.2.6 自然通风的传热系数和阻力

自然通风的风速一般低于 1m/s，而低风速下圆翅片管的传热和阻力试验数据非常缺乏。现根据我们对低风速下圆翅片管的传热和流动阻力研究的结果，推荐以下的计算关联式，仅供参考。

以光管外表面积为基准的管外膜传热系数：

$$h_o=0.076\frac{\lambda_a}{d_r}\cdot Re_a^{0.683}\cdot\left(\frac{A_t}{A_o}\right) \tag{5-2-15}$$

适用范围：$1100\leqslant Re_a\leqslant3000$，公式误差±10%。

空气通过圆翅片管束的阻力计算公式为：

$$\Delta p_{st}=2.292N_r \cdot U_{nf}^{1.434} \tag{5-2-16}$$

公式的适用范围为：$0.35m/s \leqslant U_{nf} \leqslant 0.95m/s$，公式误差±15%。

5.3　风机功率和风筒高度

5.3.1　强制通风时的风机功率

(1) 全风压

系指空气通过空气冷却器时的总静压力降与风机出口动压力降之和。

$$H=\Delta p'_{st}+\Delta p_D \tag{5-3-1}$$

式中　H——全风压，Pa；

$\Delta p'_{st}$——通过管束的总静压力降，Pa。包括管束压力降、吸入及排出气流时收缩、扩大以及空气在风箱内转折的局部阻力影响。一般可按管束静压力降的1.1~1.2倍处理；

Δp_D——风机的动压力降，Pa。

$$\Delta p_D=\frac{U_B^2}{2}\cdot \rho_b \tag{5-3-2}$$

式中　ρ_b——空气流过风机叶片时的密度，kg/m³；

U_B——空气离开风机时的气速，m/s。

$$U_B=\frac{V_o}{900\pi \cdot D_f^2} \tag{5-3-3}$$

式中　V_o——通过每台风机的风量，Nm³/h(标准状态定义为10^5Pa，20℃)；

$$V_o=3600U_{nf}\times L\times B_1\times N_P\times N_S/N_{sf}$$

D_f——风机叶轮直径，m；

N_{sf}——风机系数。

(2) 电机功率

$$N=\frac{2.778\times 10^{-7}H_L \cdot V \cdot F_L}{\eta_1 \cdot \eta_2 \cdot \eta_3} \tag{5-3-4}$$

式中　N——风机所配电机所需的电机功率，kW；

V——风机入口处的实际风量，m³/h。

$$V=V_o \cdot \left(\frac{273+t}{293}\right) \tag{5-3-5}$$

式中　H_L——海拔高度，m；

η_1——风机效率(一般不应低于0.65，其确定方法参考下面内容)；

η_2——传动效率(直接带动按1.0考虑，皮带传动按0.95考虑)；

η_3——电机效率(一般取0.86~0.92)；

F_L——海拔高度校正系数。

$$F_L=0.98604+0.01435\times 10^{-2}H_L+2.495\times 10^{-9}H_L^2 \tag{5-3-6}$$

F_L也可由图5-3-1查出。

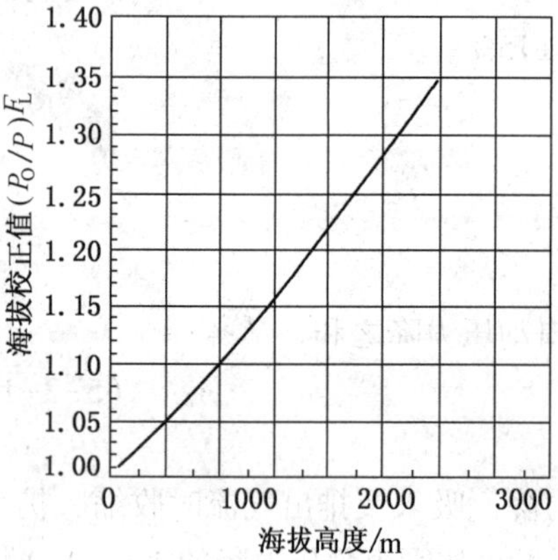

图 5-3-1 海拔高度校正值

(3) 风机轴功率

$$N_o = 1.35\times10^{-7}\overline{N}\cdot D_f^5\cdot n^3 \qquad (5\text{-}3\text{-}7)$$

式中 N_o——风机轴功率，kW；

$\overline{N}$——风机轴功率系数，由风机叶片夹角及风量系数从风机特性曲线查得。

风机效率和风机轴功率系数可以通过以下方法来确定：

首先计算出风压系数与风量系数，然后根据风机叶片特性曲线中的$\overline{V}$-$\overline{H}$曲线，确定叶片夹角，再由风机叶片夹角从特性曲线上的$\overline{V}$-η 曲线中查得风机效率，从特性曲线上的$\overline{V}$-$\overline{N}$曲线中查得风机轴功率系数。图5-3-2~图 5-3-4[11,12]分别是 B 型四叶片、B 型六叶片、W 型四叶片风机的特性曲线。图中风压系数、风量系数的定义为：

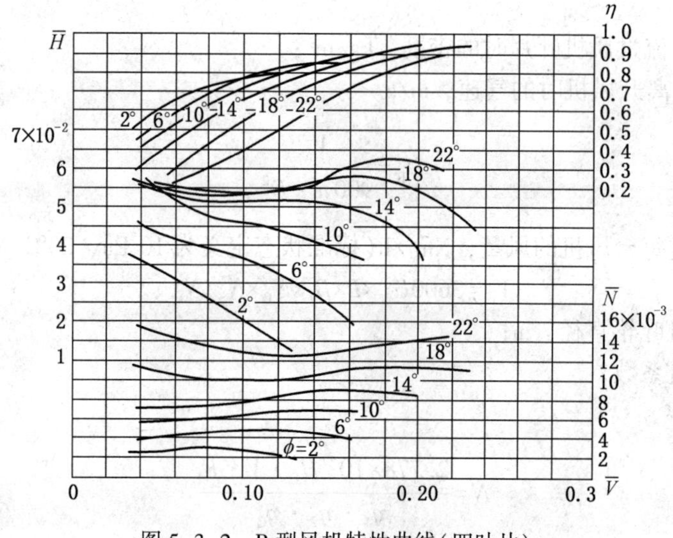

图 5-3-2 B 型风机特性曲线(四叶片)

$$\overline{H}=\frac{H}{3.2765\times10^{-3}D_f^2\cdot n^2} \qquad (5\text{-}3\text{-}8)$$

$$\overline{V}=\frac{V}{1.48\times10^{2}D_f^3\cdot n} \qquad (5\text{-}3\text{-}9)$$

确定年操作时间 τ 小时，则每年的实际消耗的轴功率为：

$$N=\eta_3\cdot N_o\cdot(x\%)\cdot\tau \qquad (5\text{-}3\text{-}10)$$

式中 $\overline{H}$——风压系数；

$\overline{V}$——风量系数；

n——叶轮转速，r/min。

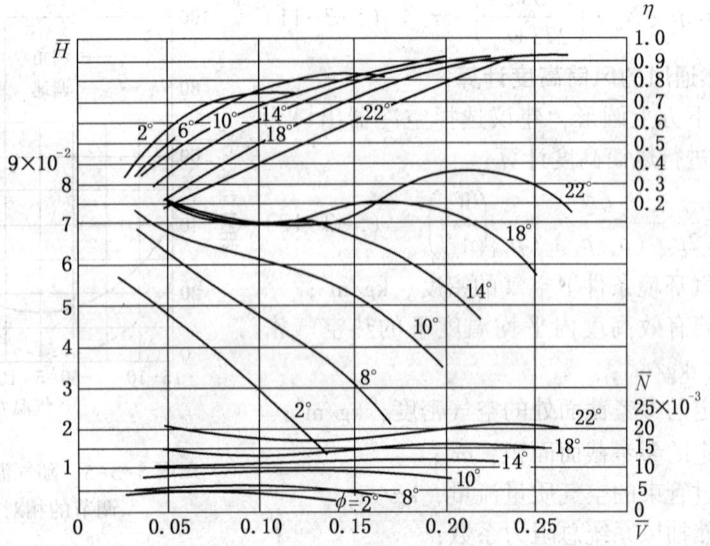

图 5-3-3　B 型风机特性曲线(六叶片)

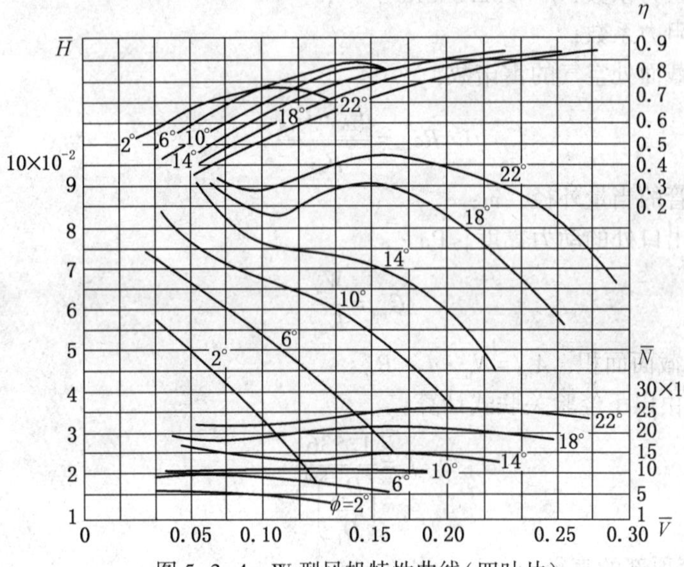

图 5-3-4　W 型风机特性曲线(四叶片)

(4) 动力消耗

在提供消耗指标或核算操作费用时，需要计算风机全年实际消耗的轴功率。当风机的操作，能按照工艺要求自动调节风量以适应气温变化时，全年的动力消耗按下列步骤进行计算：

① 先按式(5-3-7)算出气温在 35℃时的电机功率 N_o，其轴功率为 $\eta_3 \cdot N_o$(η_3 为电机效率，其值应介于 0.86~0.92 之间)；

② 按照当地气象资料统计数据，计算出该地区的年平均气温 t_m，并按图 5-3-5 查出 t_m 时的相对功率 $x\%$。

当风机的风量不能调节时，每年的实际消耗的轴功率由下式计算：

$$N=\eta_3 \cdot N_o \cdot \left(\frac{273+35}{273+t_m}\right) \cdot \tau \qquad (5-3-11)$$

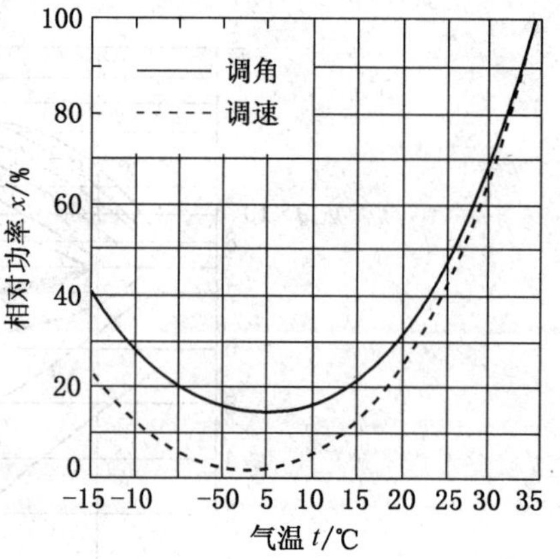

图 5-3-5 随气温变化自动调节的相对功率

5.3.2 自然通风的风筒高度计算

风筒一般为下方上圆形，建议选择空冷器出口为参考界面，以此进行风筒高度计算：

$$He=\frac{\xi_{\Sigma}}{2g \cdot (\rho_a-\rho_m) \cdot \rho_{ref}}\left(\frac{W_a}{A_{ref}}\right)^2 \qquad (5-3-12)$$

式中 ρ_a——大气环境条件下空气的密度，kg/m³；

ρ_m——风筒有效高度内平均温度下的热空气密度，kg/m³；

ρ_{ref}——选定的参考截面处的空气密度，kg/m³；

A_{ref}——选定的参考截面面积，m²；

W_a——通过管束的空气质量流量，kg/s；

ξ_{Σ}——自然抽风系统总阻力系数；

$$\xi_{\Sigma}=f_t+f_s \qquad (5-3-13)$$

f_t——管束阻力系数，$f_t=952.343Re_{ref}^{-0.5227}$； (5-3-14)

f_s——风筒阻力系数；

Re_{ref}——参考截面处空气的雷诺数，

$$Re_{ref}=\frac{d_{eo} \cdot G_{ref}}{\mu_{a2}} \qquad (5-3-15)$$

d_{eo}——椭圆管的当量外径，m；

μ_{a2}——空气出口处的动力黏度，Pa·s。

$$G_{ref}=\frac{W_a}{F_{ref}} \qquad (5-3-16)$$

A_{ref}——参考截面面积，$A_{ref}=N_p \cdot L \cdot B$。 (5-3-17)

风筒阻力系数由以下经验关联式计算：

$$f_s=\frac{1.536}{\left(\frac{D_{ex}}{D_b}\right)^4} \qquad (5-3-18)$$

式中 D_{ex}——风筒顶部的直径，m；

D_b——风筒底部的当量直径，m。

设计中应按以下比例确定风筒的顶部直径：

$$\frac{风筒顶部圆截面积}{风筒底部截面积}=0.35712 \qquad (5-3-19)$$

风筒底部截面积为：

$$F_b=L_b \cdot B_b \qquad (5-3-20)$$

式中 L_b——风筒底部的长度，m；

B_b——风筒底部的宽度，m。

由此风筒顶部的直径为：

$$D_{ex}=\sqrt{0.4547L_b \cdot B_b} \quad (5-3-21)$$

风筒底部的当量直径为：

$$D_b=\frac{2L_b \cdot B_b}{(L_b+B_b)} \quad (5-3-22)$$

风筒有效高度内平均温度由下式计算：

$$t_m=\frac{1}{2}\left[t_{om}+\frac{1}{2}(t_{a1}+t_{a2})\right] \quad (5-3-23)$$

式中　t_{a1}——空气入管束的温度，℃；

t_{a2}——空气出管束的温度，℃；

t_{om}——风筒顶部出口处空气的温度，℃。

$$t_{om}=-7.17782\times10^{-4} \cdot \Delta t^2+1.00303 \cdot \Delta t+21.2406 \quad (5-3-24)$$

$$\Delta t=t_{a2}-t_{a1} \quad (5-3-25)$$

5.4　板式空气冷却器

见第四章。

符　号　表

A——实际选用的空冷器换热面积，m²/片

A_o——光管管外表面积，m²

A_t——翅片管的翅化总表面积，m²

A_R——计算所需传热面积，m²

A_{ref}——为选定的参考截面面积，m²

$\frac{A_t}{A_o}$——翅化比

B——管束宽度，m

B_b——风筒底部的宽度，m

B_z——窄隙流通面积与迎风面积比

C_F——面积余量，%

C_{pa}——空气的比热容，J/kg·K

D_b——风筒底部的当量直径，m

D_{ex}——风筒顶部的直径，m

D_f——风机叶轮直径，m

d_{eo}——椭圆管的当量外径，m

d_i——管内径，m

d_o——管外径，m

d_r——翅根直径，m

F_f——空气温升校正系数

f_T——对数平均温差校正系数

F_L——海拔高度校正系数

f_a——空气侧摩擦系数

f_s——风筒阻力系数

f_t——管束阻力系数

G_{max}——窄隙流通截面的空气质量流速，kg/(m²·s)

H_{g1}，H_{g2}——气相进出口热焓，J/kg

H_{l1}，H_{l2}——液相进出口热焓，J/kg

H_L——海拔高度，m

H——全风压，Pa

H[TX-]——风压系数

h——翅片高度，m；

K——以光管外表面积为基准的总传热系数，W/(m²·K)

L——管束长度，m

L_b——风筒底部的长度，m

N_r——管排数

N_{tp}——管程数

N——风机所配电机所需电机功率，kW

N_o——风机轴功率，kW

N_p——管束的并联片数

N_s——管束的串联片数

N[TX-]——风机轴功率系数

n——叶轮转速，r/min

Δp_D——风机的动压力降，Pa

Δp_{st}——空气通过管束的阻力，Pa

$\Delta p_{st}'$——通过管束的总静压力降，Pa

Q——热负荷，W

Re_a——空气通过翅片管束的雷诺数

Re_{ref}——参考截面处空气的雷诺数

S_i——管程流通截面积，m^2

S_p——纵向管心距，m

S_t——横向管心距，m

t_1——空气设计温度，℃

t_2——空气出口温度，℃

t_D——流体定性温度，℃

t_W——管壁平均温度，℃

t_h——流体热端温度，℃

t_c——流体冷端温度，℃

t_{a1}——空气入管束的温度，℃

t_{a2}——空气出管束的温度，℃

t_{om}——风筒顶部出口处空气的温度，℃

Δt——空气温升，℃

ΔT_m——对数平均温差，℃

ΔT——有效平均温差，℃

U_{nf}——标准迎风面速度，m/s

U_b——空气离开风机处时的气速，m/s

V——风机入口处的实际风量，m^3/h

V_o——标准状态下每台风机的空气体积流量，Nm^3/s

V[TX-]——风量系数

W_a——空气质量流量，kg/s

W_i——管内介质质量流量，kg/s

W_{g1}，W_{g2}——进出口气体质量流量，kg/s

y_1，y_2——进出口处气相质量分率

η_1——风机效率

η_2——传动效率

η_3——电机效率

λ_a——空气的导热系数，W/(m·K)

μ_a——空气的黏度，Pa·s

μ_{a2}——空气出口处的动力黏度，Pa·s

μ_w——壁温下的流体黏度，Pa·s

ϕ_i——管程壁温校正系数

ρ_m——风筒有效高度内平均温度下的热空气密度，kg/cm^3

ρ_{ref}——选定的参考截面处的空气密度，kg/cm^3

ρ_b——空气流过风机叶片时的密度，kg/m^3

ρ_a——大气环境下空气的密度，kg/m^3

μ_{iD}——在定性温度下介质的黏度，Pa·s

λ_{iD}——在定性温度下介质的导热系数，W/(m·K)

ξ——管内结垢压力降补偿系数

ξ_Σ——自然抽风系统总阻力系数

ε——压力降校正系数，完全冷凝时，$\varepsilon=0.5$；部分冷凝时，$\varepsilon=0.7$。

参 考 文 献

1. Doyle, P. T. and Benkly, Hydrocarbon Processing, Vol. 53, No.7 1973
2. H. G. Sallenbach, Hydrocarbon Processing, Vol. 63 No. 7 1983
3. Nakayama W, Kuwahara H, Hirasawa S, J Heat Mass Transfer, 1988
4. 中国石油化工总公司石油化工规划院.炼油厂设备加热炉设计手册(中册).1986
5. 中华人民共和国国家标准:空气冷却器式换热器,12,1994
6. 中国地面气象资料年册,国家气象中心,1995~1999
7. Roy,D, K.,Chemical Age India,Vol.24,No.11 1973
8. 冷换设备工艺计算.石油化学工业出版社,1976
9. 兰州化学公司化工设计院.石油化工技术参考资料-热交换器设计(上册).1976
10. 马义伟,刘纪福,钱辉广编著.空气冷却器.化学工业出版社,1982
11. 哈尔滨空调股份有限公司.空气冷却器标准.1999
12. 兰州长征机械厂.空气冷却器.1992
13. 侯芙生主编.炼油工程师手册.石油工业出版社,1995
14. 刘巍,邓方义等著,冷换设备工艺计算手册(第二版). 中国石化出版社,2008
15. 徐钢,麦郁穗等著. 石油化工厂设备检修手册第八分册换热器. 中国石化出版社,2005

附表 5-1 鼓风式空冷器管束换热面积表[4]

管长/m	管排数	管心距/mm		管束公称宽度/mm 500	750	1000	1250	1500	1750	2000	2500	3000
				换热面积/m²								
3	2	低翅	54	3.1	5.2	7.3	9.4	11.8	13.9	16.0	20.5	24.7
			56	2.8	4.9	7.1	9.2	11.3	13.4	15.6	19.8	23.8
			59	2.6	4.7	6.6	8.7	10.6	12.7	14.6	18.6	22.6
		高翅	62	2.6	4.5	6.4	8.2	10.1	12.0	13.9	17.7	21.4
			64	2.4	4.2	6.1	8.0	9.9	11.8	13.4	17.2	21.0
			67	2.4	4.2	5.9	7.5	9.4	11.1	13.0	16.5	20.0
	3	低翅	54	4.7	7.8	11.1	14.1	17.7	21.0	24.0	30.9	37.2
			56	4.2	7.5	10.6	13.9	17.0	20.3	23.3	29.7	35.8
			59	4.0	7.1	9.9	13.2	16.0	19.1	21.9	28.0	33.9
		高翅	62	4.0	6.8	9.7	12.5	15.3	18.1	21.0	26.6	32.3
			64	3.5	6.4	9.2	12.0	14.8	17.7	20.3	25.9	31.6
			67	3.5	6.4	9.0	11.3	14.1	16.7	19.6	24.7	30.2
	4	低翅	54	6.1	10.4	14.6	18.8	23.6	27.8	32.0	41.0	49.5
			56	5.7	9.9	14.1	18.4	22.6	26.9	31.1	39.6	47.6
			59	5.2	9.4	13.2	17.4	21.2	25.4	29.2	37.2	45.2
		高翅	62	5.2	9.0	12.7	16.5	20.3	24.0	27.8	35.3	42.9
			64	4.7	8.5	12.3	16.0	19.8	23.6	26.9	34.4	41.9
			67	4.7	8.5	11.8	15.1	18.8	22.1	25.9	33.0	40.1
	5	低翅	54	7.8	13.0	18.4	23.6	29.5	34.9	40.1	51.4	62.0
			56	7.1	12.5	17.7	23.1	28.3	33.7	38.9	49.5	59.6
			59	6.6	11.8	16.5	21.9	26.6	31.8	36.5	46.7	56.5
		高翅	62	6.6	11.3	16.0	20.7	25.4	30.2	34.9	44.3	53.7
			64	5.9	10.6	15.3	20.0	24.7	29.5	33.7	43.1	52.5
			67	5.9	10.6	14.8	18.8	23.6	27.8	32.5	41.2	50.2
	6	低翅	54	9.2	15.6	21.9	28.3	35.3	41.7	48.1	61.5	74.2
			56	8.5	14.8	21.2	27.6	33.9	40.3	46.7	59.4	71.4
			59	7.8	14.1	19.8	26.2	31.8	38.2	43.8	55.8	67.9
		高翅	62	7.8	13.4	19.1	24.7	30.4	36.0	41.7	53.0	64.3
			64	7.1	12.7	18.4	24.0	29.7	35.3	40.3	51.6	62.9
			67	7.1	12.7	17.7	22.6	28.3	33.2	38.9	49.5	60.1
	7	低翅	54	10.8	18.1	25.7	33.0	41.2	48.8	56.1	71.9	86.7
			56	9.9	17.4	24.7	32.3	39.6	47.1	54.4	69.3	83.4
			59	9.2	16.5	23.1	30.6	37.2	44.5	51.1	65.3	79.2
		高翅	62	9.2	15.8	22.4	29.0	35.6	42.2	48.8	62.0	75.2
			64	8.2	14.8	21.4	28.0	34.6	41.2	47.1	60.3	73.5
			67	8.2	14.8	20.7	26.4	33.0	38.9	45.5	57.7	70.2
	8	低翅	54	12.3	20.7	29.2	37.7	47.1	55.6	64.1	82.0	99.0
			56	11.3	19.8	28.3	36.8	45.2	53.7	62.2	79.2	95.2
			59	10.4	18.8	26.4	34.9	42.4	50.9	58.4	74.5	90.5
		高翅	62	10.4	17.9	25.4	33.0	40.5	48.1	55.6	70.7	85.8
			64	9.4	17.0	24.5	32.0	39.6	47.1	53.7	68.8	83.9
			67	9.4	17.0	23.6	30.2	37.7	44.3	51.8	66.0	80.1

续表

管长/m	管排数	管心距/mm		管束公称宽度/mm								
				500	750	1000	1250	1500	1750	2000	2500	3000
				换热面积/m²								
4.5	2	低翅	54	4.6	7.8	11.0	14.1	17.7	20.9	24.0	30.7	37.1
			56	4.2	7.4	10.6	13.8	17.0	20.1	23.3	29.7	35.7
			59	3.9	7.1	9.9	13.1	15.9	19.1	21.9	27.9	33.9
		高翅	62	3.9	6.7	9.5	12.4	15.2	18.0	20.9	26.5	32.2
			64	3.5	6.4	9.2	12.0	14.8	17.7	20.1	25.8	31.5
			67	3.5	6.4	8.8	11.3	14.1	16.6	19.4	24.7	30.0
	3	低翅	54	7.1	11.7	16.6	21.2	26.5	31.5	36.0	46.3	55.8
			56	6.4	11.3	15.9	20.9	25.4	30.4	35.0	44.5	53.7
			59	6.0	10.6	14.8	19.8	24.0	28.6	32.9	42.1	50.9
		高翅	62	6.0	10.2	14.5	18.7	23.0	27.2	31.5	39.9	48.4
			64	5.3	9.5	13.8	18.0	22.3	26.5	30.4	38.9	47.4
			67	5.3	9.5	13.4	17.0	21.2	25.1	29.3	37.1	45.2
	4	低翅	54	9.2	15.6	21.9	28.3	35.3	41.7	48.1	61.5	74.2
			56	8.5	14.8	21.2	27.6	33.9	40.3	46.7	59.4	71.4
			59	7.8	14.1	19.8	26.2	31.8	38.2	43.8	55.8	67.9
		高翅	62	7.8	13.4	19.1	24.7	30.4	36.0	41.7	53.0	64.3
			64	7.1	12.7	18.4	24.0	29.7	35.3	40.3	51.6	62.9
			67	7.1	12.7	17.7	22.6	28.3	33.2	38.9	49.5	60.1
	5	低翅	54	11.7	19.4	27.6	35.3	44.2	52.3	60.1	77.0	93.0
			56	10.6	18.7	26.5	34.6	42.4	50.5	58.3	74.2	89.4
			59	9.9	17.7	24.7	32.9	39.9	47.7	54.8	70.0	84.8
		高翅	62	9.9	17.0	24.0	31.1	38.2	45.2	52.3	66.4	80.6
			64	8.8	15.9	23.0	30.0	37.1	44.2	50.5	64.7	78.8
			67	8.8	15.9	22.3	28.3	35.3	41.7	48.8	61.9	75.3
	6	低翅	54	13.8	23.3	32.9	42.4	53.0	62.6	72.1	92.2	111.3
			56	12.7	22.3	31.8	41.4	50.9	60.4	70.0	89.1	107.1
			59	11.7	21.2	29.7	39.2	47.7	57.3	65.7	83.8	101.8
		高翅	62	11.7	20.1	28.6	37.1	45.6	54.1	62.6	79.5	96.5
			64	10.6	19.1	27.6	36.0	44.5	53.0	60.4	77.4	94.4
			67	10.6	19.1	26.5	33.9	42.4	49.8	58.3	74.2	90.1
	7	低翅	54	16.3	27.2	38.5	49.5	61.9	73.2	84.1	107.8	130.1
			56	14.8	26.2	37.1	48.4	59.4	70.7	81.6	103.9	125.1
			59	13.8	24.7	34.6	45.9	55.8	66.8	76.7	97.9	118.8
		高翅	62	13.8	23.7	33.6	43.5	53.4	63.3	73.2	93.0	112.7
			64	12.4	22.3	32.2	42.1	52.0	61.9	70.7	90.5	110.3
			67	12.4	22.3	31.1	39.6	49.5	58.3	68.2	86.6	105.3
	8	低翅	54	18.4	31.1	43.8	56.5	70.7	83.4	96.1	123.0	148.4
			56	17.0	29.7	42.4	55.1	67.9	80.6	93.3	118.8	142.8
			59	15.6	28.3	39.6	52.3	63.6	76.3	87.7	111.7	135.7
		高翅	62	15.6	26.9	38.2	49.5	60.8	72.1	83.4	106.0	128.6
			64	14.1	25.4	36.8	48.1	59.4	70.7	80.6	103.2	125.8
			67	14.1	25.4	35.3	45.2	56.5	66.4	77.8	99.0	120.2

续表

管长/m	管排数	管心距/mm		管束公称宽度/mm								
				500	750	1000	1250	1500	1750	2000	2500	3000
				换热面积/m²								
6	2	低翅	54	6.1	10.4	14.6	18.8	23.6	27.8	32.0	41.0	49.5
			56	5.7	9.9	14.1	18.4	22.6	26.9	31.1	39.6	47.6
			59	5.2	9.4	13.2	17.4	21.2	25.4	29.2	37.2	45.2
		高翅	62	5.2	9.0	12.7	16.5	20.3	24.0	27.8	35.3	42.9
			64	4.7	8.5	12.3	16.0	19.8	23.6	26.9	34.4	41.9
			67	4.7	8.5	11.8	15.1	18.8	22.1	25.9	33.0	40.1
	3	低翅	54	9.4	15.6	22.1	28.3	35.3	41.9	48.1	61.7	74.5
			56	8.5	15.1	21.2	27.8	33.9	40.5	46.7	59.4	71.6
			59	8.0	14.1	19.8	26.4	32.0	38.2	43.8	56.1	67.9
		高翅	62	8.0	13.7	19.3	25.0	30.6	36.3	41.9	53.2	64.6
			64	7.1	12.7	18.4	24.0	29.7	35.3	40.5	51.8	63.1
			67	7.1	12.7	17.9	22.6	28.3	33.5	39.1	49.5	60.3
	4	低翅	54	12.3	20.7	29.2	37.7	47.1	55.6	64.1	82.0	99.0
			56	11.3	19.8	28.3	36.8	45.2	53.7	62.2	79.2	95.2
			59	10.4	18.8	26.4	34.9	42.4	50.9	58.4	74.5	90.5
		高翅	62	10.4	17.9	25.4	33.0	40.5	48.1	55.6	70.7	85.8
			64	9.4	17.0	24.5	32.0	39.6	47.1	53.7	68.8	83.9
			67	9.4	17.0	23.6	30.2	37.7	44.3	51.8	66.0	80.1
	5	低翅	54	15.6	25.9	36.8	47.1	58.9	69.7	80.1	102.7	123.9
			56	14.1	25.0	35.3	46.2	56.5	67.4	77.8	99.0	119.2
			59	13.2	23.6	33.0	43.8	53.2	63.6	73.0	93.3	113.1
		高翅	62	13.2	22.6	32.0	41.5	50.9	60.3	69.7	88.6	107.4
			64	11.8	21.2	30.6	40.1	49.5	58.9	67.4	86.2	105.1
			67	11.8	21.2	29.7	37.7	47.1	55.6	65.0	82.5	100.4
	6	低翅	54	18.4	31.1	43.8	56.5	70.7	83.4	96.1	123.0	148.4
			56	17.0	29.7	42.4	55.1	67.9	80.6	93.3	118.8	142.8
			59	15.6	28.3	39.6	52.3	63.6	76.3	87.7	111.7	135.7
		高翅	62	15.6	26.9	38.2	49.5	60.8	72.1	83.4	106.0	128.6
			64	14.1	25.4	36.8	48.1	59.4	70.7	80.6	103.2	125.8
			67	14.1	25.4	35.3	45.2	56.5	66.4	77.8	99.0	120.2
	7	低翅	54	21.7	36.3	51.4	66.0	82.5	97.5	112.2	143.7	173.4
			56	19.8	34.9	49.5	64.6	79.2	94.2	108.9	138.5	166.8
			59	18.4	33.0	46.2	61.3	74.5	89.1	102.3	130.5	158.3
		高翅	62	18.4	31.6	44.8	58.0	71.2	84.4	97.5	123.9	150.3
			64	16.5	29.7	42.9	56.1	69.3	82.5	94.2	120.6	147.0
			67	16.5	29.7	41.5	52.8	66.0	77.8	90.9	115.5	140.4
	8	低翅	54	24.5	41.5	58.4	75.4	94.2	111.2	128.2	164.0	197.9
			56	22.6	39.6	56.5	73.5	90.5	107.4	124.4	158.3	190.4
			59	20.7	37.7	52.8	69.7	84.8	101.8	116.9	148.9	181.0
		高翅	62	20.7	35.8	50.9	66.0	81.1	96.1	111.2	141.4	171.5
			64	18.8	33.9	49.0	64.1	79.2	94.2	107.4	137.6	167.8
			67	18.8	33.9	47.1	60.3	75.4	88.6	103.7	131.9	160.2

续表

管长/m	管排数	管心距/mm		管束公称宽度/mm								
				500	750	1000	1250	1500	1750	2000	2500	3000
				换热面积/m^2								
9	2	低翅	54	9.2	15.6	21.9	28.3	35.3	41.7	48.1	61.5	74.2
			56	8.5	14.8	21.2	27.6	33.9	40.3	46.7	59.4	71.4
			59	7.8	14.1	19.8	26.2	31.8	38.2	43.8	55.8	67.9
		高翅	62	7.8	13.4	19.1	24.7	30.4	36.0	41.7	53.0	64.3
			64	7.1	12.7	18.4	24.0	29.7	35.3	40.3	51.6	62.9
			67	7.1	12.7	17.7	22.6	28.3	33.2	38.9	49.5	60.1
	3	低翅	54	14.1	23.3	33.2	42.4	53.0	62.9	72.1	92.6	111.7
			56	12.7	22.6	31.8	41.7	50.9	60.8	70.0	89.1	107.4
			59	12.0	21.2	29.7	39.6	48.1	57.3	65.7	84.1	101.8
		高翅	62	12.0	20.5	29.0	37.5	45.9	54.4	62.9	79.9	96.8
			64	10.6	19.1	27.6	36.0	44.5	53.0	60.8	77.8	94.7
			67	10.6	19.1	26.9	33.9	42.4	50.2	58.7	74.2	90.5
	4	低翅	54	18.4	31.1	43.8	56.5	70.7	83.4	96.1	123.0	148.4
			56	17.0	29.7	42.4	55.1	67.9	80.6	93.3	118.8	142.8
			59	15.6	28.3	39.6	52.3	63.6	76.3	87.7	111.7	135.7
		高翅	62	15.6	26.9	38.2	49.5	60.8	72.1	83.4	106.0	128.6
			64	14.1	25.4	36.8	48.1	59.4	70.7	80.6	103.2	125.8
			67	14.1	25.4	35.3	45.2	56.5	66.4	77.8	99.0	120.2
	5	低翅	54	23.3	38.9	55.1	70.7	88.4	104.6	120.2	154.1	185.9
			56	21.2	37.5	53.0	69.3	84.8	101.1	116.6	148.4	178.8
			59	19.8	35.3	49.5	65.7	79.9	95.4	109.6	140.0	169.6
		高翅	62	19.8	33.9	48.1	62.2	76.3	90.5	104.6	132.9	161.2
			64	17.7	31.8	45.9	60.1	74.2	88.4	101.1	129.4	157.6
			67	17.7	31.8	44.5	56.5	70.7	83.4	97.5	123.7	150.6
	6	低翅	54	27.6	46.7	65.7	84.8	106.0	125.1	144.2	184.5	222.7
			56	25.4	44.5	63.6	82.7	101.8	120.9	140.0	178.1	214.2
			59	23.3	42.4	59.4	78.5	95.4	114.5	131.5	167.5	203.6
		高翅	62	23.3	40.3	57.3	74.2	91.2	108.1	125.1	159.0	193.0
			64	21.2	38.2	55.1	72.1	89.1	106.0	120.9	154.8	188.7
			67	21.2	38.2	53.0	67.9	84.8	99.7	116.6	148.4	180.2
	7	低翅	54	32.5	54.4	77.0	99.0	123.7	146.3	168.2	215.6	260.1
			56	29.7	52.3	74.2	96.8	118.8	141.4	163.3	207.8	250.2
			59	27.6	49.5	69.3	91.9	111.7	133.6	153.4	195.8	237.5
		高翅	62	27.6	47.4	67.2	86.9	106.7	126.5	146.3	185.9	225.5
			64	24.7	44.5	64.3	84.1	103.9	123.7	141.4	181.0	220.5
			67	24.7	44.5	62.2	79.2	99.0	116.6	136.4	173.2	210.6
	8	低翅	54	36.8	62.2	87.7	113.1	141.4	166.8	192.3	246.0	296.9
			56	33.9	59.4	84.8	110.3	135.7	161.2	186.6	237.5	285.6
			59	31.1	56.5	79.2	104.6	127.2	152.7	175.3	223.4	271.4
		高翅	62	31.1	53.7	76.3	99.0	121.6	144.2	166.8	212.1	257.3
			64	28.3	50.9	73.5	96.1	118.8	141.4	161.2	206.4	251.6
			67	28.3	50.9	70.7	90.5	113.1	132.9	155.5	197.9	240.3

附表 5-2　引风式空冷器管束换热面积表[4]

管长/m	管排数	管心距/mm		500	750	1000	1250	1500	1750	2000	2500	3000
				管束公称宽度/mm 换热面积/m²								
3	2	低翅	54	2.6	4.7	6.8	9.2	11.3	13.4	15.6	20.0	24.3
			56	2.4	4.5	6.6	8.7	10.8	13.0	15.1	19.3	23.6
			59	2.4	4.2	6.4	8.2	10.4	12.3	14.4	18.1	22.4
		高翅	62	2.1	4.0	5.9	7.8	9.7	11.5	13.7	17.4	21.2
			64	2.1	4.0	5.9	7.5	9.4	11.3	13.2	16.7	20.5
			67	2.1	3.8	5.7	7.3	9.0	10.8	12.5	16.0	19.6
	3	低翅	54	4.0	7.1	10.4	13.9	17.0	20.3	23.3	30.2	36.5
			56	3.5	6.8	9.9	13.2	16.3	19.6	22.6	29.0	35.3
			59	3.5	6.4	9.7	12.5	15.5	18.4	21.7	27.3	33.7
		高翅	62	3.3	6.1	9.0	11.8	14.6	17.4	20.5	26.2	31.8
			64	3.3	6.1	9.0	11.3	14.1	17.0	19.8	25.2	30.9
			67	3.3	5.7	8.5	11.1	13.4	16.3	18.8	24.0	29.5
	4	低翅	54	5.2	9.4	13.7	18.4	22.6	26.9	31.1	40.1	48.5
			56	4.7	9.0	13.2	17.4	21.7	25.9	30.2	38.6	47.1
			59	4.7	8.5	12.7	16.5	20.7	24.5	28.7	36.3	44.8
		高翅	62	4.2	8.0	11.8	15.6	19.3	23.1	27.3	34.9	42.4
			64	4.2	8.0	11.8	15.1	18.8	22.6	26.4	33.5	41.0
			67	4.2	7.5	11.3	14.6	17.9	21.7	25.0	32.0	39.1
	5	低翅	54	6.6	11.8	17.2	23.1	28.3	33.7	38.9	50.2	60.8
			56	5.9	11.3	16.5	21.9	27.1	32.5	37.7	48.3	58.9
			59	5.9	10.6	16.0	20.7	25.9	30.6	36.0	45.5	56.0
		高翅	62	5.4	10.1	14.8	19.6	24.3	29.0	34.2	43.6	53.0
			64	5.4	10.1	14.8	18.8	23.6	28.3	33.0	41.9	51.4
			67	5.4	9.4	14.1	18.4	22.4	27.1	31.3	40.1	49.0
	6	低翅	54	7.8	14.1	20.5	27.6	33.9	40.3	46.6	60.1	72.8
			56	7.1	13.4	19.8	26.2	32.5	38.9	45.2	58	70.7
			59	7.1	12.7	19	24.7	31	36.8	43.1	54.1	67.1
		高翅	62	6.4	12	17.7	23.3	29	34.6	41	52.3	63.6
			64	6.4	12	17.7	22.6	28.3	33.9	39.6	50.2	61.5
			67	6.4	11.3	17	21.9	26.9	32.5	37.5	48.1	58.7
	7	低翅	54	9.2	16.5	24	32.3	39.6	47.1	54.4	70.2	85.1
			56	8.2	15.8	23.1	30.6	37.9	45.5	52.8	67.6	82.5
			59	8.2	14.8	22.4	29	36.3	42.9	50.4	63.6	78.5
		高翅	62	7.5	14.1	20.7	27.3	33.9	40.5	47.8	61	74.2
			64	7.5	14.1	20.7	26.4	33	39.6	46.2	58.7	71.9
			67	7.5	13.2	19.8	25.7	31.3	37.9	43.8	56.1	68.6
	8	低翅	54	10.4	18.8	27.3	36.8	45.2	53.7	62.2	80.1	97.1
			56	9.4	17.9	26.4	34.9	43.3	51.8	60.3	77.3	94.2
			59	9.4	17	25.4	33	41.5	49	57.5	72.6	89.5
		高翅	62	8.5	16	23.6	31.1	3806	46.2	54.7	69.7	84.8
			64	8.5	16	23.6	30.2	37.7	45.2	52.8	66.9	82
			67	8.5	15.1	22.6	29.2	35.8	43.4	50	64	78.2

续表

管长/m	管排数	管心距/mm		管束公称宽度/mm								
				500	750	1000	1250	1500	1750	2000	2500	3000
				换热面积/m²								
4.5	2	低翅	54	3.9	7	10.3	13.8	17	20.1	23.3	30	36.4
			56	3.5	6.7	9.9	13	16.3	19.4	22.6	29	35.4
			59	3.5	6.4	9.5	12.4	15.6	18.4	21.6	27.2	33.6
		高翅	62	3.2	6	8.8	11.7	14.5	17.3	20.5	26.2	31.8
			64	3.2	6	8.8	11.3	14.1	17	19.8	25	30.8
			67	3.2	5.7	8.5	11	13.4	16.3	18.7	24	29.3
	3	低翅	54	6	10.6	15.6	20.9	25.4	30.4	35	45.2	54.8
			56	5.3	10.3	14.8	19.8	24.4	29.3	33.9	43.5	53
			59	5.3	9.5	14.5	18.7	23.3	27.6	32.5	41	50.6
		高翅	62	4.9	9.2	13.4	17.7	21.9	26.2	30.8	39.2	47.7
			64	4.9	9.2	13.4	17	21.2	25.4	29.7	37.8	46.3
			67	4.9	8.5	12.7	16.6	20.1	24.4	28.3	36	44.2
	4	低翅	54	7.8	14.1	20.5	27.6	33.9	40.3	46.7	60	72.8
			56	7	13.4	19.8	26.2	32.5	38.9	45.2	58	70.7
			59	7	12.7	19	24.7	31.1	36.8	43.1	54.4	67.2
		高翅	62	6.4	12	17.7	23.3	29	34.6	41	52.3	63.6
			64	6.4	12	17.7	22.6	28.3	33.9	39.6	50.2	61.5
			67	6.4	11.3	17	21.9	26.9	32.5	37.5	48	58.7
	5	低翅	54	9.9	17.7	25.8	34.7	42.4	50.6	58.3	75.3	91.2
			56	8.8	17	24.7	32.9	40.6	48.8	56.6	72.5	88.4
			59	8.8	15.9	24	31.1	38.9	46	54	68.2	84.1
		高翅	62	8.1	15.2	22.3	29.3	36.4	43.5	51.3	65.4	79.5
			64	8.1	15.2	22.3	28.3	35.3	42.4	49.5	62.9	77
			67	8.1	14.2	21.2	27.6	33.6	40.7	47	60	73.5
	6	低翅	54	11.7	21.2	30.7	41.4	50.9	60.4	70	90	109.2
			56	10.6	20.1	29.7	39.2	48.8	58.3	67.9	87	106
			59	10.6	19	28.6	37.1	46.7	55.1	64.7	81.7	100.7
		高翅	62	9.5	18	26.5	35	43.5	52	61.5	78.5	95.4
			64	9.5	18	26.5	33.9	42.4	50.9	59.3	75.3	92.3
			67	9.5	17	25.4	32.9	40.3	48.8	56.2	72.1	88
	7	低翅	54	13.8	24.7	36	48.4	59.4	70.7	81.7	105.3	127.6
			56	12.4	23.7	34.6	46	56.9	68.2	79.2	101.5	123.7
			59	12.4	22.3	33.6	43.5	54.4	64.3	75.6	95.4	117.7
		高翅	62	11.3	21.2	31.1	41	50.9	60.8	71.8	91.6	111.4
			64	11.3	21.2	31.1	39.6	49.5	59.4	69.3	88	107.8
			67	11.3	19.8	29.7	38.5	47	56.9	65.8	84.1	102.9
	8	低翅	54	15.6	28.3	41	55.1	67.8	80.6	93.3	120.2	145.6
			56	14.1	26.9	39.6	52.3	65	77.8	90.5	116	141.4
			59	14.1	25.4	38.2	49.5	62.2	73.5	86.3	108.9	134.3
		高翅	62	12.7	24	35.3	46.7	58	69.3	82	104.6	127.3
			64	12.7	24	35.3	45.2	56.6	67.9	79.2	100.4	123
			67	12.7	22.6	33.9	43.8	53.7	65	74.9	96.2	117.4

续表

管长/m	管排数	管心距/mm		管束公称宽度/mm 500	750	1000	1250	1500	1750	2000	2500	3000
				换热面积/m^2								
6	2	低翅	54	5.2	9.4	13.7	18.4	22.6	26.9	31.0	40.0	48.5
			56	4.7	9.0	13.2	17.4	21.7	25.9	30.2	38.6	47.1
			59	4.7	8.5	12.7	16.5	20.7	24.5	28.7	36.3	44.8
		高翅	62	4.2	8.0	11.8	15.5	19.3	23.0	27.3	34.9	42.4
			64	4.2	8.0	11.8	15.0	18.0	22.6	26.4	33.5	41.0
			67	4.2	7.5	11.3	14.6	17.9	21.7	25.0	32.0	39.0
	3	低翅	54	8.0	14.1	20.7	27.8	33.9	40.5	46.6	60.3	73.0
			56	7.0	13.7	19.8	26.4	32.5	39.1	45.2	58.0	70.7
			59	7.0	12.7	19.3	25.0	31.0	36.8	43.4	54.7	67.4
		高翅	62	6.6	12.3	17.9	23.6	29.2	34.9	41.0	52.3	63.6
			64	6.6	12.3	17.9	22.6	28.3	33.9	39.6	50.4	61.7
			67	6.6	11.3	17.0	22.1	26.9	32.5	37.7	48.0	58.9
	4	低翅	54	10.4	18.8	27.3	36.8	45.2	53.7	62.2	80.0	97.0
			56	9.4	17.9	26.4	34.9	43.4	51.8	60.3	77.3	94.2
			59	9.4	17.0	25.4	33.0	41.5	49.0	57.5	72.6	89.5
		高翅	62	9.4	16.0	23.6	31.0	38.6	46.2	54.7	69.7	84.8
			64	8.5	16.0	23.6	30.2	37.7	45.2	52.8	66.9	82.0
			67	8.5	15.0	22.6	29.2	35.0	43.4	50.0	64.0	78.2
	5	低翅	54	13.2	23.6	34.4	46.2	56.5	67.4	77.7	100.4	121.6
			56	11.8	22.6	33.0	43.8	54.2	65.0	75.4	96.6	117.8
			59	11.8	21.2	32.0	41.5	51.8	61.3	72.0	90.9	112.1
		高翅	62	10.8	20.3	29.7	39.1	48.5	58.0	68.3	87.2	106.0
			64	10.8	20.3	29.7	37.7	47.1	56.5	66.0	83.9	102.7
			67	10.8	18.8	28.2	36.8	44.8	54.2	62.7	80.0	98.0
	6	低翅	54	15.5	28.3	41.0	55.1	67.9	80.6	93.3	120.2	145.6
			56	14.1	26.9	39.6	52.3	65.0	77.7	90.5	115.9	141.4
			59	14.1	25.4	38.2	49.5	62.2	73.5	86.2	108.8	134.3
		高翅	62	12.7	24.0	35.3	46.6	58.0	69.3	82.0	104.6	127.2
			64	12.7	24.0	35.3	45.2	56.5	67.9	79.2	100.4	123.0
			67	12.7	22.6	33.9	43.8	53.7	65.0	74.9	96.0	117.3
	7	低翅	54	18.4	33.0	48.0	64.6	79.2	94.2	108.8	140.4	170.0
			56	16.5	31.6	46.2	61.3	75.9	90.9	105.5	135.2	164.9
			59	16.5	29.7	44.8	58.0	72.6	85.8	100.8	127.2	156.9
		高翅	62	15.0	28.3	41.5	54.7	67.9	81.0	95.7	122.0	148.4
			64	15.0	28.3	41.5	52.8	66.0	79.2	92.4	117.3	143.7
			67	15.0	26.4	39.6	51.4	62.7	75.9	87.6	112.0	137.0
	8	低翅	54	20.7	37.7	54.7	73.5	90.5	107.4	124.4	160.2	194.0
			56	18.8	35.8	52.8	69.7	86.7	103.7	120.6	154.6	188.5
			59	18.8	33.9	50.9	66.0	82.9	98.0	115.0	145.1	179.0
		高翅	62	17.0	32.0	47.0	62.2	77.3	92.4	109.3	139.5	169.6
			64	17.0	32.0	47.0	60.3	75.4	90.5	105.5	133.8	164.0
			67	17.0	30.2	45.2	58.4	71.6	86.7	100.0	128.2	156.4

续表

管长/m	管排数	管心距/mm		管束公称宽度/mm 500	750	1000	1250	1500	1750	2000	2500	3000
				换热面积/m²								
9	2	低翅	54	7.8	14.0	20.5	27.6	34.0	40.3	46.6	60.0	72.8
			56	7.0	13.4	19.8	26.2	32.5	38.9	45.2	58.0	70.7
			59	7.0	12.7	19.0	24.7	31.0	36.8	43.1	54.4	67.1
		高翅	62	6.4	12.0	17.7	23.3	29.0	34.6	41.0	52.3	63.6
			64	6.4	12.0	17.7	22.6	28.3	33.9	39.6	50.2	61.5
			67	6.4	11.3	17.0	21.9	26.9	32.5	37.5	48.0	58.7
	3	低翅	54	12.0	21.2	31.0	41.7	50.9	60.8	70.0	90.5	109.6
			56	10.6	20.5	29.7	39.6	48.8	58.7	67.9	86.9	106.0
			59	10.6	19.0	29.0	37.5	46.6	55.0	65.0	82.0	101.0
		高翅	62	9.9	18.4	26.9	35.3	43.8	52.3	61.5	78.5	95.4
			64	9.9	18.4	26.9	33.9	42.4	50.9	59.4	75.6	92.6
			67	9.9	17.0	25.4	33.2	40.3	48.8	56.5	72.0	88.4
	4	低翅	54	15.5	28.3	41.0	55.0	67.9	80.6	93.3	120.0	145.6
			56	14.1	26.9	39.6	52.3	65.0	77.7	90.5	115.9	141.4
			59	14.1	25.4	38.2	49.5	62.2	73.5	86.2	108.8	134.3
		高翅	62	12.7	24.0	35.3	46.6	58.0	69.3	82.0	104.6	127.2
			64	12.7	24.0	35.3	45.2	56.5	67.9	79.2	100.4	123.0
			67	12.7	22.6	33.9	43.8	53.7	65.0	74.9	96.0	117.3
	5	低翅	54	23.3	42.4	61.5	82.7	101.8	120.9	140.0	180.2	218.4
			56	21.2	40.3	59.4	78.5	97.5	116.6	135.7	173.9	212.0
			59	21.2	38.2	57.3	74.2	93.3	110.3	129.3	163.3	201.4
		高翅	62	19.0	36.0	53.0	70.0	86.9	103.9	123.0	156.9	190.8
			64	19.0	36.0	53.0	67.9	84.8	101.8	118.7	150.5	184.5
			67	19.0	33.9	50.9	65.7	80.6	97.5	112.4	144.2	176.0
	6	低翅	54	23.3	42.4	61.5	82.7	101.8	120.9	140.0	180.2	218.4
			56	21.2	40.3	59.4	78.5	97.5	116.6	135.7	173.9	212.0
			59	21.2	38.2	57.3	74.2	93.3	110.3	129.3	163.3	201.4
		高翅	62	19.0	36.0	53.0	70.0	86.9	103.9	123.0	156.9	190.8
			64	19.0	36.0	53.0	67.9	84.8	101.8	118.7	150.5	184.5
			67	19.0	33.9	50.9	65.7	80.6	97.5	112.4	144.2	176.0
	7	低翅	54	27.6	49.5	72.0	96.8	118.7	141.4	163.3	210.6	255.2
			56	24.7	47.4	69.3	91.9	113.8	136.4	158.3	202.9	247.4
			59	24.7	44.5	67.1	86.9	108.8	128.6	151.3	190.8	235.4
		高翅	62	22.6	42.4	62.2	82.0	101.8	121.6	143.5	183.0	222.6
			64	22.6	42.4	62.2	79.2	99.0	118.7	138.5	176.0	215.6
			67	22.6	39.6	59.4	77.0	94.0	113.8	131.5	168.2	205.7
	8	低翅	54	31.0	56.5	82.0	110.3	135.7	161.2	186.6	240.2	291.2
			56	28.3	53.7	79.2	104.6	130.0	155.5	180.9	231.8	282.7
			59	28.3	50.9	76.3	99.0	124.4	147.0	172.5	217.7	268.6
		高翅	62	25.4	48.0	70.7	93.3	115.9	138.5	164.0	209.2	254.4
			64	25.4	48.0	70.7	90.5	113.0	135.7	158.3	200.7	246.0
			67	25.4	45.2	67.9	87.6	107.4	130.0	150.0	192.2	234.7

附表 5-3　鼓风式空冷器管子数表[4]

管排数	管心距/mm		管束公称宽度/mm								
			500	750	1000	1250	1500	1750	2000	2500	3000
			管子数								
2	低翅	54	13	22	31	40	50	59	68	87	105
		56	12	21	30	39	48	57	66	84	101
		59	11	20	28	37	45	54	62	79	96
	高翅	62	11	19	27	35	43	51	59	75	91
		64	10	18	26	34	42	50	57	73	89
		67	10	18	25	32	40	47	55	70	85
3	低翅	54	20	33	47	60	75	89	102	131	158
		56	18	32	45	59	72	86	99	126	152
		59	17	30	42	56	68	81	93	119	144
	高翅	62	17	29	41	53	65	77	89	113	137
		64	15	27	39	51	63	75	86	110	134
		67	15	27	38	48	60	71	83	105	128
4	低翅	54	26	44	62	80	100	118	136	174	210
		56	24	42	60	78	96	114	132	168	202
		59	22	40	56	74	90	108	124	158	192
	高翅	62	22	38	54	70	86	102	118	150	182
		64	20	36	52	68	84	100	114	146	178
		67	20	36	50	64	80	94	110	140	170
5	低翅	54	33	55	78	100	125	148	170	218	263
		56	30	53	75	98	120	143	165	210	253
		59	28	50	70	93	113	135	155	198	240
	高翅	62	28	48	68	88	108	128	148	188	228
		64	25	45	65	85	105	125	143	183	223
		67	25	45	63	80	100	118	138	175	213
6	低翅	54	39	66	93	120	150	177	24	261	315
		56	36	63	90	117	144	171	198	252	303
		59	33	60	84	111	135	162	186	237	288
	高翅	62	33	57	81	105	129	153	177	225	273
		64	30	54	78	102	126	150	171	219	267
		67	30	54	75	96	120	141	165	210	255
7	低翅	54	46	77	109	140	175	207	238	305	38
		56	42	74	105	137	168	200	231	294	354
		59	39	70	98	130	158	189	217	277	336
	高翅	62	39	67	95	123	151	179	207	263	319
		64	35	63	91	119	147	175	200	256	312
		67	35	63	88	112	140	165	193	245	298
8	低翅	54	52	88	124	160	200	236	272	348	420
		56	48	84	120	156	192	228	264	336	404
		59	44	80	112	148	180	216	248	316	384
	高翅	62	44	76	108	140	172	204	236	300	364
		64	40	72	104	136	168	200	228	292	356
		67	40	72	100	128	160	188	220	280	340

附表 5-4 引风式空冷器管子数表[4]

管排数	管心距/mm		管束公称宽度/mm								
			500	750	1000	1250	1500	1750	2000	2500	3000
			管子数								
2	低翅	54	11	20	29	39	48	57	66	85	103
		56	10	19	28	37	46	55	64	82	100
		59	10	18	27	35	44	52	61	77	95
	高翅	62	9	17	25	33	41	49	58	74	90
		64	9	17	25	32	40	48	56	71	87
		67	9	16	24	31	38	46	53	68	83
3	低翅	54	17	30	44	59	72	86	99	128	155
		56	15	29	42	56	69	83	96	123	150
		59	15	27	41	53	66	78	92	116	143
	高翅	62	14	26	38	50	62	74	87	111	135
		64	14	26	38	48	60	72	84	107	131
		67	14	24	36	47	57	69	80	102	125
4	低翅	54	22	40	58	78	96	114	132	170	206
		56	20	38	56	74	92	110	128	164	200
		59	20	36	54	70	88	104	122	154	190
	高翅	62	18	34	50	66	82	98	116	148	180
		64	18	34	50	64	80	96	112	142	174
		67	18	32	48	62	76	92	106	136	166
5	低翅	54	28	50	73	98	120	143	165	213	258
		56	25	48	70	93	115	138	160	205	250
		59	25	45	68	88	110	130	153	193	238
	高翅	62	23	43	63	83	103	123	145	185	225
		64	23	43	63	80	100	120	140	178	218
		67	23	40	60	78	95	115	133	170	208
6	低翅	54	33	60	87	117	144	171	198	255	309
		56	30	57	84	111	138	165	192	246	300
		59	30	54	81	105	132	156	183	231	285
	高翅	62	27	51	75	99	123	147	174	222	270
		64	27	51	75	96	120	144	168	213	261
		67	27	48	72	93	114	138	159	204	249
7	低翅	54	39	70	102	137	168	200	231	298	361
		56	35	67	98	130	161	193	224	287	350
		59	35	63	95	123	154	182	214	270	333
	高翅	62	32	60	88	116	144	172	203	259	315
		64	32	60	88	112	140	168	196	249	305
		67	32	56	84	109	133	161	186	238	291
8	低翅	54	44	80	116	156	192	228	264	340	412
		56	40	76	112	148	184	220	256	328	400
		59	40	72	108	140	176	208	244	308	380
	高翅	62	36	68	100	132	164	196	232	296	360
		64	36	68	100	128	160	192	224	284	348
		67	36	64	96	124	152	184	212	272	332

附表 5-5 全国主要城市气温一览表[6]

省份及直辖市	市、县	海拔高度	大气压力/Pa	气温					相对湿度/%		风速/(m/s)	
				气温	最热月	最冷月	极端	极端				
			平均	平均	平均	平均	最高	最低	平均	最低	平均	最大
北京		31.5	101184	13.1	31.7	−6.9	41.9	−14.2	55.6	0.0	2.5	13.2
天津		3.3	101642	12.9	31.6	−7.7	39.3	−16.3	64.6	5.0	2.2	16.7
河北	石家庄	80.5	100708	14.4	33.0	−4.9	40.5	−12.3	59.4	3.0	1.7	12.3
	承德	375.2	97278	9.5	30.6	−13.6	38.8	−21.1	57.0	1.0	0.8	10.7
	沧州	9.6	101556	13.6	32.5	−7.0	39.8	−16.7	62.6	5.0	2.3	14.7
山西	大同	1066.7	89530	7.5	28.0	−16.4	37.2	−24.2	50.0	2.0	3.0	16.7
	太原	777.9	92720	10.8	30.0	−10.9	37.4	−22.1	56.0	1.0	2.1	16.0
	运城		97270	14.7	33.6	−5.0	41.2	−14.6	60.4	0.0	2.7	16.7
内蒙古	海拉尔	612.8	94156	0.1	26.5	−28.2	36.5	−38.7	67.6	4.0	3.2	20.0
	呼和浩特	1063.0	89622	7.6	28.9	−16.2	38.5	−25.7	51.6	1.0	1.7	16.0
	包头		89585	8.7	30.0	−16.2	36.7	−27.9	53.0	5.0	2.0	12.7
	赤峰	571.1	94902	7.8	29.4	−16.1	39.8	−25.9	51.6	3.0	2.1	14.7
辽宁	锦州	65.9	100806	10.2	29.3	−11.0	36.8	−18.2	59.0	3.0	2.7	15.0
	沈阳	41.6	101050	8.9	29.5	−16.0	36.0	−26.1	62.0	4.0	3.1	18.3
	营口	3.3	101594	10.2	29.1	−11.8	34.7	−21.1	65.8	8.0	3.5	16.7
	本溪		99332	8.1	29.0	−16.3	37.5	−26.4	65.0	8.0	2.1	15.0
	丹东	15.1	101514	9.5	28.2	−11.1	35.3	−23.7	68.6	3.0	2.9	16.0
	大连	92.8	100474	11.6	28.0	−5.7	34.9	−16.2	63.8	5.0	4.7	18.4
吉林	四平	164.2	99584	7.6	28.7	−16.5	37.3	−25.4	62.4	5.0	2.8	17.0
	长春	236.8	98650	6.5	28.0	−18.2	35.6	−28.1	61.4	3.0	3.5	21.3
	延吉	176.8	99347	5.9	27.7	−16.7	35.2	−22.9	64.0	4.0	2.2	18.0
	前郭		99826	6.5	29.1	−18.7	37.3	−26.9	60.2	5.0	2.4	18.3
	临江		97658	6.0	29.0	−19.8	37.9	−28.1	68.4	9.0	0.9	10.7
黑龙江	呼玛	296.0	99158	−0.2	28.2	−29.1	36.7	−44.4	65.6	3.0	1.9	14.3
	嫩江	242.2	98430	1.2	27.3	−28.3	37.1	−38.5	64.8	2.0	3.3	22.0
	齐齐哈尔	145.9	99614	4.9	28.8	−21.7	38.7	−29.2	57.4	3.0	3.0	15.0
	安达	149.3	99578	4.8	28.9	−22.2	37.6	−30.0	60.4	0.0	3.0	20.0
	哈尔滨	171.7	99682	5.4	28.8	−21.2	36.7	−30.3	63.2	5.0	3.1	13.9
	鸡西	232.3	98540	4.8	28.4	−20.1	37.6	−29.8	63.2	3.0	3.6	20.2
	牡丹江	241.4	98564	5.2	29.1	−20.4	38.4	−31.4	64.4	0.0	2.4	18.0
	绥芬河		95486	3.6	25.9	−20.3	34.4	−30.9	66.2	3.0	2.7	18.7
上海		4.5	101600	17.0	31.9	2.2	39.4	−5.1	74.8	15.0	3.0	15.0
江苏	徐州	40.6	101190	15.0	31.8	−3.2	38.4	−11.4	68.2	6.0	2.1	13.0
	南京	8.9	101564	16.0	31.9	−0.7	37.6	−7.2	75.8	4.0	1.9	14.0
	东台		101624	15.2	31.2	−0.8	36.8	−7.7	77.0	12.0	2.5	14.7

续表

省份及直辖市	市、县	海拔高度	大气压力/Pa	气温					相对湿度/%		风速/(m/s)	
				气温	最热月	最冷月	极端	极端				
			平均	平均	平均	平均	最高	最低	平均	最低	平均	最大
浙江	杭州	41.7	101162	17.0	33.2	1.7	39.1	-5.8	76.2	13.0	1.9	16.3
	定州		101210	16.8	31.3	3.2	38.6	-3.7	79.6	17.0	2.9	18.7
	宁波	4.2	101610	17.8	33.3	2.1	39.5	-4.0	78.5	16.0	2.2	11.2
	衢县		100834	17.6	33.2	2.2	39.6	-6.6	78.2	9.0	1.8	10.7
	温州	6.0	101350	18.6	32.4	5.3	39.6	-2.3	78.0	14.0	1.7	19.0
安徽	合肥	29.8	101208	16.5	32.1	0.0	38.6	-10.5	73.8	11.0	3.1	15.7
	蚌阜	29.8	101370	16.0	32.3	-1.2	38.5	-11.0	70.8	7.0	3.1	12.8
	安庆	19.8	101404	17.3	32.2	1.8	38.0	-5.0	74.8	13.0	3.4	15.0
福建	南平	125.6	100062	19.8	34.0	6.3	38.3	-4.7	78.2	11.0	0.9	12.0
	福州	84.0	100542	20.3	34.0	8.2	39.6	-0.3	75.6	15.0	2.8	15.6
	厦门	63.2	99844	20.7	32.0	9.6	36.4	1.9	77.6	10.0	2.7	25.3
江西	吉安	76.4	100660	18.8	33.8	3.9	39.4	-4.9	78.4	14.0	1.9	14.7
	赣州	123.8	100062	19.7	34.0	5.3	39.3	-3.7	75.6	13.0	1.2	10.0
	南昌	46.7	101024	18.0	32.6	3.1	39.2	-4.5	78.0	16.0	2.0	10.7
	景德镇		100844	17.9	33.3	2.3	39.1	-6.0	77.0	10.0	1.5	10.3
	南城		100580	18.1	33.0	3.0	38.2	-6.2	81.2	19.0	3.0	16.3
山东	济南	51.6	100738	15.3	32.3	-3.1	40.5	-11.5	56.4	3.0	3.1	14.9
	潍坊		101472	12.5	31.9	-8.4	39.7	-17.0	68.4	3.0	3.5	16.3
	青岛	76.0	100815	13.6	29.0	-3.5	37.4	-10.2	72.5	15.0	4.3	19.0
	菏泽		101078	14.2	32.0	-4.4	39.0	-15.2	71.4	9.0	2.7	14.6
	兖州		101058	14.0	32.3	-5.9	39.9	-14.7	68.8	1.0	2.8	14.0
河南	安阳	75.5	100798	14.9	32.4	-4.0	40.2	-11.4	63.6	3.0	2.3	15.8
	郑州	110.4	100360	15.0	32.3	-3.4	38.9	-10.9	65.0	0.0	2.3	13.8
	驻马店		100650	15.5	32.1	-2.2	38.8	-10.5	71.4	6.0	2.4	13.3
	洛阳	154.5	97845	14.7	32.4	-4.3	38.4	-14.1	62.5	2.0	3.0	16.2
	新乡		100815	15.1	32.4	-4.5	39.0	-10.5	67.0	4.0	2.4	13.5
	南阳	129.8	100120	15.8	32.5	-2.0	36.5	-7.0	73.0	11.0	2.3	11.4
	信阳	114.5	100320	15.8	32.3	-0.9	39.1	-10.8	73.2	6.0	2.7	16.4
湖北	武汉	23.3	101352	17.5	33.0	1.6	38.1	-4.3	75.0	13.0	1.1	10.0
	荆州		101225	17.6	33.6	1.6	37.2	-3.3	76.5	20.0	2.3	10.5
	宜昌	133.1	100064	17.3	32.9	2.3	39.2	-3.4	75.0	9.0	1.5	10.9
湖南	长沙	44.9	100780	17.4	32.9	2.6	38.8	-4.7	81.4	16.0	2.3	13.0
	岳阳	51.6	100945	18.0	32.9	2.3	35.8	-2.5	78.0	20.0	2.6	21.2
	常德		101212	17.6	33.0	2.6	39.3	-3.3	78.0	19.0	1.7	11.7

续表

省份及直辖市	市、县	海拔高度	大气压力/Pa	气温					相对湿度/%		风速/(m/s)	
			平均	气温平均	最热月平均	最冷月平均	极端最高	极端最低	平均	最低	平均	最大
广东	广州	6.6	100936	22.2	33.0	10.2	36.9	0.0	76.8	12.0	1.6	10.7
	韶关		100692	20.5	33.5	7.0	38.5	-4.3	78.0	12.0	2.0	12.7
	汕头	1.2	101308	22.2	32.2	11.0	37.0	1.2	77.2	15.0	2.5	13.4
	深圳	18.2	100880	23.5	32.8	13.0	36.4	6.4	76.0	18.0	2.6	14.2
	湛江	25.3	100870	24.1	33.1	14.6	37.2	8.0	81.0	24.0	2.9	19.6
广西	桂林	161.8	99486	19.2	32.8	5.7	37.8	-2.2	74.4	8.0	2.6	11.6
	梧州	119.2	99968	21.2	33.5	8.4	37.4	-0.6	79.4	13.0	1.5	13.9
	南宁	72.2	100274	22.1	33.1	10.0	37.6	-1.9	77.8	14.0	1.1	9.1
海南	三亚		101090	26.6	32.3	19.6	34.7	15.3	78.5	33.0	1.6	8.7
	琼海		100842	24.7	33.9	15.8	38.0	6.6	85.4	31.0	2.5	17.7
四川	成都	505.9	95696	16.7	30.6	3.4	36.1	-2.7	79.8	20.0	1.2	17.0
	宜宾		97498	18.0	32.1	5.8	38.4	1.0	81.4	0.0	0.7	12.0
	西昌		83810	17.1	28.4	4.3	35.5	-1.3	62.6	2.0	1.1	14.0
	南充	297.7	97834	17.4	33.6	4.1	40.1	-0.9	81.4	13.0	1.0	10.0
重庆	重庆	351.1	98354	18.4	34.1	6.1	41.9	0.8	80.2	19.0	1.5	11.6
贵州	遵义	843.9	91882	15.6	30.2	3.0	35.8	-4.1	79.2	14.0	1.2	10.9
	贵阳	1071.2	89464	15.6	28.6	2.9	34.4	-4.7	76.4	0.0	2.3	11.1
云南	昆明	1891.4	81058	15.9	25.8	3.9	30.4	-2.4	69.4	12.0	1.5	12.7
	蒙自	1300.7	86860	18.9	28.9	7.8	34.0	-2.1	72.0	6.0	2.7	17.3
西藏	拉萨	3648.7	65234	8.6	24.2	-8.6	29.9	-14.5	44.6	0.0	1.7	13.7
陕西	西安	396.9	97018	14.7	33.3	-3.2	41.8	-10.8	65.6	3.0	1.8	12.8
	延安	957.6	90808	10.8	30.6	-10.6	37.5	-21.4	57.0	2.0	1.6	9.7
	汉中	508.4	95716	14.9	31.5	-0.5	38.3	-5.9	77.6	10.0	1.4	10.3
甘肃	兰州	1517.2	84836	10.6	29.7	-9.3	38.0	-16.8	51.8	2.0	1.0	10.3
	玉门	1562.0	84734	7.7	29.4	-15.8	35.1	-28.8	42.2	1.0	3.1	17.3
	天水		88792	11.9	30.2	-5.6	38.2	-12.0	63.0	4.0	0.9	9.7
青海	冷湖	2733.0	72814	3.1	25.2	-21.0	35.9	-29.0	30.0	0.0	3.4	23.0
	格尔木	2807.7	72498	5.9	25.1	-14.7	35.5	-21.8	32.0	0.0	2.3	16.3
	西宁	2261.0	77114	5.5	24.3	-15.4	33.3	-23.1	60.0	0.0	0.8	10.7
宁夏	银川	1111.5	89100	9.7	29.4	-12.8	36.8	-21.7	55.8	0.0	2.6	21.1
新疆	克拉玛依	427.0	96700	9.2	34.1	-19.5	40.8	-30.2	47.4	0.0	3.0	26.0
	乌鲁木齐	653.5	91396	7.8	29.9	-16.6	38.8	-25.4	57.2	3.0	2.1	12.6
	伊宁	662.5	94188	9.5	31.6	-15.6	39.2	-26.1	64.8	6.0	1.7	15.2
	吐鲁番	34.5	101260	15.0	39.8	-11.3	46.3	-17.6	41.8	0.0	0.6	13.0
	和田	1374.6	86256	13.0	32.9	-8.9	41.1	-15.9	41.4	4.0	1.8	11.2
	哈密	737.9	93106	10.2	34.6	-16.6	42.0	-26.1	47.2	2.0	0.9	13.0

附表 5-6 油品性质计算公式

名称	关联式	符号说明
热焓	$H=\begin{bmatrix}3.8192+0.2483\times API-0.002706\times API^2\\+0.3718\times T+0.001972\times T\times API+0.0004754\times T^2\end{bmatrix}\times$ $(0.0533\times K_F+0.3604)\times 4.1855$	T—温度,℃；K_F—特性因数；API—比重指数；H—焓,kJ/kg
焓差	$\Delta H=[(0.3718+0.001972\times API)+0.4754\times10^{-3}\times(T_1+T_2)]\times(T_1-T_2)\times(0.0533\times K_F+0.3604)\times4.1855$	ΔH—焓差,kJ/kg
API指数	$API=\dfrac{141.5}{(0.99417\cdot\rho_4^{20}+0.009181)}-131.5$	
密度	$\rho=T\times(1.307\times\rho_4^{20}-1.817)+973.86\times\rho_4^{20}+36.34$	ρ—密度,kg/m^3
比容热	$C_p=[0.6811-0.308\times(0.99417\times\rho_4^{20}+0.009181)+(1.8\times T+32)\times(0.000815-0.000306)\times(0.99417\times\rho_4^{20}+0.009181)]\times(0.055\times K_F+0.35)\times4.1855$	C_p—kJ/(kg·℃)；T—℃
导热系数	$\lambda=(0.0199-0.0000656T+0.098)/(0.99417\rho_4^{20}+0.009181)$	λ—导热系数,W/(m·℃)
黏度	$\nu=\exp[(\exp(+b\times\ln(T+273))]-C$	ν—运动黏度,mm^2/s
	$\mu=\rho\times\upsilon\times10^{-3}$	μ—动力黏度, mPa·s
	$b=\dfrac{\ln[\ln(v_1+C)]-\ln[\ln(v_2+C)]}{\ln(T_1+273)-\ln(T_2+273)}$	
	$a=\ln[\ln(v_1+C)]-b\times\ln(T_1+273)$	
	当$\rho_4^{20}\leqslant0.8$　　$C=0.8$	
	$\rho_4^{20}>0.9$　　$C=0.6$	
	$0.8<\rho_4^{20}<0.9$　　$C=2.4-2.0\times\rho_4^{20}$	

附表 5-7 空气性质计算公式表

性质	计算公式	单位
密度	$\rho_a=3.48816\times10^{-3}\dfrac{P_a}{273.15+t_{am}}$	kg/m^3
比热容	$c_{pa}=1.0036+0.02413\times10^{-3}t_{am}+0.4283\times10^{-6}t_{am}^2+0.03868\times10^{-9}t_{am}^3-0.95024\times10^{-12}t_{am}^4+0.89676\times10^{-15}t_{am}^5-0.25726\times10^{-18}t_{am}^6$	kJ/(kg·℃)
导热系数	$\lambda_a=0.02389+0.100857\times10^{-3}t_{am}-0.28571\times10^{-6}t_{am}^2$	W/(m·K)
黏度	$\mu_a=5.8449\times10^{-5}\cdot(273.15+t_{am})$	mPa·s

第六章　工　业　泵

工业泵广泛应用于炼油厂各类工艺装置及各种辅助设施中，是仅次于工业电动机的工业机械。据统计，一座中型炼油厂有泵1000多台，其中离心泵占83%，往复泵占6%，齿轮泵占3%，其余为螺杆泵和真空泵等；一座中型石油化工厂有泵2000多台，其中离心泵占45%，齿轮泵占23%，往复泵和螺杆泵各占12%，屏蔽泵占6%。泵送的液体介质温度为-140~500℃，压力由真空至350MPa，介质大多为易燃、易爆或有腐蚀以及含固体颗粒，黏度范围也相当宽，石化泵一般由电机驱动，其耗电量可达全厂用电的40%~50%。

6.1　分类

6.1.1　按工作原理分类

6.1.1.1　容积式泵

容积式泵是依靠工作元件在泵缸(壳)内作往复或回转运动，使工作容积交替增大和缩小，实现液体的吸入和排出。

容积式泵的分类：

- 容积式泵
  - 往复式
    - 活塞(柱塞)泵
      - 蒸汽往复泵(双作用)
        - 单缸
        - 双缸
      - 电动往复泵(单、双作用)
        - 单缸
        - 双缸
        - 三缸
        - 多缸
    - 隔膜泵——单缸、多缸。流体操作或机械操作
  - 旋(回)转式
    - 单转子——滑片、螺杆、偏心活塞，旋转活塞等
    - 多转子——齿轮、螺杆、叶形转子等

6.1.1.2　动力式泵

动力式泵是靠快速旋转的叶轮对液体的作用力将机械能传递给液体，使其动能和压力能增加，再通过泵缸将大部分动能转换为压力能而实现输送。动力式泵又称叶轮式泵或叶片式泵。

动力式泵的分类：

- 动力式泵
  - 离心泵(径流式、混流式)
    - 开式叶轮
    - 半开式叶轮
    - 闭式叶轮
  - 轴流泵
    - 开式叶轮
    - 闭式叶轮

6.1.2　按工作元件的运动方式分类

6.1.2.1　往复式泵

依靠活塞、柱塞或隔膜在泵缸内往复运动使缸内工作容积交替增大或缩小来输送液体使

之增压的容积式泵称为往复式泵。根据往复元件不同分为活塞泵、柱塞泵和隔膜泵三种类型。

6.1.2.2 旋(回)转式泵

利用齿轮、螺杆、叶形转子或滑片等工作元件的旋转作用迫使液体从吸入侧转移到排出侧的这一类容积泵属于回转式容积泵。

依靠径向和轴向配置在转子上的多个柱塞在转子回转过程中各自在泵缸内作往复运动，来完成吸排作用的径向和轴向回转柱塞泵，可被看作是特殊类型回转泵。

依靠叶轮旋转时产生的离心力来输送液体的离心泵和轴流泵是动力式泵。

6.1.2.3 特殊作用泵

(1) 射流泵

依靠一定压力的工作流体通过喷嘴高速喷出带走被输送流体的泵。

(2) 水锤泵

利用流通中的水被突然制动时所产生的能量，使其中一部分水压升到一定高度的一种泵。

(3) 电磁泵

处在磁场中的通电流体在电磁力的作用下向一定方向流通的泵。主要用于核动力装置中输送作为载热体的液态金属(钠或钾)，也可用于铸造生产中输送熔融的有色金属。流量可达 $13000m^3/h$，压力 1.7MPa，温度 1200℃。

(4) 气体升液泵

通过导管将压缩空气或其他压缩气体送到液体的最底层处，使之形成较液体轻的气液混合流体，再借管外液体的压力将混合流体压升上来。

图 6-1-1 表示了不同类型泵的工作原理，图 6-1-2 表示了几种泵典型的特性曲线。

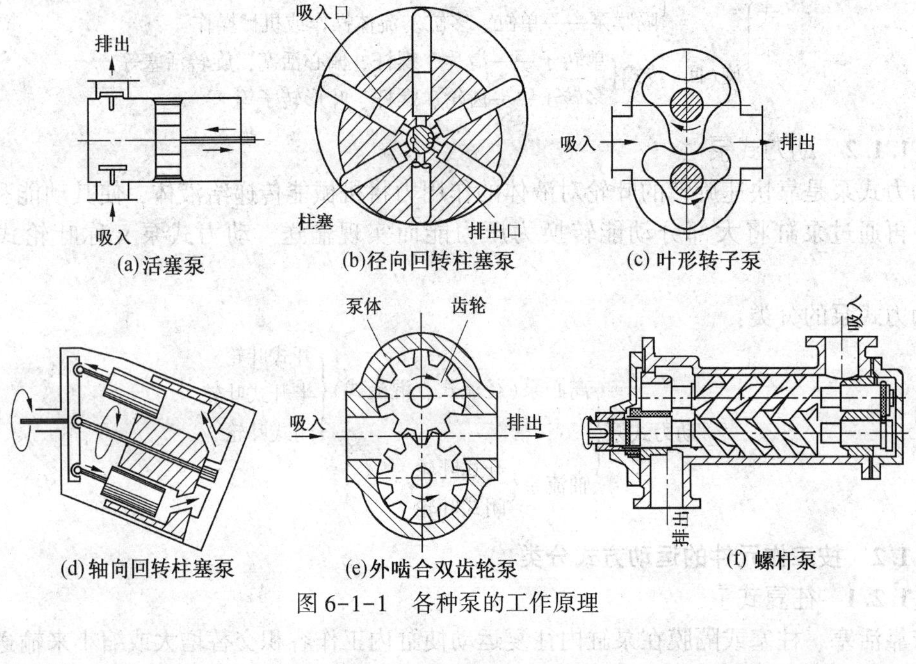

图 6-1-1 各种泵的工作原理

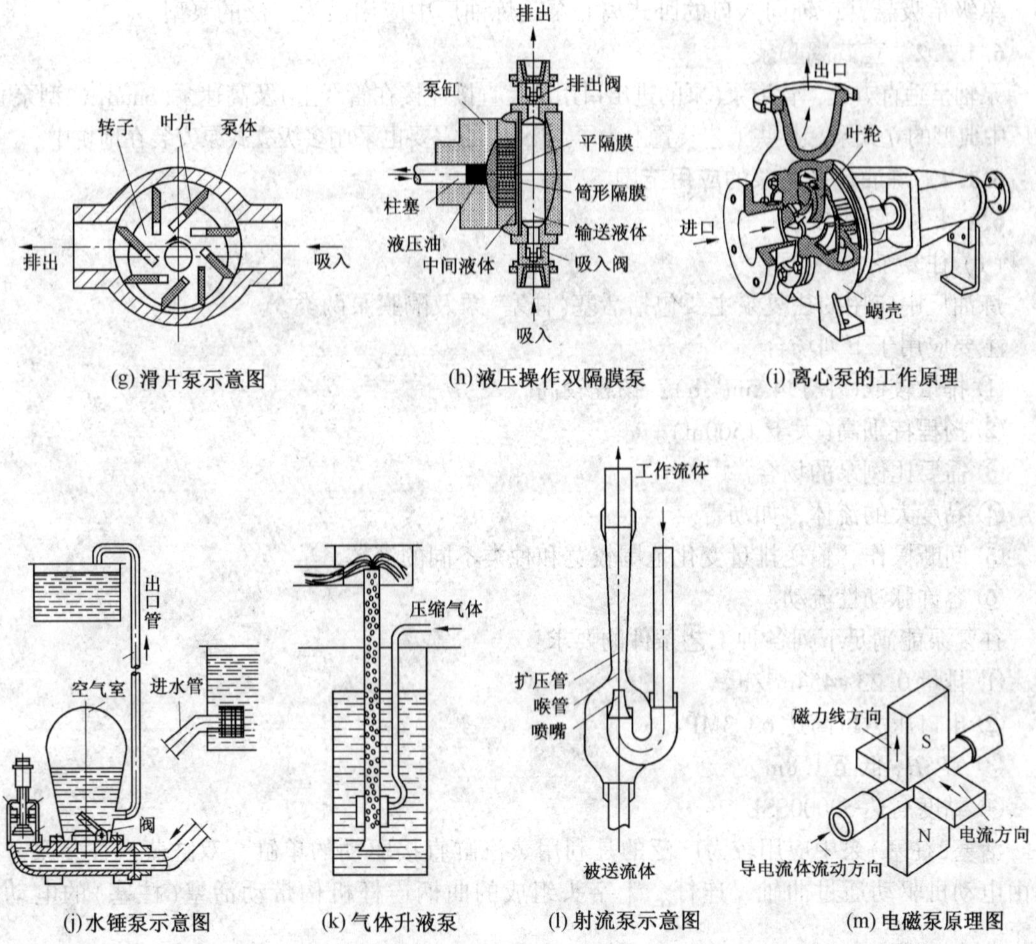

(g)滑片泵示意图　(h)液压操作双隔膜泵　(i)离心泵的工作原理

(j)水锤泵示意图　(k)气体升液泵　(l)射流泵示意图　(m)电磁泵原理图

图 6-1-1　各种泵的工作原理(续)

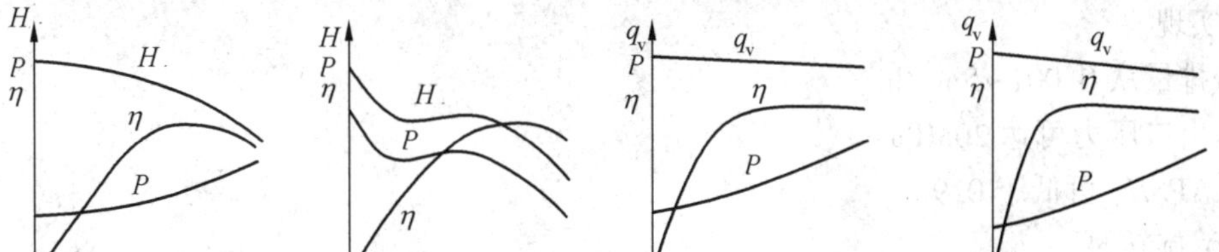

图 6-1-2　泵的特性曲线

6.1.3　炼油厂常用离心泵的分类

6.1.3.1　卧式离心泵

泵轴呈水平方向，应用最普遍。按泵壳的剖分形式有垂直(径向)剖分和水平(轴向)剖分两种，按泵壳的数量有单壳体和双壳体(筒型)两种，按轴承支撑方式有悬臂式和两端支撑式两种，按介质入口方向有轴向进口和径向进口两种，按叶轮级数有单级和多级两种，按叶轮入口数量有单吸和双吸两种。

单级单吸悬臂，轴向入口的卧式离心泵是炼油厂中应用最为广泛的泵型。

6.1.3.2 立式离心泵

泵轴呈垂直方式，管道泵(泵的进出口用法兰直接连接在管线上)及高速泵(Sundyne 型泵)是炼厂中典型的立式泵。某些工艺装置上为了 $NPSH_A$ 的需要也采用多级立式泵安装在地坑中。

6.1.4 炼油厂各类泵的应用范围

6.1.4.1 容积式泵

(1) 往复泵

炼油厂中应用的往复泵主要包括活塞(柱塞)泵及隔膜泵两类。

主要应用于下列场合。

① 排量较低(小于 4.5m^3/h)，扬程较高。

② 扬程特别高(大于 1500m)。

③ 需要比例泵的场合。

④ 黏度大的流体，如沥青。

⑤ 间断操作，输送排量变化范围较宽和种类不同的液体。

⑥ 容许脉动性流动。

往复泵能满足下列各种工艺条件的要求：

① 排量 0.23~454m^3/h。

② 出口压力可高达 63.3MPa。

③ $NPSH_A$ 低至 1.8m。

④ 黏度高达 50000SSU。

活塞(柱塞)泵中应用较为广泛的是利用蒸汽缸直接驱动的单缸、双缸蒸汽往复泵。也有由电动机驱动通过曲轴、连杆、十字头组成的曲柄连杆机构带动活塞(柱塞)的电动往复泵。

膈膜泵多用于需精确的按比例调节流量的场合，是往复泵的特殊种类。它适用于下列情况：

① 输送液体需要极端精确的控制和计量，而由于流量太小，不能采用通常的流量调节仪表来实现。

② 排量从 0.001~5m^3/h。

③ 出口压力可达 20MPa。

④ $NPSH_A$ 可低于 0.9m。

(2) 旋转泵

炼油厂中应用的旋转泵主要是转子泵、螺杆泵、齿轮泵三种。

旋转泵一般用于输送高黏度的液体，由于依靠精密的内部间隙来达到可靠的运行，通常不适用于输送含固体颗粒及磨蚀性的介质。通常由电动机驱动。

旋转泵适用于下列条件：

① 排量从 0.2~1130m^3/h。

② 黏度小于或等于 30SSU，扬程小于或等于 60m。

③ 黏度为 50~70SSU，扬程小于或等于 150m。

④ 黏度大于 70SSU，扬程小于或等于 360m。

⑤ 黏度小于或等于 500000SSU。

⑥ $NPSH_A$ 可低于 0.9m。

⑦ 流体中气体含量(体积)小于或等于 30%。

6.1.4.2　动力式泵

(1) 离心泵

离心泵是炼油厂中应用最为广泛的泵，通常是指径流式和混流式离心泵。

离心泵几乎可用于炼油厂除上述往复泵应用的特殊场合以外的各种介质和各种场合，可以输送含有固体、杂质、砂砾和腐蚀性化合物的液体，可输送低温、高温及各种易燃易爆的介质。

炼油厂离心泵主要应用于下列场合：

① 排量自 5~5000m^3/h。

② 扬程可高达 4200m。

③ 温度-45~450℃。

(2) 轴流泵

轴流泵通常是单级，一般为立式，流量范围 180~360000m^3/h，扬程一般在 20m 以下。轴流泵在炼油厂应用较少。

动力式泵中的特殊作用泵在炼油厂中很少应用。

图 6-1-3 是炼油厂用泵的一般范围，表示了由比转数 N_s 所决定的各种类型泵的一般应用范围，以及所对应的泵效率。

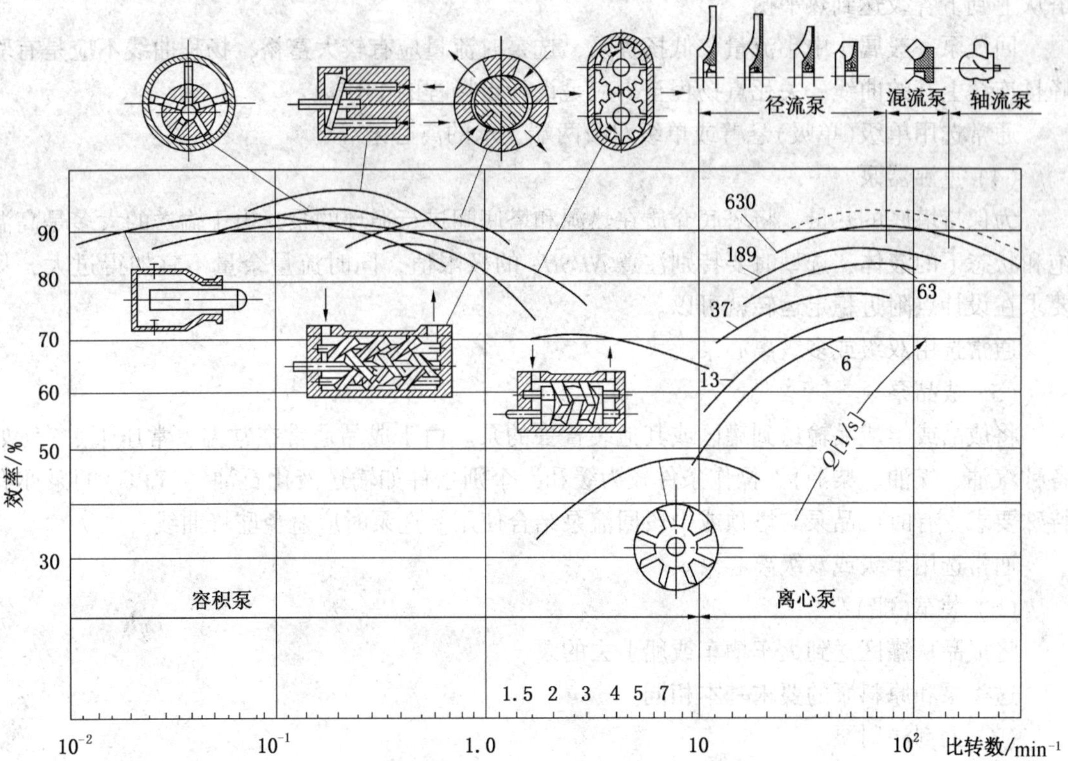

容积泵和离心泵的比转数与可达效率的分类

图 6-1-3　炼油厂用泵的一般范围

6.1.5 炼油厂用泵的形式选择

作为一般性的选泵导则，以下列出了在泵选择中应注意的主要事项。

6.1.5.1 按泵在工艺流程中的作用

(1) 原料泵(进料泵)

各种炼油装置的原料泵是将原料从罐区或其他生产装置中送来的液体介质进行加压后送到装置的流程中。

根据要求的流量和压力，在选离心泵时对泵的性能曲线应特别注意，一般要求泵的设计点扬程应是泵的关死点扬程的80%，且扬程应是从设计点连续上升。

通常选择两端支承的双级离心泵或卧式多级离心泵。某些场合如低流量、高扬程时也可选用高速单级(立式或卧式)离心泵(Sundyne 型泵)。

(2) 循环泵

某些炼油装置中进行反应、吸收、分离等操作时往往需要反复进行，如催化裂化中的油浆泵、加氢裂化中的循环油泵等，这类泵多数是中、小流量，而且流量多选择在最佳值和最低需要量之间，而且泵的扬程由于循环系统的压力损失几乎不变，只要泵在设计点附近稳定运转就可满足。

通常选择单级悬臂或双级离心泵，个别情况亦要选用多级离心泵。

(3) 回流泵

在分馏或蒸馏过程中，控制塔内热平衡的重要手段；如塔顶回流、中级回流等，使分馏塔从上到下各级达到热平衡。

回流泵一般属于中小流量、低扬程泵，选泵时流量应有较大富裕，扬程曲线不应是有驼峰且连续上升的曲线。关死点扬程至少应是设计点扬程的110%。

通常选用单级(单吸)悬臂或单级双吸两端支承的离心泵。

(4) 重沸器泵

为保持塔底的热量，将塔底介质在热源和塔底间进行循环的泵，由于输送的大多是高温饱和状态下的液体，选型时要特别注意 $NPSH_A$ 的极限值，同时流量余量不宜加得过大，只要求在设计点附近稳定运转就可以。

通常选用双级或多级离心泵。

(5) 成品泵

将成品或半成品输送到罐区或其他装置去的泵。由于成品通常在常温、常压下贮存(如各种汽油、煤油、柴油)，操作条件较为缓和，个别条件如输送液化石油气(LPG)的泵亦有特殊要求。有时成品泵与塔顶或中段回流泵结合使用。选泵时应避免驼峰曲线。

通常选用单级或双级离心泵。

(6) 装车(船)泵

将成品从罐区送到火车槽车或船上去的泵。

这类泵和原料泵的要求基本相同。

(7) 助剂注射泵

在炼油装置上应用较多的是注缓蚀剂，注 CS_2、注液氨等介质的泵，几乎多是小流量且需精确计量的，大多选择往复式泵(柱塞泵或隔膜泵)或齿轮泵。

(8) 废液泵

把炼油装置上的废液(污水、污液)送出装置的泵，一般是间断操作，对性能没有过多要求，但应防止污染和腐蚀。

泵型的选择根据介质及操作条件决定。

(9) 其他泵

供水、循环水系统用泵、蒸汽锅炉用泵、泵密封油泵以及大型旋转机械(压缩机、汽轮机等)的油泵、水泵等。

可按一般工业用泵及专门规范(如 API 610)中的规定选用。

6.1.5.2 按泵输送介质(对离心泵)

泵送易燃及毒性介质的相对密度小于和等于 0.7(在泵送温度下)应选择径向剖分泵。

泵送易燃及毒性介质的额定出口压力大于 10MPa，应选择径向剖分泵。

泵送介质的温度等于或大于 200℃时，应选择径向剖分泵。

6.1.5.3 按泵的结构形式(对离心泵)

径向剖分的单级离心泵为双吸悬臂结构时，或双级离心泵为悬臂结构时，应充分考虑制造厂的经验及具体应用条件慎重决定。一般均不推荐使用。

高能量头(每级扬程大于 200m)和单级耗功大于 225kW 的泵应特别注意，要避免叶片通道产生共振频率以及在小流量时的低频振动。

单级高速泵(Sundyne 型泵)在选择时应充分考虑泵的吸入性能($NPSH_R$)的要求。

6.2 结构形式

6.2.1 容积式泵

6.2.1.1 往复泵

往复泵按往复元件不同，分为活塞泵、柱塞泵和隔膜泵。

(1) 活塞泵

由泵缸、活塞、吸入阀、排出阀和驱动机组成。一般应用于较高压力(≥7MPa)及较小流量(<100m^3/h)。驱动机为电动机或内燃机通过减速机构传动，并借曲柄连杆机构将旋转运动变为往复运动。这种活塞泵(电动或内燃机传动)结构比较复杂，只能依靠机械方法改变往复次数或行程长度调节流量，为防止过载在出口管路上需设置安全阀。另一种活塞泵是利用蒸汽推动汽缸活塞，使装在同一活塞杆的泵缸活塞一起运动。这种泵称为蒸汽直接作用活塞泵。通过调节蒸汽滑阀的开度来调节泵送流量，改变蒸汽入口压力改变泵出口压力，而且当蒸汽压力不足以克服外部阻力时会自动停止工作而不会过载。

图 6-2-1 为典型的直接作用蒸汽往复泵。

最常用的配汽机构的原理示于图 6-2-2。

图 6-2-2(a)所示的配汽机构用于较小的汽泵，(b)用于较大的汽泵，(c)所示的机构可在泵操作时进行调整。

调整工作的第一步是使两缸的蒸汽活塞处在汽缸的中间位置。第二步使两个配汽阀处在中间位置，并每侧均有相同的间隙 X。

活塞型液缸的几种活塞见图 6-2-3。

液缸侧的几种阀门见图 6-2-4。

蒸汽直接作用往复式活塞泵按蒸汽缸的数目分为单缸和双缸；按液缸侧一侧或两侧工作分为单作用和双作用；双缸双作用直接作用蒸汽泵应用最广泛。

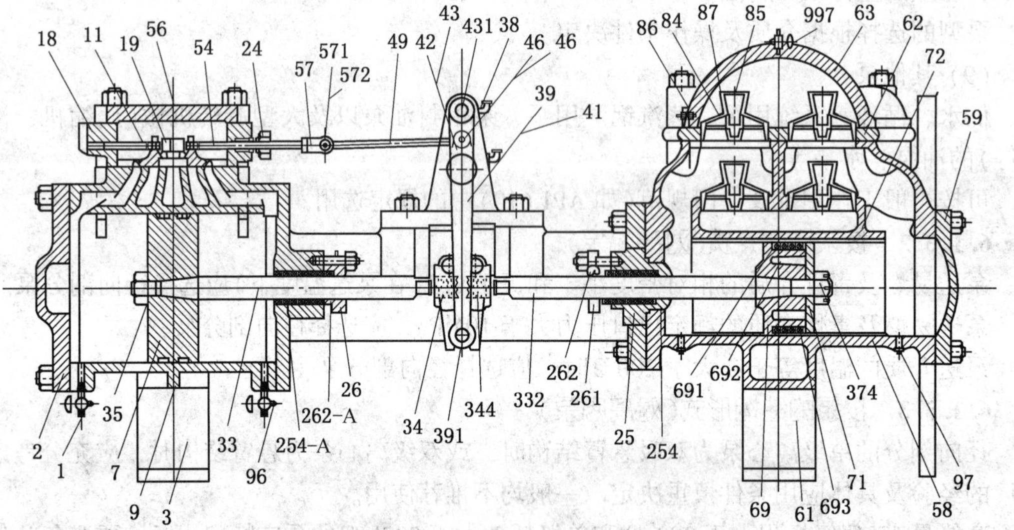

图 6-2-1 典型的直接作用蒸汽往复泵

1—汽缸；2—汽缸盖；3—汽缸支腿；7—汽缸活塞；9—汽缸活塞环；11—滑阀；18—蒸汽室；19—蒸汽室盖；24—阀杆盘根压盖；25—液缸活塞杆盘根箱；26—汽缸活塞杆盘根压盖；33—汽缸活塞杆；34—蒸汽活塞连接套；35—汽缸活塞螺母；38—配汽机构支架；39—长杆；41—短杆；42—上摇杆轴，（长轴）；43—下摇杆轴，（短轴）；46—曲柄销；49—阀杆连杆；54—阀杆；56—阀杆螺母；57—阀杆接头；58—液缸；59—液缸盖；61—液缸支腿；62—阀板；63—盖；69—液缸活塞体；71—液缸活塞盖；72—液缸缸套；84—阀；85—阀导向；86—阀座；87—阀弹簧；96—汽缸排凝阀；97—液缸排凝堵头；251—液缸活塞杆盘根箱；254A—汽缸活塞杆盘根箱衬套；254—液缸活塞杆盘根衬套；261—液缸活塞杆盘根箱压盖；262—液缸活塞杆盘根箱压盖衬套；262A—汽缸活塞杆盘根箱压盖衬套；332—液缸活塞杆；344—活塞杆连接螺母；374—活塞杆螺母；391—销；431—键；461—销螺母；571—配注阀杆销；572—配注阀杆销螺母；691—液缸活塞开口环；692—液缸活塞环；693—液缸活塞软盘根环；997—放气考克

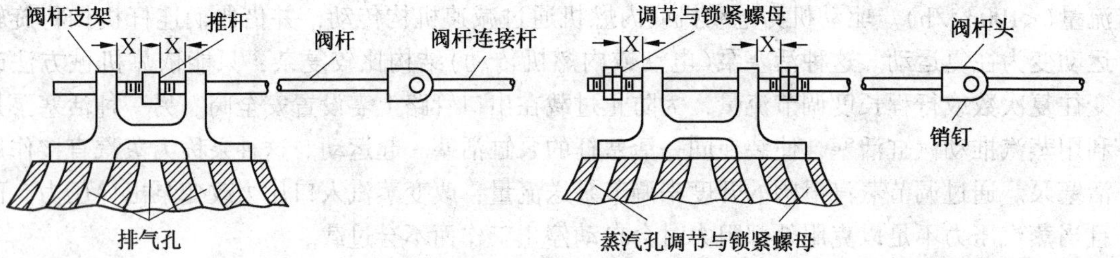

图 6-2-2 配汽机构原理图

(2) 柱塞泵

工作原理与活塞泵相同(图 6-2-5)，两者区别在于柱塞是穿过装在泵缸上的固定填料密封件在泵缸内运动，柱塞和泵缸(或缸套)间隙很小，密封性较活塞的好；此外由于柱塞直径较活塞直径小，柱塞泵可以达到很高的压力，可高达 350MPa，但流量通常每小时只有数十升。

柱塞泵通常均由两部分组成：动力端和液缸端。液缸端结构见图 6-2-6。

动力端按电动机的位置可分为立式和卧式两种，均是电动机通过减速机构及曲柄连杆机构及十字头与柱塞相连。根据需要可分为单柱塞和多柱塞通常为 3 或 5 柱塞。

对需要改变输出流量的场合，可以通过改变转数的方法改变液缸端的冲程数来达到，而转数的调节可采用调速电机或可自动/遥控的调速器，通过电动或气动讯号来实现。

液缸端主要包括柱塞、柱塞密封(图 6-2-7)、泵缸(图 6-2-8)及进出口阀。柱塞由优质钢经表面硬化处理制成，柱塞密封及泵缸部分的结构则根据使用条件而不同。

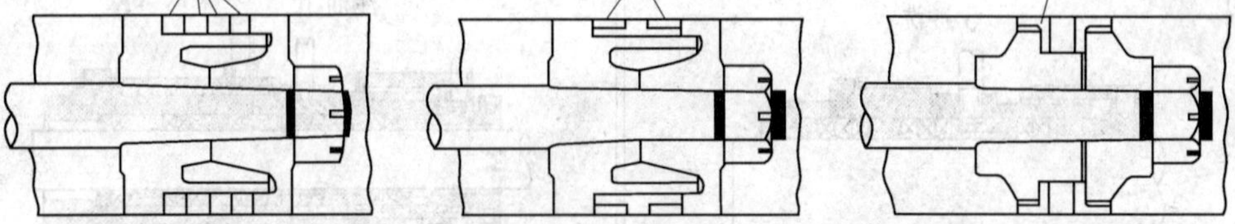

(a) 缸体和随动活塞 (b) 缸体及带开口环的随动活塞 (c) 缸体和带模压密封环的随动活塞

图 6-2-3 活塞型液缸的几种活塞

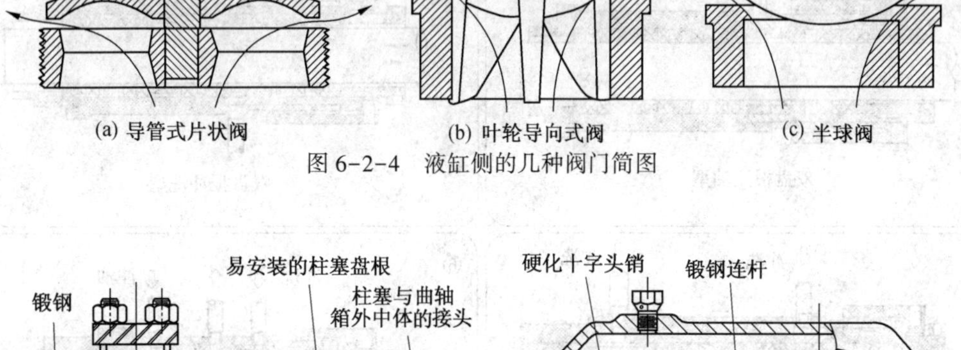

(a) 导管式片状阀 (b) 叶轮导向式阀 (c) 半球阀

图 6-2-4 液缸侧的几种阀门简图

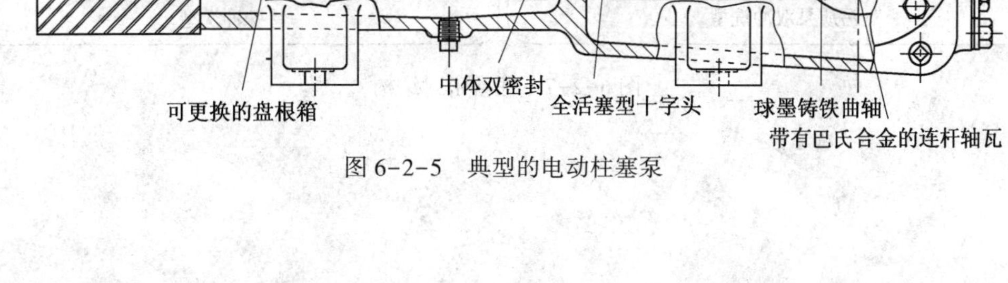

图 6-2-5 典型的电动柱塞泵

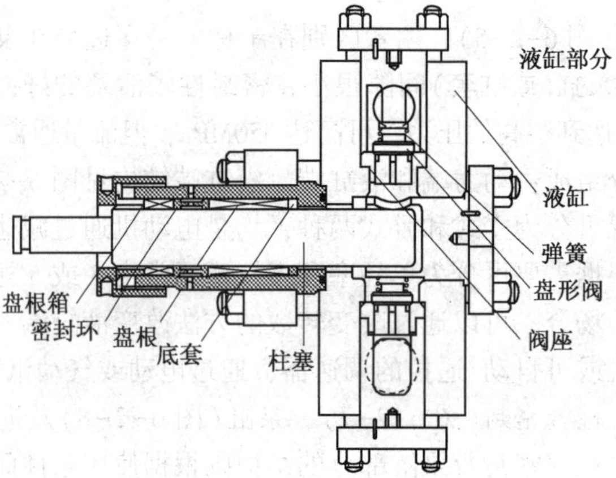

图 6-2-6 典型的柱塞泵液缸端

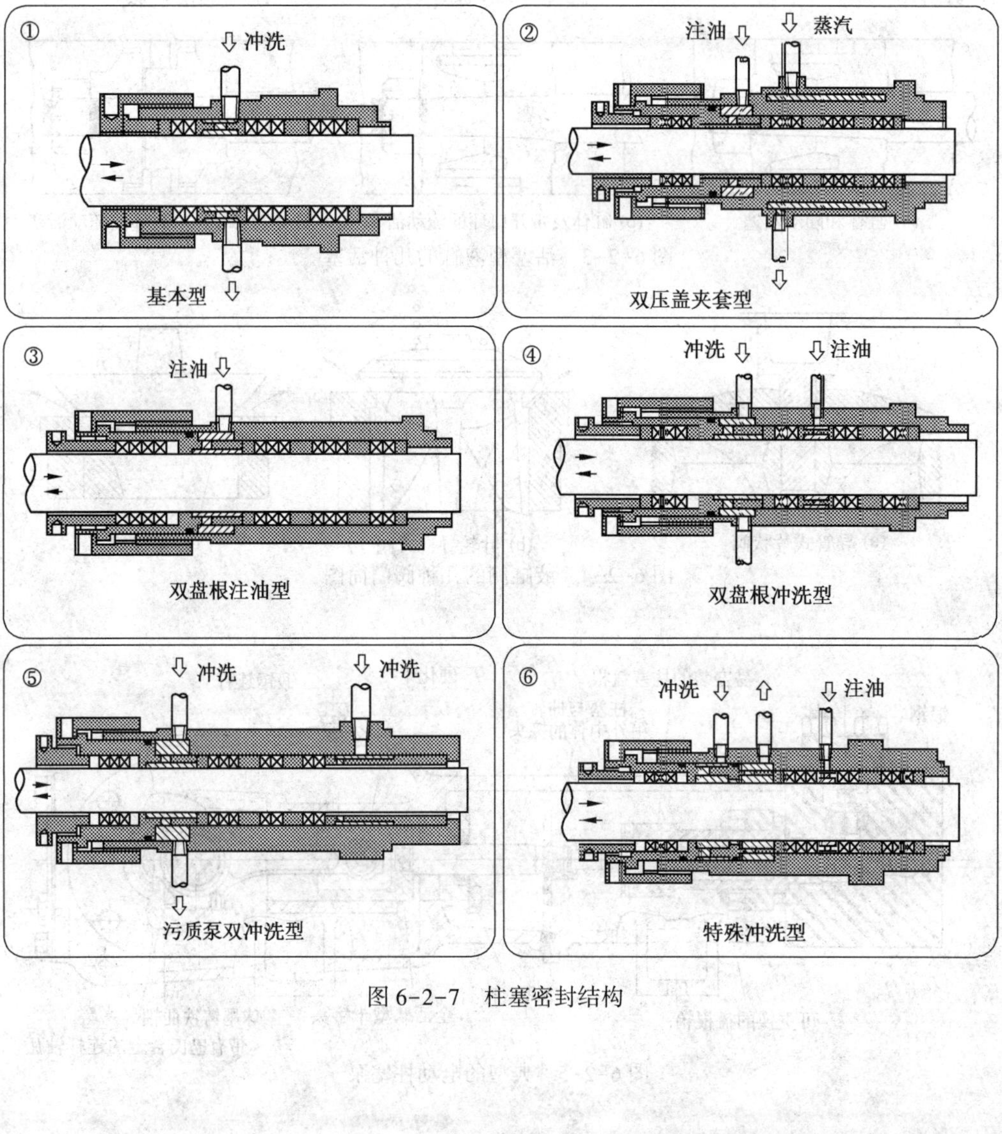

图 6-2-7 柱塞密封结构

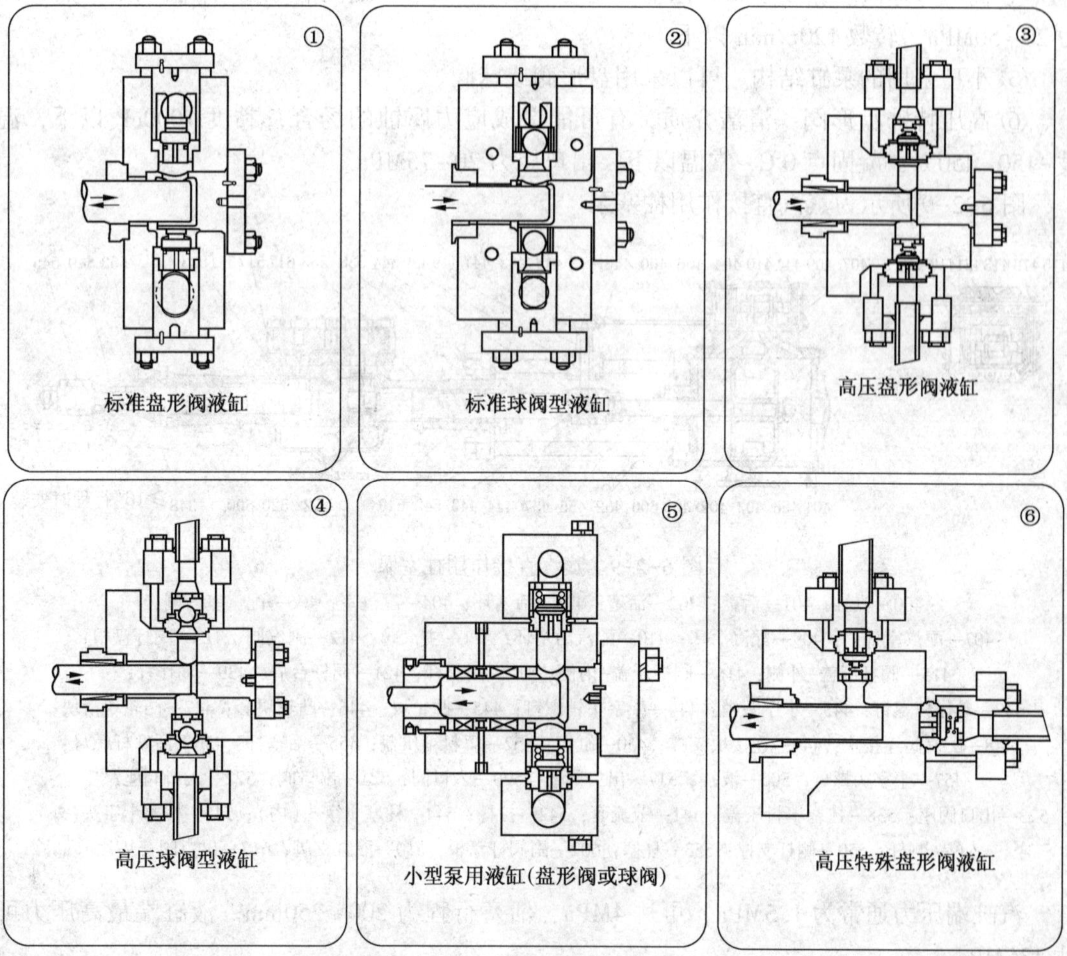

图 6-2-8 柱塞泵缸结构

图 6-2-7 所示的柱塞密封结构中：

① 基本型。适用于中低压力及较低黏度的介质。冲洗介质一般用水。

② 带夹套的双密封型。对凝固点较高需加热时，采用蒸汽夹套。通入蒸汽保温。

③ 应用于低黏度高压的条件，采用两段独立的填料结构。

④ 应用于介质中含有固体颗粒的情况，采用双填料，防止介质直接漏到外面。

⑤ 固体物含量大的污质泵，柱塞杆上会粘有固体，需用清洗液冲洗。

⑥ 特殊冲洗型。应用于泄漏后会产生结晶的介质，注入稀释液防止浅漏。

图 6-2-8 所示的泵缸结构中：

① 标准型盘形阀：适用于黏度 0.5~1000cP，温度-50~150℃，凝固点 0℃以下，出口压力 20MPa 以下。

② 标准型球阀。适用于黏度 500cP 以上，-50~150℃，凝固点 0℃~常温以下，出口压力 20MPa 以下，转数 120r/min 以下。

③ 高压型盘形阀。应用于清洁介质，黏度 1000cP 以下，温度-150~450℃，出口压力 20~50MPa。

④ 高压型球阀。黏度 500cP 以上，温度-150~450℃，凝固点 0℃~常温以下，出口压力 20~50MPa，转数 120r/min 以下。

⑤ 小型泵用的泵缸结构。可以采用盘形阀或球阀。

⑥ 高压特殊盘形阀：清洁介质，有可能造成应力腐蚀的场合，黏度 1000cP 以下，温度-150~450℃，凝固点 0℃~常温以下，出口压力 20~75MPa。

图 6-2-9 所示为蒸汽直接作用柱塞泵。

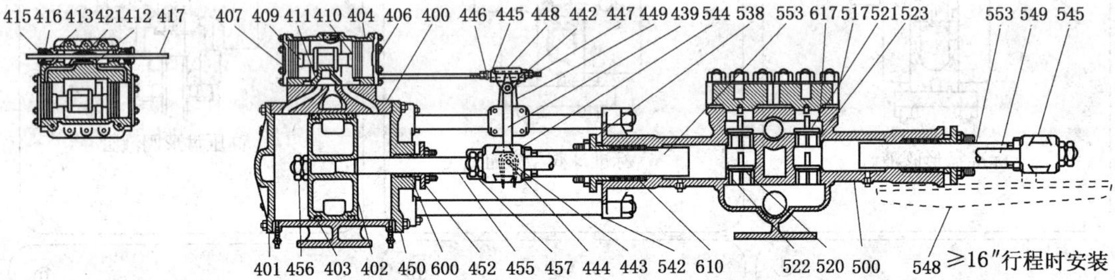

图 6-2-9 蒸汽直接作用柱塞泵

400—汽缸；401—后盖；402—活塞；403—活塞环；404—配汽室；406—配汽室内侧；407—配汽室外侧；409—配汽活塞；410—配汽活塞环；411—主汽阀；412—副汽阀；413—阀杆盘根；415—阀杆压盖-外侧；416—阀杆压盖-内侧；417—副阀杆；421—阀杆台肩；439—动作杆；442—动作杆螺钉；443—十字头销；444—十字头销螺钉；445—凸轮块；446—凸轮块套；447—凸轮块滑块；448—配汽阀连接块；449—连接块支撑；450—缸盖；452—填料箱压盖；455—活塞杆；456—活塞杆螺母；457—十字头螺母；500—液缸；517—出口阀盖；520—入口阀；521—出口阀；522—入口阀座；523—出口阀座；538—柱塞填料压盖；541—节流套；542—拉杆；544—柱塞十字头(内)；545—柱塞十字头(外)；549—侧杆；550—侧杆支撑；553—柱塞；602—副阀杆盘根；610—液缸支脚；617—出口阀盖垫片

汽缸端压力通常为 1.5MPa，可达 4MPa，活塞行程为 200~250mm。液缸端最高压力可达 135MPa。

(3) 隔膜泵

是往复泵的一种特殊形式，它是依靠夹紧在泵缸之间的隔膜，通过与之相连推杆的往复运动使隔膜产生交替的运动，通过排出阀和吸入阀的启闭来输送液体。这种隔膜泵称为机械操作隔膜泵。另一种液压操作隔膜泵是通过柱塞作用于液压腔中液压油产生脉冲压力使隔膜交替运动而实现。也有利用压力空气操作的隔膜泵。

隔膜泵靠静密封将输送的液体与外部严密隔开，所以不会泄漏。

柱塞的往复运动和柱塞泵有相同的结构，隔膜与泵缸间形成的空间决定了泵的容量。

隔膜泵有单缸或多缸两种，多缸泵的泵缸通常为 V 形排列或顺序并列。

隔膜泵通常利用柱塞行程调节来精确按比例调节流量。

图 6-2-10 为机械操作的隔膜泵及压力空气操作的隔膜泵。

6.2.1.2 回转泵

回转式容积泵按美国水力学会的标准定义可分为：叶片泵、轴向活塞泵、齿轮泵(包括内齿轮泵及外齿轮泵)、叶形转子泵及螺杆泵等。

螺杆泵是炼油厂应用最为广泛的容积式回转泵。

螺杆泵按螺杆数目主要分为单螺杆(图 6-2-11)、双螺杆、三螺杆泵三种。也有五螺杆泵，但很少应用。

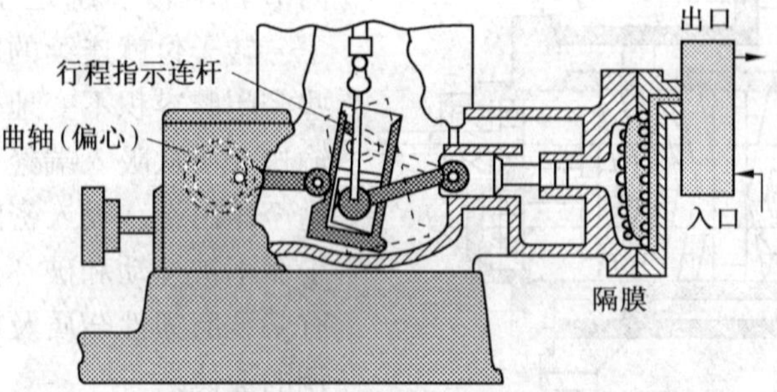

(a) 机械操作的隔膜泵

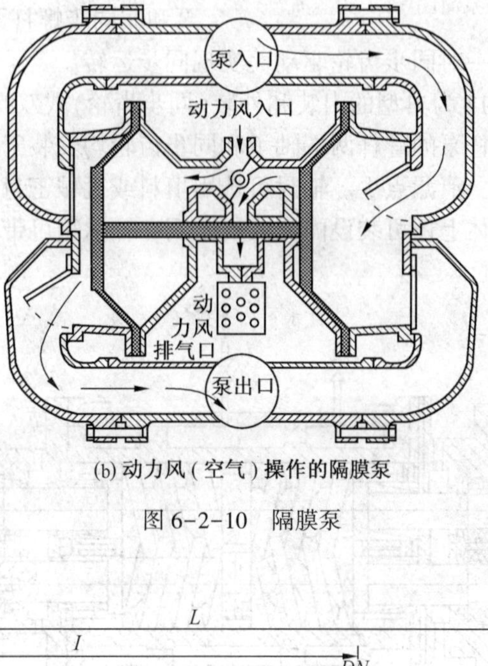

(b) 动力风(空气)操作的隔膜泵

图 6-2-10　隔膜泵

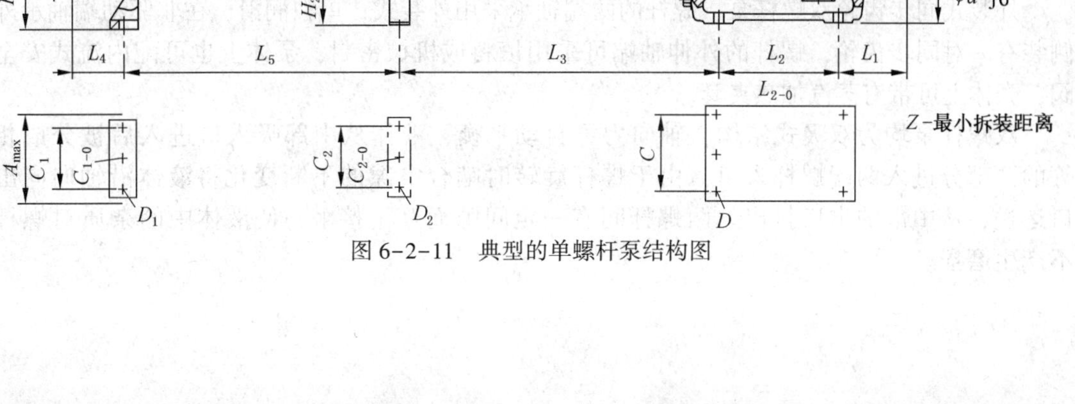

图 6-2-11　典型的单螺杆泵结构图

单螺杆泵是一种内啮合的密闭式螺杆泵，属转子式容积泵。主要工作部件由具有双头螺旋空腔的定子和在定子孔内与其啮合的单头螺旋杆泵—转子组成。当输入轴通过万向节驱动转子绕定子作行星回转时，定子—转子付就连续的啮合形成密闭腔，这些密闭腔容积不变地作匀速轴向转动，把输送介质从吸入端经流过定子—转子付输送至压出端，吸入密闭腔内的介质流过定子而不被搅动和破坏。因此，可以输送含有坚硬磨损性杂质及固体颗粒的介质和黏稠的液体。

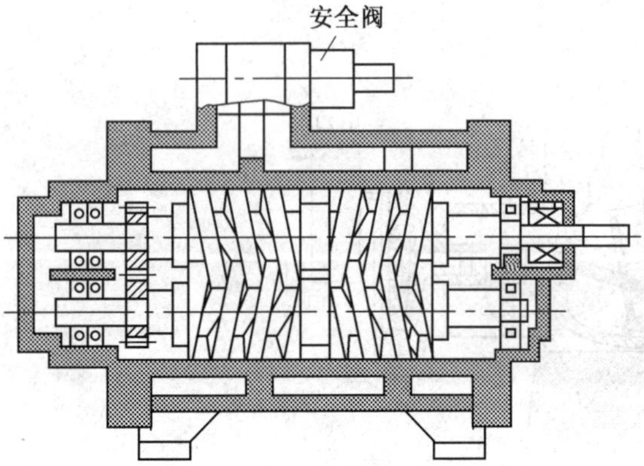

图 6-2-12　内装同步齿轮的双螺杆泵简图

双螺杆泵按是否同步又分为同步螺杆泵和非同步螺杆泵。双螺杆泵的两根螺杆通过设在泵外部或内部的一对同步齿轮驱动而实现同步运转。

图 6-2-12、图 6-2-13 为典型的内装和外装(同步齿轮)式双螺杆泵。

内装式同步齿轮双螺杆泵的螺杆两端轴承和同步齿轮均安装于泵体内，结构紧凑、刚性好，只有一轴端伸出泵体，泄漏点少。轴封可选用填料或机械密封，泵体上可带有蒸汽夹套以供保温和加热介质，泵体上还可装设内流式安全阀，轴承箱可带有冷却水夹套。

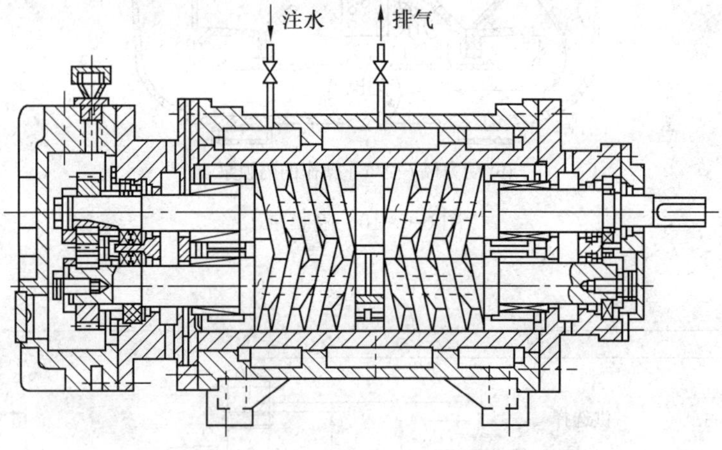

图 6-2-13　外装同步齿轮的双螺杆泵

外装式同步齿轮双螺杆泵，螺杆的两端轴承采用外装式，单独润滑，在非驱动端轴承外侧装有一对同步齿轮，螺杆的外伸轴端可采用填料或机械密封，泵体上也可配内流式安全阀，壳体上可带有蒸汽加热夹套。

双螺杆泵均为双吸式结构，轴向力可自动平衡，液体从中部吸入口进入后被分成相等的两部分进入两端螺杆入口，由于螺杆旋转时啮合空隙的不断变化将液体沿轴向向出口运送，从中部的出口排出。两螺杆间有一定间隙而互不接触，使液体中的杂质对螺杆不产生磨损。

图 6-2-14 为典型的三螺杆泵的结构图。

图 6-2-15 所示的螺杆泵中，动力转子与对称布置的 2 个副转子(惰走转子)依靠精密加工而形成的啮合齿形而提供稳定和连续的驱动力，使副转子旋转，而不需要依靠同步齿轮。动力转子依靠泵壳及副转子支承，而副转子则由动力转子和壳体而支承。液体从中间进入分到两端然后被螺杆轴向运送到中间的另一侧排出。

这种结构的三螺杆泵，主螺杆即动力螺杆住于中间，由外部驱动，两从动螺杆起密封作用，由输送的液体压力驱动。在此泵中，主动及从动转子均有单独的支撑轴承。液体从驱动端吸入从另一端排出。轴向力由平衡活塞平衡，螺杆上双头螺纹的结构则消除了主螺杆上的径向力。

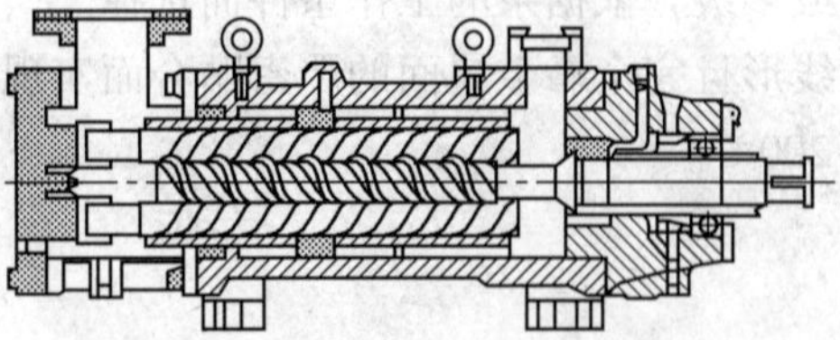

图 6-2-14　典型的三螺杆泵结构图

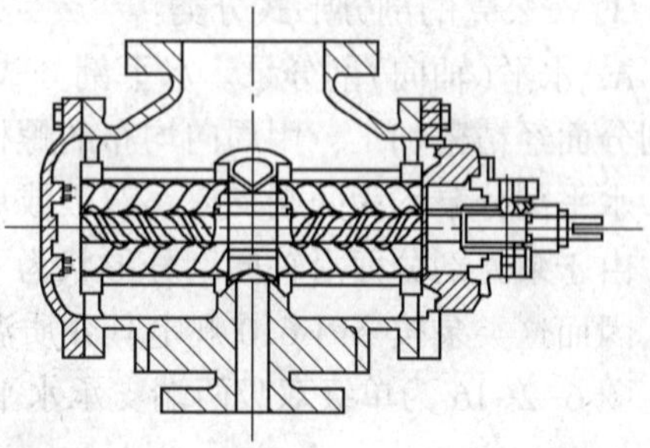

图 6-2-15　另一种三螺杆泵的结构图

各种螺杆泵的特点和应用范围见表 6-2-1。

表 6-2-1　各种螺杆泵的特点和应用范围

类　型	压力/MPa	流量/(m^3/h)	输送的液体特性	结 构 特 点	应 用 举 例
单螺杆泵	低于 4，特殊可达 10	0.3~40	可含有固体颗粒，有腐蚀性的液体，黏度范围大	泵体内衬套常用橡胶制作，螺杆与衬套形成的工作容积大，密封性较好	使用普遍，常用作高黏度泵、化工泵、污水泵、深井泵
双螺杆泵	低于 1.5，特殊可达 8	0.4~400	可含微小固体颗粒、有腐蚀性的液体，黏度范围较大	螺杆与螺杆、螺杆与泵体之间不接触，有一定间隙，密封性较差	使用较普遍、常用作燃油泵、输油泵、化工泵、粘胶泵
三螺杆泵	低于 20，特殊可达 40	0.6~600	不含固体颗粒、无腐蚀性的润滑性液体，黏度范围较大	螺杆与螺杆、螺杆与泵体内衬套(或泵体)之间接触，相互间的间隙很小，密封性好	使用普遍，常用作液压泵、滑油泵、输油泵、燃油泵
五螺杆泵	低于 1	50~400	不含固体颗粒、无腐蚀性、黏度较低的润滑性液体	螺杆与内衬套不接触、螺杆与螺杆相互接触，存有一定间隙，密封性较差	一般作为大流量润滑油泵使用(例如船舶主机润滑油泵)，其他场合很少使用

6.2.2 动力式泵

动力式泵是依靠叶轮(或叶片)高速旋转的离心力作用来输送液体的。离心泵、轴流泵及旋涡泵均属于动力式泵。

6.2.2.1 离心泵

离心泵的结构形式依据输送介质的种类、泵的工作条件(温度、流量、压力)、泵的安装场所、依据的标准及规范以及泵的操作、维护条件而有多种选择，炼油厂广泛应用的各类离心泵主要是输送易燃易爆、有毒、易腐蚀的各种油类、溶剂及化学物质，因而通常按照美国石油学会(API)的标准API610来确定泵的结构。也可参照SH/T 3139《石油化工重载荷离心泵工程技术规定》及SH/T 3140《石油化工中、轻载荷离心泵工程技术规定》执行。

① 按泵壳的剖分形式分类：

A. 水平(轴向)剖分泵。水平剖分式泵是指泵的壳体是沿泵轴的方向剖分的，泵壳的水平剖分面经精密加工，用周向均布的螺栓连接。

水平剖分泵均为两端支撑。双吸或单吸，单级或多级，依据泵的工作条件而选择。

由于泵壳剖分面沿轴向剖分形状为不规则的曲线形且完全靠金属面的严密贴合而实现密封，因而这类泵按API 610规定其介质温度应小于200℃。

图6-2-16为单级双吸两端支承水平剖分泵。

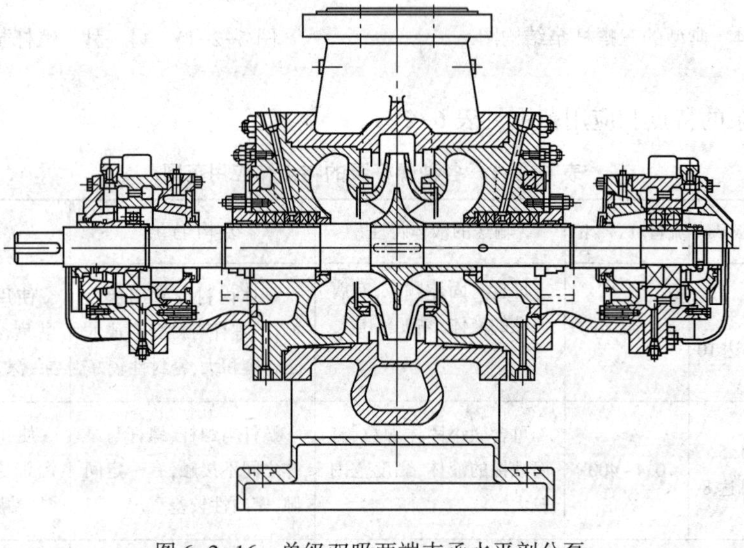

图6-2-16 单级双吸两端支承水平剖分泵

该泵适用于介质温度≤120℃，压力0.69~1.96MPa，流量150~10000m³/h；双蜗壳可使径向力基本平衡，双吸叶轮使$NPSH_R$减小。

图6-2-17分别为双级单吸、四级单吸两端支承水平剖分泵。这两种泵均是侧进侧出的接管、采用中心线支撑、叶轮采用背靠背布置以平衡轴向力。

图6-2-18为两级(第一级双吸，第二级单吸)水平剖分泵。该泵为底脚支承，侧进侧出的接管、双吸入的第一级叶轮使$NPSH_R$减小。

图6-2-19为多级单吸水平剖分泵。该泵采用扩压器代替蜗壳作为扩压元件使泵壳的形

状简化。采用推力平衡装置使轴向力完全平衡而不需安装推力轴承。

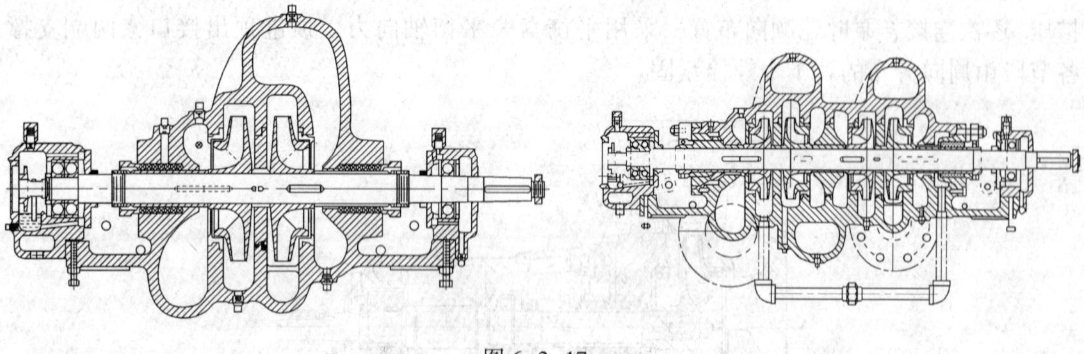

图 6-2-17

B. 垂直(径向)剖分泵。垂直剖分泵是指泵的壳体是沿垂直于泵轴的方向剖分的，剖分面均经精密加工，用螺栓连接。径向剖分泵可采用悬臂支承或两端支承，亦可是单壳体也可是双壳体泵或是节段式泵，是炼油厂中应用最为普遍的离心泵。

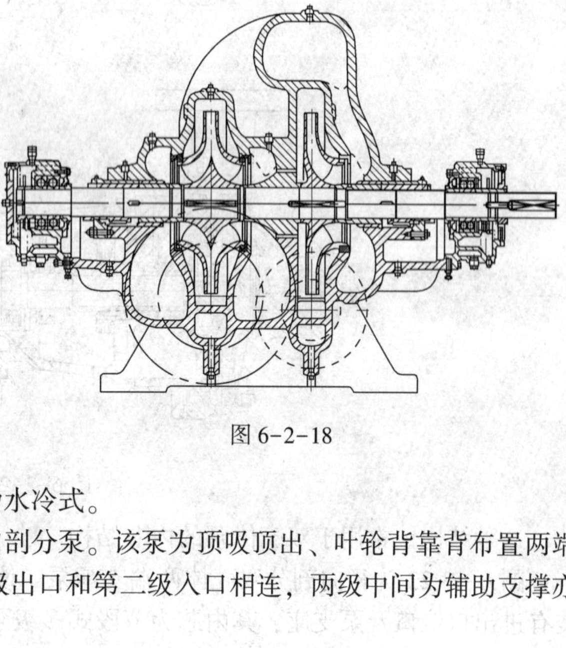

图 6-2-18

图 6-2-20 为两种单级单吸悬臂式径向剖分泵。两泵均为端吸顶排接口、中心线支撑、壳体的垂直剖分面在后部。这种单级悬臂泵靠叶轮背部的平衡孔来平衡轴向力。

轴承箱的前后两端装有径向和径向止推轴承以支撑泵轴，轴承箱一般为水冷，也有采用风冷(端部安装风扇)的，图 6-2-20 所示的一种即为风冷式，一种为水冷式。

图 6-2-21 为双级单吸，两端支承径向剖分泵。该泵为顶吸顶出、叶轮背靠背布置两端支撑，中心线支承泵，泵壳内通道将第一级出口和第二级入口相连，两级中间为辅助支撑亦

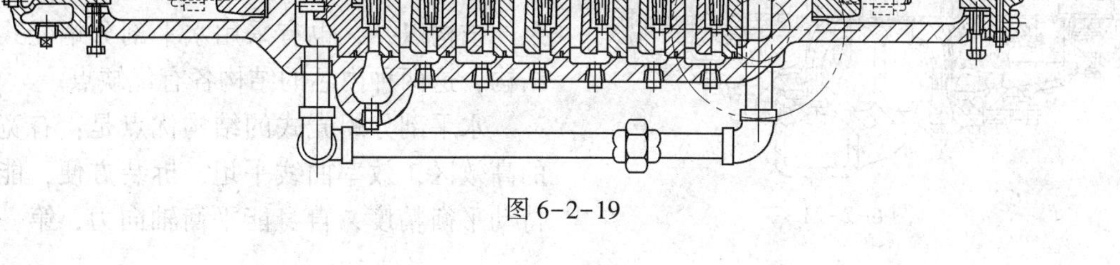

图 6-2-19

为二级间的密封。

图 6-2-22 为多级节段式，径向剖分两端支承泵。该泵为径向剖分的节段(包括导流及扩压)逐次连接，泵叶轮顺向布置，采用平衡盘来平衡轴向力，顶进顶出接口，两端支撑。各节段由周向分布的若干个螺栓紧固。

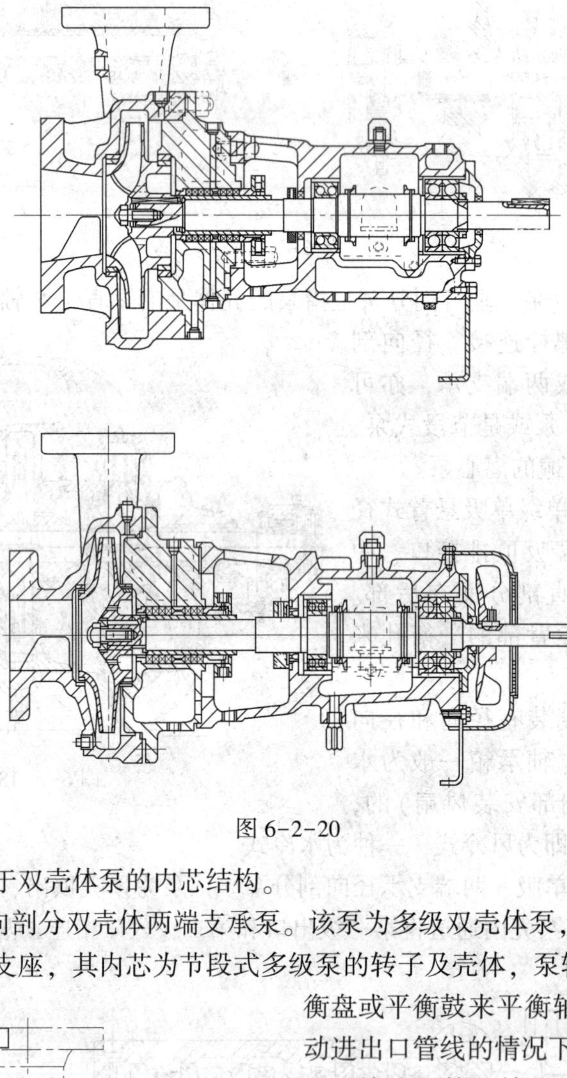

图 6-2-20

这种结构也常用于双壳体泵的内芯结构。

图 6-2-23 为径向剖分双壳体两端支承泵。该泵为多级双壳体泵，径向剖分的外壳体上装有进出口接口及泵支座，其内芯为节段式多级泵的转子及壳体，泵轴在两端支承，采用平衡盘或平衡鼓来平衡轴向力，内芯可在不移动进出口管线的情况下从外壳内抽出。

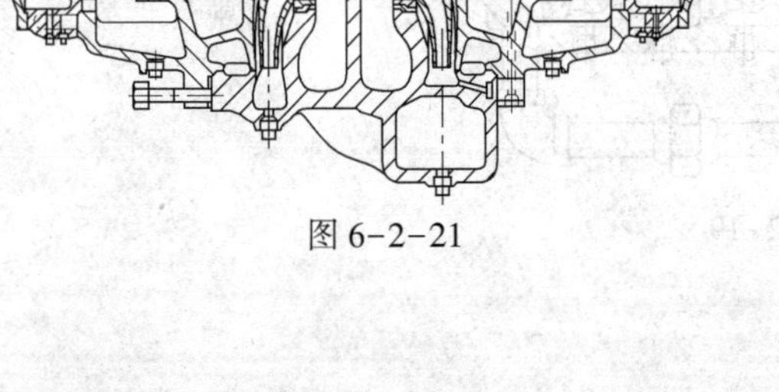

图 6-2-21

炼油厂某些输送溶剂及轻烃的小流量、高扬程泵以及某些高温高扬程的条件均应选择多级双壳体泵。

多级双壳体泵的内芯除上述节段式多级泵的结构以外，也有采用水平剖分蜗壳式的结构，这两种内芯的结构各有优缺点。

水平剖分蜗壳式的结构优点是：有宽广的高效区，效率曲线平坦，拆装方便，能保持动平衡精度，自身能平衡轴向力，第一级叶轮可做成双吸式，提高汽蚀余量，壳体刚性好。缺点是径向力不平衡，内壳直径大，暖泵时间长，温度改变时内壳不对中的可能性大。

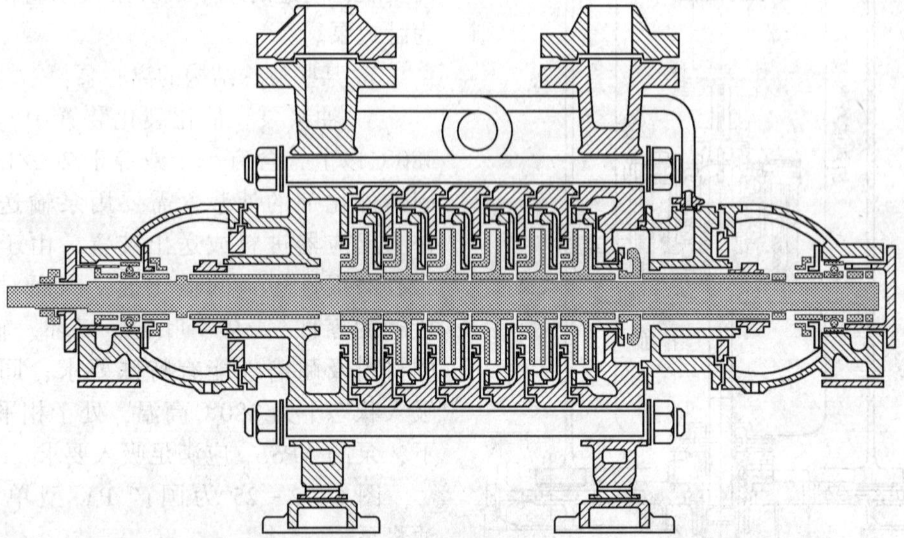

图 6-2-22

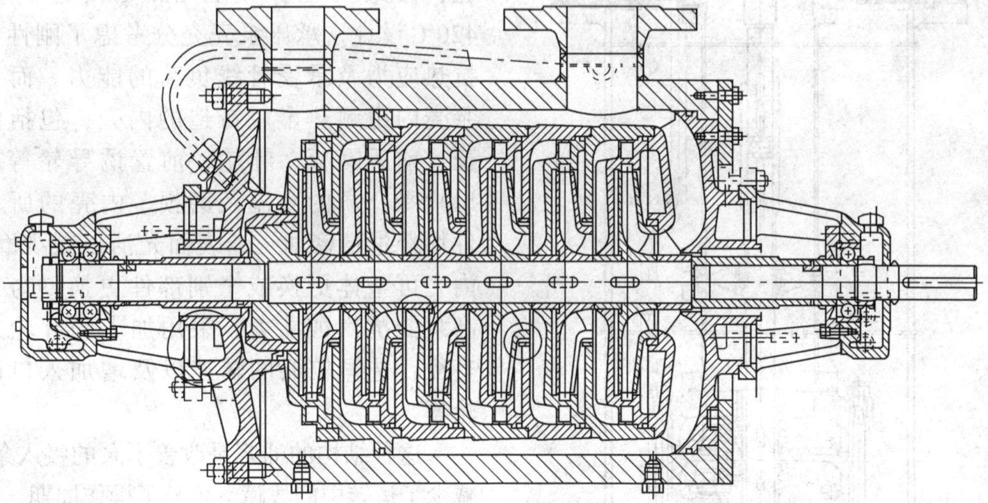

图 6-2-23

节段式导叶型的结构优点是，内芯直径小，内部为圆形，清洗方便，导叶上有六条以上通道，径向力平衡好。导叶式有单独的密封室，内件可在不装密封时安装，转子可精确对中。

工业应用中多数采用节段式导叶型的内壳。

② 按泵轴的安装方向分类：

A. 立式泵。泵的轴线沿垂直于地面的方向安装。在炼油厂中用于某些 $NPSH_A$ 极低的场合，将泵的吸入口放在地面以下，采用立式(多级)泵达到要求，某些冷凝液泵也采用立式泵。

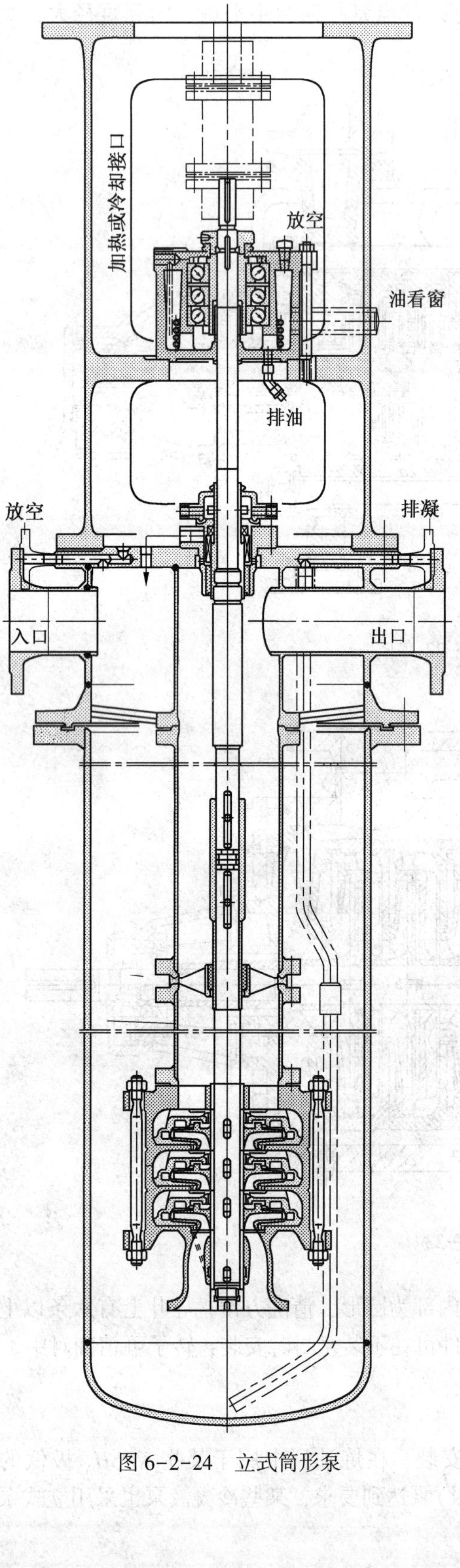

图 6-2-24 立式筒形泵

图 6-2-24 为一种立式筒形泵。

B. 卧式泵：泵的轴线沿平行于地面的方向安装，前述的水平剖分泵及垂直剖分泵均为卧式泵。

③ 某些特殊结构的离心泵：

A. 油浆泵。催化裂化装置中，介质为380℃以上，含有小于或等于 20g/L 粉末状固体催化剂的油浆，需要用泵输送或循环作为反应器进料或送出装置，由于介质中含有磨损性极强的催化剂，因而对与介质接触的零件（壳体、叶轮、口环、轴套等）的材料及耐磨性能有特殊要求；同时介质吸入状态下为 380℃高温，处于相平衡状态下，泵的 $NPSH_R$ 应满足吸入要求。

图 6-2-25 为国产 PY 型单级悬臂油浆泵。

图 6-2-26 所示泵为单级悬臂式全衬里泵，实际上为双层壳体泵。外壳为承压泵壳，按最大工作压力 5MPa 及最高温度 420℃设计。承压泵壳充分考虑了刚性、抵抗热应力及承受管线负荷的能力。而承压泵壳内由耐热金属铸造的内壳，包括内泵壳、前后隔板、叶轮、前置诱导轮等，可以承受介质的高温及磨损。内壳的所有组件均经过精密加工，表面光洁以减少磨损。内壳可整体更换或个别部件更换。为了提高泵的抗汽蚀能力，采用加大的叶轮入口直径，选择较低的转速以及增加入口诱导轮等。

这种结构的油浆泵改善了泵的吸入条件，减少了运转中的故障，延长了操作周期。

B. 液力回收透平。某些工艺装置上，一定流量的工艺介质需要从较高的压力降低到某一低的压力，这一过程通常是通过一个调节阀来实现。如果让介质通过液力回收透平，就可以回收从高压降到低压时所损失的能量。

炼油厂最典型的应用是加氢裂化装置上从加氢反应器出来的反应流出物经一系

列换热器降温后，进入高压分离器，富氢从顶部抽出。底部的反应液体产物和酸性水，在进入低压分离器前，可经过液力回收透平以回收能量，某厂 80×10^4t/a 加氢裂化装置，采用液力回收透平(设计参数为：流量 225.3m^3/h，进/出口压力 16.35/2.05MPa)，可回收功率 544kW。

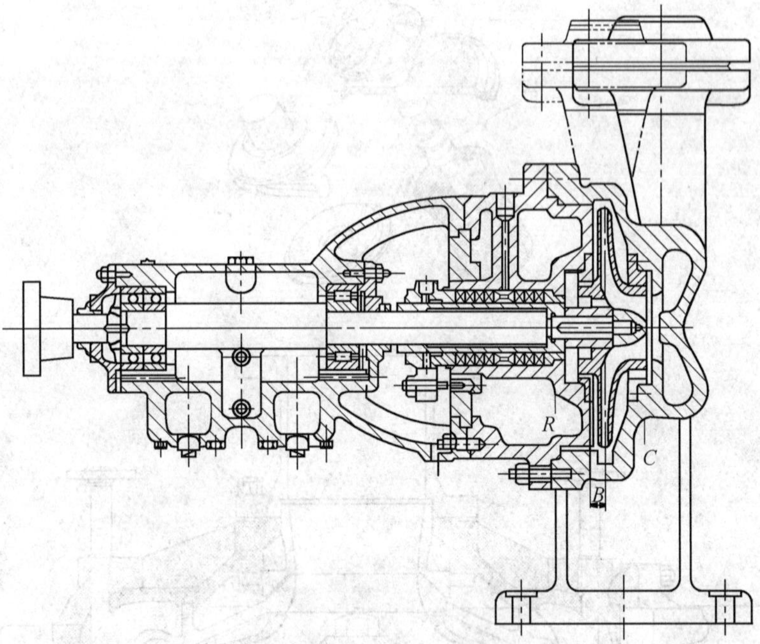

图 6-2-25　国产 PY 型单级悬臂油浆泵

图 6-2-27 为多级径向剖分液力回收透平。图示为应用于加氢裂化装置中的液力回收透平。液力回收透平实际上是经机械部分修改以适合反向旋转的离心泵，同时在泵内通道的水力设计方面也作了相应的修改。由于扩压器式的泵易于装卸而且易于调整通道面积以适应要求，因而液力回收透平均采用扩压器式的泵，由于液力回收透平所处理的介质通常含有气体，因而在泵内高速下易发生腐蚀和冲蚀，对材料的选择有要求。

根据应用条件，液力透平也可选择单级或多级轴向剖分的结构。

C. 磁力传动泵。是一种无密封(轴封)、无泄漏泵，适用于易燃、易炸、有毒、强腐蚀性液体的输送。

图 6-2-28 磁力传动流程泵。该泵为单级卧式泵，端进顶出，在叶轮的后部轴端固定了内磁钢(8)，它和与电机轴连接的外磁钢(10)之间有隔离套(9)，这三者组成了永久磁铁联轴器，内外磁钢上均有永久磁铁，当外磁钢在电机带动下旋转时，内磁钢则在磁通量的作用下被驱动而旋转。

除以上三种特殊结构的泵以外，炼油厂中还应用着其他种类的特殊结构泵，如屏蔽泵，高速泵、管道泵等等，都是在特定的应用条件下选用。

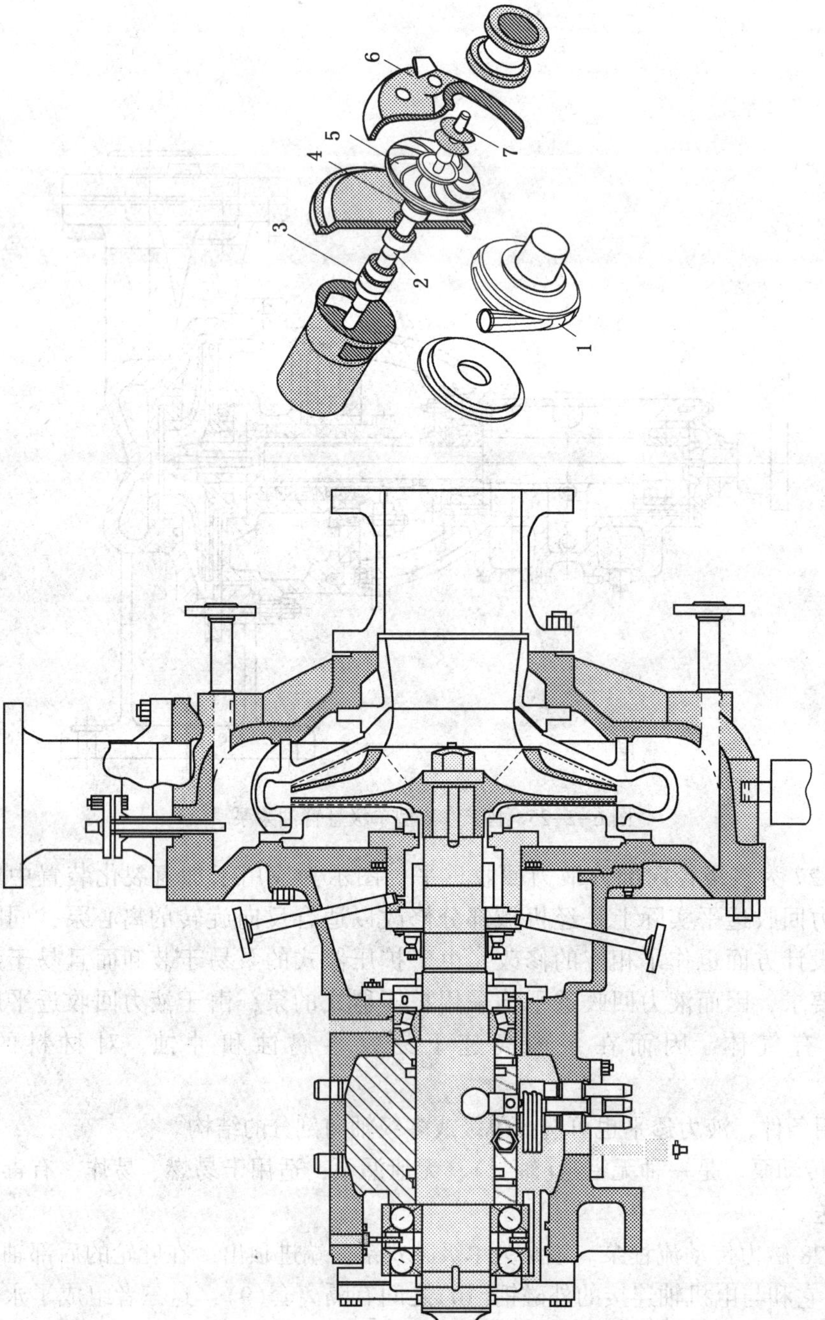

图6-2-26 单级悬臂式全衬里泵

1—衬里；2—轴；3—轴承组件；4—机械密封；5—叶轮；6—压力罩盖；7—导流叶轮

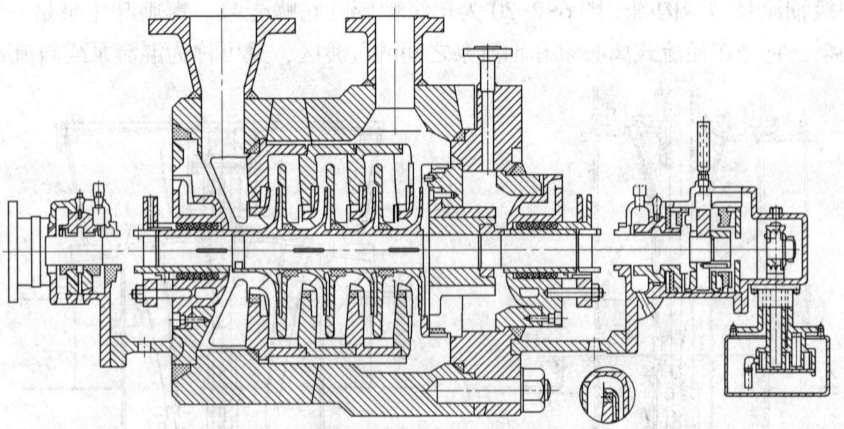

图 6-2-27 多级径向剖分的液力透平

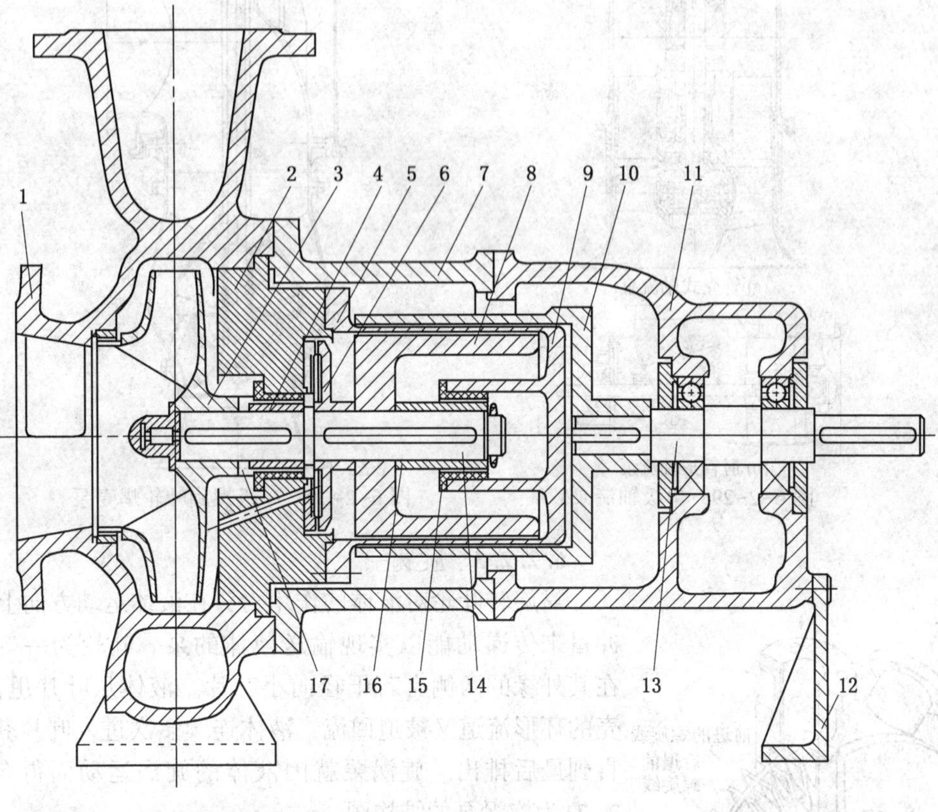

图 6-2-28 磁力传动流程泵

1—泵体；2—泵盖；3—叶轮；4—前轴套；5—前轴承；6—平衡盘；7—中间支架；8—内磁钢；9—隔离套；10—外磁钢；11—轴承悬架部件；12—悬架支架；13—悬架轴；14—轴；15—后轴承；16—后轴套；17—止推环

6.2.2.2 轴流泵

轴流泵是动力式泵中比转数最高的一种，比转数达到500~1600。是靠旋转叶轮的叶片对液体产生的作用力使液体沿轴线方向输送的泵。轴流泵一般为立式，叶轮浸没在液面下，也有卧式或斜式轴流泵。用于大流量、低扬程的场合。轴流泵通常为单级，扬程较高时可制成双级。图

6-2-29为单级轴流泵的结构图，图6-2-30为单级螺旋叶轮蜗壳泵。螺旋叶轮泵是一种带有混流叶轮的离心泵，它是在径流式离心泵和轴流泵之间的过渡区，又可称为混流泵或斜流式泵。

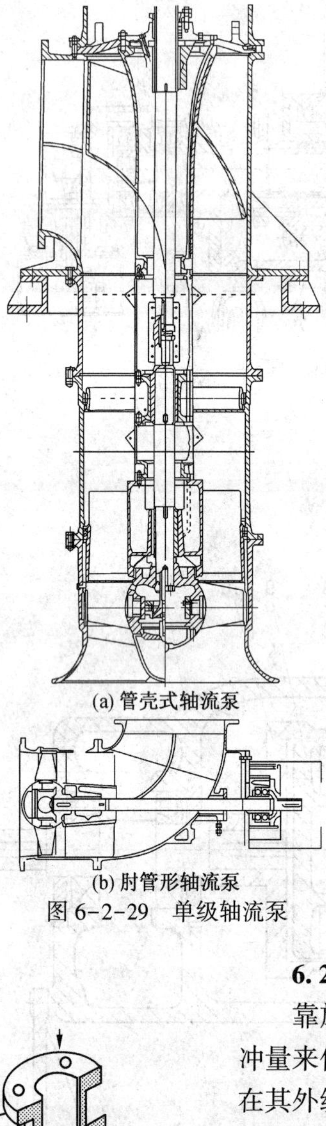

图6-2-29 单级轴流泵

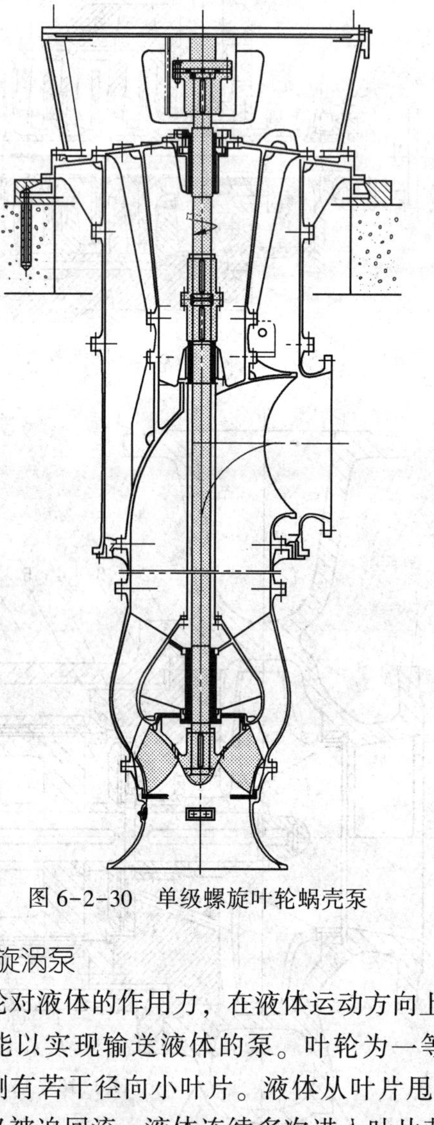

图6-2-30 单级螺旋叶轮蜗壳泵

6.2.2.3 旋涡泵

靠旋转叶轮对液体的作用力，在液体运动方向上给液体以冲量来传递动能以实现输送液体的泵。叶轮为一等厚圆盘，在其外缘的两侧有若干径向小叶片。液体从叶片甩出进入泵壳的环形流道又被迫回流，液体连续多次进入叶片获取能量，直到最后排出。旋涡泵就因液体的旋涡运动而得名。图6-2-31为旋涡泵的结构图。

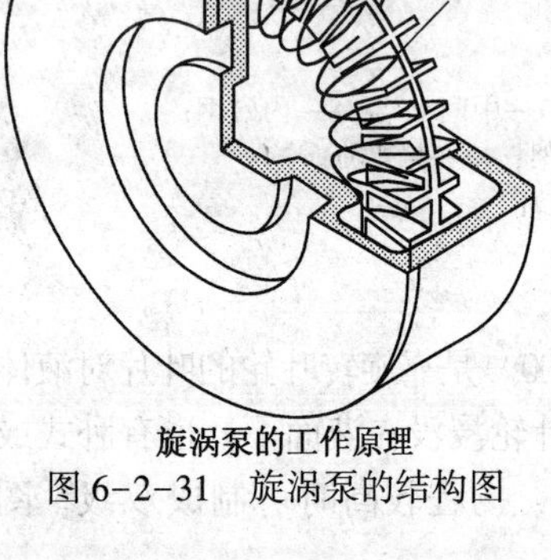

图6-2-31 旋涡泵的结构图

6.2.3 离心泵主要部件的结构

6.2.3.1 泵壳

泵壳是泵的承压部件，进行介质动压和静压的转换，泵壳上有介质的进、出口、放空、排凝、测压等开口，泵壳结构设计中的主要问题有：

(1) 泵壳的剖分形式(按API610规定)

① 泵送介质的温度等于或高于200℃时；

② 在规定的泵送温度下，介质相对密度小于 0.7 的可燃或有毒介质；

③ 输送有毒或可燃性介质其出口压力高于 10MPa 时。

对上述三种情况应选择径向剖分壳体泵，根据使用条件可选择单级悬臂、单级或多级两端支承及筒形泵。在上述情况下选择轴向剖分壳体时，应充分考虑泵厂的经验及详细设计，从运转可靠性考虑，不推荐采用轴向剖分泵壳。

API610 还规定，和电机直联的悬臂泵、双级及双吸悬臂泵及多级单壳体节段式泵均不推荐应用于炼油厂工艺装置。

(2) 泵壳的支承方式

泵壳的支承方式通常分为中心线支承和底脚支承。API610 规定，所有卧式泵除两端支承式且介质温度小于 150℃以外时均采用中心线支承。图 6-2-32 为高温下径向剖分泵体的支承。

由于泵送介质温度较高，应在水平和垂直方向留出间隙，保证热态下轴的对中。

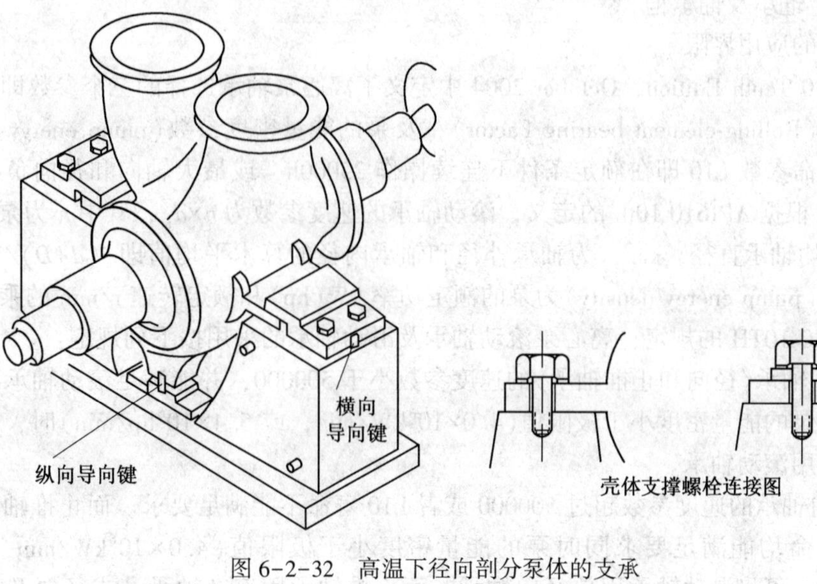

图 6-2-32　高温下径向剖分泵体的支承

(3) 泵壳上的开口

泵壳上的各种开口，其联结形式(法兰或螺纹)、压力等级及开口位置和联结要求均应按有关标准规定选择。

泵的进出口应采用法兰联结，法兰标准按 ASME B16.1、16.5 或 GB/T 9115；压力等级按受压零件的工作条件，法兰面的螺丝孔不采用栽丝结构且应跨中布置螺栓孔。

除进出口以外的所有开口不应开在蜗壳及高速区域，且开口的尺寸对泵出口在 *DN*50 以下者，应不小于 *DN*15。对泵出口在 *DN*80 及以上者，应不小于 *DN*20。

对轴向剖分的泵在中分面上应有定位销钉和导向杆，径向剖分泵应在剖分面上设定位销钉及顶起螺栓。对筒形泵(双层壳体泵)外壳体上有泵的进出口及其他开口，内壳体(可以垂直剖分或水平剖分)应能通过专用工具从外壳体中抽出或装入。

6.2.3.2　底座

泵的安装底座通常一直延伸到原动机部分而形成联合底座，这是卧式泵底座的一般要求；对立式泵、轴流式或混流式泵则根据要求，泵悬挂在驱动轴上，底座则主要是承载驱动机。

卧式泵的联合底座应有足够的刚性，保证在各种荷载作用下，泵轴中心线的位移不超过规定要求。同时底座还应能排出泄漏出的液体；保持整个泵组的自然频率不与泵或管线的激振频率相重合，在泵送高温介质时(如高于350℃)提供泵安装底脚的冷却。

新版API 610 Tenth Edition，October 2004附录D给出了标准底座的尺寸，适合于中心线支承或底脚支承。按其规定的主要要求为：

① 至少有一个供灌浆用的开口，不小于125cm²，相应的出气孔不小于ϕ13mm。

② 至少有六个找正调平用的螺栓，并足以承受泵、驱动机及底座的总重量。

③ 应有排液的开口，通常在端部的集液槽下部开口，底座上应有8.3mm/m(1/120)的斜度以使集液顺利。

④ 安装泵和驱动机的支块应加工成完全平行，误差允许0.15mm/m。

6.2.3.3 轴承及轴承箱

(1) 轴承的应用界限

在API 610 Tenth Edition，October 2004中定义了离心泵轴承选择的三个参数即：滚动轴承的速度参数(Rolling-element bearing Factor)，及泵的能量密度参数(pump energy density)，滚动轴承的寿命参数L10即在额定条件下连续操作25000h，或最大轴向和径向负荷下连续操作16000h。根据API610 10th的定义，滚动轴承的速度参数为$n\times d_m$，其中n为泵转速，r/min；d_m为平均轴承直径，mm，为轴承外径和轴承内径的算术平均值即$\{(d+D)/2\}$。泵的能量密度参数(pump energy density)为泵的额定功率kW(hp)和额定转速r/min的乘积。

按API 610 10TH的规定，离心泵滚动轴承及滑动轴承的采用按下列规定：

① 当滚动轴承《径向和止推轴承》的速度参数小于500000，并能满足滚动轴承的L10寿命要求，而且泵的能量密度小于极限值(4.0×10^6kW/min，或5.4×10^6hp/min)时，径向及止推轴承均可采用滚动轴承。

② 当径向轴承的速度参数超过500000或者L10寿命不能满足要求。而止推轴承的速度参数及L10寿命均能满足要求同时泵的能量密度小于极限值(4.0×10^6kW/min，或5.4×10^6hp/min)时，可将滑动轴承用於径向轴承，而止推轴承用滚动轴承。或径向及止推轴承均采用滑动轴承。

③ 当径向及止推轴承的速度均参数超过500000或者L10寿命不能满足要求。或泵的能量密度超过极限值(4.0×10^6kW/min，或5.4×10^6hp/min)时，径向及止推轴承均采用滑动轴承。

(2) 滚动轴承

① 选择。应综合考虑轴承的承载能力，速度极限、相对推力承受能力及其不对中的适应能力。

轴承的承载能力是根据要求的寿命来计算的，常用L_{10}寿命，其定义为在定速下90%的同类轴承可以达到或超过的小时数。外载荷对寿命影响很大，若外载荷减少一半球轴承寿命可提高8倍，滚子轴承可提高近10倍。

轴承的极限速度主要决定于轴承的温度，采用不同的润滑方式尽可能地降低轴承温度亦可提高极限速度。

相对推力承受能力和对不对中的适应能力与轴承的结构有关。

② 冷却。轴承箱采用夹套冷却的结果使轴承外圈温度低于轴的温度，会使轴承间隙减小，同时会使轴承箱中空气中的水分凝结而进入油中，试验证明：只要滚动轴承的金属温度不超过 104℃，轴承寿命不会降低。

③ 润滑。轴承的故障在泵故障中占有很高的比例，据统计，在美国炼油厂占 24%，在日本炼厂占 27%，我国统计占 24.5%，这和轴承箱油浴润滑中油中含水以及轴承磨损后的微粒进入油池造成循环磨损有关。一种新型的集中润滑的油雾润滑方式已成功应用于炼油厂，它是利用由油雾发生装置产生的高质量油雾通过管道送到泵的轴承处，这种集中润滑方式在油耗、功率消耗及维护费用上并无明显优势，但可减少轴承故障率 80%~90%。

(3) 滑动轴承

① 形式选择：

径向轴承一般应为衬巴氏合金的对开式，应有防转销，并在轴向可靠固定。在高速转动时应采用可倾瓦(多块式)或微椭圆形以抗油膜震荡，在介质为高温时，可采用自调心的径向轴承。图 6-2-33 所示为两种自调心径向轴承。

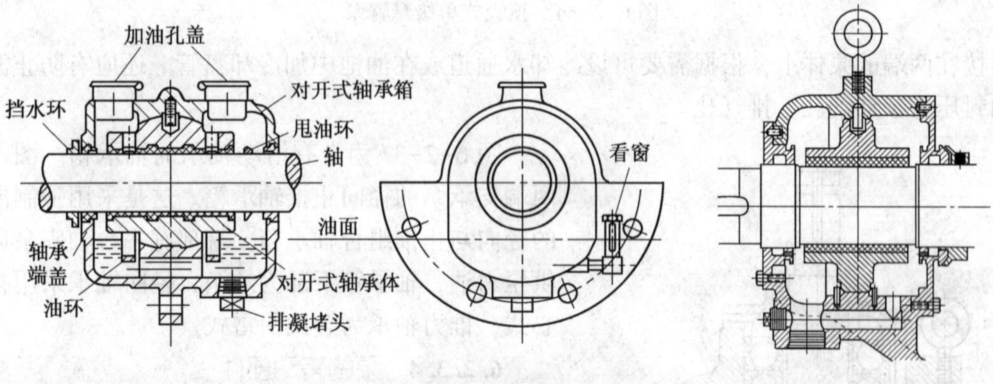

图 6-2-33　两种自调心径向轴承

推力轴承：应为双向止推多块式，通常选用米歇尔式，在负载较大时可选用金氏伯雷式，止推轴承的额定负荷应为最大压差工况下负荷的 200%以上。

② 润滑。按操作条件，可分为强制和非强制润滑两种方式，对非强制润滑应采用固定在轴上的甩油环，油面应高出甩油环下缘 3.2~6.4mm。对强制润滑方式，润滑油系统应按 API614 或者 API610 的有关要求。

③ 冷却。非强制润滑时，油池温度不高于 82℃；强制润滑时回油温度不高于 71℃，按此标准来决定是否需要冷却(风冷式水冷)，环境湿度按 43℃考虑。

④ 轴承箱。对大多数端吸式顶吸单级悬臂式泵，轴承箱通常为整体结构，其中装设径向轴承和止推轴承。图 6-2-34 为典型的顶吸式单级悬臂泵的结构图；图 6-2-35 为立式泵的轴承箱。

图 6-2-34 中，轴承箱为整体铸造结构，一侧与泵壳相连后再装到底座上，轴承箱上应有加油口、油面看窗，放气口以及冷却水进出口通道(需要时)。

图 6-2-35 中，通常为铸件也可以是焊接件，采用非强制润滑(润滑脂)，轴承箱除了承受泵工作时的轴向力以外，还有泵转子的重量，所以其刚性应仔细考虑。

图 6-2-36 为两端支承泵的轴承箱。图示为轴承箱的两端，为油浴润滑方式，轴承箱通

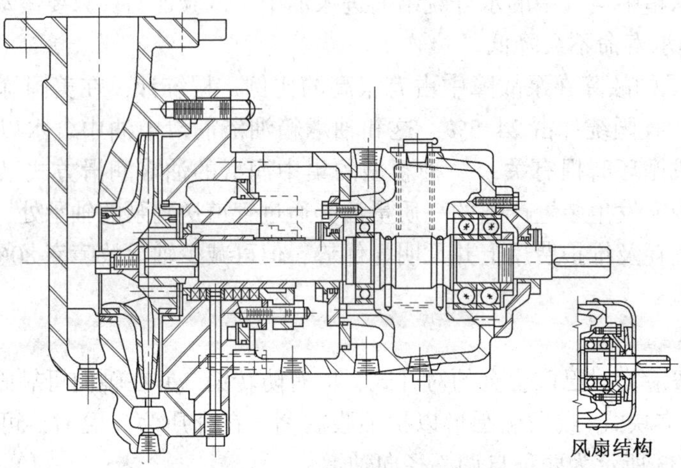

图 6-2-34　顶吸式单级悬臂泵

常连接在两端的泵体上，根据需要可设冷却水通道或在油池中加冷却盘管。还应有防止漏油的油封压盖及加油孔、排气孔。

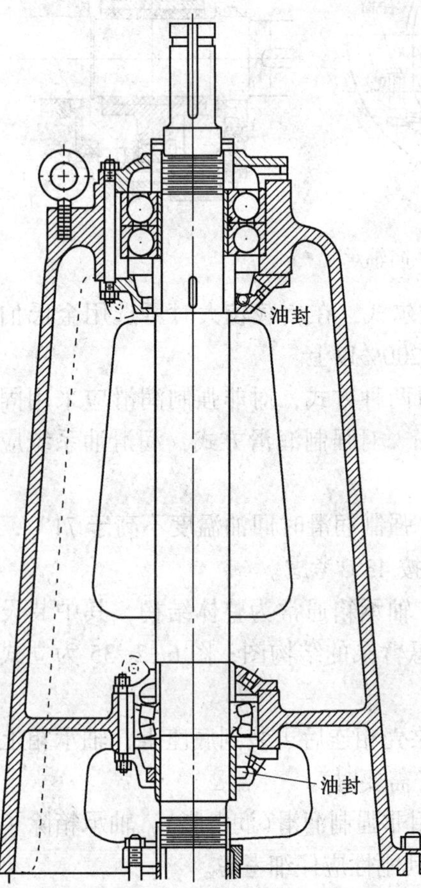

图 6-2-35　立式泵的轴承箱

图 6-2-37 为带有滑动轴承的轴承箱。图示为两端支承泵的径向止推轴承箱。这是采用强制润滑的径向与止推组合轴承箱，端部有一台轴头泵以提供压力油，轴承箱下部为油箱，径向轴承采用自调心式，推力轴承为金氏伯雷式。

6.2.3.4 泵的转动部件

(1) 叶轮

径流式离心泵均为闭式后向叶轮。半开式及开式叶轮在混流式和轴流式泵中应用。

① 叶轮应整体铸造。叶轮的结构包括平衡孔及叶背的导流叶片等根据使用条件确定。

② 叶轮应用键与轴固定，悬臂泵叶轮的盖形螺母的旋紧应使在泵运转时液体的阻力使螺母趋向上紧，多级泵每级叶轮均应在轴向定位。

③ 叶轮应有实心轮毂，如铸造空心轮毂，空心部分应以金属充填。

(2) 轴套

轴套的主要作用是在盘根箱处防止轴的磨损，轴套作为易损件可使轴有更长的使用寿命。

图 6-2-38～图 6-2-43 表示了各种不同结构的轴套。

图 6-2-38 是内有叶轮螺母外有锁紧螺母，轴

套用单独键与轴连接的结构。

图 6-2-39 是外部有锁紧螺母轴套，由叶轮键带动的结构。

图 6-2-40 是用螺纹将轴套固定在轴上的结构。

图 6-2-41 是悬臂式叶轮的轮毂延伸到盘根箱中时轴套的结构。

图 6-2-42 是带有 45°侧角接触面的轴套。

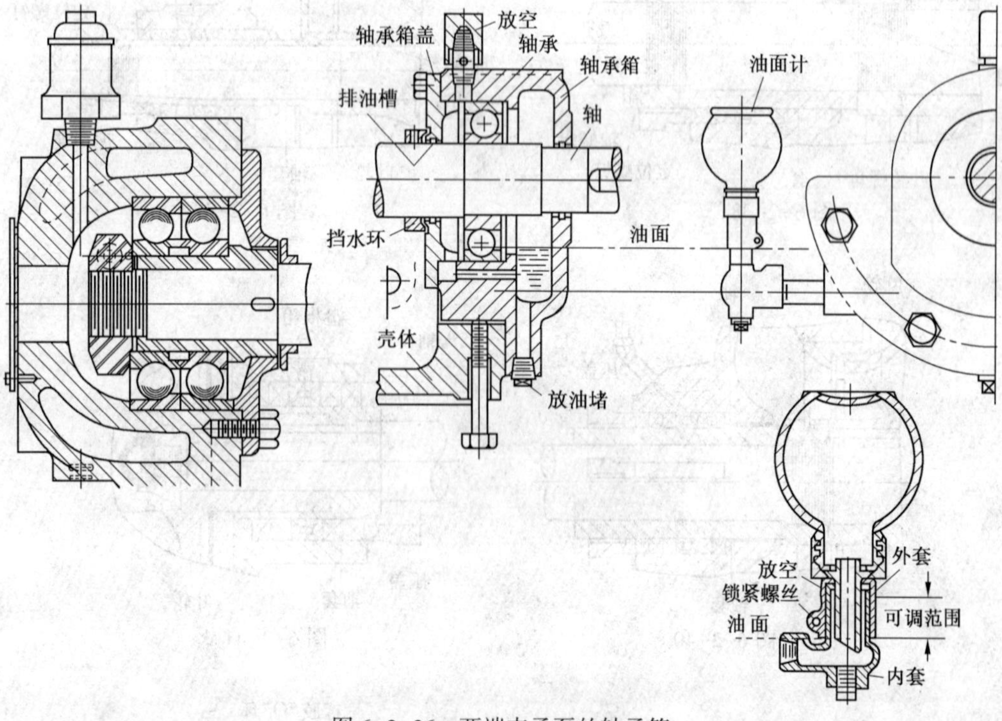

图 6-2-36　两端支承泵的轴承箱

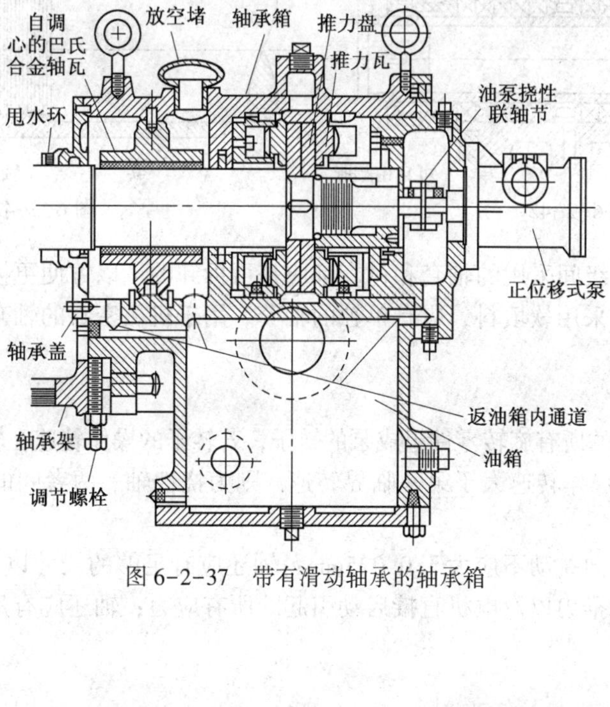

图 6-2-37　带有滑动轴承的轴承箱

图 6-2-43 是防止沿轴泄漏的密封结构。

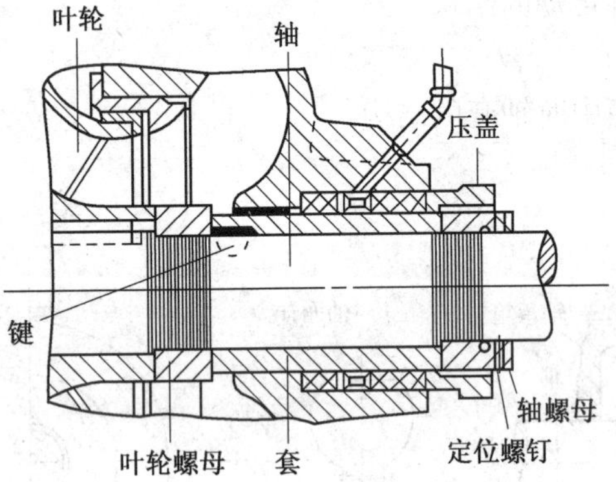

图 6-2-38

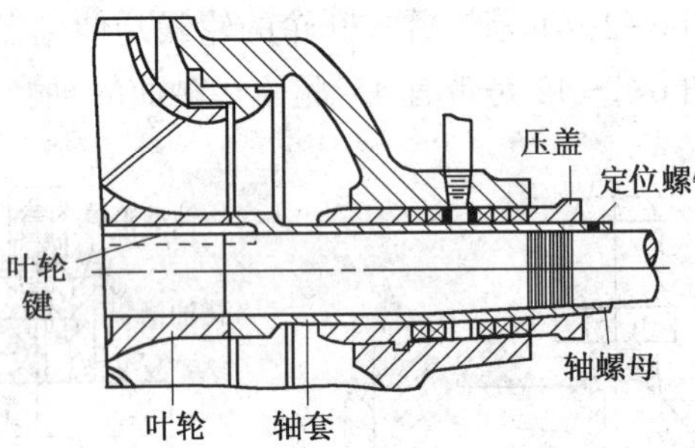

图 6-2-39

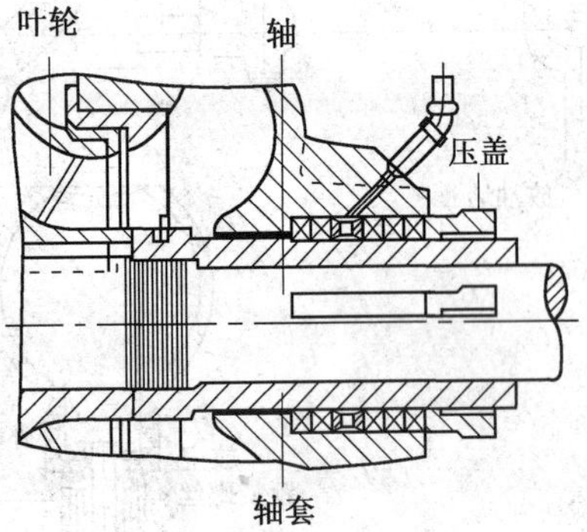

图 6-2-40

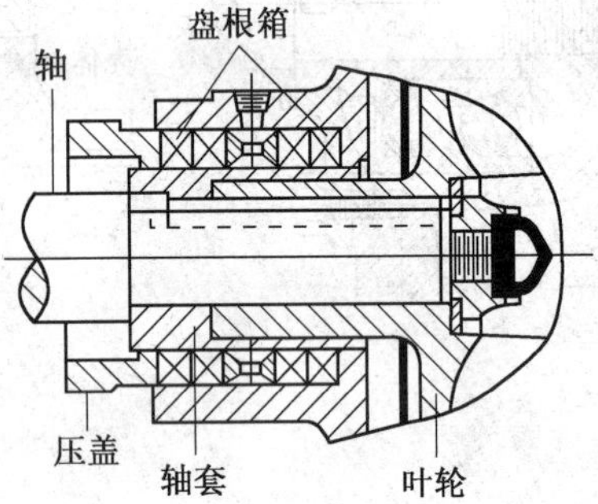

图 6-2-41

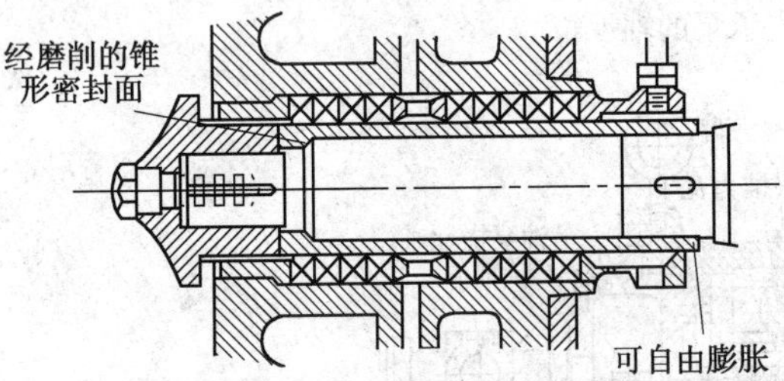

图 6-2-42

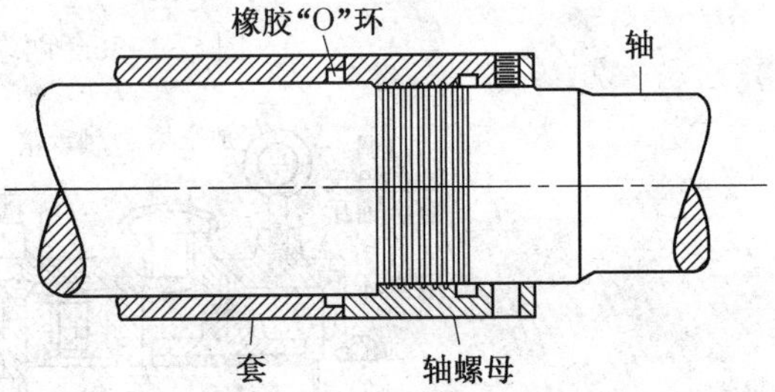

图 6-2-43

对多级泵各叶轮级间采用的轴套和衬套都应是可拆卸的，以方便更换。对于采用机械密封的泵，如果水运时采用软填料，应有单独的轴套。用于机械密封的轴套在加工上有更高的要求。

（3）泵轴

泵轴和装在其上的所有旋转零件组成泵的转子，若转子的操作转速在转子的第一临界转速以下，则为刚性轴，操作转速大于第一临界转速，则为挠性轴。两者间的关系按有关标准的规定。

泵轴在全长上径向跳动不应大于 0.025mm；轴还应有足够的尺寸以传递最大要求扭矩，以及由于重量、轴向推力以及电机直接启动引起的所有应力；轴还应有足够的刚度。轴上因装有联轴节、叶轮、轴套、轴承等，结构上有多处台肩，各表面还有其他要求，如加工成圆柱形或圆锥形(联轴节处)、无键、单键、双键或加工螺纹等。

(4) 口环(耐磨环)

在泵体和叶轮间为防止液体在级间泄漏，通常装有配对的口环。

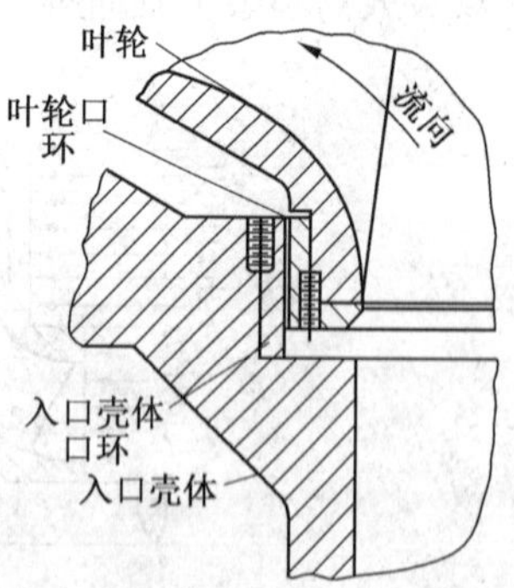

图 6-2-44

图 6-2-44 是最常用的形式，在叶轮和泵壳上都装有口环，采用螺钉固定，是在口环装入后，在其接合面上钻孔攻丝再拧入螺钉。

图 6-2-45 是一种台阶形的口环结构，在台阶处液体的通路被隔断，液体的速度能减少。

图 6-2-46 表示的是一种 L 形口环，又称喷嘴型口环，两口环间有较大的轴向间隙，具有把液体导向叶轮入口的作用。

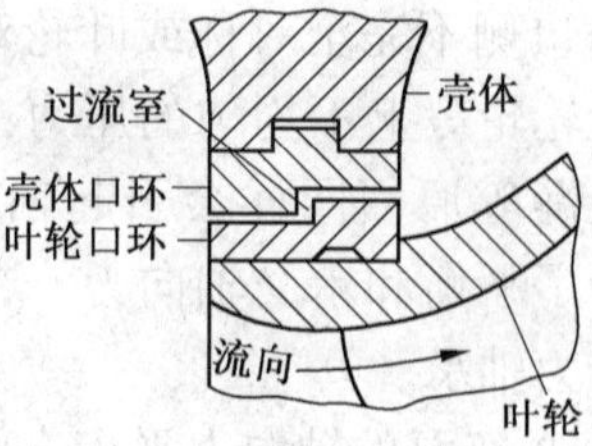

图 6-2-45

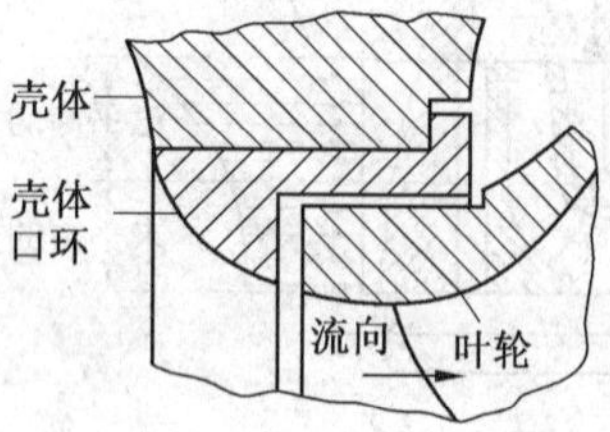

图 6-2-46

图 6-2-47 表示的是一种双 L 形的口环，即在叶轮和壳体上均装 L 形口环。

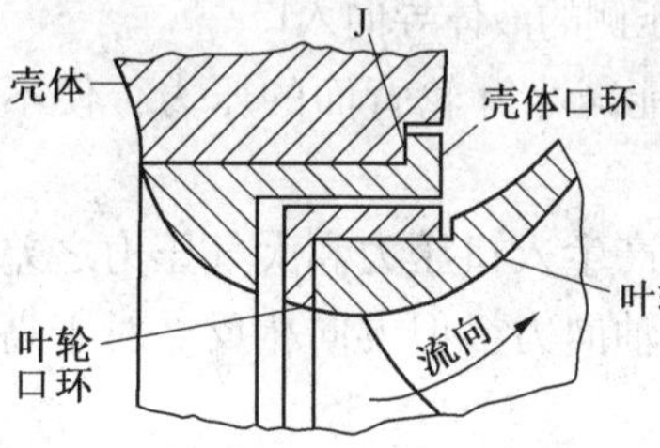

图 6-2-47

API610 对口环的要求：

① 叶轮口环和壳体口环的硬度差最小为 HB50，但当两者的硬度都在 HB400 以上时，可不按此要求。

② 口环和叶轮应采用压配合，且应有锁紧销或定位螺钉。

③ 口环间的间隙应考虑泵送温度，吸入条件，液体性质，材料的膨胀及咬合特性以及泵效率。

API610 规定的部分最小间隙如表 6-2-2。

表 6-2-2

mm

口环直径	最小间隙	口环直径	最小间隙	口环直径	最小间隙	口环直径	最小间隙
<50	0.25	65~79.99	0.30	90~99.99	0.35	115~125	0.40
50~64.99	0.28	80~89.99	0.33	100~114.99	0.38	125~150	0.43

泵送温度大于 260℃ 时，应在表示间隙上再加上 0.125mm。口环直径大于 150mm 者，当直径增加 25mm，直径间隙增加 0.025~0.03mm。

(5) 平衡盘及平衡鼓

离心泵在工作中，由于进出口压力差，在泵转子轴向引起推力，图 6-2-48 表示了单吸和双吸式离心泵上轴向推力产生的原因。

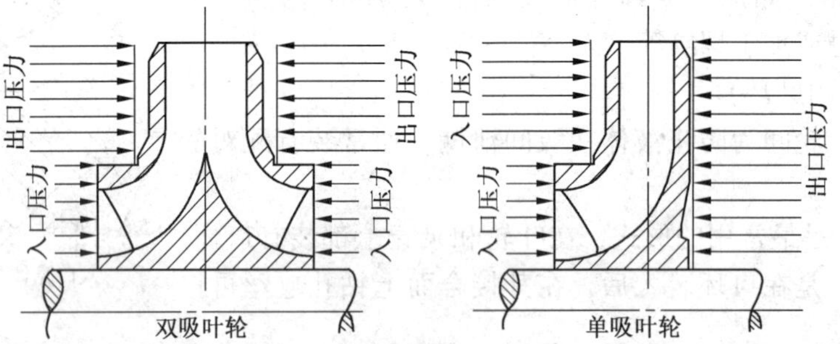

图 6-2-48

理论上，双吸式离心泵叶轮两侧的轴向推力应完全平衡，实际上由于通到两侧叶轮入口的吸入通道不可能提供相等或完全均匀的流动；泵入口的管道布置也可能引起不均匀的流动；两个出口侧不完全对称或叶轮对壳体的偏心会造成叶轮轮毂上不均匀的压力；两侧口环不均匀的泄漏等原因同样会引起轴向的不平衡力。因而为了平衡和承受轴向力，在离心泵上必须装设推力轴承。

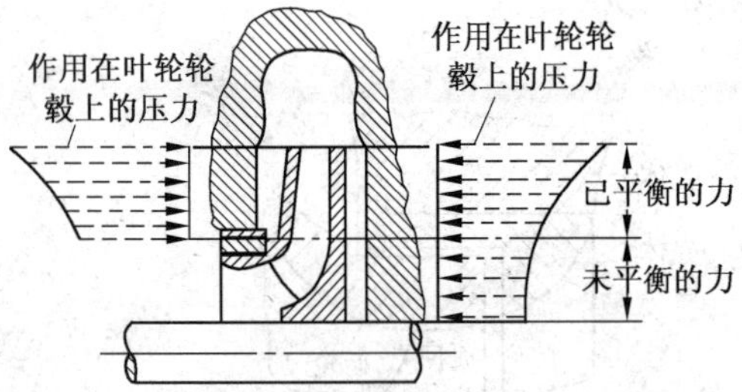

图 6-2-49

① 单级泵的轴向力平衡。单吸式单级泵叶轮前后面实际的压力分布见图 6-2-49。

为了平衡轴向力可以采用如图 6-2-50 的结构，采用了叶轮的前后口环，同时使口环直径保持相同，在叶轮背面钻平衡孔，使部分液体通过平衡孔流向入口，有时为了防止回流的液体引起叶轮内流动的恶化(紊流)、可采用单独的平衡管把叶轮背面高压侧的液体导向入口。

图 6-2-51 表示的是采用叶轮背面加泵叶片的方法，它能减小叶轮背面的压力，使不平衡力减小。

对于悬臂式单吸单级泵，由于盘根箱只有一侧，因而还产生入口压力和大气压力之差而引起的轴向力，吸入压力高于或低于大气压力均产生不平衡轴向力，但方向相反。对于高入

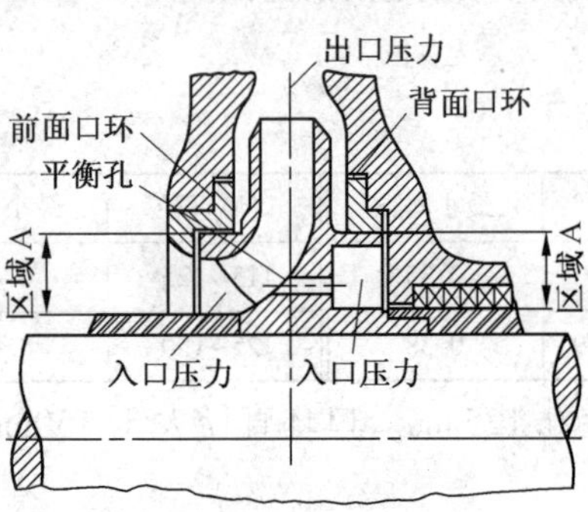

图 6-2-50

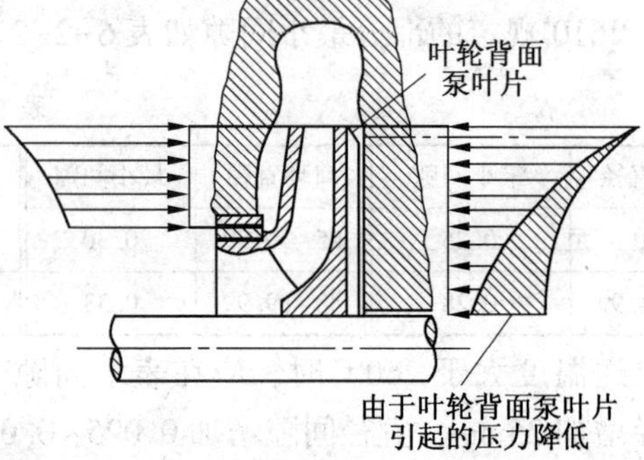

图 6-2-51

口压力的悬臂泵，这一轴向力就相当显著，如轴径为 152mm，入口压力为 19.7MPa 时，不平衡推力约为 344500N，图 6-2-52 为这种轴向力不平衡的情况。

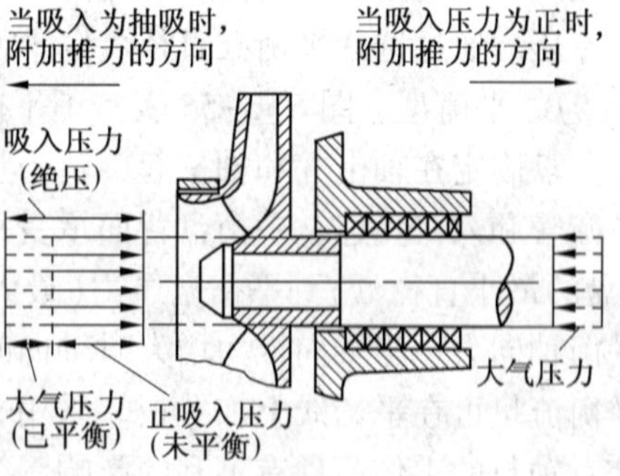

图 6-2-52

这种不平衡的轴向力通过泵轴及轴承传递到泵轴承箱上，对于高入口压力的单级悬臂泵，均应校核泵轴承箱的允许承载能力。或查询该泵允许的最大入口压力，对发电厂机组中高温高压循环水及其他封闭回路中，高压循环介质输送时应注意此问题。

② 多级泵的轴向力平衡。多级泵通常为单吸式叶轮，为了平衡轴向力通常有两种方法：

A. 所有级叶轮均同方向布置，用液力平衡设施(平衡盘或平衡鼓)来平衡轴向力。

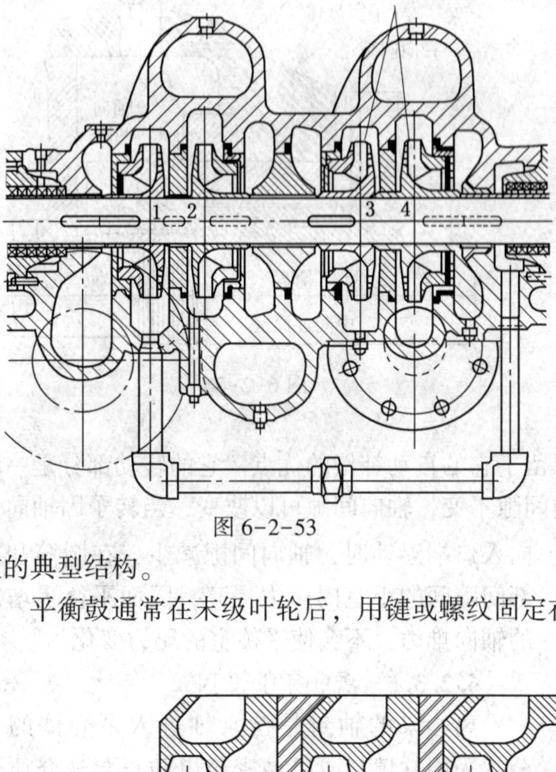

图 6-2-53

B. 背靠背的叶轮布置，自行平衡和补偿。这种方式只有在泵具有两个盘根箱；轴上无台肩；叶轮轮毂不延伸到分割各级叶轮的壳体中；但一般多级泵很难满足这三个条件，因而未完全平衡的轴向力仍然作用在推力轴承上。

图 6-2-53 表示了带有平衡管的背靠背布置的四级泵。

③ 液力平衡设施。叶轮单向布置的泵的轴向力是各级不平衡轴向力的总和，理论值为泵压差和不平衡面积的乘积，实际值是理论值的 70%~80%，为了平衡轴向力可采用平衡鼓、平衡盘及两者的组合。

A. 平衡鼓。图 6-2-54 表示了平衡鼓的典型结构。

平衡鼓通常在末级叶轮后，用键或螺纹固定在轴上，它与固定在静止部件上的座之间有

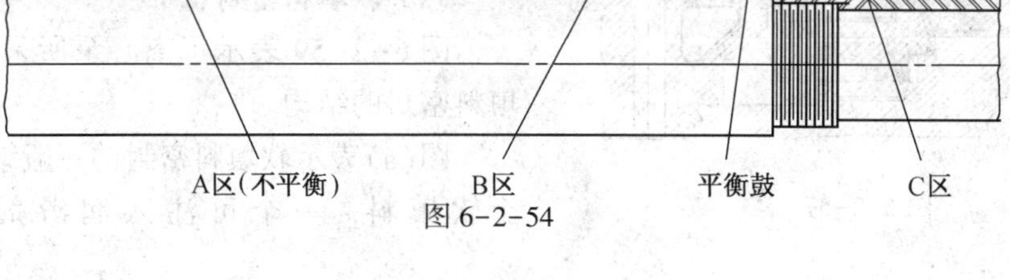

图 6-2-54

一定的径向间隙。平衡室应与入口相连，室内压力接近入口压力。通过径向间隙的漏量取决于差压。通过选择平衡鼓直径可以平衡90%~95%的轴向力。

B. 平衡盘。图6-2-55表示了平衡盘的典型结构。

盘固定在轴上并和轴一起旋转，盘和座间有一定的轴向间隙，漏入的液体在平衡室通过平衡管和入口相连，平衡盘背面承受平衡室压力。另一面则承受变化的压力，从泵出口压力(盘的最小直径处)到平衡室压力(最大直径处)，平衡盘的直径选择应使两面的压力差足以平衡轴向力。当轴向推力增大时轴向间隙减小，降低了背压，达到了自平衡，为防止过大的平衡流量可在平衡线上加孔板。采用平衡盘的缺点是平衡室压力的变化引起盘根箱压力的改变对轴封的工作条件有不利的影响。

C. 平衡鼓和平衡盘的组合。单独采用平衡盘的结构是很少的，通常是两者的组合。图6-2-56及图6-2-57表示了两种典型结构。

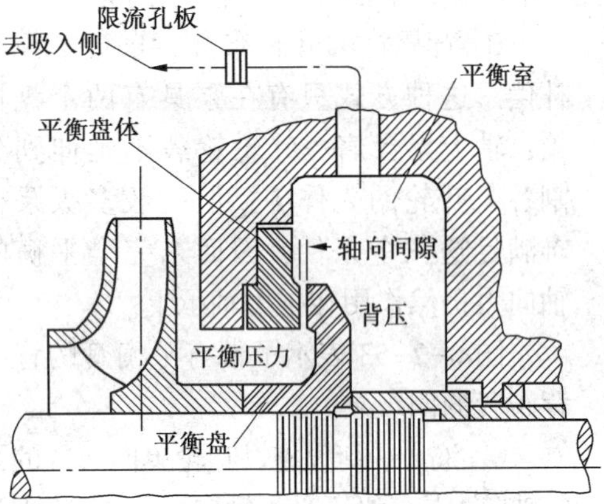

图6-2-55

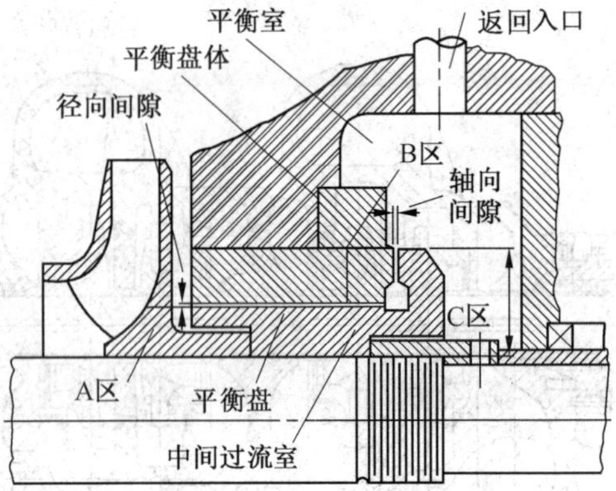

图6-2-56

这种组合结构克服了平衡盘的缺点而保留了它的自动补偿的优点。它的转动部分是一段圆筒形的鼓加上端部的盘，圆筒部分的径向间隙不变，轴向间隙可以改变，当转子因轴向力向入口端浮动时，轴向间隙减少，在圆筒和端部间隙间的小室内压力提高，因而平衡了增加的轴向推力，不会使平衡室的压力变化。

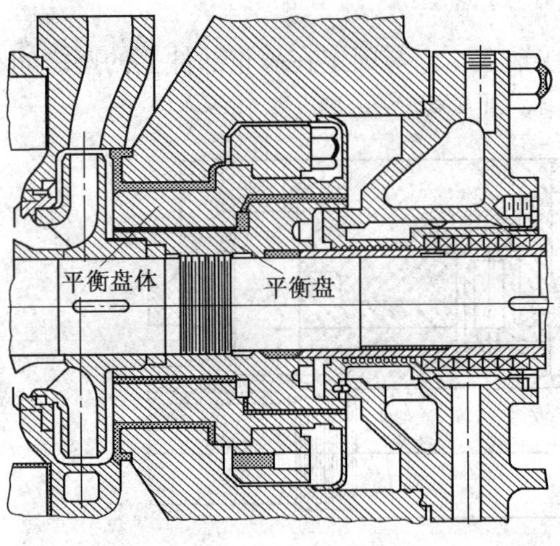

图6-2-57

6.2.3.5 离心泵的轴封

离心泵的轴封是指泵轴进入泵壳体的部分，采用软填料或机械密封以防止泵送介质外漏和空气进入泵内。图6-2-58表示了轴封的区域及主要作用。

(1) 软填料密封

图6-2-59表示了离心泵所采用的几种软填料密封的结构。

图(a)表示软填料密封的一般结构，它由5个软填料，一个可注入润滑剂的中间环

(Lantern 环)，及填料压盖(用来压紧填料保证密封)所组成。软填料可控制介质的泄漏，但不可能实现完全的密封，同时软填料也必须润滑，通常按 40～60 滴/分的泄漏量来保持其润滑的需要。

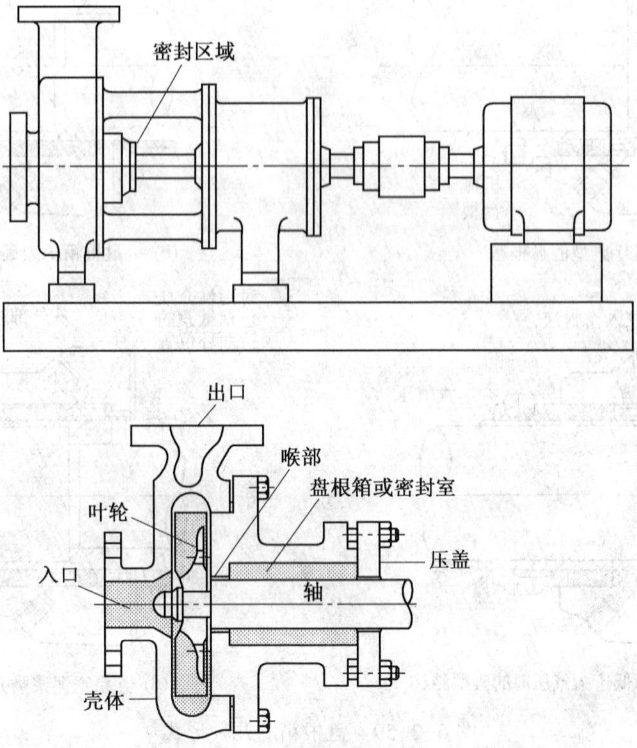

图 6-2-58　离心泵轴封区域示意图

图(b)表示了泵填料箱的压力高于大气压，泵送介质是清洁而且具有润滑性，则可以利用泵送介质作润滑剂而无须从外部注入。

图(c)表示与泵内介质压力低于大气压时，就利用中间环注入密封液防止空气进入泵内，如果泵送介质是清洁的，可以从泵出口接到注液中。

图(d)表示与泵送介质是含有磨粒或污垢物时，必须从外部注入清洁的液体作为密封液，其流量一般为 0. 75～1. 9L/min，压力应比填料箱压力高 0. 07～0. 106MPa

图 6-2-59 中所有软填料密封均采用了冲洗型压盖，可通入水、油或其他介质，以带走泵轴上的热量，减少向轴承箱的传热，同时它还可以防止有毒及易挥发的介质漏到泵周围的空气中。

离心泵常用的软填料密封是膨胀石墨填料密封和软石棉填料(石棉绳及其编织品以及石墨石棉绳及充填金属丝的石墨石棉绳等)。

转子泵及往复泵上也采用软填料密封，在往复泵上由于泵轴作往复运动，所以软填料密封通常为碗式填料密封。

膨胀石墨可用于-200～450℃(空气中)，目前已成功用在 380℃、5. 5MPa 的热油泵及一般温度和压力的碱泵、酸泵、液氨泵等离心和往复泵上。

常用软填料密封的材料见表 6-2-3。

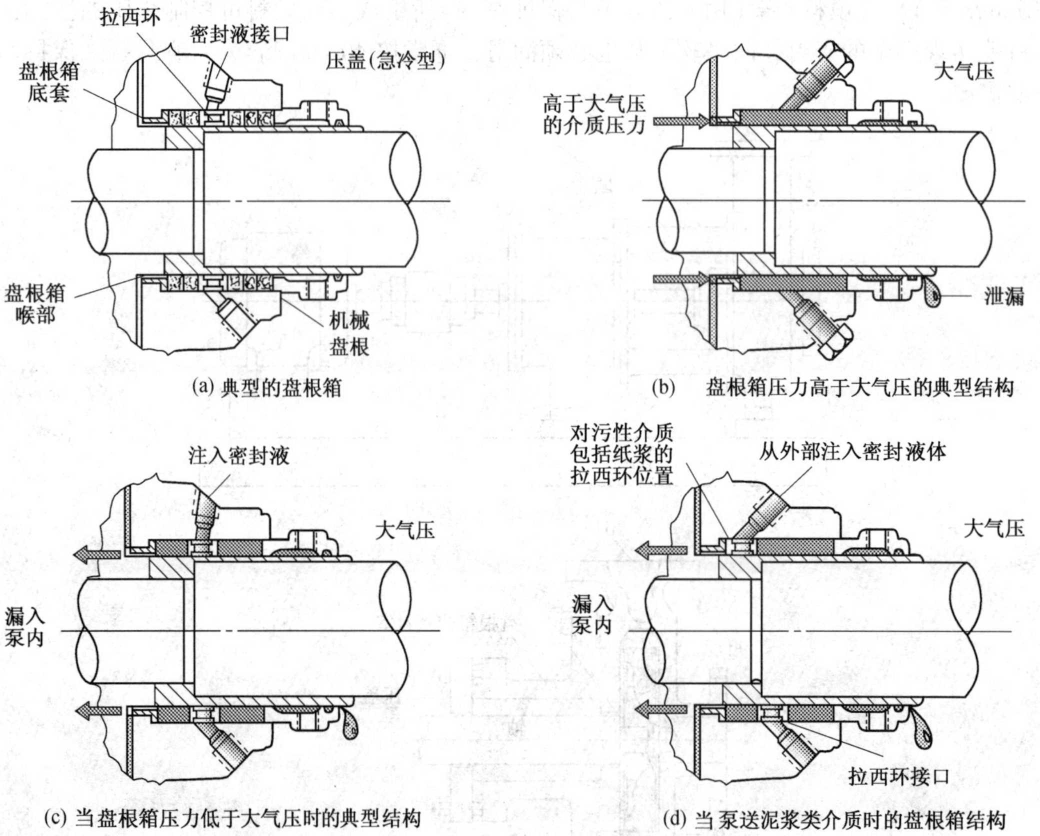

图 6-2-59　盘根箱的几种形式

表 6-2-3　填料密封材料

名称		组成	特点及应用
天然纤维		棉	纤维柔软,纺织性能好,浸渍性强,但吸水后变硬,发胀,导致摩擦力增大。对氨水、氢氧化钠有一定耐蚀能力。一般应用较少
天然纤维		麻	纤维粗糙,摩擦阻力大,吸水后纤维强度增加,柔软,对轴的磨损比棉纤维小,可用于低压、低速的海水、工业用水、清水处的密封
天然纤维		毛	纤维光滑,柔软、摩擦阻力小,耐酸,用于低参数的酸性介质的密封
矿物纤维	温石棉	石棉、棉(小于18.5%)	纤维表面光滑,纺织性差,纤维间存有空气,故导热性差。耐温450℃,一般不做填料用
矿物纤维	青(蓝)石棉	石棉	纤维纺纱性较好,耐酸,密度 $2.3\times10^3kg/m^3$,导热系数 0.22~0.35 W/(m·K),但致密性差,介质会慢慢向外渗漏,近年应用较少
矿物纤维	改性石棉	石棉浸渍润滑油、石墨粉、滑石粉	浸油石棉填料:摩擦系数小,致密性好,适用温度350℃。用于蒸汽、工业用水、重质石油的密封
矿物纤维	改性石棉	石棉、尼龙纤维、二硫化钼、聚四氟乙烯乳液	浸聚四氟乙烯石棉填料:耐热性好,柔软、化学稳定性好,现用于国产合成氨尿素系统中的高压液氨泵、醋酸铜氨液泵、引进高压液氨泵的密封,效果较好
矿物纤维	改性石棉	石棉、聚四氟乙烯、涤纶丝润滑脂、石腊、二硫化钼	聚四氟乙烯纤维与石棉纤维混合编织填料:耐磨性好,导热系数大,容易散发热量,自润滑性好,使用寿命长。密度 $1.4\sim1.6\times10^3kg/m^3$,机械强度 20~30MPa,耐热性为-200~250℃。在弱酸、强碱、浓氨水、甲铵液、油品、溶剂中应用较广。适用温度-70~200℃,价格适中

续表

名称		组成	特点及应用
合成纤维	聚四氟乙烯纤维	四氟乙烯纤维、四氟乙烯乳液	对酸、碱有良好的化学稳定性，摩擦系数小，但导热性差，热胀系数大，密度 $2.3\times10^3kg/m^3$，抗拉强度 330MPa，抗压强度 420MPa，摩擦系数 0.01，导热系数 0.12~0.18W/(m·K)，适用温度-196~250℃。在尿素甲铵泵、浓硝酸柱塞泵中使用效果较好。在压力为 22.1MPa、温度 100℃、线速度 14m/s、有少量结晶物的甲铵泵中使用，寿命可达 3000~4000h，为浸渍四氟乙烯石棉填料的 2 倍
合成纤维	碳素纤维	以聚丙烯腈纤维为原料，经预氧化（200~300℃）和碳化处理（800~1500℃）而得到的纤维，含碳量为 90%	具有高的抗拉强度，良好的耐热性和化学稳定性，有自润滑性，导热性能好，热胀系数低，回弹率高，耐磨损，密封可靠，使用寿命长，抗拉强度 490MPa，密度 $1.1\times10^3kg/m^3$，摩擦系数 0.1~0.3，导热系数 3.5~11.6W/(m·K)，适用温度-120~300℃，线速度 0~30m/s。可用于酸性、强碱性介质的密封，是高压、高温、强腐蚀性介质的良好密封材料，现已用于高压甲铵泵、液氨泵的密封
合成纤维	酚醛纤维	酚醛纤维编织填料经多次浸渍聚四氟乙烯乳液和表面处理	是新型耐燃有机纤维。摩擦系数低（0.148~0.165），自润滑性能好，耐腐蚀性强，价格低，可在一般浓度的酸、强碱及溶剂中使用。目前使用不够广泛，但在试用中发现其优点： 1. 往复三柱塞泵，介质为 70~80℃ 的烷基苯磺酸钠、硫酸钠、三聚磷酸钠和纯碱组成的悬浮液，固体含量 60%，压力 3.92~7.84MPa，转速 60r/min。采用浸渍四氟乙烯石棉填料时使用寿命 20 天。换成酚醛纤维填料后，使用寿命 66~77 天。 2. 往复三柱塞泵，介质为氨、甲醇及一、二、三甲胺混合液，压力 3.92MPa，柱塞线速度为 40m/s，使用聚四氟乙烯纤维编织填料时，寿命为 1500~2000h，换成酚醛纤维填料后，因摩擦系数低，使用寿命达 8000h
合成纤维	陶瓷和金属纤维	陶瓷纤维 金属纤维	金属纤维：有蒙乃尔合金丝、不锈钢丝、铜丝、铅丝或铝箔等金属与石棉纤维、合成纤维或陶瓷纤维混合编织，提高填料的导热性能 陶瓷纤维：是近年发展的新产品，有氮化硅、碳化硅、氮化硼纤维，与耐高温的金属纤维混合编织，可耐温 1200℃
膨胀石墨		天然石墨经强氧化混合酸处理后成为氧化石墨。氧化石墨受热分解放出 CO_2，体积急剧膨胀，形成了疏松、柔软又有韧性的石墨	膨胀石墨做成板材后模压成密封填料。它具有多孔、疏松、密度为 $1.1\sim1.6\times10^3kg/m^3$，加压至 200MPa 时，密度接近天然石墨；耐热性好，在非氧化介质中使用温度为-200~1650℃，在氧化介质中使用温度为 400℃；在超低温液氧(-183℃)、液氮(-196℃)中性能稳定；化学性能稳定，可耐除王水、浓硝酸、浓硫酸及高温重铬酸盐、高锰酸盐、氯化铁外其他有机、无机介质的腐蚀；自润滑性和不渗透性好，干摩擦系数为 0.08~0.15；回弹性及柔软性好，在一定压缩变形下即可达到密封，压缩强度为 70~115MPa，回弹率为 35%~50%

（2）机械密封

① 典型的机械密封结构。图 6-2-60 表示了典型的平衡型和非平衡机械密封的结构由图 6-2-60 可见，在机械密封中泵送介质有可能从五条途径向大气侧泄漏，即：

A. 通过压盖与泵体的连接面；

B. 通过静环与压盖的连接处；

C. 通过动环与轴（轴套）的接合面；

D. 通过轴和轴套的接合面；

E. 通过动环与静环的连接面。

前四条途径都是无相对运动的静密封，采用垫片或O形圈或V形圈解决，只有动环和静压的连接面是动密封，它是由动环和静环依靠弹簧及泵送介质的压力的合力紧压在一起，而在两环的接触面间则存在液体(或气体)极薄的边界层以提供润滑，动环和静环的表面经过最精密的加工，表面平直而且光洁，这种密封根据泵送介质的性质(黏度、润滑性、毒性、挥发性以及是否易凝固、易结晶等特性)以及工作条件(温度、压力等)通过仔细的计算选择正确的密封面组对(动环和静环材料)以及合适的结构和配置密封的冷却、冲洗、急冷等配套系统，就可以达到满足密封可靠的要求。

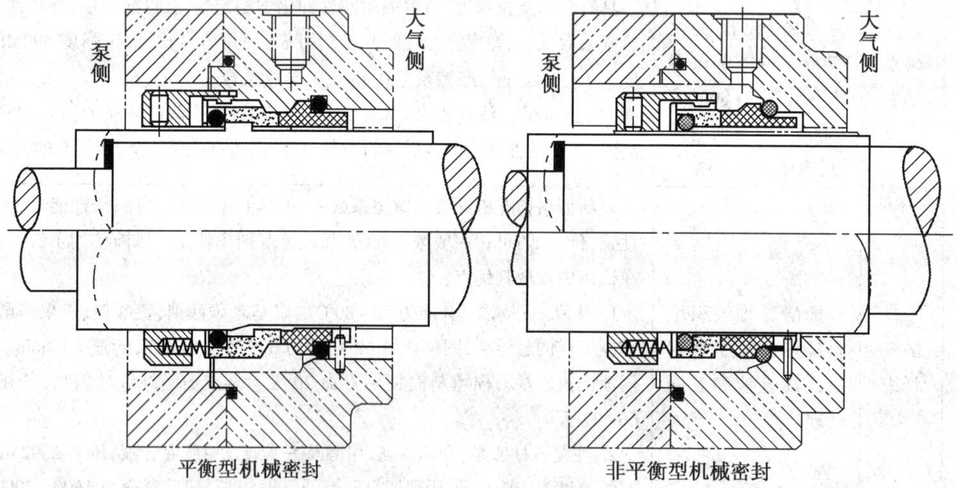

图 6-2-60　典型的平衡和非平衡机械密封的结构

② 机械密封的分类：

A. 按液体压力平衡情况：

非平衡型：液体压力对端面的压力不能被平衡，可用于轴封腔压力低于0.7MPa的场合。

部分平衡型：可以部分平衡液体压力对端面的影响，可用于轴封腔压力0.7~4.0MPa。

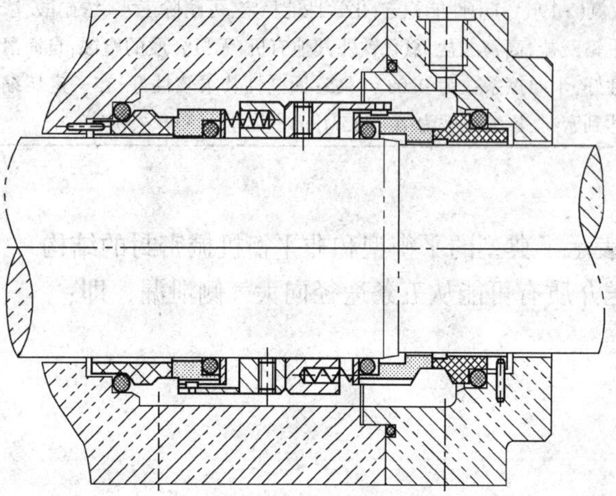

图 6-2-61　双端面密封

B. 按采用机械密封的对数：

单端面密封：只有一对动静环，配置冲洗、冷却等系统可用于高温、高压场合及带悬浮颗粒的介质。

双端面密封：见图6-2-61。采用两对背靠背的动静环组合，常用于腐蚀、高温、液化气及易燃、易爆、有毒和贵重的介质，这种密封需要从外部注入比密封腔压力高0.05~0.15MPa的密封介质，同时润滑动环和静环的接合面。

串联式密封：采用两个依次排列的动静环组合，这种密封主要用于轻烃类产品、氯乙烯及其他易挥发，有毒及危险的介质，这种密封通常采用乙二醇、甲醇、丙醇等作为密封液，从外部注入，以防止结冰和冻结，这种密封在里侧的密封发生故障后，外部的密封仍然可以保证泵的运行。

③ 机械密封的选择　正确的选择机械密封必须根据以下要求：

A. 泵送介质的性质。根据泵送介质的特性（黏度、毒性、腐蚀性等）选择机械密封材料，碳钢、青铜、不锈钢等，动环和静环的材料配对石墨、陶瓷、碳化硅、碳化钨等。静密封的材料如氟橡胶、丁腈橡胶、聚四氟乙烯等是常用的材料。

B. 压力。选择密封形式，根据介质压力选择平衡型或非平衡型。

C. 温度。所选的材料应适应介质温度的要求。

D. 液体的特殊要求。如含有颗粒的液体介质会缩短密封的寿命，要采用双端面密封或从外部注入清洁液体以冲洗及阻止颗粒进入密封，对轻烃产品即使压力不高也要采用平衡型机械密封。

E. 对环保要求及可靠性的考虑。选择的密封应符合现场环保要求及对可靠性的要求。

表 6-2-4 是炼油厂工艺装置中离心泵机械密封的典型应用。

表 6-2-4　炼油厂工艺装置中离心泵机械密封的典形应用

工艺装置	典型泵	特　点	辅助措施
常减压蒸馏	初底泵、常底泵、减底泵、碱泵	塔底重油温度（300～370℃）和渣油温度（370～400℃）较高，易凝固，使动环动作不良；减底泵轴封处于负压，浆液易分解，塔底容易有脏物，结晶易析出（靠大气侧），动环动作不良	采用自冲洗或外冲洗，采用冷却器、冲洗液过滤，备用泵压盖蒸汽保温，保持蒸汽流动，防止凝固；热态找正；采用 WC-WC 或金属波纹管密封。减底泵油封保持正压，开工时外冲洗，运转时自冲洗，冲洗管注意保温；采用硬面材料，清水背冷防结晶物析出
催化裂化	油浆泵	含催化剂（固体颗粒）浆液，浆液温度高，动环动作不良，具有塔底泵的特点	采用外冲洗（因为浆渣多），注意热态找正，采用金属波纹管密封，备用泵压盖蒸汽保温，保持蒸汽流动，冲洗管注意保温
	苛性钠泵	结晶易析出（靠大气侧），动环动作不良	采用硬面材料，清水背冷防结晶物析出
烷基化	液态烃泵	相对密度小（＜0.65），蒸汽压低、易汽化，吸入压力高	防止液化气汽化，轴封箱压力和冲洗液温度应严加控制，采用逆冲洗及放气阀，使输送管内充气，运转前放出全部气体，用平衡型密封
铂重整	液化气泵、高温柴油泵、汽油泵	相对密度小（＜0.65），蒸汽压低、易汽化，吸入压力高 热载体温度高，密封面容易出现干摩擦	防止液化气汽化，轴封箱压力和冲洗液温度应严加控制，采用逆冲洗及放气阀，使输送管内充气，运转前放出全部气体，用平衡型密封 采用平衡型密封，从排出口引入冲洗液，采用摩擦系数低的 WC-C 摩擦副材料
加氢精制	进料泵	高温、高黏度、冲洗液冷却太厉害会凝固，塔底泵浆渣较少，润滑性好	采用金属波纹管密封或多点布置小弹簧密封，冲洗液（冷却器出口）应控制在 130～160℃范围，备用泵内为防凝固可通入运转泵的输送液体
脱　硫	高温进料泵	高　温	采用金属波纹管密封
	熔融硫磺泵	注意轴封保温，防止凝固（130～550℃）	注意轴封保温，运转时和停泵时防凝固，用蒸汽背冷

续表

工艺装置	典型泵	特点	辅助措施
脱硫	热水泵	密封面易发生干摩擦	采用多弹簧密封，限制冲洗温度，采用耐磨硬面材料
	胺泵	靠大气侧应防胺盐析出	采用蒸汽背冷
丙烷脱沥青	沥青泵	与塔底热油泵相同，高黏度，易凝固	限制在130~150℃下运转，注意保温，停泵时蒸汽背冷防凝固
	丙烷泵	相对密度（=0.45）、压力高（2MPa）、p_cv 值高（属液化气泵），防止密封面变形	防止汽化，轴封箱压力，冲洗液的流量应控制，注意放气；采用平衡型密封，注意密封环结构和刚度，防止密封面变形

④ 密封的辅助系统　辅助系统可以为机械密封提供以下三方面的控制：

A. 抗腐蚀。当不能选择合适的材料抵抗介质的腐蚀时，从外部向密封注入无腐蚀性的液体来保证密封材料不腐蚀。

B. 温度控制。动静环在工作时会因为摩擦而生热，利用泵出口的液体接入密封室以带走热量，或从外部注入冷介质以冷却密封，有时从泵出口引入温度较高的液体通过冷却器降温后再注入密封室。

C. 固体颗粒的冲洗。对含固体颗粒的液体介质，可以采用从泵出口引出液体，经过旋分器或过滤器后变为清洁液体注入密封室，外部注入清洁液体是另一种方式。

冲洗型的压盖对有结晶倾向的介质，可以用蒸汽或水通入压盖以冲洗。

美国API610附录D列出了密封辅助系统的典型配置，具体应用的选择见表6-2-5。

表6-2-5　密封辅助系统的应用

API610系统号	推荐的应用场合
PLAN　01	单端面机械密封，扬程小于38m。PLAN01为从泵出口到密封的循环
02	绝大多数情况不推荐使用。PLAN02为不设循环冲洗，仅预留开口
11	应用于扬程大于38m，用于平衡型密封，单端面或串联密封。PLAN11为从泵壳（泵出口）经孔板到密封室
12	应用场合和PLAN11相同，采用过滤器，防止固体颗粒进入泵内。PLAN12为从泵壳（泵出口）经过滤器和孔板到密封室
13	当密封室压力比入口压力高出0.25MPa时采用，PLAN13是液体自密封室经孔板到入口。单端面或串联密封
21	当液体进入密封前需冷却的情况，如水温度超过93℃或轻烃及高蒸汽压且润滑性能差的液体。PLAN21是从泵壳（泵出口经换热器到密封室）。单端面或串联密封
22	应用场合同PLAN21，采用过滤器防止固体颗粒进入密封。PLAN22是从泵壳（泵出口）经过滤器、换热器进入密封室
23	当密封室压力比入口压力高出0.25MPa时应用，PLAN23是指用于3600r/min的泵，从密封室经换热器返回入口
31	应用于不适合采用过滤器的场合。PLAN31是从泵壳（泵出口）经旋风分离器后进入密封室。单端面和串联密封

续表

API610 系统号	推荐的应用场合
PLAN　32	当泵送介质不能适应密封面的润滑时采用。PLAN32 是指从外部向密封注入清洁的液体
41	采用于泵送介质需要旋分器和冷却器的情况 PLAN41 是从泵壳(泵出口)经旋分器和冷却器后进入密封。单端面或串联密封
51	当泵送介质与空气接触后有结晶,结焦,凝固等问题,采用隔离液一般为异丙基乙醇、乙二醇及水。PLAN51 是从外部储液器注入隔离液注入密封。单端面密封
52	应用于串联密封,向其外侧的密封通入隔离液。PLAN52 和 PLAN51 相似,从外部储液罐向密封注入
53	应用于双端面密封。从外部向两侧密封提供清洁液体。PLAN53 是外部储液罐注入密封液,并由外部提供压力以使密封液循环
54	双端面密封。PLAN54 是从外部提供清洁液体并循环使用

在 API 610 10th 中已经删去了密封辅助系统的应用的附录，规定买方应选择所需密封的种类并按 ISO 21049(与 API 682 相当)填写数据表，并且在这一版的泵数据表中也删去了密封辅助系统的项目，在目前如按 API 610 9th 执行或按 SH/T 3139 SH/T 3140 执行时，表6-2-5可供参考。

6.3　材料选择

泵的材料选择主要是指泵的承压部件(如泵壳、泵体等)、泵的运动部件(如往复运动的活塞组件，回转运动的泵转子部件等)以及泵的主要联结件(螺栓、螺母等)的材料，应根据泵的工作条件及部件的承载情况合理选择。

泵的材料选择应综合考虑材料的机械性能、材料的耐腐蚀性能、材料的加工性能以及经济性等因素，炼油厂中处理各种烃类介质、化学药剂以及各类易燃、易爆、有毒、强腐蚀性介质的泵，对材料的选择通常应按照特定的标准如 API610、API675 等的规定。用于上述目的各类国产泵，一般均按 API 标准的选材原则，制定了相应的国家标准或行业标准，并进行相应的转换，以国产材料的牌号代替。

6.3.1　容积式泵的材料选择

6.3.1.1　往复泵的材料选择

蒸汽直接作用往复泵及电动往复泵是活塞泵的典型代表。活塞端(液缸端)与介质作用的部件有缸体、缸盖、活塞及活塞杆、进出口阀门组件以及密封件和联结件，蒸汽往复泵的汽缸端即蒸汽动力缸，一般为 1.0MPa 等级的过热蒸汽，主要部件和活塞端相同。

① 蒸汽直接作用往复泵。

汽缸端：汽缸：大多数用灰铸铁。在蒸汽温度较高(大于 200℃)时，可用球墨铸铁或铸钢。

缸盖：铸铁。

活塞：铸铁，通常装二道活塞环。

活塞杆及配汽阀杆：碳钢，也有用不锈钢材料的。

活塞杆盘根：编制石墨石棉盘根。

液缸端：液缸：铸铁、铸钢(按温度、压力)。

液缸缸套：青铜或铸铁、铸钢。

活塞：青铜或铸铁、铸钢。

活塞杆：钢、青铜。

进出口阀：钢。

② 活塞泵。电动活塞泵的传动部分按减速箱及曲柄连杆机构的要求选择，其液缸部分即与输送介质相接触的部分根据工作条件选择不同的材料。可参照 6.3.1.4 柱塞泵的有关要求。

6.3.1.2 螺杆泵的材料选择

炼油厂常用的螺杆泵为双螺杆泵和三螺杆泵，用作燃油泵、输油泵、滑油泵及液压泵等。

螺杆泵的主要零件为：泵体、轴及螺杆、同步齿轮等。

表 6-3-1 是国外某厂双螺杆泵的典型材料。

标准的结构材料是锻钢轴，铸铁螺杆，铸铁或铸钢壳体。

表 6-3-1 国外某厂双螺杆泵的典型材料

材料类别 / 零件名称	铸 铁	铸 钢	锻 钢	不锈钢	青 铜
同步齿轮	—	—	A1S1 5150	—	
轴			A1S1 4150	ASTM 17-4PH	
螺 杆	ASTM-A519			ASTM-A582（416SS）	ASTM-B144
壳 体	ASTM-A48	ASTM A27	ASTM A36	ASTM-A304	

表 6-3-2 是国内某厂双螺杆泵(外装式)的典型材料。

表 6-3-2 国内某厂双螺杆泵(外装式)的典型材料

材料类别 / 零件名称	Ⅰ	Ⅱ	Ⅲ
泵 体	20	0Cr13	0Cr18Ni9
主、从动轴	45	3Cr13	1Cr18Ni9
螺 套	38CrMoAl	3Cr13	1Cr18Ni9
衬 套	QT600-3	ZG1Cr13	ZG0Cr18Ni9

注：材料类别：

Ⅰ—温度-20~+200℃，无腐蚀；

Ⅱ—温度-45~+420℃，无腐蚀；

Ⅲ—温度-45~+420℃，中等硫腐蚀。

表 6-3-3 为国产三螺杆泵的材料组合。

表 6-3-3 国产三螺杆泵的材料组合

材料组合代号	泵 体	衬 套	适用范围
W_1	HT200	稀土铜钼球铁	润滑性差，如燃料油
W_2	HT200	ZL109	润滑性好，如润滑油
W_3	QT400-10	ZL109	船用泵，润滑油
W_5	QT400-10	稀土铜钼球铁	船用泵，燃料油
W_{21}	HT200	ZQSn5-5-5	压力高，润滑性差，燃料油
W_{23}	QT400-10	ZQSn5-5-5	船用泵，高压，燃料油

某些特殊的操作条件，如具有腐蚀性或带有磨损颗粒的介质、高温油品（$t \geqslant 300℃$）等，螺杆泵的材料亦应调整，如采用氮化钢的主螺杆及球墨铸铁的从动螺杆及珠光体灰铸铁的泵壳；在高温下则采用 Cr5Mo 的转子。

对于单螺杆泵，转子材料通常为结构钢或不锈钢，定子材料为天然橡胶、丁腈橡胶、氟橡胶等。表 6-3-4 给出了某些材料组合。

表 6-3-4　某些材料组合

螺杆(转子)	衬套(定子)	过流部件
2Cr13	丁腈橡胶	2Cr13,HT200
1Cr18Ni9Ti	丁腈橡胶	1Cr18Ni9Ti,ZG1Cr18Ni9Ti
1Cr18Ni9Ti	氯丁橡胶	1Cr18Ni9Ti,HT200
2Cr13	氯丁橡胶	2Cr13,HT200
1Cr18Ni9Ti	氯丁橡胶	1Cr18Ni9Ti,ZG1Cr18Ni9Ti
2Cr13	乙丙橡胶	2Cr13,HT200
1Cr18Ni9Ti	乙丙橡胶	1Cr18Ni9Ti,ZG1Cr18Ni9Ti
2Cr13	氟橡胶	2Cr13,HT200

6.3.1.3　齿轮泵

齿轮泵主要用于输送不含固体颗粒、无腐蚀性、有润滑性的液体。

齿轮泵一般的工作条件为流量 $Q \leqslant 120m^3/h$、压力 $p \leqslant 2.5MPa$、温度 $t \leqslant 60 \sim 300℃$。

齿轮泵的一般材料组合为：

泵体：HT200、HT250、ZG310-570、1Cr18Ni12Mo2Ti；

齿轮、主动轴和从动轴：45 号钢或 40Cr 等。

表 6-3-5 为国外齿轮泵的材料规范。

表 6-3-5　国外齿轮泵的材料规范

部件名称	材　料	材料规范	备　注
泵壳、泵盖	铸　铁	ASTM A48	可表面硬化
	碳　钢	ASTM A216,WCB	可表面硬化
	不锈钢	ASTM A743,CF8M	316SS
转子轴	碳　钢	A1S1 1045	
	碳　钢	A1S1 4140	
	硬化钢	A1S1 1045	
	硬化钢	A1S1 4140	感应硬化
	不锈钢	ASTM A276,316	
	表面喷涂	ASTM A276,316	氧化铬涂层
从动齿轮	球墨铸铁	ASTM 536	
		ASTM 536	表面硬化
	不锈钢	ASTM A494	“Nitronic 60”
插架(座) 阀体	铸　铁	ASTM A48	
	碳　钢	ASTM A216	
	不锈钢	ASTM A743	

续表

部件名称	材料	材料规范	备注
从动齿轮轴	硬化钢	A1S1 1117	
	不锈钢	ASTM A276	
	硬质喷涂	A1S1 1117	氧化铬涂层
套	青铜	SAE CA932	
	碳化钨	C2	
垫片	标准条件		Garlock 牌
	高温条件	石墨/316SS	Garlock 牌
轴承架	铸铁	ASTM A48	
夹套盖	球墨铸铁	ASTM A536	
夹套座	铸铁	ASTM A48	
	不锈钢	ASTM A276	

6.3.1.4 柱塞泵及隔膜泵

表 6-3-6 为国产柱塞泵及隔膜泵的材料。

表 6-3-6 ZJ 和 MJ 型计量泵零部件材料(隔膜泵)

零件 \ 类别	Ⅰ	Ⅱ	Ⅲ
泵体	2Cr13 3Cr13	1Cr17Ni2 1Cr18Ni9Ti	Cr18Ni12Mo2Ti
阀座	2Cr13 3Cr13	1Cr17Ni2 1Cr18Ni9Ti	Cr18Ni12Mo2Ti
柱塞	3Cr13	X-5. 1Cr17Ni2 1Cr18Ni9Ti	X-5 1Cr18Ni12Mo2Ti
阀球	9Cr18	X-5	X-5
阀	3Cr13 9Cr18	X-5 1Cr17Ni2	X-5
隔膜	丁腈橡胶	PTFE	PTFE
填料	MFA-1 或 TFA 高压碳纤维	MFA-1 或 TFA 高压碳纤维	MFA-1 或 TFA 高压碳纤维

注：① X-5 为高镍合金钢，FTFE 为多向轧制聚四氟乙烯。

② 重庆水泵厂另有五种耐腐蚀材料适用于硫酸、盐酸、氢氟酸等。

国产 J 型计量泵一般用于输送温度为-30～100℃的液体，也可输送≤400℃的液体，其过流部分的材料分六类，如表 6-3-7 所示。

表 6-3-7 J 型计量泵零部件材料

<table>
<tr><th rowspan="2">液缸型式</th><th>类别</th><th rowspan="2">Ⅰ</th><th rowspan="2">Ⅱ</th><th rowspan="2">Ⅲ</th><th rowspan="2">Ⅳ</th><th rowspan="2">Ⅴ</th><th rowspan="2">Ⅵ</th></tr>
<tr><th>零件</th></tr>
<tr><td rowspan="8">柱塞式</td><td>缸体</td><td>HT200</td><td>25CrMnSi</td><td>2Cr13</td><td rowspan="2">1Cr18Ni9Ti</td><td rowspan="2">1Cr18Ni12Mo2Ti</td><td>聚氯乙烯</td></tr>
<tr><td>柱塞</td><td colspan="3">2Cr13</td><td>陶瓷</td></tr>
<tr><td>柱塞衬套</td><td colspan="2">ZQSn6-6-3</td><td colspan="4">填充聚四氟乙烯</td></tr>
<tr><td>球阀</td><td colspan="3">9Cr18</td><td colspan="2">0Cr20Ni65Ti2A1Nb</td><td>玛瑙陶瓷</td></tr>
<tr><td>阀座</td><td colspan="3" rowspan="2">2Cr13</td><td>1Cr18Ni9Ti
1Cr17Ni12</td><td>1Cr18Ni12Mo2Ti</td><td rowspan="2">聚氯乙烯</td></tr>
<tr><td>阀盘</td><td>1Cr17Ni2</td><td>0Cr20Ni65Ti2AlNb</td></tr>
<tr><td>柱塞填料</td><td colspan="2">油浸石棉填料(YS 450)</td><td colspan="4">MFA-1 或 TFA 型方填料或填充四氟 V 形环</td></tr>
<tr style="display:none"></tr>
<tr><td rowspan="8">隔膜式</td><td>隔膜缸盖</td><td>HT200</td><td>35Mn</td><td>2Cr13</td><td>1Cr18Ni9Ti</td><td>1Cr18Ni12Mo2Ti</td><td>聚氯乙烯</td></tr>
<tr><td>柱塞</td><td colspan="6">2Cr13</td></tr>
<tr><td>柱塞衬套</td><td colspan="6">ZQSn6-6-3</td></tr>
<tr><td>阀球</td><td colspan="3">9Cr18</td><td colspan="2">0Cr20Ni65Ti2AlNb</td><td>玛瑙陶瓷</td></tr>
<tr><td>阀座</td><td colspan="3" rowspan="2">2Cr13</td><td>1Cr18Ni9Ti
Cr17Ni2</td><td>1Cr18Ni12Mo2Ti</td><td rowspan="2">聚氯乙烯</td></tr>
<tr><td>阀盖</td><td>Cr17Ni2</td><td>0Cr20Ni65Ti2AlNb</td></tr>
<tr><td>隔膜</td><td colspan="6">多向轧制聚四氟乙烯</td></tr>
<tr><td>柱塞填料</td><td colspan="6">夹布耐油橡胶 V 形环或填充聚四氟乙烯 V 形环,MFA-1 型方填料</td></tr>
</table>

注：缸体和缸盖可为锻件、铸件或焊接件。

API 675—1980 对往复计量泵的选材规定归纳于表 6-3-8(a)，对表中未提到的液体，可按操作条件选用泵厂的材料。对于材料所应遵循的规范，则归纳于表 6-3-8(b)。

表 6-3-8(a) 往复计量泵材料的选用(API 675 表 1)

输送液体	阀		柱塞泵		隔膜泵		
	密封面及阀座	球	缸 体	柱 塞	泵 头	过流端隔膜	动力端隔膜
液氨(无水)	316SS	440SS	碳钢	440SS	碳钢	TFE	TFE
二硫化碳	316SS	陶瓷	316SS	陶瓷	316SS	TFE	TFE
四氯化碳	316SS	陶瓷	316SS	陶瓷	316SS	TFE	TFE
柠檬酸	316SS	陶瓷	316SS	陶瓷	316SS	TFE	TFE
氯化铜	Hestelloy C	陶瓷	Hestelloy C	陶瓷	Hestelloy C	TFE	TFE
甲氧甲酚	316SS	陶瓷	316SS	440SS	316SS	TFE	TFE
碱 类	316SS	440SS	碳钢	440SS	碳钢	TFE	TFE
二乙醇胺	316SS	陶瓷	碳钢	440SS	碳钢	TFE	TFE
二甘醇	316SS	440SS	碳钢	440SS	碳钢	TFE	TFE
二甲胺	316SS	440SS	碳钢	440SS	碳钢	TFE	TFE
乙二醇	316SS	440SS	碳钢	440SS	碳钢	TFE	TFE
助滤剂浆料	316SS	陶瓷	316SS	陶瓷	316SS	海帕伦	TFE
氟里昂(27℃)	316SS	陶瓷	碳钢	陶瓷	碳钢	TFE	TFE

续表

输送液体	阀		柱塞泵		隔膜泵		
	密封面及阀座	球	缸体	柱塞	泵头	过流端隔膜	动力端隔膜
五倍子酸(5%)	316SS	陶瓷	316SS	陶瓷	316SS	TFE	TFE
氟化氢	蒙乃尔	K蒙乃尔	蒙乃尔	K蒙乃尔	蒙乃尔	TFE	TFE
异丙醇	316SS	陶瓷	碳钢	陶瓷	碳钢	TFE	TFE
四乙基铅	316SS	陶瓷	316SS	陶瓷	316SS	TFE	TFE
甲醇	316SS	陶瓷	碳钢	陶瓷	碳钢	TFE	TFE
吗啉	316SS	陶瓷	316SS	陶瓷	316SS	TFE	TFE
铬酸钾	316SS	陶瓷	316SS	陶瓷	316SS	TFE	TFE
氢氧化钠(50%)	316SS	440SS	碳钢	440SS	碳钢	TFE	TFE
硫化钠	316SS	陶瓷	碳钢	440SS	碳钢	TFE	TFE
熔融硫	316SS	陶瓷	316SS	440SS	316SS	TFE	TFE
硫酸(<93%)	合金20	陶瓷	合金20	陶瓷	合金20	TFE	TFE
硫酸(一般浓度)	合金20	陶瓷	合金20	陶瓷	合金20	TFE	TFE
磷酸三钠溶液	316SS	440SS	碳钢	440SS	碳钢	TFE	TFE

注：① 填料材料为TFE。

② 对于各种碳氢化合物可参照制造厂商产品样本选取。

表6-3-8(b) 金属材料规范(API 675表2)

材料名称	承压壳体	棒材	螺栓和螺柱
铸铁	ASTM A48	—	—
可锻铸铁	ASTM A395	ASTM A108或A575	—
青铜	ASTM B584,GR C-92200	ASTM B139	ASTM B124,合金655
碳钢	ASTM A216,GR WCA或WCB	ASTM A108或575	—
AISI 4140	—	ASTM A322,GR4140	ASTM A193,GR B7
Ni Resist	ASTM A436,Type1,2或3	—	—
12%Cr	ASTM A296,GR CA-6NM 或CA-15	ASTM A276,Type 410	ASTM A193,GR B6
5%Cr	ASTM A217,GRC5	—	—
18-8不锈钢	ASTM A296,GR CF-20	ASTM A276,Type304	ASTM A193,GR B8
316不锈钢	ASTM A296,GR CF-8M	ASTM A276 Type316	ASTM A193,GR B8M
17-7PH	—	ASTM A693	—
合金20	ASTM A296,GR CN-7M	—	—
Hastelloy B	ASTM A494,GR N-12M-1	ASTM B335	—
Hastelloy C	ASTM A494,GR CW-12M-1	ASTM B574	—

6.3.2 离心泵的材料选择

为适应炼油厂各种液体介质的要求，离心泵的材料选择，应充分考虑所选材料的各种性能(机械、加工、耐腐蚀、耐高温等)以及操作可靠性、经济性等多种因素，各国都制定了相应的标准以供制造厂、用户及工程承包商进行选择应用。美国石油学会(API)制定的

API610《炼油厂一般用途的离心泵》标准是目前国际上通行的权威规范，我国 GB3215—82《炼厂、化工及石油化工流程用离心泵通用技术条件》在材料选择原则上基本上沿用了 API610 的规定。

由于 API 610 标准的版本不断更新，目前已发表的最新版本是 2004 年的第十版，国内的石油化工行业标准 SH/T 3139 及 SH/T 3140 也于 2005 年 4 月 1 日正式实施，在离心泵材料选择上 GB 及 SH 标准基本上均采用按 API 610 所规定的原则，具体材料可选择同等或较高性能的所在国材料来替代。所以以下章节中所讨论的材料选择既兼顾了国内自行开发的泵系列，也介绍了 GB 标准及 API 610 和某些国外制造厂的规定，虽然标准版本不断更新，但离心泵材料的选择原则及部件材料的选用基本相同，本章所列之材料可供参考。

6.3.2.1 离心泵的材料类别

(1) 国产离心油泵

系指利用国内技术设计制造，并在炼油厂广泛应用的 Y 型油泵(包括 Y 型及 YS 型)及其改进型 AY 型油泵。Y 型及 AY 型离心油泵是用于输送不含固体颗粒的石油产品，温度-20~400℃、流量 $Q=6.25\sim500m^3/h$、扬程 $H=60\sim603m$。AY 型泵温度范围为-45~+420℃，流量 $Q=2.5\sim600m^3/h$，扬程 $H=30\sim330m$(指单级和双级)。

表 6-3-9 为 Y(YS)型离心油泵的材料类别。

表 6-3-10 为 AY 型离心油泵的材料类别。

表 6-3-9 Y(YS)型离心油泵的材料类别

材料等级		Ⅰ	Ⅱ	Ⅲ
耐腐蚀程度		不耐腐蚀	不耐腐蚀	耐中等硫腐蚀
使用温度		-120~200℃	-45~400℃	-45~400℃
零件名称	泵体	HT250	ZG230-450	ZGCr5Mo
	叶轮	HT200	ZG230-450	ZG1Cr13
	轴	45	35CrMo	3Cr13

表 6-3-10 AY 型离心油泵的材料类别

材料等级		Ⅰ	Ⅱ	Ⅲ
使用温度		-20~150℃	-45~420℃	-45~420℃
零件名称	泵壳、泵盖	HT250	ZG230-450	ZG1Cr13Ni
	叶轮	HT200	ZG230-450	ZG1Cr13Ni
	轴	45	35CrMo	3Cr13
	壳体口环	HT250	HT250	1Cr13MoS
	叶轮口环	QT500-7	QT500-7	3Cr13
	壳体螺栓	Q235-A	35CrMo	35CrMo
	填料轴套	3Cr13	1Cr13	1Cr13
	机械密封套	3Cr13	3Cr13	3Cr13

国产的离心式清水泵、耐腐蚀性泵(包括合金钢耐腐蚀泵、高硅铁耐腐蚀泵、钛泵、陶瓷耐酸泵及氟塑料衬里泵等)及高温泵、低温泵、杂质泵、屏蔽泵等，可按照制造厂的推荐材料选用，若有特殊要求，可与制造厂具体商定。

对于按引进国外技术生产的各类炼油厂用离心泵，如 SULZER、BYRON-JACKSON、KSB 等，在材料选择上原则上均应按国际标准执行，我国 GB 3215—82 中，对离心泵中主要零件的材料选择采用了与 API 610 相同的等级分类及选材规定，表 6-3-11 为 GB 3215—82 规定的泵主要零件的材料类别。

表 6-3-11 离心泵材料类别①

材料等级 / 材料类型 / 零件	Ⅰ-1	Ⅰ-2	S-1	S-3	S-4	S-5
	铸铁	铸铁	钢	钢	钢	钢
	铸铁	青铜	铸铁	奥氏体铸铁	钢	Cr13 钢
外壳(泵体、前、中后段、筒体)	铸铁	铸铁	25	25	25	25
内壳零件(中壳、导叶、隔板)	铸铁	ZQSn6-6-3	铸铁	奥氏体铸铁 Ni-Resist	铸铁	ZG25Ⅱ
叶　轮	铸铁	ZQSn6-6-3	铸铁	Ni-Resist	ZG25Ⅱ	ZG25Ⅱ
泵体密封环	铸铁	ZQSn6-6-3	铸铁	Ni-Resist	铸铁	1Cr13
叶轮密封环	铸铁	ZQSn6-6-3	铸铁	Ni-Resist	铸铁	3Cr13 表面处理 RC=45~52
轴⑦	45	45	45	45	45	35CrMo
轴套(软填料)	3Cr13 硬度处理 HB=241~277	QSn6.5-0.4	3Cr13 硬度处理 HB=241~277	3Cr13 硬度处理 HB=241~277	1Cr13 堆焊碳化钨	1Cr13 堆焊碳化钨
轴套(机械密封)	18-8 不锈钢或 3Cr13 硬度处理 HB=241~277					
喉部(节流)衬套	铸铁	ZQSn6-6-3	铸铁	Ni-Resist	铸铁	1Cr13
级间轴套	铸铁	QSn6.5-0.4	铸铁	Ni-Resist	铸铁	3Cr13 热处理 RC=45~52
级间衬套	铸铁	ZQSn6-6-3	铸铁	Ni-Resist	铸铁	3Cr13 热处理 HB=241~277
填料环	铸铁	铸铁或 ZQSn6-6-3	铸铁	铸铁	铸铁	铸铁
填料或机械密封压盖	ZG25Ⅱ	ZG25Ⅱ	ZG25Ⅱ	ZG25Ⅱ	ZG25Ⅱ	ZG25Ⅱ
填料压盖双头螺栓或螺栓	A3	A3	35CrMo	35CrMo	35CrMo	35CrMo
泵体双头螺栓	A3	A3	35CrMo	35CrMo	35CrMo	35CrMo
泵壳垫片⑥	石棉板	石棉板	石棉板	石棉板	18-8 不锈钢包石棉⑤	18-8 不锈钢包石棉⑤

续表

材料等级 / 材料类型 / 零件	S-6	S-9	C-6	D-6	A-7	A-8
	钢	钢	Cr13 钢	Cr5Mo	18-8 不锈钢	18-8 不锈钢
	Cr13 钢	蒙乃尔	Cr13 钢	Cr13 钢	18-8 不锈钢②④	18-8Mo 不锈钢②
外壳(泵体、前、中后段、筒体)	25	25	1Cr13	Cr5Mo	18-8 不锈钢	0Cr18Ni12 Mo2Ti
内壳零件(中壳、导叶、隔板)	ZG1Cr13	蒙乃尔 Monel	ZG1 Cr13	ZG1Cr13	18-8 不锈钢	ZGCr18Ni12 Mo2Ti
叶轮	ZG1Cr13	Monel	ZG1Cr13	ZG1Cr13	18-8 不锈钢	ZGCr18Ni12 Mo2Ti
泵体密封环	1Cr13	Monel	1Cr13	1Cr13	18-8 不锈钢堆焊硬质合金③	0Cr18Ni12 Mo2Ti 堆焊硬质合金
叶轮密封环	3Cr13 表面处理 RC=45~52	Monel	3Cr13 表面处理 RC=45~52	3Cr13 表面处理 RC=45~52	18-8 不锈钢堆焊硬质合金③	0Cr18Ni12 Mo2Ti 堆焊硬质合金
轴⑦	35CrMo⑥	K 蒙乃尔 K-Monel	1Cr13	1Cr13	18-8 不锈钢	0Cr18Ni12 Mo2Ti
轴套(软填料)	1Cr13 堆焊碳化钨	K-Monel 热处理 HB=300~335	1Cr13 堆焊碳化钨	1Cr13 堆焊碳化钨	18-8 不锈钢堆焊硬质合金③	0Cr18Ni12 Mo2Ti 堆焊硬质合金
轴套(机械密封)	18-8 不锈钢或 3Cr13 硬度处理 HB=241~277	K-Monel 热处理 HB=300~335	18-8 不锈钢或 3Cr13	热处理 HB=241~277	18-8 不锈钢	0Cr18Ni12 Mo2Ti
喉部(节流)衬套	1Cr13	Monel	1Cr13	1Cr13	18-8 不锈钢	0Cr18Ni12 Mo2Ti
级间轴套	3Cr13 热处理 RC=45~52	K-Monol 热处理 HB=300~335	3Cr13 热处理 RC=45~52		18-8 不锈钢堆焊硬质合金③	0Cr18Ni12 Mo2Ti 堆焊硬质合金
级间衬套	3Cr13 热处理 HB=241~277	K-Monol 热处理 HB=230~260	3Cr13 热处理 HB=241~277		18-8 不锈钢堆焊硬质合金③	0Cr18Ni12 Mo2Ti
填料环	铸铁	Monel	1Cr13	1Cr13	18-8 不锈钢	0Cr18Ni12 Mo2Ti
填料或机械密封压盖	ZG25 Ⅱ	ZG25 Ⅱ	ZG1Cr13	ZG1Cr13	18-8 不锈钢	ZGCr18Ni12 Mo2Ti
填料压盖双头螺栓或螺栓	35CrMo	淬硬的 K-Monel	35CrMo	35CrMo	18-8 不锈钢	0Cr18Ni12 Mo2Ti

续表

材料等级	S-6	S-9	C-6	D-6	A-7	A-8
材料类型	钢	钢	Cr13 钢	Cr5Mo	18-8 不锈钢	18-8 不锈钢
零件	Cr13 钢	蒙乃尔	Cr13 钢	Cr13 钢	18-8 不锈钢②④	18-8Mo 不锈钢②
泵体双头螺栓	35CrMo	淬硬的 K-Monel	35CrMo	35CrMo	35CrMo	35CrMo
泵壳垫片⑥	18-8 不锈钢包石棉⑤	聚四氟乙烯	18-8 不锈钢包石棉⑤	18-8 不锈钢包石棉⑤	18-8 不锈钢包石棉⑤	18-8 不锈钢包石棉⑤

注：如果泵系一台轴与输送液体接触并在一个轴套中旋转的立式泵，则轴应采用 Cr13 钢。

① 本表根据 API610《一般炼厂用离心泵标准》(1971 年版)的附录 F 编制而成。

② 未列入表内的次要零件(螺母、垫圈、垫片、键等)的材料应与处在同一环境下的相应的主要零件具有同等的耐腐蚀能力。

③ 用 18-8(18 铬、8 镍)不锈钢制造的与输送液体相接触的零件，如果必须用焊接方法制造或使其表面硬化时则必须采用稳定化的或微碳的该类钢，如对于 0Cr18Ni9 或 1Cr18Ni9 应采用 00Cr18Ni10 或 1Cr18Ni11Nb 等。

④ 对于 A-7 和 A-8 级硬面材料(如 Stellite，Colmonoy，碳化钨等)，除买方指定者外，均由卖方选定。

⑤ 18-8 不锈钢包括：00Cr18Ni10、0Cr18Ni9、1Cr18Ni19、0Cr18Ni9Ti、1Cr18Ni9Ti、00Cr17Ni14Mo2、0Cr18Ni12Mo2Ti、1Cr18Ni12Mo2Ti、1Cr18Ni11Nb 等。

⑥ 如果卧式中开壳体泵，则允许采用石棉制的泵壳垫片。

⑦ 若温度超过 117℃，则对 S-6 等级，轴应采用 13%铬钢。

API 610 附录中对离心泵材料等级选用的一般性指导列在表 6-3-12 中。我国GB 3215—82 等同采用了这一部分。

表 6-3-12 离心泵材料类别的选择

使用条件	流程装置内	流程装置外输送和装运	温度范围/℃	压力范围/MPa(kgf/cm²)	材料等级	注
淡水、冷凝水、冷却塔水	×	×	<100	全部	Ⅰ-1 或 Ⅰ-2	
沸水和工艺流程用水	× × ×	× × ×	<122 122~175 >175	全部 全部 全部	Ⅰ-1 或 Ⅰ-2 S-5 D-6	
污水、回流储罐水、排泄水、含这些水的烃类(包括回流液)	×	×	<175	全部	S-3	①
丙烷、丁烷、液化石油气和氨(NH_3)	×	×	<232	全部	S-1	
柴油、汽油、石脑油、煤油、中等的和重的润滑油、燃料油、残渣油、原油、沥青、合成原油油脚	× × × 	 × ×	<232 232~370 >370 <175 <232	全部 全部 全部 <1.57(16) ≥1.57(16)	S-1 S-6 C-6 Ⅰ-1 S-1	 ①③ ① ②

续表

使用条件	流程装置内	流程装置外输送和装运	温度范围/℃	压力范围/MPa(kgf/cm^2)	材料等级	注
无腐蚀性的烃类,例如催化重整油、加氢裂化油、脱硫油等	×	×	232~370	全部	S-4	③
二甲苯、甲苯、丙酮、苯、糖醛、甲乙酮(MEK)、异丙苯	×		<232	全部	S-1	②
		×	<175	<1.57(16)	Ⅰ-1	
		×	<232	≥1.57(16)	S-1	
碳酸钠、试硫液	×	×	<175	全部	Ⅰ-1	
浓度≤20%的苛性碱(氢氧化钠)	×	×	<60	全部	S-1	
	×		60~93	全部	S-3	
	×		>93	全部	S-9	
一乙醇胺(MEA)、二乙醇胺(DEA)、醇胺(TEA)—原料溶液、	×	×	<122	全部	S-1	
二乙醇胺、醇胺—贫溶液,	×	×	<122	全部	S-1	
一乙醇胺—贫溶液(只有 CO_2)	×	×	80~149	全部	S-9	④
一乙醇胺—贫溶液(CO_2及 H_2S)一乙醇胺、二乙醇胺、醇胺—富溶液	×	×	80~149	全部		
	×	×	<80	全部	S-1	
硫酸浓度>75%	×	×	<38	全部	S-1	①
75%~1%	×	×	<38	全部	A-8	①
<1%	×	×	<232	全部	A-8	①
浓度>96%的氢氟酸	×	×	<38	全部	S-9	

注：凡使用条件与本表所列使用条件有明显出入时，应取得单独的推荐材料。

① 污水、超过232℃以上的烃类、酸和酸渣的腐蚀性会有很大不同，应当取得每种具体使用条件的推荐材料。所指出的该材料等级对于此类使用条件中的许多条件都会令人满意的，但也必须经过验证。

② 如果在输送烃类或化学品时推荐采用铸铁泵壳，则仅适合于没有危险的场合。如泵在靠近流程工艺装置处使用，或由于故障造成的逸出蒸汽可能会造成有害的环境，或在泵可能受到水力冲击震动(例如进料用)的情况下，应当采用钢质泵壳(采用S-1等级来代替Ⅰ-1)。

③ 如油品的腐蚀性低，则S-4级材料可用于233~370℃的使用条件下。在每个具体情况下，应取得单独的推荐材料。

④ 除了用碳钢泵壳外，应采用A-7级材料。

(2) 国外生产的离心泵

国外制造厂生产的用于炼油厂的一般用途的离心泵，均可以按照API 610的要求来选择材料，尽管欧洲或日本的某些泵厂也遵守相应的欧洲或日本标准，但按照API 610的要求选择材料并设计制造炼油厂用离心泵则是普遍被接受的。表6-3-13为API 610规定的离心泵材料类别。

表6-3-13所列的离心泵零件材料类别是API 610旧版的表格，在API 610 10^TH^2004中除在材料类别中增加了D1及D2二种类别材料以外，和前一版基本相同。D1为双相不锈钢(Duplex stainless steel)双相不锈钢是指不锈钢中既有奥氏体又有铁素体组织结构的钢种，而

6-3-13　离心泵零件材料类别(API 610 表 H-1)

零件	是否ASTM材料?	材料等级和材料缩写(主体/配件)										
		I-1	I-2	S-1	S-3	S-4	S-5	S-6	S-9	C-6	A-7	A-8
		铸铁/铸铁	铸铁/青铜	钢/铸铁	钢/Ni-res.	钢/钢	钢/12%铬钢	钢/12%络钢	钢/蒙乃尔	12%铬钢/12%铬钢	奥不锈钢/奥不锈钢①②	316奥/316奥①②
承(内)压泵壳)	是	铸铁	铸铁	碳钢	碳钢	碳钢	碳钢	碳钢	碳钢	12%铬钢	奥不锈钢	316型奥不锈钢
内泵壳零件(碗形中壳、扩散器、隔板)	否	铸铁	青铜	铸铁	Ni-resist(镍-雷齐斯特)	铸铁	碳钢	12%铬钢	Monel(蒙乃尔)	12%铬钢	奥不锈钢	316型奥不锈钢
叶轮	是	铸铁	青铜	铸铁	Ni-resist	碳钢	碳钢	12%铬钢	Monel	12%铬钢	奥不锈钢	316型奥不锈钢
泵壳口环	否	铸铁	青铜	铸铁	Ni-resist	铸铁	淬硬的12%铬钢	淬硬的12%铬钢	Monel	淬硬的12%铬钢	硬面处理的奥不锈钢③	硬面处理的316型奥不锈钢③
叶轮口环	否	铸铁	青铜	铸铁	Ni-resist	铸铁	淬硬的12%铬钢	淬硬的12%铬钢	Monel	淬硬的12%铬钢	硬面处理的奥不锈钢③	硬面处理的316型奥不锈钢③
轴②	是	碳钢	碳钢	碳钢	碳钢	碳钢	AISI 4140钢	AISI 4140钢④	K-Monel(K-蒙乃尔合金)	12%铬钢	奥不锈钢	316型奥不锈钢
轴套(填料泵用)	否	淬硬的12%铬钢	硬青铜	淬硬的12%铬钢	淬硬的12%铬钢	硬面处理或淬硬的12%铬钢	硬面处理或淬硬的12%铬钢	硬面处理或淬硬的12%铬钢	淬硬的K-Monel	碳化钨3#覆盖12%铬钢	硬面处理的奥不锈钢③	硬面处理的316型奥不锈钢③
轴套(机械密封用)	否	奥氏体不锈钢或12%铬钢	奥氏体不锈钢或12%铬钢	奥氏体不锈钢或12%铬钢	奥氏体不锈钢或12%铬钢	奥氏体不锈钢或12%铬钢	奥氏体不锈钢或12%铬钢	奥氏体不锈钢或12%铬钢	淬硬的K-Monel	奥不锈钢或12%铬钢	奥不锈钢	316型奥不锈钢
喉部衬套	否	铸铁	青铜	铸铁	Ni-resist	铸铁	12%铬钢	12%铬钢	Monel	12%铬钢	奥不锈钢	316型奥不锈钢

续表

零件	是否ASTM材料?	材料等级和材料缩写(主体/配件)										
		I-1	I-2	S-1	S-3	S-4	S-5	S-6	S-9	C-6	A-7	A-8
		铸铁/铸铁	铸铁/青铜	钢/铸铁	钢/Ni-res.	钢/钢	钢/12%铬钢	钢/12%铬钢	钢/蒙乃尔	12%铬钢/12%铬钢	奥不锈钢/奥不锈钢①②	316奥/316奥①②
级间轴套	否	铸铁	青铜	铸铁	Ni-resist	铸铁	淬硬的12%铬钢	淬硬的12%铬钢	淬硬的K-Monel	淬硬的12%铬钢	硬面处理的奥不锈钢③	硬面处理的316型奥不锈钢③
级间衬套	否	铸铁	青铜	铸铁	Ni-resist	铸铁	淬硬的12%铬钢	淬硬的12%铬钢	淬硬的K-Monel	淬硬的12%铬钢	硬面处理的奥不锈钢③	硬面处理的316型奥不锈钢③
填料环(填料泵上用)	否	铸铁	铸铁或青铜	铸铁	铸铁	铸铁	铸铁	铸铁	Monel	12%铬钢	奥不锈钢	316型奥不锈钢
填料压盖或机械密封固定板	是	碳钢	碳钢	碳钢⑤	碳钢⑤	碳钢⑤	碳钢⑤	碳钢⑤	碳钢⑤	12%铬钢⑤	奥不锈钢或碳钢⑤	316型奥不锈钢或碳钢⑤
填料压盖双头螺栓或螺栓	是	碳钢	碳钢	AISI 4140钢	AISI 4140钢	AISI 4140钢	AISI 4140钢	AISI 4140钢	淬硬的K-Monel	AISI 4140钢	奥不锈钢	316型奥不锈钢
泵壳双头螺栓	是	碳钢	碳钢	AISI 4140钢	AISI 4140钢	AISI 4140钢	AISI 4140钢	AISI 4140钢	淬硬的K-Monel	AISI 4140钢	AISI 4140钢	AISI 4140钢
泵壳垫片	否	奥氏体不锈钢蜗形缠绕垫片⑥	奥氏体不锈钢蜗形缠绕垫片⑥	奥氏体不锈钢蜗形缠绕垫片⑥	奥氏体不锈钢蜗形缠绕垫片⑥	奥氏体不锈钢蜗形缠绕垫片⑥	奥氏体不锈钢蜗形缠绕垫片⑥	奥氏体不锈钢蜗形缠绕垫片⑥	蒙乃尔，蜗形缠绕，充填聚四氟乙烯的垫片⑥	奥不锈钢，蜗形缠绕垫片⑥	奥不锈钢，蜗形缠绕垫片⑥	316型奥不锈钢，蜗形缠绕垫片⑥

注：① 奥氏体不锈钢包括 AISI 标准的 302、303、304、316、321 和 347 型。如果要求某一种特定牌号(型号)，则买方应指定。

② 对于轴与输送液体接触并在一个衬套中旋转的立式泵，轴应采用 12% 铬钢，但对 A-7 和 A-8 两种材料等级是例外情况。

③ 对于 A-7 和 A-8 等级的硬面覆盖层材料(如 Stellite、Colmonoy、碳化钨等)，除非买方另有指定，否则均应由卖方选定。

④ 如果温度超过 177℃(350℉)或如果用于锅炉给水用途(参见附录 K 中的表 K-1)，则对于 S-6 等级，轴应采用 12% 铬钢。

⑤ 除了对输送氨和浓的或高温[超过 60℃(140℉)]的苛性介质使用条件外，填料泵上的填料压盖应当压装有青铜衬套或浇衬青铜。填料压盖(密封板)应装有一个符合 API 610 标准第 2.7.1.13 节要求的有色金属节流衬套。对于 A-7 和 A-8 等级材料，节流衬套应采用碳或碳化氟。

⑥ 如果提供轴向中开壳体泵，则适合于使用条件的垫片是允许采用的。蜗旋缠绕式垫片应当含有适合于使用条件的充填材料。

且此二相组织要独立存在，含量都较大，一般认为最少相的含量应大于15%。而实际工程中应用的奥氏体+铁素双相不锈钢(习惯称 $\alpha+\gamma$ 双相不锈钢或双相不锈钢)多以奥氏体为基并含有不小于30%的铁素体，最常见的是两相各约占50%的双相不锈钢。D2为超级双相不锈钢(Super duplex)超级双相不锈钢具有极高的耐腐蚀性，在一些介质中，如醋酸、甲酸等甚至可以取代高合金奥氏体不锈钢，乃至耐蚀合金。与普通双相不锈钢相比，具有更高的强度和更为优越的耐氯离子点蚀、耐应力腐蚀性能。这两类材料主要用于海水、酸水、卤水《盐水》及地层水，及油田污水(produced water)等有强烈腐蚀性的介质。上述应用场合，泵壳、内壳、扩压器、隔板、叶轮、轴、节流套、螺栓及固定件等均用双相不锈钢，口环则需表面硬化，中间级的衬套等也需表面硬化，壳体垫片则为双相不锈钢的缠绕垫。另外在新版中还列出了美国、日本、欧盟及国际标准ISO的牌号对照，以及非金属耐磨材料、配管材料及其他合金材料的规格。

6.3.2.2 离心泵的材料等级

按国产Y(YS)、AY型离心油泵的材料类别，可以方便地选择所输送介质的材料等级，对于大多数烃类产品在选用Y、AY型离心泵时，材料的选择就是根据输送介质的温度及有无腐蚀性在Ⅰ、Ⅱ、Ⅲ类材料类别中选择。

对大多数国产泵并无严格的材料类别以确定材料等级，在选泵时应充分了解制造厂的经验以及同类泵在类似工作条件下的使用效果，也可以根据选泵者的经验提出要求。

根据使用经验，对炼油厂常压及减压蒸馏装置各类泵的材料等级的选择列于表6-3-14。

表6-3-14 离心泵的材质选择

装置	泵	使用材料等级
常压蒸馏装置	原油进料泵	S-1或S-4
	燃料油泵	S-1或S-4
	顶部石脑油泵	S-3
	常一线回流泵	S-1、S-3或S-4
	常二线回流泵	S-1或S-4
	常三线回流泵	S-6
	煤油泵	S-1或S-4
	轻柴油泵	S-6
	重柴油泵	S-6
	渣油泵	S-6
	脱盐装置水泵	Ⅰ-1或S-3
	脱盐装置循环水泵	S-3或S-4
减压蒸馏装置	减压进料泵	S-1或S-4
	减压轻柴油泵	S-1或S-4
	减压重柴油泵	S-6
	加热器再循环泵	S-6、C-6或D-6
	减压渣油泵	S-6、C-6或D-6

注：材料等级见表6-3-13。

离心泵材料等级的选择除了按上述标准的规定以外，国外制造厂往往会根据本身的经验提出对标准的补充、更改，同时选泵者也往往从本身的需要和利益出发，对泵材料的选择提出修改意见，这些都应在订货或投标、评标时通过双方的协商达到一致。

6.3.2.3 特殊操作条件下离心泵的材料选择

(1) 催化裂化油浆泵

国产PY型油浆泵65PY、150PY为单级单吸悬臂式，250PY、300PY为单级双吸两端支承式，泵体、泵盖和叶轮材料为ZG1Cr13，轴为35CrMo。PYS型则为双壳体泵，泵的过流部分采用耐磨合金铸铁。

国产YJ型油浆泵，最大型号为300YJ120($Q=700m^3/h$，$H=120m$，电机功率350kW)为单级双吸单壳体泵，其泵体、泵盖过流表面采用合金粉末喷焊的新技术，喷焊材料为镍铬基60(Ni-Cr-B-Si系列)高硬度粉末材料，表面硬度可达RC55~60，叶轮采用精密铸造并经过表面打磨，提高抗汽蚀性能和泵的水力效率。

YJ型油浆泵泵体、泵盖材料为ZGCr5Mo，叶轮材料ZG1Cr13，主轴材料3Cr13。

国产 ZPY 全衬里油浆泵，采用新型双壳体结构，采用 ZG0Cr13Ni4 作为泵的外壳即承压泵壳的材料，采用 KmTBG26 作为过流元件(内泵壳、前后隔板、叶轮等)的材料，为耐磨蚀，耐冲蚀的耐磨铸造合金，轴材料为 2Cr13，为提高吸入能力所装的诱导轮材料为 ZG2Cr13。

国外生产的全衬里型油浆泵，是 1978 年由美国 Lawrence 泵公司开发的称为 API 610 全衬里重载油浆泵，其操作温度范围 149～427℃，承压壳体压力范围 2.1～17.2MPa，总扬程 30～274m，其承压壳体为径向剖分，按 ASME 规范增加 1/8″腐蚀余量，材料可选碳钢、合金钢或不锈钢，内壳体(即衬里部分)用不锈钢固定件固定在外壳体上，其材料为含 Cr25% 的耐磨铸铁，按 ASME A-532 Class Ⅲ TYPE A 级，表面经仔细加工，叶轮材料同内壳体。轴采用合金钢材料按 API 610 标准，采用加大直径的轴以满足对刚性的要求，保证在密封处在最大载荷下轴的变形小于 0.0508mm；在密封处轴上装有不锈钢轴套，选择重载滚珠轴承保证 L_{10} 寿命为 100000h。

(2) 热油泵

Y 型及 AY 型离心油泵可应用于温度 420℃以下，这对炼油厂输送热油介质的温度范围是满足的，在温度 $t \geqslant 232$℃时，按 API 610 标准应选用 S4、S6、C6 等类材料时，对照 API 610 标准仍有差距，所以在选用 Y 型及 AY 型高温油泵时，尽量选用Ⅲ类材质。

对双壳体筒形多级离心泵，当操作温度大于 232℃时，按 API 610 规定应相应选用 S4、S6、C6 类材料，这类高温、高压的离心泵国内尚处在开发和研制阶段，应按照 API 610 的有关规定选用泵零件的材料。

6.3.2.4 在腐蚀性介质条件下离心泵材料的选择

腐蚀是指由化学的或电化学的作用对材料造成的损伤，了解各种形式的腐蚀及影响腐蚀速率的因素对正确选择材料是重要的。

(1) 腐蚀的类型

① 电化学腐蚀。当两种金属均浸泡在同一电解质中时，若这两种金属的平衡电极电位相差很大，则两种金属之间会有电流流通，如同电池一样，电位低的金属(阳极)将被溶解，金属在电位序中的位置表明了其电极电位的大小，所以，在泵中电位越低的金属将受到比电位高的金属更严重的腐蚀，如在铸铁泵中，采用青铜或不锈钢内件时，铸铁所受的腐蚀就重。

在泵常用的金属材料中，可以列出以下顺序，依次从电位低(阳极)向电位高(阴极)排列：

镁，镁合金，锌，铝 2S，镉，铝 17ST，钢，铸铁，不锈钢 400 系列，304，316，铅锡合金，铅，锡，镍，镍基合金，黄铜，铜，青铜，铜镍合金，蒙乃尔合金，银•料，银，石墨，金。

② 均匀的腐蚀。腐蚀性介质对金属的作用引起在与介质接触表面相对均匀的腐蚀，这是腐蚀最一般的情况，可利用选择对腐蚀性介质有足够抵抗能力的材料来减小腐蚀。

③ 晶间腐蚀。是指在奥氏体不锈钢的晶界上析出碳化铬，它会造成金属材料丧失其机械性能，采用固溶处理或者采用低含碳量的不锈钢可以减少这种腐蚀。

④ 坑点腐蚀。是局部的而不是均匀的腐蚀，是指保护膜的破坏，在表面任意位置上产生的腐蚀坑点。

⑤ 裂纹。发生在连接处或微小的表面缺陷处，当一部分液体发生气化时，在这一小区

内由于氧浓度的差别而引起内能差，会产生腐蚀并向周边急剧扩展。

⑥ 应力腐蚀。材料在腐蚀的氛围中加上材料内的应力的综合作用所产生的，其产生的条件是拉伸应力；苛刻的介质如氢、硝酸盐、卤素；敏感的材质如黄铜、镍铬钢。

⑦ 磨蚀腐蚀。当材料保护膜被高速流介质损坏，通常是由于介质中含有磨损性的固体颗粒引起的。

（2）pH 值

液体的 pH 值是其酸性或碱性的指标，它是以每升液体中氢或氢氧化物离子的克当量浓度来表示的(即 mol/L)，它是用氢离子浓度倒数的对数(以 10 为底)，其值范围为0~14。当 pH 为 7 时，溶液为中性，若 pH 值小于 7，溶液为酸性，大于 7 溶液为碱性。

表 6-3-15 列出了当已知介质的 pH 值时，推荐用于泵的材料。

表 6-3-15

pH值	结构材料
10~14	耐腐蚀材料
8~10 6~8 4~6	铸铁，碳钢，不锈钢，青铜
0~4	耐腐蚀材料

上述 pH 值的评价仅限于对水溶液，对腐蚀性更强的介质，其温度及化学成分也应在选择材料时仔细考虑。

（3）耐腐蚀泵的材料选择

炼油厂常见的腐蚀性介质如各种酸类(硝酸、硫酸、盐酸、磷酸、醋酸、甲酸等)以及碱类、盐类、其他的腐蚀性介质等可参照 API 610 的有关规定表 6-3-12 选择，对石油化工装置中具有特殊腐蚀性的介质因种类繁多，可在应用中查询材料的正确选择。

表 6-3-16 是常用的三种不锈钢材料的耐腐蚀性能。表中符号 B——1Cr18Ni9、M——1Cr18Ni12Mo2Ti、E——Cr28。

表 6-3-16 不锈钢耐腐蚀等级评定及耐腐蚀等级

不锈钢耐腐蚀等级评定					
等 级	1	2	3	4	5
腐蚀速度/[g/(m² · h)]	<0.1	0.1~1.0	1~3	3~10	>10
不锈钢耐腐蚀等级					
介 质	浓度/%(质)	温度/℃	B	M	E
硝 酸	5	20~沸点	1	1	1
	20	20~沸点	1	1	1
	40	20~沸点	1	1	2
	60	20~90	1	1	1
	60	100~沸点	1~2	2	3~4
	90	20	1	1	1
	90	40	3	3	3
	99	20	2	3	2
	99	80	1~4	3~4	5
硫 酸	5	20	2	1	
	40	20	3	3	5
	40	60	5	5	
	80	20	2	2	
	80	60	4~5	4	
	98	60	3	2	
	98	100	4		

续表

介　质	浓度/%(质)	温度/℃	不锈钢耐腐蚀等级 B	M	E
盐　酸	2	20	3	2	5
	10	20	3	3	5
醋　酸	5	20	1	1	1
	5	沸点	2	1	1
	50	20~80	1	1	1
	50	90	2	1	1
	80	20	1~4	1	1
	100	20~100	1	1	1
	100	沸点	1	1	1
氯化钠	5	20	1	1	1
	5	60	2	1	2
	20	25	1	1	1~2
磷　酸	10	20~沸点	1	1	1
	40	50	2	1	1
	40	100	2	1	1~2
	85	20	1	1	
	85	95	3	1	5
氢氧化钾	25	沸点	1	1	1
	75	120	2	2	2
氢氧化钠	10	20~沸点	1	1	1
	20	20~沸点	1	1	1
	40	90	1	1	2
硝酸铵	10	20	1	1	1
	75	90	1	1	1
氯化铵	10	20	1	1	
	10	100	1	1	

对于具有强腐蚀的液体，如氢氟酸，其过流部分可采用 MONEL-400 合金或在 20 号碳钢上堆焊 MONEL-400 合金，轴采用 MONEL-500 合金，在泵体密封环内圈和叶轮密封环外圈可堆焊 COLMONEL 合金。

表 6-3-17 是高硅铁(STSI 15R)的耐腐蚀性能。

表 6-3-17　高硅铁耐腐蚀性能

介质 名　称	浓度/%	温　度/℃	腐蚀速度/[g/(m^2·h)]	耐腐蚀等级
硝　酸	30~66	20	0.003	1
	30	沸腾	0.28	2
	50	沸腾	0.15	2
	60	沸腾	0.1	2
硫　酸	0.5	190(1.2~1.4MPa)	0.09	1
	2~95	20~50	<0.1	1
	2~80	100	<0.3	2
	25	190(1.2~1.4MPa)	1.21	3
	95	100	<0.1	1
盐　酸	10	30	0.23	2
	35	80	9.59	4

续表

介质		温度/℃	腐蚀速度/[g/(m² · h)]	耐腐蚀等级
名称	浓度/%			
磷酸	10	20~沸腾	<0.1	1
	40	20	0.07	1
	40	沸腾	0.12	2
	80	20	<0.1	1
	80	60	0.075	1
	80	110	0.1	2
	80	120	<1.0	2
	80	沸腾	<1.0	2
	浓的	20	0.03	1
	浓的	沸腾	0.54	2
醋酸	10~100	20	<0.1	1
	10~80	沸腾	0.1~1.0	2
	100	沸腾	<0.1	1
甲酸	10	20~70	<0.1	1
	10	100	<0.3	3
	50	20~70	<0.1	1
	50	100	<1.0	2
	浓的	20~100	<0.1	1
氨	25	20	<0.1	1
	25	沸腾	<1.0	2
氢氧化钾	10~50	20	<0.1	1
	10	沸腾	<1.0	2
	25	沸腾	<3.0	3
	50~浓的	沸腾	<10.0	4
	熔化的	360	>10.0	5
氢氧化钠	20	沸腾	<10.0	4
	34	100	<1.0	2
	熔化的	318	>10.0	5
硝酸铵	65	20	0.003	1
氯化钙	相对密度 1.43	100	<1.0	2
氯化钠	10	20	0.007	1
	湿结晶	20	<0.1	1
硫酸钠	相对密度 1.13	100	<0.1	1
硫化钠	50	90	>10.0	5
碳酸钠	22.5	80	0.034	1
硫酸钠	饱和液	100	<0.1	1
	25	20	0.02	1

6.4 设计计算

泵的设计计算包括泵的水力学设计、泵的结构及零件的强度、刚度及在各种工作条件下材料性能的计算、转子的动力学计算、振动特性计算以及泵上各种附件的选择和计算。泵制造厂通过试验研究以及成熟的设计计算方法，设计并制造各种类型、各种规格、各种用途的泵供用户选择，炼油厂所用的各类泵均可以从制造厂的产品目录中选择，而且还可以充分比较不同泵厂所提供产品的特点而择优选择。

本节所讨论的设计计算主要是从用户的角度，为了选择合适的泵、合理地使用泵、正确地维护泵而必须了解的最基本的计算，不涉及泵本身的设计及计算。

6.4.1 容积式泵的设计计算

6.4.1.1 直接作用蒸汽往复泵

(1) 泵的排量

对单缸双作用泵：

$$Q = A \cdot S \times 3600 \quad (6-4-1)$$

式中 Q——排量，m^3/h；

A——活塞面积，m^2；

S——活塞速度，m/s。

$$S = \frac{\text{每分钟往复次数(r/min)} \times \text{行程(m)} \times 2}{60} \quad (6-4-2)$$

为使液体能跟上活塞运动的速度而充满液缸，根据经验及水力学的公式，最大活塞速度和活塞行程及所处理的介质有关，推荐的最大活塞速度见表 6-4-1。

表 6-4-1 最大活塞速度

活塞行程/cm	7.62	10.2	12.7	15.2	17.8	20.5	25.4	30.5	38.1	45.7	61	91.4
	活 塞 速 度/(m/s)											
冷水、油(黏度 250SSU)	0.188	0.239	0.269	0.305	0.325	0.345	0.381	0.406	0.457	0.483	0.310	0.610
油(黏度 250~500SSU)	0.178	0.229	0.259	0.290	0.310	0.330	0.366	0.391	0.437	0.462	0.508	0.584
油(黏度 500~1000SSU)	0.168	0.213	0.239	0.269	0.290	0.310	0.340	0.361	0.406	0.432	0.478	0.544
油(黏度 1000~2500SSU)	0.147	0.183	0.208	0.234	0.249	0.269	0.295	0.315	0.351	0.371	0.411	0.467
油(黏度 2500~5000SSU)	0.122	0.157	0.178	0.198	0.213	0.229	0.249	0.264	0.290	0.315	0.345	0.396
锅炉给水	0.112	0.142	0.163	0.183	0.198	0.208	0.229	0.244	0.274	0.264	0.320	0.366

在式(6-4-1)中，没有考虑活塞杆的影响，通常把这一部分影响考虑到损失中，其他损失包括通过盘根箱的泄漏，通过活塞环的泄漏以及液阀的泄漏。一般总的损失为3%~5%。

(2) 液缸尺寸

液缸直径

$$d_1 = d_s \cdot \sqrt{\frac{P_s}{P_1} E_m} \quad (6-4-3)$$

式中 d_1——液缸直径，m；

d_s——汽缸直径，m；

P_s——蒸汽压力，MPa；

P_1——液缸压力，MPa；

E_m——机械效率(见表 6-4-2)。

表 6-4-2 机械效率

行程/cm	7.6	10.2	12.7	15.2	20.5	25.4	30.5	45.7	61
	机械效率(E_m)/%								
活塞泵	50	55	60	65	65	70	70	73	75
柱塞泵	47	52	57	61	61	66	66	69	91

(3) 蒸汽耗量

没有精确的公式，图 6-4-1 及图 6-4-2 是用经验公式制成的图表，可由泵液缸进出口压差和泵的流量直接查表。

图 6-4-1 及图 6-4-2 适用于双缸、压力为 0.85~0.9MPa 的饱和蒸汽，如需较准确计算，则应乘以表 6-4-3 中的修正系数。

表 6-4-3 修正系数

泵的类型	修正系数	蒸汽种类	修正系数
双 缸	1.0	过热 50℃	0.9
单 缸	0.9	过热 20℃	0.96
修理不良的泵	1.05	2%湿度	1.1
压力超过 7MPa	1.14	0.7MPa	0.99
黏性液体	1.1~1.2	0.9MPa	1.0
油 泵	1.05	1.5MPa	1.03

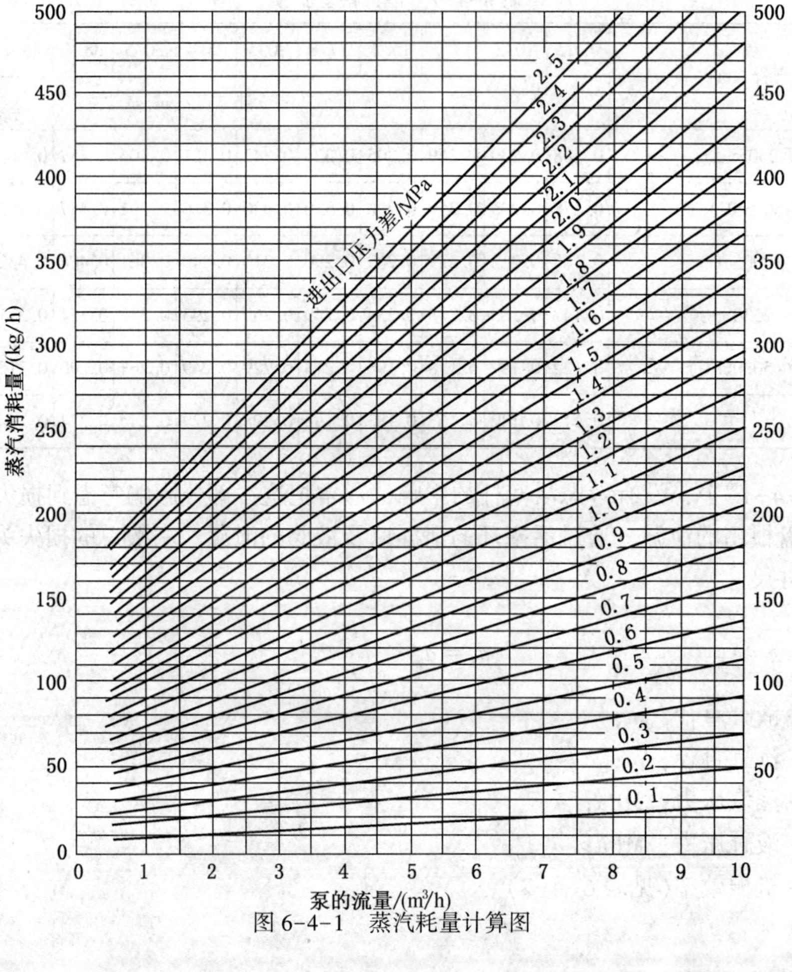

图 6-4-1 蒸汽耗量计算图

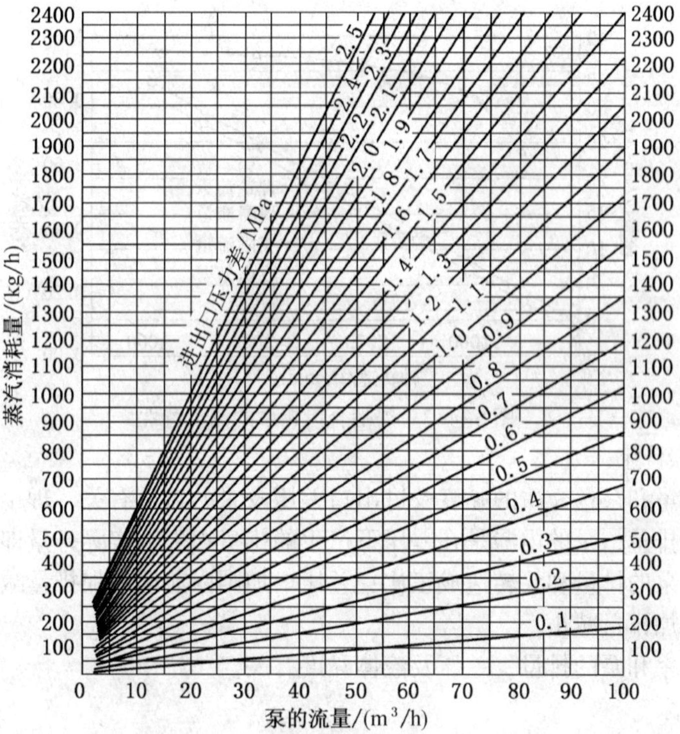

图 6-4-2 往复泵蒸汽耗量计算图

6.4.1.2 齿轮泵

外啮合齿轮泵的容积排容可按下式近似计算：

$$V = 1.57 \cdot W \cdot (d^2 - a^2) \tag{6-4-4}$$

式中 V——容积排容，cm^3/r；

W——齿轮宽度，cm；

d——齿轮顶圆直径，cm；

a——齿轮中心距，cm。

根据齿轮泵的工作条件，即输出流量和出口压力、入口压力进行选泵时，考虑到泵的容积效率和进出口压差以及输送介质的性质（黏度、温度）的关系，对泵的转数进行核算。

齿轮泵的流量是其理论容积排容和容积效率的乘积。

$$V_a = V_e \cdot \eta_v \tag{6-4-5}$$

式中 V_a——齿轮泵的流量，m^3/h；

V_e——齿轮泵的理论排容，m^3/h。

$$V_e = \frac{V \times n \times 60}{10^6} \tag{6-4-6}$$

式中 V——容积排容，cm^3/r，按式(6-4-4)计算；

n——齿轮泵转数，r/min。

图 6-4-3 为典型的外齿轮泵的流量特性。

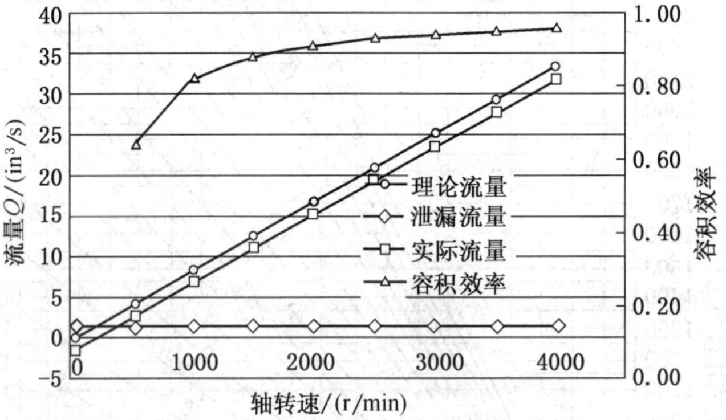

图 6-4-3 外啮合齿轮泵的流量特性

6.4.1.3 螺杆泵

螺杆泵的排量和泵送介质的黏度及进出口差压及泵的转速有关，理论排量是指给定螺杆泵在零差压下的排量，泵的内漏是在差压下产生的排量损失，实际排量即为理论排量减去内漏的流量。螺杆泵的排量和泵转速成正比；差压增加则内泄漏增加排量减少，泵送液体的黏度减小则内漏增加排量减小。

螺杆泵的功率和泵的排量、差压及液体黏度有关。

(1) 单螺杆泵

单螺杆泵是单线螺旋的螺杆，在双线螺旋孔的定子(内衬橡胶)内绕定子轴线作行星旋转时，转子和定子向形成的密封腔就连续、匀速、容积不变地将液体由泵的进口吸入，并沿轴向排出，又称为分段腔式泵(Progressive Cavity Pump)，其转子和定子中心线的关系见图 6-4-4。

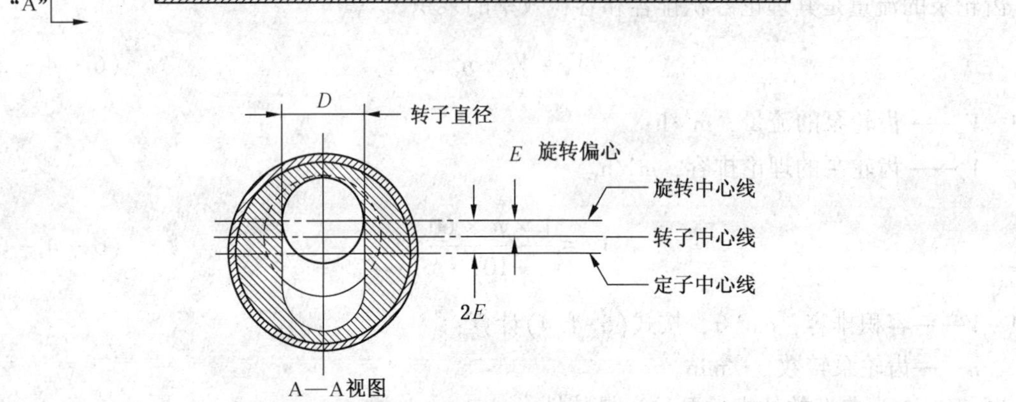

图 6-4-4 单螺杆泵转子及定子中心线关系图

由图可知泵工作时形成的密封腔取决于转子直径和偏心值。

由图：

转子面积 $$A_R = \frac{\pi}{4}D^2 \quad (6-4-7)$$

定子面积 $$A_S = \frac{\pi}{4}D^2 + 4ED \quad (6-4-8)$$

密封腔面积 $$A_C = A_S - A_R = 4ED \quad (6-4-9)$$

定子的节距决定了液体介质的速度，每转一转，液体则前进一个节距，所以液体介质在泵中的速度则为：

$$V = P_S \cdot N$$

所以单螺杆的理论流量可表示为：

$$Q = A_C \cdot V = 4EDP_SN \quad (6-4-10)$$

式中 Q——泵的理论流量，cm^3/min

E——偏心距，cm；

D——螺杆直径，cm；

P_S——定子节距，cm；

N——泵转数，r/min。

图 6-4-5 为单螺杆泵转速选择图由图可知输送黏性介质时应选择较小的轴向速度，相应较低转速，而同一型号的泵当输送黏性液体时则理论流量减小。

（2）三螺杆泵

① 泵的流量：

理论流量：

$$Q_{th} = 1.243 \times 10^{-3} \cdot K \cdot n \cdot d_j^3 \quad \text{L/min} \quad (6-4-11)$$

式中 K——螺杆相对导程，cm；

d_j——螺杆节圆直径，cm；

n——泵转速，r/min。

实际流量：

$$Q = Q_{th} \cdot \eta_V \quad (6-4-12)$$

式中 η_V——泵的容积效率，一般为 0.75~0.95。

② 泵的功率：

理论功率：

$$N_{th} = 2.03 \times 10^{-7} \cdot K \cdot n \cdot P \cdot d_j^3 \quad \text{kW} \quad (6-4-13)$$

有效功率：

$$N_e = N_{th} \cdot \eta_V \quad \text{kW} \quad (6-4-14)$$

轴功率：

$$N_b = N/\eta \quad \text{kW} \quad (6-4-15)$$

式中 P——进出口压差，MPa；

η——总效率，$\eta = \eta_V \cdot \eta_m$；

η_m——机械效率，0.65~0.95。压力低、转速高时取小值。

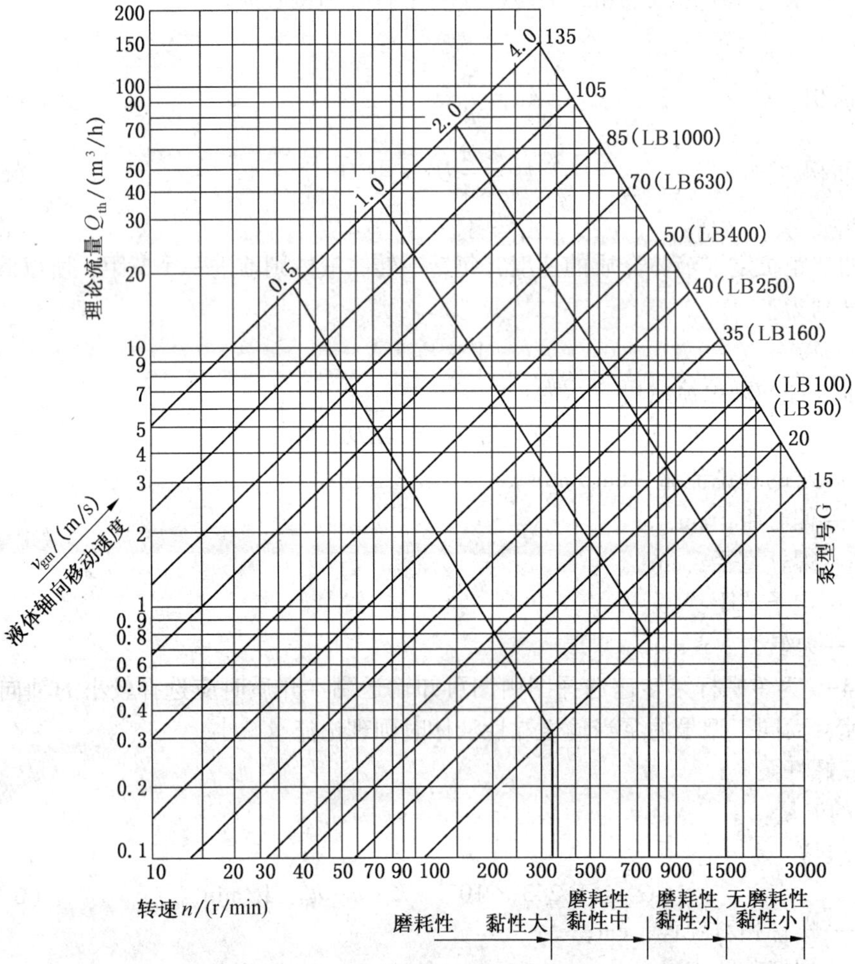

图6-4-5 单螺杆泵转速选择图

注：液体轴向移动速度4.0m/s为输送轻质油(如轻柴油)的最高速度；2.0m/s相当于输送重油、润滑油、轻度污水；1.0m/s相当于输送原油、水煤浆、重级污水；<0.5m/s为特别黏稠、固相含量特别的液体

③ 性能参数换算：

从样本上查得的一般是指常温、清水时的性能，当黏度为°E、转速为n_0、压力为p_0时，实际流量：

$$Q_{实} = \left(1 - 0.15 \times \frac{n_0}{n} \times \sqrt{\frac{°E}{7.5}}\right) \times Q/0.85 \quad \text{L/min} \qquad (6-4-16)$$

式中 n——额定转速，r/min；

Q——额定流量，L/min。

实际功率：

$$N_{实} = \left[1 + \left(\frac{n_0}{n} - \frac{p_0}{p}\right) \cdot \left(\frac{n}{n_0}\right)^2 \cdot \sqrt{\frac{°E}{7.5}}\right] \cdot N/0.85 \quad \text{kW} \qquad (6-4-17)$$

式中 N——额定功率，kW；

p——额定压力，MPa；

p_0——实际使用压力，MPa。

6.4.2 离心泵的设计计算

6.4.2.1 净正吸入压头

净正吸入压头(Net Positive Suction Head)即 *NPSH*，是离心泵设计、选择及操作运行中最重要的参数，是指高于液体蒸汽压的净正吸入压头，如果泵中任一点的压力降低到液体在该温度下的蒸汽压力以下，则液体会汽化，这些汽化的液体气泡会在某一高压点发生破裂，产生巨大的属于内面爆炸的冷凝冲击；若这种破裂发生在导流组件的壁面处，则导致材料受到侵蚀，这种流动的液体产生气泡并随后破裂的过程就称为汽蚀或汽蚀过程。

汽蚀是离心泵操作中最严重的故障，它不仅使泵噪声增大、振动加剧、扬程降低、效率下降，同时还不可避免地造成导流组件材料的破坏，会使材料表面出现细小的凹坑和洞穴，出现明显的点蚀，因而降低了材料抗破坏的能力，使材料在机械力与化学腐蚀的共同作用下，更易发生破坏。

为了保证离心泵的正常操作，必须对 *NPSH* 进行仔细认真地计算和选择。

在泵的设计、安装及选择中有两种 *NPSH* 值应该考虑，即 $NPSH_A$ 和 $NPSH_R$。

$NPSH_A$——即有效的(可用的)*NPSH*，是指离心泵系统所能提供的 *NPSH*。

$NPSH_R$——即要求的(必需的)*NPSH*，是离心泵不产生汽蚀的最小值，是由泵制造厂的汽蚀试验得出的值。

为了保证泵的正常运转，要求 $NPSH_A > NPSH_R$，即对于 $NPSH_R$ 应有足够的余量。余量的大小和泵的用途及泵送介质有关，工程公司均有相应的标准，表 6-4-4 为炼油厂用泵汽蚀余量的参考值。

表 6-4-4 炼油厂用泵汽蚀余量的参考值

序 号	泵的用途	汽蚀余量/m
1	锅炉给水泵、给水循环泵、凝结水泵	2.1
2	真空塔底泵	2.1~3.0
3	常温冷却水泵	0.6
4	吸入压力小于 0.07MPa 的泵	0.6
5	多级泵及双吸泵	0.6
6	自动启动泵	0.6
7	吸收塔底泵、汽提塔底泵	2.1
8	将容器架高，以提高灌注头的泵	0.6
9	输送平衡液体的泵	0.6~1.0
10	输送非平衡液体的泵	0.6

计算 *NPSH* 的基准点通常定为吸入管口的中心、叶轮入口处，根据 ISO 标准，各种离心泵的 *NPSH* 计算的基准点见图 6-4-6。

$NPSH_A$ 的计算：依靠定义

图 6-4-6 按 ISO 规定的 *NPSH* 计算的基准面

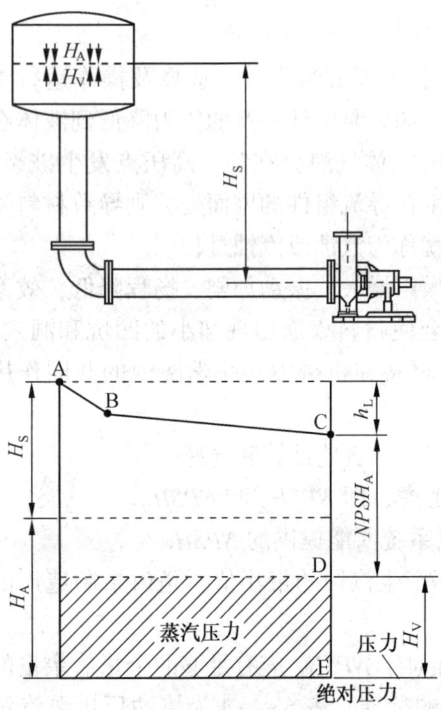

图 6-4-7 $NPSH_A$ 计算简图

$$NPSH_A = \frac{100 \cdot p_e}{d} - \frac{100 p_V}{d} + H_S - h_L \tag{6-4-18}$$

式中 p_e——泵吸入容器液面上的绝对静压值，MPa；

p_V——液体的饱和蒸汽压，MPa；

H_S——相对于基准点的静压头，m；

h_L——由吸入容器到泵入口的损失，m；

d——液体相对密度。

若均以相应的压头值表示则：

$$NPSH_A = H_A - H_V + H_S - h_L \quad \text{m} \tag{6-4-19}$$

图 6-4-7 表示了 $NPSH_A$ 计算系统简图。图中 H_S 为泵吸入容器最低液面与泵中心线的标高差，若此值为正则称为灌注，若为负值则为吸上。图中 h_L 为从吸入容器至泵叶轮入口处的吸入损失，包括通过阀门，设备、管件等所有的吸入损失和压降。H_A 则为泵吸入容器液面上的绝对静压力所对应的静压头，H_V 为液体饱和蒸汽压所对应的静压头。

图 6-4-8 为几种不同吸入系统的 $NPSH$ 计算简图。

图 6-4-8(a)为泵从低于泵安装平面的水池中吸水，图 6-4-8(b)为泵从高于泵安装平面的容器中吸水。

假设在图(a)、图(b)中，h_L 均为 0.6m，H_S 在图(a)中为-2m，图(b)中为+2m，设该安装位置分别为海平面和海拔 1000m 处，介质温度为 20℃及 40℃。$NPSH_A$ 计算如下：

	海 平 面	海拔 1000m	海拔 1000m
大气压/Pa	1.02×10^5	0.9×10^5	0.9×10^5
介质密度/(kg/m³)	998.3	998.3	992.3
大气温度/℃	20	20	40
H_A/m	10.5	9.2	9.25
H_V/m	-0.25	-0.25	-0.75
H_S/m 图(b)(+) 图(a)(-)	±2.0	±2.0	±2.0
h_L/m	-0.6	-0.6	-0.6
$NPSH_A$/m 图(b)	11.65	10.35	9.90
图(a)	7.65	6.35	5.90

图(c)为从敞开容器中抽吸轻质汽油，液面上为大气压，假设 $H_S=2$m，$h_L=-0.6$m，介质在 20℃时的相对密度为 0.73。$NPSH_A$ 计算如下：

	海平面	海拔 1000m		海平面	海拔 1000m
大气压/Pa	1.02×10^5	0.9×10^5	H_V/m	−7.95	−7.95
介质密度/(kg/m³)	730	730	H_S/m	+2.0	+2.0
大气温度/℃	20℃	20℃	h_L/m	−0.6	−0.6
H_A/m	14.4	12.55	$NPSH_A$/m	7.85	6.0

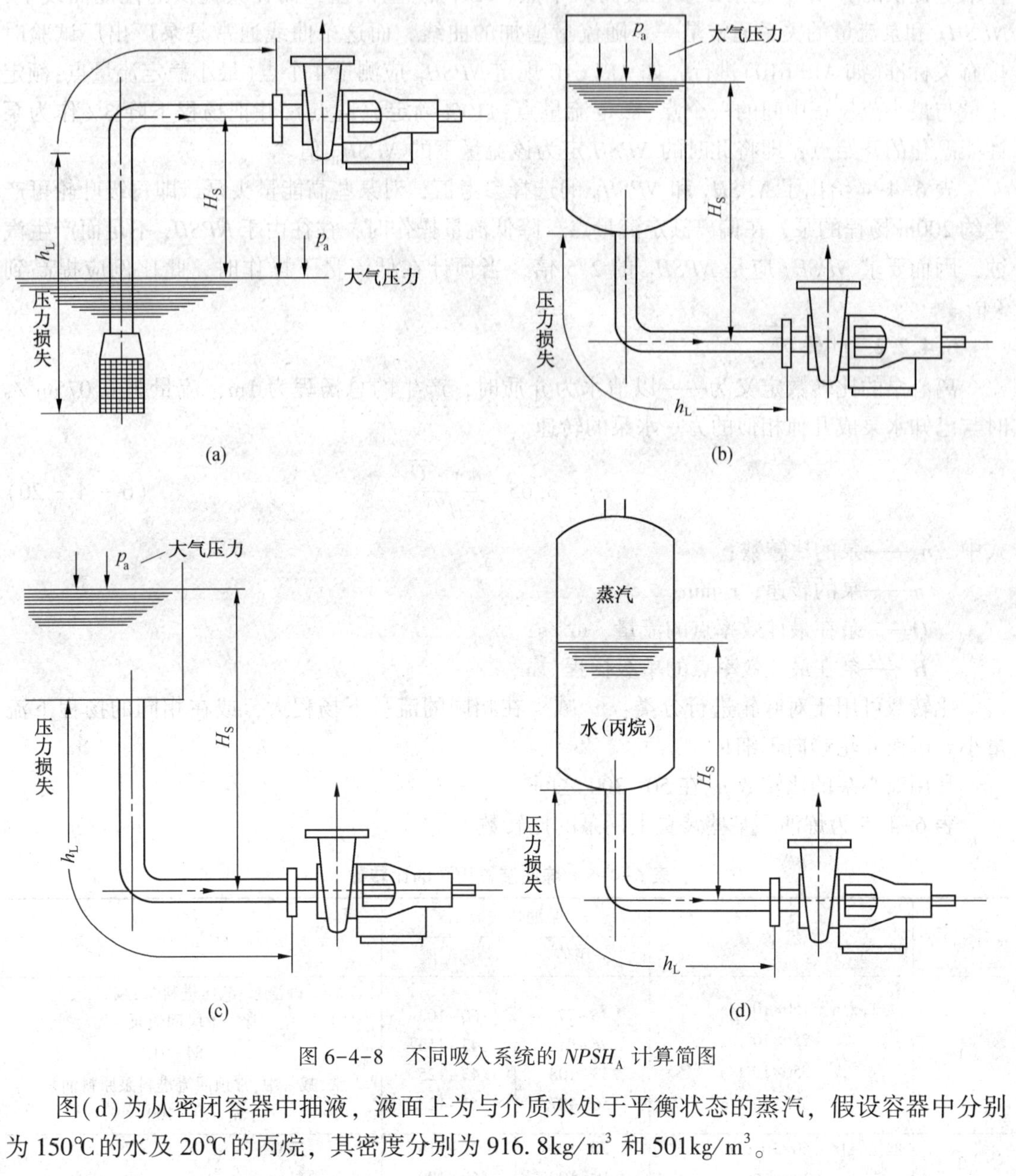

图 6-4-8 不同吸入系统的 $NPSH_A$ 计算简图

图(d)为从密闭容器中抽液，液面上为与介质水处于平衡状态的蒸汽，假设容器中分别为 150℃的水及 20℃的丙烷，其密度分别为 916.8kg/m³ 和 501kg/m³。

$NPSH_A$ 计算如下：

	水	丙 烷		水	丙 烷
介质密度/(kg/m³)	916.8	501	H_S/m	12	8
介质温度/℃	150	20	h_L/m	-1.2	-1.2
$p_e=p_v$/Pa	4.76×10^5	9.0×10^5	$NPSH_A$/m	10.8	6.8

泵所需要的 $NPSH_R$ 是泵设计中的一个重要参数，它和泵叶轮入口的几何学（入口角）直接有关，同时还和叶轮入口的面积有关，较大的叶轮入口直径对应着较小的 $NPSH_R$。泵厂样本上提供的 $NPSH_R$ 是指该泵在最高效率点（BEP 点）上的值，而在其提供的性能曲线上，$NPSH_R$ 和泵流量的关系通常是一条随流量增加的曲线，而这条曲线通常是泵厂出厂试验时按有关标准（如 API 610）进行，如 API 610 规定 $NPSH_R$ 应测量 4 个点（最小稳定流量点；额定流量与最小流量正中间的一个点；额定流量点；110%额定流量点），并把扬程下降 3%作为泵性能恶化的开始点；即将此时的 NPSH 定为该流量下的 $NPSH_R$ 值。

表 6-4-4 给出了 $NPSH_A$ 和 $NPSH_R$ 的选择参考值，对某些高能量头泵，即每级叶轮可产生约 200m 扬程的泵，在偏离额定流量点、降低流量操作时，往往由于 $NPSH_A$ 不足而产生汽蚀，因而要求 $NPSH_A$ 应是 $NPSH_R$ 的 2.5 倍，当预计在低流量下操作时，此比例应提高到 3 倍。

6.4.2.2 比转数

离心泵的比转数定义为——以清水为介质时，产生的总扬程为 1m，流量为 0.075m³/s 时与已知水泵成几何相似的另一水泵的转速。

$$n_s = 3.65 \cdot \frac{n \cdot \sqrt{Q}}{H^{3/4}} \tag{6-4-20}$$

式中 n_s——泵的比转数；

n——泵的转速，r/min；

Q——泵在最佳效率点的流量，m³/s；

H——泵在最佳效率点的单级扬程，m。

比转数可用于对叶轮进行分类：n_s 减少在相同的流量下扬程大，或在相同的扬程下流量小。因而叶轮趋向于细长。

常用离心泵的比转数 n_s 在 50~300 之间。

表 6-4-5 为炼油厂某些装置上用泵的比转数。

表 6-4-5 炼油装置用泵的比转数

序 号	工艺装置	泵的比转数		备 注
		需用值	选配值	
1	常减压 150×10⁴t/a 250×10⁴t/a 350×10⁴t/a 500×10⁴t/a	25~77 26~91 33~108 56~107	60~103 43~113 43~125 41~125	碱渣泵，减压进料泵，减二，常一中段回流泵 n_s=84~91 常、减一中，常顶回流进料泵原料油泵 n_s=81~100
2	催化裂化 60×10⁴t/a 120×10⁴t/a	20~83 18~100	21~118 60~100	

续表

序 号	工艺装置	泵的比转数		备 注
		需用值	选配值	
3	焦 化	25~71	60~100	
4	气体分馏	8.5~57.5	26~67	
5	叠 合	26~61	21~67	
6	铂重整	8.5~89	21~67	溶剂泵 $n_s=89$
7	制 氢	7~84	19.5~76	溶剂循环泵 $n_s=84$
8	电精制	45~107	48~85	汽油泵 $n_s=82$ 碱液泵 $n_s=107$
9	丙烷脱沥青	28~126	27~76	丙烷泵 $n_s=126$
10	酮苯脱蜡	22~52.5	61~67	
11	糠醛精制	18.5~48	39.5~51	
12	酚 精 炼	15~57	41~69	

由表 6-4-5 可见，炼油厂中大多数为低、中比转数的泵，随着装置规模的扩大，所需泵的比转数也会相应提高，但仍属于低、中比转数的离心泵，不可能达到离心泵的最佳效率的范围。

图 6-4-9 表示了离心泵、混流泵、轴流泵的比转数数值范围及叶轮大致形状及叶轮的某些特征参数。

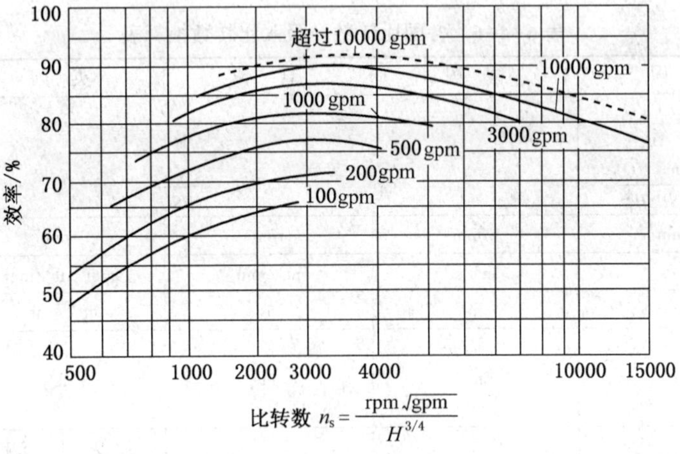

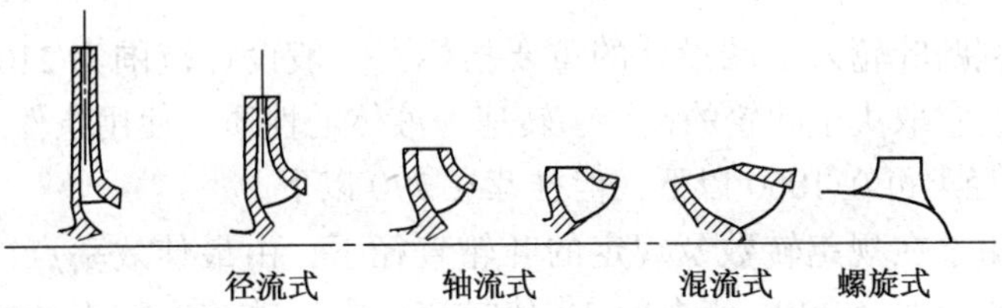

图 6-4-9 叶轮比转数的分布❶

❶ rpm—r/min；gpm—gal/min（1gal/min＝6.3×$10^{-5}$$m^3$/s）。

根据比转数的定义，由工艺条件规定的额定流量、额定扬程及泵的转速可计算出泵在额定点工作时所需的比转数，称为泵需用的比转数，而在选泵时，由泵叶轮在最佳效率点(BEP)的流量、扬程和转速所定义的比转数值称为泵配用的比转数，若和泵需用的比转数相同，则泵的额定点即为BEP点，两者差别越大，额定点与BEP点的偏离也越大，因而泵效率与最佳效率的偏离也越大。

6.4.2.3 吸入比转数

吸入比转数(Suction Specific Speed)用n_{ss}或N_{ss}表示，是用来评价离心泵净正吸入压头值的一个特性参数，广泛用于对离心泵吸入(汽蚀)性能的分析和评价。它和泵的比转数(Specific Speed)一样，是泵水力学设计中的一项参数，用来表征给定的第一级叶轮的吸入能力和特性。

按我国有关标准的规定，吸入比转数定义为：

$$N_{ss} = 3.65 \times \frac{n \cdot \sqrt{Q}}{NPSH_R^{3/4}} \tag{6-4-21}$$

式中 N_{ss}——泵的吸入比转数；

n——泵的转速，r/min；

Q——泵在最佳效率点的流量，m^3/s；

$NPSH_R$——泵需要的高于蒸汽压的净吸入压头，m。

对双级泵，Q值取入口流量的1/2。

由于单位制及公式表达形式的差异，比转数及吸入比转数的计算结果存在换算关系，表6-4-6列出了我国与几个国家的比转数及吸入比转数的计算公式及换算关系。

表6-4-6 各国比转数及吸入比转数换算表

国别	中国	德国	日本	英国		美国
公式	$3.65 \cdot \frac{n \cdot \sqrt{Q}}{H^{3/4}}$ $3.65 \cdot \frac{n \cdot \sqrt{Q}}{NPSH_R^{3/4}}$	$n \cdot \frac{\sqrt{Q}}{H^{3/4}}$ $n \cdot \frac{\sqrt{Q}}{NPSH_R^{3/4}}$				
转速 n	r/min	r/min	rpm	rpm		rpm
流量 Q	m^3/s	m^3/s	m^3/min	gpm	ft^3/min	US gpm
扬程 H	m	m	m	ft	ft	ft
需要的汽蚀余量 $NPSH_R$	m	m	m	ft		ft
换算系数	1	0.274	2.12	12.9	5.17	14.15

入口比转数是判断叶轮入口端设计的重要指标，一般设计范围为210~1410(美制单位约为3000~20000)，它取决于叶轮的设计、转速、液体的性质、使用条件。介质为水时，约在495~850之间，烃类可在1060以下，但推荐在770以下。

吸入比转数是由泵在规定转数及规定的叶轮直径下，由最佳效率点(BEP)点的流量及$NPSH_R$所定义的，较低的$NPSH_R$值会使N_{SS}值较高，它意味着有较大的叶轮入口尺寸或较大的叶片入口角β。这种叶轮具有在叶轮入口形成内循环的倾向，当泵的流量偏离BEP点时，进入叶轮的液体很难和进口叶片角一致，因而进口处的内循环及水力学汽蚀(由于水力学上的涡流所引起)产生并最后导致轴承、密封及叶轮的故障。这种情况即使在$NPSH_A$足够大的情况下也会发生。图 6-4-10 表示了在低流量下操作时，单吸叶轮入口处的内循环。这种内循环及入口处的涡流可以导致叶轮及壳体的磨损、轴的变形及应力；径向及推力轴承故障；密封的失效等等。这种内循环发生的迹象是：入口压力波动、发出噪声、高振动。

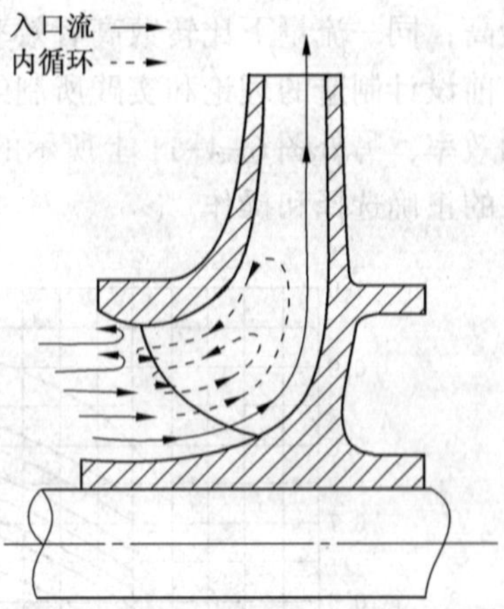

图 6-4-10　低流量下操作时，单级叶轮入口处的内循环

所以选择 $NPSH_R$ 值较低的泵应尽量在额定流量（BEP）下操作，同时应使 $NPSH_A$ 和 $NPSH_R$ 的比值尽量取高值。

据文献报道，对美国 Gulf Coast 炼厂中 480 台泵进行了 5 年的调查，这 480 台泵主要输送烃类产品，平均功率约 110kW，最大功率约 735kW，5 年中 480 台共发生故障 1680 次，（指造成停泵和送车间检修），进行分类统计的结果表明：N_{ss} 值为 777.4 是一个分界点，小于该值的泵的故障频率约为 0.5 次/泵 · 年，而高于该值的泵则为 0.9 次/泵 · 年。建议在选择炼厂用泵时应控制$N_{ss}<777$，如果不可避免要采用高 N_{ss} 值而且又很难控制操作在 BEP 点时，可采用代冷却器的旁通线以维持操作在 BEP 点附近。

比转数和吸入比转数由于各国采用的单位制不同以及定义差别所以计算值需要换算，表 6-4-6 列出了不同国家不同单位制的计算结果及换算关系。在 API 610 10th 中，附录 A 列出了计算比转数及吸入比转数的公式，采用的单位为 m^3/s，压头及 $NPSH_R$ 均是 m，转速为 r/min，这和表 6-4-6 中德国的计算公式相同。附录 A 给出了从这一计算结果换算到美国常用的单位时的换算系数为 51.64。从表 6-4-6 的换算关系亦可得出同样结果。（14.15×1/0.274=51.64）

6.4.2.4　效率

泵的总效率通常用下式表示。

$$\eta = \eta_m \cdot \eta_v \cdot \eta_H \tag{6-4-22}$$

式中　η_m——泵的机械效率。包括轴承、盘根箱及所有盘面摩擦损失，包括在平衡盘（鼓）及口环内的损失；

η_v——容积效率。通过口环的泄漏以及级间密封和平衡设施、盘根压盖的泄漏；

η_H——水力效率。包括所有流道内流体摩擦损失，如吸入弯头、叶轮、扩压器叶片、蜗壳及多级泵中间流道的损失。

图 6-4-11 是根据世界各主要泵制造厂的统计数字，收集 528 个试验数据绘制的，反映了离心泵设计的最新技术水平。

图上 η_∞ 线是从理论上分析出离心泵最大效率线。

$$\eta_\infty = \frac{1}{1 + (7800/N_s^{5/3})}$$

式中　N_s——美制单位比转数。

与图 6-4-9 相似，图 6-4-11 给出了泵的总效率与比转数的关系，从图上曲线可以看出：泵的总效率在比转数相同的情况下和泵的流量有关，流量大则效率高，即

$N_s=3.65\cdot n\cdot\dfrac{Q^{1/2}}{H^{3/4}}$相同，$Q$ 增大即 H 减少，即说明相同比转数时，流量大而扬程低者效率较高；同一流量下比转数高者效率较高，但对每一确定流量其效率均有一个极限值，这是由目前设计制造的理论和实践所制约的数值，我们只能期待设计制造上的新发展来不断改进泵的效率，另外图 6-4-11 上所示的效率均是在 BEP 点的值，能否达到这一效率还直接取决于泵的正确选择和操作。

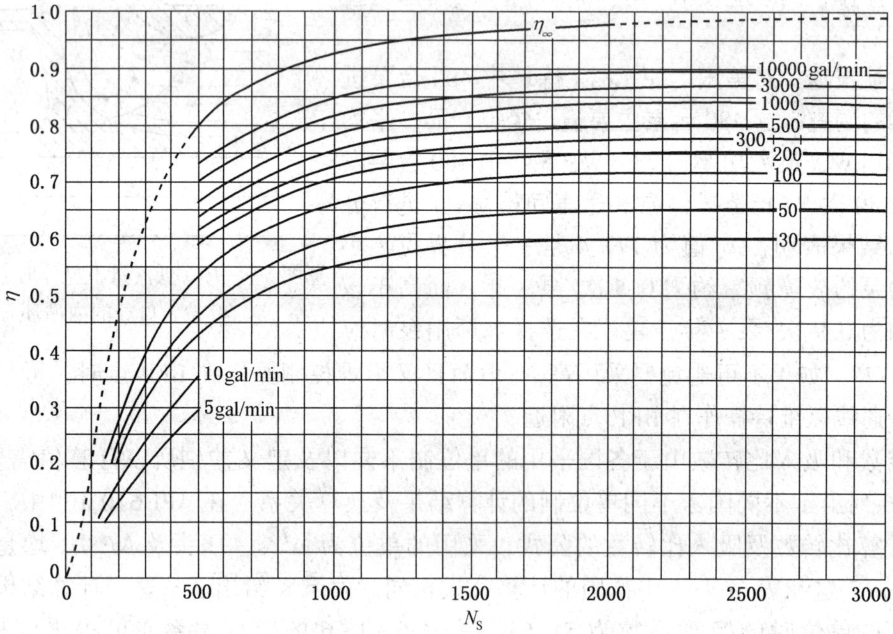

图 6-4-11　泵的总效率与比转数的关系(比转数为美制单位)

6.4.2.5 离心泵的性能曲线

径流式离心泵通常采用叶片出口角小于 90°的后弯叶片、闭式叶轮。典型的性能曲线示于图 6-4-12。

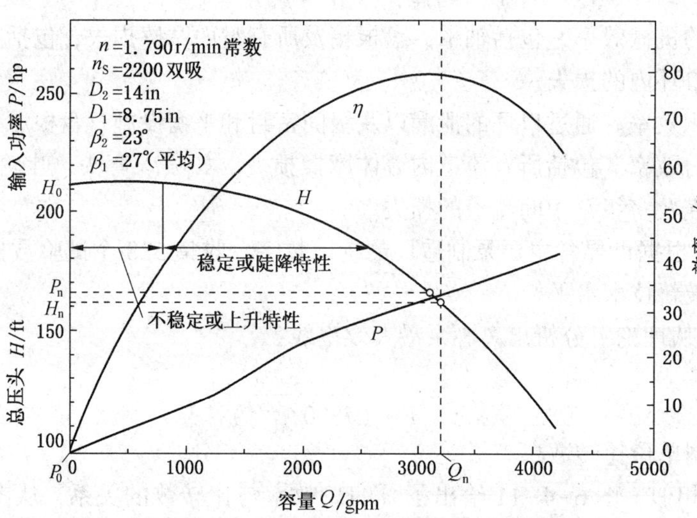

图 6-4-12　典型的离心泵性能曲线图

离心泵性能曲线通常包括 $Q—H$、$Q—\eta$、$Q—N$ 及 $Q—NPSH_R$。

离心泵的性能曲线通常由泵制造厂用常温清水通过试验求得。根据用户指定的条件(介质特性——泵送温度下的相对密度、黏度、转速)换算成操作条件下的性能曲线。在选择定型泵时要注意该特性曲线所规定的介质、温度及转速。

(1) 特性曲线的形状

离心泵的特性曲线通常分为较为平坦的、具有驼峰型的及陡降的几种，分别示于图6-4-13、图6-4-14和图6-4-15。

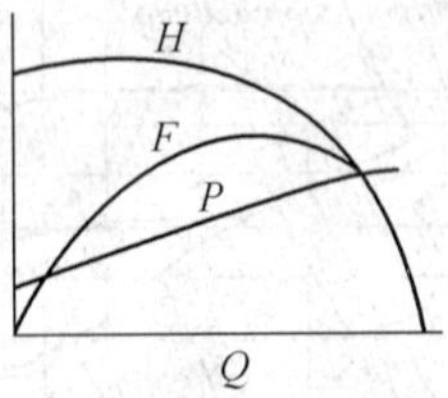

图 6-4-13

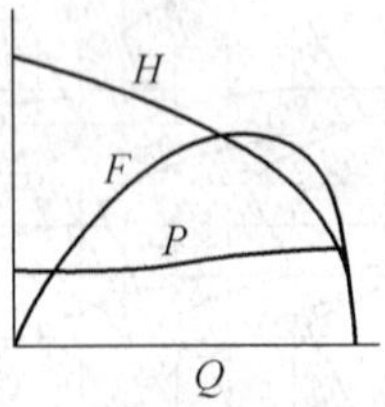

图 6-4-14

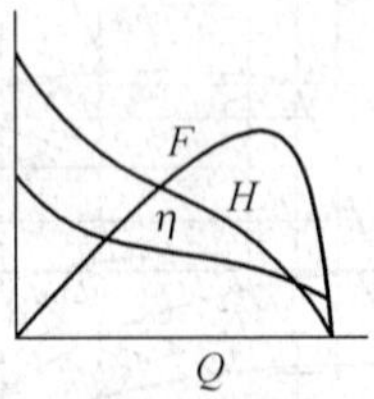

图 6-4-15

离心泵的特性曲线和比转速直接有关。

当 $50<N_s<300$ 时，性能曲线上关死点的扬程约为设计工况的1.1~1.3倍，扬程随流量的减少而增加。扬程的变化较缓慢。

当 $300<N_s<500$ 时，性能曲线上关死点的扬程约为设计工况的1.5~1.8倍，扬程随流量的减少而增加，扬程的变化较陡。

当 $500<N_s<1000$ 时，性能曲线上关死点扬程约为设计工况的2倍左右；扬程随流量的减少急剧上升，而后又急剧下降。

(2) 炼油装置用泵对性能曲线的要求

根据炼油装置中用泵的比转数一般在50~300之间，因而泵的性能曲线通常为平坦的连续上升型。按 API 610 要求泵应具有连续上升(即不允许有驼峰)的性能曲线，从额定点到关死点的扬程升高不大于10%~20%。

对于某些特殊用途的泵，如加热炉进料泵考虑到操作后期因炉管结焦造成阻力加大而对扬程升高有要求者，应在选泵中充分考虑。

(3) 离心泵的型谱图

为了用户选泵的方便，制造厂往往将其系列泵的性能曲线，按型号及级数制成型谱，各型号泵的性能曲线既有间隔又有重叠，用户按型谱图进行初选减少了不必要的咨询及联系。

图6-4-16是沈阳水泵厂 SJA 型流程泵型谱图。

(4) 离心泵的并联及串联

在离心泵要求的流量范围很大，或需要的流量很大时，可以考虑用两台或两台以上的泵进行并联操作。

在离心泵要求的扬程很高时，可以考虑两台或两台以上的泵串联操作。

并联操作：两台或两台以上泵并联操作时，其组合的性能曲线为在同一扬程下两台泵的流量相加。

串联操作：两台或两台以上泵串联操作时，其组合的性能曲线为在同一流量下两台泵的扬程相加。

系统阻力曲线与组合性能曲线的交点即是泵的工作点。

图 6-4-17 并联操作的泵中，两台性能曲线并不相同，只要都具有连续稳定上升的曲线且关死点的扬程最小应为额定点扬程的 110%~120%（对单级或双级泵）。

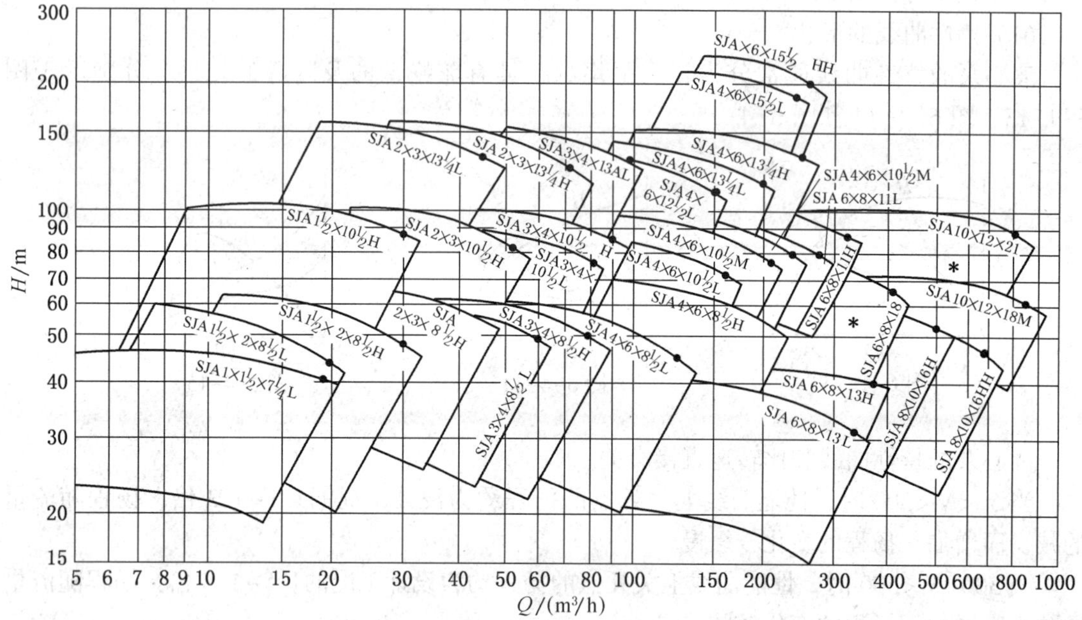

图 6-4-16　SJA 型泵型谱图

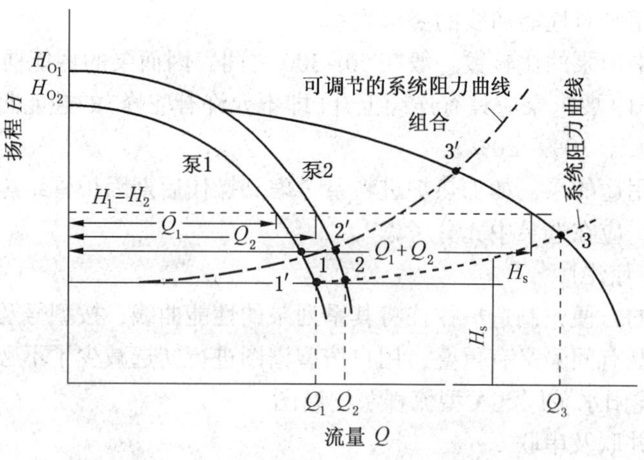

图 6-4-17　并联操作的组合性能曲线

并联或串联操作中，达到的流量及扬程取决于系统阻力曲线，对系统阻力主要由静压差组成，管路摩擦阻力小的情况，用并联操作较好，而对系统阻力主要由管路阻力（包括管件、阀门及管线）组成的场合，则采用串联操作较好。

图 6-4-18 说明了采用串联或并联操作时，系统的阻力曲线的影响。

图 6-4-19 表示了两台完全相同的泵并联和串联时对不同系统阻力曲线的

操作点。

A—B—C 为单泵特性曲线，D—E—F 为两泵串联时的特性，A—G—H 为两泵并联时的特性，当系统阻力完全为摩擦阻力时，K—B—G—E 线，当系统阻力主要为静压头时，J—B—H—F 线。

对 K—B—G—E 系统，并联时操作在 G 点，流量为单位泵流量的 105%。串联时操作在 E 点，流量为单泵的 128%；对 J—B—H—F 系统，串联时操作在 F 点，并联时操作在 H 点。

对上述两种阻力曲线的应用讨论：

对阻力曲线为 K—B—G—E 时，采用并联操作总流量仅为单台流量的 105%，而串联操作时总流量为单台流量的 128%，总扬程为单台扬程的 164%。采用串联方式比较合适。

图 6-4-20 表示了两台完全相同的泵但具有较陡的特性曲线时对不同系统阻力曲线在串联和并联操作时的操作点。

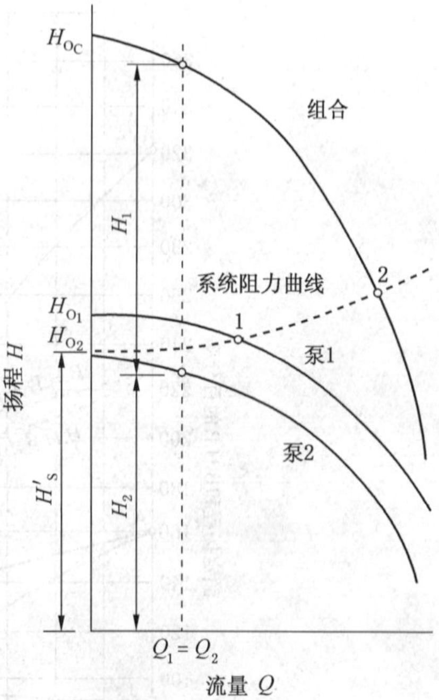

图 6-4-18 串联操作的组合性能曲线

图 6-4-20 符号和图 6-4-19 一致。当对应于系统阻力为 K—B—G—E 时并联操作为单泵流量的 115%，而串联操作为 122%。而对 J—B—F—H 系统串联操作总流量为 134%，而并联操作为 160%。

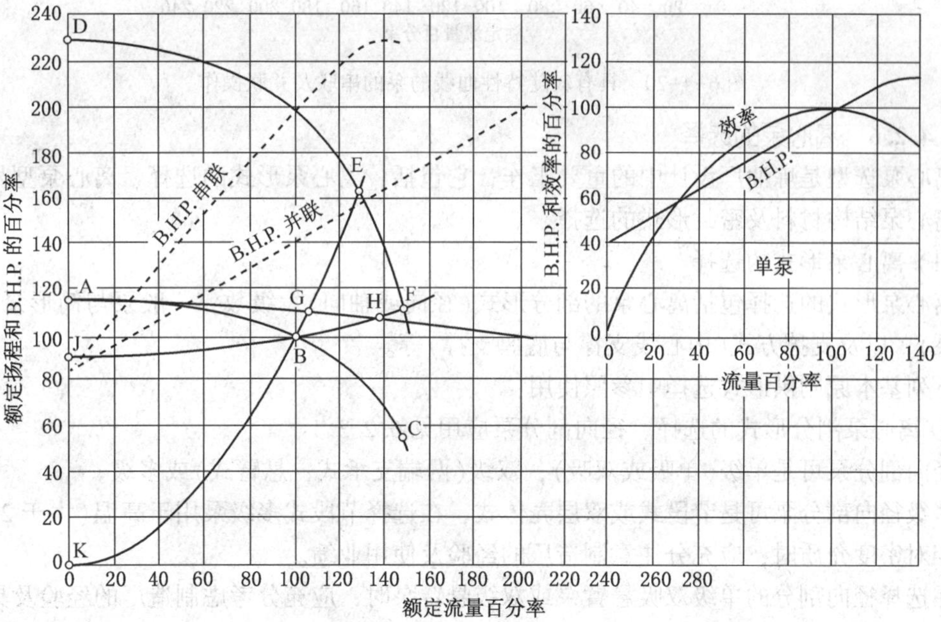

图 6-4-19 串联、并联操作对系统阻力曲线的影响

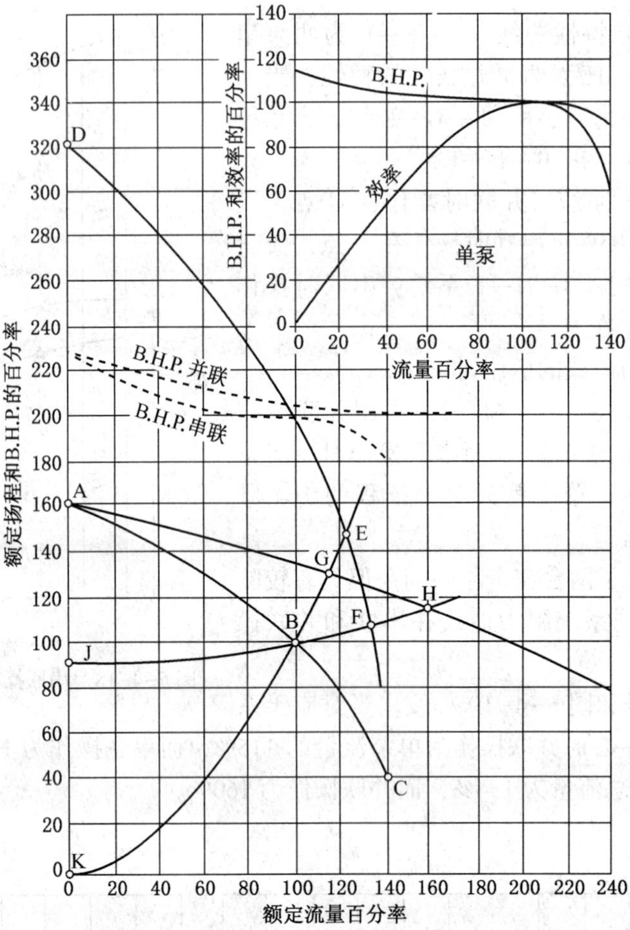

图 6-4-20 具有较陡特性曲线的泵的串联及并联操作

6.4.2.6 离心泵的选择

离心泵选型是炼油厂设计中的重要工作，它包括：离心泵形式的选择、离心泵型号的选择、离心泵结构材料及密封形式的选择。

(1) 离心泵形式的选择

离心泵形式的选择包括离心泵的剖分形式(径向或轴向)、级数，一般泵与筒形泵(双层壳体泵)；以及支撑方式(中心线支撑与底脚支撑)等。

下列基本原则供形式选择中参照使用：

① 离心泵剖分形式的选择。径向剖分泵应用见6.2.3.1。

径向剖分泵可是单级(单吸或双吸)；双级(两端支承式；悬臂式)或多级。

多级径向剖分泵可是节段式或双层壳体式，在选择节段式多级泵用于高温(大于250℃)或低相对密度介质时，应充分注意制造厂的经验及使用业绩。

在选择径向剖分的单级双吸悬臂泵或双级悬臂泵时，应充分考虑制造厂的经验及具体应用条件，慎重决定。

除上述要求选择径向剖分泵以外的场合可选择轴向剖分泵。

② 离心泵的级数选择。离心泵的单级扬程一般在 20~200m 之间，对于更高的扬程一般选择双级或多级泵。

对高能量头(单级扬程大于 200m)和单级耗功大于 225kW 的泵应特别注意，要避免叶片通道产生共振频率以及在小流量时的低频振动。

对单级高速泵(Sundyne 泵)，用于流量小于 $90m^3/h$，扬程小于 1800m，转速可高达 27000r/min。在选择时应充分考虑泵的吸入性能($NPSH_R$)的要求。

③ 双层壳体泵的选择。双层壳体泵常用于高温、高压场合，如加氢精制、加氢裂化、延迟焦化等装置中；外层为径向剖分的筒形结构，内壳可采用径向剖分或轴向剖分，转子装在内壳中可整体装入或抽出，双层壳体泵不仅承压能力强，而且最大限度的减少了泵送介质的漏泄可能，能保证安全操作。多级节段式单壳体泵有时也可用于高温场合，选择时应慎重。

④ 支撑方式的选择。支撑方式通常有中心线支撑及底脚支撑或端部支撑。

泵壳体中心线支撑方式应用于介质温度大于 150℃的情况，它可以保证在工作温度下，泵和驱动机的对中情况无显著变化。单级或两级悬臂式离心泵通常只设对称的两点支撑，多级离心泵通常设两点支撑。

(2) 离心泵型号的选择

离心泵型号选择中应考虑：

① 泵送流量及扬程的正确选定。对进料泵及循环泵等一般取额定流量为正常流量的 110%，对回流泵等可取额定流量为正常流量的 120%~135%。对流量预计波动范围较大的泵可取更大的裕量。

泵的扬程(总扬程)按计算确定，不加裕量。按额定流量及扬程作为选泵的参数。扬程不加裕量的原因见图 6-4-21。

按 Q_{RATED} 及 H_{RATED} 选择的泵，工作点为 A，实际操作在 B 点，扬程已有裕量。若加上裕量如工作在 C 点，则实际操作在 D 点，增加了扬程，造成了多余的损失。

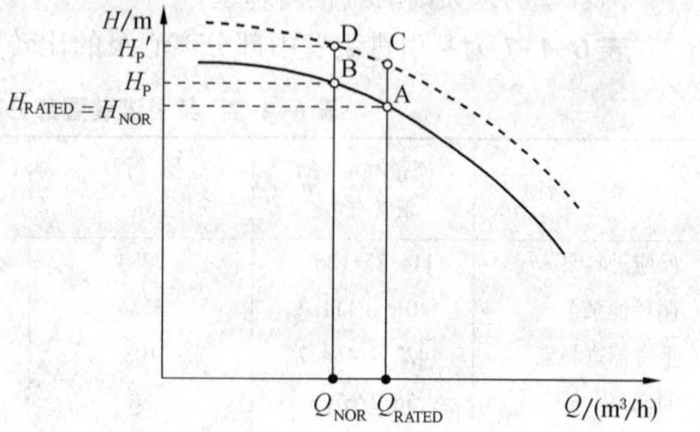

图 6-4-21

实际工作中在确定流量参数时考虑了过大的余量，同时在确定扬程时又不适当地加上了余量，使所选的泵在工作时流量远小于泵的设计流量而扬程又远高于需要值，使泵在低效率区工作同时又有大量的能量消耗在阀门的节流损失上，造成了常见的“大马拉小车”不合理现象。为此严格按照工艺流程的要求合理确定选泵的流量和扬程十分重要。

② 泵的工作点的选择。按 API 610 要求，泵的额定工作点应在泵的最佳效率点的右侧，正常工作点在其左侧。API610 还要求，选泵时选择的叶轮直径不应是该泵允许的最大叶轮直径，至少应有 5%的裕量。

国外某些工程公司如日本 JGC、美国 FLUOR、英国 FOSTER-WHEEL 公司都规定选泵时，泵的额定工作点应在泵性能曲线上最高效率点(BEP 点)的左侧。图 6-4-22 和图 6-4-23分别表示了 API 和某些公司对选泵的规定。从实际操作情况出发，除非对装置未来的发展要求泵有更大的余量，按 API 610 的规定，将额定流量点定在泵最佳效率点的右侧是合理的。

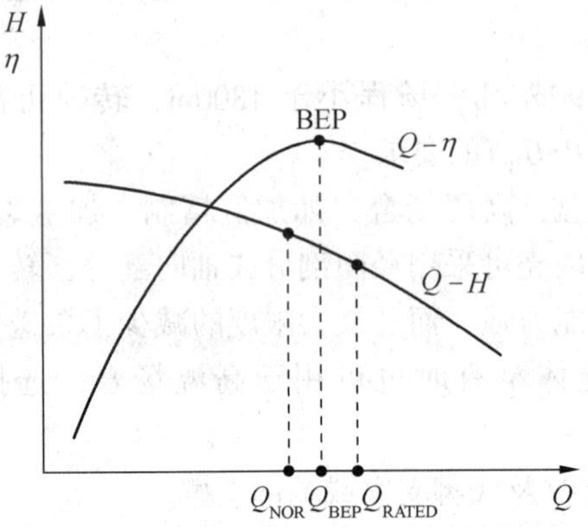

图 6-4-22　按 API 610 规定的选泵要求

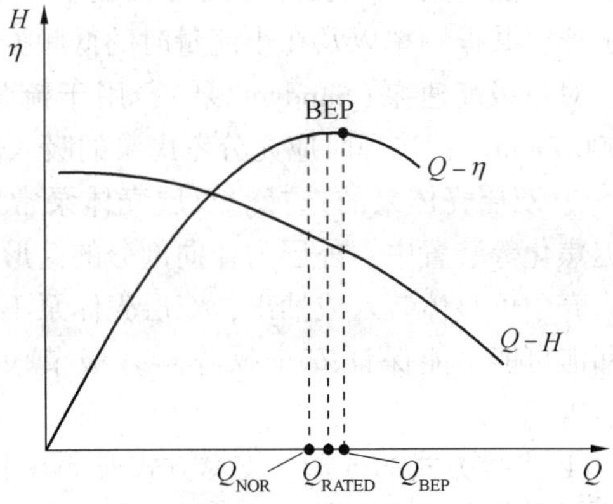

图 6-4-23　按某些工程公司规定的选泵要求

③ 泵的比转数的选择。由确定的额定流量、扬程及泵的转速可计算出在额定点工作时所需的泵的比转数。

泵的比转数是由首级叶轮 BEP 点的流量、扬程和转速所定义的值。两者相等则两点重合，两者差别越大则两点距离越远。

表 6-4-7 为某引进装置中部分离心泵的比转数统计表。

表 6-4-7　某引进装置部分离心泵的比转数统计

泵　　名	流量/(m^3/h) 正常/额定	扬　程/ m	需用比 转数 N_s	选配的 比转数	泵额定点 效率 η/%
反应进料泵	114.85/126.3	2284	168.4	167	63
循环油泵	101.1/111.2	3186	133.9	167	61
重沸器进料泵	422.4/464.7	108	122.4	98.3	74
回流泵	56.2/67.5	80	117.1	171	57
分馏塔底泵	887/940	129	153.5	129	74
重石脑油泵	27.8/30.6	90	71.9	102	43
航空煤油泵	76.8/84.5	127	93	131	58
回流泵	223.7/266.5	73	249.6	257	71
塔底泵	522/630.3	154	110.14	92	73
柴油泵	133.1/166	118.5	137.8	152	68
放空油泵	/32	63	96.5	141	52
污油回收泵	/12	48.5	70.3	243	43
进料泵	6.93/8.0	37.4	69.8	103	28
塔底泵	6.08/7.0	38.3	64.9	105	24

如选择的泵比转数大于需要值，则大泵小用，操作效率低，若小于需要值，则降低泵的效率。

由表 6-4-5 及表 6-4-7 可以看出，在炼油厂工艺装置离心泵选择时，需用比转数和选配的比转数往往不一致，造成在泵的额定流量和扬程所决定的工作点不是泵的最佳效率点，两者相差越大对效率的影响也越大。造成这一现象的原因可能是：

A. 在规定的制造厂的泵系列图中选不到所要求的泵，只能选用参数相近的泵。

B. 由于泵容量较小，从价格及维护管理的角度选择了较大的泵。

C. 由于制造厂不能提供按工艺要求选泵所确定的叶轮，不得不采用泵厂提供的较大直径的叶轮。

④ 泵叶轮直径的选择。泵的叶轮直径应按型谱图上确定的该型号的叶轮直径选择，无须圆整。若选取较大叶轮直径则等于选择了一台大泵，造成操作效率低。表 6-4-8 为某厂引进装置部分离心泵的叶轮直径，可以看出是按实际需要确定的。

表 6-4-8　某引进装置部分离心泵的叶轮直径

泵　名　称	流量(正常/额定)/(m^3/h)	扬　程/m	叶轮直径/mm	级　　数
反应器进料泵	114.8/126.3	2284	219	13
循环油泵	101.1/111.2	3186	219	13
重沸器泵	422.4/464.7	108	562	1
回流泵	56.2/67.5	80	257	1
塔底泵	887/940	129	641	1
重石脑油泵	27.8/30.6	90	267	1
污油回收泵	/12	48.5	127	3
再生塔回流泵	2.0/4.5	43.3	187	1

在选泵时按额定流量和扬程在泵型谱图上初步确定泵型号，再在该型号泵的全性能曲线(从最小叶轮直径到最大叶轮直径)图上找出对应的叶轮直径，并要求制造厂按该直径供货。在对制造厂提供的选型资料进行复核时也要注意这一点。

⑤ 吸入比转数的复核。根据选定泵的性能曲线，按式(6-4-20)计算该泵的吸入比转数，按经验对大多数装置的工艺用泵，应将吸入比转数 N_{ss} 控制在 777.4 以下，在对订购泵评标时也必须注意 N_{ss} 值的比较。表 6-4-9 列出了国外某炼厂在对一台离合泵订购时收到了五家泵厂的报价。

表 6-4-9　国外某炼厂到的五家报价表

比较项目 \ 报价厂商	A	B	C	D	E
泵价格/＄	18000	16000	10000	22000	8800
$NPSH_R$/ft	19	14	16	18	10
泵效率/%	65	60	63	66	62
轴功率/hp	146	156	150	144	153
操作费用按 3 年(＄300/hp·年)	600	4200	1800	0	2700
总价/＄	18600	20200	11800	22000	11500

注：操作费用是以 D 型为基准计算的。

该泵的流量为 500gpm(136.4m^3/h)，扬程 700ft(213.4m)，转速 3550r/min，从价格和技术因素选择了 E 泵，但安装后尽管 $NPSH_A$ 为 30ft，远大于 $NPSH_R$(10ft)，仍然发生汽蚀，原因就是 E 泵的 N_{ss} 值为 14115(相当我国的 997.5)，远大于 11000(相当我国的 777.4)，重

新分析后认为 C 泵更为合适，其 N_{ss} 值为 9925(相当我国的 701.4)。

(3) 结构材料及密封形式的选择

泵的材料应根据使用条件选择，应符合以下原则(1)耐蚀性；(2)良好的机械性能。要求材料在使用条件下具备足够的机械性能；(3)良好的加工性能。(4)符合有关标准和规定。对国产材料，应符合 GB 3215—82 中的规定。根据情况也可采用国外标准，按 API 610 选材规定选取相应材料。

有关材料选择的具体项目可参照本章 6.3 中的有关内容。

离心泵密封形式的选择，包括根据每台泵的轴封工作条件选配正确的机械密封，根据每台泵轴封工作条件，按 API 610 附录配置机械密封系统及系统元件。

炼油厂工艺装置中典型泵轴封的工作特点和措施参见表 6-2-4。

在正确选择泵的机械密封后，应根据 API 610 标准选择正确的密封系统即密封的冲洗冷却系统。

① 对单端面密封及串联密封系统，规定了 11 种密封冲洗系统(plan1、2、11、12、13、21、22、23、31、32、33)。

② 对双端面密封及串联密封系统，规定了 6 种密封冲洗系统(plan 51、52、53、54、61、62)

③ 悬臂泵的冷却系统共 11 种(plan A、B、C、D、E、F、G、H、J、K、L)

④ 双支承泵的冷却水系统 11 种(plan A、B、C、D、E、F、G、H、J、K、L)。

6.4.2.7 泵的最小流量

按 API 610 的定义，泵的最小流量为：

① 最小连续稳定流量。在不超过泵标准规定的噪声和振动限度下，泵能够工作的最小流量。

② 最小连续热控流量。泵能够操作的最小流量，在该流量下泵的操作不致被泵送液体的温升所破坏。

对于①项通常由泵厂通过试验测定并提供给用户。可以理解为泵水力学稳定的最小流量，包括扬程与流量特性曲线的稳定性；旋转脱离；在部分负荷时的压力波动等。研究表明：叶轮入口处不均匀的流量分布；在叶轮和/或扩压器内在低流量时产生的流量分离；叶轮叶片数和扩压器叶片数不匹配；以及扩压器叶片几何形状不合理，都是造成泵水力学不稳定的原因。

图 6-4-24 为发电厂用功率 1000kW 以上的水泵最小流量与泵比转数的关系。

对泵水力学稳定最小流量亦可用图 6-4-25 及图 6-4-26 进行估算。

例：某单级悬臂泵出口管直径 6″(150mm)，流量为 1600gpm(0.101m^3/s)，扬程 H=300ft，$NPSH_A$=22ft，转速 n=3600r/min，求最小连续稳定流量。

$$计算：N_{ss}=\frac{n\cdot\sqrt{Q}}{H^{3/4}}=\frac{3600\times\sqrt{1600}}{22^{3/4}}=14175$$

由图 6-4-25 上 C 线求得最小稳定流量为最佳效率点流量的 56%，再由图 6-4-26 查得校正系数为 0.735，所以该泵的最小稳定流量为：$0.101\times0.56\times0.735=0.0416$m^3/s(659gpm)。

对于②项，是根据泵送介质在温度升高后引起蒸汽压的上升而使 $NPSH_A$ 减小，当达到与 $NPSH_R$ 的差值不足以防止汽蚀时的限制值而确定的泵的最小流量。因为泵在输送介质时

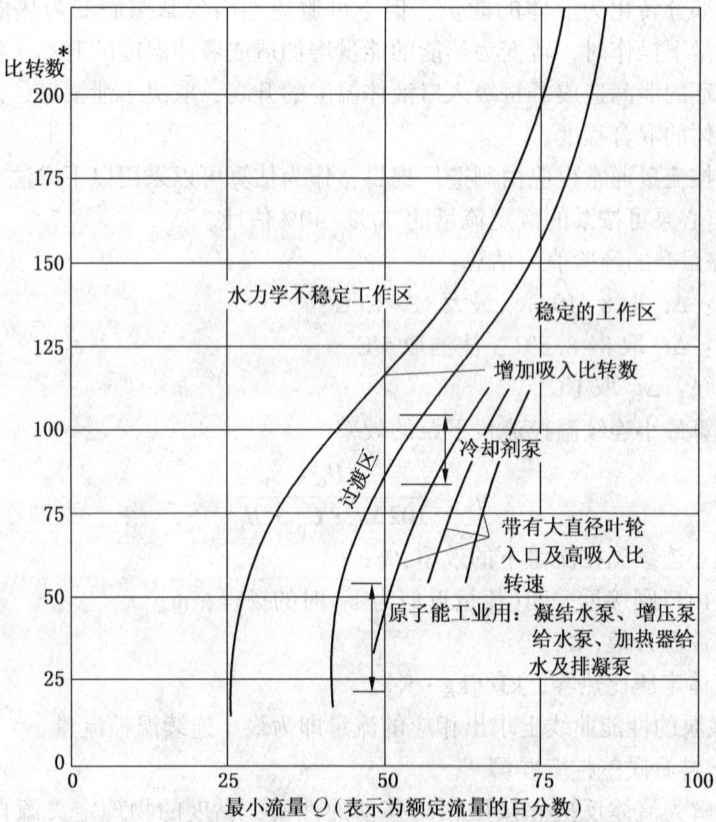

图 6-4-24 1000kW 以上水泵的最小流量与泵比转数的关系

注：* 比转数为德国单位。

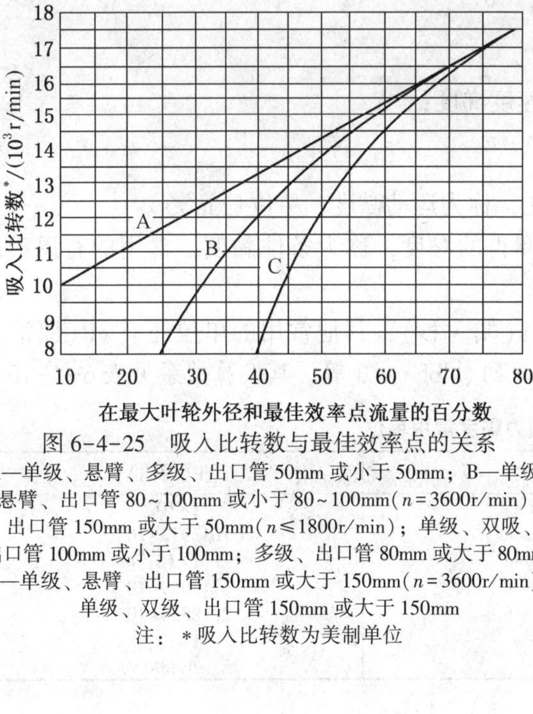

图 6-4-25 吸入比转数与最佳效率点的关系

A—单级、悬臂、多级、出口管 50mm 或小于 50mm；B—单级、悬臂、出口管 80~100mm 或小于 80~100mm（n=3600r/min）；出口管 150mm 或大于 50mm（n≤1800r/min）；单级、双吸、出口管 100mm 或小于 100mm；多级、出口管 80mm 或大于 80mm；C—单级、悬臂、出口管 150mm 或大于 150mm（n=3600r/min）；单级、双级、出口管 150mm 或大于 150mm

注：* 吸入比转数为美制单位

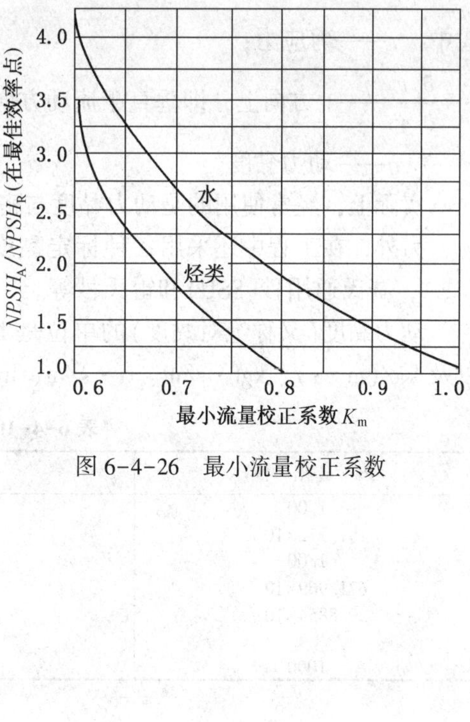

图 6-4-26 最小流量校正系数

将输入的能量大部分转化为液体的能量，但不可避免地因为摩擦而变为热能使液体温度升高，当泵在低流量下操作时，转变为热能的能量增加造成液体温度的升高。液体从出口侧向入口侧通过泵口环的泄漏造成了每级入口液体温度的升高，取决于泄漏率、总流量、每级的压头及和入口气体的混合程度。

最小连续热控流量通常也应由制造厂提供，作为估算可以采用以下方法。

A. 对一般离心泵可按泵的额定流量的30%~40%估计。

B. 根据允许温升的经验值为估算：

锅炉给水泵：Δt_a 取8~10℃，最大12~15℃；

石油产品泵：Δt_a 取8~8.5℃，注油取5℃；

液化石油气泵：Δt_a 取1℃。

由下式来估算最小连续温控流量下泵的效率

$$\eta_m = \frac{H_0}{102\Delta t_a \cdot C_p + H_0} \qquad (6-4-23)$$

式中 η_m——最小连续温控流量下的效率,%；

H_0——泵出口阀接近关闭(流量近似为零)时的扬程，m；

Δt_a——允许温升值,℃；

C_p——液体定压比热容，kJ/(kg·K)。

根据 η_m，在泵的性能曲线上求出相应的流量即为最小连续温控流量。

6.4.2.8 黏性介质的性能换算

黏度通常理解为流体反抗邻接层相对移动的性质，黏度的物理定义源自牛顿剪应力公式，即剪应力和速度梯度之间的比例系数 η 称为动力黏度，单位为Pa·s。

$$\tau = \eta \cdot \frac{\partial v}{\partial y} \qquad (6-4-24)$$

式中 τ——剪应力；

$\frac{\partial v}{\partial y}$——$y$ 方向上，即垂直于流动方向的速度梯度；

η——动力黏度。

实际上，经常使用的是动力黏度与密度比，称为运动黏度，单位是 m^2/s。

另外，在工程中还采用各种标定黏度计测得的黏度，称为条件黏度，常用的有恩氏度(°E)，赛氏通用秒(SSU)和雷氏秒等。

动力黏度(又称绝对黏度)的单位是Pa·s(帕·秒)，其他常用的单位还有cP(厘泊)，以及kg/(m·s)、kgf·s/m、N·s/m、lb/(ft·s)、lbf·s/ft等。其换算关系见表6-4-10。

表6-4-10 动力黏度常用单位

Pa·s(帕·秒)		cP(厘泊)
1.00	kg/m·s	1×10^{-3}
101.972×10^{-3}	kgf·s/m	101.972×10^{-6}
1.00	N·s/m	1×10^{-3}
671.969×10^{-3}	lb/ft·s	671.969×10^{-6}
20.8854×10^{-3}	lbf·s/ft	20.8854×10^{-6}
1.0	Pa·s	1×10^{-3}
1000	cP	1.000

运动黏度的单位是 m^2/s，其他常用的单位还有 cm^2/s（沲）、cSt（厘沲）、in^2/s、ft^2/s 等，其换算关系见表 6-4-11。

表 6-4-11 运动黏度常用单位

cSt(厘沲)		cm^2/s(沲)
1×10^{-6}	m^2/s	100×10^{-6}
1.55×10^{-3}	in^2/s	155×10^{-3}
10.7636×10^{-6}	ft^2/s	1.07636×10^{-3}
1.0×10^{-3}	cm^2/s	1.0
1.0	cSt	100

运动黏度与该温度液体密度的乘积即为动力黏度，应用下列换算关系可从动力黏度或运动黏度方便地换算：

$$cSt(厘沲) = \frac{cP(厘泊)}{密度} \qquad (6-4-25)$$

如一般蒸馏水在 20℃的动力黏度为 1cP（$1\times10^{-3}Pa\cdot s$），运动黏度为 1cSt（$1\times10^{-6}m^2/S$）此时水的密度为 $1g/cm^3$。

水在不同温度下的动力黏度和运动黏度见表 6-4-12。

表 6-4-12 水 的 黏 度

温 度/℃	动力黏度	运 动 黏 度		
	cP	cSt	SSU	ft^2/s
0	1.79	1.79	33.0	0.00001931
10	1.31	1.31	31.6	0.00001410
15.6	1.12	1.12	31.2	0.00001217
21.1	0.98	0.98	30.9	0.00001059
26.7	0.86	0.86	30.6	0.00000930
29.4	0.81	0.81	30.4	0.00000869
37.8	0.68	0.69	30.2	0.00000739
48.9	0.56	0.57	30.0	0.00000609
60	0.47	0.48	29.7	0.00000514
71.1	0.40	0.41	29.6	0.00000442
82.2	0.35	0.36	29.5	0.00000385
100	0.28	0.29	29.3	0.00000319

炼油厂常用的各类液体介质的黏度见表 6-4-13。

离心泵制造厂提供的泵性能曲线是在泵厂用常温清水测出的，当用于输送粘性介质时，由于液体和叶轮侧面的摩擦增大，泵的流量和扬程将下降，而泵的轴功率将上升。

为了判断介质黏度变化足以引起泵性能曲线的较大变化，必须进行性能换算的条件，图 6-4-27 给出了可用于实际工作的曲线。

表 6-4-13 部分液体的密度及黏度

液体		常压下沸点/℃	温度 ℉	温度 ℃	密度/(g/cm^3)	温度 ℉	温度 ℃	运动黏度 cSt	SSU
原油	大庆混合		68	20	0.8591	122	50	22.64	109.1
	胜利混合		68	20	0.8941	122	50	92.16	427.3
	辽河混合		68	20	0.929	122	50	142.2	640.7
	中原混合		68	20	0.8466	122	50	10.32	60
	华北混合		68	20	0.8821	122	50	43.38	201.9
	吉林混合		68	20	0.8572	122	50	18.33	91
	大港混合		68	20	0.8942	122	50	40.7	190
喷气燃料		约 280		20	0.775		20	1.25	31.5
轻柴油							20	3.0~8.0	36~52
润滑油	机床工业						40	15~100	79~462.7
	普通液压油						40	28.8~74.8	136~347.2
	抗磨液压油						40	32~68	150.6~315
	压缩机油						100	11~21	64~102
	汽轮机油						40	28.8~110	136~509
汽油			60 60 60	15.6 15.6 15.6	0.74 0.72 0.68	60 60 60	15.6 15.6 15.6	0.88 0.64 0.46	
煤油			60	15.6	0.78~0.82	68	20	2.71	35
水	蒸馏水		60	15.6	1.00	68	20	1.0038	31
	新鲜水		60	15.6	1.00			1.13	31.5
	海水		60	15.6	1.03			1.15	31.5
丁烷			60	15.6	0.584	30	-1.1	0.52	
辛烷		125.6	60	15.6	0.7069	100	37.8	0.645	
戊烷			60	15.6	0.631	80	26.7	0.342	
四氯化碳		77	68	20	1.594	68	20	0.612	
二硫化碳		46.2	68	20	1.263	68	20	0.298	
庚烷		98.4	60	15.6	0.688	100	37.8	0.511	
己烷		68.7	60	15.6	0.664	100 0	37.8 -17.8	0.401 0.683	
硫酸	100%		68	20	1.839	68	20	14.56	76
	95%		68	20	1.839	68	20	14.5	75
	60%		68	20	1.50	68	20	4.4	41
	20%		68	20	1.14				

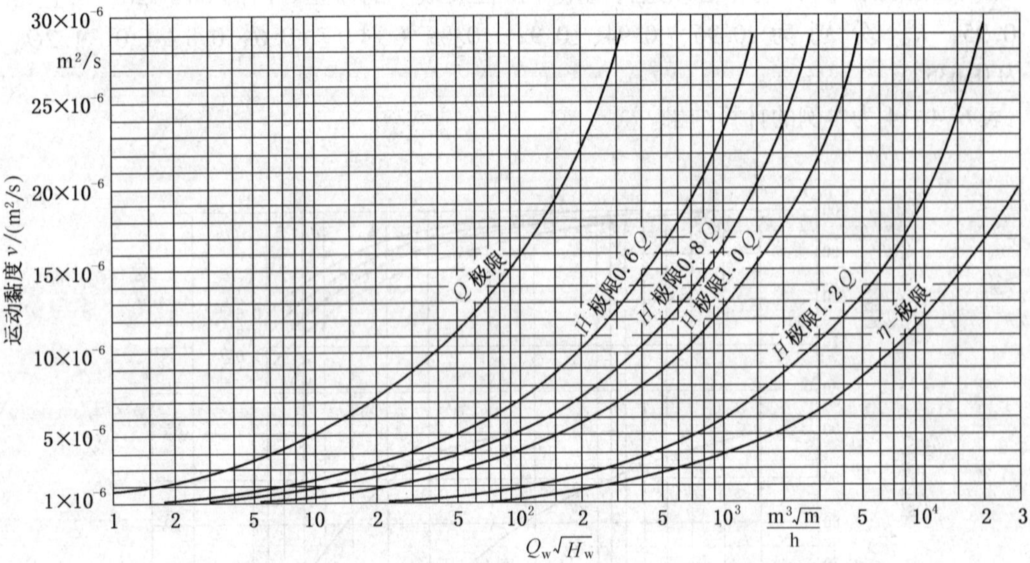

图 6-4-27　黏度对 Q、H 及 η 的影响极限

由图 6-4-27，当输水时的 Q_W 及 H_W 已知时，以 $Q_W \cdot \sqrt{H_W}$ 为横坐标，以运动黏度m^2/s为纵坐标，列出了 Q_W 的极限，H_W 分别给出了流量为 0.6、0.8、1.0 及 1.2Q_W 时的扬程的极限，以及效率 η 的极限，超过极限线后，才必须进行性能换算。

如一台 $Q_W = 40m^3/h$、$H_W = 80m$ 的泵，其 $Q_W \cdot \sqrt{H_W} \approx 358$，如图可知，当黏度超过 $30 \times 10^{-6} m^2/s$ 时，流量必须换算，而与 0.6、0.8、1.0、1.2H_W 对应的黏度值分别是 12×10^{-6}、9×10^{-6}、7×10^{-6}、$2.5 \times 10^{-6} m^2/s$，扬程应该换算，而效率则在黏度达到 $2 \times 10^{-6} m^2/s$时就应换算。

图 6-4-28 表示了离心泵输送黏性液体时的特性校正系数。

从流量值向上引线与泵第一级扬程线相交，再引平行线与黏度线相交，将交线上引分别与 K_η、K_Q，及 1.2Q、1.0Q、0.8Q、0.6Q 相交，得出修正系数。

按照图上查到的校正系数 K_Q、K_H、K_η 分别与介质为水的 Q_W、H_W、η_W 值相乘，得出在输送黏性介质时的 Q_{vis}、H_{vis}、η_{vis}。并可按下式求出所需的功率。

$$N_{vis} = \frac{Q_{vis} \cdot H_{vis} \cdot \rho}{102 \cdot \eta_{vis}} \text{kW} \qquad (6-4-26)$$

式中　N_{vis}——输送黏性介质时的功率，kW；

Q_{vis}——输送黏性介质时的流量，m^3/h；

H_{vis}——输送黏性介质时的扬程，m；

η_{vis}——输送黏性介质时的效率；

ρ——黏性介质的密度，kg/m^3。

例：一台额定流量为 $170.3m^3/h$(750gpm)、扬程为 30.48(100ft)的泵，用来输送黏度为 1000SSU、密度为 $900kg/m^3$ 的黏性介质，求其性能的变化。

由流量 $170.3m^3/h$ 及扬程 30.48m，可求得 $Q_W \cdot \sqrt{H_W} \approx 940$；而 1000SSU 相当于 215.8×

$10^{-6}m^2/s$，由图 6-4-27 可知必须进行流量、扬程及效率的修正。由图 6-4-28，可查得 K_Q 为 0.95，K_H 分别为 0.96、0.94、0.92、0.89（对应 0.6、0.8、1.0、1.2Q_W），K_η 为 0.635。

表 6-4-14 为本例的计算结果。

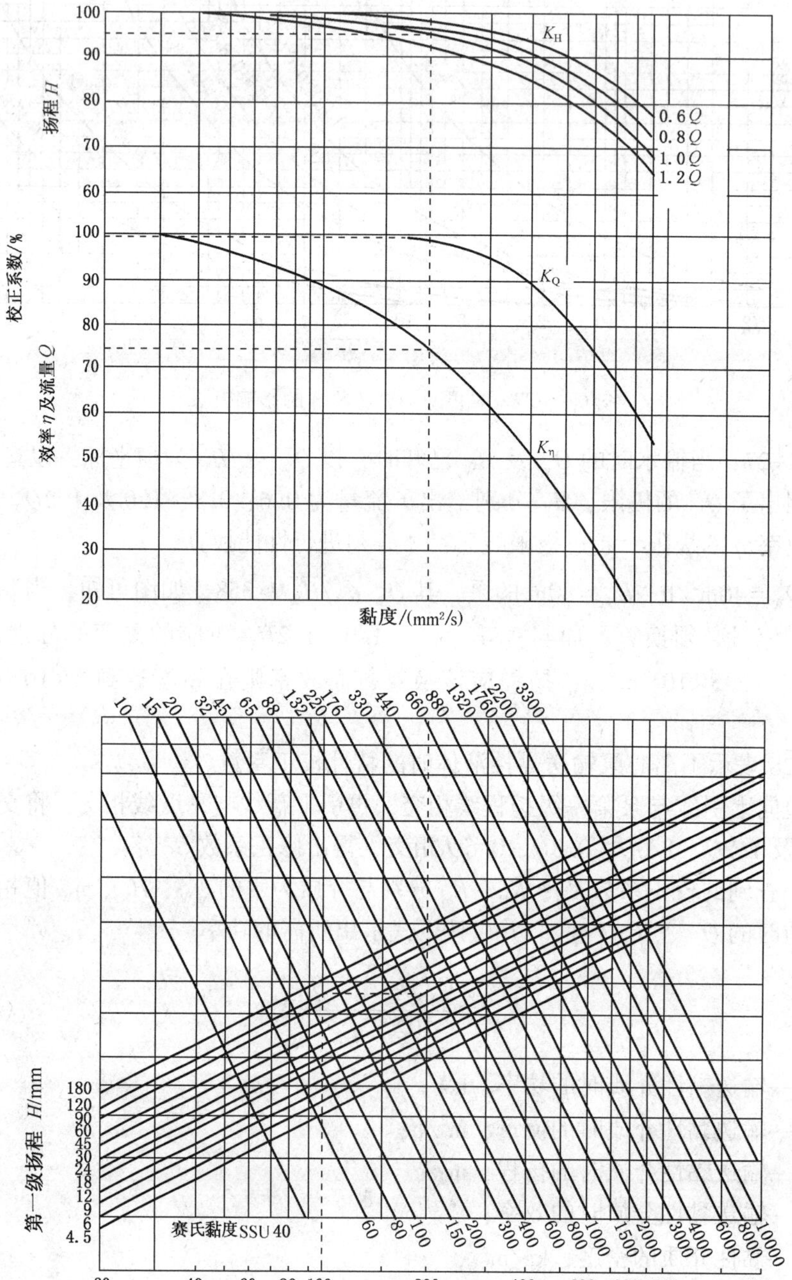

图 6-4-28 离心泵输送黏液时特性校正系数

表 6-4-14　计 算 结 果

	$0.6Q_W$	$0.8Q_W$	$1.0Q_W$	$1.2Q_W$
水流量 Q_W/(m^3/h)	102.2	136.3	170.3	204.4
扬程 H_W/m	34.75	32.92	30.48	262
效率 η_W	72.5	80	82	79.5
介质黏度	1000SSU	1000SSU	1000SSU	1000SSU
K_Q	0.95	0.95	0.95	0.95
K_H	0.96	0.94	0.92	0.89
K_η	0.635	0.635	0.635	0.635
黏性介质　Q_{vis}/(m^3/h)	96.97	129.5	161.7	194.2
$H_{vis/m}$	33.4	30.94	28.04	23.32
η_{vis}	46	50.8	52.1	50.5
介质密度/(kg/m^3)	900	900	900	900
黏性介质功率/hp	17.25	19.33	21.33	21.98

图 6-4-29 表示了修正前后的性能曲线。

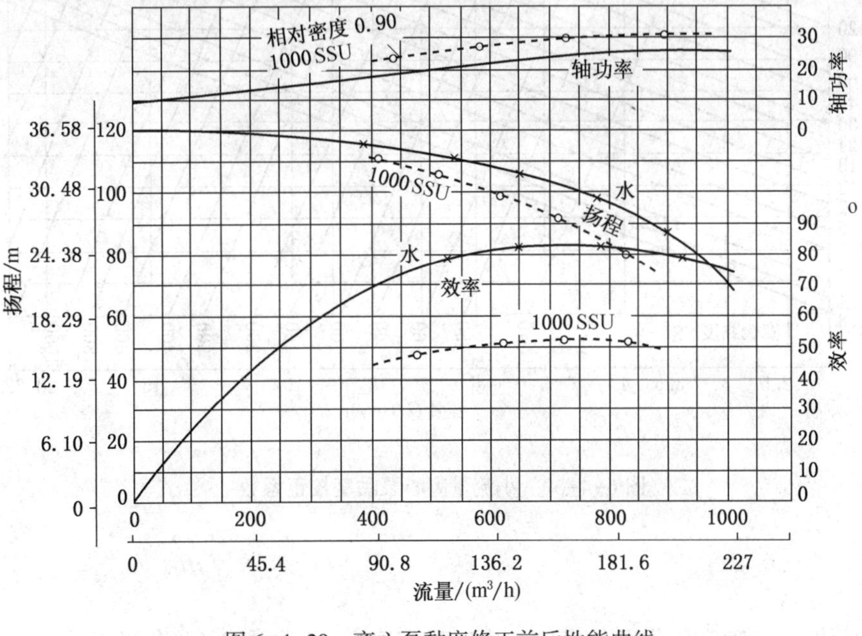

图 6-4-29　离心泵黏度修正前后性能曲线

图 6-4-30 为小流量($Q \leq 22.71 m^3/h$)离心泵的黏度校正系数。

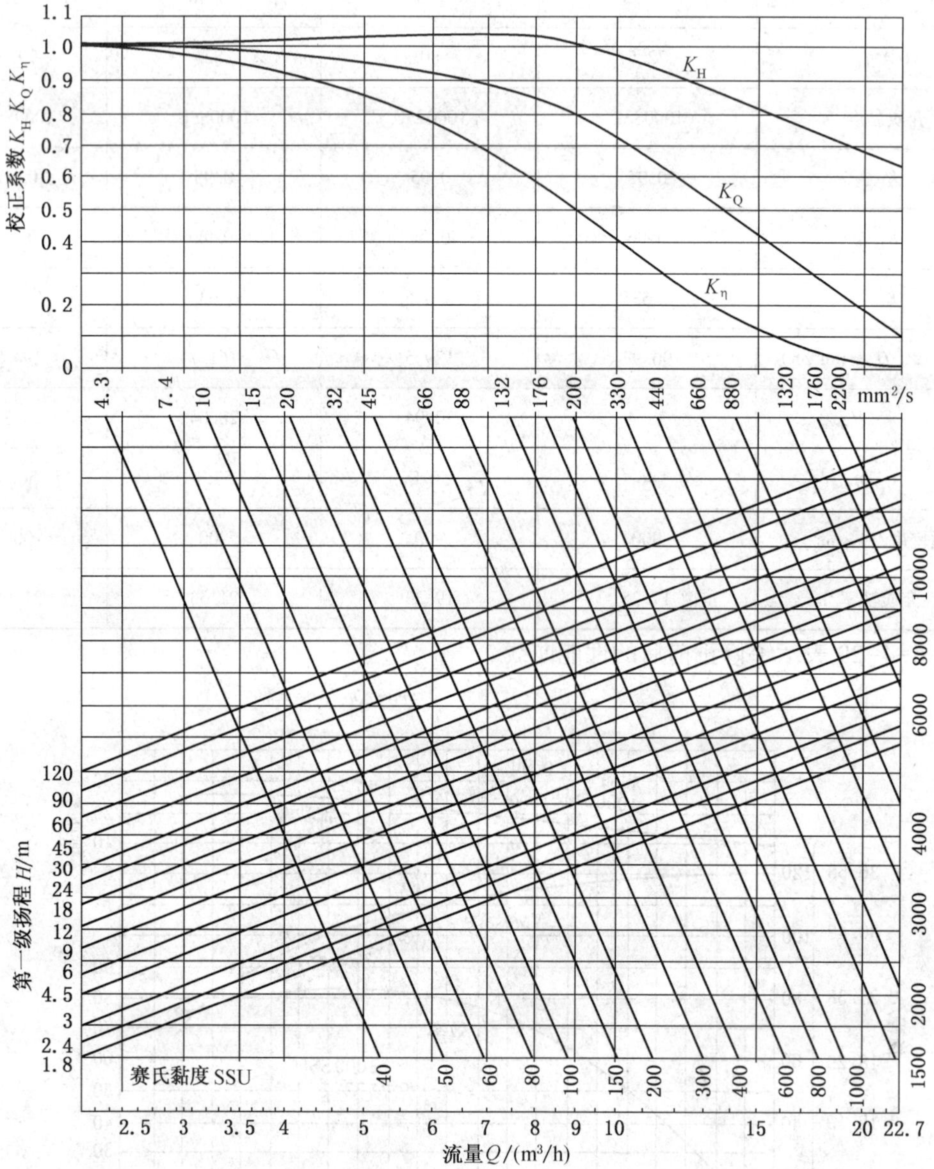

图 6-4-30 小流量离心泵黏度校正系数

表 6-4-15 为几种常用的条件黏度与运动黏度厘沲(cSt)之间的换算关系。

表 6-4-15 黏度换算表

赛氏通用黏度 SSU	运动黏度 cSt	运动黏度 ft^2/s	Seconds Saybolt Furol(SSF)	Seconds Redwood1 Standard	Seconds Redwood 2 Admiralty	恩氏/°E	Degrees Barbay
31	1.0	0.00001076		29		1.00	6200
31.5	1.13	0.00001216		29.4		1.01	5486
32	1.81	0.00001948		29.8		1.08	3425
32.6	2.00	0.00002153		30.2		1.10	3100
33	2.11	0.00002271		30.6		1.11	2938
34	2.40	0.00002583		31.3		1.14	2583
35	2.71	0.00002917		32.1		1.17	2287
36	3.00	0.00003229		32.9		1.20	2066
38	3.64	0.00003918		33.7		1.26	1703
39.2	4.00	0.00004306		35.5		1.30	1550
40	4.25	0.00004575		36.2	5.10	1.32	1459
42	4.88	0.00005253		38.2	5.25	1.36	1270
42.4	5.00	0.00005382		38.6	5.28	1.37	1240
44	5.50	0.00005920		40.6	5.39	1.40	1127
45.6	6.00	0.00006458		41.8	5.51	1.43	1033
46	6.13	0.00006598		42.3	5.54	1.44	1011
46.8	7.00	0.00007535		43.1	5.60	1.48	885
50	7.36	0.00007922		44.3	5.83	1.58	842
52.1	8.00	0.00008611		46.0	6.03	1.64	775
55	8.88	0.00009558		48.3	6.30	1.73	698
55.4	9.00	0.00009688		48.6	6.34	1.74	689
58.8	10.00	0.0001076		51.3	6.66	1.83	620
60	10.32	0.0001111		52.3	6.77	1.87	601
65	11.72	0.0001262		56.7	7.19	2.01	529
70	13.08	0.0001408		60.9	7.60	2.16	474
75	14.38	0.0001548		66.1	8.02	2.37	431
80	15.66	0.0001686		69.2	8.44	2.45	396
85	16.90	0.0001819		73.4	8.87	2.59	367
90	18.12	0.0001950		77.6	9.30	2.73	342
95	19.32	0.0002080		81.6	9.71	2.88	321
100	20.52	0.0002209		85.6	10.12	3.02	302
120	25.15	0.0002707		102	11.88	3.57	246
140	29.65	0.0003191		119	13.63	4.11	209
160	34.10	0.0003670		136	15.39	4.64	182
180	38.52	0.0004146		153	17.14	5.12	161
200	42.95	0.0004623		170	18.90	5.92	144
300	64.6	0.0006953	32.7	253	28.0	8.79	96
400	86.2	0.0009278	42.4	336	37.1	11.70	71.9
500	108.0	0.001163	52.3	423	46.2	14.60	57.4
600	129.4	0.001393	62.0	507	55.3	17.50	47.9
700	151.0	0.001625	72.0	592	64.6	20.44	41.0
800	172.6	0.001858	82.0	677	73.8	23.36	35.9
900	194.2	0.002090	92.1	762	83.0	26.28	31.9
1000	215.8	0.002323	102.1	846	92.3	29.20	28.7
1200	259.0	0.002788	122	1016	111	35.1	23.9
1400	302.3	0.003254	143	1185	129	40.9	20.5
1600	345.3	0.003717	163	1354	148	46.7	18.0
1800	388.5	0.004182	183	1524	166	52.6	15.6
2000	431.7	0.004647	204	1693	185	58.4	14.4

续表

赛氏通用黏度 SSU	运动黏度		Seconds Saybolt Furol(SSF)	Seconds Redwood1 Standard	Seconds Redwood 2 Admiralty	恩氏/°E	Degrees Barbay
	cSt	ft^2/s					
2500	539.4	0.005806	254	2115	231	73.0	11.5
3000	647.3	0.006967	305	2538	277	87.6	9.6
3500	755.2	0.008129	356	2961	323	102	8.21
4000	863.1	0.009290	408	3385	369	117	7.18
4500	970.9	0.01045	458	3807	415	131	6.39
5000	1078.8	0.01161	509	4230	461	146	5.75
6000	1294.6	0.01393	610	5077	553	175	4.78
7000	1510.3	0.01626	712	5922	646	204	4.11
8000	1726.1	0.01858	814	6769	738	234	3.59
9000	1941.9	0.02092	916	7615	830	263	3.19
10000	2157.6	0.02322	1018	8461	922	292	2.87
15000	3236.5	0.03483	1526	10692		438	19.2
20000	4315.3	0.04645	2035	16923		584	1.44

6.4.2.9 液力回收透平

液力回收透平通常采用由离心泵在机械结构及水力学上作少量修改以反转的方式操作；也可采用专门设计的径向叶片涡轮液力透平。目前已应用的可逆泵式液力透平流量已达$2270m^3/h$，扬程2744m。

（1）液力透平的回收功率

$$N_R = \frac{Q_t \cdot H_t \cdot \rho \cdot \eta_R}{102 \times 3600} \quad kW \qquad (6-4-27)$$

式中 Q_t——进入液力透平的流量，m^3/h；

H_t——通过液力透平的扬程降，m；

ρ——液体密度，kg/m^3；

η_R——液力透平的效率。

图6-4-31表示了液力透平的流量—扬程及流量—效率曲线与泵的性能曲线的比较。

由图可见，当进入液力透平的流量约为50%时，液力透平不再输出功率，而流量为40%时则必须从外部输入功率。液力透平的输出功率随流量增大而增加，在约130%流量时，输出功率可达到和泵的输入功率相等。同时其流量—扬程曲线和泵的性能曲线相反，随着通过流量的增加其扬程差也必须增加。

液力透平的最小流量约是20%最佳效率点流量。

可逆泵式液力透平的效率一般约为泵效率的±2%，通常在计算中假设其效率等于泵效率。因而下列关系成立：

$$Q_t = \frac{Q_p}{\eta} \qquad (6-4-28)$$

$$H_t = \frac{H_p}{\eta} \qquad (6-4-29)$$

式中 Q_t——液力透平最佳效率点流量；

H_t——液力透平最佳效率点扬程；

Q_p——泵最佳效率点流量；

H_p——泵最佳效率点扬程；

η——泵式液力透平效率。

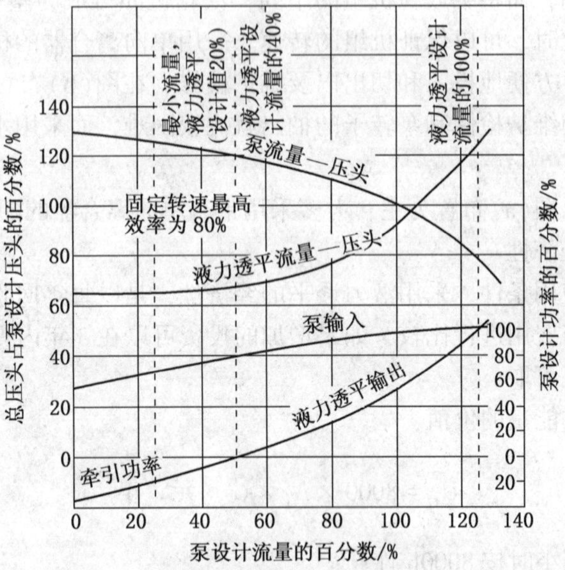

图 6-4-31 液力透平与泵性能曲线比较

通过改变转速或叶轮直径也可以改变液力透平的性能，同样遵循泵的相似定律。

(2) 液力回收透平的机组配置

通常将液力回收透平与泵及驱动机同轴布置，回收的能量直接驱动泵。

图 6-4-32 表示了两种典型的布置。

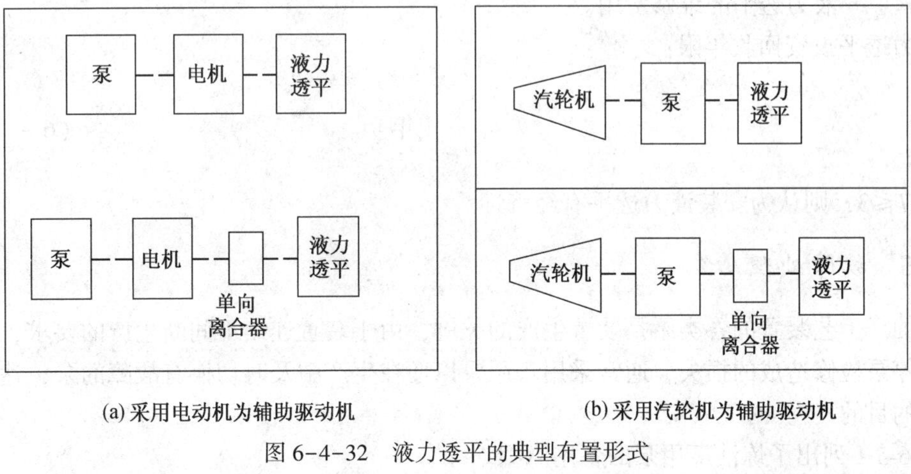

(a) 采用电动机为辅助驱动机　(b) 采用汽轮机为辅助驱动机

图 6-4-32 液力透平的典型布置形式

在图(a)布置中，均采用了双出轴的电动机，而泵和液力透平分别在两端，这一方面是由于泵和液力透平若是筒形结构，需要抽出内芯，同时当液力透平出现故障时可以进行维修。采用单向离合器的布置是考虑在装置开工或未进入正常操作时，由电动机单独驱动，当液力透平运行后通过单向离合器输送功率，减少电动机的负荷。当单向离合器在液力透平启动并升速到泵组转速时可自动啮合并传送功率。

在图(b)布置中，均采用了汽轮机作为辅助驱动机，由于汽轮机采用双出轴比较困难，因而均置于机组的一端，而将泵放在机组的中间，汽轮机亦可成为整个机组速度的控制器，当液力透平的功率变化时，可以保证机组的转速。采用单向离合器的机组，也是考虑到液力透平可以在泵组运转时方便地投入和切出以及维护检修。在图(b)布置中，若泵采用径向剖分或双壳体泵时，泵的维护检修和泵转子的抽出就比较困难，而采用水平剖分的泵型时，将比较方便。

目前，工业应用以图(a)布置为主，大多采用带有单向离合器的配置方式。

(3) 液力透平的经济性

对于每一确定的使用条件，采用液力透平的经济性，是以每年回收能量的费用与采用液力透平后所增加的投资费用进行比较，如果增加的投资可以在3年内得以回收，则可以认为采用液力透平在经济上可取。

计算液力透平回收能量的价值：

$$U_1 = 8000 \times N_t \times C \quad 元/年 \tag{6-4-30}$$

式中 8000——年操作小时按8000h计算；

N_t——液力透平轴功率，kW；

C——当地电价，元/kW·h。

安装液力透平所需的费用：

$$U_0 = Y_1 + Y_2 + Y_3$$

式中 Y_1——液力透平费用；

Y_2——液力透平的安装费用；

Y_3——液力透平的维修费用。

液力透平投资回收年限：

$$T = \frac{U_0}{U_1} \quad 年 \tag{6-4-31}$$

若$T \leqslant 3$，则认为安装液力透平有经济性。

6.5 故障处理

炼油厂工艺装置的各类泵是装置生产的关键，由于装置连续不间断生产的要求，为了尽量减少停泵检修造成的损失，通常采用备用泵以便在生产中及时切换有故障的泵，达到不间断生产的目的。

表6-5-1列出了炼油厂用泵的备用原则。

表 6-5-1 泵 备 用 原 则

序 号	备用泵的作用	备用率/%	典 型 实 例
1	较大地降低全厂或重要装置处理量	100	常减压、催化裂化原料泵、回流泵(塔顶)
2	较大地降低一般装置处理量	50	一般装置原料泵
3	较大地降低产品的产量	50	常减压侧线泵
4	较大地降低次要产品的产量	0	催化裂化沉清油泵
5	操作条件苛刻的泵	100	高温油泵、油浆泵
6	质量要求严格的产品泵	100	航空煤油泵
7	中段循环回流泵	50	中段循环泵
8	机泵封油和润滑油泵	100	气压机封油泵
9	燃料油泵	100	燃料油泵
10	装置自设冷却水泵	100	塔顶冷凝器冷水泵
11	间断操作泵	0	污油抽出泵
12	联合装置各部分间有关联的泵	100	减压馏分油供催化裂化做原料的泵

当两种液体的性质相近，操作条件的差异不大，而又允许少量液体互混时，才可以公用一台备用泵，公用泵的条件应选取较苛刻者。

炼油厂所用的各类旋转机械包括各类压缩机、汽轮机、燃气轮机，泵及电动机等，由于采用了严格的工业标准及先进的技术、可靠的材料和科学的管理，其可靠性及利用率均达到了很高的水平。据 1996 年统计，旋转机械的可靠性及利用率见表 6-5-2。

表 6-5-2 炼油厂旋转机械的利用率及可靠性

设 备 名 称	利用率		可靠性		停机时间							
					检查、维护、检修和修复(小时/年)		非计划停机(小时/年)		计划停机(小时/5年)		平均故障间隔时间/年	
	最高	平均	最高	平均	最高	平均	最高	平均	最高	平均	最高	平均
压缩机												
轴流式	0.997	0.991	1.000	0.998	26.2	76.4	2.2	16.4	120	300	22.8	9.1
离心式												
—清洁气体	0.999	0.997	1.000	0.998	5.7	24.8	3.3	18.8	12	30	15.0	8.0
—污垢气体	0.996	0.990	0.999	0.995	36.0	90.6	11.0	40.6	125	250	4.6	3.7
—输气	0.960	0.938	0.999	0.983	347.0	540.2	7.0	140.2	1700	2000	0.1	0.1
往复式												
有润滑	0.995	0.973	0.998	0.978	44.0	237.2	20.0	189.2	120	240	1.5	0.5
无润滑	0.986	0.913	0.991	0.923	122.9	766.1	74.9	670.1	240	480	1.0	0.3
与气体发动机组合	0.963											
迷宫型活塞	0.995	0.976	0.998	0.983	44.1	207.2	20.1	147.2	120	300	5.0	2.0
螺 杆												
干	0.996	0.990	0.999	0.997	35.0	90.0	5.0	30.0	150	300	10.0	5.0
喷油	0.992	0.977	0.998	0.988	66.6	199.9	16.6	99.9	250	500	3.0	1.5
电 机												
异步<500kW	0.998	0.997	0.999	0.998	17.0	28.7	10.0	18.7	35	50	12.0	8.0
异步>500kW	0.995	0.992	0.998	0.996	42.0	67.4	18.0	37.4	120	150	20.0	12.0
同步	0.996	0.993	0.998	0.997	38.2	60.0	14.2	30.0	120	150	25.4	15.0
燃气轮机												
工业用	0.994	0.990	0.996	0.994	53.3	89.9	33.3	49.9	100	200	6.0	5.0

续表

设备名称	利用率		可靠性		检查、维护、检修和修复（小时/年）		停机时间：非计划停机（小时/年）		停机时间：计划停机（小时/5年）		停机时间：平均故障间隔时间/年	
	最高	平均	最高	平均	最高	平均	最高	平均	最高	平均	最高	平均
航空发动机改装	0.995	0.990	0.998	0.997	46.6	85.0	16.6	25.0	150	300	6.0	5.0
齿轮箱												
一般	0.999	0.995	0.999	0.997	13.0	40.0	5.0	30.0	40	50	10.0	5.0
专用	0.998	0.997	0.999	0.998	15.9	26.6	7.9	16.6	40	50	25.4	15.0
混合器	0.999	0.995	0.999	0.997	13.0	40.0	5.0	30.0	40	50	10.0	5.0
泵—离心泵												
API 工艺泵	0.998	0.996	0.999	0.998	17.2	30.8	9.2	20.8	40	50	6.5	3.5
ANSI 工艺泵	0.998	0.996	0.999	0.998	17.4	31.1	9.4	21.1	40	50	6.4	3.4
公用工程	0.998	0.996	0.998	0.997	21.3	39.3	13.3	29.3	40	50	6.4	3.4
屏蔽泵	0.995	0.990	0.998	0.996	40.0	87.6	15.0	37.6	125	250	10.0	8.0
磁力驱动	0.996	0.993	0.999	0.995	32.5	64.9	12.5	39.9	100	125	8.0	5.0
泵—容积泵												
计量泵	0.998	0.997	0.999	0.998	13.8	26.0	5.8	16.0	40	50	3.5	1.6
大型往复泵	0.996	0.994	0.999	0.998	33.5	50.0	8.5	20.0	125	150	10.0	5.0
螺杆泵	0.998	0.997	0.999	0.998	14.0	25.0	6.0	15.0	40	50	10.0	5.0
燃汽轮机												
冷凝	0.992	0.989	0.997	0.994	71.8	99.9	29.8	49.9	210	250	7.0	5.0
抽汽	0.993	0.991	0.998	0.996	59.5	81.3	17.5	31.3	210	250	12.0	8.0
背压	0.994	0.991	0.998	0.997	56.0	75.0	14.0	25.0	210	250	15.0	10.0

注：年操作小时为 8760 小时/年。

炼油厂用泵的各类故障目前还没有统一的分类方法，不同时期泵的故障率及故障类型也不完全相同，这是一项涉及设计、制造、安装、维护、管理等多种因素的综合结果。

美国 Clark Refining & Marketing Refinery 的 Oleh 对该炼油厂各类泵的故障自 1994～1997 年进行了分类统计（表 6-5-3），并进行了平均无故障时间的计算（表 6-5-4）。

表 6-5-3 炼油厂泵故障分类

泵故障分类	1994	1995	1996	1997
密封故障	141	151	102	116
滚动轴承故障	30	33	37	22
壳体垫片	8	6	11	6
盘根泵修理	13	4	5	2
泵材料	12	6	15	6
腐蚀/磨损	5	4	10	4
内部磨损	6	4	9	1
滑动轴承	0	0	2	4
非常见故障	0	9	3	3
立式泵	18	22	25	24
高速泵	12	5	6	7
容积泵	15	6	3	5
振　动	4	26	13	10
合　计	264	276	241	210
其他故障	1994	1995	1996	1997
联轴节	27	24	24	36
小　修	19	70	80	30
调节盘根和更换盘根	68	54	42	39
计量泵	65	77	59	68

表 6-5-4　平均无故障时间的统计

故障种类	1994	1995	1996	1997	泵数量
密　封	2.5	2.3	3.4	3	346
滚动轴珠(滚珠、滚柱)	9.7	8.8	7.8	13.2	290①
盘根泵修理	5.2	16.8	13.4	33.5	67
立式泵	2.6	2.1	1.8	1.9	46
高速泵	2.2	5.2	4.3	3.7	26
容积泵	2.3	5.7	11.3	6.8	34
全部故障	1.7	1.6	1.9	2.1	449②
联轴节	12.7	14.3	14.3	9.5	342
调整式更换盘根	1	1.2	1.6	1.7	67

注:① 管道泵及高速泵不包括在内;
② 计量泵及浸没式泵不包括在内。

该炼厂为处理量为57000bpd(约270×10^4t/a)的小型炼油厂，有常减压、催化裂化、烷基化、铂重整、加氢精制、焦化及异构化等装置，公用设施包括污水处理、锅炉房及油罐区等，各类泵中卧式单级悬臂离心泵约占60%，泵的平均功率约53kW。

由表 6-5-3 可知密封故障是最主要的故障，它占故障总数的55%、42%、54.7%、53.4%。其次即为滚动轴承故障和泵材料的故障。同时立式泵及高速泵的故障率也比较高，值得重视。

表6-5-4是对全部泵组的某一类故障计算的MTBF(Mean Time Between Failure,平均故障间隔时间)，是以每年中该类故障的总数除该类泵的总数。例1997年共发生密封故障116次，而有该类密封的泵总数为346台。所以1997年密封故障的MTBF即为：

$$\mathrm{MTBF}=\frac{346}{116}\approx2.98$$

即意味每隔2.98年发生一次密封故障。1997年共发生故障210次，泵总数为449台，所以1997年泵的MTBF即为2.13。这种方法是一种近似的方法，只是代表了对泵部件或某一泵型的平均故障时间。

6.5.1　容积式泵的故障处理

6.5.1.1　旋(回)转泵

又称转子泵，是容积式泵，每一转吸(排)固定的体积而且和出口压力无关，但其转速却远远高于一般往复式容积泵，它有六种基本型，即：齿轮泵、滑片泵、螺杆泵、旋转活塞泵、有导板的旋转泵(Shuttle block pump)及偏心活塞泵(Cam and Piston pump)。炼油厂常用的是齿轮泵、滑片泵及螺杆泵。

作为一般性的导则，对旋转泵的故障分析应具备以下几方面的资料：

① 泵的工作条件。包括进出口压力、流量、转速、介质、最低和最高温度、最低和最高黏度、工作制度(连续或间断)。

② 泵的进出口应有压力表，泵进口的温度计量有时也是必需的，泵的转速应可以测量。

③ 收集泵操作的历史情况，包括是否进行常规维护、更换过何种零配件、检修时泵内

件情况的记录，在故障前泵操作时间以及泵的振动及噪声的变化记录等。

旋转泵的常见故障及原因分析如下：

① 泵排量低或不排液。可能的原因及措施：

A. 检查泵的转向是否正确、泵的转速是否正常。对采用汽轮机、直流电机、空气马达驱动的泵特别重要。

B. 检查进口压力(系统压力)是否正常，旁路阀是否已打开。泵进口过滤器是否堵塞，进出口法兰垫片是否未开孔。

C. 盘根箱是否漏入空气(可考虑换成机械密封)。

D. 泵内件严重磨损，内部间隙增大。

E. 泵进口管线有空气进入或堵塞。

② 泵不吸入液体。可能的原因及措施：

A. 检查吸入容器液面，是否容器内液位高度不足或是液面计读数不准确。

B. 液体在泵入口汽化，检查入口温度。

C. 空气进入入口管线。

D. 液体入口速度急剧增加。

③ 泵出口压力低。可能的原因及措施：

惟一可能的原因是流量，因为泵出口压力仅取决于泵出流量的系统阻力。因而出口压力低，是由于泵没有提供足够的流量，或是泵的系统阻力低。这可能由于：

A. 泵入口被节流，通常会伴发振动和噪音。

B. 泵内件磨损或损坏，排不出额定排量。

C. 泵出口流量从旁路损失了一部分，最可能是出口安全阀，或是出口旁路阀开度不合适，或阀内件磨损。

④ 泵耗用功率过大。可能的原因和措施：

A. 旋转泵的轴功率和转速及出口压力成正比，当两者增加时均会造成泵耗用功率增加。

B. 盘根压得过紧。换用机械密封。

C. 泵送液体的黏度增加。

D. 泵轴对中不良，轴承磨损，泵内件有摩擦等。

⑤ 过大的噪声及振动。可能的原因和措施：

A. 泵轴对中不良、联轴节连接松脱、基础不良或地脚螺栓松脱、进出口管线支撑不良等。

B. 汽蚀、入口堵塞及过多的空气进入，表现为出口压力波动。

引起汽蚀的一般原因有：

入口管线上的阀门卡住而打不开、入口管线堵塞、过滤器堵塞、寒冷天气下入口罐的放空(进气)阀部分冻结、入口管线被阳光加热使介质温度升高、入口罐(容器)液面不够引起空气进入进口管道、入口罐液面计指示错误、入口罐低液位、出口旁路线返回泵入口使液体温度升高，当泵送温度下液体的蒸汽压接近大气压时，当气压下降就可能造成汽蚀。其他可能的原因还有进口管线作了修改，在入口管线上增加了弯头或其他附件，进口罐由正压变为负压以及入口管线内结垢使管线减小。

⑥ 泵严重磨损。可能的原因及措施：

A. 泵送介质中含有颗粒。可采取换大泵或降转速的方法。

B. 泵内件产生腐蚀。

C. 缺少润滑。

D. 管线应力过大，可能由热膨胀引起。

E. 泵轴对中不良，泵干转。

当所有原因都排除仍有问题时，最好选一台 $NPSH_R$ 低的泵，即选一台大泵或降低转速。

对于旋转泵中的每一类泵，由于其泵送介质的工作条件以及泵的各种特殊设计和要求、泵材料的选择等等有着很多差别，即使是同一类泵(如螺杆泵)，由于不同制造厂的专利设计或材料和加工上的差异，也不尽相同，所以故障的类型及处理方式也就不尽一致。以下介绍几种典型的特例供分析时参考。

(1) 螺杆泵

表 6-5-5 是一台双螺杆泵的故障类型及原因分析。该泵的操作条件为：

介质：热沥青，黏度 80.5cSt，流量 $31m^3/h$，差压 0.375MPa，转速 1251r/min。

表 6-5-5 螺杆泵的故障及原因分析

故障类型					产生原因及措施
泵不排出液体	泵不吸入	噪声大	泵不工作	电机过负荷	
×	×				轴封漏气：上紧盘根压盖或更换盘根；检查机械密封，或更换机械密封
×	×	×			入口管线漏气，或出口和入口相连，调整安全阀，更换管线
×	×	×			进口压力不足，入口管线有缩口或过滤器堵塞，或黏度过大 增加入口管线尺寸，清洗或更换过滤器，减少黏度
×	×				转子或壳体磨损，更换磨损部件
			×		外部物质进入泵内。将泵反转。冲洗泵如有必要拆卸并清洗泵
			×		由于温升而使泵内件膨胀 使泵冷却，并在可以手动盘泵时再启动
		×	×		轴承损坏，同步齿轮损坏，或减速箱油不足。拆泵并换部件
	×				泵转向错误。改变泵转向
		×	×	×	泵对中不良。检查联轴节的角对中和轴对中，如必要，重找正
×					转速过低。检查驱动机转速，并增加到合适值
				×	黏度过大。对泵和管线系统加热
			×		介质凝固。对泵和管线系统加热

（2）齿轮泵（表6-5-6）

表6-5-6 齿轮泵故障及原因分析

泵故障类型	原因及措施
泵不能排出液体	1. 电机电源未接通； 2. $NPSH_A$ 不够，应重新设计入口管线； 3. 吸入管线或吸入罐漏气； 4. 轴旋转方向不正确； 5. 安全阀设定太低，液体通过旁通线返回
泵排量过低	1. 吸入管线漏气； 2. 入口管线压力损失过大；入口管线的升程太大，入口管线太细或过长。可以在泵入口安装一个真空表，最大真空不应超过380mmHg； 3. 泵速度过低； 4. 入口过滤器太小或堵塞； 5. 入口管线在入口容器内浸入深度不够； 6. 泵安装不正确，在泵内形成空气区，不能完全排气； 7. 泵内间隙过大，或因磨损使间隙加大。可减小泵壳垫片的厚度，垫片上粘有杂物或粘结也会造成泄漏
泵工作不稳定	1. 入口管线漏； 2. 入口条件改变； 3. 液体中含蒸汽或空气
泵轴功率增大	1. 泵压力过高； 2. 液体黏度增加； 3. 入口或出口管线堵塞； 4. 机械故障：包括泵轴对中不良，泵端部间隙不足，泵轴弯曲，或因安装不良引起过大应力和变形使泵轴对中被破坏

（3）滑片泵

表6-5-7是一种流量为9.3~91m^3/h、差压0.86MPa、最大工作压力2.86MPa、工作温度-32~107℃的滑片泵常见故障及原因分析。该泵为液化石油气卸车泵。

表6-5-7 滑片泵故障及原因分析

故障	原因分析	处理措施
排量低	泵速度低	用转速表检查，参照泵性能曲线，提高转速
	泵差压高	出口管线配管太细，蒸汽平衡线太细，或没有装
	外部旁通线卡住，或设定过低	重新调整，修理或换阀
	过滤器堵塞	清洗
	入口线太细，或有缩口	修改管线
	叶片磨损 泵没有蒸汽返回线	更换 不装蒸汽平衡线，泵只能从车上储缸中以每分钟3%罐容量的速度卸出液体
	侧板磨损	检查轴承。更换侧板
	叶片粘卡	拆下叶片清洗，如必要更换叶片
泵运转，但不排出液体	阀门关闭	检查阀门，按制造厂说明检查
	过流阀不灵敏	停泵直至阀打开，如果问题不能解决则装一个新阀或大阀
	轴断裂	拆泵并检查
	流量计不正确	检查，更换

续表

故 障	原因分析	处理措施
泵不转	泵内进入外部杂物	检查过滤器，清洗泵
	叶片损坏	清洗泵，并换叶片。若泵干转应检查转子组件
	轴承损坏	更换轴承，每月对轴承加一次润滑脂
	泵内结冰	向车上容器内加酒精，检查产品内是否有水
泵不建立压力	入口条件不良	清洗入口过滤器，加大入口管线尺寸
	外部旁通阀设定过低	将阀设定压力提高
	叶片和/或侧板磨损	拆卸，检查，修理，如必须则更换，泵不应干转
泵噪声大	由于入口条件不良而产生汽蚀	拆卸，检查，修理，如必须则更换，泵不应干转
	叶片粘卡	拆卸，检查，修理，如必须则更换，泵不应干转
	轴承磨损	如必须则更换，每月加润滑脂
	差压过大	将泵减速，检查出口管线是否细，太长
泵轴泄漏	密封或O形环损坏	检查密封组件，如必须则更换，新密封应保持清洁

6.5.1.2 往复式泵

(1) 活塞泵及柱塞泵

往复泵以电动机驱动的活塞泵和柱塞泵为主，直接作用的蒸汽往复泵可参照活塞和柱塞泵的故障处理。

表6-5-8表示了电动往复泵活塞及柱塞泵的常见故障及原因分析。

表6-5-8 往复活塞、柱塞泵故障类型及原因分析

故障类型	原因分析
达不到规定的流量和压力	1. 进口管线内有空气或蒸汽聚集； 2. 泵进口管线连接螺栓松脱； 3. 电动机或驱动机速度低； 4. 缸盖或阀盖漏； 5. 阀座和阀磨损； 6. 安全阀部分打开，或不能保持压力； 7. 活塞环，柱塞或缸套磨损； 8. 旁通阀开启或不能保持压力； 9. $NPSH_A$ 不足； 10. 液体介质在内部回流； 11. 外部杂物堵漏泵内通道
$NPSH_A$ 过低	1. 进口管线部分堵塞，进口管线过长，有缩口，或过细； 2. 介质蒸汽压过高； 3. 介质温度过高； 4. 大气压太低
泵不排出液体	1. 未灌泵，进口管线有气体； 2. 进口管线堵塞； 3. 进口阀开度不合适； 4. 进口总管螺栓松脱； 5. 泵缸阀门速度过高
汽 蚀	1. $NPSH_A$ 过低； 2. 盘根处漏泄过多； 3. $NPSH_R$ 太高； 4. 液体未进入入口管线

续表

故障类型	原因分析
缸盖或阀盖漏	1. 超过规定压力； 2. 垫片或O形环坏； 3. 缸盖式阀盖连接螺栓松脱
曲轴箱油中进水	1. 空气中水分凝结； 2. 曲轴箱盖密封坏； 3. 空气呼吸器堵塞； 4. 连杆的盘根漏
曲轴箱漏油	1. 油面和油温过高； 2. 连杆盘根坏； 3. 曲轴箱盖松，密封件坏
泵驱动机过负荷	1. 泵转速太高； 2. 低电压或其他电气故障； 3. 出口压力过高，出口管线堵塞，出口管线上阀门关闭或节流； 4. 活塞或柱塞的规格不合适； 5. 盘根压盖压得过紧
盘根(活塞杆或柱塞)泄漏	1. 活塞杆或柱塞磨损； 2. 盘根损坏； 3. 盘根规格不对
泵阀门噪声过大	1. 阀弹簧断裂； 2. 泵汽蚀； 3. 空气进入进口管线或泵进口总管螺栓松弛
进出口管线振动	1. 进口管线过长或过细。进口管线弯头过多； 2. 管线支撑不正确； 3. 操作压力和转速，超过额定值； 4. 盘根磨损； 5. $NPSH_A$ 不足
泵运转时噪声大	1. 活塞或柱塞松脱； 2. 阀门噪声； 3. 汽蚀。进口管进入空气进口总管螺栓松弛； 4. 进口总管螺栓松弛； 5. 连杆大头连接螺栓松弛，十字头销及套磨损或松脱； 6. 连杆轴承磨损，十字头磨损； 7. 主轴承端部窜量过大； 8. 泵配管系统有冲击，管线支撑不正确； 9. 配管对中不良，误差过大。或配管尺寸过小
曲轴断裂、弯曲，及其他重大事故	1. 泵启动时出口阀门关闭； 2. 油位低或油含杂质； 3. 主轴承损坏。活塞或柱塞撞缸； 4. 空气进入管线系统。液缸中液体结冰
泵阀门故障	1. 正常磨损。泵汽蚀，介质中有颗粒； 2. 阀的零件不能抗腐蚀(对腐蚀性介质)； 3. 安装问题：阀座及阀板清洗不完全，未经完全干燥
柱塞故障	1. 热冲击(如冷水浇在陶瓷柱塞上)； 2. 盘根太紧； 3. 介质太脏； 4. 盘根压盖和柱塞摩擦

(2) 隔膜泵

隔膜泵主要用于精确计量的场合，并可实现按比例要求改变泵的排量，表 6-5-9 列出了气动隔膜泵(由压力空气作为动力)的故障类型及原因分析。

表 6-5-9　隔膜泵的故障类型及原因分析

故障类型	故障原因及分析
泵运行并不排出液体	1. 检查进口管线的泄漏,上紧进口管线上的螺栓; 2. 泵送介质的黏度太大。减少向泵的供风(动力)以降低转速(行程次数); 3. 出口和进口的球阀因杂物卡住而不能打开
泵出口管线中有气泡	1. 检查进口管线,消除泄漏; 2. 膜片破坏或开裂
泵停止泵送介质	1. 增加动力风供应(最大压力为 0.8MPa)。检查进出口管线是否堵塞; 2. 空气阀结冰,若供应的动力风中水分过多引起结冰。按需要安装脱水器或干燥器
泵严重振动,泵送介质时断时续	1. 膜片破裂。拆卸泵更换膜片; 2. 机械故障。拆泵并检查轴的弯曲
每一行程中,泵的排出量改变	1. 检查进口总管。是否堵塞; 2. 进口球阀阀座磨损。拆泵并更换磨损部件
泵的动作次数减少	1. 空气出口消音器堵塞。更换; 2. 空气阀上结冰。在空气进口线上装除冰器

6.5.2　离心泵的故障处理

离心泵是炼油厂应用最为广泛的工业泵。不仅结构形式和类型十分繁杂，而且泵制造厂也良莠不齐，加上泵的操作条件(温度,压力及介质的性质)也差别很大，所以不可能有统一的故障类型及处理方法。就离心泵的普遍规律来研究其一般故障及其处理虽然不能解决离心泵的所有故障，但作为一般性的导则，以期有助于具体故障的分析处理。

由表 6-5-3，泵的密封故障占总故障的 42%~55%，其他资料的统计数字是 45%~47%，滚动轴承的故障约占 10%~15.3%，两者总和达到 52%~70%，在离心泵的所有故障中，这两种故障最值得重视和研究。

作为一般性的导则，表 6-5-10 可作为离心泵一般故障的分类和原因分析。

表 6-5-10　离心泵故障分类及原因分析

序号	泵故障类型 / 故障原因	泵不能排出液体	泵排量低	泵出口压力低	泵启动后不吸入液体	泵耗用功率大	泵盘根箱(密封)泄漏大	密封寿命太短	泵振动大及噪声大	泵轴承寿命短	泵过热
1	泵未初给(灌泵)	✓									✓
2	泵吸入管或泵未完全充液	✓	✓		✓				✓		
3	泵吸入升程过大	✓	✓		✓				✓		
4	$NPSH_A$ 不足	✓	✓						✓		✓

续表

序号	泵故障类型 / 故障原因	泵不能排出液体	泵排量低	泵出口压力低	泵启动后不吸入液体	泵耗用功率大	泵盘根箱(密封)泄漏大	密封寿命太短	泵振动大及噪声大	泵轴承寿命短	泵过热
5	液体中的空气或气体过多		✓	✓	✓						
6	吸入管线中有气囊	✓	✓		✓						
7	空气漏入吸入管线		✓		✓						
8	空气从盘根箱漏入泵内		✓		✓						
9	泵的吸入底阀太小		✓						✓		
10	泵的入口管线浸没不够	✓	✓		✓				✓		
11	水封线堵塞				✓			✓			
12	泵底阀部分堵塞		✓						✓		
13	转速过低	✓	✓	✓							
14	转速过高					✓					
15	转向错误	✓		✓		✓					
16	总的系统阻力大于泵的设计值	✓	✓	✓		✓					
17	总的系统阻力小于泵的设计值					✓					
18	液体密度和设计值不一致					✓					
19	液体黏度和设计值不一致		✓	✓		✓					
20	操作在很低的流量								✓		✓
21	泵的并联操作不合适	✓	✓	✓							✓
22	叶轮内进入杂物	✓	✓			✓			✓		
23	泵轴找正不良					✓	✓	✓	✓	✓	✓
24	基础刚度不够								✓		
25	轴弯曲					✓	✓	✓	✓	✓	
26	旋转部分和静止部分摩擦					✓			✓	✓	✓
27	轴承磨损							✓	✓	✓	✓
28	叶轮损坏		✓	✓					✓		
29	口环磨损		✓	✓		✓					
30	密封安装不正确,不能形成密封				✓		✓	✓			
31	壳体垫片变形,内部泄漏		✓	✓							
32	轴或轴套磨损,或和盘根粘卡						✓	✓			
33	盘根安装不合适					✓	✓	✓			
34	盘根类型不适合泵操作条件					✓	✓	✓			
35	轴承磨损,找正不良使轴偏转						✓	✓	✓	✓	✓
36	转子动平衡						✓	✓	✓	✓	✓
37	盘根压根太紧,无润滑剂					✓		✓			
38	润滑油(脂)泄漏								✓	✓	
39	杂物进入轴承								✓	✓	
40	轴承生锈								✓	✓	

在离心泵故障中密封和轴承故障占有重大比例，对其进行深入分析将有助于提高运转率，减少故障率。

6.5.2.1 离心泵的密封故障

离心泵的密封包括了静密封和动密封，静密封是指密封面没有相对运动的场合，如壳体的接合面、泵进出口的法兰面、轴承箱(架)与壳体的接合面等，动密封则是指密封面有相对运动的场合，如泵轴的密封，包括泵轴上盘根箱及泵轴在轴承箱处的密封。泵轴在盘根箱处的密封是离心泵中最重要的密封，它是密封泵送介质的，密封的效果不仅直接关系到泵送介质(产品)的流失，而且还直接影响周围环境的安全(火灾、爆炸及毒品外溢)。泵轴的密封主要有软填料和机械密封两种，离心泵的密封故障主要是指机械密封故障。

(1) 在选泵时应注意防止离心泵密封故障的问题

① 当泵送介质温度超过150℃时，如不采用中心线支撑，则容易引起管线应力，使泵口环及机械密封出现故障。

② 选用了一台 $NPSH_R$ 较低的泵，使泵在低于 BEP 点流量操作时产生汽蚀，而造成密封故障。

③ 按未来发展的需要选择了一台较大的泵，使泵在工作时必须在出口节流，这不仅增加了操作费用(大马拉小车)，同时也易使部分功率转化为热，促使由于轴变形而引起密封故障。

④ 选泵时过分考虑泵效率的因素。要使泵保持高效率就要减少内漏即严格保持口环间隙，也许不能采用更为可靠的双蜗壳设计，操作中必须加强维护以保持口环间隙。

⑤ 串联运转的泵。叶轮宽度必须相等并且在相同转速下运转。否则较大的泵就可能由于小泵不能提供足够的液体而产生汽蚀(大泵在小泵之后)，或者就必须节流才能满足小泵的流量要求(大泵在小泵之前)。这两种情况较大的泵都受影响。

⑥ 并联运转的泵。叶轮直径和转速必须相同，否则扬程高的泵必须节流，不能操作在BEP 点的流量。

⑦ 采用变速驱动的泵。改变泵转速等于改变叶轮直径，如果系统阻力线不改变，则泵运转在 BEP 点的流量以外，造成泵的故障。

⑧ 在输送高温介质时应注意以下各点：

A) 采用中心线支撑以补偿热膨胀。

B) 轴承箱冷却，应冷却润滑油而不是冷却轴承。

C) 采用能补偿轴向膨胀的联轴节。

D) 采用不锈钢的轴以减少向轴承的传热。

E) 采用带冷却夹套的盘根箱。

(2) 机械密封在设计、操作及维护方面应注意的问题

① 设计方面的问题。

A. 密封面的材料及加工：

a. 动环和静环的材料和泵送介质或冲洗介质不匹配；动环或静环的硬度不够；密封面的表面不平度不合格；材料的弹性模数太低；密封面宽度不够造成温度或压力分布不好。

b. 密封环与其保持器因热膨胀系数不同而造成密封面倾斜。

c. 不平衡型密封要求大量的冲洗和冷却以带走热量。

d. 密封环表面的镀层或涂层和基体金属的热膨胀系数不同。
e. 金属波纹管型机械密封中应有减少振动的设施。
f. 石墨和陶瓷的热导性均不良。
B. 弹簧及波纹管：
a. 不锈钢弹簧及波纹管对氯离子的应力腐蚀敏感。
b. 壁薄的波纹管及直径小的弹簧对磨损比较敏感。
c. 单弹簧的机械密封当反转时可能要弯曲。
d. 承受较高应力的弹簧及波纹管易腐蚀。
e. 浸在介质中的弹簧特别是小弹簧易粘连。
C. 操作条件的苛刻要求：
a. 高转速会引起密封面过热。
b. 高转速有可能使密封面分离。
c. 轴位移过大也会使密封面分离。
d. 压力过大会使弹性元件受到挤压。
e. 弹性元件及某些密封面对温度的剧变敏感。
f. 压力过大会使密封面变形。
D. 由泵送介质引起的问题：
a. 泵送介质会在密封面间汽化。
b. 泵送介质凝固会使密封面打开并损坏。
c. 泵送介质结晶使密封面打开并损坏。
d. 泵送介质没有润滑性，可能引起磨损。
e. 杂物堵在密封面上使密封打开。
f. 高温介质会使弹性元件变形。
② 操作方面的问题：
A. 过大的泵轴位移而造成密封面损坏或打开。包括：
a. 在进出口管线上开/关阀门使泵操作在 BEP 点流量以外，引起轴变形。
b. 运转在临界速度使轴变形。
c. 汽蚀、由 $NPSH_A$ 过低引起。
d. 泵安装后对配管进行修改，改变了吸入条件。
B. 引起过热和腐蚀的问题。包括：
a. 清洗管线的清洗剂或溶剂对弹性元件造成腐蚀。
b. 泵送介质的浓度改变造成腐蚀。
c. 泵送介质的温度，压力改变。
C. 引起密封面被打开的操作问题。包括：
a. 密封面经受频繁的正压及负压的变化。
b. 密封冲洗及急冷液的提供不正常。
c. 加热或冷却系统没有提供。或加热夹套被堵塞。
③ 维护方面的问题：
包括：泵和驱动机找正不良，管线应力过大，密封的转动部分未做动平衡，轴套和轴不

同心，轴弯曲，叶轮口环间隙不合适引起振动，机械密封的定位长度计算不准确，冷却夹套内结垢，冲洗液未提供或不足等。

(3) 在操作现场分析泵密封故障

① 密封泄漏。机械密封的泄漏可以发生在任何情况下，而且其型式也各不相同，我们可以从分析密封的泄漏的开始时间和泄漏方式来判断密封故障。

A. 泵在停转和运转期间都有泄漏。

这种泄漏可以目测，可以通过嗅觉闻到，或通过仪表测到，也可通过频闪灯光观测其泄漏的部位，还要去判断是在什么位置发生了泄漏，下面是可能产生泄漏的通道。

a. 密封压盖的垫片处。这是最容易决定的部位，它可以目测并且泵轴是否运转都不变化。

b. 在轴和轴套的连接处。当轴套用于叶轮定位时，这种泄漏是很常见的。

c. 在密封环与其固定环之间。这种泄漏当介质温度升高以后会增加，因为固定环的膨胀率大于密封环。

d. 在动环及静环的密封面上。这种泄漏总不是固定的，可能增加或减少，泄漏的原因可能是由于固定密封的螺钉因轴振动而松弛，密封面上的压力可能由于热膨胀、轴向力或叶轮的调整而减少，介质结晶、汽化或凝固使密封面分开，动环或静环的密封面不平，碳化硅和碳化钨的密封面通常有这种情况。

B. 泵的密封仅在运转时才有泄漏。产生的原因可能是：

a. 压盖的压紧力不均匀，可以检查压盖垫片被压的状况来判断。

b. 检查弹性元件(合成橡胶)是否适应在低温下的工作条件，低温时会变硬而失去弹性。

c. 泵轴和驱动机轴找正不良。

d. 轴弯曲，使密封环不能自由移动。

e. 泵送介质在密封面处汽化，汽蚀，密封面粘连或振动使密封面打开。检查固定密封的销子以确定是否有过大的磨损。

f. 安装密封时压缩量不够，轴的热膨胀，或者在密封安装以后再调整叶轮间隙，会造成密封面被打开。

g. 密封的旋转部分动平衡不良或偏心，轴套安装不好等都会造成运转时动环和静环密封不良。

h. 动环和静环间粘上外部物质。

C. 泵的密封仅在停泵时泄漏。产生的原因可能是：

a. 密封在运转时也会泄漏但是不能目测到，因为漏的可能是蒸汽，可以用一张白纸在密封区域作测试。

b. 采用了某种密封材料，在常温时发硬而在操作温度时会变软。

D. 泵的密封仅在启动时泄漏，短期内即停止。产生的原因可能是：

a. 对于滑动轴承的泵经常在启动时由于轴位移过大而产生这一问题。

b. 泵送介质在启动时会发生结晶，凝固或者黏度增加，而当到达操作温度时又恢复正常。

c. 当泵启动时出口阀全开，泵出口缺少阻力，使泵流量过大。

d. 泵启动后，由于出口阀关闭或节流。启动时关闭出口阀，是为防止电机过负荷和汽蚀。

E. 泵的密封周期性泄漏。产生的原因可能是：

a. 泵的盘根箱内周期性的正压和负压。

b. 泵出口线上控制阀使泵周期性的操作在不稳定区内。

c. 泵可能有规律或周期性地发生汽蚀，由于入口罐液面过低，入口罐放空阀冻结，泵入口侧速度过高，泵入口线上单向阀不灵活，入口过滤器堵塞，叶轮的吸入比转速过大等。

② 盘根箱区域发热。热是由密封面产生的，不平衡型密封比平衡型密封产生更多的热。产生的原因：

A. 对双端面密封未注入隔离液。

B. 密封系统未按要求配置冲洗，急冷。

C. 冷却水夹套堵塞，进出口循环线不通畅。

D. 密封材料选择硬面对硬面，产生的热量大于硬面对石墨产生的热量。

E. 密封面的弹簧负荷太大，轴位移过大及热膨胀。

F. 动静摩擦。轴、轴套和静止部件摩擦。

G. 密封件和盘根箱内径发生摩擦。

③ 盘根箱区域有噪声：

A. 泵送介质在泵内汽蚀，包括汽化、内回流、叶片通道的激振、涡流及吸入空气。

B. 轴承损坏，密封在轴上松脱，有内部动静摩擦。

C. 密封面干转，或外部物质进入盘根箱。

④ 辅助设备的故障。包括流量表无指示、水冷夹套不工作、进出口同一温度、冲洗线无流量等。

⑤ 振动。发生的原因可能是：

轴弯曲、轴承损坏、旋转部件动平衡不良、汽蚀、对中不良、地脚螺栓松脱、管线应力、共振等。

6.5.2.2 离心泵轴承故障分析

离心泵的轴承除按API610规定的几种条件需选用滑动轴承以外，均选用滚动轴承，包括滚珠和滚柱的径向、径向止推和止推轴承。

离心泵轴承的故障主要就是滚动轴承的故障，表6-5-3表示滑动轴承在4年内只发生了6次故障，而滚动轴承每年均约有30次左右。

离心泵滚动轴承是按其承受的负载、按其L_{10}寿命来定义和选择的，其基本的考虑是轴承及其元件的疲劳失效而不是磨损。

在泵正常操作条件下，滚动轴承上所承受的负荷是：泵旋转部分的重量、滚动轴承与轴采用过渡(紧)配合时产生的应力、按泵计算所规定的残余未平衡的径向力和/或轴向力、轴承制造厂规定的轴承的预加载荷。

离心泵滚动轴的故障和下列因素有关：

(1) 轴承的过负荷

可能促使轴承过负荷的情况有：泵和驱动机的对中不良、轴承和轴的配合不正确、过盈量过大、转子动平衡不良、轴弯曲、轴的径向热膨胀、不正确的冷却方式(即在轴承箱外浇水或冷却夹套只能使轴承外圈冷却使其收缩，而增加了附加应力)、汽蚀、振动、水锤以及轴承本身的质量不良等。

轴承过负荷的直接后果即是轴承的过热。而轴承的过热又可能使润滑油(脂)的黏度降低，使其性能恶化。

(2) 轴承的过热

可能促使轴承过热的原因除上述轴承过负荷以外，其他情况有：油箱液面过高或过低、采用润滑脂的轴承加入的润滑脂过多、泵轴的传热、采用金属波纹管密封的情况、盘根箱冷却夹套未通水、双端面密封中未采用外部隔离液、轴承箱的轴封与轴接触使轴升温。

轴承的过负载及过热都使润滑油温升高。据介绍，润滑油温度升高10℃，其寿命可能减少50%。

(3) 润滑油中含水分及固体颗粒

据研究介绍，若润滑油中含水0.002%，可以使轴承寿命降低48%，6%的水分则降低寿命83%。

轴承箱内进水的途径可能是：轴承箱的空气中所含的水分在轴承箱内冷凝、盘根箱漏入、密封泄漏、在外部用水冲洗时漏入、密封系统采用的急冷(热)管道中的水(或蒸汽)漏入。

水分在润滑油中可能使轴承的滚珠、滚子及其内外圈锈蚀，水在油中使润滑性能变差，水中可能存在的氢会造成轴承金属的氢脆，加速了轴承的疲劳。

固体颗粒进入轴承润滑中的原因有：轴承滚珠架(保持器)的磨损，轴承箱铸件中的颗粒、油和油脂中含有的固体颗粒、装卸过程中清洗不彻底等等。

除上述轴承过负荷、轴承过热及轴承内含水和固体颗粒以外，轴承故障的原因还与轴承形式选择、轴承安装及轴承质量等诸多因素有关。

6.5.3 故障处理的典型事例

6.5.3.1 加氢裂化原料油泵振动超标

某厂加氢裂化装置原料油泵，额定流量为126.8m^3/h，总扬程2256m，转速5814r/min，5级叶轮ϕ293mm，轴功率1342kW，电机功率为1600kW，介质为加氢裂化原料油。

该泵安装后半年内始终不能正常运转，主要问题为：电机达不到额定出力，超过1340kW后温升超标，8h达100℃；振动严重，管系振动剧烈，最大达10.3mm/s，振动位移达1mm。

经分析，电机的出力达不到额定功率采取降低泵负荷的方法，控制泵轴功率小于1340kW。

对振动的进一步测量和分析，泵运行时泵体本身振动基本正常，但泵流量和压力均有较大脉动，压力不均匀度达到2.2%~3.5%。管系振动为低频振动。

经计算机模拟计算分析，该泵的主要问题是：泵的性能曲线太陡，变工况下的输出压力大幅度波动，引起压力脉动。

泵出口压力的不均匀值过大，成为管系振动的激振源，激发了管系多阶自振频率的振动。

泵设计中叶轮叶片数和导叶数不互成质数，Z_1 和 Z_2 具有最大公约数为3，因此在压力脉动中产生3×97=291Hz的频率成分。

通过以上分析，将泵的中间3级叶轮和末级进行了改动，叶轮叶片数改为7。泵设计点扬程提高到2320m。新转子安装后振动问题得到了解决。

6.5.3.2 柱塞泵和齿轮泵的应用

美国加州一座大炼油厂的污水处理装置中，向污水池泵送黏度为1000~3000cP流量为0.038~0.57m^3/d的添加剂。最初选择了柱塞泵，投用以后发现出口单向阀堵塞、密封故障，差不多每隔一个月就需要重新组装一次，同时这些排出流量不均匀的泵流量的计量也存在问题，而泵密封及液泵端阀门的故障使流量的测量不可靠，而工艺要求注入的流量要准确。

为此，将此泵换为全316SS的齿轮泵，由直流电机通过减速箱驱动，采用聚四氟乙烯材料的单端面密封及石墨轴承。这台泵的额定流量是0.228m^3/h，该泵能自润滑、自冷却，具有自吸能力、排出稳定的流量。按照该泵0.228m^3/h的排量(转速为750r/min)推算，达到要求的流量即0.038~0.57m^3/d，所对应的转速为约20~30r/min。投用后，泵流量均匀平稳，流量计读数稳定。但发生的问题是泵送介质在密封室内结焦使泵停转，这是由于介质和密封室与空气有接触，而且因密封面的摩擦热使温度升高。于是从泵出口接一条管线进入密封室并自循环，解决了这一问题，运转后一直正常。

6.5.3.3 离心泵的其他典型故障

(1) 汽蚀

内循环及$NPSH_A$不足。

问题：能否区别由内部的流量循环及由$NPSH_A$不足所造成的汽蚀?

解答：由内部的流量循环所引起汽蚀的典型现象是：

① 汽蚀发生在叶轮叶片的高压侧。

② 在泵入口侧偶尔会有爆裂似的噪声。

③ 在流量大时噪声减少。

④ 振动频率是泵转速频率，叶片通道频率或它们的奇数倍。

由$NPSH_A$不足所引起的汽蚀的典型现象是：

① 汽蚀发生在叶轮叶片的低压侧。

② 在泵入口侧产生稳定的爆烈似的噪声。

③ 噪声在低流量时减少。

④ 振动频率是泵转数频率的偶数倍。

(2) 黏度问题

问题：由于工艺的改变，泵将要输送比原定的介质黏度大很多的液体，但流量和转数不变，为了保证泵能正常运转，应注意什么?

解答：采用水力学会的图表估计在黏性增加后泵的性能，通常输送黏度增大的介质，泵的效率会降低，压头也会降低。计算所需的轴功率(流量和转数不改变)，检查电机的容量及泵轴的强度是否满足。如果这台泵配有机械密封和旋风分离器(冲洗冷却系统中)，必须进行修改，否则可能不适应。

问题：离心泵能处理黏性液体的黏度极限值是多少?

解答：一台设计良好的离心泵按美国水力学会的黏度修正图，其最大黏度值为15000SSU。有制造厂提供的泵可达到16000SSU。

(3) *NPSH*问题

问题：一台新泵在投产时发生了汽蚀，经检查发现$NPSH_A$计算值偏大，是否有其他方法在泵的安装现场使 $NPSH_R$ 减少？

解决：在没有了解泵的结构之前，很难有满意的解决方案。一般而言，对叶轮进口叶片进行打磨减少入口阻力，或打磨叶轮进口孔眼以增大面积，都有助于减少 $NPSH_R$，但都应和制造厂联系，也许可以要求制造厂提供另一个叶轮使 $NPSH_R$ 减少。

问题：一台已使用4年的增压泵最近发现性能恶化，产生汽蚀噪声，扬程下降，应该检查什么？

解答：首先检查入口过滤器看是否堵塞，堵塞可使 $NPSH_A$ 减小，再检查口环间隙及节流衬套间隙，间隙增加会使内漏增加及内循环，使扬程下降。

（4）叶轮因汽蚀而冲刷和磨损

问题：一台单级、双吸水平剖分泵应用于冷却塔供水，叶轮进口侧叶片因汽蚀冲刷严重，每半年就要换叶轮，泵厂认为该泵的吸入比转数 N_{SS} 已很大，所以 $NPSH_R$ 不能减少，而现场又不能使 $NPSH_A$ 提高或换一台低转数的，是否有其他方法延长叶轮的使用期限？

解答：根据汽蚀冲刷及磨损发生在叶轮入口叶片处的情况，很可能是由于泵的吸入比转数过高使叶轮入口的孔眼过大，形成内循环造成的，可以采取在现有碳钢叶轮的入口叶片上堆焊硬质合金 Stellite#6，或者将叶轮材料改为对汽蚀的抗力更好的材料。

参 考 文 献

1. 中国大百科全书，机械工程．中国大百科全书出版社，1987
2. 侯芙生主编．炼油工程师手册．北京：石油工业出版社，1995
3. 刘绍叶等编．泵、轴封及原动机选用手册．北京：石油工业出版社，1999
4. [德]KSB公司编著，王同舜等译．离心泵技术辞典．北京：中国石化出版社，1992
5. Harry J. Welch 编．Delaval Engineering Handbook(第四版). McGRAW-HILL BOOK Company，1983
6. 机经网：石油化工工业应用泵的需求空间有多大？2002. 4
7. J. J. Paugh. How to Compute Net Posifive Suction Head for Centrifugal Pumps. Warren Pumps Inc.
8. Garbers & Wasfi. Preventing Cavitation in High Energy Centrifugal Pumps. Hydrocarbon Processing，July，1990
9. J. L. Hallam. Centrifugal Pump—Which Suction Sepecific Speed are Acceptable Hydrocarbon processing ，1982 April
10. Consider Suction Specific Speed. Hydrocarbon Processing，June 1978
11. 吴宗盛．炼厂流程泵用机械密封的设计与正确选用．水泵技术，1995，No. 2
12. 余良俭．液力能量回收透平在石化行业中的应用．石油化工设备技术，1996，No. 4
13. Oleh Berezowskyj. Devoloping Meaningful Pomp Failure Dafa Pump & System. 1998，May
14. Bloch. H. P. Use equipment failure statistics properly. Hydrocarbon processing，No. 1，1999
15. James. R. Brennan. Troubleshooting Rotary Pumps. Pumps & System，1998，Jan
16. 谈平庆．国产加氢裂化关键动设备隐患攻关．石油化工设备技术，2000，No. 5
17. A Case Study of gear Pump in Service at a California refinery. Pump & System，2001，Jan
18. SH/T 3139《石油化工重载荷离心泵工程技术规定》
19. SH/T 3140《石油化工中、轻载荷离心泵工程技术规定》
20. Centrifugal pumps for petroleum，petrochemical and natural gas industries ANS/API Standard 610 Tenth Edition，October 2004

第七章　压　缩　机

压缩和输送气体的机器称为压缩机。炼厂里压缩机的应用十分广泛，如催化裂化装置压缩富气的气压机、加氢装置的循环氢、新氢压缩机，以及提供压缩风的空气压缩机等都是形式不同的压缩机。

7.1　炼厂常用压缩机分类、特点及气体的物性参数

7.1.1　压缩机分类

炼油厂常用压缩机按工作原理基本可以分成透平式和容积式两大类。按结构透平式压缩机又可分为离心式、轴流式；容积式压缩机可分为往复式和回转式，如表7-1-1所示。

表 7-1-1　炼厂常用压缩机分类

透　平　式	离心式	容　积　式	往复式
	轴流式		回转式，如螺杆压缩机

按出口压力的不同，一般称排出压力 $p\leqslant0.015$MPa 为通风机；$0.015\text{MPa}<p\leqslant0.2$MPa 的为鼓风机；$p>0.2$MPa 的为压缩机。图 7-1-1 表示不同形式压缩机的压力和流量使用范围。

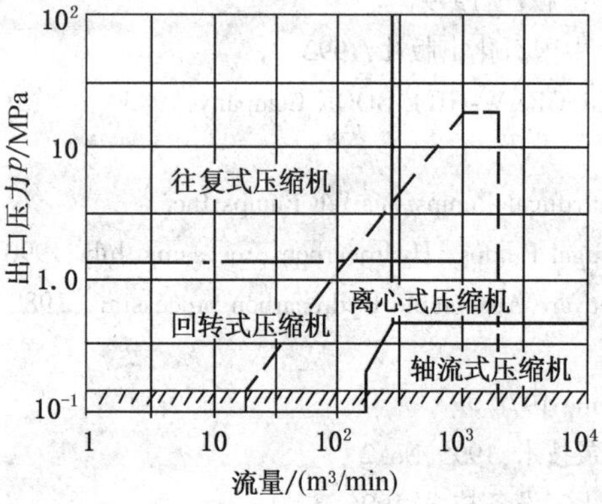

图 7-1-1　不同形式压缩机的压力和流量使用范围

按出口压力，压缩机又可分为：

低压压缩机　　$0.2\text{MPa}<p\leqslant1.0\text{MPa}$

中压压缩机　　$1.0\text{MPa}<p\leqslant10\text{MPa}$

高压压缩机　　$10\text{MPa}<p\leqslant100\text{MPa}$

超高压压缩机　　$p>100\text{MPa}$

7.1.2　透平式和容积式压缩机特点

透平式压缩机特点：

(1) 气流速度高，损失大，小流量机组效率较低；

(2) 流量和出口压力的变化由性能曲线决定，若出口压力高，而工作流量小于50%的额定流量时，可能导致机组喘振而无法运行；

(3) 排气均匀，无脉动；

(4) 不适应小流量，超高压的工况。

容积式压缩机特点：

(1) 气流速度低，损失小，效率较高；

(2) 排气压力在较大范围内变化时排气量不变，同一台压缩机可用于压缩不同气体；

(3) 排气脉动性大(螺杆压缩机无脉动)；

(4) 不适用于大流量的场合，但从低压到超高压的范围均适用(螺杆压缩机具有低压较大流量的操作特性)。

7.1.3 气体状态方程式

对于理想气体

$$pv = \frac{p}{\rho} = RT \qquad \text{若 } v \text{ 代之以气体体积 } V \text{ 则} \qquad pV = GRT$$

对于实际气体

$$pv = ZRT \qquad \text{若 } v \text{ 代之以气体体积 } V \text{ 则} \qquad pV = ZGRT$$

式中 Z——气体压缩系数；

v——气体比容积；

ρ——气体的密度；

G——气体重量。

7.1.4 混合气体的组分

在炼厂，需要压缩的气体多为混合气体。气体组分不同，分子量也不同。一般说来，离心压缩机对气体分子量较为敏感。气体组分通常用体积分数(r_i,%)重量分数(g_i,%)和分子分数(δ_i,%)表示。三者之间的关系为

$$r_i = \frac{V_i}{V} = g_i \frac{M}{M_i}; \quad g_i = r_i \frac{M_i}{M}$$

$$\delta_i = r_i$$

式中 V_i——混合气体 i 组分的体积,%；

M_i——混合气体 i 组分的相对分子质量。

7.1.5 混合气体的物性参数

(1) 临界压力

$$p_c = \Sigma(r_i p_{ci}) \quad \text{MPa}$$

式中 r_i——混合气体 i 组分的体积分数；

p_{ci}——混合气体 i 组分的临界压力，MPa(绝)。

p_{ci} 可通过查表 7-1-2 获得。

表 7-1-2 气体分子量和主要理化参数

顺序号	名称	分子式	相对分子质量/(kg/kmol)	临界性质			比热容(序号1~16为20℃ 16后为15.6℃ 常压)/[kcal/(kg·℃)]			爆炸极限		自燃点/℃
				温度 T_c/℃	压力 p_c/atm(绝)	密度/(kg/m³,序号16后为 g/ml)	c_p	c_v	$\gamma=c_p/c_v$(序号1~16标准状态)	上限/%(体)	下限/%(体)	
1	氦	He	4.003	-267.9	2.26	69.3	1.25 (15℃)	0.75 (15℃)	1.66			
2	氮	N_2	28.02	-147.13	33.49	310.96	0.25	0.178	1.4			
3	氨	NH_3	17.03	132.4	111.5	236	0.53	0.40	1.29	15.5	27	
4	空气(干)		28.95	-140.75	37.25	310~350	0.241	0.172	1.40			
5	氢	H_2	2.016	-239.9	12.80	31	3.408	2.42	1.407	4.1	74.2	510
6	二氧化碳	CO_2	44	31.1	72.9	460	0.200	0.156	1.30			
7	一氧化碳	CO	28	140.2	34.53	311	0.25	0.8	1.40	12.5	74.2	610
8	二氧化氮	NO_2	46.01	158.2	100.0	570	0.192	0.147	1.31			

续表

顺序号	名称	分子式	相对分子质量/(kg/kmol)	临界性质			比热容(序号1~16为20℃ 16后为15.6℃ 常压)/[kcal/(kg·℃)]			爆炸极限		自燃点/℃
				温度 T_c/℃	压力 p_c/atm(绝)	密度/(kg/m³,序号16后为g/ml)	c_p	c_v	$\gamma=c_p/c_v$(序号1~16标准状态)	上限/%(体)	下限/%(体)	
9	氧	O_2	32	-118.82	49.713	429.9	0.218	0.156	1.4			
10	二氧化硫	SO_2	64.06	157.5	77.78	52.0	0.151	0.120	1.25			
11	硫化氢	H_2S	34.09	100.4	88.9		0.253	0.192	1.30	4.3	45.5	290
12	氯	Cl_2	70.91	144.0	76.1	573	0.115	0.0848	1.36			
13	氯化氢	HCl	36.465	51.5	81.5	42.2	0.1939	0.1375	1.41			
14	氟	F_2	38.00	-129	55.0							
15	氟化氢	HIF	20.01	230.2								
16	氯甲烷	CH_3Cl	50.48	148	66	370	0.177	0.139	1.28	8	20	
17	甲烷	CH_4	16.042	-82.5	45.80	0.161	0.5271	0.402	1.308	5.0	15.0	645
18	乙烷	C_2H_6	30.068	37.27	48.19	0.204	0.4097	0.343	1.193	3.22	12.45	530
19	丙烷	C_3H_3	44.094	96.81	42.01	0.219	0.3885	0.342	1.133	2.37	9.50	510
20	丁烷	C_4H_{10}	58.120	152.01	37.47	0.228	0.3970	0.363	1.094	1.86	8.41	490
21	戊烷	C_5H_{12}	72.146	196.62	33.31	0.232	0.3972	0.370	1.074	1.40	7.80	
22	异丁烷	C_4H_{10}	58.120	134.98	36.00	0.221	0.3872	0.352	1.097	1.8	8.44	
23	异戊烷	C_5H_{12}	72.146	187.80	32.80	0.234	0.3880	0.361	1.076	1.32	8.30	
24	新戊烷	C_5H_{12}	72.146	160.56	31.57	0.239	0.3914	0.364	1.076	1.32	8.30	
25	异己烷	C_6H_{14}	86.172	224.90	29.94	0.236	0.3890	(0.366)	(1.063)	1.2	7.7	
26	环丙烷	C_3H_6	42.08	124.6	54.22					2.4	10.4	
27	环丁烷	C_4H_8	56.104	196	50.0					1.8		
28	乙烯	C_2H_4	28.052	9.9	54.49	0.227	0.322	0.2914	1.2430	3.05	28.6	540
29	丙烯	C_3H_6	42.078	91.89	45.4	0.232	0.3541	0.3069	1.1538	2.0	11.1	455
30	丁烯-1	C_4H_8	56.104	146.4	39.7	0.232	0.3703	0.3349	1.1051	1.6	9.3	455
31	丁烯-2	C_4H_5	56.104	163	41	(0.239)	0.3269	0.2915	1.1214	1.75	9.7	
32	反丁烯-2	C_4H_8	56.104	155	41	0.239	0.3654	0.3300	1.1073	1.75	9.7	
33	异丁烯	C_4H_8	56.104	144.7	39.45	(0.234)	0.3701	0.3347	1.1058	1.75	9.7	
34	戊烯-1	C_5H_{10}	70.130	201	39.9	(0.238)	0.3817	0.3534	1.0801	1.4	8.7	
35	顺戊烯-2	C_5H_{10}	70.130	(208)	(35.3)	(0.238)	0.3366	0.3083	1.0918			
36	反戊烯-2	C_5H_{10}	70.130	(206)	(35.1)	(0.238)	0.3725	0.3442	1.0822			
37	2-甲基丁烯-1	C_5H_{10}	70.130	(199)	(35.0)	(0.238)	0.3706	0.3442	1.0822			
38	3-甲基丁烯-2	C_2H_{10}	70.130	(188)	(34.5)	(0.242)	0.3936	0.3653	1.0775			
39	2-甲基丁烯-2	C_5H_{10}	70.130	(210)	(35.9)	(0.238)	0.3542	0.3259	1.086			
40	丙二烯	C_3H_4	40.062	120	54	(0.2477)	(0.3439)	(0.2943)	(1.17)			
41	丁二烯-1,2	C_4H_6	54.088	171	44.4	(0.247)	(0.3458)	(0.3091)	(1.12)	2	12	
42	丁二烯-1,3	C_4H_6	54.088	152	42.7	(0.246)	(0.3412)	(0.3504)	(1.12)	2	11.5	
43	乙炔	C_2H_2	26.036	36.3	61.6	0.242	0.3966	0.3203	1.238	2.5	80	335
44	丙炔	C_3H_4	40.062	121.7	(51)	(0.244)	0.3545	0.3049	1.163			
45	丁炔-1	C_4H_e	54.088	201.7	(46.5)	(0.245)	0.3513	0.3146	1.117			
46	丁炔-2	C_4H_6	54.088	(215)	(50.17)	(0.245)	0.3372	0.3005	1.122			
47	戊二烯-1,4	C_5H_8	68.114	(204)	(37.39)	(0.246)	(0.3597)	(0.330)	(1.09)			
48	2-甲基丁二烯-1,3	C_5H_8	68.114	(211)	(37.99)	(0.246)	(0.3577)	(0.328)	(1.09)			

注:① 1kcal/(kg·℃)=4.18×10³J/(kg·K);1℃+273.15=1K;1atm=0.1MPa。

② 括号内为计算值。

（2）临界温度

$$T_c = \Sigma(r_i T_{ci}) \quad K$$

式中　T_{ci}——混合气体 i 组分的临界温度，K。

T_{ci}通过查表 7-1-2 换算后获得。

（3）对比压力

$$p_r = \frac{p}{p_c}$$

式中　p——压缩机入口压力(P_s)或出口压力(P_d)，MPa(绝)。

（4）对比温度

$$T_r = \frac{T}{T_c}$$

式中　T——压缩机入口温度(T_s)或出口(T_d)温度，K。

（5）气体常数

$$R = \frac{8.314}{M} \quad kJ/(kg \cdot K)$$

（6）混合气体分子量

$$M = \Sigma(r_i M_i) \quad kg/kmol$$

式中　M_i——i 组分气体相对分子质量。

M_i 可通过查表 7-1-2 获得。

（7）比热比 γ

$$\gamma = c_p / c_v$$

式中　c_p——比定压热容，kJ/(kg·K)；

c_v——比定容热容，kJ/(kg·K)；

$$c_p = \Sigma r_i \frac{M_i}{M} c_{pi}$$

$$c_v = \Sigma r_i \frac{M_i}{M} c_{vi}$$

c_{pi}——i 组分比定压热容，kJ/(kg·K)；

c_{vi}——i 组分比定容热容，kJ/(kg·K)。

c_{pi}，c_{vi}可通过查表 7-1-2 获得。

（8）混合气体的压缩系数

混合气体压缩系数 Z 可根据对比温度和对比压力从图 7-1-2 和图 7-1-3 查得。压缩系数对压缩机的流量和能量头有重要影响，计算时需要求出入口和出口状态的压缩系数。计算压缩系数时，烃类以外的气体压缩系数视为 1，只对烃类气体计算压缩系数。

对于氢气，平均压缩系数 $Z_n = \dfrac{Z_s + Z_d}{2}$。

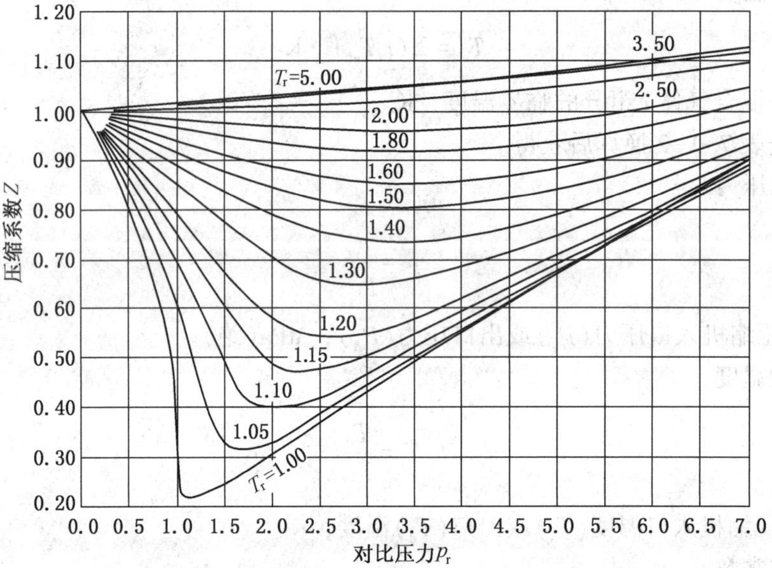

图 7-1-2 压缩系数 Z(一)

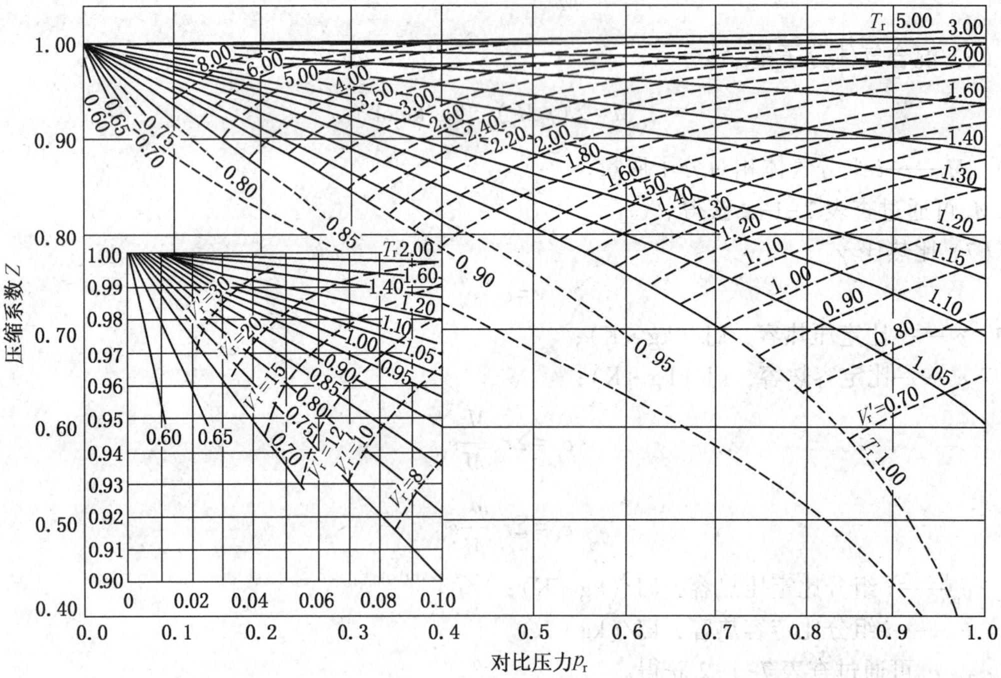

图 7-1-3 压缩系数 Z(二)

7.2 离心式压缩机

离心式压缩机是一种连续排量的压缩机，流体从叶轮获得能量，在叶轮内和静子扩压器内转化为流体压力。炼油厂常用离心式压缩机有水平剖分型和垂直剖分型。

水平剖分型压缩机的机壳分上 、下两部分，吸气、排气以及气体分支接管等均布置在下半机壳。上半个机壳可以吊起，方便检修、安装。根据段数不同可以分为单段多级、两段多级等。叶轮在机壳内串联布置或背靠背排列。为提高压缩效率气体可在段间进行冷却。这种机壳剖分形式适于最高工作压力为 6MPa 的场合。

垂直剖分型压缩机也称筒型压缩机。机壳只有垂直剖分面，如果机壳有两个端盖，则有两个垂直剖分面；如果机壳只有一个端盖，而另一端与筒体一体，机壳呈钟形，也称钟形壳体压缩机。这类压缩机大多用于高压场合，此时端盖与筒体连接采用剪力环或预应力螺栓。筒型压缩机的叶轮可以顺排，也可以背靠背排列，其最高工作压力可达 70MPa。

7.2.1 离心式压缩机基本结构

图 7-2-1 表示两个压缩机级的基本结构。

离心式压缩机由转子和定子(机壳、隔板等)组成。转子主要由叶轮和主轴构成。叶轮按结构形式分为闭式叶轮、半开式叶轮和开式叶轮。闭式叶轮，由轮毂、轮盖、叶片等组成。由于闭式叶轮没有叶片顶部的气流损失，因而效率较高，应用也最为普遍，圆周速度一般≤320m/s；半开式叶轮没有轮盖，叶片顶部有气流损失，叶片与定子间的间隙愈大，则损失愈大。这种叶轮多用于单级或悬臂安装叶轮的压缩机，圆周速度可达 320~500m/s；开式叶轮由于没有轮盖和轮盘，叶片两侧和定子间的间隙都有气流损失，效率较低。主轴根据需要可以是阶梯形式，节鞭形式和光轴形式等，一般只要轴的刚度满足要求，其强度也可以满足要求。

7.2.2 轴封

一般，炼油厂使用的离心式压缩机，其轴封大致可以分为以下几种：

① 迷宫式；

② 节流碳环；

③ 机械接触式；

④ 充气式；

⑤ 液膜或浮环式；

⑥ 干气密封。

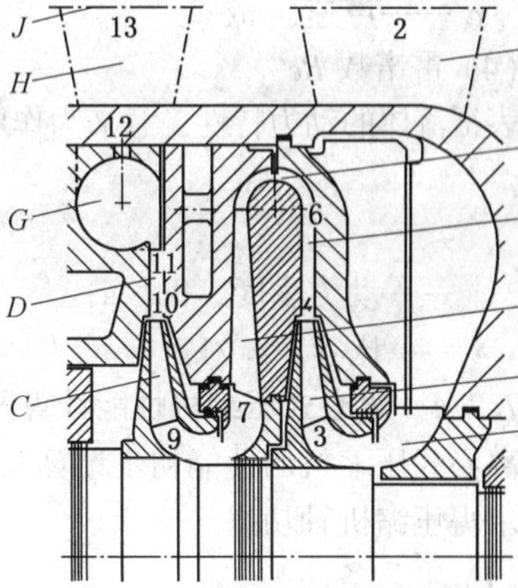

图 7-2-1 离心式压缩机基本结构

A—吸入管接；B—入口通道；C—叶轮；D—无叶扩压器；E、F—气流通道；G—蜗室；H—锥形扩压器；J—出口管接

迷宫和节流碳环式轴封泄漏量较大，通常用于对大气无污染的气体。充气密封是在轴两端的迷宫密封中设置充气腔，充气的压力高于被密封的气体，从而防止了工艺气体的泄漏。浮环式密封依靠密封油密封被压缩的气体，但内泄漏量大，密封油受污染，日前已做许多改进。而干气密封是一种非接触型密封，采用惰性气体，而不是用油作为密封流体。这种密封的密封流体源简单，压缩介质外泄很少，虽然价格较为昂贵，但排除了油对介质的污染。

7.2.3 离心式压缩机的重要特征参数

(1) 流量系数 φ

流量系数表征压缩机级的运动状态,表示被压缩气体的特性速度对机械特性速度的关系。

$$\varphi=\frac{\dot{V}_{s}}{\frac{\pi}{4}d_2^2u_2}$$

式中　$\dot{V}_s$——吸入口的体积流量，m^3/s；

u_2——叶轮出口的圆周速度，m/s；

d_2——叶轮出口直径，m。

一般离心压缩机叶轮 $\varphi=0.01\sim0.15$。

(2) 能头系数 ψ_p

能头系数表征压缩机级的动态特征。可以理解为叶片传递给单位质量流体的无量纲功。

$$\psi_p=\frac{2h'_p}{u_2^2}$$

式中　h'_p——多变能头，kJ/kg。

对于有后弯叶片的叶轮的压缩机级 $\psi_p=0.8\sim1.1$；

对于有90°出口叶片叶轮的压缩机级 $\psi_p=1.3\sim1.45$。

(3) 马赫数 Ma

马赫数意义为叶尖速度和标准状态下声速的比值。

$$Ma=\frac{u_2}{a_s}$$

式中　a_s——声速，m/s。

(4) 雷诺数 Re

表征流体的动力特性，意义为作用于流体上的惯性力和指定参考状态下的黏性力的比值。

$$Re=\frac{u_2d_2}{y_sv_s}$$

式中　y_s——动力黏度，Pa·s；

v_s——比容，m^3/kg。

7.2.4　离心式压缩机性能计算及选用

离心式压缩机的性能初步计算及选用的核心是根据混合气体组分和已知工艺条件以简单办法求得压缩机轴功率。

(1) 工艺条件

① 状态参数：

a. 吸入压力(绝)p_s，MPa

b. 排出压力(绝)p_d，MPa

c. 流量(标准状态)$V_{s标}$，m^3/h　$\left(V_s=V_{s标}\times\frac{0.1013\times T_s}{273\times p_s}\right)$

d. 入口温度 t_s,℃　($T_s=t_s+273K$)

② 气体组分与不同工况下的体积分数。

(2) 气体压缩数据计算

a. 混合气体分子量　　$M=\Sigma r_i m_i$　kg/kmol(查表 7-1-2)

b. 气体常数　　$R=8.314M$　kJ/(kg·K)

c. 混合气体临界压力 $p_c = \Sigma r_i p_{ci}$ MPa(查表 7-1-2)

d. 混合气体临界温度 $T_c = \Sigma r_i T_{ci}$ K(查表 7-1-2)

e. 对比压力(入口/出口) $p_r = \dfrac{p}{p_c}$

f. 对比温度(入口/出口) $T_r = \dfrac{T}{T_c}$

g. 压缩系数 Z 由图 7-1-2 和图 7-1-3 近似查得。

h. 吸入混合气体密度 $\rho_s = \dfrac{p_s \times 10^3}{RT_s}$ kg/m³

i. 吸入体积流量 $V_s = V_{s标} \dfrac{0.103 \times T_s}{273 \times p_s} \cdot \dfrac{1}{3600}$ m³/s

或 $V_s = \dfrac{Z_s R T_s \dot{m}}{1000 p_s}$ m³/s

式中 $\dot{m}$——质量流量，kg/s。

j. 质量流量

$$\dot{m} = \rho_s \cdot V_s \quad \text{kg/s}$$

k. 绝热指数

$$\gamma - 1 = \Sigma \frac{\gamma_i}{\gamma_i - 1}$$

$$\gamma = \Sigma \frac{\gamma_i}{\gamma_i - 1} + 1$$

式中 γ_i——混合气体 i 组分的比热比。

对于理想气体 $\kappa = \gamma$

l. 多变指数

$$m \doteq \frac{\gamma - 1}{\gamma \cdot \eta_p}$$

式中 η_p——多变效率，通常每级为 0.76~0.81 或可由表 7-2-1 设定。

表 7-2-1 能头系数和效率(对于后弯封闭叶轮)

级 数	1~3	4~6	7	8	9	10
平均多变能头系数 ψ_p	1.04	1.02	1.00	0.98	0.95	0.92
平均多变效率 η_p	0.81	0.80	0.78	0.76	0.74	0.72

注：表中数值仅用于级—级估算。

m. 压缩比

$$\varepsilon = \frac{p_d}{p_s}$$

n. 排出温度

$$T_d \doteq T_s \left(\frac{p_d}{p_s}\right)^m \doteq T_s \varepsilon^m \quad \text{K}$$

或 $t_d \doteq T_s \varepsilon^m - 273$ ℃

表 7-2-2 最大排出温度

压缩气体	t_{max}/℃
空气或一般气体	250
氨	160
烃 类	120
氟利昂	120
氯 气	110

若 t_d 大于表 7-2-2 所列温度则需提供中间冷却器。

o. 多变能头

$$h_p = \frac{Z_m \Delta T R}{m} \quad \text{kJ/kg}$$

式中 Z_m——平均压缩系数；

ΔT——气体排出温度与气体入口温度之差，K。

若有中冷器(视排除温度)设若中冷器数为 c；压缩机段数为 $c+1$；段的平均压比 $\varepsilon = \left(\frac{p_d}{p_s}\right)^{\frac{1}{c+1}}$；若冷却剂温度为 T_K 则冷却后气体温度 $T_R \doteq T_K + \Delta t$，$\Delta t \approx 8 \sim 15\text{K}$；冷却后排出温度 $T_d \approx T_R \left(\frac{p_d}{p_s}\right)^{\frac{m}{c+1}}$，显然，由于中间冷却的作用降低了排出温度，从而使压缩过程接近等温压缩过程，降低了压缩功率，因此，多变头 $h_p \doteq (1+c \cdot h_c)(T_s + cT_R)\frac{Z_m R}{m}\left[\left(\frac{p_d}{p_s}\right)^{\frac{m}{c+1}} - 1\right]$，式中 h_c 为冷却器损失，当水冷时 $h_c = 0.01$，空冷时 $h_c = 0.03$。

p. 轴功率

$$P = \frac{h_p \cdot \dot{m}}{\eta_p \cdot \eta_g \cdot \eta_m} \quad \text{kW}$$

式中 η_p——多变效率；

η_m——机械效率，$P > 2000\text{kW}$，$\eta_m = 0.97 \sim 0.98$；$P = 1000 \sim 2000\text{kW}$，$\eta_m = 0.96 \sim 0.97$；$P < 1000\text{kW}$；$\eta_m = 0.94 \sim 0.96$；

η_g——传动效率，直接传动取 1，正齿齿轮箱传动取 0.95 ~ 0.97；行星齿轮箱取 0.96。

原动机功率

$$P_m = 1.1P \quad \text{kW}$$

q. 级数

$$h'_p = \frac{\psi_p u_2^2}{2000} \quad \text{kJ/kg}$$

式中 h'_p——级多变能头；

ψ_p——能头系数，由表 7-2-1 设定；

u_2——叶轮叶尖速度，由表 7-2-3 选取。

表 7-2-3 闭式后弯叶轮的平均叶尖速度

气体的相对分子质量 M/(kg/kmol)	平均叶轮叶尖速度 u_2/(m/s)	气体的相对分子质量 M/(kg/kmol)	平均叶轮叶尖速度 u_2/(m/s)
<35	310	<65	200
<45	250	<120	150

注：对于有腐蚀性成分(如 H_2S)或温度低于-50℃的情况，叶尖速度不能高于 250m/s。

级数

$$i = \frac{h_p}{h'_p}$$

以上压缩数据仅为估算，供初步了解和选型，详细计算则由压缩机厂来完成。

7.2.5 流量调节

由于工艺条件变化，往往需要改变压缩机的流量或压力，以适应管网特性变化的要求。

这可以通过以下几种方法实现。

(1) 转速调节

转速调节适用于转速可变的原动机，如汽轮机、变频电动机等。转速调节既可在变压下得到恒定的流量(通过流量调节器)，也可在恒压下得到可变的流量，或是二者的组合。图7-2-2是某压缩机转速变化时的特性曲线。从曲线上可以看出，转速很小的改变，可以得到较大的流量变化，而且输入功率也有相当的节省。其特点是流量与转速 n 成正比，能量头 h_p 与 n^2 成正比，调节范围大。由图可以看出，当转速由100%下降至95%时，喘振限向左移，压升大约下降25%，功率也相应减少。但要注意调节时要避开转子的临界转速。

(2) 进口节流

进口节流适用于恒定驱动的场合。同样可以进行压力或流量调节。图7-2-3是某压缩机进口节流的特性曲线。从曲线上可以看出，节流减小了进口压力，气体流量和出口压力也随之降低，功率消耗也相应有所下降。压缩机的喘振点也向小流量方向移动。比出口节流调节的稳定工况范围大。

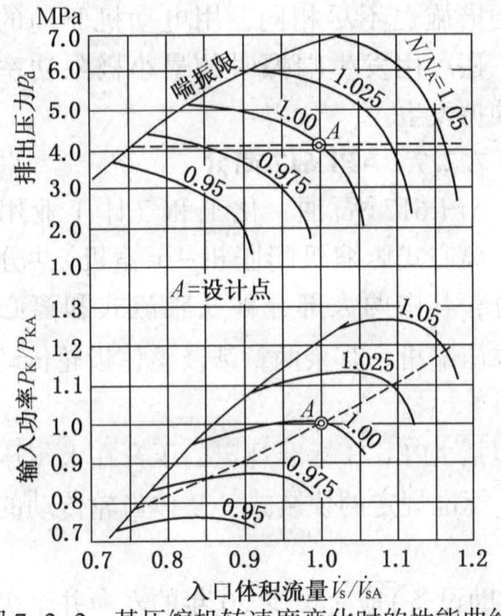

图7-2-2 某压缩机转速度变化时的性能曲线

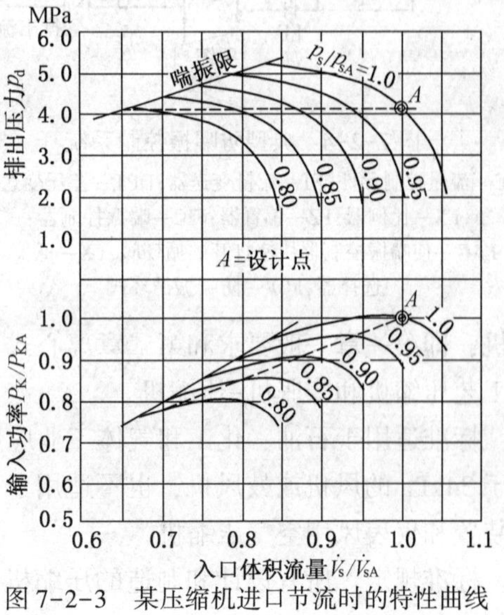

图7-2-3 某压缩机进口节流时的特性曲线

(3) 出口节流

出口节流调节实际上是人为加大管网阻力，改变管网特性，压降消耗在阀门的损失上，故出口节流方法虽然简单，但经济性不好，特别是对具有较陡性能曲线的压缩机更是如此。通常，这种调节方法只能作为临时的调节措施。

(4) 入口旁路、放空

多余气体返回入口或放空(对压缩空气而言)虽不失之为一种调节方法，但经济性很差。

7.2.6 防喘振

离心压缩机的稳定操作区为额定点到喘振点。喘振点为最小流量点，通常约为设计流量的65%。超过额定点流量至一定限度时压缩机会在后几级发生“滞止”或“旋转脱离”现象，小于喘振点流量，则会发生喘振。喘振工况对压缩机具有严重的危害性，必须设法避免。发生喘振时，气流来回振荡，导致压缩机部件受反复交变应力。压缩机的压力或能级越高，其喘振的破坏力也越大。

任何防喘振控制系统必须能保持压缩机有一个最小的体积流量。通常，这个流量要高于喘振点流量的10%左右。这可以通过将出口排气(须冷却至正常吸气温度)旁路至入口或放空来实现。在多数应用场合下，基于流量控制的简单系统就可以胜任。但是对于转速和吸入工况多变的情况，就须装配复杂的控制系统，以保证在所有状态下都能稳定操作。这可以用压力、温度或转速信号，或者由几个参数的组合信号所形成的调节系统来控制。同时，控制系统还必须确保在起动和停车过程中提供足够的流量，以避免喘振和气体过热。

任何控制方案都须将停车装置与应在3秒内完全打开的防喘振阀联锁，以使压缩机能在打开防喘振阀的情况下，依靠惯性作用缓慢降速至停车，避免在转速降低过程中可能持续发生的喘振。典型的防喘振控制系统如图7-2-4所示。

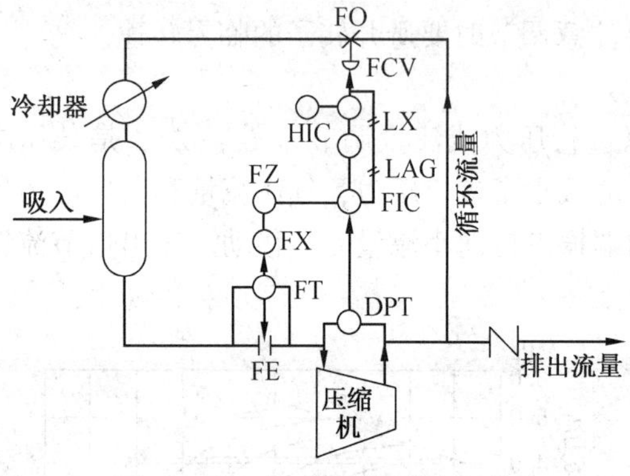

图7-2-4 典型防喘振控制系统

FE—流量控制元件；FT—流量变送器；DPT—差压变送器；FX—比例器；FZ—偏置器；FIC—喘振控制器；LAG—使喘振控制器快速打开的循环阀；LX—低信号选择器；FCV—防喘振循环阀

炼油厂内有不同用途的压缩机，其防喘振的措施也不尽相同，用电动机驱动的压缩机，还可用发生喘振时的最小极限功率来控制喘振发生。

7.2.7 API 617简介

API 617《石油、化工和气体工业用轴流式、离心式压缩机膨胀机-压缩机》共分四大部分，其中两大部分涉及轴流式和离心式压缩机，即第一章一般要求和第二章离心式和轴流式压缩机。其余两章涉及整体齿轮传动离心式工艺压缩机和膨胀机-压缩机。

标准适用于石油、化工和气体工业应用，不包括API 673标准规定的压升在大气压以上小于34kPa的风机或鼓风机，也不适用于API 672标准规定的快装式、整体齿轮传动的离心式装置和仪表风用空气压缩机。

标准规定，所有设计和制造的压缩机(包括辅助设备)应有最少20年的寿命并至少连续运行5年。

除非另有规定，否则冷却水系统应设计成表7-2-4所规定的工况。

表7-2-4 冷却水系统的设计规定

项　目	规定值	项　目	规定值
换热器表面水速	1.5~2.5m/s	最高出口温度	50℃
最大允许工作压力	0.7MPa(表)	最大温升	20K
试验压力	1.5MPa(表)	最小温升	10K
最大压降	0.1MPa	水侧结垢系数	0.35m^2·K/kW
最高入口温度	30℃	碳钢壳体腐蚀裕量	3mm

对于性能，标准规定，卖方应提供完整的技术数据和性能曲线。气体的性质买方与卖方应协商一致。买方应规定正常工作点的条件。除非另有规定，否则在没有负偏差的情况下压缩机应提供正常的压头和流量。而在正常工作点的功率不应超过预定值的104%。压头—流

量特性曲线应从额定点至预期的喘振点连续地上升。在没有旁路的情况下，压缩机应适合在大于预期喘振点10%的任意流量下连续运行。轴流式压缩机，由于叶片应力的原因，制造厂家也可以要求过载极限。

设备的布置，包括管线和辅助设施应由买和卖方在协调会议之前联合商定。为了使干扰因素降至最小，如果需要，卖方应该对买方的管线和基础图提出意见。若有规定，卖方代表应检查与法兰连接的管线；检查操作温度下的对中；参与初始对中的检查。

若有规定，设备应适合现场用空气运转，其性能参数，包括任何所需要的保护措施应由双方协商一致。

对于材料，标准规定，买方可以规定现场环境下的任何移动的和过程流体里的腐蚀介质，包括引起应力腐蚀裂纹的介质。卖方规定材料的试验及检查方法，但买方可以对关键部件所用的材料提出另外的试验和检查方法。对于湿 H_2S 的环境，买方的责任是确定 H_2S 量。

奥氏体不锈钢不能用在可能发生应力腐蚀裂纹的地方；铜和铜的合金不能用于和工艺流体相接触的主机和辅机部件；但Ni-Cu合金(UNS NO4400)轴承巴氏合金和弥散硬化不锈钢不包括在此限。

标准规定，暴露于湿 H_2S 环境的材料应符合NACE MRO 175—93的规定。对于NACE MRO 175—93未包括在内的黑色金属，应限制其屈服强度不超过620MPa，硬度不超过HRC22。如果需要，焊接组装的部件应于焊后进行热处理，以满足焊接金属和热影响区对屈服强度和硬度的要求。对于氢分压大于689kPa或在任何应力下氢气浓度大于90%(mol)时，不能使用屈服强度超过827MPa或硬度大于HRC34的材料。

标准规定，买方规定用于冲击试验和其他材料要求的最小设计金属温度和同时产生的压力。在低温下所用的材料和结构应适应最小设计金属温度和同时产生的压力，以避免脆裂。

表7-2-5列出主要压缩机部件的典型材料规范。

表7-2-5 主要压缩机部件的典型材料规范

部件	材料[a]	规范[b]	温度极限[c]/℃(℉)		
			形式	最小	最大
壳体					
铸造	铸铁	ASTM A 278, Class 30	铸件	-45(-50)	230(450)
		ASTM A 278, Class 40	铸件	-28(-20)	260(500)
	奥氏体铸铁	ASTM A 436, Type 2	铸件	-45(-50)	260(500)
		ASTM A 571, Type D-2M Classes 1&2	铸件	-195(-320)	260(500)
	球墨铸铁	ASTM A 395	铸件	-28(-20)	260(500)
	铸钢	ASTM A 216, Grade WCB[d]	铸件	-28(-20)	400(750)
		ASTM A 352, Grade LCB	铸件	-45(-50)	345(650)
		ASTM A 352, Grade LC2	铸件	-75(-100)	345(650)
		ASTM A 352, Grade LC3	铸件	-100(-150)	345(650)
		ASTM A 352, Grade LC4	铸件	-115(-175)	345(650)
		ASTM A 352, Grade LCC	铸件	-45(-50)	345(650)
		ASTM A 217	铸件	-28(-20)	400(750)

续表

部 件	材 料[a]	规 范[b]	温度极限[c]/℃(℉)		
			形式	最小	最大
制造	铸造不锈钢	ASTM A 743/744 或 A351, Grade CF3, CF3M, CF8 或 CF8M	铸件	-195(-320)	345(650)
		ASTM A 351, Grade CF3MA 或 CF8MA	铸件	-195(-320)	345(650)
	铸铝	ASTM A 356 或 A 357	铸件	-195(-320)	150(300)
	铸钛	ASTM B 367, Grade C3 或 C4	铸件	-45(-50)	150(300)
	钢	ASTM A 285, Grade C	钢板	-45(-50)	345(650)
		ASTM A 516, Grade 55, 60, 65, 70	钢板	-45(-50)	345(650)
		ASTM A 203, Grade A 或 B	钢板	-60(-75)	345(650)
		ASTM A 203, Grade D 或 E	钢板	-105(-160)	345(650)
		ASTM A 537, Class 1 或 2	钢板	-60(-75)	345(650)
		ASTM A 353	钢板	-195(-320)	345(650)
		ASTM A 553, Type Ⅰ	钢板	-195(-320)	345(650)
		ASTM A 553, Type Ⅱ	钢板	-170(-275)	345(650)
		ASTM A 266, Class 1 或 4	锻造	-28(-20)	345(650)
		ASTM A 336, Class F1	锻造	-28(-20)	345(650)
		ASTM A 414	板材	-28(-20)	345(650)
		ASTM A 508, Class 5a	锻造	-28(-20)	345(650)
		ASTM A 350, Grade LF2	锻造	-45(-50)	345(650)
		ASTM A 350, Grade LF3	锻造	-100(-150)	345(650)
	不锈钢	ASTM A 240, Type 304, 304L, 316, 316L 或 321	钢板	-195(-320)	345(650)
		ASTM A 182, Grade F304, F304L, F316 或 F321	锻造	-195(-320)	345(650)
	铝	ASTM B 209, Alloy 6061 或 7075	板材	-195(-320)	150(300)
		ASTM B 211, Alloy 6061 或 7075	圆料	-195(-320)	150(300)
		ASTM B 247, Alloy 6061 或 7075	锻造	-195(-320)	150(300)
		AMS 4108, Alloy 7050	锻造	-195(-320)	150(300)
隔板、导叶和内部壳体	铸铁	ASTM A 48 或 A 278, Class 30	铸件	-195(-320)	345(650)
	球墨铸铁	ASTM A 536	铸件	-195(-320)	345(650)
	铸铁	ASTM A 216, Grade WCB	铸件	-195(-320)	345(650)
	钢	ASTM A 283, A 284, A 285, A 516 或 A 543	钢板	-195(-320)	345(650)
		ASTM A 36	钢板	-195(-320)	345(650)
	不锈钢	ASTM A 743/744 或 A 351, Grade CA15, CF3, CF3M, CF8 或 CF8M	铸件	-195(-320)	345(650)
		ASTM A 240, Type 410	钢板	-195(-320)	345(650)
		ASTM A 276, Type 410	圆料	-195(-320)	345(650)
	铝	ASTM B 26, Alloy 355 或 C355	铸件	-195(-320)	145(300)

续表

部件	材料[a]	规范[b]	温度极限[c]/℃(℉)		
			形式	最小	最大
轴	钢	ASTM A 470,Class 1	锻造	-28(-20)	345(650)
		ASTM A 470,Class 7	锻造	-115(-175)	400(750)
		AISI Types 1040-1050[c]	圆料或锻造	-28(-20)	345(650)
		AISI Types 4140-4150[c]	圆料或锻造	-28(-20)	400(750)
		AISI Type 2320[c]	圆料或锻造	-110(-170)	345(650)
		ASTM A 522,Type 1	锻造	-195(-320)	345(650)
		ASTM 4340-4345	锻造	-115(-175)	345(650)
	不锈钢	ASTM A 336,Grade F6	锻造	-60(-75)	345(650)
		ASTM A 473,Type 410	锻造	-60(-75)	345(650)
	弥散硬化不锈钢	ASTM A 705,Types 630 或 XM-12	锻造	-75(-100)	345(650)
		ASTM A 564,Type 630 或 XM-12	圆料	-270(-454)	345(650)
叶轮	铝	ASTM B 26,Alloy C355	铸件	-195(-320)	150(300)
铸造	弥散硬化不锈钢	ASTM A 747,Type CB7CU-1 或 CB7CU-2	铸件	-75(-100)	345(650)
		ASTM A 148	铸件	-28(-20)	345(650)
		ASTM A 487 Gs 4Q	铸件	-45(-50)	345(650)
	不锈钢	ASTM A 743/744 或 A 351,Grade CA15 或 CA6NM	铸件	-45(-50)	345(650)
		ASTM A 743/744 或 A 351,Grade CF3,CF3M,CF8 或 CF8M	铸件	-195(-320)	345(650)
	铝	ASTM A 356 or A 357	铸件	-195(-320)	150(300)
	钛	ASTM B 367,Grade C3 或 C4	铸件	-45(-50)	345(650)
		ASTM B 367,Grade C5	铸件	-195(-320)	345(650)
制造(轮盖、轮毂、叶片)	铝	ASTM B 209,Alloy 6061 或 7075	板	-195(-320)	150(300)
		ASTM B 221,Alloy 6061 或 7075	圆料	-195(-320)	150(300)
		ASTM B 221,Alloy 6061 或 7075	挤压	-195(-320)	150(300)
		ASTM B 247,Alloy 2618,6061 或 7075	锻造	-195(-320)	150(300)
		AMS 4108,Alloy 7075	锻造	-195(-320)	150(300)
	钢	AIS Types 4130-4140[c]	钢板或锻造	-28(-20)	400(750)
		AISI Types 4320-4345[c]	钢板或锻造	-115(-175)	400(750)
		AISI Types 3140[c]	锻造	-45(-50)	400(750)

续表

部件	材料[a]	规范[b]	温度极限[c]/℃(℉)		
			形式	最小	最大
		ASTM A 543	钢板	-115(-175)	400(750)
		ASTM A 522, Type Ⅰ	锻造	-145(-230)	345(650)
		ASTM A 522, Type Ⅱ	锻造	-170(-275)	345(650)
		ASTM A 353	钢板	-195(-320)	345(650)
		AISI Type 403[e]	锻造	-60(-75)	345(650)
		ASTM A 473, Type 410	锻造	-60(-75)	345(650)
		ASTM A 240, Type 304, 304L, 316 or 316L	钢板	-195(-320)	345(650)
		ASTM A 473, Type 304, 304L, 316 或 316L	锻造	-195(-320)	345(650)
		UNS S42400	锻造	-101(-150)	345(650)
	弥散硬化不锈钢	ASTM A 705, Type 630 或 XM-12	锻造	-75(-100)	345(650)
		ASTM A 693, Type 630 或 XM-12	钢板	-75(-100)	345(650)
	Ni-Cu	SAE AMS 4646	锻造	-115(-175)	345(650)
		ASTM B 127	板料	-115(-175)	345(650)
		QQ-N-286	板料	-115(-175)	345(650)
迷宫密封 叶轮级间 轴密封和 平衡活塞	铝	ASTM B 26, Alloy 443, 335, 850, A850 或 B850	铸件	-195(-320)	315(600)
		6061-T6 或 1100	板料	-195(-320)	315(600)
	巴氏合金	ASTM B 23	铸件	-195(-320)	175(350)
	黄铜	ASTM B 16 或 B21	棒, 圆料	-195(-320)	150(300)
		ASTM B 36	板, 圆料	-195(-320)	150(300)
		ASTM B 171	板	-195(-320)	150(300)
	不锈钢	AISI Type 403, 410, 416, 303, 304 或 316	锻件	-195(-320)	345(650)
	Cr-Ni-Fe-Mo-Cu-Cb 合金	ASTM B 462	锻件	-195(-320)	345(650)
	不锈钢 蜂窝状	ASTM A 240, Type 304, 304L, 316 或 316L	制造	-195(-320)	345(650)
	Ni-Cu 合金	ASTM B 164	锻件	-115(-175)	345(650)
	非金属的 TFE[f]		模压	-195(-320)	260(500)
	非金属的 TFE[f] 填充碳的		模压	-28(-20)	260(500)
	非金属的 TFE[f] 填充云母的		模压	-54(-65)	260(500)
	铅	ASTM B 29	铸件	-101(-150)	205(400)
	Ni-石墨		涂层	-101(-150)	482(900)
	酚醛树脂	Micarta, NEMA, Grade LE	板材	-195(-320)	65(130)
	浸渍材料	Micarta, NEMA, Grade G10 或 G9	板材	-195(-320)	110(230)

续表

部　件	材　料[a]	规　范[b]	温度极限[c]/℃(℉)		
			形式	最小	最大
平衡活塞	钢(新的)	ASTM A 470, Class 1	锻造	−28(−20)	345(650)
		ASTM A 470, Class 7	锻造	−115(−175)	400(750)
		AISI Types, 1040−1050[c]	锻造	−28(−20)	345(650)
		AISI Types, 4130−4145[c]	锻造	−28(−20)	400(750)
		AISI Types, 4330, 4345[c]	锻造	−115(−175)	455(850)
		AISI Types 2320[c]	锻造	−112(−170)	345(650)
		ASTM A 522, Type Ⅰ	锻造	−195(−320)	345(650)
	不锈钢(新的)	ASTM A 336, Grade F6	锻造	−60(−75)	345(650)
		ASTM A 473, Type 410	锻造	−60(−75)	345(650)
		AISI Type 403 或 410[c]	锻造	−28(−20)	345(650)
	弥散硬化不锈钢	ASTM A 705, Type 630 或 XM−12	锻造	−75(−100)	345(650)
	Ni-Cu 合金	SAE AMS 4676	锻造	−115(−175)	345(650)
轴套	钢	AISI Types 4130−4150[c]	锻造	−45(−50)	345(650)
		AISI Types 4320−4345[c]	锻造	−115(−175)	400(750)
		ASTM A 470, Class 7	锻造	−115(−175)	400(750)
		ASTM A 522, Type Ⅰ	锻造	−195(−320)	345(650)
		ASTM A 106	管子	−28(−20)	345(650)
		ASTM A 350	锻造	−45(−50)	345(650)
		ASTM A 350, Grade LF−3	锻造	−100(−150)	345(650)
	不锈钢	AISI Types 403 或 410[c]	锻造	−75(−100)	400(750)
	Ni-Cu 合金	ASTM B 164 或 SAE AMS 4676	锻造	−115(−175)	345(650)
	Ni-Mo-Cr 合金	ASTM B 574, Alloy N10276	锻件	−115(−175)	345(650)
		ASTM A 494, Grade CW−12M−1	铸件	−115(−175)	345(650)
	弥散硬化不锈钢	A 705 Type 630 或 XM−12	锻造	−75(−100)	345(650)

注：

a. 表中所列材料是压缩机制造厂家常用的材料，但未包括所有材料在内。也有其他合适的材料，并且由于特殊设计的考虑而需要时，也可以采用。

b. AISI 类的叙述可以在 ASTM DS 56D 里找到，见注“e”。

c. 本表所列的温度极限是压缩机制造厂家通常所测得的极限值，没必要列出和材料规范规定的一样的温度极限。

d. 正火或正火+回火。

e. AISI 命名仅是钢类型的化学成分的描述；它们不是采购的规范。全部材料应该按着适当定义的性质和核对标准的规范购买。

f. TFE＝四氟乙烯。

对于壳体，标准规定，对于空气或其他非可燃性气体，根据 ANSI B16 的相关规定，壳体可用钢、球墨铸铁或铸铁材料；对于可燃或有毒气体，壳体用钢或买方同意的合金材料。对于任何材料的耐压壳体(不包括螺栓)的设计，所采用的许用拉伸应力不能超过材料在最高操作温度下的最小极限抗拉强度的 0.25 倍。对于铸造材料，许用拉伸应力还应乘以一个铸造系数。

除非另有规定，否则在氢分压（在最大允许工作压力下）大于1380kPa（表）时，应采用径向剖分形式。氢分压的计算为最大允许工作压力乘以氢的最大规定的mol（体积）百分比。

径向剖分壳体通常采用O形环、垫片或其他符合规定运行条件的密封设施；轴向剖分壳体应采用金属-金属接缝，用合适的螺栓紧密连接。垫片（包括绳类）不能用于轴向接缝。放置在加工后的槽内，置入轴向剖分壳体连接法兰面的O形环可以在买方的同意下采用。

径向剖分壳体主工艺出、入接口均应在外部的壳体上，不应在端头。径向剖分悬臂结构的压缩机，其工艺气体的入口接口可在端头上。

标准规定，买方应提出安全阀的设定压力。壳体的最大允许工作压力应至少等于规定的安全阀的设定压力。当安全阀的设定压力不能规定时，最大允许工作压力最低应为1.25倍的规定的最大排出压力（表），而系统的保护则由买方完成。

对于转子，标准规定，转子的主要部件，如轴、叶轮、平衡鼓，在组装前应单独地进行动平衡。除非另有规定，否则在组装时转子应多面地顺序进行动平衡。动平衡应在增加不多于两个主要部件后进行。平衡校准仅适用于新增部件，其他部件的少量的校准可以在完成组装部件的最后微调平衡阶段进行。每一面（轴颈）最大允许剩余不平衡应为式

$$U_{max} = 6350W/N \quad g \cdot mm$$

的计算值或250μmm的质量偏心度中的较大值者。式中 W 为轴颈处的静载荷，kgf；N 为最大转速，r/min。质量偏心度=不平衡量/重量。

叶轮可以是闭式和半开式，可以由锻件和铸件组成。气体通道的焊道应平滑，不应有焊接的飞溅物。焊后应进行热处理以消除应力。叶片的入口和出口顶部不应有刃椽。

标准规定，直径大于200mm的轴应采用锻钢；直径为200mm或小于200mm的轴可以采用锻钢或满足锻轴质量和热处理条件的热轧圆钢料。

如需要降低止推轴承的轴向负载，应设置平衡活塞（Balance Piston）、平衡管线和通道。独立的压力计接口设在平衡室，而不是设在平衡管线上。

除非另有规定，否则联轴节应由压缩机制造厂家供应。对于振动的合格判据，规定在轴承盖上测量如下：

① 速度在3000r/min以上，振动不能超过7400/N mm/s或1mm/s之间的较大值。N 为转速，r/min。

② 速度小于3000r/min，振动不能超过2.5mm/s。

对于导叶，标准规定，若有规定或要求，为了满足预定的操作条件，可提供离心压缩机的可调入口导叶或轴流压缩机的可变静叶。入口导叶应尽可能地靠近叶轮入口。若对有毒、可燃和爆炸性气体采用入口导叶或可变静叶时应密封通过壳体或外壳的泄漏。

对于驱动机械，标准规定，蒸汽透平应符合ISO 10437（API 612）的规定，当操作在规定的运行条件和正常的蒸汽工况下，透平应连续输出不小于最大功率的110%。电动机应符合国际上公认的标准，如API 541或API 546。电动机在任何规定的运行状态下至少应输出最大功率的110%（包括齿轮、联轴节损失）。电动机应在买方规定的降低电压下满足起动转矩的要求。除非另有规定，否则起动电压是正常电压的80%。

对于密封和润滑系统，标准规定，买方规定轴端密封的形式和全部运行工况，包括开、

停车和稳定正常工作时的工况。

买方规定密封油和润滑油系统是独立还是联合。如为独立，则要在卖方建议里描述防止两个系统内部变化的方式。

对于运转试验，标准规定，运转试验应是：

① 所有试验的设备的机械操作和仪表令人满意。未经过滤的振动测量数据应不超过规定值，并在整个运行速度的范围内予以记录。

② 当设备运行在最大连续转速或其他试验所要求的转速时，应获得振动数据以确定不同频率下，而不是同步频率下的振幅。该数据应涵盖频率范围为0.25~8倍的最大连续转速。如果任何不连续的、非同步振动的振幅超过允许振动值的20%时，买方和卖方应对任何附加试验的要求和设备的可接受性取得一致。

③ 运转试验应验证横向临界转速符合要求。

④ 验证对不平衡响应的分析。

⑤ 如有备用转子，则备用转子也应按本标准进行运转试验。

此外，标准还对轴承、控制仪表、辅助设施及检查试验等做了相关规定和说明，并给出包括正常和其他工况、气体分析数据、壳体、导叶、密封、润滑、轴承和轴承箱、转速及振动以及驱动机械在内的数据表；同时列出53项卖方的数据要求，其中规定卖方应在结束车间试验的30天内提供技术数据手册，包括

① 材料必要的检验证书

② 材料清单上全部项目的规范。

③ 满足规范考核要求的试验数据。

④ 热处理记录。

⑤ 质量检验和检查结果。

⑥ 机械运转试验数据记录。

⑦ 最终的机组维护和运转间隙。

卖方要保留这些经过买方确认的数据至少5年。

7.2.8 沈鼓产品介绍

沈阳鼓风机(集团)有限公司是我国大型的离心式压缩机制造企业之一，也是向炼油厂提供离心式压缩机的主要厂家，它的产品在炼油厂获得广泛应用。

沈鼓生产的炼油厂输送工艺气体用离心式压缩机主要有MCL和BCL型系列。这两种系列压缩机都是20世纪70年代后期从意大利新比隆公司引进的先进技术，并结合独立开发、持续引进，与国外联合制造等手段形成了现今的、以积木式优化设计原理设计制造的先进系列。

MCL系列为中低压水平剖分式多级离心压缩机，最高工作压力达6MPa，适用于各种中、低压装置的气体压缩输送。本系列压缩机分MCL、2MCL、3MCL和DMCL四种。

MCL压缩机，炼厂一般用来输送空气、丙烷、丁烷等气体；

2MCL型压缩机是叶轮背-背布置的2段多级压缩机。压缩机有中间进、排气管，便于装设中间冷却器。性能与MCL类似，常用于输送空气、氧气、氮气、二氧化碳气、富气、瓦斯气等，也可用于和MCL型相同的用途。

3MCL型3段压缩机常用来输送丙烷、丙烯、乙烷、乙烯等气体。

BCL系列为中、高压多级筒型离心式压缩机，其最高工作压力可达70MPa，适用于各

种高压精炼装置，常用于输送氢气、天然气、氨气、合成气等。该系列压缩机机壳由锻造的碳钢或合金钢筒体和端盖构成，隔板材质为锻钢或球墨铸铁，其转子、轴密封、轴承等与MCL系列类似。适用于各种气候条件和露天场所长期运行。该系列压缩机分为BCL和2BCL型二种。

7.2.9 沈鼓对炼油装置的离心压缩机主导产品

沈阳鼓风机(集团)有限公司对炼油装置的主导产品及在炼油厂的部分应用情况如表7-2-6和表7-2-7所示。

表7-2-6 沈鼓对炼油装置的主导产品

型号	压缩气体	型号	压缩气体
BCL 405	循环氢	BCL 459	循环氢
BCL 408	循环氢	2MCL 706	富气

表7-2-7 沈鼓主导产品在炼油厂的部分应用

序号	用户名称	机型	介质	入口 MPa/℃	出口 MPa/℃	流量/ (Nm^3/h) (m^3/h)	原动机/ kW	出厂年份
1	克拉玛依石化厂	BCL457	H_2	1.1/40	1.8/93.1	6660	1531 (汽)	2000
2	上海石化公司	BCL406	H_2	5.4/4.5	7.2/68	73500	996 (汽)	2000
3	抚顺石化公司(三厂)	BCL/407A	H_2	9.5(G)/40	11.6/67.2	20000	2430 (汽)	2000
4	安庆石化公司	BCL408	H_2	7.6/50	9.6/82.5		1038 (汽)	2000
5	延炼实业集团	BCL408	H_2	1.3/40	2.0/79.5	66000	1150 (电)	2001
6	高桥石化公司	BCL407	H_2	6.154(T)/45	7.95(G)/81	55000	708 (电)	2001
7	锦西炼化总厂	BCL405/A	H_2	9.9(G)/45	12.4(G)/71.5	180000	2136 (汽)	2001
8	大连石化公司	BCL606	H_2	0.339/43	0.696/101.4	80675	2366 (汽)	2001
9	扬子石化公司	BCL408	H_2	2.678/48.42	3.478/78	17015	279 (汽)	2001
10	锦西炼化总厂	BCL457	H_2	0.34/44	0.66/100.4	33190	1075 (汽)	2001
11	镇海炼化公司	BCL408	H_2	562(G)/54	6.8(G)/90.8	145000	2273 (汽)	2001
12	石家庄炼化公司	BCL457	H_2	0.8/40	1.3/87.8	78000	1775 (汽)	2001
13	青岛石油化工厂	2MCL606	富气	0.18/40	1.6	30000	3370/2500 (汽+电)	1998
14	青岛石油化工厂	MCL1003	空气	0.099/	3.2/	96000	6300/6	1998

续表

序号	用户名称	机 型	台数	入 口 MPa/℃	出 口 MPa/℃	流量/ (Nm^3/h) (m^3/h)	原动机/ kW	出厂年份
15	鞍山炼油厂	MCL904	空气	0.096/24.9	0.4/	62700	5500/6	1998
16	镇海炼化公司	2MCL806	富气	0.2/40	1.6/	67800	5904(汽)	1998
17	杭州炼油厂	MCL704	空气	0.098/20	0.392/	42000	3300(电)	1998
18	中原石油勘探局	2MCL456	富气	0.16/40	1.6	15000	1750(汽)	1998
19	抚顺石油二厂	2MCL606	富气	0.2/40	1.8	42000	4203(汽)	1998
20	大连石化公司	2MCL606	富气	0.16/40	1.6	30000	3226(汽)	1998
21	宁夏炼油厂	MCL904	空气	0.86/23.5	0.353	48000	400/6	1998
22	锦西炼化总厂	2MCL457	空气	0.096/24	0.9	15000	2000/6	1998
23	胜利炼油厂	2MCL457	富气	0.18/45	1.6	15000	1669(汽)	1998
24	淮阴泾江石化公司	2MCL456	富气	0.14/40	1.6	11400	1427(汽)	1999
25	大庆石化公司	2MCL606	富气	0.637/42	1.8	39000	3706(汽)	1999
26	胜利炼油厂	2MCL457	解析气	0.12/40	0.853	10245	1085(汽)	1999
27	中石油化北分公司	2MCL606	富气	0.18/40	1.6/	33000	8361	2000
28	青岛石化厂	2MCL457	解析气	0.1/40	0.62/145	9250	916(汽)	2000
29	中石油化北分公司	2MCL457	解析气	1.1/40	0.54/	13000	1164(电)	2000
30	玉门炼油厂	MCL904	空气	0.07177/18.6	0.3334/	72000		2000
31	金陵石化公司	2MCL526	富气	0.16/40	1.63/126	30000	3332(汽)	2000
32	中原石油化工有限责任公司	2MCL458	燃料气	0.139/30	0.62/122.2	6163	543(电)	2000
33	沧州炼油厂	2MCL606	富气	0.2/40	1.5/	35400	3524(汽)	2001
34	安庆石化分公司	2MCL458	焦化富气	0.15/45	1.55/123.2	18000	2160(汽)	2001
35	哈尔滨石化分公司	2MCL457	解析气	0.01(G)/40	0.8(G)/40	8300	1067(汽)	2001
36	长岭分公司	2MCL606	富气	0.2/40	1.7/109.9	43980	4137(汽)	2001
37	安庆分公司	MCL763	空气	0.1/35	0.294/	67772	2726(汽)	2001

7.3 轴流式压缩机

轴流式压缩机也属于透平式或速度式压缩机，炼油厂多选用作催化裂化装置的主风机。

轴流式压缩机具有如下特点：效率较高，单机效率可达86%~92%，比离心式压缩机高5%~10%；单位面积流通能力大，径向尺寸小，适宜流量大于1500m^3/min的场合；单级压力比较低，亚音速时为1.05~1.28，单缸多级压力比可达11；与离心式压缩机相比，静叶不可调式轴流压缩机的稳定工况区较窄，在恒定转速下，流量变化相对较小，压力变化较大。此外，结构较为简单，维护方便。

因此，轴流压缩机对于中、低压、大流量，且载荷基本不变的情况较为理想。全静叶可调式轴流压缩机可以扩大压缩机的稳定工况区，弥补了静叶不可调式压缩机的不足，而且可以提高压缩机的效率，降低起动功率。表 7-3-1 和表 7-3-2 是我国轴流压缩机主要制造厂家西安陕鼓动力股份有限公司所生产的两种压缩机的性能参数表。目前，炼油厂主要用全静叶可调式轴流压缩机。

表 7-3-1　全静叶可调式轴流压缩机的性能参数

型　号	转子轮毂直径/cm	级　数	压　比	吸入流量/($10^3Nm^3/h$)	功　率/10^2kW	转　速/(r/min)
AV40	40	9~18	2.7~7.2	70~85	34~80	8833
AV45	45	9~18	2.7~7.2	85~110	40~100	7852
AV50	50	9~18	2.7~7.2	110~135	50~130	7066
AV56	56	9~18	2.7~7.2	135~165	62~160	6309
AV63	63	9~18	2.7~7.2	165~215	80~200	5608
AV71	71	9~18	2.7~7.2	215~275	100~270	4976
AV80	80	9~18	2.7~7.2	275~350	135~330	4417
AV90	90	9~18	2.7~7.2	350~425	170~410	3926
AV100	100	9~18	2.7~7.2	425~550	210~510	3533
AV112	112	9~18	2.7~7.2	550~680	270~650	3153
AV125	125	9~18	2.7~7.2	680~850	340~880	2827
AV140	140	9~18	2.7~7.2	850~1050	400~900	2524

注：介质为空气。

表 7-3-2　静叶不可调式轴流压缩机的性能参数

型　号	转子轮毂直径/cm	级　数	压　比	吸入流量/($10^3Nm^3/h$)	功　率/10^2kW	转　速/(r/min)
A40	40	9~17	2.9~7.7	65~84	33~83	9549
A45	45	9~17	2.9~7.7	84~110	45~106	8488
A50	50	9~17	2.9~7.7	110~132	56~135	7639
A56	56	9~17	3~7.7	132~168	72~180	6821
A63	63	9~17	3~7.7	168~230	90~220	6063
A71	71	9~17	3~7.7	230~275	115~270	5380
A80	80	9~17	3~7.7	275~350	149~350	4775
A90	90	9~17	3~7.7	350~440	170~440	4244
A100	100	9~17	3~7.7	440~550	240~540	3820
A112	112	9~17	3~7.7	550~680	290~690	3410

7.3.1　轴流压缩机的基本结构

轴流式压缩机主要由机壳、转子、静叶、调节缸等组成。基本结构和主要元件见图 7-3-1。

轴流压缩机的典型特性曲线如图 7-3-2 所示。从特性曲线可以看出，在转速不变的情况下，若流量变化不大时，压力变化较大。

7.3.2　轴流压缩机级和叶栅的主要参数

(1) 叶栅进口马赫数

$$M_{aw} = w/a$$

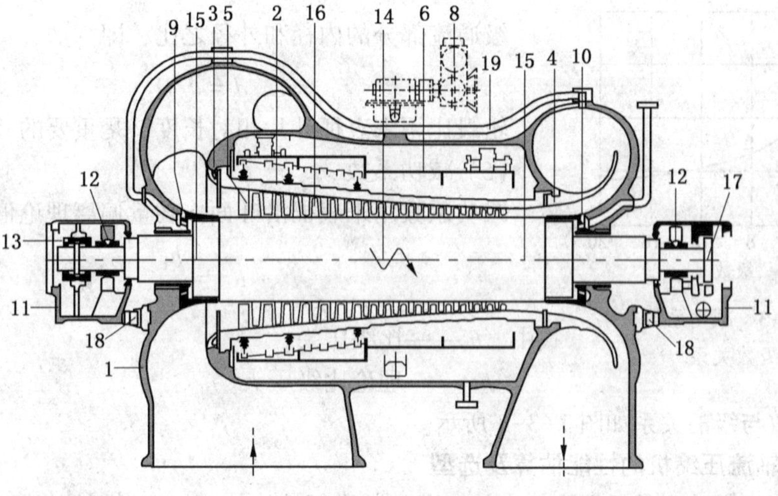

图 7-3-1　轴流压缩机基本结构

1—机壳；2—叶片承缸；4—扩压器；5—静叶；6—调节缸；8—伺服马达；
11—轴承座；14—转子；15—平衡盘；16—动叶

式中　w——进口相对速度，m/s。

如为亚音速叶栅则 $M_{aw}<M_{ac}$。M_{ac} 临界马赫数，一般为 0.65~0.85。

若速度达到最大马赫数 M_{awmax} 时，流过叶栅的流量最大。一般取 M_{awmax} 为 0.85~0.95。

(2) 反作用度

级的反作用度 Ω 是级的静压头与理论能量头的比值。若级的进、出口轴向速度和气流角度相等，则

$$\Omega=\frac{W_{um}}{u}$$

式中　W_{um}——级进出口平均相对速度；

u——级进口圆周速度。

对于工业轴流压缩机，级反作用度为 0.5，0.6，0.8，1.0 几种。

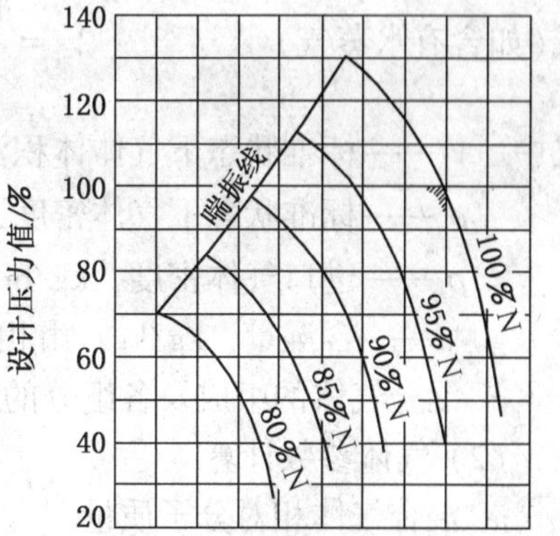

图 7-3-2　典型的轴流压缩机特性曲线

(3) 圆周速度

动叶尖圆周速度为

$$u_t=\pi D_t n/60$$

级进口平均圆周速度

$$u_m=\pi D_m n/60$$

级叶根(轮毂)圆周速度

$$u_h=\pi D_h n/60$$

式中　D_t、D_m、D_h——动叶的叶尖、平均和叶根直径；

n——转速。

工业轴流压缩机的级叶根圆周速度 $u_h\leqslant 200$m/s；若压缩空气则 $u_h\leqslant 185$m/s。

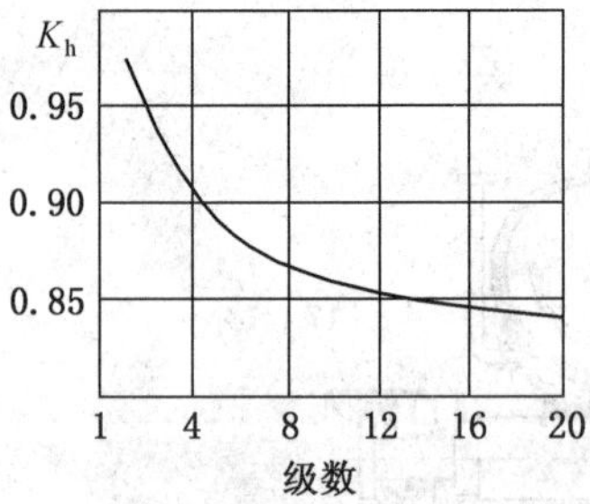

图 7-3-3 减功系数与级数关系

（4）轮毂比

级通流部分的内径和外径之比，即

$$\bar{d} = d/D$$

轮毂比用来表征叶片相对长度，是重要的几何参数之一。

（5）减功系数

减功系数用来表征沿叶面作功量偏离理论值的程度。

$$K_h = \frac{h_t}{ht_0}$$

式中 h_t——比级压头；

ht_0——理论比级压头。

减功系数与级的关系如图 7-3-3 所示。

7.3.3 轴流压缩机的性能估算及选型

轴流压缩机的选型是根据已给出的工况参数进行性能估算，选择压缩机型号、级数、工作转数及功率等。

（1）已知工况参数

a. 吸入气体压力(绝)p_s，MPa

b. 排出气体压力(绝)p_d，MPa

c. 进口气体温度T_s，K

或 t_s(℃)+273 K

d. 进口气体体积流量 V_s，m^3/s

或(如含有水蒸气) $$V_s = \frac{V_n \rho_n (1 + d) \times 1.005}{60\rho_s} \quad m^3/s$$

式中 V_n——标准状态下气体体积流量，m^3/s；

ρ_n——标准状态下气体密度，kg/m^3

ρ_s——进口气体密度，kg/m^3；

d——含湿量，kg/kg，由相对湿度和进气温度下的饱和空气水蒸气含量求得。

e. 混合气体的组成及各组分的体积分数

（2）气体参数计算

a. 混合气体相对分子质量

$$M = \Sigma r_i M_i \quad kg/kmol$$

b. 混合气体气体常数

$$R = \frac{8314}{M} \quad 或 \quad R = \frac{R_{干} + dR_{水}}{1 + d} \quad J/(kg \cdot K)$$

式中 $R_{干}$——干燥气体气体常数；

$R_{水}$——水蒸气气体常数，为 462J/(kg·K)。

c. 气体绝热指数

$$\kappa = \Sigma \frac{\gamma_i}{\gamma_i - 1} + 1 \quad 或 \frac{\kappa}{\kappa - 1} = \frac{c_{p干} + dc_{p水}}{R_{干} + dR_{水}}$$

式中 γ_i——混合气体 i 组分的比热比；

$c_{p干}$——干燥气体比定压热容，J/(kg·K)；

$c_{p水}$——低于100℃时水蒸气的比定压热容，为1884J/(kg·K)。

(3) 选型计算

a. 转子轮毂直径

$$D_h = \sqrt{\frac{V_s}{u_h}} \quad \text{m}$$

式中 u_h——轮毂外缘圆周速度，m/s，在150~190m/s之间选取。

D_h 计算后圆整至相近型号压缩机的轮毂直径。

b. 压缩机级数

$$N = \frac{6.9RT_sZ}{u_h^2}\left[\left(\frac{p_d}{p_s}\right)^{\frac{\kappa-1}{\kappa\eta_p}} - 1\right]$$

式中 Z——压缩系数，轴流压缩机为1；

η_p——多变效率，通常取0.88~0.89。

N 计算后圆整为整数。

c. 工作转速

$$n = \frac{60u_h}{\pi D_h} \quad \text{r/min}$$

d. 压缩机功率

$$P = c_{ps}T_sV_s\rho_s\left[\left(\frac{p_d}{p_s}\right)^{\frac{\kappa-1}{\kappa\eta_p}} - 1\right] + P_1 \quad \text{kW}$$

式中 P_1——机械损失，kW。

7.3.4 流量调节及防喘振

轴流压缩机流量调节可通过如下方式：

(1) 通过改变转速调节流量。

(2) 通过调节进口导叶或静叶调节流量，若使用全静叶可调压缩机，则可通过部分或全部地开启静叶得到很宽的流量调节特性。压缩机在起动时，一级静叶角调至最小(约14°)，此时压缩机起动功率仅为额定功率的15%左右。然后快速调至22°，避开14°~22°的旋转失速区。22°是静叶的最小运行角度，而78°为最大运行角度。运行时，流量可在22°~78°范围内调节。

(3) 进口节流，有一定调节范围，适用于恒定转速的压缩机。

(4) 出口节流，经济性不好，不适合压力-流量性能曲线陡的轴流压缩机。

轴流式压缩机是透平式机械，因而也和离心式压缩机一样会发生不稳定的空气动力现象。为了避免喘振，可选用有一定防喘振作用的全静叶可调式压缩机，或者使操作点离开喘振点，有一定的安全裕量，如5%~10%。如果可能，应该设置防喘振调节系统，使压缩机维持在稳定工况区运行，并能在停车、起动和任何非设计工况下有自动保护功能。

7.3.5 陕鼓轴流式压缩机在炼厂应用情况

陕鼓动力股份有限公司是我国主要的轴流压缩机生产厂家，为我国炼厂提供了大量的轴流式压缩机产品。表7-3-3为该公司轴流式压缩机产品在我国炼厂的部分应用情况。

表 7-3-3 陕鼓轴流压缩机在炼油厂的应用情况

序号	产品型号	介质	进口工况			出口压力/MPa(A)	主轴转速/(r/min)	原动机		出厂年份	用户名称及装置规模	配置方式
			流量/(Nm^3/min)	压力/MPa(A)	温度/℃			规格型号	功率/电压 kW/kV			
1	AV45-12	空气	1580	0.102	25.2	0.34	6373	JKZ6300-2	6300/6	1986	湖北荆门炼油厂 60 万吨/年重油催化裂化	AC-G-M
2	AV50-12	空气	1672	0.1	6.6	0.392	6270	自备电机	5900/6	1987	抚顺石油一厂 120 万吨/年催化裂化	E-AC-G-M/G
3	AV50-12	空气	1672	0.1	6.6	0.392	6270	自备电机	5900/6	1987	抚顺石油二厂 120 万吨/年重油催化裂化	E-AC-G-M/G
4	AV45-15	空气	1318	0.0988	4.8	0.412	6352	Y/YF800-1-4	3200/6	1989	吉林前郭炼油厂 80 万吨/年重油催化裂化	E-AC-ST-G-M/G
5	AV45-15	空气	1280	0.0988	6.6	0.412	6352	Y/YF800-1-4	3200/6	1989	吉林炼油厂 80 万吨/年重油催化裂化	E-AC-ST-G-M/G
6	AV50-14	空气	1530	0.0994	8.9	0.387	5827	Y/YF800-1-4	3200/6	1989	锦州炼油厂 120 万吨/年重油催化裂化	E-AC-G-M/G
7	AV45-15	空气	1318	0.0988	4.8	0.412	6352	Y/YF800-1-4	3200/6	1990	辽河炼油厂 100 万吨/年重油催化裂化	E-AC-ST-G-M/G
8	AV50-11	空气	2100	0.102	15	0.314	5887	TD/PF-3.2/3	3200/6	1990	天津炼油厂 100 万吨/年重油催化裂化	E-AC-ST-G-M/G
9	AV45-12	空气	1560	0.096	15.4	0.392	7083	YCH710-4	6300/6	1991	上海炼油厂 100 万吨/年重油催化裂化	AC-G-M
10	AV50-14	空气	1875	0.096	3.2	0.392	5925	YCH710-4	6300/6	1992	大庆石化总公司 60 万吨/年重油催化裂化	E-AC-G-M
11	AV56-11	空气	2400	0.096	10.5	0.4	5785	YCH900-4	9000/6	1992	大连西太平洋 140 万吨/年重油催化裂化	E-AC-G-M
12	AV56-13	空气	2350	0.095	7.2	0.43	5800	YCH710-4	9000/6	1994	乌鲁木齐石化总厂 140 万吨/年重油催化裂化	E-AC-G-M
13	AV56-13	空气	2400	0.095	20.5	0.43	5800	YCH710-4	6300/6	1994	福建炼油厂 140 万吨/年重油催化裂化	E-AC-G-M/G
14	AV50-15	空气	1500	0.0987	5.8	0.4	5890	YCH710-4	6300/6	1995	呼和浩特炼油厂 100 万吨/年重油催化裂化	E-AC-G-M/G
15	AV50-15	空气	1500	0.0987	5.8	0.4	5890	YCH710-4	6300/6	1995	呼和浩特炼油厂 100 万吨/年重油催化裂化	E-AC-G-M/G
16	AV56-13	空气	2350	0.099	12	0.43	5800	YCH710-4	6300/6	1995	大港石油管理局 140 万吨/年重油催化裂化	E-AC-G-M/G
17	AV50-16	空气	1600	0.093	16	0.45	5875	YCH710-4	6300/6	1995	荆门石化总厂 80 万吨/年重油催化裂化	E-AC-G-M/G
18	AV56-13	空气	2500	0.098	15	0.45	5760	YCH710-4	6300/6	1996	济南炼油厂 140 万吨/年重油催化裂化	E-AC-G-M/G
19	AV56-10	空气	2270	0.096	16.5	0.34	5800	YCH710-4	6300/6	1996	安庆石化总厂 120 万吨/年重油催化裂化	E-AC-G-M/G

续表

序号	产品型号	介质	进口工况			出口压力/MPa(A)	主轴转速/(r/min)	原动机		出厂年份	用户名称及装置规模	配置方式
			流量/(Nm^3/min)	压力/MPa(A)	温度/℃			规格型号	功率/电压 kW/kV			
20	AV56－11	空气	2300	0.098	16.5	0.36	5760	YCH900－4	9000/6	1996	长岭炼油化工总厂120万吨/年重油催化裂化	E－AC－G－M/G
21	AV56－12	空气	2400	0.098	17.2	0.4	5800	YCH900－4	9000/6	1996	九江石化总厂120万吨/年重油催化裂化	E－AC－G－M/G
22	AV56－12	空气	2522	0.098	8.9	0.4	5750	YCH710－4	6300/6	1997	锦州石化总厂140万吨/年重油催化裂化	E－AC－G－M/G
23	AV45－16	空气	1300	0.096	11.6	0.412	6250	YCH710－4	4500/6	1997	天津石化第一石化厂80万吨/年重油催化裂化	E－AC－G－M/G
24	AV50－15	空气	1600	0.096	7.4	0.46	6098	YCH710－4	6300/6	1997	哈尔滨炼油厂60万吨/年重油催化裂化	E－AC－G－M/G
25	AV50－12	空气	1930	0.098	10.5	0.46	6800	YCH900－4	9000/6	1997	北京燕山石化公司200万吨/年重催	AC－G－M
26	AV50－12	空气	1930	0.098	10.5	0.46	6800	NG50－40	9500	1997	北京燕山石公司200万吨/年重催	AC－ST
27	AV50－16	空气	1600	0.0858	9.2	0.45	6090	YCH710－4	6300/6	1997	延安炼油厂80万吨/年重油催化裂化	E－AC－G－M
28	AV56－12	空气	2522	0.098	8.9	0.4	5750	YCH710－4	6300/6	1997	锦西炼油化工厂140万吨/年重油催化裂化	E－AC－G－M/G
29	AV50－11	空气	1900	0.096	16.5	0.32	6225	YCH710－4	6300/6	1997	岳阳石化总厂80万吨/年重油催化裂化	E－AC－G－M/G
30	AV50－15	空气	1600	0.094	26.2	0.45	6090	YCH710－4	4500/6	1997	塔里木炼油厂80万吨/年重油催化裂化	E－AC－ST－G－M/G
31	AV50－12	空气	1500	0.096	3.4	0.4	6295	YCH710－4	6300/6	1997	大庆林源炼油厂80万吨/年重油催化裂化	E－AC－G－M/G
32	AV80－10	空气	4800	0.097	3.2	0.42	4000	YCH1000－4	9000/10	1998	大庆油田化工总厂180万吨ARGG	E－AC－G－M/G
33	AV63－10	空气	3500	0.0976	3.2	0.35	5180	YCH1000－4	12000/10	1998	大庆油田化工总厂180万吨ARGG	AC－G－M
34	AV50－12	空气	1900	0.099	12.1	0.37	6099	YCH710－4	6300/6	1998	青岛石油化工总厂100万吨/年重油催化裂化	E－AC－G－M/G
35	AV56－13	空气	2800	0.098	6.9	0.44	5800	YCH900－4	9000/6	1998	抚顺油田二厂150万吨/年重油催化裂化	E－AC－G－M/G
36	AV71－12	空气	4200	0.098	28	0.42	4600	YCH710－4	6300/6	1998	镇海炼油化工公司300万吨/年催化裂化	E－AC－G－M/G
37	AV63－11	空气	3115	0.098	28	0.37	5250	YCH1000－4	12000/6	1998	镇海炼油化工公司300万吨/年催化裂化	AC－G－M
38	AV56－11	空气	2290	0.1002	26.2	0.36	6050	YCH710－4	6300/6	1998	南阳炼油厂100万吨/年重油催化裂化	E－AC－G－M/G

续表

序号	产品型号	介质	进口工况			出口压力/MPa(A)	主轴转速/(r/min)	原动机		出厂年份	用户名称及装置规模	配置方式
			流量/(Nm^3/min)	压力/MPa(A)	温度/℃			规格型号	功率/电压 kW/kV			
39	AV56-14	空气	2200	0.094	33.4	0.47	5850	NK40/56/0	12350	1999	苏丹喀土穆炼油厂180万吨/年重油催化裂化	AC-ST
40	AV56-14	空气	2200	0.094	33.4	0.47	5850	NK40/56/0	12350	1999	苏丹喀土穆炼油厂180万吨/年重油催化裂化	AC-ST
41	AV56-13	空气	2500	0.097	3.20	0.45	5750	YCH-900-4	9000/6	1999	大庆石油化工总厂140万吨/年重油催化裂化	E-AC-G-M/G
42	AV56-11	空气	2700	0.096	12.1	0.40	5890			1999	华北石油管理局100万吨/年重催	E-AC-G-M/G
43	AV56-11	空气	2350	0.099	15.3	0.35	5765	YNH900-4	9000/6	2001	金陵石化炼油厂120万吨/年重催	E-AC-G-M/G
44	AV56-12	空气	2700	0.098	13.4	0.4	5800	YCH710-4	6300/6	2001	沧州炼油厂140万吨/年催化改造	E-AC-G-M/G
45	AV63-13	空气	3250	0.097	4.5	0.40	5000	YCH1000-4	14000	2001	吉化股份公司140万吨/年催化裂化	E-AC-G-M/G
46	AV56-11	空气	2800	0.098	10.5	0.38	5765	YCH9000-4	9000/6	2000	大连西太平洋催化裂化装置改造	E-AC-G-M
47	AV56-13	空气	2800	0.099	12	0.47	5888	YCH710-4	6300/6	2000	大港石油管理局催化裂化装置改造	E-AC-G-M/G
48	AV90-12	空气	7300	0.098	26.4	0.45	3750	YNH1000-4	12000/10	2002	大连石化分公司350万吨/年催化裂化	E-AC-G-M/G
49	AV71-11	空气	4500	0.098	26.4	0.35	4500	YCH1000-4	18000/10	2002	大连石化分公司350万吨/年催化裂化	AC-G-M
50	AV50-13	空气	2150	0.098	30	0.41	6605			2002	广石化100万吨/年重催四机组改造	E-AC-ST-G-M/G
51	AV56-13	空气	2050	0.101	12.9	0.425	5850	YCH7000	7000/6	2002	齐鲁石化80万吨/年催化裂化改造	E-AC-G-M/G
52	AV90-15	空气	6200	0.085	9.3	0.47	3800	QF-22-2	25000/10	2004	兰州石化公司300万吨/年重催装置	E-AC-ST-M/G
53	AV80-13	空气	4340	0.085	9.3	0.37	4050	西门子电机	25000/10	2004	兰州石化公司300万吨/年重催装置	AC-G-M
54	AV56-13	空气	2750	0.089	12.5	0.4	5800			2004	陕西永坪炼油厂80万吨催化装置	E-AC-G-M/G
55	AV56-13	空气	2800	0.097	3.2	0.4	10374			2004	大庆炼化公司100万吨/年催化装置	

注：E 烟机；AC 静叶可调轴流压缩机；G 变速器；M/G 电动机/发电机；ST 汽轮机；A 静叶不可调轴流压缩机。

7.4 往复式活塞压缩机

活塞式压缩机通过曲柄连杆结构将驱动机的回转运动转变为汽缸内活塞的往复运动，使气体在汽缸内完成吸气、压缩、排气和膨胀过程。吸气阀和排气阀分别控制气体的吸入与排出。其结构如图 7-4-1 所示。由于气体排出有脉动现象，故常设置缓冲罐等附属设备。

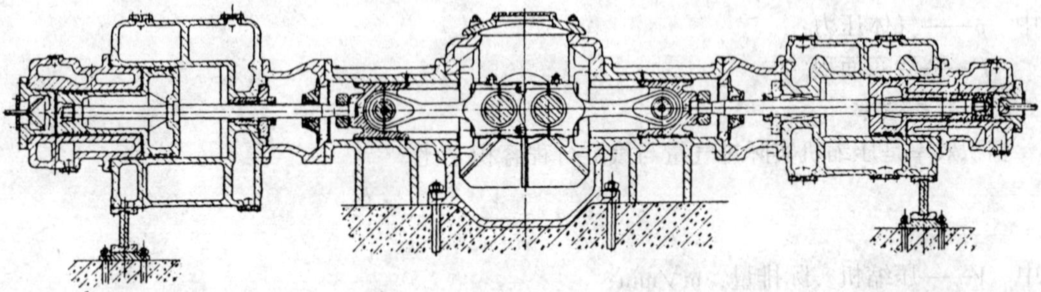

图 7-4-1 对称平衡式压缩机

现在，炼厂的一些加氢装置为了节省占地面积，常常选用往复式组合机组(即二合一机组)。这类机组是新氢压缩机和循环氢压缩机组合在一起的机组，其备用机数量可达 100%，而且两台机组备件可以互换，投资也有所降低。组合机组的适用范围大致为 30 万~120 万吨/年的加氢装置，适用规格如表 7-4-1 所示。

表 7-4-1 组合式机组的大致适用规格范围

项 目	新 氢	循 环 氧
入口压力/MPa(表)	1.6~2.0	7.2
出口压力/MPa(表)	9.2~12.5	9.5~12.5
入口温度/℃	40	
流量/(Nm^3/h)	13000~21000	53000~118000
功率范围/kW	800~4900	

7.4.1 活塞压缩机几个重要参数及指示图

(1) 级数

级数主要根据压缩机的排气压力和吸气压力之比确定。长期连续运转的大中型压缩机应按最高效率点取级数，各级的压力比为 2~4。

对压缩终了温度有某些限制的气体，可按所限温度选取级数和各级压比。通常，炼厂石油气为防止结焦，压缩终了温度应小于 90~110℃。

级数确定后，按等压力比方法求得各级压比。

$$\pi = \sqrt[i]{\pi_t}$$

式中 π_t——总的压比；

i——级数。

但由于各级压力损失不等、调试方式不同等因素，各级压比并不总是相等。

(2) 列数

每一连杆对应的活塞组和汽缸称为列。每列可配置若干压缩机级。

压缩机的排列可以有角度式(L、V、W 型); 对称平衡型(M、H 型); 对置型及立式几种型式。

各列的活塞力

$$P = \sum pF$$

式中 p——气体压力;

F——活塞面积。

(3) 容积效率

容积效率是压缩机实际排气量与汽缸行程容积之比。

$$\eta_V = \frac{V}{V_H}$$

式中 V——压缩机实际排量, m^3/min;

V_H——汽缸容积;

$$V_H = F \times S \times n$$

F——活塞面积, m^2;

S——活塞行程, m;

n——转速, r/min。

η_V 可从图 7-4-2 查得。

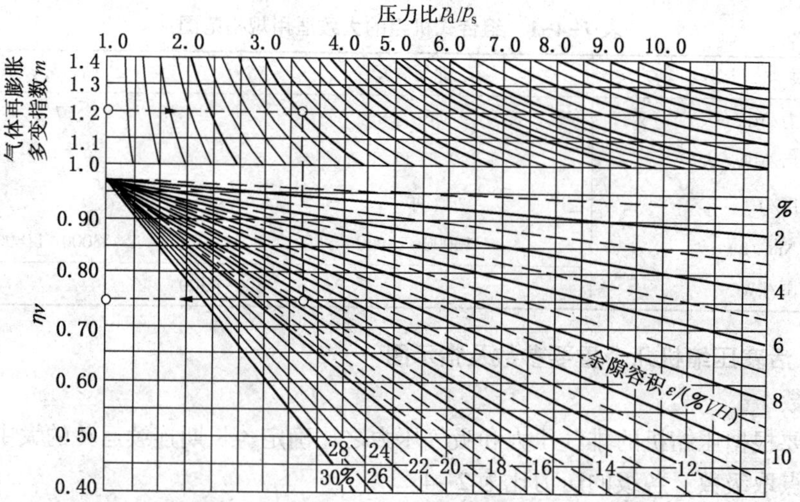

图 7-4-2 容积效率 η_V

常用压缩机相对余隙容积 ε 值可由表 7-4-2 估定。

多变膨胀过程指数 m 可查表 7-4-3。

表 7-4-2 压缩机相对余隙容积 ε 值

汽缸结构特性	低压级	中压级	高压级	超高压级	用簧片阀
ε 值	0.07~0.12	0.09~0.16	0.14~0.20	>0.20	0.03~0.07

表 7-4-3 多变指数 m

进气压力/MPa		≤0.15	0.15~4	0.4~1	1~3	>3
m	κ 为任意值	$1+0.5(\kappa-1)$	$1+0.62(\kappa-1)$	$1+0.75(\kappa-1)$	$1+0.88(\kappa-1)$	κ
	$\kappa=1.4$	1.2	1.25	1.3	1.35	1.4

(4) 排气量

排气量是区别压缩机工作能力的主要指标，它取决于压缩机的汽缸行程和排气系数。

标准状态下的排气量

$$V_n = \frac{T_0 P_s}{P_0 T_s} V_s \quad m^3/min$$

式中 V_s——压缩机进气状态下的排气量，m^3/min；

P_0——标准状态下的进气压力，为 0.1MPa；

T_0——标准状态下的进气温度，293K；

P_s——进气状态下压力(绝)，MPa；

T_s——进气状态下温度，K。

(5) 排气系数

压缩机级的排气系数是指该级排气量与理论排气量之比。第一级汽缸的排气系数即为压缩机的排气系数。

$$\lambda = \frac{V}{V_{th}} = \lambda_V \lambda_p \lambda_t \lambda_g$$

式中 V_{th}——理论排气量，m^3/min；

λ_V——容积系数；

λ_P——压力系数；

λ_t——温度系数；

λ_g——泄漏系数。

常用压缩机排气系数见表 7-4-4。

表 7-4-4 常用压缩机排气系数

压缩机类型	排气量/(m^3/min)	排气压力/MPa	级数	排气系数
氮氢压缩机	≤40	15.1~32.1	4~6	0.73~0.79
	>100	32.1	6	0.75~0.80
石油气压缩机	10~117	1.1~4.3	2~4	0.65~0.80
CO_2 压缩机	45~62	21.1	5	0.75~0.76
氧气压缩机	32~120	2.1~4.5	2~4	0.65~0.73
空气压缩机	<0.15	0.7	1	0.33~0.50
	0.15~0.9	0.7	1	0.50~0.65
	1~3	0.7	2	0.65~0.75
	3~10	0.7	2	0.70~0.80
	10~100	0.7	2	0.72~0.80

(6) 指示图

往复式压缩机指示图如图7-4-3所示。

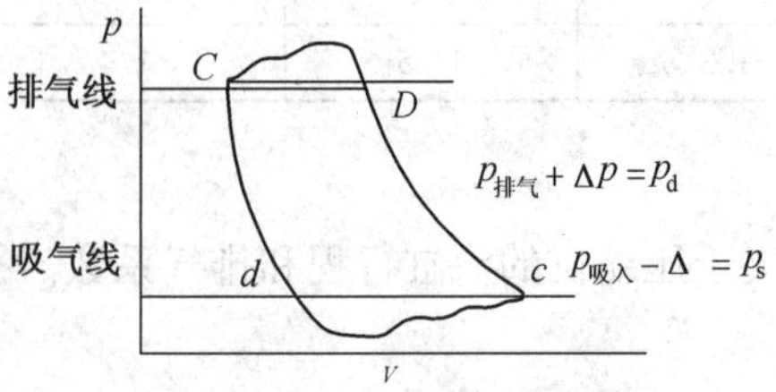

图7-4-3 往复压缩机指示图

指示图有如下作用：

a. 判断各过程是否完善；

b. 确定汽缸的实际进气量；

c. 确定汽缸容积的指示功率

$$N = 16.67 m_p m_V n F$$

式中 m_p——压力坐标，MPa/mm；

m_V——容积坐标，m^3/mm；

n——转速，r/min；

F——示功图面积，mm^2。

7.4.2 压缩机性能估算

(1) 工艺条件

吸入压力 p_s(绝)，MPa

排出压力 p_d(绝)，MPa

吸入口温度 $T_s = t_s + 273$ K

冷却剂温度 $T_K = t_K + 273$ K

进口排气量 V_s，m^3/min

(2) 确定气体压缩特性

如7.2节所述。

(3) 总压缩比

$$\pi = \frac{p_d}{p_s}$$

(4) 排气温度

$$T_D = T_s \left(\frac{p_d}{p_s}\right)^{\frac{\kappa-1}{\kappa}} \quad \text{K}$$

式中 κ——绝热指数。

由总压比和排气温度限制所需级数 i。

由各级压比确定各级吸入和排出压力 p_{is}、p_{id}，MPa。

(5) 各级吸入和排出温度

级间冷却器冷却后温度 $T_R \doteq T_K + \Delta t$

一般，$\Delta t = 8 \sim 15$K

各级排气温度

$$T_{id} \approx T_R \left(\frac{p_{id}}{p_{is}}\right)^{\frac{\kappa-1}{\kappa}} \quad \text{K}$$

(6) 排气量换算

如已知标准状态下排气量 V_n，换算成进口状态下排气量，则

$$V_s = \frac{T_s}{p_s} \cdot \frac{P_0}{T_0} V_n$$

式中 p_0、T_0——标准状态下的进气压力和温度，分别为0.1MPa和293K。

(7) 轴功率

$$P=\frac{16.67\cdot p_s V_s\frac{\kappa}{\kappa-1}\left[\left(\frac{p_d}{p_s(1-\delta_1)(1-\delta_2)}\right)^{\frac{\kappa-1}{\kappa}}-1\right]}{\eta_m\eta_g}\ \text{kW}$$

式中 δ_1,δ_2——进、排气阀压力损失系数，由图 7-4-4 查得，图中数值是依据空气及活塞线速度为 3.5m/s 时作出的。如活塞速度及压缩气体密度不同则须以下式修正：

$$\delta'=\delta\left(\frac{C_m}{3.5}\right)^2$$

$$\delta'=\delta\left(\frac{\rho}{1.29}\right)^{2/3}$$

若气阀与管路系统阻力较大时按实线选取、较小时按虚线选取。

η_m——机械效率,大、中型压缩机取 0.90～0.95；小型压缩机取 0.85～0.90；

η_g——传动效率，齿轮传动取 0.97～0.99，直联传动取 1.0。

原动机功率

$$P_m=(1.05\sim1.15)P\quad \text{kW}$$

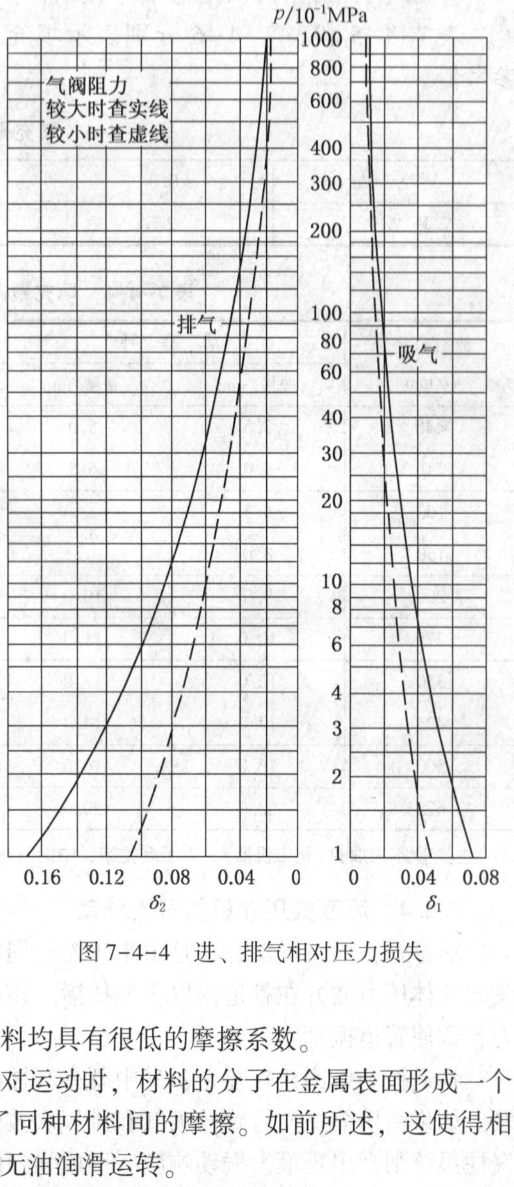

图 7-4-4 进、排气相对压力损失

7.4.3 活塞压缩机的无油润滑运转

有时生产中需要压缩气体中不含油。为了达到这一目的，可以采用三种方法，即用自润滑材料做活塞环、填料等密封元件；采用非接触式，如迷宫式活塞密封；气体压缩后分离除油。

采用自润滑材料做密封元件应用广泛，技术相对比较简单。最常用的自润滑材料为填充聚四氟乙烯、尼龙和金属复合材料。这些材料均具有很低的摩擦系数。

所谓自润滑就是密封元件在与金属表面做相对运动时，材料的分子在金属表面形成一个“镀层”，这使得本来为异种材料间的摩擦变成了同种材料间的摩擦。如前所述，这使得相对运动的元件之间具有很小的摩擦系数，可实现无油润滑运转。

填充聚四氟乙烯密封元件(活塞环、填料)是用聚四氟乙烯填充青铜粉、石墨、二硫化钼、玻璃纤维、碳纤维等经压制烧结后加工而成。活塞环一般做成矩形和正方形截面，填料函填料一般为平面型填料。

使用填充聚四氟乙烯活塞环应注意：

① 级压比不能太高，排气温度和缸壁温度分别不能超过 160℃和 110℃，以避免磨损加剧。

② 由于其材料强度较低，故其尺寸应稍大于金属环尺寸。

③ 为了增加初弹力，对大直径活塞环(立式压缩机汽缸直径大于600mm；卧式压缩机汽缸直径大于300mm)应加金属张力环。

④ 为削弱冷流现象，汽缸与活塞间隙不宜过大。

⑤ 切口间隙与轴向环槽宽间隙要稍大于金属活塞环。

⑥ 由于自润滑材料的强度低、耐磨性差，故汽缸应设有自润滑材料制造的支承环。

表7-4-5和表7-4-6分别表示填充聚四氟乙烯活塞环环数参考数据和环尺寸的参考值。

表7-4-5 填充聚四氟乙烯活塞环环数

压差/MPa	<0.3	<0.25	<8	<20
环数/个	2	3	4~5	6~8

表7-4-6 填充聚四氟乙烯环的参考尺寸[①]

<table>
<tr><th rowspan="2">汽缸直径
D/mm</th><th colspan="2">活 塞 环</th><th rowspan="2">张力环厚度/mm</th><th colspan="2">支承环厚度/mm</th></tr>
<tr><th>厚度/mm</th><th>高度/mm</th><th>剖 分</th><th>整 体</th></tr>
<tr><td><40</td><td>3.5</td><td>5.0</td><td rowspan="2">0.8</td><td>3.5</td><td rowspan="2">2.5</td></tr>
<tr><td>70</td><td>5.0</td><td>6.5</td><td>5.0</td></tr>
<tr><td>100</td><td>6.5</td><td rowspan="2">8.0</td><td rowspan="2">1.2</td><td>6.5</td><td rowspan="2">3.5</td></tr>
<tr><td>150</td><td>8.0</td><td>8.0</td></tr>
<tr><td>200</td><td>9.0</td><td>10.0</td><td>1.5</td><td rowspan="2">9.0</td><td>5.0</td></tr>
<tr><td>275</td><td>10.0</td><td>11.0</td><td>2.0</td><td rowspan="4">6.5</td></tr>
<tr><td>350</td><td>12.0</td><td>13.0</td><td rowspan="2">2.5</td><td rowspan="2">10.0</td></tr>
<tr><td>425</td><td>14.0</td><td>14.0</td></tr>
<tr><td>500</td><td>16.0</td><td>16.0</td><td rowspan="2">3.0</td><td>13.0</td></tr>
<tr><td>625</td><td>20.0</td><td>20.0</td><td>16.0</td><td>8.0</td></tr>
</table>

注：① 本表取自《化工机器》，方子严主编，中国石化出版社。

7.4.4 活塞式压缩机的气流脉动

活塞式压缩机气流脉动是由于压缩机周期性的吸气和排气引起管道内气柱的压力脉动，激起气体压力波并在管道内以声速传播。该压力脉动波在管道截面变化和弯头等处产生激振力，致使管道振动。

管道振动成因比较复杂，其中既有气柱的压力脉动，也有气流脉动对管道机械振动的激发。如果由压缩机向管路的吸气和排气次数引起的激发频率与某一阶气柱固有频率相重合，气柱系统则会出现最大振动响应，形成强烈的气流脉动。而当气流脉动激发频率与某一阶机械振动固有频率相重合时，则管道呈现最大的振动响应，形成剧烈的机械振动。假如激发频率等于气柱固有频率，又等于机械振动固有频率时，气柱和管道系统均处于共振，管路会发生了强烈振动，甚至导致破坏。

一般，管道共振可以采用以下方法避免：

① 在管路上设置足够大的缓冲器，起到隔离振源的作用，以减少气流脉动。

② 宜使管路有最少的弯头和变截面处，以减少脉动气流引发的激振力。

③ 避免共振管长，亦即避免引起气柱共振的管道长度。

④ 若管路业已发生压力脉动引起较严重的振动时，可在压力节点处(有足够容积的容器进口或出口法兰处)安装孔板，利用孔板的局部阻力，降低压力脉动的振幅。

⑤ 改变管道系统固有频率，如调整支架间距、增加减振支点，避免管道机械共振。

⑥ 如压缩机并联操作，则排出集合管截面积应设计合理，一般至少三倍于支管截面积之和。

7.4.5 流量调节

往复式压缩机流量调节分间断与连续调节两种方式。

(1) 间断调节

① 截断进气　压缩机起动时可关闭进气阀；正常运行时则通过压力调节器减荷阀截断进气，但会引起空气或润滑油进入汽缸，造成不良的气体混合。

② 进气管和排气管连通，旁通阀全开。

③ 加大汽缸余隙，连通一容积不变的余隙阀，借以减少汽缸的有效容积，从而达到调节流量的目的。

④ 全行程顶开进气阀　当压力升至上限值时，气体通过压力调节器进入进气阀内的小汽缸，汽缸内小活塞将压叉推下顶开进气阀片，气体可自由进出进气阀，但无气体排出，从而达到调节流量的目的。

(2) 连续调节

① 进口阀节流；

② 进气管和排气管连通，旁通阀有一定开度，节流部分气体返回进气管；

③ 连通可变容积余隙阀；

④ 部分行程顶开进气阀　利用改变阀片的开启程度，使在吸气终了活塞反向运动时，汽缸内部分气体又通过进气阀返回进气管线；

⑤ 改变转速，如使用变频器等改变驱动机转速。

7.4.6 API 618 简介

API 618《石油、化工和气体工业用往复式压缩机》共分为六大部分。它们是：①通则；②基础设计；③辅助设备；④检查、试验和发运准备；⑤卖方数据及⑥附录。

本标准包括有润滑或无润滑汽缸，输送空气或气体用的石油、化工和气体工业用往复压缩机及其驱动机的最基本要求，也包括相关的润滑系统、控制、仪表、中冷器、后冷器、脉动抑制设备以及其他辅助设备。标准不包括整装式内燃机驱动的单作用柱塞型压缩机和排出压力等于或小于 9bar 的压缩机或仪表风压缩机，也不包括内燃机和蒸汽发动机。

标准规定，产品的额定容量是用于规定压缩机大小的容量，在无负偏差时，额定容量应由所要求容量除以 0.97。

最大的允许连续的合成连杆载荷，是制造者使所有行走机构(活塞、活塞杆、十字头组合、连杆、曲轴和轴承)可以连续运转的最大的力。

最大的允许连续的气体载荷，是制造者使压缩机静止部件(如机架、隔板、汽缸和螺栓)连续运转的最大的力。

标准流量以体积流量单位表示。ISO 标准流量则是以 m^3/min 或 m^3/h 表示的、在 1.013bar 和 0℃下的流量。

驱动机脱扣转速如表 7-4-7 所示。

表 7-4-7 驱动机脱扣转速

驱动机种类	脱扣转速(额定转速的%)	驱动机种类	脱扣转速(额定转速的%)
蒸汽透平，NEMA Class A	115	变速电动机	110
蒸汽透平，NEMA Class B.C.D	110	活塞式发动机	110
燃气透平	105		

标准规定，包括在标准内的压缩机(包括辅助设备)，设计和制造时，预期的使用寿命最少 20 年；连续运行时间至少 3 年。

除非有其他规定，应对冷却水系统的冷却剂一侧按如下工况进行设计：

对热交换器：

换热器管内速度	1.5~2.5m/s
最大允许工作表压	≥7bar
试验压力	1.5×MAWP
最大压降	1bar
最大入口温度	30℃
最大出口温度	50℃
最大温升	20K
最小温升	10K
水侧污垢系数	0.35K·m^2/kW
碳钢壳侧腐蚀裕量	3mm

用于汽缸夹套和填料盒：

最大允许工作表压	≥5bar
试验压力	1.5×MAWP

标准规定，压缩机卖方应对所有设备的工程排列和由压缩机、驱动机、动力传递设备和所有辅助设备和系统，包括由压缩机卖方制订和供应范围所组成的整个压缩机系列的性能承担责任。压缩机卖方应解决与设备设计相关的问题，包括因需要而变化的排列问题。

标准规定，压缩机在额定操作点所需的功率不应超过规定功率的 3%。

除非有特殊规定和同意，压缩机最大的预期排出温度应不超过 150℃，这个极限适合所有规定的操作和载荷工况。对于如高压的氢气或应用无润滑汽缸的场合应予以特殊考虑，其温度极限应低一些，对于富氢的应用(分子质量≤12)预期排出温度不应超过 135℃。对每一个压缩机汽缸都需要控制高温和有停车报警。

压缩机应容许操作的瞬时偏差超过额定最大允许连续连杆合成载荷和最大允许连续气体载荷的 1%，但这些偏差应限制在持续时间不超过 30 秒和 24 小时内不超过两次。

对于汽缸，MAWP(最大允许工作压力)应至少超过额定排出压力 10%或 1.7bar 中的较大者，应至少等于规定的安全阀的设定压力。

标准规定，对于压缩饱和气体或挟带进入冲洗液时，需要卧式汽缸，卧式汽缸应有底部排出接管。汽缸应有可更换的不同冷却剂接触的干式内套。对于直径为 254mm 的活塞，其缸套至少为 9.5mm 厚。对于直径大于 254mm 的活塞，其最小缸套厚度为 12mm。汽缸冷却剂入口温度应最小保持在入口气体温度以上 6K。过低的冷却剂入口温度可能引起气体组分的冷凝。冷却剂出口温度应不超过气体入口温度以上 16K，以避免降低流量。应控制冷却剂循环，保持流经任何独立的缸体，包括缸头(如果冷却的话)的温升在 5~10K 之间。

标准规定平均的阀气速为

$$W = \frac{Fc_m}{f} \quad m/s$$

式中 F——活塞面积，cm^2；

f——实际升程、阀开启周线和进入或排出阀数的乘积，cm^2；

c_m——平均活塞速度，m/s。

对于材料，标准规定：铜和铜合金不能用于与腐蚀性气体或与能够形成爆炸性铜化合物的气体接触的压缩机或辅助设备的部件。Ni-Cu 合金(UNS N04400[Monel 或相当合金])，轴承巴氏合金和弥散硬化不锈钢不属此要求范围内。经卖方和买方同意，铜基材料可以用于润滑压缩机的填料。由奥氏体不锈钢制作的部件，如果须经焊接(由于加工表面硬化，堆焊层或修理)，而且暴露于氯或其他加速晶间腐蚀的条件，则应由低碳或稳定化级钢制造，或在焊后进行固溶退火处理。所有与工艺气体接触的结构材料，都应与输送的气体兼容。独立碳钢的分离罐的腐蚀裕量最少为 3.2mm。热交换器和特殊应用而要求的合金部件的腐蚀裕量应由用户和卖方一致同意。

所有暴露于由 NACE MRO175 所定义的 H_2S 气体应用的材料，应按照这个标准的要求，碳钢和低合金钢部件的硬度不应超过 HRC22，屈服强度应小于 620MPa，但阀片和阀弹簧则不受 HRC22 的限制。活塞杆通过填料密封段的硬度，如系 17-4PH 材料制造，则不应大于 HRC33。由焊接制造的部件，如果需要应消除应力，则应使焊接金属和热影响区满足屈服强度和硬度要求。而用户的责任是确定 H_2S 的存在量，考虑正常操作时、开停车、备用、不正常或例外的(如催化剂再生)操作情况。若 H_2S 存在微量或 H_2S 量不确定时，用户应查一下 NACE 材料的数据表。

除非有其他规定，汽缸部件受压材料，应限于表 7-4-8 所规定的最大表压。所有的材料选择应由用户进行审阅。

表 7-4-8 汽缸材料的最大表压

材 料	汽缸安全阀设定的最大压力	材 料	汽缸安全阀设定的最大压力
灰铸铁	70bar	锻 钢	无限制
球 铁	70bar	焊接钢	85bar
铸 钢	180bar		

对于脉动和振动控制，标准列出三种设计方法。方法 1：通过应用脉动抑制装置，其脉动控制可以使用专有的或(和)经验的技术来设计，满足在正常操作情况下脉动水平要求；方法 2：通过应用脉动抑制装置和经过证实的声学模拟技术，连同管线输送量和固定系统的机械分析，达到控制振动响应目的；方法 3：和方法 2 一样，但是也应用对压缩机汽缸、压缩机集合管和相关的管线系统的机械分析，包括声学和机械系统响应之间的相互作用，达到控制振动的目的。

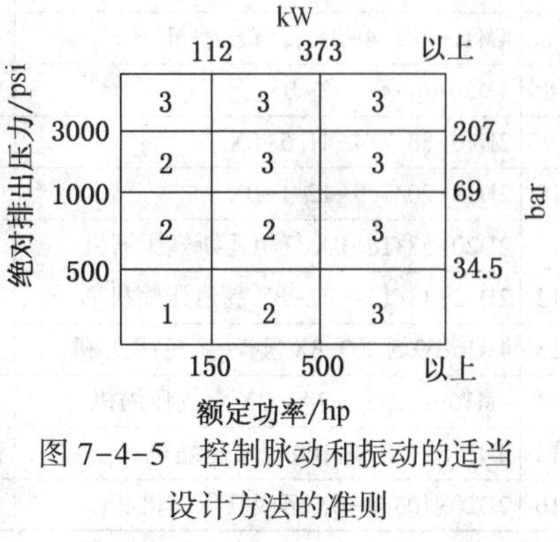

图 7-4-5 控制脉动和振动的适当设计方法的准则

图7-4-5给出了应用适当设计方法的准则。对于超出图示的范围，应使用设计方法3。

此外，标准还对诸如汽缸、活塞及环、润滑、控制、仪表、电气设备、密封、检验、试验，卖方数据等做了具体规定。附录中对典型数据表、要求容量、产品额定容量和无负偏差、卧式往复压缩机活塞杆径向跳动、灰口铸铁和球墨铸铁壳体修理、主要部件材料规定、往复式压缩机术语、脉动设计研究、压缩机气体管线设计和声学模拟分析处理的准则、符合 NACE MR0175 的压缩机部件的材料准则及相关国际标准和参考出版物等亦加以说明。

7.4.7 沈鼓对炼油装置的往复式压缩机主导产品

沈阳鼓风机(集团)有限公司(原沈阳气体压缩机股份有限公司已并入该公司)和上海压缩机厂同为我国石油化工用往复式压缩机的主要制造厂家，两厂均有大量产品在炼厂应用。表7-4-9列出沈阳鼓风机(集团)有限公司对炼油装置的主导产品，表7-4-10列出该公司往复式压缩机在我国炼厂的部分应用。

表7-4-9 沈鼓往复式压缩机对炼油装置的主导产品

型号	压缩气体	型号	压缩气体
4M25	新氢	6M50	新氢
4M40	新氢	2D25	新氢
4M50	新氢	2D32	新氢
4M80	新氢	2D80	氢提浓

表7-4-10 沈鼓往复式压缩机在炼油厂的部分应用

序号	产品名称及型号	用户名称	装置名称	数量	电机功率/kW	出厂年份
1	4M50-27/21-192-BX 新氢压缩机	齐鲁石化公司	140万吨/年加氢裂化装置	1	3200	1998
2	4M40-139/2-8-50/8-25-BX 重整氢增压机	齐鲁石化公司	60万吨/年连续重整装置	3	2400	1998
3	2D16-28.8/14-23-BX 氢气压缩机	齐鲁石化公司	第一制氢装置	2	500	1999
4	2D10-22/3.6-9-BX 氢气压缩机	大连石化公司	500Nm^3/h PSA 提氢装置	2	200	1998
5	4M40-157/2.3-8.8-57.6/8.1-25.5-BX 重整机	天津石化公司	聚酯二阶段芳烃联合装置	3	2800	1999
6	2D3.5-5.6/22-33 预加氢循环氢压缩机	天津石化公司	聚酯二阶段芳烃联合装置	2	132	1999
7	4M10-14/64-BX 氮气压缩机	镇海石化公司	储运外管及系统配套	2	185	1999
8	4M50-61/6-133-BX	大庆油田炼厂	60万吨柴油加氢改质	1	3100	1999
9	2D40-38.7/4-41.5-BX	广州石化总厂	原料干气压缩机	2	1000	1999
10	2D10-20/7.9-12.1-BX	长岭炼油厂	再生气循环压缩机	2	220	1999
11	2D20-58/18-BX 气柜瓦斯气压缩机	沧州炼油厂	气柜瓦斯气回收装置	1	450	2000
12	2D32-13/124-72-BX 新氢压缩机	上海石化公司	120万吨/年柴油加氢装置	2	850	2000
13	4M16-39.5/200-BX 氢气(氮气)压缩机	抚顺石化公司	120万吨/年柴油加氢配套装置	2	630	2000
14	4M16-8.2/11-200-BX 氢气压缩机	抚顺石化公司	120万吨/年柴油加氢配套装置	1	710	2000
15	2D3.5-1.8/4-160 氮气压缩机	青岛石油化工厂	40万吨/柴油加氢氮气站装置	1	110	2000
16	2D20-103/8-BX 解吸气压缩机	济南炼油厂	氢提纯装置	2	630	2000

续表

序号	产品名称及型号	用户名称	装置名称	数量	电机功率/kW	出厂年份
17	4M40-23.6/16-98-BX 新氢压缩机	安庆石化总厂	80万吨/年加氢精制装置	2	1800	2000
18	2D20-32.9/10-19-BX 重整氢压缩机	广东湛江炼油厂	重整氢改造装置	2	500	2001
19	2D16-18.8/17-25-BX 循环氢压缩机	广东湛江炼油厂	循环氢改造装置	1	315	2001
20	4M25-14.6/17-88-BX 新氢压缩机	上海高桥石化	80万吨/年汽柴油加氢精制装置	2	1100	2001
21	4M80-50/9.8-25-15/25-125-BX 新氢机	锦西石化分公司	100万吨/年柴油加氢改质装置	3	2800	2001
22	2D10-12/5.5-31-BX 原料气压缩机	沧州炼油厂	10000Nm³/h 制氢装置	2	315	2001
23	2D10-10/20-35-BX 产品氢压缩机	沧州炼油厂	10000Nm³/h 制氢装置	2	280	2001
24	2D50-144.5/5-12-BX 重整氢增压机	大连石化分公司	60万吨/年催化重整装置	2	1600	2001
25	4M25-14.6/17-88-BX 重整氢新氢压缩机	高桥石化上炼厂	80万吨/年汽柴油加氢精制装置	1	1100	2001
26	2D3.5-4.9/15-25 循环氢压缩机	荆门炼油厂	喷气燃料临氢脱色改扩建工程	2	110	2001
27	4M80-47.4/11-192-BX 新氢压缩机	南京炼油厂	100万吨/年加氢裂化装置改造	1	4000	2001
28	4M50-34.3/11-120-BX 新氢压缩机	抚顺石油三厂	120万吨/年柴油加氢精制装置	3	2400	2001
29	2D16-11/55-69.3-BX 循环氢压缩机	抚顺石油三厂	12万吨/年分子筛脱蜡装置	2	450	2001
30	2D80-53.4/11.5-68-BX 新氢压缩机	镇海炼化公司	300万吨/年柴油加氢精制	2	2900	2001
31	4M25-92/2.2-6.09-44.5/5.6-15.7-BX 重整氢	镇海炼化公司	连续重整装置	1	1250	2001
32	2D16-16.5/20-30-BX 预加氢循环压缩机	锦西石化分公司	60万吨/年连续重整装置	2	355	2001
33	2D3.5-5.2/13-21 预加氢补充氢压缩机	锦西石化分公司	60万吨/年连续重整装置	2	90	2001
34	2D10-30/0.6-14-BX 富气压缩机	广东湛江炼油厂	40万吨/年重油催化裂化装置	1	200	2001
35	2D32-12/15.7-88-BX	乌石化公司	航煤脱臭装置	1	850	2001
36	2D20-29/14.5-27-BX 循环氢压缩机	茂名石化公司	120万吨/年航煤加氢装置	2	650	2001
37	4E2+1 型新氢-循环氢联合压缩机	长岭炼油厂	120万吨/年催化柴油加氢精制	2	3800	2001
38	2D10-5/71-88-BX 循环氢压缩机	清江石化公司	溶剂油加氢装置	2	200	2001
39	2D20-5.73/14-88-BX 新氢压缩机	清江石化公司	溶剂油加氢装置	1	400	2001
40	2D16-4.1/18-87-BX 新氢压缩机	呼石化公司	重整加氢联合装置	2	315	2001
41	2D16-5.7/70-87-BX 循环氢压缩机	呼石化公司	重整加氢联合装置	2	280	2001
42	4M10-15.7/33-BX 氢气压缩机	抚顺石化二厂	2.5万吨/年甲乙酮工程	1	200	2001
43	2D3.5-0.13/30-135-0.18/12D-135 新氢循环氢联合压缩机	沧炼工贸实业总公司	1.2万吨/年煤油加氢精制	2	75	2001
44	2D10-11.7/14-24-BX 循环氢压缩机	上海石化	80万吨/年航煤临氢脱硫醇装置	2	250	2001
45	2D20-23.4/4-27-BX 干气压缩机	荆门石化	制氢装置	1	500	2001
46	2D25-19/24-33-4.3/12.4-25-BX 循环、补充氢压机	镇海炼化	扩建800万吨/年炼油工程	2	550	2001
47	2D16-16/12-28-BX 预加氢增压机	武汉石化	30万吨/年催化重整-80万吨/年加氢精制	1	450	2001
48	2D25-55.5/12-19-BX 循环氢压缩机	武汉石化	30万吨/年催化重整-80万吨/年加氢精制	1	800	2001
49	2D16-72/0.02-8-BX 瓦斯气压缩机	抚顺石油三厂		1	450	2001

续表

序号	产品名称及型号	用户名称	装置名称	数量	电机功率/kW	出厂年份
50	4M40-11.8/9-18-13/18-90-BX 新氢压缩机	延安炼油厂	40万吨/年柴油加氢装置	1	1150	2001
51	2D32-18.5/70.56-88.2-BX 循环氢压缩机	延安炼油厂	40万吨/年柴油加氢装置	1	900	2001
52	2D25-11.4/69.6-87.3-BX 循环氢压缩机	锦州石化公司	40万吨/年航煤加氢装置	2	550	2002
53	2D32-79.8/12-19-BX 循环氢压缩机	锦州石化公司	40万吨/年催化重整装置	1	1200	2002
54	2D32-34.6/12-27-BX 预加氢压缩机	锦州石化公司	40万吨/年催化重整装置	1	900	2002
55	4M40-27/10-96-BX 新氢压缩机	玉门炼油厂	50万吨/年柴油加氢改质装置	2	1550	2002
56	4M20-181/10-BX 解吸气压缩机	镇海石化公司	PSA 装置	2	1200	2002
57	2D3.5-0.65/11-87.2-0.95/71.5-87 重整氢/循环氢联合机	独山子结炼油厂	5万吨/年石蜡加氢精制装置	2	110	2002
58	2D25-32.2/7.5-26-BX 重整氢压缩机	大庆石化分公司	120万吨/年加氢裂化配套装置	2	760	2002
59	LB-15/23 丙烷压缩机	茂名石化分公司	丙烷脱沥青装置	1	160	2002
60	4M10-34/35-BX 型原料气压缩机	茂名石化分公司	3000Nm^3/h 苯乙烯尾气提纯氢装置	1	500	2002

7.5 螺杆式压缩机

螺杆式压缩机越来越受到关注，原因是它具有低压、流量范围宽的操作特性。其吸气压力等于或接近“0”，而排气压力可达 2.5MPa。在压力小于 2.5MPa 的工况下，工艺螺杆压缩机有取代活塞式和透平式压缩机的趋势。

螺杆压缩机也属容积式压缩机，和往复式压缩机相比，其结构简单、维护容易，排气时无气流脉动现象；在冷却润滑剂连续流动的情况下甚至允许每级压比高达 16；由于不存在往复惯性力作用，可在高转速、高压比下工作，因而功率利用充分。然而，处理高压介质，则不如往复式压缩机，但可与往复式压缩机联合使用，利用其低压、大流量的操作特性对低的吸气压力增压，以较低成本增加流量。

通常，炼油厂使用螺杆压缩机对燃料气增压、回收蒸汽、冷冻压缩(丙烷/丁烷)以及用于对腐蚀性和污染性工艺气体的压缩等。

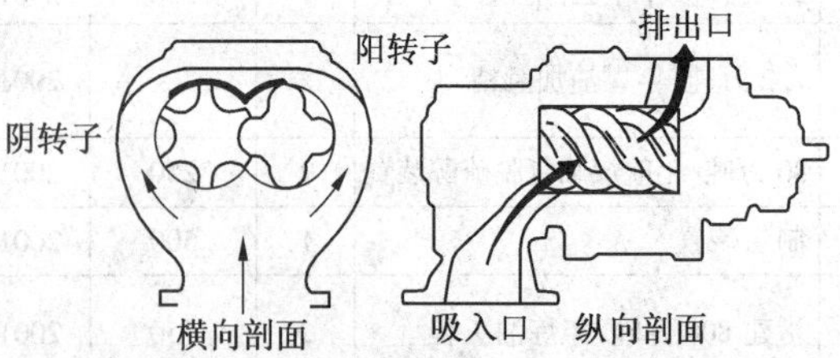

图 7-5-1 螺杆式压缩机基本结构

7.5.1 螺杆式压缩机基本结构

螺杆式压缩机基本结构如图 7-5-1 所示。

两个相互啮合的依一定传动比反向旋转的螺旋形转子平行地配置在“8”字形的汽缸中。一般，主动转子节圆外具有凸齿，从动转子节圆内具有凹齿。

吸气口和排气口分别设置在压缩机机体的两端，气体在啮合密封的齿间容积中被压缩。

螺杆式压缩机分为无油和喷油压缩机两种。无油式螺杆压缩机靠有一定间隙的一对螺杆的高速旋转达到密封气体、压缩气体的目的。而喷油式螺杆压缩机靠喷入的润滑油在转子间形成油膜起着密封、冷却的作用。螺杆式压缩机常用范围如表 7-5-1 所示。

表 7-5-1 螺杆式压缩机常用范围

机 型	转速/(r/min)	排气量/(m^3/min)	排气压力/MPa
无 油	1500~12000	5~800	<1
喷 油	1000~1300	1~100	<2.5

7.5.2 螺杆式压缩机几个重要参数

(1) 最佳圆周速度 u

螺杆齿顶圆周速度是影响机器性能的重要参数。提高圆周速度可使压缩机尺寸、质量减小。最佳圆周速度通常用阳螺杆的齿顶圆周速度来表征。表 7-5-2 给出螺杆压缩机最佳齿顶圆周速度。

表 7-5-2 螺杆压缩机最佳齿顶圆周速度

齿 形	无油压缩机速度/(m/s)	喷油压缩机速度/(m/s)
对称圆弧齿形	80~120	30~45
不对称齿形	60~100	15~35

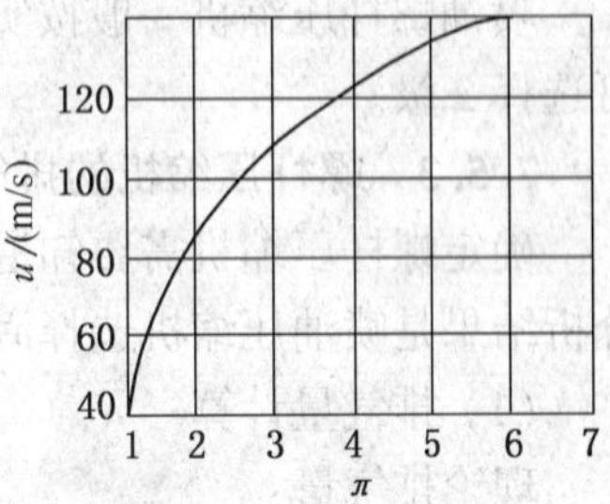

图 7-5-2 最佳圆周速度与压力比的关系

图 7-5-2 表示无油对称圆弧齿形最佳圆周速度和压力比 π 的关系。从图中可以看出，高压力比时，圆周速度应取范围的上限。

(2) 螺杆直径 D_0，长径比 λ

我国推荐选用不对称型线的转子公称直径系列(mm)为 63，80，100，125，160，200，250，315，400，500，630，800；对称圆弧型线转子公称直径系列(mm)为 125，160，200，250，315，400，500，630。

长径比 λ，记作 L/D_0，L 为螺杆长度。λ 的通常范围为 0.9~1.5。当排气量相同时，λ 小的机器螺杆直径大，吸排气口面积也大，气体流动损失小。

(3) 导程 T 和扭角 τ

螺杆系列导程 T、扭角 τ 和长径比 λ 如表 7-5-3 所示。

表 7-5-3 螺杆导程、扭角和长径比

		短导程			长导程			特长导程		
对称圆弧齿形	导程 T	$T_1=4/3D_0$，$T_2=2D_0$			$T_1=1.8D_0$，$T_2=2.7D_0$			—		
	长径比 λ	0.9	1.0	1.12	1.18	1.32	1.50	—		
	阳螺杆扭角 τ_1	243	270	302.4	236	264	300	—		
	阴螺杆扭角 τ_2	162	180	201.6	157.3	176	200	—		
不对称齿形	导程 T	$T_1=1.2D_0$，$T_2=1.8D_0$			$T_1=1.8D_0$，$T_2=2.7D_0$			$T_1=2.7D_0$，$T_2=4.05D_0$		
	长径比 λ	0.8	0.9	1.0	1.2	1.35	1.5	1.8	2.0	2.25
	阳螺杆扭角 τ_1	240	270	300	240	270	300	240	266.7	300
	阴螺杆扭角 τ_2	160	180	200	160	180	200	160	177.8	200

注：① 扭角 $\tau=360\dfrac{L}{T}$；

② 此表表达的参数间关系系常用齿数比为 4∶6 时。

表 7-5-4 螺杆压缩机的压力与级数

压缩机类型	级 数	压力/MPa
无 油	1	≤0.4
	2	0.4~1.0
	3	1.0~2.0
	4	2.0~3.0
喷 油	1	0.7~1.7
	2	1.3~2.5

注：介质为空气，常压进气。

(4) 压比和级数

压比和级数是影响压缩机尺寸和性能的重要参数。表 7-5-4 给出螺杆压缩机各级压力和级数的关系。

从表可以看出，一般无油螺杆压缩机的第 1、2 级，因受温升限制，压比通常按等比原则分配，每级压比小于 4。3 级以上，因受转子变形限制，每级作用的压差应小于 1MPa。

喷油螺杆压缩机一般按实际流量选择级数，$20m^3/min$ 以下选择单级，$20m^3/min$ 以上则可选择 2 级。

7.5.3 螺杆压缩机的排气量、功率和排气温度计算

确定螺杆压缩机需要知道吸、排气压力、需要的流量、气体温度和气体分析数据。气体分析结果是喷油压缩机选择润滑油的依据。

(1) 排气量计算

理论排气量：

$$V_1 = C_\varphi \cdot C_n \cdot n_1 \cdot \lambda \cdot D_0^3$$

式中 C_φ——扭角系数，圆弧齿形的扭角系数如表 7-5-5 所示；

C_n——面积利用系数，对于对称圆弧齿形 $C_n = 0.471$；对于不对称摆线—圆弧型线：单边不对称齿形 $C_n = 0.515$，双边不对称齿形 $C_n = 0.48$；

n_1——阳螺杆转数。

实际排气量：

$$V = \eta_v V_t$$

式中 η_v——容积效率，如表 7-5-6 所示，一般低速、高压、小流量取下限值，反之取上限值。

表 7-5-5 圆弧齿形的理论扭角系数

阳螺杆扭角 τ_1	240°	270°	300°
扭角系数 C_φ	0.999	0.989	0.971

表 7-5-6 不同转子型线的 η_v 值

螺杆齿形	无油螺杆	喷油螺杆
对称圆弧形	0.65~0.85	0.75~0.90
不对称齿形	0.70~0.90	0.80~0.95

(2) 功率计算

理论功率可按下式计算：

$$N_{id} = 16.67 \frac{p_s V}{\eta_v} \frac{m}{m-1} \left[\left(\frac{p_d}{p_s} \right)^{\frac{m-1}{m}} - 1 \right] \quad kW$$

式中 m——多变指数。

轴功率：

$$N = \frac{N_{id}}{\eta_m} \quad kW$$

η_m 为机械效率，一般为 0.95~0.97。

(3) 排气温度计算

$$T_2 \doteq T_1\left(\frac{p_d}{p_s}\right)^{\frac{m-1}{m}}$$

7.5.4 螺杆压缩机的流量调节

螺杆压缩机可采用以下调节方式进行流量调节：

(1) 变速调节

使用变频器或可变速驱动机，如可变速电动机，改变驱动机转速进行流量调节，其经济的调速范围是

$$n = (0.5 \sim 0.6)n_0$$

式中 n_0——驱动机额定转速，r/min。

(2) 关闭进口阀调节

适用于小于 20m³/min 的螺杆压缩机，但经济性较差，功率消耗约为额定功率的 50%~60%。

(3) 滑阀调节

经济性好，可实现无级调节，调节范围为额定排量的 50%~100%。由于结构复杂，炼油厂用这种调节方式的场合不多。

我国有许多厂家生产螺杆式压缩机，其中较为著名的有无锡压缩机股份有限公司和上海压缩机厂。近些年，美国寿力(Sullair)公司在国内也有销售，表 7-5-7 列出无锡压缩机股份有限公司几种主要螺杆压缩机的性能参数。

表 7-5-7 无锡压缩机股份有限公司几种主要螺杆压缩机性能参数范围

压缩机类型	流量范围/(m^3/min)	排出压力范围/MPa	功率范围/kW
工艺螺杆压缩机	—	~2.5	—
变频螺杆压缩机	3~55	0.7~1.0	18.5~280
无油螺杆压缩机	29~43	0.25~0.85	75~630
微油螺杆压缩机	35~65	0.45~1.2	185~450

参 考 文 献

1. 侯芙生．炼油工程师手册．北京：石油工业出版社，1995
2. 机械工程手册编辑委员会．机械工程手册第二版，《通用设备卷》．北京：机械工业出版社，1997
3. Paul. C. Hanlon. Compressor Handbook. New York，McGraw-Hill，2001
4. 中国石化北京设计院．石油炼厂设备．北京：中国石化出版社，2001
5. Borsig Pocket book

第八章　电　动　机

8.1　电动机的分类及型号意义

电动机是炼油厂用来驱动泵、风机、压缩机等转动机械的主要原动机。

电动机分为交流电动机和直流电动机。

交流电动机又可分为异步电动机和同步电动机。同步电动机与异步电动机的主要区别在于其转速与电网频率之间有恒定的比例关系，以同步转速运转。异步电动机总是以低于同步转速的速度运行。现在，由于交流调速方式更加完备，几乎获得与直流一样的调速性能，因而，交流电动机的应用更加广泛。

直流电动机尽管调速平滑性好，响应速度快，但因需要直流电源设备，故在炼厂只用于某些要求功率不大，转速不高的特殊场合。

炼油行业应用较广泛的电动机为 Y 系列三相异步电动机，为全封闭自扇冷鼠笼式感应电动机。该系列电机是一种恒转矩电动机，具有体积小、重量轻、运行可靠、结构坚固等特点。而且，效率高、起动转矩较大、噪声低、寿命较长，其型号一般由以下几部分组成。

字母 ①	数字 ②	数字 ③	字母 ④	数字 ⑤	—	数字 ⑥	字母 ⑦[1]

按上述顺序，其含义如下：

① 一般由 1~4 个字母组成，表示产品类型代号和特点代号。第 1 个为 Y，表示“异步电动机”；其余字母表示电动机的性能结构或用途。如 Y—普通型；YA—增安型；YB—隔爆型；YGB—管道泵用；YQY—井用潜油型……。

② 表示设计序号。第一次设计时无此项。

③ 表示电机轴中心高，单位为 mm。

④ 由 1 个字母组成，通常为 L、M、S 三个字母之一。L 为长机座，M 为中机座，S 为短机座。

⑤ 由 1 位数字组成，表示同一机座中不同的铁芯长度。

⑥ 表示电动机的极数。

⑦ 表示该电机适用的工作环境。对于普通环境，此项应省略。

G—高原；H—船或海上；W—户外；F—防腐；T—热带；TH—湿热带；TA—干热带；WTH—户外湿热带；WFI—户外中等腐蚀型

举例：Y2132S2—4TH

型号意义：普通型异步电动机。第二次设计，电机轴中心高度 132mm，短机座，第 2 种铁芯长度，4 极，适用于湿热带地区。

Y 系列普通型电动机可驱动无特殊要求的各种机械，适合于一般用途的应用，其功率和

[1] 结构和安装形式一般不在型号中表示，而按照 GB 997 单独表示。

安装尺寸符合国际电工委员会(IEC)标准。

YA系列增安型三相异步电动机符合GB 3836.1—2000“爆炸性气体环境用电气设备，第1部分通用要求”和GB 3836.3—2000“爆炸性气体环境用防爆电气设备，第3部分增安型‘e’”的规定。其防爆标志分为Ex e ⅡT1、Ex e ⅡT2和Ex e ⅡT3，分别适用于引燃温度为T1、T2、T3组有爆炸性气体混合物的环境。其e ⅡT1、e ⅡT2组的功率等级与安装尺寸与Y系列普通型电动机相同；eⅡT3组，除2极电动机从机座号H160，4极电动机从机座号H180起较Y系列普通电动机降低一个功率等级外，其余与普通型电动机相同。

YB2系列隔爆型三相异步电动机是YB系列的更新换代产品，其防爆性能符合GB 3836.3—2000“爆炸性气体环境用电气设备，第2部分隔爆型“d””的规定。亦符合国际电工委员会(IEC)的有关标准。防爆标志为ExdⅠ、ExdⅡAT4、ExdⅡBT4、ExdⅡCT4，适用于有爆炸性气体混合物存在的场所。

YR(包括YRKS、YRKK)系列绕线转子型三相异步电动机是具有先进技术的产品，其功率等级、安装尺寸、电气性能均符合行业标准JB/T 7594“YR系列高压绕线转子三相异步电动机技术条件”以及其他相关标准，安装尺寸和功率等级亦符合IEC相关标准的要求。该系列电动机适用于驱动压缩机、水泵等多种通用机械。线绕式转子由绝缘导线绕制而成，并且绕组终端接在一组滑环上。滑环与外部变阻器相连。当改变外部变阻器的电阻值时，就能获得不同的转速—转矩特性曲线。

TAW系列增安型无刷励磁同步电动机是集防爆技术、电子技术、自动控制技术、电机技术为一体的新型同步电动机。适用国家的防爆规范及其有关的标准和技术条件。该系列电动机外壳防护等级为IP44和IP54，防爆标志为Ex eⅡT1、Ex eⅡT2、Ex eⅡT3。其型号意义如下：

TAW　2500—20/2600

- 增安型无刷励磁同步电动机（TAW）
- 额定功率(2500kW)（2500）
- 极数（20）
- 定子冲片外径(φ2600mm)（2600）

此外，比较常用的还有TD型同步电动机与TDK型压缩机用同步电动机。前者容量范围为250~10000kW，结构形式为密闭循环管道通风，可用于拖动风机、水泵等；后者用于驱动往复式压缩机和对称平衡式压缩机，其容量范围为200~4000kW，结构形式分为防护式管道通风、自冷通风型及开启式。

同步电动机转子由一定数量的凸极构成，凸极上绕有磁极线圈并与励磁电源相接。普通同步电动机是在转子上装有滑环，用来连接直流励磁电源和励磁线圈。而无刷励磁同步电动机没有采用滑环连接的方式，而是采用在励磁机和电动机磁场之间通过一控制整流器连接的方式。这种结构布置有助于实现励磁电源和同步电机旋转磁场之间的连接。与滑环方式相比，省去了滑环和电刷，消除了一些产生电火花的装置，因而也简化了电器的维护与保养。而且，磁场控制也更为可靠。

在上述Y系列电动机的基础上，南阳防爆集团有限公司等厂家还派生出YKK，YKS，YRKS，YRKK，YAKK，YAKS，YX_n，YBX_n，YAX_n等系列的普通型、隔爆型、增安型三相异步电动机。型号中KK含义为空-空冷却器；KS为空-水冷却器；X_n意为高效率。

其中 YX_n，YBX_n，YAX_n 为高效率普通型、隔爆型和增安型电动机，其效率水平与美国EPACT 规定的效率指标相当，可以认为具有国际先进水平。其效率指标分别比国内现大量使用的 Y，YB，YA 系列电动机高出 2%~4%。这无疑对节约能源、降低运行费用具有重要意义。

另外，YBFB 系列复合防爆型三相异步电动机，其防爆性能符合 GB 3836.1、GB 3836.2、GB 12476.1 及 IEC 61241.1，可用于有爆炸性气体和可燃性粉尘混合物存在的爆炸危险场所。

YAKK、YAKS 系列增安型三相异步电动机是在 YKK、YKS 基本系列基础上派生的增安型电机，广泛用于石化行业 2 区危险场所。

YFKS 系列高压三相异步电动/发电机是箱式水冷电机，用于石化行业催化裂化等装置的燃气能量回收。既可作电动机使用，也可作发电机用。

YBS 系列高压隔爆型水冷三相异步电动机是隔爆型电机采用水冷的新型电机，使隔爆电机的容量得到提升。其性能指标优化，噪声有所下降。

YBP、YP 系列变频调速三相异步电动机是在 YB、Y 系列基础上派生的调速电机，与变频器配套使用，实现异步电动机的调速性能。

8.2 电动机的选用

8.2.1 电动机的选择项目和内容

选择项目和内容见表 8-2-1。

表 8-2-1 电动机的选择项目和内容

选择项目	一般要求和条件
电动机类型	1. 负载平稳且对起动、制动无特殊要求的长期运行的机械选用普通鼠笼型（Y 系列）电动机 2. 大功率或低速宜选用同步电动机 3. 系统不允许直接起动或带负荷起动或起动惯量大时宜选用绕线型电动机 4. 为改善功率因数，经济上又较为合理，可选用同步电动机
电压	1. 一般 160kW 以下电动机采用交流 380V 2. 160kW 以上电动机采用交流 6000V，或高压电源为 3000V 时，100kW 以上采用 3000V 3. 当仅有一、二台高压电动机，负荷较大，供电距离较远时，技术经济比较后也可采用 10000V
转速	1. 对于不需调速的高、中速机械宜选用相应转速的电动机，不经减速设施直接驱动 2. 若需调速，则电动机的最高转速应与被拖动机械转速相适应 3. 调速可采用电子调速装置和机械减速器方式。采用调速装置时，注意选用与电机相配套的型号。若采用减速器，则电动机转速必须与减速器传动比值相配合，并经过技术与经济的比较后确定
额定容量	1. 电动机额定功率大于用电设备实际的最大轴功率 2. 对于转动惯量大，转速高的转动设备，需要进行起动转矩校核，其所配电动机的容量必须按起动条件进行校验
电动机结构形式	电动机结构形式应按环境条件选择，见表 8-2-2

8.2.2 电动机结构形式的选择

电动机结构形式的选择见表 8-2-2。

表 8-2-2 电动机结构形式选择

厂房环境条件	电动机形式						备注
	开启式	防护式	防滴防溅式	管道通风式	封闭式	防爆式	
① 干燥采暖的	○	○					采用开启式电机，应有保证人身设备安全条件
② 非采暖或潮湿的	○	○	○		○		有耐潮绝缘措施
③ 特别潮湿的			⊗		○		有耐潮绝缘措施
④ 有非导电灰尘，灰尘易于消除且对绝缘无害					○		
⑤ 灰尘不易消除且对绝缘有害					○		
⑥ 有导电灰尘的					○		
⑦ 有腐蚀性蒸汽的					○		有管道通风时应有耐酸绝缘
⑧ 炎热的					○		
⑨ 有火灾危险的 21 区		①		○	○		①滑环等发生火花的部件应封闭在隔尘的外壳内
⑩ 有火灾危险的 22 区		①		○	○		火灾危险区防护选择详见表 8-2-4
⑪ 有火灾危险的 23 区		①			○		
⑫ 有爆炸危险的						○	电动机防爆结构选型见表 8-2-5
⑬ 室外露天			○		○		要有防止日晒、风雪、风沙等措施
⑭ 室外有顶棚			⊗		○		

注：○—适用；⊗—允许采用。

8.2.3 电动机在火灾危险区的选择

GB 50058—1992《爆炸和火灾危险环境电力装备设计规范》把爆炸和火灾危险环境分为爆炸气体、爆炸粉尘和火灾危险环境三种。其中火灾危险环境按分区划分如表 8-2-3 所示的 21、22、23 区。

表 8-2-3 火灾危险环境分区

分区	21	22	23
区内情况	有闪点高于环境温度的可燃液体，数量和配置上可引起火灾危险	有悬浮状或堆积状的爆炸性或可燃性的粉尘，虽不能形成爆炸性混合物，但在数量与配置上能引起火灾	有固体可燃物质，在数量和配置上可引起火灾

按 GB 4208—2008《外壳防护等级(IP 代码)》规定，外壳防护等级由表明电气设备外壳的特征字母 IP 和二个防护特征数字组成。特征数字表义如下：

	0	1	2	3	4	5	6	7	8
第一位特征数字	无防护	防>50mm 固体异物	防>12mm 固体防物	防>2.5mm 固体异物	防>1mm 固体异物	防尘	尘密		
第二位特征数字	无防护	防滴	15°防滴	防淋水	防溅水	防喷水	防猛烈海浪	防浸水影响	防潜水影响

对于电动机在火灾危险区域的选择除应符合环境条件外，其防护等级应按表 8-2-4 选取。

表 8-2-4 电动机在火灾危险区的防护等级选择

<table>
<tr><th colspan="2">火灾危险区</th><th>21</th><th>22</th><th>23</th></tr>
<tr><td rowspan="2">电动机</td><td>固定安装</td><td>IP44</td><td rowspan="2">IP54</td><td>IP21</td></tr>
<tr><td>移动式</td><td>IP54</td><td>IP54</td></tr>
</table>

注：① 21 区内固定安装、正常运行时有滑环等火花部件的电动机不宜采用 IP44 防护结构。

② 23 区内固定安装、正常运行时有滑环等火花部件的电动机不应采用 IP21 防护结构。而应采用 IP44。

8.2.4 电动机防爆结构形式的选择

对于有爆炸性气体的场合，应根据危险的分区、电动机种类及防爆结构要求选择，见表 8-2-5。

表 8-2-5 电动机防爆结构的选型

<table>
<tr><th rowspan="2">序号</th><th rowspan="2">爆炸危险区域 / 防爆结构 / 电气设备</th><th colspan="3">1 区</th><th colspan="4">2 区</th></tr>
<tr><th>隔爆 d</th><th>正压 p</th><th>增安 e</th><th>隔爆 d</th><th>正压 p</th><th>增安 e</th><th>无火花 n</th></tr>
<tr><td>1</td><td>三相鼠笼型感应电动机</td><td>○</td><td>○</td><td>×</td><td>○</td><td>○</td><td>○</td><td>○</td></tr>
<tr><td>2</td><td>三相绕线型感应电动机</td><td>△</td><td>△</td><td>—</td><td>○</td><td>○</td><td>○</td><td>×</td></tr>
<tr><td>3</td><td>三相同步电动机</td><td>○</td><td>○</td><td>×</td><td>○</td><td>○</td><td>○</td><td></td></tr>
<tr><td>4</td><td>直流电动机</td><td>△</td><td>△</td><td></td><td>○</td><td>○</td><td>—</td><td></td></tr>
<tr><td>5</td><td>电磁滑差离合器(无电刷)</td><td>○</td><td>△</td><td>×</td><td>○</td><td>○</td><td>○</td><td>△</td></tr>
</table>

注：① 表中符号意义如下：

○—适用；△—慎用；×—不适用。

② 绕线型感应电动机及同步电动机采用增安型时发生电火花的部分采用隔爆或正压型防爆结构，而其主体为增安型防爆结构。

③ 无火花电动机在用于通风不良及户内具有比空气重的介质的区域内时需慎重考虑。

按 GB 50058—1992 规定，1 区、2 区爆炸性气体环境解释如表 8-2-6。

表 8-2-6 爆炸性气体环境分区

分区	1 区	2 区
区域情况	在正常运行时，预计可能出现爆炸性气体环境的区域	在正常运行时，不可能出现爆炸性气体环境，即使发生也仅可能是短时存在的区域

8.3 有关电动机的标准、规范及防爆标志

8.3.1 有关电动机的一般标准和规范

与电动机相关的一般标准和规范见表 8-3-1。

表 8-3-1 有关电动机的一般标准和规范

<table>
<tr><th>国家(或行业)标准编号</th><th>标准名称</th><th>相关国际标准</th></tr>
<tr><td>GB 755—2008</td><td>旋转电机 定额和性能</td><td rowspan="2">IEC 60034—1</td></tr>
<tr><td>GB/T 13957—2008</td><td>大型三相异步电动机基本系列 技术条件</td></tr>
</table>

续表

国家(或行业)标准编号	标准名称	相关国际标准
JB/T 7593—2007	Y系列高压三相异步电动机技术条件(机座号355—630)	
JB 8974—1999	TAW系列增安型无刷励磁同步电动机 技术条件	
GB 4208—2008	外壳防护等级(IP代码)	IEC 60529
GB/T 4942.1—2006	电机 外壳防护分级	IEC 60034—5
GB/T 1993—1993	旋转电机 冷却方法	IEC 60034—6
GB/T 997—2003	电机 结构安装型式及代号	IEC 60034—7
GB/T 10069—2006	旋转电机 噪声测定方法及限值	IEC 60034—9
GB/T 10068—2000	轴中心高为56mm及以上电机的机械振动 振动测量评定和限值	IEC 60034—14
GB/T 1096—2003	普通型平键	IEC 60072
GB/T 756—1990	旋转电机 圆柱形轴伸	IEC 60072
GB/T 1032—2005	三相异步电动机试验方法	
GB/T 1029—2005	三相同步电机试验方法	

8.3.2 有关电动机的防爆标准及规范

8.3.2.1 电动机相关的防爆标准及规范

有关电动机的主要防爆标准及规范如表8-3-2所示。

表8-3-2 有关电动机的主要防爆标准及规范

国家(或行业)标准编号	标准名称	相关国际标准
GB 3836.1—2000	爆炸性气体环境用电气设备 第1部分：通用要求	IEC 60079—0
GB 3836.2—2000	爆炸性气体环境用电气设备 第2部分：隔爆型“d”	IEC 60079—1
GB 3836.3—2000	爆炸性气体环境用电气设备 第3部分：增安型“e”	IEC 60079—7
GB 3836.4—2000	爆炸性气体环境用电气设备 第4部分：本质安全型“i”	IEC 60079—11
GB 3836.5—2004	爆炸性气体环境用电气设备 第5部分：正压型“p”	IEC 60079—2
GB 3836.8—2003	爆炸性气体环境用电气设备 第8部分：无火花型“n”	IEC 60079—15
GB 3836.14—2000	爆炸性气体环境用电气设备 第14部分：危险场所分类	IEC 60079—10
GB 3836.15—2000	爆炸性气体环境用电气设备 第15部分：危险场所电气安装(煤矿除外)	IEC 60079—14
GB 3836.13—1997	爆炸性气体环境用电气设备 第13部分：爆炸性气体环境用电气设备的检修	IEC 60079—19
GB 12476.1—2000	可燃性粉尘环境用电气设备 用外壳保护的电气设备第1部分：电气设备的技术要求	IEC 6124—1—1
GB 50058—1992	爆炸和火灾危险环境电力装备设备规范	
JB 8973—1999	增安型无刷励磁同步电动机防爆技术要求	

8.3.2.2 国家防爆电气标准采用国际标准的情况

GB 3836—2000 国家防爆电气标准采用国际标准程度见表 8-3-3。从表中可以看出，我国防爆标准的制、修订工作已与国际标准同步，其主要标准与 IEC 等效或等同，表明我国防爆标准水平已迈入国际先进行列。

表 8-3-3 国家防爆电气标准采用国际标准程度

国家标准编号	标准名称	相应国际标准	采用国际标准程度
GB 3836.1—2000	爆炸性气体环境用电气设备 第 1 部分：通用要求	IEC 60079—0	等效
GB 3836.2—2000	爆炸性气体环境用电气设备 第 2 部分：隔爆型“d”	IEC 60079—1	等效
GB 3836.3—2000	爆炸性气体环境用电气设备 第 3 部分：增安型“e”	IEC 60079—7	等效
GB 3836.4—2000	爆炸性气体环境用电气设备 第 4 部分：本质安全型“i”	IEC 60079—11	等效
GB 3836.5—2004	爆炸性气体环境用电气设备 第 5 部分：正压型“p”	IEC 60079—2	等效
GB 3836.8—2003	爆炸性气体环境用电气设备 第 8 部分：无火花型“n”	IEC 60079—15	等效
GB 3836.14—2000	爆炸性气体环境用电气设备 第 14 部分：危险场所分类	IEC 60079—10	等同
GB 3836.15—2000	爆炸性气体环境用电气设备 第 15 部分：危险场所电气安装(煤矿除外)	IEC 60079—14	等效
GB 3836.13—1997	爆炸性气体环境用电气设备 第 13 部分：爆炸性气体环境用电气设备的检修	IEC 60079—19	非等效
GB 12476.1—2000	可燃性粉尘环境用电气设备 用外壳保护的电气设备第 1 部分：电气设备的技术要求	IEC 6124—1—1	等同

8.3.2.3 电动机防爆标志

根据国家防爆电气标准规定，电动机防爆标志及意义如下：

Ex d ⅡB T4

防爆标志——Ex
电气设备防爆型式(隔爆型)——d
电气设备类别符号——ⅡB
电气设备温度组别——T4

按国标规定，除煤矿外其他爆炸性气体环境用电气设备均属Ⅱ类，对Ⅱ类隔爆型“d”和本质安全型“i”电气设备又分为ⅡA、ⅡB、ⅡC 类。其中ⅡB 设备可适用于ⅡA 设备的使用条件，ⅡC 设备可适用于ⅡA 和ⅡB 设备的使用条件。

所有防爆型式的Ⅱ类电气设备的温度组别分为 T1～T6 组，其温度组别及最高表面温度如表 8-3-4 所示。

表 8-3-4 Ⅱ类电气设备最高表面温度分组

温度组别	最高表面温度/℃	温度组别	最高表面温度/℃	温度组别	最高表面温度/℃
T1	450	T3	200	T5	100
T2	300	T4	135	T6	85

所应用的各种防爆型式符号见表 8-3-5。

表 8-3-5 电气设备防爆型式符号

型式符号	o	p	q	d	e	ia	ib	m	n
防爆型式	充油型	正压型	充砂型	隔爆型	增安型	本质安全型 a 类	本质安全型 b 类	浇注型	无火花型（可在产品上标示符号“s”作为特殊型）

Ⅱ类隔爆型电气设备的温度组别、类别及适用的爆炸性气体见表 8-3-6。

表 8-3-6 Ⅱ类电气设备的温度组别类别及适用的爆炸性气体

温度组别	T1	T2	T3	T4	T5	T6
最高表面温度/℃	450	300	200	135	100	85
ⅡA	甲烷、丙烷、丙酮、苯乙烯、甲基苯乙烯、苯、二、三甲苯、甲苯、萘、甲酚、酚、一氧化碳、苯、醋酸、醋酸甲酯、氯苯、工业甲烷、氨、丙酮、丁酮、氯甲烷、氯乙烷、溴乙烷、苯胺	丁烷、甲醇、乙醇、甲胺、二氯乙烷、氯乙烯、醋酸乙酯、乙酯、丙酯、丁酯	戊醇、戊烷、己烷、庚烷、辛烷、煤油、洗涤汽油、醋酸丙酯、燃料油、柴油、石脑油	乙醛、三甲胺、乙醚、二丁醚		亚硝酸乙酯
ⅡB	丙炔、环丙烷、氰化氢、民用煤气、丙烯腈、甲醚	乙烯、环氧乙烷、丙烯酸甲酯，1，2-环氧丙烷、丁二烯	二甲醚、乙硫醇、丁烯醛、丙烯醛、1，3-丁二烯、硫化氢	乙基甲基醚、二乙醚、二丁醚、四氟乙烯		
ⅡC	氢、焦炉煤气	乙炔			二硫化碳	硝酸乙酯

8.4 常用电动机规格

表 8-4-1～表 8-4-29 介绍了南阳防爆集团有限公司 380V、6000V 不同系列的电动机规格及性能，包括普通三相异步电动机、高效三相异步电动机、增安型、隔爆型电动机、绕线型三相异步电动机、变频调速型三相异步电动机及同步电动机等。但未列入该公司 10kV 不同系列的电动机产品。表 8-4-30 也介绍 TK、TDK 型同步电动机的性能参数。

表 8-4-1　Y 系列三相异步电动机(H80-355)

型　号	满载时			效率/%			功率因数 cosφ			堵转转矩 额定转矩	堵转电流 额定电流	最大转矩 额定转矩	噪声/ dB(A)	振动/ (mm/s)	转动惯量/ kg·m²	质量/ kg
	功率/ kW	电流/ A	转速/ (r/min)	负载			负载									
				4/4	3/4	1/2	4/4	3/4	1/2							
Y801-2	0.75	1.83	2825	75	75	74.8	0.84	0.77	0.65	2.2	6.5	2.3	71	1.8	0.0042	16
Y80.2-2	1.1	2.55	2825	77	78.2	76.6	0.86	0.81	0.71	2.2	7	2.3	71	1.8	0.005	17
Y90S-2	1.5	3.43	2840	78	79	78.8	0.85	0.8	0.71	2.2	7	2.3	75	1.8	0.0075	22
Y90L-2	2.2	4.85	2840	80.5	81.5	80.3	0.86	0.83	0.76	2.2	7	2.3	75	1.8	0.0097	25
Y100L-2	3	6.24	2880	82	82.2	81.8	0.87	0.83	0.74	2.2	7	2.3	79	1.8	0.0174	33
Y112M-2	4	8.12	2890	85.5	86.1	85.3	0.87	0.83	0.75	2.2	7	2.3	79	1.8	0.0303	45
Y132S1-2	5.5	11	2920	85.5	86.2	86	0.88	0.84	0.77	2	7	2.3	83	1.8	0.0631	64
Y132S2-2	7.5	14.2	2920	86.2	87.2	87	0.88	0.85	0.79	2	7	2.3	83	1.8	0.0733	70
Y160M1-2	11	21.7	2950	87.2	87.4	86.9	0.88	0.85	0.78	2	7	2.3	87	2.8	0.205	117
Y160M2-2	15	28	2950	88.2	88.6	88	0.88	0.86	0.81	2	7	2.3	87	2.8	0.248	125
Y160L-2	18.5	33.8	2950	89	89.4	88.6	0.89	0.88	0.84	2	7	2.2	87	2.8	0.307	147
Y180M-2	22	41	2950	89	89.5	88.3	0.89	0.85	0.77	2	7	2.2	92	2.8	0.366	180
Y200L1-2	30	55.4	2950	90	90.2	89.6	0.89	0.86	0.8	2	7	2.2	95	2.8	0.629	240
Y200L2-2	37	67	2950	90.5	90.6	90.1	0.89	0.87	0.81	2	7	2.2	95	2.8	0.721	255
Y225M-2	45	82	2970	91.5	91.5	91	0.89	0.87	0.81	2	7	2.2	97	2.8	1.2	309
Y250M-2	55	99.5	2970	91.5	91.5	90.9	0.89	0.87	0.82	2	7	2.2	97	3.5	1.55	403
Y280S-2	75	134.5	2970	92	92	91.4	0.89	0.87	0.82	2	7	2.2	99	3.5	2.87	544
Y280M-2	90	160	2970	92.5	92.2	91.9	0.89	0.85	0.8	2	7	2.2	99	3.5	3.3	620
Y315S-2	110	194	2980	92.5	91.3	91.5	0.89	0.89	0.82	1.8	6.8	2.2	104	3.5	2.2	1000
Y315M2-2	132	231.2	2980	93	92.8	91.1	0.89	0.87	0.83	1.8	6.8	2.2	104	3.5	2.14	1040
Y315L1-2	160	278.3	2980	93.5	93.3	92.7	0.89	0.88	0.83	1.8	6.8	2.2	104	3.5	2.73	1350
Y315L-2	185	320	2980	93.5	93.3	92.9	0.89	0.88	0.84	1.8	6.8	2.2	104	3.5	3.2	1450
Y315L2-2	200	345.4	2980	93.5	93.4	92.7	0.89	0.87	0.83	1.8	6.8	2.2	104	3.5	3.33	1600
Y355S1-2	185	319	2985	94.2	94.2	93.9	0.89	0.87	0.83	1.2	6.9	2	109	3.5	3.86	1840
Y355S2-2	200	344.4	2985	94.2	94.2	93.9	0.89	0.87	0.83	1.2	6.9	2	109	3.5	4.79	1840
Y355M1-2	220	377.2	2985	94.2	94.2	93.9	0.89	0.87	0.83	1.2	6.9	2	109	3.5	4.79	1840

续表

型号	满载时			效率/%			功率因数 cosφ			堵转转矩/额定转矩	堵转电流/额定电流	最大转矩/额定转矩	噪声/dB(A)	振动/(mm/s)	转动惯量/kg·m²	质量/kg
	功率/kW	电流/A	转速/(r/min)	负载			负载									
				4/4	3/4	1/2	4/4	3/4	1/2							
Y355M2－2	250	425. 2	2985	94. 5	94. 4	94. 2	0. 9	0. 89	0. 86	1. 2	7	2	111	3. 5	5. 66	2100
Y355L1－2	280	477. 2	2985	94. 7	94. 6	94. 2	0. 9	0. 89	0. 86	1. 2	7. 1	2	111	3. 5	6. 53	2250
Y355L2－2	315	533. 1	2985	95	94. 9	94. 7	0. 9	0. 89	0. 86	1. 2	7. 1	2	111	3. 5	6. 53	2250
Y801－4	0. 55	1. 57	1390	73	73	72	0. 76	0. 69	0. 56	2. 4	6	2. 3	67	1. 8	0. 006	17
Y802－4	0. 75	2. 03	1390	74. 5	75. 5	74. 1	0. 76	0. 7	0. 58	2. 3	6	2. 3	67	1. 8	0. 0077	18
Y90S－4	1. 1	2. 89	1400	78	79	77. 8	0. 78	0. 72	0. 61	2. 3	6. 5	2. 3	67	1. 8	0. 012	22
Y90L－4	1. 5	3. 7	1400	79	80	786	0. 79	0. 73	0. 62	2. 3	6. 5	2. 3	67	1. 8	0. 015	27
Y100L1－4	2. 2	5. 16	1420	81	81. 5	80	0. 82	0. 77	0. 66	2. 2	7	2. 3	70	1. 8	0. 031	34
Y100L2－4	3	6. 78	1420	82. 5	83. 5	82. 1	0. 81	0. 77	0. 67	2. 2	7	2. 3	70	1. 8	0. 039	38
Y112M－4	4	8. 82	1440	84. 5	85. 5	84. 1	0. 82	0. 77	0. 67	2. 2	7	2. 3	74	1. 8	0. 059	43
Y132S－4	5. 5	11. 2	1450	85. 5	86. 5	86. 4	0. 84	0. 79	0. 69	2. 2	7	2. 3	78	1. 8	0. 113	68
Y132M－4	7. 5	14. 8	1450	87	88	87. 8	0. 85	0. 81	0. 73	2. 2	7	2. 3	78	1. 8	0. 167	81
Y160M－4	11	22. 1	1460	88	88. 5	87. 6	0. 84	0. 8	0. 7	2. 2	7	2. 3	82	2. 8	0. 396	123
Y160L－4	15	29. 4	1460	88. 5	89. 2	88. 1	0. 85	0. 82	0. 75	2. 2	7	2. 3	82	2. 8	0. 493	144
Y180M－4	18. 5	35. 1	1470	91	91. 4	90. 6	0. 86	0. 82	0. 73	2	7	2. 2	82	2. 8	0. 706	182
Y180L－4	22	4. 1. 3	1470	91. 5	91. 9	91. 3	0. 86	0. 83	0. 74	2	7	2. 2	82	2. 8	0. 812	190
Y200L1－4	30	56. 2	1470	92. 2	92. 4	91. 8	0. 87	0. 83	0. 75	2	7	2. 2	84	2. 8	1. 35	270
Y225S－4	37	69. 5	1480	92. 3	92. 4	91. 8	0. 87	0. 83	0. 74	1. 9	7	2. 2	84	2. 8	2. 18	284
Y225M－4	45	83. 3	1480	92. 3	92. 3	90. 9	0. 88	0. 84	0. 76	1. 9	7	2. 2	84	2. 8	2. 35	320
Y250M－4	55	102. 3	1480	92. 6	92. 8	92. 4	0. 88	0. 85	0. 78	2	7	2. 2	86	3. 5	2. 54	427
Y280S－4	75	135. 5	1485	92. 7	93. 4	93	0. 88	0. 86	0. 8	1. 9	7	2. 2	90	3. 5	2. 68	562
Y280M－4	90	161	1485	93. 5	93. 5	92. 9	0. 89	0. 87	0. 8	1. 9	7	2. 2	90	3. 5	2. 84	667
Y315S－4	110	198	1485	93. 5	93. 4	92. 8	0. 89	0. 87	0. 81	1. 8	6. 8	2. 2	98	3. 5	3. 05	1000
Y315M－4	132	230	1485	94	93. 9	93. 4	0. 89	0. 88	0. 84	1. 8	6. 8	2. 2	101	3. 5	3. 7	1100
Y315L1－4	160	285	1485	94. 5	94. 4	93. 9	0. 89	0. 87	0. 82	1. 8	6. 8	2. 2	101	3. 5	4. 2	1100

续表

型号	满载时			效率/%			功率因数 cosϕ			堵转转矩 额定转矩	堵转电流 额定电流	最大转矩 额定转矩	噪声/ dB(A)	振动/ (mm/s)	转动惯量/ kg·m²	质量/ kg
	功率/ kW	电流/ A	转速/ (r/min)	负载			负载									
				4/4	3/4	1/2	4/4	3/4	1/2							
Y315L－4	185	328	1485	94.5	94.4	94.2	0.89	0.87	0.84	1.8	6.8	2.2	101	3.5	4.2	1400
Y315L2－4	200	353.5	1485	94.5	94.3	94	0.89	0.87	0.84	1.8	6.8	2.2	101	3.5	5.1	1450
Y355S1－4	185	332.7	1485	94.4	94.4	94.2	0.87	0.86	0.81	1.4	6.8	2.2	106	3.5	7.8	1720
Y355S2－4	200	351.6	1485	94.4	94.4	94.2	0.87	0.86	0.81	1.4	6.8	2.2	106	3.5	8.8	1720
Y355M1－4	220	385	1485	94.4	94.4	94.2	0.87	0.86	0.81	1.4	6.8	2.2	106	3.5	8.8	1820
Y355M2－4	250	436	1485	94.7	94.6	94.2	0.87	0.86	0.81	1.4	6.8	2.2	108	3.5	9.72	1900
Y355L1－4	280	487	1485	94.9	94.8	94.5	0.87	0.86	0.81	1.4	6.8	2.2	108	3.5	10.64	2080
Y355L2－4	315	546	1485	95.2	95.1	95	0.87	0.86	0.81	1.4	6.9	2.2	108	3.5	12.11	2260
Y801－6	0.37	1.27	910	63	63.2	60	0.7	0.6	0.48	2	5.5	2.2	54	1.8	0.013	
Y802－6	0.55	1.76	910	66	67.1	65.8	0.72	0.63	0.5	2	5.5	2.2	54	1.8	0.015	
Y90S－6	0.75	2.29	910	72.5	72.5	70.5	0.7	0.61	0.49	2	5.5	2.2	65	1.8	0.017	23
Y90L－6	1.1	3.14	910	73.5	74.5	73.2	0.72	0.64	0.51	2	5.5	2.2	65	1.8	0.02	25
Y100L－6	1.5	3.95	940	77.5	78.7	76.7	0.74	0.67	0.55	2	6	2.2	67	1.8	0.039	33
Y112M－6	2.2	5.57	940	80.5	81.5	80.1	0.74	0.67	0.54	2	6	2.2	67	1.8	0.068	45
Y132S－6	3	6.9	960	83	83.9	83.2	0.76	0.7	0.58	2	6.5	2.2	71	1.8	0.161	63
Y132M1－6	4	9	960	84	857	85.1	0.77	0.7	0.58	2	6.5	2.2	71	1.8	0.203	73
Y132M2－6	5.5	12.1	960	85.3	86	85.2	0.78	0.72	0.6	2	6.5	2.2	71	1.8	0.258	84
Y160M－6	7.5	16.5	970	86	86.7	85.9	0.78	0.72	0.62	2	6.5	2	75	2.8	0.246	119
Y160L－6	11	23.3	970	87	87.5	86.7	0.78	0.74	0.64	2	6.5	2	75	2.8	0.615	147
Y180L－6	15	30.3	980	89.5	90.2	89.4	0.81	0.77	0.67	1.8	6.5	2	78	2.8	1.06	195
Y200L1－6	18.5	37.1	980	98.8	90.2	89.6	0.83	0.79	0.7	1.8	6.5	2	78	2.8	1.6	220
Y200L2－6	22	43.5	980	90.2	90.7	89.9	0.83	0.79	0.7	1.8	6.5	2	78	2.8	1.84	250
Y225M－6	30	57.6	985	90.2	90.6	90	0.85	0.82	0.75	1.7	6.5	2	81	2.8	2.74	292
Y250M－6	37	69.2	985	90.8	91.1	90.6	0.86	0.83	0.77	1.8	6.5	2	81	3.5	3.04	408
Y280S－6	45	84.4	990	92	92.1	91.7	0.87	0.84	0.77	1.8	6.5	2	84	3.5	3.35	536

续表

型号	满载时			效率/%			功率因数 cosφ			堵转转矩/额定转矩	堵转电流/额定电流	最大转矩/额定转矩	噪声/dB(A)	振动/(mm/s)	转动惯量/kg·m²	质量/kg
	功率/kW	电流/A	转速/(r/min)	负载 4/4	负载 3/4	负载 1/2	负载 4/4	负载 3/4	负载 1/2							
Y280M－6	55	101.5	990	92	92	91.2	0.87	0.85	0.8	1.8	6.5	2	84	3.5	3.56	595
Y315S－6	75	142	990	92.8	92.6	91.9	0.87	0.84	0.75	1.6	6.5	2	92	3.5	3.72	920
Y315M－6	90	166.5	990	93.2	93	92.6	0.87	0.85	0.78	1.6	6.5	2	92	3.5	4.15	1100
Y315L1－6	110	202.5	990	93.5	93.3	92.9	0.87	0.85	0.78	1.6	6.5	2	92	3.5	4.8	1200
Y315L－6	132	241.5	990	93.8	91.6	91.2	0.87	0.85	0.78	1.6	6.5	2	92	3.5	5.44	1600
Y355S－6	160	286.5	990	94.1	94	93.9	0.86	0.84	0.79	1.3	6.7	2	102	3.5	11.37	1760
Y335M1－6	185	329	990	94.3	94.2	94	0.86	0.84	0.79	1.3	6.7	2	102	3.5	11.37	1850
Y355M2－6	200	355.5	990	94.3	94.2	94	0.86	0.84	0.79	1.3	6.7	2	102	3.5	13.75	1900
Y355L1－6	220	390	990	94.5	94.4	94.1	0.86	0.84	0.79	1.3	6.7	2	102	3.5	15.67	2140
Y355L2－6	250	442.5	990	94.7	94.6	94.4	0.86	0.84	0.79	1.3	6.7	2	105	3.5	16.33	2250
Y801－8	0.18	0.86	710	52	50	45	0.61	0.52	0.42	1.8	4.5	1.9	52	1.8	0.07	
Y802－8	0.25	1.13	710	55	54	48	0.61	0.52	0.41	1.8	4.5	1.9	52	1.8	0.07	
Y90S－8	0.37	1.44	710	63	62.8	58	0.62	0.52	0.41	1.8	4.5	2	56	1.8	0.08	
Y90L－8	0.55	2.07	710	64	63.6	61	0.63	0.52	0.41	1.8	4.5	2	56	1.8	0.08	
Y100L1－8	0.75	2.36	710	71	71	68.4	0.68	0.58	0.46	1.8	4.5	2	59	1.8	0.09	
Y100L2－8	1.1	3.32	710	73	73.6	72	0.69	0.6	0.47	1.8	4.5	2	59	1.8	0.09	
Y112M－8	1.5	4.4	710	75	76.2	74.8	0.69	0.61	0.48	1.8	4.5	2	61	1.8	0.1	
Y132S－8	2.2	5.6	710	80.5	80	79	0.71	0.63	0.5	2	5.5	2	66	1.8	0.12	63
Y132M－8	3	7.5	710	82	81	78.9	0.72	0.64	0.51	2	5.5	2	66	1.8	0.2	79
Y160M1－8	4	10.3	720	84	84.7	84.7	0.73	0.65	0.53	2	6	2	69	2.8	0.36	118
Y160M2－8	5.5	13.4	720	85	82	82.8	0.74	0.66	0.54	2	6	2	69	2.8	0.46	119
Y160L－8	7.5	17	720	86	87.8	85.6	0.75	0.68	0.56	2	6	2	72	2.8	0.61	145
Y180L－8	11	24.5	730	87.5	87.9	87.2	0.77	0.7	0.59	1.7	6	2	72	2.8	1.06	184
Y200L－8	15	33.5	730	88	88.2	874	0.76	0.69	0.58	1.8	6	2	75	2.8	1.6	250
Y225S－8	18.5	39.5	735	89.5	89.8	89.2	0.76	0.71	0.61	1.7	6	2	75	2.8	2.5	266

续表

型号	满载时			效率/%			功率因数 cosφ			堵转转矩/额定转矩	堵转电流/额定电流	最大转矩/额定转矩	噪声/dB(A)	振动/(mm/s)	转动惯量/kg·m²	质量/kg
	功率/kW	电流/A	转速/(r/min)	负载			负载									
				4/4	3/4	1/2	4/4	3/4	1/2							
Y225M-8	22	46.5	735	90	90.3	88.8	0.78	0.73	0.63	1.8	6	2	75	2.8	2.74	292
Y250M-8	30	61.5	740	90.5	91	89.3	0.8	0.76	0.66	1.8	6	2	78	3.5	2.91	405
Y280S-8	37	74.5	740	91	91.2	90.5	0.79	0.74	0.65	1.8	6	2	78	3.5	3.21	520
Y280M-8	45	90	740	91.7	92	91.4	0.8	0.76	0.67	1.8	6	2	78	3.5	3.42	592
Y315S-8	55	112.5	740	92	91.7	90.4	0.8	0.72	0.63	1.6	6.5	2	87	3.5	3.72	920
Y315M-8	75	152	740	92.5	92.2	91.3	0.81	0.75	0.65	1.6	6.5	2	87	3.5	4.15	1100
Y315L1-8	90	179	740	93	92.8	91.5	0.82	0.76	0.66	1.6	6.5	2	87	3.5	4,.8	1100
Y315L2-8	110	218	740	93.3	92.6	91.6	0.82	0.76	0.66	1.6	6.5	2	87	3.5	5.44	1300
Y355S-8	132	254	740	93.8	93.7	93.1	0.81	0.75	0.65	1.3	6.3	2	99	3.5	11.37	1600
Y355M-8	160	305.5	740	94	93.9	93.3	0.81	0.75	0.65	1.3	6.3	2	99	3.5	13.7	1820
Y355L1-8	185	349.5	740	94.2	94.1	93.8	0.81	0.75	0.65	1.3	6.3	2	99	3.5	13.7	2050
Y355L2-8	200	379.5	740	94	94.2	94	0.81	0.75	0.65	1.3	6.3	2	99	3.5	16.33	2200
Y315S-10	45	96.5	590	91.5	91.4	91	0.74	0.7	0.61	1.4	6	2	87	3.5	9	920
Y315M-10	55	116	590	92	91.9	91.7	0.74	0.7	0.61	1.4	6	2	87	3.5	9.5	1100
Y315L1-10	75	156.5	590	92.5	92.4	92	0.75	0.72	0.62	1.4	6	2	87	3.5	10	1200
Y315L2-10	90	186.5	590	92.5	92.4	92	0.75	0.72	0.62	1.5	6	2	87	3.5	10.5	1300
Y355S-10	90	187.5	590	93	92.9	92.7	0.77	0.73	0.62	1.2	6	2	82	3.5	11	1140
Y355Ml-10	110	227.5	590	93.2	93.1	92.9	0.78	0.73	0.62	1.2	6	2	96	3.5	11.5	1200
Y355M2-10	132	274	590	93.5	93.4	93.2	0.78	0.73	0.62	1.2	6	2	99	3.5	12	1250
Y355L1-10	160	329	590	93.5	93.4	93.2	0.78	0.73	0.62	1.2	6	2	99	3.5	12.5	1300
Y355L2-10	185	375	590	93.5	93.4	93.2	0.78	0.73	0.62	1.2	6	2	99	3.5	13	1350
Y315S-12	37	78.2	494	92	91.9	91.6	0.72	0.68	0.57	1.2	6.5	2	90	3.5	9	1000
Y315M-12	45	93.5	493	92	91.9	91.6	0.72	0.68	0.57	1.2	6.5	2	93	3.5	9.5	1100
Y315L1-12	55	115.5	494	92	91.9	91.6	0.72	0.68	0.57	1.2	6.5	2	93	3.5	10	1200
Y315L2-12	75	155.5	493	93	92.9	92.7	0.73	0.69	0.58	1.1	6.5	2	96	3.5	10.5	1250

续表

型 号	满载时			效率/%			功率因数 cosΦ			堵转转矩/额定转矩	堵转电流/额定电流	最大转矩/额定转矩	噪声/dB(A)	振动/(mm/s)	转动惯量/kg·m²	质量/kg
	功率/kW	电流/A	转速/(r/min)	负载			负载									
				4/4	3/4	1/2	4/4	3/4	1/2							
Y355S－12	75	159	492	93	92.9	92.7	0.73	0.69	0.58	1.2	6.5	2	96	3.5	11	1250
Y355M1－12	90	191.1	493	93	92.9	92.7	0.73	0.69	0.58	1.2	6.5	2	96	3.5	11.5	1350
Y355M2－12	110	230	492	93.5	93.4	93	0.75	0.7	0.58	1.2	6.5	2	96	3.5	12	1400
Y355L1－12	132	273.8	492	93.5	93.4	93	0.75	0.7	0.58	1.2	6.5	2	99	3.5	12.5	1500
Y355L2－12	160	336.2	493	93.5	93.4	93	0.75	0.7	0.58	1.2	6.5	2	99	3.5	13	1550
Y315S－14	30	67.3	423	92	91.9	91.6	0.7	0.68	0.54	1.2	6.5	2	90	3.5	10	1000
Y315M－14	37	83.2	423	92	91.9	91.6	0.7	0.68	0.54	1.2	6.5	2	90	3.5	10.5	1100
Y315L1－14	45	100	423	92	91.9	91.6	0.7	0.68	0.54	1.2	6.5	2	93	3.5	11	1250
Y315L2－14	55	121	423	92	91.9	91.6	0.7	0.68	0.54	1.2	6.5	2	93	3.5	11.5	1250
Y355S－14	75	167	422	92	91.9	91.6	0.72	0.7	0.56	1.2	6.5	2	96	3.5	12	1350
Y355M1－14	90	197.9	422	93	93	92.5	0.72	0.7	0.56	1.2	6.5	2	96	3.5	12.5	1450
Y355M2－14	110	245.2	422	93	93	92.5	0.72	0.7	0.56	1.2	6.5	2	96	3.5	13	1500
Y355L－14	132	296	422	93	93	92.5	0.72	0.7	0.56	1.2	6.5	2	99	3.5	13.5	1600
Y315S－16	22	54.5	370	90.7	90.6	90.3	0.66	0.6	0.49	1.2	6.5	2	90	3.5	10	1000
Y315M－16	30	73.1	370	90.7	90.6	90.3	0.66	0.6	0.49	1.2	6.5	2	90	3.5	10.5	1100
Y315L1－16	37	88.3	369	91	90.9	90.6	0.66	0.6	0.49	1.2	6.5	2	90	3.5	11	1250
Y315L2－16	45	108	369	91	90.9	90.6	0.66	0.6	0.49	1.2	6.5	2	93	3.5	11.5	1300
Y355S－16	55	132.8	369	91.5	91.2	89.6	0.66	0.6	0.49	1.2	6.5	2	93	3.5	12	1350
Y355M1－16	75	174.9	368	91.5	91.2	89.6	0.67	0.6	0.49	1.2	6.5	2	96	3.5	12.5	1450
Y355M2－16	90	209.2	368	92	91.7	90.2	0.67	0.6	0.49	1.2	6.5	2	96	3.5	13	1500
Y355L－16	110	252.2	368	92	91.7	90.2	0.67	0.6	0.49	1.2	6.5	2	96	3.5	13.5	1600

注：① 堵转电流：电动机在额定电压、额定频率下，当转子堵住时从供电回路输入的稳态电流有效值，亦即在额定电压下，电机的最初起动电流。

② 堵转转矩：电动机在额定电压、额定频率和转子堵住时所产生转矩的最小测定值，亦即在额定电压下，电机的最初起动转矩。

③ 堵转电流倍：电动机堵转电流与额定电流之比。

④ 堵转转矩倍：电动机堵转转矩与额定转矩之比。

⑤ 转动惯量 J：转子旋转时维持正常运行速度的能力，等于其质量微元与微元至轴线距离平方的乘积之和，$kg \cdot m^2$。

⑥ 飞轮力矩 GD^2：含义与转动惯量一致，单位为 $N \cdot m^2$，其换算关系为 $J = GD^2/4$。

⑦ I_A/I_N：起动电流比，即起动电流与额定电流之比，该比值不允许大于10。

⑧ T_E 时间：交流绕组在最高环境温度下达到额定运行稳定温度后，从开始通过起动电流 I_A 时起，直至上升到极限温度所需的时间。一般 T_E 时间不允许少于5s。

表 8-4-2 Y YKS 系列高压三相异步电动机 6kV(H355-630)

型	号	额定功率/kW	定子电流/A	额定转速/(r/min)	效率/%	功率因数 cosϕ	最大转矩/额定转矩	堵转转矩/额定转矩	堵转电流/额定电流	电机转动惯量 J/kg·m²	质量/kg
Y355 YKS355	2-1	220	26.5	2967	92.8	0.86	1.8	0.6	7.0	3.5	2200
	2-2	250	30.1	2968	92.9	0.86	1.8	0.6	7.0	3.6	2250
	3-2	280	33.7	2970	93.1	0.86	1.8	0.6	7.0	3.7	2400
	4-2	315	37.7	2970	93.4	0.86	1.8	0.6	7.0	3.8	2500
	5-2	355	42.4	2973	93.7	0.86	1.8	0.6	7.0	4.0	2600
	6-2	400	47.6	2973	94.1	0.86	1.8	0.6	7.0	4.2	2700
Y400 YKS400	1-2	450	53.3	2975	94.4	0.86	1.8	0.6	7.0	5.5	3400
	2-2	500	58.5	2976	94.6	0.87	1.8	0.6	7.0	5.5	3500
	3-2	560	65.4	2977	94.7	0.87	1.8	0.6	7.0	5.7	3600
	4-2	630	73.4	2978	94.9	0.87	1.8	0.6	7.0	6.0	3700
Y450 YKS450	1-2	710	82.7	2977	95.0	0.87	1.8	0.6	7.0	12	4100
	2-2	800	92.9	2976	95.2	0.87	1.8	0.6	7.0	13	4200
	3-2	900	104.5	2974	95.3	0.87	1.8	0.6	7.0	13.9	4300
	4-2	1000	114.6	2977	95.4	0.88	1.8	0.6	7.0	14.5	4400
Y500 YKS500	1-2	1120	128.2	2980	95.5	0.88	1.8	0.6	7.0	19.8	5900
	2-2	1250	142.9	2980	95.6	0.88	1.8	0.6	7.0	22	6100
	3-2	1400	159.9	2980	95.7	0.88	1.8	0.6	7.0	23	6300
	4-2	1600	182.6	2979	95.8	0.88	1.8	0.6	7.0	24	6700
Y560 YKS560	1-2	1800	205.2	2980	95.9	0.88	1.8	0.6	7.0	36	8500
	2-2	2000	227.8	2982	96.0	0.88	1.8	0.6	7.0	40	8700
	3-2	2240	254.8	2981	96.1	0.88	1.8	0.6	7.0	41	9000
Y630 YKS630	1-2	2500	280.9	2982	96.2	0.89	1.8	0.6	7.0	48	9900
	2-2	2800	314.4	2982	96.3	0.89	1.8	0.6	7.0	55	10300
	3-2	3150	353.7	2983	96.3	0.89	1.8	0.6	7.0	62	10800
Y355 YKS355	3-4	220	26.7	1480	93.3	0.85	1.8	0.8	6.5	4.4	2100
	4-4	250	30.3	1480	93.4	0.85	1.8	0.8	6.5	4.6	2200
	5-4	280	33.5	1480	93.5	0.86	1.8	0.8	6.5	5.3	2300
	6-4	315	37.7	1480	93.6	0.86	1.8	0.8	6.5	5.5	2400
Y400 YKS400	1-4	355	42.3	1482	93.8	0.86	1.8	0.8	6.5	7.2	2800
	2-4	400	47.6	1482	94.0	0.86	1.8	0.8	6.5	7.9	2900
	3-4	450	53.5	1482	94.2	0.86	1.8	0.8	6.5	8.7	3000
	4-4	500	58.6	1482	94.3	0.87	1.8	0.8	6.5	9.5	3200
	5-4	560	65.5	1482	94.5	0.87	1.8	0.8	6.5	10.4	3400
Y450 YKS450	1-4	630	73.5	1482	94.8	0.87	1.8	0.8	6.5	14.2	3700
	2-4	710	83.6	1482	95.0	0.87	1.8	0.8	6.5	15.2	3800
	3-4	800	93.0	1482	95.1	0.87	1.8	0.8	6.5	17.3	4000
	4-4	900	104.6	1482	95.2	0.87	1.8	0.8	6.5	19.1	4200

续表

型号		额定功率/kW	定子电流/A	额定转速/(r/min)	效率/%	功率因数 cosϕ	最大转矩/额定转矩	堵转转矩/额定转矩	堵转电流/额定电流	电机转动惯量 J/kg·m²	质量/kg
Y500 YKS500	1-4	1000	116	1482	95.3	0.87	1.8	0.7	6.5	33.4	5200
	2-4	1120	128.5	1488	95.4	0.88	1.8	0.7	6.5	38.1	5400
	3-4	1250	143	1488	95.5	0.88	1.8	0.7	6.5	41.6	5700
	4-4	1400	160	1488	95.6	0.88	1.8	0.7	6.5	46.3	6000
Y560 YKS560	1-4	1600	182.8	1488	95.7	0.88	1.8	0.6	6.5	53	8000
	2-4	1800	205.5	1487	95.8	0.88	1.8	0.6	6.5	56	8300
	3-4	2000	228.0	1488	95.9	0.88	1.8	0.6	6.5	61	8700
Y630 YKS630	1-4	2240	255.1	1487	96.0	0.88	1.8	0.6	6.5	99	10600
	2-4	2500	281.3	1488	96.1	0.89	1.8	0.6	6.5	105	10900
	3-4	2800	314.7	1488	96.2	0.89	1.8	0.6	6.5	118	11200
Y355 YKS355	5-6	220	27.8	988	93.0	0.82	1.8	0.8	6.0	9.8	2000
	6-6	250	31.4	988	93.3	0.82	1.8	0.8	6.0	10.5	2100
Y400 YKS400	2-6	280	34.7	988	93.5	0.83	1.8	0.8	6.0	13	2700
	3-6	315	39.0	988	93.7	0.83	1.8	0.8	6.0	14	2900
	4-6	355	43.8	988	93.9	0.83	1.8	0.8	6.0	15	3100
	5-6	400	46.4	988	94.0	0.83	1.8	0.8	6.0	16.5	3300
Y450 YKS450	1-6	450	45.7	988	94.3	0.84	1.8	0.8	6.0	24	3800
	2-6	500	59.9	988	94.5	0.85	1.8	0.8	6.0	26	4000
	3-6	560	66.9	988	94.7	0.85	1.8	0.8	6.0	27	4200
	4-6	630	75.2	988	94.8	0.85	1.8	0.8	6.0	29	4400
Y500 YKS500	1-6	710	84.6	990	95.0	0.85	1.8	0.7	6.0	43	4800
	2-6	800	95.2	990	95.1	0.85	1.8	0.7	6.0	49	5000
	3-6	900	107.0	990	95.2	0.85	1.8	0.7	6.0	53	5400
	4-6	1000	118.8	990	95.3	0.85	1.8	0.7	6.0	59	5800
Y560 YKS560	1-6	1120	131.4	990	95.4	0.86	1.8	0.7	6.5	64	9100
	2-6	1250	146.5	990	95.5	0.86	1.8	0.7	6.5	71	9300
	3-6	1400	163.9	990	95.6	0.86	1.8	0.7	6.5	75	9600
Y630 YKS630	1-6	1600	187.1	991	95.7	0.86	1.8	0.7	6.5	116	9800
	2-6	1800	210.2	991	95.8	0.86	1.8	0.7	6.5	124	10500
	3-6	2000	233.3	991	95.9	0.86	1.8	0.7	6.5	132	11000
Y400 YKS400	3-8	220	29.2	741	92.9	0.78	1.8	0.8	5.5	17	3000
	4-8	250	32.7	741	93.0	0.79	1.8	0.8	5.5	18.5	3200
	5-8	280	36.6	741	93.2	0.79	1.8	0.8	5.5	20	3400
Y450 YKS450	1-8	315	40.6	741	93.4	0.8	1.8	0.8	5.5	27	4100
	2-8	355	45.7	743	93.5	0.8	1.8	0.8	5.5	29	4300
	3-8	400	51.3	743	93.7	0.8	1.8	0.8	5.5	31	4500
	4-8	450	57.7	743	93.8	0.8	1.8	0.8	5.5	34	4800

续表

型号		额定功率/kW	定子电流/A	额定转速/(r/min)	效率/%	功率因数 $\cos\phi$	最大转矩/额定转矩	堵转转矩/额定转矩	堵转电流/额定电流	电机转动惯量 J/kg·m²	质量/kg
Y500 YKS500	1-8	500	63.0	743	94.3	0.81	1.8	0.8	5.5	47	5000
	2-8	560	67.6	742	94.4	0.82	1.8	0.8	5.5	54	52000
	3-8	630	78.2	742	94.5	0.82	1.8	0.8	5.5	59	5400
	4-8	710	88.0	742	94.6	0.82	1.8	0.8	5.5	65	5600
Y560 YKS560	1-8	800	96.8	743	94.7	0.84	1.8	0.7	6.0	82	8700
	2-8	900	108.8	743	94.8	0.84	1.8	0.7	6.0	90	8900
	3-8	1000	120.7	743	94.9	0.84	1.8	0.7	6.0	96	9100
Y630 YKS630	1-8	1120	135.1	744	95.0	0.84	1.8	0.7	6.0	126	10000
	2-8	1250	150.6	744	95.1	0.84	1.8	0.7	6.0	132	10500
	3-8	1400	168.5	744	95.2	0.84	1.8	0.7	6.0	144	11000
	4-8	1600	192.3	744	95.3	0.84	1.8	0.7	6.0	154	11500
Y450 YKS450	1-10	220	29.9	594	92.1	0.77	1.8	0.8	5.5	26	3700
	2-10	250	33.4	594	92.3	0.78	1.8	0.8	5.5	27	3900
	3-10	280	37.3	594	92.5	0.78	1.8	0.8	5.5	29	4100
	4-10	315	41.4	594	92.6	0.79	1.8	0.8	5.5	31	4300
	5-10	355	46.6	594	92.8	0.79	1.8	0.8	5.5	34	4500
Y500 YKS500	1-10	400	51.6	594	93.3	0.80	1.8	0.8	5.5	46	4900
	2-10	450	58.0	594	93.4	0.80	1.8	0.8	5.5	49	5100
	3-10	500	64.3	594	93.6	0.80	1.8	0.8	5.5	54	5300
	4-10	560	71.9	594	93.7	0.80	1.8	0.8	5.5	59	5500
	5-10	630	80.8	594	93.8	0.80	1.8	0.8	5.5	66	5700
Y560 YKS560	1-10	710	88.6	593	94.0	0.82	1.8	0.7	6.0	98	8600
	2-10	800	99.7	593	94.2	0.82	1.8	0.7	6.0	104	8800
	3-10	900	112.0	593	94.3	0.82	1.8	0.7	6.0	113	9000
Y630 YKS630	1-10	1000	124.3	594	94.4	0.82	1.8	0.7	6.0	140	9800
	2-10	1120	138.9	594	94.6	0.82	1.8	0.7	6.0	149	10300
	3-10	1250	154.7	594	94.8	0.82	1.8	0.7	6.0	163	10800
	4-10	1400	173.1	594	94.9	0.82	1.8	0.7	6.0	178	11300
Y450 YKS450	4-12	220	31.7	494	91.4	0.73	1.8	0.8	5.5	31	4300
	5-12	250	35.9	494	91.7	0.73	1.8	0.8	5.5	33	4500
Y500 YKS500	1-12	280	39.3	494	92.7	0.74	1.8	0.8	5.5	47	5100
	2-12	315	43.6	494	92.8	0.75	1.8	0.8	5.5	51	5300
	3-12	355	49.0	494	93.0	0.75	1.8	0.8	5.5	54	5500
	4-12	400	55.0	494	93.3	0.75	1.8	0.8	5.5	59	5700
	5-12	450	61.8	494	93.4	0.75	1.8	0.8	5.5	66	5900
Y560 YKS560	1-12	500	65.0	495	93.7	0.79	1.8	0.7	6.0	96	8700
	2-12	560	72.7	495	93.8	0.79	1.8	0.7	6.0	107	8900
	3-12	630	81.7	495	93.9	0.79	1.8	0.7	6.0	113	9100

续表

型号		额定功率/kW	定子电流/A	额定转速/(r/min)	效率/%	功率因数 cosφ	最大转矩/额定转矩	堵转转矩/额定转矩	堵转电流/额定电流	电机转动惯量 J/kg·m²	质量/kg
Y630 YKS630	1-12	710	92.0	495	94.0	0.79	1.8	0.7	6.0	160	10000
	2-12	800	103.5	495	94.2	0.79	1.8	0.7	6.0	171	10500
	3-12	900	116.3	495	94.3	0.79	1.8	0.7	6.0	187	11000
	4-12	1000	129.0	495	94.4	0.79	1.8	0.7	6.0	200	11500

表 8-4-3 Y，YKS 系列高压三相异步电动机 6kV(H710-1000)

型号	功率/kW	额定电流/A	额定转速/(r/min)	效率/%	功率因数 cosφ	堵转转矩倍数	堵转电流倍数	最大转矩倍数	噪声(声压级)/dB(A)	飞轮转矩/t·m²	质量/t
同步转速 3000r/min											
Y、YKS710-2	2500	284.8	2985	96.0	0.88	7.0	0.6	1.8	107	0.60	14.30
	2800	318.6		96.1						0.70	14.60
	3150	358.4								0.80	14.90
	3550	403.5		96.2						0.90	15.30
Y、YKS800-2	4000	454.2		96.3						1.80	20.00
	4500	516.3		96.4	0.87					1.90	21.00
	5000	573.1		96.5						2.00	23.00
	5600	641.2		96.6						2.10	24.00
同步转速 1500r/min											
Y、YKS710-4	3150	357.7	1485	96.3	0.88	6.5	0.6	1.8	106	0.80	14.35
	3550	403.1								0.90	15.85
	4000	453.7		96.4						1.00	16.25
	4500	510.4								1.10	16.85
Y、YKS800-4	5000	566.6		96.5						2.10	21.00
	5600	634.6								2.20	23.00
	6300	713.1		96.6						2.30	24.00
Y、YKS900-4	7100	802.9		96.7						3.00	31.50
	8000	903.7		96.8						3.20	32.00
	9000	1015.6		96.9						3.40	32.50
Y、YKS1000-4	10000	1127.3		97.0	0.88					6.00	40.00
	11200	1261.3		97.1						6.30	42.00
同步转速 1000r/min											
Y、YKS710-6	2240	261.1	995	96.0	0.86	6.5	0.6	1.8	106	0.90	14.45
	2500	291.1		96.1						1.00	14.65
	2800	326.0								1.10	14.90
	3150	366.4		96.2						1.20	15.15
Y、YKS800-6	3550	412.9								1.80	20.00
	4000	464.8		96.3						1.90	21.00
	4500	522.8								2.00	23.00

续表

型　号	功率/kW	额定电流/A	额定转速/(r/min)	效率/%	功率因数 cosϕ	堵转转矩倍数	堵转电流倍数	最大转矩倍数	噪声(声压级)/dB(A)	飞轮转矩/t·m²	质量/t
同步转速 1000r/min											
Y、YKS800-6	5000	580.3	995	96.4	0.86	6.5	0.6	1.8	106	2.10	24.00
Y、YKS900-6	5600	642.5			0.87					3.00	31.50
	6300	722.1		96.5						3.20	32.00
	7100	812.9		96.6						3.40	32.50
Y、YKS1000-6	8000	915.0		96.7						8.64	35.00
	9000	1028.3		96.8						9.00	38.00
	10000	1141.4		96.9						9.76	40.00
同步转速 750r/min											
Y、YKS710-8	1800	213.6	748	95.4	0.85	6.5	0.6	1.8	102	1.20	14.45
	2000	237.1		95.5						1.40	14.65
	2240	265.3		95.6					104	1.60	14.90
Y、YKS800-8	2500	295.7		95.7						2.20	18.80
	2800	330.9		95.8						2.50	19.20
	3150	372.2								3.10	19.80
	3550	419.1		95.9						3.40	20.80
Y、YKS900-8	4000	466.2		96.0	0.86					4.50	25.80
	4500	523.9		96.1						5.00	26.55
	5000	581.5		96.2						5.40	27.85
Y、YKS1000-8	5600	651.3								7.40	29.25
	6300	732.0		96.3						8.64	30.30
	7100	824.1		96.4						9.00	31.35
	8000	927.6		96.5						9.76	32.40
同步转速 600r/min											
Y、YKS710-10	1600	195.3	598	95.0	0.83	6.5	0.6	1.8	102	1.20	14.45
	1800	219.4		95.1						1.40	14.65
	2000	243.6		95.2						1.60	14.90
Y、YKS800-10	2240	272.5		95.3					104	2.20	18.80
	2500	303.8		95.4						2.50	19.20
	2800	339.9		95.5						3.10	19.80
Y、YKS900-10	3150	377.5		95.6	0.84					4.00	25.15
	3550	424.9		95.7						4.50	25.80
	4000	478.3		95.8						5.00	26.55
	4500	538.1								5.40	27.85
Y、YKS1000-10	5000	597.3		95.9						7.40	27.25
	5600	668.9								8.64	28.30
	6300	751.8		96.0						9.00	29.35
	7100	847.2								9.76	30.40

续表

型 号	功率/kW	额定电流/A	额定转速/(r/min)	效率/%	功率因数 cosφ	堵转转矩倍数	堵转电流倍数	最大转矩倍数	噪声(声压级)/dB(A)	飞轮转矩/t·m²	质量/t
同步转速 500r/min											
Y、YKS710-12	1120	144.4	497	94.5	0.79	6.0	0.6	1.8	102	1.56	14.45
	1250	160.9		94.6						1.64	14.65
	1400	177.8		94.7	0.80					1.68	14.90
Y、YKS800-12	1600	203.2								2.30	16.90
	1800	228.4		94.8						2.42	17.10
	2000	253.5		94.9						2.56	17.30
	2240	283.6		95.0						2.68	17.65
Y、YKS900-12	2500	312.3		95.1	0.81					5.36	18.60
	2800	349.4		95.2						5.91	19.10
	3150	392.7		95.3						6.44	19.40
Y、YKS1000-12	3550	442.1		95.4						8.40	25.25
	4000	497.1		95.6						9.64	26.30
	4500	559.2								10.00	27.35
	5000	620.7		95.7						10.76	28.40
同步转速 429r/min											
Y、YKS710-14	800	109.2	425	94.0	0.75	6.0	0.6	1.8	100	1.48	14.20
	900	121.1		94.1	0.76					1.56	14.45
	1000	134.4		94.2						1.64	14.65
	1120	150.4		94.3					102	1.68	14.90
Y、YKS800-14	1250	167.7		94.4						2.30	16.90
	1400	187.6		94.5						2.42	17.10
	1600	214.1		94.6						2.56	17.30
	1800	234.5		94.7	0.78					2.68	17.65
Y、YKS900-14	2000	260.3		94.8						5.36	18.60
	2240	291.2		94.9					104	5.91	19.10
	2500	324.6		95.0						6.44	19.40
Y、YKS1000-14	2800	363.2		95.1						8.40	25.25
	3150	408.2		95.2						9.64	26.30
	3550	459.5		95.3						10.00	27.35
	4000	517.8								10.76	28.40
同步转速 375r/min											
Y、YKS710-16	630	89.2	372	93.1	0.73	6.0	0.6	1.8	100	1.48	14.20
	710	100.3		93.3						1.56	14.45
	800	112.9		93.4						1.64	14.65
	900	126.9		93.5						1.68	14.90
Y、YKS800-16	1000	138.9		93.6	0.74					2.30	16.90
	1120	155.4		93.7					102	2.42	17.10
	1250	173.3		93.8						2.56	17.30

续表

型号	功率/kW	额定电流/A	额定转速/(r/min)	效率/%	功率因数 cosφ	堵转转矩倍数	堵转电流倍数	最大转矩倍数	噪声(声压级)/dB(A)	飞轮转矩/t·m²	质量/t
同步转速 375r/min											
Y、YKS800-16	1400	193.9	372	93.9	0.74	6.0	0.6	1.8	102	2.68	17.65
Y、YKS900-16	1600	218.4		94.0	0.75					5.36	19.10
	1800	245.4		94.1						5.91	19.40
	2000	272.4		94.2						6.44	19.70
Y、YKS1000-16	2240	304.8		94.3					104	9.64	26.30
	2500	339.4		94.5						10.00	27.35
	2800	379.7		94.6						10.76	28.40
同步转速 333r/min											
Y、YKS710-18	500	76.1	331	93.0	0.68	6.0	0.6	1.8	98	1.48	14.20
	560	85.2							100	1.56	14.45
	630	93.0		93.1	0.70					1.64	14.65
	710	104.6		93.3						1.68	14.90
Y、YKS800-18	800	117.7		93.4						2.30	16.90
	900	132.3		93.5						2.42	17.10
	1000	142.9								2.56	17.30
	1120	159.9		93.6	0.72				102	2.68	17.65
Y、YKS900-18	1250	178.3		93.7						5.36	18.60
	1400	199.5		93.8						5.91	19.10
	1600	224.6		93.9	0.73					6.44	19.40
Y、YKS1000-18	1800	252.7								8.40	25.25
	2000	280.5		94.0						9.64	26.30
	2240	313.8		94.1					104	10.00	27.35
	2500	350.2								10.76	28.40
同步转速 300r/min											
Y、YKS710-20	450	69.5	298	93.0	0.67	6.0	0.6	1.8	98	1.48	14.20
	500	77.2								1.56	14.45
	560	86.5							100	1.64	14.65
	630	97.3								1.68	14.90
Y、YKS800-20	710	107.9		93.1	0.68					2.30	16.90
	800	121.5		93.2						2.42	17.10
	900	136.5		93.3						2.56	17.30
	1000	151.7								2.68	17.65
Y、YKS900-20	1120	164.8		93.4	0.70				102	5.36	18.25
	1250	183.8		93.5						5.91	19.30
	1400	205.6		93.6						6.44	20.35
Y、YKS1000-20	1600	234.7		93.7						8.40	25.25
	1800	263.8		93.8						9.64	26.30
	2000	292.8		93.9						10.00	27.35
	2240	327.6		94.0					104	10.76	28.40

表 8-4-4 YKK 系列高压三相异步电动机 6kV(H355-630)

型	号	额定功率/kW	定子电流/A	额定转速/(r/min)	效率/%	功率因数 cosφ	最大转矩/额定转矩	堵转转矩/额定转矩	堵转电流/额定电流	电机转动惯量 J/kg·m²	质量/kg
YKK355	2-1	200	24.5	2975	92.4	0.85	1.8	0.6	7.0	4.1	2500
	2-2	220	26.9	2973	92.5	0.85	1.8	0.6	7.0	4.2	2600
	3-2	250	30.6	2972	92.6	0.85	1.8	0.6	7.0	4.3	2650
	4-2	280	34.2	2970	92.8	0.85	1.8	0.6	7.0	4.5	2700
	5-2	315	38.3	2974	93.1	0.85	1.8	0.6	7.0	4.7	2800
YKK400	3-2	355	42.5	2977	93.4	0.86	1.8	0.6	7.0	5.9	3500
	4-2	400	47.8	2976	93.7	0.86	1.8	0.6	7.0	6.0	3550
	5-2	450	53.6	2977	94.0	0.86	1.8	0.6	7.0	6.1	3650
	6-2	500	59.4	2977	94.2	0.86	1.8	0.6	7.0	6.4	4000
YKK450	2-2	560	66.4	2977	94.4	0.86	1.8	0.6	7.0	13	4400
	3-2	630	73.7	2978	94.6	0.87	1.8	0.6	7.0	14	4500
	4-2	710	82.9	2977	94.7	0.87	1.8	0.6	7.0	15	4650
	5-2	800	93.3	2975	94.8	0.87	1.8	0.6	7.0	16	5000
YKK500	2-2	900	104.8	2982	95.0	0.87	1.8	0.6	7.0	21	6000
	3-2	1000	116.3	2982	95.1	0.87	1.8	0.6	7.0	23	6200
	4-2	1120	120.1	2981	95.2	0.87	1.8	0.6	7.0	24	6600
	5-2	1250	145.1	2980	95.3	0.87	1.8	0.6	7.0	25	7000
YKK560	1-2	1400	160.5	2980	95.4	0.88	1.8	0.6	7.0	36	9500
	2-2	1600	183.2	2979	95.5	0.88	1.8	0.6	7.0	40	9700
	3-2	1800	205.9	2982	95.6	0.88	1.8	0.6	7.0	41	10000
YKK630	2-2	2000	225.9	2982	95.7	0.88	1.8	0.6	7.0	50	11700
	3-2	2240	255.7	2982	95.8	0.88	1.8	0.6	7.0	57	12200
	4-2	2500	285.1	2982	95.9	0.88	1.8	0.6	7.0	64	12700
YKK355	2-4	185	22.6	1480	92.8	0.85	1.8	0.7	6.5	4.7	2700
	3-4	200	24.4	1482	92.9	0.85	1.8	0.7	6.5	5.0	2800
	4-4	220	26.8	1480	93.0	0.85	1.8	0.7	6.5	5.4	2850
	5-4	250	30.4	1480	93.1	0.85	1.8	0.7	6.5	6.0	2900
YKK400	2-4	280	33.6	1485	93.2	0.86	1.8	0.7	6.5	7.6	2850
	3-4	315	37.8	1485	93.3	0.86	1.8	0.7	6.5	8.4	3000
	4-4	355	42.5	1485	93.5	0.86	1.8	0.7	6.5	9.0	3150
	5-4	400	47.8	1485	93.7	0.86	1.8	0.7	6.5	9.9	3250
	6-4	450	53.6	1485	93.9	0.86	1.8	0.7	6.5	11	3350
YKK450	2-4	500	59.5	1484	94.0	0.86	1.8	0.7	6.5	18	4400
	3-4	560	66.5	1484	94.2	0.86	1.8	0.7	6.5	19	4500
	4-4	630	74.7	1484	94.4	0.86	1.8	0.7	6.5	20	4750
	5-4	710	84.0	1484	94.6	0.86	1.8	0.7	6.5	23	4950
YKK500	1-4	800	93.3	1487	94.8	0.87	1.8	0.7	6.5	40	5600
	2-4	900	104.9	1487	94.9	0.87	1.8	0.7	6.5	43	5800
	3-4	1000	116.4	1487	95.0	0.87	1.8	0.7	6.5	48	6000
	4-4	1120	130.1	1487	95.1	0.87	1.8	0.7	6.5	52	6200

续表

型号		额定功率/kW	定子电流/A	额定转速/(r/min)	效率/%	功率因数 cosϕ	最大转矩/额定转矩	堵转转矩/额定转矩	堵转电流/额定电流	电机转动惯量 J/kg·m^2	质量/kg
YKK560	1-4	1250	143.6	1488	95.2	0.88	1.8	0.6	6.5	55	8500
	2-4	1400	160.6	1487	95.3	0.88	1.8	0.6	6.5	58	8800
	3-4	1600	183.4	1488	95.4	0.88	1.8	0.6	6.5	63	9200
YKK630	1-4	1800	206.1	1489	95.5	0.88	1.8	0.6	6.5	101	11600
	2-4	2000	228.8	1488	95.6	0.88	1.8	0.6	6.5	107	12000
	3-4	2240	255.9	1488	95.7	0.88	1.8	0.6	6.5	120	12300
YKK400	1-6	185	23.5	991	92.4	0.82	1.8	0.7	6.0	13	3300
	2-6	200	25.3	990	92.6	0.82	1.8	0.7	6.0	14	3400
	3-6	220	27.8	990	92.8	0.82	1.8	0.7	6.0	15	3500
	4-6	250	31.5	989	93.0	0.82	1.8	0.7	6.0	16	3600
	5-6	280	35.5	988	93.3	0.82	1.8	0.7	6.0	17	3700
	6-6	315	39.5	988	93.5	0.82	1.8	0.7	6.0	18.5	3800
YKK450	2-6	355	43.9	989	93.7	0.83	1.8	0.7	6.0	24	4200
	3-6	400	49.4	989	93.8	0.83	1.8	0.7	6.0	26	4300
	4-6	450	55.4	989	94.1	0.83	1.8	0.7	6.0	27	4500
	5-6	500	61.5	989	94.3	0.83	1.8	0.7	6.0	29	4600
YKK500	1-6	560	68.0	990	94.4	0.84	1.8	0.7	6.0	44	5900
	2-6	630	76.4	990	94.5	0.84	1.8	0.7	6.0	50	6100
	3-6	710	85.8	990	94.8	0.84	1.8	0.7	6.0	54	6300
	4-6	800	96.6	990	94.9	0.84	1.8	0.7	6.0	60	6500
YKK560	1-6	900	107.3	991	95.0	0.85	1.8	0.7	6.5	66	8700
	2-6	1000	119.0	991	95.1	0.85	1.8	0.7	6.5	73	8900
	3-6	1120	133.2	990	95.2	0.85	1.8	0.7	6.5	77	9200
YKK630	1-6	1250	146.8	991	95.3	0.86	1.8	0.7	6.5	118	11400
	2-6	1400	164.4	991	95.4	0.86	1.8	0.7	6.5	126	11900
	3-6	1600	187.5	991	95.5	0.86	1.8	0.7	6.5	134	12300
YKK400	4-8	185	24.7	741	92.5	0.78	1.8	0.8	5.5	19	3500
	5-8	200	26.6	741	92.7	0.78	1.8	0.8	5.5	21	3600
	6-8	220	29.2	741	92.9	0.78	1.8	0.8	5.5	22	3700
YKK450	2-8	250	32.7	743	93.0	0.79	1.8	0.8	5.5	29	4500
	3-8	280	36.6	743	93.2	0.79	1.8	0.8	5.5	31	4600
	4-8	315	41.1	743	93.4	0.79	1.8	0.8	5.5	33	4800
	5-8	355	46.3	743	93.5	0.79	1.8	0.8	5.5	36	5000
YKK500	1-8	400	51.3	743	93.7	0.80	1.8	0.8	5.5	47	5700
	2-8	450	57.7	743	93.8	0.80	1.8	0.8	5.5	54	6000
	3-8	500	63.8	743	94.2	0.80	1.8	0.8	5.5	59	6200
	4-8	560	71.4	743	94.4	0.80	1.8	0.8	5.5	65	6400

续表

型　号		额定功率/kW	定子电流/A	额定转速/(r/min)	效率/%	功率因数 cosφ	最大转矩/额定转矩	堵转转矩/额定转矩	堵转电流/额定电流	电机转动惯量 J/kg·m²	质量/kg
YKK560	1-8	630	78.2	743	94.5	0.82	1.8	0.7	6.0	84	8300
	2-8	710	88.1	743	94.6	0.82	1.8	0.7	6.0	92	8500
	3-8	800	99.1	743	94.7	0.82	1.8	0.7	6.0	98	8700
YKK630	1-8	900	108.8	744	94.8	0.84	1.8	0.7	6.0	128	11100
	2-8	1000	120.7	744	94.9	0.84	1.8	0.7	6.0	134	11300
	3-8	1120	135.1	744	95.0	0.84	1.8	0.7	6.0	146	11600
	4-8	1250	150.6	744	95.1	0.84	1.8	0.7	6.0	162	12200
YKK450	1-10	185	25.9	594	91.7	0.75	1.8	0.8	5.5	28	4200
	2-10	200	27.9	594	91.9	0.75	1.8	0.8	5.5	29	4300
	3-10	220	30.6	594	92.1	0.75	1.8	0.8	5.5	31	4400
	4-10	250	34.8	594	92.3	0.75	1.8	0.8	5.5	33	4500
	5-10	280	38.8	594	92.5	0.75	1.8	0.8	5.5	36	4600
YKK500	1-10	315	43.0	594	92.8	0.76	1.8	0.8	5.5	47	5800
	2-10	355	48.3	594	93.0	0.76	1.8	0.8	5.5	50	6000
	3-10	400	54.3	594	93.3	0.76	1.8	0.8	5.5	55	6200
	4-10	450	61.0	594	93.4	0.76	1.8	0.8	5.5	60	6400
YKK560	1-10	500	65.9	594	93.6	0.78	1.8	0.7	6.0	98	8000
	2-10	560	73.7	594	93.7	0.78	1.8	0.7	6.0	100	8200
	3-10	630	82.9	594	93.8	0.78	1.8	0.7	6.0	106	8400
	4-10	710	93.2	594	94.0	0.78	1.8	0.7	6.0	115	8600
YKK630	1-10	800	102.2	594	94.2	0.80	1.8	0.7	6.0	142	10600
	2-10	900	114.8	594	94.3	0.80	1.8	0.7	6.0	151	10800
	3-10	1000	137.4	594	94.4	0.80	1.8	0.7	6.0	165	11100
	4-10	1120	140.1	594	94.6	0.80	1.8	0.7	6.0	180	11500
YKK450	4-12	185	27.7	494	91.8	0.70	1.8	0.8	5.5	32	4600
	5-12	200	29.9	494	92.0	0.70	1.8	0.8	5.5	35	4800
YKK500	1-12	220	31.9	494	92.2	0.72	1.8	0.8	5.5	48	5700
	2-12	250	36.1	494	92.5	0.72	1.8	0.8	5.5	52	5900
	3-12	280	40.4	494	92.7	0.72	1.8	0.8	5.5	55	6100
	4-12	315	45.4	494	92.8	0.72	1.8	0.8	5.5	60	6300
YKK560	1-12	355	49.6	494	93.0	0.74	1.8	0.7	6.0	96	8100
	2-12	400	55.8	495	93.3	0.74	1.8	0.7	6.0	98	8300
	3-12	450	62.7	495	93.4	0.74	1.8	0.7	6.0	109	8500
	4-12	500	69.4	495	93.7	0.74	1.8	0.7	6.0	115	8700
YKK630	1-12	560	76.6	495	93.8	0.76	1.8	0.7	6.0	162	10700
	2-12	630	84.9	495	93.9	0.76	1.8	0.7	6.0	173	10900
	3-12	710	95.6	495	94.0	0.76	1.8	0.7	6.0	189	11300
	4-12	800	107.5	495	94.2	0.76	1.8	0.7	6.0	202	11700

表 8-4-5 YKK 系列高压三相异步电动机 6kV(H710-1000)

型号	功率/kW	额定电流/A	额定转速/(r/min)	效率/%	功率因数 $\cos\phi$	堵转转矩倍数	堵转电流倍数	最大转矩倍数	噪声(声压级)/dB(A)	飞轮转矩/$t \cdot m^2$	质量/t
同步转速 1500r/min											
YKK710-4	2500	288.0	1485	96.0	0.87	6.5	0.6	1.8	115	0.80	14.35
	2800	322.6								0.90	15.85
	3150	362.5		96.1						1.00	16.25
	3550	408.6								1.10	16.85
YKK800-4	4000	459.9		96.2						2.10	21.00
	4500	517.4								2.20	23.00
	5000	567.7		96.3	0.88					2.30	24.00
YKK900-4	5600	635.9								3.00	31.50
	6300	714.6		96.4						3.20	32.00
	7100	805.4								3.40	32.50
同步转速 1000r/min											
YKK710-6	1800	210.7	995	95.6	0.86	6.5	0.6	1.8	110	0.90	14.45
	2000	233.8		95.7						1.00	14.65
	2240	261.6		95.8					112	1.10	14.90
	2500	291.7		95.9						1.20	15.15
YKK800-6	2800	326.7								1.80	20.00
	3150	367.1		96.0						1.90	21.00
	3550	413.8								2.00	23.00
	4000	465.7		96.1						2.10	24.00
YKK900-6	4500	523.9								3.00	31.50
	5000	581.5		96.2						3.20	32.00
	5600	643.8			0.87					3.40	32.50
YKK1000-6	6300	723.6		96.3						8.64	35.00
	7100	814.6		96.4						9.00	38.00
	8000	917.9								9.76	40.00
同步转速 750r/min											
YKK710-8	1400	166.8	745	95.0	0.85	6.5	0.6	1.8	107	1.20	14.45
	1600	190.5		95.1						1.40	14.65
	1800	214.0		95.2						1.60	14.90
YKK800-8	2000	237.6		95.3					109	2.20	18.80
	2240	265.8		95.4						2.50	19.20
	2500	296.4		95.5						3.10	19.80
	2800	331.6		95.6						3.40	20.80
YKK900-8	3150	373.0								4.50	25.80
	3550	419.9		95.7						5.00	26.55
	4000	467.2		95.8						5.40	27.85
YKK1000-8	4500	525.0		95.9	0.86					7.40	29.25
	5000	582.8		96.0						8.64	30.30

续表

型号	功率/kW	额定电流/A	额定转速/(r/min)	效率/%	功率因数 cosφ	堵转转矩倍数	堵转电流倍数	最大转矩倍数	噪声(声压级)/dB(A)	飞轮转矩/t·m²	质量/t
同步转速 750r/min											
YKK1000-8	5600	652.7	745	96.0	0.86	6.5	0.6	1.8	109	9.00	31.35
	6300	733.5		96.1						9.76	32.40
同步转速 600r/min											
YKK710-10	1250	153.2	598	94.6	0.83	6.5	0.6	1.8	107	1.20	14.45
	1400	171.4		94.7						1.40	14.65
	1600	195.7		94.8						1.60	14.90
YKK800-10	1800	219.9		94.9						2.20	18.80
	2000	244.1		95.0						2.50	19.20
	2240	273.1		95.1					109	3.10	19.80
YKK900-10	2500	304.4		95.2						4.00	25.15
	2800	340.6		95.3						4.50	25.80
	3150	378.2		95.4	0.84					5.00	26.55
	3550	425.8		95.5						5.40	27.85
YKK1000-10	4000	479.3		95.6						7.40	27.25
	4500	539.2								8.64	28.30
	5000	598.5		95.7						9.00	29.35
	5600	670.3								9.76	30.40
同步转速 500r/min											
YKK710-12	900	115.2	497	94.0	0.80	6.0	0.6	1.8	105	1.56	14.45
	1000	127.8		94.1						1.64	14.65
	1120	143.0		94.2					107	1.68	14.90
YKK800-12	1250	159.4		94.3						2.30	16.90
	1400	178.2		94.5						2.42	17.10
	1600	203.7								2.56	17.30
	1800	228.9		94.6						2.68	17.65
YKK900-12	2000	254.0		94.7					109	5.36	18.60
	2240	284.2		94.8						5.91	19.10
	2500	312.6		95.0	0.81					6.44	19.40
YKK1000-12	2800	349.8		95.1						8.40	25.25
	3150	393.1		95.2						9.64	26.30
	3550	442.5		95.3						10.00	27.35
	4000	498.6								10.76	28.40
同步转速 429r/min											
YKK710-14	710	97.3	425	93.6	0.75	6.0	0.6	1.8	105	1.48	14.20
	800	109.4		93.8						1.56	14.45
	900	121.4		93.9	0.76					1.64	14.65
	1000	134.7		94.0						1.68	14.90
YKK800-14	1120	150.7		94.1					107	2.30	16.90

续表

型　号	功率/kW	额定电流/A	额定转速/(r/min)	效率/%	功率因数 cosφ	堵转转矩倍数	堵转电流倍数	最大转矩倍数	噪声(声压级)/dB(A)	飞轮转矩/t·m²	质量/t
同步转速 429r/min											
YKK800-14	1250	168.0	425	94.2	0.76	6.0	0.6	1.8	107	2.42	17.10
	1400	188.0		94.3						2.56	17.30
	1600	214.6		94.4						2.68	17.65
YKK900-14	1800	235.0		94.5	0.78					5.36	18.60
	2000	260.8		94.6						5.91	19.10
	2240	291.8		94.7					109	6.44	19.40
YKK1000-14	2500	325.3		94.8						8.40	25.25
	2800	364.0		94.9						9.64	26.30
	3150	409.1		95.0						10.00	27.35
	3550	461.0								10.76	28.40
同步转速 375r/min											
YKK710-16	560	85.2	372	93.0	0.68	6.0	0.6	1.8	105	1.48	14.20
	630	89.3								1.56	14.45
	710	100.5		93.1	0.73					1.64	14.65
	800	113.1		93.2						1.68	14.90
YKK800-16	900	127.2		93.3						2.30	16.90
	1000	139.2		93.4	0.74					2.42	17.10
	1120	155.8		93.5						2.56	17.30
	1250	173.7		93.6						2.68	17.65
YKK900-16	1400	194.3		93.7						5.36	19.10
	1600	218.8		93.8	0.75					5.91	19.40
	1800	245.9		93.9						6.44	19.70
YKK1000-16	2000	273.0		94.0						9.64	26.30
	2240	305.4		94.1					109	10.00	27.35
	2500	340.9								10.76	28.40
同步转速 333r/min											
YKK710-18	450	68.5	331	92.9	0.68	6.0	0.6	1.8	102	1.48	14.20
	500	76.2								1.56	14.45
	560	85.3							105	1.64	14.65
	630	95.8		93.1	0.70					1.68	14.90
YKK800-18	710	104.8								2.30	16.90
	800	118.0		93.2						2.42	17.10
	900	132.6		93.3						2.56	17.30
	1000	143.1		93.4	0.72					2.68	17.65
YKK900-18	1120	160.1		93.5					107	5.36	18.60
	1250	178.5		93.6						5.91	19.10
	1400	199.7		93.7	0.73					6.44	19.40
YKK1000-18	1600	225.1								8.40	25.25

续表

型　　号	功率/kW	额定电流/A	额定转速/(r/min)	效率/%	功率因数 cosφ	堵转转矩倍数	堵转电流倍数	最大转矩倍数	噪声(声压级)/dB(A)	飞轮转矩/t·m²	质量/t
同步转速 333r/min											
YKK1000-18	1800	253.2	331	93.7	0.73	6.0	0.6	1.8	107	9.64	26.30
	2000	281.1		93.8						10.00	27.35
	2240	314.8							109	10.76	28.40
同步转速 300r/min											
YKK710-20	400	62.0	298	92.6	0.67	6.0	0.6	1.8	102	1.48	14.20
	450	69.7		92.7						1.56	14.45
	500	77.5								1.64	14.65
	560	86.8							105	1.68	14.90
YKK800-20	630	97.5		92.8						2.30	16.90
	710	108.1		92.9	0.68					2.42	17.10
	800	121.7		93.0						2.56	17.30
	900	136.8		93.1						2.68	17.65
YKK900-20	1000	151.8		93.2						5.36	18.25
	1120	165.0		93.3	0.70				107	5.91	19.30
	1250	183.8		93.5						6.44	20.35
YKK1000-20	1400	205.8								8.40	25.25
	1600	235.0		93.6						9.64	26.30
	1800	264.1		93.7						10.00	27.35
	2000	293.1		93.8						10.76	28.40

表 8-4-6　Y2 系列三相异步电动机 6kV(H355-560)

型　　号	功率/kW	额定电流/A	额定转速/(r/min)	效率/%	功率因数 cosφ	堵转转矩倍数	堵转电流倍数	最大转矩倍数	噪声/dB(A)	飞轮转矩/kg·m²	质量/kg
同步转速 3000r/min											
Y2 3551-2	185	22.6	2976	93.9	0.84	0.7	7	2	109	19	2330
Y2 3552-2	200	24.4		94						21	2420
Y2 3553-2	220	26.8		94.2						22	2510
Y2 3554-2	250	30.3		94.4					111	25	2630
Y2 3555-2	280	33.1		94.6	0.86					27	2760
Y2 4001-2	315	37.2	2980	94.8						28	3550
Y2 4002-2	355	41.9		94.9						31	3700
Y2 4003-2	400	47.1		95.1						33	3850
Y2 4004-2	450	52.9		95.2						36	4050
Y2 4501-2	500	58	2980	95.3	0.87					50	4600
Y2 4502-2	560	64.9		95.4					112	54	4740
Y2 4503-2	630	73		95.5						59	4990
Y2 4504-2	710	82.1		95.7						66	5130

续表

型　号	功率/kW	额定电流/A	额定转速/(r/min)	效率/%	功率因数 cosϕ	堵转转矩倍数	堵转电流倍数	最大转矩倍数	噪声/dB(A)	飞轮转矩/kg·m²	质量/kg
同步转速 3000r/min											
Y2 5001-2	800	91.5	2985	95.6	0.88	0.7	7	2	112	97	5900
Y2 5002-2	900	102.8		95.7						105	6100
Y2 5003-2	1000	114		95.9						115	6350
Y2 5004-2	1120	127.5		96					113	125	6650
Y2 5601-2	1250	140.6	2988	96.1	0.89					190	8500
Y2 5602-2	1400	157.2		96.3						210	8750
Y2 5603-2	1600	179.3		96.5						230	9000
同步转速 1500r/min											
Y2 3551-4	185	22.6	1486	93.7	0.84	0.8	6.5	2	106	33	2300
Y2 3552-4	200	24.4		93.9						35	2350
Y2 3553-4	220	26.8		94.1						37	2400
Y2 3554-4	250	30.4		94.3					108	40	2500
Y2 3555-4	280	33.9		94.5						44	2650
Y2 4001-4	315	37.7	1488	94.6	0.85					67	4130
Y2 4002-4	355	42.4		94.8						72	4260
Y2 4003-4	400	47.7		95						77	4380
Y2 4004-4	450	53.5		95.2						82	4500
Y2 4501-4	500	58.7	1490	95.3	0.86					110	4600
Y2 4502-4	560	65.7		95.4					111	120	4800
Y2 4503-4	630	73.8		95.5						132	5000
Y2 4504-4	710	83.1		95.6						144	5200
Y2 5001-4	800	93.5	1491	95.7						190	6500
Y2 5002-4	900	105.1		95.8						202	6700
Y2 5003-4	1000	116.7		95.9						217	6950
Y2 5004-4	1120	130.5		96					113	234	7200
Y2 5601-4	1250	143.9	1492	96.1	0.87	0.7				395	8000
Y2 5602-4	1400	161		96.2						415	8250
Y2 5603-4	1600	183.6		96.4						440	8500
同步转速 1000r/min											
Y2 3553-6	160	20.6	989	93.4	0.8	0.8	6	2	102	42	2230
Y2 3554-6	185	23.8		93.5						47	2360
Y2 3555-6	200	25.7		93.6						53	2500
Y2 4001-6	220	27.5	989	93.8	0.82					84	3720
Y2 4002-6	250	31.2		93.9					105	90	3800
Y2 4003-6	280	34.9		94.1						96	3900
Y2 4004-6	315	39.2		94.3						102	4000
Y2 4501-6	355	43.6	990	94.5	0.83					124	4600
Y2 4502-6	400	49		94.6						133	4750

续表

型 号	功率/kW	额定电流/A	额定转速/(r/min)	效率/%	功率因数 cosϕ	堵转转矩倍数	堵转电流倍数	最大转矩倍数	噪声/dB(A)	飞轮转矩/kg·m²	质量/kg
同步转速 1000r/min											
Y2 4503-6	450	55.1	990	94.7	0.83	0.8	6	2	105	142	4900
Y2 4504-6	500	61.1		94.9						151	5100
Y2 5001-6	560	68.3	992	95.1					108	234	6200
Y2 5002-6	630	76.7		95.2						251	6400
Y2 5003-6	710	86.4		95.3						268	6600
Y2 5004-6	800	97.2		95.4						285	6900
Y2 5601-6	900	107.8	992	95.6	0.84	0.7				447	7500
Y2 5602-6	1000	119.7		95.7						468	7700
Y2 5603-6	1120	134		95.8					110	490	8000
Y2 5604-6	1250	149.3		95.9						512	8200
同步转速 750r/min											
Y2 4001-8	160	21.7	741	93.2	0.76	0.8	5.5	2	99	84	3670
Y2 4002-8	185	25.1		93.3						90	3700
Y2 4003-8	200	26.7		93.5	0.77					96	3960
Y2 4004-8	220	29.3		93.7						102	3970
Y2 4501-8	250	32.8	743	93.9	0.78				102	115	4600
Y2 4502-8	280	36.7		94.1						124	4750
Y2 4503-8	315	40		94.2						133	4900
Y2 4504-8	355	46.4		94.4						142	5100
Y2 5001-8	400	51.6	744	94.5	0.79					217	6000
Y2 5002-8	450	57.9		94.6						234	6200
Y2 5003-8	500	63.4		94.8	0.8					251	6400
Y2 5004-8	560	71		94.9						268	6700
Y2 5601-8	630	78.7	745	95.1	0.81	0.7			105	432	7500
Y2 5602-8	710	88.6		95.3						447	7700
Y2 5603-8	800	99.7		95.4						468	8000
Y2 5604-8	900	111.9		95.6						490	8200

表 8-4-7 YR 系列高压绕线型三相异步电动机 6kV(H355-630)

型 号	额定功率/kW	定子电流/A	额定转速/(r/min)	效率/%	功率因数 cosϕ	最大转矩/额定转矩	转动惯量 J/kg·m²	质量/kg
同步转速 1500r/min								
YR3551-4	185	22.3	1470	92.3	0.83	2.0	4.2	1980
2-4	200	25.1		92.5	0.83	2.0	4.4	2000
3-4	220	27.5		92.7	0.83	2.1	4.6	2020
4-4	250	30.8		93.0	0.84	2.1	5.0	2090
5-4	280	34.5		93.1	0.84	2.2	5.3	2170

续表

型号	额定功率/kW	定子电流/A	额定转速/(r/min)	效率/%	功率因数 cosφ	最大转矩/额定转矩	转动惯量 J/kg·m²	质量/kg
同步转速 1500r/min								
YR4001-4	315	38.2	1474	93.2	0.85	2.1	7.2	2550
2-4	355	43.1		93.3	0.85	1.9	7.9	2650
3-4	400	48.4		93.5	0.85	2.1	8.7	2850
4-4	450	54.4		93.7	0.85	2.1	9.5	2950
5-4	500	60.3		93.9	0.85	2.0	10.4	3050
YR4501-4	560	67.3	1480	94.2	0.85	2.0	14.2	3670
2-4	630	74.6		94.5	0.86	2.1	15.2	3790
3-4	710	84.0		94.6	0.86	1.9	17.3	4020
4-4	800	93.4		94.7	0.87	2.0	19.1	4250
YR5001-4	900	105	1483	94.3	0.87	1.9	33.4	5090
2-4	1000	116		94.9	0.87	2.0	38.1	5410
3-4	1120	130		95.0	0.87	1.9	41.6	5610
4-4	1250	145		95.1	0.87	1.9	46.3	5930
YR5601-4	1400	163	1483	95.2	0.87	2.2	53	7000
2-4	1600	186		95.3	0.87	2.17	56	7200
3-4	1800	209		95.4	0.87	2.18	61	7500
YR6301-4	2000	232	1485	95.5	0.87	2.4	99	8150
2-4	2240	259		95.6	0.87	2.3	105	8910
3-4	2500	289		95.7	0.87	2.2	118	9750
同步转速 1000r/min								
YR3551-6	185	23.6	984	92.1	0.82	1.95	6.9	2090
2-6	200	25.5		92.3	0.82	1.95	8.9	2170
YR4001-6	220	28.3	984	92.5	0.82	2.0	12.2	2500
2-6	250	31.6		92.7	0.82	1.95	13	2650
3-6	280	35.4		92.8	0.82	2.0	14	2860
4-6	315	39.7		93.0	0.82	1.95	15	2970
5-6	355	42.1		93.2	0.82	1.95	16.5	3080
YR4501-6	400	49.6	985	93.5	0.83	1.9	24	3500
2-6	450	55.1		93.6	0.84	1.9	26	3580
3-6	500	61.1		93.8	0.84	1.9	27	3790
4-6	560	68.2		94.0	0.84	2.0	29	3950
YR5001-6	630	75.6	986	94.3	0.85	1.9	43	4420
2-6	710	85.1		94.5	0.85	1.9	49	4980
3-6	800	95.6		94.7	0.85	1.9	53	5250
4-6	900	107		94.8	0.85	1.9	59	5540
YR5601-6	1000	119	987	95.0	0.85	2.0	64	5450
2-6	1120	133		95.1	0.85	1.9	71	6650
3-6	1250	149		95.2	0.85	1.9	75	6850

续表

型 号	额定功率/kW	定子电流/A	额定转速/(r/min)	效率/%	功率因数 cosϕ	最大转矩/额定转矩	转动惯量 J/kg·m²	质量/kg
同步转速 1000r/min								
YR6301-6	1400	166	988	95.3	0.85	2.0	116	8440
2-6	1600	190		95.4	0.85	1.9	124	9130
3-6	1800	213		95.5	0.85	2.0	132	9760
同步转速 750r/min								
YR4001-8	185	24.8	735	92	0.78	1.9	14	2640
2-8	200	26.7	735	92.1	0.78	1.9	16	2730
3-8	220	29.4	735	92.2	0.79	1.9	17	2790
4-8	250	33.4	735	92.3	0.79	1.9	18.5	2870
5-8	280	36.9	735	92.5	0.79	1.9	20	2970
YR4501-8	315	40.9	736	92.6	0.80	2.1	27	3790
2-8	355	46.1	736	92.7	0.80	2.1	29	3890
3-8	400	51.7	736	93.0	0.80	2.1	31	4110
4-8	450	57.4	736	93.2	0.81	2.1	34	4300
YR5001-8	500	63.5	737	93.5	0.81	1.9	47	4690
2-8	560	71.0	737	93.7	0.81	1.9	54	4990
3-8	630	79.7	737	93.9	0.81	2.0	59	5170
4-8	710	89.7	737	94.0	0.81	2.0	65	5440
YR5601-8	800	101	738	94.2	0.81	2.0	83	5460
2-8	900	113	738	94.3	0.81	1.9	90	5610
3-8	1000	126	738	94.4	0.81	2.0	96	6040
YR6301-8	1120	141	740	94.5	0.81	1.9	126	8210
2-8	1250	157	740	94.6	0.81	1.9	132	8490
3-8	1400	176	740	94.7	0.81	2.0	144	8930
同步转速 600r/min								
YR4504-10	185	26.2	587	90.9	0.75	1.9	18.5	3350
5-10	200	28.2	587	91.1	0.75	1.9	21	3520
YR4501-10	220	30.4	587	91.3	0.77	1.9	26	3730
2-10	250	34.5	587	91.5	0.77	1.9	27	3770
3-10	280	37.6	587	91.8	0.78	1.9	29	3850
4-10	315	42.3	587	91.9	0.78	1.9	31	4070
5-10	355	47.6	587	92.1	0.78	1.9	34	4260
YR5001-10	400	53.2	589	92.8	0.78	1.8	49	4570
2-10	450	59.6	589	93.1	0.78	1.8	54	4670
3-10	500	65.3	589	93.3	0.79	1.8	59	4960
4-10	560	73.0	589	93.5	0.79	1.9	66	5150
YR5601-10	630	81.0	590	93.6	0.80	2.1	98	5330
2-10	710	91.1	590	93.7	0.80	2.0	104	5480
3-10	800	103	590	93.8	0.80	1.9	113	5910

续表

型号	额定功率/kW	定子电流/A	额定转速/(r/min)	效率/%	功率因数 cosϕ	最大转矩/额定转矩	转动惯量 J/kg·m²	质量/kg
同步转速 600r/min								
YR6301-10	900	115	591	93.9	0.80	1.9	140	7240
2-10	1000	128	591	94.1	0.80	1.9	149	7640
3-10	1120	143	591	94.2	0.80	1.9	163	9040
同步转速 500r/min								
YR4502-12	185	28.2	485	90.2	0.70	1.9	27	3950
3-12	200	30.1	485	90.3	0.71	1.9	29	4010
4-12	220	32.5	485	90.4	0.72	1.9	31	4080
5-12	250	36.5	485	91.5	0.72	1.9	33	4290
YR5001-12	280	40.2	487	91.7	0.73	1.8	47	4580
2-12	315	44.5	487	92.0	0.74	1.9	51	4690
3-12	355	49.5	487	92.1	0.75	2.0	54	4970
4-12	400	55.6	487	92.3	0.75	2.0	59	5170
YR5601-12	450	60.8	489	92.5	0.77	2.0	96	5240
2-12	500	67.4	489	92.7	0.77	2.1	107	5430
3-12	560	75.4	489	92.8	0.77	1.9	113	5850
4-12	630	84.7	489	92..9	0.77	1.9	120	6100
YR6301-12	710	95.4	491	93.0	0.77	2.1	160	7200
2-12	800	107	491	93.1	0.77	2.1	171	7560
3-12	900	121	491	93.2	0.77	2.2	189	7930

注：① YRKS、YRKS-W 系列电动机的技术数据与相应型号的 YR 系列电机的技术数据(质量除外)相同。

② 表中质量为 YR 系列电动机的质量。

表 8-4-8　YRKK 系列高压绕线型三相异步电动机 6kV(H355-630)

型号	额定功率/kW	定子电流/A	额定转速/(r/min)	效率/%	功率因数 cosϕ	最大转矩/额定转矩	转动惯量 J/kg·m²	质量/kg
同步转速 1500r/min								
YRKK3551-4	185	23.3	1465	92.0	0.83	2.2	5.0	2140
2-4	200	25.1	1465	92.2	0.83	2.3	5.4	2190
3-4	220	27.6	1465	92.4	0.83	2.4	6.0	2240
YRKK4001-4	250	30.9	1472	92.7	0.84	2.0	7.6	2900
2-4	280	34.6	1472	92.8	0.84	2.1	8.4	3040
3-4	315	38.8	1472	92.9	0.84	1.9	9.0	3170
4-4	355	43.7	1472	93.0	0.84	2.2	9.9	3300
5-4	400	49.2	1472	93.2	0.84	2.1	11	3390
YRKK4501-4	450	54.5	1478	93.4	0.85	2.3	18	4410
2-4	500	60.5	1478	93.6	0.85	2.3	19	4530
3-4	560	67.7	1478	93.9	0.85	2.2	20	4770
4-4	630	75.5	1478	94.2	0.85	2.2	23	4990

续表

型 号	额定功率/kW	定子电流/A	额定转速/(r/min)	效率/%	功率因数 cosφ	最大转矩/额定转矩	转动惯量 J/kg·m²	质量/kg
同步转速 1500r/min								
YRKK5001-4	710	84.2	1482	94.3	0.86	2.1	40	5180
2-4	800	94.8	1482	94.4	0.86	2.2	43	5520
3-4	900	106	1482	94.5	0.86	2.4	48	5760
4-4	1000	118	1482	94.6	0.86	2.3	52	6020
YRKK5601-4	1120	131	1485	94.7	0.87	2.3	55	7090
2-4	1250	146	1485	94.8	0.87	2.3	58	7650
3-4	1400	163	1485	94.9	0.87	2.27	63	8550
YRKK6301-4	1600	186	1487	95.0	0.87	2.6	101	8050
2-4	1800	209	1487	95.1	0.87	2.5	107	8750
3-4	2000	232	1487	95.2	0.87	2.45	120	9550
同步转速 1000r/min								
YRKK4001-6	185	23.6	978	91.9	0.82	2.3	13	3310
2-6	200	25.5	978	92.1	0.82	2.3	14	3380
3-6	220	28.0	978	92.3	0.82	2.5	15	3520
4-6	250	31.7	978	92.5	0.82	2.4	16	3600
5-6	280	35.5	978	92.6	0.82	2.3	17	3680
YRKK4501-6	315	39.4	982	92.8	0.83	2.3	24	4240
2-6	355	44.3	982	93.0	0.83	2.3	26	4300
3-6	400	49.7	982	93.3	0.83	2.4	27	4500
4-6	450	55.9	982	93.4	0.83	2.4	29	4600
YRKK5001-6	500	61.2	986	93.6	0.84	2.2	44	5800
2-6	560	68.4	986	93.8	0.84	2.3	50	6080
3-6	630	76.7	986	94.1	0.84	2.4	54	6310
4-6	710	86.2	986	94.3	0.84	2.3	60	6560
YRKK5602-6	800	95.8	988	94.5	0.85	2.5	66	6850
3-6	900	108	988	94.6	0.85	2.4	73	8050
4-6	1000	119	988	94.8	0.85	2.4	77	8250
YRKK6301-6	1120	134	988	94.9	0.85	1.9	118	10250
2-6	1250	149	988	95.0	0.85	2.0	126	10940
3-6	1400	167	988	95.1	0.85	2.0	134	11570
YRKK4004-8	185	24.9	733	91.8	0.78	2.2	21	3600
5-8	200	26.8	733	92.0	0.78	2.1	22	3690
YRKK4501-8	220	29.1	735	92.2	0.79	2.4	29	4500
2-8	250	33.0	735	92.3	0.79	2.3	31	4620
3-8	280	36.9	735	92.5	0.79	2.2	33	4810
4-8	315	41.4	735	92.6	0.79	2.5	36	5050
YRKK5001-8	355	46.1	737	92.7	0.80	2.3	47	5690
2-8	400	51.7	737	93.0	0.80	2.3	54	5970
3-8	450	58.1	737	93.1	0.80	2.3	59	6170
4-8	500	64.3	737	93.5	0.80	2.4	65	6450

续表

型号	额定功率/kW	定子电流/A	额定转速/(r/min)	效率/%	功率因数 $\cos\phi$	$\frac{最大转矩}{额定转矩}$	转动惯量 $J/kg\cdot m^2$	质量/kg
同步转速 1000r/min								
YRKK5601-8	560	71.0	739	93.7	0.81	2.2	84	6850
2-8	630	79.7	739	93.9	0.81	2.1	92	8050
3-8	710	89.7	739	94.0	0.81	2.1	98	8250
4-8	800	101	739	94.2	0.81	1.9	104	8500
YRKK6301-8	900	113	739	94.3	0.81	1.9	128	9880
2-8	1000	126	739	94.4	0.81	2.0	134	10160
3-8	1120	141	739	94.5	0.81	2.0	146	10590
4-8	1250	157	739	94.6	0.81	1.9	162	11450
同步转速 600r/min								
YRKK4501-10	185	26.1	583	90.9	0.75	2.3	29	3890
2-10	200	28.2	583	91.1	0.75	2.3	31	3980
3-10	220	30.9	583	91.3	0.75	2.4	33	4210
4-10	250	35.1	583	91.5	0.75	2.4	36	4400
YRKK5001-10	280	38.6	587	91.8	0.76	2.1	47	4520
2-10	315	43.4	587	91.9	0.76	2.1	50	4730
3-10	355	48.8	587	92.1	0.76	2.1	55	4820
4-10	400	54.6	587	92.8	0.76	2.1	60	5080
YRKK5601-10	450	60.4	589	93.1	0.77	2.0	98	5470
2-10	500	67.0	589	93.3	0.77	2.0	100	5640
3-10	560	74.8	589	93.5	0.77	2.1	106	6070
4-10	630	84.1	589	93.6	0.77	2.0	115	6680
YRKK6301-10	710	93.5	589	93.7	0.78	1.9	142	8650
2-10	800	105	589	93.8	0.78	2.1	151	9050
3-10	900	118	589	93.9	0.78	2.0	165	9450
4-10	1000	131	589	94.1	0.78	2.0	180	9850
同步转速 500r/min								
YRKK4503-12	185	28.1	484	90.6	0.70	2.1	32	4170
4-12	200	30.3	484	90.8	0.70	2.1	35	4390
YRKK5001-12	220	32.3	486	91.0	0.72	2.2	48	4410
2-12	250	36.6	486	91.3	0.72	2.1	52	4620
3-12	280	40.8	486	91.7	0.72	2.1	55	4730
4-12	315	45.8	486	92.0	0.72	2.1	60	4940
YRKK5602-12	355	50.8	488	92.1	0.73	1.9	98	5530
3-12	400	57.1	488	92.3	0.73	2.0	109	5970
4-12	450	64.1	488	92.5	0.73	2.0	115	6560
YRKK6301-12	500	69.2	490	92.7	0.75	2.0	162	8560
2-12	560	77.4	490	92.8	0.75	2.0	173	8950
3-12	630	87.0	490	92.9	0.75	2.0	187	9360
4-12	710	97.9	490	93.0	0.75	1.9	202	9750

注：① YRKK-W 系列电动机的技术数据与相应型号的 YRKK 系列电机的技术数据相同。

表 8-4-9 YXn 系列高效率三相异步电动机（H160-355）

型号	满载时			效率/%			功率因数 cosφ			堵转转矩/额定转矩	堵转电流/额定电流	最大转矩/额定转矩	噪声/dB(A)	转动惯量/kg·m²	质量/kg
	功率/kW	电流/A	转速/(r/min)	负载			负载								
				2/4	3/4	4/4	2/4	3/4	4/4						
YXn801-2	0.75	1.6	2853	77.5	77.3	77.5	0.82	0.87	0.84	2.2	7	2.2	66	0.0042	22
YXn802-2	1.1	2.3	2869	83.8	83.5	82.8	0.83	0.88	0.85					0.005	24
YXn90S-2	1.5	3	2895	85.2	85.1	84.1	0.83	0.88	0.85				70	0.0075	33
YXn90L-2	2.2	4.3		86.6	86.4	85.6	0.83	0.89	0.86					0.0097	37
YXn100L-2	3	5.7	2910	87.5	87.3	86.7	0.85	0.9	0.87				74	0.0174	43
YXn112M-2	4	7.5	2925	88.8	88.6	87.6	0.85	0.9	0.87					0.0303	54
YXn132S1-2	5.5	10.7	2940	89.6	89.3	88.6	0.86	0.91	0.88				78	0.0631	79
YXn132S2-2	7.5	13.6		90.5	90	89.5	0.86	0.91	0.88					0.0733	87
YXn160M1-2	11	20.02		91.6	91.4	90.5	0.86	0.91	0.88			2.1	82	0.21	126
YXn160M2-2	15	27.2		92.9	92.6	91.3	0.85	0.91	0.89					0.25	134
YXn160L-2	18.5	33.04		93.4	93	91.8	0.86	0.91	0.89	2				0.31	156
YXn180M-2	22	40.5	2950	93.2	93.2	92.2	0.85	0.9	0.89				87	0.37	185
YXn200L1-2	30	54	2955	93.4	93.4	92.9	0.84	0.9	0.89				90	0.63	250
YXn200L2-2	37	66.4	2960	93.7	93.9	93.3	0.81	0.88	0.89					0.73	270
YXn225M-2	45	80	2975	93.9	94	93.7	0.87	0.91	0.89					1.28	350
YXn250M-2	55	99.4		94.8	94.8	94	0.89	0.91	0.89				92	1.55	440
YXn280S-2	75	132.5		94.7	95	94.6	0.82	0.87	0.89				94	1.89	600
YXn280M-2	90	156		94.8	95	95	0.84	0.89	0.89					2.02	670
YXn315S-2	110	194.7	2980	95.2	95.7	95	0.89	0.91	0.89	1.8			99	2.26	1050
YXn315M-2	132	231.6		95.3	95.9	95.4	0.89	0.92	0.89					2.42	110
YXn315L1-2	160	278.6		96	96.2	95.4	0.91	0.92	0.89					2.76	1290
YXn315L-2	185	320.2		95.4	95.4	95.4	0.91	0.92	0.89					3.22	1440
YXn315L2-2	200	344.4		95.6	95.8	95.4	0.91	0.92	0.89					3.41	1540
YXn355M1-2	(220)	372.5	2985	95.7	95.8	95.4	0.91	0.93	0.89				104	5.46	1740
YXn355M2-2	250	420.2		95.9	96	95.8	0.92	0.93	0.9	1.4			106	6.22	1900
YXn355L1-2	(280)	468.8		96.2	96.2	95.8	0.92	0.94	0.9					6.54	2140
YXn355L2-2	315	526.5		96.4	96.3	95.8	0.93	0.94	0.9					6.54	2140

续表

型号	满载时 功率/kW	满载时 电流/A	满载时 转速/(r/min)	效率/% 负载 2/4	效率/% 负载 3/4	效率/% 负载 4/4	功率因数 cosφ 负载 2/4	功率因数 cosφ 负载 3/4	功率因数 cosφ 负载 4/4	堵转转矩/额定转矩	堵转电流/额定电流	最大转矩/额定转矩	噪声/dB(A)	转动惯量/kg·m²	质量/kg
YXn801-4	0.55	1.3	1425	78.5	80.5	80.7	0.68	0.76	0.76	2.3	6.5	2.3	56	0.006	22
YXn802-4	0.75	1.82	1436	83.4	83.1	82.3	0.68	0.76	0.76					0.0077	24
YXn90S-4	1.1	2.67	1450	84.5	84.2	83.8	0.7	0.78	0.78		7		62	0.012	33
YXn90L-4	1.5	3.29	1440	85.9	85.6	85	0.72	0.79	0.79					0.015	37
YXn100L1-4	2.2	4.66	1455	87.8	87.5	86.4	0.75	0.82	0.8	2.2			65	0.031	43
YXn100L2-4	3	6.27	1450	88.4	88.1	87.4	0.74	0.81	0.81					0.039	47
YXn112M-4	4	8.05	1460	88.4	88.1	88.3	0.75	0.82	0.82				68	0.059	58
YXn132S-4	5.5	11.2	1470	88.9	89.1	89.2	0.76	0.84	0.84				71	0.113	80
YXn132M-4	7.5	15		89.3	89.1	90.1	0.76	0.85	0.85					0.167	95
YXn160M-4	11	20.8	1465	91.9	91.6	91	0.81	0.88	0.85				75	0.36	150
YXn160L-4	15	28.2		93	92.8	91.8	0.81	0.88	0.85				77	0.42	160
YXn180M-4	18.5	34.6	1475	92	92.4	92.2	0.8	0.87	0.87					0.68	220
YXn180L-4	22	41.2	1475	92.9	92.6	92.6	0.88	0.87	0.87	2.2			77	0.72	240
YXn200L1-4	30	55.2		93.4	93.5	93.2	0.78	0.87	0.87	2			79	0.81	330
YXn225S-4	37	67		94.1	93.9	93.6	0.83	0.88	0.87					1.21	370
YXn225M-4	45	81.5	1482	94.3	94.3	93.9	0.83	0.89	0.87					1.85	475
YXn250M-4	55	98.8		94.7	94.8	94.2	0.85	0.91	0.88				81	2.32	610
YXn280S-4	75	132.8		94.6	94.8	94.7	0.83	0.88	0.88				85	2.86	660
YXn280M-4	90	158.8		95.4	95.2	95	0.85	0.89	0.89					3.34	700
YXn315S-4	110	194.3		95.5	95.7	95.4	0.8	0.87	0.89	1.8		2.2	93	4.68	1100
YXn315M-4	132	231.9		95.8	95.9	95.4	0.82	0.87	0.89				96	4.96	1150
YXn315L1-4	160	281		96	96.1	95.4	0.83	0.88	0.89					5.22	1270
YXn315L-4	(185)	322.7	1487	95.7	95.8	95.4	0.84	0.88	0.89					5.43	1350
YXn315L2-4	200	379.7		95.9	95.9	95.4	0.85	0.89	0.89					5.62	1420
YXn355M1-4	(220)	402.7		95.7	95.9	95.4	0.83	0.87	0.89	1.6			101	6.88	1700
YXn355M2-4	250	430.1		95.7	96	95.8	0.83	0.88	0.89				103	7.22	1750
YXn355L1-4	(280)	480.9		96.1	96.3	95.8	0.83	0.88	0.87					7.46	1890
YXn355L2-4	315	539		96.2	96.4	95.8	0.85	0.89	0.87					7.68	2000

续表

型号	满载时			效率/%			功率因数 cosφ			堵转转矩/额定转矩	堵转电流/额定电流	最大转矩/额定转矩	噪声/dB(A)	转动惯量/kg·m²	质量/kg
	功率/kW	电流/A	转速/(r/min)	负载			负载								
				2/4	3/4	4/4	2/4	3/4	4/4						
YXn90S-6	0.75	2.03		78	78.5	77.7	0.58		0.7				56		32
YXn100L1-6	1.1	2.97		790	79.9	79.9	0.6	0.71	0.72		6.5				42
YXn100L2-6	1.5	3.97		81	81.3	81.5	0.62	0.73	0.74				62		43
YXn112M-6	2.2	4.93	970	82.5	82.8	83.4	0.62	0.73	0.74			2.3			57
YXn132S-6	3	6.44		84.4	84.9	84.9	0.64	0.75	0.76	2					82
YXn132M1-6	4	8.44		86	86.5	86.1	0.75	0.76	0.77				66		91
YXn132M2-6	5.5	11.45		87	87.2	87.4	0.77	0.78	0.79						100
YXn160M-6	7.5	16.1	975	89.2	89.5	89	0.67	0.78	0.79				69	0.46	127
YXn160L-6	11	23.5		89.4	89.5	89	0.68	0.78	0.79				70	0.61	156
YXn180L-6	15	30.9	980	92.4	92.2	91	0.76	0.84	0.81					1.01	185
YXn200L1-6	18.5	36.9	980	92.6	92.6	91.5	0.76	0.83	0.83				73	1.62	250
YXn200L2-6	22	43.4		92.7	92.9	92	0.73	0.82	0.83					1.84	270
YXn225M-6	30	56.5	990	93.1	93	92.5	0.82	0.88	0.85	1.8	7		76	2.43	330
YXn250M-6	37	67.6		93.4	93.5	93	0.83	0.88	0.85					2.68	460
YXn280S-6	45	81.6		93.9	94	93.5	0.83	0.87	0.86					3.46	600
YXn280M-6	55	99		94.3	94.3	93.8	0.84	0.88	0.86				79	3.97	660
YXn315S-6	75	136.6		94.9	95.1	94.2	0.81	0.86	0.86			2.2		4.57	1000
YXn315M-6	90	162.6	990	95.3	95.3	94.5	0.83	0.87	0.86	1.6				4.83	1100
YXn315L1-6	110	197.9		95.5	95.5	95	0.83	0.87	0.86				87	5.32	1210
YXn315L2-6	132	236.2		95.7	95.6	95	0.84	0.87	0.86					5.95	1300
YXn355M1-6	160	282		95.5	95.7	95	0.79	0.85	0.87	1.5				7.32	1550
YXn355M-6	(185)	324.8		95.7	95.9	95	0.8	0.86	0.87					7.89	1650
YXn355M2-6	200	350.3		95.9	96	95	0.81	0.86	0.87				97	8.17	1700
YXn355L1-6	(220)	384.8	990	96	96.2	95	0.81	0.86	0.87	1.5	7			8.25	1800
YXn355L2-6	250	436.5		96.1	96.3	95	0.82	0.87	0.87					8.36	1800

续表

型号	满载时 功率/kW	满载时 电流/A	满载时 转速/(r/min)	效率/% 负载 2/4	效率/% 负载 3/4	效率/% 负载 4/4	功率因数 cosφ 负载 2/4	功率因数 cosφ 负载 3/4	功率因数 cosφ 负载 4/4	堵转转矩/额定转矩	堵转电流/额定电流	最大转矩/额定转矩	噪声/dB(A)	转动惯量/kg·m²	质量/kg
YXn90S-8	0.55	1.74	710	74.3	76	74	0.43	0.55	0.64	2	6.5	2	61		32
YXn90L-8	0.75	2.37		74.3	76	74	0.42	0.55	0.64						36
YXn100L-8	1.1	3.01	700	77.3	79	77	0.44	0.57	0.66						41
YXn112M-8	1.5	4.4	730	82.8	84.5	82.5	0.44	0.57	0.66						
YXn132S-8	2.2	5.68		84.3	86	84	0.49	0.62	0.71						
YXn132M-8	3	7.61		85.8	87.5	85.5	0.5	0.63	0.72						85
YXn160M1-8	4	9.76	720	85.8	87.5	85.5	0.5	0.63	0.72				64	0.32	121
YXn160M2-8	5.5	13.3		87.9	88.7	85.5	0.58	0.7	0.72					0.46	132
YXn160L-8	7.5	18.8	725	88.6	89.2	88.5	0.61	0.73	0.72				67	0.61	151
YXn180L-8	11	24.6	730	89.6	90.1	88.5	0.58	0.7	0.75	1.8				1.06	185
YXn200L-8	15	32.9		91.9	92.4	89.5	0.59	0.7	0.75				70	1.6	270
YXn225S-8	18.5	38.5	740	92.1	92.1	89.5	0.7	0.79	0.76					2.28	330
YXn225M-8	22	44.7		92.2	92.5	91	0.66	0.76	0.78					2.74	350
YXn250M-8	30	61		92.7	93	91	0.68	0.78	0.8				73	3.67	460
YXn280S-8	37	74		93	93.2	91.7	0.71	0.79	0.8	1.5				5.16	600
YXn280M-8	45	90.5		94.3	94.3	91.7	0.72	0.89	0.8					5.82	660
YXn315S-8	55	105.5		94	94.3	93	0.71	0.79	0.8				82	6.74	900
YXn315M-8	75	148.4		94.7	94.7	93	0.75	0.81	0.81					7.35	1000
YXn315L1-8	90	171.6		94.9	95	93.6	0.73	0.8	0.81					8.79	1080
YXn315L2-8	110	212		95.3	95.3	93.6	0.76	0.82	0.81					9.18	1150
YXn355M1-8	132	245.8		95.3	95.5	94.1	0.74	0.81	0.81	1.4			94	10.19	1540
YXn355M2-8	160	299		95.6	95.8	94.1	0.74	0.81	0.81					11.24	1700
YXn355L1-8	(185)	342.7		95.8	96	94.1	0.75	0.82	0.81					12.48	2000
YXn355L2-8	200	368.8		95.8	96.1	94.1	0.73	0.81	0.81					13.5	2000

注：①当额定电压不是380V时，额定电流按 $I_N = I_{(380V)} \times 380/U_N$。

表 8-4-10　YBXn 系列隔爆型高效率三相异步电动机(H160-355)

型号	满载时			效率/%			功率因数 cosϕ			堵转转矩/额定转矩	堵转电流/额定电流	最大转矩/额定转矩	噪声/dB(A)	震动等级/(mm/s)	转动惯量/kg·m²	质量/kg
	功率/kW	电流/A	转速/(r/min)	负载			负载									
				2/4	3/4	4/4	2/4	3/4	4/4							
YBXn160M1-2	11	21	2930	90.5	95.7	94.8	0.88	0.85	0.78	2.2	7	2.2	82	1.8	0.21	140
YBXn160M2-2	15	28	2930	91.3	91.5	90.6	0.89	0.87	0.82	2.2	7	2.2	82	1.8	0.25	152
YBXn160L-2	18.5	34.4	2930	91.8	91.9	90.8	0.89	0.87	0.82	2	7	2.2	82	1.8	0.31	168
YBXn180M-2	22	40.7	2940	92.2	92.4	91.8	0.89	0.87	0.82	2	7	2.2	87	1.8	0.37	220
YBXn200L1-2	30	55.1	2950	92.9	93	92.4	0.89	0.87	0.82	2	7	2.2	90	1.8	0.63	290
YBXn200L2-2	37	67.7	2950	93.3	93.5	92.8	0.89	0.87	0.82	2	7	2.2	90	1.8	0.73	305
YBXn225M-2	45	82	2970	93.7	93.8	93	0.89	0.87	0.82	2	7	2.2	90	1.8	1.28	400
YBXn250M-2	55	99.9	2970	94	94.2	93.2	0.89	0.87	0.82	2	7	2.2	92	2.8	1.55	460
YBXn280S-2	75	135.3	2970	94.6	94.7	93.4	0.89	0.87	0.82	2	7	2.2	94	2.8	1.89	625
YBXn280M-2	90	161.7	2970	95	95.1	94.6	0.89	0.87	0.82	2	7	2.2	94	2.8	2.02	728
YBXn315S-2	110	197.7	2980	95	95.1	94.6	0.89	0.87	0.82	1.8	7	2.2	99	2.8	2.26	1100
YBXn315M-2	132	236.2	2980	95.4	95.5	94.8	0.89	0.87	0.82	1.8	7	2.2	99	2.8	2.42	1160
YBXn315L1-2	160	286.3	2980	95.4	95.5	94.8	0.89	0.87	0.82	1.8	7	2.2	99	2.8	2.76	1350
YBXn315L-2	185	331	2980	95.4	95.5	94.8	0.89	0.87	0.82	1.8	7	2.2	99	2.8	3.22	1500
YBXn315L2-2	200	357.9	2980	95.4	95.5	94.8	0.89	0.87	0.82	1.8	7	2.2	99	2.8	3.41	1600
YBXn355S1-2	185	331	2980	95.4	95.5	94.8	0.89	0.87	0.82	1.8	7	2.2	99	2.8	3.86	1690
YBXn355S2-2	200	357.9	2980	95.4	95.5	94.8	0.89	0.87	0.82	1.8	7	2.2	99	2.8	4.82	1690
YBXn355M1-2	220	393.7	2980	95.4	95.5	94.8	0.89	0.89	0.83	1.8	7	2.1	104	2.8	5.46	1840
YBXn355M2-2	250	440.5	2980	95.8	95.9	95.2	0.9	0.89	0.83	1.4	7	2.1	106	2.8	6.22	2100
YBXn355L1-2	280	493.4	2980	95.8	95.9	95.2	0.9	0.89	0.83	1.4	7	2.1	106	2.8	6.54	2260
YBXn355L2-2	315	555.1	2980	95.8	95.9	95.2	0.9	0.89	0.83	1.4	7	2.1	106	2.8	6.54	2260
YBXn160M-4	11	21.6	1460	91	91.2	90.4	0.85	0.82	0.71	2.2	7	2.3	75	1.12	0.36	150
YBXn160L-4	15	29.2	1460	91.8	91.9	90.6	0.85	0.82	0.71	2.2	7	2.3	77	1.12	0.42	168
YBXn180M-4	18.5	35.4	1470	92.2	92.4	91.6	0.86	0.83	0.72	2.2	7	2.3	77	1.12	0.68	220
YBXn180L-4	22	42	1470	92.6	92.8	91.6	0.86	0.83	0.73	2.2	7	2.3	77	1.12	0.72	242
YBXn200L-4	30	56.2	1470	93.2	93.3	92.8	0.87	0.83	0.74	2.2	7	2.3	79	1.12	0.81	335

续表

型号	满载时			效率/%			功率因数 cosφ			堵转转矩/额定转矩	堵转电流/额定电流	最大转矩/额定转矩	噪声/dB(A)	震动等级/(mm/s)	转动惯量/kg·m²	质量/kg
	功率/kW	电流/A	转速/(r/min)	负载 2/4	负载 3/4	负载 4/4	负载 2/4	负载 3/4	负载 4/4							
YBXn225S-4	37	69	1480	93.6	93.8	92.9	0.87	0.83	0.74	2	7	2.3	79	1.12	1.21	400
YBXn225M-4	45	83.7	1480	93.9	94	93.4	0.87	0.83	0.75	2	7	2.3	79	1.12	1.85	415
YBXn250M-4	55	100.8	1480	94.2	94.3	93.6	0.88	0.84	0.76	2	7	2.3	81	1.8	2.32	560
YBXn280S-4	75	136.7	1480	94.7	94.8	94	0.88	0.84	0.77	2	7	2.3	85	1.8	2.86	665
YBXn280M-4	90	161.7	1485	95	95.2	94.6	0.89	0.85	0.78	2	7	2.3	85	1.8	3.34	780
YBXn315S-4	110	196.8	1485	95.4	95.5	94.8	0.89	0.85	0.81	1.8	7	2.2	93	1.8	4.68	1150
YBXn315M-4	132	236.2	1485	95.4	95.5	94.8	0.89	0.86	0.82	1.8	7	2.2	96	1.8	4.96	1200
YBXn315L1-4	160	286.3	1485	95.4	95.5	94.8	0.89	0.86	0.83	1.8	7	2.2	96	1.8	5.22	1320
YBXn315L-4	185	331	1485	95.4	95.5	94.8	0.89	0.86	0.84	1.8	7	2.2	96	1.8	5.43	1420
YBXn315L2-4	200	357.9	1485	95.4	95.5	94.8	0.89	0.86	0.84	1.8	7	2.2	96	1.8	5.62	1500
YBXn355S1-4	185	331	1488	95.4	95.5	94.8	0.89	0.86	0.84	1.8	7	2.2	96	1.8	6.45	1700
YBXn355S2-4	200	357.9	1488	95.4	95.5	94.8	0.89	0.86	0.84	1.8	7	2.2	96	1.8	6.56	1800
YBXn355M1-4	220	393.7	1488	95.4	95.5	94.8	0.89	0.86	0.85	1.6	7	2.2	101	1.8	6.88	1830
YBXn355M2-4	250	445.5	1488	95.8	95.9	95.2	0.89	0.86	0.85	1.6	7	2.2	103	1.8	7.22	1940
YBXn355L1-4	280	498.9	1488	95.8	95.9	95.2	0.89	0.86	0.85	1.6	7	2.2	103	1.8	7.46	2080
YBXn355L2-4	315	561.3	1488	95.8	95.9	95.3	0.89	0.86	0.85	1.6	7	2.2	103	1.8	7.68	2260
YBXn160M-6	7.5	16.2	970	89	89.2	88.4	0.79	0.73	0.63	2	7	2	69	1.12	0.46	154
YBXn160L-6	11	23.5	970	90	90.2	89.6	0.79	0.75	0.65	2	7	2	70	1.12	0.61	176
YBXn180L-6	15	30.9	970	91	91.1	90.5	0.81	0.77	0.67	1.8	7	2	70	1.12	1.01	225
YBXn200L1-6	18.5	37	970	91.5	91.6	90.8	0.83	0.79	0.7	1.8	7	2	73	1.12	1.62	290
YBXn200L2-6	22	43.3	970	92	92.1	91.6	0.84	0.8	0.7	1.8	7	2	73	1.12	1.84	315
YBXn225M-6	30	58	980	92.5	92.6	91.8	0.85	0.83	0.76	1.8	6.5	2	76	1.12	2.43	410
YBXn250M-6	37	71.1	980	93	93.2	92.6	0.85	0.83	0.77	1.8	6.5	2	76	1.8	2.68	525
YBXn280S-6	45	86	980	93.5	93.6	92.8	0.85	0.83	0.76	1.8	6.5	2	79	1.8	3.46	635
YBXn280M-6	55	102.4	980	93.8	93.9	93	0.87	0.84	0.79	1.8	6.5	2	79	1.8	3.97	730

续表

型 号	满载时			效率/%			功率因数 cosφ			堵转转矩/额定转矩	堵转电流/额定电流	最大转矩/额定转矩	噪声/dB(A)	震动等级/(mm/s)	转动惯量/kg·m²	质量/kg
	功率/kW	电流/A	转速/(r/min)	负载 2/4	负载 3/4	负载 4/4	负载 2/4	负载 3/4	负载 4/4							
YBXn315S－6	75	139	985	94.2	94.3	93.8	0.87	0.84	0.74	1.6	6.5	2	87	1.8	4.57	1080
YBXn315M－6	90	166.3	985	94.5	94.6	93.9	0.87	0.84	0.76	1.6	6.5	2	87	1.8	4.83	1140
YBXn315L1－6	110	202.2	985	95	95.1	94.5	0.87	0.84	0.76	1.6	6.5	2	87	1.8	5.32	1310
YBXn315L2－6	132	242.6	985	95	95.1	94.6	0.87	0.84	0.76	1.6	6.5	2	87	1.8	5.95	1400
YBXn355S－6	160	242.6	985	95	95.1	94.6	0.87	0.84	0.76	1.5	6.5	2	97	1.8	7.32	1650
YBXn355M1－6	185	294.1	985	95	95.1	94.6	0.87	0.84	0.78	1.5	6.5	2	97	1.8	7.89	1760
YBXn355M2－6	200	340.1	985	95	95.1	94.6	0.87	0.84	0.78	1.5	6.5	2	97	1.8	8.17	1970
YBXn355L1－6	220	367.6	985	95	95.1	94.6	0.87	0.84	0.78	1.5	6.5	2	97	1.8	8.69	2140
YBXn355L2－6	250	404.4	985	95	95.1	94.6	0.87	0.84	0.78	1.5	6.5	2	100	1.8	9.33	2250
YBXn160M1－8	4	9.9	720	85.5	85.7	84.8	0.72	0.67	0.55	1.9	6.5	2	64	1.12	0.32	132
YBXn160M2－8	5.5	13.6	720	85.5	85.7	84.8	0.72	0.67	0.55	1.9	6.5	2	64	1.12	0.46	144
YBXn160L－8	7.5	17.9	720	88.5	87.8	87.2	0.72	0.68	0.57	1.9	6.5	2	67	1.12	0.61	175
YBXn180L－8	11	25.2	730	88.5	88.6	87.7	0.75	0.7	0.58	1.9	6.5	2	67	1.12	1.06	225
YBXn200L－8	15	34	730	89.5	89.6	88.6	0.75	0.7	0.58	1.9	6.5	2	70	1.12	1.6	315
YBXn225S－8	18.5	41.3	730	89.5	89.6	88.6	0.76	0.72	0.63	1.9	6.5	2	70	1.12	2.28	375
YBXn225M－8	22	47.1	730	91	91.2	90.8	0.78	0.73	0.63	1.9	6.5	2	70	1.12	2.74	395
YBXn250M－8	30	62.6	730	91	91.2	90.8	0.8	0.75	0.65	1.7	6.5	2	73	1.8	3.67	530
YBXn280S－8	37	78.6	740	91.7	91.8	91	0.78	0.74	0.65	1.7	6.5	2	73	1.8	5.16	605
YBXn280M－8	45	93.2	740	91.7	91.9	91.2	0.8	0.75	0.66	1.7	6.5	2	73	1.8	5.82	700
YBXn315S－8	55	112.3	740	93	93.2	92.6	0.8	0.75	0.66	1.6	6.5	2	82	1.8	6.74	920
YBXn315M－8	75	151.3	740	93	93.2	92.6	0.81	0.76	0.68	1.6	6.5	2	82	1.8	7.35	1100
YBXn315L1－8	90	180.4	740	93.6	93.8	92.8	0.81	0.76	0.68	1.6	6.5	2	82	1.8	8.79	1120
YBXn315L2－8	110	220.4	740	93.6	93.8	92.8	0.81	0.76	0.68	1.6	6.5	2	82	1.8	9.18	1300
YBXn355S－8	132	263.1	740	94.1	94.2	93.6	0.81	0.76	0.68	1.4	6.5	2	94	1.8	10.19	1640
YBXn355M－8	160	318.9	740	94.1	94.2	93.6	0.81	0.76	0.68	1.4	6.5	2	94	1.8	11.24	1820
YBXn355L1－8	185	368.8	740	94.1	94.2	93.6	0.81	0.76	0.68	1.4	6.5	2	94	1.8	12.48	2100
YBXn355L2－8	200	398.7	740	94.1	94.2	93.6	0.81	0.76	0.68	1.4	6.5	2	94	1.8	13.56	2200

表 8 -4 -11　YAXn 系列增安型高效率三相异步电动机(H160 -355)

型　号	功率/kW	电流/A	转速/(r/min)	效率/%				功率因数 cosφ				t_E 时间/s	堵转转矩/额定转矩	堵转电流/额定电流	最大转矩/额定转矩	质量/kg
				1/4	2/4	3/4	4/4	1/4	2/4	3/4	4/4					
YAXn160M1 -2	11	20	2948	89.9	91.3	91.1	90.5	0.65	0.86	0.9	0.88	15.4	1.8	7	2.2	168
YAXn160M2 -2	15	27	2944	90.6	91.9	91.6	91.3	0.64	0.85	0.9	0.89	9	1.8	7	2.2	173
YAXn160L -2	18.5	33	2944	91.4	92.6	92.2	91.8	0.65	0.86	0.9	0.89	6.2	1.8	7	2.2	180
YAXn180M -2	22	39	2955	91.5	93	93	92.2	0.64	0.85	0.9	0.89	13.6	1.8	7	2.2	245
YAXn200L1 -2	30	55	2965	91	92.2	92.2	92.9	0.65	0.84	0.9	0.89	7.4	1.8	7	2.2	303
YAXn200L2 -2	37	67	2965	91.3	93.8	93.9	93.3	0.59	0.81	0.87	0.89	6.2	1.5	7	2.2	332
YAXn225M -2	45	80	2970	91.8	93.9	94	93.7	0.67	0.87	0.9	0.89	12.2	1.5	7	2.2	463
YAXn250M -2	55	97	2975	93.6	94.8	94.8	94	0.69	0.89	0.9	0.89	7.5	1.5	7	2.2	563
YAXn280S -2	75	135	2980	92.9	94.7	95	94.6	0.6	0.82	0.86	0.89	8.8	1.2	7	2.2	708
YAXn280M -2	90	160	2980	93	94.8	95	95	0.62	0.84	0.88	0.89	10	1.2	7	2.2	756
YAXn315S -2	110	192	2975	93.9	95.6	95.7	95	0.73	0.89	0.9	0.89	9.9	1.2	7	2.2	1035
YAXn315M -2	132	230	2975	93.9	95.9	95.9	95.4	0.75	0.89	0.91	0.89	5.9	1.2	7	2.2	1190
YAXn315L1 -2	160	278	2975	94.3	95.6	95.6	95.4	0.79	0.91	0.91	0.89	6.8	1.2	7	2.2	1250
YAXn315L -2	(185)	322	2975	94.3	95.6	95.6	95.4	0.8	0.91	0.91	0.89	5.7	1.2	7	2.2	1290
YAXn315L2 -2	200	345	2975	94.3	95.6	95.6	95.4	0.79	0.91	0.91	0.89	10	1.2	7	2.2	1500
YAXn355M1 -2	(220)	375	2980	94.3	95.6	95.6	95.4	0.78	0.91	0.92	0.89	7.8	1.2	7	2.1	1550
YAXn355M2 -2	250	428	2980	94.8	95.9	96	95.8	0.81	0.92	0.92	0.9	7.8	1.2	7	2.1	1560
YAXn355L1 -2	(280)	475	2980	95.1	96.2	96.2	95.8	0.82	0.92	0.92	0.9	7.1	1.2	7	2.1	1600
YAXn355L2 -2	315	538	2980	95.5	96.4	96.3	95.8	0.84	0.93	0.92	0.9	7.1	1.2	7	2.1	1650
YAXn160M -4	11	26	1465	90	91.9	91.6	91	0.54	0.77	0.85	0.85	15.6	1.8	7	2.3	166
YAXn160L -4	15	28	1465	90.6	92.3	92	91.8	0.53	0.77	0.84	0.85	12.1	1.8	7	2.3	180
YAXn180M -4	18.5	34	1475	91.1	93.1	93	92.2	0.56	0.78	0.85	0.87	12.1	1.8	7	2.3	223
YAXn180L -4	22	40	1475	91.6	93.6	93.5	92.6	0.57	0.79	0.86	0.87	12.6	1.8	7	2.3	246
YAXn200L1 -4	30	55	1485	91.5	93.4	93.5	93.2	0.57	0.79	0.86	0.87	7.2	1.8	7	2.3	393
YAXn225S -4	37	67	1485	92	94	93.9	93.6	0.57	0.79	0.86	0.87	7.4	1.8	7	2.3	463

续表

型号	功率/kW	电流/A	转速/(r/min)	效率/%				功率因数 cosΦ				t_E 时间/s	堵转转矩/额定转矩	堵转电流/额定电流	最大转矩/额定转矩	质量/kg
				1/4	2/4	3/4	4/4	1/4	2/4	3/4	4/4					
YAXn225M－4	45	81	1485	92.7	94.3	94.3	93.9	0.57	0.79	0.86	0.87	8.4	1.5	7	2.3	473
YAXn250M－4	55	97	1485	93	94.7	94.8	94.2	0.63	0.83	0.89	0.88	11.3	1.5	7	2.3	563
YAXn280S－4	75	134	1485	92.9	94.6	94.8	94.7	0.6	0.81	0.86	0.88	9.7	1.5	7	2.3	736
YAXn280M－4	90	160	1485	93.4	95.3	95.5	95	0.63	0.83	0.87	0.89	10.2	1.5	7	2.3	756
YAXn315S－4	110	197	1485	93.8	95.5	95.7	95.4	0.59	0.81	0.88	0.89	7.6	1.4	7	2.2	1138
YAXn315M－4	132	235	1485	94.2	95.8	95.9	95.4	0.6	0.82	0.87	0.89	7.7	1.4	7	2.2	1168
YAXn315L1－4	160	283	1485	94.5	96	96.1	95.4	0.62	0.83	0.88	0.89	6.8	1.4	7	2.2	1220
YAXn315L－4	(185)	328	1485	94.4	95.7	95.8	95.4	0.66	0.86	0.9	0.89	11	1.4	7	2.2	1270
YAXn315L2－4	200	353	1485	94.6	95.9	95.9	95.4	0.63	0.87	0.91	0.89	7.2	1.4	7	2.2	1310
YAXn355M1－4	(220)	392	1490	94	95.7	95.9	95.4	0.64	0.85	0.89	0.89	9	1.2	7	2.2	1510
YAXn355M2－4	250	445	1490	94.1	95.7	96	95.8	0.65	0.85	0.9	0.89	8.4	1.2	7	2.2	1560
YAXn355L1－4	(280)	496	1490	94.4	96.1	96.3	95.8	0.65	0.85	0.9	0.89	7.8	1.2	7	2.2	1620
YAXn355L2－4	315	555	1490	94.7	96.2	96.4	95.8	0.68	0.87	0.91	0.89	9.9	1.2	7	2.2	1820
YAXn160M－6	7.5	15	980	85.8	89.7	90	89	0.39	0.64	0.75	0.79	16.1	2	7	2.2	166
YAXn160L－6	11	22	980	85.8	89.7	90	89	0.4	0.65	0.75	0.79	11.7	2	7	2.2	176
YAXn180L－6	15	29	980	89.2	91.6	91.4	91	0.48	0.72	0.8	0.81	13	1.8	7	2.2	245
YAXn200L1－6	18.5	35	980	90.7	92.6	92.6	91.5	0.51	0.73	0.8	0.83	21.7	1.8	7	2.2	303
YAXn200L2－6	22	42	985	90.5	92.7	92.9	92	0.49	0.71	0.79	0.83	15.9	1.8	7	2.2	332
YAXn225M－6	30	55	985	91.9	93.7	93.6	92.5	0.57	0.79	0.82	0.85	11.7	1.8	7	2.2	463
YAXn250M－6	37	67	985	91.5	93.4	93.5	93	0.58	0.79	0.84	0.85	13.8	1.8	7	2.2	563
YAXn280S－6	45	82	990	91.9	93.9	94	93.5	0.61	0.81	0.85	0.86	21.1	1.5	7	2.2	705
YAXn280M－6	55	100	990	92.6	94.3	94.3	93.8	0.65	0.82	0.86	0.86	12.7	1.5	7	2.2	756
YAXn315S－6	75	136	990	93	94.9	95.1	94.2	0.6	0.81	0.81	0.86	13.2	1.4	7	2.2	1120
YAXn315M－6	90	163	990	93.6	95.3	95.3	94.5	0.64	0.83	0.87	0.86	10	1.4	7	2.2	1178
YAXn315L1－6	110	198	990	94	95.5	95.5	95	0.65	0.83	0.87	0.86	8.4	1.4	7	2.2	1278

续表

型号	功率/kW	电流/A	转速/(r/min)	效率/% 1/4	效率/% 2/4	效率/% 3/4	效率/% 4/4	功率因数 cosϕ 1/4	功率因数 cosϕ 2/4	功率因数 cosϕ 3/4	功率因数 cosϕ 4/4	t_E 时间/s	堵转转矩/额定转矩	堵转电流/额定电流	最大转矩/额定转矩	质量/kg
YAXn315L2 -6	132	238	990	94.2	95.7	95.6	95	0.65	0.84	0.87	0.86	9.4	1.4	7	2.2	1302
YAXn355M1 -6	160	292	990	93.8	95.5	95.7	95	0.56	0.79	0.85	0.87	10.3	1.2	7	2.2	1500
YAXn315M -6	(185)	336	990	94.2	95.7	95.9	95	0.58	0.8	0.86	0.87	9.5	1.2	7	2.2	1550
YAXn355M2 -6	200	361	990	94.3	95.9	96	95	0.6	0.81	0.86	0.87	9.7	1.2	7	2.2	1600
YAXn355L1 -6	(220)	396	990	94.4	96	96.2	95	0.6	0.81	0.86	0.87	9.4	1.2	7	2.2	1650
YAXn355L2 -6	250	448	990	94.6	96.1	96.3	95	0.61	0.82	0.87	0.87	8.9	1.2	7	2.2	1700
YAXn160M1 -8	4	10	735	78.3	85.8	87.5	85.5	0.36	0.61	0.73	0.72	26	2	6.5	2	166
YAXn160M2 -8	5.5	12	735	82.1	87.9	88.7	85.5	0.36	0.61	0.73	0.72	26.1	2	6.5	2	173
YAXn160L -8	7.5	16	735	85.1	89.6	90.1	88.5	0.36	0.61	0.73	0.72	23.2	1.8	6.5	2	180
YAXn180L -8	11	24	735	85.1	89.6	90.1	88.5	0.34	0.58	0.7	0.75	14.8	1.8	6.5	2	245
YAXn200L -8	15	32	735	87.9	91.9	92.4	89.5	0.34	0.59	0.7	0.75	17.6	1.8	6.5	2	303
YAXn225S -8	18.5	37	740	89.6	92.1	92.1	89.5	0.4	0.64	0.75	0.76	22.2	1.8	6.5	2	426
YAXn225M -8	22	45	740	89.3	92.2	92.5	91	0.38	0.64	0.74	0.78	16.8	1.8	6.5	2	436
YAXn250M -8	30	60	740	89.9	92.7	93	91	0.41	0.66	0.76	0.8	16.2	1.8	6.5	2	563
YAXn280S -8	37	73	740	90.6	93	93.2	91.7	0.44	0.69	0.77	0.8	18.2	1.5	6.5	2	720
YAXn280M -8	45	88	740	91.2	94.3	94.3	91.7	0.46	0.7	0.78	0.8	16.2	1.5	6.5	2	770
YAXn315S -8	55	108	740	91.6	94	94.3	93	0.46	0.71	0.79	0.8	18.5	1.5	6.5	2	1120
YAXn315M -8	75	145	740	92.8	94.7	94.7	93	0.51	0.75	0.81	0.81	17.2	1.5	6.5	2	1180
YAXn315L1 -8	90	174	740	92.8	94.9	95	93.6	0.49	0.73	0.8	0.81	13.9	1.5	6.5	2	1240
YAXn315L2 -8	110	210	740	93.7	95.3	95.3	93.6	0.54	0.76	0.82	0.81	14.7	1.5	6.5	2	1280
YAXn355M1 -8	132	252	740	93.4	95.3	95.5	94.1	0.49	0.74	0.81	0.81	15.3	1.4	6.5	2	1500
YAXn355M2 -8	160	304	740	93.9	95.6	95.8	94.1	0.51	0.74	0.81	0.81	13.5	1.4	6.5	2	1550
YAXn355L1 -8	(185)	349	740	94.1	95.8	96	94.1	0.52	0.75	0.82	0.81	13.4	1.4	6.5	2	1600
YAXn355L2 -8	200	379	740	93.9	95.8	96.1	94.1	0.49	0.73	0.81	0.81	12.3	1.4	6.5	2	1650

注：①当额定电压不是 380V 时，额定电流按 $I_N = I_{(380V)} \times 380/U_N$。

表 8-4-12　YP 系列变频调速三相异步电动机(H80-355)

型　号	标称功率/kW	标称电流/A	额定转矩/N·m	额定转速/(r/min)	额定效率/%	额定功率因数 cosϕ	堵转转矩/额定转矩	最大转矩/额定转矩	堵转电流/额定电流	转子转动惯量/kg·m²	质量/kg
YP801-2	0.75	1.8	2.5	2825	75	0.84	2.2	2.3	6.5	0.0004	30
YP802-2	1.1	2.5	3.7	2825	77	0.86	2.2	2.3	6	0.0011	32
YP90S-2	1.5	3.4	5	2840	78	0.85	2.2	2.3	7	0.0013	36
YP90L-2	2.2	4.7	7.4	2840	80	0.86	2.2	2.3	7	0.0019	39
YP100L-2	3	6.4	9.9	2880	82	0.87	2.2	2.3	7	0.0024	47
YP112M-2	4	8.2	13.2	2890	85.5	0.87	2.2	2.3	7	0.0044	57
YP132S1-2	5.5	11.1	18.1	2900	85.5	0.88	2	2.3	7	0.0076	105
YP132S2-2	7.5	15	25.5	2900	86.2	0.88	2	2.3	7	0.016	120
YP160M1-2	11	21.1	35.7	2945	87.2	0.88	2	2.3	7	0.018	126
YP160M2-2	15	27	48.7	2945	88.2	0.88	2	2.3	7	0.051	134
YP160L-2	18.5	33	60.1	2945	89	0.89	2	2.2	7	0.062	156
YP180M-2	22	40.5	71.3	2950	89	0.89	2	2.2	7	0.077	185
YP200L1-2	30	54	96.9	2960	90	0.89	2	2.2	7	0.092	250
YP200L2-2	37	66	119.4	2960	90.5	0.89	2	2.2	7	0.16	270
YP225M-2	45	80	144.5	2970	91.5	0.89	2	2.2	7	0.18	350
YP250M-2	55	99	176.6	2970	91.5	0.89	2	2.2	7	0.32	440
YP280S-2	75	132	239	2970	92	0.89	2	2.2	7	0.39	600
YP280M-2	90	156	288.8	2980	92.5	0.89	2	2.2	7	0.72	670
YP315S-2	110	195.4	352.5	2980	92.5	0.89	1.8	2.2	7	1.15	1000
YP315M-2	132	233.2	423	2980	93	0.89	1.8	2.2	7	1.4	1040
YP315L1-2	160	279.3	512.8	2980	93.5	0.89	1.8	2.2	7	1.81	1350
YP315L-2	185	323.2	592.9	2980	93.5	0.89	1.8	2.2	7	2	1450
YP315L2-2	200	348.4	640.9	2980	93.5	0.89	1.8	2.2	7	2.2	1600
YP355S1-2	185	323	592.9	2980	93.5	0.89	1.8	2.2	7	4	1840
YP355S2-2	200	348.4	640.9	2980	93.5	0.89	1.8	2.2	7	4	1880
YP355M1-2	220	383.2	704.1	2980	93.5	0.89	1.4	2.5	7	4	1900
YP355M2-2	250	433.2	800	2980	94.5	0.9	1.4	2.5	7	4.46	2100
YP355L1-2	280	485.2	895.2	2980	94.5	0.9	1.4	2.5	7	4.87	2250
YP355L2-2	315	544.1	1007.8	2980	95	0.9	1.4	2.5	7	4.9	2250
YP801-4	0.55	1.5	3.7	1390	73	0.76	2.4	2.3	6	0.0015	17
YP802-4	0.75	2	5.1	1390	74.5	0.76	2.3	2.3	6	0.0019	18
YP90S-4	1.1	2.7	7.5	1400	78	0.78	2.3	2.3	6.5	0.003	22
YP90L-4	1.5	3.7	10.1	1400	79	0.79	2.3	2.3	6.5	0.0038	27
YP100L1-4	2.2	5	14.5	1420	81	0.82	2.2	2.3	7	0.0078	34
YP100L2-4	3	6.8	19.8	1420	82.5	0.81	2.2	2.3	7	0.0098	38
YP112M-4	4	8.8	26.5	1440	84.5	0.82	2.2	2.3	7	0.015	43
YP132S-4	5.5	11.6	36.2	1440	85.5	0.84	2.2	2.3	7	0.028	68
YP132M-4	7.5	15.4	49.4	1440	87	0.85	2.2	2.3	7	0.042	81

续表

型号	标称功率/kW	标称电流/A	额定转矩/N·m	额定转速/(r/min)	额定效率/%	额定功率因数 cosφ	堵转转矩/额定转矩	最大转矩/额定转矩	堵转电流/额定电流	转子转动惯量/kg·m²	质量/kg
YP160M-4	11	21	71.7	1460	88.5	0.84	2.2	2.3	7	0.099	132
YP160L-4	15	28.2	97.8	1460	91.8	0.85	2.2	2.3	7	0.12	144
YP180M-4	18.5	34.8	119.9	1470	91	0.86	2	2.2	7	0.18	182
YP180L-4	22	41.2	142.5	1470	91.5	0.86	2	2.2	7	0.2	190
YP200L1-4	30	55.2	196.9	1480	92.2	0.87	2	2.2	7	0.34	270
YP225S-4	37	67	238.7	1480	91.8	0.87	1.9	2.2	7	0.55	284
YP225M-4	45	81	290	1480	92.3	0.88	1.9	2.2	7	0.64	320
YP250M-4	55	98.8	354.4	1485	92.6	0.88	2	2.2	7	0.84	427
YP280S-4	75	132.2	481.7	1485	92.7	0.88	1.9	2.2	7	1.49	562
YP280M-4	90	158.8	578	1485	93.5	0.89	1.9	2.2	7	1.6	667
YP315S-4	110	197.3	707	1485	93.5	0.89	1.8	2.2	7	1.96	1000
YP315M-4	132	237.1	848.8	1485	94	0.89	1.8	2.2	7	2.73	1100
YP315L1-4	160	287.1	1029	1485	94.5	0.89	1.8	2.2	7	3.04	1300
YP315L-4	185	328.7	1189.7	1485	94.5	0.89	1.8	2.2	7	3.43	1400
YP315L2-4	200	354.6	1286.2	1485	94.5	0.89	1.6	2.2	7	3.62	1450
YP355S1-4	185	328.7	1189.7	1485	94.5	0.89	1.6	2.2	7	5.5	1800
YP355S2-4	200	354.6	1286.2	1485	94.5	0.89	1.6	2.2	6.5	5.6	1820
YP355M1-4	220	390.1	1411	1485	94.5	0.89	1.6	2.2	6.5	5.8	1840
YP355M2-4	250	441.9	1613.5	1485	94.7	0.89	1.6	2.2	6.5	6.5	1900
YP355L1-4	280	494.9	1806.7	1485	94.7	0.89	1.6	2.2	6.5	7.82	2080
YP355L2-4	315	556.2	2032.3	1485	95.2	0.89	1.6	2.2	6.5	8.2	2260
YP90S-6	0.75	2.3	7.7	910	72.5	0.7	2	2.2	5.5	0.0043	23
YP90L-6	1.1	3.2	11.3	910	73.5	0.72	2	2.2	5.5	0.005	25
YP100L2-6	1.5	4	14.9	940	77.5	0.74	2	2.2	6	0.0098	33
YP112M-6	2.2	5.6	22	940	80.5	0.74	2	2.2	6	0.017	45
YP132S-6	3	7.2	29.8	960	83	0.76	2	2.2	6.5	0.04	63
YP132M1-6	4	9.4	39.5	960	84	0.77	2	2.2	6.5	0.051	73
YP132M2-6	5.5	12.6	54.4	960	85.3	0.78	2	2.2	6.5	0.065	84
YP160M-6	7.5	17	73.5	975	86	0.78	2	2	6.5	0.12	119
YP160L-6	11	24.6	107.7	975	87	0.78	2	2	6.5	0.15	147
YP180L-6	15	30.7	146	980	89.5	0.81	1.8	2	6.5	0.27	195
YP200L1-6	18.5	37.7	180.1	980	89.8	0.83	1.8	2	6.5	0.41	220
YP200L2-6	22	44.6	214.2	980	90.2	0.83	1.8	2	6.5	0.46	250
YP225M-6	30	59.5	290.6	985	90.2	0.85	1.7	2	6.5	0.69	292
YP250M-6	37	72	358.4	985	90.8	0.86	1.8	2	6.5	1.28	408
YP280S-6	45	85.4	434.5	990	92	0.87	1.8	2	6.5	1.82	536
YP315S-6	75	141.7	723.5	990	92.8	0.87	1.9	2	6.5	3.81	920
YP315S-6	75	141.7	723.5	990	92.8	0.87	1.9	2	6.5	3.81	920

续表

型　号	标称功率/kW	标称电流/A	额定转矩/N·m	额定转速/r/min	额定效率/%	额定功率因数cosφ	堵转转矩/额定转矩	最大转矩/额定转矩	堵转电流/额定电流	转子转动惯量/kg·m²	质量/kg
YP315M-6	90	169.5	868.2	990	93.2	0.87	1.9	2	6.5	4.57	1100
YP315L1-6	110	206.7	1061.1	990	93.5	0.87	1.6	2	6.5	5.12	1180
YP315L2-6	132	244.7	1273.3	990	93.8	0.87	1.6	2	6.5	5.32	1200
YP355S-6	160	297.5	1540.3	990	94.1	0.86	1.6	2	6.5	6.95	1600
YP355M1-6	185	342.9	1782.8	990	94.1	0.86	1.5	2.2	6.5	8.02	1760
YP355M2-6	200	370.2	1925.4	990	94.5	0.86	1.5	2.2	6.5	8.63	1900
YP355L1-6	220	407.7	2120.1	990	94.5	0.86	1.5	2.2	6.5	8.83	2000
YP355L2-6	250	463.3	2409.2	990	94.7	0.86	1.5	2.2	6.5	9	2100
YP132S-8	2.2	5.8	29.6	710	80.5	0.71	2	2	5.5	0.017	63
YP132M-8	3	7.7	40.3	710	82	0.72	2	2	5.5	0.03	79
YP160M1-8	4	9.7	52.9	720	84	0.73	2	2	6	0.05	118
YP160M2-8	5.5	13.3	72.7	720	85	0.74	2	2	6	0.09	119
YP160L-8	7.5	17.7	99.5	720	86	0.75	2	2	5.5	0.12	145
YP180L-8	11	25.1	143.9	730	87.5	0.77	1.7	2	6	0.15	184
YP200L-8	15	34.1	195.7	730	88	0.76	1.8	2	6	0.27	250
YP225S-8	18.5	41.3	239.4	740	89.5	0.76	1.7	2	6	0.4	266
YP225M-8	22	47.6	285.1	740	90	0.78	1.8	2	6	0.57	292
YP250M-8	30	63	387.2	740	90.5	0.8	1.8	2	6	0.69	405
YP280S-8	37	78.2	476.9	740	91	0.79	1.8	2	6	1.26	520
YP280M-8	45	93.2	580	740	91.7	0.8	1.8	2	6	1.82	592
YP315S-8	55	111.2	709.5	740	92	0.8	1.6	2	6.5	3.6	920
YP315M-8	75	151.3	968	740	92.5	0.81	1.6	2	6.5	4.6	1100
YP315L1-8	90	177.8	1161	740	93	0.82	1.6	2	6.5	5.5	1250
YP315L2-8	110	216.8	1420	740	93.6	0.82	1.6	2	6.5	6.7	1300
YP355M1-8	132	259.6	1696.6	745	93.8	0.81	1.4	2	6.5	8.1	1600
YP355M2-8	160	313.4	2056.5	745	94	0.81	1.4	2	6.5	9.3	1820
YP355L1-8	185	362.3	2377.9	745	94.2	0.81	1.4	2	6.5	9.9	2050
YP355L2-8	200	386.2	2570.7	745	94.3	0.81	1.4	2	6.5	10.6	2200
YP315S-10	45	99.1	734.6	585	92	0.75	1.5	2.1	6		
YP315M-10	55	121.1	897.9	585	92	0.75	1.5	2.1	6		
YP315L1-10	75	162.1	1224.4	585	92.5	0.76	1.5	2.1	6		
YP315L2-10	90	190.9	1469.2	585	93	0.77	1.5	2.1	6		
YP355S-10	90	190.9	1469.2	585	93	0.77	1.5	2.1	6		
YP355M1-10	110	229.9	1795.7	585	93.2	0.78	1.3	2.1	5.5		
YP355M2-10	132	275	2154.9	585	93.5	0.78	1.3	2.1	5.5		
YP355L1-10	160	333	2612	585	93.6	0.78	1.3	2.1	5.5		
YP355L2-10	185	385	2938.5	585	93.6	0.78	1.3	2.1	5.5		

表 8-4-13 YBP 系列变频调速隔爆型三相异步电动机(H80-355)

型号	冷却方式	额定						堵转转矩/额定转矩	堵转电流/额定电流	最大转矩/额定转矩	振动等级/(mm/s)	转动惯量/kg·m²	质量/kg
		功率/kW	电流/(380V)A	转速/(r/min)	转矩/N·m	效率/%	功率因数 cosϕ						
YBP801-2	IC411	0.55	1.36	2825	1.86	73	0.84	2.2	5.5	2.3	1.8	0.0042	22
YBP802-2	IC411	0.75	1.81	2840	2.52	75	0.84	2.2	6	2.3	1.8	0.005	24
YBP90S-2	IC411	1.1	2.52	2840	3.70	78	0.85	2.2	6	2.3	1.8	0.0075	33
YBP90L-2	IC411	1.5	3.39	2880	4.97	79	0.85	2.2	7	2.3	1.8	0.0097	37
YBP100L-2	IC411	2.2	4.8	2890	7.27	81	0.86	2.2	7	2.3	1.8	0.0174	43
YBP112M-2	IC411	3	6.31	2900	9.88	83	0.87	2.2	7	2.3	1.8	0.0303	54
YBP132S1-2	IC411	4	8.22	2900	13.17	85	0.87	2.2	7	2.3	1.8	0.0631	80
YBP132S2-2	IC411	5.5	11.04	2930	17.93	86	0.88	2	7.5	2.2	1.8	0.0733	90
YBP160M1-2	IC416	11	21.48	2930	35.85	88.4	0.88	2	7.5	2.2	2.8	0.21	140
	IC411	7.5	14.88	2930	24.45	87	0.88	2	7.5	2.2	2.8	0.21	140
YBP160M2-2	IC416	15	28.64	2930	48.89	89.4	0.89	2	7.5	2.2	2.8	0.25	152
	IC411	11	21.48	2930	35.85	88.4	0.88	2	7.5	2.2	2.8	0.25	152
YBP160L-2	IC416	18.5	35.09	2930	60.3	90	0.89	2	7.5	2.2	2.8	0.31	168
	IC411	15	28.64	2940	48.72	89.4	0.89	2	7.5	2.2	2.8	0.31	168
YBP180M-2	IC416	22	41.04	2940	71.46	90.5	0.9	2	7.5	2.2	2.8	0.37	220
	IC411	18.5	35.09	2950	59.89	90	0.89	2	7.5	2.2	2.8	0.37	220
YBP200L1-2	IC416	30	56.03	2950	97.12	91.4	0.89	2	7.5	2.2	2.8	0.63	290
	IC411	22	41.04	2950	71.22	90.5	0.9	2	7.5	2.2	2.8	0.63	290
YBP200L2-2	IC416	37	67.89	2950	119.78	92	0.9	2	7.5	2.2	2.8	0.73	305
	IC411	30	55.41	2970	96.46	91.4	0.9	2	7.5	2.2	2.8	0.73	305

续表

型 号	冷却方式	额定						堵转转矩/额定转矩	堵转电流/额定电流	最大转矩/额定转矩	振动等级/(mm/s)	转动惯量/kg·m²	质量/kg
		功率/kW	电流/(380V)A	转速/(r/min)	转矩/N·m	效率/%	功率因数 cosφ						
YBP225M-2	IC416	45	82.12	2970	144.7	92.5	0.9	2	7.5	2.2	2.8	1.28	400
	IC411	37	67.89	2970	118.97	92	0.9	2	7.5	2.2	2.8	1.28	400
YBP250M-2	IC416	55	99.83	2970	176.85	93	0.9	2	7.5	2.2	3.5	1.55	460
	IC411	45	82.12	2970	144.7	92.5	0.9	2	7.5	2.2	3.5	1.55	460
YBP280S-2	IC416	75	133.78	2970	241.16	93.6	0.91	2	7	2.2	3.5	1.89	625
	IC411	55	99.83	2970	176.85	93	0.9	2	7.5	2.2	3.5	1.89	625
YBP280M-2	IC416	90	160.02	2970	289.39	93.9	0.91	2	7.1	2.2	3.5	2.02	728
	IC411	75	133.78	2980	240.35	93.6	0.91	2	7	2.2	3.5	2.02	728
YBP315S-2	IC416	110	195.37	2970	353.7	94	0.91	1.8	7.1	2.2	3.5	2.26	1100
	IC411	90	160.02	2980	288.42	93.9	0.91	2	7.1	2.2	3.5	2.26	1100
YBP315M-2	IC416	132	233.21	2980	423.02	94.5	0.91	1.8	7.1	2.2	3.5	2.42	1160
	IC411	110	195.37	2980	352.52	94	0.91	2	7.1	2.2	3.5	2.42	1160
YBP315L1-2	IC416	160	282.38	2980	512.75	94.6	0.91	1.8	7.1	2	3.5	2.76	1350
	IC411	132	233.21	2980	423.02	94.5	0.91	1.8	7.1	2	3.5	2.76	1350
YBP315L-2	IC416	185	326.5	2980	592.87	94.6	0.91	1.8	7.1	2	3.5	3.22	1500
	IC411	160	282.38	2980	512.75	94.6	0.91	1.8	7.1	2	3.5	3.22	1500
YBP315L2-2	IC416	200	352.23	2980	640.94	94.8	0.91	1.6	7.1	2	3.5	3.41	1600
	IC411	185	326.85	2980	592.87	94.5	0.91	1.8	7.1	2	3.5	3.41	1600
YBP355S1-2	IC416	185	326.5	2980	592.87	94.6	0.91	1.8	7.1	2	3.5	3.86	1690
	IC411	160	282.38	2980	512.75	94.6	0.91	1.8	7.1	2	3.5	3.86	1690

续表

型号	冷却方式	额定						堵转转矩/额定转矩	堵转电流/额定电流	最大转矩/额定转矩	振动等级/(mm/s)	转动惯量/kg·m²	质量/kg
		功率/kW	电流/(380V)A	转速/(r/min)	转矩/N·m	效率/%	功率因数 cosϕ						
YBP355S2-2	IC416	200	352.23	2980	640.94	94.8	0.91	1.6	7.1	2	3.5	4.82	1690
	IC411	185	326.5	2980	592.87	94.6	0.91	1.8	7.1	2	3.5	4.82	1690
YBP355M1-2	IC416	220	387.45	2980	705.03	94.8	0.91	1.6	7.1	2	3.5	5.46	1840
	IC411	200	352.23	2980	640.94	94.8	0.91	1.8	7.1	2	3.5	5.46	1840
YBP355M2-2	IC416	250	438.43	2980	801.17	95.2	0.91	1.6	7.1	2	3.5	6.22	2100
	IC411	220	387.45	2980	705.03	94.8	0.91	1.8	7.1	2	3.5	6.22	2100
YBP355L1-2	IC416	280	491.05	2980	897.32	95.2	0.91	1.6	7.1	2	3.5	6.54	2260
	IC411	250	438.43	2980	801.17	95.2	0.91	1.6	7.1	2	3.5	6.54	2260
YBP355L2-2	IC416	315	551.27	2980	1009.48	95.4	0.91	1.6	7.1	2	3.5	6.54	2290
	IC411	280	491.05	2980	897.32	95.2	0.91	1.6	7.1	2	3.5	6.54	2290
YBP801-4	IC411	0.37	1.09	1390	2.54	69	0.75	2	4	2.2	1.8	0.006	22
YBP802-4	IC411	0.55	1.57	1400	3.75	71	0.75	2	5	2.2	1.8	0.0077	24
YBP90S-4	IC411	0.75	2.03	1400	5.12	73	0.77	2.2	5	2.2	1.8	0.012	33
YBP90L-4	IC411	1.1	2.85	1420	7.4	76.2	0.77	2.2	6	2.2	1.8	0.015	37
YBP100L1-4	IC411	1.5	3.67	1420	10.09	78.5	0.79	2.2	6	2.2	1.8	0.031	43
YBP100L2-4	IC411	2.2	5.09	1440	14.59	81	0.81	2.2	6	2.2	1.8	0.039	47
YBP112M-4	IC411	3	6.73	1440	19.9	82.6	0.82	2.2	6	2.2	1.8	0.059	58
YBP132S-4	IC411	4	8.8	1440	26.53	84.2	0.82	2.2	6	2.2	1.8	0.113	80
YBP132M-4	IC411	5.5	11.57	1460	35.98	86	0.84	2.2	7	2.2	1.8	0.167	95
YBP160M-4	IC416	11	22.24	1460	71.95	88.4	0.85	2.2	7	2.2	2.8	0.36	150
	IC411	7.5	15.41	1460	49.06	87	0.85	2.2	7	2.2	2.8	0.36	150

续表

型号	冷却方式	额定						堵转转矩/额定转矩	堵转电流/额定电流	最大转矩/额定转矩	振动等级/(mm/s)	转动惯量/kg·m²	质量/kg
		功率/kW	电流/(380V)A	转速/(r/min)	转矩/N·m	效率/%	功率因数 cosφ						
YBP160L4	IC416	15	29.99	1460	98.12	89.4	0.85	2.2	7	2.2	2.8	0.42	168
	IC411	11	22.24	1470	71.46	88.4	0.85	2.2	7	2.2	2.8	0.42	168
YBP180M－4	IC416	18.5	36.54	1470	120.19	90.5	0.85	2.2	7	2.2	2.8	0.68	220
	IC411	15	29.99	1470	97.45	89.4	0.85	2.2	7	2.2	2.8	0.68	220
YBP180L－4	IC416	22	43.12	1470	142.93	91.2	0.85	2.2	7	2.2	2.8	0.72	242
	IC411	18.5	36.54	1470	120.19	90.5	0.85	2.2	7	2.2	2.8	0.72	242
YBP200L－4	IC416	30	57.61	1470	194.9	92	0.86	2.2	7.2	2.2	2.8	0.81	335
	IC411	22	43.12	1480	141.96	91.2	0.85	2.2	7	2.2	2.8	0.81	335
YBP225S－4	IC416	37	69.85	1480	238.75	92.5	0.87	2.2	7.2	2.2	2.8	1.21	400
	IC411	30	57.61	1480	193.58	92	0.86	2.2	7.2	2.2	2.8	1.21	400
YBP225M－4	IC416	45	84.68	1480	290.37	92.8	0.87	2.2	7.2	2.2	2.8	1.85	415
	IC411	37	69.85	1480	238.75	92.5	0.87	2.2	7.2	2.2	2.8	1.85	415
YBP250M－4	IC416	55	103.28	1480	354.9	93	0.87	2.2	7.2	2.2	3.5	2.32	560
	IC411	45	84.68	1480	290.37	92.8	0.87	2.2	7.2	2.2	3.5	2.32	560
YBP280S－4	IC416	75	139.63	1480	483.95	93.8	0.87	2.2	7.2	2.2	3.5	2.86	665
	IC411	55	103.28	1485	353.7	93	0.87	2.2	7.2	2.2	3.5	2.86	665
YBP280M－4	IC416	90	166.85	1485	578.79	94.2	0.87	2.2	7	2.2	3.5	3.34	780
	IC411	75	139.63	1485	482.32	93.8	0.87	2.2	7.2	2.2	3.5	3.34	780
YBP315S－4	IC416	110	200.97	1485	707.41	94.5	0.88	2	7	2.2	3.5	4.68	1150
	IC411	90	166.85	1485	578.79	94.2	0.87	2.2	7.2	2.2	3.5	4.68	1150

续表

型号	冷却方式	额定						堵转转矩/额定转矩	堵转电流/额定电流	最大转矩/额定转矩	振动等级/(mm/s)	转动惯量/kg·m²	质量/kg
		功率/kW	电流/(380V)A	转速/(r/min)	转矩/N·m	效率/%	功率因数 cosϕ						
YBP315M-4	IC416	132	240.4	1485	848.89	94.8	0.88	2	7	2.2	3.5	4.96	1200
	IC411	110	200.97	1485	707.41	94.5	0.88	2.2	7	2.2	3.5	4.96	1200
YBP315L1-4	IC416	160	287.81	1485	1028.96	94.9	0.89	2	7	2.2	3.5	5.22	1320
	IC411	132	240.4	1485	848.89	94.8	0.88	2	7	2.2	3.5	5.22	1320
YBP315L-4	IC416	185	332.78	1485	1189.73	94.9	0.89	2	7	2.2	3.5	5.43	1420
	IC411	160	287.81	1485	1028.96	94.9	0.89	2	7	2.2	3.5	5.43	1420
YBP315L2-4	IC416	200	359.76	1485	1286.2	94.9	0.89	2	7	2.2	3.5	5.62	1500
	IC411	185	332.78	1488	1187.33	94.9	0.89	2	7	2.2	3.5	5.62	1500
YBP355S1-4	IC416	185	332.78	1488	1187.33	94.9	0.89	2	7	2.2	3.5	6.45	1700
	IC411	160	287.81	1488	1026.88	94.9	0.89	2	7	2.2	3.5	6.45	1700
YBP355S2-4	IC416	200	359.76	1488	1283.6	94.9	0.89	2	7	2.2	3.5	6.56	1800
	IC411	185	332.78	1488	1187.33	94.9	0.89	2	7	2.2	3.5	6.56	1800
YBP355M1-4	IC416	220	391.34	1488	1411.96	94.9	0.9	2	7	2.2	3.5	6.88	1830
	IC411	185	332.78	1488	1187.33	94.9	0.89	2	7	2.2	3.5	6.88	1830
YBP355M2-4	IC416	250	443.31	1488	1604.5	95.2	0.9	2	7	2.2	3.5	7.22	1940
	IC411	220	391.34	1488	1411.96	94.9	0.9	2	7	2.2	3.5	7.22	1940
YBP355L1-4	IC416	280	496.5	1488	1797.04	95.2	0.9	2	7	2.2	3.5	7.46	2080
	IC411	250	443.31	1489	1603.43	95.2	0.9	2	7	2.2	3.5	7.46	2080
YBP355L2-4	IC416	315	558.57	1488	2021.67	95.2	0.9	2	7	2.2	3.5	7.68	2260
	IC411	280	496.5	1488	1797.04	95.2	0.9	2	7	2.2	3.5	7.68	2260

续表

型　号	冷却方式	额定 功率/kW	额定 电流/(380V)A	额定 转速/(r/min)	额定 转矩/N·m	额定 效率/%	额定 功率因数 cosϕ	堵转转矩/额定转矩	堵转电流/额定电流	最大转矩/额定转矩	振动等级/(mm/s)	转动惯量/kg·m^2	质量/kg
YBP801－6	IC411	0.25	0.89	910	2.62	63	0.68	1.9	4	2.1	1.8	0.01	33
YBP802－6	IC411	0.37	1.27	910	3.88	63	0.7	1.9	4	2.1	1.8	0.012	37
YBP90S－6	IC411	0.55	1.76	910	5.77	66	0.72	1.9	4	2.1	1.8	0.017	43
YBP90L－6	IC411	0.75	2.29	940	7.62	69	0.72	1.9	4	2.1	1.8	0.02	54
YBP100L－6	IC411	1.1	3.14	940	11.18	73	0.73	2	5	2.1	1.8	0.039	80
YBP112M－6	IC411	1.5	3.95	960	14.92	76	0.76	2	5	2.1	1.8	0.068	90
YBP132S－6	IC411	2.2	5.57	960	21.89	79	0.76	2	5	2.1	1.8	0.161	105
YBP132M1－6	IC411	3	7.31	960	29.84	81	0.77	2	6	2.1	1.8	0.203	120
YBP132M2－6	IC411	4	9.39	970	39.38	83	0.78	2	6	2.1	1.8	0.258	136
YBP160M－6	IC416	7.5	16.77	970	73.84	86	0.79	2	6.5	2.1	2.8	0.46	154
	IC411	5.5	12.6	970	54.15	85	0.78	2	6.5	2.1	2.8	0.46	154
YBP160L－6	IC416	11	24.18	970	108.3	87.5	0.79	2	6.5	2.1	2.8	0.61	176
	IC411	7.5	16.77	970	73.84	86	0.79	2	6.5	2.1	2.8	0.61	176
YBP180L－6	IC416	15	31.61	970	147.68	89	0.81	2	7	2.1	2.8	1.01	225
	IC411	11	24.18	970	108.3	87.5	0.79	2	6.5	2.1	2.8	1.01	225
YBP200L1－6	IC416	18.5	37.63	970	182.14	90	0.83	2	7	2.1	2.8	1.62	290
	IC411	15	31.61	970	147.68	89	0.81	2	7	2.1	2.8	1.62	290
YBP200L2－6	IC416	22	44.75	970	216.6	90	0.83	2	7	2.1	2.8	1.84	315
	IC411	18.5	37.63	980	180.28	90	0.83	2	7	2.1	2.8	1.84	315
YBP225M－6	IC416	30	57.61	980	292.35	92	0.86	2	7	2.1	2.8	2.43	410
	IC411	22	44.75	980	214.39	90	0.83	2	7	2.1	2.8	2.43	410

续表

型号	冷却方式	额定						堵转转矩/额定转矩	堵转电流/额定电流	最大转矩/额定转矩	振动等级/(mm/s)	转动惯量/kg·m^2	质量/kg
		功率/kW	电流/(380V)A	转速/(r/min)	转矩/N·m	效率/%	功率因数 $\cos\phi$						
YBP250M-6	IC416	37	71.05	980	360.56	92	0.86	2	7	2.1	3.5	2.68	525
	IC411	30	57.61	980	292.35	92	0.86	2	7	2.1	3.5	2.68	525
YBP280S-6	IC416	45	85.94	980	438.52	92.5	0.86	2	7	2.1	3.5	3.46	635
	IC411	37	71.05	980	360.56	92	0.86	2	7	2.1	3.5	3.46	635
YBP280M-6	IC416	55	104.7	980	535.97	92.8	0.86	2	7	2.1	3.5	3.97	730
	IC411	45	85.94	985	436.29	92.5	0.86	2	7	2.1	3.5	3.97	730
YBP315S-6	IC416	75	141.71	985	727.16	93.5	0.86	2	7	2	3.5	4.57	1080
	IC411	55	104.7	985	533.25	92.8	0.86	2	7	2.1	3.5	4.57	1080
YBP315M-6	IC416	90	169.51	985	872.59	93.8	0.86	2	7	2	3.5	4.83	1140
	IC411	75	141.71	985	727.16	93.5	0.86	2	7	2	3.5	4.83	1140
YBP315L1-6	IC416	110	206.73	985	1066.5	94	0.86	1.9	7	2	3.5	5.32	1310
	IC411	90	169.51	985	872.59	93.8	0.86	2	7	2	3.5	5.32	1310
YBP315L2-6	IC416	132	244.71	985	1279.8	94.2	0.87	1.9	7	2	3.5	5.95	1400
	IC411	110	206.73	985	1066.5	94	0.86	1.9	7	2	3.5	5.95	1400
YBP355S-6	IC416	160	292.31	985	1551.27	94.5	0.88	1.9	7	2	3.5	7.32	1650
	IC411	132	244.71	985	1279.8	94.2	0.87	1.9	7	2	3.5	7.32	1650
YBP355M1-6	IC416	185	337.99	985	1793.65	94.5	0.88	1.9	7	2	3.5	7.89	1760
	IC411	160	292.31	985	1551.27	94.5	0.88	1.9	7	2	3.5	7.89	1760
YBP355M2-6	IC416	200	365.39	985	1939.09	94.5	0.88	1.9	7	2	3.5	8.17	1970
	IC411	185	337.99	985	1793.65	94.5	0.88	1.9	7	2	3.5	8.17	1970

续表

型号	冷却方式	额定						堵转转矩/额定转矩	堵转电流/额定电流	最大转矩/额定转矩	振动等级/(mm/s)	转动惯量/kg·m²	质量/kg
		功率/kW	电流/(380V)A	转速/(r/min)	转矩/N·m	效率/%	功率因数 cosφ						
YBP355L1-6	IC416	220	401.93	985	2132.99	94.5	0.88	1.9	7	2	3.5	8.25	2140
	IC411	200	365.39	985	1939.09	94.5	0.88	1.9	7	2	3.5	8.25	2140
YBP355L2-6	IC416	250	456.74	985	2423.86	94.5	0.88	1.9	7	2	3.5	8.36	2250
	IC411	220	401.93	985	2132.99	94.5	0.88	1.9	7	2	3.5	8.36	2250
YBP90S-8	IC411	0.25	1.13	710	3.36	55	0.61	1.8	3.3	1.9	1.8	0.0075	43
YBP90L-8	IC411	0.37	1.44	710	4.98	63	0.62	1.8	4	1.9	1.8	0.0097	54
YBP100L1-8	IC411	0.55	2.07	710	7.4	64	0.63	1.8	4	2	1.8	0.0174	80
YBP100L2-8	IC411	0.75	2.36	710	10.09	71	0.68	1.8	4	2	1.8	0.0174	90
YBP112M-8	IC411	1.1	3.32	710	14.8	73	0.69	1.8	4	2	1.8	0.0303	105
YBP132S-8	IC411	1.5	4.4	710	20.18	75	0.69	1.8	4	2	1.8	0.0631	120
YBP132M-8	IC411	2.2	5.8	710	29.59	79	0.73	1.8	5.5	2	1.8	0.0733	125
YBP160M1-8	IC416	4	10.28	720	53.06	81	0.73	1.8	6	2	2.8	0.32	138
	IC411	3	7.71	720	39.79	81	0.73	1.8	5.5	2	2.8	0.32	138
YBP160M2-8	IC416	5.5	13.42	720	72.95	83	0.75	1.8	6	2	2.8	0.46	144
	IC411	4	10.28	720	53.06	81	0.73	1.8	6	2	2.8	0.46	144
YBP160L-8	IC416	7.5	17.64	720	99.48	85	0.76	1.8	6	2	2.8	0.61	175
	IC411	5.5	13.42	720	72.95	83	0.75	1.8	6	2	2.8	0.61	175
YBP180L-8	IC416	11	25.28	730	143.9	87	0.76	1.8	6	2	2.8	1.06	225
	IC411	7.5	17.64	720	99.48	85	0.76	1.8	6	2	2.8	1.06	225
YBP200L-8	IC416	15	33.69	730	196.23	89	0.76	1.8	6.5	2	2.8	1.6	315
	IC411	11	25.28	730	143.9	87	0.76	1.8	6	2	2.8	1.6	315

续表

型号	冷却方式	额定						堵转转矩/额定转矩	堵转电流/额定电流	最大转矩/额定转矩	振动等级/(mm/s)	转动惯量/kg·m²	质量/kg
		功率/kW	电流/(380V)A	转速/(r/min)	转矩/N·m	效率/%	功率因数 cosφ						
YBP225S－8	IC416	18.5	40.04	730	242.02	90	0.78	1.8	6.5	2	2.8	2.28	375
	IC411	15	33.69	730	196.23	89	0.76	1.8	6.5	2	2.8	2.28	375
YBP225M－8	IC416	22	47.35	730	287.81	90.5	0.78	1.8	6.5	2	2.8	2.74	395
	IC411	18.5	40.04	730	242.02	90	0.78	1.8	6.5	2	2.8	2.74	395
YBP250M－8	IC416	30	63.4	730	392.47	91	0.79	1.8	6.5	2	3.5	3.67	530
	IC411	22	47.35	730	287.81	90.5	0.78	1.8	6.5	2	3.5	3.67	530
YBP280S－8	IC416	37	77.77	740	477.5	91.5	0.79	1.8	6	2	3.5	5.16	605
	IC411	30	63.4	730	392.47	91	0.79	1.8	6.5	2	3.5	5.16	605
YBP280M－8	IC416	45	94.07	740	580.74	92	0.79	1.8	6.6	2	3.5	5.82	700
	IC411	37	77.77	740	477.5	91.5	0.79	1.8	6	2	3.5	5.82	700
YBP315S－8	IC416	55	111.17	740	709.8	92.8	0.81	1.8	6.6	2	3.5	6.74	920
	IC411	37	77.77	740	477.5	91.5	0.79	1.8	6.6	2	3.5	6.74	920
YBP315M－8	IC416	75	150.46	740	967.91	93.5	0.81	1.8	6.2	2	3.5	7.35	1100
	IC411	55	111.17	740	709.8	92.8	0.81	1.8	6.6	2	3.5	7.35	1100
YBP315L1－8	IC416	90	179.97	740	1161.49	93.8	0.81	1.8	6.5	2	3.5	8.79	1120
	IC411	75	150.46	740	967.91	93.5	0.81	1.8	6.2	2	3.5	8.79	1120
YBP315L2－8	IC416	110	219.49	740	1419.59	94	0.81	1.8	6.5	2	3.5	9.18	1300
	IC411	90	179.97	740	1161.49	93.8	0.81	1.8	6.5	2	3.5	9.18	1300
YBP355S－8	IC416	132	262.83	740	1703.51	94.2	0.81	1.8	6.5	2	3.5	10.19	1640
	IC411	110	219.49	740	1419.59	94	0.81	1.8	6.5	2	3.5	10.19	1640
YBP355M－8	IC416	160	318.59	740	2064.86	94.2	0.81	1.8	6.5	2	3.5	11.24	1820
	IC411	132	262.83	740	1703.51	94.2	0.81	1.8	6.5	2	3.5	11.24	1820

续表

型号	冷却方式	额定 功率/kW	电流/(380V)A	转速/(r/min)	转矩/N·m	效率/%	功率因数 cosφ	堵转转矩/额定转矩	堵转电流/额定电流	最大转矩/额定转矩	振动等级/(mm/s)	转动惯量/kg·m^2	质量/kg
YBP355L1－8	IC416	185	368.37	740	2387.5	94.2	0.81	1.8	6.5	2	3.5	12.48	2100
	IC411	160	318.59	740	2064.86	94.2	0.81	1.8	6.5	2	3.5	12.48	2100
YBP355L2－8	IC416	200	396.97	740	2581.08	94.5	0.81	1.8	6.5	2	3.5	13.56	2200
	IC411	185	368.37	740	2387.5	94.2	0.81	1.8	6.5	2	3.5	13.56	2200
YBP315S－10	IC416	45	99.63	585	734.62	91.5	0.75	1.5	6	1.9	3.5	7.32	1110
	IC411	37	81.91	586	602.99	91.5	0.75	1.5	6	1.9	3.5	7.32	1110
YBP315M－10	IC416	55	121.1	585	897.86	92	0.75	1.5	6	1.9	3.5	7.68	1150
	IC411	45	99.63	585	734.62	91.5	0.75	1.5	6	1.9	3.5	7.68	1150
YBP315L1－10	IC416	75	162.09	585	1224.36	92.5	0.76	1.5	6	1.9	3.5	8.85	1300
	IC411	55	121.1	585	897.86	92	0.75	1.5	6	1.9	3.5	8.85	1300
YBP315L2－10	IC416	90	190.95	585	1469.23	93	0.77	1.5	6	1.9	3.5	9.68	1640
	IC411	75	162.09	585	1224.36	92.5	0.76	1.5	6	1.9	3.5	9.68	1640
YBP355S－10	IC416	90	190.95	585	1469.23	93	0.77	1.5	6	1.9	3.5	10.36	1820
	IC411	75	162.09	585	1224.36	92.5	0.76	1.5	6	1.9	3.5	10.36	1820
YBP355M1－10	IC416	110	229.89	585	1795.73	93.2	0.78	1.3	5.5	1.9	3.5	11.31	2100
	IC411	90	190.95	585	1469.23	93	0.77	1.5	6	1.9	3.5	11.31	2100
YBP355M2－10	IC416	132	274.99	585	2154.87	93.5	0.78	1.3	5.5	1.9	3.5	12.23	2200
	IC411	110	229.89	585	1795.73	93.2	0.78	1.3	5.5	1.9	3.5	12.23	2200
YBP355L1－10	IC416	160	333.32	585	2611.97	93.5	0.78	1.3	5.5	1.9	3.5	13.56	2260
	IC411	132	274.99	585	2154.87	93.5	0.78	1.3	5.5	1.9	3.5	13.56	2260
YBP355L2－10	IC416	185	385.4	585	3020.09	93.5	0.78	1.3	5.5	1.9	3.5	14.56	2300
	IC411	160	333.32	585	2611.97	93.5	0.78	1.3	5.5	1.9	3.5	14..56	2300

表 8-4-14 YA 系列增安型三相异步电动机(H80-450)

型号	功率/kW	温度组别	满载时 转速/(r/min)	满载时 电流/A	满载时 效率/%	满载时 功率因数 cosϕ	t_E时间/s	I_A/I_N	堵转转矩/额定转矩	堵转电流/额定电流	最大转矩/额定转矩	转动惯量/kg·m²	质量/kg
YA801-2	0.75	T3	2840	1.8	75	0.84	14.5	5.1		6.5		0.0042	16
YA802-2	1.1	T3	2840	2.5	77	0.86	10.9	5				0.005	17
YA90S-2	1.5	T3	2840	3.4	78	0.84	7.9	5.7	2.2			0.0075	22
YA90L-2	2.2	T3	2840	4.7	80.5	0.86	6.1	5.9				0.0097	25
YA100L-2	3	T3	2880	6.4	82	0.87	—	6.8				0.0174	34
YA112M-2	4	T3	2890	8.2	85.5	0.87	6.7	7.2			2.3	0.0303	45
YA132S1-2	5.5	T3	2900	10.7	85.5	0.88	9.81	6.8	2			0.0631	66
YA132S2-2	7.5	T3	2900	14.3	86.2	0.88	7.9	6.8				0.0733	71
YA160M2-2	11	T3	2930	21	88	0.9	18.8	6.5	1.8			0.205	121
YA160L-2	15	T3	2930	28.6	89	0.9	15.4	6.4				0.248	131
YA160M1-2	11	T2	2930	21	87.2	0.88	9	6.3		7		0.205	121
YA160M2-2	15	T2	2930	29	88.2	0.88	7.4	6.3				0.248	131
YA160L-2	18.5	T2	2930	35.5	89	0.89	13.5	6.6	2			0.307	145
YA180M-2	22	T2	2940	42.2	89	0.89	14.1	6.2				0.366	178
YA180M-2	18.5	T3	2940	34.9	88.5	0.91	9.6	6.1	1.5			0.362	178
YA200L1-2	30	T2	2950	56.9	90	0.89	15.5	6	2		2.2	0.629	240
YA200L2-2	37	T2	2950	69.8	90.5	0.89	11.4	6.8				0.721	256
YA200L1-2	22	T3	2950	41.5	88.5	0.91	12.8	6	1.5			0.588	240
YA200L2-2	30	T3	2950	56	89.5	0.91	9.9	6				0.721	256
YA225M-2	45	T2	2960	84	91	0.89	18.8	5.5	2			1.278	322
YA225M-2	37	T3	2960	68.3	90.5	0.91	13.4	5.4	1.5			1.2	322
YA250M-2	55	T2	2970	102.6	91.5	0.89	16.1	5.8	2			1.55	400
YA250M-2	45	T3	2970	83	90.5	0.91	9.9	6.5	1.5	7	2.2	1.45	320
YA280S-2	75	T2	2970	140	91	0.91	13.8	6	1.9			2.02	535
YA280M-2	90	T2	2970	163	92.5	0.91	11.5	6.2	1.9			2.02	590

续表

型号	功率/kW	温度组别	满载时 转速/(r/min)	满载时 电流/A	满载时 效率/%	满载时 功率因数 cosϕ	t_E时间/s	I_A/I_N	堵转转矩/额定转矩	堵转电流/额定电流	最大转矩/额定转矩	转动惯量/kg·m²	质量/kg
YA280S－2	55	T3	2970	99	91	0.91	9.6	4.9	1.5	7	2.2	2.02	535
YA280M－2	75	T3	2970	137	91	0.91	6.6	4.5	1.5			2.02	620
YA315S1－2	90	T2	2970	168	92.5	0.88	42.3	6.7	1.1			2.76	1000
YA315S2－2	90	T3	2970	168	92.5	0.88	17	6.7	1.2			2.76	1000
YA315M－2	110	T3	2980	205.3	92.5	0.88	17.9	9.3	1.1			2.76	1400
YA315M－2	132	T2	2980	242.3	93	0.89	35.2	6.4	1.1			2.76	1400
YA315L－2	132	T3	2980	242.3	93	0.89	16.5	6.6	1.1			2.76	1650
YA315L－2	160	T2	2980	292	93.5	0.89	43.1	6.6	1.1			2.76	1650
YA355M1－2	160	T3	2980	292.2	93.5	0.89	9.9	6	1.1			6	1540
YA355M1－2	185	T2	2980	339.6	93	0.89	21.8	6.6	1.1			6	1540
YA355M2－2	185	T3	2980	337.8	93	0.89	8.6	6.1	1.1			6	1610
YA355M2－2	200	T2	2980	365.3	93.5	0.89	21.2	5.7	1.1			6	1610
YA355L1－2	200	T3	2980	365.3	93.5	0.89	8.2	6.4	1.1			6.22	1850
YA355L1－2	220	T2	2980	395.1	94	0.9	20.2	5.9	1.1			6.22	1850
YA355L2－2	220	T3	2980	395.1	94	0.9	9.7	5.3	1.1			6.22	1970
YA355L2－2	250	T2	2980	426	94	0.9	17.2	6.4	1.1			6.22	1970
YA400M－2	250	T3	2985	419	95.8	0.9	6	5.5	1.2			6.1	2200
YA400L－2	280	T3	2985	468.9	95.8	0.9	6	5.5	1.2			6.5	2400
YA400L－2	315	T2	2985	523.3	95.8	0.9	6	5.5	1.2			7	2600
YA450M－2	315	T3	2990	528.4	95.8	0.9	6	5.5	1.2			7.5	2900
YA450L－2	355	T3	2990	594.8	95.8	0.9	6	5.5	1.2			8	2900
YA450L－2	400	T3	2990	664	95.8	0.9	6	5.5	1.2			8.5	3600
YA801－4	0.55	T3	1400	1.6	73	0.74	18.1	4.1	2.2	6	2.2	0.006	18
YA802－4	0.75	T3	1400	2.1	74.5	0.74	14.5	4.3				0.0077	18
YA90S－4	1.1	T3	1400	2.8	77.5	0.76	10.6	4.8		6.5		0.012	22
YA90L－4	1.5	T3	1400	3.7	78.5	0.78	9.5	4.9				0.06	27

续表

型号	功率/kW	温度组别	满载时				t_E时间/s	I_A/I_N	堵转转矩/额定转矩	堵转电流/额定电流	最大转矩/额定转矩	转动惯量/kg·m²	质量/kg
			转速/(r/min)	电流/A	效率/%	功率因数 cosφ							
YA100L1－4	2.2	T3	1400	5.1	81	0.82	9.9	5.6	2.2	7	2.2	0.031	33
YA100L2－4	3	T3	1425	6.9	82.5	0.8	6.6	6.5				0.039	38
YA112M－4	4	T3	1425	8.9	84.5	0.81	6.7	6.8				0.069	49
YA132S－4	5.5	T3	1440	11.4	85.5	0.83	9	6.4				0.113	67
YA132M－4	7.5	T3	1440	15.2	87	0.84	8.2	6.6				0.167	80
YA160M2－4	11	T3	1440	22.6	88	0.84	8.2	6	1.9			0.42	126
YA160L－4	15	T3	1440	30	88.5	0.85	6.8	6.2				0.42	139
YA180M－4	18.5	T2	1440	35.9	90.5	0.87	18.4	6.8	2			0.68	80
YA180L－4	22	T2	1470	42.5	92	0.86	16.8	6.8	2	7	2.2	0.68	198
YA180L－4	18.5	T3	1470	35.7	90.5	0.87	9.9	6	1.9			0.68	198
YA200L－4	30	T2	1470	56.8	92.2	0.87	18	6.5	2			0.81	258
YA200L－4	22	T3	1470	42.5	92	0.87	10.9	6.3	1.9			0.81	258
YA225S－4	37	T2	1470	70.4	91.8	0.89	22	6.1				1.85	303
YA225M－4	45	T2	1480	74.2	92.3	0.88	20.3	5.9				1.85	338
YA225S－4	30	T3	1480	57.2	91.2	0.87	11.3	6.1				1.85	308
YA225M－4	37	T3	1480	69.8	92	0.88	10.8	5.7	1.8			1.85	338
YA250M－4	55	T2	1480	102.5	92.6	0.88	16.3	6.4	2			2.32	425
YA250M－4	45	T3	1480	84.4	92	0.88	14	5.8	1.7			2.32	425
YA280S－4	75	T2	1480	138	92.7	0.88	20.4	6	1.9			2.86	565
YA280M－4	90	T2	1480	163	93.5	0.89	17.7	6.7				2.86	667
YA280S－4	55	T3	1480	100	93	0.89	12.1	5.8	1.7			2.86	565
YA280M－4	75	T3	1480	135	93	0.9	9.2	6.4				2.86	667
YA315S2－4	90	T3	1485	167.1	93.5	0.88	10.9	6.9	1.3	6.8		4.66	1000
YA315S2－4	110	T2	1485	204.2	93	0.88	23.5	6.4				4.66	1000
YA315M－4	110	T3	1485	204.2	93	0.89	10.8	6.7				4.68	1100
YA315M－4	132	T2	1485	242.3	93	0.89	22.8	6.6				4.96	1100

续表

型号	功率/kW	温度组别	满载时				t_E时间/s	I_A/I_N	堵转转矩/额定转矩	堵转电流/额定电流	最大转矩/额定转矩	转动惯量/kg·m^2	质量/kg
			转速/(r/min)	电流/A	效率/%	功率因数 cosφ							
YA315L-4	132	T3	1485	242.3	93	0.89	10.9	6.9				5.22	1280
YA315L-4	160	T2	1485	292.1	93.5	0.89	21.9	6.7				5.22	1280
YA355M1-4	160	T3	1485	292.1	93.5	0.89	10.7	5.9		6.8		6.45	1650
YA355M1-4	185	T2	1485	337.7	93.5	0.89	26.4	5.11				6.45	1700
YA355M2-4	185	T3	1485	337.7	93.5	0.89	9.7	6.1	1.3			6.45	1800
YA355M2-4	200	T2	1485	365.2	93.5	0.89	23.8	5.7				6.56	1700
YA355L1-4	200	T3	1485	365.2	93.5	0.89	9.4	6.2				6.56	1800
YA355L1-4	220	T2	1485	395.1	94	0.9	23	5.7				6.88	1830
YA355L2-4	220	T3	1485	395.1	94	0.9	11.5	5.1	1.2			6.88	1780
YA355L2-4	250	T2	1485	448.9	94	0.9	22.3	5.8	1.2			7.22	1940
YA400M-4	250	T3	1490	432.2	95.8	0.89	5	7	1.2		2.2	14.4	2200
YA400M-4	280	T2	1490	482.6	95.8	0.89	5	7	1.2			14.8	2200
YA400L-4	280	T3	1490	480.8	95.8	0.89	5	7	1.2	7		15.5	2500
YA400L-4	315	T2	1490	540.3	95.8	0.89	5	7	1.2			15.5	2500
YA400L-4	315	T3	1490	538.6	95.8	0.89	5	7	1.2			16	2700
YA450M-4	315	T2	1490	538.6	95.8	0.89	5	7	1.2			16.5	2800
YA450L-4	315	T3	1490	537.3	95.8	0.89	5	7	1.2			20	3100
YA450L-4	355	T2	1490	604.2	95.8	0.89	5	7	1.2			20.5	3100
YA450M-4	355	T3	1490	602.1	95.8	0.89	5	7	1.2			20.5	3500
YA450L-4	400	T2	1490	677.9	95.8	0.89	5	7	1.2			21	3500
YA450L-4	400	T3	1490	677.2	95.8	0.89	5	7	1.2			22	3800
YA90S-6	0.75	T2	910	2.3	72	0.68	22.3	3.7	2	5.5	2	0.017	23
YA90L-6	1.1	T3	910	3.2	73	0.7	18.8	3.6				0.02	25
YA100L-6	1.5	T3	938	4.2	77	0.73	13.1	4.3		6		0.039	33
YA112M-6	2.2	T3	940	5.7	80	0.73	10.9	4.9	2	6	2	0.068	45
YA132S-6	3	T3	960	7.2	83	0.75	15.1	5.7		6.5		0.161	63

续表

型号	功率/kW	温度组别	满载时 转速/(r/min)	满载时 电流/A	满载时 效率/%	满载时 功率因数 cosϕ	t_E时间/s	I_A/I_N	堵转转矩/额定转矩	堵转电流/额定电流	最大转矩/额定转矩	转动惯量/kg·m²	质量/kg
YA132M1－6	4	T3	960	9.3	84	0.78	13	5.8	2	6.5	2	0.203	73
YA132M2－6	5.5	T3	960	12.3	85.3	0.78	12.2	5.6				0.258	80
YA160M2－6	7.5	T3	970	17	86	0.77	9.5	5.5				0.462	121
YA160L－6	11	T3	970	25	87	0.77	7.7	5.6				0.615	139
YA180L－6	15	T3	970	31.4	88.5	0.81	7.8	6.2	4.8		1.8	1.01	185
YA200L1－6	18.5	T3	970	37.7	89.8	0.83	8.6	6.2	1.8		18	1.62	235
YA200L2－6	22	T3	970	44.6	90.2	0.83	8.1	6.1				1.84	250
YA225M－6	30	T3	970	60.2	90.2	0.84	9.5	6.5	1.7		1.7	2.43	303
YA250M－6	37	T3	985	72	90.8	0.86	11.1	6	1.8		1.8	2.68	403
YA280S－6	45	T3	980	84	92	0.87	11.8	5.9				3.46	540
YA280M－6	55	T3	980	102	92	0.87	10.7	5.8				3.79	595
YA315S2－6	75	T3	990	143.2	92.5	0.86	15.6	6.6	1.5	6.8	2	4.57	1010
YA315M－6	90	T3	990	169.9	92.5	0.87	16.7	6.1				4.83	1100
YA315L－6	110	T3	990	207.7	92.5	0.87	13.6	6.7				5.32	1200
YA355M1－6	132	T3	990	246.5	93.5	0.87	14.7	6.5		7		5.95	1690
YA355M2－6	160	T3	990	298.8	93.5	0.87	14.7	6.4				7.32	1800
YA355L2－6	185	T3	990	345.5	93.5	0.87	14.4	6.4				7.89	1900
YA355L2－6	200	T3	990	373.6	93.5	0.87	14.4	6.5				8.17	2020
YA400M－6	220	T3	990	388.3	95	0.87	5	7	1.3			25.6	2500
YA400L－6	250	T3	990	440.3	95	0.87	5	7	1.3			26.5	2700
YA450M－6	280	T3	995	501.8	95	0.88	5	7	1.3			27	3200
YA450L－6	315	T3	995	562.8	95	0.88	5	7	1.3			27.5	3400
YA450L－6	355	T3	995	628.5	95	0.88	5	7	1.3			28.5	3700
YA132S－8	2.2	T2	710	5.8	80.5	0.71	19.4	4.4	2	5.5	2	0.12	63
YA132M－8	3	T3	710	7.8	81.5	0.72	15.9	4.5				0.2	79
YA160M1－8	4	T3	720	10	84	0.71	13	5.1		6		0.32	120

续表

型　号	功率/kW	温度组别	满载时				t_E时间/s	I_A/I_N	堵转转矩/额定转矩	堵转电流/额定电流	最大转矩/额定转矩	转动惯量/kg·m^2	质量/kg
			转速/(r/min)	电流/A	效率/%	功率因数 cosϕ							
YA160M2－8	5.5	T3	720	13.3	85	0.74	12.6	4.9	2	6	2	0.46	131
YA160L－8	7.5	T3	720	17.7	86	0.74	12	4.9		5.5		0.61	140
YA180L－8	11	T3	730	25.4	86.5	0.77	14.5	5.7	1.7	6		1.06	185
YA200L－8	15	T3	730	34.1	88	0.76	12	5.1	1.8			1.6	235
YA225S－8	18.5	T3	735	41.3	89.5	0.76	13.4	4.9	1.7			2.28	285
YA225M－8	22	T3	735	47.6	90	0.78	13	4.8	1.8			2.74	303
YA250M－8	30	T3	740	63	90.5	0.8	13.4	5.5				3.67	402
YA280S－8	37	T3	740	76	91	0.79	12.8	5.5				5.16	520
YA280M－8	45	T2	740	91	91.7	0.8	12.2	5.4	1.8	6	2	5.82	592
YA315S1－8	55	T3	740	113.5	92	0.8	5	7	1.6	6.5		6.74	870
YA315M－8	75	T3	740	154.8	92	0.8	5	7	1.6			7.35	890
YA315L－8	90	T3	740	185.5	92	0.8	5	7				8.79	930
YA355M1－8	110	T3	740	225.8	92.5	0.8	18.1	5.7				9.18	1150
YA355M2－8	132	T3	740	266.3	93	0.81	16.6	6				10.1	1400
YA355L1－8	160	T3	740	321	93.5	0.81	15.8	5.9	1.3			11.2	1700
YA355L2－8	185	T3	740	371.1	93.5	0.81	15.4	5.6	1.3			12.4	1895
YA400L1－8	200	T3	740	372.1	94.8	0.81	5	7	1.2			25.6	2580
YA400L2－8	220	T3	740	408.2	94.8	0.81	5	7	1.2			26.8	2780
YA450M－8	250	T3	745	472.4	95	0.82	5	7	1.2			27	3600
YA450L－8	280	T3	745	525	95	0.82	5	7	1.2			27.5	3700
YA450L－8	315	T3	745	591.8	95	0.82	5	7	1.2			28	3900

续表

型　号	功率/kW	温度组别	满载时 转速/(r/min)	满载时 电流/A	满载时 效率/%	满载时 功率因数 cosϕ	t_E时间/s	I_A/I_N	堵转转矩/额定转矩	堵转电流/额定电流	最大转矩/额定转矩	转动惯量/kg·m²	质量/kg
YA315S－10	45	T2	592	93.8	91.5	0.74	10	5.5	1.3	6.5	2	6.5	920
YA315M－10	55	T3	592	113.7	92	0.74	10	5.5				6.5	1100
YA315L－10	75	T3	592	154.5	92.5	0.75	10	5.5				7.8	1100
YA355M－10	90	T3	593	184.6	93	0.77	10	5.5				10.1	930
YA355M－10	110	T3	593	220.8	93	0.78	10	5.5				11.85	1140
YA355L－10	132	T3	593	265.3	93.5	0.78	10	5.5				13.5	1200
YA400S－10	160	T3	593	305	94	0.78	14.1	5.9				23.35	2500
YA400M－10	185	T3	593	383	94	0.79	10	5.5				25.8	2760
YA400L－10	200	T3	593	414	94.5	0.8	10	5.5				35.8	2760
YA450S－10	220	T3	593	420	94.5	0.8	10	5.5				40.5	3200
YA450M－10	250	T3	593	465	94.5	0.81	14.4	5.43				45.45	3460
YA450L－10	280	T3	593	524.7	94.5	0.81	5	7				46	3550
YA315S－12	45	T2	494	93.7	92	0.72	10	5.5	1.2	6.5	2	6.5	920
YA315M－12	55	T3	494	114	92	0.72	10	5.5				6.5	1100
YA355M－12	75	T3	492	154	93	0.73	10	5.5				7.6	1140
YA355M－12	90	T3	492	184.5	93	0.73	10	5.5				7.8	1450
YA355L－12	110	T3	492	225.6	93.5	0.75	10	5.5				9.3	1500
YA400S－12	132	T3	490	254	93.5	0.75	22	5.06				20.1	1830
YA400M－12	160	T3	490	319	93.5	0.75	13.8	4.34				21.5	1930
YA400L－12	185	T3	490	360	94	0.78	10	5				22.5	2100

续表

型号	功率/kW	温度组别	满载时 转速/(r/min)	满载时 电流/A	满载时 效率/%	满载时 功率因数 cosϕ	t_E时间/s	I_A/I_N	堵转转矩/额定转矩	堵转电流/额定电流	最大转矩/额定转矩	转动惯量/kg·m²	质量/kg
YA450S－12	220	T3	489	417	94	0.78	15.4	5.67	1.2	6.5	2	46.5	3200
YA450M－12	250	T3	489	476.6	94	0.81	16.8	5.13				47.8	3500
YA315M－14	45	T2	423	98.3	92	0.7	10	5.5	1.2	6.5	2	6.5	1000
YA355M－14	55	T3	422	120.4	92	0.7	10	5.5				10.5	1300
YA355M－14	75	T2	422	160.6	92	0.72	10	5.5	1.2	6.5	2	11.52	1350
YA355L－14	90	T3	422	192.3	92.5	0.72	10	5.5				13.83	1500
YA400S－14	110	T3	422	236	92.5	0.72	10	5.5				23.9	1830
YA400M－14	132	T3	422	280	93	0.72	19.7	3.81				24.5	2060
YA400L－14	160	T3	422	341	93.5	0.74	10	5.5				25.5	2160
YA450M－14	185	T3	417	404.7	93.5	0.74	15.9	5.18				39.3	2700
YA450L－14	200	T3	417	437.5	94	0.78	10	5.5				45.5	3100
YA315M－16	45	T2	369	107.7	91	0.66	10	5.5				6.5	1000
YA355M－16	55	T3	368	145.7	91.5	0.66	10	5.5				11	1450
YA355M－16	75	T3	368	173.6	91.5	0.67	10	5.5				11.5	1500
YA355L－16	90	T3	368	208.3	92	0.67	10	5.5				13.8	1600
YA400S－16	110	T3	368	369	92	0.68	14	4.99				22.5	2000
YA400M－16	132	T3	368	306	92.5	0.68	11	4.75				25.7	2200
YA450S－16	160	T3	371	370	92.5	0.7	24	438				39.9	2700
YA450M－16	185	T3	371	415.4	93	0.7	15	4.38				46.2	3000
YA450L－16	200	T3	371	447.5	93	0.7	5	4.66				48.5	3200

表 8-4-15 YAKK 系列增安型高压三相异步电动机 6kV(H355-630)

型号	功率/kW	电流/A	效率/%	功率因数 cosφ	堵转转矩/额定转矩	堵转电流/额定电流	最大转矩/额定转矩	噪声(Lw)/dB(A)	飞轮力矩 GD^2/kg·m²	质量/kg
同步转速 3000r/min										
YAKK3552-2	185	22.7	92.3						14	2400
YAKK3553-2	200	24.5	92.4					109	15	2500
YAKK3554-2	220	26.9	92.5	0.85					16	2600
YAKK3555-2	250	30.6	92.6						17	2700
YAKK3556-2	280	34.2	92.8						18	2800
YAKK4004-2	315	38.3	93.1						20	3600
YAKK4005-2	355	42.5	93.4					111	22	3800
YAKK4006-2	400	47.8	93.7						24	4000
YAKK4502-2	450	53.6	94.0	0.86					52	4400
YAKK4503-2	500	59.4	94.2						56	4600
YAKK4504-2	560	66.4	94.4		0.60	7.0	1.8		60	4800
YAKK4505-2	630	73.7	94.6						64	5000
YAKK5001-2	710	83.0	94.7					112	80	6000
YAKK5002-2	800	93.3	94.8	0.87					86	6200
YAKK5003-2	900	105	95.0						92	6400
YAKK5004-2	1000	116	95.1						98	6600
YAKK5601-2	1120	130	95.2						120	9500
YAKK5602-2	1250	143	95.3						140	9700
YAKK5603-2	1400	160	95.4					113	160	10000
YAKK6301-2	1600	183	95.5	0.88					200	11700
YAKK6302-2	1800	206	95.6						220	12200
YAKK6303-2	2000	229	95.7						240	12700
同步转速 1500r/min										
YAKK3554-4	185	22.6	92.8						16	2000
YAKK3555-4	200	24.4	92.9	0.85				106	18	2100
YAKK3556-4	220	26.8	93.0						20	2200
YAKK4003-4	250	30.4	93.1						30	2800
YAKK4004-4	280	33.6	93.2						32	3000
YAKK4005-4	315	37.8	93.3		0.80				34	3200
YAKK4006-4	355	42.5	93.5					108	36	3400
YAKK4502-4	400	47.8	93.7			6.5	1.8		72	4300
YAKK4503-4	450	53.6	93.9	0.86					76	4500
YAKK4504-4	500	59.5	94.0						80	4700
YAKK4505-4	560	66.5	94.2						84	4900
YAKK5001-4	630	74.7	94.4						160	5400
YAKK5002-4	710	84.0	94.6						170	5600
YAKK5003-4	800	93.3	94.8		0.70			111	180	5800
YAKK5004-4	900	105	94.9	0.87					190	6000
YAKK5601-4	1000	116	95.0		0.60				220	8500

续表

型　号	功率/kW	电流/A	效率/%	功率因数 cosφ	堵转转矩/额定转矩	堵转电流/额定电流	最大转矩/额定转矩	噪声(Lw)/dB(A)	飞轮力矩 GD^2/kg·m²	质量/kg
同步转速 1500r/min										
YAKK5602-4	1120	130	95.1	0.87					230	8800
YAKK5603-4	1250	144	95.2						240	9200
YAKK6301-4	1400	161	95.3	0.88	0.60	6.5	1.8	113	400	11600
YAKK6302-4	1600	183	95.4						420	12000
YAKK6303-4	1800	206	95.5						440	12300
同步转速 1000r/min										
YAKK4002-6	185	23.5	92.4						54	3200
YAKK4003-6	200	25.3	92.6					102	60	3300
YAKK4004-6	220	27.8	92.8	0.82					64	3400
YAKK4005-6	250	31.5	93.0						68	3500
YAKK4006-6	280	35.2	93.3		0.80				72	3600
YAKK4502-6	315	39.5	93.5						98	4200
YAKK4503-6	355	43.9	93.7					105	102	4300
YAKK4504-6	400	49.4	93.8	0.83					106	4400
YAKK4505-6	450	55.4	94.1			6.5	1.8		110	4500
YAKK5001-6	500	61.5	94.3						180	6100
YAKK5002-6	560	68.0	94.4						200	6300
YAKK5003-6	630	76.4	94.5	0.84					220	6500
YAKK5601-6	710	85.8	94.8					108	260	8700
YAKK5602-6	800	96.6	94.9		0.70				280	8900
YAKK5603-6	900	107	95.0						300	9200
YAKK6301-6	1000	119	95.1	0.85					440	11400
YAKK6302-6	1120	133	95.2					110	460	11900
YAKK6303-6	1250	147	95.3	0.86					480	12300
YAKK4501-8	200	26.6	92.7	0.78				99	124	4600
YAKK4502-8	220	29.2	92.9						128	4700
YAKK4503-8	250	32.7	93.0						132	4800
YAKK4504-8	280	36.6	93.2	0.79					136	4900
YAKK4505-8	315	41.0	93.4		0.80				140	5000
YAKK5001-8	355	46.2	93.5					102	180	5800
YAKK5002-8	400	51.3	93.7						200	6000
YAKK5003-8	450	57.7	93.8	0.80		6.0	1.8		220	6200
YAKK5004-8	500	63.8	94.2						240	6400
YAKK5601-8	560	71.4	94.4						320	8300
YAKK5602-8	630	78.2	94.5						360	8500
YAKK5603-8	710	88.0	94.6	0.82				105	400	8700
YAKK6301-8	800	99.1	94.7		0.70				520	11100
YAKK6302-8	900	109	94.8						560	11300
YAKK6303-8	1000	121	94.9	0.84					600	11600
YAKK6304-8	1120	135	95.0					107	640	12200

续表

型号	功率/kW	电流/A	效率/%	功率因数 cosφ	堵转转矩/额定转矩	堵转电流/额定电流	最大转矩/额定转矩	噪声(L_W)/dB(A)	飞轮力矩 GD^2/kg·m²	质量/kg
同步转速 1000r/min										
YAKK4503-10	200	27.9	91.9	0.75	0.80	6.0	1.8	99	118	4000
YAKK4504-10	220	30.6	92.1						134	4200
YAKK4505-10	250	34.8	92.3					102	140	4400
YAKK5001-10	280	38.8	92.5						160	4600
YAKK5002-10	315	43.0	92.8	0.76					180	4800
YAKK5003-10	355	48.3	93.0						200	5000
YAKK5004-10	400	54.3	93.3						220	5200
YAKK5005-10	450	61.0	93.4						240	5400
YAKK5601-10	500	65.9	93.6	0.78	0.70				380	8200
YAKK5602-10	560	73.7	93.7					105	410	8400
YAKK5603-10	630	82.9	93.8						440	8600
YAKK6301-10	710	93.2	94.0						560	10600
YAKK6302-10	800	102	94.2	0.80					600	10800
YAKK6303-10	900	115	94.3						640	11100
YAKK6304-10	1000	127	94.4						680	11500
YAKK5001-12	200	29.9	92.0	0.70	0.80	6.0	1.8	99	190	4300
YAKK5002-12	220	31.9	92.2	0.72					200	4400
YAKK5003-12	250	36.1	92.5					102	210	4600
YAKK5004-12	280	40.4	92.7						220	4800
YAKK5005-12	315	45.4	92.8						230	5000
YAKK5601-12	355	49.6	93.0	0.74	0.70				380	8300
YAKK5602-12	400	55.7	93.3						400	8500
YAKK5603-12	450	62.7	93.4						420	8700
YAKK6301-12	500	69.4	93.7					105	600	10700
YAKK6302-12	560	75.6	93.8	0.76					640	10900
YAKK6303-12	630	84.9	93.9						680	11300
YAKK6304-12	710	95.6	94.0						720	11700

表 8-4-16 YAKK 系列增安型高压三相异步电动机 6kV(H710-1000)

型号	功率/kW	额定电流/A	额定转速/(r/min)	效率/%	功率因数 cosφ	堵转转矩倍数	堵转电流倍数	最大转矩倍数	噪声(声压级)/dB(A)	飞轮转矩/t·m²	质量/t
同步转速 1500r/min											
YAKK710-4	2500	288.0	1485	96.0	0.87	6.5	0.6	1.8	115	0.80	14.35
	2800	322.6								0.90	15.85
	3150	362.5		96.1						1.00	16.25
	3550	408.6								1.10	16.85
YAKK800-4	4000	459.9		96.2						2.10	21.00
	4500	517.4								2.20	23.00
	5000	567.7		96.3	0.88					2.30	24.00

续表

型 号	功率/kW	额定电流/A	额定转速/(r/min)	效率/%	功率因数 cosϕ	堵转转矩倍数	堵转电流倍数	最大转矩倍数	噪声(声压级)/dB(A)	飞轮转矩/t·m^2	质量/t
同步转速 1500r/min											
YAKK900-4	5600	635.9	1485	96.3	0.88	6.5	0.6	1.8	115	3.00	31.50
	6300	714.6		96.4						3.20	32.00
	7100	805.4								3.40	32.50
同步转速 1000r/min											
YAKK710-6	1800	210.7	995	95.6	0.86	6.5	0.6	1.8	110	0.90	14.45
	2000	233.8		95.7						1.00	14.65
	2240	261.6		95.8					112	1.10	14.90
	2500	291.7		95.9						1.20	15.15
YAKK800-6	2800	326.7								1.80	20.00
	3150	367.1		96.0						1.90	21.00
	3550	413.8								2.00	23.00
	4000	465.7		96.1						2.10	24.00
YAKK900-6	4500	523.9								3.00	31.50
	5000	581.5		96.2						3.20	32.00
	5600	643.8			0.87					3.40	32.50
YAKK1000-6	6300	723.6		96.3						8.64	35.00
	7100	814.6		96.4						9.00	38.00
	8000	917.9								9.76	40.00
同步转速 750r/min											
YAKK710-8	1400	166.8	748	95.0	0.85	6.5	0.6	1.8	107	1.20	14.45
	1600	190.5		95.1						1.40	14.65
	1800	214.0		95.2						1.60	14.90
YAKK800-8	2000	237.6		95.3						2.20	18.80
	2240	265.8		95.4					109	2.50	19.20
	2500	296.4		95.5						3.10	19.80
	2800	331.6		95.6						3.40	20.80
YAKK900-8	3150	373.0								4.50	25.80
	3550	419.9		95.7						5.00	26.55
	4000	467.2		95.8	0.86					5.40	27.85
YAKK1000-8	4500	525.0		95.9						7.40	29.25
	5000	582.8		96.0						8.64	30.30
	5600	652.7								9.00	31.35
	6300	733.5		96.1						9.76	32.40
同步转速 600r/min											
YAKK710-10	1250	153.2	598	94.6	0.83	6.5	0.6	1.8	107	1.20	14.45
	1400	171.4		94.7						1.40	14.65
	1600	195.7		94.8						1.60	14.90

续表

型　　号	功率/kW	额定电流/A	额定转速/(r/min)	效率/%	功率因数 cosφ	堵转转矩倍数	堵转电流倍数	最大转矩倍数	噪声(声压级)/dB(A)	飞轮转矩/t·m²	质量/t
同步转速 600r/min											
YAKK800-10	1800	219.9	598	94.9	0.83	6.5	0.6	1.8	107	2.20	18.80
	2000	244.1		95.0						2.50	19.20
	2240	273.1		95.1					108	3.10	19.80
YAKK900-10	2500	304.4		95.2						4.00	25.15
	2800	340.6		95.3						4.50	25.80
	3150	378.2		95.4	0.84					5.00	26.55
	3550	425.8		95.5						5.40	27.85
YAKK1000-10	4000	479.3		95.6						7.40	27.25
	4500	539.2								8.64	28.30
	5000	598.5		95.7						9.00	29.35
	5600	670.3								9.76	30.40
同步转速 500r/min											
YAKK710-12	900	115.2	497	94.0	0.80	6.0	0.6	1.8	105	1.56	14.45
	1000	127.8		94.1						1.64	14.65
	1120	143.0		94.2					107	1.68	14.90
YAKK800-12	1250	159.4		94.3						2.30	16.90
	1400	178.2		94.5						2.42	17.10
	1600	203.7								2.56	17.30
	1800	228.9		94.6						2.68	17.65
YAKK900-12	2000	254.0		94.7						5.36	18.60
	2240	284.2		94.8					109	5.91	19.10
	2500	312.6		95.0	0.81					6.44	19.40
YAKK1000-12	2800	349.8		95.1						8.40	25.25
	3150	393.1		95.2						9.64	26.30
	3550	442.5		95.3						10.00	27.35
	4000	498.6								10.76	28.40
同步转速 429r/min											
YAKK710-14	710	97.3	425	93.6	0.75	6.0	0.6	1.8	105	1.48	14.20
	800	109.4		93.8						1.56	14.45
	900	121.4		93.9	0.76					1.64	14.65
	1000	134.7		94.0						1.68	14.90
YAKK800-14	1120	150.7		94.1					107	2.30	16.90
	1250	168.0		94.2						2.42	17.10
	1400	188.0		94.3						2.56	17.30
	1600	214.6		94.4						2.68	17.65
YAKK900-14	1800	235.0		94.5	0.78					5.36	18.60
	2000	260.8		94.6						5.91	19.10
	2240	291.8		94.7					109	6.44	19.40

续表

型 号	功率/kW	额定电流/A	额定转速/(r/min)	效率/%	功率因数cosφ	堵转转矩倍数	堵转电流倍数	最大转矩倍数	噪声(声压级)/dB(A)	飞轮转矩/t·m²	质量/t
同步转速 429r/min											
YAKK1000-14	2500	325.3	425	94.8	0.78	6.0	0.6	1.8	109	8.40	25.25
	2800	364.0		94.9						9.64	26.30
	3150	409.1		95.0						10.00	27.35
	3550	461.0								10.76	28.40
同步转速 375r/min											
YAKK710-16	560	85.2	372	93.0	0.68	6.0	0.6	1.8	105	1.48	14.20
	630	89.3			0.73					1.56	14.45
	710	100.5		93.1						1.64	14.65
	800	113.1		93.2						1.68	14.90
YAKK800-16	900	127.2		93.3	0.74					2.30	16.90
	1000	139.2		93.4						2.42	17.10
	1120	155.8		93.5					107	2.56	17.30
	1250	173.7		93.6						2.68	17.65
YAKK900-16	1400	194.3		93.7						5.36	19.10
	1600	218.8		93.8						5.91	19.40
	1800	245.9		93.9						6.44	19.70
YAKK1000-16	2000	273.0		94.0	0.75					9.64	26.30
	2240	305.4		94.1					109	10.00	27.35
	2500	340.9								10.76	28.40
同步转速 333r/min											
YAKK710-18	450	68.5	331	92.9	0.68	6.0	0.6	1.8	102	1.48	14.20
	500	76.2								1.56	14.45
	560	85.3							105	1.64	14.65
	630	95.8		93.1	0.70					1.68	14.90
YAKK800-18	710	104.8								2.30	16.90
	800	118.0		93.2						2.42	17.10
	900	132.6		93.3						2.56	17.30
	1000	143.1		93.4	0.72					2.68	17.65
YAKK900-18	1120	160.1		93.5					107	5.36	18.60
	1250	178.5		93.6						5.91	19.10
	1400	199.7		93.7						6.44	19.40
YAKK1000-18	1600	225.1			0.73					8.40	25.25
	1800	253.2								9.64	26.30
	2000	281.1		93.8						10.00	27.35
	2240	314.8							109	10.76	28.40
同步转速 300r/min											
YAKK710-20	400	62.0	298	92.6	0.67	6.0	0.6	1.8	102	1.48	14.20
	450	69.7		92.7						1.56	14.45

续表

型号	功率/kW	额定电流/A	额定转速/(r/min)	效率/%	功率因数 cosφ	堵转转矩倍数	堵转电流倍数	最大转矩倍数	噪声(声压级)/dB(A)	飞轮转矩/t·m²	质量/t
同步转速 300r/min											
YAKK710-20	500	77.5	298	92.7	0.67	6.0	0.6	1.8	102	1.64	14.65
	560	86.8							105	1.68	14.90
YAKK800-20	630	97.5		92.8						2.30	16.90
	710	108.1		92.9	0.68					2.42	17.10
	800	121.7		93.0						2.56	17.30
	900	136.8		93.1						2.68	17.65
YAKK900-20	1000	151.8		93.2						5.36	18.25
	1120	165.0		93.3	0.70				107	5.91	19.30
	1250	183.8		93.5						6.44	20.35
YAKK1000-20	1400	205.8								8.40	25.25
	1600	235.0		93.6						9.64	26.30
	1800	264.1		93.7						10.00	27.35
	2000	293.1		93.8						10.76	28.40

表 8-4-17 YAKS 系列增安型高压三相异步电动机 6kV(H400-630)

型号	功率/kW	电流/A	效率/%	功率因数 cosφ	堵转转矩/额定转矩	堵转电流/额定电流	最大转矩/额定转矩	噪声(*Lw*)/dB(A)	飞轮力矩 GD^2/kg·m²	质量/kg
同步转速 3000r/min										
YAKS4001-2	355	42.5	93.4	0.86	0.60	7.0	1.8	102	20	3400
YAKS4002-2	400	47.8	93.7						22	3600
YAKS4003-2	450	53.6	94.0						24	3800
YAKS4004-2	500	59.4	94.2						26	4000
YAKS4501-2	560	66.4	94.4					104	52	4400
YAKS4502-2	630	73.7	94.6	0.87					56	4600
YAKS4503-2	710	82.9	94.7						60	4800
YAKS4504-2	800	93.3	94.8						64	5000
YAKS5001-2	900	105	95.0						80	5800
YAKS5002-2	1000	116	95.1						86	6000
YAKS5003-2	1120	130	95.2						92	6200
YAKS5004-2	1250	145	95.3						98	6400
YAKS5601-2	1400	160	95.4	0.88				105	120	8500
YAKS5602-2	1600	183	95.5						140	8700
YAKS5603-2	1800	206	95.6						160	9000
YAKS6301-2	2000	229	95.7						200	9900
YAKS6302-2	2240	256	95.8					107	220	10300
YAKS6303-2	2500	285	95.9						240	10800

续表

型　　号	功率/kW	电流/A	效率/%	功率因数 cosφ	堵转转矩/额定转矩	堵转电流/额定电流	最大转矩/额定转矩	噪声(L_w)/dB(A)	飞轮力矩 GD^2/kg·m^2	质量/kg
同步转速 1500r/min										
YAKS4001-4	280	33.6	93.2	0.86	0.80	6.5	1.8	102	28	2800
YAKS4002-4	315	37.8	93.3						32	3000
YAKS4003-4	355	42.5	93.5						36	3200
YAKS4004-4	400	47.8	93.7						40	3300
YAKS4005-4	450	53.6	93.9						44	3400
YAKS4501-4	500	59.5	94.0						80	4200
YAKS4502-4	560	66.5	94.2					104	84	4400
YAKS4503-4	630	74.7	94.4						88	4600
YAKS4504-4	710	84.0	94.6						92	4800
YAKS5001-4	800	93.3	94.8	0.87	0.70				160	5400
YAKS5002-4	900	105	94.9						170	5600
YAKS5003-4	1000	116	95.0						180	5800
YAKS5004-4	1120	130	95.1					105	190	6000
YAKS5601-4	1250	144	95.2	0.88	0.60				220	8000
YAKS5602-4	1400	161	95.3						240	8300
YAKS5603-4	1600	183	95.4						260	8700
YAKS6301-4	1800	206	95.5						360	10600
YAKS6302-4	2000	229	95.6						400	10900
YAKS6303-4	2240	256	95.7					106	440	11200
同步转速 1000r/min										
YAKS4002-6	220	27.8	92.8	0.82	0.80	6.5	1.8	100	52	3200
YAKS4003-6	250	31.5	93.0						56	3400
YAKS4004-6	280	35.2	93.3						60	3600
YAKS4005-6	315	39.5	93.5						64	3800
YAKS4501-6	355	43.9	93.7	0.83					96	4200
YAKS4502-6	400	49.4	93.8						104	4400
YAKS4503-6	450	55.4	94.1						108	4600
YAKS4504-6	500	61.5	94.3						116	4800
YAKS5001-6	560	68.0	94.4	0.84	0.70			103	180	6000
YAKS5002-6	630	76.4	94.5						200	6200
YAKS5003-6	710	85.8	94.8						220	6400
YAKS5004-6	800	96.6	94.9						240	6600
YAKS5601-6	900	107	95.0	0.85					260	9100
YAKS5602-6	1000	119	95.1						280	9300
YAKS5603-6	1120	133	95.2					105	300	9600
YAKS6301-6	1250	147	95.3	0.86					440	9800
YAKS6302-6	1400	164	95.4						480	10500
YAKS6303-6	1600	187	95.5						520	11000

续表

型　　号	功率/kW	电流/A	效率/%	功率因数 cosϕ	堵转转矩/额定转矩	堵转电流/额定电流	最大转矩/额定转矩	噪声(L_w)/dB(A)	飞轮力矩 GD^2/kg·m²	质量/kg
同步转速 750r/min										
YAKS4501-8	220	29.2	92.9	0.78	0.80	6.0	1.8	98	110	4400
YAKS4502-8	250	32.7	93.0	0.79					120	4600
YAKS4503-8	280	36.6	93.2						130	4800
YAKS4504-8	315	41.0	93.4						140	5000
YAKS4505-8	355	46.2	93.5						150	5200
YAKS5001-8	400	51.3	93.7	0.80					180	6000
YAKS5002-8	450	57.7	93.8						200	6200
YAKS5003-8	500	63.8	94.2						220	6400
YAKS5004-8	560	71.4	94.4					100	240	6600
YAKS5601-8	630	78.2	94.5	0.82	0.70				320	8700
YAKS5602-8	710	88.0	94.6						350	8900
YAKS5603-8	800	99.1	94.7						380	9100
YAKS6301-8	900	109	94.8	0.84					480	10000
YAKS6302-8	1000	121	94.9						520	10500
YAKS6303-8	1120	135	95.0					102	560	11000
YAKS6304-8	1250	151	95.1						600	11500
同步转速 600r/min										
YAKS4503-10	220	30.6	92.1	0.75	0.80	6.0	1.8	98	120	4000
YAKS4504-10	250	34.8	92.3						130	4200
YAKS4505-10	280	38.8	92.5						140	4400
YAKS5001-10	315	43.0	92.8	0.76					160	4600
YAKS5002-10	355	48.3	93.0						180	4800
YAKS5003-10	400	54.3	93.3						200	5000
YAKS5004-10	450	61.0	93.4						220	5200
YAKS5005-10	500	66.0	93.6	0.78					240	5400
YAKS5601-10	560	73.7	93.7		0.70			100	360	8600
YAKS5602-10	630	82.9	93.8						400	8800
YAKS5603-10	710	93.2	94.0						440	9000
YAKS6301-10	800	102	94.2	0.80					600	9800
YAKS6302-10	900	115	94.3						640	10300
YAKS6303-10	1000	127	94.4						680	10800
YAKS6304-10	1120	142	94.6					102	720	11300
同步转速 500r/min										
YAKS5001-12	220	31.9	92.2	0.72	0.80	6.0	1.8	98	150	4000
YAKS5002-12	250	36.1	92.5						160	4200
YAKS5003-12	280	43.4	92.7						180	4400
YAKS5004-12	315	45.4	92.8						200	4600
YAKS5005-12	355	49.6	93.0	0.74					220	4800
YAKS5006-12	400	55.7	93.3						240	5000

续表

型 号	功率/kW	电流/A	效率/%	功率因数 cosφ	堵转转矩/额定转矩	堵转电流/额定电流	最大转矩/额定转矩	噪声(Lw)/dB(A)	飞轮力矩 GD^2/kg·m²	质量/kg
同步转速 500r/min										
YAKS5601-12	450	62.7	93.4	0.74				98	360	8700
YAKS5602-12	500	69.4	93.7						400	8900
YAKS5603-12	560	75.6	93.8						440	9100
YAKS6301-12	630	84.9	93.9		0.70	6.0	1.8		640	10000
YAKS6302-12	710	95.6	94.0	0.76				100	700	10500
YAKS6303-12	800	108	94.2						760	11000
YAKS6304-12	900	121	94.3						800	11500

表 8-4-18 YAKS 系列增安型高压三相异步电动机 6kV(H710-1000)

型 号	功率/kW	额定电流/A	额定转速/(r/min)	效率/%	功率因数 cosφ	堵转转矩倍数	堵转电流倍数	最大转矩倍数	噪声(声压级)/dB(A)	飞轮转矩/t·m²	质量/t
同步转速 3000r/min											
YAKS710-2	2500	284.8		96.0						0.60	14.30
	2800	318.6		96.1						0.70	14.60
	3150	358.4			0.88					0.80	14.90
	3550	403.5	2985	96.2						0.90	15.30
YAKS800-2	4000	454.2		96.3		6.5	0.6	1.8	1.07	1.80	20.00
	4500	516.3		96.4						1.90	21.00
	5000	573.1		96.5	0.87					2.00	23.00
	5600	641.2		96.6						2.10	24.00
同步转速 1500r/min											
YAKS710-4	2800	318.6		96.1						0.80	14.35
	3150	358.4								0.90	15.85
	3550	403.5		96.2	0.88					1.00	16.25
	4000	454.2		96.3						1.10	16.85
YAKS800-4	4500	510.4		96.4						2.10	21.00
	5000	573.1	1485	96.5		6.5	0.6	1.8	106	2.20	23.00
	5600	641.8								2.30	24.00
YAKS900-4	6300	721.3		96.6	0.87					3.00	31.50
	7100	812.1		96.7						3.20	32.00
	8000	914.1		96.8						3.40	32.50
YAKS1000-4	9000	1015.6		96.9	0.88					6.00	40.00
	10000	1114.6		96.10	0.89					6.30	42.00
同步转速 1000r/min											
YAKS710-6	2000	233.3		95.9					105	0.90	14.45
	2240	261.1	995	96.0	0.86	6.5	0.6	1.8		1.00	14.65
	2500	291.4							106	1.10	14.90
	2800	326.0		96.1						1.20	15.15

续表

型号	功率/kW	额定电流/A	额定转速/(r/min)	效率/%	功率因数 cosϕ	堵转转矩倍数	堵转电流倍数	最大转矩倍数	噪声(声压级)/dB(A)	飞轮转矩/t·m²	质量/t
同步转速 1000r/min											
YAKS800-6	3150	366.8	995	96.1	0.86	6.5	0.6	1.8	106	1.80	20.00
	3550	412.9		96.2						1.90	21.00
	4000	464.8		96.3						2.00	23.00
	4500	522.8								2.10	24.00
YAKS900-6	5000	580.3		96.4						3.00	31.50
	5600	642.5			0.87					3.20	32.00
	6300	722.1		96.5						3.40	32.50
YAKS1000-6	7100	812.9		96.6						8.64	35.00
	8000	914.1		96.8						9.00	38.00
	9000	1027.3		96.9						9.76	40.00
同步转速 750r/min											
YAKS710-8	1600	190.1	748	95.3	0.85	6.5	0.6	1.8	102	1.20	14.45
	1800	213.6		95.4						1.40	14.65
	2000	237.1		95.5						1.60	14.90
YAKS800-8	2240	265.3		95.6					104	2.20	18.80
	2500	295.7		95.7						2.50	19.20
	2800	330.9		95.8						3.10	19.80
	3150	372.2								3.40	20.80
YAKS900-8	3550	419.1		95.9						4.50	25.80
	4000	466.2		96.0	0.86					5.00	26.55
	4500	523.9		96.1						5.40	27.85
YAKS1000-8	5000	581.5		96.2						7.40	29.25
	5600	651.3								8.64	30.30
	6300	732.0		96.3						9.00	31.35
	7100	824.9								9.76	32.40
同步转速 600r/min											
YAKS710-10	1400	171.0	598	94.9	0.83	6.5	0.6	1.8	102	1.20	14.45
	1600	195.3		95.0						1.40	14.65
	1800	219.4		95.1						1.60	14.90
YAKS800-10	2000	243.6		95.2						2.20	18.80
	2240	272.5		95.3					104	2.50	19.20
	2500	303.8		95.4						3.10	19.80
YAKS900-10	2800	339.9		95.5						4.00	25.15
	3150	377.5		95.6	0.84					4.50	25.80
	3550	424.9		95.7						5.00	26.55
	4000	478.3		95.8						5.40	27.85

续表

型　号	功率/kW	额定电流/A	额定转速/(r/min)	效率/%	功率因数 $\cos\phi$	堵转转矩倍数	堵转电流倍数	最大转矩倍数	噪声(声压级)/dB(A)	飞轮转矩/$t\cdot m^2$	质量/t
同步转速 600r/min											
YAKS1000-10	4500	538.1	598	95.8	0.84	6.5	0.6	1.8	104	7.40	27.25
	5000	597.3		95.9						8.64	28.30
	5600	668.9								9.00	29.35
	6300	752.5								9.76	30.40
同步转速 500r/min											
YAKS710-12	1000	127.6	497	94.3	0.80	6.0	0.6	1.8	100	1.56	14.45
	1120	142.6		94.5					102	1.64	14.65
	1250	158.9		94.6						1.68	14.90
YAKS800-12	1400	177.8		94.7						2.30	16.90
	1600	203.2								2.42	17.10
	1800	228.4		94.8						2.56	17.30
	2000	253.5		94.9						2.68	17.65
YAKS900-12	2240	283.6		95.0					104	5.36	18.60
	2500	312.0		95.2						5.91	19.10
	2800	349.0		95.3						6.44	19.40
YAKS1000-12	3150	392.3		95.4	0.81					8.40	25.25
	3550	441.6		95.5						9.64	26.30
	4000	497.1		95.6						10.00	27.35
	4500	559.2								10.76	28.40
同步转速 429r/min											
YAKS710-14	800	109.2	425	94.0	0.76	6.0	0.6	1.8	100	1.48	14.20
	900	121.1		94.1	0.76					1.56	14.45
	1000	134.4		94.2						1.64	14.65
	1120	150.4		94.3					102	1.68	14.90
YAKS800-14	1250	167.7		94.4						2.30	16.90
	1400	187.6		94.5						2.42	17.10
	1600	214.1		94.6						2.56	17.30
	1800	234.5		94.7	0.78					2.68	17.65
YAKS900-14	2000	260.3		94.8						5.36	18.60
	2240	291.2		94.9					104	5.91	19.10
	2500	324.6		95.0						6.44	19.40
YAKS1000-14	2800	363.2		95.1						8.40	25.25
	3150	408.2		95.2						9.64	26.30
	3550	459.5		95.3						10.00	27.35
	4000	517.8								10.76	28.40

续表

<table>
<tr><th>型　号</th><th>功率/kW</th><th>额定电流/A</th><th>额定转速/(r/min)</th><th>效率/%</th><th>功率因数 cosφ</th><th>堵转转矩倍数</th><th>堵转电流倍数</th><th>最大转矩倍数</th><th>噪声(声压级)/dB(A)</th><th>飞轮转矩/t·m²</th><th>质量/t</th></tr>
<tr><td colspan="12">同步转速 375r/min</td></tr>
<tr><td rowspan="4">YAKS710-16</td><td>630</td><td>89.2</td><td rowspan="14">372</td><td>93.1</td><td rowspan="4">0.73</td><td rowspan="14">6.0</td><td rowspan="14">0.6</td><td rowspan="14">1.8</td><td rowspan="5">100</td><td>1.48</td><td>14.20</td></tr>
<tr><td>710</td><td>100.3</td><td>93.3</td><td>1.56</td><td>14.45</td></tr>
<tr><td>800</td><td>112.9</td><td>93.4</td><td>1.64</td><td>14.65</td></tr>
<tr><td>900</td><td>126.9</td><td>93.5</td><td>1.68</td><td>14.90</td></tr>
<tr><td rowspan="4">YAKS800-16</td><td>1000</td><td>138.9</td><td>93.6</td><td rowspan="4">0.74</td><td>2.30</td><td>16.90</td></tr>
<tr><td>1120</td><td>155.4</td><td>93.7</td><td rowspan="6">102</td><td>2.42</td><td>17.10</td></tr>
<tr><td>1250</td><td>173.3</td><td>93.8</td><td>2.56</td><td>17.30</td></tr>
<tr><td>1400</td><td>193.9</td><td>93.9</td><td>2.68</td><td>17.65</td></tr>
<tr><td rowspan="3">YAKS900-16</td><td>1600</td><td>218.4</td><td>94.0</td><td rowspan="6">0.75</td><td>5.36</td><td>19.10</td></tr>
<tr><td>1800</td><td>245.4</td><td>94.1</td><td>5.91</td><td>19.40</td></tr>
<tr><td>2000</td><td>272.4</td><td>94.2</td><td>6.44</td><td>19.70</td></tr>
<tr><td rowspan="3">YAKS1000-16</td><td>2240</td><td>304.8</td><td>94.3</td><td rowspan="3">104</td><td>9.64</td><td>26.30</td></tr>
<tr><td>2500</td><td>339.8</td><td>94.4</td><td>10.00</td><td>27.35</td></tr>
<tr><td>2800</td><td>380.1</td><td>94.5</td><td>10.76</td><td>28.40</td></tr>
<tr><td colspan="12">同步转速 333r/min</td></tr>
<tr><td rowspan="4">YAKS710-18</td><td>500</td><td>76.1</td><td rowspan="15">331</td><td rowspan="2">93.0</td><td rowspan="2">0.68</td><td rowspan="15">6.0</td><td rowspan="15">0.6</td><td rowspan="15">1.8</td><td>98</td><td>1.48</td><td>14.20</td></tr>
<tr><td>560</td><td>85.2</td><td rowspan="6">100</td><td>1.56</td><td>14.45</td></tr>
<tr><td>630</td><td>93.0</td><td>93.1</td><td rowspan="4">0.70</td><td>1.64</td><td>14.65</td></tr>
<tr><td>710</td><td>104.6</td><td>93.3</td><td>1.68</td><td>14.90</td></tr>
<tr><td rowspan="4">YAKS800-18</td><td>800</td><td>117.7</td><td>93.4</td><td>2.30</td><td>16.90</td></tr>
<tr><td>900</td><td>132.3</td><td rowspan="2">93.5</td><td>2.42</td><td>17.10</td></tr>
<tr><td>1000</td><td>142.9</td><td rowspan="4">0.72</td><td>2.56</td><td>17.30</td></tr>
<tr><td>1120</td><td>159.9</td><td>93.6</td><td rowspan="6">102</td><td>2.68</td><td>17.65</td></tr>
<tr><td rowspan="3">YAKS900-18</td><td>1250</td><td>178.3</td><td>93.7</td><td>5.36</td><td>18.60</td></tr>
<tr><td>1400</td><td>199.5</td><td>93.8</td><td>5.91</td><td>19.10</td></tr>
<tr><td>1600</td><td>224.6</td><td rowspan="2">93.9</td><td rowspan="5">0.73</td><td>6.44</td><td>19.40</td></tr>
<tr><td rowspan="4">YAKS1000-18</td><td>1800</td><td>252.7</td><td>8.40</td><td>25.25</td></tr>
<tr><td>2000</td><td>280.5</td><td>94.0</td><td>9.64</td><td>26.30</td></tr>
<tr><td>2240</td><td>313.8</td><td rowspan="2">94.1</td><td rowspan="2">104</td><td>10.00</td><td>27.35</td></tr>
<tr><td>2500</td><td>350.2</td><td>10.76</td><td>28.40</td></tr>
<tr><td colspan="12">同步转速 300r/min</td></tr>
<tr><td rowspan="4">YAKS710-20</td><td>450</td><td>69.5</td><td rowspan="6">298</td><td rowspan="4">93.0</td><td rowspan="4">0.67</td><td rowspan="6">6.0</td><td rowspan="6">0.6</td><td rowspan="6">1.8</td><td rowspan="2">98</td><td>1.48</td><td>14.20</td></tr>
<tr><td>500</td><td>77.2</td><td>1.56</td><td>14.45</td></tr>
<tr><td>560</td><td>86.5</td><td rowspan="4">100</td><td>1.64</td><td>14.65</td></tr>
<tr><td>630</td><td>97.3</td><td>1.68</td><td>14.90</td></tr>
<tr><td rowspan="2">YAKS800-20</td><td>710</td><td>107.9</td><td>93.1</td><td rowspan="2">0.68</td><td>2.30</td><td>16.90</td></tr>
<tr><td>800</td><td>121.5</td><td>93.2</td><td>2.42</td><td>17.10</td></tr>
</table>

续表

型　号	功率/kW	额定电流/A	额定转速/(r/min)	效率/%	功率因数 $\cos\phi$	堵转转矩倍数	堵转电流倍数	最大转矩倍数	噪声(声压级)/dB(A)	飞轮转矩/t·m²	质量/t
同步转速 300r/min											
YAKS800-20	900	136.5	298	93.3	0.68	6.0	0.6	1.8	100	2.56	17.30
	1000	151.7								2.68	17.65
YAKS900-20	1120	164.8		93.4	0.70				102	5.36	18.25
	1250	183.8		93.5						5.91	19.30
	1400	205.6		93.6						6.44	20.35
YAKS1000-20	1600	234.7		93.7						8.40	25.25
	1800	263.8		93.8						9.64	26.30
	2000	292.8		93.9						10.00	27.35
	2240	327.6		94.0					104	10.76	28.40

表 8-4-19　YB 系列防爆型高压三相异步电动机 6kV(H355-450)

型　号	功率/kW	电流/A	转速/(r/min)	效率/%	功率因数 $\cos\phi$	堵转转矩/额定转矩	堵转电流/额定电流	最大转矩/额定转矩	振动/(mm/s)	噪声(Lw)/dB(A)	飞轮力矩/kg·m²	质量/kg
同步转速 3000r/min												
YB355-2	160	19.4	2975	92.5	0.86	1.3	7	2.5	4.5	109	17	1800
YB355-2	185	22.4	2973								18	2000
YB400S1-2	200	23.8	2985	93	0.87						19	2450
YB400S2-2	220	26.2									20	2530
YB400M1-2	250	29.2		93.5	0.88					111	21	2580
YB400M2-2	280	32.7									24	2660
YB450S1-2	315	36.6		94		1.2	6.8		2.8		37	3300
YB450S2-2	355	41.3									41	3430
YB450S3-2	400	46.3		94.5							45	3560
YB450M1-2	450	52.1									50	3690
YB450M2-2	500	57.9									56	3840
同步转速 1500r/min												
YB355-4	160	19.8	1486	92.5	0.84	1.1	7	2.2	2.8	106	25	2100
YB355-4	185	22.9									27	2300
YB400S1-4	200	24.1	1488	93	0.86		6.5				32	2660
YB400S2-4	220	26.5									35	2750
YB400M1-4	250	29.7			0.87					108	40	2810
YB400M2-4	280	33.3									44	2900
YB450S1-4	315	37.1		93.8							60	3470

续表

型　　号	功率/kW	电流/A	转速/(r/min)	效率/%	功率因数 $\cos\phi$	堵转转矩/额定转矩	堵转电流/额定电流	最大转矩/额定转矩	振动/(mm/s)	噪声(L_w)/dB(A)	飞轮力矩/kg·m²	重量/kg
同步转速 1500r/min												
YB450S2-4	355	41.9	1488	93.8	0.87	1.1	6.5	2.2	2.8	108	65	3610
YB450S3-4	400	46.8		94.5							75	3750
YB450M1-4	450	52.6									85	3900
YB450M2-4	500	58.5									100	4120
同步转速 1000r/min												
YB400S1-6	160	19.9	987	92	0.84	1.1	6.5	2.2	2.8	102	47	2550
YB400S2-6	185	23									50	2650
YB400M1-6	200	24.7		92.5							54	2750
YB400M2-6	220	27.2			0.85						60	2850
YB450S1-6	250	30.6								105	75	3450
YB450S2-6	280	34.3									85	3540
YB450S3-6	315	38.3		93							95	3700
YB450M1-6	355	43.2									110	3860
YB450M2-6	400	48.7									125	4140
同步转速 750r/min												
YB400M1-8	160	20.9	742	92	0.8	1	6	2.2	2.8	99	56	2880
YB400M2-8	185	24.2									60	2950
YB450S1-8	200	25.7		92.5	0.81						80	3400
YB450S2-8	220	28.3									90	3500
YB450S3-8	250	31.9		93						102	100	3600
YB450M1-8	280	35.8									115	3800
YB450M2-8	315	40.2									130	4000
同步转速 600r/min												
YB450S1-10	160	22.6	592	92	0.74	1	6	2	2.8	99	80	3300
YB450S2-10	185	26.1									90	3350
YB450S3-10	200	28.3									100	3400
YB450M1-10	220	31.1									115	3470
YB450M2-10	250	35.3								102	130	3550

表 8-4-20 YB 系列防爆型高压三相异步电动机 6kV(H560-800)

机座号	功率/kW	电流/A	效率/%	功率因数 cosϕ	堵转转矩/额定转矩	堵转电流/额定电流	最大转矩/额定转矩	噪声声功率级(L_w)/dB(A)	飞轮力矩 GD^2/kg·m²	质量/kg
同步转速 3000r/min										
560S1	500	56.9	95	0.89	0.75	6	2	111	25	5100
560S2	560	63.7						112	28	5300
560M1	630	71.3	95.5						32	5600
560M2	710	80.4							36	5800
630S1	800	90.6				6.5			44	6200
630S2	900	102							48	6400
630M1	1000	112.6	96						52	6600
630M2	1120	126.1						113	56	6800
710S1	1250	139.2		0.9	0.7				80	7200
710S2	1400	156							86	7400
710M1	1600	177.3	96.5						92	7600
710M2	1800	199.4							98	7800
800S1	2000	221.6							106	9800
800S2	2240	248.2						115	110	10600
800M1	2500	277							118	12000
800M2	2800	310.2							124	12800
同步转速 1500r/min										
560S1	500	59.6	95	0.85	0.9	6	2	108	56	4600
560S2	560	66.7						111	60	4800
560M1	630	74.7	95.5						64	5000
560M2	710	84.2							68	5200
630S1	800	93.7		0.86		6.5			88	5900
630S2	900	105.4							96	6200
630M1	1000	116.6	96						104	6600
630M2	1120	130.5						113	112	6800
710S1	1250	142.4		0.88					144	7400
710S2	1400	159.5							152	7600
710M1	1600	181.3	96.5		0.8				160	7800
710M2	1800	204.6							168	8000
800S1	2000	226.6							180	10600
800S2	2240	253.8						115	190	10800
800M1	2500	283.3							200	12200
800M2	2800	317.3							210	12800

续表

机座号	功率/kW	电流/A	效率/%	功率因数 cosφ	堵转转矩/额定转矩	堵转电流/额定电流	最大转矩/额定转矩	噪声声功率级(L_w)/dB(A)	飞轮力矩 GD^2/kg·m²	质量/kg
同步转速 1000r/min										
560S1	400	49.7	94.5	0.82	0.9	5.5	2	105	66	4600
560S2	450	55.6	95						72	4800
560M1	500	61.8							78	5000
560M2	560	69.2						108	84	5200
630S1	630	76		0.84					124	6200
630S2	710	85.6							132	6400
630M1	800	96	95.5						140	6600
630M2	900	108							148	6800
710S1	1000	117.9	96	0.85	0.8				232	7400
710S2	1120	132						110	248	7600
710M1	1250	147.4							264	7800
710M2	1400	164.2	96.5						280	8000
800S1	1600	187.7				6			300	10600
800S2	1800	211.2							320	10800
800M1	2000	234.6							340	12200
800M2	2240	262.8						112	360	12800
同步转速 750r/min										
560S1	315	39.3	94	0.82	0.9	5.5	2	102	84	4600
560S2	355	44.3							88	4800
560M1	400	49.7	94.5						92	5000
560M2	450	55.9							104	5200
630S1	500	61.8	95						140	6000
630S2	560	68.3		0.83				105	160	6200
630M1	630	76.9							172	6400
630M2	710	86.2	95.5						192	6600
710S1	800	97.1							272	7600
710S2	900	109.3							300	7800
710M1	1000	121.4			0.8				340	8000
710M2	1120	135.3	96					107	360	8200
800S1	1250	149.2		0.84		6			380	10600
800S2	1400	167.1							400	10800
800M1	1600	191							420	12200
800M2	1800	214.8							440	12800

表 8－4－21　YB2 系列隔爆型三相异步电动机（H63－355）

型　号	额定			效率/%			功率因数 cosφ			堵转转矩/额定转矩	堵转电流/额定电流	最大转矩/额定转矩	噪声/dB(A)	振动等级/(mm/s)	转动惯量/kg·m²	质量/kg
	功率/kW	电流/(380V)A	转速/(r/min)	负载			负载									
				1.00	0.75	0.50	1.00	0.75	0.50							
YB2－631－2	0.18	0.52	2800	66	67	65	0.8	0.72	0.59	2.2	5	2.3	61	1.8		
YB2－632－2	0.25	0.69	2800	68	70	69	0.81	0.74	0.61	2.2	5	2.3	61	1.8		
YB2－711－2	0.37	0.99	2800	70	73	69.8	0.81	0.75	0.64	2.2	5.5	2.3	64	1.8		
YB2－712－2	0.55	1.38	2800	73	76	72.6	0.83	0.78	0.68	2.2	5.5	2.3	64	1.8		
YB2－801－2	0.75	1.83	2825	75	75	74.8	0.83	0.77	0.65	2.2	6	2.3	67	1.8	0.004	22
YB2－802－2	1.1	2.55	2825	78	79.2	77.6	0.84	0.79	0.69	2.2	6	2.3	67	1.8	0.005	24
YB2－90S－2	1.5	3.43	2840	79	80	79.8	0.84	0.79	0.7	2.2	7	2.3	72	1.8	0.007	33
YB2－90L－2	2.2	4.85	2840	81	82	80.8	0.85	0.82	0.75	2.2	7	2.3	72	1.8	0.009	37
YB2－100L－2	3	6.24	2880	83	83.2	82.8	0.88	0.84	0.75	2.2	7	2.3	76	1.8	0.017	43
YB2－112M－2	4	8.12	2890	85	85.6	84.8	0.88	0.84	0.76	2.2	7	2.3	77	1.8	0.03	54
YB2－132S1－2	5.5	11	2900	86	86.7	86.5	0.88	0.84	0.77	2.2	7.5	2.3	80	1.8	0.063	79
YB2－132S2－2	7.5	14.9	2900	87	88	87.8	0.88	0.85	0.79	2.2	7.5	2.3	80	1.8	0.073	87
YB2－160M1－2	11	21.5	2930	88.4	88.6	88.1	0.88	0.85	0.78	2.2	7.5	2.4	86	2.8	0.21	140
YB2－160M2－2	15	28.6	2930	89.4	89.8	89.2	0.89	0.87	0.82	2.2	7.5	2.4	86	2.8	0.25	152
YB2－160L－2	18.5	35.1	2930	90	90.4	89.6	0.89	0.88	0.84	2.2	7.5	2.4	86	2.8	0.31	168
YB2－180M－2	22	41	2940	90.5	90.5	89.8	0.9	0.86	0.78	2	7.5	2.3	89	2.8	0.37	220
YB2－200L1－2	30	55.4	2950	91.4	91.6	91	0.9	0.87	0.81	2	7.5	2.4	92	2.8	0.63	290
YB2－200L2－2	37	67.9	2950	92	92.1	91.6	0.9	0.88	0.82	2	7.5	2.4	92	2.8	0.73	305
YB2－225M－2	45	82.1	2970	92.5	92.5	92	0.9	0.88	0.82	2	7.5	2.3	92	2.8	1.28	400
YB2－250M－2	55	99.8	2970	93	93	92.4	0.9	0.88	0.83	2.1	7.5	2.3	93	3.5	1.55	460

续表

型号	额定			效率/%			功率因数 cosϕ			堵转转矩/额定转矩	堵转电流/额定电流	最大转矩/额定转矩	噪声/dB(A)	振动等级/(mm/s)	转动惯量/kg·m²	质量/kg
	功率/kW	电流/(380V)A	转速/(r/min)	负载			负载									
				1.00	0.75	0.50	1.00	0.75	0.50							
YB2-280S-2	75	133.8	2970	93.6	93.6	93	0.91	0.89	0.84	2	7.5	2.3	94	3.5	1.89	625
YB2-280M-2	90	160	2970	93.9	93.9	93.3	0.91	0.87	0.82	2.1	7.5	2.3	94	3.5	2.02	728
YB2-315S-2	110	195.4	2980	94	93.8	93	0.91	0.9	0.84	1.8	7	2.3	96	3.5	2.26	1100
YB2-315M-2	132	233.2	2980	94.5	94.3	93.6	0.91	0.89	0.85	1.8	7	2.3	96	3.5	2.42	1160
YB2-315L1-2	160	279.3	2980	94.6	94.4	93.8	0.92	0.91	0.86	1.8	7	2.3	99	3.5	2.76	1350
YB2-315L-2	185	323	2980	94.6	94.4	94	0.92	0.91	0.87	1.8	7	2.3	99	3.5	3.22	1500
YB2-315L2-2	200	348.4	2980	94.8	94.7	94	0.92	0.91	0.87	1.8	7	2.3	99	3.5	3.41	1600
YB2-355S1-2	185	323	2980	94.6	94.6	94.3	0.92	0.91	0.87	1.8	7	2.3	99	3.5	3.86	1690
YB2-355S2-2	200	348.4	2980	94.8	94.7	94.4	0.92	0.91	0.87	1.8	7	2.3	99	3.5	4.82	1690
YB2-355M1-2	220	383.2	2980	94.8	94.8	94.6	0.92	0.91	0.88	1.6	7	2.4	103	3.5	5.46	1840
YB2-355M2-2	250	433.2	2980	95.3	95.3	94.9	0.92	0.91	0.88	1.6	7	2.4	103	3.5	6.22	2100
YB2-355L1-2	280	485.2	2980	95.3	95.3	94.9	0.92	0.91	0.88	1.6	7	2.4	103	3.5	6.54	2260
YB2-355L2-2	315	544.1	2980	95.6	95.5	95.2	0.92	0.91	0.88	1.6	7	2.4	103	3.5	6.95	2320
YB2-631-4	0.12	0.44	1380	58	59	56	0.72	0.62	0.49	2	4	2.2	52	1.8		
YB2-632-4	0.18	0.59	1380	63	63.9	61	0.73	0.63	0.51	2	4	2.2	52	1.8		
YB2-711-4	0.25	0.78	1380	66	67	65.8	0.74	0.65	0.53	2	4	2.2	55	1.8		
YB2-712-4	0.37	1.09	1380	69	71	68.9	0.75	0.67	0.56	2	4	2.2	55	1.8		

续表

型号	额定			效率/%			功率因数 cosφ			堵转转矩/额定转矩	堵转电流/额定电流	最大转矩/额定转矩	噪声/dB(A)	振动等级/(mm/s)	转动惯量/$kg \cdot m^2$	质量/kg
	功率/kW	电流/(380V)A	转速/(r/min)	负载			负载									
				1.00	0.75	0.50	1.00	0.75	0.50							
YB2－801－4	0.55	1.57	1390	71	71.5	70.2	0.75	0.68	0.55	2.4	5	2.3	58	1.8	0.006	22
YB2－802－4	0.75	2.03	1390	73	74	72.6	0.77	0.71	0.59	2.4	5	2.3	58	1.8	0.007	24
YB2－90S－4	1.1	2.89	1400	75	76	74.8	0.77	0.71	0.6	2.3	6	2.3	61	1.8	0.012	33
YB2－90L－4	1.5	3.7	1400	78	79	77.6	0.79	0.73	0.62	2.3	6	2.3	61	1.8	0.015	37
YB2－100L1－4	2.2	5.16	1420	80	80.5	79.6	0.81	0.76	0.65	2.3	6	2.4	64	1.8	0.031	43
YB2－100L2－4	3	6.78	1420	82	83	81.6	0.82	0.77	0.67	2.3	6	2.4	64	1.8	0.039	47
YB2－112M－4	4	8.82	1440	84	85	83.6	0.82	0.77	0.67	2.3	6	2.4	65	1.8	0.059	58
YB2－132S－4	5.5	11.6	1440	86	87	86.9	0.84	0.79	0.69	2.3	7	2.4	71	1.8	0.113	80
YB2－132M－4	7.5	15.4	1440	87	88	87.8	0.85	0.81	0.73	2.3	7	2.4	71	1.8	0.167	95
YB2－160M－4	11	22.3	1460	88	88.5	87.6	0.85	0.81	0.71	2.2	7	2.4	75	2.8	0.36	150
YB2－160L－4	15	30.1	1460	89	89.7	88.6	0.85	0.82	0.75	2.2	7	2.4	75	2.8	0.42	168
YB2－180M－4	18.5	36.5	1470	90.5	90.9	90.2	0.85	0.81	0.72	2.2	7	2.3	76	2.8	0.68	220
YB2－180L－4	22	43.1	1470	91.2	91.6	91	0.85	0.82	0.73	2.2	7	2.3	76	2.8	0.072	242
YB2－200L－4	30	57.6	1470	92	92.2	91.6	0.86	0.82	0.74	2.2	7.2	2.4	79	2.8	0.81	335
YB2－225S－4	37	69.9	1480	92.5	92.6	92	0.87	0.83	0.74	2.2	7.2	2.4	81	2.8	1.21	400
YB2－225M－4	45	84.7	1480	92.8	92.8	91.4	0.87	0.83	0.75	2.2	7.2	2.4	81	2.8	1.85	415
YB2－250M－4	55	103.3	1480	93	93.2	92.8	0.87	0.84	0.77	2.2	7.2	2.4	83	3.5	2.32	560

续表

型号	额定			效率/%			功率因数 cosϕ			堵转转矩/额定转矩	堵转电流/额定电流	最大转矩/额定转矩	噪声/dB(A)	振动等级/(mm/s)	转动惯量/kg·m²	质量/kg
	功率/kW	电流/(380V)A	转速/(r/min)	负载 1.00	负载 0.75	负载 0.50	负载 1.00	负载 0.75	负载 0.50							
YB2-280S-4	75	139.6	1480	93.8	93.9	93.5	0.87	0.85	0.79	2.2	7.2	2.4	86	3.5	2.86	665
YB2-280M-4	90	166.8	1485	94.2	94.2	93.6	0.87	0.85	0.78	2.2	7.2	2.4	86	3.5	3.34	780
YB2-315S-4	110	198.7	1485	94.5	94.4	93.8	0.89	0.87	0.81	2.1	7	2.4	93	3.5	4.68	1150
YB2-315M-4	132	237.7	1485	94.8	94.7	94.2	0.89	0.88	0.84	2.1	7	2.4	93	3.5	4.96	1200
YB2-315L1-4	160	284.3	1485	95	94.9	94.4	0.9	0.88	0.83	2.1	7	2.4	97	3.5	5.22	1320
YB2-315L-4	185	328.7	1485	95	94.9	94.7	0.9	0.88	0.85	2.1	7	2.4	97	3.5	5.43	1420
YB2-315L2-4	200	354.6	1485	95.2	95	94.7	0.9	0.88	0.85	2.1	7	2.3	97	3.5	5.62	1500
YB2-355S1-4	185	328.7	1488	95	94.8	94.6	0.9	0.89	0.84	2.1	7	2.4	97	3.5	6.45	1700
YB2-355S2-4	200	354.6	1488	95.2	95.1	94.7	0.9	0.88	0.84	2.1	7	2.3	97	3.5	6.56	1800
YB2-355M1-4	220	390.1	1488	95.2	95.1	94.8	0.9	0.89	0.85	2.1	7	2.4	101	3.5	6.88	1830
YB2-355M2-4	250	441.9	1488	95.5	95.4	95.2	0.9	0.89	0.86	2.1	7	2.4	101	3.5	7.22	1940
YB2-355L1-4	280	494.9	1488	95.5	95.4	95.2	0.9	0.89	0.86	2.1	7	2.4	101	3.5	7.46	2080
YB2-355L2-4	315	556.2	1488	95.6	95.5	95.3	0.9	0.89	0.86	2.1	7	2.4	101	3.5	7.68	2260
YB2-711-6	0.18	0.67	910	62	61.7	57.5	0.66	0.57	0.45	1.9	4	2.1	52	1.8		
YB2-712-6	0.25	0.89	910	63	63	60	0.68	0.59	0.46	1.9	4	2.1	52	1.8		
YB2-801-6	0.37	1.27	910	63	63.2	60	0.7	0.6	0.48	1.9	4	2.1	54	1.8		
YB2-802-6	0.55	1.76	910	66	67.1	65.8	0.72	0.63	0.5	1.9	4	2.1	54	1.8		

续表

型号	额定			效率/%			功率因数 cosφ			堵转转矩/额定转矩	堵转电流/额定电流	最大转矩/额定转矩	噪声/dB(A)	振动等级/(mm/s)	转动惯量/kg·m²	质量/kg
	功率/kW	电流/(380V)A	转速/(r/min)	负载 1.00	0.75	0.50	负载 1.00	0.75	0.50							
YB2－90S－6	0.75	2.29	910	69	70	68	0.72	0.63	0.51	2.1	4	2.1	57	1.8		
YB2－90L－6	1.1	3.14	910	73	74	72.7	0.73	0.65	0.52	2.1	5	2.1	57	1.8		
YB2－100L－6	1.5	3.95	940	76	77.2	75.2	0.76	0.69	0.57	2.1	5	2.1	61	1.8		
YB2－112M－6	2.2	5.57	940	79	80	78.6	0.76	0.69	0.58	2.1	5	2.1	65	1.8		
YB2－132S－6	3	7.31	960	81	83.9	83.2	0.77	0.71	0.59	2.1	6	2.4	69	1.8		
YB2－132M1－6	4	9.39	960	83	85.7	85.1	0.78	0.71	0.59	2.1	6	2.4	69	1.8		
YB2－132M2－6	5.5	12.6	960	85	86	85.2	0.78	0.72	0.6	2.1	6.5	2.4	69	1.8		
YB2－160M－6	7.5	16.8	970	86	86.7	85.9	0.79	0.73	0.63	2.1	6.5	2.4	73	2.8	0.46	154
YB2－160L－6	11	24.2	970	87.5	88	87.2	0.79	0.75	0.65	2.1	6.5	2.4	73	2.8	0.61	176
YB2－180L－6	15	31.6	970	89	89.7	88.9	0.81	0.77	0.67	2.1	7	2.1	73	2.8	1.01	225
YB2－200L1－6	18.5	37.6	970	90	90.4	89.8	0.83	0.79	0.7	2.2	7	2.4	76	2.8	1.62	290
YB2－200L2－6	22	44.7	970	90	90.5	89.7	0.83	0.79	0.7	2.2	7	2.4	76	2.8	1.84	315
YB2－225M－6	30	57.6	980	92	92.4	91.8	0.86	0.83	0.76	2.1	7	2.4	76	2.8	2.43	410
YB2－250M－6	37	71	980	92	92.3	91.8	0.86	0.83	0.77	2.1	7	2.4	78	3.5	2.68	525
YB2－280S－6	45	85.9	980	92.5	92.6	92.2	0.86	0.83	0.76	2.1	7	2.4	80	3.5	3.46	635
YB2－280M－6	55	104.7	980	92.8	92.8	92	0.86	0.84	0.79	2.1	7	2.3	80	3.5	3.97	730
YB2－315S－6	75	141.7	985	93.5	93.3	92.6	0.86	0.83	0.74	2	7	2.2	85	3.5	4.57	1080

续表

型号	额定			效率/%			功率因数 cosφ			堵转转矩/额定转矩	堵转电流/额定电流	最大转矩/额定转矩	噪声/dB(A)	振动等级/(mm/s)	转动惯量/kg·m^2	质量/kg
	功率/kW	电流/(380V)A	转速/(r/min)	负载 1.00	0.75	0.50	负载 1.00	0.75	0.50							
YB2-315M-6	90	169.5	985	93.8	93.6	93.2	0.86	0.83	0.76	2	7	2.2	85	3.5	4.83	1140
YB2-315L1-6	110	206.7	985	94	93.8	93.4	0.86	0.84	0.77	2	7	2.2	85	3.5	5.32	1310
YB2-315L2-6	132	244.7	985	94.2	94	93.6	0.87	0.85	0.78	2	7	2.2	85	3.5	5.95	1400
YB2-355S-6	160	292.3	985	94.5	94.4	94.1	0.88	0.86	0.81	2	7	2.2	92	3.5	7.32	1650
YB2-355M1-6	185	338	985	94.5	94.4	94.1	0.88	0.87	0.82	2	7	2.2	92	3.5	7.89	1760
YB2-355M2-6	200	364.6	985	94.7	94.6	94.3	0.88	0.87	0.82	2	7	2.2	92	3.5	8.17	1970
YB2-355L1-6	220	401.1	985	94.7	94.6	94.4	0.88	0.87	0.83	2	7	2.2	92	3.5	8.25	2140
YB2-355L2-6	250	454.3	985	95	94.9	94.5	0.88	0.87	0.83	2	7	2.2	92	3.5	8.36	2250
YB2-801-8	0.18	0.86	710	52	50	45	0.61	0.52	0.42	1.8	3.3	1.9	52	1.8		
YB2-802-8	0.25	1.13	710	55	54	48	0.61	0.52	0.41	1.8	3.3	1.9	52	1.8		
YB2-90S-8	0.37	1.44	710	63	62.8	58	0.62	0.52	0.41	1.8	4	2	56	1.8		
YB2-90L-8	0.55	2.07	710	64	63.6	61	0.63	0.52	0.41	1.8	4	2	56	1.8		
YB2-100L1-8	0.75	2.36	710	71	71	68.4	0.68	0.58	0.46	1.8	4	2	59	1.8		
YB2-100L2-8	1.1	3.32	710	73	73.6	72	0.69	0.6	0.47	1.8	4	2	59	1.8		
YB2-112M-8	1.5	4.4	710	75	76.2	74.8	0.69	0.61	0.48	1.8	4	2	61	1.8		
YB2-132S-8	2.2	5.8	710	79	80	79	0.73	0.65	0.52	1.8	5.5	2.2	64	1.8		
YB2-132M-8	3	7.71	710	81	82	79.9	0.73	0.65	0.52	1.8	5.5	2.2	64	1.8		

续表

型号	额定			效率/%			功率因数 cosφ			堵转转矩/额定转矩	堵转电流/额定电流	最大转矩/额定转矩	噪声/dB(A)	振动等级/(mm/s)	转动惯量/kg·m²	质量/kg
	功率/kW	电流/(380V)A	转速/(r/min)	负载			负载									
				1.00	0.75	0.50	1.00	0.75	0.50							
YB2-160M1-8	4	10.3	720	81	81.7	80.7	0.73	0.65	0.53	1.9	6	2.2	68	2.8	0.32	132
YB2-160M2-8	5.5	13.4	720	83	83.7	82.8	0.75	0.67	0.55	1.9	6	2.2	68	2.8	0.46	144
YB2-160L-8	7.5	17.6	720	85	86.8	84.6	0.76	0.69	0.57	1.9	6	2.2	68	2.8	0.61	175
YB2-180L-8	11	25.3	730	87	87.4	86.7	0.76	0.69	0.58	1.9	6	2.2	70	2.8	1.06	225
YB2-200L-8	15	33.7	730	89	89.2	88.4	0.76	0.69	0.58	2	6.5	2.2	73	2.8	1.6	315
YB2-225S-8	18.5	40	730	90	90.3	89.7	0.78	0.73	0.63	2	6.5	2.2	73	2.8	2.28	375
YB2-225M-8	22	47.4	730	90.5	90.8	89.3	0.78	0.73	0.63	2	6.5	2.2	73	2.8	2.74	395
YB2-250M-8	30	63.4	730	91	91.5	89.8	0.79	0.75	0.65	1.9	6.5	2	75	3.5	3.67	530
YB2-280S-8	37	77.8	740	91.5	91.7	91	0.79	0.74	0.65	1.8	6	2	76	3.5	5.16	605
YB2-280M-8	45	94.1	740	92	92.3	91.7	0.79	0.75	0.66	1.8	6	2	76	3.5	5.82	700
YB2-315S-8	55	111.2	740	92.8	92.5	91.2	0.81	0.73	0.64	1.9	6.5	2.2	82	3.5	6.74	920
YB2-315M-8	75	151.3	740	93	92.7	91.8	0.81	0.75	0.65	1.9	6.5	2.2	82	3.5	7.35	1100
YB2-315L1-8	90	177.8	740	93.8	93.6	92.3	0.82	0.76	0.66	1.9	6.5	2.2	82	3.5	8.79	1120
YB2-315L2-8	110	216.8	740	94	93.7	92.7	0.82	0.76	0.66	1.9	6.5	2.2	82	3.5	9.18	1300
YB2-355S-8	132	259.6	740	94.2	94.1	93.5	0.82	0.78	0.7	2	6.5	2.2	90	3.5	10.19	1640
YB2-355M-8	160	313.4	740	94.6	94.5	93.9	0.82	0.78	0.7	2	6.5	2.2	90	3.5	11.24	1820
YB2-355L1-8	185	362.3	740	94.6	94.5	94.2	0.82	0.8	0.73	2	6.5	2.2	90	3.5	12.48	2100

续表

型号	额定			效率/%			功率因数 cosϕ			堵转转矩/额定转矩	堵转电流/额定电流	最大转矩/额定转矩	噪声/dB(A)	振动等级/(mm/s)	转动惯量/kg·m²	质量/kg
	功率/kW	电流/(380V)A	转速/(r/min)	负载 1.00	负载 0.75	负载 0.50	负载 1.00	负载 0.75	负载 0.50							
YB2-355L2-8	200	386.2	740	94.8	94.7	94.1	0.83	0.8	0.72	2	6.5	2.2	90	3.5	13.56	2200
YB2-315S-10	45	99.1	585	92	91.8	91.2	0.75	0.7	0.61	1.5	6	2.1	82	2.8		
YB2-315M-10	55	121.1	585	92	91.8	91.1	0.75	0.7	0.61	1.5	6	2.1	82	2.8		
YB2-315L1-10	75	162.1	585	92.5	92.3	91.7	0.76	0.72	0.62	1.5	6	2.1	82	2.8		
YB2-315L2-10	90	190.9	585	93	92.8	92.2	0.77	0.73	0.64	1.5	6	2.1	82	2.8		
YB2-355S-10	90	190.9	585	93	92.7	91.8	0.77	0.72	0.62	1.5	6	2.1	82	2.8		
YB2-355M1-10	110	229.9	585	93.2	93.1	92.2	0.78	0.73	0.62	1.3	5.5	2.1	90	2.8		
YB2-355M2-10	132	275	585	93.5	93.3	92.3	0.78	0.72	0.62	1.3	5.5	2.1	90	2.8		
YB2-355L1-10	160	333	585	93.6	93.4	92.5	0.78	0.73	0.63	1.3	5.5	2.1	90	2.8		
YB2-355L2-10	185	385	585	93.6	93.5	92.7	0.78	0.74	0.64	1.3	5.5	2.1	90	2.8		
YB2-315S-12	37	84.9	485	92	91.9	91.6	0.72	0.71	0.56	1.2	6.5	2	90	2.8		
YB2-315M-12	45	103.2	485	92	91.9	91.6	0.72	0.71	0.56	1.2	6.5	2	93	2.8		
YB2-315L1-12	55	126.1	485	92	91.9	91.6	0.72	0.71	0.56	1.2	6.5	2	93	2.8		
YB2-315L2-12	75	169.7	485	92	91.9	91.6	0.73	0.72	0.56	1.2	6.5	2	96	2.8		
YB2-355S-12	75	167.8	485	93	92.8	91.2	0.73	0.72	0.56	1.2	6.5	2	96	2.8		
YB2-355M1-12	90	201.4	485	93	92.8	91.2	0.73	0.72	0.56	1.2	6.5	2	96	2.8		
YB2-355M2-12	110	238.3	485	93.5	93.4	92.2	0.75	0.73	0.57	1.2	6.5	2	96	2.8		
YB2-355L1-12	132	286	485	93.5	93.4	92.2	0.75	0.73	0.57	1.2	6.5	2	96	2.8		

续表

型号	额定			效率/%			功率因数 cosφ			堵转转矩/额定转矩	堵转电流/额定电流	最大转矩/额定转矩	噪声/dB(A)	振动等级/(mm/s)	转动惯量/kg·m²	质量/kg
	功率/kW	电流/(380V)A	转速/(r/min)	负载			负载									
				1.00	0.75	0.50	1.00	0.75	0.50							
YB2－355L2－12	160	346.6	485	93.5	93.4	92.2	0.75	0.73	0.57	1.2	6.5	2	96	2.8		
YB2－315S－14	30	70.8	420	92	91.7	90	0.7	0.62	0.5	1.2	6.5	2	90	2.8		
YB2－315M－14	37	87.3	420	92	91.7	90	0.7	0.62	0.5	1.2	6.5	2	90	2.8		
YB2－315L1－14	45	106.2	420	92	91.7	90	0.7	0.62	0.5	1.2	6.5	2	93	2.8		
YB2－315L2－14	55	129.8	420	92	91.7	90	0.7	0.62	0.5	1.2	6.5	2	93	2.8		
YB2－355S－14	75	172	420	92	91.7	90	0.72	0.63	0.51	1.2	6.5	2	96	2.8		
YB2－355M1－14	90	205.3	420	92.5	92	90.5	0.72	0.63	0.51	1.2	6.5	2	96	2.8		
YB2－355M2－14	110	250.9	420	92.5	92	90.5	0.72	0.63	0.51	1.2	6.5	2	96	2.8		
YB2－355L－14	132	299.5	420	93	92.5	91	0.72	0.63	0.51	1.2	6.5	2	99	2.8		
YB2－315S－16	22	55.8	360	90.7	89.8	87	0.66	0.59	0.44	1.2	6.5	2	90	2.8		
YB2－315M－16	30	76.1	360	90.7	89.8	87	0.66	0.59	0.44	1.2	6.5	2	90	2.8		
YB2－315L1－16	37	93.6	360	91	90	87.3	0.66	0.59	0.44	1.2	6.5	2	90	2.8		
YB2－315L2－16	45	113.8	360	91	90	87.3	0.66	0.59	0.44	1.2	6.5	2	93	2.8		
YB2－355S－16	55	136.3	365	91.5	90.2	87.5	0.67	0.6	0.45	1.2	6.5	2	93	2.8		
YB2－355M1－16	75	185.9	365	91.5	90.2	87.5	0.67	0.6	0.45	1.2	6.5	2	96	2.8		
YB2－355M2－16	90	218.6	365	92	90.5	87.8	0.68	0.61	0.46	1.2	6.5	2	96	2.8		
YB2－355L－16	110	267.1	365	92	90.5	87.8	0.68	0.61	0.46	1.2	6.5	2	96	2.8		

注：①当额定电压不是380V时，额定电流按 $I_N = I(380V) \times 380/U_N$。

表 8-4-22　YB2 系列高压隔爆型三相异步电动机 6kV(H355-560)

型　　号	功率/kW	额定电流/A	额定转速/(r/min)	效率/%	功率因数	堵转转矩倍数	堵转电流倍数	最大转矩倍数	噪声/dB(A)	飞轮转矩/kg·m²	质量/kg
同步转速 3000r/min											
YB2 3551-2	185	22.3	2976	94.0	0.85	0.7	7	2	109	19	2330
YB2 3552-2	200	24.1		94.1						21	2420
YB2 3553-2	220	26.4		94.3						22	2510
YB2 3554-2	250	29.9		94.5					111	25	2630
YB2 3555-2	280	32.7		94.7	0.87					27	2760
YB2 4001-2	315	36.7	2980	94.9						28	3550
YB2 4002-2	355	41.3		95.0						31	3700
YB2 4003-2	400	46.5		95.2						33	3850
YB2 4004-2	450	52.2		95.3						36	4050
YB2 4501-2	500	57.3		95.4	0.88					50	4600
YB2 4502-2	560	64.1		95.5					112	54	4740
YB2 4503-2	630	72.1		95.6						59	4990
YB2 4504-2	710	81.0		95.8						66	5130
YB2 5001-2	800	90.4	2985	95.7	0.89					97	5900
YB2 5002-2	900	101.6		95.8						105	6100
YB2 5003-2	1000	112.6		96.0						115	6350
YB2 5004-2	1120	126.0		96.1					113	125	6650
YB2 5601-2	1250	138.9	2988	96.2	0.90					190	8500
YB2 5602-2	1400	155.3		96.4						210	8750
YB2 5603-2	1600	177.1		96.6						230	9000
YB2 5604-2	1800	199.0		96.7						260	9500
同步转速 1500r/min											
YB2 3551-4	185	22.3	1486	93.8	0.85	0.8	6.5	2	106	33	2300
YB2 3552-4	200	24.1		94.0						35	2350
YB2 3553-4	220	26.4		94.2						37	2400
YB2 3554-4	250	30.0		94.4					108	40	2500
YB2 3555-4	280	33.5		94.6						44	2650
YB2 4001-4	315	37.2	1488	94.7	0.86					67	4130
YB2 4002-4	355	41.9		94.9						72	4260
YB2 4003-4	400	47.1		95.1						77	4380
YB2 4004-4	450	52.8		95.3						82	4500
YB2 4501-4	500	58.0	1490	95.4	0.87					110	4600
YB2 4502-4	560	64.9		95.5					111	120	4800
YB2 4503-4	630	72.9		95.6						132	5000
YB2 4504-4	710	82.1		95.7						144	5200
YB2 5001-4	800	92.4	1491	95.8						190	6500
YB2 5002-4	900	103.8		95.9						202	6700
YB2 5003-4	1000	115.2		96.0						217	6950

续表

型 号	功率/kW	额定电流/A	额定转速/(r/min)	效率/%	功率因数	堵转转矩倍数	堵转电流倍数	最大转矩倍数	噪声/dB(A)	飞轮转矩/kg·m²	质量/kg
同步转速 1500r/min											
YB2 5004-4	1120	128.9	1491	96.1	0.87	0.8	6.5	2	113	234	7200
YB2 5601-4	1250	142.1	1492	96.2	0.88	0.7				395	8000
YB2 5602-4	1400	159.0		96.3						415	8250
YB2 5603-4	1600	181.3		96.5						440	8500
同步转速 1000r/min											
YB2 3553-6	160	20.3	989	93.5	0.81	0.8	6	2	102	42	2230
YB2 3554-6	185	23.5		93.6						47	2360
YB2 3555-6	200	25.4		93.7						53	2500
YB2 4001-6	220	27.2	989	93.9	0.83					84	3720
YB2 4002-6	250	30.8		94.0					105	90	3800
YB2 4003-6	280	34.5		94.2						96	3900
YB2 4004-6	315	38.7		94.4						102	4000
YB2 4501-6	355	43.0	990	94.6	0.84					124	4600
YB2 4502-6	400	48.4		94.7						133	4750
YB2 4503-6	450	54.4		94.8						142	4900
YB2 4504-6	500	60.3		95.0						151	5100
YB2 5001-6	560	67.4	992	95.2					108	234	6200
YB2 5002-6	630	75.7		95.3						251	6400
YB2 5003-6	710	85.3		95.4						268	6600
YB2 5004-6	800	96.0		95.5						285	6900
YB2 5601-6	900	106.5	992	95.7	0.85	0.7				447	7500
YB2 5602-6	1000	118.2		95.8						468	7700
YB2 5603-6	1120	132.2		95.9					110	490	8000
YB2 5604-6	1250	147.4		96.0						512	8200
同步转速 750r/min											
YB2 4001-8	160	21.4	741	93.3	0.77	0.8	5.5	2	99	84	3670
YB2 4002-8	185	24.8		93.4						90	3700
YB2 4003-8	200	26.4		93.6	0.78					96	3960
YB2 4004-8	220	28.9		93.8						102	3970
YB2 4501-8	250	32.4	743	94.0	0.79				102	115	4600
YB2 4502-8	280	36.2		94.2						124	4750
YB2 4503-8	315	40.7		94.3						133	4900
YB2 4504-8	355	45.8		94.5						142	5100
YB2 5001-8	400	50.9	744	94.6	0.80					217	6000
YB2 5002-8	450	57.2		94.7						234	6200
YB2 5003-8	500	62.6		94.9	0.81					251	6400
YB2 5004-8	560	70.0		95.0					105	268	6700
YB2 5601-8	630	77.7	745	95.2	0.82	0.7				432	7500
YB2 5602-8	710	87.3		95.4						447	7700
YB2 5603-8	800	98.3		95.5						468	8000
YB2 5604-8	900	110.4		95.7						490	8200

表 8-4-23　YBFB 系列复合防爆型三相异步电动机(H63-355)

型号	额定			效率/%			功率因数 cosφ			堵转转矩/额定转矩	堵转电流/额定电流	最大转矩/额定转矩	噪声/dB(A)	振动等级/(mm/s)	转动惯量/kg·m²	质量/kg
	功率/kW	电流/(380V)A	转速/(r/min)	负载			负载									
				1.00	0.75	0.50	1.00	0.75	0.50							
同步转速 3000r/min																
YBFB631-2	0.18	0.52	2800	66.0	67.0	65.0	0.80	0.72	0.59	2.2	5.0	2.3	61	1.80		
YBFB632-2	0.25	0.69	2800	68.0	70.0	69.0	0.81	0.74	0.61	2.2	5.0	2.3	61	1.80		
YBFB711-2	0.37	0.99	2800	70.0	73.0	69.8	0.81	0.75	0.64	2.2	5.5	2.3	64	1.80		
YBFB712-2	0.55	1.38	2800	73.0	76.0	72.6	0.83	0.78	0.68	2.2	5.5	2.3	64	1.80		
YBFB801-2	0.75	1.83	2825	75.0	75.0	74.8	0.83	0.77	0.65	2.2	6.0	2.3	67	1.80	0.004	22
YBFB802-2	1.1	2.55	2825	78.0	79.2	77.6	0.84	0.79	0.69	2.2	6.0	2.3	67	1.80	0.005	24
YBFB90S-2	1.5	3.43	2840	79.0	80.0	79.8	0.84	0.79	0.70	2.2	7.0	2.3	72	1.80	0.007	33
YBFB90L-2	2.2	4.85	2840	81.0	82.0	80.8	0.85	0.82	0.75	2.2	7.0	2.3	72	1.80	0.009	37
YBFB100L-2	3	6.24	2880	83.0	83.2	82.8	0.88	0.84	0.75	2.2	7.0	2.3	76	1.80	0.017	43
YBFB112M-2	4	8.12	2890	85.0	85.6	84.8	0.88	0.84	0.76	2.2	7.0	2.3	77	1.80	0.030	54
YBFB132S1-2	5.5	11.0	2900	86.0	86.7	86.5	0.88	0.84	0.77	2.2	7.5	2.3	80	1.80	0.063	79
YBFB132S2-2	7.5	14.9	2900	87.0	88.0	87.8	0.88	0.85	0.79	2.2	7.5	2.3	80	1.80	0.073	87
YBFB160M1-2	11	21.5	2930	88.4	88.6	88.1	0.88	0.85	0.78	2.2	7.5	2.4	86	2.80	0.210	140
YBFB160M2-2	15	28.6	2930	89.4	89.8	89.2	0.89	0.87	0.82	2.2	7.5	2.4	86	2.80	0.250	152
YBFB160L-2	18.5	35.1	2930	90.0	90.4	89.6	0.89	0.88	0.84	2.2	7.5	2.4	86	2.80	0.310	168
YBFB180M-2	22	41.0	2940	90.5	90.5	89.8	0.90	0.86	0.78	2.0	7.5	2.3	89	2.80	0.370	220
YBFB200L1-2	30	55.4	2950	91.4	91.6	91.0	0.90	0.87	0.81	2.0	7.5	2.4	92	2.80	0.630	290
YBFB200L2-2	37	67.9	2950	92.0	92.1	91.6	0.90	0.88	0.82	2.0	7.5	2.4	92	2.80	0.730	305

续表

型号	额定			效率/%			功率因数 cosϕ			堵转转矩/额定转矩	堵转电流/额定电流	最大转矩/额定转矩	噪声/dB(A)	振动等级/(mm/s)	转动惯量/kg·m²	质量/kg
	功率/kW	电流/(380V)A	转速/(r/min)	负载 1.00	负载 0.75	负载 0.50	负载 1.00	负载 0.75	负载 0.50							
同步转速3000r/min																
YBFB225M-2	45	82.1	2970	92.5	92.5	92.0	0.90	0.88	0.82	2.0	7.5	2.3	92	2.80	1.280	400
YBFB250M-2	55	99.8	2970	93.0	93.0	92.4	0.90	0.88	0.83	2.1	7.5	2.3	93	3.50	1.550	460
YBFB280S-2	75	133.8	2970	93.6	93.6	93.0	0.91	0.89	0.84	2.0	7.5	2.3	94	3.50	1.89	625
YBFB280M-2	90	160.0	2970	93.9	93.9	93.3	0.91	0.87	0.82	2.1	7.5	2.3	94	3.50	2.020	728
YBFB315S-2	110	195.4	2980	94.0	93.8	93.0	0.91	0.90	0.84	1.8	7.0	2.3	96	3.50	2.260	1100
YBFB315M-2	132	233.2	2980	94.5	94.3	93.6	0.91	0.89	0.85	1.8	7.0	2.3	96	3.50	2.420	1160
YBFB315L1-2	160	279.3	2980	94.6	94.4	93.8	0.92	0.91	0.86	1.8	7.0	2.3	99	3.50	2.760	1350
YBFB315L-2	185	323.0	2980	94.6	94.4	94.0	0.92	0.91	0.87	1.8	7.0	2.3	99	3.50	3.220	1500
YBFB315L2-2	200	348.4	2980	94.8	94.7	94.0	0.92	0.91	0.87	1.8	7.0	2.3	99	3.50	3.410	1600
YBFB355S1-2	185	323.0	2980	94.6	94.6	94.3	0.92	0.91	0.87	1.8	7.0	2.3	99	3.50	3.860	1690
YBFB355S2-2	200	348.4	2980	94.8	94.7	94.4	0.92	0.91	0.87	1.8	7.0	2.3	99	3.50	4.820	1690
YBFB355M1-2	220	383.2	2980	94.8	94.8	94.6	0.92	0.91	0.88	1.6	7.0	2.4	103	3.50	5.460	1840
YBFB355M2-2	250	433.2	2980	95.3	95.3	94.9	0.92	0.91	0.88	1.6	7.0	2.4	103	3.50	6.220	2100
YBFB355L1-2	280	485.2	2980	95.3	95.3	94.9	0.92	0.91	0.88	1.6	7.0	2.4	103	3.50	6.540	2260
YBFB355L2-2	315	544.1	2980	95.6	95.5	95.2	0.92	0.91	0.88	1.6	7.0	2.4	103	3.50	6.950	2320
同步转速1500r/min																
YBFB631-4	0.12	0.44	1380	58.0	59.0	56.0	0.72	0.62	0.49	2.0	4.0	2.2	52	1.80		
YBFB632-4	0.18	0.59	1380	63.0	63.9	61.0	0.73	0.63	0.51	2.0	4.0	2.2	52	1.80		
YBFB711-4	0.25	0.78	1380	66.0	67.0	65.8	0.74	0.65	0.53	2.0	4.0	2.2	55	1.80		

续表

型号	额定			效率/%			功率因数 cosϕ			堵转转矩/额定转矩	堵转电流/额定电流	最大转矩/额定转矩	噪声/dB(A)	振动等级/(mm/s)	转动惯量/kg·m²	质量/kg
	功率/kW	电流/(380V)A	转速/(r/min)	负载 1.00	负载 0.75	负载 0.50	负载 1.00	负载 0.75	负载 0.50							
同步转速1500r/min																
YBFB712-4	0.37	1.09	1380	69.0	71.0	68.9	0.75	0.67	0.56	2.0	4.0	2.2	55	1.80		
YBFB801-4	0.55	1.57	1390	71.0	71.5	70.2	0.75	0.68	0.55	2.4	5.0	2.3	58	1.80	0.006	22
YBFB802-4	0.75	2.03	1390	73.0	74.0	72.6	0.77	0.71	0.59	2.4	5.0	2.3	58	1.80	0.007	24
YBFB90S-4	1.1	2.89	1400	75.0	76.0	74.8	0.77	0.71	0.60	2.3	6.0	2.3	61	1.80	0.012	33
YBFB90L-4	1.5	3.70	1400	78.0	79.0	77.6	0.79	0.73	0.62	2.3	6.0	2.3	61	1.80	0.015	37
YBFB100L1-4	2.2	5.16	1420	80.0	80.5	79.6	0.81	0.76	0.65	2.3	6.0	2.4	64	1.80	0.031	43
YBFB100L2-4	3	6.78	1420	82.0	83.0	81.6	0.82	0.77	0.67	2.3	6.0	2.4	64	1.80	0.039	47
YBFB112M-4	4	8.82	1440	84.0	85.0	83.6	0.82	0.77	0.67	2.3	6.0	2.4	65	1.80	0.059	58
YBFB132S-4	5.5	11.6	1440	86.0	87.0	86.9	0.84	0.79	0.69	2.3	7.0	2.4	71	1.80	0.113	80
YBFB132M-4	7.5	15.4	1440	87.0	88.0	87.8	0.85	0.81	0.73	2.3	7.0	2.4	71	1.80	0.167	95
YBFB160M-4	11	22.3	1460	88.0	88.5	87.6	0.85	0.81	0.71	2.2	7.0	2.4	75	2.80	0.360	150
YBFB160L-4	15	30.1	1460	89.0	89.7	88.6	0.85	0.82	0.75	2.2	7.0	2.4	75	2.80	0.420	168
YBFB180M-4	18.5	36.5	1470	90.5	90.9	90.2	0.85	0.81	0.72	2.2	7.0	2.3	76	2.80	0.680	220
YBFB180L-4	22	43.1	1470	91.2	91.6	91.0	0.85	0.82	0.73	2.2	7.0	2.3	76	2.80	0.072	242
YBFB200L-4	30	57.6	1470	92.0	92.2	91.6	0.86	0.82	0.74	2.2	7.2	2.4	79	2.80	0.810	335
YBFB225S-4	37	69.9	1480	92.5	92.6	92.0	0.87	0.83	0.74	2.2	7.2	2.4	81	2.80	1.210	400
YBFB225M-4	45	84.7	1480	92.8	92.8	91.4	0.87	0.83	0.75	2.2	7.2	2.4	81	2.80	1.850	415
YBFB250M-4	55	103.3	1480	93.0	93.2	92.8	0.87	0.84	0.77	2.2	7.2	2.4	83	3.50	2.320	560
YBFB280S-4	75	139.6	1480	93.8	93.9	93.5	0.87	0.85	0.79	2.2	7.2	2.4	86	3.50	2.860	665
YBFB280M-4	90	166.8	1485	94.2	94.2	93.6	0.87	0.85	0.78	2.2	7.2	2.4	86	3.50	3.340	780

续表

型号	额定			效率/%			功率因数 cosφ			堵转转矩/额定转矩	堵转电流/额定电流	最大转矩/额定转矩	噪声/dB(A)	振动等级/(mm/s)	转动惯量/kg·m^2	质量/kg
	功率/kW	电流/(380V)A	转速/(r/min)	负载 1.00	0.75	0.50	负载 1.00	0.75	0.50							
同步转速 1500r/min																
YBFB315S－4	110	198.7	1485	94.5	94.4	93.8	0.89	0.87	0.81	2.1	7.0	2.4	93	3.50	4.680	1150
YBFB315M－4	132	237.7	1485	94.8	94.7	94.2	0.89	0.88	0.84	2.1	7.0	2.4	93	3.50	4.960	1200
YBFB315L1－4	160	284.3	1485	95.0	94.9	94.4	0.90	0.88	0.83	2.1	7.0	2.4	97	3.50	5.220	1320
YBFB315L－4	185	328.7	1485	95.0	94.9	94.7	0.90	0.88	0.85	2.1	7.0	2.4	97	3.50	5.430	1420
YBFB315L2－4	200	354.6	1485	95.2	95.0	94.7	0.90	0.88	0.85	2.1	7.0	2.3	97	3.50	5.620	1500
YBFB355S1－4	185	328.7	1488	95.0	94.8	94.6	0.90	0.89	0.84	2.1	7.0	2.4	97	3.50	6.450	1700
YBFB355S2－4	200	354.6	1488	95.2	95.1	94.7	0.90	0.88	0.84	2.1	7.0	2.3	97	3.50	6.560	1800
YBFB355M1－4	220	390.1	1488	95.2	95.1	94.8	0.90	0.89	0.85	2.1	7.0	2.4	101	3.50	6.880	1830
YBFB355M2－4	250	441.9	1488	95.5	95.4	95.2	0.90	0.89	0.86	2.1	7.0	2.4	101	3.50	7.220	1940
YBFB355L1－4	280	494.9	1488	95.5	95.4	95.2	0.90	0.89	0.86	2.1	7.0	2.4	101	3.50	7.460	2080
YBFB355L2－4	315	556.2	1488	95.6	95.5	95.3	0.90	0.89	0.86	2.1	7.0	2.4	101	3.50	7.680	2260
同步转速 1000r/min																
YBFB711－6	0.18	0.67	910	62.0	61.7	57.5	0.66	0.57	0.45	1.9	4.0	2.1	52	1.80		
YBFB712－6	0.25	0.89	910	63.0	63.0	60.0	0.68	0.59	0.46	1.9	4.0	2.1	52	1.80		
YBFB801－6	0.37	1.27	910	63.0	63.2	60.0	0.70	0.60	0.48	1.9	4.0	2.1	54	1.80		
YBFB802－6	0.55	1.76	910	66.0	67.1	65.8	0.72	0.63	0.50	1.9	4.0	2.1	54	1.80		
YBFB90S－6	0.75	2.29	910	69.0	70.0	68.0	0.72	0.63	0.51	2.1	4.0	2.1	57	1.80		
YBFB90L－6	1.1	3.14	910	73.0	74.0	72.7	0.73	0.65	0.52	2.1	5.0	2.1	57	1.80		
YBFB100L－6	1.5	3.95	940	76.0	77.2	75.2	0.76	0.69	0.57	2.1	5.0	2.1	61	1.80		
YBFB112M－6	2.2	5.57	940	79.0	80.0	78.6	0.76	0.69	0.58	2.1	5.0	2.1	65	1.80		

续表

型号	额定			效率/%			功率因数 cosφ			堵转转矩/额定转矩	堵转电流/额定电流	最大转矩/额定转矩	噪声/dB(A)	振动等级/(mm/s)	转动惯量/kg·m²	质量/kg
	功率/kW	电流/(380V)A	转速/(r/min)	负载 1.00	负载 0.75	负载 0.50	负载 1.00	负载 0.75	负载 0.50							
同步转速 1000r/min																
YBFB132S-6	3	7.31	960	81.0	83.9	83.2	0.77	0.71	0.59	2.1	6.0	2.4	69	1.80		
YBFB132M1-6	4	9.39	960	83.0	85.7	85.1	0.78	0.71	0.59	2.1	6.0	2.4	69	1.80		
YBFB132M2-6	5.5	12.6	960	85.0	86.0	85.2	0.78	0.72	0.60	2.1	6.5	2.4	69	1.80		
YBFB160M-6	7.5	16.8	970	86.0	86.7	85.9	0.79	0.73	0.63	2.1	6.5	2.4	73	2.80	0.460	154
YBFB160L-6	11	24.2	970	87.5	88.0	87.2	0.79	0.75	0.65	2.1	6.5	2.4	73	2.80	0.610	176
YBFB180L-6	15	31.6	970	89.0	89.7	88.9	0.81	0.77	0.67	2.1	7.0	2.1	73	2.80	1.010	225
YBFB200L1-6	18.5	37.6	970	90.0	90.4	89.8	0.83	0.79	0.70	2.2	7.0	2.4	76	2.80	1.620	290
YBFB200L2-6	22	44.7	970	90.0	90.5	89.7	0.83	0.79	0.70	2.2	7.0	2.4	76	2.80	1.840	315
YBFB225M-6	30	57.6	980	92.0	92.4	91.8	0.86	0.83	0.76	2.1	7.0	2.4	76	2.80	2.430	410
YBFB250M-6	37	71.0	980	92.0	92.3	91.8	0.86	0.83	0.77	2.1	7.0	2.4	78	3.50	2.680	525
YBFB280S-6	45	85.9	980	92.5	92.6	92.2	0.86	0.83	0.76	2.1	7.0	2.4	80	3.50	3.460	635
YBFB280M-6	55	104.7	980	92.8	92.8	92.0	0.86	0.84	0.79	2.1	7.0	2.3	80	3.50	3.970	730
YBFB315S-6	75	141.7	985	93.5	93.3	92.6	0.86	0.83	0.74	2.0	7.0	2.2	85	3.50	4.570	1080
YBFB315M-6	90	169.5	985	93.8	93.6	93.2	0.86	0.83	0.76	2.0	7.0	2.2	85	3.50	4.830	1140
YBFB315L1-6	110	206.7	985	94.0	93.8	93.4	0.86	0.84	0.77	2.0	7.0	2.2	85	3.50	5.320	1310
YBFB315L2-6	132	244.7	985	94.2	94.0	93.6	0.87	0.85	0.78	2.0	7.0	2.2	85	3.50	5.950	1400
YBFB355S-6	160	292.3	985	94.5	94.4	94.1	0.88	0.86	0.81	2.0	7.0	2.2	92	3.50	7.320	1650
YBFB355M1-6	185	338.0	985	94.5	94.4	94.1	0.88	0.87	0.82	2.0	7.0	2.2	92	3.50	7.890	1760
YBFB355M2-6	200	364.6	985	94.7	94.6	94.3	0.88	0.87	0.82	2.0	7.0	2.2	92	3.50	8.170	1970
YBFB355L1-6	220	401.1	985	94.7	94.6	94.4	0.88	0.87	0.83	2.0	7.0	2.2	92	3.50	8.250	2140
YBFB355L2-6	250	454.3	985	95.0	94.9	94.5	0.88	0.87	0.83	2.0	7.0	2.2	92	3.50	8.360	2250

续表

型号	额定			效率/%			功率因数 cosϕ			堵转转矩/额定转矩	堵转电流/额定电流	最大转矩/额定转矩	噪声/dB(A)	振动等级/(mm/s)	转动惯量/kg·m^2	质量/kg
	功率/kW	电流/(380V)A	转速/(r/min)	负载			负载									
				1.00	0.75	0.50	1.00	0.75	0.50							
同步转速750r/min																
YBFB801－8	0.18	0.86	710	52.0	50.0	45.0	0.61	0.52	0.42	1.8	3.3	1.9	52	1.80		
YBFB802－8	0.25	1.13	710	55.0	54.0	48.0	0.61	0.52	0.41	1.8	3.3	1.9	52	1.80		
YBFB90S－8	0.37	1.44	710	63.0	62.8	58.0	0.62	0.52	0.41	1.8	4.0	2.0	56	1.80		
YBFB90L－8	0.55	2.07	710	64.0	63.6	61.0	0.63	0.52	0.41	1.8	4.0	2.0	56	1.80		
YBFB100L1－8	0.75	2.36	710	71.0	71.0	68.4	0.68	0.58	0.46	1.8	4.0	2.0	59	1.80		
YBFB100L2－8	1.1	3.32	710	73.0	73.6	72.0	0.69	0.60	0.47	1.8	4.0	2.0	59	1.80		
YBFB112M－8	1.5	4.40	710	75.0	76.2	74.8	0.69	0.61	0.48	1.8	4.0	2.0	61	1.80		
YBFB132S－8	2.2	5.80	710	79.0	80.0	79.0	0.73	0.65	0.52	1.8	5.5	2.2	64	1.80		
YBFB132M－8	3	7.71	710	81.0	82.0	79.9	0.73	0.65	0.52	1.8	5.5	2.2	64	1.80		
YBFB160M1－8	4	10.3	720	81.0	81.7	80.7	0.73	0.65	0.53	1.9	6.0	2.2	68	2.80	0.320	132
YBFB160M2－8	5.5	13.4	720	83.0	83.7	82.8	0.75	0.67	0.55	1.9	6.0	2.2	68	2.80	0.460	144
YBFB160L－8	7.5	17.6	720	85.0	86.8	84.6	0.76	0.69	0.57	1.9	6.0	2.2	68	2.80	0.610	175
YBFB180L－8	11	25.3	730	87.0	87.4	86.7	0.76	0.69	0.58	1.9	6.0	2.2	70	2.80	1.060	225
YBFB200L－8	15	33.7	730	89.0	89.2	88.4	0.76	0.69	0.58	2.0	6.5	2.2	73	2.80	1.600	315
YBFB225S－8	18.5	40.0	730	90.0	90.3	89.7	0.78	0.73	0.63	2.0	6.5	2.2	73	2.80	2.280	375
YBFB225M－8	22	47.4	730	90.5	90.8	89.3	0.78	0.73	0.63	2.0	6.5	2.2	73	2.80	2.740	395
YBFB250M－8	30	63.4	730	91.0	91.5	89.8	0.79	0.75	0.65	1.9	6.5	2.0	75	3.50	3.670	530
YBFB280S－8	37	77.8	740	91.5	91.7	91.0	0.79	0.74	0.65	1.8	6.0	2.0	76	3.50	5.160	605
YBFB280M－8	45	94.1	740	92.0	92.3	91.7	0.79	0.75	0.66	1.8	6.0	2.0	76	3.50	5.820	700

续表

型号	额定			效率/%			功率因数 cosϕ			堵转转矩/额定转矩	堵转电流/额定电流	最大转矩/额定转矩	噪声/dB(A)	振动等级/(mm/s)	转动惯量/kg·m^2	质量/kg
	功率/kW	电流/(380V)A	转速/(r/min)	负载			负载									
				1.00	0.75	0.50	1.00	0.75	0.50							
同步转速750r/min																
YBFB315S－8	55	111.2	740	92.8	92.5	91.2	0.81	0.73	0.64	1.9	6.5	2.2	82	3.50	6.74	920
YBFB315M－8	75	151.3	740	93.0	92.7	91.8	0.81	0.75	0.65	1.9	6.5	2.2	82	3.50	7.350	1100
YBFB315L1－8	90	177.8	740	93.8	93.6	92.3	0.82	0.76	0.66	1.9	6.5	2.2	82	3.50	8.790	1120
YBFB315L2－8	110	216.8	740	94.0	93.7	92.7	0.82	0.76	0.66	1.9	6.5	2.2	82	3.50	9.180	1300
YBFB355S－8	132	259.6	740	94.2	94.1	93.5	0.82	0.78	0.70	2.0	6.5	2.2	90	3.50	10.190	1640
YBFB355M－8	160	313.4	740	94.6	94.5	93.9	0.82	0.78	0.70	2.0	6.5	2.2	90	3.50	11.240	1820
YBFB355L1－8	185	362.3	740	94.6	94.5	94.2	0.82	0.80	0.73	2.0	6.5	2.2	90	3.50	12.480	2100
YBFB355L2－8	200	386.2	740	94.8	94.7	94.1	0.83	0.80	0.72	2.0	6.5	2.2	90	3.50	13.560	2200
同步转速600r/min																
YBFB315S－10	45	99.1	585	92.0	91.8	91.2	0.75	0.70	0.61	1.5	6.0	2.1	82	2.80		
YBFB315M－10	55	121.1	585	92.0	91.8	91.1	0.75	0.70	0.61	1.5	6.0	2.1	82	2.80		
YBFB315L1－10	75	162.1	585	92.5	92.3	91.7	0.76	0.72	0.62	1.5	6.0	2.1	82	2.80		
YBFB315L2－10	90	190.9	585	93.0	92.8	92.2	0.77	0.73	0.64	1.5	6.0	2.1	82	2.80		
YBFB355S－10	90	190.9	585	93.0	92.7	91.8	0.77	0.72	0.62	1.5	6.0	2.1	82	2.80		
YBFB355M1－10	110	229.9	585	93.2	93.1	92.2	0.78	0.73	0.62	1.3	5.5	2.1	90	2.80		
YBFB355M2－10	132	275.0	585	93.5	93.3	92.3	0.78	0.72	0.62	1.3	5.5	2.1	90	2.80		
YBFB355L1－10	160	333.0	585	93.6	93.4	92.5	0.78	0.73	0.63	1.3	5.5	2.1	90	2.80		
YBFB355L2－10	185	385.0	585	93.6	93.5	92.7	0.78	0.74	0.64	1.3	5.5	2.1	90	2.80		

注：① 当额定电压不是380V时，额定电流按 $I_N = I(380V) \times 380/U_N$。

② 效率、功率因数为标称值。

表 8-4-24 YBFB 系列复合防爆型高压三相异步电动机 6kV、冷却方式为 IC411(H355-450)

型 号	功率/kW	电流/A	转速/(r/min)	效率/%	功率因数 cosφ	堵转转矩/额定转矩	堵转电流/额定电流	最大转矩/额定转矩	振动/(mm/s)	噪声/dB(A)	飞轮力矩 GD^2/kg·m²	质量/kg
同步转速 3000r/min												
YBFB355-2	160	19.3	2975	93	0.86	1	6.5	2.2	2.8	106	17	2050
YBFB355-2	185	22.3	2973								18	2200
YBFB400S1-2	200	23.7	2985	93.5	0.87						19	2450
YBFB400S2-2	220	26.1									20	2530
YBFB400M1-2	250	29.1		94	0.88					108	21	2580
YBFB400M2-2	280	32.6									24	2660
YBFB450S1-2	315	36.4		94.5	0.88						37	3300
YBFB450S2-2	355	41.1									41	3430
YBFB450S3-2	400	46		95							45	3560
YBFB450M1-2	450	51.8									50	3690
YBFB450M2-2	500	57.6									56	3840
同步转速 1500r/min												
YBFB355-4	160	19.8	1486	92.8	0.84	1.1	6.5	2.2	2.8	103	25	2150
YBFB355-4	185	22.8									27	2300
YBFB400S1-4	200	24	1488	93.3	0.86						32	2660
YBFB400S2-4	220	26.4									35	2750
YBFB400M1-4	250	29.6			0.87					105	40	2810
YBFB400M2-4	280	33.2									44	2900
YBFB450S1-4	315	37		94.1							60	3470
YBFB450S2-4	355	41.7									65	3610
YBFB450S3-4	400	46.7		94.8							75	3750
YBFB450M1-4	450	52.5									85	3900
YBFB450M2-4	500	58.3									100	3350
同步转速 1000r/min												
YBFB400S1-6	160	19.9	987	92.2	0.84	1.1	6.5	2	2.8	95	47	3200
YBFB400S2-6	185	23									50	3280
YBFB400M1-6	200	24.7		92.7							54	3330
YBFB400M2-6	220	27.2									60	3380
YBFB450S1-6	250	30.4		93.2	0.85					100	75	3350
YBFB450S2-6	280	34									85	3400
YBFB450S3-6	315	38.3									95	3450
YBFB450M1-6	355	43.1									110	3520
YBFB450M2-6	400	48.6									125	3600
同步转速 750r/min												
YBFB400M1-8	160	20.9	742	92.2	0.8	1	6	2	2.8	92	56	3280
YBFB400M2-8	185	24.1									60	3340
YBFB450S1-8	200	25.7		92.5	0.81						80	3300
YBFB450S2-8	220	28.3									90	3350

续表

型　　号	功率/kW	电流/A	转速/(r/min)	效率/%	功率因数 $\cos\phi$	堵转转矩/额定转矩	堵转电流/额定电流	最大转矩/额定转矩	振动/(mm/s)	噪声/dB(A)	飞轮力矩 GD^2/kg·m²	质量/kg
同步转速 750r/min												
YBFB450S3-8	250	31.9									100	3400
YBFB450M1-8	280	35.7	742	93.2	0.81	1	6	2	2.8	99	115	3470
YBFB450M2-8	315	40.2									130	3550
同步转速 600r/min												
YBFB450S1-10	160	22.6									80	3300
YBFB450S2-10	185	26.1								92	90	3350
YBFB450S3-10	200	28.3	592	92	0.74	1	5.5	2	2.8		100	3400
YBFB450M1-10	220	31.1									115	3470
YBFB450M2-10	250	35.3								99	130	3550

表 8-4-25　YBFB 系列复合防爆型高压三相异步电动机 6kV、冷却方式为 IC511(H560-710)

机　座　号	功率/kW	电流/A	效率/%	功率因数 $\cos\phi$	堵转转矩/额定转矩	堵转电流/额定电流	最大转矩/额定转矩	噪声/dB(A)	振动/(mm/s)
同步转速 3000r/min									
YBFB560S1	500	56.9	95					111	
YBFB560S2	560	63.7							
YBFB560M1	630	71.3				6			
YBFB560M2	710	80.4	95.5	0.89	0.75			112	
YBFB630S1	800	90.6							
YBFB630S2	900	102				6.5	2.2		2.8
YBFB630M1	1000	112.6							
YBFB630M2	1120	126.1	96						
YBFB710S1	1250	139.2							
YBFB710S2	1400	156		0.9	0.7	6		113	
YBFB710M1	1600	177.3	96.5						
YBFB710M2	1800	199.4							
同步转速 1500r/min									
YBFB560S1	500	59.6	95					108	
YBFB560S2	560	66.7		0.85		6			
YBFB560M1	630	74.7							
YBFB560M2	710	84.2	95.5		0.9			111	
YBFB630S1	800	93.7							
YBFB630S2	900	105.4		0.86		6.5	2.2		2.8
YBFB630M1	1000	116.6							
YBFB630M2	1120	130.5	96						
YBFB710S1	1250	142.4							
YBFB710S2	1400	159.5		0.88	0.8	6		113	
YBFB710M1	1600	181.3	96.5						
YBFB710M2	1800	204.6							

续表

机座号	功率/kW	电流/A	效率/%	功率因数 cosφ	堵转转矩/额定转矩	堵转电流/额定电流	最大转矩/额定转矩	噪声/dB(A)	振动/(mm/s)
同步转速 1000r/min									
YBFB560S1	400	49.7	94.5						
YBFB560S2	450	55.6		0.82				105	
YBFB560M1	500	61.8							
YBFB560M2	560	69.2	95						
YBFB630S1	630	76			0.9				
YBFB630S2	710	85.6							
YBFB630M1	800	96	95.5	0.84		5.5	2.2	108	2.8
YBFB630M2	900	108							
YBFB710S1	1000	117.9							
YBFB710S2	1120	132	96	0.85	0.8				
YBFB710M1	1250	147.4						110	
YBFB710M2	1400	164.2	96.5						
同步转速 750r/min									
YBFB560S1	315	39.3	94						
YBFB560S2	355	44.3							
YBFB560M1	400	49.7	94.5	0.82				102	
YBFB560M2	450	55.9							
YBFB630S1	500	61.8			0.9				
YBFB630S2	560	68.3	95			5.5	2		2.8
YBFB630M1	630	76.9							
YBFB630M2	710	86.2							
YBFB710S1	800	97.1		0.83				105	
YBFB710S2	900	109.3	95.5						
YBFB710M1	1000	121.4			0.8				
YBFB710M2	1120	135.3	96					107	

表 8-4-26 YBS 系列隔爆型水冷高压三相异步电动机 6kV(H450-710)

机座号	功率/kW	电流/A	效率/%	功率因数 cosφ	堵转转矩/额定转矩	堵转电流/额定电流	最大转矩/额定转矩	噪声声功率级/dB(A)	质量/kg
同步转速 3000r/min(2P)									
	315	36.6							4300
	355	41.3	94	0.88					4400
	400	46.5						102	4500
	450	52.4							4600
450	500	57.2			0.8	6.5	2		4750
	560	64.1							4950
	630	72.1	94.5	0.89				104	5200
	710	81.2							5500

续表

<table>
<tr><th>机座号</th><th>功率/kW</th><th>电流/A</th><th>效率/%</th><th>功率因数 cosφ</th><th>堵转转矩/额定转矩</th><th>堵转电流/额定电流</th><th>最大转矩/额定转矩</th><th>噪声声功率级/dB(A)</th><th>质量/kg</th></tr>
<tr><td colspan="10">同步转速 3000r/min(2P)</td></tr>
<tr><td rowspan="8">560</td><td>800</td><td>91</td><td rowspan="4">95</td><td rowspan="8">0.89</td><td rowspan="8">0.8</td><td rowspan="8">6.5</td><td rowspan="8">2</td><td rowspan="3">104</td><td>7800</td></tr>
<tr><td>900</td><td>102.4</td><td>7900</td></tr>
<tr><td>1000</td><td>113.8</td><td>8000</td></tr>
<tr><td>1120</td><td>127.5</td><td rowspan="5">105</td><td>8200</td></tr>
<tr><td>1250</td><td>141.5</td><td rowspan="4">95.5</td><td>8300</td></tr>
<tr><td>1400</td><td>158.5</td><td>8400</td></tr>
<tr><td>1600</td><td>181.1</td><td>8800</td></tr>
<tr><td>1800</td><td>203.8</td><td>9000</td></tr>
<tr><td rowspan="4">630</td><td>2000</td><td>226.4</td><td>95.5</td><td>0.89</td><td rowspan="8">0.8</td><td rowspan="8">6.5</td><td rowspan="8">2</td><td>105</td><td>12250</td></tr>
<tr><td>2240</td><td>249.5</td><td rowspan="3">96</td><td rowspan="3">0.9</td><td rowspan="7">107</td><td>12480</td></tr>
<tr><td>2500</td><td>278.4</td><td>12700</td></tr>
<tr><td>2800</td><td>311.8</td><td>12950</td></tr>
<tr><td rowspan="4">710</td><td>2800</td><td>311.8</td><td>96</td><td rowspan="4">0.9</td><td>14300</td></tr>
<tr><td>3150</td><td>349</td><td rowspan="3">96.5</td><td>14650</td></tr>
<tr><td>3550</td><td>393.3</td><td>15300</td></tr>
<tr><td>4000</td><td>443.2</td><td>15550</td></tr>
<tr><td colspan="10">同步转速 1500r/min(4P)</td></tr>
<tr><td rowspan="8">450</td><td>315</td><td>37.1</td><td rowspan="4">94</td><td rowspan="4">0.87</td><td rowspan="8">0.8</td><td rowspan="8">6.5</td><td rowspan="8">2</td><td rowspan="5">102</td><td>5300</td></tr>
<tr><td>355</td><td>41.8</td><td>5400</td></tr>
<tr><td>400</td><td>47.1</td><td>5500</td></tr>
<tr><td>450</td><td>53</td><td>5600</td></tr>
<tr><td>500</td><td>57.9</td><td rowspan="4">94.5</td><td rowspan="4">0.88</td><td>5900</td></tr>
<tr><td>560</td><td>64.8</td><td rowspan="3">104</td><td>6100</td></tr>
<tr><td>630</td><td>72.9</td><td>6350</td></tr>
<tr><td>710</td><td>82.2</td><td>6600</td></tr>
<tr><td rowspan="8">560</td><td>800</td><td>92.1</td><td rowspan="4">95</td><td rowspan="8">0.88</td><td rowspan="8">0.8</td><td rowspan="8">6.5</td><td rowspan="8">2</td><td rowspan="3">104</td><td>8900</td></tr>
<tr><td>900</td><td>103.6</td><td>9100</td></tr>
<tr><td>1000</td><td>115.1</td><td>9300</td></tr>
<tr><td>1120</td><td>128.9</td><td rowspan="5">105</td><td>9500</td></tr>
<tr><td>1250</td><td>143.1</td><td rowspan="4">95.5</td><td>9800</td></tr>
<tr><td>1400</td><td>160.3</td><td>10000</td></tr>
<tr><td>1600</td><td>183.2</td><td>10500</td></tr>
<tr><td>1800</td><td>206.1</td><td>11000</td></tr>
</table>

续表

机座号	功率/kW	电流/A	效率/%	功率因数 cosφ	堵转转矩/额定转矩	堵转电流/额定电流	最大转矩/额定转矩	噪声声功率级/dB(A)	质量/kg
同步转速 1500r/min(4P)									
630	2000	229	95.5	0.88	0.8	6.5	2	105	13350
	2240	252.3						106	13600
	2500	281.6	96	0.89					13900
	2800	315.4							14200
710	2800	315.4	96	0.89	0.8	6.5	2	106	16800
	3150	352.9	96.5						17500
	3550	397.8							18200
	4000	448.2							18800

表 8-4-27 YFKS 系列高压三相异步电动机 6kV(H710-1000)

型号	功率/kW	额定电流/A	额定转速/(r/min)	效率/%	功率因数 cosφ	堵转转矩倍数	堵转电流倍数	最大转矩倍数	噪声(声压级)/dB(A)	飞轮转矩/t·m²	质量/t
同步转速 1500r/min											
YFKS710-4	5000	560.2	1485	96.5	0.89	5.0	0.6	1.8	106	1.00	17.30
	5600	627.4								1.10	17.70
	6300	705.1		96.6						1.20	18.10
	7100	785.0		96.7	0.90				107	1.30	18.50
YFKS800-4	7100	785.0								2.10	25.00
	8000	883.6		96.8						2.20	25.50
	9000	993.0		96.9						2.30	26.00
YFKS900-4	8000	883.6		96.8						3.04	33.00
	9000	993.0		96.9					108	3.20	34.00
	10000	1091.2			0.91					3.30	35.00
	11000	1197.9		97.1						3.40	36.00
	11200	1219.7								3.50	37.00
YFKS1000-4	12500	1361.2								5.80	48.00
	14000	1524.6								6.00	50.00
	16000	1742.4								6.50	52.00
	18000	1960.2								8.20	54.00

表 8-4-28　YW 系列无火花型三相异步电动机（H63-355）

型　号	满载时			效率/%			功率因数 cosϕ			堵转转矩/额定转矩	堵转电流/额定电流	最大转矩/额定转矩	噪声/dB(A)	振动/(mm/s)	转动惯量/kg·m²	质量/kg
	功率/kW	电流/A	转速/(r/min)	负载 4/4	负载 3/4	负载 1/2	负载 4/4	负载 3/4	负载 1/2							
YW63M1-2	0.18	0.53	2830	65	66.5	65.5	0.75	0.73	0.68							10
YW63M2-2	0.25	0.67	2830	68	68.5	67.5	0.78	0.76	0.7							12
YW71M1-2	0.37	0.95	2830	70	70.5	69.5	0.8	0.78	0.71	2.2	6	2.2	64	1.8		18
YW71M2-2	0.55	1.35	2830	73	73.5	72.5	0.82	0.8	0.72	2.2	6	2.3	64	1.8		19
YW80M1-2	0.75	1.77	2830	75	75.5	74.5	0.83	0.82	0.75	2.2	6	2.3	68	1.8	0.0042	16
YW80M2-2	1.1	2.47	2830	77	77.5	76.5	0.84	0.83	0.76	2.2	7	2.3	68	1.8	0.005	17
YW90S-2	1.5	3.4	2840	79	79.5	78.5	0.84	0.83	0.76	2.2	7	2.3	72	1.8	0.0075	22
YW90L-2	2.2	4.7	2840	81	82	80.8	0.85	0.84	0.77	2.2	7	2.3	72	1.8	0.0097	25
YW100L-2	3	6.4	2880	83	83.5	82.5	0.87	0.86	0.79	2.2	7	2.3	76	1.8	0.0174	33
YW112M-2	4	8.2	2890	85	85.5	84.5	0.88	0.86	0.79	2.2	7	2.3	77	1.8	0.0303	45
YW132S1-2	5.5	11	2920	86	86.2	86	0.88	0.84	0.77	2	7	2.3	80	1.8	0.0631	64
YW132S2-2	7.5	14.2	2920	87	87.2	86.6	0.88	0.85	0.79	2	7	2.3	80	1.8	0.0733	70
YW160M1-2	11	21.7	2950	88	88.2	87.6	0.89	0.85	0.78	2	7	2.3	86	2.8	0.21	117
YW160M2-2	15	28	2950	89	89.2	88.6	0.89	0.87	0.82	2	7	2.3	86	2.8	0.25	125
YW160L-2	18.5	33.8	2950	89	89.2	88.6	0.9	0.88	0.84	2	7	2.3	86	2.8	0.31	147
YW180M-2	22	41	2950	90	90.7	90.1	0.9	0.85	0.77	2	7	2.3	89	2.8	0.37	180
YW200L1-2	30	55.4	2950	91.2	91.4	90.6	0.9	0.86	0.8	2	7	2.3	92	2.8	0.63	240
YW200L2-2	37	67	2950	92	92.2	91.4	0.9	0.87	0.81	2	7	2.3	92	2.8	0.73	255
YW225M-2	45	82	2970	92.3	92.7	91.9	0.9	0.87	0.81	2	7	2.3	92	2.8	1.28	309
YW250M-2	55	99.5	2970	92.5	92.7	91.9	0.9	0.87	0.82	2	7	2.3	93	3.5	1.55	403

续表

型号	满载时			效率/%			功率因数 $\cos\phi$			堵转转矩/额定转矩	堵转电流/额定电流	最大转矩/额定转矩	噪声/dB(A)	振动/(mm/s)	转动惯量/kg·m²	质量/kg
	功率/kW	电流/A	转速/(r/min)	负载			负载									
				4/4	3/4	1/2	4/4	3/4	1/2							
YW280S－2	75	134.5	2970	93	93.2	92.6	0.9	0.87	0.82	2	7	2.3	94	3.5	1.89	544
YW280M－2	90	160	2970	93.8	94	93.2	0.91	0.85	0.8	2	7.0	2.3	94	3.5	2.02	620
YW315S－2	110	194	2980	94	94.2	93.4	0.91	0.89	0.82	1.8	7	2.2	96	3.5	2.26	1000
YW315M2－2	132	231.2	2980	94.5	94.7	93.9	0.91	0.87	0.83	1.8	7	2.2	96	3.5	2.42	1040
YW315L1－2	160	278.3	2980	94.6	94.8	94	0.92	0.88	0.83	1.8	7	2.2	99	3.5	2.76	1350
YW315L－2	185	320	2980	94.6	94.8	94	0.92	0.88	0.84	1.8	7	2.2	99	3.5	3.22	1450
YW315L2－2	200	345.4	2980	95	95.2	94.4	0.92	0.87	0.83	1.8	7	2.2	99	3.5	3.41	1600
YW355S1－2	185	319	2985	94.6	94.8	94.2	0.92	0.91	0.87	1.8	7	2.3	99	3.5	3.86	1840
YW355S2－2	200	344.4	2985	94.8	95	94.2	0.92	0.91	0.87	1.8	7	2.3	99	3.5	7.82	1840
YW355M1－2	220	377.2	2985	94.8	95	94.2	0.92	0.91	0.88	1.6	7	2.4	103	3.5	5.46	1840
YW355M2－2	250	425.2	2985	95.3	95.5	94.7	0.92	0.91	0.88	1.6	7	2.4	103	3.5	6.22	2100
YW355L1－2	280	477.2	2985	95.2	95.4	94.6	0.92	0.91	0.88	1.6	7	2.4	103	3.5	6.54	2250
YW355L2－2	315	533.1	2985	95.4	95.6	94.8	0.92	0.91	0.88	1.6	7	2.4	103	3.5	6.54	2250
YW63M1－4	0.12	0.48	1390	57.0	57.2	56.5	0.72	0.6	0.55	2.1	4.4	2.2	52	1.8		10
YW63M2－4	0.18	0.65	1390	60	60.2	59.5	0.73	0.63	0.58	2.1	4.4	2.2	52	1.8		12
YW71M1－4	0.25	0.83	1390	65	65.2	64.5	0.74	0.65	0.6	2.1	5	2.2	55	1.8		18
YFB71M2－4	0.37	1.12	1390	67	67.2	66.5	0.75	0.68	0.52	2.1	5	2.2	55	1.8		19
YW80M1－4	0.55	1.5	1390	71	71.5	70.2	0.76	0.68	0.55	2.3	5	2.3	58	1.8	0.006	17
YW80M2－4	0.75	2	1390	73	74	72.6	0.76	0.71	0.59	2.3	5	2.3	58	1.8	0.0077	18
YW90S－4	1.1	2.7	1400	75	76	74.8	0.77	0.71	0.6	2.3	6	2.3	61	1.8	0.012	22
YW90L－4	1.5	3.7	1400	78	79	77.6	0.79	0.73	0.62	2.3	6	2.3	61	1.8	0.015	27
YW100L1－4	2.2	5.16	1420	80	80.5	79.6	0.81	0.76	0.65	2.3	6	2.3	64	1.8	0.031	34

续表

型号	满载时			效率/%			功率因数 cosφ			堵转转矩/额定转矩	堵转电流/额定电流	最大转矩/额定转矩	噪声/dB(A)	振动/(mm/s)	转动惯量/kg·m²	质量/kg
	功率/kW	电流/A	转速/(r/min)	负载 4/4	负载 3/4	负载 1/2	负载 4/4	负载 3/4	负载 1/2							
YW100L2-4	3	6.78	1420	82	83	81.6	0.82	0.77	0.67	2.3	6	2.3	64	1.8	0.039	38
YW112M-4	4	8.82	1440	84	85	83.6	0.82	0.77	0.67	2.3	6	2.3	65	1.8	0.059	43
YW132S-4	5.5	11.2	1450	85	85.5	85.4	0.83	0.79	0.69	2.3	7	2.3	71	1.8	0.113	68
YW132M-4	7.5	14.8	1450	87	88	87.8	0.84	0.81	0.73	2.3	7	2.3	71	1.8	0.167	81
YW160M-4	11	22.1	1460	88	88.5	87.6	0.84	0.8	0.7	2.2	7	2.3	75	2.8	0.36	123
YW160L-4	15	29.4	1460	89	89.2	88.1	0.85	0.82	0.75	2.2	7	2.3	75	2.8	0.42	144
YW180M-4	18.5	35.1	1470	90.5	90.9	90.2	0.85	0.82	0.73	2.2	7	2.3	76	2.8	0.68	182
YW180L-4	22	41.3	1470	91	91.6	91	0.85	0.83	0.74	2.2	7	2.3	76	2.8	0.72	190
YW200L1-4	30	56.2	1470	92	92.4	91.8	0.86	0.83	0.75	2.2	7.2	2.3	79	2.8	0.81	270
YW225S-4	37	69.5	1480	92.5	92.6	92	0.87	0.83	0.74	2.2	7.2	2.3	81	2.8	1.21	284
YW225M-4	45	83.3	1480	92.8	93	90.9	0.87	0.84	0.76	2.2	7.2	2.3	81	2.8	1.85	320
YW250M-4	55	102.3	1480	93	93.2	92.4	0.87	0.85	0.78	2.2	7.2	2.3	83	3.5	2.32	427
YW280S-4	75	135.5	1485	93.8	94	93	0.87	0.86	0.8	2.2	7.2	2.3	86	3.5	2.86	562
YW280M-4	90	161	1485	94.2	94.5	92.9	0.87	0.87	0.8	2.2	7.2	2.3	86	3.5	3.34	667
YW315S-4	110	198	1485	94.5	94.8	92.8	0.88	0.87	0.81	2.1	7	2.3	93	3.5	4.68	1000
YW315M-4	132	230	1485	95	95.2	93.4	0.88	0.88	0.84	2.1	7	2.3	93	3.5	4.96	1100
YW315L1-4	160	285	1485	95	95.2	93.9	0.89	0.87	0.82	2.1	7	2.3	97	3.5	5.22	1100
YW315L-4	185	328	1485	95	95.2	94.2	0.89	0.87	0.84	2.1	7	2.3	97	3.5	5.43	1400
YW315L2-4	200	353.5	1485	95.2	95.4	94.5	0.89	0.87	0.84	2.1	7	2.3	97	3.5	5.62	1450
YW355S1-4	185	332.7	1485	95	95.2	94.2	0.89	0.89	0.84	2.1	7	2.3	97	3.5	6.45	1720
YW355S2-4	200	351.6	1485	95	95.2	94.2	0.89	0.88	0.84	2.1	7	2.3	97	3.5	6.56	1720
YW355M1-4	220	385	1485	95	95.2	94.5	0.89	0.89	0.85	2.1	7	2.3	101	3.5	6.88	1820

续表

型号	满载时			效率/%			功率因数 cosφ			堵转转矩/额定转矩	堵转电流/额定电流	最大转矩/额定转矩	噪声/dB(A)	振动/(mm/s)	转动惯量/kg·m²	质量/kg
	功率/kW	电流/A	转速/(r/min)	负载 4/4	负载 3/4	负载 1/2	负载 4/4	负载 3/4	负载 1/2							
YW355M2－4	250	436	1485	95	95.2	95	0.9	0.89	0.86	2.1	7	2.3	101	3.5	7.22	1900
YW355L1－4	280	487	1485	95.2	95.1	94.9	0.9	0.89	0.86	2.1	7	2.3	101	3.5	7.46	2080
YW355L2－4	315	546	1485	95.6	95.5	95.3	0.9	0.89	0.86	2.1	7	2.3	101	3.5	7.68	2260
YW801－6	0.37	1.27	900	62	62.2	59	0.65	0.6	0.48	1.9	4.7	2	54	1.8		
YW802－6	0.55	1.76	900	65	66.1	45.8	0.65	0.63	0.5	1.9	4.7	2.1	54	1.8		
YW90S－6	0.75	2.29	910	69	70	68	0.7	0.63	0.51	2	5.5	2.1	57	1.8	0.017	23
YW90L－6	1.1	3.14	910	72	73	71.7	0.72	0.65	0.52	2	5.5	2.1	57	1.8	0.02	25
YW100L－6	1.5	3.95	940	76	77.2	75.2	0.75	0.69	0.57	2	5.5	2.1	61	1.8	0.039	33
YW112M－6	2.2	5.57	940	79	80	78.6	0.76	0.69	0.58	2	6.5	2.1	65	1.8	0.068	45
YW132S－6	3	6.9	960	81	81.2	80.8	0.76	0.7	0.58	2.1	6.5	2.1	69	1.8	0.161	63
YW132M1－6	4	9	960	82	83.7	83.1	0.76	0.68	0.56	2.1	6.5	2.1	69	1.8	0.203	73
YW132M2－6	5.5	12.1	960	84	85	84.2	0.77	0.71	0.59	2.1	6.5	2.1	69	1.8	0.258	84
YW160M－6	7.5	16.5	970	86	86.7	85.9	0.77	0.71	0.61	2	6.5	2.1	73	2.8	0.46	119
YW160L－6	11	23.3	970	87	87.5	86.7	0.78	0.74	0.64	2	6.5	2.1	73	2.8	0.61	147
YW180L－6	15	30.3	980	89	89.7	88.9	0.81	0.77	0.67	2	7	2.1	73	2.8	1.01	195
YW200L1－6	18.5	37.1	980	90	90.4	89.8	0.81	0.77	0.68	2.1	7	2.1	76	2.8	1.62	220
YW200L2－6	22	43.5	980	90	90.5	89.7	0.83	0.79	0.7	2.1	7	2.1	76	2.8	1.84	250
YW225M－6	30	57.6	985	92	92.4	91.8	0.84	0.81	0.74	2	7	2.1	79	2.8	2.43	292
YW250M－6	37	69.2	985	92	92.3	91.8	0.86	0.83	0.77	2.1	7	2	78	3.5	2.68	408
YW280S－6	45	84.4	990	92.5	92.6	92.5	0.86	0.83	0.76	2.1	7	2	80	3.5	3.46	536
YW280M－6	55	101.5	990	92.8	92.8	92	0.86	0.84	0.79	2.1	7	2	80	3.5	3.97	595
YW315S－6	75	142	990	93.5	93.3	92.6	0.86	0.83	0.74	2	7	2	85	3.5	4.57	920

续表

型号	满载时			效率/%			功率因数 cosϕ			堵转转矩/额定转矩	堵转电流/额定电流	最大转矩/额定转矩	噪声/dB(A)	振动/(mm/s)	转动惯量/kg·m^2	质量/kg
	功率/kW	电流/A	转速/(r/min)	负载 4/4	负载 3/4	负载 1/2	负载 4/4	负载 3/4	负载 1/2							
YW315M－6	90	166.5	990	93.8	93.6	93.2	0.86	0.84	0.77	2	7	2	85	3.5	4.83	1100
YW315L1－6	110	202.5	990	94	93.8	93.4	0.86	0.84	0.77	2	7	2	85	3.5	5.32	1200
YW315L2－6	132	241.5	990	94.2	94	93.6	0.87	0.85	0.78	2	7	2	85	3.5	5.95	1600
YW355S－6	160	286.5	990	94.5	94.4	94.1	0.88	0.86	0.81	2	7	2	92	3.5	7.32	1760
YW355M1－6	185	329	990	94.5	94.4	94.1	0.88	0.87	0.82	2	7	2	92	3.5	7.89	1900
YW355M2－6	200	355.5	990	94.7	94.6	94.3	0.88	0.87	0.821	2	7	2	92	3.5	8.17	2140
YW355L1－6	220	390	990	94.7	94.6	94.4	0.88	0.87	0.83	2	7	2	92	3.5	8.25	2250
YW355L2－6	250	442.5	990	95	94.6	94.5	0.88	0.87	0.83	2	7	2	92	3.5	8.36	2250
YW801－8	0.18	0.86	650	51	49	44	0.61	0.52	0.42	1.8	3.3	1.9	52	1.8		
YW802－8	0.25	1.13	650	54	53	47	0.61	0.52	0.41	1.8	3.3	1.9	52	1.8		
YW90S－8	0.37	1.44	680	62	61.8	57	0.61	0.52	0.41	1.8	4	2	56	1.8		
YW90L－8	0.55	2.07	680	63	62.6	60	0.61	0.52	0.41	1.8	4	2	56	1.8		
YW100L1－8	0.75	2.36	690	71	71	68.4	0.67	0.58	0.46	1.8	4	2	59	1.8		
YW100L2－8	1.1	3.32	690	73	73.6	72	0.69	0.6	0.47	1.8	4.5	2	59	1.8		
YW100L2－8	1.1	3.32	690	73	73.6	72	0.69	0.6	0.47	1.8	4.5	2	59	1.8		
YW112M－8	1.5	3.6	700	75	76.2	74.8	0.69	0.61	0.48	1.8	4.5	2	61	1.8		
YW132S－8	2.2	5.6	710	78	79	78	0.71	0.63	0.5	1.8	5.5	2	64	1.8	0.12	63
YW132M－8	3	7.5	710	79	80	77.9	0.73	0.64	0.51	1.8	5.5	2	64	1.8	0.2	79
YW160M1－8	4	10.3	720	81	84.7	84.7	0.73	0.65	0.53	1.9	6	2	68	2.8	0.36	118
YW160M2－8	5.5	13.4	720	83	84.7	83.8	0.74	0.66	0.54	1.9	6	2	68	2.8	0.46	119
YW160L－8	7.5	17	720	85	86.8	84.6	0.75	0.68	0.56	1.9	6	2	68	2.8	0.61	145
YW180L－8	11	24.5	730	87	87.9	87.2	0.76	0.7	0.59	1.9	6.5	2	70	2.8	1.06	184

续表

型 号	满载时			效率/%			功率因数 $\cos\phi$			堵转转矩/额定转矩	堵转电流/额定电流	最大转矩/额定转矩	噪声/dB(A)	振动/(mm/s)	转动惯量/kg·m^2	质量/kg
	功率/kW	电流/A	转速/(r/min)	负载			负载									
				4/4	3/4	1/2	4/4	3/4	1/2							
YW200L－8	15	33.5	730	88	88.2	874	0.76	0.69	0.58	2	6.5	2	73	2.8	1.6	250
YW225S－8	18.5	39.5	735	90	89.8	89.2	0.76	0.71	0.61	2	6.5	2	73	2.8	2.5	266
YW225M－8	22	46.5	735	90.5	90.8	89.3	0.78	0.73	0.63	2	6.5	2	73	2.8	2.74	292
YW250M－8	30	61.5	740	91	91.5	89.8	0.79	0.75	0.65	1.9	6.5	2	75	3.5	2.91	405
YW280S－8	37	74.5	740	91.5	91.7	91	0.79	0.74	0.65	1.8	6.5	2	76	3.5	3.21	520
YW280M－8	45	90	740	92	92.3	91.7	0.79	0.75	0.66	1.8	6.5	2	76	3.5	3.42	592
YW315S－8	55	112.5	740	92.8	92.5	91.2	0.81	0.73	0.64	1.9	6.5	2	82	3.5	3.72	920
YW315M－8	75	152	740	93	92.7	91.8	0.81	0.75	0.65	1.9	6.5	2	82	3.5	4.15	1100
YW315L1－8	90	179	740	93.8	93.6	92.3	0.82	0.76	0.66	1.9	6.5	2	82	3.5	4.8	1100
YW315L2－8	110	218	740	94	93.7	92.7	0.82	0.76	0.66	1.9	6.5	2	82	3.5	5.44	1300
YW355S－8	132	254	740	94.2	94.1	93.5	0.82	0.78	0.7	2	6.5	2.2	90	3.5	11.37	1600
YW355M－8	160	305.5	740	94.6	94.5	93.9	0.82	0.78	0.7	2	6.5	2.2	90	3.5	13.7	1820
YW355L1－8	185	349.5	740	94.6	94.5	94.2	0.82	0.8	0.73	2	6.5	2.2	90	3.5	13.7	2050
YW355L2－8	200	379.5	740	94.8	94.7	94.1	0.83	0.8	0.72	2	6.5	2.2	90	3.5	16.33	2200
YW315S－10	45	99.1	585	92	91.8	91.2	0.75	0.7	0.61	1.5	6	2	82	3.5		
YW315M－10	55	121.1	585	92	91.8	91.1	0.75	0.7	0.61	1.5	6	2	82	3.5		
YW315L1－10	75	162.1	585	92.5	92.3	91.7	0.76	0.72	0.62	1.5	6	2	82	3.5		
YW315L2－10	90	190.9	585	93	92.8	92.2	0.77	0.73	0.64	1.5	6	2	82	3.5		
YW355S－10	90	190.9	585	93	92.7	91.8	0.77	0.72	0.62	1.5	6	2.1	82	3.5		
YW355M1－10	110	229.9	585	93.2	93.1	92.2	0.78	0.73	0.62	1.3	5.5	2.1	90	3.5		
YW355M2－10	132	275	585	93.5	93.3	92.3	0.78	0.72	0.62	1.3	5.5	2.1	90	3.5		
YW355L1－10	160	333	585	93.6	93.4	92.5	0.78	0.73	0.63	1.3	5.5	2.1	90	3.5		
YW355L2－10	185	385	585	93.6	93.5	92.7	0.78	0.74	0.64	1.3	5.5	2.1	90	3.5		

注：① 当额定电压不是380V时，额定电流按 $I_N = I(380V) \times 380/U_N$。

表 8-4-29 TAW 无刷励磁同步机

机座号	功率/kW	电流/A	效率/%	功率因数 $\cos\phi$	堵转转矩/额定转矩	堵转电流/额定电流	最大转矩/额定转矩	牵入转矩/额定转矩	噪声声功率级/dB(A)	飞轮转矩 GD^2/kg·m²	质量/kg
同步转速 375r/min											
TAW550-16/1730	550	62.9	93.5	0.9	0.6	6	1.6	0.6	85	3000	20450
TAW630-16/1730	630	72	93.5	0.9	0.6	6	1.6	0.6	85	3000	20450
TAW710-16/1730	710	80.8	94	0.9	0.6	6	1.6	0.6	85	3500	20880
TAW800-16/1730	800	91	94	0.9	0.6	6	1.6	0.6	85	4000	21370
TAW900-16/1730	900	102.4	94	0.9	0.6	6	1.6	0.6	85	4500	22850
TAW1000-16/1730	1000	113.7	94	0.9	0.6	6	1.6	0.6	85	5000	23520
TAW900-16/2150	900	102.4	94	0.9	0.6	6	1.6	0.6	85	9000	24250
TAW1000-16/2150	1000	113.7	94	0.9	0.6	6	1.6	0.6	85	10000	24250
TAW1120-16/2150	1120	126.7	94.5	0.9	0.6	6	1.6	0.6	85	11000	24900
TAW1250-16/2150	1250	141.4	94.5	0.9	0.6	6	1.6	0.6	85	12000	25250
TAW1400-16/2150	1400	157.6	95	0.9	0.6	6	1.6	0.6	85	13000	26000
TAW1600-16/2150	1600	180	95	0.9	0.6	6	1.6	0.6	85	14000	26650
TAW1800-16/2150	1800	202.6	95	0.9	0.6	6	1.6	0.6	85	15000	27200
TAW2000-16/2150	2000	225	95	0.9	0.6	6	1.6	0.6	85	16000	28050
TAW2200-16/2600	2200	247.5	95	0.9	0.6	6	1.6	0.6	85	19500	36500
TAW2500-16/2600	2500	281.3	95	0.9	0.6	6	1.6	0.6	85	21500	37500
TAW2800-16/2600	2800	313.5	95.5	0.9	0.6	6	1.6	0.6	85	24500	38500
TAW3000-16/2600	3000	335.9	95.5	0.9	0.6	6	1.6	0.6	85	27500	39500
TAW3200-16/2600	3200	358.3	95.5	0.9	0.6	6	1.6	0.6	85	27500	39500
TAW3400-16/2600	3400	378.7	96	0.9	0.6	6	1.6	0.6	85	29500	40500
TAW3600-16/2600	3600	400.9	96	0.9	0.6	6	1.6	0.6	85	31500	42000

续表

机座号	功率/kW	电流/A	效率/%	功率因数 cosφ	堵转转矩/额定转矩	堵转电流/额定电流	最大转矩/额定转矩	牵入转矩/额定转矩	噪声声功率级/dB(A)	飞轮转矩 GD^2/kg·m²	质量/kg
同步转速 375r/min											
TAW4000－16/2600	4000	443.2	96.5	0.9	0.6	6	1.6	0.6	85	33000	43000
TAW4500－16/2600	4500	498.6	96.5	0.9	0.6	6	1.6	0.6	85	35500	44500
TAW5000－16/2600	5000	553.9	96.5	0.9	0.6	6	1.6	0.6	85	37500	45500
TAW5500－16/2600	5500	609.4	96.5	0.9	0.6	6	1.6	0.6	85	39500	47000
TAW5500－16/3250	5500	609.4	96.5	0.9	0.6	6	1.6	0.6	85	60000	77200
TAW6300－16/3250	6300	698	96.5	0.9	0.6	6	1.6	0.6	85	65000	79200
TAW7100－16/3250	7100	782.6	97	0.9	0.6	6	1.6	0.6	85	70000	82100
TAW8000－16/3250	8000	881.8	97	0.9	0.6	6	1.6	0.6	85	75000	83700
TAW9000－16/3250	9000	992	97	0.9	0.6	6	1.6	0.6	85	80000	86000
TAW10000－16/3250	10000	1102	97	0.9	0.6	6	1.6	0.6	85	85000	87900
同步转速 333r/min											
TAW500－18/1730	500	56.9	93.5	0.9	0.6	6	1.6	0.6	85	3000	20450
TAW550－18/1730	560	64	93.5	0.9	0.6	6	1.6	0.6	85	3500	20880
TAW630－18/1730	630	71.7	94	0.9	0.6	6	1.6	0.6	85	4000	21370
TAW710－18/1730	710	80.8	94	0.9	0.6	6	1.6	0.6	85	4500	21850
TAW800－18/1730	800	91	94	0.9	0.6	6	1.6	0.6	85	5000	22520
TAW900－18/1730	900	102.4	94	0.9	0.6	6	1.6	0.6	85	9000	24250
TAW800－18/2150	800	91	94	0.9	0.6	6	1.6	0.6	85	10000	24250
TAW900－18/2150	900	102.4	94	0.9	0.6	6	1.6	0.6	85	11000	24900
TAW1000－18/2150	1000	113.7	94	0.9	0.6	6	1.6	0.6	85	12000	25250
TAW1120－18/2150	1120	127.3	94	0.9	0.6	6	1.6	0.6	85	13000	26000
TAW1250－18/2150	1250	140.7	94.5	0.9	0.6	6	1.6	0.6	85	14000	26650
TAW1400－18/2150	1400	158.4	94.5	0.9	0.6	6	1.6	0.6	85	15000	27200
TAW1600－18/2150	1600	180	95	0.9	0.6	6	1.6	0.6	85	16000	28050

续表

机座号	功率/kW	电流/A	效率/%	功率因数 cosφ	堵转转矩/额定转矩	堵转电流/额定电流	最大转矩/额定转矩	牵入转矩/额定转矩	噪声声功率级/dB(A)	飞轮转矩 GD^2/kg·m²	质量/kg
同步转速 333r/min											
TAW1800－18/2150	1800	202.6	95	0.9	0.6	6	1.6	0.6	85	16500	29050
TAW1800－18/2600	1800	202.6	95	0.9	0.6	6	1.6	0.6	85	19500	33000
TAW2000－18/2600	2000	222.7	95	0.9	0.6	6	1.6	0.6	85	22000	34200
TAW2200－18/2600	2200	247.6	95	0.9	0.6	6	1.6	0.6	85	24400	36100
TAW2500－18/2600	2500	280	95.5	0.9	0.6	6	1.6	0.6	85	27200	37900
TAW2800－18/2600	2800	313.5	95.5	0.9	0.6	6	1.6	0.6	85	28700	38700
TAW3000－18/2600	3000	334.1	96	0.9	0.6	6	1.6	0.6	85	28700	38700
TAW3200－18/2600	3200	356.4	96	0.9	0.6	6	1.6	0.6	85	30600	40000
TAW3400－18/2600	3400	378.7	96	0.9	0.6	6	1.6	0.6	85	32500	41200
TAW3600－18/2600	3600	400.9	96	0.9	0.6	6	1.6	0.6	85	32500	41200
TAW4000－18/2600	4000	445.5	96	0.9	0.6	6	1.6	0.6	85	34000	42500
TAW4500－18/2600	4500	498.6	96.5	0.9	0.6	6	1.6	0.6	85	36300	43700
TAW5000－18/2600	5000	554	96.5	0.9	0.6	6	1.6	0.6	85	37500	45000
TAW5500－18/2600	5500	609.4	96.5	0.9	0.6	6	1.6	0.6	85	38300	46000
TAW5500－18/3250	5500	609.4	96.5	0.9	0.6	6	1.6	0.6	85	65000	75600
TAW6300－18/3250	6300	698	96.5	0.9	0.6	6	1.6	0.6	85	70000	77700
TAW7100－18/3250	7100	782.6	97	0.9	0.6	6	1.6	0.6	85	75000	79800
TAW8000－18/3250	8000	881.8	97	0.9	0.6	6	1.6	0.6	85	80000	81800
TAW9000－18/3250	9000	992	97	0.9	0.6	6	1.6	0.6	85	85000	85900
同步转速 300r/min											
TAW710－20/2150	710	80.8	94	0.9	0.6	6	1.6	0.6	85	8000	23700
TAW800－20/2150	800	91	94	0.9	0.6	6	1.6	0.6	85	9000	24400
TAW900－20/2150	900	102.4	94	0.9	0.6	6	1.6	0.6	85	10000	24800
TAW1000－20/2150	1000	113.7	94	0.9	0.6	6	1.6	0.6	85	11000	25600

续表

机座号	功率/kW	电流/A	效率/%	功率因数 $\cos\phi$	堵转转矩/额定转矩	堵转电流/额定电流	最大转矩/额定转矩	牵入转矩/额定转矩	噪声声功率级/dB(A)	飞轮转矩 GD^2/kg·m²	质量/kg
同步转速 300r/min											
TAW1120－20/2150	1120	126.7	94.5	0.9	0.6	6	1.6	0.6	85	12000	26300
TAW1250－20/2150	1250	141.4	94.5	0.9	0.6	6	1.6	0.6	85	13000	26900
TAW1400－20/2150	1400	157.6	95	0.9	0.6	6	1.6	0.6	85	14000	27850
TAW1600－20/2150	1600	180	95	0.9	0.6	6	1.6	0.6	85	15000	28550
TAW1800－20/2600	1800	202.6	95	0.9	0.6	6	1.6	0.6	85	19500	34500
TAW2000－20/2600	2000	225.1	95	0.9	0.6	6	1.6	0.6	85	21500	35500
TAW2200－20/2600	2200	247.6	95	0.9	0.6	6	1.6	0.6	85	21500	35500
TAW2500－20/2600	2500	279.9	95.5	0.9	0.6	6	1.6	0.6	85	24000	37500
TAW2800－20/2600	2800	313.5	95.5	0.9	0.6	6	1.6	0.6	85	27000	39500
TAW3000－20/2600	3000	335.9	95.5	0.9	0.6	6	1.6	0.6	85	29000	40500
TAW3200－20/2600	3200	356.4	96	0.9	0.6	6	1.6	0.6	85	29000	40500
TAW3400－20/2600	3400	378.7	96	0.9	0.6	6	1.6	0.6	85	31000	42000
TAW3600－20/2600	3600	400.9	96	0.9	0.6	6	1.6	0.6	85	32500	43000
TAW4000－20/2600	4000	445.5	96	0.9	0.6	6	1.6	0.6	85	35000	44500
TAW4500－20/2600	4500	498.6	96.5	0.9	0.6	6	1.6	0.6	85	37000	45500
TAW5000－20/2600	5000	554	96.5	0.9	0.6	6	1.6	0.6	85	38500	47000
TAW5000－20/3250	5000	554	96.5	0.9	0.6	6	1.6	0.6	85	65000	70800
TAW5500－20/3250	5500	609.4	96.5	0.9	0.6	6	1.6	0.6	85	70000	73300
TAW6300－20/3250	6300	698	96.5	0.9	0.6	6	1.6	0.6	85	75000	75000
TAW7100－20/3250	7100	782.6	97	0.9	0.6	6	1.6	0.6	85	80000	80000
TAW8000－20/3250	8000	881.8	97	0.9	0.6	6	1.6	0.6	85	85000	84000
TAW9000－20/3250	9000	992	97	0.9	0.6	6	1.6	0.6	85	90000	88000
TAW10000－20/3250	10000	1102.2	97	0.9	0.6	6	1.6	0.6	85	100000	92000

表 8-4-30 TK、TDK 同步电动机

TDK□/□-□同步电动机

型号	额定功率/kW	额定电流/A	额定电压/V	额定转速/(r/min)	额定功率因数 cosφ	堵转电流/额定电流	堵转转矩/额定转矩
TDK 143/14-16	180	331	380	375	0.9	6	0.75
TDK 173/29-16	630	72.5	6000	375	0.9	6	0.8
TDK 215/36-16	1250	144	6000	375	0.9	6	1.1
TDK 325/61-24	4000	446	6000	250	0.9	6.5	1

型号	最大转矩/额定转矩	牵入转矩/额定转矩	效率/%	励磁装置型号
TDK 143/14-16	1.8	0.6	91	KGLF 11-200A/50V
TDK 173/29-16	1.8	0.6	93	KGLF 11-300A/75V
TDK 215/36-16	2	0.9	94	KGLF 11-300A/110V
TDK 325/61-24	1.8	1	95	KGLF 11-300A/170V

TK□/□-□通风型同步电动机

型号	额定功率/kW	额定电压/V	额定电流/A	额定转速/(r/min)	额定功率因数 cosφ	堵转电流/额定电流	堵转转矩/额定转矩
TDK 250-14/1180	250	6000	29.4	428	0.9	5	0.9
TDK 320-14/1430	320	380	577	428	0.9	6	0.75
TDK 800-18/2150	800	6000	91	333	0.9	5	1
TDK 1000-16/2150	1000	6000	115	375	0.9	6	1.1

型号	最大转矩/额定转矩	牵入转矩/额定转矩	效率/%	励磁装置型号
TDK 250-14/1180	2	0.6	91	KGLF 21-200A/50V
TDK 320-14/1430	1.8	0.6	93.5	KGLF 11-130A/75
TDK 800-18/2150	2	0.7	92	KGLF 12-00A/110V
TDK 1000-16/2150	2	0.9	93	KGLF 11-300A/110V

TK、TDK 同步电动机

型号	额定功率/kW	额定电压/V	额定电流/A	额定转速/(r/min)	功率因数 cosφ	效率/%	启动电流/额定电流	启动转矩/额定转矩	牵入转矩/额定转矩	最大转矩/额定转矩
TK180-18/1430	180	6000	21.4	333	0.9	90	6.79	1.47	1.3	3
TK250-14/1180	250	6000	29	428	0.9	90	4.6	1.6	0.8	2.2
TK400-16/1730	400	6000	47	375	0.9	93.1	4.6	1.2	0.8	2.2
TDK173/20-14	550	6000	64	428	0.9	93	5	1.3	0.9	2.3
TDKX173/20-16	550	6000	64	375	0.9	93	4.6	1.1	0.8	2.2
TDK173/20-16	550	6000/3000	64/128	375	0.9	93	4.6	1.0	0.75	2.4
TK500-18/2150	500	6000	58.2	333	0.9	92.2	4.64	0.96	0.87	2.04
TK500-20/2150	500	6000	58	300	0.9	93	5.5	1.01	1.09	2.42
TK630-16/1730	630	6000	73	375	0.9	93.7	4.56	1.14	0.84	2.03
TDK215/24-20	630	6000	73	300	0.9	92.8	5.45	1.0	1.1	2.35
TK650-20/2150	650	6000	75	300	0.9	93	5.32	0.994	1.0	2.3
TK800-18/2150	800	6000	92.5	333	0.9	93	4.9	1.5	0.82	2.13
TDK215/25-18	800	6000	92	333	0.9	93	4.6	1.17	0.751	1.87
TK1000-18/2150	1000	6000	115	333	0.9	93.7	5.48	1.6	0.92	2.15
TDK173/41-16	1000	6000	115	375	0.9	94	5.6	1.3	1.0	2.5
TDK173/49-14	1250	6000	141	428	0.9	94	5.7	1.4	1.1	2.1
TDK215/44.5-16	1800	6000	203	375	0.9	94.8	4.8	1.24	1.2	1.9

注：牵入转矩：同步电动机在额定频率、额定电压和励磁绕组被短路的条件下，以感应电机方式运行于95%同步转速时所产生的转矩。

8.5　电动机变频调速及调速电动机

交流异步电动机是炼油厂应用最广泛的一种动力机械，大量用于拖动机泵。由于机泵大多采用调节阀调节流量，节流损失达40%~50%。如采用机泵本身调速节流，可节约能量40%以上，很适合机泵流量变化频繁，能耗较高的工况。

一般认为，若机泵流量经常在额定流量90%以上变化时，不宜采用调速装置。这是因为调速装置本身效率就90%左右，故不会显著产生节能效果。若流量经常在额定流量的80%以下变化时，则有节能潜力，应予考虑调速。

交流电动机的调速方法按系统效率归纳起来，可分为两大类。

(1) 有转差损耗的调速系统，这类系统包括：

① 绕线型异步电动机转子串联电阻调速；

② 鼠笼型异步电动机定子调压调速；

③ 电磁调速异步电动机调速；

④ 液力耦合器调速。

这类调速装量在电机速度变化时都有额外的转差损耗以热量形式散失，因此，系统效率不高。应避免转速长期运转在60%~70%的区域，因为这个区域的转差损耗大。

(2) 高效调速系统，属于这类调速系统包括：

① 绕线型异步电动机串级调速；

② 鼠笼型异步电动机和同步电动机的变频调速；

③ 变极对数有级调速。

高效调速系统在电动机转速改变时基本保持额定转差而无附加转差损耗，或者将转差功率回馈至电网或电机轴的调速系统，所以系统效率相对较高。表8-5-1给出各种调速方法的特点。

表8-5-1　各种调速方法的特点比较

调速方法	调速特点	应用范围
绕线型电动机转子串联电阻	① 通过电刷使转子绕组与外电路附加电阻串联，进行调速 ② 技术简单，调速设备费用较低 ③ 功率因数取决于电机，无谐波影响 ④ 采用铸铁电阻器可实现有级调速，采用液体电阻器可实现无级调速 ⑤ 串电阻器调速有附加转差功率，以热的形式消耗在电阻上 ⑥ 效率较低	适用于调速范围不大，负载转矩稳定，对电机的机械特性要求不高的场合
鼠笼型异步电动机定子调压调速	① 不同的定子电压可得到一组机械特性曲线 ② 对负载转矩与转速平方成比例的载荷拖动有较大的调速范围 ③ 对于在机械特性曲线段的交点和高转差率电机必须采用闭环控制才能稳定工作 ④ 调节定子电压通过控制电动机定子侧每相的反并联晶闸管的控制角 ⑤ 转差功率以热形式损耗于转子中 ⑥ 效率低	适用于重复短时工作制的起重机械等 适用于30kW以下的鼠笼型异步电动机和高转差率异步电动机

续表

调速方法	调速特点	应用范围
电磁调速电动机调速	①由鼠笼型电动机，电磁转差离合器和直流励磁电源三部分组成 ②改变励磁电流大小就可达到对负载调速的目的 ③结构简单，价格便宜 ④离合器本身有较大转差存在，使输出轴最高转速仅为同步转速的80%~90%，速度损失大 ⑤若离合器及其控制设备发生故障时，负载无法切换至额定转速下工作 ⑥转差功率以热形式损耗 ⑦效率低	适用于中小容量的电动机
液力耦合器调速	①不是交流传动装置，但有转差功率损耗 ②由液力传动推动负载机械运转 ③耦合器的传动能力与充液量多少一致，故改变充液率就可改变耦合器的特性，从而调节了输出转速及转矩 ④结构简单、工作可靠、维护方便，但轴向安装尺寸大 ⑤可无级调速 ⑥耦合器本身存在转差，负载无法达到额定转速，故障时无法切换运转 ⑦需要采取冷却措施 ⑧转差功率以热形式损耗，效率不高	适用于几十kW至上万kW不同功率的需要，适用于高流量且运行时间较长的机泵
变极对数调速	①改变电动机定子绕组产生旋转磁场的极对数 ②不能平滑调速，为有级调速，而且级差比较大，仅有2~3挡转速 ③无附加转差损耗，效率高 ④控制电路简单、维修方便、价格低 ⑤可与定子调压或电磁调速结合形成效率较高的调速系统	适用于要求有级调速且级差较大的场合
变频调速	①改变异步电动机定子端输入电源频率f ②平滑无级调速，调速范围大，一般可达20∶1，调速精度高 ③保持了异步电动机固有的机械特性硬、转差率小的特点 ④无附加转差损耗，效率高 ⑤起动能耗小，可实现电动机的软起动，对大容量电机可避免对电网的电流冲击 ⑥技术相对复杂，要求维护人员有一定技术水平，但产品定型、系列化	适用于各种功率的电机，特别适合于在低转速、低流量区域运行较长或起停运行频繁的机泵，适合旧设备改造

续表

调速方法	调速特点	应用范围
绕线型异步电动机串级调速	① 在转子电路中不串入附加电阻，而串入一个附加电势 E_f，其相位与转子电势的相位相反，则使电机的转速降低，达到调速目的 ② 可以利用逆变装置将转子的转差能量回馈到电网，所以效率高 ③ 其调速装置容量与调速范围成正比，调速范围小时，转差功率小，调速装置容量也小，设备投资相应变小 ④ 调速装置出现故障时，可切换至额定转速下运行 ⑤ 功率因数较低，产生的高次谐波对电网影响较大 ⑥ 可控硅串级调速装置无旋转部分，维修容易	适用于要求单象限运行的场合，适合于机泵调速

8.5.1 变频调速器

目前，在炼油厂应用的各种调速装置中，变频调速装置优于其他调速方法。变频调速没有转差损耗，仅有变频器和电机损耗，所以变频调速系统的效率为

$$\eta_{VF}=\eta_{VD}\cdot\eta_M$$

式中　η_{VD}——变频装置效率；

η_M——电动机效率。

变频系统的效率达到0.7~0.9，因此，变频调速是一种理想的交流调速方案，它具有串级调速效率高的优点，又改善了串级调速功率因数低的缺点。

交流异步电动机的变频调速原理可从交流异步电动机的转速方程得出。交流异步电动机的转速为

$$n=\frac{60f}{N}(1-s)$$

式中　f——电动机定子绕组的供电频率，Hz；

N——旋转磁场的极对数；

s——转差率，亦即定子旋转磁场同步转速与 n 的关系。

一般转差率 s 随负载变化而稍有变动，大致在0.02~0.05范围内变动，因而，改变电动机供电频率 f 就可改变电机的转速 n。变频调速器就是一种通过改变供电频率达到调速目的的装置。

与其他调速装置相比，变频调速装置有如下一些特点：

① 体积小，操作简便，可以手控、自控和遥控。

② 输入、输出端连接简单，如以温度、压力、流量等变量信号输入变频器外部接口，或与可编程控制器、计算机连接，可以实现闭环控制。

③ 电机的启动电流低，约为额定电流的1.7倍，对电网和设备的冲击小。

④ 对过电压、过电流等有保护动能，并用数字显示故障。

变频调速装置分交—直—交和交—交两种类型。交—直—交型变频调速装置将供电频率的交流电经过整流再转换成输出频率的交流电。它的主回路简单，调节速度快，系统动态响

应好，功率因数高。交—交型变频调速器是直接将供电频率电流转换成输出频率的交流电。与前者相比，其效率较高，损耗小，在低频时输出的电压波形好。当电机低速运行时，不增加谐波损耗，并不出现抖动与爬行。

使用变频调速器应注意：

① 普通交流异步电动机的运行频率不宜超过 60Hz，避免因转速过高而引起损坏。

② 也不宜在 10Hz 以下的低频区运行，避免因转速低散热条件恶劣而引起的损坏。

变频调速器的容量选定应适当。容量过大成本高，功耗大；容量小，则影响调速性能的发挥。通常的做法是，在确定变频器的容量时，应先确定电机需要的实际功率，然后再按接近的变频器电机适用功率选定变频器的容量。一般认为，变频器的输出电流大于电机电流 10%即可。在确定电机需要功率时有以下两种做法：

① 对于现场已有的设备，可测定电机实际需要的功率，以此确定变频器的容量。

② 对于新安装的机泵，选定变频器容量时，可按下式计算：

$$p_b = 1.05P/(\eta \cdot \cos\phi)$$

式中 p_b——欲选变频调速器的容量，kW；

P——电机功率，kW；

η——电机效率；

$\cos\phi$——功率因数。

现在，国产变频调速器已有长足进步，在设计和性能上均较适合中国电网的实际情况。因而，在国内获得广泛应用。

8.5.2 电磁调速电动机

YCT 系列电磁调速电动机是前机械工业部组织设计的 Y 系列异步电动机的主要派生系列。电磁调速电动机由拖动电机（Y 系列）离合器和控制器三部分组成，可用于恒转距负载的场合，适宜在递减转矩负载中使用（例如离心泵和风机）。

YCT 系列电磁调速电动机能在规定的调速范围内均匀地、连续地进行恒转矩无级调速，并具有速度负反馈的自动调节系统。

本系列电机有全国统一的技术条件，并且外形安装尺寸、拖动电机及其他易损件全国各生产厂均统一，可以互换。

其主要特点是

① 无失控区；

② 调速范围广，速度调节平稳；

③ 具有速度负反馈自动调节系统，转速变化率小；

④ 启动力矩大，起动平稳；

⑤ 结构简单、可靠、使用维护方便；

⑥ 控制功率小，并能实现多种方式控制。

YCTD(F)系列电磁调速电机，与 YCT 系列相比，相同功率的电机要缩小 1~2 个机座号，额定最高转速平均提高 4.2%~10%。功率：0.55~1400kW，适用电压：380V、6000V、10000V。YCTD(F)系列用于风机和水泵可选配自动恒压控制调速节能系统。YCT、YCTD 系列调速电机与摆线针轮减速机匹配后，可组合成低转速调速系统。

表 8-5-2 和表 8-5-3 分别表示 YCT 系列和 YCTD 系列电磁调速电动机和规格和参数。

表 8-5-2 YCT 系列电磁调速电动机规格和参数

型 号	标称功率/kW	额定转矩/N·m	调速范围/(r/min)	转速变化率/%
YCT90-4A	0.37	2.3	1200~120	≤2.5
YCT112-4A	0.55	3.6	1230~125	
YCT112-4B	0.75	4.9		
YCT132-4A	1.1	7.1		
YCT132-4B	1.5	9.7		
YCT160-4A	2.2	14.1	1250~125	
YCT160-4B	3	19.2		
YCT180-4A	4	25.2		
YCT200-4A	5.5	36.1		
YCT200-4B	7.5	47.7		
YCT225-4A	11	69		
YCT225-4B	15	94		
YCT250-4A	18.5	110	1320~132	
YCT250-4B	22	137		
YCT280-4A	30	189		
YCT315-4A	37	232		
YCT315-4B	45	282		
YCT355-4A	55	344	1340~440	
YCT355-4B	75	469		
YCT355-4C	90	564	1340~600	

表 8-5-3 YCTD 电磁调速电动机系列规格与参数

机 座 号	标称功率/kW	输出转矩/N·m	额定调速范围/(r/min)
100-4A	0.55	3.6	1250~100
4B	0.75	4.9	
112-4A	1.1	7.13	
4B	1.5	9.72	
4A	2.2	14.1	1300~100
132-4B	3	19.2	
4C	4	25.2	
160-4A	5.5	35.1	1350~100
4B	7.5	47.7	
180-4A	11	69.1	
4B	15	94.3	
200-4A	18.5	116	1375~100
4B	22	137	

续表

机座号	标称功率/kW	输出转矩/N·m	额定调速范围/(r/min)
225-4A	30	189	1375~100
250-4A	37	232	
4B	45	282	
280-4A	55	344	1400~250
315-4A	75	469	
4B	90	564	
355-4A	110	688	1420~250
4B	132	821	
400-4A	160	992	1420~250
4B	200	1240	
4C	250	1549	

参 考 文 献

1. 南阳防爆电气研究所．国家防爆标准汇编(第1、2分册)，2001
2. 侯芙生．炼油工程师手册．北京：石油工业出版社，1995
3. 刘绍叶，董长善等．泵、轴封及原动机选用手册．北京：石油工业出版社，1999
4. 南阳防爆集团有限公司：样本
5. 肖祥明．变频调速器在化工装置中的应用．巴陵石化科技，1996.2
6. 董长善．变频调速的应用前景和选用原则．石油化工设备技术，1994，15(1)

第九章　工业汽轮机

汽轮机是一种热机。在汽轮机内蒸汽通过喷嘴的膨胀作用，使蒸汽的能量转换成动能，动能又通过喷射作用转化成力，驱动转子叶片做功。

汽轮机是一种原动机，它可以直接将蒸汽的热能转化成转动的机械能。

在炼油厂，除电站汽轮机用于发电和将高压蒸汽减压外，大多数汽轮机在使蒸汽减压的同时来驱动泵和压缩机或直接凝汽来驱动泵和压缩机。

采用汽轮机来驱动各种转动机械有如下一些理由：

① 炼厂内有经济的蒸汽生产，通过汽轮机可以将不同压力等级的蒸汽减压。同时利用减压过程产生的动力来驱动泵或压缩机，比电动机驱动成本低。

② 利用汽轮机固有的调速系统，可使泵或压缩机在很宽转速范围内运行，往往不需要变速装置。

③ 汽轮机可独立地驱动泵或压缩机，不受电源和配电系统的限制。

④ 汽轮机装置没有火花产生，可以用来拖动任何危险环境下的泵或压缩机。

⑤ 汽轮机可以很方便地利用辅助汽阀提供额外的蒸汽流量，从而加大起动转矩，并且不会降低汽轮机在额定功率下的运行效率。这有利于泵、机的快速起动和平稳运行。

⑥ 汽轮机具有自动调节其输出功率的特性。运行中，当转动机械的负载超过汽轮机产生的转矩时，汽轮机的转速就会相应降低，使其产生的转矩与转动机械的负载相匹配，而勿须专门设置防超载保护机构。

⑦ 与其他形式驱动机相比，操作灵活。

9.1　汽轮机的分类及型号表示方法

根据蒸汽参数变化以及应用及结构等不同，汽轮机有如表 9-1-1 所示分类。

表 9-1-1　汽轮机分类

分类	型式	说明
按工作原理	冲动式汽轮机 反动式汽轮机	蒸汽主要在喷嘴(或静叶栅)中进行膨胀。 蒸汽在静叶栅和动叶栅中都有膨胀
按热力过程特性	凝汽式汽轮机	汽轮机排汽在真空状态下进入凝汽器
	背压式汽轮机	汽轮机排汽大于大气压，排汽供其他汽轮机或热用户使用
	抽汽式汽轮机	从汽轮机级间抽出蒸汽，供生产或生活用汽
	抽汽背压式汽轮机	具有级间抽气的背压式汽轮机
	乏汽式汽轮机	以工艺生产中副产低压蒸汽为汽轮机工质
	注汽式汽轮机	把工艺生产中副产蒸汽引入汽轮机相应的级间与原来蒸汽一起进行膨胀做功
按用途	电站汽轮机	中心电站或区域热电站发电机配套的汽轮机
	工业汽轮机	驱动并供热：驱动各种工业机泵、机，同时为生产和生活供汽，这种汽轮机多为背压式或抽汽背压式，要求汽轮机可变速运行

续表

分　类	型　式	说　　明
按用途	工业汽轮机	发电并供热：驱动发电机，同时为生产和生活供汽，这种汽轮机多为背压式或抽汽背压式，要求汽轮机定转速运行
		单纯驱动：驱动各种工业泵、机，要求汽轮机可变速运行
	船用汽轮机	用于推动船舶螺旋桨的动力装置
按蒸汽参　数	低压汽轮机 中压汽轮机 高压汽轮机 超高压汽轮机 亚临界汽轮机 超临界汽轮机	汽轮机进汽压力：0.12~1.5MPa 汽轮机进汽压力：2~4MPa 汽轮机进汽压力：5~10MPa 汽轮机进汽压力：12~14MPa 汽轮机进汽压力：16~18MPa 汽轮机进汽压力：>22.1MPa
按汽缸数目		单缸、双缸、多缸
按排列方式		单轴、双轴
按结构	单　级	通流部分只有一个级(单列、双列、三列)，一般为背压式汽轮机，可作工业驱动，也可带动发电机
	多　级	流通部分具有一个以上的级，适用于焓降大于600kJ/kg的汽轮机。可作工业驱动，也可带动发电机

其型号表示方法为

Δ X X — X X —X

- X（末位）：改型设计序号
- X X（第二组）：蒸汽参数
- X X（第一组）：额定功率(MW)
- Δ：型式代号

汽轮机型式代号见表9-1-2。

表9-1-2　汽轮机型式代号

代　号	型　式	代　号	型　式	代　号	型　式
N	凝汽式	CC	两次调整抽汽式	Y	移动式
B	背压式	CB	抽汽背压式	HN	核电汽轮机
C	一次调整抽汽式	CY	船　用		

蒸汽参数表示方式见表9-1-3。

表9-1-3　蒸汽参数表示方式

型　　式	参数表示方式	示　　例
凝汽式	—蒸汽初压	N50-8.83
凝汽式(具有中间再热)	—蒸汽初压/蒸汽初温/再热温度	N300-16.7/538/538
抽汽式	—蒸汽初压/高压抽汽压力/低压抽汽压力	CC12-3.43/0.98/0.12
背压式	—蒸汽初压/背压	B25-8.83/0.98
抽汽背压式	—蒸汽初压/抽汽压力/背压	CB25-8.83/1.47/0.49

注：参数所用单位：功率=MW；蒸汽压力(绝对)=MPa；蒸汽温度=℃。

9.2 汽轮机热效率

汽轮机装置的基本热力循环是郎肯循环，它的工作过程是：水在锅炉或蒸汽发生器中等压加热、汽化和过热；蒸汽在汽轮机中等熵膨胀，使汽轮机输出机械功；汽轮机在等压下排出蒸汽冷凝(或供热)；凝结水通过水泵作等熵压缩后，再进入锅炉或蒸发器，图 9-2-1 表示汽轮机基本热力循环。

(1) 郎肯循环热效率 η_t

表示每千克工质，在汽轮机内等熵膨胀产生的功 AW 与工质循环过程中吸收热量 q 的比值，在忽略水泵消耗能量的情况下，

$$\eta_t = \frac{AW}{q_0} = \frac{i_0 - i_{kt}}{i_0 - i'_k} = \frac{H_i}{i_0 - i'_k}$$

式中 H_t——工质在汽轮机内等熵焓降，kJ/kg；

$i_0 - i'_k$——汽轮机和水泵的入口工质焓差，kJ/kg。

(2) 汽轮机相对内效率 η_i

表示汽轮机有效焓降与等熵焓降之比(图 9-2-2)。

$$\eta_i = \frac{H_i}{H_t} = \frac{i_0 - i_k}{i_0 - i_{kt}}$$

(3) 机械效率 η_m

表示汽轮机轴输出功率 N_e 与汽轮机内功率 N_i 之比。

$$\eta_m = \frac{N_e}{N_i} = \frac{N_i - \Delta N_m}{N_i}$$

式中 ΔN_m——机械摩擦和自身消耗功率，kW。

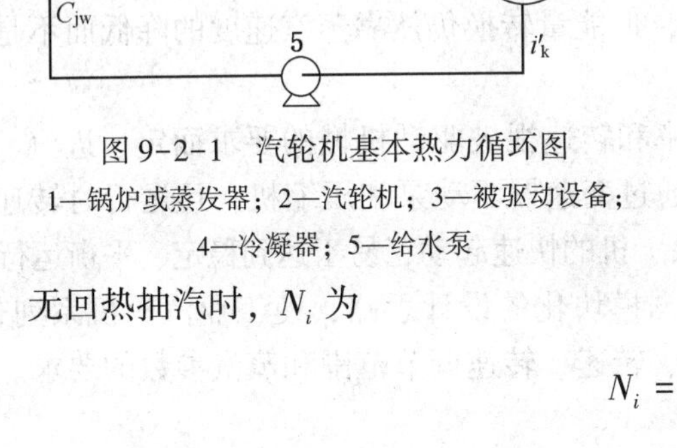

图 9-2-1 汽轮机基本热力循环图

1—锅炉或蒸发器；2—汽轮机；3—被驱动设备；4—冷凝器；5—给水泵

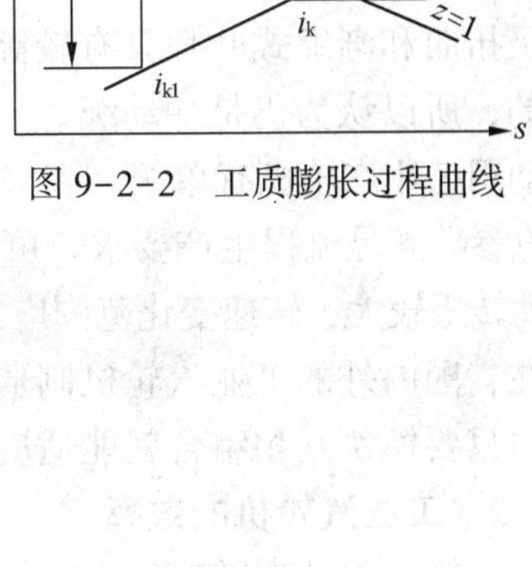

图 9-2-2 工质膨胀过程曲线

无回热抽汽时，N_i 为

$$N_i = \frac{D_0 H_i}{3600}$$

有回热抽汽时 N_i 为

$$N_i = \sum_{1}^{n} \frac{D_i h_i}{3600}$$

式中　$D_i h_i$——各级相应蒸汽流量(kg/h)和有效焓降(kJ/kg)。

(4) 发电机效率 η_g

表示发电机轴端输出功率 N_g 与汽轮机轴端输出功率 N_e 之比

$$\eta_{et} = \frac{N_g}{N_e} = \frac{N_e - \Delta N_e}{N_e}$$

式中　ΔN_e——发电机功率损失，kW。

(5) 纯发电机组绝对电效率 η_{et}

$$\eta_{et} = \eta_t \cdot \eta_i \cdot \eta_m \cdot \eta_g$$

在缺乏具体资料时汽轮发电机机组效率可按表 9-2-1，根据功率大小估算。

表 9-2-1　汽轮发电机组效率

额定功率/MW	η_i	η_m	η_g	η_{et}
0.75~6	0.7~0.8	0.95~0.98	0.93~0.96	<0.28
12~25	0.75~0.85	0.97~0.99	0.96~0.97	0.3~0.33
50~100	0.85~0.87	~0.99	0.98~0.985	0.37~0.39
>125	>0.87	>0.99	>0.985	>0.41

9.3　工业汽轮机

9.3.1　工业汽轮机的分类及驱动特点

除了中心电站发电汽轮机以外的汽轮机通称为工业汽轮机。工业汽轮机可以分为：①驱动旋转机械用汽轮机，如驱动泵、压缩机等用的汽轮机；②与生产流程直接相关的发电用汽轮机；③自备电站中使用的中、小功率发电用汽轮机。前两类既可直接使用由锅炉产生的蒸汽，也可利用生产流程中的蒸汽和其他汽轮机的抽汽。炼油厂使用最多的是第①类驱动用汽轮机。

汽轮机的级有冲动式和反动式两种。在冲动式级中蒸汽在喷嘴中膨胀，冲击叶片并流过叶片通道而将动能传递给叶片。叶片通道内蒸汽压力保持不变，但相对速度则会下降。

在反动式级中，蒸汽在喷嘴和叶片里都要膨胀，通过蒸汽在叶片通道内的膨胀把动能传递给叶片。当叶片通道内蒸汽的速度增加时，其压力则相应下降。尽管冲动式多级汽轮机的最后几级扭曲和渐缩式叶片具有较高的反动度，但能量转换仍然靠蒸汽速度的降低而不是增加获得的，所以认为仍是冲动级。

驱动用工业汽轮机有单级、多级之分，功率和转速视被驱动机械的要求而定。进汽、排汽、抽汽参数满足流程生产要求。可以直联或通过变速器驱动泵和压缩机，且运行时转速较高，起动转矩较大，转速变化范围广，有利于泵、机的快速起动，易于达到稳定、平衡运行。

现在，国内外的工业汽轮机制造厂商都根据模块化的设计思路，使工业汽轮机系列化。在系列内只要模块互相组合就能适应不同功率、转速、转速调节范围和蒸汽参数的要求。

9.3.2　工业汽轮机的效率

工业汽轮机内效率随机组内部结构而变化，特别是单级背压机组，其内效率变化范围在20%~65%之间，因此必须结合产品的具体结构而定。对多级汽轮机在缺乏制造厂资料的情况下可以根据进汽和排汽参数及功率、转速条件用图 9-3-1 曲线进行估算。

使用图 9-3-1 中曲线时，如进汽压力与温度与图中数值不符，则以压力为准。

9.3.3　工业汽轮机的调速系统

汽轮机的转速取决于蒸汽流量，而蒸汽流量又决定于蒸汽调节阀的开度。由于被拖动设备所需功率变化和汽轮机进汽状态或排汽状态变化都会引起汽轮机的转速变化，调速系统就是对此做出反应，来调节汽轮机的转速。

汽轮机的控制系统有别于调速系统。控制系统不会对转速做出直接反应，而是对负载和负载系统的压力变化做出响应，从而重新调整蒸汽调节阀，以保持原来设定的压力。

为了使调速系统能够起到应急调速器的作用，往往把调速器设定在稍高于工作转速的速度下。这样，当控制系统引起汽轮机超过额定转速时，可以防止汽轮机达到解扣速度。

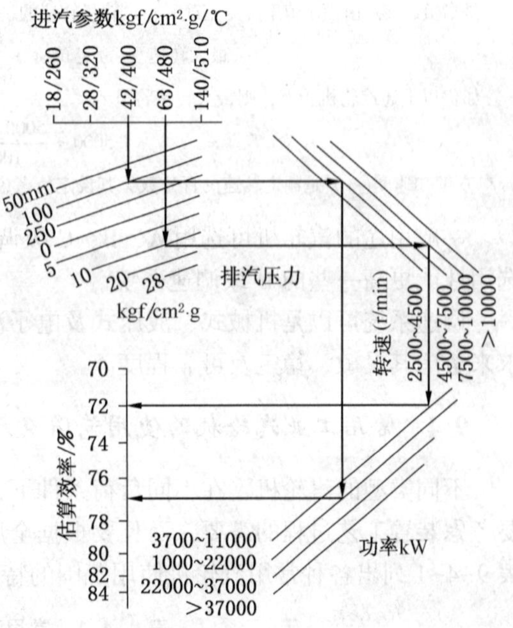

图 9-3-1　多级工业汽轮机效率估算曲线

按照国际通用标准，工业汽轮机的转速调节系统分为四级，如表 9-3-1 所示。

表 9-3-1　转速调节系统分级(NEMA SM-23)

调速系统分级	速度范围①/%	最大稳态速度调整率②/%	最大速度变化③/%(±)	最大速度升速④/%	解扣速度⑤/%(额定转速)
A	10~65	10	0.75	13	115
B	10~80	6	0.50	7	110
C	10~80	4	0.25	7	110
D	10~90	0.50	0.25	7	110

注：① 速度范围以低于额定转速的百分数表示，可以用此范围调节汽轮机转速设定值。如果汽轮机额定转速为 5000r/min，如调速系统的调速范围设为 40%，则汽轮机的最低转速为

$$5000 - (5000 \times 40\%) = 3000(\text{r/min})$$

若范围设定为+5%~-25%，则最大和最小转速则分别为 5250r/min 和 3750r/min。

② 最大稳态速度调整率或称最大静态转速不等率$=\dfrac{\text{空载转速}-\text{额定转速}}{\text{额定转速}}\times 100\%$

则

$$\text{空载转速}=\text{额定转速}\left(1+\frac{\%\text{稳态速度调整率}}{100}\right)$$

如上述汽轮机配备有 NEMA B 型调速器，则最大空载转速为

$$5000 \times \left(1+\frac{6}{100}\right) = 5300\text{r/min}$$

因此，每当汽轮机的输出功率小于额定功率，工作转速就大于额定转速，调速系统就要调节阀门。

③ 最大速度变化或称不灵敏度%$=\dfrac{\text{最大转速}-\text{最小转速}}{\text{额定转速}\times 2}\times 100\%$

表示汽轮机在额定工况运行时，调速系统允许的转速波动范围。如上述汽轮机配有 NEMA B 型调速器，其最大速度变化为

$$5000 \times \left(\frac{\pm 0.50}{100}\right) = \pm 25\ \text{r/min}$$

④ 最大速度升速或称最大动态升速 $=\dfrac{\text{最大转速}-\text{额定转速}}{\text{额定转速}}\times 100\%$

是指负载突然由额定值下降为空载时，汽轮机转速的瞬时增加。之后，调速系统会使汽轮机转速下降至空载转速。则

$$\text{最大转速} = \text{额定转速} + \frac{\text{额定转速} \times \text{最大速度升速}(\%)}{100}$$

如仍以上述汽轮机为例，则最大转速将升到

$$5000 + \frac{5000 \times 7}{100} = 5350\text{r/min}$$

⑤ 解扣速度(%)是额定转速的百分数，其设定值考虑了最大速度升速。

一般用途的汽轮机可选用A、B、C级调速系统，而要求较高的特殊用途的汽轮机则可选用性能更高一些的D级调速系统。

调速系统可以是机械式、液压式及电子液压式。选择调速系统必须根据被驱动设备的要求来考虑其灵敏、稳定及可靠程度。

9.4 常用工业汽轮机的使用范围及原则流程

不同类型的汽轮机，在不同负荷条件下，经济效益差别很大。炼油厂汽轮机的选择不仅要考虑装置工艺过程的需要，而且要根据全厂电(动力)、热(蒸汽)平衡的近期和远期规划。表9-4-1列出各种常用汽轮机使用范围的特性。

表9-4-1 常用汽轮机使用范围特性

项　目		机组型式			
		凝汽式	背压式	抽汽式	抽汽背压式
相同蒸汽容量和参数条件下	供热量	零或很少	多	较少	多
	供电量	最多	少	较多	少
发电能耗	设计工况	高	低	较高	低
	负荷突降	略有升高	高	略有升高	高
电-汽负荷关系		仅供电	用多少汽，发多少电	汽、电比例可调整	用少多汽，发多少电
结构复杂程度		复杂	简单	复杂	较复杂
辅机配套数量		多	少	多	少
可满足用汽压力等级		—	一种	一种或两种	两种
对蒸汽负荷变化适应性		较大	小	较大	小
系统复杂性		复杂	简单	复杂	简单
机组适用场所		防爆场所机泵动力；平衡全厂低压蒸汽消耗量	前置式发电系统驱动大功率机泵，以热定电	热负荷变化大，而且频繁，希望多发电	热负荷稳定，要求两种以上压力等级的热负荷，以热定电

注：汽轮机输出功可以带动发电机或驱动机泵。

图9-4-1表示多级工业汽轮机的大致应用范围。

9.4.1 凝汽式工业汽轮机

这种汽轮机是只提供动力而不供热的热机，汽轮机排出蒸汽直接进入冷凝器，凝结为水。由于能耗大，炼油厂一般不做为主要动力设备。它可以在蒸汽梯级利用系统中，起到平

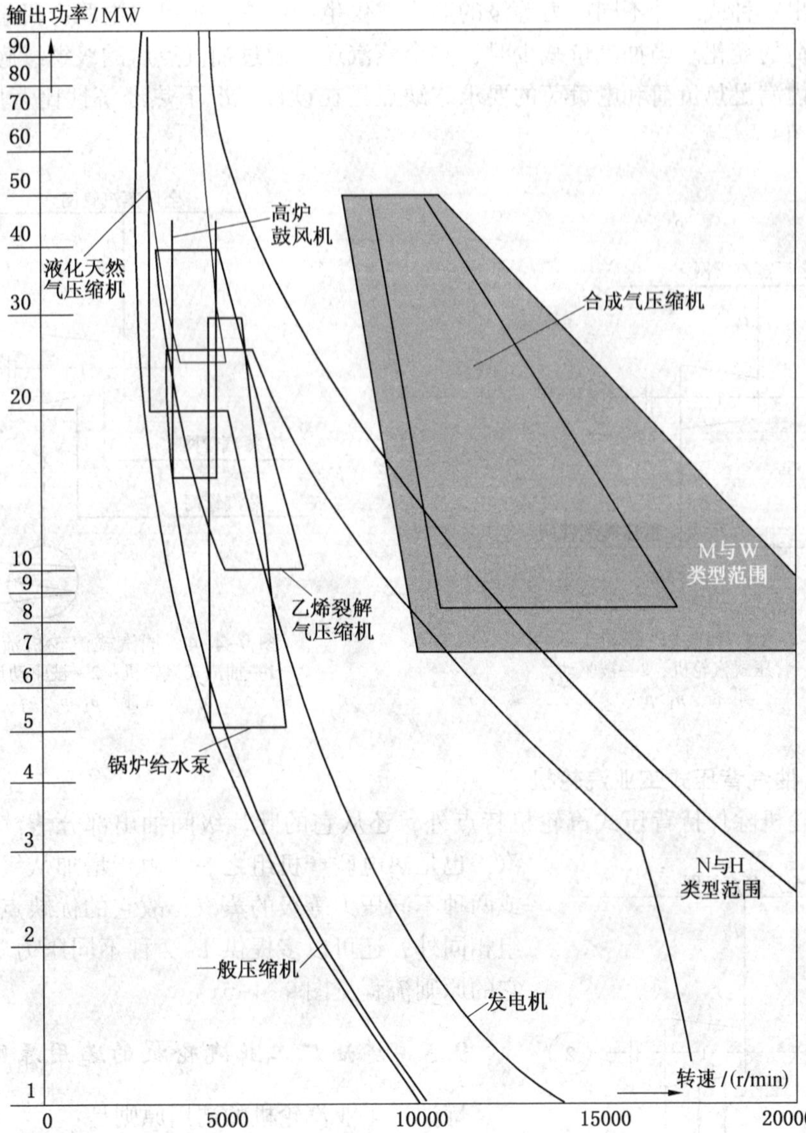

图 9-4-1 多级工业汽轮机的大致应用范围(杭州汽轮机股份有限公司)

衡过量低压蒸汽的作用，用以带动机泵或小型发电机；也可以作为防爆场所驱动机泵的动力。原则流程见图 9-4-2。

9.4.2 背压式工业汽轮机

这种汽轮机不仅提供动力，而且可将排出蒸汽供装置用汽，是热-电(功)联产机组之一，发电量大小决定于供热负荷，在设计工况下运行，热经济性极佳。缺点是热负荷降低时，对汽轮机效率和发电量影响很大，因此背压式汽轮机适用于常年供热负荷变化不大的场所或者作为前置式发电机组，原则流程见图 9-4-3。

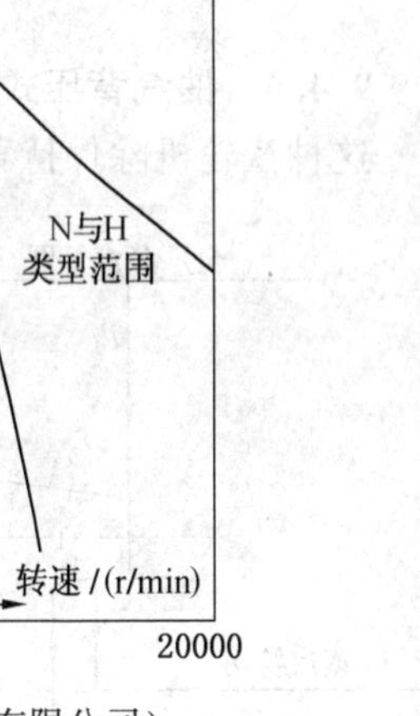

图 9-4-2 凝汽式汽轮机流程图

1—凝汽式汽轮机；2—被驱动设备；3—冷凝器

9.4.3 抽汽式工业汽轮机

这种汽轮机除保持凝汽式汽轮机特点外，还可从它的不同的叶片级间抽出一种或二种不同压力等级的蒸汽，供生产用汽，也是热电联产机组之一。它适应于蒸汽负荷的变化。当抽汽量减少时，多余蒸汽还可通过抽汽点后的级继续膨胀做功，能在较大范围内满足热负荷和电负荷的要求。缺点是在设计工况下热经济性比背压汽轮机差，原则流程见图 9-4-4。

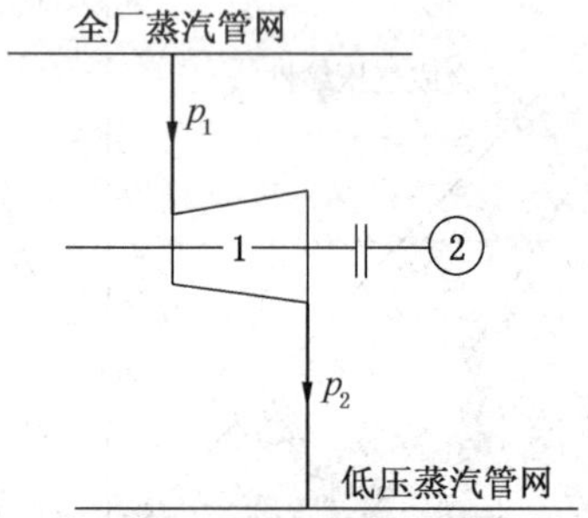

图 9-4-3 背压式汽轮机流程图
1—背压式汽轮机；2—被驱动设备 $p_1>p_2$

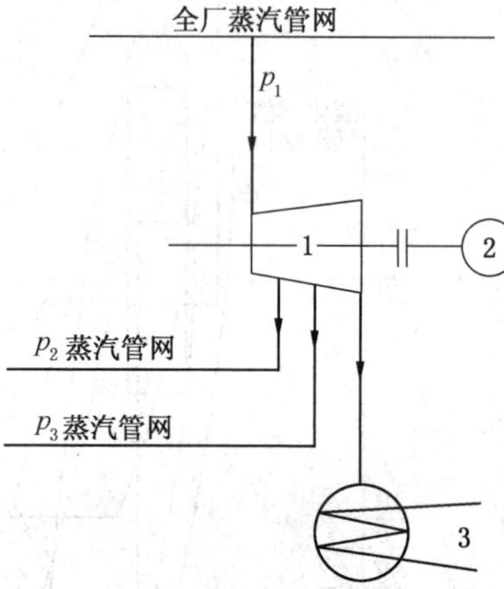

图 9-4-4 抽汽式汽轮机流程图
1—抽汽式汽轮机；2—被驱动设备；3—冷凝器 $p_1>p_2>p_3$

9.4.4 抽汽背压式工业汽轮机

这种汽轮机除保持背压式汽轮机特点外，还从它的叶片级间抽出部分蒸汽，供生产用汽，也是热电联产机组之一。由于增加从级间抽出一种或两种不同压力等级的蒸汽，故它的优缺点除与背压机组相同外，还可以多提供 1~2 种不同压力等级的蒸汽，它的原则流程见图 9-4-5。

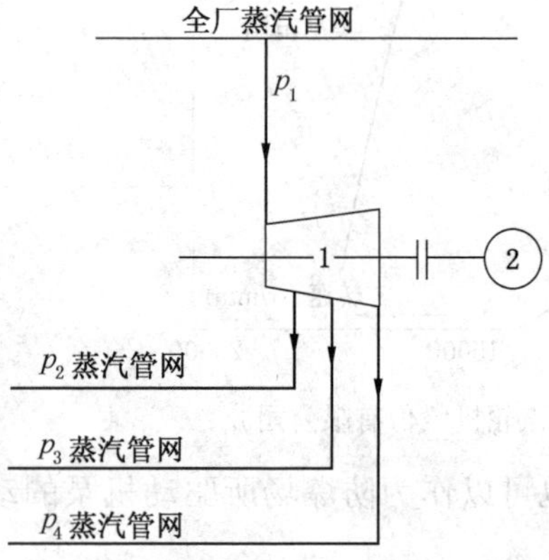

图 9-4-5 抽汽背压式汽轮机流程图
1—抽汽背压式汽轮机；2—被驱动设备 $p_1>p_2>p_3>p_4$

9.5 炼油厂工业汽轮机的选用原则

炼油厂工业汽轮机的选用原则是：

（1）汽轮机选择必须考虑全厂蒸汽—动力平衡的近期和远期规划。

（2）要求防爆的大型机泵设备在选用电动机有困难时或非常重要的机泵要防止停电引发重大事故时，可以考虑采用汽轮机作动力。

（3）汽轮机选型

① 为了提高能源利用率和经济效益，在保证安全运行的前提下，尽可能选择高参数、大容量的汽轮机作动力。

② 认真研究工厂全年热—电负荷，分析各类负荷的性质、特点并进行比较。

a. 对全年热负荷平衡，特别是负荷量大的基本热负荷，进行技术经济比较后，应首先考虑采用背压式汽轮机或抽汽背压式汽轮机。

b. 对全年热负荷波动较大，但必须自行解决一定数量的动力负荷，以满足生产需要，可以考虑采用背压式汽轮机与抽汽式汽轮机联合运行。

c. 在蒸汽梯级利用系统中，为了平衡过量低压蒸汽，可以考虑设置凝汽式汽轮机发电机组或驱动机泵设备。也可以考虑采用机泵—汽轮机—异步电机串联运行方案，当蒸汽量不足时，由电网输入电能通过异步电机驱动机泵，当蒸汽富裕时，可以通过汽轮机带动机泵，多余动力，通过异步电机发电，输向电网。

(4) 汽轮机机组一般不考虑备用。

9.6　单级工业汽轮机

单级汽轮机内，蒸汽只经过一次膨胀就完成能量的转换。蒸汽一次从入口压力膨胀至出口压力。单级汽轮机有一排或一排以上的转动叶片，可以采用不同的叶轮直径。在某一运转速度和蒸汽参数下运行的汽轮机，其总效率取决于叶轮的直径。效率随着叶轮直径的增加而增加，而蒸汽耗量则随之减少。

叶轮直径较大的汽轮机可安装多个喷嘴，这样就增加了蒸汽的通流能力，增加了输出功率。因此，单级汽轮机的额定输出功率也随着叶轮的直径增加而增加。

一般说来，单级工业汽轮机是小功率的背压式汽轮机，如上所述，一般选择叶轮直径作为结构特征尺寸来安排尺寸基型。每一基型除汽缸、轴、蒸汽室、调节连杆等不变部件和主汽门、调速器、轴承等标准部件外，只有汽阀、喷嘴、动叶、导叶等的尺寸和形式按进、排汽参数和进汽量来计算确定。表 9-6-1 是杭州汽轮机股份有限公司的单级工业汽轮机系列。这种汽轮机有一个复速级叶轮，叶轮汽道内径系列为 320、400、500、630mm。该机采用 WOOD—WARD 调节器，通过杠杆系统直接控制调节器阀。轴承采用压力油润滑方式。汽轮机和被驱动机械安装在一个公共底盘上，适合于单层布置。

表 9-6-1　单级工业汽轮机规格

型　号	B32H	B40H	B50H	B63H
转速调节范围/(r/min)	4200~12000	4200~8500	4200~8500	4200~8500
功率范围/kW	100~750	200~1000	200~1500	500~2000
进汽压力范围/MPa	2.5~4.5	2.5~4.5	1.3~4.5	1.3~4.5
最高进汽温度/℃	450	450	450	450
排汽压力范围/MPa	0.2~1.3	0.2~1.3	0.2~1.3	0.2~1.3
叶轮汽道内径/mm	320	400	500	630
进汽通径(min/max)/mm	80	80/150	80/200	80/200
排汽通径(min/max)/mm	200	200/250	250/300	300
辅助手动阀数	1	1	1	1
质量/kg	800	950	1000	1500

9.7 多级工业汽轮机

9.7.1 多级工业汽轮机模块化结构

多级汽轮机内蒸汽要经过至少两次以上的膨胀才能完成能量转换。级数和蒸汽膨胀次数通常取决于三个基本考虑：热力学，机械设计和成本费用。在选择多级汽轮机时，应该考虑原始投资和蒸汽耗量这两个因素。随着级数的增加，投资虽然增加，但却改善了耗汽率。一般，在单级工业汽轮机的效率与功率不能满足要求时，则要考虑选择多级工业汽轮机。

为适应工业部门不同蒸汽参数要求，现在多级工业汽轮机大多采用模块化设计分段组合方法。这种设计把汽轮机分成进汽段、中间段和排汽段，每种区段都有几种基本尺寸的基型，各基型用组合的方法可以构成许多不同参数系列的各种汽轮机(包括凝汽式、抽汽式、背压式、抽汽背压式)，以适应各工业部门的不同要求。以杭州汽轮机股份有限公司的模块化设计的工业汽轮机为例，汽轮机由三部分组成：前区段(蒸汽进口段)、中区段(叶栅部分)、后区段(排汽部分)。

前区段：N 类型(正常进汽参数可达 10MPa/510℃)有 5 种几何尺寸基型；H 类型(高压进汽参数可达 14MPa/540℃)有 4 种几何尺寸基型。进汽段对各种类型汽轮机都适用。

后区段有三种不同形式，其中两种用于背压式汽轮机，一种用于凝汽式汽轮机，背压区段类型共有 11 种几何尺寸的基型，而凝汽式汽轮机有 8 种不同几何尺寸的基型。为使汽轮机能够适应进汽段、排汽段的各种容积流量，任何一种前区段都可分别和三种不同尺寸的后区段组合。

中区段包括减压段、过渡段、延长段、法兰段，如改变叶栅部分的长度可以插进延长段；前、后区段尺寸不同可以插进一个过渡段。图 9-7-1 为杭州汽轮机股份有限公司产汽轮机各区段组合的例子，表 9-7-1 为杭州汽轮机股份有限公司按模块化设计提供的工业汽轮机技术数据范围。

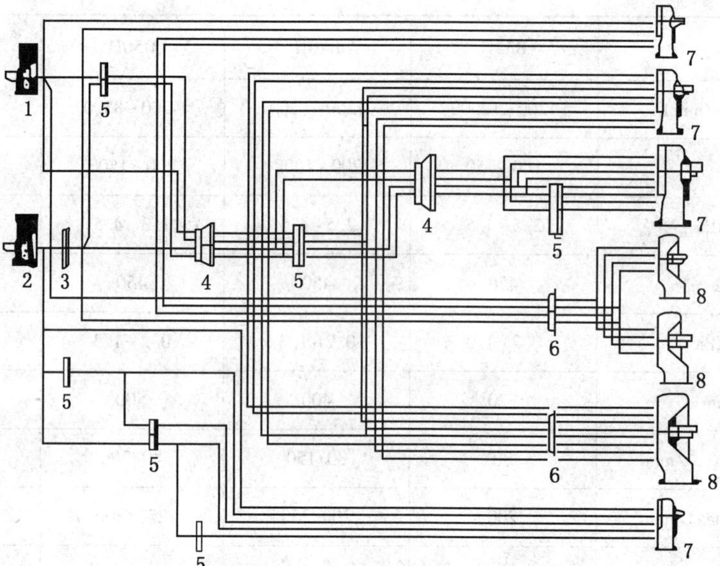

图 9-7-1 汽轮机模块化组合方式

1—进汽段 N；2—进汽段 H；3—减压段；4—过渡段；5—延长段；
6—法兰段；7—背压式汽轮机排汽段；8—凝汽式汽轮机排汽段

表 9-7-1 杭汽多级工业汽轮机技术数据表

汽轮机系列		汽轮机类型	输出功率范围/kW	设计转速范围/(r/min)	最高进汽参数/(MPa/℃)	最高可调抽汽压力/MPa(A)	最高排汽压力/MPa(A)
标准型模块化汽轮机	汽轮机配有 N 型进汽段	NG	1000~28000	3000~16000	10/510	—	2
		ENG	1000~45000	3000~16000	10/510	4.5	2
		NK	1000~65000	3000~16000	10/510	—	凝汽器真空
		ENK	1000~80000	3000~16000	10/510	4.5	凝汽器真空
	汽轮机配有 HN 型进汽段	HNG	2000~32000	3000~12500	14/540	—	2
		EHNG	2000~43000	3000~12500	14/540	4.5	2
		HNK	2000~70000	3000~12500	14/540	—	凝汽器真空
		EHNK	2000~75000	3000~12500	14/540	4.5	凝汽器真空
	汽轮机配有 H 型进汽段，高背压	HG	1000~20000	4000~16000	14/540	—	4.5
高输出高转速汽轮机	背压式汽轮机	MG	7000~36000	6000~16000	14/540	—	4.5
	抽汽背压式汽轮机	EMG	7000~56000	6000~16000	14/540	4.5	2.5
	双流凝汽式汽轮机	WK	7000~80000	3000~16000	1.6/420	—	凝汽器真空

注：① 符号说明：N—外缸受常压；M—外缸受中压；H—外缸受高压；G—背压式汽轮机；E—抽汽式汽轮机；K—凝汽式汽轮机；W—双流式汽轮机

② 多数汽轮机都适用非调节抽汽。

③ 输出功率标准数值：最小和最大取决于蒸汽参数和转速。

④ EMG 型汽轮机适用蒸汽再热。

9.7.2 凝汽式汽轮机选型及蒸汽耗量的初步计算

9.7.2.1 凝汽式汽轮机选型

凝汽式汽轮机选型按如下程序：

① 确定设计参数：进汽压力 p_{in}(MPa)

进汽温度 t_{in}(℃)

排汽压力 p_{out}(MPa)

输出功率 p(kW)

转速 n(r/min)

② 根据进汽设计参数，由相关 $h-s$ 图(图 9-7-2)或表查得进汽焓 h_{in}(kJ/kg)；

③ 同时由相关 $h-s$ 图或表查得进汽比容 V_{in}(m^3/kg)；

④ 根据排汽设计参数，由相关 $h-s$ 图或表查得排汽焓 h_{out}(kJ/kg)；

⑤ 同时由相关 $h-s$ 图或表查得排汽比容 V_{out}(m^3/kg)；

⑥ 计算可利用的绝热焓降 Δh

$$\Delta h = h_{in} - h_{out} \quad \text{kJ/kg}$$

⑦ 估算质量流量 m_s(假定总效率 $\eta = 0.75$)：

$$m_s = \frac{p}{\Delta h \cdot \eta} \quad \text{kg/s}$$

图 9-7-2 水-汽焓熵图(h-s)

⑧ 计算进汽容积流量 $\dot{V}_{in}$：

$$\dot{V}_{in}=m_s \cdot V_{in} \quad m^3/s$$

⑨ 计算排汽容积流量 $\dot{V}_{out}$：

$$\dot{V}_{out}=m_s \cdot V_{out} \cdot 1.1 \text{(1.1 为考虑效率影响的 } V_{out} \text{ 修正系数)} \quad m^3/s$$

⑩ 由转速 n 和进汽容积流量 $\dot{V}_{in}$ 查图 9-7-3 进汽段得进汽段号；

⑪ 由转速 n 和排汽容积流量 $\dot{V}_{out}$ 查图 9-7-3 排汽段得排汽段号；

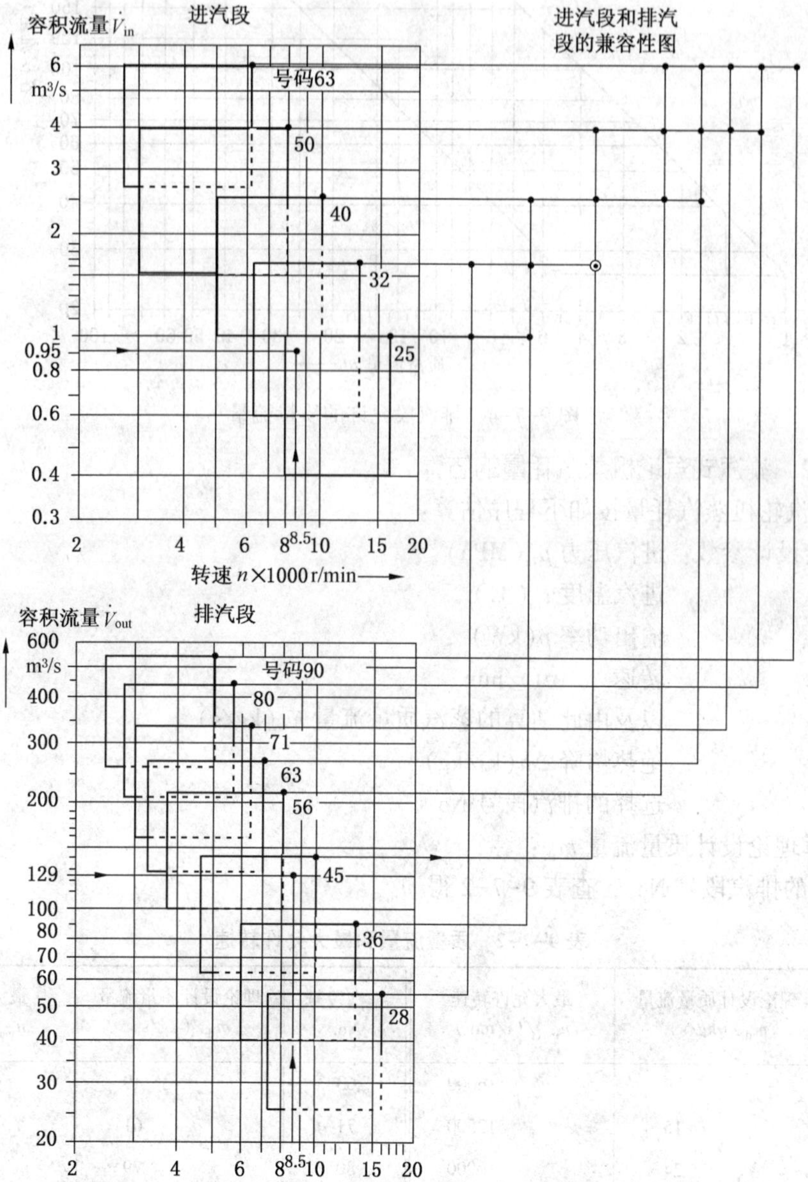

图 9-7-3　凝汽式汽轮机进、排汽段选择图

⑫ 查图 9-7-3 验证进汽段和排汽段的兼容(组合)性，如不兼容，则选高一档的进汽或排汽段。

⑬ 查图 9-7-4 验证排汽段允许通过的质量流量 m_s

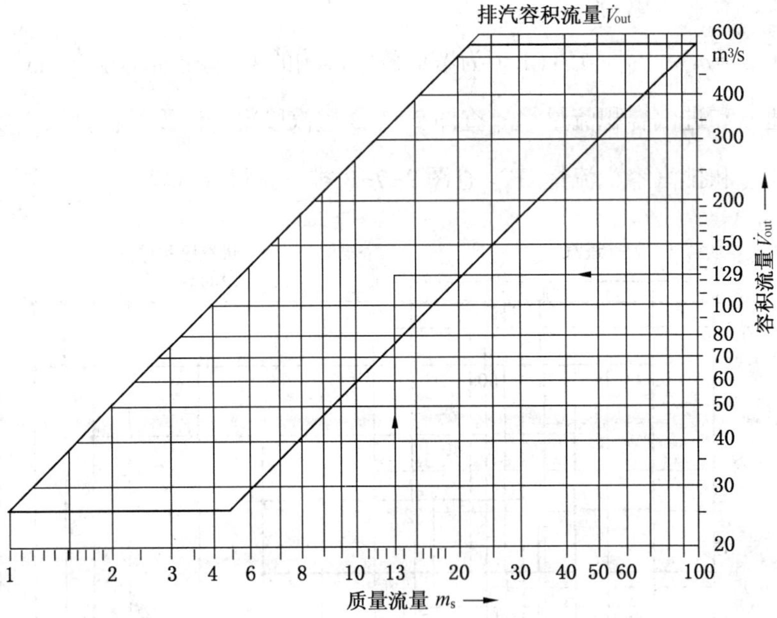

图 9-7-4 排汽段允许的质量流量

9.7.2.2 凝汽式汽轮机蒸汽耗量的估算

凝汽式汽轮机蒸汽耗量按如下程序估算：

① 给定设计参数：进汽压力 p_{in}(MPa)

进汽温度 t_{in}(℃)

输出功率 p(kW)

转速 n(r/min)

以及由此估算的蒸汽质量流量 m_s(kg/s)

绝热焓降 Δh(kJ/kg)

选择的排汽段号 No

② 计算理论设计质量流量 m_{th}：

以选择的排汽段号 No.，查表 9-7-2 得 m_{th}。

表 9-7-2 质量流量和最大允许转速

排汽段号 No.	理论设计质量流量 m_{th}/(kg/s)	最大允许转速 n_{max}/(r/min)	排汽段号 No.	理论设计质量流量 m_{th}/(kg/s)	最大允许转速 n_{max}/(r/min)
28	9	16000	63	49	7150
36	15	12500	71	61	6300
45	24	10000	80	79	5630
56	37	8000	90	96	5000

③ 确定允许最大转速 n_{max}：

以选择排汽段号 No.，查表 9-7-2 得 n_{max}。

④ 计算理论设计与估算的质量流量比 m_c：

$$m_c = \frac{m_s}{m_{th}}$$

⑤ 计算最大允许转速与设计转速比 n_c：

$$n_c = \frac{n}{n_{max}}$$

⑥ 确定基本效率 η_b：

用进汽压力 p_{in} 和算得的质量流量比由图 9-7-5 查得基本效率 η_b。如进汽压力不是 3、5、10MPa 时可用内插法计算。

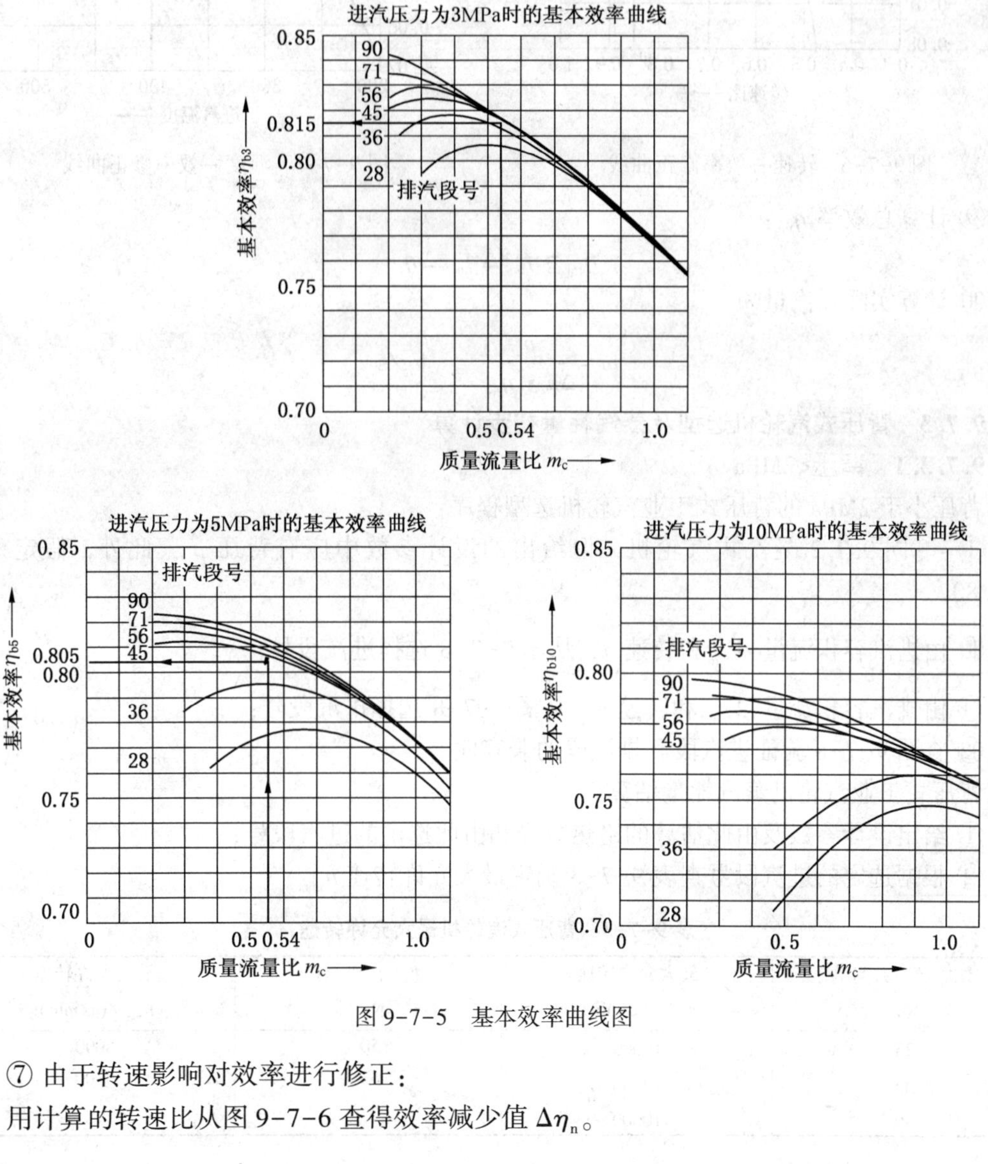

图 9-7-5　基本效率曲线图

⑦ 由于转速影响对效率进行修正：

用计算的转速比从图 9-7-6 查得效率减少值 $\Delta\eta_n$。

⑧ 由于温度影响对效率进行修正：

用进汽温度从图 9-7-7 查得效率修正值 $\Delta\eta_t$。

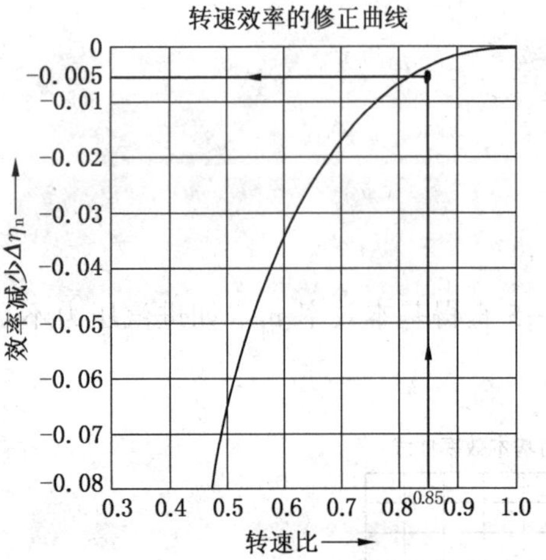

图 9-7-6　转速—效率修正曲线

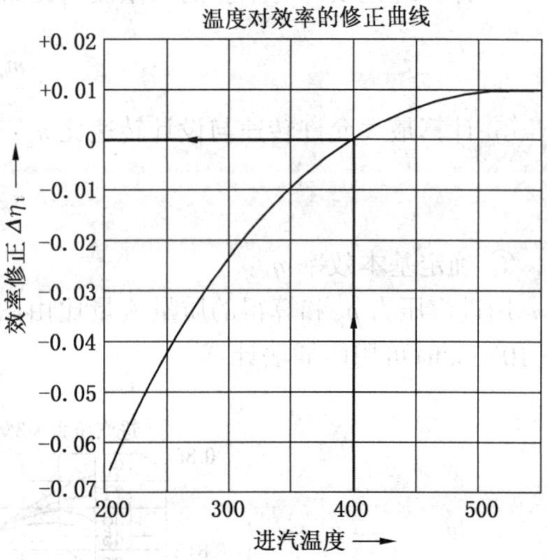

图 9-7-7　温度—效率修正曲线

⑨ 计算总效率 η_{tot}：

$$\eta_{tot} = \eta_b + \Delta\eta_n + \Delta\eta_t$$

⑩ 计算实际耗汽量 m：

$$m = \frac{p}{\Delta h \cdot \eta_{tot}} \quad \text{kg/s}$$

9.7.3　背压式汽轮机选型及蒸汽耗量初步计算

9.7.3.1　背压<2MPa

背压小于 2MPa 的背压式工业汽轮机选型程序：

①~⑨同 9.7.2 凝汽式汽轮机，但给出的设计参数中应有背压 p_b，此外，假定效率为 0.80。

⑩ 由进汽容积流量 $\dot{V}_{in}$ 和转速 n，从图 9-7-8 选择进汽段号；

⑪ 由排汽容积流量 $\dot{V}_{out}$ 和转速 n，从图 9-7-8 选择排汽段号；

⑫ 查图 9-7-8 验证进汽段和排汽段的兼容性。

背压式工业汽轮机蒸汽耗量估算：

① 给定设计参数及由此估算的绝热焓降和由此选定的进汽段号；

② 根据选定的进汽段号查表 9-7-3 确定最大允许转速 n_{max}；

表 9-7-3　背压式汽轮机最大允许转速

进汽段号 No.	最大允许转速 n_{max}/(r/min)	进汽段号 No.	最大允许转速 n_{max}/(r/min)
25	16000	50	8000
32	12500	63	6300
40	10000		

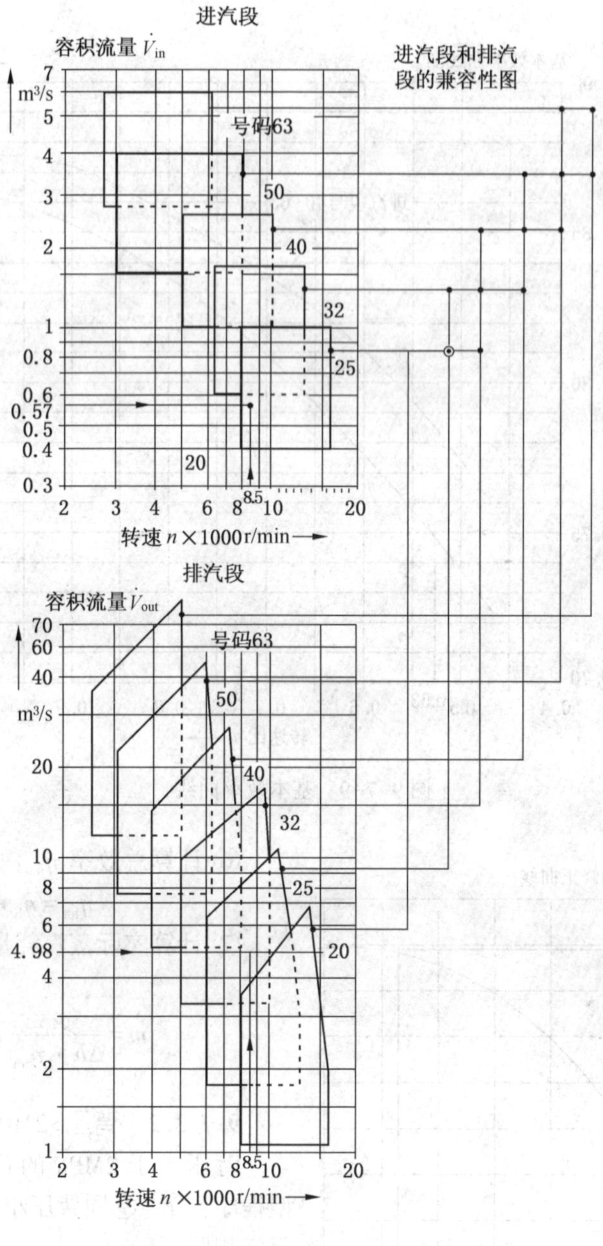

图 9-7-8　背压式(p_b<2MPa)汽轮机
进汽段和排汽段选择图

③ 计算转速比 n_c：

$$n_c = \frac{n}{n_{max}}$$

④ 确定基本效率 η_b，根据转速比查图 9-7-9；

⑤ 根据进汽温度查图 9-7-10 得温度对效率的影响 $\Delta\eta_t$；

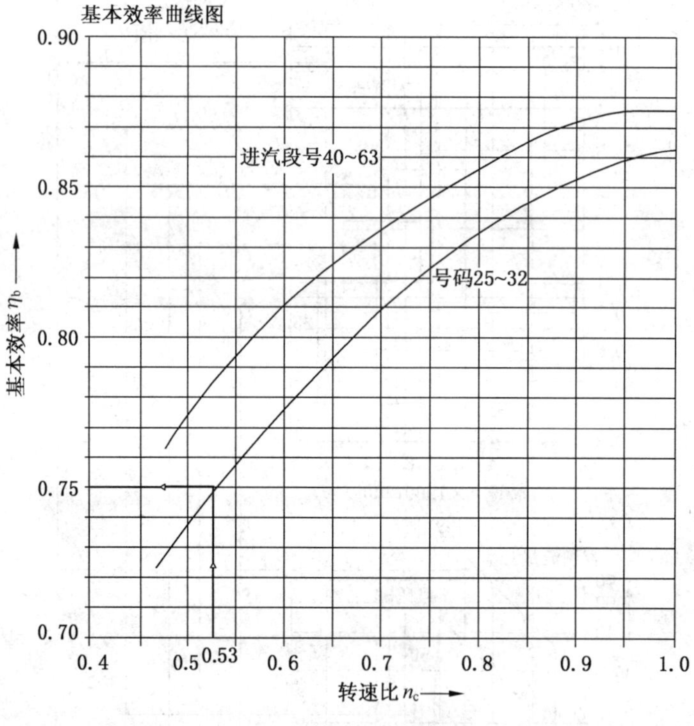

图 9-7-9 基本效率曲线

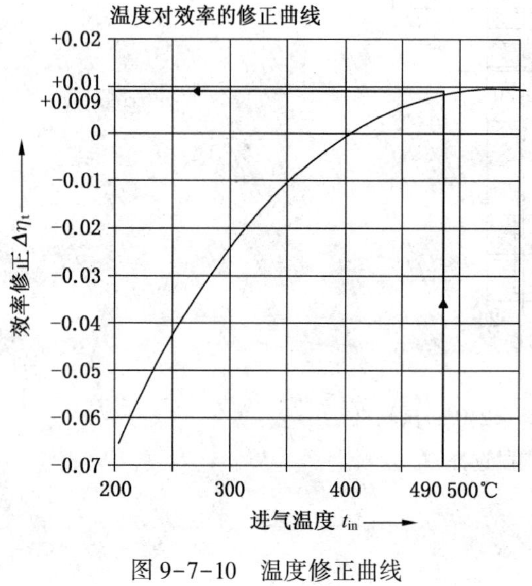

图 9-7-10 温度修正曲线

⑥ 计算总效率 η_{tot}：

$$\eta_{tot}=\eta_b+\Delta\eta_t$$

⑦ 计算实际蒸汽耗量 m：

$$m=\frac{p}{\Delta h\cdot\eta_{tot}}\quad \text{kg/s}$$

9.7.3.2 背压>2MPa

背压大于 2MPa 的背压式工业汽轮机选型程序：①~⑨同背压小于 2MPa 汽轮机选型程序相同；

⑩ 由进汽容积流量 $\dot{V}_{in}$ 和转速 n，从图 9-7-11选择进汽段号；

⑪ 由排汽容积流量 $\dot{V}_{out}$ 和转速 n，从图9-7-11选择排汽段号；

⑫ 查图 9-7-11 验证进汽段和排汽段组合可能性。

蒸汽耗量估算程序同上节。

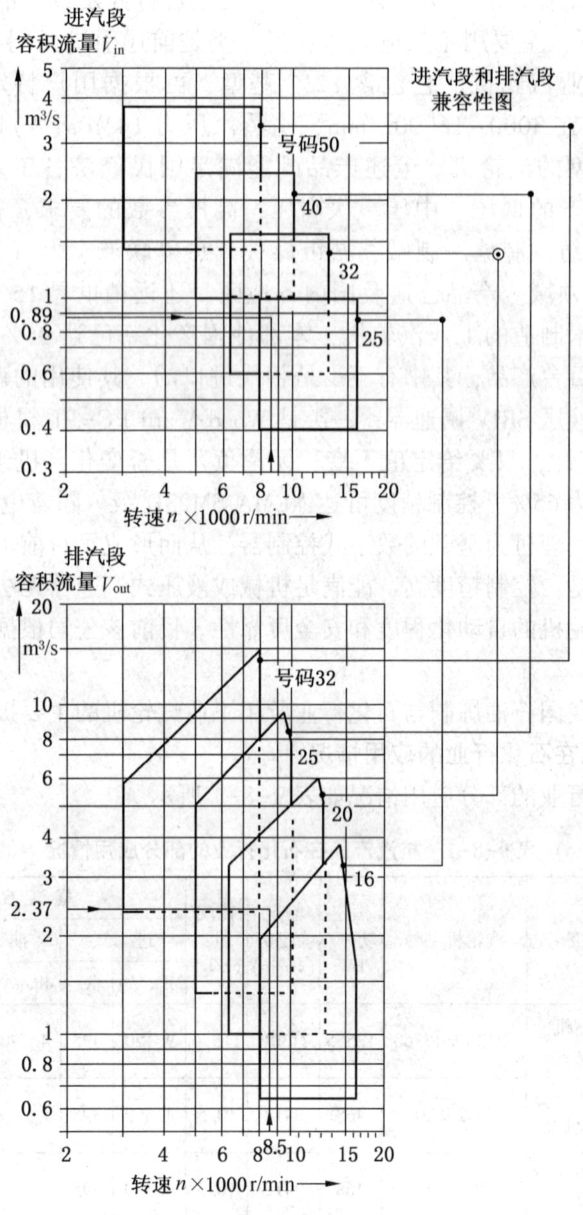

图 9-7-11　背压式汽轮机(p_b>2MPa)
进汽段和排汽段的选择

9.8　杭汽概况及产品在石化行业的应用情况

9.8.1　杭汽概况

杭州汽轮机股份有限公司的前身是杭州汽轮机厂，创建于 1958 年。20 世纪 70 年代中期引进德国西门子公司工业汽轮机设计制造专利技术，经过多年的消化吸收和开发，使工业汽轮机的设计制造水平处于国内领先地位。80 年代初期开始与世界著名厂家，如德国西门子、意大利新比隆、日本富士电机等在汽轮机的设计制造方面建立了良好的合作关系。

该公司的主产品工业汽轮机分为两大类：一类是自行开发设计的冲动式汽轮机系列，功率在25000kW以下，主要用于热电联产；另一类是前述引进西门子专利技术按模块化原理设计的反动式工业汽轮机，它包含12个基型，可根据用户特定需求拼合成功率在50000kW以下，转速在3000~16000r/min，主蒸汽压力14MPa(A)以下、主蒸汽温度最大为540℃的不同类型的汽轮机。上述产品既能满足国民经济各工业部门机械设备的驱动，又能满足热电联产的低压、中压、次高压、高压参数的要求，被广泛用于石油、化工、冶金、建材、轻纺、制糖、制碱、城市煤气、热电联产、燃气蒸汽联合循环、烟气蒸汽联合循环等工业领域。产品已遍及国内各地区，还远销世界15个国家和地区。

该公司按引进技术制造的工业汽轮机，零部件国产化率已达95%左右，并已成功地向国内外用户提供了数百台产品，其中有不少是替代进口的。其使用的调节系统主要分三类，一类是西门子技术全液压SRIV调速器；一类是Wood Ward PG-PL机械-液压式调速器，它具有比例-积分调节特性，只要给定值不变，无论负荷是否变化，机组转速都能保持不变，其转速可调范围最大为65%，控制精度可达NEMA SM23D级。随着电子和计算机技术的迅猛发展，出现了以微处理机为基础的数字式控制器，从而形成了目前工业汽轮机的数字式电液控制系统，其优点是：控制精度高，能满足机械或液压式调速器无法满足的各种特殊控制要求，提高了工业汽轮机的自动化程度和安全可靠性。目前该公司根据用户需要提供了电子-液压式调速器。

目前，该公司是我国石油炼制与石化行业所用工业汽轮机的主要提供厂家。

9.8.2 杭汽产品在石化行业的应用情况

杭汽产品在石化行业的部分应用情况如表9-8-1所示。

表9-8-1 杭汽产品在石化行业的部分应用情况

用户	被驱动设备	汽轮机型号	额定功率/kW	额定转速/(r/min)	耗汽量/(t/h)	蒸汽参数					时间/年月	产品代号
						进气		抽汽		排汽		
						MPa(A)	℃	MPa(A)	t/h	MPa(A)		
大庆石化总厂	裂解气压缩机(沈鼓)	EHK40/45/60	12555	7130R	115.6	9.120	495	4.170	78.9	0.0135	98.10	T6411
大庆石化总厂	乙烯装置急冷水泵(大连耐酸泵厂)	NG25/20	468	9412	10.5	4.350	395	—	—	1.4500	98.2	T6451
大庆石化总厂	乙烯装置急冷水泵(大连耐酸泵厂)	NG25/20	468	9412	10.5	4.350	395	—	—	1.4500	98.2	T6452
燕山石化公司	丙烯压缩机(上鼓)	HNK32/45/20	10050	5150	40.0	11.28	515	—	—	0.0120	99.11	T6481
天津联化	乙烯压缩机(上鼓)	NG25/20/25	2013	14205	21.3	3.400	360	—	—	0.3650	00.10	T6486
上海石化股份有限公司	裂解气压缩机(沈鼓)	EHNK50/56/75	19486	5384	197.5	10.3	500	4.4	157	0.011	00.3	T6493
上海石化股份有限公司	丙烯压缩机(上鼓)	ENK40/56/25	10355	5250	84.1	4.1	380	1.85	10	0.012	00.4	T6506
上海石化股份有限公司	乙烯压缩机	NK32/45	4480	9350	21.5	4.3	380	—	—	0.01	00.4	T6507

续表

用　户	被驱动设备	汽轮机型号	额定功率/kW	额定转速/(r/min)	耗汽量/(t/h)	蒸汽参数 进　气		蒸汽参数 抽　汽		蒸汽参数 排汽	时间/年 月	产品代号
						MPa(A)	℃	MPa(A)	t/h	MPa(A)		
扬子石油化工股份有限公司	65万吨/年乙烯改造丙烯压缩机	EHNK40/46	14598	4221	98	12.4	515	—	—	0.012	00.10	T6509
扬子石油化工股份有限公司	65万吨/年乙烯改造二元制冷压缩机	NK25/36	5566	10333	27	4.3	385	—	—	0.012	00.10	T6510
黑龙江大庆石化总厂	发电机	NHNK50/63/0	25000	3000R	295	8.824	535	4.021	200	0.1750	86.5	T6035
陕西渭河化肥厂	发电机	NK63/81/0	25000	3000	114.2	3.8	390	—	—	0.012	95.1	T6290
	氮压机	NK40/36/20+ NK40/36/0	21434	10574	103.5	4.10	400	—	—	0.012	94.6	T6271 T6272
	空压机	EHNK40/46/60	21849	5471	171	10.1	520	4.10	110	0.0154	94.6	T6270
九江化肥厂	空压机	EHNK40/45/25/40	15158	5365	174.1	10.0	500	7.05	121	0.0146	95.10	T6329
	氮压机	HNK25/36/0	10780	11290	41.4	10.0	500	—	—	0.0146	95.10	T6330
	发电机	EHNK40/56/20	22000	7000	170	10.0	500	4.30	100	0.012	95.11	T6333
兰州化肥厂	空压机	EHNK40/45/25/40	15983	5530	183.6	10.0	490	7.05	128	0.0126	96.5	T6331
	发电机	EHNK40/56/20	18000	7000	140	10.0	490	4.10	80	0.0112	96.7	T6358
	氮压机	HNK25/36/0	11088	11430	42.7	10.0	490	—	—	0.017	96.5	T6332
内蒙古化肥厂	发电机	EHNK40/45/60	16750	7100	159	10.0	490	4.10	80	0.0138	95.1	T6340
	氮压机	HNK25/36/0	11099	11430	42.7	10.0	490	—	—	0.017	95.12	T6328
	空压机	EHNK40/45/25/40	14641	5420	172.0	10.0	490	7.05	121	0.0126	95.10	T6327
吉林化纤公司	发电机	ENG50/40/50	12000	3000R	123.0	4.90	435	1.180	30.0	0.5880	96.7	T6353
		NG50/40/0	12000	3000R		4.90	435	—	—	0.5880	99.4	T6353
河北迁安化肥厂	压缩机	NK40/56	13607	6050R	57.0	3.60	435	—	—	0.0120	95.9	T6375
燕山石化公司	压缩机	NG50/40	11550	6800R	167.2	3.60	400	—	—	1.100	97.8	T6384
淮南化工总厂	压缩机	NK40/56	23494	5836		3.550	435	—	—	0.1850	98.7	T6405
兰化工程公司	发电机	EHNG40/32/40	17500	6917R	170	8.830	535	2.600	70.0	1.100	98.8	T6416
辽宁抚顺石油公司石油二厂	发电机	EHNG50/50/32	30000	3000R	405	8.830	535	3.720	300	0.9800	99.4	T6424
苏丹喀土穆炼油厂	压缩机	NK40/56	13585	5850L	62.0	3.500	400	—	—	0.0140	99.1	T6432
		NK40/56	13585	5850L	62.0	3.500	400	—	—	0.0140	99.1	T6433
燕山石化公司化工一厂	压缩机	HNK32/45/20	10050	5150	40.0	11.28	515	—	—	0.0120	99.11	T6481
上海石化乙烯	裂解气压缩机	EHNK50/56/75	20435	6666	202	10.3	500	4.4	156	0.011	00.7	T6493

续表

用　户	被驱动设备	汽轮机型号	额定功率/kW	额定转速/(r/min)	耗汽量/(t/h)	蒸　汽　参　数					时间/年.月	产品代号
						进　气		抽　汽		排汽		
						MPa(A)	℃	MPa(A)	t/h	MPa(A)		
上海石化乙烯	丙烯压缩机	ENK50/56/75	10355	5250	113	4.1	380	1.8	84	0.011	00.7	T6506
扬子石化	裂解气压缩机	EHNK40/45	15974	4386	112.0	11.5	515	1.75	66.9	0.012	00.9	T6509
长山化肥厂	合成气压缩机	ENK40/56/25	14263	5496	80.7	3.60	425	0.5	30	0.01	01.7	T6515

参　考　文　献

1. 侯芙生. 炼油工程师手册. 北京：石油工业出版社，1995
2. 机械工程手册，手册编辑委员会. 机械工程手册第二版《动力设备卷》. 北京：机械工业出版社，1997
3. 刘绍叶等. 泵、轴封及原动机选用手册. 北京：石油工业出版社，1999
4. 杭州汽轮机股份有限公司：样本
5. Igor J. Karassik，陈允中等译．泵手册(第三版). 北京：中国石化出版社，2003

第十章　脱蜡转鼓真空过滤机

10.1　规格和主要性能参数

国产脱蜡转鼓真空过滤机(简称脱蜡过滤机)的主要规格和性能参数见表10-1-1及表10-1-2。

表10-1-1　脱蜡过滤机的主要规格

过滤面积/m^2	转鼓尺寸(直径×长度)/mm	外形尺寸(长×宽×高)/mm	质量/kg	备　注
50	3352×4575	6500×4350×4260	28000	格室数30
60	3352×5465	7460×4350×4260	30000	格室数30
100	3352×9150	13000×4350×4260	42500	格室数30

表10-1-2　脱蜡过滤机的主要性能参数

规 格 型 号	GB-50	GB-60	GB-100
过滤面积/m^2	50	60	100
转鼓转速/(r/min)	0.2~1.3	0.2~1.3	0.2~1.3
转鼓电机功率/kW	4.0~7.5	5.5~7.5	7.5~10
输蜡器电机功率/kW	2.2	4.0	4.0
操作温度/℃	-40~80	-40~80	-40~80
操作压力/mmH_2O	400	400	400
输蜡器卸料能力/(t/h)XEI	15	18	30
总质量(空)/kg	28000	30000	42500

10.2　技术经济指标

脱蜡过滤机的技术经济指标主要包括过滤强度、蜡饼含油量、动力利用指标。其中过滤强度为评价脱蜡过滤机的主要经济指标。

10.2.1　过滤强度[kg/(m^2·h)]

过滤强度通常称过滤速度，即在单位时间(h)内，单位面积(m^2)所能通过的滤液量。过滤强度与料浆的浓度及含蜡量、蜡结晶的难易、稀释剂的种类、过滤温度、过滤压差、滤布的性质、过滤机的转速等许多因素有关。它综合反映了过滤工艺水平及脱蜡过滤机的性能。有时也用脱蜡过滤机单位时间(h)内可处理的蜡量来表示。

10.2.2　蜡饼含油量(%)

蜡饼含油量是指经过过滤机过滤后得到的蜡饼中含油量的多少。它也是评价脱蜡过滤机性能的重要指标。脱蜡过滤机操作区的安置及各操作区的大小、分配头的密封程度等都将影响蜡饼含油量。总的来讲，在相同的操作工艺条件下，得到的蜡饼中含油量越少，则脱蜡过滤机的性能越好。

10.2.3 动力利用指标[kg/(kW·h)]

动力利用指标是指消耗单位能量(kW·h)所能获得的滤液量或蜡量。

除上述三点外，脱蜡过滤机的无故障连续运转时间、备品备件的消耗量、润滑油的消耗量等也是不可忽视的技术经济指标。

10.3 结构种类及特点

脱蜡转鼓真空过滤机的结构和工作原理见图 10-3-1 及图 10-3-2。

国内外使用的脱蜡过滤机的结构形式大体相同，抽液管多采用多支管—集合管结构，滑动轴承多为内置式，驱动装置有机械传动方式和液压传动方式。国内炼油厂现用的脱蜡过滤机的转鼓采用多支管—集合管形式的抽液管，转鼓驱动端采用滚动轴承支承，分配头端采用滑动轴承支承，分配头采用波纹管式轴封防止机内介质外漏。转鼓驱动装置有以下几种形式：

① 电动机—液压无级变速器—齿轮减速机组合传动，另一种变型是变频调速电动机—齿轮减速机组合传动，其结构简单便于远程控制。这两种形式，各部件刚性联成一体套于转鼓轴上构成浮动式传动，运行时驱动系统随转鼓耳轴位移而同步位移，始终保持良好的对中性。目前是国内脱蜡过滤机驱动形式的主流。

② 电动机—机械式无级变速器—蜗轮减速机组合传动，另一种变型是变频调速电动机—蜗轮减速机组合传动。驱动系统装在与机壳相联的机架上，与轴对中困难，运行时由于转鼓耳轴位移而破坏了对心，须经常维护。

国内外使用的脱蜡过滤机的工作程序基本相同，其工作原理见图 10-3-2。转鼓每转一周经过分配头将其分为吸滤(Ⅰ)、洗涤(Ⅱ)、干燥(Ⅲ)、净化(预反吹)(Ⅳ)、卸料(Ⅴ)、冷反洗(Ⅵ)等区间。各区间的工作情况如下：

(1) 吸滤

转鼓在此区间浸没在滤槽料浆内，通过内部的前后集合管抽真空将滤槽内料浆经过滤布吸入，蜡结晶在滤布上形成滤饼。

(2) 洗涤

转鼓在此区间露出料浆表面，位于上盖处的喷淋管将冷溶剂均匀的喷洒在滤饼表面，通过内部的前后集合管抽真空将冷溶剂经过滤饼吸入，将残存于滤饼中的油稀释带走，降低蜡中的含油量。

(3) 干燥

转鼓在此区间露出料浆表面，通过内部的前后集合管抽真空将机内的惰性气体经过滤饼吸入，将滤饼和格室中残存的油和溶剂带走，使蜡进一步干燥。

(4) 净化(预反吹)

转鼓在此区间露出料浆表面，通过内部的后集合管吹入惰性气体将管路和格室中残存的油和溶剂由前集合管抽走，使其进一步净化。

(5) 卸料

转鼓在此区间露出料浆表面，此时内部的前集合管封死，通过后集合管吹入惰性气体靠其压力将滤布上的蜡饼吹起，通过刮刀板落入输蜡槽中由输蜡器排入贮蜡罐。

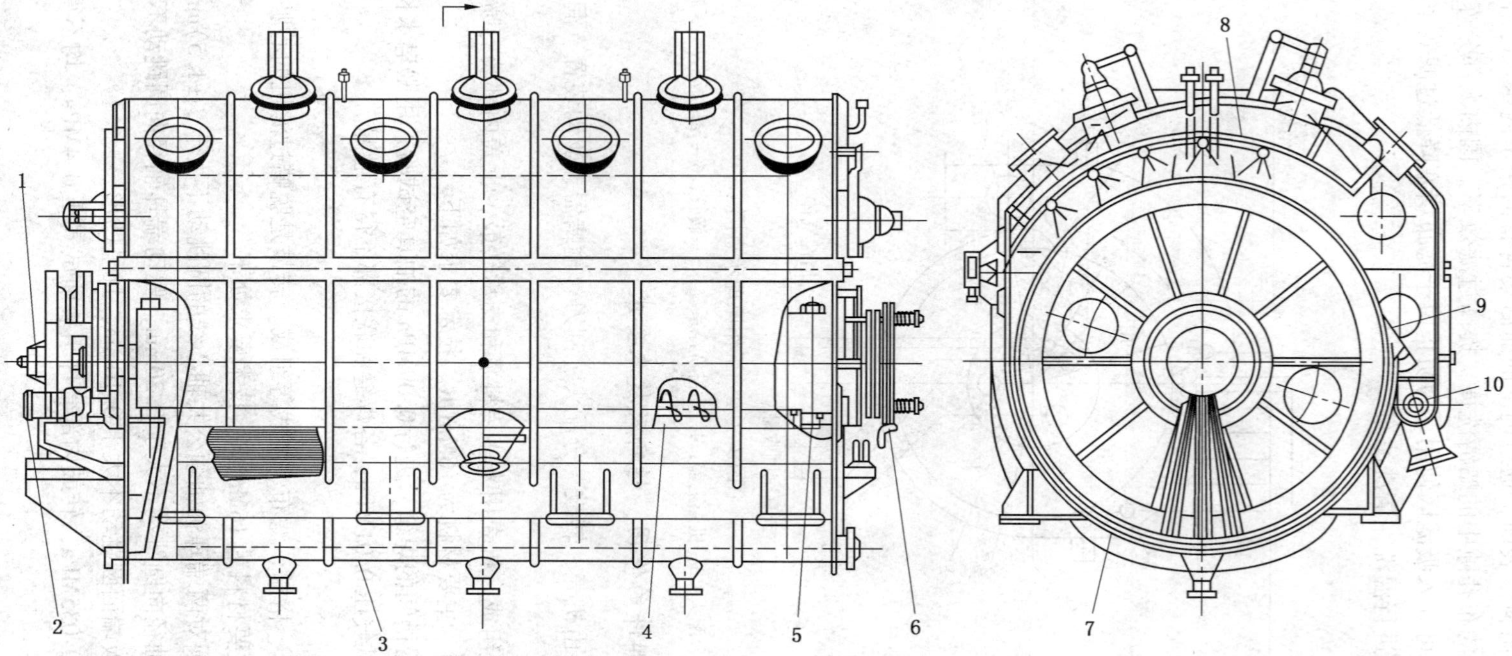

图 10－3－1 脱蜡转鼓真空过滤机

1—转鼓驱动部分；2—输蜡器驱动部分；3—机壳；4—输蜡器；5—耳轴轴承；6—分配头；7—转鼓；8—喷淋系统；9—导蜡板；10—输蜡器

(6) 冷反洗

转鼓在此区间露出料浆表面，通过内部的前后集合管向格室内压入冷溶剂，带压的冷溶剂通过滤布时将存在滤布孔隙中的蜡清洗掉，提高过滤效率。国内大部分炼油厂为节约冷量不采用冷反洗，此时可并入吸滤区使用。为防止由于滤布堵塞降低过滤效率，滤机定期喷溶剂入 60~65℃的溶剂进行温洗，清洗滤布。

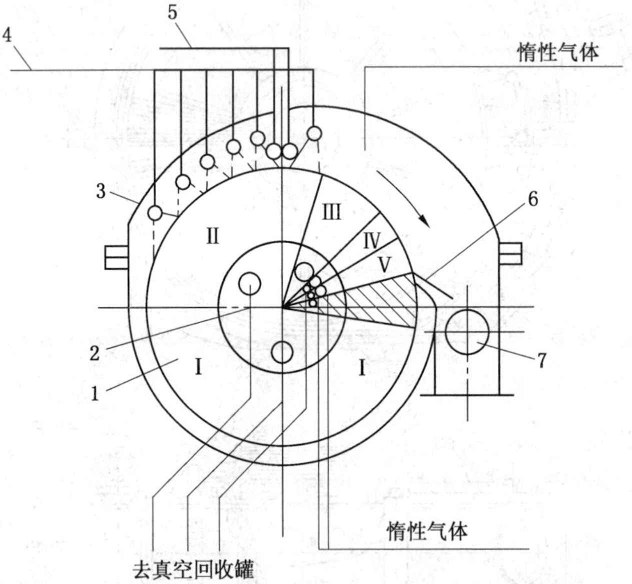

图 10-3-2 工作原理示意图

1—转鼓；2—分配头；3—机壳上盖；4—喷淋洗涤系统；5—滴管；6—导蜡板；7—螺旋输蜡器

10.4 主要零部件的作用、材料及技术要求

脱蜡过滤机主要由机壳、转鼓、分配头、刮刀、输蜡器、驱动装置、润滑系统组成。

10.4.1 机壳

由下槽体和上盖组成。机壳用来盛装料浆和支承转鼓，上盖内部装有喷淋管及视窗，机壳与上盖用螺栓联结。主要材料为 16MnDR。技术要求如下：

① 槽体与输蜡器槽间的焊缝，进行 0.09MPa 的抽真空试验，用肥皂水检验不得有渗漏。

② 整机组装后试气压 0.01MPa，各焊缝和联接部不得有泄漏。

10.4.2 转鼓

由壳体、集合管、格栅、滤布、绕线等组成。转鼓是脱蜡过滤机的心脏，是完成各工作程序的执行机构。主要材料为 16MnDR。技术要求如下：

① 转鼓筒体外圆对两端耳轴轴颈公共轴心线的圆跳动不大于 3(±1.5)mm。

② 分配头端耳轴径向圆跳动不大于 0.20mm，驱动端耳轴径向圆跳动不大于 0.10mm。

③ 分配头端管板端面圆跳动不大于 0.10mm，且呈凹形。

④ 转鼓试气压 0.035MPa，转鼓内部管件组装前试气压 0.4MPa，均不得有泄漏。

10.4.3 分配头

由分配头体和桥块组成。是完成各工作程序的控制机构。主要材料为 16MnDR。技术要求：平面度≤0.04mm。

10.4.4 刮刀

由刀体板、调整弹簧和刀刃板组成。将从转鼓上吹落的蜡饼导入输蜡槽中。

主要材料：刀刃板为聚四氟乙烯。技术要求：刮刀板沿转鼓轴线长度分为几组。安装时，调节导向板使其轻轻靠在转鼓上。

10.4.5 输蜡器

由空心轴和螺旋叶片组成。将输蜡槽中的蜡排出机外。主要材料为16MnDR。技术要求：输蜡器螺旋叶片外径径向圆跳动不大于4mm。

10.5 运输、保管及安装要求

10.5.1 脱蜡过滤机的运输

脱蜡过滤机在出厂时，主机和附件是分箱包装的，主机已组装好需整体运输。主机运输时，转鼓与槽体间必须固定牢固，上盖与底槽必须把紧，使用专用支架将整机与车辆固定。整机起吊前应仔细阅读“脱蜡过滤机使用说明书”，起吊脱蜡过滤机时，必须按要求在指定位置、使用保护垫块起吊，并保持机体水平。

10.5.2 脱蜡过滤机的保管

脱蜡过滤机附件包装箱必须放在干燥的室内保管，主机应尽量放在仓库内保管。如主机必须放在室外保管时，应注意以下几点：

① 过滤机应架高离开地面；

② 应采取措施防止雨淋和阳光直接照射；

③ 过滤机表面温度不得低于-40℃，不得高于40℃。

过滤机应放平，检查轴、轴承等光滑钢表面防锈油脂涂抹是否完好，如存放期超过三个月，应对转鼓和槽体内表面及轴、轴承等光滑钢表面重新涂防锈油。

10.5.3 脱蜡过滤机的主要安装要求

10.5.3.1 安装环境

① 安装位置应有足够的操作维修空间：驱动端至少有2m以上的操作空间，分配头端至少有4m以上的操作空间，上盖开启侧至少有2m以上的操作空间，过滤机顶部至少有4m以上的空间，操作平台至少应低于上盖与槽体连接法兰面300mm。

② 安装基础水平误差不大于5mm。

10.5.3.2 机体

① 在四个水平基准板处找正，水平误差不大于2mm。

② 分配头端支座地脚螺栓应把紧，非分配头端支座地脚螺栓把紧后应退回二分之一圈以保持支座可自由滑动。

10.5.3.3 转鼓

① 分配头端耳轴径向圆跳动不大于0.20mm，驱动端耳轴径向圆跳动不大于0.1mm。

② 转鼓轴向窜动不大于0.5mm。

③ 转鼓筒体外圆对两端耳轴轴颈公共轴心线的圆跳动不大于3(±1.5)mm。

10.5.3.4 输蜡器

输蜡器外径径向圆跳动不大于4mm。

10.6 使用中的注意事项

脱蜡转鼓真空过滤机使用中应注意如下事项：

① 与分配头联接的波纹管在常温安装时应预压缩 10mm，以防止在低温工作时波纹管收缩将分配头拉开，破坏密封性。

② 启动转鼓前应先启动润滑系统，15min 后确认润滑系统工作正常方可启动转鼓驱动装置。

③ 采用液压无级变速器的驱动装置启动时，必须先将液压无级变速器调至零位进行软启动，否则将损坏液压无级变速器。

④ 滤槽料浆液面应不低于转鼓直径的 40%，否则将影响过滤效果。

⑤ 停机后应将滤槽料浆放净，若滤槽内存有料浆时，启动转鼓前应先加热使沉积的蜡溶化，否则将损坏驱动装置。

10.7 常见故障及处理方法

脱蜡过滤机常见故障及处理方法详见表 10-7-1。

表 10-7-1 常见故障及处理方法

故障现象	产生原因	处理方法
驱动装置过载或损坏	1. 驱动装置与转鼓不同心 2. 滤槽料浆中蜡凝固将转鼓拖住 3. 滑动轴承严重磨损	1. 重新找正 2. 加热料浆使蜡溶化后再启动转鼓 3. 更换滑动轴承轴瓦
蜡饼中含油量增加	1. 吸滤真空度低 2. 转鼓转速太快	1. 调整分配头间隙 2. 调整转速
反吹卸料在刮刀后	反吹位置滞后	调整分配头安装位置，使反吹提前
卸料刮刀磨损太快	1. 刮刀与转鼓的压力过大 2. 各段刮刀位置不一致	1. 调整刮刀的位置，使刮刀轻轻贴在转鼓表面 2. 调整各段刮刀的位置，使其平直一致，两刮刀间隙在 0.8mm 以上
滤布损坏过快	1. 刮刀与转鼓的压力过大 2. 滤布未扎紧 3. 绕线过松或开断	1. 调整刮刀的位置，使刮刀轻轻贴在转鼓表面 2. 重新扎紧滤布 3. 重新绕线
输蜡器堵塞不出蜡	蜡太黏或蜡量过大	1. 调整操作工艺或过滤机操作参数 2. 加大冲洗量
滑动轴承磨损过快	1. 润滑油供应不足 2. 滤槽料浆液面过低，使滑动轴承负荷过大	1. 检查润滑系统，保证润滑油供应 2. 调节滤槽料浆液面使其在转鼓直径的 40%左右 3. 更换滑动轴承轴瓦
真空度或反吹压力过低	1. 配管附加力矩大，分配头压不紧 2. 分配头压紧弹簧失效 3. 耐磨板严重磨损 4. 分配头严重磨损	1. 调整配管使其在工作时对分配头的附加力矩为零 2. 更换压紧弹簧 3. 修理或更换耐磨板 4. 修理或更换分配头
耐磨板或分配头磨损过快	1. 润滑油供应不足 2. 分配头压的过紧 3. 分配头支承轴松动	1. 检查润滑系统，保证润滑油供应 2. 调整分配头压紧弹簧使其有适当的压紧度 3. 检修

第十一章　套管结晶器

11.1　概述

目前炼油厂使用的套管结晶器有68m² 和105m² 两种系列。68m² 套管结晶器是20世纪50年代的老式产品，内外管直径分别为*DN*150和*DN*200，由于内管直径较小，阻力降大，容易堵塞，需要经常用溶剂融化内管壁上的结晶蜡；传动轴受交变应力的作用，常常出现断轴现象；传动轴填料处容易泄漏；设备故障率高，维修工作量大。105m² 套管结晶器的内外管直径较大，介质流动阻力降小，内管不易被结晶蜡堵塞，减少了溶剂融化内管的次数，有利于平稳操作，并能提高装置的处理量；由于采用了新型传动头，传动轴受力合理，避免了断轴现象；传动轴填料处密封效果大大提高；设备耗电量小，故障率低，设备维修工作量大大减少。因此，105m² 套管结晶器是技术先进的结晶器，已在炼油厂酮苯脱蜡装置中广泛应用。

套管结晶器的发展趋势是向内管径大型化方向发展。目前国外生产的套管结晶器内管直径已发展到*DN*200，甚至还有*DN*300的。

11.2　分类

套管结晶器分类按冷却介质来分，主要有氨冷套管结晶器和换热套管结晶器两种，见表11-2-1。

表11-2-1　套管结晶器分类

	名　称	说　明
分类	氨冷套管结晶器	内管介质是含蜡油和溶剂，外管介质是液氨，换热面积有68m² 和105m² 两种规格
	换热套管结晶器	内管介质是含蜡油和溶剂，外管介质是脱蜡油，换热面积有68m² 和105m² 两种规格

11.3　技术参数

105m² 套管结晶器技术参数见表11-3-1。

表11-3-1　105m² 套管结晶器技术参数

技术参数＼结晶器		Ⅰ		Ⅱ	
		氨冷套管结晶器	换热套管结晶器	氨冷套管结晶器	换热套管结晶器
内管	设计压力/MPa	4.0	4.0	4.0	4.0
	设计温度/℃	-30～+100	65～+100	-40	-40
	介　质	含蜡油、丁酮、甲苯	含蜡油、丁酮、甲苯	含蜡油、丁酮、甲苯	含蜡油、丁酮、甲苯
外管	设计压力/MPa	0.1～0.2	2.5	2.0	2.45
	设计温度/℃	-40～+100	-30～+100	-40	-40
	介　质	液氨、汽氨	脱蜡油、丁酮、甲苯	液氨	脱蜡油、溶剂

续表

技术参数＼结晶器	I		II	
	氨冷套管结晶器	换热套管结晶器	氨冷套管结晶器	换热套管结晶器
换热面积/m^2	105		109.3	
刮刀轴转速/(r/min)	12.4		12.75	
电机或率/kW	7.5		11	
总质量/kg	27080	23591	28896.9	25730
长×宽×高/mm	14382×2045×4867	14382×1200×3490	14815×1862×5108	14815×1400×3480
制造厂家	燕山石化公司机械厂		兰州石油化工机器厂	

11.4 流程简介

图 11-4-1 是氨冷套管结晶器介质流程简图。含蜡油走内管，从套管组的最上层内管由上而下流动。液氨由氨罐下部通过液氨管线和外管底部流进外管，汽氨由外管顶部通过汽氨管线流进氨罐上部。

图 11-4-2 是换热套管结晶器介质流程简图。含蜡油走内管，从套管组的最上层内管自上而下流动。脱蜡油从套管组的最下层外管自下而上流动。

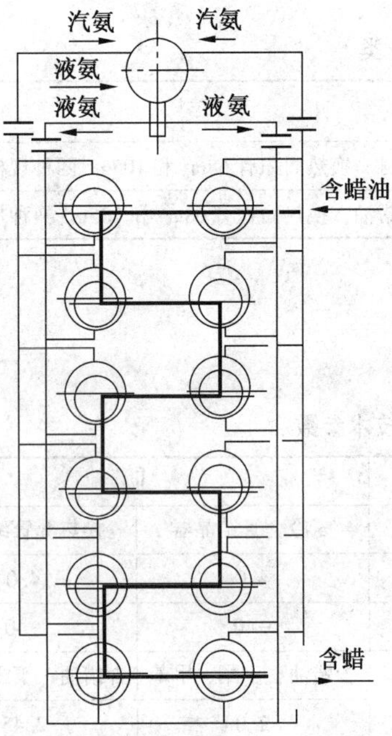

图 11-4-1 氨冷套管结晶器介质流程

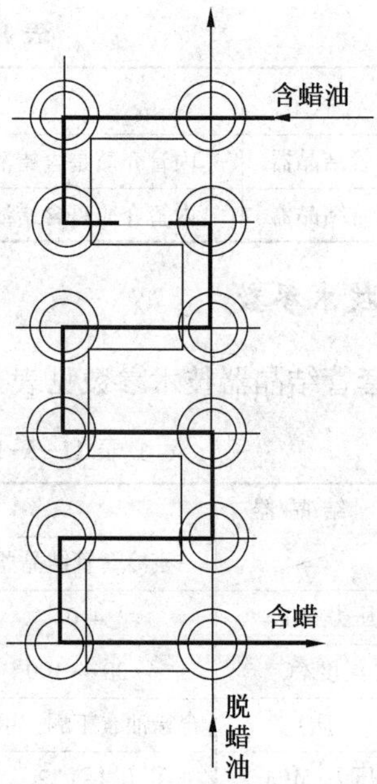

图 11-4-2 换热套管结器介质流程

套管结晶器一般是换热套管结晶器和氨冷套管结晶器串联在一起使用。原料油采用泵送到换热套管结晶器内管里去，与外管的冷介质脱蜡油进行换冷，从原料油中结晶析出来的蜡附着在内管壁上。内管中的刮刀轴不断转动，就连续不断地将蜡从内管壁上刮下来，随着油液一起流出内管。之后油液进到氨冷套管结晶器内管里去，与氨冷套管结晶器外管里的冷液氨再做进一步换冷，使原料油中的蜡进一步结晶析出来附着在内管壁上，刮刀轴不断转动就不断地把蜡从内管壁上刮下来，随油液流出内管送到过滤机进料罐中去，准备去过滤机过滤。

11.5　结构

11.5.1　概述

套管结晶器就其结构作用，主要由四部分组成，见表 11-5-1。

表 11-5-1　套管结晶器结构、组成和作用

序　号	结　构	主要组成	作　　用
1	给冷部分	由氨罐、汽液管组成	提供冷量
2	换热部分	由 12 根内外管组成	含蜡原料油同冷介质进行热交换
3	驱动部分	由驱动机构和传动头组成	驱动刮刀轴转动
4	刮蜡部分	由刮刀、弹簧、管轴、圆环轴承等组成	把结晶蜡从内管壁上刮下来，随物料一起流走

图 11-5-1 是 105m^2 氨冷套管结晶器结构外形简图。主要由传动机构、传动头、刮刀轴、套管组、机头箱体、支架、氨罐和汽、液管线等组成。105m^2 换热套管结晶器除没有氨罐和汽、液氨管线外，其他结构同氨冷套管结晶器相同。

11.5.2　传动机构

传动机构由防爆电机、联轴器、行星摆线针轮减速机、主动链轮和链条等组成。传动机构的安装形式有上装式和下装式两种形式，见表 11-5-2。

表 11-5-2　传动机构安装形式、结构、作用和特点

安装形式	上　装　式	下　装　式
安装部位	传动机构安装在紧靠机头箱体顶部的支架上	传动机构安装在机头箱体前面的地面上
结构组成	由防爆电机、行星摆针轮减速机、联轴器、主动链轮和链条等组成	由防爆电机、行星摆线针轮减速机、联轴器、主动链轮和链条等组成
作　　用	通过链条驱动传动头带动刮刀轴转动	通过链条驱动传动头带动刮刀轴转动
特　　点	结构受力合理，减少占地面积	结构受力不合理，增加占地面积，便于就地检修

传动机构的驱动形式有两种：一种是采用一台传动机构，如图 11-5-2 所示，内管径在 *DN*250 以下时，采用一台传动机构。另一种是采用两台传动机构，如图 11-5-3 所示，内管径在 *DN*250 以上时，采用两台传动机构。

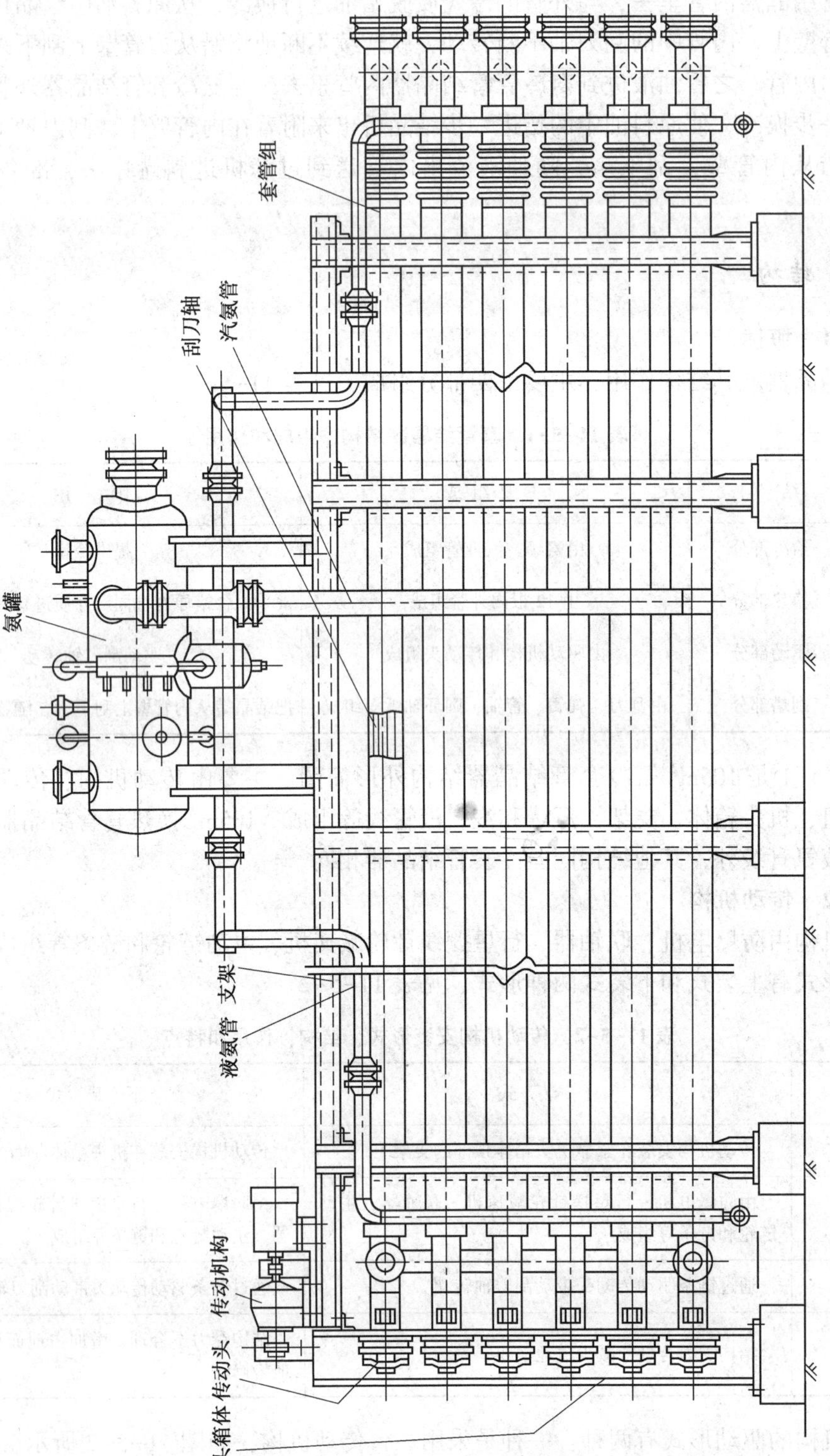

图11-5-1　氨冷套管结晶器外形图

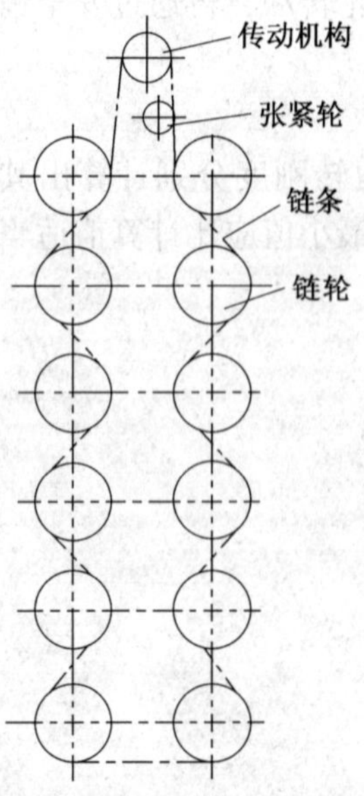

图 11-5-2　一台传动机构

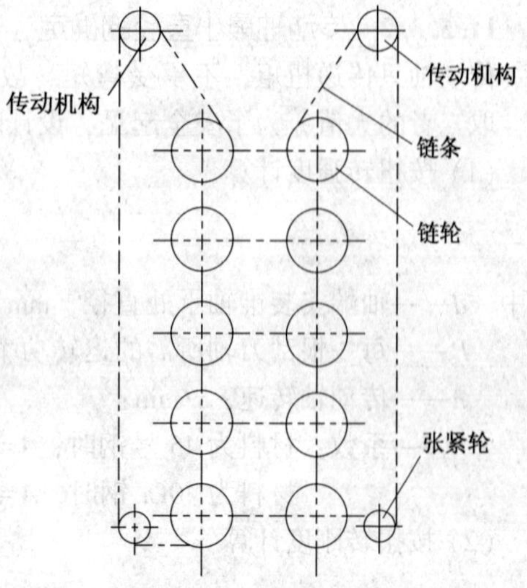

图 11-5-3　两台传动机构

11.5.3　传动头

11.5.3.1　传动头结构和作用

图 11-5-4 是 $105m^2$ 套管结晶器传动头结构简图，它主要由链轮、链轮体、传动臂、安全销、传动轴、滚锥轴承、轴承座、固定板、连接套、填料、键、压板、圆螺母和压盖等零件组件。这种传动头，链条拉力产生的径向力由滚锥轴承和轴承座承受，传动轴只传递链条产生的扭矩，而不受交变弯曲应力的影响，从而提高了传动轴的使用寿命；传动轴的弯曲变形大大减小，填料几乎不产生偏磨现象，传动轴填料处密封效果得到了明显的改善，大大提高了填料的使用寿命。

传动头的作用是带动刮刀轴传动，通过刮刀连续不断地把附着在内管壁上的结晶蜡刮下

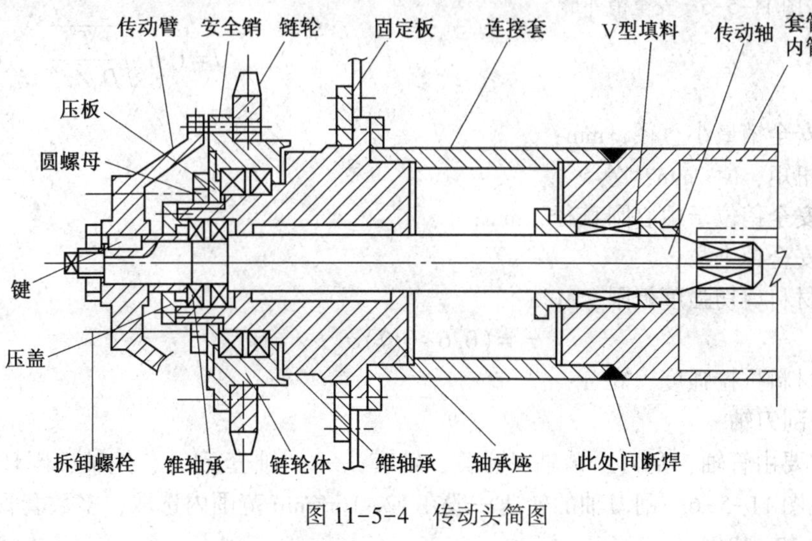

图 11-5-4　传动头简图

来。传动轴是通过驱动机构主链轮和链条带动传动轴上链轮转动，再通过安全销、传动臂和键带动传动轴转动。

11.5.3.2 传动轴最小直径的确定

传动轴只传递扭矩，不承受弯矩，故按扭转强度和扭转刚度分别计算出其最小轴径 d 值，取二者的大值，为了安全起见，设计时选取的传动轴最小值应比计算值适当大一些。

（1）按扭转强度计算

$$d=A\sqrt[3]{\frac{P}{n}} \tag{11-5-1}$$

式中 d——轴端安装锥轴承处直径，mm；

P——每一根刮刀轴所需的运转功率，kW；

n——传动轴转速，r/min；

A——系数：材料为 45 号钢时，$A=126\sim103$；

材料为 40Cr 钢时，$A=112\sim97$。

（2）按扭转刚度计算

$$d=B\sqrt[4]{\frac{P}{n}} \tag{11-5-2}$$

式中 d——轴端安装锥轴承处直径，mm；

P——每一根刮刀轴所需的运转功率，kW；

n——传动轴转速，r/min；

B——系数，推荐 B 值取 109。

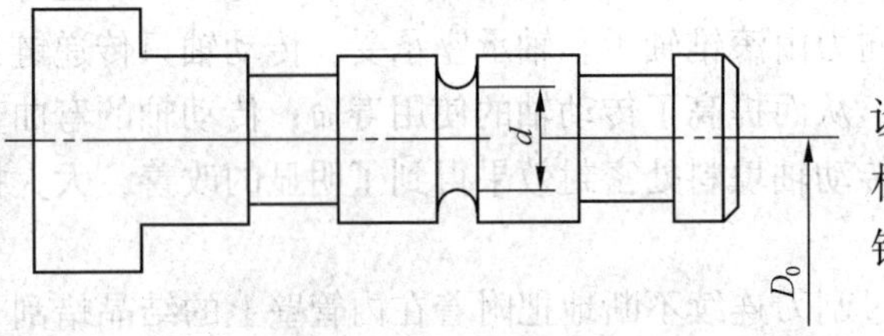

图 11-5-5 安全销外形

11.5.3.3 安全销最小直径的确定

为了防止刮刀轴超载，在每个链轮上均设有两个安全销，互成 180°布置。安全销的材料一般选用脆性材料，通常选用淬硬 45 号钢或硬铜。安全销结构见图 11-5-5。

安全销最小直径 d 按下式计算

$$d=1.6\sqrt{\frac{T}{D_0 Z\tau_b}} \tag{11-5-3}$$

式中 d——安全销最小直径，mm；

T——扭矩，N · mm；

D_0——安全销位于中心圆直径，mm；

Z——安全销个数；

τ_b——材料剪切强度极限，MPa；

$$\tau_b=(0.6\sim0.7)\sigma_b;$$

σ_b——材料抗拉强度，MPa。

11.5.4 刮刀轴

刮刀轴主要由管轴、刮刀、销轴、弹簧、轴套(一)、轴套(二)、短轴、圆环轴承和螺栓等组成，见图 11-5-6。刮刀轴的转速一般在 12~16r/min 范围内选取，多数套管结晶器刮刀轴的转速为 12~13r/min。

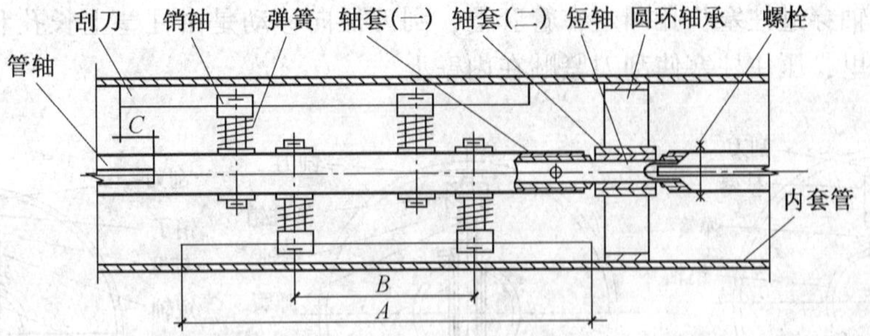

图 11-5-6　刮刀轴

11.5.4.1　管轴

刮刀轴的管轴通常选用无缝钢管制作，一般长度在 13~14m 之间选取。为了便于制作和拆装，将管轴分成多段长 2.5~3m 的短管轴用实心短轴和螺栓连成一个整体。在短轴中间设有阻力较小的圆环轴承来支承刮刀轴，使刮刀轴与内管尽量保持同心。管轴外径大小按内套管外径大小来选取，见表 11-5-3。

表 11-5-3　管轴外径选取

序　号	管轴外径/mm	内套管外径/mm	序　号	管轴外径/mm	内套管外径/mm
1	$\phi 50$	$\phi 159$	3	$\phi 89$	$\phi 273$
2	$\phi 60$	$\phi 219$			

11.5.4.2　刮刀

刮刀轴上装有多组刮刀，每组刮刀长度 A 值一般为 500~600mm，宽度为 22~25mm，厚度为 3~4mm。每组刮刀用两个销轴支承，其支承间距 B 值为 300~400mm，每组刮刀与相邻刮刀组应错开 90°布置，并且在轴向方向的重合度 C 值为 10~15mm。

11.5.4.3　弹簧

刮刀采用圆柱形螺旋压缩弹簧、材料采用 1Cr18Ni9(或 60Si2Mn)。弹簧载荷不易过大，否则刮刀磨损过快，弹簧最大工作载荷为 0.2MPa，最小工作载荷不小于 0.1MPa(刮刀磨损后)。

11.5.4.4　弹簧安装形式

刮刀的安装有弹簧外装式、弹簧内装式和板弹簧式三种形式。

(1) 弹簧外装式

有单销轴双弹簧外装式刮刀和单销轴单弹簧外装式刮刀两种，详见图 11-5-7 和图 11-5-8。单销轴双弹簧式，其销轴穿过管轴与其管轴焊成一体。刮刀用销子与柱塞固定在一起，刮刀径向移动量由柱塞上的长孔来限制，弹簧套在销轴两侧并压紧柱塞使刮刀紧贴在内管壁上。单销轴单弹簧式，其柱塞和销轴合为一体叫销轴，刮刀用圆柱销与销轴固定在一起，销轴通过销轴套穿过管轴，并可在销轴套中做径向移动。弹簧套在销轴上，并压住销轴使刮刀紧贴在内管壁上。

含有结晶蜡的原料油在弹簧、销轴和柱塞外面流动，不会影响弹簧的工作(即弹簧的变形量)。刮刀轴可以正反转运行。单销轴单弹簧比单销轴双弹簧更容易更换销轴。

(2) 弹簧内装式

图 11-5-9 是弹簧内装式刮刀，管套穿过管轴与其管轴焊成一体。刮刀用销子与柱塞固

定在一起。短轴穿过柱塞长孔固定在管套上，刮刀径向移动是由柱塞上长孔和短轴来限制。弹簧装在管套里，压住柱塞使刮刀紧贴在内壁上。

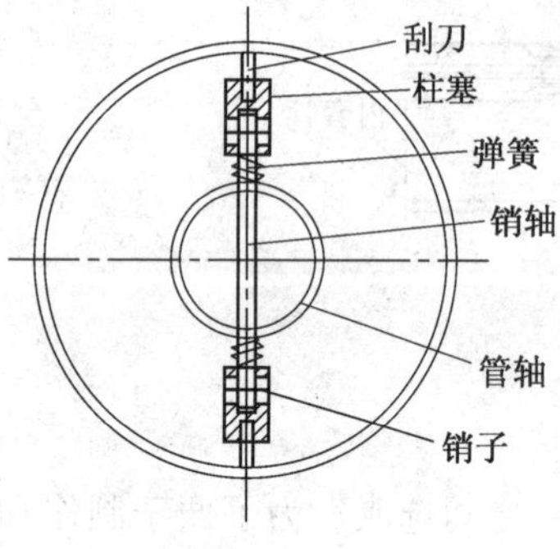

图 11-5-7 单销轴双弹簧刮刀

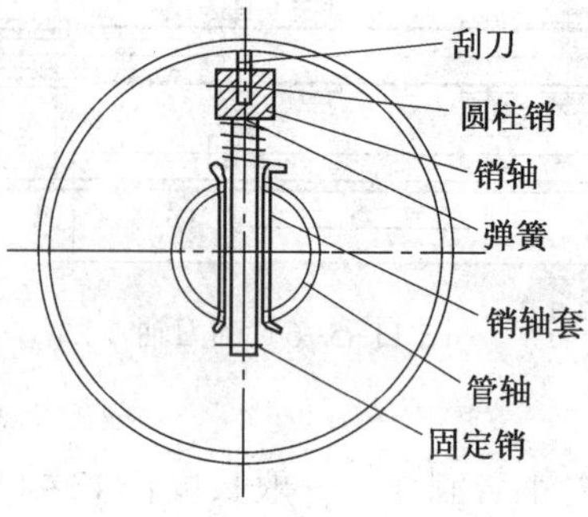

图 11-5-8 单销轴单弹簧刮刀

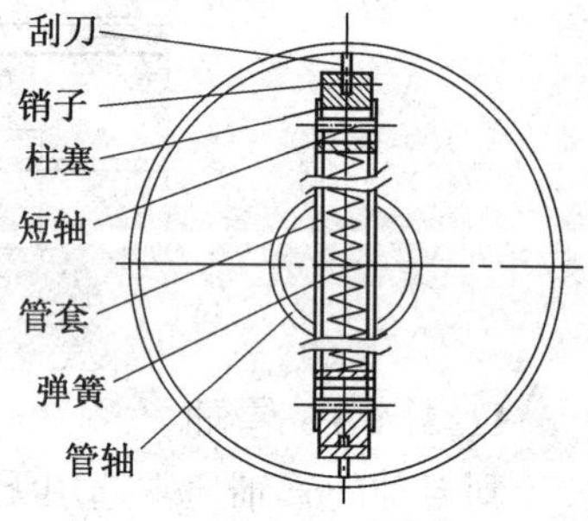

图 11-5-9 弹簧内装式刮刀

当管套里充满含有结晶蜡的原料油时，就阻碍了弹簧和柱塞在管套里上下移动，使弹簧失去作用。刮刀轴可以正反转运行。

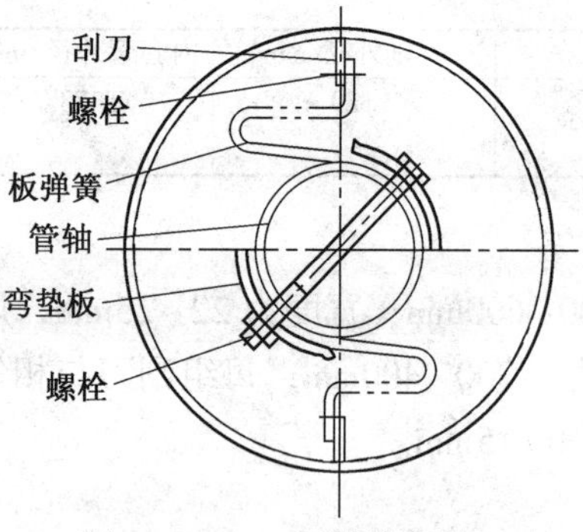

图 11-5-10 板弹簧式刮刀

(3) 板弹簧式

图 11-5-10 是板弹簧式刮刀，刮刀用螺栓固定在板弹簧上，板弹簧再用螺栓紧固在刮刀管轴上，板弹簧压住刮刀使其刮刀紧贴在内管壁上，弹簧力虽然变化较大，但弹簧的变形量较小，若弹簧几何尺寸选择不当，刮刀与内管壁接触压力较大，刮刀磨损的快。刮刀轴只能按规定方向转动，否则容易损坏板弹簧。

11.5.5 套管组

11.5.5.1 结构组成

105m^2 氨冷和换热套管组由 12 根 ϕ219×8 内管和 12 根 ϕ273×8 外管组焊而成。套管组内外套管结构见图 11-5-11，图中 L_o 为外套管总长度，即有效换热面积长度。L_i 是内套管长度。内套管必须采用整根无缝冷拔钢管制作，内径不圆

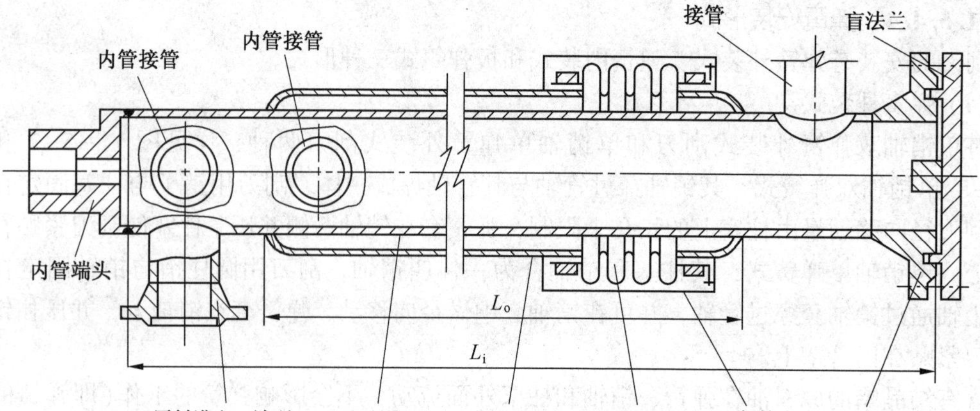

图 11-5-11 套管组内外套管结构

度要小而且内表面要光滑。

内套管原料进出口法兰采用凹凸面法兰，尾部采用凹榫槽面法兰，法兰材料均为16MnD锻件。内套管尾部用盲法兰盲死，在盲法兰中心部位设有短轴头用以支承刮刀轴。

外套管尾部设有波纹管膨胀节(见图11-5-11)，用以补偿内外套管温度差而产生的伸缩量的变化。波纹管膨胀节可采用单层或双层结构型式，其材料采用06Cr19Ni10(0Cr18Ni9)不锈钢薄钢板来制作，不能有环向焊缝，波纹管设有保护套，保护套固定端在外套管的尾部，浮动端在膨胀节的另一侧。

氨冷套管组内外套管不同心，即内套管中心线比外套管中心线低10mm，见图11-5-12(a)。这种结构有利于液氨的蒸发，能提高总的传热效果。换热套管组内外套管同心，见图11-5-12(b)。在内套管外壁上每间隔2~3m，在圆周方向上焊有三块互成120°分布的支撑板。

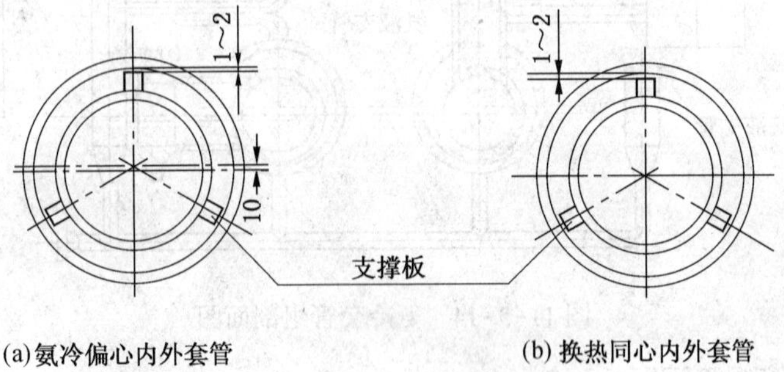

(a)氨冷偏心内外套管　　(b)换热同心内外套管

图11-5-12　内外套管剖面

$105m^2$ 氨冷和换热套管组尾部结构相同，见图11-5-13(a)。内管在水平位置上是用直短管连通起来的，这种结构，内管无刮刀接触部分短，除直短管外，内管壁在全长度上与刮刀相接触，刮下内管壁上的结晶蜡，保证内管阻力降小。图11-5-13(b)是老式套管组尾部结构简图，内管尾部用弯头连接起来，弯头处无刮刀，而且弯头处较长，容易结蜡，造成内管阻塞，增加了内管阻力降。

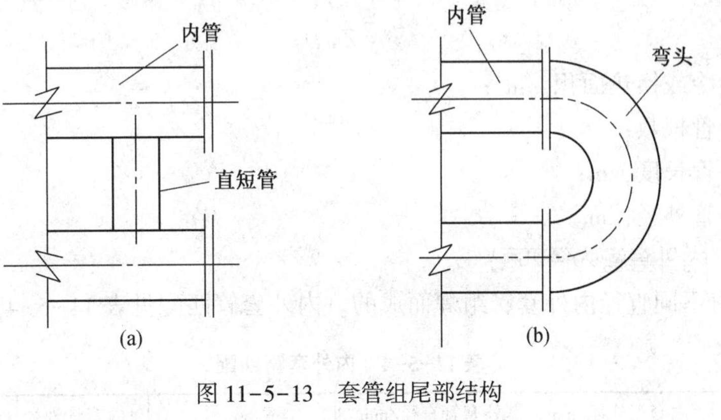

(a)　　(b)

图11-5-13　套管组尾部结构

氨冷套管组外套管的头部和尾部的两侧各设有一根氨液集合管，从集合管引出支管，焊在每根外套管底部上。在外套管中部两侧各设有一根氨气集合管，从集合管引出支管，焊在每根外套管的中部上方，见图 11-5-14。

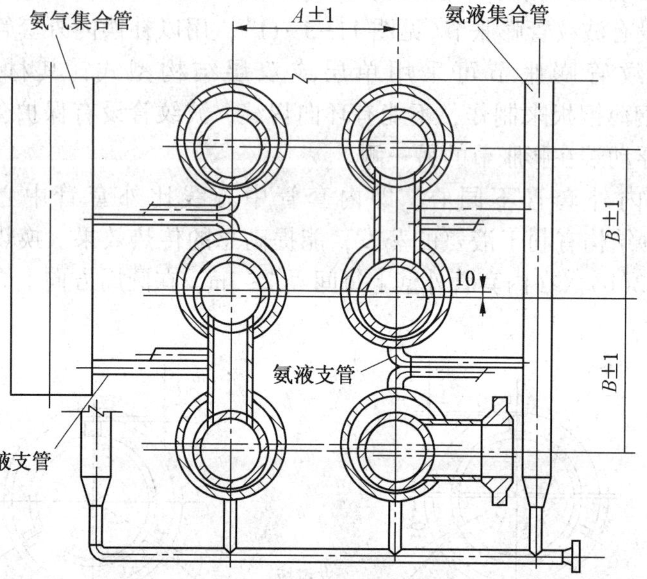

图 11-5-14　氨冷套管组剖面图

11.5.5.2　套管组管间距的确定

105m² 氨冷和换热套管结晶器的套管组水平管间距 *A* 和垂直管间距 *B*(见图 11-5-14)的确定，与套管组的保冷结构有直接关系。当套管组采用单管保冷结构时，其 *A* 值为 500mm，*B* 值也是 500mm。当套管组采用整体保冷结构时，其 *A* 值为 460mm，*B* 值是 420mm。常见套管组保冷均采用整体保冷结构，单管保冷结构很少采用。保冷厚度，不论是单管保冷还是整体保冷，均不应小于 100mm。

11.5.5.3　套管组最小换冷或换热长度的确定

氨冷和换热套管组最小换冷或换热长度，即外管长度按下式计算

$$L_o=\frac{F}{Z\pi D_o} \tag{11-5-4}$$

式中 F——换冷或换热面积，m²；

Z——外管根数；

L_o——外管长度，m；

D_o——外管外径，m。

11.5.5.4　内外套管内径匹配

套管组是由不同直径内外套管组焊而成的。内外套管匹配见表 11-5-4。

表 11-5-4　内外套管匹配

序　　号	内套管外径/mm	外套管直径/mm	序　　号	内套管外径/mm	外套管直径/mm
1	ϕ159	ϕ219	3	ϕ273	ϕ325
2	ϕ219	ϕ273			

11.5.5.5　内外套管壁厚的确定

氨冷和换热套管组内外套管均为直管段，计算厚度 t_s 均小于管子外径 D_o 的 1/6，因此，内外管直管段的计算厚度不应小于式(11-5-5)的计算值，其管子的设计厚度 t_{sd} 应按式(11-5-6)计算。

$$t_s=\frac{pD_o}{2([\sigma]^t E_j+PY)} \tag{11-5-5}$$

$$t_{sd}=t_s+C \tag{11-5-6}$$

$$C=C_1+C_2 \tag{11-5-7}$$

式中 t_s——直管计算厚度，mm；

p——设计压力，MPa；

D_o——管子外径，mm；

$[\sigma]^t$——在设计温度下材料的允许应力，MPa；

E_j——焊接接头系数；

t_{sd}——直管设计厚度，mm；

C——厚度附加量之和，mm；

C_1——厚度减薄量，包括加工及材料厚度的偏差，mm；

C_2——腐蚀或腐蚀附加量，mm；

Y——系数，不论是铁素体钢还是奥氏体钢，Y 值均为 0.4(温度<482℃)。

11.5.5.6　套管结晶器换热面积

不同规格结晶器的换热面积见表 11-5-5。

表 11-5-5　不同规格套管结晶器的换热面积

内管直径/mm	每米长换热面积/m^2	内管根数	外管不同长度下的换热面积/m^2			
			10500	11500	12750	13300
ϕ159	0.499	8	41.92	45.91	50.90	53.09
		10	52.39	57.38	62.62	66.37
		12	62.89	68.86	76.35	79.64
ϕ219	0.688	8	57.79	63.30	70.18	73.20
		10	72.24	79.12	87.72	91.04
		12	86.69	94.94	105.26	109.80
ϕ273	0.857	8	71.99	78.84	87.41	91.18
		10	89.98	98.55	109.27	113.98
		12	107.98	118.27	131.121	136.78

11.5.6　链条

105m^2 氨冷和换热套管结晶器的链条是采用单排滚子链，链号为 32A，节距为 50.08mm，极限拉伸载荷为 222400N。

链条是套管结晶器的重要部件之一。传动机构通过链条带传动头和刮轴轴转动。链条选用必须能满足强度要求，即在运行过程中不能产生断链条现象。套管结晶器用的链条线速度 v 一般是小于 0.6m/s 的低速链传动，在这种情况下，链条应按静强度来计算，即

$$n=\frac{Q}{F_1}\geqslant[n] \tag{11-5-8}$$

$$F_t=\frac{1000P_d}{v} \tag{11-5-9}$$

$$P_d=K_AP \tag{11-5-10}$$

$$v=\frac{Z_1n_1p}{60\times1000} \tag{11-5-11}$$

式中 Q——链条极限拉伸载荷，N；

F_t——有效圆周力，N；

n——计算的安全系数；

$[n]$——许用安全系数，一般情况下 $[n]=4\sim8$；

P_d——链条设计功率，kW；

v——链条线速度，m/s；

K_A——工作情况系数，推荐 $K_A=1.3$；

P——传递功率，kW；

n_1——小链轮(主动链轮)转速，r/min；

Z_1——小链轮齿数；

p——链条节距，mm。

11.5.7 氨罐

105m^2 氨冷套管结晶器设有氨罐，内径为 1000mm，切线段长度约为 3400mm，设计压力为 2.0MPa(G)，设计温度为-40~+100℃，材料为 16MnDR，该罐为二类压力容器，其设计计算应符合 GB 150《钢制压力容器》和其“附录 C(标准的附录)低温压力容器”最新版中的规定。该罐上应设有液位变送器和液位指示器、压力表和温度表，以及安全阀等。氨罐上所有法兰均采用压力等级为 4MPa 的凹凸面对焊法兰。氨液入口管中心线应低于氨罐中心线以下，以防止氨液被带入氨压机里去。

11.5.8 机架

105m^2 氨冷和换热套管结晶器的机架由机头箱体和中间支架组成。机头箱体是一个闭式箱体结构，传动头、链轮张紧装置均安装在箱体后壁立板上。箱体底部设有可拆卸的润滑油槽，槽里润滑油用来润滑滚子链和链轮。中间支架前侧顶部装有驱动机构和操作平台。

中间支架是槽钢框架式结构，用角钢横梁托住套管组，并用 U 形螺栓固定。

11.6 材料

105m^2 氨冷和换热套管结晶器主要零部件材料见表 11-6-1。

表 11-6-1　主要零部件材料

零部件名称	材　料	零部件名称	材　料
内、外套管	16Mn	刮　刀	H62
气、液氨管	16Mn	弹　簧	1C18Ni9
氨　罐	16MnDR		60Si2Mn
主链轮	45 号钢	法　兰	16MnD
链　轮	2CuSn10Pb1	波纹管膨胀节	06Cr19Ni10(0Cr18Ni9)
传动轴	40Cr	链　条	40Cr
安全销	45 号钢、H62	轴　套	ZCuSn10Pb1
刮刀管轴	10 号钢	填　料	V 型夹织物耐油橡胶圈

11.7　安装

套管结晶器在安装过程应注意以下几个问题：

① 起吊时应使套管结晶器保持水平。

② 组装时，应保证所有链轮的端面在同一个垂直平面内，见图 11-7-1，其误差值应该≤±1mm。

③ 安装传动头上安全销时，以用手能轻轻的将安全销推入孔内为合格，禁止用手锤将安全销打入孔内。安全销安装好后，应使安全销 U 形槽位于链轮体和传动臂接合缝隙的中间位置，其缝隙值为 2mm，见图 11-7-2。

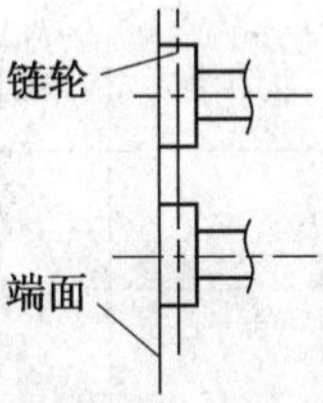

图 11-7-1　链轮组装

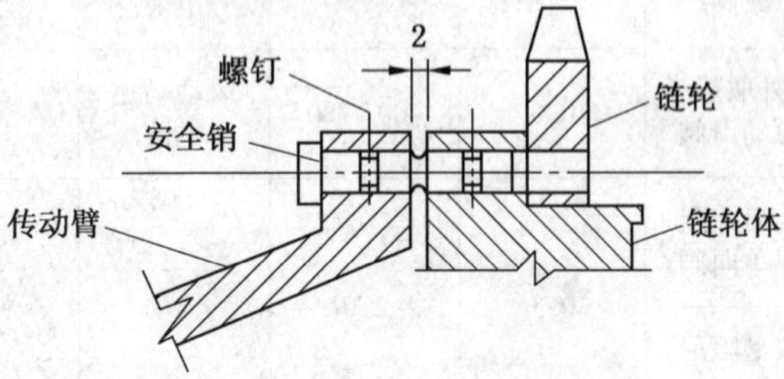

图 11-7-2　安全销安装示意图

④ 填料箱压完填料后，用加长手动扳手逐个转动传动头(此时应卸下安全销)，检查刮刀轴运转是否灵活，以一个人用手动扳手转动传动头不感到吃力为合格。

⑤ 在安装过程中，套管组每根外管都必须用 U 形螺栓紧固在支架上。套管结晶器在用户现场安装完毕，试压合格之后，在保冷工作开始之前，应将 U 形螺栓适当松动几扣，以保证套管组在运行中受介质温度差影响能自由伸缩而不受阻。

参　考　文　献

1. 成大先主编 . 机械设计手册(第三版)第 2 卷、第 3 卷 . 化学工业出版社，1993

2. 中华人民共和国国家发展和改革委员会 . 石油化工用套管结晶器，2005

3. 国家质量技术监督局，中华人民共和国建设部 . 工业金属管道设计规范，2001

第十二章　专用阀门

12.1　专用阀门分类

炼油装置专用阀门按装置分类如下。

12.1.1　催化裂化装置专用阀门

其专用阀门种类、安装位置及主要技术参数如表 12-1-1 所示。

表 12-1-1

编号	系统	阀门种类	主要技术数据						安装位置
			设计压力/MPa(A)	设计温度/℃	执行机构形式	控制方式	作用形式	通过介质	
1	反再系统	待生、再生单动滑阀	0.6	550~780	风动马达电液	调节切断	气开式	分子筛催化剂	待、再生斜管
2		待生、再生塞阀	0.5	600~760	风动马达电液	调节切断	气开式	分子筛催化剂	待、再生立管下部
3		外取热单动滑阀	0.6	700~780	风动马达电液	调节切断	气开式	分子筛催化剂	外取热斜管
4	主风系统	旋启式阻尼单向阀	0.5	220	气动	快关	二位式	主风	主风机出口管道
5		蝶型阻尼单向阀							
6	烟气能量回收系统	双动滑阀	0.5	700~780	风动马达电液	调节	气关式	烟气	三旋出口烟气管道
7		高温蝶阀	0.35	700~750	气动电液	调节快关	气开式		烟机入口管线
8		高温闸阀	0.35						
9	余热锅炉系统	冷壁(衬里)高温蝶阀	0.11	600~700	气动	开关	二位式		烟机出口管线
10		高温三通阀							
11	富气系统	气动蝶阀	0.2	40	汽缸	调节切断	气关式	富气	气压机入口管线
12		气动闸阀	2.0	200~250					气压机出口管线
13		气动快开蝶阀	0.2	40					气压机入口放空管线

12.1.2　延迟焦化装置专用阀门

其专用阀门种类、安装位置及主要技术数据如表 12-1-2 所示。

表 12-1-2

编号	阀门种类	主要技术数据						安装位置
		设计压力/MPa(A)	设计温度/℃	执行机构形式	控制方式	作用形式	通过介质	
1	除焦控制阀	25，32	常温	气动	程控		高压水	高压水泵出口
2	高温四通旋塞阀	5~10	500	电动	二位式		减压渣油及循环油	两焦炭塔进料前的结合处
3	高温四通球阀							
4	焦炭塔自动底盖阀	0.6~1.0	500	电液	二位式		减压渣油	焦炭塔底部

12.1.3 硫磺回收装置专用阀门

其专用阀门种类、安装位置及主要技术参数如表 12-1-3 所示。

表 12-1-3

编号	阀门种类	主要技术数据						安装位置
		设计压力/MPa(A)	设计温度/℃	执行机构形式	控制方式	作用形式	通过介质	
1	高温掺合阀	0.135	冷流 150 热流 1400	气动	调节	气开	H_2S，SO_2，CO_2，H_2O，空气	燃烧炉出口管
2	夹套切断阀	0.125	300	气动	二位式		H_2S，SO_2，过程气	燃烧炉出入口
3	夹套三通阀	0.125	150	气动	二位式		H_2S，SO_2，N_2，H_2O	两个反应器之间

12.1.4 其他装置专用阀门

其专用阀门种类、安装位置及主要技术参数如表 12-1-4 所示。

表 12-1-4

编号	阀门种类	主要技术数据						安装位置
		设计压力/MPa(A)	设计温度/℃	执行机构形式	控制方式	作用形式	通过介质	
1	分子筛脱蜡、PX 回转阀	PX：1.9 分子筛：3.3	235	电液	程控		进料 脱附剂等	工艺流程框架上
2	蒸汽发生器调节阀	3.1	700	气动	调节	气开	转化气	蒸汽发生器

12.2 结构形式

12.2.1 滑阀

滑阀按阀板作用形式可分为单动和双动两种，按隔热形式又可分为外保温的热壁滑阀和内设隔热耐磨衬里的冷壁滑阀。冷壁和热壁滑阀的优缺点比较见表 12-2-1。现新设计的催化裂化装置均已选用冷壁滑阀。

表 12-2-1 冷壁与热壁滑阀比较表

冷壁滑阀	热壁滑阀
1. 能有效地防止 1Cr18Ni9Ti 在 H_2S 环境下酸性(连多硫酸)反应腐蚀裂纹的产生	1. 与处理原油的性质和吹扫介质有关。当通过滑阀的介质含有 H_2S 时，使用5~6 年后在阀盖接管处和阀体与阀盖联接的法兰处产生酸性(连多硫酸)应力腐蚀裂纹
2. 阀体与斜(立)管均可用碳钢 20g 或 16MnR 材料，现场焊接、施工方便	2. 需用不锈钢 0Cr18Ni9 大小头与碳钢 20g 或 16MnR 管线焊接，异种钢的焊接工艺比较麻烦
3. 阀体壁温低(一般低于 200℃)，其强度设计易满足，热膨胀量小，有利于管线热补偿设计	3. 阀体壁温高，需外保温，热膨胀量大，增加接管热补偿难度
4. 阀体与阀盖联接处的法兰工作温度显著降低，密封可靠	4. 阀体与阀盖联接处的法兰工作温度高，易产生泄漏
5. 阀体尺寸较大，重量较重，但壳体材料可用碳钢 20g 或 16MnR，便于备料制造	5. 阀体尺寸较小，重量较轻，但壳体需用价格昂贵的不锈钢
6. 阀体内设隔热耐磨双层衬里，衬里结构较复杂，施工要求高	6. 阀体内仅衬单层龟甲网刚玉耐磨衬里，施工较容易
7. 价格与热壁滑阀基本相同	7. 价格与冷壁滑阀基本相同

12.2.1.1 单动滑阀

(1) 热壁单动滑阀(图 12-2-1)

阀壳体采用 0Cr18Ni9 不锈钢板与 ZG1Cr18Ni9Ti 铸件组焊结构(待生单动滑阀壳体采用 15CrMo 与 ZG15CrMo 铸件组焊结构)。阀体内衬有 20mm 厚龟甲网刚玉耐磨衬里，并设置节流锥导流，阀座圈和导轨安装在节流锥下游，阀口一般为正方形开口，导轨远离阀座布置。扁方形阀盖为 ZG1Cr18Ni9Ti 整体铸件(待生单动滑阀阀盖可为 ZG15CrMo 铸件)。

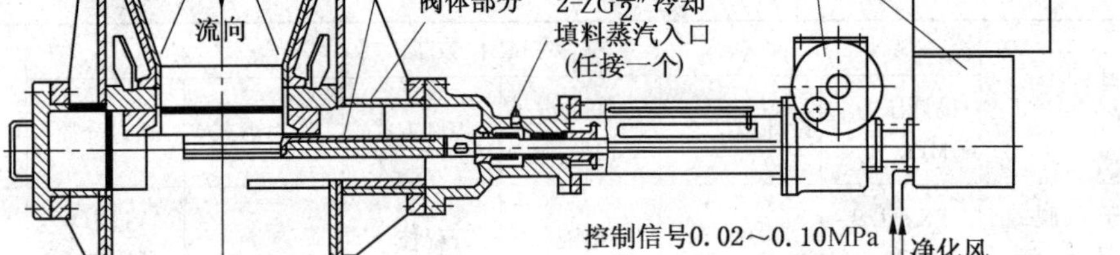

图 12-2-1 热壁单动滑阀

为防止高温分子筛催化剂对阀座圈、阀板、导轨、阀杆的过快磨损以及在高温下阀板与导轨粘接，特对阀板、导轨的滑道部分喷焊硬质合金，阀板、阀座圈与催化剂接触部位均衬有钢纤维增强刚玉耐磨衬里，阀杆表面进行渗硼处理(待生单动滑阀阀杆进行氮化处理)。为防止催化剂堵塞阀板与导轨之间的滑道和阀杆与填料函间的间隙，并冷却有关部件，在阀盖上设有两个导轨蒸汽吹扫口和一个填料函吹扫口。机械限位机构一般设在后阀杆的外伸端部。在支架和阀杆上分别设有刻度板和指针，以指示阀的开度。

配套的执行机构在后面介绍。

(2) 冷壁单动滑阀(图 12-2-2)

阀壳体为 20g 或 16MnR 钢板组焊的圆筒形同径或异径三通结构，取消了易产生局部应力集中的加强筋。阀体内部衬有 100~150mm 的有龟甲网或无龟甲网双层衬里。操作温度下，其外壁温度一般不超过 200℃，阀体与相邻接管的连接采用同类材料焊接方式，质量容易保证，而且衬里后两者的内径相同，介质流动平稳，避免了变径处的局部磨损。

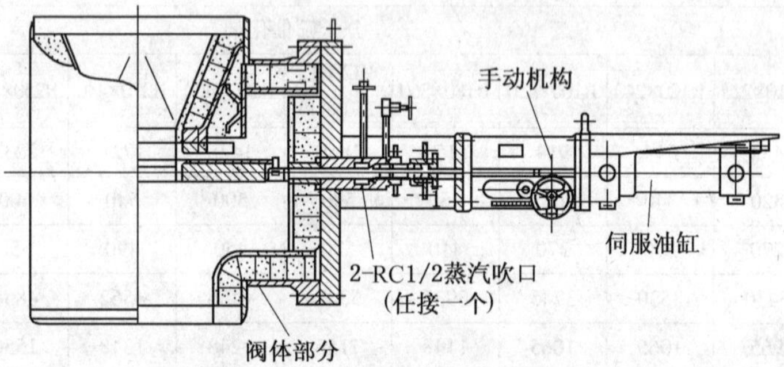

图 12-2-2　电液冷壁单动滑阀

阀体与阀盖连接采用标准圆形法兰结构，其受力均匀，密封面加工质量易保证，配用标准化缠绕式垫片，密封可靠，解决了原热壁滑阀方法兰容易泄漏的问题。另外，圆形法兰开口大，便于现场安装和维修。

阀盖采用组焊结构，内衬有龟甲网或无龟甲网衬里。阀盖两侧和填料函上分别设有导轨和阀杆吹扫接口。阀盖上的填料函采用串联填料密封结构(见图 12-2-3)，填料函内安装了工作和备用两种不同的填料。当工作填料失效发生泄漏时，可向备用填料的液体注入口注入油脂二硫化钼及石墨料的稠状混合物，挤紧内侧的备用填料，使该填料起密封作用，这样即可及时更换外侧的工作填料，保证装置正常运行。

节流锥是高温受力部件，它承受介质压差及阀座圈、导轨、阀板的全部重量。节流锥由高温合金钢铸造，其上端与阀壳体采用螺栓或焊接连接，下端悬挂直接与阀座圈相连，在开、停工温度骤变时可自由伸缩。

(3) 电液冷壁单动滑阀的规格参数(表 12-2-2)

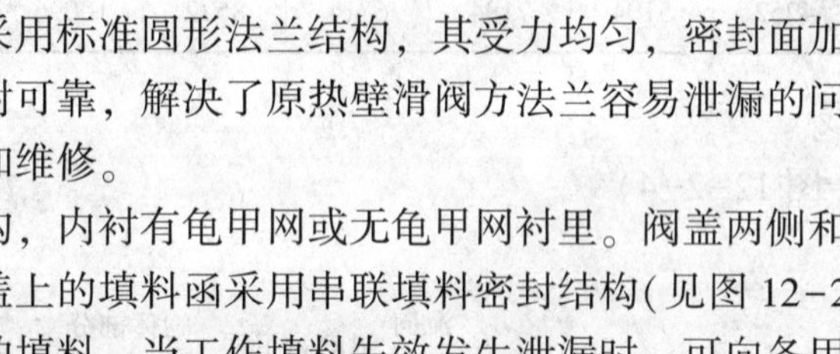

图 12-2-3　串联填料密封结构

表 12-2-2 电液冷壁单动滑阀规格参数表

项目	阀规格 / 参数值	*DN*500	*DN*600	*DN*700	*DN*800	*DN*800(Ⅰ)	*DN*900	*DN*1000	*DN*1200	*DN*1500	*DN*1700
设计数据	设计压力/MPa(A)	0.6									
	设计温度/℃	700~780									
	设计压差,正常/最大/MPa(A)	0.03~0.04/0.15									
	通过介质	分子筛催化剂									
机械设计	阀座口径/mm	R110×220	R120×240	R160×320	R180×360	R200+250×440	R200×400	R220×440	R250×500	R400+450×800	R450+500×900
	全开面积/cm^2	432	514	914	1157	1860	1428	1728	2231	6113	7680
	阀全行程/mm	320	340	420	460	570	500	540	600	950	1000
	调节行程/mm	270	290	370	410	520	450	490	550	900	1000
外形尺寸	长/mm	3430	3530	3745	3936	5342	4456	4562	4858	6276	6426
	宽/mm	965	1065	1065	1148	1155	1248	1348	1550	1860	1960
	高/mm	1100	1260	1650	1950	1650	2100	2200	2200	2500	2600
阀总质量/kg		4193	4252	5104	7194	6714	8522	10096	10216	17240	20071

12.2.1.2 双动滑阀

(1) 热壁双动滑阀(图 12-2-4)

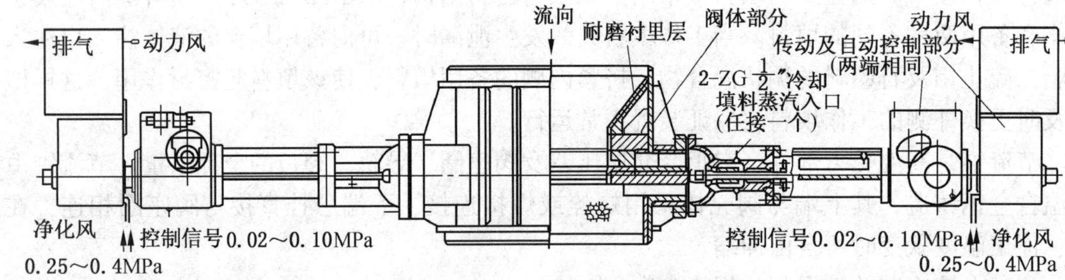

图 12-2-4 热壁双动滑阀

阀壳体为 0Cr18Ni9 不锈钢板与 ZG1Cr18Ni9Ti 铸件组焊的四通结构，双侧阀盖为高温合金整体铸件，阀座圈开口为长方形。其余内部结构均与热壁单动滑阀相同。

配套的执行机构在后面介绍。

(2) 冷壁双动滑阀(图 12-2-5)

阀体为 20g 或 16MnR 钢板焊接的圆筒形异径四通结构，阀座圈开口为矩形，其余部分结构同冷壁单动滑阀。

配套的执行机构在后面介绍。

(3) 电液冷壁双动滑阀的规格参数(表 12-2-3)

表 12-2-3 电液冷壁双动滑阀规格参数表

项目	阀规格 / 参数值	*DN*600	*DN*800	*DN*900	*DN*1000	*DN*1100	*DN*1200	*DN*1500	*DN*1400/1600	*DN*1800	*DN*2000
设计数据	设计压力/MPa(A)	0.5									
	设计温度/℃	700~780									
	设计压差，正常/最大/MPa(A)	0.06~0.08/0.4									
	通过介质	烟气									
机械设计	阀座口径/mm	150×300	200×360	200×400	250×600	300×600	300×600	460×700	460×700	600×1000	650×1200
	全开面积/cm^2	450	720	800	1500	1800	1800	3220	3220	6000	7800
	阀全行程/mm	200	230	250	350	350	350	400	400	550	650
	调节行程/mm	150	180	200	300	300	300	350	350	500	600
外形尺寸	长/mm	6120	6222	6220	6724	6724	6724	7224	7224	8484	9333
	宽/mm	1065	1065	1244	1348	1560	1560	1850	1850	2160	2260
	高/mm	1300	2000	2000	1880	2100	2300	2400	2265	2600	2600
阀总质量/kg		7296	8778	9625	12054	12392	12886	16529	12942	20728	23435

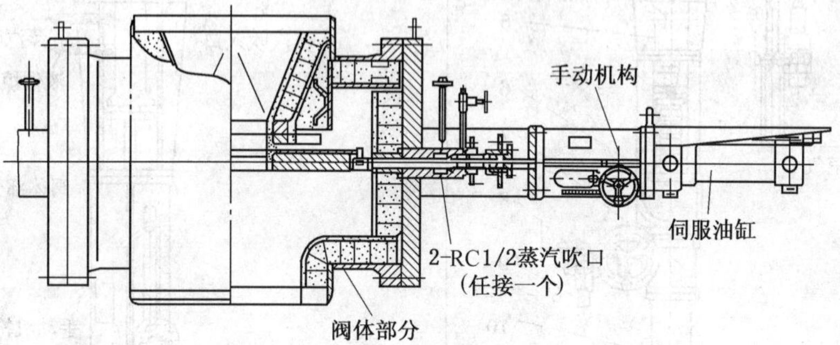

图 12-2-5 电液冷壁双动滑阀

12.2.2 塞阀

塞阀按其在催化裂化工艺过程中的作用分为待生塞阀和再生塞阀，按配置的执行机构又分为风动塞阀(图 12-2-6)和电液塞阀(图 12-2-7)两种。

12.2.2.1 气动调节风动塞阀

风动塞阀主要由阀体部分、执行机构、补偿弹簧箱及膨胀量指示器(仅待生塞阀需要时设置)等组成。待生与再生塞阀的结构基本相同，由于再生立管膨胀量小，所以再生塞阀的全行程短。

① 待生和再生塞阀的阀体部分分别用螺栓与再生器底部安装口及再生立管的接口法兰连接。阀套直接伸入再生器内部，为降低导向套、阀杆和填料的工作温度，阀套内部衬有70~145mm 厚的隔热衬里。阀套为一定锥度的圆筒，以便安装和检修。

塞阀节流锥与立管焊接，而阀座与节流锥则采用高温螺栓连接，以便对阀座进行检修或更换。

为防止高温催化剂的强烈冲蚀与磨损，对磨损严重的阀头、阀座、活动保护套均衬钢纤维增强的刚玉耐磨衬里。节流锥下部喷焊镍包 WC，上阀杆、导向套等磨损较轻的部件则进行渗硼处理。

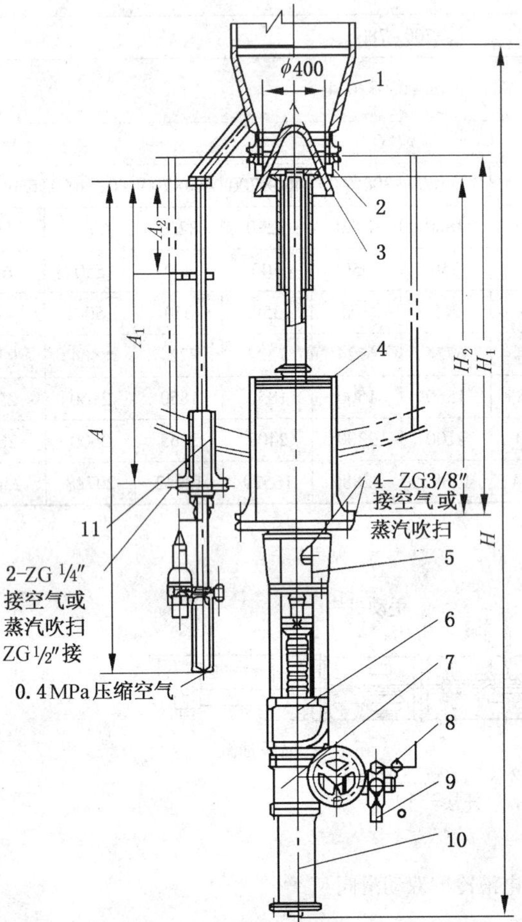

图 12-2-6 风动塞阀

1—节流锥；2—阀座；3—阀头；4—石棉绳；
5—阀体；6—控制部分；7—传动部分；
8—配管部分；9—消声器；
10—补偿弹簧箱；11—垂直式膨胀量指示器

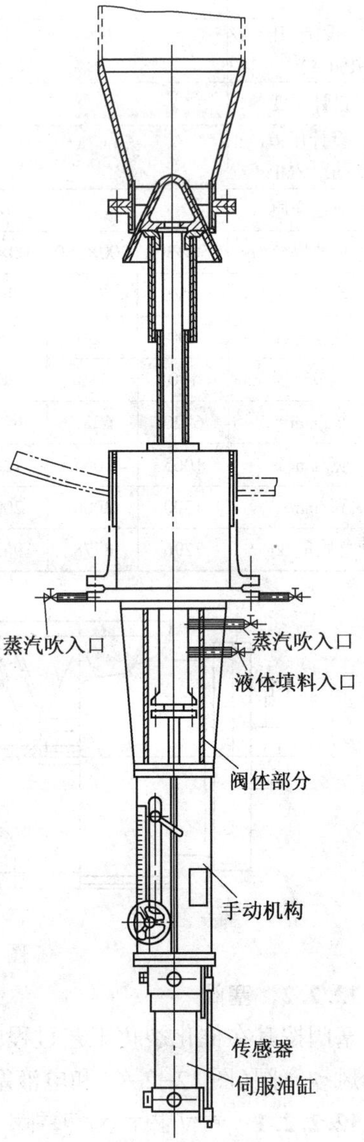

图 12-2-7 电液塞阀

阀头结构、有空心及实心两种，外表面分别采用全部衬里或中段衬里。

阀头与上阀杆的连接形式有台肩止口连接或铰连接。

阀杆由上阀杆、中阀杆、下阀杆三件组成，上阀杆和中阀杆用螺栓连接，并用螺母锁紧，经制造厂组装后，在使用过程中，一般不应拆卸上阀杆(除磨损更换)。上阀杆有空心阀杆和实心阀杆两种。风动塞阀的中阀杆和传动丝杠用滑块连接，并用两个销钉锁紧。传动丝杠有梯形螺纹和滚珠螺纹两种，它直接伸入传动箱内，与传动箱的螺套啮合，为防止尘土直接进入传动丝杠的螺纹部分，对外露的传动丝杆罩有伸缩保护套。

为了防止催化剂沿阀杆下落，积存于上阀杆与导向套、阀套之间，在阀套的法兰面和填料函上均设有压缩空气(或蒸汽)吹扫口，以吹扫催化剂，同时也可冷却上阀杆、导向套等有关部件。

填料函为常规的单填料结构，填料函内放置柔性石墨环，以保证高温下阀杆密封的可靠性。

② 执行机构包括传动与控制两部分在后面介绍。

③ 补偿弹簧箱由内、外箱体、补偿弹簧、滚动轴承和底座等组成(图 12-2-8)，内、外箱体均为焊接件。内箱体内装有补偿弹簧，内箱体上部与传动部分的空心轴用螺钉连接，下部通过滚动轴承支撑在底盖上。这样内箱体和传动部分的空心轴连成一体，由传动部分上部的轴承和补偿弹簧箱的轴承支承一起旋转。补偿弹簧始终与螺套贴紧，随内箱体一起旋转。外箱体与传动部分的箱体用螺栓连接，外箱体下部设有排泄孔。

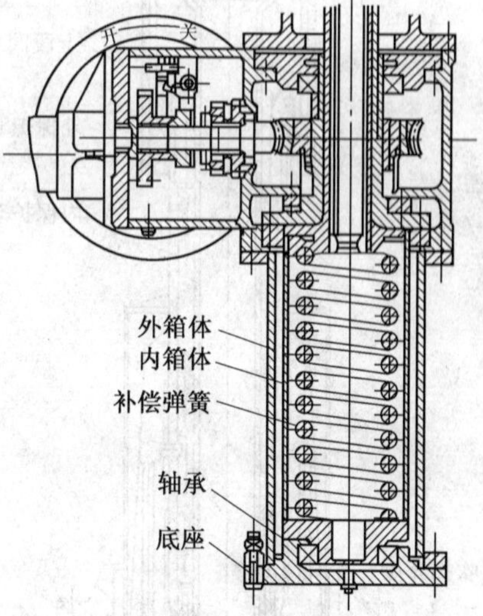

图 12-2-8 补偿弹簧箱

④ 膨胀量指示器分为垂直式(图 12-2-6)和摆动式(图 12-2-9)两种。待生立管在再生器中心时，采用垂直式，否则采用摆动式。

垂直式膨胀量指示器在立管向下膨胀时，焊接在节流锥上的压板推动指示器测杆向下移动，通过安装在测杆上的楔劈带动膨胀量变动器摇臂摆动，输出相应的气动信号。当立管收缩时，在指示器下端汽缸的作用下，测杆端头始终与压板接触并随压板一起向上移动，同时膨胀量变送器输出相应的气动信号。

摆动式膨胀量指示器在立管向下膨胀时，焊接在立管上的压板推动指示器测杆摆动，测杆又带动膨胀量变送器摇臂摆动，输出相应的气动信号。当立管收缩时，在平衡重的作用，测杆始终与压板接触并随之摆动，同时膨胀量变送器输出相应的气动信号。

为了防止催化剂进入膨胀量指示器的法兰体内，卡住测杆，指示器壳体上均设有蒸汽(或压缩空气)吹扫口，以吹扫催化剂，同时也可冷却有关部件。

12.2.2.2 电液塞阀

(1) 国产电液实心塞阀

电液实心塞阀的阀体结构基本与风动塞阀相同，但其填料函为串联密封结构。电液塞阀设有补偿弹簧箱，靠电液控制来实现自动跟踪，其中阀杆与伺服油缸活塞杆用滑块连接，手动机构在中间架内，中间支架采用钢板焊接结构。

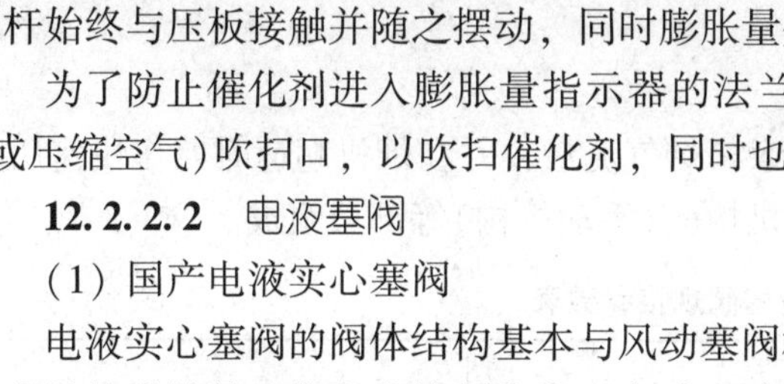

图 12-2-9 摆动式膨胀量指示器

配套的电流执行机构在后面介绍。

(2) 引进电液空心塞阀

国内长岭炼油厂和南京炼油厂在 1987 年引进美国石伟公司 RFCC 装置时，采用了美国 TAPCO 公司的电液空心塞阀，1993 年和 1998 年上海石化总厂和咸阳助剂厂又从

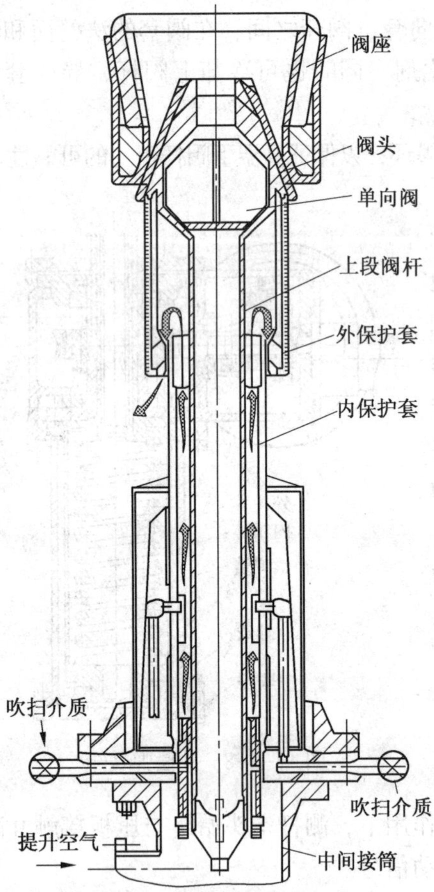

图 12-2-10 阀头、阀座及上部保护管的结构示意图

美国 TAPCO 公司引进了同类的空心塞阀。它和实心塞阀的主要区别是采用空心的阀头及空心的上段阀杆，提升用空气从阀中间接筒接管处引入，其阀体部分的阀头、阀座及内、外保护套的结构示意见图 12-2-10。

空心塞阀阀头为龟甲网刚玉衬里耐磨层的空心结构，阀头中心开 ϕ171mm 的通孔。提升空气通过中间接筒上的接管引入，从上段空心阀杆通过阀头进入立管，提升阀头四周催化剂向上输送。阀头下部设有单向阀，防止提升空气中断或压力下降时，催化剂从立管倒回上段空心阀杆内。

内外保护套间和阀杆填料函处吹扫介质从塞阀安装法兰两侧引入，吹扫介质为仪表风，吹扫压力要高于再生器压力，吹扫量用孔板进行控制，根据经验保护套间的吹扫介质出口速度为 15m/s，可以有效地防止催化剂通过套间空间进入阀杆支承轴承和填料函处，避免引起阀杆磨损和卡阻。

(3) 国产电液塞阀的规格参数(表 12-2-4)

12. 2. 3 高温蝶阀

催化裂化装置用的高温蝶阀按其阀体结构的不同可分为：烟机入口高温调节型蝶阀、烟机入口高温切断型蝶阀、烟气旁路高温蝶阀和烟气余热回收系统的冷壁(衬里)高温蝶阀四种。按其配置的执行机构不同可分为气动高温蝶阀和电液高温蝶阀。

12. 2. 3. 1 烟机入口高温蝶阀

(1) 结构特点

该阀的作用是控制再生器压力及调节烟机入口烟气流量，并在烟机超速时兼作快速切断用，以保护烟机—主风机组。它由阀体、执行机构(含手动机构)等部分组成。

表 12-2-4 电液塞阀规格参数表

项目 \ 参数值 \ 阀规格		待生 DN450	再生 DN450	待生 DN500	再生 DN500	待生 DN600	待生 DN700	待生 DN800	再生 DN900	待生 DN900	待生 DN1000	待生 DN1100
设计数据	设计压力/MPa(A)	0. 5										
	设计温度/℃	600~760										
	设计压差,正常/最大/MPa(A)	0. 03~0. 04/0. 12										
	通过介质	分子筛催化剂										

续表

项目	阀规格/参数值	待生 DN450	再生 DN450	待生 DN500	再生 DN500	待生 DN600	待生 DN700	待生 DN800	再生 DN900	待生 DN900	待生 DN1000	待生 DN1100
机械设计	阀座直径/mm	ϕ250	ϕ250	ϕ250	ϕ250	ϕ300	ϕ400	ϕ450	ϕ500	ϕ550	ϕ600	ϕ600
	全开面积/cm^2	490	490	490	490	706	1256	1590	1962.5	2375	2826	2826
	阀全行程/mm	350	170	290	170	350	500	505	550	580	460	560
	调节行程/mm	130	130	130	130	150	200	235	510	280	310	310
	连接法兰	PN1.6, DN450	PN1.6, DN450	PN1.6, DN450	PN1.6, DN450	PN2.5, DN450	PN2.5, DN500	PN2.5, DN800	PN2.5, DN800	PN2.5, DN800	PN2.5, DN800	PN2.5, DN800
外形尺寸	L_1/mm	1760	1590	1600	1590	1740	2040	2582	2415	2475	2475	2526
	L_2/mm	2312	2312	2405	2405	2360	2841	2901	2901	2901	2901	2901
	D_2/mm	590	590	640	640	590	660	960	960	960	960	960
	高/mm	4612	4465	4635	4488	4715	6286	6286	6379	6286	6356	6677
阀总质量/kg		2189	2179	2357	2340	2332	3079	4423	4354	4245	4614	4476

阀体部分由阀壳体、阀板、阀杆和支承轴承等部分组成。阀壳体为0Cr18Ni9钢板焊接结构，内部无任何隔热和耐磨衬里，阀座设计为台阶型。阀体与烟气管道的联接按口径大小区分为：当口径大于ϕ1000mm时采用与管道直接焊接形式；口径小于(或等于)ϕ1000mm时采用对焊法兰联接形式。

阀板为ZG1Cr18Ni9Ti铸造不锈钢或0Cr19Ni9钢板组焊结构，阀座圈焊在阀壳体内，阀座圈与阀板边缘均喷焊硬质合金，并经磨削加工，尺寸精度高，以减少烟气泄漏，提高耐磨性能。

阀杆采用分段结构，与阀板采用销钉连接，便于加工和装拆。为防止烟气中催化剂进入轴套卡住阀杆，在阀杆两端支承轴套前各设一个蒸汽吹扫口，操作时通入一定量的吹扫蒸汽以吹扫催化剂并可冷却阀杆。在阀杆与阀板轮毂之间设有喷焊有硬质合金的耐磨衬套，保护阀座圈之间的外露阀杆，避免该处高速气流对其冲蚀。

阀杆两端的支承轴套采用耐高温的硅化石墨轴承，该轴承具有良好的自润滑性，较高的机械强度和抗腐蚀性能，可避免滚动轴承因高温或锈蚀等原因易造成阀杆卡阻的弊病。

烟机入口高温蝶阀为气开式，它可配置摆动式气动执行机构，如图12-2-11所示；也可配置带有偏置曲柄连杆传动机构的电液执行机构，如图12-2-12所示。气动和电液执行机构均设有正常调节和紧急快速关闭两个控制回路。为确保该阀动作可靠和提高紧急关闭速度，两种执行机构应单独配有空气事故罐或液压蓄能器。

执行机构详见后面介绍。

(2) 烟机入口电液高温蝶阀的规格参数(表12-2-5)

表12-2-5　烟机入口高温蝶阀规格参数表

项目	规格/参数值	DN1000	DN1100	DN1200	DN1300	DN1400	DN1500
设计数据	介　质	催化再生烟气					
	设计温度/℃	700~720					
	设计压力/MPa(A)	0.3~0.45					
	设计压差/MPa(A)	正常0.01~0.015/0.35最大					

续表

项目		规格 参数值 DN1000	DN1100	DN1200	DN1300	DN1400	DN1500
机械设计	结构类型	台阶式					
	作用形式	气开式(FC)					
	执行机构形式	分离式电液执行机构					
	油缸直径/行程	ϕ100/180					
	油压范围/MPa(A)	10~14					
	转向范围/度	0~70					
	输出力矩/kN·m	10~14					
主要技术性能	输入/输出信号	4~20mA					
	灵敏度	1/600					
	精确度	1/600					
	全行程时间/s	<4					
	紧急动作时间/s	<1					
外形尺寸	长/mm	2415	2521	2625	2730	2830	2950
	宽/mm	909	909	983	983	1000	1000
	高/mm	1633	1685	1735	1785	1835	1895
阀总质量/kg		2252	2535	2805	3075	3345	3615

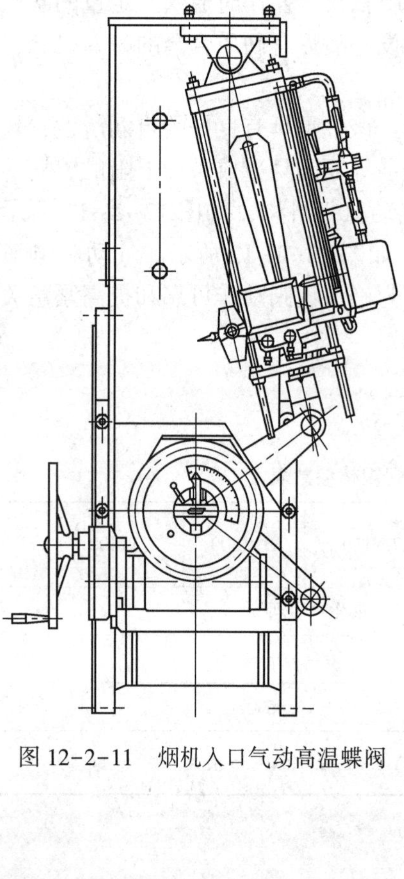

图 12-2-11 烟机入口气动高温蝶阀

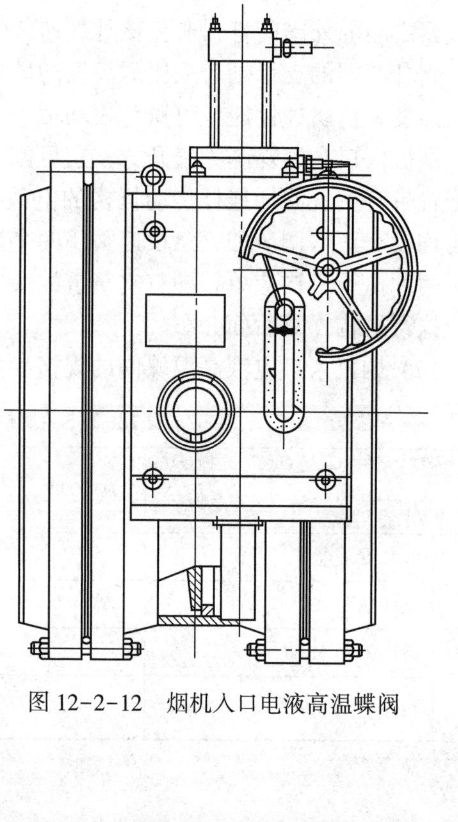

图 12-2-12 烟机入口电液高温蝶阀

12.2.3.2　烟气旁路高温蝶阀

烟气旁路高温蝶阀见图 12-2-13。

(1) 结构特点

该阀是烟气放空用的高压降调节阀，一般在临界压降下操作，磨损比较严重，除阀座、阀板边缘和阀杆喷焊硬质合金外，阀体内部还衬钢纤维增强无龟甲网刚玉耐磨衬里，并在阀轴外部增设防磨保护套。阀座设计为台阶式，以尽可能减少泄漏量。该阀为气开式。

在设双动滑阀情况下，主旁路高温蝶阀也可参与再生器压力的分程调节，但当烟机超速或烟机入口高温蝶阀紧急关闭时，其必须同时联锁动作，应在 1~2s 内打开。它的实际操作力矩曲线与烟机入口蝶阀不同，根据蝶阀口径大小，可配置有正常调节和紧急快开两个控制回路和空气事故安全罐的拨叉式气动执行机构或电液执行机构。

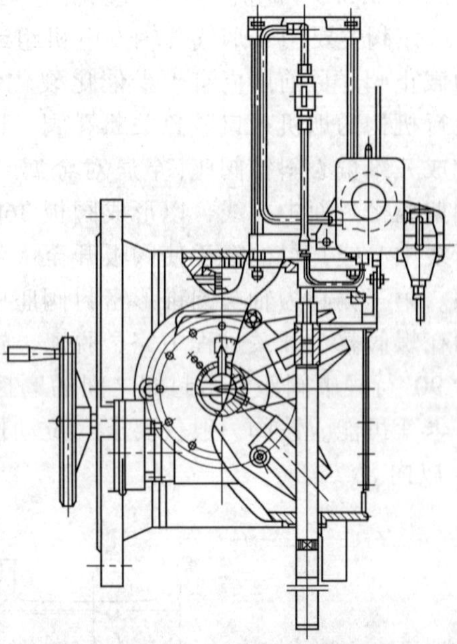

图 12-2-13　烟气旁路高温蝶阀

(2) 烟机旁路高温蝶阀的规格参数(表 12-2-6)

表 12-2-6　烟机旁路高温蝶阀规格参数表

项目		规格 参数值 DN400	DN500	DN700	DN800	DN900
设计数据	介质	催化再生烟气				
	设计温度/℃	700~720				
	设计压力/MPa(A)	0.3~0.45				
	设计压差/MPa(A)	0.35				
机械设计	结构类型	台阶式				
	作用形式	气关式(FC)				
	执行机构形式	拨叉式电液或气动执行机构				
	转角范围/度	0~70				
主要技术性能	输入/输出信号	电液 4~20mA，气动 0.02~0.1MPa				
	灵敏度	电液 1/600，气动 1/150~1/200				
	精确度	电液 1/600，气动 1/60~1/100				
	全行程时间/s	电液<4s，气动<15s				
	紧急动作时间/s	电液<1s，气动<3s				
外形尺寸	长/mm	1816	1880	2116	2216	2316
	宽/mm	629	650	739	759	879
	高/mm	1305	1380	1473	1523	1580
阀总质量/kg		788	965	1465	1690	1917

12.2.3.3 烟机入口高温切断型蝶阀

该阀主要用于烟气分轴发电机组或替代烟机入口大口径高温闸阀作为可以快速切断的截止阀。目前国内有不少催化裂化装置是引进德国阿达姆斯(ADAMS)HTK型带电液执行机构的烟机入口紧急关断蝶阀。该阀阀体与阀板均为不锈钢钢板焊接结构。该阀设计成三维偏心斜锥阀座(金属对金属)硬密封结构，如图12-2-14所示。第一偏心即将轴偏离密封面中心线，以形成阀板360°圆周面上完整的密封面。第二偏心是轴稍稍偏离管线中心线，目的在于使阀板开至大约20°之后，阀座与密封圈之间脱离，从而减少磨擦。第三偏心为轴与圆锥形密封阀座中心线相对偏离，它从几何形状上使得阀座与密封圈在蝶阀整个开关过程中完全脱离。这一独特的偏心组合，利用了凸轮效应，可明显减少90°行程中阀座与密封圈之间的磨擦，其接触角大于阀板与阀座材料的摩擦角，排除了卡死可能。该阀一般仅要求二位动作，配置快速动作的电液执行机构，关闭时间可在1s以内。

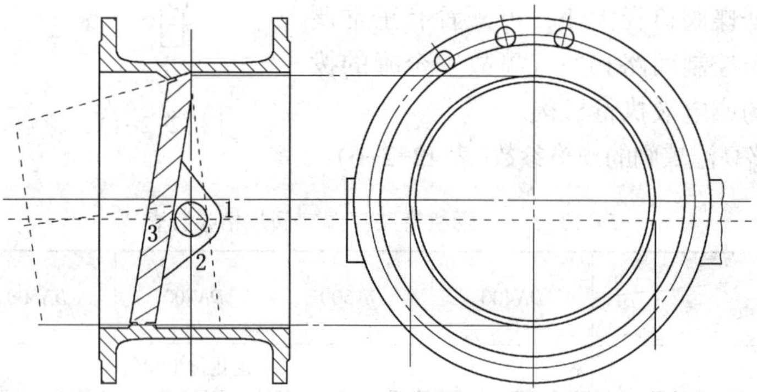

图12-2-14 三偏心高温切断型蝶阀

12.2.3.4 冷壁(衬里)高温烟道蝶阀

(1) 结构特点

该阀主要安装在烟气进余热锅炉和去烟囱的烟道上，可控制进余热锅炉的烟气量，兼有调节和切断作用。其结构基本与烟机入口高温蝶阀类同，只是阀体为冷壁结构，内衬隔热耐磨双层衬里。阀板与阀座圈因其操作压降小，烟气流速低，不需要喷焊硬质合金。另外根据工艺操作需要可配置带定位器的气动执行机构或一般蜗轮蜗杆手动机构，有时为了操作方便，也可配置带链轮的蜗轮蜗杆手动机构，实现地面操作。

(2) 冷壁(衬里)高温烟道蝶阀的规格参数(表12-2-7)

表12-2-7 冷壁(衬里)高温蝶阀规格参数表

项目 \ 参数值 \ 规格		*DN*1400	*DN*1600	*DN*1800	*DN*2000	*DN*2200	*DN*2560	*DN*2850	*DN*3200
设计数据	介质	催化再生烟气							
	设计温度/℃	700~720(780)							
	设计压力/MPa(A)	0.05							

续表

项　目		规格 参数值	DN1400	DN1600	DN1800	DN2000	DN2200	DN2560	DN2850	DN3200
机械设计	结构类型		台阶式							
	执行机构形式		手动、气动、电动三种形式							
	转角范围/度		0~90							
外形尺寸	长/mm		2883	3093	3316	3505	3925	4848	5838	6570
	宽/mm		550	550	550	550	1116	1296	1296	1296
	高/mm		1632	1832	2032	2232	2542	3026	3526	3880
阀总质量/kg			2736	3283	3723	4158	5391	11071	15500	19500

12.2.4　高温三通阀

(1) 结构特点

旋启式高温三通阀(图 12-2-15)用来替代上述两个冷壁高温蝶阀，降低投资，简化大口径高温烟道配管设计，便于操作。

该阀阀体为 20g 钢板焊接的冷壁结构，内衬隔热耐磨双层衬里。阀板采用 ZG1Cr18Ni9Ti 铸造结构或铸造与椭圆形封头组焊结构，它通过两个曲臂与阀轴连接。阀轴为通轴结构，材质为 1Cr18Ni9Ti 或 4Cr14Ni14W2Mo，阀板可作 90°旋转，起到换向和切断作用。执行机构可根据需要配置带手动机构的气动执行机构或圆弧齿蜗轮蜗杆手动机构。旋启式高温三通阀与国外同类滑板式和翻板式高温三通阀相比，具有结构紧凑，管线安装合理，操作方便等特点。

(2) 高温三通阀的规格参数(表 12-2-8)

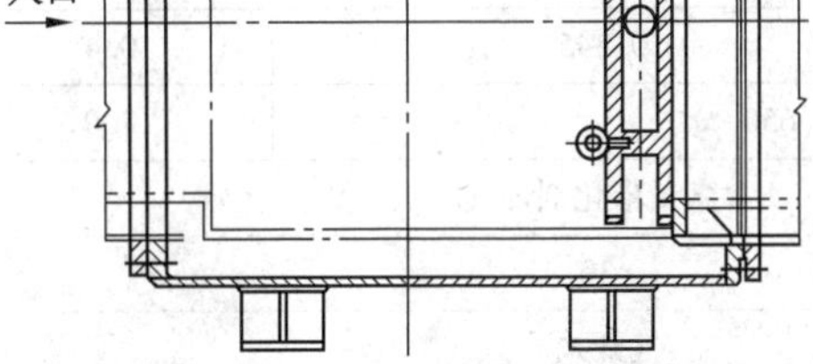

图 12-2-15　高温三通阀

表 12-2-8　高温三通阀规格及参数表

项　目		DN600	DN800	DN1400
设计数据	介质	催化再生烟气		
	设计温度/℃	600		700
	设计压力/MPa(A)	0.11		
	阀门通径/mm	ϕ600	ϕ800	ϕ1400/ϕ1200(去烟囱)
执行机构	汽缸直径/mm	ϕ250		—
	活塞行程/mm	250		—
	手动机构输出力矩/kN·m	4		10
	手动机构速比	280		187
	手轮直径/mm	ϕ320		ϕ461
阀总质量/kg		2343	3078	6489

12.2.5　高温闸阀

高温平板闸阀是大型切断型阀门，用于炼厂催化裂化装置烟气能量回收系统，垂直安装在高温蝶阀前的水平烟气管道上。当烟气轮机正常工作时，此阀全开，停工或事故状态时可通过执行机构及时关闭此阀截断烟气，用以保证烟气轮机安全和停工检修的需要。

现国内工程设计，一般实际通径≤ϕ900mm 时，选用气动高温平板闸阀；而实际通径>ϕ900mm，则选用防爆电动高温闸阀。

12.2.5.1 气动高温平板闸阀

（1）结构特点

该阀由阀体部分、气动执行机构和手动机构组成(如图 12-2-16)。阀体由阀体Ⅰ和阀体Ⅱ用双头螺栓连接成一体，阀体Ⅰ与阀体Ⅱ上各装有一个膨胀石墨密封圈置于平板型阀板两侧。阀体Ⅱ的上下，分别装有上阀盖和下阀盖，它们与阀体Ⅱ之间，用铁包石棉垫片密封，若在此垫片两侧各放一层 0.2mm 厚的膨胀石墨带，则可提高密封的可靠性。

气动执行机构由二位四通电磁阀、旁通阀、动力风管、汽缸组成。活塞杆与阀杆用连接块相连，从而一起动作。手动机构有伞齿轮—空心丝杠、螺母和蜗轮蜗杆—平行丝杠、双螺母传动两种机构，后者可缩短阀的总高。手动操作时，必须把旁通的旋塞阀打开。该阀阀体、阀盖材质均为 ZG1Cr18Ni9Ti，阀板材质为 0Cr18Ni9，阀杆材质为 4Cr14Ni14W2Mo。

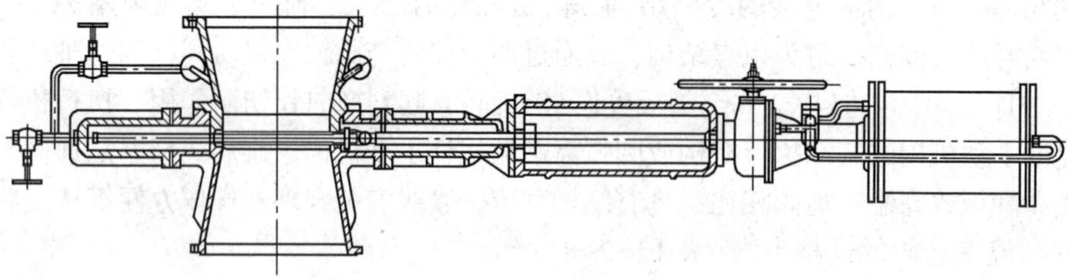

图 12-2-16 高温平板闸阀

（2）气动高温平板闸阀的规格参数(表 12-2-9)

表 12-2-9 气动高温平板闸阀规格参数表

项目		PZ800	PZ800ZT	PZ900	PZ1000C
阀体部分	实际通径/mm	ϕ600	ϕ800	ϕ800	ϕ900
	工作压力/MPa(A)	0.296	0.345		0.4
	工作温度/℃	650			700
	工作介质	含微量催化剂烟气			
	全开(关)时间/s	<30			
	作用形式	气开式			
气动执行机构	汽缸直径/mm	ϕ500	ϕ700		
	行程/mm	660	870		970
	手动机构形式	伞齿轮—空心丝杠、螺母	蜗轮蜗杆—平行丝杠、双螺母		
外形尺寸/mm		1200×1100×5184	1309×1240×6001	1329×1240×6001	1756×1460×6318
阀总质量/kg		2950	6876	7011	8718.6

12.2.5.2 防爆电动高温闸阀

(1) 结构特点

防爆电动高温闸阀是为解决气动高温平板闸阀实际最大通径仅为 ϕ900mm，无法满足高温闸阀大型化需求的不足，在消化吸收洛阳石化总厂引进美国 TAPCO 公司 ϕ1200mm 防爆电动高温闸阀基础上，国内自行研制开发的更新换代产品。该阀由阀体部分和电动装置组成，见图 12-2-17。

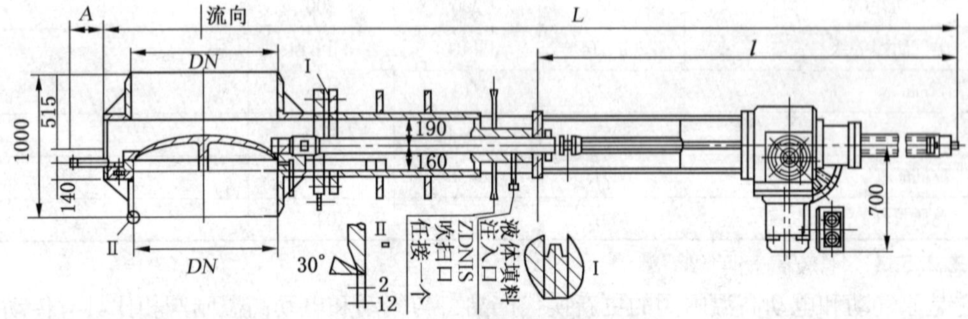

图 12-2-17 防爆电动高温闸阀

阀体为大型厚壁高温合金钢板焊接结构，内部无衬里，与管道采用焊接连接。阀座圈和阀板均为高温合金钢铸钢件。球型头盖式阀板与阀座圈采用单面蒸汽密封。两条 L 形导轨为高温合金钢锻件，用高合金螺栓分别固定在阀座圈上，导轨与阀板的滑动支耳间的滑动面设计有一定的斜度，保证阀板与阀座圈之间在关阀状态无间隙或少间隙。阀座圈、阀板与导轨的易冲刷部位大面积堆焊硬质合金，并经磨削加工，保证一定的尺寸精度。

阀盖与填料函合为一体，也采用高合金钢板组焊结构，填料函为串联密封结构，阀杆材料为 4Cr14Ni14W2Mo 并经磨削加工，与滑阀一样可在闸阀正常工作状况下，方便地更换外侧工作填料。阀盖与阀体采用唇形密封的方法兰连接。

该阀配套的电动装置是天津阀门公司吸收美国 Limitorque 的 SMC-3、SMC-4 技术基础上进行研究开发设计，形成新型专用阀门电动装置。其输出转速高，可达 100r/min 左右，是国内相同转矩规格产品中惟一的。为此专门设置关阀位置的缓冲机构和蜗杆轴柔性传动机构，可有效地防止高速运行产生的冲击或过载对其内部传动件的损害。电动装置还带有手动机构操作机构，并可实现手动与电动自动切换。

(2) 防爆电动高温闸阀的规格参数(表 12-2-10)

表 12-2-10 防爆电动高温闸阀的规格参数

型号规格		DZ1000	DZ1100	DZ1200	DZ1300	DZ1400
阀体部分	设计压力/MPa(A)	0.4	0.4	0.4	0.4	0.4
	设计温度/℃	730	730	730	730	730
	设计最大压差(全关)/MPa	0.3	0.3	0.3	0.3	0.3
	全开时压降/kPa	<2	<2	<2	<2	<2
	阀通径/mm	1000	1100	1200	1300	1400
	阀杆最大行程/mm	1100	1200	1300	1400	1500

续表

型号规格		DZ1000	DZ1100	DZ1200	DZ1300	DZ1400
电动装置	开关时间/s	40	41	47		
	电动机功率/kW	5.5	7.5	7.5		
	电源电压/VAC	380	380	380		
	控制电压/VAC	220	220	220		
	控制功耗/W	200	200	200		
	电气防爆等级	dⅡBT4	dⅡBT4	dⅡBT4		
基本尺寸	*A*/mm	202	312	236		
	l/mm	3255	3544	3745		
	L/mm	6371	6850	7277		
总质量/kg		7601	8904	10235		

12.2.5.3 电液高温闸阀

它是原气动和电动高温闸阀的更新换代产品，与气动和电动高温闸阀相比具有传动效率高，驱动力大，动作平稳可靠，使用寿命长，维护工作量少等优点，近几年已在烟气轮机入口管道上推广应用。

该阀由阀体部分，电液执行机构和手动机构组成，其阀体部分与防爆电动高温闸阀相同，手动机构可采用机械或液压操作方式，电液执行机构则由动力油缸、动力油站及防爆电气控制箱组成。电机、电磁阀防爆等级均为dⅡBT4。见图12-2-18。

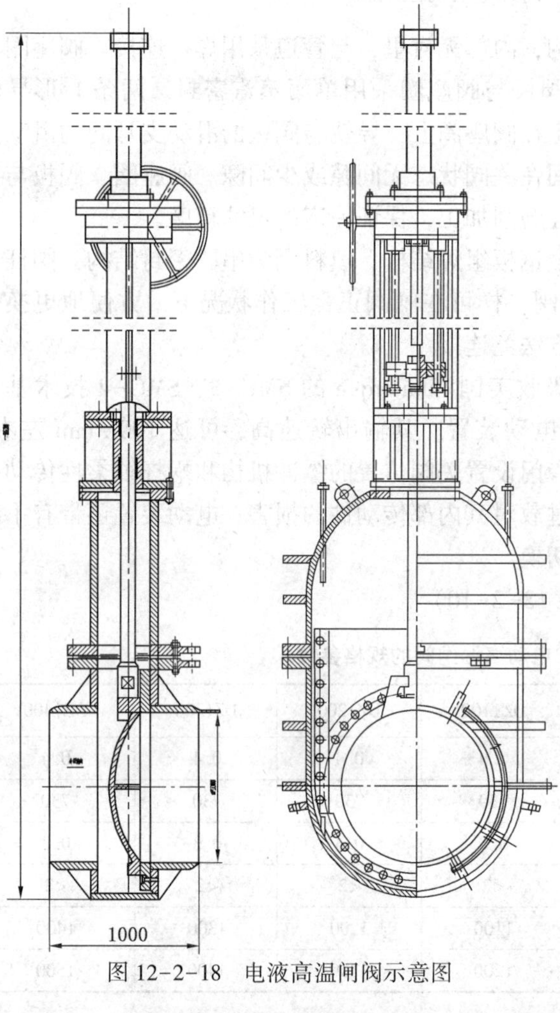

图12-2-18 电液高温闸阀示意图

12.2.6 阻尼单向阀

阻尼单向阀按阀体的结构形式可分为旋启式和蝶型两种形式。

12.2.6.1 旋启式阻尼单向阀

其阀体结构与通用的旋启式止回阀相似，国内的旋启式阻尼单向阀阀体和阀板均为铸钢结构，阀板与阀座圈采用平面密封形式。它配有二位式摆动汽缸执行机构。通过电磁阀实现气动快开快关(即强制开关)功能。规格为DN300～600，主要用于小型主风机出口或增压机出口。该阀与管道采用法兰连接。由于结构形式所限，该阀不能实现随动控制功能。

12.2.6.2　蝶型阻尼单向阀

蝶型阻尼单向阀按其安装位置和作用不同可分为主风机出口阻尼单向阀(即反逆流阀)和主风系统阻尼单向阀两种。前者安装在主风机出口，按随动(自力)开关附加气动快关(防爆电磁阀控制)功能设计，配有平衡重、阻尼油缸和双作用汽缸(见图12-2-19)。正常操作时，依靠气流把阀门打开一定开度(有一定压降损失)，当装置低流量自保动作或机组停机时，则通过电磁阀实现气动快关(如电磁阀发生故障不动作时，该阀也能依靠阀板自重及背压自行关闭)，可有效地防止催化剂倒流，确保机组安全。后者安装在辅助燃烧室前的主风管道上，不设平衡重，按气动快开、快关的要求设计(由双电磁阀控制)配有双作用汽缸(见图12-2-20)。正常操作时，靠汽缸作用把阀全开(几乎没有压降损失)，当装置低流量自保时，防爆电磁阀换向，汽缸快速反向动作，在3~5s内将阀关闭，防止催化剂倒流，保证装置安全。

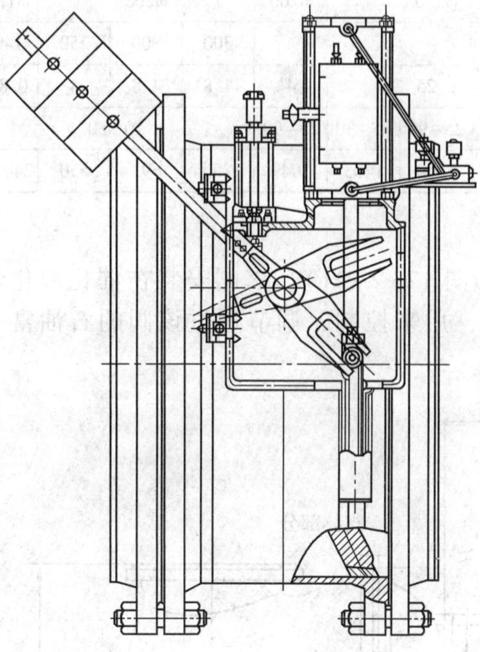

图12-2-19　主风机出口阻尼单向阀

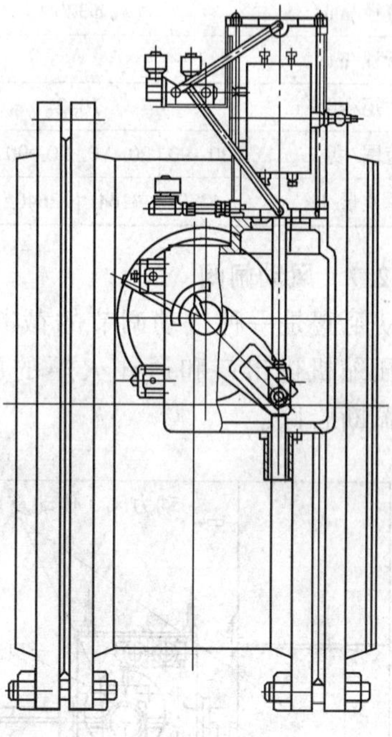

图12-2-20　主风系统阻尼单向阀

上述两类蝶型阻尼单向阀除传动控制部分如上述不同外，其阀体部分结构相同。该阀为三偏心结构(与前面所述的烟机入口高温切断型蝶阀基本类似)，阀轴采用40Cr锻钢，分轴结构，阀轴的驱动端用填料密封，另一端用法兰盖盲死。阀座圈与阀板间采用金属对金属的特殊锥形密封，全开时阀板处于管道中心，形成上下对称气流，减少下游涡流损失和振动。

该阀配有二位式拨叉气动执行机构，汽缸设有缓冲气室，缓冲效果可通过缸盖上的节流阀来调整，保证阀板快速关闭时不发生冲击。

蝶型阻尼单向阀与同规格其他止回阀相比，具有结构长度短、外形尺寸小、质量轻、压降小的特点。

12.2.6.3 阻尼单向阀的规格及参数(表 12-2-11)

表 12-2-11 阻尼单向阀的规格参数

项目	阀规格 参数值	*DN*1500	*DN*1400	*DN*1200	*DN*1100	*DN*1000	*DN*900	*DN*800	*DN*700	*DN*600	*DN*500	*DN*450	*DN*300
阀体部分	通过介质	空气											
	设计压力/MPa(A)	0.6								0.55	0.6	0.55	0.6
	设计温度/℃	350								250	350	250	350
	设计压差/MPa(A)	开阀 0.06 关阀 0.4								开阀 0.04,关阀 0.3			
	阀板实际通径/mm	ϕ1450	ϕ1350	ϕ1150	ϕ1050	ϕ950	ϕ861	ϕ750	ϕ630	ϕ600	ϕ500	ϕ450	ϕ292
	结构形式	蝶型三偏心								旋启式			
气动执行机构	汽缸直径/mm	ϕ320				ϕ250			ϕ200	ϕ200			ϕ125
	活塞行程/mm	250								300	300	250	140
	输出力矩/kN·m	10.2				6.25			4	4.8	4.8	4	0.88
	转角范围/度	20~90	20~90	20~90	25~90	25~90	25~90	25~90	25~90	10~80			
阀总质量/kg		4270	3164	2640	2460	2280	1800	1405	1049	750	693	550	240.8

12.2.7 风动闸阀

风动闸阀是一种气动调节的截断型阀门(如图 12-2-21)。该阀安装在催化裂化装置富气压缩机进出口和通往火炬的放空管道上，用来控制、调节通过该阀的石油富气流量或截断管路。

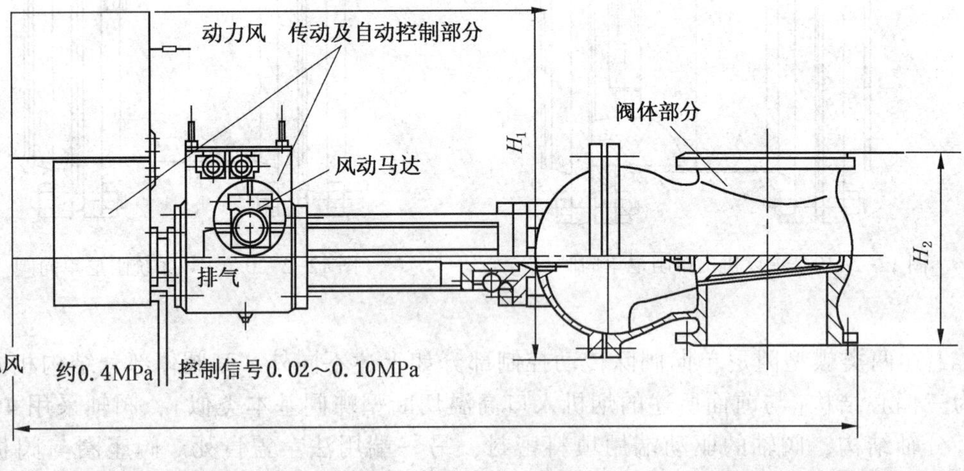

图 12-2-21 风动闸阀

12.2.7.1 结构特点

风动闸阀由阀体、传动机构及自动控制部分组成，其阀体、阀盖、阀板均选用 ZG25B 铸件，阀体和阀板密封面堆焊 2Cr13，并经加工研磨而成。阀杆材质为 2Cr13。该阀由风动马达执行机构驱动控制，保证阀密封的阀杆总轴向力由扭矩开关控制。

现工程设计中富气压缩机入口和入口放火炬风动闸阀，不少已由气动切断型蝶阀所替代。

12.2.7.2 风动闸阀规格参数(表 12-2-12)

表 12-2-12 风动闸阀规格参数表

项目 \ 参数值 \ 规格		DN200A	DN300C	DN350	DN400C	DN500	DN600A	DN700	DN800	DN900
设计数据	介质	石油富气								
	设计压力/MPa(A)	2.0	2.0	2.1	2.1	0.4	0.1	0.3	0.4	0.2
	设计温度/℃	200	250	200	250	200	200	200	250	220
	功率/kW	7.36								
	耗气量/(Nm^3/min)	9.0								
	开关时间/s	29	31	30	29	34	34	39	69	60
外形尺寸	L/mm	1945	2534	2677	2833	3180	3471	3858	4362	5107
	H_1/mm	972	1037	1105	1092	1182	1217	1297	1362	1484
	H_2/mm	550	600	600	670	800	800	1000	1100	1200
阀总质量/kg		720	1088	1381	1655	1870	2420	3013	3517	6035

12.2.8 除焦控制阀(图 12-2-22)

该阀安装在高压水泵出口，通过预充水，全开及全关顺序动作以满足除焦操作的需要，实现无水锤、平稳切换操作，并使高压水泵能在最小流量工况下进行水循环，以节省能耗。

在整个水力除焦过程中，用一个除焦控制阀操作，可以取消电动闸阀、手动闸阀及循环水管道上的降压孔板，并使循环水管道不上焦炭塔，简化管路设计。

该阀采用气动执行机构驱动，它具有全关(旁流)、预充、全开三种工作位置，对应三种工作状态。便于实现水力除焦系统的程序操作。

阀芯全关时，阀处旁流位置，全流出口被堵塞，高压水只能经旁流多级降压孔板节流，流回到高位水罐，此时高压水泵在最小连续流量工况下运行。当阀芯提升约 70～90mm 时，阀处在预充位置，一部分高压水经旁流多级降压孔板流回高位水罐，其余高压水则经预充多级降压孔板对上水管和除焦器进行预充。由于压力和流速均降低，可以将管道中的气体通过除焦器喷嘴排出以避免水击的产生。阀全开时，高压水通过下套筒的全流通孔流出主出口，经上水管线进入除焦器。此时通过旁流孔板的高压水，因阀芯与上阀座接触而被切断，阀杆的不平衡力靠上阀杆的液压缸平衡。

除焦控制阀主要由阀体、气动执行机构、电气控制元件等组成。其阀体为整体锻钢结构，阀体侧面有两个出口，下部 DN150 为全流出口，上部 DN80 为旁流出口，高压水入口在阀体轴线下端，阀体内有阀芯、上下套筒和阀座等。上下套筒周围分别装有旁流降压孔板和预充降压孔板组，空心阀芯顶部有旁流通孔，将高压水引入旁流部分，下套筒上有全流通孔，阀芯行程为 300mm。汽缸直径为 ϕ400mm，在中间支架上装有电磁阀、阀位回讯器、行程开关等电气控制元件。

12.2.9 高温四通旋塞阀和球阀

12.2.9.1 高温四通旋塞阀

该阀安装在延迟焦化装置焦炭塔进油管线上，用来切换原料油的流向，保证从加热炉来的高温渣油从已充满焦炭的焦炭塔及时切换到另一预热好的焦炭塔继续操作，使装置操作连续而稳定。

(1) 结构特点

该阀有一个进口、三个出口，阀门进口接进料总管，两个出口分别接两台焦碳塔的进料支管，另一出口开工时接焦碳塔顶油气管线。该四通阀和两条进料支管上的两台两通阀一起用于切换两台焦炭塔的进料。国产手动高温四通旋塞阀，常用于原非大型化的延迟焦化装置的5.4m和6.4m直径的焦炭塔。其阀体、阀盖与旋塞的材质均为ZGCr5Mo，旋塞表面堆焊2Cr13，厚2mm，加工后与阀体研配。旋塞轴的密封采用铝条和柔性石墨填料密封。旋塞上、下端的阀体上设有蒸汽吹扫口，在开工前必须打开密封蒸汽，维持背压，保证旋塞与阀体的密封面不泄漏，以防结焦影响操作。

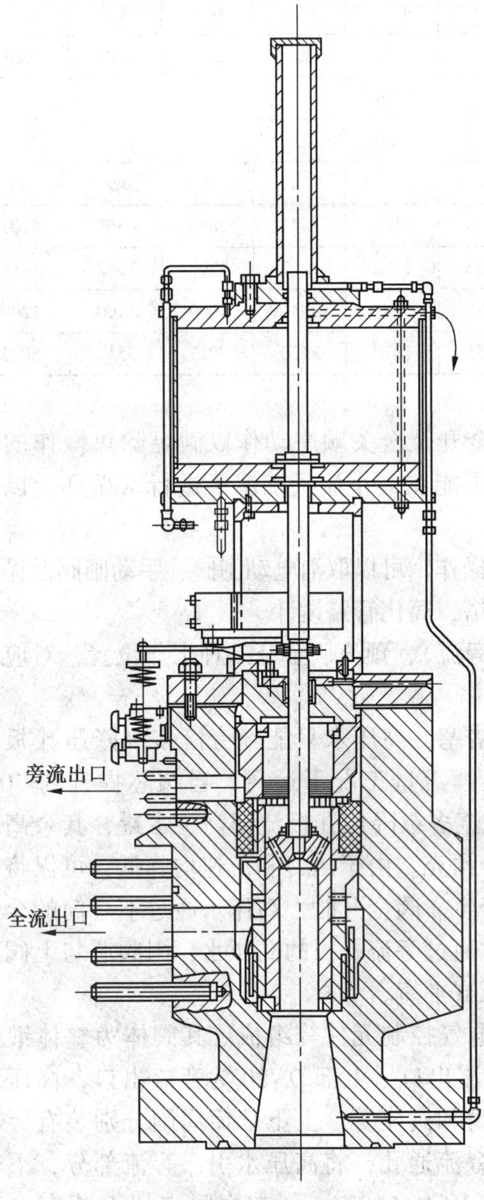

图 12-2-22 除焦控制阀

螺套安装在固定螺母上(见图 12-2-23)，

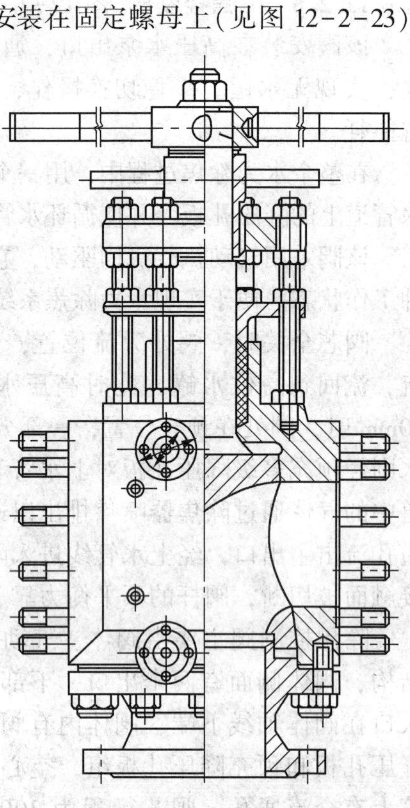

图 12-2-23 四通旋塞阀

在装置开工中，为防止阀芯因热胀卡死，阀升温到400℃左右时，应转动螺套，向下松动阀芯2~3次，为开工转入正常操作创造条件。在装置正常操作中，每次阀门切换前，应保证四通阀后管道畅通，并应先向下转动螺套，松动旋塞以便切换。切换后再使螺套回复原位，稍顶紧旋塞并及时处理好原来管内的残油。螺套可调整密封面的比压，在操作中如遇有轻微的泄漏时，可将螺套进一步向上顶紧手轮，适当提高旋塞的密封比压。

（2）高温四通旋塞阀的规格参数表(表 12-2-13)

表 12-2-13　四通旋塞阀规格及参数表

项目 \ 规格		DN150	DN200	项目 \ 规格		DN150	DN200
设计参数	介质	渣油		机械设计	旋塞直径/mm	ϕ260	ϕ285
	操作温度/℃	500	510		旋塞通径/mm	ϕ150	ϕ185
	操作压力/MPa	0.3	0.5	阀总质量/kg		447	764
	蒸汽气封压力/MPa	0.8	1.0				

12.2.9.2　高温四通球阀

为实现大型延迟焦化装置操作的程序控制，国外推荐使用电动高温四通球阀。近年来，新建的大型延迟焦化装置焦炭塔直径已达8.4~8.8m。如：金山、高桥、镇海、济南、长岭炼厂均引进了加拿大VELAN公司DN300~350的电动高温四通球阀，它除配用电动执行机构外，还可根据装置要求选用液动或气动执行机构。电动执行机构的开关时间约为45s。

该阀结构如图12-2-24所示，其主要特点是球和阀杆为一体，防止球和阀连接处焦炭颗粒积聚，而导致操作扭矩增加，另外，粗杆设计具有大的扭矩安全系数，确保阀在严酷工作条件下的开关可靠。“刮刀”型的阀座每一次可刮去球面积聚的焦炭。球表面镀硬铬以及阀座表面堆焊的司太立特6#硬质合金，可保证长周期无故障的使用寿命。在阀三个出口的阀座圈后均设有Inconel625高温合金波纹管，提供了恒定的正压浮动密封载荷。阀杆填料密封、波纹管及阀腔内均通入吹扫蒸汽，防止阀杆处泄漏和输送介质在阀腔内沉积、结焦。球体内流道和阀通径等径，可减少介质阻力和结焦。目前，国内延迟焦化装置上使用这类电动高温球阀约为24台。

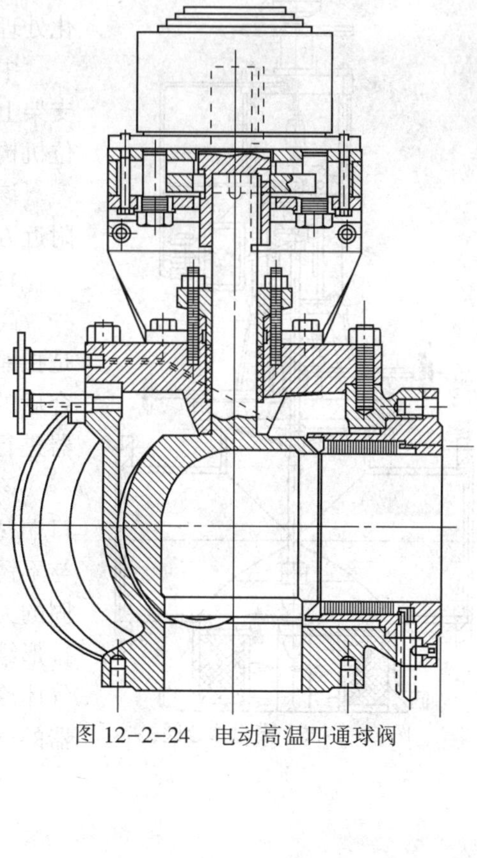
图 12-2-24　电动高温四通球阀

12.2.10　焦炭塔自动底盖阀

它是一种单闸板双重金属密封结构的高温含固流体用平板闸阀，它可取代现人工装卸的焦炭塔底盖盲板和塔底盖机，实现全封闭除焦操作，消除安全隐患，改善环境条件，缩短除焦生产周期。

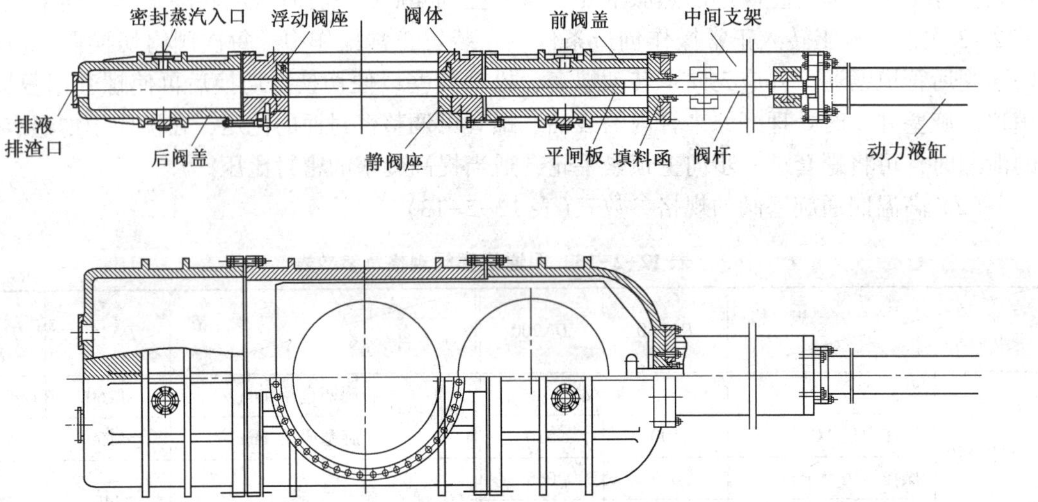

图 12-2-25 焦炭塔自动底盖阀结构示意图

该阀口径 *DN*1500，由阀体部分、中间支架、动力油缸和电气控制箱组成。该阀已分别在荆门炼油厂和兰州炼油厂的延迟焦化装置上投入工业应用。

阀体部分由前后阀盖、中间阀体、带导流孔的平闸板、上部弹性浮动和下部静止的耐磨金属阀座以及阀杆及填料箱组成。如是旧装置改造应用，还需增设一个锥形进料段。前后阀盖和中间阀体均为耐高温合金铸钢制成。阀板和上下阀座圈为铬钼合金锻钢。表面进行辉光离子氮化硬化处理。阀杆材料为 25Cr2MoVA，表面进行喷焊硬质合金硬化处理。如图 12-2-25 所示。

中间支架将阀体部分与动力油缸联结成一体，中间支架上设有阀位行程指示及开关行程开关，并有机械锁位机构。

该阀的动力油站和防爆电气控制箱则另行布置在其附近方便操作的区域。

12.2.11 高温掺合阀

高温掺合阀安装在燃烧炉的出口管线上。其作用是控制热混合气体与冷混合气体的掺合量，以保证掺合后的混合气体在最佳的转化温度范围内，进入转化器进行转化，见图 12-2-26。

该阀的结构特点为：碳钢焊接阀体，其下部热流进口端衬隔热耐磨衬里，隔热衬里用陶纤维，装填在阀体与不锈钢保护套之间，保护套筒内侧衬用扭弯保温钉加固的无龟甲网刚玉耐磨衬里。阀芯为 ZG1Cr25Ni20Si2 锥形结构，阀杆填料箱设置蒸汽夹套保温，以避免含硫气体冷凝后对阀杆产生露点腐蚀。阀体上端配有带定位器的气动执行机构。可接受 0.02～0.1MPa 调节信号，

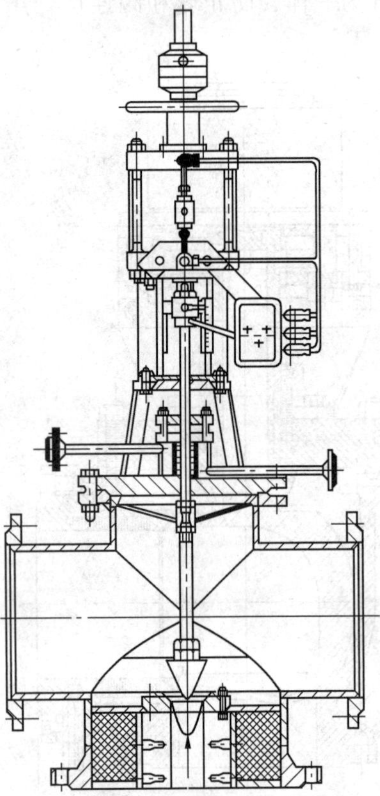

图 12-2-26 高温掺合阀

进行调节控制。

现有高温掺合阀的规格参数见表 12-2-14。

表 12-2-14 高温掺合阀规格参数表

项目 \ 参数值 \ 规格	高温掺合阀						
	*DN*600/ϕ300	*DN*500/ϕ200	*DN*350/ϕ150	*DN*350/ϕ100	*DN*250/ϕ80	*DN*250/ϕ60	*DN*150/ϕ40
介质	H_2S, SO_2, CO_2, H_2O,空气等混合气体						
操作温度/℃	冷流:150,热流:1200~1400,混合流:260						
操作压力/MPa(A)	0.125~0.135						
阀座阀芯口径/mm	ϕ300	ϕ200	ϕ150	ϕ100	ϕ80	ϕ60	ϕ40
汽缸直径/mm	ϕ250						
活塞行程/mm	150			90			
调节信号/mA	4~20						
手动机构	开合螺母						
阀总质量/kg	1160	700	650	580	530	329	95

12.2.12 夹套切断阀

夹套切断阀为二位式气控阀，它分别安装在酸性气燃烧炉出口放空管线和尾气燃烧炉入口管线上，作为放空至烟囱和切断尾气进炉用阀，可在主控室控制操作。如图 12-2-27。

其结构特点为：阀体采用碳钢板焊接的 T 形夹套结构，其上、下两端法兰设有蒸汽接管，以便将蒸汽引入夹套加热，防止硫凝固及过程气冷凝对阀体产生腐蚀。

夹套切断阀的规格参数见表 12-2-15。

表 12-2-15 夹套切断阀规格参数表

项目 \ 参数值 \ 规格	夹套切断阀		项目 \ 参数值 \ 规格	夹套切断阀	
	*DN*350	*DN*250		*DN*350	*DN*250
介质	H_2S, SO_2 过程气		活塞行程/mm	195	150
操作温度/℃	300		调节信号/mA	电磁阀控制二位式	
操作压力/MPa(A)	0.125		手动机构	无	
阀座阀芯口径/mm	ϕ310	ϕ210	阀总质量/kg	420	240
汽缸直径/mm	ϕ250	ϕ200			

12.2.13 夹套三通阀

该阀安装在两个低温柯劳斯反应器之间。它是一个二位式程序控制阀，其作用是将再生气体交替通入每个反应器，使原来间断的解析操作连续化(如图 12-2-28)。

结构特点为：ZG25 结构的阀体外焊有钢板蒸汽夹套，阀体内有上、下两个阀座，平板型阀板的上、下密封面上均堆焊硬质合金。阀关闭时，左右接管相通，打开时，左下接管相通，阀杆填料函设有锥形蒸汽夹套。电磁阀控制的气动执行机构设有行程开关，可显示阀的实际操作状态。

夹套三通阀的规格参数见表 12-2-16。

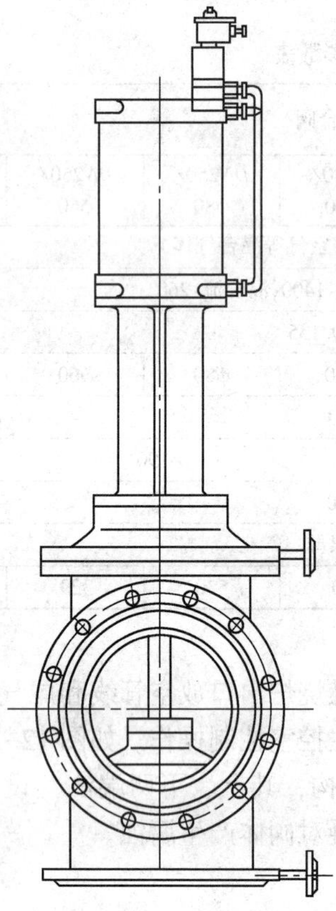

图 12-2-27　夹套切断阀

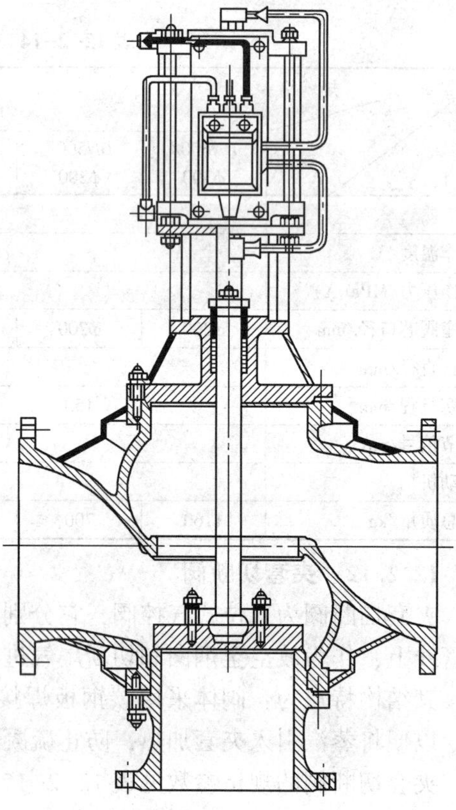

图 12-2-28　夹套三通阀

表 12-2-16　夹套三通阀规格参数表

项目 \ 参数值 \ 规格	夹套三通阀 DN300	项目 \ 参数值 \ 规格	夹套三通阀 DN300
介　质	H_2S, SO_2, N_2, H_2O	活塞行程/mm	135
操作温度/℃	150	调节信号/mA	电磁阀二位式
操作压力/MPa(A)	0.125	手动机构	无
阀座阀芯口径/mm	$\phi300/\phi260$	阀总质量/kg	440
汽缸直径/mm	$\phi250$		

12.2.14　内旁通高温塞阀

内旁通高温塞阀安装在硫磺尾气处理装置的过程气废热锅炉的侧面。0Cr18Ni9 钢板焊制的圆筒形阀体插入废热锅炉内，阀体一端的阀盖法兰与废热锅炉安装口法兰联接，另一端由托架支承在废热锅炉的筒体上。ZG1Cr18Ni9Ti 的空心锥形阀头在阀体圆筒内沿导轨滑动，滑体的圆环平面与安装在锅炉内的阀座密封，锥形阀头具有良好的调节性能。

内旁通高温塞阀的规格参数见表 12-2-17。

表 12-2-17　内旁通高温塞阀规格参数表

项目 \ 参数值 \ 规格	内旁通高温塞阀			
	*DN*80	*DN*400	*DN*370	*DN*450
介质	转化气		H_2S, SO_2, N_2, H_2O	
操作温度/℃	700	710	600	700
操作压力/MPa(A)	3.1	3.1	0.11	
阀座阀芯口径/mm	$\phi174$	$\phi390$	$\phi374$	$\phi410$
汽缸直径/mm	$\phi250$	$\phi250$		$\phi250$
活塞行程/mm	100	300		150
调节信号	0.02~0.1MPa(G)	0.02~0.1MPa(G)		4~20mA
手动机构	开合螺母			
阀总质量/kg	548	780	760	800

12.2.15　分子筛脱蜡及 PX 装置回转阀

回转阀是一个各种物料的特殊分配装置，它将七股工艺物料按次序进入或离开 24 个床层。阀定时移动一步，每股液流就前进一个床层。移动 24 步后阀旋转到原来的位置，再开始另一个循环。

回转阀由阀体、拨动系统、液压系统组成(图 12-2-29)。阀的直径有 1m 多，总质量 5t 多。下面分别介绍其各部分的结构特点及工作原理。

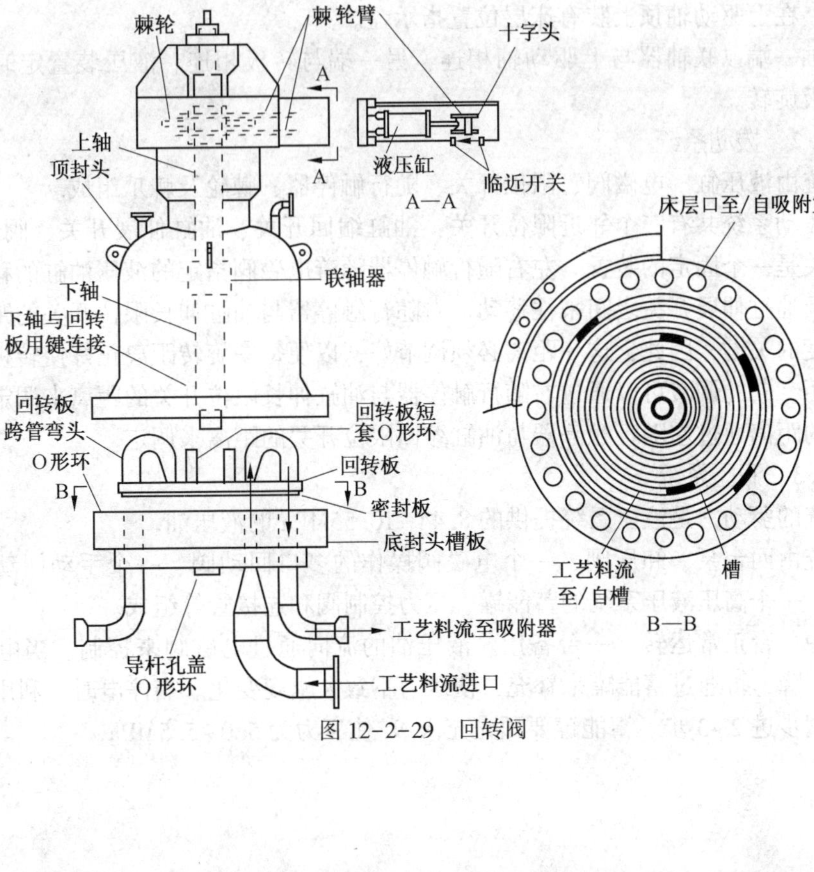

图 12-2-29　回转阀

12.2.15.1 阀体

阀体由底座板、转板和圆顶密封头盖组成。

(1) 底座板

底座板由一个2.4t的圆板组成，厚约10in。板上有七圈同心凹槽，在每个凹槽下面有一个口与一股物料管相连接。凹槽的外圈有24个孔，这些孔与底部24根吸附床床层管相连接。底座板中心是一个轴承衬套，与上驱动轴承动配合。中间有一个导杆，用以在装配回转阀时对中心用。

(2) 转板

转板是由圆钢板及聚四氟乙烯板组成。聚四氟乙烯板上面有定位环及定位垫圈，用螺钉把定位环、定位垫圈、聚四氟乙烯板和圆钢板固定。定位环嵌在底座板的凹槽上。聚四氟乙烯板及圆钢板上相应于底座板凹槽位置上开有7个扇形孔(相对于每一个凹槽开一个孔)。在相应的24个孔位置上开24个圆孔，但只有7个孔是通的，其余17个孔是盲死的。7个扇形孔与7个圆孔通过7根跨越管道相连接。详见图4-2-29。每个跨越管连接安排由吸附室的工艺需要而定。各跨越管的确定，亦确定了床层各作用区的对应高度。

另外由于转板随轴转动，虽然凹槽与跨越管的物料是固定的，但从回转阀进出7个圆孔却是按时按次序改变，因此，7根物料管随时间的改变按次序与进出吸附室的床层管相连接，从而使吸附室的固定床相应的变成了流动床。

聚四氟乙烯板可以防止各液体在凹槽之间互相窜渗。转板上施有密封压力，使转板压紧在底座板的面上。

(3) 圆顶密封头盖

顶头盖有密封液进出口、排空口、观察口、吊耳。顶头盖还连有上驱动轴、下驱动轴及轴密封部件。在上驱动轴顶上装有床层位置指示盘。

下驱动轴一端以联轴器与上驱动轴相连，另一端与转板相连。液压装置定时驱动轴转动，带动转板旋转。

12.2.15.2 拨动系统

拨动系统由液压缸、电磁阀、限位开关、随行触停器、棘轮及棘爪组成。

回转阀拨动系统共有三个邻近限位开关：油缸缩回开关、油缸伸展开关、阀运动开关。邻近限位开关是一个固定的装置。左右随行触停器随着电磁阀指定的液压油缸的移动而在油缸缩回开关及油缸伸展开关之间来往移动。右随行触停器与油缸伸长限位开关的距离是决定转板转动幅度的关键，因此，这一距离必须调节好，以便每一旋转距离正好使转板孔前进一个孔的中心距，它的调节可以通过右随行触停器与油缸伸长限位开关的距离来调定。棘爪向后脱开棘轮的距离通过左随行触停器与油缸缩回限位开关的距离来调定。

12.2.15.3 液压系统

拨动系统的驱动力是液压系统提供的8.44~10.55MPa的液压油。

液压系统由两台泵、卸压阀、一个电磁阀操作的多口回动阀、一个手动回动阀、油滤器、贮油槽、一个高压液压系统的蓄能罐、压力控制阀和连接管等组成。

两台泵中一台正常运转，一台备用。液压油的流向通过电磁阀来控制。当电磁阀动作时，压力会下降，可通过蓄能罐来补充，使压力不致大幅度变化。当停电时，利用蓄能罐还可以使回转阀步进2~3步。蓄能罐要预先充入N_2使压力为5.0~5.5MPa。

12.2.16　专用阀门的执行机构

现有滑阀、风动闸阀、塞阀及高温蝶阀执行机构的配置情况如表 12-2-18 所示。

表 12-2-18　滑阀、风动闸阀、塞阀及高温蝶阀执行机构的配置表

执行机构类型 \ 特阀类型		滑阀	风动闸阀	塞阀	高温蝶阀
风动马达执行机构		✓	✓	✓	—
气动执行机构		✓	—	—	✓
电液执行机构	整体式	✓	—	国内暂无	
	分离式	✓	—	✓	✓

12.2.16.1　风动马达执行机构

风动马达执行机构由传动部分和控制部分组成，其中传动部分分为滑阀、塞阀、风动闸阀三种，共 8 种形式。控制部分分为滑阀(风动闸阀与其相同)和塞阀两种，二者的差别是反馈机构不一样，另外塞阀控制部分增设了一套自动跟踪系统。保证在开、停工过程中立管热胀冷缩时，阀头始终与阀座贴紧处于关阀状态。

① 风动马达执行机构的工作原理，如图 12-2-30。

② 风动马达执行机构的结构特点与应用范围见表 12-2-19。

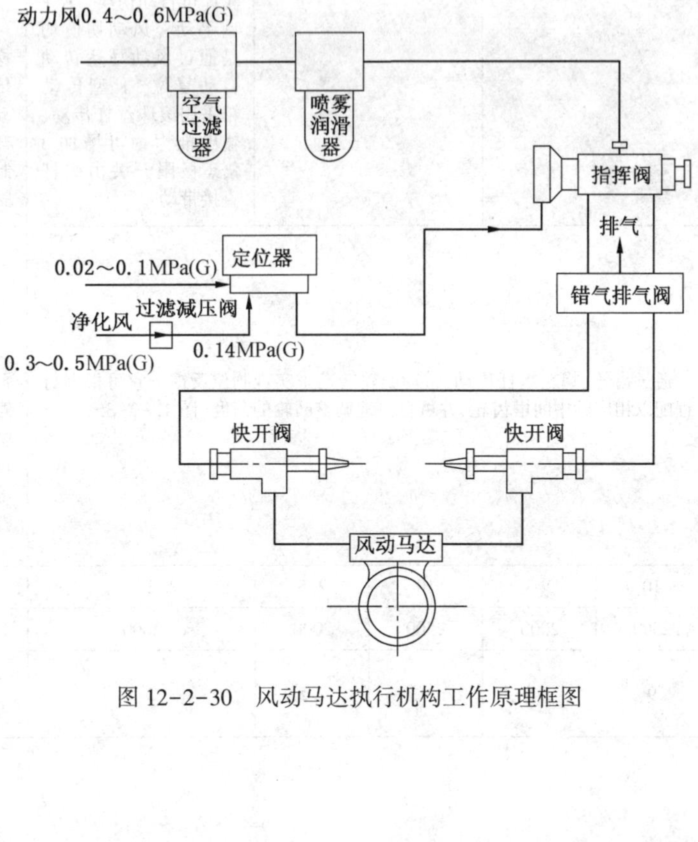

图 12-2-30　风动马达执行机构工作原理框图

表 12-2-19 风动马达执行机构的结构特点与应用范围

<table>
<tr><th>部分</th><th>型式
项目</th><th>A</th><th>C</th><th>B</th><th>D</th><th>E</th><th>F</th><th>A(塞)</th><th>B(塞)</th></tr>
<tr><td rowspan="3">传动机构</td><td>应用范围</td><td>ϕ585 及以上大口径单动滑阀</td><td>双动滑阀及 ϕ585 以下单动滑阀</td><td>*DN*600 以上风动闸阀</td><td>*DN*200 和 *DN*400 风动闸阀</td><td colspan="2">除 T1000 单动滑阀以外的全部提升管用滑阀，基本上部采用 F 型传动箱</td><td>ϕ250 以下塞阀</td><td>ϕ250 及更大口径的塞阀</td></tr>
<tr><td rowspan="2">结构特点</td><td colspan="8">阀杆的移动是由带齿轮减速的风动马达通过一对斜齿轮和蜗轮、蜗杆传动，并通过空心轴带动螺套作正反转来实现，具有较高的起动转矩，可以带负荷起动，还具有过载保护能力，适用于频繁起动和易燃易爆的场所</td></tr>
<tr><td colspan="2">见图 12-2-31，手动—风动切换的牙嵌式离合器由圆锥齿轮 4、拨叉 5 和弹簧 3 组成，它们安装在空心轴上，切换操作均需拨动拨叉杆来实现，手动操作由手动伞齿轮与圆锥齿轮 4 啮合传动，并带动空心轴与螺套转动来实现。圆锥齿轮 2 是传动极限开关的，齿轮 1 是传动定位器和阀位变送器的</td><td colspan="2">见图 12-2-32，基本与 A 型传动机构一致，只是蜗杆结构不同，蜗杆具有花键孔，装配在花键轴上，一端由弹簧预紧定位。当阀板关阀到超过预定的密封力时，传动箱内蜗杆的轴向力大于预紧弹簧的预紧力，蜗杆套即沿轴向滑动，推动扭矩开关而转动联杆，使快开阀瞬时关闭，切断动力风，停止风动马达。待风动马达倒转开阀时，蜗杆套及扭矩开关立即恢复原位</td><td colspan="2">见图 12-2-33，蜗轮、蜗杆、空心轴、螺套安装在一个腔室内，用稀油润滑。斜齿轮和一对手动齿轮安装在另一腔室内，用润滑脂润滑。切换离合器安装在蜗杆轴上，卡紧力小，容易切换。E 型传动机构是半自动切换，风动切换至手动操作时，需先拨动拨叉杆。传动螺套与阀杆采用梯形螺纹传动。F 型传动箱是全自动切换。没有切换手柄，风动至手动操作直接转动手轮即可自动切换。E、F 型手动至风动切换均是通过风动马达转动自动复位。F 型传动箱采用滚珠丝杠传动，输出推力约可增加 3 倍。极限开关由蜗杆直接带动</td><td colspan="2">见图 12-2-34，基本与 F 型传动箱相同，只是蜗轮呈水平安装，空心轴与补偿弹簧箱连接，支承在弹簧箱底盖的轴承上，而螺套（滚珠螺母）支撑在补偿弹簧上，它不仅可与空心轴一起旋转，还可相对空心轴上、下滑动，以吸收膨胀和补偿收缩。全自动切换操作靠手动伞齿轮上偏心套的滚子拨动拨叉来实现。手动操作通过伞齿轮和直齿轮来实现。
A(塞)传动箱为梯形螺纹传动，B(塞)传动箱为滚珠丝杠传动。两者均不设极限开关，行程位置的限制，靠杠杆控制快开阀实现</td></tr>
<tr><td>反馈传动机构</td><td>结构特点</td><td colspan="6">通过齿轮、蜗轮蜗杆传动，带动凸轮转动来实现阀位反馈。它可根据行程配以相应的中间塔齿轮，并可自由地调整凸轮的角度（图 12-2-35）</td><td colspan="2">采用楔劈反馈机构，没有齿轮，蜗轮和凸轮。定位器与阀位变送器的反馈摆臂布置在同一楔劈的两侧，阀杆的移动通过楔劈带动反馈摆臂进行反馈。楔劈的位置可通过调整螺栓来调整（图 12-2-36）</td></tr>
<tr><td rowspan="3">风动马达</td><td>功率/hp</td><td>10</td><td>2.5</td><td>10</td><td>2.5</td><td colspan="2">2.5</td><td colspan="2">2.5</td></tr>
<tr><td>转速</td><td>2500</td><td>2000</td><td>2500</td><td>2000</td><td colspan="2">2000</td><td colspan="2">2000</td></tr>
<tr><td>空气耗量/(m^3/min)</td><td>9</td><td>2.5</td><td>9</td><td>2.5</td><td colspan="2">2.5</td><td colspan="2">2.5</td></tr>
</table>

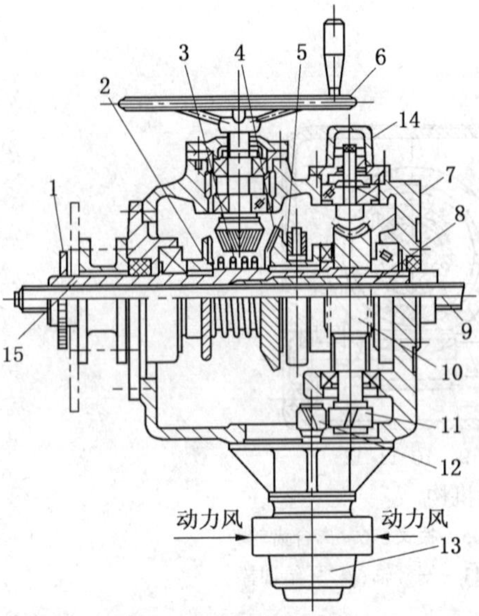

图 12-2-31　A 型传动机构

1—定位器传动齿轮；2—极限开关传动锥齿轮；3—弹簧；4—圆锥齿轮；5—离合器拨叉；6—手轮；7—蜗轮；8—阀杆螺套；9—阀杆；10—蜗杆；11—斜齿轮；12—风动马达斜齿轮；13—风动马达；14—外罩；15—空心轴

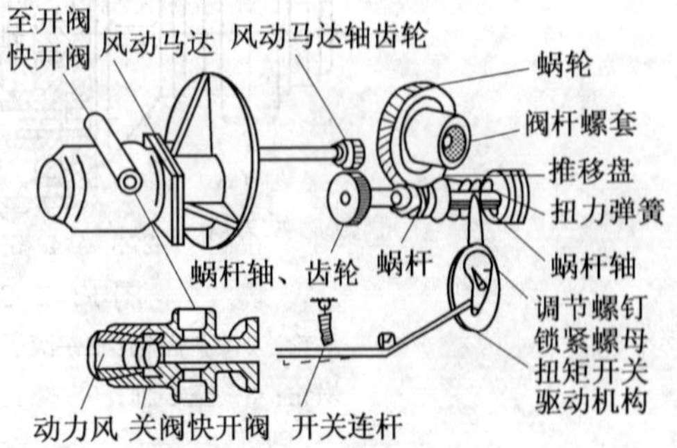

图 12-2-32　扭矩开关传动原理图

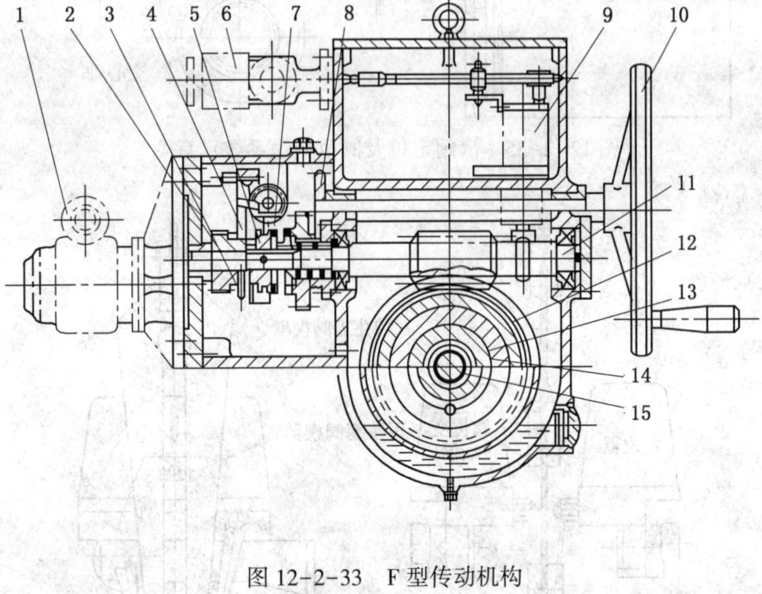

图 12-2-33　F 型传动机构

1—风动马达；2—斜齿轮；3—风动销；4—定位臂；5—离合器；6—快开阀；7—拨叉；8—直齿轮；9—极限开关；10—手轮；11—蜗杆；12—蜗轮；13—空心轴；14—滚珠螺母；15—滚珠丝杠

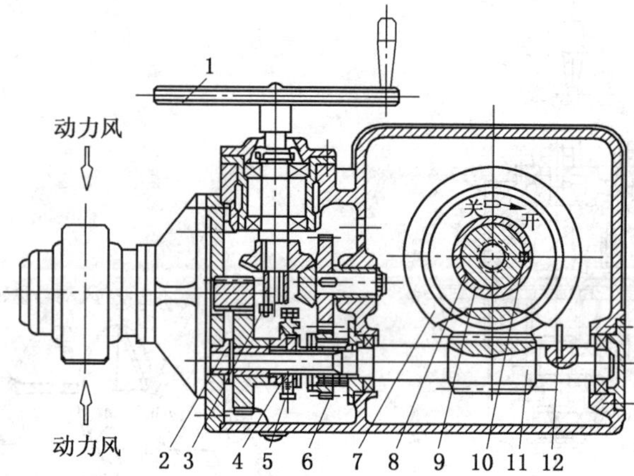

图 12-2-34　塞阀传动机构

1—手轮；2—斜齿轮；3—滚子；4—离合器；5—拨叉；6—离合齿轮；7—蜗轮；8—空心轴；9—螺套；10—滑键；11—蜗杆轴；12—给油棒

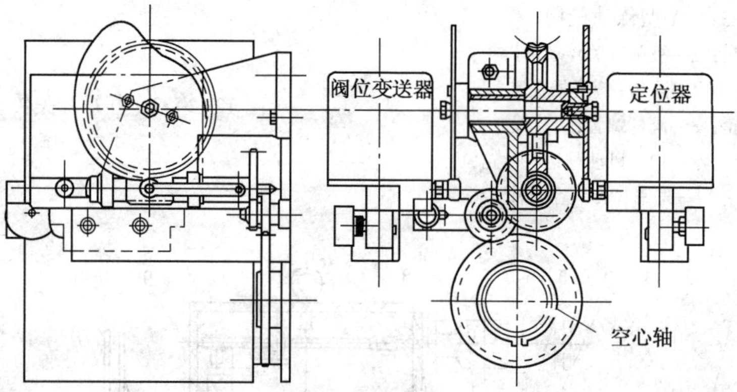

图 12-2-35　滑阀定位及阀位变送系统示意图

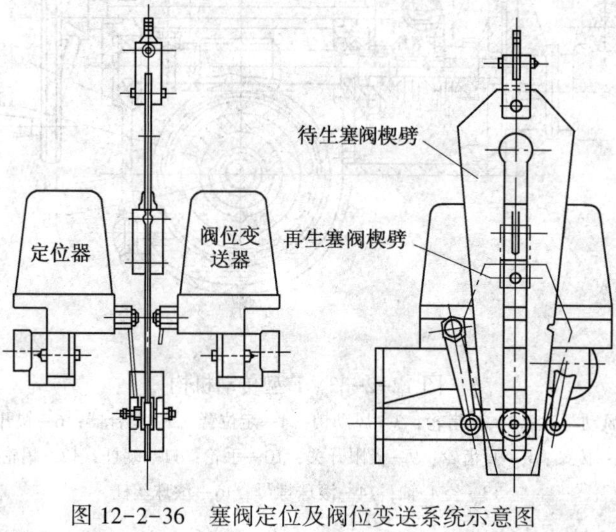

图 12-2-36　塞阀定位及阀位变送系统示意图

12.2.16.2　气动执行机构

炼厂中的特殊阀门现仍有不少配用气动执行机构，其主要分为以下几类：

（1）滑阀用气动执行机构

$(3\sim7)\times10^4$t/a 催化裂化装置的双动滑阀配用图12-2-37所示的气动执行机构。该执行机构汽缸内径为φ250mm、行程 100mm，汽缸活塞杆与阀杆用中间连接螺母连接，并配有 ZPQ—02 定位器和阀位变送器。汽缸为贯穿式双作用汽缸，后缸盖处设有开合螺母结构的手动机构。定位器和阀位变送器靠阀杆带动反馈杆直接反馈，结构紧凑。该执行机构的控制性能较风动马达执行机构差一些，灵敏度一般在1/150~1/200，准确度在1/60~1/80 左右，但仍可较好地满足装置工艺操作要求。

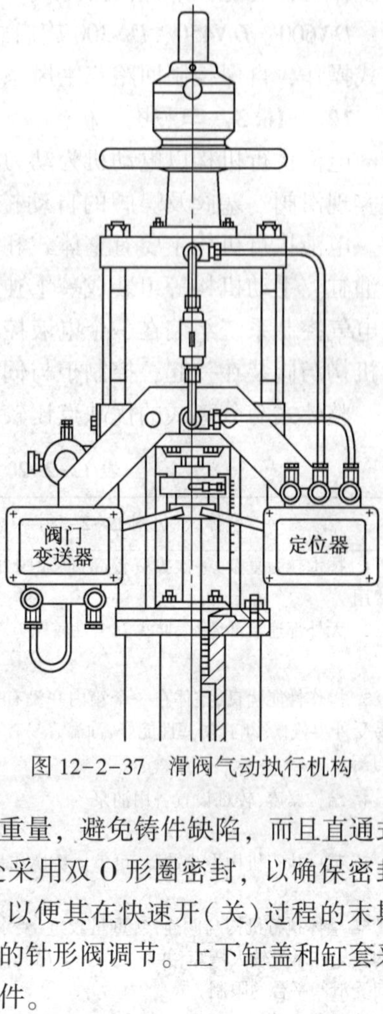

图 12-2-37　滑阀气动执行机构

（2）蝶阀用气动执行机构

蝶阀用气动执行机构根据不同安装位置的蝶阀操作要求，分别配置摆动式气动执行机构（见图 12-2-11）和拨叉式气动执行机构（见图 12-2-13）。前者一般用于烟机入口高温蝶阀，后者用于放空或烟气旁通蝶阀。

蝶阀执行机构主要由缓冲式活塞执行机构、曲柄传动机构、定位及阀位变送部分和手动机构四部分组成。它以压缩空气为动力，接受 0.02~0.10MPa 气动调节信号，转变成相应的曲柄转角（90°或 70°），因此它适用于蝶阀、风门、球阀等角行程调节阀。

缓冲式活塞执行机构由汽缸、活塞、活塞杆、汽缸盖、缓冲活塞等零部件组成。汽缸采用无缝钢管，以减轻重量，避免铸件缺陷，而且直通式的缸套便于加工和研磨。活塞执行机构在活塞和活塞杆处采用双 O 形圈密封，以确保密封可靠，延长使用寿命。活塞采用铸铝，并设有缓冲活塞，以便其在快速开（关）过程的末期有一缓冲作用，避免强烈冲击，缓冲效果可通过汽缸盖上的针形阀调节。上下缸盖和缸套采用贯穿式螺栓联接，缸盖采用方形结构，便于安装其他附件。

定位及阀位变送系统采用双斜劈反馈机构，定位器和阀位变送器分别固定在斜劈两侧，公用一块斜劈，其结构紧凑，反馈精度高，而且适合于活塞行程的变化。

蝶阀手动机构采用扇形蜗轮蜗杆传动，为了操作省力，可增配一级齿轮减速，手动机构安装在曲柄传动机构前，使自控和手动操作均在阀转角指示的同一侧，便于操作与调试。手动机构与蝶阀转轴用插键连接，自动操作时要把键拨出，并关闭汽缸上的旁通阀。

（3）主风系统自保阀门用气动执行机构

阻尼单向阀的执行机构均为拨叉式气动执行机构，二位式动作。它靠电磁阀来实现其自保动作，控制回路根据阀的自保要求不同而不同。主风机出口阻尼单向阀配置的气动执行机构（见图 12-2-19），其活塞导向杆上开有滑槽，正常操作时阀板可随气流自行开启，自保动作时二位四通电磁阀动作，气动执行机构帮助阀快速关闭。另外，它还设有平衡重和阻尼油缸，前者的功能是助开，减少正常随动操作时的压降；后者是使阀板随动时稳定不摆动。

主风系统阻尼单向阀的气动执行机构(见图 12-2-20)没有平衡重和阻尼油缸，活塞导向杆上也不开滑槽，由二位四通电磁阀控制阀的开、关。为保证自保动作时关阀及时可靠，汽缸下部增设一个二位二通电磁阀，加速排气，加快关阀速度，并可在二位四通主控电磁阀故障不动作时，也能让下部汽缸排气，使阀板靠自动自行关闭。

*DN*600、*DN*450、*DN*300 旋启式阻尼单向阀的执行机构为摆动汽缸式气动执行机构，二位式操作，自保控制回路与主风系统阻尼单向阀相同。

12.2.16.3 电液执行机构

电液执行机构以电动机为动力，高压液压油为介质，通过精密的伺服控制系统和伺服油缸实现滑阀、塞阀及蝶阀的自动控制，它是催化裂化装置特殊阀门配套使用的新型执行机构。电液执行机构主要有整体式和分离式两大类。整体式即把液压系统、电气控制系统、伺服油缸、手动机构等组装成一个独立整体，再与阀体连接安装在一起。分离式则将液压系统及电气控制系统组装在一个电液控制柜内，控制柜旋转在阀附近的平台上，而伺服油缸和手动机构与阀装在一起，控制柜与伺服油缸之间用高压软管连接。

整体式与分离式的优缺点比较如表 12-2-20 所示。

表 12-2-20 整体式与分离式电液执行机构比较表

整体式(见图 12-2-38)	分离式(见图 12-2-39)
1. 技术较为复杂,一次投资较高,但除阀外无其他安装费用	1. 一次投资较省,但需增加液压控制柜,安装费用,总投资与整体式基本相同
2. 无外部连接油管线,防火安全性较好	2. 液压控制柜与伺服油缸之间需用高压软管连接,外露高压软管影响防火安全性
3. 操作性能优良,整体在一个箱内并没有保温材料,不易受外界气候影响,防塞性能好,油温容易控制,并且比较均衡	3. 伺服油缸,高压软管等暴露在外部,易受环境气候条件影响,系统油温难以保持一致,在高寒地区使用有一定困难
4. 结构紧凑,较难设置备用油泵	4. 可设置备用油泵,低油压自启动,提高供油系统运行可靠性
5. 某一执行机构发生故障,可整体更换和替换使用	5. 维修空间较大,有些元件更换维修较方便,但难以整台更换、替换使用
6. 整体执行机构与阀连接,重量较重,要求滑阀手动机构支架能承受较大弯矩,并需配用弹簧吊挂。有时安装空间受滑阀平台的限制	6. 仅手动机构与伺服油缸与阀安装在一起,质量轻,外形小。液压控制柜可安装在阀附近的其他位置上,安装空间要求比较灵活,但控制柜占地较大,有时操作平台小时,布置有一定困难

随着催化裂化工艺技术的不断发展和装置经济规模大型化，要求电液执行机构的输出力(矩)增加，行程速度加快，长期可靠运行。为此在原 LBHF 分离式电液执行机构的基础上，通过优化液压流程和系统设计，采用螺纹插装式液压阀集成和内置式磁致伸缩位移传感器等先进技术，研制了新一代的 LB2000 型分离式电液执行机构。

(1) LB2000 型电液执行机构的主要技术特点(与原 LBHF 型相比)

① 调节性能好：线性度、重复度、分辨率、灵敏度均可达到 1/1000；

② 输出推力大，最大工作推力提高 1 倍；

③ 行程速度快，全行程速度可提高 1~1.5 倍；

④ 响应迅速，稳定可靠：采用内置式非接触式磁致伸缩线性位移传感器，直接反馈，没有反馈拖动，没有磨擦、磨损，响应反馈时间为毫秒级，性能稳定可靠，使用寿命长；

⑤ 螺纹插装式液压阀组装成的集成油路块，结构紧凑，密封可靠无泄漏，可避免因中间补油引起污染，提高系统的运行可靠性；

⑥ 小排量高压变量柱塞泵与大容量蓄能器的合理配置更适合催化特阀不定时间断动作的特点，较好地解决了系统易发热，需配冷却系统的不足。一般环境温度 40℃ 以下，可不配冷却系统；

(2) LB2000 型电液执行机构的主要技术性能

① 线性度、重复度、分辨率、灵敏度均不低于 1/600(实际可达 1/1000)；

② 输入/输出信号：4~20mA，阀位输出负载阻抗≤500Ω；

③ 行程速度：40~80mm/s(视油缸直径和系统油压不同而变化)，可在一定范围内调节；

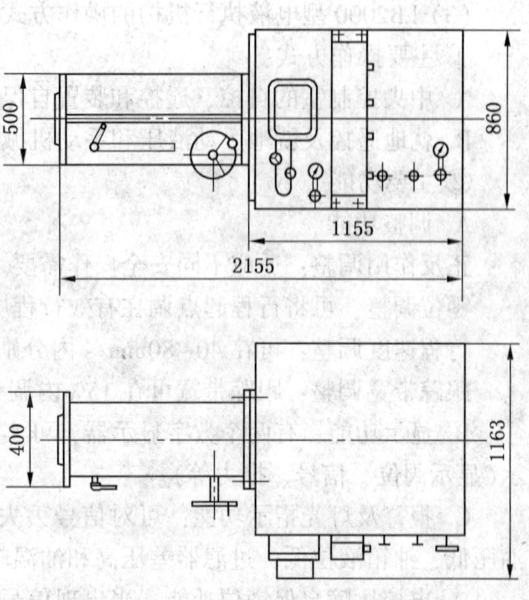

图 12-2-38　整体式电液执行机构

④ 有效行程：0~600、0~800、0~1000 及 0~90°四种；

⑤ 油泵额定排量/额定压力：mL/r/21. 0MPa；

⑥ 油泵电机功率/转速：2. 2kW/940r/min；

⑦ 液压系统额定压力/工作压力：16 MPa(G)/10~14MPa(G)；

⑧ 额定(工作)推、拉力详见表 12-2-21 所示。

⑨ 工作油液：L-HM32 抗磨液压油。环境温度低于-20℃时，使用 L-HV32 低温液压油。低于-30℃时，应用 L-HS 低温液压油。油液清洁度应符合 NAS6~7 级；

⑩ 工作油温：正常值 20~65℃，油温低报警值：15℃，油温高报警值：70℃；

⑪ 液压系统过滤精度：≤ 5μm；

⑫ 电气控制系统防爆等级：dIIBT3。

表 12-2-21　LB2000 型电液执行机构额定(工作)推拉力

油压/MPa	推拉力/kN \ 缸直径/活塞面积 杆直径/环形面积	ϕ80mm/50. 27cm^2 ϕ36mm/40. 09cm^2	ϕ100mm/78. 54cm^2 ϕ45mm/62. 64cm^2	ϕ125mm/122. 72cm^2 ϕ56mm/78. 07cm^2
16. 0(额定)	活塞端(推力)	80. 43	125. 66	196. 35
	活塞杆端(拉力)	64. 14	100. 22	156. 94
14. 0	活塞端(推力)	70. 38	109. 96	171. 81
	活塞杆端(拉力)	56. 13	87. 70	137. 33
12. 0	活塞端(推力)	60. 32	94. 25	147. 26
	活塞杆端(拉力)	48. 11	75. 17	117. 71
10. 0	活塞端(推力)	50. 27	78. 54	122. 72
	活塞杆端(拉力)	40. 09	62. 64	98. 09

（3）LB2000型电液执行机构的操作方式与功能

① 主要操作方式：

A. 中央控制室的自控、遥控和装置自保紧急操作。

B. 就地遥控及就地手动液压和手动机械操作。

② 主要功能

A. 调整功能

正反作用调整：适应不同安全操作需要。

零位调整：可将行程起点调在有效行程中的任何一点。

行程速度调整：可在40~80mm/s内分别调整开阀和关阀速度。

跟踪带宽调整：跟踪带宽可在15%内调整。

B. 显示功能：有两个数字显示器，可实现偏差显示（输入信号与反馈信号差）和多项显示（显示阀位、信号、推力等）。

C. 报警及灯光指示功能：可对信号丢失、跟踪丢失、反馈丢失、蓄能器压力低、系统油压低、油箱液位低、过滤器差压高和油温超高或过低进行报警并灯光指示。

D. 电控故障自保锁位功能：当出现信号丢失、反馈丢失或跟踪丢失任一故障时，执行机构立即自动就地锁位，以维持被控系统的稳定状态。

E. 装置事故自保联锁功能：当装置自保投用时，执行机构即快速运行到设定的自保安全位置（全开、全关或中间任一位置）。

（4）LB2000型电液执行机构工作原理与主要结构

① 电液执行机构位移控制工作原理：

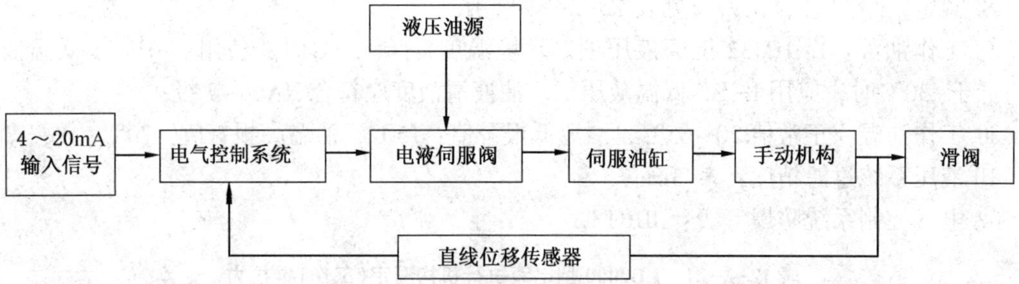

图12-2-39 电液执行机构系统控制方框图

如图12-2-37所示，该执行机构位移控制系统是由电气控制系统、液压油源、电液伺服阀、伺服油缸和直线位移传感器等组成的一个电液位置伺服控制系统。其中电气控制系统是将输入信号与反馈信号进行比较，比较后的偏差信号加以放大和运算，输出一个与偏差信号成一定函数关系的控制电流，输入电液伺服阀的力矩马达线圈中驱动伺服阀；电液伺服阀是电液转换、液压放大的流量控制元件；伺服油缸是执行元件；滑阀是控制对象；直线位移传感器是反馈测量元件；液压油源是系统的动力部分。

电液执行机构工作原理如下：

当电气控制系统的输入端接受4~20mA输入信号经规格化处理转换成0~10V电压信号，并同时接受直线位移传感器检测到的实际阀位信号经处理后也转换成0~10V电压信号，二者在位置放大器中进行比较，其差值经放大后作为电液伺服阀的指令信号，驱动伺服阀，控制伺服油缸按指定的方向运动，带动阀板直线运动，直到输入信号与反馈信号偏差为零，伺服阀控制电流接近于零，无液压油输出，使其停止在与输入信号相对应的位置上，达到位移与信号平衡。

② 主要结构：

如图 12-2-39 所示，LB2000 型电液执行机构由电液控制柜、伺服油缸(含内置式位移传感器)和手动机构组成。其中伺服油缸和手动机构与阀组装在一起，电液控制柜则安装在伺服油缸和手动机构附近的平台上，通过软管和信号电缆与伺服油缸和传感器连接。

电液控制柜主要由液压系统、电气控制系统和框架组成，其中：

A. 液压系统——由油箱、泵电机、集成油路、蓄能器等组件组成，它安装在一个角钢焊制的框架内。泵电机组件安装在框架底部，蓄能器安装在框架左侧，油箱安装在框架上部，以便使泵有一个较好的吸入条件。集成油路Ⅰ、Ⅱ组件装在框架中部便于操作。

B. 电气控制系统——由电气控制箱、防爆接线盒等组成。电气控制箱包括伺服控制器和防爆箱，伺服控制器安放在防爆箱内，为便于功能组合和易于维修，采用插板式结构，按功能分成位置放大器板、反馈放大器板、电源板、报警器板、接线端子板和面板显示器六大部分。

伺服油缸采用拉杆型端部法兰联接的伺服油缸。油缸的动、静密封圈选用 Parker 公司的标准产品，其中动密封采用低摩擦的组合密封圈，活塞杆采用长导向套支撑，提高活塞运动的平衡性。活塞杆支承导套外侧设有防漏密封的防尘圈。防爆磁致伸缩位置传感器安装在伺服油缸后部并插入油缸内活塞杆的深孔内，传感器的头部并设有钢制保护罩。

手动机构主要由支架、滑块、螺杆、开合螺母、蜗轮、蜗杆和手轮组成，该手动机构为偏心式单螺杆结构，手动与液动的相互切换通过开合螺母完成，需要手动时压下离合手柄，转动手轮即可实现。

(5) 塞阀、蝶阀电液执行机构与滑阀电液执行机构的结构差异

① 塞阀电液执行机构：要求具有自动吸收立管膨胀和跟踪收缩的功能。因此必须在集成油路Ⅱ上增加实现上述功能的液压回路和液压控制阀。另外按用户要求，可增设压力传感器和推力放大器板，进行推力测定和推力超限报警。塞阀电液执行机构垂直安装，伺服油缸在下部。

② 蝶阀电液执行机构，要求伺服油缸的直线位移通过传动机构转换成阀板的转角位移，并用角位移传感器组件将蝶阀转角直接反馈。因此蝶阀电液执行机构必须增设传动机构，并改用角位移传感器。传动机构有多种型式，一般可配用摆动油缸、偏置曲柄连杆和拨叉式传动机构，具体应视蝶阀的操作特性来合理配置。其中偏置曲柄连杆机构(见图 12-2-40)结构紧凑，输出力矩大，特别是其输出力矩曲线与烟机入口高温蝶阀的操作力矩相似，设计时通过调整曲柄连杆的偏心距、曲柄半径和连杆长度，可使机构的最大输出力矩点与蝶阀最大操作力矩点相匹配，使执行机构的输出力矩得到充分合理利用。

偏置曲柄连杆传动机构由箱体、偏置曲柄连杆机构和手动机构组成。箱体采用钢板组焊和螺栓联接结构，便于曲柄连杆机构的安装检修。偏置曲柄连杆机构包括曲柄轴、连杆、滑块等。

为便于加工，曲柄设计成偏心圆结构，与阀杆采用花键联接。连杆用销轴分别与曲柄、滑块连接，导向杆和油缸活塞杆与滑块用螺纹连成一体，滑块上还设有指针，分别指示油缸行程和相对应的阀板转角。其手动机构结构与滑阀电液执行机构一样。

烟机入口高温蝶阀的电液执行机构应增设快速动作液压回路和相应的集成油路块，并在伺服油缸上增设缓冲机构，以实现1s内快速关闭的安全自保要求。

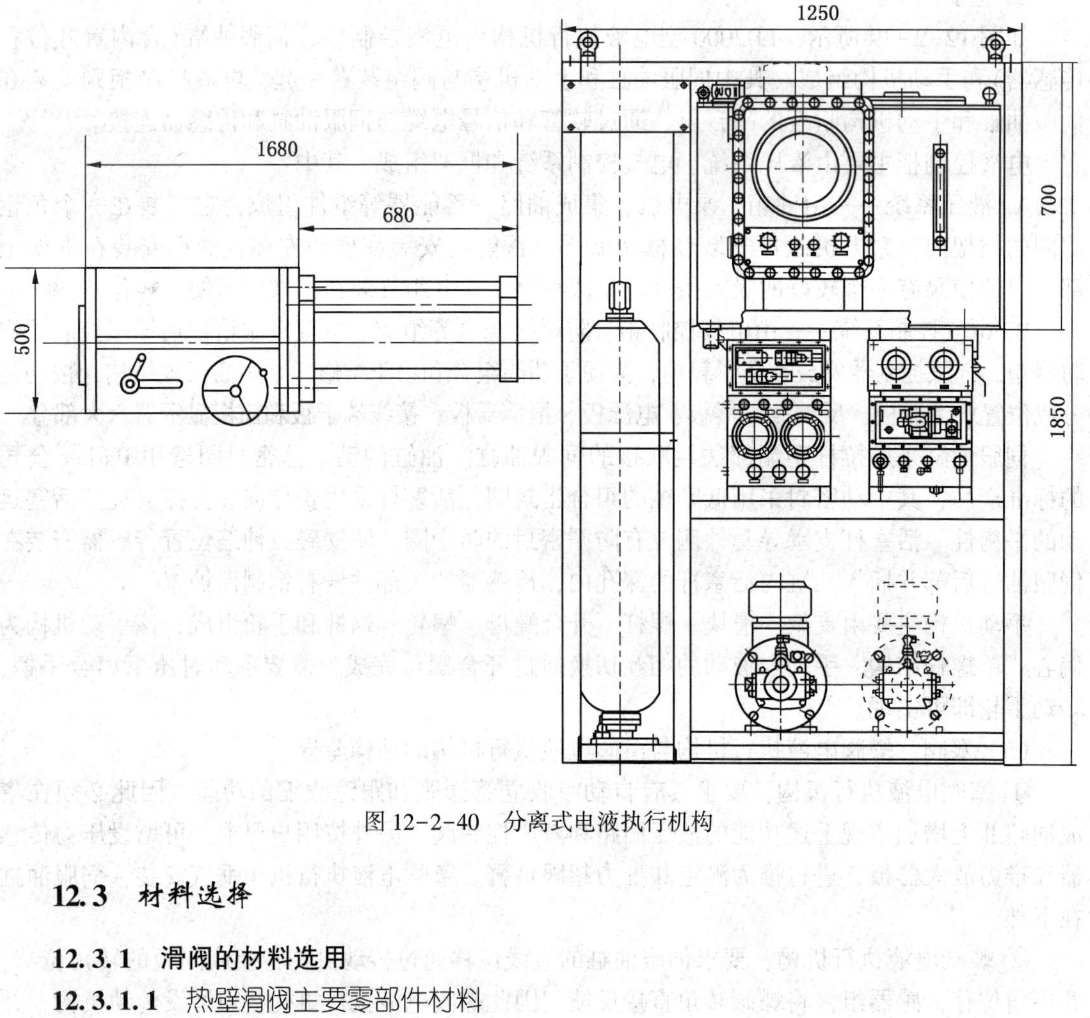

图 12-2-40 分离式电液执行机构

12.3 材料选择

12.3.1 滑阀的材料选用

12.3.1.1 热壁滑阀主要零部件材料

热壁滑阀主要零部件材料见表 12-3-1。

表 12-3-1 热壁滑阀主要零部件材料

零件名称	材料	
	设计温度≤600℃	设计温度≤750℃
阀体	15CrMo 或 ZGCr5Mo	0Cr18Ni9 或 ZG0Cr19Ni9
阀板	ZG15CrMo 或 ZG25Cr2MoVA	ZG0Cr18Ni9
导轨	Cr5Mo 或 25Cr2MoVA	0Cr18Ni9
阀杆	25Cr2MoVA	Cr18Ni12Mo2Ti
阀座圈	ZG15CrMo 或 ZG25Cr2MoVA	ZG0Cr18Ni9
阀盖	ZGCr5Mo 或 ZGCr3Mo	ZG0Cr18Ni9 或 0Cr18Ni9
节流锥	ZG15CrMo 或 ZGCr5Mo	ZG0Cr18Ni9

12.3.1.2 冷壁滑阀主要零部件材料

冷壁滑阀主要零部件材料见表 12-3-2。

表 12-3-2 冷壁滑阀主要零部件材料

零件名称	材料		抗磨措施
	设计温度 750℃	设计温度 900℃	
阀体	20g、16MnR	20g、16MnR	内衬双层衬里
节流锥	ZG0Cr18Ni9	Incoloy 800H	内衬双层衬里
阀座圈	ZG0Cr18Ni9	Incoloy 800H	单层刚玉衬里
阀板	ZG0Cr18Ni9	Incoloy 800H	单层刚玉衬里
导轨	ZG0Cr18Ni9	Incoloy 800H	喷焊硬质合金
导轨螺栓	GH33	GH49	
阀杆	4Cr14Ni14W2Mo	GH33	喷焊硬质合金
阀盖	20g、16MnR	20g、16MnR	内衬单层隔热耐磨衬里
阀盖螺栓	15CrMo	15CrMo	
填料	工作填料:柔性石墨 备用填料:油浸石棉盘根	工作填料:柔性石墨 备用填料:油浸石棉盘根	

12.3.2 塞阀的材料选用

塞阀主要零部件材料见表 12-3-3。

表 12-3-3 塞阀主要零部件材料

零件名称	材料
阀头、阀座	ZG0Cr18Ni9 并衬有刚玉耐磨衬里
上阀杆	0Cr18Ni9(空心)、25Cr2MoVA 喷焊钴基硬质合金
活动、固定保护套	0Cr18Ni9 活动保护套筒外衬刚玉耐磨衬里
阀体	20g 或 16MnR 阀套内衬隔热衬里
节流锥	ZG0Cr18Ni9 下部喷焊高温硬质合金
填料	柔性石墨

12.3.3 蝶阀的材料选用

蝶阀主要零部件材料见表 12-3-4。

表 12-3-4 蝶阀主要零部件材料

零件名称	材料
阀体	0Cr18Ni9
阀板	ZG0Cr18Ni9
阀杆	4Cr14Ni14W2Mo

12.4 设计计算

12.4.1 单动滑阀、塞阀的选型计算

12.4.1.1 阀口面积的计算公式

$$A=\frac{2.01\times G}{C_o\times O_p\times\sqrt{\Delta p\times\rho}}$$

式中 A——阀口面积，cm^2；

G——正常操作时介质的质量流量，t/h；

C_o——流量系数，

待生单动滑阀：$C_o=0.8\sim0.85$；

再生单动滑阀：$C_o=0.9\sim0.95$；

塞阀：$C_o=0.8$；

Δp——正常操作时阀的压降，MPa；

ρ——正常操作时介质的密度，kg/m^3；

O_p——阀开度(即阀实际操作时流通面积与全开面积之比)，要求所有工况下，阀的开度应为1/3~2/3；正常操作时，阀的开度一般为1/2。

12.4.1.2 单动滑阀开度面积与行程的关系

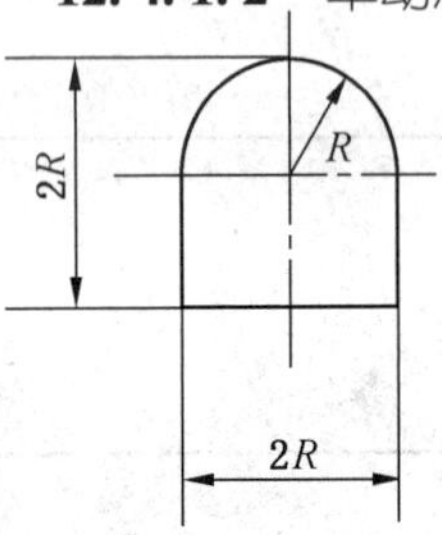

图 12-4-1 圆方形阀口开度面积

(1) 正方形阀口开度面积

$$F_k=a\times S\quad cm^2$$

式中 a——阀正方形开口边长，cm；

S——阀行程，cm。

(2) 圆方形阀口开度面积(如图12-4-1所示)

当 $S\leqslant R$ 时，$$F_k=\frac{\pi R^2\times\arccos\frac{R-S}{R}}{180}-\sqrt{S(2R-S)}\times(R-S)$$

当 $S>R$ 时，$$F_k=\frac{\pi R^2}{2}+2R(S-R)$$

12.4.1.3 塞阀开度面积与行程的关系

塞阀的开度面积(见图12-4-2)

$$F_k=\pi(D_c-S_k\cdot\sin\alpha\cdot\cos\alpha)\cdot S_k\cdot\sin\alpha$$

式中 D_c——阀座节流口直径，cm；

2α——阀头锥角；

S_k——阀实际行程，cm；

$$S_k=S_{总}-S_{膨}$$

$S_{总}$——阀杆移动的总行程，cm；

$S_{膨}$——立管的实际膨胀量，cm。

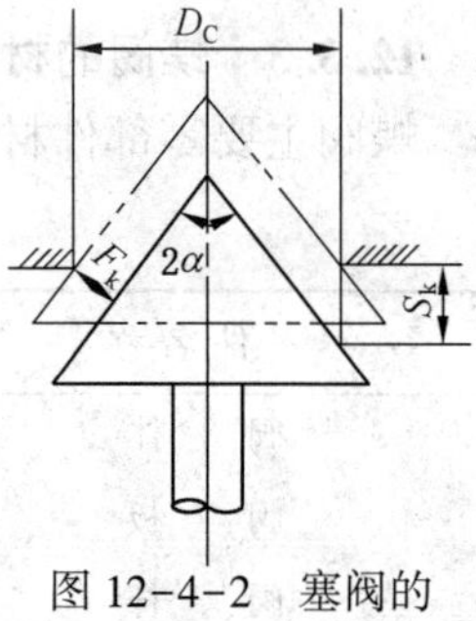

图 12-4-2 塞阀的开度面积

12.4.2 双动滑阀的选型计算

12.4.2.1 阀口面积的计算公式

$$A=\frac{1.06\times10^{-7}\times G}{C_0\times O_p\times\sqrt{p_1\times\rho\left[\left(\frac{p_2}{p_1}\right)^{\frac{2}{k}}-\left(\frac{p_2}{p_1}\right)^{\frac{k+1}{k}}\right]}}\quad m^2$$

式中 A——阀口面积，m^2；

p_1——阀前压力，MPa(A)；

p_2——阀后压力，MPa(A)；

G——烟气质量流量，kg/h；

O_p——阀开度(即阀实际操作时的开度面积与全开面积之比)，要求所有工况下，阀的开度应为1/3~2/3；正常操作时，阀的开度一般为1/2为佳；

k——烟气绝热指数；

C_0——流量系数，双动滑阀取0.9~1.0；

ρ——正常操作时烟气的密度，kg/m^3；

$$\rho=\frac{M}{22.4}\times\frac{273}{T_1}\times\frac{p_1}{0.1033}$$

M——烟气分子量；

T_1——阀前烟气温度，K。

对双动滑阀，临界压力 $p_c\approx0.5p_1$。

如 $p_2<p_c$，则 p_2 应以 p_c 代入上式计算。

12.4.2.2 双动滑阀开度面积与行程的关系

双动滑阀的开度面积： $F_k=b\times(S_1+S_2)$ cm^2

式中 b——长方形开口的宽度，cm；

S_1，S_2——阀两侧阀板的实际行程，cm。

12.4.3 蝶阀的选型计算

12.4.3.1 蝶阀所需 C_v 值的计算

$$C_v=\frac{Q_0}{4.435\times C_1\times p_1}\sqrt{\frac{\rho_0\times T_1}{273\times1.293}}\Big/\sin\left(\frac{3417}{C_1}\sqrt{\frac{\Delta p}{p_1}}\right)$$

式中 C_v——计算所需的流通能力系数；

C_1——与阀门结构和开度有关的阀门压力恢复系数(见表12-4-1)，计算时，根据所需要的开度选择 C_1 值；

ρ_0——气体标准状态下的密度，kg/m^3；

p_1——蝶阀进口压力，MPa(A)；

Δp——对应计算流量下的蝶阀进出口的实际压差，MPa；

Q_0——气体的计算流量，m^3/h；

T_1——气体的蝶阀进口处的绝对温度，K。

另外，式中 $\left(\frac{3417}{C_1}\sqrt{\frac{\Delta p}{p_1}}\right)<90°$ 时为非临界流动，此时，$\sin\left(\frac{3417}{C_1}\sqrt{\frac{\Delta p}{p_1}}\right)<1$；$\left(\frac{3417}{C_1}\sqrt{\frac{\Delta p}{p_1}}\right)>$

90°时为临界流动，此时 $\sin\left(\frac{3417}{C_1}\sqrt{\frac{\Delta p}{p_1}}\right)=1$。

表 12-4-1　普通蝶阀的 C_1 值表

开度 φ/度 \ 口径 D/mm	10	20	30	40	50	60	70	80	90
≤125	24.7	28.9	29.3	29.4	27.4	25.2	20.2	17.4	17.2
150~1800	25.0	25.1	26.1	26.4	26.8	24.5	20.8	14.9	14.3

12.4.3.2　蝶阀口径的确定

蝶阀的最大开度：调节型为70°，正常操作时开度为50°，切断型为90°；根据此开度和上述 C_v 计算值查图 12-4-3 或图 12-4-4，确定大于 C_v 计算值的蝶阀口径，并得出该开度下的额定 C_v 值(代号[C_v])。当蝶阀口径小于工艺配管直径时，其实际的流通能力系数 C_v 值等于[C_v]乘以修正系数 m。修正系数 m 可查表 12-4-2。

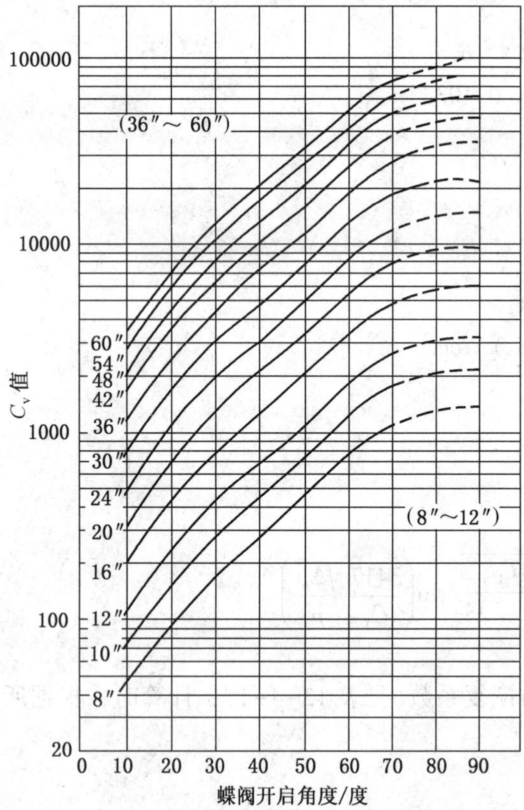

图 12-4-3　带台阶蝶阀的 C_v 值曲线

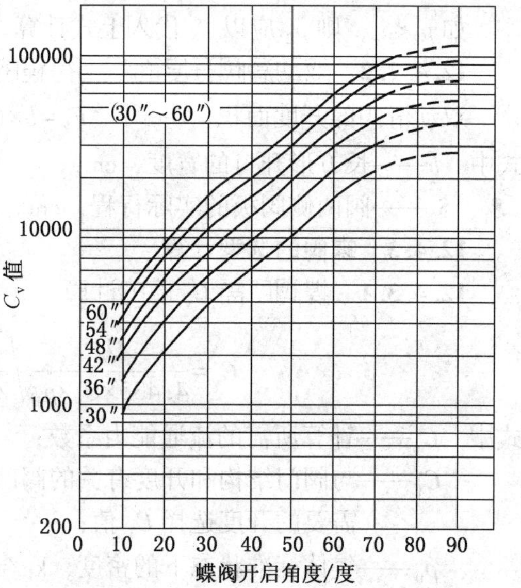

图 12-4-4　不带台阶蝶阀的 C_v 值曲线

表 12-4-2　*DN*≥600 蝶阀的 C_v 值修正系数 m

管道直径/蝶阀口径	1.5∶1		2∶1		3 或更大∶1	
阀板开度/度	60	90	60	90	60	90
C_v 值修正系数 m	0.92	0.80	0.90	0.65	0.90	0.65

12.5 故障处理

12.5.1 滑阀、塞阀及高温蝶阀的故障处理

12.5.1.1 常见的故障分析与处理见表12-5-1。

表 12-5-1　常见的故障分析与处理

序号	故障现象	分析原因	处理方法
1	阀杆或阀板卡阻	阀杆或导轨吹扫中断,造成卡阻	打开孔板阀全量吹扫 3min,然后恢复正常吹扫
2	阀杆头部或导轨局部损坏	吹扫过度造成	检查吹扫孔板是否安装或孔径是否过大。安装符合规定孔径的孔板
3	热壁滑阀方法兰阀盖泄漏	垫片损坏、失效或方法兰阀盖变形	更换新垫片并加贴柔性石墨带或改为唇形密封结构
4	阀杆填料函泄漏	填料未压紧装好或填料长期使用老化失效	注入加石墨粉的二硫化钼基脂,启用备用填料,更改外侧工作填料
5	衬里局部剥落　阀体发热	由于局部衬里质量问题	彻底清除局部松动的衬里,严格按规范要求,进行局部修补

12.5.1.2 保证阀杆、导轨(或导向套)的正常吹扫的规定要求

(1) 吹扫介质的选择

① 塞阀可用空气或蒸汽吹扫，应优先选择用空气吹扫。

② 再生单动滑阀、双动滑阀、高温蝶阀必须用蒸汽吹扫。

(2) 推荐的吹扫孔板直径见表 12-5-2。

表 12-5-2　吹扫孔板直径

吹扫部位 阀门名称	导轨(塞阀为阀盖)	填　料
单动滑阀	ϕ2.5(2个)	ϕ2.5(2个)任接一个
双动滑阀	ϕ2.5(4个)	ϕ2.5(4个)每端任接一个
塞　阀	ϕ2.5(2个)任接一个	ϕ2.5(2个)任接一个
电动高温闸阀	4合1总管 ϕ5.5 2合1总管 ϕ6(密封)	ϕ3.5(1个)
蝶　阀		ϕ2.2(2个)

(3) 吹扫介质参数

压缩空气：p=0.4~0.6 MPa(A)

过热蒸汽：p=1.0 MPa(A)，T=250℃

12.5.2 电液执行机构的故障处理

12.5.2.1 常见的故障分析与处理见表12-5-3。

表 12-5-3 常见的故障分析与处理

序号	故障现象	分析原因	处理方法
1	系统压力升不上去(系统压力低报警)	① 系统供油不足: a. 吸油滤油器或吸油管被阻塞; b. 液压油变质,黏度过大或长期放置,冬季开工油温太低; c. 液面太低; d. 油泵旋转方向不对,电机线接反。 ② 系统内泄严重造成泄压 a. 溢流阀有故障,如内部弹簧损坏泄压; b. 泵内漏严重,间隙过大; c. 液压阀内漏。 ③ 截止阀 MV7,MV8 未关闭或阀损坏	清洗 换油,补油 启动泵,系统循环升热 补油 重新接线 更换溢流阀 查明原因,予以更换 更换或修理元件 关闭 MV7,MV8 或更换
2	系统接受信号后执行机构不动	① 系统无报警,可能伺服阀未投入工作; ② SOL1 未复位或 MV9 处于锁位位置,系统锁位; ③ 三项丢失报警锁位; ④ 系统油压过低; ⑤ MV7、MV8 处于打开	检查伺服阀上是否有讯号 复位,解锁 解锁 查明原因升压 使 MV7、MV8 处于关闭位置
3	执行机构向某一方向移动直至锁位	① SV 失控 ② 伺服阀上无信号输入,未投入工作,且阀有零偏。 ③ 作用方式有误	更换伺服阀 查明原因恢复信号 重新调整
4	锁位不可靠	① SOL1 动作不可靠。 ② 三项丢失回路故障,无触点讯号输出,SOL1 未得电。 ③ 手动换向阀 MV6 未处于中封位	更换或修复 检查伺服放大器 使 MV6 处于中封位
5	执行机构颤动、声音异常	① 伺服阀故障; ② 系统中窜入空气未排出; ③ 油缸壁磨损或活塞密封环损坏; ④ 放大器增益过高	更换伺服阀 排气 检修油缸 降低系统增益
6	液压系统温升过快	① 液压件内漏严重; ② 油泵排量未经调整,无用耗油过大; ③ 冷却系统未投用,冷却水压过低或中断,冷却器堵塞,冷却水循环不畅通	更换、修复 重新调整 查明原因,具体处理

12.5.2.2 检修周期与检修内容

(1) 检修周期

随装置检修周期而定,与装置检修同步进行。

(2) 检修内容

① 检查电机绝缘和轴承磨损情况,以便确定油泵和电机是否需要更换。

② 检查伺服油缸内漏,判断磨损情况以确定密封件是否继续使用一个周期。检查方法

如下：

采用手动机械操作，把油缸活塞固定在中间位置，将油缸某一侧的控制油口打开，操作MV6，使油缸的另一侧进油，两腔压差保持约4.8MPa，观察控制油口打开一侧的泄漏情况并计量其泄漏量，要求其泄漏量不大于150mL/min；用同样的方法检查另一侧的泄漏情况。

③ 清洗校验伺服阀，返回制造厂清洗检验，用户不得自行处理。

④ 检查蓄能器充压情况。

⑤ 彻底换油，清洗油箱和管路。

⑥ 检查传感器的输出电压是否在正常范围内。

⑦ 全面检查执行机构的各种功能和各种操作方式是否准确可靠。

⑧ 校验压力表和温度表。

第十三章　催化裂化动力回收系统

13.1　FCC 动力回收系统工艺流程

13.1.1　典型的 FCC 动力回收系统工艺流程(见图 13-1-1)

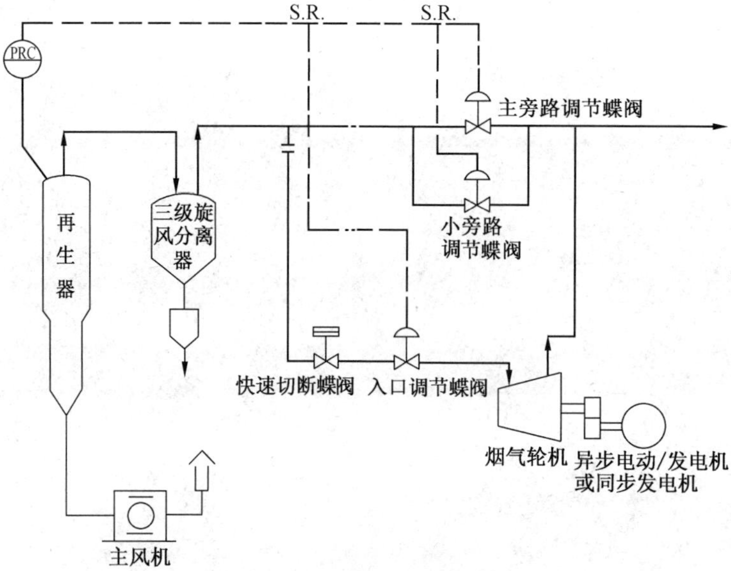

图 13-1-1　FCC 动力回收系统工艺流程

13.1.2　FCC 动力回收机组的配置

13.1.2.1　同轴机组

FCC 动力回收机组多采用同轴方式，其优点是烟气轮机发出的功率直接驱动主风机，其能量利用效率高。另一优点是当机组超速时，主风机起制动作用。

同轴机组有以下几种类型：

① 三机组(汽轮机辅助驱动)，如图 13-1-2(a)所示。

② 三机组(电动机辅助驱动)，如图 13-1-2(b)所示。

③ 四机组，如图 13-1-3 所示。

13.1.2.2　分轴机组

分轴机组(图 13-1-4)的优点是烟机驱动发电机发电，与再生器的供风系统分开，对装置的操作影响小。缺点是对超速保护系统要求严格，需要烟机入口及旁路系统设置快速切断蝶阀(要求关闭时间小于 0.6s)。

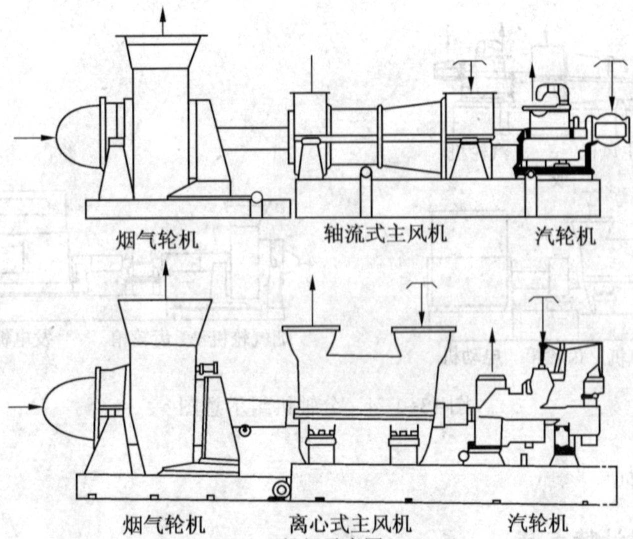

(a) 三机组示意图(一)

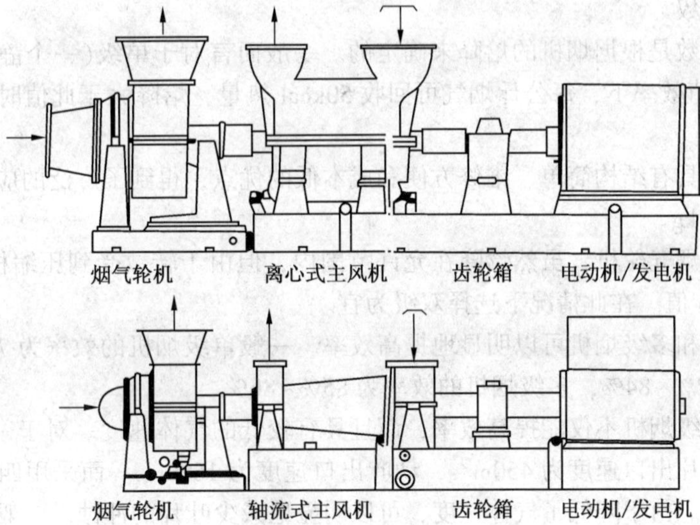

(b) 三机组示意图(二)

图 13-1-2　三机组示意图

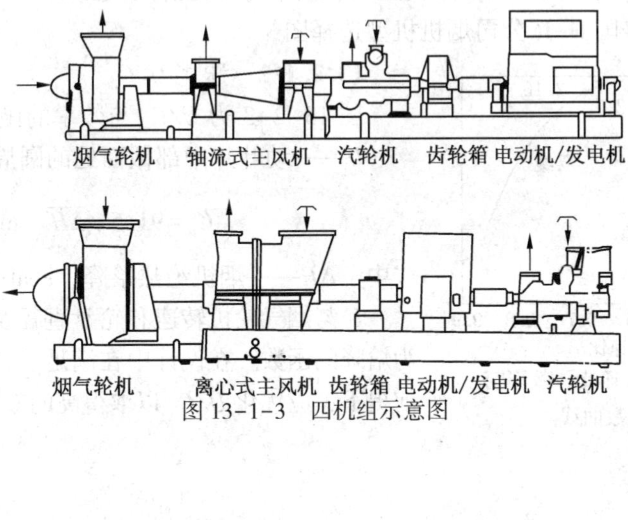

图 13-1-3　四机组示意图

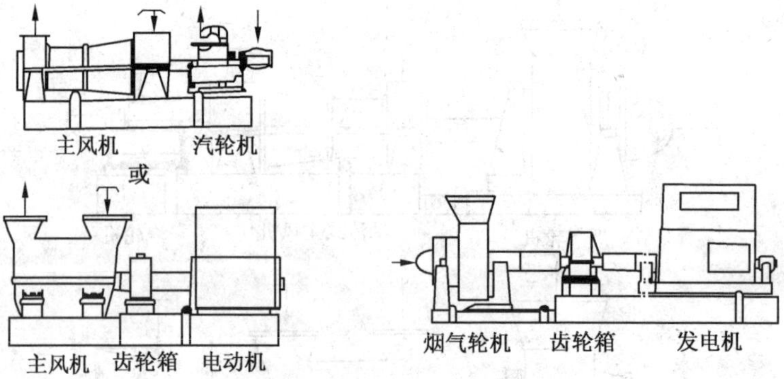

图 13-1-4　分轴机组示意图

13.2　烟气轮机

13.2.1　气动设计特点

13.2.1.1　级数

烟气轮机的级数是根据烟机的焓降来确定的。一般而言对于单级(一个静叶列和一个动叶列)烟机，在峰值效率下，每公斤烟气可回收 50kcal 热量，焓降大于此值时，则选用 2 级和多级烟机。

由于单级烟机具有结构简单、维修方便和成本低的优点，得到了广泛的应用，最大焓降已用到 60~70kcal/kg。

对于小流量的烟气轮机，虽然焓降在允许范围内，但由于转数受到压缩机转数的限制，U/C_o 不易达到最佳值。在此情况下选择双级为宜。

采用双级烟机和多级烟机可以明显地提高效率。一般单级烟机的效率为 76%~80%，双级烟机的效率为 82%~84%，多级烟机的效率为 85%~86%。

双级烟机和多级烟机不仅能提高效率，而且具有较低的气体速度。对于一台压比为 2.5 的单级烟机，静叶片出口速度为 450m/s，动叶出口速度为 160m/s。而采用四级透平，则这些速度要降低一半。由于降低了气体速度，可以明显地减少叶片的冲蚀。一般，叶片的冲蚀率与气体速度的平方成正比；倘若气体速度减少一半，则冲蚀率应为单级的 1/4。

图 13-2-1 为单级烟机和双级烟机速比、效率与压比的函数曲线。

图 13-2-2 为美国 D-R 公司烟机机型选择图。

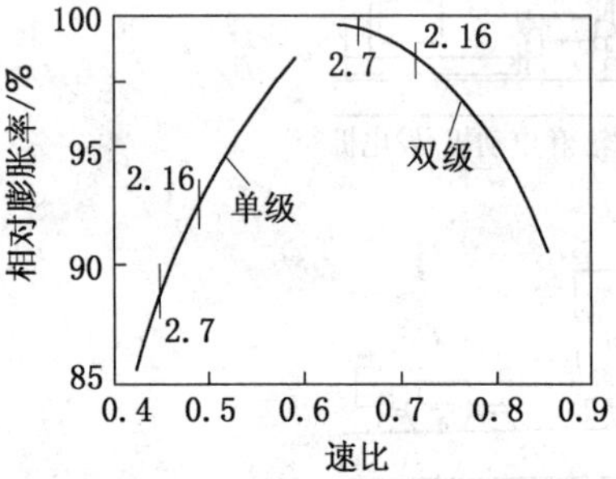

图 13-2-1　烟机速比、效率与压比的函数曲线

13.2.1.2　速比 U/C_o

图 13-2-3 为 U/C_o 与效率的函数曲线。

U——动叶片中部截面处的圆周速度，m/s；

$$C_o = 91.5\sqrt{\Delta H} \quad \text{m/s}$$

式中　ΔH——烟机绝热焓降，kcal/kg。

U 与烟气轮机转速和轮盘直径及叶片高度有关，C_o 为焓降的函数。在设计中在满足了强度和动力学要求的前提下，应优化 U/C_o 以取得高的效率。

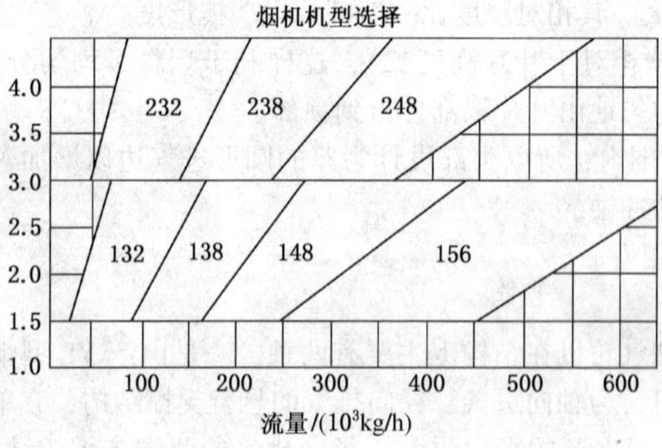

图 13-2-2 美国 D-R 公司 FCC 烟机机型选择

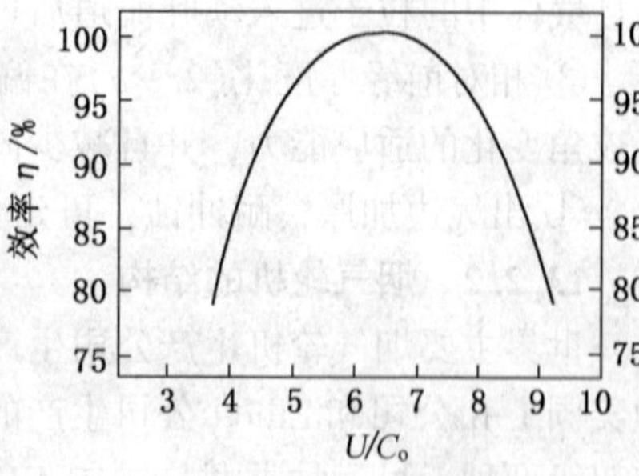

图 13-2-3

13.2.1.3 反力度

烟气轮机为反动式透平，与冲动式透平相比，具有较高的效率和较低的气体速度。一般取叶高中部反力度为 0.4～0.5。静叶和动叶中的焓降基本相等。以控制气体在静叶和动叶流道中的速度，减少烟气中催化剂固体颗粒对叶片的冲蚀和磨损。图 13-2-4 为典型的双级烟气轮机的速度分配。

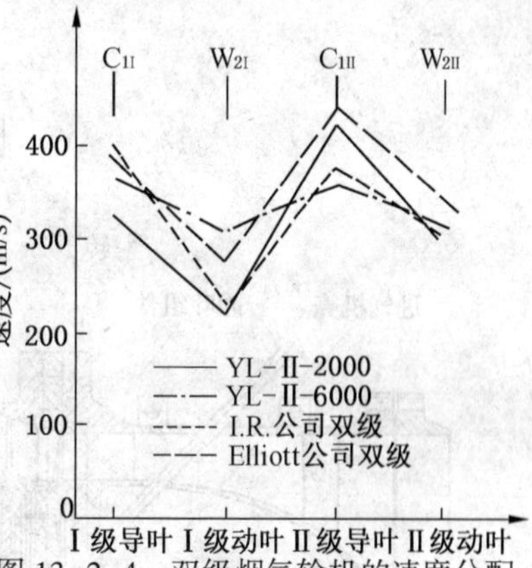

图 13-2-4 双级烟气轮机的速度分配

13.2.1.4 叶型

动叶片为按自由旋涡流动设计的扭曲叶片；静叶片一般为直叶片。有些机型也设计成扭曲叶片。

现将美国 I-R 公司的 E-138 烟机动叶片与一般的燃气轮机动叶片的叶型特点作一比较（见表 13-2-1）。

表 13-2-1 E-138 烟气轮机与一般燃气轮机动叶片叶型比较

序号	类别 / 截面 / 项目	E-138			一般		
		根	中	顶	根	中	顶
1	相对厚度 C/b	0.356	0.272	0.205	0.18～0.25	0.11～0.12	0.04～0.07
2	展弦比 L/b	1.819	1.819	1.722		>2	
3	楔形度 $C_{顶}/C_{根}$		0.625			0.2～0.4	
4	前缘相对厚度 $2r/b$	0.0702	0.0703	0.0639		0.04～0.08	
5	尾缘相对厚度 $2r_2/b$	0.035	0.03	0.033		0.02～0.04	
6	尾缘厚度与喉道宽之比 $2r_2/O_2$	0.132	0.101	0.118		<0.08～0.10	

由表 13-2-1 可以看出：

① 动叶叶型设计得比一般叶片粗、大。其相对厚度比一般叶片大、楔形度高。

② 采用低的展弦比(即动叶叶片弦长相对于叶片高度长)，这样利于烟粒子均匀分布，并且气体中的粒子进入动叶流道后可以均匀地由叶片根部冲击到顶部。

③ 相对前缘厚度比($2r_1/b$)在偏大范围内，所以头部设计为厚的圆形进气边以增加对气流攻角变化的适应能力，并且减少固有的冲蚀。

④ 出气边加厚，耐冲蚀，可延长使用寿命。

13.2.2　烟气轮机的结构

世界主要烟气轮机生产公司生产的烟气轮机在结构上主要有两种。一是国产 YL 型烟机和美国 I-R 公司和 Elliott 公司生产的烟机，为轴向进气、径向排气的悬臂支撑结构，有单级和双级两种；另一种类型是德国 GHH 公司生产的径向进气、径向排气的两端支承的结构，有三级和四级两种。

图 13-2-5～图 13-2-9 为国产 YL 型烟机和美国 I-R 公司、Elliott 公司、西德 GHH 公司生产的烟机结构示意图。

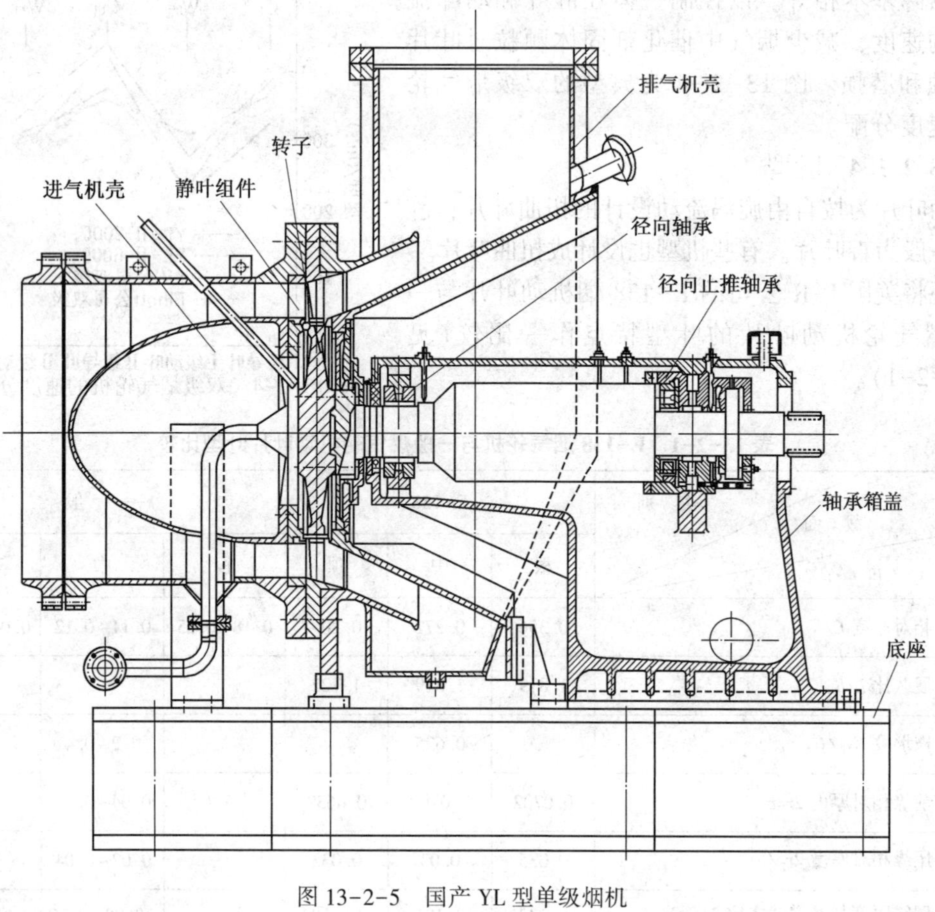

图 13-2-5　国产 YL 型单级烟机

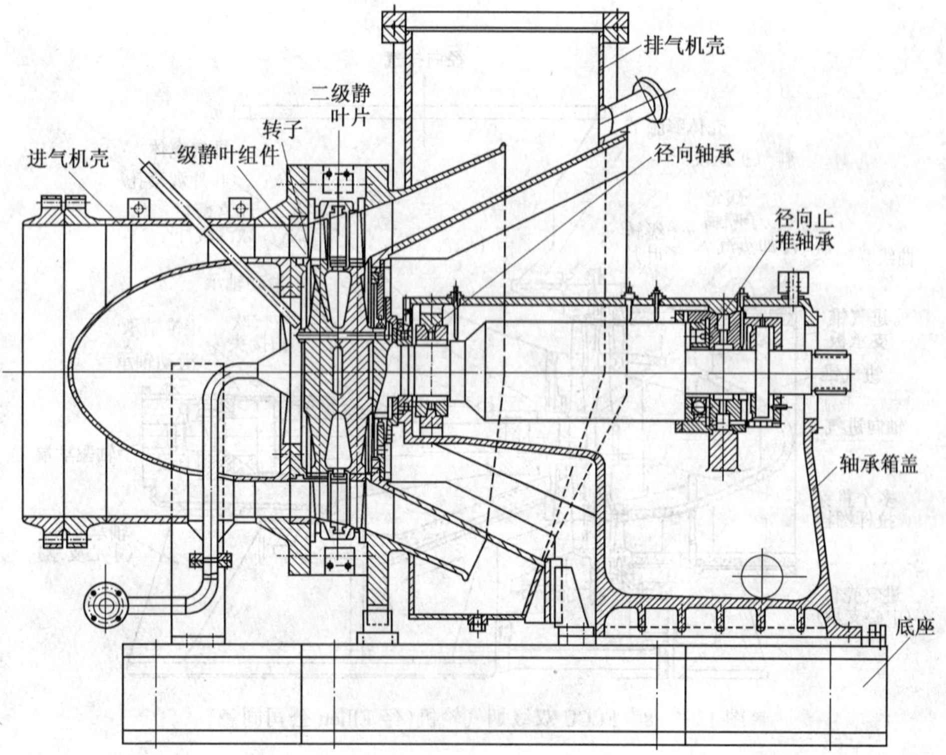

图 13-2-6　国产 YL 型双级烟机

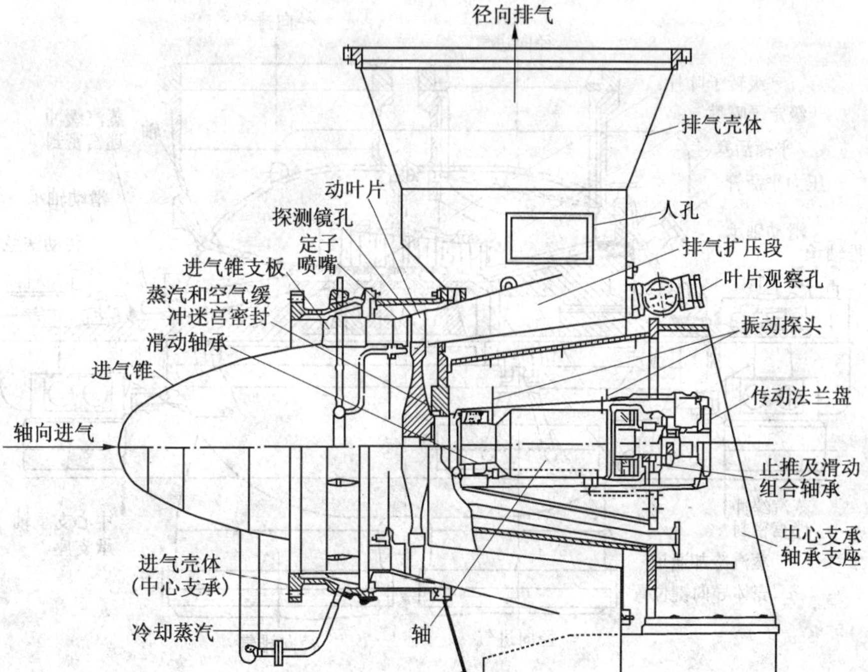

图 13-2-7　FCCU 单级烟气轮机(经 lngersoll-Rand 公司同意)

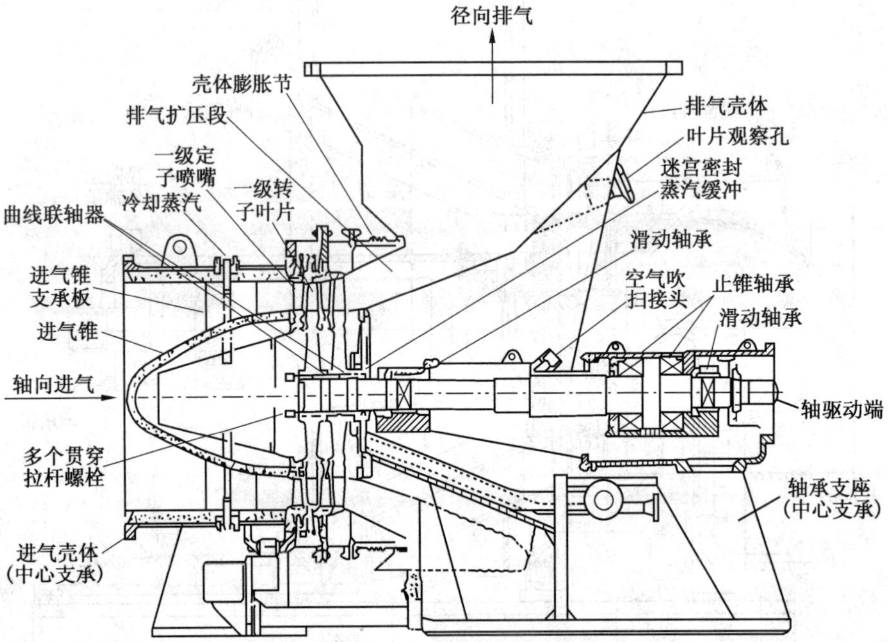

图 13-2-8　FCCU 双级烟气轮机(经 Elliott 公司同意)

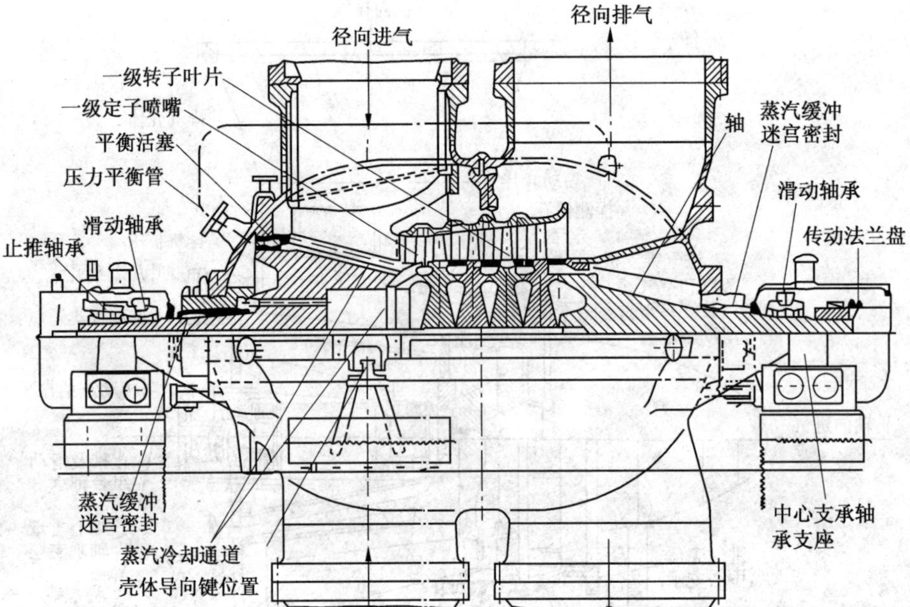

图 13-2-9　FCCU 多级烟气轮机(经 MAN-GHH Sterkrade 公司同意)

表 13-2-2 叙述了这几种烟机的结构特点。

表 13-2-2

项目＼类型		中国 YL 型	美国 I-R	美国 Elliott	西德 GHH
级数		1~2	1~2	1~2	3~4
进、排气方向		轴向进气、上排气	轴向进气、上排气	轴向进气、上排气	上进上出或下进下出
转子支撑		悬臂支撑	悬臂支撑	悬臂支撑	两端支承
静叶片		直叶片	直叶片	扭曲叶片	直叶片
动叶	叶型	扭曲	扭曲	扭曲	扭曲
	叶根	三齿纵树型	三齿纵树型	四齿纵树型	四齿纵树型
壳体结构		焊接件，无中心剖分面，转子自进气端抽出	焊接件，无中心剖分面，转子自联轴节方向拉出	焊接件，无中心剖分面，转子自进气端抽出	铸件，中心剖分结构，上壳体打开后，转子可直接吊出
轮盘与轴的连接		拉杆连接、套筒传扭、止口定位	定位销定位，预应力螺栓固紧，切向销与摩擦传扭	拉杆螺栓连接并固紧，端面齿传扭	有分体结构和整体结构两种，我国引进的为整锻转子
叶片耐磨涂层		等离子喷涂，涂层材料为 C—1、C—2；厚度 0.1~0.2mm	爆炸喷涂，涂层材料为 LW-5；厚度 0.1~0.2mm	爆炸喷涂，涂层材料为 Cr_3C_2；厚度 0.1~0.12mm	无
轴承	径向	四油叶/四油楔	五活动瓦	五活动瓦	五活动瓦
	止推	米契尔和金氏伯里	金氏伯里	金氏伯里	金氏伯里
轮盘冷却系统		采用蒸汽、沿盘回径向冷却	蒸汽冷却	超温时通蒸汽冷却，正常操作时不冷却	采用蒸汽冷却叶根部分及平衡鼓部分
轴封系统		蒸汽、空气两段密宫密封并设抽气系统	蒸汽、空气两段密宫密封，设抽气系统和差压控制	蒸汽、空气两段迷宫密封，设抽气系统和差压控制	采用蒸汽密宫密封、设抽气系统和差压控制

13.2.3　主要零部件材料

13.2.3.1　世界主要烟气轮机生产厂所用材料

世界主要烟气轮机生产厂所用材料见表 13-2-3。

13.2.3.2　烟气轮机常用材料化学成分

烟气轮机常用材料化学成分见表 13-2-4。

13.2.3.3　烟气轮机常用材料常温和高温机械性能

烟气轮机常用材料常用和高温机械性能见表 13-2-5。

13.2.3.4　烟气轮机常用材料物理性能

烟气轮机常用材料物理性能见表 13-2-6。

表 13-2-3 世界主要烟机生产厂所产烟机的材料选用

零部件名称	烟气轮机入口温度/℃	中国 YL 型烟气轮机	美国 D—R 公司烟气轮机	美国 Elliott 公司烟气轮机	西德 GHH 公司烟气轮机	备注
静叶片		K13	HS-31	Inconel713, A286, waspaloy	(AISI-347) X8CrNiMoNb1616	
动叶片	<650 650~700 700~760	K13 GH864(waspaloy)	A286 Incoel× waspaloy	A286 Incoloy901 waspaloy	NiCr20Co18Ti (Nimonic90)	
轮　盘	<650 650~700 700~760	GH132(A286) GH864(waspaloy)	A286 Incoloy901 waspaloy	A286 Incoloy901 waspaloy	A286	
拉杆螺栓		GH169 (Inconel-718)	AISI-422 Inconel-718	Incoloy901 A286	剖分法兰螺栓 Nimonic80A	
主　轴		GH132(A286) AISI4340	AISI4340	AISI4340	A286	
壳　体	540~650 650~700 700~760	1Cr18Ni9Ti	2.25Cr—0.5Mo 2.25Cr—0.5Mo AISI-321/347	AISI304	X8CrNiMoNb1616	

表 13-2-4 烟机材料的化学成分

合金牌号	化学成分/%(质)															
	Ni	Cr	Co	Mo	W	Ta	Nb	Al	Ti	Fe	Mn	Si	C	B	Zr	其他
K13	36.0	15.0	—	—	5.5	—	—	1.75	3.5	余	—	—	<0.1	0.075	—	
GH130	37.5	14.0	—	—	6.0	—	—	1.8	2.8	余	<0.5	<0.6	<0.08	<0.02	—	
GH132(A286)	26.0	15.0	—	1.3	—	—	—	0.2	2.0	54	1.35	0.50	0.05	0.015	—	
HS-31																
Incoloy901	42.5	12.5	—	5.7	—	—	—	0.2	2.8	36	0.1	0.1	0.05	0.015	—	
InconelX	73	15.5	—	—	—	—	1.0	0.7	2.5	7.0	0.5	0.2	0.04	—	—	
Inconel713C	74	12.5	—	4.2	—	—	2.0	6.1	0.8	—	—	—	0.12	0.012	0.10	
Inconel718 (GH169)	52.5	19.0	—	3.0	—	—	5.1	0.5	0.9	18.5	0.2	0.2	0.04	—	—	
Waspaloy (GH864)	58	19.5	13.5	4.3	—	—	—	1.3	3.0	—	—	—	0.08	0.006	0.06	
Nimonic 80A	76	19.5	—	—	—	—	—	1.4	2.4	—	0.30	0.30	0.06	0.003	0.06	
Nimonic 90	59	19.5	16.5	—	—	—	—	1.45	2.45	—	0.30	0.30	0.07	0.003	0.06	
AISI4340	1.8	0.8	—	0.25	—	—	—	—	—	基	0.75	0.25	0.4	—	—	Cu2.35
AISI304																
AISI347																

表 13－2－5 烟机材料的常温和高温机械性能

合金牌号	拉伸强度 σ_b/MPa					屈服强度 $\sigma_{0.2}$/MPa					延伸率 δ/%					断面收缩率/%				冲击韧性 a_h				合金状态
	21℃	538℃	649℃	760℃	871℃	21℃	538℃	649℃	760℃	871℃	21℃	538℃	649℃	760℃	871℃	20℃	500℃	600℃	650℃	20℃	500℃	600℃	650℃	
K13	990	794 (500℃)	794 (650℃)	726 (750℃)	586 (850℃)	745	578 (600℃)	647 (600℃)	637 (750℃)	—	4	18.8 (500℃)	19.2 (650℃)	8.6 (750℃)	9.8 (850℃)	4.8	26.1	24.5	26.3	4.0	3.7	4.0	3.6	铸态 + 1100℃, 9h,空冷
GH130	1216	1088 (600℃)	1039 (650℃)	873 (750℃)	603 (850℃)	755	—	799 (650℃)	730 (750℃)	446 (850℃)	17～20	18～21 (600℃)	17～22	7～12 (750℃)	12～14 (850℃)	19～21.5	—	24～28	23～28	5.3～5.8	—	5.3～6.0	5.0～6.0	1180℃, 1.5h, 空冷;1050℃,4h 空冷;800℃,16h,空冷
A286 (GH132)	1005	905	720	440	—	725	605	605	430	—	25	19	13	19	—	—	—	—	—	—	—	—	—	980℃,1h, 油淬 +720℃,16h,空冷
HS－31																								
Lncoloy 901	1205	1030	960	725	—	895	780	760	635	—	14	14	13	19	—	—	—	—	—	—	—	—	—	1095℃,2h,水冷 +790℃,24h,空冷 + 720℃, 24h 空冷
LnconelX	1200	1050	940	—	—	815	725	710	—	—	27	26	10	—	—	—	—	—	—	—	—	—	—	1150℃,2h,空冷 +840℃,24h,空冷 + 705℃, 2h 空冷
Inconel 713C	850	860	870	940	725	740	705	715	745	495	8	10	7	6	14	—	—	—	—	—	—	—	—	铸 态
Inonel 718 (GH169)	1365	1195	1105	855	—	1125	1020	965	800	—	21	20	20	30	—	—	—	—	—	—	—	—	—	980℃,1h, 空冷 + 720℃, 8h 炉冷 + 620℃, 8h, 空冷
Waspaloy (GH864)	1275	1170	1115	795	525	795	725	690	675	520	25	23	34	28	35	—	—	—	—	—	—	—	—	1080℃,4h,空冷 +840℃,24h,空冷 +760℃,16h,空冷
Nimonic80A	1000	875	795	600	310	620	530	550	505	260	39	37	21	17	30	—	—	—	—	—	—	—	—	1080℃,8h,空冷 +705℃,16h,空冷
Nimonic90	1235	1075	940	655	330	810	725	685	540	260	33	28	14	12	23	—	—	—	—	—	—	—	—	1080℃,8h,空冷 +705℃,16h,空冷
AISI4340	1795	—	—	—	—	1495	—	—	—	—	10	—	—	—	—	30	—	—	—	—	—	—	—	

表 13-2-6 烟机材料的物理性能

合金牌号	密度/(g/cm³)	弹性模量/10^6kPa								热膨胀系数(20 至 t℃)/(10^{-6}1/℃)						
		21℃	93℃	204℃	316℃	427℃	538℃	649℃	760℃	93℃	204℃	316℃	427℃	538℃	649℃	760℃
K13	8.14	178	—	—	—	—	147	139	131	12.36	13.98	15.22	15.32	15.97	16.35	17.16
		(20℃)					(500℃)	(650℃)	(750℃)	(100℃)	(200℃)	(300℃)	(400℃)	(500℃)	(600℃)	(700℃)
GH130	8.20	196	—	—	—	—		157	151	13.25	14.04	14.1	14.15	14.94	15.52	16.07
		(20℃)						(600℃)	(700℃)	(100℃)	(200℃)	(300℃)	(400℃)	(500℃)	(600℃)	(700℃)
A286(GH132)	7.91	201	195	187	179	171	162	153	142	16.5	16.8	17.0	17.4	17.5	17.8	18.6
Incoloy 901	8.21	206	204	197	183	179	167	153	—	14.0	14.1	14.4	14.9	15.3	15.8	16.5
InconelX	8.25	214	207	202	195	189	184	176	166	12.6	12.9	13.4	14.0	14.6	15.1	15.9
Inconel 713C	7.91	206	203	199	193	188	179	172	167	10.6	11.9	12.6	13.1	13.5	14.0	14.8
Inconel 718(GH169)	8.22	200	196	190	184	178	171	163	154	12.2	13.3	13.8	14.0	14.4	14.9	—
Waspaloy(GH864)	8.19	213	210	204	197	191	184	177	168	12.2	12.8	13.3	13.7	14.0	14.4	15.3
Nimonic 80A	8.16	219	215	208	202	195	188	179	170	12.6	13.0	13.3	13.7	13.9	14.2	14.8
Ninonic90	8.19	226	219	213	206	199	190	181	170	11.5	12.6	13.0	13.5	13.9	14.6	15.3

13.2.4 强度准则

13.2.4.1 动叶片纵树型叶根和轮盘榫槽的稳态应力

动叶片纵树型叶根和轮盘榫槽的稳态应力应处于图 13-2-10 中的安全区内。

图中①为叶片根部截面，②③④为叶片纵树型叶根的三个危险截面。⑤⑥⑦为轮盘榫槽的三个危险截面。$[\sigma_{0.2}]$为材料屈服强度的许用应力$[\sigma_{10^5}]$为材料的十万小时持久强度的许用应力。

典型机型动叶片和轮盘的稳态应力见表 13-2-7。

图 13-2-11 和图 13-2-12 给出了 waspaloy 和 A286 材料不同温度下的屈服强度和持久强度的设计数据。

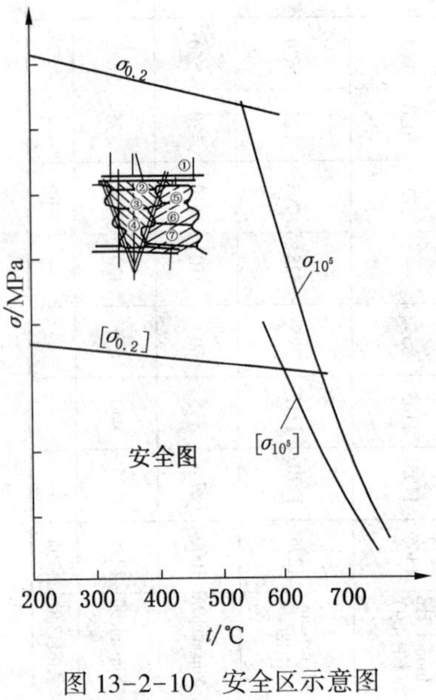

图 13-2-10 安全区示意图

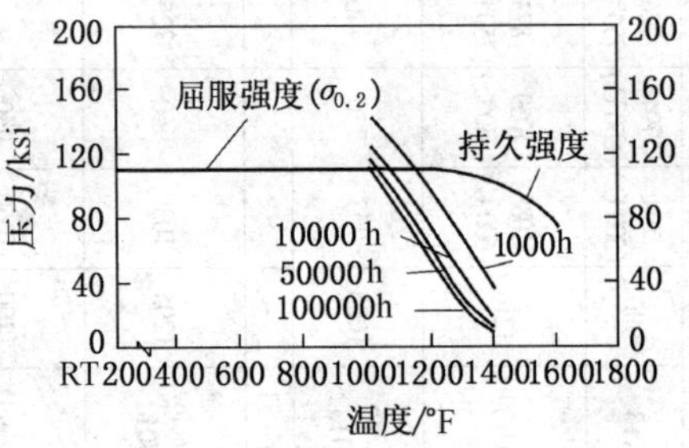

图 13-2-11 waspaloy 设计数据

表 13-2-7 典型机型动叶片和轮盘的稳态应力

项目		机型	中国 YLⅡ-10000A		美国 Elliott T85-2		美国 D-R E-232	
			一级	二级	一级	二级	一级	二级
设计参数	入口温度/℃		700		685		675(最大 730)	
	入口压力/MPa(A)		0.32		0.32		0.325	
	入口流量/(Nm^3/min)		2000		1632		1876	
	轮盘直径/mm		ϕ820		ϕ840		ϕ813	
	转数/(r/min)		5700		6190		6329	
	轮缘周速/(m/s)		244.7		272.2		269.4	
动叶片	材料		waspaloy		waspaloy		waspaloy	
	最大稳态应力/MPa	叶身	168.9	177.1	197.2	209.3	222.0	263.5
		叶根	128.0	142.9	139.6	146.5	320.1	365.1
	许用稳态应力/MPa	叶身	3200	3450	3938	4102	4344	7044
		叶根	3500	3500	3961	4102	6538	7747
轮盘	材料		waspaloy		waspaloy		waspaloy	
	最大稳态应力/MPa		191.0	211.2	246.5	254.2	373.6	419.8
	许用稳态应力/MPa		350.0	350.0	400.8	410.2	898.4	914.6

13.2.4.2 动叶片的疲劳强度

通常采用 GOODMAN 图进行叶片的疲劳强度校核(图 13-2-13)。

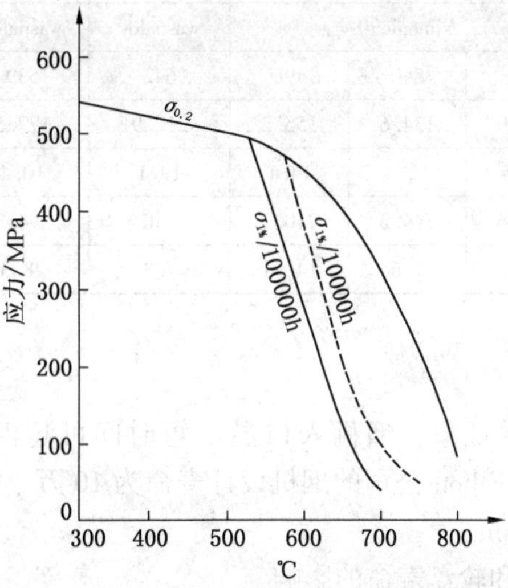

图 13-2-12 GH132(A286)设计数据

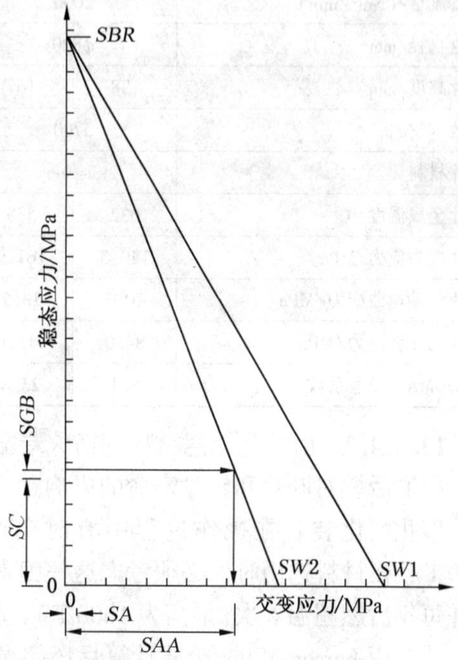

图 13-2-13 GOODMAN 图

图 13-2-13 中符号说明如下:

SBR——10 万小时蠕变断裂强度;

*SW*1——10 万小时持久极限, *SW*1=0.5×*SBR*;

$SW2$——疲劳根限 $SW2=SW1/1.5$；

SC——离心应力；

SGB——气体弯曲应力；

SAA——允许的交变应力；

SA——谐振时的应力幅；

一般考虑最坏的情况下，$SA=SGB$。

GOODMAN 安全系数：

$SF=SAA/SA$

要求的最小安全系数为：

$SF=2.0$

典型机型的 GOODMAN 安全系数见表 13-2-8。

表 13-2-8 典型机型的 GOODMAN 安全系数

项目 \ 机型	中国 YLⅡ-10000A		德国 GHH 公司三级烟机			美国 D-R 公司 E-132	美国 Elliott T85
	1 级	2 级	1 级	2 级	3 级	单级	2 级
入口温度/℃	700		650			732	704
入口压力/MPa	0.32		0.25			0.245	0.3
入口流量/(Nm^3/min)	2000		1750			1912	1770
轮盘直径/mm	ϕ820		ϕ629.5			ϕ812	ϕ840
叶片高度/mm	138	167	—	—	—	159	—
转数/(r/min)	5700		5562			6500	6190
叶片材料	waspaloy		Nimonic90			waspaloy	waspaloy
叶片金属温度/℃	632	535	590	540	498	642	539
叶片离力应力/MPa	140.5	161.9	113.0	134.6	155.2	212.9	177.5
叶片气动弯曲应力/MPa	10.3	13.2	11.6	12.4	14.1	19.1	10.4
允许的交变应力/MPa	84.0	315.0	121.6	144.3	210.2	140	294.3
GOODMAN 安全系数	8.1	23.8	10.5	11.64	14.91	7.3	28.3

13.2.4.3 叶片和轮盘材料的持久寿命

(1) 后燃对叶片和轮盘寿命的影响

催化裂化装置在操作过程中有时会产生后燃现象，烟机入口温度短时间可超温到1600℉，在材料选用时，必须考虑这一因素。美国 Elliott 公司的烟机设计寿命为 10 万小时，允许每年后燃超温 6 次(最高为 1600℉)，每次 15min。

通常用 Larson-Miller 公式计算后燃超温对叶片和轮盘寿命的影响：

$$\sigma=T(\lg t+20)$$

式中 σ——应力，lb/in^2；

t——断裂寿命，h；

T——叶片温度，°R。

举例说明，典型的叶片材料如 Inconel-x，在 1225℉时计算寿命为 275000h，而在 1800℉时叶片计算寿命只有 2min。在 1500℉后燃 3min，大约计算寿命要损失 6000h。

（2）waspaloy 材料的 Larson-Miller 曲线(图 13-2-14)

（3）GH2132(A286)合金盘件材料的持久寿命

原中国石化总公司组织北京钢铁学院和中石化北京设计院等单位立项进行 GH132 合金盘件材料持久寿命研究，并取得重大研究成果，GH132 合金的原始实验数据来源于 5 个改造涡轮盘的材料持久实验。实验数据总量为 154 个，最长实验测量寿命为 76930h。

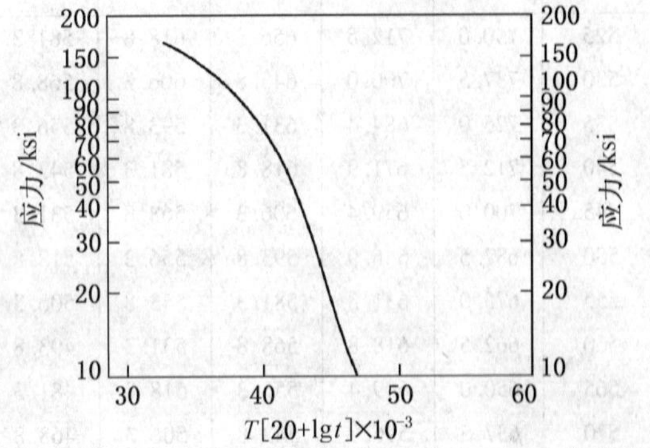

图 13-2-14　waspaloy 材料的 Larson-Miller 曲线

对持久实验数据用 Larson-Miller 公式进行回归，回归结果见表 13-2-9。

$$T(\lg t+C)=a_0+a_1\lg\sigma+a_2\lg\sigma^2+a_3\lg\sigma^3$$

表 13-2-9　回归结果

外推方程	C	a_0	a_1	a_2	a_3	S_0
L-M	17.026	1.656×10^3	15.86×10^3	1.843×10^3	-7.121×10^2	0.295

根据以上回归方程，即可计算出 GH132 合金在各蠕变条件下的断裂寿命，详细结果见表 13-2-10。

表 13-2-10　GH132 合金持久外推寿命

温度/℃	寿命/h										
	100	200	500	1000	2000	5000	10000	20000	50000	100000	200000
450	—	—	—	—	787.5	737.5	700.0	668.8	618.6	587.5	553.1
455	—	—	—	—	775.0	725.0	687.5	653.1	606.3	571.9	537.5
460	—	—	—	—	759.4	709.4	675.0	637.5	593.8	556.3	525.0
465	—	—	—	781.3	743.8	693.8	659.4	625.0	578.1	543.8	512.5
470	—	—	—	768.8	731.3	681.3	643.8	612.5	562.5	531.3	496.9
475	—	—	793.8	756.3	718.8	668.8	631.3	596.9	550.0	515.6	481.3
480	—	—	781.3	740.6	703.1	656.3	618.8	581.3	537.5	503.2	468.8
485	—	—	765.6	725.0	687.5	640.6	606.3	568.8	525.0	487.5	456.3
490	—	—	750.0	712.5	675.0	625.0	590.6	556.3	509.4	475.0	443.8
495	—	787.5	737.5	700.0	662.5	612.5	575.0	543.8	493.8	462.5	428.1
500	—	775.0	725.0	687.5	650.0	600.0	562.5	528.1	481.3	450.0	415.6
505	—	762.5	712.5	675.0	637.5	587.5	550.0	515.6	468.8	437.5	403.1
510	787.5	750.0	700.0	659.4	621.9	575.0	537.5	500.0	456.3	421.9	387.5
515	775.0	737.5	684.4	648.9	606.3	559.4	525.0	487.5	443.8	409.4	375.0
520	762.5	725.0	671.9	631.3	593.8	546.9	512.5	475.0	431.3	396.9	362.5

续表

温度/℃	寿　命/h										
	100	200	500	1000	2000	5000	10000	20000	50000	100000	200000
525	750.0	712.5	656.3	618.8	581.3	534.4	500.0	462.5	418.8	384.4	350.0
530	737.5	700.0	643.8	606.3	568.8	518.8	484.4	450.0	406.3	368.8	337.5
535	725.0	684.4	631.3	593.8	556.3	506.3	471.9	437.5	393.8	356.3	325.0
540	712.5	671.9	618.8	581.3	543.8	493.8	459.4	425.0	381.3	343.8	312.5
545	700.0	659.4	606.3	568.8	531.3	481.3	446.9	412.5	368.8	334.4	301.6
550	687.5	646.9	593.8	556.3	518.8	468.8	434.4	400.0	356.3	321.9	—
555	675.0	631.3	581.3	543.8	506.3	456.3	421.9	387.5	343.8	309.4	—
560	662.5	618.8	568.8	531.3	493.8	443.8	409.4	375.0	331.3	300.0	—
565	650.0	609.4	556.3	518.8	481.3	431.3	396.9	362.5	318.8	—	—
570	637.5	596.9	543.8	506.3	468.8	418.8	387.5	350.0	306.3	—	—
575	625.0	584.4	531.3	493.8	456.3	409.4	375.0	337.5	—	—	—
580	612.0	571.9	518.8	481.3	443.8	396.9	362.5	325.0	—	—	—
585	600.0	562.5	506.3	468.8	431.3	384.4	350.0	315.6	—	—	—
590	587.5	550.0	496.9	456.3	418.8	375.0	337.5	303.1	—	—	—
595	575.0	537.5	484.4	446.9	409.4	362.5	325.0	—	—	—	—
600	562.5	525.0	475.0	434.4	400.0	350.0	303.1	—	—	—	—

13.2.5 烟气轮机自控监测系统

烟机仪表监测系统，见图13-2-15，控制流程，见图13-2-16。主要的控制逻辑和监测系统如下：

再生器压力的三分程控制；

烟机甩负荷控制；

烟机轮盘温度和密封压差控制；

烟机转速控制和发电机同步上网；

烟机机组的超速自保和其他自保；

烟机机组振动轴位移监测和轴承温度监测；

烟机振动在线分析系统；

盘车的逻辑控制和启停机逻辑控制。

13.2.5.1 再生器压力的分程控制

烟机入口调节蝶阀，大旁路蝶阀和小旁路蝶阀组成了再生器压力的三分程控制。烟气轮机的额定流量通常为总烟气量的90%~98%，大旁路蝶阀的设计流量通常约为100%总烟气量，此时蝶阀开度应在45°~50°之间，蝶阀压降为0.01MPa左右。小旁路蝶阀的设计流量通常为10%~15%总烟气量，此时蝶阀开度也应在45°~50°之间，蝶阀压降约为0.01MPa。

当装置在额定负荷下工作时，烟机也处于额定的工作点。烟机入口调节蝶阀全部打开，大旁路蝶阀完全关闭，此时，再生器压力靠小旁路蝶阀来控制。

当装置超过额定负荷工作时，产生的总烟气量也就比较大。此时，烟机入口调节蝶阀全部打开，小旁路蝶阀也完全打开，再生器的压力靠大旁路阀进行控制。

当装置低负荷工作时，而总烟气量也小于90%~98%的额定流量，此时，两个旁路阀门全部关闭，再生器压力靠烟机入口调节蝶阀来控制。

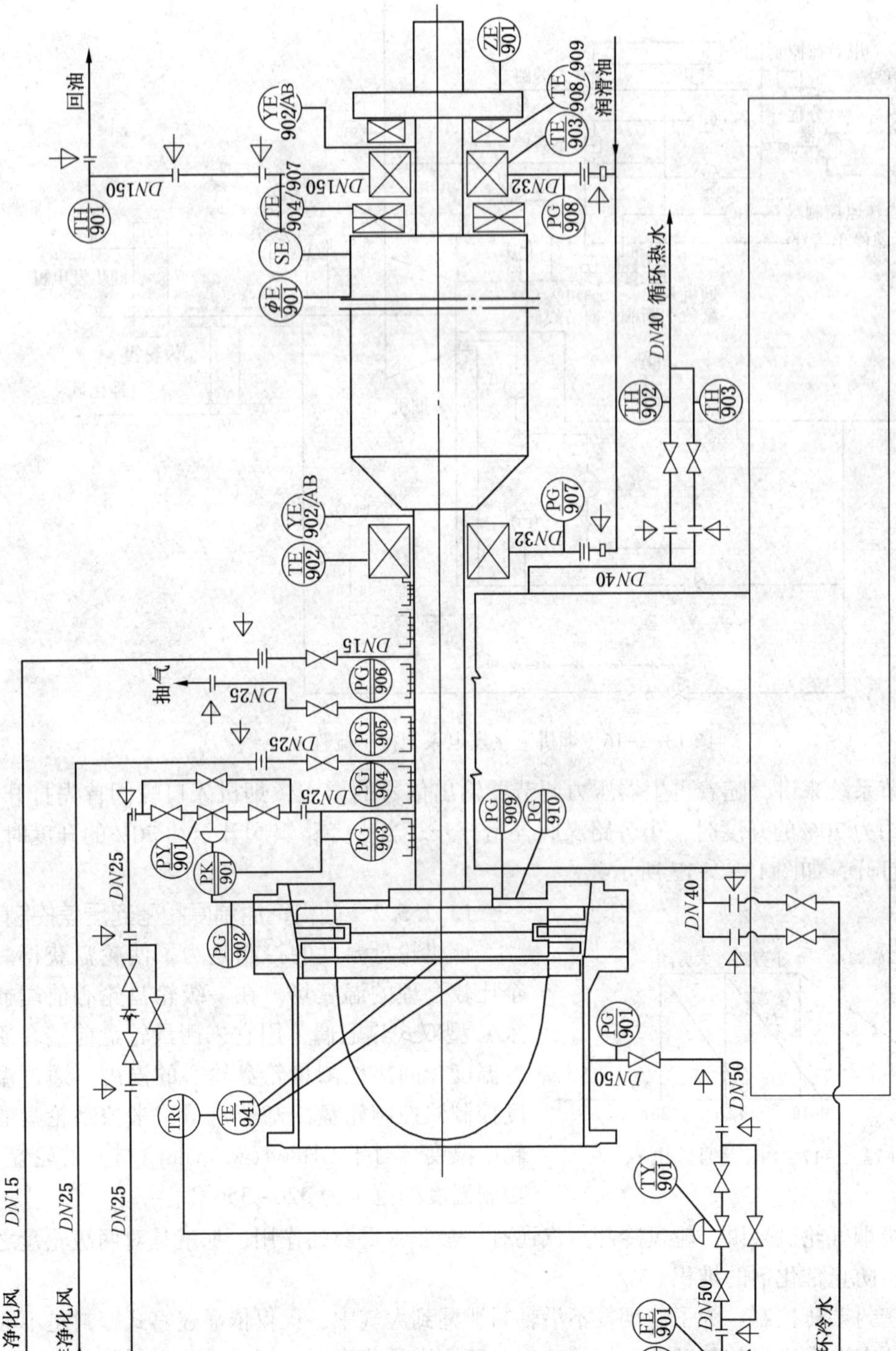

图13-2-15 仪表监测系统

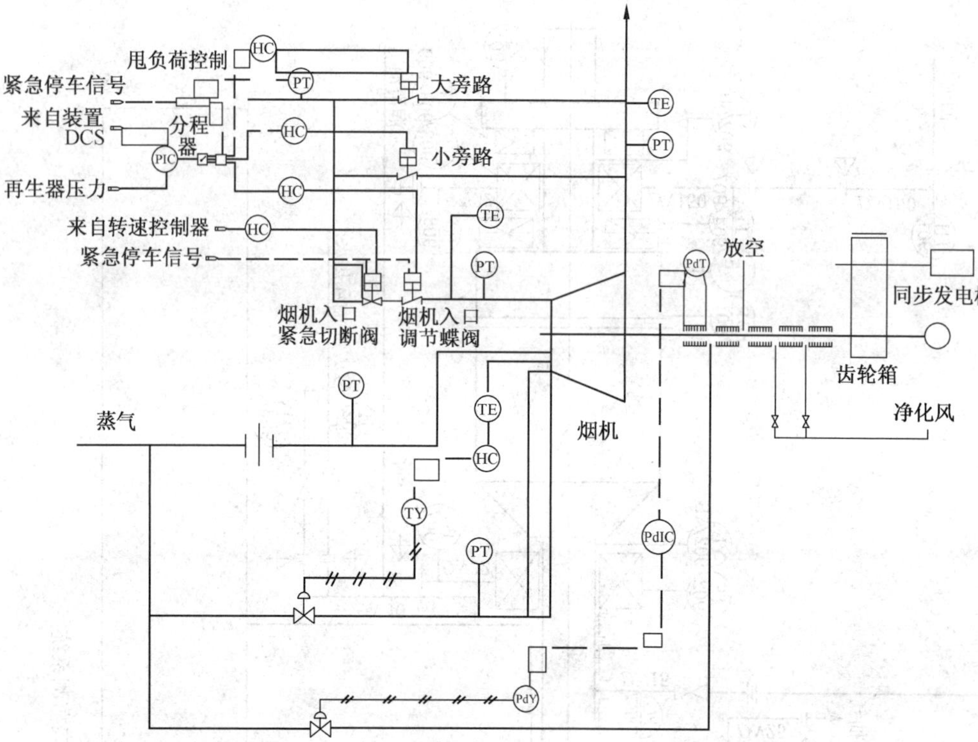

图 13-2-16　烟机直接发电系统控制流程

对于调节系统来讲，随着再生器压力调节器输出信号的增大，烟机入口蝶阀首先打开，当阀门开到约为70%的开度时，小旁路蝶阀开始打开。当小旁路蝶阀开至约70%的开度时，主旁路蝶阀打开，如图13-2-17所示：

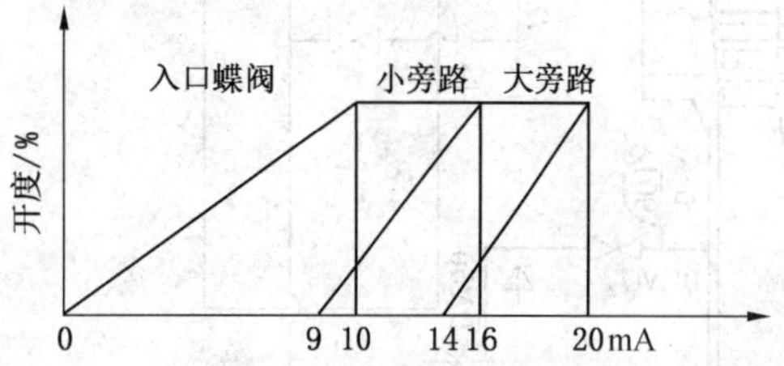

图 13-2-17　PIC 信号输出

13.2.5.2　烟机轮盘温度和密封压差控制

烟机轮盘温度的控制是为了使轮盘获得一个比较合理的温度场。在一级轮盘轮心前端插入K型双式热电偶，用它来测量轮盘前端介质的温度，间接地测量轮盘轮心的温度。通过温度控制器控制轮盘冷却蒸汽量，来控制轮盘的轮心温度。对于GH864（waspaloy）材质的轮盘，控制温度的范围为320～350℃。

对于双级烟气轮机来讲，轮盘冷却蒸汽还有一个非常重要的作用，那就是对两级轮盘之间进行吹扫，防止催化剂的堆积。

烟机的密封差压控制：为了使烟气不沿轴封泄漏到大气中，仅仅依靠迷宫式密封是不够的。为此需要在迷宫密封的基础上增加缓冲气。第一道是蒸汽封，第二道是空气封，在蒸汽和空气封之间，设有一个排气腔，如流程图所示。我们利用蒸汽来密封烟气，再利用动力风来密封蒸汽，中间的排气管是为了增加密封的效果而设立的。必要时，可利用抽气器来保证不泄漏烟气。为了使蒸汽腔内的压力始终高于烟气的压力，特设了蒸汽和烟气的差压控制，保证了密封的效果。

13.2.5.3　烟机的转速控制和启动

烟机的启机过程：烟机在开机之前，烟机入口的紧急切断蝶阀和调节蝶阀都处于全关位置。烟机在盘车转速下先进行蒸汽暖机。当蒸汽暖机结束后，开始进行烟气暖机。此时，可以先把烟机入口调节蝶阀打开到一定的开度，调速器输出和温度控制输出值作低选，通过烟机的转速调节器逐步地打开烟机入口紧急切断蝶阀，进行烟气暖机，并要求烟机出口温度的温升速率小于100℃/h。这样可以使烟机受热均匀，达到均匀膨胀的目的。当烟机出口温度达到一定数值时，暖机过程就结束了。下一步就可以通过转速调节器进行升速。升速时，也要设定一个升速的速率，并且要注意快速地通过各单机的横向临界转速。当转速接近同步转速时，转速调节器将接受同步器的指令精确调整转速，并在规定值上并网，完成发电机的同步动作。然后烟机入口紧急切断阀逐步地开到全开位置。此时，通过烟机入口调节蝶阀的开度逐步地增大烟机的负荷。最终，将入口调节阀投入再生器的压力控制，完成了烟机的启机过程。上述各个阶段的转换是通过压力控制器，温度控制器和转速调节器输出信号的低选而自动完成的。

13.2.5.4　烟机甩负荷控制和超速保护

烟机甩荷控制在烟气直接发电系统中比通常的机组配置(三机组和四机组)显得更为重要。因为当发电机与电网脱离的瞬间，烟气轮机所发出的能量全部用于整个机组的自身加速过程。不像三机组和四机组那样，至少有主风机这个耗功负载，由于主风机耗功是与转速的三次方成正比的，因此即使超速，转速的上升也很有限。

为了提高烟机甩负荷控制的精度和可靠性，必须提高阀门和控制系统的精度，设计上采用了电液蝶阀，并要求阀门的全行程紧急关闭或紧急打开时间小于0.6s，正常控制时，全行程时间在15s左右。控制系统上，采用冗余的PLC控制器。

在逻辑上也设计了特殊的甩负荷控制。这个甩负荷控制即要保护机组不受损坏，又要保护再生器的压力波动不要太大。

当发电机甩负荷时，从发电机断路器上发出一个联锁信号，使整个机组进入紧急停机状态，烟机入口紧急切断蝶阀和调节蝶阀在0.6s内完全关闭。才能保证再生器的操作压力的相对稳定，因此，旁路蝶阀也需要相应地迅速打开。

仅仅依靠再生器压力控制器，靠滞后的压力信号无法保证再生器压力的稳定，为此需增加一个甩负荷的逻辑。

当发电机甩负荷时，PLC利用发电机甩负荷前的烟机入口调节蝶阀的开度计算出进入烟机的烟气量，并根据这个烟气量计算出旁路蝶阀的相应的开度。此时小旁路蝶阀在0.5s内靠紧急系统完全打开，大旁路蝶阀靠控制器进行压力控制。当烟气的温度和压力作为补偿量参与烟气量计算时，这种设计可以保证再生器压力波动最小。

另一种设计是在发电机甩负荷时，在0.6s内靠紧急系统迅速地关闭烟机入口蝶阀，并迅速地打开小旁路蝶阀，大旁路蝶阀受再生器压力控制器的控制，维持着再生器压力的稳定。这种设计相对于上一种要简单一些，但效果也差一些。为了增加机组的可靠性，应设计两套超速自保装置，第一套是一个独立的超速保护器，可以采用AIPPAX公司的三选二超速保护器，整定值可以为105%~110%的额定转速；转速控制器发出紧急停机信号，两套相互独立的超速保护系统可以保证机组的安全运行。

13.2.5.5　烟机在线和离线状态监测及故障诊断系统

为了保证烟气轮机机组的长周期的安全运行，除了常规的振动一次和二次表以外，应设置振动状态监测及故障诊断系统。

振动信号取自 BENTLY 的振动探头，然后经过前置放大器和变送器，进入 PLC 的 I/O 卡。经转换器，将信号转换成 4~20mA 的信号用以显示、报警和连锁停机等功能，这种变换方式只能体现振动的均值或峰值，振动信号中间所包含的大量的信息在转换之中丢失了。在线式分析系统可以捕捉到任何时刻的故障信息和每日的报表信息，不但可以监测和记录振动信号，还可以监测和记录与振动相关的工艺信号和一些开关量，以及这些开关量的发生顺序。这对于我们进行振动分析是十分有益的。

13.2.6 叶片的冲蚀磨损与耐磨涂层

13.2.6.1 叶片磨损的影响因素和经验方程式

美国埃利奥特(Elliott)公司的 FCC 膨胀透平叶片磨损方程式为：

$$磨损比率(失重) \approx K\frac{M_P V_P^2}{2}\alpha$$

式中 K——常数(取决于叶片材料，颗粒特性和尺寸分布)；

$\frac{M_P V_P^2}{2}$——颗粒动能；

M_P——颗粒质量；

V_P——颗粒速度；

α——冲击在叶片表面的角度。

德国 GHH 公司给出的估算叶片磨损量的经验方程式：

$$E = Kf(Z \cdot m_P,\ W^n,\ \alpha)$$

式中 E——磨损率，即单位时间的磨损量；

K——常数(与叶片材料、温度、烟尘性质有关)；

$Z \cdot m_P$——颗粒数量和单个颗粒的质量；

W——撞击在叶片上的速度；

n——指数，近似于 2；

α——冲击在叶片表面上的角度。

日本矿业公司给出的叶片磨损的经验方程式：

$$\varepsilon = KV^a \cdot d^b$$

式中 ε——磨损量；

K——系数，由粒子硬度、形状、冲击角度及叶片材料决定；

d——粒子直径；

a,b——常数，为 2~3。

13.2.6.2 烟机对烟气中催化剂的浓度和粒度的要求(表 13-2-11)。

表 13-2-11 烟机对烟气中催化剂的浓度和粒度的要求

项目 / 烟机类型	浓度	粒度		寿命保证
美国 I-R 公司	120mg/Nm^3	>10μ	≤3%	2 年,功率下降≤10%
美国 Elliott 公司	138mg/Nm^3	>10μ	≤3%	2.8 年,功率下降≤10%
德国 GHH 公司	160ppm	>10μ	≤5%	3 年,功率下降≤6%
中国	200mg/Nm^3	>10μ	≤8%	≥2 年

13.2.6.3 国内外烟机叶片耐磨涂层主要化学成分和性能(表 13-2-12)

表 13-2-12 国内外烟机叶片耐磨涂层主要化学成分和性能

烟机类型	涂层型号	喷涂工艺	化学成分	室温硬度 HV/(kgf/mm^2)	室温冲蚀率/[$g/(mm^2 \cdot h \cdot g)$]	结合强度/MPa	抗冷热疲劳性能 800℃⇌水淬
中国 YL 型	X—40	等	24%~26%Cr 9.5%~11.5%Ni 余,Co,其他:W,Si,C	347	2.0×10^{-4}		54 次
	C—1	离	28%~30%Cr,8%~12%Ni,余 Co,其他:W,Si,C,B	820	2.1×10^{-4}	50.3 58.3	63 次
	C—2	子	Cr_3C_2	1472	5.2×10^{-4}		>150 次
美国 Elliott		爆炸	Cr_3C_2	1391~1532			>90 次
美国 I-R	LW-5	爆炸	25%WC,5%Ni,70%($WC+Cr_3C_2$)				

13.2.6.4 中国长城系列耐磨涂层(表 13-2-13)

表 13-2-13 长城系列涂层的主要成分、组织及性能、使用温度及应用场合

合同要求内容	C—1	C—2	C—3	C—4	X—40
化学成分	Co 基, 30Cr, 10Ni,W,Si,C 等	Cr_3C_2,NiCr 等	Co 基,25~35Cr, 7~15Ni,W,C,Si 及稀土氧化物等	Co 基, 10Ni, 30Cr, 5Ta, 2Si, 6Al,0.5Y 等	Co 基, 25Cr, 10Ni,W,Si,C 等
基本组织	奥氏体+大量复杂第二相	Cr_3C_2, NiCr, Ni_2CrO_4 等	奥氏体+大量复杂第二相	奥氏体+β-CoAl+大量第二相	奥氏体,少量碳化物
主要性能					
a. 硬度(HV)					
室温	824	1472	805	339	347
600℃	622		585	305	305
700℃	563		567	245	356
800℃	476		453	224	322
b. 氧化性能/$g \cdot m^{-2}$					
700℃×100h	11.36	5.30	9.11	2.68	
700℃×200h	12.07		13.80	3.11	
700℃×500h	17.28		17.02	4.72	
800℃×100h	18.21	7.30	16.21	9.64	19.2
800℃×200h	21.04		18.26	11.60	23.1
800℃×500h	29.95		24.92	14.20	
860℃×100h,200h				10.80,11.70	
c. 热腐蚀性能					
S 的最大穿透深度/μm (750℃×100h)	125 (涂层内)	100 (涂层内)	48 (涂层内)	49 (涂层内)	540 (深入基体 260μm)
d. 冷热疲劳性能 (800℃水淬) >10 次	>105 次,涂层完好无损	>201 次,涂层完好无损	>125 次,涂层完好无损	>100 次,涂层完好无损	54 次,破坏
e. 涂/基界面结合力/MPa	58.3	68.7	61.3	59.2	50.3
f. 涂层均匀性					
平均厚度/μm	197	130	192	185	282
波动范围/μm	75~280	76~184	104~280	90~280	10~520
使用温度/℃	600~750	600~800	600~800	750~900	600~700
应用场合	FCC	FCC	PFBC—CC	PFBC—CC	FCC

表 13-2-13 说明如下：

C—1 涂层。自 1988 年起，C—1 涂层开始广泛用于我国炼油厂催化装置烟气能量回收系统的烟气轮机动叶片、静叶片、涡轮盘及叶环防护上，至今已喷涂了动叶片和静(导)叶片 36102 件，涡轮盘 47 件，叶环体 84 件，已有 53 家炼油厂 87 台烟机使用 C—1 涂层。最长时间已使用近 5000h，但仍可继续使用。

C—2 涂层。它是一种金属陶瓷，与美国 Elliott TH85-2 型烟机叶片涂层类似，但在成分工艺上又有所区别，有自己独创之处，是一种用等离子喷涂的新涂层，涂层的硬度很高，Cr 含量高，厚度较薄，适用于 600~800℃ 冲蚀/腐蚀场合。

C—3 涂层。长城 3 号防护涂层(C—3)为增压流化床联合循环(简称 PFBC—CC)发电技术中一座 15MW 等级的中试电站燃煤燃气轮机叶片而研制，使用温度 760℃，短时 800℃以上。

PFBC—CC 的工况与催化裂化工况存在一定差异，在催化裂化条件下是冲蚀为主，腐蚀为辅，可用冲蚀/腐蚀(E/C)表征，在 PFBC—CC 条件下应是腐蚀为主，冲蚀为辅，可用腐蚀/冲蚀(C/E)表征，由 E/C→C/E 是 C—3 涂层设计的思想基础。显而易见，煤(粒)中含有的各种腐蚀性有害杂质比渣(重)油中还多，但燃气中灰粉硬度一般比催化剂硬度要低。在这一观点指导下，选择以 C—1 为基础作相应成分调整，在确保原冲蚀抗力不降前提下进一步提高涂层腐蚀抗力。

C—4 涂层。这是一种 McrAlX 型包覆涂层(Overlay Coatings)，已组成一个系列，有几十种成分，其中 M 代表 Ni、Co、Fe、NiCo 或 CoNi，X 代表 Y、Si、Hf、Ta 等。这类涂层在国外航空发动机及先进的工业燃气轮机叶片上获得有效的应用，国内应用则刚开始。

C—4 涂层为 CoNiCrAlTaSiY，采用大气等离子喷涂工艺，镀复在 GH864 合金上，本涂层有以下特点：

① 使用温度较高，为 750~900℃；

② 不仅具有良好的低温及高温腐蚀抗力，而且具有一定的氧化抗力、冲蚀抗力；

③ 涂/基结合强度较高，热疲劳性能良好。

13.2.7 转子动力学

转子动力学计算分析的主要内容是关于转子弯曲振动的临界转速、不平衡响应和稳定性，以及转子的瞬态响应分析。现代的计算方法可以分为两大类：传递矩阵法(通常采用 Prohl 法)和有限元法。

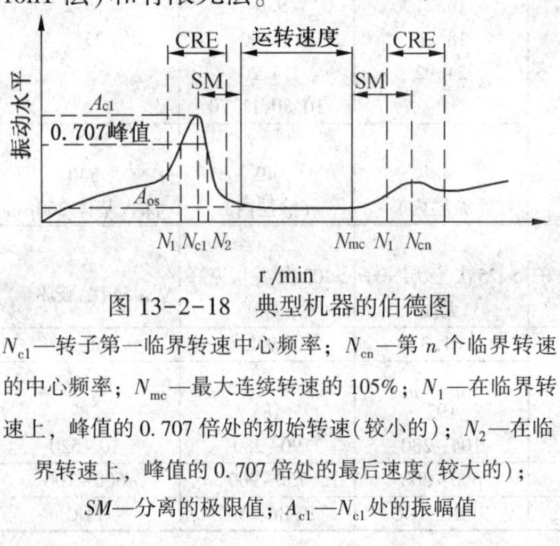

图 13-2-18 典型机器的伯德图

N_{c1}—转子第一临界转速中心频率；N_{cn}—第 n 个临界转速的中心频率；N_{mc}—最大连续转速的 105%；N_1—在临界转速上，峰值的 0.707 倍处的初始转速(较小的)；N_2—在临界转速上，峰值的 0.707 倍处的最后速度(较大的)；SM—分离的极限值；A_{c1}—N_{c1} 处的振幅值

13.2.7.1 临界转速

图 13-2-18 为一典型的透平转子的伯德图。图中显示了转子振动响应曲线及安全边缘。A_{os} 为工作转速的振幅，A_{c1} 为最大振幅峰值。其放大系数为 $Q=\dfrac{N_{c1}}{N_2-N_1}$。API617 规定，当轴振动探头测得的转子放大系数大于或等于 2.5 时，该频率称为临界频率，相应的轴转速称为临界转速。

13.2.7.2 滑动轴承的动力特性

(1) 滑动轴承的刚度和阻尼系数

转子自激振动的激振力主要来自轴承油膜对轴的作用力，油膜的动态特性是指轴承油膜对轴颈振动时的力学反应，即当轴颈偏离了静平衡点附近作变位运动时，油膜力相应的变化情况。该作用力在给定的轴承型式、结构、参数、润滑油特性等条件下，可以通过求解雷诺方程来求解。对于一个油膜轴承的动力特性可简化成 4 个油膜刚度系数和 4 个油膜阻尼系数。

将油膜力视为平衡点附近位移和速度的函数，当轴心在静平衡位置附近做小振动时，油膜力的增量可以下面的线性关系表达：

$$\Delta F_X = K_{XX}X + K_{XY}Y + C_{XX}\dot{X} + C_{XY}\dot{Y}$$

$$\Delta F_Y = K_{YX}X + K_{YY}Y + C_{YX}\dot{X} + C_{YY}\dot{Y}$$

式中 K_{XX}——X 方向油膜刚度系数；
K_{YY}——Y 方向油膜刚度系数；
K_{XY}——油膜交叉刚度系数；
K_{YX}——油膜交叉刚度系数；
C_{XX}——X 方向油膜阻尼系数；
C_{YY}——Y 方向油膜阻尼系数；
C_{XY}——油膜交叉阻尼系数；
C_{YX}——油膜交叉阻尼系数。

以上系数即为目前常用的 8 个油膜动力特性系数，是转子不平衡响应计算和转子稳定性分析的重要因素。

(2) 轴承油膜对转子振动特性的影响

① 由于油膜刚度的影响，转子的结构临界转数(绝对刚性支撑)被降低，由于油膜的各向异性，实际转子的共振是一个小区域，而并非是一个点。

② 由于油膜阻尼作用，其振动响应的峰值被限制在一定范围内。

③ 由于油膜的各向异性，转子运行时的轴心轨迹，不是圆形而是椭圆形。

④ 在一定的条件下，会产生油膜涡动现象，这是由油膜引起的一种自激振动，其振动频率为转数的 0.5 倍，因此也称半速涡动。当转子转速升至转子一阶临界转速的一倍时，其油膜涡动频率与转子一阶临界转速相同产生共振，此现象为油膜震荡，转子振动急剧增大，而且提高转速也不能通过。

13.2.7.3 转子的不平衡响应分析

转子的不平衡响应计算，主要用于研究转子对某些位置上的不平衡量的敏感程度，通过计算转子在不同转速下的振动峰值来确定临界转速，也可根据实际的烟机转子不平衡的统计数据，通过计算不平衡响应，预测转子工作时的振动值。

(1) 转子的无阻尼不平衡响应计算

转子的无阻尼不平衡响应计算，主要计算两个部分：一是计算转子在不考虑油膜阻尼情况下，转子的振动响应曲线、临界转数和振型，二是计算临界转速随支撑刚度变化的曲线。图 13-2-19~图 13-2-22 为一台 YL 型烟气轮机计算出的无阻尼一、二、三阶临界转数及振型和无阻尼振动响应的刚度曲线。

由于发生了刚体型振动，从第三阶临界转速(8096r/min)开始才是烟机转子本身发生弯曲振动的临界转速。

（2）转子的阻尼不平衡响应计算及分析

API617 规定"临界转速应通过转子的阻尼不平衡响应分析来确定，并应采用试车台上的实验数据来验证。"由于轴承油膜阻尼对转子振幅的抑制作用，特别是在无阻尼状态下计算的临界转速附近，它将大大抑制振幅的大小。因此，临界转速的最终确定，必须通过转子阻尼不平衡计算和试验台上的试验数据最终来确定：在工作转速以下，如放大系数小于或等于 2.5 则可确定转子为刚性转子，否则，为挠性转子。

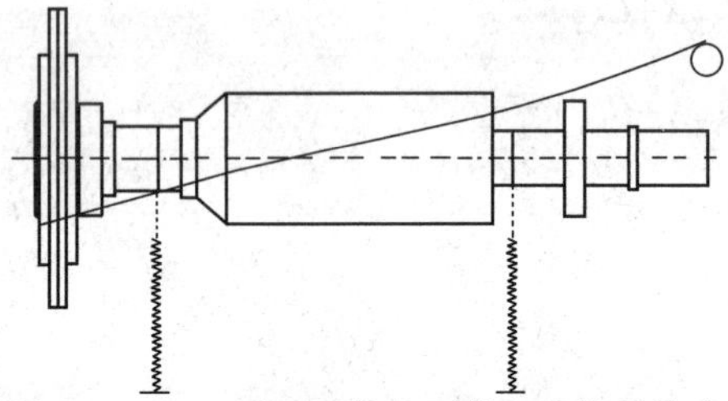

图 13-2-19　无阻尼状态下的一阶临界转速（$n_{k1}=2719$r/min）

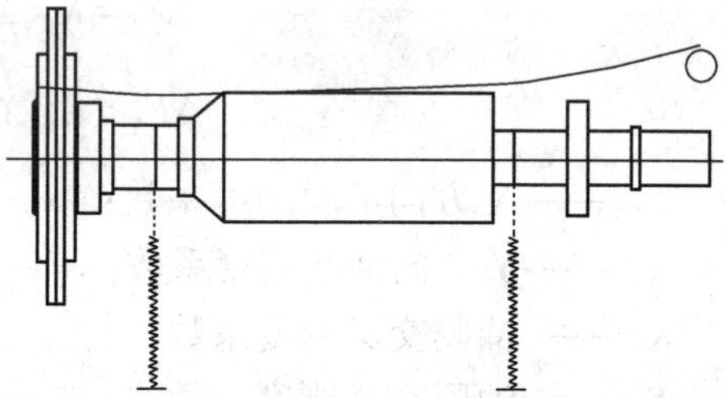

图 13-2-20　无阻尼状态下的二阶临界转速（$n_{k2}=3060$r/min）

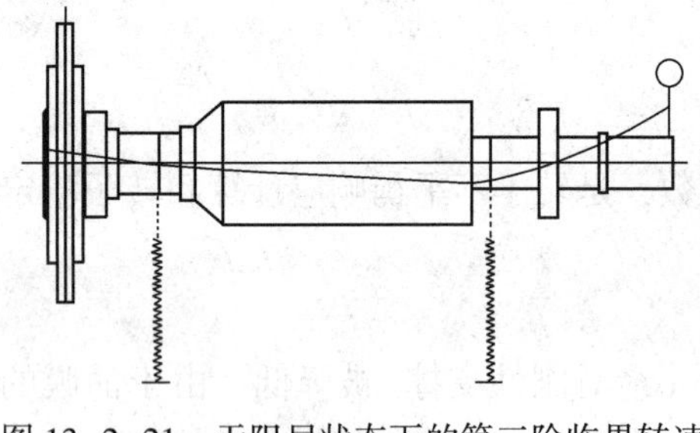

图 13-2-21　无阻尼状态下的第三阶临界转速（$n_{k3}=8096$r/min）

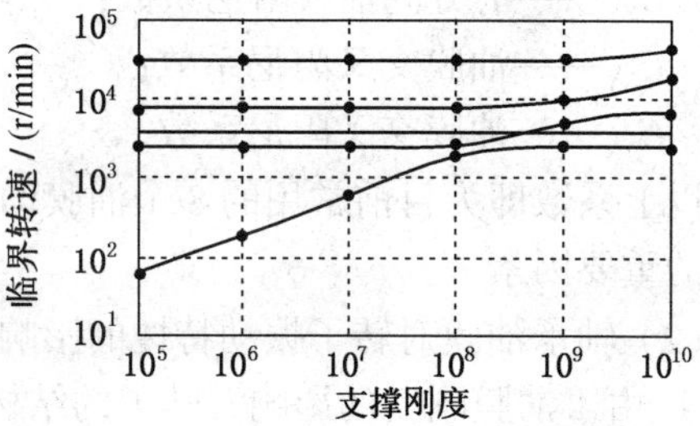

图 13-2-22　无阻尼转子振动响应的刚度曲线

图 13-2-23、图 13-2-24 为某台 YL 型烟机转子阻尼不平衡响应计算的前轴承(轮盘端)和后轴承(联轴器端)的 Bode 图。图 13-2-25 为工作转速下的转子振动响应图。

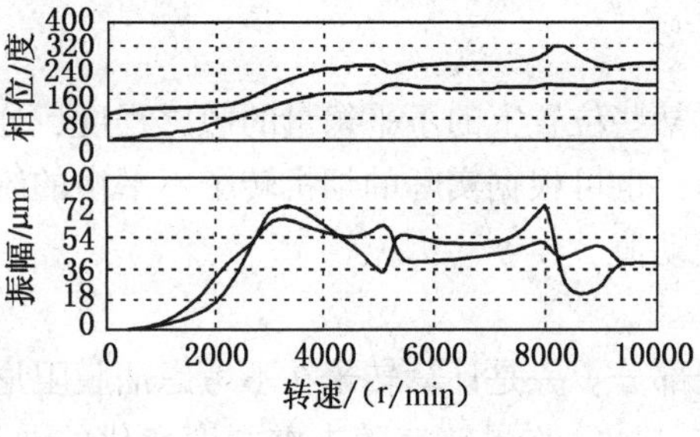

图 13-2-23　前轴承处的 Bode 图

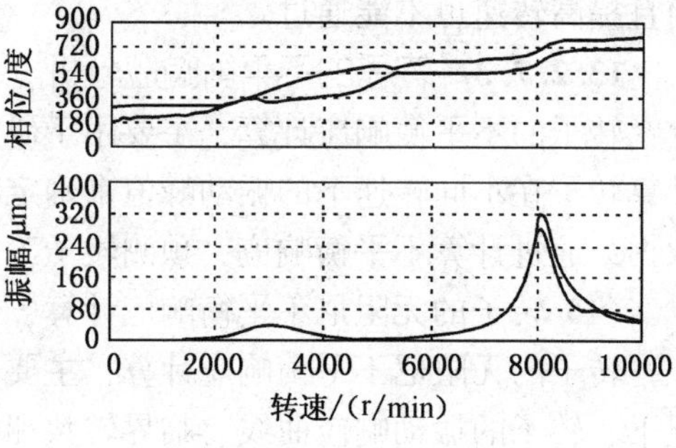

图 13-2-24　后轴承处的 Bode 图

Bode 图的横坐标为转速，纵坐标为振幅值和相位。计算结果表明该烟机在前轴承处转速为 3200~3300r/min 范围内虽有一个峰值，但其放大系数只 1.9 倍，可以认为此转速不是临界转数。在后轴承处转速为 8100r/min 附近也有一个峰值，其放大系数为 18.8 倍，离工作转数有 118%的隔离格度，满足规范要求。

(3) 转子的瞬态响应分析

转子的瞬态响应分析就是转子在给定的速度和时间段的响应分析，它可以计算不平衡量、轴的弯曲、轮盘的倾斜、静载、重力以及瞬态力的影响。

图 13-2-26 是该台 YL 型烟机的 xy 轨迹图，相当于轴心轨迹图，可以看出在外部干扰下，轴心轨迹依然是一个椭圆，具有很好的稳定性。

图 13-2-27 是常用于振动分析的频谱图，从图中可以看出，此转了只有单一的主频成分，不存在油膜涡动等不稳定因素，很稳定。

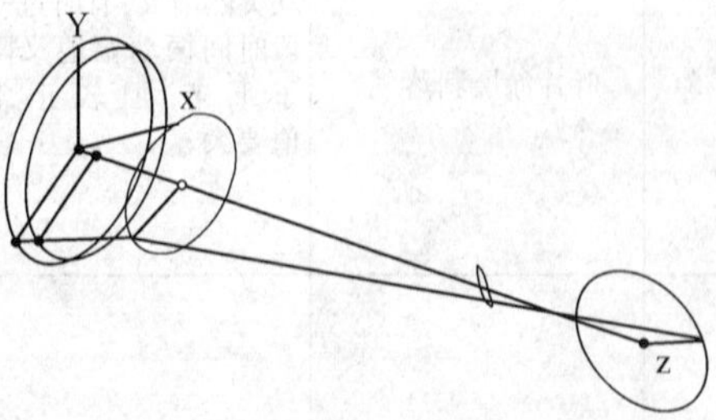

图 13-2-25 工作转速下的转子振动响应图

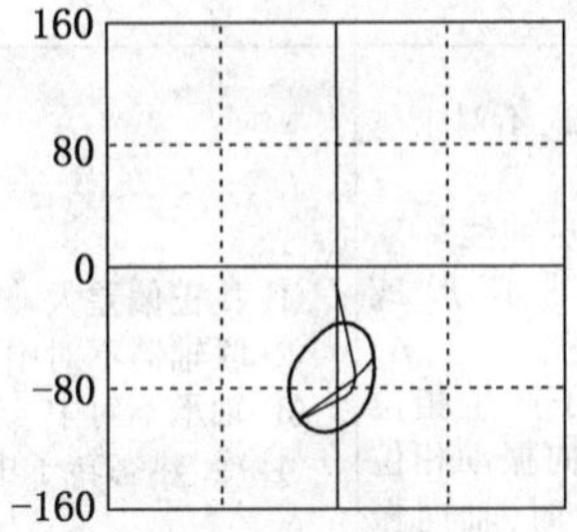

图 13-2-26 xy 轨迹图

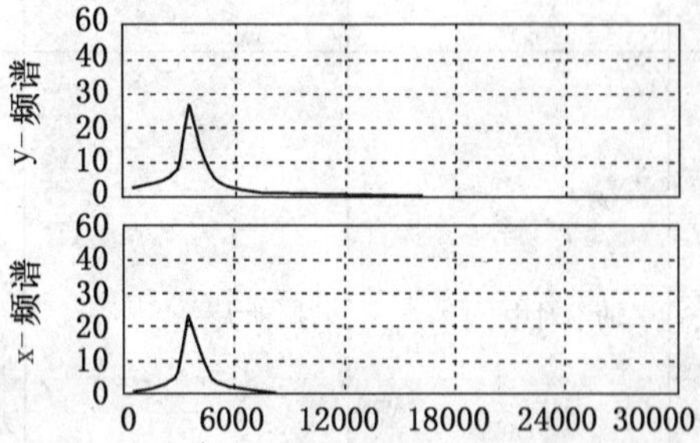

图 13-2-27 频谱分析图

13.2.7.4 烟气轮机常见振动故障分析及处理(见表 13-2-14)

表 13-2-14 烟气轮机常见振动故障分析及处理

序号	故障名称	现象及表征	频谱分析法特征分析	故障原因及处理
1	大量催化剂进入烟机	叶片磨损严重、转子平衡破坏、振动加大、回收功率下降	振动频率为 1x	① 装置操作不正常 ② 一、二旋损坏 ③ 三旋损坏 应及时停机，开备机。同时打开烟气旁路阀
2	催化剂在转子上堆积和烧结	转子平衡破坏，振动逐步加大	振动频率为 1x	① 轮盘冷却蒸汽压力低或开停工未通冷却蒸汽使双级烟机一、二级轮盘间来堆积催化剂 ② Elliott 烟机一、二级轮盘拉杆螺栓联结处密封不严 ③ GHH 多级烟机转子过桥间隙处来堆积催化剂 ④ 由于工艺催化剂原因在流道中烧结成块。应及时停机，将催化剂吹扫干净，并对存在问题进行改进

续表

序号	故障名称	现象及表征	频谱分析法特征分析	故障原因及处理
3	叶片涂层剥落	转子动平衡破坏，振动突然增大，有时过一段时间振动幅值又降了下来，但较正常值要大	振动频率为1x	① 叶片涂层质量不好 ② 反复开停机、升温、降温过快 ③ 烟机长时间停机时，入口阀门关闭不严，泄漏的烟气对叶片造成低温S或Cl腐蚀
4	转子动静接触时引起的摩擦	振动大、有动静接触的摩擦声	① 主频为1x，也可能会出现少量的分频、倍频和高频成分 ② 相位：摩擦开始会引起严重的相位跳动（约10°左右），摩擦严重时，相位不再波动，振幅急剧加大 ③ 典型的轴心轨迹见图13-2-28	① 动、静间隙过小 ② 转子弯曲 ③ 出口管道的膨胀节损坏或安装不正确，造成壳体变形
5	轴不对中	振动大	① 振动频率为1x、2x，不对中越严重，2x越大 ② 时域曲线类似正弦曲线 ③ 轴心轨迹为香蕉形或"8"字形 ④ 联轴器两侧转子产生相位差，平衡不对中时，径向振动相位差180°。偏角不对中时，轴向振动相位差180°	① 找正偏差大 ② 联轴器不对中 ③ 轴承不对中 ④ 冷、热态转子中心变化
6	油膜振荡和油膜涡动	径向振动大	① 油膜振荡的涡动频率≈0.43~0.48x在一阶临界转数的2倍和2倍以上时发生。一旦发生，将在较宽的转速范围内持续存在，提高转速一般不能越过 ② 在工作转速下产生的油膜涡动，其涡动频率近似为1/2x。油膜涡动的轴心轨迹见图13-2-29，油膜失稳三维谱图见图13-2-30	① 设计上，工作转速应在一阶临界转速2倍下，一阶临界转速以上。余度应符合API617的要求 ② 改变轴承结构。 ③ 调整油压、油温

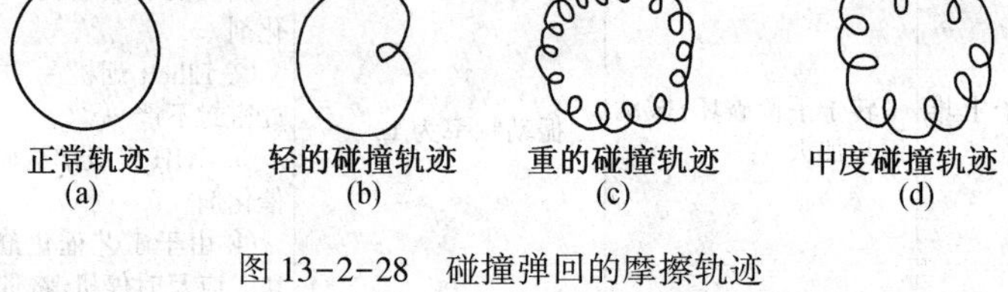

图13-2-28 碰撞弹回的摩擦轨迹

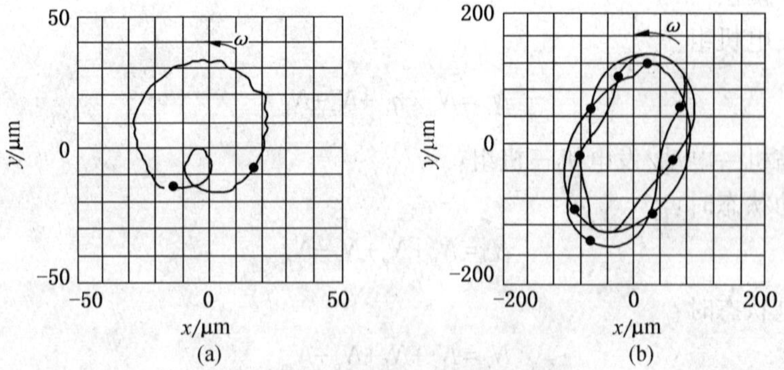

图 13-2-29 油膜涡动的轴心轨迹

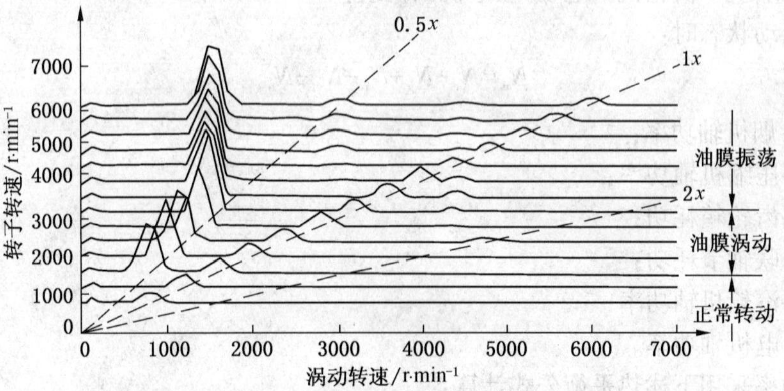

图 13-2-30 油膜失稳三维谱图

13.2.8 烟气轮机功率及效率的测定

13.2.8.1 烟机功率的测定

(1) 角位移法

测量联轴节处的轴的角位移，可用光学方法或电学方法来测量。根据角位移的大小可以得到传递的扭矩：

$$M=\frac{\phi G I_p}{l}$$

式中 M——扭矩，Nm；

ϕ——轴的扭转角，rad；

G——剪切弹性模数，Pa；

I_p——极惯性矩，m^4；

l——被扭轴的长度，m。

根据扭矩的大小，可以计算出轴功率：

$$N=\frac{2\pi M\cdot n}{60}\times10^{-3}$$

式中 N——轴功率，kW；

M——扭矩，Nm；

n——转数，r/min。

（2）功率平衡法

烟机直接发电机组：

$$N_e = N_m/\eta_m + N_g + N_p$$

烟机—压缩机—电动/发电机三机组：

电机为电动状态时：

$$N_e = N_c + N_g + N_p - N_m$$

电机为发电状态时：

$$N_e = N_c + N_g + N_p + N_m$$

烟机—压缩机—汽轮机—电动/发电机四机组：

电机为电动状态时：

$$N_e = N_c + N_g + N_p - N_m - N_s$$

式中 N_e——烟机轴功率；

N_c——压缩机轴功率；

N_g——齿轮箱耗功；

N_p——联轴节耗功；

N_s——汽轮机轴功率；

N_m——电机轴功率。

压缩机功率采用下述热平衡公式计算：

$$N_c = N_i + N_q + N_{ma}$$

式中 N_i——被压缩气体所接受的功率；

N_q——壳体经辐射和对流传出热量的当量功率；

N_m——轴承消耗的功率。

N_i 按下式计算：

$$N_i = G \cdot C_p (T_K^0 - T_H^0)$$

式中 G——气体流量，kg/s；

C_p——定压比热，J/(kg·K)；

T_K^0、T_H^0——出、入口滞止温度，K。

N_q 按下式计算：

$$N_q = \alpha \cdot A \cdot (T_c - T_e)$$

式中 α——传热系数，J/(m^2·s·K)；

假定环境气体是静止的，可取 $\alpha = 14J/(m^2 \cdot s \cdot K) = 14W/(m^2 \cdot K)$

该值已考虑了热辐射的散热量。

A——风机的外表面(即换热面积)，m^2；

T_c——风机外表面的平均温度，K；

T_e——环境温度，K。

N_{ma}用热平衡法测定：

$$N_{ma}=\rho \cdot Q \cdot C \cdot \Delta t$$

式中　Q——轴承耗油量，m^3/s；

ρ——润滑油密度，kg/m^3；

C——润滑油比热，J/(kg·K)；

Δt——润滑油温升(即进、出口温差)，K。

汽轮机轴功率按下列热平衡方程式计算(忽略漏气损失)

$$N_s=W \cdot (h_i-h_e)-N_q-N_{ma}$$

式中　W——蒸汽流量，kg/s；

h_i——蒸汽入口焓，J/kg；

h_e——蒸汽出口焓，J/kg；

N_q——壳体经辐射和对流传出热量的当量功率，W。计算方法同压缩机 N_q 的计算方法；

N_{ma}——轴承损耗，W。计算方法同压缩机 N_{ma}的计算方法。

齿轮箱和齿轮联轴器的耗功均采用测量润滑油流量和温升的热平衡法测定。计算方法同压缩机 N_{ma}的计算方法。

电动/发电机的功率采用双瓦特表直接测量，测量方法参照 ASME PTC 10.4。

(3) 热平衡法

烟气轮机的热平衡方程式：

$$G_e \cdot (h_i-h_e)=N_e+N_q+N_{ma}$$

即：

$$N_e=G_e \cdot (h_i-h_e)-N_q-N_{ma}$$

式中　N_e——烟机轴功率，W；

G_e——入口烟气流量，kg/s；

h_i——烟气入口焓，J/kg；

h_e——烟气出口焓，J/kg。

(h_i-h_e)可按下式计算：

$$h_i-h_e=C_p(T_i-T_e)$$

式中　C_p——进、出口烟气平均定压比热，J/(kg·K)；

T_i——入口温度，K；

T_e——出口温度，K。

h_i-h_e 也可按下式计算：

$$h_i-h_e=\frac{(T_i-T_e)KRZ}{K-1}$$

式中　$R=\frac{1545}{\text{克分子质量}}$；

Z——压缩系数；

K——进出口平均温度下的比热比，$K=\frac{M_{cp}}{M_{cp}-1.9859}$；

M_{cp}——摩尔(克分子)比热容，$M_{cp}=C_p\cdot$摩尔质量。

计算烟机焓降时，考虑冷却蒸汽的影响，烟机出口温度应按下式修正：

$$T_e=\frac{G_s\cdot C_{ps}\cdot(T'_e-T_s)}{G_e\cdot C_{pg}}+T'_e$$

式中 G_s——冷却蒸汽质量流量；

G_e——烟气入口质量流量；

C_{ps}——冷却蒸汽定压比热；

C_{pg}——出口烟气的定压比热(不包括冷却蒸汽)

T'_e——直接测量的烟气出口温度；

T_s——冷却蒸汽的温度。

13.2.8.2 烟机效率的测定

(1) 在功率测定后按下式计算效率

$$\eta_e=\frac{N_e}{G_e\cdot C_p\cdot T_i\left[1-\left(\frac{P_e}{P_i}\right)^{\frac{K-1}{K}}\right]}$$

式中 η_e——烟机总效率；

N_e——烟机轴功率，W；

G_e——烟机入口流量，kg/s；

C_p——烟机进出口烟气平均定压比热，J/(kg·K)；

T_i——入口烟气温度，K；

P_e——烟气出口压力；

P_i——烟气入口压力；

K——烟气绝热指数。

烟机入口流量的测量采用文丘里管，测量方法参照 ASME PTC 19.4 或 ISO 5167。

(2) 由热平衡法测定烟机效率

由烟机热平衡方程式可知：

$$N_e=G_e\cdot C_{pe}(T_i-T_e)-N_q-N_{ma}$$

此方程可改写为：

$$N_e=G_eC_{pe}(T_i-T_e)-\frac{N_q}{G_eC_p}-\frac{N_{ma}}{G_eC_{pe}}$$

式中 N_e——烟机轴功率，W；

G_e——烟机入口烟气质量流量，kg/s；

C_{pe}——烟机进、出口烟气平均定压比热，J/(kg·K)；

T_i——烟机入口温度，K；

T_e——考虑冷却蒸汽而修正以后的烟机出口温度，K。

$$T_e=\frac{G_s\cdot C_{ps}(T'_e-T_s)}{G_e\cdot C_{pg}}+T'_e$$

T'_e——出口烟气温度的测量值，K；

N_q——壳体表面散热的当量功率，W；

N_{ma}——轴承耗功，W。

令
$$\Delta T_q=\frac{N_q}{G_e\cdot C_{pe}}\quad \Delta T_{ma}=\frac{N_{ma}}{G_e\cdot C_{pe}}\quad \Delta T_s=\frac{G_s\cdot C_{ps}(T'_e-T_s)}{G_e\cdot C_{pg}}$$

则烟机热平衡方程式可写为：

$$N_e=GC_p(T_i-T'_e-\Delta T_q-\Delta T_{ma}-\Delta T_s)$$

烟机总效率为烟机输出的轴功率与工质按照理想绝热过程进行膨胀达到同一出口压力时所发出的理想功率之比：

$$\eta_e=\frac{G_eC_{pe}(T_i-T'_e-\Delta T_q-\Delta T_{ma}-\Delta T_s)}{G_eC_{pe}\cdot T_i\left[1-\left(\frac{P_e}{P_i}\right)^{\frac{K-1}{K}}\right]}=\frac{T_i-T'_e-\Delta T_q-\Delta T_{ma}-\Delta T_s}{T_i\left[1-\left(\frac{P_e}{P_i}\right)^{\frac{K-1}{K}}\right]}$$

当忽略经转子的主轴传出的热量时，烟气轮机的内效率为：

$$\eta_{ei}=\frac{T_i-T'_e-\Delta T_q-\Delta T_s}{T_i\left[1-\left(\frac{P_e}{P_i}\right)^{\frac{K-1}{K}}\right]}$$

13.2.8.3　烟机回收功率计算公式

公式1：
$$N=G\cdot C_p\cdot T_1\left[1-\left(\frac{P_2}{P_1}\right)^{\frac{K-1}{K}}\right]\cdot\eta$$

式中　N——烟机回收功率，kW；

G——烟气重量流量，kg/s；

C_p——烟气定压比热，kJ/(kg·K)；

T_1——入口温度，K；

P_1——入口压力，MPa(A)；

P_2——出口压力，MPa(A)；

K——烟气比热比；

η——总效率。

公式2：
$$N=GRT_1\left(\frac{K}{K-1}\right)\left[1-\left(\frac{P_2}{P_1}\right)^{\frac{K-1}{K}}\right]\cdot\eta$$

式中　R——气体常数，$R=8.3143$/分子量，kJ/(kg·K)。

其他符号意义同前。

公式3：
$$h_p=\left(\frac{WRT_1}{33000}\right)\left(\frac{K}{K-1}\right)\left[1-\left(\frac{P_2}{P_1}\right)^{\frac{K-1}{K}}\right]\cdot\eta$$

式中　h_p——烟机回收功率，hp；

W——气体质量流量，lb/min；

R——气体常数，$R=1545.3$/分子量；

T_1——入口温度，K；

P_1——入口压力，$lb/in^2(A)$；

P_2——出口压力，$lb/in^2(A)$；

η——总效率。

13.3 主风机

13.3.1 主风机的类型与比较

13.3.1.1 主风机的类型

炼油厂催化裂化装置的规模(或处理量)决定选用何等类型的主风机。图 13-3-1 为各类压缩机的使用范围。

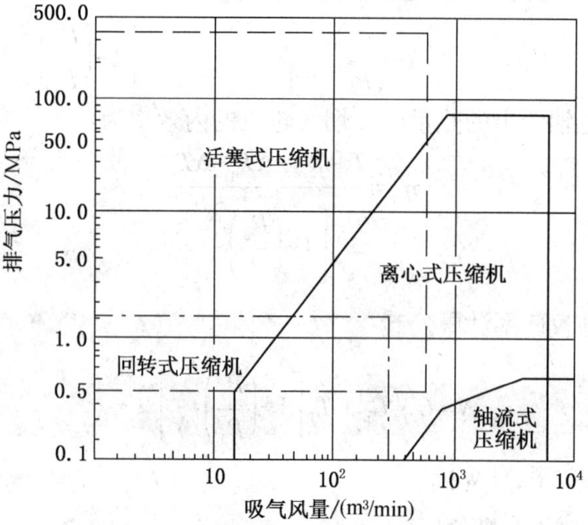

图 13-3-1 各类压缩机的使用范围

13.3.1.2 用于 FCC 动力回收机组的离心式空气压缩机和轴流式空气压缩机的使用范围和特点比较(表 13-3-1)

表 13-3-1

	轴流式空气压缩机	离心式空气压缩机
使用范围	1200~17500Nm^3/min 单缸压比 2.7~9	100~2500Nm^3/min 单缸压比 3.5~10
流量调节范围	±30%	-20%,+8%
多变效率	0.88~0.90	0.75~0.82
体积/排量	小	大
特性曲线	陡 峭	平 缓
调节方式	可调静叶	调节入口阀开度
操作、维护	控制系统较复杂,要求高	控制系统简单,易操作,易维护
其 他	对空气中的灰尘要求高,需加入口空气过滤器	一般不需加入口空气过滤器

图 13-3-2 和图 13-3-3 为离心压缩机和轴流压缩机的特性线。

13.3.2 国产 AV 型轴流压缩机

13.3.2.1 型谱

陕西鼓风机厂在 20 世纪 70 年代末引进了瑞士苏尔寿公司轴流压缩机的设计和制造技

术。该机分为 A(静叶不可调)和 AV(静叶可调)两大系列，每个系列按转子转毂直径划分为 12 种规格，级数为 9~18 级。对于 FCC 动力回收机组而言，多数在恒转数下运行，调节方式只能用可调静叶的方式进行。因此，均选用 AV 型系列。表 13-3-2 为 AV 系列的性能参数表，表 13-3-3 为轴流压缩机的主要尺寸。

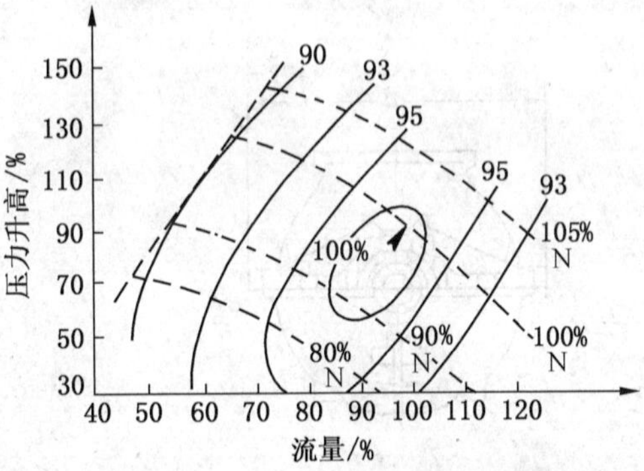

图 13-3-2　离心压缩机特性曲线

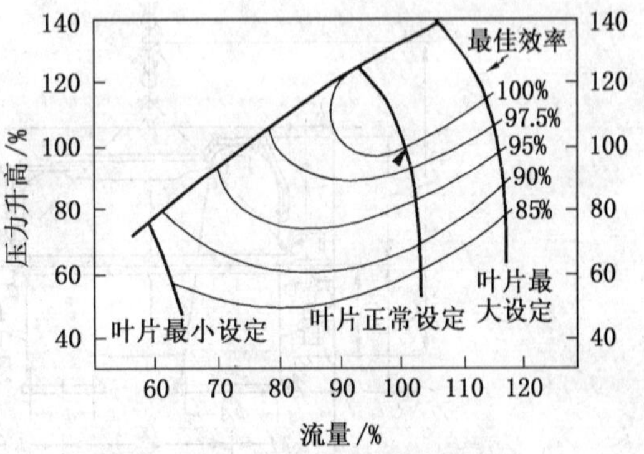

图 13-3-3　轴流压缩机特性曲线

表 13-3-2　AV 系列轴流压缩机性能参数表

型　号	级　数	压　比	吸入流量/($10^3Nm^3/h$)	功率/10^2kW	转数/(r/min)
AV40	9~18	2.7~7.2	70~85	34~80	8833
AV45	9~18	2.7~7.2	85~110	40~100	7852
AV50	9~18	2.7~7.3	110~135	50~130	7066
AV56	9~18	2.7~7.3	135~165	62~160	6309
AV63	9~18	2.7~7.3	165~215	80~200	5608
AV71	9~18	2.7~7.3	215~275	100~270	4976
AV80	9~18	2.7~7.3	275~350	135~330	4417
AV90	9~18	2.7~7.3	350~425	170~410	3926
AV100	9~18	2.7~7.3	425~550	210~510	3533
AV112	9~18	2.7~7.3	550~680	270~650	3153
AV125	9~18	2.7~7.3	680~850	340~800	2827
AV140	9~18	2.7~7.3	850~1050	400~900	2524

13.3.2.2　AV 系列轴流压缩机特点

① 全静叶可调或部分静叶可调。第一级静叶角度可以在 14°~80°范围变化，流量调节范围比 A 系列大一倍，且整个调节范围工况点均处在高效区。

② 叶型采用美国 NACA 航空协会原始叶型并经大量风洞试验和修正。前两级采用 N5 叶型，后面级采用 N8 叶型，有利于调节叶片高度，提高压缩机效率。

③ 流道采用等内径设计，加工方便。

④ 多变效率高于 90%。等效率线和喘振线平行且平坦。具有 50%、80%、112%三种反

动度供选择和组合，满足不同介质和机型要求。

⑤ 机组采用机壳、叶片承缸、调节缸的三层缸设计。

⑥ 配合变转速调节可使工况范围进一步扩大10%~15%。

表 13-3-3 轴流压缩机主要尺寸

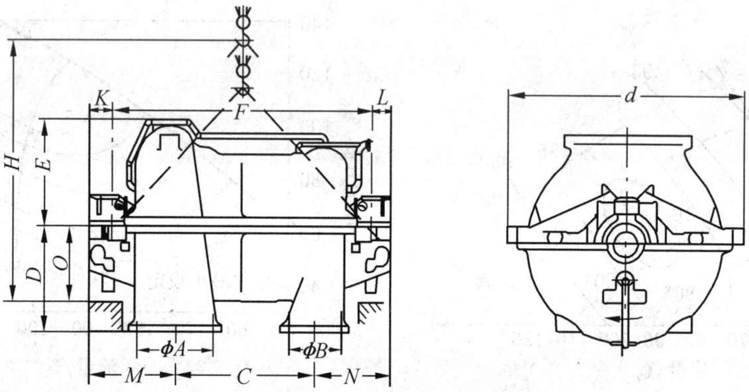

A/AV 型号（转毂直径）(cm)　F 轴承跨距(mm)　G_R转子质量(t)　G_1总质量(t)

mr^2惯性力(kgm^2)　G_2上机壳质量(t)　G_3装配最大件质量(t)　H 拆卸最低高度(mm)

	12级											
型　号	40	45	50	56	63	71	80	90	100	112	125	140
ϕA	1000	1100	1200	1400	1500	1700	1900	2200	2400	2600	3000	3400
ϕB	650	750	800	900	1000	1100	1300	1500	1600	1800	2000	2200
C	1820	1788	1855	1971	2060	2190	2330	2670	3050	4075	4560	5090
D	1050	1150	1250	1400	1500	1700	2000	2200	2400	2600	2900	3250
E	985	1090	1205	1365	1510	1705	1840	2070	2350	2200	2460	2750
F	3100	3088	3240	3466	3737	4510	4980	5620	6140	7040	7880	8810
H	2100	2200	2400	2800	3200	3800	4300	4900	5400	6200	6800	7600
K	450	490	520	555	660	560	620	800	800	900	1000	1125
L	450	490	520	555	660	805	1000	800	800	1500	1600	1700
M	1155	1210	1290	1410	1610	1865	2105	2450	2535	2415	2690	3020
N	1025	1070	1135	1195	1387	1820	2165	2100	2155	2950	3230	3525
O	650	700	700	800	850	560	630	710	710	900	1000	1125
P	2160	2430	2700	3020	3050	3460	3770	4220	4780	5290	5900	6610
G_R	2.3	3.3	4.3	5.3	7.0	10.0①	13.4①	18.0①	28.0①	27	37	53
G_1A	17.3	22.5	28.5	34.5	44.5	53.5	67	96	139	140	195	270
G_1AV	18.5	24.0	30.5	37.0	48.0	58.8	73	105	149	165	215	300
G_2	4.5	6.0	7.5	9.0	11.5	12.5	17.3	25.1	36.0	39	54	75
G_3	8.0	10.0	12.5	15.0	16.5	15.5	22.3	33.1	43.0	44	62	85
mr^2	40	65	105	175	300	550②	980②	1780②	3000②	4800	8300	14500

续表

16级												
型 号	40	45	50	56	63	71	80	90	100	112	125	140
ϕA	1000	1100	1200	1400	1500	1700	1900	2200	2400	2600	3000	3400
ϕB	650	750	800	900	1000	1100	1300	1500	1600	1800	2000	2200
C	2220	2200	2255	2375	2468	2670	2860	3250	3690	4825	5380	6030
D	1050	1150	1250	1400	1500	1700	2000	2200	2400	2600	2900	3250
E	985	1090	1205	1365	1510	1705	1840	2070	2350	2200	2460	2750
F	3500	3500	3640	3870	4145	4990	5510	6200	6780	7790	8700	9750
H	2100	2200	2400	2800	3200	3800	4300	4900	5400	6200	6800	7600
K	450	490	520	555	660	560	620	800	800	900	1000	1125
L	450	490	520	555	660	805	1000	800	800	1500	1600	1700
M	1150	1210	1290	1410	1610	1865	2105	2450	2535	2415	2690	3020
N	1025	1070	1135	1195	1387	1820	2165	2100	2155	2950	3230	3525
O	650	700	700	800	850	560	630	710	710	900	1000	1125
P	2160	2430	2700	3020	3050	3460	3770	4220	4780	5290	5900	6610
G_R	2.7	3.8	4.9	6.0	8.0	11.2①	15.5①	21.0①	32.0①	30	42	60
G_1A	18.5	24.0	30.5	37.0	46.0	56.7	71	102	146	148	206	290
G_1AV	20.0	26.0	33.0	40.0	50.0	62.6	78	112	159	166	230	320
G_2	4.7	6.2	7.7	9.2	11.7	13	18	26	37	40	55	77
G_3	8.3	10.3	12.8	15.3	16.8	16	23	34	44	45	63	88
mr^2	48	78	124	205	350	650②	1140②	2070②	3500②	5500	9600	16800

注:① 空心转子大约轻 30%;

② 空心转子大约轻 15%。

13.3.2.3 AV 系列轴流压缩机的结构

AV 系列轴流压缩机由转子、动叶片、静叶片、叶片承缸、调节缸、机壳、进口圈、扩压器、轴承箱等组成(图 13-3-4)。

13.3.3 其他用于 FCC 动力回收系统的主风机

13.3.3.1 德国 GHH 公司生产的轴流压缩机

(1) 型谱(图 13-3-5)

(2) 特点

① 反动度为 70%~100%进行组合。

② 采用串级结构,末级为离心级,轴向尺寸小。

③ 流量范围为 50000~1200000m^3/h,压比可达 8。

④ 对于恒转速的轴流压缩机,只在级少的基本级采用静叶可调。

⑤ 图 13-3-6 为采用可调静叶控制方式的流量、压比的变化曲线。

图 13-3-7 为采用速度控制方式的流量、压比变化曲线。

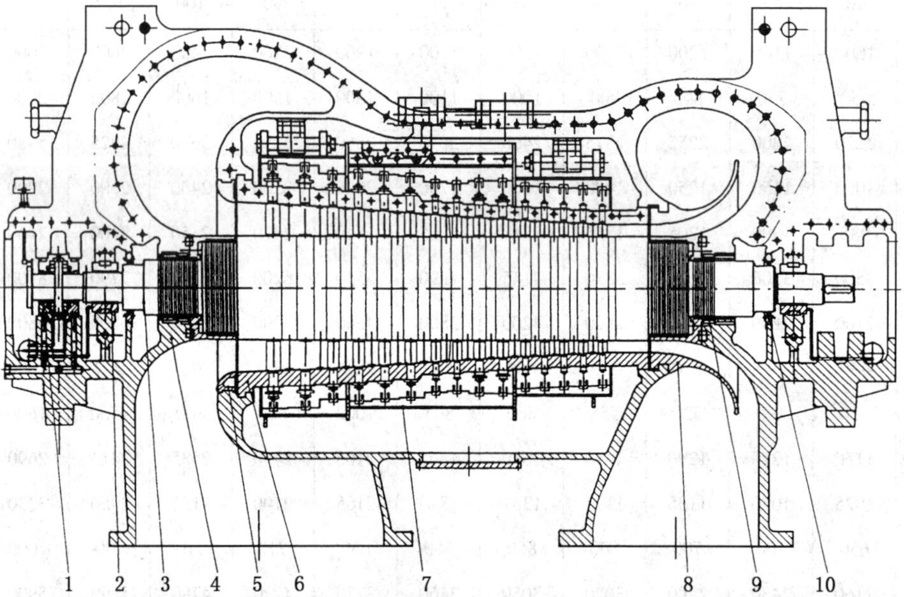

图 13-3-4

1—止推轴承；2—径向轴承；3—转子；4—机壳；5—进口圈；6—叶片承缸；7—调节缸；8—扩压器；9—密封；10—油封

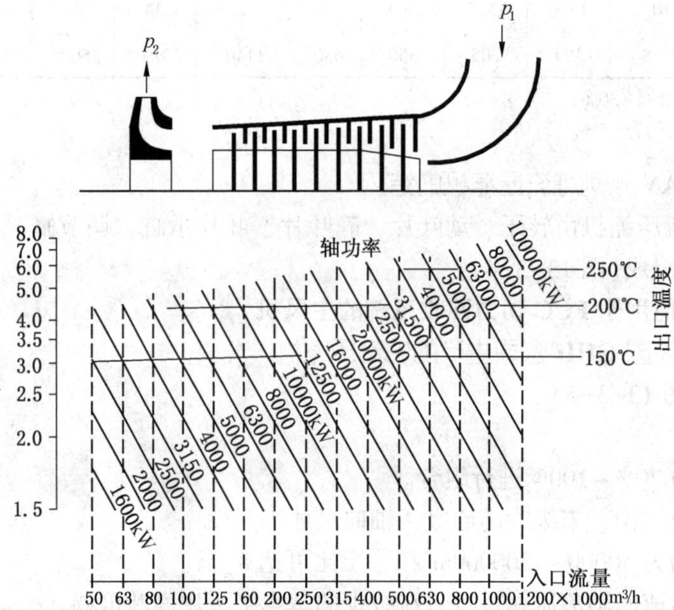

图 13-3-5

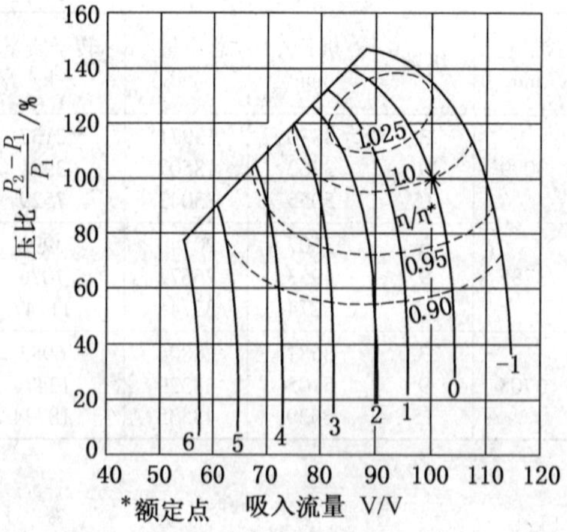

图 13-3-6 静叶控制

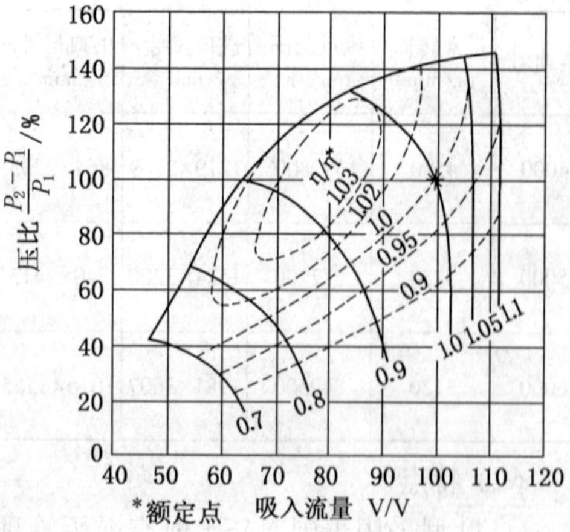

图 13-3-7 速度控制

（3）结构

图 13-3-8 为一台无中间冷却的轴流压缩机，前 6 级的反动度为 70%，以后级的反动度为 100%，最后一级为离心级。

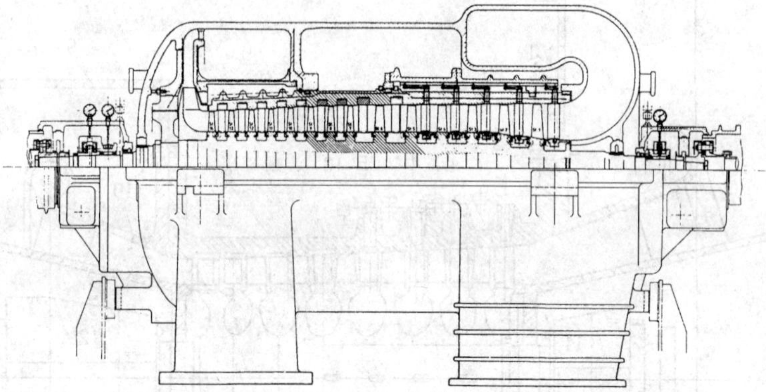

图 13-3-8 MAN GHH 公司工业轴流压缩机

13.3.3.2 美国 D-R 公司生产的轴流压缩机

（1）型谱(表 13-3-4)

表 13-3-4 D-R 公司轴流式压缩机系列

系列号	正常转速/(r/min)	流量范围/(m^3/h)	进口尺寸/mm	出口尺寸/mm	机高/mm	机宽/mm	级数	机长/mm	总质量/kg	转子质量/kg
1000	8000	127400	787×1397	686×1143	1651	1575	3 9 15	1956 2616 3276	4717 6214 7983	499 862 1361
1500	6870	186900	940×1676	813×1575	2209	2210	3 9 15	2261 3023 3785	6804 8618 11794	658 1225 2177
3000	5590	271800	1067×2159	762×1854	1854	2743	3 9 15	2438 3327 4216	12427 14423 16328	1179 2222 4218

续表

系列号	正常转速/(r/min)	流量范围/(m^3/h)	进口尺寸/mm	出口尺寸/mm	机高/mm	机宽/mm	级数	机长/mm	总质量/kg	转子质量/kg
4000	4580	390800	1219×2769	864×2235	1981	3099	3 9 15	2870 3962 5055	13971 18507 23043	2132 3991 7529
5000	3750	577700	1524×3200	940×2413	2820	3785	3 9 15	3607 4953 6274	20140 26672 33748	3992 7076 11747
6000	3120	849500	1981×3607	1016×2565	2667	3708	3 9 15	3581 5105 6629	28804 38329 48535	6985 12474 18734

（2）特点

① 叶型采用美国 NASA 航空航天管理局标准型线。

② 反动度为 50%。

③ 部分静叶可调。

（3）结构(图 13-3-9)

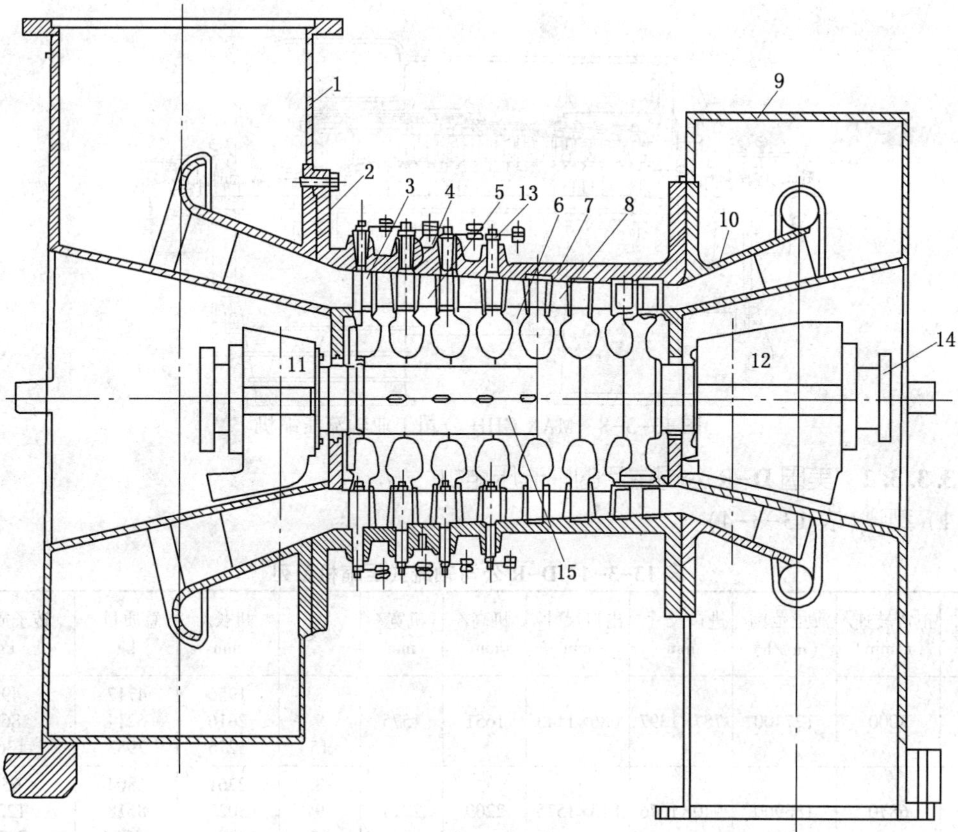

图 13-3-9 轴流式压缩机结构示意图

1—进口蜗形壳体；2—中间缸体；3—进口导向叶片；4—可调式静叶片；5—转子动叶片；6—转子轮盘；7—固定式静叶片；8—级间密封片；9—出口蜗形壳体；10—出口扩压器；11—径向轴承；12—推力轴承和径向轴承；13—可调静叶的转动杆；14—联轴节；15—转子主轴

13.3.3.3　美国 Elliott 公司生产的轴流压缩机

(1) 型谱(表 13-3-5)

表 13-3-5

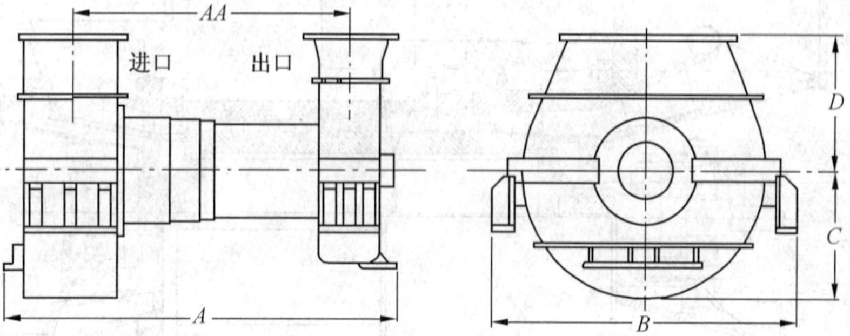

近似尺寸

型号	A(11级)/(in/mm)	AA(11级)/(in/mm)	每级的长度差/(in/mm)	入口端			出口端		
				B/(in/mm)	C/(in/mm)	D/(in/mm)	B/(in/mm)	C/(in/mm)	D/(in/mm)
21A	129/3277	91/2311	4.4/112	104/2642	42/1067	45/1143	84/2134	32/813	45/1143
26A	152/3861	105/2667	4.9/124	119/3023	50/1270	51/1295	95/2413	38/965	51/1295
32A	182/4623	125/3175	5.9/150	130/3302	59/1499	60/1524	115/2921	45/1143	60/1524
37A	218/5537	150/3810	6.5/165	148/3759	70/1778	72/1829	141/3581	56/1422	72/1829
44A	260/6604	180/4572	7.9/201	180/4572	83/2108	86/2184	168/4267	66/1676	86/2184

型号	额定流量①/[ft³/mm(m³/h)]	额定转速/(r/min)	近似质量(11级)/(lb/kg)	每级质量差/(lb/kg)
21A	40000~100000 (67960~169900)	6100	29100/13200	600/272
26A	70000~141000 (118900~239600)	5100	50000/22700	910/413
32A	125000~202000 (212400~343200)	4270	85000/38600	1480/671
37A	190000~285000 (322800~484200)	3600	140000/63500	2140/970
44A	250000~396000 (424800~672800)	3050	230000/104300	3500/1590

注:① 基准空气工况为 60℉, 14.7psia。

(2) 特点

① 叶型采用美国航空协会 NACA65 系列型线。

② 反动度为 50%。

③ 部分静叶可调。

(3) 结构(图 13-3-10)

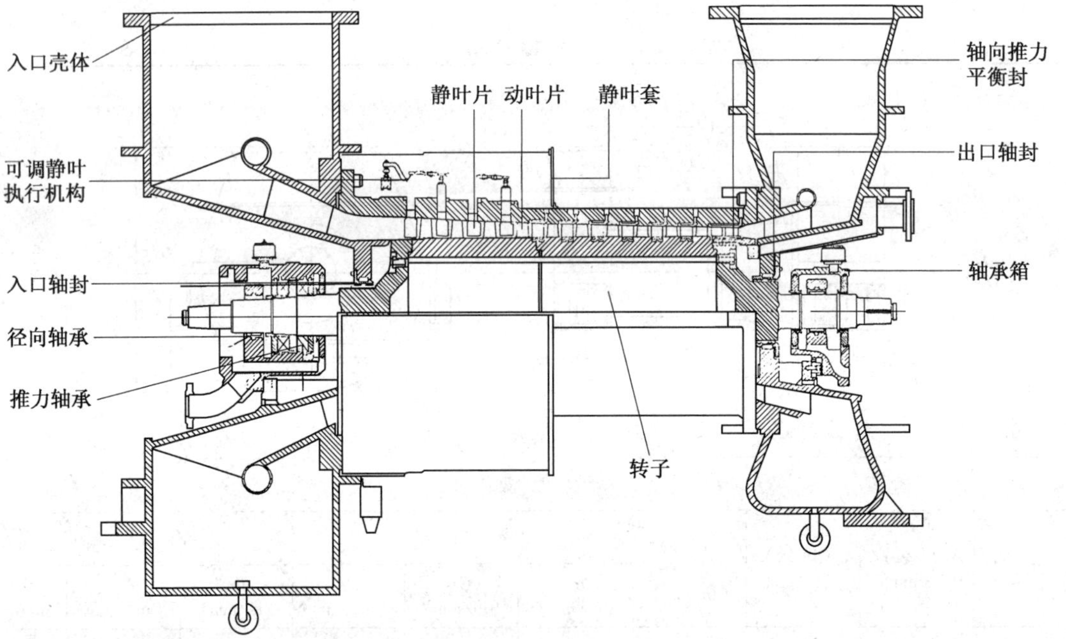

图 13-3-10

13.3.4 轴流压缩机的控制系统

13.3.4.1 流量调节系统

流量调节系统由两部分组成:

(1) 流量测量系统(图 13-3-11)

由安装在主风机出口上的文丘里管及流量调节器等构成，由于测量的是标准状态流量，故在文丘里管入口装有压力、温度测量元件，送至流量调节器进行压力、温度修正。

(2) 静叶可调控制系统

由静叶可调放大器、位移反馈器及电液伺服阀(三位四通电磁阀)等构成。静叶可调放大器的输入(给定)信号来自流量调节器的输出信号。当主风流量需要变化时，静叶可调放大器输出信号发生变化，使电液伺服阀原有平衡破坏，令主风机静叶旋转某一角度，输出风量改变，同时位移反馈的信号相应发生变化，传至静叶可调放大器，使电液伺服阀达到一个新的平衡位置。

13.3.4.2 防喘振保护系统

图 13-3-12 为典型的防喘振保护系统流程图。

主风机入口喉部差压、入口压力、入口温度及出口压力信号输出到防喘振调节器内，防喘振调节器的输出送至防喘振调节阀。

防喘振保护的原理是:

$$\Delta p \geqslant K \cdot p_c \cdot f(x) + b$$

式中 Δp——喉部差压;

K——系数;

p_c——出口压力;

$f(x)$——静叶角度；

b——安全裕度。

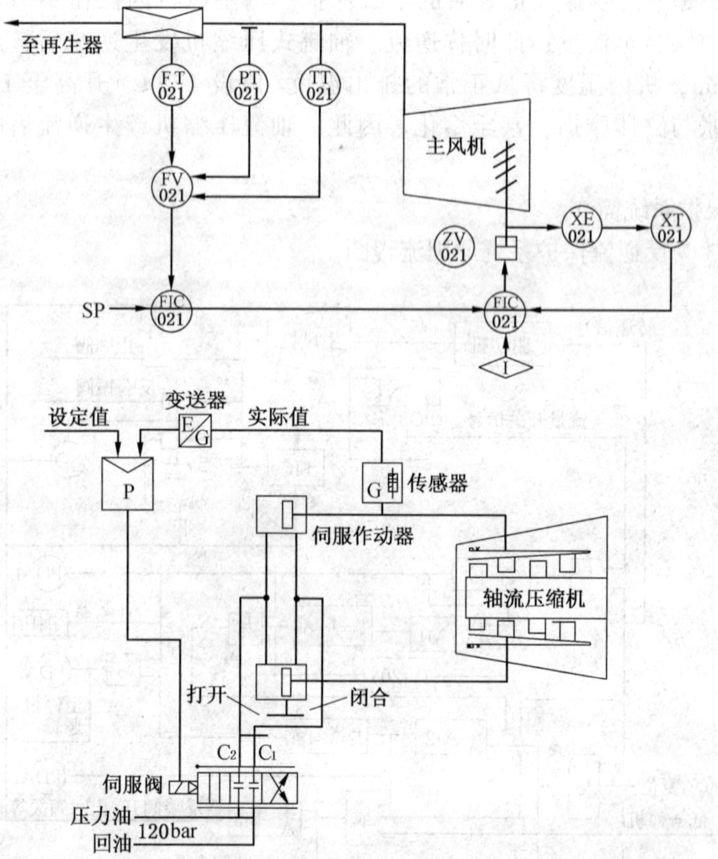

图 13-3-11

机组在运转时，防喘振调节器随时测量至风机出口压力及喉部差压。出口压力作为给定值，在不同静叶角度下的某一出口压力加上安全裕量后，对应于一个给定的最低喉部差压。只要压缩机的实测喉部差压大于给定值，机组就处于安全状态。一旦测量值小于给定值，防喘振调节器输出值从最大（20mA）降至最小（4mA），令防喘振阀打开。

防喘振调节器除了正常的比例积分调节外还设有：快速打开；防喘振线下调；防喘振阀手动打开；防喘振阀快开、慢关等功能，以确保压缩机尽量不发生喘振，或一旦发生喘振，尽量减少其危害。

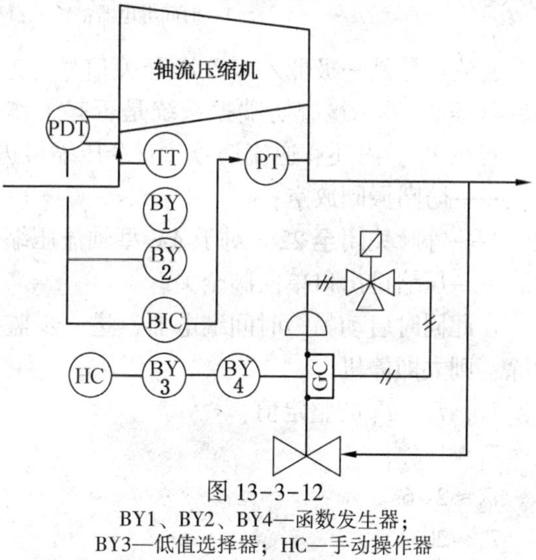

图 13-3-12

BY1、BY2、BY4—函数发生器；
BY3—低值选择器；HC—手动操作器

13.3.4.3 轴流压缩机的防逆流保护

(1) 逆流及逆流的危害

防逆流保护是继防喘振保护之后的第二保护。当主风机因操作不当发生喘振后，操作点会很快逆向跳至负流量，此时称逆流。轴流式压缩机发生逆流后，出口气体倒流至入口，持续1min，机内温度将从正常的排出温度(假设175℃)升高至10倍。前几级的动叶会迅速膨胀与缸体摩擦，甚至熔化。因此，轴流压缩机产生逆流后的危害是极其严重的。

(2) 逆流保护系统简介

图13-3-13为反逆流保护系统原则流程图。

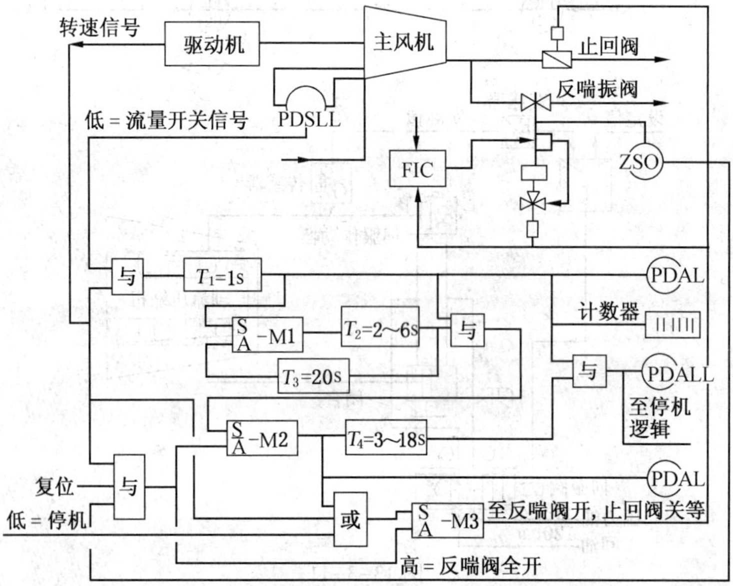

图 13-3-13 反逆流保护系统原则流程图

T—时间继电器；M—存储器；S—给定；A—复位

逆流信号是一极低入口差压开关信号。逆流发生后先等待 T_1 秒，检查是否是假信号，然后再等 T_2 秒，检查防喘振系统是否起了作用，再等 T_3 秒，若20s无逆流信号就恢复常态，若在 T_3 秒内还有逆流信号，就令压缩机进入安全运行：

——防喘振阀放空；

——静叶关闭至22°(对于AV型轴流压缩机)；

——压缩机出口单向阀全关。

在此同时启动另一时间继电器，进一步监视逆流信号，若安全运行10s，逆流信号还未消除，则立即停机。

T_1、T_2、T_3 的整定值：

$T_1 \approx 1s$

$T_2 \approx 2 \sim 6s$

$T_3 \approx 20s$

13.3.5　主风机耗功和效率的测定

13.3.5.1　采用规范

JB3165—82《离心和轴流式鼓风机、压缩机热力性能试验》。

13.3.5.2　主风机效率的测定

主风机多变效率：

$$\eta_{pol}=\frac{K-1}{K}\cdot\frac{\lg(p_2/p_1)}{\lg(T_2/T_1)}$$

式中　p_1——主风机实测进口压力，MPa(A)；

p_2——主风机实测出口压力，MPa(A)；

T_1——主风机实测进口温度，K；

T_2——主风机实测出口温度，K；

K——绝热指数。对于空气，$K=1.4$。

13.3.5.3　主风机耗功的测定

$$N_c=16.0132\cdot p_1\cdot V_1\cdot\frac{K}{K-1}(\varepsilon^{\frac{K-1}{K\cdot\eta_{pol}}}-1)/\eta_{pol}\cdot\eta_m$$

式中　p_1——主风机实测进口压力，MPa(A)；

$$p_1=0.098(p_0-p'_1)/735$$

p_0——当地大气压，mmHg；

p_1'——主风机入口真空度，mmHg；

V_1——主风机实测进口体积流量，m^3/min；

ε——主风机压缩比，$\varepsilon=p_2/p_1$；

p_2——主风机出口压力，MPa(A)；

$$p_2=p'_2+p_0,\ \text{MPa(A)}$$

p'_2——主风机出口压力实测值(表压)；

η_{pol}——实测的主风机多变效率；

η_m——考虑主风机轴承和轴密封功率损失后的机械效率。

13.3.6　主风机常见故障与处理(表13-3-6)

13.3.7　国内外轴流压缩机主要零件材料选用(表13-3-7)和厂内检验项目表(表13-3-8)

13.3.8　AV型轴流压缩机拆卸与装配过程(图13-3-14)

表13-3-6　主风机常见故障及处理

序号	故障名称	现　象	处　理
1	主风机喘振	①主风机出口压力忽低忽高，主风流量大幅波动； ②主电机电流大幅度波动； ③主风机入口温度迅速升高； ④机组振动，进出口有喘振冲击声。振动开始时，振动频率为转数的一半，喘振发生时，振动频率迅速降低，振幅也显著增大	发现主风机喘振时，应联系反应岗位，检查原因，消除喘振。防喘振控制器在自动位置，机组一般不会进入喘振区。如进入喘振区，则防喘振控制器失灵，此时，还有逆流保护，使机组进入安全运行状态。如逆流还没有消除，则机组紧急停机

续表

序号	故障名称	现象	处理
2	防逆流措施——主风机低流量报警并自保动作	① 主风机低流量报警； ② 主风机进入安全运行或主风机紧急停机	① 从工艺(操作)上查找原因； ② 从仪表(PLC)上查找原因； ③ 从设备(防喘振阀)上查找原因
3	停6000V高压电	电动工况时，主风流量、压力、烟气轮机转速及烟机进口压力下降。 发电工况时，主风流量、压力、烟气轮机转速上升	电动工况时，通告反应岗位，若机组转速不能维持额定转速的97%以上时，将自动“紧急停机”
4	停380V电	主润滑油泵、主动力油泵停运，油压下降，辅助油泵自启动报警	主油泵停运后，检查辅助油泵是否已启动，若备泵不能启动且正常运行，则立即停机组
5	停24V直流电	由UPS供电，若超过UPS允许供电时间，则24V DC彻底断电，所有报警及控制仪表失灵，自保联锁启用。机组停机	① 由UPS供电时，应立即向班长报告，及时处理； ② 24V DC无电，按紧急停机处理
6	停仪表风	① 防喘振阀开，主风压力、流量均下降； ② 阻尼单向阀全关	机组维持安全运行状态或停机
7	停水	① 冷油器出口温度上升，轴承温度上升； ② 电动机定子温度升高	循环水切换用新鲜水

表13-3-7 国内外轴流压缩机主要零件材料

	国产AV型	D-R	Elliott
主轴	25Cr2Ni4MoV	AISI 4340	AISI 4340
动叶片	2Cr13	AISI 403	AISI 403
静叶片	2Cr13	AISI 347	AISI 403
静叶承缸	QT400-15	ASTM A48	ASTM A216
壳体	HT 250	ASTM A285	ASME SA516
轴承箱	QT 400-15	ASTM A285	ASTM A216

表13-3-8 主要件厂内检验项目表

部件 \ 项目	化学成分	机械性能	X射线	超声波	磁粉探伤	渗透检测	水压试验	尺寸检查	组装检查	外观检查
机壳	✓	✓					✓	✓	✓	✓
叶片承缸	✓	✓						✓	✓	✓
调节缸								✓	✓	✓
动叶片	✓	✓		✓	✓			✓	✓	✓
静叶片	✓	✓		✓	✓			✓	✓	✓
轴	✓	✓		✓		✓		✓	✓	✓
伺服油缸	✓	✓					✓	✓	✓	✓

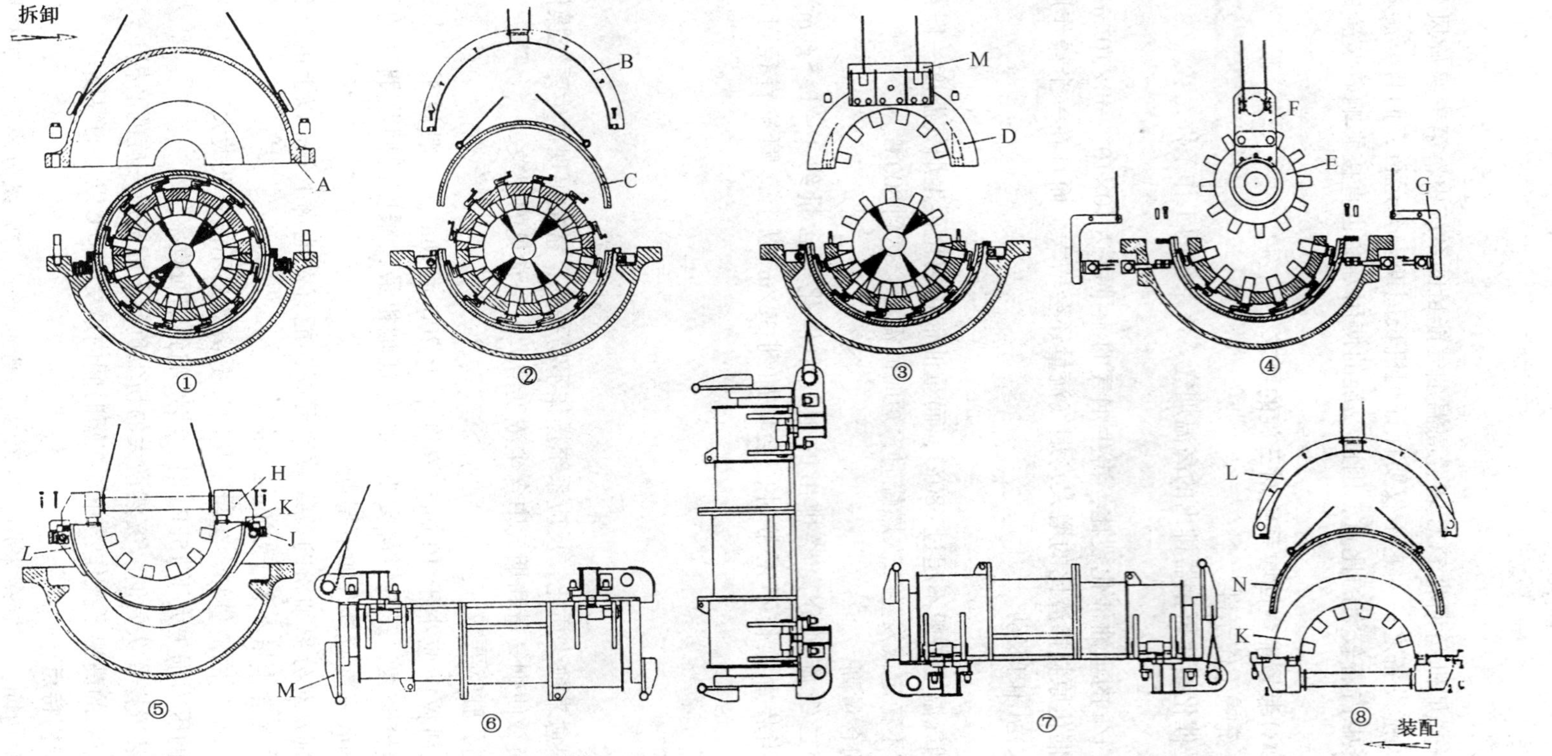

轴流压缩机拆卸与装配过程

1. 拆去机壳中分面螺栓,将机壳 A 吊起。
2. 拆去调节缸与所有导向环间的连接螺栓,分别将调节缸上部 B 和所有导向环 C 吊起。
3. 拆去静叶承缸中分面螺栓,安装好吊具 M 将静叶承缸上部 D 吊起。
4. 用吊具 F 将转子 E 吊出。拆开调节缸下部连接板 G。
5. 安装好吊具 H,拆开调节缸支轴与机壳下部的联接螺栓,将静叶承缸下部 K 与调节缸下部 L 一起吊起。
6. 安装好吊具 M,将静叶承缸和调节下部一起吊起并翻转 180°。
7. 拆开调节缸与导向环之间的联接螺栓,拆掉吊具 H 之后分别将调节缸下部 L、导向环 N 吊起。
8. 安装次序按反程序进行。

图中字母所代表的部件如下:

A—机壳上部　B—调节缸上部　C—导向环
D—静叶承缸上部　E—转子　F—转子吊具
G—调节缸下部连接板　H—定子吊具(一)　K—静叶承缸下部
L—调节缸支承　M—定子吊具(二)(三)　N—导向环

图 13-3-14　AV 型轴流压缩机拆卸与装配过程

13.4 第三级旋风分离器

在用烟气轮机(以下简称“烟机”)回收FCC装置高温烟气能量的系统中，第三级旋风分离器(以下简称“三旋”)是关键设备之一。它不仅要保证烟机长周期安全运行，而且三旋本身的投资在能量回放系统资中占着较大的比重，因此三旋的使用寿命也直接影响着装置的效益。

13.4.1 催化裂化(FCC)装置能量回收系统对三旋的要求

13.4.1.1 能量回收系统的工作条件

推动烟机运行的工质是催化裂化再生器排出的高温烟气，该系统的工作条件是：

(1) 烟气的流量大

一套 $100\times10^4\sim200\times10^4$t/a 的重油催化裂比，再生烟气的流量可达 $10\times10^4\sim40\times10^4$ m^3/h。随着装置规模的扩大和催化原料掺渣比的增大，烟气流量还会增大，而且在一个操作周期中，烟气量可能会在较大范围内波动。

(2) 烟气的温度高

馏分油催化裂化再生烟气温度一般不超过680℃，而重油催化裂化再生烟气温度一般都在700℃以上，当装置操作不稳定或发生二次燃烧时，短时间温度会达到800℃。

(3) 烟气中催化剂细粉含量高

一般再生器经过一、二级旋风分离器排出的烟气中催化剂含量约1~1.5g/m^3，颗粒直径在10~30μm，当装置操作不正常时，会增加到3g/m^3以上，颗粒直径可达40~50μm。

(4) 操作压力

0.2~0.45MPa(A)。

(5) 操作的波动性较大

目前渣油催化裂化原料愈来愈劣质化，反应系统操作不易平稳，常常出现再生系统操作的波动，或因催化剂的更换，使烟气量和烟气中含尘浓度增大，是常见的现象。

13.4.1.2 能量回收对三旋的要求

烟机要求烟气中催化剂粒度应小于10μm，浓度小于200mg/Nm^3。一般说来，小于10μm的细粉对烟机的磨损较轻微；三旋压降要低，以保证烟机最大限度的回收烟气的能量。根据上述要求，能量回收三旋应具有如下特点：

① 分离性能良好，特别是对分离细粉的粒级效率要高，能有效地将10μm以上的催化剂除去，并要求净化后的烟气含尘量不大于200mg/Nm^3。

② 弹性好，运行可靠，烟气的流量和含尘量变化时，分离效果不能降低太大。

③ 压降要低，当三旋的压力损失大于15kPa时，将影响到烟回收率。

④ 抗磨、耐用。催化装置操作失常时，突然增大的粉尘负荷不能造成三旋的磨损。

⑤ 能长时间在700℃左右的高温下操作，并能在短时间内承受800℃以上的温度。

13.4.2 多管三旋的结构特点

催化裂化能量回收开发初期，三旋多采用直径较大的普通形式的旋风分离器，如杜康(Ducon)型、布埃尔(Buell)型及旋流式等等。这种分离器的分离效率都不太高，对10~20μm的催化剂细粒捕集率很低。20世纪60年代美国shell公司开发出了多管式旋风分离器，并在工业装置上应用获得了成功，很快在国际市场上占了主导地位。目前我国催化裂化能量回收系统三旋大部分都采用多管式。

13.4.2.1　多管三旋的结构形式

所谓“多管式三旋”，就是用很多根直径较小的旋风管(管径一般为250~300mm)，并列安装在一个承压壳体内。根据旋风管的安装方式，可分为立管式多管三旋和卧管式多管三旋，现对这两种结构分别加以简述。

(1) 立管式多管三旋

图13-4-1是立管式三旋结构简图。若干根分离单管垂直固定在上隔板和下隔板中。上、下隔板将壳体内分为了气体分配室、集气室和集尘室。含尘烟气由中心烟气入口管进入气体分配室，气流经分离单管除尘后，净化烟气从单管的升气管进入集气室，分离出的粉尘从分离单管下部携带部分下泄气排入集尘室。再由底部排尘口排出三旋。而集气室里的净化烟气，由不带衬里的烟气出口管道引入烟气；当烟机不开时，可用带隔热耐磨衬里的旁路烟气出口管进入余热锅炉。

三旋壳体内壁有100~120mm的隔热耐磨衬里层，因此壳体可按冷壁容器(壁温<200℃)来设计，高温的内件与壳体之间的热膨胀差，由安装在中心进气管上的膨胀节来吸收。

立管三旋的结构较简单，安装、维护都比较方便，在能量回收系统中应用很广泛，我国有170多台立管三旋在FCC装置中投用。

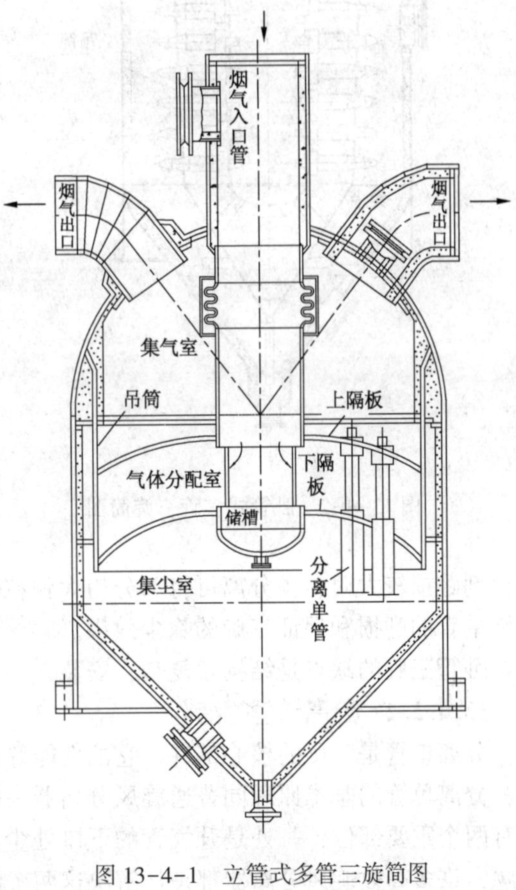

图13-4-1　立管式多管三旋简图

(2) 卧管式多管三旋

近几年由于重油催化裂化的发展，立管式多管三旋设计和使用中都出现了许多问题。首先是因为烧焦量的加大，烟气量变得很大，这样，三旋的直径也增加较多。一个120×10^4t/a的重油催化裂化装置三旋的直径需6m以上。安装旋风管(单管)的两个拱形隔板直径加大，承受较大的重力载荷、外压力及热膨胀推力，隔板的受力情况恶化。同时，因重油催化裂化再生温度提高，由过去馏分油催化裂化640~660℃增高到700~720℃，甚至更高，隔板的高温强度很低，所以国内许多炼油厂催化裂化第三级分离器的隔板发生了严重变形现象，甚至拉裂了中心烟气入口管的膨胀节，造成三旋效率大幅度下降，为此只好加大隔板的厚度，但这不仅使不锈钢材料耗量增加，而且也给加工成型带来了许多困难。此外，当再生器一二级旋风分离器短期失效而大量跑损催化剂时，立管三旋也难适应这一工况。

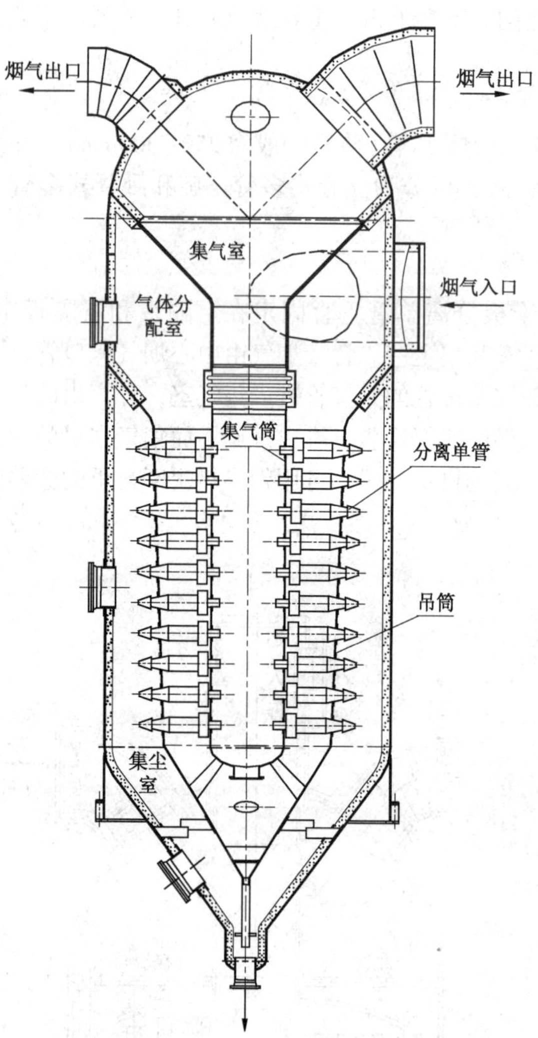

图 13-4-2 卧管式多管三旋简图

卧管式三旋就是为克服立管式三旋这一缺陷而开发的，如图 13-4-2 所示，所谓“卧管式三旋”，它的分离单管水平安装在两层同轴的圆筒(或圆锥)形的筒壁之间。两层筒壁也将三旋内部分成气体分配室、集尘仓和集气室三个部分。含尘烟气沿轴向下流分配到各个分离单管中，除尘后的净化烟气汇集到中心集气筒，再从三旋顶部排出，从单管尾部分离出的粉尘携带少量排尘气流进入集尘仓，从三旋底部排出。在气体分配室，由于下流的烟气对粉尘有一定惯性作用，可将粗大的粉尘聚集在气体分配室下部的锥形空间。气体分配室下部锥体顶端设有一个一次限流喷嘴，将聚集在这里的粉尘排人集尘室中，起到了预分离作用。

与立管式三旋相比，卧管式三旋有两个显著特点：

① 将安装分离单管的两个水平拱形大隔板改为了两层垂直的圆筒结构。当装置处理量增大，三旋整体沿高度增大，抗压和稳定性能大为改善，对短时间超温现象适应性也较强。因此适应于装置处理量超过 160×10^4t/a 以上的大型催化裂化能量回收系统。

② 三旋进气口呈切向，气体分配室有一定的预分离作用. 当装置操作不正常，催化剂跑损较大时，预分离可将部分粗大颗粒除去，降低了分离单管入口浓度，有利于减轻三旋单管的磨损和保证三旋的除尘效果。

卧管三旋的缺点是结构较复杂，安装、检修比较困难。

13.4.2.2 分离单管的结构

分离单管是三旋的核心部件，它的性能好坏直接决定了三旋的分离效果和压降。

分离单管的基本原理同普通旋风分离器一样是靠离心场将气固两相分离的，影响分离效果有两个重要部位，一处是升气管的下口处尘粒的“逃逸”现象，另一处是排尘口处“返混”问题，许多高效旋风分离器都是从解决这两个问题入手的。

如图 13-4-3 所示，通过实验测定，在分离单管升气管下端与筒体之间粉尘会形成一个上灰环，当上灰环粉尘浓度较高时，就会被升气管气流所吸走，这就是粉尘“逃逸”(或称“短路”)现象。

图 13-4-4 所示为分离单管下部排尘口处，由于分离器的粉尘携带部分泄料气排出单

管，但因单管内部旋流场中心部位呈负压，部分泄料气流又返回单管内，它必然会混入相当量的细粉，这就是排尘“返混”现象。对于多管组合，由于排尘口气流相互影响，返混现象尤其突出。

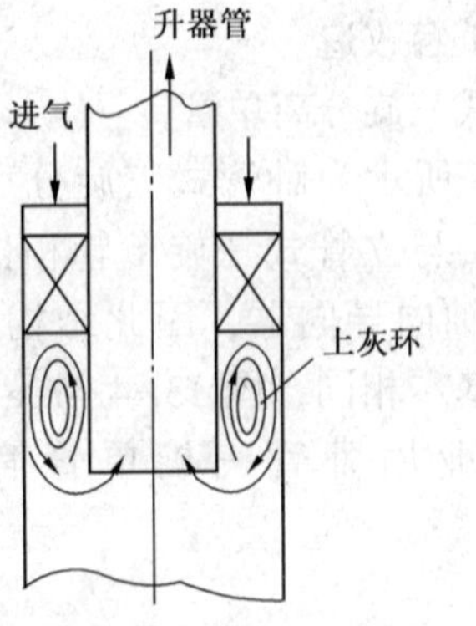

图 13-4-3　上灰环粉尘“逃逸”

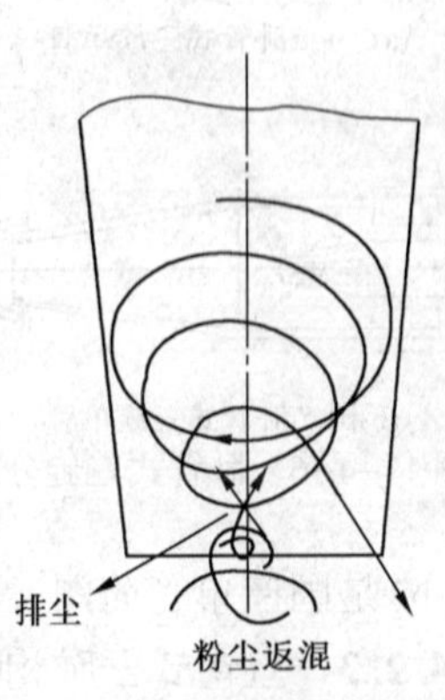

图 13-4-4　排尘口粉尘“返混”

我国科研人员 20 多年来，为解决这些问题作了大量实验研究工作，取得了较好的成果，使分离单管的分离效率大为提高。

(1) 立管式三旋分离单管

图 13-4-5 所示为立管式三旋所采用的分离单管结构形式。

图 13-4-5(a)为美国 Shell 公司早期产品。我国在 20 世纪 80 年代初三旋开发初期也多用这种结构，它由升气管、导向器、筒体、泄料盘几部分组成。Shell 分离单管筒体内有 20mm 刚玉衬里，衬里内径 250mm。导向器将轴向气流变为旋转气流，进口线速 25～30m/s，导向器的出口气速可达 80m/s 以上。刚玉泄料盘上有两个对称布局的 10×20mm 排尘槽孔。后因槽孔易被堵塞，80 年代时取消了泄料盘，改为直筒敞口。我国初期三旋分离单管与该结构相同，在筒体内无刚玉层，筒体内径也为 250mm。导向器入口线速 22～24m/s，导向器出口线速约 60m/s。

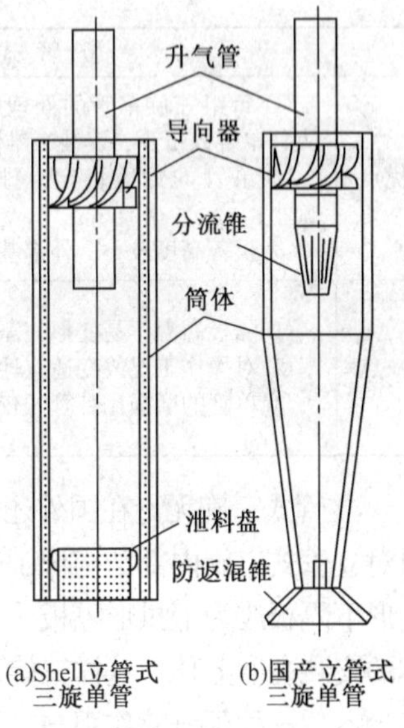

图 13-4-5　立管式三炭分离单管简图

图 13-4-5(b)是我国在 80 年代末期开发的产品。该分离单管与 Shell 单管相比有三个重要的改进：

① 升气管下端增加分流锥，锥体周向开有若干条切向窄缝。切向缝方向与导向器出口气流旋转方向相反，它利用旋转气流中粉尘的惯性作用，减少了粉尘进入升气管的几率，另外分流锥的下口较小，上灰环中粉尘“逃逸”现象也会减小；而且锥体下口和环缝的总面积又比较大，有降低排气阻力的效果，所以分流锥可以起到提效降阻的作用。

② 筒体由直筒改为一段锥筒，强化了下部气流的旋转力，有利于细粉分离。

③ 锥体的下端排尘口改为带防返混锥的结构。在锥体下端周边上开有排尘孔。由于防

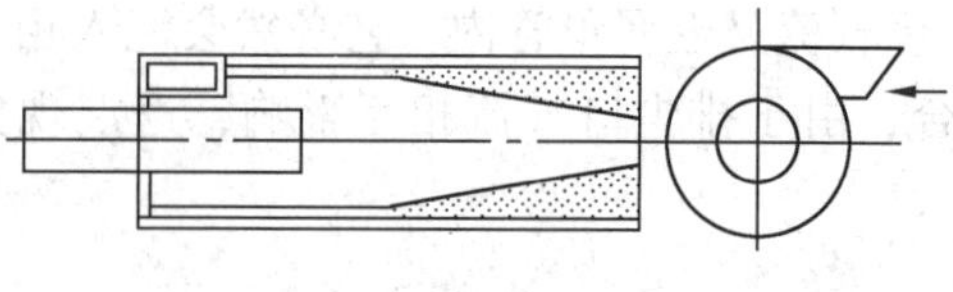

(a)Polotr卧管式三族单管

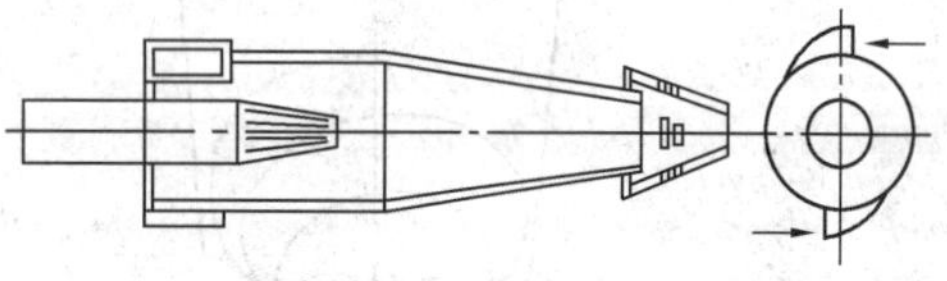

(b)国产卧管式三族单管

图 13-4-6　卧管式三旋分离单管图

返混锥减轻了返混气流中携带的粉尘量，有利于提高分离器对细粉的捕集率。

该结构的分离单管内径有 250mm 和 300mm 两种产品，300mm 分离单管处理风量较大，适用于老装置的扩容改造。

（2）卧管式三旋分离单管

图 13-4-6 所示为卧管式三旋分离单管简图。由图可见，与立管式三旋单管相比，它为切向进气，无轴向导向器，因此结构较简单。其他结构尺寸基本相同，图 13-4-6(a)是美国 Polotr 公司工业用卧管三旋单管简图，图 13-4-6(b)是国产单管简图，带有分流锥和防返混锥。

13.4.2.3　立管式三旋和卧管式三旋优缺点比较

表 13-4-1 对立管式三旋和卧管式三旋优缺点作了综合性比较。一般说来，对于大处理量催化裂化能量回收系统，采用卧管式三旋要比立管式三旋总投资少 10%~15%，因此，卧管三旋适用于 160×10^4t/a 以上的大型催化裂化装置。

表 13-4-1　立管式三旋和卧管式三旋综合比较

	立管式三旋	卧管式三旋
优点	① 每组三旋单管的处理风置要比卧管式三旋单管大，单管数量少，安装、维修容易； ② 单管的性能稳定，排尘返混现象比卧管式三旋小； ③ 设备高度较小，外部基础钢架、配管材料消耗小	① 三旋内件承压能力较好，温度超高时不易变形； ② 进气仓有预分离作用，可以短时间承受高浓度催化剂的冲击，对操作工况变化适应性较强； ③ 对于大处理量的催化裂化装置三旋直径相较小，设备总投资低于立管三旋
缺点	① 隔板高温下易变形，需特别的加固处理； ② 对操作工况改变适应性较差； ③ 单管的磨损比卧管式较严重	① 每根单管的处理风置低．单管数量多，安装、维护较大困难； ② 由于三旋高度较大，外部基础钢架、平台、配管系统消耗材料较多

立管式三旋无论在国外还是在国内应用都很广泛。为了克服立管式三旋存在的问题，一些公司对立管式三旋内部结构作了改进。图 13-4-7 所示就是改进后的示意图，它将原承受负压的上拱形下隔板改为下拱形隔板，下隔板中心设置集尘仓，集尘仓的底端带有有一次排尘口；单管筒体的安装高度上移。这样三旋进气室沉降的部分粗大尘粒可以通过一次排尘口将粉尘排入三旋的集尘室。这种预分离作用与卧管三旋的气体分布室预分离作用相同，承受正压的隔板不会因为温度过高而失稳变形。这一改进，对直径较大的立管式三旋是一种正确的设计方案。

13.4.3　大直径立式分离器三旋

13.4.3.1　大直径立式分离器三旋的开发

由于能源的紧张以及世界各国对石油产品需求量的不断增加，FCC 装置的大型化发展十分迅速。20 世纪末期，我国 FCC 装置处理量基本都小于 200×10^4t/a 的规模。到本世纪初短短几年内，300×10^4t/a 以上的大型装置都已投建或投产。原料加工量达 500×10^4t/a 的 FCC 装置也在可研和设计中。估计到本世纪中期，千万吨/年级的大型 FCC 装置也会出现。一套 500×10^4t/a 的 FCC 装置，再生烟气量可达 8000Nm^3/min 以上，显然，过去常规的小型分离单管很难适应这种情况，例如我国某厂重油催化裂化处理量 300×10^4t/a，再生烟气量为 6580Nm³/min，若采用立管三旋，安装单管的大隔板直径达 7~8m，隔板厚度 50mm 以上。操作过程中，大隔板很容易产生失稳变形。设计采用了卧管三旋，选用 $\phi300$ 的单管数量 210 根，三旋总高度 24m，三旋壳体内径 $\phi6.6$m。不但投资较高，而且三旋的安装、检修也很困难。

为了适应 FCC 装置大型化的要求，本世纪初，中国石化工程建设公司开展了对大直径三旋的研究和开发工作，并与小直径旋风管作了分析和比较，取得了很好的成效，归纳起来有以下几点：

① 这次研究工作不是简单地仿制旧式 Ducon 型、Buell 型结构，而是对影响分离效率的各种因素进行了和优化，在满足 FCC 装置能量回收系统压降要求的前提下，尽可能提高分离效率和处理能力；

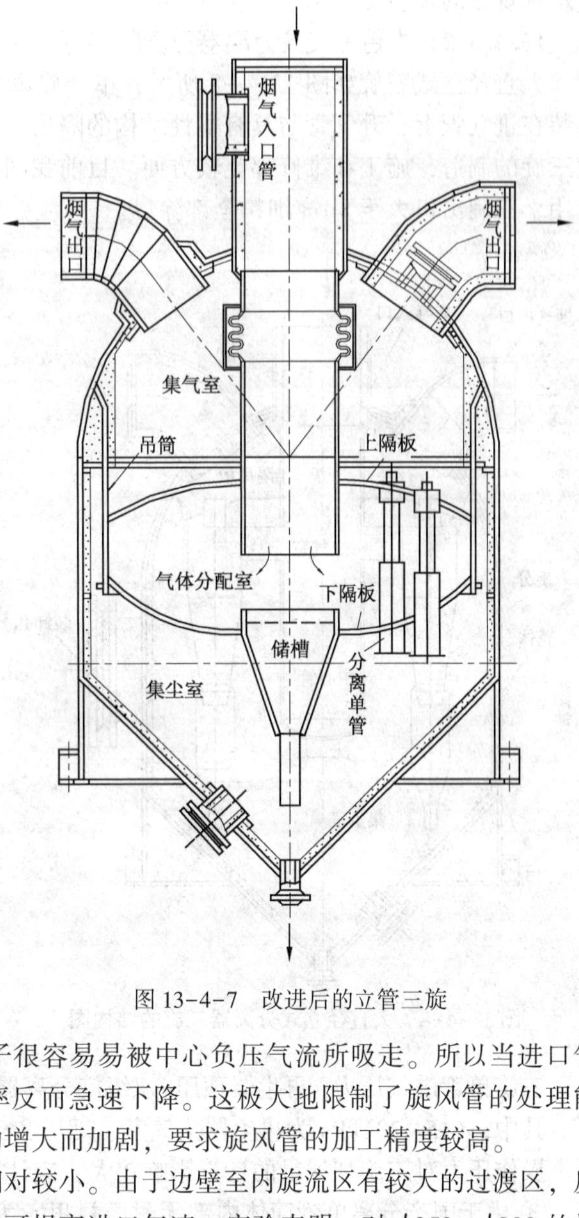

图 13-4-7　改进后的立管三旋

② 过去的 $\phi250$、$\phi300$ 试验流场测试，随着进气速度的增大，分离效率逐渐增大，但管壁对颗粒的反弹现象也愈严重。由于直径过小，由管壁旋流区到中心旋流区(负压区)距离很小，反弹粒子很容易易被中心负压气流所吸走。所以当进口气速达到某一值时，再增加气速、分离效率反而急速下降。这极大地限制了旋风管的处理能力。而且，旋风管壁的磨损也随着气速的增大而加剧，要求旋风管的加工精度较高。

大直径的旋风分离器，边壁的影响相对较小。由于边壁至内旋流区有较大的过渡区，反弹粒子在过渡区又会被离力所分离，所以可提高进口气速。实验表明，对 $\phi250$、$\phi300$ 的旋风管，进口气速超过 27m/s 时，分离效率会明显下滑。考虑到磨损和寿命问题，一般设计进口气速都不大于 25m/s。而大直径的分离器，由于内衬有耐磨衬里，进口气速可达 28m/s 以上。

③ 尽管小直径单管分离效率要比大直径分离器的分离效率高，但现场组合后的多管效率往往下降较多。某些厂运行一段时间后，单管锥形排尘口局部积尘结块，甚至完全被堵塞。原因可能有三个方面：a. 排尘返混现象严重，使粉尘集聚不能及时排出；b. 烟气中含水量较高，多孔催化剂细粉吸附水汽后发潮变粘；c. 排尘孔尺寸过小，这些现象，在短期的冷态试验中是难于发现的。大直径的旋风分离器，返混现象较小，而且排尘口较大，可减

少这种现象的发生。

13.4.3.2 大直径立式分离器三旋的结构

大直径立式三旋如图 13-4-8 所示，单个旋风分离器的直径≥800mm。旋风分离器进口吊装在进气管上，升气管与具有柔性结构的隔吊板相连，省去了容易损坏的内部膨胀节，因此三旋的制造，施工和维修都比较方便。目前我国已有几套 $200\sim280\times10^4$t/a 的 FCC 装置中投用，三旋出口大于 8μm 细粉全部除尽。

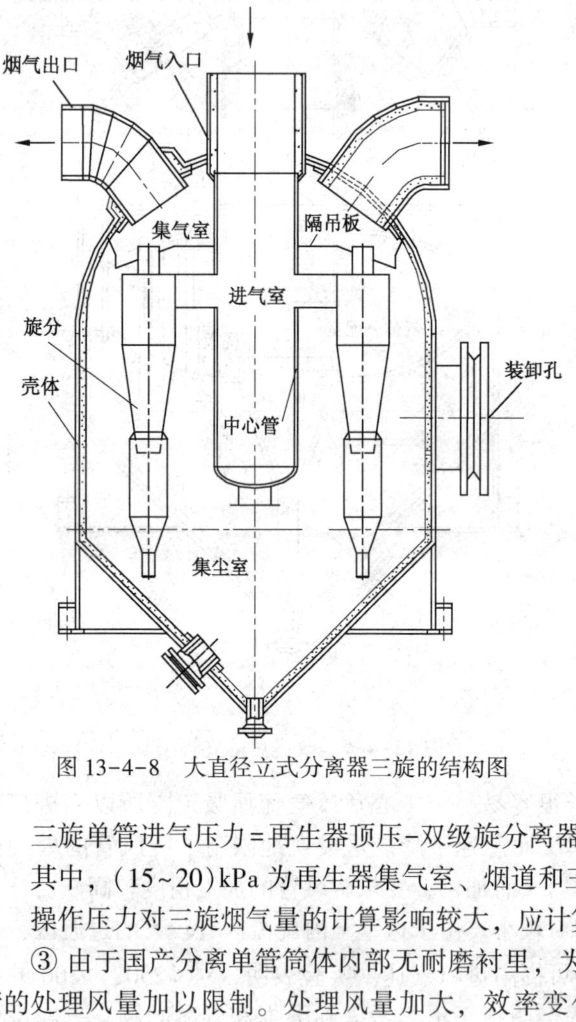

图 13-4-8 大直径立式分离器三旋的结构图

大直径立式分离器三旋在我国已有数套使用，其设备总投资要比卧管三旋低 20% 以上，因此对于大于 300×10^4t/a 的 FCC 装置，无疑是一个发展方向。

13.4.4 多管三旋设计要点

13.4.4.1 分离单管根数的确定

设计人员选择单管的数量，是根据开发商提供的冷态实验数据作依据的，但三旋在操作工况下各参数的波动量比实验时为大，每根单管风量的选取须留有裕量。

确定分离单管数量时，必须要考虑到以下几个因素：

① 三旋的总压降不得大于 14kPa，单管压降不得大于 12kPa。各种单管风量与压降的关系，可查开发商或厂商提供的三旋单管性能曲线表。

② 工艺提供的三旋压力多为再生器顶部压力，而三旋风量的计算应以三旋进气室压力为准，它们之间关系为：

三旋单管进气压力 = 再生器顶压 − 双级旋分离器压降 − (15~20)kPa。

其中，(15~20)kPa 为再生器集气室、烟道和三旋入口管道的压降。

操作压力对三旋烟气量的计算影响较大，应计算得较准确些。

③ 由于国产分离单管筒体内部无耐磨衬里，为了延长单管的使用寿命，必须对每根单管的处理风量加以限制。处理风量加大，效率变化并不大，而压降增加很快，磨损也越严重。

鉴于我国三旋单管独特结构和多年来的使用经验，对于目前常用的 PDC、PTS、VAS 和 PSC 型的 ϕ250mm 的立管式三旋单管，每根单管允许处理风量取 $2050\sim2200\text{m}^3/\text{h}$ 为宜。不能以冷态实验最大风量作为设计依据。

卧管式三旋单管由于单管的允许处理风量本来就较低，磨损现象一般都不太严重。

13.4.4.2 三旋设计时应考虑的其他问题

① 立管式三旋隔板上安装单管的套筒要与隔板采取焊透的焊接结构，因此单管的管心距应大于套管内径的 1.5 倍，以保证隔板有足够的承压强度。对于新设计的三旋，应使单管

升气管之间的最小距离大于300mm，便于单管的安装和维护。国外三旋在这方面的设计经验值得我们借鉴。

卧管三旋单管的布局也应遵照上述要求。

② 三旋底部排尘管道上安装有限流喷嘴，以便控制一定的下泄气量。下泄气量过小，排出的粉尘容易堵塞单管或排尘管道，过大会加剧限流喷嘴和输尘管道的磨损，还往往恶性循环，造成系统难以正常运行。根据我国多年来操作经验，三旋下泄气量范围控制如下：

立管式三旋占总进气量的3%~4%；

卧管式三旋占总进气量的4%~5%(其中一次泄气量为总进气量的1%~1.5%)。

限流喷嘴是易磨损件，一般至少需每操作周期更换一次。

③ 综合解决三旋效率问题。FCC装置三旋是与烟机配套使用的，它要求能有效地将烟气中10~20μm的催化剂细粉除去，这对保证烟机长周期运行至关重要。然而三旋的操作却不是孤立的，当烟气中有大量催化剂涌入三旋，再好的三旋也难以承受。一般说来，当装置催化剂单耗大于1时，三旋出口浓度和粒度往往就难以满足要求。

再生器旋风分离器失效(破损或料腿堵塞)、一级旋风分离器入口浓度过大(>8kg/m^3)、二次燃烧或催化剂细粉量较高、催化剂的耐磨性或耐热强度太差等都会引起三旋进口浓度过大。另外，开工前烟道未清理，大量衬里、焊渣、杂物进入三旋，往往在很短时间内三旋单管就被损坏。

因此，要解决三旋运行问题，首先应从FCC装置设计和操作上入手，这是十分重要的一环。

从能量回收总体效益来说，三旋单管的使用寿命应保证在8年以上，烟气叶片的寿命要保证在4~5年左右时间，才为合理，因此三旋的设计要全面考虑。

参 考 文 献

1. 卢鹏飞,于克敏.YL型FCC烟气轮机的开发和应用.第四届亚洲流体机械国际会议论文集.1993,10
2. 卢鹏飞,于克敏.中国FCC烟气轮机的开发和应用.中国石化国际会议论文.1996
3. 于克敏.FCC动力回收透平叶片磨损的影响因素.第二届全国燃气轮机学术年会论文.1993
4. 冀江,于克敏.我国第一套国产化烟气轮机直接发电机组的设计和应用.中国催化裂化能量回收技术研讨会论文集.2002
5. 叶锐曾等.烟气轮机防护涂层的回顾和展望.中国催化裂化能量回收技术研讨会论文集.2002
6. 北京科技大学.GH132合金盘件材料的持久寿命."烟气轮机用转子GH132寿命预测"鉴定材料.1996
7. 闻邦椿,顾家柳等.高等转子动力学.机械工业出版社.2000
8. 张正松,傅尚新等.旋转机械振动监测及故障诊断.机械工业出版社.1991
9. Daniel J. Renard.Two-stage Design Philosophy.1993
10. Charles H. Kostors：MATERIAL SELECTION CRITERIA OF FLUID CATALYTIC CRACKER TURBO EXPANDER BLADES. 1993
11. 我国引进GHH、D-R、ELLIOTT公司烟气轮机随机技术资料
12. 凌志光.我国烟气轮机两相流气动设计和冲蚀预测的研究和发展.中国催化裂化能量回收技术研讨会论文集.2002
13. 冀江.烟气轮机转子的不平衡响应分析.中国催化裂化能量回收技术研讨会论文集.2002
14. 陕西鼓风机厂《风机技术研讨班》教材编写组.轴流压缩机技术及应用.1997

第十四章　仪表与自动化

14.1　温度测量仪表

石化企业生产过程都是在一定温度范围内进行的。温度范围约为-200～+1800℃，重要的温度参数需要严格控制在很小范围内，以保证石化产品的质量、收率和生产安全。因此，在石化生产中温度及其检测是十分重要的。大多数场合都采用接触式测量仪表，如双金属温度计、热电偶、热电阻等。它具有简单、可靠、价低、测量精度较高的特点，能够测量到真实的温度。温度变送器和一体化温度变送器、智能温度变送器应用也比较普遍。它们可将输出信号送到 DCS 或调节仪表中实现温度的自动控制。

14.1.1　各类温度计的特点

各类温度仪表的特点见表 14-1-1。

表 14-1-1　各类温度计的特点

名　称	简单原理	特　点		指示	报警	远距离测定	记录	变送
		优　点	缺　点					
液体膨胀式	液体受热时体积膨胀	价廉、精度较高、稳定性好	易破碎，只能装在易测的地方	可	可			
固体膨胀式	金属受热时线性膨胀	示值清楚、机械强度好	精度较低	可	可			可
压力式	温包里的气体或液体，因受热而改变压力	价廉、易就地集中测量(一般毛细管<20m)	毛细管机械强度差，损坏不易修复	可	可	近距离	可	可
热电阻	导体或半导体的电阻随温度改变	测量准确，可用于低温低温差测量	和热电偶比维护工作量大，振动场合易损坏	可	可	可	可	可
热电偶	两种不同金属的导体接点受热，产生热电势	测量准确、安装维护方便，不易损坏	需要补偿导线，安装费较高	可	可	可	可	可
光学高温计	加热体的亮度随温度高低而变化	测量范围广，携带使用方便，价格低	只能目测，必须熟练才能测准	可		可	可	可
光电高温计	加热体的颜色随温度高低而变化	反应速度快，测量较准确	构造复杂，价高读数麻烦	可		可	可	可
辐射高温计	加热体的辐射能量随温度变化而变化	反应速度快	误差较大	可				

14.1.2 温度测量仪表及应用

(1) 双金属温度计

双金属温度计在炼油、化工厂已取代大部分水银玻璃温度计。使用双金属温度计表壳直径多数为 ϕ100 和 ϕ150、结构型式为经向式、轴向式或万向式、安装方式为固定式。

(2) 压力式温度计

压力式温度计有充气体和充液体的两种。适宜近距离集中测量，在有振动、辐射热的场合更有优越性。毛细管机械强度较差，敷设时应避免遭受机械损伤，并注意毛细管不要沿冷热介质的管道和设备外壳敷设。

(3) 辐射高温计

可用于测微小物体和运动物体的温度以及由于振动、冲击而不能安装其他测温元件的场合。在石油化工厂中有时用于临时检测炉膛或炉管的温度。

(4) 热电偶、热电阻

热电偶和热电阻是石油、化工厂应用最广的测温元件。根据工艺介质和测温范围，采用不同材质的保护管。非一般场合应用的称为特殊热电偶、特殊热电阻。

(5) 特殊热电阻

① 室温热电阻　指用于指示和控制室内温度，主要用于恒温室，恒温车间或冷藏库等。

② 高压热电阻　用于高压管道或容器，供测水蒸汽、气体或其他介质的温度。

③ 油罐平均温度计　感温部分可随油面高低而变化，测温范围-30～+100℃，与热电偶相比，测量精度高，但易出故障。一般炼油厂油罐测温要求较高处可用油罐平均温度计。

④ 超小型热电阻　用于测量轴承、轴瓦等物体的表面温度，测温范围-50～+100℃。

(6) 特殊热电偶

① 铠缆热电偶　铠缆热电偶外面套管是耐酸不锈钢管，内装由电熔氧化镁绝缘的一对热电偶丝，一起拉制而成。精度 0.75 级或更高、管经 $\phi1 \sim \phi5$mm、最小弯曲半径 2.5D。

主要特点：热惰性小，反应速度快；耐腐蚀性好，寿命长；机械强度高，可耐强烈振动和冲击，适宜各种高压装置；容易做成各种特殊用途的形式，如多点热电偶、表面热电偶、微型热电偶等；长短可根据需要而定。

② 耐磨热电偶　用硬质合金堆焊的保护管做成耐磨热电偶，适用于高温及高速流动状态的温度测量(如乙烯裂解炉、催化裂化及丙烯腈装置等)，已有定型产品。

③ 表面热电偶　感温元件有弓形、凸形、针形和固定式四种形状。适用于各种形状固体表面温度的测量，使用时需根据测量物体表面形状来选用。

④ 多点式热电偶　以负极作为公用电极，多个正极根据各测量点的位置，分别焊在公用电极上做成多点式热电偶。也可由长度不等热电偶在多孔绝缘瓷珠中组成。在石化装置中反应器、合成塔、转化炉应用较多。

⑤ 防爆热电偶　接线盒为隔爆结构，用于爆炸危险场所。

14.1.3 智能温度变送器

现场安装式数显智能温度变送器，为可编程智能化温度变送器，具有 HART 通讯功能的智能化温度变送器。均能接受 2、3、4 线制热电阻、热电偶及电阻或毫伏信号的输入，并对输入信号进行线性化处理，输出 4～20mA 标准信号，它还具电气隔离，以及传感器开路故障信号提示等特点。它们装有高亮度 LED 显示器，通过显示窗口可观察到被测点温度。具有隔爆型和本安型。隔爆型符合 GB 3836.1、GB 3836.2 标准；本安型符合 GB 3836.1、GB 3836.4 标准。

现场安装式数显智能温度变送器防护等级为 IP67，外形见图 14-1-1(a)；安装在工程塑料外壳内的现场安装式数显智能温度变送器防护等级为 IP65，外形见图 14-1-1(b)。

(a)

(b)

图 14-1-1 智能温度变送器

14.1.3.1 工作原理

数显智能变送器包括单片机、A/D 转换单元、D/A 转换单元、DC/DC 转换单元、信号变送单元和 LED 显示器。它通过降低单片机及其外围电路的功耗，并通过高效率的 DC/DC 转换单元将电源电压隔离后提供给单片机，输出信号由 D/A 转换单元实现隔离输出。用变送器的单片机直接驱动 LED 显示器，从而省却了现有技术中 LED 电流表头的 A/D 转换、LED 驱动、稳压等电路，具有低成本、微功耗、小型化、低电压的优点。另外，由于整个变送器和显示器由单个单片机管理，所以参数设置很方便，并且高亮度的 LED 昼夜均能清晰显示。

14.1.3.2 主要技术指标

组态功能	通过 PC，使用组态工具进行组态，设定输入信号类型(热电阻、各种热电偶、电阻)和测量范围或 ReadWin2000 组态工具进行组态
转换精度	≤0.1%
输出信号	模拟量 4~20mA
冷端精度	±1℃(热电偶)
限流	≤30mA
显示数位	四位
隔离电压	1500V AC(输入/输出)
电源电压	8~30V DC 或 14~30V DC
温度漂移	<0.01%FS/1℃
防护等级	IP67(铝合金外壳)；IP65(工程塑料外壳)
环境温度	-20~+80℃(铝合金外壳)
防爆标志	ExdⅡCT6(隔爆型具有)；ExiaⅡCT6(本安型具有)
合格证号	GYB071150(隔爆型)；GYB071176(本安型)
使用场合	1 区、2 区、ⅡA~ⅡC、T1~T6 危险区(隔爆型具有) 0 区、1 区、2 区、ⅡA~ⅡC、T1~T6 危险区(本安型具有)

14.2　压力测量仪表

在石化装置生产中，压力的检测和控制占有非常重要的地位，它是产品质量和安全生产的重要保证。测量范围从负压(减压塔)到300MPa(高压聚乙烯反应器)。就地检测压力表到压力变送器、压力传感器，都得到了广泛的应用。

14.2.1　各类压力表的特点与应用场合(见表14-2-1)

表14-2-1　各类压力表的特点与应用场合

分类与品种			特　点	测量范围	精　度/%	应用场合
液柱式压力表		柱形压力计	结构简单制做方便但易破损	100~1000mmHg	1.5	用于测量气体的压力及差压(也可用于测量对充填工作液不起作用的腐蚀性介质)可用于差压流量计
		杯形压力计 斜管压力计		300~1500mmHg		
		补偿式压力计		40~125mmHg 150~250mmHg	0.5~1	测气体微压，炉膛微压及差压
弹性式压力表	工业用压力表	普通压力表	结构简单，成本低廉，使用维护方便，产品品种多、使用最广泛	-760mmHg~1000MPa	1.0，1.5，2.5	非腐蚀性，无爆炸危险的非结晶的气体，液体压力、负压。防爆场所应用防爆电接电压力表
		电接点压力表、真空表(防爆、非防爆)		-760mmHg~160MPa	1.5，2.5	
		双针双管压力表		0.4~6MPa	1.5	非腐蚀性介质压力，可同时测二点表压及二点压差，用于机车上
		双面压力表		0~2.5MPa	1.5	用于蒸汽机车锅炉蒸汽压力测量
		矩形压力表		0.16~2.5MPa	2.5	安装在仪表盘测非腐蚀介质的压力、负压
		远传压力表(电阻式、电感式)	有刻度，不防爆	0.1~80MPa	1.5	实现压力远传、也能就地指式
		标准压力表	结构严密，精密压力表簧管材质为1Cr18Ni9Ti	-760mmHg~160MPa	0.2，0.25	检验普通压力表或精确测量非腐蚀性介质的压力，精密压力表并可用于硝酸、大部分有机酸的介质压力测量
	专用压力表	精密压力表		6~60MPa	0.4，0.25	
		氨用压力表-电接点为非防爆	簧管材质为不锈钢	-760mmHg~160MPa	1.0，1.5，2.5	液氨、氨气及混合物和对不锈钢不起腐蚀性作用的介质
		氧气压力表	严格禁油	0.16~160MPa	1.0，1.5，2.5	氧气压力
		乙炔压力表		0.25~2.5MPa	2.5	乙炔发生器压力
		氢气压力表		0.25~60MPa	2.5	氢气压力
		耐酸压力表	镍铬，钛钼合金为簧管材料	4~60MPa	1.5	测量对本仪表材质不起作用的介质的压力
		传感式油压表	导管长度(12m)	0.3~1.6MPa	1.5，2.5	发动机润滑系统中的油压测量
		船用压力表	防振结构，不宜盘装	0.025~0.4MPa	1.0，1.5	用于船舶和有灰尘、振动湿热的场所非腐蚀性介质

续表

分类与品种			特点		测量范围	精度/%	应用场合
弹性式压力表	多圈螺旋管压力表、真空表		结构复杂、但能记录、远传报警指示		0.6~16MPa	1.0，1.5	能把非腐蚀性介质压力传至远离测量点的二次仪表，也能就地指示、记录、调节
	波纹管压力表				25kPa~0.4MPa		
	膜片式压力表、真空表（电接点装置，有耐腐蚀、不耐腐蚀两种材质）		耐腐蚀材料为1Cr18Ni9Ti和Ni30CrAl，含钼不锈钢，带电接点装置，不防爆		2.5MPa	2.5	适宜测量腐蚀性、非腐蚀性、非结晶、非凝固的粘性较大的介质压力和负压
					-760mmHg		
	压力、真空变送器（不防爆）	霍尔变送器	霍尔效应原理	无刻度	2000、-760mmHg~40MPa	1.5 1.0	能把非腐蚀性介质压力传至远离测量点的二次仪表、不能就地指示霍尔变送器不耐震
		变送器	电感式、电阻式				
	其他类压力表	压力信号器	接触元件为微动开关，触点容量（10VA）	无刻度	1.6~4MPa	1.5	用于非腐蚀性介质压力远传到声光讯号系统和联锁
		压力继电器			0.6~3MPa	1.0	
		防爆压力开关			0.1~2.5MPa	0.2	
		薄膜降压讯号器			0.3~3.3MPa	0.2	
		压力调节器			0.2~4MPa	0.2	可对非腐蚀介质进行压力调节
活塞式压力表	压力校验仪		精度高、结构严密		-0.1~250MPa	0.2	用于校验各类压力表、真空表
	真空校验仪				-759995mmHg	0.5	

14.2.2 压力仪表的选择

(1) 量程

在测稳定压力时，最大量程是选择接近而又大于正常值的1.5倍。在测交变压力时，则最大量程应选择接近而又大于正常值的2倍。往复泵出口压力测量的最大量程应选择接近而又大于往复泵出口的最大压力。真空表不受此限。因为在测量时，稳定压力常使用在分度上限值的1/3~2/3处，交变压力不大于分度上限的1/2对于瞬间测量时，允许使用至分度上限的3/4。这样可保持弹簧管长时期的弹性不变形。

(2) 精度

精度的选择要以经济、实用为原则。一般工业用1.5、2.5级已足够，在科研、精密测量和校验压力表用时，则需用0.4或0.25级以上的精密压力表和标准压力表。校验测量上限为0.25MPa以内的0.16、0.25级标准压力表和真空表或其他类似仪器可用双活塞真空压力计。0.25MPa以上的同样精度的标准压力表可用活塞式压力计校验。

(3) 使用环境和介质性能

① 腐蚀性稀硝酸、醋酸、氨类及其他一般腐蚀介质，用耐酸压力表、精密压力表、氨用压力表、不锈钢为膜片的膜片压力表。

② 易结晶、粘性强，用膜片压力表。

③ 爆炸性环境，远传和带调节采用气动仪表，用电动仪表时需用防爆型。

④ 机械震动强的场合，需用船用压力表。测脉动压力时需装螺旋形减震器和阻尼阀。

⑤ 带粉尘气体的测量需装置除尘器。

⑥ 强腐蚀性含固体颗粒、黏稠液的介质，稀盐酸、盐酸气、重油类及其类似介质可用吹气法、冲液法或制造隔离膜盒和充隔离液测量。隔离膜盒中的膜片材质为四氟橡胶或四氟塑料。隔离测量又可采用将隔离液直接注入测量管或隔离罐的两种方法，前者多用于平稳压力测量，后者多用交变压力测量。采用全氟三丁按相对密度 1.856 作隔离液，取得了很好的效果。用于测量温度>80℃以上的蒸汽或介质的压力表需装螺旋形或 U 形弯管。

(4) 工艺要求

① 现场指示，0.06MPa 以下非危险性介质的压力、真空、差压测定时用玻璃管压力计，膜盒式微压计。0.06MPa 以上用一般弹簧管压力表、真空表、双管双针压力表、波纹管压力计。

② 远距离指示，需要远距离指示就地也要有指示的用远传压力表，不必要就地指示的可用压力变送器。

③ 信号报警及联锁与位式调节用电接点压力表、压力继电器、压力调节器。

④ 科研积累数据或易出事故场所，及车间经济核算总结和累计备查(如蒸汽压力)时，用记录式压力表。

(5) 仪表安装

一般盘装宜用矩形压力表，多圈螺旋管压力表、波纹管压力表，与远传压力表和压力变送器配用的二次表，轴向有边(尾注 ZT 型)或径向有边(尾注 T 型)的弹簧管压力表(ZT 型常用，T 型不常用)。盘装时弹簧管压力表直径为 ϕ150mm。

现场安装，几乎所有压力表均可用于现场安装，而弹簧管压力表用表面直径 ϕ100mm，在照明条件差，标高较高，示值不容易看清楚场合用表面直径 ϕ200~250mm。

14.2.3 CXT 型智能压力变送器

14.2.3.1 概述

智能压力变送器采用了独特的硅微电容传感器、先进的浮动膜盒结构和最新的微处理器技术，具有变送准确度高、稳定性好、使用寿命长、安全可靠和使用方便等特点。

CXT 型智能压力变送器适用于石油、电力、化工、冶金、制药、轻工等行业中的压力、流量和液位测量等众多场合。

14.2.3.2 特点

① 准确度达到 0.07%，量程比 100∶1；

② 兼容 HART/FF/Profibus 协议；

③ 高稳定性，三年≤±0.1%；

④ 受温度和过压影响极小；

⑤ 通过调整旋钮即可调整零点；

⑥ 具有自诊断和远程维护功能；

⑦ NEPSI 认证，隔爆型：ExdⅡCT5；本安型：ExiaⅡCT4。

14.2.3.3 工作原理

与传统微位移电容式变送器相比，CXT 型智能压力变送器的电容传感元件采用硅材料制成，体积特别小，仅 9mm×9mm×7mm，故称硅微电容传感器。

如图 14-2-1 所示，传感器是在单晶体硅薄片上刻蚀出来，具有体积小、响应快的特性；硅材料的热膨胀系数只有不锈钢的 1/4，受环境温度变化的影响小；硅的弹性迟滞小，没有疲劳；硅微电容传感器的工作位移比传统微位移变送器工作位移小几十倍，仅 4μm，这样小的位移下，压力与位移呈精确比例关系，因而变送器的线性好，精度高。

硅微电容传感器采用整体封装，周围被封液包围，故称浮动膜盒结构，如图 14-2-2 所示。CXT 型智能压力变送器的膜盒结构与传统膜盒结构有很大不同，硅电容传感器不在膜盒的下部，而是在上部。传感器移到膜盒上部，远离测量介质，受介质温度变化的影响减小；同时检测器内部装有温度敏感元件，根据敏感元件测量的温度，变送器微处理器随时修正变化带来的影响，所以仪表具有优异的温度特性；膜盒基座四周均受压力作用，所以受静压影响极小；图 14-2-2 中的保护膜片不再是测量膜片，当输入压力超过量程范围时，保护膜片产生变形，吸收部分封液压力，从而保护硅微电容传感器，变送器抗过压能力大大增强。

CXT 型智能压力变送器采用先进的双存储单元电路技术，传感器的特性参数及温度补偿等数据都已记录在传感单元的 EEPROM 中，因此，不同变送器的检测部件可以互换而不必作静压和温度特性测试和参数调整。

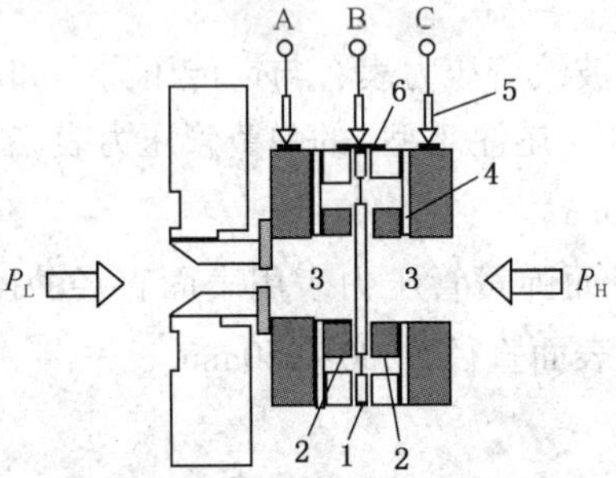

图 14-2-1 硅微电容传感器结构
1—测量膜片(单结晶体硅)；2—固定电极；3—金属化通孔；4—陶瓷；5—引线；6—电极

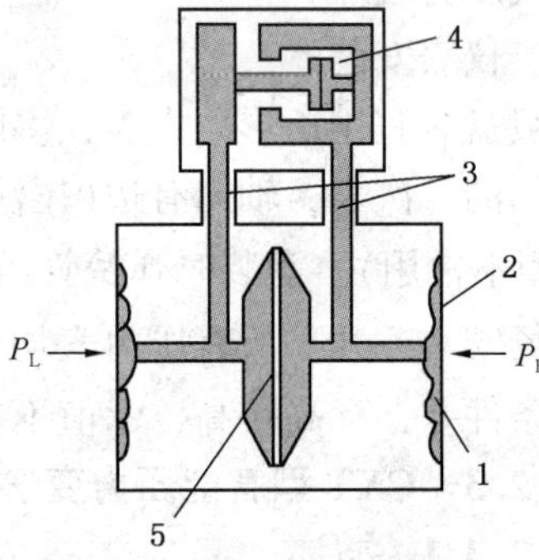

图 14-2-2 浮动膜盒结构
1—波纹座；2—隔离膜片；3—封液；4—传感器；5—保护膜片

14.2.3.4 技术指标(见表 14-2-2)

表 14-2-2 技术指标

精度	±0.07%
最大量程比	100∶1
稳定性	≤±0.1%/3 年
量程范围	0~50MPa
测量介质	液体、气体或蒸汽
介质温度	-40~104℃(充硅油)

续表

相对湿度	0~100%RH
环境温度	-40~+85℃ -20~+80℃，对 LCD 显示单元 -40~+60℃，内装避雷器 -10~+60℃，充氟油的变送器 对防爆仪表(隔爆型或本安型)，环境温度必须在该防爆标准所要求的范围内 过程温度：-40~+120℃，对硅油传感器。 -20~+80℃，对氟油传感器
工作电压	10.5~45V DC(接线端) 10.5~32V DC(选内装避雷器时)
输出信号	可选择线性或开方 4~20mA 输出；叠加在 4~20mA 信号上的数字过程变量可提供给任何符合 HART 协议的主机
防爆结构	隔爆型：Exd Ⅱ CT5 本安型：Exia Ⅱ CT4
现场指示计	模拟指示计或 5 位 LCD 显示单元，订货时注明
接液材料	316 不锈钢、哈氏合金 276、蒙耐尔、钽、锆、镀金、陶瓷金属

14.3　物位测量仪表

物位是指开口容器或密封容器中介质液面(液位)，两种液体介质的分界面(界面)和固体粉状或颗粒物在容器中堆积的高度(料面)。在石化生产中一般以液位测量为主。

物位测量方法有电容式、超声式、微波式、电导式、振动阻尼式等，都是利用被测物料的某种物理特性(介电率、电导率、声阻率、热导率、幅射吸收等)检测物位。

物位仪表种类很多，一般按测量方法分类：有直读式、浮力式、静压式、电接触式、电容式、超声波、雷达式、称重式、辐射式、激光式、音叉式、磁致伸缩式及高频物位计等。

14.3.1　物位仪表的选用

物位仪表要从实用和经济两方面考虑应用。根据被测介质的物理性能(温度、压力、黏度、颗粒、粉尘)、化学性能(易燃、易爆、易腐蚀)、和具体的工作条件(敞口、密闭、振动)及应用要求、测量参数(计量、控制、检测、和液位、料位、界位)等选择。

① 测量液位的仪表：玻璃管(板)式、浮力式(浮子、浮筒、浮球)、静压式(压力、差压)、电磁式(电容、电阻、电感、磁致伸缩、磁性)、超声波式、核辐射式、激光式、矩阵涡流式等。

② 测量料位的仪表：重锤探测式、音叉式、超声波式、激光式、核辐射式等。

③ 测量界面的仪表：浮力式、差压式、超声波式等。

④ 按精度、工作条件、测量范围选择精度：用于计量等高精度仪表：雷达液位计、磁致伸缩液位计、矩阵涡流液位计及伺服液位计等。

14.3.2 物位仪表的分类、特点及应用场合(见表14－3－1、表14－3－2)

表14－3－1 物位仪表的分类、特点及应用场合－1

检测方式及名称		直读式		差压式			浮力式			电磁式				
		玻璃管式液位计	玻璃板式液位计	压力液位计	差压式液位计	法兰差压式液位计	浮子式液位计	浮球式液位计	浮筒式液位计	电阻式物位计	电容式物位计	电感式物位计	磁性物位计	磁致伸缩物位计
检测元件	测量围/m	<1.5	<3		20	20	20	1.5	2.5		2.5~30		4	<4(硬) <13(软)
	测量精度				±1%	±1%		±1.5%	±1%	±10mm	±2%		±10mm	0.05% FS 0.5℃
	可动部分	无	无	无	无	无	有	有	有	无	无	无	无	无
	与介质接触否	接触	接触	接触	接触	接触	接触	接触	接触	接触	接触	接触	接触	接触
输出方式	信号制			模拟	模拟	模拟		模拟开关	模拟	开关	模拟开关	开关	模拟	总线
	操作条件	就地目视	就地目视	远传	远传	远传	远传	远传报警	远传	远传报警	远传报警	报警	远传报警	远传
被测对象	所测物位参数	液位	液位	液位料位	液位界位	液位界位	液位	液位界位	液界	液位料位	液位料位界位	液位	液位	液位界位温度
	工作压力/kPa	<1600	<4000					1600	32000		32000	<6400		<2.5MPa
	介质温度/℃	100~150	100~150		－20~200	－20~200		450	200		－200~200		－30~300	－55~135
	对粘性介质					可用		可用					可用	可用
	对多泡沸腾介质			适用	适用	适用		适用	适用					

表 14-3-2 物位仪表的分类、特点及应用场合-2

检测方式及名称		声学式				核辐射式			其他形式				
		气介式超声波物位计	液介式超声波物位计	固介式超声波物位计	音叉式物位信号器	核辐射物位计	核辐射物位信号器	中子物位计	雷达物位计	射频导纳物位计	矩阵涡流物位计	重锤料位测重仪	激光物位计
检测元件	测量范围/m	30	10		3	15			30		20	30	
	测量精度	±3%	±5mm			±2%	±2.5mm		0.3%		<2mm 0.5℃		
	可动部分	无	无	无	无	无	无	无	无	无	无		无
	与介质接触否	不	不	不	接触	不	不	不	不	不	接触	接触	不
输出方式	信号制	模拟	模拟	模拟	开关	模拟	模拟	开关	模拟数字	开关模拟	总线	模拟	模拟
	操作条件	远传	远传	远传	远传	远传要防护	远传要防护	远传要防护	远传	远传	远传		远传
被测对象	所测物位参数	液位料位	液位界位	液位	料位	液位料位	液位料位	液位料位	液位料位	液位	液位界位温度	料位	液位料位
	工作压力/kPa								<2.5MPa	<10MPa	1000		
	介质温度/℃	200					1000		-40~70	-40~350	-30~125		
	对粘性介质	适宜	适宜	适宜		适宜	适宜	适宜	适宜	适宜	适宜		适宜
	对多泡沸腾介质			适宜		适宜	适宜						

14.3.3 雷达液位计

雷达液位计利用了电磁波的特殊性能来进行液位检测。电磁波的物理特性与可见光相似，传播速度相当于光速，其频率为300MHz~3000GHz。电磁波可以穿透空间蒸汽、粉尘等干扰源，遇到障碍物易于被反射，被测介质导电性越好或介电常数越大，回波信号的反射效果越好。

(1) 雷达液位计的原理

雷达式液位计主要由发射和接收装置、信号处理器、天线、操作面板、显示、故障报警等几部分组成。

发射-反射-接收是雷达式液位计工作的基本原理。雷达传感器的天线以波束的形式发射最小5.8GHz的雷达信号。反射回来的信号仍由天线接收，雷达脉冲信号从发射到接收的运行时间与传感器到介质表面的距离以及物位成比例。

(2) 雷达液位计主要技术

① 回波处理新技术的应用：雷达液位计是通过处理雷达波从探头发射到介质表面然后返回到探头的时间来测量液位的，在反射信号中混合有许多干扰信号，所以，采用先进的回波处理，对真实回波的处理和对各种虚假回波的识别技术，以提高雷达液位计测量的准确度。

② 测量数据处理：由于液面波动和随机噪声等因素的影响，检测信号中必然混有大量噪声。为了提高检测的准确度，必须对检测信号进行处理，尽可能消除噪声。经过实验验证，采用数据平滑方法可以达到满意的效果。此方法也可有效的克服罐内搅拌器对测量的影响。

(3) 雷达液位计的特点

由于雷达液位计采用了上述先进的回波处理和数据处理技术，加上雷达波本身频率高，穿透性能好的特点，所以，雷达液位计比接触式料位计和同类非接触料位计具有更加优良的性能如下：

① 可在恶劣条件下连续准确地测量；

② 操作简单，调试方便；

③ 准确安全且节省能源；

④ 无需维修且可靠性强；

⑤ 可以测量多种介质。

(4) 应用中注意的问题

① 泡沫对测量的影响：一般干泡沫和湿泡沫能将雷达波反射回来，对测量无影响；中性泡沫则会吸收和扩散雷达波，因而严重影响回波的反射甚至没有回波。当介质表面为稠而厚的泡沫时，测量误差较大或无法测量，在这种工况下，不能使用雷达液位计，这是其应用的局限性。

② 天线结疤的处理：介电常数很小的挂料在干燥状态下对测量无影响，而介电常数很高的挂料则对测量有影响。可用压缩空气吹扫(或清水冲洗)，且冷却的压缩空气可降低法兰和电器元件的温度。还可用酸性清洗液清洗碱性结疤，但在清洗期间不能进行液位测量。

该仪表可以在易燃易爆、强腐蚀性以及高温高压条件下对液位进行连续测量，可应用于石油、化工、电力、冶金、食品加工、医药、国防等行业液料储罐的液位测量。

14.3.4 智能电容式液位计

14.3.4.1 概述

CAP-3031 智能电容式锅炉汽包液位计(如图 14-3-1)是采用先进的、具有全程测量自动补偿功能的电容检测专利技术制造而成。它解决了传统电容式液位计难以克服的测量系统温度漂移、介质介电常数变化对测量的影响大、测试线性较差及需要人工进行现场标定等问题。能够对锅炉汽包水位实现安全、可靠、准确的全工况测控,对保证锅炉安全运行有重要意义。可广泛应用于各种规格的工业汽包、高加、低加、转化炉等压力容器的液位测控。

14.3.4.2 工作原理

物位变化与其对测量探极产生的电容变化之间的关系,通过专用模式系统软件将检测的电容变化经各种补偿后,输出与物位变化成正比的 4~20mA 模拟信号及 RS-485 通讯接口。

14.3.4.3 技术特点

① 具有全工况条件(锅炉起、停、排污等)下液位准确测控功能;

② 能够对液相介质介电常数变化、气相介质介电常数变化同时进行自动补偿,无需现场标定;

③ 能够对测量系统的温度漂移进行自动补偿,全温度范围测量系统温漂不超过 0.1pF;

④ 模块化结构设计,连续测控技术,可同时输出 4~20mA 模拟电流、4~8 组独立继电器触点;

⑤ 耐高温、高压、长寿命;

⑥ 高可靠、高精度、高稳定;

⑦ 4~20mA 编辑功能;

⑧ 不存在"假水位"输出;

⑨ 手持标定仪为中文操作环境,轻松整定,带自诊断。

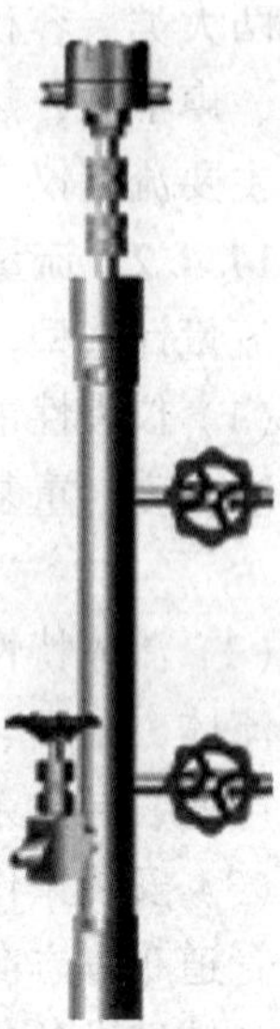

图 14-3-1 CAP-3031 智能锅炉汽包液位计

14.3.4.4 技术参数

供电:15~36V DC;3~7W 或 220V AC

测量范围:1270mmMax

分辨率:0.1mm

测量周期:0.2s

介质温度:372℃ Max

额定压力:23MPa Max

环境温度:-40~80℃

温漂:1mm Max

线性:0.05%

输出:4~20mA 模拟信号 500Ω

通讯:RS-485

防护等级:IP65

防爆等级:Exd Ⅱ CT4/T5/T6

防爆证号:CE071396

关联设备:CAP-3000S 手持标定仪

继电器：4~8 组 SPST 继电器(单刀单掷)

触点容量：250V AC 5A，30V DC 5A

14.3.4.5 典型应用

各种规格工业汽包、高加、低加等压力容器；化工领域压力容器下如聚乙烯、聚丙烯等介质的液位测控；转化炉液位测控的液位测控。

14.4 流量仪表

随着石化生产工艺日趋复杂和生产自动化水平不断提高，对生产过程控制已由以运行稳定为主要目的，发展到现在所要求的最佳化控制。为此，对流量测量和控制提出了更高的要求。如大流量、微小流量的检测；高温介质、低温介质流量的检测；高黏度介质、强腐蚀介质流量的检测；粉料、沾污介质的检测；脉动流、多相流检测等。为适应这种发展的要求，相继出现了一些新的流量检测原理以及新型的流量仪表。

14.4.1 流量仪表的特点与应用场合

流量仪表一般可分为体积流量和质量流量仪表两种。体积流量仪表又可分为容积法和速度法两大类，容积法有椭圆齿轮、腰轮、旋转活塞、刮板等形式，速度法有流体力学法、电学法、声学法、热学法、光学法等形式；质量流量仪表又可分为直接法和推导法两大类。

主要流量仪表的特点与应用场合见表 14-4-1。

14.4.2 流量仪表选型原则

流量计选型应考虑以下问题：

(1) 仪表性能方面

准确度、重复性、线性度、范围度、流量范围、信号输出特性、响应时间、压力损失等。

(2) 流体特性方面

流体、温度、压力、密度、黏度、化学腐蚀、磨蚀性、结垢、堵塞、混相、相变、电导率、声速、导热系数、比热容、等熵指数等。

(3) 安装条件方面

管道布置方向，流动方向，检测件上下游侧直管段长度、管道口径、维修空间、电源、接地、辅助设备(过滤器、消气器)、安装、脉动等。

(4) 环境条件方面

环境温度、湿度、电磁干扰、安全性、防爆、管道振动等。

(5) 经济因素方面

仪表购置费、安装费、运行费、校验费、维修费、仪表使用寿命、备品备件等。

14.4.3 质量流量仪表

质量流量计能直接显示流体的质量流量，在核算总管与分管的流量计量时，要求显示出质量流量，采用质量流量或换算成标准状态下的体积流量尤为重要。

14.4.3.1 仪表组成

质量流量计由传感器和二次仪表(变送器)两部分组成。传感器与二次仪表之间由一多芯屏蔽电缆相连。

表 14-4-1　主要流量仪表的特点与应用场合

检测方式	类别（技术参数）	被测介质	管径/mm	流量范围/(m^3/h)	工作压力/kPa	工作温度/℃	精度/%	最低雷诺数或黏度界限	量程比	压力损失/mmH_2O	安装要求	体积和质量	价格	使用寿命
孔板节流式		液体气体蒸汽	50~1000	1.5~9000 16~100000	20000	500	±1~2	>500~8000	3:1	<2000	需安装直管道	小	低	中
	喷　嘴	液体气体蒸汽	150~400	5~2500 50~2600	20000	500	±1~2	>20000	3:1	<2000	需安装直管道	中	较低	长
	文丘利管	液体气体蒸汽	150~400	30~1800 2400~18000	2500	500	±1~2	>80000	3:1	<500	需安装直管道	重	中	长
转子式	玻璃管转子流量计	液体气体	4~100	40 0.016~1000	1600	120	±1~2.5	>10000	10:1	10~700	要垂直安装	轻	低	中
	金属管转子流量计	液体气体	50~150	0.012~100 0.4~3000	6400	150	±2	>100	10:1	300~600	要垂直安装	中	中	长
容积式	椭圆齿轮流量计	液体	10~250	0.005~500	6400~10000	60	±0.5	500	10:1	<2000	要安装过滤器	重	中	中
	腰轮流量计	液体气体	15~300	~1000	6400	60	±0.2~0.5	500	10:1	<2000	要安装过滤器	重	高	中
	旋转活塞流量计	液体	15~100	~1000	6400	120	±0.2~0.5	500	10:1	<2000	要安装过滤器	小	低	中
速度式	水　表	液体	15~600	0.045~3000	1000	40~100	±2		>10:1	<2000	水平安装	中	较低	中
	涡轮流量计	液体气体	4~500 10~50	0.04~6000 2~200	6400	120	±0.5~1	20	10:1	<2500	有直管并装过滤器	小	中	较低
	靶式流量计	液体气体蒸汽	15~200	0.8~400	6400	200	±1~4	>2000	3:1	<2500	需安装直管段	中	较低	长
	电磁流量计	导电液体	6~900	0.1~20000	1600	100	±1	无限制	10:1	极小	无要求	大	高	长
	涡街流量计	液体气体蒸汽	15~300			~200~427	流速的0.5%~1%		25:1	小	需安装直管段	小	较高	长
	超声波流量计	能传播超声波的流体	无限制							无	需安装直管段	小	较高	长
	质　量流量计	液体气体蒸汽	3~150	18~540000kg/h	2500~40000	240~204	±0.2			小	无要求	中	高	长

14.4.3.2　仪表特点

智能质量流量计可直接用来测量管道中介质的质量流量及总量、温度、介质的密度并间接测量体积流量及总量、溶液的浓度以及较均匀混合的两种液体各自的浓度等参数。这种流量计对安装的要求低，抗干扰能力强，测量精度高、量程比大、工作稳定可靠、测量范围宽，适用于实时在线测量和实时在线监控。且易清洗、具备自排空功能。

14.4.3.3　主要用途

质量流量计可用于任何需要测量流量和密度的场合。对于现有其他类型流量计无法工作或难于工作的情况，特别是对于复杂流体的测控，质量流量计将表现出无法与之相比的优点。所谓复杂流体是指：非牛顿流体；多相流体；高粘性流体；各种浆糊状流体（如各种食物浆、维生素浆、高分子聚合物浆液等）；其他一些物理性质十分活跃或不稳定的流体（如流速较大的液化气、饱和蒸汽等）。

14.4.4　电磁式涡街流量计

14.4.4.1　概述

XKLV 系列涡街流量计是利用“卡门”涡街原理，区别于其他涡街流量计的传统压电应力式检测方式，创新采用电磁感原理的新型检测方式，其测量管采用独特文丘利管结构，是综合集成了传感器技术、信号检测与处理及其智能化等多项高新技术的光机电一体化流量仪表。

该仪表因其结构简单，无可动部件，压损小，在一定的雷诺数范围内，输出信号不受流体物性（密度、黏度）及组分影响，且流量测量范围大，抗震性能好，准确度高，无需外接供电也可现场显示，安装方便，长期使用无需维护等优点。能测量导电液体和强酸、强碱、盐类等强腐蚀性液体以及泥浆、纸浆、矿浆等固液两相悬浮液的流量，可广泛应用于石油、化工、冶金、纺织、制糖、食品、制药、造纸、饮料等行业及环保市政管理水利建设等领域。

14.4.4.2　工作原理

当介质以一定速度流过三角柱体时，在三角柱体两侧后面产生一个交替排列的旋涡带，称之为“卡门旋涡”（见图 14-4-1），由于旋涡发生体两侧交替产生旋涡，封装壳体中磁铁产生磁场因交替旋涡的作用，在探头产生与旋涡相同频率的电荷信号，经前置放大器放大，送至智能流量积算仪进行智能化处理，实现流体瞬间流量、累积流量的显示及流量数据与微机系统之间的通讯和控制。

在一定雷诺数范围内（$2\times10^4 \sim 7\times10^6$）旋涡的释放频率 f 与流体流速 v 及旋涡发生体的迎流面宽度 d 之间关系，可用下式表示：

$$f = Sr \cdot V/d$$

式中　f——卡门旋涡的释放频率；

Sr——系数（称为斯特劳哈尔数）；

V——流速；

d——三角柱体的宽度。

斯特劳哈尔数是涡街流量计的重要系数。在曲线的 $Sr\approx0.16$ 的平直部分，所以只要准确测出频率 f，就可以测出流体流速 $V=f\cdot d/Sr$，从而达到测量管道内流体流量的目的，即：$Q = 3600\times f/k$（k——仪表系数，次/m^3），见图 14-4-2。

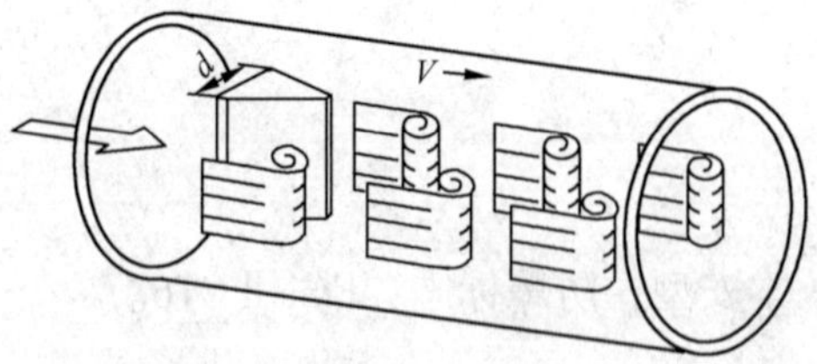

图 14-4-1

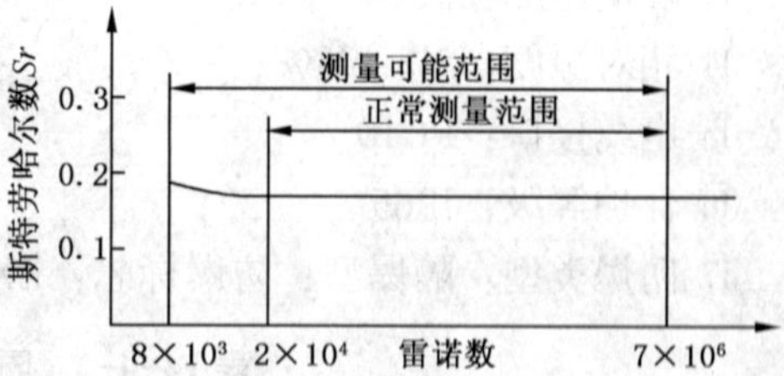

图 14-4-2

14.4.4.3 功能及特点

① 智能一体化设计，能现场显示瞬间流量和累积流量及仪表系数；

② 微功耗双电源设计，仪表采用EPROM(可擦可编程只读存储器)技术，内部参数永久保存；

③ 零位自动调整，消除零位漂移；

④ 内部电池低电压报警(≤2.7V)，用于提醒用户及时更换电池；

⑤ 操作简便，具有多种输出信号接口；

⑥ 可内部电池，无需外接供电，也可现场显示；

⑦ 采用电磁感应检测原理，抗振性能好；

⑧ 测量管采用独特文丘利管结构，安装前后直管段长度短；

⑨ 上下限流量报警和小信号切除功能；

⑩ 流量计的检测元件不接触介质，无可动件，压力损失小，使用寿命长。

14.4.4.4 技术参数

① 测量介质：液体。

② 测量范围：a. 正常工作范围　雷诺数为20000~7000000。

b. 测量可能范围　雷诺数为8000~7000000。

c. 流量测量范围　优于国家B类流量计标准。

③ 准确度：优于国家B类流量计标准(见表14-4-2)。

④ 重复性：≤准确度的1/3。

⑤ 输出信号：a. 工况脉冲信号：OC门脉冲信号。

b. 二线制电流4~20mA。

c. RS-485通讯接口(信号远传1.2km)。

⑥ 电源电压：内部电源+2.7~+5V DC；外供电源+24V DC(二线制/RS485通讯)。

⑦ 介质温度：-40~+130℃；

⑧ 工作压力：1.0~4.0MPa。

⑨ 大气压力：86~106kPa。

⑩ 压力损失：$\Delta P=1.079\times10^{-6}\times p\times V^2$(式中：$\Delta P$—压力损失，MPa；$\rho$—被测介质的密度，kg/m³；$V$—被测介质的流速，m/s)。

⑪ 壳体材质：a. 碳钢；b. 不锈钢(1Cr18Ni9Ti)。

⑫ 规格(管道内径)：20、25、32、40、50、65、80、100、125、150、200、250、300、350、400、500mm。

⑬ 环境温度：-30～+60℃。

⑭ 相对湿度：5%～95%。

⑮ 电缆接口：PG10。

⑯ 保护等级：IP65。

⑰ 防爆类型：隔爆型；防爆标志：EXdⅡBT4；本安型；防爆标志：ExiaⅡCT6。

表 14-4-2 国家 B 类流量计流量范围

公称口径/mm	过载流量/(m^3/h)	常用流量/(m^3/h)	分界流量/(m^3/h)	最小流量/(m^3/h)
40	30	15	3.00	0.45
50	30	15	3.00	0.45
65	50	25	5.00	0.75
80	80	40	8.00	1.20
100	120	60	12.00	1.80
125	200	100	20.00	300
150	300	150	30.00	4.50
200	500	250	50.00	7.50
250	800	400	80.00	12.00
300	1200	600	120.00	18.00

14.5 调节阀

由于气动调节阀具有结构简单、可靠、本质安全防爆、维修方便等突出的优点，气动执行器一直成为执行器的主流产品。当今数字化、智能化的时代，要求执行器配智能化的电气阀门定位器，由定位器的智能功能实现各种流量特性，使控制阀的结构稳定性、抗振性、响应速度、阀座密封比压、力矩保护等得到有效改善。

14.5.1 调节阀选用

调节阀由阀体、阀芯、阀座、上阀盖等及执行机构组成。阀体的分类：阀体按结构分为直通单座、双座、角型、三通、球形、阀体分离阀、隔膜阀、软管阀、蝶阀、小流量阀、超高压阀、凸轮挠曲阀等。阀芯按结构分为三种类型：柱塞型、开口型和平板型。

阀节阀的主要特点及应用场合如下：

(1) 直通单座调节阀

直通单座调节阀有调节型和切断型。国产的调节型阀芯为栓塞形，可做成等百分比流量特性和直线流量特性。切断型阀芯为平板型，结构简单，关闭时泄漏量较小。

按导向方式可分为上导向和上下导向两种。公称直径大于 20mm 为上下导向，可打开下阀盖改变阀杆与阀芯的连接，从而由气关改为气开，不必采用反作用执行机构实现气开。上下导向的阀芯还便于清除沉积在下阀盖的脏物。

(2) 直通双座调节阀

直通双座调节阀阀体内有上下两个阀芯和阀座，该阀关闭时泄漏量大。双座阀也可通过下阀盖改变阀杆与阀芯的连接，从而改变成气开，不妨采用反作用执行机构。

由于流体对上下两个阀芯的作用力方向相反，所以阀芯所受不平衡力较小，允许使用压差也较大。但由于阀体内流路复杂，用于高压差时，对阀体的冲蚀损伤较严重，也不宜用在高黏度，含悬浮颗粒或含纤维的场合。仅适用于一般场合。流通能力较同口径的单座阀大20%~25%。

(3) 角型调节阀

角型调节阀按结构分为：普通型、高压型和弯曲角形。

角型调节阀阀芯为上导向结构，必须采用反作用执行机构实现气开作用。

角形阀体流路简单，受高速流体的冲蚀较少。适宜处理高黏度，含悬浮颗粒物的流体，便于自净和清洗。还适宜处理汽液混相、易闪蒸、汽蚀的场合。

角形调节阀可分为侧进底出和底进侧出两种流向，一般情况多采用底进侧出。

高压型适用于高静压和高压降的场合，用于高压降时，由于高速流体对阀芯，阀座的冲蚀作用较严重，要慎重选择阀芯阀座的材质以及合理的阀芯、阀座结构型式，否则使用寿命很短。

(4) 三通调节阀

三通调节阀按作用方式可分为合流式和分流式两种。合流式是两个进口一个出口，分流式是一个进口两个出口，两种流向规律均为“流向开”。

三通调节阀一般采用正作用执行机构，并以此来确定工艺配管。同时尽可能让冷流靠近上阀盖一侧流过。

当用于换热器的温度调节时，采用合流式，温度滞后较小，调节灵敏。但此时要注意温差的影响。当两路流体的温差大于150℃时，建议采用两个直通调节阀或两个蝶阀代替一个三通调节阀。温度大于300℃，一般建议不采用三通调节阀。

(5) 隔膜调节阀

隔膜调节阀的阀杆带动隔膜起调节作用。

隔膜调节阀结构简单、流路阻力小、适宜高黏度、含悬浮颗粒物的流体。又由于阀体可衬橡胶、陶瓷、聚乙烯等，所以特别适用于强酸、强碱等强腐蚀性的流体。

选用隔膜阀时，应注意执行机构必须有足够的推力。通过隔膜阀的压降越小，或者直径越大，隔膜所受到的不平衡力越大。一般隔膜阀直径大于 *DN*100 时，均采用活塞式执行机构。

(6) 软管阀

软管阀的阀体由一个软管组成，用外力挤压软管，起节流作用。

(7) 阀体分离阀

阀体由两部分组成，用法兰连接。

可以很方便地将阀体分为两部分，便于拆卸进行内部清洗和内部衬里。

(8) 凸轮挠曲阀

凸轮挠曲阀的阀芯呈扇形球面状，它与挠曲臂及轴套一起铸成，固定在转动轴上。阀芯从全开到全关的转角为50°左右。

凸轮挠曲阀的执行机构具有薄膜式和活塞式的特点，推力大、行程长。

(9) 蝶阀

蝶阀由阀板、阀板轴、轴承组成。结构简单、体积小、价格便宜、流路平滑、流阻小，特别适宜大流量的气体调节，或用于一般液体的调节。也可用于含少量悬浮物或黏度不大的液体的调节。可部分代替直通单、双座调节阀。

蝶阀流通能力大，约为同口径双座阀的1.5~2.0倍。普通蝶阀泄漏量大。但在阀体内衬工程塑料或用活塞环密封时，可以使泄漏量极少。

(10) 小流量阀

流量范围小，流量系数最小可达0.000001。目前国产小流量阀的流量系数在0.0012~0.05之间。它特别适用于中和过程，微量催化剂或添加剂的注入，pH值调节等小流量的精密调节。

(11) 球阀

球阀按结构分为两种，一种是V形球阀，一种是球阀。

V形球阀的节流件是V形缺口球形体，转动球心使V形缺口起节流和剪切的作用。它可切断含纤维状的流体(如纸浆，纤维介质)，达到严密关闭的作用。流通能力较普通阀高2倍以上，可调比大，约为300∶1。

(12) 笼形阀

笼形阀的阀体与一般直通单座阀体相似，笼形阀内有个圆柱形套筒，也叫笼子，笼子里有阀芯，利用笼子作导向，可以纵间自由移动。在笼子的壁上可开有多个不同形状的孔，以获得不同的流量特性，或适用于减少汽蚀和减少噪音的笼子。阀芯也有不同型式，以适应不同场合的需要。有压力平衡式，阀芯所受不平衡力小，具有较高的稳定性，适宜用在压降较大的场合。有的适宜用在高黏度原油、泥浆状、或含悬浮颗粒物的场合。

14.5.2 调节阀执行机构

目前，气动执行机构有三种：气动薄膜执行机构、气动活塞式执行机构、气动长行程执行机构(包括电讯号气动长行程执行机构)。气动长行程执行机构是属于活塞式执行机构的变形品种。

(1) 气动薄膜执行机构

气动薄膜执行机构主要用做一般调节阀(包括蝶阀)的推动装置。

气动薄膜执行机构按结构分为有弹簧和无弹簧两种。无弹簧气动薄膜执行机构常用于两位式调节，也有用于常温低压气体管道的压力与控制信号的双冲量调节；有弹簧气动薄膜执行机构按作用方式分为正作用和反作用两种。

(2) 气动活塞执行机构

气动活塞执行机构的操作压力较大，一般为0.5~0.7MPa，活塞随汽缸两侧压差而移动，输出力大。有的汽缸一侧通入压缩空气，另一侧用弹簧来平衡推力，使活塞随两个力之差而移动。

(3) 气动长行程执行机构

气动长行程执行机构具有行程长(200~400mm)、转矩大的特点。适用于输出转角0°~90°和力矩大的场合，如蝶阀、风门等。它将0.02~0.1MPa的气动信号压力转变成相应的转角或位移。

14.5.3 调节阀的附件

(1) 阀门定位器

阀门定位器接受调节器输出信号去驱动调节阀，并利用阀杆的位移进行反馈，将阀位信号直接与阀位比较，达到改善调节阀的品质，实现正确定位。它的应用场合如下：

① 为了防止泄漏，使阀杆的填料压的很紧，摩擦力增大的场合如，高压、高温、低温、有毒、易燃易爆的介质。

② 含悬浮颗粒物、高黏度或呈胶状的流体，使阀杆移动产生阻力的场合。

③ 滞后大的调节系统，如温度和 pH 值调节系统或气动调节器与调节阀之间距离大于 100m 以上。

④ 隔膜阀、蝶阀、三通阀、大口径的单座阀等不平衡力大的场合。

⑤ 改变调节器的输出信号。

⑥ 分程控制：一个调节器输出控制两个调节阀。一个从 0.02~0.06MPa 的信号范围作全行程移动，另一个阀要求在 0.06~0.1MPa 的信号范围内作全行程移动。

⑦ 用于使阀门动作反向：如正作用的调节器控制气关阀，通过定位器改为气开阀。

⑧ 改变调节阀的特性，如线性阀经过定位器凸轮改为等百比特性。

（2）手轮机构

在开停工或事故操作情况下，可以不用风压或旁路控制调节阀的开度，而直接用手轮进行人工操作。手轮机构有侧装和顶装两种，一般为了操作方便选用侧装的。

14.5.4　几种调节阀的选用

14.5.4.1　多级笼式套筒调节阀

ZHP 型多级笼式调节阀集合了单座单级多孔笼式调节阀和多级套筒阀的各种优点，独特的对称多孔笼式阀瓣更加有效的控制噪音，分级减压不仅可以适应气体节流扩散与膨胀对控制高压差可能出现的闪蒸和气蚀有独特的作用，各种流量系数可满足工艺要求，可选择多弹簧气动簿膜机构或电动执行机构等。

阀体部分

阀体型式：直通铸造球型阀

公称通径：*DN*20、25、32、40、50、65、80、100、200、250、300

公称压力：*PN* 1.6、2.5、4.0、6.4、10.0MPa

ANSI 150、300、600lb

JIS 10K、20K、30K、40K

连接方式：法兰 FF、RF、RTJ、等

螺纹：(适用于 1″以下)

焊接：SW、BW

法兰距：符合 IEC534

阀盖形式：标准型、加长型(散热、低温、波纹管密封)

填料：V 形聚四氟乙烯(PTFE)、柔性石墨填料等

密封垫：金属夹石墨密封垫、聚四氟乙烯垫

执行机构：气动：多弹簧执行机构、单弹簧执行机构

电动：3810L 系列、PSL 系列

阀内部件

阀芯型式：单座笼式

内件材质：标准材质组合见表 14-5-1~表 14-5-3 及使用温度见表 14-5-4

流量特性：等百分比、线性；C_v 值见表 14-5-5

表 14-5-1 阀门结构表

阀体	型式	直通	阀盖	型式	标准、加长型
	材质	WCB、WC9、304、316 等		材质	WCB、WC9、304、316 等
阀芯	特性	直线、等百分比、快开	填料	V 形 PTFE、柔性石墨、波纹管	
	材质	304、304 + STL/PTFE、316、316 + STL/PTFE			
执行器	气动：见表 14-5-6				
定位器	电气阀门定位器、智能型数字定位器				
附　件	电磁阀、阀位反馈器、手操机构、保位阀、空气过滤减压器等				

表 14-5-2 本体材质为碳钢的阀门

1	阀　体	WCB	LCB	WC9
2	垫　片	316+石墨/PTFE		
3	螺　栓	35	40MnB	25Cr2Mo1VA
4	阀　座	304	304	304
5	阀芯(杆)	304	304	304
6	垫　片	316+石墨/PTFE		
7	导向套	304	304	304
8	阀　盖	WCB	LCB	WC9
9	螺　母	25	35	25Cr2Mo1VA
10	填料垫	304	304	304
11	填　料	PTFE/柔性石墨		
12	压套螺母	304	304	304

表 14-5-3 本体材质为不锈钢的阀门

1	阀　体	CF8	CF8M	CF3M
2	垫　片	316+石墨/PTFE		
3	螺　栓	304	316	316L
4	阀　座	304	316	316L
5	阀　芯(杆)	304	316	316L
6	垫　片	316+石墨/PTFE		
7	导向套	304	316	316L
8	阀　盖	CF8	CF8M	CF3M
9	螺　母	304	316	316L
10	填料垫	304	316	316L
11	填　料	PTFE/柔性石墨		
12	压套螺母	304	316	316L

表 14-5-4 阀本体温度限制范围

部　件		阀盖形式	温　度/℃	
阀　体	内　件		最低	最高
LCB	304	普通型	-5	343
	316	加长型	-46	343

续表

部件		阀盖形式	温度/℃	
阀体	内件		最低	最高
WCB	304	普通型	-5	420
	316	加长型	-20	420
WC9	304	普通型	-5	420
	316	加长型	-20	590
CF8	304	普通型	-5	420
	316	加长型	-196	675

表 14-5-5　控制阀尺寸及行程、额定 C_v 值

阀门尺寸/in(mm)	阀芯尺寸/in	额定行程/mm	额定 C_v 值									
			阀门开度%行程									
			等百分比特性					直线特性				
			10	30	50	70	100	10	30	50	70	100
3/4″(20)	1/4	16	0.09	0.17	0.34	0.95	1.87	0.27	0.68	1.09	1.49	2.10
	3/8		0.14	0.27	0.53	1.48	2.92	0.42	1.06	1.69	2.32	3.27
	1/2		0.22	0.43	0.85	2.37	4.67	0.67	1.66	2.65	3.65	5.13
	3/4		0.34	0.68	1.35	3.74	7.35	1.05	2.60	4.16	5.72	8.05
1″(25)	1/2	16	0.22	0.43	0.85	2.37	4.67	0.67	1.66	2.56	3.65	5.13
	3/4		0.34	0.68	1.35	3.74	7.35	1.05	2.60	4.16	5.72	8.05
	1		0.55	1.08	2.14	5.93	11.67	1.67	4.15	6.64	9.11	12.84
$1\frac{1}{4}''$	3/4	25	0.34	0.68	1.35	3.74	7.35	1.05	2.60	4.16	5.72	8.05
	1		0.55	1.08	2.14	5.93	11.67	1.67	4.15	6.64	9.11	12.84
	$1\frac{1}{4}$		0.87	1.73	3.42	9.49	18.67	2.67	6.63	10.62	14.58	20.54
$1\frac{1}{2}''$(40)	1	25	0.55	1.08	2.14	5.93	11.67	1.67	4.15	6.64	9.11	12.84
	$1\frac{1}{4}$		0.87	1.73	3.42	9.49	18.67	2.67	6.63	10.62	14.58	20.54
	$1\frac{1}{2}$		1.36	2.72	5.35	14.82	29.17	4.17	10.37	16.59	22.79	32.09
2″(50)	$1\frac{1}{4}$	25	0.87	1.73	3.42	9.49	18.67	2.67	6.63	10.62	14.58	20.54
	$1\frac{1}{2}$		1.36	2.72	5.35	14.82	29.17	4.17	10.37	16.59	22.79	32.09
	2		2.18	4.32	8.54	23.71	46.68	6.67	16.68	26.56	36.46	51.35
$2\frac{1}{2}''$(65)	$1\frac{1}{2}$	40	1.36	2.72	5.35	14.82	29.17	4.17	10.37	16.59	22.79	32.09
	2		2.18	4.32	8.54	23.71	46.68	6.67	16.58	26.56	36.46	51.35
	$2\frac{1}{2}$		3.34	6.81	13.45	37.35	73.52	10.47	20.01	41.63	57.17	80.52

续表

阀门尺寸/in（mm）	阀芯尺寸/in	额定行程/mm	额定 C_v 值									
			阀门开度%行程									
			等百分比特性					直线特性				
			10	30	50	70	100	10	30	50	70	100
3(80)	2	40	2.18	4.32	8.54	23.71	46.68	6.67	16.58	26.56	36.46	51.35
	$2\frac{1}{2}$		3.34	6.81	13.45	37.35	73.52	10.47	26.01	41.63	57.17	80.52
	3		5.45	10.81	21.36	59.28	116.7	16.69	41.46	66.37	91.14	128.4
4(100)	$2\frac{1}{2}$	40	3.34	6.81	13.45	37.35	73.52	10.47	26.01	41.63	57.17	80.52
	3		5.45	10.81	21.36	59.28	116.7	16.69	41.46	66.37	91.14	128.4
	4		8.72	17.29	34.17	94.85	186.7	26.70	66.34	106.2	145.8	205.4
5(125)	3	60	13.62	10.81	21.36	59.28	116.7	16.69	41.46	66.37	91.14	128.4
	4		21.80	17.29	34.17	94.85	186.7	26.70	66.34	106.2	145.8	205.4
	5		13.62	27.06	53.40	148.2	291.7	41.72	103.7	165.9	227.9	320.9
6(150)	4	60	21.80	17.29	34.17	94.85	186.7	26.70	66.34	106.2	145.8	205.4
	5		13.62	27.06	53.40	148.2	291.7	41.72	103.7	165.9	227.9	320.9
	6		21.80	43.23	85.42	237.1	466.8	66.75	165.85	265.5	364.6	513.5
8(200)	5	60	13.62	27.06	53.40	148.2	291.7	71.72	103.7	165.9	227.9	320.9
	6		21.80	43.23	85.42	237.1	466.8	66.75	165.85	265.5	364.6	513.5
	8		34.34	68.08	134.5	373.5	735.2	104.7	260.1	416.3	571.7	805.2

表 14-5-6 气动执行机构标准规格参数说明

名称		薄膜式	
		正作用(气闭)多弹簧式	反作用(气开)单弹簧式
型号		ZHA	ZHB
用途		调节/开关	调节/开关
作用形式		单作用	单作用
供气压力（弹簧范围，MPa）		0.14(0.02~0.1) 0.24(0.04~0.2) 0.28(0.08~0.24)	0.14(0.02~0.1) 0.24(0.04~0.2) 0.28(0.08~0.24)
动作方式		气压增加阀闭或输入信号增加阀闭（定位器）	气压增加阀开或输入信号增加阀开(定位器)
性能指标（带定位器）	灵敏度	±3.0%FS①	±3.0%FS
	滞后	±2.0%FS	±2.0%FS
	重复精度	±2.0%FS	±2.0%FS
气源接口		M12×1.5	M12×1.5
允许环境温度		-20~60℃	-20~60℃
表面涂层处理		普棕色	普棕色
附件配置		定位器、空气过滤减压器、电磁阀、保位阀、阀位传送器、限位开关、手操机构等	

注：① FS 代表阀的额定行程。

14.5.4.2 多级轴流迷宫调节阀

ZHJ 型多级轴流迷宫调节阀采用的是多级轴流压套组成的迷宫式流道调节阀，完全控制了流过阀内介质的流速，大幅度降低了高压气体或者蒸汽在阀内产生的噪音，稳定的多级别降压使液体不会产生气蚀，使用在高压介质场所性能稳定的控制阀，可选择多弹簧气动簿膜机构或电动执行机构等。

阀体部分

阀体型式：直通铸造球型阀

公称通径：*DN*20、25、32、40、50、65、80、100、200、250、300

公称压力：*PN*1.6、2.5、4.0、6.4、10.0MPa

ANSI 150、300、600Lb

JIS 10K、20K、30K、40K

连接方式：法兰：FF、RF、RTJ、等

螺纹：(适用于 1″以下)

焊接：SW、BW

法兰距：符合 IEC534

阀盖形式：标准型、加长型(散热、低温、波纹管密封)

填料：V 形聚四氟乙烯(PTFE)、柔性石墨填料等

密封垫：金属夹石墨密封垫

执行机构：气动：多弹簧执行机构见表 14-5-10

电动：3810L 系列、PSL 系列

阀内部件

阀芯型式：单座笼式内件材质：标准材质组合见表 14-5-7、表 14-5-8；使用温度见表 14-5-4。

流量特性：等百分比、线性；C_v 值见表 14-5-9。

表 14-5-7 本体材质为碳钢的阀门

1	阀 体	WCB	LCB	WC9
2	垫 片	316+石墨/PTFE		
3	螺 栓	35	40MnB	25Cr2Mo1VA
4	阀 座	304	304	304
5	阀芯(杆)	304	304	304
6	垫 片	316+石墨/PTFE		
7	导向套	304	304	304
8	阀 盖	WCB	LCB	WC9
9	螺 母	25	35	25Cr2Mo1VA
10	填料垫	304	304	304
11	填 料	PTFE/柔性石墨		
12	压套螺母	304	304	304

表 14-5-8　本体材质为不锈钢的阀门

1	阀　体	CF8	CF8M	CF3M
2	垫　片	316+石墨/PTFE		
3	螺　栓	304	316	316L
4	阀　座	304	316	316L
5	阀芯(杆)	304	316	316L
6	垫　片	316+石墨/PTFE		
7	导向套	304	316	316L
8	阀　盖	CF8	CF8M	CF3M
9	螺　母	304	316	316L
10	填料垫	304	316	316L
11	填　料	PTFE/柔性石墨		
12	压套螺母	304	316	316L

表 14-5-9　额定 C_v 及行程

公称压力 ANSI Class900、1500

多级降压式套筒的降压级数：1~8 级；多级降压式套筒的材质：SUS316

公称通径/in(mm)	阀芯尺寸/in(mm)	行程/mm	最小 C_v	套筒材质：SUS316				
				1Lev	2Lev	4Lev	6Lev	8Lev
1(25)	5/8(16)	20	0.22	7.0	5.3	4.1	3.4	2.5
		25	0.22	7.0	6.6	5.4	4.6	3.5
$1\frac{1}{2}$(40)	1(25)	20	0.48	18.7	11.5	8.6	6.9	4.7
2(50)	$1\frac{1}{4}$(32)	25	0.67	33.0	14.2	11.9	9.8	6.9
3(80)	2(50)	30	1.30	83.0	53.0	42.6	34.1	24.3
4(100)	$2\frac{1}{2}$(65)	40	1.70	122.0	70.0	57.0	48.5	35.5
6(150)	4(100)	50	3.30	308.0	150.0	118.0	96.0	76.0
8(200)	5(125)	60	5.30	407.0	205.0	166.0	133.0	104.0

公称压力 ANSI Class 2500

多级降压式套筒的降压级数：1~8 级；多级降压式套筒的材质：SUS316

公称通径/in(mm)	阀芯尺寸/in(mm)	行程/mm	最小可控 C_v	套筒材质：SUS316				
				1Lev	2Lev	4Lev	6Lev	8Lev
1(25)	5/8(16)	20	0.22	7.0	5.3	4.1	3.4	2.5
		25	0.22	7.0	6.6	5.4	4.6	3.5
$1\frac{1}{2}$(40)	5/8(16)	20	0.22	7.0	5.3	4.1	3.4	2.5
2(50)	1(25)	25	0.48	18.7	14.0	11.5	9.5	6.7
3(80)	$1\frac{1}{2}$(40)	30	0.86	51.5	22.5	19.0	15.5	12.0
4(100)	2(50)	40	1.30	83.0	68.0	57.0	47.0	34.0
6(150)	3(80)	50	2.20	181.0	110.0	89.0	76.0	57.0
8(200)	4(100)	60	3.30	308.0	179.0	142.0	121.0	97.0

公称压力 ANSI Class900、1500；

多级降压式套筒的降压级数：10~24 级；多级降压式套筒的材质：SUS316

公称通径/in(mm)	阀芯尺寸/in(mm)	行程/mm	最小 C_v	流向：底进侧出					流向：侧进底出				
				10	12	16	20	24	10	12	16	20	24
1(25)	5/8(16)	20	0.10	2.00	—	—	—	—	2.00	—	—	—	—
				2.60	—	—	—	—	2.60	—	—	—	—
		25		3.20	—	—	—	—	3.20	—	—	—	—
		30		3.70	—	—	—	—	3.70	—	—	—	—
		40		4.90	—	—	—	—	4.90	—	—	—	—
	1/2(15)	20	0.04	1.70	—	—	—	—	1.70	—	—	—	—
				1.00	—	—	—	—	1.00	—	—	—	—
		12		0.59	—	—	—	—	0.59	—	—	—	—
$1\frac{1}{2}$(40)	5/8(16)	20	0.10	—	2.00	—	—	—	—	2.00	—	—	—
				—	2.60	—	—	—	—	2.60	—	—	—
		25		—	3.20	—	—	—	—	3.20	—	—	—
		30		—	4.00	—	—	—	—	4.00	—	—	—
		40		—	4.90	—	—	—	—	4.90	—	—	—
	1/2(15)	20	0.04	—	1.60	—	—	—	—	1.60	—	—	—
				—	0.97	—	—	—	—	0.97	—	—	—
		12		—	0.58	—	—	—	—	0.58	—	—	—
2(50)	1(25)	25	0.28	—	7.3	—	—	—	—	4.9	—	—	—
		30		—	9.0	—	—	—	—	6.2	—	—	—
		40		—	11.6	—	—	—	—	8.0	—	—	—
	5/8(16)	25	0.10	—	—	3.4	—	—	—	—	2.3	—	—
		30		—	—	4.1	—	—	—	—	2.9	—	—
		40		—	—	5.1	—	—	—	—	3.7	—	—
3(80)	$1\frac{1}{2}$(40)	30	0.64	—	15.5	11.2	—	—	—	11.7	6.8	—	—
		40		—	20.1	14.7	—	—	—	15.3	8.9	—	—
	1(25)	30	0.28	—	—	—	7.9	—	—	—	—	3.7	—
		40		—	—	—	10.1	—	—	—	—	4.8	—
4(100)	$2\frac{1}{2}$(65)	40	1.36	—	26.7	—	—	—	—	20.6	—	—	—
		60		—	40.1	—	—	—	—	31.1	—	—	—
		80		—	52.9	—	—	—	—	41.3	—	—	—
		100		—	65.1	—	—	—	—	51.2	—	—	—
	2(50)	40	0.94	—	—	18.7	—	—	—	—	11.9	—	—
		60		—	—	28.1	—	—	—	—	18.0	—	—
		80		—	—	37.1	—	—	—	—	24.0	—	—
		100		—	—	45.5	—	—	—	—	29.8	—	—
6(150)	4(100)	50	3.17	—	74.9	52.2	—	—	—	54.3	34.9	—	—
		60		—	88.5	61.8	—	—	—	64.3	41.4	—	—
		80		—	119	83.9	—	—	—	87.2	56.4	—	—
		100		—	114.4	102	—	—	—	106	69.2	—	—

续表

公称通径/in(mm)	阀芯尺寸/in(mm)	行程/mm	最小 C_v	流向：底进侧出					流向：侧进底出				
				10	12	16	20	24	10	12	16	20	24
6(150)	3(80)	50	2.01	—	—	—	39.4	—	—	—	—	22.7	—
		60		—	—	—	46.7	—	—	—	—	26.9	—
		80		—	—	—	63.1	—	—	—	—	36.7	—
		100		—	—	—	76.7	—	—	—	—	44.9	—
8(200)	5(125)	60	4.50	—	121	82	64	43.5	—	99.9	62.1	43.8	27
		80		—	163	112	87	59.4	—	135	84.7	59.9	37
		100		—	198	137	107	72.9	—	165	104	73.5	45

公称压力 ANSI Class2500；

多级降压式套筒的降压级数：10~24 级；多级降压式套筒的材质：SUS316

公称通径/in(mm)	阀芯尺寸/in(mm)	行程/mm	最小 C_v	流向：底进侧出					流向：侧进底出				
				10	12	16	20	24	10	12	16	20	24
1(25)	5/8(16)	20	0.10	2.00	—	—	—	—	2.00	—	—	—	—
				2.60	—	—	—	—	2.60	—	—	—	—
		25		3.20	—	—	—	—	3.20	—	—	—	—
		30		3.70	—	—	—	—	3.70	—	—	—	—
		40		4.90	—	—	—	—	4.90	—	—	—	—
	1/2(15)	20	0.04	1.70	—	—	—	—	1.70	—	—	—	—
				1.00	—	—	—	—	1.00	—	—	—	—
		12		0.59	—	—	—	—	0.59	—	—	—	—
$1\frac{1}{2}$(40)	5/8(16)	20	0.10	—	2.00	—	—	—	—	2.00	—	—	—
				—	2.60	—	—	—	—	2.60	—	—	—
		25		—	3.20	—	—	—	—	3.20	—	—	—
		30		—	4.00	—	—	—	—	4.00	—	—	—
		40		—	4.90	—	—	—	—	4.90	—	—	—
2(50)	1(25)	25	0.28	—	7.3	—	—	—	—	4.9	—	—	—
		30		—	9.0	—	—	—	—	6.2	—	—	—
		40		—	11.6	—	—	—	—	8.0	—	—	—
	5/8(16)	25	0.10	—	—	3.4	—	—	—	—	2.3	—	—
		30		—	—	4.1	—	—	—	—	2.9	—	—
		40		—	—	5.1	—	—	—	—	3.7	—	—
3(80)	1(25)	30	0.28	—	11.1	8.7	—	—	—	8.4	4.5	—	—
		40		—	13.9	11.2	—	—	—	10.7	5.9	—	—
		60		—	18.9	15.7	—	—	—	15.2	8.7	—	—
	5/8(16)	30	0.10	—	—	—	3.1	—	—	—	—	2.2	—
		40		—	—	—	4.0	—	—	—	—	2.8	—
		60		—	—	—	5.5	—	—	—	—	4.0	—

续表

公称通径/in(mm)	阀芯尺寸/in(mm)	行程/mm	最小C_v	流向：底进侧出					流向：侧进底出				
				10	12	16	20	24	10	12	16	20	24
4(100)	2(50)	40	0.94	—	25.4	17.8	—	—	—	18.5	10.9	—	—
		60		—	37.7	26.7	—	—	—	27.7	16.5	—	—
		80		—	49.1	35.3	—	—	—	36.6	22.0	—	—
		100		—	59.3	43.4	—	—	—	44.9	27.4	—	—
	1/2(40)	40	0.64	—	—	—	13.4	—	—	—	—	7.2	—
		60		—	—	—	20.1	—	—	—	—	11.0	—
		80		—	—	—	26.4	—	—	—	—	14.6	—
		100		—	—	—	32.2	—	—	—	—	18.2	—
6(150)	3(80)	50	2.01	—	59.4	—	—	—	—	45.0	—	—	—
		60		—	69.9	—	—	—	—	53.1	—	—	—
		80		—	93.2	—	—	—	—	71.6	—	—	—
		100		—	111.7	—	—	—	—	86.7	—	—	—
	2(50)	50	0.94	—	—	41.5	30.5	—	—	—	25.7	14.1	—
		60		—	—	48.4	35.8	—	—	—	30.3	16.8	—
		80		—	—	62.7	47.5	—	—	—	40.6	22.8	—
		100		—	—	73.1	56.6	—	—	—	48.8	27.8	—
8(200)	4(100)	60	3.17	—	88.5	61.8	—	—	—	67.8	41.4	—	—
		80		—	119.3	83.9	—	—	—	91.9	56.4	—	—
		100		—	144.4	102	—	—	—	112	69.2	—	—

表 14-5-10　气动执行机构标准规格参数说明

名　称		薄　膜　式	
		正作用(气闭)多弹簧式	反作用(气开)单弹簧式
型　号		ZHA	ZHB
用　途		调节/开关	调节/开关
作用形式		单作用	单作用
供气压力（弹簧范围，MPa）		0.14(0.02~0.1) 0.24(0.04~0.2) 0.28(0.08~0.24)	0.14(0.02~0.1) 0.24(0.04~0.2) 0.28(0.08~0.24)
动作方式		气压增加阀闭或输入信号增加阀闭(定位器)	气压增加阀开或输入信号增加阀开(定位器)
性能指标（带定位器）	灵敏度	±3.0%FS①	±3.0%FS
	滞　后	±2.0%FS	±2.0%FS
	重复精度	±2.0%FS	±2.0%FS
气源接口		M12×1.5	M12×1.5
允许环境温度		-20~60℃	-20~60℃
表面涂层处理		普棕色	普棕色
附件配置		定位器、空气过滤减压器、电磁阀、保位阀、阀位传送器、限位开关、手操机构等	

注：① FS 代表阀的额定行程。

14.5.4.3 高压多级笼式调节阀

ZHJ 型多级轴流迷宫调节阀采用的是多级轴流压套组成的迷宫式流道调节阀，完全控制了流过阀内介质的流速，大幅度降低了高压气体或者蒸汽在阀内产生的噪音，稳定的多级别降压使液体不会产生气蚀，使用在高压介质场所性能稳定的控制阀，可选择多弹簧气动簿膜机构或电动执行机构等。

阀体部分

阀体型式：直通铸造球型阀

公称通径：*DN*20、25、32、40、50、65、80、100、200

公称压力：*PN*1.6、2.5、4.0、6.4、10.0MPa
　　　　　ANSI 150、300、600lb
　　　　　JIS 10K、20K、30K、40K

连接方式：法兰：FF、RF、RTJ、等
　　　　　螺纹：(适用于 1″以下)
　　　　　焊接：SW、BW

法兰距：符合 IEC 534

阀盖形式：标准型、加长型(散热、低温、波纹管密封)

填料：V 形聚四氟乙烯(PTFE)、柔性石墨填料等

密封垫：金属夹石墨密封垫

执行机构：气动：多弹簧执行机构，见表 14-5-14
　　　　　电动：3810L 系列、PSL 系列

阀内部件

阀芯型式：单座笼式

内件材质；标准材质组合见表 14-5-11；表 14-5-12 及使用温度见表 14-5-4

流量特性：等百分比、线性；C_v 值见表 14-5-13

表 14-5-11 本体材质为碳钢的阀门

1	阀　体	WCB	LCB	WC9
2	垫　片	316+石墨/PTFE		
3	螺　栓	35	40MnB	25Cr2Mo1VA
4	阀　座	304	304	304
5	阀芯(杆)	304	304	304
6	垫　片	316+石墨/PTFE		
7	导向套	304	304	304
8	阀　盖	WCB	LCB	WC9
9	螺　母	25	35	25Cr2Mo1VA
10	填料垫	304	304	304
11	填　料	PTFE/柔性石墨		
12	压套螺母	304	304	304

表 14-5-12　本体材质为不锈钢的阀门

1	阀　体	CF8	CF8M	CF3M
2	垫　片	316+石墨/PTFE		
3	螺　栓	304	316	316L
4	阀　座	304	316	316L
5	阀芯(杆)	304	316	316L
6	垫　片	316+石墨/PTFE		
7	导向套	304	316	316L
8	阀　盖	CF8	CF8M	CF3M
9	螺　母	304	316	316L
10	填料垫	304	316	316L
11	填　料	PTFE/柔性石墨		
12	压套螺母	304	316	316L

表 14-5-13　额定 C_v 值与行程

公称压力 ANSI Class 900、1500

多级降压式套筒的降压级数：1~8 级；多级降压式套筒的材质：SUS316

公称通径/in(mm)	阀芯尺寸/in(mm)	行程/mm	最小 C_v	套筒材质：SUS316 1Lev	2Lev	4Lev	6Lev	8Lev
1(25)	5/8(16)	20	0.22	7.0	5.3	4.1	3.4	2.5
		25	0.22	7.0	6.6	5.4	4.6	3.5
$1\frac{1}{2}$(40)	1(25)	20	0.48	18.7	11.5	8.6	6.9	4.7
2(50)	$1\frac{1}{4}$(32)	25	0.67	33.0	14.2	11.9	9.8	6.9
3(80)	2(50)	30	1.30	83.0	53.0	42.6	34.1	24.3
4(100)	$2\frac{1}{2}$(65)	40	1.70	122.0	70.0	57.0	48.5	35.5
6(150)	4(100)	50	3.30	308.0	150.0	118.0	96.0	76.0
8(200)	5(125)	60	5.30	407.0	205.0	166.0	133.0	104.0

公称压力 ANSI Class 2500

多级降压式套筒的降压级数：1~8 级；多级降压式套筒的材质：SUS316

公称通径/in(mm)	阀芯尺寸/in(mm)	行程/mm	最小可控 C_v	套筒材质：SUS316 1Lev	2Lev	4Lev	6Lev	8Lev
1(25)	5/8(16)	20	0.22	7.0	5.3	4.1	3.4	2.5
		25	0.22	7.0	6.6	5.4	4.6	3.5
$1\frac{1}{2}$(40)	5/8(16)	20	0.22	7.0	5.3	4.1	3.4	2.5
2(50)	1(25)	25	0.48	18.7	14.0	11.5	9.5	6.7
3(80)	$1\frac{1}{2}$(40)	30	0.86	51.5	22.5	19.0	15.5	12.0
4(100)	2(50)	40	1.30	83.0	68.0	57.0	47.0	34.0
6(150)	3(80)	50	2.20	181.0	110.0	89.0	76.0	57.0
8(200)	4(100)	60	3.30	308.0	179.0	142.0	121.0	97.0

表 14-5-14　气动执行机构标准规格参数说明

名　　称		薄　　膜　　式	
		正作用(气闭)多弹簧式	反作用(气开)单弹簧式
型　号		ZHA	ZHB
用　途		调节/开关	调节/开关
作用形式		单作用	单作用
供气压力（弹簧范围，MPa）		0.14(0.02~0.1) 0.24(0.04~0.2) 0.28(0.08~0.24)	0.14(0.02~0.1) 0.24(0.04~0.2) 0.28(0.08~0.24)
动作方式		气压增加阀闭或输入信号增加阀闭（定位器）	气压增加阀开或输入信号增加阀开(定位器)
性能指标（带定位器）	灵敏度	±3.0%FS①	±3.0%FS
	滞　后	±2.0%FS	±2.0%FS
	重复精度	±2.0%FS	±2.0%FS
气源接口		M12×1.5	M12×1.5
允许环境温度		-20~60℃	-20~60℃
表面涂层处理		普棕色	普棕色
附件配置		定位器、空气过滤减压器、电磁阀、保位阀、阀位传送器、限位开关、手操机构等	

注：① FS 代表阀的额定行程。

14.6　集散控制系统(DCS)

14.6.1　概述

自动控制系统经历了基地式气动仪表控制系统、电动单元组合式模拟仪表控制系统、集中式数字控制系统后，又发展了现已广泛应用的集散控制系统(Distributed Control System, DCS)。

DCS 是分散控制系统的简称，国内一般称为集散控制系统。它是一个由过程控制级和过程监控级组成的以通信网络为纽带的多级计算机系统，综合了计算机(Computer)、通讯(Communication)、显示(CRT)和控制(Control)4C 技术，其基本思想是分散控制、集中操作、分级管理、配置灵活、组态方便。

据不完全统计，我国石化、石油和化工系统共使用了近 3000 多套 DCS，石化用的 DCS 约占近 50%；由于计算机技术迅速发展，国内外出现了新一代 DCS，其主要特点是采用开放性系统、容错的工业以太网和面向过程控制的对象连接和嵌入(OPC)标准等技术，从而解决了不同生产厂家 DCS 的互联，并可组成大规模的网络控制系统。

14.6.2　控制系统选型要点

石化应用的控制系统主要由 DCS 、现场总线控制系统(FCS)、可编程控制器(PLC)、数据采集与监视控制系统(SCADA)等。其控制系统选型要点如下：

① 控制系统应能满足使用的目的和各种功能要求：

如系统功能、系统冗余、诊断能力、设备管理(AMS)系统的可维护性等；

② 根据对硬件、软件的分析，评价先进性；

③ 系统业绩：系统的成熟、系统应用、项目管理、执行经验等；

④ 厂家的后备支持体系是否健全，服务是否良好；

⑤ 性能/价格比是否好，价格能否接受。

14.6.3 石油化工对 DCS 的要求

石油化工联合大型工程约有十几套装置集中于中心控制室，并在全厂联成网络。这是一个全厂管理与控制综合系统，是一个大型网络系统。石化要求 DCS 应具有开放性网络结构、要求通讯网络可靠性高。DCS 与安全仪表系统的通信。支持面向过程控制的对象连接和嵌入(OPC)开放标准和现场总线技术标准，操作和工程技术环境标准化、综合过程自动化与工厂自动化、高可靠冗余的 DCS，并取得 ISO—9000 认证。石化 DCS 应具有先进可靠的硬件和软件，又有成熟、有效的高级应用软件包，可满足大规模石化企业生产、控制、优化管理的需要。

石油化工大型工程使用 DCS 时，对 DCS 可靠性的具体要求如下：

① 要求 DCS 操作站，控制器不能死机。实际上，国外的新型 DCS 因初期软件不够成熟等因素，操作站也有死机现像，但后期，一般就没有死机了。

② 为了保证可靠性，一般要求 DCS 操作站冗余，控制器也是冗余的，电源也冗余的。要求控制器的中央处理器(CPU)负荷不大于 60%，这也是保证可靠性措施之一。

③ 有的项目重要参数的输入/输出(I/O)卡是冗余的，以防发生事故。对 DCS 系统，I/O 是容易发生故障的，要选用单通道隔离的卡件。

④ 冗余的控制器和冗余的网络应是无扰切换的。

⑤ 对网络的要求：乙烯、炼油等联合大型工程约有几十套装置集中于中心控制室，并在全厂联成网络。这是一个全厂管理与控制综合系统，是一个大型网络系统。所以，要求 DCS 主供货商应能提供成熟，可靠的大型网络系统及应用的经验和能力。

14.6.4 CENTUMC3000 系统

(1) 系统的特点

① 综合性：

在产品的设计制造、研究开发上提出了面向 21 世纪的企业技术解决(ETS-Enterprise Technology Solution)方案概念，从工厂的生产运行，综合效益为出发点，充分满足工厂的各种需求，以最先进的技术，最可靠的产品，为用户提供从设计开发到现场服务的完善、优化适用的综合决策方案。综合生产管理与控制系统 CENTUM-CS3000 是横河 ETS 概念的最重要产品之一。现还有最新的 CentumVP 系统。

② 开放的网络结构：

采用 WindowsNT 标准操作系统，支持动态数据交换(DDE)/OPC。既可以直接使用 PC 机通用的 VB 程序(MS-Excel Visual Basic)编制报表，也可以同在操作系统 UNIX 上运行的大型 Oracle 数据库进行数据交换。此外，横河提供了系统接口和网络接口用于与不同厂家的系统、产品管理系统、设备管理系统和安全管理系统进行通讯。

③ 高可靠性：

控制站采用 4CPU 冗余容错技术，可以实现在任何故障及随机错误产生的情况下连续不间断地控制；机柜采用微正压结构设计；I/O 模件采用表面封装技术，具有 1500VAC/分抗冲击性能；系统接地电阻小于 100Ω 等多项高可靠性尖端技术，使系统具有极高的抗干扰，耐环境等特点，非常适用于运行环境要求。

④ 现场控制站的高效性：

控制站(FCS)采用高速处理器R300，可进行64位浮点运算，具有强大的运算和处理功能，可进行50ms控制周期的模拟和逻辑控制。此外，还可以实现诸如多变量控制，模型预测控制，模糊逻辑等多种高级控制功能。

⑤ 高效的工程化方法：

CENTUM-CS3000提供高效的自动绘图(Auto CAD)，直接用"控制用绘图软件"(Control Drawing)进行软件设计及组态，使方案设计及软件组态同步进行，最大限度地简化了软件开发流程。提供仿真测试软件，有效地减少了现场软件调试时间。

⑥ 可扩展性：

具有构造大型实时过程信息网的拓扑结构，可以构成多工段，多集控单元，全厂综合管理与控制综合信息自动化系统。

⑦ 与既有系统的兼容性：

CENTUM-CS300与横河以往的系统可通过总线转换单元，方便地连接在一起，实现对既有系统的监视和操作。

(2) CENTUM-CS3000系统配置

CENTUM-CS3000系统具有三级分层网络结构，将过程实时数据、运行操作监视数据信息同非实时信息及共享资源信息分开，分别使用不同的网络。有效地提高了通讯的效率，降低了通讯负荷。如图14-6-1所示。

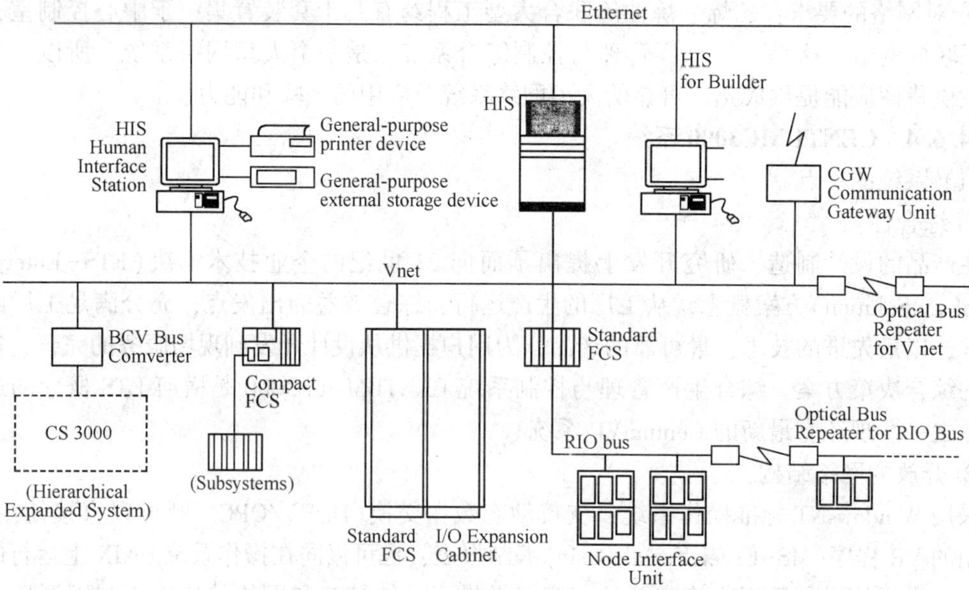

图14-6-1 CENTUM-CS3000系统配置

① 实时控制网(V-Net)：

用于进行操作监视及信息交换的双重化实时控制网络。采用可靠性极高的令牌总线(Token-Passing)，符合IEEE802.4标准。通讯速率：10Mbps，通讯距离最大20km，连接站数：64站/域，256站/系统。

② 以太网(Ethernet)：

用于操作站、工程师站、以及上位计算机之间信息数据的传输，数据及外设资源资源共享。采用标准 Ethernet 符合 IEEE802.3 标准 TCP/IP、FTP。是系统开放网络，通讯速率：10Mbps。

③ 实时 I/O 总线(RIO)：

用于控制站内，中央主控制器(FCU)同远程 I/O 节点之间进行数据传输的双重化实时通讯总线，通讯速率：2Mbps，可连接 8 个 RIO 节点，最大通讯距离 20km。

(3) 系统主要技术指标及性能说明

① 操作站(HIS)：

操作站 HIS 是采用基于 WindowsNT 的通用 PC 机。运行人员通过操作员站可实现对过程参数、设备状态和控制系统的在线实时监视和操作。

A. HIS 操作站的分辨率为 1280×1024，256 色，具有丰富的画面，向运行人员提供文字、图像和各种动态综合信息。每个操作站都可提供流程图监视画面，配合丰富的窗口画面运行人员可通过操作员键盘上的功能键对画面上的所有装置进行监视和控制；

B. 控制组窗口以棒状图显示出来，内容包括过程输入变量、输出值、设定值。可根据运行人员需要将每 16 块仪表一组任意组合，进行 16 个回路的操作；

C. 调整窗口显示每一块仪表的所有信息，对于调节回路，可显示出过程变量、输出值、设定值、运行方式、高低限值、报警状态、工程单位、调节参数和相关数据；对于断续控制回路，可显示出相关的数据和设备状态。每一参数调整窗口均有 48min 的实时趋势画面，以帮助 PID(比例积分微分)参数调整；

D. 总貌窗口可显示整个装置的运行状态，当报警发生时则以声光色变闪烁向运行人员提示，并可迅速切至相应的操作画面进行处理；

E. 报警窗口可通过操作员键盘直接调出，显示工位号、注释、报警值、报警类型、报警时间和当前过程值，并可迅速切至相应的操作画面进行处理。每页画面有 18 条报警信息，可保留当前实时 200 个报警点。(报警的历史记录点 35000 条)；

F. 共有 6 种不同的报警级别，用符号和颜色区分重要度，当两个报警同时发生时，对于重度报警将优先报警而抑制轻度报警。所带报警限值分别设有报警死区。在操作员站可以对信号进行“报警闭锁(AOF)”的手动设定及解除。“报警闭锁”功能仅仅是对报警信息发出的抑制，不影响数据采集和运算处理；

G. 帮助(Help)功能在机组的启停或紧急工况时，运行人员可直接点触操作站上的显示器(CRT)上的 Help 菜单键，弹出的 Help 画面可向运行人员提供帮助信息；

H. 开放的网络数据服务功能：HIS 使用 Windows NT 操作系统，提供动态数据转换(DDE—Dynamic Data Exchange)及 OPC(OLE for Process Control)为工厂的管理信息系统(MIS)网直接进行数据服务；

I. 历史数据库功能：

数据采集：过程数据及信息数据；

数据处理：运算处理、关闭记录(Closingdata)处理、压缩存储；

收集记录数据：100000；

标准功能模块：7200；

采样周期：1s，10s，1min，2min，5min，10min；

历史数据保存时间：用户可根据采样周期，数据量，记录时间长度来决定数据库容量。

② 工程师站(EWS)：

用基于WindowsNT操作系统的高性能计算机作为工程师站，进行系统态、生成、软件调试、系统仿真等工作。

③ 控制站(FCS)：

A. 现场控制站中央控制单元(FCU)，在DCS领域率先采用了可靠性极高的4个CPU的双冗余和故障安全结构设计，实现了完全的容错冗余，解决了过去的单纯双重化方式下不可能解决的问题。

B. 容错冗余配置的处理器模件采用双重化的双向交叉耦合并行通讯接口结构，充分保证了数据传输的可靠性。

C. 通过远程I/O总线(RIOBus)实现I/O与控制器处理功能分散，进一步提高了系统的可靠性。

D. 可以根据不同的需要选择各个控制及联锁逻辑控制回路的控制周期，扫描周期分别为：基本1000ms，高速：50ms、100ms、200ms、500ms。

E. 系统具有完善的自诊断功能，可以诊断至模件级的故障。对于控制器故障、通讯网络故障、输入/输出信号异常、I/O模件故障、非法输入指令以及冗余备份等进行诊断，并自动提示详细的故障信息。

④ 过程输入/输出(I/O)：

CENTUM-CS3000系统的过程输入/输出采用远程I/O节点结构，每个I/O节点均可为双重通讯接口、双重供电。所有模件都有LED状态显示和其自诊断显示。

A. 控制用输出I/O模件采用了高分散的单片卡。模拟量输入用I/O模件为16点多路卡件。所有I/O模件均为带8MHz高速微处理器(μP)及模数(A/D)、数模(D/A)转换器的智能化卡件，输入、输出模件均有信号隔离。

B. 在系统电源掉电时，已累积的脉冲数据和其他数据均不丢失。

C. 开关量输出信号采用220VAC/5A大容量继电器作中间继电器输出。

D. 为保证当控制系统电源故障时，工艺系统处于安全状态，不出现误动，可根据情况采用脉冲宽度控制方式，也可在执行机构设置保持失电前的位置。

E. 抗干扰能力：

共模抑制比>120dB，差模抑制比>60dB，共模电压≥250V，差模电压≥60V。

⑤ 软件说明：

A. 提供完整的、满足要求的程序软件包，包括实时操作系统、应用程序等。系统组态、生成、应用软件编辑均通过图形界面，交互式菜单会话方式，方便快捷，不需要使用者具备很多计算机方面的知识。

B. 工程师站(WS)：

提供标准Auto CAD(自动计算机辅助设计)组态方式。模拟控制回路组态采用控制绘图软件(Control Drawing)，顺序控制采用逻辑图(IBD)、顺控表(STB)等方式，所有组态都在Auto CAD环境下进行。设计和组态工作可同步进行，简化了工作流程。丰富的用户自定义宏功能，使组态更加容易、高效，组态文件以图形方式打印输出。

C. 组态文件可以在线修改下装，而不停止控制站的 CPU。

D. 利用工程师站的测试功能可进行软件调试，以降低工程费用。工程师站设置有软件保护密码，以防止一般人员擅自改变控制方案、应用程序和系统数据库。

E. 所有控制算法、系统参数都驻存在存储器中，执行时，无需重新装载。

F. 可提供 MS-Excel，Visual C++，Visual Basic 等通用的编程语言，以满足用户工程师开发应用软件的需要。

G. 可提供动态数据交换(DDE，Dynamic Data Exchange)及 OPC 软件包，为工厂管理信息系统(MIS)网直接提供数据服务。

⑥ 数据通讯系统：

A. V-Net：用于各站之间进行数据交换的双重化实时控制网络。

通讯方式：令牌总线(Token-Passing)，符合 IEEE802.4 标准

通讯速率：10Mbps

通讯距离：最大 20km(光纤)

每个站发令牌次数：200~1000 次/s(V-NET 极限通讯负荷时>200 次/s)

双重化总线：约 500 次/s 交互使用

B. Ethernet：用于操作站、工程师站、以及上位计算机之间信息数据的传输。

通讯标准：Ethernet 符合 IEEE802.3

通讯速率：10Mbps

通讯距离：提供 10Base2、10Base5 不超过 500m

传输介质：选用同轴电缆/光纤

C. RIO 总线：用于控制站内，与中央主控制器 FCU 同远程 I/O 节点之间的过程数据传输。

通讯速率：2Mbps

RIO 节点：8

通讯距离：最大 20km

传输介质：双绞线、同轴电缆

14.6.5 DeltaV 系统

(1) 系统的特点

Delta V 系统是在传统 DCS 系统优势基础上结合 20 世纪 90 年代的技术，开发的新一代控制系统，它主要具有如下技术特点：

① 用基金会现场总线(FF)规定的拓扑结构即工业以太网，工作站和控制器构成控制网络的节点。控制器直接支持网络(TCP/IP)数据，数据传输速度为 10~100Mbps。

② 开放的网络结构与 OPC 标准，OPC 技术的采用，可以将 DeltaV 系统毫无困难地与工厂管理网络连接，避免在建立工厂管理网络时进行二次接口开发的工作。

③ 规模可变的特点可以为全厂的各种工艺、各种装置提供相同的硬件与软件平台，更好、更灵活地满足企业生产中对生产规模不断扩大的要求。

④ 控制器卡件的智能化，即插即用，可带电插拔。控制器和卡件全部采用模块化、智能化设计。所有常规 IO 卡件均为 8 通道分散设计，且每一通道与现场都采用了光电隔离技术，充分体现分散控制安全可靠的特点。

⑤ 出色的控制器冗余设计。控制器具有在线完全冗余的功能，在系统正常运行时，不

需要停车，只需要在左侧把第二套控制器所插放的底板与运行中控制器底板通过其自带的标准插口插接起来，则系统自动完成控制器冗余，不需要组态，不需要停车。

⑥ 独特的报警。报警时，无论操作员监视的是什么画面，报警信息都会自动弹出到当前的画面上。条件报警是系统的又一特色，系统为每个报警都设置一个报警开关，适当设置该报警就会在不需要时自动屏蔽报警。

⑦ 可实现远程组态和控制、远程监视和诊断。系统的现场解决方案是目前最为合理、最为简单的总线解决方案。系统通过 FF 卡件完成对现场总线的支持，每个 FF 卡件可支持两条 H1 总线，如果想用总线仪表替换过时的仪表，只需要将常规身份识别卡(ID)件换成 FF 卡件即可，无须附加其他硬件和软件接口。

⑧ 内置的智能设备管理系统(AMS)对智能设备进行远程诊断、预维护，减少企业因仪表、阀门等故障引起的非计划停车。增加连续生产周期，保证生产的平稳性。

(2) 系统硬件

Delta V 系统硬件由冗余的控制网络、工作站及控制部分构成。

① 冗余的控制网络：

Delta V 系统的控制网络是以 10~100Mbps 以太网为基础的冗余的局域网(LAN)。系统的所有节点(操作站及控制器)均直接连接到控制网络上，不需要增加任何额外的中间接口设备。简单灵活的网络结构可支持就地和远程操作站及控制设备。

② 工作站：

所有工作站采用最新的 32 位 Pentium-IV 主频 2.4GHZ 芯片及 Windows2000 操作系统，19″LCD 液晶监视器。40G 硬盘驱动器、512MB 内存和 32XDVD-CDRM 光盘驱动器。

14.6.6 PKS 控制系统

(1) 系统的特点

① 具有最先进的 DCS 功能的、统一的、协作的分步式体系结构。它允许多个 EXPERIONPKS 系统如同一个系统一样运行，从而革新了对多系统的控制和信息访问。

② 系统包含了异常状态管理(ASM)，安全管理和信息管理技术，支持多种现场总线的连接。

③ 系统具有 Honeywell 专利的容错以太网控制网络，它采用商业流行的以太网设备。

④ 故障安全控制系统(FSC)与 EXPERIONPKS 集成统一。

⑤ Honeywell 专利的互联网(HMIWeb)技术，实现了在单一人机界面中，无缝地集成了全厂范围中的过程、应用和商业数据。

⑥ 基于分步式体系结构和 HMIWeb 技术，电子服务器(eServer)获取企业的实时信息。不需要复制数据库或重新制作流程图画面，用户就能通过浏览器窗口方便地调用过程流程图。

⑦ 数字视频系统是一个完全集成的和全面的数字视频解决方案。利用视频信息对工厂事件进行捕捉和记录。

⑧ 应用组件(ProfitSuite)提高企业优化水平，PKS 实现影子工厂仿真(ShadowPlant)。

⑨ 与以往系统的兼容性。通过集成接点(INTEGRATERNOTE)实现与老系统 TPS、TDC-3000 连接。

(2) 系统配置和功能说明

EXPERION PKS 系统的网络由控制网络-容错以太网(FTE)和工厂管理网(PIN)组成。

控制网挂有 C200 控制器、FSC 故障安全控制器、工程师工作站(EWS)、操作员工作站(OPS)、应用工作站(APP)和 e Server 工作站。工厂管理网(PIN)连接工厂管理、商业运作的计算机网络。

① 容错以太网(FTE)：

容错以太网(FTE)的硬件交换机是 Cisco 公司的商业流行产品而容错逻辑软件是 Honeywell 公司的专利。特点如下：在 FTE 接点间有 4 个通讯路经、允许有 1 个通讯路经的故障、快速(1s)的检测和恢复时间、可以在线增加和减少接点、对应用 PC 机完全透明、允许正常的以太网结点接入、完全分布式的结构没有主结点、快速 100Mbps 性能、传输介质为同轴电缆或光纤。

容错以太网(FTE)可以构成全厂性的网络，在集中控制室设骨干网的交换机，下连各单元的组交换机而构成。

② 操作员站(OPS)：

操作员站(HMI)硬件采用标准的工业 PC 工作站，操作键盘提供 12 个可编程序功能键。操作员站下载 Honeywell 专利最新开发的人机接口技术，称为 HMIWeb。它采用 Web 技术和 HTML 语言，可以观察标准 Web 浏览器或用户站的窗口。HMIWeb 提供大于 300 页的标准系统显示画面。

③ 工程师站(EWS)：

工程师站在系统中的作用是服务器，一般冗余配置。硬件为 DELL 公司的服务器。软件有 Experion PKS 服务器软件、Microsoft Window 2000 服务器软件和控制生成、显示生成、快速生成组态软件。从暂存器组态整个系统。

④ e Server 工作站：

基于分布式体系结构和 HMI Wbe 技术，e Server 获取企业的实时信息。不需要复制数据库或重新制作流程图画面，用户就能通过浏览器窗口方便地调用过程流程图。它是一个强力 OPC 服务器，硬件为 DELL 公司服务器，软件为 Honeywell e Server 软件。可使网远方的操作员站上看到-所有应用和实时数据等。

⑤ 应用工作站(APP)：

是一个强力 OPC 服务器，硬件为 DELL 公司服务器，配置 Honeywell 不同的软件，可以构成不同的应用工作站。如先进控制、资产和异常状态管理、影子工厂仿真等。

⑥ 现场控制站：

EXPERION PKS 系统现场控制站采用 R300 或控制器，它集成了 Honeywell30 年的开发经验和技术。

14.6.7　DCS 的应用

石油化工企业已广泛应用了 DCS，主要用于催化裂解、加氢裂化、延迟焦化、乙烯、聚乙烯、苯乙烯、苯酚丙酮、丁二烯、芳烃抽提、乙丙橡胶、ABS、环氧乙烷、丙烯酸酯、乙醛、醋酸、合成氨等装置。

由于石化工程已向大型化发展，全厂设置一个中心控制室用 DCS/ESD(紧急停车系统)对十几套工艺装置进行高度集中管理和控制、监测、报警及报表操作。根据工艺的要求中心控制室按装置设置操作站、工程师站和打印机等设备。石化大型工程项目要求 DCS 可组成全厂性的、大规模的控制系统，全厂性的 DCS 一般可有 30000 个 I/O 点或 3000 个控制回路以上，属大规模DCS控制系统。

乙烯联合工厂设置10几套DCS，分别用于生产装置、公用工程及厂外设施进行数据采集和控制。主要有乙烯装置、芳烃抽提装置、丁二烯装置、聚乙烯装置、聚丙烯装置、苯乙烯装置、聚苯乙烯装置、丙烯腈装置、公用工程及厂外设施等。现场机柜室尽可能设在危险区域外，按抗爆结构设计，正压通风、湿度和温度控制。现场机柜室设有DCS、安全仪表系统(SIS)过程接口机柜，还有端子柜、辅助机柜、UPS电源(不间断电源)、空调、编程组态维护终端等。现场机柜室与中心控制室的通信采用冗余的光缆。

石化行业已使用国内外生产的DCS有1500多套，应用水平也较高，自动投运率在90%以上，目前正向充分发挥DCS功能和开展先进控制和优化方向发展。在今后一段时间内，石化行业对DCS的要求会高，如改善DCS功能、兼容新技术、降低价格、提高应用水平、改善服务水平等。

14.7 可编程控制器(PLC)

14.7.1 概述

可编程逻辑控制器(Programmable Logic Controller，简称PLC)，PLC是由模仿原继电器控制原理发展起来的，以取代传统继电器控制装置。

随着计算机技术、信号处理技术、控制技术和网络技术的不断发展，PLC在开关量处理的基础上增加了模拟量处理和运动控制等功能。今天的PLC不再局限于逻辑控制，在运动控制、过程控制等领域也发挥着十分重要的作用。

近年来，一些国际著名的PLC制造商相继推出了新一代的PLC，从结构和功能上，日益向DCS靠拢。这样，在原有的高速处理逻辑顺序功能的基础上，加强了模拟调节控制、监视操作的功能，从而，大大提高了PLC的工业控制的能力，在各种领域的应用非常广泛和普及。

目前的典型产品有：西门子公司的SIMATIC S7系列、施耐德公司的Quantum PLC、欧姆龙公司的CS系列产品以及通用电气公司的GE-Fanuc系列等。

14.7.2 SIMATIC S系列PLC

S7系列PLC家族产品也是充分考虑不同的过程控制环境，继承S5系列PLC产品的分档方法，分为三个档次的PLC系统。

S7—200小型PLC系统，虽然可处理的I/O点数较少，但是功能不少。它不仅能处理数字量，而且也能处理模拟量，它的通讯灵活便捷，诊断系统及中断处理、高速计数等功能一应齐全。所以最适合应用于小规模过程控制的环境里，其性价比极佳。

S7系列中型和大型PLC系统分别为S7—300和S7—400可编程控制器。

(1) S7—300可编程控制器

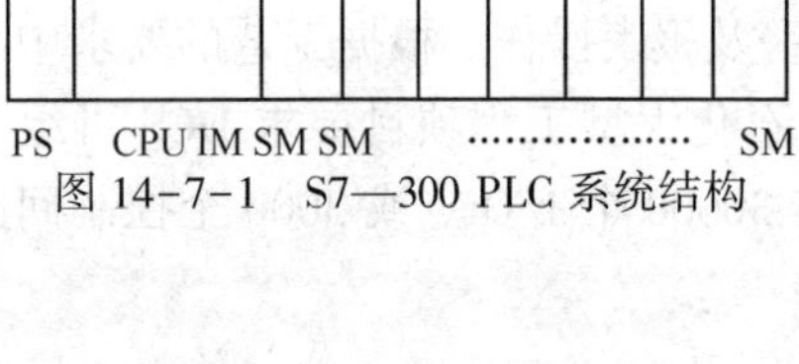

图14-7-1 S7—300 PLC系统结构

S7—300中型PLC系统具有模块化、无排风扇结构、易于实现分布式系统和便利用户使用等特点，其系统结构见图14-7-1。

S7—300具有多种性能级别的CPU模块，有的CPU上集成了I/O点，有的则集成了PROFIBUS—DP

通讯接口，可以按不同的过程控制规模可任意选用。

接口模块(IM)用来连接主机架(CR)和扩展机架(ER)。S7—300 通过分布式的 CR 和 3 个 ER，可以操作多达 32 个模块，扩展系统结构见图 14-7-2。

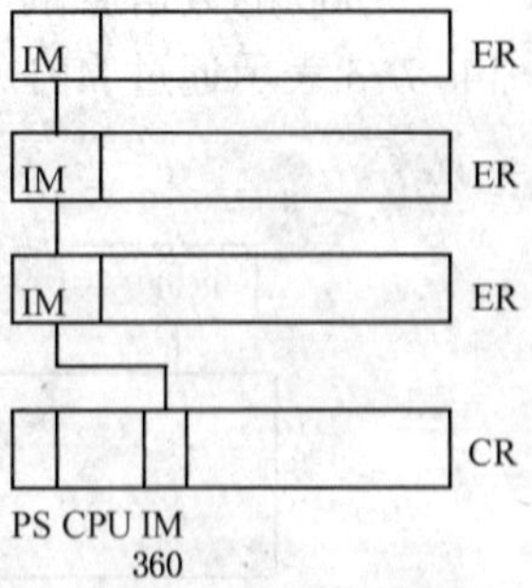

图 14-7-2 S7—300 扩展系统结构

信号模块(SM)用于数字量和模拟量的输入/输出，它可以不受限制地插到任何一个槽口上。

电源模块(PS)用于将 S7—300 连接到 120/230VAC，或 24/48/60/110VDC。

除此之外，S7—300 可利用通讯处理器(CP)模块与网络连接，还可以用功能模块(FM)实现高速计数、定位操作和闭环控制。

S7—300 系列 PLC 除标准型外，为适应恶劣的生产环境推出了环境条件扩展型，它的使用环境温度为-25~60℃，而且具有更强的耐受振动和污染特性。

S7—300 中型 PLC 系统主要技术性能指标见表 14-7-1。

表 14-7-1 S7—300 系列主要技术性能指标

主要指标类型	CPU312IFM	CPU313	CPU314IFM	CPU3152DP
内存程序存储量	6kB	12kB	24kB	48kB
每 1K 二进制语句的执行时间	0. 6ms	0. 6ms	0. 3ms	0. 3ms
标志/计数器/定时器	1024/32/64	2048/64/128	2048/64/128	2048/64/128
数字 I/O(最大)	144	128	512	1024
模拟 I/O(最大)	32	32	69	128
编程软件	STEP7			
通讯接口	MPI	MPI	MPI	MPI/RPOFIBUSDP
联网	AS-I PROFIBUS 工业以太网			

注：MPI—消息传递接口。

S7—300 系列 PLC 系统的通讯类型有两种：

① 是通过 AS—I 或 PROFIBUS 总线对 I/O 模块周期性寻址的过程通讯；

② 是在本控制系统内的不同单元之间，或与不同的控制系统之间按一定周期进行的数据通讯。

S7—300 为完成上述通讯任务提供了许多通讯接口，它们是点对点通讯(PPI)协议、消息传递接口(MPI)、串行通讯接口(AS—I)、PROFIBUS—DP(西门子总线)和工业以太网接口。这些接口有的是集成在 CPU 模块上，有的是集成在 CP 模块里，详见表 14-7-2。

表 14-7-2 接口与模块集成对应表

接口 / 模块	PPI	MPI	AS—I	PRUFIBUS—DP	工业以太网
CPU		O		O	
CP	O	O	O	O	O

S7—300 的数据通讯可通过 PPI、MPI、PROFIBUS—DP 和工业以太网总线网络进行。图 14-7-3 表示通过 MPI 总线进行数据通讯的系统网络。

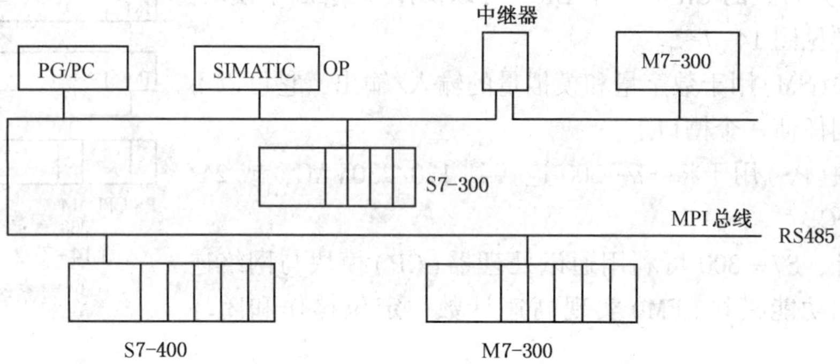

图 14-7-3 通过 MPI 总线进行数据通讯的系统网络

如果要想连接通用 PC 机或其他厂家的 PLC、DCS 等系统，那么必须通过 PROFIBUS 或工业以太网相联，图 14-7-4 所示为通过 PROFIBUS 或工业以太网联网。

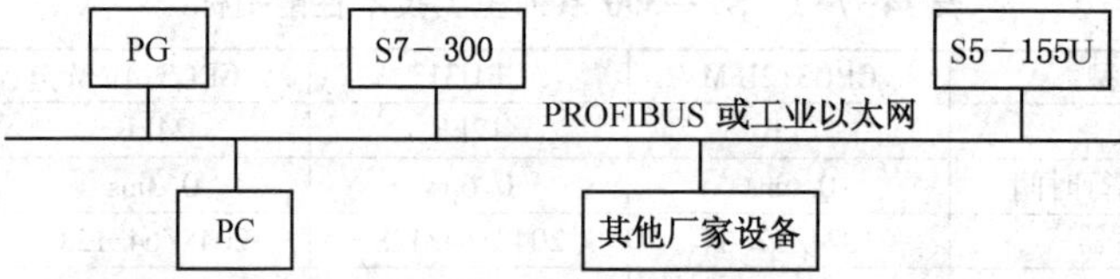

图 14-7-4 通过 PROFIBUS 或工业以太网联网

（2）S7—400 可编程控制器

S7—400 大规模 PLC 系统具有模块化、无风扇设计、坚固耐用、容易扩展、广泛的通讯能力、容易实施分布式结构以及良好的人—机界面等特点，所以非常适用于高性能控制领域，其主要技术性能指标如表 14-7-3。

表 14-7-3 S7—400PLC 系统主要技术性能指标

主 要 指 标 类 型	CPU412-1	CPU413-1/-2PD	CPU414-1/-2DP	CPU416-2DP
内置的 RAM	48KB	72KB	128KB	800KB
每 1K 二进制语句执行时间	0. 2ms	0. 2ms	0. 1ms	0. 08ms
标志/计数/定时	4096/256/256	4096/256/256	8192/256/256	16384/512/512
数字 I/O	4096	16384	65536	131072
模拟 I/O	256	1024	4096	8192
通讯接口	MPI	MPI/SINECL2-DP	MPI SINECL2-DP	MPI SINECL2-DP
网 络	SINECL2/H1	SINECL2/H1	SINECL2/H1	SINECL2/H1
PID 回路数最多	16	16	32	256

S7—400 有多种通讯方式：

MPI 集成在所有 CPU 中，可同时连接编程器、PC、MMI 系统、S7—300 系统、M7 系统和其他 S7—400 系统。

SIMATIC L2-DP 接口集成在 CPU413-2 和 CPU414-2DP，适用于经济的 ET200 分布式 I/O 系统。

SINEC CP443 通讯处理器用于连接 SINECL2 和 SINECH1 网络系统。

CP441 通讯处理器用于功能强大的点对点通讯。

(3) 人机界面产品

随着过程控制领域不断扩大，控制功能越来越复杂，人机界面(MMI)系统越来越显得重要。所以像 SIEMENS 公司在 S 系列 PLC 系统的开发进程中，配套推出了一些人机界面产品。其中硬件产品有 SIMATICOP 系列，如 OP25、OP27 和 OP37 等，还有 SIMATICTP 系列，如 TP27、TP37 等。软件产品有 COROS、PROTOOL 和 WinCC 等。

(4) 软件

WinCC 是 SIEMENS 公司在 Windows95/NT 平台上开发的视窗控制中心(Windows Control Center)，可以用于所有的操作员控制和监视任务。

WinCC 具有如下系统特性：

① 以 PC 机为基础和标准的操作系统，可在所有奔腾处理器的标准 PC 机上运行。

② 可选不同容量和规模的软件版本，包括 128、256、1024 和 64000 个变量数。

③ 具有全部 SCADA 功能，如图形系统、报警信息系统、变量存档、用户档案库、报表系统、处理功能、标准接口和编程接口(API)。

④ 具有各种 PLC 系统的驱动软件，这不仅包括 SIEMENS 公司自身的各种 PLC 产品，而且还包括其他制造商的 PLC 产品，如 AEG Modicon、Allen Bradley、GE Fanuc、Omron、Mitsubishi 等公司的 PLC 系统。

14.7.3 安全型 PLC 系统

14.7.3.1 概述

Modicon Quantum 安全 PLC 系统产品是经过德国莱因公司(TÜV Rheinland)认证的 SIL2 级(安全度等级)产品，符合 IEC 61508 和 IEC61511 标准。因此，Modicon Quantum 安全 PLC 产品提供了最佳解决方案，可以确保关键工业过程的安全性，尤其是石油天然气、石化、能源和关键基础设施等领域。

Modicon Quantum 安全 PLC 系统将新式安全功能与最出色的热备技术结合起来，提供了大规模的全集成冗余功能：

① 处理器冗余；

② 电源冗余；

③ 带有集成选择系统的 I/O 冗余；

④ 远程 I/O 机架连线的冗余；

⑤ 人机接口监控系统的冗余。

14.7.3.2 工作原理

① 安全性和过程中的其他环节融为一体：

Modicon Quantum 安全 PLC 系统将更加容易地设计安全应用功能。在设计过程中，Modicon Quantum 安全 PLC 系统定位为 Modicon Quantum 标准 PLC 产品的直接扩展。它的硬件体系、通讯网络以及软件环境与已有的产品相同。

② 专业“内部安全”模块：

Quantum 安全 PLC 产品通过采用全新专用模块（PLC 控制器、数字量 I/O、模拟量 I/O）增强了功能，这些模块内部带有高级集成诊断功能。全新安全 PLC 控制器采用了两个不同品牌和技术的微处理器，它们的程序并行执行。如果出现任何不匹配的情况，系统会自动停车至安全状态。基于同样的目的，全新的数字量和模拟量 I/O 模板的设计不仅仅提供双重的采集/控制链路，而且集成有连续的自我诊断功能。

③ 一种定制的体系：

为了增加体系的灵活性，可以在同一个 PLC 中混用安全 I/O 和标准 I/O，并在远程机架中分配各种模块，从而充分利用 Quantum 体系的灵活性和耐用性。为了增加灵活性，还可以通过以太网在多个 PLC 之间同步分配安全和控制功能。如图 14-7-5 所示。

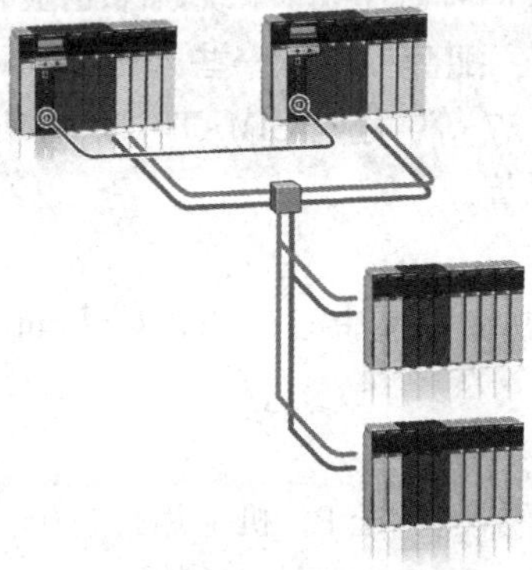

图 14-7-5　多台 PLC 网络图

14.7.3.3　适用领域

Modicon Quantum 安全 PLC 系统经 TÜV Rheinland 认证可以用于以下领域：

① 紧急停车系统（ESD）：Modicon Quantum 安全 PLC 系统不仅能够满足保护环境、人员和生产工具的要求，而且还能确保设施具有很高可用性。

② 火气检测系统（F&G）：Modicon Quantum 安全 PLC 系统经审核可以用于需要火灾和气体检测以及保护的场合

③ 锅炉保护系统（BPS）：Modicon Quantum 安全 PLC 系统提供了全面的灵活性，可以满足设施的各种实际需求。

④ 燃烧管理系统（BMS）：Modicon Quantum 安全 PLC 系统符合 BMS 规范的要求，因此非常适用于锅炉、熔炉和燃烧炉控制以及安全系统。

14.7.4　PLC 的应用

为了在工业过程控制领域有较大的应用市场，各 PLC 制造商完善其产品的功能，不断扩大产品的适用范围，应用的规模从几十点扩展到成百上千点，功能的扩展也从单一的逻辑运算扩展到满足各类控制的需求。此外，PLC 采用通信和开放的策略，PLC 已经融入了 DCS、SCADA 的功能和特点。

近年来，在石化、机电、冶金、轻工、纺织、化工、医药、交通等行业的成功应用经验表明，可编程序控制器是使用价值很高的工业控制设备。它与 SCADA、DCS 的集成和互相补充、综合应用，将对我国的工业过程控制的自动化和现代化产生巨大的影响。

可编程序控制器的应用早已从机械制造行业发展到各行各业的应用。例如，在炼油化工、食品加工、冶金、纺织、制浆和造纸、废水处理、制药和电子等行业的应用正如雨后春笋，不断扩大。

14.8　现场总线控制系统（FCS）

14.8.1　概述

随着国际现场总线标准的实施，现场总线技术的成熟以及现场总线控制系统的推出，将对我国仪表和自控领域产生巨大的影响，也必将对我国石化企业仪表和控制系统的应用产生很大的影响。现场总线技术及现场总线控制系统为石化提供了全数字化控制系统。

通过分析，其中FF(基金会现场总线)、PROFIBUS-PA(现场总线-西门子)最适合连续过程控制，以满足石油和化工行业的需要。它具有高度的安全可靠性和实时性，并能满足本质防爆要求，继承两线制仪表传统，多数DCS和变送器、阀门厂商都支持。

现场总线是一种全数字、串行、双向的通信系统，通过该系统将传感器、执行器与控制器等现场设备互相连接起来。对“双向全数字通信总线从控制室连接到现场设备”为准确理解其含义，下面着重做两点说明。现场总线将用于过程和制造自动化的仪表连接为局域网(LAN)且具有内置的能力，使控制应用分散到整个网络。

14.8.2 FCS的特点

现场总线控制系统(FCS)具有开放性、全数字化和互操作性的特点，已成为新型工业控制系统发展方向之一。随着FCS技术完善，其应用将日益增加，现场总线控制系统的应用有很大进展，石化系统已有近百家企业用FCS来控制生产装置或罐区系统等。FCS主要特点如下：

① 开放式系统：

通信总线标准统一全开放，打破个别厂商的垄断，给技术以强大的支持群体。DCS只作到操作站以上开放，控制层不可能开放。而FCS则做到系统从上到下全开放。不同总线开放的程度和难度都有所区别，简单的I/O总线开放的难度较低，而控制用的系统总线的开放互操作就很难。

② 全数字化通信：

FCS智能型现场仪表传感器及其A/D转换器其数字信号在传送出仪表之前可得到补偿，因此，提高了系统的测量和控制精确度。由于采用双向数字信号传输数字化使系统精度的提高；现场设备的信息增多几十倍，可用于自诊断，系统调试，管理从而提高系统的有效性；同一电缆挂多台现场设备从而节省电缆70%~90%的施工量。

③ 可互操作性：

现场总线智能仪表按统一的技术标准，不同厂家的产品，只要遵守相同的现场总线标准就互连互换，统一组态，即插即用，以方便设备更新或系统扩展。

④ 控制分散度高：

现场总线智能仪表除具有基本功能外，还有控制和运算等功能，可实现彻底分散控制。每条总线连接多台现场仪表，可节省电缆，大幅度节省用于系统安装、调试和维修的费用。

近期，现场总线基金会已将采用主频带宽为100M的高速工业以太网，用于高层网络通信和增加网络冗余功能等。另外还推出可扩展功能的柔性功能块，用于非连续量控制(批量控制和开关量控制)等，现场总线在工业控制领域得到了推广的应用。

14.8.3 FCS的功能和组成

① 功能：

FCS是一种新型的分布式网络控制系统，它既是现场通信网络系统，也是现场自动化系统。它作为一种现场通信网络系统，具有开放式数字通信功能，可与各种通信网络互连。

它作为一种现场自动化系统，把安装于生产现场的具有输入、输出、运算、控制和通信功能的各种现场仪表作为现场总线的节点，并直接在现场总线上构成分散的控制回路。

现场总线技术涉及信号、通信、系统三个层次的问题，理解这点对理解现场总线和它们间的区别是很有补益的。FCS 系统可实现标准化和开放互可操作。使用者用标准的功能块直接构筑控制系统，而不必去面对和处理通信问题，这种总线不仅用于信号传输，也用于系统控制的完成和管理。

② FF 现场总线系统组成

现场总线是 3C 技术(计算机、通信、控制)的汇合，也是数字化、智能化、网络化向现场的发展。简单地概括现场总线系统，由操作站网关桥路控制其网络和现场总线智能仪表(含有控制器)，控制器是在现场的仪表中，使控制完全分散。

FF 现场总线控制系统由低速现场总线(H1)和高速以太网(HSE-HighSpeedEthernet)组成，图 14-8-1 是 FCS 控制系统的体系结构。

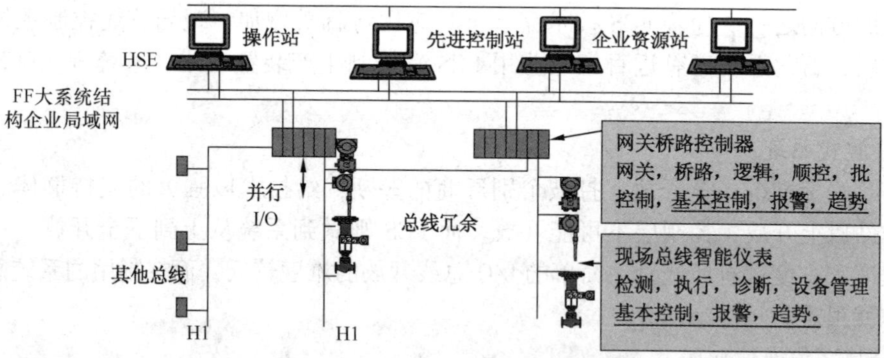

图 14-8-1 现场总线控制系统结构图

14.8.4 FCS 集成的模式及应用

现场总线在全世界发展迅速，尤其是在工业过程控制领域，产品日趋完善，并得到了广泛的应用。目前，全世界已安装的基金会系统超过 12000 套，已安装的现场设备超过 1000000 台以上；其中，在中国已安装系统超过 100 套，已安装现场设备超过 90000 台。基金会现场总线已在美洲、欧洲、亚洲以及大洋洲得到应用，最终用户遍及各主要工业发达国家。基金会现场总线和 PROFIBUS 主要应用领域之一是石油化工行业。FCS 应用一般有两种集成模式。

① 装置级工程项目中 FCS 自成系统

如安庆石化炼油的硫磺回收装置，考虑到目前自动化技术的发展现状，采用了现场总线技术，选用了美国 Smar 公司的现场总线控制系统(Fieldbus Control System，FCS)。

② 大型工程项目中 FCS 和 DCS 控制站集成：

有两种方式：一种是 FF-H1 现场总线模块独立，例如 Honeywell 公司的 Experion PKS R300 系统。FF-H1 独立。系统有工程师站(ES)、操作员站(OS)、计算机站(CS)为 DCS 操作监控层设备，控制站中有冗余电源(P)、控制器(C)、现场总线接口(H1)以及各类 I/O 模块。如石化系统的大型项目上海赛科 90 万吨乙烯裂解装置是采用 FCS 与 DCS 控制站集成进行生产过程控制，DCS 采用 Emerson 公司的 DeltaV 系统，控制站除常规 I/O 模块外，配置了 FF-H1 现场总线模块，每个模块的 2 个接口分别构成 2 段 FF-H1 总线，每段 FF-H1 总线设计 9 台仪表(实用 6 台，备用 3 台)。

另一种是 FF-H1 现场总线模块作为控制站的下属 I/O 模块，例如 Emerson 公司的 DeltaV 系统。FF-H1 依附于控制器。

③ 以上两种集成方式对主系统 DCS 要求：主系统 DCS 功能应能与 FF 现场总线的性能实现集成，通过认证和测试并可在线安装。

FF 现场总线性能主要有自动节点寻址、互操作性、利用标准设备描述语言(DDL)对设备直接组态、FF 设备运行，维护和诊断数据的直接集成、调整参数、模式、报警和数据质量、无需关断网络，在主系统运行时就能实现现场设备的组态、无需调试和启动延迟，主系统应具备向现有网络/网段中添加新的现场设备并可进性全部组态、主系统应提供设备能力文件等。

④ 主系统 DCS 应能将第三方系统数据库集成到 FF 现场总线设备中；

⑤ 总现仪表与 DCS、AMS 系统进行互操作性测试；

⑥ 一个网段(SEGMENT)内应有冗余链路活动站(LAS)；

⑦ 总线仪表内设闪存，实现在线升级。

石化企业主要控制系统的自控率可达 98%，据统计，用 DCS 与 FCS 控制取得的经济效益可占整体效益的 60%，投资回收期平均为 1~2 年。

14.8.5 应用注意的几个问题

随着 FCS 技术性能和可靠性提高，市场占有率将大幅度提高。应用 FCS 时应注意以下几个问题：

① 制定设计规定：

在 FF 现场总线使用前，又没有部颁设计规定的情况下，为了用好 FCS，应根据具体项目实际情况，首先要制定 FCS 设计规定。

② 有关设计问题：

A. 标准控制回路中的阀门和变送器应该位于同一个段中，例如：在一个压力回路中，压力变送器和阀门应该位于同一个段中。

B. 在现场每一个段中必须至少有一台仪表具备 LAS 备份功能。

C. 每个段挂接的仪表数量不超过 12 台。一般情况下每个段设计负载为 9 台，另外 3 台留作将来增加使用。

D. 每个段的负载中的阀门不超过 2 个。

E. 一个段中功能块处理时间为 0.25s 的仪表的数量不超过 3 个。

F. 对于标准的控制回响，控制比例积分徽分块(PID)设置在阀门定位器中。串级控制中，主控制回路在 DCS 中，副回路则由阀门定位器来实现。

G. 对于采用多点测量的设备，例如采用多点温度和多点压力测量的反应器，应将仪表均匀地分布在多个段中。

H. 主 LAS 位于 H1 控制器中，在现场设备中至少有一个备份 LAS。

I. 一个段的分支电缆长度不能超过 120m，并尽可能将每个分支设计在 10m 之内。

J. 在现场，所有 FF 现场总线仪表都通过在电缆标识的末端使用附加的桔红色镶边，来和传统的 4~20mA 仪表进行区分。

③ 冗余问题：

因为现场总线已经分散了危险，现场仪表在现场可以自成调节回路而实现自主调节。如果没有冗余功能，一旦总线故障，虽然可以完全依靠就地来完成调节功能，却无法让运行人员监视到全系统运行状况，所以要想达到安全的目的，冗余设计是很有必要的。

因为 FCS 尚无统一国际标准，而 DCS 以其成熟的发展、完备的功能和广泛的应用占据不可替代的地位，故两者将相互兼容与共存。预计今后很长一段时间，DCS 与 FCS 将共存和互补，或主系统 DCS 与 FCS 集成大的控制系统。

14.9 监督控制和数据采集系统(SCADA)

14.9.1 概述

SCADA(Supervisory Control And Data Acquisition)系统，即数据采集与监视控制系统。SCADA 系统的应用领域很广多领域。

它可以应用于石化、石油、化工、给水系统、电力系统等领域的数据采集与监视控制以及过程控制等。不同的应用领域对 SCADA 系统要求也不同，所以各 SCADA 系统发展也不完全相同。

14.9.2 SCADA 系统组成和功能

SCADA 系统主要由远程终端设备(RTU)、主站计算机(包括硬件和软件)、操作人员数据显示和控制盘及有关的外围设备等部分组成。该系统是一个分级控制系统，这一系统将仪表、计量、大罐检测及各类控制阀门通过 RTU 就地控制结合在一起，另外还包括在主站计算机与公司总部的数据处理计算机之间建立接口及应用软件。

SCADA 系统是以计算机为基础的生产过程控制与调度自动化系统。它可以对现场的运行设备进行监视和控制，以实现数据采集、设备控制、测量、参数调节以及各类信号报警等各项功能。系统的主要功能：

① 通过连接在各监测站的组合探测器监测各点的污染源的状态；

② 连接的探测器可以用模拟量、开关量、脉冲量等多种信号接入系统；

③ 依据监测数据给出监测报告、报警；

④ 根据系统设定的监测条件、监控要求，在需要系统做出紧急处理时，可以通过开关量或模拟量输出，控制执行机构动作，控制污染物的排放；

⑤ 界面控制多台泵的启/停；有实时打印功能，当事件发生时，可即时打印；

⑥ 采集控制阀、泵的启/停、报警等开关量实时信号；

⑦ 以图形方式在监控计算机屏幕上实时显示监测的开关量和模拟量信号；

⑧ 系统建有以上实时数据的历史数据库，并可打印相应表格以供查询

⑨ 可根据工艺要求显示模拟量数据的实时趋势或历史趋势图；

⑩ 有重要操作记录和报警记录功能，可随时查询实时事件和历史事件。

14.9.3 MOSCAD 型监控与数据采集系统

国外 MOSCAD 型监控与数据采集系统(SCADA)，集中了 PLC 系统的现场测控功能和 DCS 系统的信息共享和组网通信能力的两大优点，其特点是信道可配置为有线通信系统，也可是无线通信系统，性能/价格比高，适用于地域广阔的应用环境的无线通信系统是其突出特点。该系统将先进的计算机技术、工业控制技术、通信技术有机地结合在一起，既具有

强大的现场测控功能，又具有极强的组网通信能力实现远程遥测和遥控功能，SCADA 系统为实现远程自动化数据采集和远程控制提供了最基本的平台。

(1) 系统的特点

① 技术先进　MOSCAD 产品是最新一代 SCADA 产品。它的核心是 32 位 CPU 和 32 位数字协处理器，具有极强的运算处理能力。它集完备的本地测控功能(PLC)和完善的网络通信功能于一体，其独特的网络通信协议(MDLC)能保证在极其恶劣的电磁环境中十分可靠地通信。

MOSCAD 远程终端设备(RTU)是用功能很强的微处理器和软件制造的，被优化设计用于对远端设备的监视和控制。它具有本地处理和控制能力。每个 RTU 可作为一个独立的设备工作，根据从本地和远距离源得到的状态、条件和数值执行本地功能，或与其他单元交换信息。

MOSCADRTU 可以支持不同的通信链路，如：常规无线信道、集群电台(RADIO)、有线信道包括专线和租用线路、模拟微波、数字微波、公用服务电话网及串行口通信。

该系统还有远程编程的能力。除本地进行的基本 RTU 配置外，任何 RTU 的应用程序、数据库和 I/O 功能都可用工具软件(TOOLBOX)进行远程编程和诊断。

② 安全可靠　MOSCAD 系统按照美国军用标准生产，在 1988 年荣获美国总统质量奖，其 6 西格玛质量标准保证 MOSCAD 平均无故障时间(MTBF)为 225000h(大于 25 年)。

MOSCAD 首推的系统工业组态软件 PC 软件公司的 WIZCON 在世界各地的使用已超过 3200 套，以其标准的实时数据库、强大的计算和控制功能、良好的用户开发接口和高可靠性，被广泛应用于世界上各种远程遥测遥控工业领域中。

③ 维护方便　MOSCAD 系统极易维护。MOSCAD 允许用户通过运行工具软件(TOOLBOX)的个人电脑或笔记本电脑，在监控中心和任意一个 MOSCADRTU 上对本地或系统进行诊断与维护，并可通过无线方式排除系统故障。

④ 系统开放、可扩展性强　系统中 RTU 采用模块结构，中心站软件采用组态软件编程，无论是在 RTU 上扩展测控对象(如：要增加某一水厂的检测参数)还是增加 RTU 数量(如：要增加整个系统的覆盖范围)，都极为方便。中心站的软件提供了完整开放的环境，可以利用各种手段与第三方软件进行数据交换，将 SCADA 系统与 MIS 系统连接起来。

(2) 现场 RTU 的功能

RTU 具有以下完全独立的功能：现场数据采集；数据处理；报警监视和处理；向操作站发送数据；接收操作站设置下发的参数和控制命令；配置软件和硬件接口；现场定义和设置参数。

RTU 还具有以下标准功能：通过串口(RS232/RS485)与计算机通讯。模块化设计，每块模板都有自己的防护外壳。

供电电压 220VAC±15%，具有后备电池(5HA 或 10AH)；当工作于 220VAC 时，电源模块给后备电池充电，220VAC 掉电时，后备电池可为整个 RTU 供电，保证 RTU 继续工作，并将停电信息上报。

(3) RTU 软件

MOSCAD 内的软件分为三个部分：

第一部分是操作系统软件。包括资源管理、任务调度、函数运算、网络协议等，预置在EPROM中。

第二部分是系统配置软件。包括I/O定义、网络结构定义、通信方式定义等，存在闪存(FlashRAM)中。

第三部分是应用软件。此部分决定RTU的测控及通信功能，也存于闪存(FlashRAM)之中。

RTU软件可由梯形图语言和C语言进行编程。

RTU支持I/O的顺序逻辑控制和互锁控制。

RTU支持8个PID调节环路，250个环路可选，每个PID环占用2μsCPU时间。

(4) RTU通信

RTU与中心站和其他RTU之间的通信可通过有线/无线方式进行。

MOSCAD支持下述各类通信链路：无线信道，数据传输速率达4.8kbps。

有线(2线)，数据传输速率达2.4kbps。模拟微波(4线)，数据传输速率达2.4kbps。数字微波，数据传输速率达9.6kbps。通过RS232口，与本地液晶显示(LCD)设备、手持式编程设备通信。

14.9.4 C3000过程控制器

(1) 概述

C3000过程控制器是一种采用32位微处理器和5.6in彩色薄膜液晶显示屏(TFT)的可编程多回路控制器，可实现信号采集、运算、显示、记录、报警、通讯、数据转存、分析统计报表等功能。C3000过程控制器有4个单回路PID控制模块、6个开/关(ON/OFF)控制模块、3个程序控制模块，配合56个函数模块，可实现串级、分程、三冲量、比值控制及用户定制等各种复杂控制方案，并能实现数据运算和统计功能，内置RS-232C/RS-485以太网通讯接口，可实现控制器远程监控。

C3000过程控制器按照IEC61010-1：2001设计，已通过欧盟安全(CE)认证，前方面板防护等级达到IP54要求。适用于冶金、石油、化工、建材、造纸、食品、制药、热处理和水处理等各种工业现场。

(2) 特点

① 5.6in彩色薄膜液晶显示屏(TFT)；

② 串级、比值、前馈、三冲量；

③ 分程、逻辑、程序控制等功能；

④ 户定制控制方案等中/英文操作界面；

⑤ 最大128MB存储器；

⑥ 中/英文操作界面；

⑦ 快速旋钮操作；

⑧ 远程组态和程序升级。

(3) 应用

C3000控制器主要用于锅炉三冲量控制；酸碱度控制；加药定值控制；混料反应控制；管道增压站超驰控制；燃料/空气比值双回路控制；温度/气氛控制；能源计量、效能分析。

有关技术指标见表14-9-1，输出信号见表14-9-2，其他参数见表14-9-3。

表 14-9-1 技术指标

项目	说明
显示	5.6in 薄膜液晶显示屏(TFT)
外形尺寸	144mm×144mm×245mm
开孔尺寸	138^{+1}_{0}mm × 138^{+1}_{0}mm
安装面板厚度	1.5~8.0mm
质量	约 2.52kg
供电	100~240V AC、47~63Hz；24V DC
内部存储	最大 128MB 闪存(NANDFlash)
外部转存	支持最大 2G 容量的小型闪存卡(CF 卡)
最大功耗	30VA
隔离	通道和地之间大于 500V AC；通道和通道之间大于 250V AC
相对湿度	10%~85%RH(无结露)
工作温度	0~50℃
运输和贮存温度	-20~60℃

表 14-9-2 输出信号

类型	量程范围	最大允许误差	环境温度影响	负载电阻
AO 输出	0.00~20.00mA	±0.2%	±0.1%/10℃	750Ω
类型	量程范围	触点类型	触点容量	响应周期
DO 输出	0/1	常开触点	3A/250V AC	与采样周期相同

表 14-9-3 其他参数

项目	说明
熔丝规格	250V AC/3A，慢熔断型
配电规格	100mA，24V DC
绝缘强度	电源对地绝缘强度大于 1500V DC，漏电电流 0.3mA，1min； 或电源对地绝缘强度大于 1500V AC，漏电电流 3.5mA，1min
硬件看门狗	集成看门狗(WATCHDOG)芯片，保证主机长期安全可靠运行
实时时钟	采用硬件实时时钟，掉电后由锂电池供电，最大时钟误差±1min/月
掉电保护	所有历史数据及组态参数保存在闪存储器(NANDFlash)中，通过后备电池，确保这些数据不会因掉电而丢失
开关量输出	输出触点容量 250VAC/3A，阻性负载，出厂时继电器均为常开触点，最多 12 路，但用户可特殊选择常开常闭触点，最多为 6 路
通讯方式	支持 RS-485/RS-232C/以太网三种通讯方式
通讯协议	采用 R-Bus 或 Modbus 通讯协议 通讯波特率有 1200bps、9600bps、19200bps、57600bps 和 115200bps 五种 校验方式有奇校验，偶校验、无校验、常 0 校验和常 1 校验五种
采样周期	采样周期具有 0.125s、0.25s、0.5s、1s 四种

14.9.5 SB 3000系列隔离安全栅

14.9.5.1 概述

SB 3000系列隔离安全栅通过光、电、磁等隔离技术对供电电源、输入端信号和输出端信号三者进行两两隔离，从而实现现场设备和控制系统之间的隔离信号传输，是现场设备和控制室设备间的隔离接口单元；隔离技术对输入输出信号在电气上进行完全隔离，大大提高电子系统的抗干扰性和可靠性，目前越来越多的工业控制系统和现场设备间的接口采用隔离接口单元取代原来的非隔离单元。

SB 3000系列隔离安全栅按GB 3836.4—2000设计，除了具有隔离功能外，还带有相关限压、限流元件，具有防爆功能，它安装在安全场所，与安装在危险场所的本质安全防爆设备共同组成本质安全防爆系统。利用内部的隔离器件、限压、限流元件来限制流向危险区的故障能量，从而保证危险场所的电器设备和人身的安全。SB 3000系列隔离式安全栅还增加了相应的信号转换变送线路，将现场的不同物理量信号调理转换成标准信号，即涵盖了以下设备的功能：热电阻温度信号变送器、毫伏信号变送器、热电偶温度信号变送器、配电器、中间驱动继电器，如图14-9-1。

图14-9-1 安全栅外形图

14.9.5.2 特点

① [Exia]ⅡC防爆等级，可适用于最危险的0区危险场所及最危险介质。

② 输入/输出信号及电源三端口隔离，构成全浮空系统，无须操心工业现场复杂的工频干扰、共模干扰等，极大地简化现场问题的处理。

③ 无需高度完善的接地，相关现场设备可视情况接地或不接地，消除接地回路带来的干扰

④ 隔离电压高；端子“即插即用”，各端子可带电热插拔，便于安装维护。

⑤ 隔离故障点，将调试维护过程中可能出现的故障隔离在一个点上，避免由于一个点的故障影响整个系统，即使当遭受如雷击等意外时，也可最大限度避免系统大面积瘫痪。

⑥ 德国DIN标准导轨独立安装；结构小巧紧凑，顺应现代控制系统密集安装要求，节省机柜空间。

⑦ 高密度安装，提高系统装置的集成度。

⑧ 高转换精度；三重冗余电路设计。

⑨ 模块系列化，信号隔离、配电、放大调理变换功能覆盖了过程控制中最广泛之需求，简化设计。

⑩ 模块内带保护电路并有工作状态指示。

14.9.5.3 适用场合

SB 3000系列隔离式安全栅可适用于0区、1区、2区、10区、11区，ⅡC、ⅡB、ⅡA、T1-T6的危险场所。选型一览表见表14-9-4。

表 14-9-4　选型一览表

开关量输入	产品型号	通道数	现场输入类型	输出类型	备注
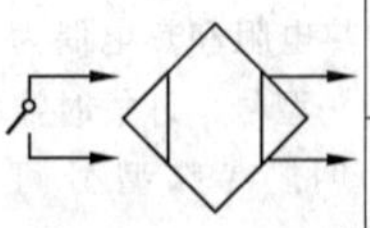	SB 3016/R-Ex	2	触点开关、NAMUR 型接近开关等	2 对继电器常开或常闭触点	0～20Hz，施密特，开关阀值可调
	SB 3016/OC-Ex		电压脉冲、触点开关、接近开关、流量计等	OC 门输出①	0～5kHz，施密特，开关阀值可调
脉冲量输入	**产品型号**	**通道数**	**现场输入类型**	**输出类型**	**备注**
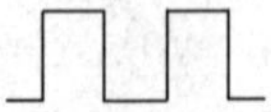	SB 3016/OC-Ex	2	电压脉冲、触点开关、接近开关、流量计等	OC 门输出①	0～5kHz，施密特，开关阀值可调
2/3 线制变送器	**产品型号**	**通道数**	**现场输入类型**	**输出类型**	**备注**
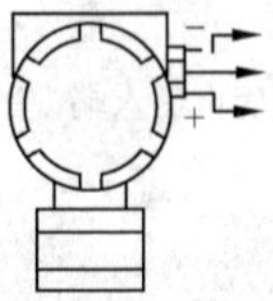	SB 3041-Ex	1	2/3 线制变送器 4～20mA,有源电流输入 SP1151, CXT, CJT, SP0011, SP0014, SP0018, SP0060G, SP0060F, SLCZ-F, SLCZ-L, SP1060, SP1018, SP1080 EJA□A, UTD, 2390, 1151, 3051, 8800 □, FCX - A/C, XYC341, ST3000/S900 VFM1091, BM26, H27, H250□/ESK-Ex, BW25□-Ai, 140, YF1□-AAR□(E), ST3000/900	4～20mA	已包含隔离配电功能
	SB 3043-Ex	1 进 2 出			
热电阻输入	**产品型号**	**通道数**	**现场输入类型**	**输出类型**	**备注**
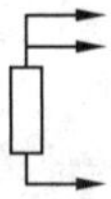	SB 3073-Ex	1	2/3 线制电阻 Pt100、Cu50 等 测量范围：0～450Ω 间任何范围 Pt100：200～850℃ Cu50：-50～150℃	4～20mA	热电阻和热电偶为同一型号，订货时需注明，特殊型号可订制
	SB 3075-Ex	1 进 2 出			
毫伏/热电偶输入	**产品型号**	**通道数**	**现场输入类型**	**输出类型**	**备注**
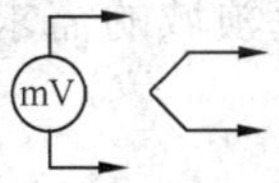 	SB 3073-Ex	1	毫伏信号：-75～75mV 间任何范围 J、K、T、E、R、S、N、B 型热电偶	4～20mA	热电阻和热电偶为同一型号，订货时需注明，特殊型号可订制
	SB 3075-Ex	1 进 2 出			

续表

应变电桥/电压输入	产品型号	通道数	现场输入类型	输出类型	备注
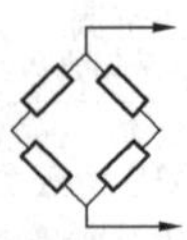	SB 3073-Ex	1	应变电桥	4~20mA	热电阻和热电偶为同一型号，订货时需注明，特殊型号可订制
	SB 3075-Ex	1进2出			
信号传输	**产品型号**	**通道数**	**输入类型**	**输出类型**	**备注**
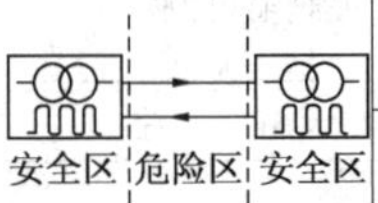	SB 3041-Ex	1	4~20mA	4~20mA	每个安全区需要一个安全栅
	SB 3045-Ex	1			
开关量输出	**产品型号**	**通道数**	**现场输出类型**	**输入类型**	**备注**
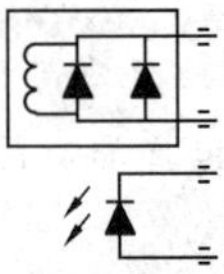	SB 3025-Ex	1	$8V<V_o<22.5V$ $I_{max}=50mA$ 电磁阀、声光报警等	继电器触点、开关、晶体管开关	带禁止输入端
模拟量电流输出	**产品型号**	**通道数**	**现场输出类型**	**输入类型**	**备注**
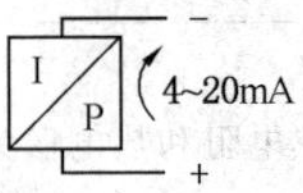	SB 3045-Ex	1	4~20mA 电气转换器/阀门定位器等 DZQ-1101/B-ia SVP3000，AVP300/301，EPC-1000-1，EP-I□-B/I，VPI-07，HEP-16，HEP-26，EPC-07，IPH，IPF，IPX，646，DVC5000，EP□82□，82□，2202-6□，TZIM，NE72□/X，E69，MST-5，等	4~20mA 电流输入	

注：OC门输出：集成极开路与非门输出。

14.9.6 网络数据采集站——网络无纸记录仪

新DX系列网络无纸记录仪[DXAdvanced——DX1000/DX2000]是应工业领域的需求，增强了测量、显示、存储、网络等各项功能，是新一代的网络数据采集站。

14.9.6.1 特点及优点

(1) 多通道测量/记录

DX1000最多可提供12通道输入，DX2000最多可达48通道。作为操作简便的无纸记录仪，可以广泛应用于各种环境中。

（2）灵活运用外部输入的扩展性

通过 Modbus/TCP 可以连接 DAQMASTERMW100 等作为外部输入单元。此时，最快测量周期为 1s，输入通道最多可达到 348 通道。

通过追加 MW100 输入模块，可以灵活对应不同的实际应用，构建可扩展的系统。

（3）实现高速的测量周期

利用高速模式测量可以实现最快 25ms 的测量周期，能够测量和记录原有机型捕捉不到的高速信号。

（4）大容量的内部存储器

内部存储器可以使用最大 200MB 的闪存（约为原来的 170 倍），可以支持长时间记录及多通道记录。

（5）支持 USB 存储器

通过计算机 USB 接口，可以把数据保存到 USB 存储器上，可以通过 USB 存储器轻松的把数据传输到 PC。

14.9.6.2 主要的网络功能

（1）通过传送数据文件（File Transfer Protocol，FTP）

灵活运用 DXAdvanced 的传输数据文件（FTP）服务器/客户端功能可以轻松实现数据文件的集中管理及数据共享。通过 DXAdvanced 的 FTP 客户端功能，可将保存在 DXAdvanced 内存中的数据文件定期的自动传输到 FTP 服务器上。

此外，使用 FTP 服务器功能，客户端 PC 能够随时下载保存在 DXAdvanced 里的数据文件。

（2）通过 Web 浏览器简单地进行监视

通过 DXAdvanced Web 服务器功能，可以在互联网（Internet Explorer）等 Web 浏览器上实现简单的监视功能。

这样可以轻松且低成本地进行远程监视及建立广范围的监视系统。

除 DXAdvanced 的显示画面之外，全部通道的瞬时值及报警信息也可以显示在浏览器上。

另外，在浏览器画面上可以向 DXAdvanced 输入信息。

（3）时间同步功能（Simple Network Time Protocol，SNTP）

使用 SNTP 客户端功能可以使 DXAdvanced 的时间与 SNTP 服务器的时间同步。另外，DXAdvanced 本身也可以作为 SNTP 服务器运行。

通过网络可以对整个系统进行准确的数据时间管理。

（4）网络自动设置功能（Dynamic Host Configuration Protocol，DHCP）

利用 DHCP 功能，可以自动进行 DXAdvanced 的 IP 地址等网络设置，可以更方便地利用 DXAdvanced 的网络功能。

（5）[Modbus/TCP 功能][Modbus/RTU 功能]

通过 Modbus 协议可以读取、写入其他机器的测量数据。例如：利用 Modbus/TCP 功能把 DAQMASTERMW100 作为外部输入设备连接，最大可以实现 348 通道的多点数据采集系统。

此外，网络无纸记录仪还具有更丰富，更方便的显示功能，如棒图显示、环形显示、总览显示等。

14.10 在线分析仪

14.10.1 在线分析仪选用

在线分析仪的选用应考虑以下因素：

① 分析仪的测量原理、测量范围、精度等级、响应时间；

② 样品参数：根据样品的组成及背景成份、样品的温度、压力等选择仪表的类型；

③ 应用的要求：对分析仪表的精度、线性度、响应时间等要求；

④ 样品预处理系统：应符工艺、环保的要求，取样点应离分析仪近些，以减少传输滞后时间；

⑤ 性能/价格比。

14.10.2 在线质量分析仪表

在线质量分析仪表的应用是实现工艺过程先进控制和优化控制的有效手段。在线质量分析仪表在装置调节控制、产品质量控制、节能控制和环保等方面得到广泛的应用。

工业色谱仪在乙烯、聚乙烯、丁二烯等装置上已普遍使用；乙烯裂解装置各种干燥气体中的水份分析要用到微量水分析仪；工艺装置循环水及锅炉给排水的水质分析需要用工业酸度计和工业电导仪；工业锅炉使用氧化锆分析仪可节能5%左右，如果配上微机系统，可节能10%以上。另外，还可采用在线分析仪和计算机组成环保监控西，对污水处理、有害气体排放等进行控制。可见在线质量分析仪表在工业上的应用是广泛的。

在精密分馏装置安装的第一台在线全馏程分析仪近日已应用成功。在线全馏程分析仪是通过油样采集、脱水、过滤、仪表选择、蒸馏、结果输出、分析器降温 7 个步骤进行工作，具有准确性高、重复性好、稳定性强三大优点。并且其分析精度符合 GB/T 6536《石油产品蒸馏测定法》在线性要求，分析置信度大于 95%。其馏程分析误差值小，并优于 GB/T 6536《石油产品蒸馏测定法》在线性要求。在线全馏程分析仪的运用，使每 4h 由化验室取样分析改为每 40min 自动取样分析，大大减少了化验室取样分析的工作量，并能及时提供装置生产油品流程的调节，对装置的产品质量、收率的提高起到了关键作用。

近几年，近红外(NIR)分析仪发展很快，它是利用全息干涉栅扫描光谱技术实现的。第一台在线 NIR 是 Guided Wave 1980 年推出的 Model100，它的扫描光谱范围是 200~2000nm，精度为 2nm。最近 LT Industries 推出的 Quantum1200 的扫描范围为 400~2400nm，精度为 1nm。新近出现的固态传感器有同样高的光源效率，而且体积小、结实、没有活动部件，它能够非常快地扫描整个所需求的区域。最近 NIR 试图通过 Michelson 干涉仪得到中频 IR 光谱(2~25mm)，并利用快速傅立叶变换，以得到更高的分辨率，今后 NIR 将发展更精确的定位滤镜，研究所需检测物质的光谱带，开发新的传感器。NIR 分析仪已应用于炼油厂测量与控制汽油辛烷值。

14.10.3 环境监测与水质分析仪

环境检测的指标主要有水中的 pH、电导率、COD、溶解氧、浊度、总有机碳含量，化学物质如硝酸盐、氨、某些金属等，以及废气中的 SO_2、NO、CO、CO_2 和粉尘等。石化企业中节能减排可应用的在线水质分析仪器：

① 新鲜水处理：浊度分析仪、pH 分析仪、余氯分析仪；

② 软化及除盐水处理：硬度分析仪、电导率分析仪、pH 值分析仪、二氧化硅分析仪、钠离子分析仪、溶解氧分析仪；

③ 循环冷却水处理：总磷分析仪、电导率分析仪、浊度/悬浮物分析仪、余氯(二氧化氯)分析仪、氧化还原电位(ORP)分析仪；

④ 凝结水回用：总有机碳分析仪、电导率分析仪、二氧化硅分析仪、钠离子分析仪；

⑤ 工业废水：溶解氧分析仪、氨氮分析仪、悬浮物分析仪、化学需氧量(COD)分析仪、pH/ORP 分析仪、硝氮分析仪、总磷分析仪；

工业废水排放监测：COD 分析仪、氨氮分析仪、总磷分析仪、总有机碳(TOC)分析仪、水中油分析仪。

国外 Hartmann 和 Braun 公司安装的气体监视和分析软件包，可用于监视焚烧炉排放的气体，它可从烟气中采样，分析其中的 SO_2、NO、CO、HCl 和固体颗粒。日本出光兴产石油公司千叶炼油厂的污水排放监视系统中设置了 pH 值、油分、DO、COD 等仪器，可集中监视并记录。美国马拉松石油公司加利维尔炼油厂为了控制排气污染，采用了更先进的自动化 UV 过程分析仪和分散控制的连续监督调节系统，提高 H_2S 和 NH_3 过程废气转化过程的控制效率和可靠性。该系统将两台 UV 分析仪测得的数字量和模拟量提供给 DCS，大大降低了烟气中 SO_2 的排放量，同时使过程操作和维修费用节约了 60%。

参考文献

1. 解怀仁等.石油化工仪表控制系统选用手册.中国石化出版社,2004。

第十五章　腐蚀与防护

15.1　盐酸(HCl)腐蚀

HCl 腐蚀问题比较严重的主要炼油装置有：原油蒸馏、加氢处理和催化重整等装置，通常称 H_2O+HCl+H_2S 或 H_2O+HCl 的腐蚀环境。原油蒸馏装置内，氯化镁和氯化钙盐水解形成 HCl，并导致塔顶系统出现稀的 HCl。在加氢处理装置，由于进料中有机氯化物的加氢作用形成 HCl，或者 HCl 与烃原料或氢一道进入装置，并与水分一起冷凝进入反应流出物中。在催化重整装置内，氯化物可以从催化剂上剥离并与氢气结合，导致流出物管道或者再生系统的 HCl 腐蚀。

气体氯化氢一般没有腐蚀性，但是遇水形成盐酸(HCl+H_2O)后腐蚀性就变得很强。盐酸在很大浓度范围内对碳钢和低合金钢会引发全面腐蚀和局部腐蚀，对铁素体或马氏体不锈钢主要是局部腐蚀(坑蚀)，对奥氏体不锈钢则产生点蚀与氯离子应力腐蚀开裂。盐酸腐蚀的严重程度随着盐酸浓度和温度的增加而增加。工艺装置中盐酸的腐蚀破坏通常伴随着露点腐蚀。含有水蒸气和氯化氢的油气在塔顶及塔顶冷凝冷却系统中冷凝时，初凝的液相水中腐蚀介质发生浓缩现象，产生较大的酸性(低 pH 值)，加快了腐蚀速率。当硫化氢、氯化氢和水共同存在(即 H_2S+HCl+H_2O 腐蚀环境)时，除盐酸的腐蚀破坏外，对碳钢或低合金钢也可能伴随湿硫化氢应力腐蚀开裂(SSC)、氢致开裂(HIC)和应力导向氢致开裂(SOHIC)的发生。当介质中氯化氢含量较高而硫化氢含量较低时，以盐酸的腐蚀破坏为主；当介质中硫化氢含量较高而氯化氢含量较低时，其腐蚀机理基本上同湿硫化氢腐蚀环境。

15.1.1　蒸馏装置

蒸馏装置的 HCl 腐蚀主要在以下三个区：

(1) HCl 的露点腐蚀

露点温度(初凝区)一般为 100~120℃，主要位于初馏塔/闪蒸塔的顶部、塔顶冷回流时的常压塔顶部、塔顶温度跨初凝区的油气冷凝冷却器(一般为塔顶油气的第一级换热器或空冷器器)及其相关管道；

(2) H_2S+HCl+H_2O 腐蚀环境

以湿硫化氢腐蚀为主，主要位于 HCl 露点温度以下的塔顶油气冷却器(一般为塔顶油气的第二级及以下的冷却器或空冷器器)、容器(如塔顶油气回流罐、油气分液罐等)及其相关管道；

(3) 含盐污水腐蚀

主要是电脱盐排水的换热器或冷却器。

15.1.1.1　盐酸盐的腐蚀

绝大多数原油都含盐酸盐，它们或是溶解在原油的乳化水里，或是以悬浮固体形式存在。这些盐酸盐也可能来自二次采油注入的盐水或者来自油轮压舱海水。典型的含盐量为 75%氯化钠(NaCl)、15%氯化镁($MgCl_2$)、10%氯化钙($CaCl_2$)。原油中所含的 $CaCl_2$ 和 $MgCl_2$ 在电脱盐过程中比较难以脱除，而钙盐和镁盐又容易水解，资料介绍在炉出口温度(358~366℃)下，$MgCl_2$ 的水解率 95%，$CaCl_2$ 的水解率约为 10%。形成的 HCl 以气体的形式进入塔顶系统。

在原油加工时，盐类水解情况如图 15-1-1 所示。120℃以上就开始水解，不同的盐水解温度有差异。在蒸馏装置 NaCl 一般不会水解，但当原油含有环烷酸或某些金属时(如铁、镍、钒等)NaCl 可在 300℃以前就开始水解。

$$CaCl_2+H_2O \xrightarrow{\sim 120^\circ C} Ca(OH)_2+2HCl\uparrow$$

$$MgCl_2+H_2O \xrightarrow{\sim 175^\circ C} Mg(OH)_2+HCl\uparrow$$

$$NaCl+H_2O \xrightarrow{\sim 540^\circ C} NaOH+HCl\uparrow$$

电脱盐系统首先发生盐酸腐蚀，随着温度的升高，水解表现在蒸馏装置的高温部位，未水解的盐残留在蒸馏装置的渣油中，在下游的焦化装置和催化装置的高温部位继续水解，表现在焦化分馏塔顶和催化分馏塔顶的氯化氨腐蚀。原油盐含量只有低于 3ppm($1ppm=10^{-6}$)时，塔顶的腐蚀才可得到控制，说明深度脱盐对塔顶防腐蚀非常重要。

盐酸的腐蚀主要在初凝相变区，而硫化氢的溶解度是随 pH 值的增大而增大的，当 pH 值达到 7.0 时，硫化氢的腐蚀作用变大(见图 15-1-2)。硫化氢和盐酸的腐蚀作用是相互促进的。在水溶液中，当有氯离子存在时，硫化氢的腐蚀作用大大加强。盐酸能破坏金属表面上已经生成的具有保护作用的硫化亚铁膜，使金属表面裸露。生成的硫化氢，再次与铁反应，使腐蚀进一步发展并不断循环。在此循环反应中，氯化氢的存在起着主导作用。如果金属表面因腐蚀有氧化铁生成，氧化铁仍能溶于盐酸，生成氯化铁。这些反应产物(氯化亚铁、氯化铁)易溶于水，并随产品带出塔外。氯化镁和氯化钙的加热温度高于 149℃时，就会生成氯化氢。最高大约 426℃下，氯化钠基本上仍是稳定的。

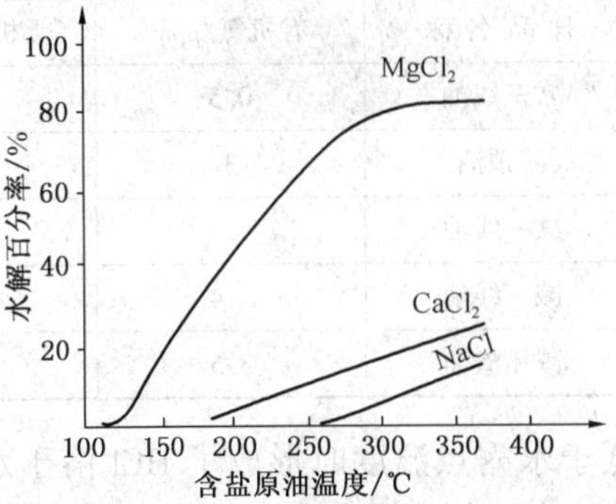

图 15-1-1　随温度升高盐水解百分数

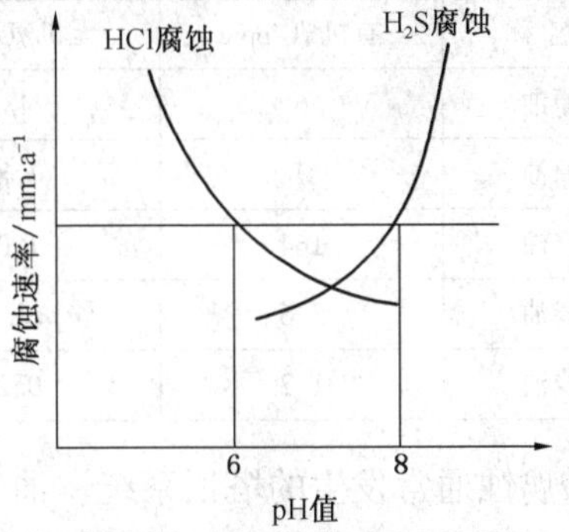

图 15-1-2　腐蚀速率与 pH 值的关系

应该说明的是，盐酸(HCl)腐蚀与氯离子的腐蚀是两个概念，常压塔顶的腐蚀不应称为硫化氢与氯离子的腐蚀，氯离子与氯盐有关，HCl 是低 pH 值的酸，如果材料是奥氏体不锈钢，其腐蚀机理有盐酸减薄腐蚀与氯离子应力腐蚀；如果是碳钢材料，其腐蚀机理是盐酸减薄腐蚀。

15.1.1.2 有机氯腐蚀

在含蜡或沥青质原油的开采过程中，为防止油井内的蜡、沥青质沉积堵塞油井，降低产量，常常使用三氯乙烷等氯代烷烃清蜡剂来清洗油井。国内某油田大部分油区已经处于第三阶段采油期，不得不采取一系列的化学手段进行地下压裂、酸化、防砂、堵水、解堵、热采来提高产量，在所使用的化学药物中，带氯的有：甲基氯硅烷堵水剂、盐酸-氟化铵深部酸化剂、氯化亚铜缓蚀剂、季铵-氯化铵复合黏土稳定剂等。其中部分具有亲油性或油溶性的药剂将随着原油一起进入到下游的加工装置。在运输过程和炼油厂使用的大量化学试剂中不排除存在有机氯组分，比如破乳剂、脱盐剂、杀菌剂、输油管线及油罐清洗剂等。所以，进入炼厂的原油中会携带有机氯化物。在国外，日趋严重的氯化物腐蚀问题，促使国际腐蚀协会(NACE)属下的STG34石油炼制与气体加工特别技术组，在2001年专门成立TG274工作组，负责行业调查和研究，并针对原油中无法经电脱盐脱除的氯化物产生的腐蚀与结垢问题提交报告。可见，随着原油日渐劣质化，氯腐蚀将和硫腐蚀一样，越来越受到国内外炼厂的高度重视。

一般认为原油中的有机氯主要成分为C_1~C_6氯代烷的混合物。根据氯代烷的化学性质，它们在微碱性条件下可发生水解反应并释放出氯化氢。三氯甲烷和四氯化碳的水解率随温度和pH值的升高而增大。有机氯在原油电脱盐温度下很难水解。但在常压塔中，进料温度360~370℃、0.5MPa过热汽提水蒸气的温度为420℃，电脱盐后水呈微碱性，这些条件对氯代烷的水解有利。因此这些有机氯化物在加热炉里和常压塔中部分水解，一部分HCl进入常压塔顶，致使塔顶冷凝水氯离子含量剧增；另外一部分氯离子随渣油进入流化催化裂化装置(FCCU)，与催化裂化过程中分解出来的NH_3结合为NH_4Cl，造成分馏塔结盐。另外，原油中的一些含氯的高沸点化合物，如沥青质夹带的氢氯化物，聚合季铵类氯化物随渣油转移到下游工序，在合适的条件下分解产生HCl。

有机氯在全馏程都有分布，主要集中在石脑油中，见表15-1-1。

表15-1-1 国内某油田原油加工过程氯含量分布

样品名称	有机氯/ppm	无机氯/ppm	样品名称	有机氯/ppm	无机氯/ppm
脱前原油	6	48	常三线油	0.5	<0.1
脱后原油	7	1.8	减顶油	3	2.6
常顶汽油	164	1.0	减一线油	2	2.0
常一线油	3.6	<0.2	减三线油	3.4	<0.2
常二线油	1.2	0.2	减压渣油	3.5	3.6

盐酸腐蚀通常发生的塔顶系统，油气温度低于水露点温度时形成了HCl溶于水形成盐酸。回流温度过低会在塔顶五层塔板以上部位有腐蚀，在油气冷凝器的上层冷却器管的表面和减顶抽空器的扩压部分都有生成盐酸的条件。

15.1.1.3 工艺防腐

原油电脱盐与塔顶的注水、注缓蚀剂、注胺/氨(一脱三注)的工艺防护是解决盐酸盐带来的腐蚀问题最好的办法。表15-1-2、表15-1-3是中石化制订的技术指标。

在塔顶，由于HCl溶解的能力比氨强，因此遇蒸气冷凝水后，先于氨形成了强酸腐蚀环境。注胺和氨可以中和盐酸，但胺的效果好于氨。氨还有另一个问题，NH_3与HCl反应易形成NH_4Cl垢堵塞管线。氯化氨的升华点在350℃，而常顶系统温度远低于这一温度，沉积在塔内和空冷器器传热表面上的氯化氨，会造成垢下腐蚀。在不同pH值的情况下，注氨会与H_2S形成硫氢化铵和硫化铵，其水解后同样会造成腐蚀。有机胺为长链烃类胺基化合物，呈弱碱性，热稳定性好。有机胺注入到物料中即吸附到金属表面形成隔离膜，同时其胺基($-NH_2$)能中和物料中的H^+，形成有机胺盐。此盐水溶性好，不会产生垢下腐蚀。

表15-1-2 原油电脱盐技术控制指标

项目名称	指标	测定方法	项目名称	指标	测定方法
脱后含盐/(mg/L)	≤3	GB 6532—86	污水含油/(mg/L)	≤150	见附录
脱后含水/%	≤0.2	GB 260—77			

表15-1-3 蒸馏塔顶挥发线“三注”后塔顶冷凝水应达到的技术控制指标

项目名称	指标	测定方法	项目名称	指标	测定方法
pH值	5.5~7.5(注有机胺时) 7.0~9.0(注氨水时)	pH计法	氯离子含量/(mg/L)	≤30 (不进行考核)	GB 6532—86
铁离子含量/(mg/L)	≤3	分光光度法 (样品不过滤)	均匀腐蚀率/(mm/a)	≤0.2	在线监测或挂片法

对于控制蒸馏塔顶腐蚀，注碱是非常有效的，而且成本较低。氯化钙和氯化镁在相对低的温度下热分解，注碱可以将氯化镁转化为氯化钠热稳定盐。但注碱也会给二次加工过程带来一些不利影响，比如炉管结焦、碱脆、催化裂化催化剂活性降低等。我国已停止注碱主要是考虑了钠元素对下游装置的影响。

1997年我国组织考察日本炼油厂的工艺防腐技术时了解到：在电脱盐罐前、常压炉前和常压塔顶少量注碱(4ppm)，有很好的效果。NACE报道，在电脱盐罐后碱的加入量通常不超过10ppm。如果常减压的产品作为加氢或催化裂化的原料，采用注碱的方法会造成催化剂失活，或者控制减渣中钠含量20~50ppm。如果注碱超过19ppm，流体在焦化炉管中会过早生焦。

据报道，目前国外一些停止注碱多年的炼油厂又重新对注碱产生兴趣，主要是因为近年来原油中的有机氯含量逐渐上升，氯腐蚀严重，原有的工艺防腐措施已经不能取得满意的效果。为了避免注碱的不利方面，需要严格控制碱的注入量、浓度并改进加注方法。注入少量碱控制氯离子腐蚀，但又能保证二次加工原料中的钠离子不超标，这需要更进一步的研究和试验。针对注碱带来的一系列问题，工艺腐蚀专家JoergGutzeit提出了注碱过程必须遵循的一些原则：

① 电脱盐装置的稳定操作是注碱的前提条件；

② 注入到脱后原油中的碱液不超过8.5g/m^3，理论上讲，这一数量的碱液可应付脱后原油中20g/m^3的无机氯盐；

③ 浓缩的碱液需先用水稀释，浓度不得超过3%；

④ 碱液的注入部位应在电脱盐罐之后。但为了避免原油预热换热器结垢，在原油离开电脱盐罐后的管线分出一条支线，稀释的碱液注入到原油的支流中，与脱后原油充分混合后再重新返回到最后一台换热器的下游；

⑤ 为防止碱脆和腐蚀，注碱喷嘴必须采用高镍合金制造。

国外炼油企业对原油中的有机氯含量都有严格的限制，一般控制在1~3ppm，也有要求0ppm的，这取决于不同炼厂的装置设计、加工流程以及防腐措施等综合因素。从腐蚀的角度看，3ppm的上限太高，最好能限制在1ppm以下。因为即使原油脱后含盐减至2.32mg/L，1ppm的有机氯也足以使蒸馏塔中形成的HCl翻一倍。壳牌管道公司(ShellPipeline)在其原油质量验收标准中要求原油中的有机氯不能超过1ppm，并且在204℃为切割点的石脑油中的有机氯不得超过5ppm。

15.1.1.4 蒸馏装置盐酸(HCl)腐蚀率确定

工程上常应用表15-1-4将介质中Cl^-的含量估算成pH值，用表15-1-5与表15-1-6来预测碳钢与300系列奥氏体不锈钢在介质中的均匀腐蚀率。而对高合金材料则按照介质中的Cl^-浓度，用表15-1-7与表15-1-8估算均匀腐蚀率。

表15-1-4 由Cl^-含量确定介质pH值

Cl^-量/ppm(质)	pH	Cl^-量/ppm(质)	pH
3610~12000	0.5	16~35	3.0
1201~3600	1.0	6~15	3.5
361~1200	1.5	3~5	4.0
121~360	2.0	1~2	4.5
36~120	2.5	<1	5.0

注：假定介质中无碱性成分。

表15-1-5 估计的碳钢腐蚀速率 mm/a

pH	温度/℃			
	37.78	37.78~65.56	66.11~93.33	>93.33
≤0.5	25.3746	25.3746	25.3746	25.3746
0.6~1.0	22.86	25.3746	25.3746	25.3746
1.1~1.5	10.16	17.78	25.3746	25.3746
1.6~2.0	5.08	7.62	25.3746	25.3746
2.1~2.5	2.54	3.302	10.16	14.224
2.6~3.0	1.524	1.778	5.08	7.112
3.1~3.5	1.016	1.27	2.54	3.556
3.6~4.0	0.762	1.016	2.286	3.175
4.1~4.5	0.508	0.762	1.778	2.54
4.6~5.0	0.254	0.508	1.27	1.778
5.1~5.5	0.1778	0.0254	0.762	1.016
5.6~6.0	0.1016	0.254	0.508	0.762
6.1~6.5	0.0762	0.127	0.381	0.508
6.6~7.0	0.0508	25.3746	0.1778	0.254

注：这些腐蚀速率为均匀腐蚀速率的10倍，用来描述局部点蚀。

表 15-1-6 300 系列不锈钢的估计腐蚀速率 mm/a

pH	温度/℃			
	37.78	37.78~65.56	66.11~93.33	>93.33
≤0.5	22.86	25.3746	25.3746	25.3746
0.6~1.0	12.7	25.3746	25.3746	25.3746
1.1~1.5	7.62	12.7	17.78	25.3746
1.6~2.0	3.81	6.604	10.16	12.7
2.1~2.5	2.032	3.556	5.08	6.35
2.6~3.0	1.27	1.778	2.54	3.048
3.1~3.5	0.762	1.016	1.27	1.651
3.6~4.0	0.508	0.635	0.762	0.889
4.1~4.5	0.254	0.381	0.508	0.635
4.6~5.0	0.127	0.1778	0.254	0.3048
5.1~5.5	0.1016	0.127	0.1524	0.1778
5.6~6.0	0.0762	0.1016	0.127	0.1524
6.1~6.5	0.0508	0.0762	0.1016	0.127
6.6~7.0	0.0254	0.0508	0.0508	0.1016

注：这些腐蚀速率是均匀腐蚀速率的 10 倍，用来说明局部点蚀。

表 15-1-7 合金 825、20、625、C-276 的估计腐蚀速率 mm/a

合金	Cl^-浓度/%(质)	温度/℃			
		<37.78	37.78~65.56	66.11~93.33	>93.33
合金 825 和合金 20	≤0.5	0.0254	0.0762	1.016	5.08
	0.5~1	0.0508	0.127	2.032	10.16
	1~5	0.254	1.778	7.62	25.3746
合金 625	≤0.5	0.0254	0.0508	0.381	1.905
	0.5~1	0.0254	0.127	0.635	3.175
	1~5	0.0508	1.778	5.08	10.16
合金 C-276	≤0.5	0.0254	0.0508	0.2032	0.762
	0.5~1	0.0254	0.0508	0.381	1.905
	1~5	0.0508	0.254	1.524	7.62

表 15-1-8 合金 B-2 和合金 400 的估计腐蚀速率 mm/a

合金	Cl^-浓度/%(质)	温度/℃							
		37.78		37.78~65.56		66.11~93.33		>93.33	
		氧/氧化物存在吗?							
		N	Y	N	Y	N	Y	N	Y
合金 B-2	≤0.5	0.0254	0.1016	0.0254	0.1016	0.0508	0.2032	0.1016	0.4064
	0.5~1	0.0254	0.1016	0.0254	0.1016	0.127	0.508	0.508	2.032
	1~5	0.0508	0.2032	0.127	0.508	0.254	1.016	0.635	2.54
合金 400	≤0.5	0.0254	0.1016	0.0762	0.3048	0.762	3.048	7.62	25.3746
	0.5~1	0.0508	0.254	0.127	0.508	2.032	8.128	20.32	25.3746
	1~5	0.4826	1.016	0.635	2.54	3.81	15.24	22.86	25.3746

注：介质中含空气或氧化剂会增大腐蚀率，特别是对 B-2 和 400 合金。

15.1.2 加氢处理装置

原料中除了无机盐中有 Cl^-外，加氢装置中 Cl^-主要来源于原料油中的有机氯化物。反应过程中，有机硫转化为 H_2S，有机氮转化为 NH_3，以及有机氯转化为 HCl。当流体温度低至盐沉积点以下时，固态的 NH_4Cl 盐就从有 NH_3和 HCl 的流体中析出，且该盐具有吸湿性，很容易从气态流体中吸取水分。一定浓度的 NH_4Cl 盐溶液的腐蚀性与 HCl 水溶液相当，其对碳钢可产生每年几十毫米的腐蚀速率。NH_4Cl 盐易沉积在设备和管道中局部温度较低的部位。

新氢系统可能含有氯，主要来源于催化重整或芳烃装置。在炼厂氢系统中对低含量 HCl 进行测量是很困难的，常用的测量方法是使用“毒气侦测器”(DraegerAccuro)。可直接检测的是最低的 HCl 含量，通常在十分之几到几个 ppm 之间，这就是氢系统中 HCl 近似的含量。

15.1.3 催化重整装置

重整部分因为反应催化剂需要通过有机氯活化，有机氯在反应器中会生成 HCl，部分进入气相随 H_2循环，部分随反应产物进入脱戊烷稳定塔。虽然干态的 HCl 对设备和管线没有腐蚀，但有水存在时会发生强烈的腐蚀。因此在重整反应产物后冷却系统、脱戊烷稳定塔塔顶系统、轻油管线等部位会存在比较严重的 $HCl+H_2O$ 腐蚀。南京炼油厂报道，重整装置稳定塔顶空冷器和后冷却器因堵塞和泄漏而停工，打开空冷器器检查发现基本被浅绿色和黄色豆渣状垢物塞满，后冷器和下游管道也塞满同样的垢物。检查发现腐蚀产物主要是 $FeCl_2$ 和 $FeCl_3$。

催化剂的还原过程是在反应器顶部的还原段完成。燃烧后生成的二氧化碳和水在排放气捕集器里冷凝，引起盐酸腐蚀和氯化氨腐蚀。

15.1.4 选材

防止盐酸的腐蚀破坏应以工艺防腐为主，材料防腐为辅，并加强腐蚀检测。双相不锈钢、镍基合金和钛材有很好的耐盐酸全面(局部)腐蚀和应力腐蚀开裂的性能。

“三顶”冷凝冷却系统的选材以碳钢为主，主要靠完善工艺防腐措施来抑制腐蚀，若设备腐蚀严重，可以考虑使用双相钢、钛材和 Monel 等高等级材料，但设备材质应整体升级，避免出现薄弱环节，同时应注意异种金属接触引起的电偶腐蚀。不推荐用采用表面处理的技术，成功的例子极少，比如，渗铝、Ni-P 化学镀与涂料等。因为表面处理过程不可避免产生气孔，只要有一个气孔就形成大阴极小阳极的电化学腐蚀穿孔。分馏塔顶系统耐盐酸材料的范围应该在 5 层塔盘以上，包括壳体和顶封头，顶回流系统要包括管线和泵。

NACE 资料介绍，塔顶冷却器的材料根据冷却水水质、氯化物含量、缓蚀剂的效果、pH 控制、注水等来确定。对于采用半咸水或海水冷却的炼油厂，Ti 的使用最经济。如果形成氯化铵，在高温部位沉积，会造成 Ti、奥氏体不锈钢、合金 400、黄铜、铜镍合金的点蚀。海军黄铜在空气的存在下会开裂(如在停工期间)。铜镍合金更耐氨，但是如果 H_2S 浓度高也会发生腐蚀。双相钢，如 2205 和铁素体合金 400，在塔顶系统发生过垢下腐蚀。相反，超级奥氏体不锈钢 904L(00Cr20Ni25Mo4.5Cu)效果很好。如果工艺防腐效果好也可以使用碳钢。当暴露在 pH 低于 4.5 的任何浓度的 HCl 中时，碳钢和低合金钢会遭受严重的腐蚀。在任何浓度或温度下，300 系列不锈钢和 400 系列不锈钢通常不耐 HCl 腐蚀。合金 400、钛和其他镍基合金在一些炼油环境中耐稀 HCl 性能良好。氧化剂(如氧、三价铁离子、铜离子)的存在会增加腐蚀速度，尤其是对合金 400 和合金 B-2。钛在氧化条件下性能优越，但在干 HCl 环境中迅速失效。

SH/T 3096《加工高硫原油重点装置主要设备设计选材导则》与 SH/T 3129《加工高硫原油重点装置主要管道设计选材导则》推荐碳钢，双相钢(2205)、钛和蒙纳尔合金。采用哪一种要考虑工艺防腐的质量和经济条件。

15.2　高温硫腐蚀和环烷酸腐蚀

15.2.1　高温硫腐蚀

高温硫化物的腐蚀环境是指 240℃以上的重油部位硫、硫化氢和硫醇形成的腐蚀环境。典型的高温硫化物腐蚀环境存在于蒸馏装置常、减压塔的下部及塔底管线，常压重油和减压渣油换热器等；流化催化裂化装置主分馏塔的下部，延迟焦化装置主分馏塔的下部及其管线等。在加氢裂化和加氢精制等临氢装置中由于氢气的存在加速 H_2S 的腐蚀，在 240℃以上形成高温 H_2S+H_2腐蚀环境，典型例子是加氢裂化装置的反应器、加氢脱硫装置的反应器以及催化重整装置原料精制部分的石脑油加氢精制反应器等。

在高温条件下，活性硫与金属直接反应，它出现在与物流接触的各个部位，表现为均匀腐蚀，其中硫化氢的腐蚀性很强。化学反应如下：

$$H_2S+Fe \rightarrow FeS+H$$

$$S+Fe \rightarrow FeS$$

$$RSH+Fe \rightarrow FeS+\text{不饱和烃}$$

高温硫腐蚀速度的大小，取决于原油中活性硫的多少，但是与总硫量也有关系。当温度升高时，一方面促进活性硫化物与金属的化学反应，同时又促进非活性硫的分解。

温度低于 120℃时，非活性硫化物未分解，在无水情况下，对设备无腐蚀。但当含水时，则形成炼油厂各装置低温轻油部位的腐蚀，特别是在相变部位(或露点部位)造成严重的腐蚀。

温度在 120~240℃之间时，原油中活性硫化物未分解。

温度在 240~340℃之间时，硫化物开始分解，生成硫化氢，对设备也开始产生腐蚀，并且随着温度的升高腐蚀加剧。

温度在 340~400℃之间时，硫化氢开始分解为 H_2和 S，S 与 Fe 反应生成 FeS 保护膜，具有阻止进一步腐蚀的作用。但在有酸存在时(如环烷酸)，FeS 保护膜被破坏，使腐蚀进一步发生。

温度在 426~430℃之间时，高温硫腐蚀最为严重。

温度大于 480℃时，硫化氢几乎完全分解，同时由于烃的结焦保护了设备，腐蚀性开始下降。

高温硫腐蚀，开始时速度很快，一定时间后腐蚀速度会恒定下来，这是因为生成了硫化铁保护膜的缘故。而介质的流速越高，保护膜就越容易脱落，腐蚀将重新开始。流速超过 30m/s 时腐蚀率可能有 5 倍的增加。

能够引起硫腐蚀的硫的化合物有：

- 元素硫
- 聚硫化物
- 硫化氢(H_2S)

- 脂族硫化物
- 脂族二硫化物

从腐蚀观点看，硫化氢是硫的化合物中最具活性的腐蚀剂。对大多数其他硫的化合物，就腐蚀而言，认为在原油到达炼厂并被加热到较高温度之前，它们呈现惰性。究竟是这些复合的硫的化合物本身还是这些化合物转化成的硫化氢造成了腐蚀破坏，依然是个未解之谜。

有资料介绍，高温下二硫醚腐蚀最严重。高温硫腐蚀一般发生在含硫油接触的230℃以上的部位，伴随温度的升高，腐蚀加剧。260℃以上高温时原油中硫化物如表15-2-1所示：由上至下腐蚀率递增。

表 15-2-1　高温时原油中硫化物

260℃	316℃	371℃	427℃	482℃
硫　醚	元素硫	硫化氢	硫化氢	硫化氢
元素硫	元素硫	硫　醇	硫　醇	硫　醇
硫化氢	硫　醚	元素硫	元素硫	硫　醚
硫　醇	硫　醇	硫　醚	硫　醚	元素硫
二硫化物	二硫化物	二硫化物	二硫化物	二硫化物

一些硫化物的腐蚀性由强到弱有如下规律：

二硫化物>烷基硫>硫化氢>硫醇>元素硫和噻吩。

估算高温硫腐蚀率可参考经修正的McMonomy曲线，见图15-2-1。

原油中所含硫化物除硫化氢、低级硫醇和元素硫外，还存在大量的对普通碳钢无直接腐蚀作用的有机硫化物，如高级硫醇、多硫化物、硫醚等。原油中的硫醚和二硫化物在130~160℃已开始分解，其他有机硫化物在250℃左右的分解反应也会逐渐加剧。最后的分解产物一般为硫醇、硫化氢和其他分子量较低的硫醚和硫化物，由于原油产地不同，各种硫化物的热稳定性也不一样，因此其分解作用的快慢和分解程度的高低也不同。这些有机硫化物分解生成的元素硫、硫化氢则对金属产生强烈的腐蚀作用。例如：戊硫醇($C_5H_{11}SH$)在高温下由于分子引力而被吸附于有催化活性的碳钢表面上，使硫醇基SH断裂变成自由基：

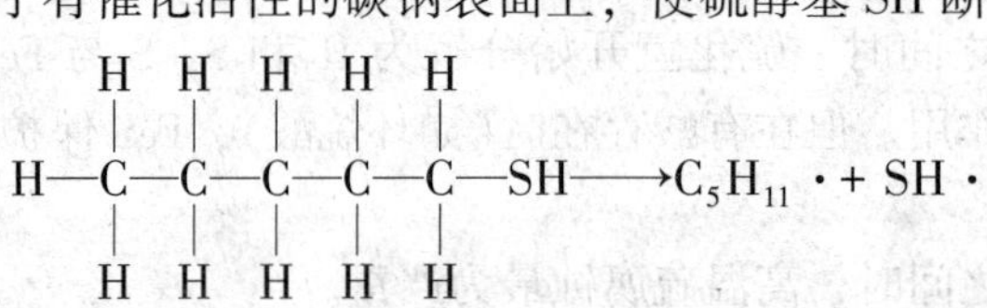

生成的自由基会进一步与尚未分解的硫醇$C_5H_{11}SH$作用而生成硫化氢：

$$C_5H_{11}SH+SH \longrightarrow C_5H_{10}SH+H_2S$$

二硫醚的高温分解有两种方式，可以生成元素硫，也可以生成硫化氢：

$$\left.\begin{matrix} RCH\sim CH_2S \\ RCH_2CH_2S \end{matrix}\right| \longrightarrow RCH_2CH_2SH+RCH=CH_2+S$$

$$或\left.\begin{matrix} RCH_2CH_2S \\ RCH_2CH_2S \end{matrix}\right| \longrightarrow \left.\begin{matrix} RCH=CH \\ RCH=CH \end{matrix}\right> S+H_2S+2H_2$$

影响高温硫腐蚀的因素很多，腐蚀大小主要随温度、硫化氢浓度、介质流速、材质以及环烷酸的含量不同而改变。

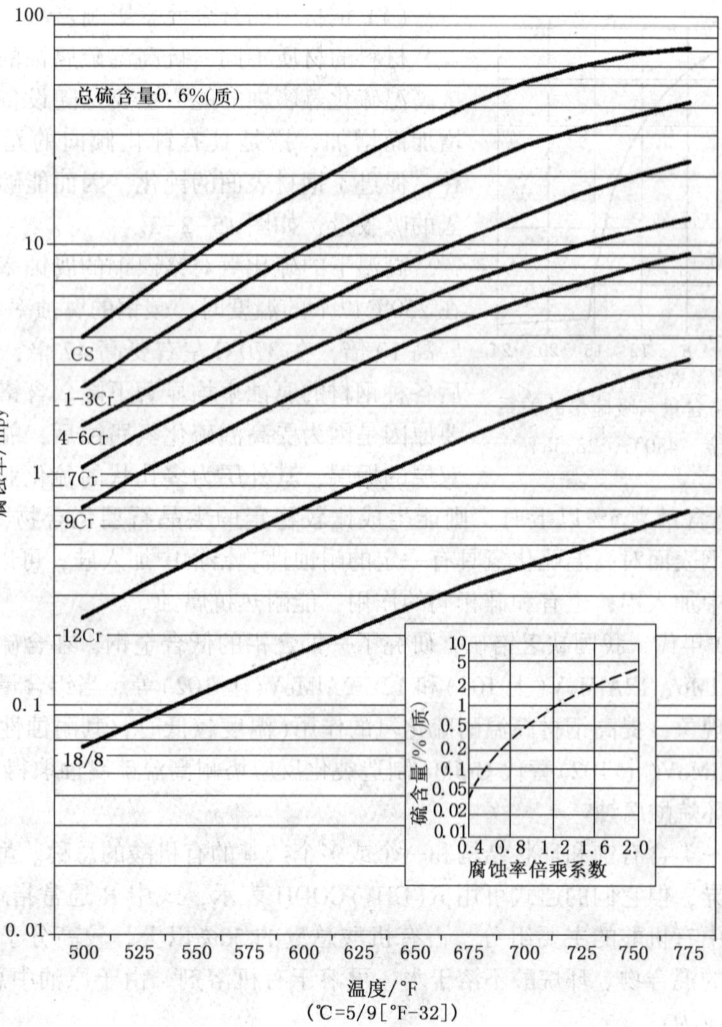

图 15-2-1 经修正的 McMonomy 曲线

(1) 温度影响

温度影响表现在两个方面，一是温度升高促进了硫、硫化氢、硫醇等与金属的化学反应；二是温度升高促进了原油中非活性硫的热分解。原油中所含的某些硫化物，只有在240℃以上才开始分解成硫化氢，有些结构复杂的硫化物，在350~400℃时分解最快，到500℃时硫化物基本分解完毕，噻吩要到800℃才分解。

(2) 硫化氢浓度的影响

硫化氢是所有活性硫化物中腐蚀性最大的。无论是原油、成品油或半成品油中所含的硫化氢浓度越高，则腐蚀性越大。所以，一般以硫化氢浓度的高低来衡量油品腐蚀性的大小，但是，含硫量高不等于硫化氢浓度高。也就是说，油品的腐蚀性与原油的总含硫量之间并不成正比例关系，而是取决于其中硫化物的性质和在炼制过程中其热分解的程度。

(3) 流速的影响

流速越高，金属表面上的硫化铁腐蚀产物保护膜越易脱落，界面不断更新，金属的腐蚀也就进一步加剧，超过 3m/s 腐蚀明显加快。

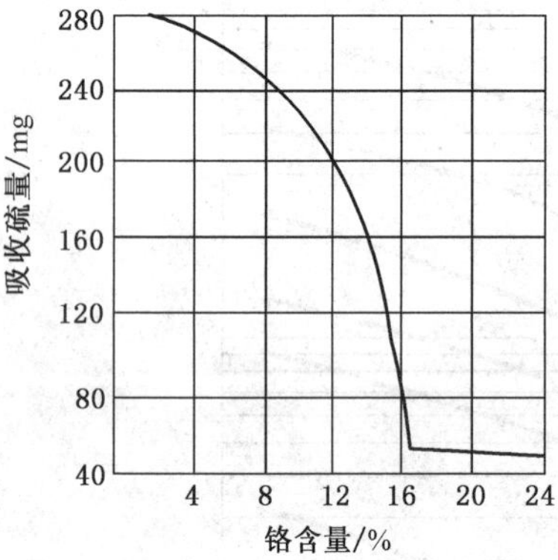

图 15-2-2 铬含量与吸硫量的关系（Fe-Cr 合金，480℃，28.5h）

(4) 钢材中的合金元素影响

材料的材质不同，抗高温硫腐蚀的性能也不同。抵抗高温硫化氢腐蚀的能力主要是随设备材质中铬含量的增加而增加，铬是具有钝化倾向的元素，由于铬的存在，促进了钢材表面的钝化，因而能够减少钢材对硫化氢的吸收量，如图 15-2-2。

高温下的硫化氢对铬镍钢的腐蚀率远比碳钢小。如在250℃以下的温度时，碳钢的腐蚀率比 18-8 型铬镍钢要高 10 倍，在 370℃左右要高 47 倍，高于这个温度以后各种钢材的腐蚀率均显著下降。含铬合金钢耐蚀的主要原因是因为受高温硫化氢腐蚀后，能在钢材表面形成双层的垢层，其外层为多孔状的硫化亚铁，内层为致密的 Cr_2O_3。当铬含量为 5%以上时，则能生成比较稳定的尖晶石型化合物，如 $FeCr_2O_4$ 的垢层，因而使铬钢表面对高温硫化氢具有一定的耐蚀性。铬钢中加入硅，可以形成抗氧化的硅酸铁层；铬钢中加入铝，也有和硅相同的作用，能耐热抗腐蚀。

20 世纪 60 年代，我国缺乏铬矿，研究了一批含铝的低合金钢，在含硫原油加工厂得以应用，如 Cr6AlMo、12AlMoV(上 104)和 12Cr2AlMoV(上 102)等。当铝含量达到一定时，可使钢产生钝化现象，提高钢材高温耐硫化氢的作用(温度较低时，其耐蚀性能比碳钢略好)。特别是 12Cr2AlMoV(上 102)替代 Cr5Mo 制造裂化反应塔耐高温硫腐蚀取得了成功。

15.2.2 环烷酸腐蚀

环烷酸是一类含有饱和环状结构和一个或多个羧基的有机酸的总称。虽然这些酸在分子量上有显著差异，但它们的通式可用 $R(CH_2)COOH$ 表示，式中 R 通常指环戊基或环己基。环烷酸是石油中有机酸的主要组分，占有机酸总量的 50%以上。较高分子量的环烷酸是由多个羧酸组成的混合物。环烷酸不溶于水，可溶于有机溶剂。由于原油中总是含有硫化氢，环烷酸腐蚀反应为：

$$Fe+2RCOOH \longrightarrow Fe(RCOOO)_2+H_2$$

$$Fe+H_2S \longrightarrow FeS+H_2$$

$$Fe(RCOOO)+H_2S \longrightarrow FeS+2RCOOH$$

$$FeS+2ROOOH \longrightarrow Fe(RCOOO)_2+H_2S$$

环烷酸腐蚀通常发生在加工总酸值大于 0.5mgKOH/g 原油，操作温度介于 220~400℃的设备中。环烷酸可与金属裸露表面直接反应生成环烷酸铁，而不需要水的参与。环烷酸铁盐可溶于油中，由于表面不生成积垢，腐蚀后形成轮廓清晰的蚀坑或流线状槽纹。在有 H_2S 的情况下会形成一层硫化物钝化膜，它可以随酸浓度的大小提供某种程度的保护，但环烷酸可与硫化物膜反应生成可溶性环烷酸铁。

最常出现环烷酸腐蚀的加工装置是常减压原油蒸馏装置，以及二次加工装置的进料系统，如加氢处理、催化裂化、减粘和焦化装置等。在加氢处理装置中，氢气注入点的下游甚至反应器的上游均未发现有环烷酸腐蚀。催化裂化和焦化装置热分解了环烷酸，所以在这些装置的分馏段一般也没有环烷酸腐蚀，但进料未裂化前有腐蚀的除外。当加工含环烷酸的原料时，润滑油抽出系统中环烷酸的浓度很大。值得注意的是：有环烷酸热分解的地方，会有小分子有机酸或二氧化碳生成，它们会影响冷凝水的腐蚀性。

影响环烷酸腐蚀的因素有以下几种：

(1) 温度

近期对某种原油的研究发现，170～190℃时即可发生明显腐蚀(0.247mm/a)，190～210℃时腐蚀性最强，因此低温环烷酸腐蚀也应当引起重视。随温度升高环烷酸腐蚀速率增加，直到温度足够高使环烷酸分解为低质量有机酸，环烷酸分解通常发生在420℃以上。一般认为环烷酸腐蚀的温度区间为220～400℃，温度更高时环烷酸将发生分解，温度更低时基本不发生腐蚀。在一定温度下，腐蚀速率与中和值大致成正比，但是，温度每升高37.8℃腐蚀速率就会增至3倍。

不同原油所含环烷酸的种类与数量不同，温度-浓度的峰值也不同。一般来说，炼厂经验表明温度超过400℃就不再有环烷酸腐蚀发生。国内某设计院设计炼制苏丹原油的延迟焦化装置发现，苏丹原油180℃开始就有环烷酸腐蚀，直到420℃仍有环烷酸腐蚀，因此选材从220℃以上选用316L，焦化炉的对流与辐射端炉管也选择316L。

一般认为环烷酸/硫腐蚀存在两个腐蚀峰值温度，分别为270～280℃和350～400℃。前一个腐蚀高峰由环烷酸腐蚀引起，后一个高峰由H_2S等活性硫参与反应引起。但目前有关高酸原油腐蚀评价研究表明无论是碳钢还是不锈钢，腐蚀速率均随温度的升高而升高，某些材质在300℃以后腐蚀速率还出现拐点。

在减压过程中，最严重的腐蚀通常发生在288℃。原因是环烷酸在实沸点在370～425℃范围内的物流中容易浓缩，减压的作用是降低沸点到110～160℃。

(2) 酸值

原油和馏分油的酸值是衡量环烷酸腐蚀的重要因素，通常情况下原油酸值大于0.5mgKOH/g、或者馏分油酸值大于1.5mgKOH/g时即可发生明显的环烷酸腐蚀。经验表明，在一定温度范围内存在一个临界酸值，高于此值，腐蚀速率将明显加快。但对于不同的炼油厂和原油种类来说其临界酸值是不同的。有的现场调查明显的环烷酸腐蚀发生在总酸值大于0.5mgKOH/g的情况下；同时另一些现场研究发现总酸值的门槛值在1.5～2.0之间；还有报道说在酸值明显小于0.5的轻质印尼原油炼制中发现了环烷酸腐蚀。由于酸的种类不同和硫含量的影响仍然可能发生严重的腐蚀，因此，不同的原油含有的环烷酸和硫化物种类不同，即使两种原油具有相同的酸值，也可能具有不同的腐蚀性。虽然在一定材质和原油组分的条件下可形成表面保护膜，但表面膜的稳定性依赖于流速、特别是剪切应力和温度。因此，简单地讲发生腐蚀的酸值门槛值是不合适的。

酸值测定常用的ASTMD664的电位滴定法将受到酸性气体如H_2S、CO_2以及可水解盐类如$MgCl_2$和$CaCl_2$等的影响。总酸值TAN(Total Acid Number)和环烷酸含量NAT(NapHthenic Acid Titration)随不同温度下蒸馏馏分的不同而发生变化。原油种类不同，NAT在原油及各侧线中所占TAN的比值有很大的差异。因此，用环烷酸含量代替酸值来预测原油腐蚀性将更为准确。

(3) 环烷酸种类

通常认为环烷酸的腐蚀性随总酸值TAN的升高而增强，但环烷酸的腐蚀性还明显受到环烷酸自身性质的影响。即使酸值相同，如果环烷酸分子的含碳数目(或分子量)不同，腐蚀性也会明显不同。原油中有许多种类环烷酸，其中一些比其他种类更具腐蚀性，报道数据显示原油中仅有约5%的环烷酸具有腐蚀性。因此环烷酸腐蚀速率受到特定环烷酸的性质及其浓度的影响。在一定温度下，分子量小的环烷酸腐蚀速率相对较大。环烷酸分子结构越复杂，腐蚀性越弱。环烷酸腐蚀没有像高温硫或高温 H_2S+H_2 那样有规律，可以用图表来预测金属材料的腐蚀率。因此，必须细致研究具体原油中的环烷酸在炼油过程中不同温度下的馏分中所含有的环烷酸的性质与环烷酸的腐蚀性，预测腐蚀性环烷酸在原油蒸馏过程中会在哪些侧线集中。但目前这方面的研究还较少。

(4) 硫化物种类及其含量

环烷酸腐蚀和硫腐蚀是同时进行的，并且硫化物对环烷酸腐蚀有着极为重要的影响，它们之间的相互作用又十分复杂，硫化物既可增强也可降低原油的腐蚀性。

通常认为 H_2S 可抑制环烷酸腐蚀。研究表明，在260℃时的硫化氢对环烷酸腐蚀的抑制作用比较明显。文献认为硫含量对环烷酸腐蚀的影响存在一临界值。硫含量低于临界值时，环烷酸可破坏硫化氢腐蚀产物，生成油溶性的环烷酸铁和 H_2S，使腐蚀加重。若硫含量高于临界值，则 H_2S 在金属表面可生成稳定的硫化亚铁保护膜，减缓环烷酸的腐蚀作用。也就是平常所说的低硫高酸腐蚀比高硫高酸的腐蚀还要严重。锦西炼化总厂的试验(380℃)也表明了“临界值”的存在，当含硫量达到一定值时，试件表面形成黑色 FeS 膜，碳钢试件的腐蚀速率明显下降。

虽然高硫含量通常认为能够抑制环烷酸腐蚀，但是过高的活性硫含量将加剧高温硫腐蚀。Cooper 则认为288℃以上的腐蚀速率增加主要由硫腐蚀引起。

研究表明，硫腐蚀和环烷酸腐蚀是一个连续统一体，当 H_2S 含量在一个适度的范围内时才可明显抑制环烷酸冲刷腐蚀，而当 H_2S 浓度超过一定值时高流速可去除保护性硫化物膜，形成硫冲刷腐蚀，并且环烷酸的存在可加速腐蚀，使其腐蚀速率甚至高出环烷酸冲刷腐蚀。通过环烷酸与硫化氢腐蚀体系热力学分析得出一些规律，其中的一个分析见图15-2-3，表示在327℃下不同硫化氢分压与环烷酸分压对碳钢金属表面的腐蚀能力，相图由三个区组成：免蚀区(Fe)、钝化区(FeS、FeS_2)和腐蚀区[$Fe(RCOO)_2$]。当硫化氢与环烷酸均低分压时金属不腐蚀，低硫化氢与高环烷酸时进入腐蚀区，随硫化氢分压的增加进入钝化区的范围增加，直到有足够的环烷酸分压才进入腐蚀区。这也说明了低硫高酸腐蚀性强和高硫可以抑制环烷酸腐蚀。

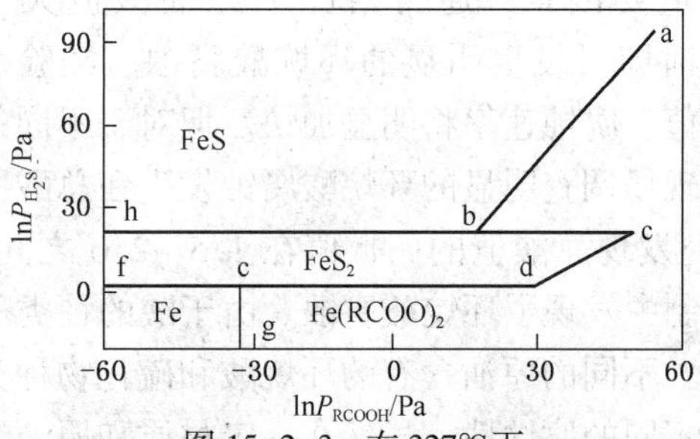

图 15-2-3 在327℃下 $Fe-H_2S-RCOOH$ 系统相图

目前对于硫化物对环烷酸腐蚀的影响规律的认识尚不够充分，对于所形成的表面膜在含环烷酸高温原油中的性质还缺乏了解，仍需要相当多的研究。

(5) 流速和湍流

流速和湍流是影响环烷酸腐蚀的非常重要的因素。在高温、高流速的情况下，即使酸值很低(0.3mgKOH/g)，碳钢仍具有较高的腐蚀速率。现场经验表明，凡是有阻碍流体流动从而引起流态发生变化的地方环烷酸腐蚀特别严重，如三通、弯头和泵等。

Heler 根据生产统计数据，给出了各种材质的腐蚀速率与温度及流速的关系，数据显示316不锈钢用于流速大、冲击强的区域如弯头、泡罩等，其腐蚀速率比用于流速低、冲击小的区域时高出一个数量级。无论是硫腐蚀还是环烷酸腐蚀均随流速的增加而加剧，流体产生的剪切应力能够去除保护性硫化物膜，而剪切应力与流速成正比，但同时也应当考虑流体状态的影响。

（6）流体物理状态

虽然高流速和湍流能够加速环烷酸腐蚀，但是这种影响在蒸馏塔、换热器和管线中发生的较少，原因就是它们处于液相环境中。而炉管和转油线由于同时受到高流速和两相流的综合作用，流体对它们受环烷酸腐蚀的影响非常强烈。

现场调查表明，蒸汽在金属表面凝结成液体的露点温度时，环烷酸的腐蚀最为严重。也有报道在气液两相界面处，蒸汽在金属表面冷凝成一层液体膜，此时观察到的腐蚀最为严重。当环烷酸的物理状态发生变化时腐蚀将变得更为严重，比如转油线处于汽化状态或者减压塔处于冷凝状态时。因此，在环烷酸沸点和露点温度范围腐蚀最为严重，对这些部位应加以重点监测，做好腐蚀防护。然而由于环烷酸是有着210~420℃的宽沸程范围，使得对环烷酸的腐蚀预测变得较为困难。

（7）材质

在环烷酸腐蚀环境中，抗腐蚀能力从高到低的顺序是317>316>18-8，而它们的抗腐蚀能力又远大于16Mn、Q235-A和Cr5Mo。现场经验表明含Mo的316、317不锈钢是目前使用的耐环烷酸腐蚀最好的材质。在极苛刻的环境，即使是高合金材料如12Cr、316、317等，甚至是含Mo6%的不锈钢在某些严重的情况下也显示出对环烷酸腐蚀比较敏感。

从现场经验和实验室研究来看，Mo元素在材料抵抗环烷酸腐蚀中起到重要的作用。Mo加入后，不锈钢组织由单相变为双相，并且随Mo含量的增加，铁素体含量增加，显微硬度增加，这将有益于提高材料的抗冲蚀性能。另外，Mo可有效增强表面膜，减少表面活性点，提高不锈钢在酸性介质中的抗点蚀能力。而在炼油厂环烷酸腐蚀中，点蚀也是一个重要形式。因此，随不锈钢中Mo含量的增加其抗环烷酸腐蚀能力提高。316是使用最多的材料，但必须保证Mo大于2.5%。

NACE资料介绍，一般的概念，原油酸值>0.5mgKOH/g，温度大于220℃材料可选择316，二次加工原料酸值1.5~1.8mgKOH/g时可选择316。可以选用以下结构材料减缓环烷酸腐蚀：

①在速度较低的工况条件下，可以采用304奥氏体不锈钢，其有良好的耐腐蚀性，但会发生点状腐蚀。

② 在大多数使用条件下，可以选用316和317含钼的奥氏体不锈钢，其对环烷酸具有最强的耐腐蚀性。

③ 铝具有很好的耐腐蚀性，可以用在强度和耐冲蚀要求不高的部位。

④ 合金20不锈钢具有很强的耐腐蚀性。

⑤ 将总酸值高的原油与其他原油掺混炼制是控制环烷酸腐蚀最好的方法。掺混可以减少最差的侧线馏分的环烷酸含量。掺混的结果，原油蒸馏装置进料的总酸值不高于1.0。假如掺混仍然不能阻止侵蚀，可以采用316和317不锈钢。

另外超音速热喷涂316L合金涂层、碳钢渗Al、表面化学镀等也是较好的选择。但若介质中含有一定浓度Cl^-时，渗铝钢也将遭到腐蚀，同时其焊接性能很难得到保证。

渗 Al 钢在现场应用中也表现出了较好的抗环烷酸腐蚀性能，在石油六厂高酸值减压塔内 18-8 填料环已减薄如纸片，而渗铝填料完好无损，相当于 316 水平。选材导则中推荐渗铝的塔盘、填料和换热器管用于高温环烷酸腐蚀环境。

15.2.3 预测高温硫与环烷酸腐蚀率

根据 API 581：2000《基于风险的检验基础资源文件》附录，表 15-2-2～表 15-2-10 可提供不同材料的高温硫与环烷酸腐蚀率。如果速度大于 30m/s，表中的腐蚀率要乘以 5。

表 15-2-2 碳钢的估计腐蚀速率 mm/a

硫/%(质)	TAN/(mg/g)	温度/℃							
		<232.22	232.78~260	260.56~287.78	288.33~315.56	316.11~343.33	343.89~371.11	371.67~398.89	399.44~426.67
≤0.2	≤0.3	0.0254	0.0762	0.1778	0.381	0.508	0.889	1.27	1.524
	0.31~1.0	0.127	0.381	0.635	0.889	1.143	1.397	1.651	1.905
	1.1~2.0	0.508	0.635	0.889	1.651	3.048	3.81	4.572	5.08
	2.1~4.0	0.762	1.524	1.524	3.048	3.81	4.064	6.096	6.096
	>4.0	1.016	2.032	2.54	4.064	4.572	5.08	7.112	7.62
0.21~0.6	≤0.5	0.0254	0.1016	0.254	0.508	0.762	1.27	1.778	2.032
	0.51~1.0	0.127	0.254	0.381	0.635	1.016	1.524	2.032	2.286
	1.1~2.0	0.2032	0.381	0.635	0.889	1.27	1.905	2.286	2.794
	2.1~4.0	0.254	0.508	0.889	1.27	1.778	2.54	3.048	3.302
	>4.0	0.508	0.762	1.27	1.778	2.286	3.048	3.556	4.064
0.61~1.0	≤0.5	0.0254	0.127	0.254	0.635	1.016	1.524	2.286	2.54
	0.51~1.0	0.127	0.254	0.381	0.762	1.27	2.032	2.794	3.302
	1.1~2.0	0.254	4.699	0.762	1.27	2.032	2.54	3.302	3.81
	2.1~4.0	0.381	0.762	1.27	2.032	2.54	3.048	3.556	4.318
	>4.0	0.635	1.016	1.524	2.54	3.048	3.81	4.572	5.08
1.1~2.0	≤0.5	0.0508	0.127	0.381	0.762	1.27	2.032	2.794	3.302
	0.51~1.0	0.1778	0.254	0.508	0.889	1.397	2.54	3.302	1.27
	1.1~2.0	0.381	0.508	0.889	1.397	2.54	3.048	3.556	4.318
	2.1~4.0	0.508	0.762	1.397	2.159	2.794	3.81	4.318	5.08
	>4.0	0.762	1.143	1.905	3.048	3.556	4.572	5.08	6.604
2.1~3.0	≤0.5	0.0508	0.1778	0.508	0.889	1.397	2.413	3.302	3.81
	0.51~1.0	0.1778	0.254	0.762	1.143	1.651	3.048	3.556	4.318
	1.1~2.0	0.381	0.508	1.016	1.524	1.905	3.556	4.318	5.08
	2.1~4.0	0.508	0.889	1.524	2.286	3.048			
	>4.0	0.889	1.27	2.032	3.048	3.81	5.08	6.604	7.112
>3.0	≤0.5	0.0508	0.2032	0.508	1.016	1.524	2.54	3.556	4.064
	0.51~1.0	0.2032	0.381	0.635	1.143	1.651	3.048	3.81	4.318
	1.1~2.0	0.508	0.635	0.889	1.651	3.048	3.81	4.572	5.08
	2.1~4.0	0.762	1.524	1.524	3.048	3.81	4.064	6.096	6.096
	>4.0	1.016	2.032	2.54	4.064	4.572	5.08	7.112	7.62

表 15-2-3 1.25Cr 和 2.25Cr 钢的估计腐蚀速率 mm/a

硫/%(质)	TAN/(mg/g)	温度/℃							
		<232.22	232.78~260	260.56~287.78	288.33~315.56	316.11~343.33	343.89~371.11	371.67~398.89	>398.89
≤0.2	≤0.3	0.0254	0.0254	0.1016	0.1016	0.3302	0.5334	0.635	0.762
	0.31~1.0	0.0762	0.2032	0.381	0.508	0.635	0.762	0.889	1.016
	1.1~2.0	0.254	0.381	0.508	0.762	1.524	1.905	2.286	2.54
	2.1~4.0	0.381	0.762	0.762	1.524	1.905	2.159	3.048	3.048
	>4.0	0.508	1.016	1.27	2.032	2.54	3.048	3.556	4.064
0.21~0.6	≤0.5	0.0254	0.0508	0.127	0.254	0.508	0.762	0.889	1.016
	0.51~1.0	0.0508	0.127	0.2032	0.381	0.508	0.762	1.016	1.143
	1.1~2.0	0.1016	0.2032	0.381	0.508	0.635	1.016	1.143	1.397
	2.1~4.0	0.127	0.254	0.508	0.635	0.889	1.27	1.524	1.651
	>4.0	0.254	0.381	0.635	0.889	1.143	1.524	1.778	2.032
0.61~1.0	≤0.5	0.0254	0.0762	0.1524	0.381	0.635	1.016	1.143	1.27
	0.51~1.0	0.0762	0.127	0.2032	0.508	0.762	1.143	1.397	1.524
	1.1~2.0	0.127	0.2032	0.381	0.635	1.016	1.27	1.651	1.905
	2.1~4.0	0.1778	0.381	0.635	1.016	1.27	1.524	1.778	2.159
	>4.0	0.3048	0.508	0.762	1.27	1.524	1.905	23.114	2.54
1.1~2.0	≤0.5	0.0508	0.0762	0.2032	0.381	0.762	1.27	1.397	1.651
	0.51~1.0	0.1016	0.127	0.254	0.508	1.016	1.397	1.651	1.905
	1.1~2.0	0.1524	0.254	0.508	0.762	1.27	1.651	1.778	2.032
	2.1~4.0	0.254	0.381	0.762	1.143	1.524	1.905	2.159	2.54
	>4.0	0.381	0.508	0.889	1.524	1.905	2.286	2.54	3.302
2.1~3.0	≤0.5	0.0508	0.1016	0.2286	0.508	0.889	1.397	1.651	1.905
	0.51~1.0	0.1016	0.127	0.381	0.635	1.016	1.524	1.778	2.032
	1.1~2.0	0.1778	0.254	0.508	0.762	1.143	1.778	2.032	2.54
	2.1~4.0	0.254	0.381	0.762	1.143	1.524	2.032	2.54	3.048
	>4.0	0.381	0.635	1.016	1.524	2.032	2.54	3.048	3.556
>3.0	≤0.5	0.0508	0.1016	0.254	0.508	0.889	1.524	1.778	2.032
	0.51~1.0	0.127	0.2032	0.381	0.635	1.016	1.778	1.905	2.159
	1.1~2.0	0.254	0.381	0.508	0.762	1.524	1.905	2.286	2.54
	2.1~4.0	0.381	1.524	0.762	1.524	1.905	2.159	3.048	3.048
	>4.0	0.508	1.016	1.27	2.032	2.54	3.048	3.556	4.064

表 15-2-4 5%Cr 钢的估计腐蚀速率 mm/a

硫/%(质)	TAN/(mg/g)	温度/℃							
		≤232.22	232.78~260	260.56~287.78	288.33~315.56	316.11~343.33	343.89~371.11	371.67~398.89	>398.89
≤0.2	≤0.7	0.0254	0.0254	0.0508	0.1016	0.1524	0.2032	0.254	0.381
	0.71~1.5	0.0508	0.0762	0.1016	0.1524	0.254	0.254	0.381	0.508
	1.6~2.0	0.1778	0.254	0.381	0.508	0.635	0.889	1.143	1.27
	2.1~4.0	0.254	0.381	0.508	0.762	1.016	1.143	1.27	1.524
	>4.0	0.381	0.508	0.762	1.016	1.27	1.524	1.778	2.032

续表

硫/%(质)	TAN/(mg/g)	温度/℃							
		≤232. 22	232. 78~260	260. 56~287. 78	288. 33~315. 56	316. 11~343. 33	343. 89~371. 11	371. 67~398. 89	>398. 89
0. 2~0. 6	≤0. 7	0. 0254	0. 0508	0. 0762	0. 127	0. 2032	0. 254	0. 381	0. 508
	0. 71~1. 5	0. 0508	0. 0762	0. 1016	0. 1524	0. 254	0. 381	0. 508	0. 635
	1. 6~2. 0	0. 0508	0. 1016	0. 1524	0. 2032	0. 381	0. 508	0. 635	0. 762
	2. 1~4. 0	0. 1016	0. 1524	0. 2032	0. 254	0. 381	0. 508	0. 762	0. 889
	>4. 0	0. 1524	0. 2032	0. 254	0. 254	0. 508	0. 635	0. 889	1. 016
0. 61~1. 0	≤0. 7	0. 0254	0. 0508	0. 1016	0. 1524	0. 254	0. 381	0. 5842	0. 635
	0. 71~1. 5	0. 0508	0. 1016	0. 1524	0. 2032	0. 381	0. 508	0. 635	0. 762
	1. 6~2. 0	0. 1016	0. 1524	0. 2032	0. 254	0. 381	0. 508	0. 762	0. 889
	2. 1~4. 0	0. 1524	0. 2032	0. 254	0. 254	0. 508	0. 635	0. 889	1. 016
	>4. 0	0. 2032	0. 254	0. 254	0. 381	0. 508	0. 762	1. 016	1. 27
1. 1~2. 0	≤0. 7	0. 0254	0. 0508	0. 127	0. 2032	0. 381	0. 508	0. 762	0. 889
	0. 71~1. 5	0. 0762	0. 127	0. 254	0. 381	0. 508	0. 762	0. 889	1. 016
	1. 6~2. 0	0. 127	0. 254	0. 381	0. 508	0. 762	0. 889	1. 016	1. 143
	2. 1~4. 0	0. 254	0. 381	0. 508	0. 762	0. 889	1. 016	1. 143	1. 27
	>4. 0	0. 381	0. 508	0. 762	0. 889	1. 016	1. 27	1. 524	1. 778
2. 1~3. 0	≤0. 7	0. 0254	0. 0762	0. 1524	0. 2286	0. 381	0. 508	0. 889	1. 016
	0. 71~1. 5	0. 127	0. 1778	0. 254	0. 381	0. 508	0. 635	1. 016	1. 143
	1. 6~2. 0	0. 1778	0. 254	0. 381	0. 508	0. 635	0. 889	1. 143	1. 27
	2. 1~4. 0	0. 254	0. 381	0. 508	0. 762	1. 016	1. 143	1. 27	1. 524
	>4. 0	0. 381	0. 508	0. 762	1. 016	1. 27	1. 524	1. 778	2. 032
>3. 0	≤0. 7	0. 0508	0. 0762	0. 1524	0. 254	0. 381	0. 635	0. 889	1. 016
	0. 71~1. 5	0. 127	0. 1778	0. 254	0. 381	0. 508	0. 762	1. 016	1. 143
	1. 6~2. 0	0. 1778	0. 254	0. 381	0. 508	0. 635	0. 889	1. 143	1. 27
	2. 1~4. 0	0. 254	0. 381	0. 508	0. 762	1. 016	1. 143	1. 27	1. 524
	>4. 0	0. 381	0. 508	0. 762	1. 016	1. 27	1. 524	1. 778	2. 032

表 15-2-5 7%Cr 钢的估计腐蚀速率 mm/a

硫/%(质)	TAN/(mg/g)	温度/℃							
		≤232. 22	232. 78~260	260. 56~287. 78	288. 33~315. 56	316. 11~343. 33	343. 89~371. 11	371. 67~398. 89	>398. 89
≤0. 2	≤0. 7	0. 0254	0. 0254	0. 0254	0. 0508	0. 1016	0. 1524	0. 1778	0. 2032
	0. 71~1. 5	0. 0254	0. 0508	0. 0762	0. 127	0. 1778	0. 2032	0. 254	0. 381
	1. 6~2. 0	0. 1016	0. 1778	0. 254	0. 381	0. 508	0. 635	0. 762	0. 889
	2. 1~4. 0	0. 1778	0. 254	0. 381	0. 508	0. 635	0. 762	0. 889	1. 143
	>4. 0	0. 254	0. 381	0. 508	0. 635	0. 762	0. 889	1. 143	1. 524
0. 21~0. 6	≤0. 7	0. 0254	0. 0254	0. 0508	0. 1016	0. 127	0. 2032	0. 254	0. 381
	0. 71~1. 5	0. 0254	0. 0508	0. 1016	0. 127	0. 2032	0. 254	0. 381	0. 381
	1. 6~2. 0	0. 0508	0. 1016	0. 127	0. 1524	0. 254	0. 381	0. 381	0. 508
	2. 1~4. 0	0. 0762	0. 127	0. 1524	0. 2286	0. 3048	0. 381	0. 508	0. 508
	>4. 0	0. 1016	0. 1524	0. 2286	0. 254	0. 381	0. 508	0. 508	0. 635

续表

硫/%(质)	TAN/(mg/g)	温度/℃							
		≤232.22	232.78~260	260.56~287.78	288.33~315.56	316.11~343.33	343.89~371.11	371.67~398.89	>398.89
0.61~1.0	≤0.7	0.0254	0.0254	0.0762	0.1016	0.1524	0.254	0.381	0.381
	0.71~1.5	0.0508	0.0762	0.1016	0.1524	0.254	0.381	0.381	0.508
	1.6~2.0	0.0762	0.1016	0.1524	0.254	0.3048	0.381	0.508	0.635
	2.1~4.0	0.1016	0.1524	0.254	0.3048	0.381	0.508	0.635	0.762
	>4.0	0.127	0.254	0.3048	0.381	0.508	0.635	0.762	0.889
1.1~2.0	≤0.7	0.0254	0.0508	0.0762	0.1524	0.2032	0.381	0.381	0.508
	0.71~1.5	0.0508	0.0762	0.1524	0.254	0.127	0.381	0.508	0.635
	1.6~2.0	0.0762	0.1524	0.254	0.381	0.508	0.508	0.635	0.762
	2.1~4.0	0.1524	0.254	0.381	0.508	0.508	0.635	0.762	0.889
	>4.0	0.254	0.381	0.508	0.508	0.635	0.762	0.889	1.143
2.1~3.0	≤0.7	0.0254	0.0508	0.1016	0.1524	0.2286	0.381	0.508	0.635
	0.71~1.5	0.1524	0.1778	0.2286	0.254	0.381	0.508	0.635	0.762
	1.6~2.0	0.1778	0.2286	0.254	0.381	0.508	0.635	0.762	0.889
	2.1~4.0	0.2286	0.254	0.381	0.508	0.762	0.889	0.889	1.016
	>4.0	0.254	0.381	0.508	0.762	0.889	11.938	1.27	1.397
>3.0	≤0.7	0.0254	0.0508	0.1016	0.1778	0.254	0.381	0.508	0.635
	>0.7	0.0254	0.0508	0.1016	0.1778	0.254	0.381	0.508	0.635
	0.71~1.5	0.0508	0.1016	0.1778	0.254	0.381	0.508	0.635	0.762
	1.6~2.0	0.1016	0.1778	0.254	0.381	0.508	0.635	0.762	0.889
	2.1~4.0	0.1778	0.254	0.381	0.508	0.635	0.762	0.889	1.143
	>4.0	0.254	0.381	0.508	0.635	0.762	0.889	1.143	1.524

表 15-2-6 9%Cr 钢的估计腐蚀速率 mm/a

硫/%(质)	TAN/(mg/g)	温度/℃							
		≤232.22	232.78~260	260.56~287.78	288.33~315.56	316.11~343.33	343.89~371.11	371.67~398.89	>398.89
≤0.2	≤0.7	0.0254	0.0254	0.0254	0.381	0.0762	0.1016	0.127	0.1524
	0.71~1.5	0.0254	0.0508	0.0508	0.0508	0.1016	0.127	0.1524	0.2032
	1.6~2.0	0.0508	0.1016	0.127	0.1016	0.254	0.381	0.381	0.508
	2.1~4.0	0.0762	0.1524	0.254	0.2032	0.381	0.508	0.508	0.635
	>4.0	0.127	0.2032	0.3048	0.3048	0.508	0.635	0.762	0.762
0.21~0.6	≤0.7	0.2794	0.0254	0.0508	0.381	0.1016	0.1524	0.1778	0.2032
	0.71~1.5	0.2794	0.0254	0.0508	0.0762	0.127	0.1778	0.2032	0.254
	1.6~2.0	0.0508	0.127	0.0762	0.1016	0.2032	0.2032	0.254	0.254
	2.1~4.0	0.0762	0.0762	0.127	0.127	0.254	0.254	0.3048	0.381
	>4.0	0.1016	0.127	0.2032	0.2032	0.254	0.3048	0.381	0.381
0.61~1.0	≤0.7	0.0254	0.0254	0.0508	0.254	0.127	0.2032	0.2286	0.254
	0.71~1.5	0.0254	0.0508	0.0762	0.0762	0.2032	0.254	0.254	0.254
	1.6~2.0	0.0508	0.0762	0.127	0.127	0.254	0.254	0.254	0.381
	2.1~4.0	0.0762	0.127	0.2032	0.2032	0.254	0.381	0.381	0.381
	>4.0	0.127	0.2032	0.254	0.254	0.381	0.381	0.508	0.508

续表

硫/%(质)	TAN/(mg/g)	温度/℃							
		≤232.22	232.78~260	260.56~287.78	288.33~315.56	316.11~343.33	343.89~371.11	371.67~398.89	>398.89
1.1~2.0	≤0.7	0.0254	0.0254	0.0508	0.254	0.1524	0.254	0.254	0.381
	0.71~1.5	0.0254	0.0508	0.0762	0.1016	0.1778	0.254	0.381	0.381
	1.6~2.0	0.0508	0.1016	0.1016	0.127	0.2032	0.3048	0.381	0.508
	2.1~4.0	0.0762	0.1524	0.127	0.1524	0.254	0.381	0.508	0.508
	>4.0	0.127	0.2032	0.254	0.2032	0.381	0.508	0.508	0.635
2.1~3.0	≤0.7	0.0254	0.0254	0.0762	0.3048	0.1778	0.254	0.381	0.381
	0.71~1.5	0.0254	0.0508	0.1016	0.127	0.2032	0.254	0.381	0.381
	1.6~2.0	0.0508	0.1016	0.127	0.1524	0.254	0.381	0.381	0.508
	2.1~4.0	0.0762	0.1524	1.016	0.2032	0.381	0.508	0.508	0.635
	>4.0	0.127	0.2032	0.3048	0.3048	0.508	0.635	0.762	0.762
>3.0	≤0.7	0.0254	0.0254	0.0508	0.381	0.2032	0.254	0.381	0.381
	0.71~1.5	0.0508	0.0762	0.127	0.127	0.254	0.381	0.381	0.508
	1.6~2.0	0.0762	0.127	0.254	0.2032	0.381	0.508	0.508	0.635
	2.1~4.0	0.127	0.2032	0.3048	0.3048	0.508	0.635	0.762	0.762
	>4.0	0.1778	0.2286	0.381	0.381	0.635	0.762	0.889	1.016

表 15-2-7　12%Cr 钢的估计腐蚀速率　mm/a

硫/%(质)	TAN/(mg/g)	温度/℃							
		≤232.22	232.78~260	260.56~287.78	288.33~315.56	316.11~343.33	343.89~371.11	371.67~398.89	>398.89
≤0.2	≤0.7	0.0254	0.0254	0.0254	0.0254	0.0254	0.0254	0.0508	0.0508
	0.71~1.5	0.0254	0.0254	0.0254	0.0254	0.0254	0.0508	0.1016	0.127
	1.6~2.0	0.0508	0.0508	0.0508	0.1016	0.1016	0.127	0.2032	0.254
	2.1~4.0	0.127	0.254	0.381	0.508	0.635	0.762	0.635	1.016
	>4.0	0.254	0.381	0.508	0.635	0.762	0.635	1.016	1.143
0.2~0.6	≤0.7	0.0254	0.0254	0.0254	0.0254	0.0254	0.0508	0.0762	0.0762
	0.71~1.5	0.0254	0.0254	0.0254	0.0254	0.0254	0.0508	0.0762	0.0762
	1.6~2.0	0.0254	0.0508	0.0508	0.0508	0.0508	0.1016	0.127	0.127
	2.1~4.0	0.0508	0.0762	0.0762	0.0762	0.0762	0.127	0.254	0.381
	>4.0	0.0762	0.1016	0.127	0.2032	0.254	0.3048	0.381	0.508
0.61~1.0	≤0.7	0	0.0254	0.0254	0.0254	0.0254	0.0508	0.0762	0.1016
	0.71~1.5	0.0254	0.0254	0.0254	0.0254	0.0254	0.0508	0.0762	0.1016
	1.6~2.0	0.0508	0.0508	0.1016	0.127	0.1524	0.1524	0.1778	0.2032
	2.1~4.0	0.0762	0.0762	0.127	0.2032	0.254	0.3048	0.381	0.508
	>4.0	0.1016	0.127	0.127	0.2032	0.254	0.381	0.508	0.635
1.1~2.0	≤0.7	0.0254	0.0254	0.0254	0.0254	0.0508	0.0762	0.1016	0.127
	0.71~1.5	0.0254	0.0254	0.0254	0.0254	0.0508	0.0762	0.1016	0.127
	1.6~2.0	0.0508	0.0508	0.0762	0.127	0.1778	0.2032	0.254	0.254
	2.1~4.0	0.0762	0.0762	0.127	0.2032	0.254	0.3048	0.381	0.508
	>4.0	0.127	0.2032	0.254	0.3048	0.381	0.508	0.635	0.762

续表

硫/%(质)	TAN/(mg/g)	温度/℃							
		≤232.22	232.78~260	260.56~287.78	288.33~315.56	316.11~343.33	343.89~371.11	371.67~398.89	>398.89
2.1~3.0	≤0.7	0.0254	0.0254	0.0254	0.0254	0.0508	0.0762	0.127	0.1524
	0.71~1.5	0.0254	0.0254	0.0254	0.0254	0.0508	0.0762	0.127	0.1524
	1.6~2.0	0.0508	0.127	0.1778	0.2286	0.254	0.3048	0.381	0.381
	2.1~4.0	0.0762	0.2032	0.254	0.381	0.508	0.508	0.635	0.762
	>4.0	0.127	0.254	0.381	0.508	0.635	0.762	0.889	1.016
>3.0	≤0.7	0.0254	0.0254	0.0254	0.0254	0.0508	0.0762	0.127	0.1524
	0.71~1.5	0.0254	0.0254	0.0254	0.0254	0.0508	0.1016	0.127	0.1524
	1.6~2.0	0.0762	0.127	0.1778	0.2286	0.254	0.3048	0.381	0.381
	2.1~4.0	0.1016	0.2032	0.254	0.381	0.508	0.508	0.635	0.762
	>4.0	0.127	0.254	0.381	0.508	0.635	0.762	0.889	1.016

表 15-2-8 不含 Mo 的奥氏体不锈钢的估计腐蚀速率 mm/a

硫/%(质)	TAN/(mg/g)	温度/℃							
		≤232.22	232.78~260	260.56~287.78	288.33~315.56	316.11~343.33	343.89~371.11	371.67~398.89	>398.89
≤0.2	≤1.0	1.016	0.0254	0.0254	0.0254	0.0254	0.0254	0.0254	0.0254
	1.1~2.0	0.0254	0.0254	0.0254	0.0254	0.0254	0.0254	0.0254	0.0254
	2.1~4.0	0.0254	0.0254	0.0254	0.0254	0.0508	0.0762	0.1016	0.1016
	>4.0	0.0254	0.0254	0.0254	0.0508	0.0762	0.1016	0.127	0.1524
0.21~0.6	≤1.0	0.0254	0.0254	0.0254	0.0254	0.0254	0.0254	0.0254	0.0254
	1.1~2.0	0.0254	0.0254	0.0254	0.0254	0.0254	0.0254	0.0254	0.0254
	2.1~4.0	0.0254	0.0254	0.0254	0.0254	0.0508	0.0762	0.1016	0.1016
	>4.0	0.0254	0.0254	0.0254	0.0508	0.0762	0.1016	0.127	0.1524
0.61~1.0	≤1.0	0.0254	0.0254	0.0254	0.0254	0.0254	0.0254	0.0254	0.0254
	1.1~2.0	0.0254	0.0254	0.0254	0.0254	0.0254	0.0254	0.0254	0.0254
	2.1~4.0	0.0254	0.0254	0.0254	0.0508	0.0762	0.1016	0.127	0.1524
	>4.0	0.0254	0.0508	0.0508	0.1016	0.1524	0.2032	0.254	0.3048
1.0~2.0	≤1.0	0.0254	0.0254	0.0254	0.0254	0.0254	0.0254	0.0254	0.0254
	1.1~2.0	0.0254	0.0254	0.0254	0.0254	0.0254	0.0254	0.0254	0.0254
	2.1~4.0	0.0254	0.0254	0.0254	0.0508	0.0762	0.1016	0.127	0.1524
	>4.0	0.0254	0.0508	0.0508	0.1016	0.1524	0.2032	0.254	0.3048
2.1~3.0	≤1.0	0.0254	0.0254	0.0254	0.0254	0.0254	0.0254	0.0254	0.0254
	1.1~2.0	0.0254	0.0254	0.0254	0.0254	0.0254	0.0254	0.0254	0.0254
	2.1~4.0	0.0254	0.0508	0.0508	0.1016	0.1524	0.2032	0.254	0.3048
	>4.0	0.0254	0.0508	0.1016	0.1778	0.254	0.3556	0.4318	0.508
>3.0	≤1.0	0.0254	0.0254	0.0254	0.0254	0.0254	0.0254	0.0254	0.0508
	1.1~2.0	0.0254	0.0254	0.0254	0.0254	0.0254	0.0508	0.0508	0.0508
	2.1~4.0	0.0254	0.0508	0.0508	0.1016	0.1524	0.2032	0.254	0.3048
	>4.0	0.0254	0.0508	0.1016	0.1778	0.254	0.3556	0.4318	0.508

表 15-2-9　Mo<2.5%的 316 不锈钢的估计腐蚀速率　mm/a

硫/%(质)	TAN/(mg/g)	温度/℃							
		≤232.22	232.78~260	260.56~287.78	288.33~315.56	316.11~343.33	343.89~371.11	371.67~398.89	>398.89
≤0.2	≤0.2	0.0254	0.0254	0.0254	0.0254	0.0254	0.0254	0.0254	0.0254
	2.1~4.0	0.0254	0.0254	0.0254	0.0254	0.0254	0.0508	0.0508	0.0508
	>4.0	0.0254	0.0254	0.0254	0.0508	0.1016	0.127	0.1778	0.254
0.21~0.6	≤0.2	0.0254	0.0254	0.0254	0.0254	0.0254	0.0254	0.0254	0.0254
	2.1~4.0	0.0254	0.0254	0.0254	0.0254	0.0508	0.0508	0.0508	0.0508
	>4.0	0.0254	0.0254	0.0508	0.0762	0.1016	0.127	0.1778	0.254
0.61~1.0	≤0.2	0.0254	0.0254	0.0254	0.0254	0.0254	0.0254	0.0254	0.0254
	2.1~4.0	0.0254	0.0254	0.0254	0.0254	0.0508	0.0508	0.0508	0.0762
	>4.0	0.0254	0.0254	0.0508	0.0762	0.127	0.127	0.1778	0.254
1.0~2.0	≤0.2	0.0254	0.0254	0.0254	0.0254	0.0254	0.0254	0.0254	0.0254
	2.1~4.0	0.0254	0.0254	0.0254	0.0254	0.0762	0.0762	0.0762	0.1016
	>4.0	0.0254	0.0254	0.0762	0.127	0.127	0.127	0.1778	0.254
2.1~3.0	≤0.2	0.0254	0.0254	0.0254	0.0254	0.0254	0.0254	0.0254	0.0254
	2.1~4.0	0.0254	0.0254	0.0254	0.0508	0.0762	0.0762	0.1016	0.127
	>4.0	0.0254	0.0254	0.0762	0.127	0.127	0.1524	0.2032	0.254
>3.0	≤0.2	0.0254	0.0254	0.0254	0.0254	0.0254	0.0254	0.0254	0.0508
	2.1~4.0	0.0254	0.0254	0.0254	0.0508	0.1016	0.127	0.127	0.1524
	>4.0	0.0254	0.0508	0.0762	0.127	0.127	0.1524	0.2032	0.254

注：包括含<2.5%Mo 不锈钢，如 316、316L、316H 等。

表 15-2-10　Mo≥2.5%的 316 不锈钢和 317 不锈钢的估计腐蚀速率　mm/a

硫/%(质)	TAN/(mg/g)	温度/℃							
		≤232.22	232.78~260	260.56~287.78	288.33~315.56	316.11~343.33	343.89~371.11	371.67~398.89	>398.89
≤0.2	≤0.2	0.0254	0.0254	0.0254	0.0254	0.0254	0.0254	0.0254	0.0254
	2.1~6.0	0.0254	0.0254	0.0254	0.0254	0.0254	0.0508	0.1016	0.127
	>6.0	0.0254	0.0254	0.0254	0.0508	0.1016	0.127	0.1778	0.254
0.21~0.6	≤0.2	0.0254	0.0254	0.0254	0.0254	0.0254	0.0254	0.0254	0.0254
	2.1~6.0	0.0254	0.0254	0.0254	0.0254	0.0508	0.1016	0.1016	0.127
	>6.0	0.0254	0.0254	0.0508	0.0762	0.1016	0.127	0.1778	0.254
0.61~1.0	≤0.2	0.0254	0.0254	0.0254	0.0254	0.0254	0.0254	0.0254	0.0254
	2.1~6.0	0.0254	0.0254	0.0254	0.0254	0.0508	0.1016	0.1016	0.127
	>6.0	0.0254	0.0254	0.0508	0.0762	0.1016	0.127	0.1778	0.254
1.0~2.0	≤0.2	0.0254	0.0254	0.0254	0.0254	0.0254	0.0254	0.0254	0.0254
	2.1~6.0	0.0254	0.0254	0.0254	0.0254	0.0508	0.0762	0.127	0.1778
	>6.0	0.0254	0.0254	0.0762	0.127	0.127	0.127	0.1778	0.254
2.1~3.0	≤0.2	0.0254	0.0254	0.0254	0.0254	0.0254	0.0254	0.0254	0.0254
	2.1~6.0	0.0254	0.0254	0.0254	0.0508	0.0762	0.1016	0.127	0.1778
	>6.0	0.0254	0.0254	0.0762	0.127	0.127	0.1524	0.2032	0.254

续表

硫/%(质)	TAN/(mg/g)	温度/℃							
		≤232.22	232.78~260	260.56~287.78	288.33~315.56	316.11~343.33	343.89~371.11	371.67~398.89	>398.89
>3.0	≤0.2	0.0254	0.0254	0.0254	0.0254	0.0254	0.0254	0.0254	0.0254
	2.1~6.0	0.0254	0.0254	0.0254	0.0508	0.0762	0.1016	0.127	0.1778
	>6.0	0.0254	0.0508	0.0762	0.127	0.127	0.1524	0.2032	0.254

15.3 湿硫化氢环境下应力腐蚀开裂

15.3.1 损伤机理

在湿的硫化氢环境中，氢致破坏是因为产生原子氢而引起的。原子氢是腐蚀反应的副产物，原子氢会扩散进入钢中。如下所示，钢与含水硫化氢发生腐蚀反应时，就会产生原子氢(H)和分子氢(H_2)：

一般认为 H_2S 在水中发生离解：

$H_2S \rightleftharpoons H^+ + HS^- \rightarrow H^+ + S^{2-}$

钢在 H_2S 水溶液中发生电化学反应：

阳极反应 $Fe \longrightarrow Fe^{2+} + 2e$

二次过程 $Fe^{2+} + S^{2-} \longrightarrow FeS$

阴极反应 $2H^+ + 2e \longrightarrow 2H \rightarrow 2H$(渗透)$\longrightarrow H_2$

在普通酸性条件下，钢的表面会形成分子氢 H_2，并且，假如它们是以很慢的腐蚀速率产生的，那么它们会被无害地耗散掉。但是，当存在硫化物垢膜时，硫化物会成为负催化剂，对反应 $2H \longrightarrow H_2$ 没有促进作用。结果，原子氢渗透进入钢材，并在晶体结构中聚集起来，从而影响钢的机械特性。其他化合物，如硫化物、氢氰酸(HCN)、磷、锑、硒及砷酸根离子，被叫做重组抑制剂或者催化剂毒物，它们阻碍原子氢转化成分子氢。存在催化剂毒物时，原子氢的表面浓度升高，相应地增加了扩散进入钢材的氢的总量。原子氢能够以每天每平方厘米几个立方厘米的速度扩散进入实心钢材中。依靠扩散进入钢材中，原子氢能够以下列几种方式影响金属性质：

① 在夹层或夹杂物处，氢原子会重新组合形成分子氢，因为分子氢太大而无法继续扩散通过钢材，所以被截获。假如夹层足够大，内部的氢压力会大得足以使材料扭曲变形或者在表面形成凸起(鼓泡)。

② 高浓度的原子氢会直接造成钢的氢脆或者氢致开裂，特别是高强度钢或高硬度钢。在没有进行焊后热处理的低强度钢的热影响区，常常发生氢脆和氢致开裂。

在氢深度饱和阶段，钢材会发生湿硫化氢开裂。由于存在细微的氢气泡，造成金属晶格上发生应变，结果使结构变脆。在这些情况下，当受到应力作用时，结构会发生断裂而不仅仅是变形。在制造、热处理或焊接过程中，大多数结构中会存在许多微裂纹。没有原子氢时，这些微裂纹不会变得越来越严重。但是，存在原子氢时，即使应力很小，也会发生脆性断裂破坏。

15.3.2 湿硫化氢环境的定义

湿硫化氢环境的定义有多种版本，其中：

（1）《压力容器安全技术监察规程》（99 版）修订说明及条文解释，源自 HG 20581—1998《钢制化工容器材料选用规定》的内容；

当化工容器接触的介质同时符合下列各项条件时，即湿 H_2S 应力腐蚀环境：

① 温度≤(60+2p)℃；p 为压力，MPa(表压)；

② H_2S 分压≥0.00035MPa 即相当于常温在水中的 H_2S 溶解度≥10^{-5}；

③介质中含有液相水或处于水的露点温度以下；

④pH<9 或有氰化物(HCN)存在。

（2）NACE RP0103“炼油厂腐蚀性原油环境中抗硫化物应力开裂材料”：

当设备或管道的金属元件接触的介质在液相中存在游离水且具备下列条件之一时称为湿硫化氢应力腐蚀环境：

①自由水中含有溶解的硫化氢>50ppm(质)，或

② pH 值<4 的自由水并存在一些溶解的硫化氢，或

③ pH 值>7.6 的自由水，并在水中存在 20ppm(质)溶解氰化氢(HCN)和一些溶解硫化氢，或

④ 气相硫化氢的分压大于 0.0003MPa(0.05psia)。

目前，NACE 关于湿硫化氢环境的定义得到了广泛的认可，其定义覆盖了油田含 CO_2 (pH<5)的酸性环境和炼油厂含氨的碱性环境，同时对 HCN 给出了量值。炼厂的高 pH 值酸性环境和 NACE MR0175ASO 15156 中提到的油气田高 pH 值酸性服役环境是有区别的，因为产物中许多湿酸性流体也含有二氧化碳，从而显示低 pH 值。另一个主要区别在于炼油厂酸性服役条件下的氯离子含量比油田生产环境显著偏低。

（3）NACE 出版物 8X194—2006“湿硫化氢炼油厂使用环境下使用的新压力容器用材料和制造规程”将环境定义了三个等级：

① 第一类环境：

工艺温度范围：常温~150℃

A. 没有或低的氢通量活动而导致水溶液的腐蚀；

B. 水相有<50ppm(质)的总硫化物并 pH 是中性(6.5~7.5)；

C. 未知或可测量的 HCN 或其他氰化物(一般在水相<20ppm(质))；

D. 工艺过程有硫化物注入或有效的缓蚀剂减轻腐蚀，或

E. API581 定义的低苛刻度环境；

F. 没有 SSC 问题，和

G. 没有明显的 SOHIC、HIC 或氢鼓包。

② 第二类环境：

工艺温度范围：常温~150℃，以下至少满足一个条件：

A. 中等氢通量活动而导致水溶液的腐蚀，水相有<50ppm(质)的总硫化物，或

B. 水中硫化氢分压大于 0.0003MPa(0.05psia)，和水相有<2000ppm(质)的总硫化物和 pH<4，或

C. 水相有<2000ppm(质)的总硫化物和 pH>7.6，和 HCN<20ppm(质)，或

D. 水相有>2%(质)NH_4HS，或

E. 水相有 4%(压)或 6%(压)NH_4HS，或

F. API581 定义的中等苛刻度环境。

检验历史：设备有少量 SSC、SOHIC、HIC 或氢鼓包或类似设备在相似工况使用有上述问题。

③ 第三类环境：

工艺温度范围：常温~150℃，或以下至少其中的一个；

A. 高的氢通量活动而导致水溶液的腐蚀，和水相有>50ppm(质)的总硫化物。

B. 气相硫化氢分压大于 0.0003MPa(0.05psia)，和水相有>2000ppm(质)的总硫化物和 pH<4，或

C. 水相有>2000ppm 的总硫化物和 pH>7.6，和 HCN>20ppm(质)，或

D. 水相有>2%(质)NH_4HS，或

E. 水相有>6%(质)NH_4HS，或

F. API 581 定义的高的苛刻度环境。

检验历史：设备有明显的 SSC、SOHIC、HIC 或氢鼓包，类似设备在相似工况使用有上述问题。

(4) API 581“基于风险的检验基础资源文件”附录 H

见表 15.3.3“SCC 环境苛刻度”和表 15.3.6“HIC/SOHIC-H_2S 环境苛刻度”。

15.3.3 损伤类型

导致湿硫化氢环境中的碳钢和低合金钢鼓包和/或开裂的四种损伤类型。

(1) 氢鼓包

氢鼓包可能作为管道或压力容器的内/外表面壁厚范围内产生的表面隆起形成。由于钢表面上的硫化物腐蚀过程期间形成的氢原子扩散到钢内，并在钢内诸如夹渣或分层等不连续处聚集，从而形成鼓包。氢原子相互结合形成氢分子，氢分子过大而无法扩散出来，压力在发生局部变形点聚集，从而形成鼓包(图 15-3-1 和图 15-3-2)。鼓包已经偶尔在管道中发现过，但极少在焊缝中间发现。氢致开裂损伤可发生于出现鼓包或次表面分层的任何部位。

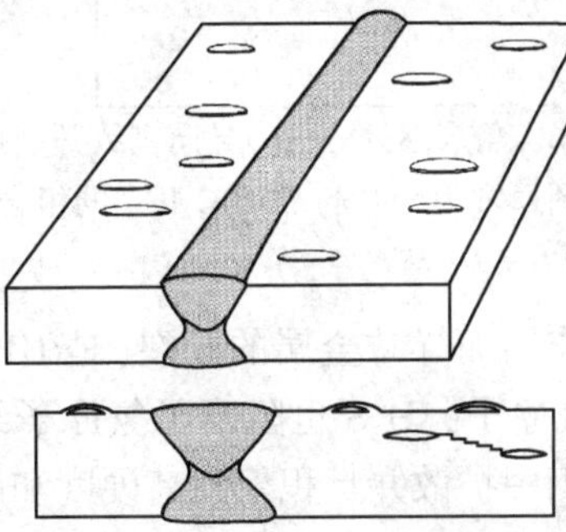

图 15-3-1 氢鼓包和氢致开裂损伤的示意图

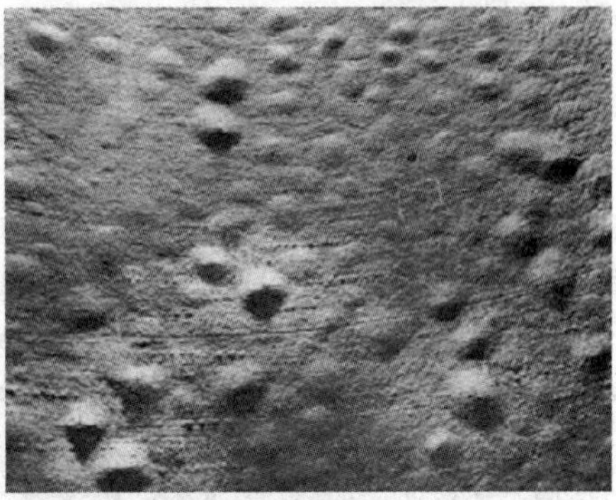

图 15-3-2 钢制压力容器表面上的大量氢鼓包

(2) 氢致开裂(HIC)

在金属不同层面或表面上，邻近的氢鼓泡连接而形成内部台阶开裂(也称阶梯状开裂)(图 15-3-3 和图 15-3-4)。HIC 的形成不需要外加应力。开裂扩展取源于在鼓泡内部积聚的内压及其对周边形成的应力。在这些高应力区域的相互作用使得不同层面上的鼓泡连接并

扩展而形成开裂。钢中不同层面上鼓泡的连接被称为阶梯状裂纹，用来描述开裂的特征。

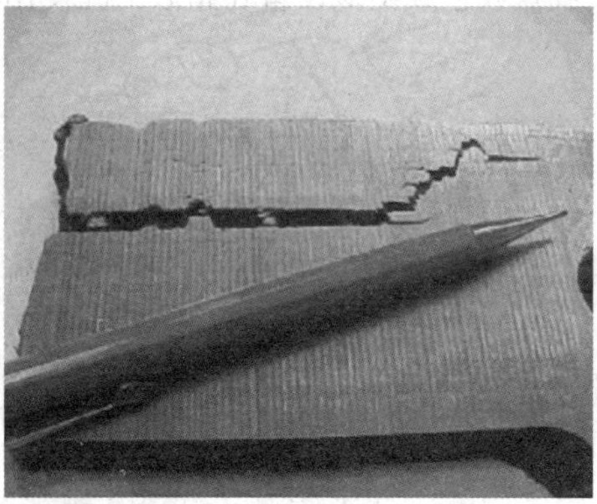

图 15-3-3　加氢热高分出口冷却器壳体

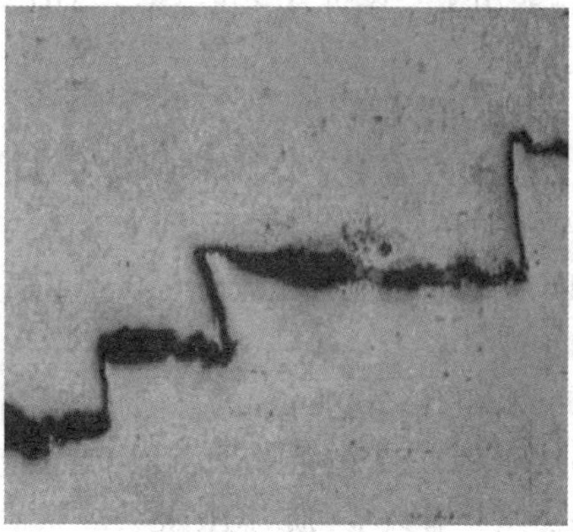

图 15-3-4　阶梯状开裂特性的高倍放大

(3) 应力导向氢致开裂(SOHIC)

由氢致开裂组成的小鼓泡的堆砌，并由于高强度的局部拉伸应力作用在钢的厚度方向上排列形成的开裂。SOHIC 是 HIC 一种特殊形态，通常出现在与焊缝热影响区(HAZ)邻近的基体金属中，此处存在由焊接带来的较高残余应力。SOHIC 也可能发生在其他高应力点，例如其他环境开裂[如硫化物应力腐蚀开裂(SSC)]尖端或不规则形状区域(如焊缝边缘)等(图 15-3-5 和图 15-3-6)。

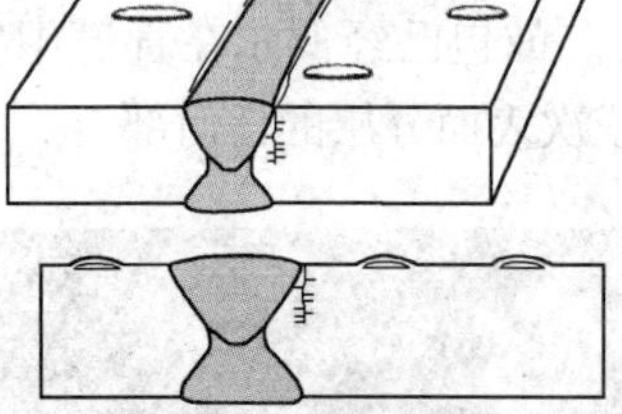

图 15-3-5　焊缝处伴有应力导向氢致开裂损伤和氢鼓包示意图

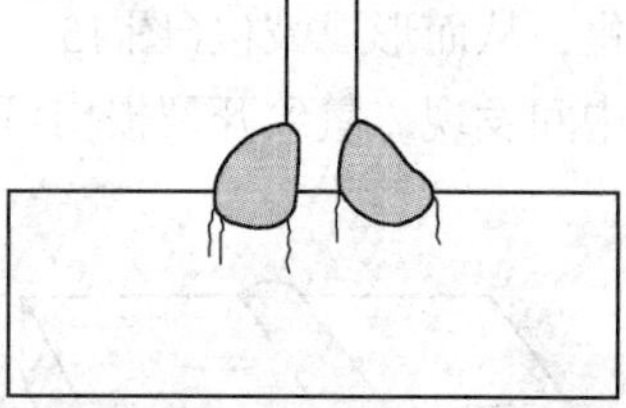

图 15-3-6　角焊缝处的应力导向氢致开裂损示意，图通常为 SSC 与 SOHIC 开裂的组合

(4) 硫化物应力腐蚀开裂(SSC)

在水和硫化氢共存的条件下，拉伸应力和腐蚀联合作用而导致金属的开裂(是 HIC 的一种特殊形式)。H_2S 导致的钢腐蚀在金属表面层释放出氢原子，H_2S 也阻碍了氢原子结合成氢分子，因此促进了钢对氢原子的吸收。然后氢原子向钢中扩散并且积聚到高硬度和高拉伸应力(外加应力或残余应力)的区域，从而使钢变脆，因此 SSC 机理涉及氢脆。在低强度钢中开裂方式主要是穿晶开裂，而在局部硬度区域和高强度(例如马氏体或贝氏体)钢中的开裂方式是混合方式甚至是晶间型的。

硫化物应力腐蚀开裂可在钢表面上焊缝金属和热影响区的高硬度的高度局部区域萌生(图 15-3-7 和图 15-3-8)。高硬度区裂纹有时可发现于焊缝盖面焊道和未通过后续焊道进行回火(软化)处理的连接焊缝处。高强度钢对硫化物应力腐蚀开裂很敏感，炼油工业中高强度钢使用范围有限，比如球罐。对于在炼厂压力容器及湿硫化氢下的服役的管材上用的碳钢，硫化物应力开裂通常不是关注的，因为这些碳钢具有足够低的硬度。然而，未正确热处理的材料、焊缝、热影响区(HAZs)可能含有高硬度区域。

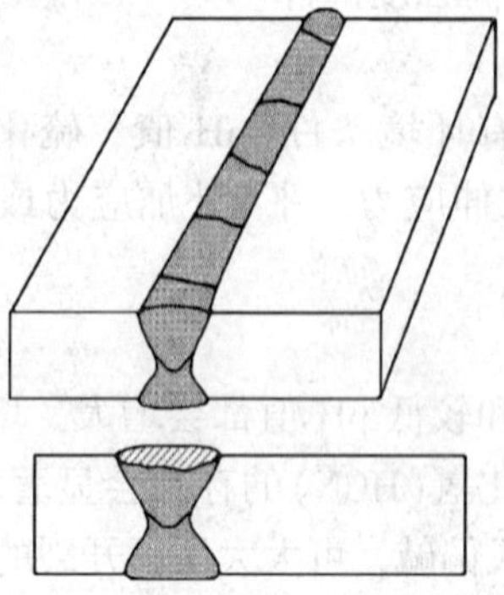

图 15-3-7　硬焊缝的 SSC 损伤示意图

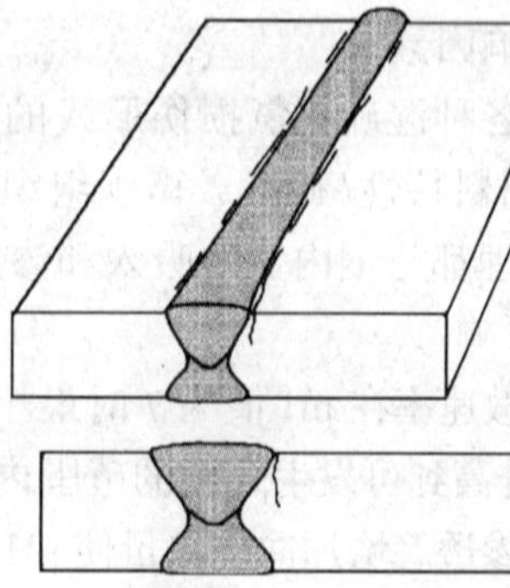

图 15-3-8　硬化热影响区的 SSC 损伤示意图

15.3.4　受影响的装置与部位

炼油厂生产过程中湿硫化氢环境普遍存在，由硫化氢应力腐蚀造成的泄漏与事故的发生已威胁到安全生产。美国腐蚀学会于 1988 年春成立了研究湿硫化氢环境开裂 T-8-16 工作组，专题组调查了炼油厂，在调查的 4987 台压力容器中，受检压力容器中 1285 台发现了裂纹，占调查比例的 26%。炼油厂各装置在湿硫化氢环境开裂的比例见表 15-3-1。

表 15-3-1　炼油厂各装置在湿硫化氢环境开裂的比例

工艺装置	受检数量/台	比率/%	工艺装置	受检数量/台	比率/%
原油蒸馏	300	18	酸性水汽提塔	132	28
焦化分馏	44	19	胺/碱	811	29
减压蒸馏	71	21	焦化轻油	91	30
胺处理	574	21	火　炬	23	30
其　他	364	23	催化重整	134	34
加氢处理	368	25	常压轻油	140	38
硫磺回收	96	27	FCC 分馏	252	41
常压轻油	140	28	LPG	49	41
加氢裂化	156	28	FCC 轻油	704	45

① 鼓包、氢致开裂、应力导向氢致开裂和硫化物应力腐蚀开裂损伤可发生于整个炼油厂范围内任何存在湿硫化氢环境的场所，其中含 HCN 的 FCC 装置开裂比例最高。

② 在加氢装置上，二硫化铵浓度超过 2%时，增大其浓度会增大鼓包、氢致开裂和应力导向氢致开裂的潜在可能性。

③ 氰化物会显著增大鼓包、氢致开裂和应力导向氢致开裂损伤的概率和严重度。这对流化催化裂化装置和延迟焦化装置的油气回收段来说尤其如此。典型部位包括分馏塔塔顶冷凝器、分馏塔、吸收塔和汽提塔、压缩机级间分离器和分离罐以及各种换热器、冷凝器和冷

却器。酸性水汽提塔和胺再生塔塔顶系统因为一般具有高二硫化铵浓度和氰化物而对湿硫化氢损伤特别敏感。

④ 硫化物应力腐蚀开裂极可能发生于硬化焊缝区和热影响区以及包括螺栓、安全阀弹簧、400 系列不锈钢阀内件、压缩机轴、轴套和弹簧等高强度部件。

15.3.5 影响因素

影响和区分各种湿硫化氢损伤形式的最重要变量有环境条件(pH 值、硫化氢含量、污染物、温度)、材料特性(硬度、微观组织、强度)和拉伸应力水平(外加应力或残余应力)。所有此类损伤机理都与钢内氢的吸入和渗入有关。

(1) pH 值影响

氢渗透或扩散速率在 pH 值为 7 时最小，而在较高和较低 pH 值都会增大。增大氨含量可能会促使 pH 值升高到可发生开裂的范围内。水相中氰化氢(HCN)的存在会显著增大碱性(高 pH 值)酸水中的渗透。增加冲洗水量使 pH 值达到中性或偏碱，可大大缓解开裂的可能。

(2) H_2S 浓度影响

氢渗透作用会由于水相硫化氢浓度增大而随硫化氢分压的增大而增强。水相 50wppm 硫化氢常用作湿硫化氢损伤的起始浓度。也存在如下情形，即在较低浓度下或在通常并没预计存在硫化氢的极端异常条件期间已经发生开裂。已经发现，水中存在低至 1wppm 的硫化氢也足以导致钢充氢。

在抗拉强度超过 620MPa 左右的钢或具有焊缝的局部区或焊缝热影响区硬度超过 HB237 的钢，当硫化氢分压超过 0.0003MPa 左右时，硫化氢应力腐蚀开裂敏感性会随着硫化氢分压的增大而增强。

(3) 温度影响

鼓包、氢致开裂和应力导向氢致开裂损伤会在温度介于环境温度和 150℃或更高温度之间发生。硫化物应力腐蚀开裂一般在温度低于 82℃时发生。

(4) 强度与硬度影响

随着材料的强度增高，应力腐蚀破裂的敏感性也增高，产生破裂临界应力值 σ_{th} 与材料屈服极限 σ_s 的比值也就越小，材料强度级别越高则容易发生破裂。硬度也是重要因素。炼油厂应用环境中使用的低强度碳钢应按照 NACE RP0472 加以控制，焊缝硬度小于 HB200。除非出现硬度超过 HB237 的局部区域，否则这类钢一般对硫化物应力腐蚀开裂不敏感。

氢鼓包、HIC 和 SOHIC 损伤与钢硬度无关。

(5) 应力影响

鼓包和氢致开裂损伤无需外加应力或残余应力即会产生，因此焊后热处理无法防止这类损伤发生。

浅层硫化物应力裂纹等高局部应力或缺口状不连续性可作为应力导向氢致开裂的萌生部位。焊后热处理通过减小硬度和残余应力，能非常有效地预防或消除硫化物力应力腐蚀开裂。

应力导向氢致开裂受局部应力驱动，因此焊后热处理在某种程度上可有效地减小应力导向氢致开裂损伤。

(6) 氢氰酸(HCN)影响

氢氰酸是承压设备发生氢鼓泡和氢致开裂的一个重要因素，特别是在流化催化裂化装置的油汽回收工段和延迟焦化装置中。与氨一样，氢氰酸是在含氮进料中生成的。氢氰酸破坏了正常情况下碳钢表面存在的硫化铁保护膜，并将它转化成可溶性氰亚铁酸盐络合物，使金属外露。结果，钢被迅速腐蚀，原子氢渗入金属，形成氢鼓泡，或使金属发生开裂。

受到氢氰酸影响的设备包括：

① 分馏塔塔顶冷凝罐；

② 压缩机级间分离器罐和高压级分离器罐；

③ 吸收塔和汽提塔；

④ 轻质烃脱丁烷塔和脱丙烷塔。

用水冲洗可以降低氢氰酸浓度，这样能够消除其对腐蚀或鼓泡的影响。此外，注入多硫化钠或多硫化铵稀溶液，把氢氰酸转化成无害的硫氰酸盐，也是减缓氢氰酸诱发的腐蚀的有效方法。也已经使用成膜型胺缓蚀剂。

(7) 钢中的主要元素影响

① 碳：是稳定奥氏体的元素，随着碳含量增加容易出现碳化物偏析，造成偏析区的硬度与周围组织出现差异，导致 HIC 腐蚀。

② 锰、硅：Mn 的偏析容易在焊缝及热影响区产生马氏体和贝氏体等高强度、低韧性的显微金相组织，表现出极高硬度，增加焊后组织开裂倾向，对设备抗 SSC 性能极为不利。因此 Mn 含量高的低合金钢不宜用于制造湿硫化氢环境中的压力容器，目前通用的做法是控制 Mn 含量。Si 元素含量偏高时，焊缝及热影响区的硬度无法控制，同时 Si 元素易偏析于晶粒边界，会助长晶间裂纹的形成。

③ 磷：即使含量很低时，裂纹也能在 MnS 上形核，但尺寸很小，不能被测出；但如 P 高，即使 S 低(S=0.001%)，裂纹也能在氧化物夹杂以及晶界上形核并扩展。

④ 硫：在钢中形成 MnS 的带状分布和 FeS 非金属夹杂物，致使局部显微组织疏松，增加湿硫化氢环境下 HIC 或 SOHIC 的敏感性。

⑤ 铌：延缓奥氏体的再结晶，在铁素体转变过程中增加铁素体的成核速度和成核点，从而细化铁素体晶粒，但是 Nb 能增加高温下 r 相的变形抗力，而在轧制过程中夹杂物的变形(尤其是 MnS 的变形)是由 r 相和夹杂之间的相对强度控制的。r 相的变形越高，夹杂物就越长(即 Nb 增加了夹杂物的长宽比)，随着铌含量增加，MnS 的长宽比增大，HIC 敏感性越大，但是铌的加入能有效改善抗 SSC 性能。

⑥ 镍：是低温用钢中不可缺少的重要元素之一，但是它在抗硫化氢应力腐蚀中却有害。Ni 元素在金相组织中易偏析，偏析后降低了钢板的 Al 相变点温度，在高温回火时很容易超过此限，易形成未回火马氏体组织造成钢板本身性能的降低。另外，元素 Ni 还可与 H_2S 水溶液生成一种特殊的硫化物，该硫化物组织疏松，极易使氢渗透而出现裂纹，设计时要限制其含量不能接近或达到 1%，一般控制 Ni 在 0.5%以下，此时影响将不明显。

⑦ 铜：铜能加速氢原子的再结合速度，进而减少氢的活动性，提高材料在酸性介质中的耐腐蚀性。在 H_2S 饱和人工海水中，含铜量大于 0.2%的钢中能形成一种 FeS1-X 和 Cu 的黑色保护层，使腐蚀速度和氢吸收速度减少，而在 NACEA 溶液中则看不出 Cu 对 HIC 敏感性的作用。

⑧ 钙和稀土元素(Ca、Le)：可使夹杂物球化，MnS夹杂变成CaS，或含CaS的复合夹杂，使Al_2O_3类夹杂成为铝酸钙型氧化物夹杂，这类夹杂物为球形，呈弥散分布，在钢的轧制温度下基本不变形，轧制后仍为球形。因此Ca处理可以使钢的氢致开裂敏感性下降。但若钙加入量过多则会形成CaS集聚，Ca/S有个最佳值，S含量越低，该比值的容许值越大。

(8) 金相组织影响

氢致开裂虽然在MnS上形核，但却沿偏析区扩展，故偏析较大的带状组织会使材料的抗HIC性能变坏。裂纹沿铁素体扩展，当铁素体硬度提高(如固溶强化)时就能使裂纹长度增加。裂纹的形核和扩展与珠光体无关，故珠光体含量(提高钢的强度)对HIC影响不大。轧后进行常化或调质处理，可以使偏析区的硬度下降，因此可以降低氢致开裂敏感性。如果轧后高温快冷，则可以使带状组织减轻或消除，从而使抗HIC性能大大提高。金相组织对抗H_2S应力腐蚀破裂影响很大，其抗破裂能力按以下顺序减弱：回火马氏体组织在铁素体基体加球状碳化物组织→淬火后经充分回火的金相组织→正火和回火的金相组织→正火后的金相组织→未回火的网状淬火马氏体和贝氏体。总之，凡是晶格在热力学上越处于平衡状态的组织，其抗应力腐蚀破裂性能越好。

(9) 非金属夹杂物的影响

夹杂物界面是氢的强陷阱。在钢与腐蚀性气体(H_2S)的接触面上，通过电化学腐蚀反应，氢离子在阳极获得电子而变成氢原子。然后，原子氢渗入腐蚀层，扩散进入钢中，富集在夹杂物(特别是长条状的MnS)周围，形成分子氢。当夹杂物顶端的分子氢压升高到大于临界值时就会产生裂纹，同时在裂纹顶端出现局部塑性变形区，随着氢压的增大，这些裂纹能向前扩展或互相连接。当两个平行的裂纹靠得很近时，裂纹间的相互干涉较大，容易使裂纹弯曲而成台阶状的裂纹。由于HIC主要在长条状的MnS夹杂物上形核，而且单位面积上夹杂物总长度愈大，HIC愈容易产生。因此，钢中加入Ca、Re，使长条状的MnS变为球形的硫化物夹杂，会大大改善钢的抗氢致开裂(HIC)的性能。

(10) 冶金

夹渣和分层存在为扩散氢提供积聚的场所，导致鼓包和氢致开裂损伤。钢化学成分和制造方法也影响敏感性。由于轧制方法不同，钢板夹杂物在板中心呈片状分布，而管材的夹杂物受到了破碎，鼓包和氢致开裂损伤远低于板材。改善钢的纯净度和加工工艺可以使鼓包和氢致开裂损伤减到最小程度，但仍然还会有钢对应力导向氢致开裂的敏感。

从材料化学成分方面来说，影响湿硫化氢腐蚀的主要化学元素是锰、硫、碳等元素。

湿硫化氢用钢质量保证措施：

① 纯净度的控制　强化精炼工艺操作，最大限度控制P、S等杂质含量，确保钢质纯净。舞钢可生产出[P]≤0.010%、[S]≤0.003%、[N]≤70×10^{-6}、[O]≤15×10^{-6}、[H]≤2×10^{-6}、钢中夹杂物总量≤20×10^{-6}的高纯净度钢水。

② 钙处理　对钢水进行钙处理，使得氧化物和硫化物夹杂转变为外包硫化钙的低熔点钙铝酸盐球状复合夹杂物，夹杂物细化且分布均匀，从而减轻硫化物的危害，在不降低强度的条件下，显著地提高钢的塑性和冲击韧性，改善钢材的各向异性，保证钢板组织性能的均匀性。同时可以大大改善钢的氢致开裂敏感性。

③ 微合金化　充分利用Nb、V形成碳氮化物，通过在钢组织中的溶解和析出对钢进行晶粒细化和沉淀强化。通过微合金化，可以降低影响韧性和焊接性能最大的碳含量，确保在

低碳含量情况下仍获得高的强度、良好的低温冲击韧性。

④ 控制轧制及热处理 采用控制轧制工艺，以发挥微合金元素的细化晶粒和强化基体的作用，得到细小的晶粒尺寸和理想的组织，获得良好的强韧配合并提高抗硫化物腐蚀性能。热处理可使钢板组织均匀，晶粒细化，并可消除部分轧制应力，在不降低或少许降低强度的前提下提高钢板的塑韧性。另外，对于含 Nb、V 等的钢种，通过正火，可使微合金碳氮化合物进一步析出，以增加沉淀强化的效果。

15.3.6 评价方法

15.3.6.1 试验方法

(1) NACE TM 0284“管道、压力容器抗氢致开裂钢性能评价的试验方法”

HIC 试验根据 NACE TM 0284 标准取样，板厚>30mm，表面和中心各取 3 支平行样，试样尺寸：20mm×20mm×100mm；板厚≤30mm，取 3 支全厚度平行样，试样尺寸：板厚×20mm×100mm。按照 NACE TM 0284 标准进行 HIC 试验，试验环境为人工海水的饱和 H_2S 溶液及 NACE 溶液(0.5%CH_3COOH+5%NaCl)的饱和 H_2S 溶液。HIC 试样经过清洗确认表面无油后，放入盛满人工海水的容器中，密封容器，通入(99.999%)高纯氮气 5~10h，然后以每毫升溶液每分钟 500~1000mL 的速率通入 H_2S 气体 1h，最后降低通 H_2S 气体的速率，使之保持在每毫升溶液每分钟 100mL，开始计时，96h 后取出试样进行检验。

用超声波影像仪分析深测缺陷的分布情况，计算促缺陷的控测值，包括缺陷的长度比例、厚度比例和面积比例。用 NACE TM 0284 条件所规定的观察法(切断法)观察断面裂纹情况，并按公式计算出裂纹的长度比率，厚度比率和面积比率。用失重法计算出个试样的腐蚀率。

(2) NACE TMO 177—96“在 H_2S 环境金属耐硫腐蚀开裂和硫腐蚀开裂的实验室试验方法”。美国腐蚀工程师协会 NACE TMO177—96 标准，推荐了 4 种 H_2S 腐蚀试验方法，常用的有恒负荷拉伸法(A 法)和三点弯曲法(B 法)，规定了试验用的饱和 H_2S 水溶液。标准中的 A 法是根据应力腐蚀门坎值的大小或指定应力值下的断裂时间长短，判断材料抗 H_2S 腐蚀性能的优劣，标准中没有规定 σ_{th} 的具体指标。三点弯曲法(B 法)与恒负荷拉伸法(A 法)相比，具有试验周期短、数据分散性小、设备简单等优点，适用于抗 H_2S 材料研制过程中的筛选对比试验。

TMO177 试验方法是最早发展的，并被广泛用于评价高强度、低合金钢和其他材料的 SSC 敏感性能，通常这些材料没有发生大量内部开裂。一些情况下需要观察起泡现象。TMO177 所定义的试验方法利用外加应力试样可有效地评价 SSC，它对于定义阈值应力特别有用。TMO177 试验方法表明在一些钢材中随着裂纹的内部连接(如 SOHIC)，能够产生贯穿厚度排列扩展的鼓泡。但是在另一些情况下，具有大量内部开裂的试样并不发生破裂。因此，用 TMO177 试验区分材料对 SOHIC 的敏感性可能发生混淆。

(3) MRO175/ISO15156—2“石油与天然气工业-材料用于油气生产含 H_2S 环境-第二部分 抗裂碳钢和低合金钢，和铸铁应用”

在 Part2 附录 B.5 通过测试评价的就是 HIC 钢板。

(4) NACE 标准 TMO103—2003“评价湿硫化氢环境下钢板的抗应力导向氢致开裂(SOHIC)性能的实验室试验方法”

通常对 SSC 和 HIC 评价的标准试验方法；在对钢进行评价和评定时，NACE 标准 TMO177 和 TM0284 被广泛应用于确定钢材抗 SSC 和 HIC 的性能。但是，这些试验方法都不能直接得出 SOHIC 固有的特殊机理和开裂类型。由于 SOHIC 与 SSC 与 HIC 有不同点，SOHIC 中这些鼓泡的方向非常不同。钢中一个外加或残余拉伸应力(典型的在焊缝热影响区附近)的存在就产生了这些鼓泡的多种排列形式，并且相互连接的裂纹在贯穿厚度方向上取向。NACE 标准 TM0284 尽管是一个评价 HIC 的合适试验方法，但由于缺乏施加的拉伸应力，因此不能提供与 SOHIC 这样的贯穿厚度开裂的评价。本标准 SOHIC 试验方法也许最适用于新钢种(用于维修或新建装置)，这些新钢种是通过现代钢铁制造方法生产、具有较低的硫含量的钢。本标准介绍的试验方法可以作为制造、使用或选择碳钢的人员进行试验室评价材料 SOHIC 的基础，是基于滞止开裂方法所提供的 SOHIC 评价方法。

15.3.6.2 RBI 评估方法

NACE 出版物 8X(194)-2006 推荐采用 API 580 与 API 581“基于风险的检验”评估开裂的可能性与失效的后果。

(1)根据表 15-3-3 确定的环境苛刻性以及从表 15-3-2 基本数据得到的最大布氏硬度和焊件焊后热处理情况，使用表 15-3-4 来确定对 SSC 的敏感性。

表 15-3-2 分析 SSC 所需的基本数据

基本数据	说明
是否存在水(是或否)	确定设备和管道中是否有自由水。不仅要考虑正常运行条件，还要考虑启动、停车及工艺波动情况
水中的 H_2S 含量	确定水相的 H_2S 含量。如果不易取得分析结果，可以用 Petrie & Moore 方法来估算
水的 pH 值	确定水的 pH 值。如果不易取得分析结果，则由经验丰富的工艺工程师来估计
是否存在氰化物(是或否)	通过取样和/或现场分析确定是否存在氰化物。主要考虑正常运行和波动情况，也要考虑启动、停车条件
最大布氏硬度	确定钢制设备和管道的焊件上实测的最大布氏硬度。而不是其他测量读数转换。当不能获得实际读数时，则可使用制造规范许可的最大容许硬度
焊件是否经过 PWHT(是或否)	确定所有设备/配管焊件是否在焊接后经过了适当地焊后热处理

表 15-3-3 SSC 环境苛刻度

水的 pH 值	水的 H_2S 含量			
	<50ppm	50~1000ppm	1000~10000ppm	>10000ppm
<5.5	低	中	高	高
5.5~7.5	低	低	低	中
7.5~8.3	低	中	中	中
8.4~8.9	低	中	中	高
>9.0	低	中	高	高

表 15-3-4 SSC 敏感性

	焊接态最大布氏硬度①			PWHT 最大布氏硬度①		
环境苛刻性	<200	200~237	>237	<200	200~237	>237
高	低	中	高	无	低	中
中	低	中	高	无	无	低
低	低	低	中	无	无	无

① 实测的布氏硬度，而不是从其他测量技术转换而得到的硬度。

(2)对于用轧制和焊接钢板制造的设备和大直径管道，根据表 15-8-4 和表 15-8-5 中列出的关于钢板中硫化物含量及焊后热处理的基本数据来确定的环境苛刻性；环境苛刻性可用于确定表 15-8-6 中的 HIC/SOHIC 敏感性。通常认为由钢管和管件制成的小直径设备/配管的 HIC/SOHIC 敏感性较低；除非没有对其进行焊后热处理和放置于高苛刻性环境，这种情况下应认为其具有中等敏感性。

表 15-3-5 HIC/SOHIC-H_2S 分析所需的基本数据

基本数据	说明
是否有水存在(是或否)	确定设备和管道中是否存在液态水。不仅要考虑正常运行条件，还应考虑启动、停车、工艺波动等情况
水中是否存在 H_2S	确定水相中的 H_2S 含量。如果不容易得到分析结果，可以用 Petrie-Moore 方法(参考方法 2)来估算
水的 pH 值	确定水的 pH 值。如果不容易得到分析结果，则由一个经验丰富的工艺工程师来估计
是否有氰化物存在(是或否)	通过取样和(或)现场分析确定是否存在氰化物。不仅要考虑正常运行条件，还要考虑启动、停车和工艺波动等情况
钢板中的硫含量	确定用于制造设备/配管钢的硫含量。该数据可从设备文件中得到。如果没有，可咨询材料工程师来从 ASME 或 ASME 的 U-1 表所列钢材的规范进行估计
钢产品形式(板材或管材)	确定使用何种产品形式的钢材来制造设备/配管。大多数设备用轧制和焊接钢板(如 A285、A515、A516 等)制造，但是某些小直径设备则用钢管和管件进行制造。大部分小直径管道用钢管和管件(如 A105、A234 等)制造，但大部分大直径管道(直径大于 16in 的管)用轧制和焊接钢板制造
是否进行焊接的 PWHT(是或否)	确定所有的设备/配管焊件是否在焊接后进行了适当地焊后热处理

表 15-3-6 HIC/SOHIC-H_2S 环境苛刻度

水的 pH 值	H_2S 浓度			
	<50ppm	50~1000ppm	1000~10000ppm	>10000ppm
<5.5	低	中	高	高
5.5~7.5	低	低	低	中
7.6~8.3	低	中	中	中
8.4~8.9	低	中	中[a]	高[a]
>9.0	低	中	高[a]	高[a]

a 当有氰化物存在且 pH 值>8.3 和 H_2S 浓度高于 1000ppm 时，将 SCC 敏感性增加一个类别。

表 15-3-7 HIC/SOHIC 敏感性

环境苛刻性	高硫钢①(S>0.01%)		低硫钢②(S=0.002%~0.01%)		超低硫钢③(S<0.002%)	
	焊接态	焊后热处理	焊接态	焊后热处理	焊接态	焊后热处理
高	高	高	高	中	中	低
中	高	中	中	低	低	低
低	中	低	低	低	无	无

① 典型情况包括 A70、A201、A212、A285、A515 和 1990 年以前大多数 A516。

② 典型情况包括 1980 年的添加钙的早期 A516(HIC)钢。

③ 典型情况包括 1990 年的后期 A516(HIC)钢。

15.3.7 材料与设备的要求

(1) 在湿硫化氢应力腐蚀环境中使用的碳素钢或低合金钢制设备和管道应符合下列要求：

① 所使用的材料应是镇静钢；

② 材料的使用状态应是热扎(仅限于碳素钢)、退火、正火、正火+回火或调质状态；

③ 材料的碳当量 CE 应不大于 0.43；

$$CE=C+Mn/6+(Cr+Mo+V)/5+(Ni+Cu)/15$$

式中，各元素符号是指该元素在钢材中含量的百分比；

④ 热加工成形的碳素钢或低合金钢制管道元件，成形后应进行恢复力学性能热处理，且其硬度不大于 HB225；

⑤ 冷成形加工的碳素钢或低合金钢制设备或管道元件，当冷变形量大于 5%时成形后应进行消除应力热处理，且其硬度应不大于 HB200。但对于碳素钢制管道元件，当冷变形量不大于 15%且硬度不大于 HB190 时可不进行消除应力热处理；

⑥ 设备壳体或卷制管道用钢板厚度大于 20mm 时，应按 JB/T4730 进行超声检测，符合Ⅱ级要求；

⑦ 原则上设备或管道焊后应进行消除应力热处理，热处理温度应按标准要求取上限。热处理后碳素钢或碳锰钢焊接接头的硬度应不大于 HB200，其他低合金钢母材和焊接接头的硬度应不大于 HB237。无法进行焊后热处理的焊接接头应采用保证硬度不大于 HB185 的焊接工艺施焊(仅限于碳素钢)。

(2) 在湿硫化氢严重腐蚀环境下工作的碳素钢或低合金钢制设备和钢板卷制管道(轧制管道不考虑 HIC/SOHIC、包括焊缝、管件与阀门)除满足的(1) 要求外，还应符合下列要求：

① 材料的使用状态应是正火、正火+回火或调质状态；

② 当材料的抗拉强度大于 480MPa 时其化学成分 $S \leqslant 0.002\%$、$P \leqslant 0.008\%$、$Mn \leqslant 1.30\%$，且应进行抗 HIC 性能试验或恒负荷拉伸试验。

(3) 符合以下其中的一条定义为湿硫化氢严重腐蚀环境：

① 液相游离水的 pH>7.8，且在液相游离水中的 H_2S 质量浓度>2000ppm；

② 液相游离水的 pH<5，且在液相游离水中的 H_2S 质量浓度>50ppm；

③ 液相游离水中存在氢氰酸(HCN)或氢氰酸化合物且质量浓度>20ppm。

(4) 在湿硫化氢应力腐蚀环境中使用的其他材料制设备和管道应符合下列要求：

① 铬钼钢制设备和管道热处理后母材和焊接接头的硬度应不大于 HB225(1Cr-0.5Mo、1.25Cr-0.5Mo)、HB235(2.25Cr-1Mo、5Cr-1Mo)或 HB248(9Cr-1Mo)；

② 铁素体不锈钢、马氏体不锈钢和奥氏体不锈钢的母材和焊接接头的硬度应不大于 HRC22，其中奥氏体不锈钢的碳含量应不大于 0.10%且经过固溶处理或稳定化处理；

③ 双相不锈钢的母材和焊接接头的硬度应不大于 HRC28，其铁素体含量应在 35%~65%的范围内；

④ 碳素钢螺栓的硬度应不大于 HB200，合金钢螺栓的硬度应不大于 HB225。

⑤ 阀芯材料应优先选用 12Cr 或 18Cr-8Ni 系列不锈钢，当采用碳素钢阀芯时阀芯材料的硬度值应不大于 HB200。

15.3.8　预防与减缓

① 抗氢致开裂的钢材价格昂贵。大多数炼厂现在只在最苛刻的使用条件下最关键的设备才选用这些钢材，如用于加氢裂化流出物系统空冷器集合管箱以及分离器等；

② 保护钢表面(包括合金包层和涂层在内)不受湿硫化氢环境影响；

③ 影响水相pH值和/或氨或氰化物浓度的工艺变化可有助于减小损伤。常用做法，即使用洗涤水注入来稀释HCN(氰化氢)浓度，例如在流化床催化裂化气装置中；

④ 通过注入多硫化铵缓蚀剂，可转换氰化物成无害的硫氰酸盐；

⑤ 抗氢致开裂的钢可用于使鼓包和氢致开裂损伤敏感性降到最低。在NACE出版物8X194中可找到详细的材料和建造准则；

⑥ 硫化物应力腐蚀开裂一般可通过预热处理、焊后热处理、焊接程序和碳当量的控制，使焊缝和热影响区的硬度限制到最大HB200。根据使用环境，硬度达到HRC22的小块区域应能抗硫化物应力腐蚀开裂。有关其他细则，参见NAC ERP0472；焊后热处理可有助于使应力导向氢致开裂敏感性降到最小。焊后热处理在预防鼓包和氢致开裂损伤的萌生方面价值有限，但有助于减小残余应力和强度水平，否则可能促成裂纹扩展。

⑦ 最好用湿荧光磁粉、涡流检测、射线检测或交流漏磁检测方法进行裂纹检测；

⑧ 可使用包括外部超声横波检测在内的超声检测方法。超声横波检测对于体积检查和裂纹尺寸检查尤其有效；

⑨ 打磨掉裂纹或用热电弧气刨去除裂纹是确定裂纹深度的一种可行方法；

⑩声发射检测可用于监控裂纹扩展；

⑪避免金属受到变形、弯曲、冷作加工和喷丸处理。

⑫用耐氢脆的合金，如蒙乃尔(70%镍、30%铜)、因科镍和300系列不锈钢。

15.4　高温H_2S/H_2腐蚀

H_2S/H_2腐蚀通常发生在加氢装置，例如加氢脱硫装置和加氢裂化装置。高温H_2S/H_2腐蚀是一种均匀腐蚀的形式，它典型发生在约204℃以上的温度，这种硫腐蚀形式有别于高温硫和环烷酸腐蚀。大多数炼厂里，发生H_2/H_2S腐蚀的温度是260℃，但要根据循环气体引入的硫化氢的量而定。

15.4.1　腐蚀机理与影响因素

在氢的促进下可使H_2S加速对钢材的腐蚀，其腐蚀产物不像在无氢环境生成物那样致密、附着牢固具有一定保护性。在富氢环境中，原子氢能不断侵入硫化膜造成膜的疏松多孔，原子氢与H_2S得以互相扩散渗透，因而H_2S的腐蚀就不断进行。在工艺侧表现为厚度均匀损失，并伴有硫化铁皮的形成。硫化铁皮大约为损失金属体积的5倍，并可能呈现多层结构，附着于表面的光亮灰色紧密粘附硫化铁皮往往被误认为未受影响的金属。

其腐蚀速率是材料结构、温度、加工物料的种类和H_2S浓度的函数。

① 浓度：H_2S浓度在1%(体)以下时，随H_2S浓度增加，腐蚀率急骤增加。当浓度超过1%(体)时，腐蚀率基本不再变化。

② 温度；在315~480℃时，随着温度增加，则腐蚀率急骤增加。温度每增加55℃，则

腐蚀率大约增加2倍(以3乘初始数值)。

③ 时间；腐蚀率随着时间的增长而逐渐下降。超过500h的腐蚀率比短时间的腐蚀数据小2~10倍。

④ 压力：在高温 H_2+H_2S 腐蚀中，压力大小对腐蚀速度没有影响。

⑤ 合金中Cr含量的增加提高了耐蚀性(图15-4-1)。但是，如果Cr含量低于7%~9%，性能提高很少，如表15-4-1所示的相对速度降低因子。

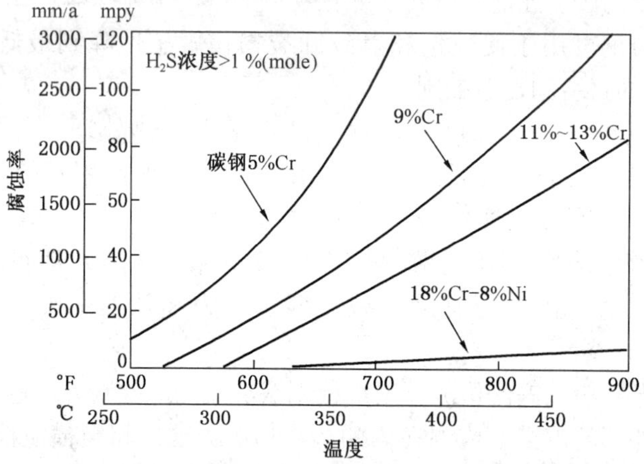

图15-4-1 H_2+H_2S 环境中不同合金的腐蚀速度曲线

表15-4-1 速度因子与Cr含量关系

合金	速度因子	合金	速度因子
CS，C-0.5Mo	1	5Cr-0.5Mo	0.80
1Cr-0.5Mo	0.96	7Cr-1Mo	0.74
2.25Cr-0.5Mo	0.91	9Cr-1Mo	0.68

在 H_2+H_2S 环境中，少量的铬(例如5%~9%Cr)只能适度地提高钢的耐腐蚀能力，若要明显地改善钢的耐腐蚀能力，Cr含量至少需要12%。如果再加入Cr和Ni，则可从实质上改善钢的耐腐蚀能力。

15.4.2 腐蚀速率确定

可用Couper和Gorman提出的相互关系来估计无烃环境和含烃环境的腐蚀率。见图15-4-2~图15-4-9。

工艺流体的性质是确定腐蚀率的一个因素。在只有 H_2S/H_2 的环境中(全部为蒸气)，腐蚀率可能比引用的NACE委员会报告建议的烃存在情况下的腐蚀率高到50%。在高 H_2S 含量和高温下这两个环境中的预测腐蚀率都很高。一般加氢装置在250℃以下时，在 H_2+H_2S 介质中，使用碳钢可满意地操作。温度超过250℃使用铬钼钢(仅有 H_2 存在)及Cr13型或奥氏体不锈钢(抗 H_2+H_2S 腐蚀)。因Cr13型不锈钢有475℃的脆化，故使用Cr13时，操作温度不应超过357℃。1Cr18Ni9Ti不锈钢有满意的使用效果。

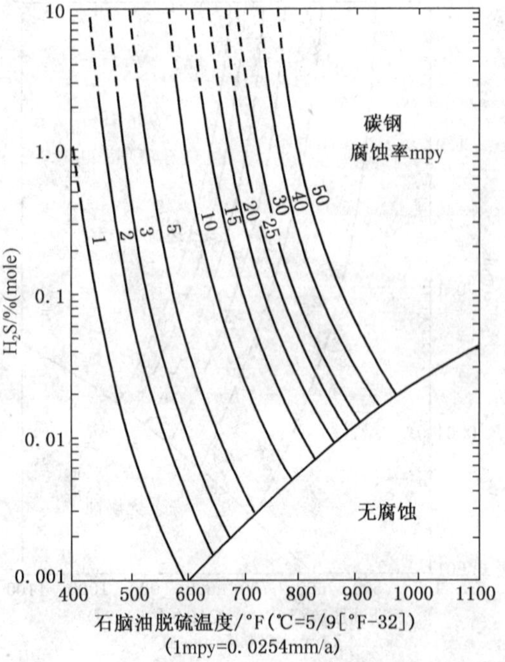

图 15-4-2 H_2+H_2S 环境石脑油对碳钢腐蚀率

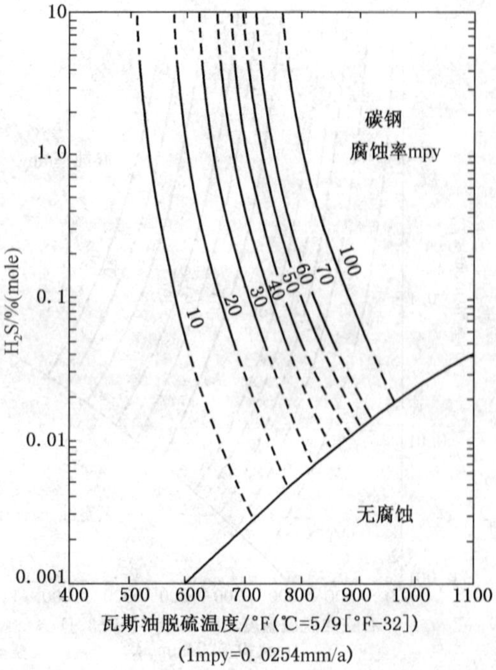

图 15-4-3 H_2+H_2S 环境瓦斯油对碳钢腐蚀率

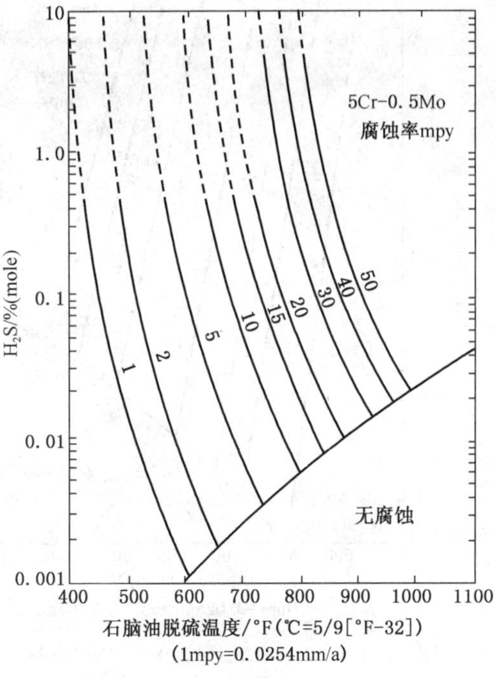

图 15-4-4 H_2+H_2S 环境石脑油对 5Cr 钢腐蚀率

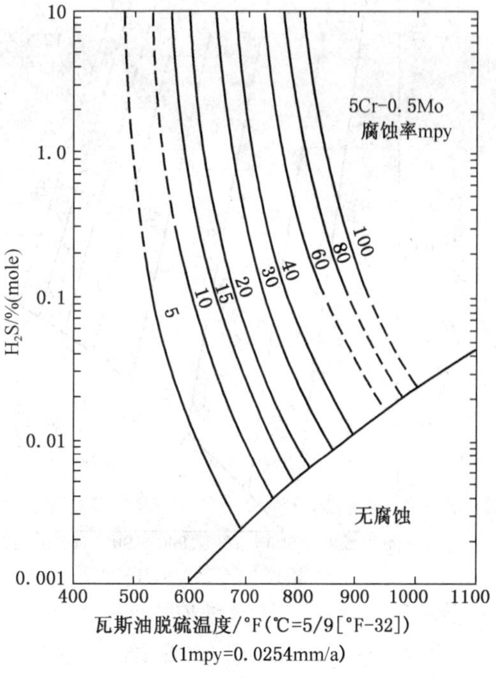

图 15-4-5 H_2+H_2S 环境瓦斯油对 5Cr 钢腐蚀率

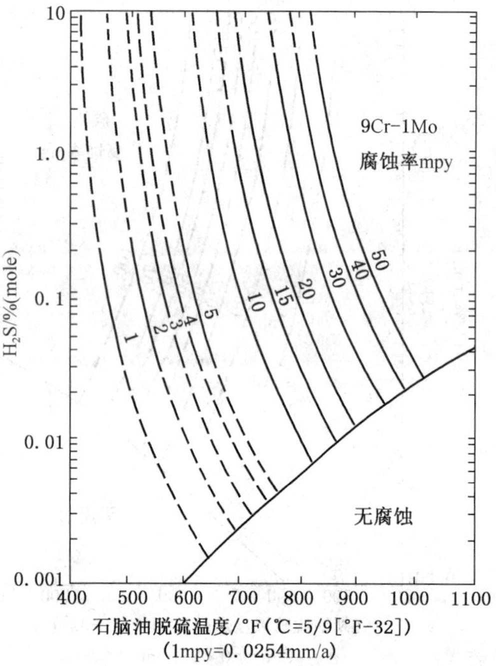

图 15-4-6 H_2+H_2S 环境石脑油对 9Cr 钢腐蚀率

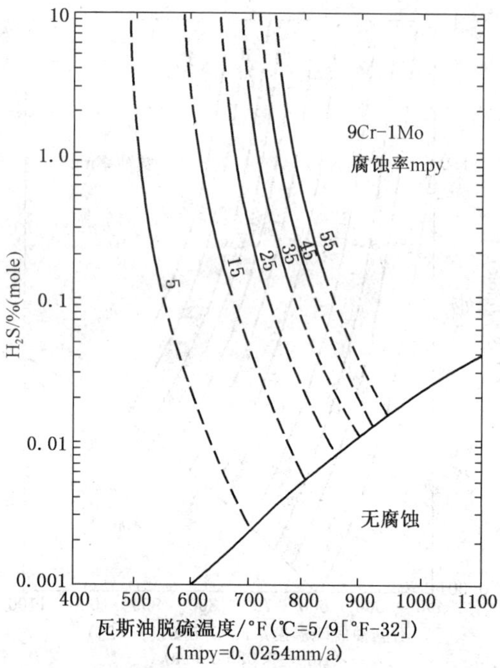

图 15-4-7 H_2+H_2S 环境瓦斯油对 9Cr 钢腐蚀率

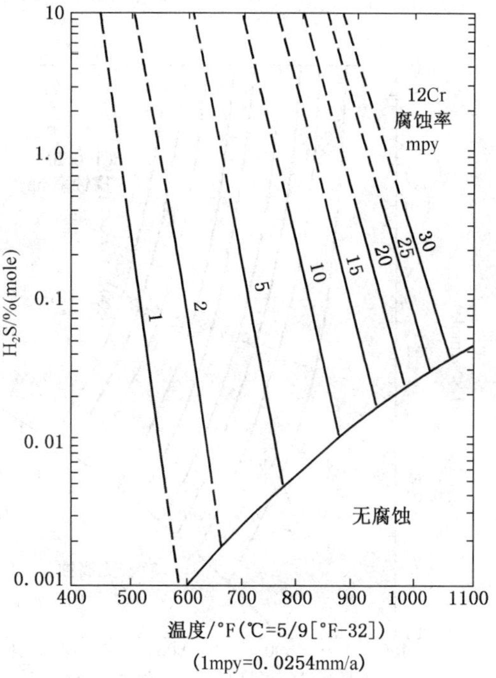

图 15-4-8 H_2+H_2S 环境 12Cr 腐蚀率

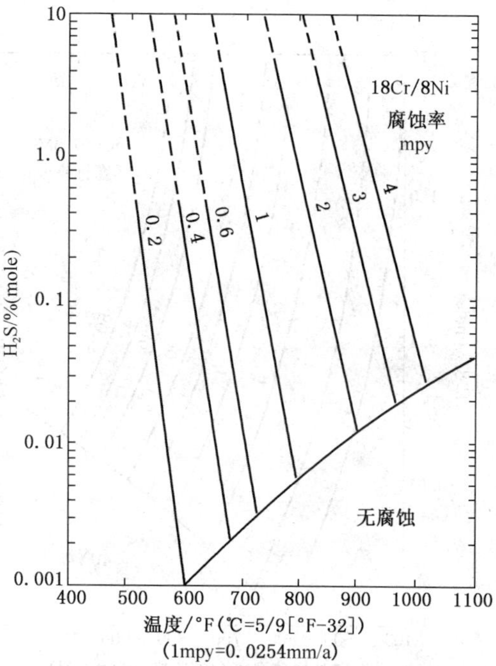

图 15-4-9 H_2+H_2S 环境 18Cr/8Ni 腐蚀率

表 15-4-2～表 15-4-7 列出典型材料腐蚀率数据。

表 15-4-2 碳钢、1.25Cr 钢和 2.5Cr 钢的估计腐蚀速率 mm/a

H_2S/%（mole）	烃的类型	温度/℃											
		204.44～232.22	232.78～260	260.56～287.78	288.33～315.56	316.11～343.33	343.89～371.11	371.67～398.89	399.44～426.67	427.22～454.44	455～482.22	482.78～510	510.56～537.78
<0.002	石脑油	0.0254	0.0254	0.0254	0.0254	0.0508	0.0762	0.1016	0.1524	0.2032	0.254	0.3556	0.4572
	瓦斯油	0.0254	0.0254	0.0254	0.0508	0.0762	0.127	0.1778	0.254	0.3556	0.508	0.6604	0.8636
0.002～0.005	石脑油	0.0254	0.0508	0.0762	0.1016	0.1778	0.2794	0.4064	0.5588	0.7874	1.0414	1.397	1.8034
	瓦斯油	0.0254	0.0508	0.0762	0.1016	0.1778	0.2794	0.4064	0.5588	0.7874	1.0414	1.397	1.8034
0.006～0.01	石脑油	0.0254	0.0254	0.0508	0.0762	0.127	0.1778	0.2794	0.381	0.5334	0.7366	0.9652	1.27
	瓦斯油	0.0254	0.0508	0.1016	0.1524	0.2286	0.3556	0.5334	0.7366	1.0414	1.397	1.8542	2.3876
0.02～0.05	石脑油	0.0254	0.0508	0.0762	0.127	0.2286	0.3302	0.4826	0.6858	0.9652	1.2954	1.7018	2.2098
	瓦斯油	0.0508	0.1016	0.1524	0.254	0.4064	0.635	0.9144	1.2954	1.8034	2.4384	3.302	4.318
0.06～0.1	石脑油	0.0254	0.0508	0.1016	0.1778	0.254	0.4064	0.5842	0.8382	1.1684	1.5748	2.0828	2.794
	瓦斯油	0.0508	0.1016	0.2032	0.3302	0.508	0.762	1.1176	1.6002	2.2098	3.048	4.064	5.08
0.11～0.5	石脑油	0.0508	0.0762	0.1524	0.254	0.381	0.5842	0.8636	1.2192	1.6764	2.286	3.048	3.81
	瓦斯油	0.0762	0.1524	0.2794	0.4572	0.7366	1.1176	1.6256	2.3114	3.302	4.318	5.842	7.62
0.51～1	石脑油	0.0508	0.1016	0.1778	0.2794	0.4318	0.6604	0.9652	1.3716	1.905	2.54	3.302	4.318
	瓦斯油	0.1016	0.1778	0.3048	0.5334	0.8128	1.2446	1.8288	25.4	3.556	4.826	6.35	8.382
>1	石脑油	0.0762	0.127	0.2032	0.3302	0.5334	0.8128	1.1938	1.7018	2.3622	3.302	4.318	5.588
	瓦斯油	0.127	0.2286	0.381	0.6604	1.016	1.5494	2.2606	3.302	4.572	6.096	7.874	10.414

表 15-4-3 5%Cr 钢的估计腐蚀速率 mm/a

H_2S/%（mole）	烃的类型	温度/℃											
		204.44～232.22	232.78～260	260.56～287.78	288.33～315.56	316.11～343.33	343.89～371.11	371.67～398.89	399.44～426.67	427.22～454.44	455～482.22	482.78～510	510.56～537.78
<0.002	石脑油	0.0254	0.0254	0.0254	0.0254	0.0254	0.0508	0.0762	0.1016	0.1524	0.2032	0.2794	0.3556
	瓦斯油	0.0254	0.0254	0.0254	0.0508	0.0762	0.1016	0.1524	0.2032	0.3048	0.4064	0.5334	0.6858
0.002～0.005	石脑油	0.0254	0.0254	0.0254	0.0508	0.0762	0.127	0.1778	0.2286	0.3302	0.4572	0.5842	0.762
	瓦斯油	0.0254	0.0254	0.0508	0.1016	0.1524	0.2286	0.3302	0.4572	0.635	0.8382	1.1176	1.4478

续表

H_2S/% (mole)	烃的类型	温度/℃											
		204.44 ~ 232.22	232.78 ~ 260	260.56 ~ 287.78	288.33 ~ 315.56	316.11 ~ 343.33	343.89 ~ 371.11	371.67 ~ 398.89	399.44 ~ 426.67	427.22 ~ 454.44	455 ~ 482.22	482.78 ~ 510	510.56 ~ 537.78
0.006 ~ 0.01	石脑油	0.0254	0.0254	0.0508	0.0508	0.1016	0.1524	0.2286	0.3048	0.4318	0.5842	0.7874	1.016
	瓦斯油	0.0254	0.0508	0.0762	0.127	0.1778	0.2794	0.4318	0.6096	0.8382	1.1176	1.4732	1.9304
0.011 ~ 0.05	石脑油	0.0254	0.0508	0.0762	0.1016	0.1778	0.254	0.381	0.5588	0.762	1.0414	1.3716	1.778
	瓦斯油	0.0508	0.0762	0.127	0.2032	0.3302	0.508	0.7366	1.0414	1.4478	1.9558	25.4	3.302
0.051 ~ 0.1	石脑油	0.0254	0.0508	0.0762	0.127	0.2032	0.3302	0.4826	0.6858	0.9398	1.27	1.6764	2.159
	瓦斯油	0.0508	0.1016	0.1524	0.254	0.4064	0.6096	0.9144	1.2954	1.778	2.3876	3.302	4.064
0.11 ~ 0.5	石脑油	0.0254	0.0762	0.127	0.2032	0.3048	0.4572	0.6858	0.9906	1.3462	1.8288	2.3622	3.048
	瓦斯油	0.0762	0.127	0.2286	0.381	0.5842	0.889	1.3208	1.8542	2.54	3.556	4.572	6.096
0.51 ~ 1	石脑油	0.0508	0.0762	0.127	0.2286	0.3556	0.5334	0.7874	1.1176	1.524	2.0574	2.794	3.556
	瓦斯油	0.0762	0.1524	0.254	0.4318	0.6604	1.016	1.4732	2.0828	2.794	3.81	5.08	6.858
>1	石脑油	0.0508	0.1016	0.1778	0.2794	0.4318	0.6604	0.9652	1.3716	1.905	2.54	3.302	4.318
	瓦斯油	0.1016	0.1778	0.3048	0.5334	0.8128	1.2446	1.8288	2.54	3.556	4.826	6.35	8.382

表 15-4-4　7%Cr 钢的估计腐蚀速率

mm/a

H_2S/% (mole)	烃的类型	温度/℃											
		204.44 ~ 232.22	232.78 ~ 260	260.56 ~ 287.78	288.33 ~ 315.56	316.11 ~ 343.33	343.89 ~ 371.11	371.67 ~ 398.89	399.44 ~ 426.67	427.22 ~ 454.44	455 ~ 482.22	482.78 ~ 510	510.56 ~ 537.78
<0.002	石脑油	0.0254	0.0254	0.0254	0.0254	0.0254	0.0508	0.0762	0.1016	0.1524	0.2032	8.382	0.3302
	瓦斯油	0.0254	0.0254	0.0254	0.0508	0.0508	0.1016	0.127	0.2032	0.2794	0.3556	0.254	0.635
0.002 ~ 0.005	石脑油	0.0254	0.0254	0.0254	0.0508	0.0762	0.1016	0.1524	0.2286	0.3048	0.4064	0.4826	0.7112
	瓦斯油	0.0254	0.0254	0.0508	0.0762	0.127	0.2032	0.2794	0.4064	0.5842	0.762	0.5334	1.3208
0.006 ~ 0.01	石脑油	0.0254	0.0254	0.0254	0.0508	0.1016	0.127	0.2032	0.2794	0.4064	0.5334	1.016	0.9398
	瓦斯油	0.0254	0.0508	0.0762	0.1016	0.1778	0.254	0.381	0.5588	0.762	1.016	0.7112	1.7526
0.02 ~ 0.05	石脑油	0.0254	0.0254	0.0508	0.1016	0.1524	0.254	0.3556	0.508	0.7112	0.9398	1.3462	1.6256
	瓦斯油	0.0254	0.0762	0.127	0.2032	0.3048	0.4572	0.6858	0.9652	1.3208	1.8034	1.2446	3.048

续表

H_2S/%(mole)	烃的类型	温度/℃ 204.44~232.22	232.78~260	260.56~287.78	288.33~315.56	316.11~343.33	343.89~371.11	371.67~398.89	399.44~426.67	427.22~454.44	455~482.22	482.78~510	510.56~537.78
0.06~0.1	石脑油	0.0254	0.0508	0.0762	0.127	0.2032	0.3048	0.4318	0.6096	0.8636	1.1684	0.1016	1.9812
	瓦斯油	0.0508	0.0762	0.1524	0.2286	0.381	0.5588	0.8382	1.1684	1.6256	2.1844	1.524	3.81
0.2~0.5	石脑油	0.0254	0.0508	0.1016	0.1778	0.2794	0.4318	0.635	0.889	1.2446	1.6764	2.794	2.794
	瓦斯油	0.0762	0.127	0.2032	0.3302	0.5334	0.8128	1.1938	1.7018	2.3622	3.302	2.1336	5.588
0.6~1	石脑油	0.0508	0.0762	0.127	0.2032	0.3302	0.4826	0.7112	1.016	1.397	1.8796	4.318	3.302
	瓦斯油	0.0762	0.127	0.2286	0.381	0.6096	0.8128	1.3462	1.9304	2.54	3.556	2.4892	6.096
>1	石脑油	0.0508	0.0762	0.1524	0.254	0.4064	0.6096	0.889	1.2446	1.7272	2.3368	4.826	4.064
	瓦斯油	0.1016	0.1778	0.2794	0.4826	0.762	1.143	1.6764	2.3876	3.302	4.572	3.048	7.62

表 15-4-5　9%Cr 钢的估计腐蚀速率　　mm/a

H_2S/%(mole)	烃的类型	温度/℃ 204.44~232.22	232.78~260	260.56~287.78	288.33~315.56	316.11~343.33	343.89~371.11	371.67~398.89	399.44~426.67	427.22~454.44	455~482.22	482.78~510	510.56~537.78
<0.002	石脑油	0.0254	0.0254	0.0254	0.0254	0.0254	0.0508	0.0762	0.1016	0.127	0.1778	0.2286	0.3048
	瓦斯油	0.0254	0.0254	0.0254	0.0254	0.0508	0.0762	0.127	0.1778	0.254	0.3302	0.4318	0.5842
0.002~0.005	石脑油	0.0254	0.0254	0.0254	0.0508	0.0508	0.1016	0.1524	0.2032	0.2794	0.381	0.4318	0.635
	瓦斯油	0.0254	0.0254	0.0508	0.0762	0.127	0.1778	0.2794	0.381	0.5334	0.7112	0.9652	1.2192
0.006~0.01	石脑油	0.0254	0.0254	0.0254	0.0508	0.0762	0.127	0.1778	0.254	0.3556	0.508	0.6604	0.8636
	瓦斯油	0.0254	0.0254	0.0508	0.1778	0.1524	0.254	0.3556	0.508	0.6858	0.9398	1.2446	1.6256
0.02~0.05	石脑油	0.0254	0.0254	0.0508	0.1778	0.1524	0.2286	0.3302	0.4572	0.635	0.8636	1.143	1.4986
	瓦斯油	0	0.0508	0.1016	0.1778	0.2794	0.4318	0.6096	0.889	1.2192	1.651	2.1844	2.794
0.06~0.1	石脑油	0.0254	0.0508	0.0762	0.1016	0.1778	0.2794	0.4064	0.5588	0.7874	1.0668	1.397	1.8288
	瓦斯油	0.0508	0.0762	0.127	0.2286	0.3302	0.508	0.762	1.0668	1.4986	2.0066	2.794	3.556
0.11~0.5	石脑油	0.0254	0.0508	0.1016	0.1778	0.254	0.4064	0.5842	0.8128	1.143	1.5494	2.032	2.54
	瓦斯油	0.0508	0.1016	0.1778	0.3048	0.4826	0.762	1.0922	1.5494	2.159	3.048	3.81	5.08

续表

H_2S/%(mole)	烃的类型	温度/℃											
		204.44～232.22	232.78～260	260.56～287.78	288.33～315.56	316.11～343.33	343.89～371.11	371.67～398.89	399.44～426.67	427.22～454.44	455～482.22	482.78～510	510.56～537.78
0.51～1	石脑油	0.0254	0.0762	0.1016	0.1778	0.3048	0.4572	0.6604	0.9398	1.2954	1.7272	2.286	3.048
	瓦斯油	0.0762	0.127	0.2032	0.3556	0.5588	0.8382	1.2446	1.7526	2.4384	3.302	4.318	5.588
>1	石脑油	0.0508	0.0762	0.1524	0.2286	0.3556	0.5588	0.8128	1.143	1.6002	2.159	2.794	3.81
	瓦斯油	0.0762	0.1524	0.254	0.4318	0.6858	1.0414	1.524	2.1844	3.048	4.064	5.334	7.112

表 15-4-6 12%Cr 钢的估计腐蚀速率 mm/a

H_2S/%(mole)	温度/℃											
	204.44～232.22	232.78～260	260.56～287.78	288.33～315.56	316.11～343.33	343.89～371.11	371.67～398.89	399.44～426.67	427.22～454.44	455～482.22	482.78～510	510.56～537.78
<0.002	0.0254	0.0254	0.0254	0.0254	0.0508	0.0762	0.1016	0.127	0.1524	0.2286	0.2794	0.3556
0.002～0.005	0.0254	0.0254	0.0254	0.0254	0.0508	0.0762	0.1016	0.1524	0.2032	0.2794	0.3556	0.4572
0.006～0.01	0.0254	0.0254	0.0254	0.0508	0.0508	0.1016	0.127	0.1778	0.2286	0.3048	0.381	0.4826
0.02～0.05	0.0254	0.0254	0.0254	0.0508	0.0762	0.1016	0.1524	0.2286	0.3048	0.381	0.4826	0.635
0.06～0.1	0.0254	0.0254	0.0254	0.0508	0.0762	0.127	0.1778	0.254	0.3302	0.4318	0.5588	0.6858
0.2～0.5	0.0254	0.0254	0.0508	0.0762	0.1016	0.1524	0.2286	0.3048	0.4064	0.5334	0.6858	0.8636
0.6～1	0.0254	0.0254	0.0508	0.0762	0.127	0.1778	0.254	0.3302	0.4572	0.5842	0.762	0.9652
>1	0.0254	0.0508	0.0762	0.1016	0.1778	0.254	0.3302	0.4572	0.635	0.8128	1.0668	1.3462

表 15-4-7 300 系列不锈钢的估计腐蚀速率 mm/a

H_2S/%(mole)	温度/℃											
	204.44～232.22	232.78～260	260.56～287.78	288.33～315.56	316.11～343.33	343.89～371.11	371.67～398.89	399.44～426.67	427.22～454.44	455～482.22	482.78～510	510.56～537.78
<0.002	0.0254	0.0254	0.0254	0.0254	0.0254	0.0254	0.0254	0.0254	0.127	0.0254	0.0508	0.0508
0.002～0.005	0.0254	0.0254	0.0254	0.0254	0.0254	0.0254	0.0254	0.0254	0.0254	0.0508	0.0508	0.0762
0.006～0.01	0.0254	0.0254	0.0254	0.0254	0.0254	0.0254	0.0254	0.0254	0.0254	0.0508	0.0762	0.0762
0.02～0.05	0.0254	0.0254	0.0254	0.0254	0.0254	0.0254	0.0254	0.0254	0.0508	0.0762	0.0762	0.1016
0.06～0.1	0.0254	0.0254	0.0254	0.0254	0.0254	0.0254	0.0254	0.0254	0.0508	0.0762	0.1016	0.127
0.2～0.5	0.0254	0.0254	0.0254	0.0254	0.0254	0.0254	0.0254	0.0254	0.0508	0.1016	0.127	0.1524
0.6～1	0.0254	0.0254	0.0254	0.0254	0.0254	0.0254	0.0254	0.0508	0.0762	0.1016	0.127	0.1524
>1	0.0254	0.0254	0.0254	0.0254	0.0254	0.0254	0.0508	0.0508	0.0762	0.127	0.1778	0.2286

15.4.3　特殊案例

（1）韩国蔚山炼油厂分馏塔底重沸炉火灾事故

位于韩国西南部城市的蔚山炼油厂重油处理装置1992年建成投产，主要包括减压蒸馏、加氢裂化、渣油加氢脱硫处理和制氢装置。装置高硫燃料油最大处理量19078.44m^3/d，主要产品为石脑油、煤油、汽油、超低硫燃料油和硫磺。重油处理部分主要在高温高压下操作，分馏塔底重沸炉为辐射—对流型圆筒炉。2003年10月的一个午夜，该重油处理部分中的加氢裂化分馏塔底重沸炉，由于对流段第三排沿烟气流动方向左数第三根炉管上部破裂，导致原料油泄漏引起火灾。大火燃烧了2h，烧毁了重沸炉。对流室下部遮蔽段为两排光管，破裂处为遮蔽管上面的第一排钉头管，其炉管材质为1Cr5Mo。

（2）茂名分公司渣油加氮脱硫装置分馏炉火灾事故

茂名分公司渣油加氢脱硫装置于1999年投产，其分馏炉对流及辐射段炉管材质均为1Cr5Mo，规格为$\phi152\times8$mm。主要参数如下：圆筒炉型、四路进料，进炉物料压力为2.35MPa、温度为366℃，出炉物料温度为384.1℃。2003年4月19日，该装置分馏炉对流转辐射内部转油线炉管破裂着火，装置紧急停工，炉内构件无烧损。转油线水平管离弯头焊缝15mm处顶部开裂，裂口为长约120mm、宽约50mm的扇形裂口。经对辐射炉管进行测厚检查发现，一条转油线的水平段直管上部均已严重腐蚀，下部厚度基本不变（管壁厚1.8~2.4mm）。实测最大腐蚀速率为1.96mm/a。

（3）镇海分公司加氮裂化装置脱丁烷塔底重沸炉火灾事故

镇海分公司加氢裂化装置设计规模为800kt/a，以胜利原油减压馏分油为原料，1993年3月建成投产。1995年底为适应加工中东高硫原油的需要，装置改造为900kt/a。1999年装置进一步扩能到2.2Mt/a。脱丁烷塔底重沸炉为圆筒炉型，四路进料，进炉物料压力为1.95MPa、温度为290℃，出炉物料温度为355℃。2000年6月，该装置脱丁烷塔底重沸炉对流段去辐射段转油线泄漏着火，装置紧急停工。检修中对炉管测厚发现，4条转油线水平段直管均发生严重减薄（炉管规格$\phi152\times8$mm，材质20号钢），解剖后发现转油线的顶部腐蚀最为严重，实测壁厚不足1.9mm。按从1996年6月开始加工高硫原油计算，炉管腐蚀速率约为1.5mm/a。

上述3个案例有共同的特点是：①加氢装置重沸炉；②水平的遮蔽段或转油线的上部腐蚀严重；③腐蚀率远高于设计值。

NACE出版物34103—2004“炼油厂硫化物腐蚀纵览”介绍，1990年以后，美国一些炼油厂发现加氢装置分馏系统管线和重沸炉炉管不正常的硫腐蚀，这些部位不考虑氢组分，且硫浓度很低，Cr-Mo钢腐蚀率与碳钢一样。为此，NACE专门成立了T176工作组。调查了12套加氢裂化装置分馏系统及2套柴油加氢精制装置分馏系统的加热炉炉管及高温管线。

该文献对这些调查数据分析后提出如下观点：

① 腐蚀速率可能高于采用修正的McConomy曲线或Couper-Gorman曲线预测的速率；

② 含5%Cr甚至9%Cr的合金钢同碳钢的腐蚀速率一样高；

③ 局部腐蚀可能很强，例如在流速较高区或湍流区，或在水平炉管的顶部；

④ 腐蚀速率可能很高，即使在总硫含量很低（质量分数几个ppm）的情况下；

⑤ 各种硫形式都表现出一定的腐蚀；

⑥ 氢在设备腐蚀机理中的作用仍不清楚。

根据NACE出版物34103-2004建议，加氢装置加热炉采用碳钢、5Cr和9Cr炉管，应按同一腐蚀速率考虑，综合各类文献，此值应在1~2mm/a。壁温较高、H_2S浓度较高时，出于安全考虑取2mm/a。必要时水平布置的遮蔽管采用不锈钢。

从以上的案例与文献资料分析，估计在加氢装置反应流出物经低压分离器后仍然有溶解的氢，硫化物除硫化氢外，还应该有硫醇。从生产经验看，这种情况可能在催化剂寿命末期有较多未脱尽的硫醇，和高负荷下的流体携带的氢一起进入分馏系统。在分馏炉水平炉管，由于流速低形成气液分层，上部形成高浓度的氢+硫化氢/硫醇腐蚀环境。因此，该部位的设计应考虑物料是含氢的硫化物，特别要考虑硫醇，因为硫醇的腐蚀率高于硫化氢。

15.5 氯化氨腐蚀

15.5.1 腐蚀机理

当流体温度低至盐沉积点以下时，固态的NH_4Cl盐就从有NH_3和HCl的流体中析出，呈现出白色、绿色或褐色的外观。且该盐具有吸湿性，很容易从气态流体中吸取水分。NH_4Cl盐被看作是一种酸性盐，这是因为它由强酸(HCl)和弱基(NH_3)形成。一定浓度的NH_4Cl盐溶液的腐蚀性与HCl水溶液相当。湿NH_4Cl盐或者是NH_4Cl水溶液的腐蚀类型体现为局部腐蚀，其对碳钢可产生每年数十毫米的腐蚀速率。抗点蚀较强的合金具有较强的抗氯化铵盐能力，但即使是抗腐蚀性最强的镍基合金和钛合金也可能遭遇点蚀。所有常用材料都敏感，按抗腐蚀性增加的顺序：碳钢、低合金钢、300系列不锈钢、合金400、双相不锈钢、合金800和825、合金625和C276以及钛。

根据氨和盐酸的浓度，氯化铵盐在其被冷却时可能从加氢裂化反应物中析出，并在温度远远超过水的露点温度149℃时可能会腐蚀管道和设备。水气分压决定了该流体的露点。然而，流体中含有NH_4Cl盐(和NH_4HS盐)时其露点温度将会提高28~40℃。其他影响流体腐蚀性的因素还包括：流体速率、液烃的类型和数量、操作温度、水气分压，H_2S分压及设备/管道的结构等。NH_4Cl的结晶和升华是一个可逆的过程，然而其过程转变要求的条件及动力十分苛刻，以至在装置的操作工况下，几乎是不可能发生的。可逆过程需要更高的温度或者更长的反应时间，因此，NH_4Cl晶体一旦析出，就不可能再转变为单独的NH_3和HCl。这也是为什么要重点阻止盐沉积的原因之一。

盐的形成与其K_p值有关(不要与用来表征NH_4HS腐蚀特征的piehl K_p值混淆)。NH_4Cl的K_p值按如下定义：

$K_p = pp_{NH_3} \times pp_{HCl}$　　其中：pp=摩尔分压

pp_X=(气态中X的摩尔数)/(气态总的摩尔数)×(操作压力-绝压)

因此，对NH_4Cl来说：

$K_{p(NH_4Cl)}$=[NH_3气的摩尔数×HCl气的摩尔数×(操作压力)^2]/(气态总的摩尔数)^2

通过使用沉积曲线图(见图15-5-1)，K_p值、操作温度与盐的沉积就能相关联了。对每一给定的操作温度，在沉积曲线图中就能找到相对应的曲线。如果计算得出的K_p值在该曲线之上，那么盐的沉积就可能会发生，如果K_p值在该曲线之下，那么就不会发生盐的沉积。

从上述公式及参考图表中，可以很清楚看出，NH_4Cl沉积的温度随着NH_3和HCl浓度的增加而提高或随着操作压力的升高而相应提高。将NH_4Cl和NH_4HS的沉积图(图15-9-1)对比分析，得出如下结论：在补充氢中或装置原料中只要存在氯化物，即使是低于1ppm，

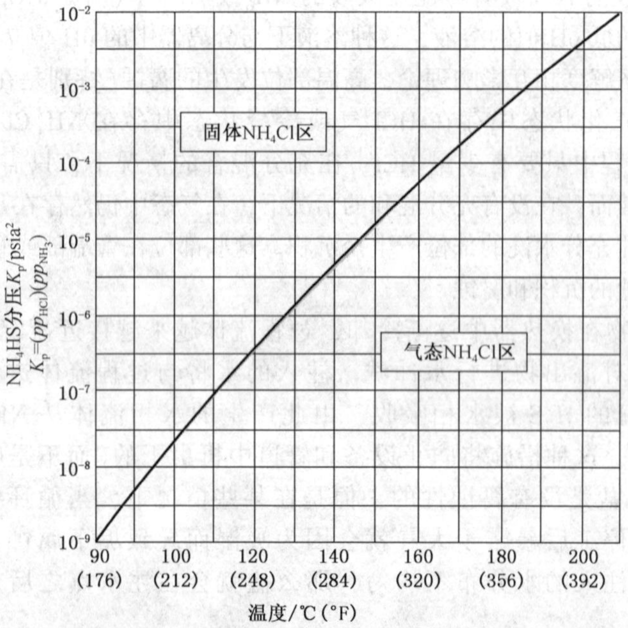

图 15-5-1　从物流成分估算 NH_4Cl 的沉积温度

那么 NH_4Cl 沉积的温度也还是高于 NH_4HS。对于氯化物溶液，计算出的 NH_4HS 沉积温度不可能高于 93℃，然而就 NH_4Cl 而言，其计算出的沉积温度通常都在 240~260℃。

受氯化铵影响的装置有如下部位：

① 蒸馏常压塔塔顶设备　塔顶、塔顶塔盘、塔顶管道和换热器可能会遭遇积垢和腐蚀。由于氨盐和/或氯化胺盐从蒸汽相凝结出来，沉积物可能发生于低流量区。若存在氨盐或氯化胺盐，则塔顶回流系统可能会受到影响。

② 加氢装置　反应器流出物系统遭遇氯化铵盐积垢和腐蚀。所以在包括热进料/出料换热器的出料侧在内的许多部件上可形成氯化铵盐。若换热器发生积垢或负荷损失，则可能需要进行水洗。

③ 催化重整装置　反应器流出物和循环氢系统会遭遇氯化铵盐渍和腐蚀。NH_4Cl 会造成稳定塔或脱丁烷塔顶的点蚀和结垢。

④ 流化床催化裂化装置分馏塔塔顶设备和塔顶回流系统遭遇氯化铵腐蚀和盐渍作用。

⑤ 焦化分馏塔塔顶设备和塔顶回流系统遭遇氯化铵腐蚀和盐渍作用。

15.5.2　加氢装置反应流出物系统的氯化铵腐蚀

加氢装置是氯化铵腐蚀重灾区，反应流出物中通常含有一定比例的 H_2S，100~10，000ppm 的 NH_3，可能还有大约 1~7ppm 的 HCl。在原料油方面(油品密度大或杂质含量高)，或者在操作压力上(这两个因素都能促使盐产生沉积)，加氢处理的工况越苛刻，那么盐开始产生沉积的温度就会越高，而且也就越可能发生沉积盐的垢下腐蚀问题。因此，盐垢问题在蜡油加氢、渣油加氢及蜡油加氢裂化中较为常见，而石脑油、煤油、柴油加氢处理中则较少发生。

如果在进料/流出物换热器或者在反应流出物空冷器器中，在大于 93℃ 的高温部位能观察到盐沉积或者垢下腐蚀，那么很明显这是由 NH_4Cl 盐造成的。这是因为在大多数的情况下。只有当过程流体的温度低于 93℃ 时，NH_4HS 盐才会沉积。在典型的反应流体系统中，凝结的第一滴水吸收的 HCl 极有可能比吸收的 NH_3 或 H_2S 多(可是 HCl 中总夹杂些 NH_3)。因此，形成了酸性的低 pH 值的溶液，这种溶液下与分离器中的 pH 值 7~8 的弱酸性水溶液是有区别的。根据溶解度相互影响理论，高温部位发生的腐蚀(特别是在注水点后的下游流体中)是由于局部汽化状态中存在 HCl 气或冷凝状态中存在 NH_4Cl 盐引起的(而不是 NH_4HS)。因此，过程中只要有少量 HCl，在充分混合的情况下，只需要极少量水就能将 HCl/NH_4Cl 稀释。然而，在没有充分混和的情况下，在气态中仍然存在足够量的 HCl，将会导致空冷器器中未能充分水洗的部位产生盐沉积。这些部位在管端部或管箱中。实际上，这些部位已经观察到盐的沉积和腐蚀。

随着反应流出物在换热器中逐渐冷却，过程流体越来越接近盐沉积的温度，在达到沉积温度之前必须对流出物进行水冲洗。注入的水将与过程流体进行充分混合，以使 NH_3、HCl 及大部分的 H_2S 被水相吸收，由此产生的水相流体从 NH_4HS 的角度来说，具有很强的腐蚀性。这种措施将防止设备和管道中析出干的(而不是吸湿性的)沉积盐。真正的"干"的结晶盐是没有腐蚀性的，但是在某些情况下，当循环气或原料中存在充足的水分时，或者停工后暴露于大气就会因为吸湿而导致垢下腐蚀。如果水冲洗系统提供的水量不足或注入的水分布不均匀，那么盐就会在注水点之后产生沉积而导致腐蚀和设备失效。

通常在注水前，NH_4Cl 盐易沉积在设备和管道中局部温度较低的部位。换热器的管束、管道的盲区、排凝管、水平定矩管等都是较敏感的部位。如果注入的水与气相未能充分接触，那么在反应流出物在空冷器器的管束及管箱的气相部位也能看到盐的沉积。可能存在的敏感部位归纳如下：

① 空冷器器的管束和管箱；

② 进口管(特别是各分支的盲区部位)；

③ 上游换热器或空冷器器管束。

加氢反应流出物离开反应器的温度通常都在 316~427℃之间。某些装置的流出物冷却循环中设置有热分离器，以此来进行气液分离。热分离器一般设在反应出口或在冷却环节的下游，在瓦斯油或渣油处理过程中，反应流出物在换热器中被冷却到 149~232℃，并在加氢反应流出物的空冷器器中继续冷却至 38~66℃，通常，会在进入空冷器器之前进行水冲洗。注水之后，流体通常呈现几种相态：气态、液态烃及水。在没有热分离器的情况下，流体主要是液体烃的混合物及油气。液态中主要是液体烃，而气态中绝大多数是氢气，还有一些轻烃(如甲烷、乙烷)，一些烃类范畴内的石脑油、水蒸气、NH_3 以及一些由 HCl 或 H_2S 构成的酸性气体。如果配有热分离器，那么在水冲洗后只有很少量的烃。流体仍然存在上述相态，但是水态在液态中占绝大多数。由热高压分离器底部进入下游流体的 NH_3 及氨化物是个隐患。在这些装置中，其他可能的敏感部位还包括某些热低压分离器，汽提塔以及系统分馏塔。在没有热高压分离器的装置中，下游流体发生局部腐蚀的机率非常低，可是某些装置还是在下游流体中发生了腐蚀，这是因为从冷高压分离器出来的液态烃中残留了水分，当冷高压分离器的容积过小或内部结构损坏后这种现象就会发生。加氢装置氯化氨典型腐蚀部位如图 15-5-2 及图 15-5-3 中粗线条所示。

最近由 NH_4Cl 引起的腐蚀问题有了明显的增加。下面是一些导致 NH_4Cl 问题日益增多的因素：

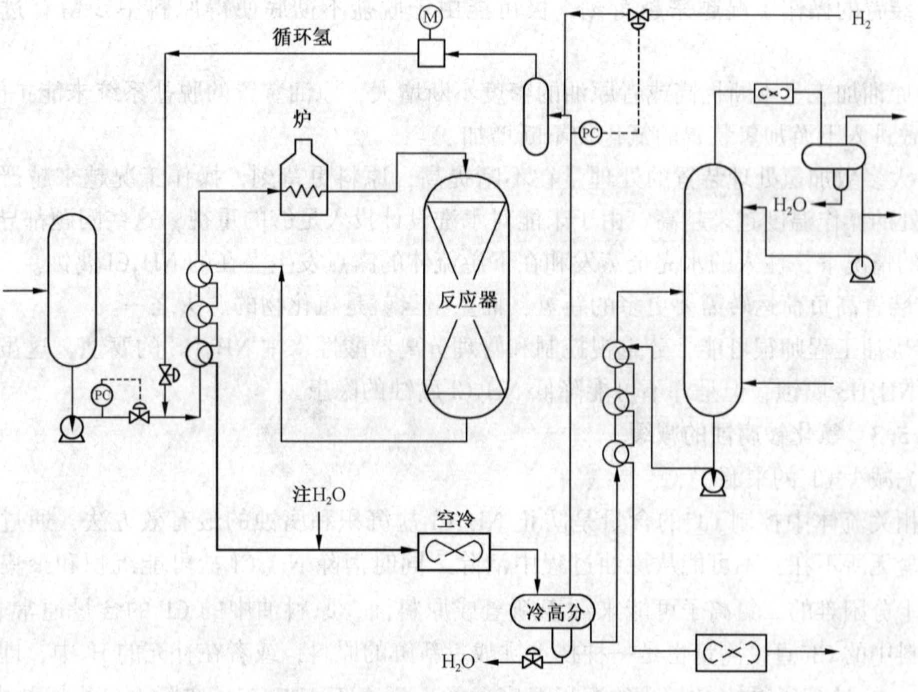

图 15-5-2　加氢装置典型氯化氨腐蚀部位(无热高压分离器)

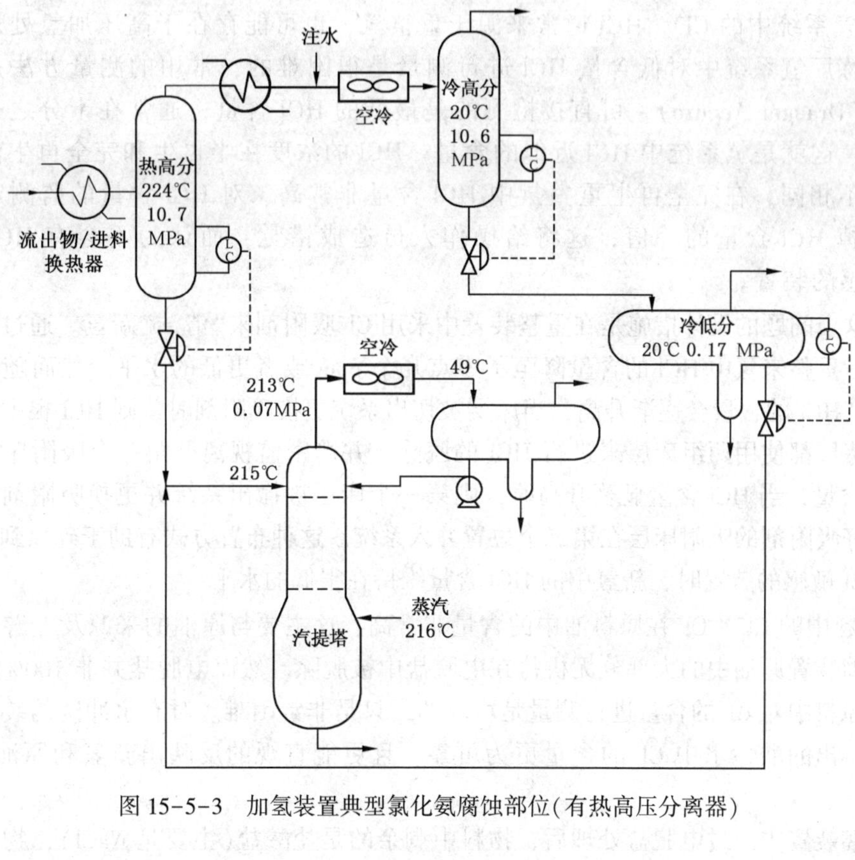

图 15-5-3　加氢装置典型氯化氨腐蚀部位(有热高压分离器)

① 装置的操作工况越来越苛刻，极可能由于脱盐不彻底使得原料中残留有过量的氯化物。

② 原油加工量不断提高或者原油的密度不断增大，原油装置的脱盐系统未能扩能改造，从而导致进入下游加氢装置的氯化物不断增加。

③ 大多数加氢处理装置的处理量在不断提高，原料更苛刻，操作工况越来越严酷或者在注水处的操作温度越来越高，由于未能对水洗设计投入足够的重视，这些问题都导致在注水不足的情况下，注入的水完全蒸发和在下游流体的露点发生潜在的 NH_4Cl 腐蚀。

④ 装置高负荷运转需要更多的新氢，而重整氢就是氯化物的源头之一。

⑤ 炼油工程师很可能十分重视控制和管理分离器酸性水中 NH_4HS 的腐蚀，这虽然有助于缓解 NH_4HS 腐蚀，但是却不可能降低 NH_4Cl 腐蚀的隐患。

15.5.3 氯化铵腐蚀的减缓

(1) 减少 Cl^- 的来源

在相关流体中控制 Cl^- 的含量是防止 NH_4Cl 盐沉积和腐蚀的最有效方法，通过比较发现，铵盐无所不在，不可能从炼油过程中清除。同时消除 NH_4Cl 盐可能沉积和聚集的过冷部位是十分困难的。氯离子可能来源于新氢或原料油，原料油中的 Cl^- 的含量通常非常低，且对原料中的 Cl^- 直接测量也是一种技术挑战。新鲜的原料，或者在补充的 H_2 中，即使浓度只有 1ppm，计算所得的 NH_4Cl 的沉积温度通常远远高于 NH_4HS。实际上，当原料中的 Cl^- 浓度为 1ppm 时，计算所得的 NH_4Cl 的沉积温度是 177~232℃，而 NH_4HS 只有27~66℃。

① 氢气系统中的 Cl^-　HCl 通常来源于重整氢，也可能存在于高压加氢处理的减压氢中，在炼厂氢系统中对低含量 HCl 进行测量是很困难的，常用的测量方法是使用毒气侦测器(Draeger Accuro)。可直接检测的是最低的 HCl 含量，通常在十分之几到几个 ppm 之间，这就是氢系统中 HCl 近似的含量。HCl 的浓度在半再生和完全再生催化剂的重整中各不相同，在完全再生重整氢中 HCl 含量非常高。对 HCl 含量的监测定点测量通常会漏掉 HCl 含量的峰值，这将给操作人员造成错觉，而认为不会有 HCl 进入对 NH_4Cl 敏感的装置。

解决这个问题的设计措施是在重整装置中采用 Cl^- 吸附剂来“清洁”新氢。通过吸收床的吸附作用，重整来氢中 HCl 的含量降至了零点几个 ppm 或者更低的水平。然而随着吸收床层的失效，HCl 的含量会逐渐升高，当床层被切出系统更换吸附剂时，则 HCl 根本不可能脱除。很多炼厂都使用两组床层来进行 HCl 的脱除。并严密监视离开第一个吸附床层时新氢中 HCl 的含量，当 HCl 含量显著升高时，则第一个床层被撤出系统并更换吸附剂，同时一个已更换好吸附剂的吸附床层在第二个位置并入系统。这种布置方式有助于确保到达下游那些对 NH_4Cl 敏感的装置时，新氢中的 HCl 含量维持在很低的水平。

② 原料中的 Cl^-　Cl^- 在原料油中的含量非常高，这主要与原油的来源及上游处理过程有关，蒸馏装置原油中的大部分无机盐在电脱盐中被脱除。然而电脱盐并非 100%有效。在加氢处理原料中对 Cl^- 的含量进行测量是可行的，只是非常困难。对有水冲洗的装置，测量下游冷凝析出的酸性水中 Cl^- 的含量更为可靠，且更能直观的反映出新氢和原油中 Cl^- 的含量。

在蒸馏装置中经过电脱盐处理后，物料中剩余的是盐酸盐(主要是 NaCl)，物料仍残余

很多的 Cl^-，那么就会产生额外的腐蚀。常压塔和减压塔侧线产品中含有的 Cl^-少于塔底油，但是含量仍然可观。塔中注入的中和剂使 Cl^-主要集中于煤油及重石脑油馏分中。同样，塔顶石脑油馏分中含有的 Cl^-也十分可观。

除了无机盐中有 Cl^-外，加氢装置中 Cl^-主要来源于原料油中的有机氯化物，这些可以通过在产品中注入清除剂来消除。普遍认为原料油中的有机氯极少。然而有资料显示，由于油田采用了氯化物溶剂从而导致有机氯在原油中出现，如果在原料中能检测到氯化物溶剂，那么就必须对原料的供应源进行调查以清除污染。而且也应定出计划，对设备和管道的腐蚀及盐的沉积情况进行检查。

③ 冲洗中的 Cl^-　如果用酸性水汽提后的净化水作为冲洗水源，那么很可能就夹带有 Cl^-，但是只要注入足量的水，并在流体中的每一处都能保持明显的水态，那么这些 Cl^-应该不会引起盐的沉积或 NH_4Cl 腐蚀问题。只要水源是解吸过的酸性水，那么就应特别注意水的合理分布及水相中保持有足量的水。

无论 Cl^-的来源，判断 Cl^-残余的最佳办法就是测量高分酸性水中的 Cl^-含量。酸性水中 Cl^-的存在表明 Cl^-以某种方式进入了装置，必须引起足够的重视并进行深入的探讨。分析氯化物组成时，应该综合考虑其他的一些因素，如注水的速率等，很可能会有所启发。一炼油工作者研究发现，当空冷器器系统的注水速率提高后，高分酸性水中 Cl^-的含量竟然产生了大幅攀升。由此可以推断，Cl^-的异常升高是因为注入的水冲洗出了沉积盐，换个角度说，盐的沉积已经发生。

(2) 温度的控制

减轻 NH_4Cl 腐蚀必须考虑的第二个因素涉及温度的控制。对一些盲区和很少使用的系统，为防止盐的沉积应当设置正确的隔离并安装示温仪。若换热器出口的温度接近盐的沉积温度，就应该设计有温控系统及在工艺指标中设置最低温度线。系统的控制温度必须比算出的盐的沉积温度高出 4~10℃。这样一来就不会与设计中最大化热回收的目的相抵触，但是当有氯化物存在时，某些时候就不能过分的强调能耗。

(3) 材质升级

目前没有合适的抗湿 NH_4Cl 盐沉积的材质。对 NH_4Cl 腐蚀，通常是采用 825 号合金及 2205 号合金进行材质升级，但是仍然不能抗氯化物产生的坑蚀。为提高材料抗点蚀和间隙腐蚀的能力，采用的合金应具备与 40 号合金相当的抗点蚀指标，同时也应具备抗硫化物应力腐蚀开裂的能力。因此，待选材质应含有至少 40%的 Ni 元素或者具有双相结构。所以满足条件的合金可以考虑 625 号合金、各种级别的碳合金及超级双相不锈钢，如 2507 号合金。

(4) 恰当的水冲洗

对于防止铵盐阻塞和腐蚀换热器，水冲洗以清除 NH_4Cl 盐沉积是十分必要的。一般来说，冲洗水的注入是连续的，但也可能是间断的，这主要取决于淤塞的速度。绝大多数的指导性见解同样适用于减轻 NH_4HS 腐蚀。

① 水洗注入点的设置非常严格　为了有效地冲洗沉积物，水冲洗应该布置在可能形成湿氯化铵的上游。在新装置中，对氯化物含量进行合理的估计可以算出最初的沉积点。如果注水点定位过高，就会增大用水量，有时会因为油温较高而使水沸腾，这就需要注入更多的水以保证至少有 20%的水维持在液相。是选择单个注水点还是多个注水点(例如在一个多组空冷器器的每个入口设一个注入点)，得考虑许多因素，通常这些因素需要逐个分析。

② 水冲洗能够防止或消除 NH_4Cl 盐沉积这取决于与气相接触并吸收 HCl 或溶解沉积物的程度。各炼油企业采用不同的方法实现充分混合，包括向流出物喷水，使用在线或静态混合器，或提高流速以增大混合。每种方案各有其弊。例如，喷雾器会堵塞，静态混合器会增大压降。最佳方案取决于许多因素，如潜在剧烈程度、流出系统的规格和复杂度、杂质含量等。在持续注水点处降低 NH_4Cl 的腐蚀强度，保持充分接触非常重要。应该尽可能在最短的距离内做到快速、完全的接触。在达不到充分接触的部位使用合金材料进行局部保护。在管-壳式冷却器中实现恰当的水洗比在空冷器器中更加困难。清洗小型冷却器的管壁可能相对容易些，因为水流可以直接到达每根管束。而冲洗冷却器的壳壁就难多了。在那种情况下，只能从冷却器的上游注水。在较长时间提供足量的水使沉积物完全溶解是唯一可行的办法。

③ 在加氢反应流出物空冷器器及下游管道设备中，在持续水冲洗降低 NH_4HS 腐蚀的同时，也可能会有 NH_4Cl 的腐蚀。注入的水很容易从流出物料中吸收 HCl 和 NH_3，从而形成 NH_4Cl 水溶物。由此产生的腐蚀很容易局限于注入点和流向空冷器器的管道中，其腐蚀强度因局部化的不同而不同。

④ 为降低上述系统的腐蚀，必须严格控制冲洗水质。常用的水源是解吸后的酸性水、冷凝水(必须经检测并达到含氧量的限制)，或是经过除气的锅炉进水。蒸汽热凝罐一般不存在氧气污染的问题，因为蒸汽起到隔离的作用。然而，由没有隔离保护的蒸汽冷凝罐来的冷凝液大多含氧量较高。要是使用这样的水源，罐应该用氮气隔绝，水中的含氧量应定期监测，必要时应添加除氧剂。注水须符合表 15-6-3 冲洗水的质量指标条件。

⑤ 完整的水洗系统的另一关键是有可靠的泵、阀门、流量计等。为各注水点均分水流所使用的阀门和流量计，其要求特别严格。要求做到一开始就选择正确，生产中要作持续的预防性维护。

⑥ 为做到相对均匀地把冲洗用水分配到空冷器器的每一组中，需进行合理的的管道布置和空冷器器设计。管道的出入口应对称平衡布置。许多对称的配置方案因无法做到平衡而不能采用，平衡是指每个管口都是同一平面内的定向三通。这意味着没有集合管多组分支和空冷器器进口的数量必须是 2 的倍数(如 2、4、8、16 等等)。多分支的集合管容易使大部分水流向最靠近中心三通的分支中。

15.6 酸性水的腐蚀

酸性水腐蚀是各种常见炼油加工装置关注的问题，尤其是蒸馏、加氢处理、加氢裂化、焦化、催化裂化、胺处理、酸性水汽提等装置。

酸性水腐蚀广义上定义为含水 H_2S 和氨造成的腐蚀，并且通常是碱性的 pH 值。这种腐蚀由含水的二硫化铵(NH_4HS)引起，二硫化铵也称为硫氢化铵。影响酸水腐蚀率的主要是 NH_4HS 水溶液浓度和流速，其次是 pH 值、水中的氰化物和氧含量。

15.6.1 腐蚀机理

高浓度的硫氢化铵，如大于 35%，碳钢和 18Cr-18Ni 不锈钢即使在静止状态也会发生严重的腐蚀。通常见到的是 NH_4HS 水溶液的冲刷腐蚀，水的来源可以是为避免 NH_4HS 结晶物堵塞设备与管道而注入的冲洗水。

NH_3 与 H_2S 的气态，在 27～66℃ 温度范围结晶，其结晶区的浓度与温度关系见图

15-6-1(从物料的成分估算 NH_4HS 的结晶温度)。通常该温度可采用碳钢材料，因为形成的硫化铁保护膜具有一定的效果，但高速或高浓度的酸性水冲刷的剪应力破坏了保护膜，使材料呈现局部与均匀腐蚀。

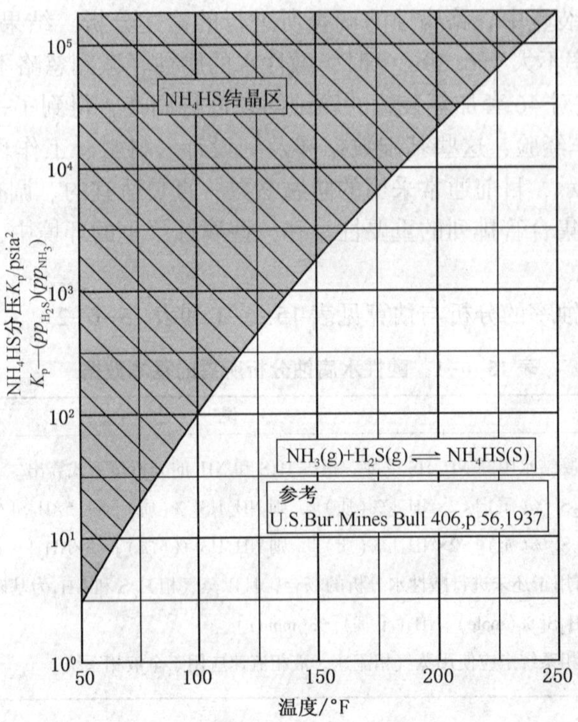

图 15-6-1 从物料的成分估算 NH_4HS 的结晶温度

不同的装置 NH_4HS 的积垢与酸性水的腐蚀部位如下：

① 加氢装置因速度加速的腐蚀可在以下部位发现：

A. 空气冷却器管箱、冷却管的入口端和局部结垢处的冲刷腐蚀；

B. 空气冷却器的进出口管道以及换热器管；

C. 反应器流出物分离器的进出管道；

D. 反应器流出物分离器的酸性水排出管；闪蒸可能造成控制阀下游的严重冲蚀腐蚀；

E. 高压分离器的油气管线；

F. 反应器流出物分离器的碳氢化合物管线，由于夹带酸水而引起腐蚀；

G. 汽提塔塔顶酸性水。

② 流化床催化裂化装置：

二硫化铵浓度通常小于 2%(质)，但高速度和/或氰化物的存在会去除保护性硫化铁膜；

③ 酸性水汽提塔顶管道、冷凝器、贮槽和回流管中的高浓度二硫化铵以及可能存在的氰化物；

④ 根据胺装置运行情况，在再生塔塔顶设备和回流管中可能发现高浓度二硫化铵；

⑤ 延迟焦化装置分馏塔下游的气体增压装置中可能发现高浓度二硫化铵。

除上述酸性水的冲刷腐蚀外，不同的材料在酸性水环境中有不同的腐蚀机理。酸性水属于湿硫化氢环境，因此，碳钢材料有硫化物应力腐蚀、氢致开裂与应力导向氢致开裂。不锈钢材料有氯离子的应力腐蚀开裂，钛材料有钛氢脆问题等。

15.6.2 酸性水腐蚀率确定

Piehl 针对 NACE T-8 委员会在 1976 年关于反应流出物空冷器器中的腐蚀以及相关的 42 套加氢裂化装置和加氢装置中管路腐蚀的调查所进行的论述分析，结果表明，当 NH_4HS 浓度不大于 2%，流体速率不大于 6.09m/s 时，酸性水的腐蚀轻微到忽略不计。

1996 年 NACE 通过对 46 套加氢装置的腐蚀问题进行调查，得到了一些基础数据。被调查者提供了 70 年的操作经验，这些基础数据涉及到设计、材料、工作环境和腐蚀经验等方面。而且，调查结果显示，目前通常采用的防腐参数一直是适宜的。调查结果主要突出了完全对称型设备布置及其集合管排列的重要性。在一些腐蚀严重的环境中，采用合金钢管束可以有效减少 NH_4HS 腐蚀。

对碳钢材料确定腐蚀率的分析与估算见表 15-6-1 和表 15-6-2。

表 15-6-1 酸性水腐蚀分析所需的基本数据

基本数据	说明
NH_4HS 或	确定凝结水中的 NH_4HS 浓度。根据 H_2S 和 NH_3 的分析按下式算出。 若 H_2S[%(质)]<2×NH_3[%(质)]，则 NH_4HS[%(质)]=1.5×H_2S[%(质)] 若 H_2S[%(质)]>2×NH_3[%(质)]，则 NH_4HS[%(质)]=3×NH_3[%(质)]
K_p 系数	K_p 可用于还未进行酸性水分析的场合，且以蒸气相 H_2S 和 NH_3 为基础。 K_p=H_2S[%(mole)]NH_3(干基)[%(mole)]
流速	在两相系统中应使用蒸气相流速。液相流速应用于全液相系统

表 15-6-2 估算碳钢腐蚀率 mm/a

K_p	NH_4HS/%(质)	流速/(m/s)			
		<3.05	3.05~6.1	6.4~9.1	>9.1
<0.07	<2	0.125	0.2	0.25	0.375
0.07~0.4	2~8	0.375	0.625	1.25	3.75
0.41~1.0	8~20	0.75	1.25	7.5	12.5
>1.0	>20	7.5	12.5	20	25

15.6.3 加氢装置反应流出物系统中空气冷却器的腐蚀与防腐

炼油厂装置中酸性水冲刷腐蚀严重的装置是加氢裂化反应流出物系统的空气冷却器管束。加氢反应过程有机氮生成了氨，硫化物加氢生成了硫化氢，有机氯生成了氯化氨，还有可能有 HCN 的形成。在炼制高硫、高氮原料与高负荷生产对空气冷却器的腐蚀影响是很大的，国内外均有大量事故的报道。因此，美国 1975 年 NACE 进行了调查、1996 年 UOP 调查与 1998 年 API 调查。我国在 2006 年也进行了调研。从大量案例与研究文献看，影响空气冷却器失效的因素很多，从设计的原则到制造与使用管理，它是一个系统问题，不可能用几个参数可以表达。

15.6.3.1 API 文献摘要

工程设计空冷器器管子选材的准则是依据 K_p 值的大小进行的：

① $K_p \leq 0.07\%$材料为碳钢；

② $K_p \leq 0.1\% \sim 0.5\%$材料为碳钢；流速适应范围为4.6~6.09m/s。流速如果在3.05~3.66m/s范围，有可能导致管下部产生停滞的沉积物，管子的损坏不但发生在管端的侵蚀-腐蚀，而且还发生在沿着管子基底的就地凹处和凹槽处。这样的腐蚀经常发生在严重的结垢管子；

③ $K_p > 0.5\%$，当流速低于1.5~3.05m/s或高于7.62m/s时，选用Monel高合金材料；

④ NACE根据统计的结果，高分水中NH_4HS的浓度低于2%时，碳钢没有腐蚀，8%以上的浓度有严重腐蚀，因此，2%~8%的浓度已作为设计的一个参数，由此来决定注冲洗水的量。

除空气冷却器材料与结构的因素外，物料中有些成分对腐蚀起了重要的影响，而这些因素没有定量化的参数。

① 氯化氨的影响　原料中的有机氯加氢生成的氯化氨，不排除无机盐转化成氯的可能，催化剂也含有氯化物，还有外系统芳烃装置或催化重整装置来的氢气中含HCl。氯化氨破坏了碳钢材料的保护膜，加速了腐蚀。不锈钢材料还有应力腐蚀开裂问题。这些盐类常在超出水浓缩点之上直至204℃或更高的温度下沉积。沉积最可能发生在反应器流出物换热器，空气冷却器的进出口以及分馏器顶部及塔顶系统；当运行在太低温度又静冷的死区，如安全阀入口、控制阀管路、连接仪器仪表，以及间歇使用的过程管道系统连接件上，盐类沉积也出现在热高压分离器。干燥NH_4Cl盐类不具有腐蚀性，但能引起重大堵塞问题。

② 氧的影响　氧气是一种强氧化剂，将与二硫化物离子反应而形成单质硫。在某一更低pH值和温度条件下，单质硫能稳定存在，以致于在湿酸性系统里发生堵塞和腐蚀。然而，在pH值不低于8的条件时，天然硫将与酸性溶液中的NH_4HS反应而生成聚硫化铵，它可在下游湿酸性系统里抑制腐蚀。氧能分解多硫化物防腐剂，并能进一步增加腐蚀。可以从腐蚀产物中找到被氧化过的特有腐蚀产物：硫酸铁铵$NH_4(FeSO_4)_2 \cdot 12H_2O$。

③ 氰化物的影响　氰化物在加氢装置中很少有报道，可能数量少，也可能分析困难；冲洗水如果来自酸性水汽提装置，而该装置有同时处理FCCU的酸性水，可能会带有少量的HCN；一旦有CN化合物共存，生成络盐，将破坏硫化铁保护膜而加速腐蚀(见以下反应式)。

$$FeS+6CN^- \longrightarrow [Fe(CN_6)]^{4-}+S^{2-}$$

在空冷器器上游的反应流出物中注入多硫化钠和多硫化铵来抗氰化物的腐蚀。多硫化物与氰化物反应生成硫代氰酸盐。此外，趋向于通过多硫化铵来抑制硫钢腐蚀。它是通过改变硫化铁腐蚀产物的附着力和组分来实现的。因此多硫化物的注入能降低腐蚀，即使氰化物不存在也如此。

④ 可能有来自加氢催化剂的氟化物，加氢生成的氢氟酸有强腐蚀性；

文献API RP 932B对反应流出物系统空气冷却器的设计、制造与使用推荐了一些经验：

空冷器器管束设计：

① 采用集合管箱，不要使用回弯头或U形管结构，避免稠环芳烃积聚时的清理困难；

② 应用完全对称布置，空冷器器管束数为$2n$，n为任意整数

③ 管束箱设计成多个进口和出口，每次通过仅仅只有一个管排或第一次通过只有一个管排，就可以将流量分配不均降到最低。如有多排，冲洗水通常会流向底部排管，使得最顶

端的排管处于“未冲洗”状态，从而极易形成沉积物；

④ 最有利的流态存在于低流速的层流及环流。大多数炼厂都向环流发展，特别是空冷器器管，流态在除去盐类上起着重要作用，也影响着管道系统入口处三通管的流体分布。

⑤ K_p 值较高的情况下，采用高合金材料(如 Incoloy825)

⑥ 峰值管速最大值为：6m/s(碳钢管)和 9m/s(合金管)

⑦ 若腐蚀是发生在管束端的冲蚀(入口端或出口端)，则应采用衬管，其材料为 300 系列不锈钢，衬管大约长 250mm 与冷却管贴胀，下端部应为光滑 4:1 锥形；

⑧ 管与管箱的连接有三种设计选择，包括胀接、胀接+焊接和强度焊。胀接双相钢时最大胀管率要小于 2%。

管道集合管设计：

① 出入口管结构均为完全对称型；

② 入口管系三通前的直管长度影响到下游的分配，要进行管系计算机模拟设计；

③ 腐蚀取决于流速，出口管系考虑液体量的增加，管系设计要减少流动方向，并采用大半径的弯头。

④ 考虑不平衡流的影响，当空冷器器管束运作或风机风量不均衡的时候，使得沉积物增加，使空冷器器管束片一个比另一个冷，压力下降，产生不平衡流。

⑤ 必须配置旁路管道和压缩机回流线路固定口，以防止在不使用的时候出现死角和不动液体。他们必须被配备自我排泄能力；

⑥ K_p 值较高时，采用高合金材料(如 Incoloy825)；

注水：

① 注水量应足够使污水中 NH_4HS 浓度低于 8%(质)；1980 年 Sherrer 等通过 NH_4HS 对碳钢腐蚀试验，推荐注水要领：

流速<3.5m/s 时，高分排水中 NH_4HS 浓度控制在 4%~10%；

流速>3.5m/s 时，高分排水中 NH_4HS 浓度控制在 4%以下。

② 注水量和注水点应保证注水点处至少有 25%的注入水保持为液相；

③ 多点注水仅用于非对称结构，应有仪表控制和调节各个注水点的注水量；

④ 注水套管比短接管更常用；

⑤ 冲洗水的质量(即 O_2、pH 值、铁、Cl^-和氰化物含量)应符合要求(见表 15-6-3)

⑥ 溶液中的不溶性的硫化铁，可沉积在管道和设备中，即使含铁量低。例如，一年内，11.3m^3/h 的冲洗水中仅仅含 1ppm 的铁就可形成超过 14kg 的硫化铁。在良好控制的加氢脱硫装置中，发现反应流出物分离器水中 pH 值保持在一个较小的范围 8.5~8.7，NH_4HS质量百分比浓度为 5%~10%，如果 pH 值有波动，通常这是由于注水受到氧污染。分离器排水变为深绿色，表明受到污染，这是由于存在硫化亚铁细小颗粒。

⑦ 通常用聚硫化钠或聚硫化铵加于注水中以对反应产物冷却器及其下游管线进行腐蚀控制。由于聚硫化钠价格较低且稳定性较好，一般都在使用，但使用聚硫化铵可最大程度减少排出酸水中钠的含量。推荐的聚硫化物注入流率为在注水中含有 10ppm(质)或以上与所含氰化物反应所需化学计算量的 5 倍，用以上的最大值。在大多数装置中氰化物的浓度十分低，根据注水量来取聚硫化物 10ppm，应当是足够的。从工艺过程的物流中准确地分析氰化物浓度，作为指导聚硫化物的注入速率是困难的。

表 15-6-3 冲洗水的质量指标

参数	最大值	期望值	参数	最大值	期望值
氧气/ppm(质)	50	15	H_2S/ppm(质)	—	<1000[a]
pH	9.5	7.0~9.0	NH_3/ppm(质)	—	<1000[a]
总硬度/(ppm as Ca 硬度)	2	<1	自由的氰化物/ppm	—	0
溶解的铁/ppm(质)	1	0.1	总的悬浮固体/ppm	0.2	Nil
氯化物/ppm(质)	100	5			

操作：

① 空冷器器风机的作用大大地影响了盐类在管束中的生成。温度常常由出口热电偶控制，不能反映出每片空冷器器的冷却效果，可导致在某些地方有盐的沉积。管束的出口管应有温度指示，监测有无结垢现象；冬季的时候用百叶窗调节温度。

② 组织一个专业的团队，对以下的过程参数进行采集和分析

A. 原料的含硫量；

B. 原料的含氮量；

C. 脱氮百分比；

D. 硫的转化率；

E. 冷分离器蒸汽层中 H_2S 浓度；

F. 空冷器器入口与出口的操作温度和压力；

G. 冲洗水量；

H. 冷分离器溶液中 NH_4HS 浓度；

I. 冷分离器溶液的 pH 值；

J. 冷分离器溶液中氯化物与氰化物的含量；

K. 冷分离器溶液中冲洗水 pH 值，氯化物含量，含铁和氧量。

L. 提供过程变量的监控指导参考，见表 15-6-4。

表 15-6-4 过程变量的监控指导

与腐蚀有关的过程变量	位 置 举 例	频 率 举 例
硫的含量	流入物	一天到一周
硫的转化	流入物/产品	一天到一周
氮的含量	流入物	一天到一周
氮的转化	流入物/产品	一天到一周
氯化物	流入物	由过去和相关的量决定
工作温度和压力	任何地方	持续的/变化的
NH_3 和 H_2S	分离出的水	一周到一个月
Cl^-的浓度	分离出的水	一周到一个月
CN^-的浓度	分离出的水	一个季度或更多
pH	分离出的水	一周到一个月
水洗水的效率	注水器(流量计)	持续到一天
水洗水的质量比如 pH、O_2、Fe、TSS、硬度	水洗水	一个月到一个季度

参数计算：

① NH_4HS 与 NH_4Cl 沉积温度：

为了利用图 15-6-1 中 NH_4HS 沉积图表，工程师应当考虑大量针对 NH_4HS 盐类的操作术语，这些 NH_4HS 盐类是反应器流出物中 NH_3分压及 H_2S 分压的产品。另外，

$$K_p=[NH_3pp]\times[H_2Spp]$$

每种成分的分压，可由汽相中该成分的摩尔数计算出，而此汽相是由过程中被绝压(P)相乘的汽相中的总摩尔数决定的。即：

$$pp_i=(n_i\ 气相)/(总气相)\times p$$

式中 n_i 是 i 相成分的部分摩尔数(气相)。

相同的方法可用于估计图 15-5-1 中 NH_4Cl 沉积温度。

NH_3可由原料中的含氮量及脱氮百分比计算出。通常专利商或催化剂供货商将提供反应器净产出。

若装置反应器流出物采用冲洗水，反应器流出物的 NH_3 含量，基本上与反应器中生成的 NH_3量是一致的。这主要是因为所有的 NH_3被水和分离器中液态碳加氢合物吸收，并从反应器回路中除去。然而，如果没有采用冲洗水，NH_3含量将变得相当高，是因为 NH_3将随循环气循环回反应器。

② 分离器水中 NH_4HS 浓度：

下列公式可用于估计高分水中 NH_4HS 的质量分数，此处无热高分离器，而且反应器中 H_2S 的量大于 NH_3的：

$$NH_4HS\ 质量分数=\frac{(MW_{NH_4HS})\times W_f\times F_n\times C_n\times 100}{(MW_N)\times WW_r\times 100\times 100}=0.0364\times W_f\times F_n\times C_n/WW_r$$

式中 W_f——装置原料质量流量；

F_n——装置原料中含氮质量分数；

C_n——反应器内(纯氮转化)脱氮百分比；

WW_r——注入冲洗水的质量流量；

MW_{NH_4HS}——NH_4HS 分子量=51；

MW_N——氮分子量=14。

此计算假定所有 NH_3在高压分离器中，均被吸收生成 NH_4HS 溶液。这应该是比较合理的一种假定，而实际数据资料和仿真结果显示，冷却后 99%的 NH_3溶解于液中。此计算也假定所有水已被浓缩(尽管少量水仍留在蒸汽及碳氢化合物中，但这是在允许范围内合理的假定)。此公式能倒算已知 NH_4HS 浓度要求的冲洗水流量。

③ NH_4HS 浓度：

物流中 NH_3与 H_2S 浓度决定了所形成的 NH_4HS 量。NH_4HS 的 mol/h 含量可由原料中氮的单位小时质量流量与产品中氮的单位小时质量流量差除以分子量而估算出。另一种普通的方法，是获得原料中氮的单位小时质量流量，将它与反应器中的氮转化相乘，再用分子量相除。这种在过量 H_2S 存在情形下的假定，对于大多数装置而言是相当有用的。

浓缩液中二硫化物浓度可由下列关系导出：

若 H_2S 质量百分比<2×NH_3质量百分比，则 NH_4HS 质量百分比=1.5×H_2S 质量百分比；

若 H_2S 质量百分比>2×NH_3质量百分比，则 NH_4HS 质量百分比=3×NH_3质量百分比(大多情况下)。

这些关系很容易从事实中得到，就是 NH_4HS 是由等量摩尔的 NH_3与 H_2S 反应生成。然

而，生成的 NH_4HS 量被每种成分的最小物质的量(摩尔)浓度所限。

④ 饱和蒸汽必需的水量：

迅速计算决定需多少水以保证饱和蒸汽，通常由过程模拟来完成。然而，所需的流量可通过下列方法手算出。注意：这种计算法仅是估算，可超过模拟计算值的5%。

A. 估计平均注入水温度。如果没有热分离器，温度将主要在17~55℃变动，而低于注入前的过程温度。若有热分离器，温度将会是110℃或更低。

B. 利用蒸汽表，确定此温度之上的饱和压力。

C. 估计注入处蒸汽氢/碳氢化合物的摩尔质量流量(通常这是非常接近来自冷高压分离器中的蒸汽流量)。

D. 利用下列公式估计给定条件下水的摩尔量

$$\text{水洗水的摩尔量}=F_c\times\text{水蒸气摩尔量 }HC\times\frac{p_{\text{sat stm}}/p_{\text{system}}}{1-p_{\text{sat stm}}/p_{\text{system}}}$$

式中 蒸汽摩尔流量 HC=注入处的 H_2 及碳氢化合物的摩尔流量；

$p_{\text{sat stm}}$=工艺注入温度上饱和蒸汽的绝压；

$p_{\text{sys tem}}$=注入处工艺绝压；

F_c 由表15-6-5定义。插值法求出其他工作压力的 F_c 值。

表15-6-5 F_c值

工作压力			工作压力		
psig	(kPa)	F_c	psig	(kPa)	F_c
500	(3450)	1.1	1500	(10300)	1.3
1000	(6900)	1.2	2000	(13800)	1.4

此计算将估计出注入处饱和蒸汽层所要求的水量。为估计要求多少水来保证25%过剩(冲洗水的25%仍旧是液相)，简单将上述计算值乘以1.25。

15.6.3.2 我国**2006**年调研

加氢裂化高压空冷器器的失效是大家所关心的，除API的三次调查提供有益的信息，我国2006年8个厂的调研和近几年出现的案例大致可有以下的看法：

① 我国碳钢空冷器器设计参数是参照NACE 1975年调查推荐的参数，目前大部分使用良好；

② 失效的空冷器器多出现在装置原料劣化与扩能改造之后，流速与 K_p 值增加，而注水系统没有改造；

③ 部分失效空冷器器泄漏部位在上数第三排以下，泄漏点部位有严重的垢物和冲刷形成的减薄；分析认为与注水不够有关；

④ 部分空冷器器泄漏在最下排出口端，有明显的垢下腐蚀，计算流速在3m/s左右，低于设计准则；

⑤ 原料与系统氢(芳烃与催化重整装置)中含 Cl^- 明显增加，超出了原设计指标；

⑥ 部分空冷器器失效与制造质量有关；

⑦ 部分空冷器器失效与入口配管与管箱不均匀分配有关；

⑧ 大部分企业的反应流出物系统设备的腐蚀没有进行有效的管理。

针对我国存在的问题，调查组提出改进的意见：

（1）腐蚀控制总体原则

① K_p<0.3，控制流速可选碳钢材料；K_p = 0.3~0.5 根据具体情况选碳钢与高合金钢；K_p>0.5 在任何流速下选择高合金钢(如 Incoloy825)

② 控制反应流出物系统中过高的 Cl^- 产生严重的腐蚀问题，如果不能可靠的控制时，选用高合金钢(如 Incoloy825)；

③ 建议流速控制：碳钢 4.5~5.5m/s，双相钢(2205 或 2507)3~9m/s，Incoloy825 3 ~12m/s；

④ 高分水中的氨盐浓度作为一个控制指标，建议 4%~8%(参考 NACE 资料，当分离器中硫氢化氨的浓度低于 4%时，如果排水的 pH 维持在 8.3~9.0 之间，碳钢管束使用状况良好。当 pH 低于 8.0 时空冷器器会发生严重的腐蚀。茂名分公司的试验在 4%时最理想)。

（2）设计

① 参考 APIRP932 的注水要求，保证注水点的剩余液态水量有 25%，水质控制在表 15-6-3要求；

② 炼制高硫原油应配置循环氢脱硫设施。

（3）材料与结构设计

① 制定选用 Incoloy825 导则；

② 选用丝堵式结构，不选用 U 型结构空冷器器；

③ 物料含高 Cl^- 情况，空冷器器管束宜选每一个管程一排管子；

④ 为避免分配不均匀，有必要对管系与管箱进行流体动力学分析；

⑤ 管箱与管子应同材质焊接。

（4）制造

① 管头采用自动焊；

② 碳钢高压空冷器器换热管口焊接后应 RT 检查并进行消除应力热处理；

③ 高压空冷器器换热管与管板采用强度焊加贴胀，宜采用柔性贴胀方法；

④ 加强制造时的监造与产品的氦气气密试验。

（5）管道设计与平面布置

① 空冷器器片应完全对称布置，空冷器管束数为 $2n$，n 为任意整数；

② 进出口管系连接采用三通结构，如采用弯头结构，直管的连接长度应大于 10 倍的管径；

③ 弯头的平面应垂直与连接管；

④ 适当加大出口管系的壁厚；

⑤ 每台空冷器器出口管道设计有温度指示；

⑥ 多点注水的注水口应尽量靠近空冷器。

（6）生产操作

① 参考 API RP 932 要求进行注水管理；

② 高分水的氨盐浓度应作为生产控制的指标；

③ 空冷器器可控制风量的风机要全开，冬天要充分利用百叶窗，避免过低的温度造成氨盐结晶；

④ 根据 APIRP932 的资料，参考表 15-6-4“过程变量的监控指导”，建立企业反应流出物系统监控管理制度；

15.6.4 材料选择

对于反应流出物系统空冷器器系统材料选择，除考虑 NH_4HS 和 NH_4Cl 的腐蚀外，还要考虑不同的工况和经济等因素。API 的调查提出不同材料在该环境的适应性：

(1) 碳钢

碳钢是该系统的标准材料，适合用于缓和工况的 NH_4HS 腐蚀，在湿 NH_4Cl 沉积物作用下，它也将遭受严重的高腐蚀速率。该环境属于湿硫化氢有 HIC、SOHIC 以及 SSC 的问题。管箱的板材要考虑采用抗 HIC 材料，管口的焊接应当谨慎选择焊接工艺及技术，焊缝与热影响区的硬度应小于 HB200。

(2) 双相钢

用得最广泛的是 2205，超级双相钢 2507 可用于更苛刻的环境。焊缝金属确保铁素体含量在 35%~65%范围，焊接工艺是关键。

(3) 合金 825

合金 825 广泛应用于抵抗 NH_4HS、PTASCC 及氯化物 SCC。合金 825 含更低的碳含量，以及丰富的含钛量，使潜在的敏化作用降低到最小，以阻止由于 PTASCC 和晶粒腐蚀产生的损伤。除此之外，合金中钼含量也改善了它的性能，增强了防腐蚀的抵抗力。合金 825 由于含镍的缘故而有高的防氯化物应力腐蚀裂纹的抵抗力。

(4) 400 系列不锈钢

相比碳钢来说，它对 NH_4HS 这种浓度范围内产生的腐蚀有更强的抵抗作用。然而，由于氯化物的作用，很容易发生氢鼓泡，特别是在低流速情况下。

(5) 300 系列不锈钢

超过 60℃有 SCC 氯化物的问题，300 系列不锈钢应当避免采用。

(6) 合金 800

合金 800 对 NH_4HS 和氯化物 SCC 的抵抗力，过去常作为一种标准材料。出过几次连多硫酸开裂问题，是在碳含量超过 0.06%时焊接造成了敏化。在许多案例中，合金 800 管子在漫长的停工期间，由于受到不当的搁置，也遭受到氯化物腐蚀的破坏。

(7) 合金 400

合金 400 曾经在许多地方有多年成功使用的报道。Piehl 指出，合金 400 对反应流出物系统里含 NH_4HS 浓度达 2%~3%，是具有抵抗力的。测量过流速在 3.4~6.4m/s、浓度在 4.5%~5%的 NH_4HS 中合金 400，腐蚀率在 0.8~0.9mm/a 范围。

(8) 合金 276 与合金 625

合金 C-276 与合金 625 在许多过程装置的恶劣条件下使用，是行之有效的。

15.7 碱腐蚀

碱腐蚀有开裂与减薄腐蚀两种。碱裂指在高温苛性碱(氢氧化钠或氢氧化钾)的存在情况下，金属在拉伸应力和腐蚀共同作用下的开裂。苛性盐或碱性盐的浓度引起的局部腐蚀通常在蒸发或高传热条件下发生。然而，根据碱溶液或碱性溶液浓度，全面腐蚀也可能发生。受影响的材料主要为碳钢、低合金钢和 300 系列不锈钢合金，400 和一些其他镍基合金则表现出较低腐蚀速率。在炼油厂中 NaOH 通常用于中和酸性物质，例如硫化氢、盐酸等。

15.7.1 碱腐蚀机理

碱裂指在高温氢氧化钠(NaOH)情况下，金属在拉伸应力和腐蚀共同作用下的开裂。实际上，裂纹在本质上主要是晶间裂纹，以典型的网状细小裂纹在碳钢中发生。低合金铁素体钢具有类似开裂敏感性。有三个参数决定钢制件的碱裂敏感性：碱液浓度、金属壁温和拉伸应力水平。工业经验表明一些碱裂在几天内就发生了，而有些却需要一年或更长的放置时间才能发生碱裂。脆化一旦发生，金属遭到破坏的速度会加快，当能觉察到有裂纹时，金属损坏已达到严重的程度。

增加碱液浓度或提高金属壁温可以加快开裂速度。几乎 2%以上的 NaOH 全部浓度范围内，均可产生应力腐蚀开裂。当 NaOH 的浓度逐渐增加，碳钢设备产生应力腐蚀开裂的使用温度则相应下降。如 NaOH 浓度由 40%上升到 60%，可能产生应力腐蚀开裂的使用温度则由 48℃下降到 40℃。同理当使用温度上升时，产生应力腐蚀开裂的 NaOH 浓度极限则低。碳钢设备经焊后消除应力热处理，可有限的提高设备使用温度。

图 15-7-1、图 15-7-2 与图 15-7-3 提供了碳钢与不锈钢材料碱裂敏感性的信息。注意：推荐的图适用于新鲜碱。对于炼油厂设备与管线受污染的碱(特别是硫污染)的 SCC，在苛性钠使用图(碳钢)的 A 区中要另外考虑，可能要增加热应力消除措施。

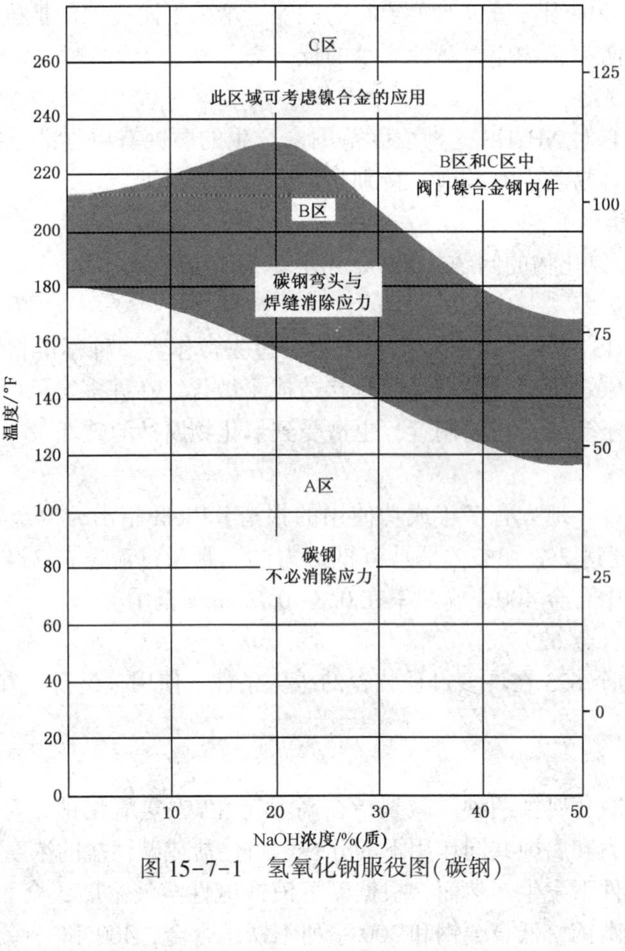

图 15-7-1 氢氧化钠服役图(碳钢)

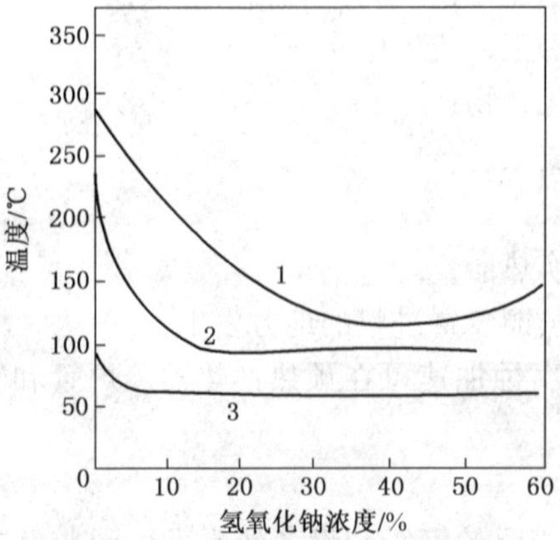

0Cr19Ni9、0Cr18Ni11Nb、0Cr17Ni12Mo2、
0Cr18Ni11Ti 不锈钢
产生碱脆的温度与浓度范围

图 15-7-2 304/347/316/321 不锈钢材料氢氧化钠服役图

1—线上侧 1 天开裂；2—线上侧 100~800 天开裂
3—线下侧不会产生应力腐蚀

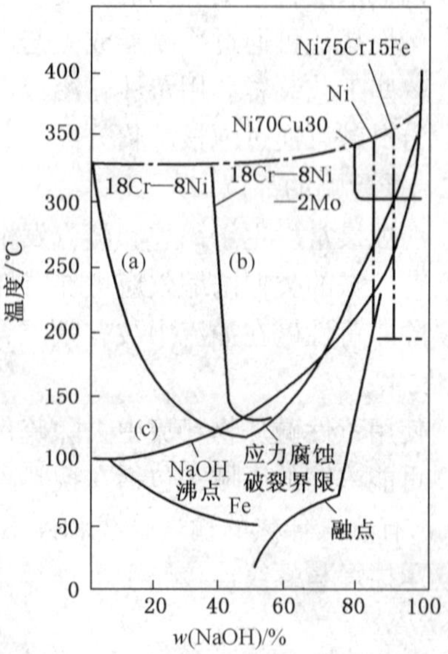

图 15-7-3 氢氧化钠服役图(不锈钢)

在碳钢金属温度小于46℃时，钢不会出现碱裂。在46~82℃范围之间，碱裂敏感性是碱液浓度的函数。超过82℃，碱裂敏感性也是碱液浓度的函数；此时，所有超过5%(质)碱浓度都有很高的开裂倾向。尽管在碱液浓度小于5%时的碱裂敏感性非常低，但是在高温情况时(接近沸腾)还是会产生局部高浓度区，从而增大了开裂的敏感性。该现象的明显案例包括蒸馏塔顶管线碱液注入口处的碱裂，和当垫片泄露使螺栓暴露泄放液时使螺栓碱裂。温度主要是考虑金属壁温，而不仅仅是正常工艺温度。

低碳钢在 NaOH 溶液中的应力腐蚀开裂主要是由于电化学反应的阳极过程所引起。碳钢在 NaOH 溶液中受 OH^-的钝化而形成表面钝化膜。但碳钢的钝化膜容易破口。在钝化膜破口处热浓的 NaOH 对钢产生强烈腐蚀。反应式如下：

$$Fe+4OH^- \longrightarrow FeO_2^{2-}+2H_2O+2e$$

$$3FeO_2^{2-}+4H_2O \longrightarrow Fe_3O_4+6OH^-+H_2$$

部分氢原子渗入钢材内部引起脆化，导致为裂纹扩展。NaOH 充分浓缩(浓度>5%)，钢表面的磁性氧化铁保护膜就会被溶解，裸露出钢的活性表面。

发生碱腐蚀可能在锅炉管或沉积物下局部减薄区域，表现为凹槽的局部金属损失或在应力集中的部位开裂。

对于炼油厂环境主要考虑碱 SCC(ASCC)。近年大部分的碳钢设备碱脆发生在没有应力消除的焊缝，典型的是热影响区和邻近的母材。如果有高的拉应力情况，少数案例发生在远离焊缝开裂。碳钢 ASCC 属典型的晶间开裂，虽然也发生穿晶开裂。裂纹的特点是致密和充满氧化物。通常有多重裂纹存在。焊缝金属是正常晶间开裂，裂纹沿铁素体晶粒边界。对于300不锈钢裂纹有分叉并呈以穿晶为主的混晶扩展形态。裂纹断面的断口形貌为脆性穿晶解理形貌，并有大量混晶的二次裂纹，裂纹面上有氧化物腐蚀产物，具有明显的应力腐蚀裂纹特征。

(1) 苛性碱的来源

① 工艺流体中加入苛性碱起中和作用或作为反应剂；

② 以低浓度将其加入到锅炉给水中，或其在软化器再生期间因疏忽而进入；

③ 碱性盐还可通过冷凝器或工艺设备的泄漏进入工艺流体中；

④ 一些工艺装置利用苛性碱溶液中和或去除硫化合物；

⑤ 游离碱可通过泡核沸腾分离、蒸发和沉积而变浓。

(2) 受影响的部位

① 腐蚀最常发生于锅炉和蒸汽发生设备，包括换热器；

② 苛性碱的类似浓缩效应可在苛性碱被添加到蒸馏装置进料的地方发生；

③ 除非苛性碱在油流中被有效混合，否则局部腐蚀加速可在预热换热器、炉管和输送管线上发生；

④ 使用苛性碱从物料流中去除硫化合物的装置；

⑤ 可能浓缩的区域，包括在换热器低流速区，滞留的管线和设备经常发生湿与蒸发交替区域，有蒸汽伴热的输送管线和停工蒸汽吹扫过程等；

⑥ 承插焊与螺纹连接属于不连续结构，容易过大的残余应力。螺纹连接还容易形成碱浓缩环境。

(3) 受影响的材料

① 影响碳钢材料腐蚀因素如上述；

② 奥氏体不锈钢的耐蚀性仅稍高于铸铁和碳钢。一般 18-8 型不锈钢仅可用于 90℃以下的极稀碱液中，当碱液浓度超过 0.1%时，奥氏体不锈钢即会产生应力腐蚀，并随着应力和温度的提高更容易开裂；

③ PTA 装置加氢反应器 304L 材料的在线碱洗条件：NaOH<3%，温度 280℃，72h 不出现应力腐蚀开裂；

④ 400 和一些其他镍基合金则表现出较低腐蚀速率。

15.7.2 锅炉和蒸汽发生设备的碱腐蚀

锅炉设备的碱腐蚀是常见的，因此，锅炉的水质管理有严格的要求。炼油厂有不少利用工艺流的余热发生蒸汽的设备，与锅炉专业相比，设备结构、水质管理和操作管理要差很多。普遍出现的问题是采用管壳式结构的标准换热器结构(管程走工艺流，壳程走水)管与管板焊接焊缝和管板开裂。开裂主要集中在第一管程的入口管板。通过调查与分析，开裂的主要原因是由于换热管与管板之间有较大的间隙，间隙中的锅炉水浓缩达到一定条件时在换热管与管板焊缝的热影响区开裂，裂纹穿透管板，金相检查开裂已沿晶为主，是典型的碱脆腐蚀。

炉水中游离碱含量高于安全含量(1~1.5ppm)是发生碱腐蚀的必要条件。发生碱脆必要和充分条件是炉水中存在过量游离碱且管存在局部过热。炉水中氢氧化钠可能的来源一般有 4 个：①添加入炉水中的 NaOH；②磷酸盐隐匿的 NaOH；③凝汽器泄漏致使碳酸盐型冷却水漏入凝结水中，分解而产生 NaOH；④补给水中含有 NaOH 或碳酸盐碱度。最有可能的炉水中游离 NaOH 唯一来源就是补给水。一级除盐系统在运行周期末会释放出大量 NaOH，这是炉水中游离 NaOH 的一个主要来源。炼油厂余热发生蒸汽的设备没有完善的排污设施和锅炉水的分析制度，也是游离碱浓缩的一个原因。

15.7.3 腐蚀案例

① 洛阳石化公司 250 号碱管线向全厂输送 NaOH，全长 2700m、19 个龙门架、材料 20

号钢、DN80。冬季伴热线开启后弯头处经常性的漏碱液，泄漏集中在龙门架弯头处，泄漏点80%在焊缝，焊缝外观正常无焊接缺陷，焊缝裂纹与热影响区平行，穿透壁厚。经分析是由于蒸汽伴热温度使管线的金属温度升高，在焊缝热影响区焊接残余应力与碱浓度的三个条件下造成碱脆。全部更换管线、焊后作热处理，龙门架处管线连接改用金属软管，同时制订了严格的蒸汽伴热管理制度后碱脆得到了控制。

② 金陵石化公司西套转化炉西侧54根炉管中发现有8根炉管底部开裂，开裂在离支管焊缝上方50mm处。炉管内壁有一层灰色物覆盖，可以看到有一明显的水线，此处的外壁温度(实测)在128~188℃，内壁温度在200~300℃，压力2.5MPa，有冷凝水出现。裂纹断口呈脆性状，沿晶开裂，为一层褐色产物所覆盖，经电子探针分析主要为$CaCO_3$。垢样一旦溶于水时的蒸发，冷凝水含微量碱的浓缩，达到该温度条件下的碱脆浓度，在支管应力集中处则呈现出强碱性。分析：汽包分水效果差，蒸汽携带含碱的炉水在转化炉管底部冷凝，形成碱脆裂纹。

③ 茂名石化公司炼油厂新建制氢装置的转化炉蒸汽过热器管在中压汽包加碱煮炉过程中多处发生断裂。蒸汽过热器管外径89mm，壁厚6.5mm，材料为1Cr19Ni9奥氏体不锈钢。经现场检查发现，断裂均发生于蒸汽过热器与集汽管相连的直管段与蒸汽过热器弯管上。裂纹大多位于焊接热影响区，为环向裂纹，在裂口周围管外有结碱。裂纹均由蒸汽过热器管内壁起裂，向外壁扩展。裂纹有分叉并呈以穿晶为主的混晶扩展形态。裂纹断面的断口形貌为脆性穿晶解理形貌，并有大量混晶的二次裂纹，具有明显的应力腐蚀裂纹特征。能谱分析表明，裂纹面上的腐蚀产物为氧化物，并有Na元素，但未发现Cl^-。煮炉过程中，过热蒸汽温度在200℃以上的时间达78h，其中超过300℃的时间达60h。查图15-7-2，当温度高于300℃时，18-8型不锈钢在浓度很低的碱液中，一天内即会发生应力腐蚀开裂。由于蒸汽过热器在煮炉过程中进入碱液，而蒸汽过热器在煮炉过程中蒸汽温度超过300℃已达60h，所以在此条件下蒸汽过热器管残余应力和附加应力过大的部位，不可避免地发生应力腐蚀开裂，直至断管。见图15-7-4与图15-7-5。

图15-7-4　18-8过热管开裂

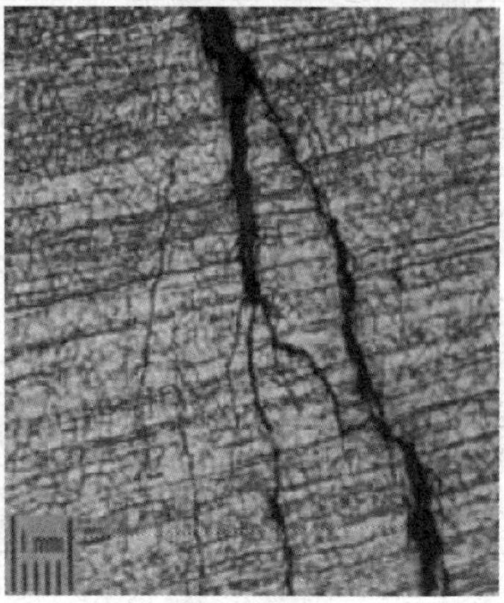

图15-7-5　断口金相图

④ 燕山石化公司贮运站液碱罐区A3材料的常压罐，储存浓度42%的NaOH，罐内设计环形蒸汽伴热管。使用一年后，发现罐体下圈板第一道环缝与纵缝穿透性开裂，裂纹距焊缝

3~5mm，与焊缝平行。分析原因是伴热蒸汽温度133℃，使碱液温度高于47℃，达到碱脆条件。该罐以后采用衬橡胶板方法，使用寿命提高到3年以上。

⑤ 茂名石化公司炼油厂三催化循环油浆蒸汽发生器，脱氧水和分馏塔循环油浆换热产生中压蒸汽。设备规格型号为BJS1600-2.5/4.64-547-6/25-6Ⅱ。该装置1996年9月投产，1998年6月开起E1216/A多次发生泄漏，严重影响装置的正常生产。换热器内漏发生在管束固定管板与换热管的连接焊缝处，检查发现焊缝产生裂纹，且大部分为环向裂纹，裂纹长度占焊缝长度的1/3~1/2。设计要求换热管与管板的连接为强度焊后加贴账，对5根焊缝产生裂纹的换热管进行拔管检查，发现管板前端15mm不贴账处管孔内径为ϕ26.4~27.0mm(按Ⅱ级换热器的要求，管板管孔内径应为$\phi 25.40_{0}^{+0.2}$mm)，有4根管在贴账处根本没有贴账的痕迹。由于换热管与管孔之间存在过大的缝隙，壳程除氧水进入缝隙后，产生浓缩电池，引起焊缝碱脆现象。另一方面，按标准GB151要求换热管伸出管板长度应为$1.5^{+0.5}$mm，实际大部分管端与管板平齐，造成焊缝焊脚高度远小于3.5mm(即1.4倍换热管管壁厚度)，从而大大地削弱了焊缝的机械性能。因此，焊缝裂纹的产生是由于换热管与管孔之间存在过大的缝隙及焊缝的机械性能差造成的。

15.7.4 碱腐蚀的防止与减缓

为防止碱腐蚀、碱脆，可采取以下防护措施。

① 控制炉水游离碱，采用适当分散剂和严格控制pH/PO_4^{3-}比例等。

② 选用适当的碳钢。含碳量约为0.2%镇静钢较好，不推荐用16Mn钢。

③ 尽可能降低设备残余加工与装配应力，焊后作消除应力热处理。

存储NaOH的碳钢或低合金钢容器温度和NaOH浓度超过表15-7-1中所列之值，或焊接或弯曲等制造方法的残余应力水平高，使得碳钢和低合金钢组件对碱裂敏感。应采用消除应力热处理(如焊后热处理)方法。每25mm厚度在大约621℃下进行1h(最少1h)。

表15-7-1 NaOH溶液中的使用温度上限

NaOH/%	2	3	5	10	15	20	30	40	50	60	70
温度/℃	90	88	85	76	70	65	54	48	43	40	38

针对含碱溶液环境是否有碱腐蚀倾向，可参考表表15-7-2所列数据，按5个方面进行分析。

表15-7-2 碱裂分析所需的基本数据

基 本 数 据	说 明
NaOH浓度/%	确定该设备/配管中被处理碱液的浓度。要考虑水的加热或闪蒸是否会产生较高的浓度
最高工艺温度/℃	确定该设备/配管中的最高工艺温度。考虑在一碱液注入点因混合而产生的局部受热
伴热？(是或否)	确定设备/配管是否是蒸气伴热或电伴热(如：防冻保护)
吹扫？(是或否)	确定设备/配管是否用水冲洗以去除残余碱液前已排出蒸汽
消除应力？(是或否)	确定设备/配管是否在焊接后和冷成型后进行了适当地应力消除

其关键因素如下：

① 浓度与浓缩的可能，比如过度的加温使水分蒸发或设备与管线在停工过程的吹扫都

有可能浓缩碱液。

② 最高工艺温度或管壁温度：当碱液通过注入口进到高温工艺流时，管嘴附近碱溶液温度升高可能导致碱脆。可采用镍基合金材料制造管嘴，同时注入口的设计应深入到管中央。如果碱液被其他热源加热，如蒸汽发生器、伴热管，热吹扫时，金属温度提高到超过碱脆的临界温度可能引起开裂。在受火锅炉中水冷壁如果受到高热负荷影响，炉水中游离碱可通过泡核沸腾分离、蒸发和沉积而变浓，造成局部腐蚀。

③ 蒸汽伴热引发的碱脆事故普遍存在，特别在冬季。采用热水或电伴热可减少由于管壁温度过高引起的开裂。

④ 停工蒸汽吹扫可能使残留在设备与管道中的工艺物流浓缩、碱液浓缩可使碳钢、低合金钢和 300 系列不锈钢开裂，氯离子的浓缩可引起不锈钢材料氯离子应力腐蚀开裂。可采取其他的方法避免蒸汽吹扫带来的问题，例如采用空气或氮气吹扫、先用水洗后蒸汽吹扫。

⑤ 根据图 15-7-1 确定是否需要进行消除残余应力热处理，包括焊缝和冷变形超过 5%的部件。注意，根据钢的化学成分可以有变化，即使在同一材料等级中。调查表明不适当的加热带宽度在处理过程引起高残余应力。由于管内有大的对流和高的辐射热，大口径管残余应力很高。对于压力容器，压力容器规范规定了加热带宽度。采用以下的程序减少残余应力并因此增加抗 ASCC 能力。

管线最小加热带宽度见表 15-7-3。

表 15-7-3　管线最小加热带宽度

管径/mm	最小加热带宽度/mm	管径/mm	最小加热带宽度/mm
19~25	100	100~150	200
38~76	150	≥200	$BW=4.12(Rt)^{1/2}+51$

注：BW=加热带宽度；R=管线外半径；t=管线壁厚。

总加热带宽度的两侧，应有最小 230mm 遮盖和至少 50mm 厚的保温材料。法兰焊件部位，法兰内外和焊缝侧应该有 230mm 保温材料遮盖。如有可能，管线端部应密封，减少对流传热。

15.8　连多硫酸应力腐蚀开裂(PTA SCC)

PTA SCC 是指在奥氏体不锈钢和其他奥氏体合金中发生的沿晶开裂，尤其是在催化裂化、脱硫、加氢裂化、催化重整、气体处理，以及裂解、制氢、转化等各种加热炉系统中发生。这种腐蚀破坏会给设备造成严重的损坏，通常靠近焊缝或高应力区域，开裂蔓延迅速，在数分钟或小时内就会穿透管线和部件的壁厚，而且非常局部不容易发现，直到开工或有时在操作中出现裂纹时才发现。

15.8.1　PTA SCC 机理

连多硫酸结构式为 $H_2S_xO_6$ 的酸类，其中 x 通常范围为 1~5，可以是 1~6，所生成的连多硫酸最大可能性是 $x=4$，即 $H_2S_4O_6$。并不是所有含硫的酸都会导致 PTA SCC，H_2SO_4 也可以加剧此机理导致晶间腐蚀，但是他们本身不会引起这种腐蚀。

连多硫酸的生成需要炼油设备内表面的含硫腐蚀产物和氧、水反应而形成的，当这类反应物出现在奥氏体不锈钢及其他奥氏体合金工艺设备时，PTASCC 就会发生，通常发生在停工期间。其最终反应平衡方程为：

$$8FeS+11O_2+2H_2O \longrightarrow 4Fe_2O_3+2H_2S_4O_6$$

对于三种主要起作用的因素，至少可以通过限制下列因素中的一种来减少或降低 SCC 的可能性。

① 形成连多硫酸的最主要氧气，来源是设备打开后暴露于大气引进的。还有一部分是由含氧的清洗液及用于吹扫的不纯氮气和/或含有少量氧气的密封气体。

② 液体水是停工过程中的主要产物，主要生成于设备内用蒸汽吹扫烃类的冷凝水。换热器需进行除焦时除焦蒸汽的冷凝，或除焦器的动力用水都有助于形成 PTASCC 环境的形成。其他停工过程中清洗用水等可见来源，偶尔地域环境条件，如降雨或易达到露点的潮湿环境，这些条件都可以形成液态水。停工检修和检测活动也都会引入少量水，诸如通过水压测试和高压水洗等。还有少量明显来源包括 FCCU 和流化床焦化单元等设备内的高压水清扫。

③ 在炼厂过程单元中易产生的铁或其他硫化金属垢物的环境中，PTASCC 更易于发生。因为在停工时有潮湿空气的条件下这些高温垢物容易变湿，导致 PTA 的形成，如果设备材质对 PTA 敏感就会形成连多硫酸应力腐蚀开裂。

④ 对于体系中金属硫化垢物生成的可能性可以通过一种热动力学评估法确定。此评估已经表明 FCCU 再生器和加氢处理装置中 PTASCC 有一定的差异。

这类评估假设的前提是硫化铁形成的平衡态已经达到。但这是一个保守的假设，因为多数情况下平衡态很难达到，并且在奥氏体材质上形成的多是 Cr_2O_3 而不是 FeS 垢物时，所需的氧化能力很难达到。倘若形成的氧化垢物占主流，那么 PTA 形成的可能性很小，即使停工时暴露于潮湿空气中。这一发现解释了为什么即使使用了含硫燃料油，在燃烧会产生氧化性的烟气时，奥氏体不锈钢及奥氏体合金炉管表面也不形成硫化铁，因而也不需要太大关注 PTASCC。

⑤ 在加氢处理装置中，由于存在 H_2S 和氢气环境条件更具还原性，这会导致 FeS 垢物成为主要产物，一旦奥氏体材料被激活 PTASCC 更易发生(尽管没有氧气和二氧化碳存在)。

⑥ 经验表明 FCCU 单元的奥氏体不锈钢和奥氏体合金内构件发生 PTASCC，反应器比再生器更容易，这可能是因为反应器内环境具有更强的还原性(就是说存在更多的 H_2S 和较少的氧化物)。但是，有些 FCCU 再生器系统可能有更强的 PTASCC 敏感性(比如二再)，因为燃烧烟气中存在更多的 H_2S 和高比率的还原性 CO/CO_2 气体。

⑦ 另外，FCCU 再生系统生成的 SO_2 和 SO_3 在再生器和废气系统的冷区会冷凝为 H_2SO_3 和 H_2SO_4。这种冷凝酸的混合物对均匀腐蚀和晶粒间腐蚀都起促进作用，从而引起奥氏体不锈钢和奥氏体合金部件出现开裂。因为所有这些情形是发生在运行中而不是在停工时，所以需要不同的缓解措施(对冷凝的防护可以使用耐蚀合金)。

⑧ 在蒸馏单元出现 PTASCC 的报道较为少见。这可能是因为在诸如常减压单元、焦化、FCCU 分馏塔等单元中重油可以形成保护膜从而防止了 PTASCC 的发生。

⑨ 就如所有的 SCC 机理一样，拉应力是必不可少的。工艺设备中的拉应力以及锻造残余应力和机械载荷产生的应力必须能够足以引发开裂。

15.8.2　材料

根据材料在装置运行中受热的历史，在适当环境条件下，对于大多数奥氏体不锈钢和奥氏体合金都会产生 PTASCC。奥氏体不锈钢和其他奥氏体高合金钢发生连多硫酸应力腐蚀开裂与具体钢的化学成分有相当大的关系，除了碳的含量以外与钛、铌等稳定化元素密切相关。这些强碳化物形成元素在合金中优先与碳形成碳化物，可以有效地阻止铬的碳化物在晶界析出，对合金相起到稳定化的作用。特别是元素钛、铌的的含量影响材料的工作环境很大是材料发生腐蚀失效的关键之一，所以材料的工作环境应严格控制。对于奥氏体不锈钢来说为了防止发生连多硫酸应力腐蚀开裂。环境的酸度应尽量降低，一般环境中 pH 小于等于 5 时都有可能发生腐蚀开裂。

PTASCC 通常发生在因锻造制造敏化或在敏化温度范围内运行而敏化的标准(最大碳含量 0.08%)或高碳(最大碳含量 0.10%)奥氏体不锈钢和奥氏体合金上。不同材料其明显出现敏化的范围大致为 370~815℃。敏化通常是指含铬碳化物在晶间沉积所致。这会导致位于晶界的铬减少，从而降低这个区域的耐蚀能力。PTA 和亚硫酸会导致敏感的奥氏体不锈钢和镍基合金发生应力腐蚀开裂(SCC)。裂纹总是为晶间型，且萌生和扩展时要求相对低的拉伸应力。焊接态普通或高碳不锈钢如 304/304H 和 316/316H，在焊缝热影响区对 SCC 特别敏感。低碳钢(<0.03%C)在低于 427℃ 下不敏感。化学特性稳定的不锈钢牌号如 321 和 347 对 PTA 较不敏感，特别是它们经热稳定处理时。合金和化学稳定或热稳定处理的材料对 PTASCC 的敏感性可以根据 ASTMG35 通过实验室腐蚀实验来确定。工业经验表明，奥氏体低炭不锈钢和经过元素稳定的焊接金属堆焊层及锻制内构件，在反应器操作温度小于 450℃ 下是很耐 PTA 腐蚀。一些奥氏体不锈钢在 649℃ 以上温度下暴露一段时间后会通过从晶粒内部转移一部分铬到晶间区域从而实现“自愈”。

不同不锈钢敏化的时间与温度的关系见图 15-8-1 和图 15-8-2。

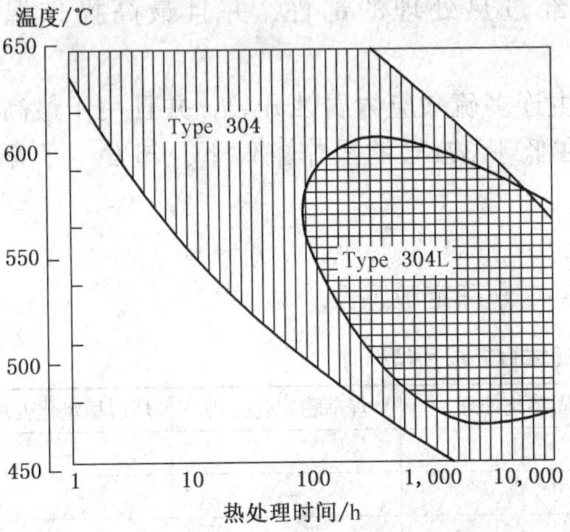

图 15-8-1　304/304L 不锈钢时间/温度-敏化图

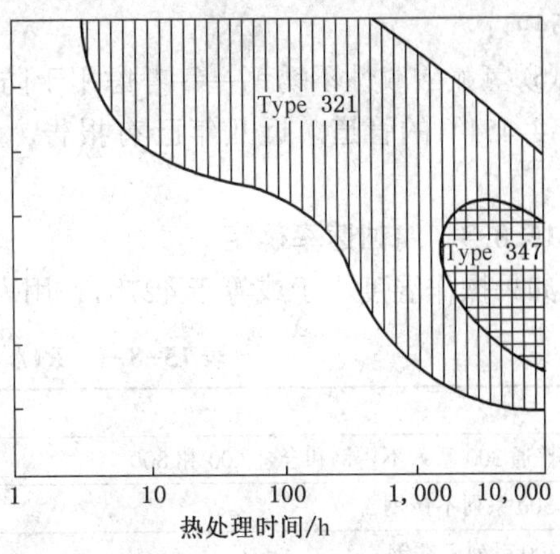

图 15-8-2　321/347 不锈钢时间/温度-敏化图

从图中可以看出，“L”级低碳牌号比同牌号的敏化程度低，347 牌号更低，因此有些国外公司规定采用 347 材料在停工时可不进行中和清洗，直接暴露在空气中进行检修。

化学稳定奥氏体不锈钢的抗敏化性可以通过钢铁加工中稳定化热处理方式提高(不进行

固溶化热处理）。这类热处理大多在 843～900℃下处理 2～4h，以保证钛或铌碳化物形成而避免含铬碳化物形成。

用户也使用更高的铌碳比合金以提高对敏化的耐受性。铌是一种铁素体稳定剂。在高温下，铁素体可以转变成易脆的σ相。因此在材质承受的温度高于538℃时或暴露在 PWHT 条件下时，用户应使用较大 Nb∶C 比(8∶1)和/或限制总铁素体量。

其他奥氏体合金通常是指奥氏体铁镍合金和奥氏体镍合金。在需要考虑 PTA 的环境下的使用。下面是对这类工况下常使用的一些合金进行的讨论：

① 合金 800/800H/800HT 材料，非固溶处理或刚焊接完毕的材料需要进行 PTA SCC 防护。

② 合金 825 含有稳定合金元素钛，合金中的碳量较少，材料在使用中的敏化倾向及焊接产生的敏化倾向低。通过固溶及 940℃退火后对敏化有较强的耐蚀力。

③ 合金 600 的碳含量会导致它产生与标准及高碳等级奥氏体不锈钢相似的敏化。未进行固溶化处理和焊接完的材料应进行 PTA 防护。

④ 合金 625 所含的合金稳定元素铌会限制这种合金的敏化趋势。注意：这种合金在高温 538℃以上长期暴露也会产生脆化。

各种不锈钢能够用来防止连多硫酸应力腐蚀开裂。下面列出这些不锈钢，以及避免敏化的推荐限值。

① 304 或 316 不锈钢——只用在非焊接的或者未经热处理的部件，并且操作和再生温度低于 371～399℃；

② 304L 或 316L 不锈钢——用于焊接的或者经过热处理的部件，并且最高操作温度为 371～399℃；

③ 321 不锈钢——可以用于焊接的或者经过热处理的部件，并且最高操作温度为 416℃；

④ 347 不锈钢——可以用于焊接的或者经过热处理的部件，并且最高操作温度为 454℃；

⑤ 氢氟酸改性不锈钢——考虑用于防止发生连多硫酸应力腐蚀开裂，并且用于最高操作温度 454℃的管道。近几年已有报告，暴露在低于 371℃的操作条件下，却发生了开裂事故。

15.8.3 腐蚀速率确定

如果操作温度小于或等于 427℃，用表 15-8-1 来确定敏感性。

表 15-8-1 PTA 敏感性(运行温度=427℃)

	固溶化处理	焊前稳定化处理	焊后稳定化处理
所有普通 300 系列不锈钢和合金 600 和 800	中	—	—
H 级 300 系列不锈钢	高	—	—
L 级 300 系列不锈钢	低	—	—
321 不锈钢	中	中	低
347 不锈钢、合金 20、合金 625，所有奥氏体堆焊层	低	低	低

如果工艺运行温度<427℃，则敏感化仅出现在焊接态条件。如果工艺运行温度>427℃，则敏感化可能发生在运行期间。见表 15-8-2。

表 15-8-2　PTA 敏感性(运行温度>427℃)

	固溶化处理	焊前稳定化处理	焊后稳定化处理
所有普通 300 系列不锈钢和合金 600 和 800	高	—	—
H 级 300 系列不锈钢	高	—	—
L 级 300 系列不锈钢	中	—	—
321 不锈钢	高	高	低
347 不锈钢、合金 20、合金 625，所有奥氏体堆焊层	中	低	低

15.8.4　奥氏体不锈钢停工期间保护

参考 NACE 标准 RP0170—2004《炼油厂停工期间奥氏体不锈钢设备连多硫酸应力腐蚀开裂的预防》，在装置停工过程采取措施避免 PTA SCC 的发生。

(1) 氮气吹扫保护

通过紧固密封及干氮气吹扫除氧的方式对工艺设备进行防护。干氮气吹扫可使水露点温度降低到环境温度以下，氮气吹扫也给催化剂提供了防护。

① 如果反应器打开，加热炉不打开，加热炉管内利用微正压氮气进行屏蔽；

② 氮气应是干性无氧氮气。可以在氮气中加入 5000ppm 的氨气来防止 PTA SCC；

③ 铜基材料应和加氨的氮气隔离。应该保证氨气不能对催化剂有不良影响；

④ 如果使用蒸汽吹扫或蒸汽-空气混合物烧焦，在金属温度冷却到 72℃水的露点之上的时候就应该停止注入蒸汽。降压时，在冷却到低于 72℃高于水的露点时，体系应使用干氮气吹扫。在安装盲板以前应一直保持吹扫。在安装盲板后，应在体系里保持氮气微正压；

(2) 使用碱洗进行防护

奥氏体不锈钢和其他奥氏体合金设备打开后应使用碳酸钠溶液进行碱洗防护，溶液中和金属表面上形成的酸，排空后在金属表面上留下了一薄层碱性的膜可以中和其他酸的形成。这些溶液中可以加入碱性表面活性剂和或其他缓蚀剂。

① 洗液应包含 2%(质)的 Na_2CO_3 且 pH 值大于 9，浓度在 1.4%~2%(质)的苏打水溶液在排空后通常就可以在金属表面留下一个足够的碱度；

② 不能使用氢氧化钠溶液；

③ 使用碳酸钾的经验较少。但是，使用碳酸钾代替苏打粉的那些地方没有报告出现裂；

④ 倍半碳酸钠盐($Na_2CO_3 \cdot NaHCO_3 \cdot 2H_2O$ 或天然碱)在 5%(质)的浓度时有成功的经验；

⑤ 碱洗溶液中氯化物的控制根据不同情况而定。由于过去经验表明所用溶液中含有少量氯化物是允许的，所以通常不总是要求溶液中无氯；

⑥ 考虑加氢流出物系统出现的氯化氨盐沉积，配置清洗液应该控制氯浓度在 250mg/L 以下。同样，因为这些单元含有氯盐沉积会引发 PTA SCC，所以应该采用适当方法除去这些氯化氨盐沉积；

⑦ 由于氯化氨盐溶解导致氯浓度的回升非常常见，用户应给其循环苏打粉溶液设置一个清洗中会达到的最高可容忍氯浓度的上线。当这一极限达到时，要进排除高氯溶液和新鲜溶液补给以降低氯的浓度。清洗后要尽量消除残液，否则温度升高时水分蒸发致氯离子浓缩，导致氯应力腐蚀开裂可能性增加；

⑧ 当工艺侧氯盐很难估计，设备的排空很难实现时，初始氯含量的限度应控制在

25mg/L 以下。即使实现了这一低氯限度，也应努力消除残液，因为在体系温度升高时它会浓缩。作为替代方法，氨化冷凝物也可以使用；

⑨ 在洗液中加入一种碱性表面活性剂达到 0.2%(质)的浓度可以提高焦炭，垢物和油膜的渗透能力。将洗液加热到 49℃可以加速对油膜和残渣的渗透；

⑩ 用户可以选择使用添加 0.4%(质)的硝酸钠来降低氯应力腐蚀开裂的可能性。实验室测试表明，低浓度的硝酸钠对沸腾状态下氯化镁溶液中奥氏体不锈钢的应力腐蚀开裂有有效的抑制作用。注意：过多的 $NaNO_3$会引发碳钢的应力腐蚀开裂；

⑪ 设备和在暴露于空气之前必须进行碱洗。所有的设备内表面都必须和洗液有效接触；

⑫ 系统应当充满用惰性气体密封的碱液，以减小氧气的污染；

⑬ 设备必须浸泡或用碱液循环最少 2h。如果有油泥或沉淀，洗液必须剧烈循环(最少 2h)，时间越长越有益；

⑭ 循环用的洗液应该每隔适当的时间时进行分析以确保 pH 值和氯含量限度得以维持；

⑮ 为确保防护效果，应保证设备表面的残留苏打水膜不会被后续的水洗或下雨、机械操作等除掉。如果膜被破坏，应尽快采用合适的方法再次成膜。在设备维修过程中可通过手动喷涂的方法实现重新补膜。在整个停工过程中应保证膜一直存在以确保一直处于防护状态；

⑯ 每套系统都必须进行单独评价，采用相应的措施以防止气泡或流体成瀑布状下流使有些部位不能充分接触；

⑰ 如果加热炉管需要去除外表面垢物的清洗。考虑外表面可能会产生 PTA SCC，应使用苏打溶液；

⑱ 特殊情况需要使用氨化冷凝物进行冲洗时，溶液的 pH 值要高于 9 且氯含量要小于 5mg/L；

⑲ 进行设备的高压水冲洗时需要使用苏打溶液。在高压水冲洗后，设备应保持干燥，避免风吹雨打。如果这不好实现，应再次使用苏打液水洗以保证设备上保留下苏打液膜；

⑳ 设备的水压试验时应使用苏打溶液。如果设备没有开口或暴露于氧气中，也可以使用氨化冷凝物；

㉑ 如果在工艺系统中不允许存在钠或氯离子时，设备应该封闭后使用氨化冷凝物进行水洗。如果系统不立即开工，可以使用氮气或干烃置换这一溶液或让溶液继续保持在设备内部。在这一程序之后，单元也不能暴露于氧气中。在排空后，不要留下氨液残留膜；

㉒ 在碱洗完成的基础上，应在设备重新开工之前从系统的低点将所有的存留碱液排空。如果不这样做会导致因蒸发而形成碳酸盐或氯盐，从而形成奥氏体不锈钢的应力腐蚀开裂；

㉓ 一些用户常选择将奥氏体不锈钢管道回路中低位排水管升级为可以承受残留苏打溶液、冲洗或水压试验用水导致的氯应力腐蚀开裂的钢材(有些资料介绍采用合金 825 材料)。

(3) 使用干性空气防护

使用干性空气来防护自由水的形成是一种很经济的方法，同时可以降低 PTA SCC 的可能性。

① 因为未再生的催化剂容易着火，所以这类催化剂可在湿态下保存或与氧隔离。在卸完催化剂后，再用干性空气保护设备材质，避免产生 PTA SCC。

② 如果引入容器的干空气来防护 PTA SCC，其最小维持的露点温度比容器内壁温度低于 22℃是允许的。

例：金属内壁温度=30℃，进入的空气露点温度应达到 30-22=8℃。

如果所用空气的露点温度位于-15～-46℃，任何时候都可维持干性气体的保护。

(4) 反应器的防护

含催化剂的反应器要格外注意。人员安全与催化剂的保护都要求所采用的防护措施不能只考虑 PTA SCC。

① 未再生催化剂通常是易燃的，这类催化剂或保存在湿态，或与氧气隔离。

② 工业经验表明在温度低于 455℃下反应器内使用低碳奥氏体或化学稳定不锈钢堆焊层及化学稳定锻造成的内表面可以防护 PTA SCC。

③ 敞开的反应器的防护及现场成功的应用案例如下：

A. 利用合适的空气呼吸设备，熟练工可以在氮气保护下对反应器内的催化剂进行装卸。在卸料后，反应器应按上描述那样进行干性空气吹扫，这一吹扫过程应在反应器打开过程中一直保持。

B. 如果催化剂不准备废弃，反应器内需填充苏打溶液将催化剂和反应器完全浸湿。溶液浓度应提高到 5%(质)以补偿催化剂上沉积的酸类。在催化剂用苏打溶液浸湿，防止自燃后可以进行卸料。然后，整个反应器使用苏打溶液进行水洗，并在检修或装料前进行干燥。

C. 如果用户希望卸载催化剂过程中减少使用苏打溶液和空气呼吸设备，催化剂需要在用高质量新鲜水(氯小于 50ppm)进行浸湿，然后无需氮气吹扫就可以卸料。这一方法在实施时首先进行严格调查以保证：

a. 当指定使用奥氏体不锈钢或奥氏体合金时，只采用低碳等级或化学稳定级。

b. 这些合金材料无论是在锻造过程中还是在反应器的操作过程都没有出现敏化。

对于使用高碳合金、非稳定等级材质或不清楚反应器的受热史，使用本方法时有 PTA SCC 的风险。

15.9 胺腐蚀

胺溶剂在炼油厂中被用于去除来源于许多装置的工艺流体的硫化氢、二氧化碳和硫醇。这些装置包括蒸馏装置、焦化装置、流化床催化裂化装置、制氢装置、加氢装置和尾气处理装置等。胺腐蚀是指在胺溶剂处理工艺中，主要发生于碳钢和低合金钢的腐蚀减薄(均匀与局部)和应力腐蚀开裂。腐蚀并非由胺本身引起，而由溶解的酸性气体(二氧化碳和硫化氢)、胺降解产物、耐热胺盐(HSAS)和其他污染物引起。腐蚀还取决于所用胺的种类，按侵蚀性从大到小的次序可排列如下：单乙醇胺(MEA)、二甘醇胺(DGA)、二异丙胺(DIPA)、二乙醇胺(DEA)和甲基二乙醇胺(MDEA)。胺处理装置的问题通常是由于设计失误、选材错误、异常操作或胺液变质所造成的。

15.9.1 胺溶剂工作原理

醇胺是一种弱的有机酸其碱度随温度的升高而减弱，如以乙醇胺为例它能吸收气体中的硫化氢生成硫化物和酸式硫化物；吸收二氧化碳生成碳酸盐和酸式碳酸盐。其化学反应如下：

(1) 脱除 H_2S

$$2RNH_2+H_2S \rightleftharpoons (RNH_3)S(\text{硫化胺盐})$$

$$(RNH_3)_2S+H_2S \rightleftharpoons 2(RNH_3)HS(\text{酸式硫化胺盐})$$

(2) 脱除 CO_2

$$2RNH_2+CO_2+H_2O \rightleftharpoons (RNH_3)_2CO_3(\text{碳酸胺盐})$$

$$(RNH_3)_2CO_3+CO_2+H_2O \rightleftharpoons 2(RNH_3)H—CO_3(\text{酸式碳酸胺盐})$$

当25~40℃时，反应由左向右进行(即在吸收塔内进行)吸收气体中的 H_2S 和 CO_3；而当温度升到105℃及更高时，则由右向左(在再生塔内进行)。此时胺类失去碱性，生成的胺的硫化物和碳酸盐分解，逸出原来被吸收的 H_2S 和 CO_2，因此乙醇胺可以循环使用。

常用的脱硫剂如下：

① 一乙醇胺(MEA)属于伯胺，脱除硫化氢、二氧化碳和硫醇的效果很好。在二氧化碳环境中使用时，一乙醇胺往往比其他胺类更快降解。一乙醇胺与二氧化碳、二硫化碳(CS_2)、硫化羰(COS)能够生成不可逆的降解产物，需要连续常压再生回收。与二乙醇胺和甲基二乙醇胺等其他多数胺类相比较，一乙醇胺并不比它们能够更有效除去硫醇，如硫化羰和二硫化碳。

② 二乙醇胺(DEA)属于仲胺，可能是炼厂硫磺回收装置上游的胺系统用得最多最广泛的胺类。二乙醇胺能够耐受与硫化羰和二硫化碳以及与二氧化碳反应造成的降解作用。二乙醇胺能够除去硫化氢、硫醇、二氧化碳。在常用烷醇胺的比较摩尔浓度下，二乙醇胺在烃里的溶解度最低。二乙醇胺不能用常压蒸馏再生回收。

③ 甲基二乙醇胺(MDEA)属于叔胺，大多数用在硫磺装置尾气胺吸收装置里，因为在此需要选择性除去硫化氢。甲基二乙醇胺和任何胺类一样会与硫化氢反应，但与二氧化碳的反应缓慢得多。只要装置能够恰当设计和操作，反应速度的这种差别使甲基二乙醇胺可以用于选择性除去更多的硫化氢，而不是除去更多的二氧化碳。甲基二乙醇胺是大的胺分子，因此，必须采用较高的质量浓度才能够达到类似的吸收处理能力。甲基二乙醇胺吸收硫化氢和二硫化碳的能力很差，但有很强的烃溶解能力。还有一个明显特点是对设备腐蚀在几种胺溶剂中是最轻的，目前，炼油厂已广泛使用。

④ 二异丙醇胺(DIPA)属于仲胺，是工业上最早用来选择性脱除硫化氢的。许多采用二异丙醇胺装置已经改为使用甲基二乙醇胺(MDEA)了。二异丙醇胺主要用于硫磺厂尾气处理装置。据报告，在二氧化碳使用环境中，二异丙醇胺会迅速降解，所以，需要频繁地用减压蒸馏来再生回收。

15.9.2 胺溶剂的减薄腐蚀

胺腐蚀是局部腐蚀的一种形式，常常发生于一些用胺处理气体装置的碳钢设备上。胺的气体处理装置有两种类型，一种是采用物理溶剂，一种是采用化学溶剂。而胺腐蚀主要是由化学溶剂造成的。通常如果杂质控制得好的话，MDEA 的腐蚀要比 MEA 和 DEA 的腐蚀程度轻。

碳钢在胺的气体处理系统中腐蚀存在一些相互关联的影响因素。首先是胺液的浓度、酸性气的溶解度和温度。最常用的胺液浓度为20%(质)的 MEA、30%(质)的 DEA 和40%~50%(质)的 MDEA。通常浓度越大，腐蚀率越高。

酸气吸收量以每摩尔活性胺中所含的酸气摩尔数表示。“富”溶液是较高酸气吸收量的胺，而“贫”溶液则具有较低的酸气吸收量(通常<0.1mol/mol)。在 H_2S+CO_2 的酸气系统中，富胺吸收量经常限制在0.35~0.45mol/mol。在MDEA系统中，特别是用来选择性去除在硫磺厂尾气中吸收 H_2S 的那些系统中，富胺吸收量经常低于这些水平。就像大多数腐蚀机理那样，温度越高，腐蚀率越大。

胺腐蚀中的另一个重要因素是胺降解产物的存在，通常指“耐热胺盐”，或HSAS。如胺溶液比硫化氢或二氧化碳更强的酸污染，就会完全改变腐蚀状况。这些酸既包括甲酸盐、乙酸盐、草酸盐的有机酸，也包括氯化物、硫酸盐、氰化物、二氧化硫、硫代硫酸盐、硫代氰酸盐的无机酸。再生塔无法有效除去强酸盐类，它们会进入塔底、重沸器和热贫胺管道。这些胺降解产物以两种方式起作用。一方面，它们降低可用来吸收酸气的活性胺的量，从而导致较高的酸气吸收量。此外，一些胺降解产物自身也具有腐蚀性。在MEA和DEA系统中，虽然一个共同的运行极限是2%(质)，但高于0.5%(质)的耐热胺盐可能开始增加腐蚀。在>2.0%(质)的HSAS下，甚至在低的酸气吸收量下，腐蚀也可能特别显著。在MEA系统中经常装备热回收装置以减少HSAS，但DEA和MDEA盐更稳定而不易被热回收。DEA比MEA和MDEA较不容易降解。

酸气的过量汽提能够造成高腐蚀速率，并且除去酸气的效率非常低。热贫胺里含有的硫化氢太少了，所以，无法保持致密的硫化铁保护垢膜。暴露的金属能够被溶液中其他酸侵蚀。采用甲基二乙醇胺(MDEA)时，热贫胺管道里因为过量汽提而发生腐蚀的问题比用其他胺类更普遍。再生塔塔顶系统里的腐蚀是二氧化碳、硫化氢和冷凝蒸汽里溶解的其他酸类引起的。塔顶一般存在氨和低浓度胺，使pH值持续下降太低。塔顶冷凝液里能够聚集高浓度硫氢铵，使加氢处理装置反应器流出物产生许多问题。通常做法是排放回流，以此除去氨和一些酸性成分。

由于暴露在高温下以及存在氧和一氧化碳等化合物，烷醇胺会发生降解。由氧生成的降解产物包括甲酸和草酸这样的有机酸。含有硫化羰(COS)、二硫化碳(CS_2)和二氧化碳的系统中，一乙醇胺(MEA)、二异丙醇胺(DIPA)、一缩二乙二醇胺(DGA)和二乙醇胺(DEA)也会生成降解产物。

流速或紊流也影响胺腐蚀。在没有高流速和紊流的情况下，胺腐蚀可能是十分均匀的。较高的流速或紊流可导致酸气从溶液中析出，特别是在弯管和发生压力降的位置，如阀门，从而造成更局部化的腐蚀。较高的流速和紊流还可能是发生酸气闪蒸、空泡腐蚀或者液滴冲击，形成的硫化铁保护膜破裂。所有这些部位腐蚀形态可能表现为点蚀或坑蚀。如果胺溶液里存在固体杂质或者两相流，就会加快硫化铁保护膜的破坏，所以装置贫液流程中设置了过滤机械杂质的过滤器，抽出部分贫液进行过滤。

胺腐蚀速率的确定：

从表15-9-1和表15-9-2可以得出碳钢的腐蚀速率。如果使用了高浓度的胺液，可以根据表15-6-3提供的系数进行放大。

不锈钢的胺液腐蚀速率可根据表15-9-4选适当的数据进行确定。但应注意的，在胺液浓度、温度和降解产物等极端条件下，不锈钢的腐蚀速率有可能是表15-9-4数据的200倍。

表 15－9－1　MEA[≤20%(质)]和 DEA[≤30%(质)]中的碳钢腐蚀速率

酸气吸收量/(mol/mol)	HSAS/(mol/mol)	腐蚀速率/(mm/a)											
		温度/℃											
		<87.78		87.78～98.89		99.44～110		110.56～121.11		121.67～132.22		>132.22	
		流速/(m/s)											
		≤6.096	>6.096	≤6.096	>6.096	≤6.096	>6.096	≤6.096	>6.096	≤6.096	>6.096	≤6.096	>6.096
<0.1	≤2	0.0254	0.0762	0.0508	0.1524	0.127	0.381	0.254	0.762	0.381	1.143	0.508	1.524
	2.1～4.0	0.0508	0.1524	0.0508	0.1524	0.1524	0.508	0.381	1.016	0.508	1.143	0.762	2.032
	>4.0	0.127	0.254	0.127	0.254	0.381	1.016	0.762	1.524	1.016	2.286	1.524	3.048
		流速/(mm/s)											
		≤1.524	>1.524	≤1.524	>1.524	≤1.524	>1.524	≤1.524	>1.524	≤1.524	>1.524	≤1.524	>1.524
0.1～0.2	≤2	0.0254	0.0762	0.0508	0.1524	0.127	0.381	0.254	0.762	0.381	1.143	0.508	1.524
	2.1～4.0	0.0508	0.1524	0.1016	0.3048	0.254	0.762	0.508	1.524	0.762	2.286	1.016	2.032
	>4.0	0.127	0.381	0.2032	0.635	0.508	1.524	1.016	2.032	1.524	3.048	3.048	3.81
0.21～0.3	≤2	0.0508	0.1524	0.0762	0.2286	0.1778	0.508	0.254	0.762	0.508	1.524	0.635	1.905
	2.1～4.0	0.1016	0.254	0.1524	0.508	0.381	1.016	0.508	1.27	1.016	2.032	1.27	2.54
	>4.0	0.2032	0.635	0.381	1.143	0.762	1.524	1.016	2.032	2.032	3.048	2.54	3.81
0.31～0.4	≤2	0.0508	0.1524	0.1016	0.254	0.1778	0.508	0.381	1.016	0.635	1.778	0.762	2.032
	2.1～4.0	0.1016	0.254	0.2032	0.635	0.381	1.143	0.762	1.524	1.27	2.54	2.54	3.81
	>4.0	0.2032	0.635	0.381	1.016	0.889	1.778	1.524	2.54	2.54	3.556	3.81	4.572
0.41～0.5	≤2	0.0762	0.2286	0.127	1.143	0.254	0.762	0.381	1.143	0.889	1.778	1.143	2.54
	2.1～4.0	0.1524	0.381	0.254	0.762	0.508	1.524	1.143	2.286	1.778	3.302	2.286	3.81
	>4.0	0.254	0.762	0.508	1.016	1.016	2.032	2.286	3.048	3.048	3.81	3.81	4.572
0.51～0.6	≤2	0.0762	0.2286	0.1778	0.508	0.254	0.762	0.635	1.905	1.016	2.54	1.27	3.048
	2.1～4.0	0.1524	0.508	0.381	1.143	0.508	1.524	1.27	2.54	2.032	3.556	2.54	3.81
	>4.0	0.254	0.762	0.762	1.524	1.143	2.286	2.54	3.81	3.556	4.572	4.064	5.08
0.61～0.7	≤2	0.1016	0.254	0.2286	0.762	0.381	1.016	0.762	2.54	1.27	3.048	1.524	3.81
	2.1～4.0	0.2032	0.381	0.508	1.016	0.762	1.524	1.524	2.54	2.286	3.556	2.54	3.81
	>4.0	0.381	0.889	1.016	2.032	1.524	2.54	2.54	3.81	3.556	4.572	4.064	5.08
>0.7	≤2	0.127	0.381	0.254	0.762	0.508	1.524	1.016	2.54	1.524	3.048	1.778	3.81
	2.1～4.0	0.254	0.762	0.508	1.524	1.016	2.032	1.778	3.048	2.54	3.81	3.048	3.81
	>4.0	0.508	1.143	1.016	2.032	1.524	2.54	2.54	3.81	3.81	4.572	4.318	5.588

表 15-9-2 碳钢在从 DEA 中的腐蚀速率[≤50%(质)]

酸气吸收量/(mol/mol)	HSAS/(mol/mol)	腐蚀速率/(mm/a)											
		温度/℃											
		<87.78		87.78~98.89		99.44~110		110.56~121.11		121.67~132.22		>132.22	
		流速/(m/s)											
		≤6.096	>6.096	≤6.096	>6.096	≤6.096	>6.096	≤6.096	>6.096	≤6.096	>6.096	≤6.096	>6.096
<0.1	≤0.5	0.0254	0.0762	0.0254	0.0762	0.0762	0.254	0.127	0.381	0.254	0.635	0.381	1.016
	0.51~4.0	0.0508	0.1524	0.0508	0.1524	0.1524	0.508	0.381	1.016	0.508	1.143	0.762	2.032
	>4.0	0.127	0.254	0.127	0.3048	0.3048	1.016	0.762	1.524	1.016	2.286	1.524	3.048
		流速/(m/s)											
		≤1.524	>1.524	≤1.524	>1.524	≤1.524	>1.524	≤1.524	>1.524	≤1.524	>1.524	≤1.524	>1.524
0.1~0.2	≤0.5	0.0254	0.0762	0.0508	0.1524	0.127	0.381	0.254	0.762	0.381	1.143	0.508	1.524
	0.51~4.0	0.0508	0.0508	0.1016	0.3048	0.254	0.762	0.508	1.524	0.762	2.286	1.016	2.032
	>4.0	0.127	0.381	0.2032	0.635	0.508	1.524	1.016	2.032	1.524	3.048	3.048	3.81
0.21~0.3	≤0.5	0.0508	0.1524	0.0762	0.2286	0.1778	0.508	0.254	0.762	0.508	1.524	0.635	1.905
	0.51~4.0	0.1016	0.254	0.1524	0.508	0.381	1.016	0.508	1.27	1.016	2.032	1.27	2.54
	>4.0	0.2032	0.635	0.381	1.143	0.762	1.524	1.016	2.032	2.032	3.048	2.54	3.81
0.31~0.4	≤0.5	0.0508	0.1524	0.1016	0.254	0.1778	0.508	0.381	1.016	0.635	1.778	0.762	2.032
	0.51~4.0	0.1016	0.254	0.2032	0.635	0.381	1.143	0.762	1.524	1.27	2.54	2.54	3.81
	>4.0	0.2032	0.635	0.381	1.016	0.889	1.778	1.524	2.54	2.54	3.556	3.81	4.572
0.41~0.5	≤0.5	0.0762	0.2286	0.127	0.381	0.254	0.762	0.381	1.143	0.889	1.778	1.143	2.54
	0.51~4.0	0.1524	0.381	0.254	0.762	0.508	1.524	1.143	2.286	1.778	3.302	2.286	3.81
	>4.0	0.254	0.762	0.508	1.016	1.016	2.032	2.286	3.048	3.048	3.81	3.81	4.572
0.51~0.6	≤0.5	0.0762	0.2286	0.1778	0.508	0.254	0.762	0.635	1.905	1.016	2.54	1.27	3.048
	0.51~4.0	0.1524	0.508	0.381	1.143	0.508	1.524	1.27	2.54	2.032	3.556	2.54	3.81
	>4.0	0.254	0.762	0.762	1.524	1.143	2.286	2.54	3.81	3.556	4.572	4.064	5.08
0.61~0.7	≤0.5	0.1016	0.254	0.2286	0.762	0.381	1.016	0.762	2.54	1.27	3.048	1.524	3.81
	0.51~4.0	0.2032	0.381	0.508	1.016	0.762	1.524	1.524	2.54	2.286	3.556	2.54	3.81
	>4.0	0.381	0.889	1.016	2.032	1.524	2.54	2.54	3.81	3.556	4.572	4.064	5.08
>0.7	≤0.5	0.127	0.381	0.254	0.762	0.508	1.524	1.016	2.54	1.524	3.048	1.778	3.81
	0.51~4.0	0.254	0.762	0.508	1.524	1.016	2.032	1.778	3.048	2.54	3.81	3.048	3.81
	>4.0	0.508	1.143	1.016	2.032	1.524	2.54	2.54	3.81	3.81	4.572	4.318	5.588

表 15-9-3 高浓度胺液腐蚀率的系数

胺的种类	浓度/%(质)	系 数
MEA	≤20	1.0
	21~25	1.5
	>25	2.0
DEA	≤30	1.0
	31~40	1.2
	>40	1.5
MDEA	≤50	1.0

表 15-9-4 不锈钢在所有胺中腐蚀速度的预测值

酸性气溶解度/(mol/mol)	温度/℃ (≤149℃)
<0.1	1
0.1~0.2	1
0.21~0.3	1
0.31~0.4	2
0.41~0.5	2
0.51~0.6	3
0.61~0.7	4
>0.7	5

15.9.3 胺溶剂的应力腐蚀开裂

在胺的气体处理装置中，如果碳钢未进行焊后热处理，则其对应力腐蚀开裂是极其敏感的。胺处理装置的开裂问题主要发生在碳钢设备的高硬度区和高残余应力区，尤其是焊缝和临近焊缝的区域更为显著。在采用标准便携式硬度检测仪检测硬度不高的部位也有报道发生过开裂问题。如果焊接修补部位的高硬度区或高残余应力区没有在维修过程中消除，这些部位的开裂也会导致严重的问题。有些时候，开裂还会出现在容器内部如遇冲击作用时的母材或者容器外部附件焊接部位的背面，如人梯与设备的焊接处内部。

胺处理装置碳钢设备通常存在以下 4 种不同的开裂机理：

① 硫化物应力开裂(SSC)；

② 氢鼓泡以及与之相关的氢致开裂(HIC)；

③ 应力导向的氢致开裂(SOHIC)；

④ 碱应力腐蚀开裂(ASSC)

胺腐蚀开裂可以定义为在高温烷醇胺水溶液存在情况下，金属在拉伸应力和腐蚀共同作用下产生的开裂。实际上，裂纹主要发生在晶间，在碳钢中一般表现为网状的、细小的、充满腐蚀物的裂纹。铁素体低合金钢也具有开裂敏感性。胺腐蚀开裂一般在使用烷醇胺水溶液去除诸如 H_2S 或 CO_2 等酸性气体的胺处理装置中观察到。有四个参数用来评价钢制件对胺腐蚀开裂敏感性。它们是胺的种类、胺溶液成分、金属温度、拉伸应力水平。

研究得出结论：开裂在狭窄的电化学电势范围内发生，此电势非常依赖于胺溶液的成分。碳酸盐是关键的溶液杂质，其他杂质如氯化物、氰化物等，都表现出对开裂的敏感性有影响。在 MEA 溶液中，胺浓度是开裂敏感性的一个因素，已经表明在该溶液中开裂敏感性在 15%~35%浓度范围内较高。对其他胺溶液中的这一关系还没有充分的理解，但值得注意的是，在一般使用较高浓度的胺溶液的 MDEA 和硫醇装置中，开裂敏感性较低。

关于胺溶液的成分，开裂一般发生在强碱且含有很低浓度酸性气体的贫烷醇胺溶液中。胺腐蚀开裂不出现在新鲜胺液，也就是那些还没有暴露于酸性气体的胺液。胺腐蚀开裂不大可能出现在含有高浓度的酸性气体的富烷醇胺溶液中。在富胺溶液中，其他的开裂形式是由氢引起的，如硫化物应力腐蚀、氢致开裂和应力导向氢致开裂。

关于温度，在高温下，胺腐蚀开裂敏感性一般较高，一个关键考虑是实际金属温度，而不仅仅是正常工艺温度。在低温下正常运行但有伴热或吹汽的设备和管道中，开裂在水冲洗以去除残留的胺溶液之前已经发生。

关于拉伸应力水平。焊接态和冷弯态碳钢和低合金钢制件，因在靠这些方法制造后的残余应力高而对胺腐蚀开裂敏感。制造后消除应力热处理（如焊后热处理）的应用是一种业经证明有效的防止胺腐蚀开裂。

15.9.4　胺脱硫装置

脱硫装置的目的是脱除工艺物料中酸性组分。脱硫装置的流程见图 15-9-1。含有 H_2S 或 CO_2 的原料气（干气或液化石油气等气体），经冷却 40℃ 自底部进入吸收塔与自塔上部引入的温度为 45℃ 左右的胺溶液（贫液）逆向接触。气体中的硫化氢和二氧化碳被胺溶液吸收，气体得到净化。吸收后的净化气自塔顶排出。塔底的吸收胺液（富液）经过闪蒸罐在较低压力下操作，闪蒸出可以溶解的轻烃，这样有助于除去夹杂的或冷凝的烃。闪蒸气通常被送回炼厂燃料气系统。吸收胺液（富液）与贫液换热后进入再生塔上部、与下部来的蒸汽（重沸器产生的二次蒸汽）直接接触，升温到 120℃ 左右，使 H_2S 和 CO_2 及存在于气体中的少量烃类大部分解析出来，由塔顶排出。溶液自塔底引出进入重沸器壳程，被管程的蒸汽加热后，H_2S 和 CO_2 从溶液中完全解析出来，返回氨再生塔。胺再生塔底再生后的胺液，与富液换热后，再经冷却器冷却至 40℃ 左右，由贫液泵打入吸收塔循环使用，再生塔顶出来的酸性气体（H_2S、CO_2、水蒸气和烃类混合气体）经空气冷却器冷却至 40℃ 以下，进入再生塔回流罐。在此分离出来的液体送回氨再生塔回流用，干燥酸性气体送往硫磺回收装置。

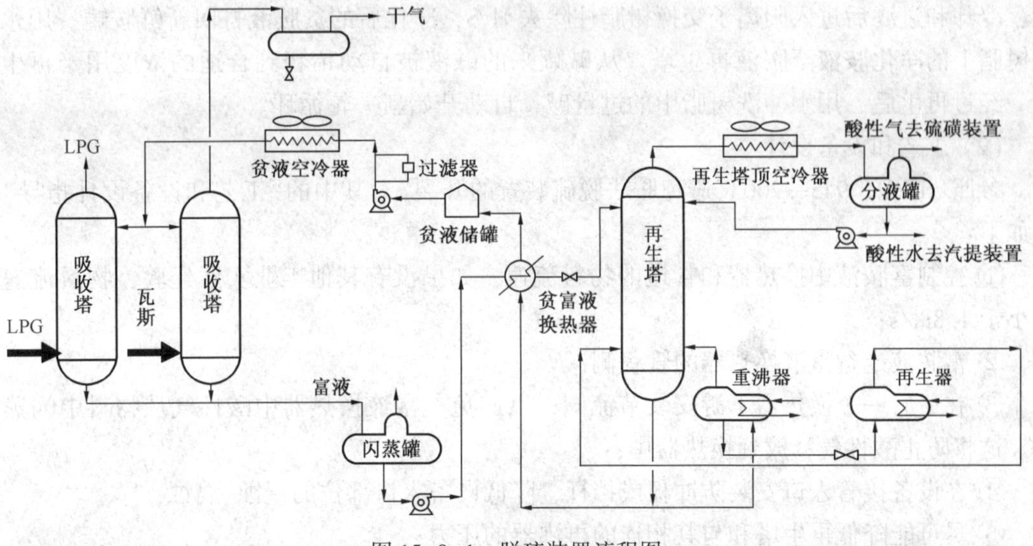

图 15-9-1　脱硫装置流程图

每个炼油厂都有胺处理装置，从调查与失效案例的报导看，有三个部位腐蚀严重：再生塔底重沸器、再生塔顶冷凝器与贫富液重沸器。再生塔重沸器和再生器是胺液温度最高和紊流最强的区域，我国已报道的胺装置失效案例，再生塔重沸器占了很大比例，主要是由于设计选用了没有蒸发空间的重沸器。胺液受热释放出腐蚀性气体（主要是 CO_2）造成流速增加，在管束的上半部形成冲刷腐蚀。再生塔顶冷凝器与贫富液换热器的腐蚀主要是选材偏低原因。

15.9.4.1 胺装置腐蚀的控制

(1) 胺液的过滤与复活

通过使用机械过滤器可以从胺液中过滤掉溶液中的硫化铁沉淀物。大分子的胺液变质产物可以使用活性炭吸收来消除。通常，溶液过滤量应为溶液循环量的5%或更多。MEA溶液可通过复活工艺或向胺液中间断加入苏打或碱来分离胺液中的酸性盐来净化。如果采用了胺液复活工艺，胺液的复活量应为循环胺液的1%~2%。DEA和MDEA溶液由于溶液沸点的限制而不能有效复活。异丙醇胺(DIPA)可以复活。

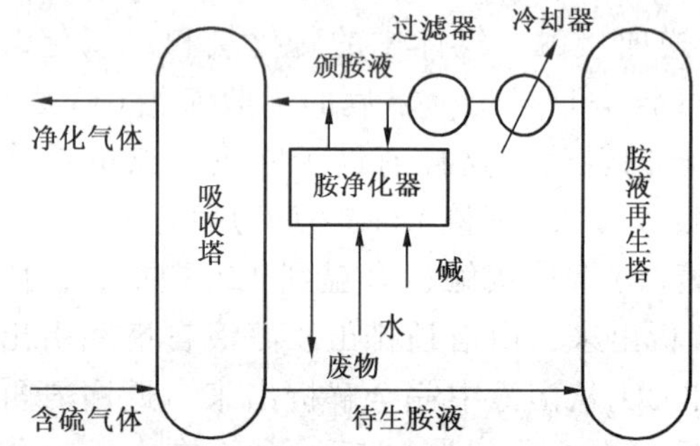

图15-9-2 AmiPur胺净化技术

热稳定胺盐最常用的控制方法是靠正常胺溶液损失、胺再生回收，或者故意排放胺溶液或回流。应用离子交换和专利方法可以从胺溶液里选择性地除去热稳定胺盐。镇海炼化催化装置的脱硫工段，针对热稳定性盐造成脱硫装置腐蚀原因，运用AmiPur胺净化技术脱除热稳定性盐，其技术是通过阳离子交换树脂去除热稳定性盐，并回收胺(见图15-9-2)。热稳定性盐含量由投用前3.8%降到0.27%。安装在再生塔气相返塔线上腐蚀探针测定的腐蚀速率平均为2.25mm/a，降到0.05mm/a以下。

胺净化操作基本上有两个步骤：胺液净化和树脂加碱再生。再生后的贫胺溶液经过换热、冷却和过滤后进入阳离子交换树脂柱除去H_2S，净化后的贫胺液打回新鲜胺罐。用水冲洗树脂上的净化胺液至胺液再生塔。从碱罐来的碱液被自动稀释到合适的浓度用于再生树脂。经过再生后，用水冲洗树脂中的过量碱，自动开始新一轮循环。

(2) 工艺和设备设计

参照API RP 945—2003《避免胺法脱硫装置的开裂》对其中的“工艺和设备设计指导”介绍如下：

① 控制富胺液中换热器和管道的物料流速。如果没有其他工业实践经验，物料流速应当小于1.8m/s；

② 富胺液走贫富液换热器的管程侧；

③ 在最后一个换热器下游安装节流阀，以避免贫富液换热器中酸性气从物料中闪蒸出来。这将防止酸性气释放到换热器中；

④ 在设备接管入口安装防冲板或挡杆，降低设备入口部位的侵蚀-腐蚀；

⑤ 尽可能降低再生塔和与其相连的再沸器的压力；

⑥ 采用低压蒸汽0.3MPa(或更低)作为再沸器的热源介质，并保持再沸器149℃作为再沸器的温度上限；

⑦ 再沸器管束采用正方形布管(或活动管束)以减小蒸汽对管束的冲击；

⑧ 在再沸器前安装蒸汽流量阀，防止水蒸气在管束内凝结造成管束泛管；

⑨ 使用大型节流阀，降低由于流速的影响所造成的侵蚀-腐蚀。高压装置的节流阀应当采用高硬质内件。在高浓度二氧化碳系统中工作的节流阀应当采用不锈钢材质；

⑩ 采用大直径弯头和合适管径，降低工艺管线由于涡流所造成的腐蚀-侵蚀。高浓度二氧化碳系统中的两相流管道使用不锈钢取得了良好的效果；

⑪在 MEA 装置中设置胺液复活设施；

⑫在设计上保证再生塔重沸器和胺液复活器的管束始终浸入工艺物料中；

⑬溶液缓冲罐和储罐使用惰性气体保护，用除氧水调配胺液，减少胺液由于氧气进入而变质；

⑭如果使用了过滤器，溶液的过滤量不应小于循环胺液的5%或者使得溶液中的固体物质重量浓度低于0.1%。

（3）减少腐蚀的设备设计准则

① 优先使用带蒸发空间的重沸器，以降低金属表面温度。尽量不选用热虹吸式重沸器。带蒸发空间的重沸器和复活釜底部应有150mm空间，以便清除和冲洗聚集的残渣。适当加高重沸器出口堰板高度，保证管束全部浸于液面以下，防止管束表面温度过高和气泡腐蚀。当使用热虹吸式重沸器时，在管束上方应留有足够的空间以便气体和CO_2流动，而不形成汽一气穴。

② 当操作介质中，H_2S分压大于0.0003MPa并有水存在时(H_2S)环境，所使用的设备应选用镇静钢。当钢板厚度大于20mm时，应进行100%超声波检验。检验结果应符合JB/T4730—2005《承压设备无损检测》的规定中Ⅱ级要求。

③ 对于冷凝冷却器，当壳程是湿硫化氢介质时，为防止连接浮头盖的螺栓发生硫化物应力腐蚀开裂，可用下列措施：

A. 螺栓的应力值限制在75%屈服限以下。

B. 螺栓的硬度低于HB200。

C. 采用正确的热处理工艺。

（4）材料选择

① 一般要求　当处理原料气中的总酸气含H_2S低于1%的装置，认为是处理CO_2的装置，其材料要比处理H_2S的要高。

腐蚀严重的部位采用奥氏体不锈钢，这些腐蚀严重部位主要有酸性负荷大的贫/富液部位、高流速部位、局部涡流部位、冲击部位、蒸汽闪蒸部位、两相流部位以及操作温度高于110℃的换热表面。那些从含H_2S很少或不含H_2S的烃中去除二氧化碳的胺处理装置中大量采用了奥氏体不锈钢。首选采用不锈钢复合板而不是完全的不锈钢建造设备，避免由于氯化物应力腐蚀开裂引起设备的穿透性破坏。在某些位置，设备完全采用不锈钢建造可用来控制那些外部氯化物应力腐蚀开裂。某些合金，如304和316钢，已经用在处理很少或没有硫化氢的再沸器管束。处理CO_2的装置中也有采用钛管，但是钛管可能会出现钛材氢化现象。

细化碳钢材料的晶粒、控制碳钢材料晶粒形状或者对两者都进行控制将会改善材料耐氢鼓泡、HIC和SOHIC的性能。应当对这些钢材富胺液系统和再生器塔顶系统中的适应性进行评估，特别是有氰化物存在的情况下。在某些装置中，尽管胺吸收塔底部的温度很低，但在操作条件下也会发生氢损伤。在这些部位，采用细晶粒碳钢或对金属晶粒形状的控制也可能有助于防止氢损伤的发生。但是，应当注意的是，这些钢并不是不会发生氢鼓泡和开裂，因此这些钢种的应用应当进行仔细考虑。还应当注意的是，尽管连续浇注钢的金属晶粒很小，但是杂质可能会在晶间界面形成隔离带，这将在这些位置导致高硬度区或分层结构。在那些发生氯化物开裂或氢鼓泡的部位采用奥氏体不锈钢复合板、衬里或者堆焊层是保护这些部位的一种可行的替代方法。

② 推荐使用的不锈钢结构材料　采用不锈钢材料的部位：

A. 进料分液罐破沫网——0Cr18Ni9Ti；

B. 吸收塔塔盘——0Cr13；

C. 吸收塔底减压阀后到闪蒸罐管线——0Cr18Ni9Ti；

D. 闪蒸罐顶破沫网——0Cr18Ni9Ti；

E. 贫富液换热器管束——0Cr18Ni9Ti(高负荷和 CO_2 工况用 00Cr17Ni14Mo2)；

F. 贫富液换热器至降压阀管线——0Cr18Ni9Ti；

G. 降压阀管线至再生塔管线——00Cr17Ni14Mo2；

H. 再生塔上节闪蒸段——0Cr18Ni9Ti 复合板；

I. 再生塔塔盘——0Cr18Ni9Ti；

J. 重沸器管束——0Cr18Ni9Ti(高负荷和 CO_2 工况用 00Cr17Ni14Mo2)；

K. 顶冷凝器管束——00Cr17Ni14Mo2；

L. 顶分液罐破沫网——0Cr18Ni9Ti；

M. 顶回流泵和贫液泵——0Cr18Ni9Ti。

③ 热处理一般要求　采用一些建造方法也可以降低胺处理装置中碳钢设备开裂的可能性。这些方法包括控制焊缝硬度以及采用焊后热处理。

正确的控制焊接碳钢设备焊缝部位的硬度将改善设备的耐 SSC 性能。从成分以及焊接参数等方面来保障焊缝硬度满足的要求。碳钢设备焊缝的硬度，包括管道，不应当超过 HB200。应当注意的是控制焊缝硬度在 HB200 以下不能保证焊缝热影响区、临时附件安装部位以及电弧冲击部位的 SCC 发生。在只用来处理 CO_2 的胺处理装置中，将焊缝硬度控制在 HB200 以下似乎对防止焊缝的开裂没有好处。

控制焊缝硬度对防止胺应力腐蚀的发生没有任何影响。但是，消除应力热处理可以降低碳钢焊缝的残余应力，因此可以有效的控制胺应力腐蚀的发生。与胺液相关的新碳钢设备和管道都应当进行焊后热处理。

焊后热处理有效的方法是将部件加热到 593～649℃，并在这个温度条件下按壁厚的 25mm/h 保温一定时间，保温至少 1h。

调查显示，不正确的热处理带宽度范围会导致热处理后部件的残余应力值达到 172MPa。大直径的管道残余应力更大，这是由于大直径管道内部对流很高，同时从管道内部向管道外部的热辐射也会引起管道内外壁的温差应力热处理压宽度见表 15-7-3。

④ 连接件热处理要求：

A. 承插焊连接：小直径承插焊连接部位可能包含一些结构不连续部位，这些部位成为应力集中部位，裂纹将会从这些部位开始。如果有承插焊连接的管道和设备推荐进行焊后热处理，这些承插焊部位也要进行焊后热处理。

B. 螺纹连接：螺纹连接中，螺纹根部可能会存在很高的应力，在胺环境中，这些高应力部位可能会成为裂纹的起始部位。胺处理装置中，对于那些为防止碳钢开裂而要求焊后热处理的设备和管道，在应用螺纹连接时应当对其适用性进行仔细的评估。

⑤ 不同胺液的装置热处理要求：

A. 乙醇胺(DEA)装置：推荐对所有工作温度高于60℃的所有碳钢设备和管道都要进行焊后热处理。在确定设备和管道的温度时应当考虑设备和管道的最大操作温度以及伴热和蒸汽吹扫所导致的温度。

工业实践经验表明，DEA装置中没有进行焊后热处理的工作温度高于60℃的碳钢设备出现过大量的ASCC现象。然而，DEA装置中在这个温度之下的设备和管道也曾报道出现过开裂问题。在某些情况下，设备和管道在蒸汽吹扫过程中由于胺的存在发生了开裂。因此，都应当对DEA装置中操作温度低于60℃的碳钢设备焊后热处理的必要性进行评估，尤其是吸收塔。

B. 异丙醇胺(DIPA)装置：对应DIPA装置，不论其工作温度，所有的碳钢设备和管道都推荐采用焊后热处理。DIPA装置中，接触15%~20%DIPA溶液，各种操作温度条件下没有进行焊后热处理的碳钢设备的开裂问题非常普遍。这里给出的指导不适用于采用环丁砜和高浓度DIPA(通常为50%)混合液的胺处理装置，在这些装置中还没有报道过发生过任何的开裂问题。

C. 甲基二乙醇胺(MDEA)装置：对于MDEA装置，所有工作温度高于82℃的碳钢设备包括管道都应进行焊后热处理。对于介质为胺液的设备和管道，在确定是否进行焊后热处理时，应当考虑设备和管道的最大操作温度以及伴热和蒸汽吹扫所引起的金属温度。

工业实践表明MDEA装置的开裂问题较少。到目前为止，只有很少的报道说出现过开裂问题，而这些案例中，除了一例外，其他所有出现开裂问题的设备的工作温度都高于88℃。

D. 其他胺处理装置：工业经验表明除MEA(单乙醇胺)、DEA、DIPA和MDEA外其他胺处理装置开裂敏感性很低，尤其是温度低于88℃时。通常开裂敏感性随着一次胺、二次胺和三次胺的顺序降低。因此，必须对这些装置中的碳钢设备是否需要进行焊后热处理进行评估。胺液中设备开裂的敏感性可以通过对实际环境中装置的仔细检查确定，与之相适应的实验室试验也有助于确定其敏感性。慢应变测试是确定胺液中材料开裂敏感性的有效方法。然而，这些试验的结果可能偏于保守。例如，试验表明在某些条件下材料有发生应力腐蚀开裂的倾向，而实际中则不会发生。如果采用实验室测试确定材料开裂的倾向，那么测试所用的溶液应当包含与实际装置相同的酸性气(硫化氢和二氧化碳)以及实际装置中可能出现的其他杂质，如果可能的话，应当采用装置中的实际溶液进行试验。

15.9.4.2 胺装置运行指导

参照API RP 94—2003《避免胺法脱硫装置的开裂》对其中的“装置运行指导”介绍如下。

(1) 乙胺(EA)装置

对于MEA装置，控制再沸器温度小于149℃将有助于减小胺液变质和对再沸器管束的腐蚀。当MEA体积浓度大于25%，并且酸气负荷大于0.35mole/mole时，就应当对设备用材的要求进行仔细评估。设备采用耐蚀合金可以允许装置有更高的运行温度、胺液浓度和酸气负荷。通过控制再生器使得有0.5%的胺进入塔顶，可以减缓塔顶管道和设备的腐蚀。胺液的存在会防止塔顶系统碳钢设备的酸性物质腐蚀。此外，塔顶系统还可以采用耐蚀合金。

(2) DEA装置

DEA装置的运行指导与MEA装置的运行指导类似，除了DEA溶液的浓度和酸气负荷可以更高一些。最近的运行经验表明DEA装置中DEA的体积浓度可达40%，酸气负荷可达0.5mole/mole。当装置以更高的酸气负荷和胺液浓度运行时，加强腐蚀监控是明智的选择。

(3) DIPA装置

DIPA富液和DIPA与环丁砜混合液通常对碳钢没有腐蚀性，因为在碳钢表面很容易形成保护膜。在易导致闪蒸或沸腾的工艺条件下，腐蚀也可能会发生。显然，二氧化碳的闪蒸是某些接触器腐蚀的主要原因。影响DIPA装置腐蚀的关键因素似乎是二氧化碳和硫化氢的比值，腐蚀发生在二氧化碳和硫化氢的比值小于1:8时。在处理富二氧化碳的DIPA装置中，碳钢的腐蚀可以通过控制金属壁温以及在金属表面汽化程度来控制。如果工艺条件不能满足金属壁温温度和汽化的要求，在使用碳钢的部位采用304不锈钢可提供满意的耐蚀性能。

(4) MDEA装置

MDEA区别于MEA和DEA最大特点是MDEA对碳钢没有腐蚀性。另外一个特点是胺液变质不是一个问题，这是因为MDEA能耐由于CS_2和COS所引起的溶液变质。然而，实际的装置表现出了不同现象。在处理H_2S和富H_2S的装置，由于钢材表面的硫化物保护膜的存在使得胺液对碳钢的腐蚀性较弱。然而，处理CO_2或富CO_2的胺处理装置，则出现了严重的腐蚀问题。此外，尽管MDEA似乎能耐CS_2或COS所引起的溶液变质，但是MDEA对于氧和热非常敏感，氧和热的存在很易引起溶液变质。

与DEA装置类似，MDEA溶液的变质不能再生。因此，将氧气从胺液系统排除是防止胺液变质产物生成的重要手段。有大量变质产物的MDEA溶液腐蚀性非常强。为了清除变质产物和悬浮颗粒，应当对溶液进行过滤。对于大多数装置，推荐结合使用机械过滤和活性碳过滤。对于其他胺处理装置，胺液流速和涡流也会引起设备的局部腐蚀——侵蚀。在MDEA装置，建议将胺液流速控制在小于1.8m/s。通常用于去除CO_2的装置的氧化型缓蚀剂，不能在MDEA装置使用，尤其是那些由MEA转化生成的MDEA。

MDEA装置可完全由碳钢制造的主张在现场已经证明是不正确的。与其他胺处理装置相同，应当对MDEA装置设备材料进行选择性升级。去除CO_2的MDEA装置要求的材质升级更多。需要升级的典型设备有：汽提塔、脱吸塔(如果存在)、贫/富液换热器以及汽提塔重沸器。当升级塔和换热器壳体时，通常采用300系列不锈钢。优先采用低碳钢和稳定级不锈钢(304L、316L和321)。与此相似，对于U形管换热器的管束也应当采用低碳钢和稳定级不锈钢，以防止在消除弯曲应力时发生敏化。

(5) 二干醇胺(DGA)装置

二干醇胺的腐蚀性要比MEA的腐蚀性弱。DGA的腐蚀性与其他胺系统的腐蚀性类似，取决于温度、流速、胺液浓度和胺液的酸气负荷。碳钢管道的流速不应超过1.5m/s。使用浓度40%的DGA溶液处理CO_2和H_2S的酸性气，CO_2和H_2S中的H_2S含量至少要达到5%才能避免腐蚀的发生。304不锈钢要比碳钢耐更高的流速、温度和CO_2浓度，但是所处理物料中的氯离子的含量应当小于4000ppm，以避免不锈钢发生点蚀。

15.10　外部腐蚀

大多数装置的设备都会发生外部损坏，导致逐渐减薄或有些材料可能导致应力腐蚀开裂。最严重的外部腐蚀也许是绝热层的腐蚀(CUI)，因为绝热材料会因为受潮而导致设备损坏加速，另一方面因为这种腐蚀很难发现，故有时显得较为严重。

15.10.1　碳钢和低合金钢的外部腐蚀

碳钢腐蚀不是因为它被保温，而是因为它接触了含有氧气的水。保温材料在CUI中的作用有三个：

① 环形的空间或缝隙保存水和其他腐蚀性介质；

② 材料可能有毛细孔作用或吸收水；

③ 材料可能会提供杂质，增加或加速腐蚀速度。

下面仅举几个容易发生CUI地方的例子。

(1) 穿透部位

① 防腐层上的所有穿透部位或缺口，如开口部位(吹扫管、排水口和其他类似地方)、悬挂和其他支撑部位、阀门和配件、螺栓连接的管箍、阶梯和平台处。

② 蒸汽管的开口处；

③ 法兰和其他管件的防腐层端头处。

(2) 防腐层受损处

① 防腐层损伤或缺失；

② 垂直管道或设备防腐层的端面；

③ 接缝填充物硬化、分离或已脱落；

④ 防腐层鼓包、污损或扎带脱落(鼓包说明此处腐蚀物已产生)；

⑤ 防腐层已出现损伤的系统最低点，包括无支撑长管道的最低点；

⑥ 高合金管道中，防腐层下的碳钢或低合金钢法兰、螺栓或其他部件。

(3) 进行CUI检测时应加考虑的其他可疑部位。

① 受冷却塔飞溅影响的区域；

② 蒸汽出口附近区域；

③ 喷淋系统影响的区域；

④ 受工艺控制设备泄放、湿气或酸雾影响的区域；

⑤ 碳钢设备系统，包括为操作人员保护而设置防腐层的系统，运行温度在-12~121℃间，设备运行温度引起大气湿气的频繁或者连续地冷凝结和蒸发时，特别容易引起CUI腐蚀；

⑥ 碳钢系统工作于121℃以上，有间断工作或经常停机；

⑦ 防腐层伸出的分支和附件，其运行温度和主管道(即防腐层支承环、管道/平台附件)运行温度存在温差；

⑧ 振动损伤防腐层，造成渗水的系统；

⑨ 存在泄放的蒸汽管道系统，尤其是防腐层下部的管道接头；

⑩ 涂层或包覆层已受损的系统。

15.10.1.1 影响腐蚀的因素

(1) 积水的影响

积水可能来源于雨水、漏水、水汽凝结、冷却塔的飞溅、冲淋系统或蒸汽管道泄放等。CUI造成管壁局部腐蚀损伤。CUI常发生在-12~121℃下，尤其是温度在49~93℃下，最为严重。一般说来，年降水量大或温暖、沿海地区的装置比在寒冷、干燥的中部大陆位置的设备更易受到CUI。无论气候条件如何，位于冷却塔和蒸汽排放口附近的设备都非常易于发生CUI腐蚀，运行温度变化反复通过露点的设备也一样。

(2) 杂质的影响

杂质的来源有两个：保温材料外部的杂质和保温材料本身滤出的杂质。

外部的杂质通常为来自冷却塔漂移物、酸雨、大气散发生成的盐。外部杂质是水或空气传播的，可以直接通过保护层的裂缝隙进入保温系统。外部杂质还通过沉积在夹套表面直接进入保温材料。随后的潮湿将浓缩的盐带入保护层的缝隙中。盐通过重力或保温材料的吸潮作用进入保温系统。当碳钢表面的水蒸发后，盐的浓度逐渐升高。保温材料下主要发现的杂质有氯化物和硫化物。不管它们是外来的还是自身的，它们都是十分有害的。因为它们各自的金属盐水溶性很高，这些水溶液的电导率很高。在一些情况下，金属盐的水解会导致局部腐蚀，因为阳极区域的pH值降低了。

(3) 操作温度的影响

操作温度是影响碳钢CUI的重要因素，主要有两个相对的因素：

① 高温降低了水与碳钢的接触时间；

② 但是高温会增加腐蚀速度，降低保护性涂层、胶黏剂的使用寿命。

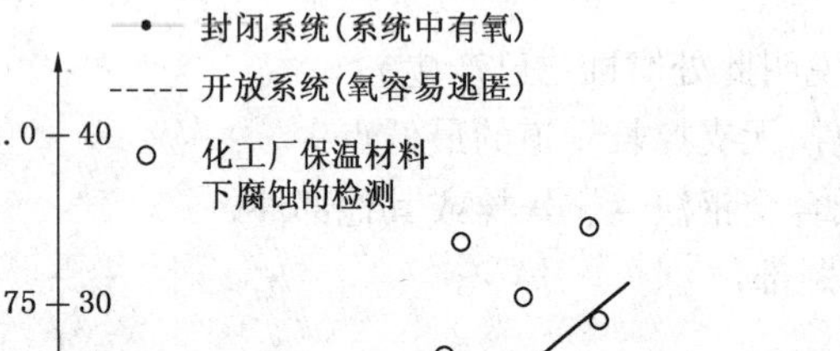

图15-10-1 温度对钢铁在水中腐蚀的影响

图15-10-1显示了水的腐蚀性和温度的关系。在一个开放的系统，当温度升高，水中的氧含量降低。温度超过80℃时，碳钢在氧饱和水中的腐蚀速度开始降低。但是，在一个封闭的系统，碳钢在水中的腐蚀速度随温度的上升而持续升高。对碳钢在保温材料腐蚀的测量表明腐蚀速度随温度上升而升高。保温层下的腐蚀机理和在密闭系统中一样，当水的薄膜在无压的情况下，氧是饱和的。这样，同样的氧电池腐蚀机理就和在密闭系统中一样得以发生。现场测量的腐蚀速度比实验室数据大一些，因为现场有空气传播或保温材料携带的盐。这些盐可以影响腐蚀速度，因为它们在水中的溶解度很高，导致水膜的电导率增加。设备检查表明碳钢在-4~150℃的温度范围内最容易发生CUI。设备在-4℃下连续操作通常没有腐蚀。设备操作温度高于150℃时腐蚀降低，因为碳钢表面的温度足够维持表面干燥。但是，当温度低于150℃和设备停工时，容易在水进入保温系统的部位发生腐蚀。

设备的操作温度经常改变，保温下碳钢的腐蚀速度会受以下因素的影响：

A. 设备操作的间歇或变化;

B. 设备沿高度或长度的温度变化;

C. 设备操作附件的温度;

D. 闲置或停工状态。

(4) 保温材料类型的影响

碳钢的CUI可以在所有保温材料下发生, 保温材料性能对CUI的主要影响包括:

① 保温材料中水溶性盐的含量会影响腐蚀, 如氯化物、硫化物、阻火物中的酸性物质;

② 保温材料的保水性、渗透力、吸湿性;

③ 含有残余化合物的泡沫材料, 和水反应生成HCl或其他酸;

因为CUI是金属暴露在潮湿环境下造成的, 保温系统含有的水少且干燥快会使设备的腐蚀损失减少。

腐蚀可以通过认真选择保温材料来降低。在初始投资中采用便宜的材料可能会因腐蚀造成整个寿命周期的不经济性。

耐候层和耐水汽材料的使用是为了保持保温材料干燥。胶黏剂通常用于封闭保温系统的伸出物。耐候层和耐水汽层是保温系统中重要的组成部分, 因为它们必须黏结和保护保温材料。它们的耐机械损伤、耐紫外线降解、耐水和化学物质性能是十分重要的。另外, 这些材料不能含有可滤出的组分, 增加保温系统内的腐蚀性。在长期使用中, 耐候层和防水层分解或损坏, 不能长期保持保温材料干燥。因此, 耐候层的维护和检查对于保证保温/防火系统的完整性是十分重要的。

(5) 设计的影响

设备设计和机械性能对于碳钢的CUI影响很大。影响CUI的一些不好的设计特征包括:

① 容易保存水的形状, 如水平表面、保温支撑圈等;

② 很难正确实施耐候层的形状, 如角撑板、工字梁或其他结构部件;

③ 可以使水向漏斗一样进入保温材料的形状, 如角钢支架;

④ 其他会导致耐候层破坏的项目, 如梯形支架、喷嘴延长物、盖板、平台和管道支撑;

⑤ 冷操作设备保温材料的伸出物, 温度从冷到室温变化。

设备表面的裂纹越多, 水就越容易进入或穿过保温材料, 很难从设备中排除。因此, 必须采用高性能涂层来保护钢铁, 并且在设计时就考虑。

碳钢外部腐蚀率的估算见表15-10-1。

表15-10-1 碳钢外部腐蚀腐蚀速率估算 mm/a

运行温度/℃	腐蚀诱因		
	海上/冷却塔飞溅区	温和环境	干旱/干燥环境
<-12	0	0	0
-12~15.6	0.127	0.0762	0.0254
15.6~49	0.0508	0.0254	0
49~93	0.127	0.0508	0.0254
94~121	0.0254	0	0
>121	0	0	0

15.10.2 奥氏体不锈钢的外部应力腐蚀破裂(SCC)

容易发生SCC的不锈钢通常为300系列，包括304，和含钼316与317不锈钢、低碳稳定型321L和347L，和低碳304L和316L。为了防止SCC，开发了不同的不锈钢品种，包括高镍、高铬、含钼合金(超级不锈钢)和低镍高铬双相不锈钢。这些合金抗SCC的性能更好，可以抗保温材料下的SCC腐蚀。

当环境或保温材料中的氯化物或其他卤素通过水传输到热的不锈钢表面，随后由于水的蒸发而被浓缩，这种环境容易导致奥氏体不锈钢管道和设备的ESCC。这种腐蚀通常发生在保温材料下，但并不是必须要有保温的存在。保温材料通常提供了一个储存和传输氯化物和水到金属表面的中介。在没有毛细作用的保温材料中也发生外应力腐蚀开裂(ESCC)失效。尽管是没有毛细作用的保温材料，保温材料下面的水也会导致ESCC。溶解在水中的氯化物来自外部来源或大气，而不是保温材料。当外部的水和氯化物进入一个缓蚀的、有毛细作用的保温材料，如果潮湿的不锈钢表面上缺少硅，ESCC就会发生。工厂经验表明，从保温材料中滤出的缓蚀剂的量不总是足够和有效的。

影响腐蚀的因素有以下几种：

① 氯化物的主要来源是保温材料本身　当保温材料确实不含有氯化物时，工厂经验表明氯化物通常来自海洋大气、附近的含氯化物的化工装置、冲洗水、防火喷洒系统、工艺泄漏。氯化物浓度在水中的浓度不需要高，因为热的金属表面通过蒸发作用使氯化物的浓度达到一定的水平，从而导致开裂。经验表明在靠近ESCC部位处氯化物的含量至少有350ppm。附近的沉积物中的氯化物含量至少为1000ppm。例如上海石化较多的暴露户外的管道阀门的不锈钢紧固螺栓常发生氯脆而断裂。氯化钠是CUI中最常发现的氯化物。当有足够的量时，会导致奥氏体不锈钢的SCC。其他会造成侵蚀的氯化物，包括氯、氯化氢气体、盐酸、水解有机氯化物和热分解聚氯乙烯(PVC)。另外，酸性条件与氯化物结合其腐蚀性比碱性或中性环境更严重。

② 温度有两个作用　第一，如上所述，水与热的不锈钢表面接触在蒸发温度时蒸发。这个蒸发作用使得氯化物盐浓缩，使它们沉积在金属表面。第二，当温度升高，腐蚀反应的速度增加，ESCC发生和扩展的时间降低。

大多数ESCC失效发生在金属温度在“热水”的范围：50～150℃。当金属温度不在这个温度范围内不容易发生失效。低于50℃，反应速度低，蒸发浓缩机理不明显。高于150℃，金属表面不会存在水，失效也很少。设备在水的露点温度循环操作尤其容易发生，低温下存在的水在较高的温度下蒸发，在每个温度循环过程中溶解在水中的氯化物盐在金属表面浓缩。奥氏体不锈钢(SCC)敏感性与温度的关系见表15-10-2。

表15-10-2　奥氏体不锈钢外部应力腐蚀破裂(SCC)的敏感性

运行温度/℃	外部环境		
	海上/冷却塔飞溅区	温和环境	干燥环境
<60	无	无	无
60～93	中等	低	无
93～149	低	低	无
>149	无	无	无

③ 不锈钢发生SCC必须要有足够的拉应力存在　如果拉应力消除或明显降低，开裂就

不会发生。开裂需要的极限应力在一定程度上取决于开裂介质。大多数产品如薄板、平板、管道和管线，含有足够的残余过程应力来导致开裂，而不需要外加应力。当18-8不锈钢冷成型和焊接时，强加了额外的残余应力。当总的应力上升，SCC的危险就增加。通过热处理来降低拉应力以试图控制SCC是不现实的。

④ 不锈钢的ESCC的解决办法不依赖于选择的保温类型，工厂经验和试验表明，开裂发生在各种类型的保温材料下。吸水的保温材料问题更多，因为它们保持水，逐渐使浓缩机理得以进行。通常指定不吸水的保温材料来减轻问题；但没有其他保护措施，开裂仍会发生。

聚氨酯泡沫、聚异氰脲酸酯泡沫、酚类泡沫不提供对ESCC的免疫力，尤其是用于热水范围内时。在制造泡沫的过程中残留的氯化物或溴化物可能会滤出和水解，形成酸性环境加速18-8不锈钢的开裂。

⑤ 一旦保温材料变湿，耐候层、胶黏剂和密封剂使水的逃脱十分困难，保温材料会一直湿润。另外，含有水可滤出氯化物的密封剂和胶黏剂会导致ESCC问题。

⑥ 为了减少水的进入采取的设计步骤是有益的，但通常不能足以防止开裂。总有一些水会进入保温系统。在保护不锈钢时，应当指定后面提及的高质量浸入级保护性涂层。

15.10.3 保温系统的设计

保温系统的设计或应用不当及保温过程中的突出物会允许水进入保温系统，从而腐蚀下面的金属。当容器和管道投用后耐候层和耐水汽层破坏并暴露在大气中后金属也会发生腐蚀。非计划或额外停工、设备的非计划维修等这通常会导致结构失效。通过更好地设计设备管道的突出物、附件和支撑可以延长保温系统的寿命，降低金属的腐蚀。

碳钢保温表面的连续操作温度高于150℃或低于-4℃，和不锈钢保温表面连续操作温度高于150℃或低于50℃时不存在腐蚀问题。但是，设备和管道在这些温度范围内稳定或循环操作就存在明显的腐蚀问题。这些问题由于选用不合适的保温材料或采取了不正确的保温设计而加剧。下面列出了控制保温系统腐蚀正确的设计准则：

(1) 设备和管道附件的设计是保温系统设计的一个重要部分

附件的形状、形貌、方位会允许湿气或雨水进入保温材料，在附件位置浓缩，这种附件的例子见图15-10-2和图15-10-3。对这一类附件的关注对于一个高质量的保温系统是十分重要的，可以改进一些附件的形状以便于密封，但这并不总是有效。尽管建筑角钢是最难耐候处理的形状，它们还是被广泛用于工厂。有的压力容器规范标明可以采用的附件形状。夹套采用的填料组分可以防止雨水进入，除非填料因为气候或设备高温操作引起的燃烧而失效。因此，仅依赖这些化合物的保温设计可能会过早的失效。

(2) 容器保温的问题

① 容器上的桶形保温支撑圈的边或框会成为一个湿气的坝，导致容器严重的腐蚀和点蚀。图15-10-4显示了一个相对便宜的变通设计，在焊接压铁上用螺栓固定扁钢，可以降低湿气的聚集。

② 和①存在的问题相近，垂直容器的低部支撑圈可以在金属和保温的接触面上积聚湿气，如果这个表面没有被保护。图15-10-4的设计原则被扩充应用到图15-10-5，可以采用一个经济的切削扁钢。管道套圈可以现场安装，通过使水偏斜出支撑圈边缘而保护保温或防火层。保温上的加强圈可以允许湿气进入。图15-10-6显示的用咬接缝和正确的搭接建

造的保温和夹套，可以防止侵入。

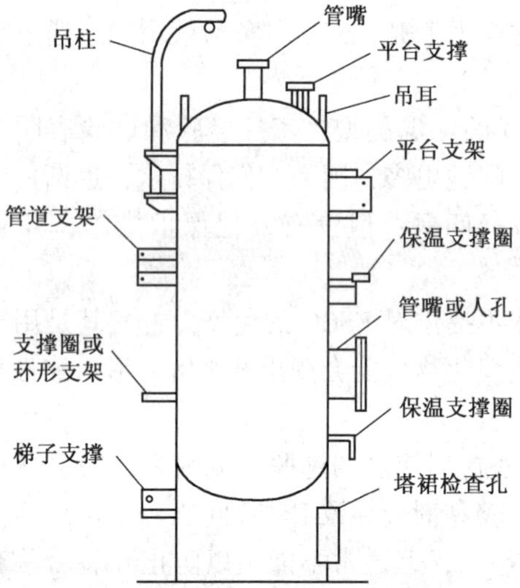

图 15-10-2　水可能进入保温的典型容器附件

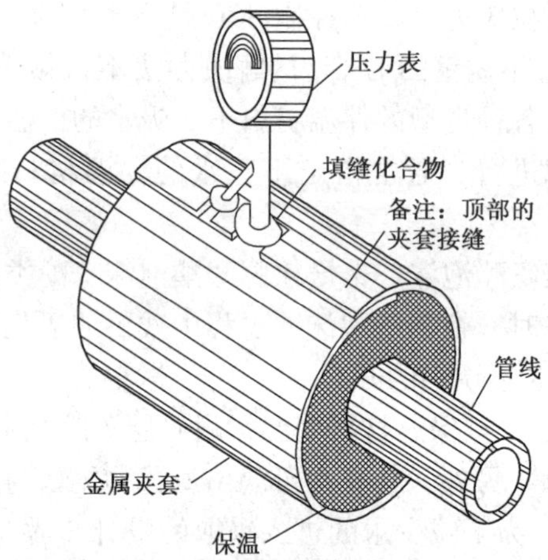

图 15-10-3　水容易通过保温的管道附件

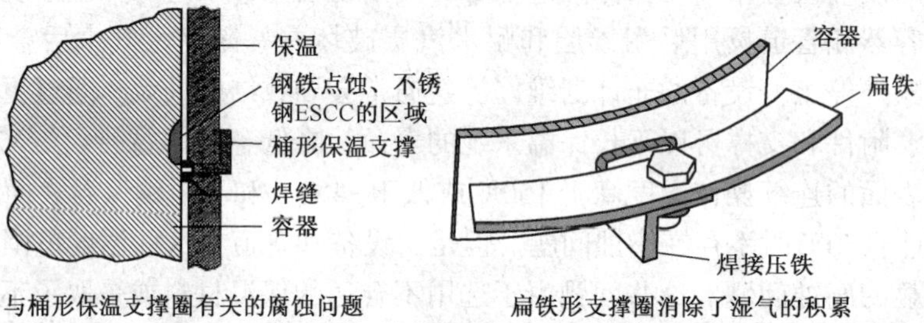

图 15-10-4　容器保温支撑圈，问题和解决方案

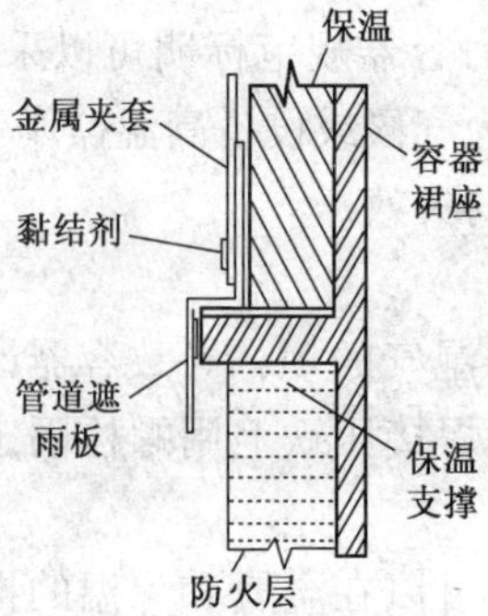

图 15-10-5　垂直容器底部支撑圈减少水的聚积

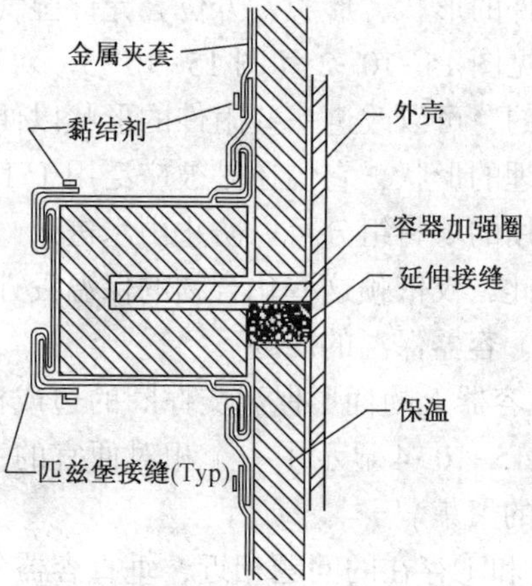

图 15-10-6　容器加强圈保温细节

③ 垂直容器顶部未保温的管嘴会导流保温下的水。在这种环境下采用的填料化合物和

金属表面处理对于防止水进入的作用很小。这个问题可以通过延长管嘴到保温和夹套上方来补救，见图 15-10-7，然后将管嘴保温到帽子处。帽子依赖管嘴周围的密封焊而不是胶黏剂来防止水通过保温材料。

④ 容器上标示牌的支架支撑会允许水在支架穿透保温的部位进入保温材料，如图 15-10-8 所示。不超过保温材料的短的支架可以用于容器的永久标识，可以在金属夹套或底部裙座安装一个副铭牌作为操作过程中的标识。

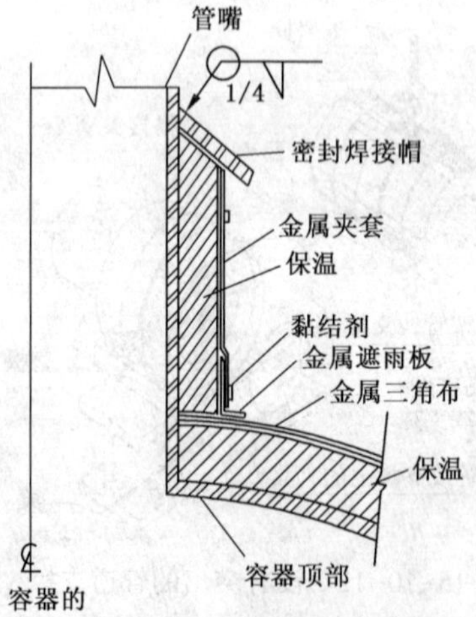

图 15-10-7　容器顶部的中间管

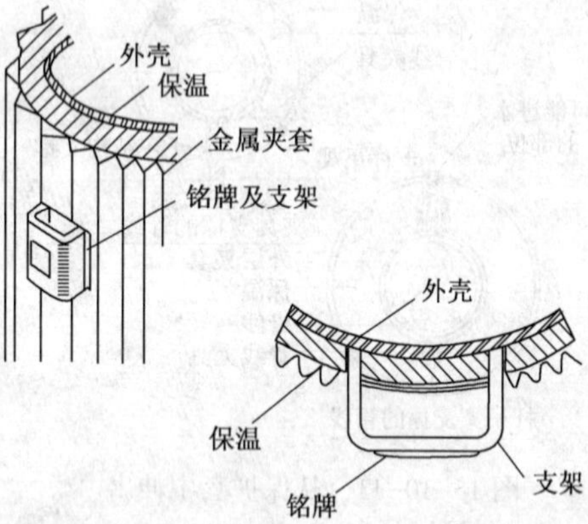

图 15-10-8　普通标示牌的保温细节

（3）管道保温的问题

① 如果不密封，为了保护人员的管道保温会引起水进入终端。密封焊一个帽子，如图 15-10-9 所示，可以阻止水的进入。变通的方法是放弃保温，使用有支座的多孔金属板。

② 使用角钢或 C 形槽来支撑双管换热器会造成保温中的一些突出物，见图 15-10-10。这些突出物很难密封，提供了湿气的进口。采用一个管状支撑可以提供一个表面和突出物和保温之间的外形，这样较容易密封。

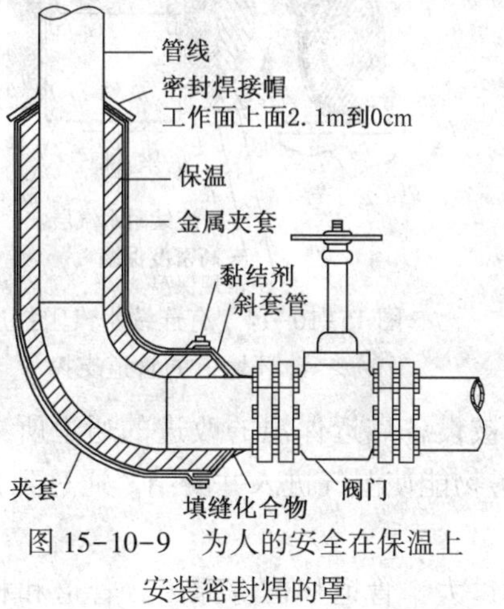

图 15-10-9　为人的安全在保温上安装密封焊的罩

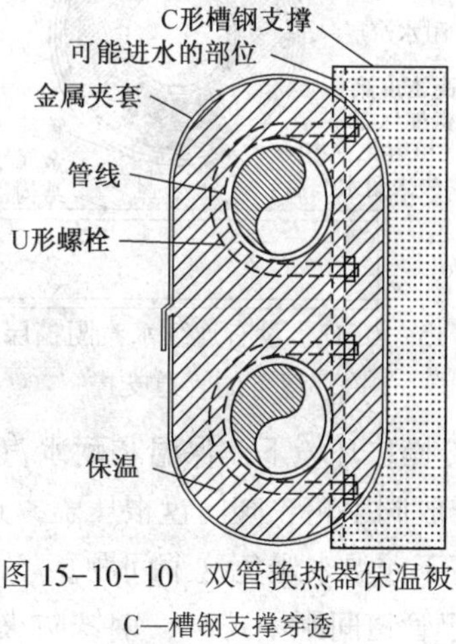

图 15-10-10　双管换热器保温被C—槽钢支撑穿透

③ 直接接触的杆吊架或夹具支撑管道在夹套中形成突出物，见图 15-10-11。当填料化合物干燥开裂或从保温材料分离，水会进入保温。但是，承载支撑只与夹套接触，如图 15-10-12 所示，允许一个连续的耐候层。

④ 和③的问题相似，当保温后的管道直接放在结构支梁上，耐候层必须在钢铁表面进行切割。这样破坏了耐候层的连续性，允许湿气进入。但是，图 15-10-12 显示的管道支撑保证了耐候层的连续性。保温和夹套可以随管道自由移动，减少了水的侵入。

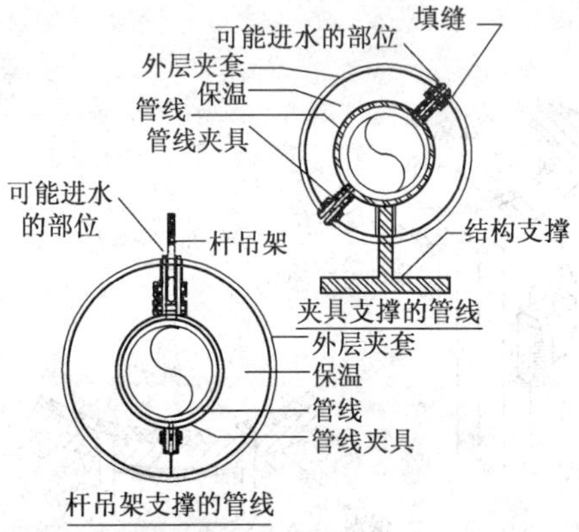

图 15-10-11　从保护套中伸出

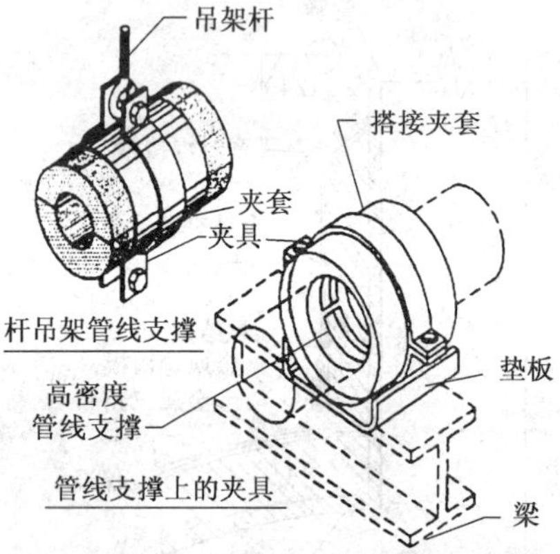

图 15-10-12　没有突出的管道支撑

⑤ 另一个与③相近的问题，当管道支撑如图 15-10-13 所示时，冷操作管道的耐水汽层不连续。作为替代，保温系统的整体性取决于用于保温和管道支撑界面的接头胶黏剂和填料化合物。当管道移动时，这些化合物不能保持它们的密封性，湿气就可能进入。图15-10-14显示了采用固定耐水汽层的管道支撑设计，尽管管道移动也能保持连续性。

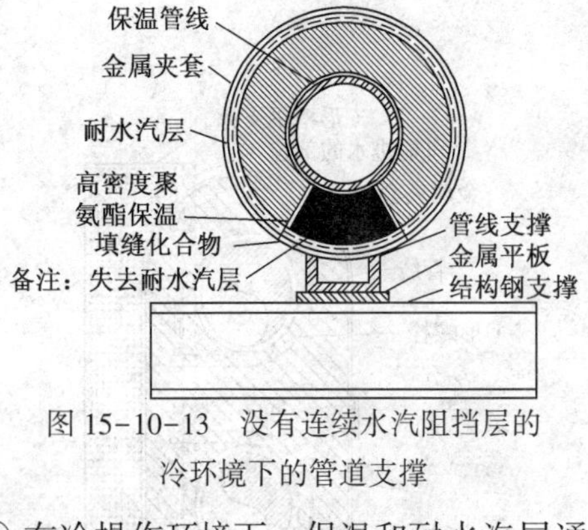

图 15-10-13　没有连续水汽阻挡层的冷环境下的管道支撑

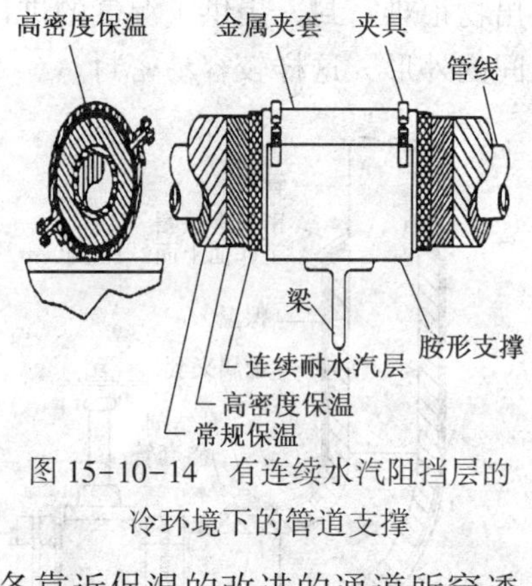

图 15-10-14　有连续水汽阻挡层的冷环境下的管道支撑

⑥ 在冷操作环境下，保温和耐水汽层通常被设备靠近保温的改进的通道所穿透，如仪表连接、排放阀手轮、阀门盘根压盖。这些穿透物能使湿气进入并凝结。通过延长阀门柄和仪表连接高于保温来避免这个问题。

⑦ 由于管道间距不正确、钢铁防火层厚度过大、管道移位等原因，管道和相邻结构的保温间隙可能不够，这样就会造成湿气通过耐候层和耐水汽层，如图 15-10-15 所示。唯一

的改进措施是位保温设计足够的空间。设计应考虑相邻结构、管道移动和延伸接点的影响。

⑧ 管道悬挂的电缆导管或穿透管道的保温使得保温密封困难，不论是冷操作还是热操作环境。另外，在过热环境中，导管会受到过热损害；在冷环境下，导管会发生腐蚀。补救措施是避免穿透管道保温；例如，结构件的悬挂导管。

⑨ 提供足够的管道间隙，注意附件的形状，了解可能会发生除上面所提及的其他腐蚀问题。对于腐蚀控制，了解不同的保温材料和它们的安装要求以及管道和设备的知识是十分必要的。

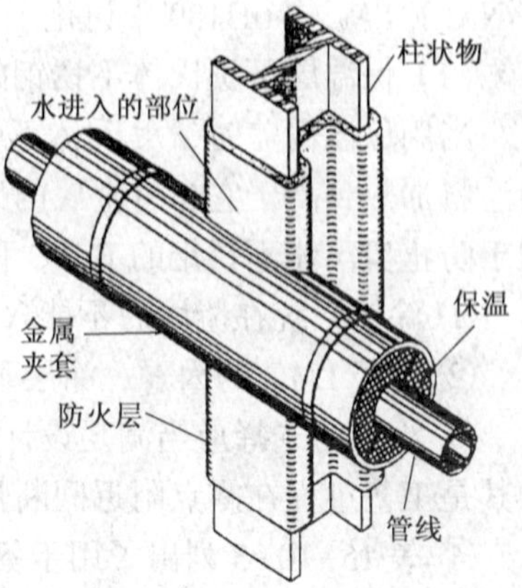

图 15-10-15 管道保温被圆形防火材料穿透

(4) 耐候层和耐水汽层的设计

对于保温系统设计，选择耐候层和耐水汽层和选择保温材料一样重要。耐候层和耐水汽层因为化学侵蚀、阳光、机械损坏、电流腐蚀而被破坏。用于密封夹套接缝的填料化合物和密封剂在阳光及温度超过推荐使用范围的环境下发生降解。耐水汽层在阳光下也降解，产生裂纹和开放性的接缝，使湿气进入。

在冷操作环境中，保温材料依靠耐水汽层来阻止湿气进入。除了采用全焊接的金属套筒外壳外，没有更好的耐水汽层。没有金属夹套的密封耐水汽层需要定期检查机械损伤、老化、开裂、分层和密封破裂的迹象。被忽视的维护会缩短保温寿命，促进腐蚀。除非需要保护保温，冷操作环境保温材料上的耐水汽层尽量避免采用金属夹套。

在热操作环境，耐候层通常是金属的。它们通过卷套制作，可能有许多接缝。有时接缝在上表面或搭接不正确。当在纤维保温上采用金属夹套时，在水平管线、容器头部和罐顶部的搭接接缝更容易被踩坏。

在湿气存在的条件下，金属夹套的设计要避免使用不同金属以防止电流腐蚀。

(5) 保温系统设计

对于硬和半硬材料的保温设计应需要膨胀接缝，取决于操作温度和设备管道的尺寸。在保温需要的部位采用这些接缝造成的失效会导致控制以外的移动。作为结果，耐候层和耐水汽层破坏，这样会使水进入保温导致腐蚀的发生。通常，柔性材料的保温设计，如纤维层，不需要膨胀接缝。

系统设计人员有可能忘记了由于管道膨胀造成的保温移动。例如，热膨胀系数在-73℃和20℃时，泡沫玻璃保温和碳钢的膨胀量相同，而泡沫的膨胀量是碳钢的9倍。当保温系统冷却，泡沫玻璃的接缝会收缩而海绵泡沫则会张开。因此，海绵泡沫(如聚氨酯系统)需要更多的膨胀接缝。同样，为了控制水蒸气的横向传播，聚氨酯保温系统比泡沫玻璃系统需要更多的水汽挡板。

15.10.4 保护性涂层

保温和/或降低噪音及防火层下的碳钢和不锈钢选用保护性涂层。保护性涂层被认为是保护保温层下钢铁腐蚀的有效措施之一。性能良好的涂层防护系统能保持至少15年。如果设备/配管已使用5年以上，并且没有合适的涂层，则为了以后的安全应安排检查。避免CUI，缓蚀剂和阴极保护等防腐技术不如保护性涂层有效。本节考虑的涂层系统为薄膜液体应用型涂料、熔融粘合涂料、金属化、蜡胶带涂料，不讨论无机锌涂料在湿保温下的失效；在 NACE 出版物 6H189 中讨论了这一问题。

（1）保温层下奥氏体不锈钢的涂层

当用保温覆盖时，奥氏体不锈钢会发生 ESCC。另外，如果一种涂料含有低熔点金属，当涂料加热到高于它含有金属的熔点温度以上时，可能会发生钢铁的液态金属开裂(LMC)。用于防止奥氏体不锈钢的 ESCC 和 LMC 的涂层系统要考虑：

① 涂层系统在凝固后不能含有自由的、溶解的氯化物或其他卤素。

② 由于 LMC 的因素，涂层不能还有锌、铅、铜或它们的化合物。

③ 涂层的选择应当满足设计操作温度范围，如果这个范围允许在下面的表面产生湿气，尤其是工艺过程在露点附近间断热循环时。

④ 表 15-10-3 列出了用于奥氏体不锈钢设备的保护性涂层。在选择一个涂层系统时应考虑最大操作温度和计划应用的时间。对于其他涂层，应当针对需要的涂料性能咨询制造商。

⑤ 铝皮包装被用于防止奥氏体不锈钢在保温下的 ESCC。

表 15-10-3　用于保温材料下不锈钢的保护性涂料

编　号	温度范围	表面制备	表面处理	底　　漆	面　　漆
1	-45~60℃	NACENo. 3	25~50μm	130μm 厚浆环氧	N/A
2	-45~150℃	NACENo. 3	25~50μm	150μm 环氧/酚类或高温胺化环氧煤沥青	150μm 环氧/酚类或高温胺化环氧煤沥青
3	-45~370℃	NACENo. 3	25~50μm	50μm 空气干燥改性硅树脂涂料	50μm 空气干燥改性硅树脂涂料
4	-45~760℃	NACENo. 3	40~65μm	100μm 硅氧烷	100μm 硅氧烷

（2）碳钢在保温或粘性防火材料下的涂层

用于低于 150℃的保温层下碳钢的涂料系统通常为典型的罐涂层防腐系统。其他涂层可通过购买者的判断来使用。

① 环氧保护性涂层推荐用于碳钢在粘性耐火材料下使用；

② 如果粘性耐火材料下的镀锌钢发生腐蚀，应当考虑选用涂层；

③ 使用蒸汽吹扫的用户应选择一个能够耐吹扫过程中高温的涂层；

④ 在 50~150℃温度范围内长期或循环操作的保温下不应采用无机锌涂层或镀锌；锌不能在一个封闭的、有时潮湿的环境中提供足够的耐蚀性；

⑤ 在海洋和高温环境采用热喷铝涂层使用效果良好；

⑥ 蜡胶带涂料可用于防止碳钢在干循环或露点附近循环时的腐蚀。胶带的应用步骤应符合 NACE 标准 RP0375 关于蜡胶带涂层系统的规定；

⑦ 表 15-10-4 列出了碳钢设备推荐的保护性涂层系统。用户应当选择满足温度范围的系统，应考虑最大使用温度和使用时间。对于其他涂料，应当根据需要的涂层性能咨询制造商。

表 15-10-4 保温和粘性防火层下碳钢的保护性涂层

编号	温度范围	表面制备	表面处理	底 漆	中 间 漆	面 漆	备 注
1	-45~60℃	NACENo. 2	50~75μm	130μm 厚浆环氧	N/A	130μm 厚浆环氧	N/A
2	-45~60℃	NACENo. 2	50~75μm	N/A	N/A	300μm 熔结环氧 FBE	仅 in-shop 应用
3	-45~60℃	NACENo. 2	50~100μm	180~250μm 喷铝	15~20μmMIL-P-2441/1 环氧聚胺（EPA），然后是 75μmMIL-P-24441/1EPA	75μmMIL-P-24441/2EPA	U.S. 海军标准 DOD-STD-2138
4	95℃	NACENo. 2	50~75μm	25~50μm 湿态固化氨基甲酸乙酯铝底漆	50~75μm 湿态固化云母铝氨基甲酸乙酯	两层 75μm 的丙烯酸氨基甲酸乙酯	N/A
5	-45~150℃	NACENo. 1	50~75μm	150μm 环氧/酚类或高温胺化环氧煤沥青	N/A	150μm 环氧/酚类或高温胺化环氧煤沥青	N/A
6	120~540℃（间断循环温度 60~120℃）	NACENo. 2	50~100μm	150~200μm 喷铝	N/A	根据制造商推荐的硅树脂密封涂层	N/A
7	最大 480℃	NACENo. 2	50~75μm	250~380μm 喷铝 DODSTD-2138	N/A	两层 40μm 的 TT-P-28 高热硅树脂涂层	N/A
8	120~540℃（连续在 120℃ 以上操作）	NACENo. 2	25~50μm	75μm 无机锌	N/A	N/A	N/A
9	-45~650℃	NACENo. 2	40~65μm	100μm 硅氧烷	N/A	100μm 的硅氧烷	N/A
10	最大 60℃	SSPC-SP2 和/或 SSPC-SP3	N/A	薄膜矿物或石油蜡底漆	N/A	1~2mm 的矿物或石油蜡	N/A
11 碳钢系统	室温	NACENo. 3	25~50μm	130μm 厚浆环氧或煤沥青环氧	N/A	N/A	N/A

SH 3022—1999《石油化工设备和管道涂料防腐蚀设计规定》中对有保温的设备与管道的涂料有如下规定：

① 地上设备与管道的防腐蚀涂料使用寿命应与装置的检修周期相适应，且不应少于两年；

② 除另有设计规定外，奥氏体不锈钢不应涂漆；

③ 除下列情况外，隔热的设备和管道应涂 1~2 道酚醛或醇酸防锈漆；

A. 沿海、湿热地区保温的重要设备和管道，应按使用条件涂耐高温底漆；

B. 保冷的设备和管道可选用冷底子油、石油沥青或沥青底漆，应涂 1~2 道；

国内某设计院对保温管道的要求如下：

① 管道设计温度<120℃，底漆：铁红酚醛防锈漆 2 道，每道干膜厚度≥30~40μm；

② 管道设计温度 120~450℃，底漆：无机富锌底漆 2 道，每道干膜厚度≥30~40μm；

从我国标准的要求与NACE RP0198—1998的要求相比，涂料的等级与漆膜的厚度均相差很多，加至施工缺乏严格的质量控制，我国对保温层下腐蚀的关注不够，使用寿命也短很多，今后还要继续改进。

参 考 文 献

1. API PUBL 581：2000《基于风险的检验基础资源文件》
2. API RP 571—2003《炼油厂固定设备损伤机理》
3. 李云浩．蒸馏塔顶的防腐蚀措施．石油化工腐蚀与防腐，第17卷
4. R. A. White. 炼油厂及油气集输设施的选材．NACE，1998
5. 雷良才等．石油加工中的环烷酸腐蚀与防护．2001年7月，VOL 22
6. 高延民等．环烷酸与硫化氢腐蚀体系的热力学分析．中国腐蚀与防护学报，1999年12月
7. NACE. 炼油工业腐蚀控制．2008年中国培训教材
8. NACE 标准 RP0296《现有炼油厂压力容器在湿硫化氢环境下开裂的检测、修复和减缓指南》
9.《压力容器安全技术监察规程》(99版)修订说明及条文解释
10. 李经涛等．舞钢湿硫化氢环境用低合金高强度钢．宽厚板，第12卷第4期，2006年8月
11. NACE 出版物 8X194(2006)《湿硫化氢炼油厂使用环境下使用的新压力容器用材料和制造规程》
12. NACE 标准 MR0103《抗腐蚀性炼油环境中硫化物应力开裂的材料》
13. 王维宗等．炼油常用钢材的抗HIC性能与评价方法的研究．炼油技术与工程，第35卷第8期，2005年8月
14. 张万贞．湿 H_2S 环境中金属材料腐蚀的研究．石油化工腐蚀与防护，2006，23(3).22
15. NACE 出版物 34103-2004《炼油厂硫化物腐蚀纵览》
16. 王德瑞等．加氢装置加热炉易爆管部位的分析．炼油技术与工程，2007年9月，第37卷
17. API PUBL 932-A-2002《A Study of Corrosion in Hydroprocess Reactor Effluent Air Cooler Systems》
18. API RP932-B-2004《Design, Materials, Fabrication, Operation, and Inspection Guidelines for Corrosion Control in Hydroprocessing Reactor Effluent Air Cooler(REAC) Systems》
19. 张国信．加氢高压空冷器系统腐蚀原因分析与对策．炼油技术与工程，第37卷第5期
20. Cathy Shargay. 在加氢流出物空冷器系统最小氯化氨腐蚀设计考虑．NACE 论文，No. 01543
21. (日)石油学会 1998. 9《石油炼制装置的材料选择》
22. NACE 标准 RP0403—2003《避免炼油厂碳钢设备与管线的碱应力腐蚀开裂》
23. 徐洪等．炉水游离碱来源及其阻断．华东电力，2002年第9期
24. 王印培等．蒸汽过热器管断裂失效分析．理化检验—物理分册，第36卷第10期
25. 李锡成．碳素钢的碱脆与防护措施．石油化工设备技术，1995，16(2).17
26. 余存烨．石化设备减洗与应力腐蚀破裂．清洗世界，2008. 03
27. 苏国柱．蒸汽发生器泄漏原因分析与改进措施
28. NACE RP0170—2004《炼油厂停工期间奥氏体不锈钢设备连多硫酸应力腐蚀开裂的预防》
29. 崔思贤．石化工业连多硫酸引起的应力腐蚀开裂及其防护措施．石油化工腐蚀与防腐，1996. 13(3).1
30. 胜利石油化工总厂炼油厂．炼油设备的腐蚀与防腐．石油工业出版社
31. 石化部科学研究院等八单位．炼制含硫原油设备钢材腐蚀状况调查报告．1978
32. API RP 945—2003《避免胺法脱硫装置的开裂》
33. 严伟丽，林霄红．胺法脱硫装置的腐蚀与防护．石油化工腐蚀与防腐，2004
34. Mahdi Nouri, Dannie R. Clarida. 在胺系统工艺设计、运行条件和腐蚀的相互影响关系．NACE 论文，No. 07398
35. NACE 标准 RP0198—98《保温与防火层下腐蚀控制》
36. SH 3022—1999《石油化工设备和管道涂料防腐蚀设计规范》

第十六章　国内外锅炉压力容器标准体系及技术内容比较

16.1　国内外锅炉和压力容器主要法规标准简介

16.1.1　中国锅炉和压力容器主要法规标准

中国压力容器行业从 20 世纪 60 年代初开始着手制定较为完整的压力容器设计规定。1967 年完成了《钢制石油化工压力容器设计规定》，后经修订与 1977 年开始颁发实施，随后又修订过两次，即 82 版和 85 版。该设计规定由原机械工业部、化学工业部和中国石油化工总公司(1983 年以前由原石油部负责)组织编制的，属部级标准。为编制压力容器的国家标准，1984 年 7 月成立了“全国压力容器标准化技术委员会”(简称容标委)。容标委以《钢制石油化工压力容器设计规定》为基础，经充实、完善和提高于 1989 年颁布了第一版的国家标准，即 GB 150—89《钢制压力容器》。1998 年颁布了经全面修订后的新版 GB 150—1998《钢制压力容器》。与此同时，容标委在 GB 150 的基础上，又先后制订 GB 151《管壳式换热器》、GB 12337《钢制球形储罐》、JB4732《钢制压力容器——分析设计标准》及 JB4710《钢制塔式容器》、JB4731《卧式容器》等一系列国家标准和行业标准。

GB 150《钢制压力容器》是中国第一部压力容器国家标准，其基本思路与 ASMEⅧ-1 相同，属于常规设计标准。该标准适用于设计压力不大于 35MPa 的钢制压力容器的设计、制造、检验及验收。适用的设计温度范围根据钢材允许的使用温度确定，从-196℃到钢材蠕变限用温度。

GB 150 只适用于固定的承受恒定载荷的压力容器，不适用于以下 8 种压力容器：直接用火焰加热的容器；核能装置中的容器；旋转或往复运动的机械设备中自成整体或作为部件的受压器室；经常搬运的容器；设计压力低于 0.1MPa 的容器；真空度低于 0.02MPa 的容器；内直径小于 150mm 的容器；要求做疲劳分析的容器等。

GB 150 管辖的范围除壳体本体外，还包括容器与外部管道焊接连接的第一道环向接头坡口端面、螺纹连接的第一个螺纹接头端面、法兰连接的第一个法兰密封面，以及专用连接件或管件连接的第一个密封面。其他如接管、人孔、手孔等承压封头、平盖及其紧固件，以及非受压元件与受压元件的焊接接头，直接连在容器上的超压泄放装置均应符合 GB 150 的有关规定。

GB 150 的技术内容包括圆柱形筒体和球壳的设计计算、零部件结构和尺寸的具体规定、密封设计、超压泄放装置的设置，以及容器的制造、检验与验收要求等。该标准在中国具有法律效用，是强制性压力容器标准。

JB 4732《钢制压力容器—分析设计标准》是我国第一部压力容器分析设计的行业标准，其基本思路与 ASMEⅧ-2 相同。该标准与 GB 150 同时实施，在满足各自要求的前提下，设计者可选择其中之一使用，但不得混用。

与 GB 150 相比，JB 4732 允许采用较高的设计应力强度，在相同设计条件下，容器的厚度可以减薄，重量可以减轻。一般推荐用于重量大、结构复杂、操作参数较高的压力容器设计。

16.1.2 美国锅炉和压力容器主要法规标准

ASME 锅炉压力容器规范第Ⅷ卷中涉及到的一些基本概念，如许用应力、安全系数、焊接接头系数、脆性断裂、疲劳以及压力试验等。

ASMEⅧ卷要求容器制造商严格按设计要求进行制造。AD-110 给出了压力容器设计常见的载荷，这些载荷包括压力、风载、设备(容器本身、附属设备等)的重力载荷、温度梯度或热膨胀量不同引起的作用力等。如果设计中因为部件不受这些载荷作用或未知而不予考虑时，需要在设计计算书中作出说明。Ⅷ-1U-2(a)和 U-2(b)对设计要求提供了指导性意见。Ⅷ-2 AD-110 和 AG-301 中的用户设计说明给出了制造商所需考虑的载荷。

Ⅷ-1 和Ⅷ-2 的附录给出了许多压力容器的设计方法。通过工厂的长期使用，已经在实践中得到证实的方法，被列入强制性附录。新方法或使用范围受到限制的方法被列入非强制性附录。非强制性附录经过一段时间的使用，其安全性和实用性得到证实以后，最终可以转为强制性附录。但是指导性内容将一直保留在规范的非强制性附录中。

Ⅷ-1 不可能包括所有应用领域内压力容器的设计方法。当Ⅷ-1 的方法不适用时，需按照 U-2(d)，U-2(g)以及 UG-101 的方法进行设计。U-2(g)允许设计人员在不参照Ⅷ-1设计方法的情况下进行部件的设计。UG-101 则允许通过试验来确定部件的最大允许工作压力。在Ⅷ-2 中，不存在 UG-101 这样的方法，这是因为Ⅷ-2 可以采用分析设计解决这个问题。相关内容详见Ⅷ-2 AD-100(b)，AD-140，AD-150 以及 AD-160。

(1) 许用应力

Ⅷ-1 附录 P 以及Ⅱ-D 附录 1 详细叙述了许用应力的确定方法，现归纳总结为其表 1.1。对于大多数材料，当设计温度低于蠕变温度时，许用应力为材料有效抗拉强度的 1/3.5 和最小屈服强度的 2/3 中的较小值。大多数螺栓的许用应力为抗拉强度的 1/5。有效抗拉强度的确定方法为：计算 ASTM(美国材料试验协会)规定的材料在室温下的抗拉强度下限值和实测室温下的抗拉强度之比，如此比值小于 1.0 取此比值，否则取 1.0，再乘以实测的设计温度下的抗拉强度，将所得的值再乘以 1.1，所得结果与 ASTM 规定的材料在室温下的抗拉强度中的较小值就是设计温度下材料的有效抗拉强度。

系数 1.1 是由 ASME 标准委员会确定的。它是通过对实际工程的判断，充分考虑了许多因素以后得到的结果。例如，在一定范围内，随着温度的升高，大多数碳素钢和低合金钢抗拉强度会升高。从室温到 500°F 甚至更高温度之间，为保持碳素钢许用应力为常数，将最小抗拉强度调节到平均水平。在温度高于 500°F 时，碳素钢的许用应力主要受蠕变极限控制，而不再受拉伸屈服准则的影响。虽然有的材料的抗拉强度并不随着温度升高而增大，但Ⅷ-1中对所有材料均取系数 1.1。

Ⅱ-D 给出了Ⅷ-2 中确定许用应力的准则。对于大多数材料，在设计温度下的许用应力为 1/3 的抗拉强度和 2/3 的屈服强度中的较小值。Ⅷ-2 中，设计温度应低于以钢材蠕变控制其许用应力强度的相应温度。Ⅷ-2 中许用应力的确定准则见其表 1.2。

Ⅷ-1、Ⅷ-2 以及Ⅱ-D 给出了在剪力和支撑载荷作用下部件的应力。Ⅷ-1UW-15 以及Ⅷ-2AD-132 都列出了主要的应力。对连接处的许用应力总结见其表 1.4。

ASTM 和 ASME 设计规范一样，由于同种材料等级的增加或材料性能的变化，材料的钢号在过去的 20 年中是不断变化的。附录 B 给出了一些常见材料新老钢号的对照表。

第Ⅷ篇允许材料的最大设计温度不能超过Ⅱ-D 中对温度的限制。Ⅷ-1 中定义的设计温度是指沿部件横截面温度分布的平均值。Ⅷ-2 中定义的设计温度为部件横截面内温度分布的平均值，但其表面温度不得超过Ⅱ-D 中规定的材料最高温度。Ⅷ-1 和Ⅷ-2 中对最大设计温度的定义的不同，对较高温度下的厚截面部件将产生较大的差异。

(2) 焊接接头系数

在 ASME 锅炉规范第Ⅰ卷以及Ⅷ-2 中，除个别情况外，所有的轴向和环向对接焊接接头必须进行 100%射线检测。然而Ⅷ-1 允许这些焊接接头质量用不同的方法检测。根据用户的要求和第Ⅷ卷规定，可以采用包括 100%射线检测和目测在内的多种检测方法。通过引入焊接接头系数 E(有的也称为质量系数或焊缝系数)，计及检测等级对所需厚度的影响。若焊接接头未经 100%射线检测，许用应力需乘以焊接接头系数，使得部件的安全系数以及壁厚都增加。实际上，只要焊接接头射线检测等级的不同，Ⅷ-1 中的容器可以有不同的安全系数。例如：经 100%射线检测的圆筒轴向对接焊接接头，其焊接接头系数 E 取 1.0，该系数相当于母材的安全系数为 3.5。未经射线检测的轴向对接焊接接头的 E 取 0.70。随着焊接接头系数的减小，相应母材钢板的安全系数也变为 5.0。若部件焊缝未经射线检测，则其所需厚度比焊缝进行 100%射线检测时的厚度增加 43%，相应的安全系数也随之增大。

(3) 脆性断裂

Ⅷ-1 和Ⅷ-2 要求在选材和设计过程中考虑材料的脆性断裂。先以广泛使用的碳素钢为例予以说明。为满足碳素钢韧性的要求，Ⅷ-1 给出了免除冲击试验的条件和确定冲击试验温度的方法。UG-20(f)规定，在满足以下所有条件时，材料可以免做冲击试验：

P 值为 1，组别为 1 或 2 的材料。

其图 1.4 中曲线 A 适用的材料(详见其表 1.6)，但厚度不超过 1/2in。

其图 1.4 中曲线 B、C 和 D 适用的材料(详见其表 1.6)，但厚度不超过 1in。

按 UG-99(b)、(c)或 27-3 的方法对容器进行液压试验。

设计温度在-20~650℉之间。

设计要求不取决于热或机械冲击、交变载荷。

(4) 疲劳分析

到目前为止，Ⅷ-1 还没有提供元件疲劳设计的方法。当按照Ⅷ-1UG-22 或 U-2(g)要求需要对元件进行疲劳设计时，通常方法是：当设计温度在Ⅷ-2 的温度限制范围以内时，采用Ⅷ-2 中的疲劳设计方法；否则，采用Ⅲ-H 中的方法。只要能满足Ⅷ-1U-2(g)的要求，也可采用其他国际规范标准或 ASMEB31.3 中的疲劳设计方法。

Ⅷ-2 给出了考虑疲劳失效时详细的设计方法。AD-160 给出了容器是否需要作疲劳分析的三个判据。第一个是根据使用经验如 AD-160.1 所述：当容器在某条件下已有成功使用经验，那么与之有类似结构与工作条件的容器，无需疲劳分析。

第二个判据是：在条件 A 或条件 B 中所有条件都满足时，部件无需疲劳分析。

Ⅷ-2AD-160.3 给出的第三种判据是针对没有采用整体补强的接管，同上述条件 A 以及条件 B 的非常接近。

(5)压力试验

ASME 规范要求除已按 UG101 做过试验的容器以外，在加盖 U 钢印以前，按Ⅷ-1 标准设计和制造的压力容器都必须进行液压(UG-99)或气压(UG-100)试验。按Ⅷ-2 标准设计和制造的压力容器在加盖 U2 钢印以前也必须进行的液压(T-3)或气压(T-4)

试验。按 ASME 锅炉和压力容器规范规定，在盖规范钢印标志前，每台容器都必须在大于等于最大允许工作压力的条件下进行压力试验。试验压力应在铭牌和制造厂资料报告中注明。

在有些场合，气压试验和液压试验可以都做，也可以用气压试验代替液压试验。当液压试验和气压试验都做时，容器应满足气压试验的要求。液压试验的介质除水外，还可以是无危险、不易燃烧的油或其他流体；气压试验的介质不一定都是空气，在密封要求更高的场合，也可以用其他无危害的气体。

16.1.3 欧盟锅炉和压力容器主要法规标准

历史上欧洲各工业国有各自的适用于承压设备设计、制造和使用的法规和标准，但各国的规定和技术要求都不尽相同。近年来，为了协调欧盟各成员国的承压设备技术法规和标准，消除欧盟内的技术贸易障碍，欧盟颁布了相应的 EEC/EC① 指令(DIRECTIVE)和协调标准(HARMONIZED STANDARDS)。

16.1.3.1 主要法规

与承压设备有关的 EEC/EC 指令有 9 部：

76/767/EEC——压力容器指令

84/525/EEC——钢制无缝气瓶指令

84/526/EEC——铝制无缝气瓶指令

84/527/EEC——钢制焊接气瓶指令

87/404/EEC——简单压力容器指令

94/55/EC——危险品公路运输指令

96/49/EC——危险品铁路运输指令

97/23/EC——承压设备指令

99/36/EC——移动式承压设备指令

(1) 76/767/EEC《压力容器指令》

76/767/EEC《压力容器指令》是关于压力容器的基本指令，包括压力容器的一般性条款和检验方法。这项指令适用于设计压力大于 0.5bar(表压)的压力容器，但不包括核容器、船舶和飞机用容器。

这项指令又称为《压力容器框架指令》，包括压力容器及其检验方法的一般规定。这项指令涵盖设计压力大于 0.5bar(表压)的压力容器，但不包括核容器以及船和飞机用容器。

在这部指令的引言中写道："为了压力容器在共同市场内自由流通，避免多重检验及由此形成的贸易障碍，有必要做出适当安排，使各成员国互相承认对方所做的检验"。

该指令第 13 条中对检验机构做了规定，要求各成员国向其他成员国和委员会提供负责检验工作的检验机构的名单。

第 22 条中提出的特别条款，适用于该指令范围内的压力容器，但另有专门指令的压力容器除外。成员国的直接管理部门(如英国的健康和安全执行机构)应该承认由一个检验机构依照指令附录Ⅳ规定的程序进行检验的压力容器符合本国法律。各成员国应该承认压力容器原产国检验机构颁发的报告和证明，将之视作通用文件。

① EEC 是指欧洲经济共同体(European Economic Community)，1992 年改名为欧共体(European Communities)

该指令附录Ⅲ规定成员国在指定的检验机构执行检验任务时需要考虑的最低准则，包括独立性、组织机构、技术能力及其公正性，各成员国选择的检验人员必须具有熟练的技术，经过职业培训，并能够保守技术秘密。

附录Ⅳ指出向接受国的行政机构提出申请，要求由非接受国的检验机构执行并证实验证性试验的程序。

（2）气瓶指令

1984年欧共体颁布的三项气瓶指令，即84/525/EEC《钢制无缝气瓶指令》、84/526/EEC《铝制无缝气瓶指令》、84/527/EEC《钢制焊接气瓶指令》。这些指令要求带有CE标志的气瓶必须型式试验合格，除非其水压试验压力低于120bar且容积小于1L。

84/525/EEC《钢制无缝气瓶指令》适用于容积为0.5~150L，盛装压缩气体、液化气、溶解气体的钢制无缝气瓶；84/526/EEC《铝制无缝气瓶指令》适用于容积为0.5~150L，盛装压缩气体、液化气、溶解气体的铝合金无缝气瓶，但不包括采用抗拉强度大于500MPa的铝合金制造的气瓶；84/527/EEC《钢制焊接气瓶指令》适用于由厚度小于等于5mm的钢板焊接而成、可以反复充装、容积为0.5~150L、设计压力不超过60bar的钢制焊接气瓶。94/55/EC《危险品公路运输指令》和96/49/EC《危险品铁路运输指令》也对气瓶作了部分规定。

1984年颁布的三项有关气瓶的指令都引用了76/767/EEC《压力容器一般指令》。这些指令要求带有CE标志的气瓶必须通过型式试验和检验，除非其水压试验压力低于120bar（表）且容积小于1L。

指令的技术要求详细规定了基本安全要求，包括钢或铝合金的制造方法、化学分析、最小壁厚确定方法、热处理和筒体的质量要求，如不圆度、直线度、地面或基础环的型式等。

指令详细规定了EC型式试验应做的检验和测试，包括对气瓶的力学性能试验、冲击试验、水压爆破试验、压力循环试验、水压试验和双硬度试验（double hardness tests）。

若这些试验均符合要求，管理机构（如英国的健康安全执行机构）将会签发EC型式试验认可证书。当对报告的一致性进行检查时，制造商应向检验机构提供详细资料，由检验机构校对已取得的型式试验报告，校核材料数据和计算，按10%取样原则检查气瓶，审查力学性能试验，评估硬度一致性检测的结果。

当上述各项均符合要求时，检验机构将会签发EC检验证书。

每只气瓶应带有以下标志：

* EC型式认可（EC pattern approval）标志，字母E，如其图2.1左图所示。
* EC指令的编号（如其图2.1中的“1”）。
* EC型式认可国家的大写字母代号（其图2.1中“D”代表德国），以及认可年份的后两位数字（如其图2.1中的“79”）。
* EC型式认可的编号。

对于免受EC检验的气瓶，字母E外有个六边形，同样包括上述细节，如其图2.1右图所示。

经检验机构型式认可的气瓶可在所有欧共体成员国使用。

84/525/EEC《钢制无缝气瓶指令》适用于容积为0.5~150L，盛装压缩气体、液化气、溶解气体的钢制无缝气瓶。

84/526/EEC《铝制无缝气瓶指令》适用于容积为0.5~150L，盛装压缩气体、液化气、溶解气体的铝和铝合金制无缝气瓶，但不适用于采用抗拉强度大于500MPa的铝合金制造的气瓶。

84/527/EEC《钢制焊接气瓶指令》适用于由厚度小于等于5mm的钢板焊接而成、可以反复充装、容积为0.5~150L、设计压力不超过60bar(表)的碳素钢制焊接气瓶。

(3) 87/404/EEC《简单压力容器指令》

87/404/EEC《简单压力容器指令》于1987年6月25日颁布，1990年7月1日起强制执行。该指令适用于盛装空气或氮气，内压大于0.5bar的简单压力容器，如卡车和火车制动系统中的储气罐，但不包括灭火器、核容器以及船舶和飞机用容器。

该指令适用于材料为碳素钢或工业纯铝，最高工作压力(*PS*)为30bar且*PS*与容积(*V*)的乘积不超过10000bar·L的容器；容器的最低工作温度不能低于-50℃，钢制容器最高工作温度不得超过300℃，铝制容器最高温度不得超过100℃。*PS*和*V*的乘积大于50bar·L的容器，必须满足指令附录Ⅰ的基本安全要求。*PS*和*V*的乘积小于或等于50bar·L的容器根据可靠的工程经验制造，但不得带有CE标志。

87/404/EEC《简单压力容器指令》于1987年6月25日通过，1990年7月1日起强制执行。该指令适用于按批制造的盛装空气或氮气，内压大于0.5bar(表)的简单压力容器。这种类型容器包括储气罐及卡车和火车制动系统中的容器，但不包括核容器以及船和飞机用容器。

该指令适用于材料为碳素钢或非合金铝，最高工作压力为30bar且压力(*PS*)与容积(*V*)的乘积不超过10000bar·L的容器。当最高工作压力与容积的乘积*PS*·*V*超过50bar·L时，容器就必须符合该指令附录Ⅰ中规定的基本安全要求。该指令还对钢中碳、硫、磷含量，以及抗拉强度和冲击功做了规定。

PS·*V*低于50bar·L的容器不受上述限制，只需符合一般的制造标准。对于铝制容器，材料的含铝量不小于99.5%，处于退火状态，在最高工作温度下具有足够的抗晶间腐蚀能力；满足抗拉强度和断后伸长率的要求。任何焊接材料必须具有相容性，焊工必须经过适当的资格认证。指令还规定了设计中的一些最低要求，如最小设计壁厚、最低工作温度、内部检测方法和排净方法等。

制造方法和制造工艺必须符合制造计划表中规定的材料、焊接工艺、检测项目的要求。

当容器符合指令中设计、材料、制造等所有要求时，铭牌上必须带有EC标志、制造年份的最后两位数字、认可的检验机构的代号、最高工作压力、最高工作温度和容积。

EN286《非火焰接触简单压力容器》于1992年首次发布，是指盛装空气或氮气的简单非火焰接触压力容器的协调标准。按照该标准制造的简单压力容器被认为是满足指令87/404/EEC的基本要求。带有CE标志和必要的检验报告的压力容器可以在欧盟成员国范围内自由流通而不必进一步测试和检验。按照87/404/EEC《简单压力容器指令》第5条的规定，EN286于1992年4月在欧盟委员会官方刊物上发布。

(4) 97/23/EC《承压设备指令》

97/23/EC《承压设备指令》(以下简称PED)对最高工作压力大于0.5bar的承压设备和成套设备的设计、制造和符合性评估做了规定。PED覆盖范围比《简单压力容器指令》广得多，对锅炉、压力容器、压力管道、安全附件和承压附件等承压设备的基本安全要求(ESRS)作了规定，体现了欧盟承压设备现有的安全水平。

PED由欧洲议会和理事会于1997年5月颁布，是最新的有关承压设备的指令，于1999年11月29日正式生效，并于2002年5月29日起强制执行。

PED将承压设备分为Ⅰ、Ⅱ、Ⅲ、Ⅳ四类，要求其使用欧洲认可的材料，并且接受符合性评估。满足PED要求的承压设备还必须带有CE标志，否则禁止进入欧共体市场。

97/23/EC《承压设备指令》(PED)适用于最高工作压力大于0.5bar的承压设备和成套设备的设计、制造和合格评估。

承压设备包括压力容器、压力管道、安全附件和承压附件.

PED是一新方法指令，对承压设备基本安全要求(ESRs)作了规定，体现了欧盟承压设备的现有安全水平。

欧洲议会和理事会于1997年5月通过了97/23/EC《承压设备指令》。欧盟各成员国必须在1999年11月29日之前根据PED制订出相应的法律和规定。在2002年5月29日强制执行PED之前的过渡期内，成员国不得允许销售不符合现行法规的承压设备。PED适用于首次投放市场、投入运行、在欧盟成员国内供应(包括出租、租用等)的产品。

一般来说，承压设备应由制造商负责，但在确定制造商时仍需谨慎——它不一定就是设备生产者。除制造商外，设计者、进口商、用户、供应商甚至制造商的授权代理也有可能要承担责任。

(5) 99/36/EC《移动式承压设备指令》

欧盟理事会于1999年4月29日颁布的99/36/EC《移动式承压设备指令》适用于气瓶、罐车等移动式承压设备。与94/55/EC《危险品公路运输指令》和96/49/EC《危险品铁路运输指令》相比，该指令对移动式承压设备作了更详细的规定。它要求对移动式承压设备全过程即设计、制造、检验、修理、改造等环节实施强制性管理。该指令于2001年6月1日起生效并强制实行。

(6) 承压设备分类(PED第9条)

根据PED规定，制造商需要对承压设备分类。根据PED附录Ⅱ的规定，承压设备可分为Ⅰ、Ⅱ、Ⅲ、Ⅳ四个合格评估等级。对于危险性很低的承压设备可按照成熟工程实践(SEP)分类。

为了对承压设备进行分类，制造商需要了解以下知识：

① 设备的型式：容器、蒸汽锅炉，或者压力管道。蒸汽锅炉是指用火焰或者其他方法加热的承压设备，用于生产温度超过110℃蒸汽或过热水，具有过热危险。对于承压设备附件和安全附件，在后文有所介绍。

② 流体的状态：气体或液体。在设备最高工作温度下，若流体的饱和蒸汽压(表压)不超过0.5bar，则视为液体，否则应视为气体。

③ 流体分组：第一组或第二组。

第一组由危险性流体组成，它们在关于危险物质分级的EC指令(1967年1月27日通过的67/548/EEC)中的分级为：易爆炸流体、极易燃流体、高度易燃流体、易燃流体(最高使用温度超过闪点)、剧毒流体、有毒流体和高氧化性流体。

第二组由第一组以外的流体组成，包括水蒸汽。

④ 设备的最高工作压力和容积：根据上述信息，制造商可以确定PED附录Ⅱ中的相关的分类图号，如表16-1-1所示；然后在选定的分类图中，根据设备的最高许用压力(PS)

和容积(V)，标出坐标点，从而确定承压设备的类别。在对管道分类时，应用公称直径(DN)代替容积。

表 16-1-1　PED 附录Ⅱ中相关分类图的选择

	容　器				蒸汽锅炉	管　道			
介质状态	气　体		液　体			气　体		液　体	
流体类别	1	2	1	2		1	2	1	2
分类图号	1	2	3	4	5	6	7	8	9

附录Ⅱ中，其分类图 1~4 适用于压力容器。其分类图 5 适用于蒸汽锅炉。其分类图6-8适用于压力管道。图 16-1-1 所示为一典型例子，附录Ⅱ中的分类图 1 适用于盛装第 1 组流体中气体的容器。

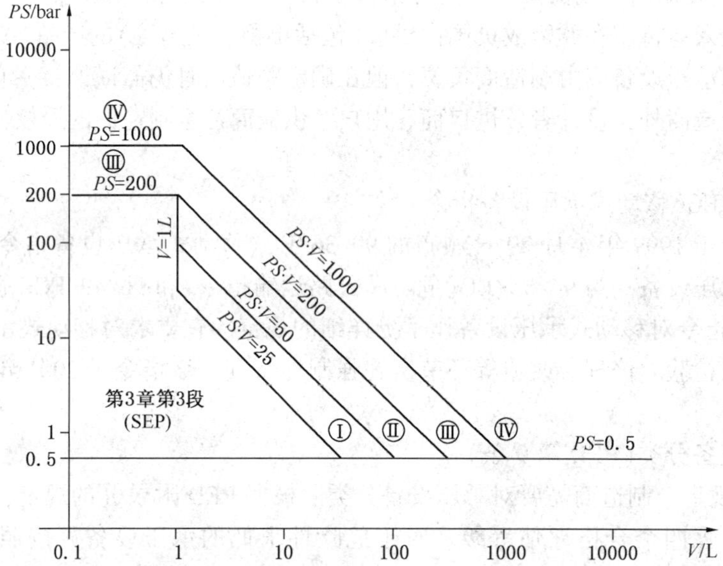

图 16-1-1　PED 附录Ⅱ中的分类图 1

第 3 条 1.1 款(a)第 1 项规定的容器[2] 例外，根据分类图 1 属于第Ⅰ或第Ⅱ类的容器，介质为不稳定气体时，应划为第Ⅲ类容器

承压附件既可按压力容器也可按压力管道分类，二者中取其相关的一种。当容积和公称尺寸都被认为相关时，承压附件的类别应取其中的最高类别。

(7) 基本安全要求(ESRs)(附录Ⅰ)

划分为 SEP 的设备必须按照成熟工程实践来设计和制造。SEP 设备不得带 CE 标志。

第Ⅰ~Ⅳ类承压设备，必须同时满足 PED 中的技术要求和基本安全要求(以下简称 ESRs)。PED 的第 3 条和附录Ⅰ中分别给出了技术要求和基本安全要求。

满足欧洲协调标准 EN13445《非直接火压力容器》的承压设备就满足 ESRs。

ESRs 有四个基本部分，即一般要求、设计、制造和材料。有三个部分包含有对蒸汽锅炉、压力管道的特殊要求，以及对某些承压设备的定量要求。

(8) 合格评估(PED 第 10 条)

PED要求承压设备接受合格评估，以证明设备已经达到基本安全要求。合格评估程序是在1993年7月22日更新的93/465/EEC《EC模式选择指令》的基础上制订的。这些模式的设置反映了当前的工业实际情况。

制造商可以根据自己的实际情况选择合格评估模式。根据承压设备的类别，制造商可以选择由授权机构监督的质量体系，或完全第三方检查，或二者的结合体系。制造商可以选择适用于更高类别承压设备的模式。

第Ⅰ类承压设备由制造商自己施行内部生产控制。第Ⅱ～Ⅳ类承压设备的评估模式需要一个由成员国指定的授权机构参与认证，并监督制造商的质量体系，或者直接进行产品检验。

不同类别的承压设备合格评估模式见表16-1-2。

承压设备的类别越高，危险性也就越大，其要求也越高。

表16-1-3概述了合格评估模式，详见PED附录Ⅲ。

表16-1-2 不同类别承压设备的合格评估模式

第Ⅰ类承压设备	第Ⅱ类承压设备	第Ⅲ类承压设备	第Ⅳ类承压设备
评估模式	评估模式	评估模式	评估模式
A	A1	B1+D	B+D
	D1	B1+F	B+F
	E1	B+E	G
		B+C1	H1
		H	

表16-1-3 合格评估模式概要

评估模式	设 计	生 产
A	技术文件	内部生产控制
A1	技术文件	内部生产控制，并须最终评审监督
B	型式测试	
B1	设计测试	
C1		最终评审监督
D		生产，最终检验和试验的质量保证
D1	技术文件	生产、最终检验和试验的质量保证
E		最终检验和试验的质量保证
E1	技术文件	最终检验和试验的质量保证
F		产品验证
G	单件验证	单件验证
H	设计、制造、最终检验和试验的质量保证	
H1	设计、制造、最终检验和试验的质量保证，以及设计审查，并须最终检验监督	

(9) 授权机构(PED第12条)

各成员国都有权指定授权机构，同样，也有权在授权机构不再适合担任该任务时，随时吊销对它们的授权。授权机构受负责审批的政府机构的管辖。因为涉及管辖权，故成员国只能在其领土内注册的机构中指定授权机构。

在英国，负责指定授权机构的政府部门是贸易工业部(DTI)。英国认证机构(UKAS)负责对申请者进行评估。并向DTI提出授权建议书。UKAS是英国政府唯一的认证机构，负责实验室、验证机构和检验机构的认证。

授权的首选方式是采用EN45000系列中的适当标准对机构进行评审。采用这些标准可以协调各成员国间对授权机构的评估和监督。在英国，允许采用其他方法证明申请机构满足指令中的最低要求。

DTI制订了指定授权机构的指导原则。PED附录Ⅳ列出了指定授权机构的最低要求。

授权机构的职责仅限于销售前对承压设备的合格评估。授权机构和制造商共同负责确保承压设备的正常流通和投入使用。授权机构承担大部分责任。

PED附录Ⅲ规定了授权机构介入合格评估过程的模式和范围。在制造商选定的包括质量体系在内的评估模式时，授权机构必须对质量体系进行认证。认证质量体系的基本工作是授权机构验证质量体系是否满足PED的要求。

授权机构另一重要职责就是负责欧洲材料批准书(EAM)。

认可的第三方机构也由欧盟各成员国指定，其职责是按照PED基本要求3.1.2款和3.1.3款的规定，对第Ⅱ、Ⅲ、Ⅳ类承压设备的焊接工艺、焊工和无损检测人员进行资格认可。

用户检验机构也由欧盟成员国指定，其职责是执行A1、C1、F、G模式中授权机构的任务。用户检验机构无权在设备上粘贴CE标志。

(10) 欧洲材料批准书(PED第11条)

PED中规定承压设备用材料的化学成分、力学性能和质量应适应承压设备的要求。

PED允许采用如下三种类型的材料：

—符合欧洲协调标准的材料；

—获得欧洲材料批准书的材料(EAM)；

—通过特殊评估的材料(PMA)。

上述材料均符合PED第3条的技术要求以及附录Ⅰ的基本安全要求。

欧洲材料批准书(EAM)，是由有资质的专门的授权机构对材料进行评审，评审后应出具欧洲数据表，它包括设计工程师和检验人员所有信息。取得EAM的材料将在欧共体官方刊物公布。

由于某些成员国的反对，欧洲材料批准书进展得非常慢。截至2003年2月尚无一种材料取得EAM。

特殊材料评审(PMA)评估方式与EAM相似，但不必发布评估结果。

在没有协调的欧洲产品或材料标准可依的情况下，材料必须取得欧洲材料批准书(EAM)或通过特殊材料评审(PMA)。

(11) CEN协调标准

欧盟委员会按MO/71命令，委托欧洲标准化委员会(CEN)制订有关承压设备方面的协调标准。独立标准并不能自我满足，而要依靠其他基础标准才能满足指令的要求。所以制造商使用很多协调标准，以覆盖用于产品的所有相关的基本要求。协调标准可分为三类：产品协调标准、基础协调标准、材料协调标准。

(12) PED 不适用的承压设备

PED 第 1 条第 3 款列举了指令不适用的承压设备，主要有：

* 用户负责在现场组装的承压设备；

* 输送流体的长输管道；

* 其他指令涵盖的承压设备，如 87/404/EEC《简单压力容器指令》和 75/324/EEC《喷雾器指令》规定的承压设备。

* 在分类时类别不高于第Ⅰ类且为其他指令(如 89/392/EEC《机器指令》)涵盖的承压设备；

* 核容器，失效时可能产生核辐射；

* 井口控制设备(采油树)和防喷装置；

* 发动机、汽轮机、压缩机及泵的承压壳体；

* 可移动的近海设施；

* 下列协议涵盖的设备：《欧盟危险货物道路运输协定》(ADR)、《国际危险货物铁路运输规定》(RID)、《国际危险货物海运规范》(IMDG)、《国际航空组织协定》(ICAO)。

PED 公布在欧共体官方刊物上(1997 年 7 月 9 日刊物第 L181 页-ISBN011916 0927)。获得官方刊物的影印本、《承压设备规程 1999》(SI 1999/2001)和《承压系统安全规程 2000》(SI 2000/128)的渠道有：The Stationery Office Ltd，51 Nice Elms Lane，London SW8 5DR UK(电话：0870 600 5522，传真：0870 600 5533)。

文书有限公司(The Stationery Office Ltd)网站地址：www. thestationeryoffice. com

在线书店网站地址：www. clicktso. com

《承压设备规程 1999》和《承压系统安全规程 2000》的全文可以在 www. hmso. gov. uk/stat. htm 浏览。

PED 的全文也可以在欧盟委员会 PED 网站 ped. eurodyn. com 下载。

在这个网站中还可以看到由委员会承压设备工作组(WGP)发布的 PED 指南的全文。这些指南是 WGP 收到质询后对 PED 的解释，但无法律效果。在网站还可了解欧洲材料批准书(EAMs)的进展。

DTI 编制了一本英国法规的指导手册(URN 99/1147)。该手册免费赠送，可以通过 DTI 的咨询电话 0870 150 2500 获取。

该手册和其他文件，包括英国授权机构名单等也可以用 Acrobat pdf 格式在 DTI 标准及技术法规理事会网站 www. dti. gov. uk/strd/strdpubs. htm 下载。

(13) EN286《盛装空气或氮气的非火焰接触简单压力容器》

EN286 是为使用 87/404/EEC《简单压力容器指令》而制订的协调标准，它覆盖了指令的基本安全要求。指令中并不强制使用 CEN 标准，但是，按照 CEN 标准设计、制造和检验的压力容器则被自动承认满足本指令的基本安全要求。

(14) EN286 的组成

第 1 篇：一般用途压力容器。

第 2 篇：用在机动车辆及其拖车上的空气制动装置和辅助系统上的压力容器。

第 3 篇：用在火车上的空气制动装置和辅助系统上的钢制压力容器。

第 4 篇：用在火车上的空气制动装置和辅助系统上的铝合金压力容器。

注：第2、3、4篇专门用于空气制动系统，在本书中没有详细说明。

（15）EN 13445《非直接火压力容器》

EN 13445是为落实《承压设备指令》的应用而制定的协调标准，它涵盖PED的基本安全要求（ESRs）。PED并未规定使用CEN标准，但是，按照CEN标准设计、制造和检验的压力容器就被自动认为满足指令的基本安全要求。

1999年公布了EN 13445的征求意见稿。2002年5月颁布EN 13445标准初版。

EN 13445与其他压力容器标准和规范之间的一个主要区别是在此标准中没有提到买主、制造单位和独立检验机构各方的责任。这方面是为指令所涵盖的。

有一些与安全有关的问题，指令要求必须考虑（例如放完和排净、外部火灾等），而在该标准中则没有全部提及。

EN 13445的总体框架及其背后的理念与英国标准PD 5500：2000很相似。标准中的设计方法很多来源于欧洲和其他规范和标准。近年来，存在着EN 13445和PD 5500互相靠拢的趋势，因为EN13445中的新方法或对现有方法的修正已被吸收入PD5500中。

EN 13445采用了指令规定的各种安全因素。事实上，这些安全因素首先是由EN 13445的起草者提出的，后来纳入指令。这样一来，修改它们的困难变得很大。

EN13445由以下几篇组成：

第1篇　概述

第2篇　材料

第3篇　设计

第4篇　制造

第5篇　检测和试验

第6篇　球墨铸铁制造的压力容器和容器元件设计制造的补充规定

每篇都有不同的附录，其中附录Z，列出了该标准中引用PED的基本安全要求和其他规定的条款。在PD 5500中也有类似的附录Z。

除主要压力容器规范和标准以外，还有大量的相关标准，这些标准涵盖了与承压设备有关的各种问题，包括材料，管道、法兰和螺栓等元件，以及风、雪等载荷。

16.1.3.2 主要标准

根据《技术协调和标准化的新方法》中法规和标准相分离的原则，CEN、CENELEC等技术组织受欧盟委员会委托制订了约13000项满足指令基本要求的标准，其中与锅炉压力容器直接相关的欧洲标准有30余项。欧洲承压设备标准是目前世界上发展最快的一股力量，对世界承压设备行业的发展注入了新的活力。

EN286《简单压力容器》是根据87/404/EEC《简单压力容器指令》的基本安全要求制订的协调标准。

EN 13445《非直接火压力容器》是根据PED基本安全要求制订的，但并不包括PED中关于排污和外部火灾方面的要求。EN 13445的征求意见稿于1999年公布，其第一版于2002年5月颁布。EN 13445的基本结构和理念与英国标准PD 5500：2000很相似。该标准采纳了欧洲和其他规范和标准中的一些先进的设计方法。多数情况下，使用EN13445制造承压设备比使用其他标准更经济。

在移动式压力容器方面的技术标准主要有EN 1251《容积小于1m³的移动式低温真空绝

热容器》、EN 13530《大型(容积大于 $1m^3$)的移动式低温真空绝热容器》、PREN 14398《大型(容积大于 $1m^3$)移动式非抽真空绝热容器标准》等。

除了以上的这些产品协调标准外，协调标准还包括基础协调标准和材料协调标准。例如：基础协调标准 EN289《无损检测-渗透检测-验收标准》和 EN 12213《绝热性能估计方法》等，材料协调标准 EN10028《承压设备用钢板》和 EN10272《承压设备用不锈钢棒》等。

一旦欧洲协调标准被正式通过，所有的 CEN 成员国都应制订与欧洲协调标准等同的国家标准，并废止本国现行标准中与欧洲协调标准规定相冲突的内容。但是，在欧盟各成员国的国家标准中，不是由成员国的标准化委员会制订的承压设备标准无需废止。在英国，欧洲协调标准被用作英国本国的标准(BS 加上欧洲标准的编号)来执行的，例如 BS EN 286。德国原 AD 标准修改为了 AD 2000，原 DIN 承压设备标准转化为 DIN EN13445。

16.2　国内外锅炉压力容器主要标准规范比较

世界已经进入了经济全球化的发展时期，经济全球化的一个必然趋势是标准的国际化。随着国际资本进入中国建设大型工程装置，国际化的工程项目给我国的压力容器行业带来了国际上最先进的技术和管理模式，已经不可避免地给我国的压力容器行业提出了国际竞争建造大型压力容器的机会与挑战。事实上这些装置的建设需求是压力容器行业发展的动力，是发展我国压力容器行业的最好时机，也是和世界技术和管理方式融合的最好时机。

国外投资方的做法表明，国际资本的引入也是为了发展自己国家的相关产业，因此工程标准的主导权之争已经是我国的国际合作工程项目中的主要问题之一，选择了工程建设所依据的标准，标准国的厂家就占有了先机。

① 国际标准的主导权争夺目前主要是美国和欧洲的争夺，两大经济实体都把争夺标准的主导权作为争夺市场的主要目标，投入了大量的人力物力，在标准技术上推出了新的内容；

② 国际标准技术的发展方向：

● 趋同性：信息技术的高速发展，使世界范围内的先进技术迅速普及，围绕技术发展的技术标准也必然为技术的使用者所接受，因此世界范围内的压力容器技术要求正在向统一的方向发展。

● 区域性：由于历史的原因和区域的原因，目前已经形成了以北美、日本的 ASME 体系和欧洲的 PED 及其协调标准体系的格局。

● 相容性：尽管世界上的各国的技术标准的技术内容不完全相同，但各国都把自己的标准与其他标准相容作为目标，以实现标准的互相认可。ASME 在 1999 年进行一个研究项目，对 PED 进行彻底分析，并将 PED 的 ESR 与Ⅷ-1 对设计、建造和行政管理的要求进行系统的比较，证明 ASME 标准增加一些内容以后就可以满足 PED 的要求。

● 贸易性：标准是国际贸易规则的组成部分和贸易纠纷仲裁的重要依据，主宰国际标准将有利于获得巨大的市场份额和经济利益实施国际标准化战略的实质是争夺国际市场的控制权。

进入 21 世纪，特别是我国加入世界贸易组织(WTO)后，世界经济全球化和产业结构调整的步伐进一步加快，我国经济发展面临新的机遇和挑战。我国的标准化工作及其相关的法律法规、管理体制和运行机制等方面需要不断改革和完善，以满足 WTO 规则和市场经济体制的要求。根据我国的入世承诺，进口关税总水平将逐年降低，进口配额和许可证制度等非关税壁垒将逐步取消，相关产业和产品将遭受来自国外的冲击，而通过标准和技术法规设置的技术性贸易壁垒将成为贸易保护的主要手段，标准化工作被赋予了保护民族工业的重任。

技术标准已经成为国际经济竞争的重要手段，要尽快完善国家技术标准体系，改变我国技术标准滞后，用高新技术标准推动经济结构调整、产业升级和对外经济贸易的发展。因此，如何解决标准化工作存在的问题，缩短标准化工作与国外的差距，切实发挥标准化工作的重要作用，是摆在政府、企业和标准工作者面前亟待解决的课题。

国外的著名工程公司都已经在中国设立采购部门，我国已经有超过 200 个厂家取得了 ASME 的制造许可证。国外的工程公司在极力利用我国的资源，特别是人力资源，占据我国的市场。

16.2.1　与美国锅炉压力容器规范标准的比较

由美国机械工程师协会出版的 ASME 锅炉和压力容器规范标准是在欧洲以外使用最广泛的压力容器标准。

第Ⅷ卷给出了压力容器建造规则，它分为三个分篇：

ASME Ⅷ 第 1 分篇 给出了钢或有色金属压力容器设计规则。

ASME Ⅷ 第 2 分篇 给出了分析设计规则。

ASME Ⅷ 第 3 分篇 给出了高压容器另一规则。

美国大部分州的法律规定必须执行 ASME 规范，不接受任何其他国家的压力容器规范。ASME 设计规范在世界范围内被许多国家接受，包括许多欧洲国家。

我国的压力容器标准体系在大多数领域内都有与国外规范标准相对应的标准，技术内容在总体上也达到了国际先进标准的水平。

为了使我国的压力容器产品能顺利进入国际市场，1984 年兰州石油化工机器厂首家取得 ASME 认证证书后，全国较有实力的压力容器制造厂陆续取得 ASME 认证证书。但从总体上看，我国只有少数企业真正制造过 ASME 钢印产品，绝大多数企业仅仅处于证书阶段。杭氧自 1992 年开始已制造了 40 多台 ASME 钢印产品，并已出口安装在美国、加拿大等发达国家，同时也制造了大量的按 ASME 设计、制造、检验的压力容器产品(不打 ASME 钢印)。在杭氧刚开始设计、制造 ASME 产品时，绝大多数人(包括设计、制造、检验和营销人员)对 ASME 规范不熟悉，由此产生一种畏难情绪，在一定程度上影响了 ASME 产品市场的进一步开拓。经过近十年 ASME 产品的设计、制造，相关人员逐渐了解、熟悉并掌握了 ASME 规范。现将我国的压力容器标准与 ASME 规范进行比较、分析，以供有关人士参考。

(1) 主要压力容器标准的对应关系

我国的压力容器标准分类相对较细，基本上是按压力容器类型及容器主体材料来分别制订相应标准，如钢制压力容器、铝制压力容器、卧式容器、塔式容器、球形储罐等。而 ASME 规范并不按容器类型分别制定相应的标准，只是在设计中引用不同的载荷规范，如设计压力小于 20MPa 的选用 ASME 规范Ⅷ-Ⅰ，设计压力小于 70MPa 的选用 ASME 规范Ⅷ-Ⅱ，设计压力大于 70MPa 的选用 ASME 规范Ⅷ-Ⅲ。两者主要压力容器标准的对应关系如表 16-2-1。

表 16-2-1 主要压力容器标准的对应关系

我国主要压力容器标准	ASME 规范	我国主要压力容器标准	ASME 规范
(1) GB150《钢制压力容器》 (2) JB4734《铝制压力容器》 (3) JB4745《钛制压力容器》	Ⅷ-Ⅰ	JB4732《钢制压力容器-分析设计标准》	Ⅷ-Ⅱ
		JB4708《钢制压力容器焊接工艺评定》	Ⅸ
		JB4730《压力容器无损检测》	Ⅴ

(2) 标准制、修订

我国的压力容器国家标准是由全国压力容器标准化技术委员会负责编制、修订工作，经国家质量技术监督局批准后颁发。相关行业标准是由各行业标准化委员会负责编制、修订工作，经国家经贸委各部门审批、颁发。标准实施后，由各地安全监察部门根据国家质量技术监督局颁发的《压力容器安全技术监察规程》(简称《容规》)和相关标准的规定来控制、监督压力容器的设计、制造和检验各环节，保证产品质量和安全使用。各标准化委员会根据了解、收集的标准使用意见和建议，负责组织标准修订工作，并经原审批门审批后颁发、实施。

ASME 锅炉及压力容器委员会(BPVC)定期召开会议，研究 ASME 规范的修订工作，经 BPVC 批准的规范修订建议提交美国国家标准协会(ANSl)，并在美国《Mechanical Engineering》上发表，以公开征询所有关心此问题人士的意见，修订建议在规定的公开征询意见期满并经 ASME 最终批准后，在每年 12 月 31 日出版的 ASME 规范增补中予以公布。规范修订条款经 ASME 批准后，可从《增补》所示出版日期起开始使用，除第Ⅱ卷 A、B 两篇中的材料标准的修订外，次年的 7 月 1 日成为强制性的要求，但在此之前签订的合同除外。材料标准的修订由美国材料试验学会(ASTM)和其他认可的国家机构或国际机构进行，ASME 通常采纳这些修订。但压力容器制造厂家需要注意的是，凡使用相对于原要求有所放宽的修订条款时，必须确信压力容器安装地的管辖机关对它们已经认可，否则不得使用。

(3) 设计思想和安全系数

压力容器的基本设计思想是一次薄膜应力或最大直接应力不得超过许用应力。计算应力依据的理论是最大应力理论。各国压力容器标准中都应用了这一设计思想，标准中公布的许用应力计入了安全系数，它比测定得到的性能值低是考虑到：(1)应力评估方法的复杂程度；(2)一定程度的应力集中及其类型；(3)材料一定程度的不均匀性；(4)几何因素；(5)焊接接头中存在的缺陷。各国标准中规定的安全系数有所不同，主要依据的是经验、试验证据和理论评估，同时与其规定的材料标准、计算方法、制造要求和检验要求相适应。

我国压力容器标准与 ASME 规范所使用的安全系数差别见表 16-2-2。

表 16-2-2 安全系数对比

标 准	材 料	安全系数	标 准	材 料	安全系数
GB 150	碳钢、低合金钢、高合金钢	3.0	ASME 规范Ⅷ-Ⅰ	碳钢、低合金钢	3.5
				高合金钢	3.0
JB4732	碳钢、低合金钢、高合金钢	2.6	ASME 规范Ⅷ-Ⅱ	碳钢、低合金钢、高合金钢	3.0

(4) 焊接接头系数

在 ASME 规范中焊接接头系数仅取决于该焊接接头型式和无损检测程度，而与任何其他接头的无损检测程度无关，即一台容器不同的接头可以使用不同的焊接接头系数，对 A、B、C、D 四类焊接接头都规定了焊接接头系数，同时允许采用降低焊接接头系数而免除无损检测要求。

而在我国 CB 150 中，焊接接头系数特指 A、B 类焊接接头，不允许采用降低焊接接头系数而免除无损检测要求，产品制造完成后必须对 A、B 类接头进行射线或超声检测。现以母材为钢和铝的焊接接头为对象作一比较，见表 16-2-3。

表 16-2-3　焊接接头系数对比

名　称	接 头 型 式	无损检测程度					
		100%检测		局部检测		无检测	
	双面焊或相当于双面焊全焊透的对接焊缝	钢	铝	钢	铝	钢	铝
我国标准		1.0	0.85 0.90	0.85	0.80 0.85	—	—
	单面焊对接焊缝(带金属垫板)	0.90	0.80 0.85	0.80	0.70 0.80	—	—
ASME 规范	双面焊或相当于双面焊全焊透的对接焊接	1.0	0.75	0.70			
	单面焊对接焊缝(带金属垫板)	0.9	0.80	0.65			
	单面焊对接焊缝(不带金属垫板)	—	—	0.60			
	双面满角焊搭接接头	—	—	0.55			
	单面满角焊搭接接头(加塞焊)	—	—	0.50			
	单面满角焊搭接接头(不加塞焊)	—	—	0.45			

注：1　表中无损检测，我国对钢制压力容器以射线和超声检测为准，对铝制压力容器以射线检测为准；而 ASME 规范以射线检测为准，确实无法进行射线检测时允许用超声检测代之。

2　表中所列铝制压力容器焊接接头系数上限值指采用熔化极惰性气体保护焊，下限值指非熔化极气体保护焊。

3　有关系数所允许的应用场合和具体接头型式，请参见参考文献[1]、[2]、[4]。

(5) 强度计算

在压力容器设计时，主要考虑了两种失效理论：一是过量的弹性变形，包括基于弹性理论的弹性失稳；另一个是由于过量的弹性变形和塑性失稳，即增量垮塌，设计时通常假定弹性失效。弹性失效是假定当材料已经达到弹性极限时发生的失效，超过这一极限将会发生过量变形或断裂破坏。对于金属材料，弹性极限是以拉伸强度、屈服强度和断裂强度三项来测定。测定弹性失效的三个通用理论是最大主应力理论、最大剪应力理论和变形能理论。各国压力容器标准都应用了上述强度理论用于压力容器的设计，但具体的计算公式却存在着差异。现将我国 GB150 和 ASME 规范Ⅷ－Ⅰ有关受内压时的设计计算公式作一比较，见表16-2-4。

表 16-2-4 设计计算公式比较

比较项目	GB 150	ASME 规范Ⅷ-Ⅰ
圆筒形壳体	$\delta = p_c D_i/(2[\sigma]^t\phi - p_c)$	$t=pR/(SE-0.6p)$，环向应力 $t=pR/(2SE+0.6p)$，纵向应力
环形壳体	$\delta=p_c D_i/(4[\sigma]^t\phi-p_c)$	$t=pR/(2SE-0.2p)$
椭圆形封头	$\delta=p_c D_i/(2[\sigma]^t\phi-0.5p_c)$，标准型 $\delta=Kp_c D_i/(2[\sigma]^t\phi-0.5p_c)$，非标准型	$t=pD/(2SE-0.6p)$
碟形封头	$\delta=Mp_c D_i/(2[\sigma]^t\phi-p_c)$	$t=0.885PL/(SE-0.1p)$
半球形封头	$\delta=Qp_c D_i/(2[\sigma]^t\phi-p_c)$	$t=pL/(2SE-0.2p)$
锥段和锥形封头	$\delta=p_c D_c/(2[\sigma]^t\phi-p_c)\cos\alpha$	$t=pD/[2\cos\alpha(SE-0.6p)]$

注：p_c—计算压力、D_i—内直径、$[\sigma]^t$—设计温度下材料的许用应力、δ—计算厚度、ϕ—焊接接头系数、K、M—相关的形状系数、α—锥壳半顶角、t—最小需要厚度、P—设计内压力、R—所计算的内半径、S—最大许用应力值、S_t—容器设计温度下材料的应力值、E—焊接接头系数、L—球形或碟形封头球面部分的内半径、S_m—试验温度下材料的应力强度值、S_{mt}—容器设计温度下材料的应力强度值。

(6) 外压圆筒加强圈的设置

加强圈可设置在容器的内部或外部，应整圈围绕在圆筒的圆周上，容器内部的构件如塔盘等，若设计成起加强作用时，也可作加强圈用。加强圈与圆筒之间可采用连续或间接的焊接，当加强圈设置在容器外面时，加强圈每侧间断焊接的总长度应不少于圆筒外圆周长的1/2，当设置在容器里面时，应不少于圆筒内周长的1/3。对于上述加强圈设置准则，我国压力容器标准与 ASME 规范是一致的。ASME 规范中规定每段填角焊缝的长度应不小于51mm，相邻两段之间的最大净距为：外加强圈 $8t$、内加强圈 $12t$，t 为加强圈连接处外壳体的壁厚。在符合 ASME 规范的有关条件时还允许加强圈一侧填角焊缝为连续的焊接，另一侧为间断焊的焊接，焊接段的长度应不小于 51mm，相邻两焊段间的最大净距应为 $24t$。而在我国压力容器标准中，并未规定每段填角焊缝的长度，同时也未建议使用一侧连续焊，而另一侧为间断焊。

(7) 开孔和开孔尺寸

我国 GB 150 规定壳体上的开孔应为圆形、椭圆形或长圆形，当在壳体上开椭圆形或长圆形孔时，孔的长径与短径之比应不大于 2.0，而 ASME 规范Ⅷ-Ⅰ则允许孔的长径与短径之比大于 2.0，但应增强短径方向的补强以避免扭转力矩产生的过度变形，且形状不仅限于圆形、椭圆形和长圆形，但其所有转角应具有适当的半径。同时两者在开孔尺寸的限制上存在着差异，见表 16-2-5。

表 16-2-5 开孔尺寸的限制对比

对比项	GB 150	ASME 规范Ⅷ-Ⅰ	
圆筒上开孔	$D_i \leqslant 1500$mm 时，开孔最大直径 $d \leqslant D_i/2$，且 $d \leqslant 520$mm	$D_i \leqslant 1520$mm 时，开孔最大直径 $d \leqslant D_i/2$，且 $d \leqslant 508$mm	开孔尺寸也可超出前面的限制，但需按大开孔进行补强
	$D_i > 1500$mm 时，开孔最大直径 $d \leqslant D_i/3$，且 $d \leqslant 1000$mm	$D_i > 1520$mm 时，开孔最大直径 $d \leqslant D_i/3$，且 $d \leqslant 1000$mm	
凸形封头	$d \leqslant D_i/2$	经正确补强后开孔尺寸不加限制	
锥壳	$d \leqslant D_i/3$		

(8) 焊工考试和管理

焊接压力容器的焊工必须经焊接技能评定或考试，取得焊工合格证后，才能在有效期内担任合格项目范围内的焊接工作。最新出版的《锅炉压力容器压力管道焊工考试与管理规则》与 ASME 规范第Ⅸ卷在许多方面的要求是一致的，但也存在一些差别，见表 16-2-6。

表 16-2-6 焊工考试和管理对比

项 目	锅炉压力容器压力管道焊工考试与管理规则	ASME 规范Ⅸ
焊工考试(评定)组织、实施单位	经所在地市级(及以上)安全监察机构批准，报省级安全监察机构备案的焊工考试委员会	持有 ASME 认证证书的压力容器制造厂
考试(评定)内容	基本知识理论考试和焊接操作技能考试	焊接操作技能考试
焊工合格证有效期	三年，在合格项目有效期满前 3 个月由焊工考委会安排复考或免考等事宜(50 岁以上焊工不能免考)，中断受监察设备焊接 6 个月的需重考	未规定有效期限，但焊工或焊接操作工某一焊接方法在 6 个月或更长时间内没有操作过，则他的该项资格被中止
评定方法和检验项目	对试件进行外观检查、射线透照、弯曲试验	对试件进行射线透照，或对试件进行弯曲试验，或对其首次产品焊缝进行射线透照
合格证有效使用区域	有效期内的焊工合格证，在全国各地同等有效	仅在负责考试(评定)的压力容器制造厂内有效

(9) 产品试板

为了检验产品焊接接头和其他受压元件的力学性能和弯曲性能，我国《容规》里明确规定压力容器纵焊缝应制作焊接试板，制取试样进行拉伸、冷弯和必要的冲击试验，凡属下列情况之一的每台压力容器应制作产品焊接试板：

① 移动式压力容器(批量生产的除外)；

② 设计压力大于 10MPa 的压力容器；

③ 现场组焊的球形储罐；

④ 使用有色金属制造的中、高压容器或使用 σ_b 大于等于 540MPa 的高强度钢制造的压力容器；

⑤ 异种钢(不同组别)焊接的压力容器；

⑥设计图样上或用户要求按台制作产品焊接试板的压力容顺；

⑦ GB 150 中规定应每台制作产品焊接试板的压力容器。

而 ASME 规范Ⅷ-Ⅰ对常规经焊接工艺评定合格的不要求做产品焊接试板，而下述情况则要求按规范规定制作产品焊接试板：

① 对于焊接接头系数不大于 0.8，以 ASME 规范给定的任一压焊焊接方法(电阻焊除外)制作的接头，在其容器或零件上此类焊缝应制作产品焊接试板，试样可取自壳体本身或取自纵焊缝的延长部位，容器无纵焊缝时可取自容器相同材质、相同厚度且按相同工艺焊制的试板，并裁取一件小截面拉伸试样和两件侧弯试样进行试验。

② 若焊接工艺评定要求做焊缝及热影响区冲击试验时，容器冲击试板应从用于单台或多台容器几炉钢号中的某一炉钢板上制取，对于 A 类接头，试板在可能时应成为产品接头端部的延长部分，以使试板焊接件尽可能接近于容器焊接接头的质量和形式。对于焊接工艺与 A 类接头不同的 B 类接头，试板应在制造容器的相同焊接条件下焊接，使用同样型式的设备，同样的位置，同样的焊接工艺，且焊接应与产品的焊接同时进行，或在即将开始焊接

产品的时候进行。

(10) 无损检测

无损检测方法对缺陷的探测、定位、测量、评定和评价不会破坏其以后的有用性和可用性，在压力容器制造过程中，主要用于探测材料、焊缝及制造零件和组件的表面与内部的物理结构或外形的任何间断或缺陷。我国 GB 150 和 ASME 规范第Ⅷ卷第一分册对无损检测人员资格、焊缝透照比例、评定要求等方面存在着一定差异，见表 16-2-7。

表 16-2-7　无损检测对比

项　目	GB 150	ASME 规范Ⅷ-Ⅰ
人员资格要求	必须经过技术培训，并按照“锅炉压力容器无损检测人员资格监定试/考核合格”，获得“锅炉压力容器无损检测人员资格证”	由持有 ASME 认证证书的压力容器制造厂组织无损检测人员的培训、考试和评定工作；或取得 ASNT 无损检测人员资格证
产品焊接透照比例人类	①100%射线或超声检测；②局部射线或超声检测，探伤比例 50%(铁素体钢制低温压力容顺)；③局部射线或超声检测，探伤比例 20%	① 100% 射线检测；② 抽样射线检测，每 15.2m 焊缝作一处抽样检测，一处抽样射线底片最小长度为 150mm
评定标准	①100%射线检测，不低于Ⅱ级为合格；②局部射线检测，不低于Ⅲ级为合格；③100%超声检测，Ⅰ级为合格；④局部超声检测，不低于Ⅱ级为合格	ASME 规范不划分Ⅰ、Ⅱ、Ⅲ级片，100%射线检测和抽样射线检测对气孔、夹渣和圆形显示的控制有所不同，总体评片标准比我国的要低

(11) 焊接返修

我国 GB 150 规定焊接返修必须由持证焊工按评定合格的工艺进行，焊缝同一部位的返修次数不宜超过两次，如超过两次，返修前均应经压力容器制造厂技术总负责人批准，返修次数、部位和返修情况应记入容器的质量证明书。而 ASME 规范对同一部位的返修次数未作规定，但每次焊接返修前，其返修方法应经授权验师(AI)认可。

(12) 压力试验

制造完工的压力容器应按图样要求进行压力试验(液压试验或气压试验)，压力试验必须用两个量程相同并经过校验的压力表。压力表的量程一般应在试验压力的 2 倍左右，但不应低于 1.5 倍和高于 4 倍的试验压力。表 16-2-8 给出了我国标准与 ASME 规范对压力试验压力的对比。

表 16-2-8　压力试验压力对比

标　　准	液压试验	气压试验
GB 150	$1.25[\sigma]/[\sigma]^t$	$1.15[\sigma]/[\sigma]^t$
JB 4732	$1.25pS_m/S_{mt}$	$1.15pS_m/S_{mt}$
ASM 规范Ⅷ-Ⅰ	$1.3pS/S_t$	$1.1pS/S_t$
ASM 规范Ⅷ-Ⅱ	$1.25pS_m/S_{mt}$	$1.15pS_m/S_{mt}$

我国的压力容器标准是在不断总结经验、进行科学研究和吸取国外先进经验的基础上发展起来的，对保证我国压力容器的安全性起到了很重要的作用。由于我国压力容器标准体系和 ASME 规范体系存在着差异，内容也有较大的差别，在实际使用时对两种规范标准体系的相关标准进行比较分析，有助于深入理解和实施 ASME 规范，也有助于理解我国压力容器标

准的发展变化。

16.2.2 与欧盟锅炉压力容器标准的比较

16.2.2.1 EN 13445《非直接火压力容器》与我国压力容器标准的比较

随着欧洲统一市场的建立和欧元的使用，为促进承压设备在欧盟成员国内的自由贸易，尽可能在最广泛的工业领域内实施统一的产品技术法规，欧盟于 1997 年通过了 97/23/EC《承压设备法规》(以下简称 PED)。PED 适用于压力(表压)超过 0.5MPa 的压力容器(包括非直接火压力容器和直接火压力容器)、管道、安全附件(安全阀、爆破片等)、承压附件(阀门等)、呼吸用气瓶、高压锅、手提式灭火器等承压设备。从 2002 年 5 月 29 日起，承压设备的设计、制造和符合性评价都必须满足 PED 要求。满足 PED 要求的承压设备带有 CE 标志。没有 CE 标志的承压设备不得进入欧盟市场。为充分吸收压力容器标准的优点，同时反映最新的研究成果，欧盟标准化委员会用了 9 年时间，起草了欧盟非直接火压力容器标准草案。该草案于 1999 年提交各成员国评议。2002 年 3 月为欧盟成员国正式表决通过了修改后的标准 EN13445，并于同年 5 月 30 日颁布了该标准第一版。

有一些与安全有关的问题，指令要求必须考虑(例如放空和排净、外部火灾等)，而在该标准中则没有全部提及。

EN 13445 的总体框架及其背后的理念与英国标准 PD 5500：2000 很相似。标准中的设计方法很多来源于欧洲和其他规范和标准。近年来，存在着 EN 13445 和 PD 5500 互相靠拢的趋势，因为 EN13445 中的新方法或对现有方法的修正已被吸收入 PD5500 中。

EN 13445 采用了指令规定的各种安全因素。事实上，这些安全因素首先是由 EN 13445 的起草者提出的，后来纳入指令。这样一来，修改它们的困难变得很大。

EN 13445 与其他压力容器标准和规范之间的一个主要区别是在此标准中没有提到买主，制造单位和独立检验机构各方的责任。这方面是为指令所涵盖的。

EN13445 由以下几篇组成，每篇都有不同的附录，其中附录 Z，列出了该标准中引用 PED 的基本安全要求和其他规定的条款。在 PD 5500 中也有类似的附录 Z。

第 1 篇 概述

这一篇给出了标准的适用范围，包含了一些一般的定义、制造商的责任和对符号和单位的要求。

第 2 篇 材料

这篇规定了压力容器用材的一般要求，列出了 CEN 的各项材料标准。九项附录包含了有关材料的特殊要求的规定，包括防止脆性断裂(类似于 PD 5500 的附录 D)。

没有设计应力。根据材料性能确定设计应力的方法在第 3 篇。

材料包括碳素钢、低合金钢和奥氏体不锈钢，但不包括非铁材料。标准中没有蠕变方面的内容，有关这方面的工作仍在进行中。

第 3 篇 设计

这篇的前 6 章处理一些设计的一般问题，如定义、符号和缩略写、基本设计准则和设计应力。

第 3 章 定义 在有些方面作了澄清，这对现有许多规范是一种改进。首先把设计压力和计算压力、设计温度和计算温度作了区别。此外，还区分了计算厚度(required thickness)、有效厚度(analysis thickness)和名义厚度(nominal thickness)(现在已被 PD5500 采用)。

第 5 章　基本设计准则　包括腐蚀、载荷、设计方法、厚度、焊接接头系数和焊接接头设计方面的信息。

对腐蚀：第 5 章给出了明确的规定。例如，表面腐蚀有可能导致壁厚减薄时，最小腐蚀裕量为 1mm。

对载荷：压力容器设计时，必须考虑的载荷有：

A. 内压和/或外压；

B. 操作条件下器内流体的最大静压头；

C. 容器自重；

D. 操作条件下介质的最大重量；

E. 液压试验时水的重量；

F. 风载、雪载和冰载；

G. 地震载荷；

H. 由容器支撑或反作用在容器上的其他载荷，如运输和安装过程中引起的载荷。

必要时，压力容器设计还必须考虑以下载荷：

A. 腿式支座、加强圈、鞍式支座、内件、接管或偏心载荷引起的应力；

B. 水锤或液体振荡引起的冲击载荷；

C. 压力引起的轴向力由于偏离容器截面形心线而引起的弯矩；

D. 由温度差(包括瞬态工况)和热膨胀系数的差别引起的热应力；

E. 压力和温度的波动。

设计方法：除第 5 章的常规设计(DBR)外，还包括两种可选的方法：

分析设计—附录 B 和附录 C 为分析设计(DBA)。

实验设计—有关实验设计的规定很少。

焊接接头系数：EN 13445 与 PD 5500 的一个主要差别是焊接接头系数取决于接头的无损检测(NDE)比例。无损检测水平由检验组级别(类似于 PD5500 的制造类别)决定。焊接接头系数的选取类似于 ASME 锅炉压力容器规范Ⅷ-Ⅰ。

* 一级检验组(100%无损检测)，焊接接头系数 $z=1$；

* 二级检验组(10%到 100%无损检测)，焊接接头系数 $z=1$。

起初，英国认为进行局部无损检测就不应采用值为 1 的焊接接头系数(PD5500 的二级制造类别的要求)。但是，EN 13445 的第二级试验组允许在良好的自动焊条件下，这样的焊接接头系数是可以接受的。

* 三级检验组(10%或者 25%的无损检测，因材料而定)，焊缝系数 z 取 0.85。

* 四级检验组(不进行无损检测)，焊缝系数取 0.7。同时，对于四级检验组名义设计应力等于常规设计应力与 0.9 的乘积。

通常情况下，整台容器的检验应采用同一级别。但是，在一定的限制下，允许一级、二级、三级检验的联合使用。

第 6 章　名义设计应力　包含了许用设计应力的确定方法(类似于 PD5500 的附录 K)。这些概要叙述见其图 2.9(表 16-2-9)。

第 7 章　承受内压的壳体　包括筒体、球体、凸形封头、锥形体的设计规定，它们与 PD5500 类似。

凸形封头的设计规定包括防止过渡区塑性失稳的计算厚度，根据 Galletly 的论文，最小厚度为筒体外直径 D_e的 0.001 倍(而不是 PD5500 规定的 0.002D_e)。对于 Kloepper 和 Korbbogen 型封头，还给出了在过渡区开孔的规定(而 PD5500 不允许)。

锥形体和筒体的连接处的补强设计采用极限分析方法，这种方法源自前东德的 TGL 标准。现在，这种设计方法已经被 PD 5500 所吸收。锥形封头可以在大端设置折边段，但对于半顶角大于 30°的锥形封头并不作强制要求(此处不同于 ASME 规范Ⅷ-1)，也不规定折边段与封头连接部位的最小过渡半径。

表 16-2-9 受压元件的名义设计压力(螺柱除外)

	设计工况①②	试验工况
非奥氏体钢	$f=\min\left(\dfrac{R_{p0.2/t}}{1.5};\ \dfrac{R_{m/20}}{2.4}\right)$	$f_{test}=\dfrac{P_{p0.2/test}}{1.05}$
断后延伸率 $A\geqslant30\%$的奥氏体钢	$f=\dfrac{P_{p0.1/t}}{1.5}$	$f_{test}=\dfrac{P_{p1.0/test}}{1.05}$
断后延伸率 $A\geqslant35\%$的奥氏体钢	$f=\dfrac{P_{p0.1/t}}{1.5}$ 或者 $\min\left(\dfrac{R_{p1.0/t}}{1.2};\ \dfrac{R_{m/t}}{1.2}\right)$	$f_{test}=\max\left(\dfrac{R_{p1.0/test}}{1.05};\ \dfrac{R_{m/test}}{2}\right)$
铸钢	$f=\min\left(\dfrac{R_{p0.2/t}}{1.9};\ \dfrac{R_{m/20}}{3}\right)$	$f_{test}=\dfrac{P_{p0.2/test}}{1.33}$

注：①对于四级检测名义设计应力应该乘以系数 0.9。

②屈服强度 R_{eH} 可用来代替 $R_{p0.2}$。

A——断后伸长率；f——设计温度下的名义设计应力；R_{eH}——设计温度下的最小上屈服强度；$R_{m/20}$——20℃下的最小抗拉强度；$R_{m/t}$——设计温度下的最小抗拉强度；$R_{p0.2/t}$——设计温度下的最小 0.2%保证强度；$R_{p0.1/t}$——设计温度下的最小 0.1%保证强度。

第 8 章 承受外压的壳体 承受外压的壳体设计以 PD 5500 为基础，但弹性极限有所不同(对碳素钢，有所提高；对不锈钢，有所降低)。提供了带有轻型加强圈的壳体有效长度的新计算方法(已被 PD 5500 咨询案例 5500/116 采纳)。给出了当壳体存在剩余厚度时圆度公差的计算方法。

第 9 章 壳体的开孔 壳体的开孔采用欧洲的压力面积法。按照这个方法，由作用在容器内部的某个区域上的压力所引起的力，必须被材料的设计应力与有效补强面积的乘积所平衡。这一原理适用于各种几何形状。压力面积法已经被 PD 5500 的附录 F 采纳。

第 10 章 平封头 这一章和 PD5500 类似。平封头上的开孔和接管的估算方法已被列入 PD5500。

第 11 章 法兰 法兰设计方法是 PD5500 中方法的改进版，PD5500 方法是以 ASME 设计方法为基础的，ASME 方法则源于 Talor Forge1938 年发表的“现代法兰设计”方法。垫片设计系数没有变化，对于压制石棉纤维(CAF)等一些现代产品，迄今为止尚无数据。

附录 G 中提供了另外一种法兰设计方法，这种设计方法以源于前东德的 EN 1591 管法兰设计方法为基础。该方法考虑了配对法兰或平封头的几何特征，以及非压力载荷和热膨胀效应。采用极限分析方法以校核法兰中的载荷，并提供了压缩石棉替代材料制垫片的设计数据。

第 12 章 带法兰的凸形封头 关于封头的规定类似于 PD 5500 的 3.5.6。

第 13 章 换热器管板 这章提供了 U 形管换热器、固定管板式换热器和浮头式换热器管板的设计规定。该法沿袭了先计算应力并将它和一许用值作比较的传统设计路线，但是比原来的设计方法考虑得更加细致。

附录 J 中介绍了另一方法，它源自前东德的极限设计方法。

第 14 章　膨胀节　这章包括厚壁和薄壁的膨胀节。其设计规定以 EJMA 标准为基础，附加部分则取自 AD-Merkblatter、ASME 规范Ⅷ-Ⅰ、ASME B 31.3、CODAP 和 Stoomwezen 等标准中的部分内容。该法包括内压设计、外压设计以及疲劳估算。一些有用的资料在附录 K 中已给出。

第 15 章　矩形截面压力容器　这章提供了无加强的矩形截面压力容器(带或不带内撑竿)和加强的矩形截面容器(刚性杆连在容器外部)的设计规定。该方法与 ASME 规范Ⅷ-1 附录 13 中的相似。开孔板的补强采用开孔削弱系数设计。同时本章还给出了矩形截面容器补强面积的计算步骤。

第 16 章　非压力载荷　包括以下情形：

* 球壳或圆柱壳体接管上的局部载荷；
* 线载荷及起吊孔；
* 鞍式支座和圈座上的卧式压力容器；
* 耳式支座、支腿、裙式支座和环形支座上的立式压力容器；
* 总体载荷。

EN13445 的接管局部应力计算方法跟其他的标准(如焊接研究委员会(WRC)公告 107，WRC 公告 297 或 PD5500 附录 G)的方法之间一个主要区别就是，EN 13445 中局部载荷的估算同时采用两种方法：一种是将载荷与基于极限分析的最大允许载荷相比较，另一种将计算应力与许用应力相比较。

对于设计人员使用来说，与其他标准相比 EN 13445 的主要优点是图表很少，每根曲线都有公式，便于在计算机程序和空白表格程序中使用。《PD 5500 咨询案例 122》已于近期出版，里面包括有基于 EN 13445 的不同的柱壳接管局部载荷分析方法。

鞍式支座的设计采用的是极限载荷分析法，这种设计方法跟 PD 5500 中所介绍的方法(基于 Zick 方法)完全不同。

裙式支座的设计包括了裙座开孔效应以及裙座对容器附件的作用。

第 17 章　疲劳寿命的简化估算　这章提供了只有压力载荷作用下的疲劳寿命的一种简化估算方法。

第 18 章　疲劳寿命的详细估算　这章提供了承受变动应力作用的压力容器及其零部件疲劳寿命的详细估算方法。

第 4 篇　制造

这篇包括对材料可追溯性和标志、制造精度、可接受的焊接接头、焊接方法、无损检测人员、产品检测、焊后热处理以及修复等方面的要求。

第 5 篇　检验和试验

这篇包括对设计文件、制造过程中的检验和试验、产品最终评审、产品标志和对标准合格声明，以及文件存档等方面的要求。

对于进行一、二、三级检验组的容器，液压试验压力为下面二者之中的较大值：

$$p_t = 1.25 p_d \frac{f_a}{f_t} \text{ 或 } p_t = 1.43 p_d$$

式中 f_a——试验温度下的名义设计应力；

f_t——设计温度下的名义设计应力；

p_d——设计压力；

p_t——试验压力。

第 6 篇　球墨铸铁制造的压力容器和受压元件的补充要求。

这篇包括对球墨铸铁制成的压力容器及受压元件的设计、材料、制造和检验的要求。

16.2.2.2　EN13445 与我国压力容器标准的比较

(1) 材料

EN13445 的重点在第二部分材料、第三部分设计。这两个部分中都包含了对材料的一些规定。第二部分主要涉及材料的供应、运输与检测，而第三部分涉及材料的使用。我国压力容器常规设计标准 GB 150—1998 采用表格列出不同温度下材料的许用应力，而 EN13445 没有直接给出材料的力学性能，只是提出指导性意见，使材料满足 PED、EN10028、EN10272 等统一标准以及欧盟材料认证(European Approval of Materials)、特殊材料评估(Particular Material Appraisals)等的要求。EN13445 中还特别提到，采用试验方法确定许用应力时，还应采取防止脆性断裂的措施。

(2) 概述

各章节的起始部分都安排一定的篇幅进行概述，用以明确本章节中涉及到的术语、定义、物理量及其使用规则与条件。下面以 EN13445-3 中的内容为例，简要分析 EN13445-3 概述部分的内容。

第 3 节定义 区分设计压力和计算压力、设计温度和计算温度、计算厚度和有效厚度。

第 4 节 基本设计准则 设计时既不考虑材料和焊缝的局部腐蚀，又不考虑蠕变。

第 5.2 节　腐蚀 提供处理腐蚀影响的指导性意见，包括腐蚀裕量的确定方法。由于腐蚀机理的不同，腐蚀有多种形式，规定最小腐蚀裕量并不合适，所以取消了 1999 初稿中的最小腐蚀裕量规定。

第 5.3 节　载荷列出设计所要考虑的各项载荷。一般容器设计需要考虑的载荷为：1)内、外压力；2)工作条件下最大液体静压力；3)容器自重；4)工作条件下最大盛装物料重量；5)液压试验的最大液压；6)风、雪、冰载荷；7)地震载荷；8)运输和安装容器时作用其上的载荷。特殊情况下，还要考虑以下载荷：9)凸缘、垫圈、槽、鞍座、内部支撑或相连管道以及偏心安装的附件产生的载荷；10)容器中液体受激产生波动时的冲击载荷；11)压力引起的轴向力在容器横截面上偏离容器轴线而导致的弯矩；12)在约束状态下，瞬态温度变化产生的热应力和热膨胀系数改变时产生的热应力；13)压力和温度的波动。

第 5.3.2 节　载荷分类 按照性质将载荷分为三类：正常操作载荷、意外载荷(如冲击)和试验载荷。这种分类充分考虑了载荷作用的时间和概率的影响。不同的载荷采用不同的许用应力，GB 150—1998 对载荷没有做如此明确的分类。

第 5.3.3 节　失效模式失效模式分为五类：1)总体塑性变形(GPD)；2)塑性失稳(脆断)；3)弹塑性失稳(屈曲)；4)渐增塑性变形(PD)；5)疲劳失效。一般来说，大部分的压力容器标准都包含了这些失效模式。

(3) 其他特点

第 5.4 节　设计方法 介绍了主要的设计方法，但是没有介绍常规设计(DBF)的具体细节。同时给出以等效的全范围循环次数载荷 n_{eq} 为是否需要进行疲劳设计的判据。当 $n_{eq} \leqslant 500$ 时，设计和检测容器时，不需考虑疲劳。除了常规设计外，还给出两种设计方法：EN13445 附录 B 和 C 介绍的分析设计(DBA)；PED 中对小型容器规定的试验设计。分析设计在后面部分介绍，这里简要说明一下试验设计。

试验设计是指取所设计的设备样品或同类设备样品进行一系列试验检测，以判断设计是否满足有关要求。试验的主要内容是压力试验。在一定压力下考察容器是否有明显泄漏，变形量是否在一定范围之内。试验压力为在最大允许工作压力之上考虑一定安全裕度的压力值。此压力值取决于实验样品与设计条件在几何形状、材料特性上的差别(包括温度等影响带来的差别)。第 6 节承压部件许用应力标准中给出了蠕变温度范围内有关金属材料(不包括铜、铝等有色金属)许用应力的规定。奥氏体不锈钢的许用应力取决于最小断后伸长率 A。当 $30\% \leqslant A \leqslant 35\%$，许用应力取残余应变为 1.0% 时的应力除以 1.5；当 $A>35\%$时，许用应力值可以有所提高，取残余应变为 1.0%时的应力除以 1.2 的值和抗拉强度的 1/3 中的较小值。如果材料标准中没有注明抗拉强度，这一条就无法应用，仍需使用残余应变为 1.0%时的应力除以 1.5。这一规定使得奥氏体不锈钢的承载能力得到发挥。非奥氏体不锈钢材料的许用应力取屈服强度(有明显屈服平台的取最小屈服强度，没有屈服平台的取残余应变为 0.2% 时的应力，以下同)除以 1.5 和抗拉强度除以 2.4 中的较小值。GB 150—1998 中相对与屈服强度和抗拉强度的安全系数分别为 1.6(奥氏体高合金钢取 1.5)和 3.0。

液压试验时，应控制远离结构不连续处的薄膜应力。对 $30\% \leqslant A \leqslant 35\%$的奥氏体不锈钢，试验许用应力取残余应变为 1.0% 时的应力除以 1.05；对 $A \geqslant 35\%$的奥氏体不锈钢取残余应变为 1.0% 时的应力除以 1.05 和抗拉强度除以 2 中的较大值；对非奥氏体不锈钢取屈服应力除以 1.05，GB 150—1998 中统一取为试验温度下材料屈服强度的 0.9 倍。

① 容器零部件设计：

EN13445 在引进一些新方法的同时，继承和发展了已有标准中的许多设计方法。如管板和法兰的极限载荷方法是前东德标准中的方法，被收录在标准附录中，作为传统应力分析方法的补充。

传统的设计方法是将计算的弹性应力限制在许可范围之内。极限设计方法是根据极限载荷计算许用载荷，将工作载荷限制在许用载荷之内，主要用于防止总体塑性变形引起的失效。采用极限设计方法可以充分发挥材料的承载能力。

A. 圆柱形筒体和碟形封头　圆柱形筒体的设计方法与 GB150—1998 类似。为了规定焊接接头系数，EN13445 按照焊接结构、焊缝形式、无损检测程序将容器分为 1、2、3、4 四组，各组对应不同的焊接接头系数(详细规定参见 EN13445 的表格 5.6-1 附录 P 和表格 6.6.1-1)。可以明显看出对焊接接头系数的规定比 GB 150—1998 更加具体。有些工况下，EN13445 焊接接头系数的取值较低，较为保守。但是从整体来看，由于 EN13445 采用了相对较大的许用应力，所以筒体计算厚度比 GB 150—1998 的计算厚度要小。

对于碟形封头，需用三组公式分别计算球冠部分的厚度、过渡圆角部分的厚度和过渡圆角满足失稳条件的厚度，取最大值为计算厚度。GB 150—1998 中将碟形封头按照不同几何参数给以不同的形状系数，用一个公式计算碟形封头的厚度。比较可得：采用两个标准设计的碟形封头厚度大致相等；GB 150—1998 通过限制有效厚度和封头内径比值来防止失稳，没有给出详细的防止失稳的计算公式，所以在低压范围内按 GB 150—1998 设计的封头要薄一些。在封头形状上，EN13445 更加细致，对封头的各个部分（包括过渡圆角、直边连接段）都做了量化的详细规定。

B. 锥体　锥体设计采用了极限设计准则。EN13445 可以设计锥壳半顶角为75°以下的各类锥体，相比来说 GB150—1998 限制在60°范围内。在锥体厚度上两个标准的计算方法基本一致，但是在其他结构处（如大小端的连接处）的设计有所不同。

C. 外压容器　第8节的外压容器设计方法来源于 PD（英国标准），主要针对三种可能的失效模式计算许用外压。这三种失效模式分别为：整体失稳、加强圈之间筒体的失稳和加强圈本身的失稳。加工后的容器形状与设计要求存在差异（特别是壳体的不圆度与圆柱度的影响）会造成许用外压力的降低。附录 E 和 F 对这些影响做了说明。

D. 开孔　EN13445 中的开孔设计方法采用的是欧洲大陆一直沿用的压力面积法。压力面积法是指压力在壳体开孔面积上形成的载荷与有效补强范围内的壳体、接管、补强材料面积承受载荷相平衡。GB 150—1998 中使用等面积补强法，认为壳体因开孔被削弱的承载面积，须有补强材料在离孔边一定距离范围内予以等面积补偿。EN13445 中开孔尺寸的规定为：壳体上开孔（非接管补强）和带加强圈的开孔要求接管直径小于开孔中心处的最小曲率半径；碟形封头或球壳上开孔直径小于该处外径的0.6倍；圆柱壳体上接管补强开孔直径小于2倍该处的最小曲率半径。EN13445 中的开孔范围较大，特别是包含了尺寸接近等径三通的圆柱壳体上开孔补强设计。

E. 平封头　按 GB 150—1998 设计平封头时，主要考虑压力载荷，并设置平盖系数考虑平封头与壳体连接结构对封头的应力分布影响。EN13445 也是着重考虑压力载荷在封头设计中的作用。但考虑到不同结构会产生不同的附加载荷，EN13445 需要从自身特点出发，用多个参数限制封头上的应力分布。

F. 法兰　GB 150—1998 对于法兰设计采用 ASME 中的 Taylor Forge 法。这种方法首先要求确定法兰压紧面的形式，选择相应的垫片，查得密封比压和垫片系数，然后计算垫片压紧力、螺栓载荷，最后进行法兰的设计计算。但是这一方法存在一些缺点，例如：用于计算螺栓载荷的垫片系数中有很多是经验数据，缺乏标准的试验方法，且没有考虑泄漏率。EN13445-3 除了采用这种方法外，还在附录 G 收录了统一标准 EN1591 中的法兰设计方法。这种方法特别适用于螺栓连接的管道和容器上的圆形法兰接头。事实上，法兰、螺栓、垫片形成相互关联的系统，各个部分之间存在相互作用。法兰设计必须充分考虑螺栓刚度和密封圈变形的影响，使法兰同时满足密封和强度要求。按照这一方法，不仅需要考虑以下基本参数：液压；法兰、螺栓、垫片的材料强度；垫片压缩系数；名义螺栓载荷等，还要考虑一些特殊情况：由于连接部件的变形而导致的垫片压紧力的变化；相连筒体或管道的影响；外压和弯矩的影响；法兰环与螺栓之间温差产生的影响等。计算过程中要求采用反复迭代，依靠计算机辅助，可以较为简便的实现设计计算。

G. 管板　EN13445 中提供了两种管板的设计方法。第一种方法是传统方法。考虑内外压力、几何尺寸等因素严格计算各种载荷状态引起的管板应力，并与许用应力相比较，判断设计是否满足要求。第二种方法是极限分析方法，通过管板的极限分析，确定许用载荷。

H. 膨胀节　EN13445 对膨胀节的厚度没有限制，采用的设计方法基于 EJMA 标准（Expansion Joint Manufactures Association）以及德国 AD 规范、ASME Ⅷ-1、ASME B31.3，法国 CODAP 规范和荷兰 STOOMWEZEN 规范中的相关部分。标准目前只包含了无补强的 U 形膨胀节。正在制定有补强的 U 形膨胀节和环形膨胀节设计方法。

I. 矩形截面容器 以前欧洲标准中没有涉及到矩形截面容器。EN13445 基于 ASME Ⅷ-1附录 13 和 BS3970 第一部分——医药用杀菌和灭菌设备，增加了矩形截面容器的设计。设计按照应力设计准则，分为两个基本类型：包含或不包含撑杆的无补强容器和外面设有补强件的补强容器。这部分内容与 GB150—1998 附录 D 相对应。

J. 非压力载荷 局部载荷作用下的应力分析，除有限元法等数值计算方法外，一般按照 WRC（Welding Research Council Bulletin），107、WRC109 和 PD5500 附录 G 分析。WRC107 和 PD5500 附录 G 适用于设计制造球形壳体上的接管和其他固体附件以及圆柱壳体上的固体附件；WRC297 适用于设计圆柱壳体上的接管。

EN13445—3 的第 16 节主要介绍了局部载荷和鞍座的设计，同时包含了附件、接管、线载荷和吊耳等涉及非压力载荷的设计方法。对于不同的应力分布采用不同的设计方法计算许用载荷或应力。EN13445 中接管载荷的设计方法与 WRC107、WRC297 和 PD5500 附录 G 的主要区别为：对局部应力与极限分析中的最大许用载荷同时进行评估，也就是说载荷和应力同时控制。静载荷与循环载荷有不同的设计准则。如果有多种载荷同时作用，则必须考虑它们之间的相互作用。GB 150—1998 用 Zick 法处理线载荷和卧式鞍座支撑容器，要求先进行应力分析，然后限制容器上某些点的应力；EN13445 用极限设计方法设计鞍座支撑的卧式容器，按照容器整体几何轮廓求解极限载荷，再根据设计要求从图表中查取安全系数，得到许用载荷。

EN13445 对于非压力载荷的表述更加全面，适用范围更广。与其他标准相比，EN13445 中的计算图与图表相对减少，其使用程序也相应简化。不过，疲劳评定中的应力评估问题尚待解决。

K. 简单和详细的疲劳寿命评定 EN13445 中的简单和详细的疲劳评定来源于英国标准以及其他相关标准，将结构按照焊接工艺的不同分为各个等级，采用不同的 S-N 曲线对其分别进行评定。在 EN13445 中仍然保留了应力集中系数概念。相比而言，JB 4732—95 沿用 ASME 规范Ⅷ的设计思路，对所有几何形状采用一条 S—N 曲线来评定容器的疲劳寿命。有关 EN13445 和 JB4732 疲劳设计的对比分析工作正在进行之中，将另外介绍。

② 分析设计(DBA)：

EN 13445—3 有两个附录介绍分析设计。附录 C 基于弹性应力分析，将应力分类。这种方法与 JB 4732—95 的设计方法一致。但是这种基于弹性分析的方法在应力分类时会遇到一个突出的问题——有些应力的分类不是那么明显。而且，这种方法并没有考虑弹性或弹塑性失稳以及屈曲问题。

EN 13445—3 附录 B 中引进新的方法——直接法。这一方法包含了非弹性分析，将各种作用(action)的效果组合考虑。作用的概念比载荷更加广泛，包括一系列的机械载荷作用，如压力、作用力、温度变化和预变形等。作用的特定组合对应一定的失效模式，设计中要求对可能遇到的所有失效模式进行设计校核。标准中还将原理与应用准则区分。原理一般是指综述、定义以及基本要求、基本分析模式等；应用准则通常是指通用的准则，遵从原理，满足其要求，包括了满足相关原理的各个适用的准则。总体塑性变形的应用准则需要应用理想弹塑性材料有限元分析的载荷变形图，并采用双切线法得到较低的极限载荷。

EN13445 中没有考虑材料强化和大变形影响。为避免结构渐增塑性变形(PD)，需采用偏量图方法确保结构安定。

EN13445 是第一个欧盟统一的压力容器设计标准。EN13445 在欧盟国家内通用，但其意义并不局限于欧洲，整个世界都十分关注这一统一的标准。美国 ASME 锅炉压力容器标准化委员会组织专人对 EN13445 进行研究；日本也有多个机构在研究 EN13445。该标准对我国的压力容器设计研究和标准制定工作也有着重要的借鉴作用。

直到 1999 年底，英国非火焰接触焊接压力容器的标准还是 BS 5500。这一标准也广泛应用于其他国家，包括一些英联邦的小国家。根据 CEN 的规则，2002 年欧洲标准出台以后，英国必须撤消 BS 5500。

第一版 EN 13445 在内容方面还不如 BS 5500 广泛，根据工业界的要求，决定继续出版英国压力容器标准，并采用新标准号 PD 5500，其内容、有效性和适用范围与 BS 5500 相同。两者之间的主要差别在于 PD 5500 不再具有“国家标准”的地位。

除主要压力容器规范和标准以外，还有大量的相关标准，这些标准涵盖了与承压设备有关的各种问题，包括材料、管道、法兰和螺栓等元件，以及风、雪等载荷等。

参 考 文 献

1 特种设备安全监察条例 . 中国标准出版社 . 2009

2 固定式压力容器安全技术监察规程 . 新华出版社 . 2009

3 压力容器安全技术监察规程 . 中国劳动社会保障出版社 . 1999

4 GB 150—1998 钢制压力容器 . 中国标准出版社

5 压力容器定期检验规则 . 中国计量出版社 . 2004

6 陈钢，谢铁军，宋继红，林伟明等 . 国内外特种设备标准法规综论 . 中国标准出版社 . 2007

7 宋继红，谢铁军，石家骏等 . 特种设备法规标准体系战略研究报告 . 国家十一五科技支撑项目课题报告 . 2009

8 美国机械工程师学会 . ASME Ⅷ-1 压力容器 . 中国石化出版社 . 2005

9 美国机械工程师学会 . ASME Ⅱ材料 A 篇铁基材料 . 中国石化出版社 . 2005

10 AD 2000 Code，Technical Rules for Pressure Vessels

11 CEN/ TC541 European Standard EN13445 for Unfired Pressure Vessels. 2002

12 锅炉压力容器安全监察局、全国锅炉压力容器标准会技术委员会 . 压力容器安全技术监察规程(1999 版)问题解答(三).《压力容器》. 2003，120(5)：1-5

13 GB/T 228—2002 金属材料室温拉伸试验方法 . 中国标准出版社

14 锅炉压力容器制造监督管理办法 . 国家质检总局令第 22 号

15 郑津洋，孙国有，陈志伟等译 . 欧盟承压设备实用指南 . 化学工业出版社 . 2005

16 JB/T 4756—2006 镍及镍合金制压力容器 . 新华出版社

17 Evaluation of Design Margins for ASME CODE Ⅷ，Divisions 1 and 2 PVRC Project No. 97-2，November，1997

18 ASME Boiler & Pressure Vessel Code，Ⅷ Division 2，Alternative Rules，Rules for Construction of Pressure vessels，July 1，2007

19 EN13445：2002 (E) Unfired Pressure Vessels，Part 3：Design，Oct. 14，2002

29 PD 5500-2000 Unfired Pressure Vessels

30 CODAP-2000 Unfired Pressure Vessels

31 JB 4732-1995 钢制压力容器-分析设计标准

附录　常用数据和资料

附1　气象和地震

附表 1-1　全国各城市 50 年一遇的雪压和风压

省(市)	城市名	海拔高/m	风压/(kN/m²)	雪压/(kN/m²)	雪压分区
北　京		54.0	0.45	0.40	II
天　津	天　津	3.3	0.50	0.40	II
	塘　沽	3.2	0.55	0.35	II
上　海		2.8	0.55	0.20	III
重　庆		259.1	0.40		
河　北	石家庄	80.5	0.35	0.30	II
	邢　台	76.8	0.30	0.35	II
	张家口	724.2	0.55	0.25	II
	承　德	377.2	0.40	0.30	II
	秦皇岛	2.1	0.45	0.25	II
	唐　山	27.8	0.40	0.35	II
	保　定	17.2	0.40	0.35	II
	沧　州	9.6	0.40	0.30	II
山　西	太　原	778.3	0.40	0.35	II
	大　同	1067.2	0.55	0.25	II
	临　汾	449.5	0.40	0.25	II
	长　治	991.8	0.50		
	运　城	376.0	0.40	0.25	II
内蒙古	呼和浩特	1063.0	0.55	0.40	II
	牙克石	732.6	0.40	0.60	I
	满洲里	661.7	0.65	0.30	I
	海拉尔	610.2	0.65	0.45	I
	扎兰屯	306.5	0.40	0.55	I
	乌兰浩特	274.7	0.55	0.30	I
	二连浩特	964.7	0.65	0.25	II
	包　头	1067.2	0.55	0.25	II
	集　宁	1419.3	0.60	0.35	II
	临　河	1039.3	0.50	0.25	II
	东　胜	1460.4	0.50	0.35	II
	锡林浩特	989.5	0.55	0.40	I
	通　辽	178.5	0.55	0.30	II
	赤　峰	571.1	0.55	0.30	II
辽　宁	沈　阳	42.8	0.55	0.50	I
	阜　新	144.0	0.60	0.40	II
	锦　州	65.9	0.60	0.40	II
	鞍　山	77.3	0.50	0.40	II
	本　溪	185.2	0.45	0.55	I
	抚　顺	118.5	0.45	0.45	I
	兴　城	8.8	0.45	0.30	II
	营　口	3.3	0.60	0.40	II
	丹　东	15.1	0.55	0.40	II
	瓦房店	29.3	0.50	0.30	II
	大　连	91.5	0.65	0.40	II
吉　林	长　春	236.8	0.65	0.35	I
	白　城	155.4	0.65	0.20	II
	扶　余	196.6	0.55	0.30	I
	四　平	164.2	0.55	0.35	I
	吉　林	183.4	0.50	0.45	I
	延　吉	176.8	0.50	0.55	I
	通　化	402.9	0.50	0.80	I
黑龙江	哈尔滨	142.3	0.55	0.45	I
	黑　河	166.4	0.50	0.60	I
	齐齐哈尔	145.9	0.45	0.40	I
	北　安	269.7	0.50	0.55	I
	安　达	149.3	0.55	0.30	I
	佳木斯	81.2	0.65	0.65	I
	牡丹江	241.4	0.50	0.60	I
	伊　春	240.9	0.35	0.60	I
	鹤　岗	227.9	0.40	0.65	I
	绥　化	179.6	0.55	0.50	I
	鸡　西	233.6	0.55	0.65	I
	绥芬河	496.7	0.60	0.55	I
山　东	济　南	51.6	0.45	0.30	II
	烟　台	46.7	0.55	0.40	II
	威　海	46.6	0.65	0.45	II
	淄　博	34.0	0.40	0.45	II
	潍　坊	44.1	0.40	0.35	II
	青　岛	76.0	0.60	0.20	II
	泰　安	128.8	0.40	0.35	II
	德　州	21.2	0.45	0.35	II
	荷　泽	49.7	0.40	0.30	II
江　苏	南　京	8.9	0.40	0.65	II
	徐　州	41.0	0.35	0.35	II
	淮　阴	17.5	0.40	0.40	II
	镇　江	26.5	0.40	0.35	III
	无　锡	6.7	0.45	0.40	III
	连云港	3.7	0.55	0.40	II
	东　台	4.3	0.40	0.30	III
	南　通	5.3	0.45	0.25	III
	常　州	4.9	0.40	0.35	III
浙　江	杭　州	41.7	0.45	0.45	III
	慈　溪	7.1	0.45	0.35	III
	舟　山	35.7	0.85	0.50	III
	金　华	62.6	0.35	0.55	III
	宁　波	4.2	0.50	0.30	III
	衢　州	66.9	0.35	0.50	III
	温　州	6.0	0.60	0.35	III
安　徽	合　肥	27.9	0.35	0.60	II
	亳　州	37.7	0.45	0.40	II
	蚌　埠	18.7	0.35	0.45	II
	六　安	60.5	0.35	0.55	II
	黄　山	142.7	0.35	0.45	III
	阜　阳	30.6		0.55	II
	安　庆	19.8	0.40	0.35	III
江　西	南　昌	46.7	0.45	0.45	III
	宜　春	131.3	0.30	0.40	III
	赣　州	123.8	0.30	0.35	III
	九　江	36.1	0.35	0.40	III
	景德镇	61.5	0.35	0.35	III
	樟　树	30.4	0.30	0.40	III

续表

省(市)	城市名	海拔高/m	风压/(kN/m²)	雪压/(kN/m²)	雪压分区
福建	福州	83.8	0.70		
	邵武	191.5	0.30	0.35	Ⅲ
	南平	125.6	0.35		
	永安	206.0	0.40		
	龙岩	342.3	0.35		
	厦门	139.4	0.80		
陕西	西安	397.5	0.35	0.25	Ⅱ
	延安	957.8	0.35	0.25	Ⅱ
	铜川	978.9	0.35	0.20	Ⅱ
	宝鸡	612.4	0.35	0.20	Ⅱ
	汉中	508.4	0.30	0.20	Ⅲ
	商州	742.2	0.30	0.30	Ⅱ
	安康	290.8	0.45	0.15	Ⅲ
甘肃	兰州	1517.2	0.30	0.15	Ⅱ
	酒泉	1477.2	0.55	0.30	Ⅱ
	武威	1530.9	0.55	0.20	Ⅱ
	临夏	1917.0	0.30	0.25	Ⅱ
	平凉	1346.6	0.30	0.25	Ⅱ
	天水	1141.7	0.35	0.20	Ⅱ
	玉门	1526.0		0.20	Ⅱ
	张掖	1482.7	0.50	0.10	Ⅱ
宁夏	银川	1111.4	0.65	0.20	Ⅱ
	盐池	1347.8	0.40	0.30	Ⅱ
	西吉	1916.5	0.30	0.20	Ⅱ
	固原	1753.0	0.35	0.40	Ⅱ
青海	西宁	2261.2	0.35	0.20	Ⅱ
	格尔木	2807.7	0.40	0.20	Ⅱ
	唐古拉山	4612.2	0.45	0.25	Ⅰ
	都兰	3191.1	0.45	0.25	Ⅱ
	冷湖	2733.0	0.55	0.10	Ⅱ
新疆	乌鲁木齐	917.9	0.60	0.80	Ⅰ
	克拉玛依	427.3	0.90	0.30	Ⅰ
	吐鲁番	34.5	0.85	0.20	Ⅱ
	库尔勒	931.5	0.45	0.25	Ⅱ
	喀什	1288.7	0.55	0.45	Ⅱ
	和田	1374.6	0.40	0.20	Ⅱ
	哈密	737.2	0.60	0.20	Ⅱ
	石河子	442.9		0.70	Ⅰ
	塔吉克	3090.9		0.25	Ⅱ
河南	郑州	110.4	0.45	0.40	Ⅱ
	安阳	75.5	0.45	0.40	Ⅱ
	新乡	72.7	0.40	0.30	Ⅱ
	三门峡	410.1	0.40	0.20	Ⅱ
	洛阳	137.1	0.40	0.35	Ⅱ
	开封	72.5	0.45	0.30	Ⅱ
	南阳	129.2	0.35	0.45	Ⅱ
	驻马店	82.7	0.40	0.45	Ⅱ
	商丘	50.1	0.35	0.45	Ⅱ
湖北	武汉	23.3	0.35	0.50	Ⅱ
	钟祥	65.8	0.30	0.35	Ⅱ
	麻城	59.3	0.35	0.55	Ⅱ
	恩施	457.1	0.30	0.20	Ⅲ
	宜昌	133.1	0.30	0.30	Ⅲ
	黄石	19.6	0.35	0.35	Ⅲ
湖南	长沙	44.9	0.35	0.45	Ⅲ
	岳阳	53.0	0.40	0.55	Ⅲ
	吉首	206.6	0.30	0.30	Ⅲ
	沅江	36.0	0.40	0.55	Ⅲ
	邵阳	248.6	0.30	0.30	Ⅲ
	衡阳	103.2	0.40	0.35	Ⅲ
	郴州	184.9	0.30	0.30	Ⅲ
广东	广州	6.6	0.50		
	韶关	69.3	0.35		
	汕头	1.1	0.80		
	湛江	25.3	0.80		
	深圳	18.2	0.75		
	梅县	87.8	0.30		
广西	南宁	73.1	0.35		
	桂林	164.4	0.30		
	柳州	96.8	0.30		
	百色	173.5	0.45		
	梧州	114.8	0.30		
	北海	15.3	0.75		
海南	海口	14.1	0.75		
	琼中	250.9	0.45		
	三亚	5.5	0.85		
	西沙岛	4.7	1.80		
四川	成都	506.1	0.30	0.10	Ⅲ
	都江堰	706.7	0.30	0.25	Ⅲ
	绵阳	470.8	0.30		
	雅安	627.6	0.30	0.20	Ⅲ
	宜宾	340.8	0.30		
	西昌	1590.9	0.30	0.30	Ⅲ
	达县	310.4	0.35		
	南充	309.3	0.30		
	内江	347.1	0.40		
	涪陵	273.5	0.30		
	泸州	334.8	0.30		
贵州	贵阳	1074.4	0.30	0.20	Ⅲ
	遵义	843.9	0.30	0.15	Ⅲ
	安顺	1392.9	0.30	0.30	Ⅲ
	凯里	720.3	0.30	0.20	Ⅲ
	威宁	2237.5	0.35	0.35	Ⅲ
云南	昆明	1891.4	0.30	0.30	Ⅲ
	中甸	3276.1	0.30	0.80	Ⅱ
	昭通	1949.5	0.35	0.25	Ⅲ
	保山	1653.5	0.30		
	大理	1990.5	0.65		
	楚雄	1772.0	0.35		
	玉溪	1636.7	0.30		
	思茅	1302.1	0.45		
西藏	拉萨	3658.0	0.30	0.15	Ⅲ
	日喀则	2836.0	0.30	0.15	Ⅲ
	昌都	3306.0	0.30	0.20	Ⅱ
	江孜	4040.0		0.10	Ⅲ
台湾	台北	8.0	0.70		
	台中	78.0	0.80		
	台南	14.0	0.85		
香港		50.0	0.90		
澳门		57.0	0.85		

注：表中“雪压分区”系雪荷载准永久值系数分区。

附表 1-2　全国主要城镇抗震设防烈度和设计基本地震加速度

省(市)	城镇	烈度 8 度 *0.30g	烈度 8 度 *0.20g	烈度 7 度 *0.15g	烈度 7 度 *0.10g	烈度 6 度 *0.05g
北京	北京		0			
	平谷		0			
	大兴		0			
	延庆		0			
	密云			0		
	怀柔			0		
	昌平			0		
	门头沟		0			
天津	天津			0		
	汉沽		0			
上海	上海				0	
	金山					0
	南汇				0	
	奉贤				0	
重庆	重庆					0
	巫山					0
	奉节					0
	丰都					0
河北	石家庄				0	
	邢台				0	
	张家口				0	
	承德					0
	秦皇岛				0	
	唐山		0			
	保定				0	
	沧州				0	
山西	太原		0			
	大同			0		
	临汾		0			
	长治				0	
	运城			0		
内蒙古	呼和浩特		0			
	满洲里					0
	扎兰屯				0	
	包头		0			
	集宁				0	
	临河			0		
	东胜				0	
	赤峰			0		
辽宁	沈阳				0	
	阜新					0
	锦州					0
	鞍山				0	
	本溪					0
	抚顺				0	
	兴城					0
	营口			0		
	丹东			0		
	瓦房店			0		
	大连					
吉林	长春				0	
	白城				0	
	扶余					0
	四平					0
	吉林				0	
	延吉					0

省市	城镇	烈度 8 度 *0.30g	烈度 8 度 *0.20g	烈度 7 度 *0.15g	烈度 7 度 *0.10g	烈度 6 度 *0.05g
黑龙江	哈尔滨					0
	黑河					0
	齐齐哈尔					0
	北安					0
	安达					0
	佳木斯					0
	牡丹江					0
	伊春					0
	鹤岗					0
	绥化				0	
	鸡西					0
	绥芬河					0
山东	济南					0
	烟台				0	
	威海				0	
	淄博				0	
	潍坊			0		
	青岛					0
	泰安					0
	德州					0
	荷泽			0		
江苏	南京				0	
	徐州				0	
	淮安				0	
	镇江			0		
	无锡					0
	连云港				0	
	东台				0	
	南通					0
	常州				0	
浙江	杭州					0
	慈溪					0
	舟山				0	
	宁波					0
	温州					0
	萧山					0
	上虞					0
安徽	合肥				0	
	亳州					0
	蚌埠				0	
	六安				0	
	滁州					0
	阜阳				0	
	安庆				0	
江西	南昌					0
	会昌				0	
	瑞金					0
	九江					0
	安远					0
	修水					0
福建	福州				0	
	惠安				0	
	南平					0
	永安					0
	龙岩					0
	厦门			0		
	晋江			0		

续表

省(市)	城镇	烈度 8 度 *0.30g	烈度 8 度 *0.20g	烈度 7 度 *0.15g	烈度 7 度 *0.10g	烈度 6 度 *0.05g
陕西	西安		0			
	延安					0
	铜川				0	
	宝鸡			0		
	汉中					0
	商州				0	
	安康				0	
甘肃	兰州		0			
	酒泉			0		
	武威		0			
	临夏				0	
	平凉			0		
	天水	0				
	玉门			0		
	张掖				0	
宁夏	银川		0			
	盐池					0
	西吉		0			
	固原		0			
	海原	0				
青海	西宁				0	
	格尔木				0	
	乌兰				0	
	都兰				0	
新疆	乌鲁木齐		0			
	克拉玛依				0	
	吐鲁番				0	
	库尔勒			0		
	喀什	0				
	和田				0	
	哈密				0	
	石河子		0			
	独山子		0			
	泽普				0	
河南	郑州			0		
	安阳		0			
	新乡		0			
	三门峡			0		
	洛阳				0	
	开封				0	
	南阳				0	
	濮阳			0		
	商丘					0
湖北	武汉					0
	钟祥					0
	麻城					0
	恩施					0
	宜昌					0
	黄石					0
湖南	长沙					0
	岳阳				0	
	常德			0		
	沅江					0
	邵阳					0
	张家界					0
	郴州					0

省市	城镇	烈度 8 度 *0.30g	烈度 8 度 *0.20g	烈度 7 度 *0.15g	烈度7度 *0.10g	烈度6度 *0.05g
广东	广州				0	
	韶关					0
	汕头		0			
	湛江				0	
	深圳				0	
	梅县					0
广西	南宁					0
	桂林					0
	柳州					0
	百色				0	
	梧州					0
	北海					0
海南	海口	0				
	琼中					0
	三亚					0
	琼海				0	
四川	成都				0	
	都江堰				0	
	绵阳					0
	雅安				0	
	宜宾				0	
	西昌	(见注)				
	自贡				0	
	攀枝花				0	
	广元					0
	达县					0
	泸洲					0
	巴中					0
贵州	贵阳					0
	六盘水					0
	安顺					0
	凯里					0
	威宁				0	
云南	昆明		0			
	中甸			0		
	昭通				0	
	保山		0			
	大理		0			
	楚雄			0		
	玉溪		0			
	思茅		0			
西藏	拉萨		0			
	日喀则			0		
	昌都				0	
	江孜			0		
台湾	台北	0				
	台中	(见注)				
	台南	0				
香港				0		
澳门					0	

注：① “*” 0.30g、0.20g、0.15g、0.10g、0.05g 系设计基本地震加速度值。

② 四川西昌和台湾台中的抗震设防烈度不低于 9 度，设计基本地震加速度值不小于 0.40g。

附2　我国和进口的各种原油特性

附表2-1　我国陆上原油的一般性质

原油名称		大庆混合	胜利混合[①]	胜利混合	鲁宁管输	胜利黄岛	胜利临商	辽河杜84	沈北
取样年份		1994	2001	2001	1995	1996	1990	2001	2000
原油性质	密度(20℃)/(g/cm³)	0.8609	0.9369	0.9079	0.9156	0.9014	0.9087	1.006	0.8372
	API度	32.1	24.9	24.4	22.4	24.8	23.6	9.9	36.8
	运动黏度(50℃)/(mm²/s)	25.74	196.13	83.29	91.84	90.86	70.34	9533(80℃)	14.32(60℃)
	凝点/℃	24	18	20	15	20	24	38	43
	蜡含量/%(质)	25.03	11.64	16.84	11.3	—	12.7	2.0	42.2
	沥青质/%(质)	0.15	2.33	1.07	16.7	—	—	2.9	0.30
	胶质/%(质)	0.54	19.2	9.93	1.13	—	18	27.56	6.5
	残炭/%(质)	3.0	7.11	6.77	3.81	4.6	5.8	14.94	2.51
	酸值/(mgKOH/g)	0.083	1.73	0.98	1.49	1.63	0.5	5.01	0.73
	碳/%(质)	—	83.10	—	—	—	—	—	—
	氢/%(质)	—	11.75	—	—	—	—	—	—
	硫/%(质)	0.098	1.90	0.86	1.14	0.84	0.41	0.34	0.07
	氮/%(质)	0.045	0.36	0.35	0.41	0.41	0.35	0.413	0.10
	镍/10^{-6}	2.73	14.4	15.05	14.6	21.7	11.6	11.7	4.64
	钒/10^{-6}	0.0	2.3	—	1.94	1.36	1.2	—	0.11
馏程	200℃/%(体)	9.6	4.55(质)	6.15	7.1	7.6	10	—	13.75
	300℃/%(体)	19.6	—	13.75	17.79	17.99	21.5	2.65	28.75
原油类别		低硫-石蜡基	含硫-中间基	含硫-中间基	含硫-中间基	含硫-中间基	低硫-中间基	低硫-环烷基	低硫-石蜡基

注：①孤岛-河口混合原油。

续表

原油名称		中原混合	南　阳	华北混合	新疆莫北	新疆陆梁	新疆塔北	新疆鄯善	大港高凝
取样年份		1999	1993	1990	2001	2001	1991	1991	2001
原油性质	密度(20℃)/(g/cm^3)	0.8636	0.8684	0.8585	0.8302	0.8637	0.8651	0.8109	0.8968
	API度	31.7	31.4	32.56	38.1	31.6	31.3	42	26.4
	运动粘度(50℃)/(mm^2/s)	16.72	40.9	18.98	6.918	13.33	10.87	3.12	79.22
	凝点/℃	23	35	34	20	14	-10	17	28
	蜡含量/%(质)	15.3	25.5	—	—	—	11.5	8.7	—
	沥青质/%(质)	13.0	—	—	—	—	0.98	0	11.66
	胶质/%(质)	13.0	10.22	—	—	—	8.6	3.01	11.66
	残炭/%(质)	5.1	3.44	4.8	0.527	0.076	4.2	1.01	5.43
	酸值/(mgKOH/g)	0.22	0.53	0.35	0.039	70.0	0.79	0.059	0.828
	碳/%(质)	85.0	—	—	—	—	—	—	—
	氢/%(质)	12.9	—	—	—	—	—	—	—
	硫/%(质)	0.74	0.13	0.23	0.034	0.033	0.75	0.028	0.31
	氮/%(质)	0.38	0.15	—	0.035	0.05	0.11	0.0121	0.60
	镍/($\times10^{-6}$)	2.12	4.5	11.5	0.30	1.19	6.0	1.0	31.6
	钒/($\times10^{-6}$)	—	0.3	<1	0.15	0.99	64.0	<0.1	—
馏程	200℃/%(体)	9.4	—	14	12	<10	18.5	27.6	6.9
	300℃/%(体)	29.4	—	32	28	24	40.0	47.9	20
原油类别		含硫-石蜡基	低硫-石蜡基	低硫-石蜡基	低硫-石蜡基	低硫-石蜡-中间基	含硫-石蜡-中间基	低硫-中间-石蜡基	低硫-中间-石蜡基

续表

原油名称		大港羊三木	青海	苏北	玉门青西混合	绥中	二连
取样年份		2000	1999	1996	2000	1996	1990
原油性质	密度(20℃)/(g/cm^3)	0.9479	0.8520	0.8742	0.8655	0.9503	0.8811
	API度	17.8	34.6	31.6	32.0	16.9	28.4
	运动粘度(50℃)/(mm^2/s)	5019(100℃)	22.21	41.49	—	333.93	51.7
	凝点/℃	-13	30	37	16	-20	26
	蜡含量/%(质)	4.28	11.07	—	—	—	16
	沥青质/%(质)	19.74	0.30	—	—	—	0
	胶质/%(质)	19.74	7.06	—	—	—	21
	残炭/%(质)	6.612	2.975	4.5	2.08	6.7	5.3
	酸值/(mgKOH/g)	1.273	0.18	0.50	0.18	2.57	0.15
	碳/%(质)	86.95	—	—	—	—	—
	氢/%(质)	12.14	—	—	—	—	—
	硫/%(质)	0.26	0.36	0.62	0.21	0.45	0.14
	氮/%(质)	0.73	0.26	0.302	—	0.60	0.33
	镍/($\times10^{-6}$)	25	9.36	18.2	—	0.44	15.3
	钒/($\times10^{-6}$)	0.9	0.41	0.30	—	0.98	0.36
馏程	200℃/%(体)	0.73	14	10.6	15.8	4.86	6.3
	300℃/%(体)	8.14	31.6	21.9	28.0	16.39	20.6
原油类别		低硫-环烷基	低硫-石蜡基	低硫-石蜡基	低硫-石蜡基-中间基	低硫-环烷基	低硫-石蜡基

附表 2-2 我国海上原油的一般性质

	原油名称	陆丰	流花	西江	涠州	渤中 34-3/4	东海平湖	惠州
	取样年份	1998		2000	1998	1990	1993	1995
原油性质	密度(20℃)/(g/cm^3)	0.8562	0.9147	0.8625	0.8624	0.844	0.7965	0.8333
	API 度	33.1	22.5	31.6	31.9	35.3	45.3	37.4
	运动粘度(50℃)/(mm^2/s)	21.92	61.86	16.96	21.08	7.6	1.01	5.8
	凝点/℃	42	5	35	32	26	3	30
	蜡含量/%(质)	26.38	8.60	25.68	15.09	18.3	4.19	25.80
	沥青质/%(质)	1.52	2.21	0.97	0	0	0	0
	胶质/%(质)	5.38	10.32	10.59	5.21		0.13	3.80
	残炭/%(质)	4.00	7.07	3.59	3.77	1.9	0.06	2.33
	酸值/(mgKOH/g)	0	1.33	0.05	0.82		0.01	0.11
	硫/%(质)	0.10	0.20	0.08	0.21	<0.1	195ppm	0.06
	氮/%(质)	0.13	0.18	0.10	0.15	<0.1	26.4ppm	0.12
	镍/(×10^{-6})	1.8	6.12	1.93	1.51	3.2	<0.1	1.11
	钒/(×10^{-6})	0.25	0.34		0.17	0	<0.1	0.17
馏程	200℃/%(质)	7.20	3.79	7.61	7.5	20	56.29	18.0
	300℃/%(质)	24.90	18.03	24.75	24.38	39	81.57	45.0
	原油类别	低硫石蜡基	低硫中间基	低硫中间石蜡基	低硫中间基	低硫环烷基		低硫石蜡基

	原油名称	绥中 36-1(3)	锦州-9-3	歧口 17-2-1	歧口 18-1	埕北原油
	取样年份	1994	1989	1993	1992	1994
原油性质	密度(20℃)/(g/cm^3)	0.9589		0.8620	0.8274	0.9380
	API 度	15.55		31.9	39.5	19.35
	运动粘度(50℃)/(mm^2/s)	543.0	99.34	10.41	3.795	324.76
	凝点/℃	-2	-11	32	25	18.5
	蜡含量/%(质)	2.78	4.3	22.30	19.56	
	沥青质/%(质)	1.95	0.49	0.05	0.28	
	胶质/%(质)	21.44	17.67	8.10	5.28	
	残炭/%(质)	8.98	5.27	1.91	1.04	8.32
	酸值/(mgKOH/g)	3.61	2.12	0.06	0.05	1.85
	硫/%(质)	0.34	0.27	0.16	0.10	0.42
	氮/%(质)	0.42	0.30	0.19	0.09	0.40
	镍/(×10^{-6})	44.70	18.0	8.2	1.66	23.90
	钒/(×10^{-6})	1.07	<1	0.1	0.04	1.70
馏程	200 ℃/%(质)	1.06	1.2	2.26	2.22	0.70
	300 ℃/%(质)	7.28	8.0	9.56	11.59	5.28
	原油类别	低硫-环烷基	低硫-环烷基	低硫中间石蜡基	低硫中间石蜡基	环烷中间基

附表 2-3　我国主要进口原油的一般性质

		阿曼	韦杜里	米纳斯	阿朱纳	阿塔卡	阿仑比	达比士	伊朗轻质	伊朗重质	伊拉克	科威特出口	沙特轻质	前苏联出口
原油产地		阿　曼	印　尼	印　尼	印　尼	印　尼	印尼	马来西亚	伊朗	伊朗	伊拉克	科威特	沙特阿拉伯	前苏联
取样年份		1984	1991	1989	1990	1989	1988	1988	1989	1983	1976	1983	1983	
原油性质	密度(20℃)/(g/cm³)	0.8501	0.8789	0.8474	0.8417	0.8017	0.8580	0.7950	0.8536	0.8772	0.8525	0.8644	0.8539	0.8623
	API 度	34.84	28.7	35.5	35.9	44.0	32.6	45.5	33.5	30.9	33.7	31.4	33.4	31.8
	运动黏度(50℃)/(mm²/s)	15.3	110.14	17.6	2.99	1.2	6.67	1.81	4.7	—	5.1	—	—	—
	凝点/℃	< -30	39	34	24	-29	34	8	-5	-15(倾点)	-14	-14(倾点)	34(倾点)	-12(倾点)
	蜡含量/%(质)	5.5	41.3	20.9	13.5	4.2	10.4	—	4.3	—	—	—	—	—
	沥青质/%(质)	—	—	—	—	<0.1	<0.1	<0.1	0.55	1.9	1.9	1.4	—	—
	胶质/%(质)	—	—	—	—	2.8	—	1.4	9.1	—	8.1	—	—	—
	残炭/%(质)	3.3	3.0	2.5	1.0	3.6	2.0	0.36	3.7	5.25	4.8	5.3	3.6	3.9
	酸值/(mgKOH/g)	0.02	0.14	—	0.18	0.18	0.23	0.23	0.11	0.14	0.05	0.15	—	—
	碳/%(质)									—	—	—	—	
	氢/%(质)									—	—	—	—	
	硫/%(质)	0.95	0.12	0.15	0.09	0.04	0.13	0.03	1.48	1.73	1.99	2.52	1.79	1.53
	氮/%(质)	—	—	0.09	—	—	—	0.03	0.12	0.23		0.12	0.098	—
	镍/(×10⁻⁶)	6.0	11.3	9	0.1	0.24	4.3	1.6	11	30.5	4.6	8.0	4.4	14.7
	钒/(×10⁻⁶)	4.0	0.35	0.13	0.01	0.1	0.9	0.2	34	116	0.7	30	20.5	46.7
馏程	200℃/%(体)	16	4	13	23	59	20.5	37	27①	—	—	—	—	—
	300℃/%(体)	29	15	38	45	85	39.3	62	46①	—	—	—	—	—
原油类别		含硫-石蜡基	低硫-石蜡基	低硫-石蜡基	低硫-石蜡基	—	低硫-石蜡基	低硫-石蜡基	含硫-中间基					

注：①实沸点收率，%(质)。

附表 2-4 原油分类(美国矿务局分类法)

原油类别	轻馏分 250~275℃，101.3kPa (1atm)①		重馏分② 275~300℃，5.33kPa (40mmHg)	
	API 度	馏分类别	API 度	馏分类别
石蜡基	≥40.0	石蜡基	≥30.0	石蜡基
石蜡-中间基	≥40.0	石蜡基	20.1~29.9	中间基
中间-石蜡基	33.1~39.3	中间基	≥30.0	石蜡基
中间基	33.1~39.9	中间基	20.1~29.9	中间基
中间-环烷基	33.1~39.9	中间基	≤20.0	环烷基
环烷-中间基	≤33.0	环烷基	20.1~29.0	中间基
环烷基	≤33.0	环烷基	≤20.0	环烷基
石蜡-环烷基	≥40.0	石蜡基	≤20.0	环烷基
环烷-石蜡基	≤33.0	环烷基	≥30.0	石蜡基

注：① 1atm = 10^5 Pa。

② 相当于常压下的 395~425℃或 1.33kPa(10mmHg)残压下的 240~265℃。

附3 常用材料的物理性质

附表 3-1 常用金属材料的物理性质

材 料	密度/(kg/m^3)	熔点/℃	比热容/[kJ/(kg·℃)]	热导率/[W/(m·℃)]	电阻率/(μΩ·cm)
低碳钢	7850	1480	0.4605	55.8	14
高铬钢(Cr13)	7900	1520	0.4605	26.7	60
奥氏体不锈钢(Cr18-Ni9)	7900	~1400	0.5024	16.3	73
Cr25Ni20	7900	1400	0.5024	13.8	80
灰铸铁	7200	1200	0.5443	54.4	85
球墨铸铁	7200	—	0.4187	37.6	—
高硅耐蚀铸铁	7000	1230	0.5024	52.3	63
纯 铝	2710	660	0.8972	221.9	2.65
纯 铜	8900	1083	0.3852	385.2	1.73
黄 铜	8500	950	0.3768	117.2	6.8
纯 铅	11340	327	0.1298	34.8	18.8
纯 钛	4500	1677	0.5192	16.3	54.0

附表 3-2 常用材料的主要物理性质

名 称	体积质量/(kg/m^3)	热导率/[kcal/(m·h·℃)]	比热容/[kcal/(kg·℃)]
天然石材			
花岗岩	2500~2800	2.8	0.22
石灰岩	1700~2400	0.5~1.2	0.22
大理石	2700	3.0	0.22
散粒材料			
干 砂	1500~1700	0.39~0.50	0.19
黏 土	1600~1800	0.4~0.46	0.18(+20~-20℃)
卵 石	1400~1700	0.42	0.20(+20~-20℃)
锅炉煤渣	700~1100	0.16~0.26	
石灰砂浆	1600~1800	0.38~0.48	0.20
砖			
普通黏土砖	1600~1900	0.40~0.58	0.22
耐火砖	1840	0.9(800~1100℃)	0.21~0.24
绝缘砖(多孔)	600~1400	0.14~0.32	
硅藻土砖	900~1300	0.19~0.29	0.17
混凝土			
普通混凝土	2000~2400	1.1~1.33	0.20
矿渣混凝土	1000~1700	0.35~0.60	0.18~0.20
钢筋混凝土	2200~2400	1.33	0.20
陶粒混凝土	1400	0.35	
泡沫混凝土	400~1000	0.11~0.25	0.20
木材			
松 木	500~600	0.06~0.09	0.65(0~100℃)
柞 木	700~900	0.1~0.13	0.26
软 木	100~300	0.035~0.055	0.23
树脂木屑板	300	0.10	0.45
胶合板	600	0.15	0.60
金属			
青 铜	8000	55.0	0.091
镍	9000	50.0	0.11
锡	7230	55.0	0.054
汞	13600	7.5	0.033
银	10500	394.0	0.056
锌	7000	100	0.094

注：1 kcal/(m·h·K)=1.163 W/(m·K)，1 kcal/(kg·℃)=4.1863 J/(g·℃)。

续表

材料名称			密度/(kg/m³)	最高使用温度/℃	热导率/[W/(m·℃)]
矿渣棉制品	矿渣棉	一级	<125	600	0.0454
矿渣棉制品	矿渣棉	二级	<150	600	$0.0407+0.000186t_m$
矿渣棉制品	矿渣棉	三级	<200	600	$0.0465+0.000186t_m$
矿渣棉制品	沥青矿渣棉毡	一级	100	250	0.0442
矿渣棉制品	沥青矿渣棉毡	二级	200	250	0.0465
矿渣棉制品	酚醛树脂矿棉板	一级	≤150	400	≤0.0465
矿渣棉制品	酚醛树脂矿棉板	二级	≤200	400	≤0.0523
岩棉制品	岩棉板		100	700	≤0.0349
岩棉制品	岩棉、矿棉管壳		100~150	300	$0.041+0.00018t_m$
岩棉制品	岩棉、矿棉毡席		80~150	400	$0.041+0.00018t_m$
超细玻璃棉制品	普通超细玻璃棉		20	400	0.0349
超细玻璃棉制品	无碱超细玻璃棉		4~15	600	0.0326
超细玻璃棉制品	高硅氧超细玻璃棉		95~100	1000	0.0326
超细玻璃棉制品	普通超细玻璃棉毡		30~60	400	0.0349~0.0361($t_m=30$℃)
超细玻璃棉制品	无碱超细玻璃棉毡		≤60	600	0.0326
超细玻璃棉制品	高硅氧超细玻璃棉毡		≤95	1000	0.0326
其他	无孔硅酸钙(无石棉)		≤250	251~600	$0.0558+0.000116t_m$
其他	硅酸铝纤维制品		120~200	601~900	$0.0384+0.000139t_m$
其他	聚氨酯泡沫塑料制品(自熄性)		30~40	-150~70	$t_m=35$℃时，为0.022
其他	聚苯乙烯泡沫塑料制品(自熄性)		30~40	-105~70	$t_m=5$℃时，为0.032
其他	泡沫玻璃		250~180	-196~常温	$0.050+0.000233t_m$

附表 3-3 钢材弹性模量

材料	在下列温度(℃)下的弹性模量 $E/10^3$ MPa																		
	-196	-150	-100	-20	20	100	150	200	250	300	350	400	450	475	500	550	600	650	700
碳素钢(C≤0.30%)	—	—	—	194	192	191	189	186	183	179	173	165	150	133	—	—	—	—	—
碳素钢(C>0.30%)、碳锰钢	—	—	—	208	206	203	200	196	190	186	179	170	158	151	—	—	—	—	—
碳钼钢、低铬钼钢(至 Cr3Mo)	—	—	—	208	206	203	200	198	194	190	186	180	174	170	165	153	138	—	—
中铬钼钢(Cr5Mo ~ Cr9Mo)	—	—	—	191	189	187	185	182	180	176	173	169	165	163	161	156	150	—	—
奥氏体钢(至 Cr25Ni20)	210	207	205	199	195	191	187	184	181	177	173	169	164	162	160	155	151	147	143
高铬钢(Cr13 ~ Cr17)	—	—	—	203	201	198	195	191	187	181	175	165	156	153	—	—	—	—	—

附表 3-4 钢材平均线膨胀系数

材料	在下列温度(℃)与20℃之间的平均线膨胀系数 $\alpha/[10^{-6}$mm/(mm·℃)]																		
	-196	-150	-100	-50	0	50	100	150	200	250	300	350	400	450	500	550	600	650	700
碳素钢、碳锰钢、碳钼钢、低铬钼钢	—	—	9.89	10.39	10.76	11.12	11.53	11.88	12.25	12.56	12.90	13.24	13.58	13.93	14.22	14.42	14.62	—	—
中铬钼钢(Cr5Mo ~ Cr9Mo)	—	—	—	9.77	10.16	10.52	10.91	11.15	11.39	11.66	11.90	12.15	12.38	12.63	12.86	13.05	13.18	—	—
奥氏体钢(至 Cr19Ni14)	14.67	15.08	15.45	15.97	16.28	16.54	16.84	17.06	17.25	17.42	17.61	17.79	17.99	18.19	18.34	18.58	18.71	18.87	18.97
高铬钢(Cr13 ~ Cr17)	—	—	—	8.59	9.29	9.59	9.94	10.20	10.45	10.67	10.96	11.19	11.41	11.61	11.81	11.97	12.11	—	—
Cr25Ni20	—	—	—	—	—	—	15.84	15.98	16.05	16.06	16.07	16.11	16.13	16.17	16.33	16.56	16.66	16.91	17.14

附表 3-5 洛氏-维氏-肖氏-布氏硬度换算和相应硬度近似值

维氏硬度DPH	布氏硬度 10mm球载荷30000N			洛氏硬度				洛氏表面硬度			肖氏硬度	压强10MPa（近似值）	维氏硬度载荷500N
	标准球	Hultgren球	碳化钨球	A等级载荷600N金钢石压头	B等级载荷1000N径1/16in球	C等级载荷1500N压头	D等级载荷1000N压头	15N载荷150N	30N载荷300N	45N载荷450N			
1	2	3	4	5	6	7	8	9	10	11	12	13	14
940	—	—	—	85.6	—	68.0	76.9	93.2	84.4	75.4	97	—	940
920	—	—	—	85.3	—	67.5	76.5	93.0	84.0	74.8	96	—	920
900	—	—	—	85.0	—	67.0	76.1	92.9	83.6	74.2	95	—	900
880	—	—	767	84.7	—	66.4	75.7	92.7	83.1	73.6	93	—	880
860	—	—	757	84.4	—	65.9	75.3	92.5	82.7	73.1	92	—	860
840	—	—	745	84.1	—	65.3	74.8	92.3	82.2	72.2	91	—	840
820	—	—	733	83.8	—	64.7	74.3	92.1	81.7	71.8	90	—	820
800	—	—	722	83.4	—	64.0	73.8	91.8	81.1	71.0	88	—	800
780	—	—	710	83.0	—	63.3	73.3	91.5	80.4	70.2	87	—	780
760	—	—	698	82.6	—	62.5	72.6	91.2	79.7	69.4	86	—	760
740	—	—	684	82.2	—	61.8	72.1	91.0	79.1	68.6	84	—	740
720	—	—	670	81.8	—	61.0	71.5	90.7	78.4	67.7	83	—	720
700	—	615	656	81.3	—	60.1	70.8	90.3	77.6	66.7	81	—	700
690	—	610	647	81.1	—	59.7	70.5	90.1	77.2	66.2	—	—	690
680	—	603	638	80.8	—	59.2	70.1	89.8	76.8	65.7	80	—	680
670	—	597	630	80.6	—	58.8	69.8	89.7	76.4	65.3	—	—	670
660	—	590	620	80.3	—	58.3	69.4	89.5	75.9	64.7	79	—	660
650	—	585	611	80.0	—	57.8	69.0	89.2	75.5	64.1	—	—	650
640	—	578	601	79.8	—	57.3	68.7	89.0	75.1	63.5	77	—	640
630	—	571	591	79.5	—	56.8	68.3	88.8	74.6	63.0	—	—	630
620	—	564	582	79.2	—	56.3	67.9	88.5	74.2	62.4	75	—	620
610	—	557	573	78.9	—	55.7	67.5	88.2	73.6	61.7	—	—	610
600	—	550	564	78.6	—	55.2	67.0	88.0	73.2	61.2	74	—	600
590	—	542	554	78.4	—	54.7	66.7	87.8	72.7	60.5	—	—	590
580	—	535	545	78.0	—	54.1	66.2	87.5	72.1	59.9	72	—	580
570	—	527	535	77.8	—	53.6	65.8	87.2	71.7	59.3	—	220	570
560	—	519	525	77.4	—	53.0	65.4	86.9	71.2	58.6	71	—	560
550	505	512	517	77.0	—	52.3	64.8	86.6	70.5	57.8	—	—	550
540	496	503	507	76.7	—	51.7	64.4	86.3	70.0	57.0	69	—	540
530	488	495	497	76.4	—	51.1	63.9	86.0	69.5	56.2	—	—	530
520	480	487	488	76.1	—	50.5	63.5	85.7	69.0	55.6	67	183	520
510	473	479	479	75.7	—	49.8	62.9	85.4	68.3	54.7	—	179	510
500	465	471	471	75.3	—	49.1	62.2	85.0	67.7	53.9	66	174	500
490	456	460	460	74.9	—	48.4	61.6	84.7	67.1	53.1	—	169	490
480	448	452	452	74.5	—	47.7	61.3	84.3	66.4	52.2	64	165	480
470	441	442	442	74.1	—	46.9	60.7	83.9	65.7	51.3	—	160	470
460	433	433	433	73.6	—	46.1	60.1	83.6	64.9	50.4	62	156	460
450	425	425	425	73.3	—	45.3	59.4	83.2	64.3	49.4	—	153	450
440	415	415	415	72.8	—	44.5	58.8	82.8	63.5	48.4	59	149	440
430	405	405	405	72.3	—	43.6	58.2	82.3	62.7	47.4	—	144	430
420	397	397	397	71.8	—	42.7	57.5	81.8	61.9	46.4	57	140	420
410	388	388	388	71.4	—	41.8	56.8	81.4	61.1	45.3	—	136	410
400	379	379	379	70.8	—	40.8	56.0	81.0	60.2	44.1	55	131	400
390	369	369	369	70.3	—	39.8	55.2	80.3	59.3	42.9	—	127	390

续表

维氏硬度DPH	布氏硬度 10mm球载荷30000N			洛氏硬度				洛氏表面硬度			肖氏硬度	压强10MPa(近似值)	维氏硬度载荷500N
	标准球	Hultgren球	碳化钨球	A等级载荷600N金钢石压头	B等级载荷1000N径$\frac{1}{16}$in球	C等级载荷1500N压头	D等级载荷1000N压头	15N载荷150N	30N载荷300N	45N载荷450N			
1	2	3	4	5	6	7	8	9	10	11	12	13	14
380	360	360	360	69.8	(110.0)	38.8	54.4	79.8	58.4	41.7	52	123	380
370	350	350	350	69.2	—	37.7	53.6	79.2	57.4	40.4	—	120	370
360	341	341	341	68.7	(109.0)	36.6	52.8	78.6	56.4	39.1	50	115	360
350	331	331	331	68.1	—	35.5	51.9	78.0	55.4	37.8	—	112	350
340	322	322	322	67.6	(108.0)	34.4	51.1	77.4	54.4	36.5	47	109	340
330	313	313	313	67.0	—	33.3	50.2	76.8	53.6	35.2	—	105	330
320	303	303	303	66.4	(107.0)	32.2	49.4	76.2	52.3	33.9	45	103	320
310	294	294	294	65.8	—	31.0	48.4	75.6	51.3	32.5	—	100	310
300	284	284	284	65.2	(105.5)	29.8	47.5	74.9	50.2	31.1	42	97	300
295	280	280	280	64.8	—	29.2	47.1	74.6	49.7	30.4	—	96	295
290	275	275	275	64.5	(104.5)	28.5	46.5	74.2	49.0	29.5	41	94	290
285	270	270	270	64.2	—	27.8	46.0	73.8	48.4	28.7	—	92	285
280	265	265	265	63.8	(103.5)	27.1	45.3	73.4	47.8	27.9	40	91	280
275	261	261	261	63.5	—	26.4	44.9	73.0	47.2	27.1	—	89	275
270	256	256	256	63.1	(102.0)	25.6	44.3	72.6	46.4	26.2	38	87	270
265	252	252	252	62.7	—	24.8	43.7	72.1	45.7	25.2	—	86	265
260	247	247	247	62.4	(101.0)	24.0	43.1	71.6	45.0	24.3	37	84	260
255	243	243	243	62.0	—	23.1	42.2	71.1	44.2	23.2	—	82	255
250	238	238	238	61.6	99.5	22.2	41.7	70.6	43.4	22.2	36	81	250
245	233	233	233	61.2	—	21.3	41.1	70.1	42.5	21.1	—	79	245
240	228	228	228	60.7	98.1	20.3	40.3	69.6	41.7	19.9	34	78	240
230	219	219	219	—	96.7	(18.0)	—	—	—	—	33	75	230
220	209	209	209	—	95.0	—	—	—	—	—	32	71	220
210	200	200	200	—	93.4	—	—	—	—	—	30	68	210
200	190	190	190	—	91.5	—	—	—	—	—	29	65	200
190	181	181	181	—	89.5	—	—	—	—	—	28	62	190
180	171	171	171	—	87.1	(6.0)	—	—	—	—	26	59	180
170	162	162	162	—	85.0	—	—	—	—	—	25	56	170
160	152	152	152	—	81.7	—	—	—	—	—	24	53	160
150	143	143	143	—	78.7	—	—	—	—	—	22	50	150
140	133	133	133	—	75.0	—	—	—	—	—	21	46	140
130	124	124	124	—	71.2	—	—	—	—	—	20	44	130
120	114	114	114	—	66.7	—	—	—	—	—	—	40	120
110	105	105	105	—	62.3	—	—	—	—	—	—	—	110
100	95	95	95	—	56.2	—	—	—	—	—	—	—	100
95	90	90	90	—	52.0	—	—	—	—	—	—	—	95
90	86	86	86	—	48.1	—	—	—	—	—	—	—	90
85	81	81	81	—	41.0	—	—	—	—	—	—	—	85

注：① 表中括号内的数值是不常用的，仅供参考。

② 表中换算值适用于碳素钢，用于焊缝金属换算是有误差的，特别是合金钢和高硬度值的误差更大。一般来说，洛氏硬度、肖氏硬度的实测值低于换算值。

③ 表中所列硬度基准与我国所采用的硬度基准略有差别，使用时应注意。

附4 钢板、型钢、钢管质量和规格

附表4-1 钢板每平方米的理论质量(相对密度按7.85计算)

厚度/mm	理论质量/(kg/m²)	厚度/mm	理论质量/(kg/m²)	厚度/mm	理论质量/(kg/m²)	厚度/mm	理论质量/(kg/m²)	厚度/mm	理论质量/(kg/m²)
0.2	1.570	1.10	8.635	4.0	31.40	17	133.50	34	266.90
0.25	1.923	1.20	9.420	4.5	35.33	18	141.30	36	282.60
0.27	2.120	1.25	9.813	5.0	39.25	19	149.20	38	298.30
0.30	2.355	1.40	10.990	5.5	43.18	20	157.00	40	314.00
0.35	2.748	1.50	11.78	6.0	47.10	21	164.90	42	329.70
0.40	3.140	1.6	12.56	7.0	54.95	22	172.70	44	345.40
0.45	3.533	1.8	14.13	8.0	62.80	23	180.60	46	361.10
0.50	3.925	2.0	15.70	9.0	70.05	24	188.40	48	376.80
0.55	4.318	2.2	17.27	10.0	78.50	25	196.30	50	392.50
0.60	4.710	2.5	19.63	11	86.35	26	204.10	52	408.20
0.70	5.495	2.8	21.98	12	94.20	27	212.00	54	423.90
0.75	5.888	3.0	23.55	13	102.10	28	219.80	56	439.60
0.80	6.280	3.2	25.12	14	109.90	29	227.70	58	455.30
0.90	7.065	3.5	27.48	15	117.80	30	235.50	60	471.00
1.00	7.850	3.8	29.83	16	125.60	32	251.20		

附表4-2 型钢每米长度的质量

圆钢					
直径/mm	质量/(kg/m)	直径/mm	质量/(kg/m)	直径/mm	质量/(kg/m)
6	0.22	38	8.90	100	61.65
8	0.40	40	9.87	105	67.97
10	0.62	42	10.87	110	74.60
12	0.89	45	12.48	115	81.50
14	1.21	48	14.21	120	88.78
15	1.39	50	15.42	125	96.33
16	1.58	52	16.67	130	104.20
18	2.00	55	18.65	140	120.84
20	2.47	56	19.33	150	138.72
22	2.98	58	20.74	160	157.83
24	3.55	60	22.19	170	178.18
25	3.85	65	26.05	180	199.76
26	4.17	70	30.21	190	222.57
28	4.83	75	34.68	200	246.62
30	5.55	80	39.46	210	271.89
32	6.31	85	44.55	220	298.40
34	7.13	90	49.94	240	355.13
35	7.55	95	55.64	250	385.34
36	7.99				

续表

等边角钢

规格	质量/(kg/m)	规格	质量/(kg/m)	规格	质量/(kg/m)	规格	质量/(kg/m)
∠20×3	0.889	∠60×5	45.7	8	9.658	∠125×8	15.504
4	1.145	6	5.42	10	11.874	10	19.133
∠25×3	1.124	8	7.09	∠90×6	8.350	12	22.696
4	1.459	∠63×4	3.907	7	9.656	14	26.193
∠30×3	1.373	5	4.822	8	10.946	∠140×10	21.488
4	1.786	6	5.721	10	13.476	12	25.522
∠36×3	1.656	8	7.469	12	15.940	14	29.490
4	2.163	10	9.151	∠100×6	9.866	16	33.393
5	2.654	∠65×6	5.93	7	10.830	∠160×10	24.729
∠40×3	1.852	8	7.75	8	12.276	12	29.391
4	2.422	∠70×4	4.372	10	15.120	14	33.987
5	2.976	5	5.397	12	17.898	16	38.518
∠45×3	2.088	6	6.406	14	20.611	∠180×12	33.159
4	2.736	7	7.398	16	23.257	14	38.383
5	3.369	8	8.373	∠110×7	11.928	16	43.542
6	3.985	∠75×5	5.818	8	13.532	18	48.634
∠50×3	2.332	6	6.905	10	16.690	∠200×14	42.894
4	3.059	7	7.976	12	19.782	16	48.680
5	3.770	8	9.030	14	22.809	18	54.401
6	4.465	10	11.089	∠120×10	18.3	20	60.056
∠56×3	2.624	∠80×5	6.211	12	21.7	24	71.168
4	3.446	6	7.376	14	25.1		
5	4.251	7	8.525	16	28.4		
8	6.568						

不等边角钢

规格	质量/(kg/m)	规格	质量/(kg/m)	规格	质量/(kg/m)
∠25×16×3	0.912	∠70×45×4	3.570	∠110×70×6	8.350
4	1.176	5	4.403	7	9.656
∠32×20×3	1.171	6	5.218	8	10.946
4	1.522	7	6.011	10	13.476
∠40×25×3	1.484	∠75×50×5	4.808	∠125×80×7	11.066
4	1.936	6	5.699	8	12.551
∠45×28×3	1.687	8	7.431	10	15.474
4	2.203	∠75×50×10	9.098	12	18.330
∠45×30×4	2.260	∠80×50×5	5.005	∠140×90×8	14.160
6	3.280	6	5.935	10	17.475
∠50×32×3	1.908	7	6.848	12	20.724
4	2.494	8	7.745	14	23.908
∠56×36×3	2.153	∠90×56×5	5.661	∠160×100×10	19.872
4	2.818	6	6.717	12	23.592
5	3.466	7	7.756	14	27.247
∠60×40×5	3.790	8	8.779	16	30.835
6	4.470	∠100×63×6	7.550	∠180×110×10	22.273
8	5.840	7	8.722	12	26.464
∠63×40×4	3.185	8	9.878	14	30.589
5	3.920	10	12.142	16	34.649
6	4.638	∠100×80×6	8.350	∠200×125×12	29.761
7	5.339	7	9.656	14	34.436
		8	10.946	16	39.045
		10	13.476	18	43.588

续表

普通槽钢

规格	质量/(kg/m)	规格	质量/(kg/m)	规格	质量/(kg/m)
[50×37×4.5	5.44	[200×75×9	25.77	[280×86×11.5	40.21
[63×40×4.8	6.63	[220×77×7	24.99	[300×85×7.5	34.45
[65×40×4.8	6.70	[220×79×9	28.45	[300×87×9.5	39.16
[80×43×5	8.04	[240×78×7	26.55	[300×89×11.5	43.81
[100×48×5.3	10.00	[240×80×9	30.62	[320×88×8	38.22
[120×53×5.5	12.06	[250×82×11	34.39	[320×90×10	43.25
[126×53×5.5	12.37	[250×78×7	27.47	[320×92×12	48.28
[140×58×6	14.53	[250×80×9	31.39	[360×96×9	47.80
[140×60×8	16.73	[250×82×11	35.32	[360×98×11	53.45
[160×63×6.5	17.23	[270×72×7.5	30.83	[360×100×13	50.10
[160×65×8.5	19.74	[270×84×9.5	35.07	[400×100×10.5	58.91
[180×68×7	20.17	[280×86×11.5	39.30	[400×102×12.5	65.19
[180×70×9	22.99	[280×82×7.5	31.42	[400×104×14.5	71.47
[200×73×7	22.63	[280×84×9.5	35.81		

轻型槽钢

规格	质量/(kg/m)	规格	质量/(kg/m)
[100×45×4	7.56	[220×80×5.4	20.91
[120×55×4.2	9.83	[250×85×5.8	24.71
[140×60×4.4	11.52	[280×90×6.0	27.73
[160×65×4.6	13.32	[320×95×6.2	31.49
[180×70×4.8	15.34	[360×105×6.5	36.80
[200×75×5.0	17.94	[400×115×7.0	43.74

普通工字钢

规格	质量/(kg/m)	规格	质量/(kg/m)	规格	质量/(kg/m)
I 100×68×4.5	11.2	I 270×124×10.5	47.1	I 450×150×11.5	80.4
I 120×74×5	14.0	I 280×122×8.5	43.4	I 450×152×13.5	87.4
I 126×74×5	14.2	I 280×124×10.5	47.9	I 450×154×155.5	94.5
I 140×80×5.5	16.9	I 300×126×9	48.0	I 500×158×12	93.6
I 160×88×6	20.5	I 300×128×11	52.7	I 500×160×14	101
I 180×94×6.5	24.1	I 300×130×13	57.4	I 500×162×16	109
I 200×100×7	27.9	I 320×130×9.5	52.7	I 550×166×12.5	105
I 200×102×9	31.1	I 320×132×11.5	57.7	I 550×168×14.5	114
I 220×110×7.5	33.0	I 320×134×13.5	62.8	I 500×170×16.5	123
I 220×112×9.5	36.4	I 360×136×10	59.9	I 560×166×12.5	106.2
I 240×116×8	37.4	I 360×138×12	65.6	I 560×168×14.5	115
I 240×118×10	41.2	I 360×140×14	71.2	I 560×170×16.5	123.9
I 250×116×8	38.1	I 400×142×10.5	67.6	I 630×176×13	121.6
I 250×118×10	42.0	I 400×144×12.5	73.8	I 630×178×15	131.5
I 270×122×8.5	42.8	I 400×146×14.5	80.1	I 630×180×17	141

续表

轻型工字钢			
规　　格	质　　量/(kg/m)	规　　格	质　　量/(kg/m)
I 100×55×4.2	89.5	I 280×120×6.5	34.46
I 120×65×4.4	11.15	I 320×130×7.0	41.37
I 140×75×4.6	13.50	I 360×140×7.5	48.59
I 160×80×4.8	15.39	I 400×150×8.0	56.28
I 180×85×5.0	17.43	I 450×160×8.5	65.47
I 200×90×5.2	20.25	I 500×170×9.0	74.97
I 220×100×5.5	23.86	I 560×180×10.0	90.57
I 250×110×6.0	28.89	I 630×190×11.0	108.56

附表4-3 热轧无缝钢管每米长度的质量

外径/mm \ 壁厚/mm	2.5	3	3.5	4	4.5	5	5.5	6	6.5	7	7.5	8	8.5	9	9.5	10	11	12	13	14
32	1.82	2.15	2.46	2.76	3.05	3.33	3.59	3.85	4.09	4.32	4.53	4.74								
38	2.19	2.59	2.98	3.35	3.72	4.07	4.41	4.74	5.05	5.35	5.64	5.92								
42	2.44	2.89	3.35	3.75	4.16	4.56	4.95	5.33	5.69	6.04	6.38	6.71	7.02	7.32	7.60	7.88				
45	2.62	3.11	3.58	4.04	4.49	4.93	5.36	5.77	6.17	6.56	6.94	7.30	7.65	7.99	8.32	8.63				
50	2.93	3.48	4.01	4.54	5.05	5.55	6.04	6.51	6.97	7.42	7.86	8.29	8.70	9.10	9.49	9.86				
54		3.77	4.36	4.93	5.49	6.04	6.58	7.10	7.61	8.11	8.60	9.08	9.54	9.99	10.43	10.85	11.67			
57		4.00	4.62	5.23	5.83	6.41	6.99	7.55	8.10	8.63	9.16	9.67	10.17	10.65	11.13	11.59	12.48	13.32	14.11	
60		4.22	4.88	5.52	6.16	6.78	7.39	7.99	8.58	9.15	9.17	10.26	10.80	11.32	11.83	12.33	13.29	14.21	15.07	15.88
63.5		4.48	5.18	5.87	6.55	7.21	7.87	8.51	9.14	9.75	10.36	10.95	11.53	12.10	12.65	13.19	14.24	15.24	16.19	17.09
68		4.81	5.57	6.31	7.05	7.77	8.48	9.17	9.86	10.53	11.19	11.84	12.47	13.10	13.71	14.30	15.46	16.57	17.63	18.64
70		4.96	5.74	6.51	7.27	8.01	8.75	9.74	10.18	10.88	11.56	12.23	12.89	13.54	14.17	14.80	16.01	17.16	18.27	19.33
73		5.18	6.00	6.81	7.60	8.38	9.16	9.91	10.66	11.39	12.11	12.82	13.52	14.21	14.88	15.54	16.82	18.05	19.24	20.37
76		5.40	6.26	7.10	7.93	8.75	9.56	10.36	11.14	11.91	12.67	13.42	14.15	14.87	15.58	16.28	17.63	18.94	20.20	21.41
83			6.86	7.79	8.71	9.62	10.51	11.39	12.26	13.12	13.96	14.80	15.62	16.42	17.22	18.00	19.53	21.01	22.44	23.82
89			7.38	8.38	9.38	10.36	11.33	12.28	13.22	14.16	15.07	15.98	16.87	17.76	18.63	19.48	21.16	22.79	24.37	25.89
95			7.90	8.98	10.04	11.10	12.14	13.17	14.19	15.19	16.18	17.16	18.13	19.09	20.03	20.96	22.79	24.56	26.29	27.97
102			8.50	9.67	10.82	11.96	13.09	14.21	15.31	16.40	17.48	18.55	19.60	20.64	21.67	22.69	24.69	26.63	28.53	30.38
108				10.26	11.49	12.70	13.90	15.09	16.27	17.44	18.59	19.73	20.86	21.97	23.08	24.17	26.31	28.41	30.46	32.45
114				10.85	12.15	13.44	14.72	15.98	17.23	18.47	19.70	20.91	22.12	23.31	24.48	25.65	27.94	30.19	32.38	34.53
121				11.54	12.93	14.30	15.67	17.02	18.35	19.68	20.99	22.29	23.58	24.86	26.12	27.37	29.84	32.26	34.62	36.94
127				12.13	13.59	15.04	16.48	17.90	19.32	20.72	22.10	23.48	24.84	26.19	27.53	28.85	31.47	34.03	36.55	39.01
138				12.73	14.26	15.78	17.29	18.79	20.28	21.75	23.21	24.66	26.10	27.52	28.93	30.33	33.10	35.81	38.47	41.09
140					15.04	16.65	18.24	19.83	21.40	22.96	24.51	26.04	27.57	29.08	30.57	32.06	34.99	37.88	40.72	43.50
146					15.70	17.39	19.06	20.72	22.36	24.00	25.62	27.23	28.82	30.41	31.98	33.54	36.62	39.66	42.64	45.57

续表

壁厚/mm 外径/mm	2. 5	3	3. 5	4	4. 5	5	5. 5	6	6. 5	7	7. 5	8	8. 5	9	9. 5	10	11	12	13	14
152					16. 37	18. 13	19. 87	21. 60	23. 32	25. 03	26. 73	28. 41	30. 08	31. 74	33. 39	35. 02	38. 25	41. 43	44. 56	47. 65
159					17. 15	18. 99	20. 82	22. 64	24. 45	26. 24	28. 02	29. 79	31. 55	33. 29	35. 03	36. 75	40. 15	43. 50	46. 81	50. 06
168						20. 10	22. 04	23. 97	25. 89	27. 79	29. 69	31. 57	33. 43	35. 29	37. 13	38. 97	42. 59	46. 17	49. 69	53. 17
180						21. 59	23. 70	25. 75	27. 70	29. 87	31. 91	33. 93	35. 95	37. 95	39. 95	41. 92	45. 85	49. 72	53. 54	57. 31
194						23. 31	25. 60	27. 82	30. 00	32. 28	34. 50	36. 70	38. 89	41. 06	43. 23	45. 38	49. 64	53. 86	58. 03	62. 15
203								29. 14	31. 50	33. 83	36. 16	38. 47	40. 77	43. 05	45. 33	47. 59	52. 08	56. 52	60. 91	62. 94
219								31. 52	34. 06	36. 60	39. 12	41. 63	44. 12	46. 61	49. 08	51. 54	56. 43	61. 26	66. 04	70. 78
245									38. 23	41. 09	43. 85	46. 76	49. 56	52. 38	55. 17	57. 95	63. 48	68. 95	74. 38	79. 76
273									42. 64	45. 92	49. 10	52. 28	55. 45	58. 60	61. 73	64. 86	71. 07	77. 24	83. 36	89. 42
299											53. 91	57. 41	60. 89	64. 37	67. 83	71. 27	78. 13	84. 93	91. 69	98. 40
325											58. 74	62. 54	66. 35	70. 14	73. 92	77. 68	85. 18	92. 63	100. 03	107. 38
351												67. 67	71. 80	75. 91	80. 01	84. 10	92. 23	100. 32	108. 36	116. 35
377														81. 68	86. 10	90. 51	99. 29	108. 02	117. 00	125. 33
402														87. 21	91. 95	96. 67	106. 06	115. 41	124. 71	133. 94
426														92. 55	97. 57	102. 59	112. 58	122. 52	132. 41	142. 25
450														97. 87	103. 20	108. 50	119. 08	130. 61	140. 09	150. 52
（465）														101. 10	106. 48	112. 20	123. 15	134. 05	144. 90	155. 70
480														104. 52	110. 22	115. 90	127. 22	139. 49	149. 71	160. 88
500														108. 96	114. 91	120. 83	132. 65	145. 41	156. 12	167. 79
530														115. 62	121. 94	128. 23	140. 78	154. 29	165. 74	178. 14
（550）														120. 07	126. 62	133. 10	146. 21	159. 20	172. 15	185. 05
560														122. 28	128. 97	135. 63	148. 92	163. 16	175. 36	188. 50
600														131. 17	138. 34	145. 50	159. 78	175. 00	188. 18	202. 31
630														137. 81	145. 36	152. 89	167. 91	183. 88	197. 80	212. 67

续表

外径/mm \ 壁厚/mm	15	16	17	18	19	20	22	(24)	25	(26)	28	30	32	(34)	(35)	36	(38)	40	(42)	(45)
68	19.61	20.52																		
70	20.35	21.31																		
73	21.46	22.49	23.48	24.41	25.30															
76	22.57	23.68	24.74	25.75	26.71															
83	25.15	26.44	27.67	28.85	29.99															
89	27.37	28.80	30.19	31.52	32.80	34.03	36.35	38.47												
95	29.59	31.17	32.70	34.18	35.61	36.99	39.61	42.02												
102	32.18	33.93	35.64	37.29	38.89	40.44	43.40	46.17												
108	34.40	36.30	38.15	39.95	41.70	43.40	46.66	49.72	51.17	52.58	55.24									
114	36.62	38.67	40.67	42.62	44.51	46.36	49.91	53.27	54.87	56.43	59.38									
121	39.21	41.43	43.60	45.72	47.79	49.82	53.71	57.41	59.19	60.91	64.22									
127	41.43	43.80	46.12	48.39	50.61	52.78	56.97	60.96	62.89	64.76	68.36	71.76								
133	43.65	46.17	48.63	51.05	53.42	55.73	60.22	64.51	66.59	68.61	72.50	76.20	79.71							
140	46.24	48.93	51.57	54.16	56.70	59.19	64.02	68.66	70.90	73.10	77.34	81.38	85.23	88.88	90.63	92.33				
146	48.46	51.30	54.08	56.82	59.51	62.15	67.27	72.21	74.60	76.94	81.48	85.82	89.97	93.91	95.81	97.66				
152	50.68	53.66	56.60	59.48	62.32	65.11	70.59	75.76	78.30	80.79	85.62	90.26	94.70	98.94	100.99	102.99				
159	53.27	56.43	59.53	62.59	65.60	68.56	74.33	79.90	82.62	85.28	90.46	95.44	100.22	104.81	107.03	109.20				
168	56.60	59.98	63.31	66.59	69.82	73.00	79.21	85.23	88.16	91.05	96.67	102.10	107.33	112.36	114.80	117.19	121.83	126.27	130.51	136.50
180	61.04	64.71	68.34	71.91	75.44	78.92	85.72	92.33	95.56	98.74	104.96	110.98	116.80	122.42	125.16	127.85	133.07	138.10	142.94	149.82
194	66.22	70.24	74.21	78.13	82.00	85.28	93.32	100.62	104.19	107.72	114.63	121.33	127.85	134.16	137.24	140.27	146.19	151.91	157.44	165.36
203	69.54	73.78	77.97	82.12	86.21	90.26	98.20	105.94	109.74	113.49	120.83	127.99	134.94	141.70	145.00	148.26	154.62	160.78	166.75	175.33
219	75.46	80.10	84.69	89.23	93.71	98.15	106.88	115.42	119.61	123.75	131.89	139.83	147.57	155.12	158.82	162.47	169.62	176.58	183.33	193.10
245	85.08	90.36	95.59	100.77	105.90	110.98	120.99	130.80	135.64	140.42	149.84	159.07	168.09	176.92	181.26	185.55	193.99	202.22	210.26	221.95
273	95.44	101.41	107.33	113.20	119.02	124.79	136.18	147.38	152.90	158.38	169.18	179.78	190.19	200.40	205.43	210.41	220.23	229.85	239.27	253.03

续表

外径/mm \ 壁厚/mm	15	16	17	18	19	20	22	（24）	25	（26）	28	30	32	（34）	（35）	36	（38）	40	（42）	（45）
299	105. 06	111. 67	118. 23	124. 74	131. 20	137. 61	150. 29	162. 77	168. 93	175. 05	187. 13	199. 02	210. 71	222. 20	227. 87	233. 50	244. 59	255. 49	266. 20	281. 88
325	114. 68	121. 93	129. 13	136. 28	143. 38	150. 44	164. 39	178. 15	184. 96	191. 72	205. 09	218. 25	231. 23	244. 00	250. 31	256. 53	268. 94	281. 14	293. 13	310. 73
351	124. 29	132. 19	140. 03	147. 82	155. 56	163. 26	178. 50	193. 54	200. 99	208. 39	223. 04	237. 49	251. 74	265. 80	272. 76	279. 66	293. 32	306. 79	320. 06	339. 59
377	133. 91	142. 44	150. 93	159. 36	167. 75	176. 08	192. 61	208. 93	217. 02	225. 06	240. 99	256. 73	272. 26	287. 61	295. 20	302. 77	317. 69	332. 44	346. 99	368. 44
402	143. 15	152. 30	161. 40	170. 45	179. 45	188. 40	206. 16	223. 72	232. 42	241. 08	258. 24	275. 21	291. 18	308. 55	316. 76	324. 92	341. 10	357. 08	372. 86	396. 16
426	152. 04	161. 78	171. 47	181. 11	190. 71	200. 25	219. 19	237. 93	347. 23	256. 48	274. 83	292. 98	310. 93	328. 69	337. 49	346. 27	363. 61	380. 77	397. 74	422. 82
450	160. 90	171. 24	181. 52	191. 76	201. 94	212. 08	232. 20	252. 12	262. 01	271. 85	291. 38	310. 72	329. 84	348. 79	358. 19	367. 53	386. 08	404. 42	422. 56	449. 43
（465）	166. 46	177. 16	187. 81	198. 41	208. 97	219. 47	240. 34	261. 00	271. 26	281. 47	301. 74	321. 81	341. 69	361. 37	371. 13	380. 85	400. 13	419. 22	438. 11	466. 07
480	172. 00	183. 08	194. 10	205. 07	216. 00	226. 87	248. 47	269. 88	280. 51	291. 09	312. 10	332. 91	353. 52	373. 94	384. 08	394. 17	414. 19	436. 01	453. 64	482. 72
500	179. 40	190. 97	202. 48	213. 95	225. 37	236. 74	259. 32	281. 72	292. 84	303. 91	325. 91	347. 71	369. 30	390. 71	401. 34	411. 92	432. 93	453. 74	474. 35	504. 91
530	190. 50	202. 80	215. 06	227. 27	239. 42	251. 53	275. 60	299. 47	317. 50	323. 14	346. 62	369. 90	392. 92	415. 87	427. 23	438. 55	461. 04	483. 34	505. 42	538. 20
（550）	197. 90	210. 70	223. 44	236. 14	248. 80	261. 40	286. 45	311. 31	323. 66	335. 97	360. 43	384. 43	406. 75	432. 64	444. 30	456. 31	479. 79	503. 06	526. 15	560. 40
560	201. 60	214. 64	227. 64	240. 58	253. 48	266. 33	291. 88	317. 23												
600	216. 39	230. 42	244. 40	258. 34	272. 22	286. 06	313. 58	340. 90												
630	227. 49	242. 26	256. 98	271. 66	286. 28	300. 85	329. 85	358. 66												

注：带（　）的不推荐采用。

附表 4-4 冷拔无缝钢管每米长度的质量 kg

外径/mm \ 壁厚/mm	1	1.2	1.4	1.5	1.6	1.8	2	2.2	2.5	2.8	3	3.2	3.5	4.0	4.5
5	0.099	0.112	0.124	0.129	0.134										
6	0.123	0.142	0.159	0.166	0.174	0.186	0.197								
7	0.148	0.172	0.193	0.203	0.213	0.230	0.247	0.260	0.277						
8	0.173	0.202	0.227	0.240	0.253	0.275	0.296	0.315	0.339						
9	0.197	0.231	0.262	0.277	0.292	0.319	0.345	0.369	0.401	0.427					
10	0.222	0.261	0.296	0.314	0.332	0.363	0.395	0.423	0.462	0.496	0.518	0.536	0.561		
11	0.247	0.290	0.331	0.351	0.371	0.407	0.444	0.477	0.524	0.566	0.592	0.615	0.647		
12	0.271	0.320	0.365	0.388	0.411	0.452	0.493	0.532	0.586	0.635	0.666	0.694	0.734	0.789	
(13)	0.296	0.349	0.400	0.425	0.451	0.496	0.543	0.585	0.647	0.703	0.740	0.774	0.820	0.888	
14	0.321	0.379	0.434	0.462	0.490	0.541	0.592	0.640	0.709	0.772	0.814	0.852	0.906	0.986	
(15)	0.345	0.409	0.468	0.499	0.529	0.585	0.641	0.694	0.771	0.841	0.888	0.932	0.993	1.09	1.17
16	0.370	0.438	0.503	0.536	0.568	0.629	0.691	0.747	0.832	0.91	0.962	1.01	1.08	1.18	1.28
(17)	0.395	0.468	0.537	0.573	0.608	0.674	0.740	0.802	0.894	0.98	1.04	1.09	1.17	1.28	1.39
18	0.419	0.497	0.572	0.610	0.647	0.719	0.789	0.856	0.956	1.05	1.11	1.17	1.25	1.38	1.50
(19)	0.444	0.527	0.606	0.647	0.687	0.762	0.838	0.910	1.02	1.12	1.18	1.25	1.34	1.48	1.61
20	0.469	0.556	0.642	0.684	0.726	0.806	0.888	0.965	1.08	1.19	1.26	1.33	1.42	1.58	1.72
(21)	0.493	0.586	0.675	0.721	0.767	0.851	0.937	1.02	1.14	1.26	1.33	1.41	1.51	1.68	1.83
22	0.518	0.616	0.710	0.758	0.806	0.895	0.986	1.07	1.20	1.33	1.41	1.49	1.60	1.77	1.94
(23)	0.543	0.645	0.745	0.795	0.846	0.940	1.04	1.13	1.26	1.39	1.48	1.57	1.68	1.87	2.05
24	0.567	0.674	0.779	0.832	0.885	0.984	1.09	1.18	1.33	1.46	1.55	1.64	1.77	1.97	2.16
25	0.592	0.703	0.813	0.869	0.925	1.03	1.13	1.24	1.39	1.53	1.63	1.72	1.86	2.07	2.28
(27)	0.641	0.762	0.882	0.943	1.00	1.12	1.23	1.34	1.51	1.67	1.78	1.88	2.03	2.27	2.50
28	0.666	0.792	0.916	0.98	1.04	1.16	1.28	1.40	1.57	1.74	1.85	1.96	2.11	2.37	2.61
29	0.691	0.823	0.951	1.02	1.076	1.22	1.33	1.47	1.63	1.83	1.92	2.02	2.20	2.47	2.72

续表

外径/mm \ 壁厚/mm	5	5.5	6	6.5	7	7.5	8	8.5	9	9.5	10	11	12	13	14
5															
6															
7															
8															
9															
10															
11															
12															
(13)															
14															
(15)	1.23														
16	1.35														
(17)	1.48														
18	1.60														
(19)	1.73	1.54	1.92												
20	1.85	1.97	2.07												
(21)	1.97	2.10	2.22												
22	2.10	2.24	2.37												
(23)	2.22	2.37	2.52												
24	2.34	2.51	2.66	2.81	2.93										
25	2.47	2.64	2.81	2.97	3.11										
(27)	2.71	2.92	3.11	3.29	3.45										
28	2.84	3.05	3.26	3.45	3.68										
29	2.96	3.19	3.40	3.61	3.80	3.98									

续表

外径/mm \ 壁厚/mm	1	1.2	1.4	1.5	1.6	1.8	2	2.2	2.5	2.8	3	3.2	3.5	4.0	4.5
30	0.715	0.851	0.986	1.05	1.12	1.25	1.38	1.51	1.70	1.88	2.00	2.12	2.29	2.56	2.83
32	0.765	0.910	1.053	1.13	1.20	1.34	1.48	1.62	1.82	2.02	2.15	2.28	2.46	2.76	3.05
34	0.814	0.968	1.122	1.20	1.28	1.43	1.58	1.72	1.94	2.15	2.29	2.43	2.63	2.96	3.27
(35)	0.838	0.998	1.159	1.24	1.32	1.47	1.63	1.78	2.00	2.22	2.37	2.51	2.72	3.06	3.38
36	0.863	1.027	1.192	1.28	1.36	1.52	1.68	1.83	2.07	2.29	2.44	2.59	2.81	3.16	3.50
38	0.912	1.087	1.26	1.35	1.44	1.61	1.78	1.94	2.19	2.43	2.59	2.75	2.98	3.35	3.72
40	0.962	1.146	1.33	1.42	1.52	1.69	1.87	2.05	2.31	2.56	2.74	2.91	3.15	3.55	3.94
42	1.010	1.208	1.41	1.50	1.60	1.79	1.97	2.16	2.44	2.70	2.89	3.07	3.32	3.75	4.16
44.5	1.070	1.281	1.48	1.59	1.65	1.88	2.10	2.29	2.59	2.89	3.07	3.25	3.54	4.00	4.44
45	1.090	1.295	1.51	1.61	1.71	1.91	2.12	2.32	2.62	2.91	3.11	3.31	3.58	4.04	4.49
48	1.16	1.382	1.61	1.72	1.83	2.05	2.27	2.48	2.81	3.11	3.33	3.54	3.84	4.34	4.83
50	1.21	1.44	1.68	1.79	1.91	2.14	2.37	2.59	2.93	3.25	3.48	3.70	4.01	4.54	5.05
(51)	1.23	1.47	1.71	1.83	1.96	2.18	2.42	2.64	2.99	3.32	3.55	3.79	4.10	4.64	5.16
53	1.28	1.53	1.78	1.91	2.03	2.27	2.52	2.76	3.11	3.46	3.70	3.94	4.27	4.83	5.38
(54)	1.31	1.59	1.82	1.94	2.07	2.31	2.56	2.81	3.18	3.53	3.77	4.02	4.36	4.93	5.49
56	1.36	1.62	1.89	2.02	2.15	2.40	2.66	2.92	3.30	3.66	3.92	4.17	4.53	5.13	5.71
(57)	1.38	1.65	1.92	2.05	2.18	2.45	2.71	2.97	3.36	3.74	4.00	4.25	4.62	5.23	5.83
60	1.46	1.74	2.02	2.16	2.31	2.58	2.86	3.13	3.55	3.94	4.22	4.49	4.88	5.52	6.16
63	1.53	1.83	2.13	2.27	2.42	2.71	3.01	3.30	3.72	4.15	4.44	4.73	5.13	5.81	6.49
65	1.58	1.89	2.20	2.35	2.50	2.80	3.11	3.40	3.85	4.29	4.59	4.89	5.31	6.02	6.71
(68)	1.65	1.98	2.30	2.46	2.62	2.93	3.26	3.57	4.04	4.49	4.81	5.12	5.57	6.31	7.05
70	1.70	2.03	2.37	2.53	2.70	3.02	3.35	3.68	4.16	4.63	4.96	5.28	5.74	6.51	7.27
(73)	1.78	2.12	2.47	2.64	2.82	3.16	3.50	3.84	4.35	4.84	5.18	5.52	6.00	6.81	7.60
75	1.82	2.18	2.54	2.71	2.90	3.24	3.60	3.95	4.46	4.97	5.32	5.68	6.17	7.00	7.82
(76)	1.85	2.21	2.57	2.76	2.94	3.29	3.65	4.00	4.53	5.05	5.40	5.75	6.26	7.10	7.93
80			2.71	2.90	3.09	3.47	3.84	4.22	4.77	5.32	5.69	6.07	6.60	7.49	8.37

续表

外径/mm \ 壁厚/mm	5	5.5	6	6.5	7	7.5	8	8.5	9	9.5	10	11	12	13	14
30	3.08	3.32	3.55	3.77	3.97	4.16	4.34								
32	3.33	3.59	3.85	4.09	4.32	4.53	4.74								
34	3.58	3.87	4.14	4.41	4.66	4.90	5.13								
(35)	3.70	4.00	4.29	4.57	4.83	5.09	5.33								
36	3.82	4.14	4.44	4.73	5.01	5.27	5.52								
38	4.07	4.41	4.74	5.05	5.35	5.64	5.92	6.18	6.44						
40	4.32	4.68	5.03	5.37	5.70	6.01	6.31	6.60	6.88						
42	4.56	4.95	5.33	5.69	6.04	6.38	6.71	7.02	7.32						
44.5	4.87	5.29	5.70	6.09	6.47	6.84	7.20	7.55	7.88						
45	4.93	5.36	5.77	6.17	6.56	6.94	7.30	7.65	7.99	8.32	8.63				
48	5.30	5.76	6.21	6.65	7.08	7.49	7.89	8.28	8.66	9.02	9.37				
50	5.55	6.04	6.51	6.97	7.42	7.86	8.29	8.70	9.10	9.49	9.86	10.59	11.25		
(51)	5.67	6.17	6.66	7.13	7.60	8.05	8.48	8.91	9.32	9.72	10.11	10.85	11.54		
53	5.92	6.44	6.95	7.45	7.94	8.42	8.88	9.33	9.77	10.19	10.60	11.39	12.13		
(54)	6.04	6.58	7.10	7.61	8.11	8.60	9.08	9.54	9.99	10.43	10.85	11.67	12.43		
56	6.29	6.85	7.40	7.93	8.40	8.97	9.47	9.96	10.43	10.90	11.34	12.21	13.02		
(57)	6.41	6.99	7.55	8.10	8.63	9.16	9.67	10.17	10.65	11.13	11.59	12.48	13.32	14.11	
60	6.78	7.39	7.99	8.58	9.15	9.71	10.26	10.80	11.32	11.83	12.33	13.29	14.21	15.07	15.88
63	7.14	7.77	8.41	9.04	9.57	10.23	10.81	11.40	11.96	12.49	13.05	14.07	15.09	—	—
65	7.40	8.07	8.73	9.38	10.01	10.65	11.25	11.84	12.43	13.00	13.56	14.65	15.68	—	—
(68)	7.77	8.48	9.17	9.86	10.53	11.19	11.84	12.47	13.10	13.71	14.30	15.46	16.57	17.53	18.64
70	8.01	8.75	9.47	10.18	10.88	11.56	12.23	12.89	13.54	14.17	14.80	16.01	17.16	18.27	19.33
(73)	8.38	9.16	9.91	10.66	11.39	12.11	12.82	13.52	14.21	14.88	15.54	16.82	18.05	19.24	20.37
75	8.62	9.41	10.18	10.96	11.71	12.48	13.17	13.91	14.61	15.30	15.99	17.31	18.65	—	—
(76)	8.75	9.56	10.36	11.14	11.91	12.67	13.42	14.15	14.87	15.58	16.28	17.63	18.94	20.20	21.41
80	9.24	10.07	10.91	11.75	12.59	13.39	14.15	14.96	15.71	16.45	17.22	18.66	20.10	—	—

续表

外径/mm \ 壁厚/mm	1	1.2	1.4	1.5	1.6	1.8	2	2.2	2.5	2.8	3	3.2	3.5	4.0	4.5
(83)			2.82	3.02	3.21	3.60	4.00	4.37	4.96	5.52	5.92	6.31	6.86	7.79	8.71
85			2.88	3.08	3.29	3.69	4.09	4.48	5.08	5.66	6.06	6.46	7.04	7.98	8.93
(89)			3.02	3.24	3.45	3.86	4.29	4.70	5.33	5.94	6.36	6.77	7.38	8.38	9.38
90			3.05	3.27	3.49	3.91	4.34	4.76	5.39	6.01	6.43	6.86	7.47	8.47	9.49
95			3.21	3.46	3.68	4.13	4.59	5.02	5.70	6.36	6.81	7.26	7.90	8.98	10.04
100			3.40	3.64	3.88	4.35	4.83	5.30	6.00	6.70	7.17	7.65	8.32	9.46	10.59
(102)			3.46	3.73	3.97	4.45	4.93	5.40	6.13	6.84	7.32	7.81	8.50	9.67	10.82
(108)			3.67	3.95	4.21	4.72	5.23	5.74	6.50	7.25	7.77	8.29	9.02	10.26	11.49
110			3.74	4.03	4.28	4.81	5.32	5.84	6.62	7.39	7.92	8.43	9.19	10.46	11.70
120				4.36	4.66	5.25	5.83	5.38	7.24	8.07	8.66	9.22	10.06	11.44	12.93
125						5.46	6.06	6.64	7.54	8.42	9.02	9.61	10.50	11.91	13.37
130									7.86	8.78	9.40	10.00	10.92	12.43	13.92
(133)									8.05	8.98	9.59	10.25	11.18	12.75	14.26
140											10.11	10.79	11.80	13.42	15.05
150											10.85	11.52	12.65	14.39	16.11
160													13.53	15.38	17.25
170													14.31	16.31	18.35
180													15.20	17.30	19.50
190														18.29	20.60
200														19.67	21.65

续表

外径/mm \ 壁厚/mm	5	5.5	6	6.5	7	7.5	8	8.5	9	9.5	10	11	12	13	14
(83)	9.62	10.51	11.39	12.26	13.12	13.96	14.80	15.62	16.42	17.22	18.00	19.53	21.01	22.44	23.82
85	9.86	10.75	11.65	12.55	13.45	14.31	15.13	16.01	16.85	17.63	18.45	20.01	21.60	—	—
(89)	10.38	11.33	12.28	13.22	14.16	15.07	15.93	16.87	17.76	18.63	19.48	21.16	22.79	24.37	25.89
90	10.47	11.42	12.39	13.35	14.31	15.22	16.11	17.05	17.95	18.79	19.67	21.43	23.08		
95	11.10	12.14	13.17	14.19	15.19	16.18	17.16	18.13	19.09	20.03	20.96	22.79	24.56		
100	11.71	12.77	13.87	14.95	16.03	17.09	18.09	19.15	20.15	21.15	22.19	24.14	26.04		
(102)	11.96	13.09	14.21	15.31	16.40	17.48	18.55	19.60	20.64	21.67	22.69	24.69	26.63		
(108)	12.70	13.90	15.09	16.27	17.44	18.59	19.73	20.86	21.97	23.08	24.17	26.31	28.41		
110	12.93	14.19	15.40	16.60	17.75	19.00	20.08	21.30	22.50	23.54	24.70	26.85	29.00		
120	14.30	15.51	16.89	18.20	19.50	20.85	22.10	23.40	24.70	25.89	27.20	29.57	31.96		
125	14.80	16.15	17.55	19.02	20.35	21.73	23.08	24.42	25.75	27.06	28.36	30.92	33.44		
130	15.48	16.88	18.35	19.80	21.20	22.70	24.10	25.50	26.90	28.23	29.70	32.27	34.92		
(133)	15.75	17.29	18.79	20.28	21.75	23.21	24.66	26.10	27.52	28.93	30.33	33.10	35.81		
140	16.65	18.24	19.83	21.40	22.96	24.51	26.04	27.57	29.08	30.57	32.06	34.99	37.88		
150	17.85	19.55	21.25	23.00	24.68	26.36	28.01	29.66	31.29	32.91	34.52	37.71	40.84		
160	19.09	20.96	22.79	24.60	26.41	28.20	29.99	31.76	33.51	35.26	36.99	40.42	43.80		
170	20.30	22.31	24.27	26.21	28.14	30.05	31.96	33.85	35.73	37.60	39.46	43.13	46.76		
180	21.59	23.67	25.75	27.81	29.87	31.91	33.93	35.95	37.95	39.95	41.92	45.85	49.72		
190	22.80	25.02	27.22	29.41	31.59	33.75	35.90	38.04	40.17	42.28	44.39	48.56	52.67		
200	24.00	26.38	28.70	31.02	33.32	35.60	37.88	40.14	42.39	44.63	46.85	51.27	55.63		

注：带(　)的不推荐采用。

附表 4-5　钢管的外表面积

外直径/mm	外表面积/(m^2/m)	外直径/mm	外表面积/(m^2/m)	外直径/mm	外表面积/(m^2/m)	外直径/mm	外表面积/(m^2/m)
5.0	0.01571	32	0.10053	80	0.25133	168	0.52779
6.0	0.01885	34	0.10681	83	0.26075	170	0.53407
7.0	0.02199	35	0.10996	85	0.26704	190	0.59690
8.0	0.02513	36	0.11310	89	0.27960	194	0.60947
9.0	0.02827	38	0.11938	90	0.28274	200	0.62832
10	0.03142	40	0.12566	95	0.29845	203	0.63774
11	0.03456	42	0.13195	100	0.31416	219	0.68801
12	0.03770	44.5	0.13980	102	0.32044	245	0.76969
13	0.04084	45	0.14137	108	0.33929	273	0.85765
14	0.04398	48	0.15080	110	0.34558	299	0.93934
15	0.04712	50	0.15708	114	0.35814	325	1.0210
16	0.05027	51	0.16022	120	0.37699	351	1.1027
17	0.05341	53	0.16650	121	0.38013	377	1.1844
18	0.05655	54	0.16965	125	0.39270	402	1.2629
19	0.05969	56	0.17593	127	0.39898	426	1.3383
20	0.06283	57	0.17907	130	0.40841	450	1.4137
21	0.06597	60	0.18850	133	0.41783	465	1.4608
22	0.06912	63.5	0.19949	140	0.43982	480	1.5080
23	0.07226	65	0.20420	146	0.45867	500	1.5708
24	0.07540	68	0.21363	150	0.47124	530	1.6650
25	0.07854	70	0.21991	152	0.47752	550	1.7279
27	0.08482	73	0.22934	159	0.49951	560	1.7593
28	0.08796	75	0.23562	160	0.50625	600	1.8850
29	0.09111	76	0.23876	180	0.56549	630	1.9792
30	0.09425						

附 5 常用几何体断面面积、重心、惯性力矩和断面系数

序号	圆	面 积	重心位置	惯性力矩	断面系数
1	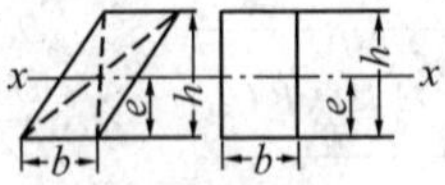	bh	$\frac{h}{2}$	$\frac{bh^2}{12}$对主轴 x—x $\frac{bh^3}{3}$对底	$\frac{bh^2}{6}$
2	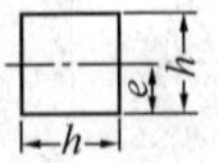	h^2	$\frac{h}{2}$	$\frac{h^4}{12}$	$\frac{h^3}{6}$
3	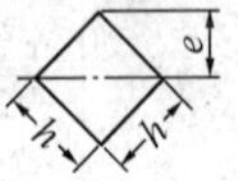	h^2	$\frac{h}{2}\sqrt{2}$	$\frac{h^4}{12}$	$\frac{\sqrt{2}}{12}h^3=0.1179h^3$
4	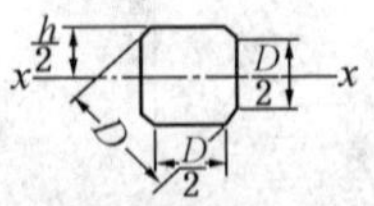	$0.693D^2$	$\frac{h}{2}=0.433D$	$0.038D^4$	$0.087D^3$
5	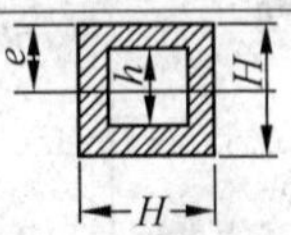	H^2-h^2	$\frac{H}{2}$	$\frac{H^4-h^4}{12}$	$\frac{1}{6}\frac{H^4-h^4}{H}$
6	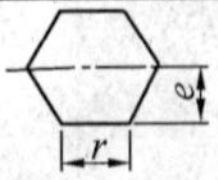	$\frac{3\sqrt{3}r^2}{2}=2.598r^2$	$\sqrt{\frac{3}{4}}r=0.866r$	$\frac{5\sqrt{3}}{16}r^4=0.5413r^4$	$\frac{5}{8}r^3=0.625r^3$
7	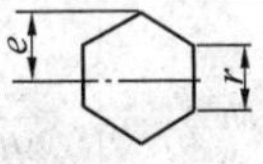		r		$\frac{5\sqrt{3}}{16}r^3=0.5413r^3$
8	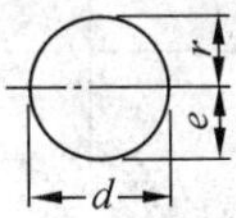	$\pi r^2=\frac{\pi d^2}{4}$	$\frac{d}{2}$	$\frac{\pi d^4}{64}=\frac{\pi r^4}{4}=0.0491$ $d^4\approx0.05d^4=0.7854r^4$	$\frac{\pi d^3}{32}=\frac{\pi r^3}{4}=0.0982d^3$ $\approx0,1d^3=0.7854r^3$
9	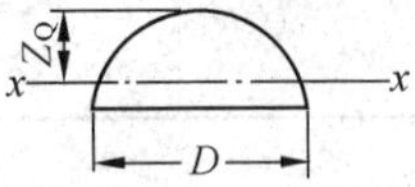	$\frac{\pi D^2}{8}$	$\frac{D}{2}(1-\frac{4}{3\pi})=$ $=0.2878D$	$\frac{D^4}{16}(\frac{\pi}{8}-\frac{8}{9}\pi)$ $=0.007D^4$	$W_{x\min}=0.024D^3$
10	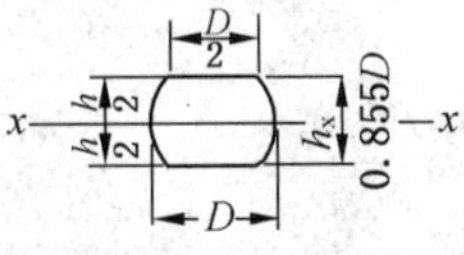	$0.740D^2$	$\frac{h}{2}$	$0.039D^4$	$0.090D^3$
11	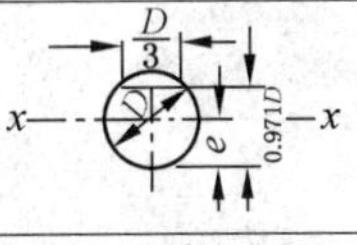	$0.779D^2$	$0.496D$	$0.047D^4$	$0.095D^3$
12	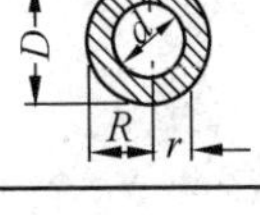	$\frac{\pi}{4}(D^2-d^2)$	$\frac{D}{2}$	$\frac{\pi}{64}(D^4-d^4)$ $=\frac{\pi}{4}(R^4-r^4)$	$\frac{\pi}{32}\frac{D^4-d^4}{D}=\frac{\pi}{4}\frac{(R^4-r^4)}{R}$

续表

序号	圆	面　积	重心位置	惯性力矩	断面系数
13	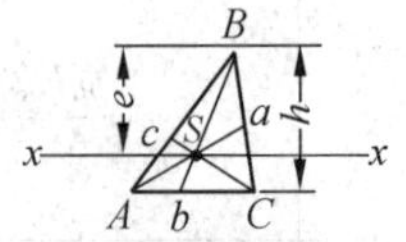	$F=\frac{bh}{2}$ $=\frac{bc\sin A}{2}$ $=\sqrt{s(s-a)(s-b)(s-c)}$ $s=\frac{a+b+c}{2}$	$\frac{2}{3}h$	$\frac{bh^3}{36}$ 对主轴 $x—x$ $\frac{bh^3}{4}$ 对顶点 B $\frac{bh^3}{12}$ 对底边 AC	$\frac{bh^2}{24}$
14	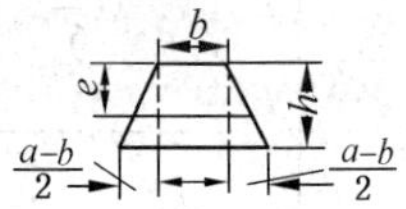	$(a+b)\frac{h}{2}$	$\frac{b+2a}{b+a}\cdot\frac{h}{3}$	$\frac{a^2+4ab+b^2}{36(a+b)}\cdot h^3$	$\frac{a^2+4ab+b^2}{12(2a+b)}\cdot h^2$
15	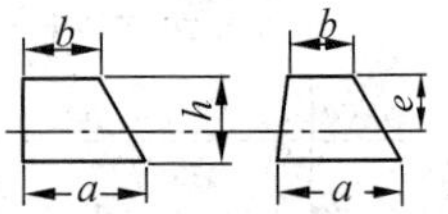				
16	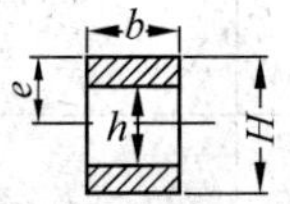	$b(H-h)$	$\frac{H}{2}$	$\frac{b}{12}(H^3-h^3)$	$\frac{b}{6H}(H^3-h^3)$
17	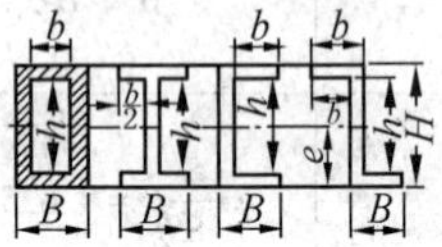	$HB-hb$	$\frac{H}{2}$	$\frac{1}{12}(BH^3+bh^3)$	$\frac{1}{6H}(BH^3+bh^3)$
18	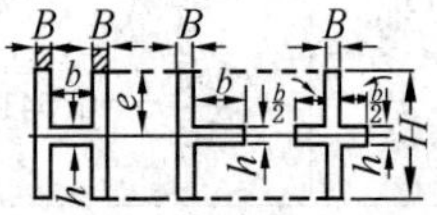	$HB-hb$	$\frac{H}{2}$	$\frac{1}{12}(BH^3+bh^3)$	$\frac{1}{6H}(BH^3+bh^3)$
19	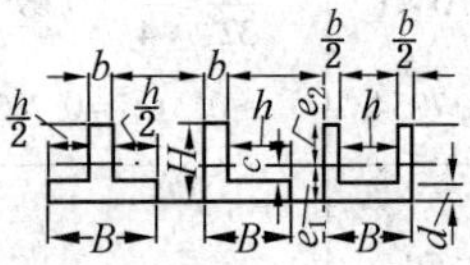	$Hb+hd$	$e_1=$ $\frac{1}{2}\cdot\frac{bH^2+hd^2}{bH+hd}$ $e_2=H-e_1$	$\frac{1}{3}(Be_1^3-hc^3+be_2^3)$	$W_1=\frac{J}{e_1}$ $W_2=\frac{J}{e_2}$

附6　常用几何体体积、表面积和单位圆的弧长等

附表 6－1　常用几何体体积和表面积

几何体	公式	几何体	公式	几何体	公式	几何体	公式
正立方体 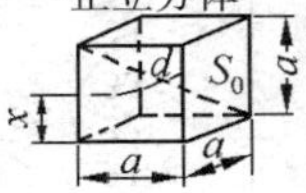	$v=\alpha^3$ $p=6\alpha^2$ $M=4\alpha^2$ $x=\frac{a}{2}$ $d=\alpha\sqrt{3}=1.7321\alpha$	平截头正圆锥体 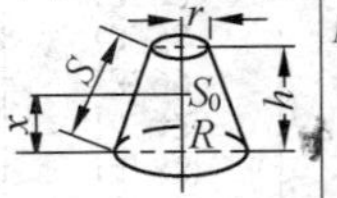	$v=\frac{\pi h}{3}(R^2+Rr+r^2)$ $M=\pi s\sigma$ $s=\sqrt{\delta^2+h^2}$ $x=\frac{h}{4}\frac{(R^2+2Rr+3r^2)}{(R^2+Rr+r^2)}$ $\sigma=R+r,\ \delta=R-r$	正圆柱体 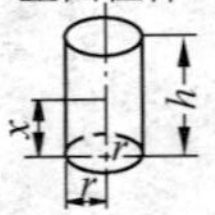	$v=r^2\pi h=0.785d^2h$ $P=2\pi r(r+h)$ $M=2\pi rh$ $x=\frac{h}{2}$	球面弧形体 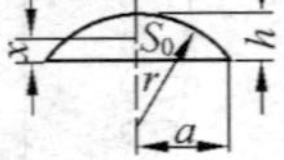	$v=\frac{\pi h}{6}(3a^2+h^2)$ $=\frac{\pi h^2}{3}(3r-h)$ $P=\pi h(4r-h)$ $M=2\pi rh=\pi(a^2+h^2)$ $a^2=h(2r-h)$ $x=\frac{3}{4}\cdot\frac{(2r-h)^2}{3r-h}$
六角棱柱体 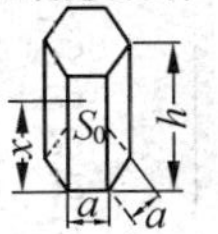	$v=2.598a^2h$ $P=5.1963a^2+6ah$ $M=6ah$ $x=\frac{h}{2}$ $d=\sqrt{h^2+4a^2}$	平截头正角锥体 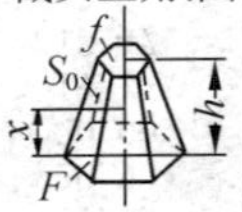	$v=\frac{h}{3}(F+f+\sqrt{Ff})$ $x=\frac{h}{4}\cdot\frac{F+2\sqrt{Ff}+3f}{F+\sqrt{Ff}+f}$ F—下底面积 f—上底面积	斜截圆柱体 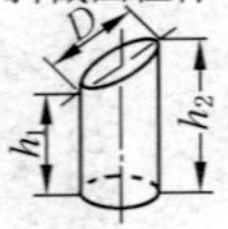	$v=R^2\pi\frac{h_1+h_2}{2}$ $M=R\pi(h_1+h_2)$ $D=\sqrt{4R^2+(h_2-h_1)^2}$ $x=\frac{h_1+h_2}{2}$	球面扇形体 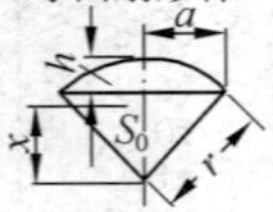	$v=\frac{2\pi r^2h}{3}$ $M=\pi ar=2.09440r^2h$ $P=\pi r(2h+a)$ $x=\frac{3}{8}(2r-h)$
空心正圆柱体 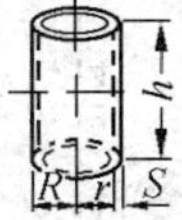	$v=\pi h(R^2-r^2)$ $=\pi hs(2R-s)$ $=\pi hs(2r+s)$ $x=\frac{h}{2}$ $F_{底}=\pi(R^2-r^2)$	球盘 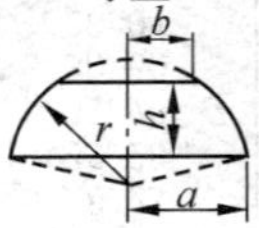	$v=\frac{\pi h}{6}(3a^2+3b^2+h^2)$ $M=2\pi rh$ $r^2=a^2+\frac{(a^2-b^2-h^2)^2}{2h}$	正圆锥体 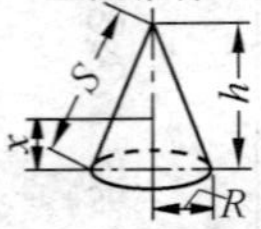	$v=\frac{\pi R^2h}{3}$ $x=\frac{h}{4}$ $M=\pi Rs$ $s=\sqrt{R^2+h^2}$	平截头直角正角锥体 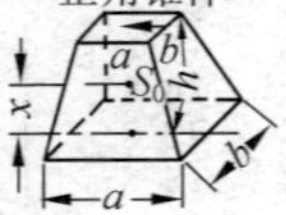	$v=\frac{h}{6}[(2a+a_1)b+(2a_1+\alpha)b_1]$ $=\frac{h}{6}[ab+(a+a_1)\times(b+b_1)+a_1b_1]$ $x=\frac{h}{2}\times\frac{ab+ab_1+a_1b+3a_1b_1}{2ab+ab_1+a_1b+2a_1b_1}$
球体 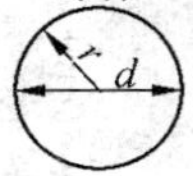	$v=\frac{4\pi r^3}{3}=4.18879r^3$ $v=\frac{\pi d^3}{6}0.52360d^3$ $P=4\pi r^2=\pi d^2$ $r=\sqrt[3]{\frac{3v}{4\pi}}=0.62035\sqrt[3]{v}$	直角平行六面体 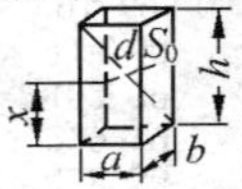	$v=abh$ $P=2(ab+ah+bh)$ $M=2h(a+b)$ $x=\frac{h}{2}$ $d=\sqrt{a^2+b^2+h^2}$	棱锥体 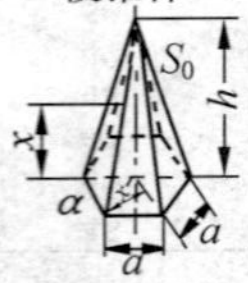	$v=\frac{hna^2}{12}\text{ctg}\frac{a}{2}$ $x=\frac{h}{4}$	桶形体 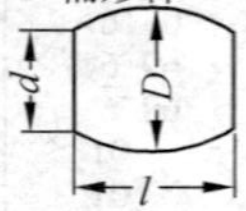	$v=\frac{\pi l}{12}(2D^2+d^2)$ 此公式为近似公式，用于按圆周形弯曲的桶板； $v=\frac{\pi l}{15}(2D^2+Dd+\frac{3}{4}d^2)$ 此公式为准确公式，用于抛物线形弯曲的桶板

注：v—体积；P—表面积；M—侧面积；x—重心位置。

附表 6-2　单位圆(半径等于 1)的弧长、矢高、弦长和弓形面积

中心角/度	弧长 l	矢高 h	$\frac{l}{h}$	弦长 s	弓形面积	中心角/度	弧长 l	矢高 h	$\frac{l}{h}$	弦长 s	弓形面积
1	0.0175	0.0000	458.36	0.0175	0.00000	45	0.7854	0.0761	10.32	0.7654	0.03915
2	0.0349	0.0002	229.19	0.0349	0.00000	46	0.8029	0.0795	10.10	0.7815	0.04176
3	0.0524	0.0003	152.79	0.0524	0.00001	47	0.8203	0.0829	9.89	0.7975	0.04448
4	0.0698	0.0006	114.60	0.0698	0.00003	48	0.8378	0.0865	9.69	0.8135	0.04731
5	0.0873	0.0010	91.69	0.0872	0.00006	49	0.8552	0.0900	9.50	0.8294	0.05025
6	0.1047	0.0014	76.41	0.1047	0.00010	50	0.8727	0.0937	9.31	0.8452	0.05331
7	0.1222	0.0019	64.01	0.1221	0.00015	51	0.8901	0.0974	9.14	0.8610	0.05649
8	0.1396	0.0024	56.01	0.1395	0.00023	52	0.9076	0.1012	8.97	0.8767	0.05978
9	0.1571	0.0031	50.96	0.1569	0.00032	53	0.9250	0.1051	8.80	0.8924	0.06319
10	0.1745	0.0038	45.87	0.1743	0.00044	54	0.9425	0.1090	8.65	0.9080	0.06673
11	0.1920	0.0046	41.70	0.1917	0.00059	55	0.9599	0.1130	8.49	0.9235	0.07039
12	0.2094	0.0055	38.23	0.2091	0.00076	56	0.9774	0.1171	8.35	0.9389	0.07417
13	0.2269	0.0064	35.28	0.2264	0.00097	57	0.9948	0.1212	8.21	0.9543	0.07808
14	0.2443	0.0075	32.78	0.2437	0.00121	58	1.0123	0.1254	8.07	0.9696	0.08212
15	0.2618	0.0086	30.60	0.2611	0.00149	59	1.0297	0.1296	7.94	0.9848	0.08629
16	0.2793	0.0097	28.04	0.2783	0.00181	60	1.0472	0.1340	7.81	1.0000	0.09059
17	0.2967	0.0110	27.01	0.2956	0.00217	61	1.0647	0.1384	7.69	1.0151	0.09502
18	0.3142	0.0123	25.35	0.3129	0.00257	62	1.0821	0.1428	7.56	1.0301	0.09958
19	0.3316	0.0137	24.17	0.3301	0.00302	63	1.0996	0.1474	7.46	1.0450	0.10428
20	0.3491	0.0152	22.98	0.3473	0.00352	64	1.1170	0.1520	7.35	1.0598	0.10911
21	0.3665	0.0167	21.95	0.3645	0.00408	65	1.1345	0.1566	7.24	1.0746	0.11408
22	0.3840	0.0184	20.90	0.3816	0.00468	66	1.1519	0.1613	7.14	1.0893	0.11919
23	0.4014	0.0201	20.00	0.3987	0.00535	67	1.1694	0.1661	7.04	1.1039	0.12443
24	0.4189	0.0219	19.17	0.4158	0.00607	68	1.1868	0.1710	6.94	1.1184	0.12982
25	0.4363	0.0237	18.47	0.4329	0.00686	69	1.2043	0.1759	6.85	1.1328	0.13535
26	0.4538	0.0256	17.71	0.4499	0.00771	70	1.2217	0.1808	6.76	1.1472	0.14102
27	0.4712	0.0276	17.06	0.4669	0.00862	71	1.2392	0.1859	6.67	1.1614	0.14683
28	0.4887	0.0297	16.45	0.4838	0.00961	72	1.2566	0.1910	6.58	1.1756	0.15279
29	0.5061	0.0319	15.89	0.5008	0.01067	73	1.2741	0.1961	6.50	1.1896	0.15889
30	0.5236	0.0341	15.37	0.5176	0.01180	74	1.2915	0.2014	6.41	1.2036	0.16514
31	0.5411	0.0364	14.88	0.5345	0.01301	75	1.3090	0.2066	6.34	1.2175	0.17154
32	0.5585	0.0387	14.42	0.5512	0.01429	76	1.3265	0.2120	6.26	1.2313	0.17808
33	0.5760	0.0412	13.99	0.5680	0.01566	77	1.3439	0.2174	6.18	1.2450	0.18477
34	0.5934	0.0437	13.58	0.5847	0.01711	78	1.3614	0.2229	6.11	1.2586	0.19160
35	0.6109	0.0463	13.20	0.6014	0.01864	79	1.3788	0.2284	6.04	1.2722	0.19859
36	0.6283	0.0489	12.84	0.6180	0.02027	80	1.3963	0.2340	5.97	1.2856	0.20573
37	0.6458	0.0517	12.50	0.6346	0.02198	81	1.4137	0.2396	5.90	1.2989	0.21301
38	0.6632	0.0545	12.17	0.6511	0.02378	82	1.4312	0.2453	5.83	1.3121	0.22045
39	0.6807	0.0574	11.87	0.6676	0.02568	83	1.4486	0.2510	5.77	1.3252	0.22804
40	0.6981	0.0603	11.58	0.6840	0.02767	84	1.4661	0.2569	5.71	1.3383	0.23578
41	0.7156	0.0633	11.30	0.7004	0.02976	85	1.4835	0.2627	5.65	1.3512	0.24367
42	0.7330	0.0664	11.04	0.7167	0.03195	86	1.5010	0.2686	5.59	1.3640	0.25171
43	0.7505	0.0696	10.78	0.7330	0.03425	87	1.5164	0.2746	5.53	1.3767	0.25990
44	0.7679	0.0728	10.55	0.7492	0.03664	88	1.5359	0.2807	5.47	1.3893	0.26825

续表

中心角/度	弧长 l	矢高 h	$\frac{l}{h}$	弦长 s	弓形面积	中心角/度	弧长 l	矢高 h	$\frac{l}{h}$	弦长 s	弓形面积
89	1.5533	0.2867	5.42	1.4018	0.27675	135	2.3562	0.6173	3.82	1.8478	0.82454
90	1.5708	0.2929	5.36	1.4142	0.28540	136	2.3736	0.6254	3.80	1.8544	0.83949
91	1.5882	0.2991	5.31	1.4265	0.29420	137	2.3911	0.6335	3.77	1.8608	0.85455
92	1.6057	0.3053	5.26	1.4387	0.30316	138	2.4086	0.6416	3.75	1.8672	0.86971
93	1.6232	0.3116	5.21	1.4507	0.31226	139	2.4260	0.6498	3.73	1.8733	0.88497
94	1.6406	0.3180	5.16	1.4627	0.32452	140	2.4435	0.6580	3.71	1.8794	0.90034
95	1.6581	0.3244	5.11	1.4746	0.33093	141	2.4609	0.6662	3.69	1.8853	0.91580
96	1.6755	0.3309	5.06	1.4863	0.34050	142	2.4784	0.6744	3.67	1.8910	0.93135
97	1.6930	0.3374	5.02	1.4979	0.35021	143	2.4958	0.6827	3.66	1.8966	0.94700
98	1.7104	0.3439	4.97	1.5094	0.36008	144	2.5133	0.6910	3.64	1.9021	0.96274
99	1.7279	0.3506	4.93	1.5208	0.37009	145	2.5307	0.6993	3.62	1.9074	0.97858
100	1.7453	0.3572	4.89	1.5321	0.38026	146	2.5482	0.7076	3.60	1.9126	0.99449
101	1.7628	0.3639	4.84	1.5432	0.39058	147	2.5656	0.7160	3.58	1.9176	1.01050
102	1.7802	0.3707	4.80	1.5543	0.40104	148	2.5831	0.7244	3.57	1.9225	1.02658
103	1.7977	0.3775	4.76	1.5652	0.41166	149	2.6005	0.7328	3.55	1.9273	1.04275
104	1.8151	0.3843	4.72	1.5760	0.42242	150	2.6180	0.7412	3.53	1.9319	1.05900
105	1.8326	0.3912	4.68	1.5867	0.43333	151	2.6354	0.7496	3.52	1.9363	1.07532
106	1.8500	0.3982	4.65	1.5973	0.44439	152	2.6529	0.7581	3.50	1.9406	1.09171
107	1.8675	0.4052	4.61	1.6077	0.45560	153	2.6704	0.7666	3.48	1.9447	1.10818
108	1.8850	0.4122	4.57	1.6180	0.46695	154	2.6878	0.7750	3.47	1.9487	1.12472
109	1.9024	0.4193	4.54	1.6282	0.47845	155	2.7053	0.7836	3.45	1.9526	1.14132
110	1.9199	0.4264	4.50	1.6383	0.49008	156	2.7227	0.7921	3.44	1.9563	1.15799
111	1.9373	0.4336	4.47	1.6483	0.50187	157	2.7402	0.8006	3.42	1.9598	1.17472
112	1.9548	0.4408	4.43	1.6581	0.51379	158	2.7576	0.8092	3.41	1.9633	1.19151
113	1.9722	0.4481	4.40	1.6678	0.52586	159	2.7751	0.8178	3.39	1.9655	1.20835
114	1.9897	0.4554	4.37	1.6773	0.53806	160	2.7925	0.8264	3.38	1.9696	1.22525
115	2.0071	0.4627	4.34	1.6868	0.55041	161	2.8100	0.8350	3.37	1.9726	1.24221
116	2.0246	0.4701	4.31	1.6961	0.56289	162	2.8274	0.8436	3.35	1.9754	1.25921
117	2.0420	0.4775	4.28	1.7053	0.57551	163	2.8449	2.8522	3.34	1.9780	1.27626
118	2.0595	0.4850	4.25	1.7143	0.58827	164	2.8623	0.8608	3.33	1.9805	1.29335
119	2.0769	0.4925	4.22	1.7233	0.60116	165	2.8798	0.8695	3.31	1.9829	1.31049
120	2.0944	0.5000	4.19	1.7321	0.61418	166	2.8972	0.8781	3.30	1.9851	1.32766
121	2.1118	0.5076	4.16	1.7407	0.62734	167	2.9147	0.8868	3.28	1.9871	1.34487
122	2.1293	0.5152	4.13	1.7492	0.64063	168	2.9322	0.8955	3.27	1.9890	1.36212
123	2.1468	0.5228	4.11	1.7576	0.65404	169	2.9496	0.9042	3.26	1.9908	1.37940
124	2.1642	0.5305	4.08	1.7659	0.66759	170	2.9671	0.9128	3.25	1.9924	1.39671
125	2.1817	0.5383	4.05	1.7740	0.68125	171	2.9845	0.9215	3.24	1.9938	1.41404
126	2.1991	0.5460	4.03	1.7820	0.69505	172	3.0020	0.9302	3.23	1.9951	1.43140
127	2.2166	0.5538	4.00	1.7899	0.70897	173	3.0194	0.9390	3.22	1.9963	1.44878
128	2.2340	0.5616	3.98	1.7976	0.72301	174	3.0369	0.9477	3.20	1.9973	1.46617
129	2.2515	0.5695	3.95	1.8052	0.73716	175	3.0543	0.9564	3.19	1.9961	1.48359
130	2.2689	0.5774	3.93	1.8126	0.75144	176	3.0718	0.9651	3.18	1.9988	1.50101
131	2.2864	0.5853	3.91	1.8199	0.76584	177	3.0892	0.9738	3.17	1.9993	1.51845
132	2.3038	0.5933	3.88	1.8271	0.78034	178	3.1067	0.9825	3.16	1.9997	1.53589
133	2.3213	0.6013	3.86	1.8341	0.79497	179	3.1241	0.9913	3.15	1.9999	1.55334
134	2.3387	0.6093	3.84	1.8410	0.80970	180	3.1416	1.0000	3.14	2.0000	1.57080

附7 常用换算单位

附表7-1 长 度

km	m	cm	mm	Ft	in	yd	mile	n. mile	市尺
1	1000					1093.6	0.6214	0.53996	
	1	100	1000	3.2808	39.37	1.0936			3
	0.3048	30.48	304.8	1	12	0.3333			0.9144
		2.54	25.4		1				
1.6093	1609.3			5280		1760	1	0.86895	4827.9

注：1 km＝2 市里；1 mm＝1000μm；1mm＝100 道(俗称)；1mm＝10 丝；
1 町＝1090m；1 埃＝10^{-10}m＝0.1mm；1 mil＝10^{-3}in。

附表7-2 面 积

cm^2	m^2	in^2	ft^2	km^2	ha	Acre	亩
1		0.155					
	1	1550	10.7639				
6.4516		1	6.94×10^{-3}				
929.03		144	1				
				1	100	247.11	1500
	666.67		7176		0.06667	0.1647	1

附表7-3 体 积

ml，cc	l	m^3	in^3	ft^3	gal(美)	gal(英)	bbl(美)	bbl(英)
1000	1		61.024	0.035315	0.26418	0.21998	0.00629	0.006285
	1000	1		35.3147	264.18	219.98	6.2899	6.285
	28.3168		1728	1	7.4807	6.229	0.1781	0.17797
	3.7853			0.13368	1	0.83268	0.023809	0.02379
	4.546			0.16057	1.20094	1	0.028594	0.028571
	158.98			5.6145	42	34.9726	1	0.9992
	159.11			5.6189	42.0337	35.001	1.0008	1

附表7-4 质 量

g	kg	t	lb	UK ton	Short ton
1000	1	0.001	2.2046	9.842×10^{-4}	0.0011023
	1000	1	2204.6	0.9842	1.1023

附表7-5 密 度

g/ml	kg/m^3	t/m^3	lb/in^3	lb/ft^3
1	999.97	0.99997	0.036127	62.427
1.00003	1000	1	0.036127	62.428
27.6805	27680	27.68	1	1728
0.0160185	16.0185	0.016018	5.787×10^{-4}	1

附表7-6 压 力(压强)

m H_2O	mm Hg	kgf/cm^2	atm	lb/in^2	MPa
10.0003	735.56	1	0.9678	14.223	0.0980665
10.333	760	1.0332	1	14.696	0.101328
0.7031	51.715	0.070307	0.068046	1	6.8949×10^{-3}
		10.197	9.8692	145.038	1

注：1Pa＝0.101972 mmH_2O＝7.50062×10^{-3} mmHg＝1.01972×10^{-5}kg/cm。

附表 7-7　速　　度

m/s	km/h	ft/s	mile/h
1	3.6	3.28084	2.23694
0.27778	1	0.91135	0.62138
0.30480	1.09728	1	0.68182
0.44704	1.60934	1.46667	1

附表 7-8　体积流量

L/s	m^3/h	m^3/s	ft^3/h	ft^3/s	gal(英)/s	gal(美)/s
1	3.6	0.001	127.13	0.035315	0.21998	0.26418
0.27778	1	2.7778×10^{-4}	35.3147	0.00981	0.061104	0.073383
1000		1	127130	35.3147	219.98	264.18
0.007866	0.028317	7.8658×10^{-6}	1	2.7778×10^{-4}	0.00173	0.002078
28.3168	101.94	0.028317	3600	1	6.2290	7.4805

附表 7-9　质量流量

kg/s	kg/h	lb/s	lb/h	t/h
1		2.2046	7936.6	3.6
	1	6.124×10^{-4}	2.2046	
0.4536	0.0016329	1		1.6329
	0.4536	2.7778×10^{-4}	1	4.5359×10^{-4}

附表 7-10　力

dyn	N	g	kgf	lbf
1	10^{-5}	0.0010197	1.0197×10^{-6}	2.2481×10^{-6}
980.67	0.0098067	1		0.0022046
9.8067×10^{5}	9.8067		1	2.2046

附表 7-11　热、功、能

J	kcal	Btu	kW·h	hp·h	kgf·m	ft·lbf
1	2.3885×10^{-4}	9.4782×10^{-4}	2.7778×10^{-7}	3.7251×10^{-7}	0.10197	0.7376
4186.8	1	3.9683	0.001163	0.0015596	426.94	3088
1055	0.252	1	2.9307×10^{-4}	3.930×10^{-4}	107.53	778.17
3.6×10^{6}	859.85	3412.1	1	1.341	3.671×10^{5}	2.655×10^{6}
2.6845×10^{6}	641.19	2544.4	0.74556	1	2.7375×10^{5}	1.980×10^{6}
9.8067	0.0023423	0.0092950	2.724×10^{-6}	3.653×10^{-6}	1	7.233
1.3558	3.2383×10^{-4}	0.0012851	3.7662×10^{-7}	5.0505×10^{-7}	0.1383	1

附表 7-12　比　热　容

J/(g·℃)	kcal/(kg·℃)	Btu/(lb·℉)	ft·lb/(lb·℉)	kg·m/(kg·℃)
1	0.238846	0.238846	185.863	101.972
4.1868	1	1	778.169	426.935

附表 7-13　功　　率

W	kcal/h	ft·lb/s	hp	Btu/h
1	0.8600	0.7377	0.0013413	3.4127
1.1628	1	0.85778	0.0015596	3.9683
1.3556	1.1658	1	18.1818×10^{-4}	4.6262
745.56	641.19	550	1	2544.4
0.29302	0.2520	0.21616	3.9302×10^{-4}	1

附表 7-14 传热速度

kcal/(m^2·s)	kcal/(m^2·h)	Btu/(ft^2·s)	Btu/(ft^2·h)	w/cm^2
1	3600	0.36867	1327.2	0.4187
2.7125	9765	1	3600	1.1357
2.3886	8598.5	0.8806	3169.98	1

附表 7-15 热导率

kcal/(m·h·℃)	kcal/(m·s·℃)	Btu/(ft·h·℉)	Btu/(ft·s·℉)
3600	1	2419	0.67196
5357.65	1.48819	3600	1

附表 7-16 动力黏度

P(g/cm·s)	cP(g/m·s)	kg/(m·s)	lb/ft·s	dyn·s/cm^2	kg·s/cm^2	lb·s/ft^2	lb·s/in^2
0.01	1	0.001	6.72×10^{-4}	0.01	1.02×10^{-4}	2.089×10^{-5}	1.45×10^{-7}
14.88	1488	1.488	1	14.88	0.1518	0.03108	2.158×10^{-4}

附表 7-17 运动黏度

St(cm^2/s)	cSt(cm^2/100s)	m^2/s	ft^2/s
0.01	1	10^{-6}	1.0764×10^{-5}
929.03	92903	0.092903	1

附表 7-18 传热系数

kcal/(m^2·h·℃)	kcal/(m^2·s·℃)	Btu/(ft^2·h·℉)	Btu/(ft^2·s·℉)
1	2.7778×10^{-4}	0.20481	5.6891×10^{-5}
3600	1	737.308	2.0481×10^{-2}
4.8825	0.0013563	1	2.7778×10^{-4}
17577	4.8825	3600	1

注：W=(m^2·K)=0.859845 kcal/(m^2·h·℃)=0.1776110 Btu/(ft^2·h·℉)。

附表 7-19 表面张力

dyn/cm	g/cm	kg/m	lb/ft
1	0.00102	1.02×10^{-4}	6.854×10^{-5}
980.7	1	0.1	0.0672
9807	10	1	0.672
14952	14.88	1.488	1

附表 7-20 扩散系数

cm^2/s	m^2/h	ft^2/h	in^2/s
1	0.360	3.875	0.1550
2.778	1	10.76	0.4306
0.2581	0.0929	1	0.040
6.425	2.323	25	1

附表 7-21 比体积

m^3/kg	L/kg	ft^3/lb
1	999.97	16.0185
1.00003×10^{-3}	1	0.016019
6.2428×10^{-2}	62.4262	1

附表 7-22 温度换算表

通用公式：$℉=(℃\times\frac{9}{5})+32$；$℃=(℉-32)\times\frac{5}{9}$；$°R=℉+459.67$；$K=℃+273.15$

℉	←℃ ℉→	℃	℉	←℃ ℉→	℃	℉	←℃ ℉→	℃	℉	←℃ ℉→	℃
	-458	-272.22	21.2	-6	-21.11	93.2	34	1.11	165.2	74	23.33
	-456	-271.11	23.0	-5	-20.56	95.0	35	1.67	167.0	75	23.89
	-454	-270.00	24.8	-4	-20.00	96.8	36	2.22	168.8	76	24.44
	-452	-268.89	26.6	-3	-19.44	98.6	37	2.78	170.6	77	25.00
	-450	-267.78	28.4	-2	-18.89	100.4	38	3.33	172.4	78	25.56
	-400	-240.00	30.2	-1	-18.33	102.2	39	3.89	174.2	79	26.11
	-350	-212.22	32.0	0	-17.78	104.0	40	4.44	176.0	80	26.67
	-300	-184.44	33.8	1	-17.22	105.8	41	5.00	177.8	81	27.22
-418.0	-250	-156.67	35.6	2	-16.67	107.6	42	5.56	179.6	82	27.78
-373.0	-225	-142.78	37.4	3	-16.11	109.4	43	6.11	181.4	83	28.33
-328.0	-200	-128.89	39.2	4	-15.56	111.2	44	6.67	183.2	84	28.89
-292.0	-180	-117.78	41.0	5	-15.00	113.0	45	7.22	185.0	85	29.44
-256.0	-160	-106.67	42.8	6	-14.44	114.8	46	7.78	186.8	86	30.00
-220.0	-140	-95.56	44.6	7	-13.89	116.6	47	8.33	188.6	87	30.56
-184.0	-120	-84.44	46.4	8	-13.33	118.4	48	8.89	190.4	88	31.11
-166.0	-110	-78.89	48.2	9	-12.78	120.2	49	9.44	192.2	89	31.67
-148.0	-100	-73.33	50.0	10	-12.22	122.0	50	10.00	194.0	90	32.22
-130.0	-90	-67.78	51.8	11	-11.67	123.8	51	10.56	195.8	91	32.78
-112.0	-80	-62.22	53.6	12	-11.11	125.6	52	11.11	197.6	92	33.33
-94.0	-70	-56.67	55.4	13	-10.56	127.4	53	11.67	199.4	93	33.89
-76.0	-60	-51.11	57.2	14	-10.00	129.2	54	12.22	201.2	94	34.44
-58.0	-50	-45.56	59.0	15	-9.44	131.0	55	12.78	203.0	95	35.00
-40.0	-40	-40.00	60.8	16	-8.89	132.8	56	13.33	204.8	96	35.56
-36.4	-38	-38.89	62.6	17	-8.33	134.6	57	13.89	206.6	97	36.11
-32.8	-36	-37.78	64.6	18	-7.78	136.4	58	14.44	208.4	98	36.67
-29.2	-34	-36.67	66.2	19	-7.22	138.2	59	15.00	210.2	99	37.22
-25.6	-32	-35.56	68.0	20	-6.67	140.0	60	15.56	212.0	100	37.78
-22.0	-30	-34.44	69.8	21	-6.11	141.8	61	16.11	213.8	101	38.33
-18.4	-28	-33.33	71.6	22	-5.56	143.6	62	16.67	215.6	102	38.89
-14.8	-26	-32.22	73.4	23	-5.00	145.4	63	17.22	217.4	103	39.44
-11.2	-24	-31.11	75.2	24	-4.44	147.2	64	17.78	219.2	104	40.00
-7.6	-22	-30.00	77.0	25	-3.89	149.0	65	18.33	221.0	105	40.56
-4.0	-20	-28.89	78.8	26	-3.33	150.8	66	18.89	222.8	106	41.11
-0.4	-18	-27.78	80.6	27	-2.78	152.6	67	19.44	224.6	107	41.67
3.2	-16	-26.67	82.4	28	-2.22	154.4	68	20.00	226.4	108	42.22
6.8	-14	-25.56	84.2	29	-1.67	156.2	69	20.56	228.2	109	42.78
10.4	-12	-24.44	86.0	30	-1.11	158.0	70	21.11	230.0	110	43.33
14.0	-10	-23.33	87.8	31	-0.56	159.8	71	21.67	231.8	111	43.89
17.6	-8	-22.22	89.6	32	0	161.6	72	22.22	233.6	112	44.44
19.4	-7	-21.67	91.4	33	0.56	163.4	73	22.78	235.4	113	45.00

续表

℉	←℃ ℉→	℃	℉	←℃ ℉→	℃	℉	←℃ ℉→	℃	℉	←℃ ℉→	℃
237.2	114	45.56	309.2	154	67.78	381.2	194	90.00	478.4	248	120.00
239.0	115	46.11	311.0	155	68.33	383.0	195	90.56	482.0	250	121.11
240.8	116	46.67	312.8	156	68.89	384.8	196	91.11	485.6	252	122.22
242.6	117	47.22	314.6	157	69.44	386.6	197	91.67	489.2	254	123.33
244.4	118	47.78	316.4	158	70.00	388.4	198	92.22	492.8	256	124.44
246.2	119	48.33	318.2	159	70.56	390.2	199	92.78	496.4	258	125.56
248.0	120	48.89	320.0	160	71.11	392.0	200	93.33	500.0	260	126.67
249.8	121	49.44	321.8	161	71.67	393.8	201	93.89	503.6	262	127.78
251.6	122	50.00	323.6	162	72.22	395.6	202	94.44	507.2	264	128.89
253.4	123	50.56	325.4	163	72.78	397.4	203	95.00	510.8	266	130.00
255.2	124	51.11	327.2	164	73.33	399.2	204	95.56	514.4	268	131.11
257.0	125	51.67	392.0	165	73.89	401.0	205	96.11	518.0	270	132.22
258.8	126	52.22	330.8	166	74.44	402.8	206	96.67	521.6	272	133.33
260.6	127	52.78	332.6	167	75.00	404.6	207	97.22	525.2	274	134.44
262.4	128	53.33	334.4	168	75.56	406.4	208	97.78	528.8	276	135.56
264.2	129	53.89	336.2	169	76.11	408.2	209	98.33	532.4	278	136.67
266.0	130	54.44	338.0	170	76.67	410.0	210	98.89	536.0	280	137.78
267.8	131	55.00	339.8	171	77.22	411.8	211	99.44	539.6	282	138.89
269.6	132	55.56	341.6	172	77.78	413.6	212	100.00	543.2	284	140.00
271.4	133	56.11	343.4	173	78.33	415.4	213	100.56	546.8	286	141.11
273.2	134	56.67	345.2	174	78.89	417.2	214	101.11	550.4	288	142.22
275.0	135	57.22	347.0	175	79.44	419.0	215	101.67	554.0	290	143.33
276.8	136	57.78	348.8	176	80.00	420.8	216	102.22	557.6	292	144.44
278.6	137	58.33	350.6	177	80.56	422.6	217	102.78	561.2	294	145.56
280.4	138	58.89	352.4	178	81.11	424.4	218	103.33	564.8	296	146.67
282.2	139	59.44	354.2	179	81.67	426.2	219	103.89	568.4	298	147.78
284.0	140	60.00	356.0	180	82.22	428.0	220	104.44	572.0	300	148.89
285.8	141	60.56	357.8	181	82.78	431.6	222	105.56	575.6	302	150.00
287.6	142	61.11	359.6	182	83.33	435.2	224	106.67	579.2	304	151.11
289.4	143	61.67	361.4	183	83.89	438.8	226	107.78	582.8	306	152.22
291.2	144	62.22	363.2	184	84.44	442.4	228	108.89	586.4	308	153.33
293.0	145	62.78	365.0	185	85.00	446.0	230	110.00	590.0	310	154.44
294.8	146	63.33	366.8	186	85.56	449.6	232	111.11	593.6	312	155.56
296.6	147	63.89	368.6	187	86.11	453.2	234	112.22	597.2	314	156.67
298.4	148	64.44	370.4	188	86.67	456.8	236	113.33	600.8	316	157.78
300.2	149	65.00	372.2	189	87.22	460.4	238	114.44	604.4	318	158.89
302.0	150	65.56	374.0	190	87.78	464.0	240	115.56	608.0	320	160.00
303.8	151	66.11	375.8	191	88.33	467.6	242	116.67	611.6	322	161.11
305.6	152	66.67	377.6	192	88.89	471.2	244	117.78	615.2	324	162.22
307.4	153	67.22	379.4	193	89.44	474.8	246	118.89	618.8	326	163.33

续表

℉	←℃ ℉→	℃	℉	←℃ ℉→	℃	℉	←℃ ℉→	℃	℉	←℃ ℉→	℃
622. 4	328	164. 44	780. 8	416	213. 33	1068. 8	576	302. 22	1356. 8	736	391. 11
626. 0	330	165. 56	788. 0	420	215. 56	1076. 0	580	304. 44	1364. 0	740	393. 33
629. 6	332	166. 67	795. 2	424	217. 78	1083. 2	584	306. 67	1371. 2	744	395. 56
633. 2	334	167. 78	802. 4	428	220. 00	1090. 4	588	308. 89	1378. 4	748	397. 78
636. 8	336	168. 89	809. 6	432	222. 22	1097. 6	592	311. 11	1385. 6	752	400. 00
640. 4	338	170. 00	816. 8	436	224. 44	1104. 8	596	313. 33	1392. 8	756	402. 22
644. 0	340	171. 11	824. 0	440	226. 67	1112. 0	600	315. 56	1400. 0	760	404. 44
647. 6	342	172. 22	931. 2	444	228. 89	1119. 2	604	317. 78	1407. 2	764	406. 67
651. 2	344	173. 33	838. 4	448	231. 11	1126. 4	608	320. 00	1414. 4	768	408. 89
654. 8	346	174. 44	845. 6	452	233. 33	1133. 6	612	322. 22	1421. 6	772	411. 11
658. 4	348	175. 56	852. 8	456	235. 56	1140. 8	616	324. 44	1428. 8	776	413. 33
662. 0	350	176. 67	860. 0	460	237. 78	1148. 0	620	326. 67	1436. 0	780	415. 56
665. 6	352	177. 78	867. 2	464	240. 00	1155. 0	624	328. 89	1443. 2	784	417. 78
669. 2	354	178. 89	874. 4	468	242. 22	1162. 4	628	331. 11	1450. 4	788	420. 00
672. 8	356	180. 00	881. 6	472	244. 44	1169. 6	632	333. 33	1457. 6	792	422. 22
676. 4	358	181. 11	888. 8	476	246. 67	1176. 8	636	335. 56	1464. 8	796	424. 44
680. 0	360	182. 22	896. 0	480	248. 89	1184. 0	640	337. 78	1472. 0	800	426. 67
683. 6	362	183. 33	903. 2	484	251. 11	1191. 2	644	340. 00	1479. 2	804	428. 89
687. 2	364	184. 44	910. 4	488	253. 33	1198. 4	648	342. 22	1486. 4	808	431. 11
690. 8	366	185. 56	917. 6	492	255. 56	1205. 6	652	344. 44	1493. 6	812	433. 33
694. 4	368	186. 67	924. 8	496	257. 78	1212. 8	656	346. 67	1500. 8	816	435. 56
698. 0	370	187. 78	932. 0	500	260. 00	1220. 0	660	348. 89	1508. 0	820	437. 78
701. 6	372	188. 89	939. 2	504	262. 22	1227. 2	664	351. 11	1515. 2	824	440. 00
705. 2	374	190. 00	946. 4	508	264. 44	1234. 4	668	353. 33	1522. 4	828	442. 22
708. 8	376	191. 11	953. 6	512	266. 67	1241. 6	672	355. 56	1529. 6	832	444. 44
712. 4	378	192. 22	960. 8	516	268. 89	1248. 8	676	357. 78	1536. 8	836	446. 67
716. 0	380	193. 33	968. 0	520	271. 11	1256. 0	680	360. 00	1544. 0	840	448. 89
719. 6	382	194. 44	975. 2	524	273. 33	1263. 2	684	362. 22	1551. 2	844	451. 11
723. 2	384	195. 56	982. 4	528	275. 56	1270. 4	688	364. 44	1558. 4	848	453. 33
726. 8	386	196. 67	989. 6	532	277. 78	1277. 6	692	366. 67	1565. 6	852	455. 56
730. 4	388	197. 78	996. 8	536	280. 00	1284. 8	696	368. 89	1572. 8	856	457. 78
734. 0	390	198. 89	1004. 0	540	282. 22	1292. 0	700	371. 11	1580. 0	860	460. 00
737. 6	392	200. 00	1011. 2	544	284. 44	1299. 2	704	373. 33	1587. 2	864	462. 22
741. 2	394	201. 11	1018. 4	548	286. 67	1306. 4	708	375. 56	1594. 4	868	464. 44
744. 8	396	202. 22	1025. 6	552	288. 89	1313. 6	712	377. 78	1601. 6	872	466. 67
748. 4	398	203. 33	1032. 8	556	291. 11	1320. 8	716	380. 00	1608. 8	876	468. 89
752. 0	400	204. 44	1040. 0	560	293. 33	1328. 0	720	382. 22	1616. 0	880	471. 11
759. 2	404	206. 67	1047. 2	564	295. 56	1335. 2	724	384. 44	1623. 2	884	473. 33
766. 4	408	208. 89	1054. 4	568	297. 78	1342. 4	728	386. 67	1630. 4	888	475. 56
773. 6	412	211. 11	1061. 6	572	300. 00	1349. 6	732	388. 89	1637. 6	892	477. 78

续表

℉	←℃ ℉→	℃	℉	←℃ ℉→	℃	℉	←℃ ℉→	℃	℉	←℃ ℉→	℃
1644. 8	896	480. 00	1904. 0	1040	560. 00	2444. 0	1340	726. 67	3272. 0	1800	982. 22
1652. 0	900	482. 22	1922. 0	1050	565. 56	2462. 0	1350	732. 22	3362. 0	1850	1010. 0
1659. 2	904	484. 44	1940. 0	1060	571. 11	2480. 0	1360	737. 78	3452. 0	1900	1037. 8
1666. 4	908	486. 67	1958. 0	1070	576. 67	2498. 0	1370	743. 33	3542. 0	1950	1065. 6
1673. 6	912	488. 89	1976. 0	1080	582. 22	2516. 0	1380	748. 89	3632. 0	2000	1093. 3
1680. 8	916	491. 11	1994. 0	1090	587. 78	2534. 0	1390	754. 44	3722. 0	2050	1121. 1
1688. 0	920	493. 33	2012. 0	1100	593. 33	2552. 0	1400	760. 00	3812. 0	2100	1148. 9
1695. 2	924	495. 56	2030. 0	1110	598. 89	2570. 0	1410	765. 56	3902. 0	2150	1176. 7
1702. 4	928	497. 78	2048. 0	1120	604. 44	2588. 0	1420	771. 11	3992. 0	2200	1204. 4
1709. 6	932	500. 00	2066. 0	1130	610. 00	2606. 0	1430	776. 67	4082. 0	2250	1232. 2
1716. 8	936	502. 22	2084. 0	1140	615. 56	2624. 0	1440	782. 22	4172. 0	2300	1260. 0
1724. 0	940	504. 44	2102. 0	1150	621. 11	2642. 0	1450	787. 78	4262. 0	2350	1287. 8
1731. 2	944	506. 67	2120. 0	1160	626. 67	2660. 0	1460	793. 33	4352. 0	2400	1315. 6
1738. 4	948	508. 89	2138. 0	1170	632. 22	2678. 0	1470	798. 89	4442. 0	2450	1343. 3
1745. 6	952	511. 11	2156. 0	1180	637. 78	2696. 0	1480	804. 44	4532. 0	2500	1371. 1
1752. 8	956	513. 33	2174. 0	1190	643. 33	2714. 0	1490	810. 00	4622. 0	2550	1398. 9
1760. 0	960	515. 56	2192. 0	1200	648. 89	2732. 0	1500	815. 56	4712. 0	2600	1426. 7
1767. 2	964	517. 78	2210. 0	1210	654. 44	2768. 0	1520	826. 67	4802. 0	2650	1454. 4
1774. 4	968	520. 00	2228. 0	1220	660. 00	2804. 0	1540	837. 78	4892. 0	2700	1482. 2
1781. 6	972	522. 22	2246. 0	1230	665. 56	2840. 0	1560	848. 89	4982. 0	2750	1510. 0
1788. 8	976	524. 44	2264. 0	1240	671. 11	2876. 0	1580	860. 00	5072. 0	2800	1537. 8
1796. 0	980	526. 67	2282. 0	1250	676. 67	2912. 0	1600	871. 11	5162. 0	2850	1565. 6
1803. 2	984	528. 89	2300. 0	1260	682. 22	2948. 0	1620	882. 22	5252. 0	2900	1593. 3
1810. 4	988	531. 11	2318. 0	1270	687. 78	2984. 0	1640	893. 33	5342. 0	2950	1621. 1
1817. 6	992	533. 33	2336. 0	1280	693. 33	3020. 0	1660	904. 44	5432. 0	3000	1648. 9
1824. 8	996	535. 56	2354. 0	1290	698. 89	3056. 0	1680	915. 56	5522. 0	3050	1676. 7
1832. 0	1000	537. 78	2372. 0	1300	704. 44	3092. 0	1700	926. 67	5612. 0	3100	1704. 4
1850. 0	1010	543. 33	2390. 0	1310	710. 00	3128. 0	1720	937. 78			
1868. 0	1020	548. 89	2408. 0	1320	715. 56	3164. 0	1740	948. 89			
1886. 0	1030	554. 44	2426. 0	1330	721. 11	3200. 0	1760	960. 00			

附表 7-23 比重指数(°API)与相对密度换算表

$$比重指数(°API)=\frac{141.5}{d_{15.6}^{15.6}}-131.5$$

比重指数(°API)	1/10比重指数									
	0	1	2	3	4	5	6	7	8	9
0	1.0760	1.0752	1.0744	1.0736	1.0728	1.0720	1.0712	1.0703	1.0695	1.0687
1	1.0679	1.0671	1.0663	1.0655	1.0647	1.0639	1.0631	1.0623	1.0615	1.0607
2	1.0599	1.0591	1.0583	1.0575	1.0568	1.0560	1.0552	1.0544	1.0536	1.0528
3	1.0520	1.0513	1.0505	1.0497	1.0489	1.0481	1.0474	1.0466	1.0458	1.0451
4	1.0443	1.0435	1.0427	1.0420	1.0412	1.0404	1.0397	1.0389	1.0382	1.0374
5	1.0366	1.0359	1.0351	1.0344	1.0336	1.0328	1.0321	1.0313	1.0306	1.0298
6	1.0291	1.0283	1.0276	1.0269	1.0261	1.0254	1.0246	1.0239	1.0231	1.0224
7	1.0217	1.0209	1.0202	1.0195	1.0187	1.0180	1.0173	1.0165	1.0158	1.0151
8	1.0143	1.0136	1.0129	1.0122	1.0114	1.0107	1.0100	1.0093	1.0086	1.0078
9	1.0071	1.0064	1.0057	1.0050	1.0043	1.0035	1.0028	1.0021	1.0014	1.0007
10	1.0000	0.9993	0.9986	0.9979	0.9972	0.9965	0.9958	0.9951	0.9944	0.9937
11	0.9930	0.9923	0.9916	0.9909	0.9902	0.9895	0.9888	0.9881	0.9874	0.9868
12	0.9861	0.9854	0.9847	0.9840	0.9833	0.9826	0.9820	0.9813	0.9806	0.9799
13	0.9792	0.9786	0.9779	0.9772	0.9765	0.9759	0.9752	0.9745	0.9738	0.9732
14	0.9725	0.9718	0.9712	0.9705	0.9698	0.9692	0.9685	0.9679	0.9672	0.9665
15	0.9659	0.9652	0.9646	0.9639	0.9632	0.9626	0.9619	0.9613	0.9606	0.9600
16	0.9593	0.9587	0.9580	0.9574	0.9567	0.9561	0.9554	0.9548	0.9541	0.9535
17	0.9529	0.9522	0.9516	0.9509	0.9503	0.9497	0.9490	0.9484	0.9478	0.9471
18	0.9465	0.9459	0.9452	0.9446	0.9440	0.9433	0.9427	0.9421	0.9415	0.9408
19	0.9402	0.9396	0.9390	0.9383	0.9377	0.9371	0.9365	0.9358	0.9352	0.9346
20	0.9340	0.9334	0.9328	0.9321	0.9315	0.9309	0.9303	0.9297	0.9291	0.9285
21	0.9279	0.9273	0.9267	0.9260	0.9254	0.9248	0.9242	0.9236	0.9230	0.9224
22	0.9218	0.9212	0.9206	0.9200	0.9194	0.9188	0.9182	0.9176	0.9170	0.9165
23	0.9159	0.9153	0.9147	0.9141	0.9135	0.9129	0.9123	0.9117	0.9111	0.9106
24	0.9100	0.9094	0.9088	0.9082	0.9076	0.9071	0.9065	0.9059	0.9053	0.9047
25	0.9042	0.9036	0.9030	0.9024	0.9018	0.9013	0.9007	0.9001	0.8996	0.8990
26	0.8984	0.8978	0.8973	0.8967	0.8961	0.8956	0.8950	0.8944	0.8939	0.8933
27	0.8972	0.8922	0.8916	0.8911	0.8905	0.8899	0.8894	0.8888	0.8883	0.8877
28	0.8871	0.8866	0.8860	0.8855	0.8849	0.8844	0.8838	0.8833	0.8827	0.8822
29	0.8816	0.8811	0.8805	0.8800	0.8794	0.8789	0.8783	0.8778	0.8772	0.8767
30	0.8762	0.8756	0.8751	0.8745	0.8740	0.8735	0.8729	0.8724	0.8718	0.8713
31	0.8708	0.8702	0.8697	0.8692	0.8686	0.8681	0.8676	0.8670	0.8665	0.8660
32	0.8654	0.8649	0.8644	0.8639	0.8633	0.8628	0.8623	0.8618	0.8612	0.8607
33	0.8602	0.8597	0.8591	0.8586	0.8581	0.8576	0.8571	0.8565	0.8560	0.8555
34	0.8550	0.8545	0.8540	0.8534	0.8529	0.8524	0.8519	0.8514	0.8509	0.8504
35	0.8498	0.8493	0.8488	0.8483	0.8478	0.8473	0.8468	0.8463	0.8458	0.8453
36	0.8448	0.8443	0.8438	0.8433	0.8428	0.8423	0.8418	0.8413	0.8408	0.8403
37	0.8398	0.8393	0.8388	0.8383	0.8378	0.8373	0.8368	0.8363	0.8358	0.8353
38	0.8348	0.8343	0.8338	0.8333	0.8328	0.8324	0.8319	0.8314	0.8309	0.8304
39	0.8299	0.8294	0.8289	0.8285	0.8280	0.8275	0.8270	0.8265	0.8260	0.8256
40	0.8251	0.8246	0.8241	0.8236	0.8232	0.8227	0.8222	0.8217	0.8212	0.8208

续表

比重指数(°API)	1/10比 重 指 数									
	0	1	2	3	4	5	6	7	8	9
41	0. 8203	0. 8198	0. 8193	0. 8189	0. 8184	0. 8179	0. 8174	0. 8170	0. 8165	0. 8160
42	0. 8155	0. 8151	0. 8146	0. 8142	0. 8137	0. 8132	0. 8128	0. 8123	0. 8118	0. 8114
43	0. 8109	0. 8104	0. 8100	0. 8095	0. 8090	0. 8086	0. 8081	0. 8076	0. 8072	0. 8067
44	0. 8063	0. 8058	0. 8054	0. 8049	0. 8044	0. 8040	0. 8035	0. 8031	0. 8026	0. 8022
45	0. 8017	0. 8012	0. 8008	0. 8003	0. 7999	0. 7994	0. 7990	0. 7985	0. 7981	0. 7976
46	0. 7972	0. 7967	0. 7963	0. 7958	0. 7954	0. 7949	0. 7945	0. 7941	0. 7936	0. 7932
47	0. 7927	0. 7923	0. 7918	0. 7914	0. 7909	0. 7905	0. 7901	0. 7896	0. 7892	0. 7887
48	0. 7883	0. 7879	0. 7874	0. 7870	0. 7865	0. 7861	0. 7857	0. 7852	0. 7848	0. 7844
49	0. 7839	0. 7835	0. 7831	0. 7826	0. 7822	0. 7818	0. 7813	0. 7809	0. 7805	0. 7800
50	0. 7796	0. 7792	0. 7788	0. 7783	0. 7779	0. 7775	0. 7770	0. 7766	0. 7762	0. 7758
51	0. 7753	0. 7749	0. 7745	0. 7741	0. 7736	0. 7732	0. 7728	0. 7724	0. 7720	0. 7715
52	0. 7711	0. 7707	0. 7703	0. 7699	0. 7694	0. 7690	0. 7686	0. 7682	0. 7678	0. 7674
53	0. 7669	0. 7665	0. 7661	0. 7657	0. 7653	0. 7649	0. 7645	0. 7640	0. 7636	0. 7632
54	0. 7628	0. 7624	0. 7620	0. 7616	0. 7612	0. 7608	0. 7603	0. 7599	0. 7595	0. 7591
55	0. 7587	0. 7588	0. 7579	0. 7575	0. 7571	0. 7567	0. 7563	0. 7559	0. 7555	0. 7551
56	0. 7547	0. 7543	0. 7539	0. 7535	0. 7531	0. 7527	0. 7523	0. 7519	0. 7515	0. 7511
57	0. 7507	0. 7503	0. 7499	0. 7495	0. 7491	0. 7487	0. 7483	0. 7479	0. 7475	0. 7471
58	0. 7467	0. 7463	0. 7459	0. 7455	0. 7451	0. 7447	0. 7443	0. 7440	0. 7436	0. 7432
59	0. 7428	0. 7424	0. 7420	0. 7416	0. 7412	0. 7408	0. 7405	0. 7401	0. 7397	0. 7393
60	0. 7389	0. 7385	0. 7381	0. 7377	0. 7374	0. 7370	0. 7366	0. 7362	0. 7358	0. 7354
61	0. 7351	0. 7347	0. 7343	0. 7339	0. 7335	0. 7332	0. 7328	0. 7324	0. 7320	0. 7316
62	0. 7313	0. 7309	0. 7305	0. 7301	0. 7298	0. 7294	0. 7290	0. 7286	0. 7283	0. 7279
63	0. 7275	0. 7271	0. 7268	0. 7264	0. 7260	0. 7256	0. 7253	0. 7249	0. 7245	0. 7242
64	0. 7238	0. 7234	0. 7230	0. 7227	0. 7223	0. 7219	0. 7216	0. 7212	0. 7208	0. 7205
65	0. 7201	0. 7197	0. 7194	0. 7190	0. 7186	0. 7183	0. 7179	0. 7175	0. 7172	0. 7168
66	0. 7165	0. 7161	0. 7157	0. 7154	0. 7150	0. 7146	0. 7143	0. 7139	0. 7136	0. 7132
67	0. 7128	0. 7125	0. 7121	0. 7118	0. 7114	0. 7111	0. 7107	0. 7103	0. 7100	0. 7096
68	0. 7093	0. 7089	0. 7086	0. 7082	0. 7079	0. 7075	0. 7071	0. 7068	0. 7064	0. 7061
69	0. 7057	0. 7054	0. 7050	0. 7047	0. 7043	0. 7040	0. 7036	0. 7033	0. 7029	0. 7026
70	0. 7022	0. 7019	0. 7015	0. 7012	0. 7008	0. 7005	0. 7001	0. 6998	0. 6995	0. 6991
71	0. 6988	0. 6984	0. 6981	0. 6977	0. 6974	0. 6970	0. 6967	0. 6964	0. 6960	0. 6957
72	0. 6953	0. 6950	0. 6946	0. 6943	0. 6940	0. 6936	0. 6933	0. 6929	0. 6926	0. 6923
73	0. 6919	0. 6916	0. 6913	0. 6909	0. 6906	0. 6902	0. 6899	0. 6895	0. 6892	0. 6889
74	0. 6886	0. 6882	0. 6879	0. 6876	0. 6872	0. 6869	0. 6866	0. 6862	0. 6859	0. 6856
75	0. 6852	0. 6849	0. 6846	0. 6842	0. 6839	0. 6836	0. 6832	0. 6829	0. 6826	0. 6823
76	0. 6819	0. 6816	0. 6813	0. 6809	0. 6806	0. 6803	0. 6800	0. 6796	0. 6793	0. 6790
77	0. 6787	0. 6783	0. 6780	0. 6777	0. 6774	0. 6770	0. 6767	0. 6764	0. 6761	0. 6757
78	0. 6754	0. 6751	0. 6748	0. 6745	0. 6741	0. 6738	0. 6735	0. 6732	0. 6728	0. 6725
79	0. 6722	0. 6719	0. 6716	0. 6713	0. 6709	0. 6706	0. 6703	0. 6700	0. 6697	0. 6693
80	0. 6690	0. 6687	0. 6684	0. 6681	0. 6678	0. 6675	0. 6671	0. 6668	0. 6665	0. 6662

续表

比重指数(°API)	1/10比重指数									
	0	1	2	3	4	5	6	7	8	9
81	0.6659	0.6656	0.6653	0.6649	0.6646	0.6643	0.6640	0.6637	0.6634	0.6631
82	0.6628	0.6625	0.6621	0.6618	0.6615	0.6612	0.6609	0.6606	0.6603	0.6600
83	0.6597	0.6594	0.6591	0.6588	0.6584	0.6581	0.6578	0.6575	0.6572	0.6569
84	0.6566	0.6563	0.6560	0.6557	0.6554	0.6551	0.6548	0.6545	0.6542	0.6539
85	0.6536	0.6533	0.6530	0.6527	0.6524	0.6521	0.6518	0.6515	0.6512	0.6509
86	0.6506	0.6503	0.6500	0.6497	0.6494	0.6491	0.6488	0.6485	0.6482	0.6479
87	0.6476	0.6473	0.6470	0.6467	0.6464	0.6461	0.6458	0.6455	0.6452	0.6449
88	0.6446	0.6444	0.6441	0.6438	0.6435	0.6432	0.6429	0.6426	0.6423	0.6420
89	0.6417	0.6414	0.6411	0.6409	0.6406	0.6403	0.6400	0.6397	0.6394	0.6391
90	0.6388	0.6385	0.6382	0.6380	0.6377	0.6374	0.6371	0.6368	0.6365	0.6362
91	0.6360	0.6357	0.6354	0.6351	0.6348	0.6345	0.6342	0.6340	0.6337	0.6334
92	0.6331	0.6328	0.6325	0.6323	0.6320	0.6317	0.6314	0.6311	0.6309	0.6306
93	0.6303	0.6300	0.6297	0.6294	0.6292	0.6289	0.6286	0.6283	0.6281	0.6278
94	0.6275	0.6272	0.6269	0.6267	0.6264	0.6261	0.6258	0.6256	0.6253	0.6250
95	0.6247	0.6244	0.6242	0.6239	0.6236	0.6233	0.6231	0.6228	0.6225	0.6223
96	0.6220	0.6217	0.6214	0.6212	0.6209	0.6206	0.6203	0.6201	0.6198	0.6195
97	0.6193	0.6190	0.6187	0.6184	0.6182	0.6179	0.6176	0.6174	0.6171	0.6168
98	0.6166	0.6163	0.6160	0.6158	0.6155	0.6152	0.6150	0.6147	0.6144	0.6141
99	0.6139	0.6136	0.6134	0.6131	0.6128	0.6126	0.6123	0.6120	0.6118	0.6115
100	0.6112	0.6110	0.6107	0.6104	0.6102	0.6099	0.6097	0.6094	0.6091	0.6089
101	0.6086	0.6083	0.6081	0.6078	0.6076	0.6073	0.6070	0.6068	0.6065	0.6063
102	0.6060	0.6057	0.6055	0.6052	0.6050	0.6047	0.6044	0.6042	0.6039	0.6037
103	0.6034	0.6032	0.6029	0.6026	0.6024	0.6021	0.6019	0.6016	0.6014	0.6011
104	0.6008	0.6006	0.6003	0.6001	0.5998	0.5996	0.5993	0.5991	0.5988	0.5986
105	0.5983	0.5981	0.5978	0.5976	0.5973	0.5970	0.5968	0.5965	0.5963	0.5960
106	0.5958	0.5955	0.5953	0.5950	0.5948	0.5945	0.5943	0.5940	0.5938	0.5935
107	0.5933	0.5930	0.5928	0.5925	0.5923	0.5921	0.5918	0.5916	0.5913	0.5911
108	0.5908	0.5906	0.5903	0.5901	0.5898	0.5896	0.5893	0.5891	0.5888	0.5886
109	0.5884	0.5881	0.5879	0.5876	0.5874	0.5871	0.5869	0.5867	0.5864	0.5862
110	0.5859	0.5857	0.5854	0.5852	0.5850	0.5847	0.5845	0.5842	0.5840	0.5837

附表 7-24 各国或地区原油密度和吨、桶换算表

原油			密度(20℃)/(g/cm³)	桶/吨 bbl/t	吨/桶 t/bbl
中东	阿布扎比	穆尔班原油	0.8186	7.686	0.1301
	沙特阿拉伯	轻质原油	0.8314	7.564	0.1322
		中质原油	0.8661	7.262	0.1377
		重质原油	0.8835	7.117	0.1405
	伊朗	轻质原油	0.8520	7.380	0.1355
		重质原油	0.8670	7.257	0.1378
	伊拉克	基尔库克原油	0.8450	7.446	0.1343
	中立区	哈夫杰原油	0.8806	7.143	0.1400
	迪拜		0.8664	7.262	0.1377
	科威特	出口原油	0.8647	7.273	0.1375
	卡塔尔	海上原油	0.8442	7.452	0.1342
	阿曼	出口原油	0.8392	7.496	0.1334
	埃及	苏伊士湾混合原油	0.8621	7.294	0.1371
	叙利亚	苏丹尼原油	0.9009	6.983	0.1432
亚洲	印度尼西亚	米纳斯原油	0.8484	7.413	0.1349
		杜里原油	0.9237	6.807	0.1469
		贝卡派原油	0.8210	7.663	0.1305
		巴达原油	0.8147	7.722	0.1295
		阿塔卡原油	0.8100	7.764	0.1288
		阿朱纳原油	0.8447	7.446	0.1343
	马来西亚	达比士原油	0.8007	7.855	0.1273
	文莱	斯里亚轻质原油	0.8397	7.491	0.1335
	印度	孟买哈依原油	0.8239	7.634	0.1310
欧洲	英国	布伦特原油	0.8397	7.491	0.1335
	挪威	埃克弗斯克原油	0.8048	7.819	0.1279
	丹麦	丹尼原油	0.8701	7.231	0.1383
	前苏联	索维特出口原油	0.8586	7.326	0.1365
非洲	尼日利亚	博尼轻质原油	0.8372	7.513	0.1331
		博尼中质原油	0.8992	6.993	0.1430
	阿尔及利亚	扎尔宰丁原油	0.8066	7.800	0.1282
	利比亚	锡尔提加原油	0.8053	7.812	0.1280
		萨里尔原油	0.8292	7.587	0.1318
		锡德尔原油	0.8372	7.513	0.1331
北美	美国	阿拉斯加北坡原油	0.8923	7.047	0.1419
	加拿大	艾伯特海湾原油	0.8452	7.440	0.1344
		艾伯特冷湖原油	0.9000	6.988	0.1431
拉丁美洲	委内瑞拉	蒂亚，胡安娜轻质原油	0.8610	7.305	0.1369
	墨西哥	伊斯莫斯原油	0.8573	7.337	0.1363
	秘鲁	莱雷塔原油	0.8510	7.391	0.1353
	哥伦比亚	柯恩利蒙原油	0.8630	7.246	0.1380

附表 7-25　单位长度上荷重换算表

(1lb/ft = 1.488161kg/m)

lb/ft	0	1	2	3	4	5	6	7	8	9
0	—	1.488	2.976	4.464	5.953	7.441	8.929	10.417	11.905	13.393
10	14.882	16.370	17.858	19.346	20.834	22.322	23.811	25.299	26.787	28.275
20	29.763	31.251	32.740	34.228	35.716	37.204	38.692	40.180	44.669	43.157
30	44.645	46.133	47.621	49.109	50.597	52.086	53.574	55.062	56.550	58.038
40	59.526	61.015	62.503	63.991	65.479	66.967	68.455	69.944	71.432	72.920
50	74.408	75.896	77.384	78.873	80.361	81.349	83.337	84.825	86.313	87.802
60	89.290	90.778	92.266	93.754	95.242	86.730	98.219	99.707	101.195	102.683
70	104.171	105.659	107.148	108.636	110.124	111.612	113.100	114.588	116.077	117.565
80	119.053	120.541	122.029	123.517	125.006	126.494	127.982	129.470	130.958	132.446
90	133.934	135.423	136.911	138.399	139.887	141.375	142.863	144.352	145.840	147.328

附表 7-26　单位面积上荷重换算表

($1lbf/in^2 = 0.070307kgf/cm^2$)

lb/in^2	0	1	2	3	4	5	6	7	8	9
0	—	0.07031	0.14061	0.21092	0.28123	0.35153	0.42184	0.49215	0.56245	0.63276
10	0.70307	0.77337	0.84368	0.91399	0.98429	1.05460	1.12491	1.19521	1.26552	1.33583
20	1.40613	1.47644	1.55675	1.61705	1.68736	1.75767	1.82797	1.89828	1.96859	2.03889
30	2.10920	2.17951	2.24981	2.32012	2.39043	2.46073	2.53104	2.60135	2.67165	2.74196
40	2.81227	2.88257	2.95288	3.02319	3.09349	3.16380	3.23411	3.30441	3.37472	3.44503
50	3.51534	3.58564	3.65595	3.72626	3.79656	3.86687	3.93718	4.00748	4.07779	4.14810
60	4.21840	4.28871	4.35902	4.42932	4.49063	4.56994	4.64024	4.71055	4.78086	4.85116
70	4.92147	4.99178	5.06208	5.13239	5.20270	5.27300	5.34331	5.41362	5.48392	5.55423
80	5.62454	5.69484	5.76515	5.83546	5.90576	5.97607	6.04638	6.11668	6.18699	6.25730
90	6.32760	6.39791	6.46822	6.53852	6.60883	6.67914	6.74944	6.81975	6.89006	6.96036

附表 7－27　in 换算为 mm

in	0	1/16	1/8	3/16	1/4	5/16	3/8	7/16	1/2	9/16	5/8	11/16	3/4	13/16	7/8	15/16
0		1.6	3.2	4.8	6.3	7.9	9.5	11.1	12.7	14.3	15.9	17.5	19.0	20.6	22.2	23.8
1	25.4	27.0	28.6	30.2	31.7	33.3	34.9	36.5	38.1	39.7	41.3	42.9	44.4	46.0	47.6	49.2
2	50.8	52.4	54.0	55.6	57.1	58.7	60.3	61.9	63.5	65.1	66.7	68.3	69.8	71.4	73.0	74.6
3	76.2	77.8	79.4	81.0	82.5	84.1	85.7	87.3	88.9	90.5	92.1	93.7	95.2	96.8	98.4	100.0
4	101.6	103.2	104.8	106.4	108.9	109.5	111.1	112.7	114.3	115.9	117.5	119.1	120.6	122.2	123.8	125.4
5	127.0	128.6	130.2	131.8	133.3	134.9	136.5	138.1	139.7	141.3	142.9	144.5	146.0	147.6	149.2	150.8
6	152.4	154.0	155.6	157.2	158.8	160.3	161.9	163.5	165.1	166.7	168.3	169.9	171.5	173.0	174.6	176.2
7	177.8	179.4	181.0	182.6	184.2	185.7	187.3	188.9	190.5	192.1	193.7	195.3	196.9	198.4	200.0	201.6
8	203.2	204.8	206.4	208.0	209.6	211.1	212.7	214.3	215.9	217.5	219.1	220.7	222.3	223.9	225.4	227.0
9	228.6	230.2	231.8	233.4	235.0	236.5	238.1	239.7	241.3	242.9	244.5	246.1	247.7	249.2	250.8	252.4
10	254.0	255.6	257.2	258.8	260.4	261.9	263.5	265.1	266.7	268.3	269.9	271.5	273.1	274.6	276.2	277.8
11	279.4	281.0	282.6	284.2	285.8	287.3	288.9	290.5	292.1	293.7	295.3	296.9	298.5	300.0	301.6	303.2

附8　梁受静载荷的反力、弯矩、挠度和转角计算

下表各式中：

P——集中载荷，kgf；　I——截面惯性矩，cm^4；　M_w——弯矩，kgf · cm；

q——均布载荷，kgf/cm；　R_A、R_B——反力，kgf；　y——挠度，cm；

E——弹性模量，kgf/cm^2；　M_A、M_B——力矩，kgf · cm；　θ_A、θ_B——支点处转角。

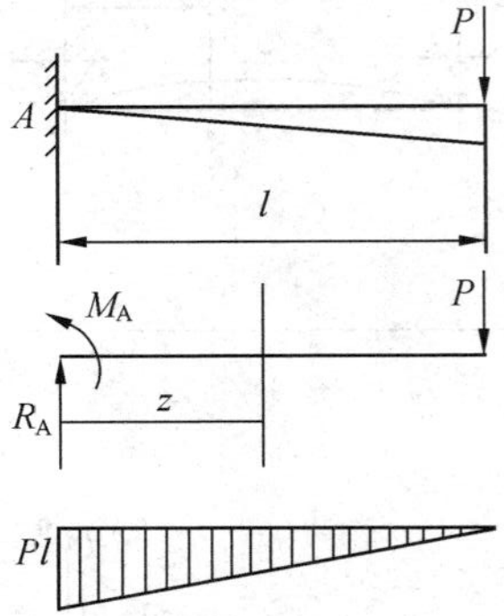	$R_A=P$ $M_A=Pl$ $M_W=P(z-l)$ $M_{W\max}=Pl$ $y=\frac{P}{2EI}(\frac{Z^3}{3}-lz^2)$ $y_{\max}=\frac{-Pl^3}{3EI}$（当 $z=l$） $\theta_A=0$ $\theta_B=\frac{-Pl^2}{2EI}$	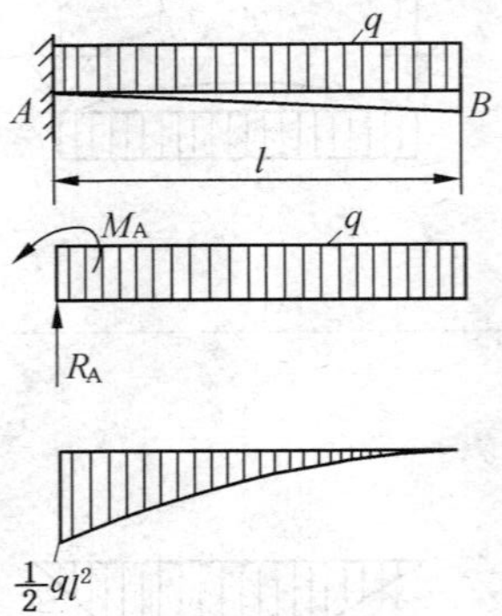	$R_A=ql$ $M_A=\frac{1}{2}ql^2$ $M_W=q\left(l-z\frac{l^2+z^2}{2}\right)$ $M_{W\max}=\frac{1}{2}ql^2$ $y=\frac{q}{12EI}\left(2lz^3-3l^2z^2-\frac{Z^4}{2}\right)$ $y_{\max}=-\frac{ql^4}{8EI}$（当 $z=l$ 时） $\theta_A=0$ $\theta_B=-\frac{ql^3}{6EI}$
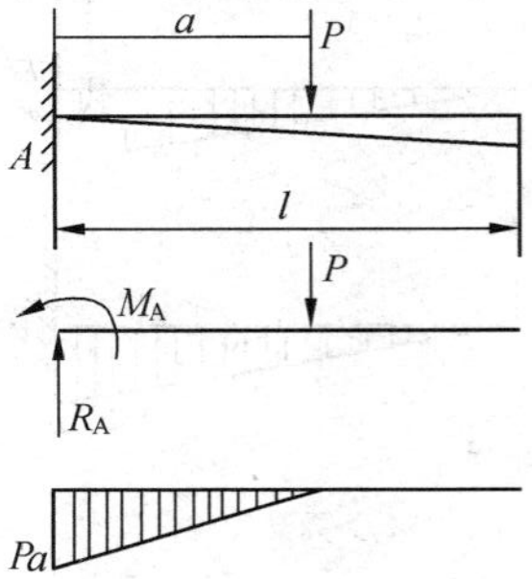	$R_A=P$ $M_A=Pa$ $M_W=P(z-a)$ $(0\leqslant z\leqslant a)$ $M=0(a\leqslant z\leqslant l)$ $M_{W\max}=Pa$ $y=P/2EI\left[\frac{z^3}{3}-az^2-\frac{(z-a)^3}{3}\right]$ $y_{\max}=(-Pa^3/6EI)(3l/a-l)$ （当 $z=l$ 时） $\theta_A=0$ $\theta_B=-\frac{Pa^2}{2EI}$	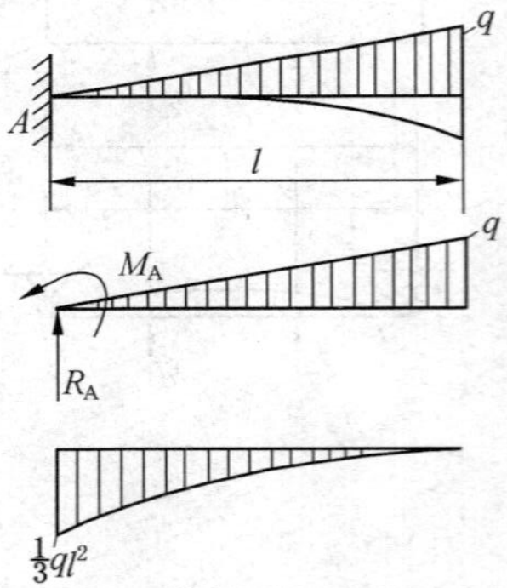	$R_A=\frac{1}{2}ql$ $M_A=\frac{1}{3}ql^2$ $M_W=ql^2(\frac{z}{2l}-\frac{1}{3}-\frac{z^3}{6l^3})$ $M_{W\max}=\frac{1}{3}ql^2$ $y=\frac{q}{12EI}\left(lz^3-2l^2z^2-\frac{z^5}{10l}\right)$ $y_{\max}=-11ql^4/120EI$ （当 $z=l$ 时） $\theta_A=0$ $\theta_B=-ql^3/8EI$

续表

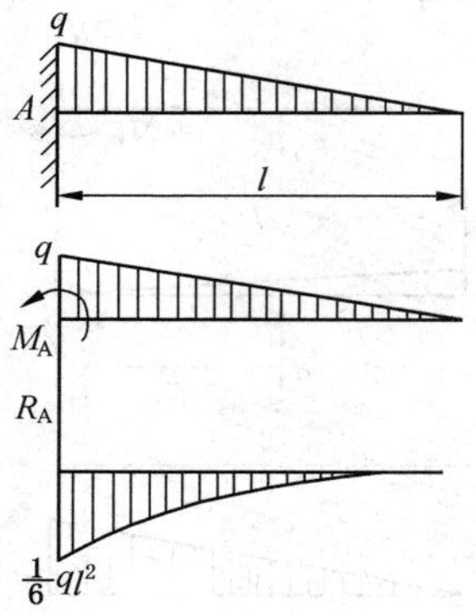	$R_A=\frac{1}{2}ql$ $M_A=\frac{1}{6}pl^2$ $M_W=\frac{ql^2}{2}\left(\frac{z}{l}-\frac{1}{3}-\frac{z^2}{l^2}+\frac{z^3}{3l^3}\right)$ $M_{W\max}=\frac{1}{6}ql^2$ $y=\frac{q}{24EI}\left(2lz^3-2l^2z^2-z^4+\frac{Z^5}{5l}\right)$ $y_{\max}=-ql^4/30EI$ （当 $z=l$ 时） $\theta_A=0$ $\theta_B=-ql^3/24EI$	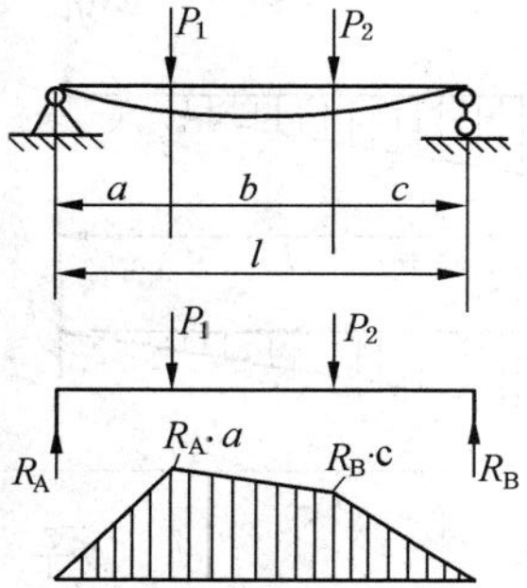	$R_A=P_1\frac{b+c}{l}+P_2\frac{c}{l}$ $R_B=P_1\frac{a}{l}+P_2\frac{a+b}{l}$ $M_W=R_Az\quad(0\leqslant z\leqslant a)$ $M_W=R_Az-P_1(z-a)$ $[a\leqslant z\leqslant(a+b)]$ $M_W=R_B(l-z)$ $[(a+b)\leqslant z\leqslant l]$ $y=\frac{1}{6EI}[R_Az^3-P_1(z-a)^3-P_2(z-a-$ $b)^3+P_1(l-a)^3\frac{z}{l}+P_2\frac{c^3}{l}z-R_Al^2z]$ $\theta_A=\frac{1}{EI}\left[P_1\frac{(l-a)^3}{6l}+P_2\frac{c^3}{6l}-R_A\frac{l^2}{6}\right]$
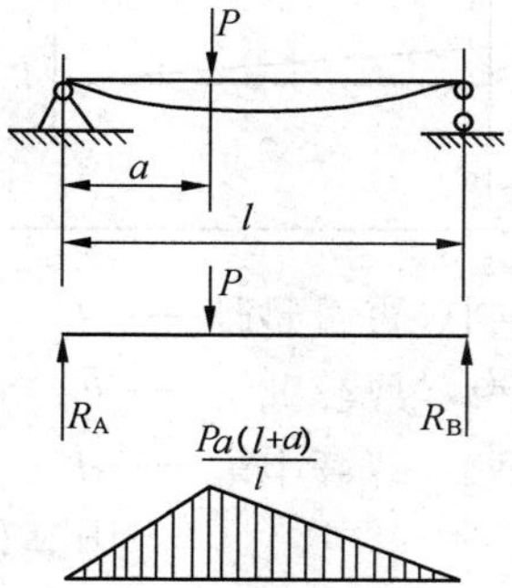	$R_A=P(l-a)/l$ $R_B=Pa/l$ $M_W=P(l-a)\frac{z}{l}$ $(0\leqslant z\leqslant a)$ $M_W=P(l-a)\frac{z}{l}-P(z-a)$ $(a\leqslant z\leqslant l)$ $M_{W\max}=P(l-a)\frac{a}{l}$ $y=\frac{P}{6EI}\left[\frac{(l-a)z^3}{l}-(z-a)^3+\frac{(l-a)^3z}{l}-(l-a)lz\right]$ $\theta_A=-\frac{Pl^3}{6EI}\left[\frac{l-a}{l}-\left(\frac{l-a}{l}\right)^3\right]$ $\theta_B=P(l^2-a^2)a/6EIl$	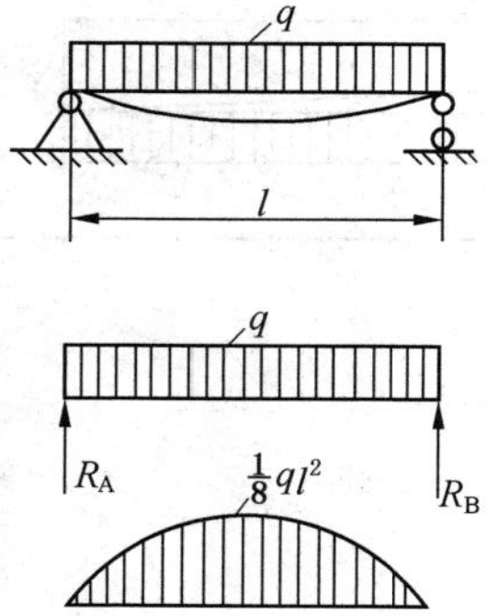	$R_A=R_B=\frac{1}{2}ql$ $M_W=\frac{1}{2}qz(l-z)$ $M_{W\max}=\frac{1}{8}ql^2$ $y=\frac{q}{24EI}[2lz^3-z^4-l^3Z]$ $y_{\max}=-\frac{5ql^4}{384EI}\left(当\ z=\frac{l}{2}\right)$ $\theta_A=-\frac{ql^3}{24EI}$ $\theta_B=\frac{ql^3}{24EI}$

续表

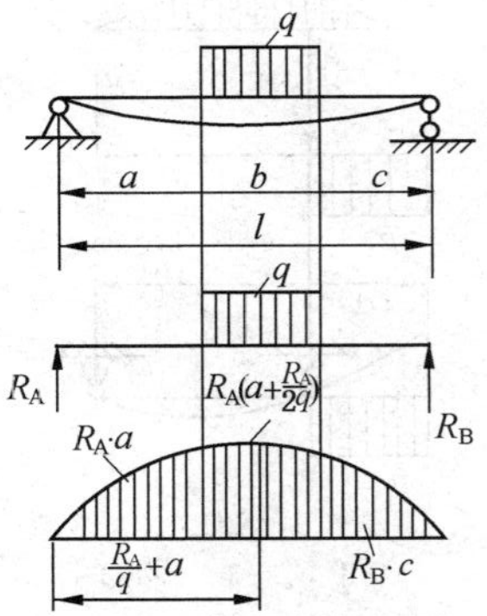	$R_A = qb/l(\frac{b}{2}+c)$ $R_B = qb/l(\frac{b}{2}+a)$ $M_W = R_A z \quad (0 \leqslant z \leqslant a)$ $M_W = R_A z - \frac{1}{2}q(z-a)^2 \quad [a \leqslant z \leqslant (a+b)]$ $M_W = R_B(l-z) \quad [(a+b) \leqslant z \leqslant l]$ $M_{W\max} = R_A(a+R_A/2q)$ $y = \frac{1}{24EI}[4R_A Z^3 - q(z-a)^4 + q(z-a-b)^4 + q(l-a)\frac{4z}{l} - 4R_A l^2 z - qc^4 \frac{z}{l}]$ $\theta_A = \frac{1}{24EI}\left[-4R_A l^2 + q\frac{(l-a)^4}{l} - q\frac{c^4}{l}\right]$	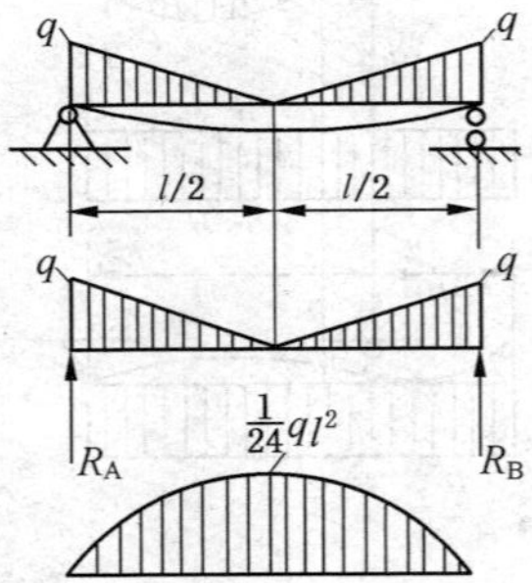	$R_A = R_B = \frac{1}{4}ql$ $M_W = \frac{1}{4}qlz - \frac{1}{2}qz^2 + \frac{qz^3}{3l}$ $(0 \leqslant z \leqslant \frac{1}{2})$ $M_W = q\left[\frac{l-z}{4} - \frac{(l-z)^2}{2} + \frac{(l-z)^3}{3l}\right]$ $(\frac{l}{2} \leqslant z \leqslant l)$ $M_{W\max} = \frac{1}{24}ql^2$ $y = \frac{q}{24EI}\left[lz^3 - z^4 + \frac{2z^5}{5l} - \frac{3}{8}l^3 z\right]$ $(0 \leqslant z \leqslant \frac{l}{2})$ $y_{\max} = -0.0047\frac{ql^4}{EI}$ （当 $z = \frac{l}{2}$ 时） $\theta_A = -\theta_B = -ql^3/64EI$
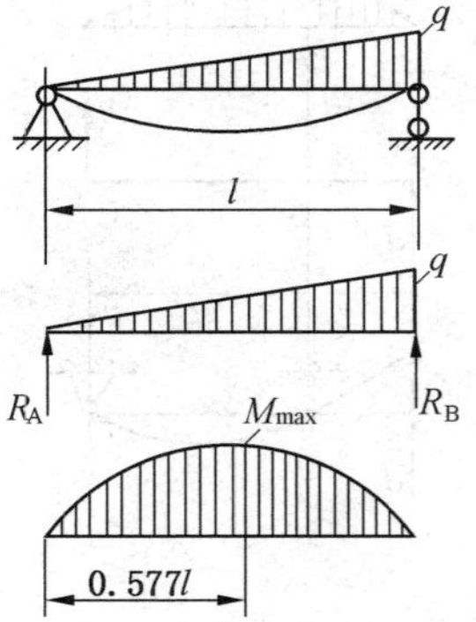	$R_A = \frac{1}{6}ql$ $R_B = \frac{1}{3}ql$ $M_W = \frac{qlz}{b}\left(1 - \frac{z^2}{l^2}\right)$ $M_{W\max} = ql^2/9\sqrt{3} = 0.064ql^2$ （当 $z = 0.577l$ 时） $y = \frac{ql^4}{360EI}\left(-7\frac{z}{l} + 10\frac{z^3}{l^3} - 3\frac{z^5}{l^5}\right)$ $y_{\max} = -0.00652ql^4/EI$ （当 $z = 0.519l$ 时） $\theta_A = -7ql^3/360EI$ $\theta_B = 8ql^3/360EI$	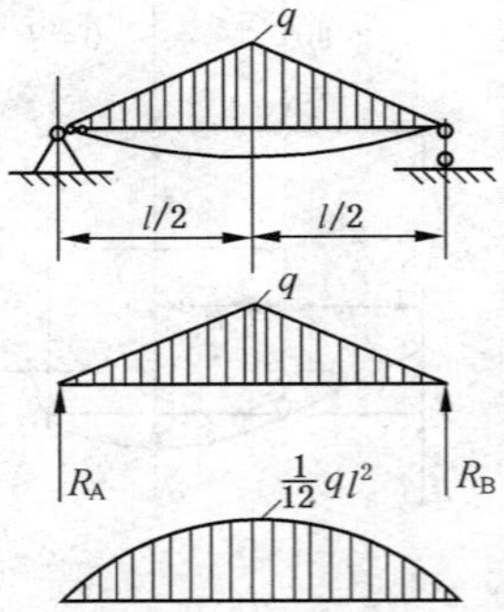	$R_A = R_B = \frac{1}{4}ql$ $M_W = \frac{qlz}{12}(3 - 4\frac{z^2}{l^2}) \quad (0 \leqslant z \leqslant \frac{1}{2})$ $M_W = \frac{ql}{12}\left[3(l-z) - 4\frac{(l-z)^3}{l^2}\right]$ $(\frac{l}{2} \leqslant z \leqslant l)$ $M_{W\max} = \frac{1}{12}ql^2$ $y = \frac{qz}{12EIl}\left(\frac{l^2 z^2}{2} - \frac{z^4}{5} - \frac{5l^4}{16}\right)$ $(0 \leqslant z \leqslant \frac{l}{2})$ $z_{\max} = -ql^4/120EI$ （当 $z = \frac{l}{2}$ 时） $\theta_A = -\theta_B = -5ql^3/192EI$

续表

<table>
<tr>
<td>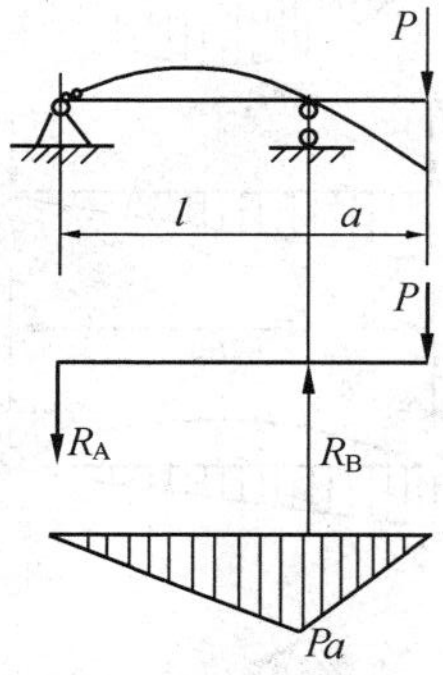
</td>
<td>$R_A = P\dfrac{a}{l}$
$R_B = P\dfrac{a+l}{l}$
$M_W = -P\dfrac{az}{l} \quad (0 \leqslant z \leqslant l)$
$M_W = -P(l+a-z)$
$[l \leqslant z \leqslant (a+l)]$
$M_{W\max} = Pa$
$y = \dfrac{P}{6EI}\left[alz - \dfrac{az^3}{l} + \dfrac{(a+l)(z-l)^3}{l}\right]$
$\theta_A = Pa\ l/6EI$</td>
<td>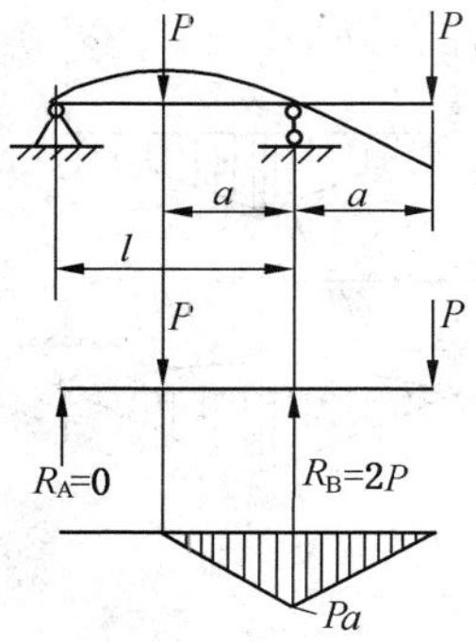
</td>
<td>$R_A = 0$
$R_B = 2P$
$M_W = 0 \quad (0 \leqslant z \leqslant a)$
$M_W = -P(z-l+a)$
$[(l-a) \leqslant z \leqslant l]$
$M_W = -P(l+a-z)$
$[l \leqslant z \leqslant (l+a)]$
$y = \dfrac{P}{6EI}\left[\dfrac{a^3 z}{l} - (z-l+a)^3 + 2(z-l)^3\right]$
$\theta_A = Pa^3/6EIl$
$\theta_B = \dfrac{P}{6EI}(\dfrac{a^3}{l} - 6a^2)$</td>
</tr>
<tr>
<td>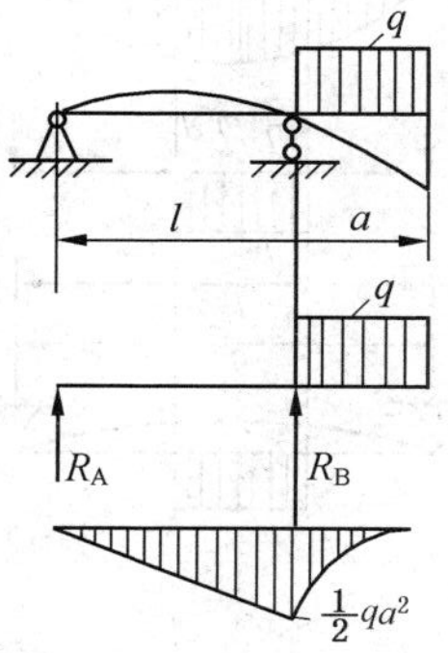
</td>
<td>$R_A = \dfrac{qa^2}{2l}$
$R_B = q(\dfrac{2a^2}{l} + a)$
$M_W = -q\dfrac{a^2 z}{2l} \quad (0 \leqslant z \leqslant l)$
$M_W = -\dfrac{1}{2}q(l+a-z)^2 \quad [l \leqslant z \leqslant (a+l)]$
$M_{W\max} = \dfrac{1}{2}qa^2$
$y = \dfrac{q}{12EI}[a^2 lz - \dfrac{a^2 z^3}{l} + 2(\dfrac{2a^2}{l} + a)(z-l)^3 -$
$\dfrac{1}{2}(z-l)^4]$
$\theta_A = qa^2 l/12EI$</td>
<td>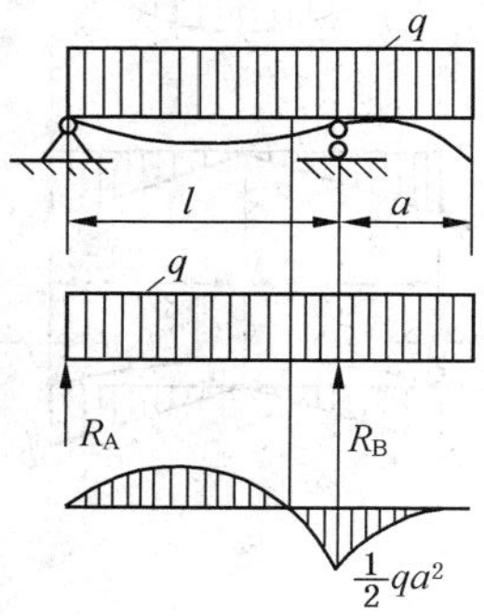
</td>
<td>$R_A = q[l+a-(l+a)^2/2l]$
$R_B = q(l+a)^2/2l$
$M_W = R_A Z - \dfrac{1}{2}qz^2$
$(0 \leqslant z \leqslant l)$
$M_W = -\dfrac{1}{2}q(l+a-z)^2$
$[l \leqslant z \leqslant (l+a)]$
$y = \dfrac{1}{6EI}[\dfrac{ql^3 z}{4} - R_A l^2 z + R_A z^3 -$
$\dfrac{1}{4}qz^4 + R_B(z-l)^3]$
$\theta_A = \dfrac{1}{EI}(\dfrac{1}{24}ql^3 - \dfrac{1}{6}al^2)$</td>
</tr>
</table>

续表

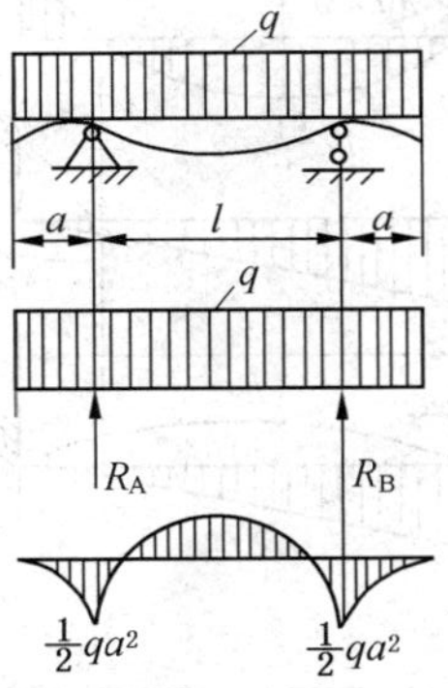	$R_A=R_B=q\frac{l+2a}{2}$ $M_W=-\frac{1}{2}qz\quad(0\leqslant z\leqslant a)$ $M_W=-\frac{q}{2}[z^2-(l+2a)(z-a)]$ $[a\leqslant z\leqslant(a+l)]$ $M_{W\max}=qa^2/2\quad(当\ a>\frac{\sqrt{2}}{4}l)$ $M_{W\max}=\frac{q}{8}(l^2-4a^2)\quad(当\ a<\frac{\sqrt{2}}{4}l)$ $y=\frac{q}{24EI}\{a^4-[\frac{(a+l)^4-a^4}{l}-2(l+2a)l^2]$ $(z-a)-z^4+2(l+2a)(z-a)^3\}$	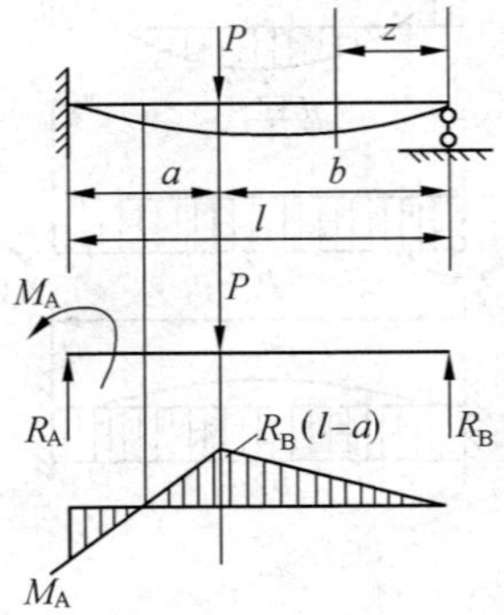	$R_A=(2l^3-3a^2+a^3)p/2l^3$ $R_B=a^2(3l-a)P/2l^3$ $M_A=Pa(1-\frac{3a}{2l}+\frac{a^2}{2l^2})$ $M_W=R_AZ-M_A\quad(0\leqslant z\leqslant a)$ $M_W=R_AZ-M_A-P(z-a)$ $(a\leqslant z\leqslant l)$ $y=\frac{1}{EI}[R_A\frac{z^3}{6}-M_A\frac{z^2}{2}-P\frac{(z-a)^3}{6}]$ 若　$a<0.586l$ $y_{\max}=\frac{Pa^2b}{6EI}\sqrt{\frac{b}{2l+b}}$ （当 $z=l\sqrt{b/(2l+b)}$） 若　$a=0.586l$ $y_{\max}=pl^3/101.9EI\quad(当\ z=a)$ $\theta_A=0\qquad\theta_B=Pa^2b/4EIl$
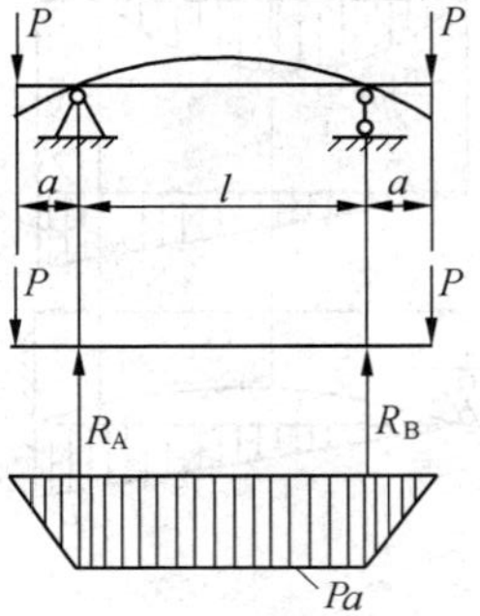	$R_A=R_B=P$ $M_W=-Pz\quad(0\leqslant z\leqslant a)$ $M_W=-Pa\quad[a\leqslant z\leqslant(a+l)]$ $M_{W\max}=Pa$ $y=\frac{P}{6EI}[3a(a+l)z-a^2(2a+3l)-z^3+$ $(z-a)^3+(Z-a-l)^3]$ $y=-Pa^2(2a+3l)/6EI\quad(当\ z=0)$ $y=3Pal^2/8EI\quad(当\ z=a+\frac{l}{2})$ $\theta_A=-\theta_B=Pa(a+l)/2EI$	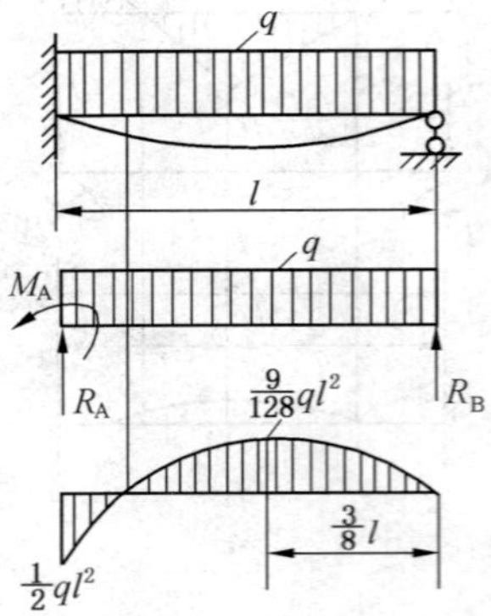	$R_A=\frac{5}{8}ql$ $R_B=\frac{3}{8}ql$ $M_A=\frac{1}{8}ql^2$ $M_W=ql(\frac{5}{8}z-\frac{1}{8}l-\frac{z^2}{2l})$ $M_{W\max}=\frac{1}{8}ql^2$ $y=\frac{ql}{48EI}(5z^3-3lz^2-2\frac{z^4}{l})$ $y_{\max}=-ql^4/185El\quad(当\ z=0.579l)$ $\theta_A=0$ $\theta_B=ql^3/48EI$

续表

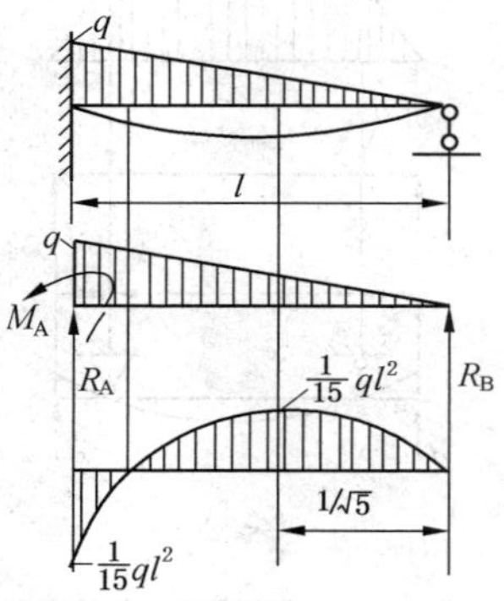	$R_A=\frac{2}{5}ql$ $R_B=\frac{1}{10}ql$ $M_A=\frac{1}{15}ql^2$ $M_W=\frac{ql^2}{30}(-2+\frac{12z}{l}-\frac{15z^2}{l^2}+\frac{5z^3}{l^3})$ $M_{W\max}=\frac{1}{15}ql^2$ $y=\frac{ql}{120EI}(\frac{z^5}{l^2}-\frac{5z^4}{l}+8z^3-4lz^2)$ $y_{\max}=-ql^4/418.6EI$ （当 $z=0.552l$） $\theta_A=0$ $\theta_B=ql^3/120EI$	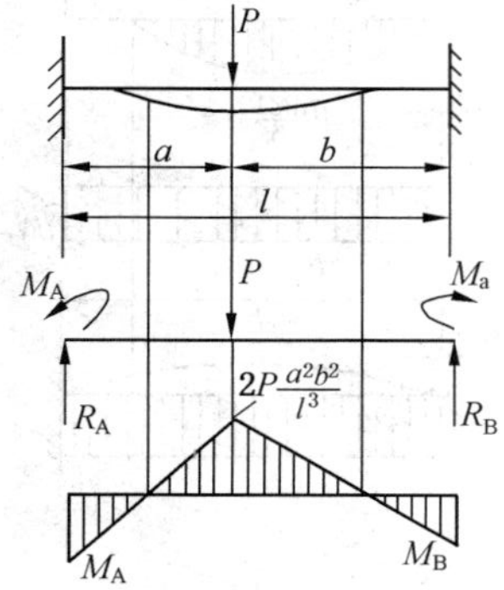	$R_A=Pb^2(l+2a)/l^3$ $R_B=[a^2(l+2b)P]/l^3$ $M_A=Pab^2/l^2$ $M_B=Pa^2b/l^2$ $M_W=R_Az-Pab^2/l^2$ $(0\leqslant z\leqslant \alpha)$ $M_W=R_Az-Pab^2/l^2-P(z-a)$ $(a\leqslant z\leqslant l)$ $y=\frac{P}{6EI}[b^2(l+2a)\frac{z^3}{l^3}-\frac{3ab^2z^2}{l^2}-(z-a)^3]$ 若 $a>b$ $y_{\max}=2Pa^3b^2/3EI(2a+l)^2$ [当 $z=2al/(2a+l)$] 若 $a<b$ $y_{\max}=2Pa^2b^3/3EI(2b+l)^2$ [当 $z=l^2/(2b+l)$] $\theta_A=\theta_B=0$
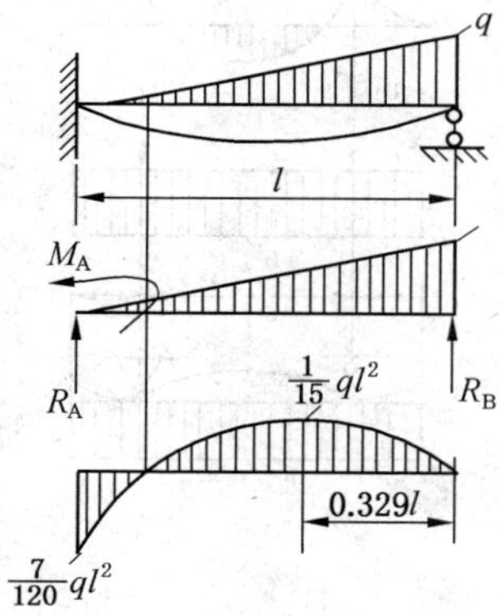	$R_A=\frac{9}{40}ql$ $R_B=\frac{11}{40}ql$ $M_A=\frac{7}{120}ql^2$ $M_W=\frac{ql^2}{120}(-7+27\frac{z}{l}-20\frac{z^3}{l^3})$ $y=\frac{ql^2z^2}{240EI}(-7+9\frac{z}{l}-2\frac{z^3}{l^3})$ $y_{\max}=-ql^4/327.8EI$ （当 $z=0.598l$） $\theta_A=0$ $\theta_B=ql^3/80EI$	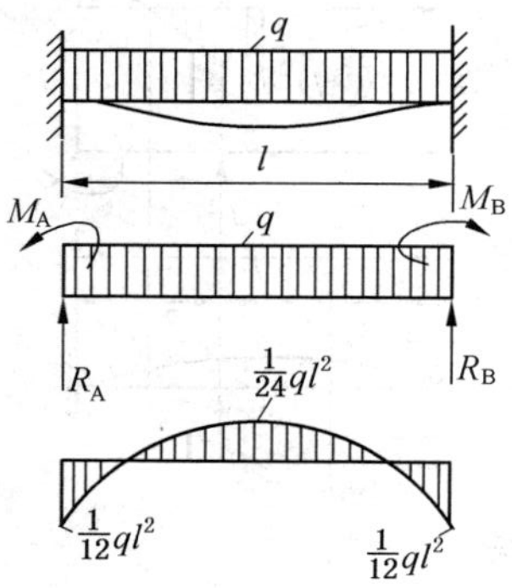	$R_A=R_B=\frac{1}{2}ql$ $M_A=M_B=\frac{1}{12}ql^2$ $M_W=\frac{ql^2}{2}(\frac{z}{l}-\frac{1}{6}-\frac{z^2}{l^2})$ $M_{W\max}=\frac{1}{12}ql^2$ $y=-\frac{qz^2}{24EI}(l-z)^2$ $y_{\max}=-ql^4/384EI$ （当 $z=\frac{l}{2}$） $\theta_A=\theta_B=0$

续表

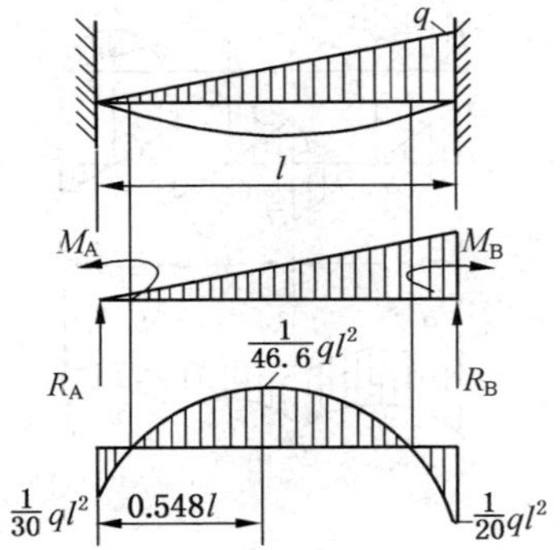	$R_A = 0.15ql$ $R_B = 0.35ql$ $M_A = ql^2/30$ $M_B = ql^2/20$ $M_W = \frac{ql^2}{60}(-10z^3/l^3 + 9z/l - 2)$ $M_{W\max} = ql^2/20$ $y = \frac{ql^2z^2}{120EI}(-\frac{z^3}{l^3} + \frac{3z}{l} - 2)$ $y_{\max} = ql^4/764EI$ （当 $z = 0.525l$） $\theta_A = \theta_B = 0$	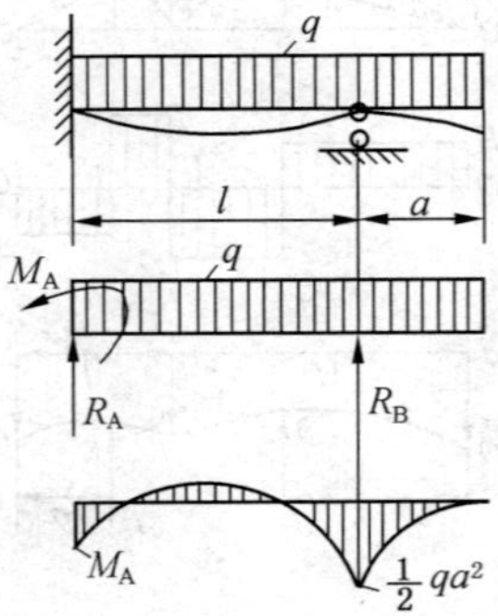	$R_A = \frac{qa}{8}(\frac{5l}{a} - \frac{6a}{l})$ $R_B = \frac{qa}{8}(\frac{3l}{a} + \frac{6a}{l} + 8)$ $M_A = \frac{ql^2}{8}(1 - 2\frac{a^2}{l^2})$ $M_A = 0$ （当 $a = 0.707l$） $M_W = R_Az - M_A - \frac{1}{2}qz^2 \quad (0 \leqslant z \leqslant l)$ $M_W = \frac{1}{2}q(l + a - z) \quad (z \geqslant l)$ $y = \frac{1}{EI}[R_A\frac{z^3}{6} - M_A\frac{Z^2}{2} - \frac{qz^4}{24} +$ $R_B\frac{(z-l)^3}{6}]$ $y = \frac{qa^4}{8EI} + \frac{qla}{48EI}(6a^2 - l^2)$ [当 $z = (l + a)$] $\theta_A = 0 \quad \theta_B = -\frac{qa^3}{6EI}[1 + \frac{l(6a^2 - l^2)}{8a^3}]$
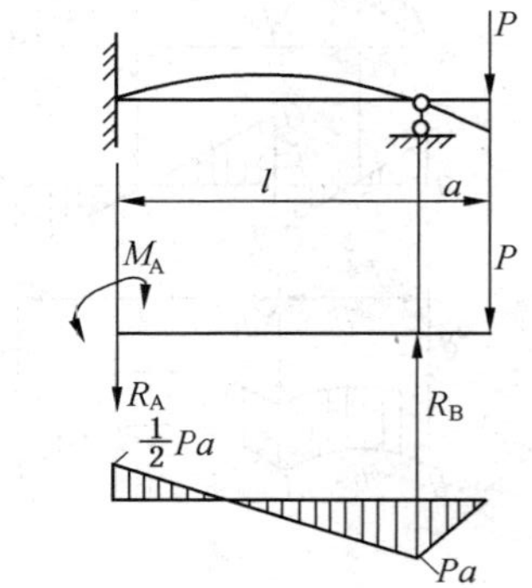	$R_A = 3Pa/2l$ $R_B = (2l + 3a)P/2l$ $M_A = \frac{1}{2}Pa$ $M_W = \frac{Pa}{2}(1 - \frac{3z}{l}) \quad (0 \leqslant z \leqslant l)$ $M_W = -P(l + a + z) \quad (z \geqslant l)$ $M_{W\max} = Pa$ $y = \frac{P}{4EI}[az^2 - \frac{a}{l}z^3 + \frac{(2l + 3a)(z - l)^3}{3l}]$ $y_{\max} = Pal^2/27EI$ （当 $z = \frac{2}{3}l$） $y = -Pa^2(3l + 4a)/12EI$ （当 $z = l + a$） $\theta_A = 0$ $\theta_B = -Pa(l + 2a)/4EI$	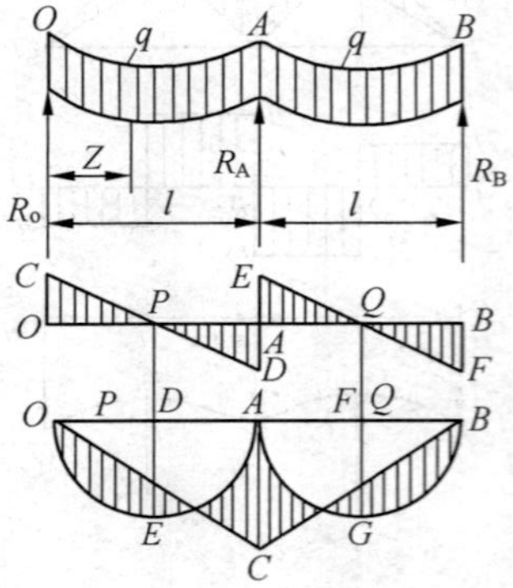	$R_O = R_B = \frac{3}{8}ql$ $R_A = \frac{5}{4}ql$ 当 $z \leqslant l$ 时 $M_{WZ} = \frac{q}{8}(3lz - 4z^2)$ $M_{WO} = M_{WB} = 0$ $M_{WA} = -\frac{1}{8}ql^2$ $DE = AC = FG = \frac{1}{8}ql^2$ 当 $z \leqslant l$ $y = \frac{qz}{48EI}(l^3 - 3lz^2 + 2z^3)$ 在两支点中间 $y = ql^4/192EI$ 当 $z = 0.421l$ 时， $y_{\max} = 0.0054ql^4/EI$

续表

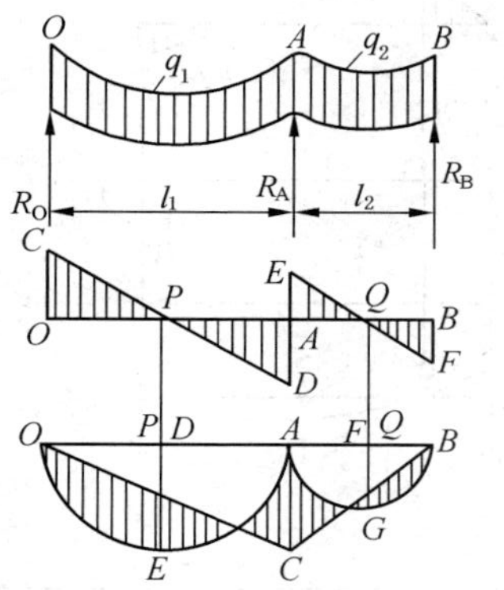	$R_O=\frac{1}{l_1}[\frac{q_1l_1^2}{2}-\frac{q_1l_1^3+q_2l_2^3}{8(l_1+l_2)}]$ $R_A=(q_1l_1+q_2l_2)-(R_O+R_B)$ $R_B=\frac{1}{l_2}[\frac{q_2l_2^2}{2}-\frac{q_1l_1^3+q_2l_2^3}{8(l_1+l_2)}]$ 当 $z\leqslant l_1$　$M_Wz=R_Oz-\frac{q_1z^2}{2}$ $M_{WO}=M_{WB}=0$ $M_{WA}=-(q_1l_1^3+q_2l_2^3)/8(l_1+l_2)$ $DE=q_1l_1^2/8$ $FG=q_2l_2^2/8$ 当 $z\leqslant l_3$， $y=\frac{1}{24EI}[q_1z^4-4R_Oz^3+l_1^2z(4R_O-q_1l_1)]$ 最大挠度按下式计算： $4q_1z^3-12R_Oz^2+4R_Ol_1^2-q_1l_1^3=0$	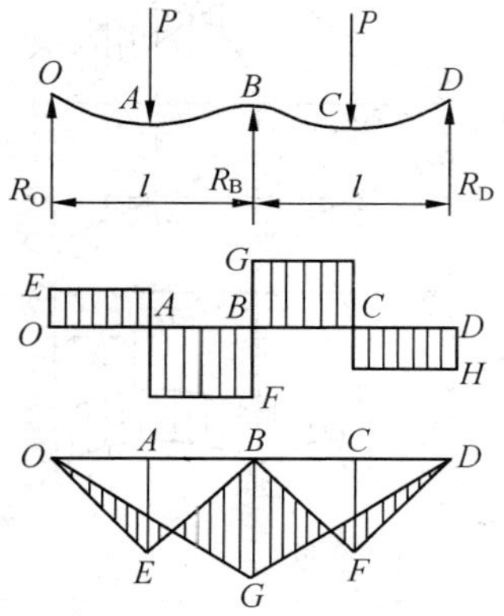	$R_O=R_D=\frac{5}{16}P$　$R_B=\frac{11}{8}P$ 当 $z\leqslant\frac{l}{2}$　$M_Wz=\frac{5}{16}Pz$ 当 $\frac{l}{2}\leqslant z\leqslant l$　$M_Wz=\frac{P}{16}(8l-11z)$ $M_{WO}=M_{WD}=0$ $M_{WB}=-\frac{3}{16}pl$ 当 $z\leqslant\frac{l}{2}$，$y=\frac{p}{96EI}(3l^2z-5z^3)$ 当　$\frac{l}{2}\leqslant z\leqslant l$， $y=\frac{p}{96EI}(11z^3-24lz^2+15l^3z-2l^3)$ 在 $z=0.447l$ 处 $y_{max}=0.0093\frac{pl^3}{EI}$ $y_c=\frac{7}{768}\frac{pl^3}{EI}$
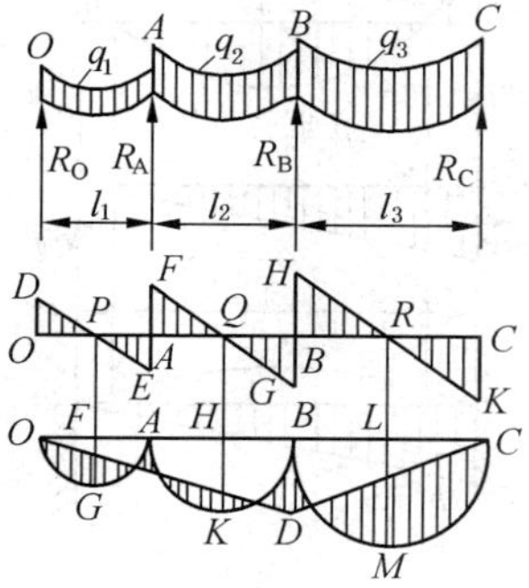	$R_O=\frac{1}{l_1}(\frac{q_1l_1^2}{2}+M_{WA})$ $R_A=\frac{q_1l_1}{2}+\frac{q_2l_2}{2}-\frac{M_{WA}}{l_1}-\frac{M_{WA}-M_{WB}}{l_2}$ $R_B=\frac{q_3l_3}{2}+\frac{q_2l_2}{2}-\frac{M_{WB}}{l_3}-\frac{M_{WB}-M_{WA}}{l_2}$ $R_C=\frac{1}{l_3}(\frac{q_3l_3^2}{2}+M_{WB})$ $M_{WO}=M_{WC}=0$ $M_{WA}=\frac{-[2q_1l_1^3(l_2+l_3)-q_2l_2^3(l_2+2l_3)+q_3l_3^3]}{16[l_1(l_2+l_3)+l_2(l_3+\frac{3}{4}l_2)]}$ $M_{WB}=-\frac{q_2l_2^3-q_3l_3^3-4M_{WA}l_2}{8(l_2+l_3)}$	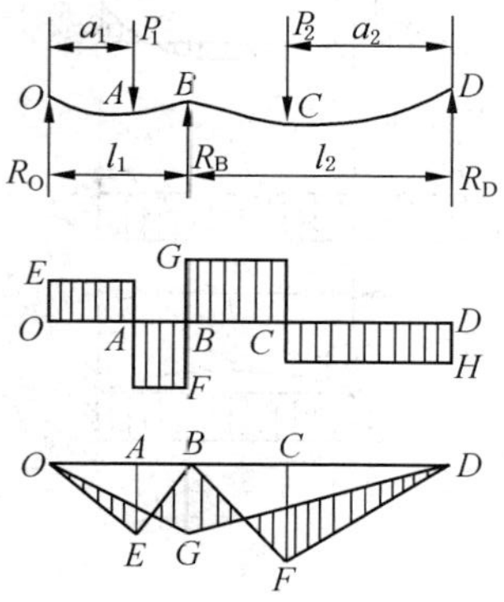	$R_O=[M_{WB}+P_1(l_1-a_1)]/l_1$ $R_B=P_1+P_2-(R_O+R_2)$ $R_D=[M_{WB}+P_2(l_2-a_2)]/l_2$ $M_{WO}=M_{WD}=0$ $AE=[P_1a_1(l_1-a_1)]/l_1$ $CF=[P_2a_2(l_2-a_2)]/l_2$ $M_{WB}=\frac{P_1\frac{a_1}{l_1}(l_1^2-a_1^2)+P_2\frac{a^2}{l^2}(l_2^2-a_2^2)}{2(l_1+l_2)}$

续表

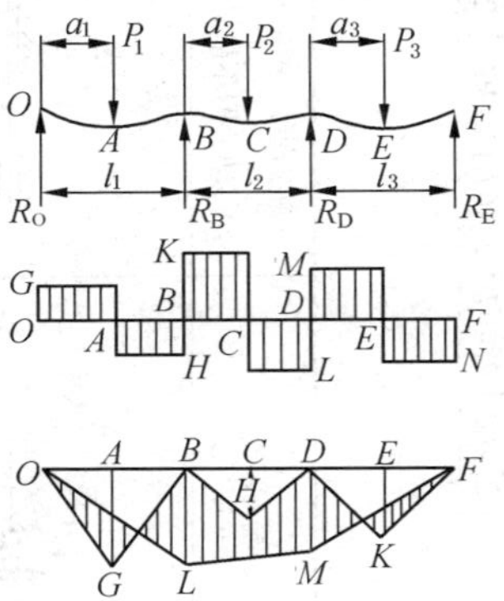	$R_O=[P_1(l_1-a_1)+M_{WB}]/l_1$ $R_B=\frac{P_1(l_1-a_1)+M_{WB}}{l_1}+P_1+\frac{P_2(l_2-a_2)-M_{WB}+M_{WD}}{l_2}$ $R_D=-\frac{P_3a_3+M_{WD}}{l_3}+P_3+\frac{P_2a_2+M_{WB}-M_{WD}}{l_2}$ $R_F=(P_3a_3+M_{WD})/l_3$ $M_{WO}=M_{WF}=0$ $M_{WB}=[\frac{2P_1a_1}{l_1}(l_2+l_3)(a_2{}^2-l_1^2)-\frac{P_2a_2}{l_2}(l_2-a_2)(3l_3l_2^2+4l_2-3l_2a_2-2l_3a_2)+\frac{p_3a_3l_2}{l_2}+$ $(2l_3^2-3l_3a_3+a_3^2)]/[4(l_1+l_2)(l_2+l_3)-l_2^2]$ $M_{WD}=[\frac{P_2a_2}{l_2}(l_2^2-a_2^2)+\frac{P_3a_3}{l_3}(2l_3^2-3l_2a_3+a_3^3)+M_{WB}l_2]\times\frac{1}{2(l_2+l_3)}$ $AG=\frac{P_1a_1(l_1-a_1)}{l_1}$　$CH=\frac{P_2a_2(l_2-a_2)}{l_2}$　$EK=\frac{P_3a_3(l_3-a_3)}{l_3}$

下表各式中：

P——冲击载荷，kgf；
E——弹性模量，kgf/cm^2；
I——截面轴惯性矩，cm^4；
W——截面模量，cm^3；
h——冲击高度，cm；
l——梁的长度，cm。

受冲击载荷梁的计算

简　　图	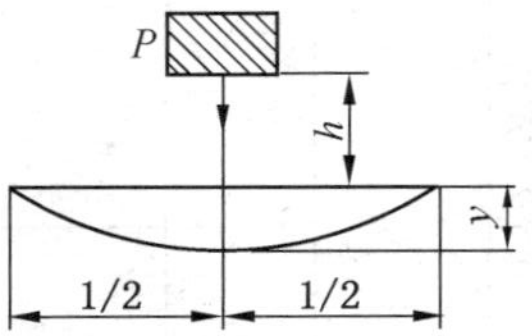	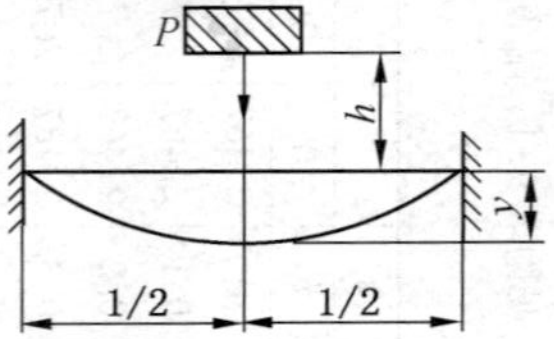	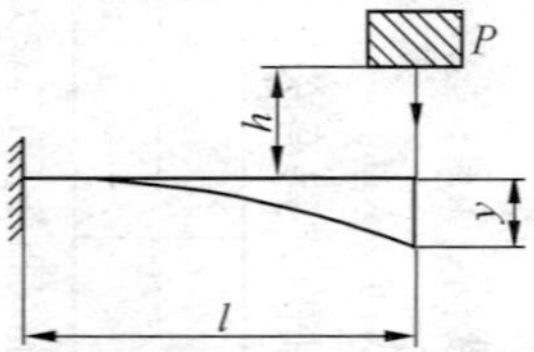
最力冲击应力/(kgf/cm^2)	$\sigma_{max}=\frac{Pl}{4W}\cdot\frac{y_{max}}{y}$	$\sigma_{max}=\frac{Pl}{8W}\cdot\frac{y_{max}}{y}$	$\sigma_{max}=\frac{Pl}{W}\cdot\frac{y_{max}}{y}$
静挠度/cm	$y=\frac{Pl^3}{48EI}$	$y=\frac{Pl^3}{192EI}$	$y=\frac{Pl^3}{3EI}$
最大冲击挠度/cm	$y_{max}=(1+\sqrt{1+\frac{2h}{y}})y$	$y_{max}=(1+\sqrt{1+\frac{2h}{y}})y$	$y_{max}=(1+\sqrt{1+\frac{2h}{y}})y$

附 9　等断面立杆受压计算

稳定裕度

$$\eta = P_0/P$$

式中　P_0——临界载荷，kgf；

P——实际载荷，kgf。

稳定裕度与立柱的材料有关，推荐如下表：

材　料	钢	本　材	铸　铁
η	1.5~3.0	2.5~3.5	4.5~5.5

注：计算方案与实际情况相符，计算较为准确时采用表中的小值。

临界载荷

$$P_0 = \eta \frac{EI}{l^2}$$

式中　E——弹性模量，kgf/cm^2；

$I = I_{min}$——柱截面的中心惯性矩中的最小值，cm^4；

l——柱的全长，cm；

η——稳定系数，见附表 9-1、附表 9-2。

附表 9-1

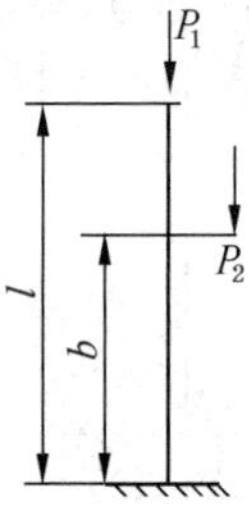

b/l	$P_2:P_1$ 0	0.1	0.2	0.5	1.0	2.0	5.0	10	20	50	100
0	2.467	2.714	2.961	3.701	4.935	7.402	14.80	27.14	51.82	125.8	249.2
0.1	2.467	2.714	2.960	3.698	4.930	7.377	14.68	26.66	49.86	111.6	176.3
0.2	2.467	2.710	2.953	3.679	4.880	7.207	13.78	23.19	36.33	50.96	56.48
0.3	2.467	2.703	2.930	3.622	4.712	6.769	11.70	16.82	21.37	24.89	26.14
0.4	2.467	2.688	2.904	3.525	4.470	6.074	9.187	11.57	13.29	14.52	14.97
0.5	2.467	2.665	2.856	3.384	4.136	5.268	7.060	8.210	8.963	9.488	9.675
0.6	2.467	2.635	2.793	3.211	3.759	4.497	5.504	6.048	6.434	6.674	6.764
0.7	2.467	2.599	2.715	3.020	3.385	3.830	4.376	4.660	4.834	4.952	4.993
0.8	2.467	2.557	2.636	2.821	3.040	3.280	3.551	3.685	3.765	3.818	3.836
0.9	2.467	2.513	2.551	2.641	2.734	2.832	2.936	2.986	3.015	3.033	3.040
1.0	2.467	2.467	2.467	2.467	2.467	2.467	2.467	2.467	2.467	2.467	2.467

附表 9-2

一端固定，一端自由	一端铰支，一端可横向移动，但不能转动	两端铰支	一端固定，一端可横向移动，但不能转动
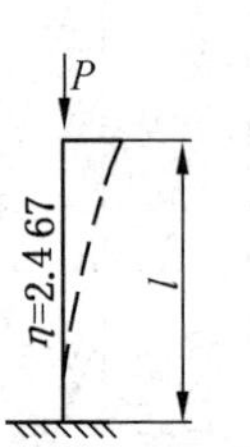	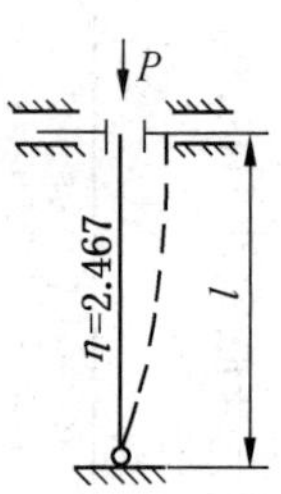	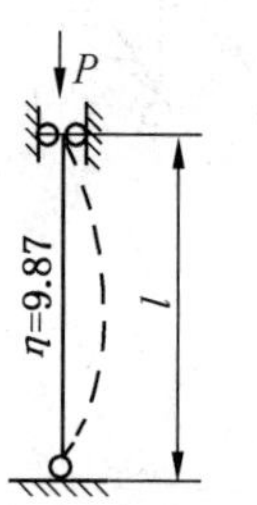	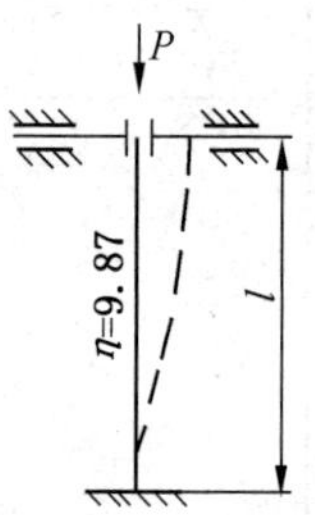

续表

	一端铰支，一端自由，中间铰支	一端铰支，一端可横向移动，但不能转动，中间铰支	两端铰支，中间铰支	一端铰支，一端可横向移动，但不能转动，中间铰支
$\frac{b}{l}$	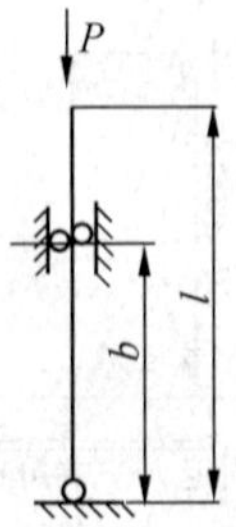	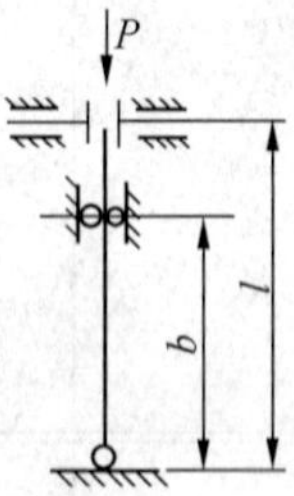	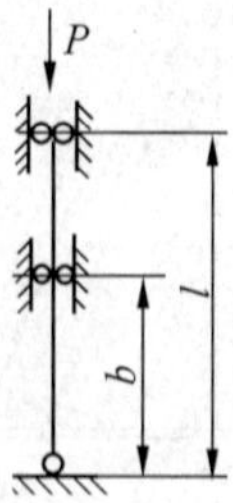	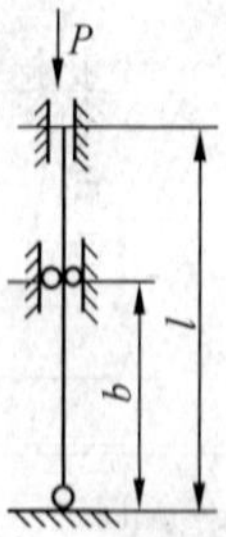
0	2.467	9.870	20.19	39.48
0.1	2.832	11.33	23.23	45.27
0.2	3.283	13.11	27.06	51.97
0.3	3.845	15.26	31.75	58.92
0.4	4.551	17.72	36.80	58.84
0.5	5.438	20.19	39.48	51.12
0.6	6.511	21.88	36.80	41.68
0.7	7.726	22.14	31.75	33.96
0.8	8.874	21.40	27.06	28.09
0.9	9.637	20.55	23.23	23.63
1.0	9.870	20.19	20.19	20.19

	一端固定，一端自由，中间铰支	一端固定，一端可横向移动，但不能转动，中间铰支	一端固定，一端铰支，中间铰支	一端固定，一端可横向移动，但不能移动，中间铰支
$\frac{b}{l}$	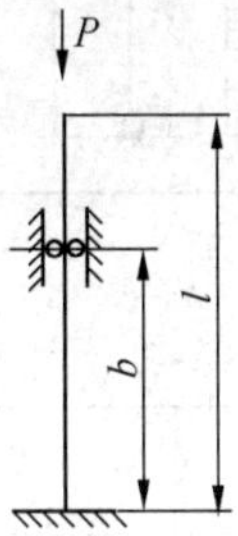	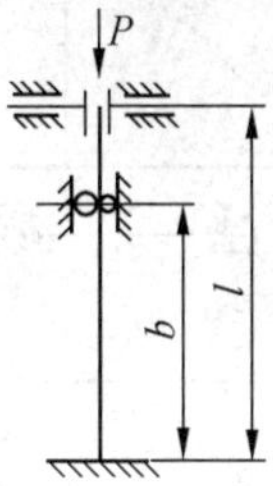	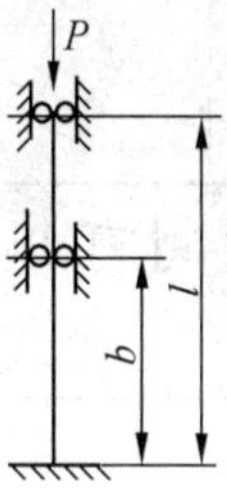	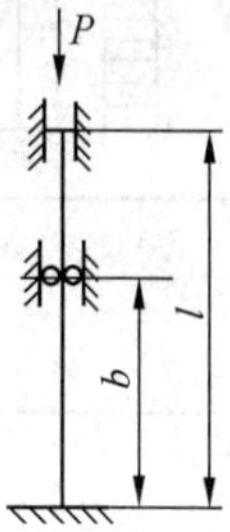
0	2.467	9.870	20.19	39.48
0.1	2.883	11.53	23.63	46.13
0.2	3.414	13.65	28.09	54.48
0.3	4.105	16.37	33.96	64.56
0.4	5.021	19.90	41.68	75.22
0.5	6.260	24.42	51.12	80.76
0.6	7.990	29.82	58.84	75.22
0.7	10.39	35.10	58.92	64.56
0.8	13.52	38.41	51.97	54.45
0.9	17.24	39.40	45.27	46.13
1.0	20.19	39.48	39.48	39.48

续表

一端固定，一端铰支	一端铰支，一端可纵向移动，但不能转动	一端固定，一端可纵向移动，但不能转动
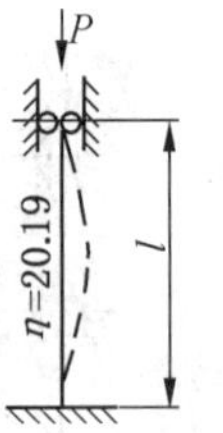	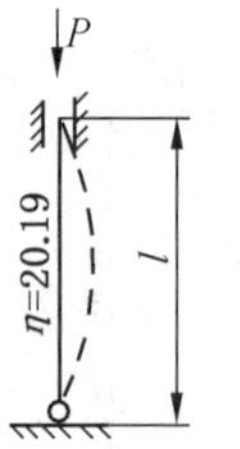	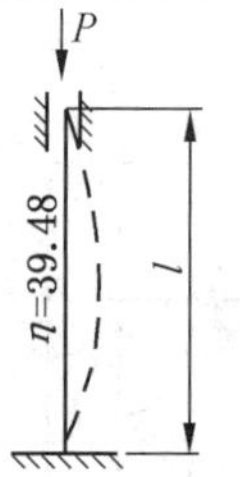
一端固定，一端自由	两端铰支	一端固定，一端可横向移动，但不能转动
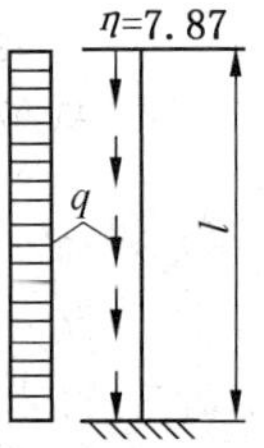	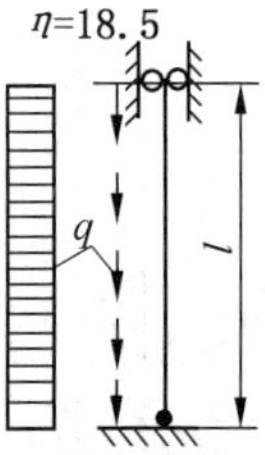	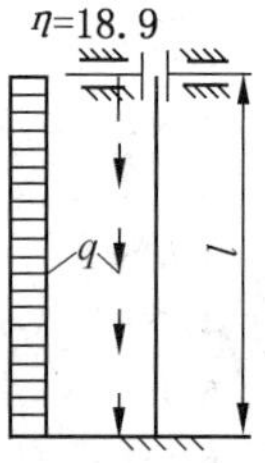
一端固定，一端铰支	一端固定，一端可纵向移动，但不能转动	一端铰支，一端可纵向移动，但不能转动
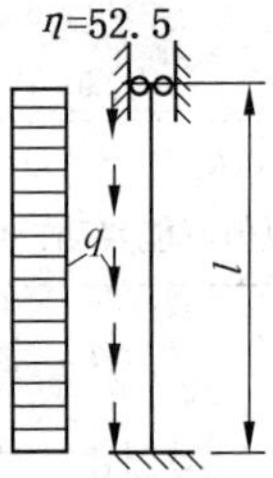	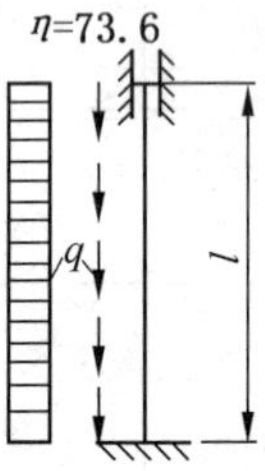	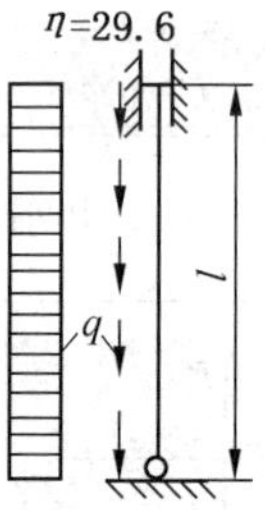

附 10 预测可焊性间接方法——碳当量计算

	碳当量计算公式	备注
国内常用	$Ceg=C+\frac{Mn}{6}+\frac{Si}{20}+\frac{Ni}{10}+\frac{Cr}{5}+\frac{Mo}{4}+\frac{V}{14}(\%)$	适用于：$\sigma_S<490MPa$ 的非调质低碳低合金高强钢
国际焊接学会 (IIW)	$Ceg=C+\frac{Mn}{6}+\frac{Ni+Cu}{15}+\frac{Cr+Mo+V}{5}(\%)$	
日本 JIS 和 WES	$Ceg=C+\frac{Mn}{6}+\frac{Si}{24}+\frac{Ni}{40}+\frac{Cr}{5}+\frac{Mo}{4}+\frac{V}{14}(\%)$	
美国 AWS	$Ceg=C+\frac{Mn}{6}+\frac{Ni}{20}+\frac{Cr}{10}+\frac{Cu}{40}-\frac{V}{10}-\frac{Mo}{50}(\%)$	
日本	$Ceg=C+\frac{Mn}{9}+\frac{Ni}{40}+\frac{Cr}{20}+\frac{Mo}{8}+\frac{V}{10}$	适用于调质低碳低合金高强钢

附 11 可燃气体蒸气火灾、爆炸危险性参数

名称	闪点/℃	引燃温度/℃	爆炸极限/%(体)		名称	闪点/℃	引燃温度/℃	爆炸极限/%(体)	
			下限	上限				下限	上限
氢		500	4	75	二硫化碳	-30	90	1	60
硫化氢		260	4	46	乙　醚	-45	160	1.9	36
一氧化碳		605	12	74	丙　酮	-20	465	2.5	13
氨	132	630	15	30.2	丙烯腈	-5	480	2.8	28
甲　烷		537	5	16	苯	-11	560	1.2	8
乙　烷		472	3	16	甲　苯	4	535	1.2	7
丙　烷		450	2.1	9.5	二甲苯	25	525	1.1	7
丁　烷	152	287	1.5	8.5	乙　苯	15	432	1	6.7
乙　烯		425	2.7	36	甲　醇	11	385	5.5	44
丙　烯		455	1	15	乙　醇	12	363	3.3	19
丁　烯	147	385	1.6	10	石脑油	10~29	232	0.9	6.7
丁二烯	152	415	1.4	16.3	戊　烷	-40	260	1.7	9.75
氯乙烯		415	3.6	31	甲　醛	85	424	7	73
乙　炔		305	2.1	80	乙　醛	-39	140	4	57
环氧乙烷	<-18	429	2.6	100	二氯乙烷	13	413	6.2	16
天然气		482	3.6~6.5	13~17	二氯乙烯	6	460	9.7	12.8
石油气			1	15	环氧氯丙烷	32	411	3.8	21
水煤气			6	70	环氧丙烷	-37	430	2	22
煤　气		560	4.5	40	冰醋酸	39	463	4	17
煤　油	43~72	210	0.7	5	苯　酚	79	595	1.3	9.5
汽　油	-46	263~521	1.4	7.6	苯　胺	70	615	1.2	11
苯乙烯	32	490	1.1	6.1	甲　酸	50	434	18	57
乙二醇	111	398	3.2		溶剂油	40	245	0.8	
苯乙烯	32	490	1.1	6.1					

附 12 加工高硫原油选材导则

附 12.1 概述

附 12.1.1 本导则适用于加工高硫低酸值原油（S≥1.0%（质）；酸值≯0.5mgKOH/g）和高硫高酸值原油（S≥1.0%（质）；酸值＞0.5mgKOH/g）的主要设备设计选材。

附 12.1.2 选择压力容器材料时，腐蚀裕量最大应不超过 6.0mm，否则应选耐蚀性更好的材料。

附 12.1.3 高温临氢设备，可根据氢分压和操作温度参照 Nelson 曲线选材，见附图14-11。

附 12.1.4 介质为含硫油的设备，其腐蚀速率可参照附图 12-1 和附图 12-2 查取。

附 12.1.5 高温 H_2S/ H_2 设备，其腐蚀速率可根据所用材料、操作温度和 H_2S 含量参照附图 14-3 至附图 14-10 查取。

附 12.1.6 下游装置对物料中的铁离子或其他成分含量有特殊要求时，可适当调整选材。

附 12.1.7 当燃料中硫、氮化合物含量高时，对工业炉中可能产生烟气露点腐蚀的炉管，应选用抗露点腐蚀材料。

附 12.1.8 在湿硫化氢(H_2S+ H_2O)环境下的受压元件，不宜选用 18-8 型奥氏体不锈钢和标准抗拉强度 >540MPa 的碳钢或低合金钢。

附 12.1.9 抗氢致开裂碳钢是指具有低硫、磷含量，按 NACE TM0284“压力容器及管线钢抗氢致开裂的评定”方法进行试验，其结果符合规定的裂纹率要求的碳钢或碳-锰钢。

附 12.1.10 在湿硫化氢环境下操作的设备，其焊接接头经焊后热处理后的硬度应不大于 200HB。

附 12.2 重点装置主要设备选材

附表 12-1 加工高硫低酸原油蒸馏装置主要设备的推荐用材

类别	设备名称	设备部位		选材	备注
塔及其他容器	电脱盐罐			碳钢	
	初馏塔、闪蒸塔	筒体、底封头		碳钢	
				碳钢+0Cr13Al(0Cr13)	介质温度不小于 240℃
		顶封头		碳钢+0Cr13Al(0Cr13)	
				碳钢+双相钢①	
		塔盘		0Cr13	顶部 4 层塔盘
				碳钢	
	常压塔	顶封头		碳钢+0Cr13Al(0Cr13)	含顶部 4 层塔盘以上壳体
				碳钢+Monel	
		壳体		碳钢+0Cr13Al(0Cr13)	
		塔盘		0Cr13	
				渗铝碳钢②	
		填料		0Cr18Ni9	
				00Cr17Ni14Mo2	
	常压塔顶回流罐	壳体		碳钢	可采取防腐措施
				碳钢+0Cr3Al(0Cr13)	
	常压汽提塔	介质温度<240℃	壳体	碳钢	
			塔盘	0Cr13	
		介质温度≥240℃	壳体	碳钢+0Cr13Al(0Cr13)	
			塔盘	0Cr13	
				渗铝碳钢②	
	减压塔	介质温度<240℃	壳体	碳钢	
				碳钢+0Cr13Al(0Cr13)	
			塔盘	0Cr13	
		介质温度≥240℃	壳体	碳钢+0Cr13Al(0Cr13)	
			塔盘	0Cr13	
				渗铝碳钢②	
		填料		0Cr18Ni9	
				00Cr17Ni14Mo2	
	减压汽提塔	介质温度<240℃	壳体	碳钢	
			塔盘	碳钢	
		介质温度≥240℃	壳体	碳钢+0Cr13Al(0Cr13)	
			塔盘	0Cr13	
				渗铝碳钢②	视情况采取防腐措施
	塔顶罐及其他容器			碳钢	

续表

类别	设备名称	设备部位		选　材	备　注
冷换设备	常压塔顶空冷器、初馏塔顶空冷器	管　箱		碳　钢	
		管　子		碳　钢	入口管端设置长度为300~600mm的Ti材衬管。此部位腐蚀严重，使用碳钢寿命较短
				双相钢①	
				Ti	
				Monel	
	常压塔顶水冷却器、初馏塔顶水冷却器	壳　体		碳　钢	
		管　子		碳　钢	水侧可涂防腐涂料。此部位腐蚀严重，使用碳钢寿命较短
				双相钢①	
				Ti	
				Monel	
	常压塔、减压塔（进料、侧线）管壳式换热器	介质温度<240℃	壳体	碳　钢	
			管子	碳　钢	
		介质温度240~288℃	壳体	碳　钢	
				碳钢+0Cr13Al(0Cr13)	
			管子	渗铝碳钢②	
				1Cr5Mo或其他材料③	
				00Cr19Ni10	
		介质温度≥288℃	壳体	碳钢+0Cr13Al(0Cr13)	
			管子	渗铝碳钢②	
				1Cr5Mo或其他材料③	
				00Cr19Ni10	

续表

类别	设备名称	设备部位		选材	备注
冷换设备	减压渣油/原油换热器	渣油介质温度<240℃	壳体	碳钢	
		渣油介质温度240~288℃		碳钢	
				碳钢+0Cr13Al(0Cr13)	
		渣油介质温度≥288℃		碳钢+0Cr13Al(0Cr13)	
		原油介质温度<240℃		碳钢	
		原油介质温度≥240℃		碳钢+0Cr13Al(0Cr13)	
		介质温度<240℃	管子	碳钢	
		介质温度≥240℃		渗铝碳钢②	
				1Cr5Mo或其他材料③	
				00Cr19Ni10	
	减压抽空表面冷凝器、产品冷却器和冷凝器	空冷器	管箱	碳钢	
			管子	碳钢	
		管壳式水冷却器	壳体	碳钢	
			管子	碳钢	水侧可涂防腐涂料
加热炉	常压炉	炉管	对流段	碳钢	管壁温度小于240℃
				1Cr5Mo	
			辐射段	1Cr5Mo	
	减压炉	炉管	对流段	1Cr5Mo	
			辐射段	渗铝1Cr5Mo②	
				1Cr9Mo	
				TP321H	辐射段出口几排炉管

注：① 耐蚀性能相当于SAF2507钢；

② 按相关产品标准选用，渗铝层必须致密、均匀、厚度达到100μm以上。作为承压部件和换热管束时，应对其制造、焊接、检验进行严格控制，达到规定的力学性能要求；

③ 其他材料是指与并列材料的耐蚀性能相当，力学性能、制造加工性能以及产品质量有可靠保证的材料。国产材料诸如08Cr2AlMo，若有可靠实验数据表明其抗高温硫腐蚀性能与1Cr5Mo相当或接近，则可以使用；

④ 设备选材栏中有多种材料时，可根据介质腐蚀苛刻程度和经济性等因素综合分析后选用较合适的材料；

⑤ 渗铝钢管或带有涂层的换热管应在安装、检修时，采取必要的措施，以免钢表面的渗层或涂层遭到破坏；

⑥ 一般情况下设备壳体采用碳钢时，应选用压力容器用钢。

附表 12-2 加工高硫高酸原油蒸馏装置主要设备的推荐用材

类别	设备名称	设备部位	选材	备注
塔及其他容器	电脱盐罐		碳钢	
	初馏塔、闪蒸塔	筒体、底封头	碳钢	
			碳钢+0Cr13Al(0Cr13)	介质温度不小于240℃
		顶封头	碳钢+0Cr13Al(0Cr13)	
			碳钢+双相钢①	
		塔盘	0Cr13	
			0Cr18Ni9	
	常压塔	顶封头	碳钢+Monel	含顶部4层塔盘以上壳体
			碳钢+0Cr13Al(0Cr13)	
		壳体	碳钢+00Cr17Ni14Mo2	
			碳钢+00Cr19Ni10	
		塔盘	0Cr13	顶部4层塔盘以上
			0Cr18Ni9	
			0Cr17Ni12Mo2	
			渗铝碳钢②	
		填料	00Cr17Ni14Mo2	
	常压塔顶回流罐	壳体	碳钢	可采取防腐措施
			碳钢+0Cr13Al(0Cr13)	
	常压汽提塔	壳体	碳钢+00Cr17Ni14Mo2	
			碳钢+00Cr19Ni10	
		塔盘	0Cr18Ni9	
			0Cr17Ni12Mo2	
			渗铝碳钢②	
	减压塔	介质温度<240℃ 壳体	碳钢	
			碳钢+0Cr13Al(0Cr13)	
		介质温度<240℃ 塔盘	碳钢+00Cr17Ni14Mo2	
		介质温度≥240℃ 壳体	碳钢+00Cr19Ni10	
			0Cr17Ni12Mo2	
		介质温度≥240℃ 塔盘	0Cr18Ni9	
			渗铝碳钢②	
		填料	00Cr19Ni13Mo3	
			00Cr17Ni14Mo2	

续表

类别	设备名称	设备部位		选材	备注
塔及其他容器	减压汽提塔	壳体		碳钢+00Cr17Ni14Mo2	
				碳钢+00Cr19Ni10	
		塔盘		0Cr17Ni12Mo2	
				0Cr17Ni12Mo2	
				渗铝碳钢②	
	塔顶罐及其他容器			碳钢	视情况采取防腐措施
冷换设备	常压塔顶空冷器、初馏塔顶空冷器	管箱		碳钢	
		管子		碳钢	入口管端设置长度为300~600mm的Ti材衬管。此部位腐蚀严重，使用碳钢寿命较短
				双相钢①	
				Ti	
				Monel	
	常压塔顶水冷却器、初馏塔顶水冷却器	壳体		碳钢	
		管子		碳钢	水侧可涂防腐涂料。此部位腐蚀严重，使用碳钢寿命较短
				双相钢①	
				Ti	
				Monel	
	常压塔、减压塔（进料、侧线）管壳式换热器	介质温度<240℃	壳体	碳钢	
			管子	碳钢	
		介质温度≥240℃	壳体	碳钢+00Cr17Ni14Mo2	
				碳钢+00Cr19Ni10	
			管子	00Cr17Ni14Mo2	
				00Cr19Ni10	当工况缓和时，也可选用渗铝碳钢或08Cr2AlMo
	减压渣油/原油换热器	渣油介质温度<240℃	壳体	碳钢	
		渣油介质温度240~288℃		碳钢	
				碳钢+0Cr13Al(0Cr13)	
		渣油介质温度≥288℃		碳钢+0Cr13Al(0Cr13)	
		原油介质温度<240℃		碳钢	

续表

类别	设备名称	设备部位		选材	备注
冷换设备	减压渣油/原油换热器	原油介质温度≥240℃	壳体	碳钢+0Cr17Ni14Mo2	
		介质温度<240℃	管子	碳钢	
		介质温度≥240℃		00Cr17Ni14Mo2	
				00Cr19Ni10	
				渗铝碳钢②	
	减压抽空表面冷凝器、产品冷却器和冷凝器	空冷器	管箱	碳钢	
			管子	碳钢	
		管壳式水冷却器	壳体	碳钢	
			管子	碳钢	水侧可涂防腐涂料
加热炉	常压炉	炉管	对流段	1Cr5Mo	管壁温度小于240℃，可使用碳钢
				1Cr5Mo	对流段出口几排炉管的选材
				0Cr17Ni12Mo2	
			辐射段	1Cr5Mo	
				渗铝1Cr5Mo②	
				0Cr17Ni12Mo2	
	减压炉		对流段	1Cr5Mo	管壁温度小于240℃，可使用碳钢
				1Cr5M	对流段出口几排炉管的选材
				0Cr17Ni12Mo2	
			辐射段	1Cr5Mo	
				渗铝1Cr5Mo②	
				1Cr9Mo	
				0Cr17Ni12Mo2	

注：① 耐蚀性能相当于SAF2507钢；

② 按相关产品标准选用，渗铝层必须致密、均匀，厚度达到100μm以上。作为承压部件和换热管束时，应对其制造、焊接、检验进行严格控制，达到规定的力学性能要求；

③ 设备选材栏中有多种材料时，可根据介质腐蚀苛刻程度和经济性等因素综合分析后选用较合适的材料；

④ 渗铝钢管或带有涂层的换热管应在安装、检修时，采取必要的措施，以免钢表面的渗层或涂层遭到破坏；

⑤ 一般情况下设备壳体采用碳钢时，应选用压力容器用钢。

附表 12-3 流化催化裂化装置主要设备的推荐用材

类别	设备名称	设备部位		选材		备注
反应器与再生器	反应器（沉降器）	壳体		碳钢+隔热耐磨衬里		
		旋风分离器		碳钢		
				15CrMo		
		料腿、拉杆		碳钢		
				15CrMo		
		汽提段		15CrMo		
				碳钢+隔热耐磨衬里		
	再生器	壳体		碳钢+隔热耐磨衬里①		
				介质温度		
				<750℃	≥750℃	
		内件	内集气室	0Cr18Ni9 C=0.04%~0.1%(质)	0Cr25Ni20	
			旋风分离器			
			料腿、拉杆			
			分布板			
			分布管			
			吊杆	0Cr25Ni20		
塔及其他容器	分馏塔	壳体		碳钢+0Cr13Al(0Cr13)		
		塔盘		0Cr13		
				12AlMoV		
				渗铝碳钢②		
	塔顶回流罐			抗氢致开裂碳钢③		
				碳钢		
	轻循环油汽提塔	壳体		碳钢		
		塔盘		碳钢		
	重循环油汽提塔	壳体		碳钢+0Cr13Al(0Cr13)		
		塔盘		0Cr13		
				渗铝碳钢②		
	吸收塔	壳体		碳钢+0Cr13Al(0Cr13)		
				碳钢		
		塔盘		0Cr13		
				渗铝碳钢②		
	解吸塔	壳体		碳钢+0Cr13Al(0Cr13)		
		塔盘		0Cr13		
				渗铝碳钢		
	再吸收塔	壳体		碳钢		
		塔盘		碳钢		
	稳定塔	顶封头		碳钢+0Cr13Al(0Cr13)		含一段上部筒体
		壳体		碳钢		
		塔盘		0Cr13		
				渗铝碳钢②		

续表

类别	设备名称		设备部位		选材	备注
冷换设备	催化剂冷却器（外取热器）		壳体		碳钢+隔热耐磨衬里	
			蒸发管		碳钢	
			过热管		15CrMo	
					12Cr1MoV	
					1Cr5Mo	
			内件		0Cr18Ni9	C＝0.04%～0.1%（质）
	油浆蒸汽发生器		壳体		碳钢	
			管子		碳钢	
	轻循环油换热器		壳体		碳钢	
			管子		碳钢	
	重循环油换热器		介质温度<288℃	壳体	碳钢	
				管子	碳钢	
			介质温度≥288℃	壳体	碳钢+0Cr13Al（0Cr13）	
				管子	00Cr19Ni10	
	稳定塔底重沸器		壳体		碳钢	
			管子		碳钢	
					00Cr19Ni10	
	解吸塔底重沸器		壳体		碳钢	
					碳钢+0Cr13Al（0Cr13）	
			管子		00Cr19Ni10	
	分馏塔顶冷凝冷却器	空冷器	管箱		碳钢	
					抗氢致开裂碳钢③	
			管子		碳钢	
		管壳式水冷器	壳体		碳钢	
			管子		碳钢	水侧可涂防腐涂料
	压缩富气冷凝冷却器	空冷器	管箱		碳钢	
					抗氢致开裂碳钢②	
			管子		碳钢	
		管壳式水冷器	壳体		碳钢	
			管子		碳钢	水侧可涂防腐涂料

续表

类别	设备名称	设备部位	选材	备注
管线	提升管	壳体	碳钢+隔热耐磨衬里	
	反应油气管线	冷壁壳体	碳钢+隔热耐磨衬里	
		热壁壳体	15CrMo	
	待生催化剂管线、再生催化剂管线	壳体	碳钢+隔热耐磨衬里	
		波纹管膨胀节	FN2	
			B315	
			Incoloy800	
	烟气管线	冷壁壳体	碳钢+隔热耐磨衬里	
		热壁壳体 $t\leq650$℃	0Cr18Ni9	$t>525$℃，C=0.04%~0.1%（质）
		热壁壳体 $t>650$℃	0Cr18Ni9	
			0Cr17Ni12Mo2	
		波纹管膨胀节	FN2	
			B315	
			Incoloy800	

注：① 在重油催化裂化装置再生烟气系统中，应考虑应力腐蚀开裂的防范措施；

② 按相关产品标准选用，渗铝层必须致密、均匀，厚度达到100μm以上，作为承压部件和换热管束时，应对其制造、焊接、检验进行严格控制，达到规定的力学性能要求；

③ 详见附12.1.9；

④ 设备选材栏中有多种材料时，可根据介质腐蚀苛刻程度和经济性等因素综合分析后选用较合适的材料；

⑤ 渗铝钢管或带有涂层的换热管应在安装、检修时，采取必要的措施，以免钢表面的渗层或涂层遭到破坏；

⑥ 一般情况下设备壳体采用碳钢时，应选用压力容器用钢。

附表 12-4 延迟焦化装置主要设备的推荐用材

类别	设备名称	设备部位		选材	备注
塔及其他容器	焦炭塔	壳体	上部	15CrMoR+0Cr13Al(0Cr13)	由顶部到泡沫层以下 200mm 处
				碳钢+0Cr13Al(0Cr13)	
			下部	15CrMoR	
				碳钢	
	分馏塔	壳体		碳钢+0Cr13Al(0Cr13)	
		塔盘		0Cr18Ni9	顶部 5 层塔盘
				00Cr19Ni10	
				0Cr13	其余塔盘
				渗铝碳钢①	
	吸收塔	壳体		碳钢+0Cr13Al(0Cr13)	
		塔盘		0Cr13	
				渗铝碳钢①	
	解吸塔	壳体		碳钢+0Cr13Al(0Cr13)	
		塔盘		0Cr13	
				渗铝碳钢①	
	再吸收塔	壳体		碳钢	
		塔盘		碳钢	
	稳定塔	顶封头		碳钢+0Cr13Al(0Cr13)	含一段上部筒体
		壳体		碳钢	
		塔盘		0Cr13	
				渗铝碳钢①	
	粗柴油汽提塔	壳体		碳钢	
				碳钢+0Cr13Al(0Cr13)	
		塔盘		0Cr13(1Cr13)	
	分馏塔顶油气分离器	壳体		抗氢致开裂碳钢②	
				碳钢	
	稳定塔顶回流罐	壳体		抗氢致开裂碳钢②	
				碳钢	
	其他容器	壳体		碳钢	

续表

类别	设备名称	设备部位		选材	备注
冷换设备	油-油换热器	介质温度<240℃	壳体	碳钢	
			管子	碳钢	
		介质温度≥240℃	壳体	碳钢+0Cr13Al(0Cr13)	
			管子	00Cr19Ni10	
				1Cr5Mo或其他材料③	
				渗铝碳钢①	
	管壳式水冷却器	壳体		碳钢	
		管子		碳钢	水侧可涂防腐涂料
	产品空冷器	管箱		碳钢	
		管子		碳钢	
	分馏塔顶空冷器	管箱		碳钢	
				抗氢致开裂碳钢②	
		管子		碳钢	
	排放空冷器	管箱		碳钢	
		管子		碳钢	
加热炉	加热炉	炉管	对流段	1Cr5Mo	
			辐射段	1Cr5Mo	
				渗铝1Cr5Mo①	
				1Cr9Mo	

注：① 按相关产品标准选用，渗铝层必须致密、均匀，厚度达到100μm以上。作为承压部件和换热管束时，应对其制造、焊接、检验进行严格控制，达到规定的力学性能要求；

② 详见附12.1.9；

③ 其他材料是指与并列材料的耐蚀性能相当，力学性能、制造加工性能以及产品质量有可靠保证的材料。国产材料诸如08Cr2AlMo，若有可靠实验数据表明其抗高温硫腐蚀性能与1Cr5Mo相当或接近，则可以使用；

④ 设备选材栏中有多种材料时，可根据介质腐蚀苛刻程度和经济性等因素综合分析后选用较合适的材料；

⑤ 渗铝钢管或带有涂层的换热管应在安装、检修时，采取必要的措施，以免钢表面的渗层或涂层遭到破坏；

⑥ 一般情况下设备壳体采用碳钢时，应选用压力容器用钢。

附表 12-5　加氢裂化装置主要设备的推荐用材

类别	设备名称	设备部位		选材	备注
反应器	加氢反应器	筒体(母材)		3. 0Cr1Mo0. 25V	根据操作条件参照附图 12-11 曲线选材
				2. 25Cr1Mo0. 25V	
				2. 25Cr1Mo	
				1. 25Cr0. 5Mo	
		复层		堆焊层 TP309L+TP347	
				堆焊层 TP309L+TP316L	
		内件		0Cr18Ni10Ti	
塔及容器	脱硫化氢汽提塔顶回流罐	壳体		抗氢致开裂碳钢②	
	脱乙烷塔顶回流罐	壳体		抗氢致开裂碳钢②	
	溶剂再生塔顶回流罐	壳体		抗氢致开裂碳钢②	
	其他容器	壳体		碳钢	
冷换设备	反应流出物/原料油，氢气或馏出物换热器	壳体	管程、壳程	2. 25Cr1Mo	根据操作条件参照附图 12-11 曲线选材
				1. 25Cr0. 5Mo	
				1. 0Cr0. 5Mo	
				碳钢	
			复层	00Cr19Ni10	
				堆焊层 TP309L+TP347	
		管子		0Cr18Ni10Ti	
				15CrMo	
	热高分气/原料油，氢气或馏出物换热器	壳体	管程、壳程	2. 25Cr1Mo	根据操作条件参照附图 12-11 曲线选材
				1. 25Cr0. 5Mo	
				1. 0Cr0. 5Mo	
				碳钢	
			复层	00Cr19Ni10	
				堆焊层 TP309L+TP347	
		管子		0Cr18Ni10Ti	
				15CrMo	
	热低分气/冷低分液换热器	壳体	管程	碳钢+00Cr19Ni10	介质：热低分气
			壳程	碳钢	介质：冷低分液
		管子		00Cr19Ni10	

续表

类别	设备名称	设备部位	选材	备注
塔及容器	脱硫化氢汽提塔	壳体	碳钢+0Cr13Al(0Cr13)	
		塔盘	0Cr13	
	脱乙烷塔	壳体	碳钢	
			碳钢+0Cr13Al(0Cr13)	
		塔盘、内件	碳钢	
			0Cr13	
			渗铝碳钢①	
	脱丁烷塔	塔顶部	碳钢+0Cr13Al(0Cr13)	
			碳钢	
		壳体	碳钢	
		塔盘、内件	碳钢	
			0Cr13	
			渗铝碳钢①	
	液化气脱硫抽提塔	壳体	碳钢	
		塔盘、内件	碳钢	
	脱丙烷塔、脱丙烷汽提塔	壳体	碳钢	
		塔盘、内件	碳钢	
	脱异丁烷塔	壳体	碳钢	
		塔盘、内件	碳钢	
	溶剂再生塔	壳体	碳钢+00Cr19Ni10	
			碳钢+00Cr17Ni14Mo2	
		塔盘、内件	0Cr13	
	干气脱硫吸收塔	壳体	碳钢	
		塔盘、内件	碳钢	
	循环氢脱硫塔	壳体	抗氢致开裂碳钢②	
		塔盘、内件	碳钢、0Cr13	
			0Cr18Ni9	
	热高压分离器		同反应器材料	
	冷高压分离器	壳体	抗氢致开裂碳钢②	
			碳钢+00Cr19Ni10	
		内件	00Cr19Ni10	
		金属丝网	0Cr18Ni10Ti	
			00Cr17Ni14Mo2	
	冷低压分离器	壳体	抗氢致开裂碳钢②	
		内件	00Cr19Ni10	
		金属丝网	0Cr18Ni10Ti	

续表

类别	设备名称	设备部位	选材	备注
冷换设备	反应流出物空冷器	管箱	抗氢致开裂碳钢②	管端入口处衬长度为300 ~ 600mm 的00Cr17Ni14Mo2 或 Ti 管
			碳钢	
		管子	碳钢	
			00Cr17Ni14Mo2	
			Monel	
			Incoloy 825	
	脱硫化氢汽提塔顶空冷器	管箱	碳钢+00Cr17Ni14Mo2	
			抗氢致开裂碳钢②	
		管子	碳钢	
			08Cr2AlMo	
			00Cr17Ni14Mo2	
	再生塔顶空冷器	管箱	碳钢+00Cr17Ni14Mo2	
			抗氢致开裂碳钢②	
		管子	碳钢	
			08Cr2AlMo	
			00Cr17Ni14Mo2	
	其他中低压空冷器	管箱	碳钢	
		管子	碳钢	
	其他中低压换热器	壳体	碳钢	
		管子	碳钢	
加热炉	反应进料加热炉	炉管	TP321H	炉前混氢或炉后混油
			TP347H	
	分馏塔进料炉	炉管	碳钢	
			1Cr5Mo	

注：① 按相关产品标准选用，渗铝层必须致密、均匀，厚度达到 100μm 以上。作为承压部件和换热管束时，应对其制造、焊接、检验进行严格控制，达到规定的力学性能要求；

② 详见附 12.1.9；

③ 设备选材栏中有多种材料时，可根据介质腐蚀苛刻程度和经济性等因素综合分析后选用较合适的材料；

④ 渗铝钢管或带有涂层的换热管应在安装、检修时，采取必要的措施，以免钢表面的渗层或涂层遭到破坏；

⑤ 一般情况下设备壳体采用碳钢时，应选用压力容器用钢。

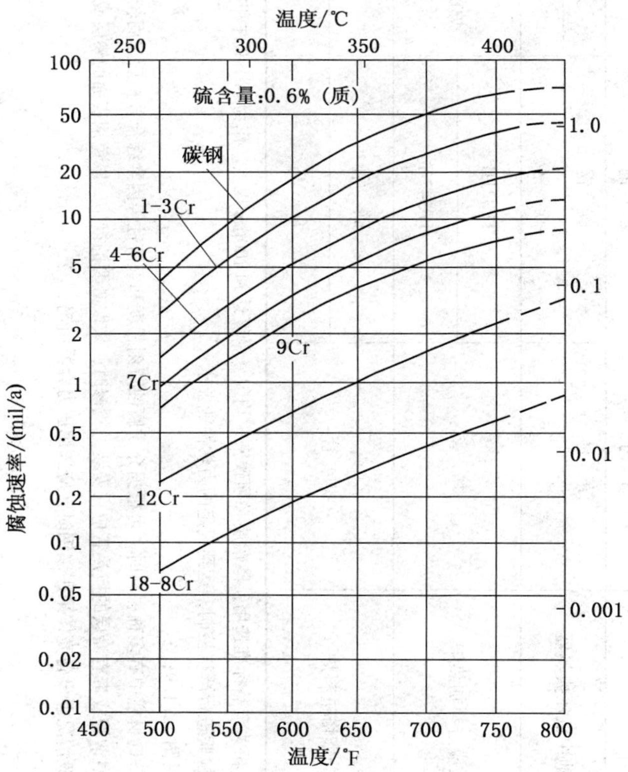

附图 12-1　经过修正的 McConomy 曲线，它表示温度与各种钢高温硫腐蚀的关系［硫含量：0.6%（质）］

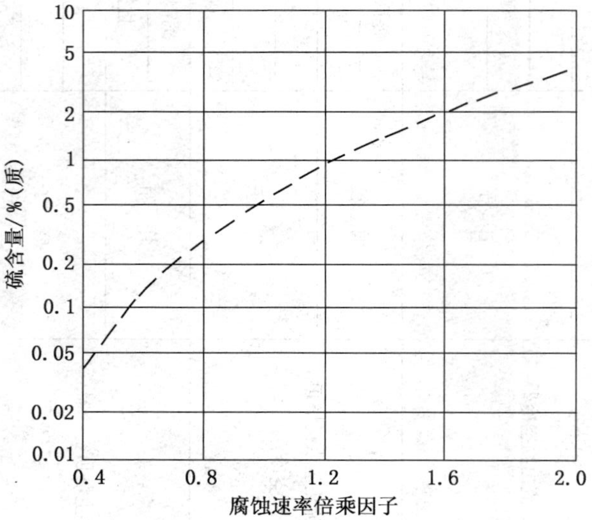

附图 12-2　在 290～400℃区间，硫含量与根据 McConomy 曲线所预测的腐蚀速率的关系

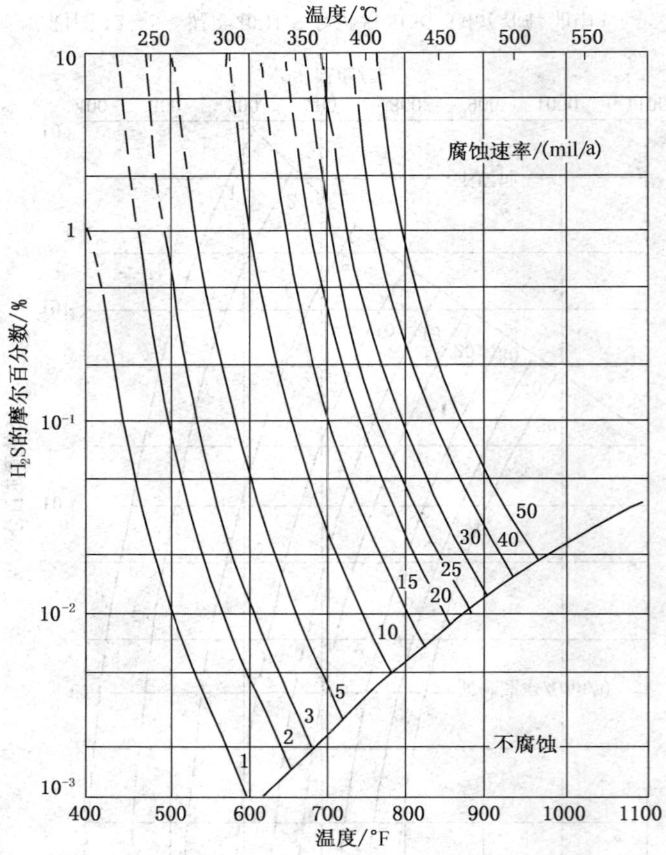

附图 12－3　温度和 H_2S 含量与碳钢（在轻油中）高温 H_2S/H_2 腐蚀速率的关系。轻油：是指石脑油、汽油、煤油、轻柴油

1mil/a＝0.025mm/a

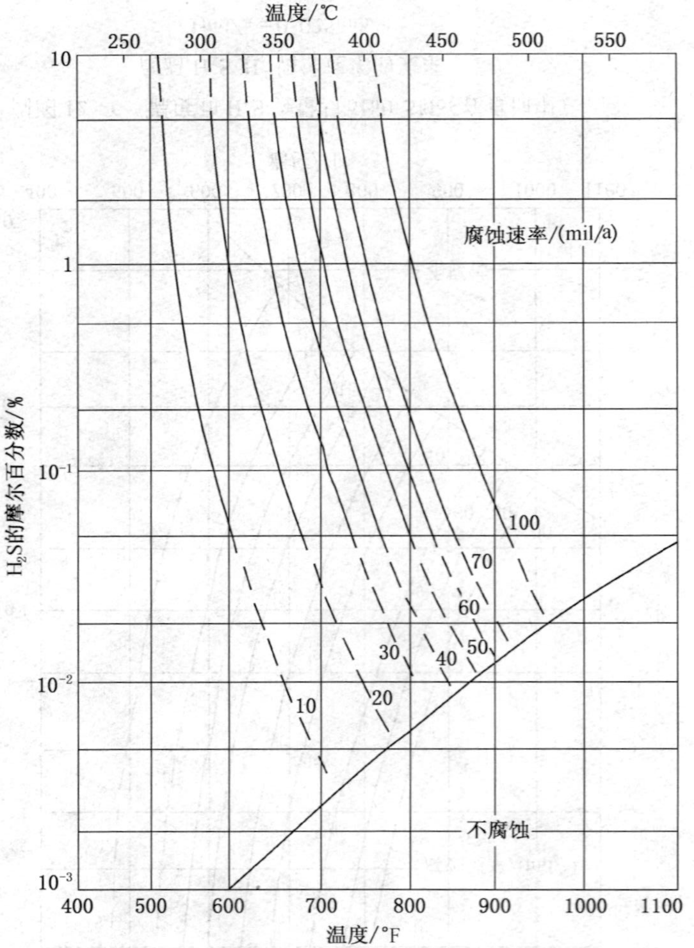

附图 12－4　温度和 H_2S 含量与碳钢（在重油中）高温 H_2S/H_2 腐蚀速率的关系。重油：是指重柴油或更重的油

1mil/a＝0.025mm/a

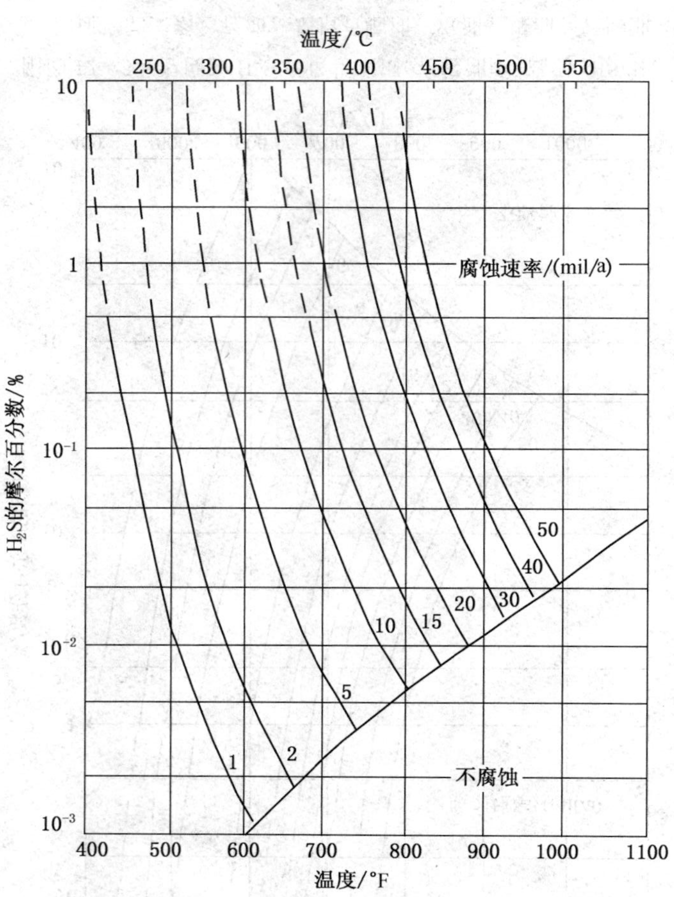

附图 12－5 温度和 H_2S 含量与 5Cr0.5Mo（在轻油中）
高温 H_2S/H_2 腐蚀速率的关系
1mil/a＝0.025mm/a

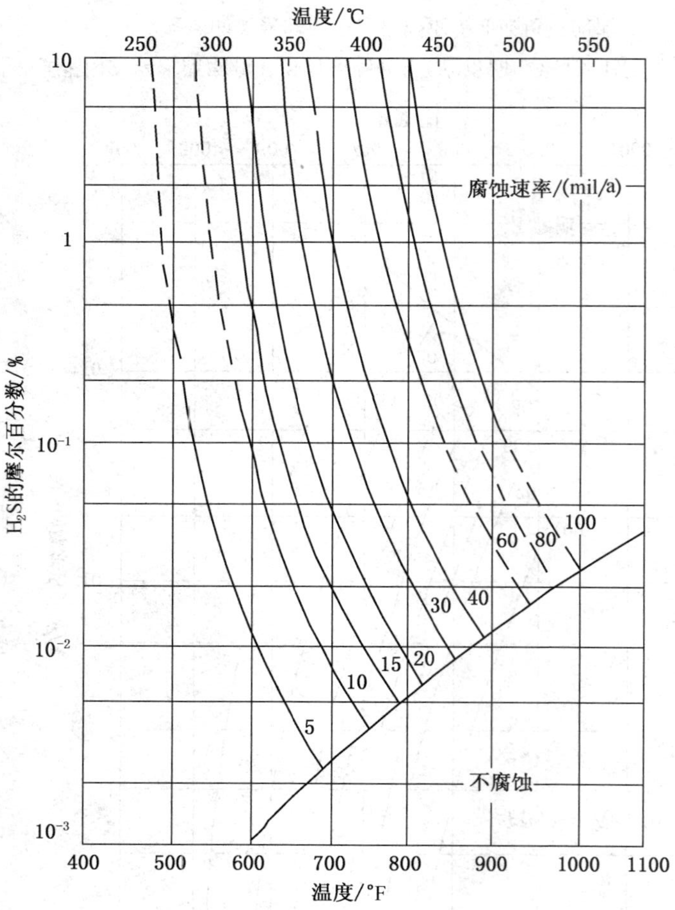

附图 12－6 温度和 H_2S 含量与 5Cr0.5Mo（在重油中）
高温 H_2S/H_2 腐蚀速率的关系
1mil/a＝0.025mm/a

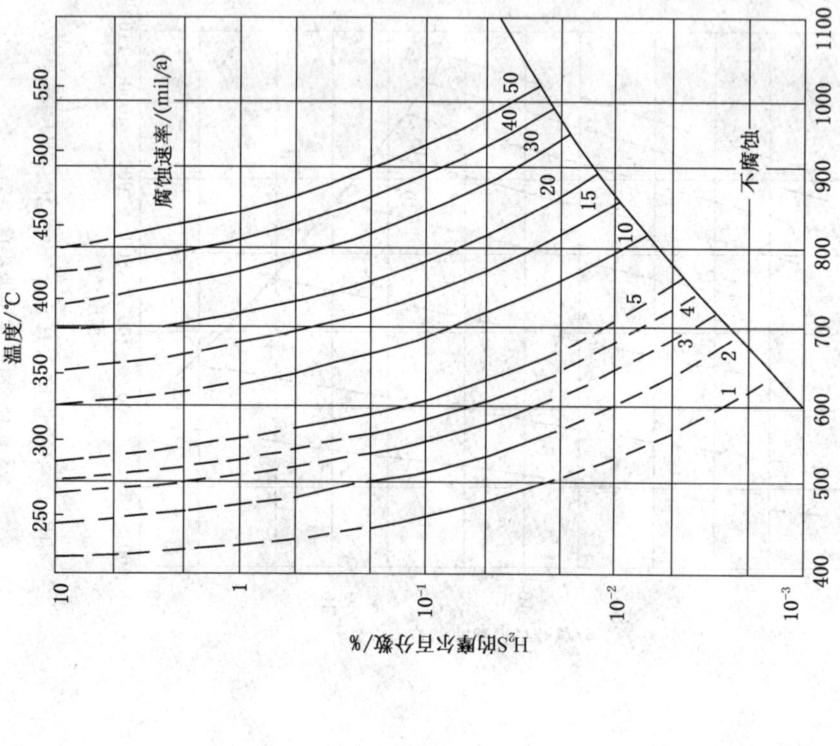

附图 12－7　温度和 H_2S 含量与 9Cr1Mo（在轻油中）

高温 H_2S/H_2 腐蚀速率的关系

1mil/a＝0.025mm/a

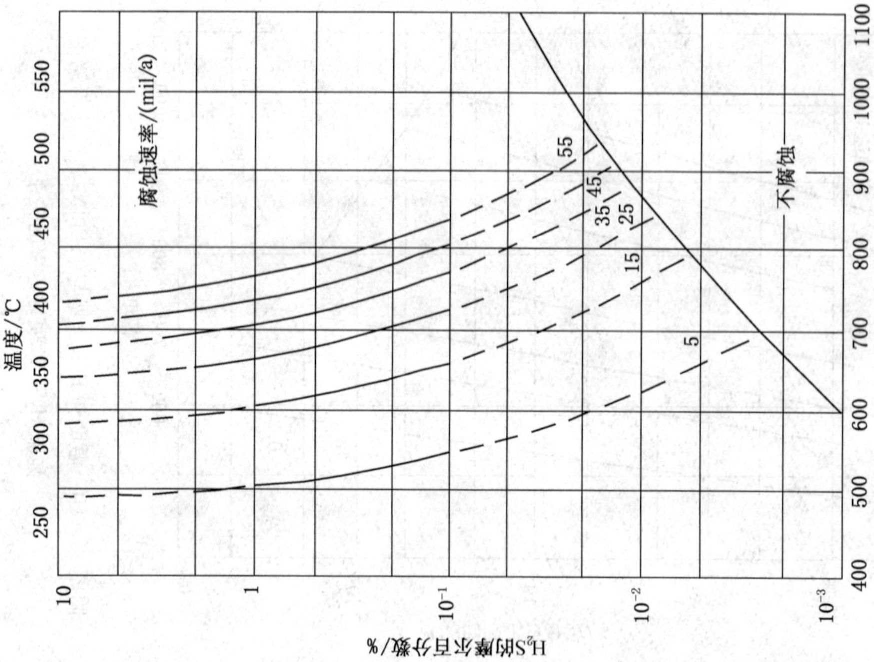

附图 12－8　温度和 H_2S 含量与 9Cr1Mo（在重油中）

高温 H_2S/H_2 腐蚀速率的关系

1mil/a＝0.025mm/a

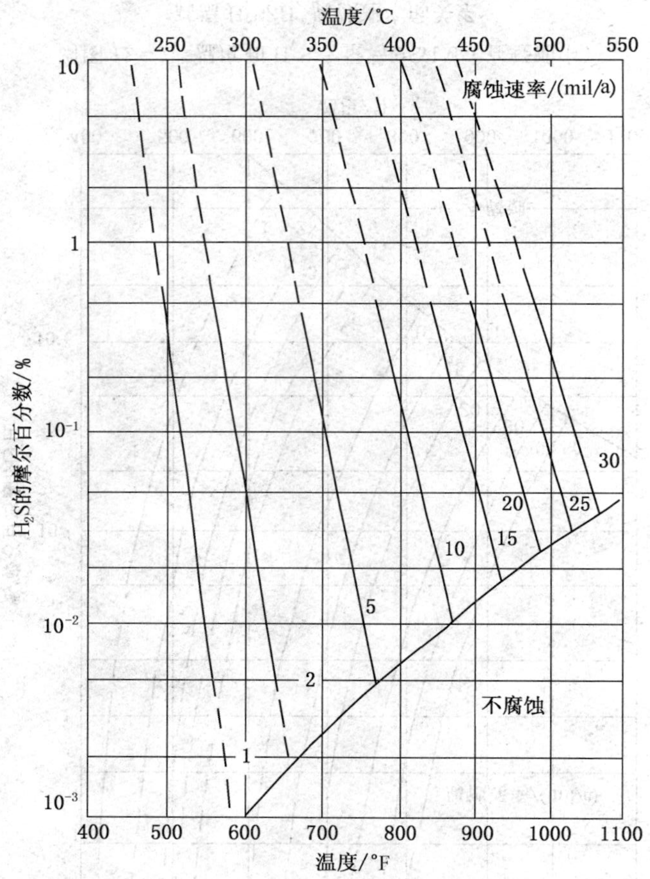

附图 12－9　温度和 H_2S 含量与 12Cr 不锈钢高温 H_2S/H_2 腐蚀速率的关系

1mil/a＝0.025mm/a

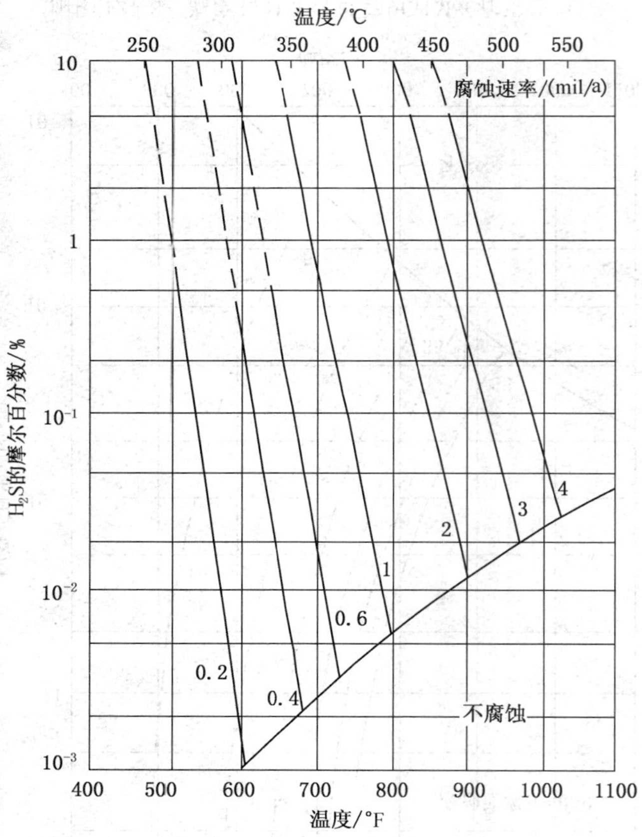

附图 12－10　温度和 H_2S 含量与 18Cr8Ni 奥氏体不锈钢高温 H_2S/H_2 腐蚀速率的关系

1mil/a＝0.025mm/a